Der Herausgeber widmet dieses Buch
den Frauen von Wissenschaftlern,
die durch Verständnis und Mitsorge,
Hilfsbereitschaft und Toleranz,
besonders aber durch ihren Anspruchsverzicht
wissenschaftliches Arbeiten ermöglichen.

Humanembryologie

Lehrbuch und Atlas der vorgeburtlichen Entwicklung des Menschen

Herausgeber: Klaus V. Hinrichsen

Unter Mitarbeit von:
Henning M. Beier, Haide Breucker, Bodo Christ, Hans-Rainer Duncker, Milan Dvořák, Brita von Gaudecker, Herwig Hahn von Dorsche, Adolf Friedrich Holstein, Heinz Jürgen Jacob, Monika Jacob, Gerhard Jorch, Peter Kaufmann, Ivica Kostović, Gregor Prindull, Wolfgang Seidl, Gerd Steding, Jan Tesařík, Hubert Wartenberg

Mit 801 Abbildungen in 1497 Teilabbildungen und 41 Tabellen

Springer-Verlag Berlin Heidelberg GmbH

Prof. Dr. med. Klaus V. Hinrichsen
Abteilung für Anatomie und Embryologie
Institut für Anatomie
Ruhr-Universität Bochum
Universitätsstraße 150
44780 Bochum

ISBN 978-3-662-07816-7 ISBN 978-3-662-07815-0 (eBook)
DOI 10.1007/978-3-662-07815-0

CIP-Titelaufnahme der Deutschen Bibliothek
Humanembryologie : Lehrbuch und Atlas der vorgeburtlichen Entwicklung des Menschen / Hrsg.: Klaus V. Hinrichsen. Unter Mitarb. von: Henning Beier ... – Berlin ; Heidelberg ; New York ; London ; Paris ; Tokyo ; Hong Kong ; Barcelona : Springer, 1990

NE: Hinrichsen, Klaus V. [Hrsg.]; Beier, Henning M. [Mitverf.]
WG: 33 DBN 90.081970.7 90.05.18
6883 kl

Korrigierter Nachdruck 1993
Ursprünglich erschienen bei Springer-Verlag Berlin Heidelberg New York 1990.

Umschlaggestaltung: K. Barteczko, Bochum

2125/3130-54321 – Gedruckt auf säurefreiem Papier

Inhaltsverzeichnis

Autorenverzeichnis

Prof. Dr. Dr. Henning M. Beier
Institut für Anatomie
und Reproduktionsbiologie
RWTH Aachen
Wendlingweg 2
52074 Aachen

Prof. Dr. Haide Breucker
Abteilung für Mikroskopische Anatomie
Anatomisches Institut
Universität Hamburg
Martinistr. 52
20251 Hamburg

Prof. Dr. Bodo Christ
Anatomisches Institut
Albert-Ludwigs-Universität
Albertstr. 17
79104 Freiburg i.Br.

Prof. Dr. Dr. Hans-Rainer Duncker
Institut für Anatomie und Zytobiologie
Justus-Liebig-Universität
Aulweg 123
35392 Gießen

Prof. MU Dr. Dr. sc. Milan Dvořák
Katedra Histologie a Embryologie
Lékařské Fakulty Masarykovy University
Joštova 10
CSFR-662 43 Brno

Prof. Dr. Brita von Gaudecker
Anatomisches Institut
Christian-Albrechts-Universität
Olshausenstr. 40–60
24118 Kiel

Prof. Dr. sc. med. Herwig Hahn von Dorsche
Institut für Anatomie
Ernst-Moritz-Arndt-Universität
Friedrich-Loeffler-Str. 23 c
17489 Greifswald

Prof. Dr. Klaus V. Hinrichsen
Abteilung für Anatomie und Embryologie
Institut für Anatomie
Ruhr-Universität Bochum
Universitätsstr. 150
Postfach 10 21 48
44780 Bochum

Prof. Dr. Adolf Friedrich Holstein
Abteilung für Mikroskopische Anatomie
Anatomisches Institut
Universität Hamburg
Martinistr. 52
20251 Hamburg

Dr. Heinz Jürgen Jacob
Abteilung für Anatomie und Embryologie
Institut für Anatomie
der Ruhr-Universität Bochum
Universitätsstr. 150
Postfach 10 21 48
44780 Bochum

Dr. Monika Jacob
Abteilung für Entwicklungsbiologie
Institut für Anatomie
Ruhr-Universität Bochum
Universitätsstr. 150
Postfach 10 21 48
44780 Bochum

Prof. Dr. Gerhard Jorch
Kinderklinik
Westfälische Wilhelms-Universität
Zentralklinikum
Albert-Schweitzer-Allee 33
48149 Münster

Prof. Dr. Peter Kaufmann
Institut für Anatomie
RWTH Aachen
Wendlingweg 2
52074 Aachen

Prof. Dr. Ivica Kostović
Zavod Za Anatomiju „Drago Perovic“
Medicinskog Fakulteta Sveućilišta u Zagrebu
(Section Neuroanatomy
Department of Anatomy
Medical Faculty)
Šalata 11
YU-41001 Zagreb

Prof. Dr. Gregor Prindull
Kinderklinik
Georg-August-Universität
Humboldtallee 38
37073 Göttingen

AOR Dr. Wolfgang Seidl
Abteilung Embryologie
Zentrum Anatomie
Georg-August-Universität
Kreuzbergring 36
37075 Göttingen

Prof. Dr. Gerd Steding
Abteilung Embryologie
Zentrum Anatomie
Georg-August-Universität
Kreuzbergring 36
37075 Göttingen

Prof. Dr. Jan Tesařík
1. Klinik für Gynäkologie und Geburtshilfe
J. E. Purkyně Universität
Třída Obránců míru 10
Poštovní přihrádka č. 24
CSFR-662 43 Brno 2

Prof. Dr. Hubert Wartenberg
Abteilung für Experimentelle Biologie
Anatomisches Institut
Rheinische Friedrich-Wilhelms-Universität
Nußallee 10
53115 Bonn

Abkürzungsverzeichnis

AChE	Acetylcholinesterase
ACTH	adrenocorticotropes Hormon
AEMF	apical ectodermal maintenance factor
AER	apical ectodermal ridge
ÄSE	äußeres Schmelzepithel
AFP	Alpha-Fetoprotein
AMH	Anti-Müller-Hormon
Anti-D	Rhesus-Antikörper
Anti-μ	erkennt Membranrezeptor auf B-Lymphocyten (schwere Kette μ des IgM)
ANZ	anteriore Nekrosezonen
a-p-Achse	anterior-posteriore Achse
APUD	amine precursor uptake and decarboxylation
BALT	bronchus associated lymphoid tissue
BFA	burst forming activity
B-Zell-System	bonemarrow-geprägte Lymphocyten
C	complement
Ca	Calcium
CGA	Chromografin A
Cl-Sekretion	Chlorionen-Sekretion
CP	corticale Platte
CP II	sekundäre corticale Platte
C-Peptid	connecting Peptid
C-Zellen	Calcitonin produzierende Zellen
DIC	diffuse intravaskuläre Coagulopathie
DNA	desoxyribonucleic acid
DNES	diffuses neuroendokrines System
DNS	Desoxyribonukleinsäure
DPG	Diphosphoglycerat
d-v-Achse	dorso-ventrale Achse
dV/dt	Maßeinheit für Anstiegsgeschwindigkeit
E_2	Östradiol
ECM	extracellular matrix
EDTA	ethylene diamine tetraacetate
EEG	Elektroencephalogramm
EGF	epithelial growth factor
EKG	Elektrokardiogramm
EM	Elektronenmikroskopie
ER	endoplasmatisches Reticulum
EW	Entwicklungswoche
FAE	Follikel-assoziierte Epithelzellen
Fc	fragment cristalline
FDRZ	follikuläre dendritische Reticulumzelle
FIF	formolinduzierte Fluoreszenz
FSH	follikelstimulierendes Hormon
GA	Gestationsalter
GABA	gamma-aminobutyric acid
GALT	gut associated lymphoid tissue
G-Banden-Technik	mit Giemsa-Färbung darstellbare Chromosomen-Banden
GFAP	glial fibrillar acid protein
Gn RH	Gonadotropin-Releasing-Hormon
G-Phase	Gap-Phase des Zellzyklus
gr.L.	größte Länge
GSA	generelle somatische Afferenz
GSE	generelle somatische Efferenz
GVA	generelle viscerale Afferenz
GVE	generelle viscerale Efferenz
GW	Gestationswoche
Hb	Hämoglobin
Hb A	adultes Hämoglobin
Hb AS	adultes Hb beim Sichelzellsyndrom
Hb F	fetales Hämoglobin
Hb S	Hämoglobin S (Sichelzellanämie)
Hb SC	Hämoglobinopathie beim Sichelzell-syndrom
Hb SS	
hCG	humanes Choriongonadotropin
hCS	humanes Chorionsomatotropin
hCT	humanes Chorionthyrotropin
HE	Hämatoxylin-Eosin
HES	Hertwigsche Epithelscheide
HHL	Hypophysenhinterlappen
HH-Stadium	Stadieneinteilung der Hühnchenentwicklung nach Hamburger und Hamilton
HLA	humanes Lymphocytenantigen
hPL	humanes placentares Lactogen
^3H-Thymidin	tritiummarkiertes Thymidindesoxyribosid-Nucleosid
HVL	Hypophysenvorderlappen
HWS	Halswirbelsäule
IDZ	interdigitierende Reticulumzelle

Ig	**I**mmun**g**lobulin (mit den Klassen IgG, IgD, IgM, IgA)
INZ	**i**nterdigitale **N**ekrose**z**onen
ISE	**i**nneres **S**chmelz**e**pithel
IVF	**i**n-**v**itro-**F**ertilisation
ivR/IVR	**i**nter**v**illöser **R**aum
IZ	**i**ntermediäre **Z**one
K	**K**alium
LBW	**l**ow **b**irth **w**eight
LGA	**l**arge for **g**estational **a**ge
LH	**l**uteinisierendes **H**ormon
L-H-Ketten	**l**ight and **h**eavy chains (kurze Arme eines Antigen)
LM	**L**icht**m**ikroskopie
MCH	**m**ean **c**orpuscular **h**emoglobin
MCHC	**m**ean **c**orpuscular **h**emoglobin **c**oncentration
MCV	**m**ean **c**orpuscular **v**olume
Mg	**Mg**nesium
MHC	**m**ajor **h**istocompatibility **c**omplex
min	Minute
MIS	**m**eiose**i**nduzierende **S**ubstanz
monoklonale Antikörper anti MB1	Antikörper gegen **M**akroglobulin mit laboreigener Zusatzbezeichnung (**B1**)
MPS	**m**eiosehemmende (**p**reventing) **S**ubstanz
m-RNA	**m**essenger **r**ibo**n**ucleic **a**cid
msec	Millisekunde
MSH	**m**elanocyten**s**timulierendes **H**ormon
mV	Milli**v**olt
MZ	**M**arginal**z**one
M-Zellen	**m**ultifolded cells
Na	**Na**trium
NADPH	**N**ikotinsäureamid-**a**denin-**d**inucleotid-**ph**osphat
NGF	**n**erve **g**rowth **f**actor
nm	Nanometer (10^{-9} m)
NNR	**N**eben**n**ieren**r**inde
NS	**n**icht-**s**ezernierend
NSE	**n**euronen**s**pezifische **E**nolase
OA	**O**vulations**a**lter
P	**P**rogesteron
PALS	**p**eri**a**rterielle **L**ymph**s**cheide
PAPP	**p**regnancy **a**ssociated **p**lasma **p**rotein
PAP-Technik	**P**eroxydase-**A**nti**p**eroxydase-Technik
PAS	**p**eriodic **a**cid **S**chiff
p-d-Achse	**p**roximo-**d**istale Achse
PDS	**p**rimärer **D**otter**s**ack
PGC	**p**rimordiale **G**eschle**c**htszellen
PNA	**P**ariser **N**omina **A**natomica
PNZ	**p**osteriore **N**ekrose**z**one
P_{O_2}	Sauerstoff-Partialdruck
POMC	**P**ro**o**pio**m**elano**c**ortin
PP	**p**ankreatisches **P**olypeptid/**p**lacental protein
PQ-Dauer	atrio-ventrikuläre Überleitungszeit im EKG
PSL	**P**redni**s**o**l**on
PT	**p**rothrombin **t**ime
PTT	**p**artial **t**hromboplastin **t**ime
P-Zacke	Vorhofzacke im EKG
QRS-Komplex	Kammeranfangsgruppe im EKG
QT-Zeit	Intervall im EKG; elektrische Systolenzeit vom Beginn der Q-Welle bis zum Ende der T-Welle
R-Banden-Technik	**r**eversed bands (Chromosomenbanden nach Hitzedenaturierung, wie Negativ-Färbung erscheinend)
R_e	Reynoldszahl
REM	**R**aster-**E**lektronen**m**ikroskop/**r**apid **e**ye **m**ovement
rER	**r**auhes **e**ndoplasmatisches **R**eticulum
RES	**r**eticulo-**e**ndotheliales **S**ystem
RGDS	Arginin (**R**)-Glycin (**G**)-Asparagin (**D**)-Säure
RGT	**R**eaktions**g**eschwindigkeit-**T**emperatur(-Regel)
Rh	**Rh**esusfaktor
RH	**r**eleasing **h**ormone
RIA	**R**adio**i**mmuno-**A**ssay
RNA	**r**ibo**n**ucleic **a**cid
RNS	**R**ibo**n**uklein**s**äure
RR-Zeit	Abstand zweier aufeinanderfolgender R-Zacken
R-Zacke	Zacke im EKG
S	**s**ezernierend
sc	**s**ecretory **c**omponent
SD	**s**tandard **d**eviation
SDS	**s**ekundärer **D**otter**s**ack
sec	Sekunde
SEM	**s**tandard **e**rror of the **m**ean
sER	glattes (**s**mooth) **e**ndoplasmatisches **R**eticulum
SFL	**S**cheitel-**F**ersen-**L**änge
SGA	**s**mall for **g**estational **a**ge
SGF	**s**kin **g**rowth **f**actor
SIF	**s**mall **i**ntensively **f**luorescent (cells)
SP	**S**chwangerschafts**p**rotein
S-Phase	Synthese-Phase des Zellzyklus
SR	**s**ekundäre **R**indenzone
SSA	**s**pezielle **s**omatische **A**fferenz
SSL	**S**cheitel-**S**teiß-**L**änge
ST-Strecke	Teil des EKG vom Ende der S-Zacke bis zum Beginn der T-Welle
SVA	**s**pezielle **v**iscerale **A**fferenz
SVE	**s**pezielle **v**iscerale **E**fferenz
SZ	**s**ubventrikuläre **Z**one

S-Zacke	Teil des Kammerkomplexes im EKG
TDF	**T**estis-**d**eterminierender **F**aktor
TdT	**t**erminale **D**esoxynucleotidyl-**T**ransferase
TEM	**T**ransmissions**e**lektronen**m**ikroskopie
Tfm	**t**estikuläre **Fem**inisierung
Tr	**Tr**achea
t-RNA	**t**ransfer **r**ibo**n**ucleic **a**cid
TSH	**T**hyroidea **s**timulierendes **H**ormon
TTX	**T**etradot**ox**in
T-Welle	beim Erwachsenen auch „T-Zacke" genannt: Ende des Kammerkomplexes im EKG
T-Zell-System	Thymus-geprägte Lymphocyten
UDPG	**U**ridin-**D**i**p**hosphat-**G**lucose
V	Volt
VLBW	**v**ery **l**ow **b**irth **w**eight
VVLBW	**v**ery **v**ery **l**ow **b**irth **w**eight
VZ	**v**entrikuläre **Z**one
WS	**w**eiße **S**ubstanz
Z-Bande	auch „Z-Streifen" genannt: Zwischenscheibe, Telophragma an der Grenze der Sarkomeren
ZNS	**Z**entral**n**erven**s**ystem

Vorwort

Wir wissen, wie sich das Licht bricht,
aber das Licht bleibt ein Wunder.
Wir wissen, wie die Pflanze wächst,
aber die Pflanze bleibt ein Wunder.
So ergeht es uns mit allen Dingen auf
dieser Welt:
Wir besitzen viele Kenntnisse, doch
die Schöpfung bleibt ein Wunder.

Albert Schweitzer

Das Wunder, daß sich aus der Vereinigung von zwei menschlichen Keimzellen in der Regel ein selbständig lebensfähiges, vollständiges, funktionstüchtiges, einzigartiges Individuum mit all seinen körperlichen, seelischen und geistigen Möglichkeiten entwickelt,

- können wir unter vielen Aspekten beschreiben;
- wir können es in Teilprozessen auch erklären,
- aber wir können es nicht vollständig erfassen.

So bleibt auch der Versuch dieses Buches, eine möglichst vollständige Beschreibung und Erläuterung der ontogenetischen Entwicklung des Menschen zu geben, notwendigerweise unvollständig. Dennoch erschien es den Autoren lohnend, die vielen Befunde, die nicht nur in der Embryologie allgemein, sondern allein in der Humanembryologie inzwischen erhoben und gesammelt worden sind, einmal neu zusammenhängend darzustellen.

Die Autoren sind sich darin einig, daß die überwiegende Beschränkung auf Befunde aus der Humanembryologie keine Ablehnung vergleichend-embryologischer und phylogenetischer Gesichtspunkte beinhalten soll. Die Beschränkung auf die humanembryologischen Befunde ergibt sich zum einen aus der Fülle des inzwischen vorliegenden Materials, zum anderen aus dem Charakter dieses Buches als eines medizinischen Lehrbuches. Wo es für die Erklärung humanembryologischer Vorgänge unerläßlich ist, werden auch in diesem Werk vergleichend-embryologische Befunde herangezogen oder Ergebnisse experimenteller Untersuchungen zusätzlich dargestellt. Die Phylogenese selbst ist nicht Gegenstand der Betrachtung; es sei aber der Hinweis erlaubt, daß aus der Phylogenese stammende Einflüsse auf die Einzelentwicklung des Menschen in der jeweiligen Ontogenese epigenetisch realisiert werden müssen.

Die Entstehung dieses Buches hat eine lange Vorgeschichte, die hier im einzelnen nicht wiederzugeben ist. Der Herausgeber ist in erster Linie allen Co-Autoren dafür dankbar, daß sie das in langjähriger und zum Teil sehr mühevoller Arbeit gesammelte Material und ihre darauf gründenden Ergebnisse in den Dienst des Gesamtwerkes gestellt und damit dieses Werk überhaupt ermöglicht haben. Sie dokumentieren dank der Vielfalt und Tiefe ihrer jeweiligen Sacherfahrung schon in der Erstfassung dieses Buches einen wissenschaftlichen Stand, den ein einzelner Autor kaum noch zu übersehen vermag. Zu danken ist aber auch dem Verlag, und hier besonders Herrn Professor Clemens, für den Mut, an große Traditionen anknüpfend ein deutschsprachiges Werk der Humanembryologie zu verlegen. Anerkennung und herzlicher Dank gebührt der ausdauernd geduldigen wie exakten Arbeit von Frau E. Wolff und Herrn J. W. Schmidt vom Springer-Büro München. Besonderer Dank ist all jenen klinischen Kollegen abzustatten, die durch Sicherung und Überlassung humanembryologischen Materials fundamentalen Anteil an diesem Werk haben.

Die Autoren haben in ihrer Arbeit vielfältige Unterstützung erfahren und danken für Rat und Hinweis, Diskussion und Korrektur, besonders aber für die bereitwillige Überlassung von Bildern und Präparaten. Die Breite und Weite dieser Unterstützung markiert im Westen die Carnegie Collection of Embryology in Davis/Californien, U.S.A. (Prof. O'Rahilly: Hinrichsen) und im Osten das Guangxi Medical College in Nanning/V.R.China (Prof. Xu Jin-Wen: Steding). Weitere Namen sind in den jeweiligen Legenden genannt. Ein so umfangreiches Werk im Zusammenwirken so vieler Autoren zu erstellen, wirft eine Fülle von Problemen auf, die über die rein zeitliche Koordination der Manuskripterstellung weit hinausgehen. Von der sprachlichen Diktion bis zur wissenschaftlichen und didaktischen Interpretation soll der einzelne Beitrag autorentypisch bleiben und sich doch dem Ganzen möglichst harmonisch einfügen. Der Herausgeber hat eine solche Harmonisierung versucht und dankt allen Autoren für ihr bereitwilliges Verständnis. Weitere Bestrebungen um eine einheitlichere Darstellung müssen einer hoffentlich möglichen weiteren Auflage vorbehalten bleiben. Obwohl sich die Autoren um sachgerechte Darstellung bemüht haben, werden sie nicht frei von Irrtümern geblieben sein. Alle Leser und Benutzer dieses Buches sind herzlich gebeten, durch Hinweise auf

Fehler oder Unklarheiten und durch ihre Vorschläge und Kritik zur weiteren Verbesserung beizutragen.

Der Herausgeber dankt in besonderem Maße allen Begleitern seines fachlichen Weges, früheren und jetzigen Kollegen, Mitarbeiterinnen und Mitarbeitern, hier zuerst aus der Abteilung für Anatomie und Embryologie wie auch dem Institut für Anatomie der Ruhr-Universität Bochum. In mehrjähriger, von Kooperationsbereitschaft, Ideenreichtum und Ausdauer in gleichem Maße geprägter Arbeit haben zum Gelingen des Werkes vor allem beigetragen der Maler und Graphiker Klaus Barteczko, die Fotografin Antje Jaeger, am REM Vera Mannheim, im Labor Asta Schiffgen, im Sekretariat Gerlinde Bender und – last but not least – dort und am Text-Computer Renate Kumpernatz. Die Freude am Ergebnis, das besonders bei den Illustrationen für sich sprechen mag, war das immer verbindende Band. Stellvertretend für alle, die durch Ermunterung, Rat und Zuspruch, durch unmittelbare Zuarbeit oder entlastende Mitarbeit „den Stein" schließlich „ins Rollen brachten", sei hier dankbar Professor Dr. Karl Meller, Bochum, genannt, der zu den frühesten, aber auch ausdauerndsten „Bewegern" gehörte.

Dies Lehrbuch richtet sich in erster Linie an Studierende der Medizin, wenn auch nicht im allerersten Anfang. Es setzt zum Verständnis Grundkenntnisse der Biologie, der Cytologie und Histologie, wie auch der Anatomie voraus und wiederholt diese nicht. Es versucht, die wichtigsten Phasen der gesamten vorgeburtlichen Entwicklung des Menschen darzustellen und Anschluß zu gewinnen an die Perinatologie. Über die reine Sachdarstellung hinaus möchte es dem Interessierten einen Eindruck vermitteln von der Vielfalt, Schönheit und Klarheit gewachsener Strukturen, vom Werden und Reifen des Organismus, und ihn so teilhaben lassen an der Ehrfurcht vor dem Wunder des Werdens, von der sich auch der professionelle Untersucher nicht freizeichnet.

Bochum, 15. Oktober 1986/15. Mai 1989

Klaus V. Hinrichsen

1. Grundlagen

K. V. Hinrichsen

1.1 Was ist und wozu studiert man Embryologie?

Die Embryologie ist eine alte und junge Wissenschaft zugleich. Schon seit dem Altertum hat die Menschen die Frage beschäftigt, welche der im Inneren des schwangeren Leibes verborgen bleibenden Vorgänge es wohl seien, die ein selbständig lebensfähiges Individuum vorgeburtlich heranreifen lassen. Da systematische Untersuchungen fehlten und Befunde von Tier und Mensch überwiegend nur von schon weiter fortgeschrittenen Entwicklungsstadien vorlagen, konnte sich die Vorstellung bilden, daß mosaikartig angelegte Keimesteile nur noch zu wachsen hätten, um durch Ausreifung zu einem geburtsfähigen Organismus zu führen. Die Lehre von der **Präformation,** sei es im Kopf der Samenzelle, sei es im Ei, konnte so lange für gültig betrachtet werden, bis systematische Untersuchungen – zuerst am Vogelei – zur Entdeckung der Keimblätter und damit zur Widerlegung einer Vorstellung von bereits vorgebildeten kleinsten Organchen führte [Pander 1817]. Allerdings waren schon zuvor theoretisch begründete Einwände gegen die Präformationstheorie, so durch den Anatomen und Physiologen Caspar Friedrich Wolff (1733–1794) oder den Göttinger Anatomen Blumenbach (1757–1840), nachdrücklich erhoben worden. Und Bonnet (1720–1793) ließ anstelle eines genauen, verkleinerten Abbildes („Homunculus") nur „einen Grundriß und ein Modell von dem organisierten Körper" als Präformation gelten. Aber erst mußten im Bereich der allgemeinen Biologie Grundlagen wie die generelle Bedeutung der Zellenlehre, die mitotische Zellteilung und neuerdings die Kenntnis der identischen Reduplikation der Chromosomen erarbeitet sein, um die Embryologie zu einer biologischen Wissenschaft im heutigen Sinne werden zu lassen. Die Zeittafel der Tabelle 1.1 gibt einen rückblickenden kurzen Eindruck davon, daß die biologische Embryologie erst mit der Entdeckung des Befruchtungsvorganges einsetzt und damit nur wenig älter als 100 Jahre ist.

Sind wir also die erste Generation, die sich für den Menschen ein vollständiges Bild von der Entwicklung aus der Eizelle zu einem Individuum machen kann? Als G. L. Flanagan [1962] einleitend zu ihrem Buch „Die ersten neun Monate des Lebens" diese Frage

Tabelle 1.1. Zeittafel zur Embryologie

1986	Nobelpreis für Medizin an St. Cohen und Rita Levi-Montalcini für die (bereits 1953 erfolgte) Entdeckung von Wachstumsfaktoren für Gewebe und Organe. Nobelpreis für Physik für die (schon 1931 erfolgte) Erfindung des Elektronenmikroskops an Ernst Ruska und für die Konstruktion des Tunnel-Raster-Elektronenmikroskops an G. Binning und H. Rohrer.
25. 7. 1978	Erste Geburt eines aus in-vitro-Fertilisation und Embryotransfer („Retortenbaby") entstandenen Kindes in England.
1962	Nobelpreis für Medizin an J. D. W. Watson, F. H. C. Crick und M. F. H. Wilkins für die Aufklärung der Doppel-Helix-Struktur der DNA: „Watson-Crick-Modell".
1960	Erste Beobachtung der Befruchtung *und Furchung* menschlicher Eier *in vitro* durch Shettles in England. Danach mehrfach sensationelle Publikationen über Embryonalentwicklungen menschlicher Eier in vitro durch den italienischen Frauenarzt Petruci.
1956	Korrektur der bis dahin für richtig gehaltenen Chromosomenzahl des Menschen von 48 auf 46 und Darstellung eines menschlichen Karyotyps an ausgebreiteten Mitosechromosomen durch Tijo und Levan.
1942–1954	Erste Publikation der Praeimplantationsstadien (CARNEGIE-STADIUM 2 u. 3) sowie der frühen Implantationsstadien vom Menschen durch die amerikanischen Embryologen Hertig, Heuser, Rock und Streeter.
1944	Erste mikroskopische Beobachtung der Vereinigung menschlicher Ei- und Samenzellen *in vitro* [Rock, publiziert durch Menkin und Rock 1948].
1940–1942	Nähere Bestimmung des Ovulationstermins durch Knaus und Ogino.
1935	Nobelpreis für Medizin an Hans Spemann für die Entdeckung des Organisator-Effektes.
1930	Erste Beobachtung eines frisch ovulierten, noch nicht befruchteten menschlichen Eies aus der Tube einer Frau durch amerikanische Embryologen [Allen et al. 1930].
1878	Entdeckung der Chromosomen durch W. Flemming.
1875	Erste mikroskopische Beobachtung der Befruchtung beim Seeigel durch Oscar Hertwig.
1871	Miescher, der die Nukleinsäuren chemisch

	definierte und benannte, maß dem Spermienkopf für die Befruchtung keine Bedeutung zu [Miescher 1871].
1846	Litzmann läßt im Handbuch der Physiologie bei der Besprechung der Befruchtung die Frage offen und unentschieden, ob die Samenflüssigkeit oder die Spermatozoen das wesentliche Agens der Befruchtung seien.
1827	Entdeckung der Säugereizelle durch Karl Ernst von Baer.
1677	Der Student (!) Johann Ham entdeckt als Schüler von Leuwenhoeks die Spermien und nennt sie „Animalcula".
1672	Regnier de Graaf führte den Namen „Ovar" statt „Testis muliebris" für die weibliche Keimdrüse ein, nachdem er durch Kochen von Ovarien die durch Gerinnung des Liquors fest gewordenen Follikel isoliert und sie mit einem Vogelei verglichen hatte. De Graaf gilt als Entdecker der Follikel.

formulierte, konnte man noch nicht ahnen, welch neuer Schub an Beobachtungen und Erkenntnissen aus dem Wagnis der extracorporalen Befruchtung, der *in-vitro*-Fertilisation, erwachsen würde. Dennoch ist unser Bild noch nicht ganz geschlossen und vollständig: Ein einziges Stadium, das der ersten Anheftung der Blastocyste an die Oberfläche des Endometrium (CARNEGIE-STADIUM 4, 5–6 Tage), ist auch bis heute vom Menschen nicht beobachtet worden.

Wir verstehen unter „Humanembryologie" die Wissenschaft von der gesamten vorgeburtlichen Entwicklung des Menschen von der Befruchtung bis zum Abschluß der Geburt. Dabei wird auch die Vorentwicklung, die Bildung und Reifung der Keimzellen einbezogen. Dies ist nur ein Teilaspekt der Entwicklung eines Menschen insgesamt, die sich ja nach der Geburt mit Wachstum, weiterer Differenzierung und vor allen Dingen mit Reifungsvorgängen zumindest bis zur Erlangung der vollen Körpergröße und -proportionen noch fortsetzt. Aber auch allgemein wird mit dem Begriff „Embryologie" jene Phase umschrieben, die beim Säugetier vor der Geburt, bei den Vögeln vor dem Schlüpfen liegt oder bei den Formen mit Larvenstadien bis zur Metamorphose reicht. Gemeinsames Merkmal dieser Vorgänge ist, daß von einer ersten Zellteilung einer befruchteten Eizelle ausgehend durch fortwährende weitere Zellteilungen, Zellverlagerungen und Bildung von Zellverbänden, aus verschiedenen Zellarten kombinierte Anlagen von Organsystemen, Organen oder einzelnen Körperteilen (z.B. Gliedmaßen) entstehen, in denen sich dann das Wachstum, die Zellvermehrung, die Formbildung und Differenzierung der verschiedenen Organbestandteile vollziehen. Die Zielgerichtetheit dieses Vorganges, mit dem der Organismus von allgemeinen Bildungen zu immer spezielleren fortschreitet [v. Baer 1828, 1837], von einer niedrigstufigen in eine hochstufige Mannigfaltigkeit überführt wird [Driesch 1928], ist ein Grundprinzip der Entwicklung aller Organismen, das bis heute nicht vollständig verstanden ist. Noch bevor all diese Vorgänge näher bekannt waren, hat Wolff [1759] in seiner Widerlegung der Präformationstheorie die völlige Neubildung aller Teile des Organismus als **Epigenese** charakterisiert.

Das alte Problem Präformation oder Epigenese erscheint heute unter einem neuen, aktuellen Aspekt. Als ontologisches Grundproblem der embryonalen Entwicklung stellt sich die Frage, ob der Keim schon die vollen Voraussetzungen für die spätere Existenz einschließt oder ob er nur das Anlagemuster ist, das zur individuellen Existenz erst realisiert werden muß; ist das **Sein** also Voraussetzung des Werdens oder ist das **Werden** Vorbedingung für das spätere Sein?

Besonders Blechschmidt [1982, 1984] hat die Auffassung vertreten, „daß mit der Befruchtung das Wesen des Menschen in seiner individuellen Eigenart (einschließlich seiner seelischen Komponente) gegeben ist und als Voraussetzung der Ontogenese betrachtet werden darf. Denn entwickeln kann sich nur, was dem Wesen nach bereits existiert. Anders ausgedrückt: Der Mensch entwickelt sich **als** Mensch und nicht **zum** Menschen." Nicht sein Wesen würde der menschliche Keim während seiner Entwicklung verändern, sondern nur seine Gestalt. Diese Auffassung liegt auch Formulierungen zugrunde wie „von der Zeugung an ein Mensch" [Büchner 1972] oder „von Anfang an ein Mensch" [Blechschmidt 1968].

In diesen Feststellungen wird das Wesen des Menschen mit der Codierung seiner Anlagen im Genom gleichgestellt, also eine neue Art von Präformation postuliert, und die Epigenese auf das bloß Gestaltliche der Körperbildung und zum programmierten Ablauf reduziert. Zugleich wird eine bemerkenswerte Abkehr von früheren Auffassungen vollzogen, wonach „Erbgefüge und Umweltfeld ( ) in der organismischen Entwicklung gleichmächtige stoffliche Determinanten" sind [Büchner 1952]. Mit der Vorstellung, alle Seins-Voraussetzungen des Menschen seien bereits im Genom der befruchteten Eizelle codiert, wird der „prozeßhafte Übergang von der Möglichkeit zu der ihr entsprechenden Wirklichkeit" [Ruff 1970] auf den Gestaltwandel und damit auf das rein Morphologische beschränkt; die sich epigenetisch realisierende Änderung der Qualität des Keimes von einer Bildungspotenz zu einer realen Existenz, das „sich-selbst-überbietende Werden" [Rahner 1961], ihres wesentlichen Sinns beraubt.

Die Individualentwicklung, die Ontogenese, kann auch nicht aus der Evolution und Stammesgeschichte, der Phylogenese, abgeleitet werden. Zwar kann die Embryologie für die Aufklärung stammesgeschichtlicher Zusammenhänge wichtige Hinweise und Ergänzungen liefern. Der Prozeß der ontogenetischen Entwicklung ist aber von ganz anderen Faktoren abhängig als der der Phylogenese [Starck 1978]. Läßt sich die Ontogenese als Decodierung einer programmierten Information (realisiert durch Epigenese und Adaptation) deuten, so ist die Phylogenese als Veränderung bestehender oder Schaffung immer neuer Programme von Informationen und deren Bewährung in der Selektion interpretierbar [Mayr 1959, zitiert nach Starck 1978]. Unter diesem Gesichtspunkt verlieren die höchst bedeutsamen Anstöße, die von Darwin (1809–1882) und Haeckel (1834–1919) ausgingen, nicht an Bedeutung, sie werden aber ihrer Fehldeutung als stammesgeschichtlicher Gesetzmäßigkeiten für eine Individualentwicklung enthoben.

Die vorgeburtliche Entwicklung des Menschen dauert von der Befruchtung bis zur Geburt in der Regel 264–268 Tage (38 Wochen) und vollzieht sich als kontinuierlicher Vorgang in sehr unterschiedlicher Geschwindigkeit. Es gibt andere Zeitangaben mit anderen Ausgangspositionen für die Berechnung. So wird aus praktisch-diagnostischen Gründen in der Gynäkologie die Dauer der vorgeburtlichen Entwicklung nicht von der Befruchtung, sondern vom ersten Tag der letzten Periode (vor einer Befruchtung) an gerechnet, was dann 280 Tage (oder 40 Wochen = 10 Lunarmonate) ergibt. Als „Schwangerschaft" definieren aber ärztlicher Sprachgebrauch und (früherer) Gesetzestext (§ 218 StGB) erst den Zustand nach Beendigung der Einnistung des Eies vom 14. Tag nach der Befruchtung an (siehe auch Kapitel 2.1 Altersbestimmung und Tabelle 1.2).

Angesichts der Kontinuität des Entwicklungsvorganges haftet jedem Versuch einer Unterteilung nach bestimmten Merkmalen etwas Willkürliches an. Schon lange mehr oder weniger üblich ist die grobe Unterteilung der vorgeburtlichen Entwicklung in eine Embryonal- und Fetalperiode. So schreibt Hyrtl 1878: „Die Worte Embryo und Fetus, welche in der Anatomie so häufig gebraucht werden, sind nicht synonym. Ihr Unterschied besteht, ein für allemal gesagt, in Folgendem. Embryo (von griechisch sprossen oder keimen) bedeutet die ungeborene Frucht im Mutterleibe, so lange noch nicht alle Formtheile des werdenden Leibes entwickelt sind. Sind diese aber bereits ausgebildet, so heisst die Frucht fetus, (gewöhnlich, obwohl sprachlich unrichtig, auch foetus), von dem veralteten feo, erzeugen, woher auch femina und fecundus stammt. Fetum edere, heisst gebären, bei Cicero." Die Grenze zwischen der Embryonalperiode und der Fetalperiode wird nach embryologischem Übereinkommen mit dem Ende der 8. Woche nach der Befruchtung gezogen. Eine weitere Unterteilung aber bietet sich an:

Tabelle 1.2. Zeittabelle

Entwicklungs-periode	Termine	Wochen			größte Länge Kopf-Rumpf-Länge (mm)
	Letzte Regel-Blutung	1			
		2			
Blastem-	Befruchtung	3	1		
zeit		4	2		
	Implantations-	5	3	1	0,4– 2,5
Embryonal-	abschluß	6	4	2	2,0– 6
		7	5	3	5 – 9
Periode		8	6	4	8 –14
		9	7	5	13 –18
		10	8	6	18 –31
		11	9	7	33
		12	10	8	40
		13	11	9	48
	1. Frist[a]	14	12	10	56
Fetal-		15	13	11	65
		16	14	12	75
		17	15	13	88
		18	16	14	99
		19	17	15	112
Periode		20	18	16	125
		21	19	17	137
		22	20	18	150
		23	21	19	163
	2. Frist[a]	24	22	20	176
Frühgeborene mit Überlebenschance					
		26	24	22	188
		30	28	26	250
Geburt		40	38	36	3800

Größenangaben nach Tabellen 2.1 und 9.2

[a] Der frühere Text des § 218 StGB definierte den Beginn der Schwangerschaft mit dem Abschluß der Nidation. Auch der reformierte Text nimmt in § 219d die ersten 2 Wochen von der Strafbedrohung aus. Die 1. Frist ist die für die „Notlagen"- und die „kriminologische" Indikation (§ 218 (2) Nr. 2+3 i.V.m. (3)); die 2. Frist die für die „eugenische" Indikation (§ 218 (2) Nr. 1 i.V.m. (3))

Die **Blastemzeit** [Thalhammer 1952] umfaßt nach embryologischem Verständnis den Entwicklungsabschnitt zwischen der Befruchtung und dem ersten Auftreten axialer Strukturen im Keim am 16. Tag. Es ist die Entwicklungsperiode vor der Ausbildung eines Embryonalkörpers, die sich wiederum in die Praeimplantationsstadien (CARNEGIE-STADIEN 1–3) und die Implantationsstadien (CARNEGIE-STADIEN 4–6a) unterteilen läßt.

Für diese frühen Entwicklungsstadien hat sich besonders in der angelsächsischen Literatur der Begriff Praeembryo eingebürgert.

Die **Embryonalzeit** schließt sich dann bis zum Abschluß der 8. Woche an (CARNEGIE-STADIEN

6b–23). Sie ist die Entwicklungsphase, in der die großen Organsysteme als Anlagen entstehen und sich in Organe untergliedern. Es ist die „Formungsperiode" der vorgeburtlichen Entwicklung.

Die **Fetalzeit** von der 9. Woche bis zur Geburt ist durch weiteres Wachstum, Differenzierung und durch die Funktionsentwicklung der Organe gekennzeichnet, wobei in der Frühfetalzeit (9.–12. Woche) durchaus noch Formbildungsvorgänge, in der mittleren Fetalzeit (13.–25. Woche) überwiegend Differenzierungsvorgänge und in der späten Fetalzeit (von der 26. Woche an) Reifungsvorgänge vorherrschen. Eine bedeutsame Zäsur in der Fetalperiode ist die Überlebensfähigkeit im Falle einer Frühgeburt, die nach klinischer Erfahrung mit der 24. Woche angegeben wird und im wesentlichen von der Ausdifferenzierung einer diffusionsfähigen Blut-Luft-Schranke in der Lunge abhängt.

Mit dieser überwiegend nach morphologischen Merkmalen getroffenen Unterteilung stimmt eine höchst unterschiedliche Störanfälligkeit des sich entwickelnden Keimes nicht voll überein [Thalhammer 1967]. In der Blastemzeit ist der Keim noch so undifferenziert, daß nach einer künstlichen Teilung (im Tierexperiment) aus den Teilen vollständige Individuen entstehen können. Eine mögliche Schädigung führt zum Absterben – oder wird überlebt. In der Embryonalzeit hat der Embryo noch keine Fähigkeit zu zellulären Abwehrreaktionen entwickelt. Störungen, z.B. durch Medikamente oder durch Virusinfektion, wirken sich durch Untergang betroffener Zellgruppen und das Entstehen von Defekten aus (Embryopathie). Erst in der (mittleren und späten) Fetalperiode können solche Schädigungen durch Restitution überwunden werden (fetale Erkrankungen) [Thalhammer 1967]. Da die einzelnen Organe sich nach unterschiedlichem Zeitmuster entwickeln, ist eine funktionelle oder pathologisch-anatomisch begründete exakte Grenzziehung nicht möglich. Während ein Organ oder Organteil schon „erkranken" kann (z.B. Linsentrübung (Katarakt) bei Rubeoleninfektion), können zur gleichen Zeit andere Organe noch in der Formungsperiode angetroffen werden und mit Defekten reagieren (z.B. Herz mit Ventrikel-Septumdefekt) [Thalhammer 1967].

Die Bildung von Zellverbänden in Form von **Keimblättern** erfolgt im Übergang von der Blastem- zur Embryonalzeit. Der Begriff „Keimblatt" geht ebenfalls bereits auf Wolff zurück, wurde dann durch systematische Untersuchung am Hühnchen durch Pander [1817] und Karl Ernst von Baer [1828, 1837] weiter ausgebaut und von letzterem auch an vielen anderen Species begründet. Die vor der Erfindung der histologischen Technik durch Mikropräparation isolierbaren Schichten, Ektoderm, Mesoderm und Entoderm, stellen das Anlagematerial für die Organentwicklung und Gewebsdifferenzierung dar. Die Keimblatt-Lehre geht davon aus, daß jedes Keimblatt nur zur Bildung bestimmter Organe und nur zu bestimmten Gewebsdifferenzierungen fähig ist. So soll es also ektodermale, mesodermale und endodermale Organe geben. Erst die experimentelle Embryologie hat erwiesen, daß „der Keimblatt-Begriff im Sinne einer Leistungsspezifität nicht haltbar ist" [Starck 1975] und daß für morphogenetische und histogenetische Vorgänge gerade die Interaktion der Keimblätter (oder ihrer Zellen) entscheidend ist. Dennoch kommt den Keimblättern als einer ersten Bildung von Zellverbänden und ersten Segregierung von Anlagematerial eine gewisse Bedeutung zu, auch wenn viele Ausnahmen von der Spezifität und Übergänge geweblicher Differenzierungen inzwischen nachgewiesen sind.

Als **Anlagen** werden histologisch (oder histochemisch) abgrenzbare Bereiche im Keim bezeichnet, die bereits den größten Teil des Zell- und Gewebsmaterials für die weitere Entwicklung enthalten. Sie sind histologisch vor allem durch Größe, Abstand oder Ausrichtung der Zellen gekennzeichnet. Unterschiede in der Richtung und Geschwindigkeit des lebhaften Wachstums führen durch Faltungen, Aussprossungen, Einsenkungen oder Abschnürungen von Gewebsbereichen zu Primitivorganen und bewirken eine Umordnung von Keimteilen, durch die eine geordnete Lagebeziehung der Organanlagen entsteht **(Topogenese).** Bei starker Längen- und Massenzunahme des Embryo werden aus den Anlagen unter lebhafter Zellteilung, gerichtetem Wachstum und in gegenseitiger räumlicher Anpassung die Grundformen der Organe gebildet **(Morphogenese).**

Dabei sind es überwiegend epitheliale Zellverbände, die formbestimmend und morphogenetisch führend sind. Zum Teil mit der Morphogenese sich überschneidend, überwiegend aber an diese anschließend, setzt die **Strukturentwicklung** durch histogenetische Differenzierung der organtypischen Bestandteile ein. Erst wenn diese gebildet sind, beginnt – für die einzelnen Organe zu höchst unterschiedlichem Zeitpunkt – mit der speziellen, cytologischen Differenzierung die **Funktionsentwicklung,** an deren Ende die Zellen und Organteile ihre organspezifische definitive Funktion übernehmen.

Alle Strukturen des Körpers sind etwas Gewordenes, und die Aufklärung ihres Werdeganges bringt für viele topographische Situationen des erwachsenen Körpers plausible Erklärungen. Um hier – einführend – nur Beispiele zu nennen: Der Verlauf von Vagusästen „rückläufig" wieder aufsteigend im Halsbereich (N. laryngeus inferior „recurrens") erklärt sich aus dem Vorhandensein dieser Nervenverbindung zum Anlagebereich des Kehlkopfes noch vor der großen Verlagerung des Herzens und der herznahen Gefäße im Descensus cordis. Derselbe Vorgang führt durch die Verlagerung der schon innervierten Zwerchfellanlage zum langen, absteigenden Verlauf des N. phrenicus vom Plexus cervicalis durch Hals und Thorax bis zum Zwerchfell. Der Verlauf der Chorda tympani durch das Mittelohr wird aus der frühen Verbindung zwischen dem Hirnnerven des Mandibular- und des Hyalbogens ebenso verständlich wie die ärztlich so bedeutsame Überkreuzung von Ureter und Ateria uterina aus der Lage des Wolffschen Ganges zu den Iliakalgefäßen. Form und Struktur des Herzens sind ohne Kenntnis seiner Entwicklung kaum verständlich. „Der Embryo ist das **natürliche** Schema des Erwachsenen" hat Erich Blechschmidt diese wichtige Funktion der Embryologie für das Verständnis der topographischen Situation des Erwachsenen in seinen Göttinger Vorlesungen (1949–1972) plastisch umschrieben. Eine wichtige Begründung für die Pflege der Embryologie im vorklinischen Teil des Medizinstudiums liegt in der Tat darin, den komplizierten Aufbau des Erwachsenenorganismus einsehbar und damit verständlich zu machen. Aber auch über die Erklärung topographischer Situationen hinaus ist für eine wissenschaftliche Medizin das Verständnis vom Werden des Organismus als Voraussetzung für die Beurteilung seines Seins unerläßlich.

Erst in zweiter Linie dient die Beschäftigung mit der Embryologie, und hier vor allem die Kenntnis der organogenetischen Prozesse, der Erklärung der Möglichkeiten und Mechanismen einer Entstehung von Varianten und schließlich von Fehlbildungen. Die Kenntnis von der unterschiedlichen Störanfälligkeit des sich entwickelnden Menschen in den jeweiligen Entwicklungsphasen gehört – zumindest in den Grundzügen – zu den Grundlagen allen ärztlichen Handelns.

Aber auch die Einsicht, daß der Mensch als biologisches Wesen Stoffwechselvorgängen und -regelungen, Verhaltensmustern und Reaktionsweisen unterworfen ist, die zunächst gar nicht humanspezifisch sind, vermittelt die Beschäftigung mit der Embryologie. So wie die Molekularbiologie die weitgehende Übereinstimmung biologischer Grundphänomene, von der DNA-Replikation über die Enzym- und Proteinsynthese bis hin zu Immunreaktionen, für genetisch (und phylogenetisch) weit entfernte Species aufgezeigt hat, so sind auch viele experimentell aufgeklärte oder biochemisch analysierbare Grundphänomene der Entwicklung auf den Menschen übertragbar. Im menschlichen Embryo laufen biochemische und morphogenetische Prozesse in gleicher oder doch sehr ähnlicher Weise ab wie bei tierischen Embryonen. Aber sie finden in einem *menschlichen* Embryo statt, vollziehen sich an und in *menschlichen* Zellen und Strukturen, gesteuert von einem individuellen *menschlichen* Genom, und das allein unterscheidet sie (um ein Goethe-Zitat abzuwandeln) von den Entwicklungsprozessen in allen Wesen, die wir kennen.

1.2 Genetik

Schon Wilhelm His (d.Ä., 1831–1904) ging davon aus, daß morphogenetische Prozesse biochemisch bedingt und gesteuert sein müßten, daher durch biochemische Untersuchungen auch analysierbar sein sollten. Er schickte seinen Mitarbeiter F. Miescher zu dem bedeutenden Biochemiker Hoppe-Seyler nach Tübingen. Mieschers Arbeiten führten zur chemischen Identifizierung und Benennung der Nukleinsäuren. Im damaligen Kontext war eine Deutung dieser Substanzen aber noch nicht möglich (siehe Zeittafel Tabelle 1.1).

Die Menge der DNA pro diploidem Zellkern ist biochemisch und cytophotometrisch für den Menschen mit $5{,}8 \times 10^{-12}$ g bestimmt worden. Das entspricht einer Gesamtzahl an Nucleotiden von etwa 6×10^9 und einer Gesamtlänge der riesigen DNA-Moleküle aus allen Chromosomen von etwa 2×1 m. Legt man den Aufbau eines Gens aus etwa 500 Nucleotiden zugrunde, würde dies zu einer schätzungsweisen Gesamtzahl von 10^7 Genen pro Genom führen. Daraus resultierende Möglichkeiten genetischer Kombinationen sind auf 10^{23} geschätzt worden [Jones 1968]. Solche Messungen und Schätzungen werden durch inzwischen ermittelte genauere Funktions- und Strukturzuordnungen und -aufklärungen in ihrer Bedeutung allerdings erheblich eingeschränkt:

- Zwischen der Menge der DNA pro Zellkern und der Höhe des Differenzierungsgrades von Organismen besteht kein direkter Zusammenhang. So werden bei Pflanzen oder bei Amphibien bis zu zwei Zehnerpotenzen höhere DNA-Werte pro Zellkern gefunden als beim Menschen [Alberts et al. 1983].
- Während bei Mikroorganismen die vorhandene DNA offenbar vollständig als genetische Information zur Verfügung steht und auch genutzt wird, sind die höheren Organismen – wohl aus der langen Phylogenese – mit einem ungeheuren „Ballast" an überzähliger DNA belastet. Auch werden

DNA-Teilsequenzen (z.T. vielfach) wiederholt. Schätzungen gehen für den Menschen davon aus, daß etwa nur 5–10% der gesamten DNA als genetische Information genutzt werden. Große Teile der Chromosomenabschnitte bleiben auch im Interphasekern kondensiert, „heteropyknotisch", sind zusätzlich mit Histon-Proteinen zu unterschiedlich dicht gepackten Nucleosomenketten stabilisiert und werden in ihren größeren Einheiten als Chromozentren im Zellkern schon lichtmikroskopisch sichtbar. Dabei wird zwischen dauernd kondensiertem, „konstitutivem Heterochromatin" und dem nur zeitweilig kondensierten „fakultativen Heterochromatin" unterschieden [Heitz 1929, Brown 1966]. Das Heteropyknosemuster hat eine gewisse Gewebs- oder Organspezifität, es ändert sich während der Differenzierung embryonaler Zellen [Briggs und King 1955]. Das Maximum einer Heteropyknose von Zellkernen wird im „Radspeichen-Kern" der Plasmazellen oder im chromatindichten Kern kleiner, nicht stimulierter Lymphocyten erreicht. Stimulierte, in Teilungsvorbereitung befindliche Lymphocyten lockern ihre Chromatinstruktur auf, so daß beispielsweise das Sexchromatin, vorher überlagert, erneut sichtbar wird [Riis 1957]. Diese unterschiedliche Heteropyknotisierung ist jedoch nicht zu verwechseln mit der kristallähnlichen dichten Lagerung der Nucleoproteide mit ihrer maximalen Kondensation im Spermienkern.

- Nicht alle Abschnitte der riesigen DNA-Moleküle sind gleichwertig. Die experimentell ermittelte Reassoziationskinetik, d.h. die Geschwindigkeit, mit der sich künstlich in Einzelstränge aufgetrennte DNA-Molekül-Teile entsprechend ihrer komplementären Basenpaarung wieder zusammenlagern, erlaubt es, unterschiedliche „Klassen" von DNA zu bestimmen, von denen die Einzelkopie-DNA und die sogenannte repetitive DNA die wichtigsten sind. Etwa 50% der menschlichen DNA soll als Einzelkopie-DNA vorliegen und damit in der Nucleotidfolge sehr viel unterschiedlicher sein als die repetitiven Sequenzen.

Die Übertragung der genetischen Information bei der Proteinsynthese geht von den Triplets, d.h. drei aufeinanderfolgenden Nucleotiden, aus, die je eine Aminosäure codieren. Als Gen ist demnach ein Abschnitt auf der DNA zu umschreiben, der die Information für den Aufbau eines ganzen spezifischen Polypeptids enthält und dazu noch Signalinformationen für den Beginn und das Ende einer Transkriptionseinheit umfaßt. In Einzelfällen ist die gesamte Nucleotidsequenz für solche Gene aufgeklärt, z.B. für das β-Globin im Hämoglobin, mit seinen Unterschieden für embryonale, fetale und adulte Globine. Dabei entspricht die nachbarschaftliche Anordnung dieser Gene in der Reihenfolge ihrer genetischen Aktivität im Laufe der Entwicklung [Sperling 1984].

Als Regulatorgene werden Bereiche beschrieben, die als Repressor- oder Aktivatorgene den geordneten „Abruf" der genetischen Informationen regeln. Sie geben kleinere Moleküle ab, die eine Bildung von m-RNA von einer Transkriptionseinheit (Operon) blockieren (Repression) oder bei Blockade des Repressors (Derepression) über die Zugänglichkeit von RNA-Polymerasen das Operon aktivieren.

Genrepression und Genaktivierung sind zahlreichen intra- und extrazellulären Einflüssen zugängig. Intrazellulär sind es vor allem Wechselwirkungen mit Enzymen und Substraten. Extrazelluläre Stoffe können als Hormone, Gewebshormone oder Wachstumsfaktoren unter Vermittlung spezifischer Rezeptoren in der Zellmembran einwirken. Spezielle interzelluläre Kontakte (Gap junctions) ermöglichen durch Ionenaustausch interzelluläre Kommunikation, so daß auf diesem Wege gleichsinnige Repression und Derepression innerhalb einer Zell-Population möglich wird.

Neue molekularbiologische Methoden erlauben es, die Nucleotidsequenzen von RNA (oder über die Rekombination auch der DNA) zu bestimmen und damit eine „Genanalyse" vorzunehmen. So bewundernswert diese Erfolge der molekularen Genetik in der Aufklärung der genetischen Codierung sind (die hier nur in allerersten Andeutungen anzusprechen sind), von einer Aufklärung der Codierung morphogenetischer Prozesse, etwa im Sinne der His'schen Grundüberlegungen, kann auch heute noch nicht die Rede sein. Dies hat verschiedene Gründe:

- Nur wenige Merkmale sind monogen, d.h. durch die Allele eines Genortes bestimmt. Für sie gelten am ehesten noch die Regeln der klassischen Genetik von Dominanz und Rezessivität.
- Die meisten Merkmale hingegen sind polygen geprägt mit außerordentlicher Variationsbreite der Merkmalsausbildung.
- Im diploiden Chromosomensatz der höheren Organismen ist außerdem jedes Gen doppelt vorhanden, eines aus dem väterlichen Halbsatz, eines aus dem mütterlichen Halbsatz stammend. Diese Gene stehen offenbar in einem wechselseitigen Kompensationsverhältnis, wobei wiederum Dominanz und Rezessivität eine Rolle spielen.

Die Genbalance betrifft aber auch ganze Chromosomenabschnitte und ganze Chromosomen. Dies wurde am deutlichsten an den beiden X-Chromosomen beim weiblichen Geschlecht demonstriert: Lyon konnte 1961 zeigen, daß jeweils nur ein X-Chromosom genetisch aktiv, das andere heterochromatisiert und kondensiert bleibt. Es liegt cytologisch dem „Sexchromatin" oder „Barr-Körper" (heute meist „X-Chromatin" genannt) zugrunde. Auch das Y-Chromosom wird in Teilen heterochromatisch, ein Y-Chromatin kann mit Spezialfärbung (Quinacrin) im Interphasekern fluoreszenzmikroskopisch sichtbar gemacht werden. Die Heterochromatisierung des X-Chromosom erfolgt bereits früh in der Embryonalentwicklung, möglicherweise schon im CARNEGIE-STADIUM 3 (freie Blastocyste) [Edwards 1972], zumindest nach 12 Tagen [Park 1957]. Aufgrund bekannter Gen-Loci auf dem X-Chromosom konnte ferner gezeigt werden, daß das aus dem mütterlichen oder aus dem väterlichen Genom stammende X-Chromosom jeweils unterschiedlich heterochromatisiert wird, der weibliche Organismus in bezug auf die Wirksamkeit X-chromosomaler Gene also ein genetisches Mosaik ist (Abb. 1-1) [Lyon 1972]. Beispielsweise lassen die Erythrocyten von Frauen mit Glucose-6-Phosphat-Dehydrogenasemangel, der X-chromosomal gebunden vererbt wird, sich elektrophoretisch in zwei Subpopulationen trennen, die auf eine Expression X-chromosomalgebundener Zellmembran-Rezeptoren zu beziehen sind. Die Bedeutung einer wechselnden Heteropyknotisierung homologer Chromosomen oder Chromosomenabschnitte für das Problem der Determination und für das Zell-Linienkonzept sind bisher erst in Ansätzen erkennbar.

Die ungeheure Vielfalt einer Merkmalsausprägung wird besonders deutlich im Immunsystem: Das menschliche Genom soll etwa eine Million unterschiedlicher, jeweils höchst spezifischer Antikörper bilden können. Diese Vielfalt ist mit den Vorstellungen über die Anzahl der möglichen und insbesondere der aktiven Gene nicht vereinbar. Da die Antikörper aus verschiedenen Anteilen (L-H-Ketten) und diese wiederum aus stabilen und variablen Teilen bestehen, ergibt sich schon aus der unterschiedlichen Kombinationsmöglichkeit dieser Teile eine exponentielle Steigerung der Vielfalt. In gleicher Weise ist auch die Vielfalt bei anderen Proteinen erklärbar. Nicht die vollständige Peptidsequenz eines Enzyms beispielsweise bestimmt dessen Wirksamkeit, zwischen funktionell bedeutsamen Abschnitten liegen variable andere. Auch hier muß der möglichen Kombinationsvielfalt nicht eine gleiche Vielfalt der Nucleotidsequenzen entsprechen.

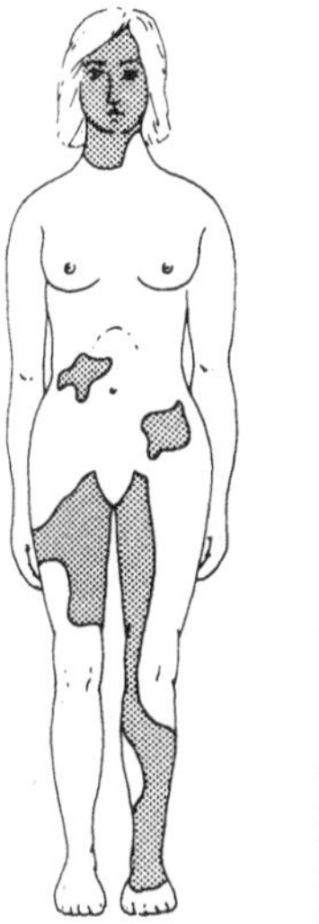

Abb. 1-1. Illustration zum Begriff „genetisches Mosaik". Die markierten Felder zeigen Bereiche, in denen eine Bildung von Schweißdrüsen ausgeblieben ist (ektodermale anhydrotische Dysplasie). In den dysplastischen Bereichen ist das diese Mutante tragende X-Chromosom aktiv, in den nichtbetroffenen Bereichen hingegen inaktiviert, hier ist das nichtmutierte X-Chromosom aktiviert.
[Nach: Alberts et al. 1983]

Die Übertragung der genetischen Information auf Stoffwechsel und Funktion der Zelle erfolgt in dem für alle Organismen aufgeschlüsselten Weg der Protein- und besonders Enzym-Synthese unter Vermittlung von RNA. Das der Basensequenz der DNA-Transkriptionseinheit komplementäre primäre „Transkript" wird in Untereinheiten zerlegt, von denen die Messenger-RNA (m-RNA) die Information in das Cytoplasma überträgt. Die Information wird im Vorgang der „Translation" mit Hilfe der für jeweils eine bestimmte Aminosäure spezifischen Transfer-RNA (t-RNA) in eine Peptidsequenz übertragen. Die Orte der Polypeptid-Verknüpfung, die Ribosomen, scheinen in ihrem Aufbau unspezifisch zu sein. Sie werden in zwei unterschiedlich großen Einheiten (40 S und 60 S) im Nucleolus gebildet und in das Cytoplasma ausgeschleust. Die sich zum Ribosom verbindenden Einheiten führen in dem kleineren Anteil die m-RNA, im größeren Anteil werden die t-RNA-Moleküle in wechselnder Abfolge ein- und ausgelagert. An der Bildung des Nucleolus sind mehrere Chromosomen mit spezifischen Abschnitten (Nucleolus-Organizer) beteiligt.

Dieses Grundschema der Proteinsynthese wird dadurch weiter modifiziert, daß zwischen Transkription und Translation der RNA noch mehrere Teilschritte etabliert sind, die ebenfalls genetisch kontrolliert werden (Abb. 1-2). Erst der gesamte Prozeß vom Start der Transkription bis zur Polypeptidsynthese des spezifischen Proteins ist die Übertragung einer genetischen Information, die „Genexpression".

Noch undifferenzierte, embryonale Zellen sind reich an Ribosomen und haben entsprechend meist große, oft mehrere Nucleolen. Die Ribosomen sind jedoch überwiegend als freie Ribosomen im Cytoplasma zu finden. Ihre Aggregation zu Polyribosomen oder ihre Bindung an die Membranen des endoplasmatischen Reticulum (ER) als rauhes ER findet sich erst während der Differenzierung und zeigt bereits den Übergang zu organ- oder gewebsspezifischen Funktionsproteinen an.

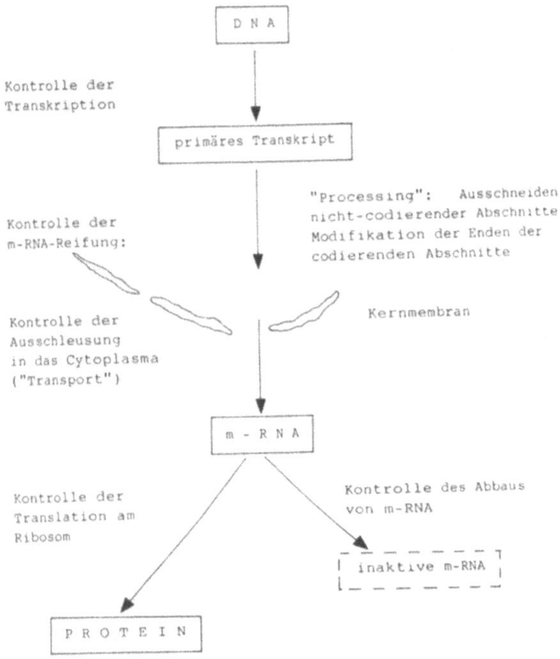

Abb. 1-2. Diagramm zur Illustration verschiedener Kontrollschritte zwischen Transkription und Translation bei der Proteinsynthese am Beispiel der m-RNA. 1. Kontrolle der Transkription durch RNA-Polymerasen. 2. Aufspaltung des primären Transkripts und Modifizierung von Anfang und Ende der m-RNA („RNA-Processing"). 3. Kontrolle des Transports: Nur wenige Prozent der transkribierten RNA werden in das Cytoplasma ausgeschleust. 4. Erkennung der m-RNA durch ein Ribosom. 5. Inaktivierung von m-RNA. [Nach: Alberts et al. 1983]

Die erste Genexpression wurde bei Mäusen nach der ersten Furchungsteilung im Zweizell-Stadium nachgewiesen [Johnson et al. 1984]. Die nach der Aufnahme des Spermium in die Eizelle bis zur ersten Furchungsteilung ablaufenden Vorgänge, die DNA-Replikation in den Vorkernen, die Vorbereitung der ersten Furchungsteilung durch Kondensation der Chromosomen und Einordnung in eine Äquatorialplatte und der Ablauf der ersten Furchungsteilung sollen durch Faktoren gesteuert werden, die im Cytoplasma der Eizelle schon vor der Befruchtung vorhanden waren. Auch daran zeigt sich, daß das durch die Befruchtung etablierte neue Genom erst nach Ablauf der ersten Furchungsteilung in den Kernen der ersten beiden Blastomeren konstituiert und wirksam ist.

Das menschliche Genom ist in 46 diploiden Chromosomen repräsentiert (Abb. 1-3 und 1-4). Auf dem langen Weg der Phylogenese ist es zur Reduzierung der für Primaten typischen 48 Chromosomen auf die 46 Chromosomen des Menschen gekommen. Das Chromosom 2 des menschlichen Karyotyps erweist sich als aus zwei Primaten-Chromosomen mit Inversion bestimmter Abschnitte fusioniert (Abb. 1-5). Die genauere Analyse der verschiedenen Chromosomenabschnitte, insbesondere mit Hilfe der Bandentechnik, hat ergeben, daß die Veränderungen des Genoms im Laufe der Evolution in erstaunlicher Weise „konservativ" waren. So lassen sich Chromosomenabschnitte identifizieren, die auch bei nicht-primaten Säugetieren zu finden sind. Nach den heutigen Kenntnissen über den zeitlichen Ablauf der Evolution läßt sich also sagen, daß diese Chromosomenabschnitte sich rund 70 Millionen Jahre unverändert erhalten haben. So ist auch der größere Teil der Chromosomenabschnitte innerhalb der Primaten vergleichbar, und nur für die Chromosomen 1, 2, 4, 9, 17 und 18 des Menschen muß angenommen werden, daß sie innerhalb von etwa 10 Millionen Jahren in der Evolution der Hominiden verändert worden sind [Dutrillaux 1984]. Daraus mag sich erklären, daß die elektrophoretisch trennbaren Serumproteine des Menschen noch zu 70% mit denen der näher verwandten Menschenaffen übereinstimmen.

Mit der geschlechtlichen Vermehrung sind eine Reihe cytologischer Mechanismen verknüpft, die gewährleisten, daß nicht identische Duplikate, sondern – bei aller Ähnlichkeit von Eltern und Kindern – mit neuen und eigenen Merkmalskombinationen ausgestattete Individuen entstehen. Daß sich haploide Keimzellen in der Befruchtung vereinigen und daß sich in der ersten Furchungsteilung die kondensierten Chromosomen aus beiden Vorkernen in einer gemeinsamen Äquatorialplatte zur geordneten, gleichmäßigen Verteilung auf die Blastomerenkerne einordnen, gewährleistet im Vorgang der Chromatiden-Trennung („Disjunction") nicht nur den gleichen Chromosomen- und Genbestand in den ersten Tochterzellen, sondern bewirkt in der Kombination mütterlicher und väterlicher Anlagen eine neue genetische Konstellation.

Noch bedeutsamer für die Entstehung neuer Merkmalskombinationen ist aber, daß die Keimzellen nur teilidentische Elternzellen sind. In der ersten meiotischen Teilung werden – anders als bei der Mitose – die Chromosomen nicht völlig identisch redupliziert. Durch teilweisen Austausch von Chromatidenabschnitten – besonders deutlich im „crossing over" – wird der Genbestand eines Chromosoms verändert. Dabei ist auch ein Austausch zwischen den ursprünglich mütterlichen und ursprünglich väterlichen homologen Chromosomen möglich. So kommt insgesamt ein neues Ensemble von Genkombinationen zustande. Auch wenn es quantitativ kaum vorstellbar ist, so ist davon auszugehen, daß die angelegten rund 40 000 Ovogonien (von denen nur ein kleiner Teil in die Follikelreifung und Meiose eintritt) und die über 500 Milliarden Samenzellen, die im Laufe eines ge-

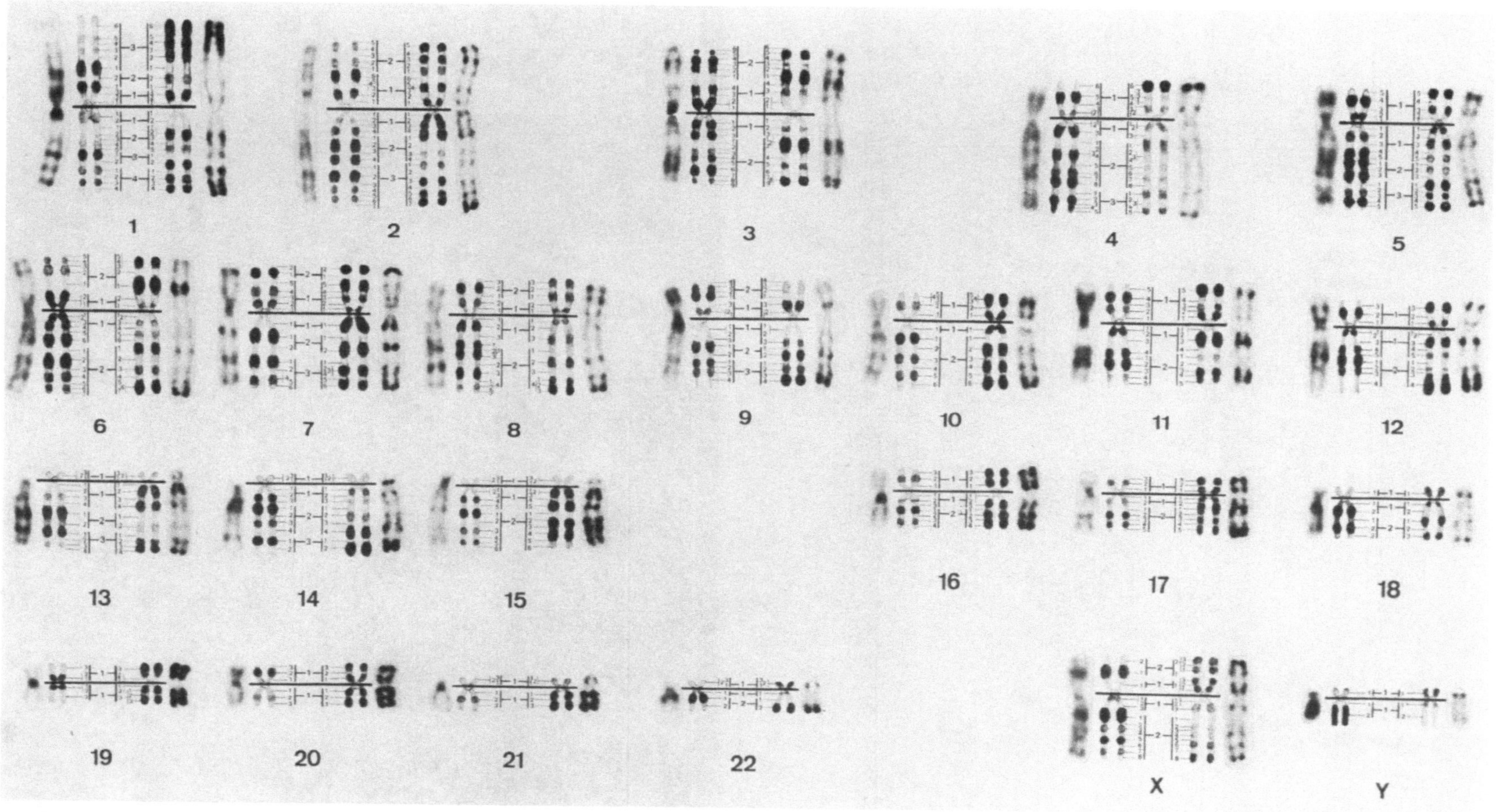

Abb. 1-3. Der normale menschliche Karyotyp nach dem „International System of Human Cytogenetic Nomenclature (1978), ICSN (1978)". Links in der G-Banden-Technik (Trypsin-EDTA-behandelt und Giemsa-gefärbt), rechts in der R-Banden-Technik (Acridinorange-Färbung nach Hitzebehandlung), dazwischen die schematische Repräsentation dieser Banden und ihre Nomenklatur. (Aus: Cytogenetics Vol. 21, No. 6, und Birth Defects, Original Article Series, Vol. XIV, No. 8 (The National Foundation, New York, 1978), mit freundlicher Genehmigung des Karger-Verlages, Basel, und der March of Dimes, Birth Defects Foundation, White Plains, N.Y.)

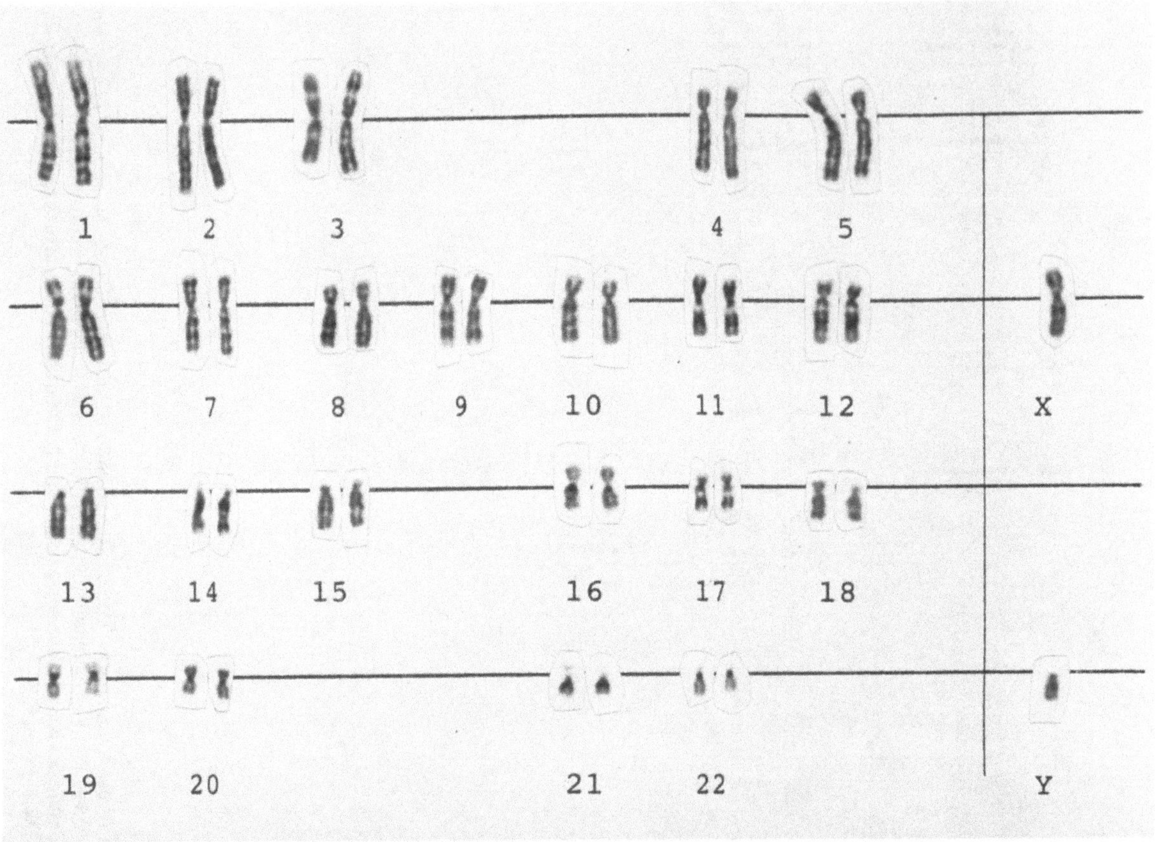
1
2
3
4
5
6
7
8
9
10
11
12
X
13
14
15
16
17
18
19
20
21
22
Y

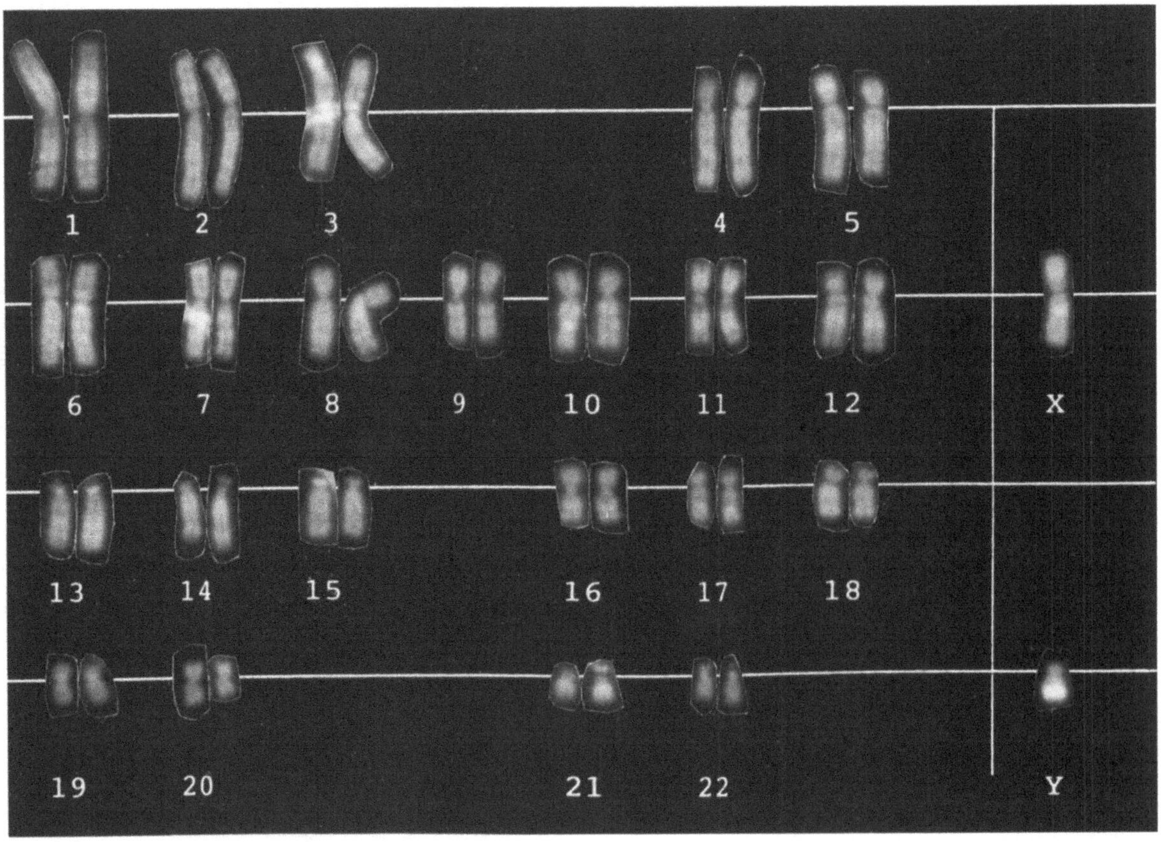
1
2
3
4
5
6
7
8
9
10
11
12
X
13
14
15
16
17
18
19
20
21
22
Y

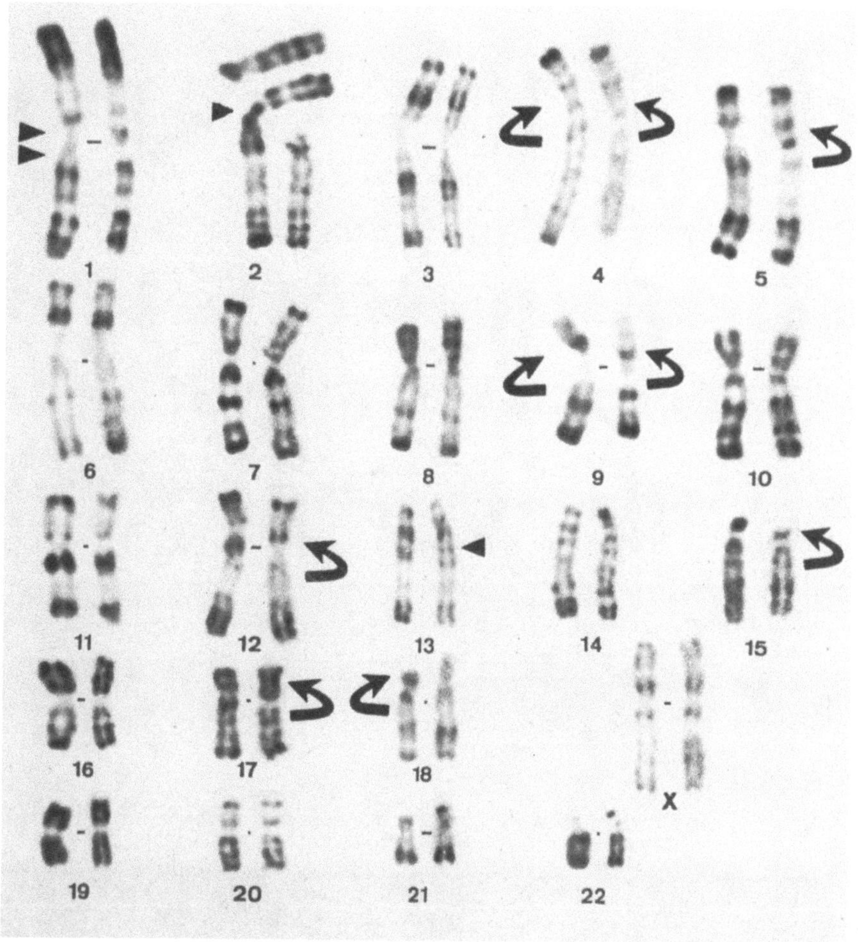

Abb. 1-5. Vergleich haploider Chromosomensätze des Menschen (linke Reihen) und des Schimpansen (rechte Reihen). Durch Pfeile sind perizentrische Inversionen, durch Pfeilköpfe andere Umordnungen, insbesondere die Fusion am Chromosom 2 des Menschen, markiert. Nach dem Ergebnis der sog. Bandentechnik sind immerhin 12 Autosomen und das X-Chromosom identisch [Dutrillaux 1984] (Mit freundlicher Genehmigung von Autor, Herausgeber und Verlag)

schlechtsreifen Lebens schätzungsweise gebildet werden können, genetisch nicht voll identisch sind, sondern sich in der Genkombination gerade um jenen Bruchteil unterscheiden, der mit Grundlage der Individualität ist.

Deutlichstes und zugleich biologisch bedeutsamstes Phänomen der Genomauftrennung in der Meiose ist die geordnete Verteilung der Geschlechtschromosomen während der Spermiogenese. Eine als End-zu-End-Verbindung erscheinende, nur partielle Synapse (s.a. S. 770 und 784) von X- und Y-Chromosom verhindert normalerweise einen Stückaustausch zwischen diesen Chromosomen und gewährleistet zu-

◀
Abb. 1-4a, b. Karyogramm einer diploiden männlichen Zelle des Menschen (Lymphocytenkultur) in der Anordnung nach dem Denver-System. **a)** Giemsa-Färbung (Banden-Technik), **b)** Quinacrin-Färbung, Fluoreszenz, beachte die intensive Fluoreszenz des Y-Chromosoms.
(Präparate und Photos: Prof. Dr. W. Scholz, Abt. f. Humangenetik, Ruhr-Universität Bochum)

gleich die Trennung der beiden Geschlechtschromosomen bei der Reduktion auf den haploiden Satz. Es entstehen also zwei Populationen von Spermien, von denen die eine neben den 22 Autosomen ein X-, die andere ein Y-Chromosom trägt. Das eine Spermium, das bei der Befruchtung in die Eizelle aufgenommen wird, bewirkt damit durch sein Geschlechtschromosom die „genetische Geschlechtsbestimmung".

Die Erklärung für die großen Unterschiede der phänotypischen Ausprägung liegt aber nicht nur in der individuellen Ausprägung des Genoms, und damit in dem Ensemble der Gene, als vielmehr in ihrer Regulation [Passarge 1984].

Diese Regulation hängt aber wiederum offenbar eng mit der genetischen Balance zusammen. Dies machen Störungen besonders deutlich, bei denen Chromosomenteile oder ganze Chromosomen vermindert oder vermehrt sind. Schon eine partielle Veränderung von Chromosomenmaterial bewirkt eine Störung der Genbalance und führt meist zu schweren, multiplen Fehlbildungen. Das berühmteste Beispiel

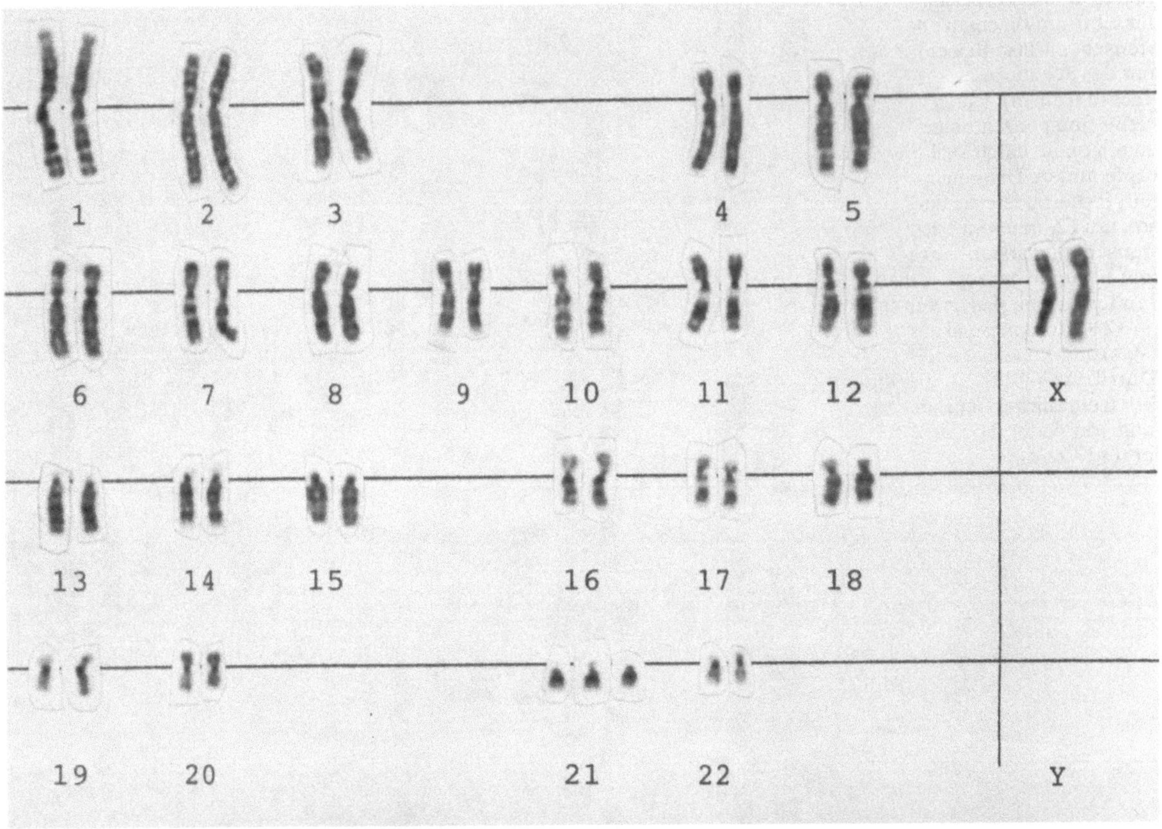
1
2
3
4
5
6
7
8
9
10
11
12
X
13
14
15
16
17
18
19
20
21
22
Y

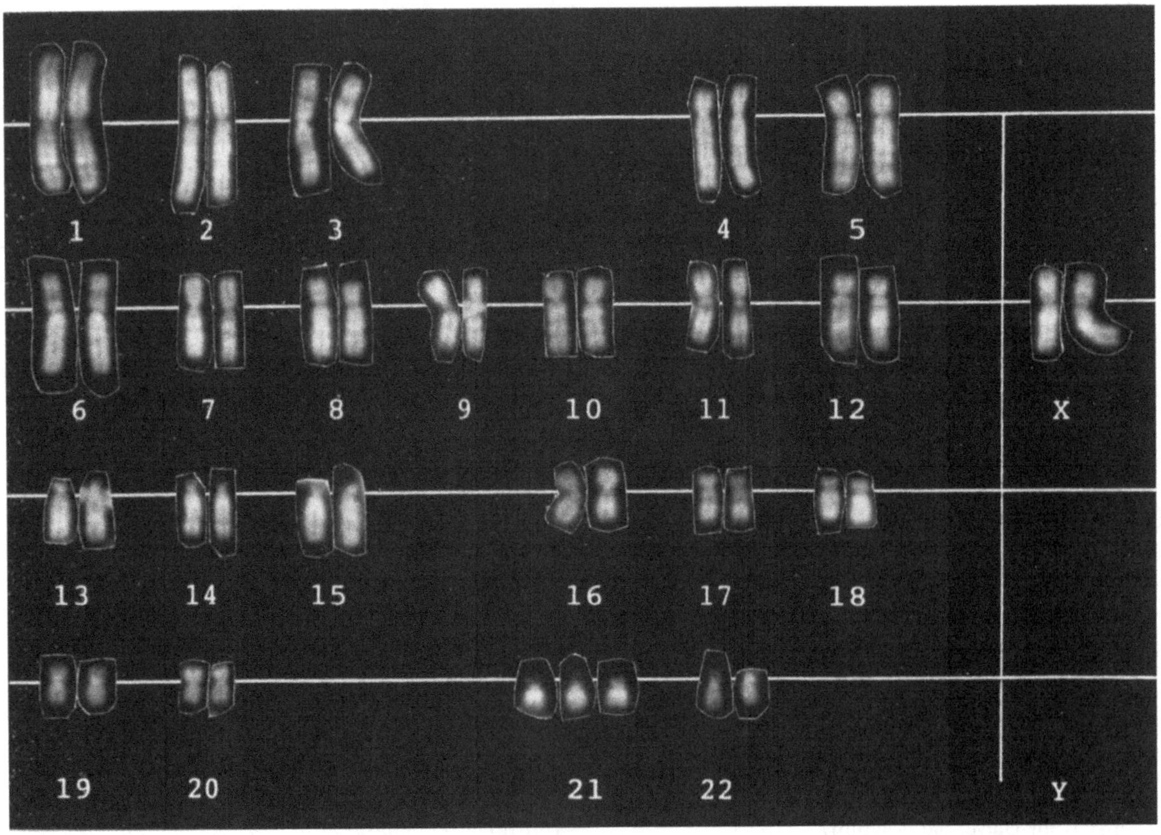
1
2
3
4
5
6
7
8
9
10
11
12
X
13
14
15
16
17
18
19
20
21
22
Y

ist das Down-Syndrom mit der Trisomie 21, die erstmalig von Lejeune et al. [1959] als Chromosomenanomalie nachgewiesen wurde (Abb. 1-6). Besonders hoch ist der Anteil von Chromosomenanomalien in vorzeitig abgestorbenen und abortiv ausgestoßenen Keimen. Gemeinsames Merkmal dieser Störungen bei überlebenden Kindern ist eine meist deutliche Retardierung in der geistigen Entwicklung. Weitere Störungsformen werden in den einzelnen Abschnitten sowie in dem folgenden Abschnitt 1.4 Fehlbildungen besprochen (siehe dort). Der Mechanismus für die Entstehung numerischer Chromosomenaberrationen wird in der Nicht-Trennung der Chromatiden („Nondisjunction") während Meiose oder Mitose gesehen. Sie kann während jeder Kernteilung erfolgen. Tritt sie während der Furchungsteilung auf, resultiert ein genetisches Mosaik.

Veränderungen des Genoms, Mutationen, können spontan oder induziert auftreten und sind generell in jedem Zellzyklus möglich. Besondere Bedeutung erlangen sie, wenn sie in den Zellen der Keimbahn erfolgen und auf die Nachkommen übergehen. Mutationen können sehr kleine Abschnitte des Genoms (Punktmutationen) oder größere Sequenzen (Blockmutationen) betreffen. Mutationen können dominant oder rezessiv sein, im letzteren Fall sind sie am Phänotyp nicht erkennbar. Dominante und rezessive Mutationen, besonders solche, die an Geschlechtschromosomen gebunden sind, werden in gezielten Kreuzungsexperimenten zur Aufklärung der genetisch bedingten Merkmalsausprägung eingesetzt.

Eine für die Humangenetik wichtige Methode ist die Feststellung von Merkmalen und ggf. die Verfolgung abweichender Merkmale durch den Erbgang einer Familie, Sippe oder Population. Merkmale können sowohl morphologische Befunde sein (Haarfarbe, Augenfarbe, Haarstärke und -kräuselung, Papillarleistenmuster, Nasenform und besonders Form des Nasenbodens, Ohrmuschel und Ohrläppchen usw.), daneben können serologische Merkmale durch elektrophoretische Auftrennung der Serumproteine gewonnen werden, oder sie gehören in den Bereich des Immunsystems wie die Antigene auf den Erythrocyten (Blutgruppen, Rh-Faktoren). Auch die vor einer Organtransplantation in der Gewebstypisierung ermittelten Faktoren sind genetisch geprägte Merkmale.

Stimmen zwei Menschen in allen prüfbaren Merkmalen überein, so gelten sie als genetisch identisch, als konkordant. Dies ist bei eineiigen Zwillingen der Fall. Aber auch hier können bei identischem Genom über die Genregulation und Umwelteinflüsse Modulationen auftreten, die zu nicht völlig identischer Merkmalsausprägung führen. Die Nicht-Übereinstimmung von Merkmalen, die Diskordanz, ist um so größer, je weiter Individuen genetisch voneinander entfernt sind. Geschwister, ja selbst Vettern und Cousinen, sind sich ähnlicher als Kinder und Eltern. Der Grad der Konkordanz oder Diskordanz ist anhand von Merkmalskombinationen bestimmbar.

Im diploiden Chromosomensatz des Menschen kommen Gene als Allele vor, die dominant oder rezessiv sein können. Für die möglichen Kombinationen lassen sich Wahrscheinlichkeiten ihres Vorkommens, ggf. unter Berücksichtigung einer Genkoppelung, errechnen. Bei der Aufklärung der genetischen Grundlagen für die menschlichen Blutgruppen des AB0-Systems konnte beispielsweise gezeigt werden, daß es in der Gesamtpopulation drei Allele gibt.

Die Diploidie gibt mit der Möglichkeit zur Heterozygotie einen gewissen Schutz davor, daß rezessive Defektmutanten sofort voll wirksam werden. Andererseits bleiben aber solche rezessiven heterozygoten Allele phänotypisch verborgen. Die Populationsgenetik geht von der Konstanz der Allele in der Gesamtpopulation aus (Hardy-Weinberg-Gesetz) [Bresch und Hausmann 1970]. Bei Störungen einer rein zufallsbedingten Verteilung, z.B. durch Paarung teilweise konkordanter Individuen, kann es zur allmählichen Anreicherung solcher Allele und damit auch zur steigenden Homozygotie und Wirksamkeit kommen. Diese Gefahr ist um so geringer, je höher der Grad der Diskordanz zwischen den Eltern ist. Die extrem starke Durchmischung der Bevölkerung in den letzten Jahrzehnten und die größere Mobilität haben aktuelle Gefahren einer Inzucht-Wirkung erheblich gemildert. Der starke Rückgang der Kinderzahl pro Partnerschaft reduziert die Wahrscheinlichkeit, daß entfernt Verwandte heiraten. Eine humangenetische Beratung sollte jedoch in allen Fällen in Anspruch genommen werden, in der in einer Familie vererbte Krankheiten bekannt sind.

◀
Abb. 1-6a, b. Weiblicher Karyotyp vom Menschen mit Trisomie 21
a) Giemsa-Banden-Technik
b) Quinacrin-Fluoreszenz
(Präparate und Photos: Prof. Dr. W. Scholz, Abt. f. Humangenetik, Ruhr-Universität Bochum)

1.3 Grundvorgänge der Entwicklung

Die Individualentwicklung beginnt interessanterweise mit einer ersten Phase des Nichtwachstums. Die größte Zelle des Körpers, die Eizelle, tritt nach der Befruchtung mit der Furchung in Zellteilungen ein, die nach Art einer Mitose ablaufen, bei denen aber die an eine normale Zellteilung anschließende Phase der Cytoplasmavermehrung ausbleibt. Die Zona pellucida stellt zwar die äußere Umgrenzung für diesen Vorgang dar, aber auch Eier ohne Zona pellucida durchlaufen zunächst so lange Furchungsteilungen, bis eine normale Kern-Plasma-Relation hergestellt ist.

Für das weitere Wachstum des Keimes, einer Organanlage oder eines Gewebes gehören beide Vorgänge zusammen, Kernteilung mit Zellteilung und nachfolgendem Heranwachsen der Tochterzellen zur ursprünglichen oder darüber hinausgehenden Größe.

Zellzyklus und Kernteilung

Wichtigste Voraussetzung für die Erhaltung eines Zellbestandes mit einheitlichem Genom ist die identische Reduplikation der DNA in den Chromosomen, die jeder Zellteilung vorausgeht. Sie erfolgt in der Interphase, also in einem Zustand der Zelle, in dem diese als „Arbeitsphase" ihre gewebsspezifischen Leistungen erbringt (Abb. 1-7). Der als Synthese-Phase (S-Phase) bezeichnete Interphase-Abschnitt kann in der frühen Embryonalzeit etwa 2 Stunden, bei normalem Zellersatz bis zu 8 Stunden dauern.

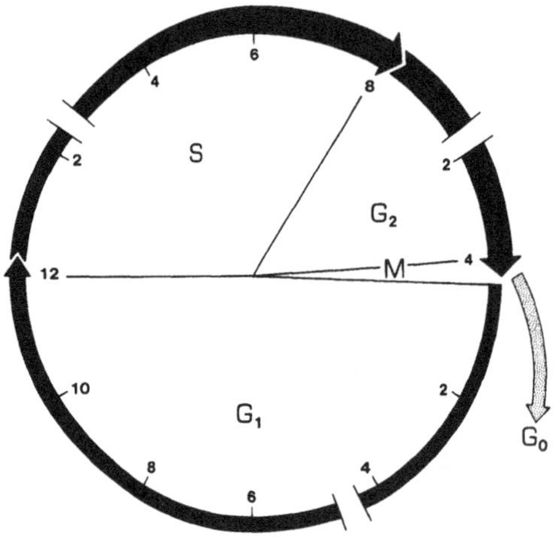

Abb. 1-7. Schema des Zellzyklus. Die Verdoppelung der DNA erfolgt in der S-Phase. Die G1-Phase kann sehr unterschiedlich lang dauern, S-Phase und G2-Phase können bei embryonalen Zellen verkürzt sein.

Nach Abschluß der S-Phase ist der Eintritt der Zelle in die Vorbereitung der Mitose in einer bis zu 4 Stunden dauernden G2-Phase offenbar zwangsläufig. Variabel ist hingegen das Schicksal der Tochterzellen nach der Mitose. Sie können erneut in die unterschiedlich lange G1-Phase des Zellzyklus eintreten, sich differenzieren und gewebsspezifische Leistungen erbringen, bleiben aber teilungsbereit. Sie können auch die wichtige Funktion einer Stammzelle für den ständigen Zellwechsel im Gewebe haben, der über die Phase der Entwicklung hinausreicht. Als postmitotische Zellen können sie aber auch aus dem Zellgenerationszyklus ganz ausscheiden (G0-Phase) und als hochdifferenzierte Zellen (z.B. Nervenzellen) oder in syncytialen Verbänden (z.B. quergestreifte Muskelfaser) ihre spezifischen Funktionen erfüllen.

In den ersten Abschnitten der Embryonalentwicklung nehmen alle Zellen an einem zeitlich verkürzten Zellzyklus (ohne G1-Phase) teil, so daß Zellteilung auf Zellteilung folgt, ohne daß bereits Zellen in die G0-Phase eintretend aus dem Teilungsgeschehen ausscheiden.

In der Gewebekultur kann beobachtet werden, daß das Teilungsgeschehen in einer Zellpopulation von einer Reihe von Faktoren abhängt, von denen Temperatur und Ernährungsbedingungen die einfachsten sind. Dazu gehören Serum- und Gewebskomponenten („Embryonalextrakt", Kälberserum), somatotrope Hormone wie das Somatotropin, das Prolactin und die Geschlechtshormone, aber auch spezifische Wachstumsfaktoren wie der „Epithelial Growth Factor" (EGF), der „Nerve Growth Factor" (NGF) oder der „Skin Growth Factor" (SGF). Auch der die epitheliale Randleiste (apical ectodermal ridge) aufrechterhaltende „AER-Maintainance-Factor" mit nur zeitweilig lokaler Wirsamkeit (siehe Kapitel 29. Extemitätenentwicklung) gehört in diese Gruppe. Umgekehrt gibt es auch Hemmfaktoren für die Zellteilung, die mit räumlich und zeitlich begrenzter Wirkung, z.B. vor einer Skeletblastembildung, von Epithelien ausgehen können (Chalone, Statine, gewebs-, nicht artspezifische Glycoproteine, die die Teilung von Stammzellen hemmen).

Wachstum

Der aus Beobachtungen an Gewebekulturen gezogenen Folgerung einer generellen Begrenzung des Zellteilungsvermögens *in vitro* (menschliche Fibroblasten aus fetalen Lungen: im Mittel maximal 50 aufeinanderfolgende Teilungen [Hayflick 1966]) steht die Auffassung von der „Unsterblichkeit" der Stammzellen gegenüber. Zellteilung und Zellvermehrung sind nur eine Komponente des Wachstums. Die postmitotische Vergrößerung der Zellen zu ihrer ursprünglichen Größe stellt bereits ein Wachstum um den Faktor 2 dar. Zur Volumen- und Massenzunahme des Körpers tragen Synthese und Sekretion interzellulärer Substanzen erheblich bei. Besonders deutlich wird dies im Aufbau des hyalinen Knorpels, der zwar von einer Zellvermehrung ausgeht, bei dem aber der Volumenanteil der Interzellularsubstanz den der Zellsubstanz weit überschreitet. An diesem Beispiel zeigt sich auch, daß die Hydratisation der Interzellularsubstanz, aber auch der Zellen selbst, ein wichtiger Mechanismus für Volumenwachstum ist. Mit der Bildung des großblasigen Knorpels bei der enchondralen Ossifikation wird dies am daraus folgenden Längenwachstum des Skeletts augenfällig (siehe Kapitel 29. Extremitätenentwicklung).

In der späten Fetalperiode, kurz vor der Geburt, trägt besonders das Speichervermögen der Zellen des Fettgewebes zur Volumenzunahme bei. Untergewichtig frühgeborene Kinder unterscheiden sich in Aussehen und Proportionen von reifen Neugeborenen eben gerade durch das Fehlen erheblicher Mengen von Fettgewebe.

Daß Wachstum nicht allein von Zellvermehrung abhängt, zeigt sich auch beim Zentralnervensystem (siehe dort). Hier finden nachgeburtlich keine wesentlichen Teilungen von Nervenzellen mehr statt, determinierte Neurone sind aus dem Zellzyklus als postmitotische Zellen ausgeschieden. Allein die Vermehrung und das Wachstum der Zellfortsätze, des Neuropil, zusammen mit der fortschreitenden Vermehrung der Glia und des Myelin, sowie eine Volumenzunahme der Perikarya der Neurone bewirken die Überführung des ZNS des Neugeborenen zu Größe und Proportionen des Erwachsenen-Gehirns ohne wesentliche Zellvermehrung, zumindest im Bestand der Nervenzellen.

Am wenigsten ist über die Faktoren bekannt, durch die Wachstum begrenzt wird. Spezifische Hemmstoffe [„Chalone“, Bullough et al. 1967] sollen in mehrschichtigen Epithelien eine nicht benötigte Zellerneuerung unterdrücken. Wachstumsbegrenzung spielt auch schon in der vorgeburtlichen Entwicklung eine erhebliche Rolle, stehen doch alle Organanlagen und Organe in einem festgelegten Größenverhältnis zueinander; nur so können geordnete Situsverhältnisse entstehen. Dabei besteht bei paarigen Organen ein Wechselverhältnis, eine verbleibende Niere beispielsweise hypertrophiert nach Entfernung der anderen. Die kompensatorische Hypertrophie der Leber nach Teilhepatektomie weist auf andere organspezifische Faktoren hin [Thornley und Laurence 1975]. Aber auch hier ist eine genetische Kontrolle nicht auszuschließen, wie sich am Beispiel der Mikrophthalmie oder Makrophthalmie zeigt.

Zellerneuerungsraten und Wachstumsgeschwindigkeiten sind in den einzelnen Organen höchst unterschiedlich. So kann die Leber als Beispiel für ein früh einsetzendes, rasches, lang andauerndes, bis über die Geburt sogar etwas „überschießendes“ Wachstum ebenso angeführt werden, wie die Lunge als Beispiel für ein Organ mit sehr langsam ablaufen-

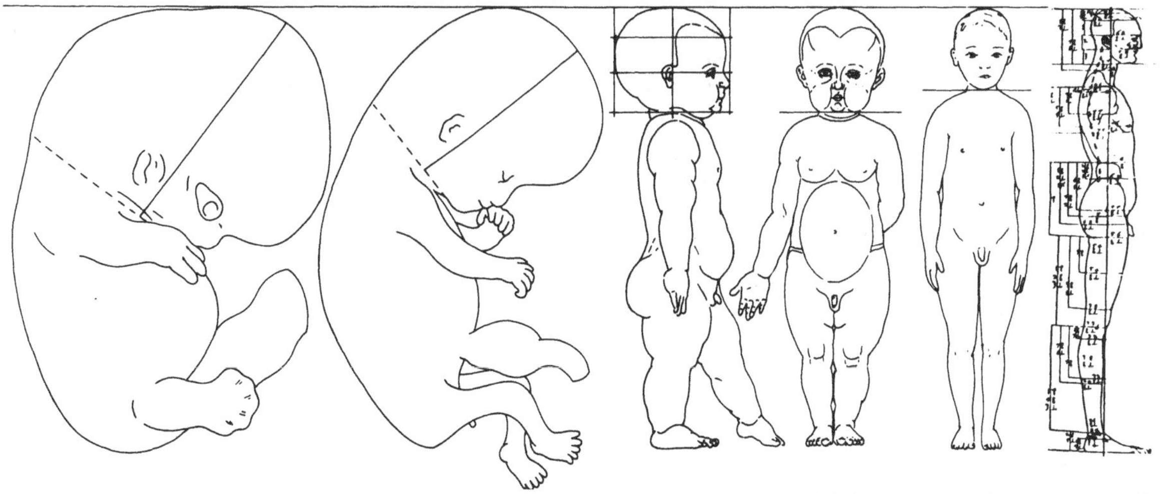

Abb. 1-8. Änderung der Körperproportionen (bei Darstellung in gleicher Gesamtgröße), insbesondere der relativen Kopfhöhe, vom Embryo bis zum Erwachsenen: Von links nach rechts: Embryo STADIUM 18 (17,5 mm, ca. 45 Tage), Fetus 3,1 cm, ca. 6 Wochen, Kleinkind des 1. Lebensjahres (Umzeichnung aus dem Dresdener Skizzenbuch von Albrecht Dürer) [nach: Bruck 1905], 6jähriges Kind (Umzeichnung nach Scammon) [aus: Patten 1968] und Erwachsener mit den Dürerschen Meßlinien

der Entwicklung, die mit der Geburt noch nicht abgeschlossen ist.

Für die Formgestaltung sind unterschiedliche Wachstumsgeschwindigkeiten in Teilbereichen von Organanlagen bedeutsam [Lippert 1962], man spricht von „differentiellem“ Wachstum oder von „gerichtetem“ Wachstum.

Die Proportionsentwicklung des embryonalen Körpers ist durch einen deutlichen cranio-caudalen Gradienten gekennzeichnet, der vor der Geburtsreife den Kopf, genauer den neuralen Teil des Kopfes, zunächst zum größten Körperteil macht. Der Ausgleich dieser Dysproportion setzt nachgeburtlich zunächst mit dem stärkeren Wachstum des Gesichtsschädels ein (siehe Kapitel 24. Schädelentwicklung), folgt dann bei Rückgang des Kopfwachstums mit der Zunahme des Körperwachstums (Stamm und Extremitäten) einem caudo-cranialen Gradienten [Lippert 1962] und dauert bis zur frühen Aduleszenz (Abb. 1-8). Diese Proportionskorrektur wird als „allometrisches Wachstum“ bezeichnet.

Zelltod

Von der frühen Entwicklung an geht die Embryogenese mit dem Absterben von Zellen einher [Ernst 1926]. Schon im Blastocystenstadium wurden unter der Zona pellucida im perivitellinen Spalt elektronenmikroskopisch Zellfragmente gefunden [Sundström et al. 1981, Lopata et al. 1982, 1983; weitere Diskussion bei Vögler 1987]. Durch die Untersuchungen von Glücksmann [1929, 1930, 1951] war für die menschliche embryonale Entwicklung schon gezeigt worden, daß bestimmte Formbildungsvorgänge mit Zelltod einhergehen. Dies gilt beispielsweise für die Abschnürung des Linsenbläschens vom Ektoderm oder die Auflösung der „Epithelmauer“ [Hochstetter 1944] bei der Bildung des primären Nasenbodens. Von „programmiertem Zelltod“ kann nur gesprochen werden, wenn Zellen oder Zellgruppen unabhängig von ihrer jeweiligen Position, also auch nach Transplantation im Experiment, zu einem jeweils bestimmten Zeitpunkt der Entwicklung zugrunde gehen. Bei der Ausgestaltung der Extremitäten (siehe Kapitel 29. Extremitätenentwicklung) finden sich solche „nekrotischen Zonen“, sie spielen offenbar auch bei der Separation der Fingeranlagen im Interdigitalbereich des Menschen eine Rolle [Christ et al. 1986a, 1986b]. Aber auch bei anderen Formbildungsvorgängen werden Zellnekrosen gefunden [Augenentwicklung: Glücksmann 1929, 1930; Herzentwicklung: Pexieder 1975; Gesichtsentwicklung: Hinrichsen 1985] (siehe auch Kapitel 18. und 24. Augen- und Schädelentwicklung). Generell darf man davon ausgehen, daß immer dort, wo sich eine Zellgruppe oder epitheliale Knospe aus ihrem Ursprungsverband löst, auch Zellnekrosen vorkommen. Sie werden als „morphogenetischer Zelltod“ dem „histogenetischen Zelltod“ [Saunders 1966] gegenübergestellt, wie er bei der Gewebsumwandlung (z.B. enchondrale Ossifikation) sich regelmäßig findet. Ein besonderes Ausmaß erreicht der Zelluntergang bei der feineren Ausgestaltung des Zentralnervensystems (siehe dort). Die im Überschuß gebildeten Nervenzellen überleben nur, wenn sie mit ihren Ausläufern Kontakte untereinander oder mit Zellen des Erfolgsorgans erreichen. So scheint es zu einem regulären Wettstreit um Zielzellen zu kommen, wobei Zellen, die erfolglos bleiben, zugrunde gehen. Schon länger war aus Experimenten bekannt, daß beispielsweise die Amputation einer Extremität den Untergang der nun erfolgsorganlosen Zellen im Rückenmark hervorruft und daß im Bereich zwischen den Intumeszenzen die Anpassung an die Peripherie eine regressive ist [Hamburger und Levi-Montalcini 1950, Hughes 1968]. Nach all diesen Befunden muß das Absterben von Zellen als ein normaler Vorgang für die Morphogenese und feingewebliche Gestaltung des Embryonalkörpers gewertet werden.

Interaktion von Zellen

Über Zellvermehrung und Zellwachstum hinaus ist der wichtigste Schritt der embryonalen Differenzierung die Bildung von Zellverbänden. Dies erfolgt zunächst auf epithelialer oder epithelähnlicher Stufe und setzt bereits in der frühen Blastocyste ein. Die „Compaction“ genannte Kontaktbildung unmittelbar vor Ausbildung eines Blastocoels (siehe Kapitel 4.1.2 Praeimplantationsstadien, Compaction) setzt einerseits voraus, daß Zellen mit den wechselseitig angrenzenden Membranabschnitten sich aneinander lagern und Kontakte bilden, andererseits, daß andere Abschnitte der Zellmembran als „freie“ Zelloberfläche unterschieden werden. Noch gibt es wenig systematische Zusammenstellungen darüber, wann und wie die ersten morphologisch erkennbaren Zellkontakte, die aus reifen Geweben bekannt sind, also tight junctions, gap junctions, Zonulae adhaerentes und Desmosomen, gebildet werden. Daß dabei einem flächigen Kontakt der Zellen besondere Bedeutung zukommt, wird daran deutlich, daß auch mesodermale Zellen sich vorübergehend oder dauernd zu epithelialen Zellverbänden formieren (Somiten und Dermatom, Nephrotom, Somato- und Splanchnopleura).

Moscona [1963] zeigte, daß desaggregierte Zellen in der Gewebekultur gewebsspezifisch reaggregieren. Zellkontakt bedeutet auch immer Zellerkennung. Dafür haben spezifische Rezeptoren der Zellmembran eine besondere Bedeutung. An der Keimscheibe des Hühnchens, in der bereits „focal tight junctions", Desmosomen und Zonulae occludentes nachweisbar sind [Mestres und Hinrichsen 1975], hebt Cytochalasin B schon bestehende Zellkontakte auf [Holtzer und Sanger 1972, Stagno und Low 1978, Mestres und Hinrichsen 1980].

Interzelluläre Kommunikation über ausgebildete gap junctions spielen für die gleichsinnige Differenzierung von Zellverbänden unter Einwirkung verschiedenster Mediatoren eine besondere Rolle [Loewenstein 1966]. Diese Zell-Koppelung ist auch bedeutsam für die Aufrechterhaltung eines stabilen Gewebszustandes. Entkoppelung der Zellen ist der erste Schritt zur Reaktivierung der Teilungsfähigkeit [Harding et al. 1971].

Wanderung von Zellen

Schon die Bildung einfacher Zellverbände, von Keimblättern und Geweben setzt die Kontaktnahme der Zellen und damit lokale Zellverlagerungen voraus. Umfangreichere und gerichtete Zellbewegungen finden sich bei zahlreichen embryonalen Vorgängen, so der Schichtenbildung im Zentralnervensystem (siehe dort), der Umformung der Sclerotome und besonders bei der Wanderung der myogenen Stammzellen (siehe Kapitel 29. Extremitätenentwicklung). Aber auch schon bei der ersten Bildung eines mittleren Keimblattes, der Bildung des Primitivstreifens und des Chordafortsatzes erfolgen Zellwanderungen. Sie haben eine Veränderung der Zell-Adhäsivität zur Voraussetzung [Holtfreter 1939, Trinkaus 1966, Curtis 1967] und gehen mit Veränderungen des Cell-coats einher [Holtfreter 1943, Mestres und Hinrichsen 1974]. Ein besonderes Ausmaß von Zellwanderungen wird an Derivaten der Neuralleiste beobachtet [Le Douarin 1982], wo beispielsweise der Weg einzelner Zellen als Sympathicoblasten bis in den Bereich des späteren Nebennierenmarkes verfolgt werden kann [Le Douarin und Teillet 1971]. Aber nicht nur ganze Zellen, auch Zellfortsätze wachsen gerichtet aus und „wandern" dabei gezielt auf spätere Kontaktstellen zu. Hier mag das Auswachsen der Nervenfasern aus der Ganglienzellschicht der Retina über den Sehnerven bis zum Corpus geniculatum laterale als Beispiel stehen [Rager 1976].

Bei so gerichtetem Auswachsen von Nervenzellfortsätzen sind chemotaktische Mechanismen und „Erkennungsmoleküle" wahrscheinlich, daneben dienen gliöse Strukturen als Leitstruktur. Für die Wanderung schon spezialisierter Zellen, wie der Myoblasten, könnten mizellare Strukturen der Bindegewebsgrundsubstanz als Leitstruktur dienen [Slater 1976, Jacob et al. 1978]. Besondere Mechanismen, die wandernden Zellen ihre Richtung weisen, resultieren aus speziellen Formen von Kontakten, die Zellen mit Substrat, künstlichen Strukturen oder untereinander bilden und die in ihrer fördernden oder hemmenden Wirkung als „contact-guidance" und „contact-inhibition" beschrieben werden [Weiss 1958].

Besondere Rätsel gibt die Verlagerung ganzer Zellverbände auf, wie sie bei der Gastrulation der Amphibien oder bei der Bildung von Primitivstreifen, Chordafortsatz und primärem Mesenchym beim Vogel- und Säugerkeim beobachtet werden. Für die Gastrulationsbewegung scheint erwiesen, daß sie nicht auf Zellvermehrung und -wachstum zurückgeht. Der Primitivstreifen hingegen ist ein Bereich lokaler, massiver Häufung von Zellteilungen. Diese Zellteilungshäufung erklärt aber noch nicht die Gerichtetheit der Chordafortsatzbildung und der auswandernden Mesenchymzellen.

Extrazelluläre Matrix

Immer größere Bedeutung für Zellwanderung, Differenzierung und Morphogenese hat in den letzten Jahrzehnten die Grundsubstanz des embryonalen Bindegewebes erlangt, die jetzt allgemein „extrazelluläre Matrix (ECM)" genannt wird [u.a. Piez und Reddi 1984]. Ihre Hauptbestandteile sind Kollagen, beim Embryo überwiegend vom Typ I, III und IV, Glycosaminglycane wie die Hyaluronsäure, das Chondroitin-6-Sulfat oder das Keratansulfat, und spezifische, hochmolekulare Eiweißkörper wie das Fibronectin und Laminin. Die Glycosaminglycane sind in hohem Maße hydratisiert und bestimmen zusammen mit freier Flüssigkeit weitgehend die Konsistenz der ECM. Die ECM ist das Mikroenvironment für alle zwischen abgrenzenden Basalmembranen gelegenen Zellen. Sie ist aber auch zugleich der Raum und das Substrat, in dem und an dem Zellen wandern.

Die Basalmembranen, die zunächst von den ihnen anliegenden Epithelien gebildet werden, werden durch Anlagerung von ECM ortsspezifisch verändert [Wessels 1977, Lauri et al. 1984]. Diese Veränderung hat vielfache Bedeutung. Bei der Epithel-Bindegewebsinteraktion bei epithelialen Formbildungsvorgängen (z.B. Drüsenknospung) beruht die permissive und instruktive Wirkung des Bindegewebes auf lokalen Unterschieden der Basalmembran-Anlagerung. Während der Formbildung selbst werden durch neu gebildete Glycosaminglycane Knospungen und Auswachsungen ermöglicht, anschließend durch angelagerte Kollagene stabilisiert. Die prägende Wirkung, die auf Neuralleistenzellen und mesodermale Zellen aus dem zeitweiligen Kontakt mit epithelialen Flächen herrührt, beruht wahrscheinlich ebenfalls auf den spezifischen Anlagerungen an deren Basalmembranen [Hay und Meier 1974, Newgreen und Erickson 1986]. Schließlich ist für den Wanderungsweg von Zellen, wie beispielsweise Neuralleistenzellen oder Myoblasten, die spezifische, lokal unterschiedliche Zusammensetzung der ECM offenbar richtungsweisend. Auch die schon angesprochenen Phänomene der Contact-guidance und Contact-inhibition könnten – soweit sie nicht auf Zell-zu-Zell-Kontakten beruhen – in der Spezifität der ECM ihr Substrat haben.

Die Synthese und Sekretion der Bestandteile der ECM erfolgt von den Bindegewebszellen selbst. In ihrer lokalen Unterschiedlichkeit ist sie eine besondere Ausprägung der Gen-Expression und hat damit auch Anteil am Phänomen der Musterbildung.

Determination und Differenzierung

Obwohl alle Zellen des Körpers die gleiche genetische Ausstattung haben, findet schon früh während der Entwicklung eine Einengung der an sich genetisch gegebenen Entwicklungsmöglichkeiten der Zellen statt. Die prospektive Potenz der Zellen, die zunächst pluripotent sind, wird schrittweise auf ihre prospektive Bedeutung eingeengt. Experimentell ist erwiesen, daß zumindest bis zum ACHTZELLSTADIUM, möglicherweise sogar darüber hinaus, isolierte Blastomeren sich zu vollständigen Keimen entwickeln können [Zweizellstadium des Seeigels: Driesch 1891; des Molchs: Spemann 1901; Zweizell- und Achtzellstadium des Kaninchens: Seidel 1952, 1960]. Mit der Bildung der Blastocyste im CARNEGIE-STADIUM 3 und der Segregation in eine innere und eine äußere Zellgruppe erfolgt die erste große Restriktion von Entwicklungsmöglichkeiten. Die äußeren Zellen, jetzt auch Trophoblast genannt, sind nur noch zur Bildung embryonaler Hüllen und der Placenta befähigt. Nur die Zellen der inneren Zellgruppe (Embryoblast) haben die Fähigkeit, eine Keimscheibe und einen Embryonalkörper zu bilden. Durch Teilung des Embryoblasten lassen sich im Experiment auch bei höheren Säugern Doppelkeime erzeugen, während die äußeren Zellen des Trophoblasten bei Teilung oder Isolation nicht in der Lage sind, neue Embryoblastzellen zu segregieren. Dieser Vorgang einer schrittweisen Einengung der prospektiven Potenz wird **Restriktion**[1] genannt.

Die Restriktion schreitet von Entwicklungsstufe zu Entwicklungsstufe fort, die Abgrenzung des Neuralepithels, der Neuralleiste und des Ektoderm, die Abgrenzung eines intraembryonalen Endoderm von einem extraembryonal bleibenden Dottersack, die Bildung von axialem und paraxialem Mesoblast sind nur weitere Beispiele für die fortschreitende Einengung von Entwicklungsmöglichkeiten.

Nur im Experiment kann geklärt werden, ob auf diese Weise segregierte Zellgruppen oder Zellverbände schon wirklich auf eine prospektive Bedeutung festgelegt, also **determiniert** sind und sich im Isolierungsexperiment selbst differenzieren können, oder ob sie, an andere Orte des Keimes transplantiert, sich dort noch umorientieren und ortsgemäß entwickeln können. Während für die Restriktion interzelluläre Kontakte und Kommunikationen sowie Positionsinformationen von wesentlicher Bedeutung sind, kann man die Determination als Blockierung, möglicherweise Heteropyknotisierung bestimmter Abschnitte des Genoms erklären, die damit zur Steuerung anderer Entwicklungsvorgänge nicht mehr abrufbar sind.

Als **Differenzierung** wird der Vorgang bezeichnet, in dem eine determinierte Zelle gewebs- oder organ-

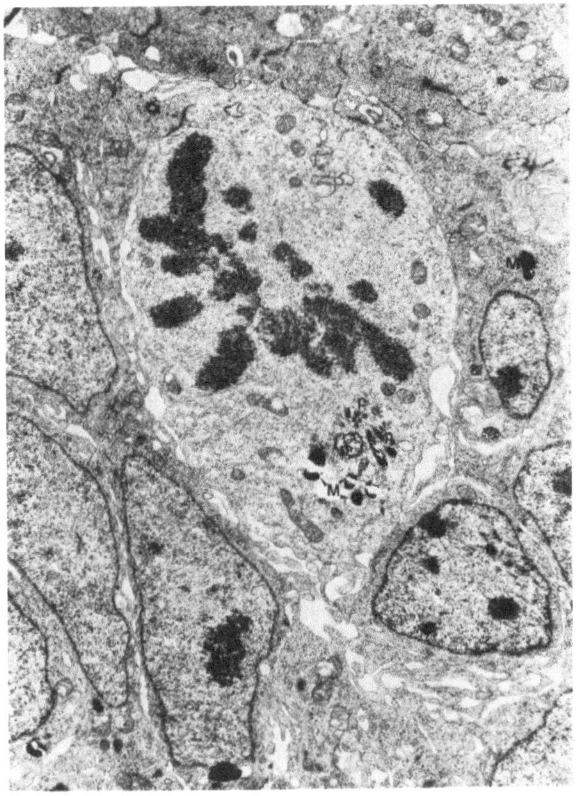

Abb. 1-9. Melanocyt eines 5 Tage alten Hühnerembryo in Mitose. Im basalen Zellteil Melanosomen (M) und Praemelanosomen (P)

---

[1] In der molekularen Genetik wird dieser Begriff für das Ausscheiden artfremder DNA in ganz anderem Sinn verwendet.

typische Strukturen ausbildet. Sie muß damit ihre Teilungsfähigkeit noch nicht eingebüßt haben. „Selbstdifferenzierung“ wird die Fähigkeit genannt, daß die experimentell isolierte Region sich z.B. in der Gewebekultur oder „organtypischen Kultur“ in der determinierten Richtung „herkunftsgemäß“ entwikkelt. Als „abhängige Differenzierung“ wird bezeichnet, wenn ein Keimbereich sich „ortsgemäß“, z.B. nach Transplantation in einen ganz anderen Keimabschnitt, differenziert. [Zur Diskussion des Determinations- und der Differenzierungsbegriffe siehe Denker 1976]. Die Differenzierung setzt ein, längst bevor alle Zellen eines Organs oder eines Körperabschnittes bereits gebildet sind. Auch nach begonnener Differenzierung geht die Zellvermehrung weiter [Lash und Whittaker 1974]. Die frühere Vorstellung, daß Zellen sich erst entdifferenzieren müßten, um erneut in die Teilung eintreten zu können [Peter 1947/49], wird schon dadurch widerlegt, daß man in sich teilenden, differenzierten Zellen Differenzierungsprodukte (Sekrete, Melanin) nachweisen kann [Hinrichsen und von Denffer 1970, El Hifnawi und Hinrichsen 1975] (Abb. 1-9).

Holtzer [1961, 1963] hat besonders betont, daß auch eine sich teilende, embryonale Zelle bereits höchst kompliziert funktioniert und daß es einen undifferenzierten Zustand eigentlich nicht gibt. Differenzierte Zellen unterscheiden sich nicht durch die „Höhe“ ihrer Differenzierung, sondern durch Andersartigkeit und Spezifität ihrer Produkte. Die Differenzierung muß durch interzelluläre Wechselwirkungen ständig aufrechterhalten werden.

Bei nur wenigen Geweben und Zellarten treten schon während der Embryonal- oder Fetalentwicklung Zellen in die G0-Phase ein und verlieren damit ihre Teilungsfähigkeit. Während Neuroblasten zu großer Zellvermehrungsrate, Wanderung und Schichtenbildung befähigt sind, sind differenzierte Neurone nicht mehr teilungsfähig. Zellen der Somiten, besonders des Dermatom, treten früh in eine myoblastische Zell-Linie ein. Sie sind aber noch zu weiten Wanderungen (z.B. in die vordere Rumpfwand oder in die Gliedmaßen) befähigt und in der Lage, sich am neuen Zielort zunächst zu vermehren, bevor sie sich dann weiter differenzieren. Nur postmitotische (G0-)Zellen können zu den Syncytien der quergestreiften Muskelfasern fusionieren. Aber auch im quergestreiften Muskelgewebe verbleiben zwischen den vielkernigen Muskelfasern determinierte Zellen, die sich im Laufe einer Regeneration (z.B. nach Verletzung) erneut teilen und neue postmitotische Myoblasten hervorbringen können. Im Experiment gelingt es, bestimmte G0-Zellen zu erneuter Teilungsfähigkeit zu bringen [z.B. Linse: Harding et al. 1971], auch bei der Wundheilung ist dies der Fall.

Zellaggregation, Zellsegregation und Zell-Linien

Eine besonders gute Deutung der fortschreitenden Restriktion und Determination embryonaler Zellen liefert das **Zell-Linien-Konzept** [Holtzer 1978]. Danach werden in einer ständigen dichotomen Aufzweigung nach Art eines Entwicklungs„baumes“ schrittweise Festlegungen getroffen, wodurch z.B. Mesenchymzellen zu Praemyoblasten und Fibroblasten oder zu Praechondroblasten und Fibroblasten werden (Abb. 1-10).

Aus der experimentellen Cytologie sind inzwischen zahlreiche Mechanismen bekannt, die über die Bildung und Anhäufung spezifischer Rezeptoren in der Zellmembran Zellaggregationen herbeiführen oder umgekehrt durch Maskierung solcher Rezeptoren Nicht-Aggregation, also Segregation, bewirken. Dabei spielen Mediatoren, Mitogene und Antimitogene ebenso eine besondere Rolle wie spezifische Rezeptoren der Zellmembran. Auch hat das Cytoskelet eine wichtige Funktion, sei es bei der Verschiebung solcher Bindungsstellen in der Zellmembran (z.B.

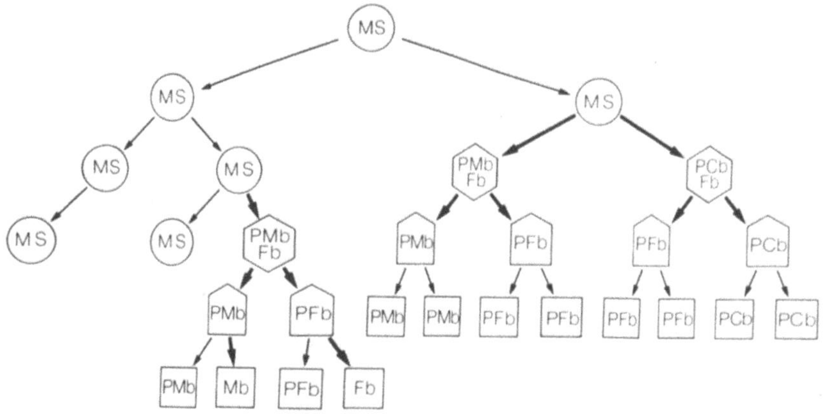

Abb. 1-10. Vereinfachtes Schema zum Zell-Linien-Konzept. Aus Mesenchymzellen (MS) entstehen fibroblastisch-myoblastische und fibroblastisch-chondroblastische Zell-Linien, die sich dann weiter in prämyoblastische (PMb), präfibroblastische (PFb) und prächondroblastische (PCb) Linien differenzieren. Aus ihnen gehen dann die definitiven Zell-Linien (Mb, Fb, Cb) hervor. Die dicken Pfeile symbolisieren „quantale“ Mitosen (in Anlehnung an Holtzer et al. 1981)

„caping"), sei es für die Anpassung der Zellform an die Kontaktfläche.

Bisher ist noch wenig bekannt, welche speziellen Veränderungen der Zellmembran jenen Vorgang charakterisieren, der, als „Determination" bezeichnet, die weiteren Differenzierungsmöglichkeiten einer Zelle auf eine Gewebsspezifität einengt. Holtzer [1978] hat das Konzept entwickelt, daß schon sehr früh in der Embryonalentwicklung bestimmte Zellen als Stammzellen zukünftiger clonaler Entwicklungen determiniert werden. Beispiele solcher Zell-Linien sind Neuroblasten, Myoblasten, aber auch die hämatogenen Stammzellen. Nach diesem Konzept gibt es verschiedene Formen der Zellteilung: Proliferative Mitosen führen zu gleichen Tochterzellen ohne Veränderung der Genexpression. Differentielle Teilungen lassen Stammzell-Linien mit unveränderten Eigenschaften neben Zellen entstehen, die, in ihrer prospektiven Potenz eingeengt, Ausgang für bestimmte nachfolgende Zellclone sind. Dabei ist charakteristisch, daß die Tochterzellen Genorte exprimieren, die in der Mutterzelle blockiert waren. Diese besondere differentielle Mitose, vor allem ihre Vorbereitung in der DNA-Reduplikation, soll für die veränderte Genexpression der Tochterzellen eine entscheidende Bedeutung haben, sie wird als „quantale" Mitose bezeichnet [Holtzer 1970, 1978, Dienstmann und Holtzer 1975]. Die Replikationsgenetik und Molekularbiologie ergeben aber bisher keine sicheren Hinweise auf eine Programmierung nachfolgender Genaktivierungen während der DNA-Replikation. Die Suppression von Genaktivitäten kann außer in der Chromosomenstruktur (Heterochromatisierung, Nucleosomendichte) durch Methylierung der DNA erfolgen. Methylierung und Demethylierung sind mögliche Mechanismen zur Änderung der Genexpression [Razin und Cedar 1984].

Die Determination von Zell-Linien ist von Wirkungen der Umgebung abhängig [„Positionsinformation", Wolpert 1969]. Die Bildung von Zell-Linien zeigt sich damit nicht als eine zwangsläufig ablaufende Mosaikbildung (wie bei Nematoden oder Egeln), sondern als Folge von und Reaktion auf bestimmte morphogenetische Prozesse.

Morphogenese

Der rätselhafteste Grundvorgang der Entwicklung ist die Morphogenese. Die Ausbildung der Form des Körpers im ganzen wie in seinen Teilen ist eine Leistung der embryonalen Zellen, Zellverbände und Gewebe, die von vielen Faktoren abhängt. Dabei werden z.T. die definitiven Formen nach Art einer „Gußform" vorgebildet (Beispiel Zahnkrone durch Interaktion von Zahnpapille und Schmelzepithel), oder es werden in einem schrittweisen Wachstums- und Umformungsprozeß definitive Formen sequentiell entwickelt (Beispiel Gliedmaßenentwicklung). Sind es in manchen Fällen Epithelverbände, die die Organform vorbilden oder vorbereiten (frühe Augenentwicklung), so ist es in anderen Fällen die Gemeinschaftsleistung von Epithel und Mesenchym, die die Formbildung hervorruft (frühe Gliedmaßenentwicklung, „epitheliogene" Organe wie Drüsen und Lunge, Gesichtsentwicklung). In der Morphogenese wirksame Vorgänge sind Wachstumsdifferenzen, gerichtetes Wachstum, unterschiedliche Zellteilungsraten und Zellwanderungen. Gurwitsch [1922] prägte den Begriff des „morphogenetischen Feldes" und ging von lokalen mitogenen Wirkungen aus. Sein Schüler Frank [1925] zeigte bei der Vorderhirn- und Augenentwicklung, daß die lokale Mitoserate die nachfolgende Formentwicklung anzeigt (Abb. 1-11). Mit biochemischen und cytochemischen Untersuchungen wurden Verteilungsmuster zahlreicher Substanzen, Enzyme oder biophysikalischer Phänomene (Redox-Potential, pH) aufgezeigt [u.a. Child 1937, Needham 1942, Waddington 1956, Raven 1958, 1959]. Dem „morphogenetischen Feld" sind zahlreiche weitere Feldbegriffe hinzugefügt worden [Diskussion bei Needham 1942]. All diese Ergebnisse zeigen unterschiedliche Facetten von Formbildungsvorgängen auf. Für das komplexe Geschehen „Morphogenese" gibt es jedoch keine grundlegende, umfassende biochemische Erklärung.

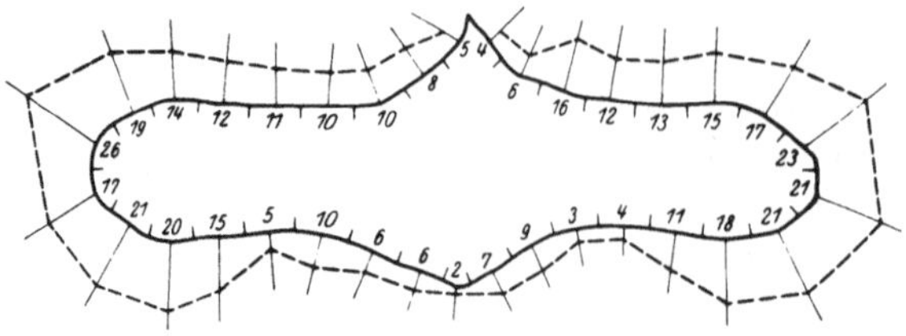

Abb. 1-11. Mitosenverteilung und Formentwicklung am Beispiel der Augenbläschen. Die unterschiedliche Häufigkeit der Mitosen als Höhenlinien abgetragen ergibt (gestrichelte Linie) die Form des nachfolgenden Stadium. Augenanlage vom Hühnchen, Zusammenfassung aus zwei gleichaltrigen Embryonen
[Frank 1925, reproduziert aus: Fischel 1929]

Ein wichtiges Mittel der Morphogenese, möglicherweise auch seine Grundlage, ist die **Musterbildung.** Auch sie ist nicht unmittelbar aus histologischen Merkmalen erkennbar, auch hier zeigt das Experiment, daß bereits mikroskopisch nicht erkennbare Restriktionen bestehen, bevor entsprechende Strukturen sichtbar werden. Wichtige Voraussetzung für eine Musterbildung ist die Bereitstellung einer genügend großen Zellpopulation. Daneben spielen lokal wirkende Wachstums- und Hemmfaktoren wie auch das Mikroenvironment durch örtliche Stoffwechselunterschiede eine bedeutende Rolle. Vor seiner mikroskopisch sichtbaren Realisation ist das Muster experimentell veränderbar. Es liegt also noch keine Determination vor. Für die Bereitstellung ausreichend vieler Zellen sind Zellvermehrung und Zellwanderung wichtig. Die Musterbildung selbst vollzieht sich erst nach Beendigung der Proliferationen und ohne Zellwanderung [Waddington 1962, Hinchliffe und Johnson 1980].

Induktion

Die Überführung des Embryo von einer „niedrigstufigen in eine hochstufige Mannigfaltigkeit" [Driesch 1928] erfolgt unter dem Einfluß von Organanlagen, Gewebsbereichen oder Zellgruppen auf unmittelbar benachbarte Strukturen. Die Auslösung morphogenetischer Prozesse wird als Evokation, die weitergehende Wirkung zu Musterbildung und Differenzierung als Induktion bezeichnet. Die primäre Induktion ist während des Grundvorgangs der ersten Bildung für einen Embryonalkörper wirksam: Die Unterlagerung des Ektoderm durch den Chordafortsatz, einen mesodermalen Gewebskomplex, ist notwendige Voraussetzung für die Verdickung des Ektoderm zur Neuralplatte, deren weiterer Entwicklung zum Neuralrohr und damit für die Entstehung der Anlage des Zentralnervensystems (siehe Kapitel 6.2 Embryogenese, Neurulation). Die Entdeckung dieses Phänomens der primären Induktion geht auf Experimente von Spemann [1924] sowie Spemann und Mangold [1924] an Amphibien zurück, bei denen während der Gastrulation und nachfolgenden Chordabildung aus diesem Bereich die induktive Wirkung auf das Ektoderm und Mesoderm ausgeht. Schon vor oder zu Beginn der Gastrulationsbewegung sind die später induzierenden Zellen experimentell bestimmbar (dorsale Urmundlippe als „Organisator"), ihre Transplantation in einen anderen Keimbereich ruft dort im Ektoderm eine überzählige Neuralplatte und im Mesoderm axiale und paraxiale Strukturen hervor. „So ergab sich der Begriff des **Organisationszentrums** als eines Keimbereiches, welcher den übrigen Teilen in der Determination vorangeeilt ist und nun selbst determinierende Wirkungen bestimmten Betrages in bestimmten Richtungen ausgehen läßt" [Spemann und Mangold 1924, S. 600].

Wie die Bildung der Neuralplatte, so sind auch zahlreiche andere morphogenetische Prozesse experimentell daraufhin überprüft worden, daß sie durch vorausgehend gebildete Strukturen ausgelöst, eben „induziert", werden. Bekanntestes und wohl meistuntersuchtes Beispiel ist die Induktion einer Linse im Ektoderm durch den Augenbecher, wobei lokale, zeitliche und artspezifische Faktoren eine Rolle spielen. Aber auch zahlreiche weitere Formbildungsprozesse sind davon abhängig, daß eine induzierende Struktur und ein zur Reaktion auf diesen Induktionsreiz befähigtes („kompetentes") Gewebe zusammenwirken [Spemann 1936]. So ist die Ausknospung des Trachealbaumes, die Knospung und Verzweigung von Drüsen oder die Bildung der Nierentubuli abhängig von den induzierenden Einflüssen des umgebenden Mesenchym. Dabei gibt es auch wechselseitige Interaktionen: Die Verzweigung der Ureterknospe bei der Nierenentwicklung erfolgt unter der Wirkung des nephrogenen Mesenchym. Dieses formt Nierentubuli nur unter der Wirkung der Ureterknospe. Auch degenerative Prozesse können chemisch ausgelöst werden (z.B. Rückbildung von Geschlechtsgängen, siehe dort). Dabei kann zwischen auslösender Initialinduktion und einer über längere Zeit wirkenden Dauerinduktion unterschieden werden.

Die Versuche, den Induktionsmechanismus aufzuklären, sind Legion. Es handelt sich dabei offenbar um vom Induktor gebildete, diffusible, nur in unmittelbarer Nähe des Entstehungsortes wirksame, kleinmolekulare Stoffe, die aber auch in unmittelbarem Zell-zu-Zell-Kontakt übertragen oder freigesetzt werden [Holtfreter 1947, 1951]. Durch die Zwischenlagerung von Filtern bestimmter minimaler Porengröße kann die Wirkung dieser Substanzen ggf. verhindert werden. Es wurde aber auch gezeigt, daß feinste Zellausläufer durch die Poren solcher Filter einen direkten Kontakt zwischen Induktor und reagierendem Gewebe herstellen. Die Induktion verhindernde minimale Porenweite ist damit weniger auf die Molekülgröße der diffusiblen Substanz bezogen als vielmehr auf die Möglichkeit, feinste Zellausläufer noch eindringen zu lassen [Toivonen und Saxén 1955, Saxén 1961, Saxén und Toivonen 1962, Grobstein 1956, 1961].

Neben der Art des induzierenden Agens spielen Konzentration und räumliche Verteilung eine erhebliche Rolle [Holtfreter 1948, Tiedemann 1963]. Insbesondere bei der Kopfentwicklung der Amphibien wurde die Wirkung zweier Faktoren ermittelt, die als neuralisierend und als mesodermalisierende Faktoren beschrieben sind [Lehmann 1945, 1950, Yamada 1950, Toivonen et al. 1961, Tiedemann 1963]. Der neuralisierende Faktor läßt Strukturen entstehen, die zum Kopf gehören; diese Induktionsform wird kurz „prosencephal" genannt. Der mesodermalisierende Faktor bewirkt die Bildung solcher Strukturen, die nur im unteren Rumpfabschnitt vorkommen, daher die Kurzbezeichnung „spinocaudal". Offen ist die Frage, ob zum Hinterhaupt und Hals gehörige,

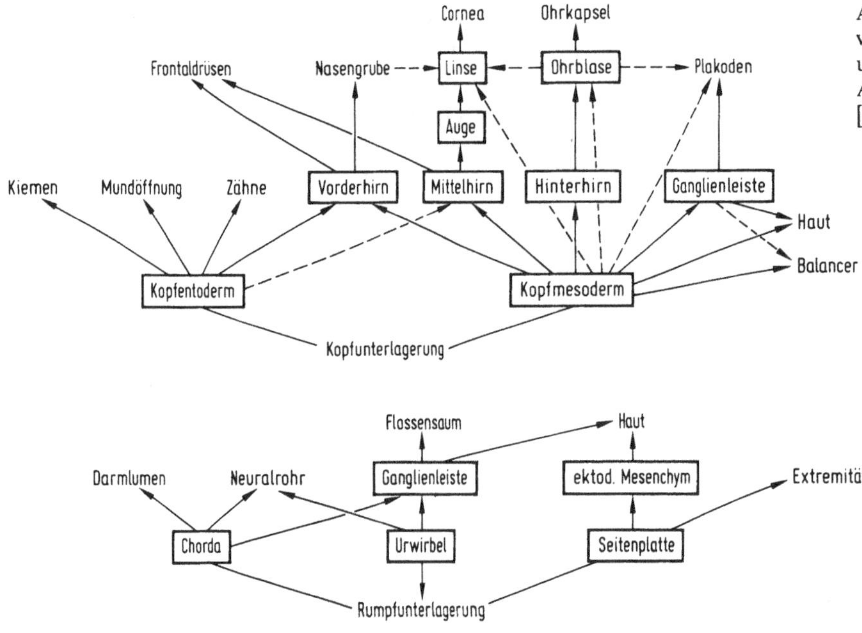

Abb. 1-12. Schema zur Abfolge von Induktionen im Kopf- (oben) und Rumpfbereich (unten) bei Amphibien.
[Aus: Holtfreter 1934]

„rhombencephale" Strukturen durch einen eigenen Faktor ausgelöst werden oder ob deren Bildung sich aus der überlappenden Wirkung der beiden anderen Faktoren ergibt.

Bisher ist es bei Vertebraten nicht gelungen, induzierende Stoffe biochemisch eindeutig zu bestimmen [siehe z.B. Woerdemann 1955, Vaninio 1958, Tiedemann 1959]. Die große Zahl der vorliegenden Experimentalergebnisse und die verschiedenen darauf gründenden Theorien der Induktion können hier nicht im einzelnen diskutiert werden. Wichtigste Schlußfolgerung ist, daß auch für die menschliche Entwicklung davon ausgegangen werden muß, daß die meisten morphogenetischen Prozesse nicht autonom ablaufen, sondern abhängig sind von induzierenden Wirkungen. Dabei hat immer eine erste, schon gebildete Struktur entscheidenden Einfluß auf nachfolgend zu bildende Formationen. So ergibt sich, ähnlich wie beim Zell-Linienkonzept, auch hier die Vorstellung eines hierarchischen, baumartig verzweigten Systems immer weiter nachfolgender Induktionen [Holtfreter 1951] (Abb. 1-12).

Regulation und Regeneration

Mit der Vorstellung einer präformierten, sich zwangsläufig aus der genetischen Steuerung ergebenden, mosaikartigen Entwicklung nicht vereinbar sind jene Befunde, die zeigen, daß ein experimentell gestörter Keim entfernte Teile ersetzen und sich zu einem neuen ganzen Keim selbst ergänzen kann. Dieser Vorgang wird **Regulation** genannt. Er spielt sich vor der axialen Differenzierung einer Keimscheibe ab. Dabei können auch Teile genetisch verschiedener Embryoblasten-Komplexe fusionieren und ein neues Ganzes bilden, ja fermentativ desintegrierte Embryoblastzellen können sich neu aggregieren. Sogar genetisch recht differente Embryoblasten aus verschiedenen Keimen können, künstlich zusammengebracht, sich zu einem nun genetisch gemischten Keim zusammenlagern und ergänzen. Chimären und Mosaikkeime oder „allophenisch" nennt man solche experimentell erzeugten Keime, die erstaunliche Entwicklungstendenzen entfalten [Mintz 1967, Gardner 1979].

Als **Regeneration** wird der Vorgang bezeichnet, durch den geschädigte oder entfernte Anlagen oder Gewebsabschnitte zur ursprünglichen Vollständigkeit ergänzt und also wiederhergestellt werden. Wichtigstes Untersuchungsobjekt sind hier die Extremitäten von Amphibien. Im Vorgang der Regeneration werden Bildungsstufen erneut durchlaufen (z.B. Musterbildung), die in dem entfernten oder geschädigten Abschnitt schon stattgefunden hatten. Wie bei der vorausgegangenen „normalen" Entwicklung ist auch hier die Wechselwirkung zwischen Ektoderm und Mesoderm von entscheidender Bedeutung. Regenerationsvermögen setzt vor allem ein, wenn Gewebe schon determiniert sind oder bereits differenzierte Gewebs- und Organstrukturen vorliegen. Vor diesem Zeitpunkt der Entwicklung entstehen durch Schädigungen Defekte. In reduziertem Ausmaß hält das Regenerationsvermögen zeitlebens an, jede Wundheilung beginnt mit regenerativen Prozessen.

Integration

Nachdem bereits eine Organanlage entstanden ist und ihre Grundform erlangt hat, erfolgt während der Differenzierung der Organteile die Etablierung der definitiven topographischen Situation unter Beteiligung zahlreicher, zunächst der Organanlage nicht angehöriger Strukturen. Dazu gehören die Gefäßversorgung, die Nervenversorgung, die Erstellung der Lymphabflußwege, aber auch die Zuordnung einfacher Bindegewebsstrukturen als Organkapseln oder Fascien. Dieser Vorgang der Einbeziehung benachbarter und gewebsfremder Strukturen kann als **Integration** beschrieben werden. Ein besonders anschauliches Beispiel dafür liefert die Entwicklung des Auges: Erst nachdem der Augenbecher und das Linsenbläschen gebildet sind und sich bereits in ihrer histologischen Differenzierung befinden, ordnet sich zirkulär um die Anlage das Bindegewebe als Sclera, reihen sich Kapillaren außen am Pigmentepithel zur Choroidea, wächst Bindegewebe in den späteren Corneabereich als Stroma ein, bilden sich hinteres Cornealepithel und die vordere Augenkammer. Außerhalb der Sclera formen sich die äußeren Augenmuskeln und gewinnen erst nachträglich Anschluß mit ihren scleralen Insertionen.

Während der Integration zeigen sich auffällige Unterschiede zwischen der Nerven- und der Gefäßversorgung der Organe: Während die frühembryonale Nervenversorgung auch bei ausgiebiger Organverlagerung aufrechterhalten wird (Beispiele wurden eingangs bereits genannt), kann sich die Gefäßversorgung der veränderten Lage des Organes anpassen: So wird die Nachniere bei ihrer Verlagerung von der Segmenthöhe S 2 bis in die Höhe von L 1/Th 12 in wechselnder Weise von den zahlreichen, seitlichen Ästen der Aorta zur langgestreckten Urniere mit Blut versorgt, bis sich am endgültigen Ort die definitiven Nierenarterien ausbilden (siehe Kapitel 11. Arterien).

Wir wissen bisher kaum etwas über Steuerungsvorgänge, durch die getrennt entstehende Strukturen – wie am Beispiel des Auges gezeigt – zu einer funktionellen Einheit integriert werden.

1.4 Fehlbildungen

Fehlbildungen, die bei der Geburt festgestellt werden oder die kurze oder längere Zeit nach der Geburt feststellbar sind (z.B. Taubheit, siehe Kapitel 19. Ohrentwicklung; Zahnanomalien, siehe Kapitel 25. Zahnentwicklung) oder sich manifestieren (Craniostosen, siehe Kapitel 24. Schädelentwicklung), werden als **angeboren** bezeichnet. Dies heißt nur, daß die zugrundeliegende Schädigung oder sonstige Ursache während der vorgeburtlichen Entwicklung wirksam war. Es sagt nichts über die Ursache oder den Wirkungszusammenhang aus, insbesondere darf „angeboren" nicht mit „vererbt" oder „genetisch bedingt" gleichgesetzt werden.

Zu Beginn dieses Jahrhunderts sind mit großer Akribie die Fehlbildungen bei Mensch und Tier morphologisch erfaßt, untersucht, klassifiziert und mit einer eigenen Nomenklatur bezeichnet worden [z.B. Schwalbe 1906/07]. Daraus hat sich unter Erweiterung zur experimentellen Forschung ein eigenes Wissenschaftsgebiet, die Teratologie (von griechisch: terata = die Mißbildungen), entwickelt. In einem ersten Überblick kann man die Fehlbildungen einteilen in Doppel- und Mehrfachbildungen, Spaltbildungen, Hypo- und Aplasien sowie geschwulstartige Neubildungen (Teratome). Innerhalb dieser Gruppen lassen sich teratologische Reihen aufstellen, die von den schwersten Formen bis an die Grenze der Variation des Normalen reichen.

Die Angaben zur Häufigkeit von Fehlbildungen schwanken erheblich je nach Umfang, Zeitspanne und Kriterien der Untersuchung [z.B. Schenk 1942, McIntosh et al. 1954]. Sie liegen zwischen 0,8 und 4,5% für den Zeitpunkt der Geburt. Werden vorgeburtlich entstandene, erst später manifest oder sichtbar werdende Fehlbildungen einbezogen, kann sich die Zahl annähernd verdoppeln.

Ein besonderes Merkmal embryonaler Fehlbildungen ist darin zu sehen, daß höchst unterschiedliche Noxen oder Einwirkungen zu morphologisch gleichen oder doch sehr ähnlichen Erscheinungsformen führen. Aus der Morphologie einer Fehlbildung kann daher nicht auf ihre Ursache rückgeschlossen werden. Dies gilt auch und besonders für die Frage einer erbbedingten, genetischen Ursache oder einer anderen, nichtgenetischen Schädigung (z.B. Stoffwechsel-, Hormon-, Arzneimittel- oder Strahlenschädigung, diaplacentare Virusinfektion). „Phänokopien" („die den Phänotypus bekannter Mutanten kopieren") [Goldschmidt 1935] werden Fehlbildungen genannt, die im Erscheinungsbild bekannten erbbedingten Fehlbildungen (Genokopien) gleichen [Nachtsheim 1961].

Hingegen besteht ein Zusammenhang zwischen dem Zeitpunkt einer schädigenden Wirkung und der resultierenden Form der Fehlbildung. War dies schon aus Tierexperimenten bekannt, so hat eine Röteln-

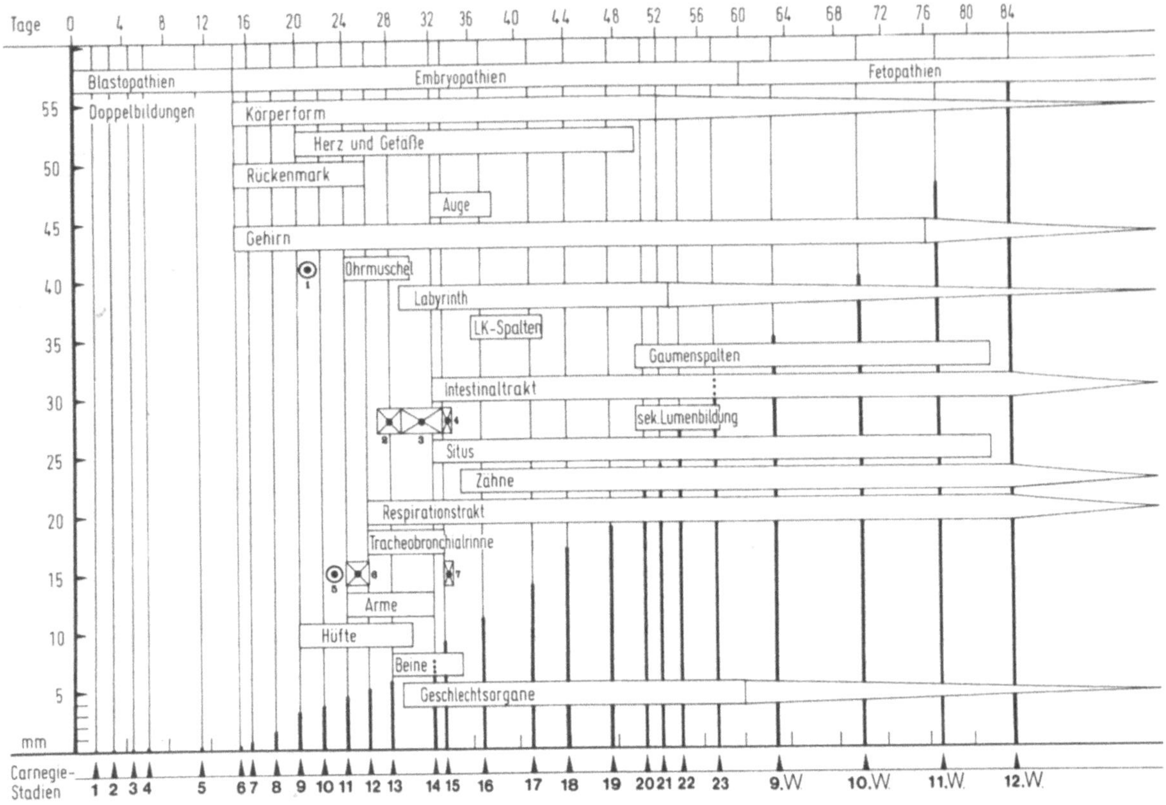

Abb. 1-13. Schematische Darstellung der kritischen (Balken) und sensiblen (auslaufende Pfeile) Determinationsperioden, zugeordnet zu Entwicklungstagen (obere Reihe), Größen (links) und Carnegie-Stadien (untere Reihe). Spezielle Thalidomidschäden außerhalb dieses Zeitmusters sind: 1 = Anotie, 2 = Anal- und Vaginalatresien, Nierenmißbildungen, 3 = Duodenalatresie und -stenose, Herzmißbildungen, 4 = Herzmißbildungen, 5 = isolierte Daumenaplasie, 6 = Amelie der Arme, 7 = Triphalangie des Daumens.
(Unter Verwendung der Darstellung von Schumacher 1986 und der Angaben bei Lenz 1979)

epidemie in Australien [Gregg 1941] und eine große Welle von Fehlbildungen in Westeuropa nach Einführung eines neuen Medikaments (Thalidomid-Embryopathie) [Lenz 1963] in der systematischen Analyse auch für den Menschen zur Aufstellung **teratogenetischer Reihen** geführt. Für einige Organe und Körperabschnitte sind die für eine mögliche Schädigung besonders empfindlichen, „sensiblen" Entwicklungsperioden, die „kritischen" oder „teratogenetischen Terminationsperioden" bekannt (Abb. 1-13).

Die nähere Betrachtung zeigt allerdings, daß der Zeitpunkt der Schädigung der morphologischen Ausprägung des Organs oder Körperabschnittes weit vorausgehen kann. Dies ist beim Gehirn und den Sinnesorganen wie auch beim Herzen noch relativ leicht verständlich, werden sie doch als erste oder sehr frühe Organsysteme angelegt. Aber auch dort, wo Körperabschnitte erst nach und nach, „sequentiell" gebildet werden, wie bei den Gliedmaßen, liegt der Zeitpunkt einer möglichen Schädigung deutlich vor ihrer Bildung. Während z.B. die Armanlagen in Form flacher Körperwandfalten zuerst im Stadium 12, eine „Handplatte" im Stadium 15 sichtbar werden, ein Daumenstrahl aber nicht vor dem Stadium 17 erkennbar ist, kann eine Thalidomid-Einnahme um den 23. Tag, d.h. im Stadium 10–11, zu einer späteren isolierten Aplasie des Daumens führen [Lenz 1979]. Weitere Beispiele sind in der Legende zu Abbildung 1-13 genannt. Möglicherweise ist es nur eine ganz kleine Zellgruppe, deren Schädigung ausreicht, um später die Bildung all der Zellen zu unterdrücken, die bei ungestörtem Ablauf das Anlagematerial für einen Daumen oder einen Radius geliefert hätten. Auch die sehr frühe Schädigung der Ohrmuschel muß auf das Anlagematerial im Mandibular- und Hyalbogen bezogen werden (siehe Kapitel 19.5 Entwicklung des äußeren Ohres). Die Schädigungsmöglichkeit der Zähne geht dem ersten Auftreten der Zahnknospen im Stadium 18 ebenfalls voraus. Eine Reihe von weiteren, sehr genau umschriebenen Fehlbildungen, die auf genau datierte Einnahmen von Thalidomid bezogen sind [Lenz 1979], wird in der Bildunterschrift aufgezählt. Hingegen stehen die Störungen bei der Abfaltung der Laryngotrachealrinne oder der Fusion der Gesichts- und Gaumenwülste durchaus im zeitlichen Einklang mit den morphogenetischen Prozessen.

Die Gleichzeitigkeit vieler Entwicklungsvorgänge, die zeitliche Überlappung vieler kritischer Entwicklungsperioden (Abb. 1-13), macht es verständlich, daß meist nicht isolierte Fehlbildungen gefunden werden, sondern Fehlbildungssyndrome vorkommen. Dies gilt auch für viele genetisch bedingte Fehlbildungen, deren Wirkungsmechanismus (z.B. Enzymdefekt) nur in wenigen Fällen aufgeklärt ist. Die Bedeutung der polygenen Determination von Anlagen und morphogenetischen Prozessen sowie der Genbalance wurde schon im vorausgehenden Abschnitt Genetik erörtert. Auf solche Syndrome, die durch Chromosomenanomalien bedingt sind, wird im Kapitel 2.5 Pränatale Diagnostik (Tabellen 2.3, 2.4) eingegangen.

Doppelbildungen können den ganzen Körper oder nur Abschnitte betreffen. Sie werden von überzähligen Bildungen (z.B. Polydaktylie oder der schon Aristoteles bekannten Polysplenie) durch eine ganze oder teilweise Verdoppelung in der Körperlängsachse unterschieden. Die bekannteste Form einer vollständigen Doppelbildung sind die eineiigen Zwillinge, die durch Blastomerentrennung und getrennte Implantation, durch Bildung zweier innerer Zellmassen oder durch Ausbildung zweier paralleler Induktionssysteme in einer Keimscheibe entstehen können (siehe Kapitel 4. Praeimplantationsstadien, 5.10 Frühe axiale Differenzierung und besonders 6.4 Individuation). Tierexperimentelle Untersuchungen an Vogelkeimscheiben lassen den Schluß zu, daß teilweise Verdoppelungen des vorderen oder unteren Körperabschnittes auch beim Menschen auf eine teilweise Spaltung des Chordafortsatzes und damit auf geteilte Induktionssysteme zurückzuführen sind. So naheliegend bei manchen dieser (lange bekannten) Formen („siamesische Zwillinge") die Vorstellung einer teilweisen Verwachsung der Körper ist, so gibt es doch keine entwicklungsphysiologisch begründeten Modelle, die eine Verwachsung anzunehmen erlauben.

Die Verdoppelungen können symmetrisch (Abb. 1-14) oder asymmetrisch sein. Im letzteren Falle ist der zweite Körperanteil oft unvollständig ausgebildet, kann den Anschein eines parasitären Anhangs haben oder sogar geschwulstartig entartet sein. Jede Körperregion kommt als Sitz eines solchen Anhangs oder als Verbindungsbereich zwischen den mehr oder weniger verdoppelten Körpern in Betracht.

Neben der Doppelbildung ganzer Körperteile kommen auch solche einzelner Organe (Ureter, Niere, Darm, Zähne) vor, auf die in den einzelnen Organkapiteln eingegangen wird.

Die aus dem Griechischen hergeleitete Nomenklatur geht noch von der Vorstellung einer Verwachsung aus und bezeichnet sie (nach griechisch paegnymi = zusammenfügen) als „-pagus", am hinteren Körperende (Pygos = Steiß) als „-pygus" und benennt zusätzlich die Verbindungsstellen: Cephalopagus, Thoracopagus, Cephalothoracopagus, Pygopagus, Dipygus. Daneben sind auch lateinische Bezeichnungen (Duplicitas anterior, posterior) gebräuchlich.

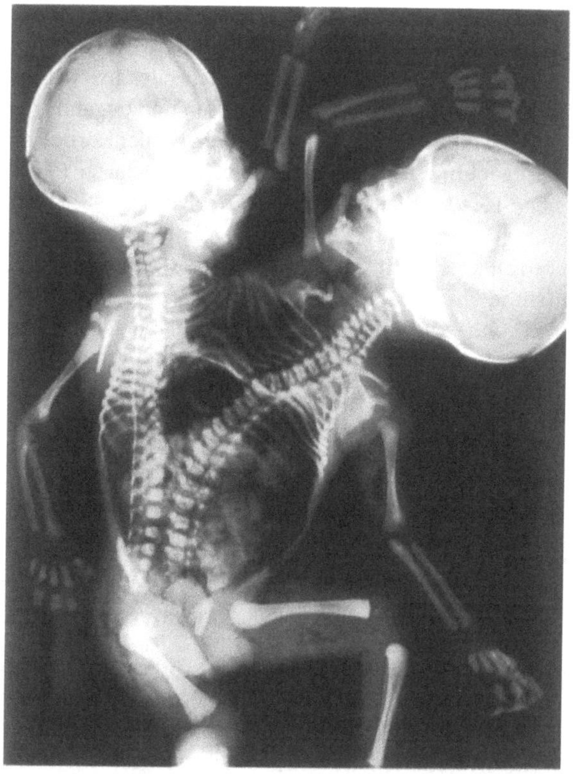

Abb. 1-14. Röntgenbild einer schweren Duplicitas anterior, die Teilung reicht bis in den Lendenbereich, in einem ungeteilten Perikard waren ein normales und ein fehlgebildetes Herz.
(Freundlichst überlassen von Prof. Dr. K. Mörike, Tübingen/Stuttgart, s.a. Mörike 1966)

Spaltbildungen treten vor allem dort auf, wo in der Normogenese Fusionen, Abfaltungen oder größere Gewebsverschiebungen stattfinden. Der Schluß des Neuralrohres (siehe Kapitel 6.2 Neurulation) kann in unterschiedlichem Ausmaß unterbleiben oder gestört sein, so daß offene Spaltbildungen oder zwar geschlossene, im Wandaufbau aber veränderte Hohlräume (Myelozelen) resultieren. Besonders empfindlich scheint der Schluß der Neuropori (siehe Kapitel 6.2 Neurulation) zu sein. Aber auch ein nachträglicher Einriß der noch dünnen Wand des Prosencephalon und der zarten Weichteilbedeckung kann zu einer das ganze Telencephalon betreffenden Spaltbildung („Anencephalie") führen mit einem klaffenden Diencephalon und fehlender Körperwandbildung in diesem Bereich. Bleibt die Einwanderung von Mesoderm und Myoblasten in die vordere Rumpfwand aus, kann die dünne primäre Körperwand (Membrana reuniens ventralis) einreißen und Organe freilegen. Auf Abgrenzungsstörungen bei der Körperbildung (Omphalozele) wird dort eingegangen (siehe Kapitel 7.1 Nabelbildung). Die häufigste Spaltbildung und zugleich häufigste Fehlbildung bei Neugeborenen betrifft die Gesichts- und Gaumenwülste (siehe Kapitel 23. Gesichtsentwicklung).

Auch bei den Spaltbildungen entstammt die Nomenklatur dem Griechischen, „-chisis" (von schizein = spalten), der Begriff wird mit dem für die Lokalisation verbunden: Rachis-chisis für Spaltbildungen der Wirbelsäule (hrachis = Wirbelsäule), Gnatho-chisis für Kieferspalten usw. Für die Folgen einer mangelnden Körperwandbildung sind auch Bezeichnungen in Gebrauch, die die freiliegenden Organe einbeziehen (z.B. Ectopia cordis), oder bei einer Miteröffnung von Hohlorganen diese besonders bezeichnen (Ecstrophia vesicae, siehe Abb. 7-9c).

Hypo- und Aplasien können als Anlagefehler oder als Gestaltungsfehler auftreten. Mesodermale Organe oder Organanlagen mit großem mesodermalem Anteil bedürfen für eine Normogenese einer bestimmten Menge von Anlagematerial. Bleibt die Bereitstellung hinter der Norm zurück oder wird eine frühe Clonierung der Zellen am Ort gestört, resultiert eine Hypoplasie. Bei sequentiell entstehenden Körperabschnitten (z.B. Gliedmaßen) können je nach Schädigungszeitpunkt und -dauer auch Zwischenglieder (z.B. ganzer Ober- oder Unterarm bei erhaltener Hand: Phocomelie = „Robbengliedrigkeit") fehlen oder rudimentär bleiben.

Besondere ärztliche Bedeutung für eine perinatologische Betreuung haben Aplasien und Hypoplasien von endokrinen Organen (Schilddrüse, Nebennierenrinde). Hypoplasien können auch nach den sensiblen Entwicklungsphasen durch Schädigung normal angelegter und ausgebildeter Organe noch in der Fetalzeit entstehen. So kann eine Therapie der Mutter mit radioaktivem Jod (^{131}J) die Entwicklung der Thyroidea des Feten hemmen oder sogar unterdrücken [Shepard 1977]. Ein anderes wichtiges Beispiel einer Hypoplasie ist die Mikrocephalie, die durch Schädigung der Gehirnentwicklung in der späten Fetalzeit, ja sogar postnatal entstehen kann.

Aus dem Fehlen eines Organes kann nicht erschlossen werden, ob es überhaupt nicht angelegt wurde oder ob eine frühe Anlage zugrunde gegangen ist. Fehlt ein paariges Organ, hypertrophiert das verbliebene und kann u.U. die gesamte Funktion übernehmen (z.B. Niere), die Aplasie kann dann ohne Funktionsausfälle zunächst unbemerkt bleiben und zufällig erst im höheren Alter entdeckt werden.

Dysgenesien werden Bildungen genannt, die zwar am normalen Ort (orthotop) oder auch am fremden Ort (dystop) als Organe entstehen, in ihrer histogenetischen Differenzierung jedoch gestört sind. Sie sind meist genetisch bedingt und betreffen besonders die Keimdrüsen (Gonadendysgenesie).

Teratome sind gut- oder bösartige Geschwülste, die mehrere Gewebskomponenten enthalten. Sind die Gewebe ausgereift, können die verschiedensten Strukturen (z.B. Haare, Zähne, Knorpel- oder Knochenteile und Nerven) ausgebildet sein. Geweblich undifferenzierte, sehr „unreife" Geschwülste, die besonders zur Malignität neigen, werden auch als Teratoblastome bezeichnet.

Teratome können an allen Körperteilen und in den Körperhöhlen vorkommen. Es gibt Praedeliktionsstellen im Lumbal-Sakralbereich und am Kopf. Auch die Keimdrüsen sind bevorzugte Orte für Teratombildungen, so das aus frühembryonalem Keimepithel abgeleitete Karzinom des Ovars (Dysgerminom) oder des Hodens (malignes Hodenteratom). Aus undifferenzierten Gewebsresten können auch postnatal noch Geschwülste entstehen (Dysembryome, z.B. Wilms-Tumor der Niere).

Als Dermoide oder Dermoidzysten werden Mischtumoren bezeichnet, die auf die Unterhaut begrenzt sind. Sie kommen ebenfalls im Lumbal- und Sakralbereich vor, finden sich aber auch im Gesicht (Nasenwurzel, Augenhöhlen).

Teratogene Einwirkungen: Für etwa 65–70% der Fehlbildungen ist eine Ursache noch nicht bekannt [Wilson und Fraser 1977]. Die bekannten Ursachen lassen sich in Hauptgruppen gliedern (Tabelle 1.3). Besondere ärztliche Bedeutung kommt den exogenen Ursachen zu, die bei Kenntnis der Zusammenhänge vermieden werden und so die Entstehung von Fehlbildungen wirksam verhüten können. Dabei reicht es nicht aus, wenn für praktisch jedes Medikament im „Beipackzettel" vor einer Verwendung in den ersten drei Schwangerschaftsmonaten gewarnt wird. Gerade bei zwingend gebotener Therapie der Mutter bedarf es einer fachkundigen und sorgfältigen Abwägung des möglichen Risikos.

Die Normogenese wurde schon einleitend als Decodierung der genetischen Information, Genexpression und ihrer Realisierung durch Epigenese und Adaptation interpretiert. Die vielen Teilschritte und deren Steuerung sind je für sich, z.T. ganz spezifisch, störbar. So zeigte Barnes [1968] auf, daß in der Übertragung des Genotyps in den Phänotyp drei Ebenen für Eingriffsmöglichkeiten unterschieden werden können: die Ebene der DNA-Replikation (vor jeder Zellteilung) mit direkter Wirkung während der Replikation (Hydroxylamin oder alkylierende Substanzen, Actinomycin) oder indirekter Wirkung durch Einbau

Tabelle 1.3. Ursachen von Fehlbildungen

genetisch	Gendefekte	20% der Fehlgebildeten
	Chromosomenaberrationen	3–5%
nicht genetisch	Intrauterine Infektionen Viren Syphilis Toxoplasmose	
	Mütterliche Stoffwechselerkrankungen Diabetes Dystrophie	0,3% der Schwangerschaften
	Vitamine Hormone Medikamente Chemikalien Genußgifte Drogen	
	Sauerstoffmangel	
	Ionisierende Strahlen	
	Mechanische Wirkungen Fruchtwassermangel Amnionruptur Amnionstränge	

von DNA-Analogen (z.B. Bromurazil anstelle von Thymidin mit daraus resultierender erhöhter Strahlenempfindlichkeit); die Ebene der Transkription (z.B. Actinomycin) und der Translation (Chloramphenicol, Terramycin, Aureomycin). Einzufügen in dieses Schema wären noch die Teilschritte des „RNA-Processing" (siehe Abb. 1-2), zu ergänzen die vielfältigen Steuerungs-, Aktivierungs- und Hemmfaktoren und -mechanismen, denen die schon gebildeten Zellen unterliegen. Diese Vielfalt von Schädigungsmöglichkeiten macht die Aufklärung teratogenetischer Mechanismen so schwierig.

Die Ätiologie der Fehlbildungen kann in diesem, wesentlich auf die Normalentwicklung konzentrierten Buch nicht ausführlich erörtert werden. Der Interessierte sei auf die Lehrbücher der Genetik, der Kinderheilkunde und der Teratologie verwiesen. Eine erste Übersicht über ätiologische Faktoren gibt Tabelle 1.3. Über die Vielzahl der genetisch bedingten Fehlbildungssyndrome (siehe auch Tabelle 2.4) hinaus, sei hier nur darauf verwiesen, daß auch die nicht genetischen Faktoren sich bei differenter Veranlagung unterschiedlich stark auswirken. Aus Tierexperimenten mit genetisch verschiedenen Inzuchtstämmen sind viele Beispiele für sehr unterschiedliche Häufigkeiten oder Ausprägungsgrade von Fehlbildungen bei externen Noxen bekannt. Für die häufigste Fehlbildung beim Menschen, die Lippen- und Kieferspalten, wird – soweit nicht genetisch bedingt – ebenfalls davon ausgegangen, daß eine anlagebedingte unterschiedliche teratogenetische Sensibilität der beteiligten Gewebe zugrunde liegt [Fogh-Andersen 1942]. Aus der Gruppe der nicht genetisch bedingten Faktoren seien hier nur Beispiele besprochen.

Die Möglichkeit einer *diaplacentaren Infektion* war schon von der Syphilis bekannt. Seit Einführung der Penicillin-Therapie ist die connatale Syphilis selten. Befallen werden alle zum Zeitpunkt der Infektion besonders stark blutgefüllten Organe und Bereiche. Durch Viren bedingte Fehlbildungen sind erst bekannt, seit die Gleichzeitigkeit von Linsentrübung, Labyrinthstörungen und Herzmißbildungen bei einer größeren Epidemie festgestellt wurde [Gregg 1941]. Die Viren befallen besonders aktiv proteinsynthetisierende, RNA-reiche Zellen. Es ist aber nur ein (in Abhängigkeit vom Infektionszeitpunkt schwankender) Teil der Kinder infizierter Mütter betroffen. Immunität der Mutter schützt vor Reinfektion, eine Schutzimpfung ist entwickelt. Da die abgeschwächten Impfviren sich zwei Monate im Körper vermehren und aufhalten können, ist eine Impfung vor einer zu erwartenden oder zu Beginn einer Schwangerschaft contraindiziert; besser ist die prophylaktische Impfung (bei fehlender Immunität) vor der Pubertät. Die Bestimmung des Antikörper-Titers gehört zu den Routineuntersuchungen der Schwangerenbetreuung. Konkrete Fehlbildungssyndrome sind für andere Viren nicht bekannt (z.B. Masern, Mumps, Influenza, Poliomyelitis), sie verursachen aber möglicherweise vereinzelt so schwere Schäden, daß es zum Fruchttod und zur Fehlgeburt kommt [Majewski 1984].

Eine Infektion mit dem Cytomegalie-Virus bleibt bei der Mutter und bei vielen Feten meist symptomlos, die Ausbreitung ist aber groß. Frühinfektionen können schwere cerebrale und viscerale Fehlentwicklungen verursachen, Spätinfektionen Hepatitis oder Hautblutungen auslösen, aber auch postnatal kann noch eine Entwicklungsstörung manifest werden.

Die Toxoplasmose wird meist erst während der Geburt übertragen, führt dann also nicht mehr zu einer angeborenen Fehlbildung. Bei praenataler Infektion ist die Fetopathie durch cerebrale Störungen (mit Verkalkungsherden) oder Hydrocephalus gekennzeichnet.

Das *Fehlbildungsrisiko bei mütterlichem Diabetes* steigt mit der Dauer der bestehenden Erkrankung und ist besonders hoch, wenn der mütterliche Diabetes „schlecht eingestellt" ist. Neben ZNS und Herz sind besonders Skeletblasteme betroffen, als typisch gilt das Syndrom der caudalen Regression mit schwerer Dysplasie des unteren Körperabschnittes und der

Beine [Passarge und Lenz 1966]. Bei therapeutisch beherrschtem oder „unterschwelligem“ Diabetes der Mutter kommen oft übergewichtige (aber nicht fehlgebildete) Neugeborene vor (siehe Kapitel 31. Frühgeborene).

Mangelernährung und Hungerzustände führen zu erhöhten Abortraten und untergewichtigen, „dystrophen“ Kindern, nicht aber zu erhöhten Fehlbildungsraten.

Hyper- und Hypovitaminosen verursachen im Tierversuch Mißbildungen. Eine stark vermehrte Häufigkeit von Augenfehlbildungen, aber auch solchen des Urogenitaltrakts und von Lippenspalten bei ernährungsbedingtem Vitamin-A-Mangel stand am Anfang der teratologischen Forschung und wurde bald experimentell bestätigt [Übersicht bei Wilson und Fraser 1977]. Der Wirkungsmechanismus ist aber keineswegs geklärt, differente Species reagieren auf sehr unterschiedliche Dosen. Dennoch gibt es Empfehlungen und Feldversuche für eine präventive kombinierte Vitamintherapie zur Verminderung der Häufigkeit von Lippen-, Kiefer-, Gaumenspalten beim Menschen [u.a. Conway 1958, Briggs 1976].

Bei den *Hormonen* sind es vor allem die androgenen Steroide, die bei weiblichen Feten zur Zeit der Differenzierung der Geschlechtsorgane (bis zur 12. Woche) virilisierend wirken können. Das gehäufte Vorkommen von Fehlbildungen bei Kindern diabetischer Mütter hat die Diskussion ausgelöst, ob Insulin ein Teratogen sei [Landauer 1972].

Bei den *Medikamenten* sind es vorwiegend die aus der Gruppe der Tranquilizer und Anticonvulsiva, über die Berichte gehäufter Fehlbildungen vorliegen. Ein besonderes Syndrom ergibt sich aus der Kombination von Hydantoin und Barbituraten, wie sie bei Epilepsie angewendet werden (Hydantoin-Barbiturat-Embryopathie). Cytostatika haben besonders zu Fehlbildungen des ZNS und der Sinnesorgane geführt. Störungen der Skeletbildung haben sich aus der Anwendung von Cumarinen (Anticoagulantien-Therapie) ergeben. Einer Katastrophe gleich kam jedoch das gehäufte Auftreten von schweren Extremitätenfehlbildungen (kombiniert mit solchen des Herzens und der Nieren) bei Tausenden von Kindern nach Einführung des Thalidomid von 1959–1962 (Abb. 1-15). Es ist das große Verdienst von Professor W. Lenz, gegen erhebliche Widerstände in ausdauernder Sammlung aller Fälle und frühzeitiger Mahnung und Warnung wesentlich zur Aufklärung beigetragen und die Rücknahme dieses Medikamentes bewirkt zu haben. Die systematische Analyse der Zeitdauer der Anwendung hat zu einer, für den Menschen bisher unbekannten, genauen Bestimmung „kritischer Terminationsperioden“ geführt (Abb. 1-13). Die strenge Zeitabhängigkeit der Wirkung läßt auf einen allgemeinen Eingriff am fetalen Zellstoffwechsel während bestimmter Morphogeneseschritte denken [Lenz 1979], auch wird eine generelle Schädigung von Neuralleistenabkömmlingen diskutiert [McCredie 1974]. Der Wirkungszusammenhang konnte im Tierexperiment nicht in gleicher Weise aufgeklärt werden. Auch die zahlreichen experimentellen Befunde über die Auslösung von Lippen- und Gaumenspalten durch Cortison sind nicht auf den Menschen übertragbar.

Die Aufmerksamkeit für mögliche Auswirkungen von *Umwelteinflüssen* auf die vorgeburtliche Entwicklung ist in den letzten Jahren erheblich gewachsen. Sie richtet sich vor allem auf Zusätze oder Rückstände in Nahrungsmitteln. Die Liste der in Betracht kommenden Stoffe ist lang [z.B. Wilson und Fraser 1977], Wirkungsweise und Dosisabhängigkeit sind keineswegs geklärt. Erwiesen ist die teratogene Wirkung von organischen Quecksilberverbindungen beim Menschen (durch vergiftete Nahrungsmittel in Japan und Amerika).

Zum ärztlichen Problem entwickelt hat sich der gehäufte Gebrauch von *Alkohol* während der Schwangerschaft. Ein in drei Schweregrade eingeteiltes Syndrom der Alkoholembryopathie wurde erarbeitet, das von Minderwuchs und Mikrocephalie, stato-motorischer und geistiger Retardierung zu Facialisparesen, Trichterbrust und Hernien reicht. *Drogen* gelten als „milde Mutagene“, ein anderer Wirkungszusammenhang ist aber nicht erwiesen [Wilson und Fraser 1977]. *Nikotin* führt zur Dystrophie wie auch zu erhöhten Abortraten und perinatalen Todesfällen.

Sauerstoffmangel bewirkt im Tierversuch Fehlbildungen, die ähnlich der Virus-Embryopathie Organe in der sensiblen Phase besonders betreffen [Rübsaamen 1952]. Aber auch hier sind die Tierversuchsergebnisse nicht direkt auf den Menschen übertragbar. Daueraufenthalt in großen Höhen soll über Frühaborte Unfruchtbarkeit bewirken, bei Frauen mit Herzfehlern oder Atemnotsyndromen wurden aber keine gehäuften Fehlbildungen oder bestimmte Fehlbildungstypen gefunden. Allerdings besteht eine besondere Gefährdung des Kindes während der Geburt durch Sauerstoffmangel, hervorgerufen durch zeitweilige Unterbrechung oder Drosselung der Nabelschnurdurchblutung. Geistige Behinderungen und schwere Störungen der neuro-muskulären Entwicklung sind die Folgen.

Ionisierende Strahlen wirken als Mutagene und können Chromosomenaberrationen erzeugen. Darüber liegen umfangreiche Untersuchungen aus Japan nach den Atombombenwürfen auf Hiroshima und Nagasaki vor. Die Auswirkungen sind besonders verheerend, wenn die Chromosomenschäden die Keimzellen betreffen, somit also auch auf die Nachkommen übertragen werden können. Als oberer Grenz-

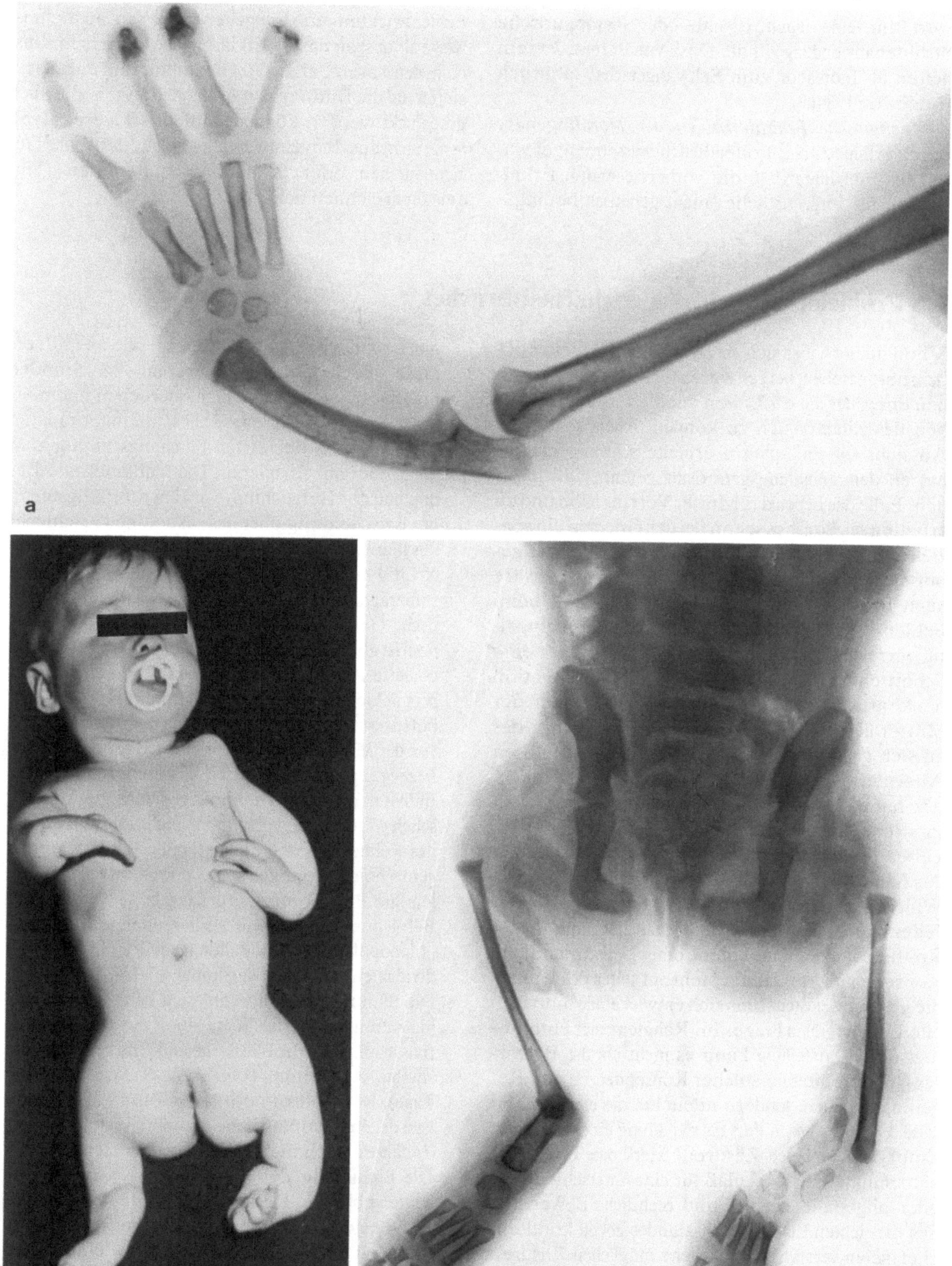

Abb. 1-15 a–c. Schwere Phokomelie bei Thalidomid-Embryopathie. Nach den anamnestischen Daten erfolgte die Medikation zwischen dem 28. und 35. Tag; beachte die Aplasie von Daumen, Radius, Großzehen, Tibia und Femur. (Freundlichst überlassen von Prof. Dr. Dr. h. c. W. Lenz, Münster)

wert für eine diagnostische oder therapeutische Strahlenanwendung gilt die Dosis von 10 rem, 20 rem gelten als Indikation zum Schwangerschaftsabbruch [Majewski 1984].

Mechanische Behinderungen der Morphogenese durch Amnionstränge oder Fruchtwassermangel waren bis zum Jahre 1940 die vorherrschenden Erklärungen für vorgeburtliche, nicht genetisch bedingte Fehlentwicklungen. Sie gelten heute nur ausnahmsweise als ausreichende Erklärung, besonders in sonst nicht deutbaren Fällen. Amnionruptur und daraus resultierend die Bildung von Amnionsträngen, die auch geschluckt werden können, wird für schwere, atypische, nicht aus dem Entwicklungsablauf deutbare Gesichtsfurchen oder Schnürungsamputationen (Finger) für ursächlich gehalten.

1.5 Probleme des Schwangerschaftsabbruches

Schon immer haben sich Ärzte mit dem Problem konfrontiert gesehen, bei schweren Geburtskomplikationen entweder nur das Leben der Mutter oder das Leben des Kindes retten zu können. Allein schon die Aussicht auf eine spätere erneute Schwangerschaft hat zu dem Handlungsgrundsatz geführt, daß in jedem Falle das Leben der Mutter Vorrang habe und zu erhalten sei. So gab es schon bei den Griechen ein spezielles Instrumentarium für die Zerstückelung des geburtsreifen Kindes in utero. In Extremfällen wäre auch heute außerhalb der Ballungsgebiete – beim Fehlen der Transportmöglichkeit und nicht rechtzeitig erreichbarer klinischer Versorgung für eine Schnittentbindung – eine solche Konfliktsituation denkbar. Die strenge Indikation quoad vitam der Mutter lieferte die Rechtfertigung für die Tötung des an sich geburtsreifen Kindes. Von der ausweglosen Alternative Leben der Mutter gegen Leben des Kindes hat sich die Fragestellung schrittweise zu dem Problem Leben des Kindes/Gesundheit der Mutter, Leben des Kindes/Wohlbefinden der Mutter, Leben des Kindes/soziale Wohlfahrt und Leben des Kindes/Willen und freien Entschluß der Mutter verschoben. Jeder Kulturkreis und jeder Staat zieht aus dieser Konfliktsituation seine eigene ethische und rechtliche Konsequenz. Aber immer steht auf seiten des Kindes die gesamte Existenz, das sich entwickelnde individuelle Leben total in Frage. Im Rahmen einer embryologischen Darstellung kann es nicht um die Bewertung oder Erörterung solcher Konsequenzen und Regelungen gehen, sondern allein um die embryologische Frage, ob es in der Entwicklung eines Keimes, Embryo oder Feten Zäsuren, Merkmale oder Anhaltspunkte gibt, die Anlaß für eine unterschiedliche oder abgestufte ethische und rechtliche Bewertung des erreichten Entwicklungsstandes geben könnten. Hier seien versuchsweise solche möglichen Zäsuren angeführt:

- Der genetische und biologische Beginn einer Individualentwicklung liegt in der Befruchtung. Jedoch ist schon dies in sich kein bestimmbarer Moment, sondern ein Vorgang, der – wie an anderer Stelle beschrieben – immerhin 24 Stunden braucht, bis sich die mit dem väterlichen und mütterlichen Chromosomen-Halbsatz eingebrachten Erbanlagen in der ersten Furchungsteilung zum neuen Genom formieren. Die fundamentale Bedeutung der Befruchtung wird am sinnfälligsten in der Entscheidung über das zukünftige Geschlecht des Individuum, die sich aus dem Eindringen eines X-Chromosom tragenden oder eines Y-Chromosom tragenden Spermium in die Eizelle als „genetische Geschlechtsbestimmung“ ergibt. Das Genom ist aber noch nicht der Embryo, sondern seine codierte Anlage, die Furchungszellen sind in ihrem Schicksal noch nicht determiniert, die Pluripotenz ist noch gegeben. In der Tierzüchtung wird von der Möglichkeit der Teilung früher Keime zur Erzeugung dann genetisch identischer, mehrerer Individuen bereits Gebrauch gemacht, beim Menschen wäre diese Technik möglich. Diese Teilung des Keimes ist noch kein Clonen, aber wenn es gentechnisch gelingen sollte, normalen Körperzellen ihre Pluripotenz zurückzugeben, so wäre die Befruchtung aus ihrer bisher unangefochtenen „Monopolstellung“ als alleinigem Beginn einer Individualentwicklung verdrängt.
- Die Bildung des Embryoblasten kurz vor der Implantation, d.h. die Segregation des Keimmaterials in eine trophoblastische und eine embryoblastische Zell-Linie (Carnegie-Stadium 3, 4 Tage), ist insofern noch keine Zäsur, als zumindest die embryoblastische Pluripotenz der inneren Zellmasse noch nicht eingeschränkt erscheint.
- Die Einnistung des Eies und ihr Abschluß, die heute übliche Definition des Beginns einer „Schwangerschaft“ vom 14. Tage nach der Befruchtung an, sind für die Weiterentwicklung des Keimes existentiell. Der mit 60% bis 70% geschätzte Verlust nicht in die Schleimhaut aufgenommener Praeimplantationsstadien dürfte zu einem großen Teil auf der Unfähigkeit des Keimes zur Einnistung oder auf der Unfähigkeit der

Schleimhaut zur Aufnahme des Eies beruhen und damit auf diesen Zeitpunkt entfallen. Es muß heute als entschieden angesehen werden, daß die verschiedenen Formen von Intrauterinpessaren nicht Nidationshemmer sind, sondern daß sie die in Gang befindliche, an der HCG-Ausschüttung nachweisbare Nidation stören. So existentiell der Vorgang der Implantation für den gesamten Keim ist, auf die Details der Individualentwicklung, besonders auf die Organisation der Keimscheibe, hat er keinen morphologisch erkennbaren Einfluß.

- Die „Individuation" am 16. Tag (CARNEGIE-STADIUM 7), d.h. die Ausbildung der ersten axialen Strukturen und die Zuordnung des Materials der Keimscheibe zu einer zukünftigen (oder zwei zukünftigen) körperlichen Gestalt(en), zugleich der letzte Zeitpunkt einer möglichen Bildung eineiiger Zwillinge, ist nach der Befruchtung der wohl entscheidendste Vorgang, der den Beginn der Entwicklung eines Individuum morphologisch anzeigt. Gibt es in den Stadien zuvor zumindest im Sinne von Teilbarkeit und Selbstergänzung des Keimmaterials noch Reversibilität, so ist mit der axialen Differenzierung die definitive Ausbildung der Körperlichkeit eingeleitet.
- Der Kontraktionsbeginn des noch kapillären Herzens zu Beginn der 4. Woche markiert den Beginn jener Organtätigkeit, die am Lebensende (ohne maschinelle Hilfe) ihre finale klinische Bedeutung hat.
- Das erste Auftreten der Großhirnanlagen in Form der Hemisphärenbläschen (CARNEGIE-STADIUM 14, 32. Tag) ist der Entwicklungsbeginn jenes Hirnabschnittes, der für die Entwicklung geistiger Möglichkeiten und personalen Seins unerläßlich ist. Die Zellen der Hemisphärenbläschen waren aber schon zuvor Bestandteil der prosencephalen Hirnwand, sie werden sich noch vielfach teilen und weite Wanderungswege zurücklegen, ehe sie die definitive Hirnrinde zu bilden beginnen (siehe Kapitel 16.2 Formentwicklung des Gehirns).
- Die Funktion der Hirnrinde beginnt erst in der Phase des unreifen Kindes (siehe Kapitel 16.10 Funktionelle Differenzierung des Zentralnervensystems) und ist zur Zeit der Geburt noch nicht voll entwickelt.
  Erste Anzeichen einer Differenzierung der definitiven Hirnrinde ergeben sich, wenn vom STADIUM 22 an (um den 54. Tag) erste Neurone ihre Wanderung beendet, die „Rindenplatte" erreicht und ihre Teilungsfähigkeit verloren haben (G0-Zellen). Sie sind die ersten Zellen, die zeitlebens Bestandteil der sich bildenden Hirnrinde sein werden. Immerhin kann man den Beginn der Bildung definitiver Neurone [„Hirnleben I", Sass 1989] oder den Beginn synaptischer Verschaltungen zwischen dem 70. und 80. Tag [„Hirnleben II", Sass 1989] als vorgeburtlichen Zeitpunkt heranziehen, der in Analogie zum Hirntod bei der Todeszeitfeststellung die Bedingungen der Möglichkeit eines Funktionsbeginns der Großhirnrinde markiert.

Die vorstehend aufgeführten Merkmale ließen sich vermehren und noch feiner differenzieren. Sie zeigen zunächst einmal nur, daß im Vergleich zum Lebensende lebenswichtige Funktionen, wie Kreislauf- oder Großhirnaktivität, am Beginn des individuellen Lebens zeitlich sehr viel weiter auseinanderfallen und sich nicht in gleicher Weise zur Feststellung eines Zeitpunktes des Beginns individuellen Lebens eignen. Nicht mit einem Schritt, sondern mit einer Vielzahl aufeinander bezogener und voneinander abhängiger Schritte erreicht der sich entwickelnde Mensch seine personale Existenz [Hinrichsen 1972]. Darüber hinaus ist zu betonen, daß die „Realisationsstufen" [Hinrichsen 1972], wofür oben Beispiele genannt sind, nur relativ unscharf begrenzte Zeitmarken in dem an sich kontinuierlichen und übergangslosen Vorgang menschlichen Werdens sind. Je früher der Keim in seiner Entwicklung angetroffen wird, um so größer sind Vielfalt und Möglichkeiten zukünftiger Entwicklung, um so größer ist seine Potentialität, um so größer aber auch die noch relative Unbestimmtheit seiner Entwicklung. Je weiter die epigenetische Realisation der Gesamtanlagen fortschreitet, um so deutlicher ist die individuelle Existenz schon ausgeprägt.

Ob der Ausprägungsgrad einer individuellen Existenz Bewertungskriterium in der Konkurrenzsituation „Leibesfrucht"/Mutter überhaupt sein kann oder darf, ist hier nicht zu entscheiden. Es sei aber darauf verwiesen, daß es embryologisch kein Kriterium gibt, wonach das Ende des 3. Schwangerschaftsmonats in irgendeiner Hinsicht der Organ- oder Funktionsentwicklung eine Zäsur oder eine deutliche Realisationsstufe wäre.

Eine ähnliche Konfliktsituation entsteht, wenn aufgrund der ausgeweiteten und verbesserten pränatalen Diagnostik (siehe dort) eine Chromosomenaberration mit nachfolgender Entwicklungsstörung, eine schwere Fehlbildung oder eine schwere Stoffwechselerkrankung des Kindes nachgewiesen oder in hohem Maße wahrscheinlich gemacht werden kann. Nur in Extremfällen (z.B. Anencephalie) steht hier die Überlebensfähigkeit des Kindes in Frage. In den meisten Fällen handelt es sich um eine Abwägung der Zumutbarkeit des Schicksals des werdenden Kindes in seiner Behinderung („eugenische Indikation"), aber auch um die Frage der Zumutbarkeit der resultierenden Belastung für die betreuenden Eltern.

1.6 Literaturverzeichnis

Alberts B, Bray D, Lewis J, Raff M, Roberts K, Watson JD (1983) Molecular biology of the cell. Garland, New York London

Allen E, Pratt JP, Newell QU, Bland LJ (1930) Human tubal ova; related early corpora lutea and uterine tubes. Carnegie Inst Wash Publ 414, Contrib Embryol 22:45–76

Baer KE von (1828, 1837) Über Entwicklungsgeschichte der Tiere. Beobachtungen und Reflexionen. 1. und 2. Teil. Gebrüder Borntraeger, Leipzig

Barnes AC (1968) The fetal environment. Drugs and chemicals. In: Barnes AC (ed) Intrauterine development. Lea und Febiger, Philadelphia, pp 362–377

Blechschmidt E (1968) Vom Ei zum Embryo. Deutsche Verlagsanstalt, Stuttgart

Blechschmidt E (1982) Die Erhaltung der Individualität. Fakten zur Human-Embryologie. (Wort und Wissen, Bd 12) Hänssler, Neuhausen-Stuttgart

Blechschmidt E (1984) Persönliche Mitteilung

Bresch G, Hausmann R (1970) Klassische und molekulare Genetik, 2. Aufl. Springer, Berlin Heidelberg New York

Briggs RM (1976) Vitamin supplementation as a possible factor decreasing the incidence of cleft lip/palate deformities in humans. Vlin Plast Surg 3:647–652

Briggs R, King TI (1955) Specifity of nuclear function in embryonic development. In: Butler EG (ed) Biology Specifity and Growth. Princeton University Press, Princeton, pp 207–228

Brown SW (1966) Heterochromatin. Science 151:417–424

Bruck R (1905) Das Skizzenbuch von Albrecht Dürer. In der königlich öffentlichen Bibliothek zu Dresden. Heitz & Mündel, Straßburg

Büchner F (1952) Zur Biologie und Pathologie der Entwicklung. Med Klin 47:605–611

Büchner F (1972) Von der Zeugung an ein Mensch. Dtsch Ärztebl 69:759–763, 835–838

Bullough WS, Laurence EB, Iverson OH, Elgjo K (1967) The vertebrate epidermic chalone. Nature (London) 214: 578–580

Child CM (1937) Differential reduction of vital dyes in the early development of echinoderms. Roux Arch Entw Mech Org 135:426–456

Christ B, Hinrichsen K, Jacob HJ (1986a) Morphologische Aspekte der Handentwicklung. Verh Anat Ges 81: 201–210

Christ B, Jacob HJ, Jacob M, Brand B (1986b) Principles of hand ontogenesis in man. Acta Morphol/Neerlando-Scand 24:249–268

Conway H (1958) Effect of supplemental vitamin therapy on the limitation of incidence of cleft lip and cleft palates in humans. Plast Reconstr Surg 22:450–453

Curtis ASG (1967) The cell surface. Logos Press, London

Denker HW (1976) Formation of the blastocyst: Determination of trophoblast and embryonic knot. Curr Top Pathol 62:59–74

Dienstmann SR, Holtzer H (1975) Myogenesis: a cell lineage interpretation. Results Probl Cell Differ 7:1–25

Driesch H (1891) 1. Entwicklungsmechanische Studien. I: Der Werth der beiden ersten Furchungszellen in der Echinodermenentwicklung. Z Wiss Zool 53:160–184

Driesch H (1928) Philosophie des Organischen, 4. Aufl. Quelle und Meyer, Leipzig

Dutrillaux B (1984) Chromosomale Herkunft des Menschen. In: Passarge E (Hrsg) Genetische Herkunft und Zukunft des Menschen. Verlag Chemie, Weinheim Deerfield Beach Florida Basel, S 55–69

Edwards RG (1972) Fertilization and cleavage in vitro in human ova. In: Moghissi KS, Hafez ESE (eds) Biology of mammalian fertilization and implantation. Thomas, Springfield, Ill.

El-Hifnawi E, Hinrichsen K (1975) Melanogenesis in the pigment epithelium of chicken embryos. I: Topogenesis of pigment in the iris Anlage. Anat Embryol 147:177–182

Ernst M (1926) Über den Untergang von Zellen während der normalen Entwicklung bei Wirbeltieren. Z Anat Entw Gesch 79:228–262

Fischel A (1929) Lehrbuch der Entwicklung des Menschen. Springer, Wien

Flanagan GL (1962) The first nine months of life. Simon A Schuster, New York

Fogh-Anderson P (1942) Inheritance of harelip and cleft palate. Arnold Buch, Copenhagen

Frank CM (1925) Über Gesetzmäßigkeiten in der Mitosenverteilung in den Gehirnblasen im Zusammenhang mit Formbildungsprozessen. Roux Arch Entw Mech Org 104:262–272

Gardner RL (1979) The relationship between cell lineage and differentiation in the early mouse embryo. In: Gehring WJ (ed) Genetic mosaics and cell differentiation. Springer, Berlin Heidelberg New York

Glücksmann A (1929) Zur Entwicklung der vorderen Augenkammer, des Glaskörpers und der Hornhaut beim Menschen, bei einigen Säugern und Sauropsiden. Z Anat Entw Gesch 88:529–610

Glücksmann A (1930) Linsenentwicklung und Peridermbildung. Z Anat Entw Gesch 93:93–106

Glücksmann A (1951) Cell death in normal vertebrate ontogeny. Biol Rev 26:59–86

Goldschmidt R (1935) Gen- und Außeneigenschaften (Untersuchungen an Drosophila), II. Z Indukt Abstamm Vererb L 69:70–131

Gregg NM (1941) Congenital cataract following German measels in mothers. Trans Ophthal Soc Austr 3:35–45

Grobstein C (1956) Trans-filter induction of tubules in mouse metanephrogenic mesenchyme. Exp Cell Res 10:424–441

Grobstein C (1961) Cell contact in relation to embryonic induction. Exp Cell Res Suppl 8:234–245

Gurwitsch A (1922) Über den Begriff des embryonalen Feldes. Roux Arch Entw Mech Org 51:383–415

Hamburger V, Levi-Montalcini R (1950) Some aspects of neuroembryology. In: Weiss P (ed) Genetic neurology. University Press, Chicago, Ill., pp 128–160

Harding CV, Reddan JR, Unakar NJ, Bagchi M (1971) The control of cell division in the ocular lens. Int Rev Cytol 31:215–300

Hay ED, Meier S (1974) Glycosaminglycan synthesis by embryonic inductors: neural tube, notochord, and lens. J Cell Biol 62:889–898

Hayflick L (1966) The limited in vitro lifetime of human diploid cell strains. Exp Cell Res 37:614–636

Heitz E (1929) Heterochromatin, Chromozentren, Chromomeren. Ber Dtsch Bot Ges 47:274–284

Hinchliffe JR, Johnson DR (1980) The development of the vertebral limb. An approach through experiment, genetics, and evolution. Clarendon Press, Oxford

Hinrichsen K (1972) Embryologische Aspekte eines Schwangerschaftsabbruchs. Theol Prakt Quartalsschr 120:224–230

Hinrichsen K (1985) The early development of morphology

and patterns of the face in the human embryo. Adv Anat Embryol Cell Biol 98: 1–79

Hinrichsen K, Denffer H von (1970) Zur Frage der Teilungsfähigkeit differenzierter Zellen. Verh Anat Ges 64:43–47

Hochstetter F (1944) Über die Art und Weise, in welcher sich bei Säugetieren und beim Menschen aus der sogenannten Riechgrube die Nasenhöhle entwickelt. Z Anat Entw Gesch 113:105–144

Holtfreter J (1938) Differenzierungspotenzen isolierter Teile der Urodelengastrula. Roux Arch Entw Mech Org 138:522–656

Holtfreter J (1939) Gewebeaffinität ein Mittel der embryonalen Formbildung. Arch Exp Zellforsch 23:251–323

Holtfreter J (1943) Properties and functions of the surface coat in amphibian embryos. J Exp Zool 93:251–323

Holtfreter J (1947) Neural induction in explants which have passed through subletal cytolysis. J Exp Zool 106: 197–222

Holtfreter J (1948) Concepts on the mechanism of embryonic induction and its relation to parthenogenesis and malignancy. Symp Soc Exp Biol II: Growth in Relation to Differentiation and Morphogenesis. University Press, Cambridge, pp 17–49

Holtfreter J (1951) Some aspects of embryonic induction. Growth Symp 10: Smith College, Northampton, Mass. Growth 15 (Suppl):117–152

Holtzer H (1961) Aspects of chondrogenesis and myogenesis. In: Rudnick D (ed) Synthesis of molecular and cellular structure. 19th Ronald Symposium. Society for the study of development and growth. Ronald Press, New York, pp 35–87

Holtzer H (1963) Comments on induction during cell differentiation. In: Induktion und Morphogenese. Coll Ges Physiol Chem 13:127–143

Holtzer H (1970) Proliferative and quantal cell cycles in the differentiation of muscle, cartilage and blood cells. Symp Int Soc Cell Biol 9:69–88

Holtzer H (1978) Cell lineages, stem cells and the 'quantal' cell cycle concept. In: Lord BJ, Patten CS, Cole R (eds) Stem cells and tissue homeostasis. University Press, Cambridge, pp 1–28

Holtzer H, Sanger W (1972) Cytochalasin B: Microfilaments, cell movements and what else? Dev Biol 27:444–445

Holtzer H, Pacifici M, Croop J, Boettinger D, Toyama Y, Payette R, Biehl J, Dlugosz A, Holtzer S (1981) Properties of cell lineages as indicated by the effects of ts-RSV and TPA on the generation of cell diversity. Fortschr Zool 26:207–225

Hughes AFW (1968) Aspects of neural ontogeny. Academic Press, New York London

Hyrtl J (1878) Lehrbuch zur Anatomie des Menschen, 14. Aufl. Braumüller, Wien

Jacob M, Christ B, Jacob HJ (1978) On the migration of myogenic stem cells into the prospective wing region of chick embryos. A scanning and transmission electron microscope study. Anat Embryol 153:179–193

Johnson MH, McConnell J, van Blerkrom J (1984) Programmed development in the mouse embryo. J Embryol Exp Morphol 83 (Suppl):197–231

Jones HW Jr (1968) Chromosomal considerations. In: Barnes AC (ed) Intrauterine Development. Lea und Febiger, Philadelphia

Landauer W (1972) Is insulin a teratogen? Teratology 5:129–135

Lash J, Whittaker JR (eds) (1974) Concepts of development, 1st edn. Sinauer, Stamford, Conn.

Lauri GW, Leblond CP, Martin GR (1984) Light microscopic immunelocalization of type IV collagen, laminin, heparan sulfate proteoglycan and fibronectin in the basement membrane of a variety of rat organs. Am J Anat 167:71–82

Le Douarin N (1982) The neural crest. University Press, Cambridge

Le Douarin NM, Teillet MA (1971) Localisation, par la méthode des greffes interspécifique, du territoire neural dont dérivent les cellules adrénales surrenaliennes chez l'embryon d'oiseau. CR Acad Sci 272:481–484

Lehmann FE (1945) Einführung in die physiologische Embryologie. Birkhäuser, Basel Stuttgart

Lehmann FE (1950) Die Morphogenese in ihrer Abhängigkeit von elementaren biologischen Konstituenten des Plasmas. Rev Suisse Zool Suppl 57:141–156

Lejeune J, Gautier M, Turpin R (1959) Les chromosomes humaines en culture de tissus. CR Acad Sci 248:602–603

Lenz W (1963) Das Thalidomid-Syndrom. Fortschr Med 81:148–155

Lenz W (1979) Medizinische Genetik, 4. Aufl. Thieme, Stuttgart

Lippert H (1962) Probleme des Organwachstums. MMW 104:2373–2380

Loewenstein WR (1966) Permeability of membrane junctions. Ann NY Acad Sci 137:441–472

Lopata A, Kohlmann DJ, Kellow GN (1982) The fine structure of human blastocysts developed in culture. In: Burger MM (ed) Embryonic development, Part B: Cellular aspects. Alan R Liss, New York, pp 69–85

Lopata A, Kohlmann DJ, Johnston J (1983) The fine structure of normal and abnormal human embryos developed in culture. In: Beier HM, Lindner HR (eds) Fertilization of the human egg in vitro. Springer, Berlin Heidelberg New York Tokyo, pp 189–210

Lyon MF (1972) X-chromosome inactivation and developmental patterns in mammals. Biol Rev 47:1–35

Majewski F (1984) Embryopathien und Fetopathien. In: Betke K, Künzer W (Hrsg) Keller/Wiskott Lehrbuch der Kinderheilkunde, 5. Aufl. Thieme, Stuttgart, S 8.1–8.10

McCredie J (1974) Embryonic neuropathy. A hypothesis of neural crest injury as the pathogenesis of congenital malformations. Med J Aust 1:159–163

McIntosh R, Merrit KK, Richards MR, Samuels MH, Bellows MT (1954) Incidence of congenital malformations: a study of 5964 pregnancies. Pediatrics 14:505–522

Menkin MF, Rock J (1948) In vitro fertilization and cleavage of human ovarian eggs. Am J Gynecol 55:440–452

Mestres P, Hinrichsen K (1974) The cell coat in the early chick embryo. Anat Embryol 146:181–192

Mestres P, Hinrichsen K (1975) Regionale Unterschiede in der Form der Zellkontakte in den Keimblättern der jungen Hühnerkeimscheibe (Elektronenmikroskopische und histochemische Untersuchungen). Verh Anat Ges 69: 275–279

Mestres P, Hinrichsen K (1980) Effects of cytochalasin B on the early chick embryonic disc. XIVth Int Embryol Conf, Patras

Miescher F (1871) Über die chemische Zusammensetzung der Eiterzellen. Hoppe Seylers Med Chem Unters 4:441–460

Mintz B (1967) Gene control of mammalian pigmentary differentiation, I: Clonal origin of melanocytes. Proc Natl Acad Sci Wash 58:344–351

Mörike K (1966) Eine Duplicitas superior (Dicephalus tetrabrachius bispinalis dipus) mit besonderem Herzbefund. Anat Anz 119:450–458

Moscona AA (1963) Studies on the cell aggregation: Demonstration of materials with a selective cell binding activity. Proc Natl Acad Sci Wash 49:742–747
Nachtsheim H (1961) Kritische Betrachtungen zu einigen modernen Begriffen der Genetik: Phaenokopie und Genokopie, Embryopathie und Genopathie. Arch Jul Klaus Stift 36:70–89
Needham J (1942) Chemical embryology, 3rd edn. University Press, Cambridge
Newgreen DF, Erickson CA (1986) The migration of neural crest cells. Int Rev Cytol 103:89–145
Pander CH (1817) Beiträge zur Entwicklungsgeschichte des Hühnchens im Eye. Stahel, Würzburg
Park WW (1957) The occurrence of sex chromatin in early human and macaque embryos. J Anat 91:369–373
Passarge E (1984) Genetik und Evolution: Eine Synthese. In: Passarge E (Hrsg) Genetische Herkunft und Zukunft des Menschen. Verlag Chemie, Weinheim Deerfield Beach Florida Basel, S 19–38
Passarge E, Lenz W (1966) Syndrome of caudal regression in infants of diabetic mothers: Observation of further cases. Pediatrics 37:672–675
Patten BM (1968) Human embryology, 3rd edn. McGraw-Hill, New York Toronto Sidney London
Peter K (1947/49) Differenzierung und Mitose. Roux Arch Entw Mech Org 143:1–18
Pexieder T (1975) Cell death in the morphogenesis and teratogenesis of the heart. Adv Anat Embryol Cell Biol 51:1–100
Piez KA, Reddi AH (eds) (1984) Extracellular matrix biochemistry. Elsevier, Amsterdam
Rager G (1976) Morphogenesis and physiogenesis of the retinotectal connection in the chicken. I: The retinal ganglion cells and their axons. Proc R Soc Lond [Biol] 192:331–352
Rahner K (1961) Die Hominisation als theologische Frage. In: Overhage P, Rahner K (Hrsg) Das Problem der Hominisation. Quaest disputat 12/13. Herder, Freiburg
Raven ChP (1958) Morphogenesis. The analysis of molluscen development. Pergamon Press, London New York
Raven ChP (1959) An outline of developmental physiology, 2nd edn. Pergamon Press, London New York Paris Los Angeles
Razin A, Cedar H (1984) DNA methylation in eukaryotic cells. Int Rev Cytol 92:159–185
Riis P (1957) The chromatin structure in lymphocytic cells from peripheral blood. Relation to sex chromatin. Acta Haematol 18:168–174
Rübsaamen H (1952) Über die teratogenetische Wirkung des Sauerstoffmangels in der Frühentwicklung. Ein Beitrag zur Kausalgenese der Mißbildungen bei Tier und Mensch. Beitr Pathol Anat 112:336–379
Ruff W (1970) Individualität und Personalität im embryonalen Werden. Theologie und Philosophie 45:24–59
Sass HM (1989) Brain life and brain death: A proposal for a normative agreement. J Med Philos 14:45–59
Saunders JW Jr (1966) Death in embryonic systems. Science 154:604–612
Saxén L (1961) Transfilter neural induction of amphibian ectoderm. Dev Biol 3:140–152
Saxén L, Toivonen S (1962) Primary embryonic induction. Logos Press, London
Schenk H (1942) Über die Mißbildungen in den Jahren 1938–1941 an der Universitäts-Frauenklinik Berlin. Zentralbl Gynäkol 46:2078
Schumacher GH (1986) Embryonale Entwicklung des Menschen, 8. Aufl. Fischer, Stuttgart
Schwalbe E (1906/07) Die Morphologie der Mißbildungen des Menschen und der Tiere. (Fortgeführt von B. Gruber) Teile I–III, Lieferung 1–19, zuletzt 1960. Fischer, Jena
Seidel F (1952) Die Entwicklungspotenzen einer isolierten Blastomere des Zweizellenstadiums im Säugetierei. Naturwissenschaften 39:355–356
Seidel F (1960) Die Entwicklungsfähigkeiten isolierter Furchungszellen aus dem Ei des Kaninchens Oryctolagus cuniculus. Roux Arch Entw Mech Org 152:43–130
Shepard TH (1977) Maternal metabolic imbalances. In: Wilson JG, Fraser FC (eds) Handbook of teratology, vol 1. Plenum Press, New York London, pp 387–404
Slater DB (1976) Control of myogenesis in vitro by chick embryo extract. Dev Biol 50:264–284
Spemann H (1901) Entwicklungsphysiologische Studien am Tritonei. Roux Arch Entw Mech Org 12:224–264
Spemann H (1924) Über die Organisatoren in der tierischen Entwicklung. Naturwissenschaften 12:1092–1094
Spemann H (1936) Experimentelle Beiträge zu einer Theorie der Entwicklung. Springer, Berlin
Spemann H, Mangold H (1924) Über Induktion von Embryonalanlagen durch Implantation artfremder Organisatoren. Roux Arch Entw Mech Org 100:599–638
Sperling K (1984) Genetische Sektion – Anatomie der Gene. In: Passarge E (Hrsg) Genetische Herkunft und Zukunft des Menschen. Verlag Chemie, Weinheim Deer Beach Florida Basel, S 73–100
Stagno PA, Low FN (1978) Effects of Cytochalsin B on the fine structure of organized endodermal cells of the early chick embryo. Am J Anat 151:159–172
Starck D (1975) Embryologie, 3. Aufl. Thieme, Stuttgart
Starck D (1978) Vergleichende Anatomie der Wirbeltiere auf evolutionsbiologischer Grundlage, Bd 1. Springer, Berlin Heidelberg New York
Sundström P, Nilson O, Liedholm P (1981) Cleavage rate and morphology of early human embryos obtained after artificial fertilization and culture. Acta Obstet Gynecol Scand 60:109–120
Thalhammer O (1952) „Mißbildung". Vorschlag zu einer neuen Nomenklatur angeborener Störungen. Arch Kinderheilk 145:100
Thalhammer O (1967) Pränatale Erkrankungen des Menschen. Thieme, Stuttgart
Thornley AL, Laurence EB (1975) The present state of biochemical research on chalones. Int J Biochem 6:313–320
Tiedemann H (1959) Neue Ergebnisse zur Frage der chemischen Natur der Induktionsstoffe beim Organisatoreffekt Spemanns. Naturwissenschaften 46:613–623
Tiedemann H (1963) Biochemische Untersuchungen über die Induktionsstoffe und die Determination der ersten Organanlagen bei Amphibien. In: Induktion und Morphogenese. 13. Coll Ges Physiol Chem. Springer, Berlin Göttingen Heidelberg, S 177–204
Toivonen S, Saxén L (1955) The simultaneous inducing action of liver and bonemarrow of guinea-pig in implantation and explantation experiments with embryos of Triturus. Exp Cell Res Suppl 3:346–357
Toivonen S, Saxén L, Vaninio T (1961) Quantitative evidence for the two-gradient hypothesis in the primary induction. Experientia (Basel) 17:86–87
Trinkaus JP (1966) Morphogenetic cell movements. In: Locke M (ed) Major problems in developmental biology. Academic Press, New York London, pp 126–176
Vaninio T (1958) An approach to the problem of embryonic induction. Exp Cell Res 15:184–190
Vögler H (1987) Blastogenesis – the development of extraembryonic cavities in the human. Bibl Anat XX. Karger, Basel

Waddington CH (1956) Principles of embryology. Allen & Unwin, London

Waddington CH (1962) New patterns in genetics and development. Columbia University Press, New York

Weiss P (1958) Cell contact. Int Rev Cytol VII:391–423

Wessels NK (1977) Tissue interactions and development. Benjamin, Menlo Park Reading London Amsterdam Don Mills Sydney

Wilson JG, Fraser FC (1977) Handbook of teratology. Plenum Press, New York London

Woerdemann MW (1955) Immunobiological approach to some problems of induction and differentiation. In: Butler EG (ed) Biological Specifity and Growth. Princeton University Press, Princeton, pp 33–53

Wolff CF (1759) Theoria generationis. Dissertation, Halle (s.a. Caspar Friedrich Wolff's Theoria generationis, 1759. Übers. u. hrsg. von Dr. Paul Samassa. Th 1 u 2. Engelmann, Leipzig 1896)

Wolpert L (1969) Positional information and the spatial pattern of cellular differentiation. J Theor Biol 25:1–47

Yamada T (1950) Regional differentiation of the isolated ectoderm of the Triturus gastrula induced through a protein extract. Embryologia 1:1–20

2. Methoden

K. V. Hinrichsen, mit einem Beitrag von B. Christ (Abschnitt 2.4)

2.1 Altersbestimmung, Stadien, Maße

Die Altersbestimmung menschlicher Embryonen war notwendigerweise so lange unsicher, als Unklarheit über den Entwicklungsbeginn bestand. Noch bis zu Beginn unseres Jahrhunderts herrschte die Vorstellung vor, daß die Ovulation mit der Menstruation zusammenfalle oder ihr sehr bald folge [Grosser 1914, Triepel 1914, 1914/15]. Die jahrzehntelang umstrittenen Feststellungen von Knaus [1929] und Ogino [1930] über die Ovulation in der Mitte des menstruellen Zyklus können heute, nach genauerer Analyse aller zyklischen Veränderungen im weiblichen Organismus, als mit 14 (±2) Tage vor dem Beginn der nächsten Regelblutung präzisiert werden. Die Ovulation beim Menschen ist hormonal gesteuert. Durch Kohabitation provozierte Ovulationen kommen als Regelfall beim Menschen nicht vor. Damit bleibt im natürlichen Ablauf der eigentliche Entwicklungsbeginn weiterhin unsicher. Es hängt von der Überlebensdauer bzw. anhaltenden Befruchtungsfähigkeit der Spermien wie auch von der Befruchtungsfähigkeit des Eies ab, zu welchem Zeitpunkt nach der Ovulation das befruchtende Spermium das Ei erreicht. Eine maximale Spanne von 48 Stunden um den Ovulationstermin kommt für eine zur Befruchtung führende Kohabitation in Betracht. Nur bei der *in-vitro*-Fertilisation kann das Eindringen des Spermium in die Eizelle unmittelbar mikroskopisch beobachtet werden. Über den Zeitablauf der Präimplantationsstadien sind wir aus diesen Beobachtungen jetzt sehr gut orientiert, wenn sich auch ergeben hat, daß Zeitschwankungen von mehreren Stunden vorkommen [Edwards 1980].

Die Altersangabe erfolgt für die Blastem- und Embryonalperiode in Tagen, für die Fetalzeit in Wochen. Dabei wird für die Embryologie vom Zeitpunkt der Ovulation („Ovulationsalter"), in der Klinik vom ersten Tag der letzten Menstruation („Menstruationsalter") ausgegangen (Abb. 2-1). Die bei Spontanaborten oder operativen Eingriffen übermittelten klinischen Daten sind mit der Unsicherheit behaftet, ob ein regelmäßiger Menstruationszyklus vorgelegen hat und die Angaben zur Menstruation überhaupt zutreffend sind. Die genaue Alterszuordnung für einen bestimmten Embryo erfolgt unter Berücksichtigung bekannter Daten aus der genauen Ermittlung des Entwicklungsstandes nach inneren und äußeren morphologischen Merkmalen. Dies ist eine Zuordnung zu bekannten Normbefunden, wobei berücksichtigt werden muß, daß besonders bei Extrauterin-Graviditäten oder implantationsgestörten Keimen eine Entwicklungsverzögerung eingetreten sein kann. Diese Verzögerung konnte in einem Einzelfall (Vergleich eines intrauterinen mit einem tubaren Embryo) mit zwei Wochen bestimmt werden [Hinrichsen 1965].

Eine für alle Vertebraten gültige Stadieneinteilung hat Witschi [1956] anhand allgemeiner Merkmale, wie beispielsweise der Somitenzahl, versucht. Schon die unterschiedlichen Zahlenverhältnisse bei den Primitivorganen innerhalb der Vertebratenreihe führen hier zu Schwierigkeiten.

Normreihen zur Entwicklung des Menschen sind nur auf der Grundlage eines großen Materials möglich. Die „Normentafeln zur Entwicklungsgeschichte des Menschen" [Keibel und Elze 1908] waren ein erster Ordnungsversuch für das damals bekannte Material. Es ist das Verdienst des amerikanischen Embryologen Streeter [1942, 1945; nach Vorarbeiten durch Mall 1914], das reichhaltige Material der Carnegie-Collection of Embryology systematisch geordnet und für die Embryonal- und beginnende Fetalentwicklung „Horizons" (I–XXIII) aufgestellt und detailliert begründet zu haben.

▸ **Abb. 2-1.** Zeittafel zur menschlichen Frühentwickung. Die linke Skala gibt die Zeitberechnung vom ersten Tage der letzten Menstrualperiode an (sogenanntes Menstruationsalter), die rechte Skala geht vom Ovulationstermin aus (sogenanntes Ovulationsalter). Daneben findet sich rechts außen die Stadieneinteilung des Carnegie-Stadiensystems. Der blaue Pfeil links weist auf die nach der Implantation beginnende und sich rasch steigernde Ausschüttung an humanem Choriongonadotropin (hCG) hin, das den heute üblichen immunologischen Schwangerschaftsnachweisen zugrunde liegt. Die bei klinischer Untersuchung nachweisbare Auflockerung des unteren Uterinsegments ist als sogenanntes Hegar'sches Zeichen zum Zeitpunkt der zweiten ausgebliebenen Periodenblutung angegeben.

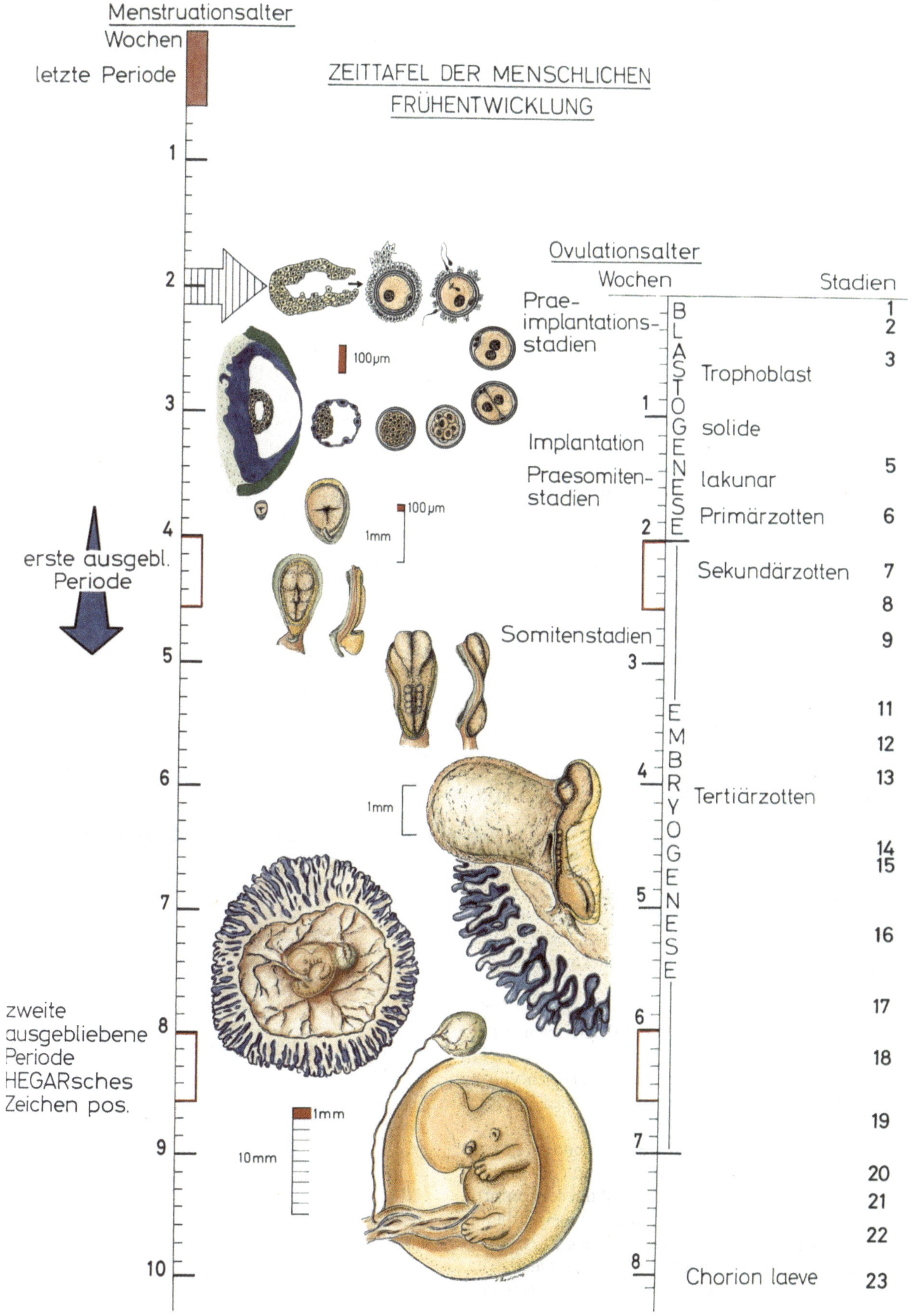

Menstruationsalter
Wochen
letzte Periode
ZEITTAFEL DER MENSCHLICHEN FRÜHENTWICKLUNG
1
2
3
4
5
6
7
8
9
10
erste ausgebl. Periode
zweite ausgebliebene Periode HEGARsches Zeichen pos.
100µm
100µm
1mm
1mm
1mm
10mm
Ovulationsalter
Wochen
Stadien
Prae-implantations-stadien
Implantation
Praesomiten-stadien
Somitenstadien
BLASTOGENESE
EMBRYOGENESE
Trophoblast
solide
lakunar
Primärzotten
Sekundärzotten
Tertiärzotten
Chorion laeve
1
2
3
5
6
7
8
9
11
12
13
14
15
16
17
18
19
20
21
22
23

Auf mehr äußeren Formmerkmalen beruht das Einteilungssystem von Jirásek [1983], das die gesamte vorgeburtliche Entwicklung in 10 Stadien und nachfolgende Unterstadien einteilt. Insbesondere die Einteilung der Fetalperiode in nur 2 Stadien ist dabei unbefriedigend. Auch die Altersangaben in diesem System differieren von den für das Carnegie-Material systematisierten Altersbestimmungen [Olivier und Pineau 1961].

In einer Neubearbeitung des gesamten Materials der Carnegie-Collection of Embryology hat Professor O'Rahilly auf der Grundlage der Streeterschen Horizons ein neues System der Einteilung der Embryonalperiode in 23 Stadien vorgelegt und begründet [O'Rahilly 1965, 1967, 1972, 1973]. Zunächst für die Stadien 1–9 lag die monographische Neubearbeitung vor [O'Rahilly 1973], eine Neufassung und Darstellung der weiteren Stadien ist soeben erschienen [O'Rahilly und Müller 1987]. Dieses **Carnegie-Stadien-System** wird in diesem Buch durchgehend angewandt, es sollte international die Grundlage für die Einordnung menschlicher Embryonen in bestimmte Entwicklungsstadien sein. Dennoch ist zu warnen: Die einfache Zuordnung nach äußeren Formmerkmalen, wozu Übersichtstabellen wie hier in Tabelle 2.1 verleiten mögen, führen leicht zu Irrtümern. Es muß im Einzelfall beachtet werden, daß ein ganzer Katalog von Entwicklungskriterien Grundlage einer exakten Stadien-Zuordnung sein muß. Streeter [1949] hat deutlich gemacht, daß die Größenangaben allein, ja auch äußere Formmerkmale allein, nicht ausreichen, um eine genaue Stadien-Zuordnung vorzunehmen. Er stellte einen Katalog von „Schlüsselorganen" auf und beschrieb detailliert die morphogenetischen und histogenetischen Entwicklungsschritte (Tabelle 2.2). Weitere detaillierte Merkmale wurden nach einem Punktsystem bewertet. Nach diesem Bewertungsergebnis erfolgt dann die Stadien-Zuordnung. Ergänzende Arbeiten [O'Rahilly und Gardner 1971, Müller und O'Rahilly 1985, 1986, O'Rahilly et al. 1984] berücksichtigen detailliert die Frühentwicklung des ZNS und der Kopfsinnesorgane.

Auf die Unterscheidung von Blastemzeit, Embryonal- und Fetalperioden wurde zu Beginn schon eingegangen. Über die äußeren Formmerkmale hinaus hat Streeter [1949] den Beginn der Markhöhlenbildung im Humerus als Grenzkriterium zwischen Embryonen und Feten benannt.

Mit der allgemeinen Zuordnung von Embryonen und Feten zu Normbefunden (z.B. Carnegie-Stadien-System für die Embryonalzeit) und mit dem generellen Bezug der Altersbestimmung vom eigentlichen Entwicklungsbeginn, der Befruchtung an, erübrigt sich die zusätzliche Angabe (p.m. = post menstruationem, p.o. = post ovulationem, p.c. = post conceptionem, Schwangerschafts- oder Gestationswoche = GW). Es würde ausreichen, alle (auch die klinischen) Daten auf Entwicklungstage (ET) oder Entwicklungswochen (EW) zu beziehen bzw. umzurechnen, zumal in der Definition „Schwangerschaft" Zeitprobleme bestehen (wie Tabelle 1.2 ausweist) und die Keimesgröße als Bezug auf das Entwicklungsalter sonographisch ermittelt wird [Hansmann et al. 1985]. Im Zusammenhang dieses Buches kann daher das Alter des Keimes, Embryo oder Feten einfach in Tagen oder Wochen (ohne weiteren Zusatz) angegeben werden. Nur Abweichungen vom Bezugspunkt „Befruchtung" wären gesondert zu benennen.

Die Tradition eines Maßsystems am menschlichen Körper reicht bis Albrecht Dürer (1471–1528) und Leonardo da Vinci (1452–1519) zurück. Der genauen Messung menschlicher Embryonen stehen eine Reihe von Schwierigkeiten entgegen. Die Krümmung des Gesamtkörpers in der Sagittalebene kann höchst unterschiedlich sein, junge Embryonen sind nicht selten zusätzlich torquiert. Auch ist zu beobachten, daß im Fruchtwasser schwimmende Embryonen innerhalb des geschlossenen Amnion sehr viel stärker „eingerollt" sind und sich beim Öffnen des Amnion und Überführen in andere Medien (z.B. Hank's

Tabelle 2.2. „Schlüsselorgane" zur Einordnung in Stadien („Horizons")
[Nach: Streeter 1942 und Streeter et al. 1951; Zuordnung der Horizons zu Stadien nach O'Rahilly 1973]

Organ	Stadium	Hauptmerkmal
Auge	13–18	Augenbecher- und Linsenentwicklung
Cornea	19–23	Stromabildung und hinteres Cornealepithel
Sehnerv	19–23	Schluß der Spalte, Faserentwicklung
Cochlea	19–23	Form und Grad der Windungen
Adenohypophyse	19–23	Form der Rathkeschen Tasche, Stielrückbildung
Organon vomeronasale	19–23	Organform, Öffnung, Rückbildung
Glandula submandibularis	19–23	Entwicklung des Gangsystems
Niere	19–23	Knospung des Ureterbaumes, Stadien und Generationsfolge der Glomerulumentwicklung
Skelet	16–23	Knorpelblasteme und -differenzierung, Knochenbildung, Beginn der Knochenmarkbildung

Tabelle 2.1. Übersicht zum Carnegie-Stadien-System [Nach: Streeter 1951, O'Rahilly 1973, O'Rahilly und Müller 1987 und Moore 1980] siehe auch Tabellen 4.1, 5.1

Woche	Stadium	Länge/mm	Alter/Tage	Hauptmerkmal
1	1			Zygote, Vorkerne, erste Furchungsteilung
	2		1,5–3	2–(16) 32 Zellen, Morula
	3		4–4,5	Freie Blastocyste, Embryoblast, Trophoblast
2	4		5–6	Angeheftete Blastocyste, bilaminärer Keim
	5	0,1–0,2	7–12	Frühe Implantation, Keimscheibe und primärer Dottersack, Trophoblast wird zum Chorion
3	6	0,15–0,2	13–15	Primitivstreifen, sekundärer Dottersack, Zottenbildung
	7	0,4	16	Chordafortsatz, Individuation, beginnender intervillöser Raum
	8	1,0–1,5	18	beginnende Neurulation
	9	1,5–2,5	20	Somitenbildung (1–3) beginnt
4	10	2–3,5	22	Schluß des Neuralrohres beginnt, Pharyngealbögen 1+2, 4–12 Somiten
	11	2,5–4,5	24	Schluß des rostralen Neuroporus mit Bildung der Augenbläschen, Labyrinthplakode, Rachenmembran degeneriert, 13–20 Somiten
	12	3–5	26	Schluß des caudalen Neuroporus, Pharyngealbogen 3, Armknospen, 21–29 Somiten
	13	4–6	28	Linsen- und Nasenplakode, Labyrinthbläschen, Pharyngealbogen 4, Armfalten, Beinknospen, ca. 30 Somiten (craniale Somitentransformation beginnt), Herzschleife, erste Herzkontraktionen
5	14	5–7	32	Beginnende Einsenkung der Nasenplakode, Augenbecher mit Linsengrube, Ohrbläschen mit endolymphatischem Divertikel, Lungenknospe, S-förmiges Herz, zirkulierender Kreislauf
	15	7–9	33	Linsenbläschen, Nasengrube, Großhirnbläschen, offene Rathke'sche Tasche, Handplatte, ventrales und dorsales Pankreas, Ureterknospe, Rückbildung der rechten V. umbilicalis
6	16	8–11	37	Frontalisation der Nasengrube und Pigmentierung des Auges beginnen, Linse noch vesikulär, Auricularhöcker, Fußplatte, Lappenbronchen, ventrales Pankreas verlagert, Ureterknospe verzweigt
	17	11–14	41	Primärer Gaumen, Nasenwülste noch durch Furchen getrennt, Epithelmauer, Choanalmembran, Mittelhandstrahlen, Primäre Nabelschleife im Nabelcoelom
7	18	13–17	44	Gesichtswülste verstreichen, Choanen öffnen sich, Tragus und Antitragus deutlich, Bogengänge gliedern sich ab, Augenlider und Nasenspitze beginnen, Linse solide, Knie deutlich, Mittelfußstrahlen treten auf, Anlage der Mamille, Genitalhöcker, Müllerscher Gang
	19	17–20	47–48	Hypophysenstiel mit Restlumen, vomeronasales Organ als Grube, Mesoderm sproßt in Cornea ein, Cochlea L-förmig, solide Knospe der Gl. submandibularis, Flexion und Pronation von Hand und Arm, Fingerknospen, noch keine (oder eben beginnende) Differenzierung im metanephrogenen Blastem
8	20	21–23	50–51	Cochlea mit ½ Windung, Cornea mehrschichtig, subcutaner Gefäßplexus seitlich an Stirn und Hinterhaupt, Finger getrennt, Zehenknospen, Dorsalflexion des Fußes beginnt, Kloakenmembran degeneriert, Analmembran perforiert, S-förmige Anlagen von Glomerula
	21	22–24	52	Hypophysenstiel in Rückbildung, hinteres Cornealepithel, Cochlea mit ¾-Windung, Gl. submandibularis verzweigt; Nase, Augenlider und äußeres Ohr deutlich ausgeprägt, Kopfaufrichtung beginnt, Hände und Füße nähern sich in der Mittellinie, 2. + 3. Generation von Glomerulumanlagen
	22	25–27	54	Hypophysenstiel unterbrochen, Rachendachhypophyse, Cochlea mit ganzer Windung, Membrana iridopupillaris, Augenlider beginnen Bulbus zu bedecken, Ohrmuschel biegt sich nach lateroventral, subcutaner Gefäßplexus nähert sich frontal der Scheitellinie, Zehen getrennt, 4. + 5. Generation von Glomerulumanlagen
	23	28–30	56–57	Cochlea mit 1½ Windungen, Sphenoidknorpel geschlossen, Unterkiefer wird prominent (keilförmiges „Spitzgesicht"), Augenlider noch nicht geschlossen, physiologischer Nabelbruch besteht noch, äußeres Genitale noch indifferent, Schwanzknospe rückgebildet

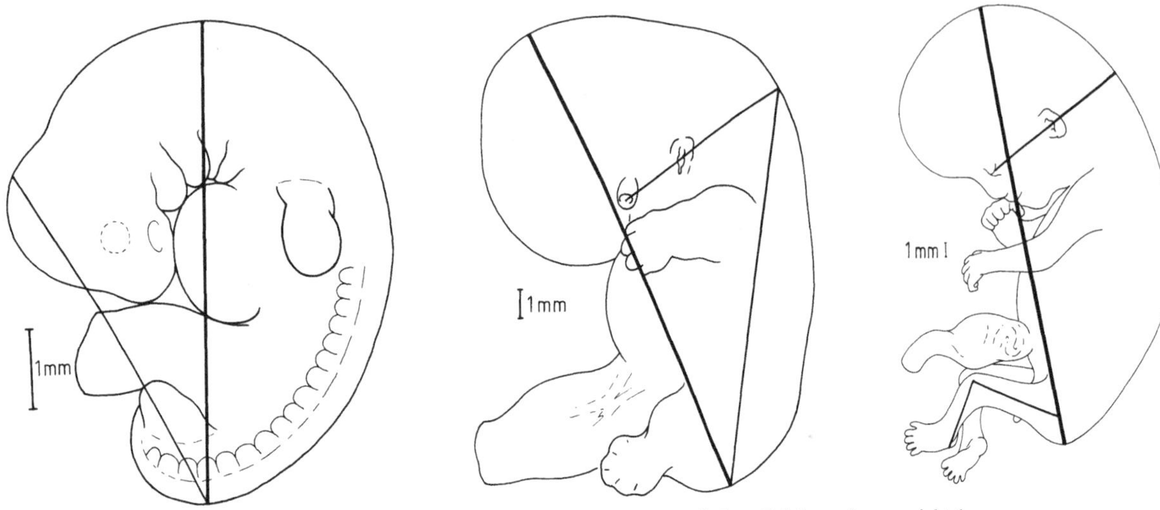

Abb. 2-2a–c. Schematische Darstellung der Meßlinien. Der Meßstab am linken Bildrand entspricht 1 mm.
a) Größte Länge (gr. L.) (dicke Linie) ist bei frühen Stadien nicht die „Scheitel-Steiß-Länge" (dünne Linie); Embryo STADIUM 14, 6,5 mm.
b) Scheitel-Steiß-Länge (SSL) (dicke Meßlinie), Ohr-Augen-Linie und Rückenlänge (dünne Linie); Embryo STADIUM 18, 17,5 mm.
c) Scheitel-Steiß-Länge (dicke Meßlinie) ergänzt zur Scheitel-Fersen-Länge (SFL) in situ (dünne Meßlinie am Bein); Fetus 3,1 cm (in Anlehnung an Keibel und Mall 1910)

Waschlösung) strecken. Weitere Veränderungen ergeben sich aus der Einwirkung der Fixierungsgemische. Da Embryonen häufig bereits vorfixiert eingeliefert werden, gilt die Messung des in Formol fixierten Embryo als Standard [Streeter 1920, 1945]. Von den verschiedenen vorgeschlagenen Meßliniensystemen [Mall 1907] haben sich besonders die größte Länge (gr.L.), die Scheitel-Steiß-Länge (SSL), aber auch die Scheitel-Fersen-Länge (SFL) durchgesetzt (Abb. 2-2). Da altersabhängig Schwierigkeiten bestehen, die Meßpunkte „Scheitel" (über dem Mittelhirn!, Abb. 2-2) und „Steiß" exakt zu bestimmen, ist die für alle Entwicklungsstadien am besten geeignete Größenangabe die größte Länge (gr.L.) [O'Rahilly und Müller 1984, 1987]. Zur deutlicheren Unterscheidung geben wir die Maße für die Blastem- und Embryonalzeit in Millimetern, für die Fetalzeit in Zentimetern an. Für die Ermittlung der Scheitel-Fersen-Länge sei besonders darauf hingewiesen, daß diese Messung (Abb. 2-2) an den Extremitäten in situ und keinesfalls, wie in der Geburtshilfe bis heute üblich, am an den Füßen gehaltenen, hängenden Keim vorgenommen werden darf.

Eine interessante Möglichkeit, bisher bekannte Meßdaten menschlicher Embryonen mit Messungen am lebenden Keim zu vergleichen, hat die Sonographie erschlossen [Robinson und Fleming 1975, Drumm und O'Rahilly 1977]. Lebende Embryonen sind um 1–5 mm länger als fixierte. Der Turgor-Verlust bei abgestorbenen Embryonen dürfte den Befund erklären, daß (in einem Einzelfall) die Größen-

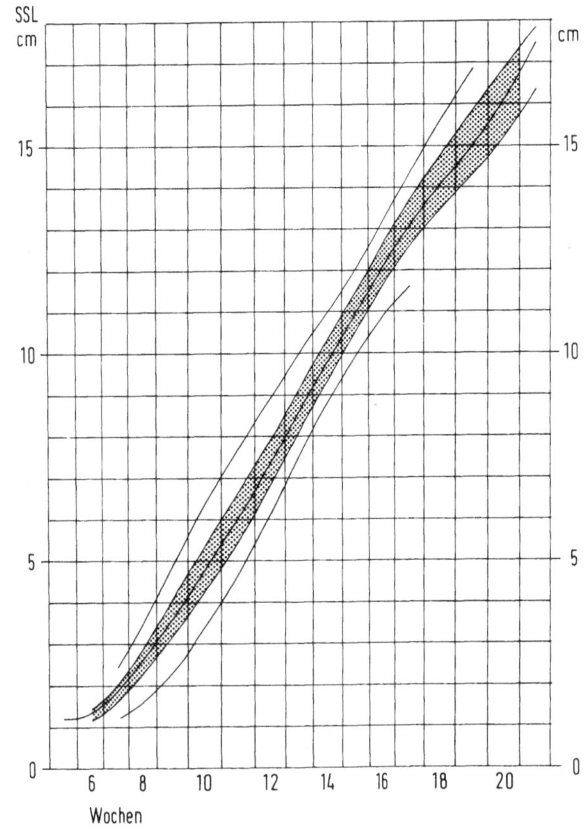

Abb. 2-3. Ableitung des Entwicklungsalters aus der Größe (gr. L.) von Embryonen nach sonographischen Befunden der Universitäts-Frauenklinik Bonn. Die Kurven geben den Verlauf (von oben nach unten) der 5 – 25 – 50 – 75 – 95 Perzentilen an.
[Aus: Hansmann et al. 1986]

abnahme nach Ende der Herztätigkeit sonographisch verfolgt werden konnte [Drumm und O'Rahilly 1977]. Die sonographische Größenbestimmung und daraus abgeleitete Altersbestimmung ist inzwischen zur klinischen Routinemethode geworden [Hansmann et al. 1986] (Abb. 2-3).

Messungen an Fotografien, die dann zu sehr exakten Angaben bis zur zweiten Dezimale führen [Hochstetter 1931], sind nur sinnvoll, wenn sie unter standardisierten Bedingungen erfolgen, die die Erfassung der wirklich größten Außenkontur gewährleisten. Bei größeren Keimen ist die direkte, vorsichtige Messung mit der Schublehre oder die Einbringung von Millimeterpapier unter den Embryo in die Fixierungsflüssigkeit die einfachste Methode. Bei sehr jungen Keimen ist ein spezielles Meßokular oder eine Meßlupe anzuraten.

Mit fortschreitender Akzeptanz des Stadien-Systems verliert die Größenangabe als Ausweis des Entwicklungsstadium erheblich an Bedeutung. Sie bleibt aber wichtig für die Identifizierung einzelner Embryonen. Bestes Klassifikationsmerkmal für die Praeimplantationsstadien ist die Zellzahl, für die frühen Implantationsstadien (siehe dort) der Entwicklungsgrad des Chorion, für die frühen Embryonalstadien die Zahl der Somitenpaare. In der späten Fetalperiode hat sich – besonders im Vergleich zu unreif Frühgeborenen – das Gesamtgewicht als Klassifikationsmerkmal erneut bewährt (siehe Kapitel 16. Zentralnervensystem und 31. Frühgeborene).

Auch die früheren Rückschlüsse aus der Größe eines Embryo oder Feten auf das Entwicklungsalter werden mit der Anwendung der Stadien-Einteilung weniger wichtig. Dies gilt auch für die (auf den Dresdener Frauenarzt Karl Friedrich Haase, 1788–1865, zurückgehende) Regel, wonach die Größe des Feten in cm (Scheitel-Fersen-Länge) am Ende eines Entwicklungsmonats (Menstruationsalter) bis zum 5. Monat gleich dem Quadrat der Monatszahl ist und in den weiteren Monaten dem Fünffachen der Monatszahl entspricht. Diese Regel ist aber mit einiger Genauigkeit nur für den 3.–5. Monat verwertbar. Für die Embryonalzeit ergibt sie zu hohe Werte, für die späteren Fetalmonate können bei der Rückrechnung auf die Entwicklungszeit Fehler bis zu 30 Tagen entstehen. Eine genauere mathematische Analyse des Wachstumsverhaltens von (nicht nur menschlichen) Embryonen und Feten hat (aufgrund unzähliger Literaturdaten) Scharf [1969] vorgenommen und das Ergebnis als Differentialgleichung und als Integral formuliert (Abb. 2-4). Die Beziehung zwischen Gewicht (sowie Trockengewicht und Stickstoffgehalt) und Körperlänge wurde für eine begrenzte Entwicklungsperiode durch Jirásek et al. [1966] bestimmt (Abb. 2-5).

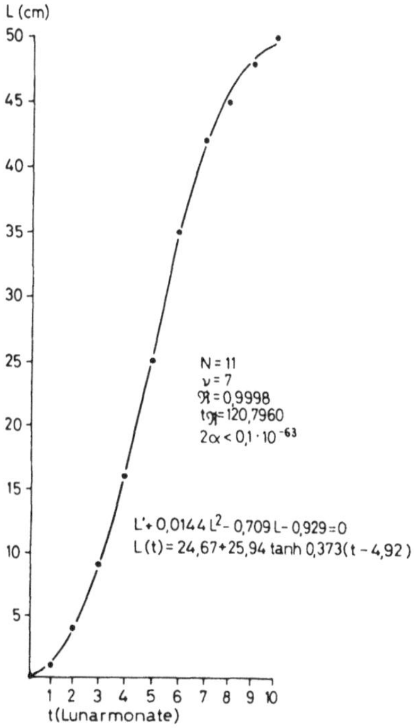

Abb. 2-4. Pränatales Körperlängenwachstum des Menschen. Empirische Differentialgleichung und partikuläres Integral.
(Aus: Scharf 1969, mit freundlicher Genehmigung von Autor und Verlag)

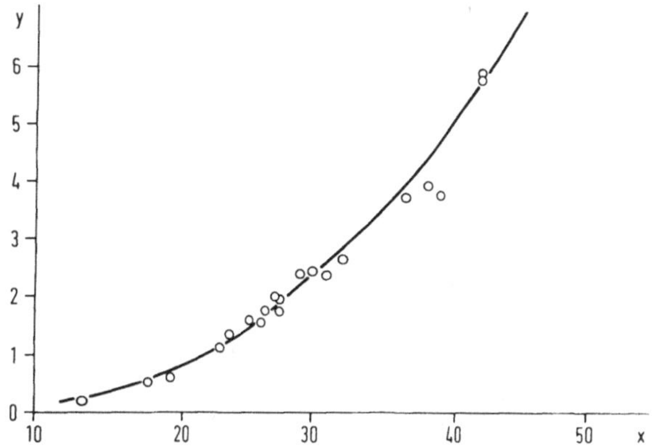

Abb. 2-5. Beziehung zwischen Körpergewicht (Ordinate in g) und Scheitel-Steiß-Länge (Abszisse in mm) bei menschlichen Embryonen von 43 bis 68 Tagen.
(Aus: Jirásek et al. 1966, mit freundlicher Erlaubnis von Autoren und Verlag)

Für die Umrechnung von Scheitel-Steiß-Länge auf Scheitel-Fersen-Länge und umgekehrt gibt Fischel [1929] folgende Formeln an:

$$SFL = \frac{3 \times SSL - 3}{2}$$

$$SSL = \frac{2 \times SFL + 3}{3}$$

Weitere fetale Maße und Gewichte werden in Tabelle 9.1 und im Kapitel 31 aufgeführt.

2.2 Analytische Methoden

Eine **direkte Beobachtung** überlebender oder lebensfrisch gewonnener Keime unter der Stereolupe oder dem Stereomikroskop bietet die beste Möglichkeit, die Zartheit der Strukturen und Gewebe unmittelbar zu beobachten. Dem Anfänger sei durchaus angeraten, durch schichtweise Präparation am Uterus von trächtigen Laboratoriumstieren die schonende Freilegung von Embryonen einzuüben und sich mit der Zartheit (und Verletzlichkeit!) der Fruchthüllen und des Embryo vertraut zu machen.

Wichtigste Methode für die morphologische Analyse von Embryonen und jüngeren Feten ist die Erstellung von **Schnittserien** in genormten Schnittebenen (Abb. 2-6). Wurden zu Beginn der histologischen Schnittechnik noch Serien von 40 oder 20 μm Dicke erstellt, so hat mit der Verfeinerung der Technik sich die Standardschnittstärke von 10 oder 8 μm für Paraffin-Schnittserien durchgesetzt. Neuerdings gelingt es auch, Semidünnschnitte in annähernd lückenloser Serie von 1 μm Schnittstärke herzustellen.

Solche Schnittserien führen zu Tausenden von Einzelschnitten, die, in vorgegebener Ordnung auf den Objektträger gebracht, wie die aufeinanderfolgenden Seiten eines Buches „gelesen“ werden können. Dabei

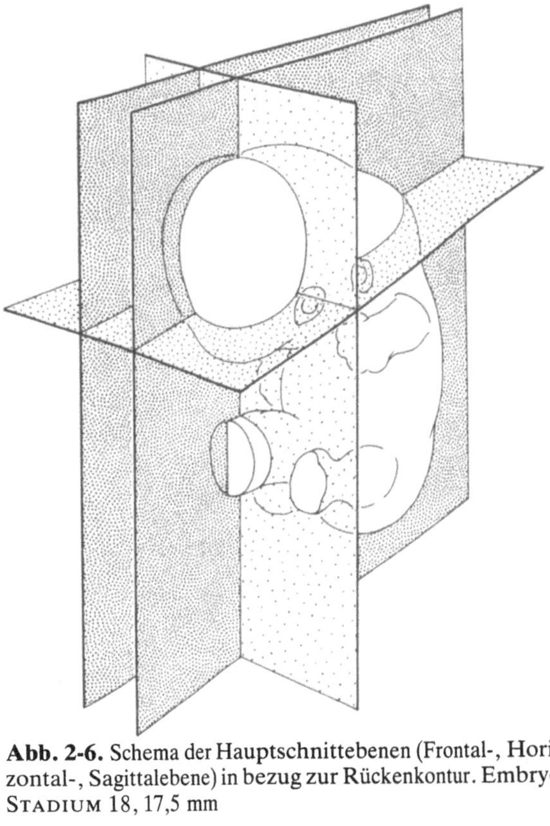

Abb. 2-6. Schema der Hauptschnittebenen (Frontal-, Horizontal-, Sagittalebene) in bezug zur Rückenkontur. Embryo Stadium 18, 17,5 mm

ist es für die Auswertung sehr hilfreich, ein Foto des geschnittenen Embryo mit eingezeichneter Schnittrichtung zur Verfügung zu haben. Aus der systematischen Durchmusterung solcher Serienschnitte sich eine räumliche Vorstellung von der Anordnung der Strukturen zu erarbeiten, gehört zum Grundhandwerkszeug der Embryologie und kann jedem Anfänger auf diesem Gebiet nur dringend angeraten werden.

Umfangreich ist die Literatur darüber, welches Einbettungsmittel die am wenigsten artifiziell veränderten Ergebnisse bringt. Bewirkt schon die Fixierung eine Schrumpfung von annähernd 15% des Embryovolumens, so wird diese bei der Paraffin-Einbettung auf 25% gesteigert [Streeter 1942]. Auch die Celloidin-Einbettung ist nicht schrumpfungsfrei, gilt aber als weniger Schrumpfung bewirkend, erlaubt hingegen nicht so dünne Schnitte, wie die Paraffin-Einbettung. Ein guter, wenn auch zeitaufwendiger Kompromiß ist die Kombination Celloidin-Paraffin.

Bei den lichtmikroskopischen Färbemethoden ist – wegen unterschiedlicher fotografischer Wiedergabe – der alternativen Färbung, z.B. Hämatoxylin-Eosin, Azan, Trichrom nach Masson Goldner, der Vorzug vor nur einer Färbemethode zu geben. Für die Färbung der Semidünnschnitte stehen die Methoden mit Azur II nach Richardson et al. [1960] oder die Färbung mit Methylenblau und basischem Fuchsin nach Morgenroth et al. [1970] zur Verfügung.

Entscheidend für das Gelingen guter Schnittserien ist die exakte Orientierung des Objektes während der Einbettung. Dabei wird sowohl eine exakte Lage der Schnittebene parallel oder senkrecht zur Körperlängsachse (Abb. 2-6) angestrebt, vor allem aber sollte die Schnittführung achsengerecht erfolgen, d.h. bei Frontal- und Horizontalschnitten die paarigen Organe in gleicher Höhe antreffen.

Als **Standardfixierung** gilt seit Streeter [1920, 1945] 10%iges Formalin. Daneben findet das Fixierungsgemisch nach Bouin [1897] wegen der geringeren Schrumpfung meist verbreitete Verwendung. Mir hat sich für lichtmikroskopische Untersuchungen hervorragend das Fixierungsgemisch von Serra [1946] mit Alkohol/Formol/Eisessig im Mischungsverhältnis von 6 : 3 : 1 bewährt. Für elektronenmikroskopische Untersuchungen ist jedoch die Fixierung in gepufferten Aldehydgemischen unerläßlich. Auch die Vorbehandlung erfolgt in diesen Fällen bereits in gepufferten Lösungen wie z.B. in Hank's Waschlösung.

Eine **Perfusionsfixierung** gelingt auch bei jungen Embryonen mit feinsten Kunststoffkathetern von der Innenseite der Chorionplatte oder direkt von der Nabelschnur aus. Sie bringt aber wegen der Besonderheiten des fetalen Kreislaufs nicht bei allen Organen (z.B. Leber oder Lunge) befriedigende Ergebnisse.

Auch die Fixierung und Behandlung in gepufferten Lösungen führt – insbesondere bei den Schritten zur Entwässerung des Gewebes – zu erheblichen Schrumpfungen. Sie sind allerdings von der Gewebsdichte bzw. der Zartheit der bindegewebigen Strukturen abhängig [Hinrichsen 1965].

Für die Untersuchung mineralisierter Gewebe kann die **Röntgen-Aufnahme** [O'Rahilly und Meyer 1956] oder die **Mikroradiographie** [Goret-Nicaise 1981, 1984, Goret-Nicaise et al. 1988] wichtige Beiträge leisten (siehe auch Kapitel 24. und 25. Schädel- und Zahnentwicklung).

Der Verwendung **histochemischer Methoden** ist bei der Untersuchung menschlicher Embryonen eine deutliche Grenze gesetzt. Die hierfür erforderlichen speziellen Fixierungsgemische und die notwendige Lebensfrische der Embryonen engen die Anwendung auf wenige Methoden und auf die Möglichkeiten, operativ gewonnenes Material zu verwenden, ein [Rossi et al. 1957, Hertig et al. 1958].

Die Vielfalt der auch in der Embryologie eingesetzten Methoden ist groß. Neben den Verfahren, die eine Stoffklassifikation in situ erlauben (Proteine, Nucleinsäuren, Kohlenhydrate, Lipide, Glycosaminoglycane), haben fermenthistochemische Methoden, neuerdings immuncytochemische Methoden Verbreitung gefunden und Bedeutung erlangt. Die Ergebnisse [siehe besonders Graumann und Neumann, 1959 ff] sind dann besonders interessant, wenn sie Rückschlüsse auf Vorgänge möglich machen. Hier können nur einige Beispiele aufgezählt werden.

Hinweise auf aktive Wanderung von Zellen konnten durch den histochemischen Nachweis der Acethylcholinesterase gewonnen werden (Abb. 2-7) [Drews et al. 1966a und b, Kaehn et al. 1988].

Als „chemomorphologische Methode“ kennzeichnete Graumann [1952, 1953, 1968] die Möglichkeiten, durch histochemische Methoden Ort und Zeitpunkt des ersten Auftretens von Leitsubstanzen und Leitenzymen zu ermitteln und in geeigneten Fällen den Weg vom Beginn einer spezifischen Proteinsynthese bis zum gewebstypischen Produkt zu verfolgen. So ergab sich mittels der Kohlenhydrathistochemie der Befund, daß schon vor einer morphologisch erkennbaren Abgrenzung von Anlagebereichen (z.B. von Kopfskelettanlagen siehe Abb. 2-8 und 2-9) sich histochemisch eine klare und scharfe Abgrenzung (oder Aussparung) ergibt.

Hohe Konzentrationen an Glycogen sind für viele embryonale Zellen und Zellverbände charakteristisch (siehe z.B. Darmepithel). Eine Überführung von Glycogen im „Hexose-Phosphat-Shunt“ in die RNA-Synthese konnte an mehreren Beispielen gezeigt werden [Sasse 1968] (siehe auch Abb. 2-10).

Hohe Bedeutung für die Aufklärung zellulärer Vorgänge während der Entwicklung kommt dem **autoradiographischen Nachweis** von markierten Vorläufersubstanzen zu. DNA- und RNA-Synthese, aber auch Matrixbildung der Bindegewebsgrundsubstanz, Sekretionsvorgänge und die Mineralisierung von Hartgeweben sind nur wenige Beispiele, auf sie und weitere finden sich Hinweise in den einzelnen Organkapiteln. Die frühe Aufnahme von ^{3}H-Thymidin im Tubenei während der ersten Furchungen zeigt beispielhaft Abbildung 2-11.

Beispiele für den **immuncytochemischen Nachweis** spezieller Substanzen (Hormone, Hormonvorstufen) finden sich besonders im Abschnitt Endokrine Organe. Mit monoclonalen (und polyclonalen) Antikörpern können spezifische Differenzierungsprodukte

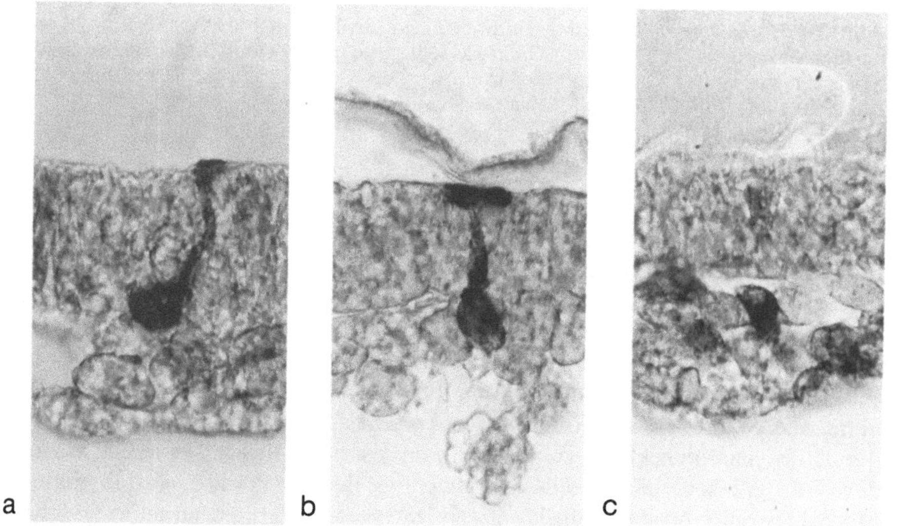

Abb. 2-7. Aus dem Ektoderm ins Mesoderm der Keimscheibe des Hühnchens aktiv wandernde Zellen. Nachweis der Cholinesterase-Aktivität, Methode Karnovsky.
(Aus: Drews et al. 1966a, mit freundlicher Genehmigung von Autoren und Verlag)

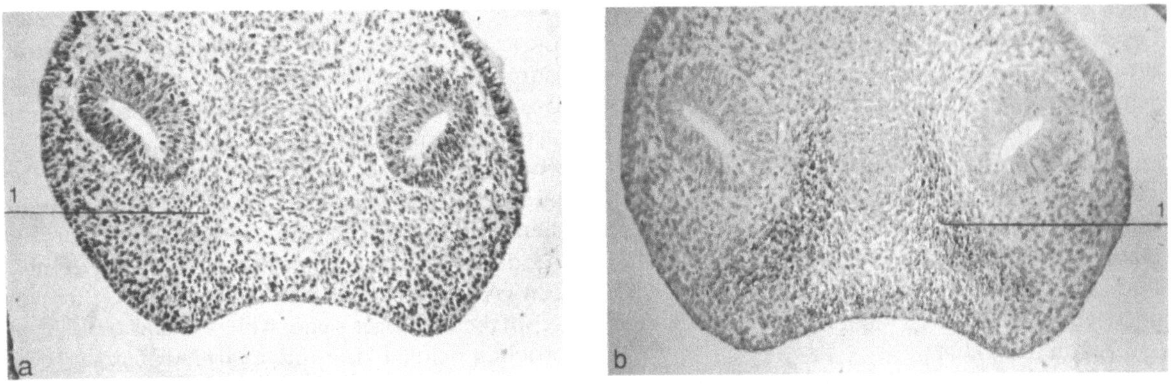

Abb. 2-8 a, b. Positiver Nachweis eines morphologisch noch nicht abgrenzbaren Skeletblastems aufgrund des differenten Glycogengehaltes. 1 = glycogenhaltiges Realisationsareal des Paraseptalknorpels einer Maus, 8,5 mm SSL. **a** = Hämalaun-Erythrosin, **b** = Perjodat-Leucofuchsin/Hämalaun.
(Aus: Graumann 1954, mit freundlicher Genehmigung von Autor und Verlag)

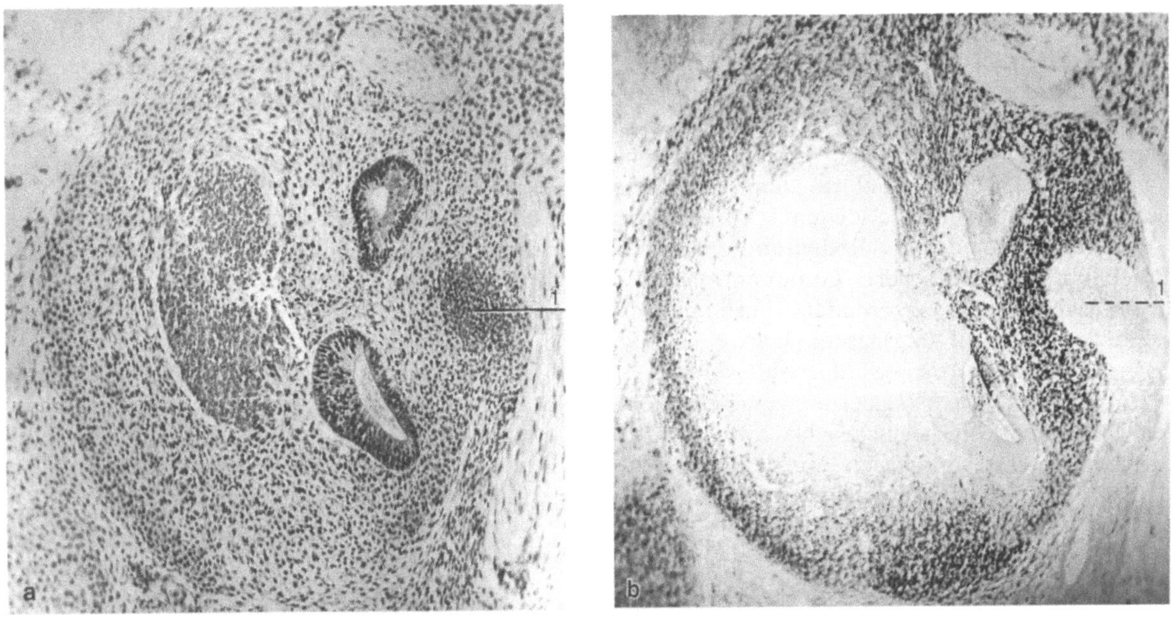

Abb. 2-9 a, b. Positiver und negativer Nachweis eines morphologisch noch nicht exakt abgrenzbaren Skeletblastems. Das Stapesblastem (1) ist im Gegensatz zur Ohrkapsel völlig glycogenfrei und schärfer abgrenzbar als im benachbarten HE-Schnitt. Maus, 10 mm SSL, **a** = Hämalaun-Erythrosin, **b** = Perjodat-Leucofuchsin/Hämalaun.
(Aus: Graumann 1954, mit freundlicher Genehmigung von Autor und Verlag)

(„Gen-Expressionen") oder membranständige Antigene licht- und elektronenmikroskopisch nachgewiesen werden (Beispiel Abb. 2-12). So werden auch lokale Unterschiede der extrazellulären Matrix erfaßbar [Meier und Drake 1984 a und b].

Durch die Entwicklung molekularbiologischer Methoden ist es jetzt sogar möglich geworden, die räumliche und zeitliche Expression von Genen während der Embryonalentwicklung zu studieren. Insbesondere die Methode der *in-situ*-Hybridisierung der DNA bzw. mRNA hat wesentlich dazu beigetragen, Informationen über komplexe Expressionsmuster von Genen zu erhalten und Prozesse der Genregulation während der Embryonalentwicklung zu analysieren [Jaenisch 1988]: Jedes Gen besitzt Kontrollsequenzen, die für den genauen Zeitpunkt, den Ort und die räumliche Ausdehnung der Genexpression verantwortlich sind. Man kann diese Kontrollsequenzen an bestimmte Markergene koppeln und ein solches Fusionsgen in das Genom einer Maus transferieren (Produktion transgener Mäuse). Das Markergen zeigt dann an, in welchen Geweben und zu welchen

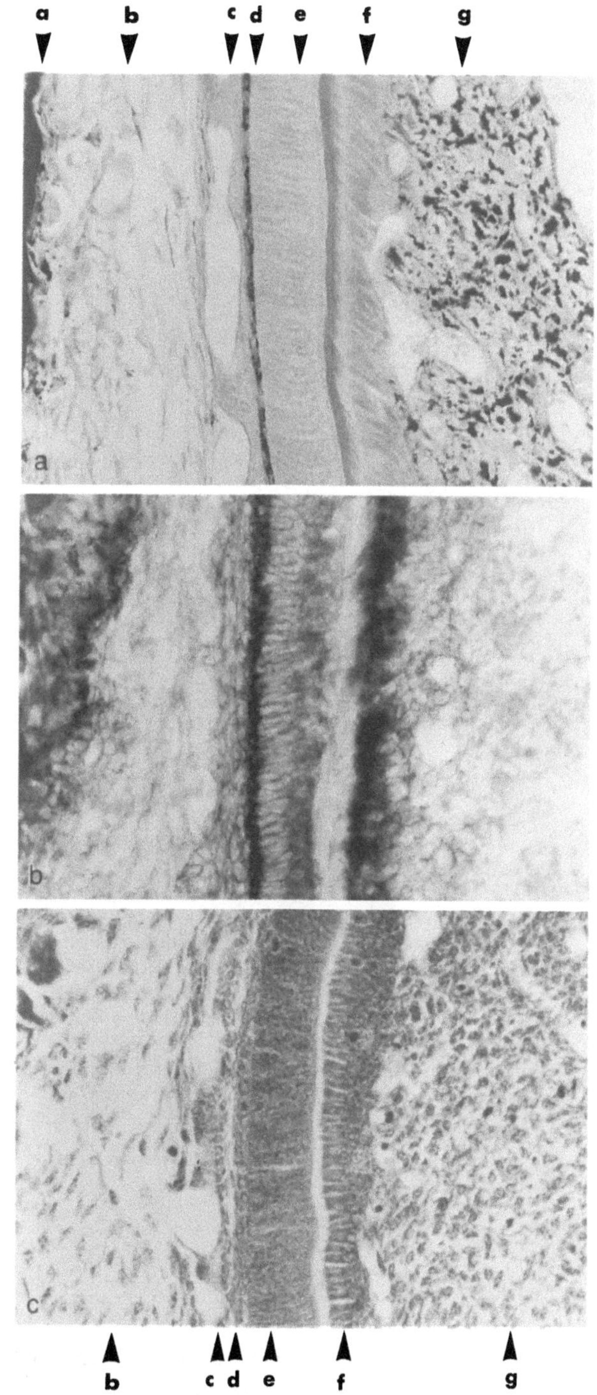

Abb. 2-10 a—c. Pentose-Phosphat-Shunt im histochemischen Bild, Nagezahn des Goldhamsters, 14—15 Tg.
a) Hohes Glycogenvorkommen (PSL-Reaktion) im Stratum intermedium (d) und in der Zahnpulpa (g).
b) Hohe Konzentration an Glucose-6-Phosphatdehydrogenase im Stratum intermedium (d) sowie in den Adamantoblasten (e) und Odontoblasten (f).
c) Hohe RNA-Konzentration (Methylgrün-Pyronin-Färbung) im Stratum intermedium (d), den Adamantoblasten (e) und den Odontoblasten (f).
(Aus: Sasse 1968, mit freundlicher Genehmigung von Autor und Verlag)

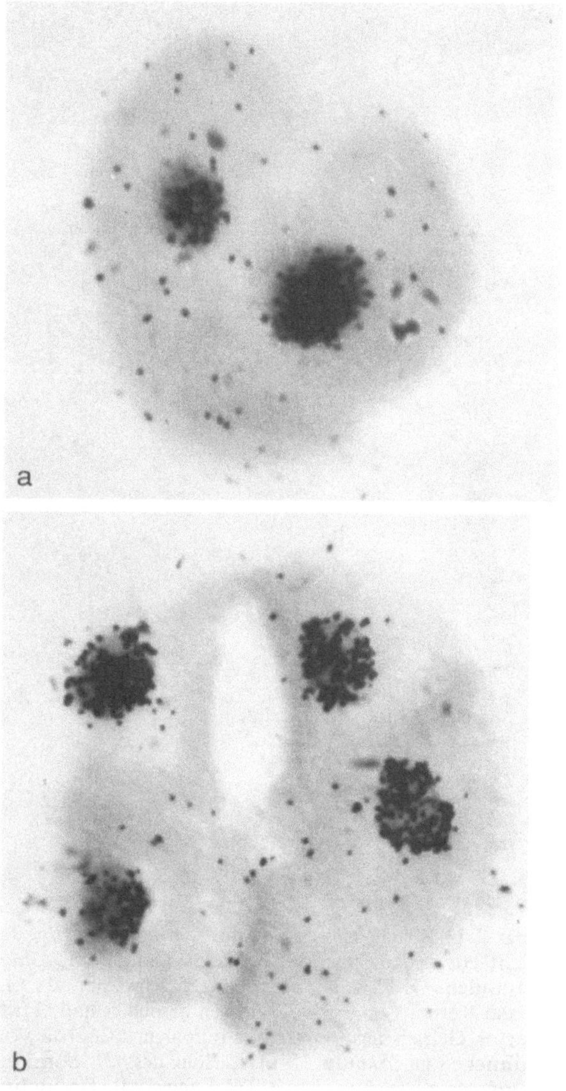

Abb. 2-11a, b. Aufnahme von H^3-Thymidin durch Tubeneier der Maus im 2-Zell- **(a)** und 4-Zell-Stadium **(b)** in der Kultur. Autoradiogramm 12 Std. nach der Markierung

Zeiten die Kontrollsequenzen transkriptionell aktiv sind. Abbildung 2-13 zeigt ein Beispiel einer solchen Analyse. Ein Hox 1.3-β-Galactosidase Fusionsgen wird in transgenen Mäusen in spezifischen Regionen des Rückenmarks exprimiert. „Hox 1.3" ist ein Mitglied der Homeobox-Gen-Familie, die embryonalspezifisch exprimiert werden [Dressler und Gruss 1988]. Die Expression von β-Galactosidase kann durch Inkubation von fixierten Embryonen in einem synthetischen Substrat (4-Cl-5Br-3-indol-β-galactosidase, „X-gal") dargestellt und als blauer Farbniederschlag sichtbar gemacht werden. Auf diesem methodischen Gebiet ist in der nächsten Zeit mit dem größten Erkenntnisgewinn zu rechnen.

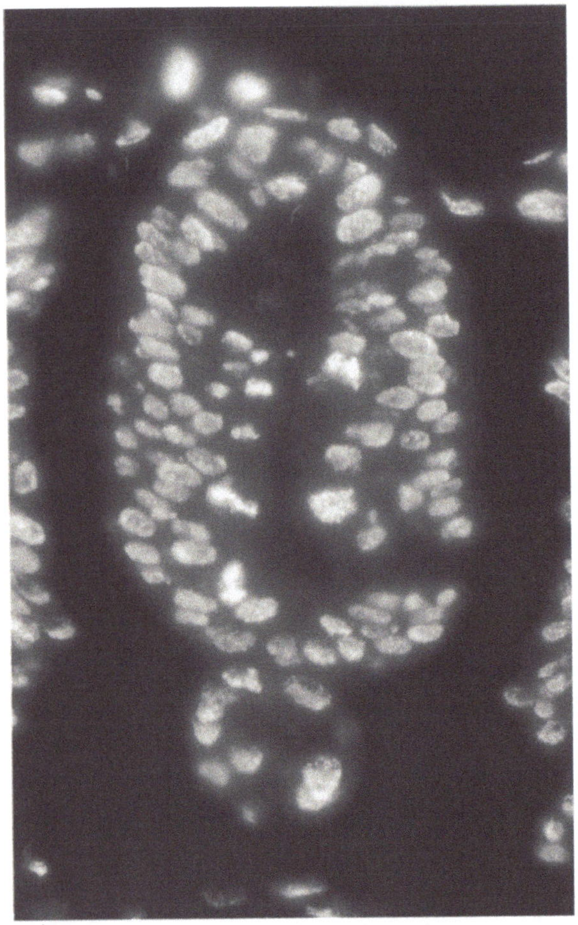

Abb. 2-12. Bindung eines monoclonalen Antikörpers gegen Nicht-Histon-Protein, in der Metaphase an Chromosomen gebunden. G1-Phase-Kerne reagieren schwächer als G2-Phase-Kerne. Ventrikuläre Mitosen besonders hell. Unfixierter Gefrierschnitt durch Neuralrohr und Chorda vom Hühnchen im STADIUM 13 HH, Höhe des 8./9. Somiten, Fluoreszein-Isothiocyanat (FITC Kaninchen), Doppelimmunfluoreszenz. 600 : 1 (Präparat und Photo: Dr. Kaehn, Bochum)

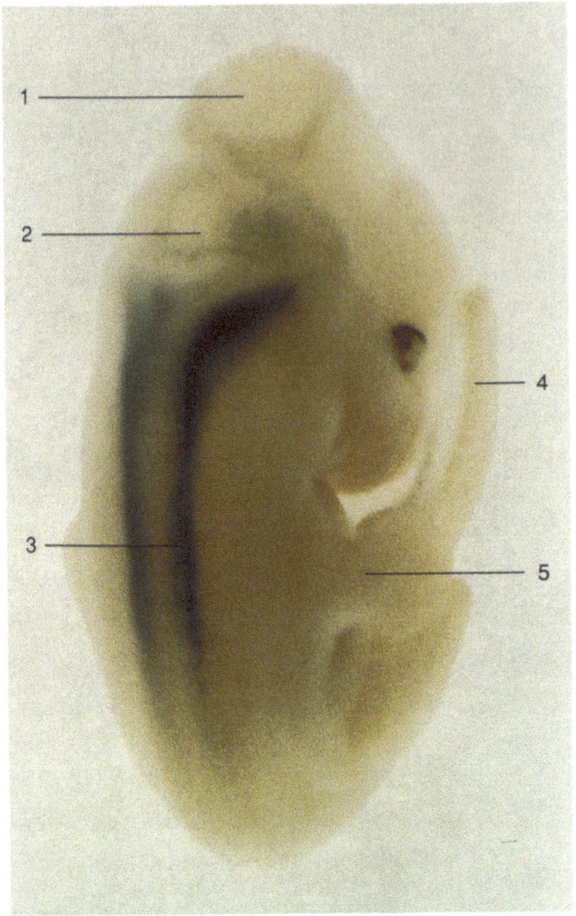

Abb. 2-13. Darstellung der Expression eines Fusionsgens bei einer „transgenen“ Maus durch Farbreaktion mit Galactosidase in der Medulla und Teilen des Rückenmarkes. 1 = Mittelhirn, 2 = Rautenhirn, 3 = Rückenmark, 4 = Schwanz, 5 = obere Extremität. ca. 20 : 1
(Freundlichst überlassen von Dr. C. Lobe und Dr. R. Balling, MPI für Biophysikalische Chemie, Göttingen)

2.3 Darstellende Methoden

Wie schon im vorangehenden Abschnitt betont, sollte die wichtigste Methode embryologischer Untersuchungen eigentlich die Beobachtung am lebenden Keim sein. Dies ist für menschliche Embryonen nur bedingt (siehe unten) und besonders in den Fällen möglich, in denen eine aus zwingenden medizinischen Gründen vorgenommene Uterusexstirpation die schonende Freilegung des Embryo in seinen Fruchthüllen möglich macht (Abb. 2-14). An tierischen Embryonen sind zahlreiche wertvolle Beobachtungen über frühe Formbildungsvorgänge an in Kultur gehaltenen Keimen möglich und durch den Einsatz der Zeitraffercinematographie eindrucksvoll anschaulich geworden [z.B. Seidel et al. 1978]. Auch von menschlichen Embryonen sind mit Hilfe der Fetoskopie – besonders nach Entwicklung der Glasfaseroptik – höchst eindrucksvolle Bildsequenzen vom lebenden Feten in utero bekannt geworden (besonders durch den schwedischen Photografen Lennert Nilsson [1979]).

Wichtigste darstellende Methode ist die **Photographie.** Sie wird am lebensfrischen Keim am besten als Farbphotographie eingesetzt, sie läßt die blutgefüllten Gefäß- und Organbereiche deutlich hervortreten

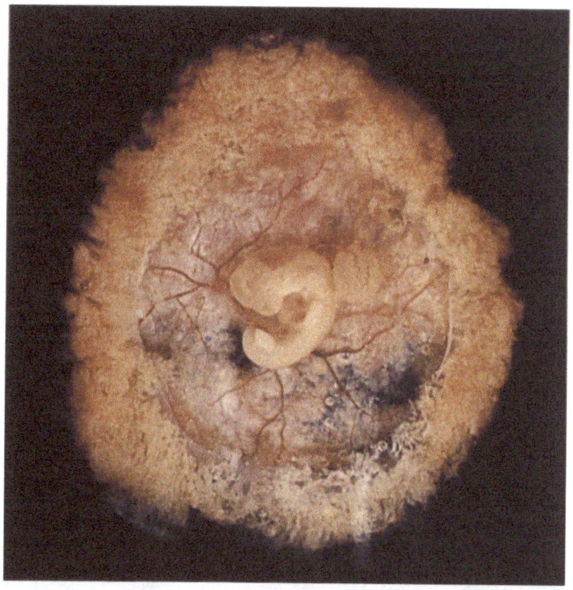

Abb. 2-14. Operativ gewonnener Embryo im STADIUM 15 (10,0 mm, 33 Tage) im geöffneten Amnion und Chorion. Man sieht auf die Innenseite der Chorionplatte mit den sich verzweigenden Blutgefäßen. Am Außenrand die in diesem Stadium das ganze Ei noch einheitlich bedeckenden Chorionzotten. Dottersack und Dottersackstiel sind deutlich zu erkennen. Man beachte, daß der gesamte Zottenbaum durch die Pulsationen des embryonalen Herzens durchströmt wird. ca. 1:1

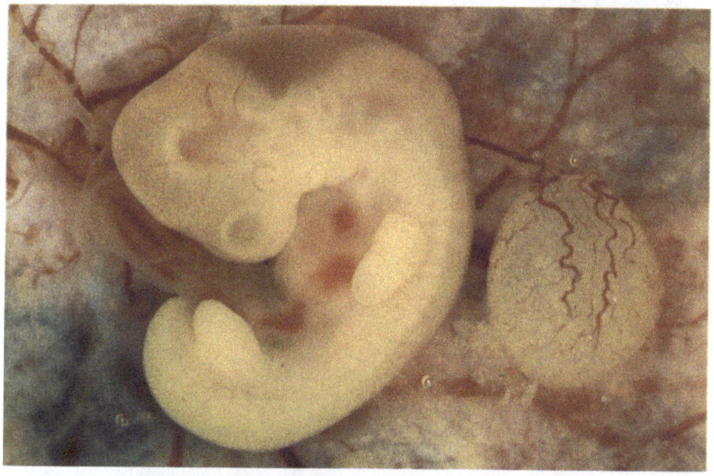

Abb. 2-15. Der Embryo der Abb. 2-14 bei stärkerer Vergrößerung. Deutlich erkennbar sind Großhirnbläschen, Brückenbeuge, Rautenhirn mit dünnem Rautenhirndach, durchschimmernde Spinalganglien, Armanlage, blutgefüllte Herzräume, Beinanlage und rechts der Dottersack mit Stiel und Gefäßen. ca. 6:1

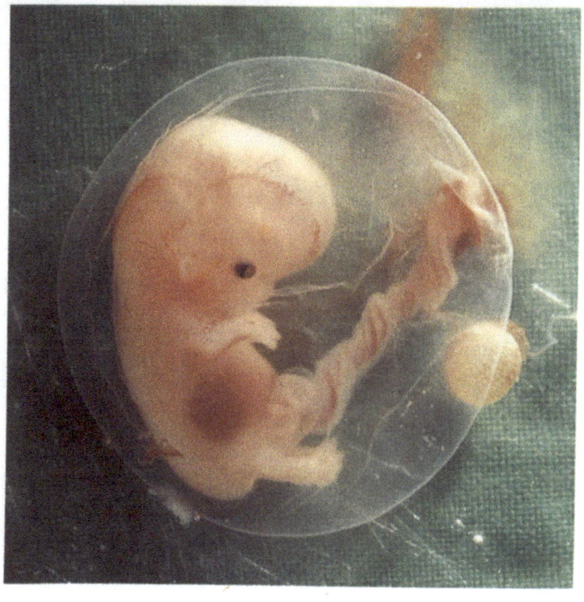

Abb. 2-16. Embryo im STADIUM 22 (27 mm, ca. 54 Tage) im Amnion (ohne Chorion) mit Nabelschnur und Dottersack. (Die grüne Hintergrundfarbe rührt von der Unterlagerung des Petrischälchens mit Operationstuch her). ca. 2,2:1

und vermittelt unmittelbare Anschauung von der Zartheit embryonaler Strukturen und Gewebe (Abb. 2-15 und 2-16).

Für die Dokumentation von Embryonen, insbesondere vor der Anfertigung von Schnittserien, sollte die Photographie in genormten Einstellungen erfolgen: Während die seitliche Aufnahme in der Regel keine Schwierigkeit bereitet, ist für die Frontalansicht oder für die Rückenansicht eine besondere Unterlagerung (z.B. durch mattschwarze Knetmasse) hilfreich (Abb. 2-17).

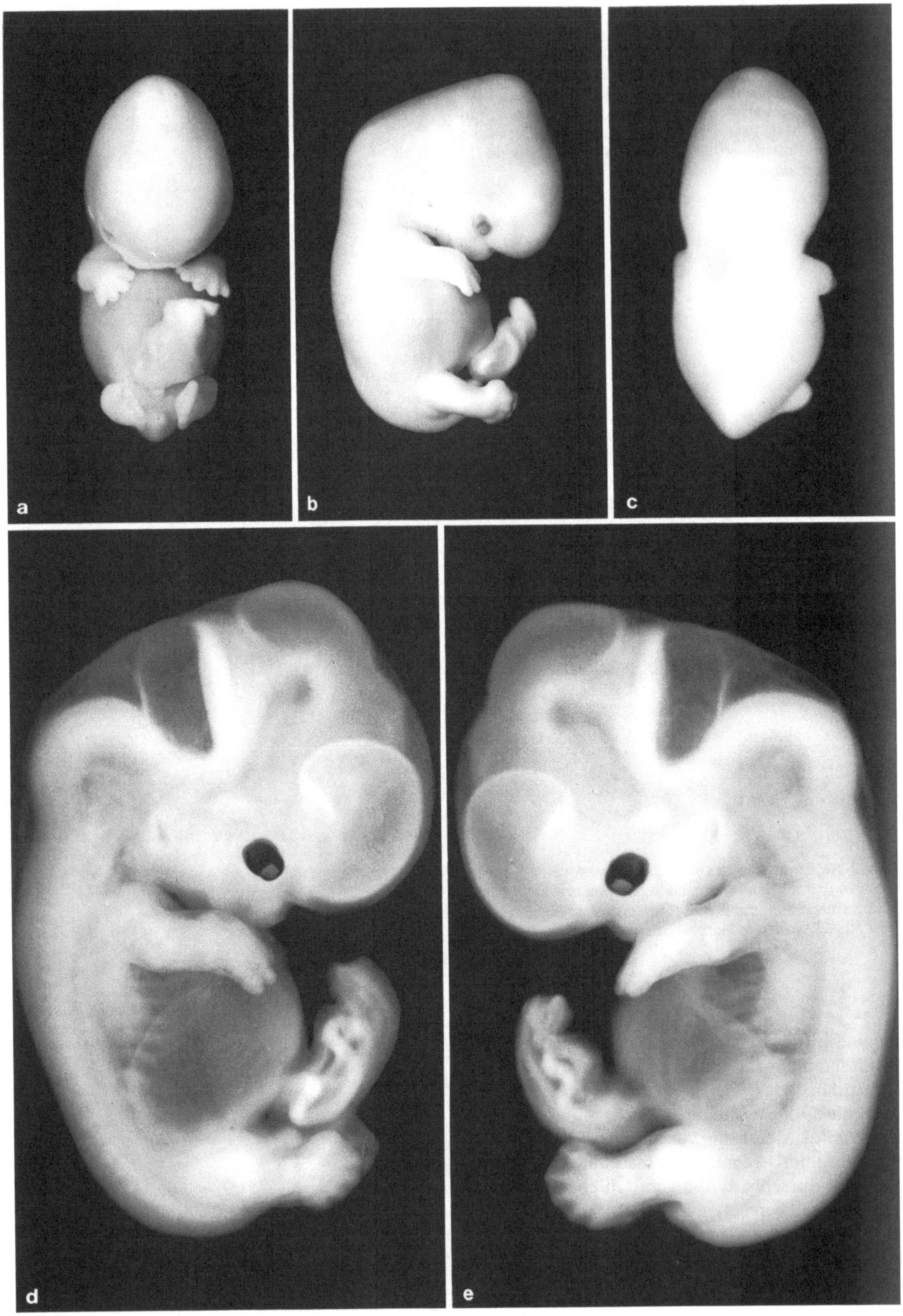
a
b
c
d
e

Je kleiner die Objekte sind, um so schwieriger ist eine sachgerechte Beleuchtungstechnik (Abb. 2-18). Die nur wenig konturierten äußeren Reliefunterschiede können durch zu direkte oder zu intensive Beleuchtung leicht „überstrahlt" werden. Ein Einblick in das Innere des Körpers wird auch photographisch – in Abhängigkeit von der angewendeten Fixierung, siehe z.B. Abb. 2-17 – dank der sehr zarten oberflächlichen Strukturen möglich. Nach der Fixierung ist der Embryo überwiegend opal-weiß (bei Verwendung von Pikrinsäure, z.B. im Bouin'schen Gemisch, intensiv gelb) und undurchsichtig. Bei der Vorbereitung für die Paraffineinbettung tritt jedoch im Zwischenmedium Methylbenzoat eine Aufhellung des fixierten Gewebes ein, die nun eindrucksvolle Einblicke in das Innere des Embryo (besonders bei diffuser Beleuchtung) erlaubt [Hinrichsen 1962] (Abb. 2-17d, e, siehe auch Abb. 16-10, 16-13).

Auch für die Wiedergabe mikroskopischer Befunde aus den Schnittserien ist die Mikrophotographie die wichtigste Methode, wie in den folgenden Kapiteln deutlich werden wird. Dies gilt erst recht für die neueren Verfahren der Semi- und Ultradünnschnitte. Im Elektronenmikroskop sind die Befunde nur photographisch zu dokumentieren. Diese Wiedergabe erlaubt aber nur eine zweidimensionale Abbildung und ist außerdem in starkem Maße von der Lage der wiederzugebenden Struktur zu der gewählten Schnittrichtung abhängig.

Das **Raster-Elektronenmikroskop** (REM) hat auch für die Embryologie neue Möglichkeiten einer geradezu plastisch wirkenden, einen dreidimensionalen Eindruck vermittelnden Darstellungsweise erschlossen. Eine Begrenzung der Größe der Objekte ist durch die Trocknung der Präparate nach der „Critical point"-Methode [Cohen et al. 1968] sowie in der Größe der Objektkammer des Mikroskops gegeben.

◀

Abb. 2-17a–e. Embryo im STADIUM 21 (22 mm, ca. 52 Tg.) in verschiedenen photographischen Ansichten.
a) Frontalansicht;
b) Seitliche Ansicht mit „physiologischem Nabelbruch";
c) Dorsalansicht;
d) Der Embryo der oberen Abbildungsreihe nach Aufhellung in Methylbenzoat im diffusen Auflicht [Hinrichsen 1962] von der rechten Seite;
e) Gleiche Technik wie d), Embryo von der linken Seite. Zwischen dem stark pigmentierten Auge und dem tiefsten Punkt des durchgebogenen Rautenhirns (Brückenbeuge) schimmert das Ganglion trigeminale mit den Trigeminusästen durch. Am Mittelhirn sind die ungleiche Dicke der Anlage des Tegmentum und des Tectum erkennbar. Die Großhirnbläschen heben sich deutlich ab. Am Rumpf sind die Leber, die Zwerchfellkontur und die Rippen sowie die Lungenanlage zu sehen. Ventral und dorsal vom physiologischen Nabelbruch sind die Nabelgefäße erkennbar. Man beachte an den Extremitäten den Abstand der Haut zu der darunter liegenden Skelet-Muskelanlage.

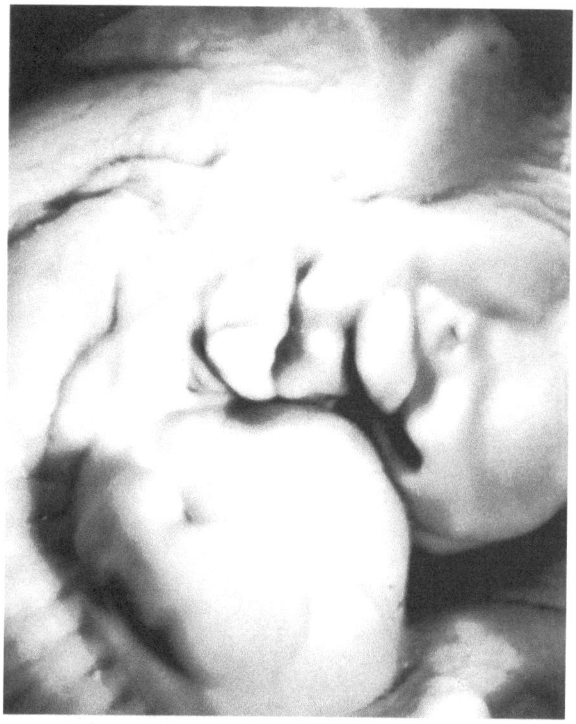

Abb. 2-18. Luminar-Aufnahme eines menschlichen Embryo im STADIUM 16 (7,5 mm) bei flachem Streiflicht zur Darstellung der feineren Reliefs der Gesichtsregion. ca. 12,5 : 1 (Präparat und Photo: Prof. Steding, Göttingen)

Das REM kann nur leitend gemachte Oberflächen (z.B. durch Kohle- oder Goldbedampfung) abbilden, diese aber in den feinsten Details. Der Nachteil der alleinigen Oberflächenabbildung kann dadurch gemildert werden, daß nicht nur die Darstellung natürlicher äußerer oder innerer Oberflächen, sondern auch die von Bruch- oder Schnittflächen (mit Einblick in die angeschnittenen Strukturen) möglich wird. Durch systematisierte Mikrodissection [Pexieder 1978, Pexieder und Janecek 1984] können fixierte Präparate für vergleichende Untersuchungen aufbereitet werden. Auch das montierte und getrocknete Präparat kann nach Abrasterung der Oberfläche durch schrittweise Präparation weiter aufgebrochen werden. Beispiele dafür sind besonders in den Kapiteln 10.2 und 23. Herz- und Gesichtsentwicklung wiedergegeben. Darüber hinaus liegt der große Vorteil der Methode darin, daß ein für alle mikroskopischen Techniken bisher unbekannter Vergrößerungsumfang von etwa 10 : 1 bis 100 000 : 1 am gleichen Objekt möglich wird. Für die höchsten Auflösungen fehlt es bei Zellen und Geweben bisher allerdings noch an den adäquaten Präparationsmethoden. Es gibt aber bereits erste Möglichkeiten, auch mit dem REM an unfixiertem Material zu arbeiten [Echlin 1978, Jacob und

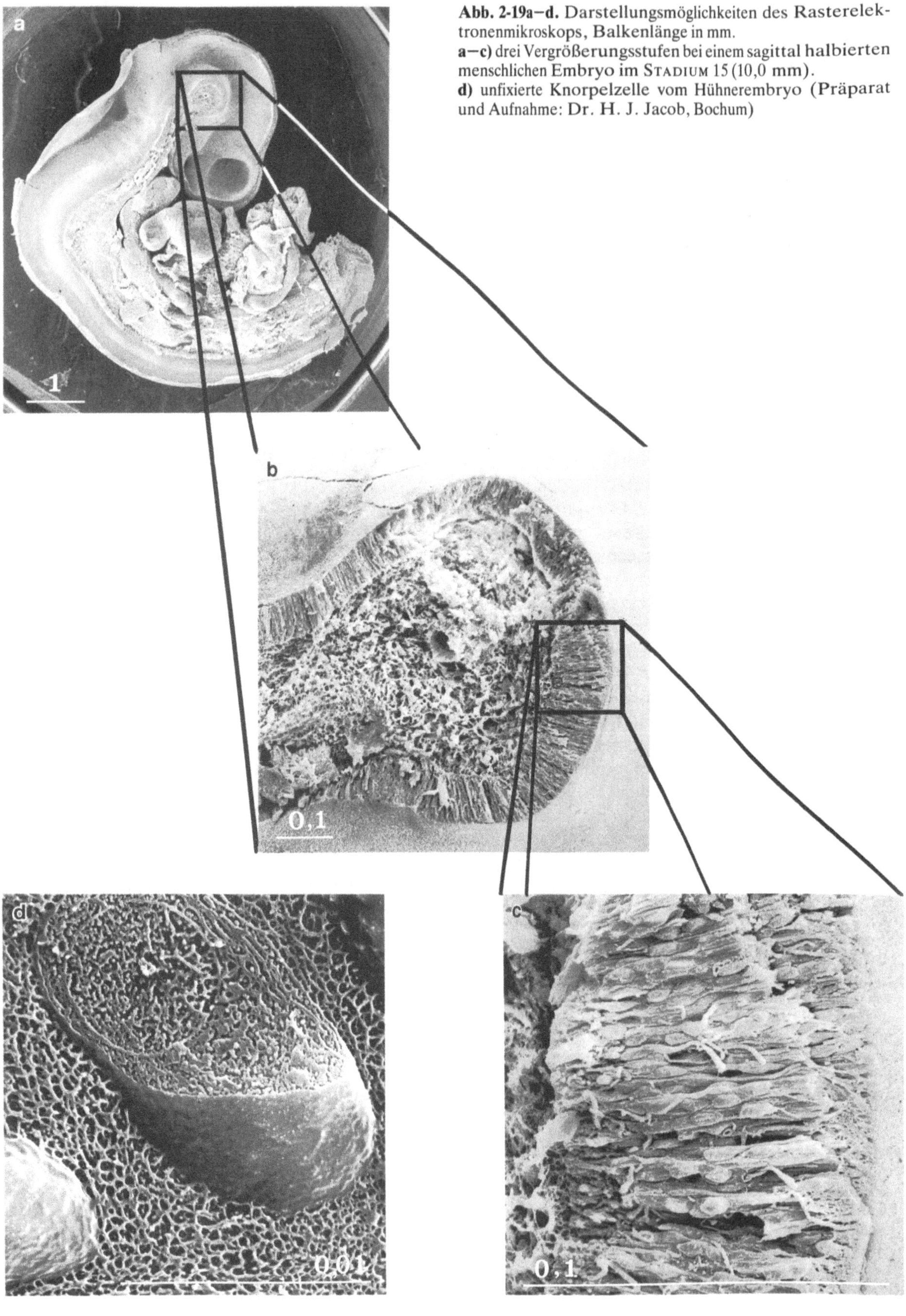

Abb. 2-19a–d. Darstellungsmöglichkeiten des Rasterelektronenmikroskops, Balkenlänge in mm.
a–c) drei Vergrößerungsstufen bei einem sagittal halbierten menschlichen Embryo im STADIUM 15 (10,0 mm).
d) unfixierte Knorpelzelle vom Hühnerembryo (Präparat und Aufnahme: Dr. H. J. Jacob, Bochum)

Christ 1985]. Abbildung 2-19 gibt für nur drei Vergrößerungsstufen des REM ein Beispiel, worin die hochauflösende Beobachtung cytologischer Details hier nicht einbegriffen ist.

Als Methode zur dreidimensionalen Rekonstruktion embryonaler Strukturen und Formen aus Schnittserien wurde von His [1880, 1887] (siehe auch Abb. 16-3 bis 16-10) und Born [1883] die vergrößerte **Rekonstruktion nach der Wachsplattenmethode** eingeführt. Ihr Prinzip beruht darauf, Wachsplatten einer definierten Dicke herzustellen, die entsprechend dem gewünschten Vergrößerungsfaktor der Schnittdicke entspricht. Die zeichnerische Übertragung der Gewebskonturen aus dem mikroskopischen Bild (mit entsprechender Vergrößerung) auf die Wachsplatten und das Nachschneiden dieser Konturen erlauben dann, durch Übereinanderfügen der einzelnen Wachsplattenteile ein vergrößertes räumliches Abbild herzustellen. Voraussetzung dafür ist allerdings, daß die Schnitte möglichst verzerrungsfrei hergestellt waren, was bei Paraffinschnitten durch temperaturkonstante Räume und besonders exakt arbeitende Strecktische möglich wird. Ein weiteres Problem liegt in dem richtigen Übereinanderfügen der einzelnen Wachsplatten, um keine Verzerrung durch Translation in den einzelnen Schnittebenen herbeizuführen.

Abb. 2-20. Schnittserien-Rekonstruktion eines menschlichen Embryo im STADIUM 16 (7,5 mm), Frontalansicht des „Rohlings" nach Abschmelzen der Kunstwachsplatten. (Aus: Blechschmidt 1968, mit freundlicher Genehmigung von Autor und Verlag)

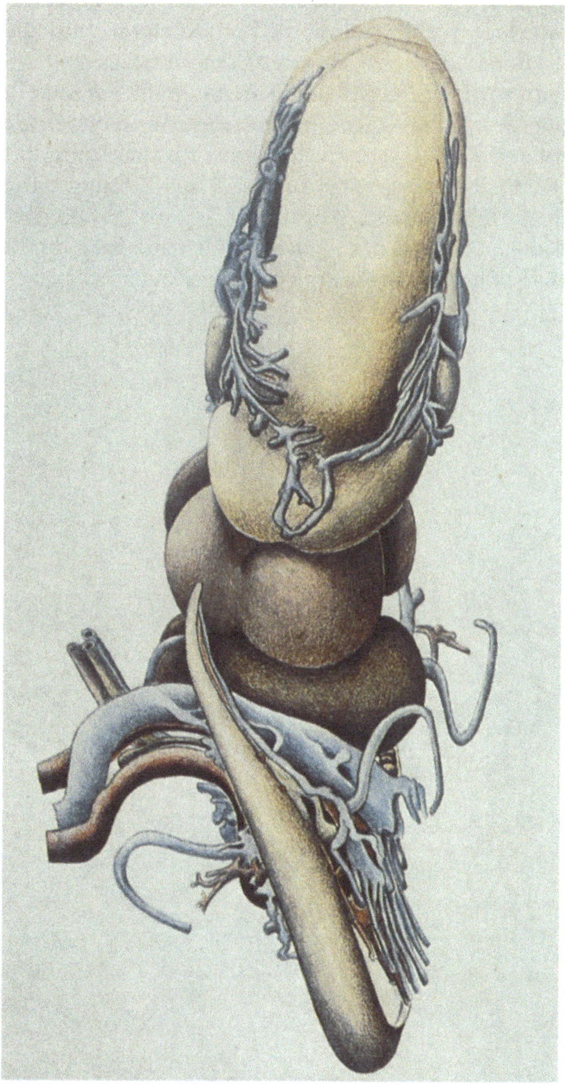

Abb. 2-21. Schnittserien-Rekonstruktion eines menschlichen Embryo im STADIUM 16 (7,5 mm), Frontalansicht der fertig bearbeiteten Rekonstruktion der Abb. 2-20. (Aus: Blechschmidt 1973, mit freundlicher Genehmigung von Autor und Verlag)

Hierfür ist z.B. eine der äußeren Kontur nachgebildete Matrize hilfreich [Born und Peter 1898].

Diese alte, durch die Materialbeschaffenheit (Wachs) besonders temperaturempfindliche (Sonneneinstrahlung!) Methode wurde durch Übergang vom Positiv- zum Negativverfahren abgewandelt und unter Verwendung heute möglicher Hilfsmittel (polymerisierende Kunststoffe) zu einer gewissen Perfektion gebracht [Blechschmidt 1954]. Schneidet man aus (Kunst-)Wachsplatten nicht die darzustellenden Strukturen aus, sondern entfernt sie nach Umschneidung der Kontur und füllt die so entstehenden Lükken mit einem polymerisierenden, zur Markierung der einzelnen Strukturen zusätzlich gefärbten Kunststoffgemisch aus, so entsteht am Ende nach Abschmelzung der umgebenden Wachsform ein Positivmodell. Wurde auch die äußere Kontur mit auf die Platten übertragen, kann vor dem Abschmelzen sogar noch ein Abguß der äußeren Form hergestellt werden. Ein Beispiel einer auf diese Weise erstellten plastischen Rekonstruktion nach Abschmelzung der Wachsform zeigt Abbildung 2-20 als „Rohling", die gegenüberstehende Abbildung 2-21 die fertige Rekonstruktion nach endgültiger Überarbeitung durch Abschleifen und Ausspachteln der Stufen zwischen den einzelnen Platten. Die Blechschmidtsche Forschungssammlung im Anatomischen Institut in Göttingen enthält 64 solcher Rekonstruktionen der wichtigsten Embryonalstadien [Blechschmidt 1963].

Auch auf graphischem Wege kann eine räumliche Darstellung von Strukturen als Summation der Einzelbefunde in Schnittserien erstellt werden. Als **Glasplatten-Rekonstruktion** bezeichnet man die Methode, bei der die gewünschten Konturen des Außen- oder Innenreliefs schnittweise vergrößert auf Glasplatten übertragen und im schnittdickengerechten Abstand zueinander montiert werden. Die Durchsichtigkeit des Materials erlaubt so eine Verfolgung der Konturen auch durch größere Schnittfolgen.

Auf zeichnerischem Wege ist eine summarische Wiedergabe der Konturen aus Einzelschnitten der Schnittserie in Bezug auf eine gewählte Darstellungsebene oder Perspektive möglich **(graphische Rekonstruktion).** Eine ausführliche Übersicht der verschiedenen Verfahren und Hilfsmittel gibt Romeis [1968]. Für diese Darstellungsweise wurden spezielle Geräte im Bereich der Photogrammetrie (z.B. Perspektomat) [Forster 1963–67] entwickelt, ein Beispiel zeigt Abbildung 2-22.

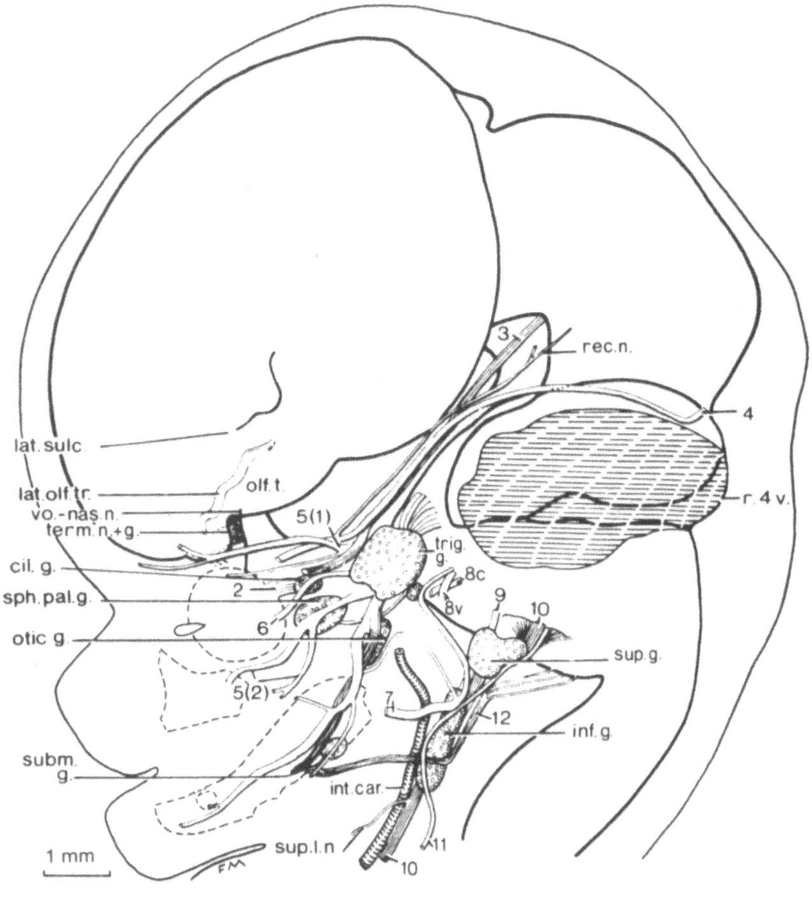

Abb. 2-22. Beispiel für eine graphische Rekonstruktion der Hirnnerven in bezug zur Außenkontur und zur Gehirnkontur sowie einigen Belegknochen bei einem menschlichen Embryo im STADIUM 23 (31 mm). (Aus: Müller und O'Rahilly 1980, mit freundlicher Genehmigung von Autoren und Verlag)

Auch der **Computer** beginnt seinen Einzug in die embryologische Darstellungstechnik. Hierzu werden die Schnitte zuerst im Mikroskop photographiert und anschließend auf ein Digitalisiertablett projiziert. Mit einem Lupen-Fadenkreuz werden die darzustellenden Strukturen in der Projektion nachgefahren und so die X/Y-Koordinaten festgelegt und gespeichert. Anschließend sortiert der Rechner die Schnitte nach der Z-Koordinate und adaptiert sie zueinander. Im Rechner entsteht nun ein räumliches Modell, das elektronisch in beliebige Perspektiven gebracht und auf dem Bildschirm betrachtet werden kann [Treckhaus et al. 1979, Rager et al. 1984, Huijsmann et al. 1986]. Doch erst die Dreieckszerlegung der Konturen gleicher Strukturen benachbarter Schnitte zu Flächen überwindet die schnittrichtungsbestimmten Darstellungsfehler, und es entstehen Rechnermodelle, die Plattenrekonstruktionen durchaus entsprechen [el-Gammal 1987] (Abb. 2-23). Die Weiterentwicklung der rechnergestützten pränatalen Ultraschallbild-Rekonstruktion [Brinkley et al. 1982] schließt den Kreis von analytischen Methoden zu darstellenden Methoden am Lebenden, und es entsteht die quantitative Embryologie, die Wachstum und relative Organverlagerungen während der Embryogenese auch in Maß und Zahl zu beschreiben erlaubt.

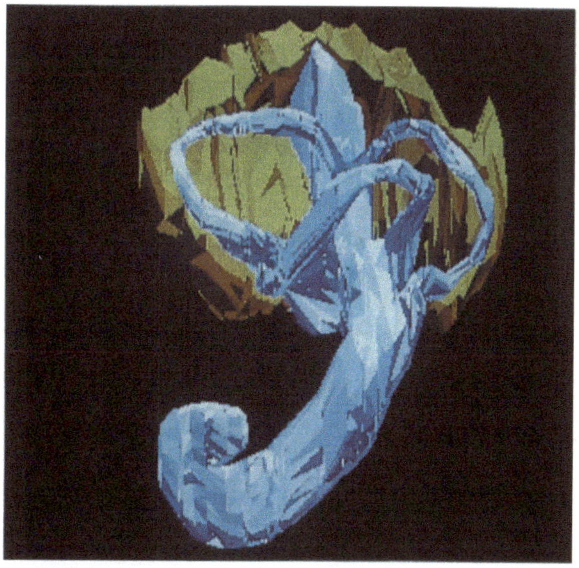

Abb. 2-23. Computer-gestützte graphische Rekonstruktion des rechten Labyrinth-Organs und Teilen der knorpeligen Ohrkapsel bei einem menschlichen Embryo im STADIUM 21 (22 mm). Auf dem Bildschirm kann diese Rekonstruktion in jede beliebige Betrachtungsrichtung gedreht werden, der Ausschnitt aus der Knorpelkapsel ist je nach Blickrichtung bestimmbar und festlegbar. Doppelbelichtetes Photo vom Bildschirm.
(Programm, Rekonstruktion und Photo: Dr. el-Gammal, Bochum)

2.4 Experimentelle Embryologie

Kurze Geschichte und Einblick in ausgewählte Kapitel

B. Christ

Am Ende des 19. Jahrhunderts waren alle wesentlichen morphologischen, mit dem Lichtmikroskop nachweisbaren Entwicklungsschritte bekannt. Dennoch bestanden kontroverse Deutungen des Entwicklungsgeschehens, nicht zuletzt deswegen, weil die Verknüpfungen der Entwicklungs- und Differenzierungsschritte untereinander nicht bekannt waren. Das Bedürfnis, in Modalitäten und Kausalitäten von Entwicklungsprozessen Einsichten zu gewinnen, führte zur Anwendung experimenteller Techniken. Die Wiege der experimentellen Embryologie stand im übrigen an deutschen Universitäten.

Roux begründete 1888 diese Forschungsrichtung mit einem Experiment, indem er bei einem Froschembryo im Zweizellenstadium eine Blastomere mit einer heißen Nadel abtötete. Nach diesem Defektexperiment entwickelte sich ein Halbembryo. Diesen Befund deutete Roux dahingehend, daß sich der Embryo „mosaikartig" entwickle. Danach sollten alle Teilbezirke – auch die des ganz jungen Embryo – determiniert und nicht ersetzbar sein. Dieser Befund wurde als Stütze der *Präformationstheorie* gewertet. Später gelang allerdings der Nachweis, daß sich nach dem klassischen Experiment von Roux durchaus auch ein vollständiger Embryo entwickeln kann, wenn die abgetötete Blastomere nicht an der lebenden belassen, sondern von ihr gelöst wird. Driesch [1891] kam zu ähnlichen Ergebnissen durch Experimente an jungen Seeigelembryonen. Es gelang ihm, durch Schütteln die Blastomeren voneinander zu isolieren und getrennt zur Entwicklung zu bringen. Aus jeder isolierten Zelle entwickelte sich ein vollständiger Embryo. Damit war der Nachweis geführt, daß den Furchungsvorgängen bei Seeigeln bzw. Amphibien keine „erbungleichen" Teilungen zugrunde liegen und die isolierten Teile nicht determiniert sind. Vielmehr wurde die Vorstellung gestützt, daß die Determination der verschiedenen Keimbezirke epigenetisch, d.h. erst im Verlauf der Entwicklung, erfolgt. Driesch zog daraus den Schluß, daß die Entwicklung von einem übergeordneten *„vitalen Prinzip"* gesteuert werde. Goerttler [1950] hat diese Auffassung folgendermaßen kommentiert: „Durch den Vitalismus erhält die Lebensmaschine durch Driesch gewissermaßen einen transzendenten Ingenieur, der sie beaufsichtigt, während ein konsequenter Mechanist glaubt, auch ohne ihn auskommen zu können". Abgesehen von den vitalistischen Ausdeutungen hat Driesch [1892] aufgrund seiner Experimente am Seeigel ein wesentliches Entwicklungsprinzip formuliert, das vor 20 Jahren von Wolpert [1969] unter dem Begriff *„positional information"* wiederentdeckt wurde. Es besagt, daß sich die Teile eines Embryo entsprechend ihrer Lage im ganzen entwickeln.

Eine neue, experimentell embryologische Methodik, deren Anwendung zu einer Fülle von fundamentalen Ergebnissen geführt hat, geht auf Gustav Born zurück. Er experimentierte mit Amphibienlarven, um deren Regenerationsvermögen zu untersuchen. Dazu hatte er durchgetrennte Larven über Nacht in einem Kulturgefäß belassen. Am nächsten Morgen stellte er zu seiner Überraschung fest, daß gleichartige Rumpfabschnitte verschiedener Larven zusammengewachsen waren. Diesen Befund, der die *Chimäre* aus der Mythologie heraustreten ließ, hat Born 1894 vor der Medizinischen Sektion der Schlesischen Gesellschaft für vaterländische Kultur vorgetragen und später [1896] in einer ausführlichen Arbeit publiziert.

Einer der Pioniere der experimentellen Embryologie, Ross Granville Harrison, hielt sich zu dieser Zeit in Bonn auf, wo er mehrere Jahre bei Moritz Nussbaum arbeitete. Harrison [1903] erkannte sofort die Bedeutung der Chimärenbildung für die Bearbeitung embryologischer Fragestellungen. Er kombinierte Köpfe von Rana sylvatica mit Rumpfanlagen von Rana palustris. Da sich die Zellen der beiden Amphibienarten durch ihre Pigmentierung unterscheiden, ließen sich in der Chimäre Zellwanderungen zwischen den kombinierten Abschnitten feststellen.

Besondere Beachtung fanden die von Spemann [1921] sowie Spemann und Mangold [1924] durchgeführten Chimärisationen mit Embryonen von unterschiedlich pigmentierten Amphibienarten, die ganz entscheidend die Bedeutung geweblicher Interaktionen während des Gastrulationsprozesses erhellt haben. Nach dem Herausschneiden der dorsalen Blastoporuslippe bei Spenderembryonen zu Beginn der Gastrulation und Transplantation dieses Materials an eine neue Position auf einem normalen Wirtsembryo, erfolgten Gastrulationsbewegungen sowohl im Bereich des normal entwickelten Blastoporus wie auch an dem des Transplantats. Die Folge des verdoppelten Gastrulationsprozesses war die Entwicklung von zwei nicht getrennten Embryonen (Siamesische Zwillinge). Aufgrund der unterschiedlichen Zellpigmentierung von Wirtsembryo und Transplantat wurde der Nachweis geführt, daß die Gewebe des zusätzlich entstandenen Embryo größtenteils aus dem Wirtsembryo und nicht aus dem Transplantat hervorgegangen waren. Damit wurde demonstriert, daß Wirtsgewebe durch die Transplantation (Lageveränderung) in seinem Entwicklungsverhalten verändert werden kann. Dieses Ergebnis aktualisierte die epigenetische Auffassung von der Entwicklung. In der Folge wurde eine derartige Beeinflussung eines Keimanteils durch einen anderen als *„Organisatorwirkung"* oder *„Induktion"* bezeichnet (siehe Kapitel 6. Embryogenese).

Sowohl aus den Untersuchungen von Driesch wie auch aus denen von Spemann ließ sich weiterhin der Schluß ziehen, daß die prospektive Potenz von Keimabschnitten normalerweise größer ist als deren prospektive Bedeutung. Für verschiedene Embryonen von Avertebraten gilt das allerdings nicht. So beobachtete man bei Embryonen von Nematoden oder Egeln eine mosaikartige Entwicklung. Dabei ist die prospektive Bedeutung mit der prospektiven Potenz identisch. Die Vertebratenembryonen können demgegenüber in unterschiedlichem Umfang Defekte reparieren oder auch Materialüberschüsse reduzieren *(Mangel- bzw. Überschußregulationen)*. Als Beispiel für eine Überschußregulation sei auf ein Experiment von Mangold verwiesen, der zwei Amphibienkeime im Zweizellenstadium vereinigte. Aus diesem „Doppelkeim" entwickelte sich nur ein Embryo. Ähnliche Ergebnisse wurden später auch an Säugerembryonen erzielt, wobei nach der Fusion von 16 Embryonen einzelne Mäuse zur Entwicklung gebracht wurden, die 32 Elternteile aufwiesen.

Weiterhin waren den Transplantationsexperimenten Hinweise auf den Determinationszustand embryonaler Gewebsverbände zu entnehmen. Ein Keimabschnitt, der sich nach Isolation und Transplantation in einer neuen Umgebung entsprechend seiner prospektiven Bedeutung entwickelt, verhält sich *„herkunftsmäßig"* und kann demnach als *determiniert* angesehen werden. Ein Keimabschnitt, der sich nach heterotoper Transplantation nicht entsprechend seiner prospektiven Bedeutung, sondern vielmehr nach Einflüssen der neuen Umgebung entwikkelt, verhält sich *„ortsgemäß"* und war zum Zeitpunkt der Transplantation noch nicht determiniert. Als Beispiel für einen ortsgemäßen Entwicklungsablauf sei ein von Weiss durchgeführtes Experiment erwähnt. Bei Amphibien regenerieren abgeschnittene Schwänze und Extremitäten. Die Regeneration erfolgt über ein Regenerationsblastem. Wird nun das

Regenerationsblastem eines Schwanzstumpfes auf die Wundfläche eines Extremitätenstumpfes transplantiert, entwickelt sich daraus ortsgemäß eine Extremität und kein Schwanz [Weiss 1939].

Durch Isolationen und Neukombinationen embryonaler Anlagematerialien wurden grundlegende Informationen über gewebliche Wechselwirkungen *(Interaktionen)* gewonnen. Ein klassisches Experiment wurde von Zwilling [1955] an Extremitätenanlagen von Hühnerembryonen durchgeführt. Die Flügel- und Beinknospen bestehen aus einer ektodermalen Hülle und einem mesodermalen Kern. Nach Isolation beider Bestandteile von Flügel- und Beinanlagen und nachfolgender Neukombination des Ektoderm einer Flügelanlage mit dem mesodermalen Keim einer Beinanlage entwickelt sich eine Beinanlage. Sengel [1964] hat mit derartigen Neukombinationen von Epidermisanlage und Coriumanlage die Interaktionen bei der Entwicklung der Haut und ihrer Anhangsgebilde untersucht. Dabei zeigte sich, daß die Muster, nach denen z.B. Federn angeordnet sind, durch die Einflüsse von seiten der mesodermalen Coriumanlage festgelegt (determiniert) werden. Auch das Verzweigungsmuster des Ausführungsgangsystems von Speicheldrüsen wird durch das Mesoderm determiniert. Ein determinierender Einfluß eines Gewebes auf ein anderes wird vielfach als *„Induktion"* bezeichnet. Ob derartige Einflüsse allerdings „instruierend" wirken, ist umstritten. Es gibt zahlreiche Hinweise darauf, daß die Zellen von reagierendem Gewebe während einer Mitose mit einer Ja/Nein-Entscheidung auf einen „permissiv" wirkenden Einfluß (z.B. Hormon, Wachstumsfaktor) antworten [Holtzer 1968]. In bezug auf die von Spemann beschriebene Organisatorwirkung des implantierten Urmundlippenmaterials bedeutet dies, daß sich das angrenzende Oberflächenektoderm des Wirtsembryo nach Interaktion mit dem Implantat in Richtung Nervensystem differenziert. Bleibt die induzierende Wirkung aus, so entwickelt sich das Ektoderm zu Epidermis. Diese Ektodermzellen können demnach nicht als „unbeschriebene Blätter" angesehen werden, die sich im Hinblick auf ihr Differenzierungsverhalten beliebig instruieren lassen. Sie sind nicht „pluripotent" und in ihren Entwicklungsmöglichkeiten bereits so weit eingeschränkt, daß sie sich nur noch zwischen Epidermis bzw. Neuraldifferenzierung entscheiden können. Über die molekularen Mechanismen dieses Induktionsprozesses ist immer noch wenig bekannt. Grobstein [1968] und Tiedemann [1967] haben Induktionsstoffe postuliert, die die Entwicklung von Nierenkanälchen und die Differenzierung des Nervensystems bewirken sollen.

Zu den Versuchen, die *biochemischen Grundlagen von Entwicklungsprozessen* aufzuklären, zählen beispielsweise die Experimente, in denen durch Veränderungen des Milieus Einfluß auf die Entwicklung des Keimes zu nehmen versucht wurde. Als besonders wirksam erwies sich in diesem Zusammenhang die Gruppe der Erdalkalien, vor allem Lithium und Calcium. Eine ausführliche Übersicht über diese Experimentalreihen gibt Lehmann [1945]. Die Umkehr der Gastrulationsbewegung („Exogastrulation") allein durch Senkung der Calcium-Ionen-Konzentrationen [Holtfreter 1933] soll hier als Beispiel angeführt werden.

Zu den Versuchen, die Keimesentwicklung über Änderungen des Milieus zu beeinflussen, zählen auch jene Versuchsreihen – besonders die der 50er Jahre – die die Abhängigkeit der Entwicklungsvorgänge von der *Sauerstoffkonzentration* überprüfen [Rübsaamen 1949 und 1952]. In weiteren Experimenten wurden die verschiedensten Substanzen (Colchizin, Cytostatika, Harnstoffderivate etc.) appliziert, um die Normalentwicklung teratogenetisch zu beeinflussen (siehe Kapitel 1.4 Fehlbildungen).

Schon die Transplantationsexperimente Spemanns hatten gezeigt, daß das Induktions- und Differenzierungsgeschehen bei einzelnen, sogar nahe verwandten Species zeitlich nach unterschiedlichem Muster ablaufen. Ein solches artspezifisches Muster ist bei der Interpretation experimenteller Ergebnisse jeweils zu beachten. Über die Artspezifität hinaus reagieren auch bestimmte Inzuchtstämme auf verschiedene experimentelle Einwirkungen durchaus unterschiedlich. Solche *genetisch bedingten Unterschiede* können in gezielten Kreuzungsexperimenten zur Aufklärung von Entwicklungsvorgängen besonders dann eingesetzt werden, wenn ihnen bekannte genetische Abweichungen zugrunde liegen. Eindrucksvolle Beispiele dafür sind die rezessiv vererbte Störung der Entwicklung des häutigen Labyrinths mit entsprechenden Folgen im motorischen Verhalten („Dreher"-Mäuse) oder die rezessiv vererbte Störung der Geschlechtsentwicklung (Testikuläre Feminisierung) bei Tfm-Mäusen, die durch ihre Koppelung an die Geschlechtschromosomen zu unterschiedlichen Genkombinationen und damit unterschiedlichen Ausprägungen der Störung führt [Drews und Alonso-Lozano 1972, Drews et al. 1974].

Die Abhängigkeit von Morphogenese und Differenzierung der Geschlechtsorgane wurde durch die experimentelle Beeinflussung der Differenzierung der *endokrinen Organe* untersucht. Besonders bekannt wurden die Dekapitationsversuche von Jost [1953] an Kaninchenembryonen in utero zur Ausschaltung der Hypophyse.

Erweitert werden die Möglichkeiten experimenteller Beeinflussung dadurch, daß nicht nur am ganzen Keim, sondern auch an Keimteilen in der Gewebekultur (sogenannte „organtypische Kultur") gearbeitet werden kann. Die Fülle der in solchen Untersuchungen getesteten Substanzen reicht über Veränderungen des Milieus hinaus von Wachstumsfaktoren, Hormonen und Gewebshormonen bis zu Neurotransmittern.

Durch experimentell embryologische und zellbiologische Untersuchungen wurde auf die Bedeutung von Mechanismen der *Zellerkennung* und *Zelladhäsion* für die Entwicklung aufmerksam gemacht. Werden embryonale Gewebe durch Trypsin in Einzelzellen aufgelöst (dissoziiert) und miteinander vermischt, so setzen sie sich zunächst zu gemischten Zellverbänden zusammen, die sich dann so umordnen, daß nach einiger Zeit wieder eine gewebstypische Aggregation erreicht wird. Die Zellen sortieren sich nach dem Ausmaß ihrer Zelladhärenz, was offenbar in den verschiedenen Geweben unterschiedlich ist. Es wurde daher die Hypothese der differentiellen Zelladhärenz postuliert, die auch für die normalen Entwicklungsabläufe von Bedeutung sein dürfte. Eine dissoziierte Keimscheibe reagiert in der Weise, daß das Ektoderm außen, das Endoderm innen und das Mesoderm dazwischen zu liegen kommen. Es wäre demnach denkbar, daß die differentielle Zelladhärenz auch für die Normogenese der Keimscheibe eine ordnende und darüber hinaus musterbildende Wirkung hätte.

Für die räumliche Verteilung unterschiedlich differenzierter Zellen, wodurch letztlich die Artspezifität der Vertebraten begründet wird, ist die *geordnete Zellmigration* eine wesentliche Voraussetzung. Eine geeignete Untersuchungsmethode zur Erfassung von Zellbewegungen ist die **Chimärenbildung.** Diese hat vor nunmehr 20 Jahren durch die Pionierarbeit von Le Douarin [1969] eine Renaissance erlebt. Der methodische Ansatz besteht darin, daß Embryonen des Hühnchens und der Japanischen Wachtel chimärisiert werden. Die Zellkerne beider Species unterscheiden sich durch die Anordnung des konstitutiven Heterochromatin, was lichtmikroskopisch mit Hilfe der Feulgen-Reaktion sehr augenfällig nachweisbar ist (Abb. 2-24). Während die Kerne der Hühnchenzellen eine disperse Verteilung des Heterochromatin aufweisen, sind die Kerne der Wachtelzellen durch eine Anhäufung des perinukleolären Heterochromatin gekennzeichnet. Präzis ausgeführte Transplantationsexperimente auf der Grundlage dieser biologischen Zellmarkierung haben zu einer Fülle von wichtigen Ergebnissen geführt. Von besonderem Wert ist der Umstand, daß sich die wachteltypische

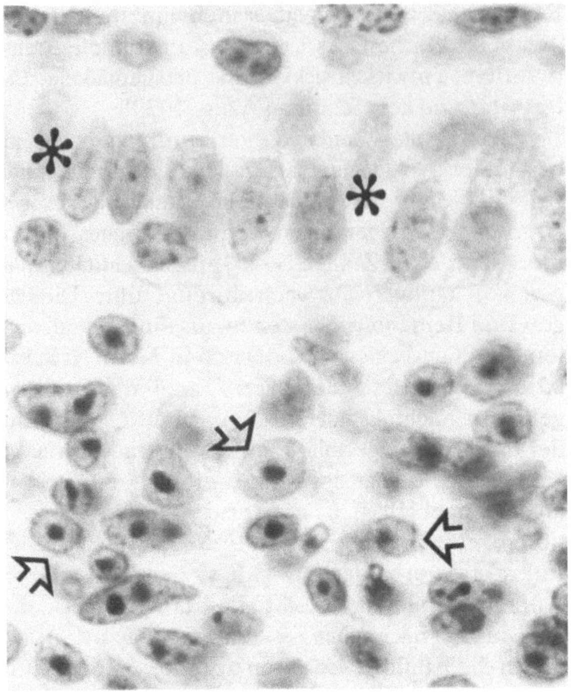

Abb. 2-24. Chimärische Haut mit Epidermis (Sterne) vom Huhn und Dermis (Pfeile) von der Wachtel. Reaktion nach Feulgen und Rossenbeck und Gegenfärbung mit Lichtgrün

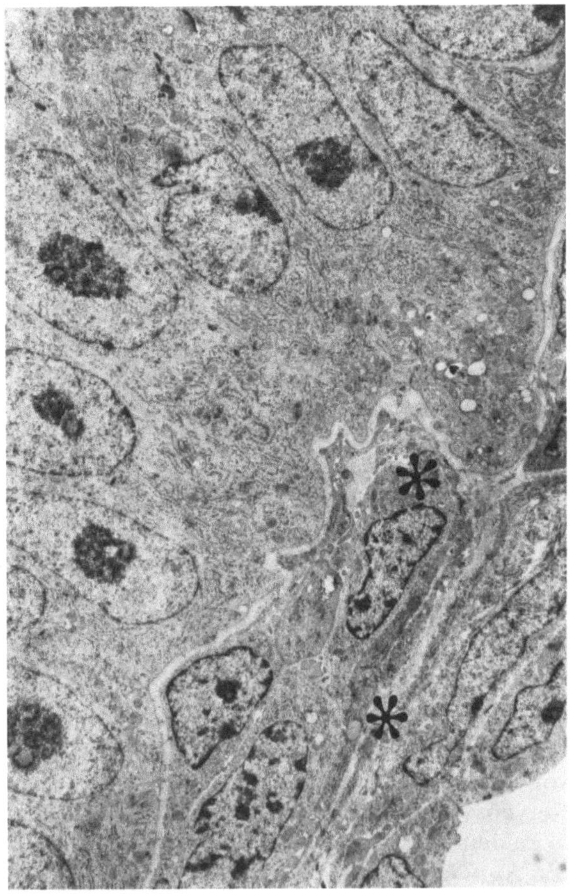

Abb. 2-25. Elektronenmikroskopische Aufnahme eines chimärischen Plexus choroideus mit Epithelzellen von der Wachtel und Gefäßbindegewebe (Sterne) vom Huhn (Präparat: Dr. J. Wilting, Bochum)

Chromatinstruktur auch zweifelsfrei an Schnitten nachweisen läßt, die für die elektronenmikroskopische Untersuchung aufgearbeitet worden sind (Abb. 2-25). Mit der Huhn-Wachtel-Chimärisation ist die Entstehung lokaler Zellverschiedenheiten in ganz verschiedenen Organsystemen aufgeklärt worden.

Le Douarin und McLaren [1984] haben die Entwicklung des *Immunsystem* an chimärischen Embryonen untersucht und wesentliche Befunde zur Hämopoese beigesteuert. Die Chimärisationsexperimente sind in der Folgezeit durch immunhistochemische Methoden ergänzt worden. Hier sei exemplarisch auf den von Péault et al. [1983] entwickelten monoclonalen Antikörper anti-MB1 verwiesen, der streng artspezifisch an die Leucocyten und Endothelzellen der Wachtel bindet (Abb. 2-26). Mit der Huhn-Wachtel-Chimärisation und anschließender immunhistochemischer Charakterisierung steht ein *in-vivo*-Modell zur Verfügung, das beispielsweise neue Einsichten in die Modalitäten der embryonalen Angiogenese ermöglicht.

Mit Hilfe der Huhn-Wachtel-Chimärisation wurden auch die hämangioblastische Herkunft der Osteoklasten sowie die Beteiligung cranialer Neuralleistenzellen an der Septierung der Ausflußbahn des Herzens geklärt [Jotereau und Le Douarin 1978, Kirby et al. 1983].

Außerordentlich vielfältig und spektakulär sind die Ergebnisse, die von Le Douarin [1982] zur *Entwicklung der Neuralleistenderivate* erhoben wurden. Das Prinzip des mikrochirurgischen Vorgehens besteht darin, daß vor Beginn der Auswanderung der Neuralleistenzellen Abschnitte des Neuralrohrs von jungen Hühnerembryonen durch entsprechende Neuralrohrabschnitte von Wachtelembryonen ersetzt werden. Dabei finden Embryonen von Hühnerrassen

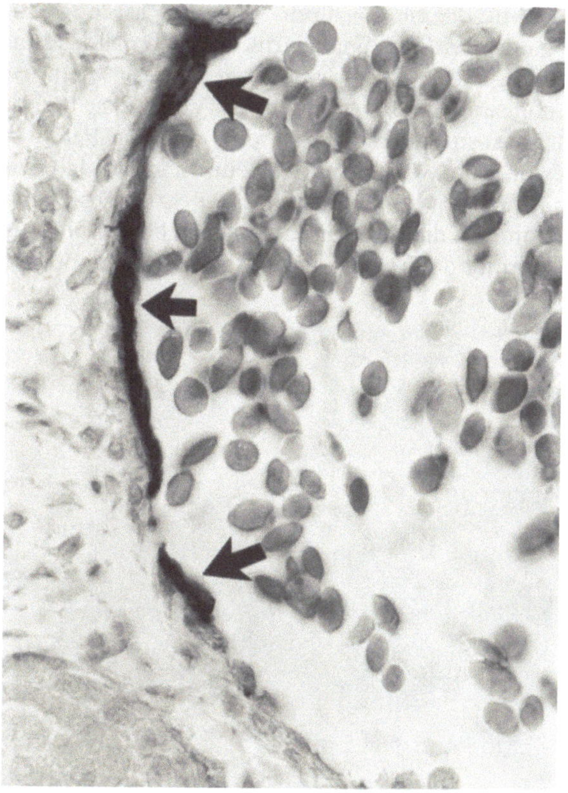

Abb. 2-26. Aorta eines Hühnerembryo nach Transplantation einer Extremitätenanlage von der Wachtel mit nachfolgender retrograder Einwanderung von Wachtelendothelzellen (Pfeile). Darstellung mit anti-MB 1

Verwendung, die kein Pigment bilden. So lassen sich ältere „Rückenmarkchimären" bereits makroskopisch an den melaninhaltigen Pigmentzellen in den Federanlagen der zugehörigen Dermatome erkennen (Abb. 2-27).

Abb. 2-27a, b. a) Wachtel und Hühnchen (Abbildung von Dr. F. Wachtler, Wien)
b) Huhn-Wachtel-Chimäre: Einem Hühnerembryo ist der brachiale Neuralrohrabschnitt exstirpiert und durch einen entsprechenden Wachtelneuralrohrabschnitt ersetzt worden. Beachte die Pigmentierung der Hühnerfedern in den betroffenen Dermatomen.
(Abb. 2-27b freundlichst überlassen von Frau Prof. N. Le Douarin, Nogent-sur-Marne)

Mit diesem operativen Vorgehen haben sich die Neuralleistenderivate charakterisieren und den zugehörigen Neuralrohrabschnitten zuordnen lassen. Besondere Beachtung fanden die Verbreitung und die Differenzierungspotenzen der cranialen Neuralleistenzellen. Dabei wurden neue Einsichten in bezug auf die Migrationsmodalitäten gewonnen. Auch konnten die Kontrollmechanismen bei der Differenzierung der Neurone hinsichtlich der Expression der Transmitter analysiert werden. Die Abbildung 2-28 zeigt beispielhaft den Anschnitt eines peripheren Nerven einer derartigen Chimäre mit Schwannschen Zellen von der Wachtel und Perineuralzellen vom Hühnchen.

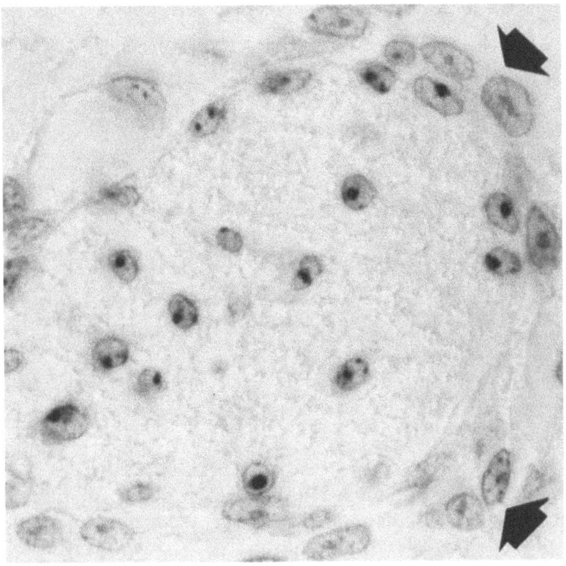

Abb. 2-28. Peripherer Nerv eines Hühnerembryo, dem ein Neuralrohrabschnitt entfernt und durch Wachtelmaterial ersetzt worden war. Die Schwannschen Zellen enthalten Kerne vom Wachteltyp, die Zellen des Perineurium Kerne vom Hühnchentyp (Pfeile). Reaktion nach Feulgen und Rossenbeck

Auch die Herkunft der Materialien, die sich in der *Niere* differenzieren oder die Rumpfwand bilden, wurden mit dieser Methode der Huhn-Wachtel-Chimärisation untersucht und geklärt. In unserer Arbeitsgruppe (Christ und Jacob) wie in der von Kieny standen Untersuchungen zur *Muskelentwicklung* im Mittelpunkt des Interesses [Christ et al. 1977, Chevallier et al. 1977]. Im Jahre 1974 wurde erstmals der experimentelle Nachweis geführt, daß sich die Extremitätenmuskelzellen aus Myoblasten differenzieren [Christ et al. 1974], die den Somiten entstammen, während alle Bindegewebselemente aus der Somatopleura hervorgehen (Abb. 2-29). Die Myogenese kann als ein gutes Beispiel dafür angesehen werden, wie sich eine Zell-Linie schon früh durch *Segregation* konstituiert.

Die determinierten Vorläuferzellen wandern auf Straßen der extrazellulären Matrix zu ihren Zielorten, die sie möglicherweise über spezielle Rezeptoren erkennen. Die Wanderung der Zellen ist u.a. an Zell-Fibronektin-Interaktionen gebunden. Dieser Interaktion liegt die Bindung einer bestimmten Aminosäuresequenz (RGD) zugrunde [Ruoslahti und Pierschbacher 1987]. Nach experimenteller Applikation von synthetischen Peptiden, die RGD enthalten, lassen sich die Rezeptoren besetzen, so daß die Zell-Fibronektin-Interaktion verhindert wird. Dies hat zur Folge, daß die migrierenden Zellen ihre Fortsätze einziehen und ihre Wanderung unterbrechen oder be-

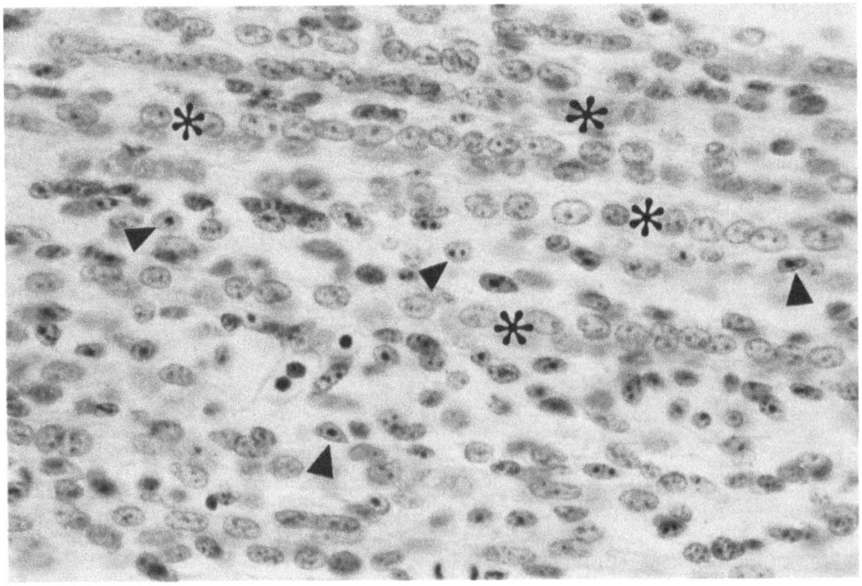

Abb.2-29. Ausschnitt eines Extremitätenmuskels nach Ersatz von Somiten der Wachtel durch solche vom Hühnchen. Die Kerne in den Myotuben (Sterne) zeigen das huhntypische Chromatinmuster, die Fibroblasten (Pfeile) entstammen der Wachtel. Reaktion nach Feulgen und Rossenbeck in Gegenfärbung mit Lichtgrün

enden. Mit diesem Befund soll beispielhaft ein Trend aufgezeigt werden, der die experimentell-embryologischen Untersuchungen zunehmend beeinflußt. Zellbiologische Methoden und molekularbiologische Ansätze werden in der Zukunft die Laborarbeit prägen. Dabei wird darauf zu achten sein, daß die notwendigerweise reduktionistischen molekularbiologischen Ansätze mit modernen systemisch-morphologischen Analysen kombiniert bleiben.

Ein weiteres Feld, das die Embryologen bzw. die Entwicklungsbiologen in Zusammenarbeit mit den Klinikern erschließen, stellt die *Reproduktionsbiologie* dar. Die *in-vitro*-Fertilisation und der Embryo-Transfer sind bereits heute gängige klinische Verfahren, deren Entwicklung ohne entwicklungs- und zellbiologische Voruntersuchungen nicht möglich gewesen wäre.

2.5 Pränatale Diagnostik

Wichtigste pränatale Diagnostik ist zunächst der Nachweis, daß eine Schwangerschaft besteht. Die Implantation der Blastocyste um den 21. Zyklustag reicht gerade noch aus, um das Einsetzen der nächsten Periodenblutung zu verhindern. Dabei spielt das vom trophoblastischen Gewebe des Keimes gebildete humane Chorion-Gonadotropin (hCG) die wichtigste Rolle in der Umstellung des Corpus luteum menstruationis in ein Corpus luteum graviditatis.

Durch die klinische, **bimanuelle Untersuchung des Uterus** wird dessen Vergrößerung sowie die Auflokkerung des unteren Uterinsegmentes (Hegar'sches Schwangerschaftszeichen) erst eine Periode später, um die 6. Woche, mit einiger Sicherheit nachweisbar.

Als weitgehend sicherer Schwangerschaftsnachweis gilt heute die Erfassung des hCG aus dem **Schwangeren-Urin** mittels Agglutinationstests auf immunologischer Basis. Dieser Nachweis wird für fast 90% der Fälle vom 9. Tag nach der ersten erwarteten, aber ausgebliebenen Menstruation und damit zu Beginn der 3. Woche nach der Konzeption positiv. Noch exakter ist die aufwendigere Bestimmung im β-hCG-Test mittels Radioimmuno-Assay (RIA). Diese Tests können aber die klinisch-ärztliche, manuelle Untersuchung nicht ersetzen, da z.B. auch extrauterine Graviditäten zu positiven Tests führen.

Quantitative Hormonbestimmungen aus dem Urin der Schwangeren (oder auch aus dem Serum) sind aufwendige Verfahren. Am Nichtabfall des Progesteronspiegels und der steigenden Östrogenkonzentration ist die erfolgte Nidation feststellbar. Eine Hormonbestimmung ermöglicht auch Funktionstests, z.B. über den Nachweis von Ausscheidungsprodukten der Östrogene (Östradiol und Östriol) aufgrund des diaplacentaren Hormonaustausches rückzuschließen auf die Vitalität und das Wachstum des Feten. Der Nachweis des Pregnandiol erlaubt aufgrund der intraplacentaren Hydroxylierung des Progesteron Aussagen über die Stoffwechselfunktion der Placenta.

Auch ältere, sogenannte biologische Schwangerschaftsnachweise dürfen heute auf die hCG-Ausscheidung im Urin zurückgeführt werden, obwohl sie früher als auf dem erhöhten Progesteron-Spiegel (zuvor auf vermehrten Gonadotropinen der mütterlichen Hypophyse) beruhend gedeutet wurden. Beim **Krötentest** wird eine Urinprobe in den dorsalen Lymphsack *männlicher* Kröten injiziert und führt in Stunden zur Spermiogenese und zum Auftreten von Spermien in der Kloake, wo sie mittels Pipette entnommen werden. Sie sind dann mikroskopisch nachzuweisen. Der **Aschheim-Zondeck-Test** arbeitete mit juvenilen, weiblichen Mäusen, bei denen nach dreimaliger subcutaner Injektion einer Urinprobe nach 5 Tagen eine vorzeitige Stimulation der an sich noch nicht reifen Ovarien erreicht und nach Eröffnung der Bauchhöhle der Maus an den „Blutpunkten" makroskopisch erkennbar wurde.

Nach Feststellung der Schwangerschaft sind nach ärztlicher Übereinkunft eine Reihe von Untersuchungen vorzunehmen, die eine mögliche Schädigung des Kindes frühzeitig ausschließen sollten. Dazu gehören eine *Lues-Suchreaktion,* der *Röteln-Hämagglutinationshemmungstest,* die *Bestimmung von Blutgruppe und Rh-Faktor* sowie ein *Antikörper-Suchtest.*

Die ärztliche Methode der Auskultation kindlicher Herztöne ist durch die Entwicklung des **Cardiotokographen** für eine pränatale Erfassung von Fehlbildungen mit Funktionsstörungen des fetalen Herzens erweitert worden.

Wichtigstes pränatales diagnostisches Verfahren in der Überwachung einer Schwangerschaft ist inzwischen die **Sonographie** geworden. Sie erlaubt nicht nur – wie bei der ersten Gerätegeneration – den Sitz der Placenta und die Lage des Feten zu ermitteln, sondern ermöglicht eine genaue Darstellung des Feten und seiner Hüllen in verschiedenen „Schnitt"-Ebenen [Staudach 1986] (Abb. 2-30 und 16-52) sowie Größenbestimmungen [Drum und O'Rahilly 1977]. Abweichungen von der Normogenese wie beispiels-

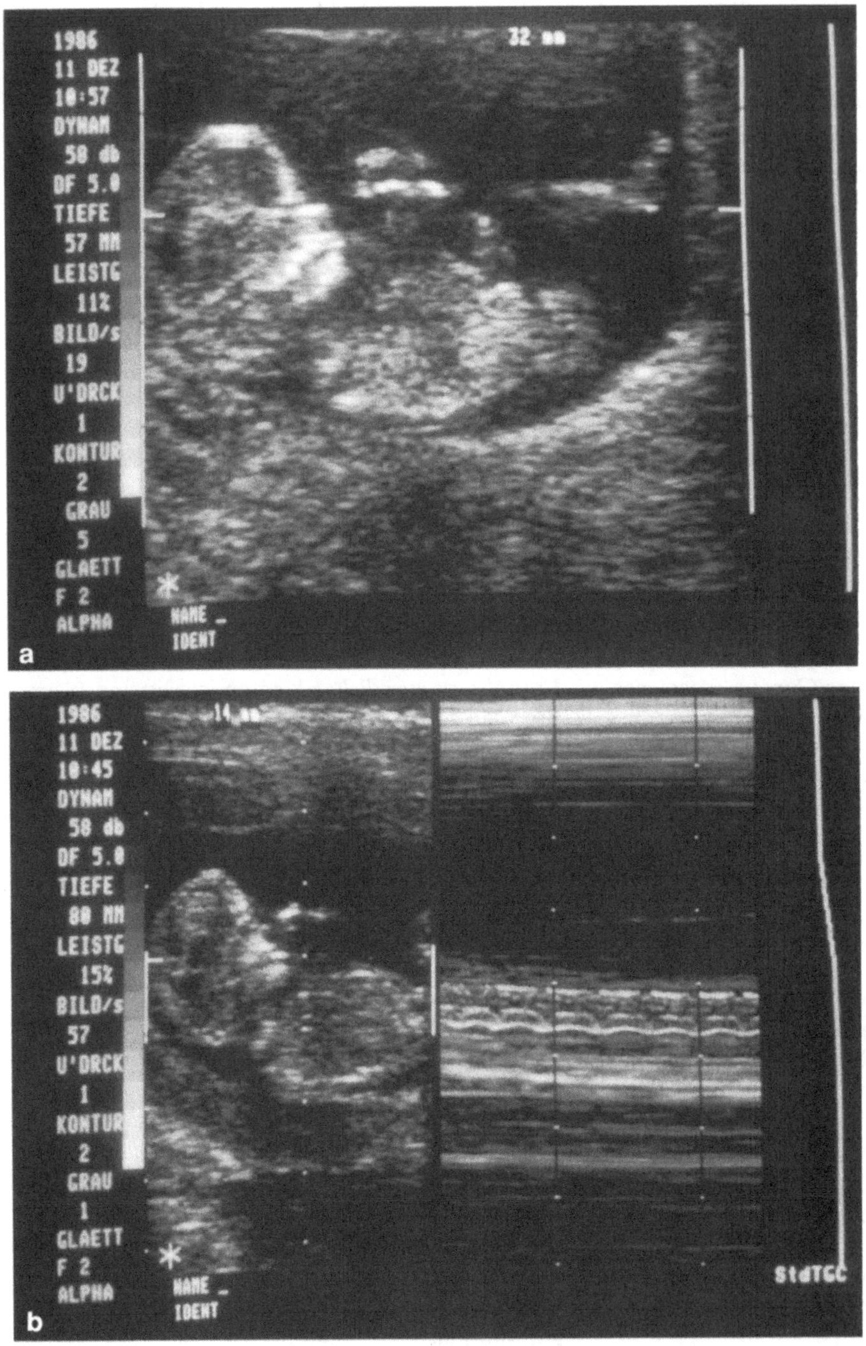

Abb. 2-30a, b. a) Darstellung eines jungen Feten in utero im Ultraschallbild (Real Time = RT-Sonographie). Aus der sonographischen Bestimmung der größten Länge mit 32 mm wurde ein Alter von 8 Wochen und 5 Tagen ermittelt. **b)** Im rechten Bildteil erscheinen im (Time Motion) TM-Bild Herzkonturen in ihrer Pulsation zum Nachweis der Herzaktivität des lebenden Feten. (Freundlichst überlassen von Prof. Dr. Quakernack, Frauenklinik der Ruhr-Universität, Marienhospital Herne)

weise ein Hydrocephalus, vermehrtes (Hydramnion) oder vermindertes Fruchtwasser (Oligohydramnion, Anhydramnion) sind nicht nur feststellbar, sondern auch in ihrer jeweiligen weiteren Entwicklung zu verfolgen. Schwere Fehlbildungen wie Anencephalie, ausgedehnte Myelocelen, Omphalocelen oder Störungen in der Bildung der Leibeswand sind erkennbar und im Ausmaß zu beurteilen. Zwerchfell-Lücken mit der Verlagerung von Oberbauchorganen in den Thorax („Enterothorax“) und Auswirkungen auf die Lungenentwicklung werden ebenso erfaßt wie Fehlbildungen im Bereich des Urogenitaltraktes. Auch sind einige Herzfehlbildungen sonographisch pränatal zu diagnostizieren. Besondere Bedeutung kommt der Sonographie bei der pränatalen Feststellung von Fehlbildungen dann zu, wenn eine vorzeitige Einleitung der Geburt, intrauterine Maßnahmen oder eine besondere, unmittelbar postnatal einsetzende neonatologische oder kinderchirurgische Behandlung angezeigt sind. Die Treffsicherheit der Methode wird z.Z. mit rund 80% richtigen Diagnosen angegeben [Engert und Quakernack 1985]. Sie hat ihren zeitlichen Schwerpunkt für eine Erkennung von Fehlbildungen allerdings erst in der mittleren Fetalzeit.

Die Fortschritte in der Entwicklung endoskopischer Geräte haben sogar die direkte Beobachtung des lebenden Feten in utero ermöglicht: **Fetoskopie.** Durch den Cervixkanal oder durch transabdominale Punktion des Uterus (unter sonographischer Kontrolle, nach vorheriger Lokalisation der Placenta) wird eine dünne Glasfaseroptik (Fetoskop) in den Fruchtwasserraum vorgeschoben. Die so gewonnenen farbigen Bilder wirkten bei ihrem ersten Bekanntwerden sensationell. Wichtigste medizinische Bedeutung hat die Fetoskopie, wenn z.B. sonographisch Anhaltspunkte für eine Fehlbildung vorliegen, deren Ausmaß aber nicht hinreichend abgeklärt werden kann. Voraussetzung ist allerdings eine hinreichende Größe des Fruchtwasserraumes, um eine Verletzung des Feten zu vermeiden. Dies ist nach gynäkologischer Erfahrung frühestens in der 16., sicher in der 18. Woche gegeben. Über das eingeführte Instrument sind zusätzlich (unter Sicht des Auges) Fruchtwasserpunktion, Blutentnahme und Hautbiopsie zu diagnostischen Zwecken möglich.

Entwicklung und Erweiterung cytogenetischer Methoden haben es in den letzten 25 Jahren möglich gemacht, genetisch bedingte Fehlbildungen oder genetisch bedingte schwere Stoffwechselanomalien schon in der frühen Fetalzeit aufzuklären. Dabei werden fetale Zellen durch Fruchtwasserpunktion **(Amniocentese)** oder neuerdings durch **Chorionzotten-Biopsie** gewonnen, kultiviert und cytogenetisch analysiert. Bei der hohen Teilungsrate embryonaler Zellen ist bei der Zottenbiopsie sogar die direkte Darstellung von Metaphase-Chromosomen ohne Kultur möglich. Die Tabellen 2.3 und 2.4 geben eine Zusammenstellung der wichtigsten, auf diesem Wege erkennbaren Syndrome. Waren es zunächst die numerischen Chromosomenaberrationen, die durch cytogenetische Untersuchungen nachweisbar wurden [Lejeune 1959], so sind es in zunehmendem Maße genauere Strukturanalysen der Chromosomen mit Aufdeckung von Translokationen, Inversionen oder anderen Strukturabweichungen [Knörr 1971] sowie neuerdings molekularbiologische Methoden („Gen-Screening"), die an den kultivierten fetalen Zellen diagnostisch eingesetzt werden. Nachdem es gelungen ist, DNA-Extrakte aus Fruchtwasserzellen durch Hybridisierung mit radioaktiv markierten natürlichen [z.B. Kan und Dozy 1978] oder künstlichen [z.B. Kidd et al. 1983] DNA-Sequenzen auf einzelne Gendefekte oder Punktmutationen zu untersuchen, ist z.Z. nicht einmal abschätzbar, zu welchem Ausmaß sich die pränatale Genanalyse entwickeln wird. Der hohe zeitliche und personelle Aufwand, den diese Verfahren erfordern, die relativ geringe Zahl an Spezialisten auf diesem Gebiet und das geringe, immerhin bestehende Risiko für den Fortbestand der Schwangerschaft schließen es aus, diese Methoden generell zu einer

Tabelle 2.3. Beispiele von Chromosomenaberrationen und -strukturanomalien

Art der Aberration	betroffenes Chromosom	Syndrom	Hauptsyndrom
numerisch	komplette Triploidie	Triploidie	multiple schwere Fehlbildungen
	Trisomie 13	Patau	multiple Fehlbildungen schwere geistige Retardierung
	Trisomie 18	Edwards	multiple Fehlbildungen
	Trisomie 21	Down	Mongolismus
	Trisomie X	Triplo X	Hypertelorismus
	Monosomie X (X0 oder Mosaik)	Ullrich-Turner	Gonadendysgenesie, Pterygium
	XXY	Klinefelter	Hypogonadismus
	XYY	YY-Syndrom	Körpergröße überdurchschnittlich, Spermiogenese beeinträchtigt
strukturell	Deletion am kurzen Arm von Chromosom 5	„cri du chat"	Cerebrale Schädigung, faciale Dysplasien, Kehlkopf-Fehlbildung
	Deletion am kurzen Arm von Chromosom 4	Hirschhorn-Wolf	Mikrocephalie, faciale Dysplasien, schwere geistige Retardierung
	Deletion am kurzen oder langen Arm von Chromosom 14 (auch 13 oder 15)	Deletion-D	u.a. Retinoblastom bei 13q-
	Stückausfälle am kurzen oder langen Arm der Chromosomen 18 und Fusion (Ringchromosom 18)	de Gouchy I u. II	Minderwuchs, Mittelgesichtsdysplasien, Anomalien von Auge und Ohr
	Deletion am Chromosom 22 mit Translokation zum Chromosom 9	Philadelphia-Chromosom	Störung der Blutzellbildung, pathognomonisch für chronisch-myeloische Leukämie

Tabelle 2.4. Beispiele chromosomal bedingter Störungen[1] (Stoffwechsel- und Hormonstörungen, Hämoglobinopathien)

Störung/Syndrom	Mechanismus	Behandlungsmöglichkeit	Diagnostik
Phenylketonurie	Enzymdefekt: Phenylalanin-hydroxylasemangel: Phenylalanin wird nicht zu Tyrosin oxydiert	Phenylalanin-arme Diät	Guthrie-Test aus Neugeborenen-Blut
Alkaptonurie	Enzymdefekt: Homogentisinsäureoxydasemangel: Phenylalanin wird nur bis Homogentisinsäure abgebaut	Substitutionstherapie, Phenylalaninarme Diät (kaum effektiv für Krankheitsverlauf)	typische Schwarzfärbung des Urins in alk. Milieu, Nachw. Homogentisinsäure im Urin
Ahornsirup-Krankheit	Enzymdefekt: Dekarboxylase-Störung: Abbau von Valin, Leukin und Isoleukin gestört	Valin-, Leukin- und Isoleukinarme Diät. Erfolg abhängig von frühzeitigem Beginn	Charakteristischer Harngeruch, Guthrie-Test, Messung der Leukin-Dekarboxylase, auch praenatal an kultivierten Amnionzellen
Galactosämie I u. II (hereditäre)	Enzymdefekt: Mangel an Galactokinase oder G1-P-U-Transferase: Galactose und Ga-1-Phosphat werden nicht zu Uridyl abgebaut	Lactose-freie (I) bzw. Galactose-freie (II) Diät	Hypergalactosämie, Galactosämie. Bestimmung der Uridyltransferaseaktivität, auch praenatal an kultivierten Amnionzellen
Favismus	Enzymdefekt: Glucose-6-Phosphat-Dehydrogenase-Mangel in den Erythrocyten		Hämolytische Krisen, praenatale Bestimmung des Enzymmangels in kultivierten Amnionzellen
Mucoviscidose	Hypofermentie mit Störung der Sekretverflüssigung, NA^+, Cl^- im Schweiß erhöht	Substitutionstherapie, Diät, chirurgische Eingriffe in Notsituationen	Gedeihstörung, Trypsingehalt im Duodenalsaft vermindert, Albuminkonzentration im Meconium, Shwachman-Test (Iontophorese)
Adrenogentiae Syndrome	Enzymdefekt: NNR-Steroide werden nicht hydrolysiert, ACTH vermehrt, Aldosteron vermindert, Virilisierung	Substitutionstherapie, Dauersubstitution mit NNR-Steroiden, ggf. im 3. Trimenon schon praenatal	Ausschluß gonosomal bedingter Fehlbildungen, Frühdiagnose bei erhöhtem Androgenspiegel in Plasma und Urin, praenatal: Hormonbestimmung im Fruchtwasser
Thalassaemia major	a-Ketten-Mangel, Hb F vermehrt	Bluttransfusion, Corticosteroide	Hb-Analyse
Sichelzellanämie	Hämoglobinopathie mit hämolytischen Krisen	Bluttransfusion, Corticosteroide	Anämie, Blutbild, Hb-S-Analyse auch praenatal im Placentarblut (2. Trimenon)
POMPE-Syndrom (Glycogenose Typ II)	Glucosidasemangel, Störung des Glycogenabbaus	keine erfolgreiche Therapie bekannt	Gedeihstörung, 1,4-Glucosidase-Bestimmung im Gewebe, auch praenatal an kultivierten Amnionzellen

[1] Für Hilfe bei der Zusammenstellung, Korrektur und wichtige Ergänzungen danke ich Prof. Dr. W. Scholz, Leiter der Abteilung für Humangenetik der Medizinischen Fakultät der Ruhr-Universität Bochum.

pränatalen Schwangerschaftsüberwachung einzusetzen.

Besondere Bedeutung für die Erkennung schwerer Spaltbildungen im Kopf-Rücken-Bereich hat der **Nachweis** erhöhter Konzentrationen **von Alpha-Feto-Protein** (AFP) **im Fruchtwasser,** neuerdings auch im Serum der Mutter, erlangt. Zunehmende Bedeutung gewinnen auch **pränatale Funktionsanalysen.** In der durch Punktion gewonnenen Amnionflüssigkeit können Elektrolyte und Aminosäuren bestimmt werden. Bei obstruktiven Harnwegsfehlbildungen wird unter sonographischer Kontrolle die fetale Blase intrauterin punktiert, um aus der Elektrolyt- und Osmolaritätsbestimmung im Harn Rückschlüsse auf die Nierenfunktion zu ziehen. Selbst aus diesen Punktaten konnten kultivierbare fetale Zellen für cytogenetische Untersuchungen gewonnen werden.

Aus den Fortschritten und Erfahrungen der pränatalen Diagnostik hat sich in einigen medizinischen Zentren ein neues Tätigkeitsgebiet der **pränatalen Therapie** des Feten entwickelt [Holzgreve et al. 1985, 1986]. Ziel dieser Therapie ist es, einen fortschreitenden fetalen Krankheitsprozeß so weit aufzuhalten oder zu beheben, daß die Entbindung eines nicht irreversibel geschädigten Kindes möglich wird. Tabelle 2.5 stellt einige der heute schon geübten fetalen Therapieformen zusammen. Trotz aller sich ergebenden ethischen Probleme [Piechowiak 1985] (siehe auch Kapitel 1.5) wird mit diesen Therapieansätzen, wie auch mit der geplanten und gezielten perinatologischen oder kinderchirurgischen Behandlung unmittelbar nach einer ggf. vorzeitig eingeleiteten Geburt, der Aufgabenbereich der pränatalen Diagnostik über seine ursprüngliche Bedeutung für die eugenische und humangenetische Beratung hinaus bedeutend erweitert.

Tabelle 2.5. Beispiele einer fetalen Therapie [Nach: Holzgreve et al. 1986]

Art der Fehlbildung	Syndrom	Therapie in utero
nicht anatomisch	Lungenunreife	Corticosteroidgaben
	Rhesus-Faktor-Inkompabilität	intrauterine-intraperitoneale Bluttransfusion, intrauterine Transfusion über Nabelschnur- oder Chorionplattengefäße
	Hypothyreoidismus und Kropf	intraamniale Gabe von Schilddrüsen-Hormonen
	B12-abhängige Stoffwechsel-störungen	Gabe von Vitamin B12
	Biotinabhängiger multipler Carboxylasemangel	Gabe von Biotin
	Tachyarhythmien	transplacentare Medikation
anatomisch	beidseitig obstruktive Uropathien	Blasenpunktion, vesico-amnialer Shunt
	Zwerchfell-Lücken mit Enterothorax und Lungenhypoplasie	(bisher nur im Tierversuch intrauterine operative Korrektur)
	progredienter obstruktiver Hydrocephalus	ventriculo-amnialer Shunt

2.6 Literaturverzeichnis

Beller FK (1987) Rechtliche und ethische Aspekte der pränatalen Diagnostik. In: Holzgreve W (Hrsg) Pränatale Medizin. Springer, Berlin Heidelberg New York London Paris Tokyo, S 141–149

Blechschmidt E (1954) Rekonstruktionsverfahren mit Verwendung von Kunststoffen. Z Anat Entw Gesch 118: 170–174

Blechschmidt E (1963) Der menschliche Embryo/The human embryo. Schattauer, Stuttgart

Blechschmidt E (1968) Vom Ei zum Embryo. Deutsche Verlagsanstalt, Stuttgart

Blechschmidt E (1973) Die pränatalen Organsysteme des Menschen. Hippokrates, Stuttgart

Born G (1883) Die Plattenmodelliermethode. Arch Mikr Anat 22:584–599

Born G (1894) Ueber die künstliche Vereinigung lebender Theilstücke von Amphibienlarven. 72. Jahresbericht der schlesischen Gesellsch für vaterländische Kultur I. Abth. Medicin Sektion, Sitzung vom 28. Juni 1894: 79–91

Born G (1896) Ueber Verwachsungsversuche mit Amphibienlarven. Roux Arch Entw Mech Org 4:349–465

Born G, Peter K (1898) Zur Herstellung von Richtebenen und Richtlinien. Z Wiss Mikr 15:31–50

Bouin P (1897) Etudes sur l'évalution normale et l'involution du tube séminifère. Arch Anat Micr 1:225–339

Brinkley JF, McCallum WD, Murmatsu SK, Liu DY (1982)

Fetal weight estimation from ultrasonic three-dimensional head and trunc reconstructions: Evaluations in vitro. Am J Obstet Gynecol 144:715–721
Chevallier A, Kieny M, Manger A (1977) Limb-somite relationship: origin of the limb musculature. J Embryol Exp Morphol 41:245–258
Christ B, Jacob HJ, Jacob M (1974) Über den Ursprung der Flügelmuskulatur. Experimentelle Untersuchungen mit Wachtel- und Hühnerembryonen. Experientia 30: 1446–1448
Christ B, Jacob HJ, Jacob M (1977) Experimental analysis of the origin of the wing musculature in avian embryos. Anat Embryol 150:171–186
Cohen AL, Marlow DP, Garner GE (1968) A rapid critical point method using Fluorocarbons („Feons") as intermediate and transitional fluids. J Microsc 7:331–342
Dressler GR, Gruss P (1988) Do multigene families regulate vertebrate development? Trends Genet 4:214–219
Drews U, Alonso-Lozano V (1972) X-Inactivation pattern in the epididymis of sex reversed mice heterozygous for testicular feminization. J Embryol Exp Morphol 32:217–225
Drews U, Kussäther E, Usadel KH (1966) Cholinesterase bei Gestaltungsvorgängen in der Hühnerkeimscheibe. Naturwissenschaften 21:556
Drews U, Kussäther E, Usadel KH (1967) Histochemischer Nachweis der Cholinesterase in der Frühentwicklung der Hühnerkeimscheibe. Histochemie 8:65–89
Drews U, Blecher SR, Owen DA, Ohno S (1974) Genetically directed perferential X-activation seen in mice. Cell 1:3–8
Driesch H (1891) Entwicklungsmechanische Studien. I: Der Werth der beiden ersten Furchungszellen in der Echinodermenentwicklung. Experimentelle Erzeugung von Theil- und Doppelbildungen. II: Ueber die Beziehungen des Lichtes zur ersten Etappe der thierischen Formbildung. Z Wiss Zool 53:160–183
Driesch H (1892) Entwicklungsmechanische Studien. III: Die Verminderung des Furchungsmaterials und ihre Folgen (weiteres über Theilbildungen). IV: Experimentelle Veränderungen der Typen der Furchung und ihre Folgen (Wirkungen von Wärmezufuhr und von Druck). V: Von der Furchung doppelt befruchteter Eier. VI: Ueber einige allgemeine Fragen der theoretischen Morphologie. Z Wiss Zool 55:1–62
Drumm JE, O'Rahilly R (1977) The assessment of prenatal age from the crown-rump length determined ultrasonically (1). Am J Anat 148:555–560
Echlin P (1978) Low temperature scanning electron microscopy: a review. J Microsc 112:47–61
Edwards RG (1980) Conception in the human female. Academic Press, London
el-Gammal S (1987) ANAT3D: A computer program for stereo pictures of three-dimensional reconstructions from histological serial sections. In: Elsner N, Creutzfeld O (eds) New frontiers in brain research. Thieme, Stuttgart New York, p 46
Engert J, Quakernack K (1985) Pränatale Diagnostik. 2. Bochumer Symposion. Wissenschaftl Inform 11 H 3. Milupa, Friedrichsdorf
Fischel A (1929) Lehrbuch der Entwicklung des Menschen. Springer, Wien Berlin
Forster F (1963–67) Perspektromat P-40, ein selbstzeichnender Apparat für Parallelperspektive. Mitt Naturforsch Ges Schaffhausen 28:18–23
Goerttler K (1950) Entwicklungsgeschichte des Menschen. Ein Grundriß. Springer, Berlin Göttingen Heidelberg
Goret-Nicaise M (1981) Über das Wachstum des Unterkiefers beim Menschen. Fortschr Kieferorthop 42:405–427
Goret-Nicaise M (1984) Die Symphysis menti beim menschlichen Feten. Anat Anz 156:217–224
Goret-Nicaise M, Manzanares MC, Bulpa P, Nolmans E, Dhem A (1988) Calcified tissues involved in the ontogenesis of the human cranial vault. Anat Embryol 178:399–406
Graumann W (1952) Die Histotopik der Polysaccharidverbindungen während der Eiimplantation. Verh Anat Ges 50:227–233
Graumann W (1953) Glykogen im embryonalen Kopfbindegewebe. Verh Anat Ges 51:219–227
Graumann W (1964) Ergebnisse der Polysaccharidhistochemie: Mensch und Säugetiere. In: Graumann W, Neumann KH (Hrsg) Handbuch der Histochemie, Bd. II/2. Fischer, Stuttgart
Graumann W (1968) Chemomorphologie. Symposium „Histochemistry of Morphogenesis", Anatomical-Embryological Institute of the University of Amsterdam, Amsterdam 8th and 9th January
Graumann W, Neumann KH (Hrsg) (1959 ff) Handbuch der Histochemie, fortl. Bände seit 1959. Fischer, Stuttgart
Grobstein C (1968) Developmental significance of interface materials in epithelio-mesenchymal interaction. In: Fleischmajer R, Billingham RF (eds) Epithel-mesenchymal interactions. Williams und Wilkins, Baltimore, pp 173–176
Grosser O (1914) Altersbestimmung junger menschlicher Embryonen; Ovulations- und Menstruationstermin. Anat Anz 47:264–283
Hansmann M, Hackelöer B-J, Staudach A (1986) Ultraschalldiagnostik in Geburtshilfe und Gynäkologie. Lehrbuch und Atlas. Springer, Berlin Heidelberg New York
Harrison RG (1903) Experimentelle Untersuchungen über die Entwicklung der Sinnesorgane der Seitenlinie bei den Amphibien. Arch Mikr Anat Entw Gesch 63:35–149
Heitz E (1929) Heterochromatin, Chromozentren, Chromomeren. Ber Dtsch Bot Ges 47:274–284
Hertig AT, Adams EC, McKay DG, Rock J, Mulligan WJ, Menkin MF (1958) A thirteen-day human ovum studied histochemically. Am J Obstet Gynecol 76:1025–1043
Hinrichsen K (1962) Auflichtphotographie aufgehellter Embryonen. LEITZ-Mitt Wiss Techn 2:68–71
Hinrichsen K (1965) Histologische Altersbestimmung menschlicher Embryonen zur Frage einer Superfetatio. Klin Wochenschr 43:911
Hinrichsen K (1985) The early development of morphology and patterns of the face in the human embryo. Adv Anat Embryol Cell Biol 98:1–79
Hinrichsen KV (1986) Slides on human embryology. Bergmann, München
His W (1880) Anatomie menschlicher Embryonen. Vogel, Leipzig
His W (1887) Über die Methoden der plastischen Rekonstruktion und über deren Bedeutung für Anatomie und Entwicklungsgeschichte. Anat Anz 2:382–394
Hochstetter F (1931) Über eine Abänderung des Objektträgers der von Greil angegebenen Einrichtung zur photographischen Aufnahme der Körperoberfläche von Embryonen bei schwacher Vergrößerung. Z Mikr Anat Forsch 26:309–326
Holtfreter J (1933) Die totale Exogastrulation, eine Selbstablösung des Ektoderms vom Entomesoderm. Entwicklung und Verhalten nervenloser Organe. Roux Arch Entw Mech Org 129:669–793
Holtzer H (1968) Cell lineages, stem cells, and the „quantal" cell cycle concept. In: Lord DJ, Patten CS, Cole R (eds)

Stem cells and tissue homeostasis. University Press, Cambridge, pp 1–28
Holzgreve W (Hrsg) (1987) Pränatale Medizin. Springer, Berlin Heidelberg New York London Paris Tokyo
Holzgreve W, Miny P, Beller FK, Pawlowitzki IH (1985) Aktueller Stand der pränatalen Diagnostik. Diagnostik 19:25–30
Holzgreve W, Willital GH, Jorch G, Miny P, v. Bassewitz DH (1986) Der Fetus als Patient. Dtsch Ärztebl 83:2441–2445
Huijsmans DP, Lamers WH, Los JA, Strackee J (1986) Toward computerized morphometric facilities: A review of 58 software packages for computer-aided three-dimensional reconstruction, quantification, and picture generation from parallel serial sections. Anat Rec 216:449–470
Jacob HJ, Christ B (1985) Tieftemperaturrasterelektronenmikroskopie an embryonalen Geweben. Verh Anat Ges 79:203–204
Jaenisch R (1988) Transgenic animals. Science 240: 1468–1474
Jirásek JE (1983) Atlas of human prenatal morphogenesis. Nijhoff, Boston The Hague Dordrecht Lancaster
Jirásek JE, Uher J, Uhrovà M (1966) Water and nitrogen content of the body of young human embryos. Am J Obstet Gynecol 96:868–871
Jost A (1953) Problems of fetal endocrinology: The gonadal and hypophyseal hormones. Recent Prog Horm Res 8: 379–418
Jotereau FV, Le Douarin NM (1978) The developmental relationship between osteocytes and osteoclasts: a study using the quail-chick nuclear marker in endochondral ossification. Dev Biol 63:253–265
Kaehn K, Jacob HJ, Christ B, Hinrichsen K, Poelmann RE (1988) The onset of myotome formation in the chick. Anat Embryol 177:191–201
Kan YW, Dozy AM (1978) Antenatal diagnosis of sickle-cell anaemia by D.N.A. analysis of amniotic fluid cells. Lancet 11:910–911
Keibel F, Elze C (1908) Normentafeln zur Entwicklungsgeschichte des Menschen. Fischer, Jena
Keibel F, Mall P (1910) Handbuch der Entwicklungsgeschichte des Menschen, Bd 1. Hirzel, Leipzig
Kid VJ, Wallace RB, Itakurta K, Woo SLC (1983) a1-Antitrypsin deficiency detection by direct analysis of the mutation in the gene. Nature 304:230–234
Kirby ML, Gale ThF, Stewart DE (1983) Neural crest cells contribute to normal aortico-pulmonary septation. Science 220:1059–1061
Knaus H (1929) Eine neue Methode zur Bestimmung des Ovulationstermins. Zentralbl Gynäkol 53:2193–2203
Knörr K (1971) Möglichkeiten und Konsequenzen der pränatalen Diagnostik kongenitaler Anomalien. Geburtshilfe Frauenheilkd 31:614–622
Le Douarin N (1969) Particularités du noyau interphasique chez la caille japonaise (Coturnix coturnix japonien). Utilisation de ces particularités comme marquage biologique dans les migrations cellulaires au cours de l'ontogenese. Bull Biol Belg 103:435–452
Le Douarin N (1982) The neural crest. University Press, Cambridge
Le Douarin N, Mc Laren A (1984) Chimeras in developmental biology. Academic Press, London
Lehmann FE (1945) Einführung in die physiologische Embryologie. Birkhäuser, Basel
Lejeunne J, Gautier M, Turpin R (1959) Les chromosomes humaines en culture de tissus. CR Acad Sci (Paris) 248:602–603
Mall FP (1907) On measuring human embryos. Anat Rec 1:129–140
Mall FP (1914) On stages in the development of human embryos. Anat Anz 46:78–84
Meier S, Drake C (1984a) SEM localization of cell-surface-associated fibronectin in the cranium of chick embryos utilizing immunolatex microspheres. J Embryol Exp Morphol 80:175–195
Meier S, Drake C (1984b) SEM localization of laminin on the basement membrane of the chick corneal epithelium with immunolatex microspheres. Dev Biol 106:83–88
Moore KL (1980) Embryologie. Lehrbuch und Atlas der Entwicklungsgeschichte des Menschen. Ins Deutsche übertragen von Elke Lütjen-Drecoll. Schattauer, Stuttgart
Morgenroth K, Schröder C, Themann H (1970) Doppelfärbung von Semidünnschnitten mit basischen Farbstoffen. Mikroskopie 26:260–263
Müller F, O'Rahilly R (1980) The human chondrocranium at the end of the embryonic period, proper, with particular reference to the nervous system. Am J Anat 159 8:33–58
Müller F, O'Rahilly R (1983) The first appearance of the major divisions of the human brain at stage 9. Anat Embryol 168:429–432
Müller F, O'Rahilly R (1985) The first appearance of the neural tube and optic primordium in the human embryo at stage 10. Anat Embryol 172:157–169
Müller F, O'Rahilly R (1986) The development of the human brain and the closure of the rostral neuropore at stage 11. Anat Embryol 175:205–222
Nilsson L (1979) Ein Kind entsteht. Mosaik München
Ogino K (1930) Ovulationstermin und Konzeptionstermin. Zentralbl Gynäkol 54:363–479
Olivier G, Pineau H (1961) Horizons de Streeter et age embryonnaire. Bull Assoc Anat (Nancy) 47:573–576
O'Rahilly R (1965) The optic, vestibulocochlear, and terminal-vomeronasal neural crest in staged human embryos. In: Rohen JW (ed) Second symposion on eye structure. Schattauer, Stutttgart, pp 557–564
O'Rahilly R (1967) The early development of the nasal pit in staged human embryos. Anat Rec 157:380
O'Rahilly R (1972) Guide to the staging of human embryos. Anat Anz 130:556–559
O'Rahilly R (1973) Developmental stages in human embryos. Part A: Embryos of the first three weeks (Stages 1 to 9). Carnegie Inst Wash Publ 631
O'Rahilly R, Meyer DB (1956) Roentgenographic investigation of the human skeleton during early fetal life. Am J Roentgenol 76:455–468
O'Rahilly R, Gardner E (1971) The timing and sequence of events in the development of the human nervous system during the embryonic period proper. Z Anat Entw Gesch 139:259–257
O'Rahilly R, Müller F (1984) Embryonic length and cerebral landmarks in staged human embryos. Anat Rec 209:265–271
O'Rahilly R, Müller F (1987) Developmental stages in human embryos, including a revision of Streeters „Horizons" and a survey of the Carnegie Collection. Carnegie Inst Wash Publ 637
O'Rahilly R, Müller F, Hutchins GM, Moore GW (1984) Computer ranking of the sequence of appearance of 100 features of the brain and related structures in staged human embryos during the first five weeks of development. Am J Anat 171:243–257
Patten BM (1931) The closure of the foramen ovale. Am J Anat 48:19–44

Péault BM, Thiery J-P, Le Douarin N (1983) Surface marker for hemopoetic and endothelial cell lineages in quail that is defined by a monoclonal antibody. Proc Natl Acad Sci USA 80:2976–2980

Pexieder T (1978) Development of the outflow tract of the embryonic heart. In: Rosenquist GC, Bergsma D (eds) Morphogenesis and malformation of the cardiovascular system. Birth defects: Orig Art Ser Vol XIV:29–68. Alan R Liss, New York

Pexieder T, Janecek P (1984) Organogenesis of the human embryonic and early fetal heart as studied by microdissection and SEM. In: Nora JJ, Takao A (eds) Congenital heart disease: Causes and processes. Futura, Mount Kisco N.Y., pp 401–421

Piechowiak H (1985) Ethische Probleme im Gefolge der Pränataldiagnostik. Geburtshilfe Frauenheilk 45:67–72

Rager G, Zimmermann CW, Teckhaus L (1984) Zur Entwicklung des Gehirns. Dreidimensionale Rekonstruktionen mit dem LEITZ T.A.S. LEITZ-Mitt Wiss Techn VIII:202–207

Richardson KC, Jarett L, Finke EH (1960) Embedding in epoxy resins for ultrathin sectioning in electron microscopy. Stain Technol 35:313

Robinson HP, Fleming JEE (1975) A critical evaluation of sonar „crown-rump length" measurements. Br J Obstet Gynecol 82:702–710

Romeis B (1968) Mikroskopische Technik, 16. Aufl. Oldenbourg, München Wien

Rossi F, Pescetto G, Reale E (1957) Enzymatic activities in human ontogenesis: First synoptic tables of histochemical research. J Histochem Cytochem 5:221–235

Roux W (1888) Beiträge zur Entwicklungsmechanik des Embryo. V: Über die künstliche Hervorbringung „halber" Embryonen durch Zerstörung einer der beiden ersten Furchungszellen, sowie über die Nachentwicklung (Postgeneration) der fehlenden Körperhälfte. Virchows Arch 114:419–521

Rübsaamen H (1949) Mißbildungen der Vorniere bei Triton nach experimentellem Sauerstoffmangel. Verh Dtsch Ges Pathol 33:264–265

Rübsaamen H (1952) Über die teratogenetische Wirkung des Sauerstoffmangels in der Frühentwicklung. Ein Beitrag zur Kausalgenese der Mißbildungen bei Tier und Mensch. Beitr Pathol Anat 112:336–379

Ruoslahti E, Pierschbacher MD (1987) New perspectives in cell adhesion: RGD and integrins. Science 238:491–497

Sasse D (1968) Glykogen in der Ontogenese des Verdauungstraktes. Chemomorphologische und stoffwechselhistochemische Analyse. Ergeb Anat Entw Gesch 40/2

Scharf JH (1969) Zum Körperlängenwachstumsgesetz der menschlichen Leibesfrucht. Acta Anat (Basel) 73:10–18

Seidel W, Steding G, Inst Wiss Film (1978) Frühentwicklung der Herzanlage – Gallus domesticus – 1. und 2. Bebrütungstag. Film E 2507 des IWF Göttingen

Sengel P (1964) The determinations of the differentiation of the skin and the cutaneous appendages of the chick embryo. In: Montagna W, Lobitz WC (eds) The Epidermis. Academic Press, New York London, pp 15–34

Serra JA (1946) Histochemical tests for protein and amino acids; the characterisation of basic proteins. Stain Technol 21:5–18

Spemann H (1921) Die Erzeugung tierischer Chimären durch heteroplastische, embryonale Transplantation zwischen Triton cristatus und taeniatus. Roux Arch Entw Mech Org 48:533–570

Spemann H, Mangold H (1924) Über Induktion von Embryonalanlagen durch Implantation artfremder Organisatoren. Arch Mikr Anat Entw Gesch 100:599–638

Staudach A (1986) Fetale Anatomie im Ultraschall. Springer, Berlin Heidelberg New York Tokyo

Streeter GL (1920) Weight, sitting height, head size, foot length and menstrual age of the human embryo. Carnegie Inst Wash Publ 274, Contrib Embryol 11:143–170

Streeter GL (1942) Developmental horizons in human embryos. Description of age group XI, 13 to 20 somites, and age group XII, 21 to 29 somites. Carnegie Inst Wash Publ 541, Contrib Embryol 30:211–245

Streeter GL (1945) Developmental horizons in human embryos. Description of age group XIII, embryos about 4 or 5 millimeters long, and age group XIV, period of indentation of the lens vesicle. Carnegie Inst Wash Publ 557, Contrib Embryol 31:27–63

Streeter GL (1949) Developtmental horizons in human embryos (fourth issue). A Review of the histogenesis of cartilage and bone. Carnegie Inst Wash Publ 557, Contrib Embryol 31:27–63

Streeter GL (1951) Developmental horizons in human embryos. Age groups XI to XXIII. Carnegie Inst Wash Publ 541, Embryology Reprint Vol II

Streeter GL, Heuser CH, Corner GW (1951) Developmental horizons in human embryos. Description of age groups XIX, XX, XXI, XXII and XXIII. Carnegie Inst Wash Publ 592, Embryol Reprint Vol II: 165–196

Teckhaus L, Lübbers DW, Rager G (1979) A new method of threedimensional reconstruction of complicated structures by combining an automatic and interactive computer technique. Microsc Acta Suppl 3:235–240

Tiedemann H (1967) Biochemical aspects of primary induction and determination. In: Weber R (ed) The biochemistry of animal development 2. Academic Press, New York London, pp 4–55

Triepel H (1914) Altersbestimmung bei menschlichen Embryonen. Anat Anz 46:385–398

Triepel H (1914/1915) Alter menschlicher Embryonen und Ovulationstermin. Anat Anz 48:133–140

Weiss P (1939) Principles of development. Holt, Rinehart and Winston, New York

Witschi E (1956) Proposals for an international agreement on normal stages in vertebrate embryology. Proc 14th Int Congr Zool:260–262

Wolpert L (1969) Positional information and the spatial pattern of cellular differentiation. J Theor Biol 25:1–47

Zwilling E (1955) Ectoderm-mesoderm relationship in the development of the chick embryo limb bud. J Exp Zool 128:423–441

3. Reproduktionsbiologie – Physiologische Grundlagen für Befruchtung und Schwangerschaft

H. M. Beier

3.1 Entstehung und Definition des wissenschaftlichen Gebietes der Reproduktionsbiologie

Unter **Entwicklungsgeschichte** verstand man ursprünglich eine beschreibende und vergleichende Wissenschaft. Sie fügt Einzelbeobachtungen zu einem filmähnlichen Ablauf zusammen und schafft auf diese Weise auch dynamische Bilder von Entwicklungsvorgängen. Diese Entwicklungsprozesse beginnen mit der Entstehung der Urkeimzellen und gipfeln in der Entstehung eines geburtsreifen Kindes.

Aus der Entwicklungsgeschichte ging die **Entwicklungsphysiologie** hervor, die nach den Ursachen der Entwicklungsvorgänge fragt. Diese kausalanalytische Wissenschaft erklärt u.a. die Bedingungen, die zur Ausbildung von embryonalen Geweben und Organanlagen führen. Die Entwicklungsphysiologie analysiert durch experimentelle Veränderungen die physiologischen und molekularbiologischen Vorgänge, z.B. die Genexpression und Proteinsynthese in verschiedenen embryonalen Gewebeteilen, sowie die Interaktion von Zellen, Geweben und extrazellulärer Matrix. Sie ist, wie die Entwicklungsgeschichte, in ihrer Analytik und Interpretation stark auf den Embryo fokussiert.

Die besonderen Verhältnisse, die sich aus der **intrauterinen** Entwicklung der **Säuger** und des **Menschen** ergeben, machen zu ihrer Analyse und Erklärung eine stärker systemische Betrachtung erforderlich, die auch die physiologischen Bedingungen bei den Eltern für das Zustandekommen einer Befruchtung und Embryonalentwicklung sowie die Abhängigkeit des embryonalen Systems von seiner mütterlichen Umgebung, dem System der inneren Geschlechtsorgane und den diese steuernden Hormonen, einbezieht. Aus dem Zusammenwirken verschiedener Fächer entstand eine neue wissenschaftliche Disziplin, die im deutschen Sprachraum als „Fortpflanzungsbiologie“ bezeichnet, entsprechend dem englischen Sprachgebrauch meist **Reproduktionsbiologie** oder **Reproduktionsphysiologie** genannt wird. Sie vereinigt in ihrer wissenschaftlichen Arbeitsweise und Interpretation die relevanten Teilgebiete der klassischen Fächer Anatomie, Embryologie, Genetik, Immunologie sowie Endokrinologie. Die Reproduktionsbiologie ist damit Grundlagenwissenschaft für die klinischen Spezialgebiete Andrologie und Gynäkologie.

3.2 Hormonelle Steuerung der Fortpflanzung

Das Fortpflanzungsgeschehen wird beim Menschen – wie bei den Säugetieren – in starkem Maße hormonell gesteuert. Dies gilt bereits vor Beginn der Individualentwicklung für die Bildung und Reifung der Keimzellen sowie für die Fertilisation. Die einzelnen Phasen der Keimzellbildung und -reifung werden als Ergebnis der Entwicklung der Geschlechtsorgane dort besprochen (siehe Kapitel 27.3 Der männliche Gamet und seine Entwicklung sowie Kapitel 27.5 Follikulogenese und Eizellreifung). Der gesamte Organismus steht unter dem Einfluß der Sexualhormone. Dies wird besonders deutlich während der Phase der Pubertät, wenn sich geschlechtsspezifische Ausprägungen der Körperform und die sekundären Geschlechtsmerkmale entwickeln. Auch das Sexualverhalten des Menschen ist erheblichen hormonellen Einflüssen unterworfen. Von den Säugetieren, auch den Primaten, unterscheidet sich diese hormonelle Steuerung beim Menschen bemerkenswert dadurch, daß eine strenge Scheidung zwischen Phasen der Paarungsbereitschaft (Östrus) und Phasen weitgehender sexueller Inaktivität nicht existiert. Eine rhythmische hormonelle Steuerung wird bei der Frau im Ovarialzyklus und den ihr unterworfenen Veränderungen des Endometrium deutlich [Knobil 1980, Leyendekker und Wildt 1988]. Beim Mann ist ein gleichermaßen strenger rhythmischer Ablauf nicht feststellbar.

Zentrum dieser hormonellen Steuerung ist das Hypothalamus-Hypophysen-System (Abb. 3-1). Der Hypothalamus reguliert die Aktivitäten des Hypophysenvorderlappens (HVL) über niedermolekulare Peptidhormone, die als „Releasing“ oder als „Inhibi-

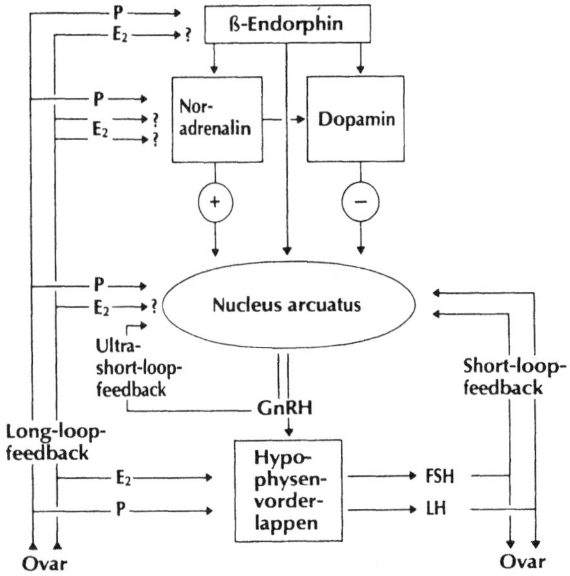

Abb. 3-1. Regulation der pulsatilen hypothalamischen GnRH-Sekretion. Das Zentrum dieser Regelkreise liegt im Nucleus arcuatus des Hypothalamus. Corticale Einflüsse aus dem Endhirn fördern oder hemmen die Regulation. Negative und „positive" Rückkoppelungsmechanismen geben aus der Peripherie entscheidende Impulse, vor allem spielt die ovarielle Östradiolproduktion (E_2) eine entscheidende Rolle für die Kontrolle des LH-Gipfels in der Mitte des Menstruationszyklus.
(Schema mit freundlicher Genehmigung modifiziert nach Goebelsmann 1986)

ting Factors" bzw. als **Releasinghormone** bezeichnet werden. Die hypophysären Hormone, die auf periphere endokrine Drüsen wirken, werden allgemein als „glandotrope" Hormone bezeichnet. Die Regulation der Gonaden erfolgt demnach über **Gonadotropine.** Ihre Freisetzung aus spezialisierten Zellen des Hypophysenvorderlappens wird durch Gonadotropin-Releasing-Hormone (GnRH) geregelt. GnRH ist ein Dekapeptid. Es wird in den Perikaryen der basalen hypothalamischen Neurone des *Nucleus arcuatus* gebildet, über deren Axone in den Bereich der Eminentia mediana geleitet und dort an das Blut des hypothalamisch-hypophysären Pfortaderplexus abgegeben. Auf diesem Weg gelangen die GnRH-Moleküle direkt in den HVL, sie sind im peripheren Blut nur in äußerst geringer Menge nachweisbar. Ihre Konzentration im peripheren Blut scheint auch biologisch unbedeutend zu sein, ferner unterliegen sie offensichtlich einem sehr schnellen enzymatischen Abbau (besonders durch Arylamidasen).

Die endokrinologische Forschergruppe um E. Knobil [1980] hat im Hypophysenstiel des Rhesusaffen GnRH-Spiegel des portalen Blutkreislaufs gemessen und fand eine Steigerung von der Follikelphase mit Werten von 10–30 pg/ml auf 40–300 pg/ml zur Zeit des präovalutorischen Anstiegs der Gonadotropine, besonders des Luteinisierungshormons (LH). Ebenso waren diese Werte nach Ovariektomie erhöht. Aus diesen Analysen ergibt sich eine hohe Korrelation zu „positiven" und „negativen" Rückkoppelungen über die hypothalamische GnRH-Produktion und in Reaktion auf die steigenden oder fallenden Konzentrationen des Östradiol (E_2) und des Progesteron (P) (Abb. 3-1).

GnRH wird aus den neurosekretorischen Neuronen nicht konstant, sondern in Schüben mit jeweils bestimmten biologischen Rhythmen freigesetzt. Man nennt diese Abgabe „pulsatorisch" oder „episodisch". Diese pulsatorische Freisetzung des GnRH mit angemessenen Amplituden und Frequenzen seiner Blutkonzentrationen ist die fundamentale Voraussetzung für eine normale hypothalamisch-hypophysäre Kontrolle der zyklischen Ovarialfunktionen.

Eine **konstante** GnRH-Sekretion verursacht hingegen ein Versiegen der HVL-Gonadotropin-Freisetzung („Down-regulation" der Gonadotropin-Produktion). Durch exogene Verabreichung von GnRH-Analogpräparaten läßt sich dieser Effekt sehr überzeugend demonstrieren, wenn sie ausreichend lange gegeben werden. Solche Behandlungen verursachen eine völlige LH- und FSH-Defizienz und somit auch ein Sistieren des Follikelwachstums und der ovariellen Steroid-Produktion (klinisches Bild: Amenorrhoe).

Die Pulsfrequenz der GnRH-Freisetzung liegt während der Follikelphase der Frau bei 1/h, bei 1/90 Min. während der Lutealphase des Zyklus. Gegen Ende der Lutealphase soll nach jüngsten Untersuchungen die Frequenz noch niedriger sein [Goebelsmann 1986]. Die Entstehung der GnRH-Pulse erfolgt im Nucleus arcuatus (Abb. 3-1), dem „Pulse-generator" nach Knobil [1980]. GnRH-Pulsfrequenz und -Amplitude werden von übergeordneten Zentren moduliert. Stimulierende Transmitter sind dabei Catecholamine wie Noradrenalin, hemmende dagegen Dopamine. Deren Feinregulierung kann wiederum von corticalen Arealen über β-Endomorphine und/oder Catecholöstrogene beeinflußt werden.

Jedoch hat sich der lange Rückkoppelungseffekt („Long-loop-feedback") der Östrogene und des Progesteron inzwischen als ganz wesentlicher Steuerungsanteil dieses zentralen Regelkreises herausgestellt. In Dosis und Rhythmus der ovariellen Steroidproduktion sowie ihrer Konzentrationen im peripheren Blutplasma spiegelt sich die Aktivität von β-Endomorphinen, Adrenalin und Dopamin im Gewebe des Zwischenhirns. Hier schließt sich der Kreis, welcher über periphere Ovarialhormone die Frequenz und Amplitude der GnRH-Pulse aus dem Nucleus arcuatus mitbestimmt. Eine gravierende Veränderung erfährt das hypothalamisch-hypophysäre System während der Schwangerschaft, wenn die peripheren Steroidhormone Östradiol und in besonderem Maße Progesteron in ihren Konzentrationen beträchtlich ansteigen [vgl. Übersichten bei Edwards 1980b, Kletzky und Lobo 1986, Wuttke 1988].

3.2.1 Ovarialzyklus und Ovulation

Der im Regelfall 28tägige menstruelle **Zyklus** einer Frau läßt sich in eine erste Phase, die vom Ovarialhormon Östradiol dominiert wird, und eine zweite Phase, in der das „Schwangerschaftshormon" Progesteron die beherrschende Rolle spielt, unterteilen. Er wird deshalb **Ovarialzyklus** genannt, weil innerhalb des Ovars die Östrogene in heranreifenden Follikeln („Follikelphase"), hier besonders der Theca interna, und das Progesteron von dem nach der Ovulation gebildeten Corpus luteum („Lutealphase") sezerniert werden. Die steigende Blutplasmakonzentration an Östrogenen in der ersten Zyklushälfte initiiert im Endometrium die Proliferationsphase, die hohe Progesteronkonzentration in der zweiten Zyklushälfte löst die Sekretionsphase und damit die Vorbereitung der Schleimhaut für eine Implantation des Keimes aus.

Zwei grundsätzlich wichtige und sich ergänzende Rückkoppelungsmechanismen sind für die Koordination der endokrinen und der histologischen Transformationen im Ovarial- bzw. Menstruationszyklus bedeutungsvoll: einerseits der **negative** und andererseits der **positive Feedback-Mechanismus.**

Als Reaktion auf erhöhte E_2- und P-Werte drückt sich der **negative** Feedback in einer Hemmung der FSH- und LH-Sekretion aus. Aus dem negativen Feedback ist umgekehrt eine steigende FSH- und LH-Sekretion als Reaktion auf fallende E_2- und P-Werte zu interpretieren. Östradiol hemmt hauptsächlich die FSH-Freisetzung, während Progesteron zusammen mit Östradiol gleichermaßen LH- und FSH-Produktionen hemmt. Dieser negative Feedback-Mechanismus spielt während **beider** Zyklusphasen, Follikel- und Lutealphase, eine wichtige Rolle.

Der **positive** Feedback-Mechanismus stellt eigentlich einen Stimulationseffekt dar. Ziel dieser Stimulation ist die LH-Sekretion. Die vom Zyklusbeginn an permanent ansteigenden E_2-Werte erreichen einen bestimmten präovulatorischen Schwellenwert, ehe die Progesteronproduktion des Corpus luteum beginnt, so daß infolge dieser E_2-Spitzenwerte die LH-Ausschüttung erfolgt (LH-„Peak" in der Mitte des Zyklus, siehe Abb. 3-2).

Die im peripheren Blutplasma zirkulierenden FSH- und LH-Moleküle haben unterschiedliche Halbwertszeiten, die für FSH bei 234 Minuten (ca. 4 Stunden), für LH bei nur 20 Minuten liegen. Beide Gonadotropine werden pulsatorisch sezerniert und folgen den GnRH-Puls-Frequenzen. Wegen der viel kürzeren Halbwertszeit des LH zeigt seine Verlaufskurve eine stärker ausgeprägte Amplituden-Fluktuation als die des FSH.

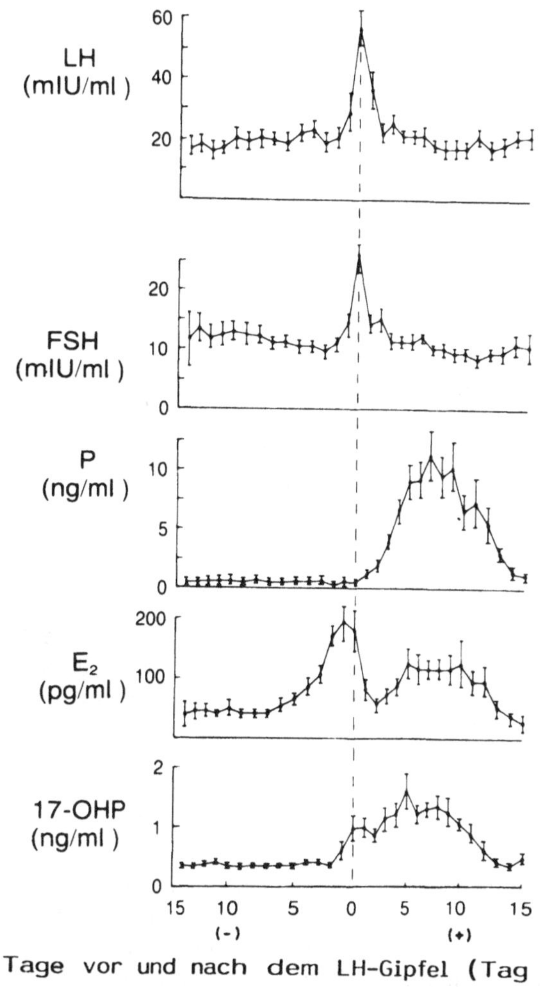

Abb. 3-2. Verlaufskurven der bedeutendsten Hormone im menschlichen Menstruationszyklus. Mittelwerte und Standardabweichungen aus radioimmunologischen Bestimmungen der peripheren Blutserumspiegel sind für Luteinisierungshormon (LH), Follikelstimulierungshormon (FSH), Progesteron (P), Östradiol (E_2) und für 17α-Hydroxyprogesteron (17-OHP) registriert worden. Die Bestimmungen stammen von neun Patientinnen mit unauffälliger, normaler endokriner Anamnese.
(Mit freundlicher Genehmigung nach Goebelsmann 1986)

Die früher verwendeten Begriffe einer „tonischen" und einer „zyklischen" Gonadotropinsekretion gingen auf Forschungsergebnisse an der Ratte zurück, lassen sich für Primaten und den Menschen jedoch nicht mehr rechtfertigen. Vielmehr sind die **basalen** FSH- und LH-Sekretionen dem negativen Feedback-Mechanismus zuzuordnen, hingegen sind die FSH- und LH-**Peak**-Ausschüttungen in der Mitte des Zyklus als Auswirkung des positiven Feedback zu interpretieren. Die Fähigkeit zur positiven Feedback-Reaktion reift erst während der Pubertät.

In zahllosen endokrinologischen Analysen hat sich gezeigt, daß E_2 besonders wirkungsvoll die FSH-Sekretion hemmt. Wenn der Östradiolspiegel im Blutplasma sinkt, steigt die FSH-Ausschüttung sofort an. Besonders auffällig begegnet uns diese erhöhte basale FSH-Sekretion zu Beginn des Zyklus (Abb. 3-2). Konsequent fällt in den folgenden Tagen der FSH-Spiegel ab, wenn das Follikelwachstum zu einem steigenden Östradiolspiegel führt.

Die Wirkung des peripheren Östradiol auf die LH-Sekretion erklärt sich etwas komplizierter. Bestimmte basale E_2-Werte (100 pg/ml) und bestimmte zeitlich begrenzte E_2-Spiegel hemmen die Sekretion des LH wie die des FSH. Wenn jedoch die E_2-Werte über einen Schwellenwert von 200 pg/ml im Plasma steigen und gleichzeitig über 48 Stunden auf oder oberhalb dieser Schwelle bleiben, reagiert der weibliche Hypothalamus spontan und überschießend mit einer Stimulierung des GnRH-Systems und einer HVL-LH-Ausschüttung. Es resultiert der LH-Peak zur Ovulationsauslösung in der Mitte des Zyklus.

Schließlich führten endokrinologische Versuche an Primaten über die Auslösung des LH-Peak zu der heute gültigen Lehrmeinung, daß Östradiol als primäres und wichtiges Signal für die positive Feedback-Reaktion in der Mitte des Zyklus anzusehen ist. Dieses dominierende Signal bedarf einer bestimmten Mindeststärke und einer Mindestdauer von zwei Tagen. Es stammt aus dem Ovar. Dies formulierte Knobil [1980] mit dem bildhaften Begriff der „pelvic clock", welche den Ovarialzyklus der Frau bestimmt. Damit wird die Hypothese der zentralen, hypothalamischen „inneren Uhr" des Zyklus widerlegt.

Obwohl in den beiden Ovarien mehrere Follikel in die Reifungsphase eintreten, erreicht im Regelfall doch nur ein Follikel, der als **dominanter Follikel** bezeichnet wird, die volle Reife und wird damit „sprungreif". Bisher wird recht kontrovers diskutiert, was diesen einen Follikel zum „dominanten" Follikel mache und ihn in die Lage versetze, die anderen Follikel in ihrer weiteren Ausreifung zu hemmen. Eine hormonelle Stimulation des Ovar, wie sie zur Vorbereitung einer Eizellgewinnung durch Punktion der Follikel für eine *in-vitro*-Fertilisation angewandt wird, führt zur Reifung mehrerer Follikel, die jedoch nicht alle den gleichen Reifungsgrad erreichen [Hodgen et al. 1983, Hodgen 1987, Testart und Gougeon 1987].

Der dominante, reife Follikel wölbt oft die Oberfläche des Ovar vor. Die Ovulation selbst wird mit dem Ausdruck „Follikelsprung" nicht ganz zutreffend beschrieben. Hatten Beobachtungen an Laboratoriumstieren schon gezeigt, daß von einer kleinen Dehiszenz ausgehend der visköse Liquor folliculi nur allmählich austritt und daß der Austritt der Eizelle selbst, eingeschlossen in Zona pellucida und Corona radiata, ein von Gerinnungsprozessen in der Follikelflüssigkeit begleiteter langsamer Vorgang ist, so wurde der Vorgang jetzt auch laparoskopisch beim

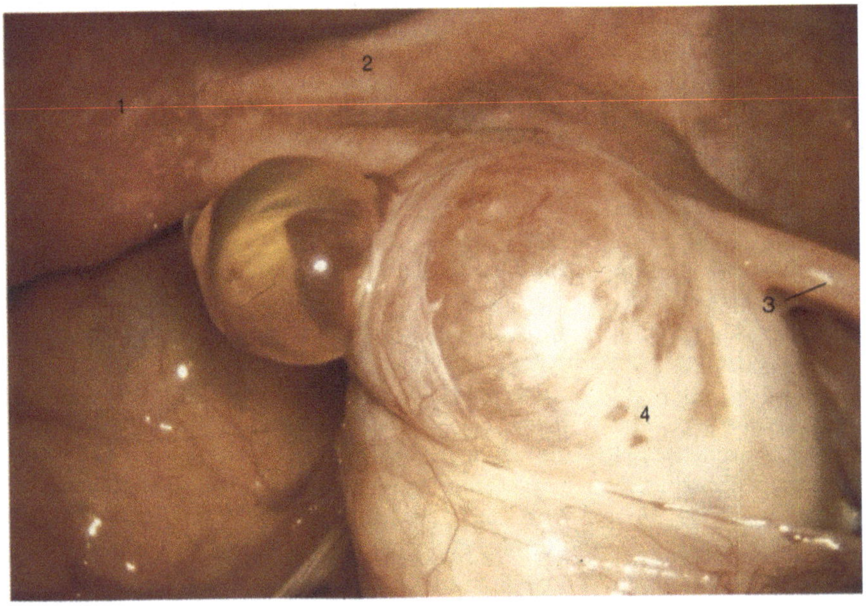

Abb. 3-3. Laparoskopische Beobachtung der Ovulation beim Menschen. Der allmählich austretende Liquor folliculi hat eine fibrinöse Begrenzung und schließt den austretenden Ei-Cumulus-Komplex (dunkel) ein. ca. 3 : 1; 1 = Tubenwinkel des Uterus; 2 = Tube in der Plica lata; 3 = Lig. ovarii proprium; 4 = Oberfläche des Ovar. (Freundlichst überlassen von Professor Dr. Dr. h.c. Semm, Direktor der Universitäts-Frauenklinik Kiel)

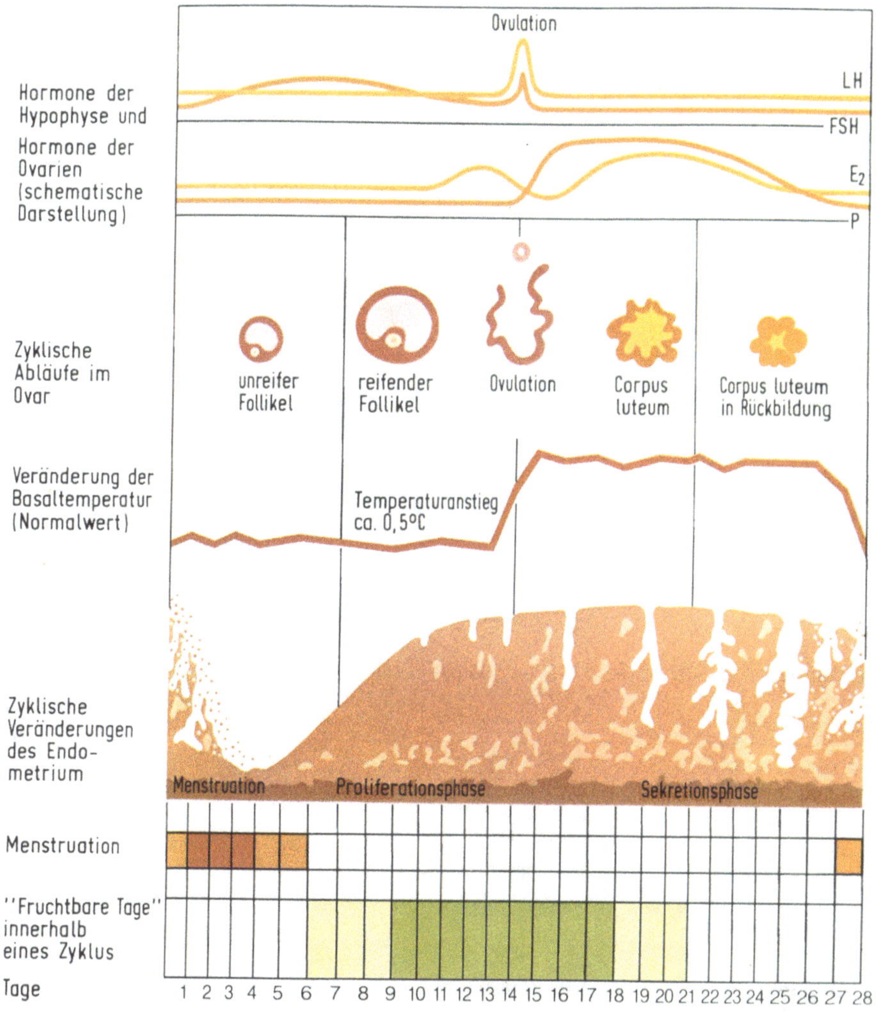

Abb. 3-4. Schematisierte Synopsis des menschlichen Menstruationszyklus. (Diese zusammenfassende Übersicht wurde uns freundlicherweise von der Medizinisch-wissenschaftlichen Abteilung der Serono-Pharmazeutischen Präparate GmbH, Freiburg i.Br., überlassen)

Menschen beobachtet (Abb. 3-3) [Semm 1976]. Diese langsame Ausschleusung des Eies aus dem Follikel macht es auch verständlich, daß der Fimbrientrichter der Tube ausreichend Zeit hat, sich über die Ovulationsstelle zu stülpen und den Ovocyten-Cumulus-Komplex mit dem Follikelflüssigkeits-Sekretstrom in die Ampulle der Tube aufzunehmen.

Die Progesteron-Phase des Zyklus ist zeitlich exakter kontrolliert als die Östrogenphase. Dies macht die diagnostische, prognostische Bestimmung des Ovulationstermins nach wie vor unsicher. Die Umstellung von den hohen Östrogenwerten auf hohe Progesteronwerte beeinflußt den Stoffwechsel des weiblichen Organismus und führt zu einer geringen Anhebung des allgemeinen Temperaturniveaus (Aufwachtemperatur, Basaltemperatur). Bei regelmäßiger Messung läßt sich aus dieser Temperaturverschiebung die erfolgte Ovulation erkennen (Abb. 3-4).

3.2.2 Hormonelle Kontrolle der Zusammensetzung und Befruchtungsfähigkeit des Sperma

Die Bildung der Spermien unterliegt ebenfalls der hormonellen Kontrolle des Hypothalamus-Hypophysen-Systems (siehe auch Abb. 27-32). Nach Eintritt der Pubertät vollzieht sich innerhalb der einzelnen Samenkanälchen die Keimzellbildung zwar in Wellen, als Gesamtsekretionsleistung beider Keimdrüsen wird aber kein Rhythmus oder Zyklus feststellbar. Von besonderer Bedeutung für die Befruchtungsfähigkeit der Spermien ist ihre Zusammenfügung im Vorgang der Ejakulation mit dem Sekret der Prostata und der Glandulae vesiculosae. Die zuvor im Nebenhodengang in dichter Ansammlung gespeicherten Spermien werden möglicherweise durch Hemmstoffe unbeweglich gehalten. Die Verdünnung ihrer Konzentration und die Verminderung der Zelldichte sind

Tabelle 3.1. Übersicht der Normwerte des Ejakulats des Menschen [Nach: Schirren 1982]

Menge	2,0–6,0 ml
pH	7,0–7,8 (Merck-Indikator-Papier)
	6,6–8,0 oder Glaselektrode)
Geruch	kastanienblütenartig
Farbe	grau – weiß – gelblich
Konsistenz	zähflüssig/flockig (Verflüssig. in 15–30 Min.)
Fruktose	über 1200 µg/ml
Acrosin-Aktivität	50–200 mU/ml
Trypsininhibitor-Aktivität	100–350 mU/ml
Carnitin	7,0 mg%
Phosphatase (sauer)	100–300 µg P_2O_5/30 Min.
Zitronensäure	300 mg%
Inosit	1000–2500 µg/ml
Natrium	265 mg%
Kalium	54,2 mg%
Kalzium	26,6 mg%
Zink	470 µg/ml
Spermin	254–3180 γ/ml
Spermidin	30–336 γ/ml
Phosphohexose-Isomerase	35,6–2650 µMol F-6-p/ml/h
Nukleinsäure	$2{,}18–2{,}60 \times 10^{-15}$ g
Spermatozoenzahl	über 40 Mill. Sp./ml
Spermatozoenmotilität	
sehr lebhaft	40% bis 50%
mäßig	20% bis 30%
unbeweglich	unter 20%
Spermatozoenmorphologie	über 60% normal
Spermatozoen-Länge	
Kopf	3,0–5,0 µm
Mittelteil	5,0–7,0 µm
Schwanz	45 µm
Spermatozoen-Breite	
Kopf	2,0–3,0 µm
Mittelteil	1,0 µm

wichtige Voraussetzungen dafür, daß die Spermien im Ejakulat bewegungsfähig werden und daß ihre Befruchtungsreife fortschreitet. Prostata und Glandulae vesiculosae stehen unter direktem hormonellen Einfluß des im Hoden gebildeten Testosteron. Der überwiegende Flüssigkeitsanteil aus den Bläschendrüsen enthält neben Proteinen vor allem Fruktose, die als Energielieferant für die Spermienbewegung dient. Im Prostatasekret sind es Proteasen, die der Verflüssigung des Ejakulats dienen, und Spermin, das die Motilität und die weitere Reifung der Spermien zur Befruchtungsfähigkeit bewirkt. Bisher ist kein künstliches Medium gefunden worden, das die Wirkung dieser Drüsensekrete auf die Spermien ersetzen könnte.

In der Sterilitätsbehandlung spielt die Untersuchung des Ejakulats für die Beurteilung der Befruchtungsfähigkeit eine besondere Rolle. Neben Formabweichungen der Spermien, Bestimmung der Spermienzahl und Zusammensetzung des Sekrets wird auch die Beweglichkeit der Spermien und ihre Geschwindigkeit direkt bestimmt. Über die durchschnittlichen Erfahrungswerte solcher Untersuchungen gibt die Tabelle 3.1 Auskunft [Schirren 1982].

3.3 Entstehung und Vorbereitung der Keimzellen

Ausgangspunkt jeder individuellen Entwicklung – auch des Menschen – ist die Vollendung der Befruchtung. Vor der Befruchtung müssen die Keimzellen eine Entwicklung durchlaufen, bei der aus den undifferenzierten Urgeschlechtszellen (Urkeimzellen) befruchtungsfähige Gameten durch die **Spermatogenese** (siehe Kapitel 27.3.2) oder durch die **Ovogenese** (siehe Kapitel 27.4.2) entstehen. Nach der Vereinigung von Ei- und Samenzelle wird die Fertilisation mit der Einordnung der Chromosomen der Vorkerne von Spermium und Ovocyte in die Teilungsspindel der ersten Furchungsteilung abgeschlossen.

Spermium und Ovocyte unterscheiden sich von allen übrigen Zellen des Körpers. Ein besonderes Charakteristikum der Gameten ist ihre außergewöhnliche Kern-Plasma-Relation. Die **männliche Keimzelle** besitzt sehr wenig Cytoplasma, das im Bereich des Spermienkopfes, des Spermienmittelstückes und des Schwanzes sehr spezielle Funktionen erfüllt, im ganzen gesehen jedoch nur spärlich den Kern des Spermium umgibt. Die **weibliche Keimzelle** dagegen besitzt sehr viel Cytoplasma. Sie hat im ausgereiften Zustand einen Durchmesser von 120–130 µm und ist damit eine der größten Zellen des menschlichen Körpers.

Das wesentliche Ziel der Befruchtung ist die Vereinigung des väterlichen und mütterlichen Erbmaterials zu einem neuen, reproduktions- und teilungsfähigen Genom. Bei den meisten Arten des Tierreiches und beim Menschen ist die Zahl der Chromosomen pro Zellkern konstant. Da durch eine Vereinigung konstanter Chromosomensätze das genetische Material jeweils verdoppelt würde, muß vor der Befruchtung (oder ihr unmittelbar folgend) die Chromosomenzahl auf die Hälfte reduziert werden, um damit eine konstante Chromosomenzahl über Generationen hin zu erhalten.

Die Keimzellen (Gameten) besitzen im Gegensatz zu somatischen diploiden Zellen (Körperzellen) nur einen einfachen Chromosomensatz, sie sind haploid, haben also nur 23 Chromosomen (22 Autosomen und 1 Geschlechtschromosom, weibliche Gameten nur ein X-Chromosom, männliche ein X- oder Y-Chromosom). Die Reduktion auf einen haploiden Chromosomensatz wird durch besondere Formen der mitotischen Zellteilung erreicht, die **Meiose.** Im männlichen Organismus laufen die Meiose-Teilungen in den Keimdrüsen während der Spermatogenese etwa im Verlauf eines Monats ab (s.S. 775). Beim weiblichen Geschlecht verlaufen die Meiose-Teilungen über ungleich längere Zeit (bis zu 40 Jahren), da die erste Reifeteilung schon im Sekundärfollikel eingeleitet wird, die abschließenden Schritte aber erst nach der Ovulation, meist gleichzeitig mit dem Eindringen des Spermium in die Eizelle, stattfinden (s.S. 798). Prinzipiell entstehen in **zwei Teilungsschritten** (I. und II. Reifeteilung) **vier Tochterzellen.**

Beim Mann werden diese vier Zellen, die aus Spermatocytenteilungen entstehen, alle zu Spermien. Bei der Frau wird nur jeweils eine der vier Tochterzellen des primären Ovocyten zur sprungreifen Eizelle, während die übrigen drei Tochterzellen aus dem Entwicklungsgeschehen praktisch eliminiert werden. Sie erscheinen als extrem cytoplasmaarme, rudimentäre Zellen, als Richtungs- oder Polkörperchen im perivitellinen Raum, an der Peripherie der Eizelle zwischen Eizellmembran und Zona pellucida. Auf diese Weise entsteht eine sehr cytoplasmareiche Eizelle, die eine mütterliche „Mitgift" in Form mannigfaltiger Cytoplasmafaktoren erhält. Diese Mitgift wird als „Dottermaterial" in den frühesten Entwicklungsprozessen, besonders während der Zeit der Furchungsteilungen, verbraucht, in der eine eigenständige Eiweißsynthese noch nicht oder noch nicht in nennenswertem Umfang [Bolton und Braude 1987, Braude et al. 1988] erfolgt.

3.3.1 Spermien-Reifung

Die männlichen Keimzellen reifen im Nebenhoden zu befruchtungskompetenten Gameten. Die Spermienoberfläche wird im Nebenhoden mit zahlreichen Makromolekülen „beladen", die einen regelrechten Schutzfilm für immunologische und enzymatische Prozesse bilden, welche im späteren Verlauf der Fertilisation von essentieller Bedeutung sind. Im letzten Abschnitt des Nebenhodengangs (Cauda epididymidis) entwickeln sich die Spermien bis zur Fähigkeit, eine Eigenbeweglichkeit zu entfalten. Diese Eigenbeweglichkeit wird unter natürlichen Bedingungen ausgelöst, wenn die reifen Nebenhodenspermien bei der Ejakulation mit Komponenten des Seminalplasma, besonders dem Sekret der Samenblase und der Prostata, zusammenkommen [Cooper 1986]. Nach der Ejakulation in die Vagina gelangen die Spermien in den Cervixkanal, werden überwiegend passiv durch den Uterus in die Tuben transportiert und müssen schließlich im Bereich der Ampulle eine stärkere Beweglichkeit entwickeln als zuvor. Zusätzlich müssen diese bis in die Tubenampulle vorgedrungenen Spermien ein charakteristisches Bewegungsmuster entfalten, das als „Peitschenschlag-Bewegung" beschrieben wird, um zur kleinen Zahl derjenigen männlichen Keimzellen zu zählen, die eine Chance erhalten, in den Cumulus-Ovocyten-Komplex einzudringen [Yanagimachi 1981, 1983, Katz und Yanagimachi 1981, Bedford 1983].

Die Spermien durchlaufen nach der Ejakulation in den weiblichen Genitaltrakt einige essentielle physiologische Veränderungen, bevor sie schließlich die Zellmembran der Eizelle durchdringen können. Der erste wichtige Prozeß wird als **Capacitation** bezeichnet. Sie ist ein physiologischer Reifungsvorgang der Spermienzellmembran. Die Capacitation gilt als Voraussetzung für die Acrosomenreaktion. Der Vorgang der Capacitation nimmt bei den meisten Säugerarten und beim Menschen einige Stunden in Anspruch. Die Entdeckung dieses physiologischen Reifungsschrittes verdanken wir dem chinesisch-amerikanischen Reproduktionsbiologen M. C. Chang [1951, 1969] und dem australischen Physiologen C. R. Austin [1951, 1960], deren experimentelle Beobachtungen bei der Fertilisation von Kaninchen- und Rattenovocyten zur Erkenntnis führten, daß eine beträchtliche Zeit vergeht, bis nach dem Zusammentreffen von Spermien und Eizellen die Penetrationsaktivität der Spermien beginnt. Nur wenn dieser Vorgang abgelaufen ist, kommt es zum endgültigen Reifungsschritt, der **Acrosomenreaktion.** Die morphologisch (ultrastrukturell) erkennbare tiefgreifende Veränderung der Membranverhältnisse im vorderen, acrosomalen Bereich eines Spermium befähigt die männliche Keimzelle zur Penetration der Zona pellucida und der Eizellmembran.

3.3.2 Capacitation

Da dieser Reifungsschritt ausschließlich physiologisch definiert wurde, kann man lediglich funktionell prüfen, ob die Capacitation abgelaufen ist. Zahlreiche in-vivo- und in-vitro-Analysen wurden angestellt, um Faktoren zu identifizieren, die eine Capacitation fördern oder hemmen. Allerdings sind bis heute mehr Hypothesen als Fakten beschrieben worden. Alle morphologischen Untersuchungen, selbst elektronenmikroskopische Aufnahmen, haben bisher zur molekularen oder zellbiologischen Klärung des Phänomens nicht beitragen können. Alle Anzeichen sprechen dafür, daß ein wesentlicher Prozeß bei der Spermiencapacitation darin besteht, bestimmte Oberflächenantigene und „surface coat"-Moleküle von der Spermienzellmembran zu entfernen. Dies soll wiederum eine starke Membrandepolarisation zur Folge haben [Austin 1975, Olson und Hamilton 1978, Williams 1972, Yanagimachi et al. 1973]. Unzweifelhaft wird eine deutliche Aktivitätssteigerung bei capacitierten Spermien festgestellt. Die typischen und stoßartigen Vorwärtsbewegungen werden schneller, kräftiger und „zielstrebiger", so daß die Penetration des Cumulus-Zellverbandes und der Zona pellucida zum beträchtlichen Anteil diesen mechanischen Aktivitäten der Spermien zugeschrieben werden muß [Bedford 1983].

Kaninchen-Spermien können in vitro nicht capacitiert werden, für eine *in-vitro*-Fertilisation müssen diese im Uterus oder in der Tube reifen, können dann ausgespült werden und im folgenden Experiment *in vitro* Eizellen fertilisieren. Mit menschlichen Spermien aus einem Ejakulat erreicht man auch *in vitro* relativ leicht eine Befruchtung. Wenn die „gewaschenen", von Seminalplasma befreiten Spermien mit Follikelflüssigkeit und Cumulus-Zellen in das *in-vitro*-Kulturmedium eingebracht werden, kommt es nach wenigen Stunden zur Penetration der Zona pellucida und der Eizellmembran. Offensichtlich sind für die Capacitation menschlicher Spermien die Corona radiata bzw. Cumulus-Zellen und die Follikelflüssigkeit mitverantwortlich, die ja *in vivo* ebenfalls in ausreichender Menge nach der Ovulation in die Ampulle der Tuba uterina gelangen.

Experimentell zeigte sich, daß die Capacitation bei den meisten Säugetierspecies hormonabhängig verläuft. Das östrogendominierte Milieu der Follikel und Tuben fördert den Capacitationsablauf, unter der Wirkung von Progesteron entfalten Faktoren dieses Milieus hemmende Einflüsse auf die Capacitation, so daß sie entweder nicht zustandekommt oder experimentell sogar rückgängig gemacht werden kann [Decapacitation, Williams 1972].

3.3.3 Acrosomenreaktion

Nach der Capacitation folgt obligatorisch die Acrosomenreaktion als abschließender Schritt zur „Befruchtungsreife" des Spermium. Das Acrosom ist als Organell des Spermienkopfes während der Spermatogenese aus dem Golgi-Apparat der Spermatide entstanden. Das mit Enzymen gefüllte, membranumschlossene Acrosom sitzt kappenförmig auf dem rostralen Teil des Spermienzellkerns. Das Plasmalemm des Spermium umschließt das Acrosom so eng, daß nur ein hauchdünner Plasmaraum zwischen Zellmembran und äußerer Acrosomenmembran liegt (siehe Abb. 27-24 und 27-28).

Wenn die Capacitation abgeschlossen ist, bilden sich wahrscheinlich Ionenkanäle durch Plasmalemm und äußere Acrosomenmembran. Eine essentielle Rolle für die folgenden morphologisch-ultrastrukturell gut sichtbaren Membranveränderungen (Abb. 3-5) spielen Ca^{++}-Ionen, dagegen sollen Mg^{++}-Ionen hemmend wirken [Rink 1977, Yanagimachi und Usui 1974]. Eine experimentelle Förderung des Calcium-Influx durch Verwendung von Ca-Ionophor-Molekülen beschleunigt die Acrosomenreaktion oder vermag die Acrosomenreaktion ohne Capacitation auszulösen [Green 1978a, b, Reyes et al. 1978, Talbot und Franklin 1976].

Der entscheidende Schritt der Acrosomenreaktion ist die partielle Membranauflösung und die Membranfusionierung der äußeren Acrosomenmembran mit dem Plasmalemm. Hierdurch entstehen als Übergangsstadium bis zur völligen Ablösung größerer Acrosomenanteile vesikuläre Membranstrukturen, zwischen denen sich Öffnungen bilden, durch die der Inhalt des Acrosom in die nächste Umgebung ausfließen kann: lytische Enzyme, z.B. Acrosin und andere Proteasen, Hyaluronidase, β-Glucuronidase und N-acetyl-Glucosiminiase. Im Bereich des Äquatorialsegments des Spermium bleibt die äußere Acrosomenmembran erhalten und fusioniert mit dem Plasmalemm. Wenn die Membranfusion an dieser Stelle erfolgt, sprechen wir von einer „echten" Acrosomenreaktion. Im Gegensatz dazu findet man nämlich bei der „falschen" Acrosomenreaktion diese spezielle Membranverschmelzung nicht (z.B. bei Spermien, welche immobil werden oder sterben, sowie mannigfaltige osmotische oder toxische „Streßreaktionen" durchlaufen) [Meizel 1978].

Die innere Acrosomenmembran wird zur freien rostralen Oberfläche des Spermium. Auf ihr bleiben Acrosin- und Proacrosin-Moleküle fest gebunden, so daß nach partieller Aktivierung diese proteolytischen Enzyme das hochmolekulare, vernetzte Material der Zona pellucida auflösen können. Bei einigen Säugetierarten wurde ein scharf konturierter Stichkanal in

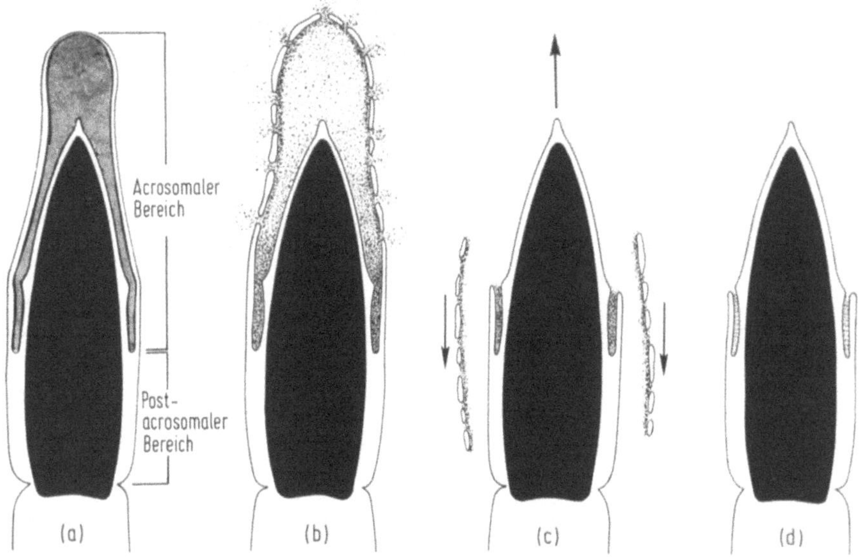

Abb. 3-5a–d. Schematische Darstellung der Acrosomenreaktion.
a) Spermium im Schnittbild vor der Acrosomenreaktion. Die äußere Zellmembran und die acrosomalen Membranen sind intakt. Der Kopfbereich des Spermium wird untergliedert in einen acrosomalen und einen postacrosomalen Bereich.
b) Beginnende Acrosomenreaktion: Multiple Fusionen zwischen der Zellmembran und der äußeren Acrosomenmembran führen zu Öffnungen im Acrosom und lassen die acrosomalen Inhaltsstoffe entweichen.
c) und **d)** Die acrosomale Reaktion ist abgeschlossen. Reste der vesikulierten Membran werden teilweise noch durch einen klebrigen Molekularverbund zusammengehalten. Durch die lebhafte Vorwärtsbewegung der Spermien werden jedoch diese Reste schnell zurückgelassen. (Mit freundlicher Genehmigung von Plenum Press nach Yanagimachi 1981)

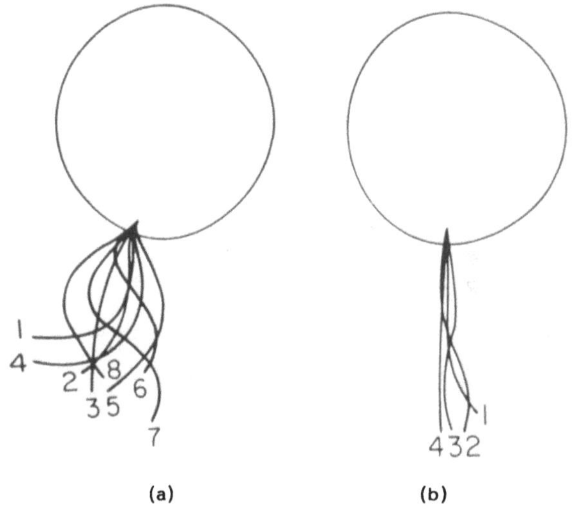

Abb. 3-6a, b. Vergleich der unterschiedlichen Bewegungsmuster von Spermien im Augenblick der Berührung mit der Zona pellucida einer Eizelle. Die Bewegungsmuster wurden nach Hochgeschwindigkeits-Filmaufnahmen ausgewertet und gezeichnet. Die Intervalle zwischen den einzelnen Bewegungsstadien mit fortlaufender Zahl betragen 0,02 Sekunden. Die Köpfe der Spermien sind nicht gezeichnet, zur Verdeutlichung des Bewegungsmusters sind nur die Schwanzbewegungen graphisch dargestellt.
a) Die normalen hochaktiven Bewegungen der Schwanzstücke der Spermien ergeben ein charakteristisches, ausdrucksvolles „Peitschenschlag-Muster". Im Tierversuch wurden solche Bewegungen auch als die von „aktivierten" oder „hyperaktivierten" Spermien bezeichnet.
b) Wenn Spermien „präaktiviert" werden, indem sie als Nebenhodenspermien gewonnen und mit einer Calcium-Lösung (2 mM) behandelt werden, entfalten sie bei der Berührung der Zona pellucida im Experiment nur eine ganz schwache flagellare Aktivität ihrer Schwanzstücke. An Spermien, die frei in einer Flüssigkeit schwimmen, werden normalerweise nur symmetrisch flagellare Bewegungen von mäßiger Amplitude festgestellt. Wenn Spermien jedoch am natürlichen Ort der Befruchtung eintreffen, entwickeln sie unterschiedliche Bewegungsformen, um in einer abschließenden Phase des Transports die Befruchtung einzuleiten. Diese aktive Phase beinhaltet ein besonderes Peitschenschlag-Muster, das nach Yanagimachi für aktivierte oder hyperaktivierte Spermien typisch ist. Aus der oben dargestellten Abbildung wird die wichtige physiologische Konditionierung der Spermien im weiblichen Genitaltrakt für diese Peitschenschlag-Bewegung deutlich. (Mit freundlicher Genehmigung aus Katz und Yanagimachi 1981)

der Zona beobachtet, der auf eine eng begrenzte Lysis schließen läßt, wenn das Spermium die Zona durchdringt. Einerseits sieht es elektronenmikroskopisch so aus, als schneide das Spermium proteolytisch einen Kanal in die Zona pellucida, wie etwa eine erhitzte Nadel in einen Eisblock eindringen würde, andererseits kann man der „hyperaktivierten Vorwärtsbewegung" bzw. „Peitschenschlag-Bewegung" der capacitierten Spermien eine zusätzliche mechanisch-physikalische Bedeutung beim Durchdringen der Zona pellucida beimessen [Katz und Yanagimachi 1981, Bedford 1983] (Abb. 3-6).

3.4 Imprägnation der Eizelle

Die ovulierte Eizelle behält zunächst ihre zum Cumulus oophorus zusammengeballten Follikelzellen, die mit der Masse des gerinnenden Fibrins der Follikelflüssigkeit eine dichte Hülle um die Eizelle bilden (Abb. 3-7). Bei manchen Säugetieren (z.B. Ratte, Hund, Katze) gelangt dieser Zellhaufen in einen das Ovar vollständig umhüllenden Beutel, die Bursa ovarii, so daß der Eingang zum Eileiter (Tuba uterina) nicht verfehlt werden kann. Beim Menschen existiert eine solche geschlossene Hülle um das Ovar nicht, so daß man annehmen könnte, die Eizelle fiele öfter in die freie Bauchhöhle, als ihren Weg in die trichterförmige Eileiteröffnung (Infundibulum tubae uterinae) zu finden. Tatsächlich sind aber die aktiven Bewegungen der Eileiter und der Fimbrien des Infundibulum so gut auf den Ort und die Zeit der Ovulation abgestimmt, daß nur sehr selten eine Eizelle ihr physiologisches Ziel verfehlt.

Die Imprägnation der Eizelle durch ein Spermium erfolgt am Übergang der Pars ampullaris des Eileiters zum Isthmus [Croxatto et al. 1978; Diaz et al. 1980]. Dort wird sie meistens von befruchtungsfähigen Spermien erwartet. Bei den Säugetieren fällt der Östrus (= Brunst) mit dem Höhepunkt der Begattungsbereitschaft vor dem Ovulationszeitpunkt zusammen. Nur beim Menschen gibt es die endokrine Koppelung zwischen Coitus und Ovulation normalerweise nicht. Häufig muß deshalb die menschliche Eizelle auf die Spermien warten. Die fertile Lebensphase der Eizelle ist kurz, wahrscheinlich kürzer als 24 Stunden, und nach erfolglosem Warten auf die Spermien beginnen in der Eizelle relativ schnell degenerative Veränderungen.

Wenn eines der Spermien die Zona pellucida durchdrungen hat, bleibt es nicht lange im perivitellinen Raum zwischen Zona und Eizelloberfläche liegen, sondern heftet sich sofort auf der Ovocytenoberfläche an. Hierbei kommt es zur Verschmelzung der beiden sich berührenden Zellmembranen (Abb. 3-8). Sowohl beim Menschen als auch bei manchen Säugern schaffen es mehrere Spermien fast gleichzeitig,

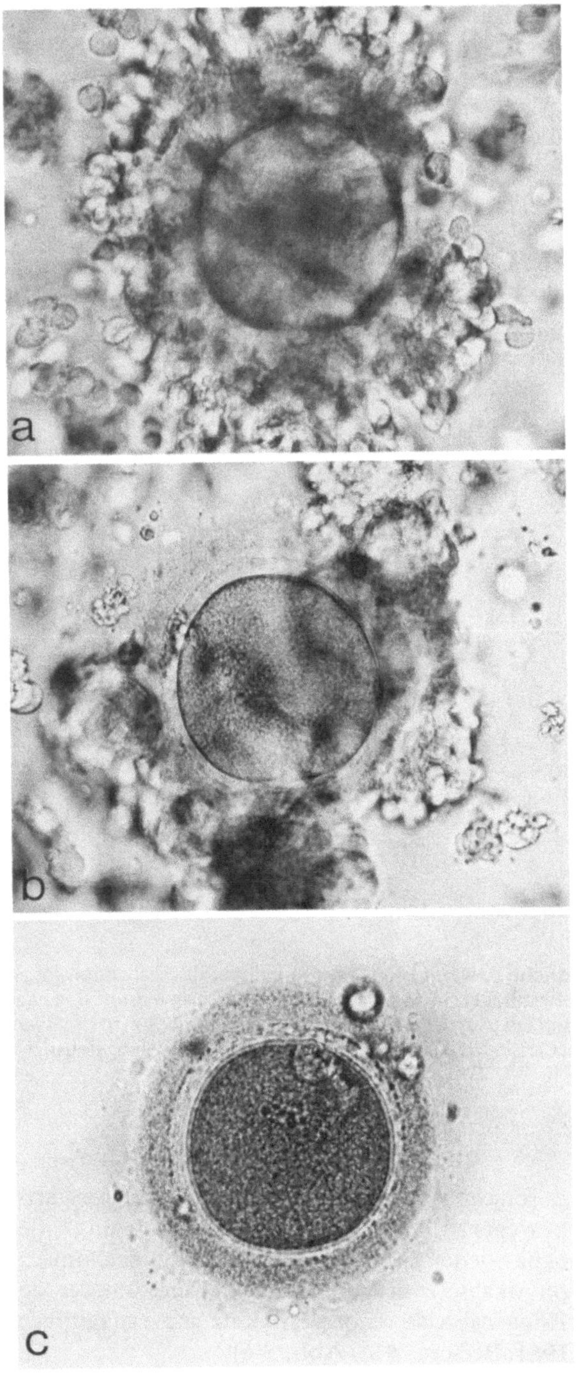

Abb. 3-7a–c. Menschliche Eizelle nach der Punktion aus einem sprungreifen Follikel.
a) Die Eizelle befindet sich noch im festen Verbund mit den Zellen des Cumulus oophorus als Ovocyten-Cumulus-Komplex. Die Verbindung zwischen den zahlreichen Cumuluszellen und der Eizelle macht es im lichtmikroskopischen Bild nicht möglich, die Eizelle klar und scharf einzustellen.
b) Nach 24 Stunden der in vitro-Kultur lösen sich die Cumuluszellen aus dem Ovocyten-Cumulus-Komplex. Die Eizelle wird im Mikroskop nun klarer erkennbar und die Konturen der Zona pellucida treten deutlich hervor („dissoziierter Ovocyten-Cumulus-Komplex").
c) Nach weiteren 24 Stunden in der Kultur sind sämtliche Cumuluszellen abgelöst. Die Eizelle ist nun, 48 Stunden nach ihrer Punktion, leicht geschrumpft und hat sich von der Zona pellucida gelöst, der perivitelline Raum erscheint deutlich konturiert. Im Stereomikroskop erscheint die äußere Kontur besonders unscharf, da die geflechtartige äußere Oberfläche der Zona pellucida unregelmäßig ist (vgl. Abb. 4-4). Ca. 200 : 1

die Zona pellucida zu penetrieren. Meist gelangen sie auch in den Perivitellinspalt, jedoch dringt in der Regel nur ein Spermium in die Eizelle ein.

Die Verschmelzung der Zellmembranen von Spermium und Eizelle beginnt in der Postacrosomalregion des Spermium. Wie bei der Acrosomenreaktion geht die Membranverschmelzung schnell voran, so daß bald eine völlige Incorporation von Spermienkopf und Spermienmittelstück in das Cytoplasma der Eizelle erreicht wird. Der Spermienschwanz wird oft mit in das Cytoplasma incorporiert. Unmittelbar nach dieser „Imprägnation" beginnt die Vorbereitung zur männlichen Vorkernbildung durch eine Schwellung des Spermienkopfes und eine Dekondensation des Chromatin des Spermienzellkerns.

Mit dem Eindringen eines Spermium in die Eizelle fällt eine eminent wichtige biologische Entscheidung. Als Ergebnis der Meiose trägt etwa die Hälfte aller Spermien ein X-Chromosom, die andere Hälfte ein Y-Chromosom. Es hängt allein von diesem Geschlechtschromosom des penetrierenden Spermium ab, ob das zukünftige Genom der nunmehr befruchteten Eizelle die männliche (X, Y) oder die weibliche (X, X) Chromosomenkonstellation haben wird. Die „genetische Geschlechtsbestimmung" wird also schon im Vorgang der Penetration vollzogen.

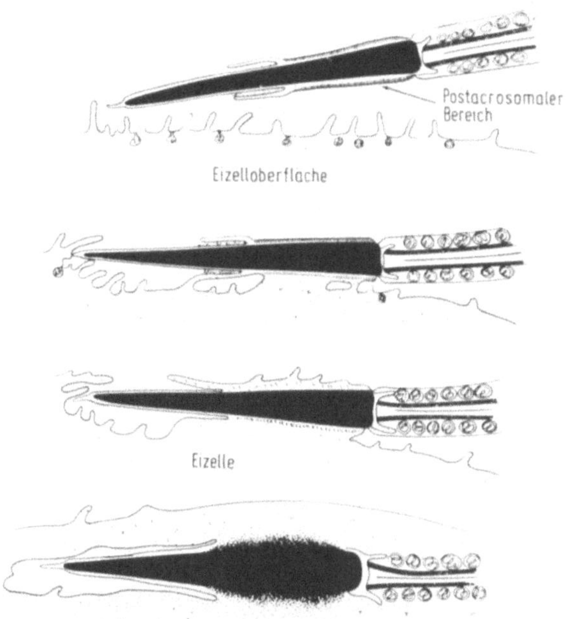

Abb. 3-8. Schema zum Eindringen des Spermium in die Eizelle (Imprägnation). Sie beginnt mit der Vereinigung der Zellmembranen von Spermium und Eizelle in Höhe des postacrosomalen Bereiches. Wie bei der Acrosomenreaktion geht die Membranverschmelzung schnell voran, so daß bald eine völlige Incorporation des Spermienkopfes und weiterer Teile des Spermium in das Cytoplasma der Eizelle erreicht wird. Der Spermienschwanz wird öfters ebenfalls incorporiert.
(Mit freundlicher Genehmigung aus Yanagimachi und Noda 1970)

3.5 Polyspermieblock

Sofort nach dem Eindringen eines Spermium in eine Eizelle erfolgt eine Reaktion, die das Penetrieren weiterer Spermien verhindern soll. Alle analytischen Anzeichen sprechen dafür, daß eine kurze und eine längerfristige Hemmung durch die Membranfusion des ersten, erfolgreichen Spermium mit der Eizellmembran ausgelöst wird. Die Sofortreaktion [„rapid polyspermy block", Edwards 1980a] besteht möglicherweise in einer Depolarisationswelle, welche sich innerhalb von Sekunden über die Eizelloberfläche ausbreitet. Diese Depolarisation löst dann die längerfristige Blockade aus, welche durch die Extrusion des Cortexgranula-Inhalts verursacht wird. Die Extrusion ist Ca^{++}-abhängig und scheint die Mitbeteiligung von aktivierten Mikrotubuli zu erfordern. Experimentell läßt sich durch Procain eine Polyspermie bei der Hamstereizelle auslösen. Nach Entfernen der Procainwirkung setzt jedoch sofort eine Rindengranula-Extrusion ein, so daß keine weiteren Spermien penetrieren können [Ahuja 1986]. Die Rindengranula-Extrusion verändert sowohl die Eizellmembran als auch die Zona pellucida. Der Polyspermieblock kann bei den unterschiedlichen Säugetierspecies auf verschiedener Ebene wirksam werden, entweder in der Zona pellucida oder am Plasmalemm der Eizelle. Die strukturelle Transformation der Zona pellucida („Zona reaction") ist sehr ausgeprägt und wirkungsvoll z.B. bei Hamster und Schaf, recht schwach fällt sie aus bei Kaninchen und Maus. Beim Menschen findet man selten und nur wenige überzählige Spermien im perivitellinen Spalt, dagegen dringen zahlreiche Spermien gleichzeitig in die menschliche Zona pellucida ein (siehe auch Abb. 4-5). Wenn ein Spermium die Eizellmembran erreicht und fusioniert, kommt es offensichtlich zu einer Reaktion der menschlichen Zona pellucida. Je länger eine ovulierte Eizelle auf die Insemination warten muß, um so unvollkommener funktioniert der Polyspermieblock.

3.6 Vorkernbildung

Mit dem Eindringen eines Spermium wird die Blokkade des zellulären Reifungsprogramms bei der Eizelle des Menschen aufgehoben. Die Eizelle befindet sich nach der Ovulation in der arretierten Metaphase der 2. Reifeteilung. Nur wenn ein Spermium eindringt, erfolgt die biochemische Aktivierung zum Abschluß der 2. Meioseteilung mit Bildung eines weiteren Polkörperchens und eines haploiden Chromosomensatzes für den weiblichen Pronucleus. Diese Aktivierung besteht aus einer Enthemmung von Enzymsystemen, einer Demaskierung der DNA-Templates sowie einer Proteinsynthesesteigerung. Proteolytische Enzyme des Spermienkopfes wirken möglicherweise durch „limitierte Proteolyse" als Auslöser [Zirkin und Chang 1977].

Der Spermienkopf schwillt im Cytoplasma der Eizelle schnell an. Die Chromosomen des Spermienzellkerns machen innerhalb weniger Stunden eine komplette Dekondensierung durch, zahlreiche Nucleoli formieren sich im expandierten Kern, so daß wir nun vom „männlichen Pronucleus" sprechen. Dieser ist bei vielen Säugerarten größer als der weibliche Vorkern. Ungefähr 18–20 Stunden nimmt die Pronucleus-Bildung und ihre Aktivität in Anspruch, bevor

Abb. 3-9a–c. Pronucleus-Stadien der Befruchtung der menschlichen Eizelle.

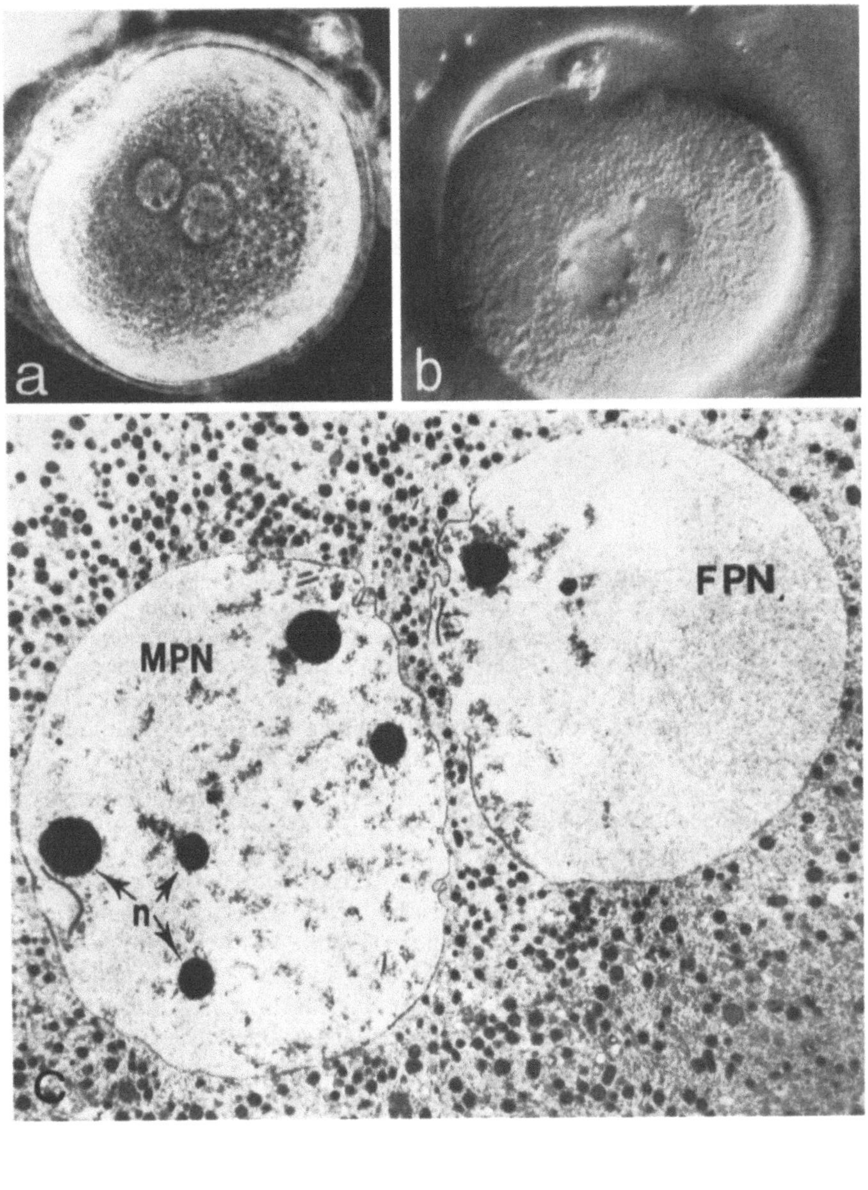

a) und **b)** Im lichtmikrosopischen Bild sind die beiden Vorkerne im Cytoplasma der Eizelle deutlich zu erkennen. Einer der beiden Vorkerne ist geringfügig größer als der andere. Dieser größere Vorkern ist der männliche Vorkern. Man erkennt auch in den Vorkernen kleine Kondensierungsprodukte von kontrastiertem Material, welches den Nucleoli entspricht.
b) Im Nomarksi-Phasenkontrast lassen sich Vorkerne und Nucleolen besonders plastisch darstellen.
c) Pronuclei im elektronenmikroskopischen Bild. Die beiden Pronuclei nähern sich, und ihre Membranen zeigen Invaginationen. Der weibliche Pronucleus (FPN) ist etwas kleiner als der männliche Pronucleus (MPN). Die Nucleoli (n) sind als elektronendichte Körper besonders klar zu erkennen. Eine „Verschmelzung" der Vorkerne findet nicht statt. Vielmehr kommt es zur Auflösung der sich aneinanderlagernden Membranen und zu einer nachfolgenden Einordnung der haploiden Chromosomensätze in die Äquatorialplatte der ersten Furchungsteilung. a) und b) ca. 270 : 1; c) ca. 2200 : 1
(Mit freundlicher Genehmigung aus Edwards 1980a und Van Blerkom et al. 1987)

die Prophase der ersten Furchungsteilung beginnt. Etwa 6 Stunden davon entfallen auf eine S-Phase, in der die haploiden Chromosomensätze jedes Vorkerns je für sich identisch redupliziert werden. Jedes Chromosom liegt danach als Chromatidenpaar vor. Die Vorkernaktivität drückt sich auch in anderen zellbiologischen Veränderungen aus: Material einiger Nucleoli wandert durch die Poren der Vorkernmembran ins Cytoplasma der Eizelle, in dem sich in unmittelbarer Nähe der Vorkerne zahlreiche Mitochondrien, Golgi-Komplexe und gefensterte Membranen ansammeln.

Wenn die beiden Pronuclei (Abb. 3-9) ihre maximale Größe erreicht haben, nähern sie sich einander, ohne direkt zu „verschmelzen". Bei manchen Säugetierarten berühren sich die Vorkerne zwar, jedoch lösen sich bei den meisten Säugerspecies offensichtlich die Vorkernmembranen auf, ohne daß eine Vereinigung nach Art einer Membranfusion zustandekommt. Da die nun beginnende Kondensation der Chromosomen nicht völlig synchron abläuft, sieht man bei manchen Arten, z.B. bei der Maus, zwei deutlich verschiedene haploide Chromosomensätze nebeneinanderliegen, den paternalen und den maternalen. Da beide Chromosomensätze während der aktiven Vorkernphase jeweils getrennt ihre DNA-Reduplikation durchlaufen haben, liegen nach Kondensation der Chromosomen und nach Auflösung der Vorkernmembranen nun die reduplizierten 46 Chromosomen des neuen Genom vor, die sich in einer gemeinsamen Teilungsspindel anordnen. Damit ist das Ziel des Befruchtungsvorgangs, der **Fertilisation,** erreicht:

1. die Herstellung eines diploiden Chromosomensatzes,
2. die Determination des chromosomalen Geschlechts des neuen Individuum sowie
3. die Induktion von normalen Furchungsteilungen zur Embryogenese.

3.7 Pathologische Befruchtungsverläufe

Da der Polyspermieblock offensichtlich nur eine vorübergehende Sicherung für die Befruchtung einer Eizelle mit nur einem Spermium bedeutet, ist es nicht verwunderlich, daß bei Säugetieren und beim Menschen immer wieder „Befruchtungsunfälle" zu verzeichnen sind, bei denen zwei oder mehrere Spermien in eine Eizelle eindringen. Aus diesen pathologischen Verläufen resultieren die in der Literatur beschriebenen Polyploidien der verschiedensten Embryonalstadien. Die früheste Diagnose läßt sich für diesen Zustand im Vorkernstadium stellen. Seit Einführung der *in-vitro*-Fertilisation (IVF) in die Sterilitätstherapie wurden in kurzer Zeit bemerkenswert umfangreiche Erkenntnisse über diese pathologischen Verläufe des Befruchtungsvorganges gewonnen. Es gehört zur Routine der IVF-Behandlung, zwischen 16 und 20 Stunden nach der *in-vitro*-Insemination alle Eizellen mikroskopisch auf die Zahl ihrer Vorkerne zu überprüfen (Abb. 3-10). In einigen Ländern wurden jüngste Embryonalstadien der Präimplantationsphase wissenschaftlich analysiert, die für einen Retransfer in den Uterus der genetischen Mutter nicht geeignet erschienen.

Bei zwei Vorkernen ist ein normaler Abschluß des Befruchtungsvorgangs zu erwarten. Nach neueren Untersuchungen einer französischen Forschergruppe findet man bei menschlichen *in vitro* fertilisierten Ovocyten in 90–92% aller Fälle zwei Pronuclei, de-

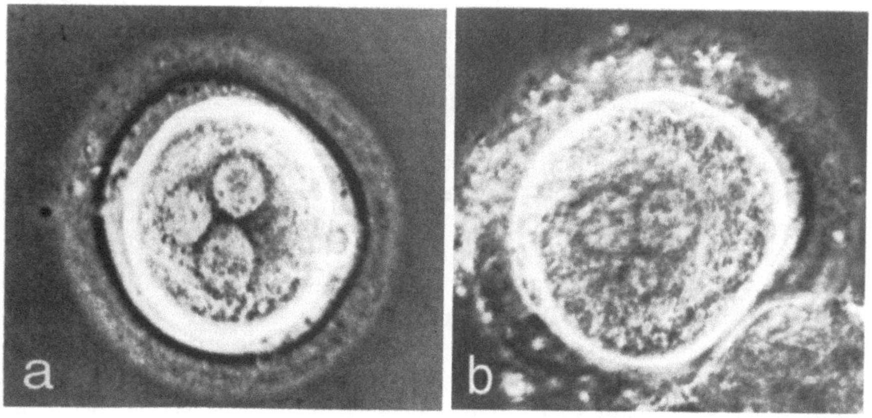

Abb. 3-10a, b. Menschliche Eizellen mit 3 Vorkernen. **a)** 3 Pronuclei von ungefähr gleicher Größe (Phasenkontrast-Aufnahme); **b)** In dieser Eizelle finden sich 2 etwa gleichgroße und ein auffällig kleinerer Pronucleus. Diese Eizellen wurden bei der Vorkern-Kontrolle in einem in vitro-Fertilisationstherapieprogramm analysiert. Ein Transfer wurde in diesen Fällen nicht angeschlossen. Ca. 225 : 1 (Mit freundlicher Genehmigung aus Kessler et al. 1988)

Tabelle 3.2. Zusammensetzungen der Chromosomensätze bei jungen menschlichen Embryonalstadien, die aus Eizellen mit einem, zwei oder drei Vorkernen entstanden [Nach: Plachot et al. 1988]

Zahl der analysierten Vorkerne pro Eizelle	Gesamtzahl analysierter Embryonen	Chromosomensätze (Häufigkeit der Ausprägung)			
		haploid	diploid	triploid	Mosaikformen
1 Vorkern	54	69%	13%	2%	15%
2 Vorkerne	228	5%	78%	10%	7%
3 Vorkerne	60	8%	17%	45%	30%

ren weitere Entwicklung bei 78% dieser Eizellen zu diploiden Embryonen sowie bei 17% dieser Ovocyten zu Polyploidien führte (siehe Tabelle 3.2). Die relative Unsicherheit, daß eben nicht aus jeder Eizelle mit zwei Pronuclei ein normaler diploider Embryo hervorgeht, zeigt uns die bemerkenswerte Vielfalt pathologischer Befruchtungsverläufe beim Menschen, die um eine weitere Aberrationsmöglichkeit vergrößert wird, zieht man die aneuploiden Chromosomensätze hinzu. Aus jüngeren genetischen und reproduktionsbiologischen Studien geht hervor, daß die Polyploidie-Inzidenz mit dem Reifungsgrad der Eizelle korreliert. „Unreife" Ovocyten zeigen in 30–50% der Fälle mehrere Vorkerne (>2), dagegen findet man diese pathologischen Bilder bei „reifen" Ovocyten nur in 6–7% [Rudak et al. 1986, Van der Ven et al. 1986].

Auch über eine spezielle Polyploidie, die erst in der Präimplantationsphase auftritt (sog. „Postfertilisationspolyploidie") wurde kürzlich berichtet. Britische Wissenschaftler konnten aufgrund von Beobachtungen an 5 Blastocysten, die 3–8 Tage *in vitro* kultiviert wurden, erkennen, daß einige Zellen des Trophoblasten sich im sonst euploiden Zellverband zu polyploiden Zellen entwickelt hatten. Dieses Phänomen der partiell polyploiden Trophoblastzellpopulation ist von Säugetierblastocysten bekannt [Murray et al. 1986]. In der menschlichen Entwicklung können solche mixoploiden Zellpopulationen demnach schon sehr früh im Blastocystenstadium auftreten [Angell et al. 1987]. Die weltweiten Studien an polyploiden menschlichen Präimplantationsstadien lassen im Vergleich mit normalen Embryonalstadien den Schluß zu, daß ca. 20–30% aller Furchungsstadien und Blastocysten nicht in der Lage sind, jemals eine klinische Schwangerschaft zu etablieren, weil eine Chromosomenaberration dies verhindert [Angell et al. 1986a,b, Plachot et al. 1987, Veiga et al. 1987]. Diese Befunde stehen im Einklang mit früheren pathologisch-anatomischen Untersuchungen, daß ca. 60% aller Frühaborte (bis zum Ende des 1. Schwangerschaftsmonats) chromosomal verursacht werden.

Überträgt man diese Feststellung auf das Präimplantationsstadium, kann man extrapolieren, daß die Hälfte der früh abortierten Keime (60%), also 30% allein aufgrund chromosomaler Störungen „scheitern" [Boué et al. 1975, Lauritsen 1982, Beier 1988]. Die große Variationsbreite der pathologischen Befruchtungsverläufe, allein durch das zusätzliche Eindringen eines zweiten Spermium macht uns eine Analyse von Plachot et al. [1988] anschaulich. In Abbildung 3-11 wird schematisch dargestellt, wie nach der Diagnose einer Eizelle mit 3 Pronuclei vier verschiedene Entwicklungsabläufe beschritten werden können. Neben der 15–20%igen Chance, daß ein diploides Embryonalstadium entstehen kann, wird offensichtlich am häufigsten der „echte" Weg zur Triploidie (mit 69 Chromosomen in jeder Blastomere) eingeschlagen. Bemerkenswert ist schließlich die Erkenntnis aus diesen Untersuchungen, daß Mosaikformen der Chromosomenausstattung sowie hydatidiforme Molen (Trophoblastblasen) aus Tri-Pronucleus-Ovocyten entstehen können. Gerade die Forschungsarbeiten über das Zustandekommen und über die Cytogenetik der hydatidiformen Molen hat in den letzten Jahren zur Erkenntnis geführt, daß der paternale Anteil des Genom für die Differenzierung des Trophoblasten, der maternale Anteil des Genom für die Differenzierung des Embryoblasten verantwortlich sein könnte [Jacobs 1985, Jacobs et al. 1980, Kajii und Ohama 1977, Ohama et al. 1981].

Von erheblich geringerer praktischer Bedeutung ist die Frage, ob zwei Eizellen **eines** Ovulationszeitpunktes durch Spermien **verschiedener** Väter befruchtet werden können („Superfecundatio"). Möglich wäre dies bei der künstlichen intrauterinen Insemination, wenn zwei Eizellen ovuliert wären und wenn zur Sicherung des Befruchtungserfolges Spermien zweier Spender gemischt würden, wogegen grundsätzliche ärztlich-ethische Bedenken bestehen. Die gleiche Möglichkeit ergäbe sich bei der in vitro-Fertilisation. In der Bundesrepublik Deutschland wäre eine derartige Maßnahme jedoch nach den Richtlinien der Bundesärztekammer nicht zulässig, da nur die Spermien des Ehemannes zur in vitro-Fertilisation verwendet werden dürfen [Bundesärztekammer 1985]. Auch bei natürlicher Insemination kann es zur Superfecundatio kommen, wenn zwei (oder mehr) Eizellen ovuliert würden und innerhalb der Spanne ihrer Befruchtungsfähigkeit Kohabitationen mit verschiedenen Männern stattfänden.

Als „Superfetatio" wird (die extrem seltene) Möglichkeit

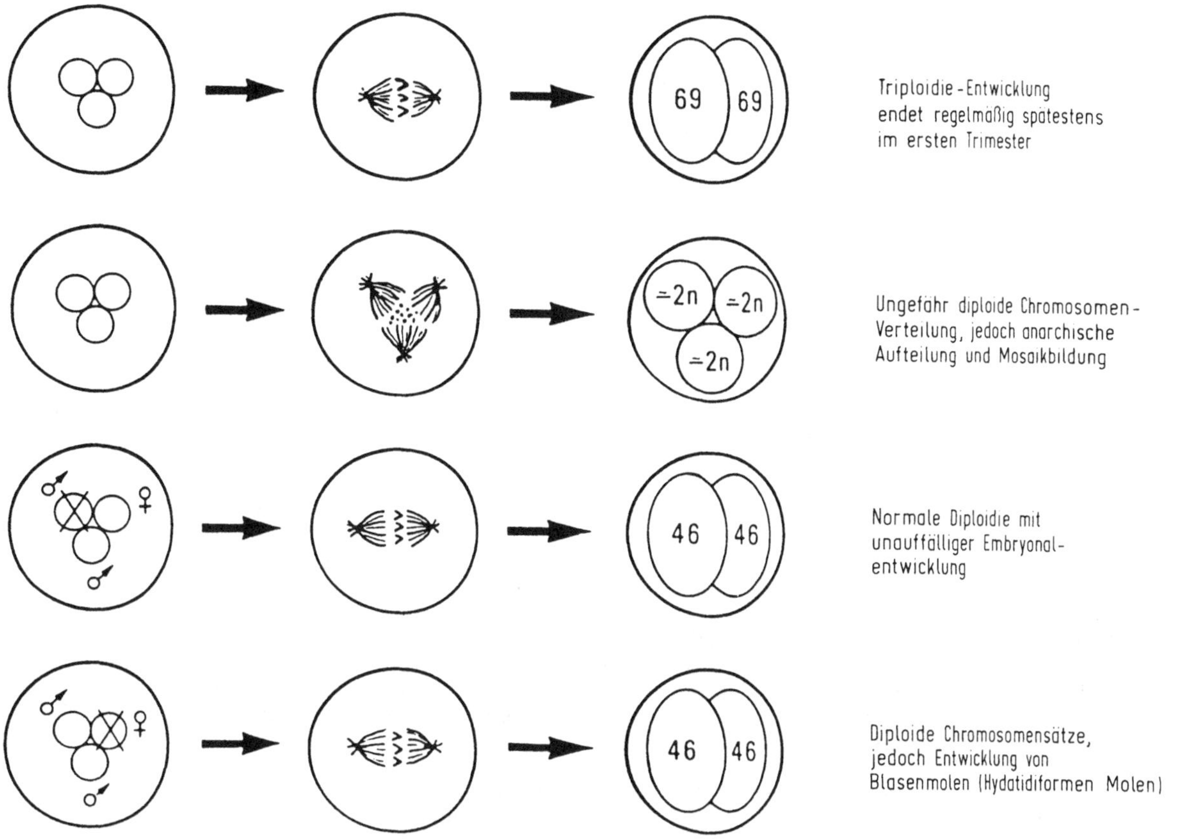

Abb. 3-11. Entwicklungsmöglichkeiten von Eizellen mit 3 Pronuclei. Oberste Reihe: Eine Entwicklung zur Triploidie kann maximal bis ins erste Trimester der Schwangerschaft reichen. Danach kommt es zum Abort, bei dessen Analyse und Diagnose nicht selten eine alleinige fetal-letale Ursache festgestellt wird. 2. Reihe: Modellmöglichkeit, bei der diploide Kerne und genetische Mosaikmuster entstehen. Entwicklungschancen bestehen für diese Embryonalstadien nicht. Die beiden unteren Reihen zeigen jeweils das Entwicklungsmodell mit einem zugrundegehenden Pronucleus. Im ersten Fall geht einer der beiden männlichen Vorkerne zugrunde, so daß eine normale Embryonalentwicklung resultieren kann. Geht jedoch der weibliche Vorkern zugrunde, bleiben lediglich zwei männliche Pronuclei übrig. Aus dieser chromosomalen Konstellation gehen in der Regel Blasenmolen (Hydatidiforme Molen) hervor.
(Mit freundlicher Genehmigung aus Plachot et al. 1988; umgezeichnet nach Ergebnissen von Kola et al. 1987 und Kola und Trounson 1989)

bezeichnet, daß nach einer erfolgten Implantation – also bei bestehender Schwangerschaft – die Ovulationshemmung nicht wirksam ist, und eine aus dem nächsten (oder übernächsten) Ovulationszyklus stammende Eizelle befruchtet und eine sich daraus entwickelnde Blastocyste implantiert würde [zusammenfassende Diskussion bei Starck 1975].

3.8 Literaturverzeichnis

Angell RR, Templeton AA, Aitken RJ (1986a) Chromosome studies in human in vitro fertilization. Hum Genet 72:333–339

Angell RR, Templeton AA, Messinis IE (1986b) Consequences of polyspermy in man. Cytogenet Cell Genet 42:1–7

Angell RR, Summer AT, West J, Thatcher SS, Glasier AF, Baird DT (1987) Post-fertilization polyploid in human preimplantation embryos fertilized in-vitro. Hum Reprod 2:721–727

Ahuja KK (1986) The sperm during fertilization. Hum Reprod 1 (Suppl 1):A2

Austin CR (1951) Observation on the penetration of the sperm into the mammalian egg. Aust J Sci Res (B) 4:581

Austin CR (1960) Capacitation and release of hyaluronidase from spermatozoa. J Reprod Fertil 1:310–311

Austin CR (1975) Membrane fusion events in fertilization. J Reprod Fertil 44:155–166

Bedford JM (1983) Form and function of eutherian spermatozoa in relation of the nature of egg vestments. In: Beier HM, Lindner HR (eds) Fertilization of the human egg in vitro. Springer, Berlin Heidleberg, pp 133–146

Beier HM (1988) Umweltbelastungen als Störungen der Frühgravidität und als Abortursache. Gynäkologe 21:245–248

Bolton VN, Braude P (1987) Development of the human preimplantation embryo in vitro. Curr Top Dev Biol 23:93–114

Boué J, Boué A, Lazar P (1975) The epidemiology of human spontaneous abortions with chromosomal anomalies. In: Blandau RJ (ed) Aging gametes. Their biology and pathology. Karger, Basel, pp 330–348

Braude P, Bolton V, Moore S (1988) Human gene expression first occurs between the four- and eight-cell stages of preimplantation development. Nature 332:459–461

Bundesärztekammer (1985) Richtlinien zur Durchführung von In vitro-Fertilisation (IVF) und Embryotransfer (ET) als Behandlungsmethode der menschlichen Sterilität. Dtsch Ärzteblatt 82:1690–1698

Chang MC (1951) Fertilizing capacity of spermatozoa deposited in the Fallopian tubes. Nature 168:697–698

Chang MC (1969) Hormonal regulation of sperm capacitation. In: Raspé G (ed) Schering Symposium on mechanisms involved in conception. Advances in the biosciences, vol 4. Pergamon Press, New York, pp 13–24

Cooper TG (1986) The epididymis, sperm maturation and fertilisation. Springer, Berlin Heidelberg

Croxatto HB, Oritz ME, Diaz S, Hess R, Balmaceda J, Croxatto HD (1978) Studies on the duration of egg transport by the human oviduct. II: Ovum location at various intervals following the luteinizing hormone peak. Am J Obstet Gynecol 132:629–634

Diaz S, Oritz ME, Croxatto HB (1980) Studies on the duration of ovum transport by the human oviduct. III: Time intervall between the luteinizing hormone peak and recovery of ova by transcervical flushing of the uterus in normal women. Am J Obstet Gynecol 137:116–121

Edwards RG (1980a) Conception in the human female. Academic Press, London New York Toronto Sydney San Francisco

Edwards RG (1980b) The central nervous system and the regulation of reproduction. In: Edwards RG (ed) Conception in the human female. Academic Press, London New York Toronto Sydney San Francisco, pp 99–184

Edwards RG, Steptoe C, Purdy JM (1980) Establishing full-term human pregnancies using cleaving embryos grown in vitro. Br J Obstet Gynaecol 87:737–756

Goebelsmann U (1986) The menstrual cycle. In: Mishell DR, Davajan V (eds) Infertility, contraception and reproductive endocrinology, 2nd edn. Medical Economics Books, Oradell, NJ, pp 69–89

Green DPL (1978a) The induction of the acrosome reaction in guinea pig sperm by the divalent metal cation ionophore A23187. J Cell Sci 32:137–151

Green DPL (1978b) The mechanism of the acrosome reaction. In: Johnson MH (ed) Development in mammals, vol 3. North Holland, Amsterdam, pp 65–81

Hodgen GD (1987) The control of follicle development, ovulation, and luteal function. Lessons from in vitro fertilization. In: Naftolin F, DeCherney AH (eds) Serono Symposia Publications, vol 35. Raven Press, New York, pp 177–196

Hodgen GD, Goodman AL, Stouffer RL, Williams RF, DiZerega GS, Kreitmann OL, Marut EL, Schenken RS (1983) Selection and maturation of the dominant follicle and its ovum in the menstrual cycle. In: Beier HM, Lindner HR (eds) Fertilization of the human egg in vitro. Springer, Berlin Heidelberg New York Tokyo, pp 57–69

Jacobs PA (1985) Pregnancy losses and birth defects. In: Austin CR, Short RV (eds) Reproduction in mammals, vol 2: Embryonic and fetal development, 2nd edn. University Press, Cambridge, pp 142–158

Jacobs PA, Wilson CM, Sprenkle JA, Rosenshein NB, Migeon BR (1980) Mechanism of origin of complete hydatidiform moles. Nature 286:714–716

Kajii T, Ohama K (1977) Androgenetic origin of hydatidiform mole. Nature 268:633–634

Katz DF, Yanagimachi R (1981) Movement characteristics of hamster and guinea pig spermatozoa upon attachment to the zona pellucida. Biol Reprod 25:785–791

Kessler HH, Winter R, Dohr G, Urdl W, Pusch HH (1988) The importance of an early diagnosis of fertilization disorders. Hum Reprod 3:767–772

Kletzky OA, Lobo RA (1986) Reproductive neuroendocrinology. In: Mishell DR, Davajan V (eds) Infertility, contraception and reproductive endocrinology, 2nd edn. Medical Economics Books, Oradell, NJ, pp 3–29

Knobil E (1980) The neuroendocrine control of the menstrual cycle. Recent Prog Horm Res 36:53–88

Kola I, Trounson A (1989) Dispermic human fertilization: violation of expected cell behavior. In: Schatten H, Schatten G (eds) The cell biology of fertilization. Academic Press, London New York Toronto Sydney San Francisco, pp 277–293

Kola I, Trounson A, Dawson G, Rogers P (1987) Tripronuclear human oocytes: altered cleavage patterns and subsequent karyotypic analysis of embryos. Biol Reprod 37:395–401

Lauritsen JG (1982) The cytogenetics of spontaneous abortion. Res Reprod 14:3

Leyendecker G, Wildt L (1988) Die Regulation des menstruellen Zyklus. In: Schneider HPG, Lauritzen C, Nieschlag E (Hrsg) Grundlagen und Klinik der menschlichen Fortpflanzung. de Gruyter, Berlin New York, S 61–111

Meizel S (1978) The mammalian sperm acrosome reaction, a biochemical approach. In: Johnson MH (ed) Development in mammals, vol 3. North Holland, Amsterdam, pp 1–64

Murray JD, Moran C, Boland MP, Nancarrow CD, Sutton R, Hoskonson RM, Scaramuzzi RJ (1986) Polyploid cells in blastocysts and early fetuses from Australian Merino sheep. J Reprod Fertil 78:439–446

Ohama K, Kajii T, Okamoto E, Fukuda Y, Imaizumi K, Tsukahara M, Kobayashi K, Hagiwara K (1981) Dispermic origin of XY hydatidiform moles. Nature 292:551–552

Olson GE, Hamilton DW (1978) Characterization of the surface glycoproteins of rat spermatozoa. Biol Reprod 19:26–35

Plachot M, de Grouchy J, Junca A-M, Mandelbaum J, Turleau C, Clulin P, Cohen J, Salat-Baroux J (1987) From oocyte to embryo: a model, deduced from in vitro fertilization for natural selection against chromosome abnormalities. Ann Genet 30:22–32

Plachot M, Junca A-M, Mandelbaum J, Cohen J, Salat-Baroux J (1988) Anomalies chromosomiques et FIV: les limites du phénotype embryonnaire. Contraception Fertil Sexual 16:648–651

Reyes A, Goicoechea B, Rosado A (1978) Calcium ion requirement for rabbit spermatozoal capacitation and enhancement of fertilizing ability by ionophore A23187 and cyclic adenosine 3′,5′-monophosphate. Fertil Steril 29:451–455

Rink TJ (1977) Membrane potential of guinea-pig spermatozoa. J Reprod Fertil 51:155–157

Rudak E, Dor J, Mashiach S, Nebel L, Goldman B (1986) Chromosome analysis of human oocytes and embryos fertilized in vitro. Ann NY Acad Sci 442:476–486

Schirren C (1982) Praktische Andrologie, 2. Aufl. Karger, Basel München Paris London New York Sydney

Semm K (1976) Pelviskopie und Hysteroskopie. Farbatlas und Lehrbuch. Schattauer, Stuttgart New York

Stark D (1975) Embryologie, 3. Aufl. Thieme, Stuttgart

Talbot P, Franklin LE (1976) Morphology and kinetics of the hamster sperm acrosome reaction. J Exp Zool 198:163–169

Testart J, Gougeon A (1987) Normal folliculogenesis. In: Naftolin F, DeCherney AH (eds) Serono Symposia Publications, vol 35. Raven Press, New York, pp 21–34

Van Blerkom J, Bell H, Henry G (1987) The occurrence, recognition and developmental fate of pseudo-multipronuclear eggs after in-vitro fertilization of human oocytes. Hum Reprod 2:217–225

Van der Ven HH, Al-Hasani S, Diedrich K, Hamerich U, Lehmann F, Krebs D (1986) Polyspermy in in vitro fertilization of human oocytes; frequency and possible causes. Ann NY Acad Sci 442:88–95

Veiga A, Caldéron G, Santaló J, Barri PN, Egozcue J (1987) Chromosome studies in oocytes and zygotes from an IVF programme. Hum Reprod 2:425–430

Williams WL (1972) Biochemistry of capacitation of spermatozoa. In: Moghissi KS, Hafez ESE (eds) Biology of mammalian fertilization. CC Thomas, Springfield, Ill, pp 19–53

Wuttke W (1988) Neuroendokrine Regulation der Fortpflanzung. In: Schneider HPG, Lauritzen C, Nieschlag E (Hrsg) Grundlagen und Klinik der menschlichen Fortpflanzung. de Gruyter, Berlin New York, S 43–60

Yanagimachi R (1981) Mechanismus of fertilization in mammals. In: Mastroianni L, Biggers JD (eds) Fertilization and embryonic development in vitro. Plenum Press, New York London, pp 81–182

Yanagimachi R (1983) Fertilization. In: Crosigniani PG, Rubin BL (eds) In vitro fertilization and embryo transfer. Serono Clinical Colloquia on Reproduction, vol 4. Academic Press, London Toronto Sydney, pp 65–100

Yanagimachi R, Noda YD (1970) Electron microscope studies of sperm incorporation into the golden hamster egg. Am J Anat 128:429–468

Yanagimachi R, Usui N (1974) Calcium dependence of the acrosome reaction and activation of guinea-pig spermatozoa. Exp Cell Res 89:161–174

Yanagimachi R, Nicolson GL, Noda YD, Fujimoto M (1973) Electron microscopic observations on the distribution of acidic anionic residues in hamster spermatozoa and eggs before and during fertilization. J Ultrastruct Res 43:344–353

Zirkin BR, Chang TSK (1977) Involvement of endogenous proteolytic activity in thiol-induced release of DNA template restrictions in rabbit sperm nuclei. Biol Reprod 17:131–137

4. Praeimplantationsstadien

K. V. Hinrichsen

4.1 Freie Blastocyste

4.1.1 Blastomeren-Stadien

Erste Voraussetzung für die normale Entwicklung des frühen Eies ist seine Freisetzung aus dem Gewebsverband des Ovars in der Ovulation. Vereinzelt sind in Serienschnitten durch Ovarien auch Zellteilungen innerhalb des Ovars gefunden worden, die als parthenogenetisch gedeutet wurden [Lit. bei O'Rahilly 1973]. Das Ei wird vom Fimbrientrichter der Tube aufgenommen und befindet sich zum Zeitpunkt der Befruchtung im ampullären Teil der Tube am Übergang zum Isthmus [Croxatto et al. 1978]. Es ist von der Corona radiata (mit mehr als tausend Zellen!) und der Zona pellucida umgeben. Nach der Penetration durch das Spermium führt die Eizelle zunächst die bis dahin blockierte zweite Reifeteilung zu Ende. In der befruchteten Eizelle, der Zygote, liegen damit zwei haploide Zellkerne vor: Der aus der Beendigung der zweiten Reifeteilung hervorgegangene Kern der Eizelle und der durch Auflockerung des kristallähnlich dicht gepackten Chromatins des Spermienkopfes entstehende Spermien-Vorkern. Beide Vorkerne durchlaufen nun eine je eigene S-Phase zur identischen Reduplikation ihrer Chromosomen. Nach Auflösung der beiden Kernmembranen und Kondensation der Chromosomen ordnen sich diese in eine gemeinsame Äquatorialplatte ein, deren Spindelapparat vom geteilten Zentriol des Spermium gebildet wird. Die Trennung der Chromatiden und deren Verteilung auf die beiden Diaster erfolgen wie bei einer normalen Mitose. Daran schließt sich die Durchschnürung der Zelle an (Abb. 4-1, 4-2). Diese erste (und die folgende(n)) Teilung(en) wird Furchungsteilung genannt. Sie führt zu einer Teilung des vorhandenen Cytoplasma ohne dessen nachfolgende Neusynthese und damit in fortschreitenden Furchungsteilungen zu immer kleineren Zellen. Die extrem zugunsten des Cytoplasma verschobene Kern-Plasma-Relation der Eizelle und die umgekehrt extrem zugunsten des Kernes verschobene Kern-

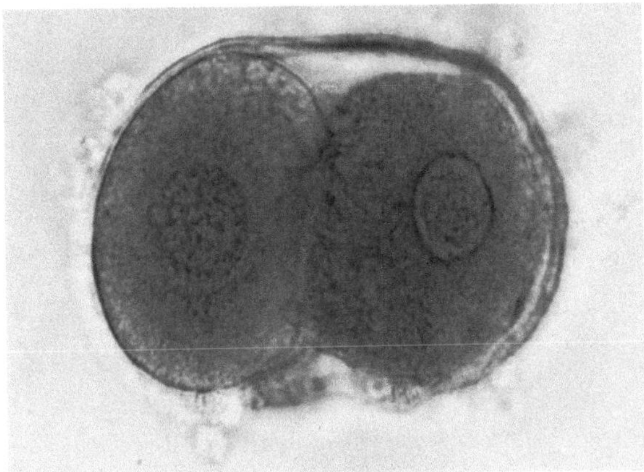

Abb. 4-1. 2-Zell-Stadium (Carnegie Nr. 8698) innerhalb der Zona pellucida mit 2 Polkörperchen am unteren Rand des Interzellularspaltes
(Freundlichst überlassen von Prof. O'Rahilly und der Carnegie Collection of Embryology)

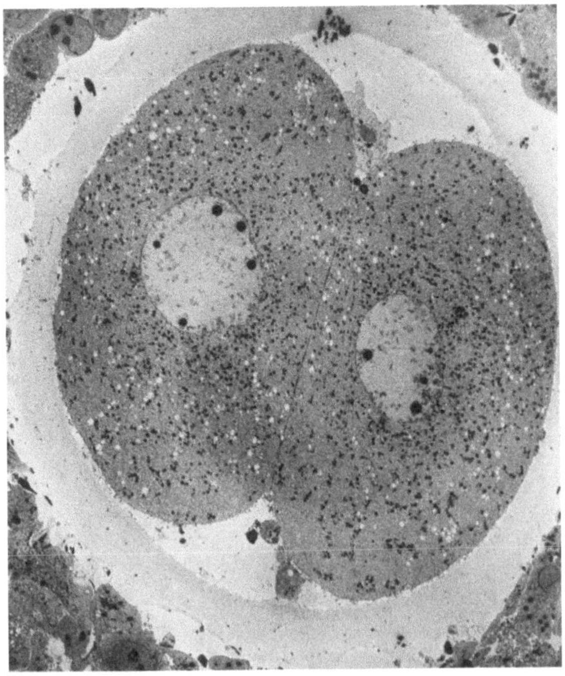

Abb. 4-2. 2-Zell-Stadium innerhalb der Zona pellucida im elektronenmikroskopischen Bild. Zellkerne mit mehrfachen, kleinen Nucleolen, Polkörperchen angeschnitten. Außen Anschnitt von Corona-radiata-Zellen
(Freundlichst überlassen von Prof. Dvořák, Brno) 1300 : 1

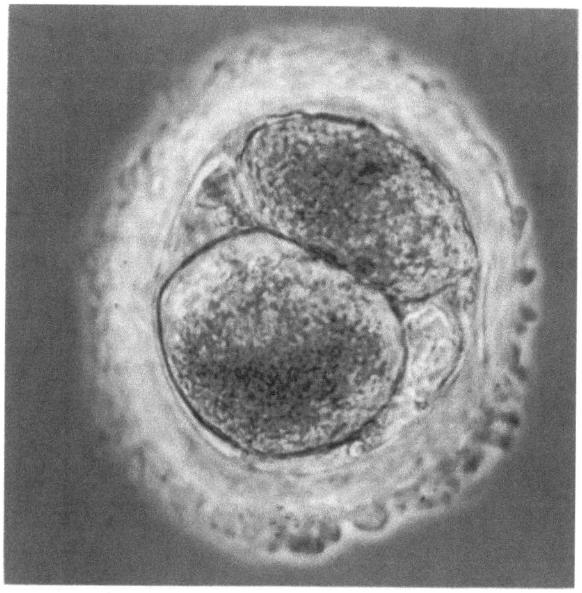

Abb. 4-3. Totalpräparat eines 2-Zell-Stadium (verzögerte Entwicklung 4 Tage nach in vitro-Fertilisation) im Phasenkontrast. Zwei Blastomeren und drei Polkörperchen deutlich erkennbar, Zona pellucida noch mit Zellen der Corona radiata dicht besetzt
(Freundlichst überlassen von Prof. Steding, Göttingen)

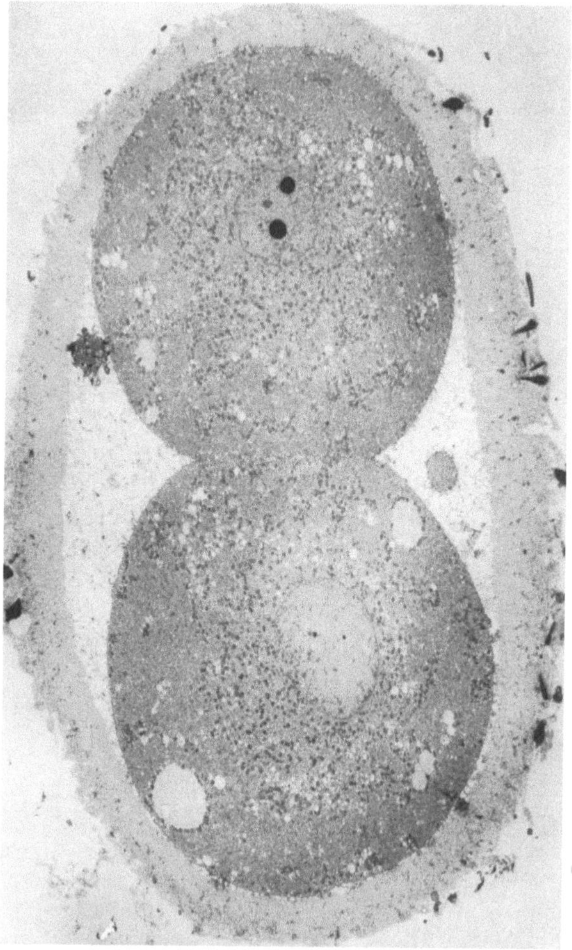

Abb. 4-4. Anschnitt eines 4-Zell-Stadium (nur 2 Blastomeren in der Schnittebene). Nach Denudation ist die Zona pellucida jetzt frei von Corona-radiata-Zellen. In den Zellkernen Anschnitte kleiner Nucleolen
(Freundlichst überlassen von Prof. Dvořák, Brno) 1100 : 1

Plasma-Relation der Samenzelle werden damit schrittweise normalisiert. Die Größe des gesamten Eies ändert sich durch diese Teilungen nicht, die äußere Umgrenzung ist unverändert die Zona pellucida (Abb. 4-1 bis 4-6). Obwohl die ersten 4 Furchungsteilungen nicht streng synchron verlaufen, werden überwiegend 2-, 4-, 8- und 16-Zellstadien gefunden. Die einzelnen Furchungszellen, die Blastomeren, runden sich nach der Teilung ab und liegen zunächst ohne ausgeprägte wechselseitige Kontakte [Lopata et al. 1983], anscheinend ungeordnet, innerhalb der Zona pellucida („Morula"). Sie sind mit Mikrovilli besetzt.

O'Rahilly [1973] diskutiert Einwände und Vorschläge zur Nomenklatur der frühen Entwicklungsstadien. Es bestehen Zweifel, daß das Kunstwort „Schizolig" (vom Griechischen für „wenig geteilt") sich einbürgern läßt, da der klinische Sprachgebrauch inzwischen zum 4-Zell- oder 8-Zell-**Embryo** übergegangen ist. Die Vermeidung des Begriffes „Morula", weil bei Holoblastiern die prospektive Bedeutung der Blastomeren (nur Embryonalgewebe) eine andere ist als bei Placentariern (Placentagewebe, Eihüllen und Embryonalgewebe), erscheint schon deshalb nicht überzeugend, weil dieser Einwand für zahlreiche weitere Begriffe (von der Eizelle bis zur Neurula) gelten würde.

Tubentransport des Eies: Im Zuge der Sterilitätsbehandlung sind genauere Studien über den Tubentransport des Eies durchgeführt worden. Danach vergehen vom LH-Peak als Auslöser der Ovulation bis zur Ankunft des befruchteten Eies im Uterus 96–120 Stunden [Diaz et al. 1980]. Davon entfallen ca. 80 Stunden auf den eigentlichen Tubentransport [Croxatto et al. 1978]. Nach der Aufnahme des Eies durch den Fimbrientrichter der Tube wird – entgegen bisherigen Vorstellungen – die Ampulle der Tube relativ rasch durchwandert. Hingegen verweilt der Ovum-Cumulus-Komplex bis zu 72 Stunden am Übergang der Ampulle in den Isthmus. Hier erfolgt auch die Befruchtung [Croxatto et al. 1978]. Der üb-

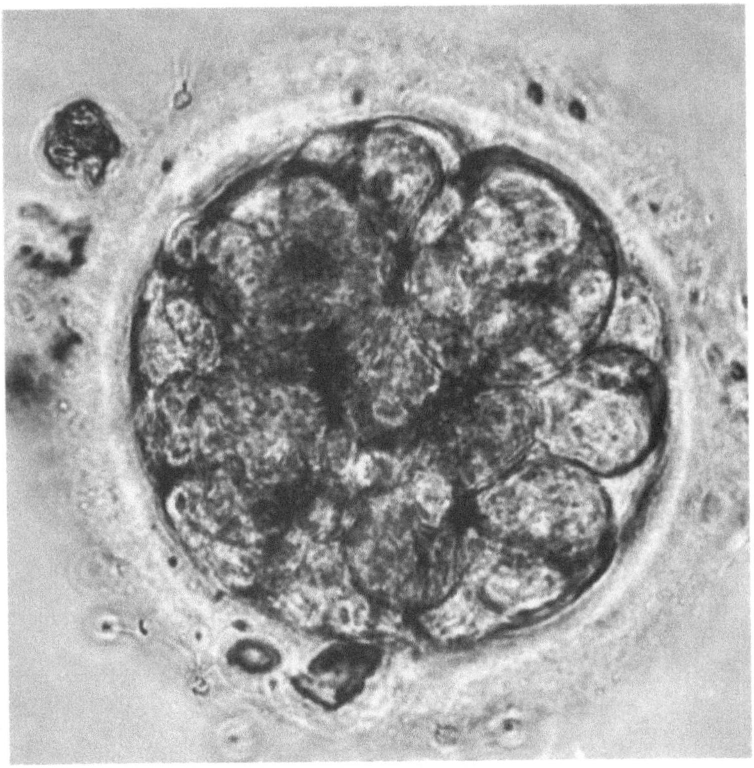

Abb. 4-5. Totalpräparat eines Eies mit 38 Zellen (Morula), 6 Tage nach in vitro-Fertilisation. Der Zona pellucida haften Corona-radiata-Zellen und (überzählige) Spermien an. (Freundlichst überlassen von Prof. Steding, Göttingen) 300 : 1

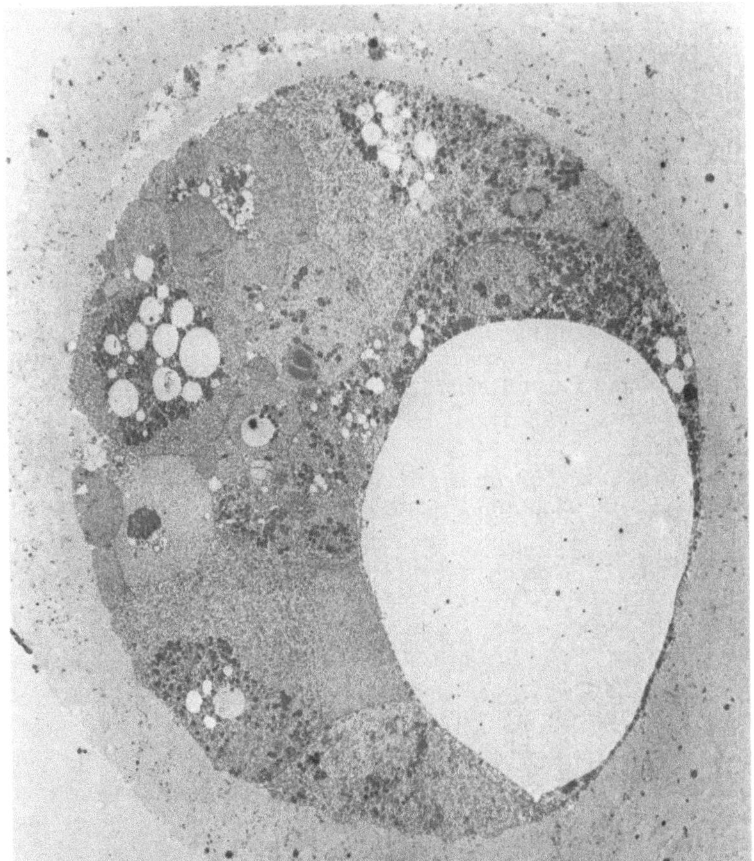

Abb. 4-6. Frühe Blastocyste im elektronenmikroskopischen Bild. Noch innerhalb der Zona pellucida gelegen findet sich ein extrem dünn ausgezogener muraler Trophoblast. Sehr unterschiedliche Zellorganellendichte, zahlreiche Cytoplasma-Vacuolen. Innere Zellgruppe noch nicht sicher abgrenzbar
(Freundlichst überlassen von Prof. Dvořák, Brno) 1400 : 1

rige Tubentransport erfolgt demnach relativ rasch. Beim Erreichen des Uterus hat der Keim das 8-Zell-Stadium erreicht oder schon überschritten.

4.1.2 Compaction

Bis vor wenigen Jahren standen für die Beobachtung der Bildungsvorgänge am noch nicht implantierten Keim nur wenige Exemplare vom Menschen zur Verfügung, die durch Ausspülung aus der Tube bzw. dem Uteruscavum gewonnen wurden. Die neue Technik der *in-vitro*-Fertilisation hat dem zahlreiche Beobachtungen am lebenden Keim wie auch nachfolgende licht- und elektronenmikroskopische Untersuchungen hinzugefügt. Über Untersuchungen am Rhesusaffen [Enders 1971, Enders und Schlafke 1981] wird auch die Brücke zu den Beobachtungen an Praeimplantationskeimen zahlreicher anderer Arten geschlagen, somit können auch experimentelle Befunde an nicht-menschlichen Keimen zur Deutung mit herangezogen werden. Nach diesen Beobachtungen geht der Bildung eines implantationsfähigen Keimes in Form der Blastocyste ein Differenzierungsschritt voraus, der Compaction genannt wird. Er ist durch die enge Zusammenlagerung der oberflächlichen Zellen, die Ausbildung ausgeprägter Zellkontakte bis hin zu apicalen Zonulae occludentes, die unterschiedliche Differenzierung einer freien, Mikrovilli-besetzten apicalen Zelloberfläche und der kontaktbildenden seitlichen Flächen sowie durch eine Zunahme der Zellorganellen und ihre polare Verteilung innerhalb der einzelnen Zellen gekennzeichnet (Abb. 4-7). Der Zeitpunkt dieser Differenzierung läßt sich noch nicht ganz sicher bestimmen und scheint erheblichen, artspezifischen Schwankungen zu unterliegen [Literatur bei Vögler 1987]. Beim Menschen entwickelt sich die Compaction vom 16-Zellstadium an [Lopata et al. 1983]. Sie dauert etwa 8 Stunden.

4.1.3 Embryoblastbildung

Mit dem Zusammenschluß der äußeren Zellen der Morula zu einem ersten embryonalen „Gewebe", oder kurz auf diese folgend, werden einige wenige Zellen in das Innere des Keimes verlagert. Sie werden nach ihrer Lage als „innere Zellmasse", nach ihrer prospektiven Potenz und Bedeutung als Embryoblast bezeichnet. Aus experimentellen Untersuchungen besonders an Mäusekeimen ist bekannt, daß die äußere Zellschicht zwar noch in der Lage ist, weitere Embryoblastzellen zu segregieren, daß jedoch die in das Innere segregierten Zellen an der (im vorhergehenden Abschnitt beschriebenen) Polarisierung ge-

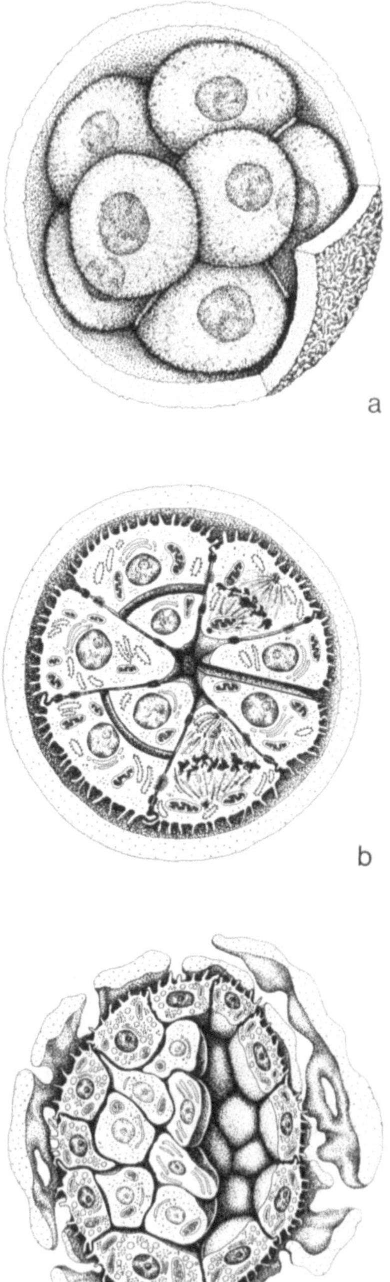

Abb. 4-7a–c. Schema zur Compaction und zur Blastocystenbildung.
a) Morula mit 8 Zellen
b) Schema zur Compaction und Embryoblastbildung. Interzelluläre Kontakte werden gebildet. Radiär verlaufende Teilungsebenen (proliferative Teilung) führen zu keiner intrazellulären Differenzierung. Tangential verlaufende Teilungsebenen (differentielle Teilung) grenzen innere, apolare Zellen ab.
c) Frühe Blastocyste mit Zona pellucida in Desintegration. Muraler Trophoblast durch Zellkontakte verbunden. Im polaren Trophoblast ist die Segregation noch nicht ganz abgeschlossen.

hindert werden. Über die Bildung des Embryoblasten seien drei Theorien kurz erörtert:

Segregationstheorie. Eine frühe Sonderung der späteren Embryoblast- und Trophoblastzellen wird aus einer ungleichen, polaren Verteilung von Zellorganellen und Zellsubstanzen (z.B. RNA) in der Eizelle abgeleitet und ihre unterschiedliche Konzentration in den nachfolgenden Blastomeren auf die unterschiedliche Lage der Furchungsebenen zurückgeführt. Die mit weniger „Determinationsfaktoren" ausgestatteten Zellen werden von den anderen allmählich umwachsen und zugleich mit der Bildung der Blastocystenhöhle in das Innere verlagert. Die Trophoblastzellen sollen eine höhere Mitoserate haben [Diskussion bei Denker 1976].

Inside-Outside-Theorie. Die Position einer Zelle oder Zellgruppe, eingeschlossen von einer mit Zellkontakten ausgestatteten äußeren Gewebsformation, führt zu unterschiedlichen Differenzierungen. Eine Differenzierung von Embryoblastzellen erfolgt auch im Experiment nur, wenn diese von anderen Zellen bedeckt oder eingeschlossen werden. Diese Beobachtungen führten zur Formulierung der Inside-Outside-Theorie durch Tarkowsky und Wroblέwska [1967]. Der enge Zusammenhang zwischen der Segregation von Embryoblastzellen und der Ausbildung der Blastocystenhülle gab Veranlassung zur Formulierung einer „Microenvironment"-Hypothese [Ducibella 1977] und zu der Vorstellung, daß die Ausbildung der Zonulae occludentes im Bereich der oberflächlichen Zellschicht des Trophoblasten erst den Aufbau eines besonderen inneren Milieus ermöglicht. Dieser Vorstellung stehen eine Reihe von Beobachtungen entgegen: Der Zeitpunkt der Ausbildung einer durch Zonulae occludentes geschlossenen äußeren Zellschicht ist wechselnd und fällt nicht unmittelbar mit der Segregierung der inneren Zellmasse zusammen. Auch die am menschlichen Keim *in-vitro* beobachtete starke Beweglichkeit der Morulazellen [Edwards 1980] widerspricht der Vorstellung einer so einfachen, „starren" Segregation.

Polarisations-Theorie. Die Polarisierung der äußeren Zellen (äußere, Mikrovilli-besetzte Oberfläche, seitliche Kontakte durch gap junctions und Zonulae occludentes, ungleiche Verteilung der Zellorganellen), die in der Compaction erreicht wurde, bleibt auch bei Zellteilungen erhalten. Dies gilt jedoch nur, wenn die Teilungsebene radiär verläuft (proliferative Teilung). Bei quer zur radiären Richtung verlaufenden Teilungsebenen entsteht eine äußere Tochterzelle, die ihre Polarität beibehält, und eine innere Tochterzelle, die diese Polarität verliert (differentielle Teilung, Abb. 4-7b). Die so entstehende Gruppe innen liegender Zellen ist apolar. Diese Zellen übernehmen aus den basalen Anteilen der seitlichen Zellmembranen deren Adhäsivität, haben aber keine Mikrovilli auf ihrer freien Oberfläche. Dies scheint eine wichtige Voraussetzung für den „Einschluß" durch Trophoblastzellen zu sein. Dies gilt auch, wenn (beim Mäuseei) künstlich getrennte Zellgruppen in der Kultur gehalten werden. Trophoblastzellen behalten auch in der Kultur ihre Polarität und zeigen zudem eine besondere Affinität, apolare Zellen zu bedecken [Johnson und Ziomek 1983]. Die Determination zu äußeren oder inneren Zellen ist [bei der Maus: Johnson und Ziomek 1983] zwischen dem 8- und 32-Zellstadium noch labil, die Omnipotenz noch erhalten. Die Stabilisierung der Determination hängt von Zellinteraktionen ab. Apolare innere Zellen polarisieren sich erneut, wenn sie nicht von polaren äußeren Zellen umschlossen sind. Die Polarität der äußeren Zellen kann nur im Verband erhalten werden. Je enger und ausgedehnter dieser Verband ist, um so mehr erfolgen nur noch proliferative Teilungen. Damit wird auch erklärt, daß die Zahl der embryoblastischen Zellen deutlich unter der der trophoblastischen Zellen zurückbleibt.

4.1.4 Blastocystenbildung („Cavitation")

Etwa am 4. Tage, wenn alle Blastomeren den 5. Zellzyklus durchlaufen haben, beginnt im Inneren der Morula eine Erweiterung der Interzellularräume mit Flüssigkeitsvermehrung und Konfluenz zu einer Blastocystenhöhle. Dies ist an Schnittpräparaten [Hertig et al. 1954] (Abb. 4-8, 4-9) und an Totalpräparaten *in vitro* [Edwards et al. 1981] beobachtet. Denker [1983] geht aufgrund früherer Untersuchungen bei Katze und Kaninchen davon aus, daß die Morula einen Proliferationspol und einen Differenzierungspol entwikkelt und die Bildung der Blastocystenhöhle nahe dem Differenzierungspol nicht zufällig ist. Voraussetzung für die Flüssigkeitsansammlung im Innern ist die mit der Compaction einsetzende epithelähnliche Differenzierung im Trophoblasten. Sehr charakteristisch für dieses Stadium ist die Häufung von Vacuolen im Cytoplasma der Trophoblastzellen (Abb. 4-6). Der Sekretionsmodus ist nicht völlig geklärt [Diskussion bei Vögler 1987].

Mit der Bildung der Blastocystenhöhle ändert sich die Situation des Embryoblasten. Er wird nun nicht mehr vollständig von Trophoblastzellen eingeschlossen, sondern grenzt auf der abembryonalen Seite an Flüssigkeit. Dennoch kommt es nicht zur erneuten Polarisierung (Abb. 4-6 und 4-9). Dafür könnte von Bedeutung sein, daß am embryonalen Pol die Segregation von Embryoblast- und Trophoblastzellen noch

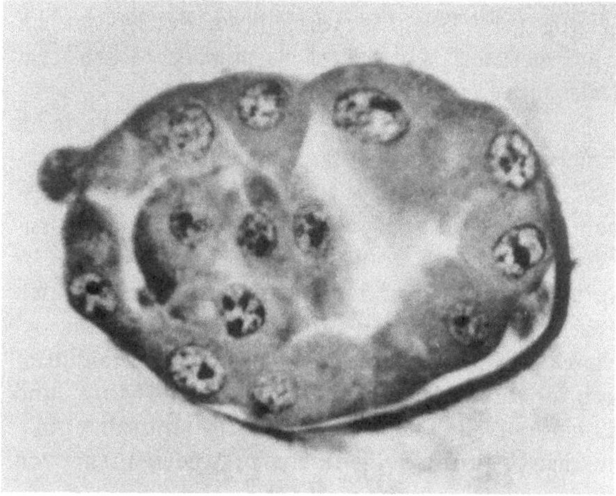

Abb. 4-8. Frühe Blastocyste im lichtmikroskopischen Schnittbild (Carnegie 8794). Beginnende Konfluenz der Interzellularräume
(Mit freundlicher Genehmigung von Prof. O'Rahilly, Carnegie Collection of Embryology, Davis)

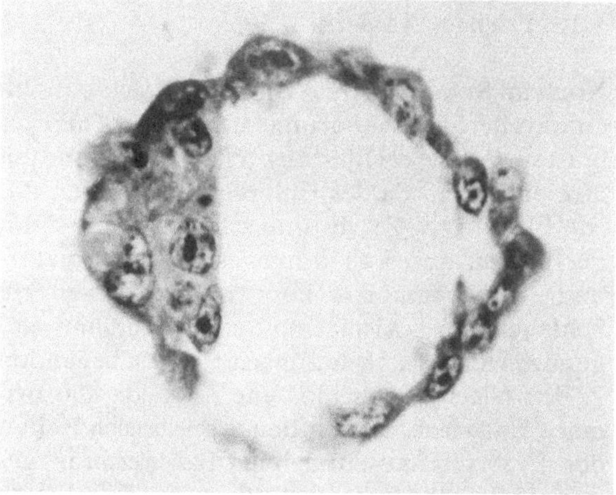

Abb. 4-9. Schnitt durch eine noch freie 107-Zellen-Blastocyste (Carnegie 8663). Embryoblastzellen mit etwas größeren Zellkernen werden vom polaren Trophoblasten, die Blastocystenhöhle ist vom muralen Trophoblast umschlossen.
(Mit freundlicher Genehmigung von Prof. O'Rahilly, Carnegie Collection of Embryology, Davis)

nicht abgeschlossen ist. Zellausläufer des (nun „polar" genannten) Trophoblasten reichen zwischen die Embryoblastzellen [Mensch: Mohr und Traunson 1982; Maus: Fleming et al. 1984], Zellfortsätze von Embryoblastzellen erreichen noch die äußere Oberfläche am embryonalen Pol [Mensch: Hertig et al. 1954].

Das Zahlenverhältnis von Trophoblast- und Embryoblastzellen ist unterschiedlich, so wurden bei menschlichen Blastocysten Relationen von 11 : 1, 53 : 5 und 99 : 8 gefunden [Hertig et al. 1954]. Für eine Erklärung dieses ungleichen Zahlenverhältnisses stehen sich zwei Theorien gegenüber: Eine erhöhte Zellteilungsrate im Trophoblast [Maus: Copp 1978] oder ein Beitrag der „inneren Zellen" zur Ergänzung des polaren Trophoblasten [Maus: Fleming und Warren 1984].

Die Größe der Blastocyste unterliegt erheblichen artgebundenen Schwankungen. Beim Menschen [O'Rahilly 1973] und beim Rhesusaffen [Heuser und Streeter 1941] tritt nur etwa eine Volumenverdoppelung ein. Arten mit superfizieller Implantation haben besonders große Blastocysten [Mossmann 1937]. Voraussetzung für die Größenzunahme ist die Auflösung der Zona pellucida am Ende des STADIUM 3 (Tabelle 4.1).

Tabelle 4.1. Praeimplantationsstadien nach O'Rahilly [1973] und Vögler [1987]

Stadium	Tage	Entwicklungsvorgänge	Ort und Milieu
1 Zygote		Befruchtung und erste Furchungsteilung	Ampulle und Labyrinth der Tube, Tubensekret
2 Morula	1,5–3	fortschreitende Furchungsteilungen	Tube, Tubensekret
		Compaction	
		Differenzierung in äußere und innere Zellen	
3 freie Blastocyste	4–4,5	Sekretion der Trophoblastzellen – Bildung interzellulärer Spalträume – Konfluenz zu einer Blastocystenhöhle Auflösung der Zona pellucida	Uterus, Uterinsekret
4 angeheftete Blastocyste	5,5–6	Anheftung an das Endometrium (Implantationskollaps?)	Histotrophe

4.1.5 Primäres Endoderm

Noch im STADIUM 3 (freie Blastocyste) vollzieht sich eine weitere Differenzierung innerhalb des Embryoblasten. Auf der der Blastocystenhöhle zugewandten „freien" Oberfläche des Embryoblasten werden flache bis kubische Zellen unterscheidbar (Abb. 5-1), die lichtmikroskopisch durch geringere Plasmafärbung, elektronenmikroskopisch durch erweiterte Schläuche von endoplasmatischem Reticulum gekennzeichnet sind. Die zunächst einzeln liegenden Zellen bilden eine geschlossene Zellschicht, das **primäre Endoderm,** das von den verbleibenden Zellen des Embryoblasten durch eine Basalmembran getrennt wird, die (an einem 13 Tage alten Keim) auch beim Menschen histochemisch dargestellt wurde [Hertig et al. 1958]. Der verbleibende Zellbestand im Embryoblasten wird jetzt als **primäres Ektoderm** (oder auch Ektoblast) bezeichnet.

Es ist noch unsicher, ob dieser Differenzierung im Embryoblasten eine Polarisierung und Zellinteraktion (wie bei der Compaction in der Morula) vorausgeht [Diskussion bei Vögler 1987]. Entgegen der früheren Auffassung von einem trophoblastischen Ursprung des den Rand der Keimscheibe überragenden „parietalen" primären Endoderm [Diskussion bei Starck 1975], ist nach den erweiterten Beobachtungen an menschlichen *in-vitro*-Keimen [Mohr und Traunson 1982, Lopata et al. 1982] vom embryoblastischen Ursprung des primären Endoderm im ganzen auszugehen.

4.2 Anheftung der Blastocyste

Das STADIUM 4 der Carnegie-Einteilung ist für den Entwicklungsschritt reserviert, in dem sich die Blastocyste mit dem polaren Trophoblast an die freie Oberfläche des Endometrium-Epithel anlagert, ohne dieses bereits zu penetrieren. Sichere Befunde über dieses Stadium beim Menschen liegen nicht vor. O'Rahilly [1973] erwähnt zwei für nicht voll zureichend gehaltene Abbildungen bei Shettles [1960], die in der dreisprachigen europäischen Ausgabe nicht enthalten sind. Nach Beobachtungen bei Maus, Kaninchen und Pavian ist der polare Trophoblast bereits syncytial, auch das Oberflächenepithel des Endometrium verliert seine hochprismatische Grundform [Hendrickx 1971], kann ebenfalls syncytial werden [Larsen 1970] und wird möglicherweise schon phagocytotisch von der Oberfläche her durch den Trophoblasten abgebaut [Potts 1968, Hendrickx 1971].

Voraussetzung für eine Anheftung ist die Auflösung der Zona pellucida. Auch hierüber liegen beim Menschen keine Befunde *in situ* vor. Im *in-vitro*-System wird eine Zona nur inkomplett aufgelöst [Kaninchen: Fischer et al. 1982]. Potts und Wilson [1967] sprechen aufgrund elektronenmikroskopischer Untersuchungen (einschließlich Gefrierbruch-Technik) bei der Maus von einer Desintegration am Anheftungsort in situ.

Bei den Primaten erfolgt die Anheftung am embryonalen Pol [Rhesus: Heuser und Streeter 1941, Enders et al. 1983; Pavian: Hendrickx 1971]. Bei anderen Arten ist auch der murale Trophoblast zur Anheftung fähig [z.B. superfizielle Implantation beim Kaninchen: Beier 1984; interstitielle Implantation bei der Maus: Potts 1968]. Nach diesen Befunden beginnt die Anheftung mit einem engen Kontakt von Mikrovilli und Mikrofalten der Zellmembranen beider Seiten. In einer zweiten Phase nähern sich die Membranen bis auf 20 nm [Potts 1968], erste schmale Ausläufer von Trophoblastzellen werden interzellulär zwischen Endometriumzellen gefunden.

4.3 Fehlentwicklungen bei Praeimplantationsstadien

Morphologisch zeigen sich Entwicklungsstörungen im Teilungsverhalten, es treten sehr ungleich große Zellen, vor allem aber *mehrkernige Blastomeren* auf. *Kernfragmentierungen* und *cytoplasmatische Degeneration* wurden beobachtet [Hertig et al. 1956, Lopata et al. 1982, 1983]. Eine Ausstoßung degenerierender Zellen in den perivitellinen Spalt unter der Zona pellucida bei weiter fortschreitender Entwicklung der Blastocyste wird für möglich gehalten [Lopata et al. 1982, 1983]. Experimentell ließen sich bei Tubeneiern der Maus durch Bestrahlung unvollständige Furchungen, Desintegration und Fragmentierung der Blastomeren erzeugen, wobei sich eine klare Beziehung zwischen dem Grad der morphologischen Veränderungen und der Überlebenschance ergab [Kirkpatrick 1973]. Eine frühzeitige Desintegration der Zona pellucida könnte zur vorzeitigen Anheftung schon an der Tubenschleimhaut, eine verspätete oder fehlende Zona-Auflösung sowie eine mangelnde syncytiale Differenzierung im polaren Trophoblasten könnten zu fehlender oder mangelnder Anheftung führen. Auch genetische Störungen wurden bereits bei Praeimplantationsstadien gefunden [Lauritsen 1982].

4.4 Literaturverzeichnis

Beier H (1984) Embryonale Signale in der Schwangerschaft. Verh Ges Dtsch Naturforsch Ärzte 113:419–436

Copp AJ (1978) Interaction between inner cell mass and trophectoderm of the mouse blastocyst I. A study of cellular proliferation. J Embryol Exp Morphol 48:109–120

Croxatto HB, Oritz ME, Diaz S, Hess R, Balmaceda J, Croxatto HD (1978) Studies of the duration of egg transport by the human oviduct. II: Ovum location at various intervalls following the luteinizing hormone peak. Am J Obstet Gynecol 132:629–634

Denker HW (1976) Formation of the blastocyst: Determination of trophoblast and embryonic knot. Ergeb Pathol 62:59–79

Denker HW (1983) Cell lineage, determination and differentiation in earliest developmental stages in mammals. Bibl Anat 24:22–55

Diaz S, Oritz ME, Croxatto HB (1980) Studies on the duration of ovum transport by the human oviduct. III: Time interval between the luteinizing hormone peak and recovery of ova by transcervical flushing of the uterus in normal women. Am J Obstet Gynceol 137:116–121

Ducibella T (1977) Surface changes in the developing trophoblast cell. In: Johnson MH (ed) Development in mammals, vol 1. North-Holland, Amsterdam, pp 5–30

Edwards RG (1980) Conception in the human female. Academic Press, New York

Edwards RG, Pury JM, Steptoe PC, Walters DE (1981) The growth of human preimplantation embryos in vitro. Am J Obstet Gynecol 141:408–416

Enders AC (1971) The fine structure of the blastocyst. In: Blandau RJ (ed) The biology of the blastocyst. University of Chicago Press, Chicago, pp 71–94

Enders AC, Schlafke S (1981) Differentiation of the blastocyst of the rhesus monkey. Am J Anat 162:1–21

Enders AC, Hendrickx AG, Schlafke S (1983) Implantation in the rhesus monkey: Initial penetration of endometrium. Am J Anat 167:275–298

Fischer B, Denker HW, Beier HM (1982) Incomplete transformation of rabbit embryo coverings in vitro. Annu Conf Soc Study of Fertil Abstr Vol, Sutton Boninto, p 58

Fleming TP, Warren PD (1984) Trophectodermal processes regulate the expression of totipotency within the inner cell mass of the mouse expanding blastocyst. J Embryol Exp Morphol 84:63–90

Hendrickx AG (1971) Embryology of the Baboon. University of Chicago Press, Chicago

Hertig AT, Rock J, Adams EC, Mulligan WJ (1954) On the preimplantation stages of the human ovum: a description of four normal and four abnormal specimens ranging from the second to the fifth day of development. Carnegie Inst Wash Publ 603, Contrib Embryol 35:199–220

Hertig AT, Rock J, Adams EC (1956) A description of 34 human ova within the first 17 days of development. Am J Anat 98:435–493

Hertig AT, Adams EC, McKay DG, Rock J, Mulligan WJ, Menkin MF (1958) A thirteen-day human ovum studied histochemically. Am J Obstet Gynecol 76:1025–1043

Heuser CH, Streeter GL (1941) Development of the macaque embryo. Carnegie Inst Wash Publ 394, Contrib Embryol 29:15–55

Johnson MH, Ziomek CA (1983) Cell interactions influence the fate of mouse blastomeres undergoing the transition from 16- to 32-cell stage. Dev Biol 95:211–218

Kirkpatrick JF (1973) Radiation induced abnormalities in early in vitro mouse embryos. Anat Rec 176:397–404

Larsen JF (1970) Electron microscopy of nidation in the rabbit and observations on the human trophoblastic invasion. In: Hubinont PO, Leroy F, Robyn C (eds) Ovo-implantation. Human Gonadotropins and Prolactin (2nd Seminar, Brussels 1968). Karger, Basel, pp 38–51

Lauritsen JG (1982) The cytogenetics of spontaneous abortion. Res Reprod 13:(3)3

Lopata A, Kohlmann DJ, Kellow GN (1982) The fine structure of human blastocysts developed in culture. In: Burger MM (ed) Embryonic development Part B: Cellular aspects. Alan R Liss, New York, pp 69–85

Lopata A, Kohlmann DJ, Johnston J (1983) The fine structure of normal and abnormal human embryos developed in culture. In: Beier HM, Lindner HR (eds) Fertilisation of the human egg in vitro. Springer, Berlin Heidelberg New York Tokyo, pp 189–210

Mohr LR, Traunson AO (1982) Comparative study of hatched human, mouse and bovine blastocysts. J Reprod Fertil 66:499–504

Mossmann HW (1937) Comparative morphogenesis of the fetal membranes and accessory uterine structures. Carnegie Inst Wash Publ 479, Contrib Embryol 26:129–246

O'Rahilly R (1973) Developmental stages in human embryos Part A: Embryos of the first three weeks (stages 1 to 9). Carnegie Inst Wash Publ 631

Potts DM (1968) The ultrastructure of implantation in the mouse. J Anat 103:77–90

Potts DM, Wilson IB (1967) The preimplantation conceptus of the mouse at 90 hours post coitum. J Anat 102:1–11

Shettles LB (1960) Ovum humanum. Urban und Schwarzenberg, München

Starck D (1975) Embryologie, 3. Aufl. Thieme, Stuttgart

Tarkowski AK, Wroblėwska J (1967) Development of blastomeres of mouse eggs isolated at the 4- and 8-cell stage. J Embryol Exp Morphol 18:155–180

Vögler H (1987) Human blastogenesis – formation of the extraembryonic cavities. Bibl Anat 30

5. Implantationsstadien und frühe Keimesentwicklung

K. V. Hinrichsen, mit einem Beitrag von H. M. Beier (Abschnitt 5.2)

Als *Implantation* oder *Nidation* wird der Vorgang beschrieben, durch den das sich weiter entwickelnde Ei in die Uterusschleimhaut eindringt und aufgenommen wird. Die Implantation beginnt mit der Penetration des oberflächlichen Epithels durch Trophoblastzellen und endet mit dem Verschluß des Oberflächenepithels über dem Implantationsort und Bildung einer Decidua capsularis.

Der Syncytiotrophoblast, der sich auf dem embryonalen Pol der Blastocyste schon in der Anheftungsphase differenziert, hat die Fähigkeit, alle Bestandteile der mütterlichen Schleimhaut aufzulösen, zu verflüssigen und zu phagocytieren. Mit dieser Gewebsauflösung schafft sich das Ei ein neues Milieu („Histotrophe") und seinen eigenen Entwicklungsraum, der zunächst überwiegend von dem wuchernden Trophoblast eingenommen wird. Dieser Implantationstyp mit dem vollständigen Einschluß des Keimes in die Schleimhaut wird „interstitiell" genannt, ist charakteristisch für die höheren Primaten und unterscheidet sie vom „superfiziellen" Implantationstyp der niederen Primaten und vieler anderer Arten. Die Bedeutung der interstitiellen Implantation wird in der optimalen Ernährungssituation gesehen [Hill 1932]. Von der Gewebsauflösung sind auch schon sehr früh mütterliche Kapillaren betroffen, so daß ihr Inhalt sich in die Lakunen des Trophoblasten ergießen kann („Hämatotrophe"). Es wurden frühe Lakunen beob-

Tabelle 5.1. Implantationsstadien [Nach: O'Rahilly 1973 und Vögler 1987]

Stadium	Tage	Entwicklungsvorgänge in der Keimscheibe	im Trophoblasten
5a	7	Entstehung der Amnionhöhle Proliferation von extraembryonalem Endoderm – Bildung des primären Dottersackes – Bildung von endodermalem Reticulum	Solider Trophoblast (praevillös) Differenzierung in Cyto- und Syncytiotrophoblast
5b	9	Vergrößerung der Amnionhöhle	Bildung von Lakunen Eröffnung materner Gefäße Bildung der Chorionhöhle
5c	11	hochprismatischer Ektoblast Umschlagsfalte zum Amnion	Zirkulation mütterlichen Blutes durch die kommunizierenden Lakunen Beginnende extraembryonale Mesoblastbildung
6a	13	Umwandlung des primären Dottersackes in den sekundären Dottersack	Proliferation von extraembryonalem Mesoblast
6b	14–15	Bildung des Primitivstreifens – Bildung embryonalen Mesoderms	Bildung von Trophoblastzotten mit beginnendem mesoblastischem Kern
7	16	Bildung eines Allantoisdivertikels Bildung von Chordafortsatz und Praechordalplatte Beginnende Primitivgrube Beginnende Blut- und Gefäßbildung	Entstehung des Haftstiels Fortschreitende Mesoblastbildung in Zottenkernen (Sekundärzotten) Bildung des intervillösen Raumes
8	18	Bildung von Primitivgrube, Chordakanal, Canalis neurenterius; Beginnende Neuralrinne und Neuralwülste	Gefäßbildung im Chorion Verschluß des Epithels über dem Implantationsort, damit Bildung einer Decidua capsularis

achtet, die auf der einen Seite von Trophoblast, auf der anderen Seite noch vom Endothel der Kapillaren begrenzt sind.

Der Durchmesser des gesamten Implantats, zwischen den äußersten Trophoblastausläufern gemessen, nimmt rasch zu von ca. 0,2 mm in der Anheftungsphase bis auf 15 mm am Ende des STADIUM 8 [O'Rahilly 1973]. Auch die Blastocystenhöhle wird erweitert und mit Einsetzen der Zottenbildung dann als *Chorionhöhle* bezeichnet. Die wichtigsten Befunde sind in der Stadienzuordnung in Tabelle 5.1 zusammengefaßt.

5.1 Initiale Implantation

Die Aufnahme des Eies in die Uterusschleimhaut benötigt nach gut datierten Beobachtungen am Rhesusaffen für die Durchdringung des Epithels mindestens 24 Stunden. Dabei soll die Basalmembran ein verzögerndes Hindernis sein [Enders et al. 1983]. Die früheste Implantation würde man ohne Kontrolle im Schnittpräparat für eine Anheftungsphase halten (Abb. 5-1). Der reichlich vermehrte Trophoblast ist in seiner Peripherie syncytial. Er ist durch das Oberflächenepithel (unter Einschluß einzelner Epithelzellen) hindurch bis in das Stroma vorgewachsen [Enders et al. 1983]. Wo Syncytiotrophoblast an freie seitliche Membranen von randständigen Endometrium-Epithelzellen grenzt, werden focale Membrankontakte und kleine Desmosomen ausgebildet.

In der Carnegie-Klassifikation wird das erste IMPLANTATIONSSTADIUM 5 (Abb. 5-2) nach den Differenzierungsgraden im Trophoblast in drei Untergruppen unterteilt. Charakteristikum für STADIUM 5 A ist der solide, nicht lakunäre Trophoblast, 5 B wird durch das Auftreten von noch getrennten Lakunen und deren Anschluß an mütterliche Gefäße gekennzeichnet, während für 5 C die ausgedehnte räumliche Verbindung der Lakunen und deren dadurch ermöglichte Durchströmung mit mütterlichem Blut typisch ist. In der Aufsicht auf den Implantationsort stellt sich

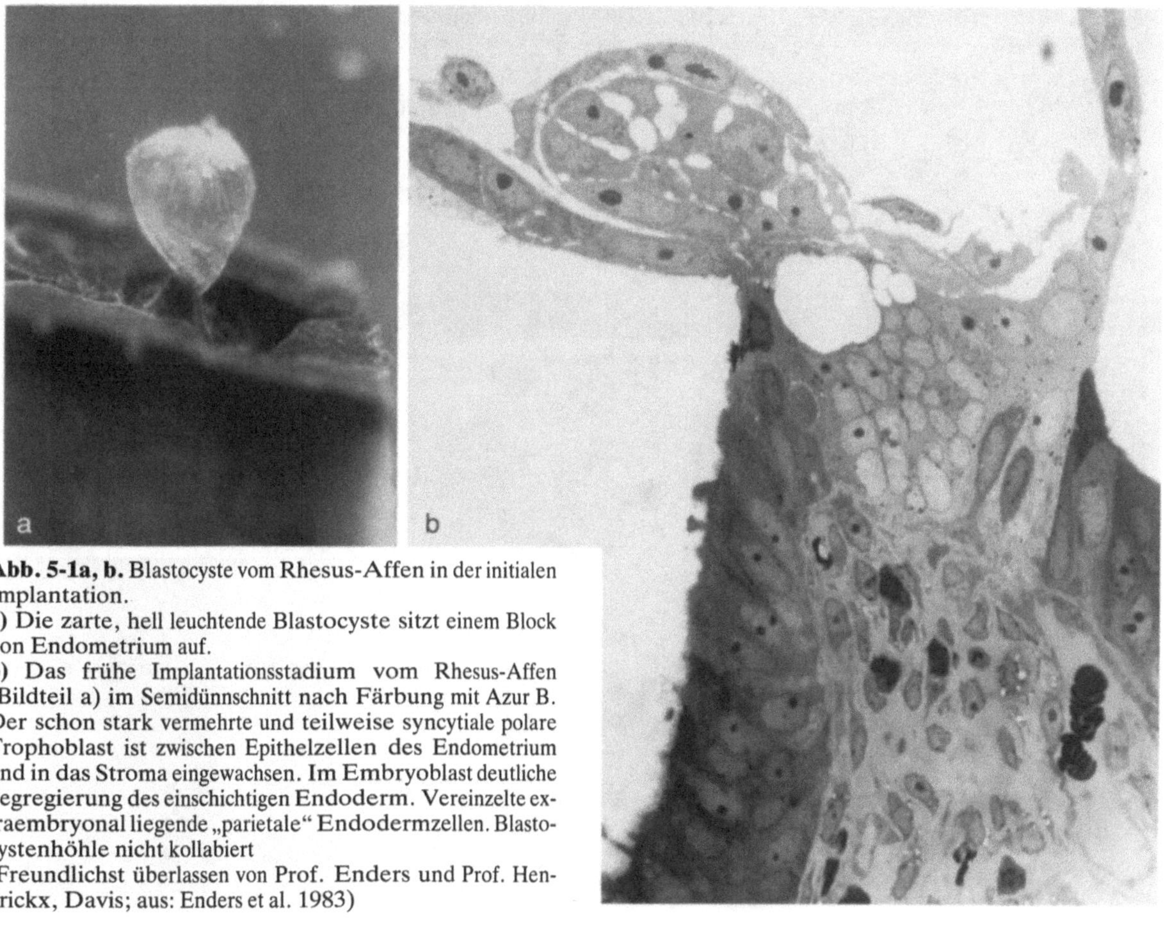

Abb. 5-1a, b. Blastocyste vom Rhesus-Affen in der initialen Implantation.
a) Die zarte, hell leuchtende Blastocyste sitzt einem Block von Endometrium auf.
b) Das frühe Implantationsstadium vom Rhesus-Affen (Bildteil a) im Semidünnschnitt nach Färbung mit Azur B. Der schon stark vermehrte und teilweise syncytiale polare Trophoblast ist zwischen Epithelzellen des Endometrium und in das Stroma eingewachsen. Im Embryoblast deutliche Segregierung des einschichtigen Endoderm. Vereinzelte extraembryonal liegende „parietale" Endodermzellen. Blastocystenhöhle nicht kollabiert
(Freundlichst überlassen von Prof. Enders und Prof. Hendrickx, Davis; aus: Enders et al. 1983)

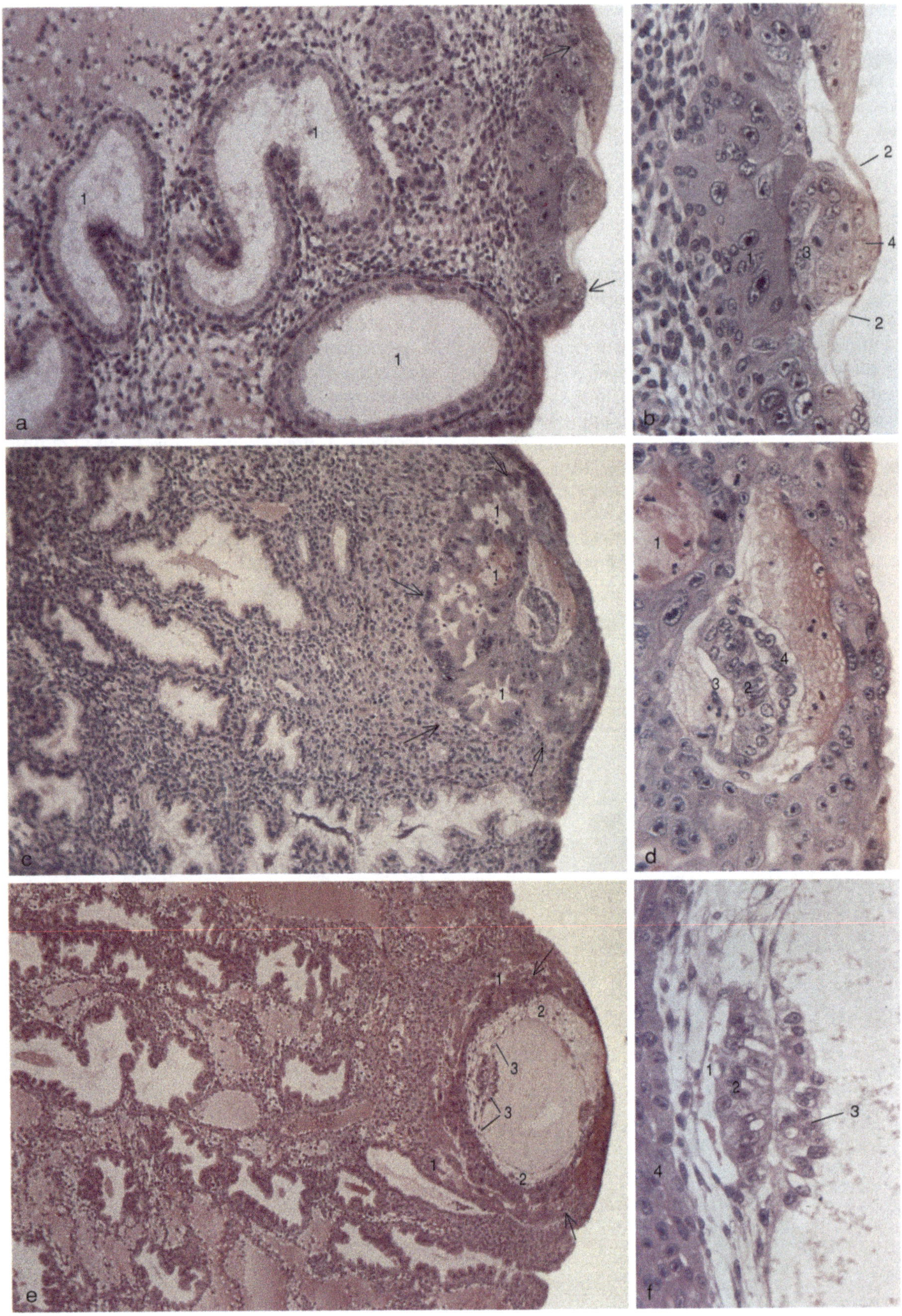
a
b
c
d
e
f

diese Blutfülle deutlich dar [O'Rahilly 1973] (Abb. 5-3).

Vom Uteruslumen aus erscheint der Implantationsort als runde, flache Erhebung [O'Rahilly 1973: Abb. 11, 15, 19, 28, 29, 37, 38] (siehe auch Abb. 5-3). Der Epitheldefekt wird zunächst (im Stadium 5 c) durch eine Fibrinauflagerung unter Einschluß von Leucocyten und Stromaresten [Krafka 1941] geschlossen („Schlußcoagulum"). Obwohl schon vom Stadium 5 b an eine Epithelregeneration von den Rändern des Epitheldefekts her erfolgt [O'Rahilly 1973: Legende zu Abb. 17] (siehe Abb. 5-2c und d), vergrößert sich durch die Größenzunahme des Implantats auch der fibrinbedeckte Defektbereich [Krafka 1941]. Erst im Stadium 8 (Tabelle 5.1) wird die vollständige Epithelbedeckung des Implantationsortes wieder erreicht.

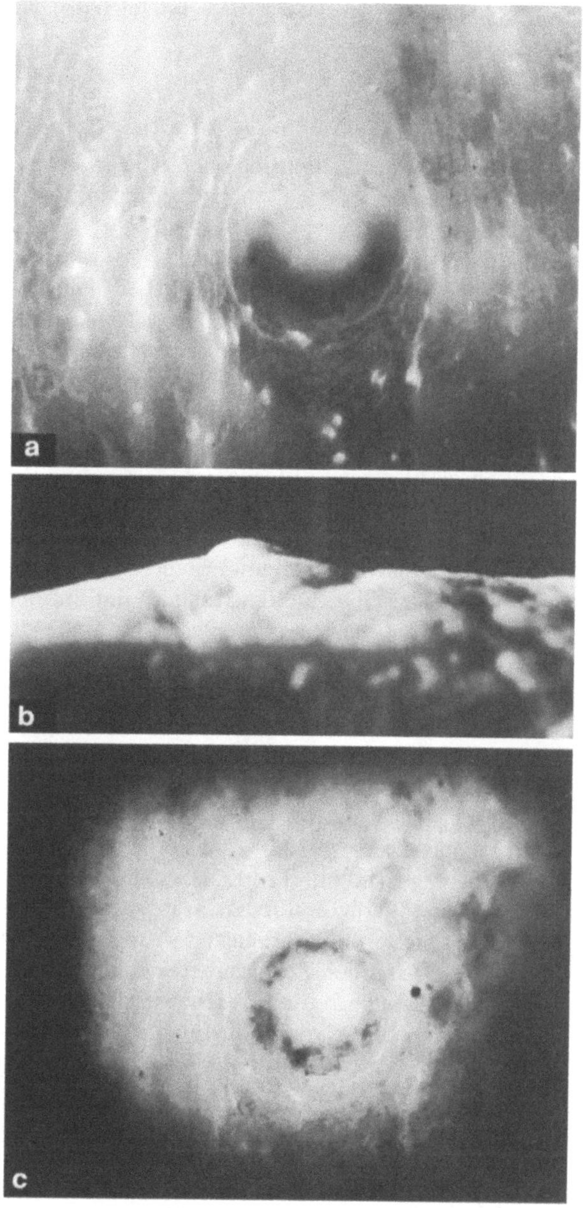

Abb. 5-3a–c. Implantationsort des Keimes der Abb. 5-2e und f (Carnegie 7700, Stadium 5c) in der Aufsicht **(a)**, der Seitenaufsicht **(b)** und aufgehellt im Celloidinblock **(c)**. Beachte die blutgefüllten, dunkel durchschimmernden, ringförmig angeordneten Trophoblastlakunen in c.
(Aus: O'Rahilly 1973, mit freundlicher Genehmigung des Autors und der Carnegie Institution of Washington)

◀
Abb. 5-2a–f. Frühe Implantationsstadien des Menschen aus der Carnegie Collection of Embryology.
a, b: Stadium 5a, Carnegie 8020;
a) Übersicht, Implantationsort mit Pfeilspitzen markiert. Endometrium oedematös. 1 = Uterindrüsen. 145 : 1;
b) Ausschnitt; solider Trophoblast (1), Blastocystenhöhle kollabiert, dünner muraler Trophoblast (2), zweischichtiger Embryoblast mit Amnionhöhle (3) und primärem Endoderm (4). 250 : 1;
c, d: Stadium 5b, Carnegie 8004;
c) Übersicht, Implantationsort mit Pfeilspitzen markiert, starke Trophoblastvermehrung mit vielen Lakunen (1). 105 : 1;
d) Bilaminare Keimscheibe in noch enger Blastocystenhöhle. Oberflächenepithel des Endometrium beginnt den Keim einzuschließen. Lakunärer Trophoblast (1), Ektoblast (2), Amnionhöhle (3), primärer Endoblast (4). 250 : 1;
e, f: Stadium 5c, Carnegie 7700;
e) Übersicht, Endometrium in beginnender decidualer Reaktion, kommunizierende Trophoblastlakunen, erweiterte Chorionhöhle (2), bilaminäre Keimscheibe dem primären Dottersack (3) aufliegend. 42 : 1;
f) Ausschnitt, bilaminärer Keim in der Wand des primären Dottersacks. Das Amnion ist nicht ganz geschlossen (1). Ektoblast (2), primäres Endoderm (3), ungleiche Kernverteilung im Syncytiotrophoblast (4) und stark kommunizierende Lakunen. 250 : 1
(Mit freundlicher Genehmigung von Prof. O'Rahilly, eigene Aufnahmen aus der Carnegie Collection of Embryology)

5.2 Entwicklungsbiologie des frühen Keimes und der Implantation

H. M. Beier

5.2.1 Leistungen und Reaktionen differenzierter Blastocystenzellen

Mit Beginn des expansiven Wachstums, d.h. bei vielen Säugerarten zur Zeit des Übertritts der Blastocyste aus dem Eileiter in den Uterus, besteht eine nutritive Abhängigkeit des embryonalen vom mütterlichen System. Zu diesem Zeitpunkt sind die cytologischen Strukturen von Embryoblast- und Trophoblastzellen so klar differenziert, daß bereits funktionelle Spezialisierungen ablesbar sind. Besonders die Trophoblastzellen zeigen Oberflächenspezialisierungen, welche je nach Lage der Zellen sehr unterschiedlich und den physiologischen Erfordernissen angepaßt sind. Diese Oberflächenstrukturen sind jedoch überwiegend in tierexperimentellen Studien erforscht worden, besonders aufschlußreich beim Kaninchen [Mootz 1979]. Auch die Embryoblastzellen und ihre Abkömmlinge lassen spezifische cytologische Differenzierungen erkennen, welche als Oberflächendifferenzierungen und Besonderheiten der Zellgestalt sehr gut mit dem Rasterelektronenmikroskop studiert werden können. Die der Zona pellucida zugewandten Trophoblastzelloberflächen sind dicht mit Mikrovilli übersät. Während die supranukleären Areale weniger dicht mit Mikrovilli besetzt sind, findet man an den Zellgrenzen eine teppichfransenähnliche Häufung, die bei schwacher Vergrößerung bereits eine deutliche Felderung der Trophoblastoberfläche – entsprechend den Zellgrenzen – erkennen läßt. Die der Blastocystenhöhle zugewandte Seite der Trophoblastzellen ist wesentlich glatter, nur einzelne kurze Mikrovilli und einige relativ plumpe, kleine Protrusionen sind vorhanden. Besonders deutlich hebt sich bei Betrachtung der Blastocystenhöhlenauskleidung die dünne, breit ausgedehnte Lage der Endodermzellen ab. Diese Zellen fallen durch lange, fingerförmige Ausläufer auf, die sich an den Zellrändern wie zahlreiche Zeltverankerungen ausstrecken. Die Oberfläche dieser Zellen erscheint glatt, da sie noch weniger Mikrovilli trägt als die der Trophoblastzellen (Abb. 5-4e).

Während der intrauterinen Praeimplantationsphase kommt eine normale Blastocystenentwicklung nur dann zustande, wenn das mütterliche Mikromilieu allen physiologischen Bedürfnissen der Blastocyste angepaßt ist. Die beiden genetisch differierenden Systeme Embryo und Mutter müssen synchronisiert sein. Sekretions- und Stoffwechselleistungen beider individueller Systeme synchronisieren sich nicht durch eine parallele autonome Entwicklung, morphologisch-biochemisch charakterisierbarer Endometriumzyklus einerseits und Blastocystendifferenzierung und -wachstum andererseits, sondern beide Systeme bedienen sich offenbar eines hocheffektiven Informationsaustauschs, um ihre Synchronisierung zu erzielen.

5.2.2 Der embryo-maternale Dialog

Bereits die jungen Furchungsstadien sind synthetisch aktiv, wobei zunächst die Syntheseprodukte aus der Translation der während der Ovogenese gespeicherten maternalen mRNA überwiegen. Bei menschlichen Ovocyten und Furchungsstadien beginnt die Translation embryonaler mRNA, d.h. die Expression der individuellen Gene des neu entstandenen Individuum, zwischen dem 4- und dem 8-Zellstadium [Braude et al. 1988]. Die sich differenzierenden Blastomeren entwickeln, besonders mit Ausbildung des Compaction-Stadium, mannigfaltige Strukturproteine, Oberflächenantigene und Enzymmuster. Zwar nimmt der wachsende Keim Peptide und Proteine auch aus dem uterinen Sekretmilieu auf, es steht jedoch außer Frage, daß er Peptide und Proteine sezerniert, die als embryonale Signale besondere Bedeutung haben.

Mit der Syntheseaktivität entwickelt sich im Morula- und Blastocystenstadium auch eine ausgeprägte Stoffwechselaktivität. Die wesentlichen Stationen des Intermediärstoffwechsels wurden in Blastocysten nachgewiesen, darüber hinaus wurden mannigfache Schritte des Steroidmetabolismus im Blastocystengewebe beschrieben. Auch Pharmaka und Steroidanalogsubstanzen, wie z.B. Diäthylstilböstrol (DES), können von Blastocysten metabolisiert werden. Die für diese Stoffwechselaktivitäten erforderlichen Monooxygenasen, Sulfotransferasen und Glucuronyltransferasen wurden im Blastocystengewebe nachgewiesen [Balling et al. 1985].

Die ersten zellulären Kontakte zwischen Blastocysten und mütterlichem Gewebe entstehen, wenn z.B. beim Menschen oder beim Kaninchen die Blastocyste das Uteruscavum erreicht und sich etwa 48 Stunden darin freibeweglich aufgehalten hat. Zunächst berührt die Blastocystenhülle die Zelloberflächen der Endometriumepithelzellen. Hat sich diese Hülle aufgelöst, kommt der direkte Zelloberflächenkontakt zwischen Trophoblast und Endometriumepithel zu-

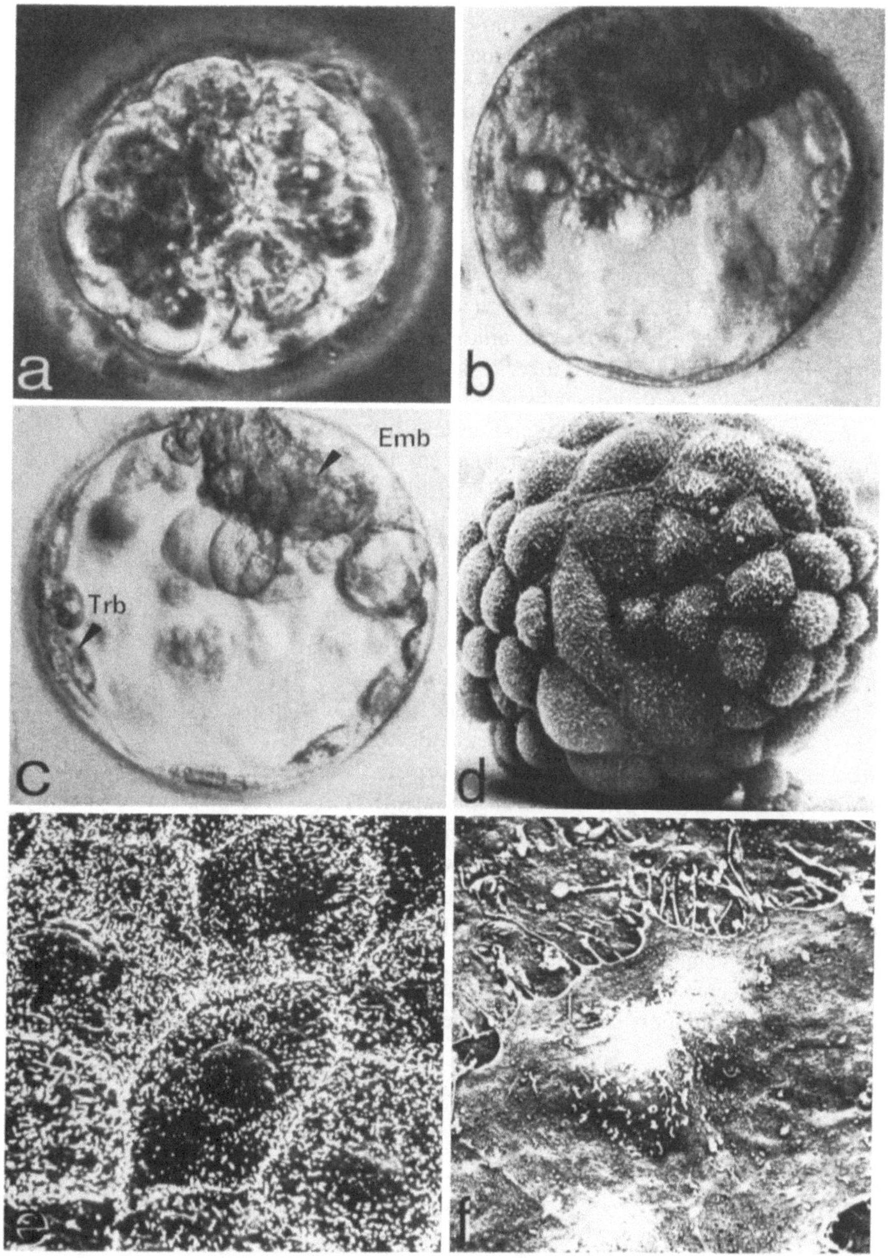

Abb. 5-4a–f. a) Menschliche Blastocyste (aus einer in vitro fertilisierten Eizelle) im frühen Stadium der Bildung der Blastocystenhöhle. Die Blastomeren sind noch relativ groß; die konfluierenden Interzellularräume, aus denen die Blastocystenhöhle entsteht, sind noch gut erkennbar;
b) und **c)** Zwei deutlich weiter entwickelte menschliche Blastocysten mit expandierter Blastocystenhöhle. Die Differenzierung in Embryoblast (Emb) und Trophoblast (Trb) ist deutlich erkennbar. Beide Blastocysten entwickelten sich aus in vitro fertilisierten Eizellen.
(a, b, c freundlichst überlassen von Professor R. G. Edwards, Cambridge);
d) Blastocyste der Maus. Rasterelektronenmikroskopische Aufnahme, nachdem die Blastocystenhüllen entfernt wurden. Die Blastomerenoberfläche ist dicht besetzt mit Mikrovilli, die Zellgrößen variieren.
(Freundlichst überlassen von Dr. D. M. Philips und Dr. R. Shalgi, New York);
e) Aufsicht auf die äußere Trophoblastzelloberfläche einer 6 Tage alten Kaninchenblastocyste. Rasterelektronenmikroskopische Aufnahme, 1300 : 1
(Aufnahme von Frau Dr. Ursula Mootz, Aachen);
f) Aufsicht auf die innere Trophoblastzelloberfläche und auf Endodermzellen einer 6 Tage alten Kaninchenblastocyste. Endoderm (Endoblastem): rechte Bildhälfte. Rasterelektronenmikroskopische Aufnahme, 1500 : 1
(Aufnahme von Frau Dr. Ursula Mootz, Aachen)

stande. Bereits zu diesem Zeitpunkt lassen sich lokale biochemische Veränderungen im endometrialen Gewebe nachweisen, die ausschließlich als Antwort auf die Anwesenheit einer Blastocyste auftreten, demnach eindeutig Reaktionen auf embryonale Signale darstellen [Hoorn und Denker 1975, Hochfeld et al. 1990].

Es gibt mehrere physiologisch wichtige Gründe, den mütterlichen Organismus möglichst bald nach einer Befruchtung über das Ergebnis zu informieren. Wenn embryonale Signale den mütterlichen Organismus wissen lassen, daß er schwanger ist, gibt es keinen Östrus mehr, kein Follikelwachstum, keine Ovulation, wohl aber eine Corpus-luteum-Entwicklung mit einer endokrinen Programmumstellung in Hypophyse und Hypothalamus sowie schließlich die Umstellung der immunologischen Abwehr, so daß ein genetisch fremder, embryonaler Organismus nicht als „Transplantat" abgestoßen wird.

So ergeben sich elementare Erfordernisse dafür, daß der Embryo, noch undifferenziert im Furchungsstadium als 2-, 4- oder 8-Zeller oder als Morula oder Blastocyste, seine Anwesenheit im Eileiter bzw. in der Gebärmutter signalisiert. Das entscheidende erste Ziel ist die Programmierung des Gelbkörpers vom nichtschwangeren (Corpus luteum menstruationis) in den schwangeren Zustand (Corpus luteum graviditatis). Die Corpus-luteum-Lebensspanne wird verlängert, das Gewebe deutlich vermehrt, um eine optimale Progesteronproduktion zur Schwangerschaftserhaltung zu garantieren.

Die Säugetiere haben verschiedene Mechanismen entwickelt, das Blühen und Gedeihen des Gelbkörpers zu stimulieren. Endokrine Signale, meist in „konzertierter Aktion" auf den Gelbkörper abzielend, werden als „luteotroper Komplex" bezeichnet. Überwiegend hypophysäre Hormone, Prolactin, FSH und LH, garantieren zunächst das Zustandekommen von luteinisierten Granulosazellen, die sich zum Gelbkörper der lutealen Zyklusphase formieren. Steht nach ungefähr einer Woche (beim Menschen) die Degeneration des Corpus luteum unmittelbar bevor, ist der Zeitpunkt für das embryonale Signal gekommen. Die Trophoblastzellen der Blastocy-

Tabelle 5.2. Eigenschaften und molekulare Merkmale des hCG und seiner Untereinheiten

	intaktes hCG	hCG α-Subunit	hCG β-Subunit
Molekulargewicht	38000	15000	23000
Kohlenhydratanteil	ca. 33%	ca. 33%	ca. 33%
Aminosäurereste	239	92	147
Zuckerreste	57–65	22–26	35–39
Anzahl der KH-Einheiten	7	2	5
Biologische Aktivität (IU/mg, Bioassay)	15000	5	5
Rezeptorbindungskapazität (IU/mg Rezeptorassay)	15000	4	2
Immunologische Aktivität	100%	2%	10%
Lokalisierung der biologischen Aktivität im intakten Molekül			β-Subunit
Lokalisierung der Hormonspezifität			β-Subunit

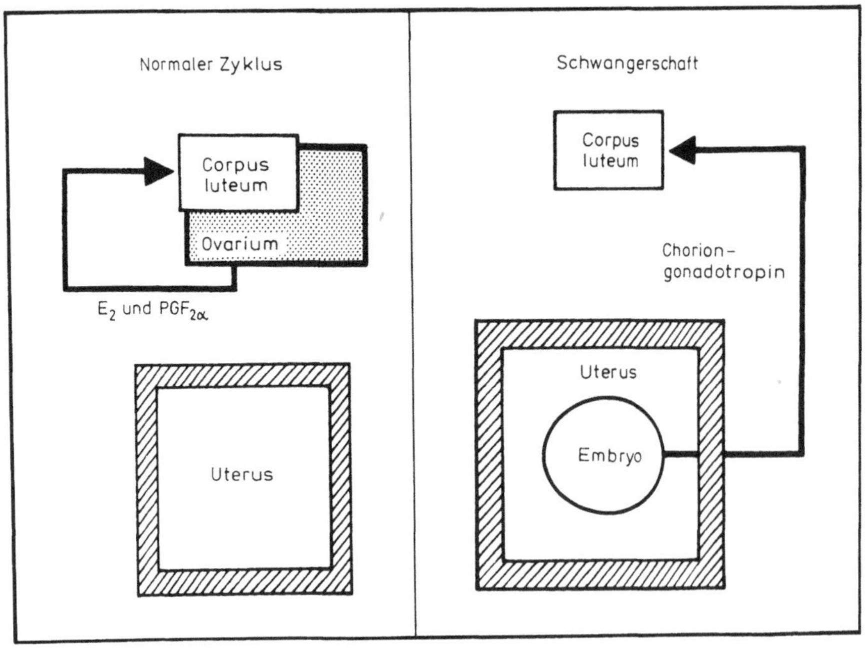

Abb. 5-5. Schema des luteotropen Komplexes zur Gelbkörpererhaltung beim Menschen und beim Rhesusaffen. Im normalen Zyklus ist die CL-Funktion durch lokale, luteotrope Östrogene garantiert. Prostaglandin ($PGF_{2\alpha}$) wirkt luteolytisch. Bei Entwicklung eines Embryo (Blastocyste) entfaltet das Choriongonadotropin eine alle lokalen Einflüsse des Ovars übertrumpfende Wirkung und bringt den Gelbkörper zur funktionellen Blüte [modifiziert nach Heap und Flint 1984]

ste produzieren ein luteotropes Proteohormon, das biologisch dem LH gleich ist, das Choriongonadotropin. Beim Menschen nennen wir diesen Signalstoff hCG (human chorionic gonadotropin); seine Biochemie und molekulare Struktur sind gut erforscht (Tabelle 5.2, Abb. 5-5).

Weitere Mechanismen zur Erhaltung und Steuerung der Corpus luteum-Funktion wurden z.B. bei den Säugern Schaf und Schwein analysiert und demonstrieren die endokrinologische Mannigfaltigkeit essentieller Regelprinzipien (Abb. 5-6, 5-7). Allen Mechanismen indessen ist als Grundprinzip eine wesentliche Komponente gemeinsam: das embryonale Signal für das physiologische Programm „Schwangerschaft", um die erforderliche Progesteron-Produktion zu gewährleisten. Es ist aufschlußreich, daß in einigen Arten embryonale Proteine diese Aufgabe erfüllen (Choriogonadotropin beim Menschen, Trophoblastin beim Schaf), andere Arten sich dagegen auf ein embryonales Steroid-Signal verlassen (Östrogene beim Schwein). Um ihre Funktion zu erfüllen, müssen die Östrogene des Schweineembryo zunächst vom Endometriumepithel der Mutter sulfatiert werden, gelangen daraufhin in den Kreislauf und erreichen schließlich den Gelbkörper [Heap und Flint 1984].

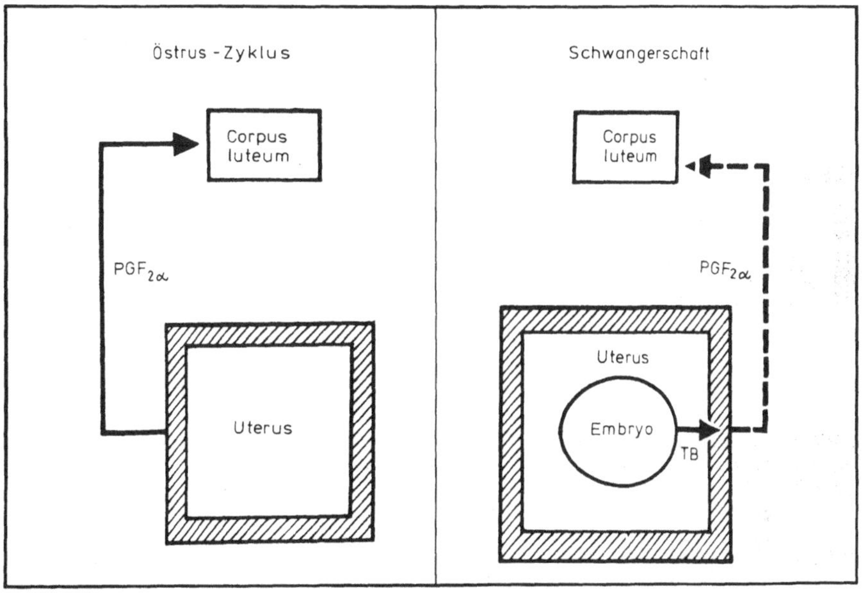

Abb. 5-6. Schema des luteotropen Komplexes zur Gelbkörpererhaltung beim Schaf. Im normalen Östrus-Zyklus geht der Gelbkörper nur durch aktive Prostaglandin-Luteolyse zugrunde ($PGF_{2\alpha}$). Wenn eine Schwangerschaft begonnen hat, synthetisiert der Embryo ein Signalprotein (TB = Trophoblastin), welches die $PGF_{2\alpha}$-Produktion des Uterus verhindert, so daß die Luteolyse unterbleibt und das Corpus luteum weiterexistiert. Es kommt allerdings nicht zu einer merklichen Gelbkörpervergrößerung [modifiziert nach Heap und Flint 1984]

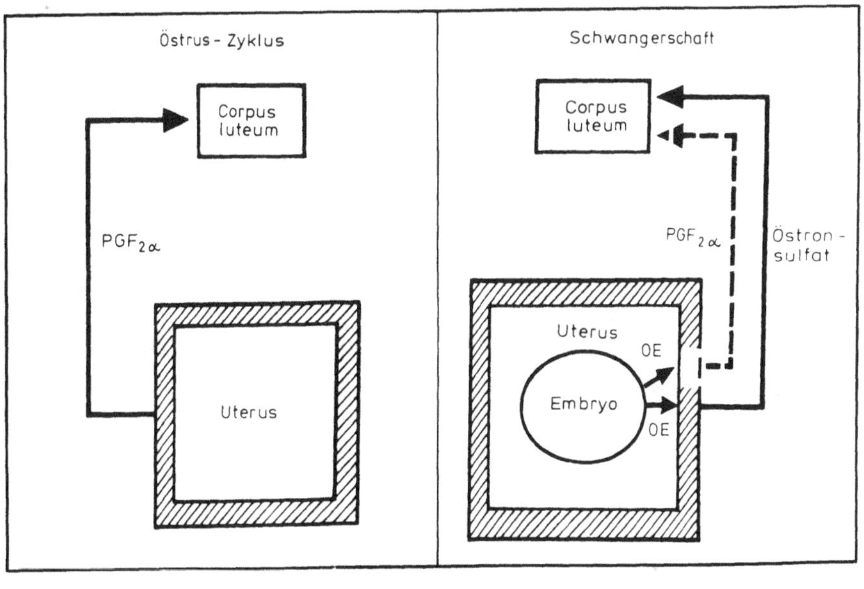

Abb. 5-7. Schema des luteotropen Komplexes zur Gelbkörpererhaltung beim Schwein. Im normalen Östrus-Zyklus geht der Gelbkörper durch aktive Prostaglandin-Luteolyse zugrunde ($PGF_{2\alpha}$). Wenn eine Schwangerschaft begonnen hat, synthetisiert oder metabolisiert der Trophoblast des Embryo Östradiol und vor allem Östron (OE). Dies wird im Endometrium zu Östronsulfat konjugiert, welches auf humoralem Weg zum luteotropen Hormon wird und gleichzeitig die Prostaglandinausschüttung des Uterus ins Blut hemmt [modifiziert nach Heap und Flint 1984]

5.2.3 Immuntoleranz der Mutter gegenüber dem „Transplantat" Embryo

Ein der Funktionssicherung des Corpus luteum gleichwertiges, zentrales Problem zur Erhaltung einer Schwangerschaft ist es, die immunologische Abstoßung des genetisch eigenständigen Embryo während der Implantationszeit zu verhindern. Morton und Mitarbeiter [1974, 1987] beschrieben mit dem „Early Pregnancy Factor" (EPF) einen aufsehenerregenden Befund, wonach innerhalb weniger Stunden nach der Befruchtung von der Zygote bzw. den Blastomeren der Furchungsstadien ein Stoff freigesetzt wird, der als immunsuppressiver Faktor den Embryo vor dem mütterlichen Immunabwehrsystem schützt.

Der erste Nachweis dieses EPF erfolgte bei der Maus. EPF wurde in einem *in-vitro*-Test, dem Rosetten-Inhibitions-Test, als Komponente des Blutserum schwangerer Tiere dargestellt. Diese *in-vitro*-Reaktion beruht auf der Neigung von T-Lymphocyten, mit heterologen Erythrocyten rosettenartige Agglutinate zu bilden. Die „Rosetten"-Bildung wird gehemmt, sobald die T-Lymphocyten mit einem Anti-Lymphocyten-Serum behandelt wurden; wenn jedoch diese T-Lymphocyten vorher noch mit einem immunsuppressiven Stoff inkubiert werden konnten, benötigt man eine proportional geringere Menge des Anti-Lymphocyten-Serum, um die Rosettenbildung zu hemmen. Der von Reproduktionsimmunologen verwendete EPF-Titer, mit dem die Rosettenbildung relativ gut quantitativ erfaßt werden soll, ist der reziproke Wert der höchsten Verdünnung des Anti-Lymphocyten-Serum, in der die Zahl der Rosetten aus T-Lymphocyten und Erythrocyten kleiner ist als 75% derjenigen Zahl der Rosetten, die sich spontan ohne Anti- Lymphocyten-Serum bilden.

EPF wird als immunsuppressives System bei Maus, Schwein, Schaf, Rind und Mensch beschrieben. Wir müssen davon ausgehen, daß möglicherweise alle Säugetierspecies ein EPF-System haben. Wenngleich der Rosetten-Inhibitions-Test nicht in jedem Laboratorium befriedigende Ergebnisse zu liefern vermochte, so scheint doch die substantielle Darstellung des EPF-Systems langsam konkrete Formen anzunehmen. Cavanagh [1984] isolierte Teilkomponenten des EPF der Maus. Man stellt sich das EPF-System aus zwei Teilen, EPF-A und EPF-B, zusammenwirkend vor. Der Eileiter-Faktor (A) besteht bei der Maus aus einem Protein von 10,5 KD Molekulargewicht, der Ovariumfaktor (B) aus einem Protein von 7,2 KD, dessen Aktivierung über den Eizellen-Faktor (3,4 KD) erreicht werden könnte. Alle molekularen Komponenten ergäben, wenn sie zu einem einzigen Faktor verbunden würden, ein Protein vom Molekulargewicht 21,0 KD. Sollte sich dieses System bestätigen, so stellt der Eizellen- oder Ovum-Faktor eines der frühesten embryonalen Signale für den mütterlichen Organismus dar. Ein hocheffizientes Verstärkersystem wäre erforderlich, wenn der Ovumfaktor, zum Beispiel beim Menschen von einer einzigen befruchteten Eizelle freigesetzt, das gesamte Immunsystem der Mutter innerhalb weniger Stunden umprogrammieren könnte.

Ein weiteres, interessantes Signal des befruchteten Eies und der Furchungsstadien ist der Blutplättchen-aktivierende Faktor (PAF), erstmals bei der Maus beschrieben [O'Neill 1985a, b]. Im Kreislauf der Maus wird als eine besonders frühe Reaktion des mütterlichen Systems auf eine beginnende Schwangerschaft eine Thrombocytopenie festgestellt. Auslöser hierfür soll ein vom jungen Keim am 2. Tag nach der Befruchtung sezernierter „Faktor" sein, dessen chemische und physiologische Eigenschaften identisch mit einem bekannten Thrombocyten-aktivierenden Faktor sein sollen [dem PAF-Molekül, einem 1-O-alkyl-2-acetyl-sn-glyceryl-3-phosphocholin; Wedmore und Williams 1981, Humphrey et al. 1982]. Dieser embryonale Faktor ist inzwischen bei mehreren Säugerarten und beim Menschen beschrieben worden (Abb. 5-8). In der Praeimplantationsphase und zur Zeit der Implantation könnte dieser embryonale PAF eine wichtige Rolle in der Auslösung erhöhter Kapillarpermeabilität im Uterus und bei der Induktion der Deciduareaktion des endometrialen Stroma spielen. Experimente mit PAF-Inhibitoren erwiesen diese als implantationshemmend. Ein erhöhter PAF-Titer im Kulturmedium von in-vitro-kultivierten Furchungsstadien soll ein prognostisch günstiger Parameter für die Entwicklungs- und Implantationspotenz einer Blastocyste sein [O'Neill und Saunders 1984, O'Neill 1985a, b, Spinks und O'Neill 1987, Smith und Kelly 1988, Angle et al. 1988].

Hier stellen sich noch unbeantwortbare Fragen über die anatomischen Substrate solch wirkungsvoller Verstärkersysteme, um die aus wenigen Molekülen bestehenden embryonalen Informationen im Körper der Mutter wie Blitztelegramme zu verbreiten. Es bestehen auch noch keinerlei Vorstellungen über Art und Umfang der Information: Kommt es in erster Linie auf die Qualität der Information oder kommt es auch auf die Quantität der Nachricht an?

5.2.4 Das Phänomen der „Synchronisierung" von Embryo und Mutter

Die Frage nach Qualität oder Quantität der Information stellt sich nicht allein bei der Initialzündung des EPF-Systems zur Etablierung einer Immuntoleranz, sondern ebenso für die Synchronisierung zwischen Embryonalentwicklung und uteriner Transformation zur Verwirklichung einer normalen Implantation. Wenn nämlich das embryonale Wachstum während der Praeimplantationszeit nicht programmgemäß mit

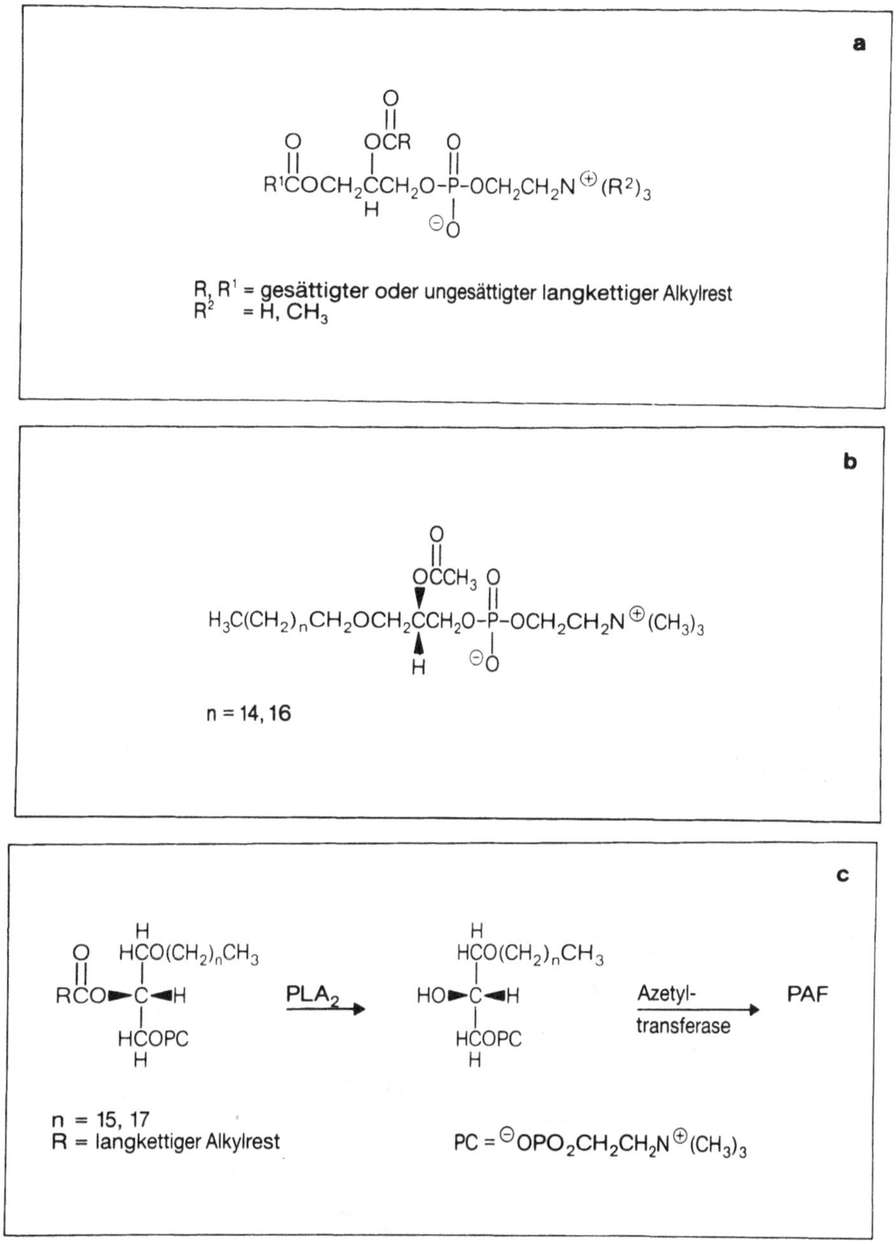

Abb. 5-8a–c. Molekularer Aufbau des Plättchen-aktivierenden Faktors (PAF). **a)** Struktur typischer Membranphospholipide mit gesättigten oder ungesättigten langkettigen Alkylresten; **b)** PAF-Struktur. Die Freisetzung von PAF aus Zellen findet nur in Anwesenheit von extrazellulärem Ca^{++} und Albumin statt. Dieses Protein wird als „Carrier" für PAF angesehen. Der PAF-Albumin-Komplex soll an der Zielzelle seine Wirkung über einen rezeptorabhängigen Prozeß vermitteln; **c)** In PAF-bildenden Zellen wird 2-Acyl-PAF durch Hydrolyse der Phospholipase A_2 (PLA_2) zu Lyso-PAF umgeformt. Dieser wird mittels einer Acetyl-CoA-Acetyltransferase in den sekretorischen PAF umgewandelt.

der histologischen und biochemischen Transformation des Endometrium Schritt hält, geht die frühe Schwangerschaft durch das Scheitern einer Implantation zu Ende.

Es bleibt eine offene Frage, wie weit die Morula oder Blastocyste regulierend, modulierend, mittels humoraler oder zellulärer Signale in das Synchronisierungsgeschehen vor einer Implantation eingreift. Aus zahlreichen Tierexperimenten wissen wir, daß die Uterussekretion zu Beginn der Schwangerschaft endokrinologisch-experimentell beschleunigt oder verlangsamt werden kann. Beide Veränderungen entsprechen nicht den aktuellen Bedürfnissen der Embryonalentwicklung, so daß hierfür der Begriff „Desynchronisierung" geprägt wurde [Beier 1973, 1976, 1978]. Es ist ungeklärt, ob die Blastocyste mit Signalstoffen eine Desynchronisierung geringeren Ausmaßes beeinflussen kann, um das Ziel der Implantation doch noch zu realisieren.

Ein interessanter Beitrag zu dieser Frage kommt aus der klinischen Erfahrung der heute zunehmend angewandten *in-vitro*-Fertilisation (IVF) und dem Embryo-Transfer. In vielen IVF-Behandlungsprogrammen wird mit Gonadotropinen oder Clomiphenzitrat eine Stimulierung der Ovarien angewandt, die zur Reifung mehrerer Follikel führt. Daher werden jetzt oft mehrere Eizellen durch laparoskopische Follikelpunktion gewonnen, anschließend *in vitro* befruchtet, bis zum 2- oder 4-Zellenstadium *in vitro* kultiviert und dann in den Uterus der Mutter transferiert. Diese Übertragung in das Uteruscavum erfolgt zu einem Zeitpunkt und in einem Entwicklungsstadium, welches sich normalerweise noch in der Tube und nicht im Uteruscavum findet. Man muß also von einer verfrühten Ankunft dieser *in vitro* fertilisierten Furchungsstadien im Uterus der Mutter sprechen.

Wenn wir die Synchronisierungserfordernisse der Embryonen bekannter Säugerspecies (Maus, Kaninchen, Ratte, Schwein, Rind) mit denen des menschlichen Embryo vergleichen, so ergibt sich nach neuesten Erkenntnissen ein bemerkenswerter Unterschied. Das junge menschliche Furchungsstadium oder die Morula können ohne schwerwiegende Folgen wohl zu früh im Uterus ankommen, es darf jedoch eine Morula oder Blastocyste niemals zu spät im Uterus ankommen, damit es noch zu einer Implantation kommt. Bei allen bekannten Säugern (außer Primaten!) wird dagegen stets festgestellt, daß auch ein zu frühes Ankommen der jungen Embryonalstadien im Uteruscavum deletär für die Schwangerschaft ist. Insofern ist die Toleranzphase für eine Desynchronisierung beim Menschen ungleich viel größer als bei allen uns bekannten Versuchstieren.

Aufschlußreich ist die höhere Schwangerschaftsrate in IVF-Programmen infolge des sogenannten „multiplen Embryotransfers". Wie Statistiken erfolgreicher Programme zeigen, steigt die Schwangerschaftsrate proportional mit der Zahl transferierter Embryonen. Es ist naheliegend, an eine verstärkte Signalwirkung mehrerer Embryonen auf den weiblichen Organismus zu denken. Sollte die Signalwirkung mehr als lediglich einen qualitativen Inhalt erfordern, wäre eine größere Zahl von Embryonen eher in der Lage, eine kritische Menge eines Signalträgers zu erbringen und damit einen für die Implantationsvorbereitung oder die Implantation selbst erforderlichen „Schwellenwert" zu überschreiten. Mittels einer solchen Akkumulierung von Signalstoffen könnte ein positiv konditioniertes Endometrium geschaffen werden, in dem Implantationen häufiger möglich sind, so daß eine höhere Schwangerschaftsrate resultiert. In mehreren Kliniken mit IVF-Programmen wurde beobachtet, daß in der Anfangsphase von Schwangerschaften, die nach „multiplem Transfer" zustande kamen, häufig Mehrlinge durch Ultraschallaufzeichnungen diagnostiziert werden, von denen aber viele bald verlorengehen (resorbiert werden), so daß oft nur ein Embryo sich zur Geburtsreife im weiteren Verlauf der intakten Schwangerschaft entwikkelt. Edwards, Purdy und Streptoe [1985] sprechen von einer „Helfer-Funktion" der Mehrlingsblastocysten, die zumindest die intakte Implantation **eines** Embryo von mehreren gewährleistet. Auch für eine solche Hypothese hätte die Akkumulierung einer embryonalen kritischen Signalmenge zur Überschreitung eines Schwellenwertes eine entscheidende Bedeutung.

5.2.5 Ovarielle und intrauterine Anpassung als mütterlicher Beitrag im embryo-maternalen Dialog

Der Gelbkörper ist für das Zustandekommen einer Schwangerschaft erforderlich. Sein wichtigstes Hormon, das Progesteron, ist essentiell für die Implantation der Blastocyste. Bei allen Säugetieren, die nicht das Phänomen der verzögerten Implantation („delayed implantation") zeigen, scheint Progesteron das allein entscheidende Hormon für die Implantation zu sein. Dies hat man dadurch erkannt, daß bei einigen Arten nach Corpus luteum-Entfernung (Ovariektomie oder Luteoektomie) und nachfolgender Progesteronsubstitution die Implantation praktisch unbeeinflußt erfolgte. Klassische Tierarten für diesen Effekt sind Kaninchen, Meerschweinchen, Hamster, Frettchen sowie das Schaf.

Die Nagetiere, wie Ratte und Maus, benötigen zur Vorbereitung der Implantation Östrogene, und zwar nicht nur für die Transformation des Endometrium, sondern auch für die Aktivierung der ruhenden Blastocyste, deren Metabolismus in einer Art Diapause zu „schlafen" scheint. Hingegen ist eine praeimplantatorische Östrogen-Ausschüttung bei Säugerarten mit konstanter Praeimplantationsphase für das Zustandekommen der Implantation nicht erforderlich. Allerdings spielen die Östrogene bei diesen Tierarten möglicherweise eine nicht unbedeutende synergistische oder flankierende Rolle während der vorbereitenden Veränderungen im Endometrium während der Praeimplantation. O'Grady und Bell [1977] registrierten einen vorübergehenden Anstieg der Plasma-Östrogene kurz vor der erwarteten Implantation (Tag 4) bei ovariektomierten Meerschweinchen. Diese Östrogene, deren Ursprung wahrscheinlich in den Nebennieren liegt, könnten beim trächtigen Tier für die Implantation begünstigend sein. In gleicher Weise existiert wahrscheinlich ein synergistischer Östrogeneffekt beim Kaninchen. Chambon [1949] beobachtete eine signifikante Steigerung der Implantation bei diesen Tieren, wenn die Progesteronsubstitution nach Ovariektomie gleichzeitig mit Östrogen erfolgte.

Die begünstigende Wirkung der Östrogene mag auch auf ihrem Einfluß auf die Induktion der Progesteronrezeptoren beruhen. Die Synthese der Rezeptorproteine wird durch die Aktion des 17β-Östradiol gesteigert, besonders kommt es dadurch zur Vermehrung der cytoplasmatischen Rezeptoren. Der synergistische Effekt von Synthesesteigerung einerseits und Rezeptor-Recycling andererseits vermag die verfügbare Zahl von Progesteronrezeptoren in der kurzen Zeit von 24–48 Stunden zu vervielfachen, so daß sehr kurzfristig eine Erfolgsorganzelle außerordentlich steroid- bzw. progesteronempfindlich reagiert. Diese Reaktionslage der Endometriumzellen spielt möglicherweise bei der Transformation des Cavumepithels für die Implantation eine wesentliche Rolle.

Der direkte Nachweis für die essentielle Bedeutung des Progesteron zur Erhaltung der menschlichen Frühschwangerschaft (bevor die Placenta endokrin funktioniert) wurde durch Gelbkörper-Entfernung (Luteoektomie) und Progesteron-Substitution erbracht [Csapo et al. 1972].

Hinweise für die Bedeutung des Progesteron bei der Implantation liefert auch die klinische Situation der „short luteal phase" [Jones 1976]. Patientinnen mit Zyklusphasen von 18–20 Tagen der Follikel- und ca. 10 Tagen der Lutealphase werden selten oder nie schwanger. Man kann jedoch mit Progesteronsubstitutionen während der Lutealphase die Implantation unterstützen, so daß Schwangerschaften resultieren. Bei manchen Patientinnen kommt es trotz einer „short luteal phase" zur Implantation, weil sporadische hCG-Ausschüttungen vorkommen und offenbar den Gelbkörper kurzzeitig persistieren lassen, jedoch folgt dann bald eine Corpus luteum-Insuffizienz, welche die Schwangerschaft nicht weiter unterhalten kann [Seppälä et al. 1978].

Garner und Armstrong [1977] untersuchten eine weitere wichtige endokrine Komponente. Sie versuchten die Menge hCG zu bestimmen, die ausreichen müßte, um das Corpus luteum funktionstüchtig zu erhalten. Unter Verwendung von 17α-OH-Progesteron als „Marker" für die Gelbkörperfunktion läßt sich sagen, daß 50 000 I.E. zur Erhaltung ausreichen, wenn sie gleichmäßig über den Tag verteilt infundiert werden. Dieselben hCG-Werte mißt man im Plasma, wenn eine funktionstüchtige Placenta herangereift ist. Andererseits ist es auch von Interesse, den frühesten Zeitpunkt herauszufinden, zu dem Trophoblasthormone mit LH- oder hCG-ähnlichen Aktivitäten auftreten. Nach Saxena et al. [1974] ist dies beim Menschen bereits 3 Tage nach der Ovulation der Fall.

Die Ovarialsteroide bewirken während der Praeimplantationsphase eine bemerkenswerte Transfor-

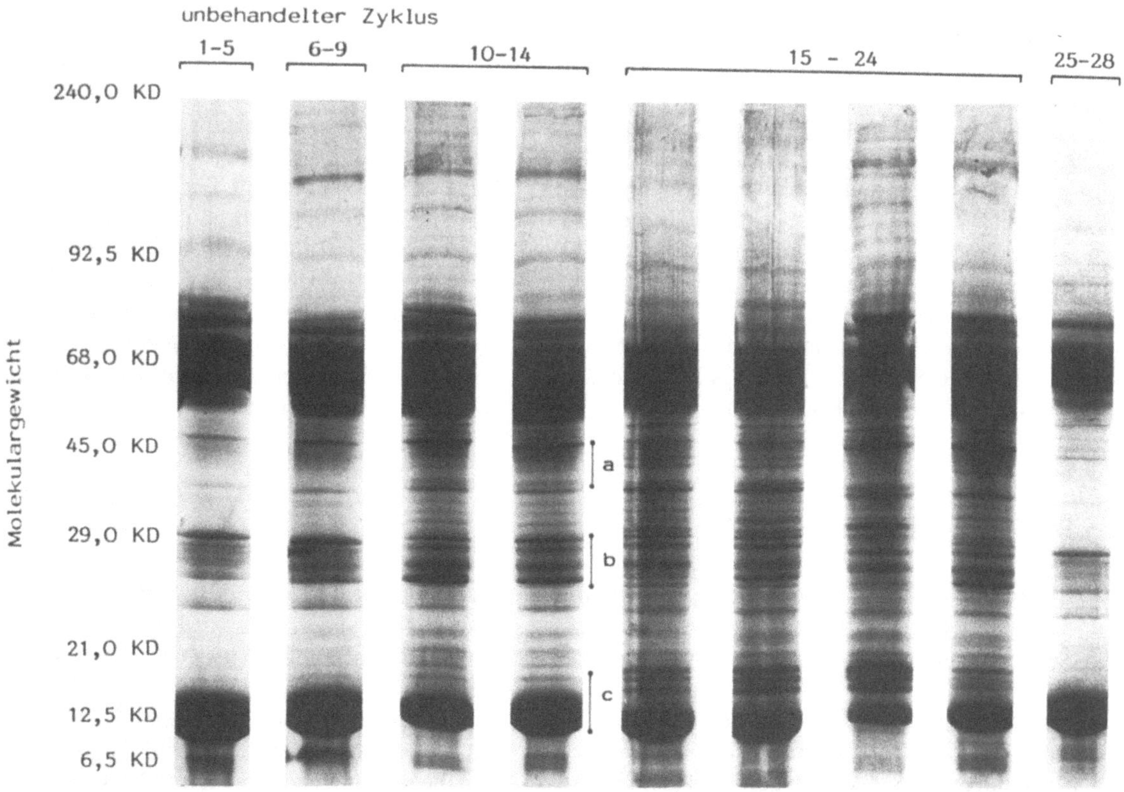

Abb. 5-9. Uterussekretelektrophorese (USE)-Proteinmuster im Verlauf des unbehandelten Zyklus. SDS-PAGE-Auftrennungen aus Sekretmaterial normozyklischer Patientinnen. Die Ruhephase, der wir Tag 1–5 und Tag 25–28 des Zyklus zuordnen, zeigt lediglich die Bandengruppe 2 ausgebildet (b) (MW ca. 29,0 KD und kleiner). Die Muster der Proliferationsphase (Tag 6–9) und der Hochproliferation (Tag 10–14) zeichnen sich durch verstärkte Ausprägung der Bandengruppen 1 und 3, d.h. (a) und (c) aus (MW-Bereich von 45,0 KD und 21,0 KD). Das differenzierte Bild des USE-Musters, welches für die rezeptive Phase des Endometrium typisch ist, sehen wir vom 15.–24. bzw. 25. Tag. Besonders auffällig sind in diesem Muster die Banden der Gruppe 3 (c) zwischen 21,0 KD und 12,5 KD [Beier-Hellwig et al. 1988]

mation von Endometrium und Endosalpinx. Als Folge der sekretorischen Umwandlung geben diese Schleimhäute ein proteinreiches Sekret ab. Um die Bedeutung dieser Sekretkomponenten zu erforschen, wurden die elektrophoretischen Proteinmuster von Tube und Uterus analysiert.

Diese Analysen zeigten seit den ersten, mit klassischen, nichtdenaturierenden Polyacrylamidgel-Elektrophoresen (PAGE) durchgeführten Proteinauftrennungen, daß im Tuben- und Uterussekret des Menschen besondere, vom Blutserum abweichende Muster vorliegen [Beier und Beier-Hellwig 1973]. Diese „klassischen" PAGE-Auftrennungen ergaben beim Vergleich von Sekretproben aus unterschiedlichen Zyklusphasen einige deutliche Veränderungen, die jedoch in keiner Weise mit der Proteinmusterdynamik während der Praeimplantationsphase mancher Säugerarten (z.B. Kaninchen) vergleichbar waren. Im Tiermodell zeigte sich in zahlreichen reproduktionsbiologischen Experimenten, daß es stets das gesamte Proteinmuster war, welches die für die Implantation als rezeptiv zu bezeichnende Phase des Endometrium kennzeichnete [Beier 1974].

In jüngster Zeit hat die methodische Verbesserung der PAGE durch Herstellung von Gradientengelen und SDS-Vorbehandlung der Proteinproben zu wesentlich breiter aufgefächerten Proteinmustern des menschlichen Uterussekretes geführt, wie Beier-Hellwig et al. nachgewiesen haben [1987, 1988]. Im physiologischen Zyklus finden wir ein typisches Muster für die Ruhephase, die Proliferationsphase und die Sekretionsphase des Endometrium. Die SDS-Uterussekret-Elektrophorese der Einzelprobe weist bis zu 63 Proteinbanden auf, von denen die meisten mit ihrem Molekulargewicht unter 68 KD liegen (Abb. 5-9). Markante Banden der Auftrennung prägen das jeweils typische Bild in den drei Phasen. Das progesteronabhängige Sekretionsmuster, das die rezeptive Phase des Endometrium repräsentiert, ist bereits einen Tag post ovulationem vollständig ausgebildet und bleibt bis zum 25. Tag des 28tägigen Zyklus erhalten. Das rezeptive Muster der Uterussekret-Proteine besteht beim Menschen also länger als nach früheren Studien hätte erwartet werden können. Mit diesem Befund wurde gezeigt, daß die implantationsbereite Phase beim Menschen ausgedehnter ist, als wir es vom reproduktionsbiologischen Tiermodell kennen. Dieses Phänomen erklärt den Erfolg des Embryotransfers nach *in-vitro*-Fertilisation, wobei die Furchungsstadien in der Regel 2–4 Tage früher als nach der natürlichen Fertilisation im Uterus ankommen. Eine solch frühe Exposition der Keime im uterinen Milieu führt dennoch zur Implantation.

Alle biologischen Überlegungen sprechen dafür, daß es innerhalb der Uterussekret-Proteinmuster organspezifische oder schwangerschaftscharakteristische Fraktionen und Banden gibt. In Analogie zum Uteroglobin des Kaninchens kommen auch im menschlichen Uterussekret hormonabhängige „Markerproteine" vor, welche bisher noch nicht ausreichend biochemisch charakterisiert oder isoliert werden konnten. Mit spezifischen Antikörpern wäre eine Lokalisierung, wie sie für das Uteroglobin in den sekretorischen Endometriumzellen des Kaninchenuterus gelingt [Hegele-Hartung und Beier 1985], aufschlußreich.

Der embryo-maternale Dialog stellt eine wesentliche Erkenntnis der Reproduktionsbiologie dar. Mit dem frühesten Zeitpunkt der Aktivität eines neuen individuellen Lebewesens beginnt auch dessen Kommunikation mit dem mütterlichen Organismus zur Steuerung und Feinabstimmung beider Systeme, Embryo und Mutter, um die Etablierung einer Schwangerschaft zu gewährleisten.

5.3 Bildung der Keimscheibe

Der bei Implantationsbeginn schon zweischichtige Embryoblast (Ektoderm und primäres Endoderm) läßt in dem hohen Epithel des Ektoderm einen erweiterten Interzellularspalt mit Flüssigkeitsansammlung erkennen, die erste Anlage der **Amnionhöhle** (Abb. 5-2b). Vom zunächst mehrschichtigen Endoderm ausgehend, grenzt sich ein größerer Teil der Chorionhöhle membranartig mit einer noch unvollständigen inneren Zellauskleidung ab, der **primäre Dottersack.** Der bilaminäre Keim ist damit mit dem primären Endoderm in die Wand des primären Dottersackes, mit dem Ektoderm in die Wand der Amnionhöhle einbezogen. Der Bereich, der sich durch größere Zellhöhe im Berührungsfeld von Ektoderm und primärem Endoderm abgrenzen läßt, wird jetzt **Keimscheibe** genannt. Sie hat zunächst einen Durchmesser von ca. 0,1 mm und vergrößert sich auf ca. 1,3 mm Durchmesser am Ende der Implantation [O'Rahilly 1973]. Die Chorionhöhle, die die Amnionhöhle, die Keimscheibe und den primären Dottersack umschließt, erweitert sich erheblich. Sie wird von Strängen eines zellulären Netzwerkes durchzogen, das die Verbindung zwischen der Oberfläche der beiden primären Höhlen und der cytialen Trophoblastauskleidung herstellt. Alle Vorgänge im frühen Keim, die Amniogenese, die Bildung des primären Dottersackes und seine nachfolgende Umwandlung in einen sekundären Dottersack, die Herkunft des netzigzellulären Materials in der Chorionhöhle und die Erweiterung der Chorionhöhle können noch nicht als endgültig geklärt angesehen werden. Wir folgen mit unserer Darstellung hier im wesentlichen den Ergebnissen einer Nachuntersuchung aller bis dahin bekannten menschlichen Keime durch Luckett [1978] und der weitgehend darauf begründeten Diskussion bei Vögler [1987]. Deutungsprobleme ergeben sich vor allem dadurch, daß aus den meist nur lichtmikroskopischen Befunden an menschlichen Keimen dieses Alters in den verschiedenen Stadien, d.h. aus Zustandsbildern, auf Vorgänge der zellulären Differenzierung rückgeschlossen werden muß.

5.4 Amniogenese

Wie oben beschrieben, ist im Stadium der Anheftung die Segregation von polarem Trophoblast und Ektoblast noch nicht vollständig vollzogen. Beim ersten Auftreten eines erweiterten Interzellularspaltes innerhalb des Embryoblasten treten an der Innenseite des polaren Trophoblasten kleinere Zellen auf, die als **amniogene Zellen** bezeichnet werden. Dieser Übergangsbereich zwischen dem späteren Amnion und dem polaren Trophoblasten hat jahrzehntelange Diskussionen darüber ausgelöst, ob die amniogenen und später die Amnionzellen aus dem Trophoblasten delaminiert werden oder ob die Amnionhöhle als reine „Cavitation“ innerhalb des Ektoblasten („Spaltamnion-Bildung“) entsteht. Die im Stadium 5 b und 5 c (Abb. 5-2c–f) unklare Abgrenzung der Amnionhöhle gegenüber dem Trophoblasten gibt Veranlassung zu der Auffassung, daß sich die primäre Amnionhöhle als erweiterter Interzellularraum innerhalb des Embryoblasten an ihrem Scheitelpunkt **transitorisch** öffnet, daß damit vorübergehend eine **Tropho-Epiblast-Höhle** entsteht, die dann durch Auswachsen von Zellen aus dem Ektoblasten zur jetzt **sekundären Amnionhöhle** wieder geschlossen wird.

Das Amnionepithel ist offenbar zur Flüssigkeitssekretion wie zur Resorption von Flüssigkeit, aber auch von Proteinen befähigt [Schmidt et al. 1982, King 1982, 1985]. Eine besondere Bedeutung für die Semipermeabilität des Amnion kommt der Basalmembran des Amnionepithel zu [King 1985].

Während die Amnionhöhle zunächst sehr viel kleiner als der primäre und nicht wesentlich größer als der sekundäre Dottersack ist, dehnt sie sich in der Folge mehr und mehr aus, umschließt schließlich den gesamten Keim und erreicht in der Nabelbildung von allen Seiten her die Nabelschnur (siehe Kapitel 7.1 Nabelbildung). Für alle früheren und späteren Formbildungsvorgänge grenzt damit der Keim mit seinem Ektoderm an die Amnionflüssigkeit, ist in diese eingebettet und damit der direkten Berührung mit den Fruchthüllen entzogen. Damit ist die Amnionhöhle der „Bewegungsraum“ für den Keim, von den frühesten morphogenetischen Vorgängen an bis hin zu seiner späteren aktiven Bewegung.

5.5 Chorionhöhle

Bei allen bekannten menschlichen Keimen, die den Stadien 5 a und 5 b zuzuordnen sind, ist die Blastocystenhöhle kollabiert. Es kann nicht entschieden werden, ob es sich bei diesem „Implantationskollaps“ [Luckett 1978] wirklich um eine Folge der Implantationsvorgänge oder sogar um einen histotechnischen Artefakt handelt. Vom Stadium 5 c ab beginnt die Blastocystenhöhle sich enorm zu erweitern und enthält zunächst ein weitgehend zellfreies Präzipitat, dann ein lockeres, zelluläres Maschenwerk. Sobald im Trophoblasten die Zottenbildung einsetzt und sich damit das Chorion formt, spricht man nun von einer **Chorionhöhle.** Ihre Weite steigt von ca. 0,6 mm im Stadium 5 b auf mehr als 8 mm im Stadium 7 an [O'Rahilly 1973] (Abb. 5-10). Bis heute kann nicht sicher entschieden werden, wie es zu dieser enormen Ausweitung der „Eikammer“ kommt. Ein wichtiger Grund für die Schwierigkeiten in der Deutung liegt in der Bestimmung der Herkunft jenes zellulären Maschenwerkes, das die Chorionhöhle durchzieht. Der enge Kontakt, den diese Zellen zur Innenseite des Trophoblasten haben, hat vor allem zu der Vorstellung geführt, daß von der Innenseite des Trophoblasten Zellen abgegliedert, delaminiert und in die Blastocystenhöhle abgegeben werden, wo sie sich zu verzweigten mesenchymalen Zellen differenzieren. Neben dem Wachstum des Trophoblasten wäre es also diese Abgabe von Zellmaterial in die Höhle hinein, die zu ihrer Vergrößerung beiträgt.

Demgegenüber steht die besonders durch Luckett

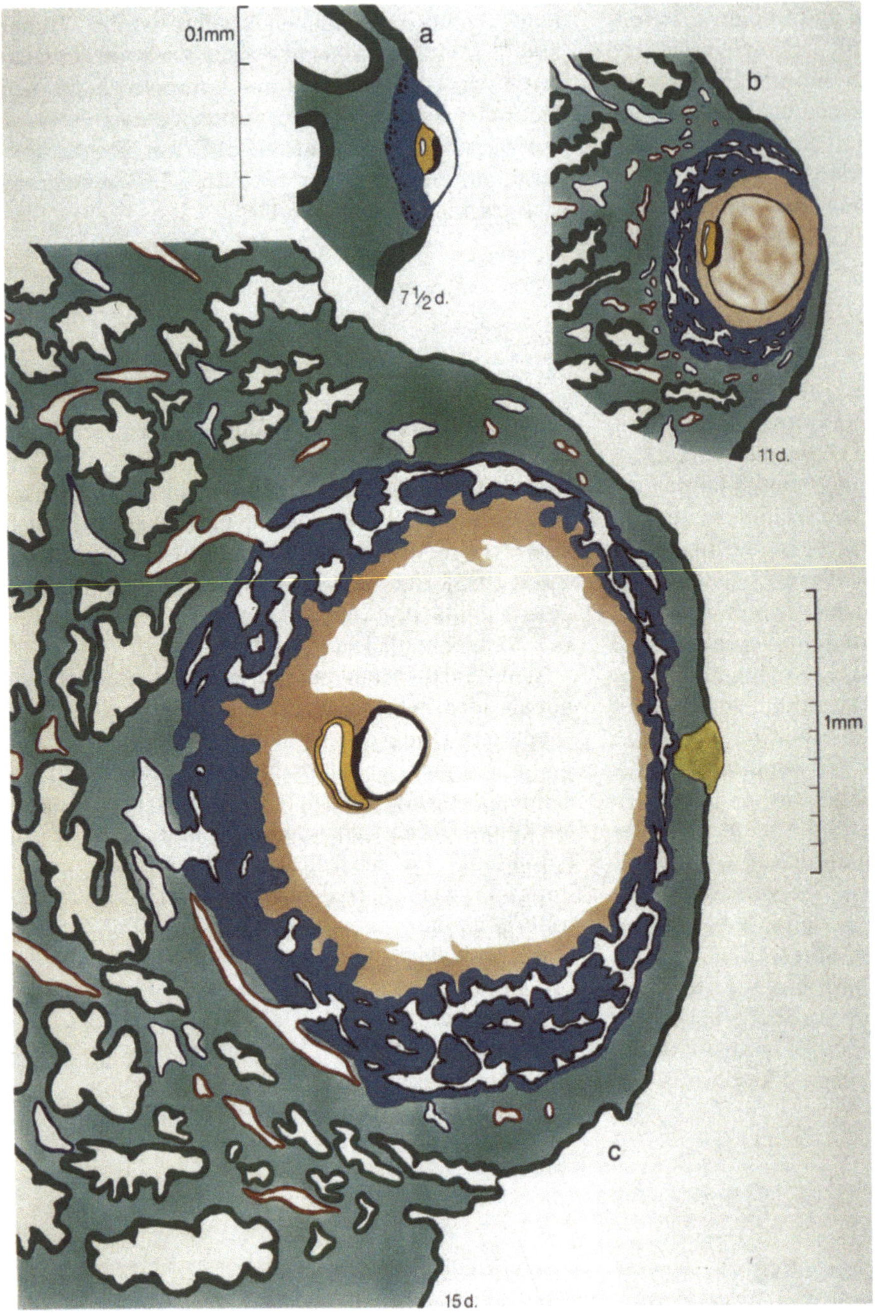

Abb. 5-10a–c. Implantationsstadien im Größenvergleich. Endometrium grün, Trophoblast blau, extraembryonaler Mesoblast orange, Ektoblast gelb, Dottersack grün.
a) STADIUM 5A ohne „Implantationskollaps";
b) STADIUM 5C entspr. Abb. 5-2e und f;
c) STADIUM 7. Beachte den Wechsel im Maßstab von a nach b und c.
[Aus: Hinrichsen 1986]

[1971, 1978] entwickelte und begründete Auffassung, daß eine Delamination von Trophoblastzellen in die Chorionhöhle nicht stattfindet, es sich vielmehr bei diesen reticulären Zellen um überzählige, aus dem Verband ausgegliederte Endodermzellen handelt. Eine weitere Begründung findet diese Vorstellung in dem Befund, daß der Trophoblast gegen die Chorionhöhle durch eine durchgängige Basalmembran abgegrenzt ist [Knoth und Larsen 1972]. Nach der Auffassung von Luckett soll gerade der Kollaps der Blastocystenhöhle Anlaß dafür geben, daß das primäre Endoderm sich zunächst nicht zu einem primären Dottersack formieren kann, sondern in unregelmäßig gefalteten Zellsträngen in die kleine Blastocystenhöhle einwächst. Erst nachdem diese sich als Chorionhöhle erneut zu entfalten beginnt, kann sich der primäre Dottersack bilden.

5.6 Primärer und sekundärer Dottersack

Die Keime vom STADIUM 5 B an haben einen geschlossenen primären Dottersack (PDS), der im Bereich der Keimscheibe aus dem primären Endoderm, z.T. mehrschichtig, vom Rande der Keimscheibe ab von einer ganz dünnen, nicht vollständig geschlossenen Zellage gebildet wird. Diese Zellage liegt einer basalmembranähnlichen Struktur auf, die je nach Deutung als „Exocoelmembran", „Heuser'sche Membran" oder als „PDS-Membran" benannt wird.

Einen besonders groß und deutlich ausgeprägten PDS zeigt die Abbildung 5-2e. Der große primäre Dottersack geht um den 13. Tag herum (STADIUM 6) in den vorübergehend deutlich kleineren sekundären Dottersack über. Ob es sich dabei um eine Öffnung mit anschließender Neuformierung oder um die Abschnürung eines Teiles des PDS zum sekundären Dottersack (SDS) handelt, kann nicht sicher entschieden werden.

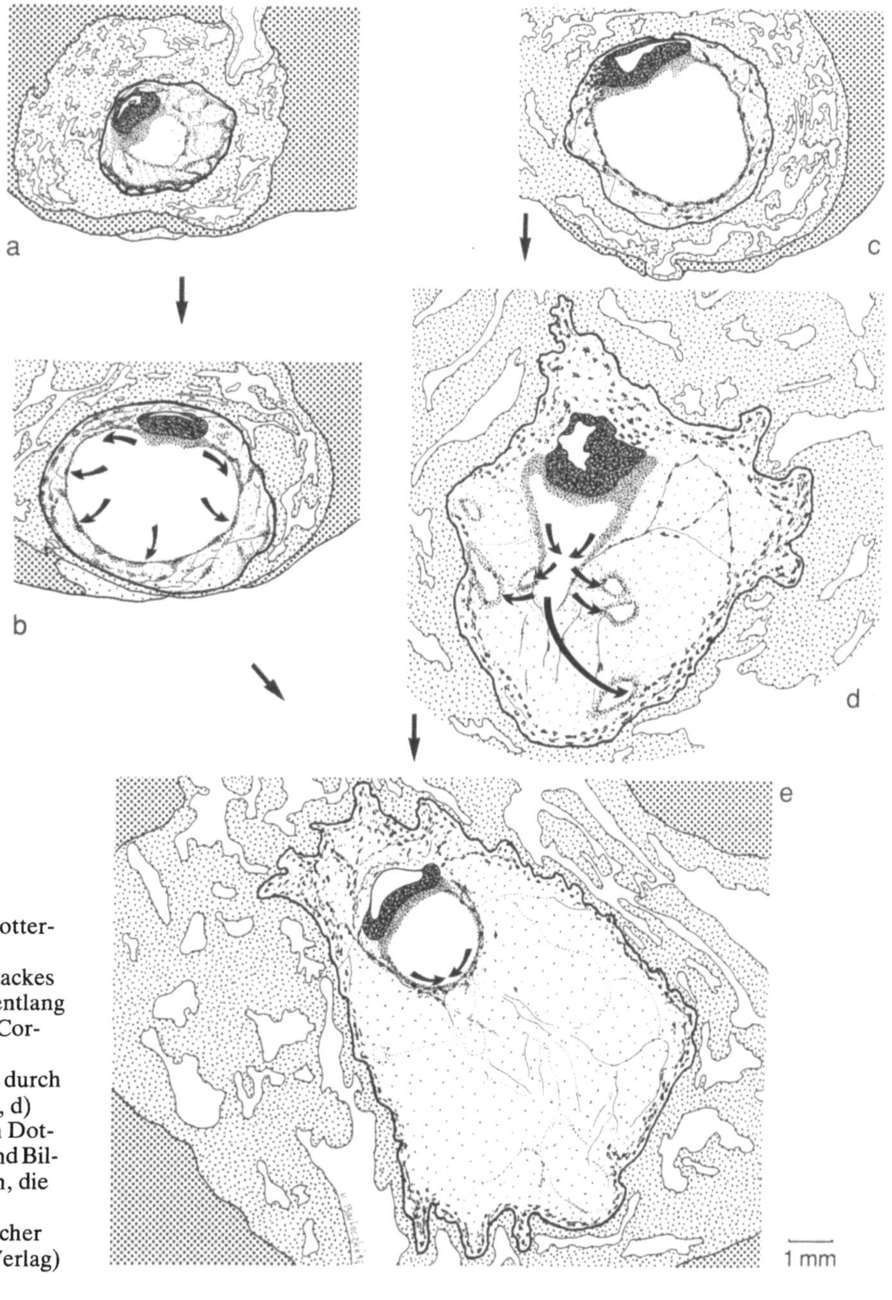

Abb. 5-11a–e. Theorien der Dottersackbildung;
a, b und **e)** Bildung des Dottersackes durch Endodermproliferation entlang einer mesoblastischen Matrix (Corning, Stieve, Gerard);
c–e) Bildung des Dottersackes durch Desintegration des primären (c, d) und Restitution des sekundären Dottersackes (e, Hertig, Luckett) und Bildung von überzähligen Vesikeln, die degenerieren.
(Aus: Vögler 1987, mit freundlicher Genehmigung von Autor und Verlag)

Theorien der Dottersackbildung

Über die Entstehung des SDS stehen sich vier Auffassungen gegenüber, von denen die zwei wichtigsten in Abbildung 5-11 schematisch dargestellt sind.

Spaltbildung. Nach dieser Vorstellung soll im mehrschichtigen Endoderm (analog zur Amnionbildung) durch Erweiterung der Interzellularräume ein neuer Hohlraum entstehen, der sich dann gegen die Exozoelmembran hin ausdehnt. Diese von Strauss [1945] im Rückgriff auf Befunde am Rhesusaffen aufgestellte Theorie wurde vor allem von Starck [1956a, b, 1975] übernommen. Die ursprünglichen Befunde am Rhesusaffen werden für fragwürdig gehalten [Luckett 1978], neuere Befunde zur Stützung dieser Theorie beim Menschen liegen nicht vor [Vögler 1987].

Endodermproliferation. Die älteste Theorie über die Ausbildung des Dottersackes geht davon aus, daß das primäre Endoderm an vorgegebenen Strukturen (z.B. Exocoelmembran) vorwachsend den definitiven Dottersack schließt. Diese Vorstellung hängt sehr eng mit der Frage zusammen, auf welche Weise extraembryonales Mesoderm gebildet wird. Eine frühe Segregierung von extraembryonalen Mesodermzellen im Stadium der Morula [„Morulamesoderm", Stieve 1931, Grosser 1939] sollte nach dieser Vorstellung in die Blastocystenhöhle einwachsen und die Leitstruktur für das Auswachsen des Endoderm bilden [Corning 1921, Gerard 1932].

Abschnürung und Delamination. Die Verkleinerung des Dottersacks durch Abschnürung von membranumschlossenen, endodermausgekleideten Vesikeln, die in die Chorionhöhle übergehen, wurde aus dem Material der Carnegie Collection erschlossen [Heuser et al. 1945]. In einer späteren Publikation vergleicht Hertig [1968] diesen Abschnürungsvorgang mit der Unterteilung einer Seifenblase. An die Außenwand des membranumschlossenen Dottersacks sollen sich nach dieser Vorstellung dann die durch Delamination aus dem Trophoblasten entstandenen Zellen des Hüllmesoblast anlagern. Entwicklungsstadien mit „Exocoelbläschen" sind beschrieben, nicht jedoch der Vorgang der Abschnürung selbst.

Desintegration und Restitution. Wie schon bei der Bildung des primären Dottersackes geht Luckett [1978] von einer rein endodermalen Genese, einem Zerfall des primären Dottersacks und seiner Restitution zum sekundären Dottersack aus (Abb. 5-11c–e). Er knüpft damit an eine Bemerkung von Hertig [1968] an, der bereits von einem möglichen Platzen des primären Dottersacks gesprochen hatte. Luckett [1978] geht jedoch davon aus, daß die in die Blastocystenhöhle und später in die Chorionhöhle einwandernden Zellen, die das zelluläre Maschenwerk aufbauen, nicht trophoblastischen Ursprungs, sondern überschüssige Endodermzellen sind. Er hält also PDS und SDS für rein endodermale Bildungen und hält einen Teil des extraembryonalen Mesoblast für umgewandelte, in der noch sehr engen Chorionhöhle im STADIUM 5 B aufgefaltete Endodermzellen.

Unentschieden bleiben muß auch die Frage, ob die Verbindung des PDS über das zelluläre Maschenwerk der Chorionhöhle zum muralen Trophoblasten zur Desintegration des PDS beitragen kann, weil sich zu dieser Zeit die Chorionhöhle enorm entfaltet. Deutliche Verbindungen des zellulären Reticulum zeigen sich auffälligerweise zum abembryonalen Pol, in den so ausgerichteten Maschen werden auch meist Exocoelblasen gefunden.

5.7 Funktion des Dottersackes beim Menschen

Der Dottersack des Menschen enthält (wie bei allen viviparen Säugern) keinen Dotter. Eine Ernährungsfunktion für den frühen Keim ist daher nicht erwiesen. Es gibt aber biochemische und cytologische Hinweise darauf, daß der Dottersack vor der Bildung eines embryo-placentaren Blutkreislaufs sekretorische und resorptive Funktionen hat. Das einschichtige Dottersack-Endoderm bildet Zellsäulen oder mikrovilli-besetzte Tubuli, die in den Dottersack-Mesoblast hineinragen und das äußere Dottersack-Mesothel erreichen [Hoyes 1969, Shi et al. 1985]. Auf sekretorische Funktionen weisen freie Ribosomen, ausgeprägtes rauhes ER und Golgikomplexe ebenso hin wie die zahlreichen Vesikel („uncoated vesicles") [Hesseldahl und Larsen 1969, Hoyes 1969]. Auch konnten Praealbumin, Albumin und eine Reihe spezifischer Proteine und Enzyme direkt nachgewiesen werden [Gitlin und Pericelli 1970, Gitlin et al. 1972, Shi et al. 1985]. Als Anzeichen für Resorption sind die Mikrovilli sowie die „coated vesicles" zu deuten [Hoyes 1969].

Die Hämatopoese und die Gefäßbildung beginnen in der Dottersackwand [Hesseldahl und Larsen 1971, Fukuda 1973]. Auch wird eine Mitwirkung des Dottersackendoderm bei der Exkretion früher Abbauprodukte des Hämoglobin (vor Einsetzen der Leberfunktion) diskutiert [Hoyes 1969]. Schon Grosser [1927] hatte aus den Größenverhältnissen auf eine vorwiegend exkretorische Funktion geschlossen. Mit diesen Erwägungen und den Befunden zur Proteinsynthese im Dottersackendoderm erlangen frühe Vorstellungen über den Dottersack als Vorläuferorgan der Leber [Spee 1896, Jordan 1907, 1910] neue Bedeutung. Biologisch besonders wichtig ist die frühe Segregation einer eigenen Zell-Linie, die als „Urkeimzellen" in der Dottersackwand entsteht und aktiv amöboid von hier über den Haftstiel und das Meso der frühen Darmanlage in die Keimdrüsenanlagen einwandert (siehe Kapitel 27. Entwicklung der Genitalorgane und Bildung der Gameten).

5.8 Extraembryonaler Mesoblast

Aus den Erörterungen dieses Abschnittes ist schon deutlich geworden, daß für die Deutung der verschiedenen Strukturbildungen während der Implantation die Herkunft des extraembryonalen Mesoblast eine entscheidende Rolle spielt. Hier stehen sich im wesentlichen drei Theorien gegenüber, die schon bei der Beschreibung der Dottersackbildung kurz diskutiert wurden: Delamination von Trophoblastzellen, überschüssig gebildete Endodermzellen mit Umdifferenzierung, eigene Bildung von extraembryonalem Mesoblast aus dem Bereich der Keimscheibe. Nach dieser letzten Vorstellung tritt noch vor der eigentlichen axialen Differenzierung des Keimes und der Bildung des Primitivstreifens am späteren caudalen Rand eine besondere Proliferationszone auf, die schon in frühen Arbeiten zur Primatenentwicklung aufgefallen war [Hill 1932, Florian 1933, Heuser und Streeter 1941].

In der Auffassung Lucketts [1978], wonach aller extraembryonaler Mesoblast aus der Keimscheibe stammen soll, besteht ein gewisser Gegensatz zu seiner eigenen Interpretation bei der Dottersackbildung über das endodermale Netzwerk in der Chorionhöhle. Bisher gibt es keine hinreichend klare Unterscheidungsmöglichkeit zwischen mesenchymal differenzierten Endodermzellen und primären Mesoblastzellen. Unter diesem Gesichtspunkt gewinnt die Auffassung von Starck [1956b] erneut an Bedeutung, der – aus vergleichend embryologischen Gründen – den Hauptbeitrag des Keimscheiben-Mesoblast in unmittelbarer Nähe des Keims, besonders im Haftstiel, sieht. Auch O'Rahilly hält einen Ursprung des Mesoblast sowohl vom Trophoblasten wie vom Keimscheibenrand für weiterhin möglich [O'Rahilly 1973].

5.9 Bildung des Haftstieles

Amnionhöhle und sekundärer Dottersack werden an ihrer Außenseite von einem lockeren Mesoblast bedeckt (Abb. 5-12). Diese Verbindungszone kann nach Florian [1930] zum Amnion hin als „amnio-embryonaler Stiel" bezeichnet werden. In seiner Fortsetzung zum Dottersack hin kann diese mesoblastische Brücke als „Dotterstiel" benannt werden [O'Rahilly 1973: „umbilical stalk"]. Mit der Vergrößerung der Chorionhöhle trennt sich das zelluläre Netzwerk in die Schicht des Hüllmesoblasten und in die Schicht des parietalen Mesoblasten, der innenseitig zum Trophoblasten die Chorionhöhle auskleidet. Die Chorionhöhle dehnt sich auch in den Bereich des amnioembryonalen Stieles aus, gleichzeitig wird die Keimscheibe größer, so daß immer mehr Teile des Amnion außerhalb der eigentlichen Verbindungsbrücke zur Eikammerwand liegen. Vom STADIUM 6 an wird deutlich, daß die nun als **Haftstiel** bezeichnete Brücke mehr zum zukünftig caudalen Körperende hin gelegen ist (Abb. 5-13a und b). Während der amnio-embryonale Stiel mehr und mehr ganz aufgelöst wird (auch der caudale Umschlagsrand des Amnion liegt später außerhalb des Haftstieles, Abb. 6-13), bleibt der Dotterstiel als Haftstiel erhalten (Abb. 5-14a, b). Er wird die erste Gefäßverbindung vom Embryo zum Chorion enthalten und schließlich als Haftstielanteil mit in die Nabelschnur aufgenommen (siehe Kapitel 6.5, Abfaltung des Embryo von der Keimscheibe und 7.1 Nabelbildung).

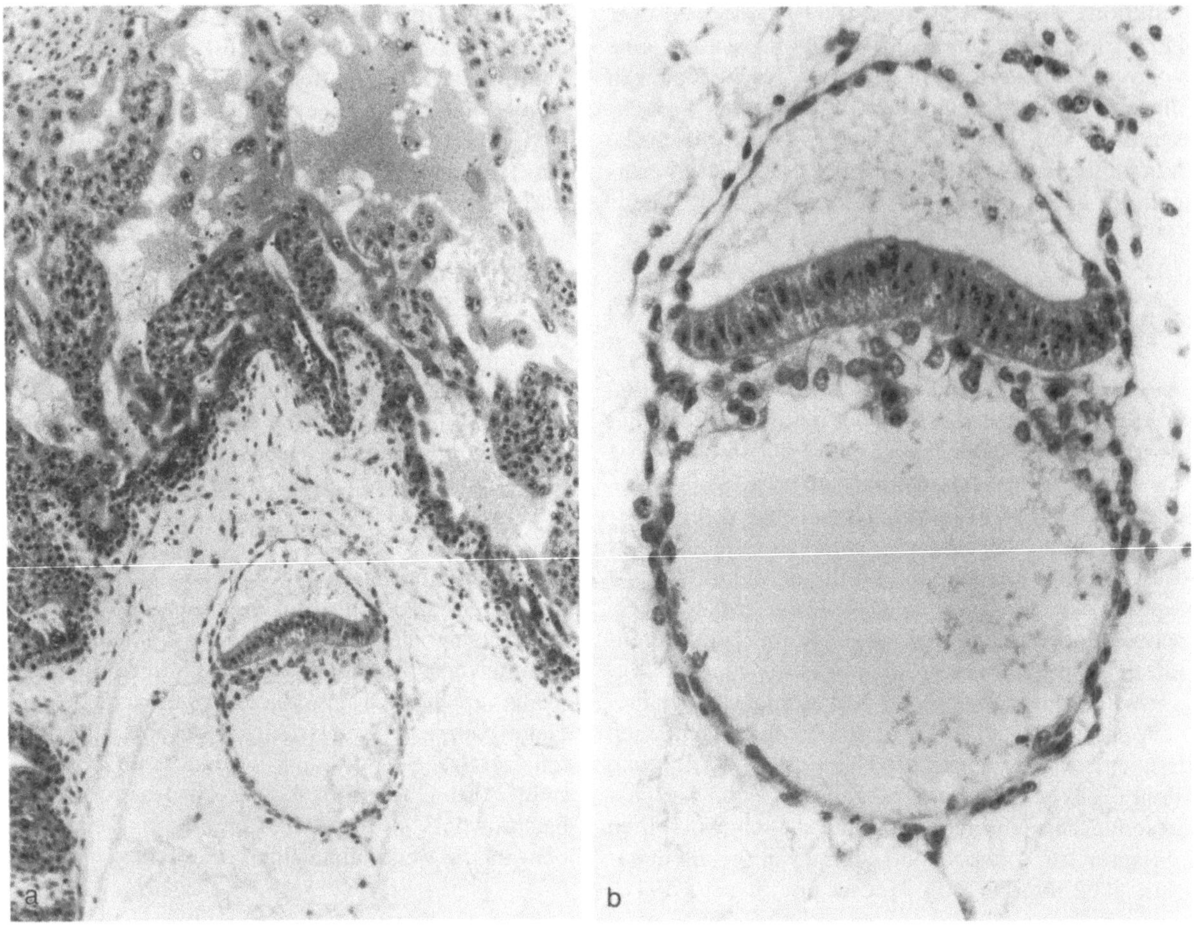

Abb. 5-12a, b. Keim im STADIUM 6 in Übersicht und Ausschnitt. Carnegie Nr. 7801;
a) Von oben nach unten: Kommunizierende, blutgefüllte Lakunen im Syncytiotrophoblast, zur Chorionhöhle hin Cytotrophoblast, parietaler Mesoblast und amnio-embryonaler Stiel. Amnion, Keimscheibe und Dottersack mit Hüllmesoblast bedeckt. 105 : 1;
b) Mittlerer Bereich des Keimes C 7801. Die aufgebogenen Ränder der Keimscheibe gehen mit scharfer Grenze in das dünne Amnionepithel über. Dottersack mit mehrschichtigem visceralen und einschichtigem parietalen Endoderm. Hüllmesoblast wie bei a. 265 : 1
(Mit freundlicher Genehmigung von Prof. O'Rahilly, eigene Aufnahmen aus der Carnegie Collection of Embryology)

5.10 Frühe axiale Differenzierung

Mit der Bildung der Keimscheibe zwischen Amnionhöhle und Dottersack war die zukünftige dorsale und ventrale Seite des Keimes bestimmbar [O'Rahilly 1970]. Soweit morphologisch erkennbar, ist die frühe Keimscheibe zunächst noch unpolarisiert, späteres vorderes und späteres hinteres Körperende sind nicht bestimmbar. Die im Durchmesser wachsende Keimscheibe wird länglich, ohne schon polar orientiert zu sein. Dies ändert sich im STADIUM 6 B, wenn drei Vorgänge das zukünftig caudale Körperende erkennbar werden lassen.

In einem Bereich der Keimscheibe, der von jetzt an als caudal zu bestimmen ist [O'Rahilly 1970], bildet der Dottersack eine schlauchförmige Aussackung in den Haftstiel hinein, das Dottersackdivertikel oder die Anlage der Allantois. (Ein sich gleichzeitig zum Haftstiel hin erstreckendes Amniondivertikel, auch „Amniongang" genannt, wird nicht bei allen Keimen gefunden.)

Die frühe Bildung von extraembryonalem Mesoblast in der Keimscheibe erfolgt von einer Wachstumszone aus, deren Zugehörigkeit zum nachfolgend sich bildenden Primitivstreifen diskutiert wird [Florian 1933, O'Rahilly 1973]. In einem cranial angrenzenden, zunächst sehr kurzen Bereich mit hoher Zellteilungsrate schwindet in einem schmalen mittleren Streifen der Keimscheibe die Grenze zwischen Ektoderm und Endoderm. Hier zahlreich gebildete Zellen

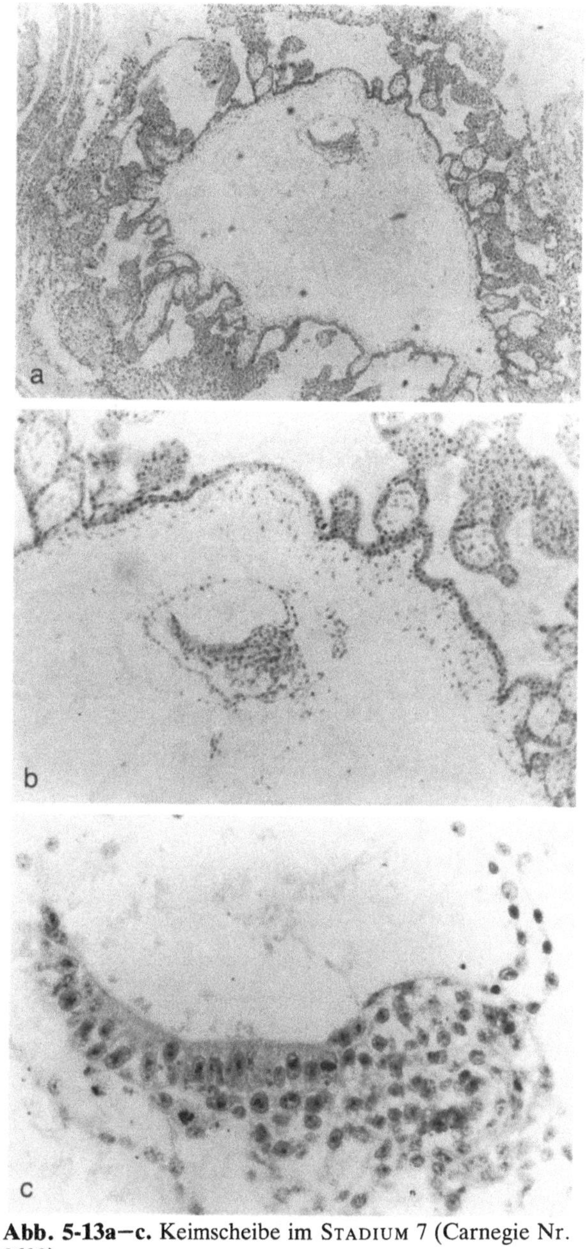

Abb. 5-13a–c. Keimscheibe im Stadium 7 (Carnegie Nr. 8602);
a) Übersicht des ganzen Implantates. 8,8 : 1;
b) Ausschnitt des Chorion mit Keim. 70 : 1;
c) Keimscheibe im Längsschnitt, am rechten Bildrand Mesoblast-Bildungszone. 400 : 1
(Mit freundlicher Genehmigung von Prof. O'Rahilly, eigene Aufnahmen aus der Carnegie Collection of Embryology)

wandern zwischen die beiden Schichten der Keimscheibe als intraembryonaler Mesoblast [O'Rahilly 1973: Abb. 32]. Dies ist der Beginn der Primitivstreifenbildung. Die Ausrichtung des Primitivstreifens präformiert die zukünftige Längsachse des Körpers. In 8 von 10 Fällen wurde der Primitivstreifen im schmaleren Teil der entrundeten Keimscheibe in ihrer Längsachse gefunden [O'Rahilly 1970, 1973]. An seinem caudalen Ende bleibt die Unterwanderung des Ektoderm durch embryonalen Mesoblast aus. Hier liegen, voneinander deutlich trennbar, Ektoderm und Endoderm direkt einander an. Der Bereich wird „Kloakenmembran" genannt. Im Stadium 7 (Abb. 5-13) entwickelt sich aus dem Primitivstreifen ein Zellstrang vom embryonalem Mesoblast in der Mittelebene des Keimes in rostraler Richtung. Dies ist der Chordafortsatz. Vor dem vordersten Abschnitt findet sich eine hufeisenförmige Zone verdickten Endoderm, die Prächordalplatte. Im Stadium 8 erreicht die Prächordalplatte den rostralen Rand der Keimscheibe, Chordafortsatz und Primitivstreifen nehmen je etwa die Hälfte der Länge des Keimschildes ein (Abb. 5-14a, b). Beim weiteren Längenwachstum der Keimscheibe bleibt der Primitivstreifen zurück, er macht im Stadium 9 nur noch etwa ein Achtel der Länge des Chordafortsatzes aus [O'Rahilly 1973]. Der Primitivstreifen läßt schon von Anbeginn an eine mediane Rinnenbildung erkennen, die als „Primitivgrube" bezeichnet wird (Abb. 5-14d–f). Ihr vorderer Rand wird zum Primitivknoten aufgewulstet (Abb. 5-14c). Im zunächst mittleren Abschnitt formt das Material des Chordafortsatzes einen schlauchförmigen Strang und schließt damit ein zentrales Lumen, den Chordakanal, ein. Zeitweilig verschmilzt das Material des Chordafortsatzes mit dem Endoderm, so daß sich der Chordakanal zum Dottersack hin öffnet. Dann besteht eine vorübergehende Verbindung zwischen Primitivgrube (und damit Amnionhöhle) und Dottersack, die als *Canalis neurentericus* bezeichnet wird (Abb. 6-2).

Mit der Bildung des Chordafortsatzes ist die zukünftige mittlere Körperachse etabliert [„Primitivachse", Minot 1894]. Mit dem Chordafortsatz ist ein Zellmaterial abgegliedert worden, das zur Bildung des intraembryonalen Mesoblast beiträgt, im wesentlichen aber in das Material der definitiven Chorda übergeht. Dies ist zugleich das Zellmaterial, das durch seine Unterlagerung des Ektoderm dort die nächste Entwicklung (siehe Kapitel 6.2 Neurulation und 6.4 Individuation) auslöst. Zum ersten Mal ist damit das Keimmaterial auf eine zukünftige körperliche Gestalt hin geordnet.

Mit der Bildung eines Chordafortsatzes ist aber auch entschieden, daß aus dem soweit entwickelten Keim **ein** Individuum entstehen wird. Die Chordafortsatzbildung ist der Vorgang und Zeitpunkt, der letztmalig eine Bildung eineiiger Zwillinge möglich macht. Würden sich (in einer vielleicht besonders großen Keimscheibe) zwei parallele Chordafortsätze bilden, so würden diese die Körper-Mittelachsen zweier zukünftiger Körper sein. Eine partielle Teilung des Chordafortsatzes würde zu jenen Doppelbil-

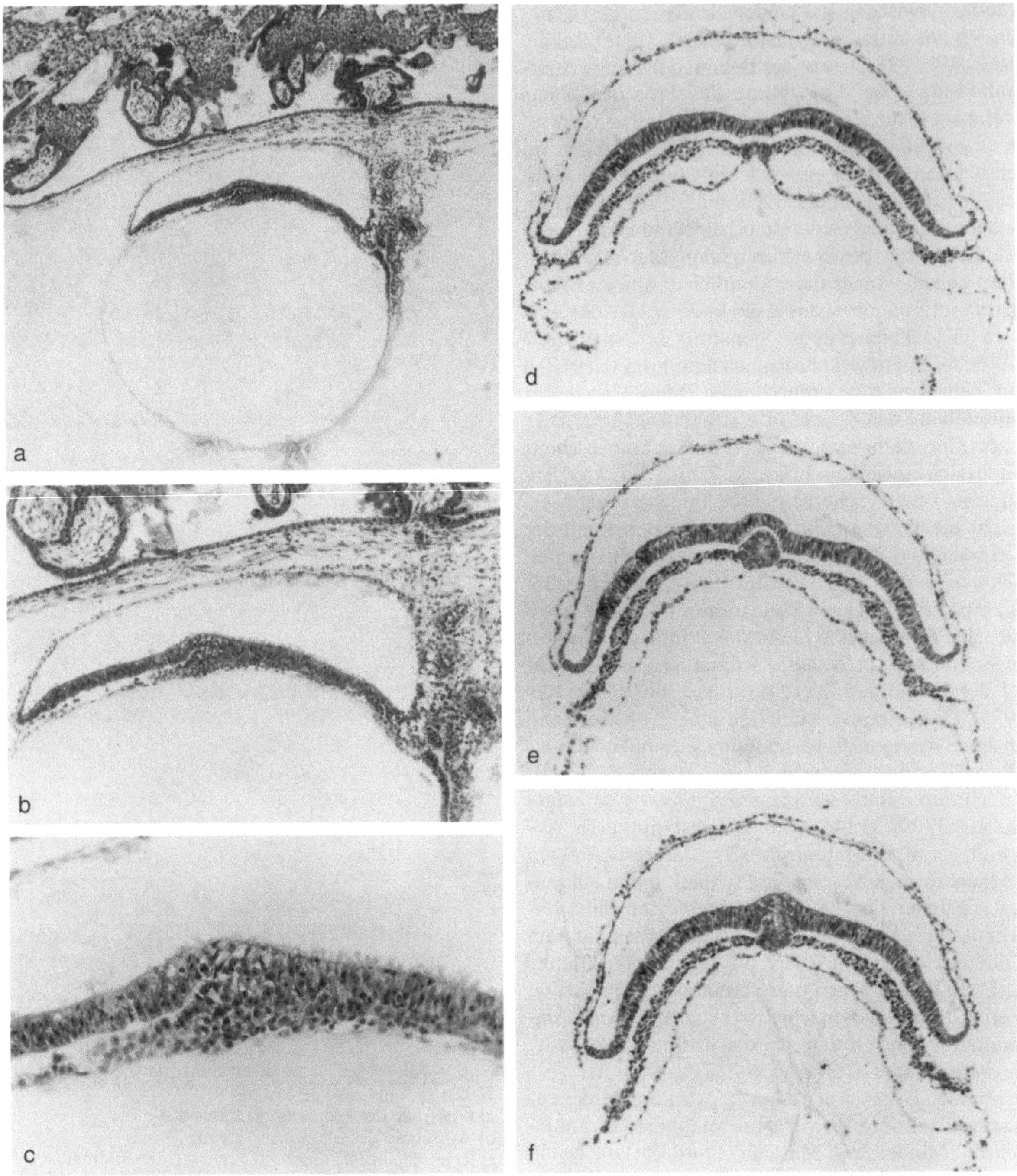

Abb. 5-14a–f. Keimscheiben im Stadium 8.
a–c) Längsschnitte durch den Keim (Carnegie Nr. 9009);
a, b) Ein Spalt der Chorionhöhle trennt das Amnion vom Chorion. Deutlicher Haftstiel mit Anschnitten der nicht in der Schnittebene liegenden Allantoisanlage. (a = 60 : 1; b = 96 : 1);
c) Ausschnitt im Bereich von Primitivstreifen, -knoten und beginnendem Chordafortsatz. 240 : 1;
d–f) Querschnitte durch den Keim (Carnegie Nr. 5960) im Niveau des vorderen Endes des Chordafortsatzes (**d,** in das Endoderm integriert), des Chordakanals (**e**) und des Primitivknotens (**f**). 68 : 1
(Mit freundlicher Genehmigung von Prof. O'Rahilly, eigene Aufnahmen aus der Carnegie Collection of Embryology)

dungen führen, bei denen die Nichttrennung der Körper unterschiedliche Ausmaße haben kann. An der Vogelkeimscheibe führt eine experimentelle Teilung des Chordafortsatzes zu solchen unterschiedlich weit reichenden Doppelbildungen, die demnach nicht als zusammengewachsen („Conjoined twins"), sondern als unvollständig getrennt, im getrennten Teil aber als Doppelbildung, zu betrachten sind.

5.11 Implantationsstörungen

Wichtige Voraussetzung für eine reguläre Implantation ist die zeitliche Abstimmung zwischen der Entwicklung des Eies und dem endometrialen Zyklus. Am Beginn des **6. Entwicklungstages** trifft ein am **14. Zyklustag** ovuliertes und befruchtetes Ei auf ein Endometrium des **20. Tages.** Bei längerem Abstand von Ovulation und Befruchtung ist die Phasenentwicklung des Endometrium noch näher an das Ende der Menstrualperiode verschoben. Die Aufnahme des Eies muß soweit fortgeschritten sein, daß seine hormonale Rückwirkung auf das mütterliche Hormonsystem rechtzeitig genug erfolgt, um den Zusammenbruch der Uterusschleimhaut zu verhindern (siehe Abschnitt 5.2 Entwicklungsbiologie des frühen Keimes, dort auch Diskussion der Immunsuppression).

Eine ungenügende Eindringtiefe des Eies in der initialen Implantation führt zu ungenügender Ausbildung von Trophoblastlakunen und zur ungenügenden Ernährung des Keimes. Morphologisch von der Norm abweichende Formen von Keimscheiben sind in solchen Keimen beschrieben [z.B. Hertig et al. 1956]. Mangelhafte Ausbildung des Trophoblasten mit der Folge ungenügender hormonaler Rückkoppelung und überschüssige Trophoblastbildung („Blasenmole") kommen vor. Bei nicht vollständiger Abstoßung eines gestörten Keimes kann verbleibendes Trophoblastgewebe weiter wachsen oder sogar maligne entarten (Chorionepitheliom).

Die Erfolgsrate bei extracorporaler Befruchtung und Embryotransfer liegt – bei einzelnen Klinikgruppen unterschiedlich – z.B. zwischen 18% und 29% [Edwards und Streptoe 1985], sie hängt von der Zahl der transferierten Keime ab [Beier 1985]. Als „normale" Implantationsrate unter optimalen Fertilitätsbedingungen ermittelten Hertig et al. [1956] 70%–75%. Von diesen Keimen überlebten aber nur 58% die frühe Implantation. Als „Erfolgsrate" unter natürlichen Bedingungen gehen neuere Schätzungen von 35%–40% aus [Edwards 1980].

Regulärer Implantationsort ist die hintere obere Wand des Uterus. Andere Implantationsstellen im Uterus sind möglich, Komplikationen können bei tiefer liegenden Implantationen entstehen, wenn später die größer werdende Placenta an den Cervixkanal heranreicht **(Placenta praevia marginalis)** oder diesen sogar überdeckt **(Placenta praevia totalis,** siehe auch Kapitel 9. Placenta).

Extrauterine Implantationen führen zu schweren klinischen Komplikationen. Häufigster extrauteriner Implantationsort ist die Tuba uterina, z.B. bei gestörtem Tubentransport des Eies. Die Arodierung der Tubenwand durch den invasiven Trophoblasten und ihr mangelndes Dehnungsvermögen führen nach unterschiedlich langer Entwicklung zur Ruptur mit massiver abdomineller Blutung. Die Tubarkeime sind oft mangelhaft ausgebildet oder als Keime gar nicht nachweisbar (nur Trophoblast-Gewebe). Auf die mögliche Verzögerung einer Entwicklung wurde schon hingewiesen (S. 38). Im Abdomen können ausnahmsweise Implantationen an gut durchbluteten Peritonealfalten (Mesenterien, Mesosalpinx) erfolgen. Als klinische Symptomatik steht hier neben der plötzlichen, massiven Blutung auch eine andauernde Sikkerblutung mit Störungen des Gerinnungssystems („Verbrauchskoagulopathie") im Vordergrund. Angesichts der hohen Rate und der Gefährlichkeit der Komplikationen sowie der extrem seltenen extrauterinen Entwicklung eines Keimes bis zur Überlebensfähigkeit, müssen Überlegungen als absurd und medizinisch ganz unangemessen gelten, daß nach *in-vitro*-Fertilisation ein Keim auch operativ in den Peritonealraum eines **Mannes** zur Erzeugung einer Abdominalgravidität überführt werden könne.

5.12 Literaturverzeichnis

Angle MJ, Jones MA, McManus LM, Pinckard RN, Harper MJK (1988) Platelet-activating factor in the rabbit uterus during early pregnancy. J Reprod Fert 83:711–722

Balling R, Haaf H, Maydl R, Metzler M, Beier HM (1985) Oxidative and conjugative metabolism of diethylstilbestrol by rabbit preimplantation embryos. Dev Biol 10: 370–374

Beier HM (1973) Die hormonelle Steuerung der Uterussekretion und frühen Embryonalentwicklung des Kaninchens. Habilitationsschrift, Medizinische Fakultät, Universität Kiel, S 1–216

Beier HM (1974) Oviductal and uterine fluids. J Reprod Fert 37:221–237

Beier HM (1976) Control of human implantation. Int Workshop on Human Fertilization. Essen 1976. Abstr Bd p 24. Excerpta Medica, Amsterdam

Beier HM (1978) Uteroglobin and related biochemical changes in the reproductive tract during early pregnancy in the rabbit. J Reprod Fert Suppl 25:53–69

Beier HM (1985) Embryonale Signale zu Beginn der Schwangerschaft. Verh Ges Dtsch Naturforsch Ärzte 113:419–436

Beier HM, Beier-Hellwig K (1973) Specific secretory protein of the female genital tract. Acta Endocrinol [Suppl] (Copenh) 180:404–425

Beier-Hellwig K, Beier HM, Bonn B, Goecke C (1987) Diagnostik der Proteinsekretion des Uterus durch Abradul-Mikroproben-Entnahme. Arch Gynecol 242:192–194

Beier-Hellwig K, Sterzig K, Beier HM (1988) Zur Rezeptivität des Endometriums: Die Diagnostik der Proteinmuster des menschlichen Uterussekretes. Fertilität 4:128–134

Braude P, Bolton V, Moore S (1988) Human gene expression first occurs between the four- and eight-cell stages of preimplantation development. Nature 332:459–461

Cavangh AC (1984) Production in vitro of mouse early pregnancy factor and purification to homogeneity. J Reprod Fert 71:581–592

Chambon Y (1949) Besoins endocriniens qualitatifs et quantitatifs de l'ovoimplantation chez la lapine. CR Soc Biol (Paris) 143:1172

Corning HK (1921) Lehrbuch der Entwicklungsgeschichte des Menschen. Bergmann, München

Csapo AI, Pulkkinen MO, Ruttner B, Sauvage JP, Wiest WG (1972) The significance of the human corpus luteum in pregnancy maintenance. Am J Obstet Gynecol 112:1061

Edwards RG (1980) Conception in the human female. Academic Press, London

Edwards RG, Streptoe PC (1985) Current status of in-vitro fertilisation and implantation of human embryos. Hum Reprod Pilot Issue: 6–10

Edwards RG, Purdy JM, Streptoe PC (eds) (1985) Implantation of the human embryo. Academic Press, London Tokyo

Enders AC, Hendrickx AG, Schlafke S (1983) Implantation in the rhesus monkey: Initial penetration of endometrium. Am J Anat 167:275–298

Florian J (1930) The formation of the connecting stalk and the extension of the amniotic cavity towards the tissue of the connecting stalk in young human embryos. J Anat 64:454–476

Florian J (1933) The early development of man, with special reference to the development of mesoderm and the cloacal membrane. J Anat 67:263–276

Fukuda T (1973) Fetal hemopoiesis. I: Electron microscopic studies on human yolk sac hemopoiesis. Virchows Arch [B] 14:197–213

Garner PR, Armstrong DT (1977) The effect of human chorionic gonadotropin and estradiol-17β on the maintenance of the human corpus luteum of early pregnancy. Am J Obstet Gynecol 128:469–475

Gerard P (1932) Etudes sur l'ontogénèse chez les l'émuriens du genre Galago. Arch Biol 43:93–151

Gitlin D, Pericelli A (1970) Synthesis of serum albumin, prealbumin, alphafetoprotein, alpha-1-antitrypsin and transferrin by the human yolk sac. Nature 228:995–997

Gitlin D, Pericelli A, Gitlin GM (1972) Synthesis of alphafetoprotein by liver, yolk sac and gastrointestinal tract of human conceptus. Cancer Res 32:979–982

Grosser O (1927) Frühentwicklung, Eihautbildung und Placentation des Menschen und der Säugetiere. Bergmann, München

Grosser O (1939) Die Herkunft des Mesoderm beim Menschen. Z Mikrosk Anat Forsch 46:640–654

Heap RB, Flint APF (1984) Pregnancy. In: Austin CR, Short RV (eds) Reproduction in mammals, Vol 3. Hormonal control of reproduction. Cambridge University Press, Cambridge

Hegele-Hartung C, Beier HM (1985) Immunocytochemical localization of uteroglobin in the rabbit endometrium. Anat Embryol 172:295–301

Hertig AT (1968) Human trophoblast. Thomas, Springfield, Ill.

Hertig AT, Rock J, Adams EC (1956) A description of 34 human ova within the first 17 days of development. Am J Anat 98:435–493

Hesseldahl H, Larsen JF (1969) Ultrastructure of human yolk sac: endoderm, mesenchyme, tubules and mesothelium. Am J Anat 126:315–336

Hesseldahl H, Larsen JF (1971) Hemopoiesis and blood vessels in human yolk sac. Acta Anat 78:274–294

Heuser CH, Streeter GL (1941) Development of the macaque embryo. Carnegie Inst Wash Publ 394, Contrib Embryol 29:15–55

Heuser CH, Rock J, Hertig AT (1945) Two human embryos showing early stages of the definitive yolk sac. Carnegie Inst Wash Publ 557, Contrib Embryol 31:85–99

Hill JP (1932) The developmental history of the Primates. Phil Trans R S London B 221:45–178

Hinrichsen KV (1986) Slides on human embryology. Bergmann, München

Hochfeld A, Beier HM, Denker H-W (1990) Changes of intermediate filament protein localization in endometrial cells during early pregnancy. In: Denker HW, Aplin JD (eds) Trophoblast Invasion an Endometrial Receptivity: Novel Aspects of the Cell Biology of Embryo Implantation. Trophoblast Res, vol 4 (in press). Plenum Medical Book Company, New York, N.Y.

Hoorn G van, Denker H-W (1975) Effect of the blastocyst on a uterine amino acid arylamidase in the rabbit. J Reprod Fert 45:359–362

Hoyes AD (1969) The human foetal yolk sac. Z Zellforsch 99:469–490

Humphrey DM, McManus LM, Satouchi K, Hanahan DJ, Pinckard RN (1982) Vasoactive properties of acetyl glyceryl ether phosphorylcholine and analogues. Lab Invest 46:422–427

Jones SG (1976) The luteal phase defect. Fertil Steril 27:351–356

Jordan HE (1907) The histology of the yolk sac of a 92 mm human embryo. Anat Anz 31:291–303
Jordan HE (1910) A further study of the human umbilical vesicles. Anat Rec 4:341–353
King BF (1982) Cell surface specializations and intercellular junctions in human amniotic epithelium: an electron microscopic and freeze fracture study. Anat Rec 203:73–82
King BF (1985) Distribution and characterization of anionic sites in the basal lamina of developing human amniotic epithelium. Anat Rec 212:547–562
Knoth M, Larsen JF (1972) Ultrastructure of a human implantation site. Acta Obstet Gynecol Scand 51:385–393
Krafka J (1941) The Torpin ovum, a presomite human embryo. Carnegie Inst Wash Publ 525, Contrib Embryol 29:167–193
Luckett WP (1971) The origin of extraembryonic mesoderm in the early human and rhesus monkey embryos. Anat Rec 169:369–370
Luckett WP (1978) Origin and differentiation of the yolk sac and extraembryonic mesoderm in presomite human and rhesus monkey embryos. Am J Anat 152:59–98
Minot CS (1894) Lehrbuch der Entwickelungsgeschichte des Menschen. (Deutsche Ausgabe mit Zusätzen des Verfassers von S Kaestner). Veit & Comp, Leipzig, S 175
Mootz U (1979) Rasterelektronenmikroskopische Untersuchungen an der implantationsbereiten Blastozyste des Kaninchens. Verh Anat Ges 73:435–444
Morton H, Hegh V, Clunie GJA (1974) Immunosuppression detected in pregnant mice by rosette inhibition test. Nature (London) 249:459–460
Morton H, Rolfe BE, Cavanagh AC (1987) Ovum factor and early pregnancy factor. Curr Top Dev Biol 23
O'Grady JE, Bell SC (1977) The role of the endometrium in blastocyst implantation. In: Johnson MH (ed) Development in Mammals, vol 1. Elsevier, Amsterdam, pp 165–244
O'Neill C (1985a) Examination of the causes of early pregnancy-associated thrombocytopenia in mice. J Reprod Fert 73:567–577
O'Neill C (1985b) Partial characterization of the embryo-derived platelet-activating factor in mice. J Reprod Fert 75:375–380
O'Neill C, Saunders DM (1984) Assessment of embryo quality. Lancet IV:1035
O'Rahilly R (1970) The manifestation of the axes of the human embryo. Z Anat Entw Gesch 142:50–57
O'Rahilly R (1973) Developmental stages in human embryos Part A: Embryos of the first three weeks (stages 1 to 9). Carnegie Inst Wash Publ 631
Saxena BB, Hasan SH, Haour F, Schmidt-Gollwitzer M (1974) Radioreceptor assay of human chorionic gonadotropin: detection of early pregnancy. Science 184: 793–795
Schmidt W, Pfaller K, Schwarzfurtner H (1982) Licht- und elektronenmikroskopische Untersuchungen an den Eihäuten des Menschen. Zentrabl Gynäkol 104:385–396
Seppälä M, Rutanen E-M, Jalanko H, Lehtovirta P, Stenman U-H, Engvall E (1978) Pregnancy-specific β_1-glycoprotein and chorionic gonadotropin-like immunoreactivity during the latter half of the cycle in women using intrauterine contraception. J Clin Endocrinol Metab 47: 1216–1219
Shi WK, Hopkins B, Thompson S, Heath JK, Luke BM, Graham CF (1985) Synthesis of apolipoprotein, alphafetoprotein, albumin and tranferrin by human foetal yolk sac and other foetal organs. J Embryol Exp Morphol 85:191–206
Smith SK, Kelly RW (1988) Effect of platelet-activating factor on the release of $PGF_{-2\alpha}$ and PGE_{α} by separated cells of human endometrium. J Reprod Fert 82:271–276
Spee F Graf von (1896) Zur Demonstration über die Entwicklung der Drüsen des menschlichen Dottersackes. Anat Anz 12:76–79
Spinks NR, O'Neill C (1987) Embryo-derived platelet-activating factor is essential for establishment of pregnancy in the mouse. Lancet 1:106–107
Starck D (1956a) Die Frühphase der menschlichen Embryonalentwicklung und ihre Bedeutung für die Beurteilung der Säugerontogenese. Erg Anat Entw Gesch 35:133–175
Starck D (1956b) Primitiventwicklung und Plazentation der Primaten. Primatologia 1:723–886
Starck D (1975) Embryologie, 3. Aufl. Thieme, Stuttgart
Stieve H (1931) Die Dottersackbildung beim Ei des Menschen. Anat Anz 72:44–56
Strauss F (1945) Gedanken zur Entwicklung des Amnions und des Dottersackes beim Menschen. Rev Suisse Zool 52:213–229
Vögler H (1987) Blastogenesis – the development of extraembryonic cavities in the human. Bibl Anat 30
Wedmore CV, Williams TJ (1981) Platelet activating factor (PAF) a secretory product of polymorphonuclear leucocytes increases vascular permeability in rabbit skin. Br J Pharmacol 74:916–917

6. Embryogenese

K. V. Hinrichsen

6.1 Bildung des mittleren Keimblattes

Von der Bildung der Keimscheibe im Stadium 5 (7 Tage) bis zum frühen Stadium 6 (13 Tage) bestand der Keim nur aus zwei, durch eine Basalmembran getrennten Schichten: Ektoderm und Endoderm. Beide tragen zur Bildung einer dritten, mittleren Schicht bei, die als „mittleres Keimblatt" zwischen Ektoderm und Endoderm einwandert und so äußeres und inneres Keimblatt trennt. Wie schon in Kapitel 5.10 Frühe axiale Differenzierung beschrieben, beginnt kurz vor der Bildung des Primitivstreifens aus einer mitosenreichen mittleren Zone des Ektoderm eine Wanderung von Zellen, die sich aus dem Epithelverband lösen und als freie, mesenchymale Zellen zwischen die beiden Schichten der Keimscheibe einwandern.

Im Stadium 7 (16 Tage) wird vom Primitivstreifen aus nicht nur der Chordafortsatz gebildet, in seiner ganzen Länge wandern aus dem besonders teilungsaktiven Primitivstreifen Mesoblastzellen in das mittlere Keimblatt und gewinnen seitlich ohne erkennbare Grenze Anschluß an den Hüllmesoblast. Auch zum nun bestimmbaren caudalen Körperende hin wandern Mesoblastzellen aus dem Primitivstreifen in den Haftstiel [Florian 1933, O'Rahilly 1973] (Abb. 6-1).

Das Endoderm hat nur einen umschriebenen Bereich erhöhter Zellteilungsaktivität im vorderen Keimabschnitt, es bildet hier rostral vor dem Ende des Chordafortsatzes die Praechordalplatte (Abb. 6-1, 6-13) [O'Rahilly 1973, bei Halbaffen: Hill und Florian 1963].

Ein weiterer Beitrag zum Mesoblast kann aus dem Endoderm im Bereich des Primitivstreifens entstehen, wo die beiden Schichten des Endoderm und Ektoderm z.T. morphologisch nicht zu trennen sind. Auch wird ein Einwandern vom Hüllmesoblast am Keimscheibenrand nicht ausgeschlossen [O'Rahilly 1973], wenn auch nicht mehr – wie in früheren Darstellungen [Starck 1975] – als die Hauptquelle des intraembryonalen Mesoblast gedeutet. Daß auch direkt aus dem Ektoderm, ohne den „Umweg" über den Primitivstreifen Zellen in das mittlere Keimblatt eintreten können, wurde mit der Cholinesterase-Methode am Hühnchen gezeigt [Drews et al. 1967, Penner und Brick 1984] (siehe auch Kapitel 2. Methoden und Abb. 2-7).

Die cytologischen Mechanismen der Bildung des Primitivstreifens und des mittleren Keimblattes sind noch keineswegs voll geklärt. Bellairs [1986] betont als Voraussetzungen für eine mesoblastische Einwanderung die Auflösung der Basalmembran und die „Entepithelialisierung" der Zellen im Primitivstreifen. Die aktive Verformung der Zellen durch Verlust der Desmosomen sowie Neuordnung und Aktivierung des Cytoskelets sind ebenso bedeutsam wie Änderungen der Zell-Adhäsivität, des Cell-Coats und die Bildung von Filopodien.

Von der mesoblastischen Unterwanderung ausgespart werden zwei umschriebene Abschnitte am rostralen und am caudalen Körperende: Rostral zur Praechordalplatte bleiben in der Rachenmembran, caudal zum Primitivstreifen in der Kloakenmembran Ektoderm und Endoderm in direktem Kontakt. Diese Membranen sind in ihrem Zellbestand teilungsarm, sie werden später rückgebildet und so die Mundöffnung (im Stadium 11) und (nach Unterteilung durch das Septum urorectale, im Stadium 20) die Öffnung des Anus und des Sinus urogenitalis freigeben (Abb. 6-13). Im Stadium 8 (18 Tage) ist die mesoblastische Unterwanderung des Ektoderm vollständig (Abb. 6-1, 6-3, 6-4), wenn auch von unterschiedlicher Zelldichte. Sie ist am größten seitlich des Primitivstreifens. Aus einer im Stadium 7 etwas zellreicheren Zone bildet sich am rostralen Keimscheibenrand im Übergang zum Hüllmesoblast des Dottersackes ein besonders zellarmer Bereich aus, der als erste Anlage des Perikardialraumes gedeutet wird (siehe auch Bildung des intraembryonalen Coelom, S. 134, und Abb. 6-13 bis 6-15).

Ein für alle Vertebraten typisches Merkmal ist die Rückbildung des Primitivstreifens in dem Maße, wie der Chordafortsatz sich verlängert. An der lebenden Hühnerkeimscheibe kann beobachtet werden, wie sich der Primitivknoten nach caudal verlagert. Als eine Art „Umfaltung" mit geringem Wanderungsweg der Zellen wird dies „regression movement" beschrieben [Bellairs 1971].

6.1.1 Mesoblast-Einwanderung und Gastrulation

Ein großer Teil der Zellen, die als Chordafortsatz oder als Mesoblast zwischen die zwei Schichten des Keimes einwandern und das Mesoderm bilden, war – soweit sie nicht im Primitivstreifen durch mitotische Teilung erst neu gebildet wurden – zuvor im *Ektoblast,* im Falle der Praechordalplatte und der von ihr ausgehenden Zellen im *Endoderm,* gelegen. Dieser – beim Menschen nur aus den Zustandsbildern indirekt zu erschließende – Wanderungsvorgang hat große Ähnlichkeit mit jenen Zellbewegungen, die durch Farbstoffmarkierung an der Vogelkeimscheibe [Spratt 1957, Spratt und Haas 1965] erschlossen wurden. Ist schon die Endodermbildung bei Vögeln und Säugern von der Urdarmbildung der Holoblastier erheblich verschieden, so kann auch die Bildung eines Hohlraumes im Chordafortsatz („Chordakanal") nicht mit der Gastrulation bei den Amphibien gleichgesetzt werden. Er ist eher als „phyletischer Rest" eines Invaginationsvorganges zu deuten [Starck 1975]. Ein funktionell nicht klar deutbarer Vorgang ist die zeitweilige Einbeziehung der Zellen des Chordafortsatzes in das Endoderm als Chordalplatte. Das volle Ausmaß dieser Integration ist an menschlichen Keimen erst durch die neueren Rekonstruktionen vom Stadium 6 bis zur Neuformierung der eigentlichen Chorda im Stadium 11 erkannt worden [O'Rahilly 1973, Müller und O'Rahilly 1986]. Das Chordamaterial bildet als Chordalplatte in dieser Zeit einen mittleren, streifenförmigen Abschnitt des Endoderm, das noch Bestandteil des definitiven Dottersackes und noch nicht zum Darm formiert ist. Ob damit die Chordalplatte einem „Urdarmdach" vergleichbar wird, muß unentschieden bleiben. Für die Frühentwicklung des Menschen sollten die Bildung des Chordafortsatzes und der definitiven Chorda, die Bildung eines Chordakanals und die zeitweilige Existenz eines Canalis neurentericus in ihrer Eigenart beschrieben und nicht unmittelbar mit der Gastrulation verglichen werden. Dennoch ist davon auszugehen, daß „im Primitivstreifen oder im Primitivknoten ( ) ein wichtiges Induktionszentrum (liegt), das für die Bildung der embryonalen Achsenorgane verantwortlich ist" [Starck 1975, S. 240].

Durch die Eingliederung der Zellen des Chordafortsatzes in das Endoderm besteht eine offene Verbindung von der Primitivrinne über den Chordakanal zum Dottersack (Canalis neurentericus, s.a. Kapitel 5.10). Die Länge dieses Kanals variiert erheblich, je nachdem wie weit der Chordafortsatz schon zur Chordalplatte umgewandelt ist [O'Rahilly 1973]. Eine funktionelle Bedeutung dieser Verbindung ist unklar. Ein für diese Entwicklung typischer Keim ist in den Abbildungen 6-2 und 6-10a dargestellt.

6.1.2 Gliederung des Mesoblast

Der parachordale, paraxiale Mesoblast läßt schon bald nach seiner Entstehung eine Gliederung von medial nach lateral und in cranio-caudaler Abfolge erkennen. Mit der Auffaltung der Neuralwülste wird der Raum zwischen Neuralepithel und Endoderm ganz von Mesoblast erfüllt, an gut fixierten Präparaten (Abb. 6-4) ist eine Gliederung in paraxiale Stamm- und laterale Seitenplatten noch nicht erkennbar. Für alle Vertebraten charakteristisch ist das Auftreten einer *Metamerie* im paraxialen Bereich, die durch eine epitheliale Organisation der Mesoblastzellen zu kugelförmigen *Somiten*paaren herbeigeführt wird. Die beginnende Bildung erster Somiten wird beim Menschen im Stadium 9 gefunden (Abb. 6-3), sie liegen im späteren Occipitalbereich und entstehen noch vor dem Neuralrohrschluß [Müller und O'Rahilly 1983]. Die epitheliale Organisation der Somiten ist an der dorsalen Fläche und an den Umschlagsrändern deutlicher ausgeprägt als in ihren nach medioventral zur Chorda hin gerichteten Ausläufern (Abb. 6-6). Im Innern bildet sich ein zellarmes Somitocoel. Die Somitenbildung schreitet nach caudal fort [O'Rahilly und Müller 1983] (Abb. 6-10 und 6-11). Bis zum Stadium 12 ist die Zahl der Somitenpaare das deutlichste Alters- und Klassifizierungsmerkmal.

Nach lateral stehen die Somiten über ein ungegliedertes, *intermediäres Mesoderm* („Somitenstiele") mit den *Seitenplatten* in Verbindung, die keine Metamerie zeigen. Im mittleren Körperbereich entwickelt sich das intermediäre Mesoderm zum nephrogenen Blastem, es kann hier als „Nephrotom" bezeichnet werden. Darüber wird im Kapitel 26. Entwicklung der Harnorgane Näheres besprochen. Entstehung, weitere Entwicklung und Bedeutung der Somiten und des paraxialen Mesoderm werden im Kapitel 28. Entwicklung der Rumpfwand dargestellt. Auf die Gliederung der Seitenplatten in Somato- und Visceropleura wird bei der Besprechung der Bildung des Coelom (S. 134) näher eingegangen.

6.1.3 Primärer und sekundärer Mesoblast

Die Unterscheidung eines (lockeren) *primären* Mesoblast und eines zelldichteren *sekundären* Mesoblast sollte [nach O'Rahilly 1973, S. 68] nicht zu streng gehandhabt werden. Andere Autoren bezeichnen als „sekundären Mesoblast" solche Zellen, die sich aus dem zunächst ungeordneten „Mesenchym" zu mesodermalen (oder sogar epithelialen: siehe Somitenbildung) Zellverbänden gruppiert haben und nach deren Auflösung nun zelldichteren Mesoblast bilden [Hay 1968]. Auch die aus der Neuralleiste, dem Neuralepithel oder den Plakoden stammenden Zellen des Mesoblast werden zum sekundären Mesoblast gerechnet. Nach ultrastrukturellen Untersuchungen am Hühnchen bilden Zellen des primären Mesoblast nur punktuelle Zellkontakte, in den mesodermal-epithelialen Verbänden hingegen flächige Kontakte (breite tight junctions, Fasciae occludentes) aus, die sie auch nach der Auflösung der Zellverbände erhalten. Hinzu kommt die Fähigkeit der Mucopolysaccharid-Sekretion zum Aufbau von Basalmembranen oder „isolierenden" Cell-Coats, die z.B. eine Kontakt-Hemmung (contact inhibition) bei der Zellwanderung aufheben [Hay 1968, Mestres und Hinrichsen 1974].

6.2 Neurulation

6.2.1 Bildung der Neuralplatte

Die Bildung definitiver Organe beginnt mit der Entstehung der Anlage des Zentralnervensystems. Nach der Ausbildung des Chordafortsatzes, seiner Umwandlung in die Chordalplatte und der Bildung der Praechordalplatte beginnt sich im STADIUM 8 (18. Tag, Abb. 6-1 und 6-2), deutlicher dann im STADIUM 9 (20. Tag, Abb. 6-3) das Ektoderm rostral des Primitivknotens zu verdicken. Zahlreiche Zellteilungen führen zu einer Zellvermehrung und zum Erscheinungsbild eines mehrreihigen Epithels. Die Ektodermverdickung ist seitlich der Kontaktzone von Chordafortsatz oder Chordalplatte (anfangs wenig, später deutlich) größer als in dem mittleren Bereich, wo ein direkter Kontakt zwischen den Zellen des prospektiven Chordamaterials und dem Ektoderm besteht. Damit bildet sich allmählich im axialen Bereich die Neuralrinne aus, die rostral beginnt und bis zum Primitivknoten reicht. Am seitlichen und am rostralen Rand geht das verdickte Ektoderm mit mehr oder weniger deutlich markierter Grenze in das nicht verdickte Ektoderm und das Amnionepithel über (Abb. 6-4a). Die Form der Keimscheibe ist jetzt birnen- oder sandalenförmig [„Sandalion": Häckel 1910], ihr vorderer Abschnitt ist etwa doppelt so breit wie der hintere Bereich in Höhe des Primitivstreifens (Abb. 6-3, 6-10a, b).

Schon früh treten in der Neuralplatte feinere Reliefunterschiede auf. Eine zunächst seichte, von rostrolateral nach mediocaudal verlaufende Rinne läßt sich als späterer Sulcus opticus identifizieren und markiert die rostrale Grenze der Anlage des Diencephalon zum unpaaren Telencephalon (Abb. 6-7). Eine früh entstehende, für alle Vertebraten charakteristische ventrale Flexur (Abb. 6-13 und 16-3 bis 16-9) kennzeichnet das spätere Mesencephalon. Im schmä-

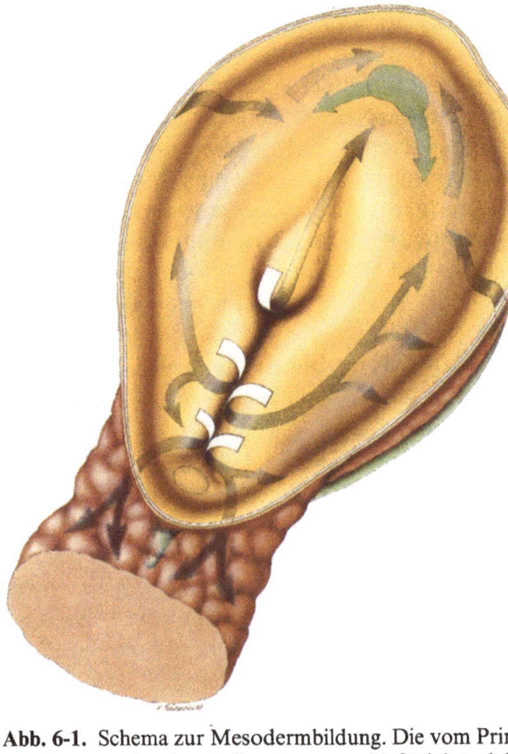

Abb. 6-1. Schema zur Mesodermbildung. Die vom Primitivstreifen ausgehenden Zellströme zum Haftstiel und in die Keimscheibe sind als graue Pfeile dargestellt, die von der Praechordalplatte ausgehenden grün (in Anlehnung an Abb. 4.3A aus Langman 1981)

▸

Abb. 6-2a–c. Keimscheibe im STADIUM 8 [Carnegie Nr. 5960, Heuser 1932 und O'Rahilly 1973] mit Primitivrinne, Primitivknoten, Chordafortsatz und beginnenden Neuralplatten, Dottersack und Amnion abgetrennt. **a)** Ventralansicht, **b)** Medianschnitt und **c)** Dorsalansicht. (Umzeichnung nach Heuser 1932 (Fig. 33 und 40) und O'Rahilly 1973 (Fig. 47 und 48) aus Hinrichsen 1986)

Abb. 6-3a–c. Embryo im STADIUM 9 mit 2 Somitenpaaren (Da1, Ludwig 1928, Negativphotos als Carnegie Nr. 5982) in **a)** Ventralansicht, **b)** in Lateralansicht und **c)** in Dorsalansicht. Umzeichnung nach O'Rahilly 1973 (Fig. 60) unter Verwendung der Rekonstruktion von Ludwig jr. als Modell De1 bei Collection NAR, établissements du docteur auzoux, Paris.
[Aus: Hinrichsen 1986]

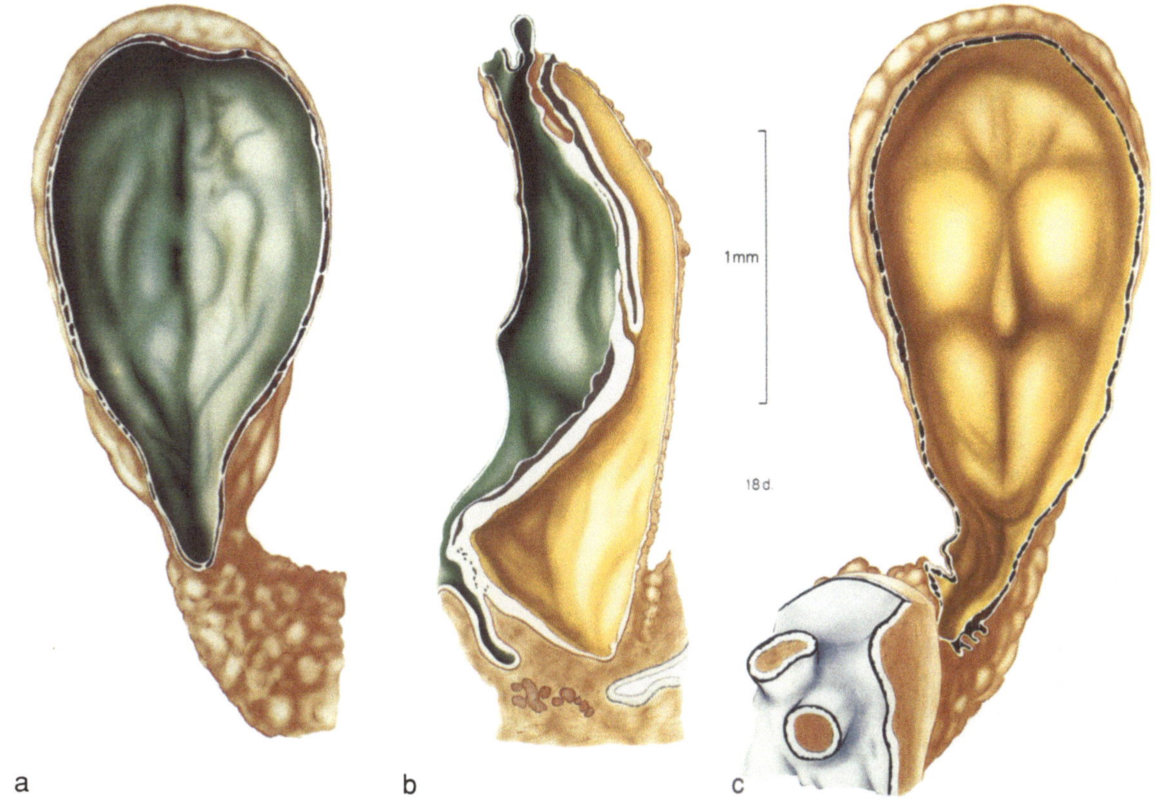
1mm
18d.
a
b
c

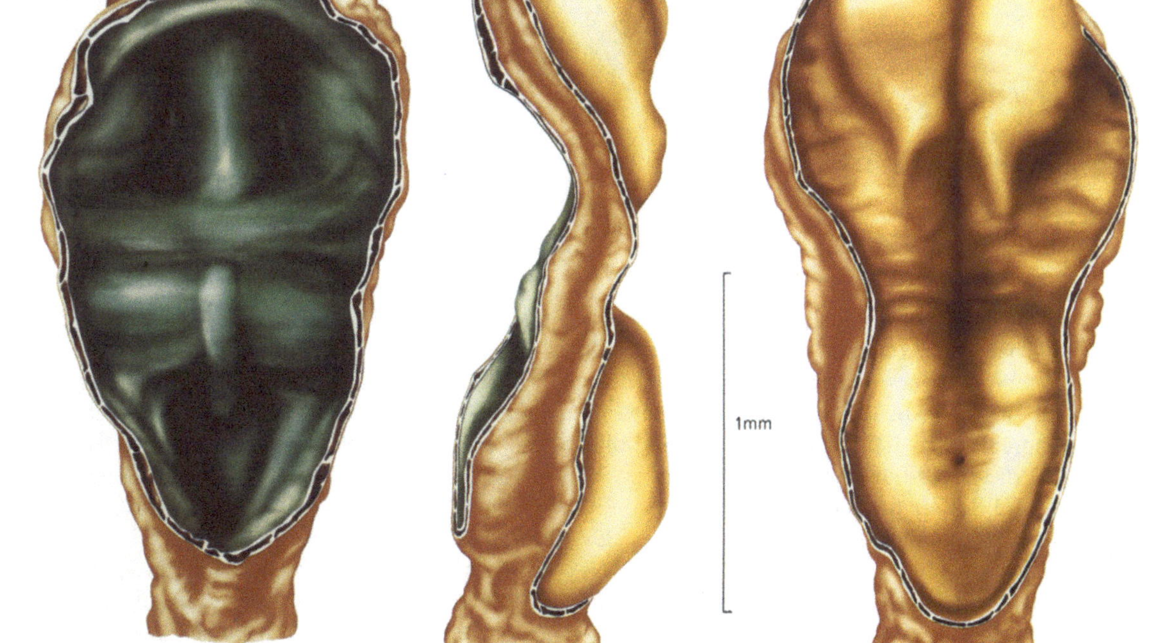
1mm
21d
a
b
c

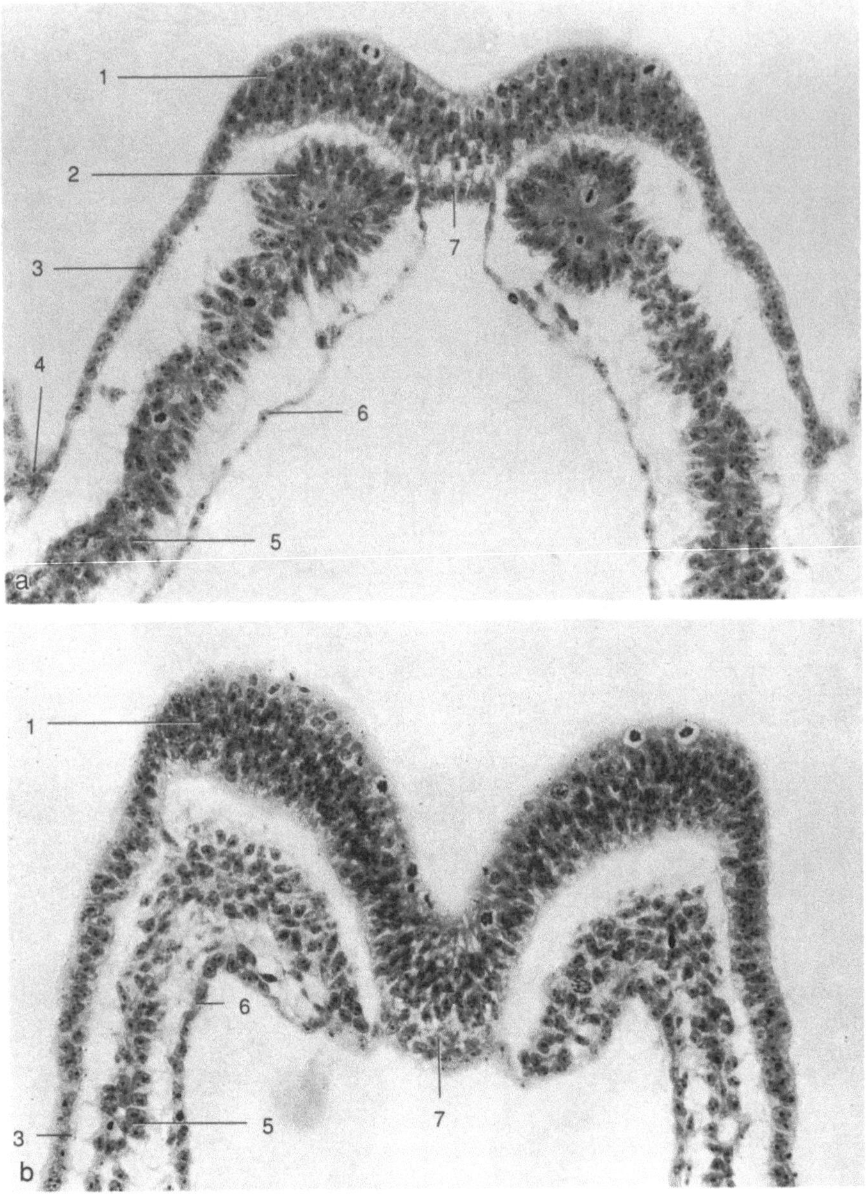

Abb. 6-4a, b. Medullarplatte und Medullarrinne bei einem menschlichen Embryo im STADIUM 9 im Querschnitt. Schnitt **a** liegt weiter caudal als Schnitt **b.** 1 = Medullarwulst, 2 = Somit, 3 = Keimscheibenektoderm, 4 = Umschlagsfalte des Amnion, 5 = Seitenplattenmesoderm, 6 = Endoderm, 7 = Chordalplatte. Semidünnschnitt 240 : 1. Beachte die zahlreichen „ventriculären Mitosen". (Freundlichst überlassen von Prof. Nishimura und Prof. Shioto, Congenital Anomaly Research Center, Kyoto)

leren anschließenden Teil der Neuralplatte werden drei, bald vier Erhebungen sichtbar, die durch seichte, querverlaufende Furchen getrennt werden, die Rhombomeren (Abb. 16-8). Die Verdickung des seitlich angrenzenden Ektoderm zur Labyrinthplakode weist diesen Teil als Anlage des Rhombencephalon aus [O'Rahilly und Gardner 1979, O'Rahilly und Müller 1981, Müller und O'Rahilly 1983, 1985, 1986, 1987].

Etwa zwei Drittel der Neuralanlage sind damit Anlage des Gehirns, nur der unmittelbar vor dem Primitivstreifen und -knoten liegende Teil ist Anlage des Rückenmarks. Der Primitivstreifen nimmt noch etwa ein Drittel bis ein Viertel der Gesamtlänge des Keimes ein (Abb. 6-3) [O'Rahilly 1973].

Die Unterteilung des Gehirns in seine Hauptabschnitte wird bereits an den offenen Neuralwülsten vor Schluß des Neuralrohres deutlich [Bartelmez 1923, Streeter 1927, Müller und O'Rahilly 1983] (Abb. 6-7, siehe auch Kapitel 16.1). Sie beruht auf unterschiedlichem Dickenwachstum, hervorgerufen durch unterschiedliche Häufung von Zellteilungen, und muß daher nicht von den „Hirnbläschen" abgeleitet werden (siehe auch Kapitel 16.2).

Auf Querschnitten (Abb. 6-4 bis 6-6) werden die Verdickung des Ektoderm, sein Erscheinungsbild als mehrreihiges Epithel, die oberflächliche („ventrikuläre“) Lage der Mitosen sowie die geringere Verdikkung des Ektoderm im unmittelbaren Kontaktbereich von Chordal- und Praechordalplatte und Ektoderm deutlich. Im mittleren Sagittalschnitt (Abb. 6-13) hingegen treten die Neuralwülste, da außerhalb der Schnittebene liegend, nur in Rekonstruktionen in Erscheinung.

6.2.2 Interaktion mit Chordalplatte und Praechordalplatte

Die Unterlagerung des Ektoderm durch praesumptives Chorda- und Praechordalmaterial ist notwendige Voraussetzung für die Ausbildung der Neuralanlage. Dabei besteht zunächst direkter Zell-zu-Zell-Kontakt [Hühnchen: Bellairs 1959, Hay 1968], später bildet sich eine Chordascheide aus, an der [nach Beobachtungen am Hühnchen: Christ 1971] die Neuralepithelzellen haften. Nach dem Ergebnis der zahlreichen experimentellen Untersuchungen [nach der Entdekkung durch Spemann und Mangold 1924, Kapitel 1.3 Grundvorgänge der Entwicklung, Induktion] sind die verschiedenen Anteile des Chordasystems (Chordafortsatz, Chordalplatte, Chorda und Praechordalplatte) zur Induktion der Neurulation befähigt. Eine direkte Lagebeziehung dieser Anteile zu den früh sich andeutenden Unterteilungen der Anlage des Gehirns in seine embryonalen Abschnitte ist nicht erkennbar.

Über das Chorda-Material hinaus haben auch andere angrenzende Strukturen Bedeutung für die Entwicklung unterschiedlich dicker Wandabschnitte im Neuralrohr. Insbesondere der Kontakt zu Somiten oder zu Muskulatur ist – nach Beobachtungen an Vogelembryonen – für die Ausbildung der Basal- und Flügelplatte im Rückenmark Bedingung [Watterson et al. 1955, von Limborgh 1957].

6.2.3 Schluß des Neuralrohres

Mit der fortschreitenden Aufwulstung der Neuralplatten seitlich der Neuralrinne beginnen die am stärksten erhobenen Ränder sich in der Mittellinie zu nähern, zu berühren und miteinander zu verschmelzen (Abb. 6-5). Dieser Vorgang wird als *Schluß des Neuralrohres* beschrieben und beginnt in mittleren Keimabschnitten, die der späteren Grenze von Hirnstamm und Rückenmark entsprechen [Müller und O'Rahilly 1985]. Der Schluß des Neuralrohres beginnt im STADIUM 10 (22 Tage), er schreitet nach rostral und caudal fort und wird erst im STADIUM 12 (26 Tage) beendet. Bis zum STADIUM 11 klaffen cranial und caudal, bis zum STADIUM 12 caudal, die Ränder

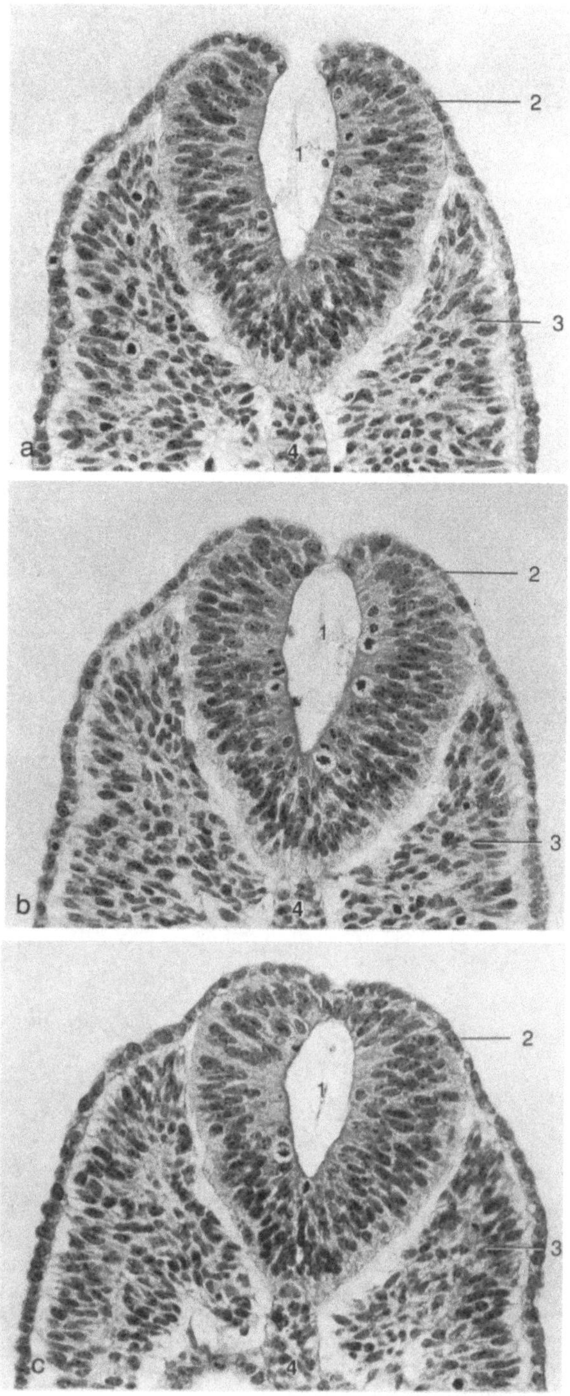

Abb. 6-5a–c. Neurulation bei einem menschlichen Embryo im STADIUM 11 (21 Somiten) im Querschnitt. Schnittfolge aus dem Bereich des Neuralrohrschlusses mit noch offenem **(a)**, in Kontakt stehendem **(b)** und geschlossenem Neuralrohr **(c)**. Semidünnschnitt 240:1. 1 = Neuralrinne bzw. -rohr, 2 = Ektoderm, 3 = in Bildung befindlicher Somit (paraxiales Mesoderm), 4 = Chorda dorsalis. Beachte die zahlreichen „ventriculären Mitosen“.
(Freundlichst überlassen von Prof. Nishimura und Prof. Shioto, Congenital Anomaly Research Center, Kyoto)

der Neuralwülste keilförmig auseinander, es besteht ein rostraler und ein caudaler *Neuroporus* (Abb. 6-10, 6-11; siehe auch Kapitel 20. Intestinaltrakt).

Mit dem Schluß des Neuralrohres fusionieren die Wulstränder zum „Rohr", die Nahtstelle löst sich vom Ektoderm ab, dessen Ränder sich ebenfalls verbinden und so über dem Neuralrohr eine geschlossene Ektodermschicht bilden. Die Anlage des ZNS wird „unter die Haut" verlagert. Nach ultrastrukturellen Beobachtungen [Goldhamster und Maus: Waterman 1974, 1975, 1976; Hühnchen: Schoenwolf 1974, Santander und Cuadrado 1976; Maus: Geelen und Langman 1979] werden Interdigitationen im Rumpfbereich zuerst am Ektoderm beobachtet, erst danach vereinigen sich die Neuralepithelzellen. Dabei bestehen aber regionale Unterschiede im Ablauf, beim Mes- und Diencephalon vereinigen sich zuerst die Neuralepithelien. Auch bestehen artspezifische Unterschiede in der Deutlichkeit einer Demarkation („Praefusionszone") zwischen Neuralepithel und Ektoderm. Die Fusion geht mit Zelldegenerationen einher, Membranreste wurden in den Interzellularräumen, große Lysosomen in den Zellen des Verschmelzungsbereiches gefunden. Während dieses Trennungsvorganges werden Zellgruppen aus dem „Nahtbereich" seitlich neben das Neuralrohr, aber ebenfalls unter das Ektoderm verlagert, die sich zu unterschiedlich dichten und zellreichen Verbänden gruppieren. Bei anderen Species haben sie eine im Querschnitt tropfenförmige, in der Aufsicht leistenförmige Anordnung. Die Zellgruppen werden auch beim Menschen als *Neuralleiste* bezeichnet. Die Zellen der Neuralleiste haben vielfältige Entwicklungsmöglichkeiten, die besonderer Besprechung bedürfen (siehe Abschnitt 6.3 Neuralleiste). Die Bildung der Neuralleiste beginnt im mittleren Keimbereich erst nach dem Neuralrohrschluß im STADIUM 10, rostral noch vor der Fusion. Sie reicht hier bis zum Diencephalon [Müller und O'Rahilly 1985, 1987].

Nach dem späteren Schicksal läßt sich die gesamte Neuralanlage bereits auch im Querschnitt untergliedern in (von medial nach lateral aufgezählt) die Zellen der späteren Bodenplatte, Basalplatte, Flügelplatte, Deckplatte, Neuralleiste und Plakoden und angrenzend, Ektoderm mit dem seitlichen Übergang in das Amnionepithel (Abb. 6-7). Es gibt aber für menschliche Embryonen noch keine direkten cytologischen Merkmale für eine exakte Abgrenzung dieser Abschnitte. Die Untergliederung erfolgt in Analogie zu Entwicklungsstadien von Experimentaltieren [O'Rahilly und Gardner 1979]. Eine Restriktion oder Determination ist nach den dort erhobenen Befunden noch nicht erfolgt. Der Mechanismus der Auffaltung der Neuralwülste und des Schlusses des Neuralrohres ist keineswegs geklärt [Karfunkel 1974]. Nach experi-

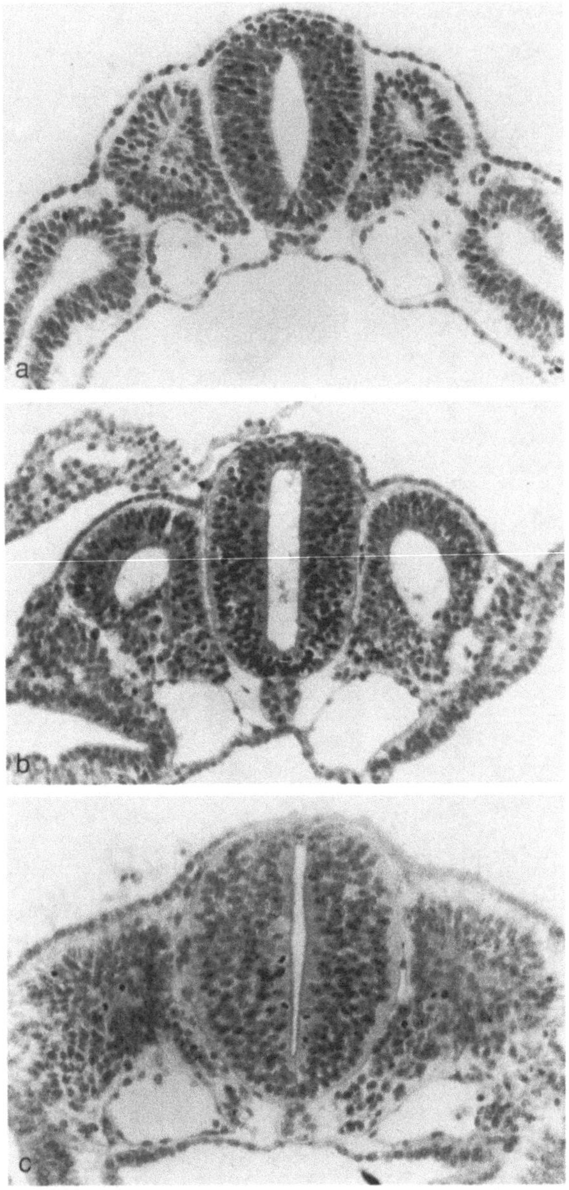

Abb. 6-6a–c. Neurulation bei menschlichen Embryonen im Querschnitt. Die unterschiedliche Entwicklung in verschiedenen Höhen des ZNS ermöglicht es, verschiedene Grade der Ausbildung des RM-Querschnittes (Einengung des Lumens zum Spalt, beginnende Marginalzone) bei gleichaltrigen Embryonen darzustellen: a–c sind alle STADIUM 11. **a)** Geschlossener Teil des Neuralrohres (Carnegie Nr. 6344, 13 Somiten). 175 : 1;
b) Neuralrohr (Carnegie Nr. 6784, 17 Somiten) 175 : 1;
c) Neuralrohr (Carnegie Nr. 8005, 16 Somiten) 175 : 1
(Mit freundlicher Genehmigung von Prof. O'Rahilly, eigene Aufnahmen aus der Carnegie Collection of Embryology in Davis)

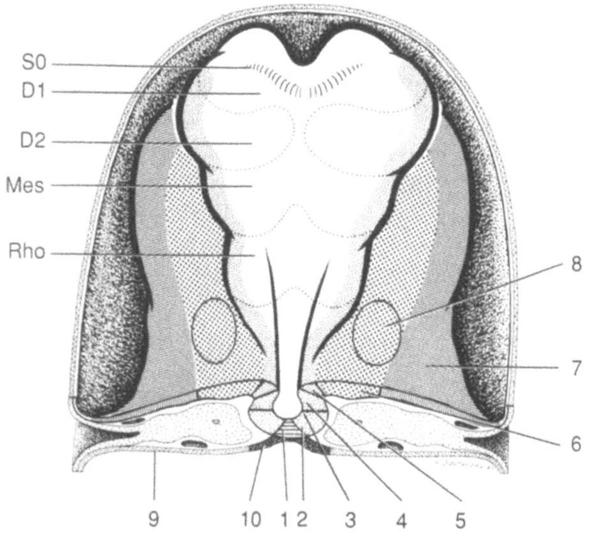

Abb. 6-7. Schematische Darstellung von Anlagegebieten im ZNS bei Embryonen im STADIUM 10. In der Aufsicht sind der beginnende Sulcus opticus (SO) und die Grenzen der Anlagegebiete von Diencephalon (D1, D2), Mesencephalon (Mes) und die rostrale Grenze des Rhombencephalon (Rho) eingetragen. Auf der Schnitt- und Aufsichtsfläche sind durch unterschiedliche Schraffur oder Punktraster markiert: 1 = Grundplatte, 2 = Basalplatte, 3 = Sulcus limitans, 4 = Flügelplatte, 5 = Neuralleiste, 6 = Plakoden-Ektoderm, 7 = Ektoderm, 8 = Kontur der Labyrinthplakode, 9 = Endoderm, 10 = Chordalplatte
(Unter Benutzung von Schemata und Rekonstruktionen bei O'Rahilly und Gardner 1979, Müller und O'Rahilly 1985)

mentellen Untersuchungen an der Hühnerkeimscheibe scheint die Anheftung des Ektoderm an die Chordalplatte und später an die Chordascheide wesentliche Voraussetzung für die Entwicklung der Paarigkeit zu sein [Christ 1971]. Auch konnte ermittelt werden, daß der Wachstumsdruck, mit dem sich die Ränder der Medullarwülste einander nähern, erheblich ist (Triturus, 4–4,5 × 10^{-2} Dyn; Axolotl 9–16 × 10^{-2} Dyn) [Selman 1958]. Widersprüchlich sind noch die Befunde über eine Unterstützung der Schließbewegung durch Vermehrung der extrazellulären Matrix [Morris und Solursch 1978]; Hyaluronidase verlangsamt die Bewegung, hebt sie aber nicht auf [Morris-Kay et al. 1986]. Für die Verformung der Zellen bei der Umformung der Neuralplatte in die Neuralfalten und das Neuralrohr wird die gemeinsame Wirkung von Mikrotubuli (zur Verlängerung der Zellen in der Höhe) und von Mikrofilamenten im apicalen Zellbereich (zur Verschmälerung der Zellen zur Keil- oder Flaschenform) [Bellairs 1986] ebenso diskutiert wie die Verlängerung der seitlichen Kontaktflächen (Neuralepithel von 84% auf 96% der Zelloberfläche, im Gegensatz zum Ektoderm mit einer Verringerung von 84% auf 40%) [Karfunkel 1974, Schoenwolf und Franks 1984]. Die Zellverformung ist über diese Mechanismen experimentell störbar [Morris-Kay und Tuckett 1985, Smedley und Stanisstreet 1986]. Speciesunabhängig scheint die Produktion vermehrter Substanzen des Cell-Coats in der „Praefusionszone" vor der eigentlichen Fusion zu sein [Sadler 1978].

6.2.4 Neuroporus anterior (rostralis)

Der Schluß des Neuralrohres an seinem cranialen Ende ist ein höchst komplizierter Vorgang, der mit der Umwandlung der bis dahin rinnenförmigen Augenanlage in Augenbläschen einhergeht. Dabei erfolgt nicht nur eine Vereinigung der Medullarwülste von dorsal her, auch ventral, am bisher rostralen Ende der Medullarrinne, vereinigen sich die Ränder [Müller und O'Rahilly 1986]. Lag bis dahin der vordere untere Rand des Neuroporus anterior im Bereich der Chiasmaplatte, der Anlage des späteren Chiasma opticum, so wird nun rostral davon der schmale, zeitlebens unpaar bleibende Abschnitt des Telencephalon medium aufgebaut. Der Vorgang des Neuralrohrschlusses am vorderen Ende ist an eng seriierten Embryonen von Versuchstieren rasterelektronenmikroskopisch dargestellt worden [Goldhamster: Waterman 1974, Maus: Kaufman 1979]. Auch beim Menschen ist er in der Altersabfolge (gemessen an der Somitenzahl) jetzt genau beschrieben [Müller und O'Rahilly 1986]. Mit dem Schluß des Neuroporus anterior erfolgt die Verlagerung des Sulcus opticus nach lateral, mit der Ausbildung der „Sehventrikel" (siehe Kapitel 18. Augenentwicklung) treten zum ersten Mal paarige Anteile des Lumens des Neuralrohres auf. Mit dieser Entwicklung einher geht eine Verlängerung der Neuralanlage und damit des vorderen Körperendes sowie eine nun rechtwinklige Abknikkung in der mesencephalen Flexur. Da die vordere Umschlagsfalte vom Ektoderm zum Amnion caudal der Rachenmembran gelegen ist, ragt dieser nun geschlossene Teil des Neuralrohres nach rostral in die erweiterte Amnionhöhle hinein (Abb. 6-13 und 6-14).

6.2.5 Neuroporus posterior

Der hintere Neuroporus schließt sich etwas später (STADIUM 12) [Müller und O'Rahilly 1987]. Er wird bei Embryonen mit 25 Somitenpaaren regelmäßig geschlossen angetroffen. In diesem untersten Abschnitt des Neuralrohres wird keine Neuralleiste gebildet. Der Schluß der Neuroporus selbst vollzieht sich also relativ einfach durch Fusion der Neuralwülste wie durch Fusion des darüberliegenden Ektoderm. Schluß des Neuroporus bedeutet aber nicht nur eine

Vereinigung der seitlichen Neuralwülste, sondern zugleich auch Abschluß der Neuralrinne nach caudal. Gleichzeitig verschwindet der Primitivstreifen, so daß es jetzt keinen nach dorsal offenen Teil des Keimes mehr gibt. Wie das vordere, so überragt auch das hintere Körperende den früheren Keimscheibenrand, der Übergang des Ektoderm in das Amnionepithel liegt am Abgang der Allantois und damit ventral im Übergang zum Haftstiel. Über den Allantoisabgang hinaus hat sich die hintere Darmbucht in das hintere Körperende vorgeschoben, die mesenchymfreie Vereinigung von Endoderm und Ektoderm in der Kloakenmembran liegt caudal vom Abgang der Allantois (Abb. 6-13). Neuroporus posterior und Kloakenmembran liegen in Höhe des 31. Somitenpaares. Über dieses Niveau nach caudal hinaus ragt die „Rumpf-Schwanz-Knospe", ein zunächst kleiner Körperabschnitt, der das Anlagematerial von sakralen und coccygealen Segmenten bilden wird. Auch die Chordalplatte bzw. die Chorda endet in diesem Niveau, sie setzt sich in undifferenziertes Mesoderm fort.

6.2.6 Primäre und sekundäre Neurulation

Aufwulstung der Neuralfalten und Schluß des Neuralrohres sind der Vorgang, durch den der weit überwiegende Teil des Zentralnervensystems entsteht. Er wird als „primäre" Neurulation der „sekundären" Neurulation gegenübergestellt [Holmdahl 1925a und b, Schumacher 1927, Ikeda 1930, Bolli 1966, Müller und O'Rahilly 1987]. Es bildet sich nach caudal eine zunächst solide Fortsetzung des Neuralrohres aus, die als *„Chorda neuralis"* bezeichnet werden kann. Sie bildet isolierte Hohlräume, die dann mit dem Neuralrohr konfluieren. Auch die *Chorda dorsalis* entwikkelt sich als Strang weiter nach caudal, hier wurde früher von einer gemeinsamen Anlage von Nervensystem und Chorda ausgegangen [Ferner 1939]. An besonders gut konservierten menschlichen Embryonen konnten jedoch kürzlich Müller und O'Rahilly [1987] eine getrennte Anlage von Chorda neuralis und Chorda dorsalis feststellen (Abb. 6-16). Nachdem nunmehr sichergestellt scheint, daß die „Rumpf-Schwanz-Knospe" nur das Material ab Somitenpaar 31 bildet, und da der menschliche Embryo nur vorübergehend ein schwanzartiges Körperende entwikkelt, sollte das untere Körperende nicht mehr „Rumpf-Schwanz"-Knospe, sondern besser als „Sakro-coccygeal-Knospe", oder einfacher als *„Endknospe"*, bezeichnet werden.

6.3 Neuralleiste

Die Abgrenzung der Neuralanlage vom Ektoderm geht in einem Übergangsbereich vor sich, aus dem Zellen während des Neuralrohrschlusses, vor dem eigentlichen Schluß der Neuralfalten und aus dem Neuralrohr nach seinem Abschluß segregiert werden (Abb. 6-8). Aber auch angrenzende Abschnitte im Kopfektoderm, die als Plakoden Bestandteil des Ektodermrings [Schmitt 1898, Blechschmidt 1948, O'Rahilly und Müller 1985] sind, segregieren Zellen. Bereits His [1868] hat bei Studien zur Körperbildung beim Hühnchen diese Ausgliederung beim Neuralrohrschluß als „Zwischenstrang" beschrieben. Wie schon im Abschnitt Neurulation erwähnt, haben diese Zellen vielfältige Entwicklungsmöglichkeiten. Sie werden insgesamt als *Neuralleisten-Zellen* bezeichnet. Der Segregationsvorgang hat kein eindeutiges cranio-caudales Zeitgefälle, er beginnt beim Menschen im STADIUM 10 und ist in den meisten Bereichen im STADIUM 17 beendet [O'Rahilly 1965]. Nur im Okzipital- und Spinalbereich bilden diese Zellen ein zusammenhängendes, als „Leiste" im morphologischen Sinn zu bezeichnendes Band. Im Kopfbereich werden im Bereich der Nasengrube eine terminale und vomeronasale Zellgruppe, eine aus der Augenanlage stammende „optische" Zellgruppe, eine dem Mesencephalon entstammende rostrale und dem Rhombencephalon entstammend eine faciale, eine vestibulo-cochleare und eine postotische Zellgruppe unterschieden [O'Rahilly 1965].

Das vielfältige Schicksal der Neuralleisten-Zellen wurde schon durch Experimente mit Vitalfärbung, Explantation und Transplantation vorzugsweise bei Amphibien aufgeklärt [Zusammenfassung bei Hörstadius 1950], es wurde sehr viel exakter analysierbar, nachdem mit der Methode der „biologischen Zellmarkierung" [Le Douarin 1969] auch kleine Zellgruppen und Einzelzellen eindeutig verfolgt werden konnten. Auch an Säugetierembryonen wurde durch Lectin-Markierung die Wanderung aufgeklärt [Tan und Morris-Kay 1986]. Rückschlüsse von diesen Experimenten auf die menschliche Entwicklung sind zumindestens für die Frühzeit möglich, da sich auch hier diese Zellgruppe gut abgrenzen läßt (Abb. 6-8) und die Neuralleisten-Zellen sich durch Größe und Fär-

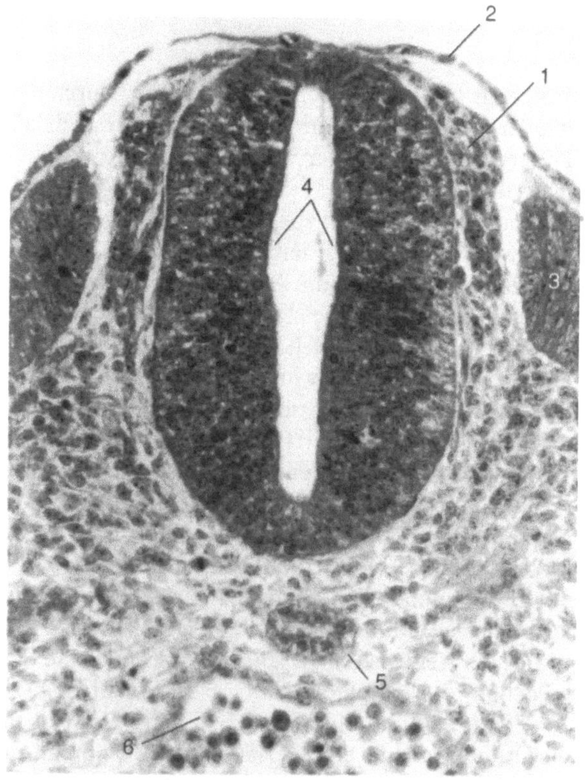

Abb. 6-8. Neuralleiste (1) im Querschnitt durch den Rumpfbereich eines Embryo im STADIUM 12 (Carnegie Nr. 8942, 25 Somiten, 3,8 mm), Ektoderm (2), Somitenanschnitte (3), im Rückenmark deutet sich ein Sulcus limitans an (4), Chorda (5), schon unpaare Aorta (6). 105:1
(Mit freundlicher Genehmigung von Prof. O'Rahilly, eigene Aufnahme aus der Carnegie Collection of Embryology in Davis)

bung von umgebenden Mesoderm-Zellen unterscheiden lassen [Corner 1929, Müller und O'Rahilly 1985].

Ein großer Teil der Neuralleisten-Zellen trägt zum Aufbau des nichtmotorischen peripheren Nervensystems bei. Sind es zunächst die spinalen Ganglien, die sich aus Neuralleisten-Zellen gruppieren, wandern andere Zellen in die Peripherie, um die Ganglien des autonomen Nervensystems einschließlich der intramuralen Ganglien in Hohlorganen aufzubauen. Im Kopfbereich tragen Neuralleisten-Zellen zum Aufbau der Ganglien großer Hirnnerven, so des Ganglion trigeminale, eines acustico-vestibularen Komplexes, sowie zum Aufbau der Ganglien des N. glossopharyngeus und N. vagus teilweise bei, andere Zellen kommen aus den Plakoden [Harrison 1938, Müller und O'Rahilly 1987].

Die Rumpf-Neuralleiste hat [nach experimentellen Ergebnissen von Detwiler 1934, 1936] keine eigene Gliederungstendenz, ihre Gruppierung zu Ganglien ist abhängig von der Metamerie des angrenzenden Mesoderm.

Im Kopfbereich bilden andere Gruppen von Neuralleisten-Zellen das Mesoderm. Dieses „Mesektoderm" [Platt 1894] bezeichnet Hörstadius [1950] als „Ektomesenchym", da es den epithelialen Gewebsverband auflöst. Diese Zellen können (im Gegensatz zu spinalen Neuralleisten-Zellen) [Raven 1931] vom Ektoderm oder Endoderm zur Knorpelbildung angeregt werden [Hörstadius 1950]. Zentrale Teile der Schädelbasis und insbesondere das gesamte spätere Gesichtsskelet einschließlich des Pharyngealskelets werden (nach den experimentellen Befunden am Hühnchen) vom Neuralleisten-Mesoderm abgeleitet. Hinzu kommen Mesoderm-Zellen, die aus ursprünglich nicht zur Neuralleiste gehörigen Abschnitten stammen [Le Douarin 1982]. Bei der Entwicklung der Augenbläschen werden größere Gruppen auswandernder Zellen im Bereich der dorsocaudalen Grenzrinne zwischen Augenblase und Diencephalon sichtbar [O'Rahilly 1965].

Ein besonderes gemeinsames Merkmal der Neuralleisten-Zellen ist ihre Fähigkeit, zum Teil über erhebliche Strecken zu wandern. Die durch hydratisierte Glycosaminoglycane erweiterten Interzellularräume sowie der hohe Gehalt an Fibronectin in den Basalmembranen und anderen Interzellularstrukturen sind – neben anderen Lectinen – Leitstrukturen für den Wanderungsweg dieser Zellen [Weston 1983, Newgreen und Erickson 1986, Sternberg und Kimber 1986]. Eine bereits sehr früh segregierte Zell-Linie innerhalb der Neuralleisten-Zellen scheint die der Melanoblasten zu sein, die sich auf besonderen Wanderungswegen im gesamten Körper früh verteilen [Mayer 1973, 1980].

Im peripheren Nervensystem werden nicht nur die Ganglienzellen selbst, sondern auch die Satellitenzellen und die Schwannschen Zellen von der Neuralleiste gebildet. Unter den endokrinen und paraendokrinen Zellen sind im Glomus caroticum Abkömmlinge von Neuralleisten-Zellen zu finden, auch stammen die C-Zellen der Thyroidea von der Neuralleiste ab. Schon lange bekannt war der Beitrag der Neuralleiste über Sympathicoblasten zum Aufbau des Nebennierenmarkes.

Zum Aufbau des Corium (nicht der Subcutis) tragen Neuralleisten-Zellen bei, vor allem im Gesicht und Nacken, sie sind am Aufbau eines vorderen Teils der Meningen und besonders am Drüsenbindegewebe beteiligt. Nur Neuralleisten-Zellen der chondrogenen Zell-Linie sind zur Bildung der Zahnpapillen und der dentinbildenden Odontoblasten befähigt. Eine spezielle Zellgruppe von Neuralleisten-Zellen wächst bei der Augenanlage zwischen Haut und Augenbecher bzw. Linse ein, sie bildet hier das Material der späteren vorderen Augenkammer und insbesondere das hintere Cornealepithel (siehe Kapitel 18. Augenentwicklung).

6.4 Individuation

Schon die erste axiale Differenzierung hatte mit der Bildung von Primitivstreifen, Chordafortsatz und Mesoderm ein vorläufiges Körper-Grundmuster mit cranio-caudaler und mediolateraler Orientierung gebildet [„body patterning“: Bellairs 1986]. Der Vorgang der Neurulation bewirkt mehr als die Bildung eines Neuralrohres. Mit dem Schluß des Neuralrohres geht eine Organisation des paraxialen Bindegewebes einher, die hier im einzelnen nicht zu besprechen ist (siehe Kapitel 28.1 Somitenbildung und frühe Somitendifferenzierung). Die Formierung des Bindegewebes in Somiten, intermediäres Mesoderm (Nephrotome) und Seitenplatten ist unmittelbare Folge des Neuralrohrschlusses. Die Interaktion von Chordalplatte und Chorda mit dem überlagernden Ektoderm bewirkt also mehr als nur die Neurulation. Während die reine Bildung der Neuralplatte und ihre Weiterentwicklung zum Neuralrohr noch als Evokation eines morphogenetischen Prozesses durch das unterlagernde Mesoderm aufgefaßt werden könnte, ist die Formgestaltung im angrenzenden Gewebe über diesen Grundvorgang hinausgehend eine organisatorische Gestaltung, die das eine Evokation überschreitende Prinzip der Induktion ist. Dieser Gestaltungsvorgang ordnet das gesamte Material der Keimscheibe einer zukünftigen axialsymmetrischen Körpergestalt zu. Er ist damit der entscheidende Vorgang, der eine Embryogenese im Sinne der Bildung einer körperlichen Gestalt definitiv vorbereitet. Es ist daher durchaus angebracht, über die Vorentwicklung des Zentralnervensystems hinaus diesen Grundvorgang einer Körperbildung als **Individuation** zu bezeichnen.

Nach Needham [1942] wurde der Begriff der „Individuation“ bereits 1848 durch Coleridge in seiner „Theory of Life“ in die Biologie eingeführt. Waddington und Schmidt [1933] beschrieben das Phänomen, daß bei Transplantation eines „Organisators“ dieser einen „ganzheitsformenden Einfluß“ auf alle Nachbargewebe und -strukturen habe, als „Individuationsfeld“. In diesem Sinne wurde der Begriff „Individuation“ sowohl für die erste Wirkungsphase der Anpassung der regionalen Struktur als auch für die zweite Phase der Einbeziehung dieser Struktur in den ganzen Keim gebraucht.

Hier wird der Begriff Individuation erneut verwandt, um die besondere Bedeutung dieses ersten Vorgangs in der Ontogenese zu betonen, durch den mit der Bildung des Chordafortsatzes die erste axiale Differenzierung sichtbar wird, durch den das Keimmaterial zum ersten Mal auf eine zukünftige Gestalt hin geordnet wird, also zur Kennzeichnung des Vorganges, durch den aus einem **Keimling,** dem Blastem, ein **Embryo** und somit die Anlage einer individuellen Gestalt entsteht.

Dies gilt vermehrt auch unter dem Gesichtspunkt einer noch möglichen Zwillingsbildung. Wenn sich in diesem Stadium der Entwicklung (wie schon im Kapitel 1. Grundlagen erörtert) in einer Keimscheibe zwei Chordafortsätze ausbilden, so rufen sie nicht nur die Bildung von zwei paarigen Neuralplatten und zwei Neuralrohren hervor, sondern sie „induzieren“ zwei Organisationsbereiche, die mit der Bildung von Somiten, Seitenplatten, Coelomspalt und Darmrohr die körperliche Bildung von zwei Individuen vorbereiten. Auch wenn schon vor diesem Vorgang eine Segregation von Zellmaterial mit Restriktion prospektiver Potenzen stattgefunden haben mag, so ist doch die Ordnung allen Zellmaterials in den Grundplan einer zukünftigen körperlichen Gestalt der eigentlich entscheidende Vorgang für die Embryogenese. Das zuvor Gesagte gilt nur für die Körperabschnitte oberhalb des Somitenpaares 31, wofür schon Keibel [1910] den Ausdruck „primäre Körperbildung“ prägte. Der kleine caudale „Anhang“ für die wenigen weiteren Somiten, der sich aus der Endknospe formt, ist als „sekundäre Körperbildung“ allein schon quantitativ sehr viel weniger bedeutsam. Sie ist aber auch weniger „stabil“, wie sich an der Vielzahl der hier gelegenen Fehlbildungen und Teratome zeigt.

Die Britische „Voluntary Licensing Authority“ begründet in ihrem Bericht 1988 (S. 22) den Begriff „Pre-embryo“ in ähnlicher Weise vor dem Auftreten des Primitivstreifens am 14. Tag. Während die Begriffe Blastem oder Keim den jeweils erreichten Zustand beschreiben, antizipiert der Begriff Praeembryo die prospektive Bedeutung oder zukünftige Entwicklung. Praeembryo ist aber immer noch besser, als einen vierzelligen Keim als Embryo zu bezeichnen, wie in der in vitro-Fertilisation heute weitgehend üblich. Auch die Diskussion um ein „Embryonenschutzgesetz“ weicht dieser wichtigen Unterscheidung aus.

6.5 Abfaltung des Embryo von der Keimscheibe

Mit der Auffaltung der Neuralwülste beginnt der zukünftige Embryo sich aus dem Niveau der Keimscheibe herauszuheben (Abb. 6-9). Gleichzeitig setzt ein sehr starkes Längenwachstum ein, das beispielsweise zwischen dem STADIUM 9 und dem STADIUM 11 zu einer Verdoppelung der Gesamtlänge führt (Abb. 6-10 bis 6-12) [Müller und O'Rahilly 1987]. Neuralrinne und Neuralwülste sowie die sich formenden Somiten prägen jetzt das Erscheinungsbild des Embryo (Abb. 6-10 und 6-11). Nach Schluß der Neuropori ist der Embryo annähernd 3,5 bis 4 mm lang. An diesem Längenwachstum hat der Dottersack keinen Anteil, so daß das vordere und das hintere Körperende mehr und mehr über den Dottersack hinausragen. Dabei rollen sich die Körperenden nach ventral ein, der Embryo wird in der Seitenansicht C-förmig (Abb. 6-13). Am unteren Körperende bewirkt diese Einrollung, daß der ursprünglich caudal liegende Haftstiel mehr und mehr auf die caudale Ventralseite verlagert wird.

Schon in der frühen Keimscheibe war eine deutliche Grenze zwischen dem Ektoderm und dem Amnionepithel erkennbar (Abb. 5-12). Mit der Erhebung des Embryo aus dem Niveau der Keimscheibe bildet sich um den ganzen Keim herumlaufend eine Begrenzungsfurche aus, die den Übergang des Embryonalkörpers in das Amnion, oder genauer des Ektoderm der späteren äußeren Haut in das Amnionepithel markiert (Abb. 6-13).

Während beim frühen Keim der Dottersack ein größeres Volumen hatte als die Amnionhöhle, dehnt sich mit dem Längenwachstum des Keimes die Amnionhöhle mehr und mehr aus und beginnt von allen Seiten her die Verbindung des Keimes mit dem Dottersack zu ummanteln. Der Teil des Dottersacks, der über die Chordalplatte im Embryonalkörper fixiert ist, nimmt an der Längenausdehnung teil, so daß es zu einer blindsackartigen Ausstülpung des intraembryonalen Teiles des Dottersackes nach cranial und caudal kommt. Damit bildet sich eine vordere Darmbucht als Anlage des Vorderdarms und eine hintere Darmbucht als Anlage des Hinterdarms (Abb. 6-3 und 6-13). Die zunächst noch breite mittlere Verbindung des Embryo mit dem Dottersack engt sich mit dem Vorrücken der Begrenzungsfurche von allen Seiten her zu einer stielförmigen Verbindung ein, dem Duc-

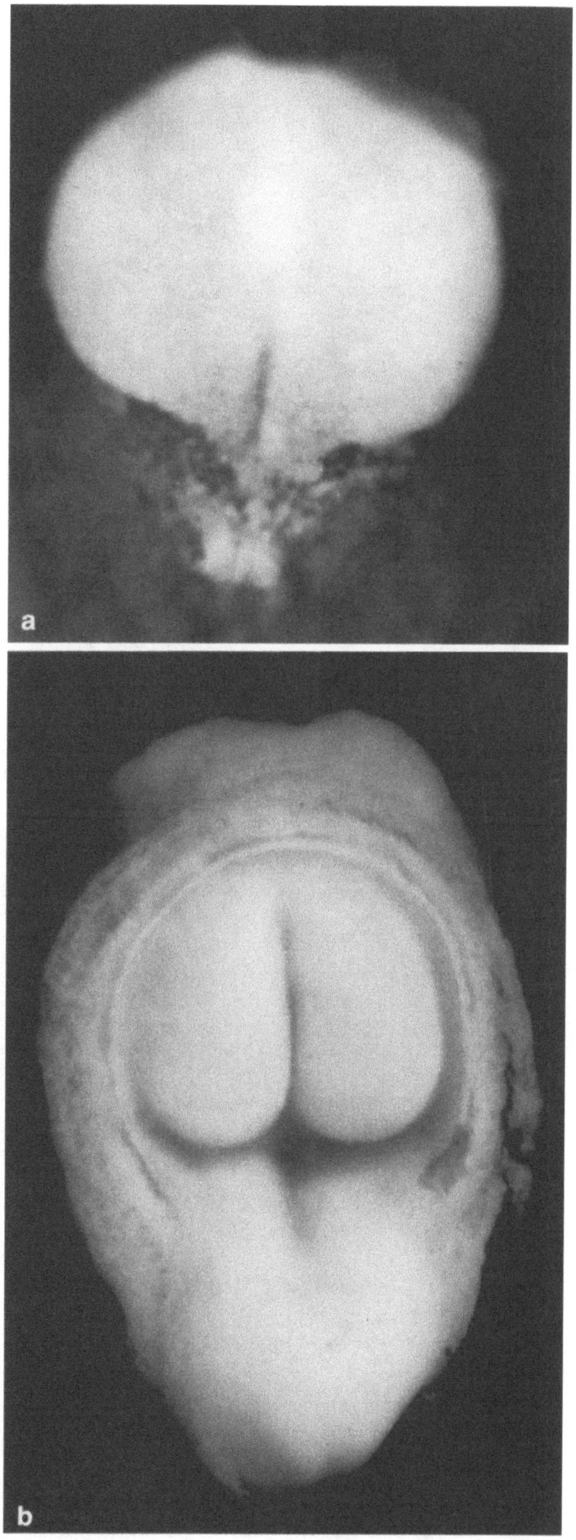

Abb. 6-9a–b. Dorsalansicht menschlicher Keimscheiben zu Beginn der Neurulation.
a) STADIUM 7, Primitivrinne, Chordafortsatz histologisch nachgewiesen, Keimscheibenlängsdurchmesser 0,85 mm, 17 Tage, ca. 65:1;
b) STADIUM 8 (Praesomitenstadium) mit stark ausgeprägten Neuralwülsten, tiefer querer Einknickung im mittleren Teil, Primitivrinne und -grube, 1,4 mm, ca. 60:1
(Aus: Nishimura et al. 1974, mit freundlicher Genehmigung von Autoren und Verlag)

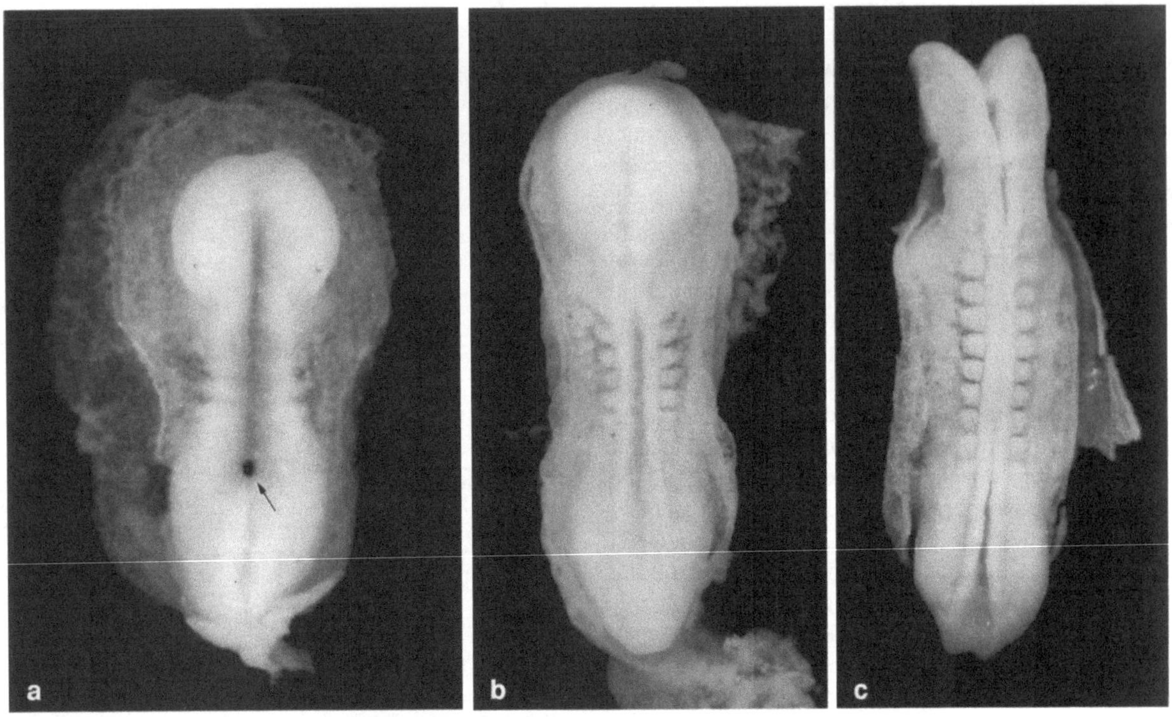

Abb. 6-10a–c. Dorsalansichten menschlicher Embryonen in frühen Somitenstadien.
a) Stadium 9, 3 Somitenpaare, noch offene Neuralrinne und Canalis neurentericus (⟶) 20 Tage, 1,5 mm, ca. 55:1;
b) Stadium 10, 7 Somitenpaare (histol. gesichert), beginnender Neuralrohrschluß, 2,1 mm, 21 Tage, ca. 30:1;
c) Stadium 10, 10 Somitenpaare, Neuralrohr zwischen Somitenpaar 2 und 6 geschlossen, 2,8 mm, 22 Tage, ca. 30:1
(Aus: Nishimura et al. 1974, mit freundlicher Genehmigung von Autoren und Verlag)

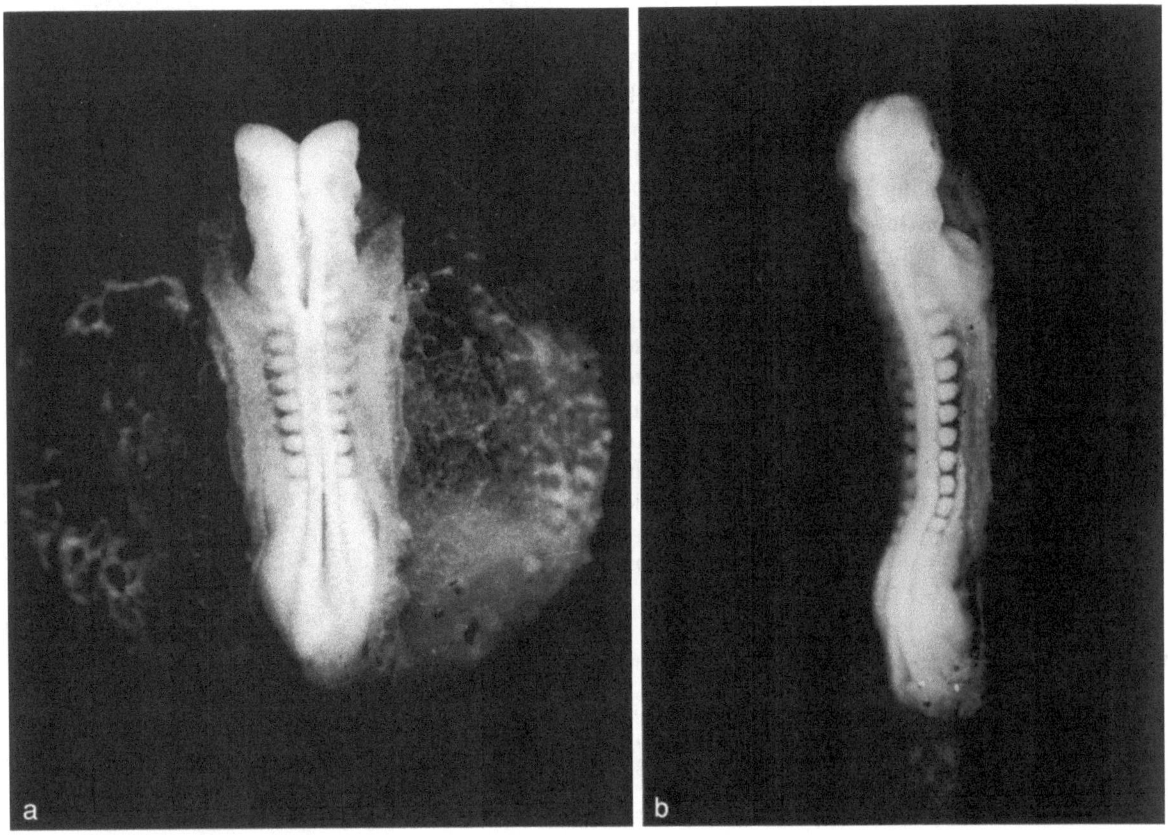

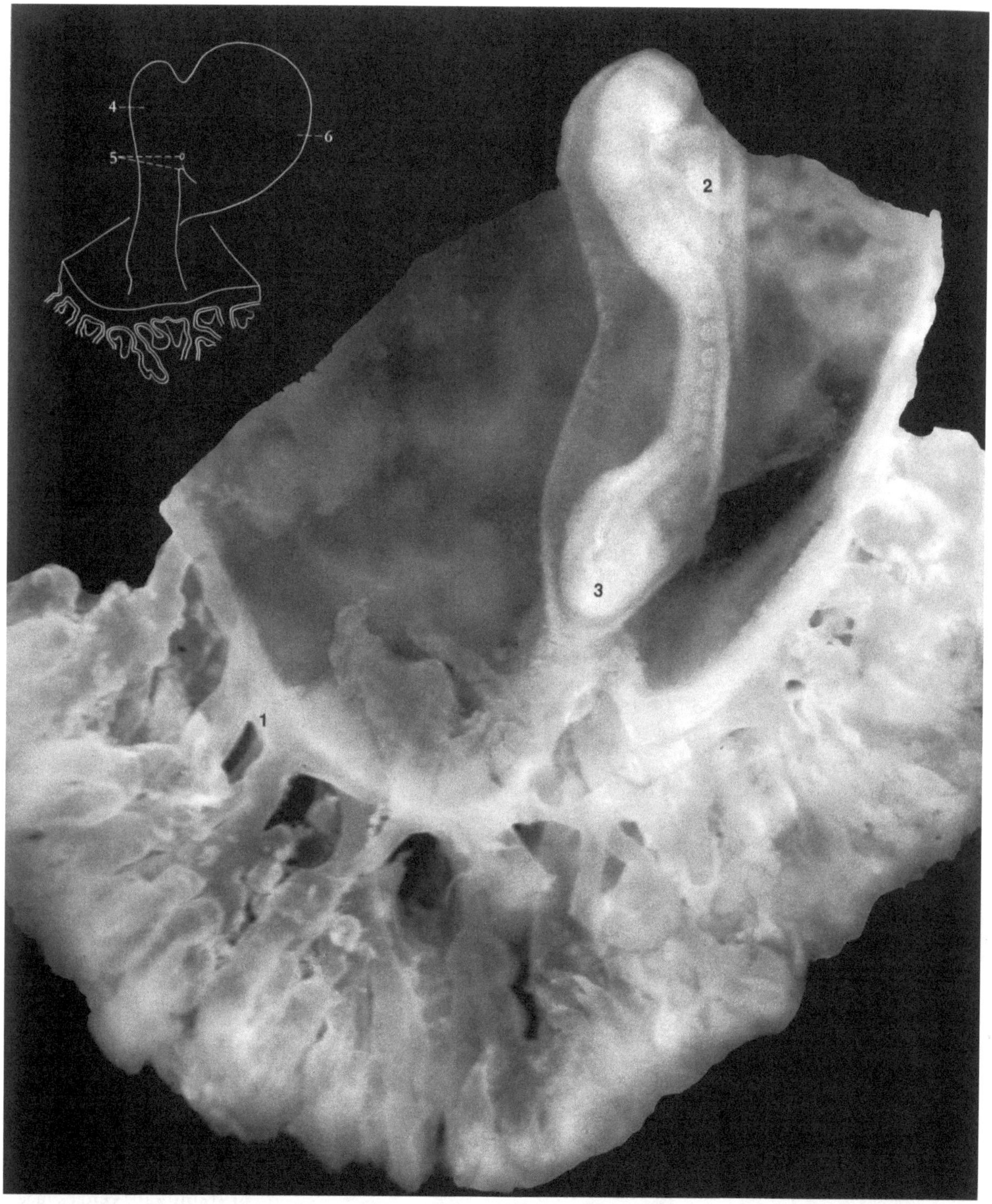

Abb. 6-12. Embryo Blechschmidt, STADIUM 11, 3,1 mm, 13 Somiten, im geschlossenen Amnion nach Fixierung. Chorionzotten und Chorionplatte (1) gehen im unteren Bildteil in den Haftstiel zum caudalen Körperende (3) über. Beide Neuropori noch offen, vor den Hirnwülsten die Herzanlage (2). Die kleine Umrißzeichnung zeigt die Kontur des Amnion (4), die Lage der Coelompforte (5) und den entfalteten Dottersack (6) vor der Fixierung.
(Aus: Blechschmidt 1973, mit freundlicher Genehmigung von Autor und Verlag)

◀ **Abb. 6-11a, b.** Dorsalansicht menschlicher Embryonen in Somitenstadien.
a) STADIUM 10, 10 Somitenpaare, Neuralrohr im mittleren Bereich geschlossen, Pharyngealbögen 1 und 2, 2,8 mm, 22–23 Tage, ca. 20:1;
b) STADIUM 11, 14 Somitenpaare, Neuroporus ant. in Schließung, Neuroporus post. offen, 3,6 mm, 24 Tage, ca. 16:1
(Aus: Nishimura et al. 1974, mit freundlicher Genehmigung von Autoren und Verlag)

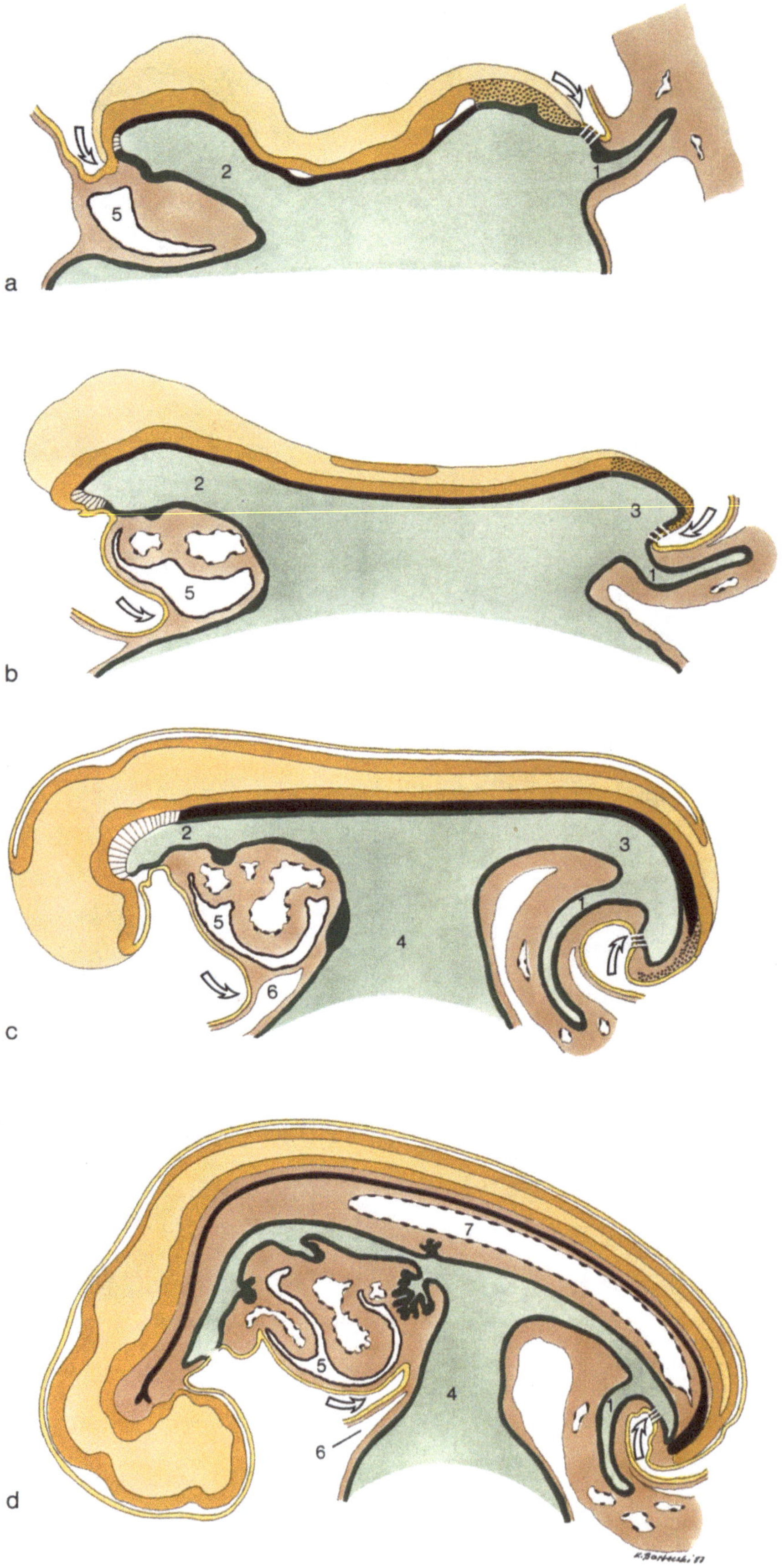

Abb. 6-13a–d. Abfaltung des Embryo von der Keimscheibe im Medianschnitt. (Schema, nicht maßstäblich: Unter Verwendung der Abb. V 21 von Patten 1968, ergänzt nach Müller und O'Rahilly 1983, 1985, 1986, 1987). Begrenzungsfurche des Amnion durch Pfeile markiert. Praechordalplatte hell schraffiert, Kloakenmembran dunkel schraffiert, Rachenmembran rostral der Prächordalplatte nicht markiert, Primitivstreifen punktiert, Neuralrohranschnitte gelb, Dottersack und -derivate grün, Chordalplatte und Chorda dunkelbraun. (1) Allantois, (2) vordere Darmbucht, (3) hintere Darmbucht, (4) Ductus vitellinus, (5) Pericardialspalt (ventral der Herzanlage), (6) Nabelcoelom, (7) unpaarer Teil der Aorta.

a) STADIUM 9;

b) STADIUM 10, Verdickungen im ventralen Endoderm: Thyreoidea- und Leberanlage;

c) STADIUM 11, Verdickungen im ventralen Endoderm: Anlage von Thyroidea, Lunge und Leber;

d) spätes STADIUM 12, offene Rachenmembran und (von cranial nach caudal) Anlage von Thyreoidea, Lunge, Leber und dorsalem Pankreas tus vitellinus, der sich in der Folgezeit kontrahiert und somit auch absolut im Durchmesser verkleinert. Der intraembryonal bleibende, mittlere Teil des Dottersacks wird Mitteldarm. Dieser Abgrenzungsvorgang führt schließlich zur Nabelbildung und wird als *Abfaltung des Embryo von der Keimscheibe* bezeichnet.

Aber nicht nur Amnionhöhle und Dottersack sind von diesem Abfaltungsvorgang betroffen. In der mittleren Keimschicht ging beim frühen Keim das paraxiale Mesoderm ohne erkennbare Grenze in das Hüllmesoderm des Keimes über. Dieses Hüllmesoderm legt sich dem Amnion nach dorsal hin als späteres Amnionmesoderm, im Bereich der Keimscheibe als spätere Somatopleura an. Das Hüllmesoderm des Dottersacks lagert sich dessen epithelialer Wand an und wird im intraembryonalen Teil Splanchnopleura. Im Randbereich der Keimscheibe geht damit das Exocoel in einen rinnenförmigen, in das Innere des Keimes hineinreichenden Coelomspalt über, der von Splanchno- und Somatopleura begrenzt wird (Abb. 6-6 und 6-14). Mit der Ausdehnung der Begrenzungsfurche von allen Seiten her in Richtung auf den zukünftigen Nabel wird der zunächst zur Seite gerichtete Coelomspalt mehr und mehr nach ventral verlagert (Abb. 6-14).

Besondere Verhältnisse bestehen dabei am vorderen Körperende. In dem paraxialen und praeaxialen Bindegewebe unter der Anlage des Gehirns tritt sehr früh ein Coelomspalt auf, der geschlossen ist und nicht frei mit dem Exocoel kommuniziert. Er begrenzt ein mesodermales cardiogenes Blastem, in dem sich die zunächst kapilläre Herzanlage formt (siehe Kapitel 10.2 Entstehung des Herzens). Erst mit der Ausdehnung der rostralen Begrenzungsfurche über das vordere Körperende hinaus nabelwärts wird die Herzanlage mit dem geschlossenen Teil des Coelom, dem Pericardialspalt, in den Embryonalkörper einbezogen (Abb. 6-13) [„Überrollung des Herzens“: Mall 1897].

Komplex sind die Verhältnisse auch am unteren Körperende: Schon vor dem Schluß des Neuroporus rollt sich das untere Körperende nach ventral ein, so daß der ursprünglich nach dorsal, später nach caudal gerichtete Haftstiel mit der Allantois auf die untere Ventralseite des Keimes verlagert wird. Er nähert sich damit von caudoventral der unteren Wand des Dottersacks und dem späteren Ductus vitellinus. Der zwischen Haftstiel und unterer Dottersackwand gelegene Teil des Coelom wird dabei als Nabelcoelom mit in die Körperabgrenzung einbezogen (Abb. 6-13).

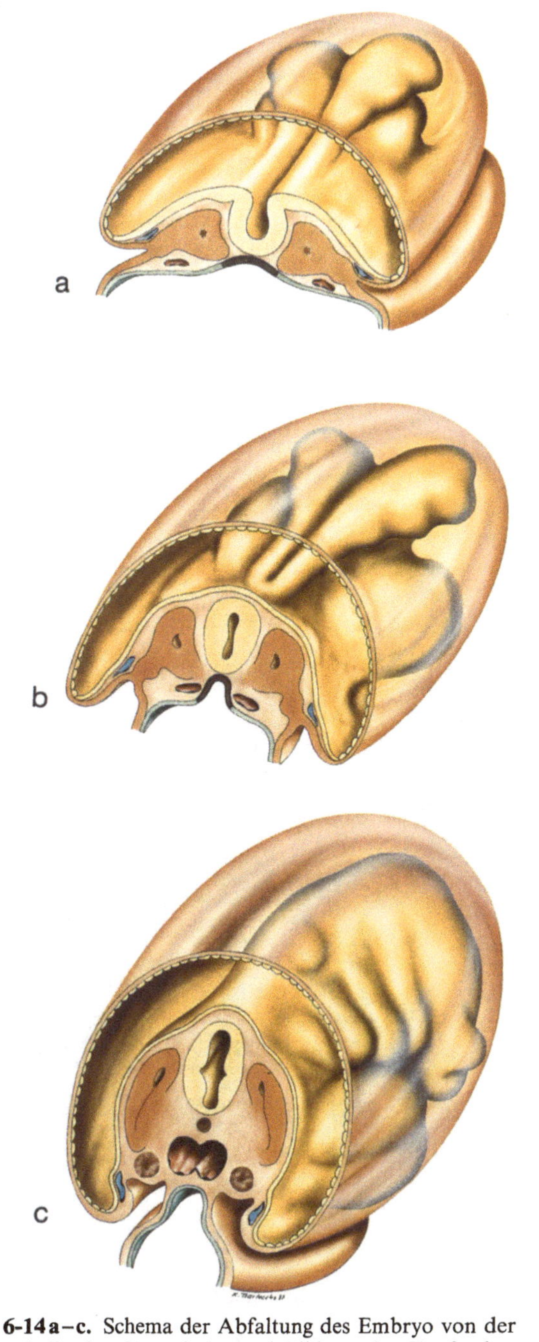

Abb. 6-14a–c. Schema der Abfaltung des Embryo von der Keimscheibe im Querschnitt und Bildung des Kopfendes. Querschnittsbilder nach Langman 1981 (Fig. 5–7), korrigiert nach Müller und O'Rahilly 1983, 1986, 1987. Chordalplatte und Chorda dunkelbraun, nephrogenes Blastem braun. Mit dem Vordringen der amnialen Begrenzungsfurche wird der nach lateral gerichtete Coelomspalt nach ventral verlagert.

a) entsprechend Stadium 9 in Höhe der ersten Somiten, paarige Aorta, Vena umbilicalis nahe der Begrenzungsfurche;

b) Entsprechend Stadium 10, noch paarige Aorta, beginnende Ausgliederung der Chordalplatte;

c) Entsprechend Stadium 12, Chorda dorsalis formiert, Aorta wird unpaar, Visceralbögen 1–4, Augenanlage und Ohrbläschen unter dem Ektoderm sichtbar

Bildung des intraembryonalen Coelom

Mit der Abfaltung des Embryo von der Keimscheibe einher geht also auch die Trennung des intraembryonalen vom extraembryonalen Coelom. Dies sei noch einmal gesondert dargestellt. Ein geschlossener Abschnitt des Coelom besteht von Anfang an als Pericardialspalt, er umgreift hufeisenförmig den ventralen, intra-extraembryonalen Dottersackübergang und geht in den offenen seitlichen Coelomspalt zwischen Somato- und Splanchnopleura über. Dieser Übergang kann als *Coelompforte* bezeichnet werden (Abb. 6-15). Sie erhält eine besondere topographische Beziehung dadurch, daß im Bindegewebe unter der Splanchnopleura im Bereich der Umschlagsfalte der Begrenzungsfurche sich die Vena umbilicalis ausbildet (Abb. 6-14 und 6-15). Die V. umbilicalis liegt damit an der Grenze zwischen der vorderen Darmpforte und der seitlichen Coelompforte. Am lebenden Hühnchenkeim kann die fortschreitende Vereinigung der Venen zur Bildung des Herzsinus, die damit einhergehende relative Verlagerung der Darmpforte und der seitlichen Coelompforte nach caudal direkt beobachtet werden.

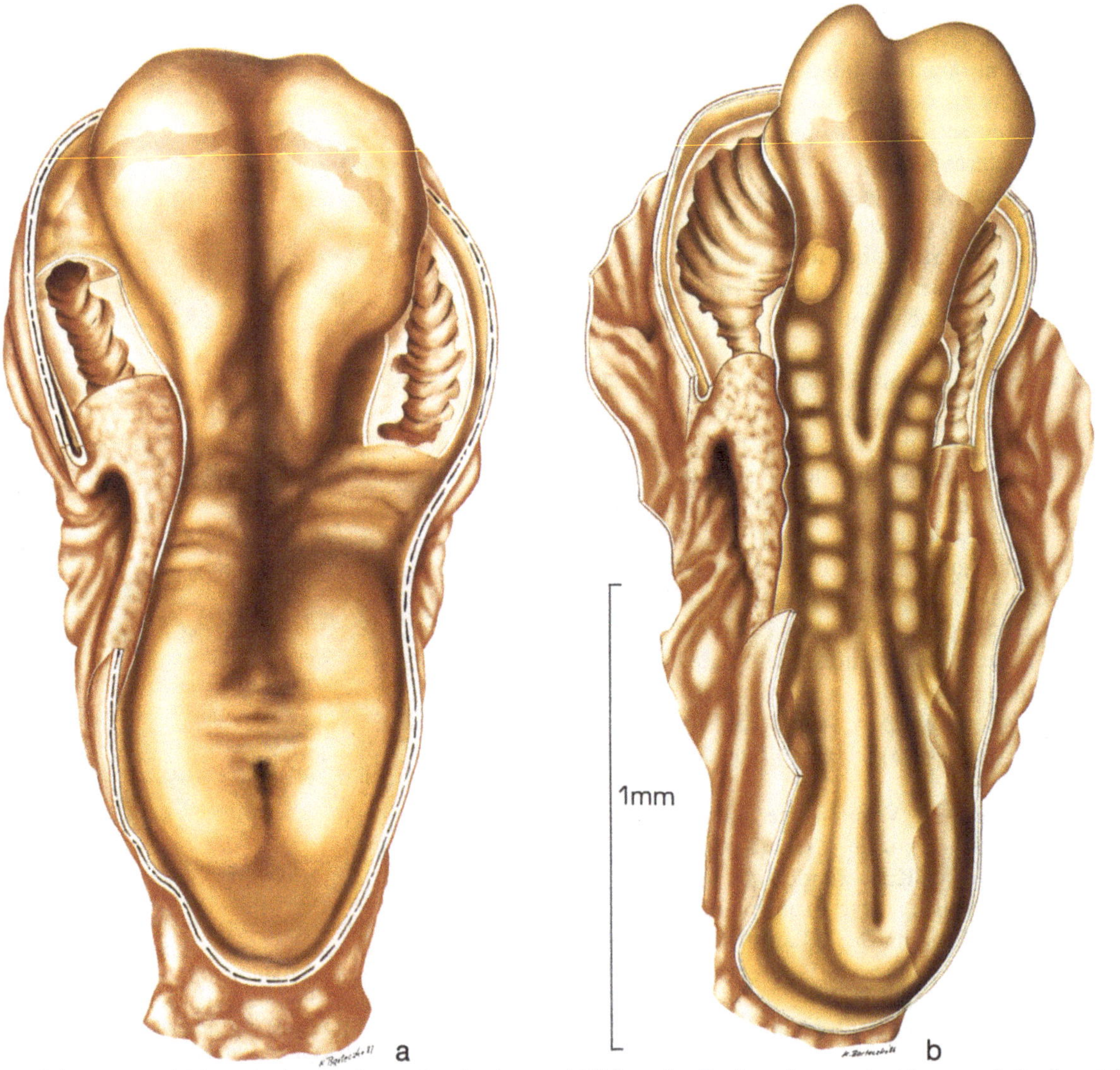

Abb. 6-15a–c. Entwicklung des intraembryonalen Coelom und Bildung der Coelompforten, Ansicht von schräg dorsal (a und b) und Seitenansicht (c) (unter Verwendung von Abbildungen aus Corning 1925, Abb. 410, Streeter 1951, Fig. 2 XI, und Müller und O'Rahilly 1983, Fig. 2);
a) Schema entsprechend Stadium 9. Der nach rostral geschlossene Pericardialspalt ist seitlich eröffnet, nach caudal ist die Coelomrinne noch nicht geschlossen;
b) Schema entsprechend Stadium 10. Die Abgrenzung des intraembryonalen Coelom nach caudal beginnt;
c) Schema entsprechend Stadium 11. Der Pericardialraum (nicht eröffnet) setzt sich in paarigen Ductus pericardio-peritoneales in das noch offene mittlere Coelom fort. Nach caudal setzt es sich in Form paariger, spaltförmiger Schläuche fort, damit bildet sich auch eine hintere Coelompforte.

Auch mit der Ausbildung der hinteren Darmpforte geht lateral davon die Ausbildung von hinteren Coelompforten einher. Hier ist der Übergang des offenen Coelomspaltes zwischen Somato- und Splanchnopleura in den geschlossenen caudalen Teil des intraembryonalen Coelom weniger scharf markiert als bei der vorderen Coelompforte (Abb. 6-15b). Mit der weiteren Ausdehnung des unteren Körperendes dehnt sich das caudale intraembryonale Coelom in Form von gekrümmten, paarigen, flachen Coelomschläuchen nach caudalwärts hin aus (Abb. 6-15c).

Die vordere Darmbucht, zwischen Neuralanlage und Herzanlage gelegen, hat eine besondere Lagebeziehung zum Coelom. Sie wird seitlich von den schlauchförmigen Verbindungen zwischen vorderer Coelompforte und Pericardialspalt flankiert. Damit formt sich das Bindegewebslager ventral und dorsal der Vorderdarmanlage zwischen den Coelomschläuchen (Ductus pericardio-peritoneales) mit der Umwandlung der vorderen Darmbucht zum Vorderdarm in ein ventrales und dorsales Meso um.

Im Randbereich der vorderen und hinteren Darmpforten bilden sich Coelombuchten aus, die beide Coelomschläuche ventral miteinander verbinden. Der craniale „Coelomwinkel" [Gitlin 1968] liegt distal der Leberanlage.

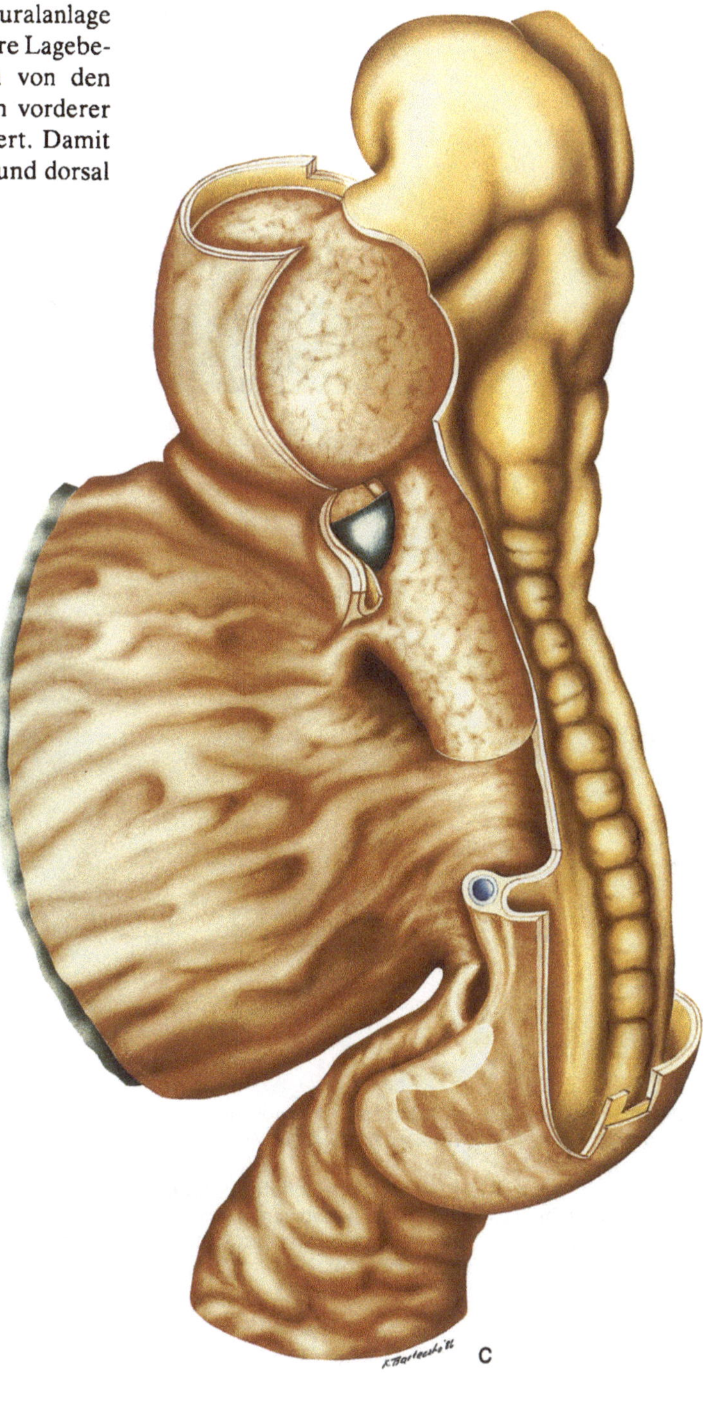

c

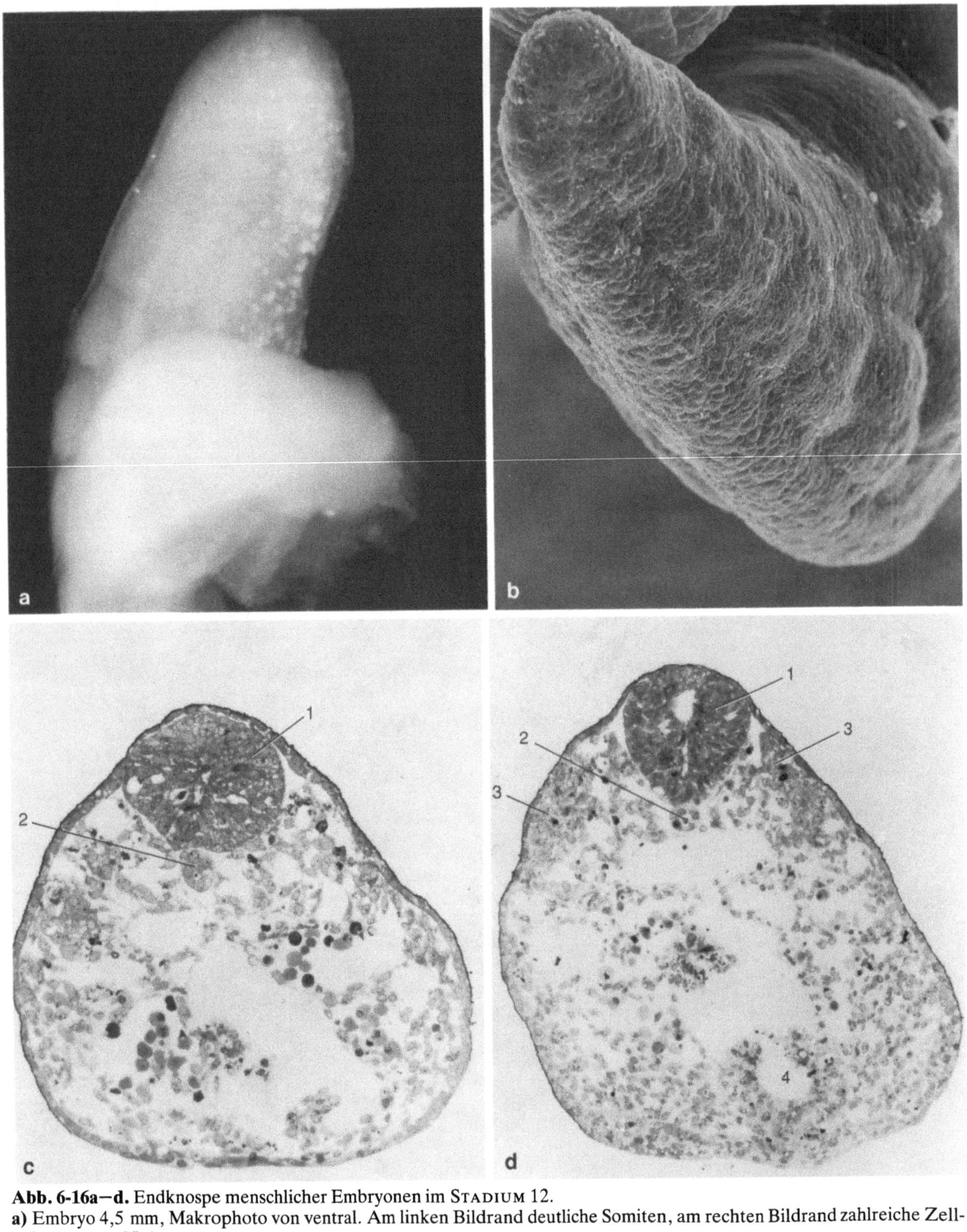

Abb. 6-16a–d. Endknospe menschlicher Embryonen im Stadium 12.
a) Embryo 4,5 mm, Makrophoto von ventral. Am linken Bildrand deutliche Somiten, am rechten Bildrand zahlreiche Zellnekrosen. ca. 85:1;
b) Embryo 5,0 mm, REM-Bild schräg von dorsal, Somiten als Relief erkennbar. ca. 175:1;
c) Semidünnschnitt caudal des letzten Somiten, Embryo 5,0 mm 1 = Chorda neuralis, 2 = Chorda dorsalis. 275:1;
d) Semidünnschnitt in Höhe des letzten Somiten, Embryo 5,0 mm, Lumenbildung in der Chorda neuralis (1), 2 = Chorda dorsalis, 3 = Somit, 4 = Schwanzdarm. 190:1

6.6 Literaturverzeichnis

Bartelmez GW (1923) The subdivisions of the neural folds in man. J Comp Neurol 35:231–247

Bellairs R (1959) The development of the nervous system in chick embryos, studied by electron microscopy. J Embryol Exp Morphol 7:94–115

Bellairs R (1971) Developmental processes in higher vertebrates. Logos Press, London

Bellairs R (1986) The primitive streak. Anat Embryol 174:1–14

Blechschmidt E (1948) Funktionsentwicklung. I: Mechanische Genwirkungen. Musterschmidt, Göttingen

Blechschmidt E (1973) Die pränatalen Organsysteme des Menschen. Hippokrates, Stuttgart

Bolli VP (1966) Sekundäre Lumenbildungen in Neuralrohr und Rückenmark menschlicher Embryonen. Acta Anat 64:48–81

Christ B (1971) Die Entwicklung der Axialorgane. Experimentelle Untersuchungen an Hühnerembryonen. Verh Anat Ges Erg H zu 128:255–261

Corner GW (1929) A well-preserved human embryo of ten somites. Contrib Embryol Carnegie Inst 20:81–102

Corning HK (1925) Lehrbuch der Entwicklungsgeschichte des Menschen, 2. Aufl. Bergmann, München

Detwiler SR (1934) An experimental study of spinal nerve segmentation in amblyostoma with reference to plurisegmental contribution to the brachial plexus. J Exp Zool 67:395–441

Detwiler SR (1936) Neuroembryology. Macmillan, New York

Drews U, Kussäther E, Usadel KH (1967) Histochemischer Nachweis der Cholinesterase in der Frühentwicklung der Hühnerkeimscheibe. Histochemie 8:65–89

Ferner H (1939) Zur Differenzierung der Rumpf-Schwanzknospe beim Menschen. Z Mikr-Anat Forsch 45:555–562

Florian J (1933) The early development of man, with special reference to the development of the mesoderm and the cloacal membrane. J Anat 67:263–276

Geelen JAG, Langman J (1979) Ultrastructural observations on closure of the neural tube in the mouse. Anat Embryol 156:73–88

Gitlin G (1968) Mode of union of right and left coelomic channels during development of the peritoneal cavity in the human embryo. Acta Anat 71:45–52

Häckel E (1910) Sandalion. Eine offene Antwort auf die Fälschungsanklagen der Jesuiten. Neuer Frankfurter Verlag, Frankfurt a. M.

Harrison RG (1938) Die Neuralleiste. Verh Anat Ges 45. Vers (Erg Bd):4–30

Hay D (1968) Organization and fine structure of epithelium and mesenchyme in the developing chick embryo. In: Fleischmayer P, Billingham RE (eds) Epithelial-mesenchymal interaction. Williams and Wilkins, Baltimore, pp 31–55

Heuser CH (1932) A presomite human embryo with a definite chorda canal. Carnegie Inst Wash Publ 433, Contrib Embryol 23:251–267

Hill JP, Florian J (1963) The development of the primitive streak, head process and anular zone in Tarsius, with comparative notes on Loris. Bibliog Primatol 2:1–90

His W (1868) Untersuchungen über die erste Anlage des Wirbeltierleibes. Die erste Entwicklung des Hühnchens im Ei. Vogel, Leipzig

Hörstadius S (1950) The neural crest: Its properties and derivatives in the light of experimental research. Oxford University Press, London New York

Holmdahl DE (1925a, b) Die erste Entwicklung des Körpers bei den Vögeln und Säugetieren, inkl. dem Menschen, besonders mit Rücksicht auf die Bildung des Rückenmarkes, des Zöloms und der endodermalen Kloake nebst einem Exkurs über die Entstehung der Spina bifida in der Lumbosakralregion. a: I. Gegenbaurs Morphol Jb 54:333–384; b: II.–V. Gegenbaurs Morphol Jb 55:112–208

Ikeda Y (1930) Beiträge zur normalen und abnormalen Entwicklungsgeschichte des caudalen Abschnittes des Rükkenmarks bei menschlichen Embryonen. Z Anat Entw Gesch 92:380–491

Karfunkel P (1974) The mechanisms of neural tube formation. Int Rev Cytol 38:245–271

Kaufman M (1979) Cephalic neurulation and optic vesicle formation in the early mouse embryo. Am J Anat 155:425–443

Keibel F (1910) Überblick über die Gesamtentwicklung des Menschen und die Herausbildung seiner äußeren Körperform. In: Keibel F, Mall FP (Hrsg) Handbuch der Entwicklungsgeschichte des Menschen I. Hirzel, Leipzig, S 65–96

Langman J (1981) Medical embryology, 4th edn. Williams und Wilkins, Baltimore London

Le Douarin NM (1969) Particularités du noyau interphasique chez la Caille japonaise (coturnix coturnix japonica). Utilisation de ces particularités comme „marque biologique" dans en recherches sur les interactions tissulaires et les migrations cellulaires au cours de l'ontogénèse. Bull Biol France Belg 103:435–452

Le Douarin NM (1982) The neural crest. University Press, Cambridge

Limborgh J van (1957) The influence of adjacent mesodermal structures upon the shape of the neural tube and neural plate in bird embryos. Acta Neerlando Scand 1:155–166

Ludwig ED (1928) Über einen operativ gewonnenen menschlichen Embryo mit einem Ursegmente (Da1). Morphol Jb 59:41–104

Mall FP (1897) Development of human coelom. J Morphol 12:395–453

Mayer TC (1973) The migratory pathway of neural crest into the skin of mouse embryos. Dev Biol 34:39–46

Mayer TC (1980) The relationship between cell division and melanocyte differentiation in epidermal cultures from mouse embryos. Dev Biol 79:419–427

Mestres P, Hinrichsen K (1974) The cell coat in the early chick embryo. Anat Embryol 146:181–192

Morris GM, Solursch M (1978) The role of primary mesenchyme in normal and abnormal morphogenesis of mammalian neural folds. Zoon 6:33–38

Morris-Kay GM, Tuckett F (1985) The role of microfilaments in cranial neurulation in rat embryos: effects of short-term exposure to cytochalasin D. J Embryol Exp Morphol 88:333–348

Morris-Kay GM, Tuckett F, Solursch M (1986) The effects of Streptomyces hyaluronidase on tissue organization and cell cycle time in rat embryos. J Embryol Exp Morphol 98:59–70

Müller F, O'Rahilly R (1983) The first appearance of the major divisions of the human brain at stage 9. Anat Embryol 168:419–432

Müller F, O'Rahilly R (1985) The first appearance of the neural tube and optic primordium in the human embryo at stage 10. Anat Embryol 172:157–169

Müller F, O'Rahilly R (1986) The development of the human brain and the closure of the rostral neuropore at stage 11. Anat Embryol 175:205–222

Müller F, O'Rahilly R (1987) The development of the human brain, the closure of the caudal neuropore, and the beginning of secondary neurulation at stage 12. Anat Embryol 176:413–430

Needham J (1942) Biochemistry and Morphogenesis. University Press, Cambridge

Newgreen DF, Erickson CA (1986) The migration of neural crest cells. Int Rev Cytol 103:89–145

Nishimura H, Tanimura T, Semba R, Uwabe C (1974) Normal development of early human embryos: Observation of 90 Specimens at Carnegie stages 7 to 13. Teratology 10:1–8

O'Rahilly R (1965) The optic, vestibulocochlear, and terminal-vomeronasal neural crest in staged human embryos. In: Rohen JW (ed) Eyestructure, II. Symp. Schattauer, Stuttgart, pp 557–564

O'Rahilly R (1973) Developmental stages in human embryos Part A: Embryos of the first three weeks (stages 1 to 9). Carnegie Inst Wash Publ 631

O'Rahilly R, Gardner E (1979) The initial development of the human brain. Acta Anat 104:123–133

O'Rahilly R, Müller F (1981) The first appearance of the human nervous system at stage 8. Anat Embryol 163:1–13

O'Rahilly R, Müller F (1984) The early development of the hypoglossal nerve and occipital somites in staged human embryos. Am J Anat 169:237–257

O'Rahilly R, Müller F (1985) The origin of the ectodermal ring in staged human embryos of the first 5 weeks. Acta Anat 122:145–157

Patten BM (1968) Human Embryology, 3rd edn. McGraw-Hill, New York Toronto Sydney London

Penner PL, Brick I (1984) Acetylcholinesterase and polyingression in the epiblast of the primitive streak chick embryo. Roux Arch Dev Biol 193:234–241

Platt JB (1894) Ontogenetische Differenzierung des Ektoderms bei Necturus. Arch Micr Anat 43:911–966

Raven CP (1931) Zur Entwicklung der Ganglienleiste. 1. Die Kinematik der Ganglienleistenentwicklung bei den Urodelen. Roux Arch Entw Mech Organ 125:210–292

Sadler TW (1978) Distribution of surface coat material on fusing neural folds of mouse embryos during neurulation. Anat Rec 191:345–350

Santander GR, Cuadrado MG (1976) Ultrastructure of the neural canal closure in the chicken embryo. Acta Anat 95:368–383

Schmitt H (1898) Über die Entwicklung der Milchdrüse und die Hyperthelie menschlicher Embryonen. Morphol Arb Jena 8:236–303

Schoenwolf GC (1974) Observations on closure of the neuropores in the chick embryo. Am J Anat 155:445–465

Schoenwolf GC, Franks MV (1984) Quantitative analysis of changes in cell shape during bending of the avian neural plate. Dev Biol 105:257–272

Schumacher S (1927) Über die sogenannte Vervielfachung des Medullarrohres (bzw. des Canalis centralis) bei Embryonen. Z Mikr-Anat Forsch 10:75–109

Selman GG (1958) The forces producing neural closure in amphibia. J Embryol Exp Morphol 6:448–465

Smedley MJ, Stanisstreet M (1986) Calcium and neurulation in mammalian embryos. II: Effects of cytoskeletal inhibitors and calcium antagonists on the neural folds of rat embryos. J Embryol Exp Morphol 93:167–178

Spemann H, Mangold H (1924) Über Induktion von Embryonalanlagen durch Implantation artfremder Organisatoren. Roux Arch Entw Mech Organ 100:599–638

Spratt NT Jr (1957) Analysis of the organizer center in the early chick embryo. II: Studies of the mechanics of notochordal elongation and somite formation. J Exp Zool 134:577–612

Spratt NT Jr, Haas H (1965) Germ layer formation and the role of the primitive streak in the chick. I: Basic architecture and morphogenetic tissue movements. J Exp Zool 158:9–38

Starck D (1975) Embryologie, 3. Aufl. Thieme, Stuttgart

Sternberg J, Kimber SJ (1986) Distribution of fibronectin, laminin and entacin in the environment of migrating neural crest cells in early mouse embryos. J Embryol Exp Morphol 91:267–282

Streeter GL (1927) Archetypes and symbolism. Science 65:405–412

Streeter GL (1951) Developmental horizons in human embryos age groups XI to XXIII. Embryology Reprint vol II. Carnegie Inst Wash, Washington

Tan SS, Morris-Kay GM (1986) Analysis of cranial neural crest cell migration and early fates in postimplantation rat chimaeras. J Embryol Exp Morphol 98:21–58

Waddington CH, Schmidt JA (1933) Induction by heteroplastic grafts of the primitive streak in birds. Roux Arch Entw Mech Organ 128:522–563

Waterman RE (1974) SEM studies of early facial development in rodents and man. In: Johari O, Corvin I (eds) Scanning Electron Microscopy, III. Inst Technol Res Inst, Chicago, Ill., pp 533–540

Waterman RE (1975) SEM observations of surface alterations associated with neural tube closure in the mouse and hamster. Anat Rec 183:95–98

Waterman RE (1976) Topographical changes along the neural fold associated with neurulation in the hamster and mouse. Am J Anat 146:151–172

Watterson RL, Goodheart CCR, Lindberg G (1955) The influence of adjacent structures upon the shape of the neural tube and neural plate of chick embryos. Anat Rec 122:539–559

Weston JA (1983) Regulation of neural crest cell migration and differentiation. In: Yamada KM, Wiley J (eds) Interaction and development and molecular mechanism. John Wiley, New York, pp 153–184

7. Nabelbildung, Nabelschnur, Fruchtwasser

K. V. Hinrichsen

7.1 Nabelbildung

Wie zuvor (Kapitel 6.5 Abfaltung des Embryo von der Keimscheibe) beschrieben, dehnt sich die Amnionhöhle mit dem Längenwachstum des Keimes erheblich aus. Die Begrenzungsfurche zwischen Ektoderm und Amnion rückt von allen Seiten her konzentrisch auf die ventrale Körperseite vor. In der Ansicht von ventral zeigt sich (Abb. 7-1), daß der ursprünglich zur Seite hin gerichtete Coelomspalt zwischen Somato- und Visceropleura nach ventral verlagert wird und als weit offene Coelompforten den ebenfalls noch weiten Ductus vitellinus umgibt. Der zunächst nach dorsal, dann in Verlängerung der Längsachse des Keimes gerichtete Haftstiel rückt mit der Einkrümmung des hinteren Körperendes ebenfalls nach ventral, an ihn grenzt die caudale Begrenzungsfurche. Mit der zunehmenden Verschmälerung des Ductus vitellinus und dem weiteren konzentrischen Vorrükken der Begrenzungsfurche tritt an die Stelle der Coelompforte nun das Nabelcoelom. Es wird vorübergehend den überwiegenden Teil des Dünndarms und ei-

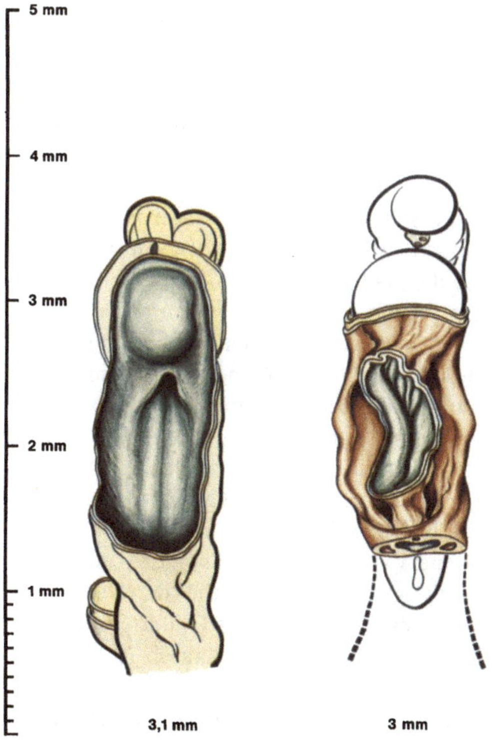

Abb. 7-1. Nabelbildung, Teil I. Ventralansicht von Embryonen im STADIUM 11. Zunächst kommuniziert der Dottersack mit dem intraembryonalen Teil (linkes Bild). Die vordere Darmbucht liegt dorsal vom Cavum pericardii (nicht eingezeichnet) und reicht rostral zur Rachenmembran. Mit der Abfaltung des Embryo von der Keimscheibe kommuniziert das intraembryonale Coelom, begrenzt von Splanchno- und Somatopleura über das Nabelcoelom breit mit dem extraembryonalen Coelom. In beiden Abbildungen liegt der Haftstiel noch am caudalen Körperende.

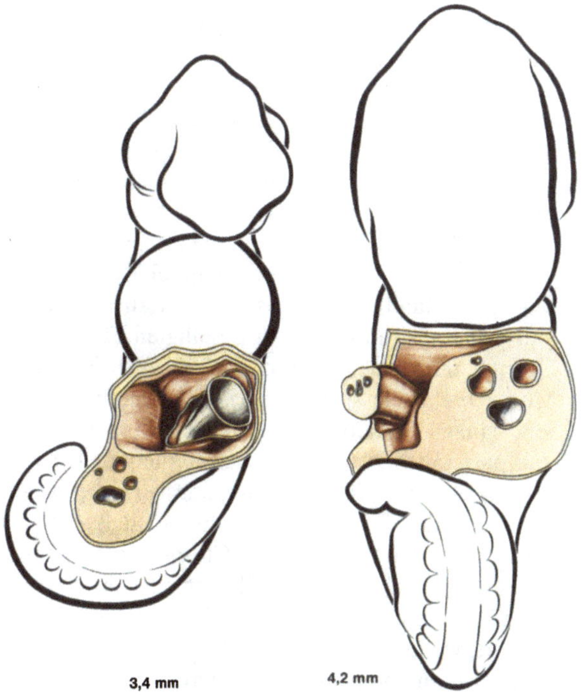

Abb. 7-2. Nabelbildung, Teil II. Ventralansicht von Embryonen im STADIUM 12 (links) und 13 (rechts). Die vom Amnion bedeckte Nabelschnur umschließt den Haftstiel, das Nabelcoelom und den Ductus vitellinus (noch weit, quer durchtrennt, links), der sich mit Gefäßen und Mesoblast zum Dottersackstiel umformt (rechtes Bild). Alle Darstellungen in 7-1 und 7-2 sind maßstäblich
(Umzeichnung nach Blechschmidt 1960 aus Hinrichsen 1986)

nen Teil des Dickdarms aufnehmen und bleibt über die Embryonalperiode hinaus bis zur Reposition des „physiologischen Nabelbruchs" (siehe Kapitel 20. Intestinaltrakt) erhalten. Der extraembryonal bleibende Teil des Dottersacks hat an der Vergrößerung des Keimes keinen Anteil, er wird rudimentär. Im Spaltraum zwischen Amnion und Chorion gelegen, verlängert sich der Ductus vitellinus zu einem langen Dottersackstiel. Er führt in seiner Wand die ursprünglich aus der Dottersackwand entstandenen und in den Keim eingesproßten Dottersackgefäße (Abb. 7-2).

Der Haftstiel enthielt ursprünglich nur die Allantois. Mit der Ausbildung des Gefäßsystems stellt er mit den Nabelarterien und den ursprünglich auch paarigen Nabelvenen die Verbindung vom embryonalen Kreislauf zur Placenta her. Mit der Zunahme des Blutvolumens nimmt auch das Gefäßkaliber im Haftstiel und damit der Umfang des gesamten Haftstieles erheblich zu (Abb. 7-2).

Das konzentrische Vorrücken der Begrenzungsfurche führt damit zur Bildung eines Amnionnabels, der Haftstiel und Nabelcoelom mit dem darin gelegenen Ductus vitellinus umschließt. Erst nach Reposition des physiologischen Nabelbruchs am Ende des 3. Entwicklungsmonats beginnt sich das Nabelcoelom im 4. Entwicklungsmonat zu schließen. Mit Rückbildung des inzwischen rudimentär gewordenen Dottersackgefäßstiels und der rechten Vena umbilicalis (STADIUM 15, siehe Kapitel 12. Venen) enthält dann der Nabel nur noch die ursprünglichen Bestandteile des Haftstieles: rudimentäre Allantois, eine Nabelvene und zwei Nabelarterien.

7.2 Bildung der Nabelschnur

Die Erweiterung der Eikammer durch weiteres Vorwachsen des Trophoblast in das Endometrium ist Voraussetzung dafür, daß sich Chorionhöhle und Amnionhöhle weiter entfalten können. Das gesamte Implantat wölbt sich mit der umschließenden „Decidua" – wie der mit der Geburt „hinfällig" werdende Teil der Uterusschleimhaut (Functionalis) nun auch genannt wird – in das Uteruslumen vor. Die umschließende Decidua kann nun in eine Decidua basalis (Anlage der Placenta siehe Kapitel 9), marginalis (an deren Rand), capsularis (zum Uteruslumen hin) und parietalis (an den nicht beteiligten Flächen des Uterus) unterschieden werden (Abb. 7-3). Bis zum 4. Monat bleibt ein spaltförmiges Uteruslumen erhalten, danach verkleben Decidua capsularis und Decidua parietalis. Das Oberflächenepithel der Decidua capsularis schwindet im Berührungsbereich, danach auch das der Decidua parietalis, so daß sich aus Stroma des Endometrium und Chorion eine einheitliche Schicht als Bestandteil der „Eihäute" oder „Fruchthüllen" bildet (siehe auch Kapitel 9.10).

Dort, wo der Haftstiel an das Chorion grenzte, stehen Amnion und Chorion von Anfang an in geweblicher Verbindung. Diese Kontaktzone kann man in Analogie zum Amnionnabel als „Chorionnabel" bezeichnen. Zwischen Amnionnabel und Chorionnabel bilden Haftstiel, Dottersackstiel und Nabelcoelom eine allseits von Amnion umschlossene, teilweise schlauchförmige Verbindung: die Nabelschnur (Abb. 7-3 bis 7-6).

In der Wand der Nabelschnur gehen Amnionbindegewebe und Haftstielmesoblast in ein gemeinsames Nabelschnurbindegewebe über, das nicht sehr zellreich ist. Dies nur für die Nabelschnur charakteristische Gallertgewebe wird (nach einem Londoner Anatomen des 17. Jahrhunderts) als „Whartonsche Sulze" bezeichnet. Die Zellen des Nabelgallertgewebes enthalten Glycogen und sezernieren in erheblichem Maße spezifische, stark hyaluronsäurehaltige Proteoglycane mit großem Hydratisationsgrad. In der Wand der Nabelschnur*gefäße* kommen hingegen sulfatierte Proteoglycane vor [Graumann 1964 mit weiteren Nachweisen]. Aus den Nabelschnurgefäßen soll über das Gallertgewebe in erheblichem Umfang ein Austausch von Wasser, Glucose und Elektrolyten zwischen (embryonalem oder fetalem) Blut und Amnionflüssigkeit stattfinden [Zawisch 1955, Feliks 1968]. Das Gallertgewebe ist kapillarfrei, auch enthalten die Nabelgefäße, wie schon Hyrtl [1878] bemerkt, keine Vasa vasorum. Fehlende Zellkontakte und Interdigitationen im Endothel der Nabelgefäße werden mit der Ernährung des Gallertgewebes und dem Flüssigkeits- und Stoffaustausch in Beziehung gebracht.

Schon früh tritt in der Nabelschnur ein schraubiger Verlauf – deutlich ablesbar an den Gefäßen – auf, von dem nicht geklärt ist, ob er aus Wachstumseigentümlichkeiten der Nabelschnur, Wachstums- oder Druckdifferenzen der Gefäße oder von Bewegungen des Embryo (besonders indirekte Bewegungen infolge Trägheit des in Flüssigkeit suspendierten Embryo) herrührt. Die Einseitigkeit und Gleichsinnigkeit der Windungen (in 80 % der Fälle entgegen dem Uhrzeigersinn) [Grosser 1927] spricht gegen ihre Ent-

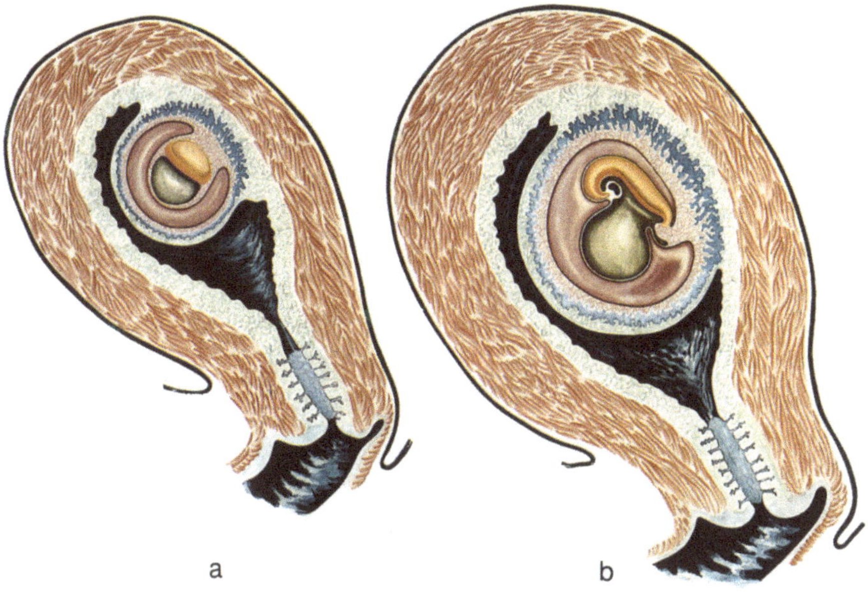

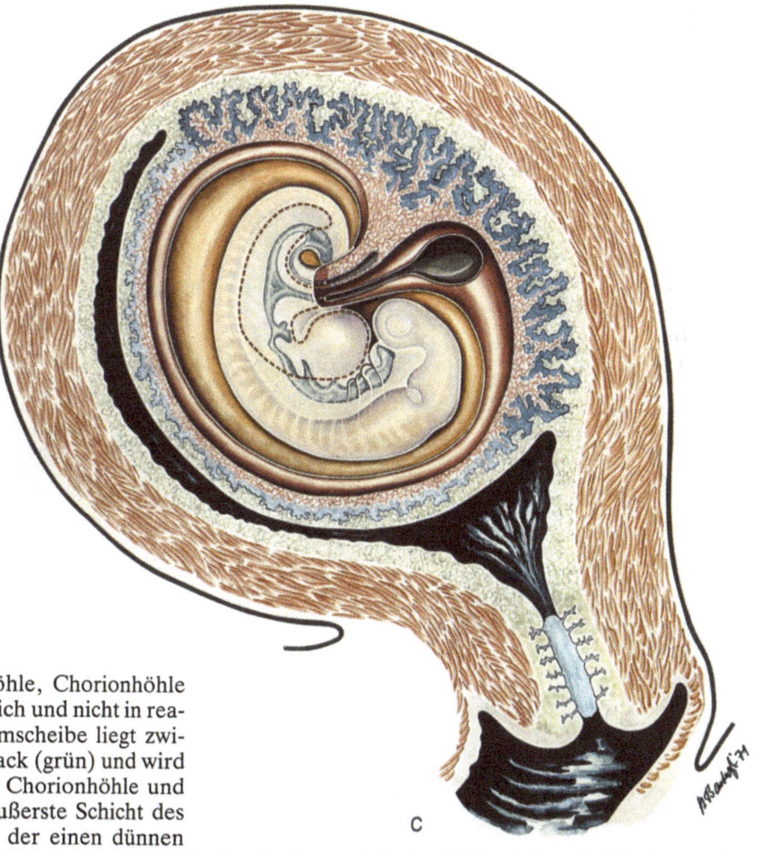

Abb. 7-3. Entwicklung von Amnionhöhle, Chorionhöhle und intrauterinem Situs (nicht maßstäblich und nicht in realer Größe!). Die frühe bilaminäre Keimscheibe liegt zwischen Amnionhöhle (gelb) und Dottersack (grün) und wird vom extraembryonalen Mesoblast, der Chorionhöhle und dem Chorion (rosa) eingeschlossen. Äußerste Schicht des Implantats ist der Trophoblast (blau), der einen dünnen kapsulären und einen dickeren basalen Teil unterscheiden läßt. Das Implantat ist in das Endometrium (grün) eingeschlossen, das nun Decidua genannt wird, mit den Abschnitten: Decidua basalis, marginalis und capsularis. Der übrige Teil des Endometrium wird Decidua parietalis genannt (oberes linkes Bild). Mit weiterer Ausdehnung der Chorionhöhle und der Amnionhöhle bleibt nur der „Haftstiel“ als gewebliche Brücke zwischen Embryo und Chorion (rechtes oberes und unteres Bild) bestehen, der die Allantoisanlage einschließt. Wenn sich das Amnion voll entfaltet hat, wird der Haftstiel Teil der Nabelschnur, die zur Allantois auch den Ductus vitellinus einschließt. Der basale Trophoblast bildet den fetalen Teil der Placenta, der kapsuläre Teil wird in das Chorion laeve umgeformt (in Anlehnung an Clara 1949, Patten 1968, Blechschmidt 1960 aus Hinrichsen 1986)

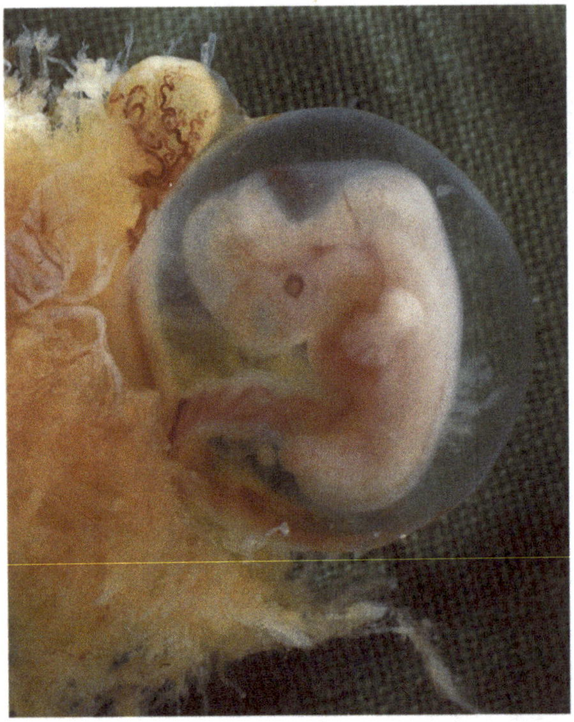

Abb. 7-4. Operativ gewonnener menschlicher Embryo (STADIUM 17, 14,8 mm) im noch geschlossenen Amnion vor der Fixierung. Links im Bild die Chorionplatte mit Nabelschnurabgang (leicht verdeckt) und den stark verzweigten Chorionzotten. Links oben das gefäßreiche Dotterbläschen, dessen Stiel zum „Chorionnabel" hin durch das Amnion durchschimmert. Im Embryo sind Großhirnbläschen, Mittelhirn, Rautenhirn und Auge sowie Arm- und Beinanlage gut zu erkennen. Die Nabelschnur verbindet den „Chorionnabel" mit dem „Amnionnabel" unterhalb des Herzwulstes. Der spiralige Verlauf der Nabelgefäße ist deutlich.

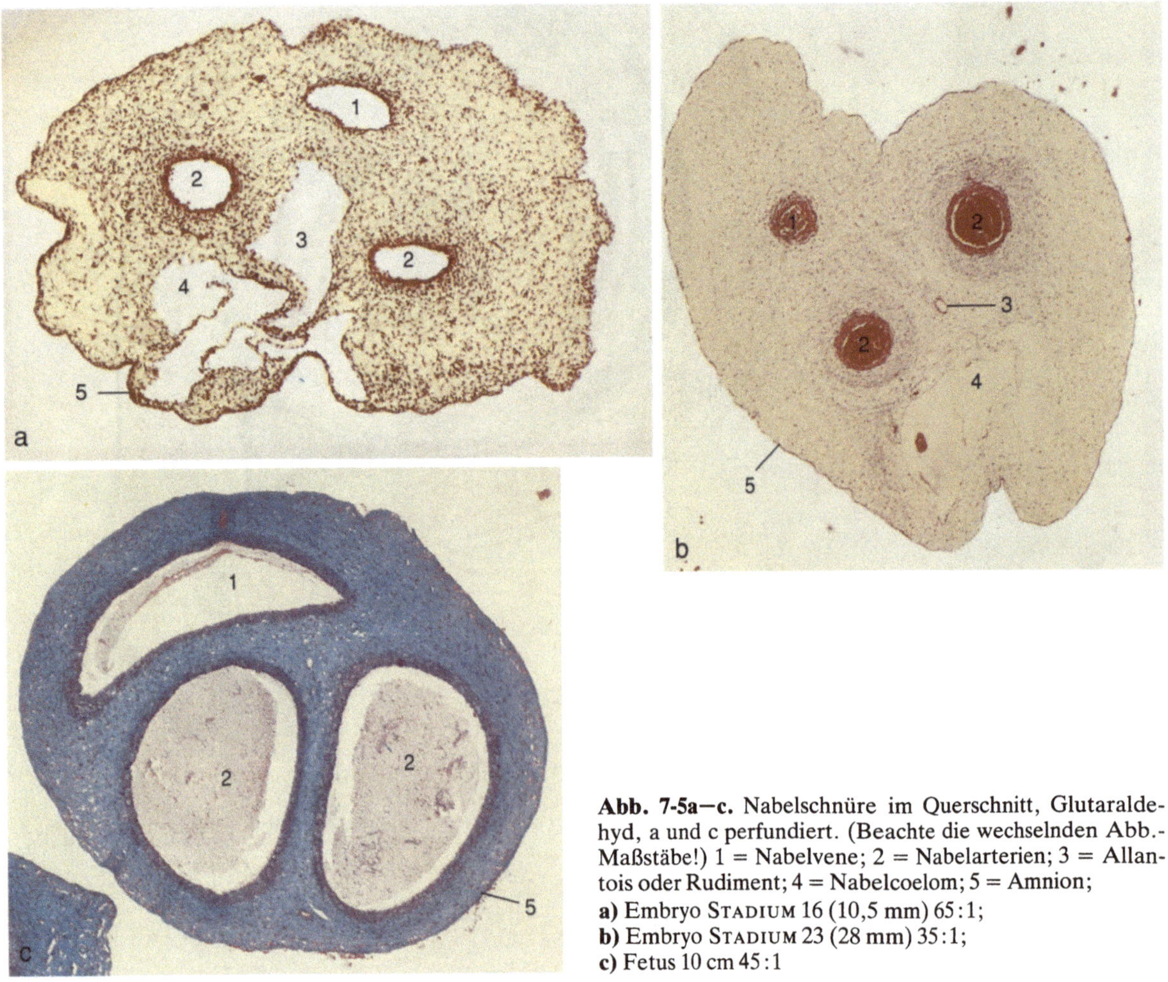

Abb. 7-5a–c. Nabelschnüre im Querschnitt, Glutaraldehyd, a und c perfundiert. (Beachte die wechselnden Abb.-Maßstäbe!) 1 = Nabelvene; 2 = Nabelarterien; 3 = Allantois oder Rudiment; 4 = Nabelcoelom; 5 = Amnion;
a) Embryo STADIUM 16 (10,5 mm) 65:1;
b) Embryo STADIUM 23 (28 mm) 35:1;
c) Fetus 10 cm 45:1

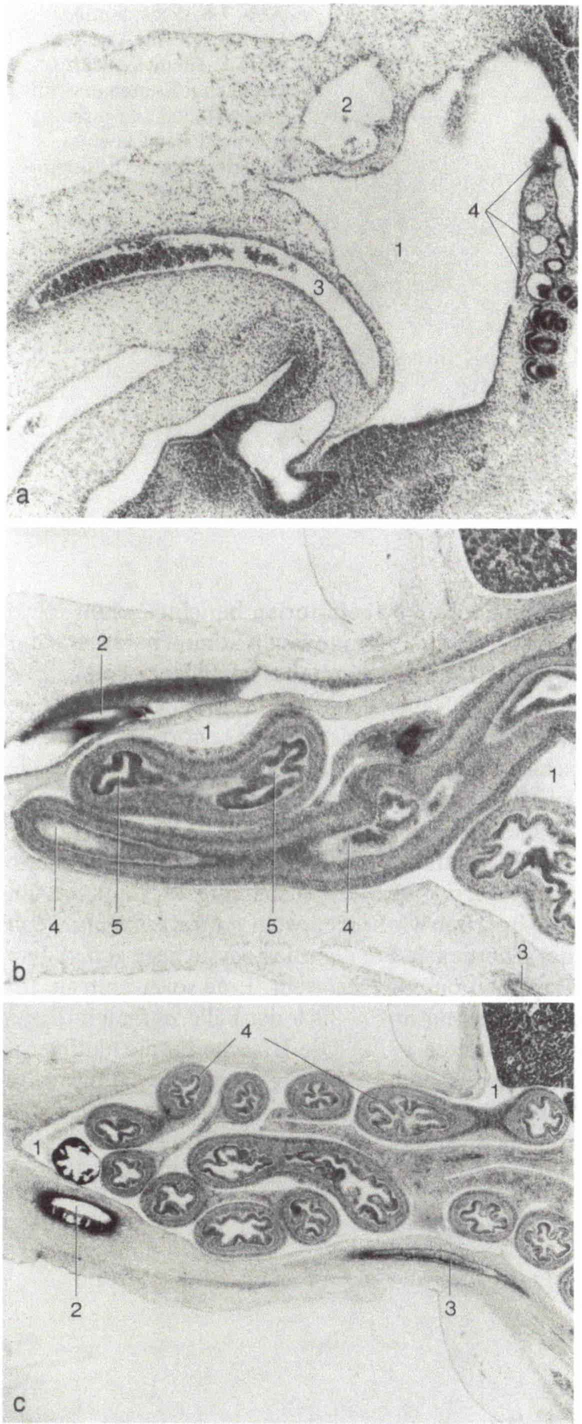

Abb. 7-6a–c. Nabelschnur im Sagittalschnitt.
a) Embryo STADIUM 14 (6,5 mm). 1 = Coelom, 2 = V. umbilicalis, 3 = A. umbilicalis, 4 = Urniere. ca. 50 : 1; b) und c) Fetus 3,2 cm (ca. 9. Woche);
b) 1 = Coelom, 2 = V. umbilicalis, 3 = A. umbilicalis, 4 = Dickdarmschenkel der Nabelschleife, 5 = Dünndarmschenkel der Nabelschleife. ca. 25 : 1;
c) 1 = Coelom, 2 = V. umbilicalis, 3 = A. umbilicalis, 4 = Dünndarmschleifen in verschiedenen Anschnitten. ca. 25 : 1

stehung allein durch Bewegungen, jedoch fehlt die Torquierung bei tierischen Feten, denen eine Rotation bei lang ausgezogenen Uterushörnern nicht möglich ist [Bernischke und Driscoll 1967]. Hyrtl [1870] bezog die Drehung auf das fortschreitende Längenwachstum der Nabelschnur, der Embryo „spinne" die Nabelschnur aus sich heraus. Jedes Nabelgefäß ist in sich torquiert. Der relative und absolute Volumenanteil der Gefäße an der Nabelschnur nimmt erheblich zu (Abb. 7-5). Die Weite der Arterien wird (am Geburtstermin) mit 3 mm, die der Vene mit 5–6 mm angegeben [Hyrtl 1870]. Die Zahl der definitiven Windungen schwankt erheblich, als Extreme zum Zeitpunkt der Geburt werden 0–380 Drehungen genannt. Die Windungen sind schon früh ausgebildet, sie werden mit Verlängerung der Nabelschnur nur weiter, aber nicht zahlreicher [Malpas und Symonds 1966]. Als „falsche Knoten" werden Verdickungen bezeichnet, die durch Schlingenbildungen der Gefäße oder lokale Verdickungen des Gallertgewebes entstehen (Abb. 7-7) [Hyrtl 1870, 1878].

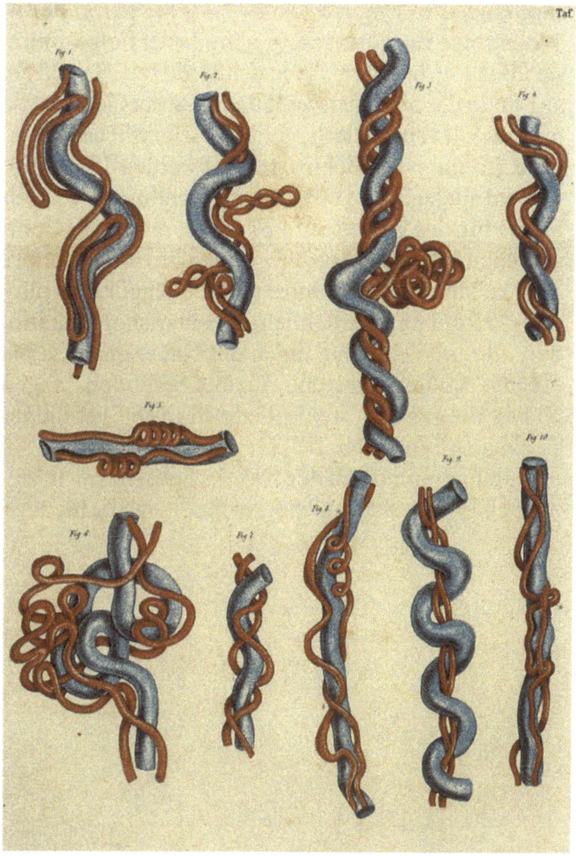

Abb. 7-7. „Falsche" Knoten der Nabelschnur werden durch verschiedene Schlingen- und Knäuelbildungen der Nabelarterien (oder durch lokale Verdickungen des Gallertgewebes) bewirkt.
(Wiedergabe der Lithographie von Korrosionspräparaten aus Hyrtl 1870)

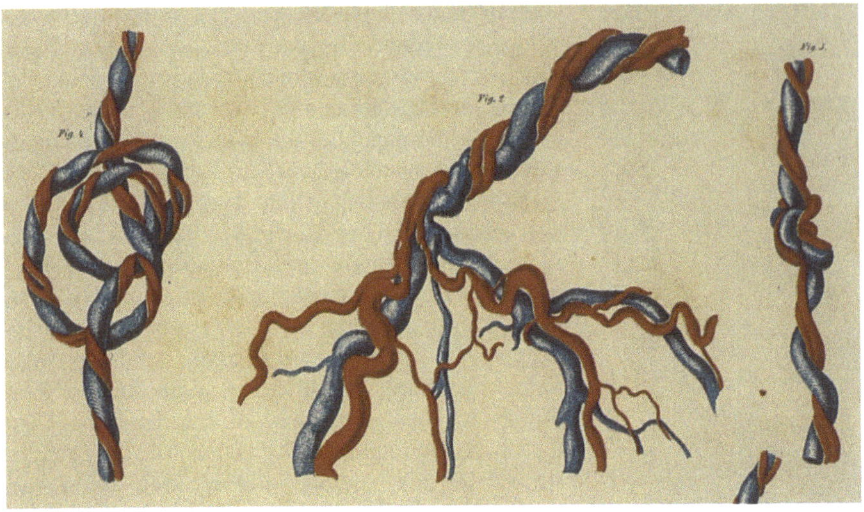

Abb. 7-8. Gegenläufige Drehungen von Arterien und Venen sowie „wahrer", zweifacher Knoten in geöffnetem (links) und geschlossenem Zustand (rechts) (Wiedergabe der Lithographie aus Hyrtl 1870)

Die Länge der Nabelschnur variiert erheblich. Sie ist zunächst größer als es der Ausdehnung der Amnionhöhle entspricht, aber anfangs kürzer als die Gesamtlänge des Embryo (Abb. 7-4). Sie hat in der 4. Woche eine Länge von ca. 0,5 cm. In der Folge nimmt sie über 16–18 cm am Ende des 3. Monats, 33–35 cm am Ende des 5. Monats auf 50–52 cm am Geburtstermin zu. Dies sind jedoch nur durchschnittliche Werte, als Extreme beim Geburtstermin werden 18 cm und 122 cm angegeben [Boyd und Hamilton 1970]. Als Regel für das geburtsreife Kind gilt eine Länge entsprechend der Körpergröße. Zu kurze, insbesondere aber zu lange Nabelschnüre („Nabelschnurumschlingung") können zu erheblichen Geburtskomplikationen führen. Verschlingungen der Nabelschnur selbst („echte Knoten") werden nur bei besonders langen Nabelschnüren mit wenig Gallertgewebe gefunden, sie liegen distal (Abb. 7-8) [Hyrtl 1870, 1878].

Gefäßabnormitäten der Nabelschnur sind nicht selten. Über unterschiedliche, auch seitenverschiedene Ursprünge der Nabelarterien berichtet schon Hyrtl [1870]. Nur eine A. umbilicalis kommt bei ca. 1% der Geburten vor. Auch von drei oder vier Nabelarterien sowie zwei Nabelvenen wurde berichtet. Auch diese Varietäten können mit völlig ungestörter Schwangerschaft einhergehen. Im distalen Verlauf wechselt die Lage der Nabelvene, sie kann ein Stück weit im Nabelcoelom verlaufen (Abb. 7-6).

Der Ansatz der Nabelschnur an der Chorionplatte hängt von der näheren Ausbildung des Haftstiels ab. Die Insertion wird am ehesten zentral erfolgen, wenn der embryonale Pol der Blastocyste auch genau dem Implantationspol entspricht. Eine solch zentrale Insertion ist nur in 10–30% der Fälle zu finden [Boyd und Hamilton 1970]. Die Ursache für die häufigere, verschieden stark ausgeprägte exzentrische Insertion wird in einer „atypischen" Implantation gesehen, bei der die Blastocyste leicht rotiert, also nicht exakt mit dem embryonalen Pol voran, implantiert wurde.

7.3 Störungen der Nabelbildung

Mit der Bildung des Amnionnabels durch die ursprüngliche Begrenzungsfurche vollzieht sich eine Demarkation des Embryonalkörpers zur Nabelschnur. Der frühe Zeitpunkt dieser Abgrenzung (Abb. 7-1 und 7-2) und die enge Lagebeziehung der vorderen Darmpforte und der nachfolgend an ihr entstehenden Anlage der Leber und der Gallenblase (Abb. 6-13) machen es verständlich, daß eine nur geringfügige Verschiebung dieser Demarkationslinie gerade im Anlagegebiet der Leber zu einer Störung in der Ausbildung der vorderen Körperwand führen kann (Abb. 7-9). Die als **Omphalocele** zu benennende Störung ist also kein Leibeswand-Bruch, keine Nabelhernie, sondern eine Störung der körperlichen Abgrenzung gegenüber der Nabelschnur. Eine **Nabelhernie** liegt vor, wenn sich in eine Ausweitung der gebildeten Rumpfwand im Bereich des Nabels ein peritonealer Bruchsack vorschiebt, der z.B. Dünndarmschlingen enthalten kann. Die Entstehung der Omphalocele wird auf eine Störung der Abgrenzung in der 3. Woche, die Entstehung einer Nabelhernie hingegen auf die 8.–10. Woche datiert [Alvarez und Potter 1965].

Fehlende Rückbildung des Ductus vitellinus oder der Allantois („Urachus") können zu **Nabelfisteln** führen. Auf ihre Entstehung und damit nicht selten verbundene Zystenbildungen wird bei der Darmentwicklung und der Besprechung der ableitenden Harnwege zurückzukommen sein.

Mit der Abgrenzung des Embryonalkörpers gegen die Nabelschnur geht auch eine Demarkation zwischen dem Amnionepithel und dem Ektoderm der äußeren Haut einher. Die Nabelschnur wird von Amnion bedeckt. Die Hautinnervation der Körperwand hat ebenfalls eine scharfe Grenze an der „Demarkationslinie", während vegetative Nervengeflechte an Gefäßen und Urachus sich noch in die Nabelschnur hinein erstrecken [Baljet und Drukker 1981]. Eine Verschiebung der Demarkation nach distal („Hautnabel") ist eine Variante ohne klinische Bedeutung.

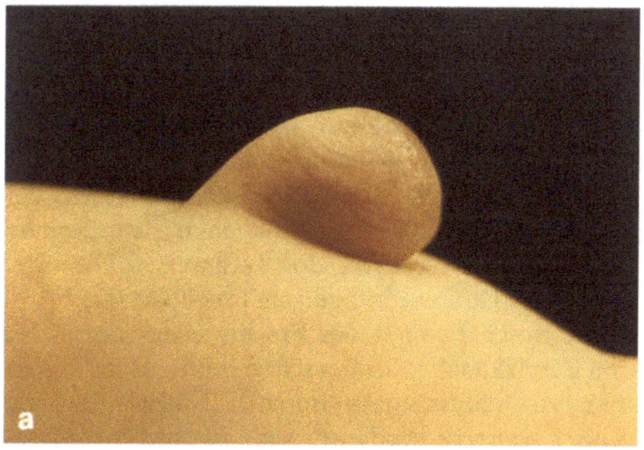

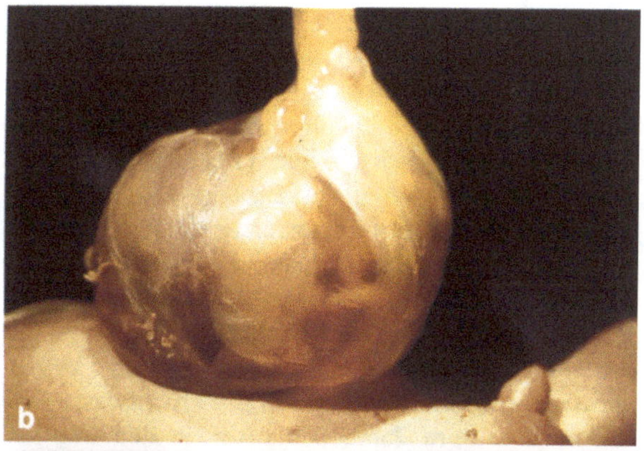

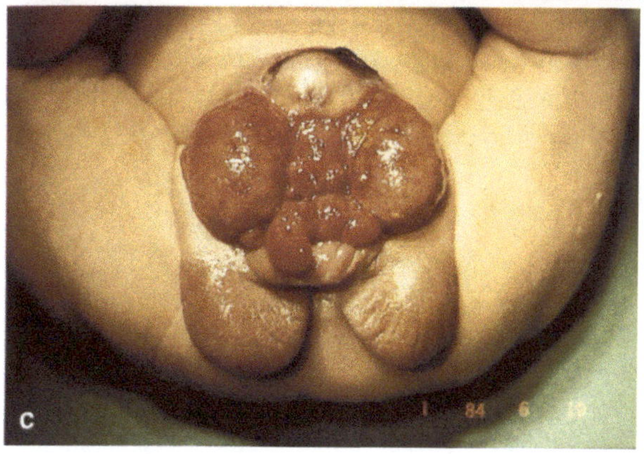

Abb 7-9a–c. Störungen der Körperwand- und Nabelbildung.
a) Neugeborenes mit Nabelbruch: Der erweiterte, den Bruchsack umschließende Anfangsteil der Nabelschnur ist von Haut bedeckt.
b) Neugeborenes mit großer Omphalocele. Ein großer Teil der Leber ist nur von Amnion bedeckt, das erweiterte Nabelcoelom enthält zusätzlich Dünndarmschlingen.
c) Neugeborenes mit Störung der Bauchwandbildung unterhalb des Nabels und mit Ekstrophie der Harnblase (Freundlichst überlassen von Prof. Dr. J. Engert, Kinderchirurgische Klinik der Ruhr-Universität Bochum am Marien-Hospital Herne)

7.4 Fruchtwasser

Die Amnionhöhle entstand im STADIUM 5 A durch Konfluenz von Interzellularflüssigkeit. Das Volumen bleibt bis zum Neuralrohrschluß (STADIUM 10–12) in Relation zum Dottersack klein. Erst mit der Abfaltung des Embryo von der Keimscheibe und dem Vorwachsen des vorderen und hinteren Körperendes dehnt sich das Amnion über die Dottersackränder aus, nimmt an Volumen erheblich zu und nähert sich dem Chorion. Die Chorionhöhle wird damit zum Spaltraum (Abb. 7-3), der bis auf ein kleines Restlumen, das das Dottersackrudiment enthält, durch die Fusion von Amnionbindegewebe und Chorionbindegewebe schwindet. Im Bereich der Placenta wird die Chorionplatte damit von Amnionepithel bedeckt.

Der von Amnionflüssigkeit (Liquor amnioticus) erfüllte Teil der Amnionhöhle erreicht annähernd das Volumen des Embryo (Abb. 7-3), überschreitet es zeitweilig (Abb. 2-16) und hat sein relativ größtes Volumen in der Mitte der Schwangerschaft. Die Amnionflüssigkeit wird jetzt „Fruchtwasser" genannt. Von der 16. Woche an ist das Fruchtwasservolumen so groß (ca. 150 ml), daß eine Fruchtwasserpunktion transabdominal durch die Uteruswand möglich wird, oder mit Einführung eines Fetoskops der Fetus direkt beobachtet werden kann (siehe Kapitel 2.5 Pränatale Diagnostik). Für das reife Neugeborene wird ein Fruchtwasservolumen von ca. 800 ml bis 1000 ml angegeben. Außer über seine Verbindung mit der Nabelschnur ist der Embryo (und später Fetus) vollständig in Flüssigkeit suspendiert. Wie die weite Verbreitung dieser Situation bei allen Amnioten anzeigt, ist damit eine physikalisch wie chemisch besonders schützende Einbettung des Embryo gegeben. Der selbst außerordentlich wasserreiche Embryo befindet sich fast im schwerelosen Zustand.

Mit fortschreitender Organentwicklung beteiligt sich der Fetus am Austausch des Fruchtwassers: Es wird in die Lungen aufgenommen, aus den Lungen werden mucoide Substanzen in das Fruchtwasser sezerniert; es wird durch Schlucken in den Magen-Darm-Trakt aufgenommen und hier (wie auch teilweise in der Lunge) resorbiert; es wird durch Ausscheidung aus dem Harntrakt ergänzt. Die Fruchtwassermenge ist daher ein wichtiges Indiz für die Normalentwicklung. Atresien des Magen-Darm-Traktes, besonders die Oesophagusatresie, führen über mangelnde Fruchtwasserresorption des Feten zu einem Hydramnion. Atresien der Harnwege (oder Nierenfehlbildungen) können umgekehrt für eine mangelnde Ausscheidung in das Fruchtwasser und somit für Fruchtwassermangel (Oligohydramnion) ursächlich sein. Alle Sekretions- und Resorptionswege für das Fruchtwasser sind noch keinesfalls geklärt. Sein Flüssigkeitsumsatz wird mit einem Gesamtaustausch innerhalb von drei Tagen angegeben [Gray et al. 1956], wobei allein täglich 500 ml durch den Magen-Darm-Trakt aufgenommen [Pritchard 1965], 30 ml durch den Bronchialbaum sezerniert werden sollen [Seeds 1968].

Die Zusammensetzung des Fruchtwassers ist vom 2. bis 9. Monat erstaunlich konstant [Seeds 1968]. Der Wassergehalt beträgt 98,7–98,8%. Elektrolyte sind Natrium, Chlor, Kalium und Calcium, es wurden Kreatinin (1–2 mg%), Harnstoff (20–40 mg%) und Harnsäure (2–7 mg%) gefunden. Der Proteingehalt liegt bei 20–30 mg%, der Gehalt an Aminosäuren (u.a. Nicht-Protein-Stickstoff) ebenfalls bei 20–30 mg%. Die Zusammensetzung ändert sich etwas in Abhängigkeit von der Entwicklung der Resorption und der Ausscheidungsfunktion. Von der 18. Woche an wird ein Anstieg des Kreatinin und der Harnsäure über die Werte im Blutplasma der Mutter gefunden. Über die Bedeutung des Amnion und des Chorion laeve für eine Fruchtwasserumwälzung wird im Kapitel 9.7.1 berichtet. Besonders diagnostische Bedeutung haben die vom Embryo abgeschilferten Zellen erlangt, die aus Fruchtwasserpunktaten gewonnen und kultiviert werden können (siehe Kapitel 2.5 Pränatale Diagnostik, dort auch weitere Hinweise auf andere Untersuchungen am Fruchtwasser).

Die Beschaffenheit des Fruchtwassers kann über den Cervixkanal (oder bei schon geöffnetem Muttermund zu Geburtsbeginn) durch die Eihäute hindurch optisch beurteilt werden („Amnioskopie"). Trübungen können auf intrauterine Erkrankungen, Verfärbungen besonders auf vorzeitigen Meconiumabgang hinweisen, der wiederum häufig bei Sauerstoffmangel des Kindes eintritt.

7.5 Literaturverzeichnis

Alvarez L, Potter EL (1965) Revisión de 20 casos de onfalocele y descripción anatómica de 2 casos. Ann Desarrollo 13:185–194

Baljet B, Drukker J (1981) Some aspects of the innervation of the abdominal and pelvic organs in the human fetus. Acta Anat 111:222–230

Bernischke K, Driscoll SG (1967) The pathology of the human placenta. Springer, Berlin Heidelberg New York

Blechschmidt E (1960) Die vorgeburtlichen Entwicklungsstadien des Menschen. The stages of human development before birth. Karger, Basel Freiburg London New York

Boyd JD, Hamilton WJ (1970) The human placenta. Heffer, Cambridge

Clara M (1949) Entwicklungsgeschichte des Menschen, 2. Aufl. Quelle & Meyer, Heidelberg

Feliks M (1968) The permeability of the walls of the vessels in the umbilical cord. I: The determination of the permeability of the walls of the cord arteries and veins for water, glucose, trypan blue, chlorides, sodium and potassium. Ginek Pol 39:169–177. II: Estimation of factors influencing the speed of permeation of water, glucose, trypan blue, chlorides, sodium and potassium, through the vessel walls to the environment. Ginek Pol 39:179–185

Graumann W (1964) Polysaccharide, 2. Teil: Ergebnisse der Polysaccharidhistochemie: Mensch und Säugetiere. In: Graumann W, Neumann K (Hrsg) Handbuch der Histochemie, Band II. Fischer, Stuttgart

Gray MJ, Nelsen GE, Plentl AA (1956) Estimation of water transfer from amniotic fluid to fetus. Proc Soc Exp Biol Med 92:463–464

Grosser O (1927) Frühentwicklung, Eihautbildung und Placentation des Menschen und der Säugetiere. Bergmann, München

Hinrichsen KV (1986) Slides on human embryology. Bergmann, München

Hyrtl J (1870) Die Blutgefäße der menschlichen Nachgeburt in normalen und abnormalen Verhältnissen. Braumüller, Wien

Hyrtl J (1878) Lehrbuch der Anatomie des Menschen, 14. Aufl. Braumüller, Wien

Malpas PO, Symonds EM (1966) Observations on the structure of the human umbilical cord. Surg Gynecol Obstet 123: 746–750

Patten BM (1968) Human embryology, 3rd edn. McGraw-Hill, New York

Pritchard JA (1965) Deglutition by normal and anencephalic fetusses. Obstet Gynecol 25:289–297

Seeds AE Jr (1968) Amniotic fluid and fetal water metabolism. In: Barnes (ed) Intra-uterine development. Lea und Febiger, Philadelphia, pp 129–142

Zawisch C (1955) Die Whartonsche Sulze und die Gefäße des Nabelstrangs. Z Zellforsch 42:94–133

8. Entwicklung der Körperform

K. V. Hinrichsen

8.1 Pharyngula

Mit der Abfaltung von der Keimscheibe, dem Schluß der Neuropori und mit der Nabelbildung hat der Embryo eine geschlossene körperliche Gestalt erlangt. Mit der Ausbildung des kapillären Herzens und der ersten Gefäße ist ein Grundmuster an Organanlagen entstanden, das für die Ontogenese aller Vertebraten charakteristisch ist. Seine Hauptkennzeichen sind die dorsal gelegene Anlage von Gehirn und Rückenmark, die Chorda dorsalis in der ganzen Länge vom Zwischenhirnboden bis zur Endknospe, seitlich von den metameren Somiten flankiert, das ventral dazu liegende Darmrohr, gegliedert in Vorder-, Mittel- und Hinterdarm, die beginnende Bildung von Pharyngealbögen und in diese eingeschlossen die Bildung von paarigen Aortenbögen, das ventral vor dem Vorderdarm liegende Herz mit seinen Zuflüssen am Rande der vorderen Darmbucht und die Ausbildung eines intraembryonalen Coelom. Besonders charakteristisch ist die Anpassung des Kopfdarmes als Innenrelief mit seinen Schlundtaschen zu dem Außenrelief der Pharyngealbögen.

Die große Übereinstimmung dieses Grundbauplanes bei den verschiedensten Vertebraten hat schon von Baer [1828, 1837] in dem Prinzip festgestellt, daß junge Embryonen verschiedener Species untereinander mehr Ähnlichkeit aufweisen als mit ihren (erwachsenen) Eltern. Die Vorentwicklung auf dieses Stadium hin kann außerordentlich different verlaufen, die nachfolgende Gestaltbildung führt zu höchst unterschiedlichen Formen. Für die Vorentwicklung verdeutlicht das Schema der Abbildung 8-1, daß so unterschiedliche Furchungstypen wie discoidale oder totale Furchung, und diese wiederum aequal oder inaequal, daß so unterschiedliche Körperbildungen wie durch die Gastrulation der Holoblastier, die Faltamnionbildung der Vögel oder über die Blastocystenbildung bei Mensch und Säugern, dennoch zu diesem weitgehend übereinstimmenden Grundtyp des Wirbeltierkörpers führen.

Lehmann [1938] ist der entwicklungsphysiologischen Bedeutung dieses Bauplanes nachgegangen und stellte schon zu diesem frühen Zeitpunkt fest, daß „das Problem der Rekapitulation und der Modifikation embryonaler Formen ... seine Aktualität nicht verloren (hat), es hat im Gegenteil heute an Interesse gewonnen, wo wir beginnen, seine genetische und entwicklungsphysiologische Seite zu erforschen". Man möchte diese Feststellung – 50 Jahre später – in Kenntnis heutiger zellbiologischer und molekularbiologischer Methoden und Möglichkeiten eine weise Voraussicht nennen.

In einem persönlichen Gespräch (während der 56. Versammlung der Anatomischen Gesellschaft in Zürich 1959) prägte Lehmann für dieses Stadium der größten Ähnlichkeit der Embryonen – in Analogie zur „Neurula" – den Begriff „Pharyngula", den ich allerdings in seinen Publikationen habe nicht nachweisen können.

Die Formähnlichkeit der Embryonen verschiedener Species in diesem Stadium ist aber nicht so groß, daß man von einer Formengleichheit sprechen könnte. In den Proportionen von Kopf und Rumpf, den Größenverhältnissen der Hirnabschnitte, der relativen Größe des Auges, der Zahl der Somitenpaare, der Lage des Nabels und der Länge der Endknospe bestehen deutliche Unterschiede. Auch die frühesten Embryonalformen sind in ihren Details jeweils artgemäß, der menschliche Embryo ist in seiner äußeren Form und inneren Struktur von Anfang an humanspezifisch.

An den Besonderheiten der frühen Kopfentwicklung hat sich unter den Begriffen „Kiemenbögen", „Kiemenfurchen" und „Kiementaschen" (wie auch „Branchialbögen" etc.) eine bis heute anhaltende Diskussion entzündet, deren Ursache eigentlich nur eine verkürzte und mißverständliche Interpretation des Rekapitulationsbegriffs war. Die Frage ist nicht, ob der frühe menschliche Embryo Kiemen hat. Die Feststellung ist vielmehr, daß alle Wirbeltierembryonen ein Innenrelief des Kopfdarmes ausbilden, das Anlage für so unterschiedliche Bildungen wie die Kiemen der Fische oder – bei den Säugern und beim Menschen – die Tuba auditiva, die Tonsillarbucht oder Anlage von Thymus und Epithelkörperchen werden kann [Frazer 1923, 1941; de Beer 1958]. Wir verwenden daher [siehe auch O'Rahilly 1973, S. 126]

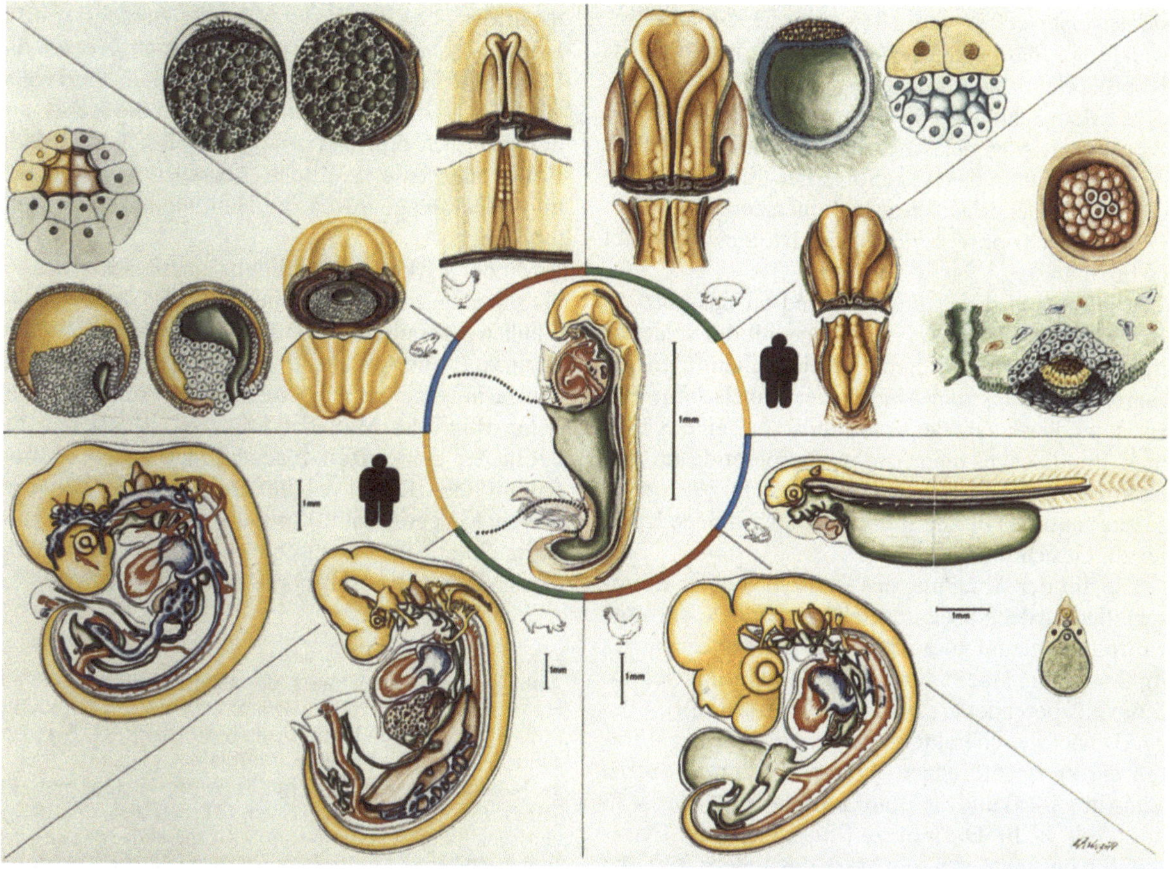

Abb. 8-1. Schematische Darstellung der Pharyngula bei Frosch, Huhn, Schwein und Mensch. Die totale inaequale Furchung des Amphibieneies führt über die Gastrulation, Bildung des Urdarms, Abgliederung der Chorda und des Mesoderm zur Neurulation und im anschließenden Larvenstadium zum Grundbauplan mit ZNS, Chorda, Kopfdarm und ventraler Herzanlage. Beim Vogelembryo entsteht auf der großen Dottermasse im formativen Bereich nach discoidaler Furchung eine Neurula mit Faltamnionbildung. Auch hier schließt sich das Stadium mit dem typischen Wirbeltierbauplan an. Trotz inaequaler Furchung und superfizieller Implantation ist vom Neurulastadium an der Schweineembryo in seinem Bauplan dem menschlichen Embryo außerordentlich ähnlich. Aequale und totale Furchung und interstitielle Implantation kennzeichnen die menschliche Frühentwicklung, deren weitere Stadien schon ausführlicher besprochen sind (unter Benutzung verschiedener Quellen)

die Begriffe „Pharyngealbögen", „Pharyngealfurchen" und „Pharyngealtaschen" und die deutschen Begriffe „Schlundbögen", „-furchen" und „-taschen".

8.2 Frühe Körperform

Noch vor dem Abschluß der „primären Körperbildung" (siehe Kapitel 6.1 und 6.4) beginnen sich äußerliche Formmerkmale auszuprägen, die für die körperliche Gestalt des jungen Embryo außerordentlich charakteristisch sind. Die Kopfbildung beginnt nicht nur mit der Vergrößerung der Anlage des Gehirns: Aus der Neuralleiste, aus Plakoden, aus der Augenanlage und aus der Prächordalplatte wird das Kopfmesenchym gebildet, das sich zunächst besonders ventrolateral zu den Pharyngealbögen formiert. Schon im STADIUM 10 werden der Mandibular- und Hyalbogen, im STADIUM 12 der 3. Pharyngealbogen und im STADIUM 13 der 4. Pharyngealbogen sichtbar (Abb. 8-2a und b). Auf die Beteiligung der Aortenbögen an diesen Formbildungen wird bei der Besprechung der herznahen Arterien und bei der Entwicklung der Kopfdarmderivate eingegangen. Die Pharyngealbögen bleiben bis zur Verschmelzung der Gesichtswülste im STADIUM 18 (Kapitel 23. Gesichtsentwicklung) das beherrschende Formmerkmal im Kopfbereich.

Mit dem Schluß des rostralen Neuroporus und der Bildung der Augenbläschen im STADIUM 11 wird mit der Umformung der Augenbläschen zum Augenbecher und seiner erheblichen Volumenzunahme dieser Bereich des Kopfes ebenfalls nach lateral vorgewölbt (Abb. 6-14c).

Ventral und direkt anschließend an das vordere Körperende nimmt die Herzanlage mit der spaltförmigen Cavitas pericardialis vorübergehend den gesamten Raum bis zum Abgang der Nabelschnur ein. Es ist zu dieser Zeit der voluminöseste Teil des Keimes. Ihm liegt das freie vordere Körperende auf und ist in Anpassung an die Wölbung des Herzwulstes in seiner ventralen Fläche zunächst konkav (siehe Kapitel 23. Gesichtsentwicklung).

Die mit der Abfaltung des Embryo von der Keimscheibe und der Nabelbildung einsetzende C-förmige Einrollung nimmt noch weiter zu, sie wird besonders im STADIUM 13 meist durch eine Torquierung des unteren Körperendes ergänzt (Abb. 8-2a und b).

Als nächstes charakteristisches Formmerkmal treten die knospenförmigen Armanlagen im STADIUM 12 (Abb. 8-2 a) und die Beinknospen im STADIUM 13 auf (Abb. 8-2b). Die weitere Entwicklung der Extremitäten bestimmt nun sehr stark das äußere Bild und ist auch ein wichtiges Merkmal für die Stadienzuordnung der Embryonen.

Mit dem Auftreten der Großhirnbläschen verbreitert sich vom STADIUM 15 an (Abb. 8-2c und d) zunehmend die Basis des vorderen Körperendes, das von rostral her gesehen dreieckig erscheint (Abb. 18-1b und 18-2). Mit der fortschreitenden Entwicklung des Großhirns wird das Auge relativ nach dorsocaudal verlagert. Durch die im STADIUM 16 einsetzende Pigmentierung im äußeren Blatt des Augenbechers ist das durch die Haut schimmernde dunkle Auge ein sehr auffälliges Formmerkmal während der weiteren Embryonalperiode (Abb. 8-2d).

Sehr charakteristisch für diese frühe Periode der Gestaltentwicklung ist auch das extrem dünne Dach des IV. Ventrikels und der sich dagegen deutlich absetzende Rand der Rautengrube. Die ventrale Durchbiegung des Rautenhirns (Brückenbeuge) und die sich damit ändernde Stellung der späteren Kleinhirnplatte (siehe Kapitel 16. Zentralnervensystem) sind in der Stadienbeurteilung wichtige Merkmale. Allerdings ist hier zu beachten, daß sich unter dem Einfluß der Fixierung die Brückenbeuge verstärkt und das Dach des Rautenhirns einfaltet, wie aus dem Vergleich lebensfrisch photographierter mit nachträglich in Fixierung photographierten Embryonen (Abb. 7-4 mit Abb. 8-2d) sichtbar wird. Etwa vom STADIUM 14 an bleibt der Kopf der zunächst größte Körperabschnitt, obwohl sich caudal zum Herzen die Leber sehr schnell vergrößert. Aus dem Herzwulst wird der Herz-Leber-Wulst. Da auch die Leber außerordentlich blutreich ist, wird selbst bei frischen Embryonen eine deutliche Abgrenzung von Herz- und Leberanlage durch die Haut hindurch oft nicht möglich.

Mit der stärkeren Ausbildung einer Nackenbeuge, die schon im STADIUM 12 beginnt, wird der Kopf allmählich gegenüber dem Rumpf fast rechtwinkelig abgeknickt (siehe Abb. 8-2b–d, 8-3a, b). Der Kopf geht ventral mit einer tief einschneidenden Furche am caudalen Rand des Mandibularbogens, dorsal mit der deutlicher markierten Nackenbeuge direkt in den Rumpf über. Ein in der äußeren Körperkontur verjüngter Körperabschnitt zwischen Kopf und Rumpf in Form eines Halses ist noch nicht ausgeprägt, obwohl dieser obere Körperabschnitt die cervicalen Somiten,

▶

Abb. 8-2a–d. Entwicklung der äußeren Körperform bei menschlichen Embryonen vom STADIUM 12–17 (in Glutaraldehyd fixiert und daher relativ durchsichtig). Man beachte den wechselnden Abb.-Maßstab!

a) Menschlicher Embryo im STADIUM 12 (5,0 mm, 26 Tage). Das vordere Körperende überragt weit den Herzwulst und berührt fast das untere Körperende, das aus der Bildebene heraus torquiert ist. Die blutgefüllten Anteile erscheinen dunkel. Als gewebsreiche und dadurch hell erscheinende Anlagen sind gut zu erkennen (von rostral nach caudal): Zwischenhirn mit Auge, Mittelhirnbeuge, angedeutete Brückenbeuge mit Ganglion trigeminale, ventral davor Visceralbögen, Ohrbläschen, knospenförmige obere Extremität, das Anlagegebiet der unteren Extremität erscheint noch diffus verdichtet. 17 :1;

b) Menschlicher Embryo im STADIUM 15 (8,0 mm, 33 Tage). Der Kopf liegt dem Herzwulst an und läßt folgende Merkmale erkennen: beginnende Großhirnbläschen, Auge mit Linse, Nasengrube, Oberkieferwulst, Mandibularbogen, Hyalbogen, Pharyngealbogen 3 und 4 mit deutlicher Gefäßzeichnung, stark flektiertes Mittelhirn, Rautenhirn mit dünnem Rautenhirndach und Ohrbläschen. Im Rumpfbereich durchschimmernd Spinalganglien, Vorhof und Kammerteil des Herzens unterscheidbar, dahinter die Leberanlage, obere Extremität schon mit beginnender Handplatte, untere Extremität noch faltenförmig. 10 :1;

c) Menschlicher Embryo STADIUM 16 (10,5 mm, 37 Tage). Großhirnbläschen jetzt deutlicher, Riechgrube weiter eingesunken, Augenbecherspalte noch erkennbar, Mandibular- und Hyalbogen mit Auricularhöckern, obere Extremität weniger, untere Extremität deutlich weiter entwickelt und jetzt gegliedert. 8 :1;

d) Menschlicher Embryo STADIUM 17 (14,8 mm, ca. 41 Tage). Großhirn weiter ausgedehnt, Auge jetzt pigmentiert, Nasenöffnung schon spaltförmig, Rautenhirn durch Verstärkung der Brückenbeuge während der Fixierung stärker eingeknickt, Dach eingesunken. Im Handteller sind die Mittelhandstrahlen schon erkennbar, der Fußteller ist lanzettförmig. In der Nabelschnur beginnt die spiralige Verwindung der Gefäße (vergleiche mit Abb. 7-4; derselbe Embryo vor der Fixierung). 7 :1

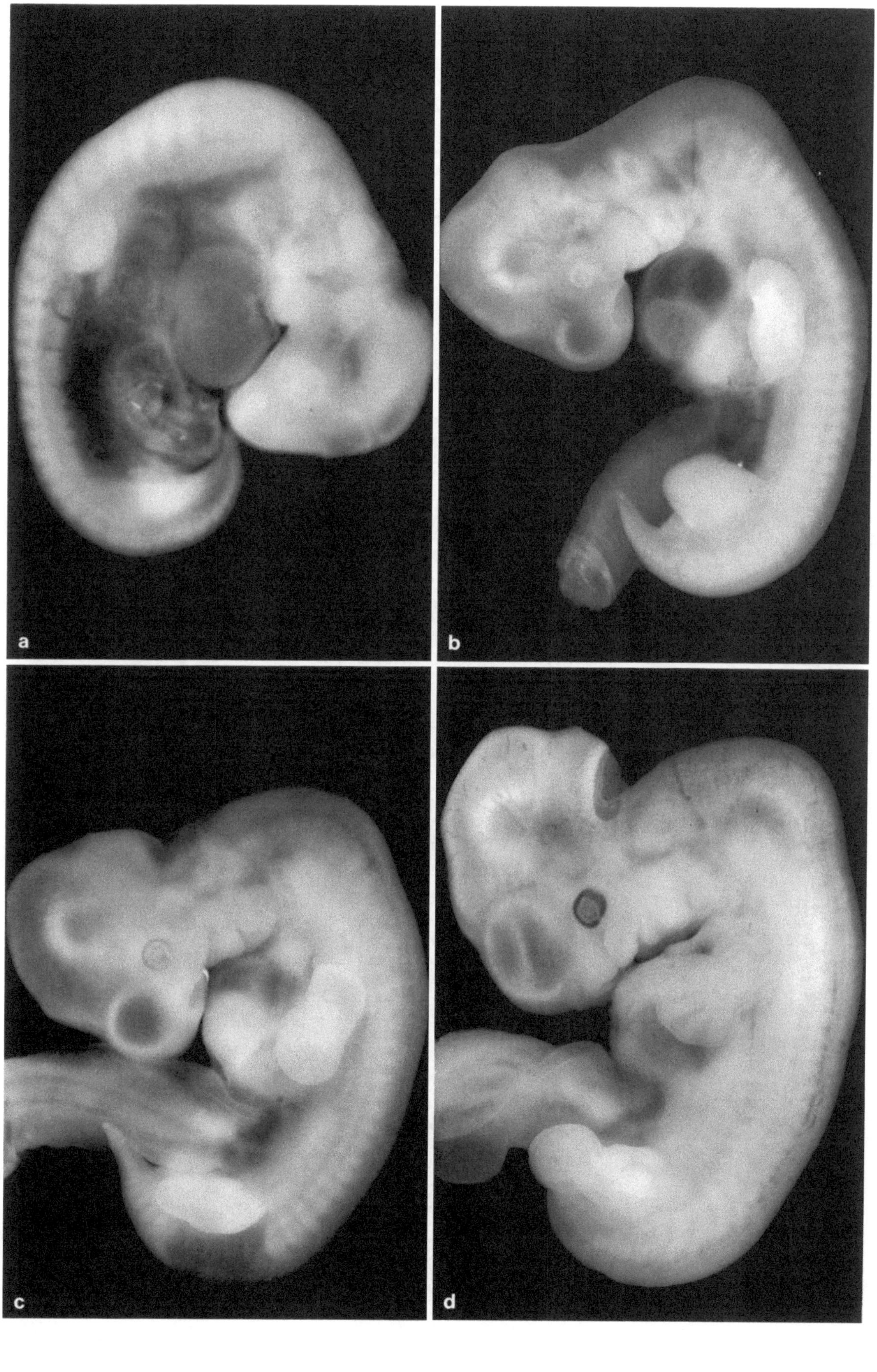
a
b
c
d

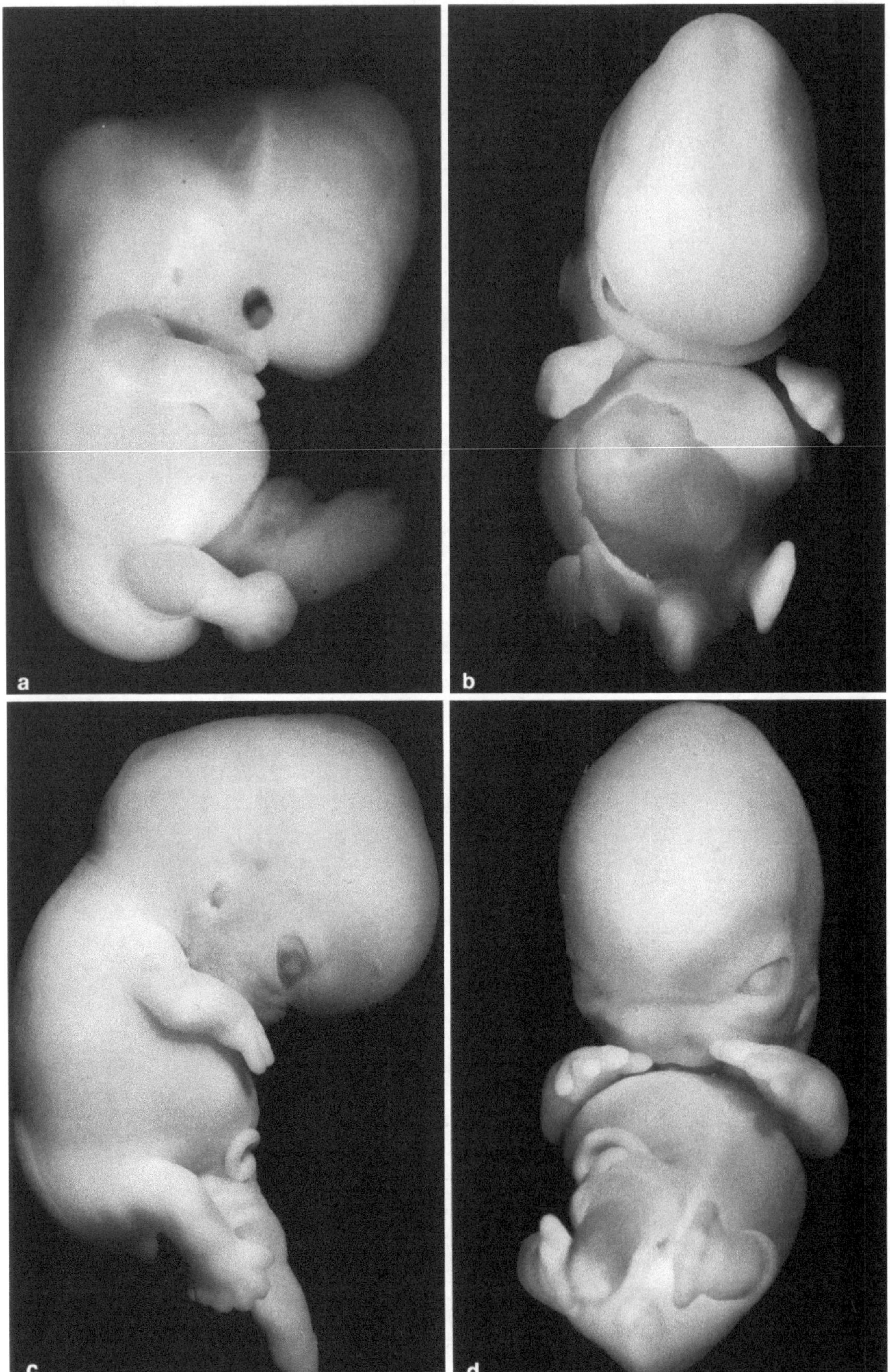
a
b
c
d

◀ **Abb. 8-3a–d.** Menschliche Embryonen im Stadium 19 und 20 in Frontal- und Seitenansicht; fixiert nach Serra (a und b) oder Bouin (c und d).
a), b) Menschlicher Embryo Stadium 19 (15,0 mm, ca. 47,5 Tage). In der Seitenansicht ist nur das Rautenhirn noch deutlich zu differenzieren, das pigmentierte Auge tritt mit der Linse klar hervor, dorsal davon die Anlage des äußeren Ohres. Die Arme sind in der Ellenbeuge und im Handgelenk flektiert, im Fußteller sind die Mittelfußstrahlen erkennbar, das Knie zeigt gegen den Betrachter. In der Frontalansicht schimmert in der Scheitelbeuge das Mittelhirn-Lumen durch, angedeutet sind die Großhirnbläschen an der äußeren Kontur erkennbar. Arme und Hände passen sich dem voluminösen Herz-Leber-Wulst an. Die Dorsalflexion des Fußtellers beginnt, am unteren Körperende noch stumpfe, schwanzförmige Endknospe. 7 : 1;
c), d) Menschlicher Embryo im Stadium 20 (19,5 mm, ca. 50,5 Tage). Das Gesicht beginnt prominent zu werden, eine deutliche Stirn-Nasenrinne ist ausgeprägt, die Augenlider beginnen den Augapfel zu überwölben, die jetzt gewebsdichte Sclera verdeckt weitgehend die Pigmentierung des Auges. Das äußere Ohr beginnt sich zu formen, eine Hals- und Schulterkontur ist deutlich, Finger- und Zehenstrahlen sind ausgebildet und teilweise schon getrennt. Die dünne Wand des Nabelschnurcoeloms ist verletzt, dadurch liegen Dünndarmschlingen frei, am unteren Körperende beginnt sich der Genitalhöcker zu formen. 5:1

die cervicalen Spinalganglien und Spinalnerven bereits enthält und sich das charakteristische Gefäßmuster schon entwickelt. Zusätzlich zu den Abbildungen 8-2 bis 8-6 gibt die Bildtafel 8-7 einen maßstabsgerechten Vergleich der Seitenansicht von Embryonen der Stadien 11–18. Ein deutlicher Gestaltwandel vollzieht sich etwa vom Stadium 19 an mit der allmählich einsetzenden „Aufrichtung des Kopfes“ und dem gleichzeitigen relativen Descensus des Herz-Leber-Wulstes (Abb. 8-3c, d bis 8-6). Damit verjüngt sich der obere Rumpfabschnitt, so daß sich nun auch in der Dorsalansicht eine Halskontur auszubilden beginnt (Abb. 2-17c).

Die durch das Nabelcoelom erweiterte Nabelschnur nimmt vom Stadium 17 an die primäre Nabel-

Abb. 8-4a, b. Stadium 22 (26,0 mm, ca. 54 Tage) in Frontal- und Seitenansicht (fixiert nach Serra). Gehirnkonturen zeichnen sich nicht mehr unmittelbar in der äußeren Form ab. Augenlider erreichen fast den Pupillarrand, das äußere Ohr wird vorübergehend nach ventral umgefaltet. Finger und Zehen berühren sich fast in der Mitte, äußeres Genitale jetzt mit Genitalhöcker und Genitalfalten, kurze, stumpfe Endknopse besteht noch. Der Rumpf beginnt im Volumen das Kopfvolumen zu überschreiten. 4,6 :1

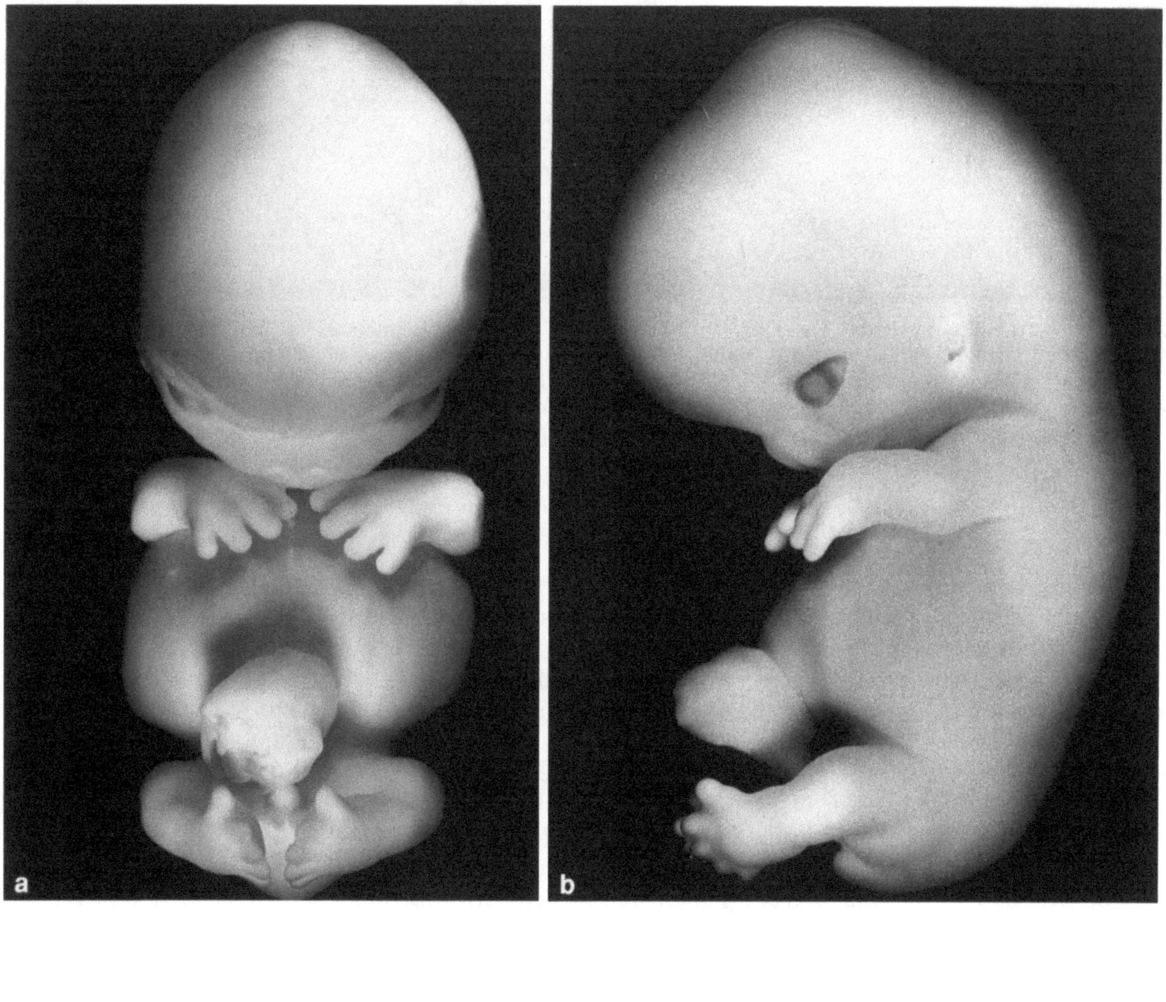

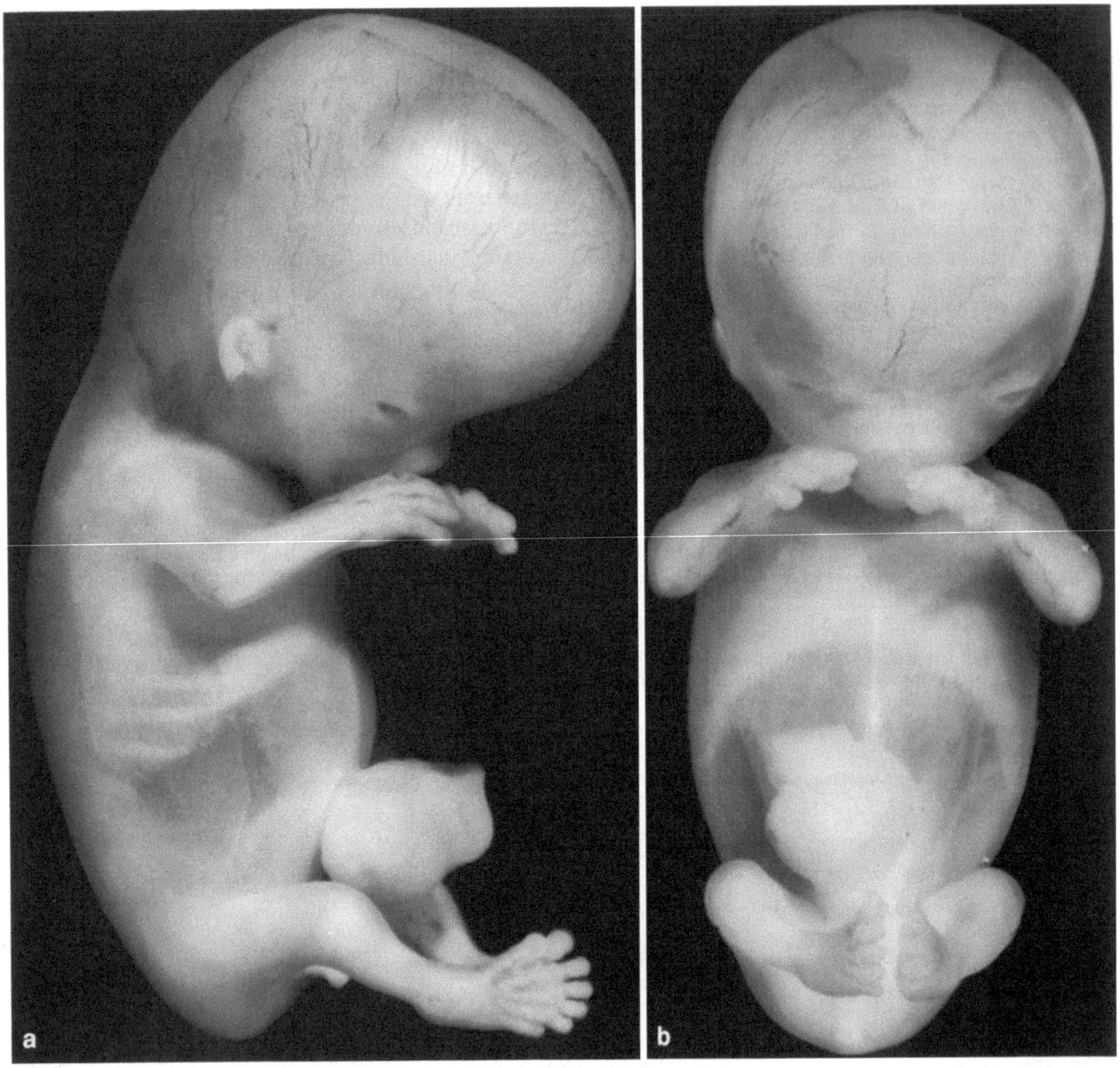

Abb. 8-5a, b. Menschlicher Fetus von 3,6 cm (ca. 10. Woche) in Seiten- und Frontalansicht (Perfusionsfixierung mit Glutaraldehyd). Starke Vorwölbung der Stirn, beginnende Kinnbildung, Augenlider noch nicht ganz geschlossen, Ohrmuschel gut ausgeformt. Sehr charakteristisch ist die V-förmige Gefäßzeichnung unterhalb des Scheitels. Der physiologische Nabelbruch besteht noch fort, in der Rumpfwand sind jetzt Rippen und Nahtbereich der Rectusdiastase deutlich erkennbar. Die Arme sind beim lebenden Fetus beweglich, ihre Stellung eher zufällig. Fußsohlen können sich berühren. 4 : 1

schleife des Darmes auf, der von nun an und in seiner späteren Schlängelung als „physiologischer Nabelbruch“ über die Embryonalperiode hinaus ein charakteristisches Formmerkmal der vorderen Bauchregion ist (Abb. 8-3 bis 8-5).

In dem zur Handplatte verbreiterten distalen Teil der oberen Extremität werden vom STADIUM 15 an die Mittelhandstrahlen sichtbar, daran schließt sich die Fingerbildung an. Die Arme sind im Ellbogen flektiert und im Vorderarm leicht proniert, sie passen sich der Kontur des Herz-Leber-Wulstes im oberen Umfang an. Auch die Beinanlagen werden flektiert, das Knie ist dabei nach außen gerichtet, und vom STADIUM 20 an beginnt die typische Dorsalflexion der Fußplatten, so daß die späteren Sohlenflächen gegeneinander gerichtet sind (Abb. 8-3b–d, 8-4).

Die Endknospe des Embryonalkörpers, die besonders in den STADIEN 13 und 14 ein schwanzähnliches Aussehen hat (Abb. 8-2 bis 8-4b), wird mehr und mehr in den Rumpf einbezogen, sie ist am Ende der Embryonalperiode im STADIUM 23 zurückgebildet. Vom STADIUM 18 an wird das äußere Relief dieser

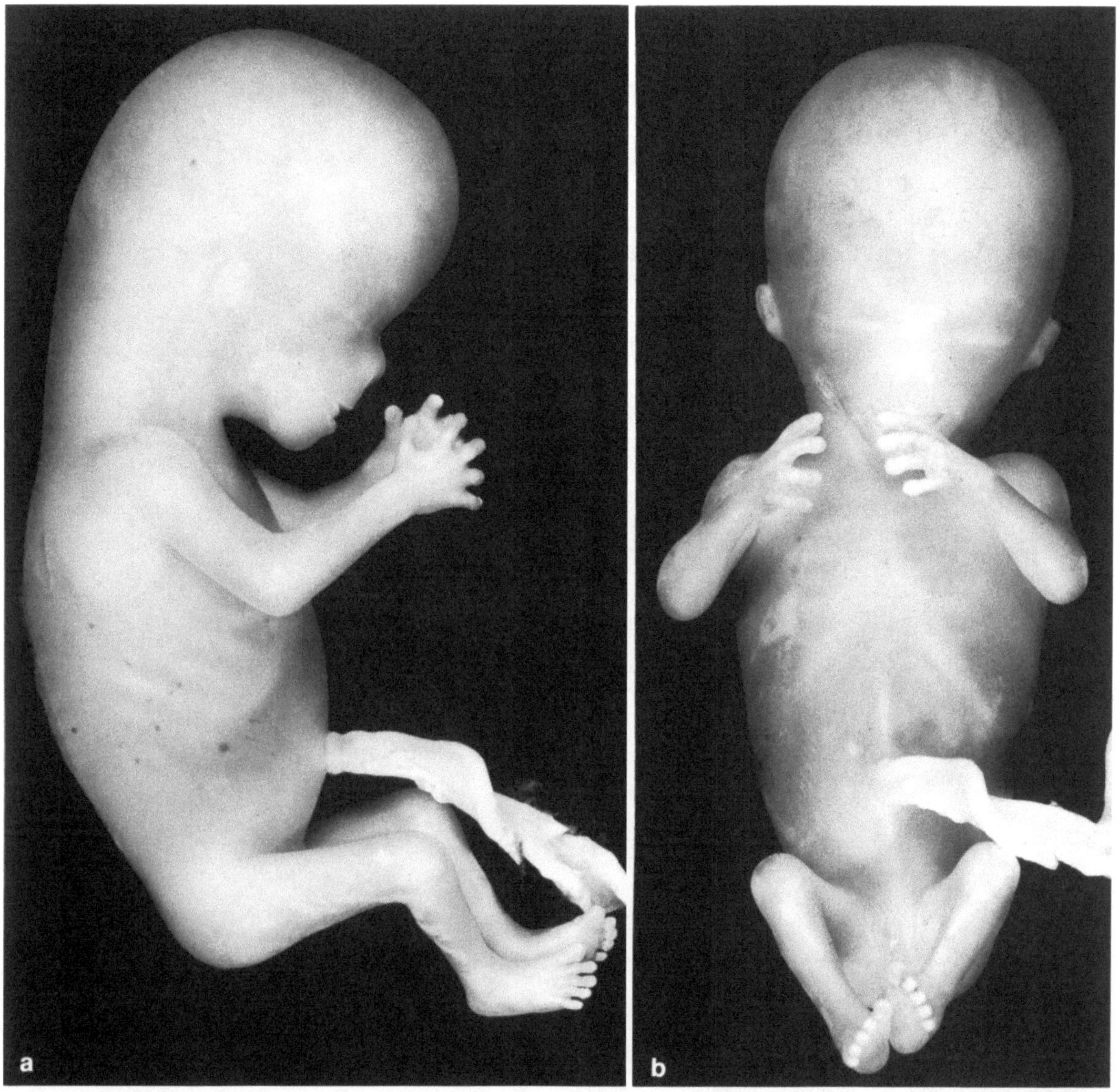

Abb. 8-6a, b. Menschlicher Fetus 6,0 cm (ca. 13. Woche) in Seiten- und Frontalansicht (Perfusionsfixierung mit Glutaraldehyd). Der physiologische Nabelbruch ist reponiert. Die Augenlider sind geschlossen, das äußere Ohr gut ausgebildet, die Nasenöffnungen durch Epithelpfröpfe verschlossen, in der offenen Mundspalte ist die Zungenspitze zu sehen. Hand- und Beinhaltung sind eher zufällig. 2,2 : 1

Region durch den Genitalhöcker, der sich caudal des Nabels und cranial der Kloakenmembran bildet, und durch die Genitalfalten bestimmt (Abb. 8-3d und 8-4a). Die geschlechtliche Differenzierung des äußeren Genitale wird bei männlichen Embryonen vom STADIUM 20 an deutlich. Dennoch ist vor einer voreiligen Bestimmung des Geschlechtes aus dem äußeren Aspekt (etwa im Ultraschallbild oder bei der Fetoskopie) zu warnen: Der Genitalhöcker bei weiblichen Embryonen bleibt bis in die frühe Fetalzeit (10 cm) sehr prominent und kann das Vorhandensein eines Penis vortäuschen. Eine genaue Differenzierung ist erst mit dem Schluß des Sinus urogenitalis bei männlichen Feten möglich (siehe Kapitel 27.7 Entwicklung der äußeren Genitalorgane).

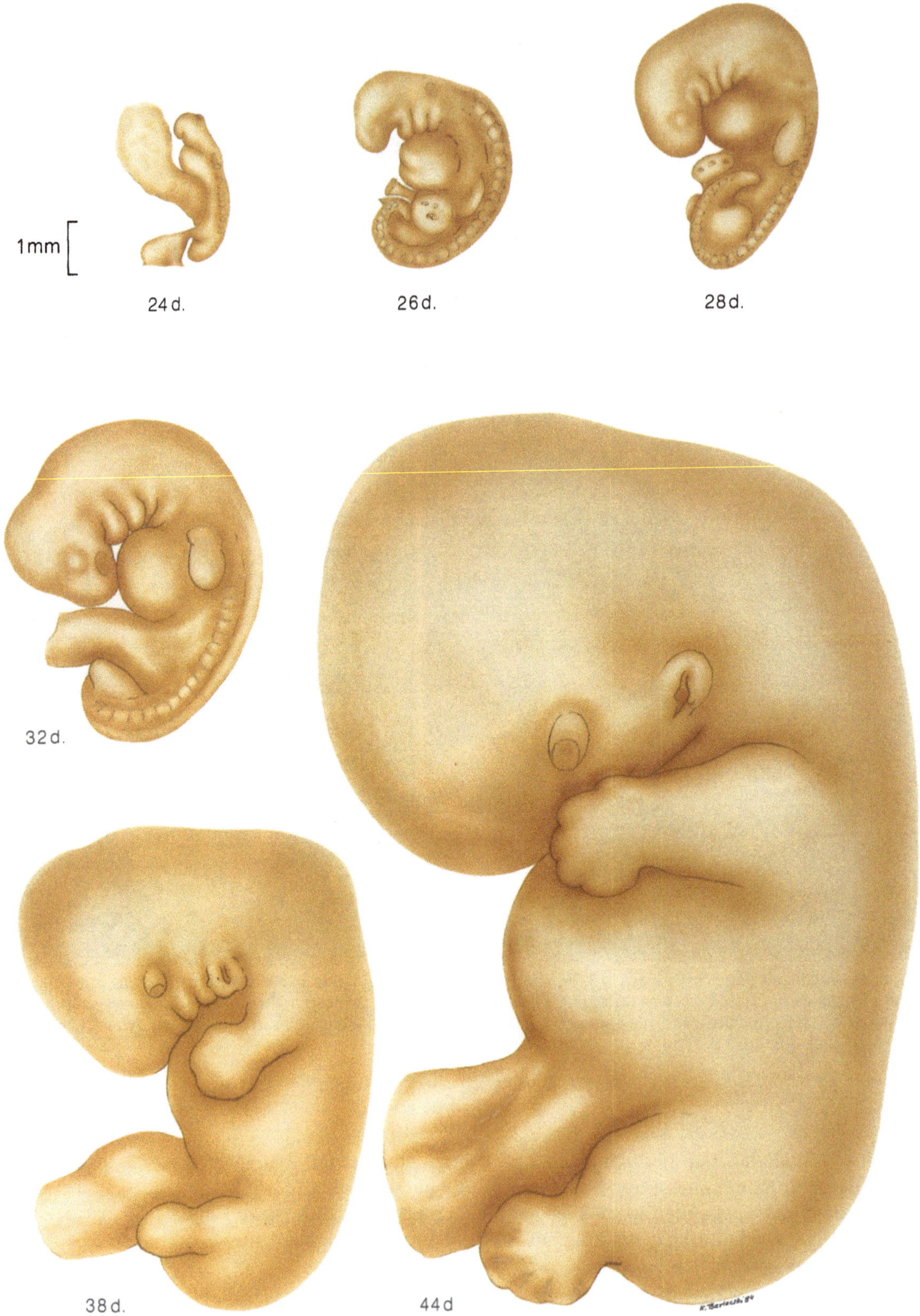

Abb. 8-7. Übersicht zur Entwicklung der äußeren Körperform in einheitlichem Maßstab (Teil I). Linke Seitenansichten von Embryonen im STADIUM 11, 2,5 mm, 24 Tage; STADIUM 13, 3,5 mm, 26 Tage; STADIUM 14, 5,5 mm, 28 Tage; STADIUM 15, 7,0 mm, 32 Tage; STADIUM 17, 11,0 mm, 38 Tage; STADIUM 18, 16,0 mm, 44 Tage; STADIUM 11 und 13. Umzeichnung nach Photographien von Streeter [1951]
[Aus: Hinrichsen 1986]

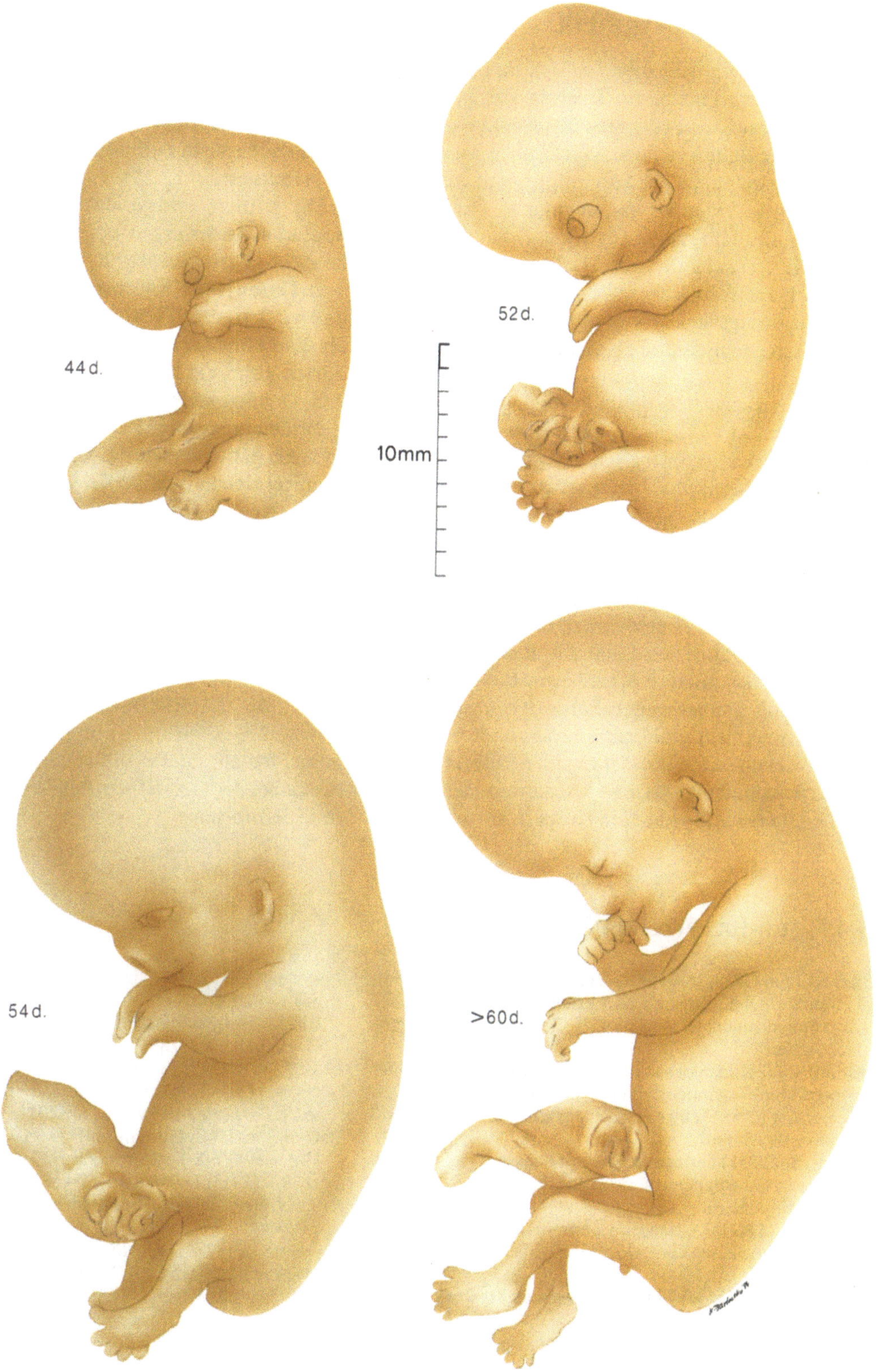

Abb. 8-8. Übersicht zur Entwicklung der äußeren Körperform (Teil II) gegen Ende der Embryonal- und zu Beginn der Fetalzeit. Darstellung linker Seitenansichten bei einheitlichem Maßstab. STADIUM 18 aus Abb. 8-7 bei neuem Maßstab wiederholt. STADIUM 18, 16 mm, 44 Tage; STADIUM 21, 22 mm, 52 Tage; STADIUM 22, 27 mm, 54 Tage; junger Fetus, 36 mm, etwa 10. Woche
[Aus: Hinrichsen 1986]

8.3 Spätere Körpergestalt

Der Übergang von der Embryonalzeit zur Fetalzeit ist keine deutliche Grenze im äußeren Erscheinungsbild. Im EMBRYONALSTADIUM 22 beginnen die Augenlider den Bulbus zu bedecken (Abb. 8-4), das äußere Ohr wird deutlicher ausgeformt, und die frühe Gesichtsentwicklung ist abgeschlossen. Die Extremitäten sind jetzt aktiv beweglich und dadurch an fixierten Embryonen in ihrer Stellung jeweils unterschiedlich, sie überkreuzen sich in der Mittellinie. Als charakteristische äußere Merkmale am Ende der Embryonalzeit gelten, daß die Lidspalte fast geschlossen ist, der Unterkiefer prominent wird und sich vorübergehend ein nach mental deutlich verjüngtes „Spitzgesicht" ausbildet (Abb. 8-5). Die Ohrmuschel ist gut entwickelt, der physiologische Nabelbruch besteht noch fort, der Rumpf hat jetzt größeres Volumen als der Kopf. Mit der Ausbildung des Gesichtes, der Ausformung des Halses, der Verbreiterung der Schultern, der Rückbildung des fast kugeligen Herz-Leber-Wulstes und mit dem typischen Bild der mit Fingern und Zehen versehenen Extremitäten wird der Fetus jetzt auch von Laien als menschenähnlich angesehen. Schon Hyrtl [1878] sprach ja bei seiner Abgrenzung Embryo gegen Fetus davon, daß beim Embryo noch nicht alle Formteile des werdenden Leibes entwickelt seien. Dies ist nun der Fall (Abb. 8-5, 8-6). Die Abbildung 8-8 gibt – wiederum maßstäblich – eine Übersicht zur äußeren Körperform in der späten Embryonal- und frühen Fetalzeit. Die 10. Woche der embryologischen Zählung entspricht der 12. Woche der klinischen Nomenklatur. Der Entwicklungsstand des Feten in Abbildung 8-8 ist also am Ende des 3. Monats erreicht.

Die mittlere und späte Fetalzeit bringt weniger deutliche Änderungen der äußeren Form, aber erhebliche Verschiebungen der Proportionen (Abb. 1-6). Patten [1968] hat besonders darauf hingewiesen, daß wir den späten Feten und das Neugeborene nicht als eine Miniaturausgabe des Erwachsenen ansehen dürfen. Er macht dies an einigen Beispielen des relativen Organgewichtsanteils deutlich. So nimmt das Zentralnervensystem beim Neugeborenen noch etwa 15% ein gegenüber nur 2–2,5% beim Erwachsenen. Weniger dramatisch ist die Verschiebung bei den inneren Organen von 9% zu 5–7%. Der Anteil der Gesamtmuskulatur verschiebt sich umgekehrt von 25% beim Neugeborenen zu 40–45% beim Erwachsenen, während der relative Anteil des Skelets – trotz der noch längst nicht abgeschlossenen Bildungsphase und der noch großen knorpligen Abschnitte – mit 15% annähernd gleich bleibt.

Auf die Entwicklung der Größen-/Gewichtsrelation wurde schon im Kapitel 2.1 Altersbestimmungen, Stadien, Maße eingegangen, die Variationsbreite bei der Geburt wird im Kapitel 31. Frühgeborene besprochen.

8.4 Literaturverzeichnis

Baer KE von (1828, 1837) Über Entwicklungsgeschichte der Thiere. Beobachtungen und Reflexionen. 1. Theil 1828, 2. (unvollständiger) Theil 1837. Gebrüder Bornträger, Königsberg

Bouin P (1897) Etudes sur l'évalution normale et l'involution du tube séminifère. Arch Anat Micr 1:225–339

de Beer G (1958) Embryos und ancestors, 3rd edn. Clarendon Press, Oxford

Frazer JE (1923) The nomenclature of diseased states caused by certain vestigial structures in the neck. Br J Surg 111:131–136

Frazer JE (1941) A manual of embryology. The development of the human body, 2nd edn. Williams und Wilkins, Baltimore

Hinrichsen KV (1986) Slides on human embryology. Bergmann, München

Hyrtl J (1878) Lehrbuch der Anatomie des Menschen, 14. Aufl. Braumüller, Wien

Lehmann FE (1938) Die morphologische Rekapitulation des Grundplans bei Wirbeltierembryonen und ihre entwicklungsphysiologische Bedeutung. Vjschr Naturforsch Ges Zürich 83:1878–1892

O'Rahilly R (1973) Developmental stages in human embryos. Part A: Embryos of the first three weeks (Stages 1 to 9). Carnegie Inst Wash Publ 631

Patten BM (1968) Human embryology, 3rd edn. McGraw-Hill, New York Toronto Sidney London

Serra JA (1946) Histochemical tests for protein and amino acids; the characterisation of basic proteins. Stain Technol 21:5–18

Streeter GL (1951) Developmental horizons in human embryos age groups XI to XXIII. Embryology Reprint vol II, Carnegie Inst Wash, Washington

9. Placentation und Placenta

P. Kaufmann

Alle lebend-gebärenden, d.h. nicht-eierlegenden Wirbeltiere entwickeln als Austauschorgan zwischen Mutter und Embryo Fruchthüllen, die unabhängig von Herkunft und Struktur als Placenta bezeichnet werden. Der große vergleichende Placenta-Forscher Harland W. Mossman definierte die Placenta im Jahre 1937 als Apposition oder Fusion fetaler Membranen mit der Uterusmucosa zum Zwecke eines physiologischen Austausches. Schon die Allgemeinheit dieser Definition weist auf die große embryologische, strukturelle und auch funktionelle Variationsbreite dieses Organes hin. Es gibt kein anderes Organ, das so große Speciesunterschiede aufweist wie die Placenta. Äußere Form und innere Ausgestaltung können so stark variieren, daß bei makroskopischer und lichtmikroskopischer Betrachtung der Placenten verschiedener Species der Nichtfachmann vielfach kaum auf die Idee käme, vergleichbare Organe vor sich zu haben. Das einzige gemeinsame Charakteristikum ist, daß die Placenta von zwei Kreisläufen, nämlich dem der Mutter und dem des Embryo, versorgt wird. Die Gefäße beider Kreisläufe bleiben stets durch mehrere Gewebslagen voneinander getrennt. Nicht einmal die Herkunft der trennenden Gewebsschichten zwischen diesen beiden Kreisläufen ist bei verschiedenen Tieren einheitlich. Für ihre Bildung kommen die Blastocystenwand (Trophoblast), die extraembryonale Urharnblase (Allantois), der Dottersack, jeweils mit begleitendem Bindegewebe, oder unterschiedliche Kombinationen von zwei oder drei der genannten Strukturen in Frage.

Tabelle 9.1. Tabellarische Gegenüberstellung des Placenta-Types und der feto-placentaren Gewichtsrelation für verschiedene Tierarten

Ordnung	Familie/Species	Placenta-Form	Materno-Fetale Verzahnung	Materno-Fetale Trennschichten	Materno-Fetaler Blutstrom	Feto-Placentare Gewichtsrelation
Insectivora	Europ. Maulwurf	Pl. discoidalis	Labyrinth	endothelio-chorial	–	–
	Pazif. Maulwurf	Pl. diffusa	Labyrinth	hämo-chorial	–	–
Chiroptera	Microchiroptera	Pl. discoidalis	Labyrinth	endothelio-chorial	–	–
	Molossidae	Pl. discoidalis	Labyrinth	hämo-chorial	–	–
Primates	Tupaia	Pl. bidiscoidalis	Labyrinth	endothelio-chorial	Kreuzstrom	18:1
	Galago	Pl. diffusa	Falten	epithelio-chorial	–	–
	Rhesusaffe, Pavian	Pl. bidiscoidalis	Zotten	hämo-monochorial	multivillös	–
	Menschenaffen und Mensch	Pl. discoidalis	Zotten	hämo-monochorial	multivillös	6:1
Lagomorpha	Kaninchen	Pl. discoidalis	Labyrinth	hämo-dichorial	Gegenstrom	6:1
	Feldhase	Pl. discoidalis	Labyrinth	hämo-dichorial	Gegenstrom	–
Rodentia	Meerschweinchen und Chinchilla	Pl. discoidalis	Labyrinth	hämo-monochorial	Gegenstrom	20:1
	Hamster, Maus	Pl. discoidalis	Labyrinth	hämo-trichorial	Gegenstrom	–
	Ratte	Pl. discoidalis	Labyrinth	hämo-trichorial	Gegenstrom	10:1
	Biber	Pl. discoidalis	Labyrinth	hämo-dichorial	–	–
Carnivora	Hund, Katze	Pl. zonaria	Lamellen	endothelio-chorial	Kreuzstrom	8:1
Sirenia	Seekuh	Pl. zonaria	Labyrinth	hämo-chorial	–	–
Artiodactyla	Schwein	Pl. diffusa	Falten	epithelio-chorial	Kreuz-/Gegenstrom	9:1
	Schaf, Ziege	Pl. cotyledonaria	Zotten	syndesmo-chorial	multivillös	10:1
	Kuh	Pl. cotyledonaria	Zotten	epithelio-chorial	–	13:1

Bei dieser angedeuteten strukturellen und embryologischen Vielgestaltigkeit der Placenta mag ihre funktionelle Einheitlichkeit auf den ersten Blick überraschend erscheinen. Es ist eine einmalige Leistungsanforderung an die Placenta, während der Schwangerschaft die Funktion fast aller noch nicht funktionstüchtigen fetalen Organe, mit Ausnahme z.B. des Bewegungsapparates und des Nervensystems, zu übernehmen, – und dieses, während sie selbst in Entwicklung begriffen ist. Eine für alle Tierspecies unter den verschiedensten Bedingungen zutreffende Ideallösung ist dabei kaum zu erwarten. Vielmehr müssen in der Phylogenese je nach Schwangerschaftsdauer, je nach Wachstumsgeschwindigkeit des Feten, je nach zu erreichendem Entwicklungsgrad des geburtsreifen Feten, je nach Sonderanforderungen, wie z.B. O_2-Transportkapazität bei Hochlandtieren, sehr unterschiedliche Konstruktionen realisiert werden. Die genannten Parameter schwanken auch innerhalb einer Tierordnung sehr stark, z.B. bei der bezüglich der Placenta noch relativ homogenen Gruppe der Nagetiere mit Tragzeitdauern von 14 bis zu 283 Tagen, mit Geburtsgewichten von unter 1 g bis 1500 g. Diese Schwankungsbreite der die Placenta-Entwicklung beeinflussenden Parameter läßt kaum noch eine Parallelität zwischen Placenta-Morphologie und Phylogenese erwarten (vgl. Tabelle 9.1). Es sind offensichtlich mehr die aktuellen funktionellen Erfordernisse der Speciesbesonderheiten als die phylogenetischen Abläufe, die die Placenta-Struktur geprägt haben.

Folgende Funktionen übernimmt die Placenta vollständig oder in Grenzen (vgl. Abb. 9-27):

a) die Gastransportaufgaben der Lunge,
b) die Ausscheidungsaufgaben der Niere,
c) Resorptionsaufgaben des Magen-Darm-Kanales,
d) synthetische und sekretorische Leistung der meisten endokrinen Drüsen,
e) Stoffwechselleistungen der Leber,
f) in frühen Schwangerschaftsstadien die Blutbildung,
g) Wärmeregulationsaufgaben.

Wir müssen davon ausgehen, daß dieses durchaus noch nicht alle Leistungen der Placenta sind. Ihre Rolle bei der Infektionsabwehr, d.h. bei der Verhinderung der Keimübertragung von Mutter zu Kind, ist noch weitgehend unklar.

Dieser Fülle von Funktionen entsprechend hat es an Versuchen nicht gefehlt, in der Placenta „organoide" Bezirke zu charakterisieren, wie zum Beispiel nephroide, pneumoide, enteroide und endokrine Areale. All diese Versuche haben mehr Verwirrung als Klarheit geschaffen. Wir müssen heute davon ausgehen, daß der Trophoblast der allantochorialen Placenta (siehe unten) der Ort fast aller oben genannten Funktionen ist, d.h. diejenige Epithellage, die als Derivat der Blastocystenwand die entscheidende Trennschicht zwischen mütterlichem und kindlichem Blut darstellt. Da diese Trophoblastlage bei fast allen Tierarten ein Syncytium darstellt, d.h. aus Einzelzellen zu einer zellig ungegliederten vielkernigen Lage verschmolzen ist, ist eine exakt begrenzte, sauber definierbare organtypische Gliederung gar nicht zu erwarten. Wenn auch die Syncytiotrophoblast-Struktur eine gewisse lokale funktionelle Schwerpunktsetzung nahelegt, muß man doch im Prinzip davon ausgehen, daß der Trophoblast zu jeder Zeit alle Funktionen gleichzeitig übernimmt.

Man kann die menschliche Placenta sowie ihre Entwicklungsmechanismen besser verstehen, viele ihrer Strukturen sowie Abweichungen von der Norm besser interpretieren, wenn man einen Eindruck von den verschiedenen möglichen Bauformen der Placenta hat. Um deren einleitende Darstellung nicht ausufern zu lassen, wollen wir uns auf den Formenkreis der sogenannten **allantochorialen Placenta** beschränken, d.h. diejenigen Placenten, die aus der Blastocystenwand unter Zuhilfenahme der Allantois, der Urharnblase, gebildet werden. Diesem allantochorialen Placenta-Typ gehört nicht nur die menschliche Placenta an, er ist auch bei den Säugern am weitesten verbreitet.

Bei der allantochorialen Placentation wird der Embryo von einer geschlossenen Hülle, dem Chorion, umgeben, das überwiegend von der Blastocystenwand abstammt. Dieses Chorion steht über die Nabelschnur, die ihrerseits hauptsächlich von der Allantois gebildet wird, mit dem Embryo in Verbindung. Der meist eiförmige bis zylindrische Chorionsack liegt in der Gebärmutterhöhle. Er hat mit einem kleineren oder größeren Teil seiner Oberfläche intensiven Kontakt zur Gebärmutterschleimhaut. Diese materno-fetale Kontaktzone, bestehend aus Chorion und Endometrium, stellt die Placenta dar (Abb. 9-1).

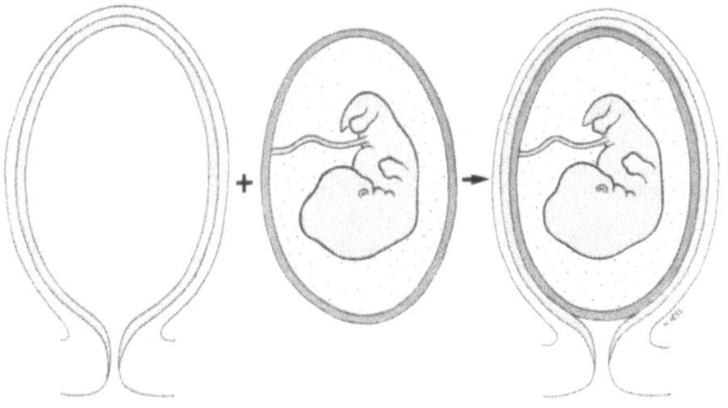

Abb. 9-1. Eine Placenta wird gebildet, wenn das sackförmige fetale Chorion (dunkler Raster, mittleres Bild) zu der Gebärmutterschleimhaut (heller Raster, linkes Bild) Kontakt aufnimmt.
[Aus: Kaufmann 1983]

9.1 Placenta-Klassifikation

Es gibt vier verschiedene Möglichkeiten, die allantochorialen Placenten zu klassifizieren, nämlich

1. nach der äußeren Form,
2. nach der Art der Verzahnung mütterlicher und embryonaler Gewebe,
3. nach der Art und Zahl der Gewebsschichten zwischen mütterlichem und kindlichem Blut,
4. nach der geometrischen Anordnung des mütterlichen und des kindlichen Blutstromes zueinander.

Will man eine Placenta möglichst weitgehend charakterisieren und feststellen, wie weit sie mit anderen vergleichbar ist, muß man sie gemäß diesen vier Klassifikationsschemata einordnen.

9.1.1 Placenta-Formen

Das Ausmaß des materno-fetalen und des feto-maternalen Transportes hängt wesentlich von der Größe der Kontaktfläche zwischen beiden Organismen ab [vgl. Kaufmann 1981a, 1983, Ramsey 1982]. Eine glatte Anlagerung von Chorion und Endometrium, selbst wenn sie sich über die gesamte Oberfläche des Chorionsackes erstreckt, wie in Abbildung 9-1 dargestellt, scheint für den fetalen Austauschbedarf unzureichend zu sein. Sie kommt bei Säugetieren nicht vor. Vielmehr vergrößern alle Säugetiere die placentare Austauschfläche durch Verzahnung der gegenüberliegenden mütterlichen und fetalen Gewebsoberflächen. Findet eine derartige Verzahnung an der gesamten Oberfläche des Chorionsackes statt, spricht man von einer **Placenta diffusa** (Abb. 9-2a). Sie kommt nur beim Schwein sowie bei einigen Halbaffen vor. Bei allen anderen Säugetieren ist die materno-fetale Verzahnung und damit die Ausbildung einer Placenta auf einen Teil des Chorionsackes begrenzt und dort dann besonders ausgeprägt. Die verbleibende, nicht verzahnte, glatte Chorionoberfläche wird sehr unterschiedlich, zum Teil als Paraplacenta, als Chorion laeve oder einfach als Eihaut bezeichnet. Treten die Areale intensiver materno-fetaler Verzahnung wie zum Beispiel bei den Wiederkäuern in multiplen Flecken über die ganze Chorionoberfläche gleichmäßig verteilt auf, liegt eine **Placenta cotyledonaria** oder **multiplex** (Abb. 9-2b) vor. Die Placenta der Raubtiere und der Seekühe ist in Form eines gürtelförmigen Ringes um den Chorionsack herum ausgebildet – die Gürtel-Placenta oder die **Placenta zonaria** (Abb. 9-2c). Viele Affen und Halbaffen weisen zwei scheibenförmige Bereiche intensiver materno-fetaler Verzahnung auf, die **Placenta bidiscoidalis** (Abb. 9-2d). Nagetiere, Hasenartige, Menschenaffen und der Mensch verfügen über nur einen scheibenförmigen Verzahnungsbereich, die **Placenta discoidalis** (Abb. 9-2e). Es muß jedoch an dieser Stelle betont werden, daß der materno-fetale Stoffaustausch nicht ausschließlich in der Placenta stattfindet, sondern in unterschiedlichem Ausmaß und unterschiedlicher Art auch über die Eihäute.

9.1.2 Formen der materno-fetalen Verzahnung

Eine Verkleinerung des intensiv verzahnten materno-fetalen Oberflächenanteils des Chorionsackes kann leicht durch Zunahme der Verzahnungsintensität kompensiert werden [vgl. Kaufmann 1981a, 1983]. Die einfachste Form – die **Falten-Placenta** (Abb. 9-3a) – liegt vor, wenn längliche, nur wenig verzweigte Falten der Chorionoberfläche in korrespondierende Furchen des Endometrium greifen. Man findet diesen Typ beim Schwein und einzelnen Halbaffen. Grundsätzlich gleichartig aufgebaut, als Steigerung der Falten-Placenta aufzufassen, ist die bei der

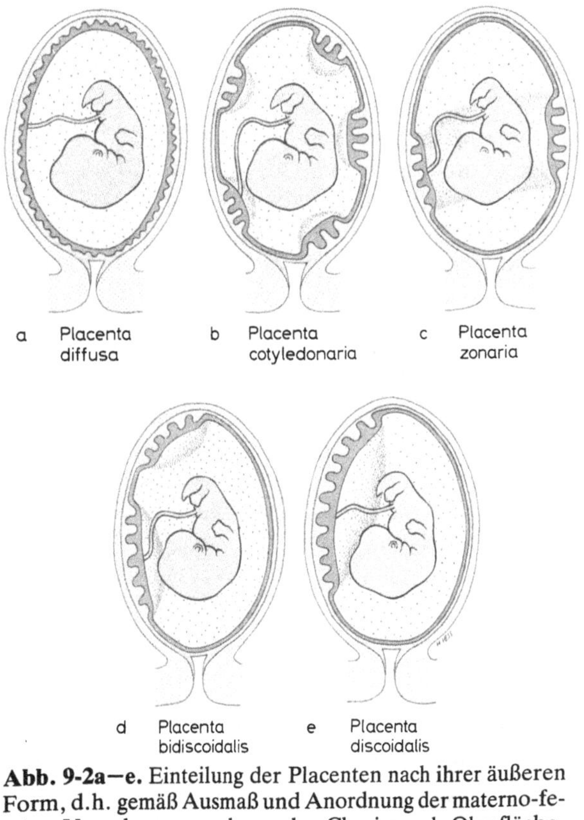

Abb. 9-2a–e. Einteilung der Placenten nach ihrer äußeren Form, d.h. gemäß Ausmaß und Anordnung der materno-fetalen Verzahnungsareale an der Chorionsack-Oberfläche. [Aus: Kaufmann 1983]

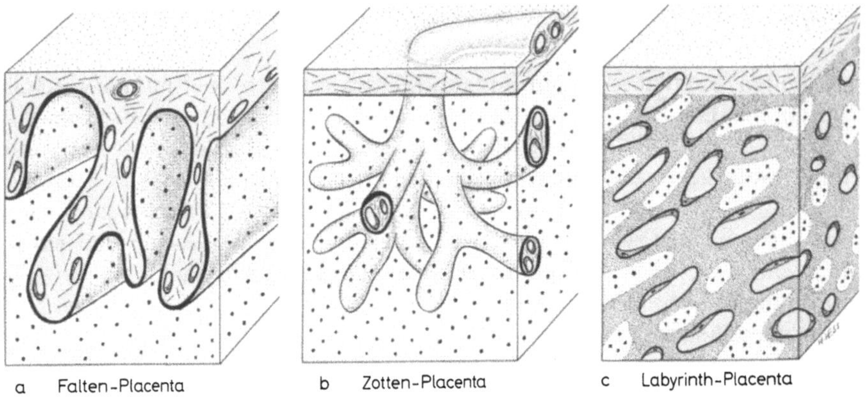

Abb. 9-3a–c. Einteilung der Placenten nach der Art der materno-fetalen Verzahnung. Mütterliches Gewebe bzw. mütterliches Blut: grobe schwarze Punkte; Trophoblast: dunkler Punktraster; fetale Blutgefäße: dickere schwarze Konturen; fetales Bindegewebe: Strichraster [leicht modifiziert nach Kaufmann 1981a]

Katze vorkommende **lamelläre Placenta,** bei der die Falten schlanker, länger und reicher verzweigt sind. Bei dieser Form können durch tiefe interdigitierende Faltensysteme hochkomplexe Organe aufgebaut werden. Das Chorion der Wiederkäuer, der höheren Primaten und des Menschen bildet fingerförmig bis baumartig verzweigte Zotten. Sie passen entweder in korrespondierende Hohlräume, die sogenannten Krypten (Wiederkäuer), oder werden direkt vom mütterlichen Blut umspült (Abb. 9-3b). In beiden Fällen spricht man von der **villösen Placenta** oder **Zotten-Placenta.** Der häufigste Verzahnungstyp ist die **Labyrinth-Placenta.** Sie kommt bei Nagetieren, Hasenartigen, vielen Halbaffen, Insektenfressern und Fledermäusen vor. Ein Block von syncytialem Trophoblasten wird von netzartig angeordneten Kanälen durchzogen, durch die alternierend fetale oder mütterliche Blutgefäße ziehen (Abb. 9-3c).

Die einfache geometrische Analyse der aufgeführten materno-fetalen Verzahnungsformen zeigt, daß von der Falten-Placenta über die lamelläre Placenta, die villöse Placenta hin zur labyrinthären Placenta die mögliche Austauschoberfläche je Volumeneinheit Placenta-Gewebe ansteigt. Es ist deswegen durchaus logisch, daß die discoidalen Placenten, die auf einen kleinen Teil des Chorionsackes beschränkt sind, einen effektiveren Verzahnungstyp wie den villösen oder labyrinthären Bau verlangen. Andererseits ist die großflächig angelegte Placenta diffusa mit der wenig intensiven faltenförmigen Verzahnung durchaus vereinbar.

9.1.3 Bau der materno-fetalen Trennschichten

Die beiden bislang aufgeführten Klassifikationsschemata sind überwiegend strukturell-beschreibender Art. Ihre funktionelle Relevanz für die Betrachtung der Placenta ist gering. Dieses versuchte Grosser [1909] durch Einführung eines ergänzenden dritten Einteilungssystems zu ändern. Ausgehend von der Annahme, daß alle materno-fetalen und feto-maternalen Diffusionsvorgänge durch die Dicke der trennenden Gewebslage beeinflußt werden, sowie alle anderen Transportvorgänge wie Carrier-Transport, aktiver und vesikulärer Transport durch die Zahl der zu passierenden Gewebslagen, versuchte er, die Placenten nach der Art und Zahl der Gewebsschichten einzuteilen.

Im einfachsten Falle, z.B. bei vielen Paarhufern und einzelnen Halbaffen, liegt das fetale Chorion dem intakten Gebärmutterepithel an. In dieser **epithelio-chorialen Placenta** (Abb. 9-4a) trennen folgende Gewebslagen die beiden Kreisläufe: mütterliches Kapillarendothel, mütterliches Endometriumbindegewebe, Endometriumepithel, Trophoblast, fetales Chorionbindegewebe, fetales Kapillarendothel. Diese sechs Lagen müssen von allen Substanzen, die vom mütterlichen Blut in das fetale Blut oder umgekehrt transportiert werden sollen, passiert werden. Das bedeutet aber nicht, daß in allen sechs Lagen ein transzellulärer Transport stattfinden muß. Dieser ist lediglich im zellulär nicht gegliederten Syncytiotrophoblasten unvermeidlich. In den beiden Bindegewebslagen können alle Substanzen leicht parazellulär durch die Interzellularsubstanz diffundieren. In den beiden Endothelschichten und im Uterusepithel ist zumindest zum Teil eine parazelluläre Diffusion durch Interzellularspalten möglich. Damit kommt dem Syncytiotrophoblasten die entscheidende Schrankenfunktion zwischen mütterlichem und kindlichem Blut zu. Zwar können bestimmte Substanzen bedingt durch Größe und Art des Moleküls auch bereits in anderen Lagen zurückgehalten werden. Die feinste, selektivste Barriere ist aber stets der Syncytiotrophoblast. Es ist daher verständlich, daß alle anderen Lagen natürlicherweise und eventuell sogar pathologischerweise reduziert bzw. zerstört werden

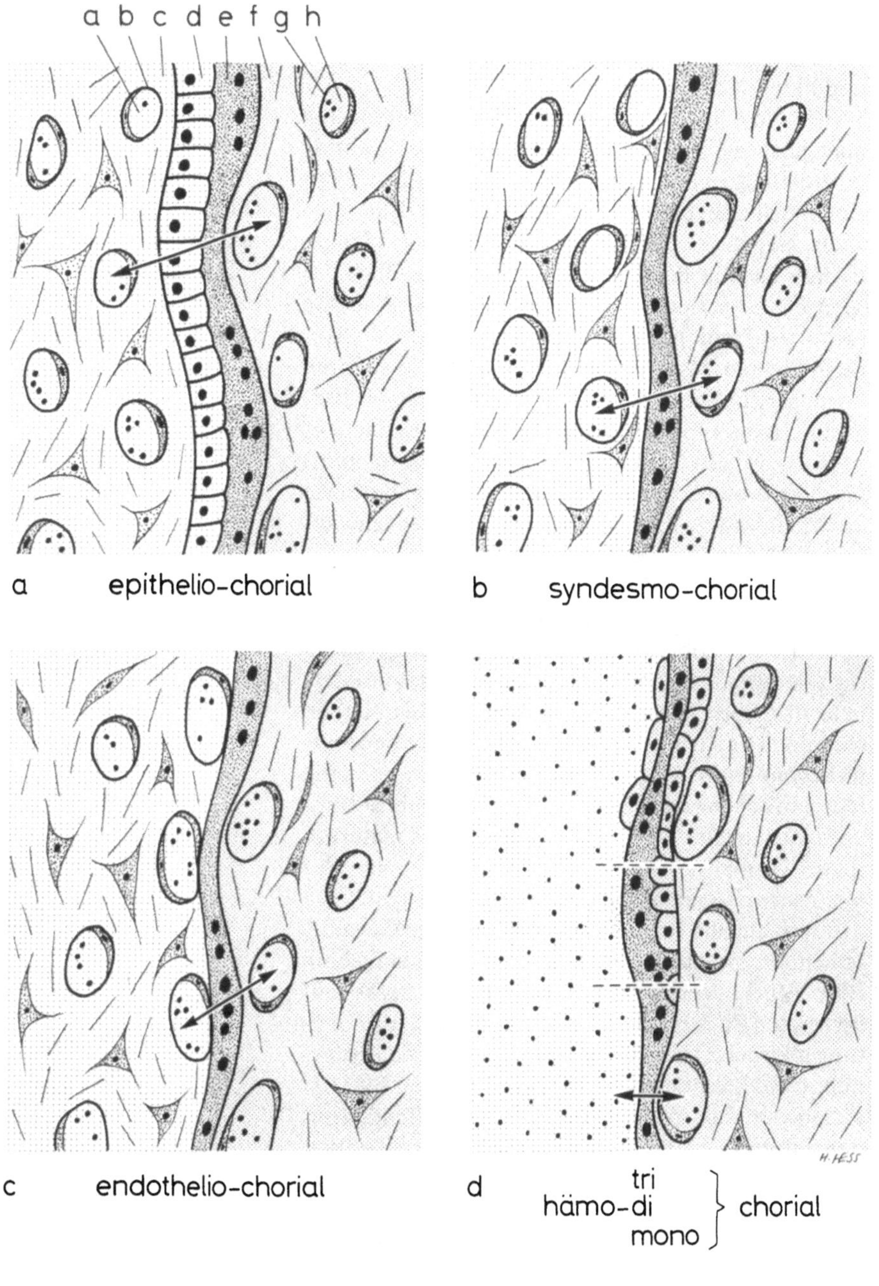

Abb. 9-4a–d. Einteilung der Placenten nach den trennenden Gewebslagen zwischen mütterlichem (a) und kindlichem Blut (h). b = mütterliche Gefäßwand, c = mütterliches Bindegewebe, d = Uterusepithel, e = Syncytiotrophoblast, f = kindliches Bindegewebe, g = fetale Kapillarwand. [Aus: Kaufmann 1983]

können. Solange der Syncytiotrophoblast intakt ist, sind keine unkontrollierten Transportphänomene mit pathologischen Konsequenzen zu erwarten.

Die genannte sechsschichtige Maximalbarriere der epithelio-chorialen Placenta ist vor der Implantation im Prinzip in allen Placenten vorhanden. Sie wird jedoch in den meisten Placenten, mit Ausnahme der genannten epithelio-chorialen Bautypen, im Laufe der Entwicklung Schritt für Schritt reduziert, um durch Verringerung von Schichtdicke und Zahl der zu passierenden Lagen den Stofftransport zu erleichtern [Grosser 1909, King 1982]. Vorrangig wird dabei die mütterliche Seite reduziert. Der erste Schritt ist der Abbau des mütterlichen Uterus-Epithel, wonach das Chorion direkt an das mütterliche Bindegewebe grenzt. Wenn die Entwicklung in diesem Stadium haltmacht, spricht man von der **syndesmo-chorialen Placenta** (Abb. 9-4b). Die Existenz dieses Placenta-Types ist umstritten. Vielfach wird die Schaf-Placenta hier eingeordnet.

Dringt das Chorion weiter in das Endometriumbindegewebe vor, bekommt es schließlich direkten Kontakt zur Wand der mütterlichen Blutgefäße, vor allem zum Endothel der Kapillaren. Diese **endothelio-cho-**

riale Placenta (Abb. 9-4c) liegt bei allen Carnivoren sowie bei einzelnen Insektivoren, niederen Primaten und Fledermäusen vor.

Führt die invasive Aktivität des Trophoblasten auch noch zur Erosion der mütterlichen Gefäßwände und letztlich zu deren völligem Abbau, wird die Chorionoberfläche direkt vom mütterlichen Blut umspült. Nagetiere, Hasenartige, Seekühe, viele Insektivoren und alle höheren Primaten einschließlich des Menschen weisen diese **hämo-choriale Placenta** (Abb. 9-4d) auf. Nach der Zahl der Trophoblast-Epithelschichten des Chorion wird diese letztgenannte Form noch unterteilt in **hämo-trichorial** (Ratte, Maus, Hamster), **hämo-dichorial** (Biber, Kaninchen, Mensch in den ersten Schwangerschaftsmonaten) und **hämo-monochorial** (caviomorphe Nagetiere wie das Meerschweinchen, Mensch am Ende der Schwangerschaft) [Enders 1965].

Nur in Ausnahmefällen, z.B. bei einzelnen Fledermäusen, ist auch ein partieller Abbau des Chorionepithel (Trophoblast) beschrieben worden. Hierbei resultieren z.B. endothelio-endotheliale feto-maternale Barrieren. Aber selbst in diesen Fällen bleiben stets noch trennende Gewebsschichten zwischen mütterlichem und kindlichem Blut erhalten, so daß eine Durchmischung des Blutes beider Kreisläufe verhindert wird und jeglicher feto-maternale und materno-fetale Transport stets unter Kontrolle von ein oder mehr separierenden Gewebslagen erfolgt.

So wichtig die Reduktion der trennenden Gewebsschichten zwischen mütterlichem und kindlichem Blut zwecks Verkürzung der Transportstrecke auf den ersten Blick erscheint, so einseitig ist ihre Bedeutung allerdings bei näherer Betrachtung: Die Entfernung zwischen mütterlichem und kindlichem Blut hat lediglich auf die Transportleistung von diffundierenden Substanzen einen Einfluß. Und dieses sind im wesentlichen Sauerstoff, Kohlendioxyd und Wasser. Bei allen durch Carrier-Transport (z.B. Glucose), aktiven Transport (z.B. Ionen, Aminosäuren) oder vesikulären Transport (z.B. Peptide und Proteine) ausgetauschten Substanzen spielt dagegen das Produkt aus Austauschfläche und Aufnahmeaktivität (Enzyme, Carrier-Moleküle, Vesikel) die entscheidendere Rolle. Dies verhält sich ähnlich wie bei einer Rolltreppe, bei der für die Transportleistung die Breite und die Laufgeschwindigkeit, nicht aber die Länge der Rolltreppe entscheidend sind.

9.1.4 Materno-fetale Gefäß-Lagebeziehungen

Auch ein mehr physiologischer Versuch, die Vielfalt der Placenta-Formen zu klassifizieren, ist funktionell von recht einseitiger Bedeutung. Man hat versucht, die Lagebeziehung der fetalen und maternalen Kapillaren zueinander im Austauschgebiet zu analysieren und die Placenten entsprechend systematisch einzuteilen (Abb. 9-5). Wo mütterliche Kapillaren fehlen, wie z.B. in der hämo-chorialen Placenta, wurden die Blutstromrichtungen zueinander zugrundegelegt [Moll 1981a, Faber und Thornburg 1983, Dantzer et al. 1988].

Danach werden unterschieden a) **Gleichstrom-Placenten,** in denen die mütterlichen und fetalen Blutströme zueinander parallel mit gleicher Flußrichtung

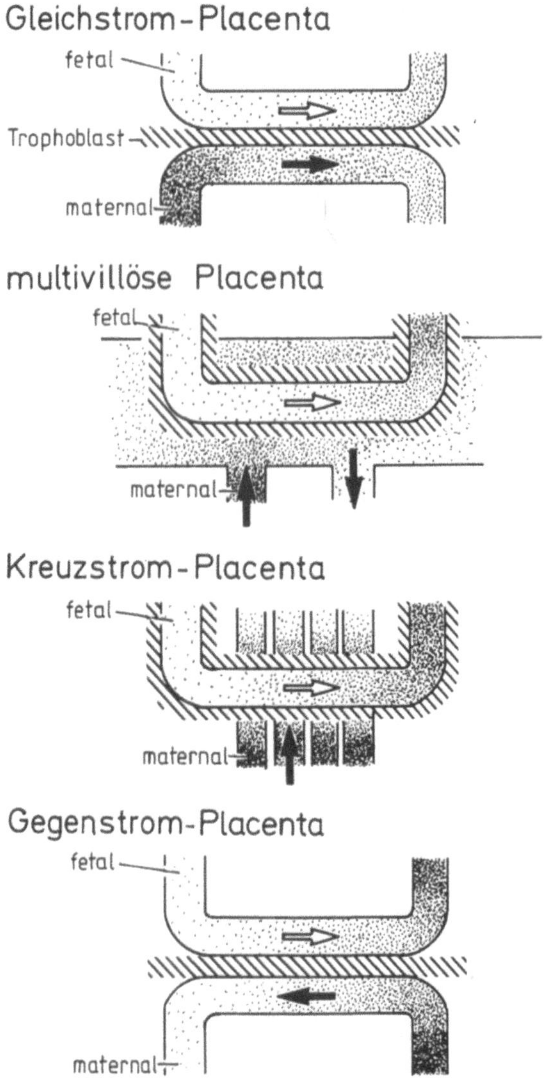

Abb. 9-5. Einteilung der Placenten nach den Strömungsbeziehungen des mütterlichen und des kindlichen Blutes. Die Dichte des Punktrasters spiegelt die Sauerstoff-Konzentration in den Gefäßen des jeweiligen Placenta-Typs wider. Die Punktrasterdichte im fetal-venösen Gefäßschenkel (jeweils rechts oben) symbolisiert die Effizienz des Systems für den materno-fetalen Stoffaustausch per Diffusion [modifiziert nach Dantzer et al. 1988]

angeordnet sind; b) **Gegenstrom-Placenten,** in denen die mütterliche und fetale Blutstromrichtung auch parallel, aber gegenläufig angeordnet sind; c) **einfache Kreuzstrom-Placenten,** in denen die beiden Blutströme sich jeweils mit einheitlicher Flußrichtung mehr oder weniger rechtwinkelig kreuzen; d) **Doppel-Kreuzstrom-Placenten,** in denen bei ebenfalls rechtwinklig kreuzender Gefäßanordnung die Flußrichtung der mütterlichen und/oder der fetalen Gefäße nicht überall gleichsinnig ist, und schließlich e) **multivillöse Placenten,** in denen haarnadelartig angeordnete fetale Gefäßschleifen vom mütterlichen Blutstrom in unterschiedlichen Winkeln gekreuzt werden.

Die Abbildung 9-5 zeigt, daß der durch die verwendete Rasterdichte symbolisierte maximal erreichbare Sauerstoff-Partialdruck im fetal-venösen Blut von dieser Gefäßanordnung abhängt. Die Gleichstrom-Placenta, in der der fetal-venöse Sauerstoff-Partialdruck den mütterlich-venösen nicht übersteigen kann, ist am ineffektivsten, die Gegenstrom-Placenta, in der der fetal-venöse Sauerstoff-Partialdruck maximal den mütterlich-arteriellen Wert erreichen kann, am effektivsten. Auch bei dieser Einteilung muß betont werden, daß eine Bedeutung lediglich für die reinen Diffusionsleistungen der Placenta z.B. für Sauerstoff, Kohlendioxyd und Wasser besteht. Tabelle 9.1 zeigt, daß auch bei dieser Klassifizierung wiederum die Meerschweinchen-Placenta mit einem reinen Gegenstromprinzip effektiver ist als die menschliche Placenta mit multivillösen Blutstrombedingungen. Die strukturell allerdings „primitiv" erscheinende diffuse, epithelio-choriale Falten-Placenta des Schweins weist auch das hocheffiziente Gegenstromprinzip auf.

9.1.5 Placenta-Klassifikation und Phylogenese

Den geschilderten Placenta-Klassifikationsschemata wird der Vorwurf gemacht, daß sie rein strukturell beschreibend sind, jedoch nur begrenzt funktionelle Relevanz haben [King 1982]. Dieser Vorwurf wird verständlich, wenn man an die primitiv erscheinende diffuse, epithelio-choriale Falten-Placenta des Schweines denkt, die dennoch sehr wohl ihre Aufgaben erfüllt und keineswegs als funktionell minderwertig einzustufen ist. Jedenfalls scheinen die Reproduktionseigenschaften des Schweines nicht schlechter zu sein als die des Meerschweinchens mit einer strukturell als optimal zu bezeichnenden discoidal, hämo-monochorialen, labyrinthären Placenta. Man muß sich deswegen davor hüten, die Placenta allein nach der Struktur als „primitiv" oder als „hochentwickelt" zu beschreiben. Unabhängig von der Einfachheit oder Komplexität ihrer Struktur erfüllen alle Placenten ihre biologische Funktion, die Ver- und Entsorgung des Feten während der Tragzeit. Diese Aufgabe kann teilweise allerdings nur dadurch erfüllt werden, daß eine weniger effektive Struktur durch mehr Masse kompensiert werden muß. So ernährt z.B. 1 g der discoidalen, hämo-monochorialen Zottenplacenta des Menschen am Geburtstermin im Mittel einen fetalen Körperanteil von 6 g. Auf 1 g der discoidalen, hämo-monochorialen Labyrinth-Placenta des Meerschweinchens entfallen hingegen 15–25 g des Feten.

Unbestritten ist dagegen der Wert dieser Einteilungsprinzipien zur kurzen, prägnanten morphologischen Charakterisierung einer Placenta, vor allem im Vergleich zur menschlichen Placenta. Die menschliche Placenta steht zwar am Geburtstermin in großer Zahl für postpartale Untersuchungen zur Verfügung, aber nur begrenzt während früherer Entwicklungsstadien und notgedrungen fast gar nicht für experimentelle Studien. Die einzigen Placenten, die derjenigen des Menschen strukturell unmittelbar vergleichbar sind, sind die der Menschenaffen (Tabelle 9.1). Sie stellen aus Kosten- und aus Artenschutz-Gründen keine Alternative für die Placenta-Forschung dar. So muß notgedrungen auf die Placenten üblicher Labortiere ausgewichen werden, die jedoch der menschlichen nur begrenzt vergleichbar sind. Die vorgelegten Klassifikationsschemata erlauben hier eine sicherlich nicht perfekte, aber letztlich ausreichende Orientierung, welche strukturellen Unterschiede zwischen der menschlichen Placenta und der des jeweils gewählten Labortieres bestehen. Damit wird es möglich abzuschätzen, wie weit die im Tierexperiment erhobenen Befunde auf den Menschen übertragbar sind.

Betrachtet man alle in Tabelle 9.1 zusammengestellten Daten im Zusammenhang, fällt auf, daß zwischen phylogenetischer Rangordnung und Placenta-Klassifikation gleich welcher Art keine Entsprechung zu erkennen ist. Es gibt einzelne Tierordnungen, die bei allen Einteilungsschemata ausgesprochen homogen erscheinen, z.B. die Carnivoren, die Lagomorphen und die Nager. Andere dagegen, wie vor allem die Insektivoren und die Primaten, lassen keinerlei Zusammenhang zwischen erreichtem Evolutionsgrad und Optimierung der Placenta-Ausgestaltung erkennen. Bei einem „Wegwerf-Organ", das jeweils nur für eine kurze Lebensspanne zu funktionieren hat, sind offensichtlich Experimente der Natur mit zum Teil erstaunlichen Entwicklungssprüngen viel leichter zu ertragen als bei allen anderen Organen. Zu erklären ist dieses letztlich nur durch die Tatsache, daß fast alle Placenten derartig große funktionelle Überkapazitäten aufweisen, daß die strukturbedingten Leistungsunterschiede nur sekundär ins Gewicht fallen. Diese

Deutung wird durch die Erfahrung gestärkt, daß bei Species mit relativ zum Feten großen Placenten (z.B. Mensch) umfangreiche Teilausfälle des Organs von 50–75% des Volumens durchaus mit dem Weiterbestehen der Schwangerschaft vereinbar sind. Species mit relativ zum Feten kleinen Placenten (z.B. Meerschweinchen) können vielfach auch geringfügige Parenchym-Untergänge des Organs nicht kompensieren.

9.2 Datierungsprobleme in der menschlichen Schwangerschaft

Über die Entwicklung der menschlichen Placenta liegen relativ wenig gesicherte Informationen vor. Hierfür sind mehrere Gründe verantwortlich. Früheste Entwicklungsstadien aus der Zeit der Implantation und kurz danach sind nur selten morphologischen Untersuchungen zugänglich. Das wenige bekannte menschliche Material – überwiegend Zufallsbefunde an Operationsmaterial nach Uterusentfernung – ist

Tabelle 9.2. Maßangaben zur Entwicklung von Embryo bzw. Fetus und Placenta. Die Angaben zur Scheitel-Steiß-Länge, zum Gewicht des Embryo sowie zum mittleren Fruchtblasen-Durchmesser sind Mittelwerte für die einzelnen Schwangerschaftswochen. Alle anderen Daten sind Mittelwerte für das Ende des betreffenden Schwangerschaftsmonates. Bei den Angaben handelt es sich um interpolierte Werte aus den Messungen mehrerer Autoren. Literatur siehe Kaufmann [1981b]

Wochen post conceptionem	1–2	3–6	7–10	11–14	15–18	19–22	23–26	27–30	31–34	35–38
Wochen post menstruationem	3–4	5–8	9–12	13–16	17–20	21–24	25–28	29–32	33–36	37–40
Lunar-Monat	1	2	3	4	5	6	7	8	9	10
Scheitel-Steiß-Länge (mm)	– –	2,5 5 9 14	20 26 33 40	48 56 65 75	88 99 112 125	137 150 163 176	188 200 213 226	236 250 263 276	289 302 315 328	341 354 367 380
Gewicht des Embryo bzw. Feten (g)	– –	0,1 0,2 0,5 1,1	2 6 11 17	23 30 40 60	90 130 180 250	320 400 480 560	650 750 870 1000	1130 1260 1400 1550	1700 1900 2100 2300	2500 2750 3000 3400
mittlerer Fruchtblasen-Durchmesser (mm)	– 6	8 11 17 25	32 40 47 55	62 75 – –						
mittlerer Placenta-Durchmesser (mm)	–	–	–	70	95	120	145	170	195	220
mittleres Placenta-Gewicht, spontan entblutet (g)	–	6	26	65	115	185	250	315	390	470
mittlere Placenta-Dicke, spontan entblutet (mm)	–	–	–	12	15	18	20	22	24	25
mittlere Placenta-Dicke incl. Uterus-wand, in-situ im Ultraschall (mm)	–	–	–	–	28	34	38	43	45	45
Nabelschnurlänge (mm)	–	–	–	180	300	350	400	450	490	520
von 1 g Placenta versorgter Anteil fetalen Gewichtes (g)	–	0,18	0,65	0,92	2,17	3,03	4,00	4,92	5,90	7,23
Zottenvolumen je Placenta (cm^3)	–	5	18	28	63	102	135	191	234	273
Zottenoberfläche je Placenta (cm^2)	–	830	3020	5440	14800	28100	42200	72200	101000	125000
Zottenoberfläche (cm^2) je cm^3 Zottengewebe	–	166	168	194	235	275	313	377	432	458
mittlere materno-fetale Diffusions-strecke (μm)	–	55,9		40,2	27,7	21,6		20,6	11,7	4,8
mittlere Trophoblast-Dicke (μm)	–	15,4		9,6	9,9	7,4		6,9	5,2	4,1
fetaler Gefäßvolumen-Anteil am Zottenvolumen (%)	–	1,0	1,1		6,6		7,4		21,3	28,4

strukturell meist schlecht erhalten. Material von Curettagen und von Frühaborten ist demgegenüber häufig pathologisch verändert. In Ermangelung geeigneten menschlichen Materials haben viele Untersucher für diese frühen Phasen auf Affen zurückgegriffen, die bezüglich des strukturellen Entwicklungsablaufes weitgehend vergleichbar sein dürften, jedoch nicht hinsichtlich des zeitlichen Ablaufes. Hierdurch sind Datierungsschwankungen in der Literatur häufig. Das reichlich anfallende Material der dann folgenden Phasen von ca. der 5. bis 14. Woche entstammt Schwangerschaftsunterbrechungen und spontanen Aborten. Es repräsentiert einen zeitlich begrenzten und zudem embryologisch wenig ereignisreichen Zeitraum. Material aus dem mittleren Schwangerschaftsdrittel, das klinisch sehr stabil zu sein scheint, ist wiederum nur schwer zu erhalten, und meistenteils pathologisch verändert. Da die wesentlichsten Schritte der Organentwicklung mit den ersten beiden Schwangerschaftsdritteln abgeschlossen sind, ist das vergleichsweise leicht erhältliche Material des letzten Trimenons im wesentlichen nur noch für das Studium der reifen Placenta, weniger jedoch für deren Entwicklung von Interesse.

Exakte Konzeptionsdaten beim Menschen fehlen meistens. Viele scheinbar exakte Angaben, z.B. bei Interruptio-Material, sind unzuverlässig. Deswegen weisen alle Datierungen, Gewichts- und Längenangaben starke Schwankungen auf. Um hier nicht zu viel Verwirrung zu stiften, sondern um ein halbwegs geschlossenes Bild zu vermitteln, haben wir alle uns zur Verfügung stehenden Literaturangaben sowie eigene Daten subjektiv auf Zuverlässigkeit gesichtet und vereinheitlicht (vgl. Tabelle 9.2).

9.3 Lageentwicklung

Die Implantation oder Nidation erfolgt beim Menschen üblicherweise im Bereich der oberen Rückwand des Corpus uteri, meistens nahe der Mittellinie [Lit. siehe Torpin 1969, Boyd und Hamilton 1970]. Eine Lageabhängigkeit des Implantationsortes von der Seite der Ovulation scheint nicht zu bestehen. Durch eine asymmetrische Dehnung der Uteruswand ist die definitive Lage überwiegend lateral. Entsprechend einem Oberflächen-Anteil von 25% am Eihautsack kleidet die Placenta am Geburtstermin ca. ein Viertel der Uterushöhle aus. Es fällt auf, daß Abweichungen von dem genannten häufigsten Implantationsort oft mit Abnormitäten der Placenta einhergehen. Soweit dies nach dem spärlichen vorliegenden Sektionsmaterial von Frühschwangerschaften zu beurteilen ist [Hertig 1960], treten bei an der Uterusvorderwand implantierten Placenten gehäuft Entwicklungsstörungen auf. Sie werden auf schlechtere Ernährungsbedingungen in dieser Region zurückgeführt. Schlechtere räumliche Bedingungen führen nach Torpin [1969] bei lateralem Implantationsort, im Übergangsbereich zwischen Uterusvorderwand und Uterushinterwand, sowie bei tiefer Implantation in der unteren Corpushälfte zu Abweichungen von der üblichen Placenta-Form.

Die **Placenta duplex** (1‰ der Fälle) besteht aus zwei annähernd gleich großen Lappen (vgl. Abb. 9-1d), von denen einer an der Vorder-, einer an der Hinterwand liegt. Ursache ist eine laterale Implantation im Winkel zwischen Vorder- und Hinterwand. Die **Placenta succenturiata** (0,5–1%) soll auf gleiche Weise, nur mit sehr unterschiedlich großen Lappen entstehen. Die **Placenta biloba (bipartita)** (2–8%) zeigt fließende Übergänge zu den beiden vorherigen Formen. Bei ihr sind die gleich oder unterschiedlich großen Lappen nicht völlig durch Eihaut getrennt, sondern zeigen eine breite Parenchymbrücke. Auch hier liegt eine laterale, allerdings cervix-nahe Implantation vor. Auch die **Placenta zonaria (anularis)** (0,1–0,2‰) (vgl. Abb. 9-1c) entsteht bei tiefer Implantation im Cervicalkanal, wenn die Frucht in einem ringförmigen Streifen Kontakt zur Decidua hat und nur an zwei gegenüberliegenden Polen die Zotten zurückbildet. Die äußerst seltene **Placenta diffusa (membranacea)** mit vollständigem Zottenbesatz des Fruchtsackes (vgl. Abb. 9-1a) tritt meist zusammen mit Fehlgeburten auf. Die ätiologischen Faktoren, wahrscheinlich keine Lage-Faktoren, sind unklar. Die **Placenta circumvallata** (1–2%) ist durch eine Einschnürung der Fruchtblase am Placenta-Eihaut-Übergang charakterisiert. Die Eihaut entspringt von der Chorionplatten-Oberfläche (vgl. Tabelle 9.2, Nachgeburtsperiode und Nachgeburt). Ursächlich wird ein zu tiefes Eindringen der Blastocyste in das Endometrium diskutiert. Die **Placenta marginata** (30%) mit einem verdickten Übergangsbereich zwischen Placenta und Eihäuten statt einer allmählich keilförmigen Verjüngung zeigt fließende Übergänge zur Placenta circumvallata und wird auch ätiologisch mit ihr verglichen.

9.4 Formentwicklung

Aus Gründen der Übersichtlichkeit ist die Frühentwicklung der Placenta in schlagwortartig benannte Stadien eingeteilt worden. Man muß sich bei der Verwendung dieser Stadiennamen immer vor Augen halten, daß sie den Entwicklungszustand der Placenta-Zotten beschreiben, der an der Circumferenz des Fruchtsackes aber sehr unterschiedlich weit fortgeschritten ist. Die Stadiennamen können damit nie den Entwicklungszustand der ganzen Placenta bezeichnen, sondern lediglich den einer örtlich begrenzten Population von Zotten. Wir beziehen uns bei allen Datierungen von frühen Entwicklungsstadien auf die Verhältnisse am Implantationspol der Frucht und rechnen dabei von der Befruchtung an (Tag 1 = die auf die Befruchtung folgenden 24 Stunden).

Die Entwicklung der Placenta beginnt gemäß der Mossman'schen Definition mit der Differenzierung der Frucht in den Embryoblasten und in die Embryonalhüllen sowie mit der Kontaktaufnahme der Embryonalhüllen zum Endometrium (vgl. Abb. 5-2). Der Zeitpunkt von Anheftung und Implantation der Blastocyste am 6. bis 7. Tag markiert damit gleichzeitig den Beginn der Placenta-Entwicklung. In diesem Stadium besteht die Blastocystenwand aus einer massiven Lage aus Cyto- und Syncytiotrophoblast, die kein Hohlraumsystem aufweist. Man spricht auch von der **prälakunären Periode** (vgl. Abb. 5-2a). In den folgenden Tagen nimmt der Syncytiotrophoblast am Implantationspol erheblich an Dicke zu. Das Auftreten lakunärer Hohlräume in diesem Bereich markiert den Beginn des **lakunären Stadiums** oder **Trabekelstadiums** (vgl. Abb. 5-2b). Als Beginn wird das Ende des 8. Tages angegeben. Im **Primärzottenstadium** führen Trophoblastsprossungen aus den Trabekeln in die Lakunen am 14. Tag zur Bildung fingerförmiger massiver Primärzotten (Abb. 9-7a, 9-9). Das Auftreten eines Mesenchymstranges in diesen neu gebildeten Zotten etwa am 15. Tag leitet zu dem nur kurz dauernden **Sekundärzottenstadium** über (Abb. 9-7b). Noch im Verlauf der gleichen 3. Woche treten im Mesenchym dieser Zotten die ersten Kapillaren auf. Damit beginnt das **Tertiärzottenstadium** (Abb. 9-7c), das bis zum Ende der Schwangerschaft vorliegt (vgl. auch Abb. 7-2) [Lit. siehe Boyd und Hamilton 1970].

9.4.1 Prälakunäre Periode

Bei der Kontaktaufnahme der Blastocyste zum Endometrium während Anheftungsphase und beginnender Implantation proliferiert der Trophoblast am Invasionsort vermehrt. Die äußeren, dem mütterlichen Gewebe unmittelbar anliegenden Trophoblastzellen verschmelzen unter Auflösung der trennenden Zellgrenzen miteinander und bilden ein Syncytium, den **Syncytiotrophoblasten.** Ihm liegen innen einzelne nicht verschmelzende Zellen, der **Cytotrophoblast,** an. Bei weiterem Eindringen der Blastocyste in das Endometrium nimmt das Syncytium durch Cytotrophoblast-Teilung und nachfolgende Verschmelzung

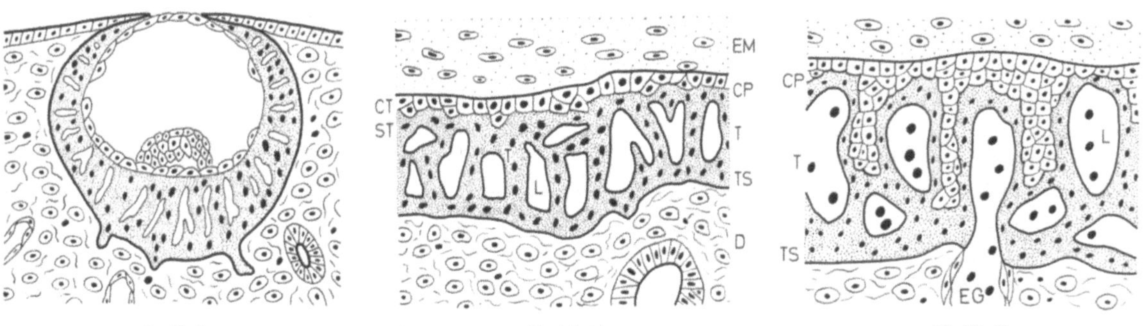

Abb. 9-6a–c. Stark schematisierte Darstellung der Placenta-Entwicklung im Trabekelstadium.
a) 8.–9. Tag: Nach vollständigem Eindringen der Frucht in das Endometrium beginnt dieses sich wieder über der Frucht zu schließen. Damit entsteht die Decidua capsularis. Im Syncytiotrophoblast, vor allem am verdickten Implantationspol, treten durch Einschmelzung Lakunen auf.
b) 9.–12. Tag: Ausschnitt aus der Blastocystenwand im Bereich des Implantationspoles. Das Lakunensystem (L) im Syncytiotrophoblasten (ST) wird umfangreicher. Es gliedert die Placenta-Anlage in eine Trophoblastschale (TS) mit Kontakt zur Decidua (D), in das Trabekelwerk (T) und in die Chorionplattenanlage (CP). Letztere besteht aus Syncytiotrophoblast (ST), aus Cytotrophoblast (CT) und aus dem extraembryonalen Mesoblast (EM).
c) 12.–13. Tag: Die Trabekel (T) werden durch Cytotrophoblast aus der Chorionplatte (CP) erschlossen. Die Lakunen haben durch Lücken in der Trophoblastschale (TS) Kontakt zu endometrialen Kapillaren (EG) erhalten und werden aus diesen mit Blut gefüllt.
[Aus: Kaufmann 1981b]

erheblich an Masse zu (Abb. 5-2). Dabei breitet sich der Syncytiotrophoblast weniger als kompakte Masse als vielmehr unter Bildung langer, fingerförmiger, verzweigter Ausläufer, unter Verdrängung und Zerstörung von Stromabestandteilen im endometrialen Bindegewebe aus (**interstitielle Implantation,** siehe Kapitel 5. Implantationsstadien).

In diesem, wie auch in allen folgenden Stadien der Placenta-Entwicklung, entsteht und wächst die vielkernige, zellig nicht gegliederte Trophoblastmasse durch Zellfusion. Man sollte deswegen gemäß der Definition von Bargmann und Knoop [1959] von einem „Syncytiotrophoblasten" und nicht von einem „Plasmodiotrophoblasten" sprechen, da ein Plasmodium durch Kernteilung ohne nachfolgende Zellteilung wächst. Wie später noch zu erörtern ist (Abschnitt 9.6), verliert der Syncytiotrophoblast mit dem Moment der ersten Zellfusionen seine genetische Potenz, d.h. Zell- oder auch nur Kernteilungen in einem Syncytiotrophoblasten sind nicht mehr möglich. Er kann nur noch durch Nachschub aus dem weiter proliferierenden Cytotrophoblasten wachsen.

Während die freie Blastocyste per Diffusion aus dem Uterussekret ernährt wurde, bezieht sie mit Beginn der Implantation die benötigten Baustoffe und Energieträger direkt aus dem Endometrium. Ob dieses vorrangig durch Phagocytose mütterlicher Gewebsbestandteile [Strauß 1967] oder durch Resorption kleinerer Moleküle geschieht, bleibt umstritten. Elektronenmikroskopisch findet man zwar Hinweise für eine hochaktive Phagocytose im Grenzbereich zwischen Syncytiotrophoblast und umgebenden Endometrium. Histochemisch scheint jedoch die alkalische Phosphatase, als Markerenzym für resorptive Vorgänge, die für die Phagocytose benötigte saure Phosphatase deutlich zu übertreffen [Lit. siehe Boyd und Hamilton 1970].

Bei Abschluß des Implantationsvorganges hat sich die gesamte Trophoblastoberfläche der Blastocyste syncytial umgewandelt. Nur einzelne, dem Syncytiotrophoblasten innen anliegende Trophoblastzellen (primärer Cytotrophoblast) bleiben erhalten (Abb. 9-6a, b). Sie sorgen durch Proliferation und syncytiale Verschmelzung für weiteren Nachschub. Die später implantierten Abschnitte der Blastocystenoberfläche holen den Proliferationsrückstand gegenüber den zuerst implantierten Abschnitten nie auf. Damit ist der Trophoblast auch in allen folgenden Stadien am Implantationspol dicker und in der Entwicklung weiter fortgeschritten als an der übrigen Circumferenz (Abb. 9-6a). Der verdickte Trophoblast am Implantationspol wird die Placenta bilden, die restlichen, dünneren Trophoblastabschnitte werden sich zur Eihaut zurückbilden.

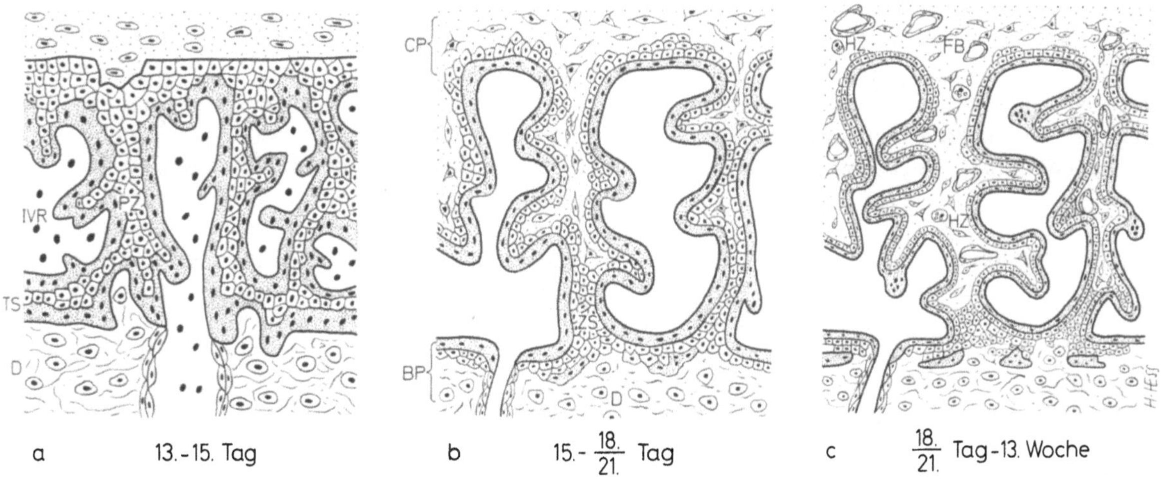

Abb. 9-7a–c. Stark schematisierte Darstellung der villösen Stadien der Placenta-Entwicklung.
a) 13.–15. Tag, Primärzottenstadium: Von den Trabekeln sprossen massive Trophoblastsprossen (Primärzotten), die teils zentral Cytotrophoblast enthalten, in die Lakunen, die dadurch in den intervillösen Raum (IVR) umgewandelt werden. Die ursprünglichen Trabekel werden dabei zu primären Stammzotten (PZ).
b) 15.–21. Tag, Sekundärzottenstadium: Aus der Chorionplatte (CP) dringt Mesenchym in die Zotten vor und wandelt diese in Sekundärzotten um. Lediglich die basale Anheftung der Zotten an der Trophoblastschale (TS) wird bei der Mesenchyminvasion ausgespart und bleibt rein trophoblastisch (Zellsäulen = ZS). Durch Auflösung der basalen Syncytiotrophoblastlage der Trophoblastschale und durch Mischung des Cytotrophoblast mit Deciduazellen entsteht die Basalplatte (BP).
c) 18. Tag – 13. Woche, undifferenziertes Tertiärzottenstadium: Im Zottenbindegewebe treten fetale Blutgefäße (FB) auf. Makrophagen (Hofbauerzellen = HZ) werden regelmäßig im Zottenstroma nachweisbar.
[Aus: Kaufmann 1981b]

9.4.2 Trabekelstadium

Noch während des Implantationsvorganges, etwa am 8. Tag, treten im verdickten Syncytiotrophoblasten am Implantationspol Einschmelzungsherde auf, die schnell zu einem System kommunizierender Lakunen konfluieren (Abb. 9-6a). Die dazwischen verbleibenden vorwiegend radiär angeordneten Balken bzw. Platten aus Syncytiotrophoblast werden als Trabekel bezeichnet. Sie sind für das vom 8.–13. Tag dauernde **Trabekelstadium** namensgebend. Die radiär angeordneten Trophoblasttrabekel bleiben von der Blastocystenhöhle stets durch eine massive Trophoblastlage abgegrenzt, die **primäre Chorionplatte.** Damit kommt es normalerweise nicht zu einer Kommunikation zwischen Blastocystenhöhle und Trophoblastlakunen. Die primäre Chorionplatte besteht an der Grenze zur Blastocystenhöhle aus einer Lage Cytotrophoblast und an der lakunenwärtigen Seite aus Syncytiotrophoblast (Abb. 9-6b). Auch an der Außenseite der Fruchtblase gehen die Trabekel wieder in eine massive, rein syncytiale Trophoblastlage, die **primäre Trophoblastschale,** über (Abb. 9-6b). Diese ist jedoch nicht lückenlos, so daß Kommunikationen zwischen Lakunen und dem endometrialen Interstitium möglich sind (Abb. 9-6c). Am 12. Tag dringt der Cytotrophoblast der primären Chorionplatte unter vermehrter Proliferation in die Trabekel vor. Dadurch erhalten diese einen zentralen zellulär gegliederten Kern (Abb. 9-6c). Zum gleichen Zeitpunkt werden die mütterlichen endometrialen Blutgefäße durch den fortwährend tiefer eindringenden Trophoblasten lokal umschlossen und so weitgehend arrodiert, daß mütterliches Blut austritt und durch Öffnungen in der primären Trophoblastschale in das Lakunensystem zwischen den Trabekeln gelangt.

9.4.3 Primärzottenstadium

Während vor der Arrosion der mütterlichen Blutgefäße der Diffusionsweg für Sauerstoff und Nährstoffe vom mütterlichen Gewebe in die Tiefe der Placenta-Anlage lang, die Ernährung des Trophoblasten damit schlecht war, wird sie nun durch den Kontakt des mütterlichen Blutes mit der großen Trabekeloberfläche verbessert. Gleichzeitig setzt eine gesteigerte Proliferation und syncytiale Verschmelzung des Cytotrophoblasten ein. Dabei schieben sich fingerförmige Trophoblastsporne von den Trabekeln in die Lakunen vor (Abb. 9-7a). Diese sogenannten **Primärzotten** sind zum Teil rein syncytial, zum Teil enthalten sie einen Kern aus Cytotrophoblast. Ihr Auftreten am 14. Tag im Bereich des Implantationspoles markiert den Beginn des Primärzottenstadium. Am Anti-Implantationspol läuft der gleiche Prozeß erst einige Tage später ab. Durch weitere Proliferation dehnt sich dieser primitive „Zottenbaum“ aus. Die Trabekel werden dabei zu den zentralen Zottenstämmen. Soweit ihre Verbindung zur primären Trophoblastschale erhalten bleibt, werden sie auch **Haftzotten** genannt. Das Lakunensystem um die Zotten herum wird nun per Definition als **intervillöser Raum** bezeichnet.

An allen Kontaktstellen mit mütterlichem Gewebe (endometriales Bindegewebe, mütterliches Blut) ist der Trophoblast zu diesem Zeitpunkt syncytial (Abb. 9-7a). An der Grenze zur Blastocystenhöhle besteht weiterhin eine mehr oder weniger vollständige Cytotrophoblastlage. Aus ihrem Verband (bzw. aus der Embryonalanlage, vgl. Kapitel 5.8) sind bereits am 12. Tag einzelne Zellen in die Blastocystenhöhle gewandert und haben sich dort zu primitiven Bindegewebszellen differenziert (Abb. 9-6b). Im Primärzottenstadium, d.h. vom 14. Tag an, füllen sie die Blastocystenhöhle weitgehend aus und stellen dort den sogenannten **extraembryonalen Mesoblasten** dar. Dieses Bindegewebe trophoblastischer oder auch endodermaler Herkunft wird später für die Vaskularisierung der Placenta-Zotten wichtig.

9.4.4 Sekundärzottenstadium

Am 15. Tag dringen Mesenchymzellen des extraembryonalen Mesoblast von der primären Chorionplatte in die bis dahin noch rein trophoblastischen Placenta-Zotten vor (Abb. 9-7b). Sie füllen im Verlaufe weniger Tage große Teile der Stammzotten und praktisch alle kleineren Zottenäste bindegewebig aus. Zusätzlich zu dieser Mesenchyminvasion wird auch eine lokale Mesenchymbildung in den Zotten aus dem Zottencytotrophoblasten angenommen. Dieses wäre eine Fortsetzung des Prozesses, der schon an der Chorionplatte zur Bildung des extraembryonalen Mesoblast geführt hatte. Dieser bindegewebige Erschließungsprozeß der Zotten breitet sich von der Chorionplatte basalwärts aus. Dabei wird die basale Anheftungsstelle der Zottenbäume an der Trophoblastschale in der Regel nicht vom Bindegewebe erreicht (Abb. 9-7b, c). Diese auf dem Primärzottenstadium verbleibenden Füße der Haftzotten werden *Zellsäulen* genannt. Sie bestehen aus einem umfangreichen Kern aus Cytotrophoblast und einem dünnen oberflächlichen Mantel aus Syncytium.

9.4.5 Tertiärzottenstadium

Bereits drei bis fünf Tage nach Beginn der Mesenchyminvasion in die Zotten, d.h. am 18.–20. Tag, findet man erste kleine Blutgefäße im Zottenbindegewebe (Abb. 9-7c). Ihr Auftreten markiert den Beginn des Tertiärzottenstadium. Die Herkunft dieser Blutgefäße ist nicht mit letzter Sicherheit geklärt [Lit. siehe Boyd und Hamilton 1970]. Es überwiegen Hinweise, daß die Kapillaren lokal aus Mesenchymzellen formiert werden. Bei größeren zu- und abführenden Gefäßen (Abb. 9-8), die mit der Zeit Anschluß an diese Kapillaren bekommen, ist die Einsprossung vom Embryo über den Haftstiel wahrscheinlicher. Ein Termin für die Aufnahme einer embryonalen Blutzirkulation innerhalb der Zottengefäße ist nicht mit Sicherheit anzugeben. Das Auffinden von embryonalen Erythrocyten kann nicht als Beweis für eine Zirkulation gewertet werden. Embryonale Erythrocyten, die etwa gleichzeitig mit den Kapillaren im Zottenstroma, zum Teil sogar außerhalb der Kapillaren anzutreffen sind, werden in situ im Zottenbindegewebe aus Mesenchymzellen gebildet. Da jedoch zum gleichen Zeitpunkt, am Beginn der 4. Woche, Pulsationen der Herzanlage auftreten und sich parallel dazu das Gefäßsystem im Embryo und in der Nabelschnur äußerst schnell ausbreitet, ist mit der Aufnahme einer embryonalen Blutzirkulation in den Placenta-Zotten innerhalb weniger Tage zu rechnen.

Der ursprünglich lange Weg für den Stoffaustausch von der Placenta über die Fruchthöhle zum Embryo wird mit Beginn dieser Blutzirkulation auf die kurze Strecke zwischen mütterlichem und embryonalem Blut im Bereich der Tertiärzotten reduziert. Beide Blutströme werden jetzt nur noch durch folgende Schichten getrennt: Zotten-Syncytiotrophoblast, Zotten-Cytotrophoblast, Trophoblast-Basalmembran, Zotten-Bindegewebe, embryonale Kapillarwand.

Im weiteren Verlauf des Tertiärzottenstadium kommt es vorwiegend zu quantitativen Veränderungen. Diese umfassen eine Ausdehnung der Zottenbäume durch Proliferation neuer Zotten, eine Verdünnung des Syncytium, eine Reduktion des Cytotrophoblast und schließlich eine zentrifugale Verlagerung der Zottenkapillaren. All diese für die Verkürzung der Transport-Strecke entscheidenden Vorgänge sollen in den folgenden Kapiteln besprochen werden.

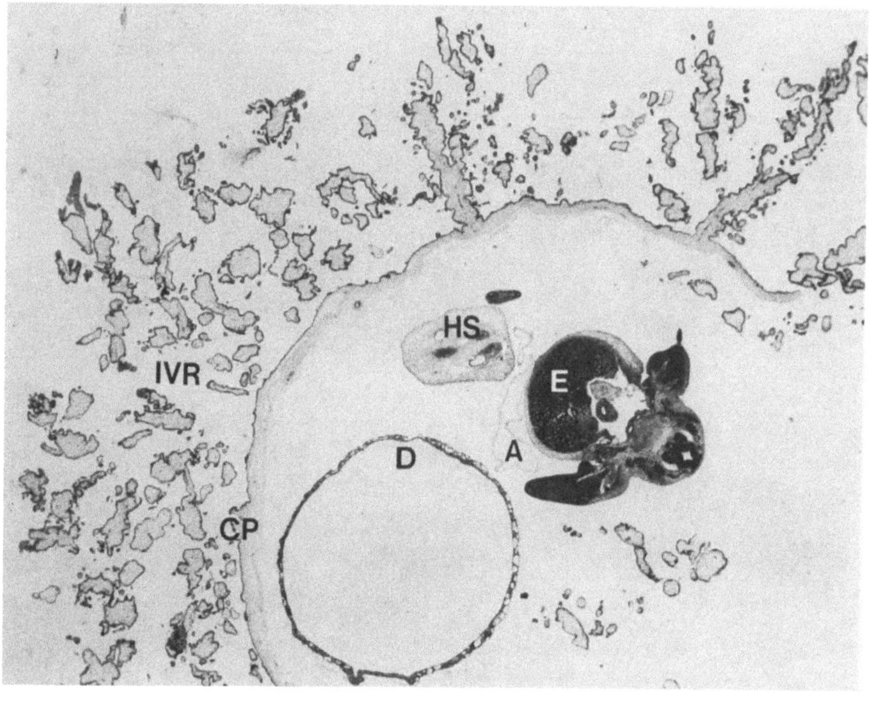

Abb. 9-8. Embryo und Placenta aus der 4. Woche. In der Fruchthülle erkennt man neben dem Embryo (E) den Haftstiel als Nabelschnurvorläufer (HS), den Dottersack (D) und die noch sehr kleine Amnionblase (A). Einige Placenta-Zotten sind artifiziell bei der Präparation in die Fruchthöhle verlagert worden. Die Fruchthöhle wird von der Chorionplatte (CP) umschlossen. Von ihr ragen zahlreiche Placenta-Zotten in den intervillösen Raum (IVR). Die Basalplatte ist bei der Präparation der Frucht im Uterus verblieben und fehlt deswegen. 7,5:1

9.5 Differenzierung der Zottenbäume

9.5.1 Normale Reifung und Differenzierung der Zotten

Die Ausstattung der Placenta-Zotten mit embryonalen Blutgefäßen, die am 18.–20. Tag begann, läuft innerhalb weniger Tage an allen Placenta-Zotten ab. Damit befindet sich die Placenta schon am Ende der 4. Woche, d.h. Mitte des 2. Monates, vollständig im Tertiärzottenstadium. Diese erste Generation von Tertiärzotten variiert mit Durchmessern von 60–200 µm sehr stark, ist strukturell jedoch weitgehend homogen (Abb. 9-8, 9-9, 9-27). Man spricht von **mesenchymalen Zotten.** Sie sind dank der geringen fetalen Kapillarisierung und der langen materno-fetalen Diffusionsstrecken bezüglich Stoffaustausch zwischen Mutter und Kind relativ ineffektiv. Durch Differenzierung gehen aus ihnen später andere reifere Zottentypen hervor, die für die Übernahme der verschiedenen placentaren Funktionen geeigneter sind.

In den ersten Tagen nach ihrer Entstehung laufen Wachstum und Verzweigung der mesenchymalen Zotten noch sehr übersichtlich ab: Die Zotten wachsen durch Proliferation von Trophoblast, Bindegewebszellen und Gefäßendothelzellen in die Länge. Gleichzeitig schiebt der Trophoblastüberzug massive **Trophoblastsprossen** in den intervillösen Raum vor, die anfangs allein aus Syncytiotrophoblast bestehen (Abb. 9-9, 9-15b). Nach kurzer Zeit werden sie jedoch zentral zuerst von Cytotrophoblast, dann von Bindegewebe und schließlich von embryonalen Gefäßen ausgehöhlt. Wir sprechen von **Zotten-Sprossen.** Sie sind durch epitheloidartige, weitgehend ausläuferfreie Bindegewebszellen und durch Kapillarsprossen ohne Erythrocyten gekennzeichnet. Durch Vermehrung des Bindegewebes wandeln sie sich in neue mesenchymale Zotten-Seitenäste um (Abb. 9-9).

Von der 4.–5. Woche an wird der Wachstumsprozeß des Zottenbaumes komplexer [Kaufmann 1982]: Längenwachstum und Verzweigung der mesenchymalen Zotten laufen weiter ab wie beschrieben. Aber an dem Chorionplatten-wärtigen Ende der noch kleinen Zottenbäume wird das Zottenbindegewebe umorganisiert. Die ortsständigen Bindegewebszellen formen mit segelartigen Zellausläufern kanalartige Hohlräume, die parallel zur Zottenlängsachse orientiert sind. Um diese Stromakanäle herum liegen Bindegewebsfasern und fetale Kapillaren; in den Stromakanälen kommt nur flüssige Bindegewebsgrundsubstanz mit darin schwimmenden Makrophagen vor. Letztere haben sich aus ortsständigen Bindegewebszellen differenziert. Diese **Makrophagen** werden nach ihrem Erstbeschreiber auch als **Hofbauerzellen** bezeichnet. Das Zustandekommen dieser kanaldurchsetzten Stromastruktur ist mit einer erheblichen Dickenzunahme der Zotten auf mehrere hundert µm Durchmesser verbunden. Der so entstehende neue Zottentyp wird als **unreife Intermediärzotte** bezeichnet (Abb. 9-10c, 9-26b).

Auch an deren Oberfläche bildet der Trophoblast massive Trophoblastsprossen, aus denen neue Zottensprossen und dann mesenchymale Zotten entstehen. Die Hauptaufgabe der unreifen Intermediärzot-

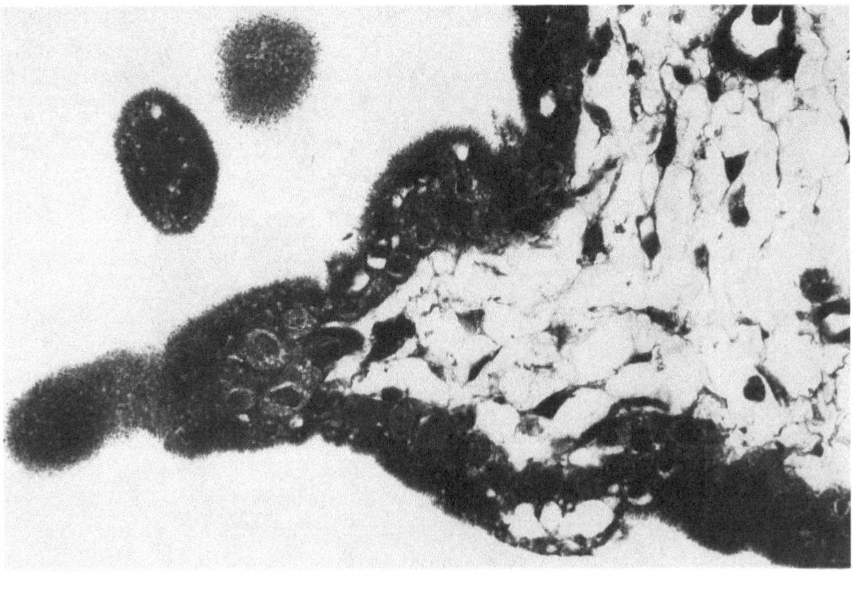

Abb. 9-9. Stark vergrößerter Ausschnitt einer Zottensprosse aus der Abbildung 9-8. Man erkennt einen massiven Syncytiotrophoblastsproß (links), der anfangs nur von Cytotrophoblast und dann unter Bildung einer mesenchymalen Zotte durch Bindegewebe ausgehöhlt wird. In dieser treten nach kurzer Zeit auch embryonale Blutgefäße (rechts) auf. 520:1

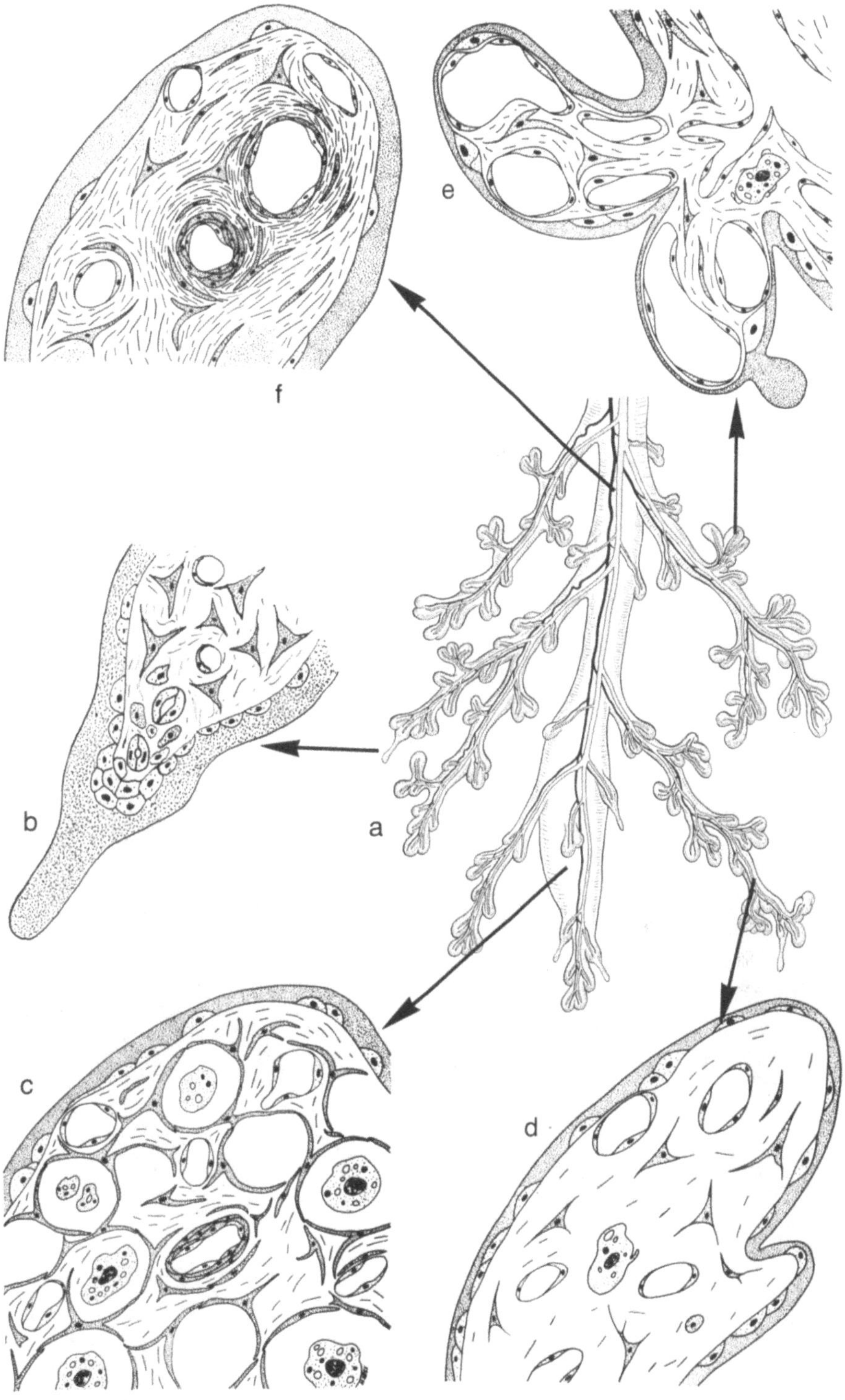

Abb. 9-10a–f. Synoptische Darstellung der Zottentypen in der reifen menschlichen Placenta. Die peripheren Verzweigungen des Zottenbaumes (a) bestehen: (b) aus Zottensprossen, die durch Vordringen des Mesenchym in mesenchymale Zotten umgewandelt werden, (c) aus unreifen Intermediärzotten mit netzartigem Bindegewebe und zahlreichen Hofbauerzellen, (d) aus reifen Intermediärzotten mit unorientiertem Bindegewebe und vorwiegend engen fetalen Kapillaren, (e) aus Terminalzotten mit teils dilatierten fetalen Sinusoiden und minimalen materno-fetalen Diffusionsstrecken und (f) aus Stammzotten mit faserreichem Stroma und fetalen Arterien und Venen [modifiziert und ergänzt nach Kaufmann 1985]

ten scheint aber der Aufbau eines kollagenfaserreichen Bindegewebes sowie die Umwandlung der fetalen Kapillaren in großlumige Arterien und Venen zu sein. Mit Zunahme der Fasermassen und des Durchmessers von Arterien und Venen werden die Stromakanäle allmählich zurückgebildet. Dieser Prozeß läuft mit nur wenigen Tagen Verzögerung nach der Bildung der ersten unreifen Intermediärzotten an deren Chorionplatten-wärtigen Ende an. Die fibrosierten und mit fetalen Arterien und Venen ausgestatteten Nachfolger der unreifen Intermediärzotten sind die **Stammzotten** (Abb. 9-10f). Sie haben anfangs einen Durchmesser von wenigen hundert µm, können aber durch Zunahme der Gefäßkaliber und der Fasermassen am Ende der Schwangerschaft bis auf 3 mm Durchmesser anwachsen. Die Stammzotten breiten sich auf Kosten der unreifen Intermediärzotten durch deren fibröse Umwandlung immer weiter in die Peripherie der Zottenbäume aus, wobei die unreifen Intermediärzotten selbst laufend Nachschub aus neu ausgesproßten und dann umgewandelten mesenchymalen Zotten bekommen. Auf diese Weise dehnen sich die Zottenbäume während der ersten zwei Drittel der Schwangerschaft erheblich aus, ohne jedoch andere Zottentypen zu produzieren als mesenchymale Zotten, unreife Intermediärzotten und Stammzotten.

Erst mit Beginn des letzten Trimenon, also von der 25.–26. Woche an, ändert sich die Situation. Viele der letzten, neugebildeten mesenchymalen Zotten in der Peripherie der Zottenbäume werden nicht mehr

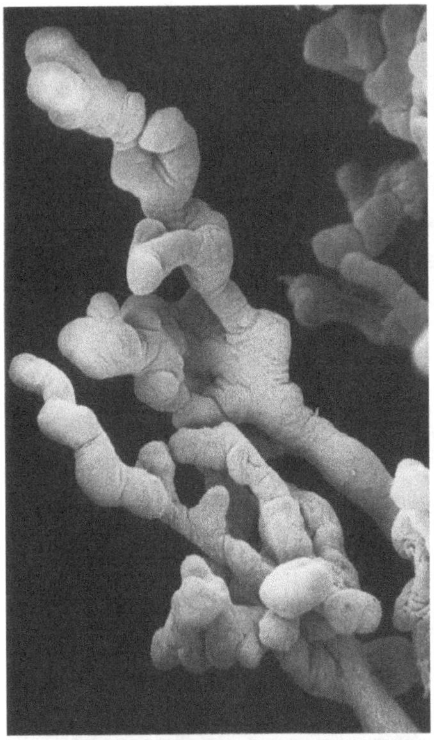

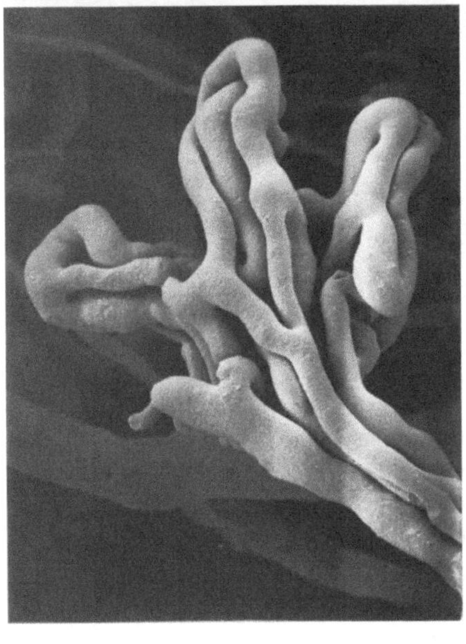

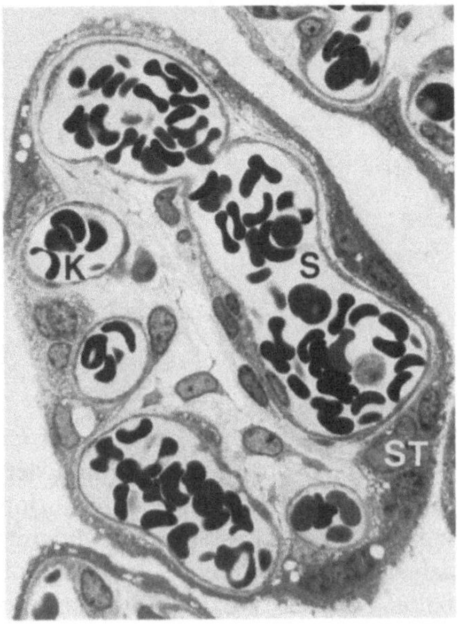

Abb. 9-11. Rasterelektronenmikroskopische Darstellung eines Bündels schlanker reifer Intermediärzotten mit den ihnen aufsitzenden beerenförmigen Terminalzotten. 200 : 1

Abb. 9-12. Die stärkere rasterelektronenmikroskopische Vergrößerung einer einzelnen Terminalzotte läßt den Mikrovillus-Besatz an ihrer Syncytiotrophoblast-Oberfläche erkennen. 1500 : 1

Abb. 9-13. Füllt man die fetalen Kapillaren der Zotten mit einem polymerisierenden Kunstharz und entfernt anschließend das umgebende Gewebe (Trophoblast, Bindegewebe, Endothel) und betrachtet das Produkt im Rasterelektronenmikroskop, erhält man das vorliegende Bild. Es veranschaulicht die Schleifenbildung und Vernetzung der Kapillaren in drei Terminalzotten (oben), die aus einer reifen Intermediärzotte (rechts unten) entspringen. 480 : 1 [Aus Kaufmann et al. 1985]

Abb. 9-14. Ein histologischer Querschnitt durch eine Terminalzotte zeigt den Zottenüberzug aus Syncytiotrophoblast (ST). Im zell- und faserarmen Stroma dominieren fetale Sinusoide (S) und engere Kapillaren (K). Die Sinusoide werden unter Bildung sogenannter Epithelplatten gegen den Trophoblasten vorgewölbt, wobei die materno-fetale Diffusionsstrecke bis auf 1 µm reduziert werden kann. 700 : 1 [Aus Kaufmann et al. 1985] in unreife Intermediärzotten umgewandelt, sondern wachsen erheblich in die Länge. Gleichzeitig nimmt das Längswachstum der fetalen Kapillarschleifen in ihnen zu und führt zu einer intensiven Schlängelung der Kapillaren. Das Ergebnis wird als **reife Intermediärzotten** bezeichnet (Abb. 9-10d). Es sind lange schlanke, gut kapillarisierte Zotten mit 60–120 μm Durchmesser. Bei weiterem Längenwachstum und zunehmender Schleifenbildung ihrer Kapillaren (Abb. 9-13, 9-21) wölben sich letztere unter dünner Ausziehung des Trophoblasten seitlich in den intervillösen Raum vor und sitzen schließlich der Intermediärzottenoberfläche beerenartig auf: Die **Terminalzotten** oder **Endzotten** (Abb. 9-10c, 9-11 bis 9-14). Die Endzotten sind durch ein geringes Kaliber (40–80 μm Durchmesser), einen extrem dünnen Trophoblastüberzug (0,5–5 μm) und einen Kapillarlumen-Anteil am Stroma von über 50% charakterisiert. In den letzten Wochen der Schwangerschaft erweitern sich die fetalen Kapillaren zu sogenannten Sinusoiden mit einem Durchmesser von bis zu 50 μm.

Da mit Umwandlung der mesenchymalen Zotten in reife Intermediärzotten keine unreifen Intermediärzotten mehr entstehen, diese aber an ihren Chorionplatten-wärtigen Enden weiterhin zu Stammzotten fibrosieren, nimmt die Menge der unreifen Intermediärzotten deutlich ab. Damit fallen sie als Bildungsorte für Zotten-Sprosse und neue mesenchymale Zotten aus. Das Wachstum des Zottenbaumes kommt langsam zum Erliegen. Das Zentrum der Zottenbäume bleibt in dieser Entwicklung meist etwas zurück, so daß hier zum Teil bis zum Geburtstermin noch kleine Nester von unreifen Intermediärzotten und mesenchymalen Zotten als Wachstumszentren erhalten bleiben können, während die Peripherie des Zottenbaumes schon völlig ausdifferenziert ist (Abb. 9-18). Dadurch erlischt das Wachstum der Placenta beim Übergang zum letzten Trimenon nicht völlig, sondern wird von den Zentren der Zottenbäume in vermindertem Umfang weiter unterhalten [Schuhmann 1981].

9.5.2 Der Bau der reifen Placenta-Zotten

Gegen Ende der Schwangerschaft findet man in der reifen Placenta sechs verschiedene Zottentypen [Kaufmann et al. 1979, Kaufmann 1982] (Abb. 9-10a bis f): **Stammzotten,** reich fibrosiert, für die mechanische Stabilität des Zottenbaumes verantwortlich, mit größeren fetalen Arterien und Venen und kleineren begleitenden fetalen Kapillaren; **unreife Intermediärzotten,** die Vorläufer der Stammzotten und Proliferationsorte der Trophoblast- und Zottensprossen; **Zottensprossen,** völlig undifferenzierte, noch nicht durchblutete, neu angelegte Zotten; **mesenchymale Zotten,** die erste durchblutete, begrenzt funktionstüchtige Zottengeneration, die aus den Zottensprossen hervorgeht, Ort des Längenwachstums; **reife Intermediärzotten,** die nach Fibrosierung der unreifen Intermediärzotten zu Stammzotten direkt aus den Stammzotten entspringen; sie sind nicht nur der Bildungsort der Terminalzotten, sondern gleichzeitig selbst auch Sitz zahlreicher endokriner und metabolischer Leistungen der Placenta; **Terminalzotten,** mit maximaler fetaler Kapillarisierung, minimalen materno-fetalen Diffusionsstrecken als Hauptort des Stoffaustausches zwischen Mutter und Kind, der häufigste Zottentyp in der Peripherie der Zottenbäume.

Die Terminalzotten machen in der reifen Placenta ca. 40% des Volumens der Zottenbäume aus. Dank ihres geringen Durchmessers von 40–80 μm ist ihr Anteil an der Gesamt-Zottenoberfläche mit über 50% noch auffallender. Sie stellen nicht nur quantitativ, sondern auch funktionell den wichtigsten Zottentyp dar. Grob vereinfacht könnte man sagen, daß alle anderen Zottentypen lediglich zur Unterstützung der Terminalzotten da sind, sei es zu ihrer Entwicklung, zu ihrer mechanischen Stützung oder zur Regulation ihrer Durchblutung. Zwar scheinen alle wesentlichen Placenta-Funktionen grundsätzlich im Trophoblasten aller Zotten durchgeführt zu werden, dank der optimalen Ausgestaltung der Terminalzotten in diesen jedoch unter den günstigsten Bedingungen und damit am ausgeprägtesten. Dieser Bedeutung wegen soll die Struktur der Terminalzotten detaillierter besprochen werden.

Die beerenartig geformten Terminalzotten sind oberflächlich von einer kontinuierlichen Lage **Syncytiotrophoblast** überzogen. Er ist in unterschiedliche Areale gegliedert, die mosaikartig nebeneinander liegen (Abb. 9-14, 9-15) [Schiebler und Kaufmann 1981], jedoch durch das Vorliegen eines Syncytium nicht scharf voneinander abzugrenzen sind. Man unterscheidet: a) dickere kernhaltige oder kernfreie Abschnitte des Syncytiotrophoblasten mit einem reich entwickelten rauhen endoplasmatischen Reticulum (Abb. 9-16), die vorrangig auf aktive Transport-Prozesse, auf Eiweißstoffwechsel und Synthese von Proteohormonen spezialisiert sind; b) gleichartige Syncytiotrophoblast-Abschnitte mit glattem endoplasmatischem Reticulum, die im Dienste des Steroidhormon-Stoffwechsels stehen; c) kernfreie dünne Syncytiumlamellen, sogenannte Epithelplatten oder vasculo-syncytiale Membranen (Abb. 9-14, 9-15, 9-17), 0,5–2 μm dick, die sich über stark vorspringende fetale Kapillaren spannen, durch ihren Mangel an Zellorganellen auffallen und Ort der Sauerstoff- und Kohlendioxid-Diffusion wie auch des Carrier-Transportes von z.B. Glucose sind; d) gleichartige dünne

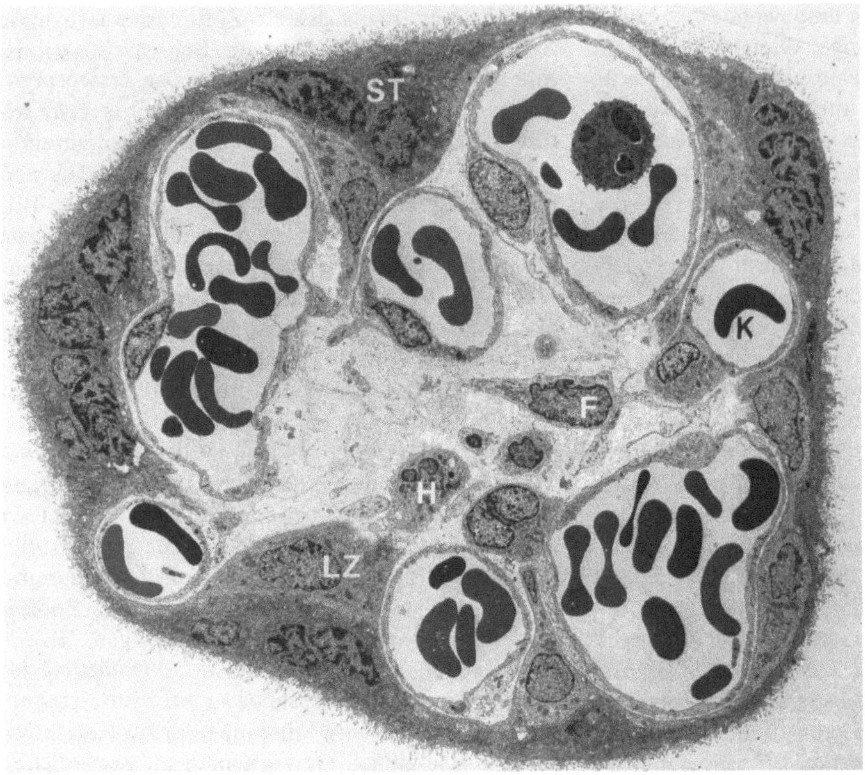

Abb. 9-15. Transmissionselektronenmikroskopische Darstellung einer Terminalzotte. ST = Syncytiotrophoblast, LZ = Langhanszelle (Cytotrophoblast), F = Fibroblast, H = Hofbauerzelle (Zotten-Makrophage). Die fetalen Kapillaren (K) sind großenteils zu weitlumigen Sinusoiden dilatiert. 1660:1 [Aus: Schiebler und Kaufmann 1981]

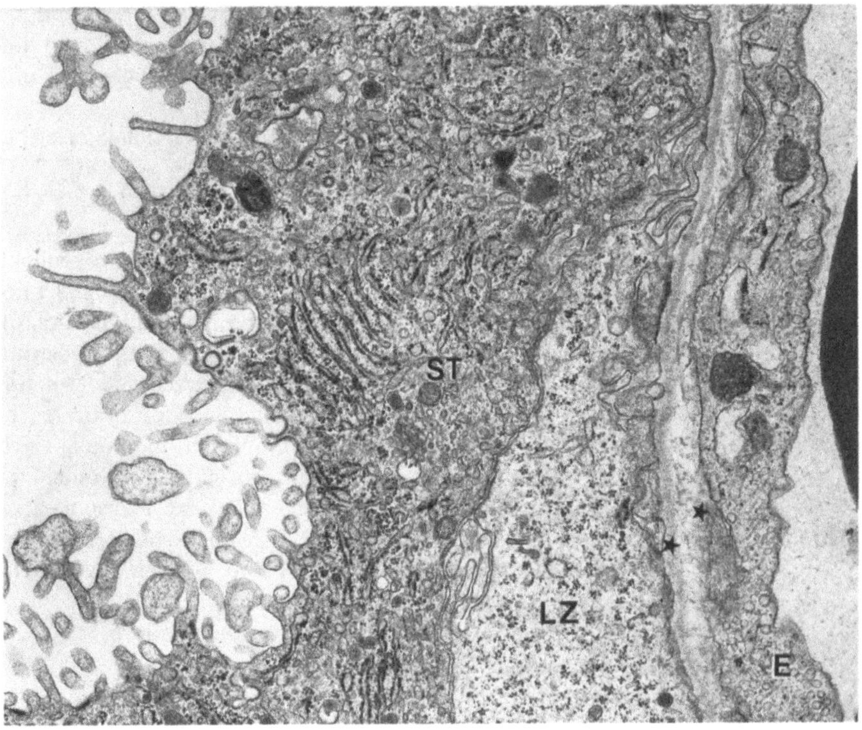

Abb. 9-16. Transmissionselektronenmikroskopische Ausschnittvergrößerung aus der Zottenoberfläche am Geburtstermin. Man erkennt dickeren Syncytiotrophoblast (ST) mit reich entwickeltem rauhen endoplasmatischen Reticulum, einen kleinen Anschnitt einer Langhanszelle (LZ), die Basalmembranen (*) von Trophoblast und fetalen Kapillaren sowie die fetale Kapillarwand (E). Vergleiche hierzu die untere Hälfte der Abb. 9-17. 19000:1 [Aus: Schiebler und Kaufmann 1981]

Syncytiumlamellen über Langhanszellen (Abb. 9-15, 9-17), die wahrscheinlich ebenfalls mit dem Stoffwechsel von Steroidhormonen zu tun haben; e) Kernhäufungsgebiete, die je nach Ausmaß ihrer Vorwölbung in den intervillösen Raum als Syncytialknoten (Abb. 9-15), Proliferationsknoten oder, bei Kontaktaufnahme zu Nachbarzotten, auch als Syncytialbrükken bezeichnet werden; sie enthalten vorrangig degenerative Kernmassen, die zu Haufen zusammengeschoben wurden, früher oder später umgeben von etwas Syncytioplasma in das mütterliche Blut des intervillösen Raumes abgeschnürt werden, um dann im mütterlichen Organismus durch Phagocytose beseitigt zu werden.

Unter dem Syncytiotrophoblasten folgen vereinzelt liegende Zellen des Trophoblasten, **Zotten-Cytotrophoblast** oder **Langhanszellen** genannt (Abb. 9-15). Sie sind in der reifen Placenta an ca. 20% der Zottenoberfläche, jeweils unter dem Syncytiotrophoblasten zu finden. Sie sind die proliferierenden Stammzellen des Syncytium und sollen dieses regenerieren und für seinen Nachschub sorgen (vgl. Abschnitt 9.6).

Syncytiotrophoblast und Cytotrophoblast werden durch eine Basalmembran vom daruntergelegenen **Zottenstroma** abgegrenzt. Letzteres besteht aus Bindegewebe und aus den fetalen Blutgefäßen (Abb. 9-14, 9-15). Die **Kapillaren** sind mehrheitlich zu 10–50 µm weiten **Sinusoiden** erweitert, die der Widerstandsreduktion im fetalen Kreislauf dienen. Diese sinusoidale Dilatation nimmt gegen den Geburtstermin immer stärker zu und gilt als Reifezeichen der Placenta [Lit. siehe Becker et al. 1981]. Sie hängt ursächlich mit der gleichfalls ansteigenden Kapillarlänge zusammen, deren widerstandssteigerndem Effekt sie entgegenwirkt. Am Geburtstermin nehmen die weiten sinusoidalen Lumina in der Regel mehr als 50% des Terminalzottenstroma ein (Abb. 9-13 bis 9-15). Auch Kapillaren und Sinusoide sind von einer Basalmembran umschlossen. Zwischen fetalen Gefäßen und Trophoblast-Überzug der Zotten befindet sich Bindegewebe, bestehend aus **Fibroblasten,** locker angeordneten **Kollagenfasern** und gelegentlich **Makrophagen** (Abb. 9-14 und 9-15). Letztere werden in der Placenta auch als **Hofbauerzellen** bezeichnet. Ihre Rolle besteht weniger in der Phagocytose als vielmehr in der Sekretion von Faktoren, die die Bindegewebs- und Gefäß-Entwicklung steuern, – eine unverzichtbare Aufgabe, da die Placenta bis zum Geburtstermin in kontinuierlichem Wachstum begriffen ist. Diejenigen Zottentypen, deren Hauptaufgabe in der Bildung und Differenzierung neuer Zotten zu sehen ist, wie die mesenchymalen Zotten und die unreifen Intermediärzotten, sind besonders reich an Hofbauerzellen.

Vor allem die weiten Sinusoide wölben sich so intensiv gegen die Trophoblastoberfläche vor, daß dort unter Verdrängung des Bindegewebes und unter Verschmelzung der beiden Basalmembranen fetales Gefäß und dünn ausgezogener Trophoblast in engsten Kontakt zueinander kommen. Dadurch werden im Syncytiotrophoblast die Kerne zur Seite verdrängt und die Epithelplatten gebildet (Abb. 9-15, 9-17). Dabei wird die Diffusionsstrecke vom mütterlichen zum fetalen Blut auf 1–2 µm reduziert. Im Mittel liegt sie in den Terminalzotten bei ca. 3,5 µm.

9.5.3 Zottenreifung und mütterlicher Blutstrom

Wie bereits erwähnt laufen die Reifungsprozesse im Zottenbaum im letzten Trimenon nicht mehr synchron ab. Wir finden ein Reifungsgefälle von der Peripherie zum Zentrum der Zottenbäume. Grund hierfür ist nach Schuhmann [1981] das unterschiedliche Sauerstoffangebot aus dem mütterlichen Blut. In der Basalplatte finden sich weitgehend regellos verteilt ca. 100 mütterliche Arterienöffnungen und stark variierende (50–200) Venenöffnungen [Lit. siehe Kaufmann 1985]. Zwischen arteriellen Ostien mit hohem P_{O_2} und venösen Ostien mit niedrigem P_{O_2} besteht ein Sauerstoffkonzentrationsgefälle, das die Entwick-

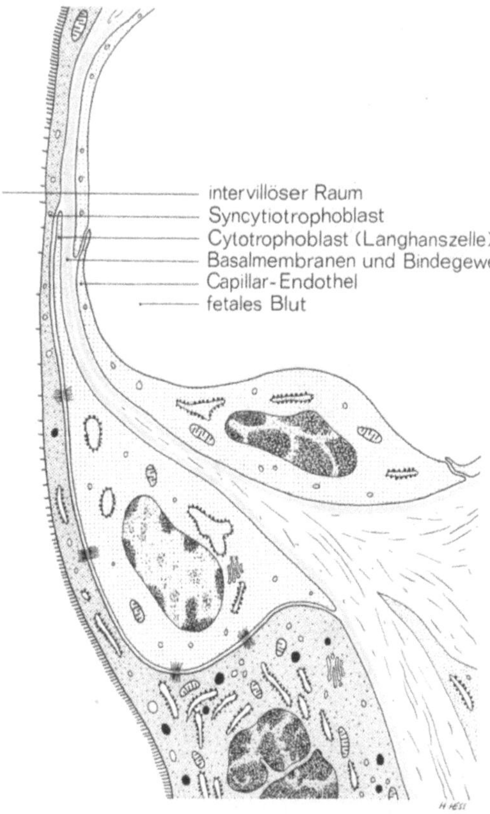

Abb. 9-17. Schematisierte transmissionselektronenmikroskopische Ausschnittvergrößerung durch die Oberfläche einer Terminalzotte aus der Region einer Epithelplatte zur Demonstration der Trennschichten zwischen mütterlichem (links) und kindlichem Blut (rechts).
[Aus: Kaufmann 1983]

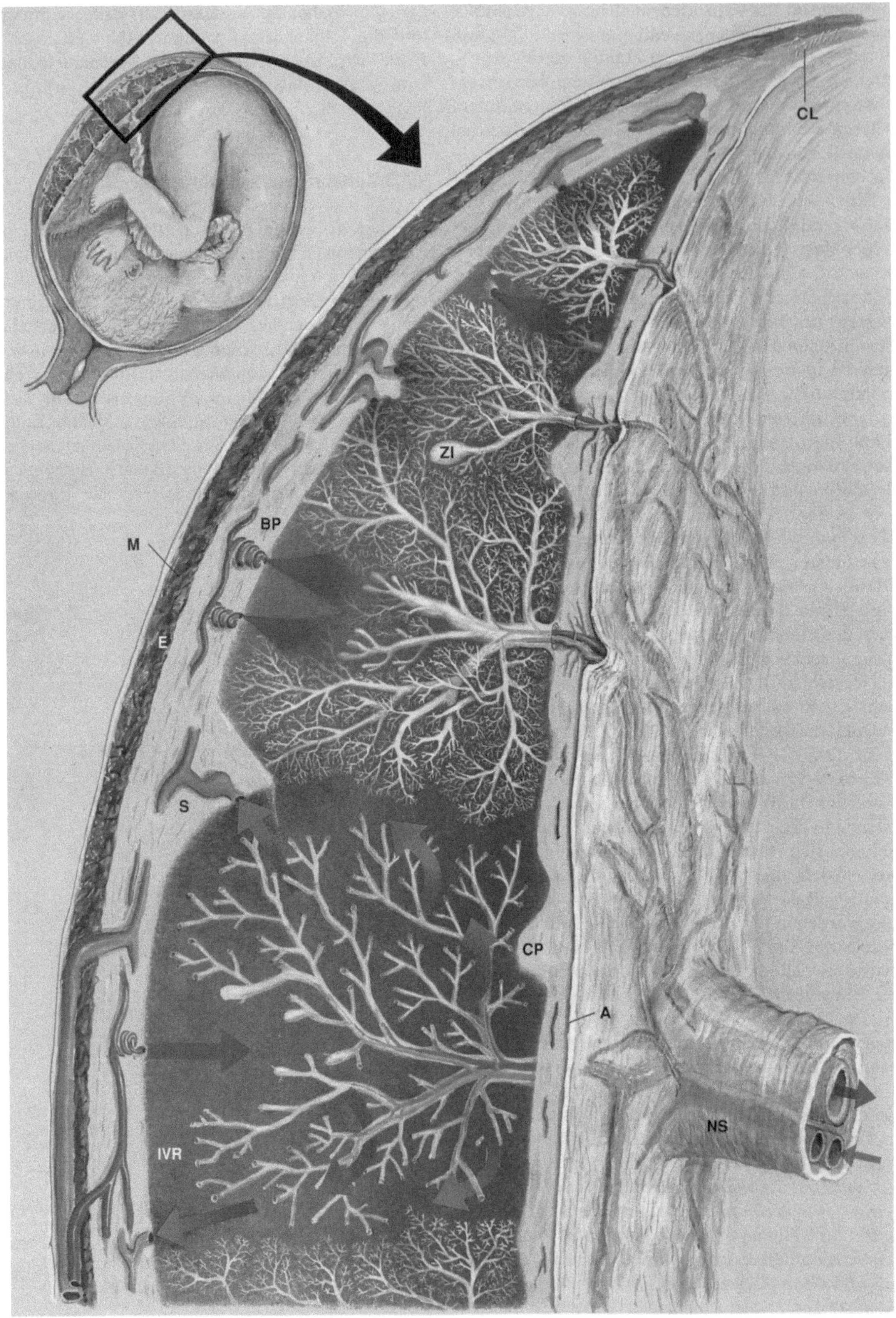
CL
ZI
BP
M
E
S
CP
A
NS
IVR

lung der Zottenbäume beeinflußt. Es ist auffallend, daß die 60–70 Zottenbäume der reifen Placenta, auch **fetale Kotyledonen** genannt, meist mitten über einer oder mehreren maternalen Arterienöffnungen angeordnet sind, während die Venenöffnungen sich vorrangig an den Grenzen benachbarter Zottenbäume befinden (Abb. 9-18). Der mütterlich arterielle Bluteinstrom in den intervillösen Raum mit hohem P_{O2} erfolgt somit in das Zentrum der Zottenbäume zwischen die groben unreifen Intermediärzotten und Stammzotten, also in einen Bereich, in dem der Zottengröße entsprechend auch der intervillöse Raum weiter ist (Abb. 9-18). Von dort sickert das mütterliche Blut langsam aufwärts zur Chorionplatte und seitwärts zur Oberfläche des Zottenbaumes, um schließlich zwischen benachbarten Zottenbäumen mit inzwischen abgesunkenem P_{O2} wieder basalwärts zu den Venenöffnungen zurückzufließen.

Aus vielen experimentellen Untersuchungen ist bekannt, daß **Sauerstoffmangel** einer der Hauptreize für die **Endothelproliferation** in der Placenta ist [Bacon et al. 1984]. Dieses ist kein direkter Effekt auf das Gefäßendothel. Vielmehr sondern die Makrophagen bei mangelhaftem Sauerstoffangebot Faktoren ab, die die Endothelproliferation stimulieren. Deswegen ist gerade im mütterlichen Abflußbereich, d.h. in der Peripherie der Zottenbäume, die fetale Kapillarproliferation am ausgeprägtesten. Durch die Bildung ausgeprägter Kapillarschleifen gibt sie Anlaß zur Protrusion von Terminalzotten (vgl. Abschnitt 9.5.1). Der dadurch verengte intervillöse Raum in der Peripherie der Zottenbäume verlangsamt den mütterlichen Blutstrom, bedingt einen intensiveren Blutkontakt zur Zottenoberfläche und verbessert damit den materno-fetalen Stofftransport durch die Oberfläche. Die gleichzeitig verbesserte Sauerstoffabgabe läßt den P_{O2} in den Zotten ansteigen und verlangsamt die Kapillarproliferation. In Bereichen, in denen die Zotten noch zu locker stehen, der Blutstrom damit zu schnell und die Sauerstoffabgabe zu gering ist, wird die Proliferation dagegen beschleunigt. Auf diese Weise sind Zottenproliferation und P_{O2} Teile eines Regelkreises, der zu einer sinnvollen Anpassung der Zottenbaumstruktur an die Hämodynamik im intervillösen Raum führt. Im Zentrum der Zottenbäume mit hohem P_{O2} ist selbst bei schneller Durchströmung die Sauerstoffversorgung der Zotten optimal. Damit ist der Reiz für die Kapillarproliferation und die Differenzierung von Endzotten geringer, der intervillöse Raum bleibt weiter, der mütterliche Blutzustrom wird nicht beeinträchtigt.

◀

Abb. 9-18. Schema der reifen menschlichen Placenta. Dargestellt ist ein Sektor des Organs mit 4 angeschnittenen Zottenbäumen. Die Pfeile im intervillösen Raum (IVR) symbolisieren die mütterliche Blutzirkulation in der Placenta. Im Zentrum der Zottenbäume, über den Mündungsstellen der mütterlichen Arterien liegen teilweise zottenarme bis zottenfreie Areale. Die angrenzenden Zotten sind vielfach auffallend plump. Es handelt sich um unreife Intermediärzotten. CL = Chorion laeve, CP = Chorionplatte, A = Amnion, NS = Nabelschnur mit 2 Aa. umbilicales und 1 V. umbilicalis, ZI = eine am Zottenbaum verankerte Zellinsel, S = Septum, BP = Basalplatte, die vor der Placenta-Lösung nicht scharf vom Endometrium (E) abzugrenzen ist, M = Myometrium. In Uteruswand und Basalplatte sind mehrere uteroplacentare Arterien (Spiralarterien, rot) und uteroplacentare Venen (blau) dargestellt

Nur in den Randbereichen der Placenta, wo das Organ dünner ist und die Zottenbäume kleiner sind, sind die Grenzen zwischen den einzelnen Zottenbäumen leicht erkennbar. In den zentralen, dickeren Portionen des Organs, mit längeren und breiteren Zottenbäumen, sind deren periphere Äste vielfach so intensiv miteinander verflochten, daß die Grenzen kaum erkennbar sind. Der Überlappung der zentralen Zottenbäume entspricht in den gleichen Arealen auch eine breite Überlagerung der mütterlichen Durchströmungseinheiten. Damit werden die P_{O2}-Unterschiede zwischen Zottenbaumzentrum und Zottenbaumperipherie geringer, was geringere Reifungsunterschiede innerhalb der Zottenbäume zur Folge hat.

Der Begriff „Kotyledo" führt häufig zu nomenklatorischer Verwirrung, da es auch **mütterliche Kotyledonen** gibt [vgl. Kaufmann 1985] (Abb. 9-18). Dieses sind rundliche bis vieleckige, prominente Bezirke der Lösungsfläche der Placenta, die erst an der Unterseite des geborenen Organs erkennbar werden (Abb. 9-19b, 9-20). Die Grenzen der einzelnen „mütterlichen Kotyledonen" sind tiefe Einkerbungen der Basalplatte, die sich zum Teil auch deutlich in den intervillösen Raum vorwölben und dort in die sogenannten **Placenta-Septen** übergehen können. Diese „Septen" sind nur rudimentäre Pfeiler und Trennwände, die den intervillösen Raum zwischen zwei mütterlichen Kotyledonen nicht zu unterteilen vermögen und damit auch keinen wesentlichen Einfluß auf den intervillösen Blutstrom haben (Abb. 9-18). Die Basalplatten-Einkerbungen, die die Kotyledogrenzen markieren, sind wahrscheinlich, wie die auf ihnen reitenden Septen, ein Ergebnis von Horizontalverschiebungen zwischen Placenta-Unterseite und Uteruswand im Rahmen eines ungleichmäßigen Flächenwachstums beider (vgl. Abschnitt 9.7.4).

Mütterliche und fetale Kotyledonen haben auf den ersten Blick nichts miteinander zu tun. Ihre Zahl ist auch deutlich unterschiedlich: 10–40 mütterlichen Kotyledonen je Placenta stehen 60–70 fetale am Geburtstermin gegenüber. Projiziert man allerdings mütterliche Kotyledonen und fetale Kotyledonen

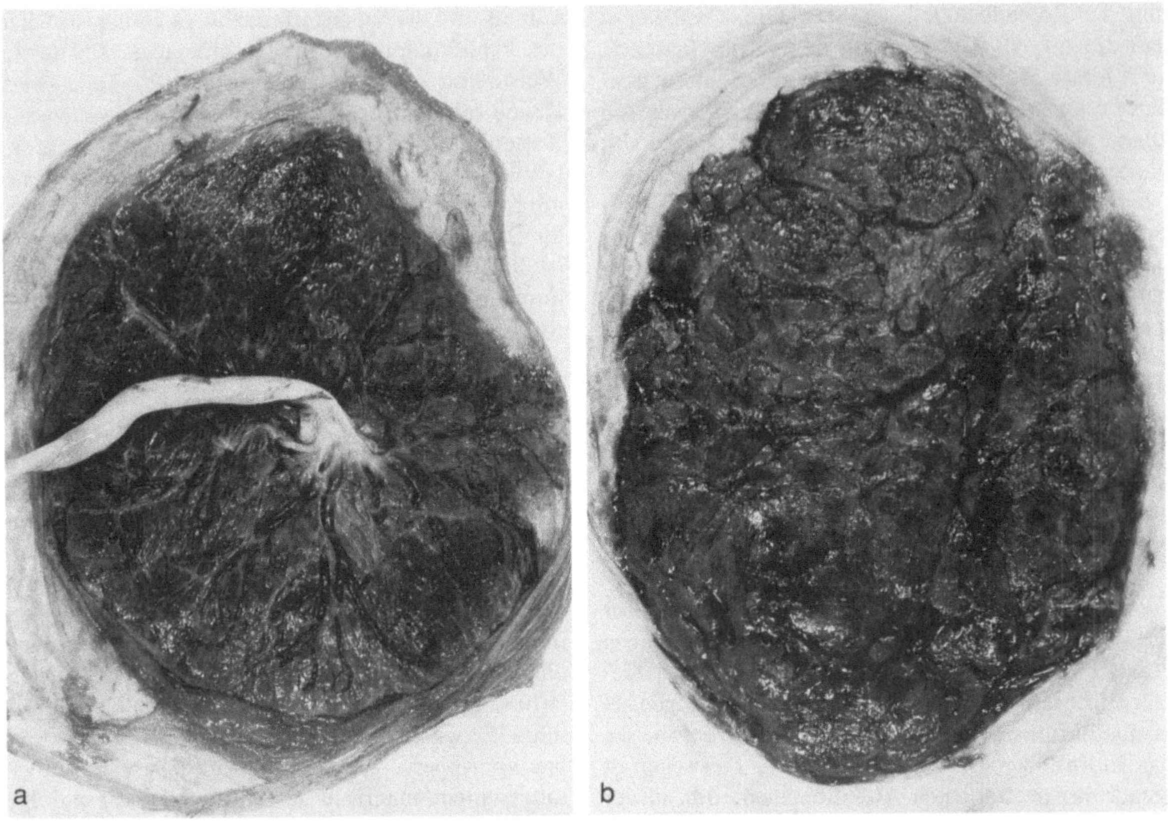

Abb. 9-19a, b. Die geborene menschliche Placenta.
a) Ansicht von der fetalen Seite. Man erkennt die annähernd zentral inserierende Nabelschnur und die durch das Amnion durchschimmernden großen fetalen Chorionplatten-Gefäße. Am Rande geht die Placenta in die transparenten Eihäute über. 1:4
b) Ansicht der Lösungsfläche von basal. Zahlreiche unregelmäßige Einkerbungen begrenzen sogenannte Lobuli oder mütterliche Kotyledonen. 1:4

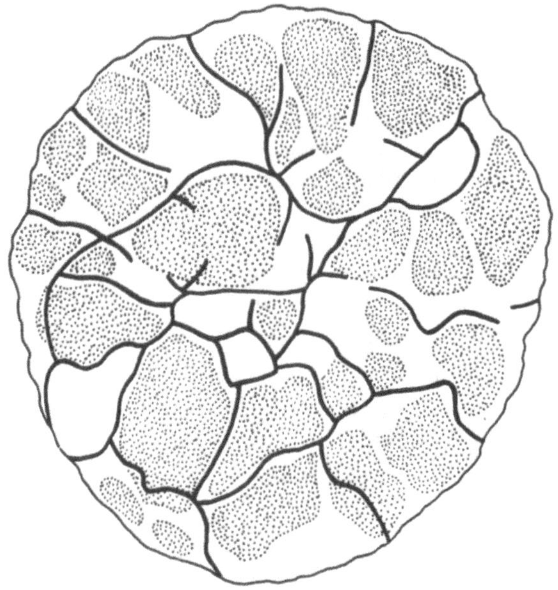

Abb. 9-20. Die stark vereinfachte Zeichnung einer Basalansicht der reifen Placenta (vgl. Abb. 9-19b) zeigt insgesamt 23 mütterliche Kotyledonen, die durch Furchen (schwarze Linien) teilweise unvollständig voneinander abgegrenzt werden. Auf die Kotyledonen werden die durch punktierte Flächen dargestellten Zottenbäume der gleichen Placenta projiziert. Obwohl die Zahl der Zottenbäume mit 29 die Zahl der Kotyledonen übertrifft, ergibt sich eine relativ gute topographische Übereinstimmung von Zottenbäumen und Kotyledonen.
Aus: Kaufmann 1985]

oder Zottenbäume bei Basalansicht der Placenta aufeinander (Abb. 9-20), so findet man dennoch eine erstaunlich gute Zuordnung [Boyd und Hamilton 1970, Kaufmann 1985]. Die Grenzen stimmen vielfach überein, wobei meist 2–3 Zottenbäume im Bereich eines mütterlichen Kotyledo liegen. Auch dieses steht in Einklang mit der Entstehungstheorie der mütterlichen Kotyledonen. Mechanisch bedingte Basalplatten-Auffaltungen werden vorrangig dort erfolgen, wo der Gewebswiderstand im intervillösen Raum geringer ist, d.h. in den Spalten zwischen benachbarten Zottenbäumen.

9.5.4 Funktionelle Reifung der Placenta-Zotten

Wie bereits einleitend erörtert, hat die Placenta sehr vielfältige funktionelle Aufgaben, u.a. die Hämatopoese, den Gastransport, die Regulation des Wasserhaushaltes, die pH-Regulation, den Wärmeaustausch, den Transport von Mineralien, Vitaminen, Kohlenhydraten, Fetten, Eiweißen, letztere mit Ab- und Umbauprozessen, die Eiweißsynthese sowie die Synthese zahlreicher Hormone, insbesondere Gestagene, Östrogene, hCG und hCS.

Von wenigen Ausnahmen abgesehen ist es nicht möglich, die Entwicklung dieser funktionellen Leistungen im Verlaufe der Schwangerschaft des Menschen zu verfolgen [vgl. Kaufmann 1981b], da die menschliche Placenta *in-vivo*-Experimenten mit entsprechenden Messungen kaum zugängig ist. Aus den in Abschnitt 9.11 und Tabelle 9.2 genannten Zahlen ist jedoch abzuleiten, daß die Leistungsfähigkeit des Organs mit zunehmendem Schwangerschaftsalter ansteigt, da die Gewebsmasse des Feten, die von 1 g Placenta versorgt wird, immer größer wird. Dieses muß nicht bedeuten, daß die Leistungsfähigkeit des Organs für alle Funktionen gleichermaßen steigt. Man kann den in Tabelle 9.2 aufgeführten Zahlen entnehmen, daß die strukturelle Ausreifung der Placenta über eine Verringerung der Diffusionsstrecke vorwiegend zu einer Leistungssteigerung beim **Gastransport** führt. Dessen Optimierung scheint bei der Reifung des Organs von ausschlaggebender Bedeutung zu sein, – eine Einsicht, die im Einklang mit dem schon früher besprochenen steuernden Einfluß des Sauerstoffs auf die Zottenreifung steht. Die Kapillarisierung der Zotten, die Bildung der Endzotten, die Steigerung des Gefäßvolumenanteils der Placenta im Laufe der Schwangerschaft, die Reduktion der materno-fetalen Diffusionsstrecken (vgl. Abb. 9-26 a–d) sind Parameter, die durch die Höhe des P_{O_2} direkt oder indirekt beeinflußt werden und wiederum auch zur Verbesserung des O_2- und CO_2-Transportes in der Placenta führen. Vergleichende Untersuchungen an vielen völlig anders strukturierten tierischen Placenten haben ergeben, daß auch in diesen die placentare Ausgestaltung und die Organgröße sich im wesentlichen am O_2- und CO_2-Transportbedarf des Feten orientieren (vgl. Tabelle 9.1 und Abschnitt 9.1.4). Auch die Frage des Nährstoffangebotes ist zwar für das Wachstum des Feten wesentlich, aber nur begrenzt für die Frage seines Überlebens. Das O_2-Angebot und die CO_2-Entsorgung sind aber nach dem Alles-oder-Nichts-Gesetz von unmittelbarer vitaler Bedeutung, ihr bestimmender Einfluß bei der Placenta-Reifung damit logisch nachvollziehbar.

Von den vielen Funktionen der menschlichen Placenta sind nur die **endokrinen Leistungen** während der Schwangerschaft des Menschen gut quantifizierbar [Gröschel-Stewart 1981]. Ihre Synthese- bzw. Stoffwechselorte liegen ganz überwiegend im Zotten-Syncytiotrophoblasten. Dies gilt z.B. für hCG, hCS, Östrogene und Gestagene. Damit sind Zusammenhänge zwischen Ausscheidungsmenge der betreffenden Hormone und Zottenreifung zu erwarten [Kaufmann 1981b]. Die Östriol- und Pregnandiol-Ausscheidung im Urin, die 17-β-Östradiolbildung aus Dihydroxy-Androstendion und die hCS-Bildung durch die Placenta zeigen dementsprechend im letzten Trimenon, zusammen mit der Entstehung von reifen Intermediärzotten und Endzotten, einen steilen Anstieg. Die hCG-Ausschüttung dagegen hat ihr Maximum zwischen der 5. und 10. Woche, sie geht im 2. und 3. Trimenon auf weitgehend konstante minimale Werte zurück. Damit ist eine gewisse Parallelität zur Intensität der Trophoblast-Proliferation gegeben. Das ist kein völlig abwegiger Zusammenhang, da hCG offensichtlich nur während einer ganz bestimmten Differenzierungsphase von Cytotrophoblast zu Syncytiotrophoblast produziert wird [Kaufmann 1983]. Interessant ist auch, daß die Arylsulfatase, ein Enzym, das bei Sulfatierungs- und Desulfatierungsprozessen von Steroidhormonen benötigt wird, gerade am Übergang vom 2. zum 3. Trimenon ein unerklärlich starkes Aktivitätsmaximum hat. Dieses ist die Phase, in der die mesenchymalen Zotten beginnen, sich in reife statt in unreife Intermediärzotten umzuwandeln. Es gibt auch klinische Hinweise darauf, daß diese für das Schicksal der Zottenreifung entscheidende Phase durch Steroidhormone gesteuert wird.

Die individuelle Streubreite zwischen den verschiedenen Ausscheidungs- bzw. Aktivitätskurven verschiedener Schwangerschaften ist bei den genannten Hormonen leider so groß, daß sich hieraus bislang keine verläßlichen Schlüsse für die Frage der Normalität oder Abnormität der Zottenreifung ziehen lassen. Die diagnostische Bedeutung aller dieser biochemischen und endokrinen Untersuchungen ist damit noch sehr begrenzt. Es dürfte jedoch nur eine Frage der Zeit sein, bis andere verläßlichere funktionelle Parameter gefunden werden, die auch beim Menschen ohne Störung der Schwangerschaft leicht meßbar sind und Rückschlüsse auf den Entwicklungszustand des Organs erlauben. Erst dann können auch Versuche sinnvoll werden, frühzeitig erkannte Fälle von abnormer Zottenreifung therapeutisch zu beeinflussen.

9.5.5 Fehldifferenzierungen des Zottenbaumes

10–15% aller Placenten weisen am Geburtstermin Fehldifferenzierungen der Zotten, sogenannte **Reifungsstörungen** auf [vgl. Becker 1981]. Die Prozentsätze variieren je nach Patientengut der Klinik und nach angelegten morphologischen Maßstäben erheblich. Die Mehrzahl der vorkommenden Reifungsstörungen läßt sich logisch aus den oben geschilderten Reifungsabläufen ableiten [Kaufmann 1982].

Wandeln sich auch im letzten Trimenon die mesenchymalen Zotten vorrangig in unreife statt in reife Intermediärzotten um, so bleibt doch die Wachstumsneigung des Organs bis zum Geburtstermin erhalten. Allerdings ist die Bildung von reifen Intermediärzotten und damit gleichzeitig von Endzotten reduziert. Wir sprechen von einer **persistierenden Unreife.** Die resultierende Placenta ist abnorm groß. Gewichte von über 1000 g kommen vor. Dennoch ist sie wegen fehlender Endzotten, mangelhafter Kapillarisierung und zu geringer Austauschfläche bezüglich ihrer Transportkapazität meistens insuffizient. In den meisten Fällen einer derartigen persistierenden Unreife kommt es gleichzeitig zu einer um Tage oder Wochen verzögerten Geburtsauslösung. Dies ist ein Hinweis darauf, daß die Reife des Organs ein wesentlicher Faktor bei der Bestimmung des Geburtstermines ist.

Wenn im Gegensatz zur persistierenden Unreife die Umwandlung mesenchymaler Zotten in reife Intermediärzotten zu früh einsetzt, wird das Placenta-Wachstum vorzeitig verlangsamt. Aus den zu früh vorliegenden reifen Intermediärzotten entwickeln sich zu früh Terminalzotten, die bereits vor dem Geburtstermin zu einer strukturell reifen, aber zu kleinen Placenta führen **(Maturitas praecox placentae)** oder gar bei übermäßiger Kapillarisierung und Endzottenbildung zur **Hypermaturität** (Abb. 9-21). In diesem Fall ist die Placenta für längere Zeit voll oder gar vermehrt leistungsfähig. Der Wachstumsstillstand des Organs kann aber ganz unvermittelt zu einer Placenta-Insuffizienz mit Wachstumsretardierung des Kindes und Sauerstoffmangel führen. Durch

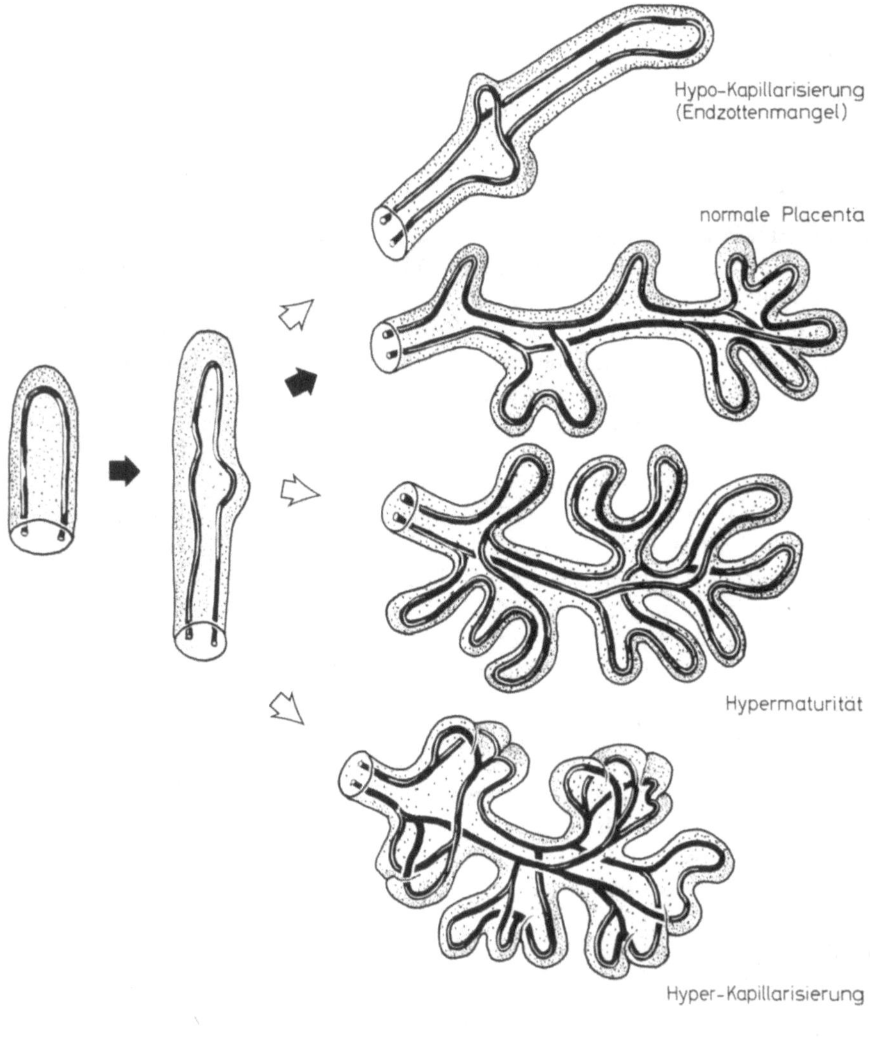

Abb. 9-21. Stark vereinfachte Darstellung der Endzottenentwicklung in Beziehung zur fetalen Kapillarentwicklung. Solange das Längenwachstum der Kapillarschleifen dem Längenwachstum der reifen Intermediärzotten entspricht (linke Abbildungen), werden keine Endzotten gebildet. Sobald das Kapillarlängenwachstum das Längenwachstum der reifen Intermediärzotte übertrifft, entstehen Kapillarschleifen, die sich über die ursprüngliche Zottenoberfläche unter Bildung von Terminalzotten vorbuchten. Unterschiedliche Ausmaße des Ungleichgewichtes zwischen Kapillar- und Intermediärzotten-Längenwachstum bedingen unterschiedliche Endstadien der Zottenreifung. Einzelheiten siehe Text [modifiziert nach Kaufmann et al. 1985]

die vorzeitige Ausreifung des Organs kommt es in diesen Fällen meistens auch zu einer vorzeitigen Geburtsauslösung.

Bei regulärer Umwandlung mesenchymaler Zotten in unreife bzw. reife Intermediärzotten kann die nachfolgende Kapillarisierung der reifen Intermediärzotten durch ein zu geringes Sauerstoffangebot übermäßig stimuliert werden. Dies kommt z.B. vor bei Anämie oder Herzfehlern der Mutter sowie bei Schwangerschaften im Hochgebirge oder bei uterinen Durchblutungsstörungen, sogenannten Gestosen. Die Überkapillarisierung führt zu einer übermäßigen Endzottenbildung (Abb. 9-21). Das Resultat ist strukturell dem Bild der Hypermaturität sehr ähnlich. Die Placenta ist jedoch in der Regel normalgewichtig. Der Zustand wird als **Hypervaskularisierung der Placenta** bezeichnet.

Ein strukturell entgegengesetztes Bild findet man, wenn bei regulärer Intermediärzotten-Entwicklung die Kapillarisierung und die Terminalzottenbildung durch eine optimale Sauerstoffversorgung verlangsamt sind. Das Ergebnis ist das Bild des **Endzottenmangels** (Abb. 9-21) mit einer mangelhaften Gasaustausch-Kapazität, die vielfach klinisch stumm verläuft, gelegentlich jedoch zu akuten fetalen Todesfällen führt.

Die geschilderten Zottenreifungsstörungen machen die überwiegende Menge der placentaren Störungen im letzten Trimenon der Schwangerschaft aus. Placentare Störungen des ersten Trimenons dagegen haben ihre Ursache meist in genetischen Defekten mit Fehlanlage der Placenta. Placentare Störungen des mittleren Trimenons der Schwangerschaft sind eher die Ausnahme.

9.6 Wechselbeziehungen zwischen Cytotrophoblast und Syncytiotrophoblast

In der überwiegenden Anzahl der Placenten im Tierreich besteht die entscheidende Barriere zwischen mütterlichem und kindlichem Blut aus einer syncytialen Trophoblastschicht. Sie ermöglicht den materno-fetalen Transport und greift dabei selektierend und durch Ab- und Umbauprozesse ein. Gleichzeitig ist der Syncytiotrophoblast der Sitz fast aller synthetischen und endokrinen Leistungen der Placenta. Andere Gewebsschichten der materno-fetalen Barriere wie Endothel, Bindegewebe, Basalmembranen sind für die Transportprozesse sicher nicht unbedeutend, haben jedoch nicht den entscheidend selektierenden Charakter.

Es fällt auf, daß alle Placenten mit einer syncytiotrophoblastischen Barriere unter dem Syncytium stets auch zelligen Trophoblast aufweisen [vgl. Enders 1965]. Dieser kann aus einer geschlossenen Schicht bestehen, wie z.B. in der hämodichorialen Placenta des Kaninchens oder in den menschlichen Placenta-Zotten in der Frühschwangerschaft. Der Cytotrophoblast kann aber auch auf eine unvollständige Schicht (menschliche Placenta am Geburtstermin) oder gar auf seltene Einzelzellen (hämomonochoriale Placenta des Meerschweinchens) reduziert sein. Es ist für alle Species gesichert, daß der Syncytiotrophoblast bei der Placenta-Bildung durch Fusion von Trophoblastzellen (Cytotrophoblast) entsteht (vgl. Kapitel 5. Implantationsstadien). Auch später findet das **Wachstum des Syncytiotrophoblasten** durch Proliferation von Cytotrophoblast und dessen syncytiale Verschmelzung statt [Boyd und Hamilton 1970]. Es ist bekannt, daß im Syncytiotrophoblast keine DNS-Reduplikation mehr stattfindet. Er ist deswegen allein auf Nachschub aus dem Cytotrophoblast angewiesen.

Der Beitrag des Cytotrophoblast zum Wachstum des Syncytiotrophoblast ist jedoch nicht seine einzige Funktion. Untersucht man den Prozeß der Cytotrophoblast-Teilung und der syncytialen Fusion am Zotten-Cytotrophoblast der menschlichen Placenta genauer, findet man stets das gleiche Bild [Kaufmann 1983] (Abb. 9-22a, b): Die Hauptzahl der Trophoblastzellen (Langhanszellen) besteht aus undifferenziertem Cytotrophoblast, der sich vorwiegend unter Syncytiotrophoblast-Abschnitten befindet, die optimal strukturiertes rauhes endoplasmatisches Reticulum (Proteinsynthese), zahlreiche Mitochondrien (aerober Energiestoffwechsel) und viele Polyribosomen (Proteinsynthese) aufweisen. Die aufgezählten Organellen des Syncytiotrophoblast unterliegen einem natürlichen Verschleiß: Dabei nehmen die Mitochondrien an Zahl ab, die Polyribosomen verschwinden, das rauhe endoplasmatische Reticulum wird unter Verlust seiner Ribosomen zu glattem endoplasmatischem Reticulum (Lipidstoffwechsel) degranuliert. Dieses sind natürliche Veränderungen des Organellenbesatzes, die auch in alternden Zellen auftreten. Im Falle von Einzelzellen sterben diese jedoch von einem gewissen Ausmaß der Organellenveränderungen an ab und werden durch eine neue Zelle ersetzt. Dieser Regenerationsmechanismus ist aber in einem nicht mehr zellulär gegliederten, sondern kontinu-

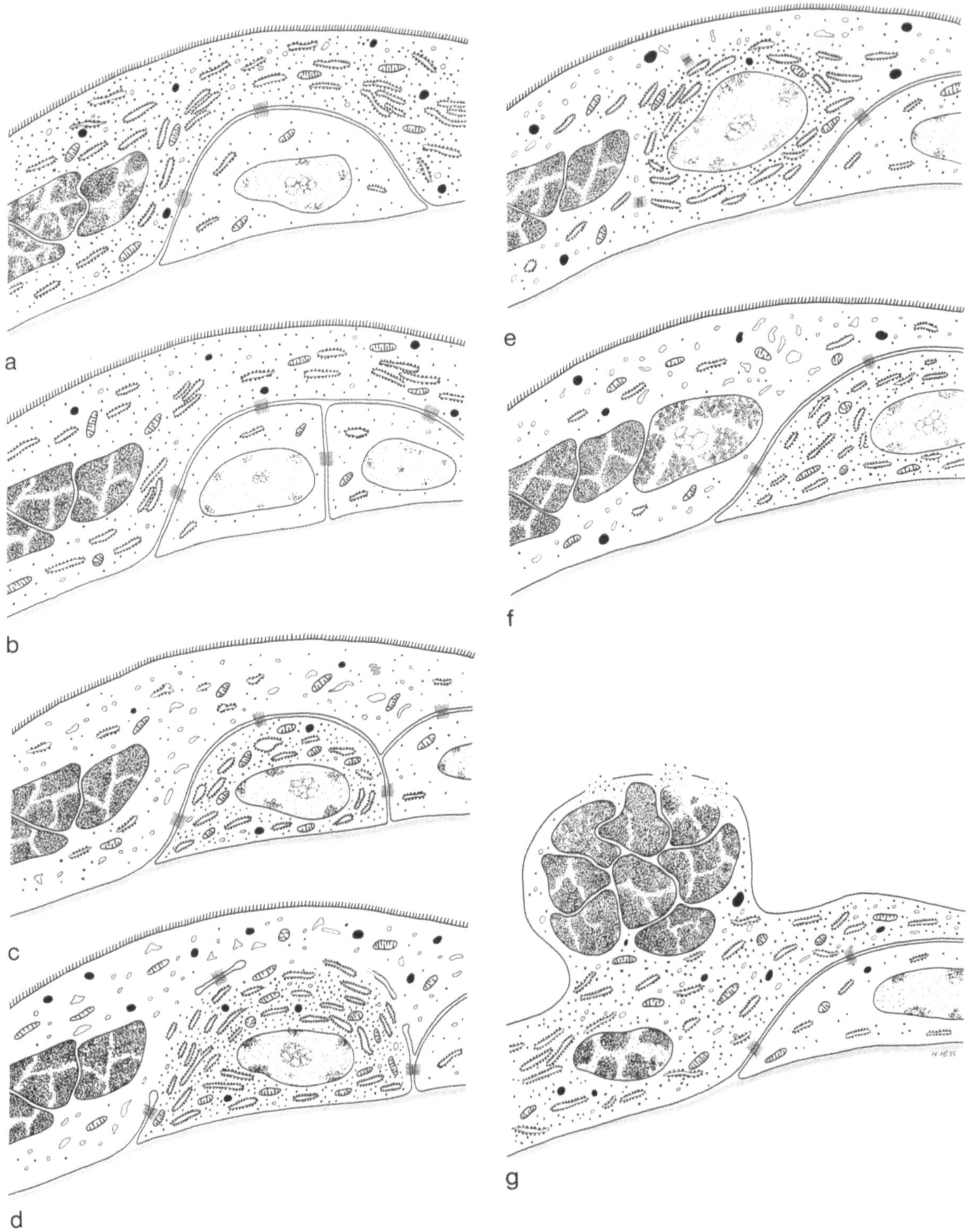

Abb. 9-22a–g. Stark vereinfachte elektronenmikroskopische Darstellung der Regeneration des Syncytiotrophoblast (jeweils oben im Bild) durch den darunterliegenden Cytotrophoblast. Es wird dargestellt, wie der zunehmende Organellverlust im alternden Syncytiotrophoblast durch Einbeziehung herangereifter Langhanszellen wieder ausgeglichen wird. Die dadurch an Zahl zunehmenden Syncytiumkerne werden in Form sogenannter Proliferationsknoten von der Syncytiotrophoblast-Oberfläche abgestoßen. Einzelheiten siehe Text.
[Aus: Kaufmann 1983]

ierlichen syncytialen Verband nicht ohne weiteres möglich.

Die **Regeneration des Syncytiotrophoblast** läuft anders ab. Unter Syncytiumabschnitten mit den oben geschilderten degenerativen Veränderungen findet man gehäuft Langhanszell-Mitosen. Haben die Veränderungen im Syncytiotrophoblast ein stärkeres Ausmaß angenommen, steigt in einer der durch Zellteilung entstandenen Cytotrophoblast-Tochterzellen der entsprechende Organellengehalt steil an (Abb. 9-22b, c). Mit Erreichen einer maximalen Organellendichte werden die trennenden Zellgrenzen erst punktuell, dann vollständig aufgelöst. Die ursprüngliche Langhanszelle wird nun mit allen inzwischen herangereiften Zellorganellen in das Syncytium inkorporiert. Das Syncytium, das zu diesem Zeitpunkt kaum noch Mitochondrien und Ribosomen enthielt, wird durch die „transplantierten" Organellen regeneriert (Abb. 9-22d, e). Während der Alterung dieser transplantierten Organellen reifen bereits wieder neue Langhanszellen heran usw. Auf diese Weise steigt die Kernzahl im Syncytiotrophoblast laufend an. Die älteren Kerne findet man angehäuft, von etwas Cytoplasma umgeben, in sogenannten Syncytialknoten. Bei zunehmender Anhäufung alter Kerne werden sie schließlich als sogenannte „Proliferationsknoten" (die jedoch mit einer Proliferation des Trophoblasten nichts zu tun haben) in den intervillösen Raum vorgebuchtet (Abb. 9-22f, g) und schließlich in das mütterliche Blut abgeschnürt. Mit dem intervillösen Blut gelangen sie in mütterliche Organe wie Lunge und Niere, wo sie durch Phagocytose beseitigt werden.

Man kann enzymhistochemisch nachweisen, daß im Rahmen der syncytialen Verschmelzung von Langhanszellen nicht nur Zellorganellen in das Syncytium übertragen werden. Enzyme des Kohlenhydratstoffwechsels, Hydrolasen, Proteasen und wahrscheinlich noch viele andere werden in den Langhanszellen synthetisiert und dann in das Syncytium eingebracht [Kaufmann 1983]. Der Syncytiotrophoblast ist so einseitig auf seine vielen Funktionen zugunsten des Feten spezialisiert, daß er alle generativen und regenerativen Fähigkeiten verloren hat. Diese müssen von Reservezellen, dem Cytotrophoblast, wahrgenommen werden. Tierversuche und Gewebezuchtversuche mit menschlichen Placenta-Zotten, in denen die Fusion von Langhanszellen mit dem Syncytiotrophoblast verhindert wurde, führen dementsprechend innerhalb weniger Tage über eine Organell-Reduktion zum Untergang des Syncytiotrophoblast.

Durch die Einbeziehung von Langhanszellen laufen zyklische Vorgänge im Syncytiotrophoblast ab, in deren Rahmen die alternden Abschnitte regeneriert werden, um wieder volle Funktionstüchtigkeit zu erlangen [Kaufmann 1983]. Es gibt viele Hinweise dafür, daß diese zyklischen Erneuerungen nicht nur quantitative Leistungsschwankungen bedeuten, sondern daß das Syncytium dabei auch einen gewissen **Funktionswandel** durchmacht. Die Areale mit einem reich entwickelten rauhen endoplasmatischen Reticulum sind Zonen einer hochaktiven Proteinsynthese (Proteohormone, fetale Serumproteine usw.). Nach Verlust der Ribosomen (Degranulierung des rauhen zu glattem endoplasmatischen Reticulum) werden mehrere Steroid-Dehydrogenasen hochaktiv, ein Vorgang, der auf eine Beteiligung am Stoffwechsel der Steroidhormone schließen läßt. Die durch Kernverschiebung entstandenen Syncytial- und Proliferationsknoten weisen für kurze Zeit eine hohe Energiestoffwechselaktivität auf, bevor sie degenerieren und ausgestoßen werden. Bei der Kernverschiebung und Kernausstoßung entstehen dünne, kernfreie Syncytiumlamellen. Liegen sie über fetalen Kapillaren und Sinusoiden, heißen sie *Epithelplatten*. Sie werden für den Gasaustausch sowie den Transport anderer niedermolekularer Substanzen und von Glucose verantwortlich gemacht. Enzymbesatz und Feinstruktur von vergleichbar dünnen Syncytiumlamellen über Langhanszellen scheinen ihrem Gehalt an Steroid-Dehydrogenasen entsprechend auch an endokrinen Funktionen beteiligt zu sein. Nach Fusion dieser organell-armen Abschnitte mit den darunter herangereiften Langhanszellen entsteht erneut ein für Proteinsynthese aktives Syncytium mit vielen Ribosomen und rauhem endoplasmatischem Reticulum. All diese strukturell und enzymatisch unterscheidbaren Syncytiumareale liegen mosaikartig nebeneinander auf der gleichen Zotte (Abb. 9-15). Sie weisen auf eine fleckartig angeordnete, hochgradige Spezialisierung des Syncytiotrophoblasten hin. Diese ist aber offensichtlich kein starres Endergebnis eines Differenzierungsprozesses, sondern Folge zyklischer Regenerationsprozesse mit begleitendem Funktionswandel. Das starr erscheinende elektronenmikroskopische Bild ist also als Momentaufnahme eines dynamischen Prozesses aufzufassen.

Betrachtet man die aufgezählten Befunde zusammenfassend, drängt sich der Eindruck auf, daß die Existenz eines syncytial verschmolzenen Epithel gegenüber einem zellulär gegliederten zwar einerseits für die Leistungsfähigkeit große **Vorteile** mit sich bringt, andererseits für den langfristigen Einsatz aber auch Gefahren birgt: Das Fehlen von Zellgrenzen erlaubt eine viel weiterreichende Spezialisierung aller Stoffwechselvorgänge als sie in einem zellulär gegliederten Epithel möglich wäre. In einem zellulär gegliederten Epithel ist jede einzelne Zelle ihr eigener Energielieferant. Sie muß für ihren Nukleinsäurestoffwechsel, für ihren Erhalt und ihre Teilungsfähigkeit selbst aufkommen. Sie hat alle notwendigen Resorptions-, Digestions- und Exkretionsprozesse selbst durchzuführen. In einem Syncytium dagegen können die aufgezählten Zelleistungen an spezialisierte Zonen delegiert werden, da Zellgrenzen und somit individuelle Stoffwechseleinheiten nicht existieren. Damit wird es möglich, den Intermediär-Stoffwechsel auf bestimmte Areale zu konzentrieren, den Nukleinsäurestoffwechsel vollständig an eine Art Ammenzellen zu delegieren, während weite andere Syncytiumabschnitte ausschließlich für spezifische Placenta-Funktionen zur Verfügung stehen.

Ein Syncytium hat aber auch wesentliche **Nachteile.** Jedes resorbierende Epithel unterliegt einem natürlichen Verschleiß, demzufolge andauernd Zellen zugrundegehen, ausgestoßen und durch neue ersetzt werden. Dadurch fällt jedesmal eine komplette Funktionseinheit aus, die von der Energiegewinnung bis zu deren Verbrauch für Transport und Syntheseleistungen völlig autonom war. Die Leistungsfähigkeit der Nachbarzellen wird dadurch nicht tangiert, die Leistung des Epithels nur um den Anteil der untergegangenen Zellen vermindert. Ganz anders sind die Verhältnisse in einem höchst spezialisierten Syncytium, in dem der Ausfall eines einzelnen Spezialareals den Verlust einer bestimmten Funktion bedeutet, auf die möglicherweise die Nachbarareale angewiesen sind. Ein nur zufälliger lokaler Ausfall könnte auch Teile der Umgebung beeinträchtigen. Damit spielt im Syncytium die Verhinderung der Degeneration durch rechtzeitige und gleichmäßige Regeneration die alles entscheidende Rolle. Die Regulation dieser Regenerationsvorgänge im Trophoblast ist bis heute noch weitgehend unklar. Es ist vorstellbar, daß viele Fälle von akut auftretender Placenta-Insuffizienz durch eine Fehlsteuerung oder ein Versagen dieser Regulationsvorgänge verursacht wurden. Vielfach wird das Versagen des Trophoblast von der Wehenauslösung begleitet, so daß die bedrohte Schwangerschaft automatisch beendet wird. Fatal wird die Situation in denjenigen Fällen, in denen die Trophoblast-Degeneration so akut erfolgt, daß die Wehenauslösung zu spät kommt, oder in denen sie gar keine Wehen auslöst.

9.7 Entwicklung nicht-villöser Organabschnitte

9.7.1 Chorion laeve und Amnion

Die vom 8. Tag an (vgl. Abb. 9-14a–c) am Implantationspol dreischichtige Placenta-Anlage – Chorionplatte, Trabekelwerk mit Lakunen, Trophoblastschale – geht am Rande fließend in die anfangs noch einschichtige Blastocystenoberfläche über. Auch letztere macht mit weiter fortschreitender Implantation die gleichen Entwicklungsvorgänge durch wie der Implantationspol. Auch hier kommt es zur Lakunenbildung und schließlich sogar zur Entstehung von Zottenbäumen zwischen primärer Chorionplatte und Trophoblastschale. Doch während gegen Ende der 3. Woche am Implantationspol die Vaskularisierung der Zotten anläuft, die Placenta immer perfekter ausgestaltet wird, beginnt gegenüber dem Implantationspol bereits wieder die Rückbildung der neu gebildeten Zotten [Lit. siehe Boyd und Hamilton 1970]. Dieser Bereich, der ursprünglich Zotten ausbildet, sie jedoch später wieder verliert und zur Eihaut zurückgebildet wird, wird als kapsuläres Chorion frondosum bezeichnet. Nach Wynn [1968] ist die Rückbildung des zottentragenden **Chorion frondosum** in ein zottenfreies **Chorion laeve** im 3.–4. Monat der Schwangerschaft vollzogen (Abb. 9-23). Von diesem Zeitpunkt an besteht das Chorion laeve aus einer teilweise durch Fibrinoid unterbrochenen Lage von Syncytiotrophoblast, das zum Uteruslumen hin von Endometriumresten, der Decidua capsularis, überzogen wird. Diese Decidua capsularis ist ein Produkt des Endometrium, das sich bei Abschluß der Implantation (vgl. Abb. 9-14a; s.a. Kapitel 5. Implantationsstadien) über der Blastocyste wieder schließt. Auf die Decidua capsularis und auf den Syncytiotrophoblast folgen zur Fruchthöhle hin eine ein- bis mehrschichtige Lage Cytotrophoblast. Wie am Implantationspol haben sich auch im Bereich des kapsulären Chorion frondosum aus dem Cytotrophoblast Bindegewebszellen differenziert, die als Chorionmesoderm die nächstinnere Schicht bilden. Sie werden gegen die Fruchthöhle durch eine Mesothellage begrenzt. Die schon frühzeitig vom Embryo gebildete Amnionblase (siehe Kapitel 5.4 Amniogenese) ist in der 6.–7. Woche so groß geworden, daß das Amnionmesoderm lokal Kontakt mit dem Chorionmesoderm aufnimmt (Abb. 9-17) und unter weitgehender Auflösung der trennenden Mesothellagen mit ihm verschmilzt. Dieser Verwachsungsprozeß schreitet in den folgenden 3 Wochen von der Chorionplatte über die ganze Amnionblase bis zum abembryonalen Pol der Fruchtblase fort. Von der 9.–10. Woche der Schwangerschaft an ist er abgeschlossen. Die Amnionblase füllt

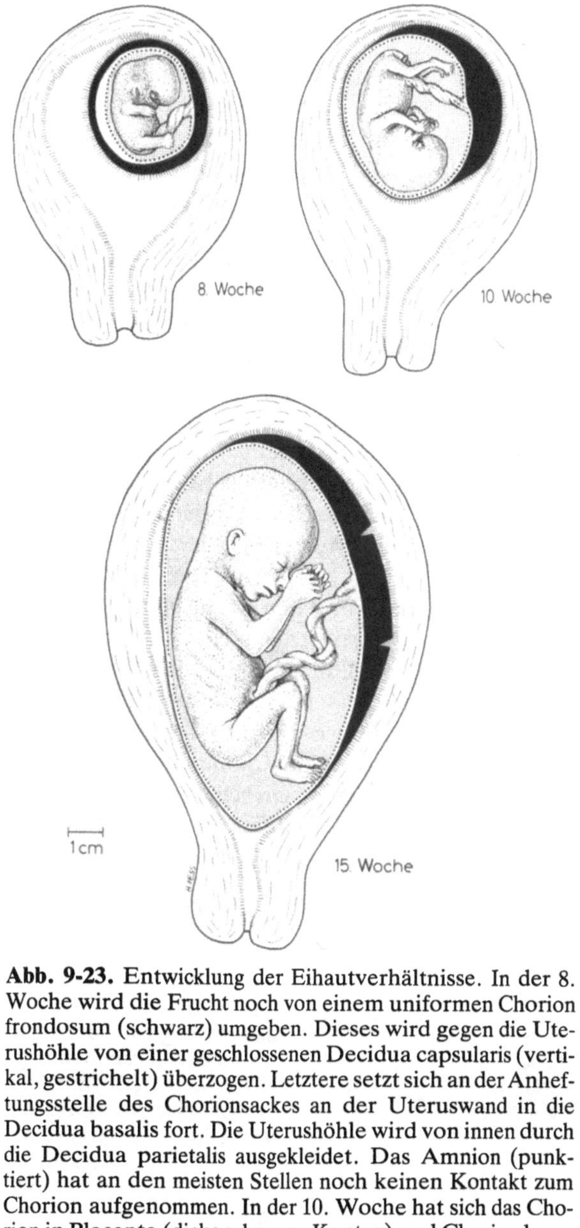

Abb. 9-23. Entwicklung der Eihautverhältnisse. In der 8. Woche wird die Frucht noch von einem uniformen Chorion frondosum (schwarz) umgeben. Dieses wird gegen die Uterushöhle von einer geschlossenen Decidua capsularis (vertikal, gestrichelt) überzogen. Letztere setzt sich an der Anheftungsstelle des Chorionsackes an der Uteruswand in die Decidua basalis fort. Die Uterushöhle wird von innen durch die Decidua parietalis ausgekleidet. Das Amnion (punktiert) hat an den meisten Stellen noch keinen Kontakt zum Chorion aufgenommen. In der 10. Woche hat sich das Chorion in Placenta (dicke schwarze Kontur) und Chorion laeve (dünne schwarze Kontur) differenziert. Innen liegt das Amnion dem Chorion fast überall unmittelbar an. In der 15. Woche füllt der Chorionsack die Uterushöhle vollständig aus. Die Decidua capsularis wird lückenhaft und verschmilzt lokal mit der Decidua parietalis. Die Uterushöhle ist in der 8. und 10. Woche übertrieben weit dargestellt worden.

jetzt die Fruchthöhle vollständig aus (Abb. 9-17). Amnion und Chorion bleiben jedoch stets gegeneinander verschiebbar und in Sonderfällen sogar durch mesothelbegrenzte Spalträume voneinander getrennt.

Nur in der Placenta-nahen Region der Eihäute erinnert das Chorion laeve im Aufbau noch an den der Placenta. Hier besteht es aus einer Chorionplatte mit Bindegewebe und Trophoblast, darunter folgen degenerierte „Geisterzotten" mit verödetem intervillösem Raum und dann – als Fortsetzung der Trophoblastschale der Placenta-Anlage – eine Zone, in der sich Syncytiumreste, einzelne Trophoblastzellen und Decidua-Zellen miteinander durchmischen. Diese Grenzabschnitte zwischen Placenta und Chorion laeve demonstrieren bis zur Geburtsreife der Frucht den Entstehungsmodus des Chorion laeve. Der Aufbau des Chorion laeve bleibt vom Ende des 4. Monats bis zur Geburtsreife prinzipiell unverändert.

Das Endometrium, das sich nach abgeschlossener Implantation über der Blastocyste wieder schließt, wird, wie bereits oben beschrieben, fortan als **Decidua capsularis** bezeichnet. Seine bedeckenden Endometrium-Epithelzellen gehen anfangs einzeln, später großflächig zugrunde. Die endometrialen Bindegewebszellen werden unter Volumenzunahme in sogenannte Decidua-Zellen umgewandelt. Mit Größenzunahme der Frucht wölbt sich die Decidua capsularis immer mehr über das Niveau der seitlich vom Implantationsort gelegenen Decidua vor (Abb. 9-17). Mitte des 4. Monats ist diese Vorwölbung so stark, daß die Decidua capsularis Kontakt mit der gegenüberliegenden Uteruswand, **Decidua parietalis** genannt, bekommt. Gleichzeitig wird die Decidua capsularis lückenhaft. Auch das Epithel der benachbarten Decidua parietalis zeigt Defekte. Lokal wird so eine Kontaktaufnahme des Trophoblast des Chorion laeve zur Decidua parietalis möglich (Abb. 9-17). Im 5. Monat ist dieser Verschmelzungsprozeß unter weitgehender Auflösung der Decidua capsularis so weit fortgeschritten, daß das Uteruscavum größtenteils verödet ist. Die in der Tiefe nur geringfügige, dafür aber sehr großflächige Invasion des bereits zottenfreien, unvaskularisierten Trophoblast des Chorion laeve in die Decidua parietalis schafft hier eine weitere feto-maternale Kontaktfläche. Gelegentlich wird hier auch von der **Paraplacenta** gesprochen. Sie ermöglicht parallel zu der Placenta einen direkten Substanztransport von der Uteruswand über das Chorion laeve in die Amnionhöhle und damit zum Feten.

Die funktionelle Bedeutung von Chorion laeve und Amnion ist noch in vielen Punkten unklar. Weitgehend sicher ist die Bedeutung beider für das **Fruchtwasser** [Boyd und Hamilton 1970, Schiebler und Kaufmann 1981]. Beide bilden nicht nur das Behältnis für ca. 1 l Fruchtwasser (gegen Ende der Schwangerschaft), das dem Feten eine gewisse Bewegungsfreiheit und Raum zur Entwicklung läßt, sondern auch einen Stoßpuffer darstellt. Auch in die Zusammensetzung des Fruchtwassers greift das Amnionepithel durch Resorption und durch eigene Sekretion ein. Dabei scheint die Aufnahme und Abgabe von Fetten eine besonders große Rolle zu spielen. Gleichzeitig wird so eine kontinuierliche Umwälzung des Fruchtwassers und eine Anpassung seiner Menge ermöglicht. Das Chorion laeve als Barriere zwischen Amnion und Uteruswand ist sicher für einen Teil der resorbierten und zu sezernierenden Substanzen per Diffusion passierbar und ermöglicht damit die Verbindung zur mütterlichen Zirkulation im Endometrium. Völlig offen ist, welchen Einfluß die Fruchtwasser-Umwälzung durch Resorption und Sekretion für die nutritive Versorgung und für die Entsorgung des Feten hat. Aus der Tatsache, daß er Fruchtwasser über den Magen-Darm-Kanal aufnimmt und Harn in ihn entleert, kann nicht zwangsläufig geschlossen werden, daß dieses für ihn einen unverzichtbaren Transportweg darstellt. Für die Volumenregulation des Fruchtwassers spielt dessen Aufnahme über den Verdauungskanal offensichtlich eine wesentliche Rolle. Die Bedeutung des Furchtwassers für eine pränatale Diagnostik wurde einleitend bereits besprochen (Kapitel 2.5; siehe auch Kapitel 7).

9.7.2 Chorionplatte

Die **primäre Chorionplatte** entsteht mit dem Auftreten der ersten Lakunen im Trophoblast am 8. Tag als „Deckel" über dem Lakunensystem (Abb. 9-6a, b) [Lit. siehe Boyd und Hamilton 1970]. Nach Differenzierung des extraembryonalen Mesoblast aus ihrer Cytotrophoblastlage (ab dem 12. Tag) ist sie dreischichtig: Syncytiotrophoblast, Cytotrophoblast, Bindegewebe (Abb. 9-6b, c, 9-8). Diese Schichtung bleibt im Prinzip bis zum Ende der Schwangerschaft erhalten, wird aber durch reichliche Gewebsuntergänge erheblich irritiert. Alle drei Gewebslagen gehen bei Degeneration in eine amorphe bis feinfibrilläre Masse, das Fibrinoid (siehe Abschnitt 9.8), über. Im Bereich der Chorionplatte wird es nach seinem Erstbeschreiber als **Langhans-Fibrinoid** bezeichnet. Dem kompakt strukturierten Fibrinoid degenerativer Herkunft liegt im intervillösen Raum, dort wo die Syncytiumlage unterbrochen ist, locker strukturiertes, im Schnitt netzartig angeordnetes Fibrinoid auf, das überwiegend ein Gerinnungsprodukt des mütterlichen Blutes zu sein scheint und somit Fibrin entspricht. Mit dem oberflächlichen Fibrinoid verklebende Zotten können in die Chorionplatte eingebaut werden und so zu deren Dickenwachstum genauso beitragen wie die Proliferation der Cytotrophoblastlage der Chorionplatte (Abb. 9-24).

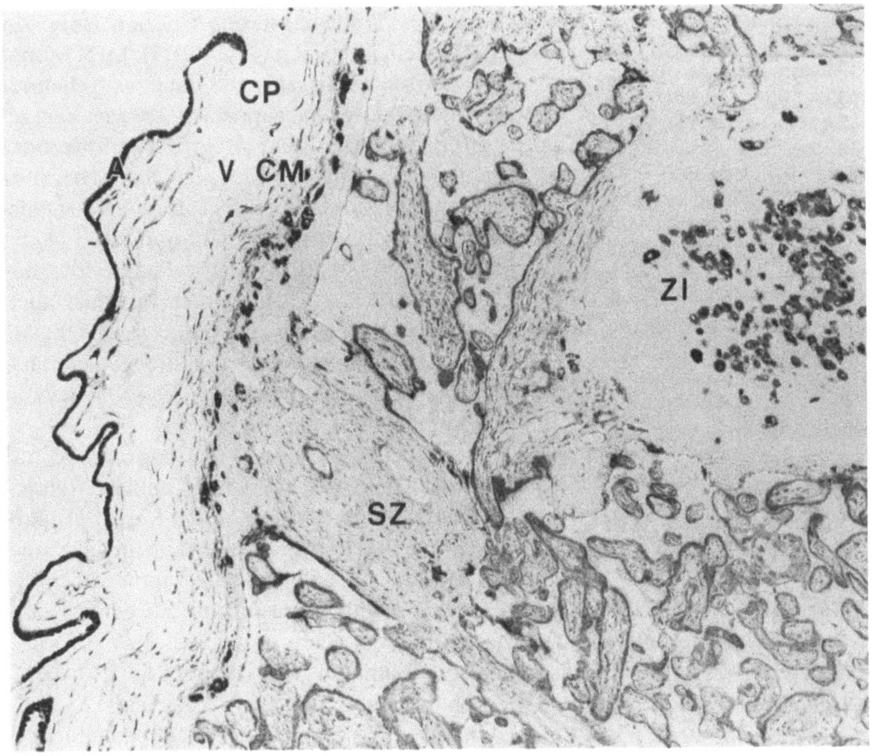

Abb. 9-24. Enzymhistochemische Darstellung der Malatdehydrogenase an einem Gefrierschnitt durch die Chorionplatte (CP) mit dem Abgang einer Stammzotte (SZ), durch eine große Zellinsel (ZI) und durch zahlreiche Zotten. In der Chorionplatte erkennt man die oberflächliche, gefaltete Amnionlage (A) mit dem darunterliegenden Amnionmesoderm. Eine zellarme Zone markiert den Verschiebespalt (V) zum Chorionmesoderm (CM). Dieses grenzt an eine inkomplette Lage aus großen Cytotrophoblast-Zellen. Die Zellinsel (ZI) besteht überwiegend aus hier ungefärbt erscheinendem Fibrinoid, in das Gruppen intensiv reagierender Trophoblastzellen eingeschlossen sind. 120:1
[Aus: Schiebler und Kaufmann 1981]

Typisch für den allmählichen Übergang zur **definitiven Chorionplatte** ist der Untergang ihres Syncytiotrophoblast-Überzuges, der im Laufe der Schwangerschaft durch fibrinoide Degeneration fast vollständig verlorengeht. Demgegenüber bleibt eine mehr oder weniger vollständige Cytotrophoblastlage an der Grenze zwischen Langhans'schem Fibrinoid und Chorionplatten-Mesoderm bis zur Geburt erhalten (Abb. 9-24). Diese proliferiert während der ganzen Schwangerschaft, wobei die Hauptmasse ihrer Tochterzellen wiederum zu Fibrinoid degeneriert. Fibrinoid ist als mechanisch stabilisierendes Element der Chorionplatte aufzufassen. Von Chorionplatten-Bindegewebe können wir erst mit Auftreten des extraembryonalen Coelom (siehe Kapitel 6. Embryogenese) sprechen, wenn der die Fruchthöhle weitgehend diffus ausfüllende extraembryonale Mesoblast auf einen schmalen, den Trophoblast innen bedeckenden Bindegewebssaum reduziert wird (Abb. 9-3). Durch die Ausdehnung der Amnionhöhle und durch die Verschmelzung des Amnion-Mesoderm mit dem Chorionplatten-Mesoderm in der 6.–7. Woche erhält das Chorionplatten-Bindegewebe seine definitive Schichtung. Die leicht verschiebbare Grenze zwischen Bindegewebe chorialer und amnialer Herkunft ist auch histologisch in der Regel an einer unregelmäßigen Spalten-Zone zu erkennen (Abb. 9-24). Das choriale Bindegewebe nimmt die Verzweigungen der Nabelschnurgefäße auf und führt sie zu den Stammzotten-Abgängen der Chorionplatte (Abb. 9-18, 9-24).

9.7.3 Trophoblastschale und Basalplatte

Die **primäre Trophoblastschale** entsteht als trophoblastischer Boden des Lakunensystems vom 8. Tag an (Abb. 9-6 und 9-7) [Boyd und Hamilton 1970, Kaufmann 1981b, Schiebler und Kaufmann 1981]. Sie wird später zum Boden des intervillösen Raumes und steht damit in unmittelbarem Kontakt zur mütterlichen Decidua. Als vorderster Pol der trophoblastischen Invasion stellt sie keine flache Platte oder Schale dar, sondern weist eine starke Oberflächenvergrößerung durch extreme Zerklüftung mit verzweigten, mehrere Millimeter langen syncytialen Ausläufern auf. Diese Ausläufer können im Extremfall bis in das Myometrium vordringen. Da sie in histologischen Schnitten aufgrund ihrer Dünne und Länge selten längs, sondern mehrheitlich schräg oder quer angeschnitten sind, und eine Verbindung zur Placenta damit nicht mehr darzustellen ist, werden sie üblicherweise als **trophoblastische Riesenzellen** bezeichnet.

Bis zum 13. Tag ist die Trophoblastschale rein syncytial (Abb. 9-6c). Danach wird sie durch Cytotrophoblast, der über die Haftzotten aus der Chorionplatte bis hierher vorgedrungen ist, erschlossen und damit vorübergehend dreischichtig (Abb. 9-7a). Im Rahmen der weiteren Reaktionen zwischen mütterlichem Endometrium und fetalem Trophoblast geht die basale, syncytiale Lage weitgehend zugrunde (Abb. 9-7b, c) und wird in Fibrinoid umgewandelt. Damit kommen Trophoblastzellen der Trophoblastschale in direkten Kontakt mit mütterlichen Geweben, lösen sich zum Teil von der Trophoblastschale und dringen tief in das Endometrium vor. Da sie dabei untereinander den Kontakt verlieren, wird ihnen eine syncytiale Verschmelzung, die bisher die regelmäßige Antwort trophoblastischer Zellverbände auf den Kontakt mit mütterlichen Geweben war, unmöglich. Diese Zellen können bestenfalls noch in kleinen Gruppen zu syncytialen Riesenzellen fusionieren. Mit dem Vordringen einzelner Trophoblastzellen in das Endometrium wird die klare Grenze zwischen Trophoblastschale und Endometrium bereits am Beginn der 4. Schwangerschaftswoche aufgehoben. Von diesem Zeitpunkt an spricht man deswegen allgemein nicht mehr von der *Trophoblastschale*, sondern besser von der **Basalplatte,** und meint damit den Boden des intervillösen Raumes mit allen trophoblastischen sowie den bei der Placenta-Lösung daran haftenden endometrialen Bestandteilen.

An der Grenze von mütterlichen und fetalen Bestandteilen der Basalplatte kommt es als Ergebnis invasiver Aktivität des Trophoblast wie auch immunologischer Vorgänge zu gehäuften Zelluntergängen. Die Degenerationsprodukte werden in Fibrinoid (vgl. Abschnitt 9.8) umgewandelt. Dieser materno-fetale Grenzstreifen aus Fibrinoid wird nach seiner Erstbeschreiberin als **Nitabuch'sches Fibrinoid** bezeichnet. Er wird jedoch, schon während er im Entstehen begriffen ist, wieder von trophoblastischen Zellwucherungen basalwärts sowie von decidualen Zellwucherungen placentawärts unterbrochen. Er markiert deswegen nur in den seltensten Fällen eine scharfe Grenze zwischen Trophoblast und Decidua.

Analog den Verhältnissen an der Chorionplatte kommt es auch an der Oberfläche der Basalplatte zum intervillösen Raum zur Auflagerung von Fibrin aus dem mütterlichen Blut, das sich nachfolgend mit Degenerationsprodukten des zugrundegehenden oberflächlichen Syncytiotrophoblast durchmischt. Die resultierenden Ablagerungen werden als **Rohr'sches Fibrinoid** bezeichnet. Durch Ausdehnung des Rohr'schen Fibrinoids an der Basalplattenoberfläche geht bis zum Geburtstermin fast der gesamte Syncytiotrophoblastüberzug der Basalplatte zugrunde.

Die in Fibrinoid eingebauten Reste des Cyto- und Syncytiotrophoblast sowie der Deciduazellen machen im Verlaufe der Schwangerschaft ein erhebliches Größenwachstum durch, wobei sie in großen Mengen Glycogen und Lipoide einlagern. Dabei werden mütterliche Zellen (Decidua-Zellen) und fetale Zellen (Trophoblastzellen) sich so ähnlich, daß ihre Abgrenzung in der Literatur lange Diskussionen ausgelöst hat. In Ermangelung eindeutiger Zuordnungsmöglichkeiten hat sich deswegen in der Vergangenheit für die voluminösen Zellen der Basalplatte die Bezeichnung „X-Zellen" eingebürgert. Mit modernen enzym-histochemischen und immunologischen Methoden ist es heute kein Problem mehr, maternale und fetale Zellelemente zu differenzieren. Die funktionelle Bedeutung dieser Zellen ist jedoch noch weitgehend unklar. Zwar konnte die Bildung einzelner Hormone in ihnen nachgewiesen werden. Dieses sind jedoch praktisch ausnahmslos Hormone, die andernorts im Trophoblast bzw. in der Decidua in viel größeren Mengen gebildet werden, so daß die Basalplatte nicht als spezialisiertes endokrines Organ aufgefaßt werden kann. Die funktionelle Bedeutung dieser Zellen liegt hauptsächlich wohl darin, daß sie gegen Ende der Schwangerschaft vermehrt degenerieren und damit als flächige Gewebsnekrose, die ungefähr an der materno-fetalen Gewebsgrenze liegt, die Lösung der Placenta von der Uteruswand vorbereiten.

Wie bereits beim Trabekelstadium besprochen, werden die mütterlichen, endometrialen Blutgefäße im Rahmen der Implantation von Trophoblast umschlossen und teilweise zerstört (Abb. 9-6c). Während Kapillaren, Arteriolen und Venolen der Zartheit ihrer Wand entsprechend vollständig abgebaut werden, bleiben Reste der stärkeren Arterien und Venen erhalten. Sie sind später im Bereich der Basalplatte, von Fibrinoid umschlossen, immer noch zu finden. Diese **mütterlichen Blutgefäße der Basalplatte** bilden im Laufe der Entwicklung einige markante Besonderheiten aus, die eine gesonderte Besprechung rechtfertigen. Die erste Kontaktaufnahme zwischen mütterlichen Endometriumgefäßen und Lakunen der Placenta-Anlage erfolgt am 11.–12. Tag (Abb. 9-6b, c). Nach Boyd und Hamilton [1970] werden zu diesem Zeitpunkt mütterliche Kapillaren und Venolen durch den Trophoblast so weitgehend zerstört, daß Erythrocyten in das Lakunensystem übertreten. Aussagen über das Ausmaß ihrer Zirkulation sind bislang kaum möglich. Es ist anzunehmen, daß die geringen Druckunterschiede zwischen den eröffneten arteriellen und venösen Anteilen des Gefäßsystems bereits eine Zirkulation ermöglichen. Durch fortschreitende Invasion des Trophoblast werden die Gefäße tiefer in das Endometrium hinein zerstört, so daß im nächsten Schritt größere Arterien (sogenannte **Spiralarterien**) und uterine Venen in den intervillösen Raum münden. Die Ostien der Spiralarterien erscheinen zufällig über die Basalplattenoberfläche verteilt. Teilweise können auch mehrere Windungen ein- und derselben Spiralarterie Oberflächenkontakt bekommen und Ostien ausbilden. Großenteils werden diese zusätzlichen Ostien später wieder durch Thrombosen verschlossen. Dadurch soll die Zahl der Spiralarterienöffnungen insgesamt bis zum Geburtstermin rückläufig sein und sich schließlich auf ein Ostium je 1–2 cm^2 Basalplattenoberfläche einstellen. Die Zahl der Venenöffnungen wird meist niedriger angegeben [Boyd und Hamilton 1970].

Schon in der Frühschwangerschaft werden in der Arterien- und Venenwand degenerative Veränderungen sichtbar: Endothel- und Muskelzellen gehen dort, wo sie von Fibrinoid der Basalplatte umschlossen werden, zugrunde, so daß die Gefäße lokal in reine Fibrinoidkanäle umgewandelt werden. Vor allem mündungsnah wandern Trophoblastzellen in die Gefäßlichtungen und können eine endothelartige Auskleidung restaurieren. Parallel zum Untergang der Gefäßwand nimmt das nun unelastisch gewordene Rohr erheblich an Durchmesser zu. Gleichzeitige Proliferation der **intraarteriellen Trophoblastzellen,** die die Gefäßlichtungen wieder erheblich einengen können, bedingt eine Senkung des mütterlichen arteriellen Blutdruckes im intervillösen Raum [Moll 1981b] (siehe Abschnitt 9.12). Ein zu hoher mütterlicher Blutdruck im ivR würde durch Kompression der Zotten den Widerstand im fetalen Placentakreislauf so stark anheben, daß das fetale Herz der Belastung nicht mehr gewachsen wäre.

9.7.4 Septen und Zellinseln

Septen und Zellinseln sind kugelige bis bizarre Fibrinoidmassen im intervillösen Raum, die von Zellen durchsetzt sind, jedoch weder Zottenstruktur haben noch überhaupt vaskularisiert sind (Abb. 9-18, 9-24). Stehen sie mit der Basalplatte in Verbindung, werden sie **Septen** genannt; hängen sie an der Chorionplatte oder an Zotten frei im intervillösen Raum, spricht man von **Zellinseln.** Beide treten im Verlaufe des 2. Monates auf. Ihre Genese ist unterschiedlich. Alle Septen und ein Teil der Inseln entsprechen im Aufbau der Basalplatte [Kaufmann 1981b]: In reichlich Fibrinoid sind in unterschiedlichem Ausmaß Trophoblastzellen und Deciduazellen eingelagert. Unter den vielen Theorien über ihre Entstehung ist diejenige am wahrscheinlichsten, die davon ausgeht, daß es sich um das Ergebnis von Verwerfungen der Basalplatte handelt [Lit. siehe Boyd und Hamilton 1970]. Die flächige Ausdehnung der Placenta in der Uterushöhle und die Wanddehnung des Uterus verlaufen offensichtlich nicht immer völlig deckungsgleich. Dadurch treten Spannungen in der Basalplatte auf, die teilweise zu Dehnungen und Ausdünnungen derselben, teilweise aber auch zu Auffaltungen in den intervillösen Raum führen. Gelegentlich können sogar aufgefaltete Teile der Basalplatte abgelöst und mit dem mütterlichen Blutstrom durch den intervillösen

Raum gespült werden, bis sie durch zwischengelagertes ausgefälltes Fibrin irgendwo am Zottenbaum verkleben. Sie werden damit zu Zellinseln. Die sogenannten Septen sind säulen- bis segelförmige Ausläufer der Basalplatte, die jedoch im Gegensatz zu älteren Theorien und zu ihrem Namen nicht ausreichen, den intervillösen Raum in einzelne, nur unter der Chorionplatte offene Kammern zu septieren.

Neben diesem Prozeß der Septen- und Inselentstehung existiert noch ein zweiter [Kaufmann 1981b]: Beim Übergang vom Primärzottenstadium zum Sekundärzottenstadium werden nicht alle Primärzotten bindegewebig ausgehöhlt und anschließend vaskularisiert. Einzelne Primärzotten bleiben massiv trophoblastisch (Abb. 9-26a). Durch Zellproliferation nehmen sie an Volumen zu. Zugrundegehende Trophoblastzellen degenerieren zu Fibrinoid, das die verbleibenden Zellen zunehmend einmauert. Im Gegensatz zu den o.a. Septen und Inseln sind in den Zellinseln dieses zweiten Typs keine Deciduazellen nachweisbar. Sie sind also rein fetaler Abstammung und hängen meistens Chorionplatten-nah an den großen Stammzotten (Abb. 9-24).

Beide Arten von Inseln und Septen erreichen durch Zellteilung, Zelltod, fibrinoide Umwandlung, Auflagerung mütterlichen Fibrins aus dem intervillösen Raum sowie Anlagerung, Verklebung und Degeneration umliegender Zotten vom 5. Monat an eine für ihre Ernährung kritische Größe. Zum Teil wachsen sie auf mehrere Millimeter Durchmesser an. Die mangelhafte Ernährung der Zellen im Zentrum führt zu deren Untergang, schließlich zu Gewebseinschmelzungen mit Auftreten großer zentraler Hohlräume, sogenannten **Pseudozysten.**

9.7.5 Zellsäulen

Die Erschließung der Primärzotten durch mesenchymales Bindegewebe vom 15. Tag an beginnt an der Chorionplatte und breitet sich von dort basalwärts aus (Abb. 9-7b, c). Dabei wird die basale Anheftungsstelle der Primärzotten an der Trophoblastschale vielfach nicht erreicht. Die im Primärzottenstadium persistierenden „Zottenfüße" (Abb. 9-7c) werden als **Zellsäulen** bezeichnet [Lit. siehe Boyd und Hamilton 1970, Kaufmann 1981b]. Sie bestehen aus einer dünnen Schale von Syncytiotrophoblast, die einen umfangreichen, proliferierenden Kern aus Cytotrophoblast umhüllt. Durch Zellteilungen in beiden Richtungen – aufwärts zu den künftigen Stammzotten und abwärts in die Basalplatte – tragen sie zum Wachstum beider bei. Durch Fibrinoidauflagerung aus dem intervillösen Raum werden die Zellsäulen in den folgenden Monaten zunehmend in die Tiefe der Basalplatte verlagert und lösen sich hier nach Untergang des bedeckenden Syncytiotrophoblast mehr oder weniger vollständig auf. Mit ihrer Rückbildung lassen sowohl das Flächenwachstum der Basalplatte als auch das Längenwachstum der Haftzotten und das Dickenwachstum der Placenta allmählich nach, da eine der Hauptreserven für proliferierenden Cytotrophoblast wegfällt.

9.8 Fibrinoid

In normalen und pathologischen Placenten aller Altersstufen findet man in unterschiedlichem Ausmaß mit sauren Farbstoffen (z.B. Eosin) intensiv anfärbbare, homogene bis faserige Massen [Lit. siehe Kaufmann 1981c]. Da sie strukturell dem Fibrin in Blutgefäßen ähnlich sehen und diesem auch chemisch in vielen Punkten vergleichbar sind, wurden sie als Fibrinoid bezeichnet. Je nach dem Ort des Vorkommens wird das Fibrinoid unterschiedlich benannt. Ein meist breiter Streifen, der den zellulären Strukturen der Chorionplatte vom intervillösen Raum her aufliegt, heißt nach seinem Erstbeschreiber **Langhans'sches Fibrinoid.** Ein gleichartiger Streifen, der im Laufe der Schwangerschaft vom intervillösen Raum her der Basalplatte aufgelagert wird und hier den bedeckenden Syncytiotrophoblast ersetzt, ist das **Rohr'sche Fibrinoid.** Tief in der Basalplatte, meist an der Grenze zwischen mütterlichen Decidua- und Bindegewebszellen sowie den fetalen Trophoblastzellen tritt als diskontinuierliche Lage das **Nitabuch'sche Fibrinoid** auf. Lokal den Zotten aufliegendes Fibrinoid, das einzelne von ihnen völlig einschließen kann und dort ebenfalls den Trophoblastüberzug ersetzt, wird als **perivillöses Fibrinoid** oder auch Rohr'sches Fibrinoid bezeichnet. Demgegenüber tritt das **intravillöse Fibrinoid** bei intakter Trophoblastoberfläche im Zottenstroma auf, das es zum Teil völlig ersetzen kann.

Die umfangreichsten Fibrinoid-Vorkommen findet man in der Regel in den Zellinseln und Septen, wo sie die zerstreut liegenden Trophoblast- und Deciduazellen einmauern. Werden durch umfangreiche Fibrinoid-Massen ganze Zottenkomplexe unter Verödung des intervillösen Raumes miteinander verbacken, spricht man von **placentaren Verödungsherden** oder von **weißen Infarkten.** Sie können ohne zwangsläufige Beeinträchtigung der Placenta-Funktion zum Teil mehr als 30% des Organvolumens ausmachen.

Generell kann man feststellen, daß die Fibrinoid-Menge in der Placenta im Laufe der Schwangerschaft gleichmäßig ansteigt. Am Geburtstermin macht sie bei großen individuellen Schwankungen ca. 5–10% des Placenta-Volumens aus. Strukturell und chemisch ist das Fibrinoid heterogen, zum Teil mütterliches Fibrin, zum Teil placentares Degenerationsprodukt. Beide sind in der Regel nicht exakt voneinander zu trennen. Zur **Entstehung von Fibrinoid** kommt es immer dann, wenn irgendwo in der Placenta Defekte in der Syncytiotrophoblast-Oberfläche des intervillösen Raumes auftreten. Dort wird zur Deckung des Defektes, wie auch andernorts in der Blutbahn, Fibrin abgelagert. Da in der Regel in der Nachbarschaft dann weiteres Syncytium, Zellen und Bindegewebsfasern absterben, werden auch deren Degenerationsprodukte in die Fibrinoid-Massen mit einbezogen. In der „immunologischen Kampfzone" zwischen mütterlichen und fetalen Zellen in der Basalplatte (Nitabuch'sches Fibrinoid), in Zellinseln und Septen sowie im Zottenstroma können aber auch primär zelluläre Degenerationsprozesse ohne nachweisbare Fibrin-Ausfällung zu Fibrinoid degenerieren.

Die Fibrinoid-Bildung ist in der Placenta ein so regelmäßig auftretender Vorgang, daß sie nicht als pathologisch, sondern in der Regel als normales Geschehen bezeichnet werden muß [Becker et al. 1981, Kaufmann 1981c]. So wird an der Basalplatten-Oberfläche, an der Chorionplatten-Oberfläche und an den großen Stammzotten in jeder Schwangerschaft der bedeckende Syncytiotrophoblast mehr oder weniger vollständig durch Fibrinoid ersetzt. Ob dieses nur als Reparaturvorgang aufzufassen ist, oder ob – wie einige Autoren erwägen – das Fibrinoid auch der mechanischen Stabilität des Organs zugute kommt, ist kaum zu entscheiden. Nur ein Übermaß an Fibrinoid-Bildung gehört in den Bereich der Pathologie, wobei die Grenze nicht durch die absolute Fibrinoid-Menge, sondern durch die Menge noch funktionstüchtigen Zottengewebes definiert ist [Benirschke und Driscoll 1967, Kaufmann 1981c].

Bei der **funktionellen Deutung des Fibrinoid** können neben der wahrscheinlichen mechanischen Bedeutung zwei weitere Aspekte von Interesse sein [Kaufmann 1981c]. Kommt es im großen, diffus strukturierten intervillösen Raum zu Zirkulationsstörungen und damit zu Ernährungsstörungen mit nachfolgendem Gewebsuntergang, bestünde die Gefahr, daß toxische Degenerationsprodukte in den mütterlichen Kreislauf gelangen. Die Abschottung dieses Bereiches durch fibrinoide Ummauerung schützt davor. Viele Autoren unterstellen dem Fibrinoid genauso wie dem Syncytiotrophoblast eine immunologische Schutzwirkung. Überall, wo mütterliche und fetale Gewebe aufeinandertreffen, soll die Grenze durch eine Lage Syncytiotrophoblast markiert sein. So wandelt sich z.B. bei der Implantation der zelluläre Trophoblast-Überzug der Blastocyste im Moment des Kontaktes mit dem Endometrium in Syncytiotrophoblast um. Auch alle Oberflächen in der Placenta, die von mütterlichem Blut umspült werden, sind in der Regel von Syncytiotrophoblast überzogen. Überall, wo dieser Syncytiotrophoblast-Überzug zugrundegeht, wie z.B. an der Unterseite der Trophoblastschale bei deren Umwandlung in die Basalplatte oder an degenerierenden Oberflächen des intervillösen Raumes, wird als Ersatz Fibrinoid gebildet, um den unmittelbaren Kontakt von mütterlichen und fetalen Zellen mit evtl. immunologischen Folgen zu verhindern (siehe Abschnitt 9.13). Einschränkend zu dieser These der immunologischen Bedeutung des Fibrinoids muß man allerdings sagen, daß es durchaus Bereiche in der Placenta gibt, wo natürlicherweise mütterliche und fetale Zellen intensiven Kontakt miteinander aufnehmen, wie z.B. in der Durchdringungszone der Basalplatte.

9.9 Placenta und Eihäute bei Mehrlingsschwangerschaften

Mehrlingsschwangerschaften werden durch zwei verschiedene Phänomene ermöglicht:

1. Es werden in kurzem zeitlichem Abstand mehrere Eizellen befruchtet und implantiert (mehreiige Mehrlinge).
2. Es wird nur eine Eizelle befruchtet. Die Frucht zerfällt im Laufe der Entwicklung in zwei oder mehr Teile, die sich getrennt weiterentwickeln (eineiige Mehrlinge). Kombinationen beider Phänomene bei Drillings- oder höheren Mehrlingsschwangerschaften sind möglich, wenn auch nicht die Regel.

Vom Standpunkt des Morphologen sind bei der Mehrlingsschwangerschaft die Placenten weniger interessant, da sie sich in der Regel völlig normal entwickeln [Lit. siehe Becker et al. 1981]. Von Interesse sind vielmehr die Eihautverhältnisse (Abb. 9-25). Bei einer **Einlingsschwangerschaft** schwimmt der Fetus in der Amnionblase. Diese wird außen vom Chorionsack, der lokal zur Placenta verdickt ist, umhüllt. Man

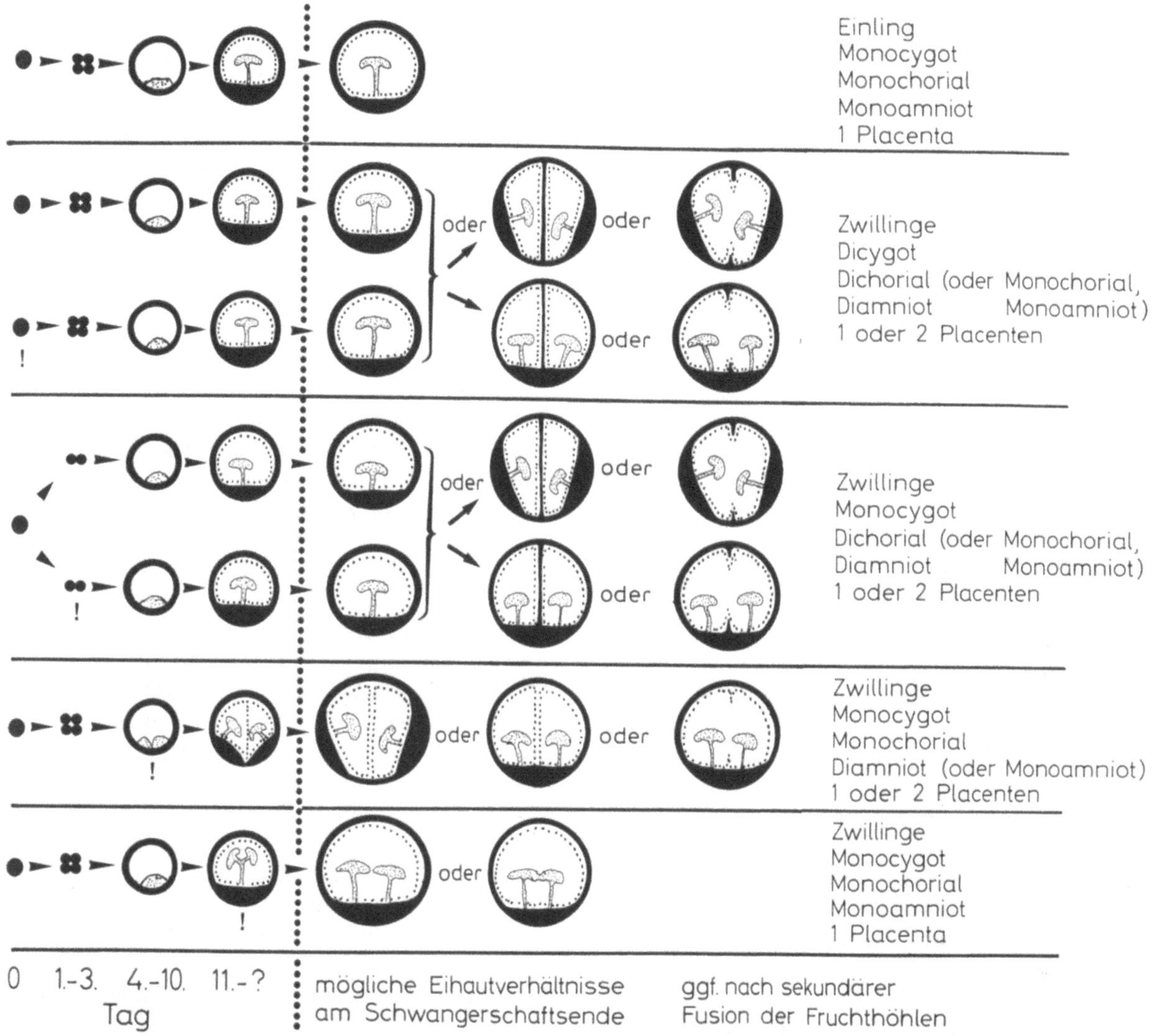

Abb. 9-25. Entwicklung der Eihautverhältnisse bei Einlingen und Zwillingen. Der für die Zwillingsbildung entscheidende Zeitpunkt wurde jeweils durch ein Ausrufungszeichen markiert. Embryoblast und Nabelschnur = Punktraster; Amnion = punktierte Linie; Chorion laeve und Placenta = schwarz. 1. Reihe: Einlingsschwangerschaft. 2. und 3. Reihe: Zweieiige Zwillinge. 4. und 5. Reihe: Bildung eineiiger Zwillinge durch Spaltung der Frucht vor der Implantation. 6. Reihe: Bildung eineiiger Zwillinge durch Spaltung des Embryoblast vor Entstehung des Amnion. 7. Reihe: Bildung eineiiger Zwillinge durch Spaltung des Embryoblast nach Amnionentstehung.

spricht von einer *monochorialen, monoamniotischen* Frucht mit einer Placenta. Bei **zweieiigen Zwillingen** entwickeln sich in der Regel zwei getrennte Fruchtsäcke mit getrennten Amnionhöhlen. Aus Platzgründen kommt es jedoch häufig zu einer oberflächlichen Verklebung der beiden Chorionsäcke. Liegt diese Verklebungszone nicht in der Nachbarschaft der Placenta, haben wir *dichoriale, diamniotische* Verhältnisse mit zwei Placenten. Betrifft die Verklebungszone die unmittelbare Nachbarschaft der Placenta, können auch die Placenten miteinander zu einem Organ fusionieren. In Ausnahmefällen kann die trennende Gewebslamelle zwischen den beiden Fruchtblasen rupturieren und zu einer einheitlichen Fruchthöhle führen, also zu *monochorialen, monoamniotischen* Früchten mit ein oder zwei Placenten.

Wesentlich variablere Verhältnisse ergeben sich bei **eineiigen Mehrlingen.** Die verschiedenen Möglichkeiten sollen am Beispiel eineiiger Zwillinge erläutert werden (Abb. 9-25). Die späteren Eihautverhältnisse hängen wesentlich – wenn auch nicht ausschließlich – vom Zeitpunkt der Spaltung der Frucht ab. Erfolgt die Trennung der Blastomeren bereits in den ersten Tagen nach der Befruchtung, vor Eintritt einer Gliederung in Trophoblast und Embryoblast, z.B. durch Zerfall im 2- oder 4-Zellstadium, entwikkeln sich beide Hälften völlig getrennt weiter und erlangen getrennte Amnion- und Chorionsäcke. Die Verhältnisse entsprechen völlig denen bei zweieiigen Zwillingen. Eine spätere Fusion der Fruchtsäcke und gegebenenfalls auch der Fruchthöhlen kommt vor.

Nach der Implantation ist nur noch eine Spaltung des Embryoblasten möglich. Erfolgt diese vor Beginn der Amnion-Bildung (Mitte der 2. Woche), entwikkeln beide durch Spaltung entstandenen Embryoblast-Hälften eine eigene Amnionblase, werden aber von einem gemeinsamen Chorionsack umschlossen. Dieser kann eine oder – bei weit auseinanderliegenden Embryoblasten – zwei Placenten ausbilden. Das Ergebnis sind *monochoriale, diamniotische* Früchte mit ein oder zwei Placenten.

Nach Bildung der Amnionhöhle betrifft die Doppelbildung allein die Keimscheibe. Beide Embryonen wachsen dann innerhalb des gleichen Amnionsackes heran. Sie haben stets eine gemeinsame Placenta. Wir finden *monochoriale, monoamniotische* Kinder mit einer Placenta. In dieser Situation kann es bei unvollständiger Trennung der Embryoblasten oder bei späterer Wieder-Verwachsung der Embryonen zur Entstehung siamesischer Zwillinge kommen.

Da nach Geburt der Eihäute meist nicht festzustellen ist, ob eine einheitliche Fruchthöhle primär angelegt oder erst sekundär durch Fusion entstanden ist, ist aus den Eihautverhältnissen in der Regel nicht abzuleiten, ob Zwillinge eineiig oder zweieiig sind. Bei Drillingen wird die Vielzahl der Möglichkeiten noch verwirrender, da nun Eineiigkeit und Mehreiigkeit kombiniert auftreten können. Hier ergeben sich zahlreiche Kombinationsmöglichkeiten für die Zahl der Placenten, der Chorionsäcke und der Amnionblasen.

Bei monochorialen Mehrlingen tritt als Problem besonderer klinischer Relevanz das sogenannte **Transfusionssyndrom** auf [Lit. siehe Boyd und Hamilton 1970, Becker et al. 1981]. Es beruht auf der Tatsache, daß die Kreisläufe der beiden am Chorionsack beteiligten Feten innerhalb der Placenta nicht in allen Fällen streng getrennt sein müssen. So können im Grenzbereich der gemeinsamen Placenta oder der beiden eng benachbarten Placenten die Arterien für einen oder mehrere Kotyledonen von dem einen Feten kommen, der venöse Abfluß jedoch zum anderen Feten führen. Dieses ist zwar primär für die Funktion der Placenta nicht von Bedeutung, es bedeutet aber eine Belastung der Kreislaufverhältnisse der Feten, da nun das Herz des einen Feten mehr arterielles Blut auswirft, als es auf der venösen Seite zurückbekommt, während das andere Herz mehr venöses Blut angeboten bekommt als es jeweils auswirft.

Nach der **Hellin-Regel** treten auf 80 Einlingsgeburten 1 Zwillingsgeburt, auf 80^2 Einlingsgeburten 1 Drillingsgeburt, auf 80^3 Einlingsgeburten 1 Vierlingsgeburt, auf 80^4 Einlingsgeburten 1 Fünflingsgeburt usw. auf. Die Gültigkeit dieser Regel wird neuerdings zunehmend eingeschränkt, da Hormonbehandlungen der Frau in infertilen Ehen multiple Eisprünge auslösen können, die eine Schwangerschaft mit mehreiigen Mehrlingen bedingen. Die Häufigkeit höherer Mehrlingszahlen hat deswegen jüngst weit über das nach der Hellin-Regel zu erwartende Maß zugenommen.

9.10 Nachgeburtsperiode und Nachgeburt

Wenige Tage vor dem Geburtstermin treten im Grenzbereich zwischen Basalplatte und Endometrium, in der sogenannten **Durchdringungszone,** gehäuft Zelluntergänge auf (vgl. Abschnitt 9.7.3). Gleiches gilt für die Übergangszone zwischen Chorion laeve und Uteruswand. Damit wird die **Placenta-Lösung** von der Uteruswand vorbereitet – eine Notwendigkeit, da beide bei der hämochorialen Placenta des Menschen intensiv miteinander verwachsen sind und keinen natürlichen Trennungsspalt aufweisen. Erst unter den Wehen kommt es üblicherweise zu großflächigen Kontinuitätstrennungen in der Lösungszone. Betreffen die Gewebsuntergänge und Spaltbildungen bereits vor der Geburt die mütterlichen Basalplatten-Gefäße, treten Blutungen in der Durchdringungszone auf, die in große **retroplacentare Hämatome** übergehen können. Werden letztere so groß, daß sie umfangreiche Placenta-Partien unter Zerreißung der mütterlichen Gefäßverbindungen von der Uteruswand abheben, können sie zu einem partiellen Untergang der Placenta mit Tod des Feten führen. In der Regel entstehen solche Hämatome jedoch erst während der Geburt des Kindes, wenn sich der Uterus-Durchmesser abrupt verkleinert.

Durch den zunehmenden Wehendruck der anlaufenden Geburt wird die Fruchtblase in den Cervicalkanal gepreßt, der dabei erweitert wird (Eröffnungsperiode). Schließlich führt die steigende Belastung des vorgewölbten Fruchtblasen-Teils zu dessen Einreißen und zum Fruchtwasser-Abgang, dem **Blasensprung.** Anders als bei manchen Tieren, die ihre Jungen in der intakten Fruchtblase werfen, erfolgt die

Geburt beim Menschen durch die laufend größer werdende Rißstelle in der Fruchtblase, während Placenta und Eihäute vorerst noch *in situ* verbleiben. Solange die Nabelschnur nicht während der Geburt komprimiert wird, kann der Fet noch über die Placenta versorgt werden. Erst die plötzliche Verkleinerung des Uterus nach der Geburt des Kindes bedingt großflächige Parallelverschiebungen zwischen Uteruswand und Placenta. Dadurch erfolgt die endgültige **Placenta-Lösung.** In der Regel wird sie innerhalb von 15 Minuten zusammen mit den Eihäuten als sogenannte **Nachgeburt** unter erneuten Wehen ausgestoßen.

Die geborene Placenta ist in der Regel annähernd rund, hat einen Durchmesser von ca. 20 cm, ist 2,5–3 cm dick und je nach Ausmaß ihrer Entblutung normalerweise zwischen 350 und 700 g schwer. Das scheibenförmige Organ hat zwei sehr unterschiedliche Oberflächen. Die Seite des Nabelschnur-Ansatzes, die **Chorionplatte** (Abb. 9-19a), ist dank des Amnion-Überzuges grau-bläulich, glänzend. Das Amnion haftet meist nur kapillär auf der Chorionplatte und ist dadurch leicht verschiebbar. Lediglich am Nabelschnur-Ansatz ist es fest verwachsen. Durch das Amnion schimmern die sich sternförmig von der Nabelschnur über die Chorionplatte ausbreitenden Chorionplatten-Gefäße. Ihre Zahl und ihr Kaliber nehmen zum Placentarand hin allmählich ab. Der **Nabelschnur-Ansatz** erfolgt nur in 10–30% der Fälle annähernd zentral. In 60–80% ist er mehr oder weniger stark exzentrisch, in 5–10% am Placentarand und in 0,5–1,5% velamentös, d.h. am Chorion laeve mit Gefäßverbindungen zur Nabelschnur.

Die Unterseite der Placenta ist die **Lösungsfläche** (Abb. 9-19b). Sie wird von der Basalplatte mit daran haftenden Resten des Endometrium und Blutcoageln gebildet. Da es sich um eine durch Gewebszerreißung entstandene Oberfläche handelt, ist sie stumpf und unregelmäßig. Ringförmige bis vieleckige Einkerbungen begrenzen die mütterlichen Kotyledonen (Abb. 9-20), die nur einer ganz rudimentären inneren Septierung des Organs entsprechen (Abb. 9-18).

Der **Placentarand** ist die Übergangszone zu den Eihäuten. Der Übergang erfolgt in der Regel unter keilförmiger Verjüngung des Organs, bis schließlich unter Verödung des intervillösen Raumes Chorionplatte und Basalplatte miteinander zum Chorion laeve verschmelzen (Abb. 9-18). In 30–40% der Fälle ist der Placentarand durch eine Decidua-Anhäufung wulstartig verdickt (Placenta marginata). Liegt der Übergang von der Placenta zum Chorion laeve nicht am äußeren Placentarand, sondern auf der Oberseite der Chorionplatte (1–2% der Fälle), dehnt sich also noch zottenhaltiges Placenta-Gewebe zwischen Chorion laeve und Endometrium aus, spricht man von einer Placenta circumvallata (siehe Abschnitt 9.3 Lageentwicklung).

Die **Eihäute** bestehen aus **Chorion laeve** und dem ihm aufliegenden **Amnion.** Beide zusammen werden auch als Paraplacenta bezeichnet. Die Dicke der Eihäute beträgt im Mittel 200–300 μm, nahe dem Placentarand meist mehr, am placentafernen Pol eventuell wesentlich weniger. Strukturell entspricht das Chorion laeve einer Verschmelzung aus Basalplatte und Chorionplatte. In reichlich Fibrinoid sind bunt gemischt Deciduazellen und Trophoblastzellen eingestreut. Amnionwärts nehmen letztere zu und verdichten sich zu einer geschlossenen Cytotrophoblast-Schicht. Über dieser liegt eine Bindegewebslage, die zum aus Bindegewebe und prismatischem Epithel aufgebauten Amnion überleitet. Die lockeren bindegewebigen Verwachsungen zwischen Chorion laeve und Amnion sorgen während der Geburt meist für großflächige Verschiebungen und auch Lösung beider voneinander. Für weitere Details zur Makroskopie der Placenta verweisen wir auf die Monographien von Torpin [1969] und Boyd und Hamilton [1970].

9.11 Die Placenta-Entwicklung in Maß und Zahl

Die wesentlichen Zahlen zur Placenta-Entwicklung sind in Tabelle 9.2 wiedergegeben. Dabei ist zu betonen, daß es sich hier um interpolierte Mittelwerte aus vielen Originalpublikationen handelt [vgl. Kaufmann 1981b]. Bei der Betrachtung der Gewichts- und Dickenangaben der Placenta sind erhebliche Wertschwankungen in Abhängigkeit von der Blutfülle des Organs zu berücksichtigen. Die hier wiedergegebenen Daten beziehen sich auf spontan, aber nicht forciert durch Druck entblutete Placenten. Allein schon das Abklemmen der Nabelschnur in Placenta-Nähe unmittelbar nach Geburt des Kindes, zur Verhinderung des fetalen Ausblutens des Organs, erhöht das mittlere Placenta-Gewicht am Geburtstermin um 100–150 g. Das Entblutungsausmaß des intervillösen Raumes ist aufgrund unterschiedlich ausgeprägter Basalplatteneinrisse und unterschiedlich starker Thrombosierung der Basalplattengefäße überhaupt nicht kontrollierbar. Auch die Placenta-Dicke bezieht sich auf das geborene, spontan entblutete Organ. Ultraschallmessungen *in vivo,* bei denen die Uteruswand allerdings aus technischen Gründen mit-

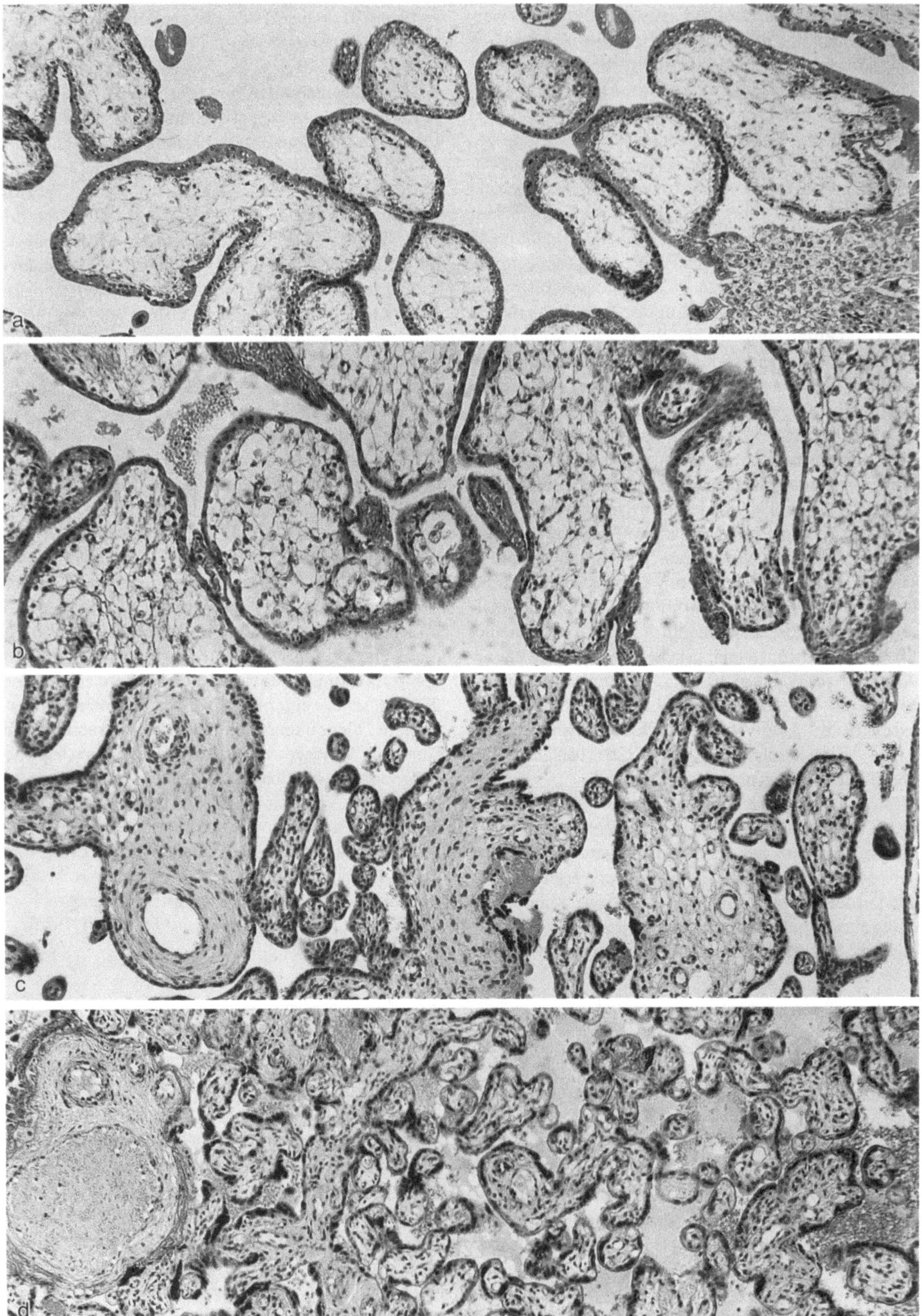
a
b
c
d

gemessen werden muß, ergeben deutlich höhere Werte (Tabelle 9.2).

Die Nabelschnurlänge variiert extrem. Am Geburtstermin wurden Schwankungen von 18 cm bis zu 122 cm berichtet [Boyd und Hamilton 1970]. Alle von uns gemachten Angaben sind für den betreffenden Monat typische Mittelwerte. Der mittlere Nabelschnurdurchmesser beträgt *in vivo* am Geburtstermin ca. 12 mm.

Weitere Zahlen in Tabelle 9.2 sollen einen Eindruck von der Leistungsentwicklung der Placenta geben und ihre Hintergründe erhellen. Der von 1 g Placenta versorgte Anteil des Feten steigt im Laufe der Schwangerschaft steil von 0,19 g am Ende des 2. Monats auf im Mittel 7,23 g am Geburtstermin an. D.h. die Leistungsfähigkeit der Placenta, soweit durch diese Zahlen ausdrückbar, steigt im Laufe der Schwangerschaft auf das 35fache. Daß hieran die strukturelle Entwicklung des Organs maßgeblich beteiligt ist, ergeben die nächsten Zahlen. Setzt man das Zottenvolumen der Placenta für die einzelnen Monate zur errechneten Zottenoberfläche in Relation, erkennt man, daß die Zottenoberfläche wesentlich stärker ansteigt als das Zottenvolumen. Die Zottenoberfläche je Gewichtseinheit Zottengewebe ist am Ende der Schwangerschaft durch das Überwiegen kleinerer Zottenkaliber dreimal so groß wie in der Frühschwangerschaft (Abb. 9-26a–d). Hiervon sind vor allem oberflächenabhängige Transportprozesse betroffen, d.h. aktiver Transport, erleichterte Diffusion und Diffusion. Speziell die Diffusion wird durch einen zweiten Entwicklungsprozeß gefördert: Die mittleren Diffusionsstrecken zwischen mütterlichem und kindlichem Blut werden vom 2.–10. Monat von 55,9 μm auf 4,8 μm reduziert, die Diffusionsmöglichkeiten für O_2 und CO_2 allein dadurch um den Faktor 10 verbessert. Die Reduktion der Diffusionsstrecke kann nicht allein ein Ergebnis der Reduktion der mittleren Trophoblastdicke sein. Entscheidender wird sie durch die Zunahme des Kapillarisierungsgrades der Zotten beeinflußt, der vor allem in den im letzten Trimenon entstehenden Terminalzotten extrem hoch ist (Abb. 9-10e). Neben diesen rein strukturellen Parametern sind sicherlich auch primär physiologische und biochemische Leistungssteigerungen des Organs für dessen Effektivitätssteigerung verantwortlich. Diese sind jedoch bis heute nicht entsprechend quantifiziert worden.

Über die Volumen-Zusammensetzung der Placenta am Geburtstermin liegen zahlreiche Angaben vor [vgl. Becker et al. 1981]. Hier soll nur auf wenige Daten eingegangen werden. 45–60% des Volumens der geborenen Placenta entfällt auf die Zotten und damit auf das eigentliche Austauschgewebe. Chorionplatte, Basalplatte, Septen, Inseln und Infarkte, also alle nicht-villösen Gewebsbestandteile, belaufen sich auf 25–30% des Placenta-Volumens. Der stark variierende Rest (10–30%) ist intervillöser Raum mit mütterlichem Blut. Man sollte sich jedoch davor hüten, gerade aus dieser letzten Zahl Rückschlüsse auf die *in-vivo*-Verhältnisse zu ziehen. Wie bereits geschildert, ist die mütterliche Entblutung der Placenta durch die kurzen, offenen Gefäßverbindungen mit der Lösungsfläche sowie durch accidentelle Basalplatten-Einrisse während der Geburt völlig unkontrollierbar. Ob die *in-vivo*-Werte aufgrund der postpartalen Entblutung höher sind, oder ob sie sogar niedriger sind als in der geborenen Placenta, da die wehenbedingte Kompression der Uterusvenen zu einem peripartalen Blutstau in der Placenta führt, ist nicht abzuschätzen. Allein der Vergleich der postpartalen Organdicke von 25 mm mit der wesentlich höheren *in-vivo*-Dicke läßt vermuten, daß der intervillöse Raum *in vivo* wesentlich blutreicher und damit weiter ist als im geborenen Zustand.

Auch die Volumenzusammensetzung der Zotten [Sen et al. 1979] mag von einem gewissen Interesse sein. Am Geburtstermin macht der Trophoblast in allen peripheren Zottenästen, von kleinen Stammzotten bis zu Terminalzotten, ca. 30% aus. Davon sind 3–5% Cytotrophoblast, der Rest Syncytiotrophoblast. Die ca. 70% Zottenstroma bestehen aus Bindegewebe und fetalen Gefäßen, deren Mengenverhältnis in verschiedenen Zottentypen sehr stark variiert (Abb. 9-10). In Terminalzotten ist der fetale Gefäßlumenanteil mit ca. 45% des Zottenvolumens am größten. In den Stammzotten liegt er dank der großen Arterien- und Venenvolumina bei 25–30%. In reifen Intermediärzotten beträgt er nur noch 20–25%, in unreifen Intermediärzotten um 15%. Der verbleibende Rest sind Bindegewebszellen, Bindegewebsfasern, Grundsubstanz und fetale Gefäßwand.

◂
Abb. 9-26a–d. Das lichtmikroskopische Erscheinungsbild der Placenta-Zotten in verschiedenen Stadien der Schwangerschaft. Zu den einzelnen Zottentypen vgl. Abbildung 9-10. 1200:1.

a) 6. Woche: Die einheitlich mesenchymal strukturierten Zotten zeigen ein uncharakteristisches, lockeres Stroma. Rechts unten eine noch nicht mesenchymal umgewandelte Primärzotte, aus der später eine Zellinsel werden wird.

b) 13. Woche: Alle Zotten haben sich zu unreifen Intermediärzotten mit typischem reticulären Stroma entwickelt.

c) 26. Woche: Die Differenzierung in unterschiedliche Zottentypen ist bereits weit fortgeschritten. Man erkennt Stammzotten (links und Mitte), unreife Intermediärzotten (mit reticulärem Bindegewebe, rechts der Mitte) und zahlreiche kleinkalibrige reife Intermediärzotten und Terminalzotten.

d) 38. Woche: Abgesehen von einer großen Stammzotte (links) wird das Bild nun von kleinkalibrigen reifen Intermediärzotten und Terminalzotten beherrscht.

9.12 Die Funktion der reifen Placenta

Wir haben bereits mehrfach auf die funktionelle Vielseitigkeit der Placenta hingewiesen, die während der Schwangerschaft die Aufgaben fast aller noch nicht funktionstüchtiger embryonaler bzw. fetaler Organe übernimmt. Im Vordergrund stehen dabei die Transportaufgaben und die endokrinen Leistungen, die in Abbildung 9-27 stark vereinfacht synoptisch dargestellt sind. Für ausführlichere Darstellungen verweisen wir auf die Monographien von Becker et al. [1981], Wallenburg et al. [1981], Young et al. [1981], Faber und Thornburg [1983] sowie Miller und Thiede [1984].

Der **transplacentare Transport** findet überwiegend in den Placenta-Zotten statt, da diese die einzig ausreichend mütterlich und fetal vaskularisierte Region der Placenta sind. Einige Zahlen sollen das Ausmaß der Durchblutung verdeutlichen: Der fetale Blutstrom durch die Placenta wird mit ca. 115 ml/min/kg Fet angegeben, bei einem arteriellen Mitteldruck in den Nabelarterien von ca. 50 mm Hg. Bezogen auf einen 3000 g wiegenden geburtsreifen Feten bedeutet dieses ein placentares Durchströmungsvolumen von 345 ml/min, bei einem gesamten fetalen Blutvolumen, das etwa den gleichen Betrag ausmacht. Dieses bedeutet, daß der Fetus sein gesamtes Blutvolumen einmal je Minute durch die Placenta pumpt. Diese Tatsache wird vorstellbar, wenn man sich vor Augen hält, daß die Nabelschnurdurchblutung 41–57% des Herzzeitvolumens ausmacht. Die Zahlen für die mütterlichen Durchblutungen erscheinen weniger dramatisch: Das mütterliche Durchströmungsvolumen der Placenta beträgt ca. 150 ml/min/kg Fet, der mittlere Blutdruck in den uterinen Spiralarterien 10–20 mm Hg [Faber und Thornburg 1983].

Die Eihäute sind bei vielen Tieren maßgeblich am Transport beteiligt, spielen beim Menschen aufgrund ihrer schlechten Blutversorgung aber sicher nur eine untergeordnete Rolle. So sind die Diffusionsstrecken vom Endometrium zu den Eihäuten extrem lang, fetale Gefäße fehlen beim Menschen in den Eihäuten vollständig. Es besteht heute einhellig die Meinung, daß die entscheidende Barriere für den transplacentaren Transport der Syncytiotrophoblast der Zotten ist. Alle anderen zellulären Bestandteile der Zotten wie Cytotrophoblast, Bindegewebszellen und auch das fetale Kapillarendothel können parazellulär umgangen werden. Dies gilt für den Cytotrophoblast und das Bindegewebe unabhängig von der Größe der zu transportierenden Moleküle. Die Interzellularspalten des Endothels scheinen – bei einer gewissen Permeabilitätsabhängigkeit von der elektrischen Ladung der Moleküle – in der Regel bis zu einem Molekulargewicht von 10 000 Dalton passierbar zu sein. Größere Moleküle, die nur noch ausnahmsweise durch die Placenta transportiert werden, müssen das Endothel transzellulär überwinden. Da der Syncytiotrophoblast ein zellulär nicht gegliedertes Kontinuum ist, dem unterteilende Interzellularspalten fehlen, werden alle zu transportierenden Substanzen *transsyncytial,* d.h. durch ein apicales Plasmalemm, Cytoplasma und ein basales Plasmalemm transportiert. Hierfür stehen verschiedene Transportmechanismen zur Verfügung.

Diffusion erfolgt ohne Energie-Einsatz und ohne Beteiligung von Trägermolekülen entlang einem Konzentrationsgefälle, d.h. vom Ort der höheren zum Ort der niedrigeren Konzentration. Von der mütterlichen Zirkulation in das fetale Blut diffundieren vor allem Wasser, Sauerstoff, einzelne Vitamine (z.B. Provitamin A) und ein Großteil der im mütterlichen Blut zirkulierenden Medikamente. Das Ausmaß der Diffusion von Medikamenten nimmt mit steigender Molekülgröße ab. In der Gegenrichtung, d.h. von der kindlichen in die mütterliche Zirkulation, diffundieren vorwiegend kindliche Stoffwechselprodukte, die nur über mütterliche Ausscheidungsorgane beseitigt werden können und sich deswegen im kindlichen Blut in höherer Konzentration befinden als im mütterlichen. Hierzu gehören Kohlendioxyd, Bicarbonat-Ionen, Bilirubin und Harnstoff, aber auch Wasser, das in annähernd gleichen Mengen von fetal nach maternal wie umgekehrt diffundiert. Der Netto-Wassertransport ist fast gleich Null, da der fetale Organismus seinen täglichen Wasserzuwachs (ca. 25 ml/Tag) fast allein durch Kohlenhydratverbrennung deckt. Der Umfang des Wasseraustausches in beiden Richtungen, der im Rahmen anderer Transportprozesse als „Begleitwasser" abläuft, ist bislang völlig unbekannt [Faber und Thornburg 1983].

Erleichterte Diffusion, auch Carrier-Transport genannt, kann als ein Kompromiß zwischen Diffusion und aktivem Transport aufgefaßt werden. Das zu transportierende Molekül wird an ein Trägermolekül gekoppelt. Das Ausmaß des Transportes hängt damit von der verfügbaren Menge an Carrier-Molekülen ab, d.h. der Transport kann im Gegensatz zur Diffusion durch Erhöhung der Konzentrationsdifferenz

▸ **Abb. 9-27.** Vereinfachte synoptische Darstellung der verschiedenen Transport- und Sekretions-Leistungen der Placenta. 1 = Syncytiotrophoblast, 2 = Langhanszelle, 3 = Hofbauerzelle im Zottenstroma, 4 = fetales Kapillarendothel. Einzelheiten siehe Text.

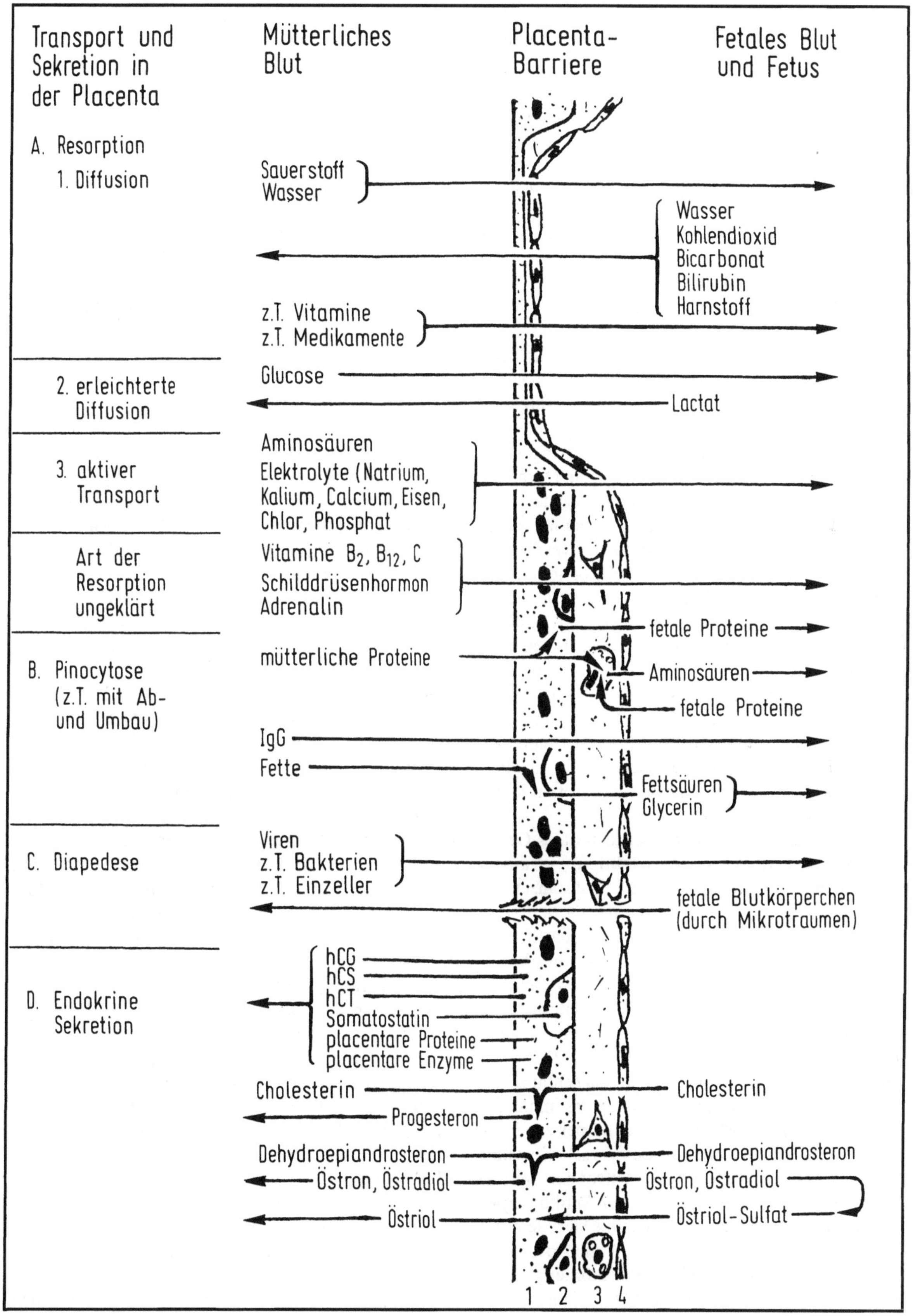
Transport und Sekretion in der Placenta
Mütterliches Blut
Placenta-Barriere
Fetales Blut und Fetus
A. Resorption
1. Diffusion
Sauerstoff
Wasser
Wasser
Kohlendioxid
Bicarbonat
Bilirubin
Harnstoff
z.T. Vitamine
z.T. Medikamente
2. erleichterte Diffusion
Glucose
Lactat
3. aktiver Transport
Aminosäuren
Elektrolyte (Natrium, Kalium, Calcium, Eisen, Chlor, Phosphat
Art der Resorption ungeklärt
Vitamine B_2, B_{12}, C
Schilddrüsenhormon
Adrenalin
fetale Proteine
B. Pinocytose (z.T. mit Ab- und Umbau)
mütterliche Proteine
Aminosäuren
fetale Proteine
IgG
Fette
Fettsäuren
Glycerin
C. Diapedese
Viren
z.T. Bakterien
z.T. Einzeller
fetale Blutkörperchen (durch Mikrotraumen)
D. Endokrine Sekretion
hCG
hCS
hCT
Somatostatin
placentare Proteine
placentare Enzyme
Cholesterin
Cholesterin
Progesteron
Dehydroepiandrosteron
Dehydroepiandrosteron
Östron, Östradiol
Östron, Östradiol
Östriol
Östriol-Sulfat
1 2 3 4

nicht beliebig gesteigert werden. Im Gegensatz zum aktiven Transport wird keine Energie verbraucht. Der Transport kann damit aber auch nicht gegen ein Konzentrationsgefälle erfolgen. Die beiden wesentlichsten durch erleichterte Diffusion transportierten Moleküle sind in materno-fetaler Richtung Glucose und in feto-maternaler Richtung Lactat.

Nach histochemischen Untersuchungen und theoretischen Überlegungen ist davon auszugehen, daß der überwiegende Anteil der Diffusionsvorgänge und des Carrier-Transportes an den sogenannten Epithelplatten (siehe Abschnitt 9.5.2) abläuft, die die geringsten Diffusionsstrecken zwischen beiden Kreisläufen, nämlich 1−2 μm, aufweisen.

Für den **aktiven Transport** werden die zu transportierenden Substanzen nicht nur an Trägermoleküle gekoppelt, sondern es wird auch Energie aufgewendet. Damit kann der Transport auch gegen ein Konzentrationsgefälle, d.h. vom Ort der niedrigen zum Ort der höheren Konzentration, erfolgen. Die für den Transport benötigte Energie setzt das Vorhandensein von Mitochondrien zur Energiegewinnung voraus. Aktiver Transport läuft deswegen in der Regel an dikkeren, organellreichen Syncytiotrophoblast-Abschnitten ab. Auf diese Weise werden vor allem Aminosäuren und Elektrolyte wie Natrium-, Kalium-, Calcium-, Eisen-, Chlor- und Phosphat-Ionen transportiert.

Für mehrere Substanzen wie z.B. die Vitamine B_2, B_{12} und C, und für niedermolekulare Hormone wie Schilddrüsenhormone, Adrenalin und Noradrenalin ist ein Übertritt vom mütterlichen in das kindliche Blut zwar gesichert, die Art der Resorption jedoch ungeklärt oder umstritten.

Pinocytose oder vesikulärer Transport als Gegenstück zur Resorption ist der wichtigste Transportmechanismus für hochmolekulare Substanzen wie Proteine und Fette. Hierfür werden die aufzunehmenden Substanzen in Vesikelform verpackt in das Cytoplasma transportiert. Pinocytose konnte bislang nur in materno-fetaler Richtung nachgewiesen werden [King und Enders 1971]. Ein feto-maternaler vesikulärer Transport scheint im Syncytiotrophoblast nicht zu existieren [Kaufmann et al. 1987]. Nur für eine Molekülart ist bislang ein transplacentarer vesikulärer Transport gesichert; dieses ist das Immunglobulin G (IgG) als wichtigster Antikörper zur Infektionsabwehr. Da der Fetus in der Regel selbst noch nicht mit Bakterien und Viren konfrontiert war, somit selbst noch keine Gelegenheit zur Antikörperproduktion hatte und schließlich wegen Unreife seines Immunsystems auch noch keine Antikörper bilden kann, erhält er auf diese Weise Antikörper gegen all diejenigen Keime von der Mutter „transfundiert", gegen die die Mutter selbst Immunität erworben hatte.

Der selektive vesikuläre IgG-Transport wird wahrscheinlich dadurch ermöglicht, daß der Antikörper bei Aufnahme in pinocytotische Vesikel an der mütterlichen Trophoblast-Oberfläche an Rezeptormoleküle gebunden wird, die ihn bei Passage durch Trophoblast und Zottenstroma vor dem Abbau durch lysosomale Enzyme schützen. Alle anderen per Pinocytose in den Trophoblast aufgenommenen Proteine werden im Trophoblast oder spätestens von den Stroma-Makrophagen (Hofbauerzellen) (vgl. Abschnitt 9.5.2) zu Aminosäuren abgebaut. Letztere werden entweder direkt an die fetale Zirkulation weitergegeben oder noch im Trophoblast durch fetale Nukleinsäuren zu fetalen Proteinen resynthetisiert. Nur in Ausnahmefällen scheinen andere maternale Proteine als IgG intakt in die fetale Zirkulation zu gelangen.

Fetale Proteine, die die fetalen Kapillaren verlassen haben, werden im Normalfall in Ermangelung eines feto-maternalen vesikulären Transportes durch den Trophoblast nicht in die mütterliche Zirkulation überführt, sondern von den Zottenmakrophagen phagocytiert und zu Aminosäuren abgebaut.

Fette werden offensichtlich nur in geringsten Mengen in die Placenta aufgenommen. Auch hierfür steht die Pinocytose zur Verfügung. Nach lysosomalem Abbau zu Glycerin und Fettsäuren können letztere in die fetale Zirkulation weitergeleitet werden. Die Hauptmasse seines Fettzuwachses deckt der Fetus allerdings durch eigene Synthese aus Kohlenhydraten und Aminosäuren.

Wie die aktiven Transportprozesse findet auch die Pinocytose ganz überwiegend außerhalb der Epithelplatten in dicken Syncytiotrophoblastabschnitten statt, da die beteiligten Organellen für Stoffaufnahme und Verarbeitung (Vesikel, Lysosomen) sowie für die Resynthese (rauhes endoplasmatisches Reticulum) viel Cytoplasma-Volumen voraussetzen.

Unter dem Oberbegriff **Diapedese** faßt man den Übertritt von nicht-gelösten, corpusculären Elementen von einer placentaren Zirkulation in die andere zusammen. Der genauere Mechanismus der Diapedese ist vielfach unbekannt. Er besteht zum Teil in einer regelrechten „Durchwanderung" der trennenden Gewebsschichten (viele Keime) oder in einem vesikulären Transport ohne Abbau des Inhaltes (z.B. Viren), zum Teil aber auch in Kurzschlüssen zwischen beiden Zirkulationen durch Mikrotraumen. Es ist bekannt, daß viele Viren und einige Bakterien und Einzeller auf diese Weise die Placenta passieren und damit zu Infektionen des Embryo bzw. des Feten führen können. Klinisch besonders wichtig ist dieses bei einigen Virusinfektionen (z.B. Röteln), die über eine Störung der embryonalen bzw. fetalen Entwicklung Fehlbildungen erzeugen (siehe Kapitel 1.4).

Ein Übertritt von mütterlichen Blutkörperchen in das kindliche Blut ist vielfach diskutiert worden, besonders für Lymphocyten. Heute neigt man zu der Annahme, daß dieses nicht die Regel, sondern bestenfalls die Ausnahme im Falle einer Zerstörung der Zottenoberfläche ist. Aufgrund der geometrischen Gegebenheiten – die fetale Zirkulation befindet sich im Inneren der Zotten unter konkaven Oberflächen, das mütterliche Blut fließt außen um die Zotten, über konvexen Oberflächen – kommt es bei Zottenzerreißungen in der Regel nicht zu einer materno-fetalen Transfusion, sondern zu einem feto-maternalen Blutübertritt. Im Verlaufe der Schwangerschaft ist die **feto-maternale Transfusion** eher die Ausnahme. Durch die mechanische Belastung der Placenta tritt sie während der Geburt und auch bei Fehlgeburten dagegen fast regelmäßig auf. Dabei können etliche Milliliter fetalen Blutes in den mütterlichen Kreislauf transfundiert werden. In der Regel verträgt der mütterliche Organismus dies komplikationslos. Die Mutter baut die fetalen Blutbestandteile im Verlauf einiger Wochen wieder ab. Komplikationen treten vor allem dann auf, wenn die Mutter rh-negativ ist (ihre Erythrocyten den Rhesus-Faktor nicht aufweisen), das Kind aber Rh-positiv ist. In diesem Fall bildet die Mutter bei Kontakt mit den kindlichen Rh-positiven Erythrocyten gegen diese im Verlauf einiger Monate Antikörper (Rh-Antikörper oder Anti-D). Diese Antikörper werden im Falle einer weiteren Schwangerschaft mit einem Rh-positiven Kind per Pinocytose zum Feten transportiert. Dort zerstören sie die fetalen Erythrocyten, gegen die sie gerichtet sind. Das Krankheitsbild, dessen klinische Konsequenzen von mäßiger Schädigung des Kindes bis zu kindlichen Todesfällen reichen, wird als **Rh-Inkompatibilität** bezeichnet. Durch rechtzeitigen Nachweis und gezielte Zerstörung der transfundierten fetalen Rh-positiven Erythrocyten in eine rh-negative Mutter kann man heute der Antikörperbildung vorbeugen (Anti-D-Prophylaxe) und damit die Rh-Inkompatibilität für nachfolgende Schwangerschaften verhindern.

Die **endokrinen Leistungen** der Placenta sind zu komplex, um in diesem Rahmen detailliert besprochen zu werden. Für die ausführliche Behandlung verweisen wir auf Gröschel-Stewart [1981]. Die Placenta produziert eine große Zahl von Hormonen (Peptide, Proteine, Glycoproteine, Steroide), von denen zumindest die wichtigsten offensichtlich überwiegend in die mütterliche Zirkulation sezerniert werden. Nur eines dieser Hormone wird im Zotten-Cytotrophoblast gebildet, nämlich **Somatostatin,** das die Wachstumshormon-Ausschüttung der Hypophyse reguliert. Alle anderen hier zu besprechenden placentaren Hormone werden ausschließlich oder unter wesentlicher Mithilfe des Syncytiotrophoblast synthetisiert. Das **hCG** (humanes Choriongonadotropin) ist vor allem bekannt, weil sein Nachweis dank der Ausscheidung über den mütterlichen Harn als Schwangerschaftstest verwendet wird. Der biologische Sinn des hCG besteht in der Aufrechterhaltung des Corpus luteum im Ovar über den 14. Tag nach dem Eisprung hinaus (vgl. Kapitel 5. Implantationsstadien und frühe Keimesentwicklung). **hCS** (humanes Chorionsomatotropin, Placentalactogen oder hPL) ist unter anderem an der Aktivierung der Lactation in der Milchdrüse beteiligt. Eine weitere Bedeutung als Wachstumshormon wird diskutiert. Seine Rolle als laborchemisch leicht darstellbarer Indikator für die Funktionstüchtigkeit der Placenta ist umstritten. **hCT** (humanes Chorion-Thyreotropin) soll eine dem TSH (Schilddrüsen-stimulierendes Hormon der Hypophyse) vergleichbare Wirkung haben.

Zahlreiche **placentare Proteine** mit den Abkürzungen SP, PP, PAPP und angehängten systematischen Nummern werden ebenfalls in die mütterliche Zirkulation abgegeben, ohne daß ihre funktionelle Bedeutung bis heute im einzelnen geklärt ist. Einige von ihnen können durchaus Hormoncharakter haben. Auch die Bedeutung der Sekretion einiger Enzyme durch den Trophoblast, wie z.B. der hitzestabilen alkalischen Phosphatase, der Oxytozinase und der 17-β-Hydroxysteroiddehydrogenase, ist noch weitgehend ungeklärt.

Die Sekretion der Steroidhormone durch die Placenta, vornehmlich **Progesteron** und **Östrogene,** ist ein sehr komplexes Geschehen, weil die Synthese dieser Hormone in Zusammenarbeit zwischen Mutter, Placenta und Fetus abläuft. So werden z.B. die für die Synthese benötigten Ausgangsmoleküle Cholesterin bzw. Dehydroepiandrosteron von der Mutter bzw. vom Feten synthetisiert, während der Syncytiotrophoblast diese allein oder in Zusammenarbeit mit der fetalen Nebenniere in die Endprodukte umwandelt (Abb. 9-27). Obwohl die funktionelle Bedeutung des Progesteron und der Östrogene im weiblichen Zyklus bekannt ist, ist die Bedeutung ihrer extrem starken Sekretion durch die Placenta im Verlaufe der Schwangerschaft im wesentlichen noch ungeklärt. Zum Teil wird ihr eine physiologische Bedeutung sogar abgesprochen. Andererseits gibt es Hinweise, daß beide Hormone bei der Placenta-Reifung selbst einen regulierenden Einfluß haben (siehe Abschnitt 9.5.5). Die ebenfalls im Syncytiotrophoblast unter Mithilfe des mütterlichen und des fetalen Organismus synthetisierten Corticosteroide werden mit einer Reduktion der Immunabwehr der Mutter während der Schwangerschaft in Zusammenhang gebracht (vgl. Abschnitt 9.13).

Über die geschilderten Transport- und Sekretionsleistungen hinaus ist die Placenta an einer Fülle weiterer Funktionen beteiligt. So bewerkstelligt sie maßgeblich – in Ermangelung einer ordnungsgemäßen Funktion von Lunge und Niere des Feten – dessen **pH-Regulation,** vorwiegend durch Kohlendioxyd-, Bicarbonat- und H-Ionen-Transport. Da der Fetus im Uterus keine effektive Möglichkeit zur Wärmeregulation über seine Haut besitzt, muß auch diese per **Wärmekonvektion** zwischen mütterlichem und fetalem Blut in der Placenta durchgeführt werden. Über **Entgiftungsfunktionen** für fetale Stoffwechselprodukte, fetale und placentare Hormone und evtl. auch Medikamente, die beim geborenen Menschen in der Leber durchgeführt werden, ist bislang fast nichts bekannt. Auch derartige Funktionen müssen in der Placenta lokalisiert werden. In frühen Schwangerschaftsstadien findet in der Placenta, lange vor der entsprechenden Funktionsaufnahme in Leber und Knochenmark, auch die **Haematopoese** statt (siehe Kapitel 14. Blut).

Trotz des Umfanges dieser Aufzählung, die die Funktionen des Magen-Darm-Kanals, der Leber, der Niere, der Lunge, vieler endokriner Drüsen und zum Teil der Haut einschließt, müssen wir davon ausgehen, daß noch längst nicht alle placentaren Funktionen hier beschrieben oder überhaupt bekannt sind. Wie im folgenden Abschnitt zu diskutieren sein wird, wird z.B. durchaus die Placenta auch noch als immunkompetentes Organ diskutiert.

9.13 Immunologie der Placenta

Drei grundverschiedene Themen stehen im Zentrum aller immunologischen Überlegungen zur Placenta [vgl. hierzu wie zu allen unten aufgeführten Details Krieg und Bohn 1981, Miller und Thiede 1984, Hunziker und Wegmann 1987]:

1. Wie wird erreicht, daß die Placenta und der Embryo bzw. Fetus als sogenannte Allotransplantate im Körper der Mutter ohne immunologische Abstoßungsreaktionen ertragen werden?
2. Wie vermittelt die Mutter dem Kind passive Immunität für das erste postnatale Lebensjahr?
3. Ist die Placenta ein immunkompetentes Organ, das in der Lage ist, selbst Antikörper zu bilden?

Placenta und Fetus sind für die Mutter ein **Allotransplantat,** dessen Abstoßung man ohne spezifische Behandlung wie bei allen anderen Allotransplantaten innerhalb von Tagen oder Wochen erwarten müßte, da sie neben genetischen Merkmalen der Mutter auch solche vom Vater besitzen. Entsprechende Abstoßungsreaktionen mögen zwar in den ersten Stadien der Schwangerschaft gelegentlich eine Rolle spielen und zur Ausstoßung der Frucht um den Zeitpunkt der Implantation führen; nach Etablierung der Schwangerschaft mit Ausbildung einer Placenta werden sie jedoch nur in Einzelfällen für Fehl- oder Frühgeburten verantwortlich gemacht. Dieses ist um so verwunderlicher, als die Placenta nicht nur unmittelbaren Wand- und Blutkontakt im Uterus hat, sondern auch zahlreiche Proteine in die mütterliche Zirkulation sezerniert, wie die im vorangehenden Abschnitt beschriebenen Hormone, Enzyme und placentaren Proteine.

Es wurden in der Vergangenheit mehrere Theorien über die Gründe für die immunologisch ungestörte Entwicklung von Placenta und Fetus diskutiert [Einzelheiten siehe Krieg und Bohn 1981, Hunziker und Wegmann 1987]: Der Uterus sei ein privilegiertes Organ für Transplantate; der Antigen-Charakter der Frucht sei noch nicht voll ausgereift; die Placenta sei eine Barriere gegen materno-fetale Immun-Reaktionen; die Immun-Reaktionen der Mutter während der Schwangerschaft wichen vom nicht-schwangeren Zustand dahingehend ab, daß sie die Fruchtentwicklung fördern und nicht behindern; die Immun-Reaktionen der Mutter würden generell in der Schwangerschaft hormonell gedämpft. Keiner von den diskutierten Gründen reicht allein zur Erklärung der Immuntoleranz während der Schwangerschaft aus.

Frühere Annahmen, der Trophoblast, der an den meisten Stellen die Grenzlage zum mütterlichen Gewebe darstellt, enthalte keine als Antigen wirkenden Proteine, sind inzwischen fallengelassen worden. Lediglich eine **verminderte Antigenität** wegen noch unreifer Eiweißstruktur wird für möglich gehalten [Hunziker und Wegmann 1987]. Auch der Nachweis einer dünnen **Schutzschicht** aus Glycoproteinen an der Trophoblastgrenzfläche zum mütterlichen Blut (die sogenannte Glycocalix) sowie von Fibrinoid zwischen mütterlichen und kindlichen Zellen in der Basalplatte kann nicht die alleinige Erklärung sein, obwohl man beiden Substanzen eine immunologische Schutzfunktion zubilligt [Webb et al. 1987]. Denn einmal kommt es vielfach zu Durchbrüchen dieser Schutzschichten mit direkten materno-fetalen Zellkontakten, zum anderen läßt sich durch die Existenz von Immun-Schutzschichten nicht das Tolerieren der placentaren Eiweißsekretion in die mütterliche Zirkulation und sogar die Abgabe ganzer Trophoblastfragmente (Proliferationsknoten) in das mütterliche Blut erklären.

Die Annahme, der Uterus sei ein **privilegiertes Organ** für Transplantate, wie z.B. die Vorderkammer des Auges und die Backentasche des Hamsters, in denen beiden es keine oder fast keine immunologischen Abstoßungsreaktionen gibt, hat sich nicht halten lassen, da experimentell gezeigt wurde, daß der Uterus andere Transplantate als die Placenta schnell abstößt. Die Placenta selbst wird aber sogar außerhalb des Uterus, also bei Extrauterin-Gravidität, z.B. in der Tube, auf dem Ovar oder an den Mesenterien toleriert.

Den bislang aufgeführten Thesen billigt man heute bestenfalls eine begrenzte Bedeutung für die Immuntoleranz zu. Das Hauptgewicht wird auf das Vorliegen **immunsuppressiver Einwirkungen** während der Schwangerschaft gelegt. Man geht davon aus, daß Hormone mit immunsuppressiver Wirkung wie z.B. von der Placenta produzierte Corticosteroide, Chorion-Gonadotropin, Chorion-Somatotropin und Östrogene mögliche Abwehrreaktionen dämpfen. Verstärkt werden soll dieser Effekt durch die Tatsache, daß die Mutter während der ganzen Schwangerschaft einer kontinuierlichen Exposition mit fetalen bzw. placentaren Proteinen ausgesetzt ist und darauf paradoxerweise statt mit erhöhter Abwehr mit **gesteigerter Immuntoleranz** reagiert. Nach Krieg und Bohn [1981] sowie Hunziker und Wegmann [1987] muß das Phänomen der mütterlichen Immuntoleranz gegen Placenta und Fetus durch eine Kombination verschiedener Faktoren erklärt werden, d.h. die gesteigerte Toleranz der Mutter durch kontinuierliche Antigenexposition und die immunsuppressive Wirkung placentarer Hormone machen die Placenta durch ihre ohnehin geringe Antigenität und durch ihre begrenzte Abschottung durch Schutzsubstanzen wie Glycocalix und Fibrinoid für die Mutter immunologisch tolerabel.

Es ist seit langem bekannt, daß dem Feten über die Placenta von der Mutter eine **passive Immunität** vermittelt wird. In den letzten Jahrzehnten wurde mehrfach auf eine materno-fetale Transfusion von Lymphocyten als mögliche Ursache hingewiesen. Die transfundierten mütterlichen Lymphocyten sollten dem Feten als Ersatz für seine eigenen noch immuninkompetenten Lymphocyten Immunkompetenz und damit Antikörperbildung ermöglichen. Nachuntersuchungen der entsprechenden Experimente haben jedoch keinerlei Beweis für eine normalerweise stattfindende materno-fetale Lymphocytentransfusion ergeben. Dieses schließt nicht aus, daß es nicht unter pathologischen Bedingungen, z.B. bei umfangreichen Zerreißungen der Placentar-Schranke, gelegentlich dazu kommen kann.

Bewiesen ist hingegen die Vermittlung passiver Immunität von der Mutter an den Feten durch einen gezielten Transport von Immunglobulin G (IgG), dem wichtigsten Antikörper gegen Bakterien und Viren. IgG wird, wie bereits in Abschnitt 9.12 beschrieben, in der menschlichen Placenta per Pinocytose durch den Syncytiotrophoblast transportiert. Die anderen zellulären Bestandteile zwischen mütterlichem und kindlichem Blut scheinen einem weiteren Transport nicht im Wege zu stehen. Auf diese Weise erhält der Fetus während der Fetalzeit Immunschutz gegen alle Infektionskrankheiten, gegen die auch die Mutter immun war. Nach weitgehender Elimination der transfundierten Antikörper gegen Ende des ersten Lebensjahres ist das fetale Immunsystem so weit gereift, daß es nun bei Keimkontakt eigene Antikörper produzieren kann. Dies erklärt, daß die typischen Kinderkrankheiten, gegen die die Mutter bereits immun war, beim Säugling und Kleinkind in der Regel erst gegen Ende des ersten Lebensjahres oder später auftreten.

Es ist in diesem Zusammenhang vielleicht interessant zu erwähnen, daß Wiederkäuer mit einer epitheliochorialen Placenta keinen IgG-Transfer durch die Placenta aufweisen. Bei ihnen wird die passive Immunität durch Trinken von Muttermilch, die IgG enthält, über den Magen-Darm-Kanal vermittelt.

Die Frage nach der **immunologischen Kompetenz** der Placenta ist zur Zeit noch völlig offen [vgl. Krieg und Bohn 1981]. Ein einzelner Hinweis, daß eine Schwangere mit einer Agammaglobulinämie (also der Unfähigkeit zur Antikörper-Bildung) in den letzten Monaten der Schwangerschaft nach Injektion von Thyphusbakterien Antikörper bildete, ließ den Verdacht aufkommen, daß die Placenta die Quelle dieser Antikörper sei, also über eine eigene Immunkompetenz verfüge. Dieser Verdacht wurde durch die Beobachtung verstärkt, daß der Fetus in diesem Falle selbst keine Antikörper aufwies und daß die gleiche Patientin nach der Geburt keine Antikörper mehr bilden konnte. Der experimentelle Beweis, die Placenta *in vitro* Immunglobuline synthetisieren zu lassen, ist jedoch bis heute nicht gelungen. Eine ganze Reihe von Hinweisen auf Immunkompetenz der Placenta im Tierreich, vor allem bei der Maus, sind untereinander zum Teil zu widersprüchlich, als daß man hieraus Rückschlüsse vor allem für den Menschen ziehen dürfte.

9.14 Literaturverzeichnis

Bacon BJ, Gilbert RD, Kaufmann P, Smith AD, Trevino FT, Longo LD (1984) Placental anatomy and diffusing capacity in guinea pigs following long-term maternal hypoxia. Placenta 5:475–488

Bargmann W, Knoop A (1959) Elektronenmikroskopische Untersuchungen an Plazentarzotten des Menschen. Bemerkungen zum Synzytiumproblem. Z Zellforsch 50:472–493

Becker V (1981) Pathologie der Ausreifung der Plazenta. In: Becker V, Schiebler TH, Kubli F (Hrsg) Die Plazenta des Menschen. Thieme, Stuttgart New York, S 266–280

Becker V, Schiebler TH, Kubli F (Hrsg) (1981) Die Plazenta des Menschen. Thieme, Stuttgart New York

Benirschke K, Driscoll SG (1967) The pathology of the human placenta. Springer, Berlin Heidelberg New York

Boyd JD, Hamilton WJ (1970) The human placenta. Heffer, Cambridge

Dantzer V, Leiser R, Kaufmann P, Luckhardt M (1988) Comparative morphological aspects of placental vascularization. Trophoblast Res 3:221–244

Enders AC (1965) A comparative study of the fine structure of the trophoblast in several hemochorial placentas. Am J Anat 116:29–67

Faber JJ, Thornburg KL (1983) Placental physiology. Structure and function of fetomaternal exchange. Raven, New York

Gröschel-Stewart U (1981) Plazenta als endokrines Organ. In: Becker V, Schiebler TH, Kubli F (Hrsg) Die Plazenta des Menschen. Thieme, Stuttgart New York, S 217–233

Grosser O (1909) Vergleichende Anatomie und Entwicklungsgeschichte der Eihäute und der Placenta mit besonderer Berücksichtigung des Menschen. Braumüller, Wien

Hertig AT (1960) La nidation des oeufs humains fécondes normaux et anormaux. In: Ferin J, Gaudefroy M (eds) Les fonctions de nidation utérine et leurs troubles. Masson, Paris, pp 169–213

Hunziker RD, Wegmann TG (1987) Placental immunoregulation. Crit Rev Immunol 6/3:245–285

Kaufmann P (1981a) Functional anatomy of the non-primate placenta. Placenta Suppl 1:13–28

Kaufmann P (1981b) Entwicklung der Placenta. In: Becker V, Schiebler TH, Kubli F (Hrsg) Die Plazenta des Menschen. Thieme, Stuttgart New York, S 13–50

Kaufmann P (1981c) Fibrinoid. In: Becker V, Schiebler TH, Kubli F (Hrsg) Die Plazenta des Menschen. Thieme, Stuttgart New York, S 101–111

Kaufmann P (1982) Development and differentiation of the human placental villous tree. In: Kaufmann P, King BF (eds) Structural and functional organization of the placenta. Bibl Anat 22:29–39

Kaufmann P (1983) Vergleichend-anatomische und funktionelle Aspekte des Placenta-Baues. Funkt Biol Med 2:71–79

Kaufmann P (1985) Basic morphology of the fetal and maternal circuits in the human placenta. In: Schneider H, Dancis J (eds) In vitro perfusion of human placental tissue. Contrib Gynecol Obstet 13:5–17

Kaufmann P, Sen DK, Schweikhart G (1979) Classification of human placental villi. I: Histology. Cell Tissue Res 200:409–423

Kaufmann P, Schroeder H, Leichtweiss HP, Winterhager E (1987) Are there membrane-lined channels through the trophoblast? A study with lanthanum hydroxide. Trophoblast Res 2:557–571

King BF (1982) Comparative anatomy of the placental barrier. In: Kaufmann P, King BF (eds) Structural and functional organization of the placenta. Bibl Anat 22:13–28

King BF, Enders AC (1971) Protein absorption by the guinea pig chorioallantoic placenta. Am J Anat 130:409–430

Krieg H, Bohn H (1981) Immunologie der Plazenta. In: Bekker V, Schiebler TH, Kubli F (Hrsg) Die Plazenta des Menschen. Thieme, Stuttgart New York, S 234–250

Miller RK, Thiede HA (1984) Fetal nutrition, metabolism and immunology. The role of the placenta. Trophoblast Res 1:1–387

Moll W (1981a) Theorie des plazentaren Transfers durch Diffusion. In: Becker V, Schiebler TH, Kubli F (Hrsg) Die Plazenta des Menschen. Thieme, Stuttgart New York, S 129–139

Moll W (1981b) Physiologie der maternen plazentaren Durchblutung. In: Becker V, Schiebler TH, Kubli F (Hrsg) Die Plazenta des Menschen. Thieme, Stuttgart New York, S 172–194

Mossman HW (1937) Comparative morphogenesis of the fetal membranes and accessory uterine structures. Contrib Embryol Carnegie Inst 26:129–246

Ramsey EM (1982) The placenta. Human and animal. Praeger, New York

Schiebler TH, Kaufmann P (1981) Reife Plazenta. In: Bekker V, Schiebler TH, Kubli F (Hrsg) Die Plazenta des Menschen. Thieme, Stuttgart New York, S 51–100

Schuhmann R (1981) Plazenton: Begriff, Entstehung, funktionelle Anatomie. In: Becker V, Schiebler TH, Kubli F (Hrsg) Die Plazenta des Menschen. Thieme, Stuttgart New York, S 199–207

Sen DK, Kaufmann P, Schweikhart G (1979) Classification of human placental villi. II: Morphometry. Cell Tissue Res 200:425–434

Strauß F (1967) Die normale Anatomie der menschlichen Placenta. In: Uehlinger E (Hrsg) Handbuch der Speziellen Pathologischen Anatomie und Histologie Bd VII/5. Springer, Berlin Heidelberg New York

Torpin R (1969) The human placenta. Thomas, Springfield, Ill.

Wallenburg HCS, van Kreel BK, van Dijk JP (1981) Transfer across the primate and non-primate placenta. Placenta Suppl 1:1–189

Webb PD, Hole N, McLaughlin PJ, Stern PL, Johnson PM (1987) Biochemical and immunological aspects of the human trophoblast cell surface. Trophoblast Res II:3–15

Wynn RM (1968) Morphology of the placenta. In: Assali NS (ed) Biology of gestation, vol I. Academic Press, New York, pp 93–184

Young M, Boyd RDH, Longo LD, Telegdy G (1981) Placental transfer: methods and interpretations. Placenta Suppl 2:1–250

10. Cardio-vaskuläres System

G. Steding, W. Seidl, mit einem Beitrag von B. Christ (Abschnitt 10.1)

10.1 Grundlagen der embryonalen Gefäßbildung

B. Christ

Die Bildung der intraembryonalen Blutgefäße beginnt bei menschlichen Embryonen zu Beginn der 3. Woche (STADIUM 8) [O'Rahilly und Müller 1987]. Zunächst werden im ventralen Umfang des Dottersackes lokal abgegrenzte, mesodermale Zellhaufen sichtbar, die das Endoderm vorbuckeln [Evans 1911]. Die Zellen dieser extraembryonal gelegenen mesodermalen Kondensationen werden als „Hämangioblasten" bezeichnet, da aus ihnen sowohl die primitiven Blutzellen *(Hämocytoblasten)* wie die endothelbildenden Zellen *(Angioblasten)* hervorgehen. Aus den knotenförmigen Zellansammlungen, die durch eine enge Lagebeziehung zum Endoderm gekennzeichnet sind, entwickeln sich die sogenannten *Blutinseln* [Evans 1911, Sabin 1917]. Dabei runden sich die zentral gelegenen Zellen ab und differenzieren sich zu Vorläufern von Blutzellen, während sich die peripheren Zellen zu abgrenzenden Endothelien zusammenlagern (Abb. 10-1).

Die so entstandenen relativ weitlumigen Säckchen gehen Verbindungen miteinander ein. Durch die Vielzahl derartiger Kommunikationen und ein weiteres Wachstum der Gefäßanlagen entsteht ein Kapillarnetz. Nach experimentellen Untersuchungen an Hühnerkeimscheiben, bei denen das Endoderm und das Ektomesoderm der blut- und gefäßbildenden Dottersackareale separiert und getrennt kultiviert wurden, erfolgt die Endothelzelldifferenzierung nur, wenn die hämangiogenetischen Zellen mit dem Endoderm interagieren [Wilt 1965, Miura und Wilt 1969].

Beim menschlichen Embryo sind neben den Gefäßanlagen in der Dottersackwand auch sehr früh Kapillaren im Chorion und im Haftstiel nachweisbar. *Intraembryonale* Blutgefäße entwickeln sich bereits vor der Bildung der ersten Somiten aus Angioblasten, die innerhalb der Splanchnopleura gelegen sind. Erst später treten auch Angioblasten in der Somatopleura auf. Zunächst erfolgt die Gefäßbildung von lateral nach medial, später immer in Richtung auf die Zuwachsgebiete. Die Abbildung 10-2 zeigt die mit einem monoclonalen Antikörper markierten Angioblasten

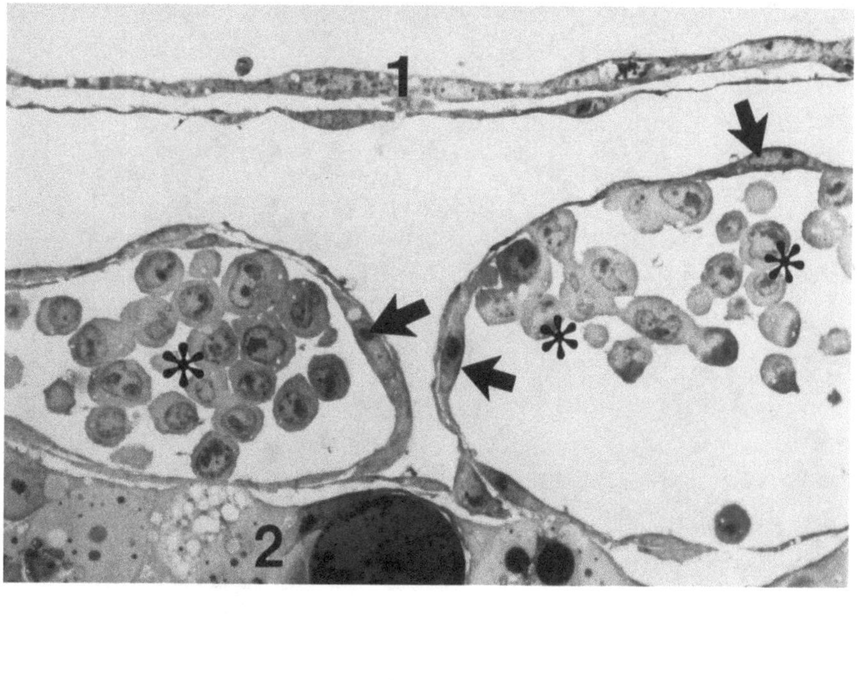

Abb. 10-1. Semidünnschnitt vom Dottersack eines Hühnerembryo während des 2. Bebrütungstages. 1 = Ektoderm, 2 = Endoderm, Sterne: Hämocytoblasten in den Blutinseln, Pfeile: Angioblasten im Endothel (Präparat von I. Flamme, Bochum). ca. 660 : 1

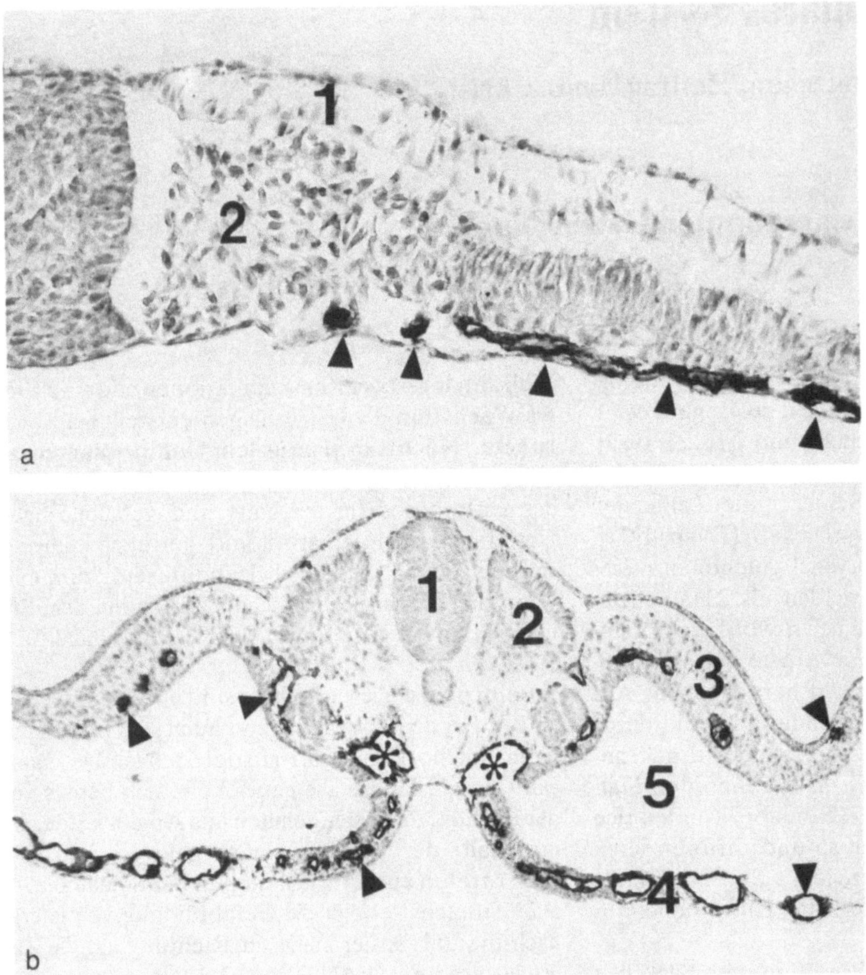

Abb. 10-2a, b. a) Transversalschnitt durch das caudale Körperende eines Wachtelembryo während des 2. Bebrütungstages. 1 = Ektoderm, 2 = paraxiales Mesoderm. Die angioblastischen Zellen (Pfeile) in der Splanchnopleura sind mit dem monoclonalen Antikörper anti-MB 1 markiert, für dessen Überlassung ich herzlich Dr. B. M. Péault, Nogent-sur-Marne, danke. ca. 330 : 1; **b)** Transversalschnitt durch einen Wachtelembryo des 3. Bebrütungstages. 1 = Neuralrohr, 2 = Somit, 3 = Somatopleura, 4 = Splanchnopleura, 5 = Coelom, Sterne: Aorta, Pfeile: über anti-MB 1 gefärbte Endothelzellen. ca. 125 : 1

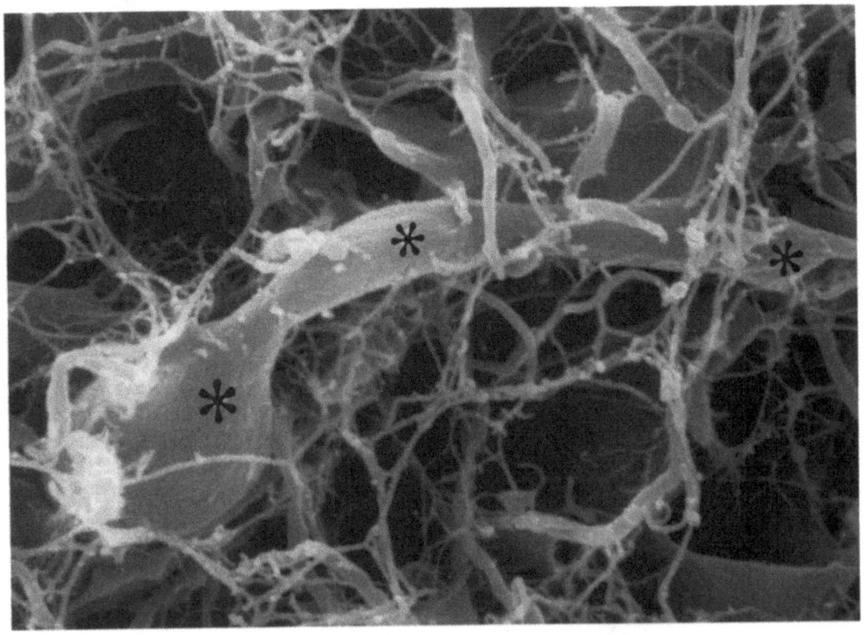

Abb. 10-3. Rasterelektronenmikroskopische Aufnahme eines intraembryonalen Angioblasten: Sterne (Präparat und Aufnahme: Dr. H. J. Jacob, Bochum) ca. 6000 : 1

bei zwei Wachtelembryonen in unterschiedlichen Entwicklungsstadien. Ob die intraembryonal in Erscheinung tretenden Angioblasten eingewanderte Tochterzellen der zuvor extraembryonal gelegenen Gefäßzellen sind, oder ob sie sich intraembryonal *in situ* aus Mesodermzellen differenzieren, kann zur Zeit noch nicht definitiv entschieden werden. Immunhistochemische Untersuchungen an jungen Wachtelembryonen [Pardanaud et al. 1987, Coffin und Poole 1988] legen die Vermutung nahe, daß die intraembryonale Gefäßbildung durch Einwanderung determinierter Angioblasten erfolgt, die dem Dottersack entstammen. Es kann jedoch nicht ausgeschlossen werden, daß zumindest in jungen Embryonen ortsständige Mesodermzellen in die endothelialen Zellverbände miteinbezogen werden. Die Hypothese, daß die Angioblasten sehr früh eine eigenständige Zell-Linie darstellen, geht auf His [1900] zurück, während andere Autoren [z.B. Hahn 1908, Reagan 1917, Sabin 1920, Benninghoff 1930] die Meinung vertraten, daß auch intraembryonale Mesodermzellen zur angiogenetischen Differenzierung befähigt seien. Wenn der Herzschlauch und die dorsalen Aorten einmal gebildet sind, kann wohl davon ausgegangen werden, daß – wie im adulten Organismus – Endothelzellen nur noch aus Endothelzellen entstehen [Evans 1911].

Für die Gefäßbildung sind mehrere Entwicklungsschritte von Interesse. Angesichts der großen Anzahl von Gefäßen und der Dichte von Kapillaren ist von einer beträchtlichen Vermehrung angioblastischer Zellen auszugehen. Nach Folkman [1986] ist die Masse der Endothelzellen eines 70 kg schweren Menschen mit ungefähr 2 kg zu veranschlagen.

Die Besiedlung der Organanlagen mit Angioblasten erfolgt durch **Migration,** wobei die Zellen ihren Weg und das Ziel erkennen müssen. Ein Kontrollfaktor dieser Prozesse dürfte in Zell-Substrat- und möglicherweise in Zell-Zell-Interaktionen zu sehen sein. Nach den Befunden von Risau und Lemmon [1988] kommt dem *Fibronectin,* das von „Pionierangioblasten" selbst sezerniert wird, für die Migration der Zellen eine Bedeutung zu. Christ et al. [1988] haben gezeigt, daß nach intraembryonalen Mikroinjektionen eines synthetischen Pentapeptids (Fa. Hoechst), dessen Sequenz Arg-Gly-Asp die Fibronectinrezeptoren der Angioblasten besetzt, die Migration der Zellen gehemmt werden kann. Dieser Befund steht mit den Ergebnissen von Cheresh [1987] im Einklang, wonach Endothelzellen einen Adhäsionsrezeptorkomplex exprimieren, der Arg-Gly-Asp bindet.

Ob die Angioblasten als Einzelzellen oder nur in Form von Zellsträngen wandern, kann derzeit noch nicht definitiv beurteilt werden. Der Begriff der „Sprossung" ist jedenfalls für die Beschreibung der Ausbreitungsmechanismen der embryonalen Gefäßanlagen nicht mehr treffend. Heute ist es möglich, mit einem goldmarkierten monoclonalen Antikörper,

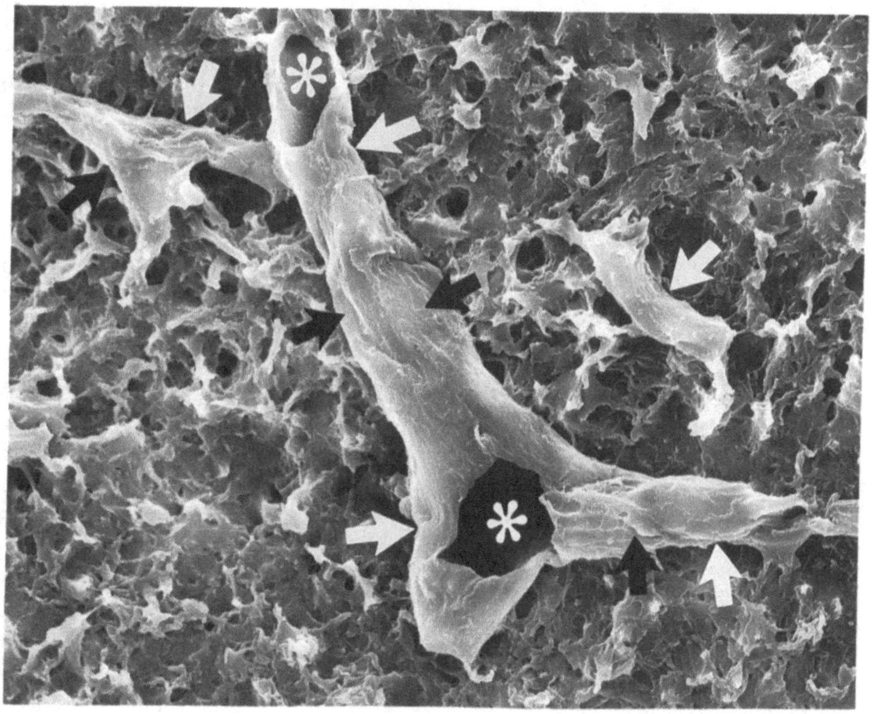

Abb. 10-4. Rasterelektronenmikroskopische Aufnahme von Angioblasten im Stadium der Gefäßbildung. Sterne: Gefäßlumina, Pfeile: Angioblasten (Präparat und Aufnahme: Dr. H. J. Jacob, Bochum) ca. 1000 : 1

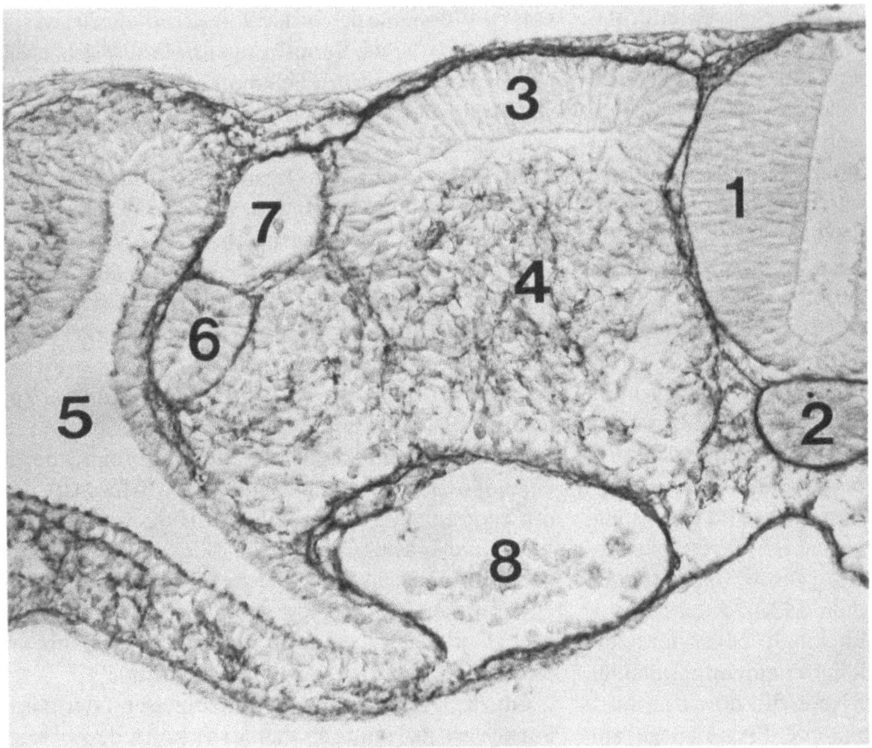

Abb. 10-5. Transversalschnitt von einem Hühnerembryo nach Behandlung mit Anti-Fibronectin und Peroxidase-Färbung. 1 = Neuralrohr, 2 = Chorda dorsalis, 3 = Dermatom, 4 = Sclerotom, 5 = Coelom, 6 = Wolffscher Gang, 7 = Urnierenvene, 8 = Aorta. Die schwarzen Strukturen stellen Fibronectin dar. ca. 360 : 1

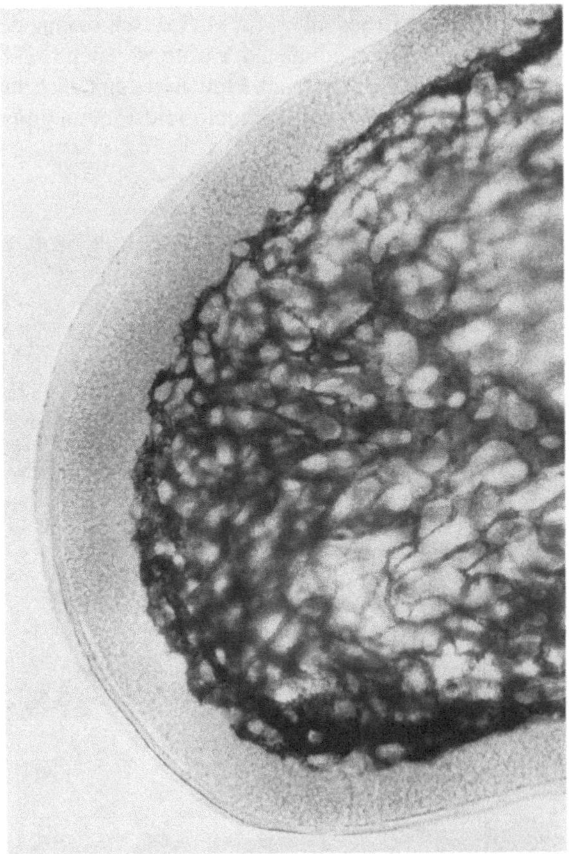

Abb. 10-6. Flügelknospe eines Hühnerembryo nach intravaskulärer Tuscheinjektion. Beachte die Kapillarnetze und die periphere gefäßfreie Zone. ca. 100 : 1

der selektiv an angioblastische Zellen bindet, Vorläufer der Endothelzellen zu identifizieren und ihre Ultrastruktur zu untersuchen. Die Abbildung 10-3 zeigt die rasterelektronenmikroskopische Aufnahme eines intraembryonalen Angioblasten. Es handelt sich dabei häufig um sehr langgestreckte, verzweigte Zellen, die eine auffallend glatte Oberfläche aufweisen [Hirakow und Hiruma 1981].

Für die Wanderungsrichtung angioblastischer Zellen ist die Beschreibung angiogener Faktoren von Interesse, die von verschiedenen Geweben produziert werden und auch die Gefäßbildung stimulieren. So hat Folkman [1985] einen Tumor Angiogenic Factor (TAF) nachgewiesen. Es wurden weiterhin angiogene Faktoren beschrieben, die von der sich entwikkelnden Niere [Risau und Ekblom 1985] und der Anlage des ZNS [Risau 1986] gebildet werden. Derartige Untersuchungen sind von großem klinischen Interesse, da bei verschiedenen Krankheitsbildern die Möglichkeiten einer Förderung oder aber einer Hemmung der Gefäßbildung wesentliche therapeutische Maßnahmen darstellen könnten.

Bestimmte Gewebe, wie z.B. das Knorpelblastem, werden gar nicht vaskularisiert, oder aber es gehen hier die zuvor im Anlagegebiet vorhandenen Gefäßanlagen zugrunde. Es ist nachgewiesen, daß derartige Gewebe Faktoren bilden, die das Einwachsen von Gefäßanlagen hemmen [Eisenstein et al. 1973, Kaminski et al. 1978]. Weitere die Gefäßbildung hemmende Faktoren sind *Protamin* [Taylor und Folkman

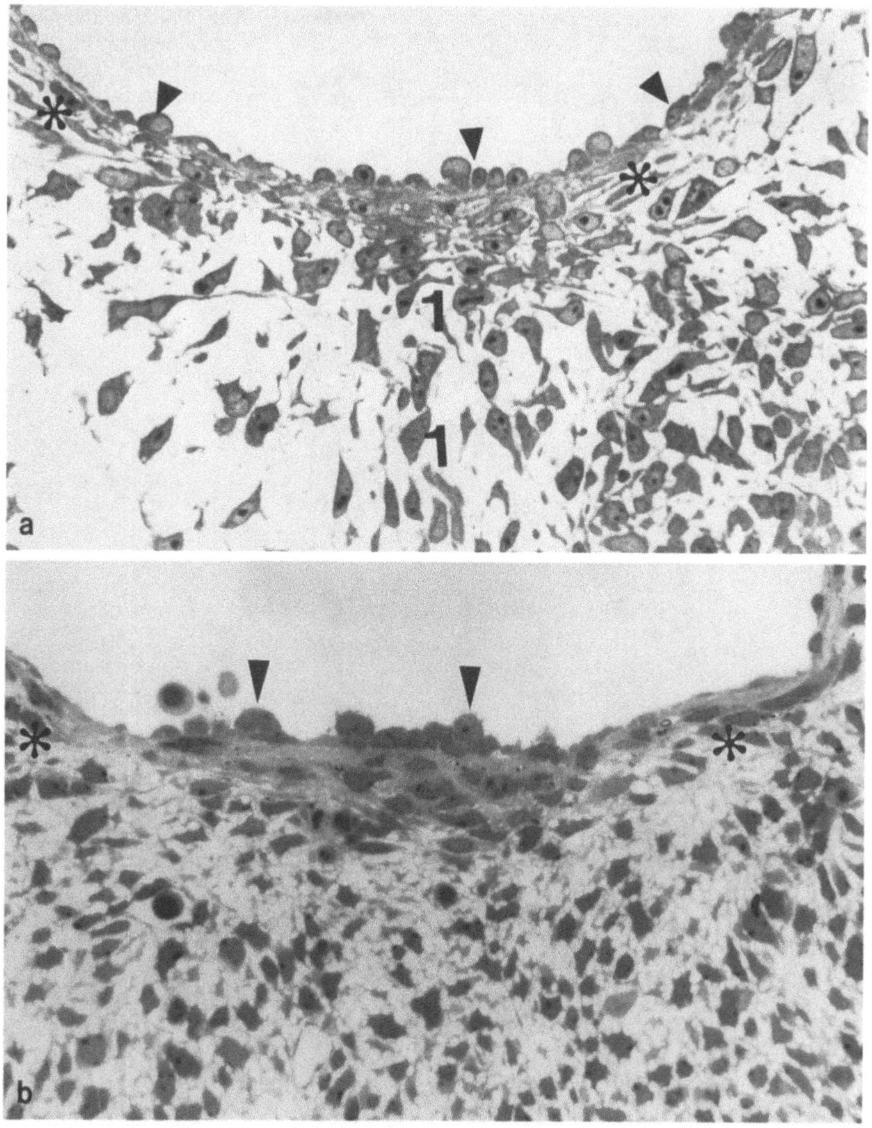

Abb. 10-7a, b. a) Ventraler Wandabschnitt der Aorta eines 4 Tage alten Hühnerembryo. Pfeile: Endothelzellen, Sterne: zirkulär ausgerichtete subendotheliale Zellen. Bei 1 wurden hämopoetische Zellen abgegliedert (Semidünnschnitt. Aufnahme: Dr. M. Jacob, Bochum) ca. 420 : 1; **b)** Semidünnschnitt durch die Aorta eines menschlichen Embryo im STADIUM 14 (6,8 mm). Bezeichnung wie in a). (Präparat und Aufnahme: Prof. Hinrichsen, Bochum) 475 : 1

1982] bzw. *Corticosteroide,* die in Gegenwart von Heparin wirken [Crum et al. 1985]. Eine gezielte Unterdrückung lokaler Gefäßbildung könnte einmal für die Tumortherapie große Bedeutung erlangen.

Die Frage, wie aus Angioblasten ein *Endothelrohr* entsteht (Vasculogenese), ist ebenfalls im Zusammenhang mit der Angiogenese von Interesse. Über die morphogenetischen Mechanismen, die diesem Entwicklungsschritt zugrunde liegen, bestehen kontroverse Auffassungen. Nach den Vorstellungen von Speidel [1933] sowie Folkman und Haudenschild [1980] bilden sich in angioblastischen Zellen bzw. ihren Fortsätzen Vacuolen aus. Die benachbarten vacuolisierten Zellen sollen sich dann aneinanderlagern und durch Zusammenfließen der Vacuolen Gefäßlumina entstehen lassen. Für diesen Mechanismus einer „intrazellulären" Vasculogenese haben sich beim Embryo keine Hinweise ergeben. Für die embryonale Vasculogenese kann als sicher gelten, daß sie „extrazellulär" erfolgt [Hirakow und Hiruma 1981, 1983]. Danach lagern sich benachbart liegende Angioblasten zusammen, bilden Kontakte aus und begrenzen das Kapillarlumen (Abb. 10-4). Alle Gefäße werden zunächst als einfache Endothelrohre angelegt, die nur von einer zarten extrazellulären Matrix umgeben werden (Abb. 10-5).

Die Gefäßanlagen bilden charakteristische Muster aus, die im Verlauf der Embryonalentwicklung, nicht zuletzt durch den Einfluß von hämodynamischen Faktoren, aus dem Plexusstadium (Abb. 10-6) zu Gefäßstämmen heranwachsen. Ortsständige Zellen differenzieren sich zu *Pericyten* sowie zu den *Fibrobla-*

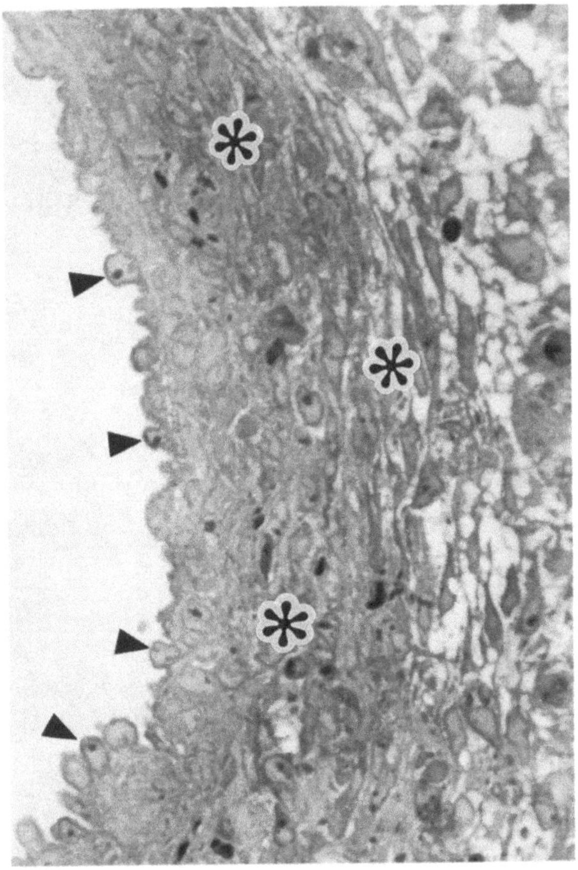

Abb. 10-8. Semidünnschnitt von der Aorta eines Hühnerembryo während des 6. Bebrütungstages. Pfeile: Endothelzellen. Sterne: Zellen der Media (Aufnahme: Dr. M. Jacob, Bochum) ca. 500 : 1

Abb. 10-9a, b. a) Paramedianer Semidünnschnitt von einem Hühnerembryo des 2. Bebrütungstages. 1 = Somiten, 2 = Ektoderm, 3 = Aorta. Sterne: segmentale Aortenäste. Beachte das Gefäßendothel. ca. 320 : 1;
b) Tuscheinjizierter Hühnerembryo am 4. Bebrütungstag. Beachte die segmentalen Äste der Aorta (Sternmarkierung). ca. 65 : 1

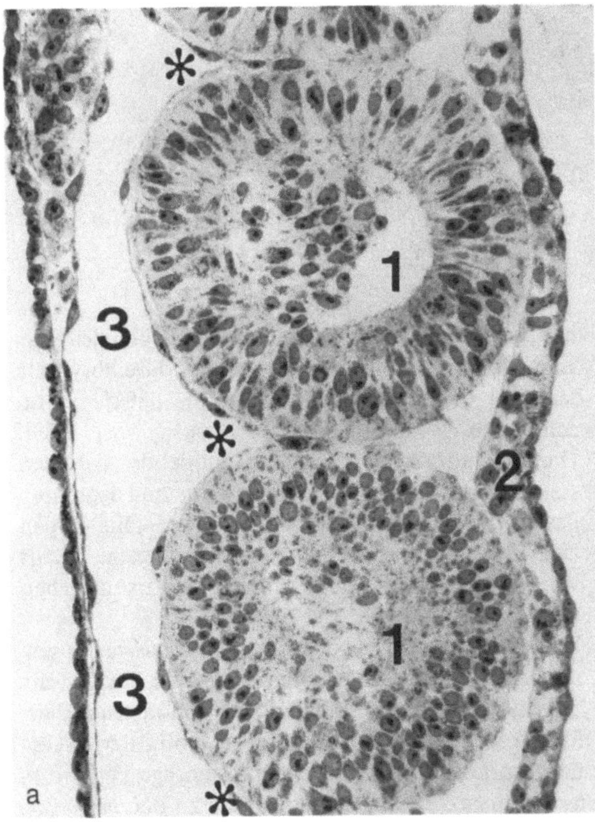

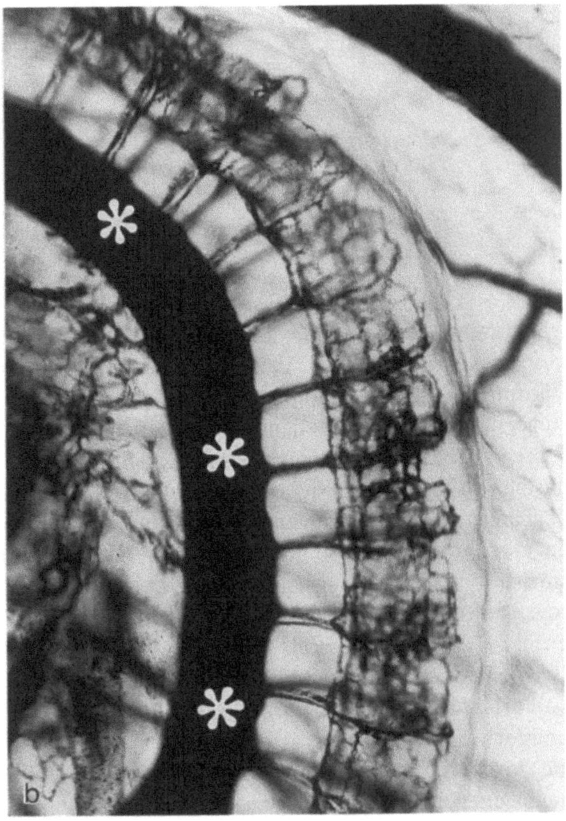

sten und *glatten Muskelzellen* des subendothelialen Gefäßwandanteils (Abb. 10-7; vgl. auch Abb. 10-62). Das frühe Stadium der Mediaentwicklung ist durch eine Verdichtung und zirkuläre Ausrichtung der paraendothelialen Zellen gekennzeichnet (Abb. 10-8). Auch die extrazelluläre Matrix zeigt Veränderungen. So steht beispielsweise das Auftreten von *Laminin* in der Gefäßwand in zeitlichem Zusammenhang mit ihrer späteren Differenzierung [Risau und Lemmon 1988]. Die Aortenwand weist im übrigen die Besonderheit auf, daß sich aus ihr hämopoetische Zellen abgliedern (Abb. 10-7), aus denen sich auch monocytäre Makrophagen differenzieren [Cormier et al. 1986, Cormier und Dieterlen-Lièvre 1988].

Nicht alle Gefäßanlagen durchlaufen ein Kapillarnetzstadium. Die dorsalen Aortenäste entstehen beispielsweise von Anfang an in segmentaler Folge zwischen den Somiten (Abb. 10-9). Wie experimentelle Untersuchungen an Hühnerembryonen ergeben haben, sind diese Gefäßmuster ursächlich durch die Somitenmetamerie bestimmt [Christ et al. 1979]. Die Determination der organtypischen Gefäßmuster und Kapillartypen erfolgt durch das Organgewebe. Wilting [1988] hat bei Vogelchimären Epithel des Plexus choroideus mit Gefäßbindegewebe der Körperwand kombiniert und danach eine plexustypische Kapillarstruktur nachweisen können.

Kinetik und Verhalten der embryonalen Angioblasten und Endothelzellen lassen noch viele Fragen offen. Eine merkwürdige Beobachtung wurde von Christ et al. [1988] sowie von Christ und Wachtler [1988] mitgeteilt: Nach Transplantationen einer Fuß- oder Handanlage vom Wachtelembryo auf das Hühnchen wandern aus dem Transplantat Endothelzellen innerhalb des Endothelzellverbandes retrograd in den arteriellen Gefäßen bis in die Aorta. Die Abbildung 10-10 zeigt eine derartige Aorta, deren eingewanderte Endothelzellen durch Markierung mit einem wachtelspezifischen monoclonalen Antikörper dargestellt sind. Über die entwicklungsbiologische Bedeutung dieser Endothelzellmigration ist bisher nichts bekannt.

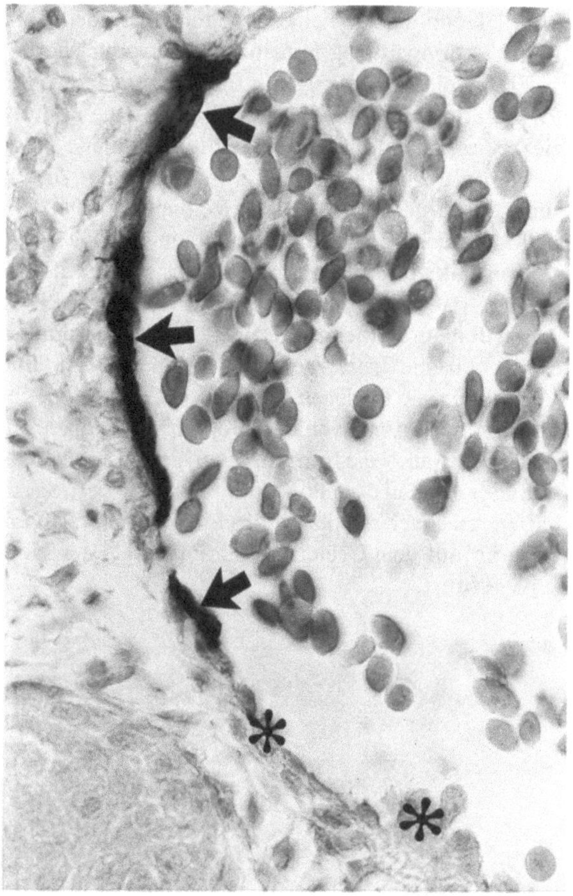

Abb. 10-10. Aorta einer Huhn-Wachtel-Chimäre. Pfeile: mit anti-MB1 gefärbte Wachtelendothelzellen, Sterne: Hühnchenendothelzellen. ca. 430 : 1

10.2 Entstehung des Herzens

Das Herz ist das zentrale Organ des Kreislaufsystems. Es wird zum aktiven Motor der Zirkulation und stellt zugleich den primären Zusammenhang zwischen Arterien (Ausflußbahn) und Venen (Einflußbahn) her. In der Peripherie des Körpers entstehen dagegen die Anlagen von Arterien und Venen in gesonderten Regionen und haben zunächst keine Verbindung miteinander.

Die Beschreibung der Herzentwicklung, beginnend von seiner Entstehung etwa gegen Ende der 3. Woche bis zum Abschluß der Septierungen etwa in der 8. Woche, in systemische, pulmonale, atriale und ventrikuläre Regionen, bietet in mancherlei Hinsicht Schwierigkeiten.

Das Herz ist das erste in sichtbarer Funktion stehende Organ des Embryo. Damit ist es nicht nur Form- und Größenänderungen, sondern auch einem funktionell bedingten Gestaltwandel (Systole/Diastole) unterworfen. Der Einfluß des momentanen Kontraktionszustandes auf das Erscheinungsbild der inneren und äußeren Form des embryonalen Herzens ist so beträchtlich, daß z.B. eine Einteilung und Beurteilung eng beieinander liegender Entwicklungsstadien häufig nur dann korrekt vorgenommen werden kann, wenn die Möglichkeit gegeben ist, identische Kontraktionszustände miteinander zu vergleichen.

Eine weitere Schwierigkeit für das Verständnis der formalen Genese des Herzens bieten seine komplizierte innere und äußere räumliche Gestalt und deren Veränderungen, die sich bei ausschließlicher Untersuchung mit den Mitteln der zweidimensionalen Histologie auch dem Geduldigsten kaum erschließen.

Nomenklaturprobleme haben ferner dazu beigetragen, daß auch heute noch „die Herzentwicklung ... zu den am schwierigsten zu verstehenden Kapiteln der Anatomie" gerechnet wird [Lippert 1982]. Die Versuche, alle Regionen des Herzens eines Erwachsenen schon im embryonalen Herzen zu identifizieren und damit auch die Nomenklatur des ausgewachsenen Herzens auf das embryonale Herz zu übertragen, haben zu einer wahrhaft babylonischen Sprachverwirrung auf dem Gebiet der Embryologie des Herzens geführt.

Da bei der Entstehung der Herzanlage das Serosa-Epithel der Pericardhöhle (der ersten embryonalen Leibeshöhle) eine wichtige Rolle spielt, soll zunächst deren Entstehung und Frühentwicklung besprochen werden.

10.2.1 Entstehung und Frühentwicklung der Pericardhöhle

Die Pericardhöhle entsteht wie die übrigen Regionen der Leibeshöhle durch Koaleszens kleinster Flüssigkeitsherde im Mesenchym [Orts Llorca 1934, Kaufman und Navaratnam 1981]. Das Anlagegebiet der Pericardhöhle und des Herzens, die früher sogenannte „cardiogene Platte", liegt in dem Mesenchym, das rostro-ventral der Buccopharyngealmembran lokalisiert ist und nach caudal vom Endoderm, nach ro-

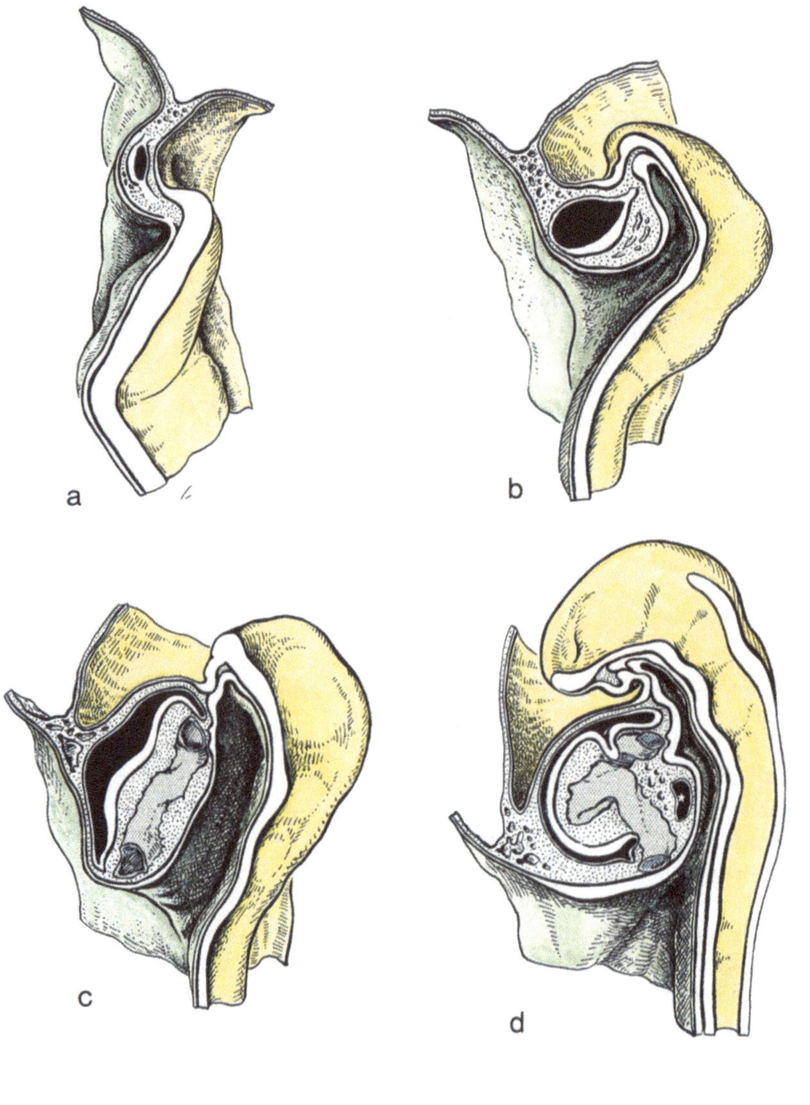

Abb. 10-11a–d. Anlageregion und frühe Lageentwicklung des Herzens, ca. 50 : 1. Die Embryonen sind in der Medianlinie geschnitten. Das Endoderm des Embryo und das des Dottersacks ist grün, das Ektoderm des Embryo und des Amnion ist gelb dargestellt. Die Pericardhöhle ist schwarz.
a) Entstehung der Pericardhöhle in dem von Endoderm, Ektoderm und extraembryonalem Coelomepithel begrenzten Mesenchymkörper. Beginnender Descensus der oberen Darmpforte (Stadium 9; 1,5 mm).
b) Mit der Abfaltung des Kopfes entsteht die ektodermale ventrale Körperwand über der Pericardhöhle. Der Descensus der Darmpforte ist fortgeschritten. Das Herzlumen ist in der plexiformen Phase (Stadium 10; 1,5 mm).
c) Die Abfaltung des Kopfes und Halses ist fortgeschritten. Die vordere Halswand ist über der Pericardhöhle nahezu vollständig von Ektoderm gebildet. Stadium des Herzschlauchs (Stadium 10; 2 mm).
d) Stadium des schleifenförmigen Herzens. Beginn der Perforationen im dorsalen Mesocard (*) (Stadium 11; 2,4 mm)
(a–c: Umzeichnung nach Davis 1927; d: Umzeichnung nach Heuser 1930)

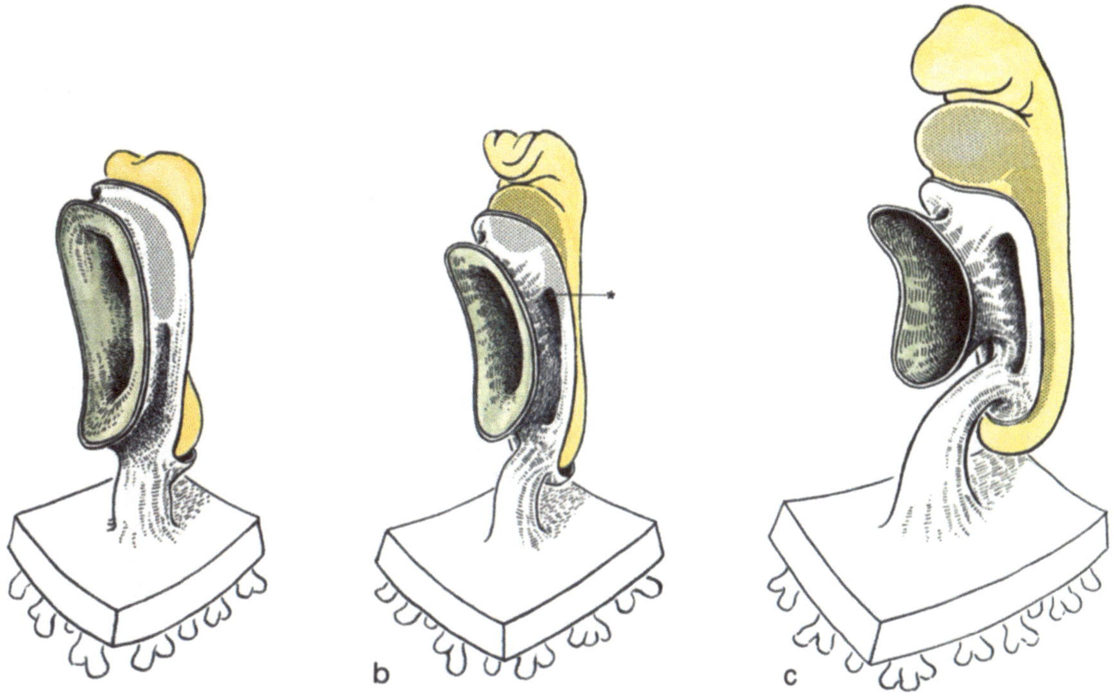

Abb. 10-12a–c. Entstehung und frühe Entwicklung der Pericardhöhle. Schematische Zeichnungen menschlicher Embryonen von etwa 2, 2,2 und 3 mm Länge. Das Ektoderm des Embryo ist gelb, die freie Oberfläche des Endoderm grün. Die Serosa der extraembryonalen Leibeshöhle und des Haftstiels ist weiß. Die Projektion der intraembryonalen Leibeshöhlen ist punktiert.

a) Die Pericardhöhle und ihre lateralen Schenkel haben noch keine Kommunikation mit der extraembryonalen Leibeshöhle (Chorionhöhle).

b) Mit fortschreitendem Descensus der oberen Darmpforte entsteht die ventrale und laterale ektodermale Körperwand. In der Coelompforte (*) haben die lateralen Schenkel der embryonalen Leibeshöhle Verbindung mit dem extraembryonalen Coelom erhalten.

c) Die ventrale und laterale ektodermale Körperwand über dem Herzen ist nahezu vollständig. Mit fortschreitender Abfaltung des Rumpfes wird auch die intraembryonale Leibeshöhle des Rumpfes zunehmend vom extraembryonalen Coelom abgefaltet.

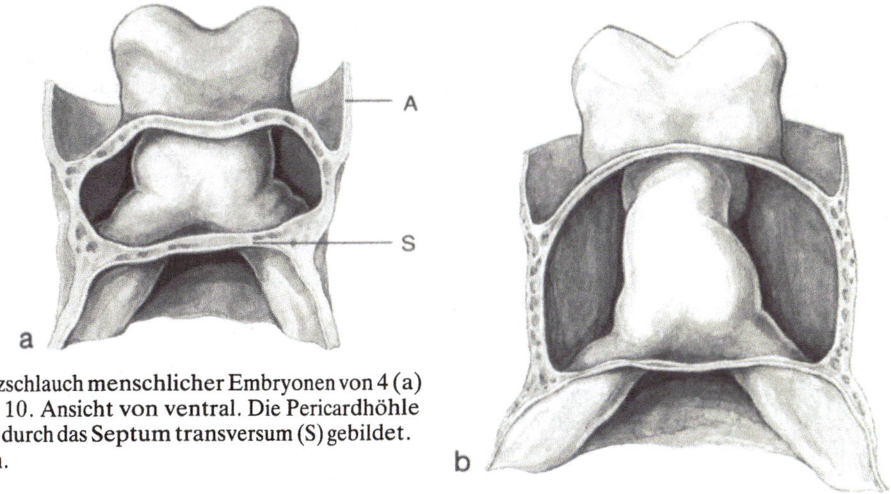

Abb. 10-13a, b. Gerader Herzschlauch menschlicher Embryonen von 4 (a) und 7 (b) Somiten, Stadium 10. Ansicht von ventral. Die Pericardhöhle ist gefenstert. Ihr Boden wird durch das Septum transversum (S) gebildet. A = Schnittrand des Amnion.
[Nach: Davis 1927]

stral vom extraembryonalen Coelomepithel und nach dorsal vom Ektoderm begrenzt wird (Abb. 10-11).

Dieser mediane Mesenchymkörper setzt sich nach rechts und links lateral in paarige Bindegewebskörper in caudaler Richtung fort. Sie sind nach medial zu vom Endoderm des embryonalen Dottersacks und nach lateral vom extraembryonalen Coelomepithel begrenzt (Abb. 10-12).

Das Auftreten der ersten Flüssigkeitsbläschen in diesem Mesenchymkörper ist bei Embryonen des STADIUM 9 [Davis 1927] beschrieben worden. Sehr bald werden diese Herde von sich abplattenden Mesenchymzellen abgegrenzt. Auf diese Weise entsteht aus den an die Flüssigkeitsherde angrenzenden Mesenchymzellen die *Anlage des embryonalen Serosa-Epithels*. Unklar ist, ob die isolierten, blasenförmigen Anlagen der Leibeshöhle in dem beschriebenen Anlageareal gleichzeitig entstehen oder ob sich die Entstehung und das Zusammenfließen vom unpaaren cranialen Gebiet aus nach caudal in die paarigen Schenkel hinein fortsetzt.

Jedenfalls ist bei Embryonen des frühen STADIUM 10 aus den isolierten Vacuolen eine einheitliche Leibeshöhle entstanden. Der craniale unpaare Teil ist die eigentliche Pericardhöhle. Die paarigen Schenkel, die Coelomgänge, werden als *Ductus pericardio-peritonaeales* bezeichnet (Abb. 10-12). Die weitere Entwicklung dieses paarigen Teils der Leibeshöhle zu den Pleurahöhlen ist im Kapitel 21.8 (s. S. 597) beschrieben.

Während der Ausbildung der einheitlichen Pericardhöhle hat die Anlageregion des Herzens eine dramatische Veränderung ihrer Lage erfahren, die im Zusammenhang mit der Lageentwicklung der *cranialen Darmpforte* steht.

Im STADIUM 9 liegt der Übergang zwischen dem embryonalen Endoderm des Vorderdarmes und dem extraembryonalen Endoderm des Dottersackes noch weit cranial, unmittelbar unterhalb des oberen Kopfendes (Abb. 10-11a). Nach Ausbildung der Pericardhöhle wird dieses Gebiet mit der Darmpforte im STADIUM 10 nach caudal verlagert *(Descensus der Darmpforte,* Abb. 10-11b). Wie experimentelle Befunde beim Hühnerembryo gezeigt haben, ist der sogenannte Descensus der oberen Darmpforte für die Entstehung des Herzens von Bedeutung [Steding et al. 1980a]. Es soll daher hier kurz darauf eingegangen werden. Die Faktoren des Descensus der Darmpforte sind vollkommen unbekannt, und auch der formale Ablauf ihrer Lageänderung ist für den menschlichen Embryo kaum zweifelsfrei zu ermitteln.

Obwohl der formale Ablauf der Entwicklung verschiedener Species recht unterschiedlich ist, darf angenommen werden, daß die prinzipiellen Gestaltungsmechanismen nach einheitlichen Regeln ablaufen. Tierexperimentelle Untersuchungen [Seidl und Steding 1978a] lassen vermuten, daß auch beim menschlichen Embryo der Descensus der Darmpforte durch ihre absolute Verlagerung nach caudal und nicht durch eine Fusion der Darmpforten-Schenkel zustande kommt. Dabei ändert nicht das zelluläre Material dieses Gebietes seine Lage, sondern die freien Ränder der Darmpforte werden – vermutlich durch Apposition von neuem Material – nach caudal verlagert.

Das anfänglich in Höhe des cranialen Körperendes – oder sogar darüber – befindliche Anlagegebiet der Pericardhöhle ist cranio-caudal sehr kurz, medio-lateral entspricht es in seiner Breite der Breite des Embryo. Mit dem Descensus der Darmpforte wird die Pericardhöhle nach caudal zu größer. Dabei entstehen die *Ducus pericardio-peritonaeales* als paarige Fortsetzungen der Pericardhöhle unter dem Einfluß der beim Descensus voraneilenden lateralen Schenkel der Darmpforte.

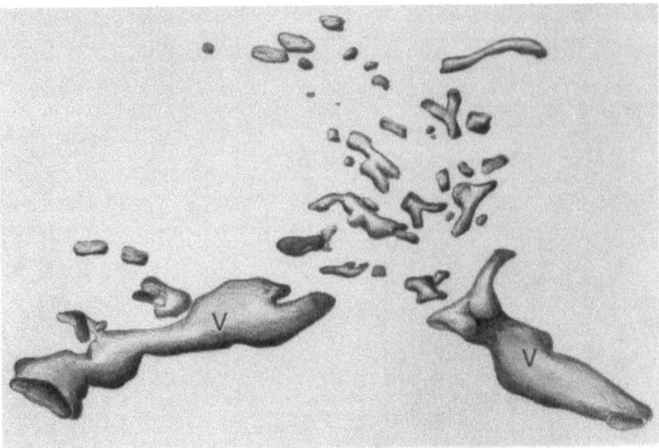

Abb. 10-14. Graphische Rekonstruktion des Herzlumens eines Hühnerembryo im HH-STADIUM 9 (33 Stunden Bebrütung) nach einer Semidünnschnitt-Serie. Einzelne, voneinander isolierte Endocardbläschen bilden die erste Lumenanlage. Die zuführenden Venen (V) sind schon als durchgängige Gefäße ausgebildet.
[Aus: Pantke 1981]

Ein weiterer Faktor bei der Ausgestaltung der definitiven Lagebeziehungen der Pericardhöhle ist die sogenannte *„Abfaltung des Kopfes"* (siehe Kapitel 6. Embryogense, S. 132 und Kapitel 8. Entwicklung der Körperform, S. 153). Dadurch, daß sich das Übergangsgebiet des embryonalen Körperwand-Ektoderm in das extraembryonale Ektoderm des Amnion nach caudal verlagert, erhält die Kopf- und Halsregion auch ventral eine geschlossene ektodermale Körperwand, so daß im STADIUM 12 nahezu der gesamte ventrale und laterale Umfang der mesenchymalen Pericardhöhlenwand nicht mehr von extraembryonaler Serosa, sondern von Ektoderm begrenzt ist (Abb. 10-12a–c).

Damit ist auch der Boden der Pericardhöhle nach caudal verlagert, sein Mesenchym steht als *Septum transversum* mit dem Dottersackmesenchym in Zusammenhang (Abb. 10-11, 10-13).

Wie alle anderen Regionen der extra- und intraembryonalen Leibeshöhle ist auch die Pericardhöhle nicht konzentrisch in dem Mesenchymkörper ihres Anlagegebietes entstanden, sondern in exzentrischer Lage (Abb. 10-11).

Die mesenchymalen Wände des Coelom sind ganz allgemein dort, wo sie an Ektoderm grenzen, sehr dünn und bestehen aus lockerem Gewebe mit weit auseinander liegenden Zellen, während dort, wo das Coelom an das Endoderm des Vorderdarms grenzt, die mesenchymale Wand sehr viel dicker und kompakter ist und von sehr dicht gelagerten Mesenchymzellen gebildet wird.

Damit wird deutlich, daß die Wände der Pericardhöhle nur eine lokale Modifikation eines offenbar allgemeinen Bau-Prinzips darstellen: Die ventrale Wand der Pericardhöhle ist dünn und zellarm, ihre dorsale Wand von Anfang an dicker und relativ zellreicher: hier ist das *Anlagegebiet des Herzens*.

10.2.2 Herkunft der Herzanlage

Im Zusammenhang mit der Frage nach der Herkunft der Gefäße wird das Problem der *praecardiogenen Zellen* bis heute kontrovers diskutiert. Sowohl mit Markierungsexperimenten [De Haan 1963a, Orts Llorca und Jimenez Collado 1968, Rosenquist 1970] als auch mit Transplantations- und Isolationsexperimenten [Rawles 1935, Butler 1935, Orts Llorca und Jimenez Collado 1969] ist vornehmlich an Amphibien- und Hühnerembryonen versucht worden, diese *praecardiogenen Zellen* in der Keimscheibe zu lokalisieren und die Faktoren ihrer Determination und Wanderung zu bestimmen. So sind für das Huhn und eine Reihe von Amphibien exakte Karten der Lage und der Wanderungen der praecardiogenen Zellen erstellt worden.

Obwohl aus diesen Experimenten wichtige Schlußfolgerungen auf die Faktoren elementarer Formbildungsprozesse gezogen werden konnten, und damit Informationen z.B. über Probleme der *abhängigen* oder *unabhängigen* Differenzierung und über die Mechanismen und Modalitäten von Zellwanderungen gewonnen wurden, sind diese Beiträge der experimentellen Embryologie doch nur von begrenzter Bedeutung für das Verständnis der Entstehung des menschlichen Herzens.

Es kann heute als gesichert angesehen werden, daß die sogenannten praecardiogenen Zellen, sowohl die des Myoepicard als auch die des Endocard, sich in situ aus den Zellen des Bindegewebskörpers entwickeln, der im cranialen Übergangsgebiet vom embryonalen Ekto- und Endoderm in das extraembryonale Amnion bzw. Endoderm gelegen ist (Abb. 10-11a). Während die Herkunft des *Myoepicard* aus dem Serosaepithel der Pericardialhöhle unbestritten ist, wird von einigen Autoren angenommen, daß die Zellen des Endocard von einwandernden *vasogenen* Zellen gebildet werden. Der Nachweis einer Differenzierung von Mesenchymzellen zu Endothelzellen in situ [Maus: Kaufman und Navaratnam 1981] legt es nahe, auch für den Menschen von einer Entstehung des Endocard *in situ* auszugehen.

10.2.3 Entstehung des tubulären Herzens

Die erste, schon in Funktion stehende Anlage des Herzens wird als das tubuläre oder schlauchförmige Herz bezeichnet. Der zunächst gerade Herzschlauch ist von rundlicher Gestalt und springt pilasterartig von der hinteren Wand der Pericardhöhle vor, mit der er durch das breite *Mesocardium dorsale* in Verbindung steht (Abb. 10-40a). Ein ventrales Mesocardium gibt es beim menschlichen Embryo nicht. Der gerade Herzschlauch besteht von außen nach innen aus dem *Myoepicard,* der sogenannten *cardiac jelly* und dem *Endocard.* Cranial ist der Herzschlauch etwas schmäler als caudal. Hier, nahe dem Dach der oberen Darmpforte, liegen die paarigen, der ventralen Wand der Pericardhöhle angelagerten, gemeinsamen Endstücke der *Dotter-* und *Nabelvenen*, die Vv. omphalomesentericae (Abb. 10-13a, b).

Entstehung des Myocard

Schon wenn die Pericardhöhle entsteht, ist ihre hintere Wand in dem Bereich, wo sie an das Endoderm des Vorderdarmes grenzt, verdickt. Median wölbt sich diese Region der Serosa als Hochrelief in die Pericardhöhle vor, cranial weniger, caudal mehr. Hier gewinnt dieses, an der dorsalen Wand der Pericardhöhle gelegene Hochrelief Verbindung mit den ventralen Hochreliefs der Anlagen der *Vv. omphalomesentericae.*

Mit fortschreitendem Descensus der Darmpforte wird auch der Herzwulst länger und faltet sich mehr und mehr von der hinteren Pericardhöhlenwand ab, bis schließlich das anfänglich breite Mesocardium dorsale zu einer schmalen Lamelle reduziert wird.

Die oberflächliche Schicht des Herzens entwickelt sich also aus dem Serosaepithel der dorsalen Wand der Pericardhöhle. Sie besteht aus einem einschichtigen prismatischen Epithel, dessen Zellen sich apical vorbuckeln. Nach basal ist das Epithel nicht durch eine Basallamina abgegrenzt. Die Zellfortsätze erstrecken sich in das Gebiet der sogenannten „cardiac jelly“ hinein und reichen möglicherweise bis an die basalen Schichten des Endocard. Die Strukturentwicklung dieses Myoepicard wird später geschildert.

Entstehung des Herzlumens

Die klassische Beschreibung der Entstehung des unpaaren Herzschlauchs aus paarigen Anlagen stammt von Hensen [1876]. Er interpretierte die in den Schenkeln der Darmpforte liegenden Gefäßanlagen als paarige Herzanlagen und vermutete, daß sie durch die Fusion der lateralen freien Ränder der Darmpforte einander angenähert würden und schließlich zu einem unpaaren Rohr in der Medianlinie fusionieren.

Da die beiderseitigen Schenkel der Darmpforte bei ihrem Descensus jedoch nicht fusionieren, kann diese klassische Vorstellung von der Fusion paariger Lumenanlagen nicht länger aufrechterhalten werden [Seidl und Steding 1978b]. Rasterelektronenmikroskopische Untersuchungen von Maus und Huhn haben gezeigt, daß zumindest in den cranialen Abschnitten das Lumen nicht paarig entsteht, sondern sich aus einer Vielzahl kleiner Bläschen bildet, die zu einem median gelegenen Plexus zusammenfließen [Pantke 1981] (Abb. 10-14).

Mit zunehmender Auffaltung des myocardialen Hochreliefs an der Hinterwand der Pericardhöhle entsteht in der Medianlinie ein sagittal eingestelltes Band abgeplatteter Mesenchymzellen, das in der Horizontalen dorsal vom Boden des Vorderdarmes bis nach ventral zur Basalseite des Myoepicard reicht und sich von cranial von der Basis des ersten Pharyngealbogens bis zur Darmpforte nach caudal erstreckt. Hier steht es in Zusammenhang mit den noch blind endenden oder inzwischen konfluierten paarigen Gefäßen in den seitlichen Schenkeln der Darmpforte, den *Vv. omphalomesentericae*. Der Raum, der lateral zwischen dieser zentralen Gewebsverdichtung und der Basalseite des Myoepicard liegt, ist nahezu zellfrei. Hier entwickelt sich die sogenannte *„cardiac jelly“* (siehe weiter unten).

Die Phase der Entstehung des Lumens verläuft sehr rasch während des STADIUM 9 und ist offenbar individuell sehr variant: Embryonen mit einem Somiten [Ludwig 1928] und mit vier Somiten sind einerseits noch in der Phase der isolierten Vacuolen [Sternberg 1927], andererseits auch schon im Stadium fortgeschrittenen Konfluierens [Orts Llorca 1934], während Embryonen mit zwei Somiten schon die Phase des plexiformen Lumens erreicht haben [Ingalls 1920] (Abb. 10-15). Da über die Mechanismen der Lumenbildung keine gesicherten Befunde von menschlichen Embryonen vorliegen, sind wir auf Darstellungen nach Untersuchungsergebnissen an Tierembryonen angewiesen. Danach bilden sich die ersten Anlagen von isolierten, blasenförmigen Lumina in dem oben erwähnten zentralen Bindegewebsstrang dadurch, daß sich an Flüssigkeitsherde angrenzende Zellen abflachen und so die Form von Endothelzellen annehmen. Diese Bläschen werden größer und bilden schließlich, ähnlich wie beim Menschen, ein plexiformes Lumen in der Medianen [Steding et al. 1980b]. Die Prozesse des Konfluierens der isolierten Bläschen schreiten, vermutlich im Zusammenhang mit dem Descensus der Darmpforte, von caudal nach cranial fort, so daß im caudalen Teil des tubulären Herzens schon Hauptlumina entstanden sind, die mit den Vv. omphalomesentericae konfluieren, während cranial noch der ursprüngliche plexiforme Zustand erhalten ist (Abb. 10-15). Schon bevor zwischen Vv. omphalomesentericae und Pharyngealbogenarterien ein durchgängiges Herzlumen entstanden ist, beginnen die ersten spontanen Herzkontraktionen, jedenfalls beim Hühnerembryo.

Mit fortschreitendem Descensus der Darmpforte wird das myocardiale Hochrelief nicht nur länger, sondern unter gleichzeitiger absoluter Verschmälerung auch höher (Abb. 10-13). Dabei wird die seröse und bindegewebige Verbindung des Herzwulstes zur Hinterwand der Pericardhöhle zunehmend schmäler, so daß es nun als gut abgrenzbares *dorsales Mesocard* erscheint. In dieser Phase der Entwicklung, gegen Ende des STADIUM 9, ist die Ausbildung des Lumens soweit vorangeschritten, wie es die Rekonstruktion von Payne [1925] zeigt. In der cranialen Hälfte des Herzschlauchs ist ein Labyrinth von plexiformen Lumina entstanden, die oben mit den ersten Pharyngealbogenarterien und unten mit den Vv. omphalomesentericae in Verbindung stehen (Abb. 10-15c).

Es können also bei der Entstehung des Lumen zwei Prozesse unterschieden werden: 1. die Bildung eines medianen, unpaaren Lumen aus einer Vielzahl isolierter Bläschen über einen unpaaren Gefäßplexus und 2. jene Prozesse, durch die dieser Plexus Anschluß an die primär paarigen Vv. omphalomesentericae erhält. Hier sind folgende Modalitäten in Betracht zu ziehen: entweder fusionieren die beiden Venen End-zu-End, oder ihre distalen, noch blind endenden Abschnitte werden in den unpaaren Myocardmantel einbezogen, wo sie dann am unteren Ende des Herzschlauchs seit-zu-seit fusionieren. Die Tatsache, daß die oben erwähnten Rekonstruktionen menschlicher Embryonen, im Unterschied zu Beobachtungen an Hühnerembryonen, darmpfortennah schon frühzeitig zwei Hauptlumina innerhalb des myocardialen Reliefs erkennen lassen, erlaubt jedoch keine eindeutigen Rückschlüsse. Da der myocardiale Herz-

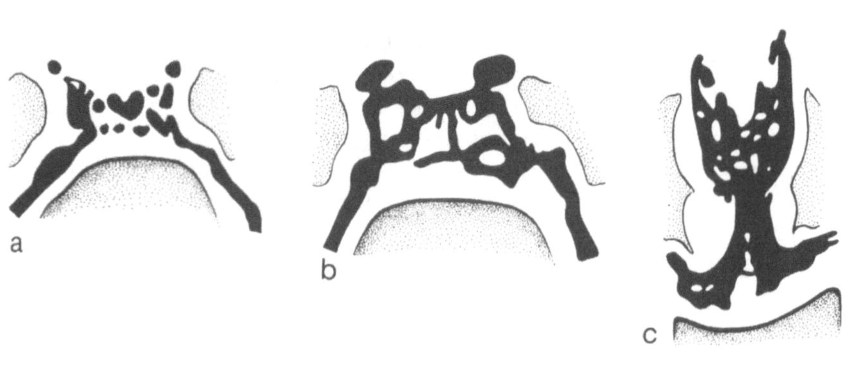

Abb. 10-15a–c. Plexiforme Phase der endocardialen Anlage des Herzlumen. Menschliche Embryonen des STADIUM 10 mit 4 (a und b) und 2 bis 3 (c) Somiten.
[Nach: Sternberg 1927 (a), Orts Llorca 1934 (b) und Ingalls 1920 (c)]

schlauch unten, am Übergang in die Venen, wesentlich breiter ist als oben, nahe der Ausflußbahn, kann nicht eindeutig entschieden werden, ob der unpaare Plexus sich nach unten hin zur Verbindung mit den Venen aufteilt oder ob die paarigen Venen in den Herzschlauch einbezogen werden.

Offenbar ist bei den verschiedenen Species der Anteil des unpaaren Lumens abhängig von der unterschiedlichen Gestalt der Darmpforte. Arten mit mehr spitzbogenförmiger Darmpforte wie Mensch und Huhn bilden ihr Lumen überwiegend aus einer unpaaren Anlage, während bei Arten mit breiterer, *romanisch* geformter Darmpforte überwiegend paarige Anlagen in das Lumen einbezogen werden [Kuhn und Liebherr 1987].

Obwohl systematische Untersuchungen zur Entstehung des Herzlumens an genügend eng seriierten menschlichen Embryonen fehlen, folgern wir aufgrund vergleichender Untersuchungen an tierischen Embryonen und der zitierten Befunde an menschlichen Embryonen, daß das Herz des Menschen als unpaares Organ in der Medianebene des Körpers entsteht [Allen 1962/1963].

Nachdem ein einheitliches Lumen entstanden ist, stellt es einen in der Mediosagittalen stehenden Spalt dar, der sich cranial in die beiden ersten Pharyngealbogenarterien fortsetzt. Caudal, nahe der Einmündung der Venen, wird der Querschnitt des Lumens rundlich. Von unten her springt in der Mittellinie ein Endothelsporn in das Lumen vor, der der Vereinigungsstelle der beiderseitigen Venen entspricht.

Entstehung der cardiac jelly

Zwischen Endo- und Myoepicard entsteht bei der Ausbildung des Herzwulstes die sogenannte cardiac jelly [Davis 1927]. Da sich zum Zeitpunkt ihrer Entstehung zwischen Endo- und Myoepicard keine Mesenchymzellen eindeutig nachweisen lassen, sind wohl die Zellen des Myocard als Produzenten dieser extrazellulären Matrix anzusehen [Manasek 1975]. Möglicherweise werden einige der Komponenten auch vom Endocard produziert.

Die cardiac jelly ist nicht homogen, sondern als multiphasisches Gemisch verschiedenster Substanzen anzusehen, in dem sich die Komponenten nicht wie in einer Flüssigkeit frei gegeneinander bewegen können. Infolge eines Netzwerkes feinster Fasern (Abb. 10-16) besitzt die cardiac jelly eine große Elastizität [Nakamura und Manasek 1978a]. So behält auch die isolierte cardiac jelly ihre Form bei und kehrt nach externen Deformationen wieder in ihre Ausgangsform zurück (weiteres siehe Abschnitt 10.5).

Während der Phase der Schleifenbildung nimmt die Masse der cardiac jelly ab, so daß das Endocard dann dem Myocard eng anliegt.

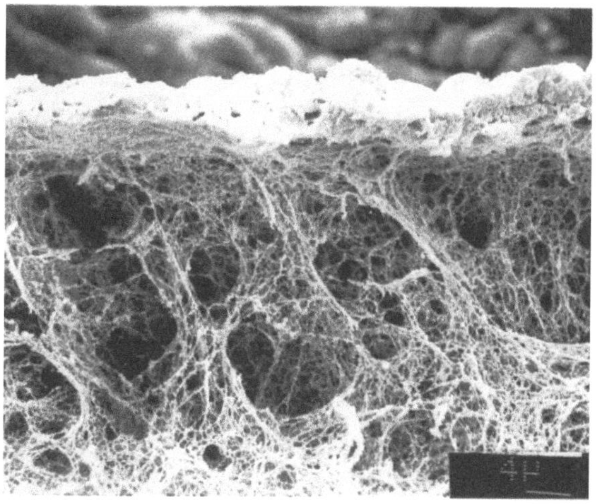

Abb. 10-16. Cardiac jelly eines Hühnerembryo im HH-STADIUM 11 (42 Stunden Bebrütung). Die Fibrillen verlaufen annähernd radiär zwischen Myocard (oben) und Endocard (unten, nicht sichtbar).

Die Vorstellungen über die Bedeutung der cardiac jelly bei der Bildung der Herzschleife sind noch sehr vage [Nakamura und Manasek 1978a, 1981]. Offenbar spielt die cardiac jelly beim *cardiac looping* eine Rolle, denn eine experimentelle Störung der Synthese von Glycosaminglycanen bewirkt Störungen der Schleifenbildung [Overman und Beaudoin 1971].

Äußere Form des tubulären Herzens

Am Ende der Entwicklungsphase des geraden und tubulären Herzens (etwa am 20. Tag) ist der Herzschlauch weniger als 1 mm lang. Die Form des Muskelmantels ist im Querschnitt annähernd rund, das Lumen bildet einen sagittal eingestellten Spalt. Die Oberfläche des schlagenden Herzens ist in der Phase der Dilatation glatt. Dagegen zeigen in unbekanntem Kontraktionszustand fixierte Herzen oftmals vielerlei Einkerbungen, die daraus resultieren, daß verschiedene Abschnitte in unterschiedlichen Kontraktionsphasen fixiert wurden. Derartige Furchen können daher nicht als erste Anzeichen einer Gliederung des Herzschlauchs in Vorhof, Ventrikel und Ausflußbahn interpretiert werden.

Das dorsale Mesocard ist noch über die ganze Länge des Herzschlauchs erhalten, aber auf eine dünne Serosalamelle reduziert worden.

10.2.4 Bildung des schleifenförmigen Herzens

Etwa am 21. Tage der Entwicklung (STADIUM 10) beginnt der gerade Herzschlauch sich zur sogenannten *„Herzschleife"* zu krümmen (cardiac loop in der angloamerikanischen Literatur). Der formale Ablauf

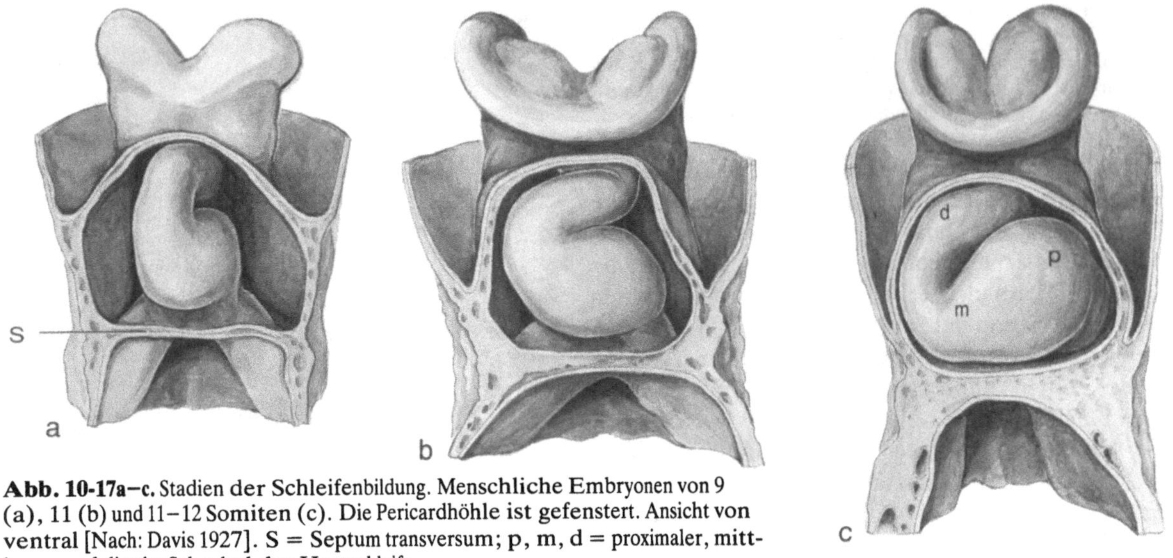

Abb. 10-17a–c. Stadien der Schleifenbildung. Menschliche Embryonen von 9 (a), 11 (b) und 11–12 Somiten (c). Die Pericardhöhle ist gefenstert. Ansicht von ventral [Nach: Davis 1927]. S = Septum transversum; p, m, d = proximaler, mittlerer und distaler Schenkel der Herzschleife

dieser Krümmung kann folgendermaßen beschrieben werden:

Zunächst wird der rechte Umfang des Herzschlauchs länger als der linke. Durch gleichzeitige Verlagerung der mittleren Herzregion zwischen Einfluß- und Aufflußbahn nach rechts und ventral wird der Herzschlauch so geknickt, daß der untere Einflußteil nach dorsal-links und der daran sich anschließende mittlere Teil nach ventral-rechts konvex gebogen werden. Da der nach ventral-rechts gerichtete Teil dieser Schleife deutlich größer ist als der nach dorsal-links gerichtete, spricht man von einer primären Rechtsschleife („d-loop" im Englischen) (Abb. 10-17).

Diese Krümmungen werden sehr schnell stärker, so daß sich bei Embryonen mit 12 Somiten drei deutlich gegeneinander geknickte Abschnitte des Herzschlauchs abgrenzen lassen: der *proximale Abschnitt* (nahe dem venösen Pol, der sich von der Vereinigungsstelle der beiderseitigen Venen (mitsamt den zuführenden Venenschenkeln nun *Sinus venosus* genannt) nach cranial erstreckt und sich in einer nach cranial-dorsal-links konvexen Krümmung in den *mittleren Teil* der Herzschleife fortsetzt. Dieser verläuft von dorsal, cranial und links nach caudal, ventral und rechts und geht in einer nach caudal, rechts und ventral konvexen Krümmung in den *distalen Abschnitt* (nahe dem arteriellen Pol) über. Da der distale Herzschlauch *(Saccus aorticus)* am Übergang in die Pharyngealbogenarterien im Mesenchym des ersten Pharyngealbogens verankert ist, entsteht infolge der Verlagerung des intrapericardialen distalen Abschnitts nach ventral und rechts eine weitere, nach links konvexe Krümmung (Abb. 10-21).

Der proximale Schenkel der Schleife wird von dem mittleren Abschnitt überlagert, daher ist in der Ansicht von ventral lediglich letzterer vollständig zu sehen. Auch der am weitesten distal gelegene Abschnitt des distalen Schenkels bleibt wegen des nach dorsal gerichteten Verlaufs dieses Abschnitts in dieser Ansicht verborgen. Erst bei verschiedenen Betrachtungsrichtungen lassen sich die räumliche Anordnung aller Regionen der Herzschleife und ihre Lage zueinander erkennen (vgl. Abb. 10-17, 10-18, 10-21).

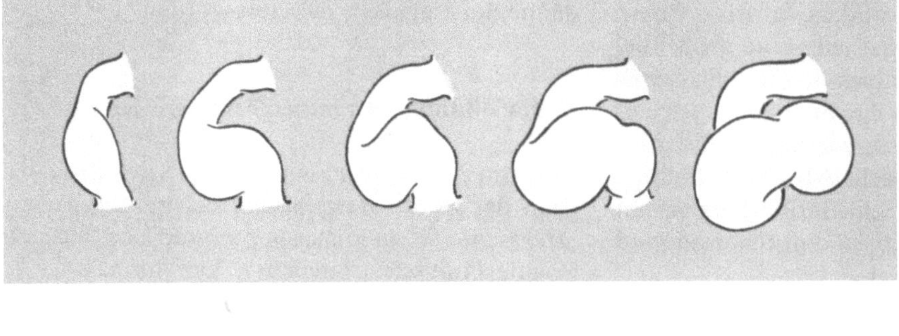

Abb. 10-18. Schematische Zeichnungen von Herzen menschlicher Embryonen während der Bildung der Herzschleife. Ansicht von links.

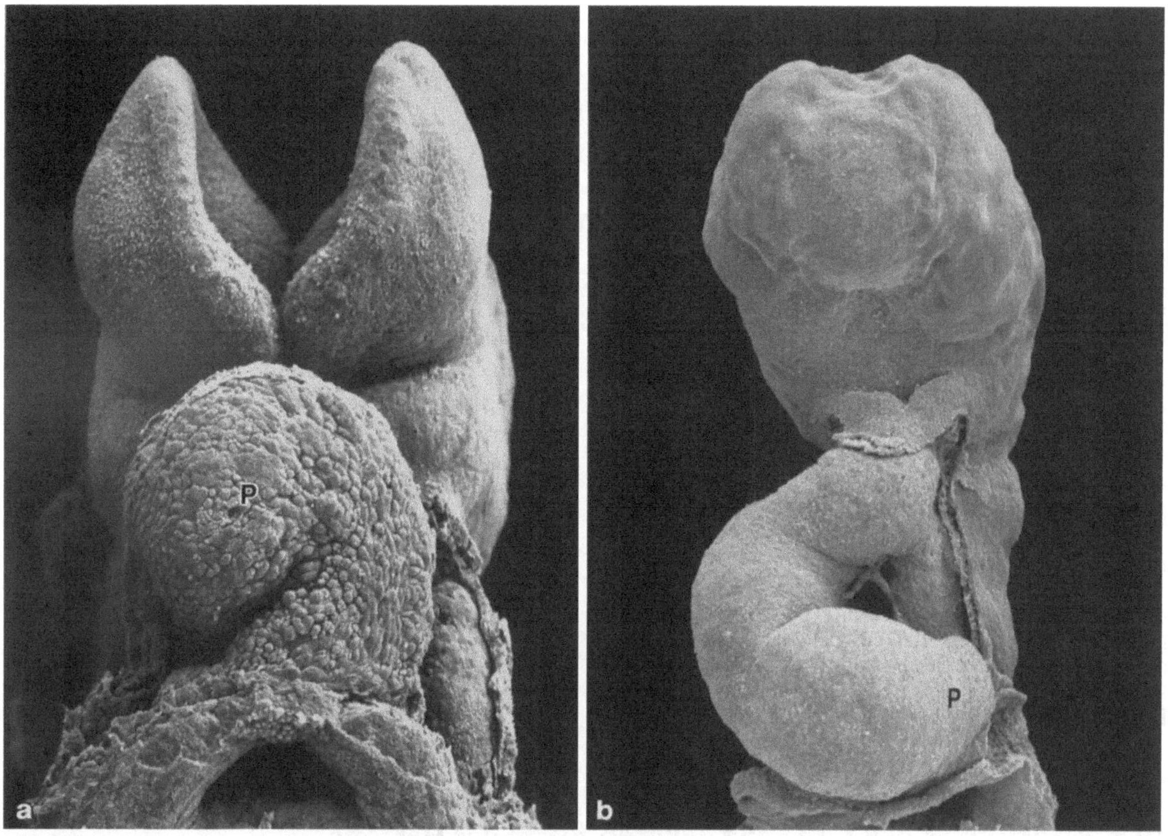

Abb. 10-19a, b. Typen der Schleifenbildung. Die Pericardhöhle ist eröffnet. Ansicht des Herzens von ventral.
a) Mausembryo im Alter von 8,5 Tagen. Primäre Knickung des proximalen Abschnitts der Herzschleife (P) um eine etwa dorso-ventral verlaufende Achse;
b) Herzschleife eines Hühnerembryo im STADIUM 12: Die Schleifenbildung beginnt mit der Verlagerung des gesamten Herzschlauchs nach rechts im Sinne einer Klappung.

Die Bildung der Herzschleife geht sehr rasch vonstatten und ist etwa am Ende des STADIUM 10 (Embryonen mit 12 Somiten) abgeschlossen. Das bis zu Beginn der Schleifenbildung in der Medianlinie liegende, spaltförmige Lumen ist nun mit zunehmender Vergrößerung des Umfangs des Myocardmantels rundlich geworden und zeigt einen den äußeren Krümmungen der Herzschleife entsprechenden Verlauf (Abb. 10-53).

Die Region der primären Konkavität der Herzschleife, sozusagen ihre Curvatura minor, ist zu einem engen Sulcus geworden, der in der Literaur unterschiedlich benannt wurde *(Sulcus bulbo-* oder auch *conoventricularis)*. Da es die erste auffällige Furche der Herzschleife darstellt, soll dieses Tiefrelief hier als **Sulcus primus** bezeichnet werden.

Es muß darauf hingewiesen werden, daß die oben beschriebenen primären Regionen der Herzschleife – proximaler, mittlerer und distaler Schenkel sowie Sinus venosus und Saccus aorticus – in keiner Weise den Regionen entsprechen, wie sie sich am Herzen des Erwachsenen abgrenzen lassen. So haben z.B. Tuschemarkierungen an Hühnerembryonen gezeigt, daß die distale Region der späteren Ausflußbahn, der sogenannte „Truncus", im Stadium der Herzschleife noch gar nicht vorhanden ist, sondern erst sehr viel später als Neubildung entsteht [De la Cruz et al. 1977]. Auch für menschliche Embryonen wurde gezeigt, daß die Entstehung des Truncus erst im STADIUM 12 bei Embryonen mit 25 Somiten beginnt [Orts Llorca et al. 1982].

Obwohl bei allen bisher untersuchten Species die Schleifenbildung im Prinzip in ähnlicher Weise abläuft, lassen sich doch merkliche artspezifische Besonderheiten sowohl im zeitlichen Ablauf als auch in Ausmaß und Richtung der Krümmungen nachweisen (Abb. 10-19). Bei menschlichen Embryonen ist dieser Prozeß nur schwer in ähnlich enger Stadienfolge wie bei tierischen Embryonen zu dokumentieren, weil die Schleifenbildung in einer Zeitspanne von nur etwa 18–24 Stunden abläuft. Dadurch wird auch verständlich, daß für den menschlichen Embryo bisher keine allgemein akzeptierten Vorstellungen über die Faktoren und die Mechanismen der Schleifenbildung erarbeitet werden konnten.

Die klassische Vorstellung, daß die im Verhältnis zur cranio-caudalen Erstreckung der Pericardhöhle beträchtliche Verlängerung des Herzschlauchs seine Krümmung erzwinge [Patten 1922], muß zunächst einmal wegen experimenteller

Befunde [Schleifenbildung auch bei isolierten Amphibienherzen, Butler 1952] in Zweifel gezogen werden. Weiterhin kann nach diesem Konzept einer ausschließlich durch größeres Längenwachstum des Herzschlauchs im Verhältnis zur Pericardhöhle bedingten Krümmung kaum erklärt werden, wieso in mehr als 99% aller Fälle (Beobachtungen am Hühnerembryonen) die oben beschriebene Rechtsschleife auftritt.

Auch ist es nicht gelungen, an tierischen Embryonen lokale Proliferationsunterschiede im Myocard nachzuweisen [Sissman 1966]. Ebenso können auch Vorstellungen, nach denen die Krümmung durch den Blutstrom bewirkt werde [Spitzer 1923], nicht länger in Betracht gezogen werden, seitdem nachgewiesen ist, daß sich der nicht kontrahierende und somit nicht durchströmte Herzschlauch auch zur Herzschleife krümmt [Manasek und Monroe 1972].

Auch die Annahme, daß primäre Asymmetrien des Primitivstreifens und des Chordafortsatzes an der Bestimmung der Krümmungsrichtung des Herzschlauchs Anteil haben [Stalsberg 1970] sowie die Postulierung „inherenter Krümmungstendenzen" [Orts Llorca 1970] haben wenig zur Klärung dieses Problems beitragen können.

Lepori [1967] konnte zeigen, daß experimentelle Veränderungen der Spannungsverteilung im Myocard die Biegungsrichtung beeinflussen. Demnach scheint sicher zu sein, daß eher physikalische Deformationen als lokal unterschiedliches Wachstumsverhalten des Myocard für die Biegung der Herzschleife von Bedeutung sind [Manasek 1981]. Als Faktoren derartiger Kräfte sind lokale Veränderungen der Elastizität der Myocardwand im Gefolge der Fibrillensynthese sowie Druckveränderungen innerhalb der cardiac jelly angesehen worden [Manasek 1981].

Untersuchungen an Hühnerembryonen lassen vermuten, daß die Ausbildung der normalen Form der Herzschleife in Abhängigkeit vom Descensus der Darmpforte erfolgt. So resultieren aus experimentellen Beeinflussungen des Ausmaßes des Descensus abnorme Formen von Herzschleifen, deren mögliche Bedeutung für die Entstehung von angeborenen Herzmißbildungen diskutiert wird [Steding et al. 1980a].

Über die Faktoren und Mechanismen der Schleifenbildung des Herzens können heute kaum endgültige Aussagen gemacht werden. Unabhängig davon kommt aber dem Prozeß der Schleifenbildung eine sehr große Bedeutung für die folgenden Phasen der Herzentwicklung zu, denn in dieser Entwicklungsperiode werden die Voraussetzungen für eines der wesentlichsten Ereignisse der gesamten Herzentwicklung geschaffen, nämlich die *Septierung,* d.h. die Unterteilung des einheitlichen Lumens in die gesonderten Strombahnen des Körper- und Lungenkreislaufs.

10.3 Entwicklung der Lage und äußeren Form des Herzens

10.3.1 Descensus des Herzens

Schon während der Bildung der ersten Anlage des Herzens hat der Descensus der Darmpforte begonnen. Dadurch wird die Pericardhöhle nach caudal hin größer und auch der Herzwulst länger. Dies ist die erste Phase einer Caudalverlagerung des Herzens. Der Descensus erfolgt nicht durch einfache Verlagerung des Herzens, vielmehr entstehen im Einfluß- wie im Ausflußteil *neue* Herzteile durch Einbeziehung von Material aus den angrenzenden Gefäßabschnitten. Aus tierexperimentellen Untersuchungen kann also geschlossen werden, daß die erste Phase des Descensus des Herzens in Abhängigkeit vom Descensus der Darmpforte erfolgt.

Wenn etwa im Stadium 11 die Phase des schnellen Descensus der Darmpforte beendet ist, ist das Herz aus seiner primären Lage in der Kopfregion in die Halsregion gelangt. Im Stadium 16 liegt die Herzspitze etwa in Höhe des 1., im Stadium 18 in Höhe

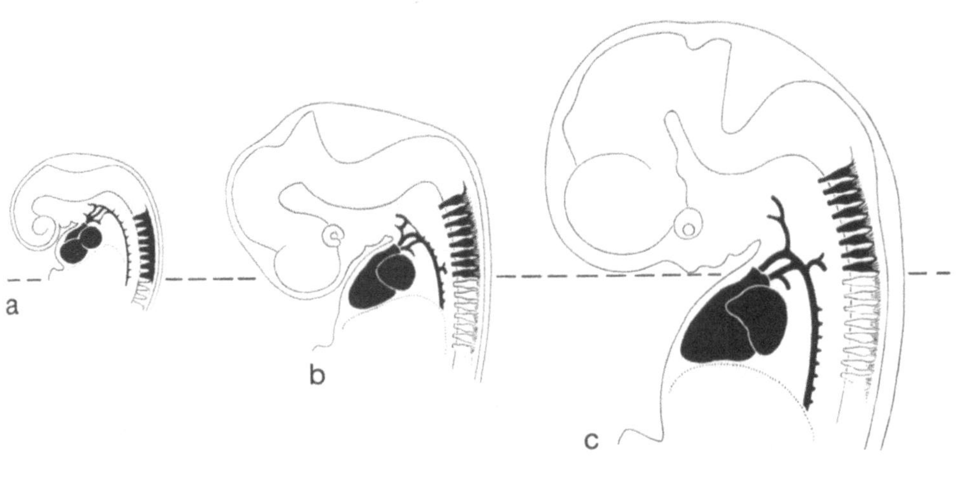

Abb. 10-20a–c. Descensus des Herzens im Verhältnis zum Rückenmark. Darstellung der Lage des Herzens bei menschlichen Embryonen von 5 (a), 12 (b) und 18 (c) mm. Der Strich markiert die Grenze zwischen cervicalen und thoracalen Segmenten.

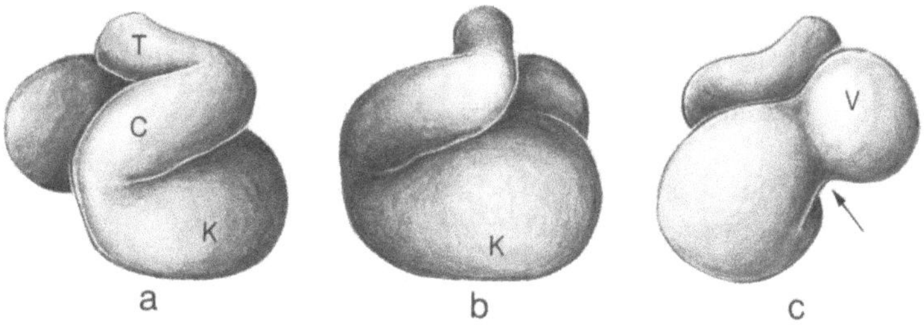

Abb. 10-21. Embryo von 3,5 mm Länge. Der Kammerteil (K) hat sich gegenüber der Vorhofsregion (V) gesenkt. Im Kammerteil der Schleife sind rechter und linker Ventrikel noch nicht eindeutig voneinander abgrenzbar. Die proximale Ausflußbahn (Conus, C) ist gegen Kammerteil und distale Ausflußbahn (Truncus, T) abgeknickt. Pfeil: Gebiet des Sulcus atrioventricularis.

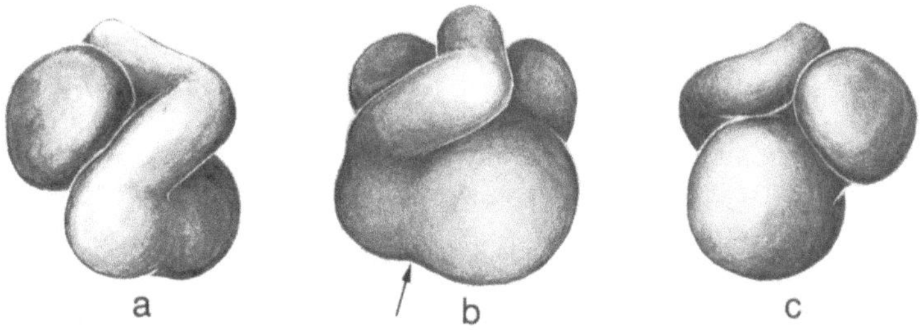

Abb. 10-22. Embryo von 4,2 mm Länge. Der Sulcus atrioventricularis ist tiefer geworden. Der zunächst noch recht kleine rechte Ventrikel ist durch den Sulcus interventricularis (Pfeil) vom linken abgrenzbar. Die Ausflußbahn beginnt sich zu verlängern.

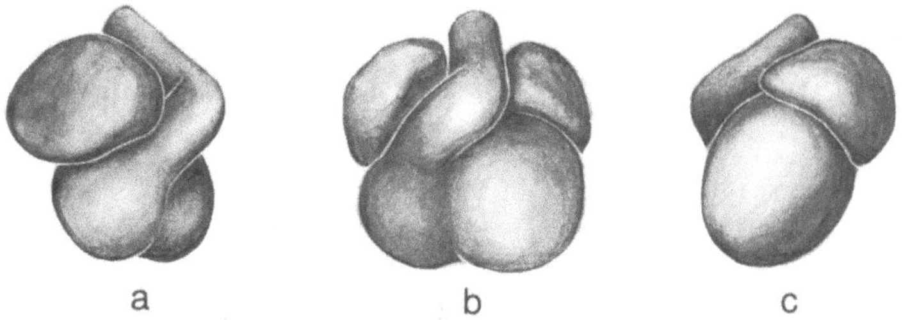

Abb. 10-23. Embryo von 6,3 mm Länge. Die rechte Kammer ist bevorzugt nach rechts zu größer geworden, so daß der Conus nach links verlagert erscheint.

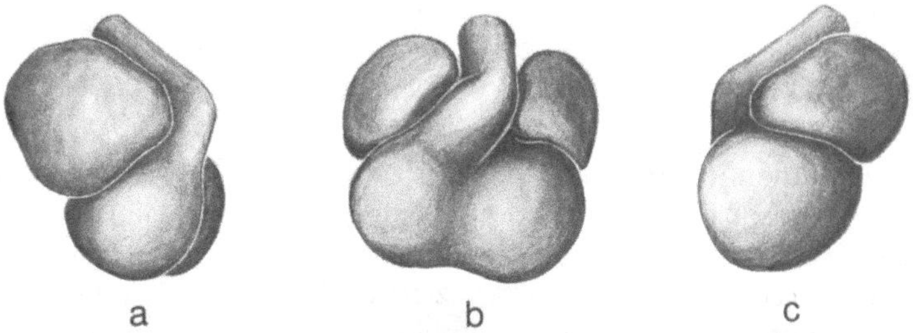

Abb. 10-24. Embryo von 7,5 mm Länge. Die rechte Kammer erreicht fast schon die Größe der linken. Die Knickung der Ausflußbahn gegen den Kammerteil beginnt sich abzuflachen. Die unterschiedlichen Deformationsrichtungen in der proximalen, mittleren und distalen Ausflußbahn sind deutlich.

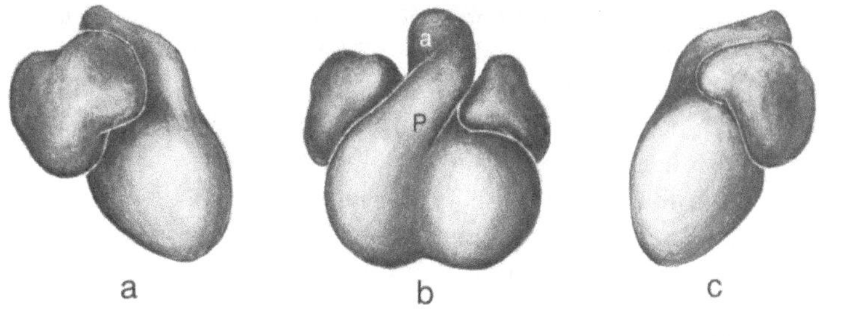

Abb. 10-25. Embryo von 10 mm Länge. Die rechte Kammer beginnt die linke Kammer ventral zu überlagern. Die Knickung der Ausflußbahn gegen den Kammerteil ist nahezu verstrichen. Durch zunehmende Deformation der Ausflußbahn sind pulmonale (P) und aortale (a) Strombahn abzugrenzen.

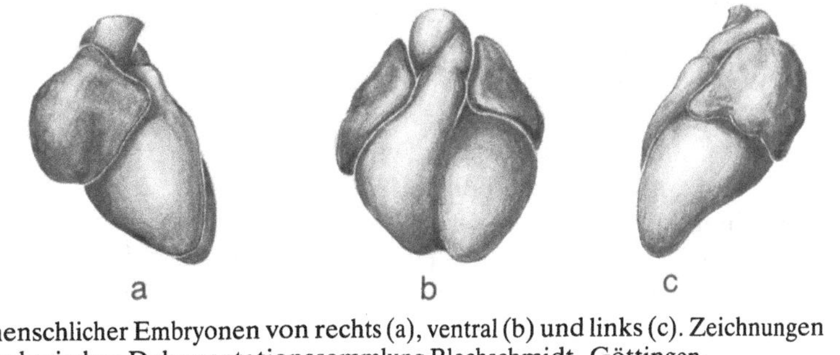

Abb. 10-26. Embryo von 17,5 mm Länge. Der Kammerteil hat seine typische Form ausgebildet: die „große Kurvatur" hat sich zur Herzspitze entwickelt. Der rechte Ventrikel liegt nun deutlich vor dem linken. Die Begradigung der Ausflußbahn ist nahezu abgeschlossen.

Abb. 10-21 bis 10-26. Ansichten der Herzens menschlicher Embryonen von rechts (a), ventral (b) und links (c). Zeichnungen nach Totalrekonstruktionen der Humanembryologischen Dokumentationssammlung Blechschmidt, Göttingen des 5. Brustwirbels (Abb. 10-20). Auch danach descendiert das Herz weiter, bis beim Neugeborenen die Herzspitze in Höhe des 3. und 4. Intercostalraumes steht. Auch in der nachgeburtlichen Entwicklung setzt sich der Descensus des Herzens fort, bis schließlich beim Erwachsenen die Herzspitze in der Regel im 5. Intercostalraum angetroffen wird. Offenbar setzt sich ganz allgemein der Descensus der Eingeweide bis in das Greisenalter fort, wie klinische Berichte über die Altersptosis der inneren Organe lehren.

Für die zweite Descensus-Phase ist nicht geklärt, ob der Descensus relativ zur Wirbelsäule durch eine absolute Caudalverlagerung des Herzens zustande kommt oder durch einen Ascensus von Rückenmark und Wirbelsäule.

Der Descensus ist nicht nur für die Lageentwicklung der Nachbarorgane wie Schilddrüse, Thymus, infrahyale Muskulatur und Leitungsbahnen wie z.B. den N. laryngeus recurrens von Bedeutung [Blechschmidt 1961], sondern beeinflußt offenbar auch die Formbildung der Herzschleife selbst.

10.3.2 Entwicklung der äußeren Form des Herzens

Am schleifenförmigen Herzen lassen sich drei verschiedene Regionen (in Stromrichtung gesehen) abgrenzen: ein proximaler Schenkel, ein mittlerer Schenkel und ein distaler Schenkel (Abb. 10-17c). Solange die definitiven Abteilungen des Herzens noch nicht eindeutig voneinander abgrenzbar sind, können sie auch noch nicht mit der Nomenklatur des Herzens des Erwachsenen benannt werden.

Die Grundform dieser kompliziert im Raum gewundenen Schleife wird nun sehr bald dadurch verändert, daß die einzelnen Schenkel eine unterschiedliche Massenentfaltung erfahren: Der proximale Schenkel entfaltet sich vornehmlich nach cranial und lateral. Dabei bildet sich an seinem Boden eine relative Engstelle aus,die es nun erlaubt, die Vorhofsregion vom Sinus venosus der Einflußbahn abzugrenzen. Da sich der mittlere Schenkel der Herzschleife zunehmend gegen den proximalen Schenkel senkt, entsteht hier an der Übergangsstelle zwischen beiden Abschnitten ein Knick, der später als *Sulcus atrioventricularis* eine eindeutige Abgrenzung der Vorhofs- von der Kammerregion ermöglicht (Abb. 10-18, 10-21).

Eine besonders tiefgreifende Umformung erfährt das Übergangsgebiet zwischen mittlerem und distalem Schenkel: die der Curvatura minor gegenüberliegende Konvexität der Curvatura major nimmt besonders an Umfang zu. Vor allem der rechte Umfang vergrößert sich nach rechts. Dadurch wird der Anfangsteil des distalen Schenkels der Herzschleife in einem immer deutlicher werdenden Knick vom mittleren Schenkel abgesetzt (Abb. 10-21, 10-22). Durch die Ausbildung dieses Sulcus cono-ventricularis ist etwa im STADIUM 12/13 der Kammerteil auch distal eindeutig von der Ausflußbahn abzugrenzen. Auch zeigt sich während dieser Phase die erste Andeutung des *Sulcus interventricularis* in dem nun quer liegenden Kammerteil des Herzens (Abb. 10-22).

Die Formentwicklung der Ausflußbahn ist deswegen komplizierter, weil nach anfänglicher Längenzunahme und Verstärkung der Krümmung in einer zweiten Phase der Entwicklung die Ausflußbahn zunehmend begradigt und ihr proximaler Abschnitt in die Kammerregion einbezogen wird (Abb. 10-23 bis 10-26).

Die Verlängerung des distalen Abschnitts der Ausflußbahn geschieht [nach Markierungen an Hühnerembryonen: De la Cruz et al. 1977] dadurch, daß Material aus dem *Saccus aorticus,* möglicherweise sogar aus der *Pharyngealbogenregion* stromaufwärts verlagert wird [Rychter 1978]. Auch Material aus der Neuralleiste soll in den *Truncus* gelangen [Kirby et al. 1983]. Dabei entsteht mit dem Truncus die eigentliche vasculäre Ausstrombahn des Herzens.

Die Einbeziehung des Conusteils der Ausflußbahn in das Herz erfolgt u.a. dadurch, daß die Trabekulierung, die in der Kammerregion schon etwa im STADIUM 11 beginnt [Mc Bride et al. 1981], sich stromabwärts ausbreitet [Pexieder 1978].

Die zweite Phase der Formentwicklung der Ausflußbahn ist durch zunehmende Begradigung ihrer äußeren Konturen gekennzeichnet. Dabei spielt neben einer beträchtlichen Zunahme des äußeren Umfangs auch das Verstreichen des Sulcus primus eine wichtige Rolle (Abb. 10-24b bis 10-26b).

Die typische Form der Ventrikel entsteht erst etwa im STADIUM 16. Nachdem der schleifenförmige Kammerteil abgrenzbar geworden ist, erscheinen beide Kammern als quer liegende und nur scheinbar hintereinander geschaltete Schenkel der Herzschleife (Abb. 10-22). Erst im STADIUM 16 beginnt sich die cranio-caudale Achse des Herzens zu verlängern, so daß beide Kammern nun deutlich länger als breit sind (Abb. 10-26). In dieser Phase der Entwicklung übertrifft auch das Wachstum des rechten Ventrikels das des linken, der rechte kommt in seiner Größe etwa dem linken gleich. Der rechte Umfang des Conus ist nun deutlich von der rechten Kammer abgesetzt, er scheint mehr von der Mitte der Herzbasis zu entspringen. Tatsächlich aber hat sich die Lage des Conus im Verhältnis zur Medianebene des Körpers nicht verändert, so daß nicht von einer Wanderung oder Verlagerung des Conus gesprochen werden kann [Pexieder 1978].

10.4 Septierung des Herzens

Die Vorgänge bei der Unterteilung des einheitlichen Herzlumens in die gesonderten Strombahnen des aortalen und pulmonalen Kreislaufs gelten als außerordentlich kompliziert. Nicht nur der formale Ablauf der Septierungsprozesse, sondern insbesondere auch die Gründe für die Ausbildung der Scheidewände des Herzens sind kontrovers diskutiert worden. Versuche zur Erklärung der Septierung als Folge einer phylogenetischen Entwicklung des Lungenkreislaufs [Spitzer 1923] haben ebenso wenig zu einem Verständnis beitragen können wie die hämodynamischen Hypothesen, nach denen der Blutstrom die Septierung bedinge [Beneke 1920, Romhanyi 1952, Goerttler 1955].

Da die klassischen Arbeiten zur Herzseptierung [Born 1889, Tandler 1911, 1913, Mall 1912] zu einer Zeit entstanden sind, in der die Beobachtung und Registrierung der Aktionen und des Blutflusses im embryonalen Herzen objektiv kaum möglich war, ist es nicht verwunderlich, daß Schlußfolgerungen über Hämodynamik und Blutströmung anhand fixierter Präparate zu Fehlinterpretationen geführt haben.

Als eine der fatalsten Annahmen ist hier die klassische Vorstellung zu nennen, daß schon im geraden Herzschlauch und erst recht in der jungen Herzschleife alle Abteilungen und Regionen des fertig septierten Herzens ausgebildet seien. Aufgrund dieser Annahme schien es klar, daß im noch nicht unterteilten Herzschlauch die verschiedenen Abschnitte der Herzschleife in der Weise hintereinander durchströmt würden, daß das Blut aus der Vorhofsregion zunächst in die linke Kammer und dann über die rechte in die Ausflußbahn gelange. Diese Vorstellung erforderte folglich eine Erklärung sowohl für das Problem, wie die *Tricuspidalöffnung* Anschluß an die rechte Kammer gewinne, wie für das Problem der Verbindung der linken Kammer mit der aortalen Ausflußbahn.

Des weiteren hat die Vermutung, daß die spiralig umeinander gewundenen pulmonalen und aortalen Ausflußbahnen nicht anders als durch tatsächliche Rotationen von Herzteilen gegeneinander hätten entstehen können, lange Zeit die Entwicklung angemessener Fragestellungen verhindert.

Erst nachdem klar geworden war, daß im schleifenförmigen Herzen noch nicht alle Teile des fertig septierten Herzens ausgebildet sind, die auf- und absteigenden Schenkel der Kammerschleife nicht ohne weiteres den beiden Ventrikeln entsprechen und echte Rotationen von Herzteilen oder Ostien nach dem Ende der Phase der Schleifenbildung nicht vorkommen, war der Weg geebnet für die Entwicklung adäquater Fragestellungen auf der Basis tatsächlich nachweisbarer Entwicklungsprozesse.

Im folgenden kann nur ein kurzer Überblick über die bisher diskutierten, z.T. außerordentlich komplizierten Hypothesen [Rychter und Lemež 1959] gegeben werden. Ganz allgemein wurden sowohl die Verbindung der Tricuspidalöffnung mit der rechten Kammer als auch der Anschluß der Aorta an die linke Kammer mit Verlagerungen bzw. Rotationen der entsprechenden Ostien erklärt [Born 1889, Goerttler 1963, Van Mierop et al. 1963, Asami 1969, Bersch und Doerr 1976]. Obwohl schon Hochstetter [1906], Robertson [1914] und Frazer [1916] ernsthafte Zweifel und wohlbegründete Bedenken gegen derartige Verlagerungshypothesen geäußert haben, sind sie weitgehend Grundlage der Lehrbuchdarstellungen geblieben.

Erst in den letzten Jahrzehnten haben sowohl morphologische als auch experimentelle Untersuchungen verschiedener Arbeitsgruppen gezeigt, daß diese postulierten Verlagerungen, seien es Rotationen oder lineare Verschiebungen der Ostien, nicht vorkommen [Rychter und Lemež 1965, Pexieder 1978, 1982, Steding und Seidl 1980, Orts Llorca et al. 1982].

Auch die Hypothesen des „differential conal growth" [Van Praagh und Van Praagh 1966] bzw. der „differential conal absorption" [Goor et al. 1972], die entwickelt wurden, um den Anschluß der Aorta an die linke Kammer zu erklären, sind vor allem durch Pexieder [1978, 1979, 1982] mit Hilfe morphometrischer und proliferationskinetischer Studien widerlegt worden.

Ebenso stehen auch die auf hämodynamischen Überlegungen basierenden Theorien und die anhand von Durchströmungsversuchen an Glasmodellen erarbeiteten Vorstellungen [Beneke 1920, Spitzer 1923, Bremer 1929, Goerttler 1955, Jaffee 1965] über die Topogenese der Septen nicht ohne weiteres in Übereinstimmung mit den Befunden an lebenden embryonalen Herzen. Hier ist erstens entscheidend, daß im embryonalen Herzen eine rein laminare Strömung vorliegt, Wirbelbildungen also nicht vorkommen, und daß sich zweitens die Annahme zweier Blutströme im jungen Herzen, zwischen denen in „seitendruckfreien Zonen" [Goerttler 1955] die Septen entstünden, als nicht zutreffend erwiesen hat. Die anisodiametrische Deformation der bandförmigen Strombahn während der Systole täuscht das Vorhandensein zweier Ströme vor [Seidl und Steding 1987].

Auch heute noch sind wir von einer einheitlichen und allgemein anerkannten Theorie der Septierung weit entfernt. Einigkeit besteht aber wenigstens über den formalen Ablauf und die elementaren Ereignisse bei diesen Prozessen. Spezialfragen, wie die materielle Beteiligung der verschiedenen regionalen Komponenten an der Gestaltung des Septensystems, sind weiterhin umstritten.

10.4.1 Prinzipien der Septierung

Die Septierung beginnt mit der Ausbildung einzelner endocardialer Hochreliefs in den verschiedenen Regionen des Herzens. Nach ihren Baumaterialien lassen sich zwei verschiedene Arten von Septen im Herzen unterscheiden: die *bindegewebigen Septen in der Atrio-Ventrikular-Ebene und Ausflußbahn,* deren paarige, in der gleichen Höhe einander gegenüberliegende Anlagen senkrecht zur Stromrichtung vorwachsen und später zu unpaaren Septen fusionieren, sowie die von Anfang an unpaar entstehenden *muskulären Septen der Vorhöfe und der Kammern.*

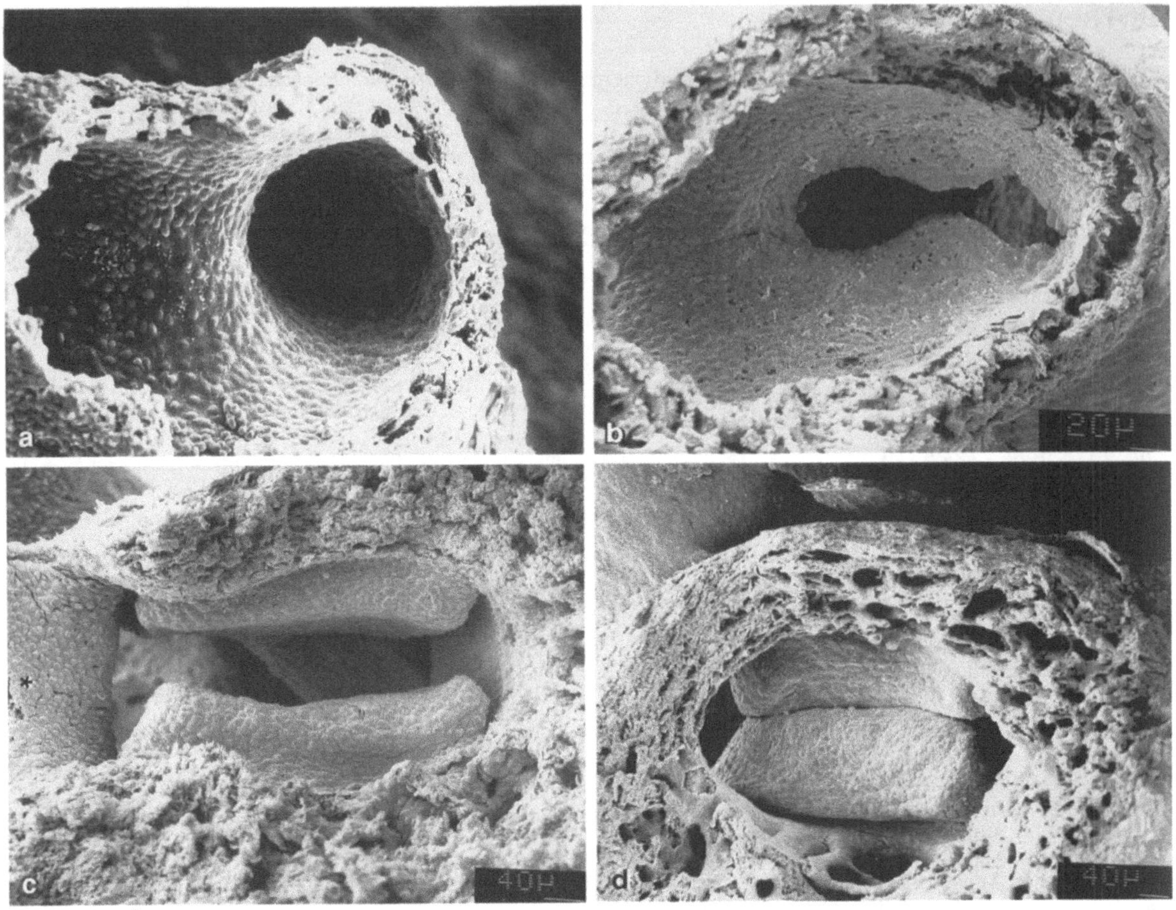

Abb. 10-27a–d. Entstehung der Septen im Atrioventricular-Kanal. Ansichten des AV-Kanals vom eröffneten Kammerteil der Herzschleife aus.
a) und **b)** Hühnerembryonen vom Anfang (a) und Ende (b) des 3. Tages der Bebrütung. Der primär runde Querschnitt des AV-Kanals **(a)** wird bei der Ausbildung des AV-Sulcus zu einem Oval deformiert. An den Längsseiten des Ovals entstehen die Anlagen der Septen **(b)**.
c) und **d)** Entsprechende Ansichten menschlicher Embryonen von 8,5 (c) und 12 mm (d) Länge.
c) Die AV-Septen haben sich zu voluminösen Polstern entwickelt, deren einander gegenüberliegende freie Ränder noch keinen Kontakt haben. Zwischen ihren seitlichen Umfängen und der Crista prima (*) bzw. dem linken Rand des AV-Kanals entstehen die Tricuspidal- bzw. Mitral-Öffnungen.
d) Die AV-Septen sind weiter in das Lumen hineingewachsen und sind mit ihren gegenüberliegenden freien Rändern in Kontakt gekommen.

In einer zweiten Phase der Septierung verbinden sich die Septen der verschiedenen Höhen parallel zur Stromrichtung miteinander und bilden so ein einheitliches, in sich geschlossenes Septensystem, das den Herzschlauch der Länge nach von den Vorhöfen bis zum Saccus aorticus unterteilt. Die räumliche Anordnung des Septensystems entspricht den komplizierten Krümmungen des Herzschlauches und ist deswegen in zweidimensionalen Schnitten kaum, selbst in dreidimensionalen Präparationen schwer zu erkennen, weil die isolierten Septen nicht alle gleichzeitig entstehen und sich auch ihre Verbindungen zu unterschiedlichen und individuell recht variablen Zeitpunkten ausbilden [Orts Llorca et al. 1982].

Die bindegewebigen und muskulären Septen entstehen auf unterschiedliche Art und Weise. Die *bindegewebigen Septen* entstehen in den Regionen, in denen der primär runde Querschnitt des Herzschlauches bei der Schleifenbildung durch Knickung zu einem Oval deformiert wird. An den Längsseiten einer ovalen Querschnittshöhe wölbt sich das Endocard in je einem Hochrelief lumenwärts auf. Diese paarigen Hochreliefs stellen die ersten Anlagen der Septen dar. Später, wenn sie sich so weit aufgewölbt haben, daß ihre dem Lumen zugewandten freien Ränder in der Systole in Kontakt kommen, beginnt ihre Fusion zu einem einheitlichen, unpaaren Septum [Los und Van Eijndthoven 1973]. Die bindegewebigen Teile des Septensystems sind die Atrioventrikular-Septen (Abb. 10-27) und die proximalen und distalen Septen der Ausflußbahn (Conus- und Truncussepten) (Abb. 10-28, 10-31 und 10-39a).

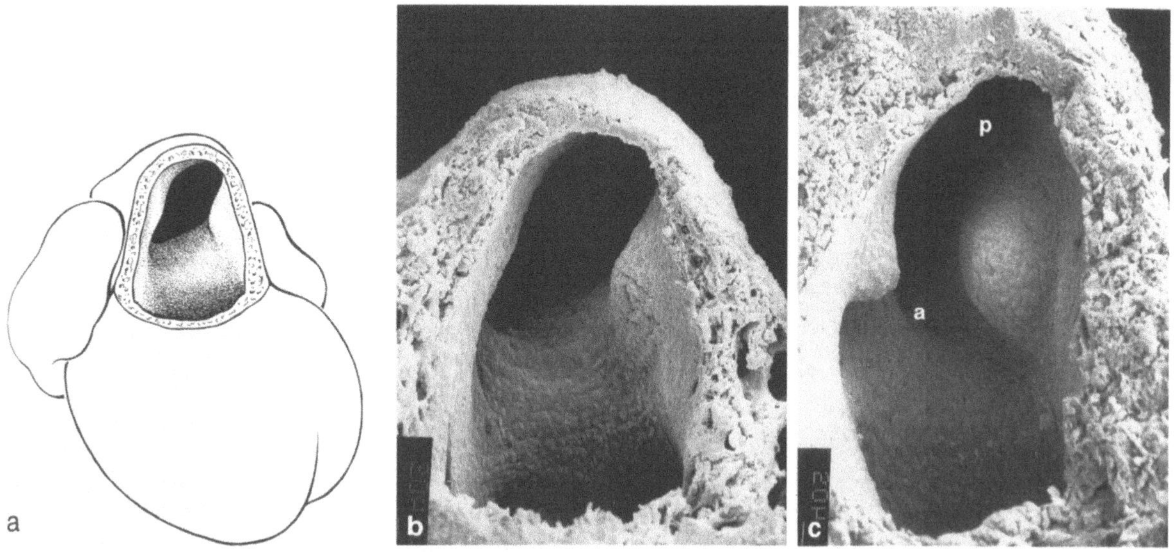

Abb. 10-28a–c. Entstehung der Conussepten.
a) Ansicht des Herzens von ventral-rechts und etwas von caudal. Schematische Darstellung der Lage der in b) und c) gezeigten Fenster. b) und c) menschliche Embryonen von 9 (b) und 14 (c) mm Länge.
b) In der Region des cono-ventrikulären Knicks (vgl. Abb. 10-21) sind die Anlagen der Septen an den Längsseiten der oval deformierten Strombahn entstanden.
c) Die Septenanlagen sind weiter in das Lumen hineingewachsen und lassen nun schon die Lagebeziehungen der späteren pulmonalen (p) und aortalen (a) ventrikulären Ausflußbahnen erkennen.

Zum Unterschied von den bindegewebigen entstehen die *muskulären Septen* nicht durch Fusion einander gegenüberliegender Anlagen, sondern bilden sich als primär unpaare Auffaltungen des Myocard aus. Nach Harh und Paul [1975] entsteht die Auffaltung des Kammerseptum dadurch, daß murales Myocard vom rechten und linken Umfang der Ventrikelschleife zur Mitte hin verlagert wird und sich an der Stelle des Zusammentreffens einwärts in das Lumen einfaltet. Der Region des inneren Hochreliefs des Septum entspricht außen das Tiefrelief des Sulcus interventricularis (Abb. 10-29). Als Motor für diese Zellbewegungen sind zwei Proliferationszentren am rechten und linken Umfang der Ventrikelschleife anzusehen, aus denen der Nachschub für die nach medial verlagerten Zellen stammt [Rychter et al. 1979]. Da rechtes und linkes Zentrum ein jeweils typisches, unterschiedlich gerichtetes Proliferationsmuster haben, entsteht das Kammerseptum nicht in sagittaler Ebene, sondern schräg, d.h. am vorderen Umfang entsteht es weiter links als am hinteren, so daß der rechte Ventrikel den linken weitgehend überdeckt.

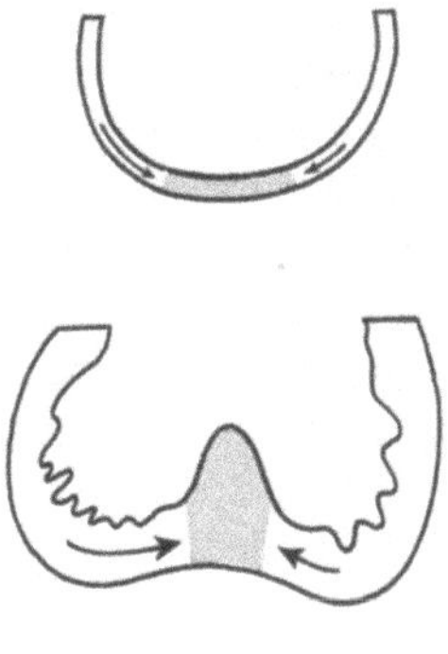

Abb. 10-29. Schematische Darstellung der Entstehung des muskulären Kammerseptum. Das Septum entsteht als Auffaltung des Myocard infolge des gegeneinander gerichteten Wachstums der rechts- und linksseitigen Proliferationszentren (Pfeile).

Über die Bildungsweise der Vorhofsepten liegen keine experimentellen Befunde vor. Jedoch kann aus der Tatsache, daß sich auch hier, ähnlich wie im Kammergebiet, ein *Sulcus interatrialis* am Ursprungsgebiet der Vorhofsepten findet (Abb. 10-35a), gefolgert werden, daß die Vorhofsepten nach einem ähnlichen Modus entstehen wie das Kammerseptum.

Die Verbindung der isolierten Septen untereinander zu dem einheitlichen Septensystem geschieht folgendermaßen:

Der hintere freie Rand der Vorhofsepten steht mit der cranialen Oberfläche des hinteren (unteren) AV-Septum in Verbindung, sein vorderer freier Rand mit der cranialen Seite des vorderen (oberen) AV-Septum.

Der rechte Umfang des hinteren (unteren) AV-Septum erhält Verbindung mit dem hinteren freien Rand des Kammerseptum. Entsprechend der oben erwähnten „Schräglage“ des Kammerseptum verstreicht sein vorderer freier Rand zunächst im muralen Myocard am linken Umfang des cono-ventriculären Knicks. Hier verbindet er sich später mit dem linken Conusseptum (Abb. 10-30).

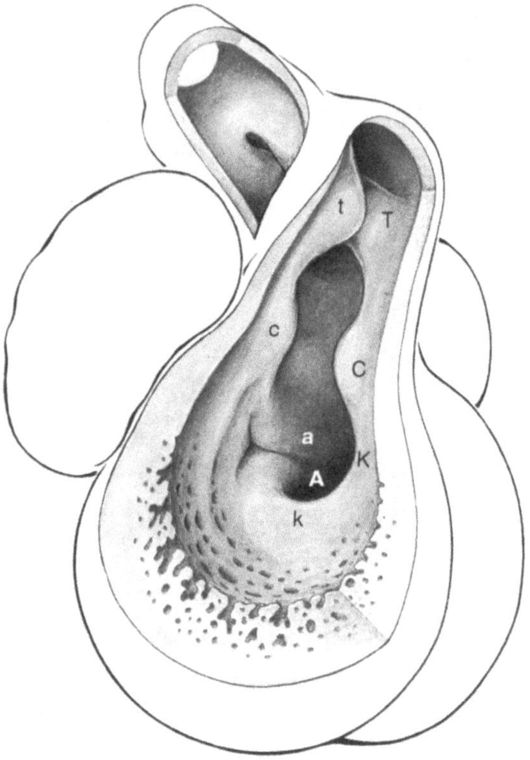

Abb. 10-30. Schematische Darstellung des Septensystems im Herzen des menschlichen Embryo. Der hier dargestellte Entwicklungszustand ist aus verschiedenen Entwicklungsstadien zusammengefaßt. Zeichnung nach Rasterpräparaten menschlicher Embryonen. Die zunächst lokal isoliert entstehenden Septenanlagen der Atrioventricular-Ebene, der Kammern und der Ausflußbahn verbinden sich in folgender Weise miteinander: Das untere AV-Septum (A) verbindet sich mit dem hinteren freien Rand des Kammerseptum (k). Sein vorderer freier Rand (K) erhält Kontakt mit dem linken Conusseptum (C), das sich, nach hinten verlaufend, mit dem unteren Truncusseptum (T) verbindet. Dieses erhält Kontakt mit dem unteren Schenkel des Septum aortico-pulmonale, das übergeht in das vordere Truncusseptum (t). Dieses verbindet sich schließlich über das rechte Conusseptum (c) und über oberes (a) und unteres AV-Septum (A) mit dem hinteren freien Rand des Kammerseptum (k). Der in sich geschlossene freie Rand dieses Septensystems stellt die innere Oberfläche eines im Raum verwundenen Ringes dar. Die einander gegenüberliegenden freien Ränder kommen schließlich in Kontakt, fusionieren und teilen so die aortale von der pulmonalen Strombahn.

In der Ausflußbahn sind infolge der unterschiedlichen Knickungsrichtungen in den verschiedenen Höhen die Septen in jeweils typischer Lage entstanden: proximal finden wir ein rechtes und ein linkes Septum (Abb. 10-28), in der mittleren Höhe ein vorderes und ein hinteres (Abb. 10-31c), und schließlich bilden sich distal die Septenanlagen als Ausläufer des *Septum aorticopulmonale* vorne-links und hinten-rechts (Abb. 10-31b).

Diese Septenanlagen verbinden sich wie folgt: Das linke Conusseptum verbindet sich mit dem hinten und rechts gelegenen Truncusseptum und das rechte Conusseptum mit dem vorderen Truncusseptum. Komplettiert wird das Septensystem durch das Septum aorticopulmonale. Dieses Septum entsteht aus dem Mesenchym zwischen dem 4. und 6. Pharyngealbogen (Abb. 10-31a, b). Es wächst als unpaares Relief stromaufwärts vor. Sein freier Rand ist stromaufwärts konkav. Entsprechend der Form der distalen Ausflußbahn wendet sich sein rechter Ausläufer nach unten (caudal) und kommt mit dem unteren Truncusseptum in Verbindung, während sich sein linker Ausläufer nach oben (cranial) wendet und sich mit dem oberen Truncusseptum verbindet (Abb. 10-31).

Die Vervollständigung des Septensystems, also die Verbindung der Septen der Ausflußbahn mit dem Kammerseptum, ist ein komplizierter Vorgang, der erst nach der Rückbildung der *Crista prima* vollzogen werden kann. Die Crista prima entspricht dem Tiefrelief des Sulcus primus an der Herzaußenwand. Der Sulcus primus bildet sozusagen die enge Curvatura minor der Herzschleife. Solange die Crista prima als beträchtliches Hochrelief ausgebildet ist, liegt sie quer zwischen hinterem Rand des Kammerseptum und dem rechten Conusseptum (Abb. 10-32). Erst nach ihrem Verschwinden können sich die vorbenannten Septenregionen verbinden und damit das einheitliche Septensystem etablieren (Abb. 10-32d).

Die Bedeutung der Crista prima für die normale Septierung des Herzens liegt darin, daß dieses Hochrelief zurückgebildet wird. Unterbleibt seine Rückbildung, kann der Zusammenhang zwischen hinterem Umfang des Kammerseptum und dem rechten Conusseptum nicht hergestellt werden, es resultiert die als *double outlet right ventricle* bezeichnete Fehlbildung. Bezüglich der Einzelheiten sei auf Abschnitt 10.8 verwiesen.

Der Abschluß der Septierung geschieht während des STADIUM 20 (51–53 Tage) mit dem Verschluß des sogenannten *Foramen interventriculare*. Das rechte Conusseptum verlängert sich nach caudal und bekommt über die beiden AV-Septen Kontakt mit dem hinteren freien Rand des Kammerseptum, während das linke Conusseptum mit dem vorderen freien Rand des Kammerseptum in Verbindung tritt. Die freien Ränder dieses Foramen interventriculare werden also cranial von den fusionierten Conussepten und ihren nicht-fusionierten, nach vorne und hinten in das Kammerseptum übergehenden Schenkeln gebildet, während der untere freie Rand des Foramen interventriculare vom Kammerseptum gebildet wird. Die freien Ränder dieses „Loches“ wachsen aufeinander zu und verschließen diese Verbindung zwischen den Ventrikeln.

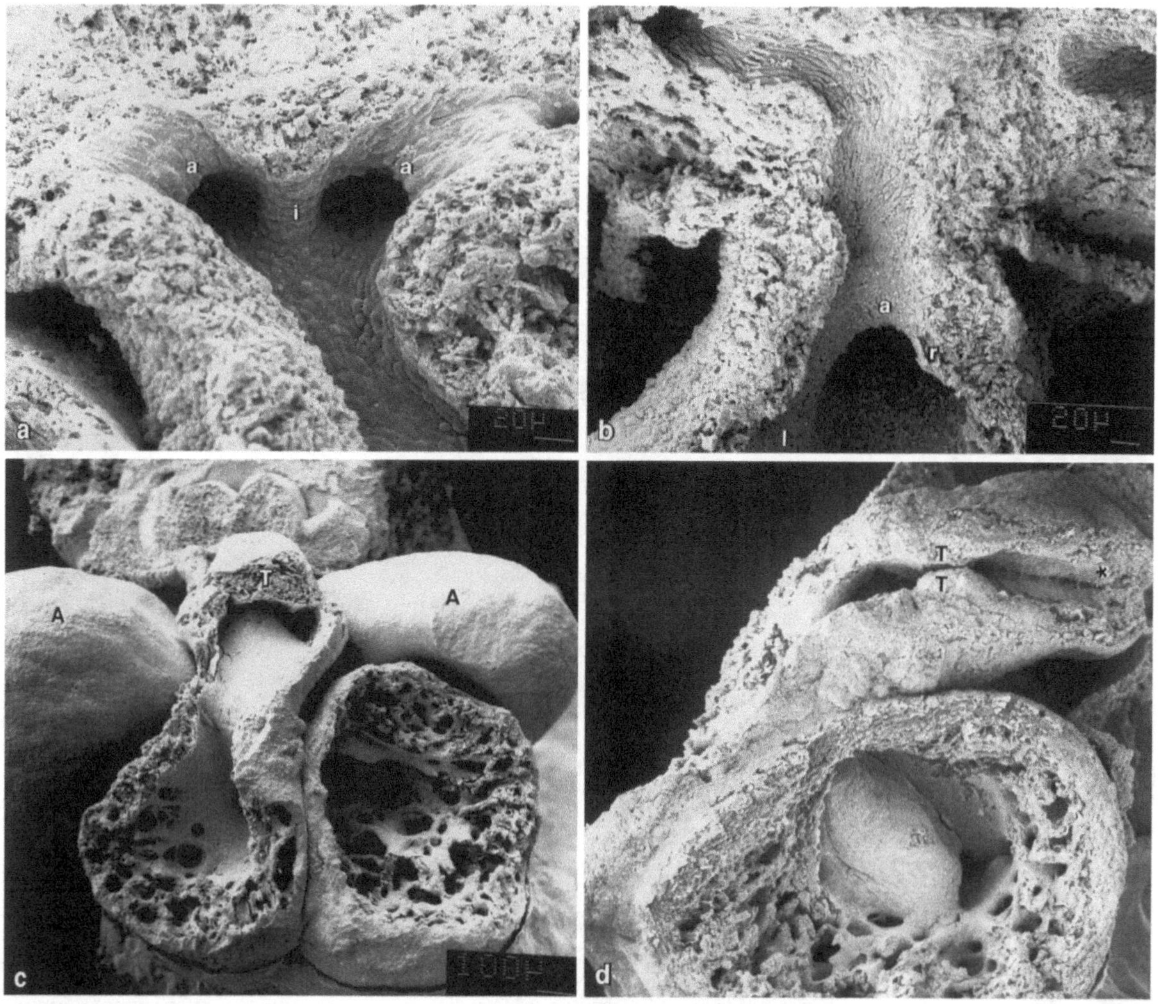

Abb. 10-31a–d. Septierung in der distalen Ausflußbahn. a) und b) Einblick in den eröffneten Truncus von cranial und in Stromrichtung. Menschliche Embryonen von 5 (a) und 8 (b) mm Länge.

a) Die Anlagen des Septum aortico-pulmonale (a) liegen zunächst nur im Bereich des Saccus aorticus. Die Abgänge der beiden sechsten Pharyngealbogenarterien werden medial durch das Septum interpulmonale (i) begrenzt.

b) Das Septum aortico-pulmonale (a) ist als einheitliches Hochrelief stromaufwärts in den Truncus hineingewachsen. Dadurch sind im Saccus aorticus die systemischen Strombahnen der dritten und vierten Pharyngealbogenarterien von denen der sechsten (pulmonalen) gesondert. Der rechte Schenkel des Septum aorticopulmonale (Bruchfläche bei r) wendet sich nach oben, der linke Schenkel (l) nach unten.

c) Herz eines menschlichen Embryo von 9 mm Länge. Ansicht von ventral. Die Vorderwände der Ventrikel sowie der proximalen Ausflußbahn sind entfernt. An der Knickstelle zwischen Conus und Truncus (vgl. Abb. 10-24) sind oben und unten in der Strombahn die Truncussepten (T) entstanden. Beachte die trabekuläre Wand der eröffneten Ventrikel. A = Außenflächen der Atrien.

d) Herz eines menschlichen Embryo von etwa 14 mm Länge. Ansicht von links. Die linke Kammer ist eröffnet, und der linke Umfang der distalen Ausflußbahn ist entfernt. Die Truncussepten (T) sind distal mit den Ausläufern des Septum aorticopulmonale (*) in Verbindung gekommen.

Dieses Foramen interventriculare wird in der Embryonalzeit wahrscheinlich nicht von Blut durchflossen. Die Verbindung der Septen geschieht nämlich parallel zur Stromrichtung. Obwohl genaue Druckmessungen in den Ventrikeln nicht vorliegen, legen Lebendbeobachtungen an Herzen von Hühnerembryonen die Vermutung nahe, daß auch beim menschlichen Embryo normalerweise kein *shunt* zwischen den beiden Kammern durch das Foramen interventriculare hindurch besteht. – Anzumerken ist, daß vorstehende Schilderung der Entstehung und Verbindung der Septen nicht chronologisch ist, sondern sich zur ersten Übersicht an der Topographie der Septen orientiert. Tatsächlich erfolgen die verschiedenen Phasen der Septierung in den einzelnen Herzregionen zu ganz unterschiedlichen Zeitpunkten.

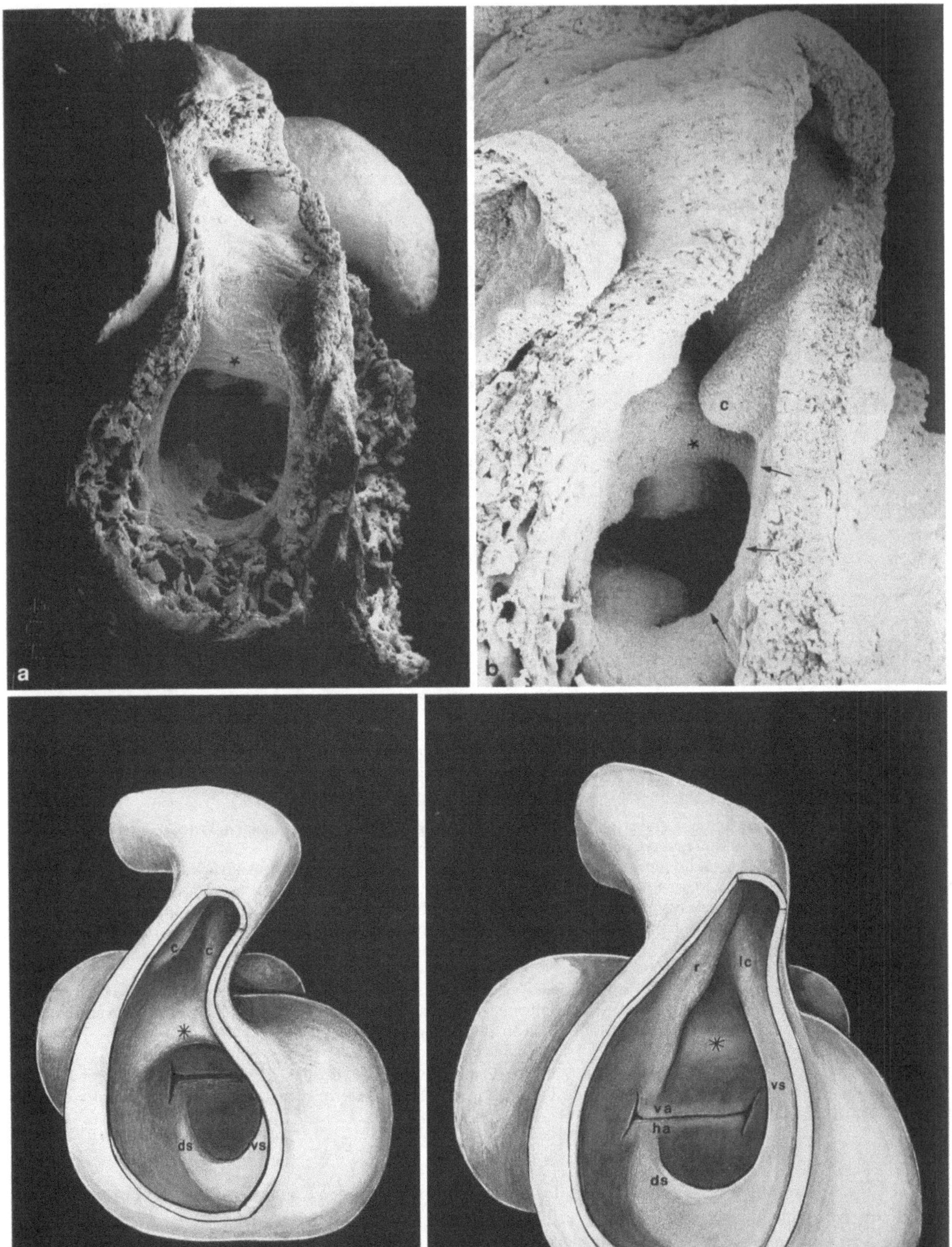
a
*
b
c
*
c
c
*
ds
vs
d
r
lc
*
vs
va
ha
ds

10.4.2 Entwicklung der Herzregionen

Eine vollständige Darstellung aller Aspekte der Entwicklung der Herzregionen unter Berücksichtigung sämtlicher zu den verschiedenen Entwicklungsprozessen vorgelegten Hypothesen und Interpretationen ist im Rahmen dieses Lehrbuches unmöglich.

Der dennoch unternommene Versuch, eine räumliche Vorstellung von der Entwicklung der inneren Form des Herzens zu vermitteln, muß sich auf eine Darstellung der wesentlichen Aspekte beschränken, die für ein Verständnis der Anatomie des normalen und mißgebildeten Herzens des Erwachsenen erforderlich sind. Auf die Erörterung von strittigen Spezialproblemen, die häufig nur für den Kardioembryologen von Interesse sind, muß hier verzichtet werden.

Entwicklung der Vorhofsregion

Für die Entwickung der Vorhofsregion sind drei Themen von besonderem Interesse:

◂

Abb. 10-32a–d. Entwicklung der Crista prima.
a) und b) menschliche Embryonen von 9 (a) und 15 (b) mm.
a) Ansicht des eröffneten Herzens von ventral und rechts. Das Hochrelief der Crista prima (*) erstreckt sich vom hinteren lateralen Umfang der rechten Kammer schräg nach vorn links bis in die Vorderwand der linken Kammer. Jedoch entspricht die von ihr begrenzte interventrikuläre Kommunikation nicht dem Foramen interventriculare. Die Crista prima bildet die hintere Begrenzung der Ausstrombahn der linken Kammer.
b) Ansicht des eröffneten rechten Ventrikels von ventral und rechts. Der Zusammenhang des Kammerseptum (die Pfeile bezeichnen seinen freien Rand) mit dem linken Conusseptum (C) ist hergestellt. Der hintere Abschnitt der Crista prima (*) ist bereits weitgehend zurückgebildet. Sie verstreicht links vom Kammerseptum in der Vorderwand des linken Ventrikels. Eine echte craniale Begrenzung des Foramen interventriculare ist noch nicht vorhanden. Diese entsteht erst dann, wenn nach der Fusion der Conussepten ihre Kontinuität mit den hinteren und vorderen freien Rändern des Kammerseptum ausgebildet ist.
c) und d) Schematische Darstellung des Verstreichens der Crista prima (*).
c) Die voll ausgebildete Crista prima springt als Hochrelief zwischen den Conussepten (c) und dem Kammerseptum vor. Die interventrikuläre Kommunikation, die formal nicht dem Foramen interventriculare entspricht, wird oben von Crista prima und unten vom dorsalen (ds) und ventralen (vs) freien Rand des Kammerseptum begrenzt.
d) Erst nach Verstreichen der Crista prima kann die Kontinuität zwischen rechtem Conusseptum (r) über die AV-Septen (va, ha) und hinterem Rand des Kammerseptum (ds) und linkem Conusseptum (lc) und vorderem Rand des Kammerseptum (vs) hergestellt werden. Nach beginnender Fusion der Conussepten und nachdem sie Verbindung mit dem Kammerseptum erhalten haben, ist eine eigentliche obere Begrenzung des echten Foramen interventriculare etabliert (vgl. Abb. 10-36d).

- die Umformung der primär symmetrischen Einflußbahn des Herzens zum nur mit dem rechten Vorhof verbundenen Sinus venosus,
- die Unterteilung des einheitlichen Vorhofs, die Ausbildung des Klappenapparates des Foramen ovale und sein Verschluß,
- die Entwicklung der Einmündungen der systemischen Venen und die Entstehung der sogenannten Venenklappen des Vorhofs.

Die Entwicklung der Lungenvenen ist gesondert im Kapitel 12.4 dargestellt.

Sinus venosus: In der ersten Phase der Entwicklung der Einflußbahn erfolgt der Zufluß zum Herzen aus den *Nabelvenen*, den *Cardinalvenen* und den *Dottersackvenen* noch über paarige, in den Schenkeln der Darmpforte liegende Gefäße (Abb. 10-13b, 10-33a). In einer zweiten Phase gelangt das gesamte venöse Blut in den Sinus venosus, der nun von den eigentlichen Vorhöfen abgegrenzt ist und sich ausschließlich in den rechten Vorhof entleert (Abb. 10-34c, f). Schließlich bleibt in der dritten Phase das linke Sinushorn im Wachstum zurück und Teile des Sinus venosus werden in den rechten Vorhof einbezogen.

Dabei entstehen ebenfalls mit der Ausbildung des primären Pfortaderkreislaufs die herznahe *V. cava inferior* aus der rechten V. hepatica und aus dem rechten Sinushorn die *obere Hohlvene* (siehe auch Kapitel 12. Venen).

Gesondert davon erfolgt die Bildung der Pulmonalvenen, die sich nicht aus frühen Gefäßen entwickeln, sondern als relativ späte Neubildungen erst im Stadium 13 entstehen.

Während des Stadium 12, um den 26. Tag, wird die eigentliche Vorhofsregion nach dorso-caudal zu vom Sinus venosus abgegrenzt durch eine halbmondförmige Einfaltung von links her (Abb. 10-34b–d). Dieses *Septum sinu-atriale* bildet also die Hinterwand der noch nicht unterteilten Vorhofsregion. Durch diese Einfaltung wird das Anlagegebiet des linken Vorhofs vom Sinus venosus abgegliedert, das des rechten bleibt in breiter Verbindung mit dem Sinus venosus (Abb. 10-34b, c). Alle zum Herzen führenden Venen erhalten so ausschließlich Verbindung mit dem späteren rechten Vorhof. Auch wird durch die Entwicklung des Septum sinu-atriale das linke Sinushorn nach rechts verlängert (Abb. 10-34e, f).

Am Sinus venosus kann ein zentraler Teil, der direkt in den Vorhof mündet, von seinen zuführenden, die Venen aufnehmenden Schenkeln, dem rechten und linken Sinushorn, unterschieden werden (Abb. 10-33).

Durch das Septum sinu-atriale wird auch das Ostium sinu-atriale von links begrenzt. Am Übergang von Sinus zum Vorhof finden sich außen zwei seichte Furchen, die das *Ostium sinu-atriale* von den Seiten

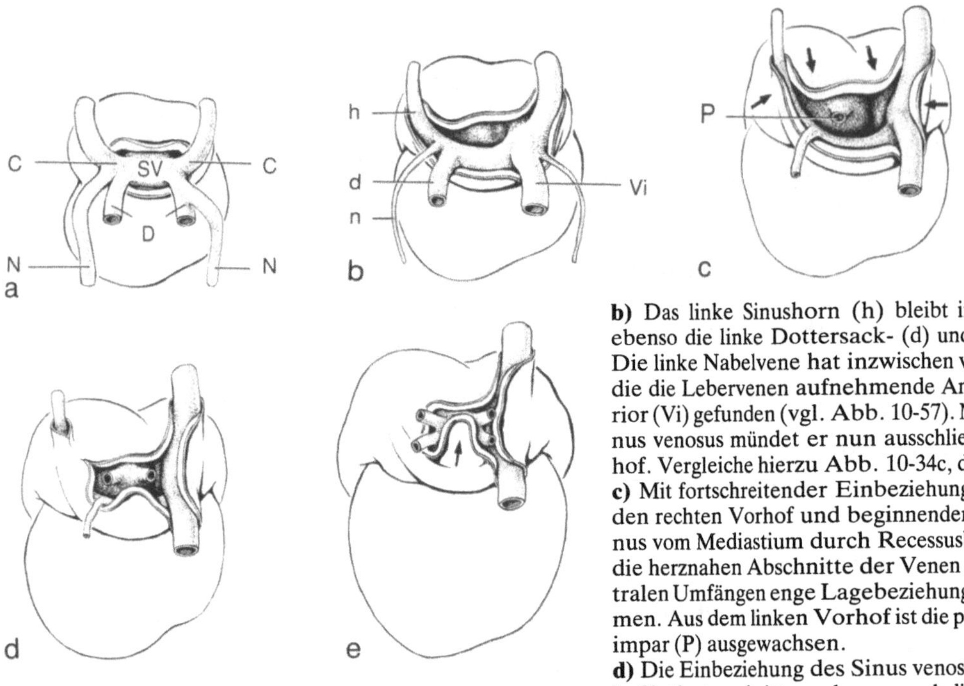

Abb. 10-33a–e. Schematische Darstellung der Entwicklung der Einmündungen der systemischen Venen und des Sinus venosus. Zeichnungen nach Präparaten und Rekonstruktionen menschlicher Embryonen von 3,4 (a), 5 (b), 6 (c), 7 (d) mm sowie eines Fetus von 3 cm (e). Ansicht des Sinus von dorsal. Das Epicard ist zur Darstellung der Entwicklung des venösen Mesos am Übergang in das Pericard abgetrennt. Das Bindegewebe des Septum transversum bzw. des Mediastinum ist nicht dargestellt.
a) Der Sinus venosus (SV) nimmt die Vv. cardinales communes dextra et sinistra (C), linke und rechte Nabelvene (N) sowie Dottersackvenen (D) auf. Der Sinus venosus mündet im noch einheitlichen Vorhof (vgl. Abb. 10-34b).
b) Das linke Sinushorn (h) bleibt im Wachstum zurück, ebenso die linke Dottersack- (d) und die Nabelvenen (n). Die linke Nabelvene hat inzwischen via Leber Anschluß an die die Lebervenen aufnehmende Anlage der V. cava inferior (Vi) gefunden (vgl. Abb. 10-57). Nach Abfaltung des Sinus venosus mündet er nun ausschließlich im rechten Vorhof. Vergleiche hierzu Abb. 10-34c, d.
c) Mit fortschreitender Einbeziehung des Sinus venosus in den rechten Vorhof und beginnender Abgliederung des Sinus vom Mediastium durch Recessusbildung (Pfeile) haben die herznahen Abschnitte der Venen zunächst an ihren ventralen Umfängen enge Lagebeziehung zum Pericard bekommen. Aus dem linken Vorhof ist die primitive V. pulmonalis impar (P) ausgewachsen.
d) Die Einbeziehung des Sinus venosus in den rechten Vorhof ist fortgeschritten, ebenso auch die Abgliederung des Sinus vom Mediastinum. Die unpaare Lungenvene hat sich in horizontaler Ebene dichotomisch in zunächst zwei Äste zur rechten und linken Lungenknospe geteilt.
e) Spätstadium der Einbeziehung des Sinus: Die Vv. cavae haben ihre definitive Lagebeziehung zum Epicard erreicht. Die V. cava superior sinistra hat ihre Verbindung mit dem linken Sinushorn verloren. Sein proximaler Abschnitt drainiert die Coronarvenen und wird zum Sinus coronarius, sein distaler Abschnitt ist die V. obliqua Marshalli. Jede der beiden Lungenvenen hat sich nun in frontaler Ebene dichotomisch geteilt, so daß die V. pulmonalis impar nun 4 Äste hat. Nach vollständiger Einbeziehung der V. pulmonalis impar münden 4 Lungenvenen gesondert im linken Vorhof. Pfeil: Sinus obliquus pericardii

her begrenzen. Ihnen entsprechen im Inneren zwei Vorwölbungen, die von Los [1958, 1960] als „Crista" (links) bzw. „Plica" (rechts) venosa bezeichnet werden: die Anlagen der rechten und linken Valvula sinus venosi *(Sinusklappen)*.

Ein weiteres Hochrelief, das sogenannte Sinus-venosus-Septum, springt im Sinus venosus zwischen den Einmündungen des linken Sinushorns und der rechten V. hepatica, der Anlage des herznahen Teils der V. cava inferior, vor (Abb. 10-34e–h). Dieses Septum grenzt also schon vor der Einbeziehung des Sinus venosus in den rechten Vorhof die Mündung des linken Sinushorns von der der V. hepatica dextra ab.

Die sogenannte Eingliederung des Sinus venosus in den rechten Vorhoft beginnt etwa im STADIUM 13. Bis zu diesem Stadium ist der Sinus venosus noch in das Mesenchym des hinteren, mediastinalen Teils des Septum transversum eingebettet (Abb. 10-33a und 10-34b). Durch die Ausbildung von Serosa-Rezessen, die den Sinus venosus außen umgreifen, wird der Sinus venosus aus dem Mesenchym herausgelöst [Los 1960] und erhält eine mit dem Vorhof gemeinsame epicardiale Oberfläche (Abb. 10-33 und 10-34b–d).

Dabei geht der zentrale Teil des Sinus venosus im rechten Vorhof auf: Die eigenständige Rückwand des Sinus mitsamt den Mündungsstellen der Sinushörner und der V. hepatica dextra wird also zur Rückwand des Vorhofs im Gebiet der bisherigen sinu-atrialen Öffnung.

Bei dieser Eingliederung des Sinus venosus in den rechten Vorhof wird das Foramen sinu-atriale zu einem senkrecht stehenden Schlitz, der durch die in das Lumen vorspringenden Sinusklappen seitlich flankiert ist (Abb. 10-35a). Mit fortschreitender Eingliederung springen die Sinusklappen immer weiter in den rechten Vorhof vor (Abb. 10-34c, d). Auch das Sinus-venosus-Septum gelangt bei der Eingliederung in den rechten Vorhof hinein.

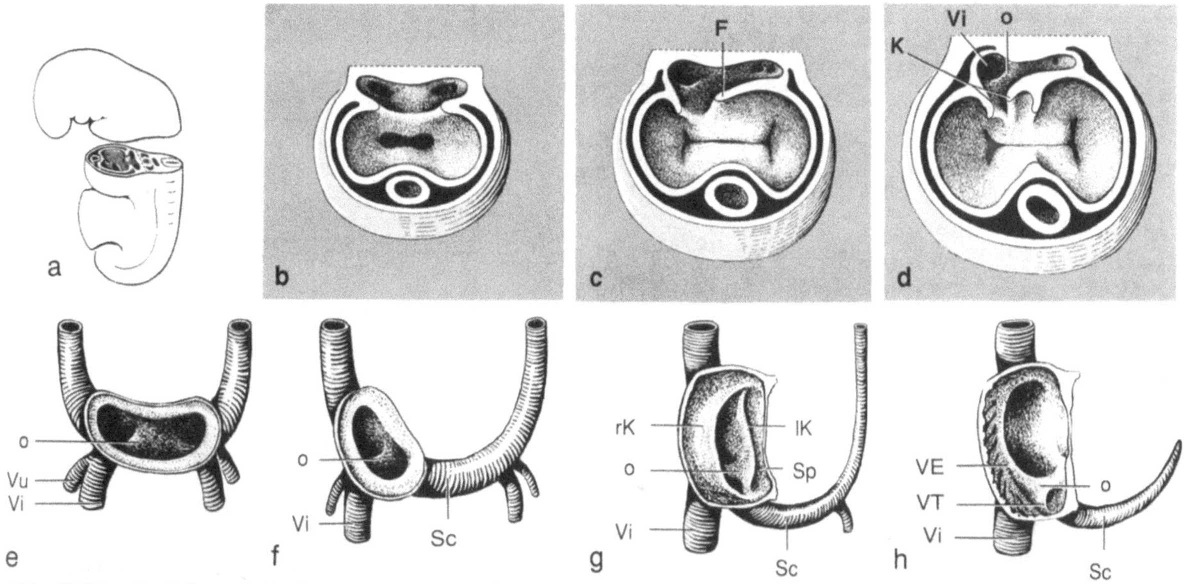

Abb. 10-34a–h. Schematische Darstellung der Entwicklung der Einmündungen der systemischen Venen, des Sinus venosus und der Venenklappen.
a)–d): Zeichnungen nach Präparaten und Rekonstruktionen menschlicher Embryonen von 3 (b), 4 (c) und 6 (d) mm Länge. Ansicht des Sinus von ventral und cranial. Das Dach der Vorhöfe und des Sinus venosus sind entfernt.
a) Lage der in b) bis d) dargestellten Schnittebenen.
b) Der Sinus venosus mündet noch etwa symmetrisch im ungeteilten Vorhof.
c) Durch Ausbildung einer sinu-atrialen Falte (F) mündet der Sinus venosus nur noch im rechten Vorhof.
d) Mit der Einbeziehung des Sinus in den rechten Vorhof wird die sinu-atriale Mündung zu einem senkrecht stehenden Schlitz. An der Mündungsstelle springen Hochreliefs in den Vorhof vor, die sog. Sinusklappen (K). Das Septum sinus venosi (o) liegt im Sinus zwischen der Mündung der V. cava inferior (Vi) und linkem Sinushorn.
e)–h) Schematische Darstellung der Entwicklung der sinu-atrialen Mündung und der Sinusklappen. Zeichnungen nach Präparaten und Rekonstruktionen menschlicher Embryonen von 3,4 (e), 5 (f), 6 (g) mm Länge sowie eines älteren Feten (h). Ansicht des Sinus von ventral. Die Vorhöfe sind bis auf das sinu-atriale Übergangsgebiet entfernt.
e) Der Sinus venosus ist noch vom eigentlichen Vorhof abgegliedert. Das Septum sinus venosi (o) markiert die Einmündung der rechten Dottersackvene (Anlage der V. cava inf. (Vi)) in den zentralen Teil des Sinus. Vu = Nabelvene.
f) Nach Entwicklung der sinu-atrialen Falte ist das linke Sinushorn abgegliedert und die sinu-atriale Mündung zu einem längsgestellten Schlitz geworden. Das linke Sinushorn (Sc) mündet vor, die Vena cava inf. (Vi) hinter dem Septum sinus venosi (o).
g) Mit Einbeziehung des Sinus in den Vorhof werden die rechte (rK) und linke (lK) Sinusklappe ausgebildet. Das linke Sinushorn, die Anlage des Sinus coronarius (Sc) mündet in dem Gebiet zwischen den beiden Sinusklappen (rK und lK), vor dem Septum sinus venosi (o). Sp = septum primum.
h) Die linke Sinusklappe ist in das Vorhofseptum einbezogen worden. Nach abgeschlossener Einbeziehung des Sinus in den rechten Vorhof liegt das Septum sinus venosi (o) nun im Vorhof. Der Sinus coronarius (Sc) mündet nach wie vor vor dem Septum, die Vena cava inf. (Vi) dahinter. Die Valvula venae cavae inf. (Eustachii) (VE) wird vom oberen Abschnitt der rechten Sinusklappe und dem Sinus-venosus-Septum, die Valvula sinus coronarii (Thebesii) (VT) vom unteren Abschnitt der rechten Sinusklappe gebildet.

Oberhalb der sinu-atrialen Öffnung vereinigen sich beide Hochreliefs zu dem sogenannten „Septum spurium", das – nach ventral verlaufend – im Septum primum verstreicht. Dieses Septum spurium ist bei der weiteren Entwicklung der Scheidewände der Vorhöfe völlig ohne Bedeutung.
Während die linke Sinusklappe klein bleibt und im 3. Monat schließlich mit dem Septum secundum verwächst (Abb. 10-35d), wölbt sich die rechte Sinusklappe weiter in das Lumen des rechten Vorhofs hinein. Das Sinus-venosus-Septum erstreckt sich zwischen dem Septum secundum und der Innenseite der rechten Sinusklappe. Damit liegt das Sinus-venosus-Septum zwischen den Mündungen des linken Sinushorns (der Anlage des Sinus coronarius) und der der V. cava inferior (Abb. 10-35d). Nach vollendeter Eingliederung des Sinus venosus erhält so der Sinus coronarius eine eigene, von der der V. cava inferior vollständig getrennte Mündung im rechten Vorhof (Abb. 10-34h).
Die Eustachische Klappe (Valvula venae cavae inf.) entwikkelt sich aus dem zusammenhängenden Relief vom oberen Abschnitt der rechten Sinusklappe und dem Sinus-venosus-Septum, die Thebesische Klappe (Valvula sinus coronarii) entsteht aus dem unteren Abschnitt der rechten Sinusklappe (Abb. 10-34e–h).

Etwa in der 8. Woche bleibt das linke Sinushorn in seiner Massenentfaltung deutlich hinter dem rechten zurück und seine Verbindung mit der V. cardinalis communis sinistra obliteriert ebenso wie die V. postcardinalis sinistra (Abb. 10-33d, e). Der Abfluß aus der V.

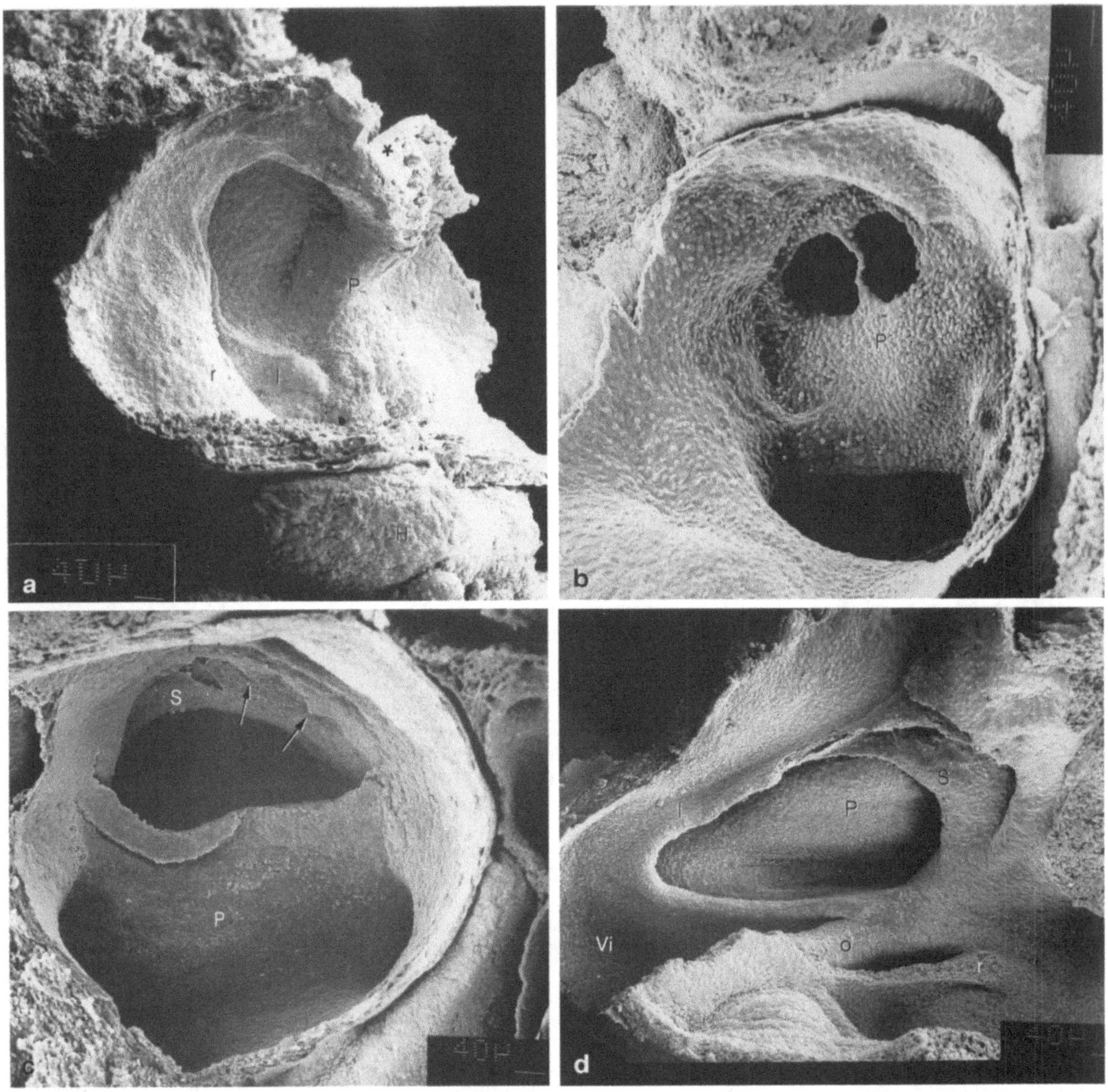

Abb. 10-35-a–d. a)–d) Septierung im Vorhofsgebiet. Menschliche Embryonen von 5 (a), 9 (b), 20 (c) und 25 (d) mm Länge.
a) Der Kammerteil des Herzens sowie die Ausflußbahn sind entfernt. Die Vorhöfe sind durch Entfernen der Vorder- und Seitenwände eröffnet. Ansicht von ventral-rechts. Im Gebiet des Sulcus interatrialis (*) wölbt sich das Septum primum (P) als Hochrelief vor. Sein freier Rand begrenzt das Foramen primum, dessen untere Begrenzung, die AV-Septen, hier entfernt sind. Die Mündungen des linken Sinushorns (H) sowie der V. cava superior und inferior liegen zwischen rechter (r) und linker (l) Sinusklappe verborgen.
b) Ansicht des eröffneten linken Vorhofs von links. Der freie Rand des Septum primum (P) hat sich weiter nach unten, zur Herzbasis hin, verlagert, so daß das Foramen primum kleiner geworden ist. Im oberen Teil des Septum primum ist durch Perforationen das Foramen secundum entstanden, das in diesem Präparat durch einen noch erhaltenen Steg zweigeteilt erscheint.
c) Ansicht des eröffneten linken Vorhofs von links. Das Foramen secundum ist größer geworden. Am Vorhofsdach sind noch Reste des ursprünglichen Ansatzes des Septum primum zu erkennen (Pfeile). Dahinter, rechts vom Septum primum (P), ist das entstehende Septum secundum (S) zu erkennen. Das funktionelle Foramen ovale wird durch die freien Ränder von Septum primum und Septum secundum begrenzt.
d) Ansicht des eröffneten rechten Vorhofs von rechts. Die rechte Sinusklappe ist an ihrer Basis im Boden des Vorhofs (r) entfernt. Auch von der linken Sinusklappe (l) ist der vordere Abschnitt entfernt, um ihren Zusammenhang mit dem Septum secundum (S) darzustellen. Das Septum primum (P) ist bei der Fixierung nach rechts hin verlagert worden, so daß das Foramen ovale hier verschlossen erscheint. Die Mündung des linken Sinushorns ist am Boden des Vorhofs zwischen den Basen der beiden Sinusklappen erkennbar. Es wird von der Einmündung der V. cava inferior (Vi) durch das Septum sinus venosi (o) abgegrenzt. Die Mündung der V. cava superior ist oberhalb von Vi entfernt.

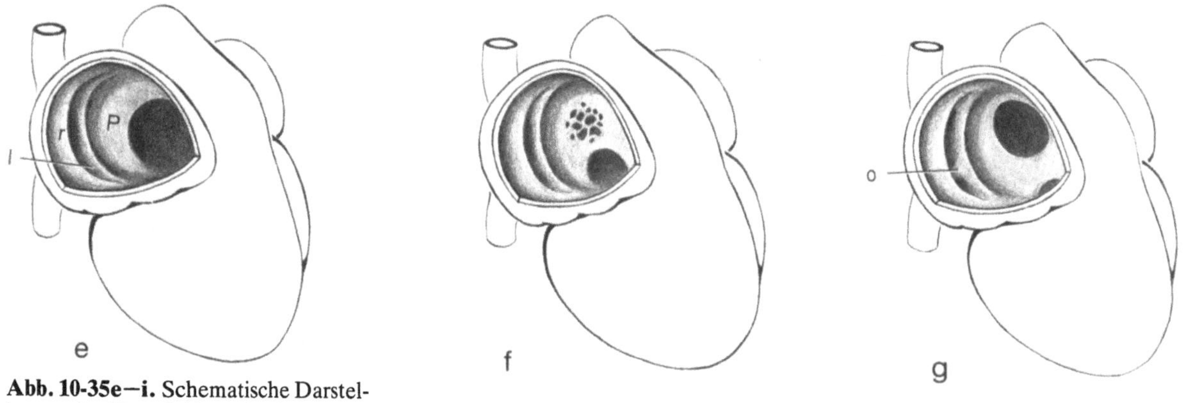

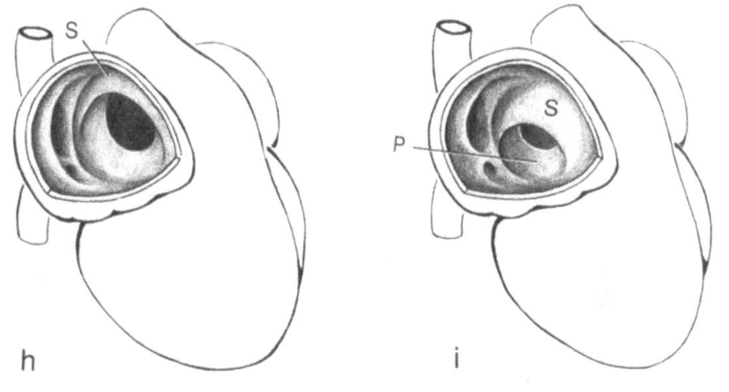

Abb. 10-35e–i. Schematische Darstellungen der Entwicklung der Septen im Vorhof. Zeichnung nach Präparaten menschlicher Embryonen von etwa 6 (e), 8 (f), 10 (g), 20 (h) mm und 3,5 cm (i) Länge. Ansicht von rechts. Die Herzkontur wurde nur zur räumlichen Orientierung beigefügt und entspricht nicht der tatsächlichen Form und Größe der Stadien (Vergleiche hierzu Abb. 10-21 bis 10-26).
e) Der freie Rand des Septum primum (P) begrenzt den oberen Umfang des Foramen primum. Die Mündungen der Hohlvenen sind zwischen rechter (r) und linker (l) Sinusklappe verborgen.
f) Perforationen im Septum primum stellen die Anlage des Foramen secundum dar. Das Foramen primum ist kleiner geworden.
g) Das Foramen secundum hat seine definitive Größe erreicht, das Foramen primum ist fast geschlossen. Mit zunehmender Einbeziehung des Sinus venosus in den Vorhof wird das Septum sinus venosi (o) als obere Begrenzung der Mündung des linken Sinushorns (Sinus coronarius) sichtbar. In dieser und den folgenden Abbildungen ist die rechte Sinusklappe verkürzt dargestellt, um den Blick auf die Vorhofsepten freizugeben.
h) Die Anlage des Septum secundum (S) entsteht rechts vom Septum primum.
i) Das Foramen ovale wird von den freien Rändern des Septum primum (P) und des Septum secundum (S) begrenzt.

praecardinalis erfolgt dann über eine in der Halskerbe neu entstandene Queranastomose zwischen linker und rechter V. praecardinalis, die V. brachiocephalica sinistra. Schließlich erhalten die Coronarvenen Anschluß an das linke Sinushorn, das dann als Sinus coronarius bezeichnet wird. Der obliterierte Rest der V. cardinalis communis sinistra ist beim Erwachsenen häufig noch als Lig. Marshalli vorhanden.

Damit ist die Umgliederung der primär symmetrischen Einflußbahnen des Herzens vollzogen: alle systemischen Venen münden nun über den Sinus venosus im rechten Vorhof.

Vorhöfe: Die Abgrenzung der Vorhofsregion vom Kammerteil erfolgt durch Ausbildung des *Sulcus atrio-ventricularis:* Etwa am Übergang des STADIUM 11 (26. Tag) in das STADIUM 12 beginnt die Vergrößerung der Kammerschleife, die sich dabei gegen die Vorhofsregion nach caudal abknickt (Abb. 10-18). An dieser Knickstelle entsteht, zunächst dorsal an der Konkavität, später auch an der nach cranial gerichteten Konvexität, ein Tiefrelief in der Herzaußenwand. Diese Ringfurche ist der Sulcus atrio-ventricularis.

Gleichzeitig wird am oberen und hinteren Umfang des einheitlichen Vorhofs ein flaches Tiefrelief deutlich, das den Entstehungsort des Septum primum markiert (Abb. 10-35a). Dieser Sulcus interatrialis springt im STADIUM 12 als halbmondförmiges Hochrelief von der cranio-dorsalen Vorhofswand in das Lumen vor und bildet die erste Anlage des *Septum primum.* Sein konkav gewölbter freier Rand bildet die Begrenzung des Foramen primum, die AV-Septen dessen caudalen Rand (Abb. 10-35a, e). Die Fußpunkte seines ventralen und dorsalen Schenkels erreichen die AV-Septen, der craniale Abschnitt des freien Randes nähert sich ihnen immer mehr von cranial her. Dabei wird das *Foramen primum* schließlich im STADIUM 16–17 durch Fusion des freien Randes des Septum primum mit der cranialen Fläche der AV-Septen vollständig verschlossen. Vorher jedoch (etwa im STADIUM 15) entstehen im oberen hinteren Quadranten des Septum primum multiple Perforationen, die zu einer einheitlichen Öffnung zusammenfließen, dem *Foramen secundum* (Abb. 10-35b, f).

Über die Faktoren, die zur Ausbildung des Foramen secundum führen, bestehen widersprüchliche Meinungen. So muß als ungeklärt gelten, ob das Foramen secundum einreißt, weil wegen des Verschlusses des Foramen primum der Druck im rechten Vorhof ansteigt [Retzer 1908, Quiring 1933], oder ob das Foramen secundum durch unvollständige Fusion einer ventralen und einer dorsalen Anlage des Septum primum entsteht [Odgers 1935]. Auch die zellulären Mechanismen der Perforation, wenn es denn eine solche gibt, sind nicht restlos geklärt. Die Möglichkeit der Bedeutung eines *programmierten Zelltodes* für die Entstehung derartiger Perforationen [Pexieder 1975, Hendrix und Morse 1977] wird neuerdings geringer eingeschätzt [Morse und Hendrix 1980, Morse 1981].

Bevor das Foramen primum verschlossen wird, entsteht das Foramen secundum, so daß die Füllung des linken Vorhofs weiterhin aus dem rechten erfolgen kann. Die Menge des aus den Lungenvenen in den linken Vorhof fließenden Blutes ist in diesen Phasen der Entwicklung kaum von Bedeutung. In den STADIEN 15 und 16 vergrößert sich dann das Foramen secundum, bis es schließlich – allerdings individuell wohl recht variabel – in beiden oberen Quadranten nahe an das Vorhofsdach heranreicht (Abb. 10-35c, g).

Im STADIUM 17 [Sissman 1970] oder später, möglicherweise auch erst im STADIUM 21 [O'Rahilly 1971], beginnt sich dann unmittelbar rechts neben der Ansatzstelle des Septum primum ein zweites Hochrelief am Vorhofsdach aufzufalten und in ähnlicher Weise wie das Septum primum in das Lumen in Richtung auf die Herzbasis hineinzuwachsen (Abb. 10-35d, h). Der freie Rand dieses *Septum secundum* ist ebenfalls halbmondförmig, jedoch mehr nach dorsal gerichtet, d.h. sein ventraler Ausläufer reicht über das vordere und hintere AV-Septum bis auf den hinteren Abschnitt des Vorhofbodens, während sein hinterer Ausläufer oberhalb der AV-Ebene in der Hinterwand des Vorhofs verstreicht. Dieses Septum wird niemals vollständig, sondern erreicht nur mit seinen ventralen und dorsalen Ausläufern die AV-Ebene. Der mittlere Abschnitt des freien Randes des Septum secundum wächst nur soweit in das Lumen hinein, daß er den unteren Rand des Foramen primum geringfügig überlappt. Die Öffnung, die von dem halbmondförmigen freien Rand des Septum secundum und dem des Septum primum begrenzt ist, wird als *Foramen ovale* bezeichnet (Abb. 10-35 d,i).

Zu berücksichtigen ist, daß dieses *morphologische* Foramen ovale, das der Fossa ovalis des erwachsenen Herzens entspricht, nicht identisch ist mit dem *funktionellen* Foramen ovale. Da das Septum primum mit seinem nach cranial gerichteten freien Rand, der das Foramen secundum unten begrenzt, nun praktisch nur noch basal an den AV-Septen fixiert ist, kann es bei der Füllung des linken Ventrikels, die überwiegend durch die Dilatation der Kammern in der Diastole geschieht (siehe Abschnitt 10.6), durch den Blutstrom aus dem rechten Vorhof wie ein Segel im Wind nach links gewölbt werden. Das *funktionelle* Foramen ovale wird also von jenem etwa in schräg horizontaler Ebene liegenden Schlitz gebildet, der rechts und oben vom freien Rand des Septum secundum und links und unten vom freien Rand des Septum primum begrenzt wird.

Dies ist für ein Verständnis des Blutstromes im fetalen Herzen deswegen von besonderer Bedeutung, weil das *funktionelle* Foramen ovale nur etwa die halbe Querschnittsfläche besitzt wie das *morphologische*. In der klinischen Literatur wird der erhalten gebliebene Teil des Septum primum auch als *Valvula foraminis ovalis* bezeichnet.

Erst etwa im STADIUM 23 (Embryonen von 27–31 mm Länge, etwa 56–60 Tage), wenn das Septum secundum deutlich in das Foramen secundum ragt, ist ein eigentliches Foramen ovale etabliert. Spätestens bei Feten von etwa 10 cm (etwa 14. Woche) hat dann das Septum secundum das Septum primum überlappt. In diesem Zustand bleibt der Klappenapparat des Foramen ovale bis in den ersten Monat nach der Geburt.

Entwicklung der Kammerregionen

Die Abgrenzung der Ventrikelregion von den Vorhöfen geschieht im STADIUM 12 durch Ausbildung des *Sulcus atrio-ventricularis* und der *Atrio-ventrikular-Septen.* Die Abgrenzung von der Ausflußbahn erfolgt in mehreren Phasen und ist deswegen schwieriger zu bestimmen, weil der proximale Anteil der Ausflußbahn, der sogenannte *Conus,* später in die Ventrikel einbezogen wird. Hier ist zu beachten, daß mit dem Begriff Conus am erwachsenen Herzen etwas anderes bezeichnet wird als beim embryonalen Herzen.

Beide Ventrikel entwickeln sich aus der sogenannten Kammerschleife des tubulären Herzens. Es ist jedoch bis zur Ausbildung des Sulcus interventricularis (etwa im STADIUM 12) noch nicht möglich, den ab- oder aufsteigenden Teil der Kammerschleife einem der definitiven Ventrikel zuzuordnen. Der weitaus größte Teil der Kammerschleife wird zum definitiven linken Ventrikel, während der rechte aus nur einem kleinen Gebiet am rechten Umfang des aufsteigenden Schenkels entsteht (Abb. 10-22).

An der Septierung der Kammerregion ist nicht nur das Kammerseptum beteiligt, auch die AV- und die Conussepten spielen dabei eine Rolle. Die Crista prima (die „bulbo-ventricular flange" der englischsprachigen Literatur) ist insofern von Bedeutung, als sie durch ihr Verschwinden die entscheidende Voraussetzung für die normale Verbindung der Kammer- und der Conussepten schafft.

Die Prozesse der Trabekelausbildung sind nicht nur für die Entstehung der typischen Rechts-links-Unterschiede in der Morphologie der Herzkammern von besonderer Bedeutung, sondern auch für die Ausbildung der Atrioventrikularklappen.

Entstehung der AV-Septen: Bei der Ausbildung des Sulcus atrio-ventricularis wird der primär runde Querschnitt der Strombahn in diesem Gebiet zu einem Oval deformiert (Abb. 10-27). An den Längsseiten des Ovals, dem hinteren und vorderen Umfang des Atrioventrikularkanals, entstehen Hochreliefs durch die Vorwölbung des Endocards in das Lumen hinein. Dabei werden Endocardzellen aus der Oberfläche abgegliedert, sie gelangen in das Innere der Septenanlagen [Markwald et al. 1975, Kinsella und Fitzharris 1980]. Diese Hochreliefs wölben sich weiter in das Lumen vor und kommen schließlich mit ihren einander gegenüberliegenden freien Rändern in Kontakt, zunächst nur in der Systole. Die anfänglich kegelförmigen Septenanlagen werden zunehmend abgeflacht, bis sie schließlich mehr oder weniger rechteckig werden (Abb. 10-27). Durch die Lageänderung der Vorhöfe zu den Kammern verlagert sich auch die AV-Ebene aus ihrer horizontalen in eine mehr frontale Position. Deswegen werden nun die AV-Septen als vorderes (oberes) und als hinteres (unteres) bezeichnet.

Etwa im STADIUM 14 bilden sich zwischen den beiden AV-Septen Brücken aus Fortsätzen von Endocardzellen aus. Damit beginnt die Fusion der beiden AV-Septen, die etwa im STADIUM 16 abgeschlossen ist. Auf diese Weise wird der einheitliche AV-Kanal unterteilt. Lateral entstehen zuerst rundliche, später schlitzförmige Ostien (die Anlagen des rechten und linken Ostium atrio-ventriculare) (Abb. 10-27d). Die craniale freie Oberfläche der AV-Septen kommt in Zusammenhang mit dem Septum primum der Vorhofsregion. Eine materielle Beteiligung des Gewebes der AV-Septen am Schluß des Foramen primum und des Foramen interventriculare wird diskutiert [De la Cruz et al. 1983, Wenink und Gittenberger-De Groot 1985].

Entwicklung des Kammerseptum: Das Kammerseptum des Erwachsenen besteht aus der *Pars muscularis* und der *Pars membranacea.* Beide Teile entwikkeln sich aus verschiedenen Anlagen. Der muskuläre Teil entsteht als halbmondförmiges Hochrelief am Boden der Kammerschleife. Es hat einen vorderen Ausläufer, der sich vom Boden der Kammerschleife nach links wendet und in ihrer Vorderwand verstreicht. Sein hinterer Ausläufer verläuft nach rechts und verstreicht am rechten Rand der Basis des unteren AV-Septum. Das Kammerseptum hat also mit seinem hinteren Ausläufer von Anfang an einen Zusammenhang mit dem rechten Rand des unteren AV-Septum (Abb. 10-32b). Dies ist von Bedeutung, weil damit die *Tricuspidalöffnung* von Anfang an in den rechten Ventrikel mündet.

Der freie Rand des Kammerseptum wird immer weiter in das Lumen hinein verlagert. Sein mittlerer Abschnitt nähert sich dabei der Herzbasis von caudal, sein vorderer Ausläufer gelangt in Zusammenhang mit dem linken Conusseptum. In dieser Entwicklungsphase bildet das Kammerseptum ein Hochrelief, das einem Hufeisen mit auseinandergebogenen, verschieden langen Schenkeln gleicht. Der kürzere hintere Schenkel verstreicht im rechten Umfang des unteren (hinteren) AV-Septum, der längere vordere Schenkel wendet sich nach links und verstreicht im Übergangsgebiet zwischen Kammer und Ausflußbahn. Die Pars membranacea des Kammerseptum entsteht aus proximalen Anteilen der Conussepten. Die Verbindung der beiden Schenkel des muskulären Kammerseptum mit den Conussepten wird erst dann hergestellt, wenn sich die Crista prima zurückbildet.

Die *Crista prima* entsteht bei der Bildung der Herzschleife an ihrer kleinen Kurvatur und ragt als Hochrelief von cranial in das Lumen der Kammerschleife hinein. Dorsal erhebt sich ihr freier Rand rechts von der Tricuspidalöffnung und verläuft bogenförmig nach ventral, den freien Rand des Kammerseptum kreuzend, am Dach der Ventrikelschleife nach links und verstreicht in der Vorderwand des linken Ventrikels (Abb. 10-32). Demzufolge scheint die Aufflußbahn des linken Ventrikels durch ein „Foramen" zu führen, dessen sich überschneidende Ränder cranial von der Crista prima und caudal vom freien Rand des Kammerseptum gebildet werden (Abb. 10-32b).

Dieses Foramen entspricht jedoch nicht dem tatsächlichen Foramen interventriculare, dessen craniale Begrenzung ja nicht von der Crista prima gebildet wird, sondern erst dann etabliert wird, wenn die Conussepten sich in den eigentlichen Kammerbereich hinein erstrecken und ihre Verbindungen mit dem Kammerseptum erreicht haben (Abb. 10-32b–d).

Die Septierung, soweit es die Entwicklung der Lagebeziehungen von Tricuspidalis zur rechten Kammer und die der Aorta zur linken Kammer betrifft, läßt sich folgendermaßen darstellen:

Der hintere freie Rand des jungen Kammerseptum verstreicht von Anfang an am linken Rand der Anlage der Tricuspidalöffnung. Sobald rechter und linker Ventrikel durch die erste Anlage des Kammerseptum voneinander abgegrenzt werden können, ergießt sich das Blut aus der Tricuspidalis in den rechten Ventrikel. Diese Strombahn bleibt stets rechts vom Kammerseptum und gelangt entlang des rechten Umfangs der „großen Kurvatur" in den vorderen linken Teil des Conus.

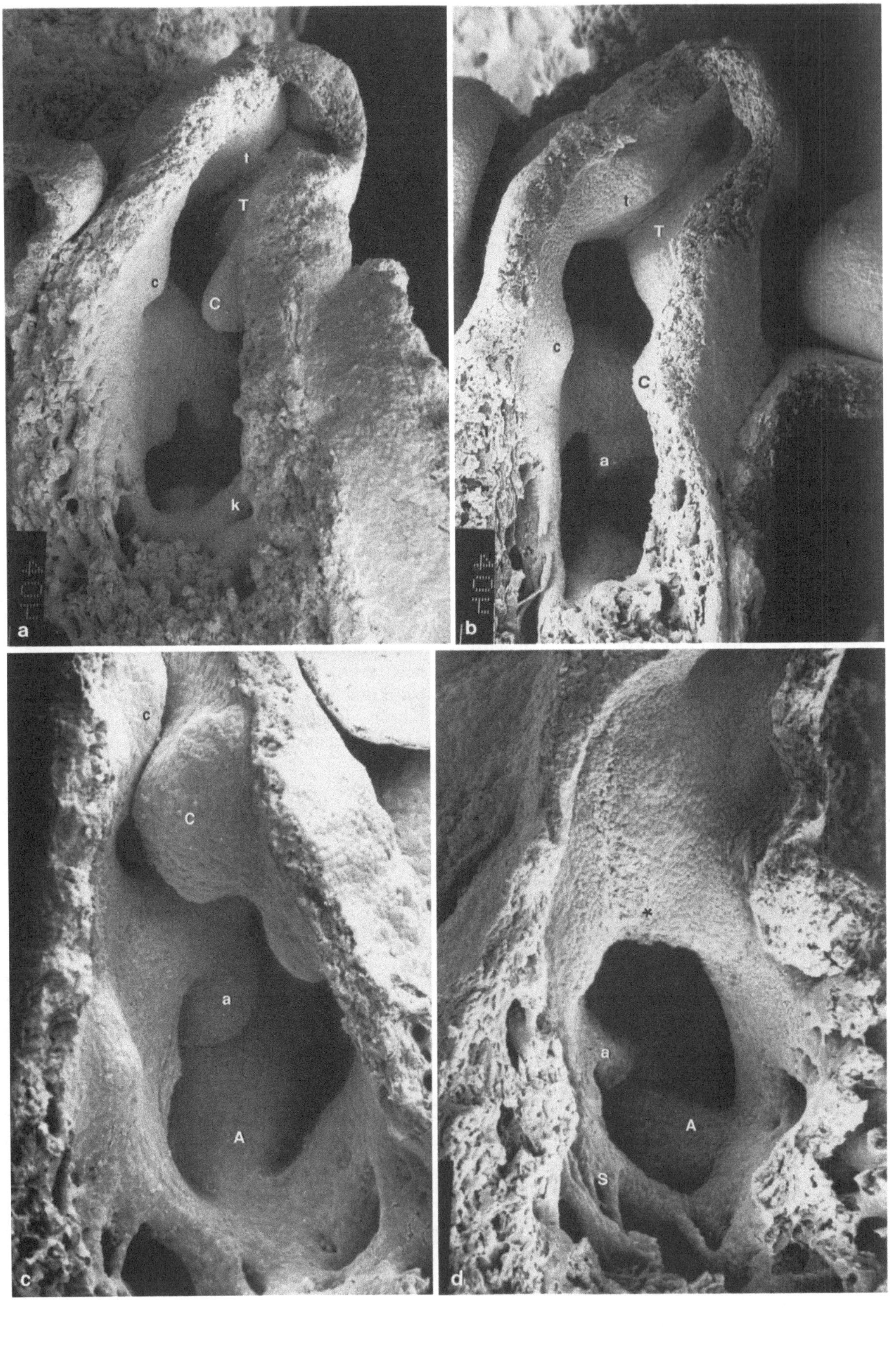
t
T
c
C
k
a
t
T
c
C
a
b
c
C
a
A
c
*
a
A
S
d

Das Blut aus der Anlage der Mitralöffnung dagegen bleibt stets auf der linken Seite des Kammerseptum und gelangt, das Hochrelief der Crista prima umströmend, in den hinteren rechten Teil des Conus (Abb. 10-36c). Obwohl es dabei die von den sich überschneidenden freien Rändern der Crista prima und des Kammerseptum gebildete Öffnung durchströmt, berührt es dennoch zu keiner Zeit den rechten Ventrikel.

Beide Strombahnen haben also schon vor Abschluß der Septierung ihre definitive Lage zueinander. Dies ist nicht erkennbar, solang das Hochrelief der Crista prima von dorsal und cranial in das Lumen vorspringt und die aortale Strombahn scheinbar durch die rechte Kammer führt. Auch nach der Rückbildung der Crista behält sie ihre ursprüngliche Lage zu diesem Relief bei. Da die Crista prima an der dorsalen Begrenzung zwischen Kammer- und Conusregion gelegen ist, bildet sie hier immer die dorsale Wand der aortalen Strombahn.

Das Relief der Crista prima verschwindet nicht in seinem geweblichen Bestand. Mit der Größenzunahme des Herzens nimmt der Krümmungsradius dieser Falte so sehr zu, daß sie nicht mehr als Hochrelief erscheint.

Zusammenfassend kann also festgestellt werden, daß die *Tricuspidalöffnung* von Anfang an in direkter Verbindung mit der rechten Kammer steht. Schon lange vor der kompletten Septierung im Kammergebiet hat die linke Kammer Anschluß an den aortalen Teil der Ausflußbahn. Erst nach Abflachung der Crista prima scheint der Abgang des *„Conus aorticus“* (hier im Sinne der makroskopischen Anatomie des erwachsenen Herzens gebraucht) geradlinig aus dem eigentlichen Kammerteil hervorzugehen.

Verschluß des Foramen interventriculare: Eine große Bedeutung hat das Verschwinden der Crista prima auch für den Abschluß der Septierung der Kammern. Während der vordere Ausläufer des Kammerseptum sich direkt mit dem linken Conusseptum verbinden kann, können hinterer Ausläufer des Kammerseptum und rechtes Conusseptum erst dann in Verbindung kommen, wenn die Crista prima zurückgebildet ist (Abb. 10-32c, d).

Die Conussepten, die ursprünglich nicht in den Ventrikel hineinreichen, breiten sich stromaufwärts aus [Kramer 1942, Asami 1969, Wenink 1971]: Das linke Conusseptum verbindet sich unmittelbar mit dem vorderen Ausläufer des Kammerseptum. Das rechte Conusseptum erreicht dorsal die AV-Septen links von der Tricuspidalöffnung und verbindet sich so mit dem hinteren Ausläufer des Kammerseptum (Abb. 10-30 und 10-32c, d). Die Conussepten fusionieren auch weiter proximal im Kammergebiet, und ihre Verbindungen mit dem Kammerseptum ragen mehr und mehr in das Lumen vor (vgl. Abb. 10-36c, d). Dieses in sich geschlossene Hochrelief aus Conus- und Kammerseptum ist die Begrenzung des Foramen interventriculare.

Die Ränder des Foramen interventriculare wachsen aufeinander zu und verkleinern dadurch seine Öffnung bis zum endgültigen Verschluß.

Einbeziehung der Conusregion in die Kammern: Der Begriff „Conus“ wird in der Literatur mehrdeutig gebraucht. In der makroskopischen Anatomie des Erwachsenen wird der nicht oder weniger trabekulierte Ausflußteil der Ventrikel so bezeichnet, der von dem stark trabekulierten Kammerteil nicht eindeutig abgrenzbar nach distal bis zu den Semilunarklappen reicht. Am embryonalen Herzen wird der durch cono-truncalen und cono-ventrikulären Knick eindeutig abgrenzbare proximale Teil der Ausflußbahn als Conus bezeichnet (Abb. 10-21).

Während der Umgestaltungen des schleifenförmigen Herzens zu seiner reifen Gestalt geht die scharfe Abgrenzung zwischen Kammern und Conus verloren, ohne daß es möglich wäre, die ehemalige Grenze zwischen beiden Regionen im Herzen des Erwachsenen noch eindeutig auszumachen.

Beim Herzen des Erwachsenen gilt die Crista supraventricularis der rechten Kammer als ungefähre Grenze des Conus,

◀
Abb. 10-36a–d. Verschluß des Foramen interventriculare. Menschliche Embryonen von ca. 15 (a), 12 (b), 15 (c) und 17 (d) mm Länge.
a) und b) Ansicht der proximalen Ausflußbahn von ventral.
c) und d) Einblick in den Ausflußteil der rechten Kammer von ventral-rechts.
a) Beginn der Kontinuität zwischen Truncus- und Conussepten: Das rechte Conusseptum (c) verbindet sich mit dem oberen (t), das linke (C) mit dem unteren (T) Truncusseptum. Beginnende Fusion der Truncussepten. k = Kammerseptum
b) Der Zusammenhang zwischen Truncus- (T, t) und Conussepten (C, c) ist deutlich. Die Conussepten sind noch nicht fusioniert. Die Kontinuität zwischen rechtem Conusseptum und oberem AV-Septum (a) ist noch nicht ausgeprägt.
c) Die einander gegenüberliegenden freien Ränder der Conussepten stehen in Kontakt miteinander. Regelmäßig ist in diesem Stadium das linke Conusseptum (C) größer als das rechte (c). Bei der Ausbildung der Verbindung zwischen linkem Conusseptum und vorderem freien Rand des Kammerseptum hat sich hier eine lokal besonders hohe Aufwölbung gebildet, die nicht regelmäßig zu beobachten ist. A = unteres AV-Septum.
d) Der Zusammenhang zwischen vorderem Rand des Kammerseptum und dem (nach Fusion der beiden Anlagen unpaaren) Conusseptum (*) ist weiter ausgebildet. Das Foramen interventriculare wird vom Conusseptum, Kammerseptum und den beiden AV-Septen (a, A) begrenzt. Vom rechten Rand des Conusseptum strahlt ein Hochrelief in die Anlage des vorderen Tricuspidalsegels (S) aus, das nicht an der Bildung des Foramen interventriculare beteiligt ist, sondern in der rechten Kammer liegt und Anteil hat an der Bildung des Segels.

während ein entsprechender Wulst in der linken Kammer sehr selten vorkommen soll [Anderson und Becker 1982].

Die Einbeziehung des embryonalen Conus in die Kammern wird durch ein komplexes Geschehen realisiert, bei dem folgende Prozesse beteiligt sind: 1. geht die äußere Abgrenzung des Conus gegen die Kammern durch Verstreichen des Sulcus primus und des Sulcus cono-ventricularis verloren (Abb. 10-21 bis Abb. 10-26). 2. wird die proximale und ventrale Conuswand zunehmend trabekuliert, so daß auch im Herzinneren die Grenzen zwischen trabekulierter rechter Kammer und glattwandigem Conus schwinden. 3. wird durch die Rückbildung der Crista prima die Abgrenzung des dorsalen Umfangs der Conuswand vom linken Ventrikel undeutlich.

Als Endresultat dieser Entwicklungsprozesse bleibt die distale Abgrenzung des embryonalen Conus durch die hier entstehenden *Semilunarklappen* zeitlebens erhalten, während seine Grenzen zu den Ventrikeln schwinden.

Die heute nicht mehr aufrechterhaltene Vorstellung, daß in der Embryonalzeit der Blutstrom von der linken über die rechte Kammerregion in den Conus verlaufe [Pernkopf und Wirtinger 1933, Van Mierop et al. 1963, Goor et al. 1970], machte es notwendig zu erklären, wie der embryonale Conus seine Verbindung mit der linken Kammer erhalte. Die hierzu postulierten Rotationen und Verlagerungen des Conus konnten ebensowenig bestätigt werden wie Vorstellungen über den Anschluß des Conus an die linke Kammer durch Rotationen infolge unterschiedlichen Wachstums [„differential conal growth“: Van Praagh und Van Praagh 1966] oder unterschiedlicher Schrumpfung [„differential conal adsorption“: Goor et al. 1972] seiner pulmonalen und aortalen Anteile. Für Einzelheiten sei auf die eingehende Diskussion bei Pexieder [1978] verwiesen.

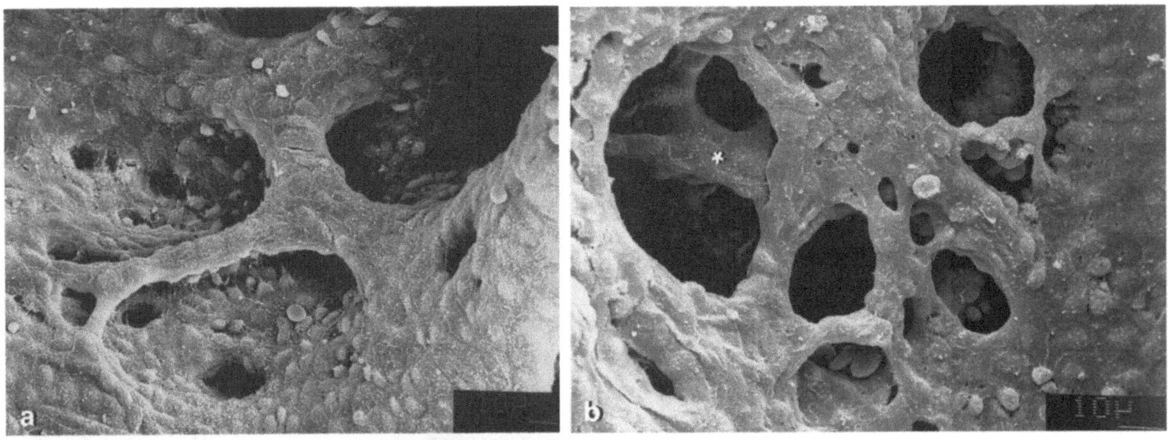

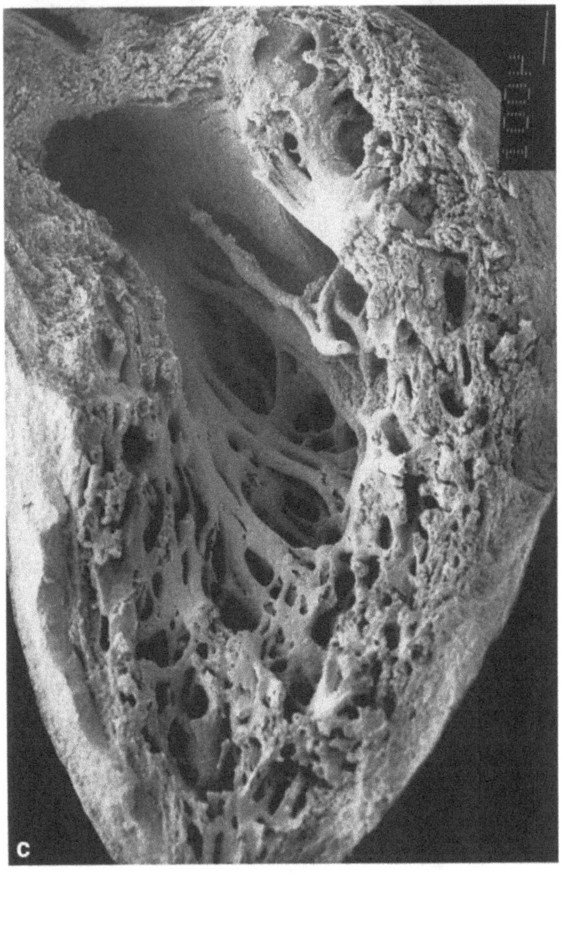

Abb. 10-37a–c. Stadien der Trabekulierung der Kammern. Menschliche Embryonen von 8,5 (a), 9 (b) und 25 (c) mm Länge.
a) Die zwischen den primären Excavationen erhalten gebliebenen Stege sind schon als trabekuläre Hochreliefs deutlich. Am Grunde der intertrabekulären Räume beginnen die Excavationen der nächsten Generation.
b) Fortgeschrittenes Stadium der Trabekulierung. Die Excavationen sind zur Herzoberfläche hin fortgeschritten. *: Trabekel der zweiten Generation.
c) Trabekelwerk der linken Kammer. Die intertrabekulären Räume sind lumennah größer als peripher. Die Compacta ist nicht trabekuliert.

Trabekulierung der Kammern: Die rechte Kammer überlagert schalenartig die linke. Neben dieser charakteristischen Lagebeziehung zueinander weisen sie unterschiedliche Formmerkmale des Trabekelwerks auf, ein für die Klinik wichtiger Befund zur morphologischen Unterscheidung beider Ventrikel. Da bei angeborenen Herzfehlbildungen der rechts liegende Ventrikel nicht selten die morphologischen Merkmale eines linken zeigt und umgekehrt (siehe Abschnitt 10.8), hat insbesondere in der paediatrischen Kardiologie die Differentialdiagnose zwischen rechter und linker Kammer auch anhand des Trabekelmusters eine Bedeutung erlangt.

Die ersten Anzeichen der Trabekulierung finden sich im STADIUM 11 [Grant 1962, Mc Bride et al. 1981] im Gebiet der großen Kurvatur der Kammerschleife.

Nach den klassischen Beschreibungen entstehen die Trabekel entweder durch Hochreliefbildungen [Born 1889, Davis 1927], indem die Endocardareale in das Lumen hinein vorwachsen, oder durch Ausstülpungen des Endocard zur Herzoberfläche hin [His 1885, Van Mierop et al. 1963]. Eingehendere Untersuchungen an menschlichen Embryonen über die formalen Details der Trabekulierungsprozesse fehlen bisher.

Nach Untersuchungen an Hühnerembryonen [Steding und Seidl 1980] kann als erstes Stadium der Trabekulierung das Auftreten von Dehiszenzen in der geschlossenen Endocardschicht angesehen werden. Durch diese Lücken kommuniziert das Lumen mit dem subendocardialen Interzellularraum. Später werden diese Endothellücken geschlossen, entweder durch Einwachsen von Endocard vom Lumen her oder durch Umformung mesenchymaler Zellen aus der subendocardialen Schicht an der Grenzfläche zur Blutflüssigkeit zu Endocardzellen. Während dies geschieht, entstehen am Boden der primären Tiefreliefs neue Lücken, die dann in der gleichen Weise wieder mit einer endocardialen Abgrenzung versehen werden. So bleiben die Gebiete zwischen den Tiefreliefs als die eigentlichen Trabekel erhalten (Abb. 10-37).

Dieser Prozeß setzt sich in Richtung auf die Herzoberfläche immer weiter fort, so daß am Grunde älterer Tiefreliefs neue gebildet werden. Nahe der Herzoberfläche kommt dieser Prozeß zum Stehen, die oberflächlichen Muskelschichten bleiben als massive Compacta erhalten.

Vermutlich vollzieht sich die Ausbildung der Dehiszenzen im Endocard in Abhängigkeit von der Proliferation in den oberflächlichen Schichten des Myocard. Da rechter und linker Teil der Ventrikelschleife jeweils unterschiedliche und typische Proliferationsmuster aufweisen, könnte man hieraus die Entstehung der verschiedenen Formen des Trabekelwerks in den Kammern erklären.

Entwicklung der Atrioventrikular-Klappen: Der anfänglich einheitliche AV-Kanal (Abb. 10-27a) wird nach Kontakt und Fusion der AV-Septen in die zunächst rundlichen, später schlitzförmigen Ostien der *Mitral-* und *Tricuspidalanlage* unterteilt. Der gesamte eigentliche Klappenapparat, also die *Cuspides,* die *Chordae tendineae* sowie die *Mm. papillares,* entwickelt sich nur zu einem ganz geringen Teil aus den AV-Septen. Er entsteht überwiegend aus den inneren Schichten der an die Ostien grenzenden septalen bzw. muralen Kammerwände [Wenink und Gittenberger-de Groot 1985].

Die Vorgänge bei der Entstehung des Klappenapparates sind weitgehend die gleichen wie bei der Trabekelentstehung. Durch Excavationen wird, etwa im STADIUM 16 beginnend, auch die der Herzbasis angrenzende Oberfläche des Endocards unterminiert. Das zwischen den Excavationen erhalten bleibende Hochrelief bildet auf diese Weise eine geflechtartige Verbindung von der AV- Ebene bis zur Herzspitzenregion (Abb. 10-38), die sich zunächst kaum vom anderen Trabekelwerk unterscheidet.

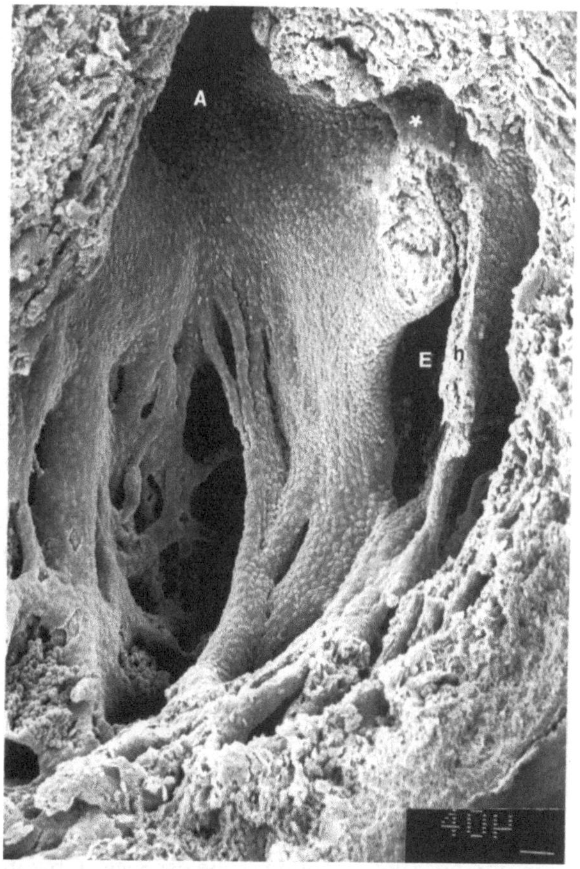

Abb. 10-38. Mitral-Klappe. Menschlicher Fetus, 3 cm. Der vordere Rand der beiden Segel ist im Gebiet der anterolateralen Commissur (*) entfernt. Das hintere Segel (h) entsteht zwischen Einstrombahn und muralem Myocard, das vordere Segel zwischen Einstrom- (E) und Ausstrombahn (A) der linken Kammer.

In diesem inneren, dem Lumen unmittelbar angrenzenden Trabekelwerk differenziert sich das lockere subendocardiale Gewebe zunächst zu Muskulatur. In den Anlagen der Segel sind die Muskelbündel weniger dicht und kompakt als in den apicalen Trabekeln, den Anlagen der Papillarmuskeln. Dieser Prozeß beginnt etwa bei Embryonen des STADIUM 23 (27–31 mm). Bei Feten von etwa 6 cm Länge sind auch die Segel überwiegend muskulär. Dann beginnt die Umwandlung des Muskelgewebes in den Segeln und in dem ihnen angrenzenden Trabekelwerk in straffes, sehnenartiges Bindegewebe (8,5 cm). Das Myocard bleibt nur in den Papillarmuskeln erhalten, während die Segel und die Chordae tendineae sehnig werden. Dieser Vorgang ist erst bei Feten der 22. Woche (etwa 21 cm) abgeschlossen.

Das Charakteristische dieser Differenzierung, den Zusammenhang zwischen Arbeitsmyocard, Papillarmuskeln, Chordae und Cuspides, hat Bernays schon 1876 prägnant beschrieben: „Wie wir sahen sind die Papillarmuskeln nur differenzierte Trabekel und die Chordae tendineae wiederum nur die sehnig gewordenen Theile der Papillarmuskeln; diese sämmtlichen Gebilde sind jedoch nur Differenzirungsproducte der inneren Schicht der ursprünglich spongiös gebauten Kammerwand."

Als gesichert kann gelten, daß die AV-Septen kaum zur Bildung des Klappenapparates beitragen. Obwohl die formale Bildungsweise des Segelklappenapparates schon seit langem unstrittig ist, bestehen über die genaue Herkunft der Materialien, vor allem der verschiedenen Regionen der Segel, sowie den Bildungsmechanismus noch heute beträchtliche Differenzen in der Interpretation. Für deren Einzelheiten sei auf die spezielle Literatur verwiesen [De la Cruz et al. 1983, Wenink und Gittenberger-de Groot 1985].

Die große Variabilität der Commissuren und Lappungen der Segel sowie der Lage und der Ansatzstellen der Chordae tendineae ist aus der Art ihrer Entwicklung unschwer zu verstehen. Die Chordae sind die bei den Excavationsvorgängen erhalten gebliebenen inneren Teile der ursprünglichen inneren Herzoberfläche: Der ursprünglich flächige Zusammenhang zwischen Papillarmuskeln und Segel wird durch Perforationen umgestaltet. Die primären Chordae haben ihren Zusammenhang mit dem Papillarmuskel beibehalten. Ihre flächenhafte Verbindung zum Segel wird fortschreitend durchlöchert, wobei die erhaltenen Stege dann die sekundären und tertiären Chordae bilden [Noble et al. 1983].

Als weitere Folge der großen individuellen Variabilität bei diesen Excavationsprozessen findet man eine große Variabilität bei der Ausbildung der Commissuren und auch der Zahl und Größe der Segel. Obwohl in der Nomenklatur der makroskopischen Anatomie die Segelklappe des rechten Herzens als dreizipflig beschrieben wird, fällt es auch erfahrenen Kardiopathologen schwer, drei Segel nachzuweisen [Grant 1962, Anderson und Becker 1982]. Im Herzen des Embryo jedenfalls sind auch an der „Tricuspidalis" lediglich zwei Segel zu erkennen [Mall 1912, Los 1969]. So muß vermutet werden, daß sich das dritte Segel erst im Verlauf der späten, oben erwähnten fetalen Differenzierungsprozesse ausbildet. Auch die Beobachtung von Grzybiak und Szostakiewicz-Sawicka [1981], daß sich bei menschlichen Feten noch membranöse Verbindungen zwischen Papillarmuskel und Segel finden, wie sie bei Erwachsenen niemals nachzuweisen sind, zeigt, daß die endgültige Differenzierung des Klappenapparates erst erstaunlich spät abgeschlossen wird.

Entwicklung der Ausflußbahn

Bei der Entwicklung der Ausflußbahn sind zusätzlich zu den Vorgängen der Septierung weitere Ereignisse von grundlegender Bedeutung: 1. die Neubildung des distalen Teils der Ausflußbahn, des Truncus, 2. die Einbeziehung des proximalen Teils der Ausflußbahn, des Conus, in die Kammern und schließlich 3. die Ausbildung der Semilunarklappen.

Neubildung des Truncus: Entgegen der früheren Anschauung, schon in den Stadien des noch geraden Herzens und der frühen Herzschleife seien alle Abteilungen des Herzschlauches vorhanden, müssen wir heute davon ausgehen, daß auch beim menschlichen Embryo der Truncus, der distale Teil der Ausflußbahn, sich etwa im STADIUM 13 (Embryonen von 4–6 mm Länge) neu bildet [Orts Llorca et al. 1982]. Entsprechende morphologische Befunde werden durch experimentelle Befunde anhand von Tuschemarkierungen an Hühnerembryonen gestützt [De la Cruz et al. 1977]. Bei der Neubildung des Truncus grenzt bis zum STADIUM 11 (Embryonen mit 13–20 Somiten) die innerhalb der Pericardhöhle gelegene Ausflußbahn direkt an den im Halsmesenchym gelegenen Saccus aorticus, die „unpaare (ventrale) Aorta" der älteren Literatur. Die Grenze zwischen Saccus aorticus und Ausflußbahn des Herzens ist daran zu erkennen, daß hier das Myocard endet. Etwa im STADIUM 13 entsteht zwischen Saccus aorticus und Conus ein innerhalb der Pericardhöhle gelegener Ausflußbahnabschnitt. Das Material dieses Abschnitts stammt wohl nicht aus dem Gewebe der Pharyngealbögen [Tuschemarkierungen an Hühnerembryonen: Rychter 1978], sondern wird offenbar zwischen Saccus aorticus und proximaler Ausflußbahn neu gebildet. Durch diesen Zuwachs wird die Ausflußbahn zunehmend länger, an der Grenze zwischen dem neuen Truncus und dem Conus entsteht ein zunehmend schärfer werdender Knick, der die Anlageregion der Semilunarklappen markiert [Orts Llorca et al. 1982] (Abb. 10-18).

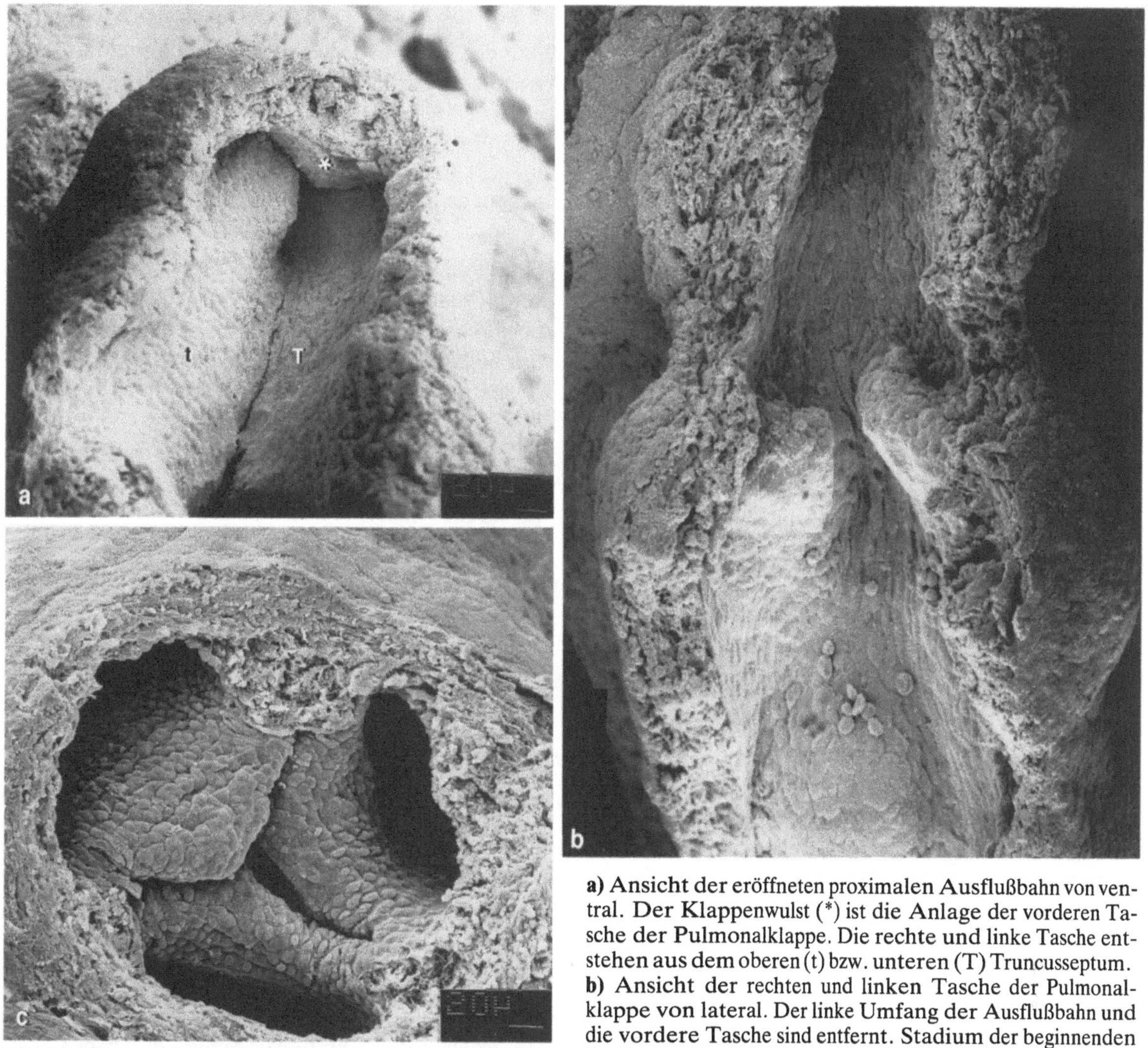

Abb. 10-39a–c. Entwicklung der pulmonalen Semilunarklappe. Menschliche Embryonen von 13 (a), 16 (b) und 25 (c) mm.

a) Ansicht der eröffneten proximalen Ausflußbahn von ventral. Der Klappenwulst (*) ist die Anlage der vorderen Tasche der Pulmonalklappe. Die rechte und linke Tasche entstehen aus dem oberen (t) bzw. unteren (T) Truncusseptum.
b) Ansicht der rechten und linken Tasche der Pulmonalklappe von lateral. Der linke Umfang der Ausflußbahn und die vordere Tasche sind entfernt. Stadium der beginnenden Taschenbildung, die bei der linken Anlage (rechts im Bild) weiter fortgeschritten ist als bei der rechten.
c) Ansicht der Pulmonalklappe von cranial. Die Taschenbildung ist nahezu abgeschlossen.

Septierung der Ausflußbahn: Im STADIUM 14 entstehen in der Region des cono-truncalen Knicks der Ausflußbahn am vorderen und hinteren Umfang der Strombahn die Anlagen der Septen der mittleren Ausflußbahn, die sogenannten Truncussepten. Etwas später, im STADIUM 16, bilden sich hier rechts und links, an den Schmalseiten des ovalen Querschnitts, zusätzliche endocardiale Hochreliefs. Sie bilden sich nur in der Höhe des trunco-conalen Knicks, gehen also keine Verbindung mit den anderen Septen ein (Abb. 10-39a). Diese lokalen Hochreliefs nehmen nicht an der Septierung teil, sondern entwickeln sich zu der vorderen und hinteren Tasche (PNA) der Pulmonal- bzw. der Aortenklappe (Abb. 10-39). Dementsprechend sollten sie nicht als „Septenanlagen" bezeichnet werden, sondern, dem Vorschlag von Kramer [1942] folgend, als „Klappen-Wülste" („intercalated valve swellings").

Etwa im STADIUM 15 kommen die Truncussepten in diesem Gebiet mit ihren freien Rändern in Kontakt. Auch die Klappen-Wülste haben sich nun soweit vorgewölbt, daß sie mit ihren nach medial gerichteten freien Rändern die Truncussepten berühren. Nachdem das vordere und hintere Truncusseptum fusioniert ist, und damit hier die aortale und pulmonale Strombahn getrennt sind, wird jede der beiden Strombahnen in Höhe des trunco-conalen Knicks nach medial von den seitlichen freien Rändern der Truncussepten und nach lateral von dem freien Rand der Klappen-Wülste begrenzt (Abb. 10-39). Etwa im STADIUM 19 gelangen dann die Truncussepten auch in Verbindung mit den Conussepten, so daß der Zusammenhang der Septen in der Ausflußbahn ausgebildet wird.

An der Unterteilung der Strombahnen im Truncus ist das Septum aortico-pulmonale in entscheidender Weise beteiligt. Es verbindet die paarigen Septenanlagen in der distalen Ausflußbahn und spielt so eine wichtige Rolle bei der Entstehung des einheitlichen, in sich geschlossenen Reliefs der Herzsepten. Das Septum aortico-pulmonale steht etwa in horizontaler Ebene und entsteht als Hochreliefbildung der dorsalen Wand des Saccus aorticus zwischen der 4. und 6. Pharyngealbogenarterie. An seiner Bildung ist Mesenchym der Pharyngealbögen [Rychter 1978], auch Gewebe aus der Neuralleiste in Höhe der ersten Somiten beteiligt [Kirby et al. 1983].

Der freie Rand des Septum aortico-pulmonale wächst gegen die Stromrichtung herzwärts, entlang der seitlichen Umfänge des Truncus sehr viel rascher als im zentralen Abschnitt. Das Septum nimmt sehr bald eine bogenförmige Gestalt an (Abb. 10-31a, b). Durch den Kontakt der lateralen Ausläufer des Septum aortico-pulmonale mit den paarigen, noch nicht fusionierten distalen Septenanlagen im Truncus wendet sich der linke Ausläufer des Septum aortico-pulmonale nach links oben, sein rechter Ausläufer nach rechts unten (Abb. 10-31). Das links oben liegende Truncusseptum ist dann stromaufwärts immer mehr nach rechts und hinten gerichtet und verbindet sich mit dem rechten Conusseptum. Das rechts unten gelegene Truncusseptum wendet sich nach vorne und verbindet sich mit dem linken Conusseptum (Abb. 10-36a, b).

Die Vorgänge bei der Septierung der Ausflußbahn lassen sich folgendermaßen zusammenfassen: Die embryonale Ausflußbahn wird durch ein System von zunächst isolierten, später sich in der Stromrichtung verbindenden Septen unterteilt. Infolge unterschiedlicher Knickungsrichtungen in den verschiedenen Höhen der Ausflußbahn entstehen die paarigen Septenanlagen in typischer Lokalisation. Proximal, im embryonalen Conus, entwickeln sich die Septenanlagen ventral-links und dorsal-rechts (Abb. 10-28). In der mittleren Höhe liegen die paarigen Septenanlagen vorne und hinten in der Strombahn (Abb. 10-31c, d). Distal im embryonalen Truncus finden sich die Septenanlagen oben links und unten rechts (Abb. 10-31b).

Damit wendet sich die in der proximalen Ebene vorn gelegene Strombahn nach vorne links, die proximal hinten gelegene nach hinten rechts, so daß in der mittleren Ebene beide etwa nebeneinander liegen. So gelangt in der distalen Ebene die proximal vordere Strombahn nach links unten, die proximal hintere nach rechts vorn. Da die 6., die pulmonale Pharyngealbogenarterie caudal der 4., der aortalen liegt, wird die Strombahn zur pulmonalen, die in der distalen Höhe unten liegt (siehe auch Abschnitt 10.8).

Die typischen Lagebeziehungen der Ausflußbahnen der Kammern des Erwachsenen zueinander sowie die „Verdrillung" von Aorta und Pulmonalis umeinander sind Folge der Verbindung dieser Septen: Das proximal vorne und links liegende Septum verbindet sich über das in der mittleren Ebene hinten gelegene Septum mit dem distal hinten und rechts entstandenen. Dieses verbindet sich über das unpaare Septum aortico-pulmonale mit dem vorderen (oberen) Truncusseptum. Seine Ausrichtung herzwärts nach rechts führt zur Verbindung des vorderen rechten Septum der mittleren Ebene mit dem proximal rechts und hinten entstandenen Septum (Abb. 10-30).

Da diese Septen nicht als zusammenhängende Leisten entstehen, sondern primär als isolierte, lokale Hochreliefs in den erwähnten drei Ebenen, ist die primär spiralige Anordnung der noch nicht verbundenen Septen häufig nicht ohne weiteres zu erkennen.

Die Art und Weise der Entwicklung des Septum aortico-pulmonale und seine stromaufwärts gerichtete Verlagerung aus dem Saccus aorticus in den Truncus hinein ist nicht zweifelsfrei geklärt. Unstrittig scheint die schon erwähnte Beteiligung von Mesenchym aus dem Gebiet der Pharyngealbögen [Rychter 1978] und möglicherweise auch aus der Neuralleiste in Höhe der ersten drei Somiten [Kirby et al. 1983] am Septum aortico-pulmonale und den Truncussepten, möglicherweise auch an den Conussepten. Das anfänglich in der Truncuswand vorhandene Myocard wird durch Bindegewebe und typische Gefäßmuskulatur ersetzt. Wie dies jedoch im einzelnen geschieht, wird unterschiedlich diskutiert: Argüello et al. [1978] nehmen an, daß die Myocardzellen zu Fibroblasten umgewandelt werden, während Thompson et al. [1984, 1985] die Meinung vertreten, daß das Myocard sich aus dem Truncus kammerwärts retrahiere. Durch diese Retraktion des Myocard werde auch der Descensus des Septum aortico-pulmonale verursacht. Shaner [1962] nimmt ein aktives kammerwärts gerichtetes Wachstum des freien Randes des Septum aortico-pulmonale an, während Sissman [1970] einen echten Descensus bezweifelt. Unabhängig davon, welche Faktoren die offenkundige Lageänderung des Septum aortico-pulmonale bewirken, ist sicher, daß bei der Truncusseptierung neben der Fusion der einander gegenüberliegenden Truncussepten auch die Verbindung des Septum aortico-pulmonale mit den Truncussepten von Bedeutung ist.

Entwicklung der Taschenklappen: An der Bildung der Taschenklappen sind neben den oben erwähnten Klappen-Wülsten auch die lateralen Ränder des vorderen und hinteren Truncusseptum beteiligt (Abb. 10-39a). Nachdem die Septen etwa in der Mitte der Strombahn fusioniert sind, wölben sich ihre nach lateral gerichteten Umfänge kissenartig auf, so daß das aortale und pulmonale Lumen von je drei Vorwölbungen eingeengt wird. Aus den Klappen-Wülsten entstehen die jeweils vorderen und hinteren, aus dem Truncusseptum die rechten und linken Taschen (Abb. 10-39).

Die plumpen, kissenartig in das Lumen vorspringenden Klappenanlagen entstehen etwa im STADIUM 15 und bestehen bis zum STADIUM 16 aus einem zellarmen, reticulären Gewebe, das mit zunehmender Aufwölbung der Taschen zellreicher wird. Erst etwa im STADIUM 17 erhalten die Taschenklappen ihre typische Form, sind allerdings noch relativ breitbasig und dickwandig [Maron und Hutchins 1974].

Die definitive histologische Differenzierung der Taschenklappen erfolgt sehr viel später: Erst im STADIUM 23 werden die Taschen länger und dünner. Die ersten elastischen Lamellen lassen sich bei Feten von etwa 3,5 cm nachweisen. Bei Feten von 6 cm nimmt die Zahl der Bindegewebszellen in den Taschen ab, kollagene Fibrillen sind in der Klappenbasis nachzuweisen. Erst bei Feten des 4. Monats (10–15 cm) bestehen die Klappen vollständig aus kollagenem Bindegewebe, die Menge und Dicke der elastischen Membranen nimmt zu [Maron und Hutchins 1974]. Die endgültige Differenzierung der extrazellulären Matrix erfolgt erst in der frühen postnatalen Phase [Colvee und Hurle 1981]. Die lange Reifungsphase der Baumaterialien in den Semilunarklappen hat eine Bedeutung bei Strukturfehlbildungen: Nach Hyams und Manion [1968] entspricht das histologische Bild sogenannter unvollständig differenzierter Klappen von Kindern bis zum 2. Lebensjahr dem fetalen Zustand (etwa der 12. Woche). Fehlen oder mangelhafte Entwicklung des elastischen Gewebes könnten auch für die Funktion der fehlgebildeten Klappen von Bedeutung sein [Hyams und Manion 1968].

Die Lageentwicklung der Semilunarklappen ist noch dadurch verwickelt, daß sich im STADIUM 15 die ersten Anlagen der Klappenwülste hoch oben in der Ausflußbahn an der Grenze zwischen embryonalem Conus und Truncus finden, während sie etwa im STADIUM 20 schon in ihrer definitiven Lage an der Herzbasis sind. Für diese Lageänderung der Semilunarklappen scheint heute wenigstens gesichert, daß eine Absorption des embryonalen Conus [Goor et al. 1972] dabei keine Rolle spielt [Pexieder 1978, 1982]. Tatsächlich ist es ungeklärt, ob die Semilunarklappen ihre Lage im Verhältnis zu einem Fixpunkt außerhalb des Herzens durch eine Bewegung stromaufwärts absolut verändern, also descendieren. Vielmehr könnte durch die schon erwähnte Einbeziehung des embryonalen Conus in die Kammern ein Descensus der Klappen nur vorgetäuscht werden [Pexieder 1978, 1982].

10.5 Entwicklung der Baumaterialien des Herzens

Die tubuläre Herzanlage (STADIUM 9/10) besteht aus drei Schichten: dem oberflächlichen, aus dem Serosaepithel entstandenen ein- bis zweischichtigen Myoepicard, dem inneren einschichtigen Plattenepithel des Endocard und der dazwischen liegenden praktisch zellfreien Zone der sogenannten „cardiac jelly" [Davis 1924] (Abb. 10-40a).

Nach klassischer Anschauung entstehen aus diesem Anlagematerial alle Bestandteile des Herzens, also nicht nur Myo- und Endocard, sondern auch Epicard sowie das gesamte Bindegewebe des Herzens einschließlich der Gefäße. Von einigen Untersuchern wird neuerdings angegeben, daß die oberflächliche Schicht ausschließlich aus Myoblasten bestehe und das Material für Epicard und alle mesenchymalen Zellen sekundär in die Herzanlage einwanderten. Deswegen solle für den alten Begriff Myoepicard die Benennung Myocard gewählt werden.

10.5.1 Epicard, Pericard, Herzbeutel

Da die erste Anlage des Herzens als Hochrelief der hinteren Wand der Pericardhöhle entsteht, liegt das Herz von Anfang an intrapericardial. Aus dieser Entstehung an der hinteren Wand der Pericardhöhle resultiert bis etwa zum STADIUM 10 ein recht breitbasiges dorsales Meso (Abb. 10-40a). Es wird mit zunehmender Verlängerung des Herzschlauches immer dünner. Mit beginnender Schleifenbildung wird das Meso aus seiner ursprünglichen Lage in der Sagittalebene zusammen mit der Herzschleife nach rechts verlagert, so daß seine ursprüngliche linke Fläche nach ventral, seine alte rechte Fläche nach dorsal gerichtet ist. Im Verlaufe des STADIUM 10 wird das Mesocard zunächst lokal perforiert und verschwindet schließlich im STADIUM 11 überall dort, wo es zwischen dorsaler Wand der Pericardhöhle und Herzhinterwand gelegen ist. Lediglich am Dach und am Boden der Pericardhöhle bleibt an den Gefäßdurchtrittsstellen ein Übergang zwischen Serosa parietalis (Pericard) und visceralis (Epicard) erhalten. So ergibt sich für Arterien und Venen je ein gesondertes „Meso", eine Umschlagsfalte von Pericard in Epicard (Abb. 10-33, 10-58).

Die ursprünglichen Lagebeziehungen der arteriellen und venösen Mesos bleiben im Prinzip erhalten, so daß sich die Porta arteriosa auch noch am Herzen des Erwachsenen cranial von der Porta venosa befindet. Die arterielle Umschlagstelle des Herzbeutels wird in ihrer Gestalt wenig verändert, hingegen erfährt die venöse Umschlagstelle infolge der weitge-

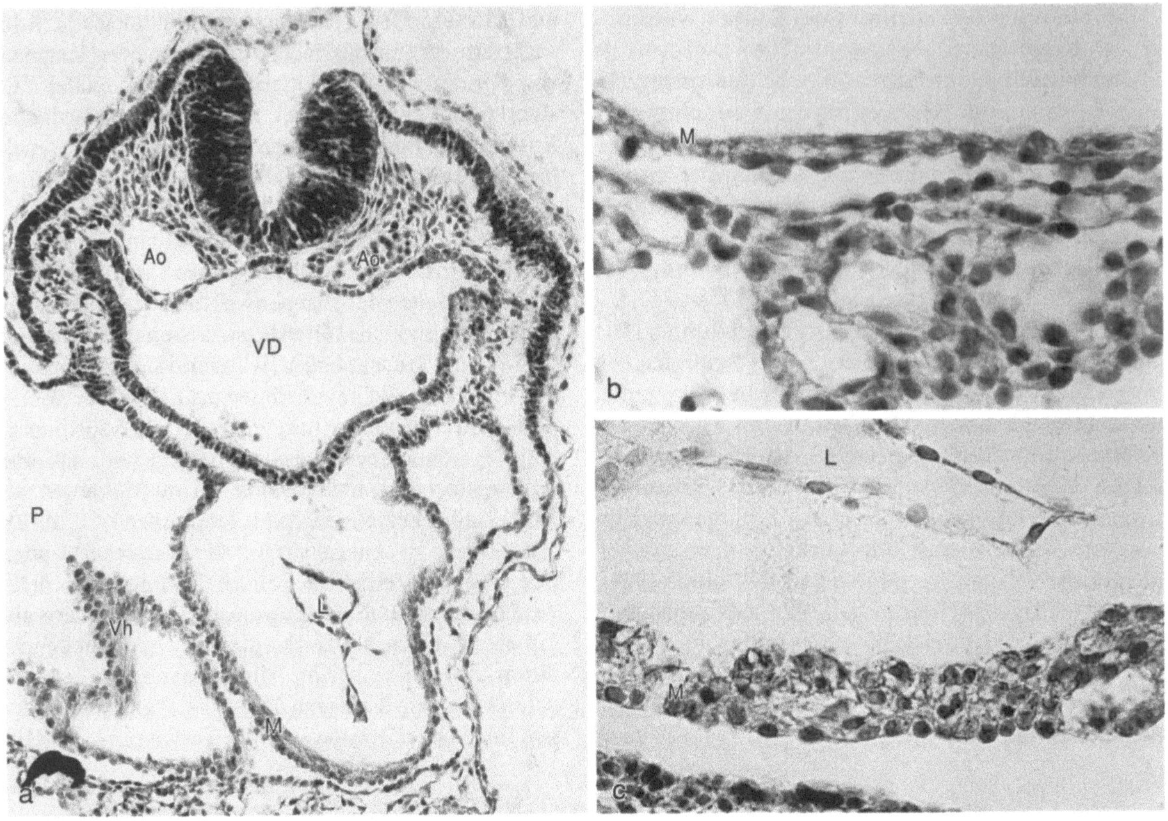

Abb. 10-40a–c. Wandschichten des jungen Herzens. Menschliche Embryonen von 2,3 mm (STADIUM 10: a und b) und 3,1 mm (c).
a) Transversalschnitt durch das Herz. Ca. 140 : 1. Die cardiac jelly zwischen Endocard und Myocard (M) stellt sich im HE-Präparat nicht dar. Vgl. dazu Abb. 10-16. Ao = dorsale Aorten; L = Herzlumen; P = Pericardhöhle; VD = Vorderdarm; Vh = Anschnitt des rechten Vorhofs; M = Myocard.
b) Transversalschnitt durch das Myocard (M) des gleichen Embryo. Ca. 450 : 1. Aus dem primär einschichtigen Epithel hat sich eine zweite Schicht basal abgegliedert.
c) Transversalschnitt durch das mehrschichtige Myocard (M)

henden Umgestaltung des Sinus venosus und der Einmündung der Venen beträchtliche Veränderungen: im Stadium der voll ausgebildeten Herzschleife, dem STADIUM 11, grenzt die hintere Fläche des Sinus venosus noch breit direkt an das Bindegewebe (Abb. 10-33). Diese Kontinuität wird bis etwa zum STADIUM 20 dadurch unterbrochen, daß sich die Pericardhöhle soweit hinter dem Herzen ausbreitet, daß das linke Sinushorn und der Sinus venosus nun völlig intrapericardial gelegen sind [Los 1960]. So bleibt von dem ursprünglich breiten Zusammenhang des venösen Meso mit dem Bindegewebe des Mediastinum bzw. des Septum transversum nur das beim Erwachsenen relativ schmale Meso der Porta venosa erhalten.

Früher galt es als gewiß, daß sich aus dem Serosaepithel des Herzwulstes sowohl Myo- als auch Epicard entwickeln [Patten 1968]. Da Manasek [1968] zeigen konnte, daß beim Hühnerembryo dieses oberflächliche Epithel im Stadium des tubulären Herzens Myofibrillen enthält, eine Umdifferenzierung dieser Myoblasten zu Fibroblasten bisher nicht beobachtet wurde, wird neuerdings wieder diskutiert, daß Myoepicard sich ausschließlich zu Myocard entwickelt und das Epicard aus einer anderen Quelle entsteht. Kurkiewicz [1909] war als erster der Meinung, daß nur der Sinus venosus von Anfang an von Epicard bedeckt sei, das dann von hier aus über das gesamte Herz wandere. Viragh und Challice [1981] lokalisierten dagegen die Quelle der Epicardzellen in der Serosa des Septum transversum. Ho und Shimada [1978; und Shimada und Ho 1980] konnten mit Hilfe des Raster-Elektronenmikroskops die vermutete Wanderung der Epicardzellen über das Herz nicht direkt und unmittelbar zeigen. Auch eine Besiedelung des „nackten" Myocard mit Serosazellgruppen durch Ausgliederung der blasigen Vorwölbungen der Serosa des Septum transversum und deren Wanderung durch die Flüssigkeit der Pericardhöhle wird diskutiert [Tupaia-Embryo: Kuhn und Liebherr 1988].

Im Stadium des tubulären Herzens haben die oberflächlichen Zellen des Herzschlauches Myofibrillen. Eine Umdifferenzierung dieser Zellen zu den typischen Epicardzellen ist nicht nachgewiesen. So bleibt das Problem der Entstehung des Epicard jedenfalls solange ungelöst, bis seine Ausbreitung über das Myocard zweifelsfrei gezeigt werden kann.

10.5.2 Differenzierung des Myocard

Das Myocard entsteht aus der oberflächlichen Schicht des Herzwulstes, also aus dem Serosaepithel. Dieses aus Mesenchym entstandene Epithel zeigt alle typischen Merkmale epithelialer Zellverbände, nämlich die engen Kontakte der einzelnen Zellen durch Zonulae occludentes (tight junctions), Nexus (gap junctions) oder Desmosomen. Sie bleiben dem Myocard, am auffälligsten in Gestalt der End-zu-End-Kontakte seiner Zellen (Glanzstreifen), zeitlebens erhalten.

Nach Manasek [1968] besteht das oberflächliche Epithel des Herzschlauches von Hühnerembryonen ausschließlich aus Myoblasten. Bindegewebszellen seien nicht vorhanden. Dementsprechend soll die Vermehrung der Myocardzellen ausschließlich durch Zellteilung von Myocardzellen erfolgen. Morris [1976] jedoch zeigte in elektronenmikroskopischen Befunden an menschlichen Embryonen von 6 mm Länge (etwa STADIUM 13/14), daß sich neben den Myocardzellen nicht nur Mesenchymzellen subepi- und subendocardial finden, sondern daß auch Zwischenformen zwischen Mesenchym- und Myocardzellen in diesen Stadien vorhanden sind. Demnach kann nicht mit Sicherheit ausgeschlossen werden, daß eine Vermehrung des Myocard auch durch Differenzierung von Mesenchymzellen zu Myoblasten erfolgt. Da sich aber nur relativ wenige solcher Zwischenformen im embryonalen Myocard finden, ist anzunehmen, daß der überwiegende Teil des Myocard durch mitotische Teilung aus Myocardzellen entsteht.

Aus dem oberflächlichen Epithel gliedern sich Zellen lumenwärts ab, die sich sehr bald in einer geschlossenen Schicht anordnen, die an die cardiac jelly grenzt (Abb. 10-40b). Diese Anordnung des Myocard in einer oberflächlichen und einer basalen Schicht mit einzelnen dazwischenliegenden Zellen bleibt etwa bis zum Abschluß der Schleifenbildung im STADIUM 11 erhalten. Dabei wird der Muskelmantel dicker, die Schicht der cardiac jelly dünner (Abb. 10-40c).

Die Verzweigungen der Myocardzellen entstehen dadurch, daß während der Mitose die Verbindungen der Myocardzellen erhalten bleiben. Bei der Verlängerung der Zellen und ihrer Verlagerung gegeneinander entstehen dann die End-zu-End-Verbindungen der Glanzstreifen (Abb. 10-41).

Trotz zahlreicher Einzelbefunde über die Entstehung der Myofibrillen [Übersicht bei Canale et al. 1986] fehlen noch einheitliche und allgemein anerkannte Vorstellungen über den formalen Ablauf dieses Prozesses und die dabei wirksamen Faktoren. Dies mag auch darin begründet sein, daß bei der Myofibrillogenese beträchtliche Species-Unterschiede bestehen. So entstehen z.B. bei Hamster, Ratte und Maus zuerst die dicken Filamente [Markwald 1973, Challice und Viragh 1973], beim menschlichen Embryo zuerst die dünnen [Myklebust et al. 1978], während beim Huhn dicke und

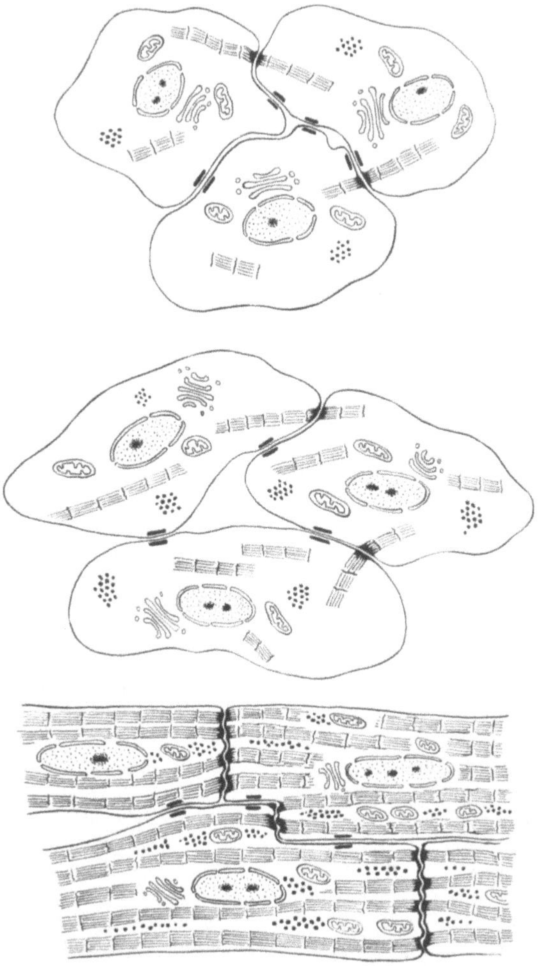

Abb. 10-41. Entwicklung der Herzmuskelzellen. Die Zahl der Myofibrillen nimmt mit zunehmender Verlängerung der Muskelzellen zu. Die Glanzstreifen entstehen aus den Fasciae adhaerentes, zu denen die Myofibrillen sich zunehmend senkrecht anordnen. Mit weiterer Verlängerung der Muskelzellen entstehen ihre Verzweigungen. [Nach: Manasek 1970]

dünne Filamente offenbar gleichzeitig entstehen [Manasek 1968].

Herzen von menschlichen Embryonen in den Stadien des tubulären Herzens sind unseres Wissens bisher nicht elektronenmikroskopisch untersucht worden, so daß unsere Kenntnisse der Frühstadien der Fibrillogenese auf Befunden an Tierembryonen beruhen. Elektronenmikroskopische Befunde zur Myocardentwicklung menschlicher Embryonen liegen erst von der 5. Woche an vor [Leak und Burke 1964, Sako 1975, Morris 1976, Myklebust et al. 1978]. So kann im folgenden nur ein kurzer Überblick über typische Stadien der Myofibrillogenese gegeben werden, wie er sich aus den wenigen Befunden an menschlichen Embryonen ergibt.

Zunächst erscheinen dünne Filamente, die noch keine deutliche parallele Anordnung erkennen lassen. Innerhalb der von den Filamenten eingenommenen Gebiete tritt dann in enger Lagebeziehung zur Zellgrenzmembran eine elektronendichte Substanz auf, die als Vorläufer der Z-Banden gilt [Wainrach und Sotelo 1961]. Dann ordnen sich die Filamente zu parallelen Bündeln zwischen den Z-Substanzen. Schließlich werden die inzwischen entstandenen, primär auch ohne erkennbare Ordnung im Cytoplasma liegenden dicken Filamente parallel geordnet und in die Reihen der dünnen Filamente und Z-Banden eingegliedert [Myklebust et al. 1978]. Bis zur 13. Woche sind in den Zellen nur spärliche Myofibrillenbündel vorhanden, erst dann nimmt ihre Zahl deutlich zu [Leak und Burke 1964, Sako 1975]. Eine Querstreifung ist erst bei Feten von 3,5 cm (etwa 8. Woche) zu erkennen. Sie ist auch bei 5 cm großen Feten (9. Woche) noch nicht immer deutlich [Morris 1976]. Auch das sarcotubuläre System ist noch nicht ausgeprägt entwickelt. Offenbar wird die histologische Differenzierung der Myocardzelle erst nach der Geburt abgeschlossen [Schiebler und Wolff 1966].

Bei den mitotischen Teilungen der Myocardzellen bleiben nicht nur ihre Kontakte untereinander, sondern auch die Myofibrillen weitgehend erhalten [Chacko 1972]. Mit Beginn der Teilung bilden sich in der Meta- und Anaphase die Z-Banden zurück, die freien Sarcomeren und Myofibrillenbündel liegen mehr oder weniger ungeordnet im Cytoplasma. Während die dicken Filamente dabei keine Änderung zeigen, verschwinden die dünnen Filamente ganz oder teilweise. Die rhythmischen Kontraktionen hören mit dem Beginn der Metaphase auf. In der späten Telophase werden die Z-Banden restituiert, dünne Filamente werden wieder sichtbar und erhalten Verbindung mit den Z-Banden. Die Zunahme der Myofibrillen von Zellteilung zu Zellteilung wird offenbar durch Synthese von kontraktilen Proteinen während der Interphase ermöglicht [Rumyantsev 1977].

Herzskelet: Eine besondere Differenzierung erfährt das Myocard im Gebiet des Sulcus atrioventricularis. Anfänglich steht das Myocard der Vorhöfe in direkter Kontinuität zu dem der Kammern. Mit Ausbildung des Sulcus atrioventricularis verschwindet hier, mit Ausnahme der Fasern des Reizleitungssystems, das Myocard und wird durch Bindegewebe ersetzt. Ob Fibroblasten in den Sulcus hineinwachsen, oder ob sich das Bindegewebe des Herzskelets in situ entwickelt, ist nicht eindeutig entschieden. Festzuhalten ist, daß die Entstehung dieser myocardialen Diskontinuität eine große Bedeutung für die Erregungsausbreitung im Herzen hat (vgl. Abschnitt 10.6).

10.5.3 Cardiac jelly

Diese gallertige, zunächst zellfreie Substanz enthält Glycosaminglycane wie Hyaluronsäure und Chondroitinsulfat [Ortiz 1958, Manasek 1975, Gessner et al. 1965], ferner Glycoproteine [Manasek 1976] und Kollagen [Johnson et al. 1974]. Diese Matrix wird wohl überwiegend vom Myocard, vielleicht auch in geringerem Maße vom Endocard produziert. Ferner können in der cardiac jelly feinste Fasernetze nachgewiesen werden [Nakamura und Manasek 1978b]. Diese Fasern verlaufen radiär zwischen Myocard und Endocard (Abb. 10-16). Da auch die vom Myocard isolierte jelly ihre Form beibehält [Nakamura und Manasek 1978a], sie aber andererseits sowohl bei den Herzaktionen als auch bei der Schleifenbildung in beträchtlichem Maße deformiert wird, sind ihre Eigenschaften besonders in ihrer möglichen Rolle bei der Kontraktion [Barry 1948] und bei der Entstehung der Herzschleife [Nakamura und Manasek 1978a] diskutiert worden.

Mit beginnender Trabekulierung, etwa im Stadium 11, nimmt die Schicht der cardiac jelly an Dicke ab und wird durch Besiedlung von Zellen, die sich aus dem Endocard abgliedern, zunehmend zellreicher [Conte und Grieco 1980]. Schließlich bleibt von ihr nur noch die dünne subendocardiale Bindegewebsschicht erhalten.

10.5.4 Endocard

Über die Strukturentwicklung des menschlichen Endocard liegen kaum Beobachtungen vor, so daß hier nur Befunde von Tierembryonen herangezogen werden können [Markwald et al. 1975, Ojeda und Hurle 1975, Pexieder 1975, 1976a, 1977, 1980, 1981]. Danach bilden sich die verschiedensten Oberflächenstrukturen der Endocardzellen wie Mikrovilli, Filo- und Lamellipodien sowie interzelluläre Stomata zunächst in Abhängigkeit von ihren Lagebeziehungen aus, um dann im Verlauf der Entwicklung zurückgebildet zu werden [Pexieder 1981].

Eine wichtige Rolle spielt das Endocard bei der Entstehung der bindegewebigen Septen des Herzens, da es nicht nur an der Ausbildung der primären Septenanlagen beteiligt ist, sondern auch die Zellen liefert, die dann die Hochreliefs der Septen besiedeln [Markwald et al. 1975]. Das embryonale Endocard bildet keine dichte und geschlossene Epithelschicht, sondern weist zahlreiche interzelluläre Lücken auf, durch die das Lumen mit dem subendocardialen Raum kommuniziert [Pexieder 1977]. Auch scheint die Differenzierung des Endocard nicht unabhängig von den lokalen Strömungsverhältnissen zu sein [Pexieder 1976b], was möglicherweise die regionalen Strukturunterschiede erklärt.

10.5.5 Gefäße des Herzens

Die ersten herzeigenen Gefäßanlagen lassen sich im STADIUM 14 nachweisen [Hirakow 1983, Conte und Pellegrini 1984], eine funktionierende Zirkulation im coronaren System ist sicher nicht vor dem STADIUM 17 anzunehmen. Das heißt, daß vom Beginn der Herzaktionen im STADIUM 10 (etwa 22. Tag) mindestens bis zum STADIUM 14 (etwa 32. Tag), wahrscheinlich aber bis zum STADIUM 17 (etwa 41 Tage), das Myocard ausschließlich durch Diffusion vom Lumen her versorgt wird. Nicht nur die verlangsamte Randströmung entlang des Endocard scheint für die Ernährung des Myocard von Bedeutung zu sein, sondern möglicherweise auch die mit der schon im STADIUM 11 einsetzenden Trabekulierung entstehenden Kommunikationen zwischen Lumen und Interzellularraum [Ošťádal und Schiebler 1971, Steding und Seidl 1980].

Die ersten herzeigenen Gefäßanlagen entstehen in der gleichen Weise wie alle anderen Abschnitte des Gefäßsystems, also aus multifocalen, isolierten, primär massiven, vasogenen Strängen oder Inseln in der Schicht des ventrikulären subepicardialen Mesenchym [Hirakow 1983], aus denen sich ein subepicardiales Kapillarnetz entwickelt (Abb. 10-42). Dieser Plexus erhält zunächst Verbindungen mit dem Herzlumen durch die sogenannten Sinusoide, die am weitesten in das Myocard bzw. sogar in die subepicardiale Schicht reichenden Tiefreliefs der intertrabekulären Räume. Die weitere Entwicklung dieser Sinusoide ist unklar: Entweder werden die terminalen intertrabekulären Räume durch die später erfolgende Verdickung der Trabekel reduziert und verschwinden schließlich [Bennett 1936], oder sie werden nach ihrer Reduktion zu myocardialen Kapillaren [Grant 1926]. Nach Befunden an Hühner- und Rattenembryonen ist es jedoch wahrscheinlicher, daß die Sinusoide bei der Bildung der myocardialen Kapillaren keine Rolle spielen [Vobořil und Schiebler 1969, Rychter und Ošťádal 1971], sondern lediglich ganz vereinzelt als Venae cordis minimae erhalten bleiben.

Weiterhin entwickeln sich Verbindungen des subepicardialen Kapillarplexus mit den nun zu besprechenden Stämmen der Coronargefäße: Etwa im STADIUM 15 lassen sich die Stämme der Coronarvenen als blind endende dünne subepicardiale Gefäße in Verbindung mit dem Sinus venosus nachweisen. Die Anlagen der Stämme der beiden Coronararterien können im STADIUM 15/16 als multiple solide vasogene Stränge in Verbindung mit dem Endothel der Ausflußbahn nachgewiesen werden [Conte und Pellegrini 1984].

Im STADIUM 17 haben sich daraus die nun von Endothel ausgekleideten Gefäßstämme der beiden Coronararterien entwickelt. Eine Verbindung mit dem subepicardialen Plexus haben die Stämme der Coronarvenen und -arterien im STADIUM 18 [Conte und Pellegrini 1984]. Im STADIUM 23 sind praktisch alle großen Stämme der Coronargefäße ausgebildet [Licata 1954].

Eine vollständige coronare Zirkulation kann jedoch erst dann etabliert werden, wenn innerhalb der Trabekel Gefäße entstanden sind. Die in der Literatur intensiv diskutierte Frage, ob die myocardialen Kapillaren in situ entstehende Neubildungen sind [Li-

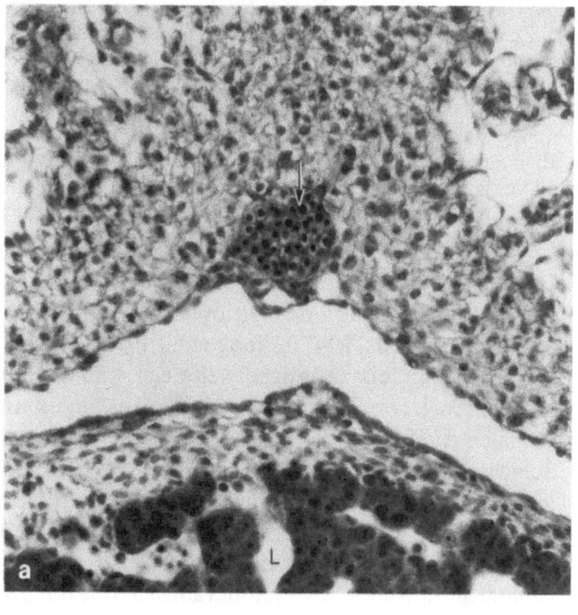

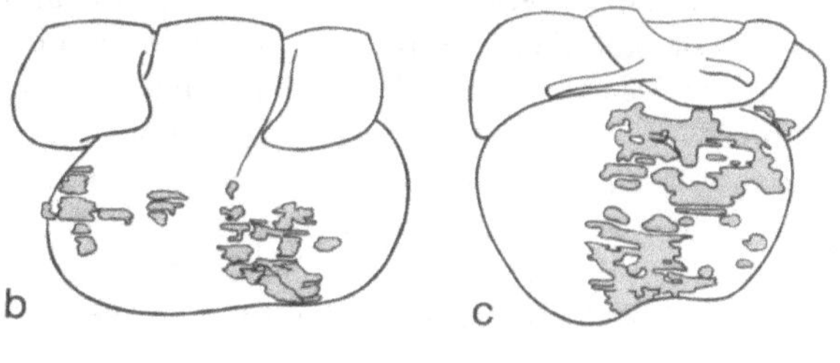

Abb. 10-42a–c. Entwicklung der Coronarien.
a) Schnitt durch das Herz eines menschlichen Embryo von 8,5 mm Länge, STADIUM 15. 225 : 1. Erste subepicardiale Anlage eines Coronargefäßes (Pfeil). L = Pars affixa der Leber mit Septum transversum. [Aus Hirakow 1983];
b) und **c)** Anlagen der Coronargefäße eines menschlichen Embryo von 7 mm Länge, STADIUM 15. Es sind die subepicardialen Gefäßinseln auf Vorder- (b) und Hinterseite (c) des Herzens dargestellt. Zeichnung nach einer Rekonstruktion, verändert nach Conte und Pellegrini 1984

cata 1956], ob sie unter Einbeziehung der Sinusoide [Grant 1926] oder auch durch Sprossungen aus dem subepicardialen Plexus entstehen [Bennett 1936], kann immer noch nicht endgültig entschieden werden. Es ist aber anzunehmen, daß in der Compacta und im Inneren der Trabekel wie auch immer entstandene Kapillaren Anschluß erhalten sowohl an das subepicardiale Netz als auch an die erhalten gebliebenen Sinusoide [Vobořil und Schiebler 1970, Rychterová 1977].

10.5.6 Reizleitungssystem

Unsere Kenntnisse über die Entwicklung des menschlichen Reizleitungssystems sind eher dürftig. Trotz zahlreicher Einzelbefunde ist es bisher noch nicht gelungen, auch nur die formale Genese einheitlich und widerspruchsfrei zu verstehen. So sind nicht nur die Herkunft des Anlagematerials und die Zeitpunkte seiner Differenzierung umstritten, sondern auch die Faktoren weitgehend unbekannt, die bei der unterschiedlichen Differenzierung von Arbeits- und Reizleitungsmyocard von Bedeutung sind.

Als erste Anlage des Reizleitungssystems kann der Sinusknoten etwa im STADIUM 14 nachgewiesen werden [Yamauchi 1965].

Aber schon im Stadium des tubulären Herzens oder sogar noch eher sind Zellen vorhanden, die als Vorläufer der erregungsbildenden Zellen gelten [prepacemaker cells, De Haan 1965]. Experimentelle Befunde zeigen, daß schon im tubulären Herzen, ebenso wie im Herzen des Erwachsenen, jede Herzregion ihre typische Eigenfrequenz hat [Barry 1942]. Sogar aus den Anlageregionen proximaler und distaler Herzteile kultivierte Vesikel zeigen ein typisches, vom venösen zum arteriellen Pol sinkendes, eigenständiges Frequenzverhalten [De Haan 1963b]. Auch im tubulären Herzen übernimmt die Region mit der höchsten Eigenfrequenz eine Schrittmacherfunktion [Paff 1935], ohne daß ein spezifisches Reizleitungsgewebe morphologisch nachweisbar ist. Über die Entstehung und Ausbreitung dieser Impulse ist wenig bekannt, jedoch scheint sicher, daß auch in diesen jungen Stadien das Vorhandensein spezifischer Zellverbindungen (Nexus) eine Voraussetzung für die Impulsausbreitung ist [Sperelakis und Lehmkuhl 1965].

Zusammenfassend kann festgestellt werden, daß die cranialen (arteriellen) Herzregionen eine niedrigere Eigenfrequenz haben als die caudalen. Schließlich übernimmt der am weitesten caudal liegende Abschnitt, die Sinusregion, mit ihrer höchsten Eigenfrequenz die Schrittmacherfunktion für das tubuläre Herz (siehe auch Abschnitt 10.6).

Die erste morphologisch sichtbare Differenzierung des Reizleitungssystems beim menschlichen Embryo ist der Sinusknoten [Yamauchi 1965]. Er entsteht in der Wand des rechten Sinushorns nahe seiner Öffnung in den rechten Vorhof und hat damit schon seine typische Lage im Sulcus terminalis. Die Erstreckung des Sinusknotens scheint individuell sehr variabel zu sein [Anderson et al. 1978], denn es sind auch halbmondförmige, die Mündung der Vena cava sup. ventral umgebende Sinusknoten beschrieben worden [Gardner und O'Rahilly 1976]. Ob sich der Sinusknoten aus Myocard in situ entwickelt oder aus einem speziellen Anlagematerial, kann nicht eindeutig entschieden werden.

Die Entwicklung des atrioventrikulären Reizleitungssystems, also des Atrioventrikular-Knotens (Aschoff-Tawara'scher Knoten), des Truncus fasciculi atrioventricularis (His'sches Bündel) und seiner Schenkel sowie der Purkinje-Fasern, ist wesentlich umstrittener: Im einzelnen ist nicht geklärt, ob der AV-Knoten zeitlich vor dem AV-Bündel entsteht und ob sich dessen Material aus dem Knoten bildet [Tandler 1911, Shaner 1929, Walls 1947, Yamauchi 1965], oder ob zuerst das AV-Bündel entsteht [Sanabria 1936, Field 1951, Muir 1954], ob Knoten und Bündel gleichzeitig und räumlich gesondert entstehen und sich erst sekundär ihre Kontinuität ausbildet [James 1970, Wenink 1976, Truex et al. 1978], oder ob ihre Anlagen primär in Zusammenhang sind [Viragh und Challice 1977a], ob sich das Material des ventrikulären Reizleitungssystems aus dem dorsalen Myocard der atrioventrikulären Furche in situ bildet [Mall 1912, Tandler 1913, Viragh und Challice 1977b], oder ob es aus anderen Regionen einwandert oder verlagert wird, wie z.B. aus dem sinu-atrialen Grenzgebiet, dem Septum primum, dem ventralen Umfang des AV-Kanals und dem primitiven Atrium [Anderson et al. 1976] oder einheitlich aus dem linken Sinushorn stammt [Patten 1956], oder ob sich das gesamte Reizleitungssystem aus Umbildungen von sozusagen praedisponiertem „spezialisiertem Ringgewebe" entwikkelt, das zwischen sogenannten primitiven „Herzsegmenten" liegen soll [Benninghoff 1923, Wenink 1976, 1978].

Zu einem guten Teil beruhen diese Divergenzen auf nomenklatorischen und definitorischen Problemen: Die Zellen des Reizleitungssystems sind erst relativ spät eindeutig im histologischen Präparat auszumachen und ihr Erscheinungsbild ist häufig nicht klar von dem des Arbeitsmyocard zu unterscheiden. Auch sind die Lagebeziehungen individuell von großer Variabilität [Anderson et al. 1978], so daß auch die Verallgemeinerung von Einzelbefunden zu den erwähnten Unstimmigkeiten beigetragen haben mag.

Beim menschlichen Embryo werden etwa im STADIUM 15/16 die Zellen des Atrioventrikular-Knotens abgrenzbar [Walls 1947, Truex et al. 1978], die des His'schen Bündels möglicherweise erst später [Yamauchi 1965]. Die Zellen des AV-Knotens liegen am dorsalen Umfang des AV-Kanals in der inneren Schicht des Myocard in Höhe des Ansatzes des dorsalen AV-Septum. Sie sind hier in Kontakt mit dem Vorhofs- und gleicherweise mit dem Kammermyocard, da sie sich vom dorsalen Ansatz des Kammerseptum am dorsalen AV-Septum auf den freien Rand des Kammerseptum erstrecken, wo sie sich in zwei subendocardiale Stränge an den lateralen Seiten des Kammerseptum aufzweigen.

Die klassische Vorstellung, daß die Purkinje-Fasern durch Proliferation oder Zellwanderungen aus dem AV-Bündel entstehen [Tandler 1911, Field 1951, Patten 1956], wird heute allgemein abgelehnt, da sich hier weder Mitosen noch Anzeichen für eine Migration der Zellen des AV-Bündels haben finden lassen [Field 1951, Robb 1965]. Offenbar entstehen die Purkinje-Fasern in situ aus Myocard, und zwar zuerst an der inneren Oberfläche der Herzwand [Field 1951]. Allerdings wird noch diskutiert, ob sie als besondere Differenzierungen des jungen Myocard entstehen [Mall 1912, Muir 1954, Viragh und Challice 1977b], oder ob sie von besonderen, schon von Anfang an vom Arbeitsmyocard verschiedenen Zellen abstammen, entweder von den schon erwähnten pre-pacemaker cells in der Anlageregion des Herzens [De Haan 1961] oder auch aus dem schon erwähnten „spezialisierten Ringgewebe" zwischen den „Herzsegmenten" [Anderson und Taylor 1972, Wenink 1976].

Für eine Differenzierung der Zellen des Reizleitungssystems sind möglicherweise die Lagebeziehungen der Anlageregionen des Reizleitungssystems nicht ohne Bedeutung. Die Knoten bilden sich in mechanisch relativ ruhigen Zonen des Myocard [Field 1951, Yamauchi 1965, Bogusch 1979]. In diesem Zusammenhang ist von besonderem Interesse, daß zu der Zeit, in der die ersten Zellen des atrioventrikulären Systems in der AV-Ebene abgrenzbar werden, die muskuläre Kontinuität zwischen Vorhofs- und Kammermuskulatur noch weitgehend erhalten ist [Shaner 1929, Walls 1947]. Im dorsalen Umfang des AV-Kanals, dort, wo die atrioventrikuläre Knickung besonders ausgeprägt ist, weist das Myocard zunehmend Nekrosen auf [Viragh und Challice 1977a], während die Zellen des Reizleitungssystems hier immer deutlicher werden. Dies deutet darauf hin, daß das atrioventrikuläre Reizleitungssystem in jener Region tatsächlich durch besondere Differenzierung aus jenem Myocard entsteht, das bei der Ausbildung des atrioventrikulären Sulcus – aus welchen Gründen auch immer – dem Schicksal der Umwandlung in Bindegewebe entgeht.

10.5.7 Innervation des Herzens

Die vegetativen Nerven des Herzens stammen aus dem N. vagus und aus cervicalen Sympathicusästen. Sie erreichen das Herz über das venöse und arterielle Mesocard und bilden hier dichte Plexus, in denen sich Vagus- und Sympathicusfasern morphologisch nicht unterscheiden lassen. Bei 10–13 mm großen Embryonen, etwa dem Stadium 17 entsprechend, können die ersten Äste im Gebiet des Sinus venosus und an den Stämmen von Aorta und Pulmonalis nachgewiesen werden [Perman 1924, Fukutake 1925, Smith 1970].

Erst einige Zeit nach dem Auftreten von Nervenfasern werden auch Neuroblasten entlang der Nerven gefunden. Bis zum Stadium 23 (Embryonen von 27–31 mm) sind dann die schon von His [1891] beschriebenen Nervengeflechte im arteriellen und venösen Mesocard soweit ausgebildet, daß sich folgen-

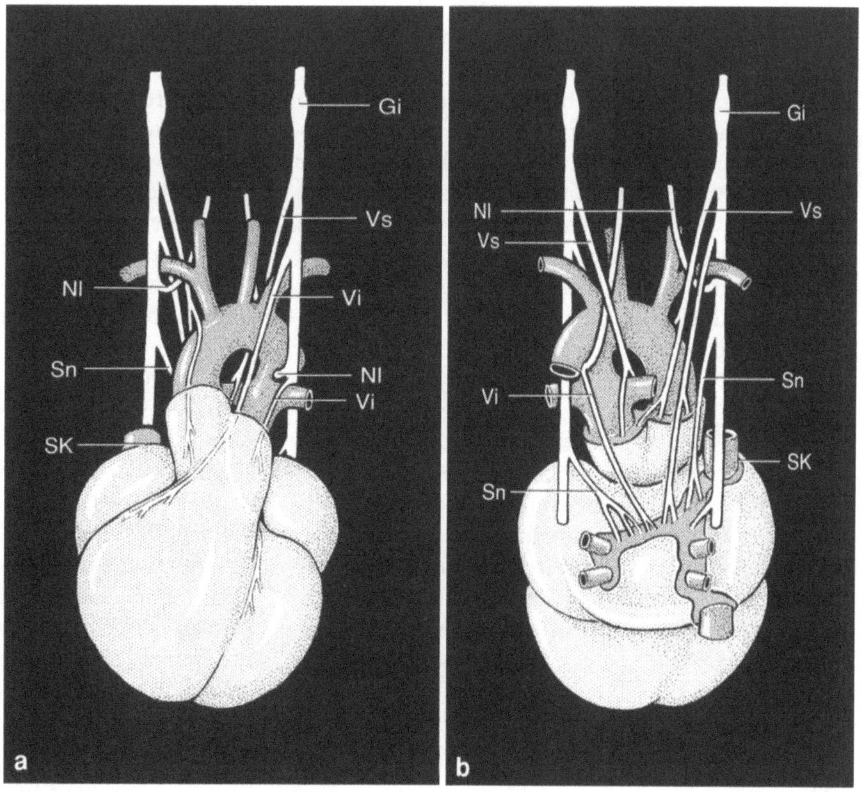

Abb. 10-43a, b. Äste des N. vagus am Herzen. Menschlicher Fetus von 3,5 cm Länge. Ansicht von ventral (a) und dorsal (b). [Nach: Licata 1954]. Gi = Ggl. inferius Ni. vagi (nodosum); Nl = N. laryngeus recurrens; Sn = Sinusnerv; Vi = R. cardiacus cervic. inf.; Vs = R. cardiacus cervic. sup.; SK = Region des Sinusknotens des Muster erkennen läßt: Aus dem N. vagus gelangen beiderseits zwei Haupt- sowie mehrere kleinere Äste zum Herzen. Die Hauptäste verlassen den Stamm des N. vagus etwas unterhalb des Ggl. inferius (nodosum), kleinere Äste in Höhe bzw. unterhalb des Abgangs des N. recurrens (Abb. 10-43). Die cervicalen Äste der rechten Seite verlaufen hinter dem Aortenbogen, erreichen das Herz über das venöse Meso und verzweigen sich bevorzugt an Dach und Rückseite der Vorhöfe [Licata 1954]. Die Rr. cardiaci der linken Seite descendieren links vom Aortenbogen und erreichen das Herz über das arterielle Meso, wobei der R. cardiacus inferior sinister ventral vom Aortenbogen liegt.

Zu den unteren Ästen, die den Vagus in Höhe des Recurrens-Abganges oder wenig tiefer verlassen, gehören u.a. die sogenannten „Sinus-Nerven", die sich an der Hinterwand der Vorhöfe verzweigen. Die Äste des thoracalen Truncus sympathicus sind bis zum Stadium 23 nicht im Herzen nachzuweisen [Gardner und O'Rahilly 1976].

Bis zum Stadium 23 haben sich die das Herz erreichenden Nerven in einem subepicardialen Plexus ausgebreitet, aus dem einzelne Äste auch in das Myocard der dorsalen und cranialen Vorhofwände hinein reichen. Im Ventrikelgebiet finden sich nur nahe der Basis Nervenfasern [Fukutake 1925]. Bei 7 cm großen Feten sind Nervenplexus in den Wänden von Aorta und Pulmonalis wie auch den größeren Stämmen der Coronararterien ausgebildet. Erst bei Feten von etwa 12 cm Länge (etwa Ende des 4. Monats) haben Nervenfasern die Herzspitze erreicht [Smith 1971a].

Die im Gefolge der Nerven sich über das Herz ausbreitenden vegetativen Ganglien finden sich bevorzugt an folgenden Stellen: bei 15 mm großen Embryonen subepicardial zwischen Aorta und Pulmonalis, dann bei Embryonen bis etwa 22 mm auch in den dorsalen Wänden der Vorhöfe. Von hier aus breiten sich die Ganglienzellen bei etwa 7 cm großen Feten über die cranialen Wände der Vorhöfe, in die dorsalen Abschnitte des Vorhofseptum und in den Sulcus atrioventricularis hinein aus [Smith 1970]. Erst am Ende des 4. Monats lassen sich neben zahlreichen Neuroblasten reife multipolare vegetative Ganglienzellen sowie die Anlagen von pseudounipolaren (sensiblen) Ganglienzellen und Satellitenzellen unterscheiden [Smith 1971b].

Das anfängliche Verteilungsmuster der Nerven ist relativ einfach zu erkennen: Das arterielle Herzende wird überwiegend von Nerven der linken, die venösen Regionen überwiegend von Nerven der rechten Körperseite erreicht, wobei natürlich auch Überschneidungen vorkommen [Gardner und O'Rahilly 1976]. Durch die Ausbreitung der Nerven und Ganglienzellen von ihren ursprünglichen Siedlungsgebieten über das gesamte Herz, ein Prozeß, der wohl erst sehr spät in der Fetalperiode abgeschlossen sein dürfte, kommt es dann zur Ausbildung des Innervationsmusters des erwachsenen Herzens, das bis heute noch nicht vollständig geklärt ist [Anderson und Becker 1982].

10.6 Funktionsentwicklung des Herzens

Die Untersuchung der embryonalen Herzleistungen bedient sich ähnlicher Techniken wie sie beim Erwachsenen üblich sind. Die Kenntnis physiologischer Funktionsabläufe im embryonalen Herzen gründet sich auf Untersuchungen an Tierembryonen wegen der leichteren experimentellen Verfügbarkeit und wegen der großen Ähnlichkeit der Herzentwicklung bevorzugt auf Hühnerembryonen.

Die ersten Bewegungen des Herzens treten schon zu der Zeit der Entstehung der Herzanlage noch vor Beginn des „cardiac looping" im tubulären Herzen auf [Sabin 1920, Patten und Kramer 1933, Seidl und Steding 1978b]. Sie sind noch nicht regelmäßig und stellen nur geringe Verschiebungen des Myoepicards dar. Bald werden die Kontraktionen des tubulären Herzens rhythmisch und breiten sich in Gestalt einer peristaltischen Welle von proximal nach distal über den Herzschlauch aus [Patten und Kramer 1933, Nitzschke 1939].

10.6.1 Erregungsbildung und Erregungsleitung im embryonalen Herzen

Das Herz des Erwachsenen kann die für die Kontraktion notwendige Erregung selbst bilden (Autonomie, Automatie oder Autorhythmie). Daß dies auch für das embryonale Herz gilt, wurde schon von Schenk [1867] bemerkt: exzidierte embryonale Herzen schlagen autonom weiter. In den frühen Stadien der Herzentwicklung ist das Herz noch nicht innerviert. Überdies ist ein spezifisches Reizbildungs- und -leitungssystem (Sinusknoten, AV-Knoten, His-Bündel, Purkinjefasern) noch nicht vorhanden.

Alle Teile des embryonalen Herzens besitzen diese Automatie [Barry 1942]. Die Schlagfrequenz solcher Herzfragmente nimmt von der Einfluß- zur Ausflußbahn hin ab. Ganz ähnlich wie beim erwachsenen Herzen läßt sich auch im embryonalen, noch tubulären Herzen die Erregungsleitung im Sinne Stanniusscher Ligaturen behindern [Fano und Badano 1890, Pickering 1893, Huggel 1959, Schulze et al. 1979] und so die Ausbreitungsrichtung der Erregung bestimmen und der Schrittmacher lokalisieren.

Die normale Herzfrequenz wird auch im jungen embryonalen Herzen durch die Erregungsbildung in der Sinusregion bestimmt, auch schon vor Ausbildung eines spezifischen Reizbildungs- und Reizleitungssystems (Sinusknoten).

Die Schlagfrequenz embryonaler Herzen ist erstaunlich hoch. Sie liegt bei menschlichen Embryonen zwischen 120 und 160 pro Minute, das ist etwa das Doppelte der Pulsfrequenz des Erwachsenen.

Der embryonale Herzschlag läßt sich mit Ultraschall schon von der 4. Woche ab sichtbar machen, Herztöne können von der 10. Woche an mit Verstärkereinrichtungen aufgezeichnet werden, durch Auskultation können die fetalen Herztöne etwa vom 5. Schwangerschaftsmonat an gehört werden.

Daß die Herzfrequenz des embryonalen Herzens von der Umgebungstemperatur abhängt, war schon Schenk [1867] bekannt. Sie folgt der Reaktionsgeschwindigkeits-Temperatur-Regel (RGT), wonach sich eine Steigerung der Temperatur um 10 °C in etwa einer Verdoppelung bis Verdreifachung der Reaktionsgeschwindigkeit auswirkt [Seidl et al. 1981, Breitenstein 1981].

Elektrische Erscheinungen des Erregungsablaufes: Die Spannung, die zwischen dem Inneren einer Zelle und ihrer äußeren Umgebung gemessen werden kann, wird Membranpotential genannt. Dabei ist, sofern die Zelle nicht erregt ist, das Zellinnere negativ gegenüber der Zelloberfläche.

Im embryonalen Herzen beträgt dieses an der unerregten Myocardzelle gemessene Ruhemembranpotential je nach Alter und Region zwischen 30 und 80 mV [Sperelakis et al. 1975, Bernard 1975] (Abb. 10-44). Bei Erregung nimmt das Potential schnell ab (Depolarisation), das Äußere wird vorübergehend sogar positiv gegen das Zellinnere (spike und overshoot). Typisch für dieses sogenannte „Aktionspotential" des Herzens ist seine verhältnismäßig lange Dauer unter Ausbildung eines Plateaus (Abb. 10-45).

Bei Feten gleicht die Form des Aktionspotentials der des Erwachsenen, bei Embryonen fehlt noch der steile Anstieg, die Anstiegsgeschwindigkeit dV/dt ist noch kleiner als 25 V/sec, nach dem cardiac looping steigt sie auf 150 V/sec (Abb. 10-46) [Sperelakis et al. 1975].

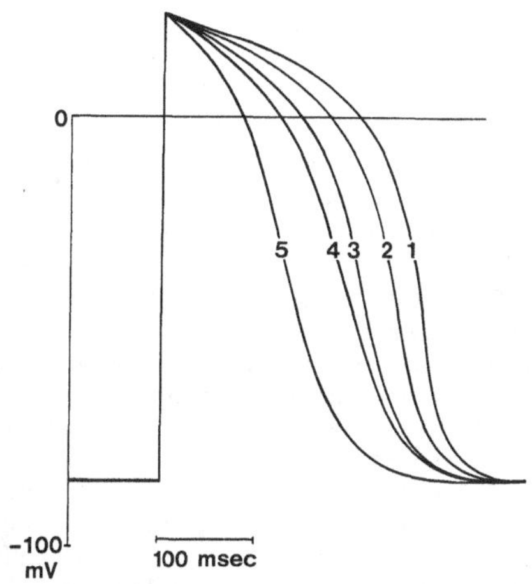

Abb. 10-45. Die Dauer des Aktionspotentials nimmt mit zunehmendem Entwicklungsalter ab. Ventrikuläre Aktionspotentiale von Rattenembryonen vom 13. (1), 14. (2), 15.–18. (3), 19. (4) und 20. (5) Tage.
[Nach: Bernard 1975]

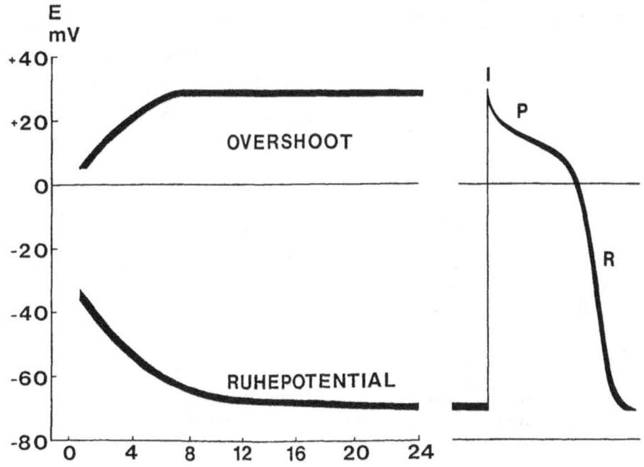

Abb. 10-44. Ruhepotential und Overshoot in Abhängigkeit vom Entwicklungsalter (Hühnerembryo).
[Nach: Sperelakis et al. 1975]
Rechts: Typisches ventrikuläres Aktionspotential: Depolarisation bis zur initialen Spitze (I), Plateau (P) und Repolarisation (R)

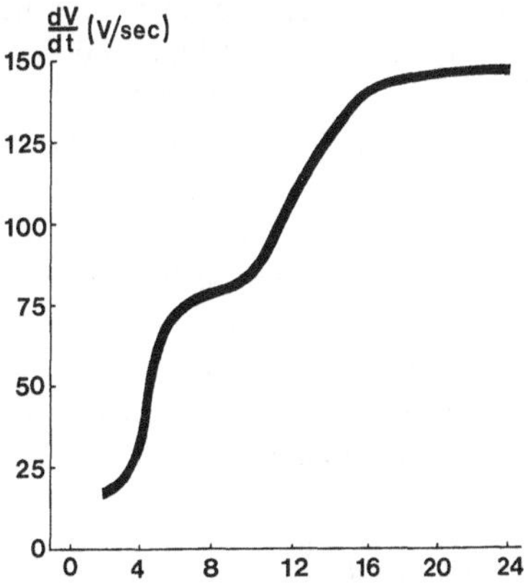

Abb. 10-46. Die maximale Anstiegsgeschwindigkeit ventrikulärer Aktionspotentiale (dt/dv) steigt mit zunehmendem Entwicklungsalter an (Hühnerembryo).
[Nach: Sperelakis et al. 1975]

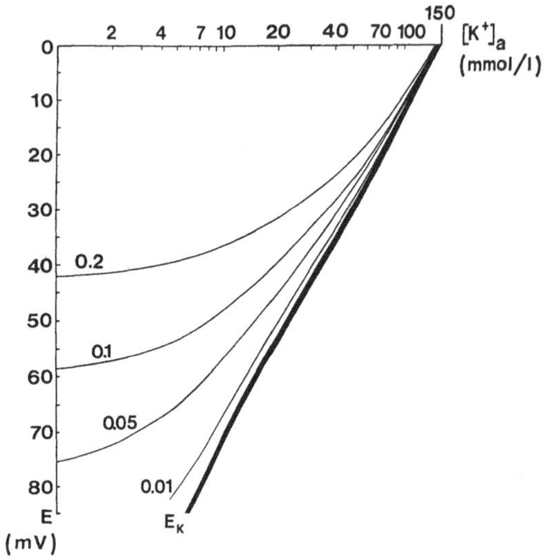

Abb. 10-47. Das Ruhepotential als Funktion der extrazellulären Kaliumkonzentration $[K^+]_a$. Logarithmische Skala. Die Erhöhung der $[K^+]_a$ wird durch entsprechende äquimolare Erniedrigung der $[Na^+]_a$ ausgeglichen. Die dick ausgezogene Gerade stellt die bei verschiedenen extrazellulären K^+-Konzentrationen errechneten Werte des K^+-Potentials E_K dar. Die hiervon mit sinkendem extrazellulären K^+ zunehmend abweichenden dünnen Linien ergeben sich aus der erweiterten Nernst'schen Gleichung bei verschiedenen Verhältnissen der Ionenpermeabilitäten (P_{Na}/P_K) von Na^+ und K^+ bei der Annahme von intrazellulärer Konzentration $[Na^+]_i$ = 30 mmol/l und $[K^+]_i$ = 150 mmol/l. Herzen von Hühnerembryonen nach dreitägiger Bebrütung zeigen ein Verhalten wie die Kurve für P_{Na}/P_K = 0,2, nach fünftägiger Bebrütung wie P_{Na}/P_K = 0,1 und nach 15tägiger Bebrütung wie die Kurven für 0,05 bis 0,01.
[Nach: Sperelakis et al. 1975]

Die Dauer embryonaler Aktionspotentiale ist in den verschiedenen Herzregionen unterschiedlich und auch vom Alter abhängig [Meda und Ferroni 1959, Fingl et al. 1952, Lieberman und Paes de Carvalho 1965a]. Im Laufe der Entwicklung nimmt die Dauer des Aktionspotentials ab (Abb. 10-45) [Lieberman und Paes de Carvalho 1965a].

Aktionspotentiale finden sich nicht erst in den typisch differenzierten Herzmuskelfasern, sie können schon im Stadium des geraden Herzschlauchs im Myoepicard abgeleitet werden, sogar schon vor den sichtbaren Kontraktionen [Van Mierop 1967].

Ionale Mechanismen

Die Ungleichverteilung membranpermeabler Ionen im intra- und extrazellulären Raum ist die Grundlage für die Entstehung des *Ruhemembranpotential,* dessen Größe von den Konzentrationsverhältnissen der Ionen und ihren spezifischen Membranpermeabilitäten abhängig ist (Erweiterte Nernst'sche Gleichung).

Für das erwachsene Herz gilt dabei, daß das Ruhepotential nahezu nur von der extrazellulären K^+-Konzentration abhängt, also als K^+-Gleichgewichtspotential betrachtet werden kann.

Bei Embryonen sind die Abweichungen des Membranpotentials von den Werten des K^+-Gleichgewichtspotentials beträchtlich [Sperelakis et al. 1975, Bernard 1975]. Dies beruht auf der wesentlich geringeren Permeabilität von K^+ bei jüngeren Embryonen, die erst im Laufe der Entwicklung zunimmt. Das Verhältnis der Permeabilitäten von Na^+ und K^+ (p_{Na}/p_K) sinkt also im Laufe der Entwicklung. In Abbildung 10-47 sind die Kurven für die p_{Na}/p_K-Verhältnisse verschieden alter Embryonen eingetragen. Bei einer bestimmten extrazellulären K^+-Konzentration ist daher das Ruhepotential jüngerer Embryonen niedriger als das älterer. Der flachere Verlauf der Kurven jüngerer Embryonen erklärt auch ihre geringere Empfindlichkeit für Erhöhung des extrazellulären Kalium.

Die Leistung der Na/K-Pumpe, die die Lecks der Membran durch die passiven Ionenströme kompensiert, nimmt mit der Entwicklung der gestiegenen K^+-Permeabilität zu [Sperelakis 1972].

Die beiden Komponenten des *Aktionspotentials,* die initiale Spitze (Spike) und das Plateau, beruhen auf unterschiedlichen ionalen Mechanismen. Die Spikekomponente wird durch einen schnellen Na^+-Einstrom bestimmt, der durch die sogenannten schnellen Na-Kanäle der Membran ermöglicht wird, die durch Tetrodotoxin (TTX) blockierbar sind [Ishima 1968]. Die Plateaukomponente ist Ausdruck eines Na^+- und Ca^{++}-Einstroms, der viel langsamer durch sogenannte langsame Na/Ca-Kanäle erfolgt (durch Mangan-Ionen blockierbar).

In den Herzen junger Embryonen sind die schnellen Na-Kanäle noch nicht vorhanden oder nicht funktionstüchtig [Sperelakis et al. 1975, De Haan et al. 1975], das junge embryonale Herz ist TTX-unempfindlich [Shigenobu und Sperelakis 1971, Renaud und Le Douarin 1972, Mc Donald et al. 1972, Gargouil und Bernard 1971]. Entsprechend hat das Aktionspotential zuerst noch keine initiale Spitze, seine Anstiegsgeschwindigkeit ist gering (20 V/sec).

Im Laufe der Entwicklung steigt die Anstiegsgeschwindigkeit bis auf 150 V/sec an, ein Spike mit einem Overshoot bis 30 mV entwickelt sich, das Aktionspotential wird zunehmend TTX-empfindlicher. Die Höhe des Overshoots ist in erster Linie von der Na^+-Konzentration abhängig.

Mit seinem langsamen Anstieg und der fehlenden initialen Spitze ähnelt das Aktionspotential junger Embryonen sehr dem erwachsener Schrittmacherzellen [Bernard 1975]. Bei diesen soll beim erwachsenen Herzen das schnelle Na-System inaktiviert sein [Antoni 1983].

Der Ca^{++}-Einstrom durch die langsamen Kanäle kann für die elektromechanische Kopplung durch Ca^{++}-Einwirkung auf die Myofibrillen verantwortlich gemacht werden. Bei älteren Embryonen kann durch Catecholamine die Zahl der verfügbaren Na/Ca-Kanäle gesteigert werden. Dies erklärt den mit dem Alter zunehmend positiven inotropen Effekt der Catecholamine [Sperelakis et al. 1975].

Veränderungen des ionalen Milieus führen zu verändertem Erregungsverhalten. Dies ist besonders bei der Auswahl von Elektrolytlösungen zu beachten, in welchen funktionelle Vorgänge an überlebenden embryonalen Herzen oder ganzen Embryonen untersucht werden sollen.

Erregungsbildung

In der sinuatrialen Region ist das Ruhepotential nicht stabil. Hier vermindert sich das Membranpotential kontinuierlich, bis es beim Erreichen eines gewissen Schwellenwertes ein Aktionspotential und damit eine fortgeleitete Erregung auslöst. Diese Vordepolarisation (Praepotential) läßt sich schon am tubulären Herzen ableiten und scheint hier nicht an spezialisierte Gewebsformationen, wie das erst später entstehende Reizleitungssystem, gebunden (Abb. 10-48a) [Meda und Ferroni 1959]. Während am intakten Herzen solche Praepotentiale nur in der sinu-atrialen Region beobachtet werden können, treten sie in anderen Regionen nur an künstlich isolierten Herzteilen auf. In den distalen Herzabschnitten sind diese dann flacher ansteigend und führen dementsprechend später zur Auslösung eines Aktionspotentials, wodurch sich auch die geringere Schlagfrequenz erklärt [Le Douarin et al. 1964].

Diese autogene Vordepolarisation ist die Grundlage der Automatie des Herzens auch schon in den frühen Phasen der Herzentwicklung. Als Schrittmacher (pacemaker) fungiert jeweils die Region, in der

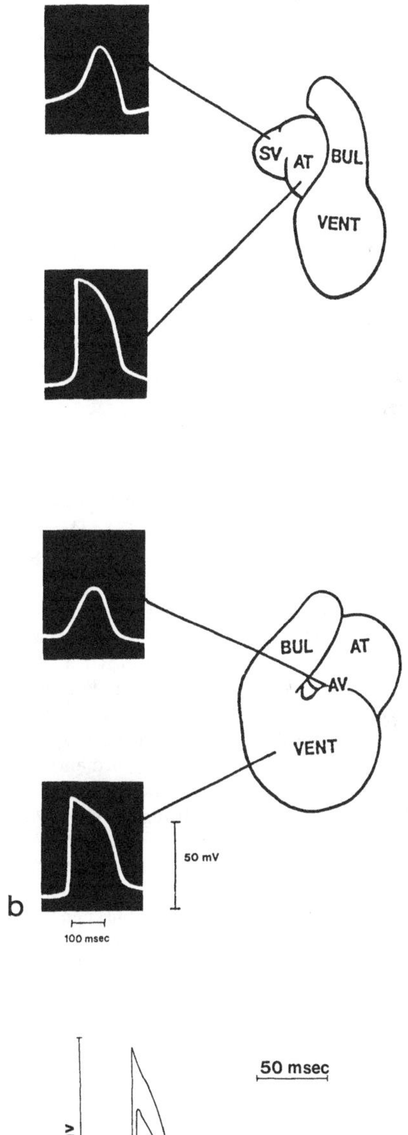

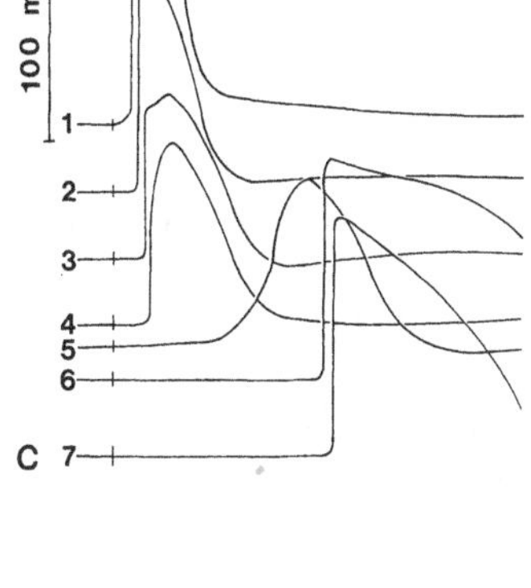

Abb. 10-48a–c. Erregungsentstehung und Erregungsausbreitung.
a) Membranpotentiale vom Sinus venosus eines Hühnerembryo (42 Stunden Bebrütung). Die diastolische Vordepolarisation führt nach Erreichen des Schwellenpotentials (S) zur Auslösung des Aktionspotentials. [Nach: Meda und Ferroni 1959].
b) Formen typischer Aktionspotentiale verschiedener Herzregionen. Hühnerembryo, 3 Tage Bebrütung. [Nach: Lieberman und Paes de Carvalho 1965a].
c) Erregungsausbreitung vom Vorhof (Kurven 1 und 2) über die Atrioventrikular-Region (Kurven 3, 4 und 5) auf das Kammermyocard (Kurven 6 und 7), dargestellt durch Registrierung der Aktionspotentiale in den entsprechenden Regionen. Hühnerembryo, 16 Tage Bebrütung.
[Nach: Lieberman und Paes de Carvalho 1965b]

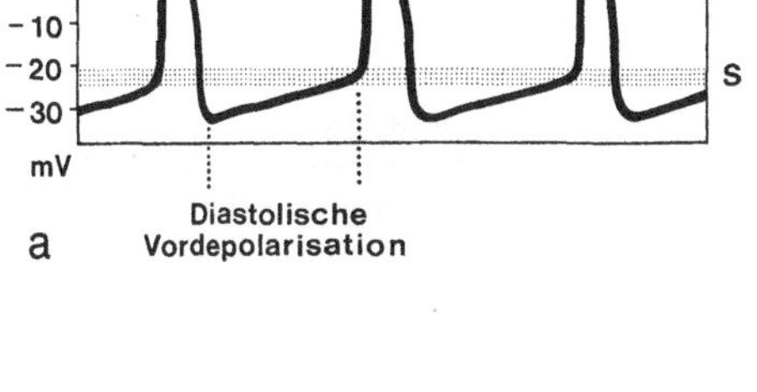

die Praepotentiale am schnellsten zu einer fortgeleiteten Erregung führen, und die damit die höchste Frequenz der Automatie besitzt. Dies ist von Anfang an die sinuatriale Region [Van Mierop 1967].

Erregungsausbreitung

Für die Ausbreitung der Erregung im Herzen von Zelle zu Zelle ist über direkten Kontakt hinaus [Gross 1980] auch das Vorhandensein spezieller Nexus-Verbindungen notwendig. Die Geschwindigkeit der Erregungsausbreitung im embryonalen Herzen hängt von der Anstiegsgeschwindigkeit des Aktionspotentials ab.

Die Erregungsausbreitung von der sinuatrialen Region als Schrittmacher längs des Herzschlauchs zeigt eine bemerkenswerte Konstanz: sie dauert ca. 100 msec, und zwar unabhängig von der jeweiligen Herzgröße [Van Mierop 1967, Schulze 1981]. Dies bedeutet, daß die Ausbreitungsgeschwindigkeit der Erregung mit der Verlängerung des Herzschlauchs zunimmt. Sie beträgt im geraden Herzen ca. 0,005 m/sec (berechnet nach Daten Van Mierops) und steigt bei Embryonen der 3. Bebrütungswoche auf 0,4 bis 0,5 m/sec im Vorhof und Kammermyocard an [Lieberman und Paes de Carvalho 1965b] [Vergleich: erwachsener Hund 0,8 bis 1 m/sec, Rothschuh 1960].

Diese Beschleunigung der Erregungsausbreitung betrifft jedoch nicht die AV-Gegend. Die Erregungsausbreitungsgeschwindigkeit verharrt hier noch in der 3. Bebrütungswoche bei Werten, wie sie bei noch geradem Herzschlauch gefunden werden [ca. 0,003 bis 0,005 m/sec: Lieberman und Paes de Carvalho 1965b]. Die Konstanz der Dauer der Erregungsausbreitung im ganzen Herzen wird also dadurch gewahrt, daß in Vorhof und Kammer eine zur Größenzunahme überproportionale Erhöhung der Erregungsausbreitungsgeschwindigkeit erfolgt [Schulze 1981].

Die Verzögerung der Erregungsleitung im Gebiet des Sulcus atrioventricularis macht diesen zum „funktionellen Gegenstück des AV-Knotens des Erwachsenen" [Lieberman und Paes de Carvalho 1965b]. Die in diesem Gebiet ableitbaren Aktionspotentiale (Abb. 10-48b, c) zeichnen sich gegenüber denen der Kammern und Vorhöfe durch langsamen Anstieg, gerundeten Gipfel und geringere Amplitude aus und ähneln stark den Potentialen erwachsener AV-Knotenzellen [Lieberman und Paes de Carvalho 1965b].

Solange die muskuläre Verbindung zwischen Vorhöfen und Kammern noch vollständig besteht, kann die atrioventrikuläre Erregungsüberleitung prinzipiell an jeder Stelle des AV-Rings erfolgen [Lieberman und Paes de Carvalho 1965b, Boucek et al. 1959]. Sie bevorzugt aber, wie Experimente mit partieller Durchtrennung der atrioventrikulären Verbindung zeigen, den Weg entlang der kleinen Kurvatur des Herzschlauchs [Boucek et al. 1959].

Ein spezialisiertes Reizleitungssystem wird beim Menschen während der STADIEN 14–16 histologisch abgrenzbar [Walls 1947, Yamauchi 1965]. Da in den jüngeren Entwicklungsstadien die Erregungsbildung und -leitung nicht vom kontraktilen Gewebe des Herzens getrennt ist, wurde diskutiert, ob das Reizleitungsgewebe den primitiven Zustand bewahrt oder als der spezialisierte Teil des Herzgewebes aufgefaßt werden muß [Lieberman 1970]. Neuere Ergebnisse deuten darauf hin, daß das Reizleitungsgewebe nicht einfach als undifferenziertes embryonales Myocard angesehen werden kann, sondern als Ergebnis eigenständiger Differenzierung (vgl. Abschnitt 10.5.6).

Elektrokardiogramm

Die Kenntnisse über das embryonale EKG sind überwiegend an Hühnerembryonen gewonnen. Erste embryonale EKGs beim Hühnerembryo wurden schon 1913 von Wertheim-Salomonson abgeleitet [erstes EKG des Erwachsenen: Waller 1889]. Über das EKG jüngerer menschlicher Embryonen liegen begreiflicherweise kaum Befunde vor [Straus et al. 1961]. Das EKG älterer Feten läßt sich von der Bauchdecke der Mutter ableiten, zeigt aber nur wenig Einzelheiten.

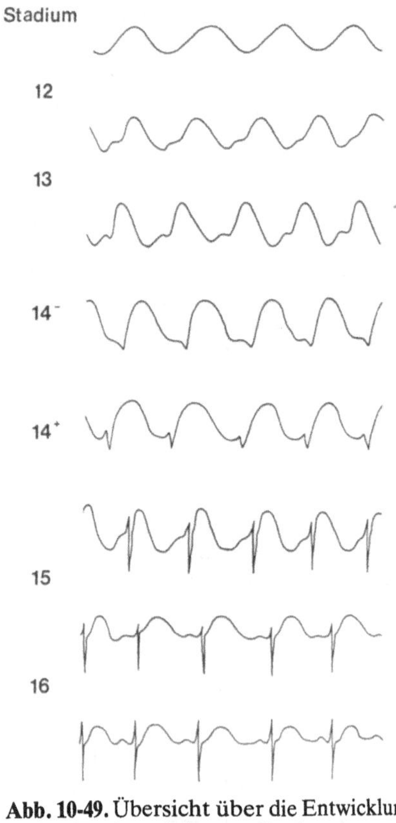

Abb. 10-49. Übersicht über die Entwicklung des embryonalen EKG während des cardiac looping und der Ausbildung des Sulcus atrioventricularis. Hühnerembryonen, HH-STADIUM 11–17, 40–55 Stunden Bebrütung

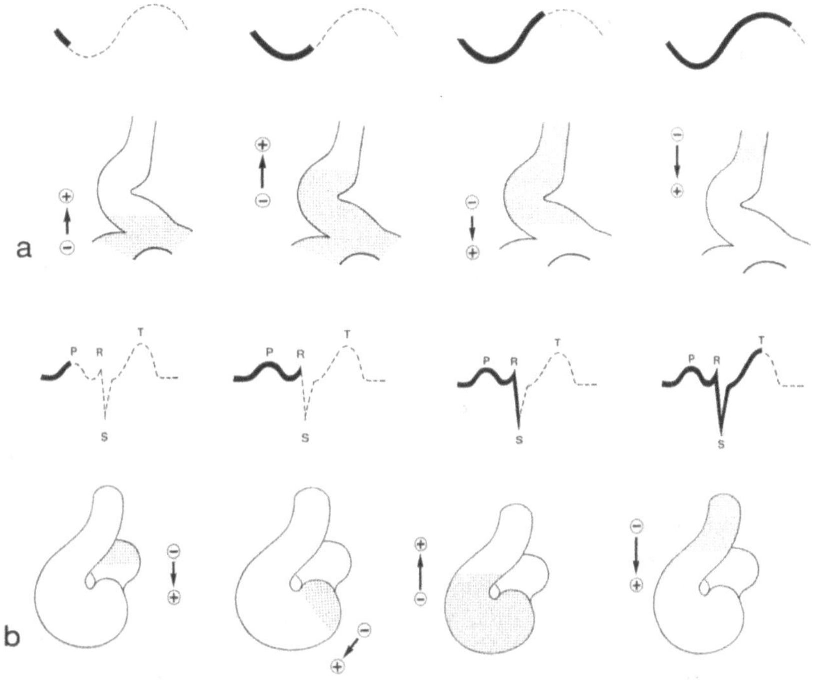

Abb. 10-50a, b. Zusammenhang zwischen Erregungsphasen des Herzschlauchs und bestimmten Abschnitten des EKG im Stadium der jungen Herzschleife (a) (Hühnerembryo HH-STADIUM 11, 40 Stunden Bebrütung) und der ausgebildeten Herzschleife (b) (Hühnerembryo HH-STADIUM 16, 52 Stunden Bebrütung).
a) Die initiale abwärts gerichtete Welle des EKG spiegelt die Ausbreitung der Erregung von caudal (Einflußbahn) nach cranial (Ausflußbahn) wider, die aufwärts gerichtete Welle die Rückbildung der Erregung.
b) Die aufwärts gerichteten Zacken P und R spiegeln die Erregungsausbreitung auf den Vorhof und den absteigenden Teil der Kammerschleife wider.

Die im EKG des Embryo ableitbaren Spannungen sind wesentlich geringer als die Membranpotentiale. Sie betragen bei herznaher Ableitung zwischen den Elektroden an Ausflußbahn und caudalem Herzende zwischen ca. 10 μV mit Beginn des cardiac looping, bis ca. 100 μV bei Abschluß der Septierung.

Die Form der elektrokardiographischen Spannungsschwankungen ändert sich mit der Entwicklung des Herzens (Abb. 10-49). Anfangs ist das EKG nahezu sinuswellenförmig und entwickelt mit der Ausbildung des Sulcus atrioventricularis das in Vorhof-EKG (P-Zacke) und Kammerteil (QRS-Komplex und T-Welle) gegliederte EKG. Es weist schon vor Ausbildung des Erregungsleitungssystems am schleifenförmigen Herzen die vom Erwachsenen bekannten Formmerkmale auf [Hoff et al. 1939, Patten 1956, Seidl et al. 1981, Schulze 1981].

Die anfangs geringe Höhe der R-Zacke und die tiefe S-Zacke ist in der cranio-caudalen Ableitungsrichtung Ausdruck der Lage und Richtung des elektrischen Vektors, der bei der Ausbildung der Kammerschleife während des cardiac looping anfangs von caudal nach cranial weist und erst mit der Ausbildung des absteigenden Kammerschenkels auch cranio-caudal verläuft und damit eine zunehmend größer werdende R-Zacke im EKG hervorruft (Abb. 10-50).

Die Erregungsrückbildung der Kammeranlage spiegelt sich im Verlauf der T-Welle wider. Der mit der R-Zacke gleichgerichtete Ausschlag der T-Welle kann dahingehend gedeutet werden, daß die Repolarisation im Gebiet der caudalen Kammerschleife vor der der cranialen Partien abgeschlossen ist.

Die Repolarisation beginnt bei jungen Herzen schon, wenn die Front der Erregungswelle das distale Herzende erreicht, so daß dann eine ST-Strecke nicht auftritt, sondern die T-Welle sich direkt aus dem QRS-Komplex erhebt.

Die Dauer der Kammererregung und Repolarisation (QT-Zeit) und die PQ-Dauer sind frequenzabhängig, sie steigen mit abnehmender Frequenz. Allerdings nehmen PQ und QT nicht in dem Maße zu, wie es die Zunahme der RR-Zeit mit der Abnahme der Frequenz (RR = 1/f) erwarten ließe. Die elektrische Pause (TP) nimmt mit fallender Frequenz überproportional zu [Breitenstein 1981, Seidl et al. 1981].

10.6.2 Die mechanische Herzaktion

Die beschriebenen Erregungsvorgänge führen zu einer geordneten Kontraktion der Herzwand und zu einem gerichteten Blutstrom. Im Unterschied zum Herzen des Erwachsenen und älterer Feten ist aber im Herz des Embryo über eine lange Zeit der Entwicklung ein Klappensystem, das die Richtung des Blutstroms bestimmt, nicht vorhanden. Erst mit der Ausbildung der Segel- und Taschenklappen funktioniert das embryonale Herz analog dem des Erwachsenen. In den Entwicklungsstadien vor der Ausbildung der Klappen wird der Aufbau eines Druckgradienten und damit eines gerichteten Blutstroms durch den peristaltischen Verlauf der Kontraktion der Herzwand von proximal nach distal erreicht.

Die ersten sichtbaren Kontraktionen des embryonalen Herzens zeigen noch nicht den genannten peristaltischen Typ, sie sind auch noch nicht rhythmisch und gehen von verschiedenen Stellen des Myoepicard der Einflußbahn aus. Dabei sind die ersten Kontraktionen nur auf der rechten Kontur der geraden Herzanlage sichtbar [Patten und Kramer 1933]. Diese ersten Kontraktionen treten zu einer Zeit auf, in der das Lumen der Herzanlage noch nicht vollständig durchgängig ist [Nitzschke 1939], also ein kontinuierliches Kreislaufsystem noch nicht vorhanden ist.

Bald werden die Kontraktionen des Herzschlauches rhythmisch, beginnen an seinem proximalen Ende und breiten sich von hier nach Art einer peristaltischen Welle aus (Abb. 10-51a) [Patten und Kramer 1933].

Mit der Ausbildung des Sulcus atrioventricularis erfolgt der Übergang der Erregung auf die Kammerregion verzögert. Da die Kontraktionsdauer des Vorhofs sehr kurz ist und er bei Beginn der Kammerkontraktion schon wieder erschlafft, erscheint gegenüber der Kammer die Vorhofskontraktion rhythmisch abgesetzt („punctum saliens")[1]. Dabei zeigt der Vorhof nicht mehr die typisch peristaltische Form der Kontraktion, sondern er kontrahiert sich nahezu synchron und konzentrisch.

Die Kammerschleife und die conotruncalen Herzabschnitte hingegen bewahren den peristaltischen Typ der Kontraktion. Die Kontraktionswelle durchläuft die Kammerschleife so schnell, daß sich bei subjektiver Betrachtung ihre hintereinanderliegenden Abschnitte nahezu gleichzeitig zu kontrahieren scheinen. Dagegen kontrahiert sich der Conotruncus erst mit Verzögerung, so daß seine Kontraktion in der T-Welle des EKG beginnt und bis weit in die elektrische Herzpause dauert (Abb. 10-51b) [Boucek et al. 1959, Kallenbach 1987].

Während der Vorhof sich nur kurz kontrahiert und dann sofort wieder erschlafft, somit die meiste Zeit einer Herzperiode vollständig dilatiert ruht, sind Kammer und Conotruncus nahezu dauernd in Bewegung. Nur in einem sehr kleinen Teil der Herzperiode sind diese Herzteile vollständig dilatiert. Zudem nimmt die Dauer der vollständigen Kontraktion von proximal nach distal zu [Kallenbach 1987], d.h. die Kontraktion der proximalen Kammerteile beginnt schon, bevor die distalen Teile der Ausflußbahn erschlafft sind.

Erst in späteren Stadien der Entwicklung, nämlich mit der Ausbildung der eigentlichen Ventrikel aus der Kammerschleife, ihrer Vergrößerung und ihrer zunehmenden Trabekulierung geht hier im Ventrikelgebiet die peristaltische Kontraktionsform verloren. Dann kontrahieren sich die Ventrikel – ähnlich wie die Vorhöfe – synchron und konzentrisch. Die Ausflußbahn verliert das peristaltische Kontraktionsmuster erst viel später mit der Ausbildung der Taschenklappen.

Die **peristaltische Kontraktionswelle** des Myoepicard im Gebiet der Kammerschleife und des Conotruncus bewirkt durch Vermittlung der cardiac jelly eine Deformation des Lumens, die mit der Kontraktionswelle längs des Herzschlauches verläuft. Bei

[1] Der Begriff geht zurück auf Aristoteles, Geschichte der Tierwelt VI, 3, wo das Herz des werdenden Vogels als hüpfender und springender Punkt bezeichnet wird. Der Aristoteleskenner Theodoros Gaza (gest. 1478) übersetzte diese Tätigkeit mit „quod punctum salit" in das Lateinische. Den Begriff in der Form „punctum saliens" benutzten erstmals Aldrovandi (Ornithol., 1610) und W. Harvey (Exercit. de gener. anim., 1651) [Hinrichsen 1972].

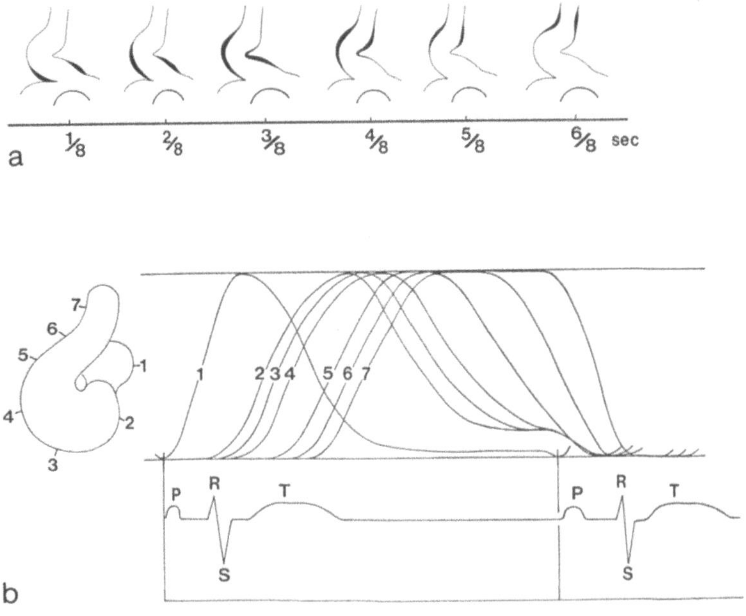

Abb. 10-51a, b. a) Darstellung des Ablaufs der peristaltischen Herzkontraktion bei einem Hühnerembryo von 32 Stunden Bebrütung (HH-STADIUM 11). Zeichnungen nach mikrokinematographischen Aufnahmen (16 Bilder pro Sekunde), verändert nach Patten und Kramer 1933;
b) Zusammenhang der Orte der Myocardkontraktionen mit dem EKG. Hühnerembryo nach 3 Tagen Bebrütung. Die oberen Kurven 1 bis 7 zeigen den Verlauf der Kontraktionen in den verschiedenen, mit 1 bis 7 bezeichneten Herzregionen. Unten ist das synchron zum Mechanogramm abgeleitete EKG dargestellt.
[Nach Befunden von Kallenbach 1987]

vollständiger Dilatation hat das Lumen des Herzschlauches – vor Bildung der Septenanlagen – einen nahezu runden Querschnitt. Bei Kontraktion des entsprechenden Herzabschnitts wird das Lumen lokal verengt, wozu keine umfangreichen Bewegungen des Myoepicard erforderlich sind [Barry 1948]. Bei dieser

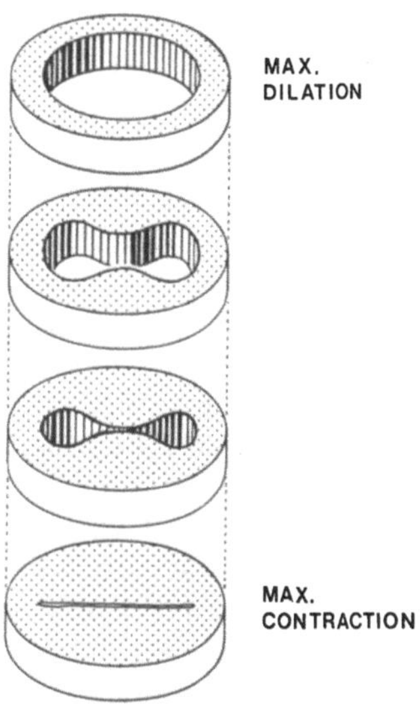

Abb. 10-52. Darstellung der Formveränderung des Herzlumens während der Kontraktion. Das in der Diastole runde Lumen wird nicht konzentrisch verkleinert, sondern in der Systole zu einem spaltförmigen Schlitz verschlossen.

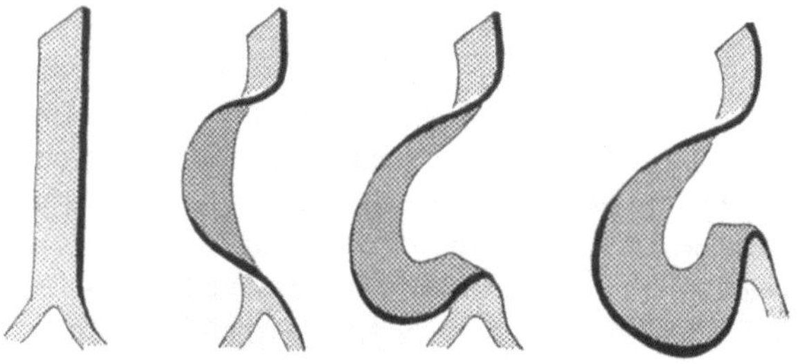

Abb. 10-53. Darstellung der Formänderung des (kontrahierten) Lumens während des cardiac looping. Hühnerembryonen vom HH-Stadium 10–14.

Verengung des Lumens geht die runde Form des Querschnittes zunächst in eine hantelförmige über, wird schließlich spaltförmig und ganz verschlossen [Seidl und Steding 1987] (Abb. 10-52). Diese Deformation des Lumens beruht auf Ausgleichsbewegungen der cardiac jelly zwischen Myoepicard und Endothel. Die spaltförmige Verengung des Lumens läuft mit der Kontraktionswelle durch den Herzschlauch.

Der Pumpmechanismus der Herzschleife funktioniert nach dem Muster einer Schlauchpumpe, indem der Endocardschlauch lokal fortschreitend komprimiert und so das Blut vorangetrieben wird. Eine Klappenwirkung besonderer lokaler Endocardpolster [Patten et al. 1948] liegt zumindest anfangs nicht vor. Der ventilartige Verschluß des Lumens beruht allein auf der Kontraktion der Myoepicardwand und erfaßt von proximal nach distal alle Teile der Ventrikel-Conotruncus-Schleife. Bei der Kontraktion wird das Lumen in den kontrahierten Gebieten blutleer.

Ein Klappenapparat existiert am Übergang der Ausflußbahn in das arterielle Gefäßsystem noch nicht. Bei niedriger Herzfrequenz und entsprechend langer Herzpause kann es zum Rückstrom eines Teils des ausgeworfenen Blutvolumens in den Conotruncus kommen.

In den Gebieten der peristaltischen Kontraktion (Kammer und Ausflußbahn) ist die Richtung der spaltförmigen Abplattung des Lumens bei der Kontraktion lokal unterschiedlich. Diese Richtungen spiegeln den Lagewechsel der Herzteile zueinander beim cardiac looping wider (Abb. 10-53). In der Kammerschleife findet sich nach dem cardiac looping eine nahezu dorsoventrale Richtung der Kontraktion zu einem nahezu frontal gestellten spaltförmigen Lumen, das sich im Conusbereich in die sagittale Ebene richtet. Das bei der Kontraktion sozusagen „bandförmige Lumen" erscheint dadurch verdrillt. Nach der Entstehung des Truncus breitet sich die Kontraktion auch auf diesen aus und zwar so, daß die Verdrillung

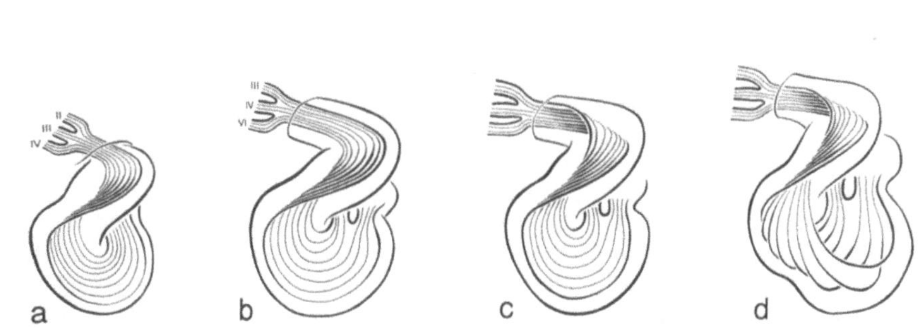

Abb. 10-54a–d. Umordnung der Blutströme im Herzen durch Ausbildung des conotruncalen Knicks und durch Volumenwachstum der Kammern. Zeichnungen nach mikrokinematographischen Filmaufnahmen von Hühnerembryonen vom 3. (a), 4. (b), 5. (c) und 6. (d) Tag der Bebrütung (HH-Stadien 18, 23, 26 und 28). Die Blutströme aus der kleinen Kurvatur gelangen zunächst über die unteren Abschnitte der Ausflußbahn in die unteren Pharyngealbogenarterien **(a und b)**. Nach Ausbildung des cono-truncalen Knicks in der Ausflußbahn wird die Form der Strombahn hier so geändert, daß diese Blutströme nun in die oberen Pharyngealbogenarterien gelangen **(c)**. Sobald mit einsetzendem Wachstum der Ventrikel das Kammerlumen nicht mehr spaltförmig, sondern konzentrisch verengt wird, gelangt der Blutstrom aus der kleinen Kurvatur nicht mehr in den hinteren, sondern in den vorderen Abschnitt des Conus **(d)**.

des Lumenbandes sich in ihm gleichsinnig fortsetzt: Die Kante des Lumenspaltes, die in der Kammer der großen Kurvatur folgt, erreicht über die Vorderseite des Conus die linke und untere Seite des Truncus, die andere Kante verläuft von der kleinen Kurvatur über die Hinterseite des Conus zur rechten und oberen Seite des Truncus (Abb. 10-54).

Die Füllung der Kammer selbst geschieht zum größten Teil passiv durch den Venendruck. Erst gegen Ende der Kammerdilatation, wenn die Kammer schon nahezu mit Blut gefüllt ist, setzt die Vorhofskontraktion ein. Die Füllung der Kammer geschieht zum größten Teil während der Vorhof dilatiert ruht. Die Vorhofskontraktion trägt also nicht wesentlich zur Füllung der Kammer bei.

Am Übergang von Vorhof zum Kammerabschnitt kommt es schon beim schleifenförmigen Herzen zu folgender, für die diastolische Ventrikelfüllung bedeutsamen Erscheinung, die bei erwachsenen Herzen als Ventilebenenbewegung bekannt ist: Bei der Kammerkontraktion wird der AV-Ring in Richtung Kammer bewegt und der Vorhof gedehnt, bei der Kammerdilatation steigt der AV-Ring wieder in Richtung Vorhof, wobei sich die Kammer mit Blut aus dem Vorhof füllt, bis schließlich die Vorhofskontraktion die Kammerfüllung vervollständigt.

Zum Unterschied zu den peristaltisch sich kontrahierenden Herzteilen, in welchen bei der Kontraktion das Lumen blutleer wird, bleibt der Vorhof auch im Zustand maximaler Kontraktion immer noch blutgefüllt, wird also bei seiner Kontraktion nicht vollständig entleert.

Da am Vorhofseingang, am Zufluß der großen Venen, kein Verschlußmechanismus vorhanden ist, fließt bei der Vorhofskontraktion das Blut aus dem Vorhof nicht nur in die Kammer, sondern auch in die Venen zurück. Bei der Kammerkontraktion findet ein Rückstrom durch die AV-Region in das venöse System nicht statt. Er wird durch den vollständigen kontraktilen Verschluß des Lumens im AV-Gebiet verhindert.

10.6.3 Die Strombahn im embryonalen Herzen

Die Durchströmung des embryonalen Kreislaufs und auch des Herzens ist laminar, was angesichts der geringen Größe der Durchmesser des Herzens und der Gefäße bei den vorhandenen Strömungsgeschwindigkeiten zu erwarten ist. Nimmt man für die Strömungsgeschwindigkeit Werte zwischen 2 und 10 mm/sec an, so ergibt sich bei der Größe des Gefäßdurchmessers im embryonalen Herzen eine Reynoldszahl von 0,05–2,0 [Meier 1987] (zum Vergleich: beim Erwachsenen Re = ca. 1000), so daß im embryonalen Kreislauf die Viskosität das Strömungsverhalten bestimmt.

Dieses durch die Viskosität bestimmte, laminare Strömungsverhalten bedeutet, daß eine Vermischung der strömenden Flüssigkeitsteilchen nicht eintritt. Im gesamten Kreislauf des Embryo lassen sich die von einem Ort (Quelle) zu einem anderen Ort (Senke) strömenden Flüssigkeitsteilchen als kontinuierliche Stromfäden (Stromröhren) verfolgen. Durch Markierung von Flüssigkeitsteilchen, z.B. mit Farbstoffen, lassen sich solche Stromfäden direkt sichtbar machen. Stellt man auf diese Weise die Stromfäden im embryonalen Herzen dar [Rychter und Lemež 1961, Yoshida et al. 1983], findet man bestimmte Strömungsmuster der Blutströmung durch das Herz in Abhängigkeit vom jeweiligen Entwicklungsstand [Seidl und Steding 1987] (Abb. 10-54).

Dabei zeigt sich ein Zusammenhang zwischen dem Verlauf der Stromfäden und der Gestalt des Herzlumens, das bei der Kontraktion im Querschnitt abgeflacht wie ein gewundenes Band erscheint. Innerhalb dieses Lumenbandes behalten die Stromfäden ihre relative Lage zueinander bei, so daß in den Gebieten, in welchen das Lumenband gewunden ist, auch die Stromfäden eine gleichsinnige Verwindung umeinander aufweisen.

Nach dem cardiac looping sind die Stromfäden im Gebiet des Conus so angeordnet, daß die am Rande der großen Kurvatur verlaufenden im Conus vorne liegen und die von der kleinen Kurvatur kommenden Stromfäden, die im Conus weiter hinten liegen, von rechts nach links überkreuzen. Dieses Strömungsmuster im Conus ändert sich im Laufe der weiteren Entwicklung nicht mehr wesentlich. In der Kammerschleife verlaufen in dieser Zeit die Stromfäden etwa parallel, wobei die Gebiete der rechten Vorhofsanlage ihr Blut in die Kammer nahe der kleinen, die der linken Vorhofsanlage in die Kammer nahe der großen Kurvatur ergießen.

Auch im Truncus verlaufen die Stromfäden anfangs parallel, so daß das Blut aus der vorderen Conusregion oben im Truncus verläuft und von hier in die oberen Pharyngealbogenarterien gelangt, das Blut aus dem hinteren Conusgebiet im Truncus unten fließt und von hier die unteren Pharyngealbogenarterien erreicht. Erst mit der Ausbildung der Truncusdeformation und der Entstehung der Truncus-Septen kompliziert sich hier der Stromverlauf: Die Verwindung der Stromfäden des Conus setzt sich gleichsinnig im Truncus fort, so daß das Blut aus dem vorderen Conusgebiet im Truncus nach links und unten gelangt und nun die unteren Pharyngealbogenarterien erreicht, während das Blut aus dem hinteren Conusareal über die rechte und obere Seite des Truncuslumens jetzt die oberen Pharyngealbogenarterien versorgt. Der Stromverlauf in der Ausflußbahn (Conotruncus) bleibt von nun an bestehen (Abb. 10-54).

Die Teilung des Lumens durch die Conus- und Truncus-Septen in zwei vollständig getrennte Lumina ändert hieran nichts Wesentliches mehr.

Mit der Ausbildung der eigentlichen Ventrikel aus der Kammerschleife geht in diesem Gebeit die proximo-distale Peristaltik verloren und macht einer synchronen, konzentrischen Kontraktion der Ventrikelanlagen Platz. Mit dieser gestaltlichen und funktionellen Veränderung des Kammeranlagegebietes ist eine Veränderung des Stromverlaufes in dieser Region verbunden: Das Blut aus der rechten Vorhofanlage gelangt jetzt von der kleinen Kurvatur nach rechts vorn in die vordere Conusregion und erreicht damit die unteren (pulmonalen) Pharyngealbogenarterien, wohingegen das Blut aus dem linken Vorhofsgebiet von der großen Kurvatur die hintere Conusregion erreicht und somit in die oberen (systemischen) Pharyngealbogenarterien gelangt (Abb. 10-54). Die Ausbildung des Septum interventriculare zwischen rechter und linker Kammeranlage, die zugleich mit dem Wachstum der Ventrikel eingeleitet wird, ändert an dem vorhandenen Stromverlauf nichts Entscheidendes mehr.

Es kann nicht ausgeschlossen werden, daß das Strombett des Herzens und der Gefäße zumindest teilweise in der Entwicklung seiner Gestalt vom Druck und den Scherkräften der viskösen Strömung beeinflußt wird. Es liegt jedoch bisher kein Anhalt für die Hypothese vor, daß sich die Lage der Septen aus dem Strömungsmuster im Herzen ergebe (sogenannte hämodynamische Theorie der Septierung), und zwar so, daß die Septierung zwischen zwei Blutströmen erfolge [Bremer 1932], die durch eine „seitendruckfreie Zone" [Goerttler 1955] voneinander getrennt seien. Vielmehr ist es naheliegend, daß die jeweiligen Strömungsmuster durch die von den umgebenden Wänden vorgegebenen Randbedingungen bestimmt werden.

10.6.4 Herzleistungen

Durch die rhythmische Kontraktion der Herzanlage werden in ihren ventrikulären Abschnitten Drucke erzeugt, die über denen im arteriellen Gefäßbett liegen. Aufgrund dieses Druckgefälles wird bei jedem Herzschlag eine bestimmte Menge Blutes (Schlagvolumen) in das arterielle Gefäßsystem gepumpt.

Die Pumpleistung embryonaler Herzen ist entsprechend der geringen Herzgröße anfangs sehr klein. Nach Abschluß des cardiac looping beträgt das Schlagvolumen nur ca. 0,1 mm^3. In Anbetracht der geringen Herzgröße (weniger als 1 mg) ist dies eine erstaunliche Leistung. Bis gegen Ende der Septierung beträgt das Schlagvolumen nicht einmal 1 mm^3 bei einem Herzgewicht, das auf etwa das 10fache zugenommen hat (Abb. 10-55a). In dieser Zeit nimmt das Gewicht des ganzen Embryo von ca. 18 mg auf das etwa 15fache zu, so daß das Herz einen zunehmend kleineren Teil des Embryo ausmacht [Clark 1985]. Bei einer Schlagfrequenz von ca. 200/min beträgt das Herzzeitvolumen in der genannten Entwicklungszeit somit ca. 20–200 mm^3/min.

Das Schlagvolumen ist im normalerweise vorkommenden Schlagfrequenzbereich des Herzens nicht von der Schlagfrequenz abhängig. Die Füllungszeit genügt also, um jeweils eine komplette Füllung des leeren Ventrikels zu erzielen [Faber et al. 1974]. Durch Verlängerung der Diastole ist eine erhöhte Ventrikelfüllung nicht zu erreichen, wohl aber durch eine Erhöhung des Venendrucks (siehe unten).

Blutdruck: Unabhängig davon, ob sich die Herzanlage peristaltisch kontrahiert oder nach Ausbildung eines Klappensystems mit einem Ventilmechanismus arbeitet, werden pulsatorisch Druckänderungen und damit entsprechend Strömungen erzeugt. Im Ventrikel der Herzanlage schwanken dabei die erzeugten Drucke zwischen nahezu 0 (diastolisch) und ihrem Maximalwert (systolisch). Dagegen sinkt im arteriellen System der Druck auch bei der Erschlaffung des Ventrikels nicht auf den diastolischen Ventrikeldruck ab: Im embryonalen Arteriensystem herrscht ein diastolischer Blutdruck, der etwa die Hälfte des Wertes ausmacht, der bei der Kontraktion des Ventrikels erreicht wird (systolischer Blutdruck). Entsprechend der geringen Herzgröße und dem geringen Schlagvolumen sind die arteriellen Drucke sehr niedrig, bis zum Abschluß der Septierung systolisch kaum über 3 mmHg, diastolisch 1,5 mmHg; sie steigen in der Fetalzeit dann aber stark an [Van Mierop 1970, Clark 1985] (Abb. 10-55b).

Die Tatsache, daß der diastolische arterielle Druck wesentlich über dem des diastolischen Ventrikeldruckes liegt, ist eine Folge des elastischen Verhaltens der peripheren Gefäße. Wären die Gefäße undehnbar, müßte mit jedem Herzschlag der Inhalt des Gefäßsystems geradezu ruckweise befördert werden, die Drucke würden zwischen 0 und hohen Werten pendeln bei entsprechend niedrigem Wirkungsgrad [Gauer 1960]. Durch die elastischen Eigenschaften der Gefäße werden somit Druck- und Stromschwankungen geglättet (Abb. 10-55c). So funktioniert also auch schon in der frühen Embryonalzeit das Gefäßsystem im Sinne eines „Windkessels", dessen Bedeutung für die Herzökonomie von E. H. Weber und W. Weber schon im letzten Jahrhundert erkannt wurde.

Im venösen System sind die Drucke niedriger als in den arteriellen Gefäßen. Im Ductus Cuvieri werden am Ende des cardiac looping Drucke unter 0,5 mmHg gemessen [Faber 1968], Drucke, wie sie auch in der

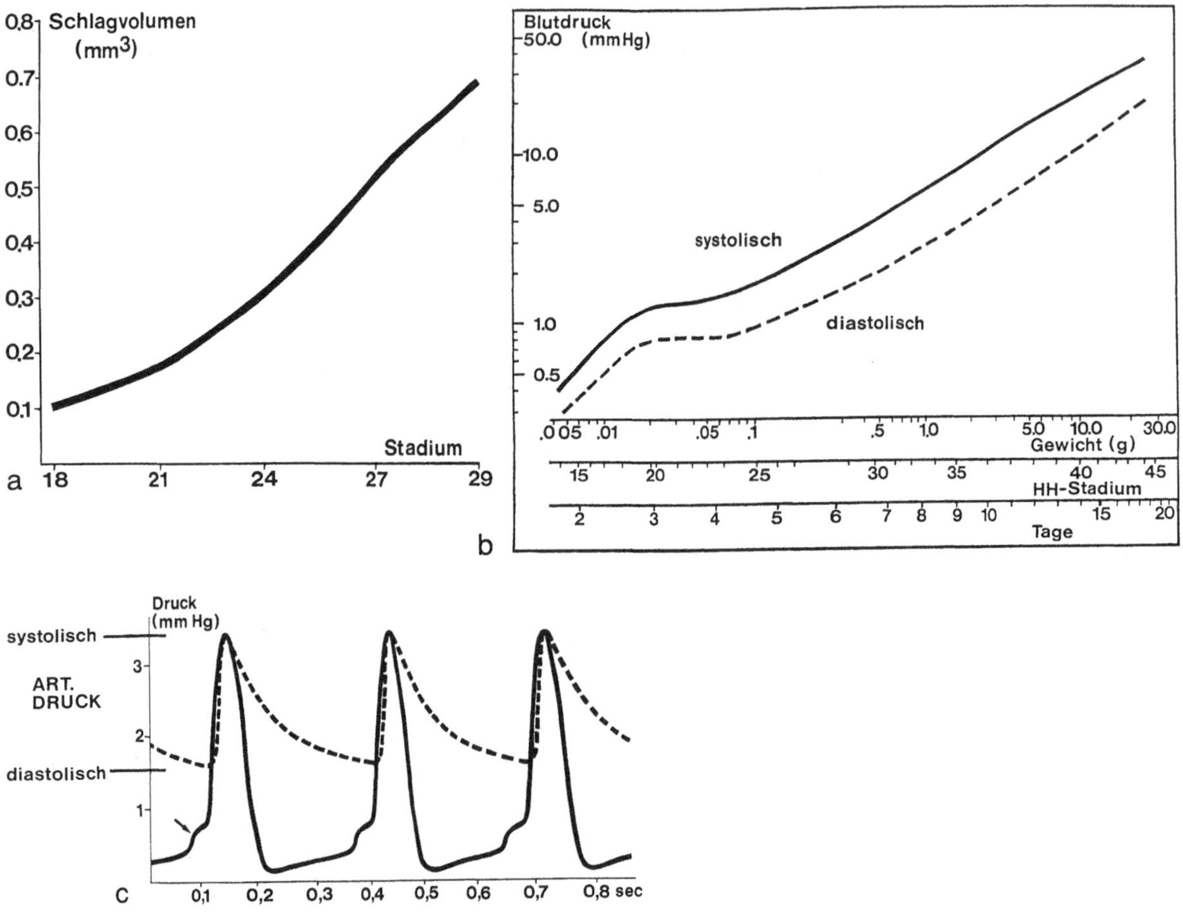

Abb. 10-55a–e. Entwicklung der Herzleistungen des Hühnerembryo.
a) Entwicklung des Schlagvolumens. Hühnerembryonen vom 3. bis zum 6. Tage der Bebrütung (HH-Stadien 18–29). [Nach: Clark 1985].
b) Entwicklung des Blutdrucks in der A. vitellina des Hühnerembryo. [Nach: Van Mierop 1970].
c) Verlauf des Ventrikeldrucks (ausgezogene Linie) und des arteriellen Blutdrucks (gestrichelte Linie) bei Hühnerembryonen vom 5. Tage der Bebrütung. [Nach: Van Mierop 1970]. Der Pfeil bezeichnet die Vorhofkontraktion. Obwohl noch keine elastischen Fasern nachzuweisen sind, ist eine Windkesselfunktion des Gefäßbetts deutlich.

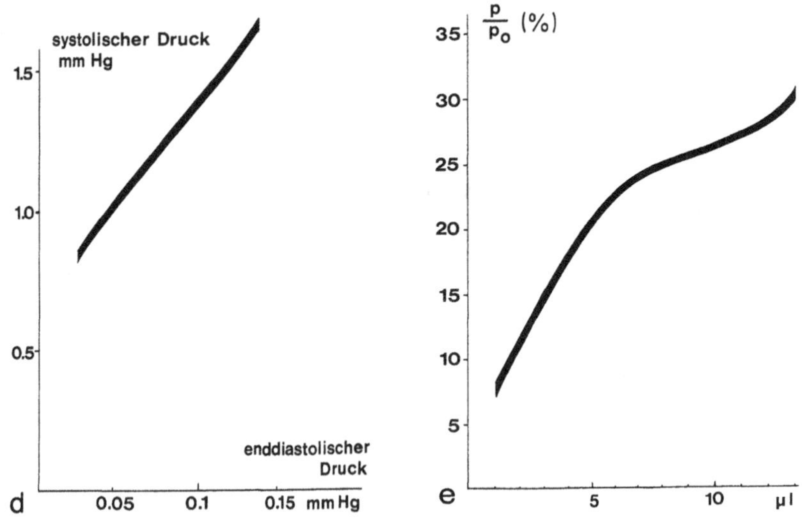

d) und e) Abhängigkeit der Kontraktilität des Herzens vom Füllungsdruck (enddiastolischer Druck), Frank-Starling-Mechanismus
d) Wird die Entleerung des Herzens in der Systole experimentell verhindert, steigt mit jedem Herzschlag der systolische Druck stärker an als der enddiastolische Druck. [Nach: Van Mierop 1970].
e) Gleiche Wirkung zeigt eine Erhöhung des Füllungsdruckes durch experimentelle Injektion isotoner Lösung in die venöse Peripherie. Der Frank-Starling-Mechanismus ist beim noch nicht innervierten Herzen des Embryo praktisch der einzige Mechanismus zur Regelung der Herzleistung.
[Nach: Faber 1968]

Füllungsphase des Ventrikels gefunden werden. Da zwischen Vorhof und Venensystem kein Verschlußmechanismus existiert, steigt hier der Druck mit der Kontraktion des Vorhofs wie in diesem etwas an, was sich auch in einer kurzzeitigen Umkehr der Stromrichtung in den Venen ausdrückt. Dagegen wirkt sich die Kammerkontraktion nicht auf den Druckverlauf in Vorhof und Venen aus. Auch bei peristaltischer Kontraktion ist der Verschluß der Kammerschleife gegen den Vorhof vollständig [Faber 1968].

Die systolischen Ventrikeldrucke sind geringfügig höher als die arteriellen Drucke, was durch einen Druckabfall im System der Pharyngealbogenarterien bedingt ist [Clark 1985]. Der diastolische Ventrikeldruck liegt fast bei 0 und steigt dann während der Ventrikelfüllung auf die Höhe des Vorhofdrucks, um mit der Vorhofskontraktion nochmals ein wenig anzusteigen [Van Mierop 1970] (Abb. 10-55c). Es findet sich keine Auswirkung nachgeschalteter Teile (Ausflußbahn und arterielles System) auf den Ventrikel. Die Tatsache, daß der Ventrikeldruck unter den diastolischen arteriellen Druck bis auf nahezu 0 absinkt, zeigt, daß auch bei peristaltischer Kontraktion der Verschluß des Ventrikels gegen das arterielle System durch die Kontraktion der Ausflußbahn suffizient ist.

Für eine **Regulation von Blutdruck und Herzminutenvolumen** gibt es Mechanismen der sogenannten extracardialen (neurovegetativen und humoralen) und intracardialen Regulation (natürliche Grundeigenschaften der Herzmuskulatur selbst). Vor dem Einsetzen der vegetativen Innervation und vor der Verfügbarkeit herzwirksamer Hormone wird die Regulation der Herzarbeit beim jungen Embryo ausschließlich durch intracardiale Mechanismen bestimmt.

Intracardiale Regulation: Als Frank-Starling-Mechanismus wird nach seinen Beschreibern [Starling 1920] ein intracardialer Regulationsmechanismus bezeichnet, der darin besteht, daß Druckentwicklung und Schlagvolumen des Herzens von dessen diastolischer Vordehnung abhängen. Im embryonalen Herzen läßt sich ein solcher Frank-Starling-Mechanismus der intracardialen Regulation nachweisen: Erhöht man die diastolische Füllung (preload) des embryonalen Herzens dadurch, daß man das Blutvolumen durch Infusion isotoner Flüssigkeit vermehrt, steigen Schlagvolumen und arterieller Druck bedeutend an (Abb. 10-55e) [Faber et al. 1974, Wagman und Clark 1985]. Ein anderer Weg, die diastolische Vordehnung zu erhöhen, besteht in einer Erhöhung des Widerstandes am arteriellen Herzende (Druckbelastung, afterload): Ein experimenteller Verschluß der Ausflußbahn führt zu rein isovolumetrischer Kontraktion, wobei also kein Volumen ausgeworfen wird und dadurch die diastolische Herzfüllung und der diastolische Ventrikeldruck zunehmen. In der Systole führt dies zu einem unverhältnismäßig höheren Druckanstieg im Ventrikel, der sich stufenweise mit der jeweils zunehmenden Vordehnung entwickelt (Abb. 10-55d) [Faber 1968]. Dies zeigt, daß das embryonale Herz als initialen Kontrollmechanismus der Zirkulation eine solche intracardiale Regulation besitzt. Mit fortschreitender Entwicklung und dem Einsetzen extracardialer regulierender Mechanismen, insbesondere der vegetativen Innervation, tritt dieser Regulationsmechanismus in den Hintergrund.

Langdauernde Belastungsänderungen nehmen Einfluß auf das Herzwachstum im Sinne einer sogenannten „funktionellen Anpassung“: Erhöht man bei jungen Embryonen den Strömungswiderstand am arteriellen Herzende und damit die Druckbelastung des Ventrikels dauernd, führt dies zu einer gegenüber dem Normalen gesteigerten Zunahme des Herzgewichtes bis etwa auf das Doppelte [Clark 1985].

Extracardiale Regulation: Als extracardiale Regulationsmechanismen wirken in erster Linie die parasympathische Innervation des Herzens mit der Ausschüttung cholinerger Substanzen sowie die von den sympathischen Herznerven und dem Nebennierenmark bereitgestellten adrenergen Substanzen. Dabei bewirken cholinerge Stoffe eine Verminderung der Herzfrequenz (negativ chronotrope Wirkung), adrenerge Substanzen eine Frequenzsteigerung (positiv chronotrope Wirkung) und eine Steigerung des Kontraktionsvermögens (positiv inotrope Wirkung).

Solange in der frühen Embryonalzeit eine Herzinnervation und ein funktionsfähiges sympathico-adrenerges System noch nicht ausgebildet ist, findet sich also noch keine extracardiale Beeinflussung der Herztätigkeit. Eine Übertragung cholinerger Substanzen setzt ebenso wie die adrenerger Substanzen wesentlich später ein als Fasern der entsprechenden Nerven im Herzen nachweisbar werden [Abel 1913, Romanoff 1960; etwa Stadium 17 beim Menschen: Gardner und O'Rahilly 1976]. Allerdings nimmt die Sensibilität für cholinerge bzw. adrenerge Substanzen schon vor Einsetzen der neuralen Übertragung zu, so daß das fetale Herz, obwohl von den vegetativen Nerven noch unabhängig, zunehmend auf Acetylcholin respektive adrenerge Substanzen reagiert [Pappano 1975].

10.7 Entwicklung der herznahen Gefäße

Die ersten Anlagen von Blutbildungsherden und Gefäßen entstehen *extraembryonal.* Bereits im STADIUM 6, das etwa den 13.–15. Tag umfaßt, lassen sich im Haftstiel, im Chorionmesoderm und in den Zotten Gefäße und im Dottersackmesenchym Blutbildungsherde finden. Im STADIUM 7 (15.–17. Tag) sind dann im Dottersack, vornehmlich an seinem caudal-lateralen Umfang, von Endothel abgegrenzte Gefäßplexus entstanden.

Gleichzeitig mit der Entstehung des tubulären Herzens beginnt etwa im STADIUM 8 (17.–19. Tag) auch die Ausbildung der ersten *intraembryonalen* Gefäße.

10.7.1 Erste embryonale Gefäße

Zunächst entstehen paramedian neben der Chorda dorsalis die dorsalen Aorten. Sie entwickeln sich lokal aus isolierten Gefäßinseln, die zu Plexus confluieren, aus denen sich dann das einheitliche Strombett der zunächst paarigen dorsalen Aorten bildet. Erst etwa im STADIUM 9 (19.–21. Tag) erhalten sie caudal Anschluß an die Aa. umbilicales über einen Gefäßplexus am caudal-lateralen Umfang des Dottersakkes, der auch mit den Dottersackgefäßen verbunden wird (Abb. 10-56). Cranial erhalten die dorsalen Aorten über die erste Pharyngealbogenarterie Anschluß an die Ausflußbahn des Herzens.

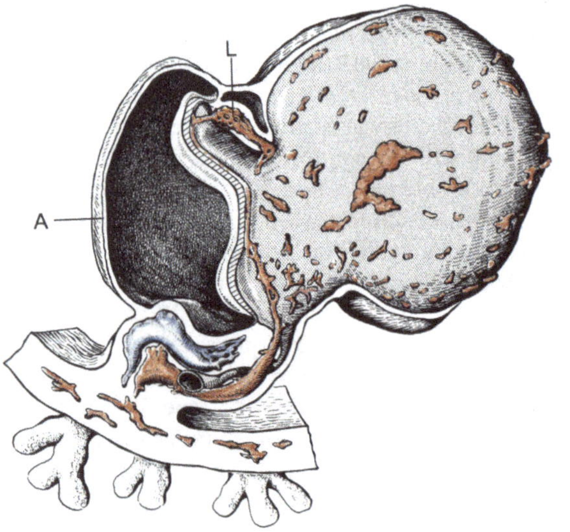

Abb. 10-56. Schematische Darstellung der frühen embryonalen und extraembryonalen Gefäße eines menschlichen Embryo von 1,38 mm Länge, STADIUM 9. [Nach: Ingalls 1920]. Der rechte Umfang des Ektoderm des Embryo (schraffiert) sowie des Amnion (A = Schnittrand des Amnion) sind entfernt. Die basale Oberfläche des embryonalen Endoderm und des extraembryonalen Dottersackendoderm sind gepunktet. Im Haftstiel ist die rechte Nabelarterie sowie die noch blind endende Nabelvene ausgebildet. In den Chorionzotten sind nur erst isolierte Gefäßinseln entstanden. Die rechte Nabelarterie setzt sich innerhalb des Embryo in die rechte der paarigen Aorten fort. Das Herzlumen (L) ist in der späten plexiformen Phase. Seine Ausflußbahn wird von der ersten Pharyngealbogenarterie gebildet. Die Aorta ist noch nicht auf ganzer Länge durchgängig. Die Einflußbahn des Herzens hat noch keine erkennbaren Verbindungen zur Nabelvene oder zu den Dottersackgefäßen. Die noch weitgehend isolierten Gefäßinseln des Dottersacks, die sich am oberen Umfang überwiegend zu Venen, am unteren überwiegend zu Arterien entwickeln, sind noch nicht mit Nabelarterien oder Herz verbunden.

▸

Abb. 10-57a–f. Entwicklung der Nabelvenen.
a) menschlicher Embryo von 2,4 mm. [Nach: Heuser 1930].
b)–f) Zeichnungen nach Rekonstruktionen der Sammlung Blechschmidt. Menschliche Embryonen von 2,5 (b), 4,2 (c), 6,3 (d), 10 (e) und 17,5 mm (f). Dargestellt sind außer den Venen (blau) die Wände der Leibeshöhlen. Die freie Oberfläche der Serosa ist grünlich, die der Körperwand angrenzende Basalseite der Serosa ist ockerfarben getönt. Das Mesenchym am Schnittrand des Ductus omphaloentericus und der Nabelschnur ist gepunktet. A = Anastomosen der Nabelvene mit dem Leber-Sinus; Cc = V. cardinalis communis; Ci = V. cardinalis inferior (postcard.); Cs = V. cardinalis superior (praecard.); DE = viscerale Serosa des Dottersackstiels mit Darmschlinge; DS = viscerale Serosa des Dottersackstiels; F = Lig. falciforme hepatis; L = Leberwulst; P = Pericard; St = Septum transversum; Sv = Sinus venosus; Vh = Lebervenen bzw. V. cava inferior; Vu = Nabelvene.
a) Vom Haftstiel gelangt die Nabelvene in die Körperwand (Somatopleura). Oberhalb der Coelompforte (Z) gelangt sie über das Septum transversum an den Sinus venosus.
b) An der Pars affixa der Leber (pa) münden die Lebervenen in den Sinus venosus. Die Nabelvene mündet immer noch direkt im Sinus venosus.
c) Unterhalb des Leberwulstes entstehen Anastomosen zwischen der Nabelvene und Lebersinus (A), so daß nun das Blut aus der Nabelvene auf zwei Wegen fließt: auf dem ursprünglichen Weg direkt in den Sinus venosus und in den neu entstandenen Anastomosen auf dem Umweg über die Leber.
d) Die Verbindungen der Nabelvene mit den Lebervenen sind zu einer mächtigen Vene geworden, der in der Körperwand in Höhe des Leberwulstes gelegene Abschnitt der Nabelvene obliteriert.
e) Der obere Teil der in der Körperwand gelegenen Nabelvene ist vollständig zurückgebildet, so daß das gesamte Blut aus der Nabelvene nun über die Leber zum Herzen gelangt. Infolge der Abfaltung der embryonalen Körperwand ist die Lagebeziehung der Nabelvene zur Körperwand nicht mehr ohne weiteres zu erkennen.
f) Endzustand: Die Nabelvene erreicht aus dem Mesenchym der Nabelschnur die Leber über das Lig. falciforme hepatis (F).

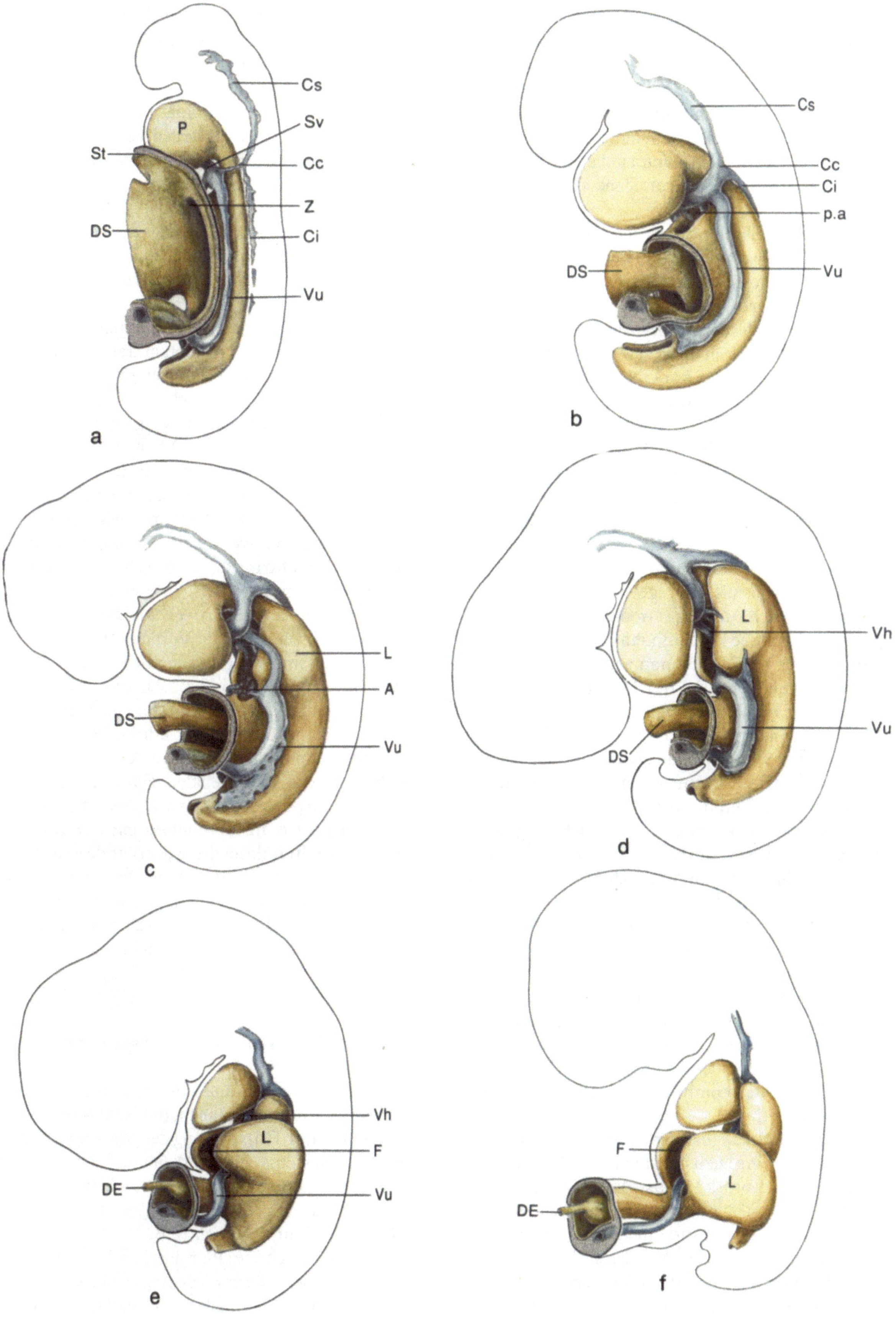
Cs
P
Sv
St
Cc
Z
DS
Ci
Vu
a
Cs
Cc
Ci
p.a
DS
Vu
b
L
A
DS
Vu
c
L
Vh
Vu
DS
d
Vh
L
F
DE
Vu
e
F
L
DE
f

Auch die Einflußbahn des Herzens, repräsentiert durch die in den Schenkeln der Darmpforte gelegenen Gefäße, ist bis zum STADIUM 9 ohne Verbindung zu den peripheren Venen. Erst im Verlauf dieser Entwicklungsphase entsteht der Anschluß einmal an die Gefäße des Dottersacks, zum anderen an die Vv. umbilicales und schließlich auch an die ersten intraembryonalen Venen im engeren Sinne, die Vv. cardinales.

Die Vv. umbilicales entstehen im STADIUM 9 zunächst lokal isoliert in der äußeren Körperwand, der Somatopleura, ohne primär Verbindungen zu dem im Haftstiel entstandenen venösen Plexus (Anlage der unpaaren V. umbilicalis) oder zum Herzen zu haben. Sie entwickeln sich in dem noch nicht abgefalteten Abschnitt des Rumpfes am Übergang der embryonalen Körperwand in das Amnion. Sie entstehen unmittelbar unter dem Serosaepithel und erhalten dort, wo die intraembryonale Serosa der Körperwand (Somatopleura) in die extraembryonale Serosa des Haftstiels übergeht, Anschluß an den unpaaren Venenplexus der extraembryonalen V. umbilicalis (Abb. 10-56, 10-57a).

Die Umbilicalvenen entstehen primär in der Körperwand (Somatopleura), gewinnen aber an ihren cranialen Enden Anschluß an die in der Splanchnopleura entstandene Einflußbahn des Herzens. Dieser Übertritt der Umbilicalvenen aus der dorsalen Körperwand in die Schenkel der Darmpforte (Abb. 10-57a, b) wird dadurch ermöglicht, daß die subserösen Bindegewebskörper der Somato- und der Splanchnopleura in den Schenkeln der Darmpforte miteinander und am Dach der Darmpforte mit denen der anderen Körperseite in Verbindung stehen. Begrenzt wird diese Region des medianen, unpaaren Bindegewebskörpers nach cranial durch die Serosa am Boden der Pericardhöhle, nach caudal durch das Endoderm der Darmpforte und nach lateral durch die extraembryonale Serosa, die lateral des Coelomganges liegt. Der zentrale Teil dieses Bindegewebskörpers ist das Septum transversum.

Somit wird verständlich, wieso die in der Körperwand und in der Dottersackwand subserös entstehenden Gefäßinseln der Umbilicalvenen und der Dottersackvenen hier zu einem einheitlichen Gefäßstamm, dem Truncus vitello-umbilicalis der älteren Literatur, confluieren.

In dem Bindegewebskörper des Septum transversum entstehen in seinen dorsalen Schenkeln schon zu Beginn des STADIUM 11 aus confluierenden Gefäßinseln venöse Stämme, die aus den cranialen Abschnitten der Körperwand zur Einflußbahn des Herzens führen, die späteren Vv. cardinales communes, über die das Blut aus den dorsalen Regionen der Körperwand, zunächst hauptsächlich der Anlage des zentralen Nervensystems, zu dem in der Splanchnopleura gelegenen Einflußteil des Herzens gelangt.

Im STADIUM 11 entstehen dann die eigentlichen embryonalen Hauptstämme der Venen, die Vv. cardinales. Die Vv. praecardinales (auch „primitive Kopfvenen" genannt) entstehen zuerst cranial des Septum transversum, lateral von Gehirn und Rückenmark aus isolierten Gefäßinseln. Etwas später, etwa im STADIUM 12, entstehen dann auch von cranial nach caudal an der lateralen Basis des Urnierenwulstes die Vv. postcardinales, die das Blut aus der unteren Körperhälfte über die Vv. cardinales communes zum Herzen führen (Abb. 10-57).

Da die topographischen Beziehungen der primitiven Venen, die über das Septum transversum zum Herzen gelangen, von Wichtigkeit sind für ein Verständnis der späteren Entwicklung, sollen die Verhältnisse an der Einflußbahn, wie sie bei einem Embryo am Ende des STADIUM 12 entwickelt sind, im folgenden genauer dargestellt werden.

Der Einflußteil des Herzens ist bis zum Ende der 3. Woche (STADIUM 11) im Septum transversum oberhalb der Darmpforte verankert. Die paarigen, in den Schenkeln der Darmpforte liegenden, zuleitenden Gefäße entsprechen weder den Vorhöfen noch den Kammern noch dem Sinus venosus. Solange weder der Sinus venosus noch die Vorhöfe von den zuführenden Venen eindeutig abgegrenzt werden können, ist dies die (primitive) Einflußbahn des Herzens.

Da diese Einflußbahn des Herzens im Mesenchym des Septum transversum liegt, erhalten zunächst die im Dottersackmesenchym liegenden Dottervenen Anschluß an die Einflußbahn. Ferner steht dieser Mesenchymkörper des Septum transversum cranial der Coelompforte in Verbindung mit der Somatopleura. So erhalten dann die in der lateralen caudalen Körperwand liegende V. umbilicalis, später auch über die V. cardinalis communis die in den dorsalen Abschnitten der Körperwand liegenden Vv. praecardinales et postcardinales Anschluß an die Einflußbahn des Herzens (Abbildung 10-57b).

10.7.2 Entstehung der Pharyngealbogenarterien

Die ersten großen Stämme der Arterien und Venen des Embryo entstehen annähernd rechts-links symmetrisch. Bei der Entwicklung des primär symmetrischen Gefäßsystems zu dem definitiven Zustand mit seinen auffälligen Asymmetrien der Arterien (z.B. unpaare Aorta, linker Aortenbogen, Truncus brachiocephalicus) und Venen (z.B. V. brachiocephalica, unpaare Vv. cavae, Pfortaderkreislauf) sind eine Reihe sehr verschiedener Vorgänge von Bedeutung: Fusion paariger Gefäßanlagen zu einem unpaaren

Gefäß (Aorta dorsalis); Reduzierung oder sogar Rückbildung von Gefäßen als Folge abnehmender Durchströmung, entweder infolge von Ausbildung neuer Strombahnen (extrahepatischer Abschnitt der Umbilicalvenen, Vv. cardinales) oder infolge abnehmender Druckgradienten bei Anastomosen (Abschnitte der dorsalen Aorten zwischen Pharyngealbogenarterien); die Aufteilung einheitlicher Gefäße durch Vorwachsen von intraarteriellen Septen (Unterteilung des Saccus aorticus in Truncus pulmonalis und Aorta, Sonderung der Abgänge des Truncus brachiocephalicus und der linksseitigen A. carotis communis und A. subclavia).

Die Ausflußbahn des Herzens wird mit den paarigen dorsalen Aorten durch paarige Gefäße verbunden, die von ihrem Ursprung aus der Ausflußbahn ventral des Vorderdarmes diesen etwa senkrecht zu seiner Längsachse nach dorsal kreuzen, wo sie dann in die dorsalen Aorten münden (Abb. 10-58a). Sie entstehen in den Bindegewebskörpern, die innen vom Endoderm des Vorderdarmes, außen von lateralem Halsektoderm der Pharyngealbögen begrenzt sind. Die Bildung der Pharyngealbögen beginnt unterhalb der Buccopharyngealmembran mit Bildung der ersten Pharyngealbogenfurche. Dann erst wölbt sich das Ektoderm zwischen seinen endodermalen Kontaktstellen an Buccopharyngealmembran und erster Pharyngealbogenfurche zum ersten Pharyngealbogen auf. Dabei entsteht im Inneren dieses Bindegewebskörpers, unmittelbar dem Endoderm anliegend, die erste Pharyngealbogenarterie. Nachdem sich die zweite Pharyngealbogenfurche ausgebildet hat und im STADIUM 10 das Hochrelief des zweiten Pharyngealbogens entsteht, bildet sich darin die zweite Pharyngealbogenarterie als weitere Querverbindung zwischen Ausflußbahn des Herzens und dorsaler Aorta aus (Abb. 10-58b).

Etwa im STADIUM 12 beginnt die erste Pharyngealbogenarterie dünner zu werden und geht in einem kapillären Plexus auf, während sich gleichzeitig die dritte Pharyngealbogenarterie im dritten Pharyngealbogen ausbildet. Im STADIUM 13 ist dann die erste Pharyngealbogenarterie erheblich dünner oder auch schon vollständig rückgebildet, auch die zweite Pharyngealbogenarterie ist dünner geworden. Im sich aufwölbendem vierten Pharyngealbogen entsteht die vierte Pharyngealbogenarterie (Abb. 10-58c).

Im STADIUM 14 sind die erste und zweite Pharyngealbogenarterie vollständig rückgebildet, die dritte und vierte Pharyngealbogenarterie sind kräftig ausgebildet, jetzt entsteht auch die letzte, die sogenannte sechste Pharyngealbogenarterie (Abb. 10-58d).

In dieser ersten Phase der Umgestaltungen der Pharyngealbogenarterien entspringen aus dem Saccus aorticus, von oben nach unten fortschreitend, paarige Verbindungen zu den dorsalen Aorten. Während caudal neue Arterien entstehen, bilden sich die beiden oberen Pharyngealbogenarterien zurück, so daß schließlich nur noch die dritte, vierte und sechste erhalten bleiben.

Die genaue Art und Weise, in der sich dieser „Gefäßkorb der Aorta“ [Blechschmidt 1961] ausbildet, ob durch Endothelsprossungen vom Saccus aorticus und bzw. oder den dorsalen Aorten, oder ob sich die Pharyngealbogenarterien aus isolierten und dann confluierenden angioblastischen Inseln bilden, ist im einzelnen unbekannt. Jedoch ist sicher, daß dem Auftreten des einheitlichen Gefäßstammes eine Phase vorangeht, in der die Pharyngealbogenarterien eine plexiforme Gestalt haben, so daß vermutet werden darf, daß auch diese Gefäße sich aus lokal entstandenen Gefäßinseln entwickeln.

Die sechste Pharyngealbogenarterie, die pulmonale, entsteht nach einem etwas anderem Modus als die übrigen. Dieser Bogen entwickelt sich aus Gefäßplexus, die die Ausflußbahn mit dem Gefäßplexus der Lungenanlage [Congdon 1922] und diesen mit der dorsalen Aorta verbinden [Rammos et al. 1987]. Erst durch die Verbindung des ventralen Plexus mit dem dorsalen, der aus mehreren Ästchen der dorsalen Aorta gespeist wird, entsteht dann der einheitliche Stamm der sechsten Pharyngealbogenarterie. Die A. pulmonalis entsteht also nicht als Ast der sechsten Pharyngealbogenarterie, sondern diese als Verbindung zwischen primären Lungengefäßen und dem dorsalen, von der Aorta ausgehenden Plexus. Der Ductus arteriosus, der zwischen Abgang der A. pulmonalis und dorsaler Aorta gelegene Abschnitt der sechsten Pharyngealbogenarterie, entsteht aus dem dorsalen, von der Aorta ausgehenden Plexus (Abb. 10-59). Diese Auffassung des Ductus arteriosus als relativ eigenständige Verbindung zwischen primären Lungengefäßen und dorsaler Aorta macht seine strukturellen und funktionellen Besonderheiten verständlicher. Von praktischem Interesse ist diese Bildungsweise im Zusammenhang mit der Interpretation der formalen Genese der sogenannten pulmonalen-systemischen Kollateralen bei Atresie des T. pulmonalis oder des Ductus arteriosus.

Von Interesse sind die Besonderheiten bei der Bildung der sechsten Pharyngealbogenarterie auch für das alte Problem einer fünften Pharyngealbogenarterie. Von einer Reihe von Autoren ist ein zwischen der vierten und sechsten Pharyngealbogenarterie gelegenes Gefäß beschrieben worden [Zimmermann 1889, Locy 1907, Tandler 1909, Golub 1929], dessen Interpretation als „echte“ Pharyngealbogenarterie heute allgemein abgelehnt wird. Diese Arterie soll später als die sechste entstehen [Tandler 1909] und ist nur für sehr kurze Zeit nachweisbar. Ihre Entstehung wurde auf „Inselbildung“, d.h. auf eine Aufteilung der sechsten Arterie zurückgeführt oder im Zusammenhang mit der Ausbildung des dorsalen Divertikels der vierten Pharyngealbogentasche gesehen. Die sehr variablen Lagebeziehungen dieser Arterie

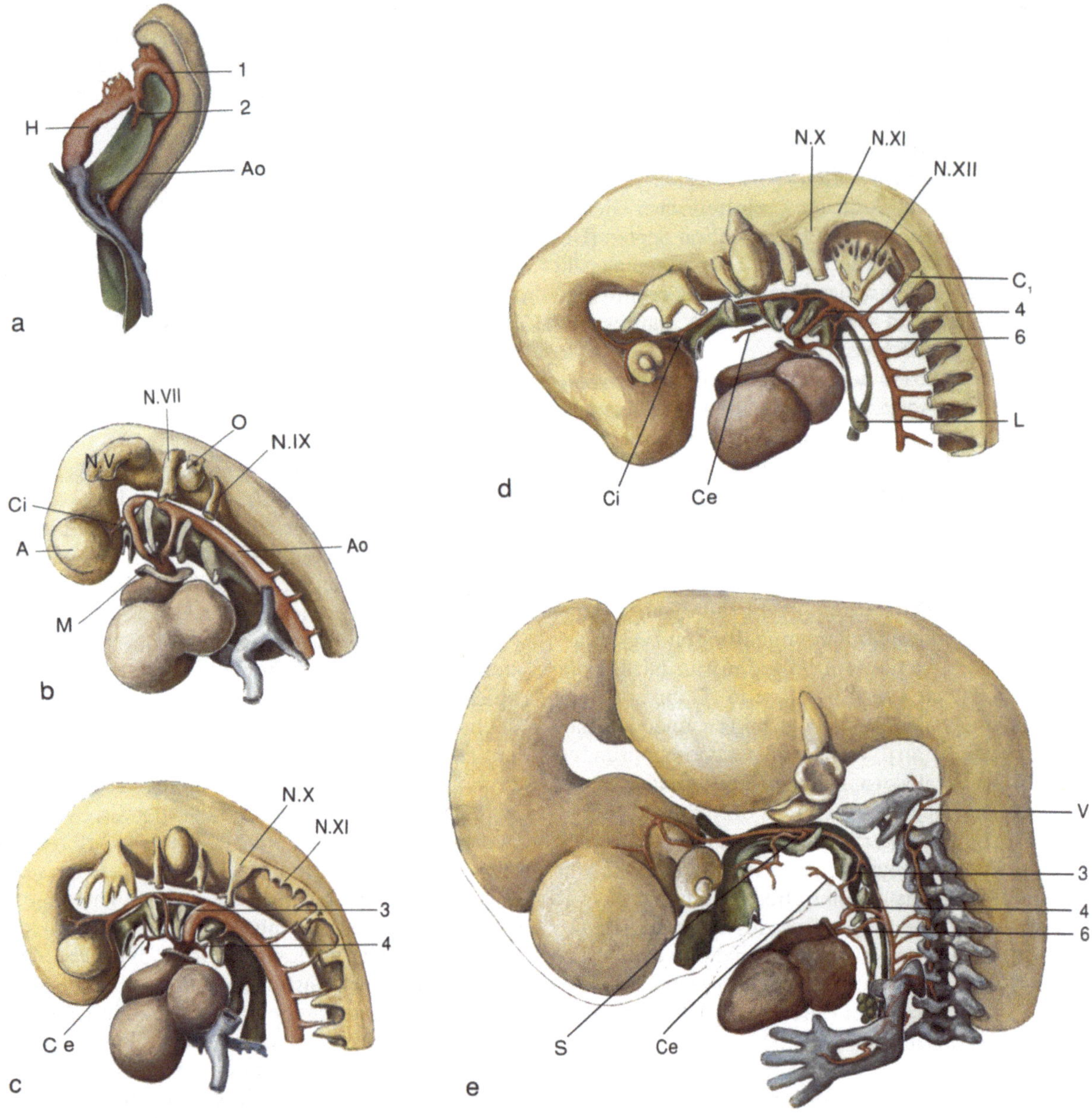

Abb. 10-58a–e. Entwicklung der Pharyngealbogenarterien.
a) menschlicher Embryo von 2 mm, 8 Somiten, STADIUM 10. 37 : 1. [Nach: Payne 1925].
b)–e) Zeichnungen von Rekonstruktionen der Sammlung Blechschmidt. Menschliche Embryonen von 2,5 (b, 29 : 1), 4,2 (c, 18 : 1), 6,3 (d, 14 : 1) und 10 (e, 11 : 1) mm.
a) Die erste Pharyngealbogenarterie ist ausgebildet, die zweite bildet sich als Ast aus dem Saccus aorticus.
b) Die beiden ersten Pharyngealbogenarterien sind ausgebildet.
c) Die erste Pharyngealbogenarterie ist zurückgebildet, die zweite schon dünner geworden, die vierte ist noch nicht durchgehend ausgebildet.
d) Von der zweiten Pharyngealbogenarterie ist nur noch ein dorsaler blind endender Rest vorhanden, die dritte, vierte und sechste Pharyngealbogenarterie sind ausgebildet. Die A. pulmonalis ist entstanden. Die Verzweigungen an der vierten und sechsten Arterie sind möglicherweise die Reste eines primären Plexus.
e) Die dorsale Aorta zwischen dritter und vierter Pharyngealbogenarterie (Ductus caroticus) ist bereits unterbrochen. Das Versorgungsgebiet der A. maxillaris wird noch aus der A. carotis interna gespeist. 1–6 = Erste bis sechste Pharyngealbogenarterie; A = Augenblase; Ao = Aorta dorsalis; C_1 = 1. cervicales Spinalganglion; Ce = A. carotis ext.; Ci = A. carotis int.; H = Herzlumen; L = Lungenanlage; M = arterielles Meso (Schnittrand des Pericard am Übergang in das Epicard); N. V = N. trigeminus; N. VII = N. facialis; N. IX = N. glossopharyngeus; N. X = N. vagus; N. XI = N. accessorius; N. XII = N. hypoglossus; O = Ohrblase; S = A. stapedia; V = A. vertebralis

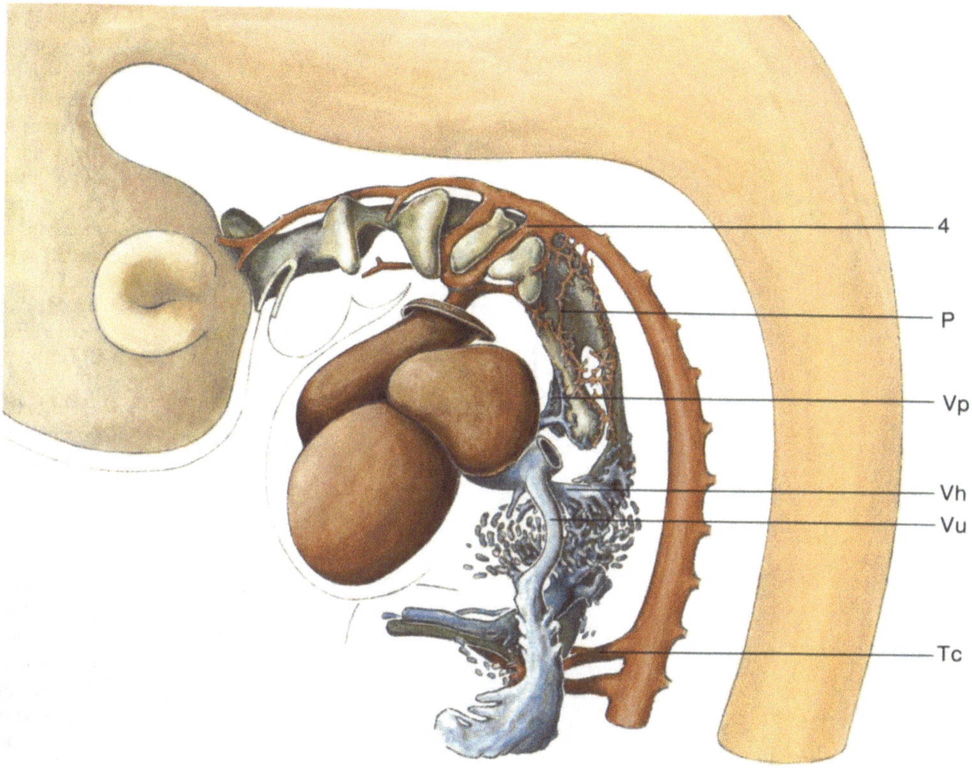

Abb. 10-59. Entwicklung der Lungenarterien. Menschlicher Embryo von etwa 5 mm Länge. [Nach Congdon 1922 und Rammos et al. 1987]. Die sechste Pharyngealbogenarterie ist noch nicht durchgehend ausgebildet. Der die Lungen und den Oesophagus versorgende Plexus wird aus unterhalb des Ductus arteriosus liegenden ventralen Ästen der Aorta dorsalis gespeist. Aus diesem noch einheitlichen Plexus bestehen venöse Verbindungen nicht nur zu den Lungenvenen, sondern auch zu infradiaphragmatischen Venen, aus denen sich bei Erhaltenbleiben die abnormen subdiaphragmatischen Drainagen der Lungenvenen ausbilden. P = Primärer Lungen-Plexus; Tc = Truncus coeliacus; Vh = Lebervenen; Vu = Nabelvene; Vp = Vv. pulmonales. Andere Abkürzungen wie in Abb. 10-58.

lassen jedoch auch vermuten, daß diese „fünfte" Pharyngealbogenarterie als nur vorübergehend selbständiger Gefäßstamm aus den oben erwähnten Lungen- und Ductus-Plexus herausgebildet wird.

10.7.3 Die Umgestaltung des pharyngealen Gefäßkorbes

Die Phase der Umgestaltung des pharyngealen Gefäßkorbes beginnt im Stadium 16 bei Embryonen von etwa 11–12 mm Länge. Diese Umgestaltungen erfolgen durch Obliterationen bestimmter Gefäßabschnitte und sind durch Lageänderungen der Arterien im Sinne eines Descensus charakterisiert.

Im Stadium 16 wird zunächst der zwischen Abgang der A. pulmonalis dextra und dorsaler rechter Aorta gelegene Abschnitt der sechsten Pharyngealbogenarterie zurückgebildet, dann im Stadium 17 die zwischen den Einmündungen der dritten und vierten Pharyngealbogenarterien gelegenen Abschnitte der rechten und linken dorsalen Aorten, und schließlich obliteriert im Stadium 18 auch die rechte dorsale Aorta distal des Abgangs der A. subclavia dextra bis zu ihrem Zusammenfluß mit der linken paarigen Aorta (Abb. 10-60).

Als Resultat dieser Obliterationsprozesse entsteht im Zusammenhang mit den Lageänderungen der Arterien die typische Konfiguration des erwachsenen Aortenbogens und seiner Äste. Durch die Unterbrechung der beiden dorsalen Aorten zwischen den dritten und vierten Pharyngealbogenarterien gelangt das Blut der dritten Pharyngealbogenarterien nur noch nach cranial in die Hals- und Kopfregionen. Nach der Obliteration und Rückbildung des distalen Abschnittes der rechten dorsalen Aorta bleibt nur der linke Aortenbogen und der proximale Abschnitt der rechten vierten Pharyngealbogenarterie als Anfangsteil

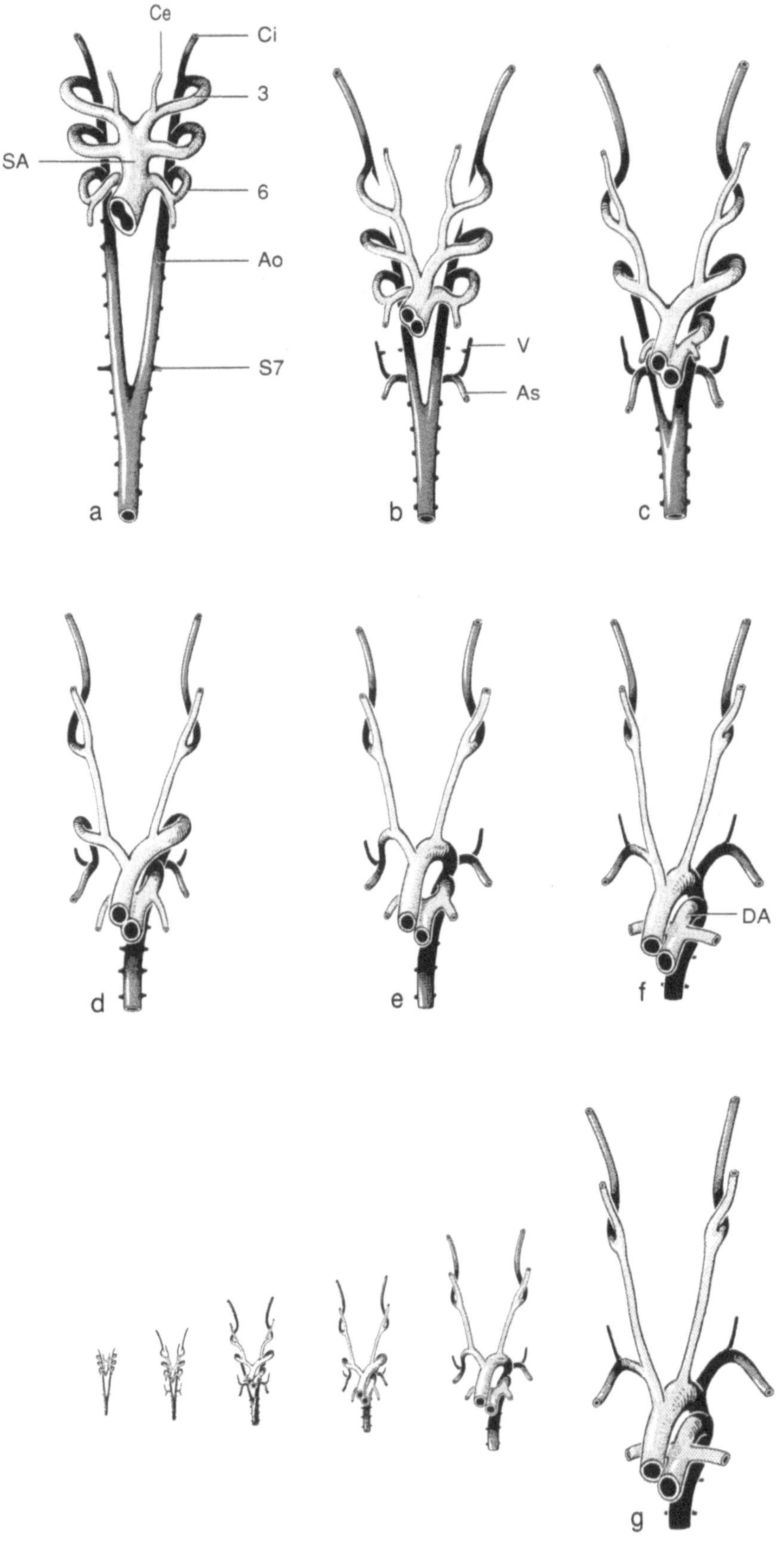

Abb. 10-60a–g. Schematische Darstellung der Entwicklung der Pharyngealbogenarterien. Ansicht von ventral. Zeichnungen nach Rekonstruktion menschlicher Embryonen aus der Sammlung Blechschmidt (a–c), nach Präparationen menschlicher Embryonen (d und e) sowie eines Neugeborenen (f). Beachte den Descensus der Pharyngealbogenarterien. a) Embryo 6,5 mm; b) Embryo 10 mm; c) Embryo 13 mm; d) Embryo 17,5 mm; e) Embryo 24 mm; f) Neugeborenes; 3–6 = dritte bis sechste Pharyngealbogenarterie; Ao = paarige Aorten; Ap = A. pulmonalis; As = A. subclavia; Ce = A. carotis ext.; Ci = A. carotis int.; DA = Ductus arteriosus; S_7 = 7. Intersegmentalarterie; SA = Saccus aorticus; V = A. vertebralis.

a) Symmetrischer Zustand der Pharyngealbogenarterien.

b) Die paarigen dorsalen Aorten zwischen dritten und vierten Pharyngealbogenarterien sind unterbrochen.

c) Die rechte sechste Pharyngealbogenarterie zwischen Abgang der Pulmonalarterie und der dorsalen Aorta ist zurückgebildet. Die rechte dorsale Aorta ist dünner geworden als die linke.

d) Die rechte dorsale Aorta zwischen Abgang der A. subclavia dextra und unpaarer Aorta dorsalis ist zurückgebildet.

e) Endstadium der Transformationen der Pharyngealbogenarterien.

f) Zustand des Aortenbogens und seiner Äste beim Neugeborenen.

g) Gleiche Embryonen wie Abb. 10-60a–f, jedoch in gleicher Vergrößerung. Zur Verdeutlichung der Lageentwicklung der Pharyngealbogenarterien sind die Bilder so angeordnet, daß sich die Abgänge der Aa. vertebrales auf gleicher Höhe befinden.

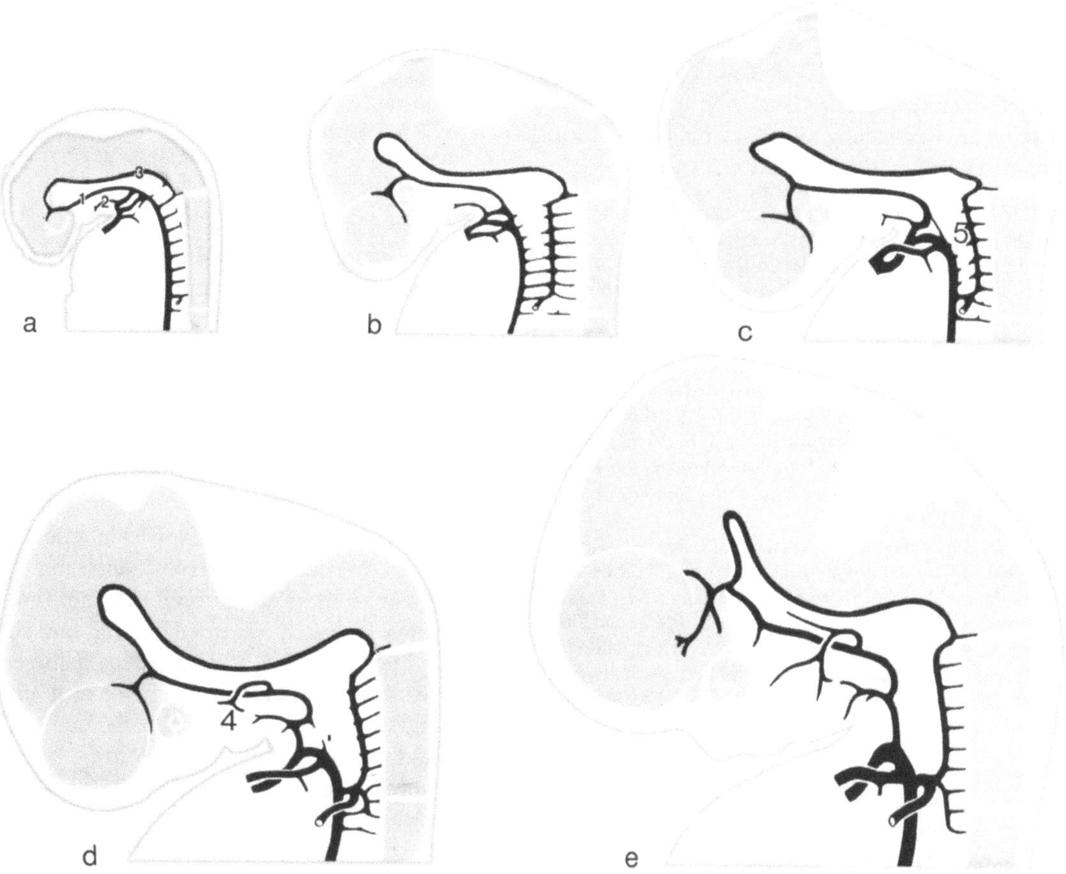

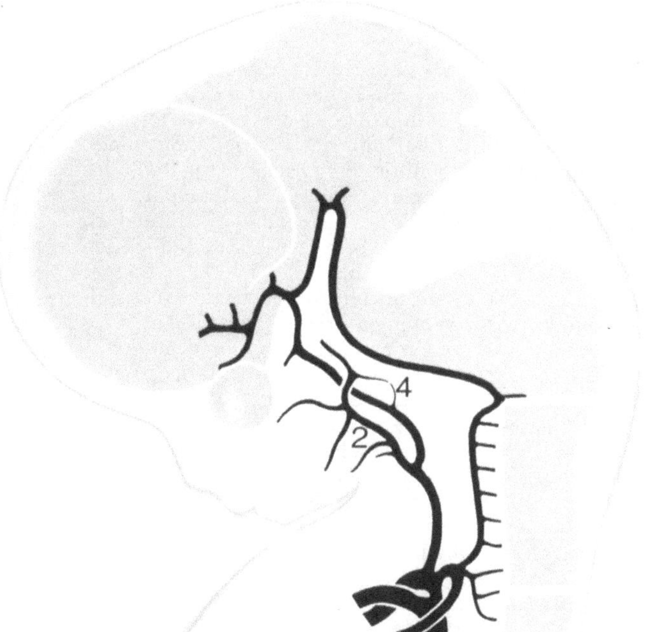

Abb. 10-61a–f. Lageentwicklung der Pharyngealbogenarterien und des Herzens. Entstehung der A. carotis externa. Embryonen 5,3 (a), 9 (b), 13 (c), 14 (d), 18 (e) und 24 (f) mm. Die Höhe des ersten und siebten Cervicalsegmentes ist durch einen weißen Strich im Neuralrohr (grau) markiert. Schematische Zeichnungen modifiziert nach Padget 1948. 1 = A. carotis int.; 2 = A. carotis ext.; 3 = A. basilaris; 4 = A. stapedia; 5 = A. vertebralis.

a) Die A. basilaris hat Verbindung zur ersten Segmentalarterie. Der subpharyngeale Plexus wird aus der dritten Pharyngealbogenarterie gespeist.

b) und **c)** Entstehung der A. vertebralis: Zwischen den oberen sechs Segmentalarterien entsteht die A. vertebralis als Längsanastomose. Die oberen Segmentalarterien werden zurückgebildet: Dadurch entspringt die A. vertebralis aus der siebten Segmentalarterie, der Anlage der A. subclavia.

d) und **e)** Das praepharyngeale Gebiet des Gesichts (Oberkiefer, Unterkiefer, Zunge) und des Halses (Schilddrüse, Kehlkopf) wird aus zwei Quellen versorgt: Über die A. stapedia aus der A. carotis interna und aus der Anlage der A. carotis externa, die aus dem subpharyngealen Plexus hervorgegangen ist.

f) Die A. stapedia, die Anastomose zwischen A. carotis interna und externa, wird zurückgebildet, und das praepharyngeale Gebiet des Kopfes und des Halses wird nun ausschließlich aus der A. carotis externa versorgt.

der A. subclavia dextra erhalten. Infolge der Obliteration der rechten sechsten Pharyngealbogenarterie zwischen A. pulmonalis dextra und dorsaler rechter Aorta bleibt nur auf der linken Seite der Ductus arteriosus als Verbindung zwischen pulmonalem und systemischem Kreislauf erhalten.

Über die Ursachen der Obliterationen sind zahlreiche Hypothesen aufgestellt worden, die jedoch allesamt nicht restlos befriedigen können. Jedenfalls scheint sicher zu sein, daß die Obliteration in den dorsalen Aorten nach einem anderen Modus verläuft als in der sechsten rechten Pharyngealbogenarterie. Hierfür sind lokale Kontraktionen der Wand und auch Verschluß infolge Kompression durch den N. vagus diskutiert worden. Auch hämodynamische Gründe im Sinne einer frühzeitigen Verschiebung der Hauptflußmenge nach links infolge von Rotationen von Aorta und Pulmonalis sowie lokal unterschiedliche Auswirkungen der Lageänderungen des gesamten Pharyngealbogenarterienkomplexes sind diskutiert worden.

Einfacher scheinen die Sachverhalte bei den Obliterationen im Gebiet der dorsalen Aorten, obwohl auch hier verschiedene Modelle entworfen worden sind. Tatsächlich kann die Frage, wieso es auch hier zu Obliterationen kommt, solange nicht eindeutig geklärt werden, wie es unklar bleibt, in welchem Zusammenhang Formbildungsprozesse an den Arterien mit den in ihrem Inneren herrschenden hämodynamischen Bedingungen stehen. Obliterieren die dorsalen Aorten zwischen den dritten und vierten Pharyngealbogenarterien, weil die hier fließenden Blutmengen abnehmen? Oder nehmen die Flußmengen ab, weil sich der Querschnitt dieser Strombahnabschnitte verkleinert?

Injektionsversuche an Rattenembryonen [Moffat 1957] zeigen, daß die Strömungsverhältnisse in der dorsalen Aorta zwischen dritter und vierter Pharyngealbogenarterie, dem sogenannten Ductus caroticus, zwar ganz variabel sind, der Blutfluß aber schon vor dem Engerwerden reduziert wird: Bei Embryonen von 3–4 mm Länge wird der Ductus caroticus entweder aus der dritten oder aus der vierten Arterie gefüllt. Jedoch hat sich bei nur wenig älteren Embryonen (4–7 mm Länge) die Flußrichtung geändert. Nun fließt das Blut aus der vierten Arterie ausschließlich nach caudal, während der größte Teil des Blutes aus der dritten Arterie nach cranial und ein kleiner Teil nach caudal fließt. Schließlich wird nur wenig später, bei Embryonen von 7–9 mm Länge, das gesamte Blut aus der dritten Arterie cranialwärts geleitet, während aus der vierten Arterie der Hauptteil des Blutes nach caudal fließt und nur ein kleiner Teil über den Ductus caroticus nach cranial gelangt. Angesichts der Tatsache, daß die Obliteration des Ductus caroticus erst nach Reduktion des Blutflusses erfolgt bei Embryonen, die größer als 9 mm sind, erscheint der Schluß naheliegend, daß sich die Obliteration infolge des reduzierten Blutflusses einstellt.

Andererseits ist argumentiert worden, daß eine primäre Reduktion des Gefäßquerschnittes der entscheidende Faktor für den Verschluß sei. Hinweise zur Unterstützung dieser Anschauung ergeben sich aus der Lageentwicklung des Pharyngealbogenarterien-Komplexes. Durch den Descensus der Halseingeweide werden auch die Arterien caudalwärts verlagert, und zwar die unteren mehr als die oberen (Abb. 10-61). Daraus resultiert eine Vergrößerung des Abstandes zwischen den Einmündungen der dritten und vierten Pharyngealbogenarterie in die dorsale Aorta, und dabei wird im Stadium 17 der Durchmesser des Ductus caroticus immer kleiner. Ähnlich scheinen die Verhältnisse bei der Obliteration des distalen Abschnittes der rechten dorsalen Aorta zu sein. Da aber hier nur der distale Abschnitt der rechten Aorta verschlossen wird, muß angenommen werden, daß zusätzlich zu der Verkleinerung des Lumens durch den Descensus noch andere Faktoren bei der Obliteration eine Rolle spielen. Lokale Kontraktionen können hier ebenso wirksam sein wie die Abnahme des Durchmessers und auch daraus oder aus anderen Lageänderungen resultierende primäre Veränderungen der lokalen Durchströmung.

Obwohl also über den formalen Ablauf der Umbildung der primär symmetrischen Arterienbögen zum Aortenbogen weitgehend Klarheit besteht, muß eine befriedigende Klärung aller der bei diesen Prozessen wirksamen Faktoren und der Art und Weise ihres Zusammenwirkens von der Zukunft erhofft werden.

10.7.4 Entwicklung der großen herznahen Arterien

Bei der Erörterung der Entwicklung der großen herznahen Arterien muß darauf verzichtet werden, auf die vor allem in der älteren Literatur intensiv diskutierten Fragen nach der Herkunft und den Quellen des Materials einzelner Gefäßabschnitte einzugehen. Dies nicht nur, weil diese Fragen nicht eindeutig beantwortbar sind, sondern auch, weil es kaum von praktischem Interesse sein dürfte, ob z.B. der Aortenbogen nur von der vierten linken Pharyngealbogenarterie gebildet wird oder ob nicht auch die linke dorsale Aorta an der Bildung des Aortenbogens materiell beteiligt ist. Wenn also im folgenden davon die Rede ist, daß ein bestimmtes Gefäß sich „aus" einem bestimmten Abschnitt des Gefäßkorbes der Pharyngealbogenarterien entwickelt, soll damit lediglich die formale, gleichsam topologische Beziehung dargestellt sein, nicht aber die „Herkunft" des entsprechenden Materials der Gefäßwand.

Bei der Entstehung des definitiven Aortenbogens und seiner Äste sind Obliterationen bestimmter Gefäßabschnitte, Lageveränderungen des gesamten Pharyngealbogenarterien-Komplexes im Gefolge des Descensus des Herzens und Verlagerungen von Gefäßabgängen von Bedeutung. So findet sich z.B. der Abgang der A. subclavia sinistra noch im Stadium 17 deutlich caudal der sechsten Pharyngealbogenarterie etwa in Höhe des Zusammenflusses der beiden dorsalen Aorten (Abb. 10-61d). Im Stadium 20 aber liegt der Abgang deutlich oberhalb der Mündung der sechsten Pharyngealbogenarterie (Abb. 10-61f). Obwohl heute derartige Lageänderungen von Gefäßabgängen nicht mehr als Folgen echter Wanderungen angesehen werden, ist der Mechanismus solcher Verlagerungen letzten Endes noch ungeklärt. Eine eingehende Diskussion aller namhaft gemachten Modi findet sich schon bei Broman [1906, 1908] und auch bei Willemse und Markus-Silvis [1985]. Neuere Untersuchungen konnten die schon von Tandler [1903] und

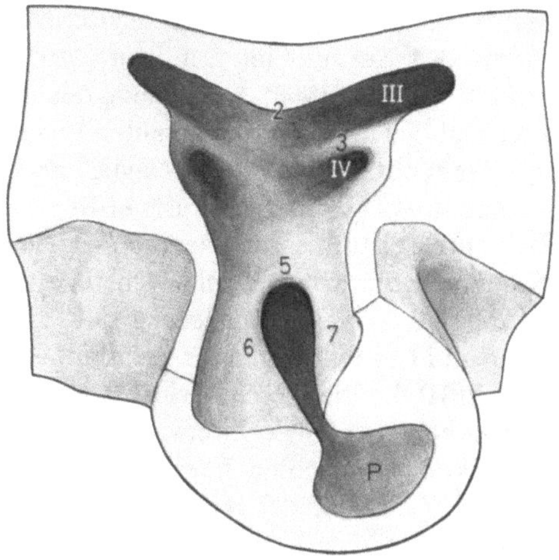

Abb. 10-62. Schematische Darstellung der Verbindung des Septum aorticopulmonale mit den Truncussepten. Das Septum aorticopulmonale ist stromaufwärts gewachsen und bekommt mit seinem rechten Schenkel Verbindung mit dem unteren und mit seinem linken Schenkel Verbindung mit dem oberen Truncusseptum. Dadurch gelangt der in der distalen Ausflußbahn unten liegende Blutstrom in die sechsten (pulmonalen) Pharyngealbogenarterien, der in der distalen Ausflußbahn oben liegende Strom in die dritten und vierten (systemischen) Pharyngealbogenarterien. 2 = Septum intercaroticum; 3 = Septum aortico-caroticum; 5 = Septum aortico-pulmonale; 6, 7 = rechter und linker Schenkel des Septum aortico-pulmonale; III = dritte Pharyngealbogenarterie; IV = vierte Pharyngealbogenarterie; p = pulmonale Strombahn

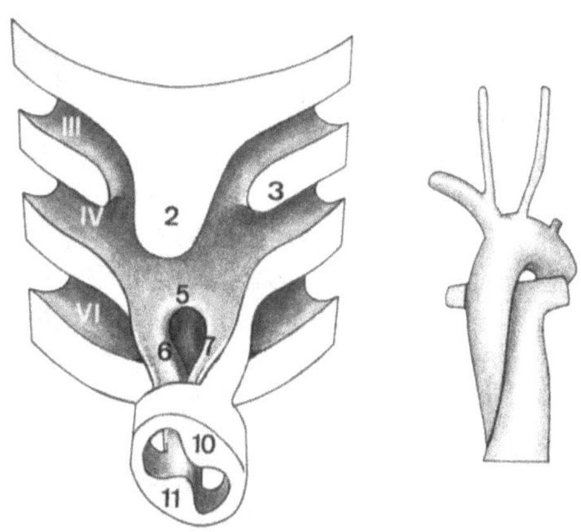

Abb. 10-63. Schematische Darstellung der formalen Entstehung der Asymmetrien des Abgangs der Äste des Aortenbogens. Umformung der primär symmetrischen Gefäße aus dem Saccus aorticus (vgl. Abb. 10-62) durch asymmetrische Entwicklung der interarteriellen Septen. Das Septum intercaroticum wächst weiter stromaufwärts als die Septa aortico-carotica. Da das rechte Septum aortico-caroticum im Wachstum gegenüber dem linken zurückbleibt, erscheint die rechte A. carotis comm. als Ast des Truncus brachiocephalicus, während die linke direkt aus dem Aortenbogen hervorgeht. 2 = Septum intercaroticum; 3 = Septum aortico-caroticum; 5 = Septum aortico-pulmonale, medianer Abschnitt; 6, 7 = laterale Schenkel des Septum aortico-pulmonale; 10 = oberes Truncusseptum; 11 = unteres Truncusseptum; III–VI = dritte bis sechste Pharyngealbogenarterie

Broman [1906, 1908] erwähnte Vorstellung unterstützen, wonach durch Wachstum von septenähnlichen Gewebskeilen an Gefäßabgängen (Abb. 10-63) Abgliederungen von Gefäßen und damit auch Verlagerungen ihrer Abgangsstellen zustande kommen können [Seidl und Steding 1981]. Diese Vorstellung überträgt lediglich die für das Septum aorticopulmonale gesicherte Art und Weise, in der es den Saccus aorticus in aortale und pulmonale Strombahn teilt, auf die entsprechenden Gewebszwickel zwischen anderen Gefäßen. Mit Hilfe dieser „Septierungshypothese" kann nicht nur die normale Entwicklung des Aortenbogens, sondern auch die Entstehung aller seiner Varietäten und Fehlbildungen formal in befriedigender Weise erklärt werden (vgl. S. 277).

Der primär einheitliche Saccus aorticus wird durch das Septum aorticopulmonale in **Aorta ascendens** und **Truncus pulmonalis** unterteilt. Dieses Septum, dessen Entwicklung oben schon beschrieben wurde, entsteht aus den Gewebsspornen zwischen vierter und sechster Pharyngealbogenarterie, die stromaufwärts vorwachsen und dabei ein unpaares Septum bilden. Wenn das Septum aorticopulmonale mit seinem freien Rand Verbindung mit den distalen Septen der Ausflußbahn erhalten hat (Stadium 15/16), ist der Saccus aorticus vollständig unterteilt. Der pulmonale Strom liegt etwa im Stadium 15/16 unterhalb, der aortale oberhalb des Septum (Abb. 10-62). Der aortale Teil des Saccus besteht aus einem einheitlichen Gefäß, aus dem die beiderseitigen dritten und vierten Pharyngealbogenarterien hervorgehen (Abb. 10-62).

Der proximale Teil der **A. carotis interna** entsteht im Stadium 11 als Ast der ersten Pharyngealbogenarterie an deren Übergang in die dorsale Aorta (Abb. 10-61a). Der distale Abschnitt entsteht aus einem Kapillarplexus an den Seiten des Mittelhirns, der hinter dem Auge an das Gehirn gelangt, einen Ast zum Augenbecher abgibt und mit zwei Ästen den Augenbecherstiel umgreift. Im Stadium 12 kommt der Kapillarplexus an den Seiten des Mittelhirnes in Verbindung mit dem entsprechenden Plexus an den Seiten des Hinterhirnes, der über die cervicalen Segmentalarterien Verbindung zu den absteigenden Aorten hat. Da sich in diesem Stadium die beiden ersten Pharyngealbogenarterien bereits in ein Kapillarnetz aufgelöst haben, die dorsalen Aorten zwischen erster, zweiter und dritter Pharyngealbogenarterie aber erhalten bleiben, erscheint der proximale Teil der

A. carotis interna nun als Ast der dritten Pharyngealbogenarterie.

Die **A. carotis externa** ist etwa im STADIUM 14 als eigenständiges Gefäß nachzuweisen. Nach klassischer Darstellung [u.a. Evans 1911, Patten 1958] entsteht sie aus einer sogenannten Aorta ventralis sive ascendens, einem Gefäß, das eigenständig aus dem Saccus aorticus entspringen und das Stammgefäß für die beiden ersten Pharyngealbogenarterien darstellen soll. Jedoch scheint es nach den Befunden von Congdon [1922] und Padget [1948] als wahrscheinlicher, daß beim Menschen keine Aorta ventralis ausgebildet wird. Da sich eine A. carotis externa erst lange nach der Rückbildung der beiden ersten Pharyngealbogenarterien nachweisen läßt, muß angenommen werden, daß sich die A. carotis externa aus jenem ventral des Vorderdarmes liegendem Gefäßplexus bildet, der nach dem „Verschwinden" der beiden ersten Pharyngealbogenarterien übrigbleibt, dem sogenannten subpharyngealen Plexus. Dieser Plexus wird zunächst aus zwei Quellen gespeist, nämlich einmal aus der A. carotis interna, zunächst über die Reste der Pharyngealbogenarterien (sogenannte A. mandibularis primitiva und A. hyoidea), später über die A. stapedia, und zum anderen aus dem proximalen Abschnitt der dritten Pharyngealbogenarterie über direkte Äste (Abb. 10-58d, e, 10-61d). Nach Rückbildung der Aa. mandibularis und hyoidea wird dann, nachdem auch die Verbindung der proximalen A. stapedia mit ihren peripheren Ästen unterbrochen ist, ihr infraorbitales und meningeales Versorgungsgebiet mit aus dem subpharyngealen Plexus und damit aus der dritten Pharyngealbogenarterie gespeist. Aus dem subpharyngealen Plexus entsteht also die A. carotis externa mit ihren primären Ästen zu Schilddrüse, Zunge und Unterkiefer. Das meningeale und maxilläre Versorgungsgebiet wird ihr aus dem ursprünglichen Gebiet der A. stapedia zugeschlagen (Abb. 10-61f).

Die einheitliche aortale Strombahn wird zwischen den Abgängen der rechten und linken Pharyngealbogenarterien unterteilt: Die rechte Portion ist der **Truncus brachiocephalicus,** die linke ist Teil des Arcus aortae. Nach Rückbildung der paarigen rechten Aorta zwischen dritter und vierter Pharyngealbogenarterie sowie zwischen Abgang der A. subclavia dextra und der unpaaren Aorta erfolgt der Blutzufluß sowohl zur A. carotis communis dextra als auch zur A. subclavia dextra nun über einen gemeinsamen Abgang aus dem Saccus aorticus. Diese anfänglich fast in horizontaler Ebene verlaufenden Gefäße werden im Verlauf des Descensus des Herzens immer steiler gestellt (Abb. 10-60). Die ungleichmäßige Unterteilung der aortalen Strombahn in den dünneren Truncus brachiocephalicus und den dickeren Arcusteil kann formal durch die Annahme eines asymmetrischen Wachstums des Septum intercaroticum vorgestellt werden (Abb. 10-62, 10-63). Die Bildung des Truncus brachiocephalicus als eines gemeinsamen Ursprungsstammes der rechtsseitigen A. subclavia und der A. carotis communis kann darauf zurückgeführt werden, daß das rechte Septum carotico-aorticum gegenüber dem Septum intercaroticum im Wachstum zurückbleibt (Abb. 10-63). Die Entstehung der zahllosen Varietäten und Fehlbildungen der Gefäßabgänge soll im Abschnitt 10.8 näher beschrieben werden.

Die **Aa. subclaviae** entstehen etwa im STADIUM 13/14 als Ästchen der siebten Intersegmentalarterien (Abb. 10-61). Zwischen der ersten und siebten Intersegmentalarterie entsteht lateral des Neuralrohres ein Gefäßplexus, der cranial mit dem Plexus an den Seiten des Hinter- und Mittelhirnes in Verbindung steht. Da sich aus dem Halsabschnitt dieses Plexus die **A. vertebralis** entwickelt, wird der Abgang der A. vertebralis aus der A. subclavia verständlich.

Der proximale Abschnitt der A. subclavia dextra entsteht aus der rechten vierten Pharyngealbogenarterie und dem Teil der dorsalen rechten Aorta, der nach ihrer Obliteration zwischen dritter und vierter Pharyngealbogenarterie sowie zwischen dem Abgang des Extremitätenstammes und dem Zusammenfluß der dorsalen Aorten erhalten bleibt (Abb. 10-60).

Obwohl das Verständnis der formalen Entwicklung des Abgangs der **A. subclavia sinistra** als letzter Ast des Aortenbogens ganz einfach erscheint, ist das Problem der Verlagerung ihrer Abgangsstelle im Verhältnis zur sechsten Pharyngealbogenarterie bis heute nicht endgültig geklärt. Da eine echte Wanderung der Abgangsstelle nicht in Betracht zu ziehen ist, könnte diese Verlagerung durch lokal unterschiedliches Wachstum der verschiedenen Abschnitte der vierten linken Pharyngealbogenarterie bzw. der linken Aorta bedingt sein [Barry 1951]. Allerdings konnten derartige lokale Wachstumsunterschiede bisher nicht nachgewiesen werden. Wird die Lageveränderung der A. subclavia sinistra nicht im Verhältnis zur sechsten Pharyngealbogenarterie, sondern im Verhältnis zur Wirbelsäule ermittelt, dann ergibt sich ein Descensus auch der A. subclavia, und zwar um etwa drei Segmente, nämlich vom 6.–7. Cervicalsegment im STADIUM 14 bis etwa zum 1.–2. Thoracalsegment bei einem Fetus von 4,3 cm [Padget 1948]. Da in dem gleichen Zeitraum die vierte und sechste Pharyngealbogenarterie sehr viel mehr als die A. subclavia descendieren, nämlich aus ihrer Position etwas oberhalb des ersten Cervicalsegmentes bis in die Höhe des 1. oder 2. Thoracalsegmentes, ist angesichts der Tatsache, daß sich die im jungen Stadium caudal des Ductus arteriosus befindliche A. subclavia später dann oberhalb vom Ductus arteriosus findet, zu folgern, daß sich der absolute Abstand der Abgangsstellen von A. subclavia und Ductus bzw. A. carotis communis in dieser Entwicklungsphase verringert. Diese Schlußfolgerung wird durch Messungen an maßstäblichen Rekonstruktionen menschlicher Embryonen bestätigt.

Da eine derartige absolute Verkürzung des Abstandes zweier Gefäßabgänge nicht durch lokal unterschiedliches Wachstum zustande kommen kann, und da echte Schrumpfungsprozesse in der embryonalen Phase bisher nicht mit Sicherheit nachgewiesen wurden, bleibt noch die Möglichkeit, daß die absolute Verkürzung des Abstandes der Gefäßabgänge durch Wachstum an anderer Stelle vorgetäuscht wird. Nach der oben schon erwähnten Hypothese der Umordnung des Gefäßsystems durch das Wachstum interarterieller Septen kann die Umordnung der A. subclavia folgendermaßen interpretiert werden: Im Verlauf des Descensus des Pharyngealbogenarterien-Komplexes wird der Ursprungsteil der A. subclavia dadurch aus der Aorta descendens und dem distalen Teil des Aortenbogens abgegliedert, daß ein Septum aortico-subclavium gegen die Stromrichtung in die Aorta vorwächst (Abb. 10-64). Dadurch wird der Ursprungsteil der A. subclavia aus der Aorta abgegliedert und stromaufwärts verlagert. So entsteht nicht nur der nach cranial konvexe Bogen der A. subclavia, sondern gleichzeitig auch die Verengung des Aortenlumens zwischen dem Abgang der A. subclavia und dem Ductus arteriosus, der sogenannte Isthmus aortae.

Obwohl die Existenz und die Bedeutung derartiger interarterieller Septen bisher nur an Hühnerembryonen gezeigt wurde [Seidl und Steding 1981], kann vermutet werden, daß im Prinzip vergleichbare Wachstumsprozesse auch beim menschlichen Embryo zu finden sind.

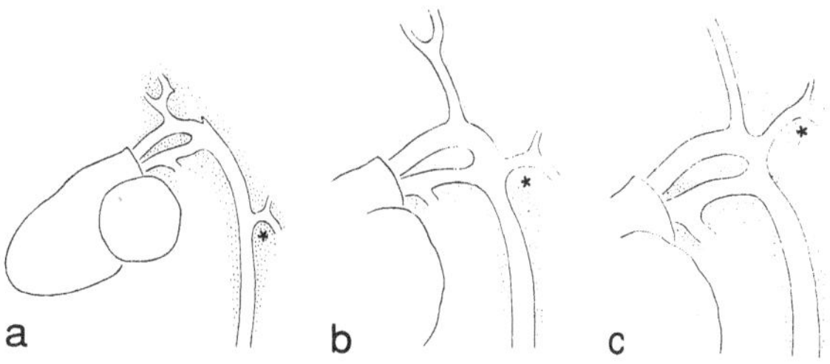

Abb. 10-64a–c. Darstellung der formalen Entwicklung der Abgangsstelle der linken A. subclavia. Ansicht des Aortenbogenkomplexes von links. Entwicklungsstadien entsprechend menschlichen Embryonen von 12,5 (a) und 18 (b) und 24 mm (c). Im Verhältnis zur Mündungsstelle des Ductus arteriosus ascendiert die Abgangsstelle der linken A. subclavia. Dies kann formal durch das stromaufwärts gerichtete Wachstum des Septum aortico-subclavium (*) erklärt werden.

10.8 Angeborene Fehlbildungen des Herzens und der großen Gefäße

Die Analyse der formalen Genese der Herzfehlbildungen ist von besonderer Problematik, da für den einzelnen Fall keine verschiedenen Entwicklungsstadien zu erfassen sind. Deswegen sind wir darauf angewiesen, die Entstehung der Fehlbildungen als Grenzfälle der Normogenese auf der Basis der Kenntnisse der normalen Entwicklung zu interpretieren. Damit wird deutlich, daß kaum mehr als spekulative Aussagen über die Pathogenese der menschlichen Herzfehlbildungen gemacht werden können.

Heute kann als sicher gelten, daß Rotationen oder Verlagerungen von Herzabschnitten gegeneinander nicht vorkommen. Deswegen können die auf diesen Vorstellungen beruhenden Hypothesen zur Erklärung der Pathogenese der Fehlbildungen heute nicht mehr als gültig angesehen werden.

Im folgenden soll die formale Pathogenese der Herzfehlbildungen auf der Basis embryologischer Befunde als Folge lokaler oder generalisierter Störungen der Septierungsprozesse dargestellt werden. Da es nicht möglich ist, hier eine vollständige Übersicht über die Kasuistik aller bisher beschriebenen Formen der angeborenen Herzfehlbildungen des Menschen zu geben, sei auf die Synopsis von Bankl [1977] verwiesen, die eine ausgezeichnete und vollständige Übersicht über das gesamte Spektrum der angeborenen Herzfehlbildungen des Menschen bringt.

10.8.1 Prinzipien der Pathogenese

Da über die pathogenetischen Mechanismen der Strukturfehlbildungen des Herzens kaum gesicherte Kenntisse vorliegen und auch die genaue Art und Weise der Entstehung der Lageanomalien des Herzens nicht näher bekannt sind, sollen hier nur die Störungen der Septierung eingehender behandelt werden.

Die bindegewebigen Septen entstehen in Abhängigkeit von den während der Schleifenbildung eingeleiteten Knickungen des Herzschlauches. Unterbleibt in einer bestimmten Region die Knickung, oder ist sie nur schwach ausgeprägt, so unterbleiben hier auch die Entstehung und Entwicklung der Anlagen der Septen bzw. die Hochreliefs der Septen sind nur wenig ausgeprägt (Abb. 10-65a).

Die Lagebeziehungen der Strombahnen zueinander sind abhängig von dem Ort, an dem sich die Septen entwickeln, und damit von der Richtung, in der die verschiedenen Abschnitte des Herzschlauches geknickt werden. Vom Normalen abweichende Knickungsrichtungen können z.B. dazu führen, daß in der proximalen Ausflußbahn die vordere Strombahn rechts von der hinteren gelegen ist anstatt wie normalerweise links von ihr (Abb. 10-65a). Weiterhin können abnorme Knickungen zu einer ungleichmäßigen Teilung der Strombahn führen und so Anlaß geben

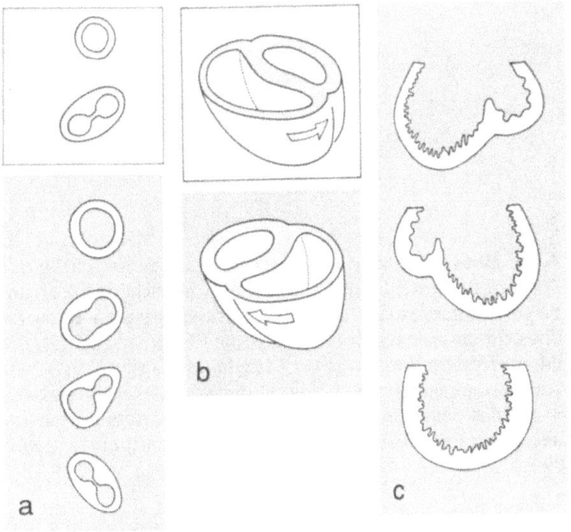

Abb. 10-65a–c. Darstellung der wichtigsten Fehlbildungen des Herzens als Folgen von Störungen bei der Entwicklung der bindegewebigen (a) und muskulären Septen (b und c). Die Schemata der normalen Entwicklung sind auf weißem Untergrund, die Fehlbildungen auf grauem.
a) Normale Entwicklung der bindegewebigen Septen in der Ausflußbahn: Der Ort, an dem die paarigen Septenanlagen entstehen, wird bestimmt durch die Richtung der Deformation der primär runden Ausflußbahn. Die Lage der Septen bestimmt ihrerseits die Lage der Strombahnen zueinander. Die Fehlbildungen ergeben sich aus abweichenden Deformationen der Ausflußbahn: bleibt der Querschnitt in einer Höhe der Ausflußbahn rund, entstehen keine Septenanlagen, wie z.B. beim Truncus arteriosus communis verus. Ist die Deformation zu gering, unterbleibt die Fusion der Septen, wie z.B. beim aortico-pulmonalen Fenster. Wird die Strombahn ungleichmäßig deformiert, so daß ein vom Oval abweichender Querschnitt entsteht, ist die eine Strombahn verengt. Erfolgt die Deformation in vom Normalen abweichenden Richtungen, resultieren aus abnormer Topogenese der Septen abnorme Lagebeziehungen der Strombahnen zueinander.
b) Lageentwicklung der Ventrikel: Die Lage der Ventrikel zueinander ist abhängig von der Topogenese des Kammerseptum. Das Kammerseptum entsteht als Auffaltung des muralen Myocard infolge des gegeneinander gerichteten Wachstums der rechts- und linksseitigen Proliferationszentren (vgl. Abb. 10-29). Ist das normale Verhältnis der beiderseitigen Aktivitäten gestört, entsteht das Kammerseptum mehr oder weniger dystop. Ein den rechten Ventrikel ventral überlagernder linker kann formal als Folge von rechts-links vertauschten Proliferationsaktivitäten aufgefaßt werden.
c) Extrem überschießendes Wachstum des einen Zentrum und/oder erheblich reduziertes Wachstum des anderen als Ursache der Entstehung der sog. hypoplastischen Ventrikel. Ein vollständig fehlendes muskuläres Kammerseptum kann formal als Folge mangelnder Auffaltung interpretiert werden.

zur Entstehung von Stenosen (Abb. 10-66). Die Folgen derartiger spontan entstandener abnormer Knikkungen sind bei Hühnerembryonen beobachtet worden [Steding und Seidl 1981]. Auch im Experiment lassen sich durch abnorme Deformationen vor der Septierung entsprechende Fehlbildungen erzeugen [Steding et al. 1981].

Obwohl der Zusammenhang zwischen äußerer und innerer Form der Herzwand im Experiment demonstriert worden ist [Steding et al. 1981], kann heute noch nicht entschieden werden, welche Faktoren im einzelnen für die abweichenden Formentwicklungen des menschlichen Herzschlauches verantwortlich zu machen sind.

Da das muskuläre Kammerseptum durch gegeneinander gerichtetes Wachstum des Myocard in den rechts- und linksventrikulären Wachstumszentren [Harh und Paul 1975, Rychter et al. 1979] entsteht, wird vermutet, daß sich abnorme Lagebeziehungen des Kammerseptum als Folgen einer Störung des Verhältnisses zwischen rechtem und linkem Proliferationsmuster ausbilden [Steding und Seidl 1981]. Normalerweise entsteht das Kammerseptum ventral weiter links als dorsal, und damit überdeckt der rechte Ventrikel den linken zu einem großen Teil, d.h. also, die Lageverhältnisse der Ventrikel zueinander werden durch die Lage des Kammerseptum bestimmt.

Es ist anzunehmen, daß vom Normalen abweichende Positionen des Kammerseptum daraus resultieren, daß die Proliferationsaktivitäten eines Zentrum die des anderen überwiegen, entweder weil ein Zentrum eine gesteigerte oder eine verringerte Aktivität im Verhältnis zum anderen hat. So kann die Entstehung der sogenannten Kammerinversionen ebenso wie auch die der hypoplastischen Ventrikel formal erklärt werden (Abb. 10-65b, c).

Die Kammerinversionen, also „falsch" positionierte Ventrikel, werden u.a. anhand ihrer Strukturmerkmale, insbesondere des Trabekelwerks diagnostiziert. Hier ist von besonderem Interesse, daß nicht die Rechts- oder Linkslage in erster Linie mit der Struktur des Trabekelwerks korrelieren, sondern vielmehr die antero-posterioren Lagebeziehungen. Stets weist der mehr vorn liegende Ventrikel mehr oder weniger deutlich die Strukturmerkmale eines rechten auf.

Zusätzlich zu diesen einfachen und lokal auf einen Abschnitt des Herzschlauches beschränkten Störungen ergeben sich weitere Möglichkeiten zu komplexen Fehlbildungen durch Störungen bei der Ausbildung der Kontinuität des Septensystem. Sind die ersten, noch isolierten Anlagen der Septen im Vorhof, in der AV-Ebene, in der Kammer und in den verschiedenen Höhen der Ausflußbahn abnorm, d.h. entweder gar nicht, zu gering oder in abnormer Lage entwickelt, so ergeben fehlerhafte Verbindungen dieser isolierten Anlagen eine ungeheure Fülle komplexer Fehlbildungen. Von besonderer Bedeutung bei der Ausbildung derartiger abnormer Kontinuitäten ist die sogenannte Crista prima, die sich normalerweise zurückbildet (siehe Abschnitt 10.4.2, Abb. 10-32). Unterbleibt nämlich die Rückbildung, so wird dadurch die regelrechte Verbindung des Kammerseptum mit den Septen der proximalen Ausflußbahn verhindert (siehe unten: double outlet right ventricle).

Grundsätzlich können wir also folgende Septierungsstörungen als formale Ursachen von Herzfehlbildungen in Betracht ziehen: Lokale, auf eine Ebene des Herzschlauchs beschränkte Störungen sind fehlende Septen, zu gering und damit nicht oder nicht vollständig fusionierte Septen und schließlich dystope Septen, d.h. Septen in abnormer Lage. Die in den verschiedenen Höhen entstandenen Septen können sich dann noch in fehlerhafter Weise miteinander verbinden und so Anlaß zur Entstehung von komplexen Fehlbildungen geben.

10.8.2 Einfache Herzfehlbildungen

Ohne Berücksichtigung der Häufigkeit oder der klinischen Bedeutung sollen im folgenden einige typische, lokal begrenzte Defekte beschrieben werden. Eine vollständige Beschreibung kann hier nicht angestrebt werden.

Defekte der Vorhofsepten

Das **offene Foramen ovale** ist kein echter Septierungsdefekt, weil dabei die eigentlichen Septierungsprozesse nicht gestört sind: Lediglich die Verwachsung des Septum primum mit dem Septum secundum ist unterblieben.

Auch vorzeitiger Verschluß des Foramen ovale schon in der Fetalzeit kommt vor. Als Folge wird das linke Herz funktionell hypotroph, und entsprechend hypertrophiert das rechte Herz.

Echte Septierungsdefekte in den Vorhöfen entstehen durch mangelhafte oder fehlende Ausbildung des Septum primum und/oder des Septum secundum. Der **Ostium-secundum-Defekt** entsteht durch abnorme Lage oder Größe des im Septum primum entstehenden Foramen secundum, so daß die aus dem persistierenden Septum primum gebildete Valvula foraminis ovalis nicht groß genug ist um die Fossa ovalis zu decken. Deswegen wird diese Form auch als „Fossa-ovalis-Defekt" bezeichnet.

Der **Ostium-primum-Defekt** entsteht dadurch, daß das Septum primum nicht vollständig die oberen Flächen der AV-Septen erreicht, das Foramen primum also erhalten bleibt. Häufiger jedoch wird der Ostium-primum-Defekt durch eine mangelhafte Fusion der AV-Septen bedingt, so daß das offen bleibende Foramen primum in den meisten Fällen mit einem Defekt der AV-Septen kombiniert ist (partieller AV-Kanal).

Fehlen die Vorhofsepten vollständig oder sind sie nur mangelhaft ausgebildet, so daß eine große Kommunikation zwischen beiden Atrien besteht, spricht man vom Cor triloculare biventriculare (common oder single atrium, gemeinsamer Vorhof).

Defekte im AV-Kanal

Abweichungen bei der Ausbildung des atrio-ventrikulären Knicks führen, je nach der Lokalisation und der Schwere der Störung, zu vielfältigen Fehlbildungen dieser Region. Das Spektrum reicht von unvollständiger Fusion der AV-Septen bis zu komplett fehlender Fusion entweder infolge ungenügender Ausbildung einer oder beider Septenanlagen oder vollständigen Fehlens, meist des vorderen Septum.

Ob die Entstehung der Spaltungen der septalen Segel von Mitralis und Tricuspidalis ausschließlich auf unvollständige Fusion der AV-Septen zurückgeführt werden kann, muß fraglich bleiben, seitdem bekannt ist, daß die Segelklappen sich nur zu einem ganz geringen Teil aus den AV-Septen entwickeln [Wenink und Gittenberger-de Groot 1985]. Da bei dieser Fehlbildung sehr häufig auch abnorme Chordae tendineae beschrieben sind, ist es wahrscheinlicher anzunehmen, daß diese Fehlbildungen der Klappen durch Störungen bei der Trabekulierung bedingt sind.

Unvollständige Fusion der AV-Septen (persistierender totaler AV-Kanal, common atrioventricular canal) ist eigentlich keine lokale, auf eine Ebene beschränkte Deformation, denn hierbei ist in der Regel auch das Foramen primum erhalten sowie ein Kammerseptumdefekt vorhanden. Da die Kontinuität des Septensystems zwischen Vorhof- und Kammersepten mittels der AV-Septen hergestellt wird, wird verständlich, daß bei ungenügend entwickelten oder fehlenden AV-Septen die Kontinuität des Septensystems unterbrochen wird – und folglich der gemeinsame AV-Kanal in der Regel sowohl mit einem Defekt des Septum primum als auch mit einem Kammerseptum-Defekt kombiniert ist.

Asymmetrische Deformationen in der AV-Ebene resultieren in asymmetrischen AV-Septen, die zu der Entstehung von Stenosen und auch Atresien der Segelklappen Anlaß geben (Abb. 10-66).

Defekte des Kammerseptum

Entsprechend den verschiedenen Anteilen des Kammerseptum werden Defekte im membranösen und muskulären Teil unterschieden. Da an der Bildung der basalen Regionen des Kammerseptum mehrere

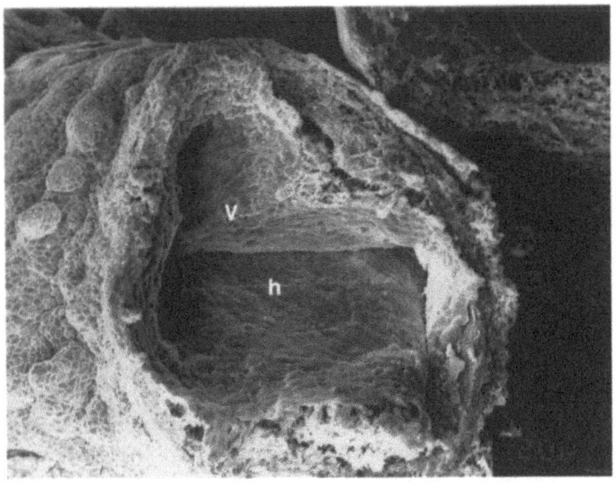

Abb. 10-66. Craniale Ansicht der Atrioventrikular-Ebene eines Hühnerembryo vom 4. Tage der Bebrütung. Infolge abnormer Knickung zwischen Vorhofs- und Kammerregion ist der Querschnitt der Atrioventrikular-Ebene nicht gleichmäßig oval, sondern etwa tropfenförmig, an seinem rechten Umfang nur etwa halb so breit wie links. Dementsprechend ist das vordere AV-Septum (V) atypisch ausgebildet. Die Öffnung des Ostium atrioventriculare dextrum ist wesentlich kleiner als die des Ostium atrioventriculare sinistrum. h = hinteres AV-Septum. Spontan entstandene Fehlbildung.

Komponenten beteiligt sind, sind die Positionen, in denen die Defekte hier beobachtet werden, außerordentlich variabel. Nach Goor et al. [1970] können folgende Lokalisationen unterschieden werden: die infundibulären Defekte in den verschiedenen Regionen oberhalb der Crista supraventricularis, die Defekte im Septum membranaceum, die Defekte im oberen nicht trabekulierten Septum sowie schließlich die seltenen Defekte in der trabekulierten Septumregion. Als wichtigste pathogenetische Mechanismen kommen einmal mangelhafte Verbindungen der Conus-Septen mit dem Kammerseptum in Frage, zum anderen unzureichende Ausbildung des muskulären Septumanteils. Lokale Defekte im trabekulierten Teil kommen wahrscheinlich durch unvollständige Fusion der septalen Trabekel infolge ungenügender Einfaltung bei der Ausbildung des Septum zustande. Als extremer Fall ist hier das vollständige Fehlen des Kammerseptum zu nennen (univentricular heart, single ventricle).

Defekte in der Ausflußbahn

Mangelhafte Fusion der Truncus-Septen bedingt ein **aortico-pulmonales Fenster** in der distalen Ausflußbahn oberhalb der Taschenklappen. Unterbleibt die Verbindung der Truncus-Septen mit dem Septum aorticopulmonale vollständig, entspringt nur ein Gefäß aus dem Herzen, aus dem sowohl die Aorta als auch Coronar- und Lungenarterien hervorgehen **(Truncus arteriosus communis).** In Abhängigkeit von der Formentwicklung im Gebiet des cono-truncalen Knicks können entweder zwei wohlgeformte Taschenklappen oder auch nur eine einzige in der Ventilebene ausgebildet sein. Vom echten Truncus arteriosus communis werden die Formen des früher sogenannten **Pseudotruncus** unterschieden, die dadurch entstehen, daß hier die Septierung der Ausflußbahn ungleichmäßig erfolgt, so daß entweder die Aorta oder die Pulmonalis atretisch sind.

Teilen die Septen die Ausflußbahn ungleichmäßig, so entstehen **Stenosen** oder **Atresien,** entweder in Höhe der Taschenklappen (valvulär) oder darüber (supravalvulär) oder darunter (subvalvulär).

10.8.3 Komplexe Herzfehlbildungen

Transpositionen

Obwohl der Begriff Transposition heute von verschiedenen cardiologischen Schulen unterschiedlich definiert wird und in der Klinik die verschiedensten Klassifizierungsschemata angewandt werden, kann die klassische Definition von Maude Abbott [1927] auch heute noch allgemeine und praktische Gültigkeit haben: „Transposition of the arterial trunks: This may be defined as an alteration in the position of the two great vessels relative to the ventricles of the heart or to each other at their origin, so that they either spring from reversed ventricles, the aorta from the right and the pulmonary from the left chamber (complete transposition), or from the ventricles to which they normally belong, but in a reversed relationship (corrected transposition)".

Die Formenvielfalt der Transpositionen ist ungeheuer groß und die klinische Nomenklatur dementsprechend uneinheitlich, insbesondere auch deswegen, weil die Benennung nicht immer nur nach pathologisch-anatomischen Gesichtspunkten erfolgt, sondern verschiedene Schulen häufig auch unterschiedliche Interpretationen der pathogenetischen Mechanismen in die Nomenklatur eingehen lassen.

Je nach den Verbindungen von Kammern und großen Arterien wird die *komplette Transposition* von der *korrigierten Transposition* unterschieden. Bei der kompletten Transposition gelangt das Blut aus der rechten Kammer über die Aorta in den Körperkreislauf und damit über die systemische Venen in das rechte Herz zurück. Bei der korrigierten Transposition sind die beiden Kreisläufe zwar hintereinandergeschaltet, jedoch wird das venöse Blut aus dem Körperkreislauf aus einer Kammer vom linksventrikulären Typ in die Lungen und das arterielle aus den Lungen aus einer Kammer vom rechtsventrikulären Typ in den Körperkreislauf gepumpt.

Für die Embryologie ist die Entstehung der abnormen Lagebeziehungen der Arterien bzw. der Kammern zueinander von primärem Interesse, weil schon vor dem Abschluß der Septierung alle Anlagengebiete der Herzostien ihre definitiven Lagebeziehungen zueinander haben. Dementsprechend muß zunächst erörtert werden, wie die Entstehung der abnormen Lagebeziehungen der Arterien vorgestellt werden kann, nach welchen Regeln sich die Verbindungen zwischen Gefäßen und Kammern ausbilden und wodurch bestimmt wird, welche der Strombahnen in der Ausflußbahn zur Aorta und welche zur Pulmonalis wird.

Die Lage der Strombahnen in der Ausflußbahn und damit auch die Lage der späteren großen Arterien hängt ab von der Topogenese der Septen: Entstehen die Septenanlagen in der Ausflußbahn dystop, haben die Strombahnen eine vom Normalen abweichende

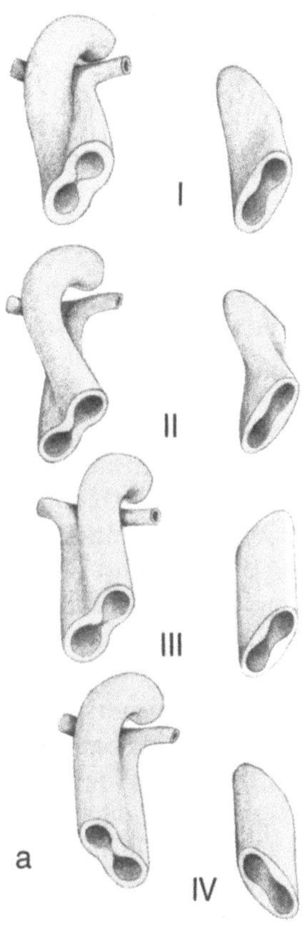

Abb. 10-67a, b. Formale Pathogenese des Formenkreises der Transpositionen.
a) Darstellung des Zusammenhangs zwischen Deformationsrichtung der Ausflußbahn in ihren verschiedenen Ebenen und den Lagebeziehungen der großen Arterien zueinander. Linke Reihe: Zustand des Erwachsenen. Rechte Reihe: hypothetischer Zustand der embryonalen Ausflußbahn. Der besseren Übersicht wegen ist die Krümmung der Ausflußbahn nicht berücksichtigt. I: Normale Entwicklung. In der proximalen Ebene verläuft die Längsachse des ovalen Querschnittes der Strombahn von ventral-links nach dorsal-rechts: das vordere Gefäß liegt links vom hinteren. In der mittleren Ebene liegt die Achse nahezu medio-lateral: beide Gefäße liegen etwa nebeneinander. In der mittleren Ebene verläuft die Achse von ventral-rechts nach dorsal-links, also etwa senkrecht zur proximalen Achse: das linke Gefäß wendet sich nach dorsal, das rechte nach vorn. II: Abnorme Deformationsrichtung nur in der mittleren Ebene: das linke Gefäß überkreuzt das rechte. III: Abnorme Deformationsrichtung in der mittleren und distalen Ebene: das linke Gefäß bleibt auch distal links und vorn. IV: Abnorme Deformationsrichtung in der proximalen und mittleren Ebene: das vordere Gefäß liegt proximal rechts vom hinteren und bleibt auch in der distalen Ebene vorn.
b) Darstellung typischer Formen der Transposition. Zusätzlich zu den Fehlbildungen in der Ausflußbahn sind auch unterschiedliche Lagebeziehungen der Ventrikel berücksichtigt. I, III, VI und VIII: Der rechts gelegene Ventrikel überlagert den links gelegenen. I–IV: normale Deformation in der proximalen Ebene. V–VIII: abnorme Deformation in der proximalen Ebene. III und IV: normale Deformation in der mittleren Ebene. I, II und V–VIII: abnorme Deformationen in der mittleren Ebene. I und II: Das proximal vordere Gefäß überkreuzt das hintere und bleibt vorn. V und VI: Beide Gefäße verlaufen parallel. VII und VIII: Das proximal vordere Gefäß überkreuzt das hintere und gelangt nach hinten. Beachte, daß unabhängig von Lage und Ursprung stets jenes Gefäß Aorta wird, das in der distalen Ebene vorn gelegen ist (vgl. Abb. 10-68b).

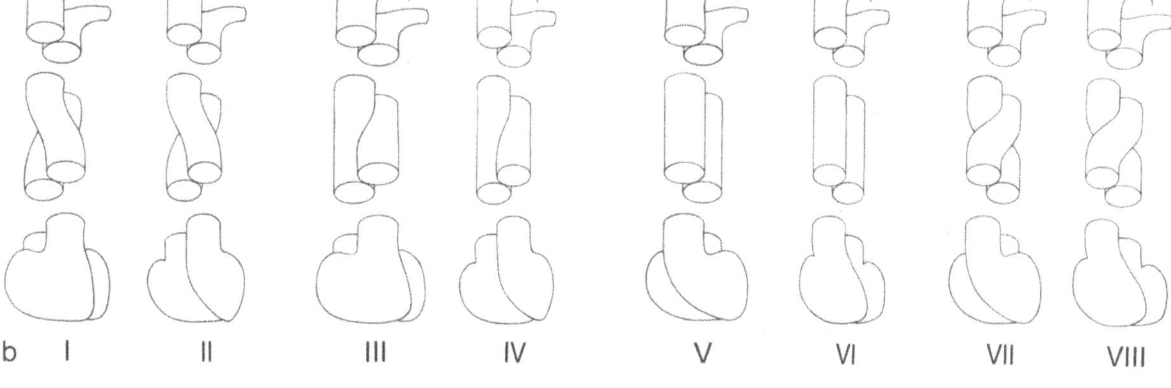

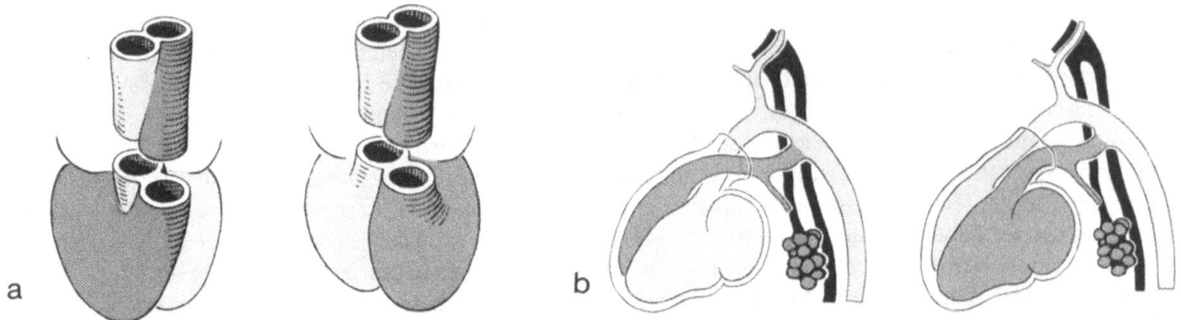

Abb. 10-68a, b. a) Schematische Darstellung der Verbindungen zwischen Ventrikeln und großen Gefäßen: Der vorn liegende Ventrikel entleert sich in das in der proximalen Ebene vorn liegende Gefäß.
b) Schematische Darstellung der Bestimmung des Charakters der großen Gefäße: Das in der distalen Ebene der Ausflußbahn vorn liegende Gefäß wird, unbeschadet seiner Herkunft aus einem rechten oder linken Ventrikel, deswegen zur Aorta, weil die systemischen Pharyngealbogenarterien, die dritte und vierte, oberhalb der pulmonalen, der sechsten Pharyngealbogenarterie, liegen.

Lage zueinander. Derartige Abweichungen können entweder isoliert, also nur proximal, intermediär oder – seltener – distal, auftreten oder kombiniert in zwei oder mehreren Höhen (Abb. 10-67a).

Die Lagebeziehung der Kammern zueinander ist abhängig von der Topogenese des Kammerseptum (Abb. 10-65b). Auch hier kommen alle nur denkbaren Möglichkeiten vor. Bei etwa gleichmäßiger Größe beider Kammern kann entweder die rechte die linke überdecken oder die linke die rechte.

Für die Verbindung der Kammern mit den großen Gefäßen gilt als Regel, daß das Blut aus der vorn liegenden Kammer in jenes Gefäß gelangt, das in der Ventilebene auch vorne liegt, sei es nun aus der rechten Kammer in ein linkes oder rechtes Gefäß und vice versa (Abb. 10-68a).

Entscheidend aber für die klinische Beurteilung der jeweiligen Form der Transposition sind schließlich die Faktoren, durch die bestimmt wird, welche der beiden Strombahnen die aortale und welche die pulmonale wird. Tatsächlich ist die Bestimmung „Aorta“ oder „Pulmonalis“ ausschließlich abhängig von den Lagebeziehungen, die das Gefäß im distalen Abschnitt der Ausflußbahn hat. Da die vierte Pharyngealbogenarterie, die aortale, ventral bzw. cranial von der sechsten, der pulmonalen, liegt, wird stets jene Strombahn die aortale, die in der distalen Höhe der Ausflußbahn ventral liegt (Abb. 10-68b), ganz unabhängig davon, aus welchem Ventrikel dieses Gefäß stammt, und ebenso unabhängig davon, ob es in der Ventilebene ventral oder dorsal liegt (Abb. 10-67b).

Daraus, daß lokal verschiedene Lagebeziehungen der Septen – normale sowohl als auch abnorme – in wenigstens vier Querschnittshöhen miteinander kombiniert sein können, wird die ungeheure Formenvielfalt der Transpositionen verständlich.

Double outlet right ventricle

Diese Form der Fehlbildung ist dadurch charakterisiert, daß beide großen Arterien aus dem rechten Ventrikel entspringen. Das Blut aus der linken Kammer gelangt nur über den rechten Ventrikel in die aortale Ausflußbahn.

Mit unterschiedlichen Techniken ist es verschiedenen Arbeitsgruppen gelungen, im Experiment dadurch einen double outlet right ventricle bei Hühnerembryonen zu erzeugen, daß die Rückbildung der Crista prima verhindert wurde [Rychter und Lemež 1959, Gessner und Van Mierop 1970, Domenech Mateu und Reig Vilallonga 1980, Steding und Seidl 1981].

Da die Kontinuität zwischen dem Kammerseptum und den Septen in der proximalen Ausflußbahn erst dann zustande kommen kann, wenn das Hochrelief der Crista prima sich zurückgebildet hat, verbindet sich die erhalten gebliebene Crista sowohl mit dem vorderen als auch dem hinteren freien Rand des Kammerseptum (Abb. 10-69). Da die Crista prima die dorsale Wand der Ausflußbahn der linken Kammer bildet, entsteht bei ihrem Bestehenbleiben durch ihre Verbindung mit dem Kammerseptum ein einheitliches Hochrelief, dessen Dach von der Crista prima und dessen untere Umfänge vom Kammerseptum gebildet werden. Dadurch kann das Blut aus der linken Kammer nur auf dem Umweg um den freien Rand der Crista prima herum in die aortale Ausflußbahn gelangen. Formal entspricht diese interventrikuläre Kommunikation nicht dem echten Foramen interventriculare, denn dessen obere Begrenzung wird ja normalerweise von den Conus-Septen gebildet.

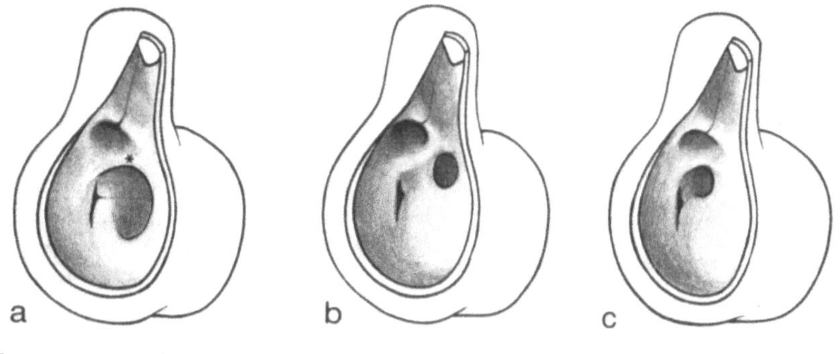

Abb. 10-69a–c. Formale Pathogenese des double outlet right ventricle.
a) Frühstadium. Infolge mangelnder Rückbildung der Crista prima (*) unterbleibt die Verbindung zwischen rechtem Conusseptum und dem hinteren Rand des Kammerseptum: Das Blut aus der linken Kammer kann nur unterhalb der Crista prima durch die interventrikuläre Kommunikation in die Aorta gelangen. Diese oben von der Crista prima und unten vom Kammerseptum begrenzte interventrikuläre Kommunikation entspricht formal nicht dem Foramen interventriculare.
b) und **c)** Double outlet right ventricle mit subpulmonalem (b) und subaortalem (c) „Kammerseptumdefekt". Wächst der hintere Umfang der interventrikulären Kommunikation bevorzugt, entsteht der Defekt mehr ventral, wölbt sich der vordere Umfang der interventrikulären Kommunikation mehr auf, resultiert ein mehr dorsaler Defekt.

Double outlet left ventricle

Diese Fehlbildung ist dadurch charakterisiert, daß beide großen Arterien ganz oder überwiegend aus dem linken Ventrikel entspringen. Obwohl formal dem double outlet right ventricle ähnlich, sind die Faktoren der Entstehung hier vollkommen andere. Embryologisch ist diese Fehlbildung deswegen von besonderem Interesse, weil sie lange Zeit für eine „embryologische Unmöglichkeit" gehalten wurde [Van Mierop und Wiglesworth 1963], bis erst 1970 der erste Fall zweifelsfrei diagnostiziert wurde [Paul et al. 1970]. Bis Ende der 70er Jahre wurden nur 35 Fälle beschrieben [Van Praagh und Weinberg 1977], dennoch ist der double outlet left ventricle ein interessantes Beispiel für die Bedeutung dystoper Septen. Typisch für diese Form ist ein mehr oder weniger deutlich nach rechts verlagerter Übergang des vorderen Kammerseptum in das murale Myocard, was am Herzen des Neugeborenen häufig als zu kleine rechte Kammer imponiert. Es ist vermutet worden, daß durch die abnorme Lageentwicklung besonders des vorderen Teils des Kammerseptum die normale Kontinuität zwischen ihm und dem linken Conus-Septum nicht hergestellt werden kann, so daß durch Verbindung des vorderen freien Randes des Kammerseptum entweder mit dem rechten Conus-Septum oder mit dem oberen AV-Septum die Kontinuität des Septensystems unterbrochen ist (Abb. 10-70) [Steding und Seidl 1981]. Aus der abnormen Verbindung des Kammerseptum mit rechtem Conus- oder oberem AV-Septum kann auch die ungewöhnliche, beim double outlet left ventricle häufig basale und anteriore Lage des Kammerseptumdefekts verstanden werden. Auch Fälle mit vollständigem Kammerseptum sind berichtet worden [Paul et al. 1970].

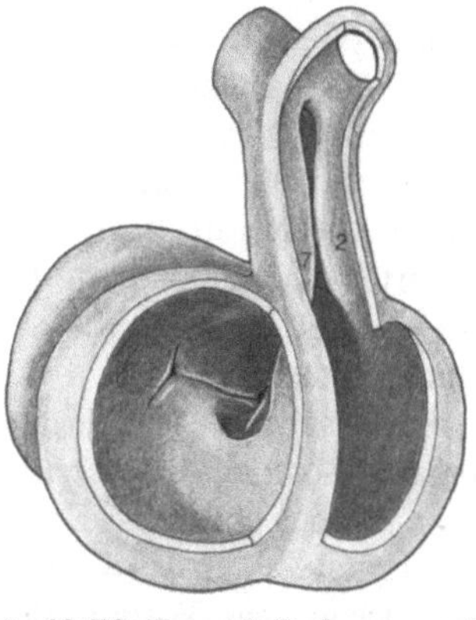

Abb. 10-70. Formale Pathogenese des double outlet left ventricle. Der vordere freie Rand des Kammerseptum ist dystop. Er liegt so weit rechts, daß er nicht wie normal mit dem linken Conusseptum (2) in Verbindung kommt. Statt dessen erhält er Verbindung mit dem rechten Conusseptum (7). Durch diese abnorme Verbindung des Kammerseptum wird die Ausflußbahn der rechten Kammer von der Pulmonalis gesondert, und die Pulmonalis entspringt aus dem linken Ventrikel.

Fallot'sche Tetrade

Die Merkmale dieser Fehlbildung sind 1. Stenose oder Atresie der pulmonalen Ausflußbahn einschließlich abnormer Lagebeziehungen der Crista supraventricularis, 2. Kammerseptumdefekt, 3. sogenannte „überreitende" Aorta, d.h. die Aorta liegt so über dem Kammerseptumdefekt, daß sie Blut aus beiden Ventrikeln erhält, und schließlich 4. Hypertrophie des rechten Ventrikels. Von diesen Symptomen interessieren hier nur die ersten drei, da sich die Hypertrophie der rechten Kammer als Folge ihrer Druckbelastung sekundär ausbildet.

Bei der Pathogenese scheint die Ausbildung der Stenose in der pulmonalen Ausflußbahn der bestimmende Faktor zu sein. Es kann vermutet werden, daß

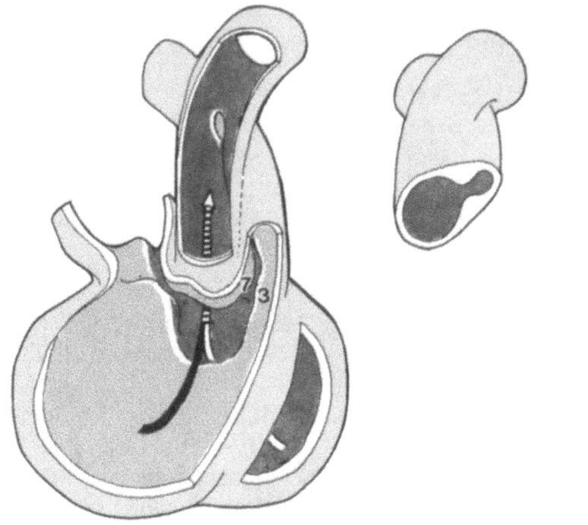

Abb. 10-71. Formale Pathogenese der Fallot'schen Tetrade. Formal kann als primäre Fehlbildung eine Dystopie der Conussepten angenommen werden: Infolge abnormer Deformation der Strombahn im cono-truncalen Grenzgebiet teilen die Conussepten das einheitliche Lumen nicht gleichmäßig. Die abnorm weit links entstehenden Conussepten (3, 7) bedingen eine zu kleine pulmonale (Pulmonalstenose) und eine größere aortale Strombahn. Weil das rechte Conusseptum (7) zu weit links entstanden ist, unterbleibt die Ausbildung seiner vollständigen Verbindung mit dem hinteren Rand des Kammerseptum: Als Folge bleibt das Foramen interventriculare geöffnet (Kammerseptumdefekt), und die zu große Aorta überreitet den Kammerseptumdefekt.

die primäre Störung im cono-ventrikulären Grenzbereich zu suchen ist: Entwickelt sich hier ein tropfenförmiger Querschnitt (Abb. 10-71), so wird dadurch nicht nur die pulmonale Strombahn verengt, sondern gleichzeitig damit entstehen auch die Conus-Septen zu weit links. Dies bedingt die abweichenden Lagebeziehungen der Crista supraventricularis und auch die Entstehung des Kammerseptumdefekts, denn durch die linke Position der Conus-Septen wird ihre Verbindung mit den freien Rändern des Kammerseptum erschwert, so daß das Septum membranaceum unvollständig bleibt [Steding und Seidl 1981].

Entsprechend dem Grad der Dystopie der Conus-Septen sind die Ausmaße des Überreitens der Aorta verschieden, so daß auch Fälle ohne überreitende Aorta beschrieben sind, die wegen der Abweichungen der Crista supraventricularis von isolierten Pulmonalstenosen abgegrenzt werden können [Guntheroth und Kawabori 1977].

Der in schweren Fällen, also bei weit überreitender Aorta, deutlich vergrößerte Durchmesser der Aorta wurde als sekundäre Folge ihrer gesteigerten Durchblutung [Shaner 1954] interpretiert. Nach der oben beschriebenen Vorstellung über die Pathogenese der Fallot'schen Tetrade entsteht aber die vergrößerte Aorta als Folge der dystopen Septen. Vergleichende klinische Messungen des Blutflusses bei verschiedenen Fehlbildungen mit gesteigertem Aortenfluß bestätigen diese Interpretation [Guntheroth und Kawabori 1977].

10.8.4 Fehlbildungen der herznahen großen Arterien

Bei den Umformungen der symmetrischen Pharyngealbogenarterien zu den Ästen des Aortenbogen-Komplexes spielen neben den Obliterationsprozessen auch Septierungsprozesse eine Rolle: im Bereich der distalen Ausflußbahn des Herzens, im Gebiet des Saccus aorticus, am Übergang der Pharyngealbogenarterien in die dorsalen Aorten sowie am Zusammenfluß der dorsalen Aorten. Die unterschiedlichen Mechanismen und Lokalitäten dieser Prozesse sind wohl der Anlaß dafür, daß Störungen bei der Entwicklung der großen herznahen Arterien sehr häufig sind und eine nahezu unüberschaubare Formenvielfalt präsentieren. Genaue Angaben über die Häufigkeit von derartigen Fehlbildungen sind allerdings kaum zu erwarten, da die Mehrzahl dieser Entwicklungsstörungen völlig symptomfrei sind, so daß sie klinisch nur zufällig diagnostiziert werden. Da aber gerade die symptomfreien Variationen der Gefäßursprünge oder -verläufe *(normal variations)* eine wichtige Basis für das Verständnis der Pathogenese liefern, sollen im folgenden die wichtigsten Fehlbildungen und „normal variations" ohne Berücksichtigung ihrer klinischen Bedeutung beschrieben werden.

Fehlbildungen des Aortenbogens

Der **doppelte Aortenbogen** (Abb. 10-72a) resultiert aus dem Erhaltenbleiben der rechten dorsalen Aorta. Die Aorta ascendens teilt sich ventral der Trachea in einen linken und einen rechten Arcus. Beide Arcus vereinigen sich dann hinter dem Oesophagus zur Aorta descendens, die entweder rechts oder links liegt. Die Formen dieses „vascular ring" sind außerordentlich variabel, weil der doppelte Aortenbogen mit rechts- oder linksseitigem Ductus arteriosus oder mit einer aberrierenden A. subclavia dextra kombiniert sein kann. Häufig ist auch der linke Aortenbogen zwischen linker A. carotis und subclavia atretisch.

Atresie des rechten Aortenbogens (4. rechte Pharyngealbogenarterie und dorsale rechte Aorta bis zum Abgang der A. subclavia dextra) (Abb. 10-72b) führt dazu, daß die rechte A. subclavia über den erhalten gebliebenen distalen Abschnitt der dorsalen rechten Aorta als letzter Ast des linken Aortenbogens entspringt. Ihr Anfangsteil verläuft deswegen typischerweise hinter dem Oesophagus. Wegen dieser Lagebeziehungen zum Oesophagus kommt es häufig zu Kompressionen des Oesophagus mit Schluckbeschwerden **(Dysphagia lusoria).**

Die Entstehung des **rechten Aortenbogens** kann formal mit einer spiegelbildlich verkehrten Ausbildung der interarteriellen Septen und der entsprechenden Obliterationen erklärt werden.

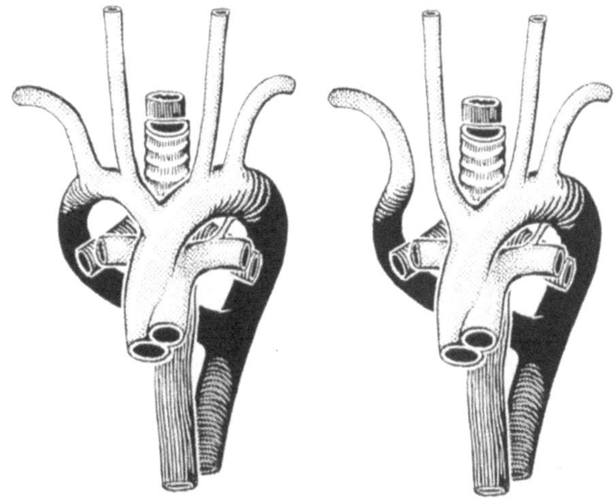

Abb. 10-72a, b. a) Typische Form des doppelten Aortenbogens (aortic vascular ring). Der dorsal des Oesophagus liegende Aortenbogen entsteht aus der erhalten bleibenden paarigen rechten Aorta dorsalis.
b) Sog. „Dysphagia lusoria": Infolge der Obliteration der vierten rechten Pharyngealbogenarterie wird die A. subclavia dextra aus dem normalerweise obliterierenden Abschnitt der paarigen dorsalen rechten Aorta gebildet und entspringt als letzter Ast des Aortenbogens. Ihr Anfangsteil liegt retrooesophageal.

Andere – klinisch bedeutsame – Fehlbildungen im Bereich des Arcus aortae sind dadurch gekennzeichnet, daß systemische Arterien, wie z.B. Aorta descendens, A. carotis communis oder A. subclavia aus der pulmonalen Strombahn gespeist werden.

Der **Ursprung der rechten A. subclavia aus der rechten A. pulmonalis** entsteht als Folge des Erhaltenbleibens des rechtsseitigen Ductus arteriosus, kombiniert mit Obliteration der vierten rechten Pharyngealbogenarterie und der dorsalen rechten Aorta distal des Abgangs der A. subclavia (Abb. 10-73a).

Als **Unterbrechung, Atresie** oder **Fehlen des Aortenbogens** wird eine Reihe morphologisch sehr verschiedener Fehlbildungen bezeichnet, denen gemeinsam ist, daß der Truncus pulmonalis sich in die Aorta descendens fortsetzt. Je nach Lage der Unterbrechung gehen die Aa. subclaviae und carotides beider Körperseiten aus der Aorta hervor (Abb. 10-73b), oder entweder die rechte oder die linke oder auch beide Subclaviae entspringen aus der Pulmonalis (Abb. 10-73d–i). Auch ist berichtet, daß linke Carotis communis und linke Subclavia aus dem Truncus pulmonalis gespeist werden können (Abb. 10-73f).

Formal kann die Pathogenese der Mehrzahl der Unterbrechungen des Aortenbogens als Folge von abnormen Obliterationen bzw. vom Erhaltenbleiben normalerweise obliterierender Abschnitte der Pharyngealbogenarterien und/oder der dorsalen paarigen Aorten vorgestellt werden.

Jedoch sind für einige Formen auch Fehlverbindungen der interarteriellen Septen im Saccus aorticus, kombiniert mit abnormen Obliterationen, als Ursachen in Betracht zu ziehen: Fehlerhafte Anschlüsse von systemischen Arterien an die pulmonale Strombahn können dadurch entstehen, daß sich nicht die beiderseitigen Schenkel des Septum aorticopulmonale miteinander verbinden (Abb. 10-73cI), sondern abnorme Verbindungen mit anderen interarteriellen Septen eingehen (Abb. 10-73cII und cIV sowie Abb. 10-73cIII und cV).

Variationen des Verzweigungsmusters der Äste des Aortenbogens

Die Abgänge der Aa. subclaviae und carotides vom Aortenbogen sind in so großem Maße variabel, daß hier nur die häufigsten und embryologisch interessierenden erwähnt werden können. Eine Übersicht findet sich bei Mc Donald und Anson [1940], Edwards [1968] und Nizankowski et al. [1975].

Das Verzweigungsmuster der Äste des Aortenbogens ist vom Wachstum der interarteriellen Septen abhängig: So ist der Ursprung der rechten Aa. subclavia und Carotis communis aus einem gemeinsamen Stamm, dem Truncus brachiocephalicus, formal dadurch bedingt, daß das rechte Septum carotico-aorticum nicht soweit gegen die Stromrichtung vorwächst wie das der linken Seite (Abb. 10-63). Ist das doch der Fall, entspringen rechte A. carotis communis und A. subclavia mit gesonderten Stämmen aus dem Aortenbogen (Abb. 10-74a). Wächst das linke Septum carotico-aorticum weiter über die Mittellinie stromaufwärts, so entspringt auch die linke A. carotis communis aus dem Truncus brachiocephalicus (*Truncus brachiocephalicus bicaroticus,* Abb. 10-74b). Ist das Wachstum des Septum intercaroticum reduziert, so resultiert der Abgang beider Carotiden in einem gemeinsamen Stamm aus dem Aortenbogen (Abb. 10-74c). Wächst außerdem statt des rechten das linke Septum carotico-aorticum mehr gegen die Mittellinie vor, so resultiert der Ursprung beider Aa. carotides communes in einem gemeinsamen Stamm aus dem Truncus brachiocephalicus (Abb. 10-74d).

Coarctation der Aorta

Als Coarctation **(Aortenisthmusstenose)** wird eine lokale übermäßige Verengung in dem Gebiet der Aorta zwischen A. subclavia sinistra und Ductus arteriosus bezeichnet, in dem schon normalerweise die Aorta eine Engstelle (Isthmus aortae) aufweist.

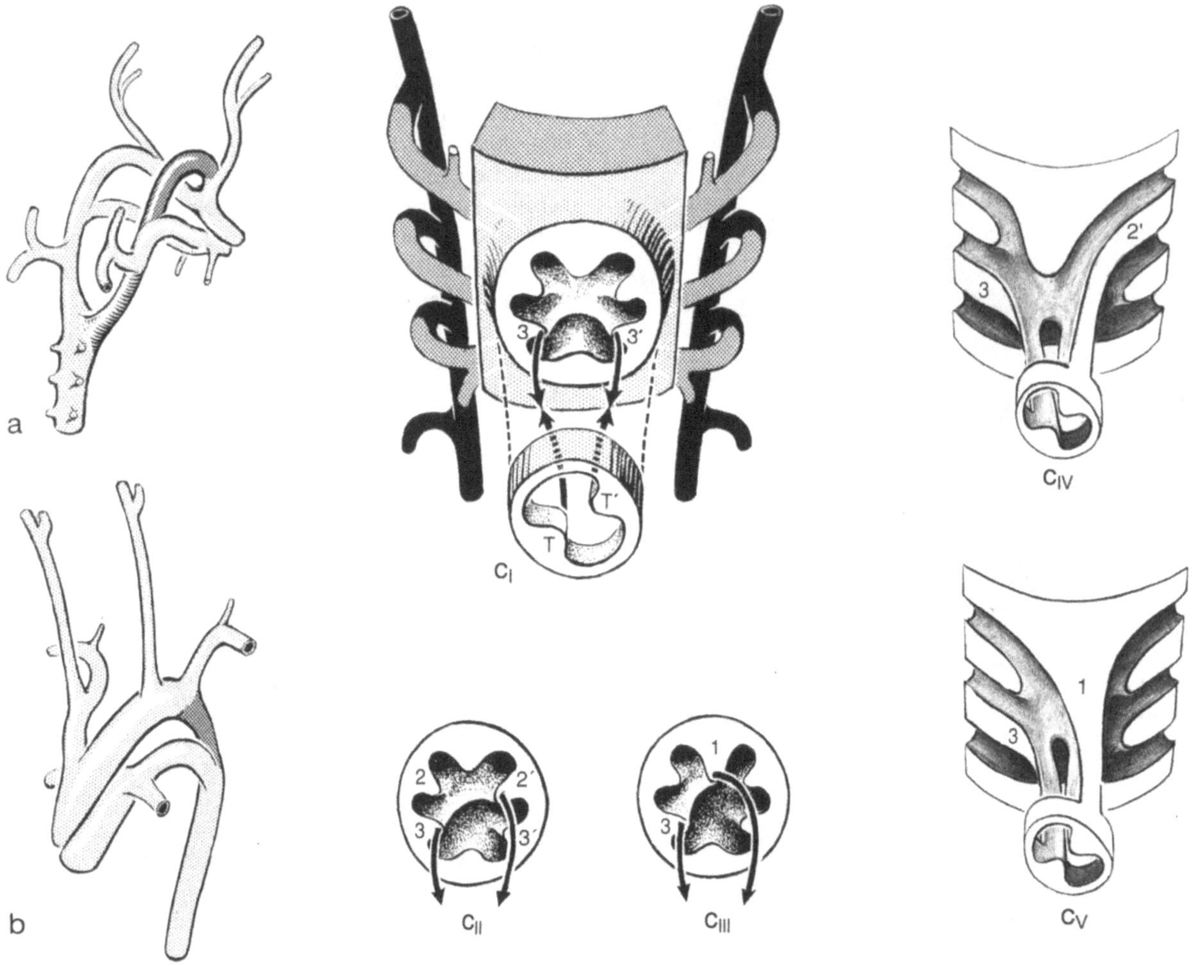

Abb. 10-73a–i. Formale Pathogenese typischer Formen der Unterbrechung des Aortenbogens.
a, b) Beispiele für die Entstehung von Fehlbildungen des Aortenbogenkomplexes aufgrund von abnormen Obliterationen.
a) Infolge abnormer Obliteration der rechten vierten Pharyngealbogenarterie (dunkler Raster) und abnormen Erhaltenbleibens des rechten Ductus arteriosus bei normaler Obliteration der rechten dorsalen Aorta distal des Abgangs der rechten A. subclavia (schraffiert) entspringt die rechte A. subclavia aus der sechsten Pharyngealbogenarterie (Fall h).
b) Infolge abnormer Obliteration der linken dorsalen Aorta (dunkler Raster) und Erhaltenbleibens des linken Ductus arteriosus wird die Aorta descendens aus der sechsten Pharyngealbogenarterie gespeist (Fall d).
c) Beispiele für die Entstehung von Fehlbildungen des Aortenbogenkomplexes aufgrund von abnormen Verbindungen des interarteriellen Septensystems. I: Schematische Darstellung der normalen Unterteilung des Saccus aorticus. Ansicht des eröffneten Saccus aorticus von ventral. Die beiderseitigen freien Ränder des Septum aortico-pulmonale (3 und 3′) verbinden sich mit den Truncussepten (T und T′) und teilen die pulmonale von der systemischen Strombahn zwischen vierter und sechster Pharyngealbogenarterie. II–V: Beispiele für Früh- und Spätstadien fehlerhafter Verbindungen der interarteriellen Septen im Saccus aorticus und deren Zusammenhang mit den Truncussepten. II: Durch abnorme Verbindung des linken Septum aortico-caroticum (2′) mit dem rechten Schenkel des Septum aortico-pulmonale (3) wird die vierte linke Pharyngealbogenarterie aus der pulmonalen Strombahn gespeist. In IV ist ein späteres Stadium dieser Form dargestellt. III: Durch abnorme Verbindung des Septum intercaroticum (1) mit dem rechten Schenkel des Septum aortico-pulmonale (3) werden die dritte und vierte linke Pharyngealbogenarterie aus der pulmonalen Strombahn gespeist. Das entsprechende Spätstadium ist in V dargestellt. Für den Einzelfall ist formal nicht zu klären, ob die in II und IV dargestellten Formen des Abgangs der linken A. subclavia (vgl. Abb. 10-73e, h, i) nicht auch ausschließlich durch Obliteration der vierten linken Pharyngealbogenarterie entstehen können.
d)–i) Typische Formen der Unterbrechung des Aortenbogens. [Nach: Edwards 1968]. Die Aorta descendens (schwarz) wird aus dem offenen Ductus arteriosus gespeist. Die aus der pulmonalen Strombahn gespeisten Gefäße sind dunkler dargestellt.
d) Unterbrechung des Aortenbogens distal der linken A. subclavia. Zwei Trunci brachiocephalici entspringen aus der Aorta ascendens.
e) Unterbrechung des Aortenbogens distal der linken A. carotis communis. Truncus brachiocephalicus und linke A. carotis communis werden aus der aortalen, die linke A. subclavia aus der pulmonalen Strombahn gespeist.
f) Unterbrechung des Aortenbogens distal des Truncus brachiocephalicus. Die großen Arterien der linken Körperseite werden aus dem Truncus pulmonalis, die der rechten aus der Aorta ascendens gespeist.
g) Rechte und linke A. carotis communis und linke A. subclavia werden aus der aortalen Strombahn, die rechte A. subclavia aus der pulmonalen gespeist.

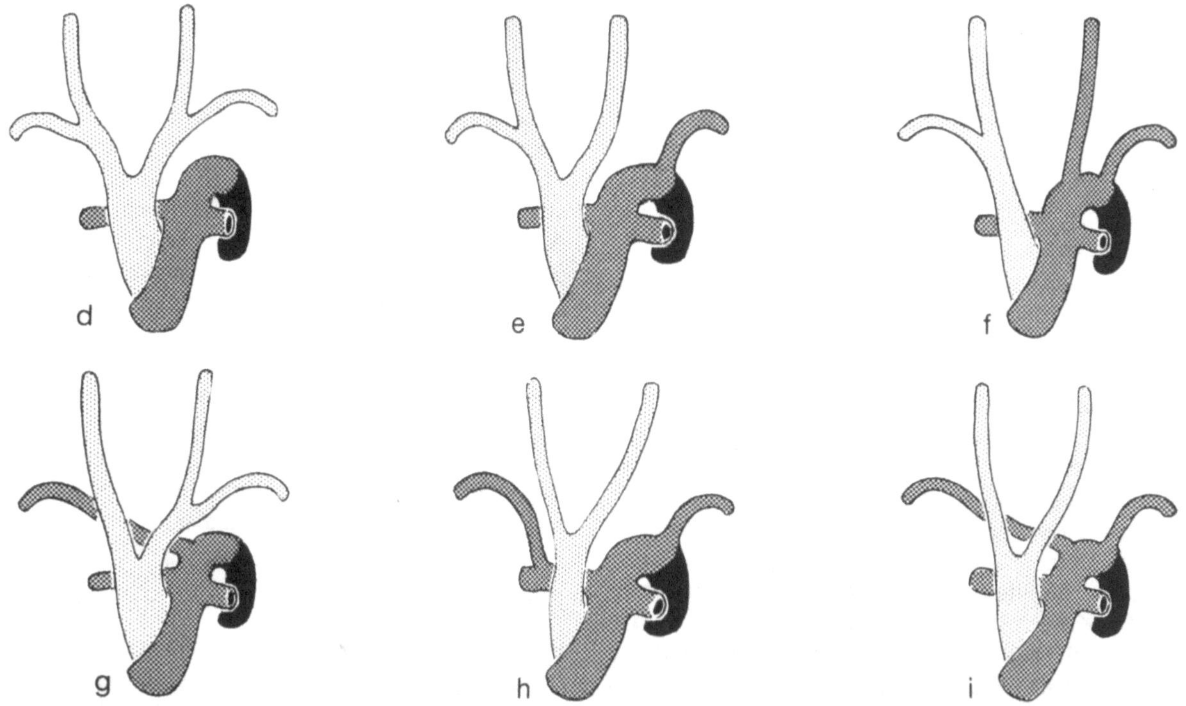

Abb. 10.73 d–i

h) Unterbrechung des Aortenbogens distal der linken A. carotis communis. Die rechte A. subclavia entspringt aus der rechten A. pulmonalis.

i) Unterbrechung des Aortenbogens distal der linken A. carotis communis. Rechte und linke A. subclavia werden aus der pulmonalen Strombahn gespeist.

Abb. 10-74a–d. Formale Genese typischer Variationen des Abgangs der großen Arterien aus dem Aortenbogen.

a) Fehlen des Truncus brachiocephalicus, gesonderter Abgang von A. subclavia dextra und A. carotis communis dextra aus dem Aortenbogen: das rechte Septum aortico-caroticum (3) wächst mehr stromaufwärts als normal. Die Abgangsstelle der A. carotis communis sinistra wird durch das Septum intercaroticum (2) bestimmt (vgl. Abb. 10-74b).

b) Truncus brachiocephalicus bicaroticus, Abgang der rechten und linken A. carotis communis aus dem Truncus brachiocephalicus: Das Septum intercaroticum (2) weicht nach rechts ab, das linke Septum aortico-caroticum (3) wächst abnorm weit stromaufwärts.

c) Truncus bicaroticus aortalis, Abgang beider Aa. carotides communes in einem gemeinsamen Stamm aus dem Aortenbogen: Das Septum intercaroticum (2) bleibt im Wachstum zurück, das rechte Septum aortico-caroticum (3) wächst mehr als normal stromaufwärts.

d) Truncus bicaroticus brachiocephalicus, Abgang beider Aa. carotides communes in einem gemeinsamen Stamm aus dem Truncus brachiocephalicus: Das Septum intercaroticum (2) bleibt im Wachstum zurück, das linke Septum aortico-caroticum (3) wächst abnorm weit stromaufwärts.

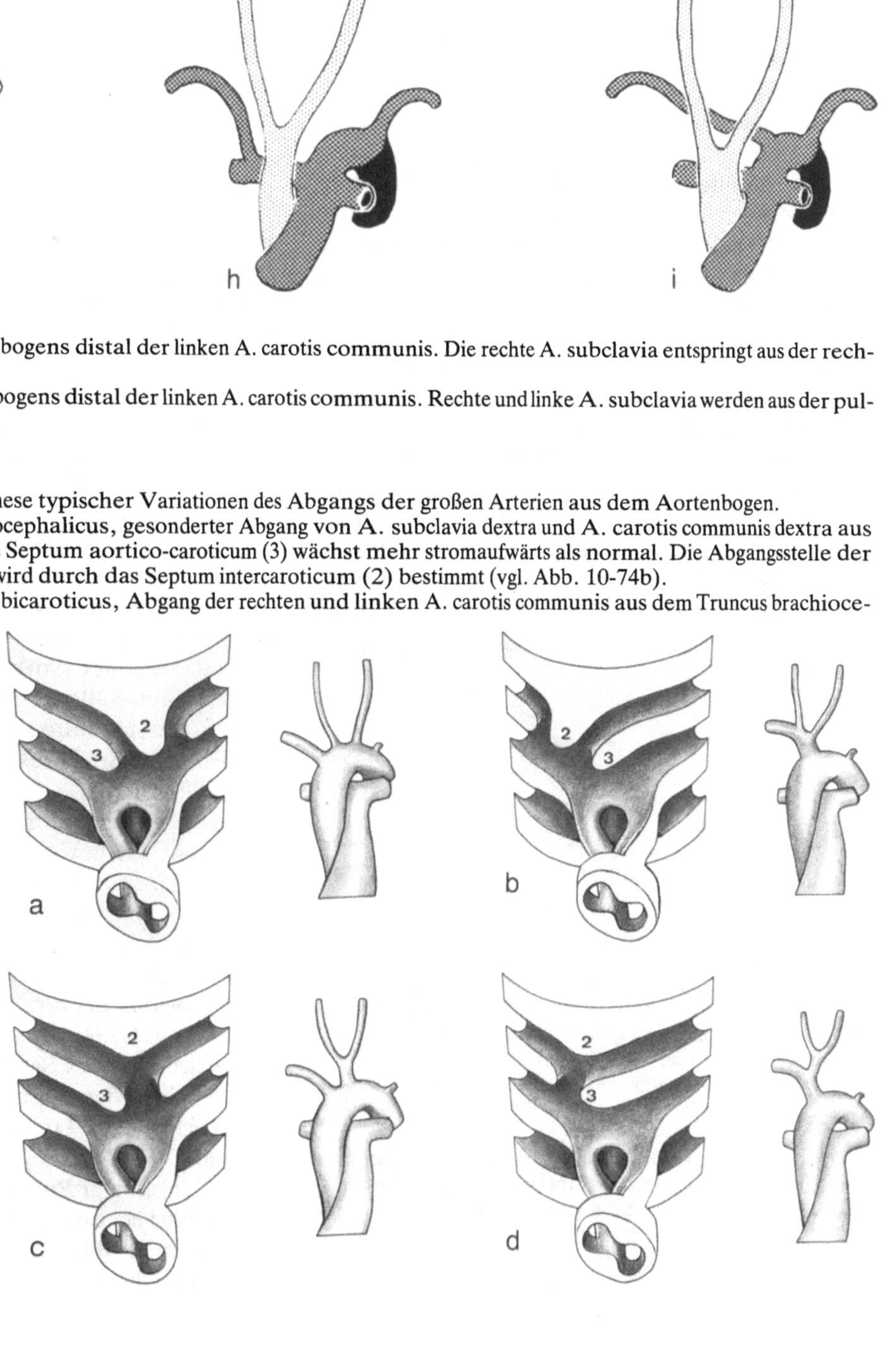

Die Coarctation ist bedingt durch ein von einem mehr oder weniger großen Bogenstück des dorsalen Umfangs der Aorta membranartig in das Lumen ragendes Hochrelief, das aus Intima und Media besteht und das Lumen mehr oder weniger einengt. Auch komplette Verschlüsse durch derartige Membranen sind berichtet. Gelegentlich werden auch lokale Verengungen an der Mündung der A. subclavia beobachtet.

Die formale Pathogenese dieser Obstruktion wurde im Zusammenhang mit dem Verschluß des Ductus arteriosus [Skoda 1855] diskutiert, auf die Ausbreitung des ductalen Gewebes in die Wand der Aorta zurückgeführt [Wielenga und Dankmeijer 1968] oder durch hypoplastische Entwicklung eines Aortensegmentes erklärt [Pellegrini und Fani 1963]. Auch haemodynamische Ursachen wie gesteigerter Blutfluß im Truncus pulmonalis mit prae- oder postnataler Manifestierung werden genannt [Bremer 1948, Krediet 1965, Rudolph et al. 1972]. Hutchins [1971, 1972] hat darauf aufmerksam gemacht, daß die stenosierende Einfaltung histologisch den normalen Gewebsspornen an Arterienverzweigungen gleicht.

Beobachtungen an Hühnerembryonen zeigen, daß ebenso wie im Gebiet des Saccus aorticus auch dorsal das Verzweigungsmuster der herznahen Arterien vom Wachstum der interarteriellen Bindegewebskörper abhängt [Steding et al. 1983]. Danach kann die Coarctation auf abnormes Wachstum der intraarteriellen Septen am Abgang der A. subclavia zurückgeführt werden. Wenn entweder das obere oder das untere dieser Septen weiter als normal in das Lumen der Aorta hineinwächst, entsteht entweder eine distal oder proximal des Abgangs der A. subclavia gelegene Verengung des Lumens der Aorta (Abb. 10-75). Die distal der A. subclavia gelegenen Verengungen werden in der Klinik nach ihren Lagebeziehungen zum Ductus arteriosus als *prae-* und *post-ductale* unterschieden (*kindlicher* und *Erwachsener-Typ*).

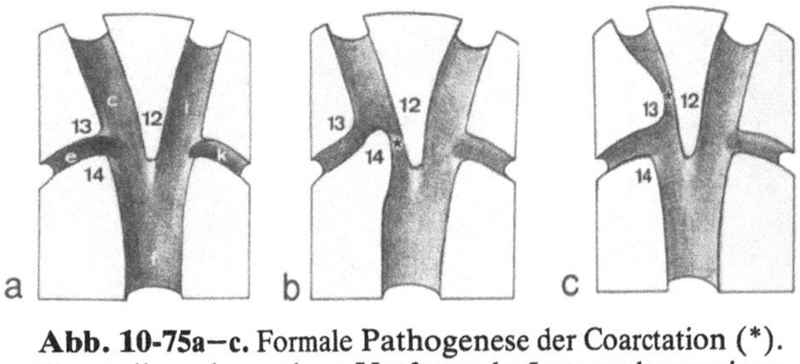

Abb. 10-75a–c. Formale Pathogenese der Coarctation (*). Darstellung des vorderen Umfangs des Lumens der paarigen Aorten (c und i) und der unpaaren Aorta (f) sowie der linken A. subclavia (e) in der Ansicht von dorsal.
a) Normale Konfiguration des oberen (13) und unteren (14) Septum aortico-subclavium. 12 = Septum interaortale. k = rechte A. subclavia.
b) Infolge des abnorm weit in das Lumen reichenden unteren Umfangs des Septum aortico-subclavium entsteht eine Verengung (*) distal des Abgangs der A. subclavia.
c) Infolge des abnorm weit in das Lumen reichenden oberen Umfangs des Septum aortico-subclavium entsteht eine Verengung (*) proximal des Abgangs der A. subclavia.

Abzugrenzen von der typischen Coarctation sind aus embryologischer Sicht die Unterbrechungen der Aorta (siehe oben) und die Hypoplasien der Aorta über eine längere Strecke, die sogenannten tubulären Hypoplasien, deren Entstehungsmodus unbekannt ist.

Das Offenbleiben des Ductus arteriosus, die Entstehung des **persistierenden Ductus arteriosus** ist kein embryologisches Problem. Zudem sind die Mechanismen des normalerweise bald nach der Geburt erfolgenden Verschlusses bis heute nicht vollständig verstanden (siehe Kapitel 13. Fetaler Kreislauf).

Fehlbildungen der Pulmonalarterien

Die Fehlbildungen des Truncus pulmonalis und der Pulmonalarterien sind deswegen recht vielgestaltig, weil nicht nur Störungen im Gebiet der Ausflußbahn und der Pharyngealbogenarterien Abweichungen in Ursprung und Anordnung der Lungengefäße bedingen, sondern auch Störungen bei der Umformung der ursprünglichen systemischen Äste (siehe Abschnitt 10.7.2) zu den Lungenknospen abnorme pulmonale Versorgungsverhältnisse verursachen können.

Folgende Gruppen von Fehlbildungen sind die wichtigsten: Beide Pulmonalarterien sind vorhanden, aber eine oder beide entspringen aus der Aorta ascendens; eine Pulmonalarterie fehlt, die Versorgung der entsprechenden Lunge wird von Ästen aus dem Arcus aortae oder der Aorta descendens übernommen. Ferner sind die Fälle zu erwähnen, in denen bei Atresie des Truncus pulmonalis die Versorgung beider Lungen vollständig aus systemischen Arterien erfolgt.

Der Abgang beider Pulmonalarterien aus der Aorta findet sich gewöhnlich beim Truncus arteriosus communis (Abb. 10-76a).

Der Ursprung einer, meistens der rechten Pulmonalarterie aus der Aorta kann mit einer mangelhaften Entwicklung des rechten Schenkels des Septum aortico-pulmonale erklärt werden: Nur das vordere (linke) Truncus-Septum erhält Verbindung mit dem linken Schenkel des Septum aortico-pulmonale, das sich vermittels des Septum interpulmonale mit dem hinteren (rechten) Truncus-Septum verbindet (Abb. 10-76b).

Das Fehlen einer Pulmonalarterie resultiert aus der Obliteration der entsprechenden sechsten Pharyngealbogenarterie. Die Versorgung der betreffenden Lunge wird dann von dem schon erwähnten Plexus

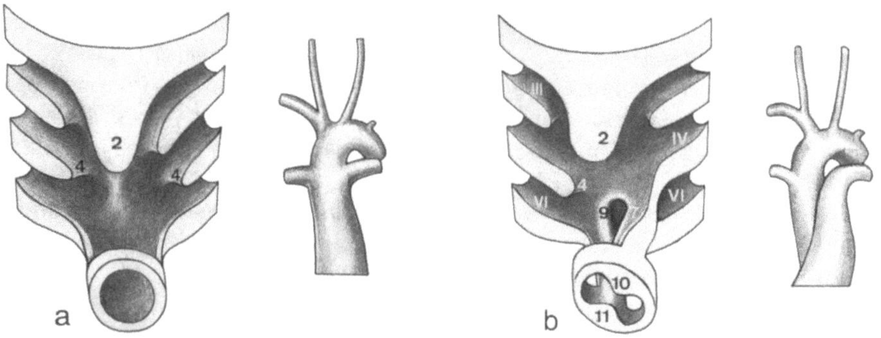

Abb. 10-76a, b. Abgang der Pulmonalarterien aus der Aorta ascendens.
a) Abgang beider Pulmonalarterien aus der Aorta ascendens: Das Septum aortico-pulmonale (4) ist bei gleichzeitigem Fehlen der Truncussepten nicht stromaufwärts gewachsen (Truncus arteriosus communis verus). 2 = Septum intercaroticum.
b) Abgang der rechten Pulmonalarterie aus der Aorta ascendens: Die rechte Anlage des Septum aortico-pulmonale (4) ist im Wachstum zurückgeblieben, die linke Anlage (7) hat über das Septum interpulmonale (9) Verbindung zu den Truncussepten (10 und 11) erhalten. 2 = Septum intercaroticum. III, IV, VI = dritte, vierte und sechste Pharyngealbogenarterie

aus der Aorta übernommen. Diese Gefäße entsprechen nicht den Bronchialarterien, sondern müssen als erhaltene Äste des frühen, aus der Aorta stammenden Plexus pulmonalis aufgefaßt werden [Jefferson et al. 1972]. Dies macht die große Variabilität ihrer Ursprünge von der Aorta descendens verständlich.

10.8.5 Fehlbildungen der herznahen großen Venen

Der außerordentliche Formenreichtum der Fehlbildungen der herznahen großen Venen ist dadurch bedingt, daß die Einflußbahn des Herzens (Sinus venosus) und das primär symmetrische System der Cardinal-, Vitello-umbilical- und Subcardinal-Venen tiefgreifenden Veränderungen, insbesondere durch Rückbildung ursprünglicher Stämme (V. cava superior sinistra, V. umbilicalis dextra, V. cardinalis inferior sinistra) und Ausbildung neuer Hauptstämme aus kapillaren Plexus (V. brachiocephalica sinistra, Vv. pulmonales), unterzogen werden. Da sowohl bei systemischen als auch bei pulmonalen Venen nahezu jede nur denkbare Fehlmündung beschrieben worden ist, kann im folgenden nur eine kurze Übersicht über die embryologisch interessantesten Formen gegeben werden.

Fehlbildungen der Hohlvenen und des Sinus coronarius

Die Entwicklung des Hohlvenensystems ist durch die Transformation der ursprünglich symmetrischen oberen Cardinalvenen und ihrer ebenfalls symmetrischen Mündungen in die primitive Einflußbahn des Herzens charakterisiert. Das gleiche gilt für die Neubildung der unteren Hohlvene aus hepatischen, posthepatischen, renalen und praerenalen Segmenten (siehe Kapitel 13). Dementsprechend resultieren Fehlmündungen der Hohlvenen aus dem Erhaltenbleiben normalerweise sich zurückbildender Abschnitte des primitiven paarigen System und aus Störungen bei der Integration des Sinus venosus in den rechten Vorhof. Eng damit in Zusammenhang stehen Abweichungen bei der Entwicklung des Sinus venosus und seiner Klappen.

Am häufigsten bleibt die linke V. cava superior erhalten. Erfolgt die Abfaltung des Sinus venosus regelrecht, mündet sie über den Sinus coronarius in den rechten Vorhof. Erfolgt die Abgliederung des Sinus venosus nicht regelrecht, d.h. wird der Sinus venosus nicht vom linken Vorhof abgegliedert, so „fehlt" der Sinus coronarius und die obere linke Hohlvene mündet oberhalb der Lungenvenen in den linken Vorhof. Die Coronarvenen münden in diesem Fall direkt in die entsprechenden Vorhöfe.

Die Anastomose zwischen rechter und linker Cava, die V. brachiocephalica sinistra, kann bei persistierender linker Hohlvene ausgebildet sein oder auch fehlen. In seltenen Fällen kann auch die obere rechte Hohlvene obliteriert sein, so daß das venöse Blut aus rechter Subclavia und Jugularis über die rechte V. brachiocephalica in die persistierende linke obere Hohlvene fließt.

Abgesehen vom oben schon erwähnten „Fehlen" sind andere Fehlbildungen des Sinus coronarius wie Hypoplasie oder Atresie, Verbindungen zu beiden Vorhöfen oder zur V. cava inferior selten. Hier sind schließlich noch **Fehlbildungen der Sinusklappen** zu nennen, die daraus resultieren, daß sie nicht in ihrem relativen Wachstum zurückbleiben.

Je nachdem, welche Klappe in welchen Regionen als Membran erhalten bleibt, wird entweder der alte Sinusteil mit den Mündungen der Hohlvenen und des Sinus vom eigentlichen Vorhofsteil mit der Tricuspidalis gesondert (rechte Klappe vollständig erhalten), oder nur das Mündungsgebiet beider Venae cavae, nur die V. cava inferior oder nur die Mündung des Sinus coronarius ist separiert.

Sind von den erhaltenen Klappen infolge multipler Perforationen nur einzelne netzartige Stränge erhalten, spricht man von Chiari'schen Netzen [Chiari 1897].

Abschließend seien noch die wichtigsten Fehlbildungen im Bereich der V. cava inferior erwähnt. Eine **doppelte V. cava inferior** entsteht als Folge mangelhafter Rückbildung des linksseitigen Subcardinal-Systems. Beide Stämme vereinigen sich im Gebiet der oberen Queranastomose der Subcardinalvenen, so daß über das praehepatische Segment das Blut aus beiden Venen zum Herzen geleitet wird.

Die **Unterbrechung der V. cava inferior** (Fehlen der V. cava inferior) tritt gewöhnlich unterhalb der Einmündung der Lebervenen auf, die direkt in den rechten Vorhof münden. Das Blut der V. cava fließt über die V. azygos ab. Diese Fehlbildung resultiert aus der mangelhaften Entwicklung des Plexus, der sich normalerweise zwischen dem hepatischen und dem praehepatischen Segment der V. cava inferior ausbildet.

Die seltenen **Verbindungen der V. cava inferior mit dem linken Vorhof** sind in ihrer Entstehung ungeklärt und embryologisch nur schwer verständlich. Möglicherweise wird eine Mündung im linken Vorhof durch persistierende Venenklappen nur vorgetäuscht [Lucas und Schmidt 1977].

Fehlbildungen der Pulmonalvenen

Die Entwicklung der Pulmonalvenen ist dadurch charakterisiert, daß der venöse Abfluß der Lungenknospen primär nicht über die Pulmonalvenen direkt zum Herzen, sondern über den sogenannten Plexus pulmonalis in die Cardinal- und Vitello-umbilicalvenen erfolgt: Der Stamm der Pulmonalvenen, vom linken Vorhof auswachsend, kommt erst sekundär in Verbindung mit dem Plexus pulmonalis.

Aus Störungen dieser beiden Prozesse lassen sich die Fehlbildungen der Lungenvenen ableiten: Aus Störungen bei der Entwicklung der V. pulmonalis communis und damit im Gefolge erhalten bleibender Verbindungen des primitiven Plexus pulmonalis mit systemischen Venen resultieren die abnormen Mündungen aller oder einzelner Lungenvenen in den systemischen Venen, entweder im Stromgebiet der rechten und linken Cardinalvene oder auch der Vitello-umbilicalvenen (sogenannte infradiaphragmatische Mündungen). Aus Störungen bei der Eingliederung der V. pulmonalis communis in den linken Vorhof ergeben sich das **Cor triatriatum** und die verschiedenen Formen der Stenosen der Lungenvenen. Der Eindruck eines „dritten“ Vorhofs wird durch die mächtige Auftreibung des Stammes der V. pulmonalis communis erweckt, der sich durch eine häufig nur sehr enge Öffnung in den eigentlichen linken Vorhof entleert [Van Praagh und Corsini 1969]. Auch kann der Stamm der V. pulmonalis communis an seiner Mündung vollkommen verschlossen sein, wobei nahezu beliebige Verbindungen das venöse Blut ableiten: in den rechten Vorhof, in die linke V. brachiocephalica oder auch in infradiaphragmatische Venen. Auch die Mündung nur der linken Pulmonalvenen in den „dritten“ Vorhof kommt vor.

Bei den **Fehlmündungen** unterscheidet man klinisch die „totalen“ anomalen Verbindungen der Lungenvenen (sämtliche Lungenvenen münden im rechten Vorhof oder seinen zugehörigen Venen des Cava- oder Azygos-Systems) von den „partiellen“ (nur einzelne Venen meistens nur einer Lunge münden nicht im linken Vorhof). Bei der ersten Form münden alle Lungenvenen entweder „supracardial“ in die rechte oder erhaltene linke obere Hohlvene bzw. die V. brachiocephalica sinistra, „cardial“ in den rechten Vorhof oder den Sinus coronarius, oder sie münden „infracardial“ (infradiaphragmatisch) in die V. portae, den Ductus venosus, die V. hepatica oder auch die V. cava inferior.

Die partiellen anomalen Verbindungen der Lungenvenen sind durch breitgestreute Variabilität gekennzeichnet: supracardiale, cardiale und subcardiale Mündungen in nahezu allen systemischen Venenstämmen kommen vor.

Die Mündung aller Lungenvenen im rechten Vorhof wird auf abnorme Lageentwicklung des Septum primum zurückgeführt [Edwards 1953], denn die V. pulmonalis communis ist bereits bei Embryonen im Stadium 13 nachweisbar, in einem Zeitraum, in dem das Septum primum erst zu entstehen beginnt [Neill 1956].

Die übrigen Formen der abnormen Verbindungen der Pulmonalvenen, sowohl die vollständigen als auch die partiellen, werden auf mangelnde Entwicklung der V. pulmonalis communis oder auf Entwicklungsstörungen im Sinne einer Atresie zurückgeführt. Die verschiedenen Mündungen der Lungenvenen ergeben sich formal aus den erhalten bleibenden Anteilen des primitiven Plexus der Lungenknospen: Bleiben die Verbindungen zur rechten Cardinalvene erhalten, münden die Lungenvenen in deren Stromgebiet, entweder in der V. cava superior, der V. brachiocephalica dextra oder der V. azygos. Bleiben die Verbindungen des Lungenplexus mit dem System der linken Cardinalvene erhalten, so münden die Lungenvenen entweder im Sinus coronarius, der linken V. brachiocephalica oder aber in einer perisistierenden V. cava superior sinistra. Bleiben die caudalen Verbindungen des primitiven Lungenplexus erhalten (vgl. Abb. 10-59), entstehen die infradiaphragmatischen Mündungen, indem sich aus dem Plexus ein Hauptstamm ausbildet, der meistens vor dem Oesophagus durch das Zwerchfell tritt und sich mit einer der infradiaphragmatischen Venen verbindet.

Zum Schluß muß hervorgehoben werden, daß die hier erwähnten Formen der Fehlbildungen des Herzens und der herznahen großen Gefäße nur einen kleinen Ausschnitt aus der gesamten Kasuistik darstellen, der ausgewählt wurde, um einen ersten Überblick über die Fehlbildungen als Grenzfälle des Normalen zu geben und um die Grundzüge der formalen Pathogenese darzulegen. Auch muß noch einmal darauf hingewiesen werden, daß jede Vorstellung über die Pathogenese nur hypothetisch bleibt und nur solange als Arbeitsgrundlage dienen kann, bis sie durch eine bessere Hypothese ersetzt wird.

10.9 Literaturverzeichnis

Abbott ME (1927) Transposition or reversed torsion of the arterial trunks. In: Osler W, McCrae T (eds) Modern Medicine, 3rd edn, Vol 4. Lea und Febiger, Philadelphia
Abel W (1913) Further observations on the development of the sympathetic nervous system in the chick. J Anat Physiol 47:35–72
Allen FD (1962/63) Establishment of the cardiac primordium in human embryos at presomite stages. Annu Rep Director Dept Embryol Carnegie Inst, Washington, pp 465–466
Anderson RH, Becker AE (1982) Anatomie des Herzens. Ein Farbatlas. Thieme, Stuttgart
Anderson RH, Becker AE, Wenink ACG, Janse MJ (1976) The development of the cardiac specialized tissue. In: Wellens HJJ, Lie KI, Janse MJ (eds) The conduction system of the heart. Stenfer und Kroese, Leiden, pp 3–28
Anderson RH, Taylor IM (1972) Development of atrioventricular specialized tissue in the human heart. Br Heart J 34:1205–1214
Anderson RH, Yen HS, Becker AE, Gosling JA (1978) The development of the sinoatrial node. In: Bonke FIM (ed) The sinus node. Structure, function and clinical relevance. Nijhoff, The Hague, pp 116–182
Antoni H (1983) Funktion des Herzens. In: Schmidt RF, Thews G (Hrsg) Physiologie des Menschen, 21. Aufl. Springer, Berlin Heidelberg New York Tokyo, S 391–433
Argüello G, De la Cruz MV, Sanchez C (1978) Ultrastructural and experimental evidence of myocardial cell differentiation into connective tissue cells in embryonic chick heart. J Mol Cell Cardiol 10:307–315
Asami I (1969) Beitrag zur Entwicklung des Kammerseptums im menschlichen Herzen mit besonderer Berücksichtigung der sogenannten Bulbusdrehung. Z Anat Entw Gesch 128:1–17
Bankl H (1977) Congenital malformations of the heart and great vessels. Urban und Schwarzenberg, Baltimore München
Barry A (1942) The intrinsic pulsation rates of fragments of embryonic chick heart. J Exp Zool 91:119–130
Barry A (1948) The functional significance of the cardiac jelly in the tubular heart of the chick embryo. Anat Rec 102:289–298
Barry A (1951) The aortic arch derivatives in the human adult. Anat Rec 111:221–238
Beneke R (1920) Über Herzbildung und Herzmißbildung als Funktionen primärer Blutstromformen. Ein Beitrag zur Entwicklungsmechanik. Beitr Pathol Anat 67:1–27
Bennett HS (1936) The development of blood supply to the heart in the embryo pig. Am J Anat 60:27–53
Benninghoff A (1923) Über die Beziehung des Reizleitungssystems und der Papillarmuskeln zu den Konturfasern des Herzschlauches. Anat Anz Erg H 57:185–208
Benninghoff A (1930) Blutgefäße und Herz. I: Die erste Entstehung der Gefäße und des Herzens. In: von Möllendorff W (Hrsg) Handbuch der mikroskopischen Anatomie des Menschen, Bd VI/I. Springer, Berlin
Bernard C (1975) Establishment of ionic permeabilities of the myocardial membrane during embryonic development of the rat. In: Lieberman M, Sano T (eds) Developmental and physiological correlates of cardiac muscle. Perspectives in cardiovascular research, vol 1. Raven Press, New York, pp 169–184
Bernays AC (1876) Entwicklungsgeschichte der Atrioventrikularklappen. Morphol Jb 2:478–518
Bersch W, Doerr W (1976) Reitende Gefäße des Herzens. Homologiebegriff und Reihenbildung, 1. Abh. S-B Heidelberger Akad Wiss Math Nat Kl
Blechschmidt E (1961) Die vorgeburtlichen Entwicklungsstadien des Menschen. Karger, Basel
Bogusch G (1979) Electron microscopic investigations on the differentiation of purkinje cells in the ontogenetic development of the chicken heart. Anat Embryol 155:259–271
Born G (1889) Beiträge zur Entwicklungsgeschichte des Säugetierherzens. Arch Mikr Anat 33:284–378
Boucek RJ, Murphy WP, Paff GH (1959) Electrical and mechanical properties of chick embryo heart chambers. Circ Res 7:787–793
Breitenstein TH (1981) Über die Temperaturabhängigkeit des embryonalen Elektrokardiogramm. Med. Dissertation, Göttingen
Bremer JL (1929) The influence of the bloodstream on the development of the heart. Anat Rec 42:6
Bremer JL (1932) The presence and influence of two spiral streams in the heart of the chick embryo. Am J Anat 49:409–440
Bremer JL (1948) Coarctation of the aorta and the aortic isthmuses. Arch Pathol 45:425–434
Broman I (1906) Über die Entwicklung, Wanderung und Variation der Bauchaortenzweige bei den Wirbeltieren. Ergeb Anat Entw Gesch 16:639–745
Broman I (1908) Über die Entwickung und „Wanderung" der Zweige der Aorta abdominalis beim Menschen nebst Bemerkungen über Gefäßwurzelwanderungen im allgemeinen. Anat H 36:405–549
Butler E (1935) The developmental capacity of regions of the unincubated chick blastoderm as tested in chorioallantoic grafts. J Exp Zool 70:357–389

Butler JK (1952) An experimental analysis of cardiac loop formation in the chick. Med Thesis, Texas

Canale CD, Campbell GR, Smolich JJ, Campbell JH (1986) Cardiac muscle. In: Oksche A, Vollrath L (eds) Handbook of Microscopic Anatomy, vol II/7. Springer, Berlin Heidelberg New York Tokyo

Chacko K (1972) Ultrastructural observations on mitosis in myocardial cells of the rat embryo. Am J Anat 135:305–310

Challice CE, Viragh S (1973) The architectural development of the early mammalian heart. Tissue Cell 6:447–462

Cheresh DA (1987) Human endothelial cells synthesize and express an Arg-Gly-Asp directed adhesion receptor involved in attachment to fibrinogen and von Willebrand factor. Proc Natl Acad Sci USA 84:6471–6475

Chiari H (1897) Über Netzbildungen im rechten Vorhof des Herzens. Beitr Pathol Anat Allg Pathol 22:1–10

Christ B, Wachtler F (1988) Chimären in der entwicklungsbiologischen Forschung. Naturwissenschaften 75: 183–190

Christ B, Jacob HJ, Jacob M (1979) Über Gestaltungsfunktionen der Somiten bei der Entwicklung der Körperwand von Hühhnerembryonen. Verh Anat Ges 73:509–518

Christ B, Poelmann RE, Jacob HJ, Flamme I, Krenn V, Gittenberger-de Groot AC, Peault B, Geiger R (1988) Immunhistochemische Untersuchungen zur Angiogenese in frühen Vogelembryonen. Verh Anat Ges 83

Clark EB (1985) Ventricular function and cardiac growth in the chick embryo. In: Ferrans VJ, Rosenquist G, Weinstein C (eds) Cardiac Morphogenesis. Elsevier, New York Amsterdam Oxford, pp 238–244

Coffin JD, Poole TJ (1988) Embryonic vascular development: immunhistochemical identification of the origin and subsequent morphogenesis of the major vessel primordia in quail embryos. Development 102:735–748

Colvee E, Hurle JM (1981) Maturation of the extracellular material of the semilunar heart valves in the mouse. A histochemical analysis of collagen and mucopolysaccharides. Anat Embryol 162:343–352

Congdon ED (1922) Transformation of the aortic – arch system during the development of the human embryo. Contrib Embryol Carnegie Inst Wash 14:47–110

Conte G, Grieco M (1980) Sulla Distribuzione della gelantina cardiaca in un embrione umano di 3 mm. Quad Anat Prat 36:77–83

Conte G, Pellegrini A (1984) On the development of the coronary arteries in human embryos stages 14–19. Anat Embryol 169:209–218

Cormier F, Dieterlen-Lièvre F (1988) The wall of the chick embryo aorta harbours M-CFC, G-CFC, GM-CFC and BFM-E. Development 102:279–285

Cormier F, De Paz P, Dieterlen-Lièvre F (1986) In vitro detection of cells with monocytic potentiality in the wall of the chick embryo aorta. Dev Biol 118:167–175

Crum R, Szabo S, Folkman J (1985) A new class of steroids inhibits angiogenesis in the presence of heparin or a heparin fragment. Science 230:1375–1378

Davis CL (1924) The cardiac jelly of the chick embryo. Anat Rec 27:201–202

Davis CL (1927) Development of the human heart from its first appearance to the stage found in embryos of twenty paired somites. Contrib Embryol Carnegie Inst Wash 19:245–284

De Haan RL (1961) Differentiation of the atrioventricular conduction system of the heart. Circulation 24:458–470

De Haan RL (1963a) Migration patterns of the precardiac mesoderm in the early chick embryo. Exp Cell Res 29:544–560

De Haan RL (1963b) Regional organization of pre-pacemaker cells in the cardiac primordia of the early chick embryo. J Embryol Exp Morphol 11:65–76

De Haan RL (1965) Development of pacemaker tissue in the embryonic heart. Ann NY Acad Sci 127:7–18

De Haan RL, Mc Donald TF, Sachs HG (1975) Development of tetrodotoxin sensitivity of embryonic chick heart cells in vitro. In: Lieberman M, Sano T (eds) Developmental and physiological correlates of cardiac muscle. Perspectives in cardiovascular research, vol 1. Raven Press, New York, pp 155–168

De la Cruz MV, Gimenez Ribotta M, Saravalli O, Cayre R (1983) The contribution of the inferior endocardial cushion of the atrioventricular canal to cardiac septation and the the development of the atrioventricular valves: study in the chick embryo. Am J Anat 166:63–72

De la Cruz MV, Gomez CS, Arteaga MM, Argüello G (1977) Experimental study of the development of the truncus and the conus in the chick embryo. J Anat 123:661–686

Domenech Mateu JM, Reig Vilallonga J (1980) Defectos de tabicacion interventricular y doble salida de ventriculo derecho producidos experimentalmente en embrion de pollo. Analisis causal. Rev Esp Cardiol 33:147–156

Edwards JE (1953) Pathologic and developmental considerations in anomalous pulmonary venous connection. Proc Staff Meet Mayo Clin 28:441–452

Edwards JE (1968) Congenital malformations of the heart and great vessels. H. Malformations of the thoracic aorta. In: Gould SE (ed) Pathology of the Heart. Thomas, Springfield, Ill., pp 391–454

Eisenstein R, Sorgente N, Soble LW, Miller A, Knettner KE (1973) The resistance of certain tissues to invasion penetrability of explanted tissues by vascularized mesenchymic. Am J Pathol 73:765–774

Evans HM (1911) Die Entwicklung des Blutgefäßsystems. In: Keibel F, Mall FP (Hrsg) Handbuch der Entwickungsgeschichte des Menschen, Bd. 2. Hirzel, Leipzig, S 551–688

Faber JJ (1968) Mechanical function of the septating embryonic heart. Am J Physiol 214:475–481

Faber JJ, Green TG, Thornburg KL (1974) Embryonic stroke volume and cardiac output in the chick. Dev Biol 41:14–21

Fano G, Badano F (1890) Etude physiologique des premiers stades de developpement du coeur embryonnaire du poulet. Arch Ital Biol 13:387–422

Field EJ (1951) The development of the conducting system in the heart of sheep. Br Heart J 13:129–147

Fingl E, Woodburry LA, Hecht HH (1952) Effects of innervation and drugs upon direct membrane potentials of embryonic chick myocardium. J Pharmacol Exp Ther 104:103–114

Folkman J (1985) Tumor angiogenesis. Adv Cancer Res 43:175–203

Folkman J (1986) Growth control in capillary endothelium. In: Steinberg MS (ed) The cell surface in development and cancer. Dev Biol 3:101–110

Folkman J, Haudenschild C (1980) Angiogenesis in vitro. Nature 288:551–556

Frazer JE (1916) The formation of the pars membranacea septi. J Anat Physiol 51:19–29

Fukutake K (1925) Beiträge zur Histologie und Entwicklungsgeschichte des Herznervensystems. Z Anat Entw Gesch 76:592–639

Gardner E, O'Rahilly R (1976) The nerve supply and conducting system of the human heart at the end of the embryonic period proper. J Anat 121:571–587

Gargouil YM, Bernard CL (1971) Ontogeny of the myocardial membrane permeabilities. Int Congr Physiol 25:196

Gauer OH (1960) Kreislauf des Blutes. In: Rosemann HU (Hrsg) Landois-Rosemann: Lehrbuch der Physiologie des Menschen. 1. Bd, 28. Aufl. Urban und Schwarzenberg, München Berlin, S 65–186

Gessner IH, Lorincz AE, Bostroem H (1965) Acid mucopolysaccharide content of the cardiac jelly of the chick embryo. J Exp Zool 160:291–298

Gessner IH, Van Mierop LHS (1970) Experimental production of cardiac defects: the spectrum of dextroposition of the aorta. Am J Cardiol 25:272–278

Goerttler K (1955) Durchströmungsversuche an Glasmodellen embryonaler Herzanlagen. Verh Dtsch Ges Pathol 38:220–223

Goerttler K (1963) Entwicklungsgeschichte des Herzens. In: Bargmann W, Doerr W (Hrsg) Das Herz des Menschen, vol 1. Thieme, Stuttgart, S 21–87

Golub DM (1929) Über den fünften Aortenbogen beim Menschen. Z Anat Entw Gesch 90:690–693

Goor DA, Dische R, Lillehei CW (1972) The conotruncus. I: Its normal inversion and conus absorption. Circulation 46:375–384

Goor DA, Edwards JE, Lillehei CW (1970) The development of the interventricular septum of the human heart: Correlative morphogenetic study. Chest 58:453–467

Grant RP (1962) The embryology of ventricular flow pathways in man. Circulation 25:756–779

Grant RT (1926) Development of the cardiac coronary vessels in the rabbit. Heart 13:261–271

Gross WO (1980) Organisation durch Herzfibroblasten in der Kultur. Anat Anz Erg H 150:583

Grzybiak M, Szostakiewicz-Sawicka H (1981) Über die Verbindung der Papillarmuskeln mit der Mitralklappe in der Ontogenese des Menschen und Phylogenese der Primaten. Acta Anat 111:52

Guntheroth WG, Kawabori I (1977) Tetrad of Fallot. In: Moss AJ, Adams FH, Emmanouilides GC (eds) Heart disease in children and adolescents, 2nd edn. Williams und Wilkins, Baltimore, pp 176–289

Hahn H (1908) Experimentelle Studien über die Entstehung des Blutes und der ersten Gefäße beim Hühnchen. Anat Anz 33:153–167

Harh JY, Paul MH (1975) Experimental cardiac morphogenesis. I: Development of the ventricular septum in the chick. J Embryol Exp Morphol 33:13–28

Hendrix MJC, Morse DE (1977) Atrial septation. I: Scanning electron microscopy in the chick. Dev Biol 57:345–363

Hensen V (1876) Beobachtungen über die Befruchtung und Entwicklung des Kaninchens und Meerschweinchens. Z Anat Entw Gesch 1:213–273, 352–432

Heuser CA (1930) A human embryo with 14 pairs of somites. Contrib Embryol Carnegie Inst Wash 22:135–153

Hinrichsen K (1972) Embryologische Aspekte eines Schwangerschaftsabbruchs. Theol-Prakt Quart Schr 120:224–230

Hirakow R (1983) Development of the cardiac blood vessels in staged human embryos. Acta Anat 115:220–230

Hirakow R, Hiruma T (1981) Scanning electron microscopic study on the development of primitive blood vessels in chick embryos at the early somite stage. Anat Embryol 163:299–306

Hirakow R, Hiruma T (1983) TEM-studies in development and canalization of the dorsal aorta in the chick embryo. Anat Embryol 166:307–315

His W (1885) Anatomie menschlicher Embryonen. III: Zur Geschichte der Organe des Herzens. Vogel, Leipzig

His W (1891) Die Entwicklung des Herznervensystems bei Wirbeltieren. Abh Kgl Sächs Ges Wiss Math Phys Kl 18:1–64

His W (1900) Lecithoblast and Angioblast der Wirbeltiere. Abh Kgl Sächs Ges Wiss Math Nat Kl 22

Ho E, Shimada Y (1978) Formation of the epicardium studied with the scanning electron microscope. Dev Biol 66:579–585

Hochstetter F (1906) Die Entwicklung des Blutgefäßsystems (des Herzens nebst Herzbeutel und Zwerchfell, der Blut- und Lymphgefäße, der Lymphdrüsen und der Milz in der Reihe der Wirbeltiere). In: Hertwig O (Hrsg) Handbuch der vergleichenden und experimentellen Entwicklungslehre der Wirbeltiere, Bd 3, 2. Teil. Fischer, Jena, S 21–166

Hoff EC, Kramer TC, Patten BM (1939) The development of the electrocardiogram of the embryonic heart. Am Heart J 17:470–488

Huggel H (1959) Experimentelle Untersuchungen über die Automatie, Temperaturabhängigkeit und Arbeit des embryonalen Fischherzens, unter besonderer Berücksichtigung der Salmoniden und Scylliorhiniden. Z Vergl Physiol 42:63–102

Hutchins GM (1971) Coarctation of the aorta explained as a branch-point of the ductus arteriosus. Am J Pathol 63: 203–210

Hutchins GM (1972) Two Secondary Lesions: Coarctation of the aorta and idiopathic endocardial fibroelastosis. Birth Defects 8:24–26

Hyams VJ, Manion WC (1968) Incomplete differentiation of the cardiac valves. A report of 197 cases. Am Heart J 76:173–182

Ingalls NW (1920) A human embryo at the beginning of segmentation, with special reference to the vascular system. Contrib Embryol Carnegie Inst Wash 11:61–90

Ishima Y (1968) The effect of tetrodotoxin and sodium substitution on the action potential in the course of development of the embryonic chicken heart. Proc Jpn Acad 44:170–175

Jaffee OC (1965) Hemodynamic factors in the development of the chick embryo heart. Anat Rec 151:69–76

James T (1970) Cardiac conduction system: Fetal and postnatal development. Am J Cardiol 25:213–226

Jefferson K, Rees S, Somerville J (1972) Systemic arterial supply to the lungs in pulmonary atresia and its relation to pulmonary artery development. Br Heart J 34:418–427

Johnson RC, Manasek FJ, Vinson WC, Seyer JM (1974) The biochemical and ultrastructural demonstration of collagen during early heart development. Dev Biol 36:252–271

Kallenbach P (1987) Über die embryonale Herzaktion. Zusammenhänge zwischen EKG und Kontraktion. Med. Dissertation, Göttingen

Kaminski M, Kaminska G, Majewski S (1978) Inhibition of new blood vessel formation in mice by systemic administration of human rib cartilage extract. Experientia 34:490–491

Kaufman MH, Navaratnam V (1981) Early differentiation of the heart in mouse embryos. J Anat 133:235–246

Kinsella MG, Fitzharris TP (1980) Origin of cushion tissue in the developing chick heart: Cinematographic recordings of in situ formation. Science 207:1359–1360

Kirby ML, Gale TF, Stewart DE (1983) Neural crest cells contribute to normal aorticopulmonary septation. Science 220:1059–1061

Kramer TC (1942) The partitioning of the truncus und conus and the formation of the membranous portion of the interventricular septum in the human heart. Am J Anat 71:343–370

Krediet P (1965) An hypothesis of the development of coarctation in man. Acta Morphol Neerl Scand 6:207–212

Kuhn HJ, Liebherr G (1987) The early development of the heart of tupaia belangeri, with reference to other mammals. Anat Embryol 176:53–63

Kuhn HJ, Liebherr G (1988) The early development of the epicardium in tupaia belangeri. Anat Embryol 177:225–234

Kurkiewicz T (1909) O histgenezie mięśnia sercowego zwierząt kręgowych. Zur Kenntnis der Histogenese des Herzmuskels der Wirbeltiere. Bull Acad Sci Cracovie 6:148–191

Le Douarin G, Obrecht G, Coraboeuf E (1964) Activité electrique transmembranaire du coeur embryonnaire de poulet explante en culture organotypic. C R Acad Sci 258:3911

Leak LV, Burke JF (1964) The ultrastructure of human embryonic myocardium. Anat Rec 149:623–649

Lepori NG (1967) Research on heart development in chick embryo under normal and experimental conditions. Monit Zool Ital 1:159–183

Licata RH (1954) The human embryonic heart in the ninth week. Am J Anat 94:73–125

Licata RH (1956) A continuation study of the development of the blood supply of the human heart. II: The deep or intramural circulation. Anat Rec 124:326

Lieberman M (1970) Physiologic development of impulse conduction in embryonic cardiac tissue. Am J Cardiol 25:279–284

Lieberman M, Paes de Carvalho A (1965a) The electrophysiological organization of the embryonic chick heart. J Gen Physiol 49:351–363

Lieberman M, Paes de Carvalho A (1965b) The spread of excitation in the embryonic chick heart. J Gen Physiol 49:365–379

Lippert H (1982) Lehrbuch der Anatomie nach dem Gegenstandskatalog. Urban und Schwarzenberg, München

Locy WA (1907) The Fifth and Sixth aortic arches in birds and mammals. Proc 7th Int Zool Congr Cambridge 7:242–249

Los JA (1958) De embryonale ontwikkeling van de venae pulmonales en de sinus coronarius bij de mens (The development of the pulmonary veins and the coronary sinus in the human embryo). Doctoral Thesis, Leiden

Los JA (1960) Die Entwicklung des septum sinus venosi cordis. Die Herzentwickung des Menschen von einer vergessenen Struktur aus untersucht. Z Anat Entw Gesch 122:173–196

Los JA (1969) Embryology. In: Watson H (ed) Paediatric Cardiology. Lloyd Luc, London

Los JA, Van Eijndthoven E (1973) The fusion of the endocardial cushions in the heart of the chick embryo. A light-microscopical and electron-microscopical study. Z Anat Entw Gesch 141:55–75

Lucas RV, Schmidt RE (1977) Anomalous venous connections, pulmonary and systemic. In: Moss AJ, Adams FH, Emmanouilides GC (eds) Heart disease in infants, children und adolescents, 2nd edn. Williams und Wilkins, Baltimore, pp 437–470

Ludwig E (1928) Über einen operativ gewonnenen menschlichen Embryo mit einem Ursegment (Embryo DA-I). Morphol Jb 59:41–104

Mall FP (1912) On the development of the human heart. Am J Anat 13:249–298

Manasek FJ (1968) Embryonic development of the heart. I: A light and electron microscopic study of myocardial development in the early chick embryo. J Morphol 125:329–365

Manasek FJ (1970) Histogenesis of the embryonic myocardium. Am J Cardiol 25:149–168

Manasek FJ (1975) The extracellular matrix of the early embryonic heart. In: Lieberman M, Sano T (eds) Developmental and physiological correlates of cardiac muscle. Perspectives in cardiovascular research, vol 1. Raven Press, New York, pp 1–18

Manasek FJ (1976) Glycoprotein synthesis and tissue interaction during establishment of the functional embryonic chick heart. J Mol Cell Cardiol 8:389–402

Manasek FJ (1981) Determinants of heart shape in early embryos. Fed Proc 40:2011–2016

Manasek FJ, Monroe RG (1972) Early cardiac morphogenesis is independent of function. Dev Biol 27:584–588

Markwald RR (1973) Distribution and relationship of precursor z-material to organizing myofibrillar bundles in embryonic rat and hamster ventricular myocytes. J Mol Cell Cardiol 5:341–350

Markwald RR, Adams-Smith WN (1972) Distributions of mucosubstances in the developing rat heart. J Histochem Cytochem 29:896–907

Markwald RR, Fitzharris TP, Adams-Smith WN (1975) Structural analysis of endocardial cytodifferentiation. Dev Biol 42:160–180

Maron BJ, Hutchins GM (1974) The development of the semilunar valves in the human heart. Am J Pathol 74:331–344

Mc Bride RE, Moore GW, Hutchins GM (1981) Development of the outflow tract and closure of the interventricular septum in the normal human heart. Am J Anat 160:309–331

Mc Donald JJ, Anson BJ (1940) Variations in the origin of arteries derived from the aortic arch, in american whites and negroes. Am J Phys Antrophol 27:91–103

Mc Donald TF, Sachs HG, De Haan RL (1972) Development of sensitivity to tetrodotoxin in beating chick embryo heart, single cells and aggregates. Science 176:1248–1250

Meda E, Ferroni A (1959) Early functional differentiation of heart muscle cells. Experientia 15:427–428

Meier GEA (1987) Viscous flow in the embryonic heart geometry. Embryol H 1:1–19

Miura Y, Wilt FH (1969) Tissue interaction and the formation of the first erythroblasts of the chick embryo. Dev Biol 19:201–211

Moffat DB (1957) A study of the blood flow through the aortic arches in rat embryos, with particular reference to the ductus caroticus. Anat Anz Erg H 104:361–366

Moore GW, Hutchins GM (1978) Association of interrupted aortic arch with malformations producing reduced blood flow to the fourth aortic arches. Am J Cardiol 42:467–472

Morris EWT (1976) Observations on the source of embryonic myocardioblasts. J Anat 121:47–64

Morse DE (1981) Formation of foramina secunda in the chick. In: Pexieder T (ed) Mechanisms of cardiac morphogenesis and teratogenesis, vol 5. Raven Press, New York, pp 139–149

Morse DE, Hendrix MJC (1980) Atrial septation. II: Formation of the foramina secunda in the chick. Dev Biol 78:25–35

Muir AR (1954) The development of the ventricular part of the conducting tissue in the heart of the sheep. J Anat 88:381–391

Myklebust R, Saetersdal TS, Engedal H, Ulstein M, Odegarden S (1978) Ultrastructural studies on the formation of myofilaments and myofibrils in the human embryonic and adult hypertrophied heart. Anat Embryol 152:127–141

Nakamura A, Manasek FJ (1978a) Experimental study of the shape and structure of isolated cardiac jelly. J Embryol Exp Morphol 43:167–183

Nakamura A, Manasek FJ (1978b) Cardiac jelly fibrils: Their distribution and organization. Birth Defects 14:229–250

Nakamura A, Manasek FJ (1981) An experimental study of the relation of cardiac jelly to the shape of the early chick embryonic heart. J Embryol Exp Morphol 65:235–256

Neill CA (1956) Development of the pulmonary veins. With reference to the embryology of anomalies of pulmonary venous return. Pediatrics 18:880–887

Nitzschke B (1939) Beziehungen zwischen Gestalt und Funktion des Hühnchenherzens. Anat Anz Erg H 87:112–123

Nizankowski C, Rajchek Z, Ziolkowski M (1975) Abnormal origin of arteries from the aortic arch in man. Folia Morphol (Warsz) 34:109–116

Noble CW, Hamlett WC, McCann P, Morse DE (1983) Morphogenesis of chordae tendineae in the avain embryo. Micron 14:97–98

O'Rahilly R (1971) The timing and sequence of events in human cardiogenesis. Acta Anat 79:70–75

O'Rahilly R, Müller F (1987) Developmental stages in human embryos. Carnegie Inst Wash Publ 637

Odgers PNB (1935) The formation of the venous valves, the foramen secundum and the septum secundum in the human heart. J Anat 69:412–425

Ojeda JL, Hurle JM (1975) Cell death during the formation of tubular heart of the chick embryo. J Embryol Exp Morphol 33:523–534

Ortiz EC (1958) Estudio histoquimico de la jelatina cardiaca en el embrion de pollo. Arch Inst Cardiol Mex 28:244–262

Orts Llorca F (1934) Beschreibung eines menschlichen Embryo mit 4 Urwirbelpaaren. Z Anat Entw Gesch 103:765–792

Orts Llorca F (1970) Curvature of the heart: Its first appearance and determination. Acta Anat 77:454–468

Orts Llorca F, Jimenez Collado J (1968) A radioautographic analysis of the prospective cardiac area in the chick blastoderm by means of labeled grafts. Roux Arch Entw Mech Org 160:298–312

Orts Llorca F, Jimenez Collado J (1969) The development of heterologous grafts, labeled with thymidine-H3 in the cardiac area of the chick blastoderm. Dev Biol 19:213–227

Orts Llorca F, Puerta Fonolla J, Sobrado J (1982) The formation, septation and fate of the truncus arteriosus in man. J Anat 134:41–56

Oštádal B, Schiebler TH (1971) Die Capillarentwicklung im Rattenherzen. Elektronenmikroskopische Untersuchungen. Z Anat Entw Gesch 133:288–304

Overman DO, Beaudoin AR (1971) Early biochemical changes in the embryonic rat heart after teratogen treatment. Teratology 4:183–190

Padget DH (1948) The development of the cranial arteries in the human embryo. Contrib Embryol Carnegie Inst Wash 32:205–261

Paff GH (1935) Conclusive evidence for sino-atrial dominance in isolated 48 hour embryonic chick hearts cultivated in vitro. Anat Rec 63:203–210

Pantke G (1981) Die Entstehung des Herzlumens. Med Dissertation, Göttingen

Pappano AJ (1975) Development of autonomic neuroeffector transmission in the chick embryo heart. In: Lieberman M, Sano T (eds) Developmental and physiological correlates of cardiac muscle. Perspectives in cardiovascular research, vol 1. Raven Press, New York, pp 235–248

Pardanaud L, Altman C, Kitos P, Dieterlen-Lièvre F, Buck CA (1987) Vasculogenesis in the early quail blastodisc as studied with a monoclonal antibody recognizing endothelial cells. Development 100:339–349

Patten BM (1922) The formation of the cardiac loop in the chick. Am J Anat 30:373–397

Patten BM (1956) The development of the sino-ventricular conduction system. Univ Michigan Med Bull J 22:1–21

Patten BM (1958) Foundations of Embryology. McGraw-Hill, New York London Toronto

Patten BM (1968) The development of the heart. In: Gould SE (ed) Pathology of the heart and blood vessels. Thomas, Springfield, Ill, pp 20–90

Patten BM, Kramer TC (1933) The initiation of contraction in the embryonic chick heart. Am J Anat 53:349–375

Patten BM, Kramer TC, Barry A (1948) Valvular action in the embryonic chick heart by localized apposition of endocardial masses. Anat Rec 102:299–311

Paul MH, Muster A, Sinha S, Cole R, Van Praagh R (1970) Double outlet left ventricle with an intact ventricular septum. Clinical and autopsy diagnosis and developmental implications. Circulation 41:129–139

Payne F (1925) General description of a 7 somite embryo. Contrib Embryol Carnegie Inst Wash 16:115–124

Pellegrini N, Fani C (1963) Valutazione etiopatogenetica della coarctatione aortico su basi istomorfologiche. Arch Chir Torace 17:177–208

Perman E (1924) Anatomische Untersuchungen über die Herznerven bei den höheren Säugetieren und beim Menschen. Z Anat Entw Gesch 71:382–457

Pernkopf E, Wirtinger W (1933) Die Transposition der Herzostien – Ein Versuch der Erklärung dieser Erscheinung. Die Phoronomie der Herzentwicklung als morphogenetische Grundlage der Erklärung. I: Die Phoronomie der Herzentwicklung. Z Anat Entw Gesch 100:563–711

Pexieder T (1975) Cell death in the morphogenesis and teratogenesis of the heart. Ergeb Anat Entw Gesch 51 3:1–100

Pexieder T (1976a) Rasterelektronenmikroskopische Beobachtungen der Oberfläche der Herzbulbuswülste der Hühnerembryonen. Anat Anz Erg H 140:747–754

Pexieder T (1976b) Effets de l'hémodynamique sur la morphologie de l'endocarde embryonnaire. Bull Assoc Anat 60:399–406

Pexieder T (1977) SEM observations of the embryonic endocardium under normal and experimental hemodynamic conditions. Bibl Anat 15:531–534

Pexieder T (1978) Development of the outflow tract of the embryonic heart. Birth Defects 14:29–68

Pexieder T (1979) Changing scene in cardiac embryology. Herz 4:73–77

Pexieder T (1980) Cellular mechanisms underlying the normal and abnormal development of the heart. In: Van Praagh R, Takao A (eds) Etiology and morphogenesis of congenital heart disease. Futura, New York, pp 127–153

Pexieder T (1981) Prenatal development of the endocardium. A review. Scanning Elec Micr II:223–253

Pexieder T (1982) La solution de deux énigmes de l'organogénèse du coeur. Bull Fond Suisse Cardiol 13:3–14

Pickering JW (1893) Observations of the physiology of the embryonic heart. J Physiol 14:383–466

Quiring DP (1933) The development of the sino-atrial region of the chick heart. J Morphol 55:81–118

Rammos S, Gittenberger-de Groot AC, Bartelings MM, de Ruiter MC, Bourgois M (1987) Developmental aspects of the aortic arch system. Embryol H 1:31

Rawles ME (1935) A study in the localization of organ forming areas in the chick blastoderm of the head-process stage. J Exp Zool 72:271–315

Reagan FP (1917) Experimental studies on the origin of vascular endothelium and of erythrocytes. Am J Anat 21:39–98

Renaud D, Le Douarin G (1972) Mise en évidence, par l'emploi d'inhibiteurs, d'une évolution des perméabilités membranaires cardiaque aux jeune stades du developpement chez l'embryon de poulet. C R Hebd Scéances Acad Sci Ser D Nat (Paris) 274:418–421

Retzer R (1908) Some results of recent investigations of the mammalian heart. Anat Rec 2:149–155

Risau W (1986) Developing brain produces an angiogenic factor. Proc Natl Acad Sci USA 83:3855–3859

Risau W, Ekblom P (1986) Production of a heparin-binding angiogenesis factor by the embryonic kidney. J Cell Biol 103:1101–1107

Risau W, Lemmon V (1988) Changes in the vascular extracellular matrix during embryonic vasculogenesis and angiogenesis. Dev Biol 125:441–450

Robb JS (1965) Comparative basic cardiology. In: Robb JS (ed) Comparative Basis Cardiology. Grune and Stratton, New York London

Robertson J (1914) The comparative anatomy of the bulbus cordis with special reference to abnormal positions of the great vessels in the human heart. J Path Bact 18:192–217

Romanoff AL (1960) The avian embryo. Structural and functional development. Macmillan, New York

Romhanyi I (1952) Über die Rolle haemodynamischer Faktoren im normalen und pathologischen Entwicklungsvorgang des Herzens. Acta Morphol Hung 2:297–312

Rosenquist G (1970) Location and movements of cardiogenic cells in the chick embryo: The heart-forming portion of the primitive streak. Dev Biol 22:461–475

Rothschuh KE (1960) Erregungsphysiologie des Herzens. In: Rosemann HU (Hrsg) Landois-Rosemann: Lehrbuch der Physiologie des Menschen, 28. Aufl, vol 1. Urban und Schwarzenberg, München Berlin, S 22–64

Rudolph AM, Heymann MA, Spitznas U (1972) Hemodynamic considerations in the development of narrowing of the aorta. Am J Cardiol 30:514–525

Rumyantsev PP (1977) Interrelations of the proliferation and differentiation processes during cardiac myogenesis and regeneration. Int Rev Cytol 51:187–273

Rychter Z (1978) Analysis of relations between aortic arches and aortico-pulmonary septation. Birth Defects 14:443–448

Rychter Z, Lemež L (1959) Experimenteller Beitrag zur Entstehung der Transposition von Aorta in die rechte Herzkammer der Hühnerembryonen. Anat Anz Erg H 105:310–315

Rychter Z, Lemež L (1961) The vascular system of the chick embryo. VIII: On the relation of the experimentally produced left arcus aortae to the right ventricle. Cesk Morphol 9:55–68

Rychter Z, Lemež L (1965) Markierung morphogenetischer Bewegungen während der Truncusscheidewandbildung des Herzens beim Hühnerembryo. 8. Int Anat Kongr, Wiesbaden, S 104

Rychter Z, Oštádal B (1971) Mechanisms of the development of coronary arteries in chick embryo. Folia Morphol (Praha) 19:113–124

Rychter Z, Rychterová V, Lemež L (1979) Formation of the heart loop and proliferation structure of its wall as a base for ventricular septation. Herz 4:86–90

Rychterová V (1977) Formation of the terminal vascular bed in the chick embryo heart. Folia Morphol (Praha) 25:7–14

Sabin FR (1917) Origin and development of the primitive vessels of the chick and the pig. Contrib Embryol 6:61–124

Sabin FR (1920) Studies on the origin of blood-vessels and of the red blood-corpuscles as seen in the living blastoderm of chicks during the second day in incubation. Contrib Embryol Carnegie Inst Wash 9:213–262

Sako Y (1975) Ultrastructure of the cardiac muscle of early human embryo. Jpn Circ J 39:1123–1133

Sanabria T (1936) Recherches sur la differenciation du tissu nodal et connecteur du coeur des mammiferes. Arch Biol (Liège) 47:1–70

Schenk SL (1867) Zur Physiologie des embryonalen Herzens. S-B Akad Wiss Wien Math Nat Kl 56:111–115

Schiebler TH, Wolff HH (1966) Elektronenmikroskopische Untersuchungen am Herzmuskel der Ratte während der Entwicklung. Z Zellforsch 69:22–40

Schulze M (1981) Die Entstehung des gegliederten EKG. Experimentelle Untersuchungen an Hühnerembryonen. Med. Dissertation, Göttingen

Schulze M, Seidl W, Steding G (1979) Zur Bedeutung des sulcus atrioventricularis für das AV-Intervall des EKG; experimentelle Untersuchungen an Hühnerembryonen. Verh Anat Ges 73:581–583

Seidl W, Schulze M, Steding G, Kluth D (1981) A few remarks on the physiology of the chick embryo heart. Folia Morphol (Praha) 29:237–242

Seidl W, Steding G (1978a) Topogenesis of the anterior intestinal port. Microkinematographic investigations on chick embryos. Z Anat Entw Gesch 155:37–45

Seidl W, Steding G (1978b) Frühentwicklung der Herzanlage. Gallus domesticus – 1. und 2. Bebrütungstag. Film E2507, Encyclopaedia Cinematographica. Institut für den wissenschaftlichen Film, Göttingen

Seidl W, Steding G (1981) Contribution to the development of the heart. III: The aortic arch complex. Normal development and morphogenesis of congenital malformation. Thorac Cardiovasc Surgeon 29:359–368

Seidl W, Steding G (1987) Die Bedeutung der Herzwand für die Gestaltung des Blutstroms. Verh Anat Ges 81:47–49

Shaner RF (1929) The development of the atrioventricular node, bundle of His, and sinu-atrial node in the calf; with a description of a third embryonic node like structure. Anat Rec 44:85–99

Shaner RF (1954) Malformations of the truncus arteriosus in pig embryos. Anat Rec 118:539–560

Shaner RF (1962) Anomalies of the heart bulbus. J Pediatr 61:233–241

Shigenobu K, Sperelakis N (1971) Development of sensitivity to tetrodotoxin of chick embryonic hearts with age. J Mol Cell Cardiol 3:271–286

Shimada Y, Ho E (1980) Scanning electron microscopy of the embryonic chick heart: Formation of the epicardium and surface structure of the four heterotypic cells that constitute the embryonic heart. In: Van Praagh R, Takao A (eds) Etiology and morphogenesis of congenital heart disease. Futura, Mount Kisco, New York, pp 63–80

Sissman NJ (1966) Cell multiplication rates during development of the primitive cardiac tube in the chick embryo. Nature 210:504–507

Sissman NJ (1970) On embryologic terminology and the truncus arteriosus. In: Jaffee OC (ed) Cardiac development with special reference to congenital heart disease. Dayton Press, Dayton, Ohio, pp 11–27

Skoda J (1855) Obliteration der Aorta thoracica. Wochenbl Z K K Ges Ärzte Wien 1:710–725

Smith RB (1970) The development of the intrinsic innervation of the human heart between 10 and 70 mm stages. J Anat 107:271–280

Smith RB (1971a) Intrinsic innervation of the human heart in foetuses between 70 and 420 mm crown-rump length. Acta Anat 78:200–209

Smith RB (1971b) The development of autonomic neurons in the human heart. Anat Anz 129:70–76

Speidel CC (1933) Studies of living nerves. II: Activities of amoeboid growth cones, streath cells and myelin segments, as revealed by prologned observations of individual nerve fibers in frog tadpoles. Am J Anat 52:1–79

Sperelakis N (1972) (Na^+, K^+)-ATPase activity of embryonic chick heart and skeletal muscles as a function of age. Biochim Biophys Acta 266:230–237

Sperelakis N, Lehmkuhl D (1965) Insensitivity of cultured chick heart cells to autonomic agents and tetrodotoxin. Am J Physiol 209:693–698

Sperelakis N, Shigenobu K, McLean M (1975) Membrane cation channels – changes in developing hearts, in cell culture, and in organ culture. In: Lieberman M, Sano T (eds) Developmental and physiological correlates of cardiac muscle. Perspectives in cardiovascular research, vol 1. Raven Press, New York, pp 209–234

Spitzer A (1923) Über den Bauplan des normalen und mißgebildeten Herzens. Versuch einer phylogenetischen Theorie. Virchows Arch [A] 243:81–272

Stalsberg H (1970) Mechanism of dextral looping of the embryonic heart. Am J Cardiol 25:265–271

Starling EH (1920) Das Gesetz der Herzarbeit. In: Lipschütz A (Hrsg) Abhandlungen und Monographien aus dem Gebiet der Biologie und Medizin, 2. Heft. Bicher, Bern Leipzig, S 1–24

Steding G, Seidl W (1980) Contribution to the development of the heart. I: Normal development. Thorac Cardiovasc Surgeon 28:386–409

Steding G, Seidl W (1981) Contribution to the development of the heart. II: Morphogenesis of congenital heart disease. Thorac Cardiovasc Surgeon 29:1–16

Steding G, Seidl W, Kluth D (1983) Die formale Genese der Aortenisthmusstenose. Verh Anat Ges 77:459–461

Steding G, Seidl W, Kluth D, Schulze M (1980a) Die Bedeutung des Descensus der Darmpforte für die Entstehung des Herzens. Experimentelle Untersuchung an Hühnerembryonen. Verh Anat Ges 74:373–375

Steding G, Seidl W, Kluth D, Schulze M (1980b) Die Entstehung des Endocard. Untersuchungen an Hühnerembryonen. Verh Anat Ges 74:365–367

Steding G, Seidl W, Sydow H, Bahners W, Borowski D (1981) Experimental manipulation leading to cardiac malformation in chick embryo. In: Neubert D, Merker H-J (eds) Culture techniques. Applicability for studies on prenatal differentiation and toxicity. de Gruyter, Berlin New York, pp 539–551

Sternberg H (1927) Beschreibung eines menschlichen Embryos mit vier Ursegmentpaaren, nebst Bemerkungen über die Anlage und früheste Entwicklung einiger Organe beim Menschen. Z Anat Entw Gesch 82:142–240

Straus R, Walker RH, Cohen M (1961) Direct electroncardiographic recording to a twenty-three millimeter human embryo. Am J Cardiol 8:443–447

Tandler J (1903) Zur Entwicklungsgeschichte der menschlichen Darmarterien. Anat Anz Erg H 23:132–134

Tandler J (1909) Über die Entwicklung des V. Aortenbogens und der V. Schlundtasche beim Menschen. Anat H 38:393–423

Tandler J (1911) Die Entwicklungsgeschichte des Herzens. In: Keibel F, Mall FP (Hrsg) Handbuch der Entwicklungsgeschichte des Menschen, vol 2. Hirzel, Leipzig, S 517–551

Tandler J (1913) Entwicklungsgeschichte des Herzens. In: Bardeleben K von (Hrsg) Handbuch der Anatomie des Menschen, vol 3. Fischer, Jena, S 9–44

Taylor S, Folkman J (1982) Protamine is an inhibitor of angiogenesis. Nature 297:307–312

Thompson RP, Sumida H, Abercrombie V, Satow Y, Fitzharris R, Okamoto N (1985) Morphogenesis of human cardiac outflow. Anat Rec 213:578–586

Thompson RP, Wong YMM, Fitzharris T (1984) Patterns of tensile stress in the developing cardiac truncus. In: Nora JJ, Takao A (eds) Congenital heart disease causes and processes. Futura, Mount Kisco New York, pp 387–400

Truex RC, Marino TA, Marino DR (1978) Observations on the development of the human atrioventricular node and bundle. Anat Rec 192:337–350

Van Mierop LHS (1967) Location of pacemaker in chick embryo heart at the time of initiation of heartbeat. Am J Physiol 212:407–415

Van Mierop LHS (1970) Blood pressure in chick embryos. In: Adams FH, Swan HJC, Hall VE (eds) Pathophysiology of congenital heart disease. University California Press, Berkeley, pp 27–36

Van Mierop LHS, Alley RD, Kausel HW, Stranahan A (1963) Pathogenesis of transposition complexes. I: Embryology of the ventricles and great arteries. Am J Cardiol 12:216–225

Van Mierop LHS, Wiglesworth FW (1963) Pathogenesis of transposition complexes. II. Anomalies due to faulty transfer of the posterior great artery. Am J Cardiol 12:226–232

Van Praagh R, Corsini I (1969) Cor triatriatum: Pathologic anatomy and a consideration of morphogenesis based on 13 postmortem cases and a study of normal development of the pulmonary vein and atrial septum in 83 human embryos. Am Heart J 78:379–406

Van Praagh R, Van Praagh S (1966) Isolated ventricular inversion. A consideration of the morphogenesis definition and diagnosis of nontransposed and transposed great arteries. Am J Cardiol 17:395–406

Van Praagh R, Weinberg PM (1977) Double outlet left ventricle. In: Moss AJ, Adams FH, Emmanouilides GC (eds) Heart disease in infants, children and adolescents, 2nd edn. Williams und Wilkins, Baltimore, pp 367–380

Viragh S, Challice CE (1977a) The development of the conduction system in the mouse embryo heart. II: Histogenesis of the atrioventricular node and bundle. Dev Biol 56:397–411

Viragh S, Challice CE (1977b) The development of the conduction system in the mouse embryo heart. I: The first embryonic A-V conduction pathway. Dev Biol 56:382–396

Viragh S, Challice CE (1981) The origin of the epicardium and the embryonic myocardial circulation in the mouse. Anat Rec 201:157–168

Vobořil Z, Schiebler T (1969) Über die Entstehung der Gefäßversorgung des Rattenherzens. Anat Anz Erg H 126:259–264

Vobořil Z, Schiebler T (1970) Über die Entwicklung der Gefäßversorgung des Rattenherzens. Z Anat Entw Gesch 129:24-40

Wagman AJ, Clark EB (1985) The Frank Starling relationship in the embryo. In: Ferrans VJ, Rosenquist G, Weinstein C (eds) Cardiac Morphogenesis. Elsevier, New York Amsterdam Oxford, pp 245–252

Wainrach S, Sotelo JR (1961) Electron microscope study of the developing chick embryo heart. Z Zellforsch 55:622–634

Walls EW (1947) The development of the specialized conducting tissue of the human heart. J Anat 81:93–110

Wenink ACG (1971) Some details on the final stages of heart septation in the human embryo. Proefschrift, Leiden

Wenink ACG (1976) Development of the human cardiac conducting system. J Anat 121:617–631

Wenink ACG (1978) Embryology of the conducting system. In: Van Mierop LHS, Oppenheimer-Dekker A, Bruins CLC (eds) Embryology and teratology of the heart and the great arteries. University Press, Leiden, pp 3–14

Wenink ACG, Gittenberger-de Groot AC (1985) The role of atrioventricular endocardial cushions in the septation of the heart. Int J Cardiol 8:25–44

Wertheim-Salomonson JKA (1913) Das Elektrokardiogramm von Hühnerembryonen. Pflügers Arch 153: 553–573

Wielenga A, Dankmeijer J (1968) Coarctation of the aorta. J Pathol Bact 95:265–274

Willemse JJ, Markus-Silvis L (1985) The shifting of the aortic origin of the brachial arteries in the metamorphosing eel anguilla anguilla (L.), with remarks on the shifting mechanisms in arterial junctions in general. Acta Anat 121:216–222

Wilth FH (1965) Erythropoesis in the chick embryo: the role of the endoderm. Science 147:1588–1590

Wilting J (1988) Ultrastrukturelle und funktionelle Untersuchungen der Entwicklung des Plexus choroideus bei Vogelembryonen. Biol. Dissertation, Bochum

Yamauchi A (1965) Electron microscopic observations on the development of S-A and A-V nodal tissues in the human embryo heart. Z Anat Entw Gesch 124:562–587

Yoshida H, Manasek F, Arcilla RA (1983) Intracardiac flow patterns in early embryonic life. A reexamination. Circ Res 53:363–371

Zimmermann W (1889) Über einen zwischen Aorta und Pulmonalbogen gelegenen Kiemenarterienbogen beim Kaninchen. Anat Anz 4:139–142

11. Arterien des Rumpfes und der Gliedmaßen

K. V. Hinrichsen

Die Entwicklung des Gefäßsystems, eng verknüpft mit der Entwicklung des Herzens, beginnt im STADIUM 10. Ventrolateral zur Neuralanlage in der Nische zwischen Somiten und intra-embryonalem Teil des Dottersackes entstehen in der Visceropleura weitlumige, kapilläre Strombahnen: die paarigen Aorten (Abb. 11-1). Sie liegen dem intermediären Mesoderm („Somitenstiele") an. Ihre Verbindung mit der Ausflußbahn des Herzens über die nacheinander entstehenden Aortenbögen ist so eng mit der Herzentwicklung gekoppelt, daß dieser Teil des arteriellen Systems dort besprochen wurde (Kapitel 10.7 Entwicklung der herznahen Gefäße). Hier folgt die Besprechung der Entwicklung der Arterien des Rumpfes und der Gliedmaßen.

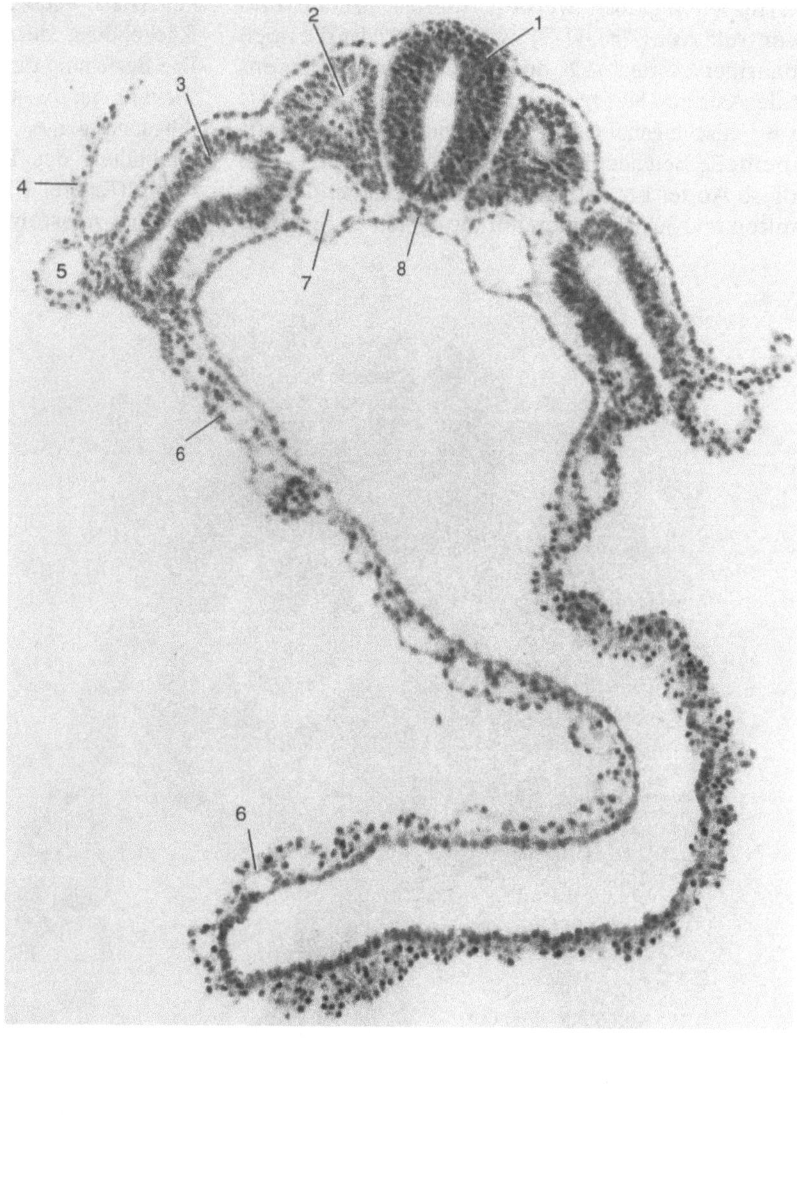

Abb. 11-1. Querschnitt durch einen menschlichen Embryo im STADIUM 11 (2,5 mm, 13 Somiten, Carnegie Nr. 6344) mit kapillärer paariger Aorta. 165 : 1. 1 = Neuralrohr, 2 = Somit, 3 = Somatopleura, 4 = Begrenzungsfurche des Amnion, 5 = V. umbilicalis, 6 = Dottersackwand mit zahlreichen Gefäßanschnitten, 7 = kapilläre Aorta, 8 = Chordalplatte (noch im Zusammenhang mit dem Endoderm) (Eigene Aufnahme aus der Carnegie Collection of Embryology, Davis, mit freundlicher Genehmigung von Prof. O'Rahilly)

11.1 Die Aorta und ihre Äste

Die paarigen, kapillären, dorsalen Aorten folgen in ihrem Verlauf nach caudal der Kontur des Neuralrohres bis zum Haftstiel. In ihn setzen sie sich als Aa. umbilicales fort. Die plexusartige Ausbildung dieses Abganges ist in Abbildung 13-1 dargestellt. Mit dem Längenwachstum des Embryo wird dieser Abgang nach caudal, mit der Verlagerung des Haftstiels auf die Ventralseite ebenfalls nach ventral verlagert (Abb. 13-1c).

Die Ausgliederung der Chorda aus der Darmanlage, die Abgliederung des Endoderm vom Dottersack, die Umformung zum Darm„rohr" und die Vergrößerung des Abstandes zu Neuralrohr und Chorda bilden die Voraussetzung für eine Fusion der Aorta in der Mittellinie im STADIUM 12 (Abb. 11-2). Sie beginnt im oberen Thoracalbereich und reicht schließlich vom 1. Thoracalsegment bis zum Abgang der Aa. umbilicales.

Die Gefäßabgänge von der Aorta können in drei Gruppen gegliedert werden: dorsale, laterale und ventrale Äste (Abb. 11-3). Schon früh bilden die noch paarigen Aorten nach dorsal verlaufende, segmentale Äste aus. Sie liegen zu den Somiten „auf Lücke", sind also eigentlich intersegmentale Äste. Experimentelle Befunde am Hühnchen haben gezeigt, daß diese Aortenäste das frühe Metameriemuster der Somiten und Spinalganglien auf die definitiven Strukturen der Rumpfwand übertragen [Christ 1975]. Bei der Fusion der paarigen Aorten bleibt die Paarigkeit dieser Gefäßabgänge erhalten. Aus den paarigen Intersegmentalarterien wachsen nach ventral Äste in die Rumpfwand ein, die als Intercostalarterien und als segmentale Lumbalarterien zunehmend den Hauptstamm bilden, während die zum Neuralrohr ziehenden ursprünglichen Stämme als dorsale Äste Wirbelsäule, Rückenmark und autochthone Rückenmuskulatur versorgen. An ihren distalen Enden anastomosieren die Rumpfwandarterien, aus diesen Anastomosen geht die ventrale arterielle Längsanastomose der Rumpfwand hervor, im Thoracalbereich die A. thoracica interna, im Lumbalbereich die A. epigastrica inferior.

Eine Besonderheit ergibt sich im Cervicalbereich: Die Intersegmentalgefäße münden in einen Plexus seitlich des Neuralrohres ein, aus dem sich eine Längsanastomose, die spätere A. vertebralis, entwikkelt (siehe auch Abb. 13-3). Sie bleibt auch nach Rückbildung der Intersegmentalarterien erhalten. Die Beziehung der 7. Intersegmentalarterie zur Entwickung der A. subclavia und die Verlagerung des Abganges der A. vertebralis auf diese wurde bei der Umbildung des aortalen „Gefäßkorbs" schon erwähnt (Kapitel 10.2 Entstehung des Herzens). Eine ventrale Anastomose bilden im Regelfall auch die

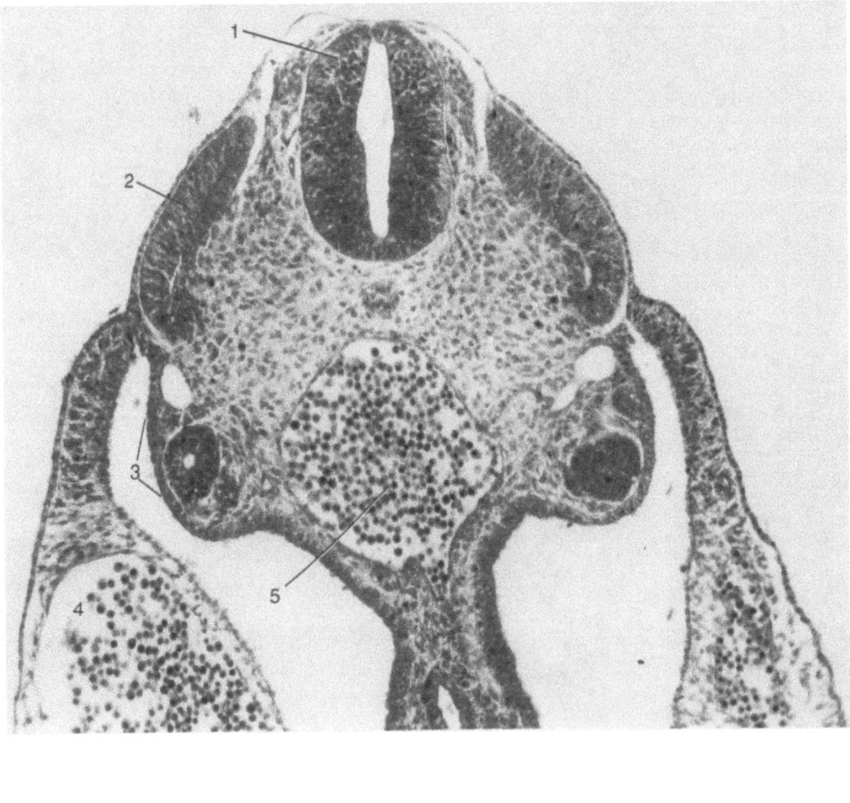

Abb. 11-2. Querschnitt durch einen menschlichen Embryo im STADIUM 12 (3,8 mm, 25 Somiten, Carnegie Nr. 8942) mit fusionierter Aorta. 135:1. 1 = Neuralrohr, 2 = Derma-Myotom, 3 = Urnierenfalte mit V. postcardinalis, 4 = V. umbilicalis, 5 = Aorta (mit angedeutet paarigem Gefäßabgang ins Mesenterium) (Eigene Aufnahme aus der Carnegie Collection of Embryology, Davis, mit freundlicher Genehmigung von Prof. O'Rahilly)

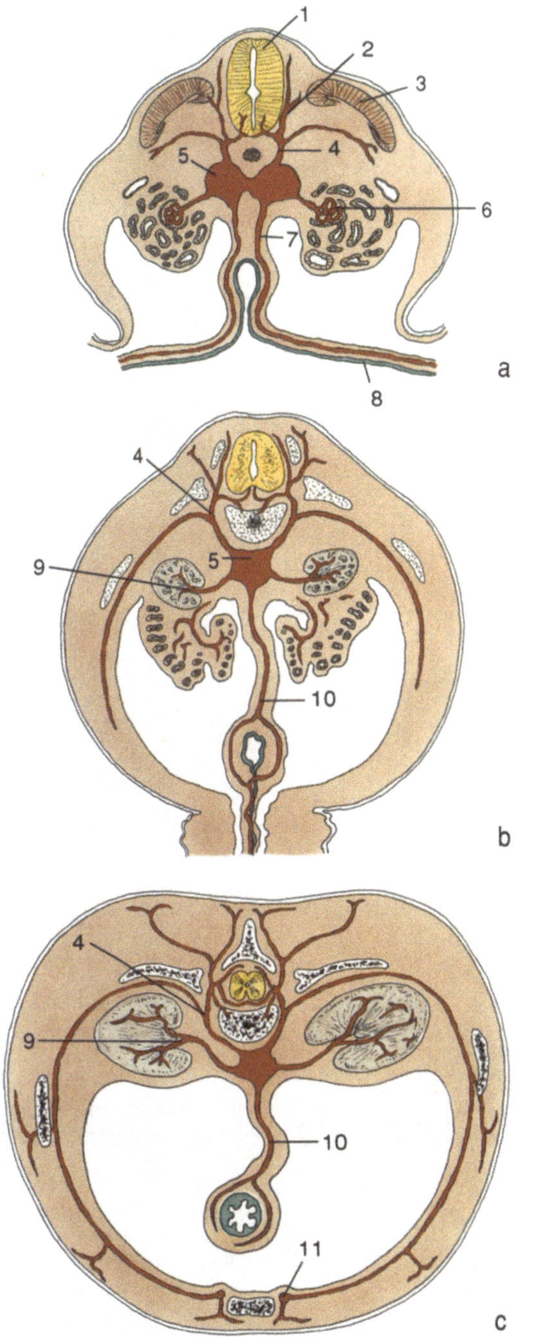

Abb. 11-3a–c. Drei Stadien der Entwicklung von Aortenästen in schematischer Darstellung;
a) etwa STADIUM 12, Aorta in Fusion. Von den dorsalen Ästen zum Neuralrohr zweigen nach lateral die zur Rumpfwand ab. Die lateralen Aortenäste versorgen die Urniere, viscerale Äste noch paarig;
b) etwa Ende der Embryonalzeit. Nierenarterien gebildet, unpaare A. mesenterica superior;
c) definitives Gefäßmuster der Rumpfwand. 1 = Rückenmark, 2 = Ramus spinalis, 3 = Derma-Myotom, 4 = dorsale Intersegmentalarterie, 5 = Aorta dorsalis in Fusion, 6 = laterale „Segmentalarterie" (A. mesonephridica), 7 = paarige A. vitellina, 8 = Dottersackwand, 9 = A. renalis, 10 = A. mesenterica superior, 11 = A. thoracica interna (ventrale arterielle Längsanastomose)

beiden ersten thoracalen Intersegmentalarterien aus. Ihr Ursprung geht ebenfalls auf die A. subclavia über.

Zahlreiche nach ventrolateral gerichtete Äste entwickelt die Aorta zur Anlage der Urniere (Abb. 11-4). Die Urnierenkörperchen sind nicht streng segmental angeordnet [Felix 1911] (siehe auch Kapitel 26. Entwicklung der Harnorgane). Entsprechend sind auch die bis zu 30 „lateralen Segmentalarterien" nicht wirklich segmental. An diesen Gefäßen zeigt sich besonders deutlich die große Plastizität in der Entwicklung definitiver Gefäßversorgungen. Die Urniere wird mit einem cranio-caudalen Gefälle überwiegend zurückgebildet, Teile werden in die Gonadenentwicklung einbezogen. Neue Organe kommen hinzu: cranial der Gonadenanlage die Nebennieren, caudal die definitive Niere (Abb. 11-4). Die Nebennieren wachsen sehr rasch zu großen Körpern heran und entwickeln unterschiedliche Lagebeziehungen zu den Urnierenarterien. Man könnte auch sagen, die Nebennieren „verdrängen" die Urnierenarterien in unterschiedlicher Weise: eine craniale Gruppe bleibt dorsal der Nebenniere, eine mittlere wird von der Nebenniere eingeschlossen und eine caudale wird nach ventral vor die Nebenniere verlagert (Abb. 11-4c). Da die Urnierenarterien distal plexusartige Verbindungen haben, ergeben sich vielfältige Möglichkeiten für die Ausbildung der definitiven Gefäße zum Zwerchfell, zur Nebenniere und zur Keimdrüse mit entsprechenden Varianten in Zahl und Verlauf.

Die Gefäßversorgung der Nachniere wechselt während ihres Ascensus, sie „klettert" gewissermaßen an den Urnierenarterien aufwärts [Felix 1911]. Dabei hat sie zunächst mehrere Gefäßanschlüsse. In der Regel wird einer am definitiven Ort zur A. renalis erweitert, was hinsichtlich der Höhe nicht seitengleich erfolgen muß. Bleibt eine A. renalis accessoria aus der unteren Gruppe von Urnierenarterien erhalten, tritt sie von medioventral an die Niere heran, kann sogar die A. renalis überkreuzen. Stammt eine akzessorische Nierenarterie aus der oberen Gruppe von Urnierenarterien, tritt sie von craniodorsal als Ast der A. suprarenalis superior an die Niere heran.

Aus dem Rete urogenitale, das die mittlere und untere Gruppe der Urnierenarterien verbindet (Abb. 11-4c), gehen auch die Gefäße der Keimdrüsen hervor. Da die definitive A. renalis der letzte Ast der mittleren oder der erste Ast der unteren Gruppe ist, ergeben sich wiederum vielfältige Ursprungsvarianten. Auch die relative Häufigkeit verdoppelter oder akzessorischer Keimdrüsenarterien kann mit der Herleitung aus dem arteriellen Plexus erklärt werden.

Eine dritte Gruppe von Aortenäste ist zunächst dem Dottersack zugeordnet und auch paarig angelegt. Mit der Abgrenzung des Darmes vom Dottersack und der Ausbildung der Mesenterien werden aus

Abb. 11-4a–c. Schematische Darstellung der Entwicklung der Arterien von Urniere und Nachniere im STADIUM 17 (10 mm, **a**) und etwa im STADIUM 19 (18 und 19,5 mm), Ansicht von ventral.
b) Seitenansicht von a). 1 = Nebenniere, 2 = Urniere und Urnierengang, 3 = Keimdrüse, 4 = Nachnierenanlage (mit Ureterknospe und metanephrogenem Blastem), 5 = Aorta caudalis (A. sacralis media). Die * markieren die Segmente Th 1, L 1 (a, b) und S 1 (b). Ventrale Aortenäste von cranial nach caudal:

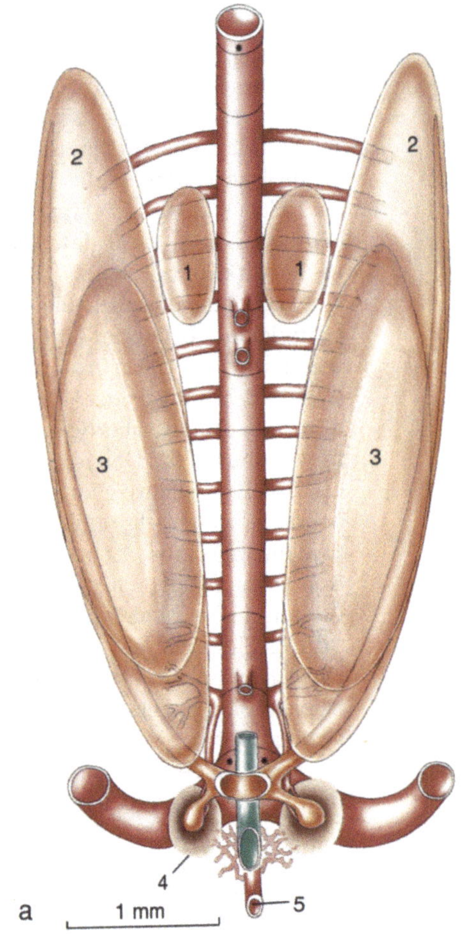

a

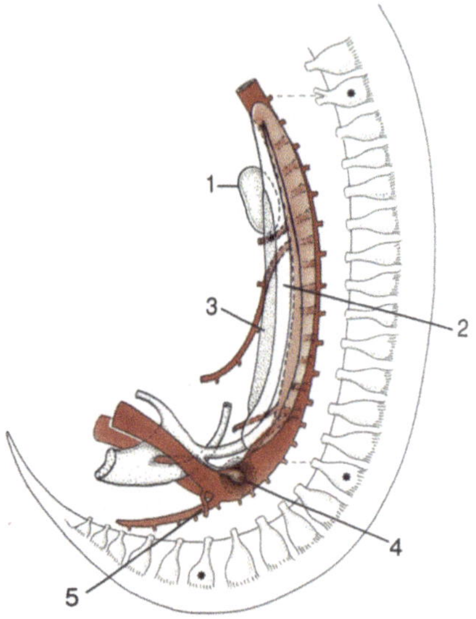

b

Truncus coeliacus, A. mesenterica superior und inferior.
c) Die Nebenniere (1) drängt die Urnierenarterien in drei Gruppen: 2 = obere, dorsale Astgruppe, 3 = mittlere Astgruppe innerhalb der Nebenniere verlaufend, 4 = untere, ventrale Astgruppe. Der erste Ast der unteren Gruppe (rechts) bzw. der zweite Ast der mittleren Gruppe (links) werden zur definitiven Nierenarterie erweitert. 6 = Rete urogenitale. Die Markierungen auf der Aorta verweisen auf den Höhenbezug zu den Bandscheiben und Wirbelköperanlagen thoracal 8–12 und lumbal 1–3. (Umzeichnung nach Felix 1911)

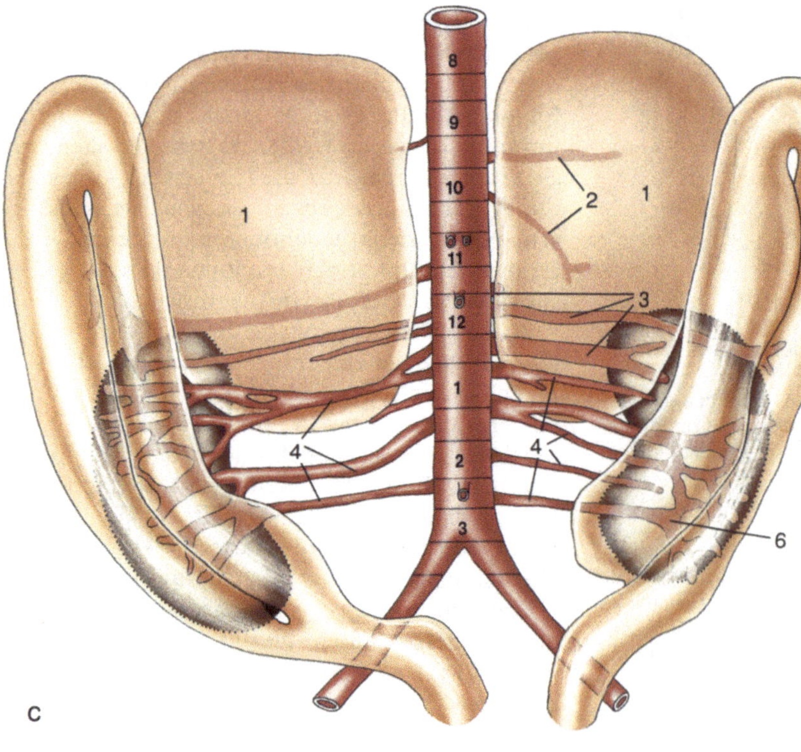

c

den paarigen unpaare Gefäße. Sie bilden (STADIUM 12) einen vitellinen Plexus, der in die A. vitellina übergeht. Ihr proximaler Anteil wird zur A. mesenterica superior und zum „Achsengefäß" der primären Nabelschleife (Kapitel 20. Intestinaltrakt). Mit der Rückbildung des Ductus vitellinus wird auch der distale, über den Scheitel der Nabelschleife hinaus im Dottersackstiel verlaufende Abschnitt der A. vitellina rückgebildet. Etwa im STADIUM 13 werden der spätere Truncus coeliacus und die A. mesenterica inferior nachweisbar [Blechschmidt 1973] (Abb. 11-4). Obwohl aus dem zunächst ebenfalls paarigen Plexus vitellinus bzw. intestinalis hervorgegangen, erweisen sich diese Gefäße als erstaunlich stabil: Die während der Magen- und Darmdrehung erfolgenden z.T. erheblichen Verlagerungen ändern nichts an der Grundbeziehung dieser drei Gefäßstämme zum Vorderdarm und seinen Derivaten, zum Mitteldarm und zum Hinterdarm (Kapitel 20. Intestinaltrakt). Allerdings ändert sich der Ursprung aus der Aorta im Laufe des allgemeinen Descensus. So verlagert sich der Ursprung des Truncus coeliacus von C7 nach Th12, die A. mesenterica superior von Th2 nach L1, die schon von Anfang an weit caudal liegende A. mesenterica inferior „nur" von Th12 nach L3 [Mall 1891, Tandler 1903, Broman 1908, Evans 1911]. Im Ursprungsplexus können sich Anastomosen ausbilden, die zu einem gemeinsamen Stamm des Truncus coeliacus und der A. mesenterica superior führen oder ein teilweises „Übergreifen" der A. mesenterica superior auf das Stromgebiet des Truncus coeliacus ermöglichen. Die etwas ältere und kräftigere A. mesenterica superior zieht dabei Stromgebiete an sich, nicht umgekehrt. Extrem selten sind Varianten in der Abgrenzung der schon früh deutlich getrennten beiden Mesenterialarterien. Die einzelnen Äste der Arterienstämme für den Intestinaltrakt werden etwa vom STADIUM 18 an nachweisbar [Evans 1911] (Abb. 11-5).

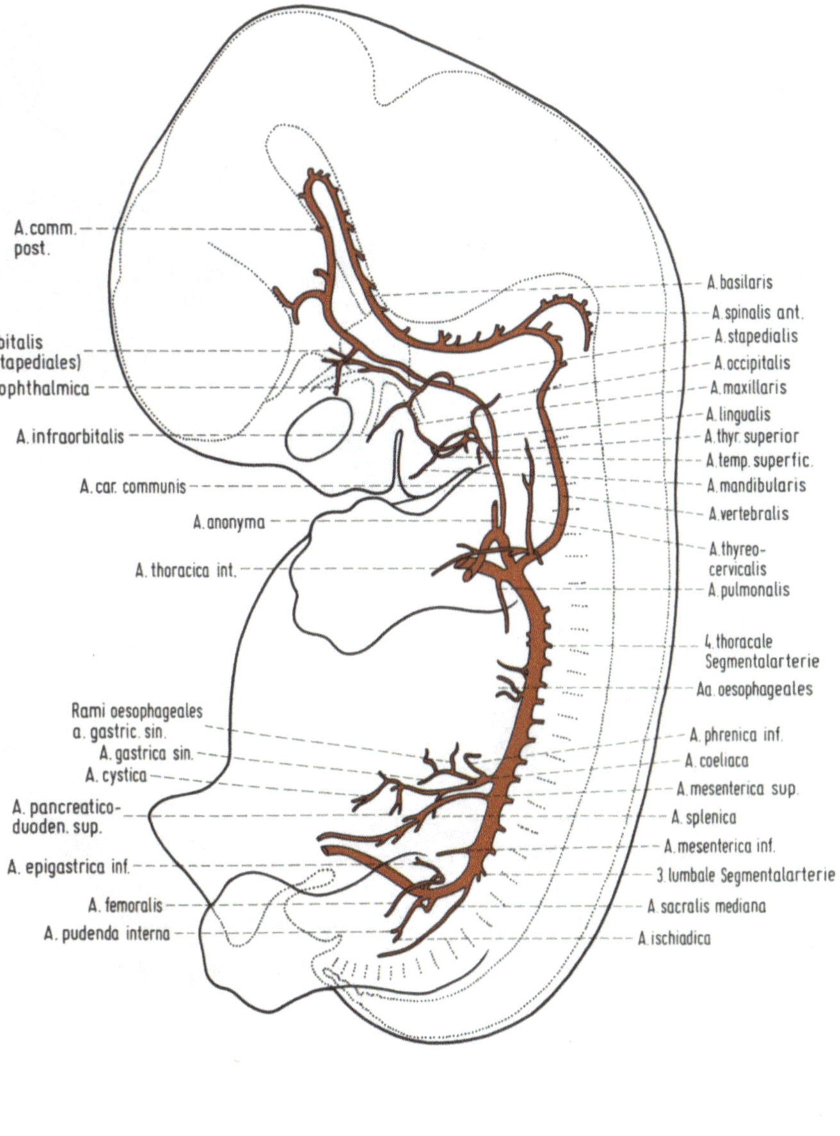

Abb. 11-5. Graphische Rekonstruktion des Arteriensystems bei einem gefäßinjizierten Embryo von 15,5 mm. [Aus: Evans 1911]

11.2 Arterien der Gliedmaßen

Die generelle Regel, daß Arterien mehr zentral, in den frühzeitig verdichteten Bindegewebskörpern entstehen, während sich die ersten Venen in den lokkeren oberflächlichen Schichten der Körperwand bilden, wird bei der Gefäßentwicklung in den Extremitäten besonders deutlich. Der arterielle Zufluß erfolgt zentral über ein bis drei in den tiefen Schichten entstandene Arterien, der venöse Abfluß geschieht bevorzugt über ein sich an der Streckseite oberflächlich bildendes Venennetz. An der Hand des Erwachsenen sind diese ursprünglichen Verhältnisse noch sehr deutlich erhalten: Der arterielle Zufluß erfolgt über die in der Tiefe gelegenen Hohlhandbögen, der venöse Abfluß geschieht nahezu ausschließlich über die praefascialen Venen des Handrückens. Da die Arterien und Venen an deutlich getrennten Orten entstehen, finden wir im embryonalen Gefäßsystem noch nicht die späteren „Begleitvenen" der Arterien. Sie sind erst relativ späte Neubildungen.

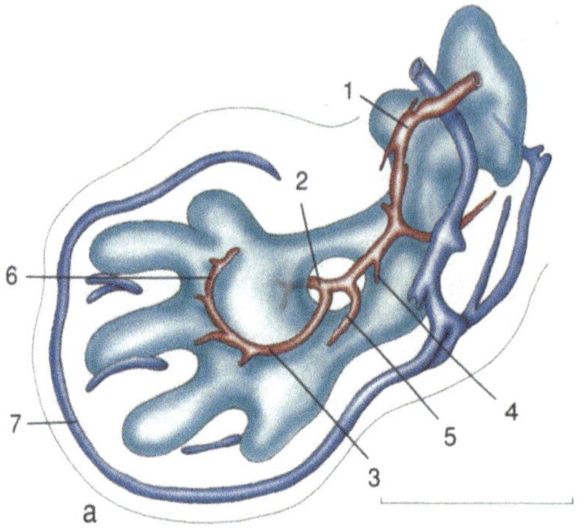

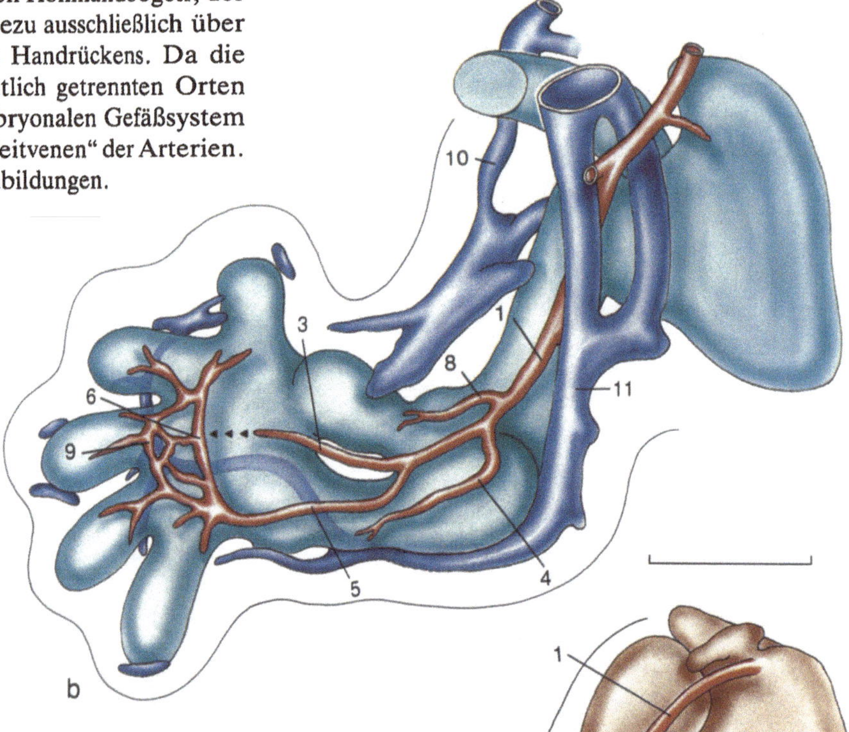

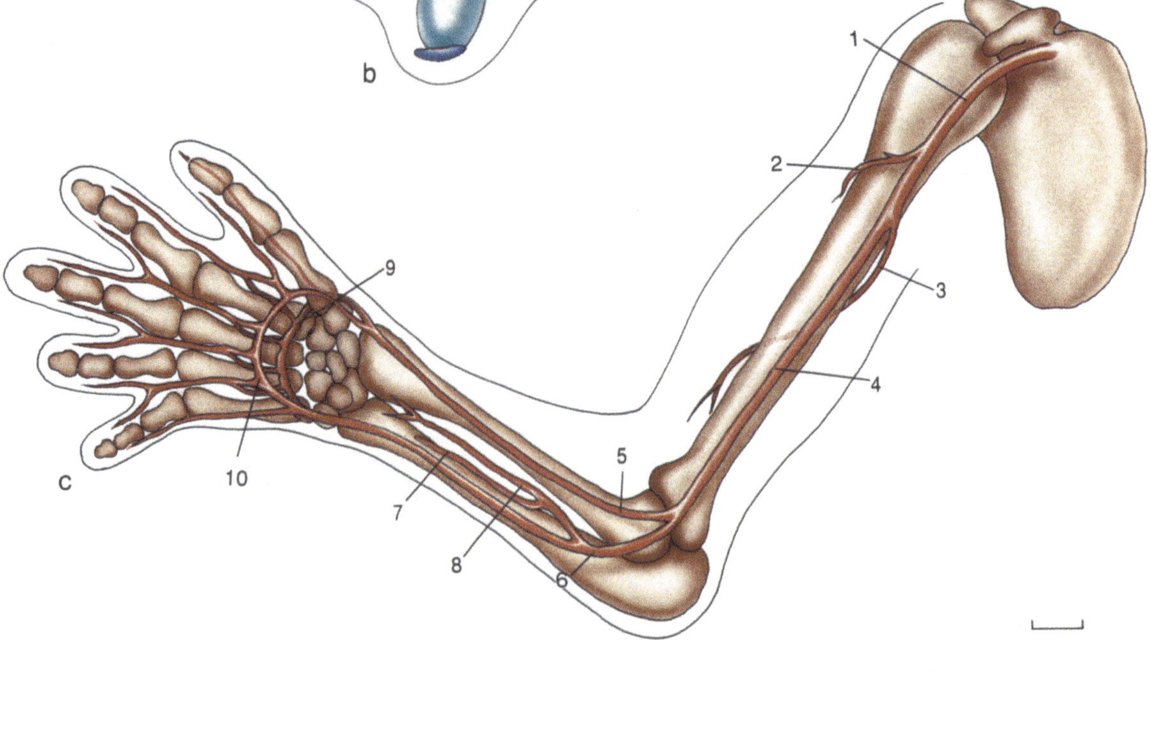

Schon früh bilden sich in der Hand- und Fußplatte bogenförmige Verbindungen zwischen den arteriellen Zuflüssen aus. Mit dem starken Längenwachstum der Extremität werden die zunächst zentralen Zuflüsse auf weiter oberflächlich liegende (oder hämodynamisch günstigere) verlagert. So wechselt, z.T. mehrfach, die Verbindungsstrecke zwischen proximalem Zustrom und peripheren Gefäßbögen.

11.2.1 Armarterien

Die Armanlage hat ursprünglich einen zentralen arteriellen Zufluß, aus dem sich im Oberarm die A. brachialis, im Unterarm eine A. interossea entwickeln (Abb. 11-6a). Während sich die A. radialis und A. ulnaris am Unterarm schon zu bilden beginnen, geht der Zustrom zum Hohlhandgeflecht erst auf eine parallel zur A. interossea entstehende A. mediana über (Abb. 11-6b). Das definitive Gefäßmuster entsteht dann dadurch, daß A. ulnaris und A. radialis Anschluß an die Hohlhandbögen gewinnen, die Verbindung zu A. mediana aber zurückgebildet wird (Abb. 11-6c). Aus den Hohlhandbögen entspringen die in der Mittelhand zum Skelet „auf Lücke" liegenden Aa. digitales communes, die dann als Aa. digitales propriae paarig dem Auswachsen der Finger folgen. Der Hauptzustrom zu diesen Gefäßen geht auf den oberflächlichen Hohlhandbogen über (Abb. 11-6c, 11-7).

◂
Abb. 11-6a–c. Entwicklung der Armarterien (rechter Arm, Ansicht von medial, Maßstab 1 mm).
a) Embryo 10 mm (Stadium 17); 1 = A. brachialis, 2 = A. interossea dorsalis, 3 = A. interossea volaris, 4 = A. ulnaris, 5 = A. mediana, 6 = Arcus palmaris profundus, 7 = Randvene.
b) Embryo 17,5 mm (Stadium 20) Bezeichnung wie a), in b) zusätzlich: 8 = A. radialis, 9 = Arcus palmaris superficialis, 10 = V. cephalica, 11 = V. basilica [unter Verwendung von Darstellungen bei Blechschmidt 1963, Patten 1968 und Williams und Warwick 1980].
c) Fetus von 4,9 cm; 1 = A. axillaris, 2 = A. circumflexa humeri ant., 3 = A. profunda brachii, 4 = A. brachialis, 5 = A. radialis, 6 = A. ulnaris, 7 = A. mediana, 8 = A. interossea, 9 = Arcus palmaris profundus, 10 = Arcus palmaris superficialis
(Unter Verwendung von Darstellungen bei Patten 1968 und Schäfer 1968)

Abb. 11-7. Gesamtdarstellungen der Arterien des Armes bei einem Neugeborenen, linker Arm, Ansicht von ventral (Korrosionspräparat, Sammlung des Instituts für Anatomie der Ruhr-Universität Bochum)

11.2.2 Beinarterien

Komplizierter als am Arm ist die Entwicklung der definitiven Gefäßversorgung am Bein. Beginnend bei Embryonen von ca. 6 mm bildet sich ein zentral liegender Zufluß, die A. axialis, die den Nervenstrang bereits dorsal kreuzt. Bei 12 mm großen Embryonen geht vom unteren Bogen des Anfangsteils der A. umbilicalis die A. iliaca externa ab, die sehr schnell kräftiger und dickwandiger wird, wodurch sich die dünnwandige Fortsetzung als A. femoralis gut abgrenzen läßt [Senior 1925] (Abb. 11-8). Die A. axialis verläuft mit einem deutlichen Knick am Knie in den Bereich zwischen die Anlagen von Fibula und Tibia, bleibt aber (als A. interossea) auf der Beugeseite. Ein perforierender Ast tritt als Anlage der A. tibialis anterior in die Streckerloge ein. Wie beim Unterarm werden auch am Unterschenkel lateral des axialen Gefäßes neue Strombahnen als Anlagen der A. fibularis und der A. tibialis posterior gebildet, die distal zunächst in die A. interossea einmünden, bis diese zurückgebildet wird. Kompliziert sind die Verhältnisse in der Fossa poplitea. Mit der Entwicklung der Muskulatur wird eine neue, oberflächlich zum M. popliteus verlaufende Verbindung zu den Unterschenkelgefäßen gebildet.

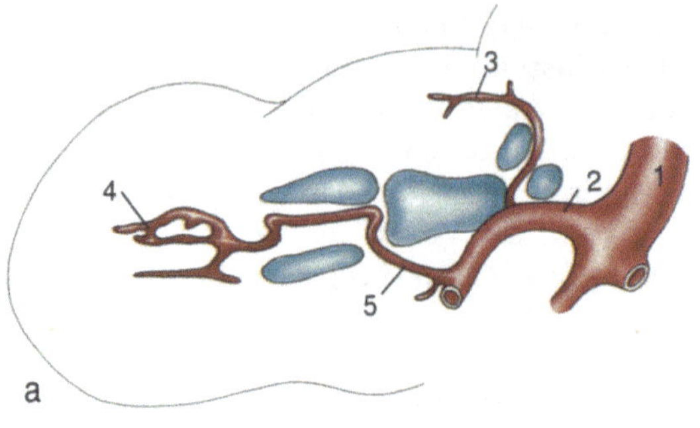

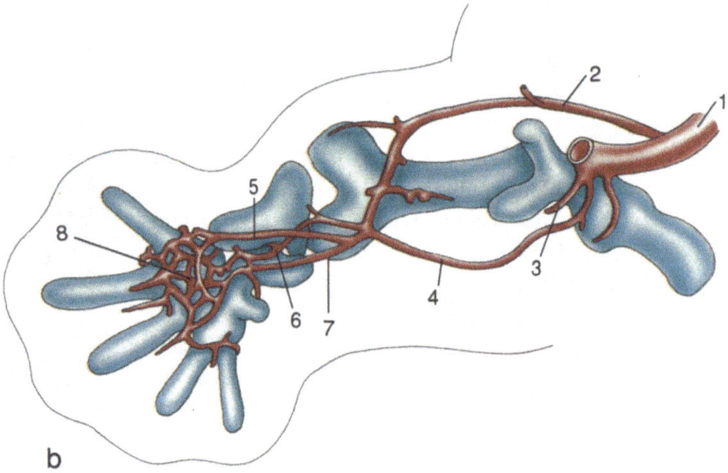

Abb. 11-8a–c. Entwicklung der Beinarterien (rechtes Bein, Ansicht von medial). **a)** Embryo 12 mm (etwa Stadium 18), 1 = Aorta dorsalis, 2 = A. umbilicalis, 3 = A. femoralis, 4 = Rete plantare, 5 = A. axialis; **b)** Embryo 18 mm (etwa Stadium 20), 1 = A. umbilicalis, 2 = A. iliaca externa und femoralis, 3 = A. obturatoria, 4 = A. ischiadica, 5 = A. tibialis post., 6 = A. perforans (= A. tibialis ant.), 7 = A. fibularis, 8 = Rete plantare; **c)** Embryo von 22 mm (etwa Stadium 21), Bezeichnungen wie in b), zusätzlich: 9 = A. profunda femoris, 10 = Ramus saphenus (Umzeichnungen nach Senior 1925). Maßstab = 1 mm

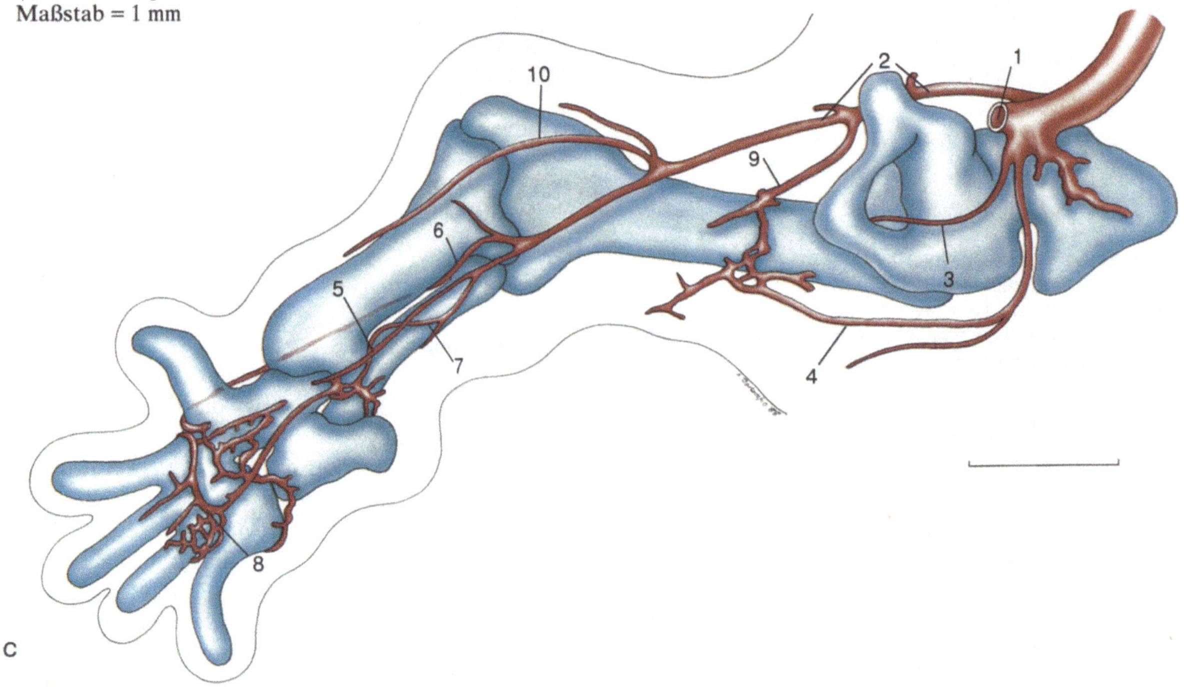

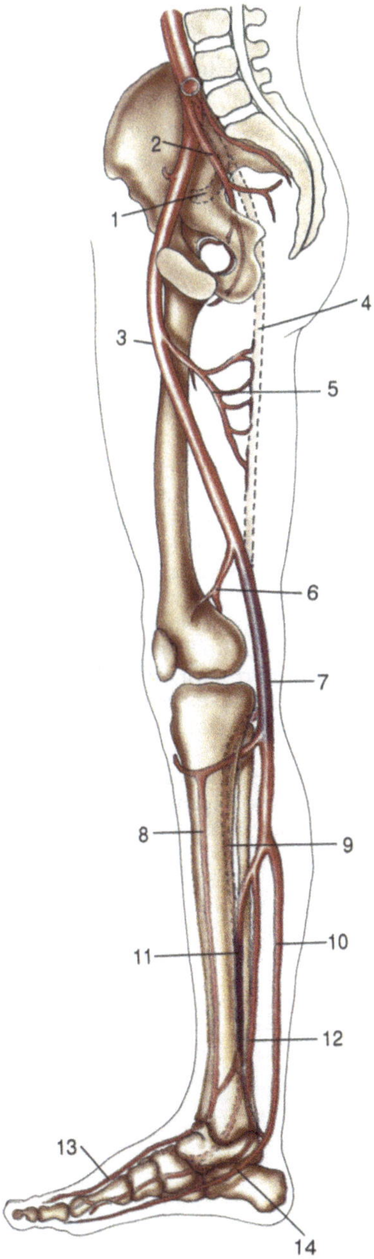

Abb. 11-9. Schema des definitiven Gefäßmusters des Beines. Die aus der A. axialis entstandenen Strecken dunkel, die rückgebildeten Abschnitte gestrichelt; 1 = A. umbilicalis, 2 = A. iliaca interna, 3 = A. femoralis, 4 = A. ischiadica, 5 = A. profunda femoris, 6 = A. genus sup. und Ramus saphenus, 7 = A. poplitea, 8 = A. tibialis ant., 9 = A. interossea, 10 = A. tibialis post., 11 = A. fibularis profunda, 12 = A. fibularis post. superfic., 13 = A. dorsalis pedis, 14 = A. plantaris medialis
(Umzeichnung nach Senior 1925, unter Verwendung der Darstellung von v. Lanz und Wachsmuth 1938)

Abb. 11-10. Darstellung der Beinarterien beim Neugeborenen, linkes Bein, Ansicht von ventral
(Korrosionspräparat, Sammlung des Instituts für Anatomie der Ruhr-Universität Bochum)

Ein dritter zentraler Zufluß bildet sich als Anlage der A. obturatoria aus (Abb. 11-8b). Bei Embryonen von 22 mm ist die A. femoralis das stärkste Gefäß des Oberschenkels, sie gewinnt über die A. profunda femoris Anschluß an die A. axialis (Abb. 11-8c). Diese ist jetzt weiter nach dorsal verlagert und wird als „A. ischiadica" bezeichnet. Sie entspringt aus der A. iliaca interna zusammen mit der A. glutaea inferior, aber getrennt von deren weiteren Ästen (A. glutaea superior, A. pudenda). Dieser Zufluß wird rückgebildet, die Versorgung der Beugeseite des Oberschenkels geht ganz auf die A. profunda femoris über.

Von der ursprünglichen axialen Gefäßversorgung des Beines werden also nur wenige Gefäßabschnitte in das definitive Gefäßmuster übernommen (Abb. 11-9): der obere Teil der A. poplitea sowie ein kurzer Abschnitt der A. fibularis. Die zahlreichen Muskeläste und die Arterienbögen des Fußes zeigt Abbildung 11-10.

11.3 Literaturverzeichnis

Blechschmidt E (1963) Der menschliche Embryo. The human embryo. Schattauer, Stuttgart

Blechschmidt E (1973) Die pränatalen Organsysteme des Menschen. Hippokrates, Stuttgart

Broman I (1908) Über die Entwicklung und „Wanderung" der Zweige der Aorta abdominalis beim Menschen. Anat H 36: 407–549

Christ B (1975) Die Entwicklung der Körperwandmetamerie. Experimentelle Untersuchungen an Hühnerembryonen. Habilitationsschrift, Bochum

Evans HM (1911) Die Entwicklung des Gefäßsystems. In: Keibel F, Mall FP (Hrsg) Handbuch der Entwicklungsgeschichte des Menschen, Bd 2. Hirzel, Leipzig, S 551–688

Felix W (1911) Die Entwicklung der Harn- und Geschlechtsorgange. In: Keibel F, Mall FP (Hrsg) Handbuch der Entwicklungsgeschichte des Menschen, Bd 2. Hirzel, Leipzig, S 732–955

Gasser RF (1975) Atlas of human embryos. Harper & Row, Hagerstown New York Evanston San Francisco London

Lanz T von, Wachsmuth W (1938) Praktische Anatomie, Bd 1, 4. Teil: Bein und Statik. Springer, Berlin

Mall FP (1891) A human embryo twentysix days old. J Morphol 5:459–480

Patten MB (1968) Human embryology, 3rd edn. McGraw-Hill, New York Toronto Sidney London

Schaefer J (1968) zitiert nach Patten [1968]

Senior HD (1925) The development of the arteries of the human lower extremity. Am J Anat 25:55–95

Tandler J (1903) Zur Entwicklungsgeschichte der menschlichen Darmarterien. Anat H 23: Heft 71

Williams PL, Warwick R (eds) (1980) Gray's Anatomy, 36th edn. Churchill Livingstone, Edingburgh London Melbourne New York

12. Venen

K. V. Hinrichsen

Die Entstehung der ersten Venen und die Entwicklung ihrer Einmündungen in den Sinus venosus bzw. in die Vorhöfe wurde in den Kapiteln 10.2 und 10.4 bereits geschildert. Hier wird die spätere Entwicklung, insbesondere der Vorgang beschrieben, durch den die primär lateralsymmetrische Anordnung in eine asymmetrische Lage der unpaaren V. cava superior und V. cava inferior umgeformt wird.

Noch stärker als die Arterien entwickeln sich die Venen aus kapillären Netzen, aus denen sich die Hauptstrombahnen unter dem Einfluß der Organe (Wachstum, Größen- und Lageänderungen, Blutfülle) und der Hämodynamik (günstigster Abfluß bei niedrigem Gefäßinnendruck) ausbilden. Varianten und Abweichungen von der Norm sind daher im Venensystem besonders häufig.

Die erheblichen Umformungen in Anpassung an die sich ändernde Lage und Größe der Organe und Organabschnitte sind nicht im voraus determiniert. Sie sind direkte Folgen dieser Lageveränderungen und der daraus resultierenden hämodynamischen Bedingungen. Damit sind sie deutliche Zeichen einer Integration (Kapitel 1.3 Grundvorgänge der Entwicklung), des letzten Schrittes der Organentwicklung [Streeter 1918].

Im folgenden werden nur die großen Venensysteme besprochen: *Hirnvenen und Durasinus, V. cava superior, V. cava inferior* und *Lungenvenen.* Die Umformungen der *Vv. umbilicales* und die Entwicklung der V. portae werden im Zusammenhang mit dem Fetalkreislauf erläutert (Kapitel 13.1).

Erst nach Ausbildung der Nabel- und Dottersackvenen entstehen im STADIUM 11 die ersten eigentlichen Körpervenen, die Vv. cardinales. Die Vv. praecardinales entstehen an den Seitenflächen des Gehirns und leiten das venöse Blut aus Kopf- und Halsgebiet über die Vv. cardinales communes, den Ductus Cuvieri, zum rechten bzw. linken Sinushorn. Die Vv. postcardinales entstehen von cranial nach caudal aus konfluierenden Gefäßinseln an der dorso-lateralen Seite des Urnierenwulstes. Sie leiten nicht nur das venöse Blut aus den Urnieren, sondern auch aus der gesamten dorsalen Körperwand über den Ductus Cuvieri zum Herzen. In dieser Phase erfolgt also der gesamte Abfluß des venösen Blutes aus dem Embryo über die Cardinalvenen (siehe auch Kapitel 10.7).

12.1 Hirnvenen und Durasinus

In der Entwicklung der venösen Strombahnen des Kopfes und besonders des Gehirns lassen sich fünf Entwicklungsphasen unterscheiden [Streeter 1918]: Die erste Phase ist die der allgemeinen Gefäßbildung, in der durch Endothelsprossungen mesenchymale Spalten in primitive kapilläre Gefäße und Gefäßnetze umgewandelt werden. Während um das Vorder- und Mittelhirn herum der netzartige Charakter dieser Gefäßanlagen vorherrscht, ist im Bereich des Hirnstammes eine longitudinale, dem Hirnstamm paarig parallel verlaufende Anordnung typisch. Die zweite Entwicklungsphase ist gekennzeichnet durch die Etablierung eines geregelten Kreislaufes und damit die funktionelle Gliederung des endothelialen Gefäßnetzes in Arterien, Kapillaren und Venen. Aus den oberflächlicher liegenden Teilen dieses Netzwerkes formieren sich ausgedehnte venöse Plexus, die über paarige, basal liegende primäre Venen zur Vena praecardinalis und damit zum Sinus venosus des Herzens abgeleitet werden (Abb. 12-1). Die dritte Phase ist gekennzeichnet durch die Differenzierung der bindegewebigen Hülle des Gehirns (primäre Meninx) in die dichteren Schichten der zukünftigen Dura mater und die weniger dichten Schichten der zukünftigen Arachnoidea. Damit werden zunächst die späteren „extracraniellen“ Gefäße von den intracraniellen getrennt. Die Verbindungen zwischen ihnen werden weitgehend aufgehoben und bleiben nur vereinzelt in Form der

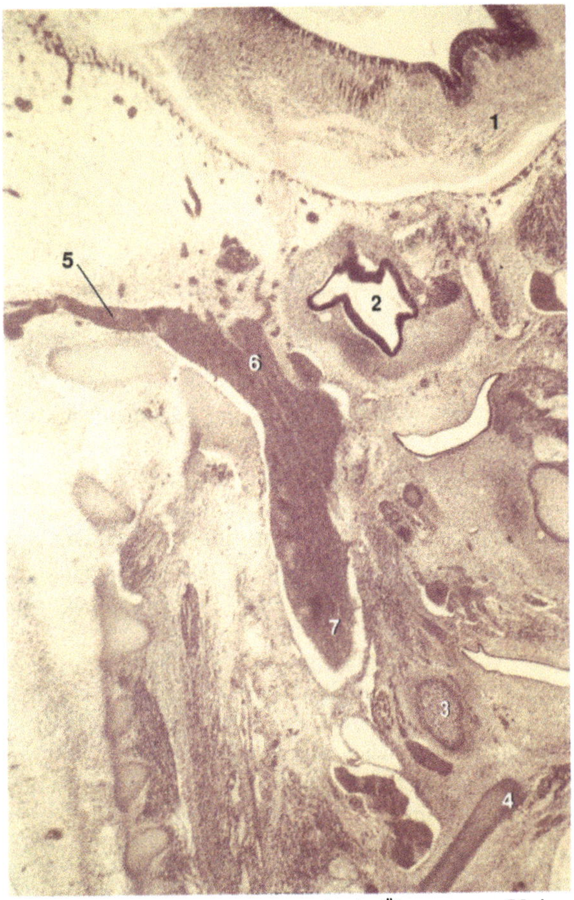

Abb. 12-1. Plexus venosus posterior im Übergang zur V. jugularis im STADIUM 18 (16 mm). Seitlicher Sagittalschnitt, HE, 280:1. 1 = Rhombencephalon, 2 = Anschnitt von Ohrkapsel und Utriculus, 3 = Clavicula, 4 = 1. Rippe, 5 = Plexus posterior, 6 = Anschnitt des Sinus sigmoideus, 7 = V. jugularis

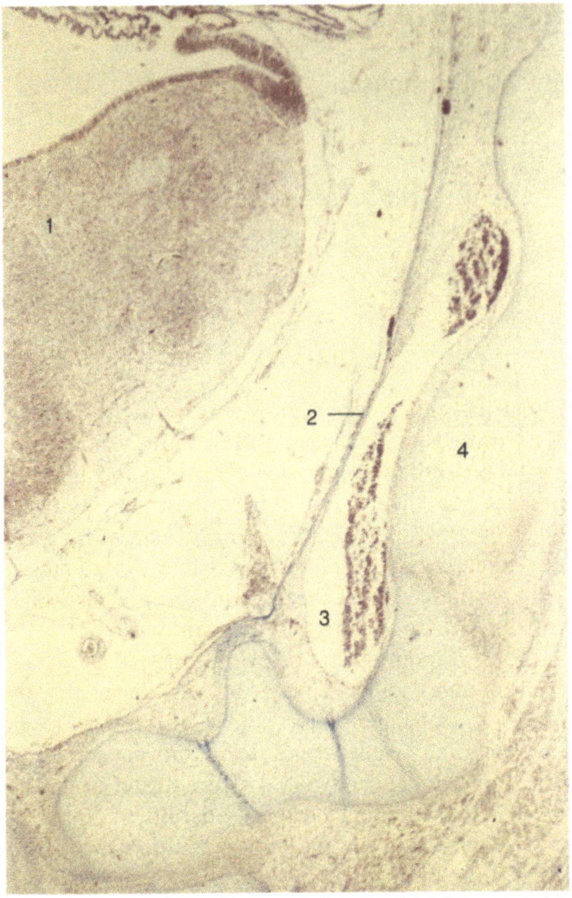

Abb. 12-2. Sinus sigmoideus zwischen den Schichten der sich bildenden Dura mater eingeschlossen. Etwa STADIUM 23 (29 mm) Frontalschnitt, Azan, 325:1. 1 = Rhombencephalon, 2 = innere Duralamelle, 3 = Sinus sigmoideus, 4 = knorplige Schädelwand, an der innenseitig die äußere Duralamelle anliegt

späteren Emissarien erhalten. Die größeren venösen Gefäßstämme werden schon zu dieser Zeit zwischen die Blätter der sich ausbildenden Dura mater eingeschlossen (Abb. 12-2, 12-3).

Überlagert wird die dritte Entwicklungsphase von der vierten, in der sich unter starker Größenentwicklung die definitive Form des ZNS auszubilden beginnt. Die erhebliche Verlagerung der einzelnen Hirnabschnitte führt zu einer Verlagerung der schon bestehenden venösen Plexus. Sie ist die wichtigste Periode für das Verständnis der definitiven Form der Durasinus, sie wird daher im folgenden ausführlicher geschildert. Als fünfte Periode schließlich faßt Streeter [1918] jene histologischen Veränderungen zusammen, durch die der definitive Schichtenbau der Arterien- und Venenwände erfolgt.

Als Grundmuster der ausgedehnten venösen Plexus an der Hirnoberfläche (Abb. 12-4a) lassen sich je ein Plexus anterior, medialis und posterior unterscheiden. Sie münden gemeinsam in ein großes, basal liegendes venöses Gefäß, die Vena capitis prima, ein. Der Plexus anterior ist vor allem am Mittelhirn ausgedehnt, reicht mit seinen vorderen Zweigen aber auch an den hinteren Rand der entstehenden Hemisphärenbläschen heran. Der Plexus medialis ist zunächst deutlich schwächer, er liegt dem vorderen Rand der Rautengrube und damit dem Anlagebereich des Kleinhirns an. Der Plexus posterior liegt dem hinteren Abschnitt des Rautenhirns und der Nackenbeuge des ZNS an. Zwischen Plexus anterior und medialis ist das mächtige Ganglion trigeminale gelegen, Plexus medialis und Plexus posterior werden durch die Anlage des Labyrinths und der Ohrkapsel getrennt. Die Einmündung des Plexus anterior in den Anfangsteil der Vena capitis prima liegt medial des mächtigen Ganglion trigeminale, hier erfolgt eine zunehmende

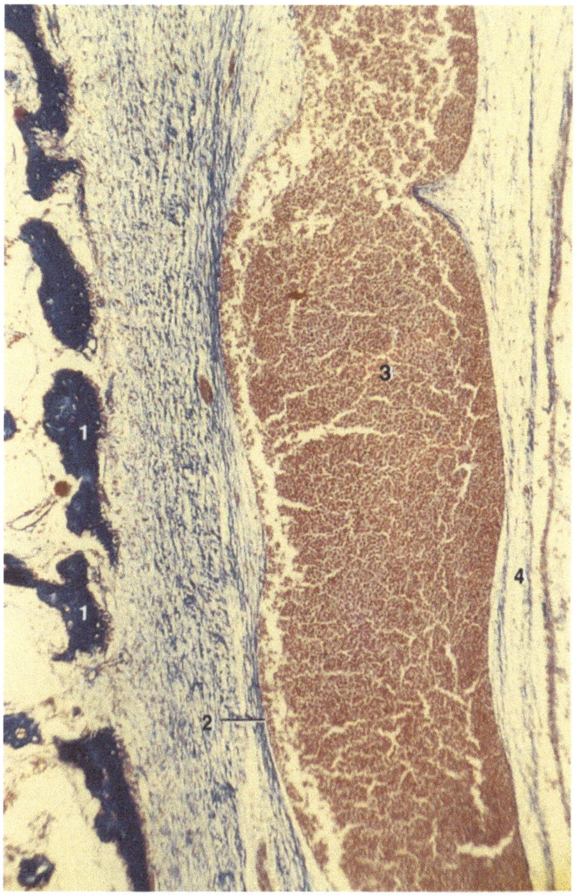

Abb. 12-3. Sinus transversus bei einem Feten von 4,6 cm, Horizontalschnitt, Azan, 800:1. 1 = Knochenbälkchen im Os occipitale, 2 = Endost mit äußerer Duralamelle, 3 = Sinus transversus, 4 = innere Duralamelle

Annäherung der rechten und linken Gefäßbahnen unterhalb des Gehirns, wo sie miteinander verschmelzen und den Sinus cavernosus bilden werden. Hier bestehen auch bereits Verbindungen zu den Venen des Auges (V. ophthalmica superior) und dem Anlagegebiet des Gesichtes (Plexus maxillaris, später Plexus pterigoideus in Verbindung mit dem Plexus foraminis ovalis). Zum Anlagegebiet des Labyrinth und der Ohrkapsel liegt die V. capitis prima als Verbindungsstück zwischen Plexus medialis und Plexus posterior zunächst mediocaudal. Mit der erheblichen Größenausdehnung der Ohranlage einschließlich der Ohrkapsel wird diese Strombahn allmählich unterbrochen und durch eine neue, craniolateral zur Ohrkapsel verlaufende Vene ersetzt. Sie ist die Anlage des Sinus petrosus, sie steht nach rostral weiterhin mit dem Sinus cavernosus in Verbindung (Abb. 12-4a, b). Der mehr lateral und oberflächlich liegende Teil des Sinus anterior wird durch die sich entfaltenden Großhirnbläschen in seinem vorderen Abschnitt zur Mittellinie hin, in seinem hinteren Abschnitt an die hintere Kontur dieser Hirnbläschen verlagert. Er wird in den Sinus sagittalis und den Sinus rectus umgeformt. Der Plexus medialis wird ebenfalls nach dorsal verlagert und in das Anlagegebiet des Tentorium cerebelli als Plexus tentorii eingeschlossen. Aus ihm gehen Teile des Sinus transversus und des Confluens sinuum hervor. Die neu geformte Strombahn außerhalb und oberhalb der Ohrkapsel wird Sinus sigmoideus [Streeter 1915, 1918].

Die Übersicht der Abbildung 12-4 macht deutlich, wie sehr die Verlagerung der venösen Plexus an der Oberfläche des Gehirns von dessen Formentwicklung abhängig ist. Diese Verlagerung geht daher auch über die späte Fetalzeit bis in die Neugeborenenperiode hin weiter. Das ganze Ausmaß der Verlagerung und die Herleitung der definitiven Abschnitte der Durasinus aus den Vorläuferstrukturen der Plexus und der V. capitis prima zeigen die Abbildungen 12-4 und 12-5.

Die asymmetrische Entwicklung des Venensystems insgesamt, die mit der asymmetrischen Entwicklung des Herzens einhergeht und zu einer Bevorzugung der rechten Körperhälfte führt, wirkt sich auch im venösen Abfluß des Gehirns aus. Die dominierende V. praecardinalis dextra begünstigt in den meisten Fällen offenbar den Abfluß aus den Durasinus zur rechten Seite hin. Dies wird besonders deutlich, wenn aus dem Plexus anterius der Plexus sagittalis geformt wird (Abb. 12-6). Bei mehr als 80% der untersuchten Embryonen mit einer Länge von 17–30 mm stellte Streeter [1918] einen bevorzugten Abfluß in die rechte V. praecardinalis (später jugularis) fest. Wie groß das Blutvolumen aus dem Abfluß des Kopfes ist, wird an der Weite der Vena praecardinalis resp. jugularis interna im Vergleich etwa zu den Aa. vertebrales deutlich (Abb. 12-7).

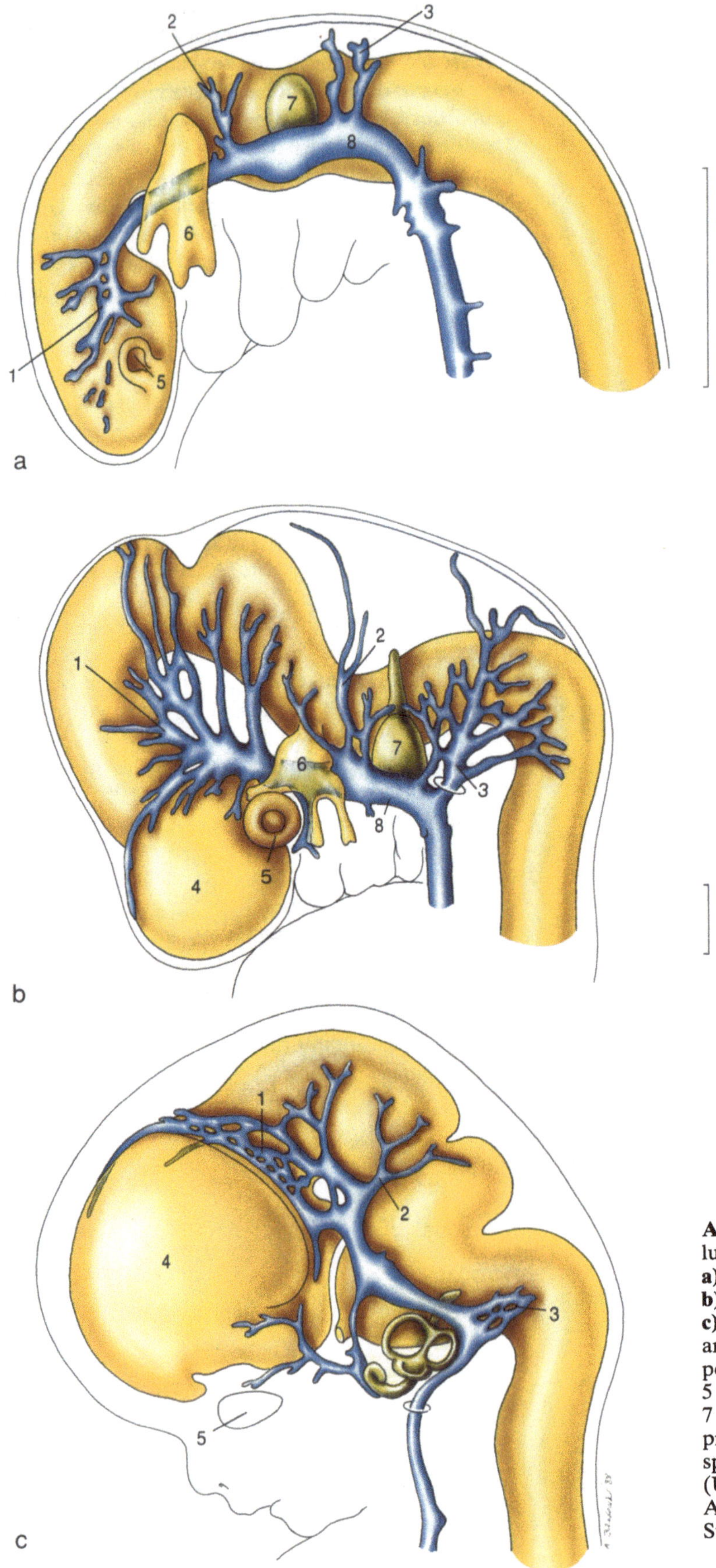

Abb. 12-4a–c. Übersichten zur Entwicklung der Durasinus.
a) etwa Stadium 14 (5,3 mm);
b) etwa Stadium 17 (11,5 mm);
c) etwa Stadium 22 (24 mm). 1 = Plexus anterior, 2 = Plexus medialis, 3 = Plexus posterior, 4 = Großhirnbläschen, 5 = Auge, 6 = Ganglion trigeminale, 7 = Labyrinthbläschen, 8 = V. capitis prima. Der Kreis deutet die Lage des späteren Foramen jugulare an (Umzeichnung unter Verwendung der Abbildungen von Gasser 1975 (a) sowie Streeter 1918 (b und c)) Maßstab = 1 mm

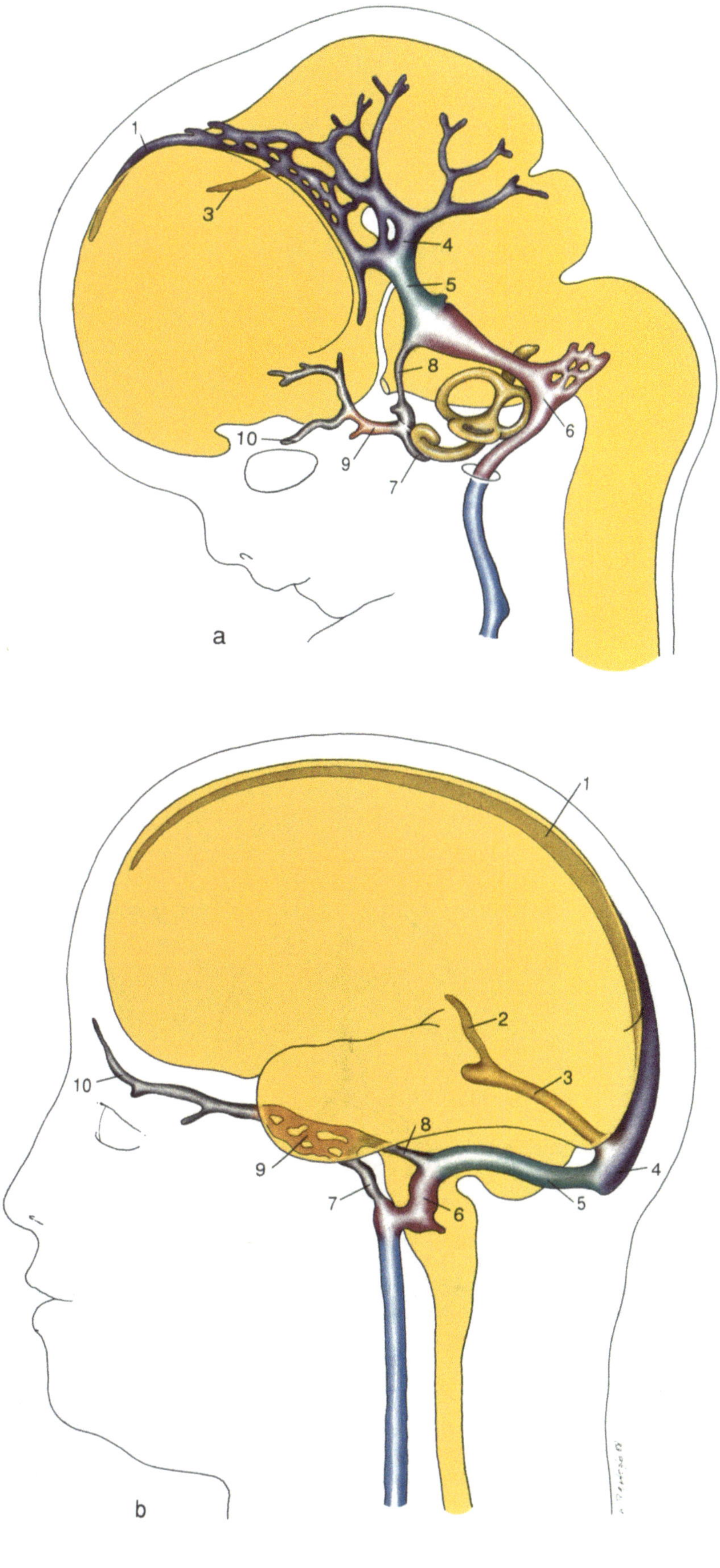

Abb. 12-5a, b. Herleitung der definitiven Teile der Sinus durae matris aus den Embryonalstadien; 1 = Sinus sagittalis superior, 2 = Sinus sagittalis inferior, 3 = Sinus rectus, 4 = Confluens sinuum, 5 = Sinus transversus, 6 = Sinus sigmoideus, 7 = Sinus petrosus inferior, 8 = Sinus petrosus superior, 9 = Sinus cavernosus, 10 = Vena ophthalmica superior. Der Kreis in Bildteil a) deutet die Lage des späteren Foramen jugulare an (Umzeichnung nach Streeter 1918)

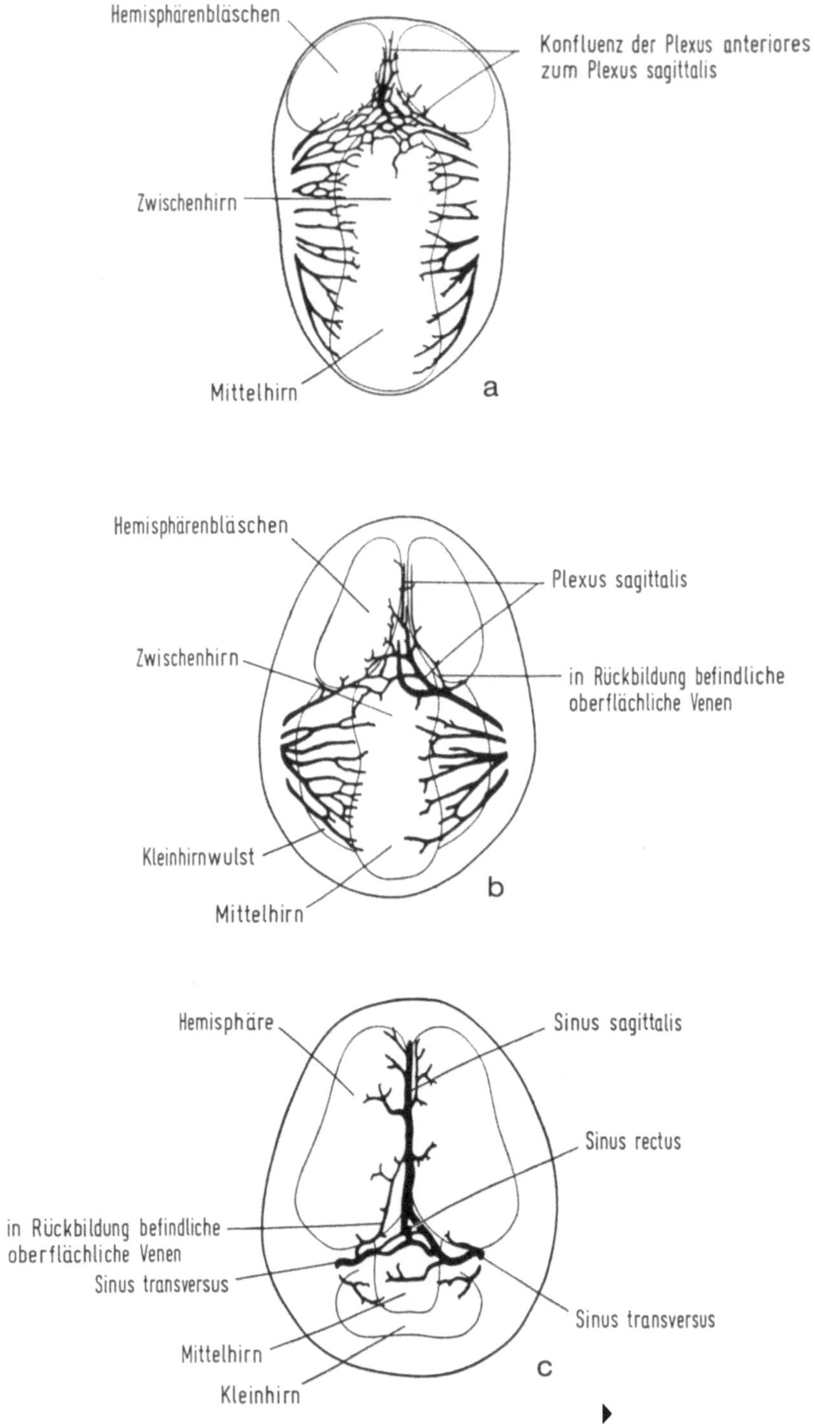

Abb. 12-6a–c. Umbildung des Plexus anterior zum Sinus sagittalis superior, Ansicht vom Scheitel.
a) 13,8 mm,
b) 20 mm,
c) 54 mm (nicht maßstäblich!)
[Aus: Streeter 1918]

Abb. 12-7a–e. Querbruch durch die Halsregion eines Embryo im STADIUM 17 (16,0 mm) mit Einblick in die Gefäße im REM.
a) und **b)** Aa. vertebrales (umgeben vom venösen Plexus vertebralis). 155:1;
c) Übersicht. 1 = Rückenmark, 2 = Anlage des Wirbelkörpers (mit artifiziellem Bruch) und Chorda, 3 = A. vertebralis, 4 = V. jugularis interna, 5 = Hypopharynx, 6 = Trachea, 7 = N. vagus, Aa. carotides nicht im Bildausschnitt. 65:1;
d) und **e)** Vv. jugulares (mit umgebendem Maschenwerk der jugulären Lymphgefäße). 155:1

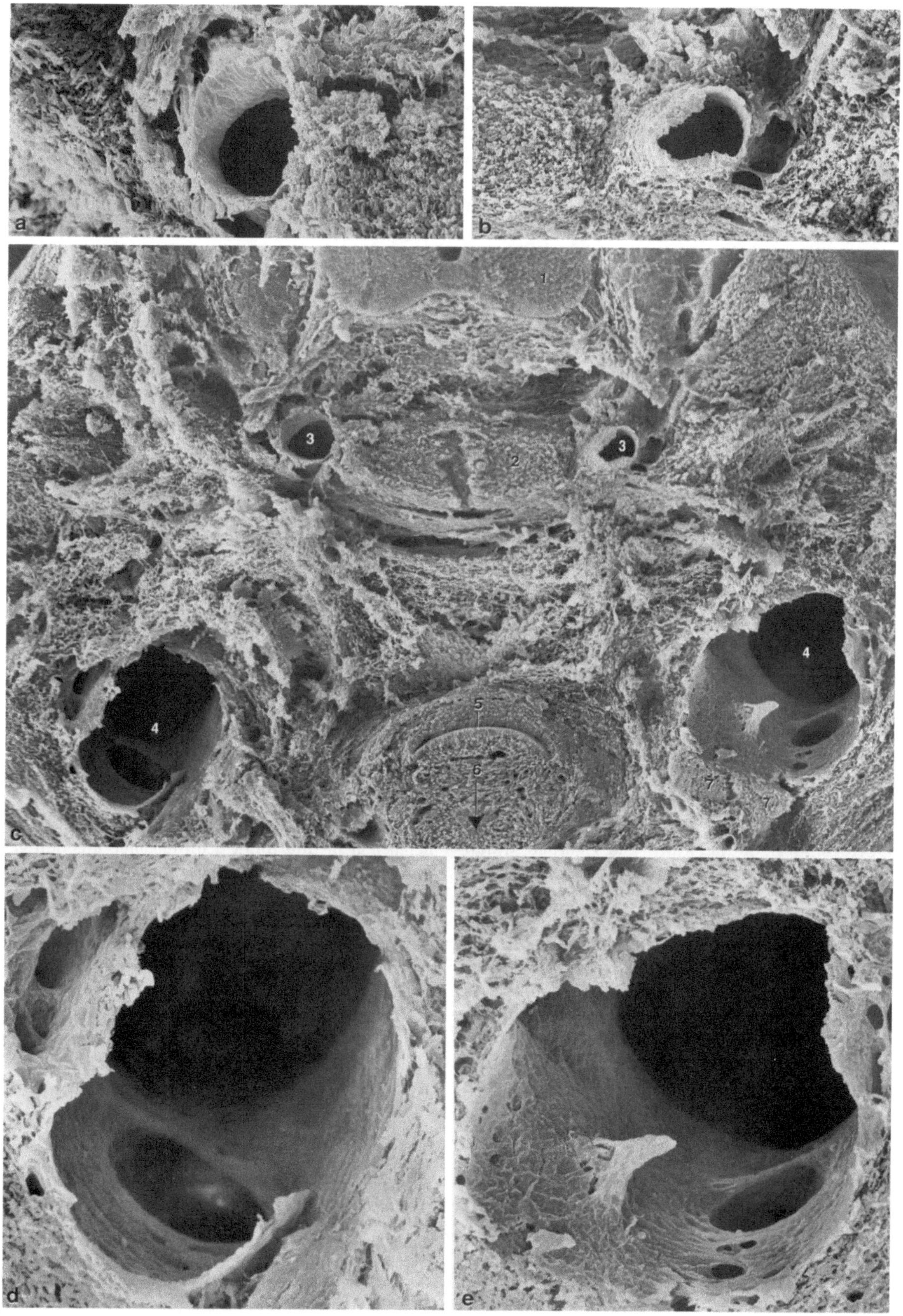
a
b
1
3
2
3
4
5
6
4
7
7
c
d
e

12.2 Vena cava superior

Kopf und obere Körperhälfte werden zunächst durch ein paariges Venensystem der Körperwand drainiert, die oberen Cardinalvenen (Vv. praecardinales). Sie nehmen das Blut aus den primären Kopfvenen, später aus der V. jugularis interna und V. jugularis externa auf und vereinigten sich mit den unteren Cardinalvenen im Septum transversum auf jeder Seite zu einem gemeinsamen venösen Stamm (V. cardinalis communis), der mit den Vv. umbilicales vereinigt in den Sinus venosus des Herzens einmündet (Ductus Cuvieri, siehe aber Fußnote S. 324). Die paarigen Praecardinalvenen sind zuerst kurz, verlängern sich aber mit dem Descencus cordis. Mit der gleichzeitigen Rückbildung der unteren Cardinalvenen (Vv. postcardinales) geht die Einmündung der Armvenen von den postcardinalen auf die praecardinalen Venen über.

Die oberen Cardinalvenen verlaufen seitlich zum Kopfdarm, umschließen diesen und die Aortenbögen aber nach ventral in ihrem Übergang zum Ductus Cuvieri. Oberhalb des Herzens und ventral des Kopfdarmes, zwischen den Anlagen von Glandula thyroidea und Thymus, bildet sich eine schräg von links oben nach rechts unten verlaufende Anastomose aus. Sie bezieht die kleinen Venen der Thyroidea- und Thymusanlage ein. Mit der Unterteilung der Vorhöfe verlagert sich der venöse Einstrom der Cardinalvenen mehr zum rechten Vorhof hin, der unterhalb der Anastomose liegende Abschnitt der linken Praecardinalvene bildet sich allmählich zurück. Die Anastomose erweitert sich zur V. brachiocephalica sinistra, der Abschnitt der rechten Praecardinalvene oberhalb der Anastomose zur V. brachiocephalica dextra. Der unterhalb der Anastomose verbleibende Teil und seine Fortsetzung in den Stamm der V. cardinalis communis bildet die V. cava superior.

Auf der linken Seite bleibt vom Ductus Cuvieri sin. der Einmündungsteil als Sinus (venosus) coronarius erhalten. Der nach distal anschließende Teil der linken Praecardinalvene bildet sich zurück, wird zum Restbestand und bleibt als schräg über die Rückwand des linken Vorhofs verlaufende Vene (V. obliqua atrii sin. Marshall) erhalten, die distal in ein rudimentäres Ligament übergeht. Bleibt die Rückbildung aus, kann die linke Praecardinalvene als zusätzliche linke Vena cava superior persistieren, die dann in einen erweiterten Sinus venosus coronarius des Herzens einmündet [Padget 1956] (siehe auch Kapitel 10.7.1 Erste embryonale Gefäße).

12.3 Vena cava inferior

Sehr viel komplexer als die Entwicklung der oberen ist die der unteren Hohlvene. Entsprechend der einfachen Gliederung junger Embryonen unterhalb des Herzens in (intra- und extraembryonalen Teil des) Dottersack(es), Körperwand und Haftstiel finden sich drei große Venensysteme: die Vv. vitellinae (omphaloentericae), die in ihrem intraembryonalen Teil in die Darmvenen und das Portalsystem übergehen, die Nabelvenen (Vv. umbilicales) und die unteren Cardinalvenen (Vv. postcardinales). Sie münden alle in den Sinus venosus ein, die Vv. vitellinae und umbilicales werden aber mit der raschen Größenentwicklung der Leber in ihren Endteilen in diese Entwicklung einbezogen (Kapitel 13. Fetalkreislauf, Kapitel 10.7.1 Erste embryonale Gefäße).

Zu den Körperwandvenen (Vv. postcardinales) kommen mit der Entwicklung der Organe des Retroperitonealraumes (Urniere, Niere, Nebenniere und Keimdrüsen) neue, längsverlaufende Venen hinzu. Während die postcardinalen Venen in der Körperwand dorsolateral der Urnierenfalte liegen (Abb. 12-8), entstehen die Vv. subcardinales dorsomedial der Urnierenfalte. Zwischen beiden Venensystemen besteht vorübergehend eine Art „Portal-System", in dem Äste der Postcardinalvenen als Vv. advehentes, Äste der Subcardinalvenen als Vv. revehentes die Urniere versorgen. Die Subcardinalvenen bilden ventral der Aorta zahlreiche Queranastomosen aus und übernehmen mehr und mehr den Blutabfluß aus den genannten Organen. Der untere Abschnitt der Subcardinalvenen hat enge Beziehungen zur Anlage der Keimdrüsen. Im caudalen Körperende bildet sich ein weiterer Venenplexus aus, der auch das Blut aus den Beinanlagen aufnimmt (Vv. sacrocardinales). Er fließt dorsal der Nabelarterien und der Aorta in die postcardinalen Venen ab, mit deren Rückbildung verlagert sich dieser Abfluß in die Subcardinalvenen (Abb. 12-10). Dieser Abschnitt der späteren V. cava

▸
Abb. 12-8a–c. Drei Stadien der Entwicklung der unteren Hohlvene im Querschnitt bei gleichem Maßstab; **a)** Stadium 14 (5,3 mm); **b)** Stadium 16 (10,5 mm); **c)** Stadium 20 (18,0 mm); 1 = Aorta, 2 = Urnierenfalte mit Vv. postcardinales (lateral) und Vv. subcardinales (medial), 3 = V. umbilicalis (**a** und **b**), 4 = Coelom, 5 = Vv. vitellinae (mit Anastomose), 6 = Dottersackwand, 7 = erweiterte V. subcardinalis dextra (hepatisches Segment der V. cava inferior; V.

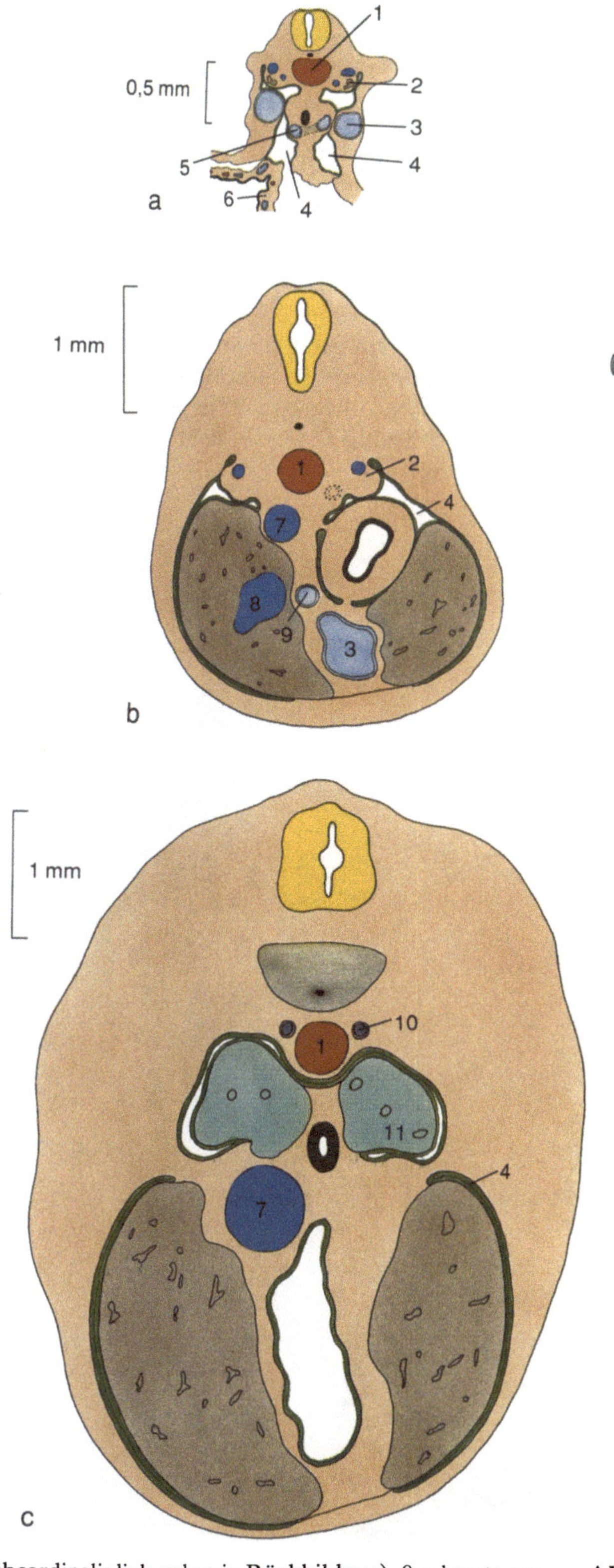

subcardinalis links schon in Rückbildung), 8 = hepato-cardialer Kanal, 9 = V. portae, 10 = V. supracardinalis, 11 = Lungenanlage mit Pleuraspalt
(Umzeichnung unter Verwendung von Abbildungen aus Gasser 1975)

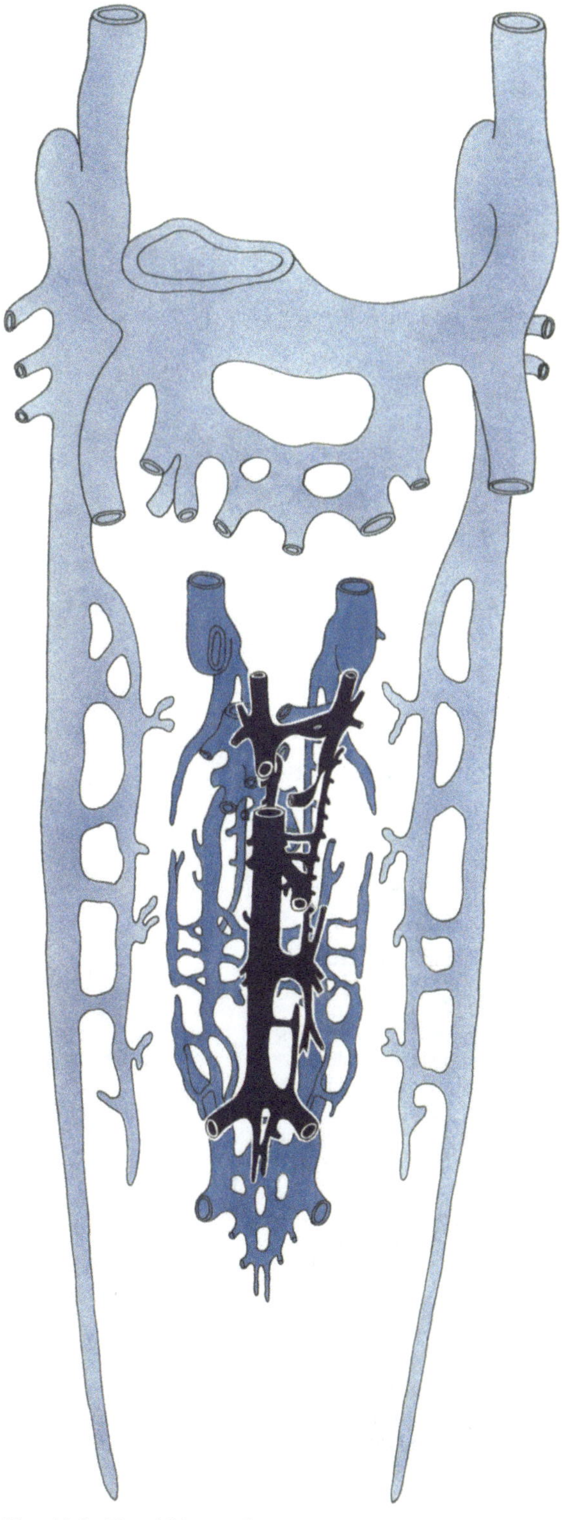

Abb. 12-9. Entwicklung der Hohlvenen, dargestellt als „Konzentration" der paarigen lateral liegenden Venen zu einer unpaaren medial liegenden Strombahn. Nicht maßstabsgerechte Darstellung der STADIEN 13 (4 mm, hellblau), 18 (14 mm, mittelblau) und 23 (22 mm, dunkelblau)

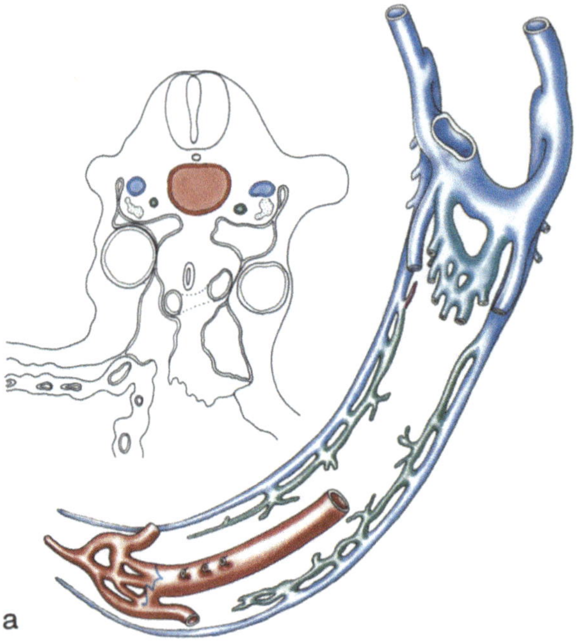

a

inferior behält seine Lagebeziehung dorsal zu den Aa. iliacae. Die Nieren, zunächst im Abflußgebiet der Postcardinalvenen gelegen, gewinnen mit ihrem Ascensus Anschluß an die Subcardinalvenen im Bereich ihrer ausgedehnten Queranastomosen („Sinus subcardinalis"). Die sich aus dieser Verbindung entwickelnde linke V. renalis liegt daher vor der Aorta (Abb. 12-10).

Die Subcardinalvenen mündeten zunächst in die Postcardinalvenen. Von der rechten Subcardinalvene bildet sich eine neue Anastomose zu den Lebersinus und den Lebervenen aus. Sie gewinnt als subcardiacohepatische Anastomose Anschluß an die Vv. revehentes der Leber, die sich zu einem „hepatocardialen Kanal" rechtsseitig erweitert haben [Streeter 1942] (Abb. 12-10).

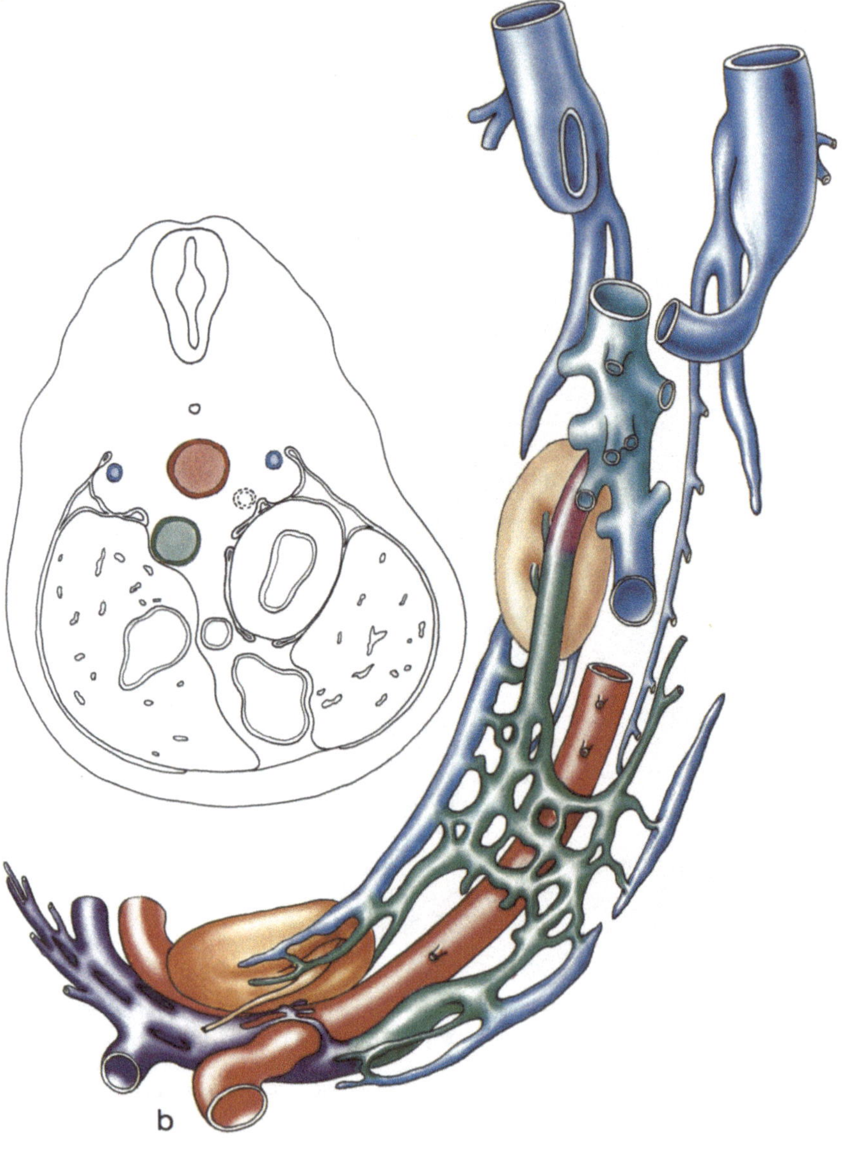

b

Abb. 12-10a–c. Drei Stadien zur Entwicklung der unteren Hohlvene. Die Querschnitte sind vereinfachte Wiederholungen der Abb. 12-7.
a) 4 mm, Vv. postcardinales (blau) und beginnende Bildung der Vv. subcardinales (grün).
b) 14 mm, Rückbildung der Vv. postcardinales, ausgiebige Anastomosen der Subcardinalvenen vor der Aorta, Ausbildung einer Anastomose (rot) zwischen rechter V. subcardinalis und Lebervenen. Beachte die Lagebeziehung zur Urniere und zur Nachniere. Dorsal zu Aorta und den Aa. iliacae bildet sich der Plexus sacrocardinalis (violett).
c) definites Venenmuster etwa im Stadium 22 (24 mm), Farben in den Abschnitten der V. cava inferior wie im Bild zuvor. Bildung der V. azygos und hemiazygos als dorsalster Teil der venösen Strombahn

Ähnlich wie oberhalb des Herzens wird auch in der unteren Körperhälfte der Blutrückstrom auf die rechte Seite verlagert, die linke Subcardinalvene bildet sich zurück. Aus den Queranastomosen der Subcardinalvenen entwickelt sich die linke Nierenvene, ein Teil wird in die sich nun ausbildende untere Hohlvene einbezogen (Abb. 12-10).

Von den ursprünglich eher lateral liegenden, paarigen venösen Abflußbahnen der Körperwand „konzentriert“ sich also der Blutrückstrom schrittweise und unter Einbeziehung verschiedener Gefäße und Gefäßabschnitte auf die nun wenig rechts der Körpermitte liegende eine Hauptabflußbahn der V. cava inferior. Dies ist in Abbildung 12-9 dadurch symbolisiert, daß drei dieser Phasen ineinandergezeichnet sind, wenn auch im umgekehrten Größenverhältnis, da sonst die große V. cava die absolut kleineren Cardinalvenen ganz verdecken würde.

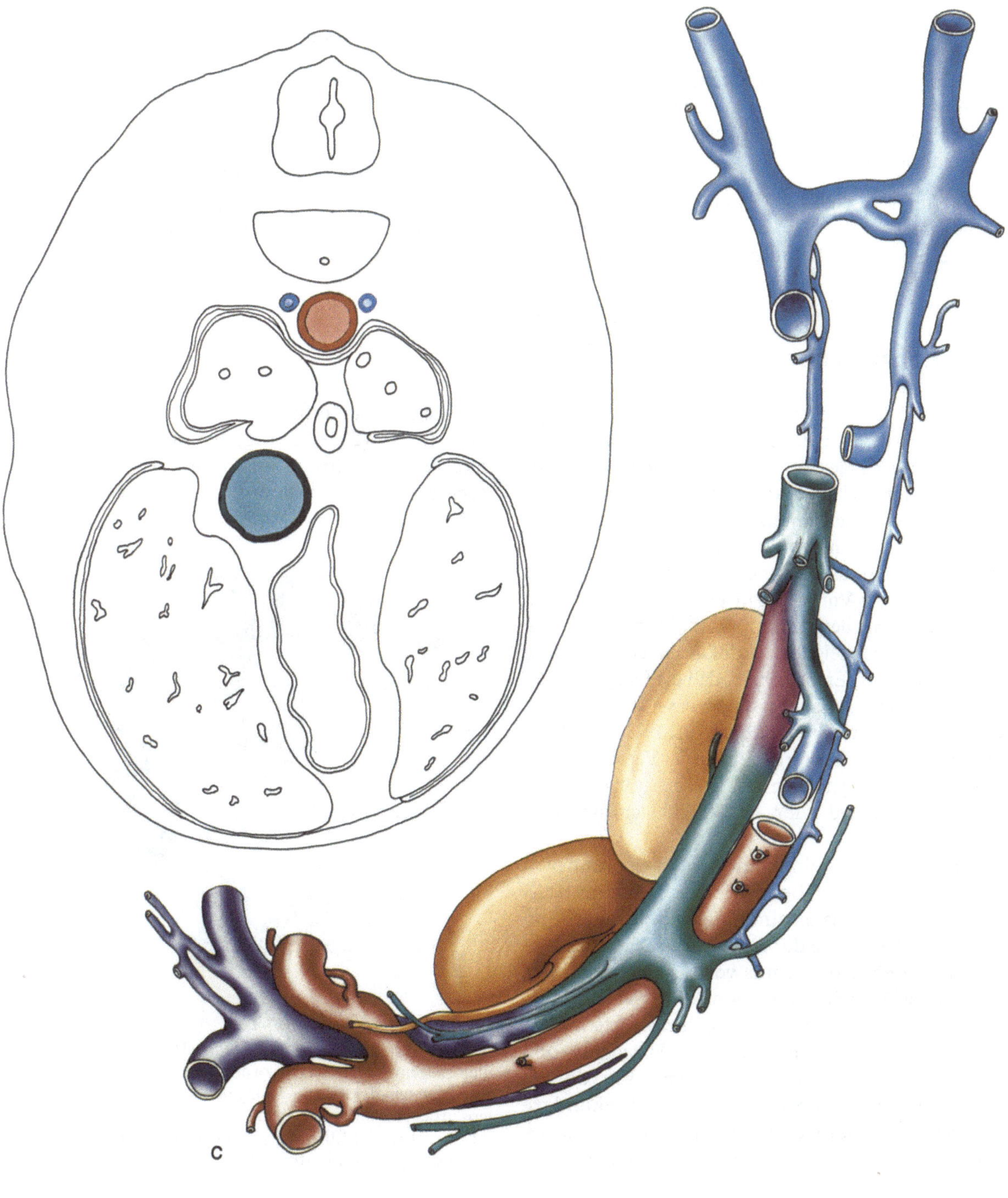

C

An der so entstehenden Hauptabflußbahn der unteren Körperhälfte und der Bauchorgane, der V. cava inferior, lassen sich also nach ihrer Entstehung und Herkunft verschiedene Abschnitte unterscheiden [McClure und Butler 1925, Grünwald 1938, Huseby und Boyden 1941, Netter 1976]:

1. Ein **posthepatisches Segment** aus dem „hepatocardialen Kanal", in dem ein Endabschnitt der rechten V. vitellina enthalten ist,
2. ein **hepatisches Segment,** das aus der Anastomose der rechten V. subcardinalis zur Leber hervorgegangen ist,
3. ein **renales Segment** aus einem Teil der rechten Subcardinalvene und aus den Queranastomosen,
4. ein **praerenales Segment** aus dem Einmündungsbereich der Sacrocardinalvenen in die rechte Subcardinalvene.

Teile der subcardinalen Venen persistieren als die Venen der Gonaden (Vv. ovaricae, Vv. testiculares). Die rechten Venen behalten ihre Beziehung zur V. subcardinalis, münden also in das renale Segment der V. cava inferior, während die linken Venen, entsprechend der eingetretenen Verlagerung und Umformung, in die linke V. renalis einmünden.

Mit der „Konzentrierung" der Venenwege zur V. cava inferior haben sich in der Körperwand in enger Lagebeziehung zum Truncus sympathicus neue Longitudinalvenen gebildet. Sie sammeln das Blut aus den Intercostalräumen und werden als Vv. supracardinales bezeichnet. Sie finden Anschluß an die praecardinalen Venen. Zwischen ihnen bilden sich etwa in Höhe des 4. Thoracalsegmentes ein oder zwei vor der Wirbelsäule liegende Queranastomosen aus, V. azygos und V. hemiazygos entstehen. Der oberhalb der Anastomose verbleibende Teil der linken Supracardinalvene drainiert im Regelfall die oberen drei Intercostalräume als eigener Stamm, er kann als V. hemiazygos accessoria ausgebildet sein. Die Einmündung der V. azygos in die V. cava superior markiert den früheren Übergang der V. praecardinalis dexter in die V. cardinalis communis dexter [Reagan 1927].

12.4 Lungenvenen

Dem sehr langsam verlaufenden Wachstum der Lunge und ihrer zunächst geringen Blutversorgung entspricht auch die verzögert erscheinende Ausbildung des Lungenkreislaufs. Über die genauere Entstehung der Lungenvenen gibt es eine kontroverse Diskussion [Zusammenfassung bei Los 1958]. Eine Auffassung war, daß Äste eines Venenplexus in der Umgebung von Vorderdarm und Lungenknospe in Verbindung mit dem linken Vorhof kämen [Brown 1913]. Hingegen zeigen gut dokumentierte Befunde an menschlichen Embryonen, daß die Lungenvenen sich aus blinden Aussprossungen des linken Vorhofs in das Mediastinum entwickeln [Auer 1948, Los 1958, Van Praagh und Corsini 1969]. An der Verbindung zu den Lungenanlagen können Mesenchymzellen im dorsalen Mesocard oder im Mediastinum beteiligt sein [Buell 1922].

Die erste Anlage einer noch unpaaren primitiven Lungenvene läßt sich beim Menschen etwa im Stadium 13/14 erst dann eindeutig nachweisen, wenn durch die Ausbildung der sinuatrialen Falten die Anlage des Vorhofs vom Sinus venosus abgrenzbar geworden ist. Nach Befunden von Auer [1948] und Los [1958] kommen jedoch auch bei menschlichen Embryonen variable Bildungsweisen der Pulmonalvenen vor: Neben Ausstülpungen aus dem linken Vorhof sind solche aus dem Sinus venosus und sekundäre Verbindungen des mediastinalen Venenplexus mit Vorhof und Sinus venosus beobachtet worden.

Zunächst aber entsteht bei Embryonen der Stadien 12–14 (29.–35. Tag) aus einer kleinen endocardialen Ausstülpung am Boden der Hinterwand des noch ungeteilten Vorhofs die Anlage einer unpaaren

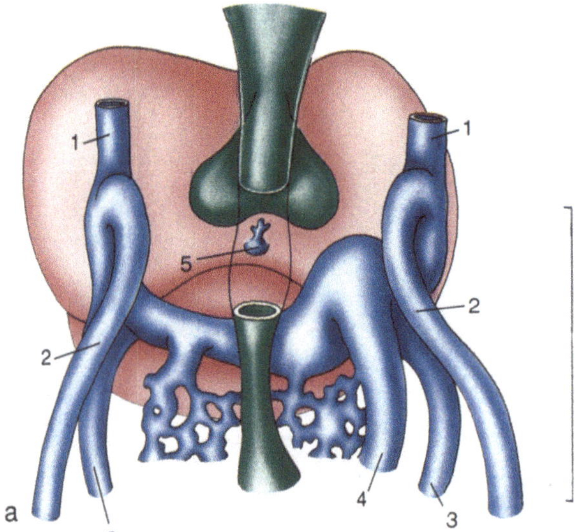

Abb. 12-11a–c. Schematische Darstellung der Entwicklung der Lungenvenen in bezug zu den Veränderungen der Cardinalvenen und der Entwicklung der V. azygos und hemiazygos in der Ansicht von dorsal.
a) Stadium 13 (4,0 mm) [Unter Verwendung von Abbildungen bei O'Rahilly und Müller 1987];

b) Stadium 14 (6,5 mm) [Unter Verwendung von Abbildungen bei Tandler 1913, Netter 1976 und O'Rahilly und Müller 1987];
c) Stadium 17 (14 mm) [Unter Verwendung von Abbildungen bei Tandler 1913, Netter 1976 und O'Rahilly und Müller 1987] 1 = Vv. praecardinales, 2 = Vv. postcardinales, 3 = Vv. umbilicales, 4 = V. subcardinalis dextra bzw. hepato-cardialer Kanal, 5 = Lungenvene(n), 6 = linkes Sinushorn, 7 = rechtes Sinushorn, 8 = Vv. subclaviae, 9 = Vv. supracardinales, 10 = Aorta, 11 = Aa. pulmonales. Maßstab = 1 mm

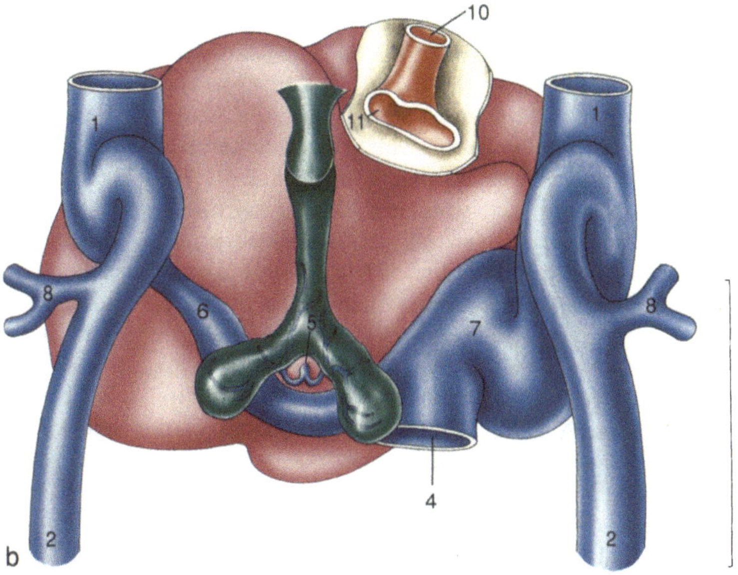

b

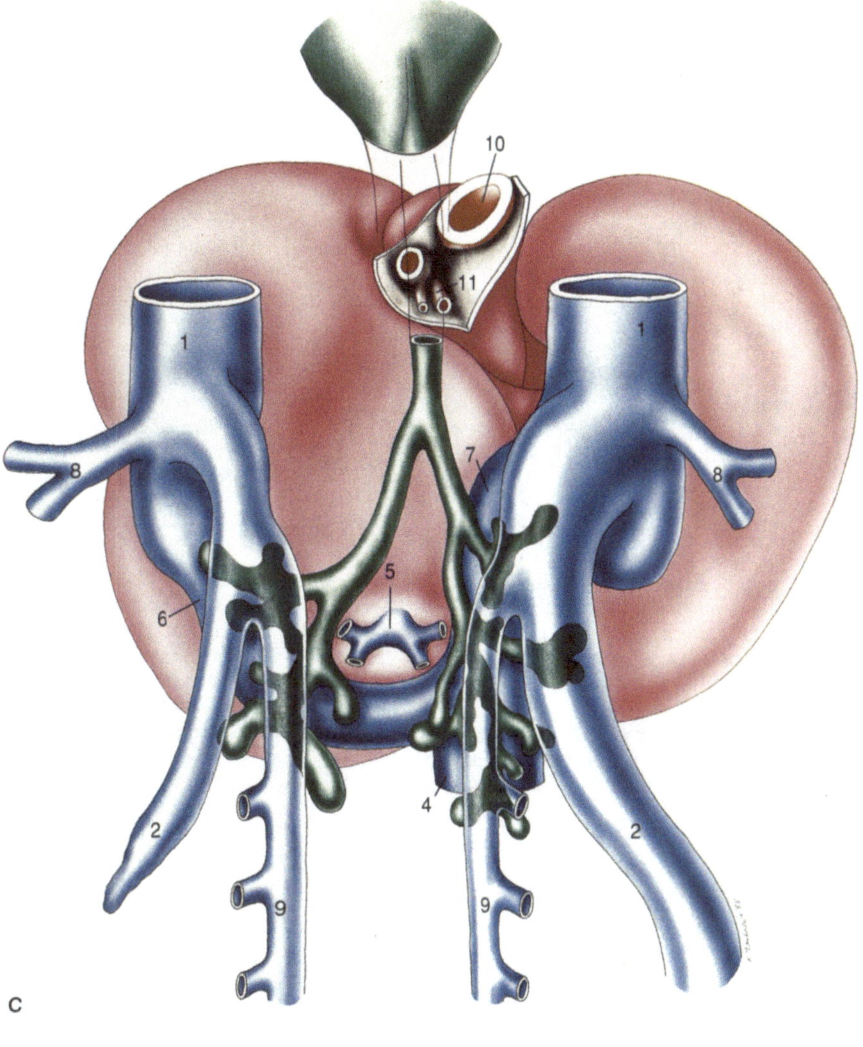

c

primitiven Lungenvene, die durch Vacuolisierung vasogener Stränge über das dorsale Mesocard die Lungenanlage erreicht (Abb. 12-11a). Der unpaare, noch blind endende Stamm teilt sich dann in der Horizontalebene dichotomisch, seine Äste erreichen die beiden Knospen der Lungenanlagen (Abb. 23-11b). Jeder dieser Äste teilt sich dann in einer sagittalen Ebene, entsprechend der Lage der nun weiter unterteilten Lungenknospen (Abb. 12-11c). Damit ergibt sich der Anschluß an einen kapillären Plexus, der den Vorderdarm und die Anlage von Trachea und Lunge umgibt und aus Ästen der 6. Pharyngealbogenarterie gespeist wird. Dieser sogenannte Plexus splanchnicus kann venöse Abflüsse nicht nur über die primitiven Lungenvenen, sondern auch zu den prae- und postcardinalen Venen sowie zu den primitiven Lebervenen haben. Nach Auer [1948] bestehen beim menschlichen Embryo regelmäßig auch transitorische Verbindungen aus dem Sinus venosus zum Plexus splanchnicus, die bei Persistenz Anlaß für eine infradiaphragmatische Drainage der Lungenvenen geben können (siehe Kapitel 10.8.5 Fehlbildungen der herznahen großen Venen).

Der Stamm der primitiven Lungenvene und ihre erste Gabelung, der sogenannte Sinus pulmonalis, erweitern sich und werden bis zum STADIUM 18 (44.–48. Tag) in die Wand des (nun unterteilten) linken Vorhofs einbezogen, so daß nun vier Lungenvenen getrennt voneinander einmünden (Abb. 12-11c). Näheres über die Eingliederung des Sinus pulmonalis in die Vorhofwand ist nicht bekannt.

Normalerweise bilden sich die caudalen Verbindungen des Lungenplexus vollkommen zurück, während seine cranialen Verbindungen zur V. praecardinalis auf die mediastinumnahen Regionen des Bronchialbaumes beschränkt bleiben. Daher münden die hilumnahen Bronchialvenen in das Einstromgebiet der V. cava superior, die eigentlichen Lungenvenen jedoch in den linken Vorhof. Der rechte Lungenhilus wird von dorsocranial her von der V. azygos umfaßt, ein direkter Anschluß einer aberrierenden Lungenvene an dieses Gefäß (Lobus venae azygos) ist nicht selten. Auch kommt die direkte Einmündung von Lungenvenen in den rechten Vorhof oder in die V. cava superior vor (weitere Varianten siehe Kapitel 10.8.5, dort Fehlbildungen der Pulmonalvenen).

12.5 Literaturverzeichnis

Auer J (1948) The development of the human pulmonary vein and its major variations. Anat Rec 101:581–594

Brown AJ (1913) The development of the pulmonary vein in the domestic cat. Anat Rec 7:299–329

Buell CE (1922) Origin of the pulmonary vessels in the chick. Contrib Embryol Carnegie Inst 14:11–26

Gasser RF (1975) Atlas of human embryos. Harper & Row, Hagerstown New York Evanston San Francisco London

Grünwald P (1938) Die Entwicklung der V. cava caudalis beim Menschen. Z Mikrosk Anat Forsch 43:275–331

Huseby RA, Boyden EA (1941) Absence of the hepatic portion of the inferior vena cava with bilateral retention of the supracardinal system. Anat Rec 81:537–544

Los JA (1958) De embryonale Ontwikkeling van de Venae pulmonales en de Sinus coronarius bij de Mens (The development of the pulmonary veins and the coronary sinus in the human embryo). Doctoral Thesis, Leiden, S 1–131

McClure FW, Butler EG (1925) The development of the V. cava inferior in man. Am J Anat 35:331–383

Netter FH (1976) Farbatlanten der Medizin, Bd 1: Herz. Thieme, Stuttgart

O'Rahilly R, Müller F (1987) Developmental stages in human embryos. Carnegie Inst Wash Publ 637

Padget DH (1956) The cranial venous system in man in reference to development, adult configuration, and relation to the arteries. Am J Anat 98:307–356

Reagan FP (1927) The supposed homology of vena azygos and vena cava inferior considered in the light of new facts concerning their development. Anat Rec 35:1429–1488

Streeter GL (1915) The development of the venous sinuses of the dura mater in the human embryo. Am J Anat 18:145–178

Streeter GL (1918) The developmental alterations in the vascular system of the brain of the human embryo. Contrib Embryol VIII:5–37

Streeter GL (1942) Developmental horizons in human embryos. Description of age group XI, 13 to 20 somites, and age group XII, 21 to 29 somites. Contrib Embryol Carnegie Inst 30:211–245

Tandler J (1913) Anatomie des Herzens. In: Bardeleben K von, Handbuch der Anatomie des Menschen, Bd 3. 1. Abt. Fischer, Jena

Van Praagh R, Corsini I (1969) Cor triatriatum: Pathologic anatomy and a consideration of morphogenesis based on 13 postmortem cases and a study of normal development of the pulmonary vein and atrial septum in 83 human embryos. Mer Heart J 78:379–406

13. Fetaler Kreislauf

K. V. Hinrichsen

13.1 Placentarkreislauf

Mit der Bildung des Haftstieles und der Nabelschnur (siehe Kapitel 7.2) hat sich ein Teil des fetalen Gefäßsystems gebildet, der allein dem Anschluß des Embryonalkreislaufs an die Placenta dient. Die Nabelarterien, in der Regel paarig angelegt und auch paarig bleibend, entspringen vom caudalen Abschnitt der paarigen Aorten. Mit der Verlängerung des unteren Körperendes entwickelt sich ein „Zuwachsgebiet" der A. umbilicalis [Blechschmidt 1973], das wie ein ausgedehnter Gefäßplexus erscheint (Abb. 13-1). Mit Ausbildung der definitiven Aorta und der Iliacalgefäße verlagert sich der Ursprung der Nabelarterien

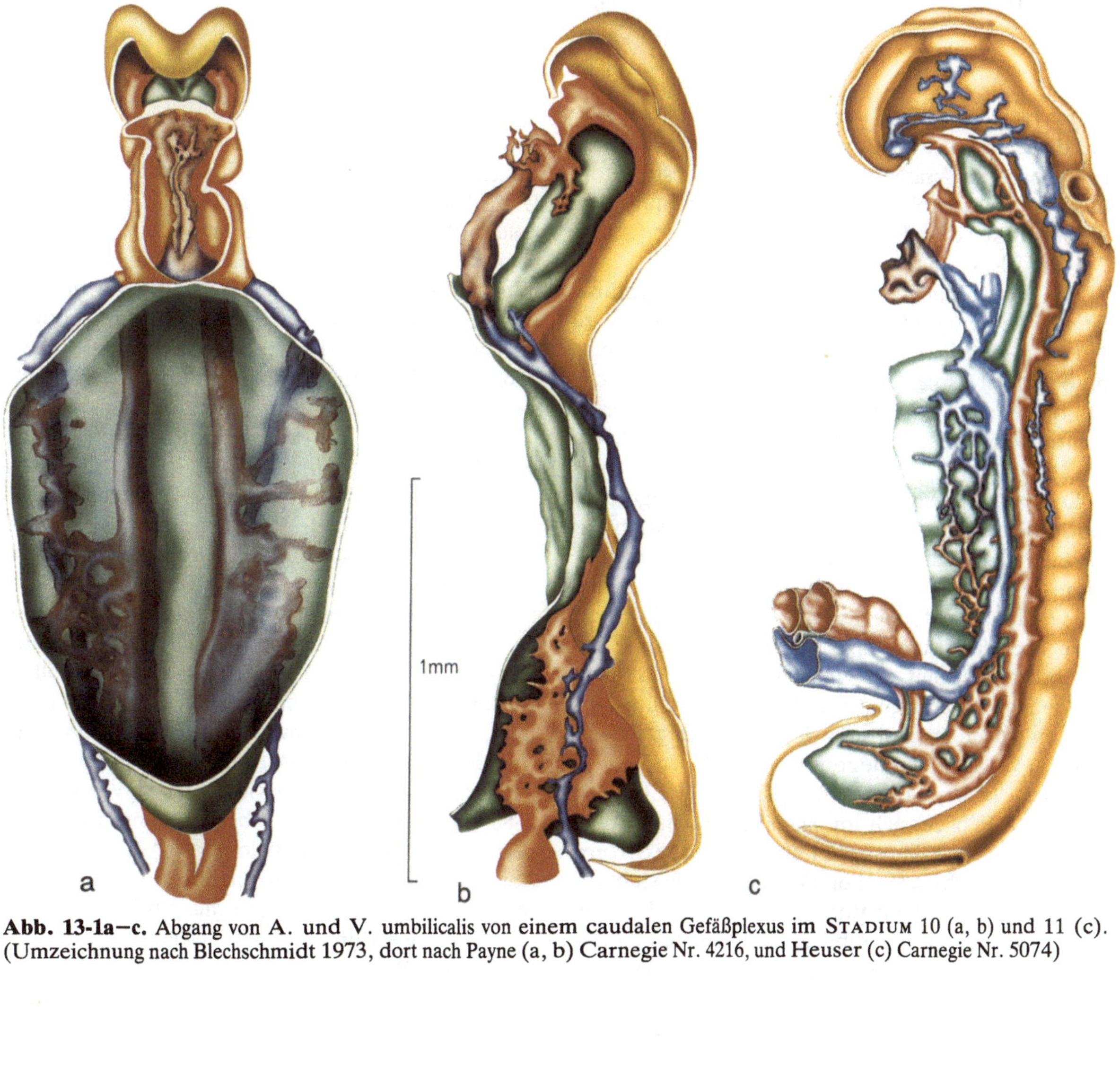

Abb. 13-1a–c. Abgang von A. und V. umbilicalis von einem caudalen Gefäßplexus im Stadium 10 (a, b) und 11 (c). (Umzeichnung nach Blechschmidt 1973, dort nach Payne (a, b) Carnegie Nr. 4216, und Heuser (c) Carnegie Nr. 5074)

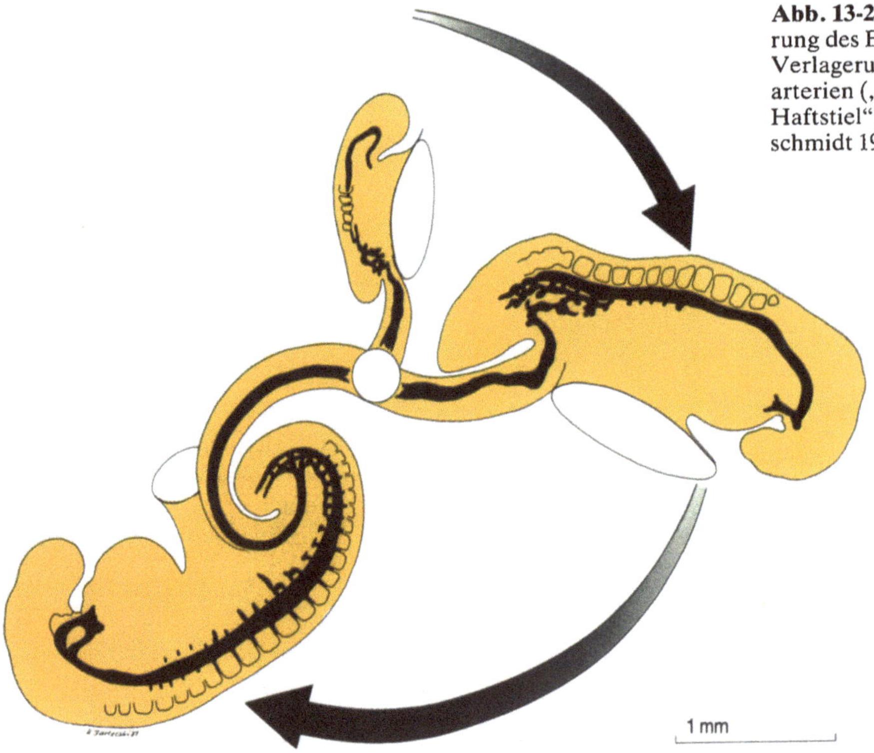

Abb. 13-2. Schema zur relativen Verlagerung des Embryo zum Haftstiel und zur Verlagerung des Ursprungs der Nabelarterien („Drehung des Embryo um den Haftstiel") (modifiziert nach Blechschmidt 1955)

auf diese, sie haben mit der späteren A. vesicalis superior einen gemeinsamen Stamm. Sie sind Bestandteil des Haftstieles (Abb. 7-2) und werden innerhalb des Nabels Bestandteil der vorderen Körperwand (Abb. 7-6 und 20-29).

Die Verlagerung des Ursprungs der Nabelgefäße ist wie die Verlagerung des Haftstieles eine relative. Da der Insertionspunkt des Haftstieles (und der Nabelschnur) an der Chorionplatte ortsständig fixiert bleibt, verlagert („dreht") sich eigentlich der Embryo relativ zum Haftstiel [Blechschmidt 1955] (Abb. 13-2).

Die Nabelvenen, zunächst auch paarig angelegt, sind ebenfalls Bestandteil des Haftstieles. Auch sie verlaufen zunächst bogig durch das untere Körperende und bilden einen breiten Gefäßplexus (Abb. 13-1). Ihr Verlauf innerhalb des Embryonalkörpers wird aber dann durch ihre Lagebeziehung zur Coelompforte bestimmt. Sie werden durch die sich rasch ausdehnende Leberanlage in ihrem Einmündungsgebiet mit dem der Dottersackvenen vereinigt, nach ventral verlagert und liegen dann am oberen Rande der Nabelschnur (Abb. 7-6b, 13-2, 20-29). Etwa im Stadium 15 bildet sich im caudalen Teil des Leberparenchym durch Sinuserweiterung eine neue Strombahn aus, durch die ein Teil des Blutes in die sich bildende untere Hohlvene und damit direkt dem Herzen zugeleitet wird. Der periphere Teil der rechten Umbilicalvene bildet sich zurück, im Bereich der freien Nabelschnur soll es auch zur Verschmelzung der beiden Venen kommen [Patten 1968]. Als Ergebnis dieser Umbildungsvorgänge liegt eine Nabelvene am Oberrand der Nabelschnur und zieht innerhalb des Nabels in einer Ausbuchtung der Coelomwand an die Unterseite der Leber (Abb. 13-3 und 20-29). Hier mündet sie in eine Erweiterung des Pfortadersystems („portaler Sinus"), von dem die Verzweigungen in das Leberparenchym abgehen. Sie findet ihre direkte Fortsetzung im Ductus venosus und der Vena cava inferior (Abb. 13-3 bis 13-5). Mit der Kreislaufumstellung nach der Geburt bilden sich diese Teile des Gefäßsystems zurück. Die Nabelarterien obliterieren zu bindegewebigen Strängen, die subperitoneal von der Kuppe der Harnblase auf der Innenseite der Bauchwand zum Nabel verlaufen und als Ligamenta arteriosa zeitlebens nachweisbar bleiben. Sie bewirken im Relief der Bauchinnenwand die Plicae umbilicales mediales. Auch von der Nabelvene wurde eine völlige Rückbildung zu einem bindegewebigen Strang (Lig. teres) angenommen. Obwohl ein nur „funktioneller" Verschluß zumindest des lebernahen Anteils der V. umbilicalis lange nachgewiesen war [Wertheimer 1886, Baumgarten 1891], haben erst klinische Erfordernisse (direkte „omphalo-portale" Leberperfusion) und Erfahrungen sowie nachfolgende radiologische und histologische Untersuchungen erneut bestätigt, daß ein Restlumen erhalten bleibt [Abeatici und Campi 1951, Butler 1954, Frohn 1971].

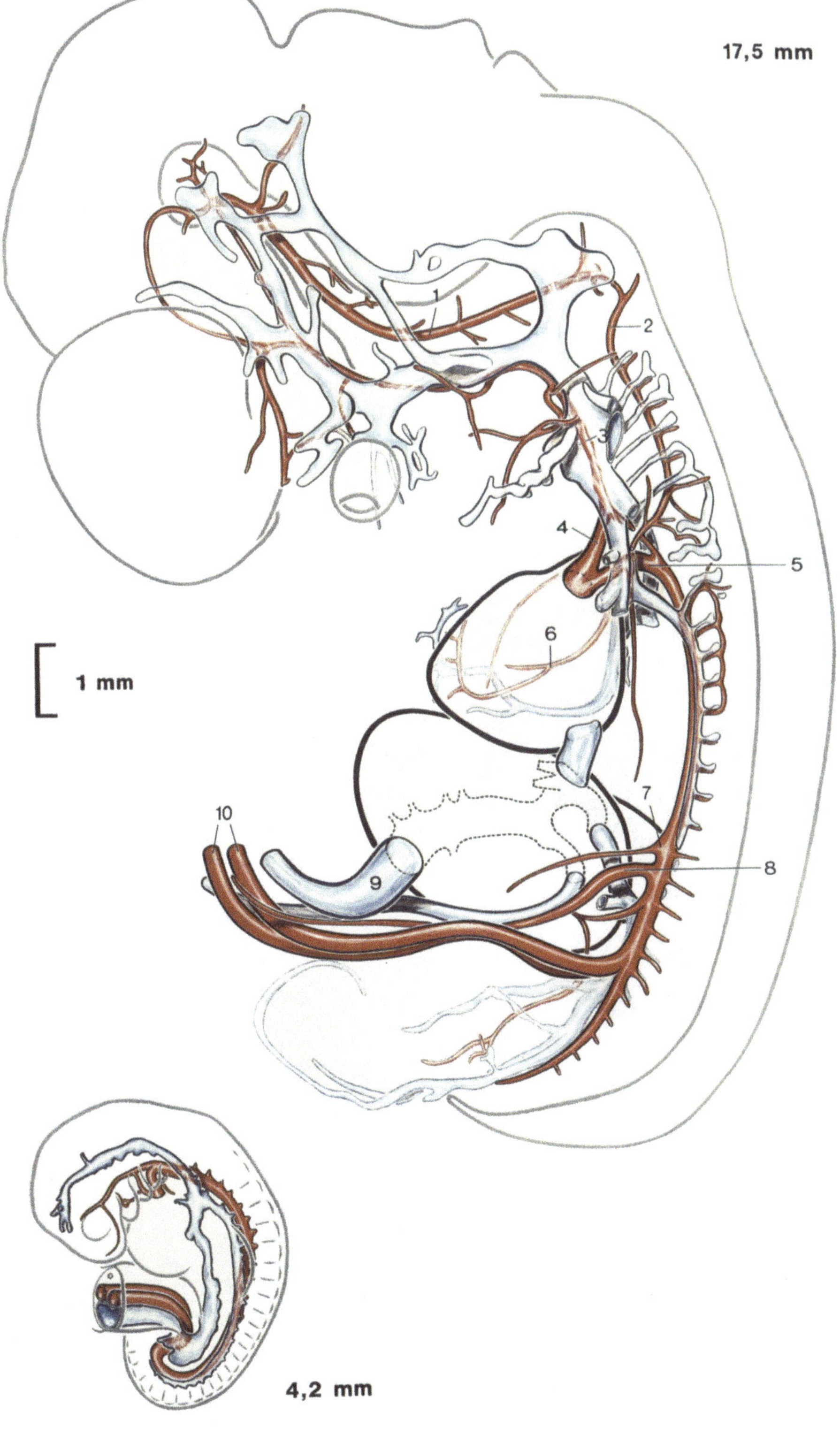

Abb. 13-3. Gefäßsystem im STADIUM 13 (4,2 mm) und im STADIUM 20 (17,5 mm). Beachte die Verlagerung der Nabelvene. 1 = A. basilaris, 2 = A. vertebralis, 3 = A. carotis communis, 4 = Truncus brachiocephalicus, 5 = Aortenbogen, 6 = Gefäße des rechten Armes (durchschimmernd gezeichnet), 7 = Truncus coeliacus, 8 = A. omphaloenterica, 9 = Vena umbilicalis, 10 = Aa. umbilicales (modifiziert nach Blechschmidt 1963, 1973 aus: Hinrichsen 1986)

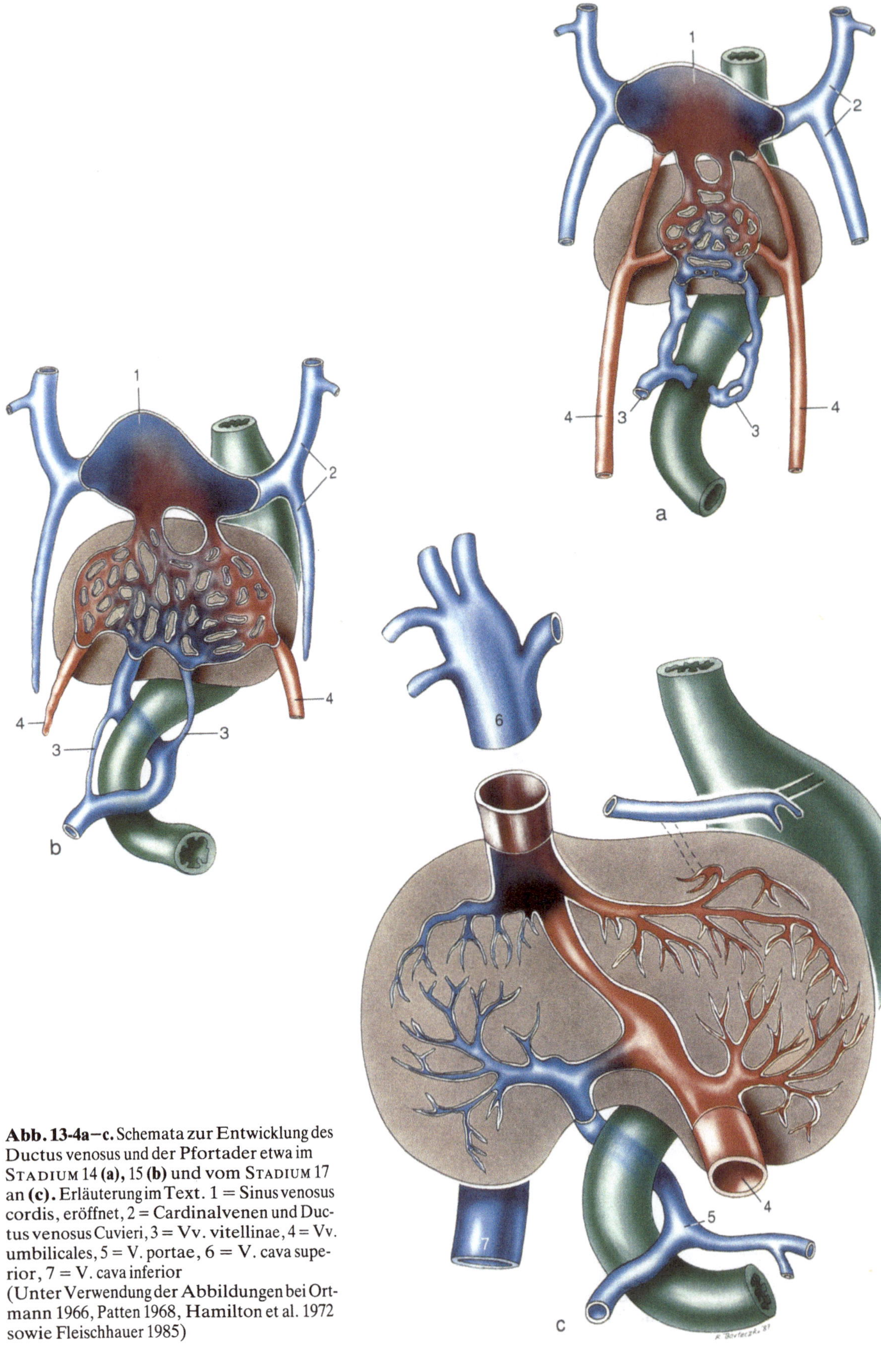

Abb. 13-4a–c. Schemata zur Entwicklung des Ductus venosus und der Pfortader etwa im STADIUM 14 **(a)**, 15 **(b)** und vom STADIUM 17 an **(c)**. Erläuterung im Text. 1 = Sinus venosus cordis, eröffnet, 2 = Cardinalvenen und Ductus venosus Cuvieri, 3 = Vv. vitellinae, 4 = Vv. umbilicales, 5 = V. portae, 6 = V. cava superior, 7 = V. cava inferior
(Unter Verwendung der Abbildungen bei Ortmann 1966, Patten 1968, Hamilton et al. 1972 sowie Fleischhauer 1985)

Abb. 13-5. V. umbilicalis und Ductus venosus bei einem Feten von 25 cm, Korrosionspräparat nach Injektion von polymerisierendem Kunststoff über die Nabelvene (Ansicht von schräg dorsal, also **spiegelbildlich** zu Abb. 13-4). 1 = V. cava inferior, 2 = V. umbilicalis, 3 = Ductus venosus, 4 = V. portae. (Die Farben sind in Anlehnung an Abb. 13-4 **nachträglich** aufgetragen, also nicht durch Injektion unterschiedlich gefärbter Kunststoffe entstanden). Sammlung des Instituts für Anatomie der Ruhr-Universität Bochum

13.2 Fetale Kreislauf-Kurzschlüsse

Besonderes Kennzeichen des intraembryonalen Teils des vorgeburtlichen Kreislaufsystems ist die zunächst weitgehende funktionelle Ausschaltung des Lungenkreislaufs und seine „Überbrückung" durch direkte Anastomosen vom Lungen- zum Körperkreislauf. Hinzu kommt die spezielle Verbindung des Placentarkreislaufs von den Umbilicalvenen zum rechten Vorhof über den Ductus venosus.

Die schon zuvor erwähnte Umbildung der paarigen Umbilicalvenen zu nur einer Strombahn und die Bildung einer direkten Verbindung zum Herzen sind komplizierte Vorgänge, die durch die asymmetrische Entwicklung des Herzens, die rasche Größenzunahme der Leber und die Ausbildung besonderer Strombahnen im Leberparenchym bedingt werden. Die Vv. umbilicales münden zunächst direkt in den Sinus venosus des Herzens ein (Abb. 13-4a). Sie werden dann in den direkten Leberzufluß einbezogen (Abb. 13-4b). Zwischen den Dottersackvenen bestehen drei Anastomosen, vor und hinter dem Darmrohr und an der Unterfläche der Leber. Aus diesen Anastomosen entwickelt sich eine S-förmige, das Duodenum umschlingende Strombahn als Anlage der V. portae (Abb. 13-4c). Sie steht im Einmündungsgebiet von Anfang an mit dem der Umbilicalvenen in Verbindung. Die Verlagerung des Sinus venosus an der Vorhofswand nach rechts und die gleichzeitige Rückbildung der rechten V. umbilicalis begünstigen die Ausbildung einer schräg an der Unterseite der Leber verlaufenden Strombahn, des Ductus venosus. Er beginnt an dem erweiterten Zusammenfluß von Umbilicalvenen und Portalvenen (Recessus umbilicalis, „portaler Sinus"), von dem die Venae advehentes der linken Leberhälfte abgehen (Abb. 13-4). Die rechte Leberhälfte wird hingegen aus Ästen des Pfortadersystems mit Blut versorgt (Abb. 13-4c). Die A. hepatica hat bis in die Fetalzeit hinein nur ein geringes Kaliber. Die unterschiedliche Sauerstoff-Sättigung des Portalvenen- und Umbilicalvenenblutes hat Auswirkungen auf die Differenzierung der Leberabschnitte (siehe Kapitel 20.11 Fehlbildungen im Intestinaltrakt). Das Blut der unteren Hohlvene, das dem rechten Vorhof zuströmt, ist durch den direkten und indirekten Zufluß aus der V. umbilicalis sauerstoff-angereichert, wenn auch mit dem (noch nicht sehr voluminösen) venösen Zufluß aus dem Pfortadersystem und der unteren Körperhälfte vermischt. Im Herzen ist es das Foramen ovale (siehe Kapitel 10.4 Septierung des Herzens), das rechten und linken Vorhof verbindet. Mittels der Valva der V. cava inferior strömt dieses Blut gegen das Vorhofsseptum und wird überwiegend (am Rand des Septum secundum als Teilungssporn – Crista divigens –) direkt in den linken Vorhof und somit in den Körperkreislauf geleitet.

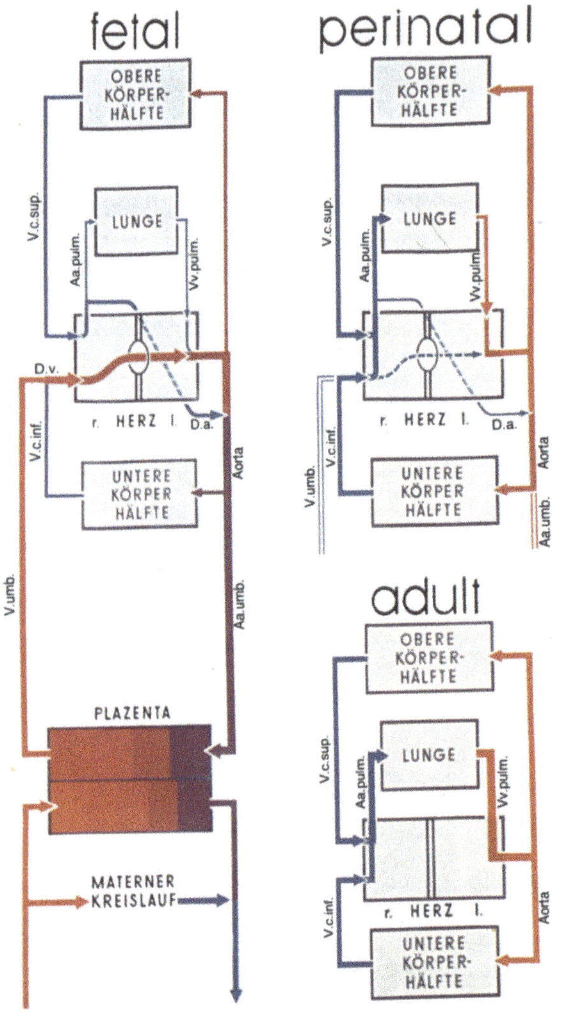

Abb. 13-6. Schema zum Fetalkreislauf und der perinatalen Umstellung. Die Farbgebung hellrot bis violett symbolisiert die abnehmende Sauerstoffsättigung.

Der VI. Aortenbogen bildet (wie seine Vorläufer I–IV) eine Verbindung der Ausflußbahn des Herzens zur dorsalen Aorta. Nach Unterteilung des Herzens und Umformung der herznahen Gefäße (siehe Kapitel 10.4 Septierung des Herzens) bleibt (im Regelfall) linksseitig die Verbindung als Ductus arteriosus* erhalten. Er leitet das meiste Blut der rechten Herzkammer direkt der Aorta zu und verbindet im definitiven Gefäßsystem Truncus pulmonalis und Aortenbogen. Die zu Beginn ihrer Entwicklung nur sehr wenig, in der späteren Fetalzeit vor einer Beatmung immer noch vermindert durchblutete Lunge erhält sauerstoff-angereichertes Blut aus dem Truncus pulmonalis vor seiner Fortsetzung als Ductus arteriosus. Das aus der Lunge zurückströmende Blut mischt sich im linken Vorhof mit dem Blutstrom durch das Foramen ovale.

Die oberhalb der Einmündung des VI. Aortenbogens entstehenden Gefäße, die Aa. carotides und Aa. subclaviae (wie das Herz selbst über die sich entwickelnden Kranzarterien) erhalten somit sauerstoffreicheres Blut als die nach Einmündung des Ductus arteriosus abgehenden Aortenäste (Abb. 13-6).

* Frau Prof. Dr. I. Müller, Institut für Geschichte der Medizin der Ruhr-Universität Bochum, verdanke ich den Hinweis auf die Arbeiten von Franklin [1941, 1947]. Danach wurden die Verbindungen des fetalen Kreislaufs **und ihre Rückbildung nach der Geburt** bereits durch Galen (129–199 n.Chr.) beschrieben, wenn auch unter anderen funktionellen Deutungen. Den Ductus venosus hat demnach Vesal (nicht, wie mehrfach zitiert in seinem Hauptwerk 1543, sondern erst 1561) beschrieben. Aranzio erwähnt den Ductus venosus gar nicht, Botal(lo) beschrieb Fälle von offenem Foramen ovale bei jungen Schafen, also **nach der Geburt**. Harvey hat 1628 nicht nur den Blutkreislauf, sondern auch schon den Fetalkreislauf beschrieben. Die üblichen Namenszuweisungen sind also falsch; Franklin schlägt vor, das Foramen ovale mit dem Namen Galens, den Ductus venosus mit dem von Vesal zu verbinden.

13.3 Perinatale Kreislauf-Umstellung

Die mit der Geburt einsetzende Umstellung des fetalen Kreislaufs ist durch die Intensivierung und Verselbständigung des Lungenkreislaufs und die funktionelle Aufhebung der fetalen Kurzschlüsse gekennzeichnet. Dem geht die „Abschaltung" des Placentarkreislaufs voraus, die den Druck im Portalsystem von 15–50 cm H_2O auf 0–5 cm H_2O dramatisch senkt. Die Blähung und Beatmung der Lungen führt zur Erweiterung der Lungengefäße und Verminderung des Gefäßwiderstandes, aber auch zu erhöhtem Blutbedarf in diesem Kreislauf. Die damit einsetzende Blutfülle im linken Vorhof (bei gleichzeitig vermindertem Zustrom zum rechten Vorhof nach „Abschaltung" des Placentarkreislaufs) verändert die zuvor bestehende Druckdifferenz zwischen den Vorhöfen, das Foramen ovale wird funktionell (weitgehend) dadurch geschlossen, daß das Septum primum auf die Ränder des Septum secundum gedrückt wird. Eine Kontraktion des Ductus arteriosus schränkt die Durchgängigkeit dieses Shunts weitgehend ein, die Druckdifferenz zwischen Aorten- und Pulmonalis-Kreislauf kann zu einer Strömungsumkehr im Restlumen des Ductus führen.

Als auslösender Mechanismus für die Kontraktion

des Ductus arteriosus wird eine indirekte Wirkung des P_{O2} diskutiert: Durch die atemabhängige Erhöhung der Sauerstoffsättigung kommt es in der glatten Muskulatur dieses Gefäßwandabschnittes zu vermehrter Bildung energiereicher Phosphate und zur vermehrten Freisetzung von Calcium-Ionen, die ihrerseits kontraktionsfördernd sind [Fay 1973].

Die Gefäße der Nabelschnur (und der Urachus) sind nur in ihrem körpernahen Anfangsteil mit vegetativen Nervengeflechten versehen [Baljet und Drukker 1981]. Innerhalb von 5–10 Minuten nach der Geburt hört die Pulsation in diesen Gefäßen auf. Die beim Menschen segmentweise erfolgende Kontraktion der Nabelarterien wird auf verschiedene Faktoren (mechanische und thermische Irritation, Kontakt mit der Luft) zurückgeführt. Starke Hypoxie kann sie verzögern. Bei dem funktionellen Verschluß sind leistenartige Falten der Intima und vier unterschiedliche Verlaufsrichtungen der Muskulatur mit je eigenen Stimuli bedeutsam [Roach 1973]. Angesichts des gesteigerten Blutbedarfs im nun erweiterten Lungenkreislauf wird einer placento-fetalen Transfusion, dem unter der Wehentätigkeit des Uterus vermehrten Rückstrom aus der Placenta, hämodynamische Bedeutung beigemessen. Sie ist am deutlichsten schon in der ersten Minute nach der Geburt. Bei einem Blutvolumen des Neugeborenen von 300–350 ml kann diese Transfusion bis zu 160 ml (= 60%!) betragen [Lind 1963]. Bei der fachkundig geleiteten Geburt wird die Nabelschnur abgeklemmt und unterbunden, der Placentarkreislauf dadurch unterbrochen.

Der gewebliche Verschluß des Foramen ovale durch Verwachsung des Septum primum mit dem Septum secundum und der Vorhofswand nimmt Monate in Anspruch. Er erfolgt im Laufe des letzten Drittels des ersten Lebensjahres in drei Phasen [Patten 1931]:

- Im ersten Monat des nachgeburtlichen Lebens wird der schon in der späten Fetalphase gesteigerte pulmonale Rückfluß allmählich ebenso groß wie der systemische. Auch beim Neugeborenen ist die Lunge noch nicht völlig entfaltet, in den ersten Lebenswochen kann ein noch stetig zunehmender pulmonaler Rückfluß angenommen werden. Das Foramen ovale wird daher erst dann funktionell geschlossen, wenn beide Rückflüsse (pulmonaler und systemischer) einander entsprechen. Dies ist in der Regel am Ende dieser ersten Phase der Fall. Morphologisch wird im ersten Monat eine Begradigung der vorher gewölbten Valvula foraminis ovalis (dem Septum primum) deutlich.
- Im 2.–9. Monat nimmt die Masse des Bindegewebes im Septum primum um 600–700% zu. Aus der vorher beweglichen Klappe wird nun eine eher starre, die am Rand des Septum secundum fixiert wird. In dieser Phase ist das Foramen ovale häufig noch sondendurchgängig.
- Gegen Ende des ersten Lebensjahres erfolgt auch der morphologische Verschluß durch Fusion der Endocardschichten. Jedoch wird eine unvollständige Adhäsion noch bei etwa 25% der Erwachsenen angetroffen [Patten 1931], ohne daß dies Auswirkungen auf die Strömungsverhältnisse haben muß.

Die Rückbildung der Nabelarterien und des Ductus arteriosus dauert Wochen. Nach der funktionellen Kontraktion führen Intimawucherungen im Ductus arteriosus zum geweblichen Verschluß. Degenerationen und bindegewebige Umwandlungen lassen letztlich das Lig. arteriosum entstehen, das zeitlebens den Truncus pulmonalis mit der Unterseite des Aortenbogens verbindet.

Über den Verschlußmechanismus des Ductus venosus gibt es eine umfangreiche Diskussion. Umstritten war besonders das Vorhandensein eines Sphinkters. Die Durchgängigkeit des Ductus venosus ist besonders druckabhängig, auch vor der Geburt sollen schon Volumenschwankungen vorkommen. Meyer und Lind [1965] konnten zeigen, daß ein Druckabfall im portalen Sinus den Abgang des Ductus schlitzartig einengt, seine Kontraktion wesentlich von den elastischen Fasern in der Wand bestimmt wird. Lippenartige Intimawülste [Barry 1963] begünstigen den „Schlitzverschluß" [Poisel und Mayer 1974]. Die gewebliche Obliteration des Ductus venosus erfolgt zwischen dem 10. und 20. Tag nach der Geburt, sie ist bis zum 2. Monat immer abgeschlossen.

Die perinatalen Kreislaufverhältnisse unterscheiden sich von den definitiven also noch dadurch, daß je nach Vollständigkeit der funktionellen Verschlüsse des Foramen ovale, des Ductus arteriosus und des Ductus venosus die fetalen Shunts mehr oder weniger vollständig unterbrochen werden (Abb. 13-6).

13.4 Literaturverzeichnis

Abeatici S, Campi L (1951) Sur les possibilités de l'angiographie hépatique – La visualisation du système portal. Acta Radiol 36:383–392

Baljet B, Drukker J (1981) Some aspects of the innvervation of the abdominal and pelvic organs in the human fetus. Acat Anat 111:222–230

Barry A (1963) The development of hepatic vascular structures. Ann New York Acad Sci 111:105–109

Baumgarten PC (1891) Über die Nabelvene des Menschen und ihre Bedeutung für die Circulationsstörung bei Lebercirrhose. Arb Path A S Nat (Tübingen) I:1–46

Blechschmidt E (1955) Embryologische Untersuchungen unter funktionellen Gesichtspunkten. Acta Anat 24: 339–392

Blechschmidt E (1963) Der menschliche Embryo. Schattauer, Stuttgart

Blechschmidt E (1973) Die pränatalen Organsysteme des Menschen. Hippokrates, Stuttgart

Butler H (1954) Post-natal changes in the intra-abdominal umbilical vein. Arch Dis Child 29:427–435

Fay FS (1973) Biochemical basis for response of ductus arteriosus to oxygen. In: Comline KS, Cross KW, Dawes GS, Nathanielsz PW (eds) Foetal and neonatal physiology. Proceedings of the Sir Joseph Barcroft centenary symposium held at the Physiological Laboratory Cambridge 25 to 27 July 1972. University Press, Cambridge, pp 136–140

Fleischhauer K (Hrsg) (1985) Benninghoff/Makroskopische und mikroskopische Anatomie des Menschen, 2. Bd: Kreislauf und Eingeweide. Urban und Schwarzenberg, München Wien Baltimore

Franklin KJ (1941) Ductus venosus (Arantii) and ductus arteriosus (Botalli). Bull Hist Med IX:580–584

Franklin KJ (1947) A survey of the growth of knowledge about certain parts of the foetal cardio-vascular apparatus, and about the foetal circulation, in man and some other mammals. Part I: Galen to Harvey. Ann Sci 5:57–89

Frohn MJN (1971) Cannulation of the umbilical vein. Proc R Soc Med 64:568–569

Hamilton WJ, Boyd JD, Mossman HW (1972) Human Embryology, 4th edn. Heffer, Cambridge

Hinrichsen KV (1986) Slides on Human Embryology. Bergmann, München

Lind J (1963) Changes in the liver circulation at birth. Ann NY Acad Sci 111:110–120

Meyer WW, Lind J (1965) Über die Struktur und den Verschlußmechanismus des Ductus venosus. Z Zellforsch 67:390–405

Ortmann R (1966) Grosser/Ortmann: Grundriß der Entwicklungsgeschichte des Menschen, 6. Aufl. Springer, Berlin Heidelberg New York

Patten BM (1931) Closure of the foramen ovale. Am J Anat 48:19–44

Patten BM (1968) Human embryology, 3. edn. McGraw-Hill, New York Toronto Sydney London

Poisel S, Mayer W (1974) Zur Anatomie des Ductus venosus. Anat Anz 135:245–251

Roach MR (1973) A biophysical look at the relationship of structure and function in the umbilical artery. In: Comline KS, Cross KW, Dawes GS, Nathanielsz PW (eds) Foetal and neonatal physiology. Proceedings of the Sir Joseph Barcroft centenary symposium held at the Physiological Laboratory Cambridge 25 to 27 July 1972. University Press, Cambridge, pp 141–163

Wertheimer E (1886) Recherches sur la veine ombilicale. J Anat 22:1–17

14. Blut

G. Prindull

Bei der raschen Entwicklung und dem großen Wachstumsschub, den der Keim in seinen frühen Entwicklungsstadien (STADIUM 6 und 7, Tabellen 5.1 und 9.1) ausführt, stellt sich das Problem der Ernährung. Der Stofftransport an die einzelnen Zellen des implantierten Keimes heran und der Abtransport von Stoffwechselprodukten können bald nicht mehr allein durch Gewebsdiffusion (histotrophe Ernährung) gewährleistet werden. Biologisch sinnvoll beginnt deshalb bereits im STADIUM 5 die Umstellung auf die hämatotrophe Ernährung mit der Zirkulation mütterlichen Blutes durch die Trophoblastlakunen. Im STADIUM 9 beginnt die Bildung eines embryonalen Transportsystems, das aus dem embryonalen Gefäßnetz und dem Blut besteht.

Die Bedeutung des Blutes liegt vor allem in seiner Transportfunktion für Nährstoffe und Sauerstoff. Träger des Sauerstoffs sind die Erythrocyten. Wäh-

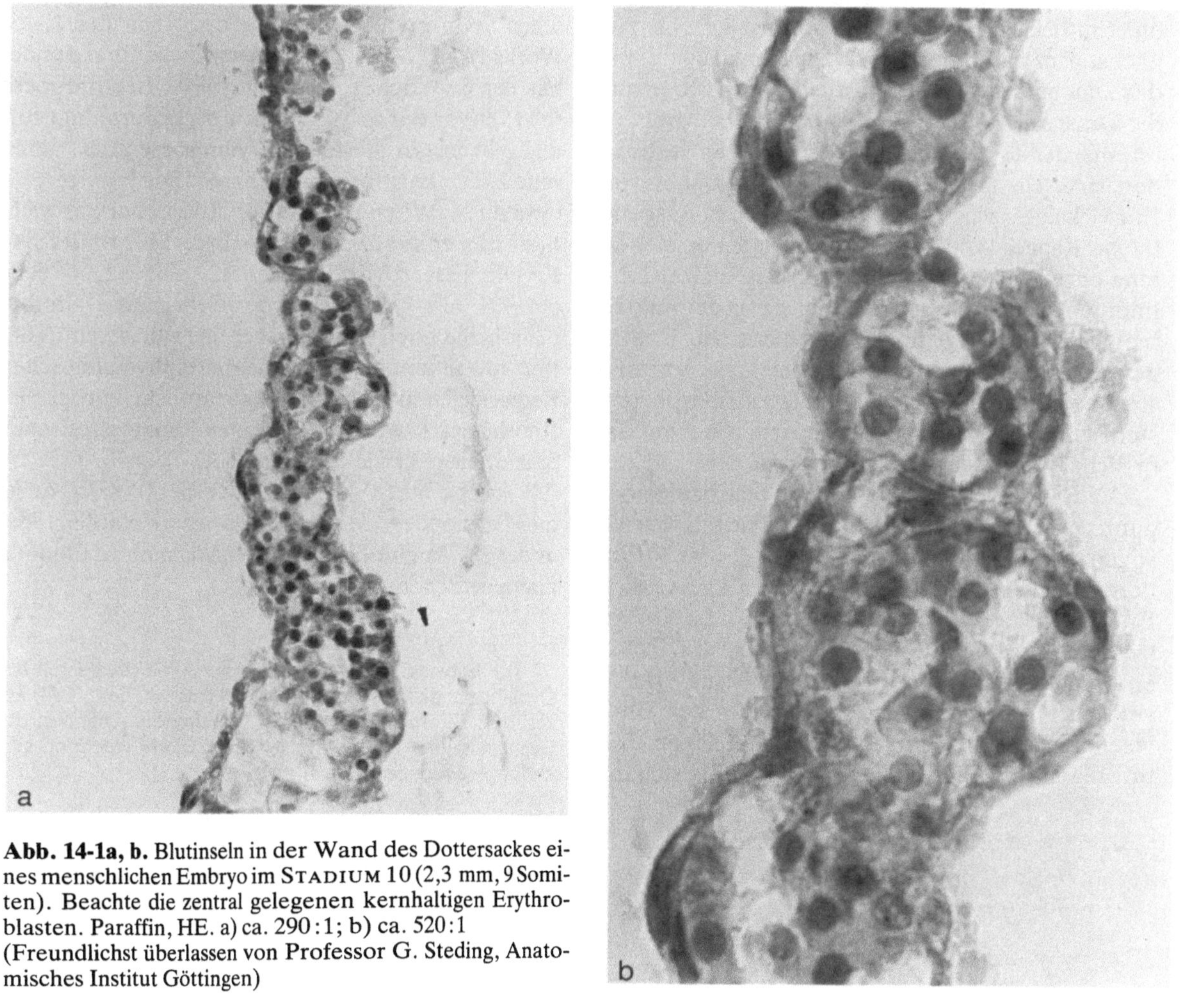

Abb. 14-1a, b. Blutinseln in der Wand des Dottersackes eines menschlichen Embryo im STADIUM 10 (2,3 mm, 9 Somiten). Beachte die zentral gelegenen kernhaltigen Erythroblasten. Paraffin, HE. a) ca. 290:1; b) ca. 520:1 (Freundlichst überlassen von Professor G. Steding, Anatomisches Institut Göttingen)

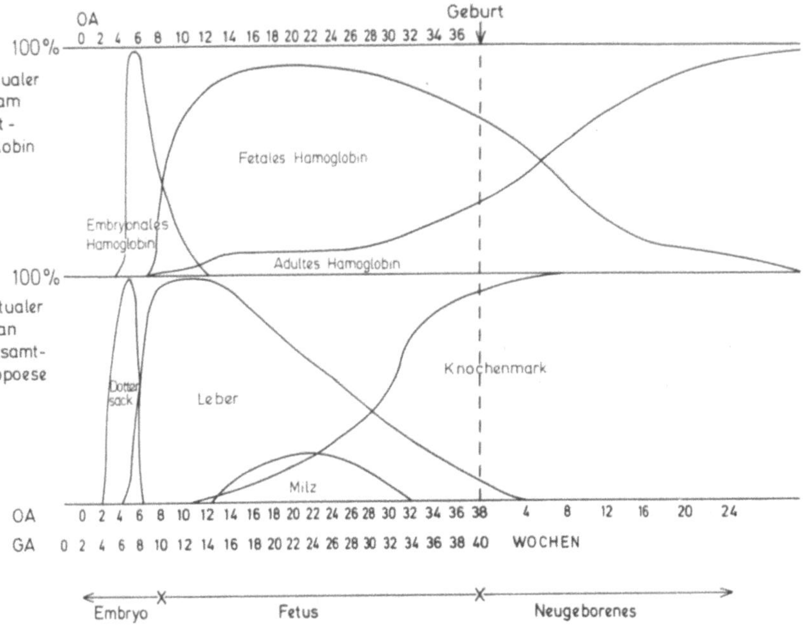

Abb. 14-2. Diagrammatische Darstellung der embryonalen/fetalen Erythropoese. OA = Ovulationsalter; GA = Gestationsalter [modifiziert nach Nathan und Oski 1981]

rend der Embryonal- und frühen Fetalperiode steht die Entwicklung des erythropoetischen Systems zunächst ganz im Vordergrund. Darüber hinaus dient das Blut auch als Vehikel für Leukocyten, über das die Organe der Myelo- und Lymphopoese sowohl untereinander als auch mit anderen Geweben verbunden sind. Die Myelopoese erfolgt in den späteren Entwicklungsstadien. Die lymphatischen Organe (siehe Kapitel 15) und die Lymphocyten erreichen eine erste Funktionsreife in der späten Fetalzeit; die immunologische Auseinandersetzung mit der mikrobiellen Umwelt setzt unter physiologischen Bedingungen erst unmittelbar nach der Geburt ein. Voraussetzung für die Eignung des Blutes als Transportsystem sind sowohl Hämostase wie Fibrinolyse und die örtliche Begrenzung beider Vorgänge.

Die Entwicklung des Gefäß- und Blutsystems beginnt zunächst extraembryonal im Mesoblast, wo sich sogenannte „Blutinseln" bilden. Aus den im Randbereich dieser Inseln gelegenen Zellen formen sich Endothelzellen. Durch Konfluenz der Blutinseln entwickelt sich ein primitives Gefäßnetz, das extraembryonale und intraembryonale Blutbildungsherde verbindet. Die zentral gelegenen Zellen der Blutinseln runden sich zu kernhaltigen, großzelligen Erythroblasten ab (Abb. 14-1). Von ihnen leitet sich die Bezeichnung dieser Phase als die der „megaloblastischen Erythropoese" her. Sie beginnt in der 2.–3. Woche (Abb. 14-2). Ihre prähepatische Phase endet mit der 6. Woche. Die embryonale Erythropoese setzt sich von der 5. Woche an in der Leberanlage fort und geht dort in die fetale Erythropoese über, deren reife Zellen kernlos sind. Während der Fetalzeit bis etwa zur 28. Woche (30. GW)[1] ist die Leber das wichtigste hämatopoetische Organ. In der Milz findet eine Erythropoese zwischen der 12. und 32. Woche (14.–34. GW) statt. Bei der Geburt sind Blutbildungsherde noch in der Leber und evtl. auch in der Milz vorhanden; sie bilden sich unter physiologischen Bedingungen in der ersten Lebenswoche zurück. Im Knochenmark werden die ersten hämatopoetischen Stammzellen etwa um die 11./12. Woche (13./14. GW) beobachtet. Von der 16. Woche (18. GW) an ist die Hämatopoese fest im Knochenmark etabliert, das in der 28. Woche (30. GW) zum dominierenden hämatopoetischen Organ wird.

[1] Die Entwicklungsstadien werden in Wochen nach der Ovulation und Conception (Entwicklungswochen, EW) angegeben. Die für den Pädiater geläufigeren Angaben des Gestationsalters (Gestationswochen, GW) errechnen sich als EW + 2 Wochen.

14.1 Hämatopoetische Stammzellen

Seit Maximov werden zwei Hypothesen zur Ontogenese des hämatopoetischen Systems diskutiert [Yoffey 1970] Die **„monoclonale" Hypothese** nimmt an, daß hämatopoetische Stammzellen, d.h. undifferenzierte, pluripotente Zellen, primär im Mesoblast des Dottersacks entstehen. Unter „Pluripotenz" wird die Eigenschaft der individuellen Stammzelle zur unbegrenzten Teilungsfähigkeit und zur Differenzierung in alle vier Zell-Linien (myeloisch, lymphatisch, erythropoetisch, megakaryocytär) verstanden. Tochterzellen dieser hämatopoetischen Stammzellen mit den gleichen pluripotenten Eigenschaften wandern über den Blutstrom in die fetale Leber und später von dort in das Knochenmark ein. Sie etablieren und expandieren die Hämatopoese in diesen Organen [Prindull 1974]. Dieses Konzept wird heute überwiegend akzeptiert. Dafür spricht, daß erythropoetische und myelopoetische Stammzellen gleichzeitig (d.h. in der 4.–6. EW) im Dottersack, im Blut und in der Leber desselben Embryo nachweisbar sind [Migliaccio et al. 1986] (Abb. 14-3). Der **„biclonalen" Hypothese** zufolge entwickeln sich die Stammzellen der hepatolienalen Hämatopoese in situ aus Mesenchymzellen der Leber unabhängig von den Zellen der megaloblastischen Erythropoese. Nach dieser Vorstellung würde die mesoblastische Erythropoese mit ihrer begrenzten Proliferationskapazität kein vollständiges hämatopoetisches System darstellen, da sie nur bis zur 12. Woche nachweisbar ist.

Die pluripotenten hämatopoetischen Stammzellen der megaloblastischen Phase der Hämatopoese entwickeln sich von der 2.–3. Woche an in den Blutinseln im Mesoblast des Dottersacks, des Chorion und im Haftstiel, später auch intraembryonal. Sie differenzieren sich hauptsächlich in Hämocytoblasten, das sind kernhaltige megaloblastäre Erythroblasten, die überwiegend embryonales Hämoglobin synthetisieren.

In der fetalen Leber sind neben pluripotenten hämatopoetischen Stammzellen auch determinierte Stammzellen sowohl der erythropoetischen als auch der myeloischen Reihe in steigender Konzentration von der 6.–10. Woche an nachweisbar (Abb. 14-4) [Fliedner et al. 1980, Hann et al. 1983, Porcellini et al. 1983]. Die während der frühen hepato-lienalen Hämatopoese ganz überwiegend erythropoetische Ausdifferenzierung der Hämatopoese wird wahrscheinlich durch Faktoren des Mikroenvironment – z.B. des Leberstroma – induziert [*in vitro*-Untersuchungen: Slaper-Cortenbach et al. 1987]. Die fetale Leber ist von klinischem Interesse als potentielles Spenderorgan für pluripotente hämatopoetische Stammzellen. In der Tat kann durch Transplantation von fetalen Leberzellsuspensionen das lymphocytäre System von Kindern mit schweren Immunmangelsyndromen wie auch die Hämatopoese bei Patienten mit aplastischen Anämien wiederhergestellt werden. Die Zahl der erfolgreich transplantierten Patienten ist bisher allerdings klein. Ein wesentlicher limitierender Faktor ist die zu geringe Anzahl übertragbarer Stammzellen, die zur Abstoßung vieler Transplantate führt [Gale 1980].

Während der späteren Gestation erfolgt die Blutbildung überwiegend im Knochenmark. Zunächst

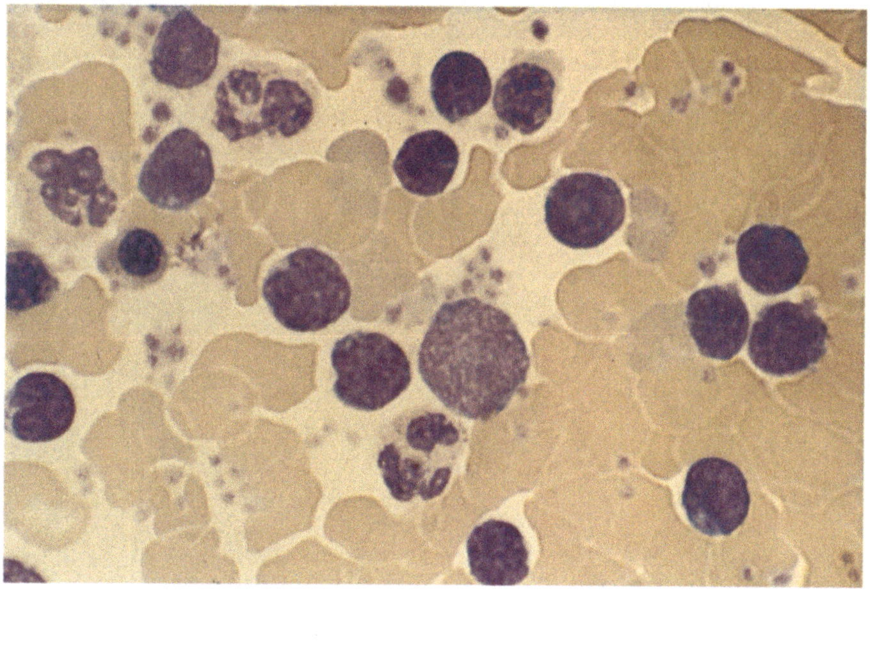

Abb. 14-3. Leptochromatische Lymphoidzelle, das morphologische Korrelat der bisher nur funktionell definierbaren hämatopoetischen Stammzelle aus Nabelschnurblut. Wright-Färbung

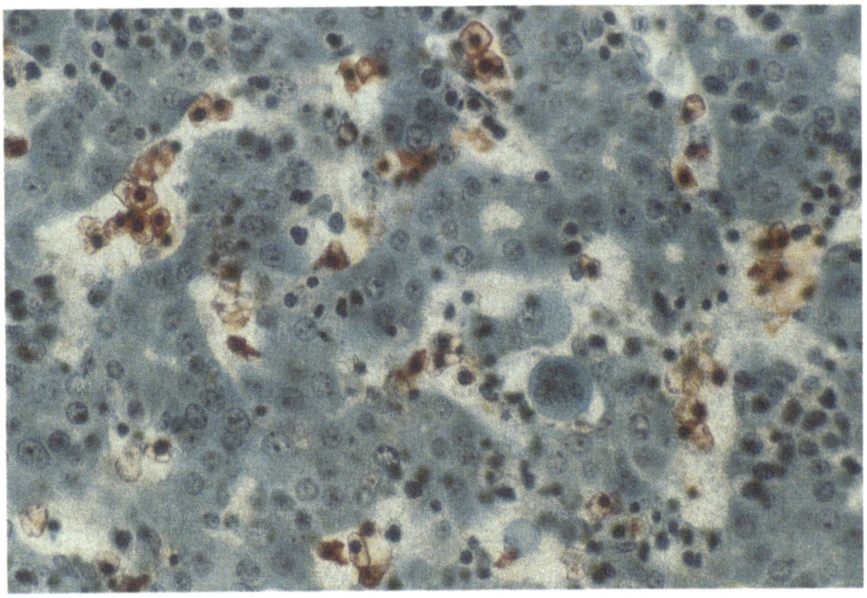

Abb. 14-4. Hämatopoese in der Leber eines menschlichen Feten im STADIUM 21 (22 mm, ca. 52 Tage). Beachte die Erythroblasten und Megakaryocyten (Präparat und Aufnahme: Prof. Dr. K. V. Hinrichsen, Bochum)

spannt sich lockeres mesenchymales Gewebe zwischen weitgestellten Gefäßen aus und bildet eine Matrix für die Proliferation und Differenzierung hämatopoetischer Zellen. Lymphoide Zellen, unter denen sich hämatopoetische Stammzellen befinden, sind von der 10.–12. Woche an nachweisbar [Yoffey 1970, Carbonelli et al. 1982, Porcellini et al. 1983]. Sie ordnen sich etwa in der 15./16. Woche in Strängen um dünnwandige Gefäße an und beginnen, das hämatopoetische Knochenmark zu bilden. Obwohl die Blutbildung auch hier zunächst ganz überwiegend erythropoetisch ist, sind bereits von Beginn an Zellen der Myelopoese und Megakaryocyten vorhanden. In der Milz sind pluripotente hämatopoetische Stammzellen in der 17. Woche nachweisbar [Hann et al. 1983].

Molekulargenetische Untersuchungen über pluripotente und determinierte Stammzellen liefern den Schlüssel zum Verständnis der ontogenetischen Entwicklungsabläufe des hämatopoetischen Systems und vieler seiner Erkrankungen. Die Fähigkeiten der differenzierten Endzelle zu spezifischen Syntheseleistungen und Funktionen werden in den Stammzellen durch Strukturgene bestimmt. Defekte der Strukturgene führen zu vererbbaren Erkrankungen, z.B. im erythropoetischen System zu Enzymdefekten, zu Defekten in der Globinkettensynthese oder von Membranbestandteilen. Operator- und/oder Regulatorgene legen die ontogenetischen Zeitabläufe fest, innerhalb derer diese Zelleistungen exprimiert werden. Ein Beispiel für ihre Funktionen ist die ontogenetisch festgelegte Umschaltung der Synthese von embryonalen auf fetale und von fetalen auf adulte Globinketten. Erkrankungen, die auf Defekte in den hämatopoetischen Stammzellen zurückzuführen sind, können sich klinisch bereits intrauterin oder unmittelbar postnatal manifestieren. Da die Pathogenese hämatologischer Erkrankungen auch aus dem Blickwinkel der Ontogenese betrachtet werden muß, nehmen wir in diesem Abschnitt auf einige Krankheitsbilder Bezug, die in größerem Detail in klinischen Lehrbüchern abgehandelt werden.

14.2 Erythropoese

Die **menschlichen Hämoglobine** bestehen aus vier paarigen Globinketten, die mit griechischen Buchstaben bezeichnet werden. Sie sind um den Hämteil angeordnet. Während der megaloblastischen Erythropoese im Dottersack werden drei embryonale Hämoglobine gebildet: Hb Gower 1 ($\zeta_2\ \varepsilon_2$), Hb Gower 2 ($\alpha_2\ \varepsilon_2$) und Hb Portland ($\zeta_2\ \gamma_2$) (Tabelle 14.1). Die Aminosäuresequenzen der ζ- und ε-Ketten sind weitgehend bekannt. In der Leber wird zunächst die megaloblastische Erythropoese von der 4./5. EW bis zur 6./7. EW fortgeführt. Die Umschaltung von der embryonalen (megaloblastischen) auf die fetale (makrocytäre) Erythropoese, d.h. von der $\zeta \longrightarrow \alpha$ Ketten- und (etwas später) von der $\varepsilon \longrightarrow \gamma$ Kettensynthese, erfolgt asynchron und schrittweise. Sie beginnt bereits während der Dottersackperiode und wird in der frühen hepatischen Erythropoese (7./8. EW) abgeschlossen (Abb. 14-5). Während das Blut in der 5.–7. Woche nur Zellen der megaloblastischen Erythropoese enthält, nimmt die Zahl der makrocytären Erythrocyten aus der hepatischen Blutbildung in der 8.–12. Woche rasch zu. Etwa von der 12. Woche an sind embryonale megaloblastische Erythrocyten im Blut nicht mehr nachzuweisen.

Der Beginn der Synthese von α- und γ-Ketten fällt noch in die Periode der Dottersackerythropoese. Hb F ($\alpha_2\ \gamma_2$) ist das wichtigste Hämoglobin während der Fetalzeit. Die Position 136 der γ-Kette kann mit Glycin (Hb F γ^G) oder mit Alanin (Hb F γ^A) besetzt sein. Der Anteil von Hb F am Gesamthämoglobin beträgt während der Fetalentwicklung bis zu 90% und bei der Geburt 55% bis 70%. Nach der Geburt fallen die Hb F-Spiegel im Blut rasch ab und erreichen im 6.–12. Lebensmonat Erwachsenenwerte unter 2%. Anders als Hb A wird Hb F nicht durch starke alkalische Reagenzien denaturiert. Durch Säureelution kann Hb F bei Untersuchungen zur Sensibilisierung der Mutter in fetalen Erythrocyten quantitativ bestimmt werden [Kleihauer 1966]. Von der 6. Woche an werden auch β-Ketten in den roten Vorstufen der Leberhämatopoese synthetisiert, so daß Hb A ($\alpha_2\beta_2$) in sehr geringen Mengen bereits während der Embryonalentwicklung gebildet wird. Bei der Geburt beträgt Hb A etwa 30% des Gesamthämoglobins, d.h. die Umschaltung von fetaler auf die adulte Erythropoese ($\gamma \longrightarrow \beta$) erfolgt überwiegend postnatal (Abb. 14-6). Die Erythrocytenwerte während der Fetalentwicklung sind in Tabelle 14.2 zusammengestellt.

Tabelle 14.1. Normale Hämoglobine

Hämoglobin	Ketten	Bemerkungen
Gower 1	$\zeta_2\varepsilon_2$	embryonale Hämoglobine,
Gower 2	$\alpha_2\varepsilon_2$	bis zur 12. Woche nachweisbar
Portland	$\zeta_2\gamma_2$	
Hb F	$\alpha_2\gamma_2$	wichtigstes Hämoglobin während der Fetalentwicklung
Hb A	$\alpha_2\beta_2$	wichtigstes adultes Hämoglobin
Hb A_2	$\alpha_2\delta_2$	Minorkomponente

Strukturgene für die Synthese von β-ähnlichen Globinketten (ε, γ, δ, β) sind auf Chromosom 11, und von α-ähnlichen Ketten (ζ, α) auf dem kurzen Arm von Chromosom 16 lokalisiert. Die Aktivierung bzw. Supprimierung der Globingene

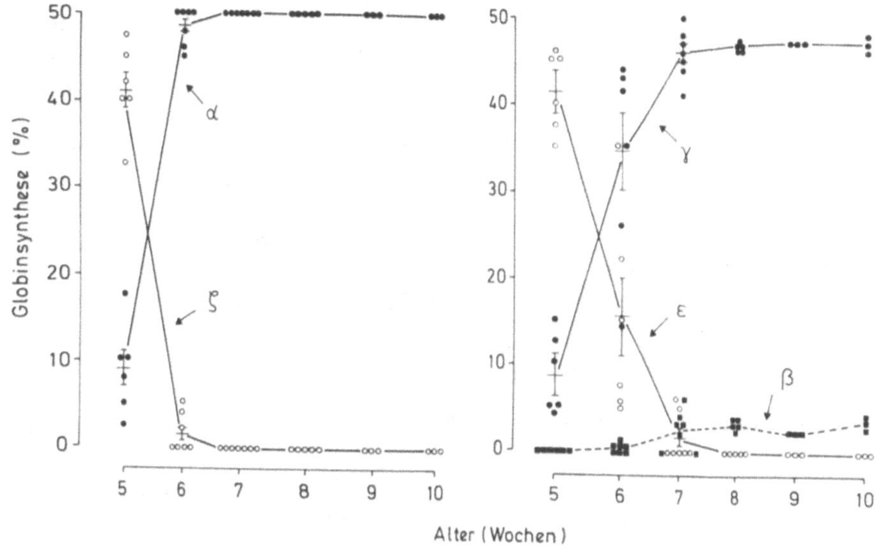

Abb. 14-5. Umschaltung der $\zeta \longrightarrow \alpha$ (links) und der $\varepsilon \longrightarrow \gamma$ (rechts) Globinkettensynthese (relative Syntheserate in %) im Gesamtpool der Erythroblasten während der fetalen Erythropoese in der Leber (Ovulationsalter in Wochen). [Nach: Peschle et al. 1985]

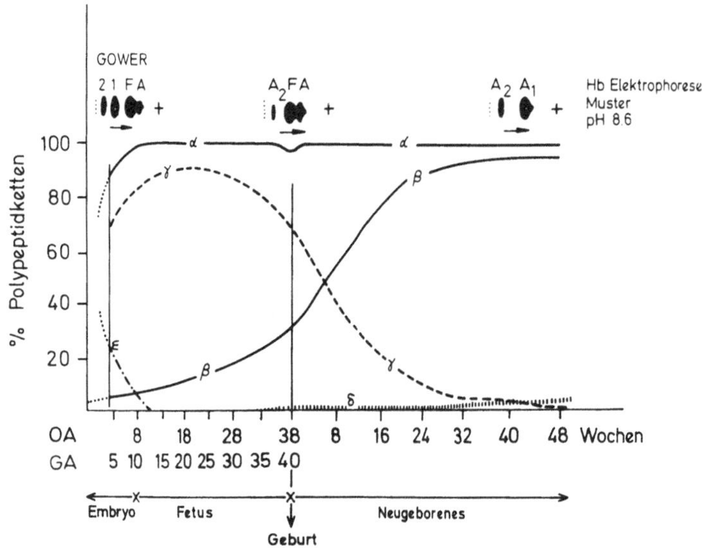

Abb. 14-6. Verhältnis der einzelnen Hämoglobin-Polypeptidketten und Hämoglobin-Elektrophoresemuster während der intrauterinen und postnatalen Entwicklung. OA = Ovulationsalter. GA = Gestationsalter. [Nach: Pearson 1966]

Tabelle 14.2. Erythrocytenwerte von 163 normalen Feten*

Wochen n	18–20 25	21–22 55	23–25 61	26–30 22
Erythrocyten (Mill/μl)	2,66 ± 0,29	2,96 ± 0,26	3,06 ± 0,26	3,52 ± 0,32
Hämatokrit (%)	35,86 ± 3,29	38,53 ± 3,21	38,59 ± 2,41	41,54 ± 3,31
Hämoglobin (g/dl)	11,47 ± 0,78	12,28 ± 0,89	12,40 ± 0,77	13,35 ± 1,17
MCV (fl)	133,92 ± 8,83	130,06 ± 6,17	126,19 ± 6,23	118,17 ± 5,75
MCH (pg)	43,14 ± 2,71	41,39 ± 3,32	40,48 ± 2,88	37,94 ± 3,67
MCHC (%)	32,00 ± 2,38	31,73 ± 2,78	32,14 ± 3,20	32,15 ± 3,55

* Mittelwerte ± SD [modifiziert nach Forestier et al. 1986]

ist von ihrem Methylierungsgrad abhängig. Neuere Untersuchungen deuten darauf hin, daß bestimmte DNA-Sequenzen innerhalb von Promotorregionen die ontogenetische Expression individueller Gene regulieren [Karlsson und Nienhuis 1985]. Das Expressionsmuster während der ontogenetischen Entwicklungsstadien ist clonal in den Stammzellen festgelegt. Innerhalb eines erythropoetischen Zellclons ist die Expression von verschiedenen Globinketten möglich. Bei genetisch bedingten Defekten der Globinkettensynthese kann die intakte Synthese anderer Ketten kompensatorisch einspringen: So findet man bei bestimmten Patienten mit Thalassämien bzw. Sichelzellanämien (siehe unten) erhöhte Hb F-Spiegel, die die Schwere der Hämolyse bzw. der Sichelzellbildung abmildern. Eine Steigerung der Hb F-Synthese durch Medikamente (z.B. durch 5 aza-Cytidin) ist möglich, kann aber therapeutisch noch nicht eingesetzt werden.

Mutationen der Strukturgene haben Defekte in der Synthese der Globinketten zur Folge. Solche Synthesestörungen können quantitativ sein. Alternativ können qualitativ veränderte Hb-Moleküle mit abnormen Aminosäuresequenzen synthetisiert werden (Hämoglobinopathien im eigentlichen Sinne). Die klinische Folge von Kettensynthesestörungen können u.a. schwere chronisch-hämolytische Anämien sein. Die pränatale Diagnose von Hämoglobinopathien kann durch Analyse der Globinketten oder durch Sequenzanalysen fetaler DNS aus fetalem Blut (16.–19. EW, 18.–21. GW), Amnionzellkulturen (14. EW, 16. GW) oder durch Chorionzottenbiopsie (7. EW, 9. GW) erfolgen.

Quantitative Defekte in der Synthese einzelner Ketten werden als **Thalassämien** bezeichnet. Entsprechend werden α-, β-, γ- oder δ-Thalassämien unterschieden, von denen nur die α- und β-Thalassämien klinisch bedeutsam sind. Ihnen können Deletionen genetischen Materials oder Nucleotidsubstitutionen auf verschiedenen Ebenen der Transkription und des Processing (siehe auch Kapitel 1.2 Genetik) zugrunde liegen. Sie werden autosomal rezessiv vererbt.

Ein Synthesedefekt von β-Ketten verhindert die Bildung von Hb A (α_2 β_2). Das führt zur Produktion überschüssiger α-Ketten, die als instabile Moleküle denaturieren und als Innenkörperchen (Heinz-Körperchen) in den Erythrocyten präzipitieren. Die Präzipitate schädigen die Erythrocytenmembran und führen zu vorzeitigem Altern der Erythrocyten und beschleunigter Hämolyse im RES. Die klinische Symptomatik hängt von der Expression des Defektes ab. Naturgemäß sind homozygote Patienten (Thalassaemia major) stärker betroffen als heterozygote Patienten (Thalassaemia minor).

Die Synthese von α-Ketten wird von zwei paarigen Strukturgenen kontrolliert. Bei Deletion aller vier α-Strukturgene entsteht das Hb Bart's Hydrops fetalis Syndrom (γ_4) mit infauster Prognose. Der Ausfall von drei α-Strukturgenen führt zur Hb H (β_4)-Krankheit mit mittelschwerer hämolytischer Anämie. Hb Bart's und Hb H können keinen Sauerstoff transportieren. Sekundäre Folgen der Hämolyse sind chronische Anämien mit Hyperbilirubinämien und stark gesteigerter, jedoch ineffektiver, medullärer und extramedullärer Erythropoese mit Hepatosplenomegalie. Patienten mit homozygoter β-Thalassämie müssen in der Regel bereits von den ersten Lebensmonaten an mit Erythrocyten substituiert werden.

Unter den **strukturellen Hämoglobinopathien** sind die **Sichelzellsyndrome** (Hb SS, Hb AS, Hb SC) klinisch am bedeutendsten. Bei der Hb S-Anomalie führt die Mutation in Position 6 der β-Ketten zur Substitution von Glutamin durch Valin: Hb S = $\alpha_2\ \beta_2^{6\ \mathrm{Glu} \rightarrow \mathrm{Val}}$. Hb S bildet bei Deoxygenierung, insbesondere bei Acidose und Gewebshypoxie, Mikrofilamente, die als lang ausgezogene Kristalle dem Erythrocyten eine Sichelform aufzwingen. Die Symptomatik wird mit zunehmender Synthese pathologischer β-Ketten nach der Geburt deutlicher. Die Klinik der Sichelzellanämie zeichnet sich durch eine schwere hämolytische Anämie mit Infarzierung der Endarterien durch gesichelte Erythrocyten, durch Sequestrierungskrisen (Ansammlung großer Blutvolumina in Leber und Milz mit vaskulärem Kollaps), durch aplastische und (selten) hämolytische Krisen aus.

Die Versorgung des Gewebes mit O_2 unter den physiologischen Bedingungen der intrauterinen Entwicklung wie auch bei Hypoxie/Anämie wird durch zwei Prinzipien gewährleistet bzw. kompensiert: Durch Verbesserung der O_2-Ausschöpfung des Blutes und durch Steigerung der Erythropoese.

Die **Sauerstoffaufnahme** durch Hb F aus dem mütterlichen Blut wird auf fetaler Seite durch eine hohe Sauerstoffaffinität und einen relativ hohen pH, im mütterlichen Blut durch einen relativ niedrigen pH begünstigt. Die O_2-Sättigung des fetalen arteriellen Blutes liegt bei 45%. Das Hb F-Molekül führt in der γ-Kette in Position β 143 Serin, das sich anstelle von Histidin bei Hb A findet. Dadurch besteht eine geringere Affinität des Hb F-Moleküls zu 2,3-DPG (Diphosphoglycerat, das sich kompetitiv mit O_2 an das Hb-Molekül bindet), so daß sich seine O_2-Affinität gegenüber der von Hb A erhöht (Abb. 14-7). Während 2,3-DPG ein Wirkungsmaximum auf Hb A bei pH 7,2 hat, nimmt seine Wirkung auf Hb F mit steigendem pH ab. Dementsprechend steigt die O_2-Affinität des Hb F mit steigendem pH.

Die **Sauerstoffabgabe** im fetalen Gewebe wird durch einen relativ hohen Hämatokrit sowie durch ein niedriges pO_2 und pH gewährleistet. Der Bohreffekt, die Abhängigkeit der O_2-Affinität vom pH, ist im sauren Milieu deutlich niedriger auf phosphatfreies Hb F als auf Hb A, d.h. es wird mehr O_2 abgegeben. Die 2,3-DPG-Konzentration in den Erythrocyten steigt bei Gewebshypoxie an und führt zur Verschiebung der O_2-Dissoziationskurve von Hb F. Der Bohreffekt auf Hb F wird dadurch kaum verändert, während er auf Hb A deutlich vermindert wird [Tomita 1981].

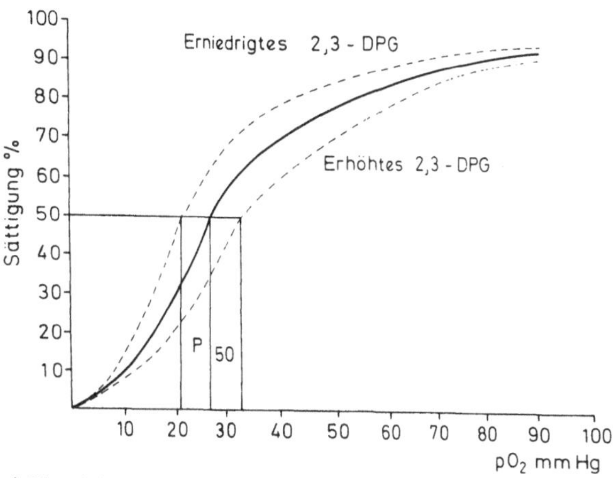

Abb. 14-7. Sauerstoffdissoziationskurve: Veränderungen durch 2,3-Diphosphoglycerat (2,3-DPG). [Nach: Kleihauer 1978]

Während die megaloblastische und frühe fetale Erythropoese sich weitgehend autonom entwickelt, erfolgt mit fortschreitender Gestation die quantitative Regulation der Erythropoese zunehmend über zumindest zwei Faktoren: BFA (burst forming activity) und Erythropoetin. BFA ist ein Gewebshormon, das u.a. von Monocyten gebildet wird und das auf undifferenzierte und sehr frühe, erythropoetisch determinierte Stammzellen wirkt. Erythropoetin stimuliert determinierte Stammzellen zur Proliferation und Differenzierung. Bereits Feten der 22. Woche und sehr unreife Frühgeborene reagieren in hypoxischen Situationen mit einer Erythropoetinausschüttung, wenn auch in wesentlich geringerem Maß als reife Neugeborene. Wahrscheinlich liegt hier noch eine aus der Ontogenese verschiedener Säugetierarten bekannte extrarenale Erythropoetin-Produktion vor. Diese reagiert auf Hypoxie wesentlich weniger sensibel als die definitive Erythropoetinbildung in der Niere [Erythropoetin-Umschaltung: Zanjani 1980]. Mit zunehmendem Entwicklungsalter steigen die Erythropoetinspiegel an und erreichen z.Z. der Geburt Werte oberhalb der Norm für Erwachsene.

Die **Blutgruppenantigene der Erythrocytenmembran** sind genetisch festgelegt. Von den mehr als 60 bekannten Erythrocytenantigenen sind das D-Antigen des Rh-Systems und die A, B-Antigene des AB0-

Systems klinisch am wichtigsten. Besonders das D-Antigen hat bereits beim Feten eine hohe Antigenität. Bei Ungleichheit im Rh-System von Mutter und Kind kann ein Übertritt von weniger als 1 ml fetalen, Rh-positiven Blutes in den Kreislauf einer rh-negativen Mutter zur Sensibilisierung der Frau führen. Das kann während der Schwangerschaft bei einem induzierten Abort oder während der Geburt geschehen. Nach erfolgter Grundsensibilisierung führen dann wesentlich kleinere Blutmengen, z.B. bei einer zweiten Rh-positiven Schwangerschaft, zur Potenzierung des Titers der Mutter. Nur IgG-Antikörper der Mutter passieren die Placenta und induzieren eine Immunhämolyse beim Feten. Steigende Antikörpertiter bei der Mutter während der Schwangerschaft weisen auf eine Gefährdung des Feten hin. Der Grad der Hämolyse beim Feten spiegelt sich zwischen der 10. und 34./35. Woche in erhöhten Spiegeln von nicht konjugiertem Bilirubin in der Amnionflüssigkeit wider. Eine schwere intrauterine Hämolyse ist eine Indikation für intrauterine Transfusionen und/oder die vorzeitige Einleitung der Geburt.

Zur Verhütung der D-Sensibilisierung soll jede rh-negative Frau innerhalb von 72 Stunden nach Beendigung einer Rh-positiven Schwangerschaft durch Geburt oder Abort 300 μg menschliches Anti-D-Globin erhalten. Dadurch können etwa 10 ml fetale Erythrocyten aus dem mütterlichen Kreislauf eliminiert werden. Durch eine solche Prophylaxe ist die Sensibilisierungshäufigkeit von rh-negativen Müttern von 10–20% auf unter 1% gesenkt worden. In der Bevölkerung sind etwa 15% der Frauen rh-negativ und kommen somit für eine Sensibilisierung in Betracht.

Antigene des AB0-Systems sind „natürliche“ Antigene mit geringerer Antigenität als die des Rh-Systems. Die Mutter entwickelt erst gegen Ende der Schwangerschaft Antikörper, hauptsächlich IgM-Antikörper, die die Placenta nicht passieren. Mütterliche IgG-Antikörper können aber bereits beim ersten Kind zu einer isoimmunen Hämolyse führen, die jedoch klinisch deutlich schwächer als bei einer Rh-Inkompatibilität ist.

Neugeborene mit einer Erythroblastose zeigen klinisch bereits am ersten Lebenstag einen Icterus, wenn die Konjugations- und Exkretionskapazität für Bilirubin in der Leber des Neugeborenen überschritten wird. Weitere Folgen der Hämolyse sind Anämie, Hepatosplenomegalie mit kompensatorischer extramedullärer Blutbildung und (im Extremfall) der Hydrops fetalis mit sehr hoher Mortalität. Neben der unmittelbaren Bedrohung durch die Anämie und ihre Komplikationen gilt es, neurotoxische Spätschäden (Kernicterus) zu verhindern. Neben einer vorzeitigen Einleitung der Geburt werden als weitere therapeutische Maßnahmen pränatal die intrauterine Bluttransfusion und postnatal die Phototherapie und die Austauschtransfusion empfohlen.

Die **Lebensspanne fetaler Erythrocyten** beträgt beim Reifgeborenen 45–70 Tage, bei Frühgeborenen 35–40 Tage. Entsprechend ist die Neubildungsrate von Erythrocyten gegenüber Erwachsenenwerten im steady state auf das 3- bis 5fache gesteigert. Die tägliche Hb-Synthese z.Z. der Geburt beträgt 2,5–3% des Gesamthämoglobin. Das sind bei einem 3,5 kg schweren Reifgeborenen 4,5 ml Erythrocyten. Fetale Erythrocyten stellen somit „jugendliche“ Zellpopulationen dar, die bei Untersuchungen über Aufbau, Stoffwechsel etc. erst nach entsprechenden Korrekturen mit adulten Erythrocyten verglichen werden dürfen.

Der **Stoffwechsel fetaler Erythrocyten** entspricht dem jugendlicher Zellpopulationen von Erwachsenen. Darüber hinaus existieren jedoch Besonderheiten einzelner Stoffwechselschritte, Enzyme und Isoenzymmuster, die nicht mit der „Jugendlichkeit“ fetaler Erythrocyten erklärbar sind [Nathan und Oski 1981]. Fetale Erythrocyten haben einen erhöhten Glucose- und O_2-Verbrauch. Entsprechend fallen intrazellulär vermehrt O_2-Metabolite an, die unter physiologischen Bedingungen ausreichend durch Oxydation von Glutathion über NADPH und TPNH (aus dem Pentose-Phosphat-Zyklus) reduziert werden. Eine Besonderheit des Stoffwechsels fetaler Erythrocyten ist ihre Anfälligkeit im *redox stress,* d.h. bei Exposition stark oxydierender Substanzen. Hier spielen die erhöhte Instabilität von Glutathion, Denaturierung und Präzipitation von Hämoglobin (Heinz-Körperchen) und die Bildung von Methämoglobin eine Rolle. Die zentrale Bedeutung dieses Stoffwechselschrittes für die Aufrechterhaltung des Erythrocytenstoffwechsels wird durch einen Defekt desselben Entgiftungsmechanismus für O_2-Metabolite verdeutlicht, dem ein genetischer Mangel des Enzyms Glucose-6-Phosphat-Dehydrogenase (G6PD) des Pentose-Phosphat-Zyklus zugrunde liegt. Er beruht auf der X-chromosomalen Vererbung anormaler Gene für die Synthese des G6PD-Moleküls. Über 100 Enzymvarianten mit einem weit gefächerten Krankheitsbild sind bekannt. Favabohnen, Medikamente etc. lösen bei diesen Patienten innerhalb von 48–72 Stunden nach Exposition hämolytische Krisen aus. Mehr als 100 Millionen Menschen auf der Welt sind von dieser Erkrankung betroffen, die unter den betroffenen Populationen eine wichtige Ursache des Neugeborenenicterus darstellt. Die Erkrankung wird durch Bestimmung der G6PD-Spiegel in Erythrocyten diagnostiziert.

14.3 Die physiologische Neugeborenenanämie

Der physiologische Hämoglobinabfall nach der Geburt erstreckt sich über die ersten 6–8 Lebenswochen. Dabei können Werte von 10 g/dl erreicht werden (Normalwerte für Neugeborene am 1. Lebenstag 14–24 g/dl, im Mittel 19 g/dl). Bei Frühgeborenen ist der Hämoglobinabfall noch deutlicher ausgeprägt. Er erklärt sich durch die Anhebung der arteriellen Sauerstoffsättigung von intrauterin 45% auf postnatal 95%. Dadurch fallen die hohen intrauterinen Erythropoetinspiegel im Blut auf nicht meßbare Werte ab, so daß die Erythropoese im Knochenmark abrupt eingestellt wird (Abb. 14-8). Gleichzeitig verbessert sich aber die Ausschöpfbarkeit des Hämoglobin für O_2 durch zunehmende Rechtsverlagerung der Sauerstoffaffinitätskurve u.a. durch eine effektivere Interaktion von 2,3-DPG mit Hämoglobin A. Weitere Faktoren, die zur Neugeborenenanämie beitragen, sind die verkürzte Überlebenszeit fetaler Erythrocyten und die Ausdehnung des Blutvolumens durch die rasche Massenzunahme des Neugeborenen in den ersten Lebensmonaten.

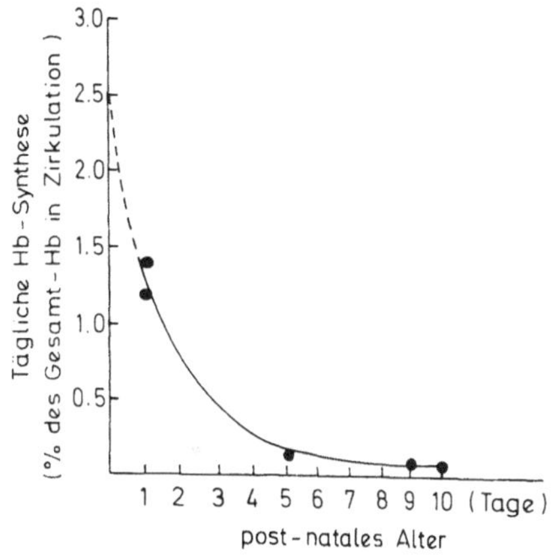

Abb. 14-8. Die tägliche Hämoglobin-Neubildungsrate des Neugeborenen.
[Nach: Garby et al. 1963]

14.4 Myelopoese

Granulocyten und Monocyten dienen im Rahmen der physiologischen Entwicklung der postnatalen Auseinandersetzung mit der mikrobiellen Umwelt. Obwohl myelopoetische Stammzellen bereits im Dottersack und in der fetalen Leber vorhanden sind, entwikkelt sich die Granulopoese hauptsächlich gegen Ende der Schwangerschaft im Knochenmark. Im Blut werden unreife myeloische Zellen von der 10./12. Woche an gefunden [Thomas und Yoffey 1962]. Die Zahl der Neutrophilen im Blut bleibt bis zur 30. Woche (32. GW) niedrig (Tabelle 14.3) und steigt erst gegen Ende der Gestation an; z.Z. der Geburt besteht eine Neutrophilie. Die Regulationsmechanismen der Neubildung myeloischer Zellen im Knochenmark und der Ausschüttung in den Kreislauf sind bei der Geburt nicht ausgereift. Bei septischen Erkrankungen findet z.B. häufig eine Ausschüttung von unreifen Granulocyten in das Blut statt ohne Erhöhung der Leukocytenzahlen.

Gerichtete Lokomotion (Chemotaxis), Identifizierung von opsonisierten Partikeln (Bakterien, Pilzen etc.), Endocytose mit intrazellulärer Bildung von lysosomalen Phagocytosevacuolen, Abtötung und metabolische Verarbeitung des phagocytierten Materials sind Funktionen ausgereifter Granulocyten bei der Abwehr pathogener Keime. Der Gesamtvorgang der Phagocytose (Endocytose und Bakterizidie) ist eine aktive Stoffwechselleistung. Sie manifestiert sich durch Anstieg des O_2-Verbrauchs sowie der Bildung von O_2-Metaboliten im Phagocyten und ist quantitativ als „respiratory burst“ meßbar. Die Aktivierung von Blutgranulocyten aus dem Zustand der Ruhe in

Tabelle 14.3. Leukocytenzahlen und Differentialzählung während der Fetalentwicklung*

Wochen	n	Leukocyten $\times 10^9$/l	Lymphocyten (%)	Neutrophile (%)	Eosinophile (%)	Monocyten (%)	Normoblasten (%)
18–20	25	4,2 ± 0,83	80 ± 9	5 ± 2	1,5 ± 2,5	1,5 ± 2	12 ± 8
21–22	55	4,19 ± 0,84	81 ± 7	5,5 ± 3,5	1 ± 1	1,5 ± 1,5	11 ± 7
23–25	61	3,95 ± 0,69	82 ± 6	7,5 ± 4,5	2 ± 2	1,5 ± 1,5	7 ± 4
26–30	22	4,44 ± 0,85	84 ± 6	8,5 ± 2,5	2 ± 1	1,5 ± 1	4 ± 3,5

* Mittelwert ± SD von 163 normalen Feten [Forestier et al. 1986]

den des respiratory burst erfolgt bei Feten der 14.–17. Woche (16.–19. GW) mit der gleichen Latenzzeit von etwa 75 ± 23 Sekunden wie bei Erwachsenen [Newburger 1982]. Der respiratory burst verläuft bei Monocyten/Makrophagen aus Nabelschnurblut etwa normal [Speer et al. 1985]. Fetale Granulocyten bilden quantitativ normal O_2-Anionen, jedoch vermindert Hydroxylradikale. Die Energie für den Endocytose/Bakterizidie-Prozeß wird aus dem Hexose-Monophosphat-Zyklus gewonnen. Weitere Untersuchungen haben in den Polymorphkernigen eine Instabilität des Enzyms Glucose-6-Phosphat-Dehydrogenase aufgrund eines Mangels von NADPH ergeben.

Neugeborene haben eine allgemeine zelluläre Abwehrschwäche gegenüber Infektionen, insbesondere mit gram-negativen Keimen, Streptokokken der Gruppe B, Staphylococcus aureus und Candida albicans. Die Ursachen hierfür liegen u.a. in einer Funktionsunreife der Granulocyten, während die Monocyten/Makrophagen wahrscheinlich voll funktionsfähig sind [Speer et al. 1986]. Polymorphkernige Neutrophile Neugeborener zeigen eine verminderte Verformbarkeit und Depolarisierung der Zellmembran als Reaktion auf chemotaktische Reize [Sacchi und Hill 1984], eine abgeschwächte Chemilumineszenz und eine ineffektive Bakterizidie. Hinzu kommt eine mangelhafte Opsonisierung, die durch eine Verminderung opsonisierender Antikörper (insbesondere von kindlichem IgM, aber auch von mütterlichem, placentar übertragenem IgG) und von Komplementfaktoren (C_3, C_5) bedingt ist. Diese Abwehrschwäche ist besonders bei Neugeborenen mit Sepsis, Meconiumaspiration, Atemnotsyndrom etc., d.h. bei sogenannten „Risikokindern“, ausgeprägt. Bei ihnen können die Phagocyten zu Vehikeln für eine Dissemination von Infektionen z.B. mit nicht intrazellulär abgetöteten Streptokokken oder Staphylokokken werden.

Analog zu genetisch bedingten Störungen der Erythropoese gibt es Krankheitsbilder, die auf angeborenen Defekten der Phagocyten beruhen. Klinisch manifestieren sie sich in einer vermehrten Anfälligkeit gegenüber Infektionen mit Bakterien und Pilzen. Ursachen können eine quantitative Verminderung der Myelopoese im Knochenmark oder qualitativ gestörte Einzelfunktionen der Phagocyten sein.

Unter den qualitativen Veränderungen kann jeder Einzelschritt innerhalb des gesamten Endocytose/Bakterizidie-Prozesses gestört sein. Das bedeutet, daß Störungen der Adhärenz, der Mobilität und Chemotaxis, der Endocytose und der Bakterizidie, meist in Kombination, gefunden werden. Die wohl bedeutendste und interessanteste qualitative Störung der Phagocytenfunktionen ist die septische Granulomatose. Das ist eine angeborene Stoffwechselerkrankung des NADPH-Oxydase Systems, derzufolge Katalase-positive Mikroorganismen (z.B. Staphylokokken) nach normaler Endocytose intrazellulär nicht abgetötet werden. Weiterhin sind Enzymdefekte beschrieben wie Mangel an Myeloperoxydase, eines lysosomalen Enzyms, und Defekte von Zellbausteinen, z.B. das Fehlen bestimmter Glycoproteine im Aufbau der Zellmembran, oder von Actin-Filamenten im Cytoplasma.

14.5 Blutgerinnung

Die Beurteilung der Gerinnungssituation während der Fetalentwicklung ist durch zwei Schwierigkeiten belastet: Die erste besteht in der Gewinnung von fetalem, nicht durch Gewebsfaktoren kontaminiertem Blut, dessen Eigenschaften den *in-vivo*-Gegebenheiten entsprechen. Das hat zu unterschiedlichen Angaben in der Literatur geführt. Die zweite Schwierigkeit ist die zeitlich, qualitativ und quantitativ unterschiedliche Reifung der einzelnen Faktoren der Blutgerinnung und der Fibrinolyse.

Das Gleichgewicht zwischen gerinnungsfördernden und fibrinolytischen Faktoren ist eine grundlegende Voraussetzung für die hämatotrophe Funktion des Blutes. Coagulabilität und Fibrinolyse des Blutes sind etwa von der 9./10. Woche (11./12. GW) an potentiell wirksam [Bleyer et al. 1971]. Unterschiede in der Reifung der einzelnen Faktoren können das Gleichgewicht beeinflussen: Während der Fetalentwicklung wurden vermehrte Aktivitäten beider Systeme beschrieben. Eine verstärkte Tendenz zur Fibrinolyse kommt insbesondere dem Stoffaustausch über die fibrinfreien Placentarzotten im feto-placentaren Kreislauf zustatten. Bei der Geburt und in der postnatalen Adaptationsphase ergeben sich besonders bei Frühgeborenen zusätzlich exogene Belastungen (Hypoxien, Acidosen, Infektionen etc.) der hämostatisch-fibrinolytischen Systeme, die in unterschiedlichem Maß dazu geeignet sind, ihr Gleichgewicht zu stören. Ein placentarer Übertritt mütterlicher Gerinnungsfaktoren ist nicht bekannt. Es muß vielmehr davon ausgegangen werden, daß sämtliche Faktoren vom Feten selbst synthetisiert werden [Oski und Naiman 1982, Künzer und Niederhoff 1985].

Die Gerinnungsfaktoren werden aus praktischen

Tabelle 14.4. Gerinnungsfaktoren in der Fetalentwicklung*

	Wochen 19–21	Wochen 22–24	Wochen 25–27
Vitamin K-abhängige Faktoren:		n = 63	
II (Prothrombin)		17,50 ± 3,5	
VII (Proconvertin)		28,00 ± 4,0	
IX (Christmas-Faktor)		9,30 ± 2,8	
X (Stuart-Prower-Faktor)		21,10 ± 2,7	
Vitamin K-unabhängige Faktoren:	n = 51	n = 44	n = 44
V (Proaccelerin)	39,0 ± 12,5	40,5 ± 5,0	39,0 ± 9,0
VIII (antihämophiles Globulin)	59,0 ± 12,5	64,0 ± 13,0	63,0 ± 13,0

* in % eines Normalpools [modifiziert und vereinfacht nach Forestier et al. 1985, 1986]

Erwägungen in Vitamin K-abhängige und -unabhängige Faktoren eingeteilt. Alle Vitamin K-unabhängigen Faktoren sind pränatal vermindert. Fibrinogen wird bereits von der 5. Woche an in der Leber gebildet; seine Serumspiegel erreichen etwa mit der 12. Woche 50% der Erwachsenenwerte. Die Spiegel der Faktoren V und VIII (VIII-assoziiertes Antigen und VIII C Aktivität) liegen während der Fetalentwicklung bei 40–60% der Normalwerte für Erwachsene (Tabelle 14.4).

Vitamin K-abhängige Faktoren (II, VII, IX, X) sind im Blut ebenfalls etwa von der 9./10. Woche (11./12. GW) an nachweisbar. Ihre Spiegel liegen beim Feten bei 10–30% der Normwerte für Erwachsene (Tabelle 14.4). Diese niedrigen Werte sind auf eine funktionelle Unreife der fetalen Leberzellen zurückzuführen, die Vitamin K nicht zur Synthese von Gerinnungsfaktoren verwerten können, obwohl es die Placenta gut passiert. Da das Neugeborene kaum Vorräte an Vitamin K besitzt, fallen die Spiegel Vitamin K-abhängiger Gerinnungsfaktoren im Blut nach der Geburt rasch ab und erreichen Tiefstwerte zwischen 48–72 Stunden post partum. Es kann dabei zu schweren Blutungen z.B. in den Gastrointestinaltrakt und in das Zentralnervensystem kommen. Jedes Neugeborene und insbesondere jedes Frühgeborene muß deshalb bei der Geburt 1 mg Vitamin K erhalten. Muttermilch ist eine unzureichende Quelle für Vitamin K.

Über die Entwicklung des fibrinolytischen Systems, die parallel zu der des Gerinnungssystems erfolgt, sind nur wenige Daten bekannt. Die Plasminogenspiegel liegen während der Fetalzeit bei 20% der Erwachsenennorm; sie steigen zum Ende der Gestation auf 50% an. Bei Bedarf wird Plasminogen jedoch offenbar in ausreichender Menge ausgeschüttet. Die Kontrolle der Fibrinolyse durch Hemmfaktoren, z.B. die Bindung von Plasminogen an α_2-Makroglobin, scheint während der ganzen Gestation gewährleistet. Der Spiegel des Fibrinolysehemmers Anti-Plasmin liegt etwa bei Erwachsenenwerten.

Megakaryocyten sind in Leber und Milz, Thrombocyten sind im Blut in der 9./10. Woche (11./12. GW) [Bleyer 1971, Künzer und Niederhoff 1985] an nachweisbar (Abb. 14-4). Bereits um die 16.–18. Woche (18.–20. GW) liegen die Thrombocytenspiegel des Blutes im unteren Normalbereich, d.h. um 250 000/mm^3 [Forestier et al. 1986]. Obwohl um die 12. Woche eine begrenzte Fähigkeit der Thrombocyten zur Adhärenz besteht, sind die Thrombocytenfunktionen (z.B. Aggregation, Retraktion etc.) z.Z. der Geburt noch unreif.

Thrombocytopenien in der Neugeborenenzeit können Ausdruck einer akuten Sepsis (meist gram-negativ) oder intrauterin abgelaufender Infektionen (z.B. Rubella, Cytomegalie, Toxoplasmose, Lues) sein. Immunthrombocytopenien entstehen z.B. durch Sensibilisierung der Mutter gegen fetale Thrombocyten-Antigene und placentare Übertragung der entsprechenden Antikörper auf den Feten (Abb. 14-9).

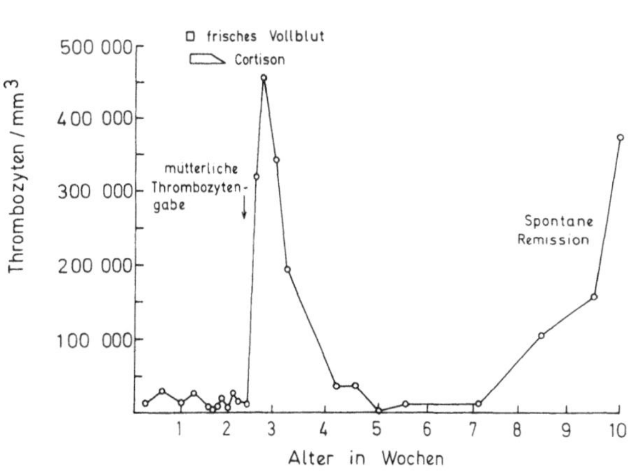

Abb. 14-9. Isoimmunthrombocytopenie bei einem Neugeborenen [modifiziert nach McIntosh et al. 1973]

Das Gefäßsystem spielt bei allen Blutungs- und Gerinnungsvorgängen eine wesentliche Rolle. Mikroskopisch sind Kontraktionen von Arteriolen bei der Präparation von fetalem Gewebe zu beobachten. Die Kapillarresistenz ist in Abhängigkeit vom Gestationsalter bei Frühgeborenen erniedrigt. Sehr unreife Frühgeborene neigen besonders zu spontanen Hautblutungen und haben eine verlängerte Blutungszeit. Wahrscheinlich weist das Gefäßnetz entwicklungsgeschichtliche Besonderheiten in den einzelnen Organen auf. Die spezielle Neigung von Frühgeborenen zu Hirnblutungen scheint Ausdruck von Besonderheiten des cerebralen Kapillarnetzes zu sein und ist erst in zweiter Linie auf Störungen im hämostatisch-fibrinolytischen Gleichgewicht zurückzuführen (siehe auch Kapitel 16. Zentralnervensystem).

Eine Vielzahl von Untersuchungen hat sich mit der Gerinnungssituation z.Z. der Geburt beschäftigt. Danach zeigen beide Systeme, das der Gerinnung und das der Fibrinolyse, einen erhöhten Aktivierungsgrad. Obwohl von den Gerinnungsfaktoren nur die Spiegel von Fibrinogen, Faktor V und VIII und der Thrombocyten Erwachsenenwerte erreichen, liegt eine Hypercoagulabilität vor. Diese wird auch u.a. durch den passageren Mangel an Plasminogen und Anti-Thrombin III gefördert. Die gleichzeitige Neigung des Fetalblutes zur Fibrinolyse normalisiert sich bereits innerhalb der ersten Lebensstunden.

Das potentielle Ungleichgewicht der Hämostase – Fibrinolyse schafft insbesondere bei Frühgeborenen mit post-natalen Adaptationsstörungen (Hypoxie, Acidose) und anderen Erkrankungen (z.B. gram-negativer Sepsis) eine Prädisposition zur diffusen intravaskulären Coagulopathie (DIC, Verbrauchscoagulopathie). Dabei kommt es zur Bildung von multiplen intravaskulären Thrombosen und zur Ablagerung von Fibrinthromben in der Mikrozirkulation. Die knappen Vorräte an Thrombocyten und Gerinnungsfaktoren werden verbraucht. Die Thrombosierung aktiviert die Fibrinolyse. Das Ergebnis ist, daß es nach dem Stadium der Thrombosierung zu diffusen Blutungen in parenchymatöse Organe (Lungen, ZNS) kommt. Die Ansammlung von Fibrin in der Mikrozirkulation führt weiterhin zur mechanischen Verletzung von Erythrocyten mit Fragmentierung und mikroangiopathischer Anämie. Die wichtigste therapeutische Maßnahme ist die Behebung der Ursache, z.B. die Behandlung einer Hypoxie oder Sepsis. Alsdann müssen Gerinnungsfaktoren substituiert und gleichzeitig der Gerinnungsvorgang gestoppt werden.

Obwohl alle hereditären Coagulopathien bereits beim Neugeborenen manifest werden können, sind die Hämophilie A und B klinisch am wichtigsten. Etwa 30 % der Neugeborenen mit schwerem Faktor VIII- oder -IX-Mangel werden klinisch in der 1. Lebenswoche, z.B. anläßlich einer Circumcision auffällig. Eine pränatale Diagnose der Hämophilie A und B und des von-Willebrand-Jürgens-Syndrom kann mit Hilfe fetaler DNA-Analysen aus Amnionzellen (14. EW, 16. GW) bzw. Chorionzotten bereits von der 7. Woche (9. GW) an und mit immunologischen Methoden aus fetalem Blut in der 16.–19. Woche (18.–21. GW) gestellt werden.

Das „blutende Neugeborene" kann den Kliniker vor erhebliche Probleme stellen, insbesondere da ein schnelles therapeutisches Handeln erforderlich ist.

Tabelle 14.5. Differentialdiagnose des „blutenden Neugeborenen"*

Laborparameter			wahrscheinliche Diagnose
Thrombocyten	PT	PTT	
Klinisch „kranke" Neugeborene			
↓	↑	↑	Verbrauchscoagulopathie
↓	normal	normal	Thrombocytenverbrauch (Infektion, nekrotisierende Enterocolitis, Nierenvenenthrombose)
normal	↑	↑	Lebererkrankung
normal	normal	normal	Gefäßschädigung (Hypoxie, Frühgeburt, Acidose, Hyperosmolarität)
Klinisch „gesunde" Neugeborene			
↓	normal	normal	Immunthrombocytopenie, occulte Infektion oder Thrombose; Knochenmarkhypoplasie (selten)
normal	↑	↑	Vitamin K-Mangel
normal	normal	↑	hereditäre Coagulopathie
normal	normal	normal	lokale Ursachen: Trauma, anatomische Anomalien, qualitative Thrombocytenanomalien (selten); Faktor VIII-Mangel

* [Nach: Glader und Buchanan 1976]

Auf die routinemäßige Verabreichung von Vitamin K, das für die Synthese von bestimmten Gerinnungsfaktoren erforderlich ist, sei nochmals hingewiesen. Eine erste Orientierung über die Blutungsursachen bei Neugeborenen erlauben Bestimmungen der Thrombocytenzahl, der Prothrombinzeit (PT) und der aktivierten partiellen Thromboplastinzeit (PTT). Basierend auf diesen Untersuchungen haben Glader und Buchanan [1976] die Neugeborenen in „sonst gesunde" und in „kranke" Kinder eingeteilt und eine diagnostische Tabelle aufgestellt (Tabelle 14.5).

14.6 Literaturverzeichnis

Bleyer WA, Liakami N, Shepard TH (1971) The development of hemostasis in the fetus and newborn infant. J Pediatr 79:838–853

Carbonelli F, Calvo W, Fliedner TM (1982) Cellular composition of human fetal bone marrow. Acta Anat 113:371–375

Fliedner TM, Calvo W, Nothdurft W, Grilli G (1980) Fetal liver: A transitory site for hemopoietic stem cell replication and selective differentiation. In: Lucarelli G, Fliedner TM, Gale RP (eds) Fetal Liver Transplantation. Excerpta Medica, Amsterdam Oxford Princeton, pp 5–13

Forestier F, Daffos F, Rainaut M, Solé Y, Amiral J (1985) Vitamin K dependent proteins in fetal hemostasis at mid trimester of pregnancy. Thromb Haemost 53:401–403

Forestier F, Daffos F, Galactéros F, Bardakjian J, Rainaut M, Beuzard Y (1986) Hematological values of 163 normal fetuses between 18 and 30 weeks of gestation. Pediatr Res 20:342–346

Gale RP (1980) Concepts of fetal liver transplantation in man. In: Lucarelli G, Fliedner, TM, Gale RP (eds) Fetal Liver Transplantation. Excerpta Medica, Amsterdam Oxford Princeton, pp 247–256

Garby L, Sjölin S, Vuille JC (1963) Studies on erythro-kinetics in infancy. III: Disappearance from plasma and red-cell uptake of radio-active iron injected intravenously. Acta Paediatr 52:537–553

Glader BE, Buchanan GR (1976):The bleeding neonate. Pediatrics 58:548

Hann IM, Bodger MP, Hoffbrand AV (1983) Development of pluripotent hemopoietic progenitor cells in the human fetus. Blood 62:118–123

Karlsson S, Nienhuis AW (1985) Developmental regulation of human globin genes. Ann Rev Biochem 54:1071–1108

Kleihauer E (1966) Fetales Hämoglobin und fetale Erythrozyten. Enke, Stuttgart

Kleihauer E (1978) Hämatologie, Physiologie – Pathologie – Klinik. Springer, Berlin Heidelberg New York

Künzer W, Niederhoff H (1985) Hämorrhagische Diathesen des Neugeborenen. In: Heene DL (Hrsg) Handbuch der Inneren Medizin II/9. Blutgerinnung und hämorrhagische Diathesen II: Angeborene und erworbene Koagulopathien. Springer, Berlin Heidelberg New York Tokyo

McIntosh S, O'Brien RT, Schwartz AD, Pearson HA (1973) Neonatal isoimmune purpura: Response to platelet infusions. J Pediatr 82:1022–1027

Migliaccio G, Migliaccio AR, Petti S, Mavilio F, Russo G, Lazzaro D, Testa U, Marinucci M, Peschle C (1986) Human embryonic hemopoiesis. Kinetics of progenitors and precursos unterlying the yolk sac – liver transition. J Clin Invest 78:51–60

Nathan DG, Oski FA (1981) Hematology of infancy and childhood, vol I, 2nd edn. Holt-Saunders, Philadelphia London Toronto

Newburger PE (1982) Superoxide generation by human fetal granulocytes. Pediatr Res 16:373–376

Oski FA, Naiman JL (1982) Hematologic problems in the newborn. In: Markowitz M (ed) Major problems in clinical pediatrics, 3rd edn. Saunders, Philadelphia London Toronto Mexico City Rio de Janeiro Sydney Tokyo

Pearson HA (1966) Recent advances in hematology. J Pediatr 69:466–479

Peschle C, Mavilio F, Care A, Migliaccio G, Migliaccio AR, Salvo G, Samoggia P, Petti S, Guerriero R, Marinucci M, Lazzaro D, Russo G, Mastroberardino G (1985) Hemoglobin switching in human embryos: asynchrony of $\zeta \longrightarrow \alpha$ and $\varepsilon \longrightarrow \gamma$ globin switches in primitive and definitive erythropoietic lineage. Nature 313:235–238

Porcellini A, Manna A, Manna M, Talevi N, Delfini C, Moretti L, Rizzoli V (1983) Ontogeny of granulocyte-macrophage progenitor cells in the human fetus. Int J Cell Cloning 1:92–104

Prindull G (1974) Maturation of cellular and humoral immunity during human embryonic development. Acta Paediatr Scand 63:607–615

Sacchi F, Hill HR (1984) Defective membrane potential changes in neutrophils from human neonates. J Exp Med 160:1247–1252

Slaper-Cortenbach I, Ploemacher R, Löwenberg B (1987) Different stimulative effects of human bone marrow and fetal liver stromal cells on erythropoiesis in long-term culture. Blood 69:135–139

Speer CP, Ambruso DR, Grimsley J, Johnston RB (1985) Oxidative metabolism in cord blood monocytes and monocyte-derived macrophages. Infect Immun 50:919–921

Speer CP, Wieland M, Ulbrich R, Gahr M (1986) Phagocytic activities in neonatal monocytes. Eur J Pediatr 145:418–421

Thomas DB, Yoffey JM (1962) Human foetal haemopoiesis. I: The cellular composition of fetal blood. Br J Haematol 8:290–295

Tomita S (1981) Modulation of the oxygen equilibria of human fetal and adult hemoglobins by 2,4 diphosphoglyceric acid. J Biol Chem 256:9495–9500

Yoffey JM (1970) The stem cell problem in the fetus. Isr J Med Sci 7:825–833

Zanjani ED (1980) Liver to kidney switch of erythropoietin formation. Exp Hematol 8 (Suppl 8):29–40

15. Lymphatische Organe

B. von Gaudecker

Die lymphatischen Organe – **Thymus, Lymphknoten, Tonsillen, Lymphfollikel der Schleimhäute** und **weiße Milzpulpa** – sind als Produzenten von Lymphocyten wichtige Organe des spezifischen Abwehrsystems. In den **primären** oder zentralen **lymphatischen Organen** *(Thymus, Bursaäquivalent)* werden Vorläufer der immunologisch kompetenten Zellen herangebildet, die sich dann, nach Antigenkontakt, in bestimmten Regionen der **sekundären** oder peripheren **lymphatischen Organe** *(Lymphknoten, Tonsillen, weiße Milzpulpa)* clonal vermehren und zu kompetenten Immunocyten oder Plasmazellen heranreifen.

Diese Prozesse der Vermehrung und Reifung sind nur in einer definierten Umgebung (Mikroenvironment) möglich, die aus spezifischen stationären Zellen besteht. Dabei spielen direkter Zellkontakt und humorale Faktoren, die von den stationären und freien Zellen gebildet werden, eine wichtige Rolle.

Mit histologischen Routinemethoden haben alle Lymphocyten das gleiche Erscheinungsbild. Funktionell bestehen große Unterschiede, die sich auch in dem Muster der an die Zelloberfläche gebundenen, sogenannten Oberflächenantigene, äußern. Mit modernen immunhistochemischen Methoden ist es heute möglich, diese unterschiedlichen Antigene nachzuweisen und zahlreiche Lymphocytensubpopulationen in den einzelnen Organabschnitten und im Blut- und Lymphstrom zu erkennen.

Zwei Systeme der spezifischen Abwehr werden unterschieden: Das **T-Zell-System** (Thymus-geprägte **T-Lymphocyten**) bewirkt unter anderem die zelluläre Immunantwort. Hier wird die Immunität direkt durch Zellen übertragen.

Das **B-Zell-System** (Bonemarrow- oder Bursa-geprägte **B-Lymphocyten**) bewirkt die humorale Immunität. Hier entstehen nach Antigenkontakt aus B-Lymphocyten, die sich vorher clonal vermehrt haben, Plasmazellen. Diese Plasmazellen produzieren Antikörper und geben sie ins Serum ab. Die Immunität wird mit dem Serum übertragen. Zwischen beiden Systemen und dem **System der unspezifischen Abwehr**, vorwiegend repräsentiert durch Makrophagen, bestehen enge Wechselbeziehungen. Die Entwicklung der primären und sekundären lymphatischen Organe im menschlichen Feten bis hin zur vollen Funktionsreife soll im einzelnen behandelt werden.

15.1 Thymus

Der **Thymus** ist das primäre lymphatische Organ des T-Zell-Systems. Hier entstehen aus Stammzellen durch Vermehrung und Reifung die Vorläufer der T-Zellen, die dann erst in der Peripherie ihre volle immunologische Kompetenz erlangen.

15.1.1 Anlagematerial

Das Thymusstroma entsteht, im Gegensatz zu anderen lymphatischen Organen, vorwiegend aus Epithelzellen. Der Thymus wird zu den branchiogenen Organen gerechnet (siehe Kapitel 20.5 Kopfdarmderivate). Nach Hammar [1926] liefert der ventrale Teil der rechten und linken 3. Schlundtasche das Anlagematerial für das epitheliale Thymusstroma. Ein der 4. Schlundtasche entstammender Thymusanteil gelangt beim Menschen nur sehr selten zur Ausbildung [Politzer und Hann 1935]. Immerhin kann die 4. Schlundtasche gelegentlich akzessorische Thymen hervorbringen. Nach diesen Autoren wäre das Thymusepithel **endodermaler Herkunft**. Norris [1938] untersuchte Serienschnitte von 130 menschlichen Embryonen aus der Carnegie-Sammlung und aus eigenen Sammlungen mit einer Länge von 4–65 mm. Er zeigte, daß **sowohl Endoderm** der 3. Schlundtasche **als auch Ektoderm** der Vesicula cervicalis zur Anlage des Thymusepithels beitragen. Dieses ektodermale

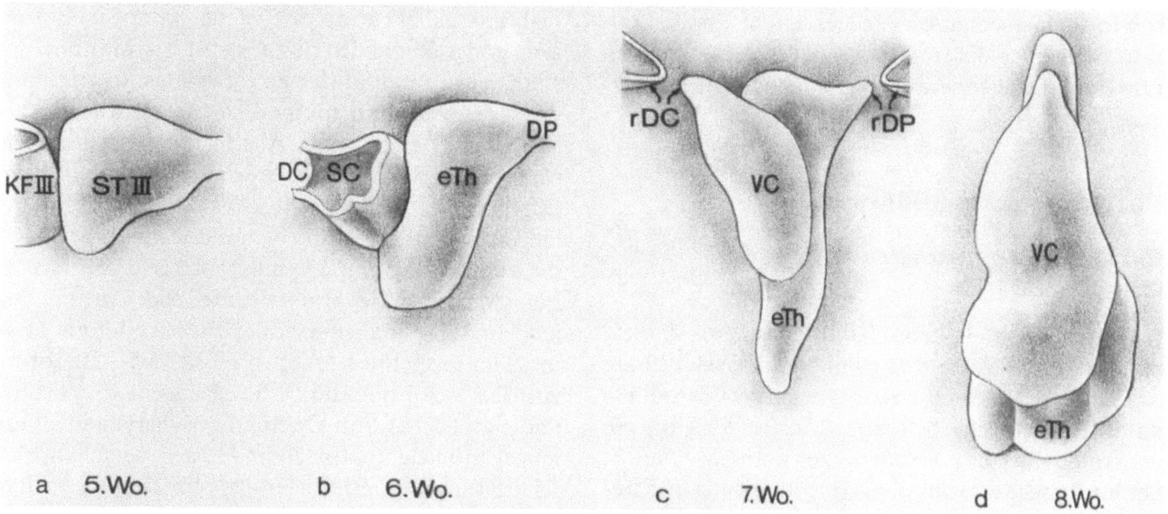

Abb. 15-1a–d. Schematische Darstellung der Morphogenese des 3. Pharyngealkomplexes. Linke Thymusanlage von dorsal gesehen (verändert nach Norris 1938). In Feten von 9–22 mm, etwa der 5.–8. Woche, umwächst ektodermales Schlundfurchenepithel des Sinus cervicalis die von der 3. Schlundtasche stammende endodermale Thymusanlage (näheres siehe Text). DC = Ductus cervicalis, rDC = Rest des Ductus cervicalis, DP = Ductus pharyngeobranchialis, rDP = Rest des Ductus pharyngeobranchialis, eTH = endodermale Thymusanlage, KFIII = Dritte Kiemenfurche (Schlundfurche), SC = Sinus cervicalis, STIII = Dritte Schlundtasche, VC = Vesicula cervicalis

Bläschen, das aus dem Material des Sinus cervicalis entstand, behält Kontakt mit der 3. Schlundtasche. Bei Embryonen des STADIUM 22, also etwa am Ende des 2. Monats, wurde eine starke Proliferation der ektodermalen Zellen beobachtet. Während des Descensus der Thymusanlage umwachsen diese Zellen der Vesicula cervicalis die endodermale Anlage der 3. Schlundtasche vollständig (Abb. 15-1).

Ähnliche Beobachtungen konnten auch bei einigen Säugetieren gemacht werden. Cordier und Haumont [1980] verglichen die Thymusentwicklung bei normalen Mäusen und einer haarlosen Mutante, den Nacktmäusen, mit erblicher Thymusaplasie: Bei der normalen Maus trägt das Ektoderm der Vesicula cervicalis zur Entwicklung des Thymusepithels bei. Bei der Nacktmaus entsteht zwar ebenfalls die Vesicula cervicalis, und die Entwicklung verläuft bis zum 11. Tag gleich wie im Normaltier. Dann aber degenerieren die ektodermalen Zellen. Die aus der 3. Schlundtasche entstandene rudimentäre endodermale Thymusanlage besteht aus Zysten und drüsenartigen Epithelzellhaufen, die nicht in der Lage sind, Lymphocyten anzuziehen. Das deutet darauf hin, daß ein Thymus sich nur dann normal entwickeln kann, wenn das Anlagematerial sowohl aus ektodermalen als auch aus endodermalen Zellen besteht. Cordier und Haumont [1980] vermuten, daß der erbliche Defekt, der zur Fehlentwicklung des Thymus führt, bei den Nacktmäusen im Ektoderm lokalisiert ist. Möglicherweise handelt es sich um Enzymdefekte, die sowohl die Thymusaplasie als auch die Haarlosigkeit zur Folge haben.

Auch mesenchymales Anlagematerial trägt zur Bildung des Thymus bei. Es wird vermutet, daß es sich dabei um **Mesektoderm** der Neuralleiste handelt [Le Douarin und Jotereau 1981]. In die rein epitheliale Anlage sprossen sehr bald Kapillaren ein. Norris beobachtete Kapillarisierung schon im STADIUM 21, also etwa in der 8. Woche. Später, zwischen der 9. und 12. Woche, wird die Oberfläche der epithelialen Thymusanlage durch einwachsende Mesenchymsepten eingebuchtet. So entstehen Pseudolobuli, die im Zentrum miteinander kommunizieren. Das mesenchymale Anlagematerial bildet die zahlreichen zum Teil erweiterten **perivaskulären Räume**, die für den Stoff- und Zelltransport in und aus dem Thymus von Bedeutung sind. Das für die Reifung der T-Lymphocyten verantwortliche **thymusepitheliale Gewebe** und die perivaskulären Räume sind im voll entwickelten Organ eng verflochten, aber stets durch eine Lage flacher Epithelzellen mit Basallamina gegeneinander abgegrenzt.

Anlagematerial für die nichtepithelialen Stromazellen (Vorläufer der Makrophagen und interdigitierenden Zellen) und für die freien Zellen des Thymus (basophile praethymische Stammzellen) kommen aus embryonalen Blutbildungszentren, zunächst aus der Dottersackwand, später aus der Leber und dann spätfetal und auch postnatal aus dem Knochenmark [Stutman und Good 1971]. Diese Vorläuferzellen treten durch Diapedese aus den Mesenchymsepten und perivaskulären Räumen in den thymusepithelialen Raum ein (Abb. 15-8c).

Die Thymusanlage baut sich also aus epithelialem Material endodermaler und ektodermaler Herkunft sowie aus mesodermalen Elementen auf. Erst das Zusammenwirken dieser verschiedenen Komponenten führt zur Differenzierung des funktionsfähigen Organs.

15.1.2 Lage- und Formentwicklung

Entwicklung der epithelialen Thymusanlage (5.–8. Woche)

In den Stadien 13–15 bei Embryonen von 4–9 mm, etwa in der 5. Woche, bekommt die 3. endodermale Schlundtasche jederseits Kontakt mit dem Ektoderm der 3. Pharyngealfurche (Abb. 15-1a) und beginnt, in ventraler Richtung abwärts zu wachsen. Die 3. Schlundtasche wird dorsoventral abgeplattet und behält zunächst breite Verbindung mit dem Schlunddarm. Das laterale Ende der Schlundtasche hat in dorsoventraler Richtung Kontakt mit der zunächst engen, schlitzförmigen 3. Pharyngealfurche, die ihrerseits ein Teil des Sinus cervicalis ist. Dieser Sinus cervicalis verlängert sich in caudaler Richtung und wächst zusammen mit der 3. Schlundtasche tiefer in die Cervicalregion hinein. Zunächst bleibt er über den Ductus cervicalis mit dem äußeren Ektoderm verbunden und legt sich breitflächig an die dorsale Oberfläche der 3. Schlundtasche (Abb. 15-1b). Im Stadium 16 (etwa Anfang der 6. Woche) wird auf der Vorderseite der 3. Schlundtasche die Anlage der Glandula parathyroidea inferior sichtbar. Der übrige Teil der 3. Schlundtasche bleibt der endodermale Anteil der Thymusanlage und hat die Form einer unregelmäßigen Säule. Im cranialen Bereich können Reste des Schlundtaschenlumens erhalten bleiben. Die 3. Schlundtasche verliert ihren Kontakt mit dem Schlunddarm. Auch der Sinus cervicalis löst sich vom Ektoderm und wird zur **Vesicula cervicalis**, deren Lumen noch eine Weile erhalten bleibt. Beide Strukturen sind breitflächig miteinander verbunden (Abb. 15-1c). Das Material der Vesicula cervicalis proliferiert stark und umwächst im Verlauf der folgenden Woche die endodermale Thymusanlage vollständig (Abb. 15-1d). Während der starken Vermehrung obliteriert das Lumen des Cervicalvesikels, und die ektodermalen Zellen legen sich als äußere Schicht um die endodermale Thymusanlage.

Wachstum und „Descensus" des Thymus (2. Monat bis zur Geburt)

Während des 2. Monats geht die offene Verbindung der Thymusanlage mit dem Schlund verloren. Bald verschwinden auch die Lichtungen der beiden Thymusschläuche. Sie schieben sich während der Kopf- und Halsstreckung des Feten als solide Stränge medialwärts und in caudaler Richtung weiter, wobei sie sich in der Regel in der Gegend des Manubrium sterni, ohne miteinander zu verwachsen, so aneinander legen, daß man meinen könnte, sie wären verschmolzen. Der craniale Abschnitt des Thymusfortsatzes der 3. Schlundtasche wird entsprechend dem Descensus des caudalen Abschnittes immer mehr verlängert und verdünnt. Da der caudale Abschnitt bis in die spätere Lage des Thymus, also bis in den Brustraum wandert, wird er als Brustteil oder Corpus, der craniale dagegen als cervicaler Thymus oder als Thymushorn bezeichnet (Abb. 15-3 bis 15-5). Bleibt er ausnahmsweise mit der 3. Schlundtasche in Verbindung, so bildet er den Ductus thymopharyngeus. Der immer schmaler werdende Halsteil verschwindet schließlich völlig. Bleibt er ganz erhalten, so besitzt der betreffende Thymuslappen einen cranial aufsteigenden Fortsatz. Bleiben nur Teile von ihm erhalten, so liefern sie akzessorische Thymusläppchen.

Die sogenannte Wanderung, besser gesagt Verschiebung, des Thymus durch Wachstumsvorgänge (Abb. 15-2 bis 15-4) geht verschieden weit caudalwärts vor sich und zwar ventral über die Vena brachiocephalica hinweg. Frühzeitig tritt der Thymuskörper in nachbarliche Beziehung zum Aortenbogen und behält diese Syntopik auch während des Descensus cordis und der Bildung des Halses bei. Dabei schiebt sich der Thymuskörper hinter oder neben der

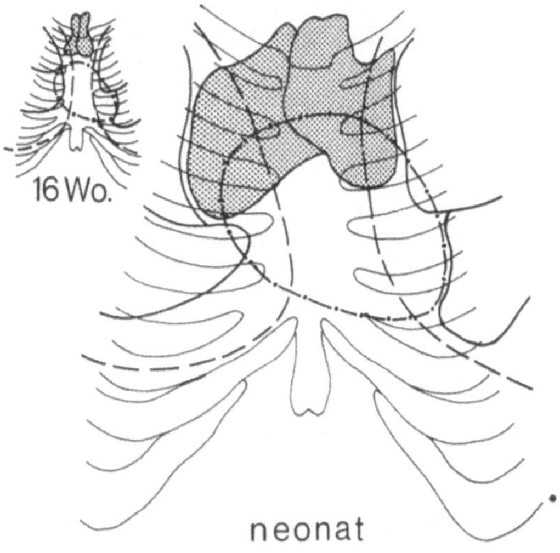

Abb. 15-2. Projektionen der Organe auf die vordere Brustwand (verändert nach Waheed 1936). In der 16. Woche sind Thymus und Herz noch relativ klein. Der Thymuskörper ist durch die obere Thoraxapertur getreten und liegt oberhalb des Herzens. Zum Zeitpunkt der Geburt ist der Thymus stark verbreitert. Sein caudales Ende reicht etwa bis zum 4. Intercostalraum. Er liegt als unregelmäßig gelapptes Organ im oberen Mediastinum und überlagert das Pericard. Pleuragrenzen: – – – –; Lungen: ——; Herz: –·–·–·

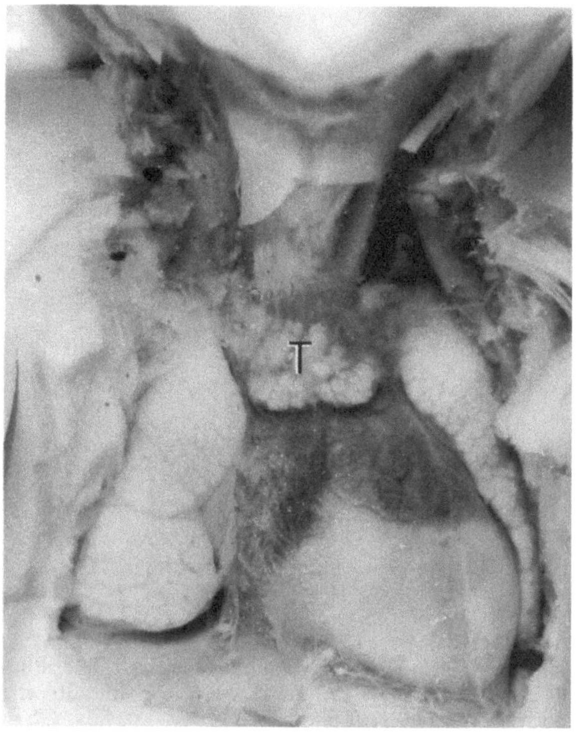

Abb. 15-3. Brustsitus eines Feten von 120 mm, etwa 15. Woche. Der Thymuscorpus (T) hat die Apertura thoracis superior durchtreten und liegt im oberen Mediastinum oberhalb des Herzens. Er überlagert den Aortenbogen. (Sammlung des Anatomischen Institutes Tübingen, Aufnahme Prof. Hinrichsen, Bochum) ca. 5 : 1

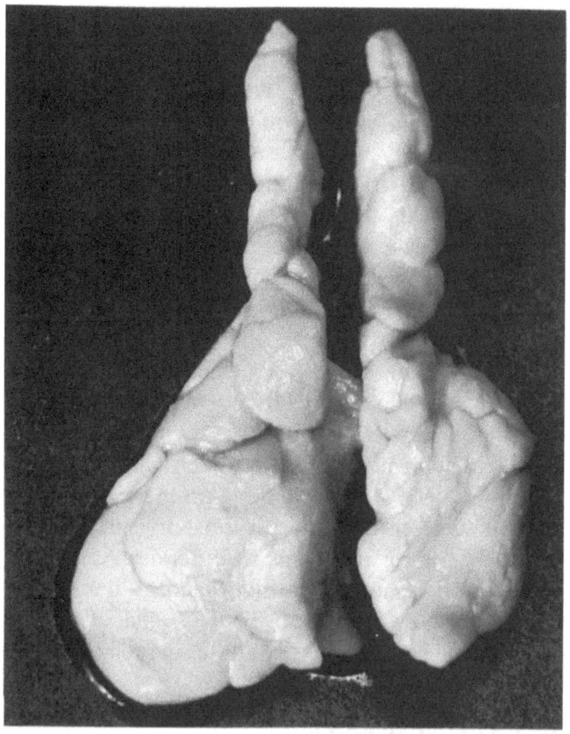

Abb. 15-4. Thymus eines Neugeborenen. Durch den Descensus des Organs während der Fetalentwicklung hat sich eine mehr oder weniger langgestreckte Form ergeben. Die langen, dünnen cranialen Abschnitte werden als Halsteile oder Thymushörner bezeichnet. Den oft eng verwachsenen caudalen Abschnitt nennt man Brustteil oder Corpus. (Sammlung des Anatomischen Institutes Tübingen, Aufnahme Prof. Hinrichsen, Bochum) ca. 2 : 1

Abb. 15-5. Brustsitus eines Kindes. Der Thymus (T) hat seine volle Größe erreicht. Er liegt im oberen Mediastinum und überlappt etwa zwei Drittel der Vorderfläche des Herzbeutels. (Sammlung des Anatomischen Institutes Tübingen, Aufnahme Prof. Hinrichsen, Bochum) ca. ein Drittel natürl. Größe

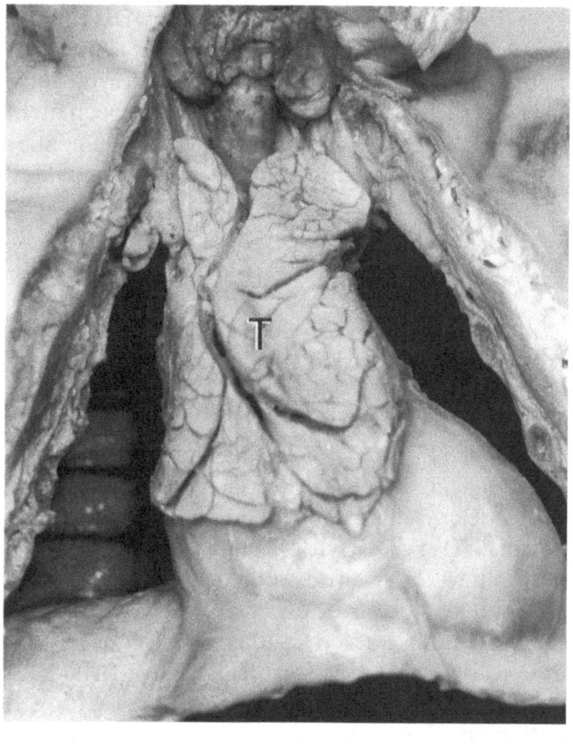

Schilddrüse vorbei. Gewöhnlich findet man zwei längliche Lappen (Abb. 15-2). Zwischen ihnen besteht eine lockere, leicht trennbare bindegewebige Kapselverbindung.

Größe und Lage des Thymus variieren schon während des Fetallebens außerordentlich [Hammar 1926, Gruber 1932, Waheed 1936, Bargmann 1943]. Bei kleinen Feten ist er nicht nur absolut, sondern auch relativ klein. Er gestattet den beiderseitigen Pleuraräumen bis zum Sternum vorzutreten. Mit zunehmendem Alter wächst der Thymus stark in die Breite und caudalwärts und erreicht etwa den 4. Intercostalraum. Es sind aber auch Fälle beschrieben worden, in denen ein oder beide Thymuslappen sich bis zur Zwerchfellhöhe erstrecken [Gruber 1932]. Die vorderen Pleuraränder bleiben später im Wachstum zurück. Meist legen sie sich jederseits an den Thymus an. Bei der Geburt liegt der Thymus als unregelmäßig gelapptes Organ im oberen Mediastinum und überlappt das Perikard. Rund zwei Drittel der Vorderfläche des Herzbeutels können in der Blütezeit des Thymus von diesem überlagert werden (Abb. 15-5). Die Thymushörner, falls vorhanden, lagern sich als Cervicalthymus dem unteren Halsabschnitt der Trachea an. Beim Neugeborenen erreichen die Thymushörner nicht selten die Schilddrüse. Nach Gruber [1932] und Waheed [1936] unterliegt die Lagebeziehung des fetalen Thymus zu den großen Venen erheblichen Schwankungen. Die V. brachiocephalica sinistra, welche meist dorsal vom Thymus verläuft, kann gelegentlich ventral liegen oder zwischen zwei Thymuslappen hindurchtreten. Die Arterien des Thymus entstammen beim Menschen den Aa. thoracicae internae bzw. deren Rami mediastinales ventrales oder der A. pericardiacophrenica, ferner den Aa. thyroideae inferiores sowie – falls vorhanden – der A. thyroidea ima. Zwischen den Thymus- und Schilddrüsengefäßen bestehen ausgedehnte Anastomosen.

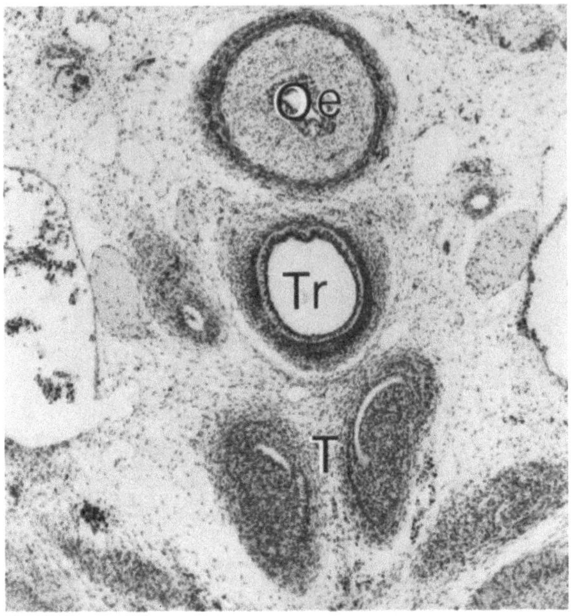

Abb. 15-6. Embryo, 26 mm, etwa Mitte der 7. Woche, Ausschnitt aus einem Halsquerschnitt. Die paarige rein epitheliale Thymusanlage, in der das Lumen der 3. Schlundtasche noch zu erkennen ist, liegt ventral von der Trachea. Oe = Oesophagus, Tr = Trachea, T = Thymusanlage (Präparat und Aufnahme: Prof. Hinrichsen, Bochum) 53 : 1

15.1.3 Strukturentwicklung

Die rein epitheliale Thymusanlage

Am Ende der 6. Woche läßt sich die Thymusanlage gut in Schnitten durch die Halsregion von Embryonen erkennen [Norris 1938]. Abbildung 15-6 zeigt Ausschnitte aus einem Halsquerschnitt eines Embryo von 26 mm, etwa Mitte der 7. Woche. Vor der Trachea (Tr) liegt die paarige Anlage des Thymus. Das Lumen der 3. Schlundtasche ist noch nicht ganz obliteriert. Dicht gedrängt erscheinen die Kerne der Thymusepithelzellen. Freie Zellen sind in die Anlage noch nicht eingewandert. In diesem Entwicklungsstadium ist es schwer, mit dem Lichtmikroskop die Epithelzellen endodermaler Herkunft, die von der Schlundtasche stammen, von ektodermalen Zellen aus der Vesicula cervicalis zu unterscheiden. Elektronenmikroskopische Untersuchungen rein epithelialer Thymusanlagen von Embryonen von 30 mm, etwa in der 8. Woche, zeigen dagegen deutlich zwei Epitheltypen: Die peripheren Epithelzellen sind hochprismatisch und haben seitlich glattwandig-engen Kontakt miteinander (Abb. 15-8a). Eine Basallamina trennt sie vom Mesenchym. Die Zellkerne sind groß, oval bis rund und euchromatisch. Sie haben ein bis zwei prominente Nucleoli. Das Cytoplasma enthält freie Ribosomen, einige Zisternen des rauhen endoplasmatischen Reticulum, Mitochondrien und Glycogenpartikel.

Die zentral gelegenen Epithelzellen haben kleinere und unregelmäßiger geformte Zellkerne (Abb. 15-8b). Das Chromatin zeigt einzelne Verdichtungen entlang der Kernmembran. Im Gegensatz zu den peripheren Epithelzellen haben diese zentralen Zellen lange schmale Cytoplasmaausläufer, durch die sie eng miteinander verwoben sind. Beide Epithelzelltypen sind durch Desmosomen miteinander verknüpft.

Diese submikroskopischen Beobachtungen stützen die Befunde von Norris [1938], der in frühen Stadien lichtmikroskopisch zwei Epithelzelltypen an der Peripherie und im Zentrum der Thymusanlage beschrieb. Sie sind jedoch kein Beweis dafür, daß der periphere Zelltyp ektodermaler, der zentrale Zelltyp endodermaler Herkunft ist. Hierfür wären Markierungsexperimente erforderlich.

Die Besiedelung der Thymusanlage mit lymphoiden Zellen

Während der 9. Woche bei Feten von 4,0 cm erscheinen basophile Stammzellen und lymphoide Zellen in der Thymusanlage. Ihre Anzahl nimmt rasch zu. Nach den Parabioseversuchen beim Hühnchen und den Explantationsexperimenten an Maus- und Hühner-Thymi [Owen und Ritter 1969] ist es heute gesichert, daß die Thymuslymphocyten hämatogener Herkunft sind.

Die Besiedelung der Thymusanlage durch praethymische Vorläuferzellen scheint durch wellenförmigen Einstrom von Stammzellen in den thymusepithelialen

Raum zu erfolgen. Stammzellen treten nicht nur während der Fetalperiode, sondern auch im postnatalen Leben in den Thymus ein. Es wird vermutet, daß ein chemotaktischer Einfluß vom Thymusepithel ausgeht, vielleicht durch eine diffusible Substanz, die von den Epithelzellen abgegeben wird [Le Douarin und Jotereau 1981]. Umfangreiche Versuche mit Chromosomenmarkierung bei der Maus klärten den Vorgang der Stammzellimmigration in den Thymus auf [Stutman und Good 1971]. In einer neueren Publikation vertritt Stutman [1982] die Meinung, daß schon in den vorgeschalteten hämopoetischen Organen die praethymischen Vorläuferzellen durch Thymusfaktoren oder durch vom Thymus abhängige Faktoren – wie z.B. das Interleukin 2 – beeinflußt werden. Selbst die Stammzellen aus der Dottersackwand könnten intrauterin durch materne Thymusfaktoren geprägt werden. Stutman [1982] spricht daher von „T-Zell-geprägten praethymischen Vorläuferzellen", die erst nach derartiger Prägung in der Lage sind, auf die chemotaktischen Reize des Thymusepithels zu reagieren, in das Organ einzuwandern, dort zu proliferieren und sich zu Thymus-Lymphocyten zu differenzieren.

Die Gestalt der praethymischen Vorläuferzellen in menschlichen fetalen und postnatalen hämopoetischen Organen ist weitgehend unbekannt. Wenn sie den basophilen Stammzellen ähneln, die in der frühen Fetalperiode in die Thymusanlage einwandern, so kann man annehmen, daß es sich um große pyroninophile Zellen handelt mit gewundenen euchromatischen Zellkernen [Moore und Owen 1967, Le Douarin und Jotereau 1981, Jordan und Robinson 1981]. In Thymusanlagen von Feten (ca. 4,0 cm) der 9. Woche findet man sowohl große basophile Stammzellen nahe der Oberfläche als auch lymphatische Zellen mehr oder weniger gleichmäßig im Organ zwischen die Epithelzellen eingestreut [von Gaudecker 1986].

Wie treten die praethymischen Vorläuferzellen in die Thymusanlage ein? Sie können an der Peripherie in den Thymus eindringen. Auch Blutgefäße als Ort des Eintritts werden diskutiert [von Gaudecker 1986]. Blutkapillaren findet man ja bereits von der 7. Woche an in Thymusanlagen von Embryonen mit einer Länge von 24 mm. Diapedesen beobachtet man sehr selten in Schnitten von fetalen Thymusanlagen, aber es fällt auf, daß lymphatische Zellen sich in der Nähe von Blutgefäßen häufen. Andererseits liegen große basophile Stammzellen nicht selten unmittelbar unter der Organoberfläche. Die Verteilung lymphoider Zellen im Thymus der 9.–10. Woche ist relativ gleichmäßig. Eine Differenzierung in Rinde und Mark ist noch nicht ausgeprägt. Im Gegenteil, in der 10. Woche ist das Zentrum des Organs dichter mit Lymphocyten besiedelt als die Peripherie.

Die Randzone der Thymusläppchen enthält vorwiegend periphere Thymusepithelzellen und Lymphoblasten, beide mit großen euchromatischen Zellkernen, und erscheint dadurch heller als das Zentrum (Abb. 15-8c). Mitosen von lymphoiden Zellen sind über das ganze Organ verstreut und nicht, wie in späteren Stadien, auf die äußere Rindenregion beschränkt. In elektronenmikroskopischen Aufnahmen wird deutlich, daß die kleinen Thymocyten in frühen Entwicklungsstadien relativ lockere, unregelmäßig geformte Zellkerne haben, umgeben von einem breiten Cytoplasmasaum mit zahlreichen Mitochondrien und einzelnen Zisternen des rauhen endoplasmatischen Reticulum neben freien Poly- und Monoribosomen. Auch ihr Muster an Oberflächenrezeptoren unterscheidet sich von dem auf Thymocyten späterer Entwicklungsstadien. So tragen sie gleichzeitig Rezeptoren für Schafserythrocyten und für Komplement [Stein und Müller-Hermelink 1977]. Den Komplementrezeptor verlieren die Thymocyten später wieder. Diese strukturellen Eigenschaften können als Zeichen von Unreife angesehen werden [von Gaudecker 1986].

Durch die Infiltration mit freien Zellen erhält der Verband der Thymusepithelzellen netzförmigen Charakter. Er schließt sich jedoch durch eine Schicht flacher Epithelzellen mit Basallamina gegenüber dem umgebenden mesenchymalen Raum ab.

Die Lobulierung der Thymusanlage durch Einwachsen von Mesenchymsepten

Die epitheliale Thymusanlage ist umgeben von Mesenchym, das nach Le Douarin und Jotereau [1981] aus der Neuralleiste stammt. Dieses Mesektoderm

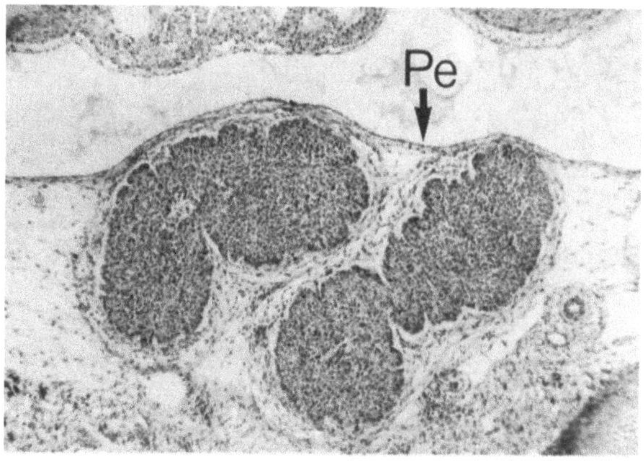

Abb. 15-7. Embryo, 29 mm, etwa Anfang der 8. Woche, Thymus transversal. Durch einwachsende Mesenchymsepten wird die Anlage in Pseudolobuli untergliedert. Pe = Pericard (Präparat und Aufnahme: Prof. Hinrichsen, Bochum) 36 : 1

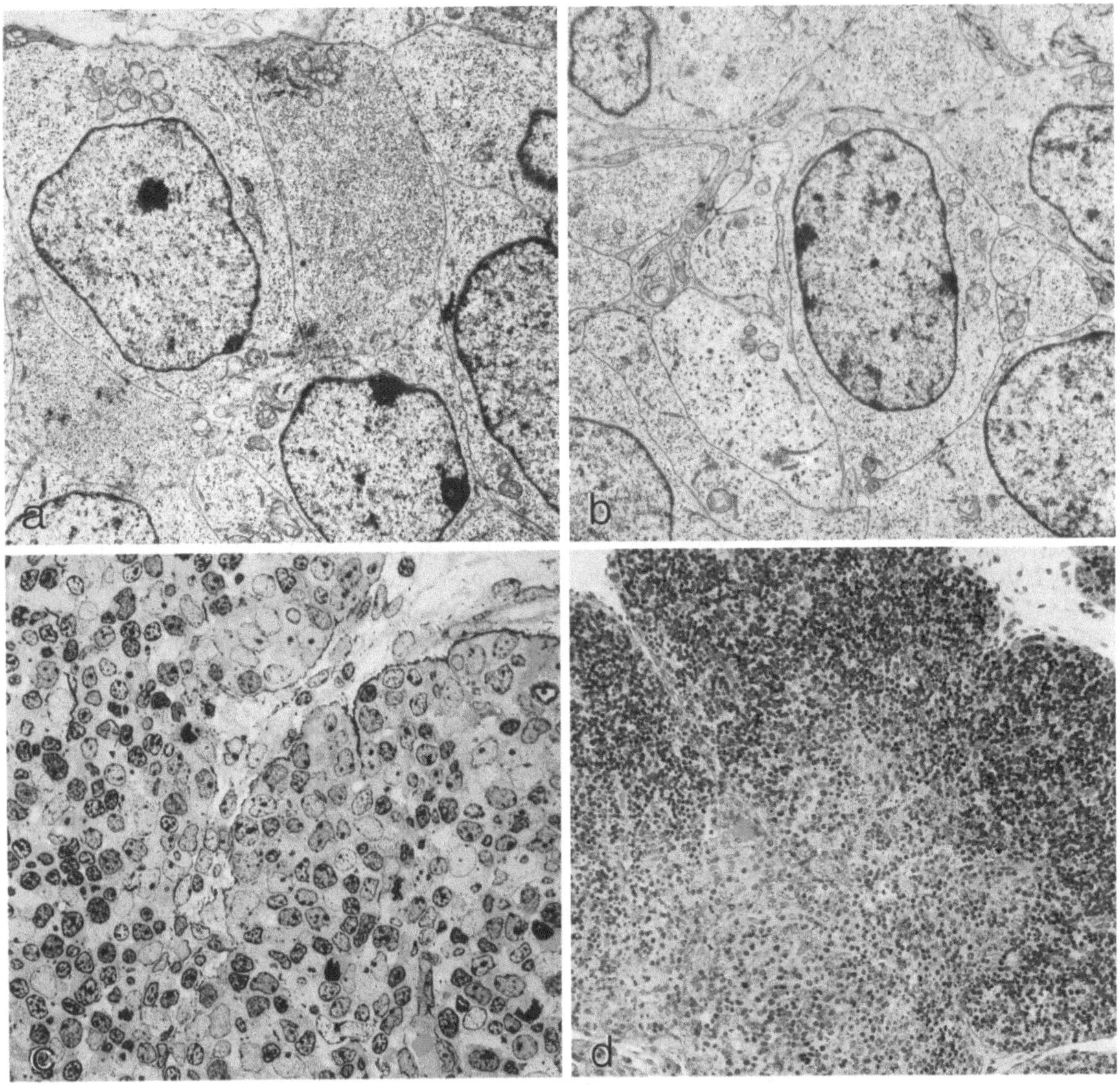

Abb. 15-8a–d. **a)** Peripheres Epithel einer rein epithelialen Thymusanlage eines Feten, 3,0 cm, etwa 8. Woche. Die Zellen sind hochprismatisch mit großen lockeren Zellkernen. TEM, 5200:1; **b)** Zentrales Epithel einer rein epithelialen Thymusanlage eines Feten, 3,0 cm, etwa 8. Woche. Über lange schmale Cytoplasmaausläufer sind die Zellen verzahnt und durch Desmosomen miteinander verknüpft. TEM, 6000:1; **c)** Thymus eines Feten, 5,0 cm, etwa 10. Woche. Die Randzone enthält Zellen mit großen Kernen und erscheint dadurch heller als das Zentrum, in dem sich vorwiegend kleine unreife Thymocyten befinden. Die Thymusoberfläche wird durch Mesenchymsepten eingebuchtet. Große monocytogene Zellen mit unregelmäßigen Zellkernen wandern über diese Septen in das Organ ein und differenzieren sich später zu interdigitierenden Reticulumzellen. Semidünnschnitt, Versilberung der Reticulumfasern und Basalmembranen. 560:1; **d)** Thymus eines Feten, 12,0 cm, etwa 15. Woche. Das Organ ist durch Mesenchymsepten in Pseudoläppchen gegliedert. Die Differenzierung in Mark und Rinde ist vollzogen. Semidünnschnitt, Methylenblaufärbung, 140:1

der Pharynxregion bildet den bindegewebigen Anteil des Thymus. Zwischen der 8. und 10. Woche wird die Peripherie des Thymus eingebuchtet durch einwachsende mesenchymale Septen (Abb. 15-7, 15-8c). Sie beginnen, den Thymus in Pseudolobuli zu untergliedern. Zunächst reichen die Septen nicht sehr weit in die Thymusanlage hinein. Eine flache Lage von Oberflächenepithel grenzt den thymusepithelialen Raum von diesen Mesenchymsepten ab. Große helle Zellen mit unregelmäßigen Zellkernen erkennt man in den Septen. Sie dringen durch Diapedese in den präsumptiven Markbereich des Thymus ein. Diese Zellen scheinen Vorstufen der interdigitierenden Reticulumzellen zu sein, die in späteren Feten und im postnatalen Leben ein spezifischer struktureller Zelltyp des Thymusmarkes sind. Man vermutet, daß sie monocytogener Herkunft sind.

Auch Vorstufen von Makrophagen, wahrscheinlich Monocyten, dringen in den thymusepithelialen Raum ein und besiedeln die präsumptive Rinde und das Mark. Nach dem Einstrom von Stammzellen in die fetale Thymusanlage wird es schwer, die weiteren Bewegungen der von der 3. Schlundtasche abstammenden endodermalen Epithelzellen einerseits, und der von der Vesicula cervicalis abstammenden ektodermalen Epithelzellen andererseits weiter zu verfolgen. Norris [1938] beobachtete in Stadien vor dem Einstrom von Lymphocyten einen deutlich unterscheidbaren Saum von großen hellen Epithelzellen an der Peripherie des Organs und nahm an, daß dieses die Derivate der ektodermalen Vesicula cervicalis seien. Im Zentrum sah er kleinere dunklere Epithelzellen und deutete sie als Abkömmlinge der endodermalen 3. Schlundtasche. Wenn die ersten Mesenchymsepten in die Thymusanlage einwachsen und diese in Pseudolobuli untergliedern, scheinen sich am zentralen Ende der Mesenchymkeile helle Epithelzellen aus dem peripheren Zellverband zu lösen und als Einzelzellen in das Zentrum der Thymusanlage einzuwandern. Bei Feten zwischen 3,5 und 4,0 cm, etwa in der 9.–10. Woche, sind diese desintegrierten Epithelzellen im Zentrum nicht schwer zu erkennen, denn sie sind größer als die medullären Epithelzellen endodermalen Ursprungs und haben große bläschenförmige Zellkerne. Norris hält sie für Zellen ektodermaler Herkunft, da sie Ähnlichkeit haben mit den Zellen, welche die Peripherie der Thymusanlage umkleiden. Diese hellen Zellen scheinen die Vorstufen der Hassallschen Körperchen zu sein. Durch Aneinanderlagerung und Proliferation entsteht die typische konzentrische Lamellenstruktur dieser für das spätere Thymusmark so charakteristischen Epithelkörper (Abb. 15-10).

15.1.4 Funktionsentwicklung

Funktionsfähig wird der Thymus erst, nachdem sich Rinde und Mark differenziert haben. Dieser Differenzierungsschritt beginnt bei Feten mit 7,5 cm, etwa in der 12. Woche, und ist am Ende des 4. Monats abgeschlossen. Von diesem Zeitpunkt an ist der Thymus strukturell voll ausdifferenziert und entsendet lymphatische Zellen in die Peripherie. Er nimmt jedoch bis zur Geburt noch beträchtlich an Größe und Gewicht zu. Die Rinde erscheint dadurch, daß in ihr corticale Thymocyten dicht gedrängt liegen, dunkel. Im heller gefärbten Mark sind die Zellkerne lockerer arrangiert (Abb. 15-8d).

Die lymphoide Organisation des Thymus konstituiert sich gleichzeitig mit der Differenzierung des Thymusstroma. Offensichtlich sind funktionelle und humorale Einflüsse, die von den stationären Zellen des Thymus ausgehen, von entscheidender Bedeutung für die Reifung von T-Zellen. Diese frühe Reifung des Thymus beim Menschen steht im Gegensatz zu der späten Reifung bei manchen Laboratoriumstieren. So hebt eine Thymektomie unmittelbar nach der Geburt (Maus) oder in den ersten Lebenstagen (Kaninchen) eine Besiedlung der Peripherie mit T-Lymphocyten auf [Good et al. 1962].

Obwohl diese Entwicklungsprozesse gleichzeitig ablaufen, soll hier zunächst auf die Differenzierung der Epithelzellen und der übrigen Stromaelemente eingegangen werden. Danach läßt sich die Entwicklung der lymphatischen Zellen besser verstehen.

Mindestens vier verschiedene Epithelzelltypen differenzieren sich im Thymus von menschlichen Feten während der fortschreitenden Entwicklung [Haynes 1984, de Maagd et al. 1985, von Gaudecker 1986, von Gaudecker et al. 1986a]. Die ektodermale oder endodermale Herkunft dieser Zellen läßt sich nicht mehr klar nachweisen, da die immer stärker werdende Infiltration mit Lymphocyten die Lagebeziehung verwischt.

1. Von der 9. Woche an differenziert sich ein **Oberflächenepithel**, bestehend aus flächenhaft ausgebreiteten Zellen, die als geschlossene einzellige Schicht mit Basallamina den thymusepithelialen Raum gegenüber dem mesenchymalen Raum abgrenzen (Abb. 15-9). Dieses Oberflächenepithel umschließt jedes Rindenläppchen, umkleidet jedes Mesenchymseptum und jeden perivaskulären Raum, ja umgibt auch die kleinste Kapillare in Rinde und Mark. Die Oberflächenepithelzellen sind kleiner und haben dichtere Zellkerne als die übrigen Epithelzellen, die vorwiegend die Rinde durchziehen. Gelegentlich enthalten sie Sekret. (Vielleicht werden hier Thymushormone gebildet.)

2. Die unter dem Oberflächenepithel lokalisierten **corticalen Epithelzellen** fallen auf durch sehr große runde Zellkerne mit fein verteiltem Euchromatin und ein oder zwei prominenten Nucleoli. Das Heterochromatin liegt als feiner Saum an der inneren Oberfläche der Kernmembran. Diese Zellen haben helles Cytoplasma mit einigen Profilen des rauhen endoplasmatischen Reticulum, Gruppen von Mitochondrien und einen nur mäßig entwickelten Golgiapparat (Abb. 15-9). Manchmal enthalten sie Vesikel und kleine dunkle Granula, möglicherweise Lysosomen oder Sekretgranula. Häufig werden lymphatische Zellen von Cytoplasmaausläufern dieser Epithelzellen umschlossen. Man hat diese corticalen Epithelzellen auch „Thymus-Ammenzellen" (thymic nurse cells) genannt, weil sie offensichtlich einen Einfluß auf die Reifung der Thymocyten haben, die sie mit ihren Zellausläufern umschließen. Nach der 15. Woche findet man in der voll ausdifferenzierten Thymusrinde die corticalen Epithelzellen vorwiegend in der äußeren Rindenzone. Die innere Rinde ist so dicht gepackt mit Lymphocyten, daß Epithelzellen dazwischen nur vereinzelt sichtbar werden. Im Zentrum des Organs, später im Thymusmark, differenzieren sich zwei weitere Epithelzelltypen:

3. Man erkennt sternförmige **Mark-Epithelzellen**, die einander mit schlanken Ausläufern berühren und so ein Netzwerk bilden, in dem die übrigen Zellelemente, wie z.B. interdigitierende Reticulumzellen und Marklymphocyten, eingebettet liegen (Abb. 15-10). Zahlreiche Desmosomen sind zwischen benachbarten Mark-Epithelzellen ausgebildet. Die relativ dunklen Zellkerne sind unregelmäßig geformt und passen sich der Gestalt des Zellkörpers an. Sie haben ein feinfleckiges Heterochromatinmuster. Das Cytoplasma enthält zahlreiche, gleichmäßig verteilte Tonofilamente, die diesen Mark-Epithelzellen eine dichtere Struktur

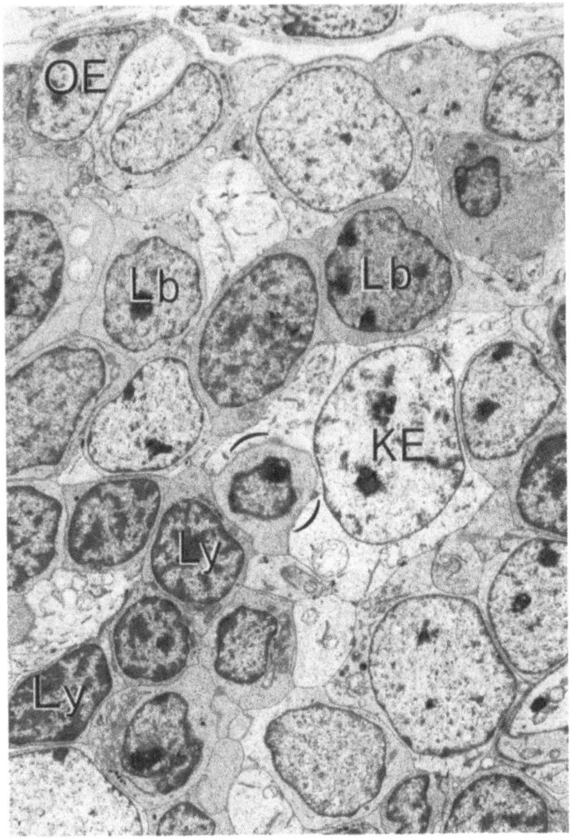

Abb. 15-9. Thymus eines Feten, 12,0 cm, etwa 15. Woche. Ausschnitt aus der Rinde. Oberflächenepithel (OE) mit Basallamina grenzt das Organ gegenüber dem perivaskulären Raum ab. Sehr helle kortikale Epithelzellen (KE) umgreifen zum Teil Lymphocyten mit ihren Ausläufern (()). Lymphoblastische Zellen (Lb) liegen in der äußeren Rinde. Kleine Rindenlymphocyten (Ly) bevölkern z.T. dicht gedrängt die innere Rinde. TEM, 2800 : 1

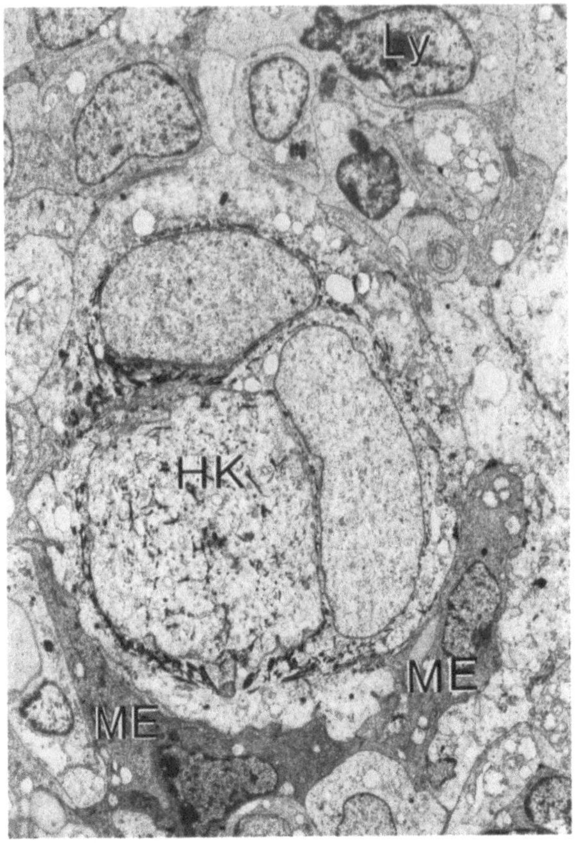

Abb. 15-10. Thymus eines Feten, 12,0 cm, etwa 15. Woche. Ausschnitt aus dem Mark mit kleinem Hassallschem Körper (HK). Markepithelzellen (ME) mit unregelmäßigen Kernen und tonofilamentreichem Cytoplasma bilden ein Netzwerk, in dessen Maschen die Marklymphocyten (Ly) liegen. TEM, 2800 : 1

verleihen als den corticalen Epithelzellen. Nach voller Ausprägung von Rinde und Mark finden sich einzelne Vertreter dieses Epithelzelltypes auch in der inneren Schicht der Rinde. Sie können gelegentlich durch Desmosomen mit den hellen corticalen Epithelzellen verbunden sein.

4. Die von Norris beschriebenen großen **hellen Epithelzellen**, die etwa in der 9.–10. Woche in das Zentrum einwandern, werden als Vorstufen der **Hassallschen Körperchen** angesehen. Solche hellen Epithelzellen und alle Übergänge der Bildung von Hassallschen Körperchen findet man in Feten von 7,6 cm, also von der 12. Woche an, regelmäßig im Thymusmark (Abb. 15-10). Diese hypertrophierten Epithelzellen bilden kräftige Tonofilamentbündel aus, die sich häufig konzentrisch um den Zellkern legen. Man findet die Zellen einzeln liegend und in Gruppen angeordnet. In voll entwickelten Hassallschen Körperchen sind sie zwiebelschalenartig umeinandergewickelt. Die zentralen Lamellen verlieren die Zellkerne und gleichen den Hornschuppen in der Epidermis [von Gaudecker 1986]. Diese Ähnlichkeit mit der Epidermis liefert ein morphologisches Indiz für die ektodermale Herkunft der Hassallschen Körperchen. Dafür spricht auch, daß sie mit Antikörpern gegen Epidermiszellen positiv reagieren.

Nicht nur in ihrer Struktur unterscheiden sich die verschiedenen Epithelzelltypen voneinander. Neuere immunhistochemische Untersuchungen haben gezeigt, daß sie auch in ihren Antigenmustern differieren [Haynes 1984, de Maagd et al. 1985, von Gaudekker et al. 1986a]. Einige Strukturen sind allen Epithelzellen gemeinsam, wie Tonofilamente, Desmosomen und bestimmte Membranoberflächenantigene, die durch monoclonale Antikörper nachgewiesen werden können. Aber auch in anderer Hinsicht bilden sich Gruppen von gleicher Reaktivität: So zeigen die Markepithelzellen und das Oberflächenepithel in vieler Hinsicht gleichsinnige Reaktionen. Sie enthalten das gleiche Cytokeratin. Sie haben kontraktile Filamente, wie mit Antikörpern gegen Glattmuskelmyosin und Actin nachgewiesen werden konnte [Drenckhahn et al. 1979]. Auch ihr Oberflächenantigenmuster ist weitgehend gleichsinnig. Funktionell von besonderem Interesse ist, daß die Mark-Epithelzellen

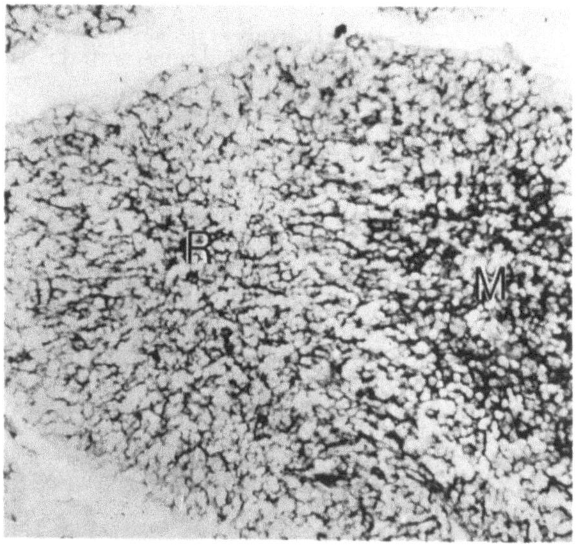

Abb. 15-11. Thymus eines Feten, 10,0 cm, etwa 14. Woche. Immunhistochemische Darstellung mit Anti-HLA-DR. In der Rinde (R) erkennt man ein gleichmäßiges feines Netz positiv reagierender Epithelzellausläufer. Die Markregion (M) zeigt stärkere Reaktion, da hier auch Makrophagen und interdigitierende Reticulumzellen positiv reagieren. Immunperoxydase-Technik am Gefrierschnitt, 120 : 1

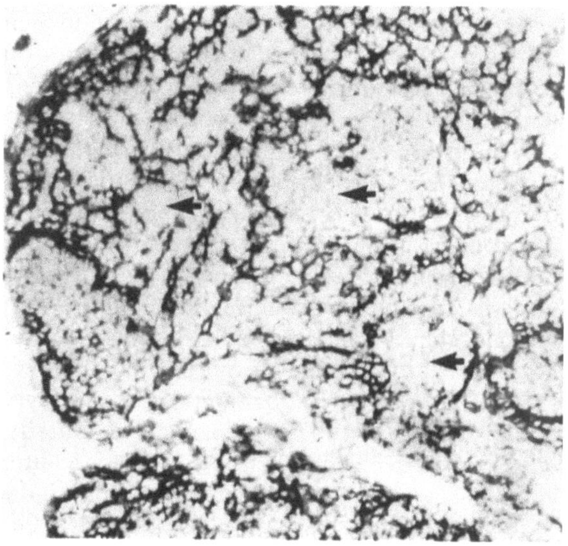

Abb. 15-12. Thymusrindenregion eines 7jährigen Kindes. Immunhistochemische Darstellung des Cortexepithel mit Anit-HLA-DR. In der äußeren Rinde erkennt man ein feines Netz. Hier sind die „Thymus-Nurse-Cells" lokalisiert, die jeden Lymphocyten umschließen. Die innere Rinde ist charakterisiert durch kleinere und größere Areale, in denen negativ reagierende Cortexthymocyten dicht gedrängt liegen (Pfeile) und keinen Kontakt mehr zu Epithelzellen haben. Steinman [1986] vermutet, daß die Thymocyten ohne Epithelzellkontakt in ihrer Reifung gestört sind und sterben. Er hält diesen Prozeß für den Anfang der Altersinvolution. Immunperoxydase-Technik am Gefrierschnitt, 160 : 1

sowie das Oberflächenepithel positiv reagieren mit Antikörpern gegen verschiedene Thymushormone wie Thymulin, Thymosin und Thymopoetin (Abb. 15-13). Elektronenmikroskopisch-immunhistochemische Untersuchungen gaben Hinweise dafür, daß diese Faktoren von den Epithelzellen sezerniert werden [Schmitt et al. 1982].

Die corticalen Epithelzellen reagieren mit den eben genannten Antikörpern nicht. Sie zeigen ein anderes Oberflächenantigenmuster und auch ein anderes Lectinmuster als die medullären Epithelzellen [Haynes 1984, de Maagd et al. 1985, von Gaudecker et al. 1986a]. Von besonderem Interesse in funktioneller Hinsicht ist hier, daß die corticalen Epithelzellen und die sogenannten „Thymic-Nurse-Cells" Antigene des Haupthistokompatibilitätskomplexes, speziell das Immun-Region-assoziierte-Antigen, HLA-DR, an ihrer Oberfläche tragen (Genaueres siehe Immunologie-Lehrbücher). Immunhistochemische Färbungen mit Anti-HLA-DR an Thymusschnitten der 14. Woche zeigen in den Rindenläppchen ein feines Netzwerk positiv reagierender Epithelzellen mit ihren Ausläufern. Eingebettet liegen nicht reagierende Cortex-Thymocyten, die oft engen Kontakt mit den Epithelzellen haben (Abb. 15-11). Im Thymusmark ist die Reaktion intensiver als in der Rinde. Hier reagieren außer Epithelzellen auch andere Stromaelemente wie Makrophagen und interdigitierende Reticulumzellen positiv. Immunhistochemische Färbun-

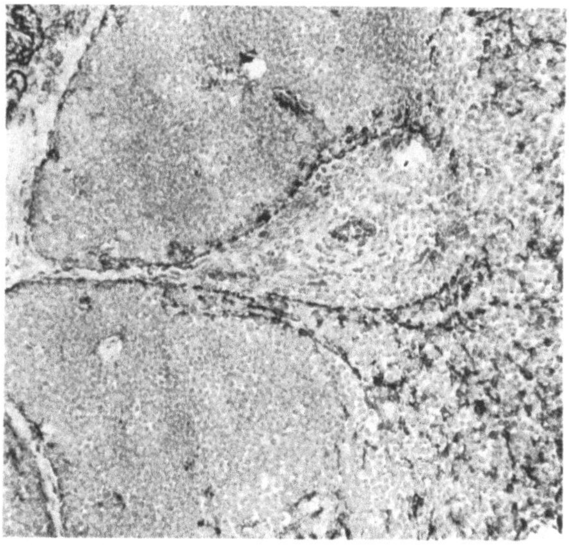

Abb. 15-13. Thymus eines 3jährigen Kindes. Immunhistochemische Darstellung eines Thymushormons, des Thymulin. Die Perikaryen der Markepithelzellen und der Oberflächenepithelzellen reagieren positiv. Sie bilden offensichtlich dieses Hormon. Immunperoxydase-Technik am Gefrierschnitt, 140 : 1

gen mit Anti-HLA-DR an Schnitten von kindlichem Thymus (Abb. 15-12) zeigen in der äußeren Rinde ein feines Netz von positiv reagierenden Epithelzellausläufern, die wohl jeden Lymphocyten umschließen (thymic nurse cells). In der inneren Rinde finden sich jedoch größere und kleinere Areale, in denen Cortexthymocyten dicht gedrängt liegen ohne Kontakt zu Epithelzellen. Viele dieser Thymocyten sterben.

Die mesenchymalen Septen liefern das Ausgangsmaterial für die **perivaskulären Räume**. Bei Feten von 12,0 cm, etwa der 15. Woche, haben die Septen die Mark-Rinden-Grenze erreicht (Abb. 15-8d). Dort erweitern sie sich kolbenförmig und verzweigen sich. Von diesen Mesenchymsepten aus werden während des weiteren Fetallebens perivaskuläre Räume gebildet, die das ganze Organ durchflechten. An der Mark-Rinden-Grenze sind sie erweitert. Das Geflecht dieses mesodermalen Stromaanteils des Thymus läßt sich mit einer Versilberung der argyrophilen Reticulumfasern und der Basalmembranen nach Gomori besonders gut darstellen und vom thymus-epithelialen Raum abgrenzen. In den perivaskulären Räumen verlaufen die großen und kleineren arteriellen und venösen Gefäße [Raviola und Karnovsky 1972, von Gaudecker 1986]. Auch Lymphgefäße wurden beobachtet. Alle perivaskulären Räume sind durch eine flache Lage von Oberflächenepithel begrenzt. Im Bereich der Rinde ist diese epitheliale Grenzlamelle vollkommen geschlossen. Sie bildet die Blut-Thymus-Schranke, die verhindert, daß Fremdstoffe aus dem Blut unkontrolliert in den thymusepithelialen Raum eindringen können. Die jungen Thymocyten können sich hier zunächst in einem „Freiraum" ungestört entwickeln. Bei den perivaskulären Räumen der Mark-Rinden-Grenze und des Markes weist die Epithellamelle jedoch Lücken auf. Hier ist die Blut-Thymus-Schranke nicht vollständig geschlossen [Raviola und Karnovsky 1972, von Gaudecker und Müller-Hermelink 1980].

Die erweiterten perivaskulären Räume der Mark-Rinden-Grenze sind der Ort des Austausches zwischen der thymusepithelialen Region und der Peripherie. Per Diapedese treten hier Zellen in beiden Richtungen durch die Lamelle des Oberflächenepithels. Auch Austausch von Stoffen muß hier vermutet werden. In der Fetalzeit findet in den perivaskulären Räumen Hämatopoese, besonders Granulopoese statt. Während des postnatalen Lebens können zwei Typen von kleinen Lymphocyten in diesen Räumen gefunden werden [von Gaudecker 1978]. Die eine Art ähnelt corticalen Thymocyten mit runden Zellkernen und einem schmalen Cytoplasmasaum. Die andere Art hat einen unregelmäßiger geformten Zellkern und mehr Cytoplasma und gleicht dadurch den medullären Lymphocyten. Dieser morphologische Aspekt läßt den Schluß zu, daß Thymocyten sowohl von der Rinde als auch vom Mark aus in den bindegewebigen Raum eintreten und von dort über die Blutbahn oder Lymphbahn in die Peripherie gelangen.

Stationäre Zellen mesodermaler Herkunft, wahrscheinlich monocytogener Abstammung, sind die **interdigitierenden Reticulumzellen** (IDZ) im Thymusmark. Wie gesagt, gelangen Vorstufen dieses Zelltypes von der 10. Woche an in das Zentrum des Organes (Abb. 15-8c) entweder durch Diapedese oder dadurch, daß Endabschnitte der Mesenchymsepten in toto in den späteren Markbereich inkorporiert werden [von Gaudecker und Müller-Hermelink 1980].

Von der 12. Woche an werden zahlreiche voll differenzierte interdigitierende Reticulumzellen im Thymusmark beobachtet. Sie haben einen sehr unregelmäßig geformten Zellkern mit schmalem Heterochromatinsaum entlang der inneren Kernmembran. Das sehr helle Cytoplasma entsendet Ausläufer zwischen die Epithelzellen und Marklymphocyten. Typische cytoplasmatische Bestandteile sind einzelne lange Zisternen des rauhen endoplasmatischen Reticulum und der sogenannte „tubulovesikuläre Komplex" (glattwandige Bläschen und Schläuche). Der meist gut entwickelte Golgiapparat enthält dunkle Granula (Sekret?), daneben finden sich gelegentlich kleinere oder größere Phagolysosomen. Nicht selten werden Marklymphocyten von den Cytoplasmafortsätzen der interdigitierenden Reticulumzellen vollständig umschlossen. Die lymphatischen Zellen ihrerseits entsenden Mikrovilli und vergrößern so die Kontaktoberfläche zu den IDZ. Die funktionelle Bedeutung dieses engen Kontaktes ist noch nicht voll erkannt. Interdigitierende Reticulumzellen werden zu den antigenpräsentierenden Zellen gerechnet. Es könnte sein, daß sie zur weiteren Reifung der medullären Thymocyten beitragen.

Makrophagen findet man bereits in frühen Entwicklungsstadien sowohl in der Rinde als auch im Mark. In Schnittpräparaten und auf Rasteraufnahmen lassen sich Rosetten von Makrophagen mit umgebenden Thymocyten im Cortex aufzeigen. Einerseits dienen die Makrophagen dazu, degenerierende Rindenthymocyten zu phagocytieren. Andererseits – und das macht die häufig gefundene Rosettenformation von Makrophagen und Lymphocyten deutlich – können die Makrophagen den Thymocyten das zur Aktivierung als erstes Signal notwendige Interleukin 1 vermitteln [Beller und Unanue 1979].

Schon früher hatte man beobachtet, daß die Thymocyten im Cortex besonders in der Umgebung von PAS-positiven Makrophagen stark proliferieren. Eine dritte Funktion der corticalen und medullären Makrophagen im Thymus ist die der Präsentation von Ia-Antigen (HLA-DR). Beller und Unanue [1979] fanden, daß etwa 50% der adhaerenten Zellen des Thymus, also etwa 50% der Makrophagen, Ia-Antigen-positiv waren. Diese Zellen waren außerdem äußerst effektiv in der Antigenpräsentation für makrophagenfreie T-Zellsuspensionen *in vitro*.

Eine weitere Zellart im Thymusmark, wahrscheinlich mesodermaler Herkunft, ist die **Myoidzelle**. Sie zeigt starke Reaktivität gegen Anti-Actin und Anti-Skeletmuskel-Myosin [Drenckhahn et al. 1979] und reagiert nicht, wie die Epithelzellen, mit Anti-Glattmuskelmyosin. Im Thymusmark von menschlichen Feten sind Myoidzellen meist in Gruppen angeordnet. Wir konnten diesen Zelltyp bereits in der epithelialen Thymusanlage der 8. Woche vor der Lymphocytenimmigration nachweisen [von Gaudecker und Müller-Hermelink 1980].

Elektronenmikroskopisch ähnelt die Myoidzelle embryonalen quergestreiften Muskelzellen. Runde Myoidzellen herrschen vor. Die Funktion dieser Myoidzellen im normalen Thymus ist bis heute nicht bekannt. Es wird jedoch vermutet, daß die Myoidzellen eine kritische Rolle bei der Pathogenese der Autoimmunerkrankung Myasthenia gravis spielen [Wekerle und Müller-Hermelink 1986], bei der Antikörper gegen Acetylcholin-Rezeptoren im Serum zirkulieren [Lindstrom 1979].

Mit der Differenzierung von Rinde und Mark im fetalen Thymus verändern sich auch die Gestalt und das Antigenmuster der kleinen Thymocyten. Es differenzieren sich corticale und medulläre Thymocyten, die verschiedenes submikroskopisches Aussehen haben. Der Komplementrezeptor geht verloren, neue Oberflächenantigene treten auf. **Corticale Thymocyten** haben einen runden oder ovalen Zellkern mit grobscholligem Heterochromatin. Der schmale Cytoplasmasaum enthält Monoribosomen. Andere Organellen sind spärlich (Abb. 15-9). Die kleinen Cortexthymocyten liegen mit glatter Oberfläche häufig dicht beieinander. Große lymphoblastische Zellen mit feinem Chromatingerüst in ihren Kernen sowie Mitosen findet man vorwiegend in den äußeren Rindenregionen.

Die kleinen **Markthymocyten** zeigen das gleiche Erscheinungsbild wie reife T-Zellen in den peripheren lymphatischen Organen (Abb. 15-10). Sie haben einen plump gelappten Zellkern, und der breite Cytoplasmasaum ist unregelmäßig. Organellen sind zahlreicher als in den Cortexthymocyten. Außer freien Ribosomen und Polyribosomen enthalten sie Mitochondrien, einzelne Zisternen des rauhen endoplasmatischen Reticulum und einen Golgiapparat. Einige der Marklymphocyten zeigen ein focales Feld von Granula, wahrscheinlich lysosomaler Natur.

Wie entwickeln sich Stammzellen zu immunkompetenten T-Zellen? Neuere Forschungen haben ergeben, daß die T-Zell-Entwicklung in drei Phasen verläuft [zusammenfassende Übersicht bei Stutman 1982]:

1. in der **praethymischen Phase** entstehen aus pluripotenten Stammzellen die T-restringierten **praethymischen Vorläufer-Zellen**. Der Ort dieser Entwicklungsphase ist im pränatalen Leben zunächst die Dottersackwand, später die Leber und schließlich, auch postnatal, das Knochenmark. Diese Vorläuferzellen haben die Gestalt blastischer Zellen mit großem lockerem Zellkern und breitem basophilem Cytoplasmasaum. An ihrer Zelloberfläche tragen sie ein Muster von Differenzierungsantigenen, das allgemein sehr unreifen, teilungsfähigen Zellen eigen ist, wie z.B. das CD2 oder den Transferrinrezeptor [Reinherz et al. 1980]. Für die weitere Entwicklung wichtig ist ein im Zellkern liegendes Ferment, die terminale desoxynucleotidyl Transferase (TdT). Das ist eine aus dem gewöhnlichen Rahmen fallende DNS-Polymerase, die regelmäßig in hämopoetischen Zellen gefunden wird [Übersichten bei Bollum 1979]. Die praethymischen Vorläuferzellen gelangen, wie schon ausgeführt, in den Thymus.
2. In der **zentralen Phase** der T-Zell-Entwicklung proliferieren die praethymischen Vorläuferzellen vorwiegend in der Thymusrinde und entwickeln sich hier antigenunabhängig zu Vorstufen der verschiedenen T-Zell-Subpopulationen. Als **postthymische Vorläuferzellen** verlassen sie den Thymus. Die T-Zellreifungsphase im Thymus ist in Abbildung 15-14 schematisch dargestellt und wird im folgenden näher beschrieben.
3. In der **peripheren Phase** der T-Zell-Entwicklung erfolgt in den T-Zell-Regionen der peripheren lymphatischen Organe die antigenabhängige Proliferation und Differenzierung und die Cooperation von T-Zell-Clonen.

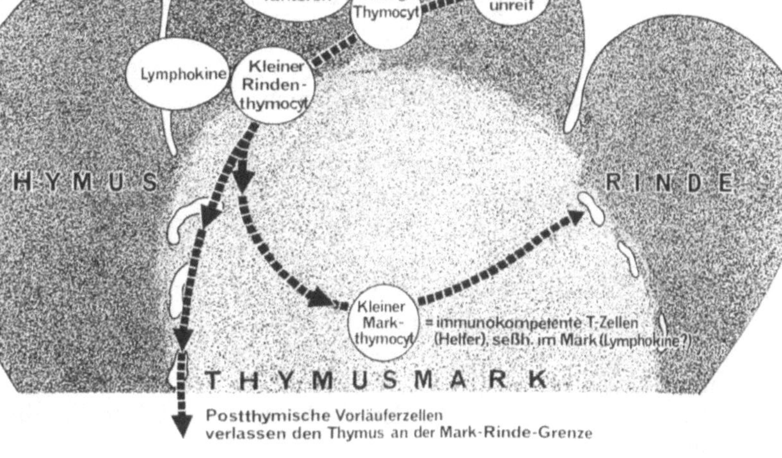

Abb. 15-14. Schematische Darstellung der zentralen Phase der T-Zell-Entwicklung (Genaueres siehe Text)

Aus praethymischen Vorläufer-Zellen, die vorwiegend in der äußeren Rindenregion proliferieren, entstehen die großen, mittelgroßen und kleinen Thymocyten, die durch sehr engen Kontakt mit corticalen Epithelzellen in ihrer Reifung beeinflußt werden. Wekerle et al. [1980] und nach ihnen andere Forscher haben aus Thymusrinde größere Epithelzellkomplexe mit eingeschlossenen Thymocyten isoliert und sie „thymic nurse cells" genannt. Sie konnten nachweisen, daß diese epithelialen Ammenzellen stark die HLA-DR-Determinante des Haupt-Histokompatibilitätskomplexes (MHC) an ihrer Oberfläche exprimieren.

Man vermutet, daß die corticalen Epithelzellen während des engen Kontaktes den reifenden Thymocyten die Fähigkeit zu Selbsttoleranz und zur MHC-abhängigen Immunreaktivität vermitteln [Zinkernagel 1979]. Epithelzellfaktoren (Thymushormone) und von Makrophagen und reifen T-Zellen abgegebene Lymphokine (Interleukin 1 und Interleukin 2) steuern den Reifungsprozeß, bei dem sich das Muster der Differenzierungs-Antigene auf der Oberfläche der Thymocyten verändert. Diese Veränderungen des Antigenmusters konnten in den letzten Jahren mit zahlreichen monoclonalen Antikörpern studiert werden [Übersicht siehe Reinherz et al. 1980]. Die jungen corticalen Thymocyten verlieren die Oberflächenantigene, die hämopoetische Stammzellen charakterisieren. Das Enzym TdT bleibt in den Zellkernen aller corticalen Thymocyten hingegen noch aktiv. Man kann vermuten, daß TdT physiologisch daran mitwirkt, daß sich diversifizierte immunkompetente T-Zell-Clone entwickeln. Ein wesentlicher Reifungsprozeß innerhalb der zentralen Phase der T-Zell-Entwicklung ist die Synthese der T-Zell-Antigen-Rezeptoren mit großer Vielfalt der Spezifitäten. So sind die T-Zellen später in der Lage, die Masse der verschiedenen externen Fremdstoffe zu erkennen und ihnen zu begegnen. Diese Vielfalt wird erreicht durch ein Rearrangement der T-Zell-Rezeptor-Gene. Bei diesen somatischen Mutationen spielt TdT eine wichtige Rolle [Paul 1989, von Gaudecker 1990]. Es gibt Oberflächenantigene (z.B. CD 1), die nur von Cortexthymocyten exprimiert werden. Weder praethymische Vorläuferzellen, noch reife T-Zellen in der Peripherie tragen diese Antigene. Während des Verweilens im Cortex entwickelt sich der Schafserythrocytenrezeptor, der alle menschlichen T-Zellen charakterisiert. Interessant ist, daß Cortexthymocyten gleichzeitig Oberflächenantigene der T-Helferzellen (z.B. CD 4) und der cytotoxischen-Suppressor-T-Zellen (z.B. CD 8) tragen. Offensichtlich tritt erst in einem weiteren Reifungsschritt außerhalb des Thymus die Diversifizierung in die T-Zell-Subpopulation ein.

Während der zentralen Reifungsphase wandern die Cortexthymocyten in zentripetaler Richtung zur Mark-Rinden-Grenze. Dort treten sie per Diapedese in die perivaskulären Räume ein und gelangen als **postthymische Vorläuferzelle** über den Blut- oder Lymphstrom in die Peripherie. Solche Lymphocytendiapedesen in die erweiterten perivaskulären Räume kann man erstmalig bei Feten der 12. Woche beobachten [von Gaudecker und Müller-Hermelink 1980, von Gaudecker 1986].

Die Herkunft der medullären Thymocyten ist umstritten. Es könnte sein, daß nicht alle Cortexthymocyten das Organ an der Mark-Rinden-Grenze verlassen, sondern ein Teil von ihnen in das Mark einwandert und sich dort weiter entwickelt.

Nach anderer Auffassung entstehen die medullären Thymocyten als eigene Population [Jordan und Robinson 1981]. Dazu paßt der Befund von Pabst und Fritz [1986], die im Thymusmark des Schweines eine recht erhebliche Mitoserate feststellten. Morphologisch, funktionell und in ihrem Oberflächenantigenmuster gleichen Markthymocyten den reifen T-Zellen [von Gaudecker 1986, Janossy et al. 1986]. Stutman [1982] spricht von den „seßhaften" Marklymphocyten, weil sie dort für lange Zeit verweilen. Es ist bemerkenswert, daß interdigitierende Reticulumzellen sowohl im Thymusmark als auch in den T-Zell-Regionen der peripheren lymphatischen Organe vorkommen. Offensichtlich tragen sie zur vollen Ausreifung immunkompetenter T-Zellen bei. Die Funktion der seßhaften reifen T-Zellen im Thymusmark der Maus haben Papiernik und Laroche [1982] untersucht. Beim Menschen befinden sich im Mark lymphatische Zellen, die Interleukin 2 produzieren, während auf corticalen Thymocyten Rezeptoren für dieses Lymphokin nachgewiesen wurden [Steinman 1986]. Interleukin 2 wird auch „T-Zell-Wachstumfaktor" genannt. Es liegt nahe, anzunehmen, daß reife Marklymphocyten Interleukin 2 als weiteres Signal für die Proliferation und Entwicklung der unreifen Cortexthymocyten abgeben. Auch wird angenommen, daß von den Markthymocyten produzierte Lymphokine praethymische Vorläuferzellen anlocken.

15.1.5 Postnatale Entwicklung und Involution

Der Thymus als primäres lymphatisches Organ des T-Zellsystems muß während der späten Fetalzeit und während der ersten Monate des postnatalen Lebens in hohem Maße postthymische Vorläuferzellen produzieren, die die T-Zell-Regionen in den peripheren lymphatischen Organen bevölkern. Da T-Zellen sich in der Peripherie clonal weiter vermehren, kann im Laufe des Lebens der Zustrom von postthymischen Vorläuferzellen drastisch reduziert werden. Der Thymus reagiert auf diese Situation mit Involution. Jedoch bleibt ein Rest von funktionsfähigem lymphatischem Gewebe bis ins hohe Alter bestehen. Früher war man der Auffassung, diese Thymusinvolution setze mit dem Erreichen der Geschlechtsreife ein. Man sprach von „Pubertätsinvolution". Umfangreiche quantitative Untersuchungen von Steinman [1986] haben jedoch gezeigt, daß Umbauvorgänge, welche die Altersinvolution einleiten, bereits im frühen Kindesalter beginnen. Danach nimmt das Gewicht des Thymus nur etwa bis zum 6. Monat nach der Geburt zu und bleibt dann über längere Zeit konstant.

Das gleiche gilt für das von der Thymuskapsel umschlossene Volumen des Thymus, das über die gesamte Lebensphase des Individuum konstant zu bleiben scheint. Allerdings vollziehen sich entscheidende Umbauvorgänge. Schon früh beginnt der perivaskuläre Raum auf Kosten des thymusepithelialen Raumes zuzunehmen. Er erreicht sein Maximum zwischen dem 10. und 20. Lebensjahr. Im perivaskulären Bereich befindet sich das Vorbereitungsgewebe für die lipomatöse Atrophie des Thymus. Zunächst treten einzelne Fettzellen im reticulären Bindegewebe auf, deren Zahl ständig zunimmt. So werden große Teile des perivaskulären Raumes durch Fettgewebe aufgefüllt.

Nur der thymusepitheliale Raum (Cortex und Medulla) als Basis der T-Lymphocytopoese ist als Schlüsselparameter für die Funktion des Thymus anzusehen: Der Thymus-Cortex, der für die Vermehrung und Reifung der T-Zellen am wichtigsten ist, zeigt eine überraschend lineare Involution. Während der ersten 40 Jahre sinkt der Volumenanteil pro Jahr um etwa 5%. Dann folgt eine Phase sehr langsamer Involution des restlichen lymphatischen Gewebes, etwa 0,1% pro Jahr. In der Altersgruppe von über 90 Jahren beträgt das Volumen des lymphatischen Gewebes im Mittel 0,23 cm^3. Extrapoliert man die ermittelte Trendkurve, so wird die Basislinie bei 120 Jahren erreicht. Das entspricht etwa dem Maximalalter, das Menschen erreichen können.

Steroidhormone in hochkonzentrierter Form, wie sie in Streßsituationen oder unter pathologischen Umständen im Serum vorkommen, können die Blut-Thymus-Schranke passieren und haben letale Wirkung auf Cortexthymocyten. Dadurch entsteht das Phänomen der reversiblen **akzidentellen Involution**. Nach derartigen Streßinvolutionen sind beim Tier wie beim Menschen vollständige Thymusrestitutionen zu beobachten. Die Veränderungen der Altersinvolution sind dagegen irreversibel und führen phasisch zu einer fast vollständigen lipomatösen Atrophie des Thymus.

Bisher läßt sich der Degenerationsprozeß während des natürlichen Alterns und während krankhafter Prozesse nur beschreiben. Die Ursachen für die Degeneration des Thymusepithels sind bis heute noch weitgehend unerforscht.

Trotz der fortschreitenden Involution bleibt jedoch bis ins hohe Alter noch ein Rest von lymphatischem Gewebe im Thymus in Form von Strängen und Inseln zwischen dem Fettgewebe erhalten. Diese Inseln sind voll funktionsfähig. Sie enthalten Rinde, Mark und perivaskuläre Räume. In der Rinde befinden sich zahlreiche teilungsfähige Lymphocyten. Mitosen werden bis ins hohe Alter beobachtet. Mit immunhistochemischen Methoden ließ sich zeigen, daß die Verteilung der corticalen und medullären Lymphocytensubpopulationen unverändert bleibt. Aus diesen Befunden läßt sich schließen, daß der Thymus des Erwachsenen und des Greises fortfährt, immunkompetente postthymische Vorläuferzellen – wenn auch in verminderter Zahl – in die Peripherie abzugeben. Diese sind dort in der Lage, sich nach Antigenkontakt zu vermehren und die Immunabwehr aufrechtzuerhalten.

15.2 Das Bursa-Problem: Gibt es beim Menschen ein primäres lymphatisches Organ für die Entwicklung des B-Zellsystems?

Der Thymus als primäres lymphatisches Organ des T-Zell-Systems steht heute außer Zweifel. Ein entsprechendes lymphatisches Organ für das B-Zell-System konnte beim Vogel nachgewiesen werden, es ist die **Bursa Fabricii**, die sich als Epithelsack aus der Dorsalseite der Kloake entwickelt (Abb. 15-15). Bei Hühnerembryonen ist sie am 10. Bebrütungstag deutlich zu erkennen. Am 12. und 13. Bebrütungstag beobachtet man mehrere Verdickungen im Epithel, in die aus dem Dottersack stammende basophile lymphoide Stammzellen einwandern [Le Douarin et al. 1976]. Durch den engen Kontakt mit den Epithelzellen und unter dem Einfluß eines von den Epithelzellen sezernierten Bursapoetins differenzieren sich die Stammzellen zu Vorläufern der B-Lymphocyten. Diese Lymphocytopoese verläuft antigenunabhängig und dauert bis zur Atrophie der Bursa, die mit der sexuellen Reife eintritt, an.

Entfernung der Bursa fabricii durch einen chirurgischen Eingriff in ovo bzw. sofort nach dem Schlüpfen führt zu einem kompletten Fehlen oder einer starken Reduzierung der Fähigkeit, humorale Antikörper zu produzieren. Die B-Zell-Regionen der sekundären lymphatischen Organe sind unterentwickelt und die Ausbildung von Keimzentren ist deutlich herabgesetzt. Die T-Zell-Regionen dagegen zeigen ein normales Erscheinungsbild, und T-Zell-abhängige Immunreaktionen wie z.B. die Transplantatabstoßung sind nicht beeinträchtigt [Warner und Szenberg 1964].

Ein bursa-ähnliches Organ ist bei Säugetieren und beim Menschen nicht ausgebildet. Prae-B-Zellen sind in der menschlichen fetalen Leber schon in der 7. Woche nachweisbar. Erst zwei Wochen später treten erste Lymphocyten mit Charakteristica von B-Zellen in der Leber auf [Gathings et al. 1977].

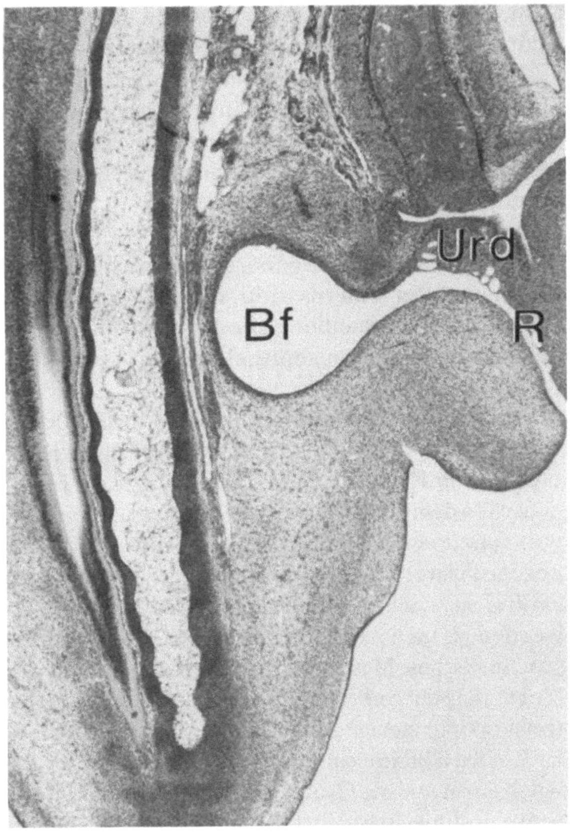

Vor etwa 15 Jahren vermutete man, daß das darmassoziierte lymphatische Gewebe, speziell die Peyerschen Platten und die Appendix vermiformis, als Bursaäquivalent anzusehen seien [Fichtelius 1967]. Beweisen ließ sich das nicht, da dieses lymphatische Gewebe zu breit gestreut ist und nicht *in toto* exstirpiert werden kann. Neuere Untersuchungen an der Maus und an menschlichen Feten stützen eher die Ansicht, daß Prae-B-Zellen in der Placenta und in der fetalen Leber gebildet werden [Gathings et al. 1977, Melchers 1979]. In späten Säugerfeten und im postnatalen Leben stammen die Prae-B-Zellen aus dem Knochenmark [Gathings et al. 1977, Osmond 1980]. Heute werden also die fetale Leber und das Knochenmark als Bursaäquivalent beim Menschen angesehen. Menschliche Prae-B-Zellen sind große blastische Zellen (Durchmesser 6–16 μm). Sie exprimieren noch kein Oberflächenimmunglobulin, aber sie sind bereits HLA-DR positiv wie ihre Nachkommen, die B-Lymphocyten. In ihrem Cytoplasma enthalten sie geringe Mengen von IgM, und ihre Zellkerne haben die terminale desoxynucleotidyl Transferase (TdT) [Feller und Parwaresch 1983]. Das ist ein Zeichen für ihre starke Proliferationsfähigkeit.

Abb. 15-15. Sagittaler Längsschnitt durch das Abdomen eines Hühnerembryo (STADIUM 34). Die Bursa Fabricii (Bf) hat sich als Epithelsack aus der Dorsalseite der Kloake entwickelt. R = Rectum; Urd = Urodeum. 40 : 1
(Präparat: Prof. Christ, Aufnahme: Prof. Hinrichsen, Bochum)

15.3 Die peripheren lymphatischen Organe

Die peripheren oder sekundären lymphatischen Organe sind den primären lymphatischen Organen nachgeschaltet. In ihnen entwickeln sich die Vorläufer der T- und B-Zellen weiter. Nach Antigenkontakt kommt es in den spezifischen Proliferationszonen, den T-Zell-Regionen und B-Zell-Regionen, zu clonaler Vermehrung der durch Antigen sensibilisierten immunkompetenten lymphatischen Zellen und zur Differenzierung von Regulator- und Effektorzellen. Zu den sekundären lymphatischen Organen werden die **Lymphknoten**, die **Milz** und das **lymphatische Gewebe** gerechnet, welches den Verdauungstrakt und den Respirationstrakt umgibt (gut associated lymphoid tissue = **GALT;** bronchus associated lymphoid tissue = **BALT**). Zu letzteren rechnet man den lymphatischen Rachenring mit den Gaumentonsillen, der Rachenmandel und der Zungentonsille, sowie Peyersche Platten, Appendix, Solitärfollikel und diffuse Lymphocyteninfiltrationen in der Lamina propria des Magen-Darm-Kanals und des Respirationstraktes.

15.3.1 Anlagematerial

Das Anlagematerial ist mesodermaler Herkunft. Die peripheren lymphatischen Organe bilden sich durch Verdichtung in bestimmten Regionen des Mesenchym oft in enger Beziehung zur Differenzierung des Lymph- oder Blutgefäßsystems. Beim lymphatischen Gewebe des Verdauungstraktes und des Respirationstraktes fällt auf, daß es in enger Beziehung zum benachbarten Oberflächenepithel steht, ja daß dieses Epithel von Lymphocyten und anderen nichtepithelialen Zellen oft massiv infiltriert wird. Das darmassoziierte lymphatische Gewebe besitzt im Gegensatz zu den Lymphknoten keine zuführenden Lymphgefäße. Der Außenwelt entstammende Antigene müssen, um mit immunkompetenten Lymphocyten in Kontakt zu kommen, zunächst die Barriere des Epithels überwinden.

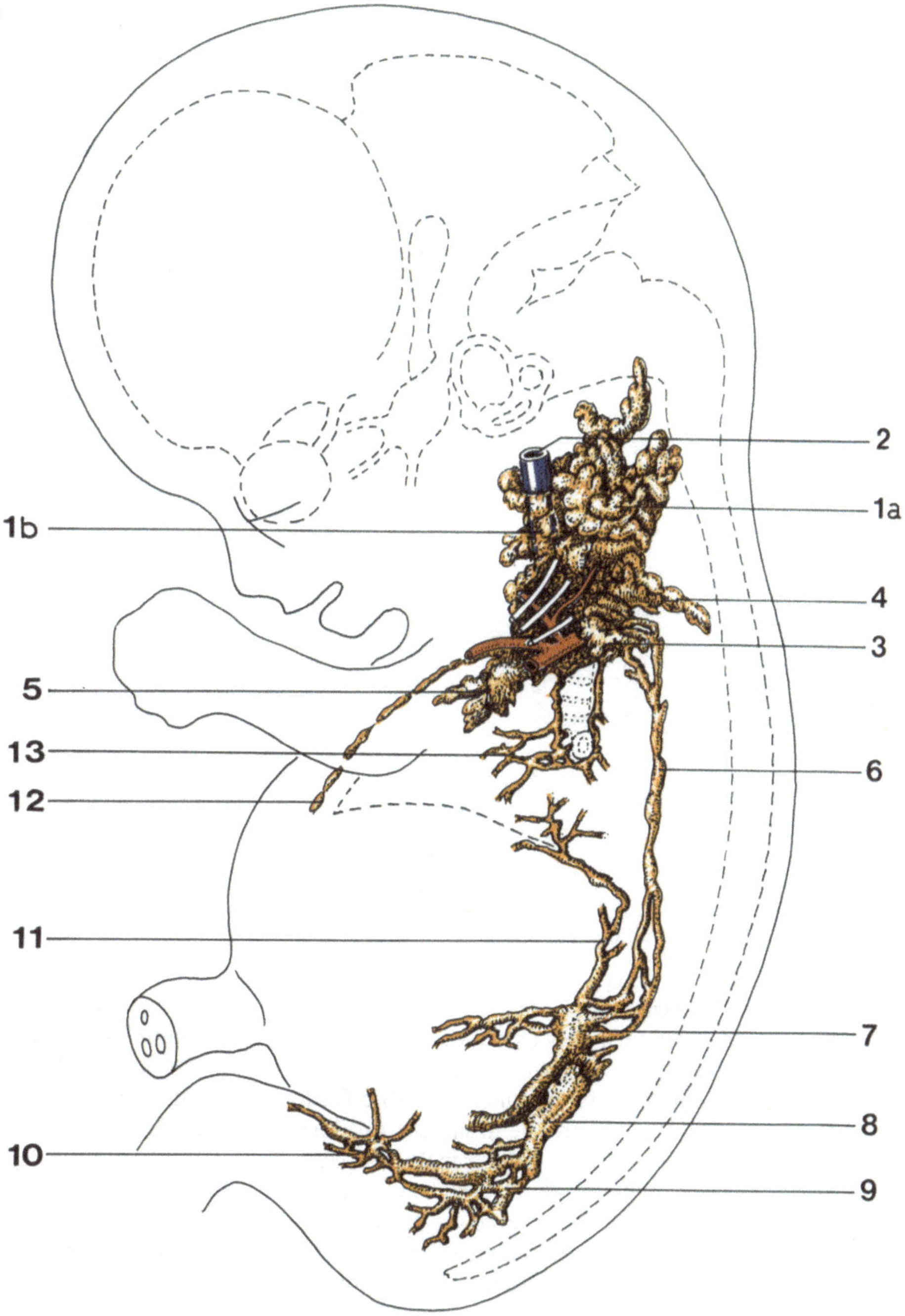

Abb. 15-16. Profilrekonstruktion eines menschlichen Embryo, 30 mm, etwa der 8. Woche, mit Eintragung der Lymphsäcke und des Ductus thoracicus. 1 = Saccus jugularis, a: oberflächlicher, b: tiefer Teil; 2 = V. jugularis interna; 3 = suprascapulärer, 4 = supraclaviculärer, 5 = axillärer Fortsatz des Saccus jugularis; 6 = Ductus thoracicus; 7 = Saccus retroperitonealis; 8 = Pars lumbalis, 9 = Pars iliaca des Saccus posterior; 10 = Plexus inguinalis; 11 = Lymphgefäße des Unterlappens der Lunge und des Zwerchfells in Verbindung mit dem Saccus retroperitonealis; 12 = Anlagen der parasternalen Knoten und Lymphwege; 13: Lungenlymphgefäße und Truncus bronchomediastinalis (Umzeichnung nach Sabin 1909 und Töndury und Kubik 1972).

15.3.2 Lymphknoten

Lage- und Formentwicklung

Der Bildung von Lymphknoten geht die Entstehung des Lymphgefäßsystems voraus, das in Form von Lymphsäcken in Erscheinung tritt [Töndury und Kubik 1972]. Abbildung 15-16 zeigt eine Profilrekonstruktion des primitiven Lymphgefäßsystems eines menschlichen Embryo von 30 mm, etwa in der 8. Woche. In diesem Stadium ist bereits eine zusammenhängende Anlage zu finden, die sich aus folgenden Anteilen zusammensetzt: Im Halsbereich findet man dorsolateral der V. jugularis interna den *Saccus lymphaticus jugularis* mit mehreren Abzweigungen, an den auch die Lungenknospe angeschlossen ist. Der *Ductus thoracicus* verbindet dieses System mit dem unpaaren caudal gelegenen *Saccus lymphaticus retroperitonealis* mit abzweigenden Lymphgefäßen für die Unterlappen der Lunge und das Zwerchfell. Dieser hängt mit der ebenfalls unpaaren *Cisterna chyli* zusammen. Der Saccus lymphaticus retroperitonealis setzt sich caudal in den paarigen *Saccus lymphaticus posterior* fort, der die V. iliaca externa begleitet und

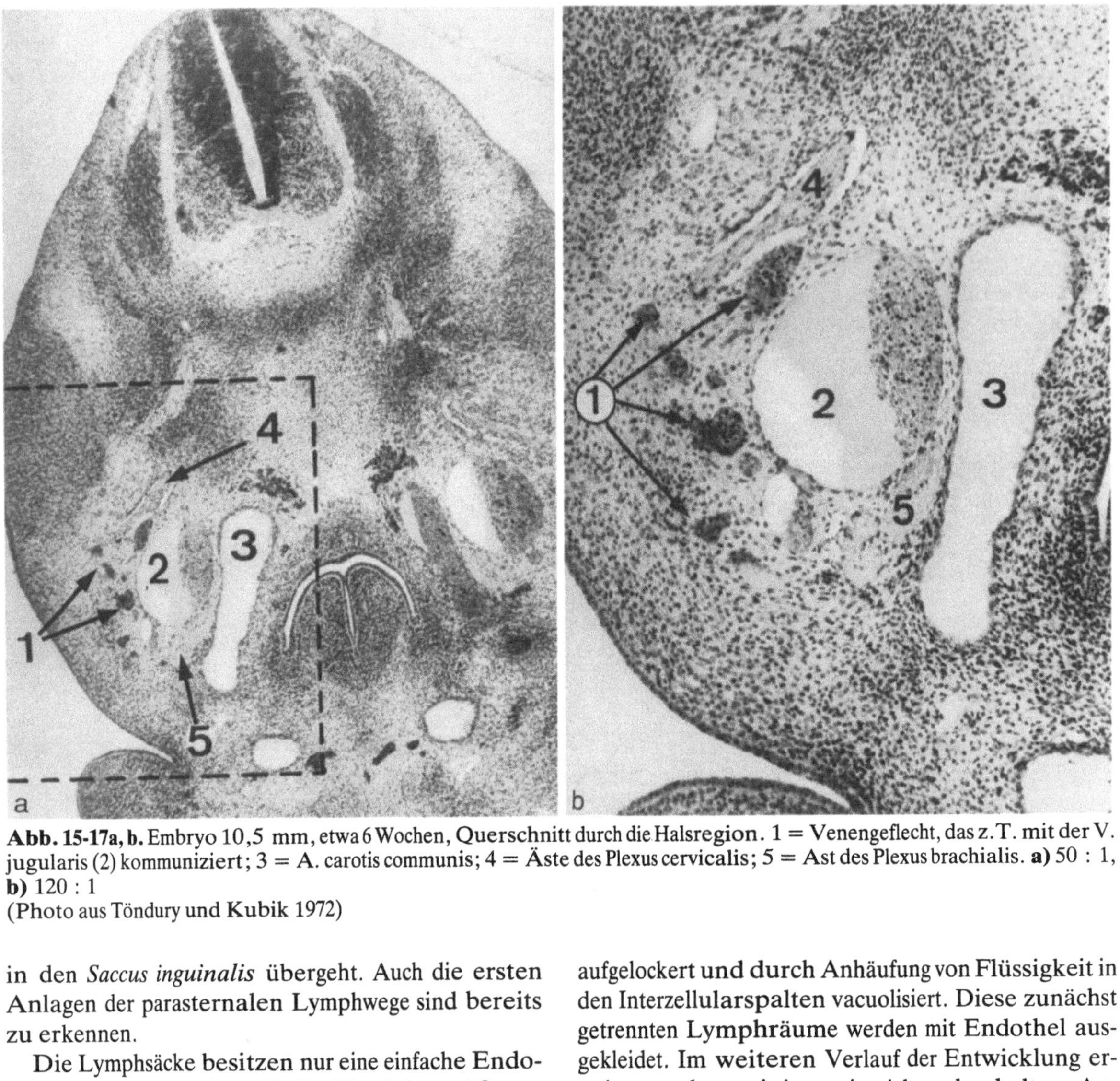

Abb. 15-17a, b. Embryo 10,5 mm, etwa 6 Wochen, Querschnitt durch die Halsregion. 1 = Venengeflecht, das z.T. mit der V. jugularis (2) kommuniziert; 3 = A. carotis communis; 4 = Äste des Plexus cervicalis; 5 = Ast des Plexus brachialis. **a)** 50 : 1, **b)** 120 : 1
(Photo aus Töndury und Kubik 1972)

in den *Saccus inguinalis* übergeht. Auch die ersten Anlagen der parasternalen Lymphwege sind bereits zu erkennen.

Die Lymphsäcke besitzen nur eine einfache Endothelauskleidung, während die Wand der größeren Venen von ein bis zwei konzentrischen Bindegewebslagen umhüllt ist. Histologische Schnitte von frühen Entwicklungsstadien geben Hinweise darauf, daß die Lymphsäcke durch Verschmelzung zahlreicher Mesenchymspalten entstehen und dann sekundär mit Endothel ausgekleidet werden. Die ersten Spuren des Saccus lymphaticus jugularis findet man bei Embryonen von 9–10 mm etwa Mitte der 6. Woche. Man erkennt in Halsquerschnitten aus diesen frühen Stadien dorsolateral von der V. jugularis interna mehrere Anschnitte durch zum Teil prall mit Erythroblasten gefüllte Gefäße, die geflechtartig miteinander verbunden sind und mit der Begleitvene an verschiedenen Stellen anastomosieren (Abb. 15-17a, b). Injektionspräparate unterstützen diese Befunde.

Man nimmt an, daß das Mündungsstück der Jugularlymphsäcke aus diesem Geflecht und damit aus Venen entsteht. Das umliegende Mesenchym wird aufgelockert und durch Anhäufung von Flüssigkeit in den Interzellularspalten vacuolisiert. Diese zunächst getrennten Lymphräume werden mit Endothel ausgekleidet. Im weiteren Verlauf der Entwicklung erweitern und vereinigen sie sich und erhalten Anschluß an das Mündungsstück. So entsteht der reich verzweigte Saccus lymphaticus jugularis. Diese Entwicklungsart erklärt auch die Feststellung, daß der Jugularlymphsack keine einheitliche Lichtung besitzt. In das Lumen vorspringende Bindegewebsbalken sind Überreste der ursprünglich die erweiterten Mesenchymspalten trennenden Septen. Der Saccus lymphaticus jugularis mündet in Höhe der Vereinigung der V. jugularis interna mit den Vv. jugularis externa und subclavia in das Venensystem ein. Die Stelle wird als Venenwinkel bezeichnet. In Abbildung 15-18 ist das Mündungsstück zu sehen. Es hat eine trichterförmige Klappe, die einen Rückfluß aus dem Blutgefäßsystem in das Lymphgefäßsystem verhindert. Diese Klappe findet man bereits bei Embryonen von 14 mm, also Ende der 6. Woche. Auch die caudalen Lymphsäcke scheinen durch Vereinigung einer Vielzahl zunächst nicht kommunizieren-

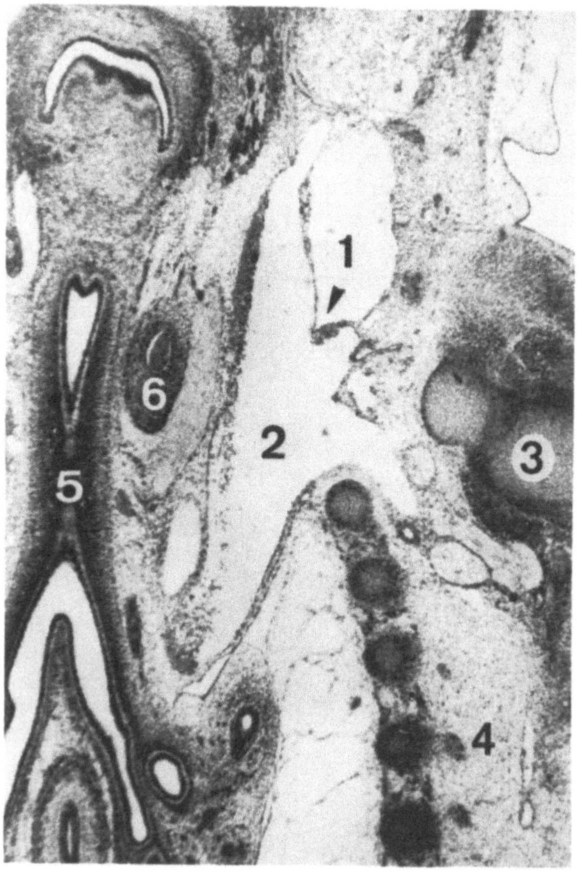

Abb. 15-18. Embryo 16 mm, etwa 6.–7. Woche, Frontalschnitt durch die Hals-Brust-Region. Einmündung des Saccus lymphaticus jugularis (1) in die V. jugularis interna (2) im Venenwinkel. Beachte die trichterförmige Klappe (Pfeil). 3 = Armbasis; 4 = Brustwand; 5 = Trachea mit Bifurkation; 6 = A. carotis communis
(Photo aus Töndury und Kubik 1972). 50 : 1

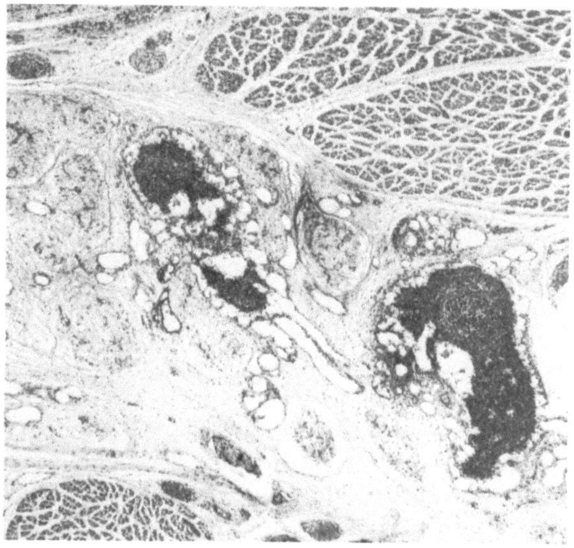

Abb. 15-19. Fetus 12,0 cm, etwa 15. Woche, Querschnitt durch die Halsregion. Größere Komplexe von Lymphknotenanlagen bilden sich in den verzweigten Kammern des Saccus lymphaticus jugularis. Die Mesenchymbrücken verdichten sich durch Einlagerung von Rundzellen. Aus den Lymphkanälen und Lymphspalten entstehen Randsinus und Marginalsinus der Lymphknoten, 30 : 1
(Präparat und Aufnahme: Prof. Hinrichsen, Bochum)

der Lakunen im Umkreis der V. cava inferior, der Vv. renales und der Vv. iliacae zu entstehen. Verbindungen zum Venensystem treten transitorisch auf, verschwinden aber im allgemeinen wieder. Persistieren sie mit der V. renalis oder der V. cava inferior, so wird diese Lymphe nicht durch den Ductus thoracicus abgeleitet. Bei Affen wurde die Persistenz solcher Verbindungen beschrieben, aber auch beim Menschen kommen anomale Einmündungen in das Venensystem vor. Periphere Lymphgefäße entstehen durch Verschmelzung kleiner endothelialer Bläschen oft in Begleitung von Blutgefäßen an vielen Stellen des Körpers. Sie gewinnen sekundär Anschluß an die nahegelegenen Lymphsäcke.

Die **primären Lymphknoten** entwickeln sich in Regionen, die von Lymphsäcken eingenommen werden. Ihre Bildung wird eingeleitet durch Verdichtung der mesenchymalen Stege und Septen, welche die zahlreichen Kammern der verzweigten Lymphsäcke unvollständig untergliedern. Das führt zur Formation von Lymphgefäßplexus, also einem Netzwerk von Lymphspalten. Als erstes entstehen die tiefen Halslymphknoten. Sie bilden sich bei Embryonen von 25–30 mm, etwa in der 8. Woche aus dem Saccus lymphaticus jugularis. Sie sind in Form eines Dreiecks angeordnet und bilden drei Ketten, nämlich die Lymphknotenketten in Begleitung der V. jugularis interna, des N. accessorius und die Nodi lymphatici supraclaviculares. Kurz darauf bilden sich im Bereich der Ausstülpungen des Saccus lymphaticus jugularis die axillären, parasternalen, mediastinalen und die unter dem M. trapezius gelegenen Nodi lymphatici scapulares.

Aus dem Saccus lymphaticus retroperitonealis entwickelt sich die obere Gruppe der lumbalen Lymphknoten, während die untere Gruppe aus der Pars lumbalis des Saccus lymphaticus posterior stammt. Die Pars iliaca liefert die Beckenlymphknoten, der Saccus inguinalis die Nodi lymphatici inguinales. Die Cisterna chyli wird nur in ihren Randpartien in Lymphgefäßplexus umgewandelt. Bei Feten von 40–60 mm, etwa der 10.–11. Woche, findet man Anlagen der Nodi lymphatici bronchopulmonales, coeliaci, pelvici und inguinales [Kyriazis und Esterly 1970].

Die **sekundären Lymphknoten** entstehen entlang der peripheren Lymphgefäße als Nodi lymphatici poplitei, cubitales, mesenteriales und omentales. Man erkennt sie bei Feten von 10,0–12,0 cm etwa in der 14.–15. Woche. Die erste Anlage eines Lymphknotens ist häufig langgestreckt und stellt einen größeren Komplex lymphatischen Gewebes dar, der später durch sehr ungleiche Teilungen in spezielle Lymphknotenanlagen verschiedener Größe zerfällt (Abb. 15-19). Auf diese Weise können Lymphknotengruppen entstehen. Von der Norm abweichende Lymphknotenformen werden als mangelhafte Abschnürungsvorgänge der Spezialanlagen von dem zunächst angelegten allgemeinen Lymphknotenkomplex im Bereich eines Lymphsackes gedeutet. So entstehen bizarr geformte Lymphknoten mit verschiedenen Lappungen und Fortsätzen oder Zwillingslymphknoten mit zwei Hilumbildungen. Sie sind besonders häufig im Bereich der Mesenterien [Putschar 1932].

Die Lumina und Wände sowie die Mesenchymbrücken in den Kanälen und Spalten des Lymphgefäßplexus werden in die Lymphknotenentwicklung einbezogen (Abb. 15-19). Die Lymphgefäße, die in den Plexus hineinführen, entwickeln sich zu den afferenten, und jene, die aus dem Plexus herausführen, zu den efferenten Lymphgefäßen. Die dabei gelegentlich vorkommenden Klappen zeigen die Richtung des Lymphstromes an. Bindegewebige Invaginationen wölben sich als Anlagen des Lymphknotenparenchym in die Lumina der Spalten und Kanäle des Lymphplexus vor. In diesen Vorwölbungen ist bald die Zelldichte höher als in der Umgebung. Sie enthalten Makrophagen und Zellen der Granulopoese zwischen den Mesenchymzellen. Die Wurzel der Invaginationen wird zum Hilum. Hier sprossen Blutgefäße ein. Die Oberfläche der Invaginationen ist wie die gegenüberliegende Wand mit Endothel bedeckt (Abb. 15-20a). Beim weiteren Vorwachsen der Invaginationen verengt sich das Lumen des Lymphsackes und bildet allmählich den Marginalsinus der Lymphknotenanlage (Abb. 15-20b). Nach Bailey und Weiss [1975] werden bei der Entwicklung der menschlichen Lymphknoten drei Stadien unterschieden:

1. Lymphgefäßplexus mit mesenchymaler Invagination;
2. früher fetaler Lymphknoten, der neben Endothelien, Reticulumzellen, Makrophagen und Blutgefäßen des ersten Stadium auch einige Lymphocyten sowie Zellen der granulopoetischen Reihe und postkapilläre, epitheloide Venolen aufweist (Abb. 15-20b);
3. später fetaler Lymphknoten mit Mark-Rinden-Differenzierung ohne Granulopoese.

Nach Landsberger [1968] kann man postnatal zwei Typen von Lymphknoten unterscheiden: 1. die Aorten- und Mesenteriallymphknoten, in denen man Zeichen intensiver Resorptionsvorgänge und zugleich eine Lymphstauung erkennen kann. Dieser zentralen Knotengruppe werden 2. die peripheren Lymphknoten, z.B. aus der Regio cervicalis, axillaris und inguinalis, gegenübergestellt. Bei letzteren fehlen die oben genannten Funktionsmerkmale. Sie haben engere Lymphsinus und ein zarteres Reticuloendothel. Die Trennung in Mark und Rinde ist deutlicher.

In der Phase der Frühanlage und der ersten Differenzierung ist ein Unterschied zwischen zentralen und peripheren Lymphknoten nicht zu verzeichnen. In dieser Phase bildet sich das Hilum. Blutgefäße sprossen ein, und um den wachsenden Lymphknoten entsteht eine faserreiche Bindegewebskapsel. Bei Lymphknotengruppen ist die bindegewebige Kapsel besonders deutlich ausgeprägt. Während der weiteren Entwicklung erkennt man in den peripheren Lymphknoten zahlreiche Blutgefäße verschiedener Kaliberstärke. Die größeren Blutgefäße sind von Lymphsinus begleitet. Vielleicht bestehen hier, zusätzlich zur Milz, Filtersysteme für das Blut. Die zentralen Lymphknoten weisen deutlich weniger Blutgefäße auf. Der Lymphocytengehalt ist meist etwas stärker entwickelt als in den peripheren Lymphknoten.

Strukturentwicklung

Eine frühe Lymphknotenanlage von einem Feten der 10.–11. Woche ist in Abbildung 15-20a dargestellt. Ein Lymphsack ist von mesenchymalen Stegen durchzogen, ein Maschenwerk von kommunizierenden Lymphspalten ist entstanden. Die Mesenchymbrükken sind dicht besetzt mit mononucleären Zellen, die zur erythropoetischen und granulopoetischen sowie zur lymphopoetischen Reihe gehören. Auch Monocyten werden beobachtet. Blutgefäße mit Erythrocyten und deren Vorstufen sind ebenfalls in diesen Mesenchymbrücken zu finden. Eine Untergliederung in Mark und Rinde läßt sich nicht erkennen.

In der 12. Woche beginnen die Mark-Rinden-Differenzierung und die lymphoide Organisation in der Rinde. Granulopoese und Erythropoese beschränken sich zunehmend nur noch auf die Markregion und verschwinden dann ganz [Markgraf et al. 1982]. Das Lymphknotenparenchym hat den Lymphsack fast vollkommen ausgefüllt. Die restlichen Lymphspalten bilden den Marginalsinus, der die Rindenregion umgibt (Abb. 15-20b). In der Lymphknotenanlage nimmt die Zelldichte zu. Kapillarsprossen vermehren sich, und Intermediärsinus beginnen sich zu bilden. Makrophagen sind zwischen die Sinusendothelzellen eingereiht. Zelldiapedesen aus dem Sinuslumen in das Stroma des Lymphknotens werden häufig beobachtet.

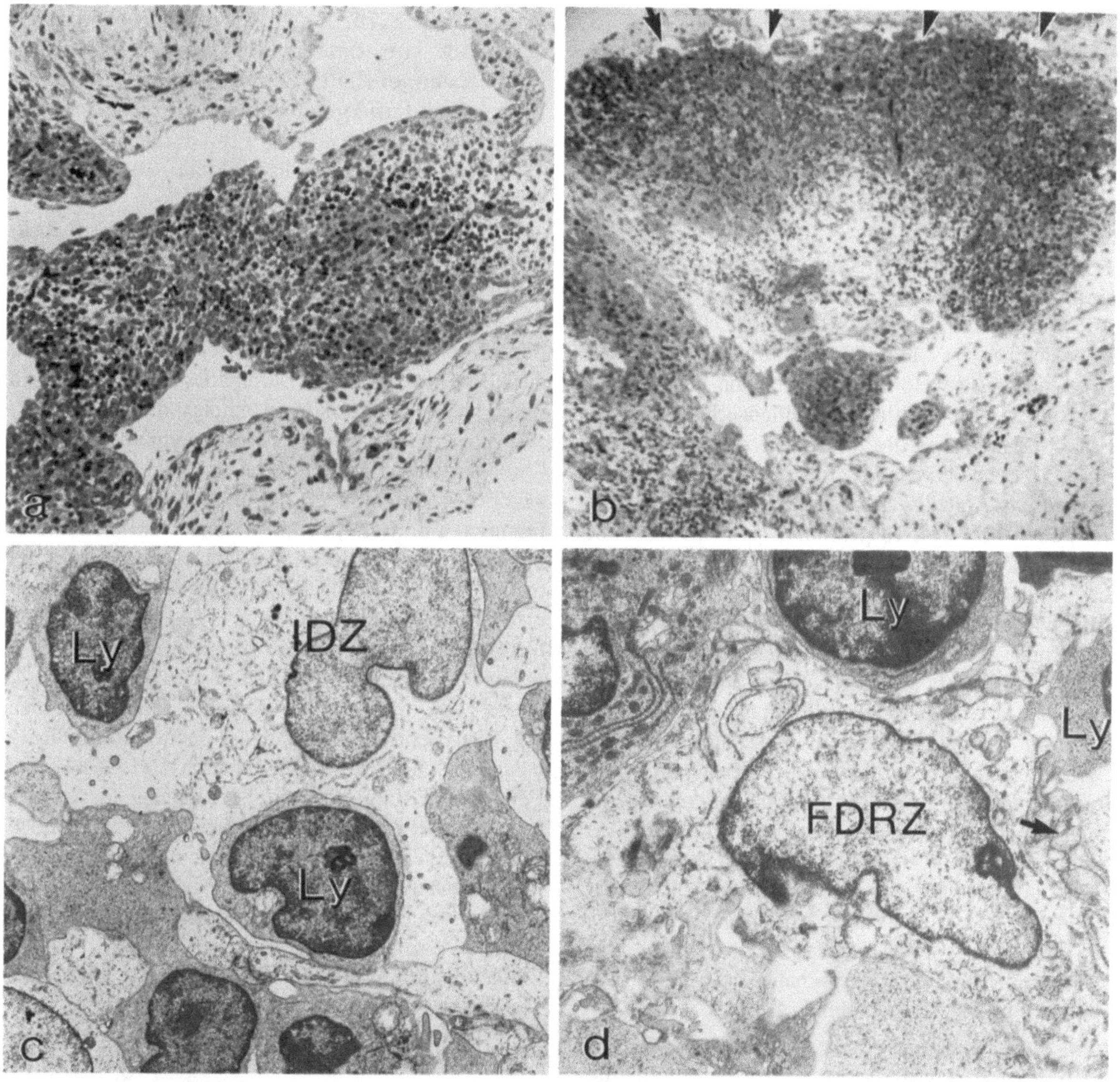

Abb. 15-20a–d. Verschiedene Stadien der Lymphknotenentwicklung

a) Lymphknotenanlage eines Feten 6,5 cm, etwa 11. Woche. Das Lumen des Lymphsackes wird überbrückt durch mesenchymale Stränge mit hoher Zelldichte. Rundherum entsteht ein Lympgefäßplexus. In den Strängen befinden sich zahlreiche freie Zellen der granulopoetischen und schon einige der lymphopoetischen Reihe. Die Oberfläche der Stränge ist wie die gegenüberliegende Wand mit Endothel bedeckt. Semidünnschnitt, Methylenblaufärbung, 140 : 1;

b) Lymphknoten eines Feten, 10,0 cm, etwa 14. Woche, mit Differenzierung in Mark und Rinde. Der Randsinus ist deutlich zu erkennen (Pfeilköpfe). Die Rinde ist dicht gefüllt mit Lymphocyten. Hier beginnen sich die T-Zell-Regionen zu differenzieren. Im locker strukturierten Mark befinden sich wenige freie Zellen, die vorwiegend der granulopoetischen Reihe angehören. Semidünnschnitt, Methylenblaufärbung, 100 : 1;

c) Lymphknoten eines Feten, 12,0 cm, etwa 15. Woche, Ausschnitt aus einer T-Zell-Region. Eine interdigitierende Reticulumzelle (IDZ) umgreift T-Lymphocyten (Ly) mit ihren Cytoplasmaausläufern. TEM, 5600 : 1;

d) Lymphknoten eines Feten, 18,0 cm, etwa 20. Woche, Ausschnitt aus einer B-Zell-Region mit einer follikulären dendritischen Reticulumzelle (FDRZ). Sie hat einen unregelmäßig geformten Zellkern mit dichterem Chromatingerüst als die IDZ. Beachte das Wurzelwerk feinster cytoplasmatischer Ausläufer (Pfeil), das sich zwischen die B-Lymphocyten (Ly) schiebt. Letztere haben einen runden Zellkern mit prominentem Nucleolus. Links oben: Anschnitt einer jungen Plasmazelle. TEM, 8650 : 1

Bei Feten von 11,0–12,0 cm, etwa in der 14.–15. Woche, findet man Lymphknoten mit deutlicher Differenzierung von Rinde und Mark. Das Mark, welches das Hilum umgibt, ist locker strukturiert und besteht vorwiegend aus Mesenchymzellen. Die wenigen freien Zellen gehören zur granulopoetischen Reihe. Die Rinde ist dicht besetzt mit lymphatischen Zellen (Abb. 15-20b).

Im weiteren Verlauf differenzieren sich **T-Zell-Regionen** und **B-Zell-Regionen.** Beide sind gekennzeichnet durch spezifische stationäre Zelltypen, die offensichtlich das „Heimfinden" (homing) und die antigenabhängige clonale Proliferation bestimmter Lymphocytensubpopulationen ermöglichen. Für die T-Zell-Region ist es die *interdigitierende Reticulumzelle* (IDZ) und für die B-Zell-Region die *follikuläre dendritische Reticulumzelle* (FDRZ). Im Lymphknoten gehen die T-Zell-Regionen in ihrer Entwicklung den B-Zell-Regionen voran. Von der 13. Woche an erkennt man Vorstufen der IDZ in der Nähe der Marginalsinus. Auch im Lumen der Sinus selbst sind solche Zellen zu finden. Zur gleichen Zeit erscheinen Monocyten, und beide Zelltypen zeigen strukturelle Ähnlichkeiten. Dies ist als Hinweis dafür anzusehen, daß die interdigitierenden Reticulumzellen im Lymphknoten nicht von lokalen Zellen abstammen, sondern ähnlich wie im Thymus in die Anlage einwandern. Sie werden als sekundär stationäre Zellen bezeichnet und sind wahrscheinlich monocytogener Herkunft. In der 15. Woche sind die IDZ voll ausdifferenziert und in der Paracorticalregion lokalisiert (Abb. 15-20c). Lymphatische Zellen in diesen Regionen zeigen nach immunhistochemischer Markierung Charakteristika von T-Zellen.

Sie haben plump gelappte Zellkerne mit prominenten Nucleoli. In ihrem Cytoplasma befindet sich häufig ein kleines focales Lysosomenfeld nahe der Kernbucht. An ihrer Oberfläche tragen sie den Schafserythrocytenrezeptor und mit monoclonalen Antikörpern nachweisbare Antigene, die allen menschlichen T-Zellen eigen sind (Abb. 15-21).

Diese Lymphocyten sind in kleinen Gruppen angeordnet und treten in engen Kontakt mit den interdigitierenden Reticulumzellen, deren sehr helles Cytoplasma zahlreiche pseudopodienartige Fortsätze ausbildet, die sich mit denen benachbarter IDZ's verzahnen, sich zwischen die Lymphocyten schieben und diese manchmal vollständig umschließen (Abb. 15-20c).

Die T-Zell-Regionen der Lymphknoten in der 15. Woche und später werden von *postkapillären Venolen* mit hohem Endothel durchzogen [Markgraf et al. 1982]. Wie in postnatalen peripheren lymphatischen Organen bilden diese sogenannten **epitheloiden Venolen** die Eingangspforte für rezirkulierende Lymphocyten. Die Endothelzellen haben große, helle, ovale Zellkerne. Ihr Zelleib wölbt sich in das Lumen der Gefäße vor, das Erythrocyten und zahlreiche Lymphocyten enthält. Letztere durchwandern die Endothelwand und gelangen aus der Blutbahn in das Stroma des Lymphknotens. Etwa in der 17. Woche kann die T-Zell-Region als strukturell ausgereift bezeichnet werden.

In der 15. Woche sind Primärfollikel, also **B-Zell-Regionen,** noch nicht zu erkennen, aber frühe Vorstufen der typischen stationären Zellen dieser Regionen werden an einigen Stellen des äußeren Cortex in der Nähe des Marginalsinus sichtbar. Sie haben große Zellkerne mit fleckiger Chromatinstruktur und sind durch kleine Desmosomen miteinander verknüpft. Ähnlichkeiten bestehen zu Mesenchymzellen und zu fibroblastischen Reticulumzellen. Daher wurde angenommen, daß sie sich aus lokalem Mesenchym differenzieren und als primär stationäre Zellen anzusehen sind. Kürzlich gelang es jedoch mit Hilfe eines monoclonalen Antikörpers, der die follikulären dendritischen Reticulumzellen in allen lymphatischen Organen und Geweben zur Darstellung bringt, auch mononucleäre Zellen im Blut zu markieren. Sie sollen der Monocytenpopulation angehören und werden als zirkulierende Vorläufer der dendritischen Reticulumzellen angesehen [Parwaresch et al. 1983]. Bei Feten von 16,0 cm, etwa der 19. Woche, lassen sich im äußeren Rindenbereich erste kleine Primärfollikel erkennen, die von einigen tangential angeordneten fibroblastischen Reticulumzellen umgeben werden. Im Zentrum der Follikel sind jetzt weitgehend ausdifferenzierte dendritische Reticulumzellen deutlich. Ihre Zellkerne sind länglich, zum Teil auch eckig oder unregelmäßig geformt. Die Chromatinstruktur erscheint etwas gröber als die der IDZ. Eine schmale Heterochromatinzone findet sich entlang der Kernmembran. Der Cytoplasmasaum ist recht schmal. Feine Zellausläufer sind durch Desmosomen verknüpft und zum Teil zu einem dichten Netzwerk verwoben (Abb. 15-20d). Das entspricht dem Erscheinungsbild dieses spezifischen stationären Zelltyps in Keimzentren von postnatalen Lymphknoten. Zwischen den FDRZ sieht man Lymphoblasten und Plasmoblasten sowie kleine Lymphocyten mit weitgehend runden Zellkernen, grober Heterochromatinstruktur und deutlichem Nucleolus (Abb. 15-20d). Es fehlen die für T-Zellen typischen Lysosomenaggregate. Diese lymphatischen Zellen reagieren positiv mit monoclonalen Antikörpern, die B-Zellen markieren (Abb. 15-22).

In der 19. Woche läßt sich die **B-Zell-Region** deutlich von der T-Zell-Region abgrenzen. Sie ist aber noch nicht voll ausgereift. Die letzte Differenzierungsstufe der Follikel, die Bildung von Keimzentren, beginnt erst nach der Geburt. Offensichtlich ist

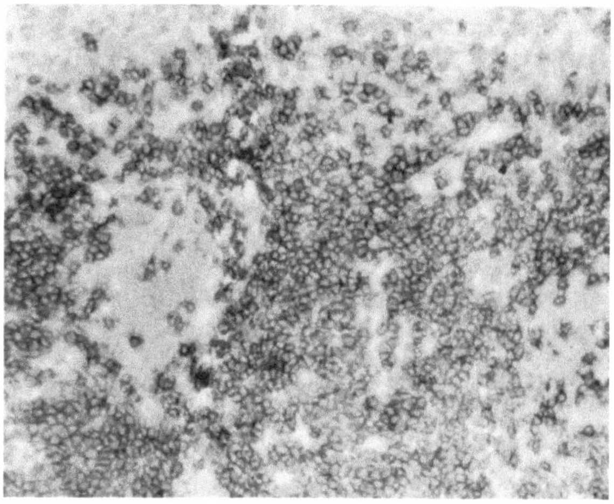

Abb. 15-21. Lymphknoten eines Feten, 16,5 cm, etwa 19. Woche (Parallelschnitt zu Abb. 15-22). Immunhistochemische Darstellung der T-Lymphocyten mit Anti-Leu 4. Positiv reagierende Zellen befinden sich vorwiegend in der Paracortical-Region. Die negativ reagierenden Follikel enthalten nur wenige positive T-Zellen. Immunperoxydase-Technik, Gefrierschnitt, 140 : 1

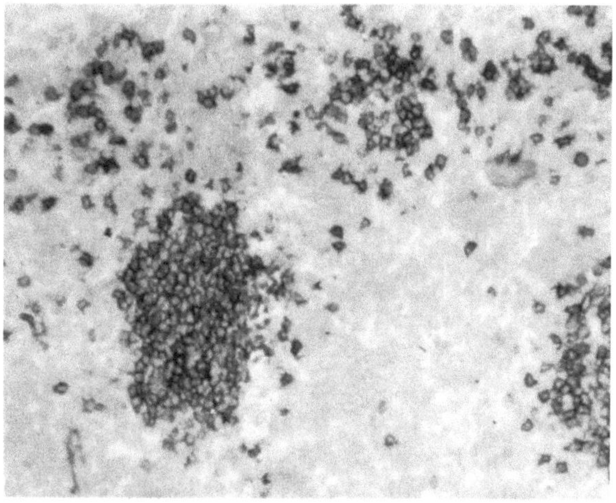

Abb. 15-22. Lymphknoten eines Feten, 16,5 cm, etwa 19. Woche (Parallelschnitt zu Abb. 15-21). Immunhistochemische Darstellung der B-Lymphocyten mit Anti-μ. Positiv reagierende Zellen befinden sich vorwiegend in den Primärfollikeln, also den B-Zell-Regionen, und im Marginalbereich des Lymphknotens. Die T-Zell-Regionen sind negativ. Immunperoxydase-Technik, Gefrierschnitt, 140 : 1

dafür der Stimulus von in den Körper eindringenden Antigenen erforderlich, gegen die der Fetus intrauterin ja noch weitgehend abgeschirmt ist.

Neben den spezifischen stationären Zellen, die entweder die T-Zell- oder B-Zell-Areale besiedeln, findet man ubiquitär verteilt im Lymphknoten noch zwei weitere Arten von Reticulumzellen. Das sind einerseits die histiocytären oder phagocytierenden Reticulumzellen, die heute treffender als **Makrophagen** bezeichnet werden. Andererseits bilden die **fibroblastischen Reticulumzellen** mit ihren langen, schlanken und verzweigten Fortsätzen und den sie begleitenden Reticulinfasern ein weitmaschiges Grundgerüst im Lymphknoten. Das Cytoplasma enthält einen relativ großen Golgiapparat, reichlich freie und membrangebundene Ribosomen und in seiner Peripherie Bündel von Mikrofilamenten. Als Vorläuferzellen der fibroblastischen Reticulumzellen werden ortsständige Mesenchymzellen angesehen.

Immunhistochemisch wurde in den fibroblastischen Reticulumzellen Myosin und Actin vom glattmuskulären Typ nachgewiesen. Sie können aus diesem Grunde auch als **Myofibroblasten** angesehen werden [Müller-Hermelink et al. 1981]. Im Gegensatz zu den Fibroblasten des Bindegewebes sind sie untereinander durch desmosomenähnliche Maculae adhaerentes verknüpft.

Den hier angegebenen Altersstufen für die einzelnen Stadien der strukturellen Lymphknotenentwicklung liegen Durchschnittswerte zugrunde. Wie schon im Abschnitt über Lage- und Formentwicklung dargelegt, vollzieht sich die Entwicklung der Lymphknoten in den einzelnen Körperregionen nicht ganz synchron. Verfolgt man jedoch den Gang der strukturellen Differenzierung in einem gegebenen Lymphknoten, so zeigt sich, daß die spezifischen stationären Zellen und die lymphoide Organisation etwa gleichzeitig zur Reife gelangen.

15.3.3 Darm- und Bronchus-assoziiertes lymphatisches Gewebe (GALT und BALT)

Lage- und Formentwicklung

Der Entwicklungsbeginn dieses lymphatischen Gewebes scheint im Magen-Darm-Trakt von oral nach anal voranzuschreiten. Anfänge der **Tonsillenbildung** erkennt man bei Feten von 9,0–11,0 cm etwa in der 12.–13. Woche [Kyriazis und Esterly 1970, von Gaudecker und Müller-Hermelink 1982, Slipka 1983]. Erste Anzeichen der Bildung von **Peyerschen Platten** und von lymphathischem Gewebe in der *Appendix vermiformis* sieht man bei Feten von 10,0–12,0 cm in der 14.–15. Woche, also etwa zur gleichen Zeit, zu der auch die Entwicklung der mesenterialen Lymphknoten einsetzt [Kyriazis und Esterly 1970, Schmidt 1986]. Diese Anfänge sind stets gekennzeichnet durch Ansammlungen von Rundzellen im Mesenchym, das dem Epithel unmittelbar benachbart ist, sowie durch eine reiche Vaskularisierung dieser Regionen.

Die **Tonsilla palatina** entsteht in der Tonsillarbucht, dem Rest der 2. Schlundtasche. Das Epithel verdickt sich, darunter bildet sich ein mesenchymales Blastem in Gestalt eines Höckers. Dieses Anlagematerial stammt vom 2. Pharyngealbogen, ist also als Mesektoderm anzusehen. Das Mesenchym läßt eine Verdichtung seiner zellulären Elemente erkennen, und man kann im Vergleich zur Umgebung eine Vermehrung der kleinen Blut- und Lymphgefäße feststellen [Fioretti 1961, von Gaudecker und Müller-Hermelink 1982]. Das endodermale Epithel der Tonsillarbucht beginnt im 3.–4. Monat zunächst solide, später kanalisierte Sprossen in das Blastem vorzutreiben (Abb. 15-23a). Das sind die Anlagen der Fossulae tonsillares. An diesen 15–20 Krypten 1. Ordnung entstehen Seitenknospen, die zur Bildung von Krypten 2. Ordnung führen. So kommt es zu einer großen Oberflächenvergrößerung des Epithels. Im axialen Teil der Krypten sieht man früh eine beginnende Verhornung des Epithels und später eine Lichtung. Das Kryptensystem entsteht nicht synchron. Bei Feten des 7. Monats kann man neben voll entwickelten Krypten gleichzeitig epitheliale Ansätze der Knospenbildung finden. Die Kryptenbildung erstreckt sich bis in die ersten postnatalen Lebensmonate.

Während der Fetalentwicklung erscheinen Lymphocytenansammlungen immer an den äußersten distalen Enden der epithelialen Knospenbildungen. Sehr bald wird das Kryptenepithel reticuliert durch massive Infiltration mit nichtepithelialen Zellen (Abb. 15-23a, c) [von Gaudecker und Müller-Hermelink 1982]. Primärfollikel kann man in der menschlichen Tonsilla palatina von der 14. Woche an erkennen (Abb. 15-23b). Keimzentren entstehen erst nach der Geburt [Kyriazis und Esterly 1971, von Gaudekker und Müller-Hermelink 1982]. Anfänge einer bindegewebigen Kapselbildung beobachtet man bei Feten von 17,0 cm etwa von der 19.–20. Woche an. Zum Zeitpunkt der Geburt ist diese Kapsel voll differenziert.

Die **Tonsilla lingualis** ähnelt in ihrer Entwicklung und Struktur der Tonsilla palatina. Die Schleimhaut des Zungengrundes dringt zwischen Sulcus terminalis und Epiglottis an vielen Stellen in Gestalt kurzer, enger Kanälchen oder Spalten in die Tiefe. Diese Tonsillarkrypten endigen blind oder setzen sich in die Ausführungsgänge von Schleimdrüsen fort. Die Mündungen der Krypten bilden kraterähnliche Einziehungen innerhalb kleiner, annähernd linsenförmiger Schleimhauthöcker (Papillae lenticulares). Die Epithelkanälchen umschließt ringsum lymphatisches Gewebe, das durch eine mehr oder weniger geschlossene Bindegewebskapsel begrenzt wird. Die Einheit von Krypte und lymphoreticulärem Mantel trägt die Bezeichnung Zungenbalg. Die Gesamtheit der Zungenbälge wird Tonsilla lingualis genannt. Das Kryptenepithel ist wie bei der Tonsilla palatina stark mit nichtepithelialen Zellen infiltriert. Primärfollikel sind in der zweiten Hälfte der Fetalzeit ausgebildet. Keimzentren treten erst nach der Geburt auf [Kyriazis und Esterly 1970].

Die **Tonsilla pharyngealis** bildet sich im Dach und der hinteren Wand des Nasopharynx. Die Furchung der Rachenmandel beruht auf der Aufwerfung von Schleimhautfalten, die mit lymphatischem Gewebe unterlegt sind. In lateraler Richtung reicht sie bis zu den Tubae auditivae. Der Teil des lymphatischen Gewebes, das in der Lippe des Ostium pharyngeum tubae ausgebildet ist, wird **Tonsilla tubaria** genannt. Das lymphatische Gewebe kann follikulär oder diffus sein, das darüber liegende Epithel hat kryptenartige Einsenkungen. Das lymphatische Gewebe dieser Tonsille erreicht sein Wachstumsmaximum etwa im 10. Lebensjahr. Bei den meisten Menschen verringert es sich während der Pubertät. Bei Kleinkindern führt es häufig zur Verengung der Choanen und der Tuba auditiva. Durch Vergrößerung der Pars nasalis pharyngis verringert sich dieser Effekt mit zunehmendem Alter. Hyperplasie der Lymphfollikel in der frühkindlichen Tonsilla pharyngealis ist auch eine wesentliche Ursache der häufigen Mittelohrentzündungen in dieser Altersgruppe. Die fetale Entwicklung der Tonsilla pharyngealis ist eng gekoppelt mit der Entstehung der kleinen gemischten Speicheldrüsen des Rachendaches [Slipka 1983]. Im 3. Monat, bei Feten von 4,0–7,1 cm, beginnen die Speicheldrüsenanlagen sich als solide Zellstränge vom Oberflächenepithel abzusenken. Im umgebenden Mesenchym erkennt man eine wachsende Zahl von Blutkapillaren und viele lymphatische Zellen. Im 4. Monat verzweigen sich die Drüsenanlagen und bekommen ein Lumen. Das Mesenchym, das die Ausführungsgänge umgibt, zeigt intensive lymphatische Infiltration. Im 5. Monat, bei Feten von 17,0 cm, beginnt die Tonsilla pharyngealis Gestalt anzunehmen. Sie besteht jetzt aus 12 flachen sagittalen Falten, die beiderseits fächerartig auf die mediane Bursa pharyngealis zulaufen. Erste Primärfollikel sind in der Umgebung der Drüsenausführungsgänge zu erkennen. Die Falten sind bedeckt mit Flimmerepithel, das Becherzellen enthält. In diesem Stadium wird das Epithel von lymphatischen Zellen reichlich infiltriert. Auch ein Durchtritt von Lymphocyten aus dem Epithel ins Lumen des Nasopharynx wurde beobachtet. Im 6. Monat werden die Falten tiefer und die Zahl der Follikel nimmt zu, und im 7. Monat ist die Differenzierung der Rachenmandel abgeschlossen.

Unter den sekundären lymphatischen Organen weisen die Tonsillen wohl die ausgeprägteste Änderung der Masse mit dem Lebensalter auf. Etwa mit 5

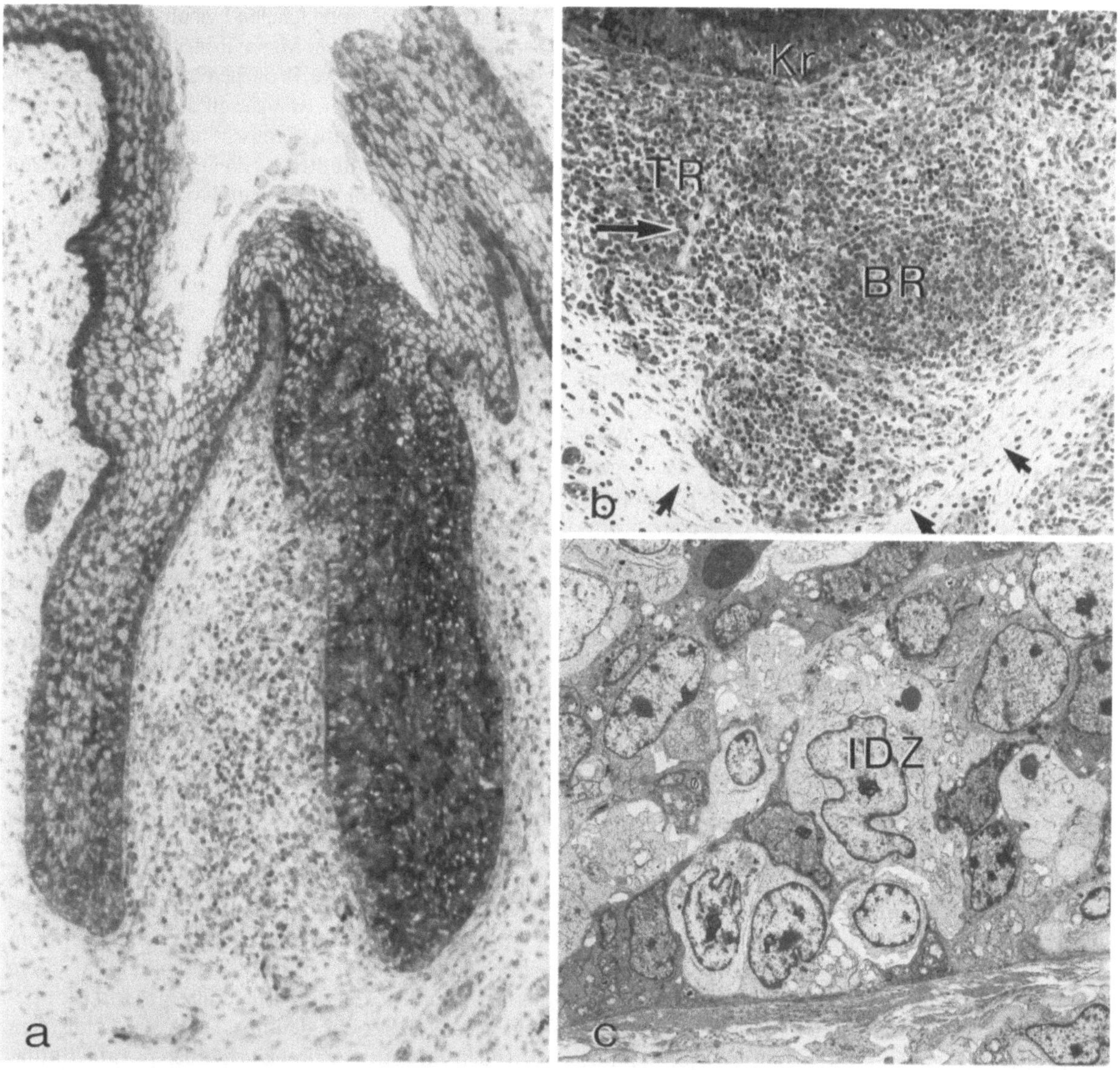

Abb. 15-23a–c. Entwicklung der Tonsilla palatina.
a) Tonsillarkryptenbildung bei einem Feten von 10,0 cm, etwa 14. Woche. Das endodermale Epithel der Tonsillarbucht treibt zunächst solide, später kanalisierte Sprossen in das darunterliegende Mesenchym. Es entstehen nach und nach Krypten erster und zweiter Ordnung. Die linke Krypte steht am Anfang ihrer Bildung. Das Epithel der rechten Krypte ist bereits mit nicht-epithelialen Zellen infiltriert. Semidünnschnitt, Methylenblaufärbung, 125 : 1;
b) Voll differenziertes lymphatisches Gewebe neben einer Tonsillarkrypte (Kr) in einem Feten von 13,9 cm, etwa 16. Woche. T-Zell-Region (TR) mit epitheloider Venole (Pfeilkopf); Primärfollikel als B-Zell-Region (BR); eine bindegewebige Kapsel beginnt sich um die Tonsille auszubilden (Pfeile). Semidünnschnitt, Methylenblaufärbung, 140 : 1;
c) Massiv infiltriertes Kryptenepithel in einer fetalen Tonsille bei einem Feten von 13,0 cm, etwa 16. Woche. Als nicht epitheliale Zellen erkennt man IDZ-artige Zellen (IDZ), Lymphoblasten und Lymphocyten. TEM, 2100 : 1

Jahren ist ein deutliches Maximum des Verhältnisses von Tonsillengewicht zu Körpergewicht erreicht. Danach nimmt die Tonsillenmasse mit dem Lebensalter rasch ab. Auch die Keimzentren zeigen nach dem ersten Lebensjahrzehnt abnehmende Aktivität, der Gehalt an B-Lymphocyten wird geringer. Diese Angaben sind jedoch nur mit Vorsicht als Daten für normale Tonsillen anzusehen, da das Untersuchungsmaterial menschlicher Tonsillen vorwiegend bei Tonsillektomien gewonnen wird [Pabst und Nowara 1984].

Das lymphatische Gewebe in den **Peyerschen Platten** und in der **Appendix vermiformis** entwickelt sich deutlich später als in den Tonsillen. Während in der 13.–14. Woche in der Tonsilla palatina schon gut entwickelte Primärfollikel nachgewiesen werden können und das Kryptenepithel bereits mit nichtepithelialen

Zellen infiltriert ist, erkennt man zu dieser Zeit in der Lamina propria des Dünndarmes nur eine Vermehrung von mononucleären Zellen hämopoetischer Natur. Lymphatische Zellen kommen sehr spärlich vor [Kyriazis und Esterly 1971, Schmidt 1986]. Eine deutliche Steigerung der Lymphocytenzahl in der Submucosa ist erst im 5. Monat zu verzeichnen. Nun beginnen die Lymphocyten, besonders im Ileum, sich an verschiedenen Stellen der Submucosa zusammenzulagern, was als beginnende Aggregation zu Peyerschen Platten gedeutet werden kann. Zunächst findet man sowohl hämatopoetische Zellen als auch Lymphocyten in diesen Aggregationen. Im 6. Monat geht die Zahl der hämatopoetischen Zellen zurück, und die Zahl der lymphatischen Zellen steigt an. Im Ileum nimmt die follikuläre Differenzierung zu, die beginnende Ausbildung von Peyerschen Platten zeichnet sich deutlich ab. Folliculi lymphatici aggregati kommen im 7. Monat im Duodenum und auch im Jejunum vor. Die Peyerschen Platten im Ileum haben sich durch Einwanderung weiterer Lymphocyten vergrößert [Schmidt 1986].

Cornes [1965] untersuchte an Totalpräparaten die Zahl und Größe der Peyerschen Platten bei 14 Feten der 24.–37. Woche. Er fand Folliculi lymphatici aggregati mit mehr als 5 Follikeln vereinzelt im Duodenum und zahlreich im Jejunum und Ileum, wobei die Anzahl im Ileum stets größer war. 30 große Peyersche Platten mit mehr als 25 Follikeln konnten bereits in der 28. Woche gezählt werden. Ihre Zahl steigt bis zur Geburt auf über 50.

Die Platten haben meistens ovale Form, sie liegen im allgemeinen antimesenterial. Große individuelle Schwankungen der Zahl und Größe dieser Folliculi lymphatici aggregati wurden sowohl vor- als auch nachgeburtlich beobachtet. Bei Kindern und Jugendlichen nimmt das lymphatische Gewebe im Dünndarm noch beträchtlich zu. Bei Feten findet man jedoch nur Primärfollikel. Keimzentren werden erst nach der Geburt entwickelt [Kyriazis und Esterly 1971].

In der **Appendix vermiformis** konnten bei Feten von 11,5 cm erste kleine Ansammlungen lymphatischer Zellen unmittelbar unter dem Darmepithel nachgewiesen werden. Diese Lymphocytenaggregationen werden größer. Sie scheinen das sie überlagernde Epithel von der 18.–20. Woche an (15,0–17,5 cm) zu beeinflussen. Die enge Beziehung zwischen lymphatischem Gewebe und Epithel ist in der Appendix vermiformis stärker ausgeprägt als in den Peyerschen Platten [Kyriazis und Esterly 1971]. Das die Lymphfollikel überdeckende Epithel enthält deutlich weniger Becherzellen als benachbarte Regionen, und man erkennt in die Epithelschicht eindringende Lymphocyten.

In der **Lungenanlage** entwickelt sich das lympathische Gewebe deutlich später als im Magen-Darm-Trakt. Im 7. Monat erkennt man Lymphknotenbildungen in den peribronchalen Lymphspalten mittlerer Bronchen, die im 8. Monat Primärfollikel aufweisen. Kleine, periphere Bronchen lassen von der 34. Woche an mehr oder weniger diffuse peribronchale Lymphocyteninfiltrate, gemischt mit anderen hämatopoetischen Elementen, erkennen. Keimzentren treten erst nach der Geburt auf [Kyriazis und Esterly 1971].

Strukturentwicklung

Als Beispiel für die strukturelle Entwicklung des GALT dient die Differenzierung der Tonsilla palatina [von Gaudecker und Müller-Hermelink 1982]. Typisch für die Entwicklung dieser lymphatischen Gewebe ist die enge Beziehung des Epithels zur lymphoiden Struktur, die sich im benachbarten Mesenchym organisiert. Beide Gewebsanteile scheinen sich in ihrer Differenzierung und Funktion gegenseitig zu beeinflussen. In menschlichen Feten der 12. Woche wird das Mesenchym, das die Tonsillarbucht der 2. Schlundtasche unterlagert, mit mononucleären Wanderzellen infiltriert. Die lymphoblastischen Stammzellen, die hier accumulieren, sind aus der Leber stammende Prae-B-Zellen. Sie scheinen durch Kontakt mit den Mesenchymzellen immobilisiert zu werden und sich so an diesem Orte zu häufen.

In der 13. Woche wachsen die ersten epithelialen Krypten in das Bindegewebe hinein. Gleichzeitig differenziert sich die typische lymphoide Struktur in enger Nachbarschaft zu den Krypten. Auffällig ist, daß Primärfollikel, also B-Zell-Regionen, sich in der Tonsilla palatina zu einem früheren Zeitpunkt entwickeln als im Lymphknoten und in der Milz. Sie sind hier bereits in der 14. Woche deutlich. Die Areale zwischen den Follikeln differenzieren sich zu den parafollikulären T-Zell-Regionen mit den gleichen Strukturelementen, wie sie schon im Lymphknoten beschrieben wurden (Abb. 15-23b). Gleichzeitig beobachtet man eine massive Infiltration des Kryptenepithels mit nichtepithelialen Zellen (Abb. 15-23a, c). Zu ihnen gehören zahlreiche lymphatische Zellen mit T-Zell-Charakter und Vorstufen der interdigitierenden Reticulumzellen (Abb. 15-23c). Innerhalb des Epithel und in den parafollikulären T-Zell-Regionen treten die lymphatischen Zellen mit den interdigitierenden Reticulumzellen in engen Kontakt. Aufgrund dieser submikroskopischen Befunde kann man schließen, daß das Kryptenepithel in der fetalen menschlichen Tonsilla palatina zumindestens teilweise eine T-Zell-Region darstellt.

Wie im Lymphknoten, so scheint auch in der Tonsille die Differenzierung der spezifischen stationären Elemente, der follikulären dendritischen Reticulumzellen und der interdigitierenden Reticulumzellen, in den B-Zell- und T-Zell-Regionen eine wichtige Voraussetzung für die Reifung verschiedener Subpopulationen von immunkompetenten lymphoiden Zellen zu sein.

Das darmassoziierte und bronchusassoziierte lymphatische Gewebe dient der Abwehr von Fremdstoffen, die über den Verdauungstrakt und Respirationstrakt in den Körper gelangen. Diese Antigene erreichen die lymphatischen Zellen über das Epithel. Zur gezielten Aufnahme und Weitergabe von Antigenen aus dem Lumen differenzieren sich spezialisierte **follikelassoziierte Epithelzellen** (FAE) in den Bereichen der Schleimhaut, die lymphatisches Gewebe überlagern. Bockman und Cooper [1975] untersuchten die Entwicklung des follikelassoziierten Epithels im Processus vermiformis des Menschen und konnten FAE von der 20. Woche an nachweisen. Auf die Funktion dieser Zellen soll später noch genauer eingegangen werden.

15.3.4 Milz

Lage- und Formentwicklung

Auch die Milzanlage ist ein Derivat des Mesoderm [Tischendorf 1969]. Sie erscheint bei Embryonen im STADIUM 14 (6–7 mm, 5. Woche). Im Frühstadium der Entwicklung befindet sie sich an der linken Seite des wulstigen Mesenterialmassivs in direktem Kontakt zum Magen. Als erste Differenzierung tritt im Anschluß an eine Verdickung des visceralen Mesothel eine lokalisierte Vermehrung der Mesenchymzellen auf. Durch die Zellverdichtung hebt sich die Milz bei Lupenbetrachtung fast weiß gegenüber dem lockeren Mesenchym der Magenwand ab [Liebermann-Meffert 1970]. Über der Mesenchymverdichtung wird das Coelomepithel mehrreihig, und seine Zellen schieben sich streckenweise dicht gestaffelt in die Tiefe. Daher wird diskutiert, daß die Coelomepithelzellen an der Entstehung der Milzanlage mitbeteiligt sind [von Herrath 1958, Tischendorf 1969].

Etwa in der Mitte des 2. Monats erkennt man die Milz als länglichen, fast dreieckigen Körper, welcher der Hinterwand des Magens und dem anschließenden Teil des Mesogastrium dorsale flach anliegt (Abb. 15-25a). Ihre laterale Begrenzung ist eine leichte Kerbe. Die Form- und Lageänderung des Magens infolge asymmetrischen Wachstums der Magenwand verursacht eine Lageverschiebung der Milz nach lateral oben. Die sich ändernde Lagebeziehung von Milz, Pankreas und Magen zueinander während der weiteren Entwicklung ist in Abbildung 15-24 schematisch dargestellt. Die gestrichelte Linie deutet den Verlauf des dorsalen Mesogastrium an.

Die Milzanlage haftet zunächst weit unten an der dorsalen Wand des Magens. Noch weiter caudal liegt im Mesogastrium dorsale die Anlage des Pankreas (Abb. 15-25b). Mit Beginn des 3. Monats verursacht das asymmetrische, eine Rotation vortäuschende Wachstum der Wandpartien des Magens eine Lageverschiebung des Magenwandteils, an welchem die Milzanlage liegt, nach oben und seitlich. Die Milz gelangt damit in Nachbarschaft zum Zwerchfell (Abb. 15-25b). Gleichzeitig bildet sich der Recessus retroventricularis der Bursa omentalis aus und hebt die Milzanlage von der Magenwand ab (Abb. 15-26a). Während der 7. Woche hat der Recessus unter der Milz hindurch die große Kurvatur des Magens erreicht und damit die Bildung des Lig. gastrosplenicum eingeleitet. Die erste Andeutung eines Milzhilum entsteht bei Embryonen mit 15–16 mm dadurch, daß die im rechten Blatt des Mesogastrium liegenden größeren Gefäße in die Basis der Milzanlage einbezogen werden (Abb. 15-26b).

Bei Embryonen der 7.–8. Woche hat die Milzanlage sich so weit nach cranio-lateral verlagert, daß sie nun von ventral eben sichtbar hinter dem oberen Magendrittel liegt (Abb. 15-24 und 15-25b). Die an ihrer Mesenchymkondensation und Epithelverdickung

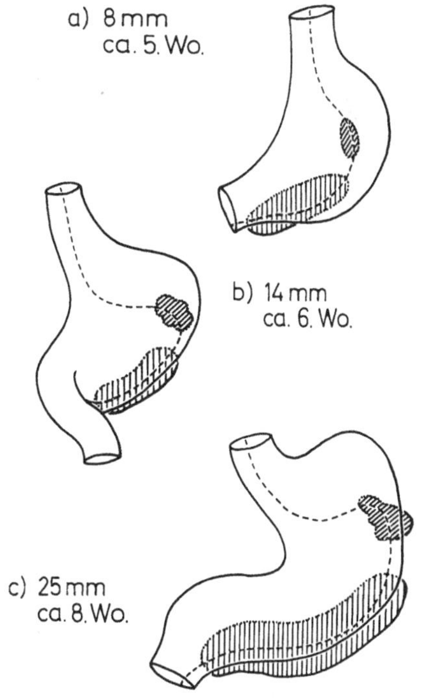

Abb. 15-24a–c. Schematische Darstellung von Magenformen, Milz und Pankreas in verschiedenen Altersstufen auf gleiche Größe gebracht und von ventral gesehen. Die Ansatzlinie des Mesogastrium dorsale ist jeweils als gestrichelte Linie eingezeichnet
(Zeichnung verändert nach Liebermann-Meffert 1969)

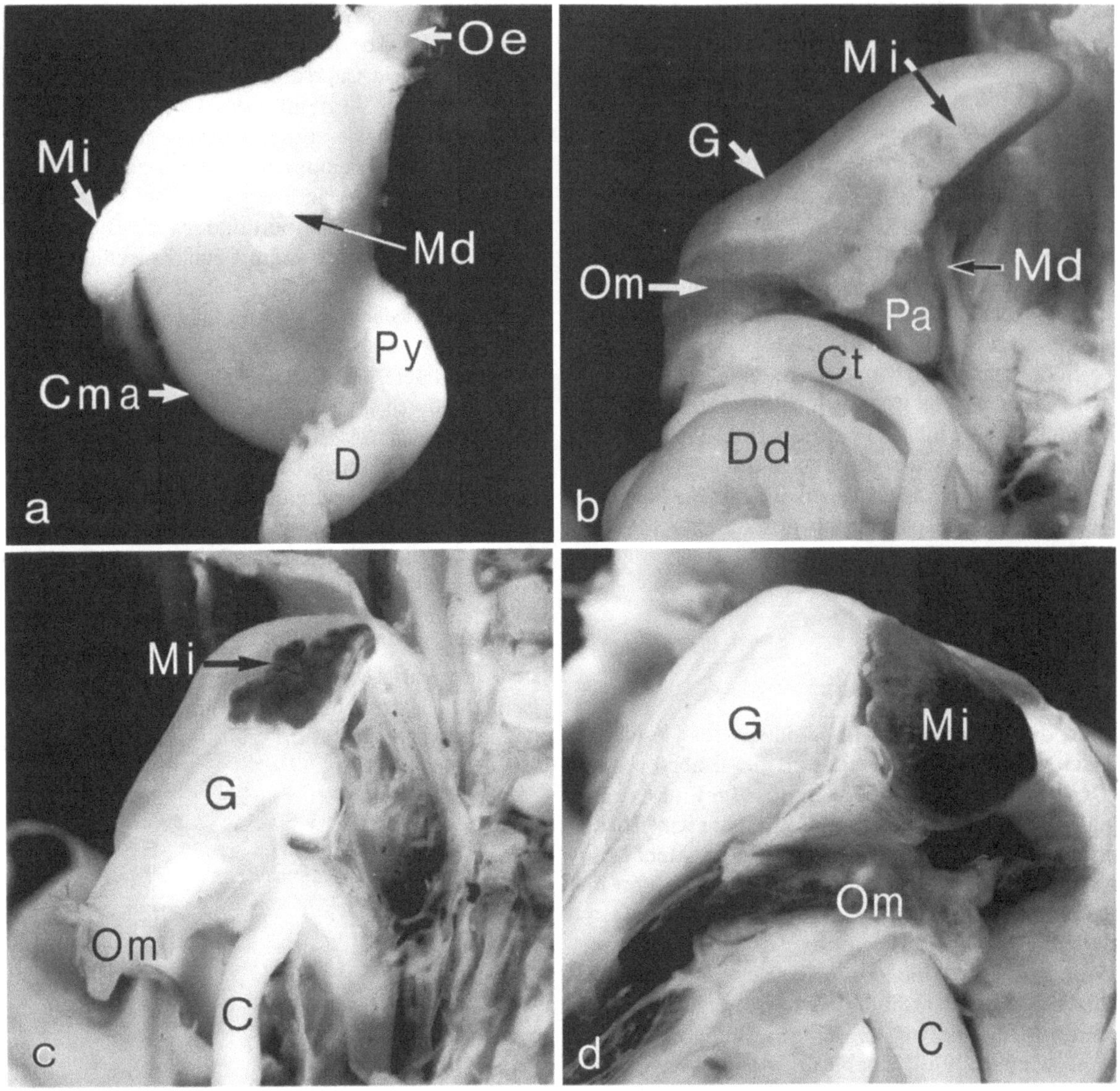

Abb. 15-25a–d. Verschiedene Stadien der Milzentwicklung.

a) Embryo, 14 mm, etwa 6. Woche. Hinterwand eines präparierten Magens. Der Ansatz des Mesogastrium dorsale (Md) verläuft etwa in der Mitte der Magenhinterwand. Die homogen hell gefärbte Milzanlage (Mi) haftet mit ihrem oberen Pol im Mesenchym der Magenhinterwand. Die Milzachse verläuft von medial nach lateral. 25 : 1;

b) Fetus 3,9 cm, etwa 9. Woche. Ansicht der Magenmesenterien in situ von lateral hinten. Die Leber und die linke Niere wurden entfernt. Die noch weiß gefärbte Milzanlage (Mi), welche an ihrer caudalen Oberfläche drei leicht dunkel gefärbte Blutbildungsherde zeigt, hebt sich in der lateralen Begrenzung des dorsalen Mesogastrium (Md) kaum vom Magen (G) ab. Caudal von ihr liegt das Pankreas (Pa). 9 : 1;

c) Fetus 5,8 cm, etwa 10.–11. Woche, Ansicht des Magens (G) und der Milz (Mi) von lateral links. Die grob gelappte Milz ist jetzt dunkel gefärbt und hebt sich daher sehr deutlich von den übrigen Organen ab. 6 : 1;

d) Fetus 12,9 cm, etwa 15.–16. Woche, Seitenansicht des Magens (G) und der Milz (Mi). Die Lappenbildung der Kante ist wesentlich weniger stark ausgeprägt als im früheren Stadium. Die Milz ist in die Nachbarschaft zum Zwerchfell gelangt und hat damit ihre endgültige Lage in der Peritonealhöhle erhalten. 3 : 1. Weitere Abkürzungen in a, b, c, d: C = Colon; Cma = große Kurvatur des Magens; Ct = Colon transversum; D = Duodenum; Dd = Dünndarm; Oe = Oesophagus; Om = Omentum majus; Py = Pylorus.

(Präparat und Aufnahme: Frau Priv.-Doz. Dr. Liebermann-Meffert, Basel) jetzt deutlich kenntliche Milz reicht ventral fast bis zur großen Kurvatur des Magens und dorsal bis zum Pankreas. Allmählich hat der Recessus retroventricularis den Milzhügel fast ganz unterminiert. Die höchste Erhebung der Milz liegt am medialen Rand der Urnierenfalte, d.h. ihre Oberflächenkontur entspricht genau der Konfiguration der rückwärtigen Leibeswand. Der Schwerpunkt der ganzen Anlage rückt mehr nach ventro-lateral, und ihr seitlicher Höcker schiebt sich zungenähnlich über die Unterlage hinweg ins linke Coelom vor.

Abbildung 15-25b zeigt die Lagebeziehungen und Mesenterien der oberen Bauchorgane in situ bei einem Feten von 3,9 cm, etwa der 9. Woche, in einer Seitenansicht von links hinten. Die Leber und die linke Niere sind entfernt. Man erkennt den Magen (G) unter dem Diaphragma. An der Hinterfläche findet man das noch sehr tief in Magenmitte liegende, die große Kurvatur nicht erreichende Mesogastrium dorsale, in dessen lateraler Begrenzung die Milz (Mi) eingelagert ist. Im caudalen Abschnitt des Mesogastrium dorsale findet man das Pankreas (Pa). Das Omentum majus (Om) beginnt sich auszubilden. Das Colon transversum (Ct) sowie einige Dünndarmschlingen (Dd) sind ebenfalls zu erkennen. Das Pankreas hat sich um die Mesenterialvene herum bis unter die Mitte der Milzanlage vorgeschoben. Diese Stelle wird zum Milzhilum. Es kommt zu einer spitzwinkligen Überkreuzung der die Milzanlage versorgenden Arterien und Venen. Die aus dem Mesogastrium dorsale zum Milzhügel aufsteigenden Arterien verzweigen sich baumartig. Ihre Endäste treffen im Milzmesenchym auf die Wurzeln der tangential zur Oberfläche verlaufenden Venen.

Etwa in der 8.–10. Woche treten im Mesenchym der Milzanlage zunächst vereinzelt, später vermehrt Zellen auf, welche sich innerhalb des Milzparenchym durch eine herdförmige dichtere Anordnung von den übrigen Mesenchymzellen unterscheiden. Diese Zellen sind meistens größer als die Mesenchymzellen und sind intensiver färbbar. Sie haben in ihrer morphologischen Beschaffenheit Ähnlichkeit mit Blutstammzellen. Erythropoetisch tätig ist die Milzanlage in diesem Stadium jedoch noch nicht, denn es fehlen den „Herden“ kernhaltige rote Blutzellen jüngerer oder älterer Reifestadien. Man findet zwar in den Kapillaren und im Maschenwerk des Milzreticulum vereinzelt und diffus verteilt einige Normoblasten und reife Normocyten, die aber offenbar auf dem Blutweg in die Milz eingeschwemmt wurden.

Bald erkennt man bei Lupenbetrachtung, daß in der zunächst weiß erscheinenden Milzanlage unscharf begrenzte dunkle Zonen auftreten. Diese, wie dunkle Sagokörner aussehenden Blutbildungsherde, vermehren sich rasch. In der weiteren Entwicklung verschmelzen die Herde miteinander, so daß die Milz eine gleichmäßige rotbraune Farbe und äußerlich eine gelappte Gestalt annimmt (Abb. 15-25c). Im 4. Monat ist die Oberfläche der Milz fein gekörnt, und eine Gliederung in Lappen ist äußerlich nur schwach erkennbar. Sie hat nun ihre endgültige Lage in der Peritonealhöhle unterhalb des Zwerchfells erhalten (Abb. 15-25d). Der Beginn der Farbänderung läßt sich schon bei Feten von 4,0 cm, manchmal jedoch erst mit 7,0 cm feststellen.

In den Erythropoeseherden findet man alle Reifestadien der Normoblastenreihe von Proerythroblasten – basophilen bis polychromatischen Makroblasten-Normoblasten – bis zu reifen Erythrocyten [Liebermann-Meffert 1970, 1971]. In späteren Milzanlagen läßt sich eine nennenswerte Erythropoese nicht mehr feststellen [Vellguth et al. 1985]. Weiß [1977] gibt an, daß die Hämatopoese in der Milz vorwiegend im ersten Trimester der fetalen Entwicklung ablaufe und beim Menschen nach dem 5. Monat erlischt. Dann wird die Blutbildung vom Knochenmark übernommen (siehe auch Kapitel 14).

In Horizontalschnitten durch die Oberbauchregion bei Embryonen von 15 mm, etwa 6.–7. Woche, setzt sich die Milzanlage durch ihre Mesenchymverdichtung deutlich von dem lockeren embryonalen Bindegewebe des übrigen Mesogastrium dorsale ab (Abb. 15-26). Die Oberfläche des Milzhügels erhält durch unregelmäßige Falten und Krypten ein zerklüftetes Aussehen. In diesem Schnitt sind die Nachbarbeziehungen zum ebenfalls im dorsalen Magenmesenterium gelegenen Pankreas sowie zur Urogenitalfalte mit Mesonephros und Wolffschem Gang zu erkennen. In der Ausschnittvergrößerung (Abb. 15-26b) wird deutlich, daß Gefäße aus dem Mesogastrium dorsale in den Bereich des späteren Milzhilium einsprossen.

In der 8. Woche vergrößert sich die Milzanlage beträchtlich. Im Frontalschnitt durch einen Embryo von 20 mm sieht man, wie die Milz sich zungenförmig in das linke Coelom vorschiebt (Abb. 15-27). Auch das Lig. gastrosplenicum, das die Milz mit dem Magen verbindet, ist gut zu erkennen.

Das Milzwachstum verläuft periodisch, zwischen der 7. und 13. Woche erfolgen zwei jähe Wachstumsschübe. Die absolute Milzlänge steigt währenddessen von 0,5 auf 5,5 mm, die Breite von weniger als 1,3 auf 5,1 mm an. Messungen haben ergeben, daß sich die Milz im Laufe der Entwicklung abwechselnd relativ vergrößert und verkleinert. Die menschliche Milz behält von Anfang an ihre spätere definitive Lage an der großen Kurvatur des Magens bei. Die Form der fetalen Milz hingegen ändert sich von Monat zu Monat. Die individuelle Milzform ist zwar angeboren, wird aber von den umgebenden Organen

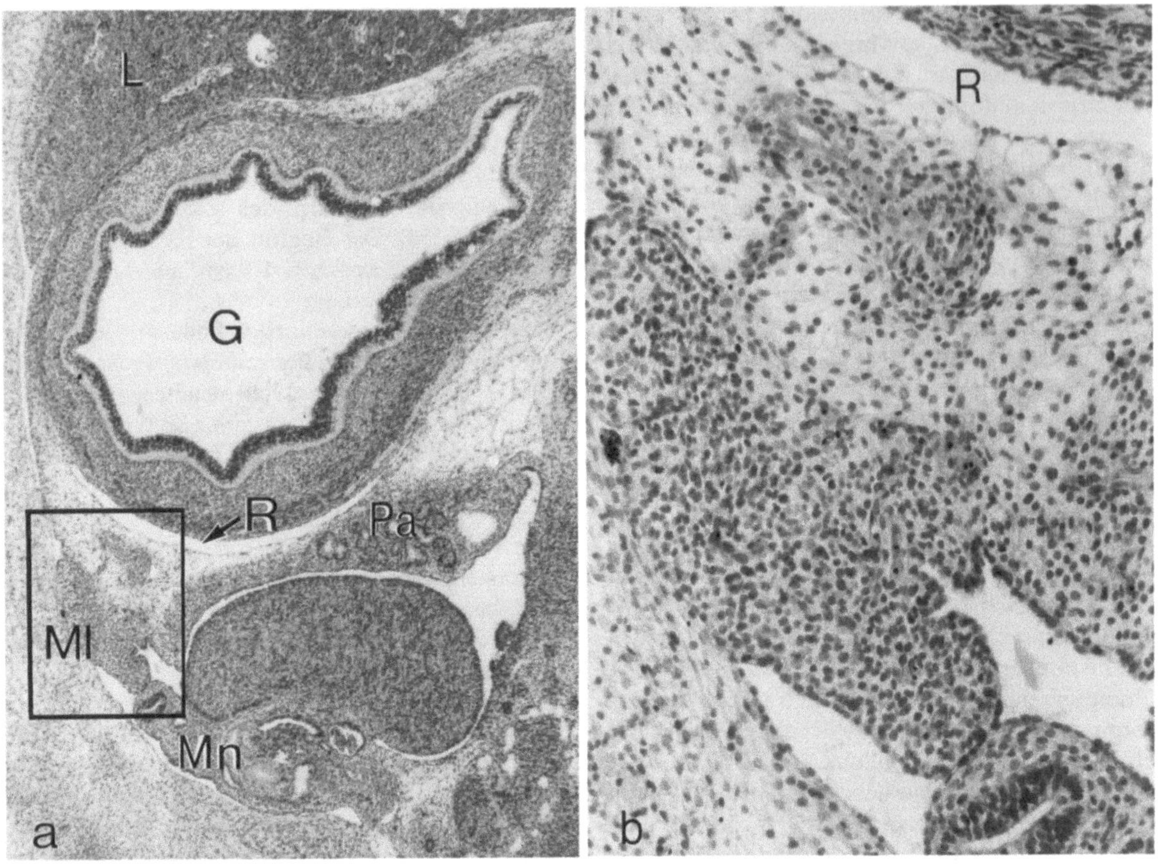

Abb. 15-26a, b. Embryo 15 mm, etwa 6.–7. Woche, Frontalschnitt durch die Oberbauchregion.
a) Darstellung des Magens (G) mit seinem Mesogastrium dorsale, in dem die Anlage der Milz (Ml) und des Pankreas (Pa) zu erkennen sind und das durch den Recessus retroventricularis (R) abgesetzt ist. Oben: Anschnitt der Leber (L). Unten: Mesonephros (Mn) mit Wolffschem Gang und Gonade, 50 : 1;
b) Der eingerahmte Ausschnitt aus a) zeigt die gelappte Milzanlage, die sich durch ihre Mesenchymverdichtung vom übrigen Magenmesenterium abhebt. Beachte die Gefäße, die in den Hilumbereich einsprossen, 200 : 1
(Präparat und Aufnahme: Prof. Hinrichsen, Bochum)

beeinflußt. Die fetale Milz hat meist die Form eines Tetraeders, selten ist sie spindelförmig. Vom 3.–8. Monat vergrößert sich die Milz um das 20fache, vom 8.–10. Monat nochmals um das 4fache. Das relative Milzgewicht erhöht sich von durchschnittlich 1 : 1500 im 7. Monat auf 1 : 300 im 10. Monat. Große individuelle Schwankungen des Milzgewichtes sowohl bei Feten als auch bei Neugeborenen wurden beobachtet.

Daß die Milz, ähnlich dem Thymus und im Gegensatz zu den meisten anderen Organen, im letzten Drittel der intrauterinen Entwicklung rascher als der Gesamtkörper wächst, wird auf ihre hämatopoetische Tätigkeit, vor allem aber auf den Aufbau eines gleich nach der Geburt einsatzbereiten Abwehrapparates zurückgeführt [Tischendorf 1969]. Die Durchschnittsgröße der Milz eines 3000 g schweren Neugeborenen wird mit 5 × 3 × 1 cm angegeben. Deutlich größere Milzen rechtfertigen den Verdacht auf connatale Syphilis oder andere intrauterine Infektionskrankheiten. Die bei über drei Viertel aller Neugeborenen nachweisbare Milzschwellung hängt mit dem unmittelbar nach der Geburt einsetzenden Abbau der fetalen Erythrocytose zusammen. Die spodogene Milzschwellung erreicht am 2.–4. Tag ihren Höhepunkt, um sich dann allmählich zu normalisieren.

Das für die Form der menschlichen Milz ausschlaggebende Bindegewebsgerüst besteht vorwiegend aus der Kapsel und den Trabekeln. Die Trabekelform wird von der Venenverzweigung bestimmt. Die weitgehend getrennt von den Venen verlaufenden Arterienäste durchsetzen zentral die Milzlappen, die bei Neugeborenen noch deutlicher zu erkennen sind als später (Abb. 15-28). Die von der Kapsel zum Hilum führenden Trabekel schützen die Milz vor einer Überdehnung, und die immer weitergehende Aufteilung der arteriellen Strombahn sorgt für einen Ausgleich der Flüssigkeitsspannungen in der schon funktionell strukturierten und dennoch ständig ummodellierten Milzpulpa.

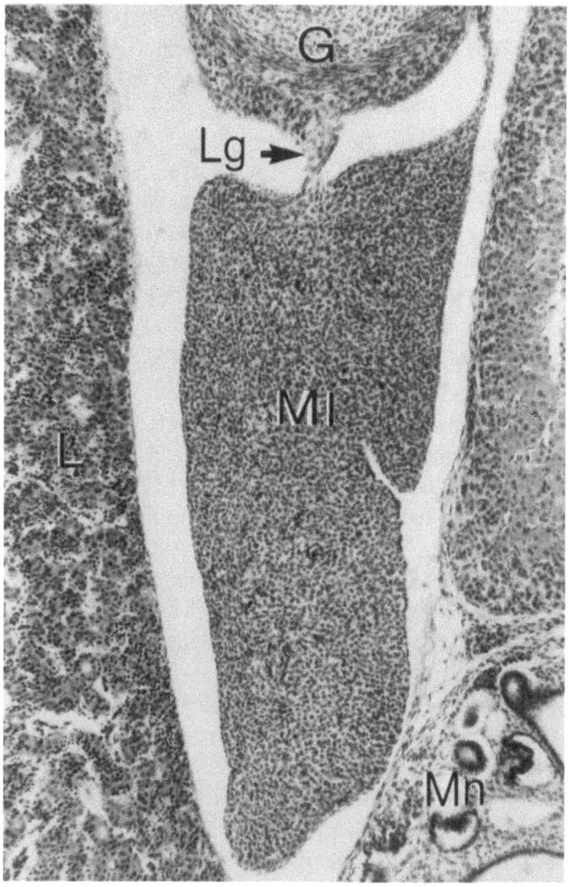

Abb. 15-27. Embryo 29 mm, etwa 8. Woche, Frontalschnitt durch die Oberbauchregion. Milz (MI) unter dem Magen (G) mit diesem durch das Ligamentum gastrosplenicum (Lg) verbunden. Außerdem sind die Leber (L) und der Mesonephros (Mn) angeschnitten, 82 : 1
(Präparat und Aufnahme: Prof. Hinrichsen, Bochum)

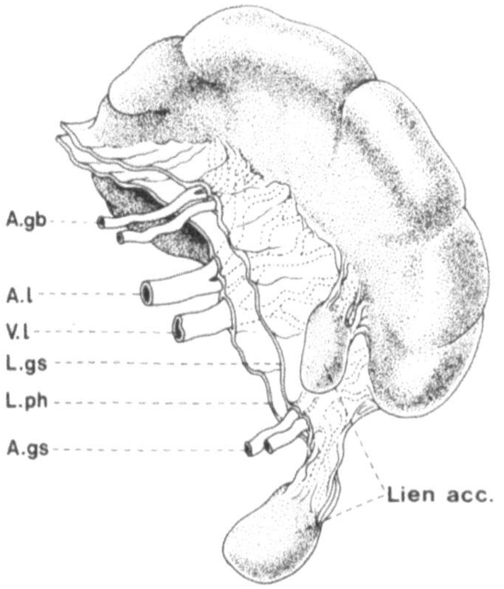

Abb. 15-28. Milz eines Neugeborenen, halbschematisch, etwa natürliche Größe. Zum Zeitpunkt der Geburt sind die Milzlappen sehr viel deutlicher zu erkennen als später. In etwa einem Drittel der Fälle können akzessorische Milzen vorhanden sein. A.gb = Arteria gastrica brevis; A.l = Arteria lienalis (splenica); V.l = Vena lienalis (splenica); L.gs = Ligamentum gastrosplenicum; L.ph = Ligamentum phrenicolienale; A.gs = Arteria gastroomentalis sinistra; Lien acc = Lien accessorius (Nebenmilz)

Verschiedene Störungen der Formentwicklung der Milz werden beschrieben [Putschar 1934]. Die angeborenen Lageanomalien der Milz als Ganzes sind so gut wie immer abhängig von anderen Fehlbildungen. Es handelt sich dabei um Verlagerungen des Organs in die Brusthöhle bei mangelhafter Ausbildung der linken Zwerchfellhälfte (Zwerchfell-Lücke), um seitliche Spalten der Bauchwand oder um einen Situs inversus. Auch bei angeborenen Zwerchfellhernien ist die Milz häufig innerhalb eines Bruchsackes in der Pleurahöhle gelegen. Bei der Wandermilz des Erwachsenen ist die Grenze zwischen angeborener und erworbener Störung nicht ganz scharf zu ziehen, da neben erworbenen Momenten wie Malaria oder Gravidität auch konstitutionelle Eigenheiten der Milzbefestigung mit im Spiele sein dürften. Vollständige angeborene Milzaplasien oder Milzhypoplasien sind beim Menschen extrem selten. Wenn sie vorkommen, sind sie mit Herz- und Gefäßmißbildungen sowie Situs inversus kombiniert. Relativ häufig findet man dagegen überzählige Milzen.

Die Milz des Neugeborenen ist in der Regel stärker durch Inzisuren gefurcht als die des Erwachsenen (Abb. 15-28). Ist die Furchung besonders ausgeprägt, so spricht man vom Lien lobatus. Die verschiedenen Formen von überzähligen Milzbildungen sind zum Teil nur höhere Grade des Lien lobatus und mit diesem, wie auch untereinander, durch fließende Übergänge verbunden. Man findet zwei gleich große Milzanlagen, die als Doppelmilz bezeichnet werden, oder eine größere Hauptmilz mit einer oder mehreren (bis zu 10) Nebenmilzen. Diese multiplen Einzelmilzen sind über die Milzgegend verstreut und meist ungleich groß. Sie werden getrennt von der Arteria splenica versorgt und können intra- wie extraomental liegen. Sie können auch mit übergeordneten Störungen wie Herz- und Gefäßmißbildungen gekoppelt vorkommen. Bei sehr zahlreichen, über den ganzen Bauchraum verstreuten Teilmilzen wird eine frühzeitige Zersprengung der Milzanlage durch ein intrauterines Trauma angenommen. Aus Experimenten ist bekannt, daß Autotransplantate von Milzgewebe im Bauchraum sehr gut anwachsen und regenerieren. Diese Tatsache kann auch therapeutisch genutzt werden, wenn die Milz nach traumatischer Ruptur entfernt werden muß [Pabst 1981]. Die weitaus häufigste Entwicklungsstörung der Milz sind die Nebenmilzen bei vorhandener, ungefähr normal großer Hauptmilz (Abb. 15-28). Die Angaben über die Häufigkeit beim

Menschen schwanken zwischen 4% und 33%. Meist treten die Nebenmilzen in der Ein-, seltener in der Mehrzahl (2–3) auf. Nebenmilzen finden sich zwar überall im Bauchraum, vornehmlich aber in der Nähe der Hauptmilz. Dicht der Hauptmilz anliegende Lienes accessorii sind auch an deren Kreislauf angeschlossen, weiter entfernte besitzen einen eigenen Gefäßstiel.

Strukturentwicklung

Die Differenzierung der roten und weißen Milzpulpa ist verknüpft mit der Ausbildung des Gefäßbaumes in diesem Organ. Die rote Pulpa steht in enger Beziehung zum venösen Schenkel, während die weiße Pulpa sich um die Endverzweigungen der Arterien aufbaut.

Die frühe Anlage der Milz in Embryonen von 6–7 mm, etwa in der 5. Woche, ist noch nicht vaskularisiert. In etwas späteren Entwicklungsstadien beobachtete Ono [1930] enge Spalten im Mesenchym. Während der 6. und 7. Woche werden Blutgefäße deutlich. Arterien und Venen enden offen im Maschenwerk der Mesenchymzellen. So ist ein offener Milzkreislauf in diesem frühen Entwicklungsstadium gewährleistet. Ono nimmt an, daß die Venen, die sich etwas eher entwickeln als die Arterien, aus Venenplexus entstehen, die zunächst als unregelmäßig begrenzte Spalten im Mesenchym beobachtet werden. Das venöse System der frühembryonalen Milz wird in selbständige primäre und in sekundäre Venen unterteilt, die in Begleitung der Arterien verlaufen. Die primäre V. splenica zieht als Ast der V. portae bzw. V. mesenterica dorsocaudal der A. splenica und des Pankreas im Mesogastrium dorsale entlang und bildet im Milzhügel einen ausgedehnten oberflächennahen Plexus.

Die Arterienversorgung der Milzanlage besteht in einer aus der A. splenica und der A. gastro-omentalis sin. gespeisten Arkade. Insgesamt bleibt die arterielle Vaskularisierung hinter der venösen zurück. Die Hilumarterien sind bald von einer Scheide aus Mesenchymzellen umgeben, während die Venenwand zunächst lediglich aus einer Lage einschichtiger, flacher Endothelzellen besteht. Dieses **Vorbereitungsstadium,** in dem sich die Hauptgefäße der Milz etablieren, dauert nach Ono [1930] bis zur 8. Woche. Weiß [1973] bezeichnet den Entwicklungszustand der Milz bei Feten der 8.–12. Woche als **primäres Gefäßreticulum.** Milzanlagen dieses Stadium bestehen aus einem mesenchymalen Netzwerk, als freie Zellen findet man Erythrocyten und deren kernhaltige Vorstufen sowie Makrophagen. Erythropoese ist in diesem Stadium nachweisbar. Es folgt bei Feten der 13.–17. Woche ein **Umbildungsstadium** mit der Ausbildung der charakteristischen Organstrukturen [Ono 1930, Weiß und Chen 1974]. Die Hilumarterien gabeln sich in mehrere Äste, und die Milzanlage wird aufgegliedert in angioarchitektonische Einheiten, sogenannte „Läppchen", die den Lungen- oder Leberläppchen vergleichbar sind (Abb. 15-29). Die Achse dieser Läppchen ist eine Zentralarterie, um die sich später die weiße Pulpa ausbilden wird. In der Peripherie der Läppchen finden sich lakunäre Spalten, aus denen dann die Venensinus als Elemente der roten Pulpa entstehen. Die Läppchenstruktur tritt während der 13.–16. Woche im mikroskopischen Präparat besonders deutlich hervor, da sich um die Zentralarterien, die jeweils die Achsen der Läppchen bilden, eine Scheide von sehr hellen, großkernigen, stationären Zellen anordnet (Abb. 15-29). Diese helle Scheide ist der Bereich, in dem sich später die weiße Pulpa entwickeln wird. Von verschiedenen Autoren wurden die hellen Scheidenzellen als „Myofibroblasten" bezeichnet, da sie intracytoplasmatisch kontraktile Filamente enthalten und auch zur Bildung von Reticulinfasern befähigt sind [Vellguth et al. 1985]. Zunächst ist die Scheide noch frei von lymphatischen Zellen.

Unter rascher Größenzunahme der Milz wird im 4. und 5. Monat das Gefäßsystem weiter ausgebaut. Die unvermittelt in dünne Kapillaren übergehenden letzten Arterienäste scheinen sich ins Reticulum zu öffnen. Die arteriellen Kapillaren, die aus einer plötzlichen büschelförmigen Aufteilung der Arterienäste hervorgehen, sind anfangs wie diese selbst in ganzer Länge von einer großzelligen Scheide umschlossen. Später beschränkt sich diese Hülsenbildung auf die praekapilläre Strecke der Arteriolen und den praeterminalen Abschnitt der Kapillaren. Aus Tuscheinjektionen folgert Ono [1930], daß zwischen die Kapillarendigungen und die mit den Venen in Verbindung stehenden Sinus der roten Pulpa von Anfang an reticuläres Gewebe eingeschaltet sei und bleibe; d.h. nach seinen Befunden ist eine geschlossene Blutbahn in keinem Entwicklungsstadium nachzuweisen. Die rote Pulpa liegt in der Peripherie der Läppchen (Abb. 15-29). Hier sind Erythrocyten gehäuft, und die Venen bilden neue sinusoide Kapillarplexus, die sich aus Lakunen im Reticulum entwickeln. Das Endothel der Sinus ist nicht ganz geschlossen. Es weist Lücken zum Reticulum hin auf. Die Sinusendothelzellen sind in Längsrichtung orientiert. Ihre Zellkerne wölben sich ins Lumen vor.

Die **Besiedelung** der menschlichen Milz **mit lymphatischen Zellen** beginnt nicht vor der 15. Woche, zunächst sind einzelne Lymphocyten über das ganze Organ verstreut (Abb. 15-31a). In der 17.–18. Woche accumulieren sie um die Zentralarterien. In den folgenden Wochen wird die periarterielle Lymphscheide mächtiger. Erste Anfänge von Follikelbil-

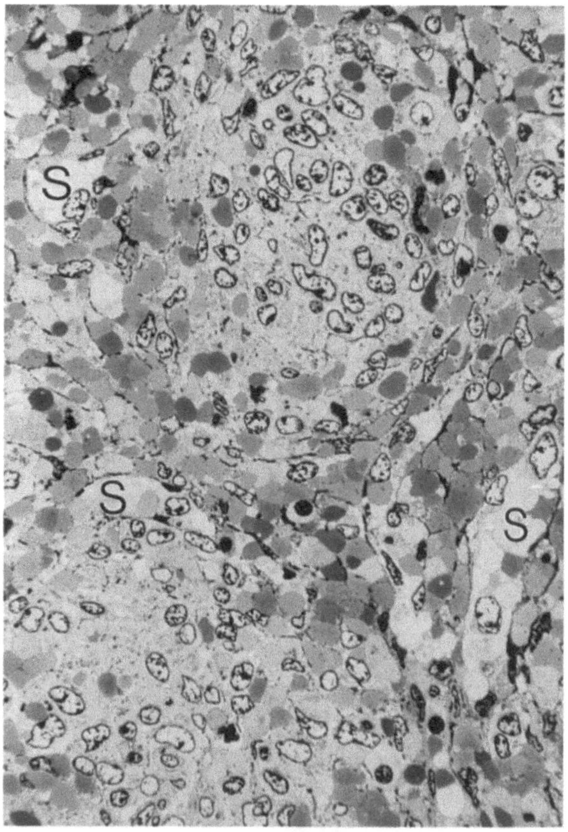

Abb. 15-29. Fetale Milz, 12,0 cm, etwa 15. Woche, im läppchenbildenden Stadium. Das Zentrum der Läppchen erscheint hell. Es besteht aus großkernigen Scheidenzellen, die eine Zentralarterie umgeben. Später wird das die weiße Pulpa. Die peripher gelegene rote Pulpa ist gekennzeichnet durch zahlreiche Erythrocyten und weite venöse Sinus (S). Semidünnschnitt, Versilberung der Reticulumfasern und Basalmembranen, 560 : 1

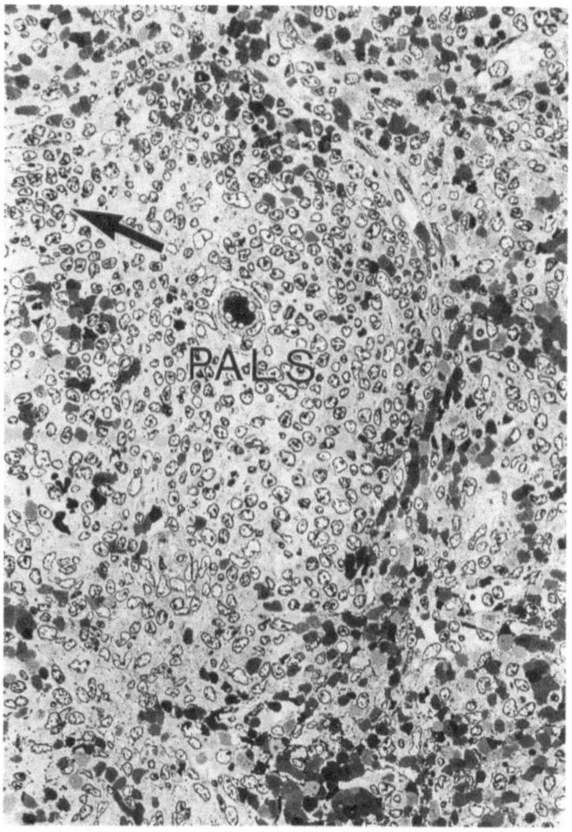

Abb. 15-30. Fetale Milz, 21,0 cm, etwa 22. Woche. Die Scheide um die Zentralarterien wurde mit Lymphocyten besiedelt und heißt jetzt periarterielle Lymphscheide (PALS). Sie stellt die T-Zell-Region dar. Peripher erkennt man erste Anfänge von Follikelbildung (Pfeil), also der Entstehung einer B-Zell-Region. Semidünnschnitt, Versilberung der Reticulumfasern und Basalmembranen, 320 : 1

dungen kann man nicht vor der 24. Woche erkennen (Abb. 15-30). Diese ersten Follikel, auch Malpighische Körperchen genannt, erscheinen als unscharf begrenzte Zellhaufen in den Astwinkeln der Arterien. Im 7. Monat entstehen aus feinen Spalten das arterielle Innennetz der Follikel und gleichzeitig die Außennetze, die aus den bogenförmig oder rückläufig die Follikel umgreifenden Hülsenarterien entstammen. Die Marginalzone ist in menschlichen Feten bis zur Geburt noch nicht voll ausgereift [Timens et al. 1987].

Mit konventionellen Färbemethoden für Licht- und Elektronenmikroskopie lassen sich T-Lymphocyten und B-Lymphocyten sowie deren Vorläufer nicht sicher voneinander unterscheiden. Diese verschiedenen Populationen können jedoch mit Antikörpern gegen Differenzierungsantigene und gegen Oberflächenimmunglobuline voneinander abgegrenzt werden. Verwendet man solche immunhistochemischen Markierungsmethoden auf Schnitten von menschlichen fetalen Milzen, so läßt sich deren Besiedlung mit T-Zellen und B-Zellen und das Auftreten der spezifischen stationären Zellen recht gut verfolgen [von Gaudecker et al. 1986b, Namikawa et al. 1986, Timens et al. 1987]: Zu Beginn der lymphatischen Besiedlungsphase in der 15. Woche findet man sowohl Lymphocyten der B-Zell-Linie als auch der T-Zell-Linie gleichmäßig über den ganzen Schnitt verstreut (Abb. 15-31a). Sie liegen sowohl in Bereichen der roten Pulpa als auch in denen der späteren weißen Pulpa. Es fällt auf, daß Zellen mit Oberflächen-IgM, also unreife B-Zellen, reichlicher vertreten sind als Lymphocyten, die spezifisch auf Antikörper gegen T-Zellen oder Thymocyten reagieren. Von der 16. Woche an häufen sich zunächst die unreifen B-Zellen, später auch die T-Zellen in zunehmendem Maße um die Zentralarterien an (Abb. 15-31b). Möglicherweise haben die hellen Scheidenzellen eine chemo-

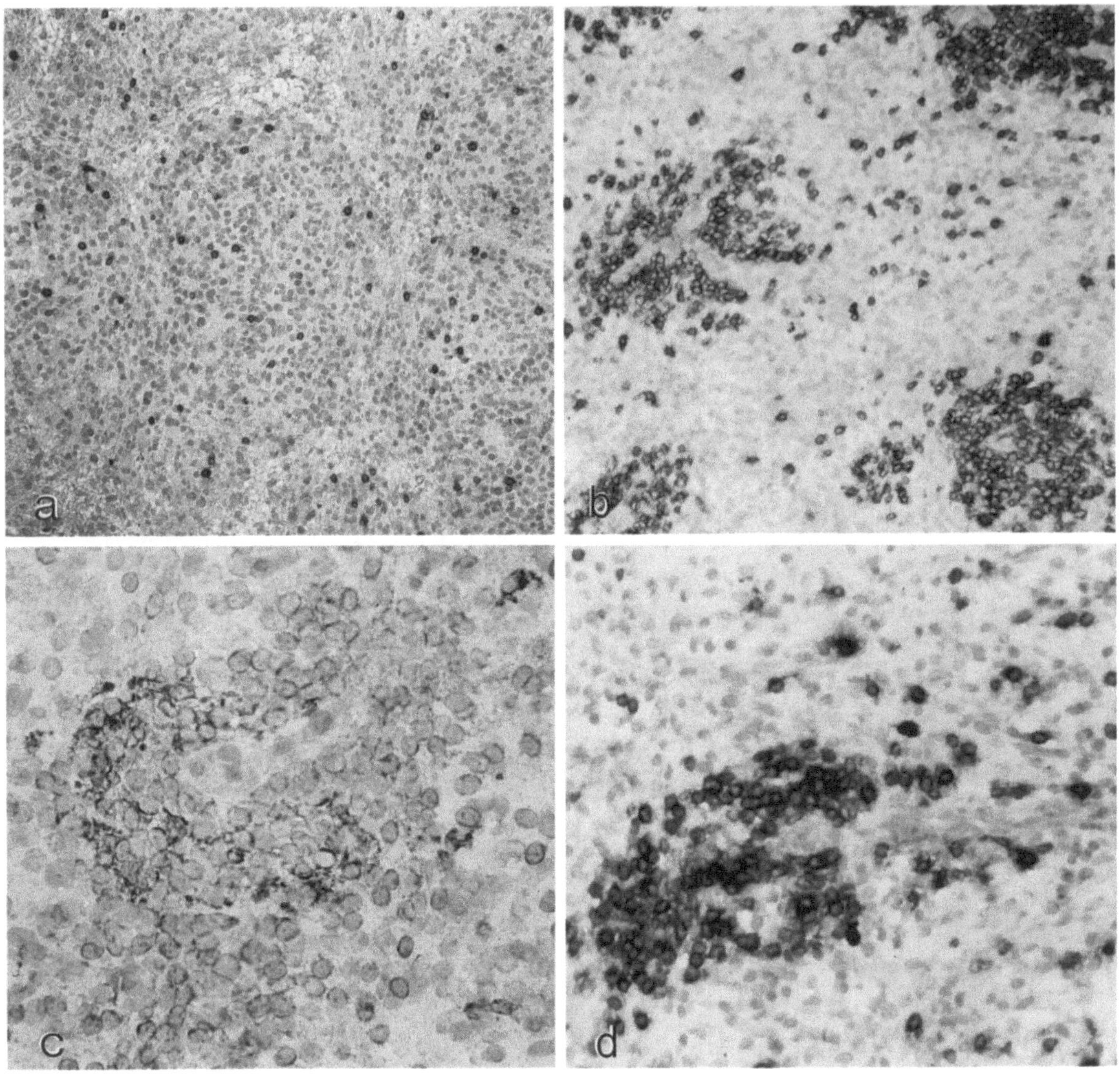

Abb. 15-31a–d. Fetale Milz verschiedenen Alters; Darstellung der T-Zellen, B-Zellen und der follikulären dendritischen Reticulumzellen mit der Immunperoxydase-Technik an Gefrierschnitten.
a) Läppchenbildendes Stadium der Milz eines Feten, von 12,0 cm, etwa der 15. Woche. T-Zellen dargestellt mit Anti-Leu 4. Nur wenige positive Zellen sind gleichmäßig über das ganze Organ verstreut (ein ähnliches Verteilungsmuster ergibt sich nach Markierung der B-Zellen), 90 : 1;
b) Milz eines Feten von 15,0 cm, etwa der 17.–18. Woche. Dargestellt wurden die B-Zellen mit Anti-μ. Sie accumulieren im Bereich der Zentralarterien (ähnliches Verteilungsmuster auch nach Markierung der T-Zellen), 140 : 1;
c) und **d)** Milz eines Feten von 18,0 cm, etwa der 20. Woche.
c) Darstellung der follikulären dendritischen Reticulumzellen mit Anti-KIM4, 450 : 1;
d) Darstellung der B-Zellen mit Anti-μ. 380 : 1. Sowohl die spezifischen stationären Zellen der B-Zell-Region als auch die B-Zellen selbst verlagern sich exzentrisch in der periarteriellen Lymphscheide.

taktische Wirkung und ziehen die lymphatischen Zellen an. Eine Separierung von T-Zell-Regionen und B-Zell-Regionen ist jedoch noch nicht zu erkennen. In postnatalen lymphatischen Geweben läßt sich die follikuläre dendritische Reticulumzelle, die charakteristische stationäre Zelle der B-Zell-Region, spezifisch mit monoclonalen Antikörpern markieren. Einzelne Zellen, die positiv mit diesen Antikörpern reagieren, findet man von der 17. Woche an im Bereich der periarteriellen Lymphscheiden verstreut. Auch Vorstufen der interdigitierenden Reticulumzellen können etwa zur gleichen Zeit nachgewiesen werden [Vellguth et al. 1985, von Gaudecker et al. 1986b, Timens et al. 1987].

Von der 20. Woche an beginnen die follikulären dendritischen Reticulumzellen und auch die B-Zellen sich in den periarteriellen Lymphscheiden exzentrisch zu verlagern (Abb. 15-31c, d). Eine klare Trennung der weißen Milzpulpa in periarterielle Lymphscheiden als T-Zell-Regionen und Follikel als B-Zell-Regionen wird nicht vor der 24. Woche deutlich. In der 26. Woche ist die Zonentrennung abgeschlossen und das für postnatale Milzen charakteristische Verteilungsmuster etabliert [Namikawa et al. 1986]: die periarterielle Lymphscheide enthält T-Lymphcyten und interdigitierende Zellen. B-Lymphocyten accumulieren in den Follikeln. Diese Malpighischen Körperchen enthalten auch zahlreiche follikuläre dendritische Reticulumzellen. Eine B-Lymphocytensubpopulation, die sich postnatal in der Marginalzone befindet, scheint bei menschlichen Feten bis zur Geburt jedoch noch nicht voll ausgereift zu sein [Timens et al. 1987].

In der Zeit der lymphatischen Besiedlung erfährt die weiße Pulpa einen erheblichen Wachstumsschub, während die rote Pulpa in ihrer Volumenzunahme zu stagnieren scheint. In der 24. Woche stellt die weiße Pulpa etwa die Hälfte des Organvolumens, während ihr Volumenanteil im postnatalen Leben normalerweise weniger als 20% beträgt. Diese Befunde lassen auf eine Proliferation des fetalen Milzgewebes mit alternierenden Wachstumsschüben in der roten und weißen Pulpa schließen [Ono 1930, Tischendorf 1969, Vellguth et al. 1985].

15.3.5 Funktionsentwicklung der peripheren lymphatischen Organe

Die peripheren lymphatischen Organe dienen im postnatalen Leben vorwiegend der Vermehrung immunkompetenter und durch Antigen geprägter Clone von Lymphocyten der T-Zell- und B-Zell-Linie. Vorstufen der verschiedenen Lymphocytensubpopulationen stammen aus den zentralen lymphatischen Organen, dem Thymus und dem Bursaäquivalent.

Im Feten besiedeln die postthymischen Vorläuferzellen der T-Zell-Linie und die Prae-B-Zellen zunächst die Anlagen der peripheren lymphatischen Organe ganz diffus. Das konnte in der Milz gezeigt werden (Abb. 15-31a) [von Gaudecker et al. 1986b, Namikawa et al. 1986]. Die eigentliche Funktionsentwicklung beginnt mit der Differenzierung des Stroma und der lymphoiden Organisation der T-Zell-Regionen und B-Zell-Regionen. Bei der Entwicklung der Lymphknoten wird besonders deutlich, daß sich die definitive lymphoide Organisation, das heißt die Trennung in Areale der T-Zell-Vermehrung einerseits und der B-Zell-Vermehrung andererseits, gleichzeitig mit dem Erscheinen der spezifischen stationären Zellen vollzieht [Markgraf et al. 1982]. Sowohl elektronenmikroskopische Merkmale als auch immunhistochemische Markierungen machen es wahrscheinlich, daß in den T-Zell-Regionen die **interdigitierenden Reticulumzellen (IDZ)** aus monocytogenen Vorstufen hervorgehen und daß in den Primärfollikeln, die sich zu B-Zell-Regionen entwickeln, die **follikulären dendritischen Reticulumzellen (FDRZ)** von Mesenchymzellen abstammen könnten oder sich ebenfalls aus mononucleären zirkulierenden Stammzellen, vielleicht Monocyten, entwickeln [Parwaresch et al. 1983]. Der Ablauf der Funktionsentwicklung vollzieht sich offensichtlich gleichsinnig in allen peripheren lymphatischen Organen. Dafür sprechen Befunde im Lymphknoten, in der Tonsille und in der Milz [von Gaudecker und Müller-Hermelink 1982, Markgraf et al. 1982, von Gaudecker et al. 1986b, Namikawa et al. 1986, Timens et al. 1987, Vellguth et al. 1985]. Diese Entwicklung ist jedoch in den verschiedenen peripheren lymphatischen Organen nicht synchron (Tabelle 15.1). Im Lymphknoten und in der Tonsilla palatina läuft die Funktionsentwicklung etwa zur gleichen Zeit ab. In der Tonsille ist die Differenzierung der B-Zell-Regionen zeitlich etwas früher und stärker betont. Das spiegelt die Verhältnisse im postnatalen Leben wider. In der Milz setzt die Funktionsentwicklung bedeutend später ein. Der definitiven Aufgliederung der weißen Milzpulpa in periarterielle Lymphscheiden (PALS) als T-Zell-Regionen und Malpighische Körperchen als B-Zell-Regionen ist eine Phase undifferenzierter Accumulation von B-Zellen und T-Zellen im Bereich der Zentralarterien vorgeschaltet. Ganz offensichtlich ist auch hier das „Heimfinden" (homing) der Lymphocytensubpopulationen in ihre speziellen Proliferationszonen erst möglich, wenn sich die spezifischen stationären Zellen, die IDZ und die FDRZ, differenziert haben.

Von besonderer Bedeutung ist im postnatalen Leben die Abwehr zahlreicher Noxen, die über den Magen-Darm-Kanal in den Körper gelangen. Die Funktionsentwicklung des GALT trägt dieser Aufgabe Rechnung. Wie bereits ausgeführt, ist das lymphatische Gewebe eng assoziiert mit dem Oberflächenepithel, welches das Darmlumen auskleidet. Die Tonsillen, Peyerschen Platten und die Appendix vermiformis unterscheiden sich von Lymphknoten dadurch, daß es keine zu diesen Organen hinführenden Lymphgefäße gibt. Antigene, die eine Immunantwort auslösen, gelangen durch das Epithel hindurch in Kontakt mit den Lymphocyten. Solche Antigene werden von spezialisierten Epithelzellen aus dem Darmlumen pinocytotisch aufgenommen und weitergeleitet. Diese follikelassoziierten Epithelzellen (FAE), auch (multifolded) M-Zellen genannt, differenzieren sich in den Darmepithelbereichen, die

Tabelle 15.1. Chronologie der Funktionsentwicklung einiger lympathischer Organe

Woche	Thymus	Lymphknoten	Tonsilla palatina	Milz
9 10	Differenzierung des Thymusepithel in verschiedene Subtypen, Rinde und Mark aber noch nicht differenziert. Unreife Thymocyten und Vorstufen der IDZ in der zentralen Region	Lymphatische Zellen neben anderen mononukleären Zellen diffus in der Anlage verteilt		
11 12	Differenzierung von Rinde und Mark beginnt: Corticale und medulläre Lymphocyten sind erkennbar; IDZ im Mark sind voll entwickelt. Perivaskuläre Räume erweitern sich an der Mark-Rinden-Grenze.	Rinde und Mark werden deutlich. In der Rinde Accumulation von Lymphocyten	Unreife lymphoide Zellen (Prae-B-Zellen) unter dem Epithel diffus verteilt	
13		Vorstufen von IDZ	Beginnende Kryptenbildung. Die parafollikuläre T-Zell-Region beginnt sich zu differenzieren: Vorläufer von T-Zellen und IDZ	
14	Rinde und Mark voll differenziert	IDZ differenziert; unreife T-Lymphocyten und B-Lymphocyten in der Rinde	Kryptenepithel wird infiltriert mit nichtepithelialen Zellen. Differenzierung von B-Zell-Regionen beginnt: Vorstufen von FDRZ und von B-Zellen. T-Zell-Regionen weiter entwickelt	Postthymische Vorläuferzellen der T-Zell-Linie und Prae-B-Zellen diffus in der ganzen Milzanlage verteilt
15		Vorläufer von FDRZ; Lymphoblasten, Immunoblasten		
16		T-Zell-Regionen voll differenziert: IDZ, T-Zellen, postkapilläre Venolen	B-Zell-Regionen differenziert als Primärfollikel mit FDRZ und B-Zellen, T-Zell-Regionen voll differenziert	B-Zellen, später auch T-Zellen, häufen sich um die Zentralarterien
17				Vorläufer der FDRZ, spezifisch markierbar mit monoclonalen Antikörpern, erscheinen im Bereich der Zentralarterien
18				Zweifelhafte Vorläufer der IDZ werden in der PALS erkennbar
19		B-Zell-Region als Primärfollikel erkennbar mit FDRZ und B-Zellen		
20 22				FDRZ und B-Zellen beginnen sich in der PALS exzentrisch zu verlagern
24				Trennung in PALS als T-Zell-Region und Primärfollikel als B-Zell-Region ist vollzogen. B-Zellen befinden sich außerdem in der Marginalzone

Lymphfollikel überlagern. Vereinzelt kommen sie auch im Kryptenepithel der Tonsillen vor. In der Appendix vermiformis des Menschen konnten sie von der 20. Woche an nachgewiesen werden [Bockman und Cooper 1975].

Die FAE haben zum Darmlumen hin zahlreiche Falten der Zellmembran. An der lumenseitigen Zelloberfläche wurden Rezeptoren für IgA nachgewiesen [Roy und Varvayanis 1987]. Es ist möglich, daß über die Rezeptoren Antigen-Antikörperkomplexe gebunden und anschließend pinocytotisch aufgenommen werden. Die Antigene kommen dann in Kontakt mit Lymphocyten, die in Cytoplasmaeinbuchtungen der FAE intraepithelial liegen, oder sie werden an Makrophagen weitergereicht, die mit ihren Zellfortsätzen die M-Zellen berühren. Die Immunantwort, die nun im darunterliegenden lymphatischen Gewebe ausgelöst wird, führt vorwiegend zur Bildung von IgA. Die IgA-sezernierenden Plasmazellen finden sich in reicher Zahl in der Mucosa der Magen- und Darmwand und im Bereich des Urogenitaltraktes. Das darüberliegende Darmepithel hat die Fähigkeit, dieses IgA aus der Lamina propria aufzunehmen, mit einem sogenannten sekretorischen Transportprotein (secretory component = sc) zu versehen und in das Darmlumen zu schleusen. Das sekretorische IgA im Lumen ist mit einem Schutzanstrich der Darmwand verglichen worden, der die ungezielte Aufnahme von mikrobiellen Antigenen oder Infektionserregern verhindert [Pabst 1983].

Die Differenzierung des für die Immunabwehr spezialisierten Epithels des GALT und dessen lymphoide Organisation beginnt lange vor der Geburt [Bockman und Cooper 1975, Schmidt 1986]. Die Fähigkeit zu Immunreaktionen scheint bereits im Feten vorhanden zu sein. Slipka [1983] konnte in Homogenaten der fetalen Tonsilla pharyngea in steigenden Mengen IgM, IgG und IgA nachweisen. Das Neugeborene ist also in bezug auf das lymphatische System des Darmes gut gerüstet, um der Bedrohung durch Noxen wirkungsvoll zu begegnen.

Die Funktionsentwicklung der T-Zell-Reihe und B-Zell-Reihe bedarf vielfältiger stimulierender Einflüsse des Mikromilieus, in dem sie sich vollzieht.

Wie bereits in Abschnitt 15.1.4 ausgeführt, verläuft die T-Zell-Entwicklung in drei Phasen: In der **praethymischen Phase** entstehen aus pluripotenten Stammzellen in der fetalen Leber und später im Knochenmark die praethymischen Vorläuferzellen, die dann den Thymus aufsuchen. In der **zentralen Phase** der T-Zell-Entwicklung proliferieren die praethymischen Vorläuferzellen im Thymus und erreichen unter dem Einfluß des Thymus-Mikroenvironment einen bestimmten Reifegrad. Diese Reifungsprozesse sind antigenunabhängig und führen zu Vorstufen der verschiedenen T-Zell-Subpopulationen, die als immunologisch inkompetente postthymische Vorläuferzellen den Thymus verlassen. In der **peripheren Phase** erfolgt in den T-Zell-Regionen der peripheren lymphatischen Organe die antigen-abhängige polyclonale Proliferation und die Differenzierung verschiedener immunkompetenter T-Effektorzellen. Für diesen letzten Reifungsschritt benötigen die postthymischen Vorläuferzellen außerdem zirkulierende Thymushormone.

T- und B-Lymphocyten entwickeln einen Rezeptor, mit dem sie in der Lage sind, sich an das hohe Endothel der epitheloiden Venolen in der Paracorticalregion peripherer lymphatischer Organe selektiv zu binden [Jalkanen et al. 1985]. Diesem ersten Schritt folgt die Diapedese aus der Blutbahn durch dieses Endothel hindurch in das Netzwerk des lymphatischen Gewebes. Anschließend suchen die Lymphocyten gezielt ihre jeweiligen Proliferationszonen auf: Die T-Lymphocyten wandern in die T-Zell-Regionen, und die B-Lymphocyten gelangen in die B-Zell-Regionen. Sehr wahrscheinlich sind diese „Heimfindebewegungen" chemotaktisch gesteuert, wobei das Mikromilieu in den einzelnen Compartimenten eine wichtige Rolle spielen dürfte.

Erst in der Peripherie differenzieren sich Helfer-T-Zellen einerseits und cytotoxische sowie Suppressor-T-Zellen andererseits. Das wird an der Veränderung ihrer membranständigen Differenzierungsantigene deutlich [von Gaudecker und Müller-Hermelink 1985]. Der weitere Reifungsprozeß ist antigenabhängig und bedarf der Interaktion zwischen verschiedenen Zellen sowie der Aktivierung durch verschiedene Mediatorstoffe [Paul 1989]. Antigen in freier Form ist meistens nicht wirksam. Es muß von Makrophagen, interdigitierenden Reticulumzellen und anderen Zellen präsentiert werden. Gemeinsam ist allen diesen akzessorischen Zellen, daß sie die eigene Determinante der Klasse II, also die HLA-DR-Komponente des Haupthistokompatibilitätskomplexes (MHC), zusammen mit dem Antigen darbieten (Abb. 15-32). Nur in dieser Kombination werden Helfer-T-Zellen aktiviert.

Cytotoxische T-Zellen können Antigene mit Hilfe ihres antigenspezifischen Oberflächenrezeptors erkennen. Für die anschließende T-Zell-Reaktion sind neben diesem Antigen auch Determinanten der Klasse I des MHC, also HLA-A, B, C-Komponenten, erforderlich. Auf diese Weise werden zum Beispiel virusinfizierte Zellen als fremd angesehen und lysiert.

Die **Aktivierung der T-Zellen** durch dargebotenes Antigen führt zunächst zu clonaler Vermehrung in den T-Zell-Regionen. Es entstehen auf ein bestimmtes Antigen geprägte T-Zell-Subpopulationen. Aktivierte Helfer-T-Zellen produzieren Interleukin-2 und andere Mediatorstoffe. Sie cooperieren mit B-Zellen. Aktivierte cytotoxische T-Zellen vollziehen die zelluläre Immunabwehr. Suppressor-T-Zellen haben die Aufgabe, überschießende Immunreaktionen einzudämmen. Zum Teil dienen sie auch der Entwicklung spezifischer Toleranz. Die Suppressor-T-Zellen wirken also als Regulatoren im Immungeschehen.

Prae-B-Zellen stammen aus dem Bursaäquivalent. In menschlichen Feten ist ihr Entstehungsort die Leber und später das Knochenmark (siehe Abschnitt 15.2). Alle B-Zellen tragen an ihrer Oberfläche die

HLA-DR-Komponente des MHC. Während ihrer Reifung in den B-Zell-Regionen bilden sie Antigenrezeptoren aus. Das sind membranständige Immunglobuline. Junge Zellen der B-Zell-Linie, zum Beispiel die Keimzentrumszellen, tragen IgM. Voll ausgereifte B-Zellen exprimieren vorwiegend Oberflächen-IgD. Durch Bindung von Antigenen an diese Rezeptoren können die **B-Zellen aktiviert** werden. Freies Antigen hat im allgemeinen keine starke aktivierende Wirkung im Gegensatz zu Antigen, das von bestimmten akzessorischen Zellen präsentiert wird. Diese Antigenpräsentation übernehmen in den B-Zell-Regionen die follikulären dendritischen Reticulumzellen (FDRZ). Sie tragen an ihrer Oberfläche Fc-Rezeptoren, die den Fc-Teil von Immunglobulinen bei der Sekundärantwort binden [Tew et al. 1980]. So kann die stark verzweigte Oberfläche dieser Zellen Antigen-Antikörperkomplexe für lange Zeit festhalten und das Antigen den benachbarten B-Zellen wiederholt darreichen. Zur Aktivierung ist außerdem eine Interaktion mit Helfer-T-Zellen erforderlich, deren Mediatorstoffe die clonale Proliferation der B-Zellen und die Differenzierung zu Plasmazellen auslösen (Abb. 15-32). Im postnatalen Leben führen diese Aktivierungsprozesse zur Keimzentrumsreaktion [Müller-Hermelink und Lennert 1978]. Da Antigene den Feten intrauterin kaum erreichen, entstehen Keimzentren im allgemeinen erst nach der Geburt.

Das Zusammenwirken lymphatischer und akzessorischer Zellen ist in Abbildung 15-32 vereinfacht zusammengefaßt. Beim Zustandekommen einer Immunreaktion erfolgt die Aktivierung teilweise durch direkten Zellkontakt. Teilweise bilden aktivierte Zellen Mediatorstoffe, die andere Zellen dazu anregen, sich clonal zu vermehren und sich anschließend zu immunologisch kompetenten Effektorzellen zu differenzieren. Die Hierarchie der verschiedenen Stoffe ist als Lymphokinkaskade bezeichnet worden [Robb 1984].

Makrophagen oder entsprechende Zellen, z.B. die interdigitierenden Zellen in den T-Zell-Regionen, präsentieren den T-Zellen Antigen in Kombination mit Genprodukten des Haupthistokompatibilitätskomplexes (MHC). Aktivierte Makrophagen sezernieren außerdem den Mediatorstoff Interleukin-1, der T-Zellen aktiviert, so daß sie zu Produzenten von Interleukin-2 werden und dieses Lymphokin sezernieren. Andere T-Zellen werden durch das von Makrophagen dargebotene Antigen zu Interleukin-2-Responderzellen, d.h. sie exprimieren an ihrer Oberfläche Rezeptoren für Interleukin-2. Bindung dieses Lymphokins an die Rezeptoren löst clonale T-Zell-Proliferation und Differenzierung der verschiedenen T-Effektorzellen aus. Aktivierte Helfer-T-Zellen sezernieren weitere Lymphokine, z.B. γ-Interferon, das u.a. Makrophagen aktiviert oder B-Zell-Wachstumsfaktoren und B-Zell-Differenzierungsfaktoren. In den B-Zell-Regionen präsentieren die follikulären dendritischen Reticulumzellen den B-Zellen Antigen. Durch die Lymphokine der Helfer-T-Zellen wird clonale B-Zell-Proliferation und Differenzierung zu Plasmazellen ausgelöst. Letztere sezernieren den Antikörper.

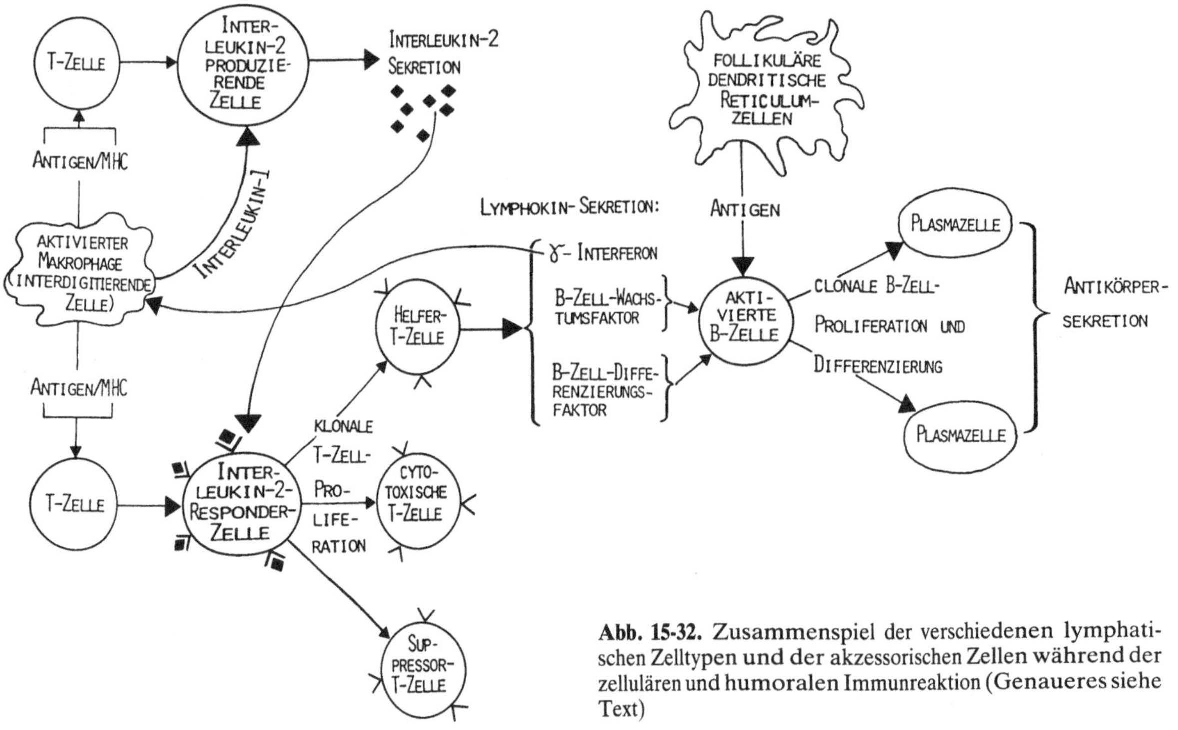

Abb. 15-32. Zusammenspiel der verschiedenen lymphatischen Zelltypen und der akzessorischen Zellen während der zellulären und humoralen Immunreaktion (Genaueres siehe Text)

Die komplizierten, vernetzten Immunreaktionen laufen zu einem erheblichen Teil in den T-Zell-Regionen und B-Zell-Regionen ab. Wir haben gesehen, daß diese spezifischen Proliferations- und Reaktionsorte lange vor der Geburt differenziert sind. Intrauterin entwickelt sich der Fetus zwar weitgehend keimfrei, sein funktionsfähiges Abwehrsystem ist aber in der Lage, bereits vorgeburtlich oder bei vorzeitiger Geburt auf Fremdstoffe zu reagieren und Immunreaktionen in Gang zu setzen. Dafür spricht die starke Milzschwellung bei connataler Syphilis oder anderen intrauterinen Infektionen.

15.4 Fehlbildungen des Immunsystems

Es gibt eine Reihe von angeborenen, meist erblichen **Immunmangelzuständen.** Sie können das B-Zell-System oder das T-Zell-System oder beide kombiniert betreffen.

Zu den auf das **B-Zell-System** beschränkten, thymusunabhängigen Immundefekten gehören die congenitale hereditäre **Agammaglobulinämie**, die autosomal rezessiv vererbt wird, und die **Hypogammaglobulinämie vom Brutontyp** mit rezessivem X-chromosomalem Erbgang. Alle Immunglobulinklassen sind bei beiden Defekten stark vermindert, IgM und IgG praktisch nicht vorhanden. Die Patienten zeigen infolge der Unfähigkeit zur Antikörperproduktion eine hohe Empfindlichkeit gegenüber bakteriellen Infektionen. Die zelluläre Immunantwort scheint dagegen unverändert zu sein und der durch sie bedingte Schutz, vor allem gegen Pilz- und Virus-Infektionen, ist nicht beeinträchtigt. Der Thymus ist im allgemeinen normal ausgebildet. In den sekundären lymphatischen Organen fehlen Lymphfollikel und Plasmazellen, die Strukturen der B-Zell-Region, während die T-Zell-Regionen weitgehend normal entwickelt sind. Die Form des Immundefektes zeigt ein ähnliches Bild wie die Folgen einer experimentellen Bursektomie bei Hühnern. Daher ist anzunehmen, daß die Bildung von Prae-B-Zellen gestört ist.

Es gibt auch Dysgammaglobulinämien, **selektive Immunglobulindefekte**, bei denen eine oder mehrere Immunglobulinklassen fehlen. Bei diesen Störungen sind einige, aber nicht alle B-Zellen beteiligt. Entweder fehlt die Synthese einer bestimmten Immunglobulinklasse oder es werden anormale Immunglobuline gebildet. Klinisch ist immer eine mangelhafte Antwort auf Antigene zu beobachten. Beim Menschen wurden bisher 7 verschiedene Typen von Dysgammaglobulinämien beschrieben. Am häufigsten kommt eine primäre X-chromosomal gekoppelte rezessive Störung bei männlichen Personen vor, bei der ein gleichzeitiger Mangel von IgG und IgA mit erhöhten IgM-Konzentrationen gekoppelt ist.

Es kann auch das **T-Zell-System** gestört sein bei normal entwickeltem B-Zell-System. Das ist der Fall bei dem **Di-George-Syndrom**, das eine Entwicklungsstörung der 3. und 4. Schlundtasche darstellt. Diese Störung tritt sporadisch auf und scheint nicht erblich zu sein. Es besteht eine gleichzeitige Agenesie des Thymus und der Parathyroidea. Das Spektrum dieses Syndroms ist weit. Die meisten Fälle zeigen nicht das vollständige Bild. Bei solchen Patienten findet sich dann ektopisches oder heterotopisches Gewebe des Thymus oder der Parathyroidea.

Die Patienten mit voll ausgebildetem Krankheitsbild sind hingegen zu einer zellulären Immunantwort nicht fähig, haben aber normale Serum-Immunglobulin-Konzentrationen (intaktes B-Zell-System!). Die peripheren lymphatischen Organe weisen eine Verminderung der Lymphocyten in den T-Zell-Regionen auf. Die Lymphfollikel dagegen sind normal entwickelt und reich an Plasmazellen. Neben den immunologischen Störungen zeigen die Patienten Symptome eines Hypoparathyroidismus wie Tetanie und Hypokalzämie. Die Kranken erliegen gewöhnlich einer viralen oder mycotischen Infektion.

Ist Thymusgewebe vorhanden, so zeigt es ein weitgehend normales Erscheinungsbild mit Differenzierung von Rinde und Mark [Nezelof 1986]. Bei dieser Erkrankung scheint es sich nicht um einen intrinsischen Defekt des Thymusepithels zu handeln, sondern die Menge des epithelialen Anlagematerials ist mehr oder weniger stark reduziert.

Das **Nezelof-Syndrom** ist eine andere Form der Thymusaplasie. Sie wird autosomal-rezessiv vererbt, tritt ohne hormonale Störung auf und unterscheidet sich darin vom Di-George-Syndrom. Die Patienten weisen die oben beschriebenen Störungen der zellulären Immunität auf.

Fatale Folgen für das Überleben der Kinder haben die **schweren kombinierten Immundefekte.** Hier ist primär das T-Zell-System betroffen. Sekundär wirkt sich das aber auch auf das B-Zell-System aus, da ja beide eng miteinander vernetzt sind. Wenn Helfer-T-Zellen fehlen, so können B-Zellen nicht aktiviert werden, und die Antikörpersynthese bleibt aus. Das klinische Bild des schweren kombinierten Immunmangelzustandes äußert sich in dem fast vollständigen Fehlen der vier Immunglobulinklassen IgG, IgA, IgM und IgD und in der Unfähigkeit zu zellulären Immunreaktionen, z.B. der verzögerten Überempfindlichkeitsreaktion. Es herrscht eine persistierende Lymphopenie mit hochgradiger Zellverarmung in den peripheren lymphatischen Organen. In den schwersten Fällen werden Lymphknoten überhaupt nicht ausgebildet. Nur die Milz enthält wenige lymphatische Zellen.

Bei diesen Immunmangelerscheinungen ist der Thymus zwar angelegt, zeigt aber starke Veränderungen. Es gibt vier Ausprägungsformen: Bei der relativ mildesten Form ist eine *Thymus-Dysplasie* zu erkennen mit einem Muster ähnlich einer schweren Thymusatrophie. Thymuspseudoläppchen sind noch vorhanden, wenn auch reduziert. Sie enthalten Hassallsche Körperchen und Lymphocyten. Letztere sind meist im Zentrum stärker konzentriert als in der Peripherie. Man spricht vom *inversen Thymusbild.* Bei den drei schwereren Ausprägungsformen besteht die Thymusanlage fast ausschließlich aus undifferenzierten Epithelzellen, zwischen die nur sehr wenige oder gar keine Lymphocyten eingelagert sind. Das Epithel kann gleichmäßig in den kleinen Pseudoläppchen verteilt sein ohne eine Untergliederung in Rinde und Mark. Manchmal ist es an der Peripherie der Läppchen dichter strukturiert und täuscht so eine Mark-Rinden-Differenzierung vor. Bei den schwersten Fällen dieser Erkrankung ähnelt das Thymusstroma dem einer acinösen Drüse. In all diesen Fällen sind keine Hassalschen Körperchen vorhanden, und das undifferenzierte Thymusepithel ist nicht in der Lage, Thymushormone zu bilden.

Das Erscheinungsbild dieser Dysplasien ähnelt sehr dem Thymusrudiment in der Nacktmaus. Deshalb ist es nicht unwahrscheinlich, daß ein erblicher Defekt im Epithel, vielleicht im Ektoderm, lokalisiert ist (siehe Abschnitt 15.1.1). Die Nacktmaus verfügt jedoch über praethymische Vorläuferzellen. Injektionen von Thymushormonen oder Thymustransplantate können bei diesen Tieren den Immunmangel restituieren. Auch bei dem schweren kombinierten Immundefekt des Menschen wurden durch Thymushormongaben oder Thymustransplantationen zum Teil Erfolge erzielt. Andere Patienten sprachen dagegen nicht auf diese Behandlung an [Nezelof 1986]. In manchen Fällen scheint also, wie bei der Nacktmaus, die Ursache der Störung im undifferenzierten Thymus-Mikroenvironment zu liegen. Bei anderen Patienten fehlen aber offensichtlich auch die praethymischen Vorläuferzellen.

Die besten Behandlungserfolge hat man heute mit histokompatiblen Knochenmarkstransplantationen von engen Verwandten, denn Knochenmark liefert sowohl Stammzellen als auch immunkompetente T-Zellen. Die Rekonstruktion des Thymus nach dieser Behandlung ist unterschiedlich. Manchmal wird er nicht besiedelt, und nur die Peripherie zeigt Restitutionserscheinungen. In anderen Fällen wurde eine vollständige Thymusrekonstruktion erzielt, und der Thymushormonspiegel wurde normal. Das läßt darauf schließen, daß praethymische Vorläuferzellen die Differenzierung des Thymusepithels positiv beeinflussen können.

Nezelof [1986] ist der Ansicht, daß es heute möglich ist, aufgrund der klinisch-pathologischen Daten der Immunmangelerscheinungen und durch Vergleich mit experimentellen Befunden Rückschlüsse zu ziehen auf Ort und Zeitpunkt des Differenzierungsblokkes. Das kann die therapeutischen Maßnahmen positiv beeinflussen. Eine Störung der Stammzellentwicklung ist zum Beispiel zu postulieren bei dem schweren kombinierten Immundefekt mit pseudoglandulärem Thymusstroma und fehlender Entwicklung peripherer Lymphknoten.

15.5 Literaturverzeichnis

Bailey RP, Weiss L (1975) Ontogeny of human fetal lymph nodes. Am J Anat 142:15–28

Bargmann W (1943) Der Thymus. In: Müllendorf W von (Hrsg) Blutgefäße- und Lymphgefäßapparat. Innersekretorische Drüsen (Handbuch der mikroskopischen Anatomie des Menschen, Bd. 6/4), Springer, Berlin, S 1–172

Beller DI, Unanue ER (1979) Evidence that thymocytes require at least two distinct signals to proliferate. J Immunol 123:2890–2893

Bockman DE, Cooper MD (1975) Early lymphoepithelial relationships in human appendix. A combined light- and electron-microscopic study. Gastroenterology 68: 1160–1168

Bollum FJ (1979) Terminal deoxynucleotidyl transferase as a hematopoietic cell marker. Blood 54:1203–1215

Cordier AC, Haumont SA (1980) Development of thymus, parathyroids, and ultimo-branchial bodies in NMRI and nude mice. Am J Anat 157:227–263

Cornes JS (1965) Number, size distribution of Peyer's patches in the human small intestine. I: The development of Peyer's patches. II: The effect of age on Peyer's patches. Gut 6:225–233

Drenckhahn D, Gaudecker B von, Müller-Hermelink HK, Unsicker K, Gröschel-Stewart U (1979) Myosin and actin containing cells in the human postnatal thymus. Ultrastructural and immunhistochemical findings in normal thymus and in Myasthenia Gravis. Virchows Arch B (Cell Pathol) 32:33–45

Feller AC, Parwaresch MR (1983) Typisierung normaler Knochenmarklymphozyten mit Hilfe monoklonaler Antikörper. Verh Dtsch Ges Pathol 67:112–114

Fichtelius KE (1967) The mammalian equivalent to bursa fabricii of birds. Exp Cell Res 46:231–234

Fioretti A (1961) Die Gaumenmandel. Thieme, Stuttgart

Gathings WE, Lawton AR, Cooper MD (1977) Immunofluorescent studies of the development of pre-B cells, B-lymphocytes and immunoglobulin isotype diversity in humans. Eur J Immunol 7:804–810

Gaudecker B von (1978) Ultrastructure of the age-involuted adult human thymus. Cell Tissue Res 186:507–525

Gaudecker B von (1986) The development of the human thymus microenvironment. In: Müller-Hermelink HK (ed) The human thymus. Histophysiology and pathology. Curr Top Pathol 75:1–41

Gaudecker B von (in press) Functional histology of the human thymus. Anat Embryol

Gaudecker B von, Müller-Hermelink HK (1980) Ontogeny and organization of the stationary non-lymphoid cells in the human thymus. Cell Tissue Res 207:287–306

Gaudecker B von, Müller-Hermelink HK (1982) The development of the human tonsilla palatina. Cell Tissue Res 224:579–600

Gaudecker B von, Müller-Hermelink HK (1985) Membranrezeptoren im lymphatischen System. Verh Anat Ges 79:51–66

Gaudecker B von, Steinman GG, Hansmann ML, Harpprecht J, Milicevic NM, Müller-Hermelink HK (1986a) Immunohistochemical characterization of the thymic microenvironment. A light-microscopic and ultrastructural immunocytochemical study. Cell Tissue Res 244:403–412

Gaudecker B von, Vellguth S, Müller-Hermelink HK (1986b) Die Entwicklung der menschlichen Milz, ultrastructurelle und immunhistochemische Studien. Verh Anat Ges 80:281–282

Good RA, Dalmasso AP, Martinez C, Archer OK, Pierce JC, Papermaster BW (1962) The role of the thymus in development of immunologic capacity in rabbits and mice. J Exp Med 116:773–796

Gruber GB (1932) Die Entwicklungsstörungen der Thymusdrüse. In: Schwalbe E, Gruber GB (Hrsg) Die Morphologie der Mißbildungen des Menschen und der Tiere, 3. Teil, 12. Lieferung Kap. X. Fischer, Jena, S 10–757

Hammar JA (1926) Die Menschenthymus in Gesundheit und Krankheit. I: Das normale Organ. Z Mikrosk Anat Forsch 6:1–570

Haynes BF (1984) The human thymic microenvironment. Adv Immunol 36:87–142

Herrath E von (1958) Bau und Funktion der normalen Milz. de Gruyter, Berlin

Jalkanen S, Bargatze R, Herron L, Butcher EC (1985) Human lymphocyte–high endothelial venule interaction: Functional and molecular characterization. Adv Exp Med Biol 186:615–620

Janossy G, Bofill M, Trejdosiewicz LK, Willox HNA, Chilosi M (1986) Cellular differentiation of lymphoid subpopulations and their microenvironments in the human thymus. In: Müller-Hermelink HK (ed) The human thymus. Histophysiology and pathology. Curr Top Pathol 75:89–125

Jordan RK, Robinson JH (1981) T-lymphocyte differentiation. In: Kendall MD (ed) The thymus gland. Academic Press, London New York, pp 151–177

Kyriazis AA, Esterly JJ (1970) Development of lymphoid tissues in the human embryo and early fetus. Arch Pathol 90:348–353

Kyriazis AA, Esterly JJ (1971) Fetal and neonatal development of lymphoid tissue. Arch Pathol 91:444–451

Landsberger A (1968) Beitrag zur Entwicklung menschlicher Lymphknoten. Anat Anz 121:187–195

Le Douarin NM, Jotereau FV (1981) The ontogeny of the thymus. In: Kendall MD (ed) The thymus gland. Academic Press, London New York, pp 133–155

Le Douarin NM, Jotereau FV, Houssaint E, Belo M (1976) Ontogeny of the avian thymus and bursa of Fabricius studied in interspecific chimeras. Ann Immunol 127:849–856

Liebermann-Meffert D (1969) Form und Lageentwicklung des menschlichen Magens und seiner Mesenterien. Acta Anat 72:376–410

Liebermann-Meffert D (1970) Die Frühentwicklung der Milz menschlicher Feten mit Befunden zur Problematik der Erythropoese. In: Lennert K, Harms D (Hrsg) Die Milz. Springer, Berlin Heidelberg New York, S 222–235

Liebermann-Meffert D (1971) Die Erythropoese in der menschlichen Milz während des dritten bis vierten Fetalmonats. Mat Med Nordm 23:68–81

Lindstrom J (1979) Autoimmune response to acetylcholine receptor in myasthenia gravis and its animal model. Adv Immunol 27:1–50

Maagd RA de, Mac Kenzie WA, Schuurman HJ, Ritter MA, Price KM, Broekhuizen R, Kater L (1985) The human thymus microenvironment: Heterogenity detected by monoclonal antiepithelial cell antibodies. Immunology 54:745–754

Markgraf R, Gaudecker B von, Müller-Hermelink HK (1982) The development of the human lymph node. Cell Tissue Res 225:387–413

Melchers F (1979) Murine embryonic B lymphocyte development in the placenta. Nature 277:219

Moore MAS, Owen JJT (1967) Experimental studies on the development of the thymus. J Exp Med 126:715–726

Müller-Hermelink HK, Lennert K (1978) The cytologic, histologic, and functional bases for a modern classification of lymphomas. In: Lennert K (ed) Malignant lymphomas other than Hodgkin's disease (Handbuch der speziellen pathologischen Anatomie und Histologie, Bd I/3B Hrsg Uehlinger E). Springer, Berlin Heidelberg New York, pp 1–82

Müller-Hermelink HK, Gaudecker B von, Drenckhahn D, Jaworsky K, Feldmann C (1981) Fibroblastic and dendritic reticulum cells of lymphoid tissue. – Ultrastructural, histochemical and ^{3}H-thymidine labeling studies. J Cancer Res Clin Oncol 101:149–164

Namikawa R, Mizuno T, Matsuoka H, Fukami H, Ueda R, Itoh G, Matsuyama M, Takahashi T (1986) Ontogenetic development of T- and B-cells and non-lymphoid cells in the white pulp of human spleen. Immunology 57:61–69

Nezelof Ch (1986) Pathology of the thymus in immunodeficiency states. In: Müller-Hermelink HK (ed) The human thymus. Histophysiology and pathology. Curr Top Pathol 75:151–177

Norris EH (1938) The morphogenesis and histogenesis of the thymus gland in man: In which the origin of the Hassall's corpuscles of the human thymus is discovered. Contrib Embryol 166:191–221

Ono K (1930) Untersuchungen über die Entwicklung der menschlichen Milz. Z Zellforsch Mikr Anat 10:573–603

Osmond DG (1980) The contribution of the bone marrow to the economy of the lymphoid system. Monogr Allergy 16:157–172

Owen JJT, Ritter MA (1969) Tissue interaction in the development of thymus lymphocytes. J Exp Med 129:431–442

Pabst R (1981) Die Milz, ein überflüssiges Organ? Med Klin 76:210–216

Pabst R (1983) Der Verdauungstrakt als Immunorgan. Med Klin 78:36–42

Pabst R, Nowara E (1984) Die Tonsillen: ein Teil des Immunsystems. Med Klin 79:164–170

Pabst R, Fritz FJ (1986) Comparision of lymphocyte production in lymphoid organs and their compartments using the metaphase arrest technique. Cell Tissue Res 245:423–430

Papiernik M, Laroche L (1982) Thymic medullary lymphocytes. I: Lymphokines produced by thymic medullary lymphocytes as a second signal for intrathymic stem cell homing. Cell Immunol 66:233–239

Parwaresch MR, Radzun HJ, Hansmann ML, Peters KP (1983) Monoclonal antibody KI–M4 specifically recognizes human dendritic reticulum cells (follicular dendritic cells) and their possible precursor in blood. Blood 62:585–590

Paul WE (1989) Fundamental Immunology, 2nd edn. Raven Press, New York

Politzer G, Hann F (1935) Über die Entwicklung der branchogenen Organe beim Menschen. Z Anat 104:670–708

Putschar W (1932) Die Entwicklungsstörungen der Lymphknoten. In: Gruber GB (Hrsg) Die Morphologie der Mißbildungen des Menschen und der Tiere, begründet von Schwalbe E, III. Teil, 3. Abteilung Kapitel XII. Fischer, Jena, S 857–882

Putschar W (1934) Die Entwicklungsstörungen der Milz. In: Gruber GB (Hrsg) Die Morphologie der Mißbildungen des Menschen und der Tiere, begründet von Schwalbe E, III. Teil, 3. Abteilung Kapitel XI. Fischer, Jena, S 759–856

Raviola E, Karnovsky MJ (1972) Evidence for a blood-thymus barrier using electron-opaque tracers. J Exp Med 136:466–497

Reinherz EL, Kung PC, Goldstein G, Levey RH, Schlossman SF (1980) Discrete stages of human intrathymic differentiation: Analysis of normal thymocytes and leukemic lymphoblasts of T-cell lineage. Proc Natl Acad Sci USA 77:1588–1592

Robb RJ (1984) Interleukin 2: the molecule and its function. Immunol Today 5:203–209

Roy MJ, Varvayanis M (1987) Development of dome epithelium, in gut-associated lymphoid tissues: Association of IgA with M-cells. Cell Tissue Res: 248:645–651

Sabin FR (1909) The lymphatic system in human embryos, with a consideration of the morphology of the system as a whole. Am J Anat 9:43–91

Schmidt W (1986) Die Entwicklung des lymphatischen Systems im menschlichen Dünndarm. Verh Anat Ges 80:289–290

Schmitt D, Monier JC, Dardenne M, Pleau JM, Bach JF (1982) Location of FTS (facteur thymique sérique) in the thymus of normal and auto-immune mice. Thymus 4:221–231

Slipka J (1983) Development of the pharyngeal tonsil with reference of commencement of its immunocompetence. Fol Morphol Prague 31:102–105

Stein H, Müller-Hermelink HK (1977) Simultaneous presence of receptors for complement and sheep red blood cells on human fetal thymocytes. Br J Haematol 36:225–230

Steinman GG (1986) Changes in the human thymus during aging. In: Müller-Hermelink HK (ed) The human thymus. Histophysiology and pathology. Curr Top Pathol 75:43–88

Stutman O (1982) A model for T-cell differentiation. In: Fabris N (ed) Immunology and ageing. Dev Haematol Immunol 3:3–16

Stutman O, Good RA (1971) Immunocompetence of cells derived from hemopoietic liver after traffic to thymus. In: Lindahl-Kiessling K, Alm G, Hanna MG (eds) Morphological and functional aspects of immunity. Plenum Press, New York, pp 129–133

Tew JG, Philipps RP, Mandel TF (1980) The maintenance and regulation of the humoral immune response: Persisting Antigen and the role of follicular antigen-binding dendritic cells as accessory cells. Immunol Rev 53:175–201

Timens W, Rozeboom T, Poppema S (1987) Fetal and neonatal development of human spleen: an immunohistological study. Immunology 60:603–609

Tischendorf F (1969) Die Milz. In: Möllendorf W von, Bargmann W (Hrsg) Handbuch der Mikroskopischen Anatomie des Menschen. Bd VI/1. Springer, Berlin Heidelberg New York

Töndury G, Kubik St (1972) Zur Ontogenese des lymphatischen Systems. In: Meessen H (Hrsg) Handbuch der Allgemeinen Pathologie, III/6 Lymphatisches System. Springer, Berlin Heidelberg New York, S 1–38

Vellguth S, Gaudecker B von, Müller-Hermelink HK (1985) The development of the human spleen. Ultrastructural studies in fetuses of the 14th to 24th week of gastion. Cell Tissue Res 242:579–592

Waheed A (1936) Zur Topographie der Brustorgane beim menschlichen Fetus. Z Anat 106:558–574

Warner NL, Szenberg A (1964) The immunological function of the bursa of Fabricius in the chicken. Ann Rev Microbiol 18:253

Weiss L (1973) The development of the primary vascular reticulum in the spleen of human fetuses (38 to 57 mm crownrump length). Am J Anat 136:315–338

Weiss L (1977) Histology Chapter 15: The spleen. In: Weiss L, Greep RO (eds) Histology, 4th edn. McGraw-Hill, New York, pp 545–576

Weiss L, Chen LT (1974) The differentiation of white pulp and red pulp in the spleen of human fetuses (72–145 mm crownrump length). Am J Anat 141:393–413

Wekerle H, Müller-Hermelink HK (1986) The thymus in myasthenia gravis. In: Müller-Hermelink HK (ed) The human thymus. Histophysiology and pathology. Curr Top Pathol 75:179–206

Wekerle H, Ketelsen UP, Ernst M (1980) Thymic nurse cells. Lymphoepithelial cell complexes in murine thymuses: morphological and serological characterization. J Exp Med 151:925–944

Zinkernagel RM (1979) The thymus: its influence on recognition of self major histocompatibility antigens by T-cells and consequences for reconstitution of immunodeficiency. In: Cooper MD, Lawton AR, Milscher PA, Mueller-Eberhard HJ (eds) Immunodeficiency. Springer, Berlin Heidelberg New York, pp 171–181

16. Zentralnervensystem

I. Kostović*

Das Zentralnervensystem ist das komplizierteste und am stärksten spezifisch ausgeprägte Organsystem im menschlichen Organismus. Es entwickelt sich aus den morphologisch relativ einfach geformten Organanlagen des Gehirns und des Rückenmarks. Während die Entwicklung der äußeren Form relativ leicht systematisch verfolgt werden kann, wie dies besonders die klassischen Arbeiten von His [1904] und Hochstetter [1919] gezeigt haben, ist jedoch die Histogenese des Zentralnervensystems außerordentlich kompliziert und der am längsten andauernde Vorgang in der Ontogenese des Menschen [siehe u.a. Jacobsen 1978, Lemire et al. 1975, Lund 1978, Purves und Lichtmann 1985].

Vor der Einzeldarstellung der Anlage des Zentralnervensystems, der Entwicklung seiner Form, der histogenetischen Prozesse und der regionalen Entwicklung soll hier zunächst ein kurzer Überblick über die Beziehung zwischen diesen embryonalen Vorgängen gegeben werden.

Das gesamte Zentralnervensystem stammt vom Neuralepithel des Neuralrohres ab. Vermehrung und Wachstum von Zellen in den inneren Schichten der Wand und ihre nachfolgende Wanderung zur Oberfläche hin vergrößern das Neuralrohr. Besonders der rostrale Abschnitt wächst sehr rasch und bildet die Anlage des Gehirns, während der caudale Abschnitt zunächst in der Form eines epithelialen Rohres als Anlage des Rückenmarks verbleibt. Innerhalb der Anlage des Gehirns zeigen die fortschreitenden Vorgänge der Zellproliferation und der Zellwanderung deutliche regionale Unterschiede und Ungleichheiten, so daß die Hirnanlage sich in drei größere Teile differenziert („Hirnbläschen"): Rhombencephalon, Mesencephalon und Prosencephalon. Am Ende der eigentlichen Embryonalperiode beginnen junge Neurone axonale Fortsätze und dendritische Verzweigungen auszubilden, damit beginnt die neuronale Differenzierung. Aufgrund örtlicher und quantitativer Unterschiede in diesen zellulären Vorgängen wird die Wand der Hirnbläschen verdickt und besteht dann aus verschiedenen Schichten, den sogenannten *embryonalen Zonen* (ventrikuläre, intermediäre und Marginalzone). Während der fetalen Periode werden durch regionäre Unterschiede im Wachstum und bei der Reifung des Nervengewebes deutliche äußere Formmerkmale ausgeprägt. Gleichzeitig mit dieser äußeren Formentwicklung des Gehirns verändert sich die topographische Beziehung verschiedener Hirnteile, da einige Teile des Gehirns von anderen umschlossen oder vollständig verlagert werden.

Zur endgültigen Ausformung des Gehirns tragen auch regressive Veränderungen in einigen embryonalen Strukturen und an einigen spezifischen Orten bei. Während der letzten Phase der fetalen Entwicklung verlangsamt sich die Neubildung von Neuronen, jetzt stehen die Prozesse der Faserbildung im Vordergrund des histogenetischen Geschehens. Auch dies führt zur Verdickung der Wände des Gehirns und zur relativen Einengung der inneren Hohlräume. Um ein integratives Verständnis für die makroskopisch-anatomischen, die regional topographischen und die histogenetischen Prozesse zu gewinnen, die in diesem Kapitel beschrieben werden, sollte der Leser jeweils im Text vor- und zurückgehen, um histogenetische Erklärungen für makroskopisch erkennbare morphologische Entwicklungen zu finden.

Um die Beziehungen zwischen äußeren Formänderungen, Histogenese und der regionalen Ausreifung zu erfassen, ist die Zuordnung zu einem einheitlichen STADIENSYSTEM entscheidend. Daher wird in diesem Kapitel (wie in anderen Abschnitten dieses Buches) für die frühe Entwicklung menschlicher Embryonen das Carnegie-Stadien-System [O'Rahilly und Gardner 1971] angewandt, aber auch das frühere Einteilungssystem von Streeter [1921, 1942, 1945, 1948, 1951] oder das von Olivier und Pineau [1961] herangezogen. Das **Alter** wird jeweils in Tagen oder Wochen angegeben (siehe Kapitel 2.1 Altersbestimmung). Als allgemeines Maß geben wir außerdem die **Länge** in Millimetern, für spätere Stadien in Zentimetern an. Für die späteren Entwicklungsstadien wird

* Aus dem englischen Originaltext ins Deutsche übertragen vom Herausgeber.

zusätzlich das **Körpergewicht** des Feten als ein wichtiger, in der klinischen Arbeit bewährter Parameter verwandt.

Die meisten der in diesem Kapitel wiedergegebenen Befunde wurden an menschlichem Material gewonnen, das in der Sektion für Neuroanatomie des Instituts für Anatomie der Medizinischen Fakultät in Zagreb gesammelt wurde und Präparate vom 20. Tag bis zum Erwachsenenstadium umfaßt.

Die am Material der Zagreber Sammlung durchgängig angewandten **Methoden** sind: die Nissl-Methode für die cytoarchitektonischen Studien, die Golgi-Methode für die Untersuchung der dendritischen Differenzierung, der histochemische Nachweis der Acetylcholinesterase zur Darstellung der axonalen Ausbreitung, immuncytochemische Methoden für Transmitter-Substanzen sowie elektronenmikroskopische Untersuchungen für die Ausreifung der Synapsen. Die einheitliche Bearbeitung unseres umfangreichen Untersuchungsmaterials mit diesen Untersuchungstechniken bietet den Vorteil, Originalabbildungen für die Beschreibung der histogenetischen Prozesse im menschlichen Gehirn zur Verfügung zu haben.

16.1 Anlagematerial und Lageentwicklung

16.1.1 Die Gehirnanlage während der frühesten Embryonalperiode (3. Woche)

Das Anlagematerial des Zentralnervensystems ist innerhalb des zentralen, verdickten Teils des Ektoderm konzentriert, das als **Neuralplatte** bezeichnet wird. Die Neuralplatte kann bei menschlichen Embryonen bereits am 16. Tag im Stadium 7 [O'Rahilly und Gardner 1971] nachgewiesen werden. Zwei Grundvorgänge während der frühen Ausbildung der Anlage des ZNS sind zu unterscheiden:

a) die frühe regionale Differenzierung der **Neuralplatte,**
b) die Ausbildung des **Neuralrohres.**

Nach Ausbildung der longitudinal verlaufenden tiefen Neuralrinne und der Neuralwülste beginnt die erste Phase mit Anzeichen regionaler Differenzierungen des Zentralnervensystems im Stadium 9 *(20. Tag)* [Müller und O'Rahilly 1983]. Rostral, wo die Neuralfalten am breitesten ausgedehnt sind, findet sich die Anlage des **Prosencephalon;** in einem Zwischenbereich, in dem die Achse der Neuralanlage bereits nach ventral durchgebogen ist, findet man die Anlage des **Mesencephalon;** weiter caudal wird die Anlage des **Rhombencephalon** durch mehrere Vorwölbungen der lateralen Wand in das Lumen charakterisiert, die Neuromeren oder Rhombomeren genannt werden. Der am weitesten caudal liegende, strangartige Teil der Neuralanlage bildet die Anlage des **Rückenmarkes** (Abb. 16-1 und 16-2). Die frühe regionale Differenzierung des rostralen Teiles der Neuralplatte in die Hirnanlage ist möglicherweise das Ergebnis einer Interaktion mit dem praechordalen Mesoderm, während sich die Anlage des Rückenmarks durch Interaktion mit dem Chordamesoderm ausbildet.

Die nächste typische Phase in der Entwicklung der Anlage von Gehirn und Rückenmark ist der Schluß des Neuralrohres durch die Vereinigung der Ränder der aufgefalteten Neuralwülste (Stadium 10, *22. Tag, 4–12 Somitenpaare, 2–3,5 mm gr. L.).* Bereits in diesem Stadium zeigt jeder Hauptabschnitt des Gehirns einige charakteristische Formmerkmale, die

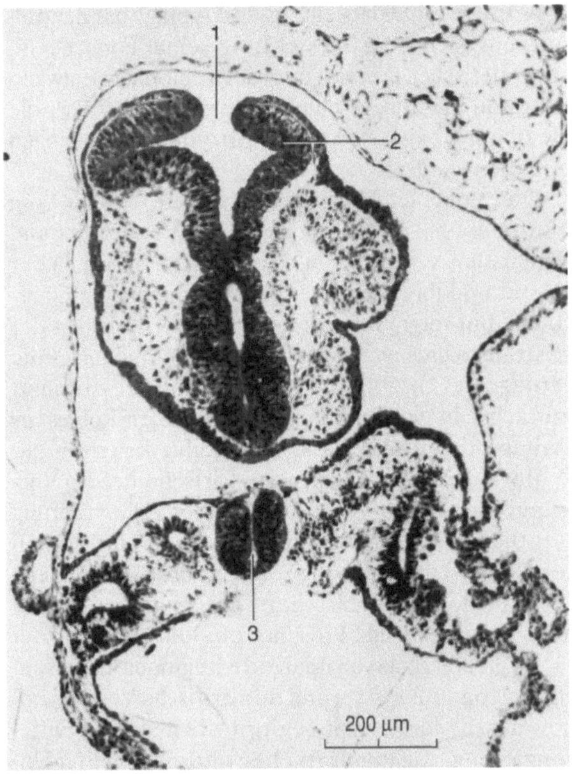

Abb. 16-1. Mikrophoto eines Längsschnittes durch einen menschlichen Embryo im Stadium 10 (2 mm, ca. 22 Tage). Semidünnschnitt 1 µm, Nisslfärbung. Die Anlagen des Prosencephalon (2) und des Rückenmarks (3) sind zu sehen. Der rostrale Neuroporus (1) ist offen.

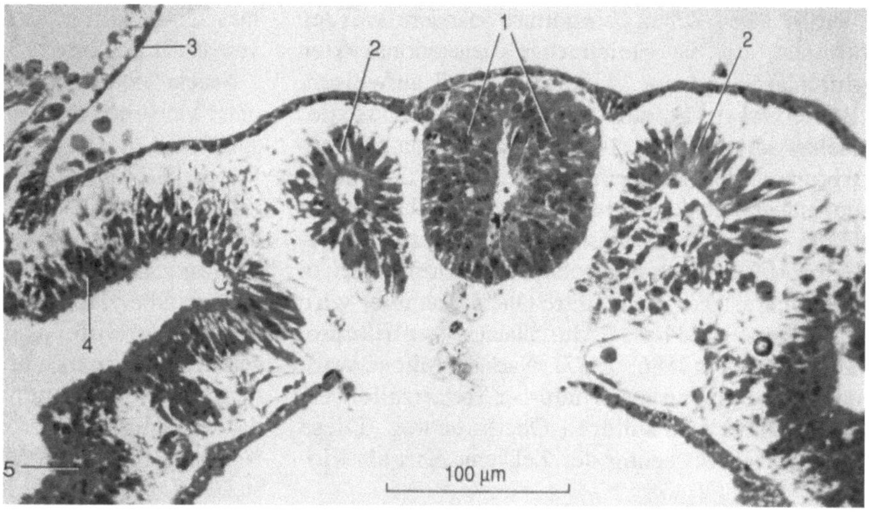

Abb. 16-2. Mikrophoto eines Querschnittes durch das Neuralrohr (1) eines menschlichen Embryo im STADIUM 10 (2 mm). Das Neuralrohr besteht aus mehrreihig erscheinendem Epithel. 2 = Somiten, 3 = Amnion, 4 = Somatopleura, 5 = Splanchnopleura

eine weitere Unterteilung des Gehirns ermöglichen (Abb. 16-1).

Im ventralen Bereich des **Prosencephalon** kann man die diagonal verlaufenden Verdickungen des Neuralepithels erkennen, die sich rostral zur Bildung des „Torus opticus“, dem Ort des späteren Chiasma opticum, vereinigen. Am caudalen Ende der optischen Verdickung zeigt ein Sulcus die beginnende Ausfaltung der Augenbläschen an [Bartelmez und Dekaban 1962]. Die Kontaktstelle mit der Rathkeschen Tasche zeigt sich als Anlage eines Infundibulum. Diese frühen Formmerkmale kennzeichnen die Begrenzung von zwei zukünftigen Unterteilungen des Prosencephalon: Die ausgedehnte Region vor der optischen Verdickung ist die Anlage des **Telencephalon,** während ein von dort nach caudal reichender Abschnitt, der die Ausstülpung der Augenbläschen und die Kontaktzone mit der Adenohypophyse umfaßt, Anlage des **Diencephalon** ist.

Im Bereich der Anlage des **Mesencephalon** gibt es keine weiteren Unterteilungen. Das deutlichste Kennzeichen des Mesencephalon ist weiterhin seine nach ventral gerichtete Flexur. Es sei angemerkt, daß die ventrale Flexur des Mesencephalon bei den Gehirnanlagen aller Vertebraten gefunden wird [Müller und O'Rahilly 1983].

Im Bereich der Anlage des **Rhombencephalon** erlauben das Vorhandensein der Rhombomeren und die außerhalb anliegende ektodermale Labyrinthplakode eine weitere Unterteilung dieses Hirnabschnittes. Rostral der Ohrplakode gibt es drei rostrale Rhombomeren, im Niveau der Ohrplakode eine dicke vierte Rhombomere zusammen mit dem Tuberculum acusticum.

Das künftige **Rückenmark** erstreckt sich soweit wie der Primitivstreifen und nimmt nur etwa ein Drittel der gesamten Länge der Neuralplatte ein.

16.1.2 Zelluläre Vorgänge im Neuralrohr

Bildung und Wachstum des Neuralrohres und seine regionale Differenzierung sind das Ergebnis von Zellvermehrung und -neubildung in der frühen Anlage des Zentralnervensystems. Die proliferierenden Zellen des Neuralrohres sind hochprismatisch, radial orientiert und in einer einzigen Schicht angeordnet, die als **ventrikuläre Zone** [Boulder Committee 1970; Matrixzone von His] bezeichnet wird. Zu Beginn der Entwicklung erstrecken sich alle Zellen der ventrikulären Zone (auch ventrikuläre Zellen genannt) durch die gesamte Dicke der Wand des Neuralrohres, d.h. von der ventrikulären (luminalen) Oberfläche bis zur äußeren (mesenchymalen) Oberfläche. Die Zellkerne dieser Zellen liegen in unterschiedlichem Abstand von der inneren Oberfläche, so daß die gesamte ventrikuläre Zone wie ein mehrreihiges Epithel erscheinen kann (Abb. 16-2).

Das cytologische und ultrastrukturelle Teilungsbild aller ventrikulären Zellen ist sehr ähnlich. Aufgrund morphologischer Merkmale allein kann man noch nicht entscheiden, welche Zellen zur neuronalen und welche zur glialen Zell-Linie gehören werden. Diese Feststellung scheint auf den ersten Blick dem klassischen Konzept von His [1904] zu widersprechen, wonach die frühe Anlage des Neuralrohres zwei morphologisch unterschiedliche Zellklassen enthalten soll: abgerundete, mitotische Keimzellen und langgestreckte Spongioblasten. Die Lösung dieses scheinbaren Widerspruchs ergibt sich daraus, daß zu einem bestimmten Zeitpunkt der Beobachtung die verschiedenen ventrikulären Zellen unterschiedliche Stadien des Mitosezyklus durchlaufen [Sauer 1935a und b]. Insbesondere autoradiographische Untersuchungen mit ^{3}H-Thymidin haben gezeigt, daß alle in der Teilungsvorbereitung oder Teilung befindlichen ventrikulären Zellen einheitlich markiert werden können, daß sie gleichartige Generationszyklen durchlaufen und eine gleiche Zellkinetik aufweisen. Bemerkenswert ist, daß Zellkerne in der S-Phase des Zellzyklus (siehe Abb. 1-7) am weitesten von der ventrikulären Oberfläche entfernt, also nahe der mesodermalen Oberfläche, liegen. Nach Durchlaufen der DNA-Synthesephase wandern die Zellkerne innerhalb des Cytoplasma der hochprismatischen Zellen in Richtung auf die ventrikuläre Oberfläche. Hier wird die Mitose (M-Phase) durchlaufen (ventrikuläre Mitosen) [Merk 1886, 1887]. Nach der Mitose wandern die Zellkerne innerhalb der Tochterzellen erneut von der ventrikulären Oberfläche weg. Diese Hin- und Herbewegung der Zellkerne führt als Momentbild zu dem mehrreihigen Erscheinungsbild der ventrikulären Zone.

Neuere immunocytochemische Untersuchungen unter Verwendung von Antikörpern gegen gliazellspezifische Marker, wie das gliale fibrilläre saure Protein (GFAP) [Levitt und Rakic 1980], haben gezeigt, daß ventrikuläre Zellen späterer Stadien sich biochemisch unterscheiden lassen, dies sogar während der Phase der mitotischen Teilung an der ventrikulären Oberfläche. Aus diesen Befunden ergibt sich, daß Vorläufer von Nervenzellen und von Gliazellen in der ventrikulären Zone sehr früher Entwicklungsstadien koexistieren. Damit ergibt sich ferner, daß die ventrikulären Zellen Vorläufer sowohl der Neurone als auch der Mikroglia im Zentralnervensystem sind.

16.2 Formentwicklung des Gehirns

Auch nach ihrer ersten regionalen Differenzierung im vorderen Abschnitt des Neuralrohres ist die frühe Anlage des Gehirns noch sehr klein, so daß nähere Untersuchungen ihrer äußeren Form die Verwendung von Serienschnitt-Rekonstruktionen erfordern. Die vollständigsten Serien solcher Rekonstruktionen wurden durch His und durch Hochstetter erarbeitet. Neuere Rekonstruktionen auf der Grundlage des berühmten Materials der Carnegie-Sammlung haben Bartelemez und Dekaban [1962] durchgeführt, auch sei auf die humanembryologische Forschungssammlung Blechschmidts [Blechschmidt 1961, 1963, 1973] in Göttingen verwiesen.

16.2.1 Embryonalperiode

4. Woche

Wir beginnen die Bescheibung der äußeren Form des Gehirns mit den Stadien 11 und 12 *(24. und 26. Tag, 2,5–5 mm)*, in denen die Embryonen 13–29 Somitenpaare aufweisen. In dieser Entwicklungsphase schließt sich der rostrale Neuroporus. Außerdem weisen die drei Hauptteile der Gehirnanlage unterschiedliche Durchmesser und Biegungen auf. Aus diesem Grund beschreiben die meisten Lehrbücher drei Hirn-„Bläschen" (Vorderhirnbläschen, Mittelhirnbläschen, Rautenhirnbläschen) und zwei Flexuren (die mesencephale und die cervicale Flexur). Beide Flexuren öffnen sich mit ihrer Konkavität nach ventral. Die Mittelhirnbeuge liegt an der Grenze zwischen Mesencephalon und Prosencephalon, die Nackenbeuge an der Grenze zwischen Rhombencephalon und Rückenmark (Abb. 16-3, Pfeile). Die ausgestülpten Augenbläschen sind mit dem Prosencephalon durch die beiden Augenstiele im Bereich der Anlage des Chiasma opticum verbunden. Der abgerundete, vergrößerte Teil des Prosencephalon, rostrolateral zur Anlage des Chiasma, bildet die Anlage des Telencephalon. Der Teil des Gehirns, der unmittelbar rostral der Chiasmaanlage liegt, ist das Telencephalon medium, das unpaar bleibt. Das Telencephalon laterale ist zu diesem Zeitpunkt noch nicht deutlich abgegrenzt, die späteren Hemisphärenbläschen sind noch nicht gebildet. Der Vorderhirnabschnitt caudal zum Chiasma opticum gehört zur Anlage des

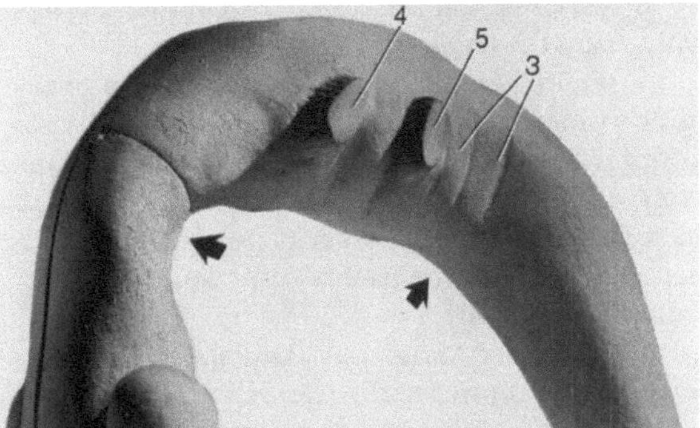

Abb. 16-3. Zentralnervensystem bei einem 3,34 mm großen menschlichen Embryo (photographische Wiedergabe des Rekonstruktionsmodells von Hochstetter, Sammlung des Anatomischen Instituts Zagreb). Beachte die cervicale und die mesencephale Flexur (Pfeile). 1 = Augenbläschen, 2 = Telencephalon, 3 = Rhombomeren, 4 = N. trigeminus, 5 = N. facialis

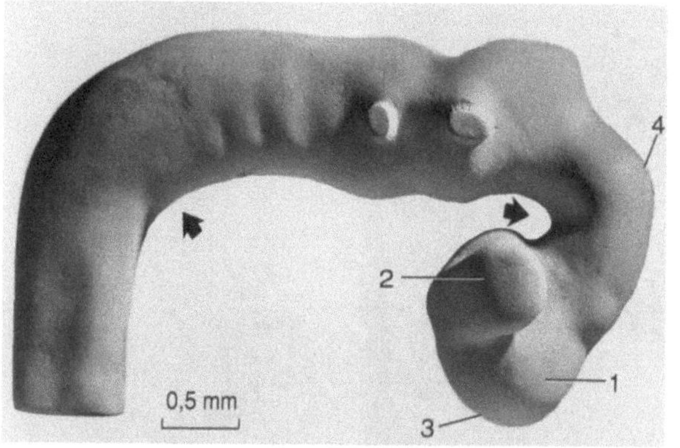

Abb. 16-4. Photographische Wiedergabe des Hochstetterschen Rekonstruktionsmodells des ZNS bei einem 4 mm großen menschlichen Embryo (Sammlung des Anatomischen Instituts Zagreb). Beachte die Vergrößerung des Telencephalon (1), die Verstärkung der Nackenbeuge und der mesencephalen Flexur (Pfeile), 2 = Augenbläschen, 3 = Lamina terminalis, 4 = Mesencephalon

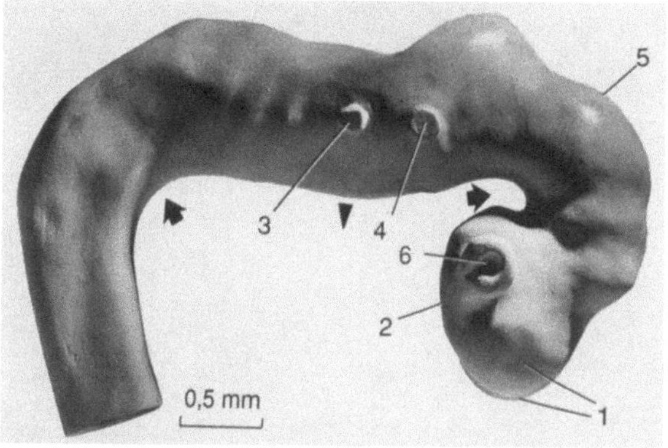

Abb. 16-5. Photographische Wiedergabe des Rekonstruktionsmodells von Hochstetter vom ZNS bei einem 6 mm großen menschlichen Embryo (Sammlung des Anatomischen Instituts Zagreb). Beachte das erste Anzeichen für die Bildung der Großhirnbläschen (1) und der Brückenbeuge (▼), Nackenbeuge und mesencephale Flexur wie Abb. 16-4. 2 = Lamina terminalis, 3 = N. facialis, 4 = N. trigeminus, 5 = Mesencephalon, 6 = Augenbecher

Hypothalamus und kann durch den Recessus mamillaris und den Kontakt mit der Adenohypophyse (dem späteren Infundibulum) identifiziert werden. Im mesencephalen Abschnitt wird das Tegmentum erkennbar. Des weiteren entwickelt sich der Isthmus eben caudal im Anschluß an das Mesencephalon. Im Rhombencephalon findet sich eine Verdünnung des Hirndaches über dem späteren IV. Ventrikel. Die Ohrbläschen schließen sich, alle cranialen Anteile der Neuralleiste sind gebildet.

Am Ende der 4. Woche (STADIUM 13, *28. Tag*), wenn der Embryo 30 oder mehr Somitenpaare hat, werden die regionalen Vergrößerungen des Neuralrohres, die dem Prosencephalon, Mesencephalon und Rhombencephalon entsprechen, deutlicher, die Grundformen sind aber ähnlich wie am Anfang dieser Periode (Abb. 16-4).

5. Woche

Während der 5. Woche (STADIUM 14, *32. Tag, 5–7 mm;* STADIUM 15, *33. Tag, 7–9 mm*) prägen sich charakteristische, regionale Formmerkmale des Gehirns aus. Die Gesamtform der Hirnanlage ändert sich vor allem durch die deutlichere Ausbildung der Mittelhirnbeuge. Zusätzlich tritt eine neue, nach ventral konvexe Biegung auf, die Brückenbeuge. Auch die Nackenbeuge verstärkt sich. Besonders aber bilden sich im STADIUM 15 paarige Hirnbläschen aus dem dorsolateralen Teil des Prosencephalon (Abb. 16-5). Dies ist die erste deutliche Anlage des lateralen Telencephalon und der zukünftigen Hemisphären. Die Hohlräume im Innern dieser Hemisphärenbläschen sind die Anlagen der Seitenventrikel. Im Telencephalon medium (impar) differenziert sich die vordere prosencephale Wand (besonders erkennbar auf medialen Sagittalschnitten: Abb. 16-6 und 16-8 in Hochstetters Modellen) in drei Abschnitte:

1. die ventrale praeoptische (chiasmatische) Zone
2. eine dünne intermediäre Zone, die topographisch der Lamina terminalis des Erwachsenen entspricht
3. rostral die Comissurenplatte (Lamina reuniens).

Die Commissurenplatte, Anlage der cerebralen Commissuren, ist dicker als die anderen Teile. Querschnitte durch das Telencephalon zeigen, daß auch die basale Portion der Hemisphärenbläschen etwas verdickt ist und die sogenannte laterale striale Leiste bildet.

Im Zwischenhirn können drei Hauptabschnitte unterteilt werden: Hypothalamus, Thalamus und Epithalamus (Epiphysenanlage). Das Mesencephalon erstreckt sich caudal der mamillären Region. Die Wurzeln des III. und IV. Hirnnerven sind im Mesencephalon entwickelt, Wurzeln der Hirnnerven V bis XII im Rhombencephalon.

6. Woche

Während der 6. Woche (STADIUM 16, *37. Tag, 8–11 mm;* STADIUM 17, *41. Tag, 11–14 mm*) dehnen sich die Hemisphärenbläschen rasch weiter aus. Rostral überragen sie deutlich das unpaare Telencephalon (Lamina terminalis). Jedoch ist der Hohlraum des Ventrikels im unpaaren Telencephalon noch sehr groß. Zum ersten Mal bedecken die Hemisphärenbläschen den rostrodorsalen Teil des Diencephalon

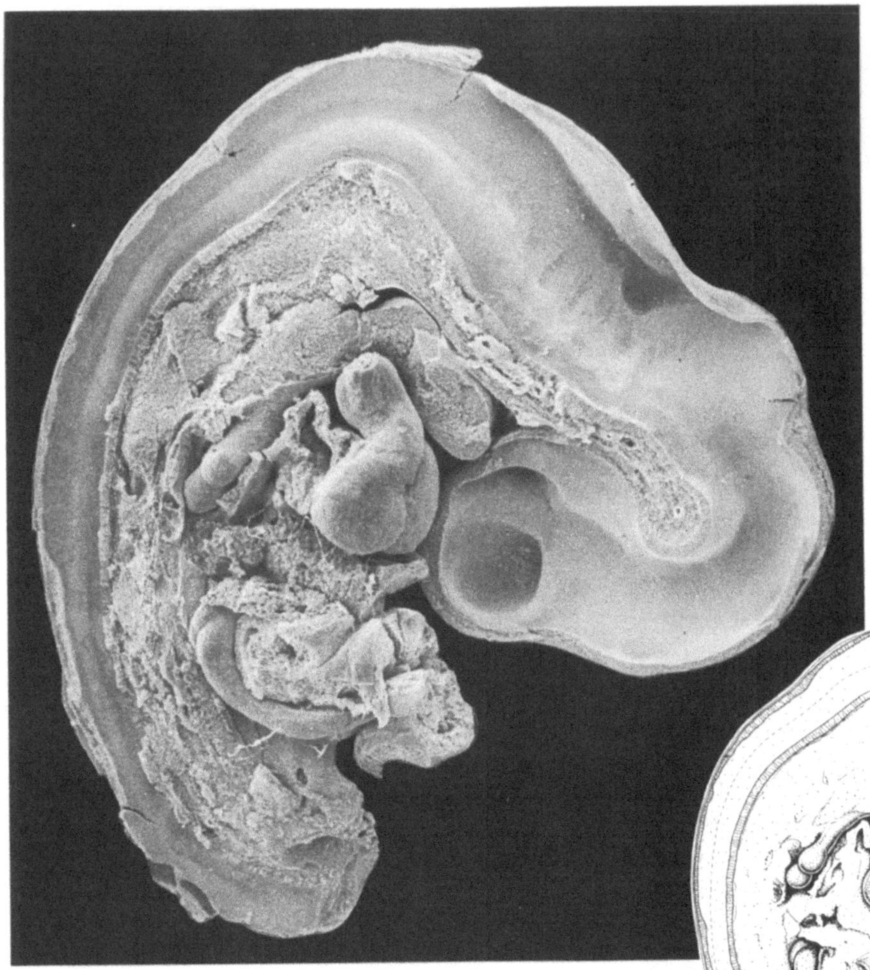

Abb. 16-6. Sagittaler Bruch durch einen menschlichen Embryo im STADIUM 15 (10,0 mm) im REM. Beachte besonders die innere Oberfläche. Weitere Erklärungen siehe Erläuterungsskizze: 1 = Mandibularbogen, 2 = Mundbucht, 3 = Ventrikelregion des Herzens, 4 = Großhirnbläschen (Foramen Monroi primitivum), 5 = Mittelhirn, 6 = Übergang zum Sehventrikel, 7 = Neuromeren im Rautenhirn. 8,5 : 1 (Präparat und Aufnahme: Prof. Hinrichsen, Bochum)

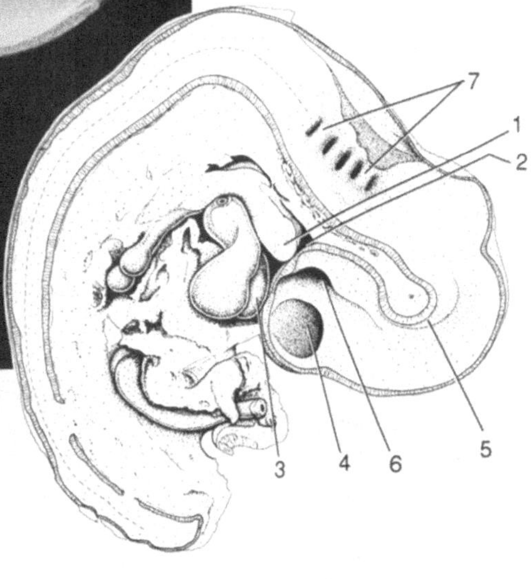

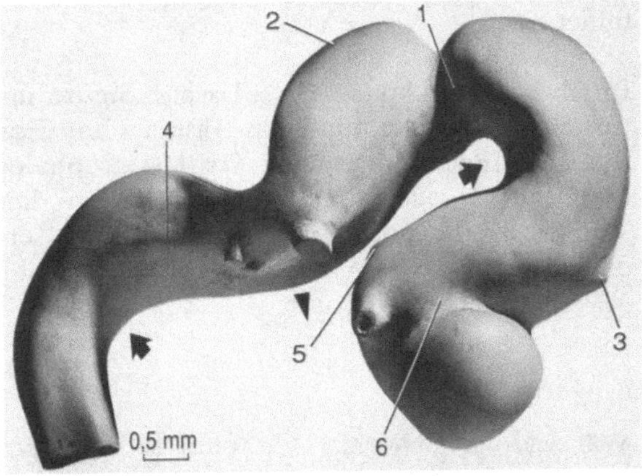

Abb. 16-7. Photographische Wiedergabe des Rekonstruktionsmodells von Hochstetter von der Hirnanlage bei einem 10,4 mm großen menschlichen Embryo (Sammlung des Anatomischen Instituts Zagreb). Beachte das Auftreten der Brückenbeuge (▼) und die Vergrößerung der Hirnbläschen. 1 = Isthmus rhombencephali, 2 = Kleinhirnplatte, 3 = Epiphyse, 4 = Myelencephalon, 5 = Corpus mamillare, 6 = Sulcus telodiencephalicus

(Abb. 16-7). Die Verbindungen der Hemisphärenbläschen mit dem unpaaren Teil des Ventrikels werden etwas enger, die Umrisse eines primitiven interventrikulären Foramen entstehen. In diesem basolateralen Teil der Hemisphärenbläschen wird auch die ventrikuläre-subventrikuläre Zone dicker. Dies ist der Ganglienhügel, der Bildungsort des Corpus striatum (Abb. 16-8). Neben dem sich entwickelnden Ganglienhügel engt sich das Lumen des Ventrikelraumes (an der Grenze zur Anlage des späteren III. Ventrikels gelegen) ein und wird nun *Foramen Monroi primitivum* [Hochstetter 1919] genannt.

Ein Teil des Ventrikelsystems, das dem unpaaren Telencephalon medium entspricht, liegt vor den Ganglienhügeln und den primitiven interventrikulären Foraminae und heißt *Cavum Monroi*. Die Lamina terminalis und die Commissurenplatte (Strukturen

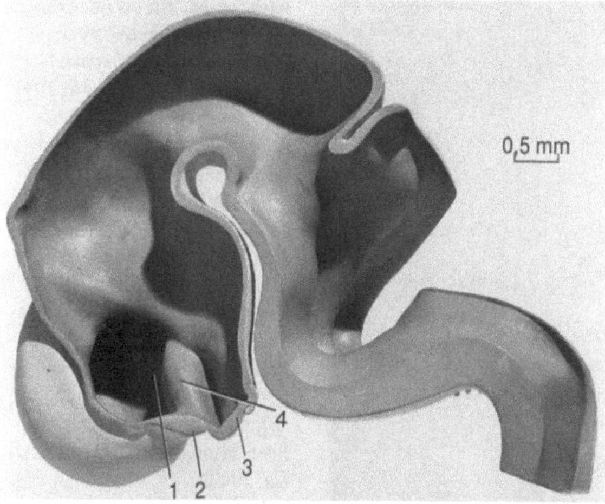

Abb. 16-8. Photographische Wiedergabe der medialen Oberfläche der rechten Hälfte des Gehirns bei einem 13,8 mm großen menschlichen Embryo nach dem Hochstetterschen Rekonstruktionsmodell (Sammlung des Anatomischen Instituts Zagreb). Beachte die Vorwölbung des Ganglienhügels und die weiten Foramina interventricularia. 1 = Foramen interventriculare, 2 = Commissurenplatte, 3 = Chiasma opticum, 4 = Ganglienhügel

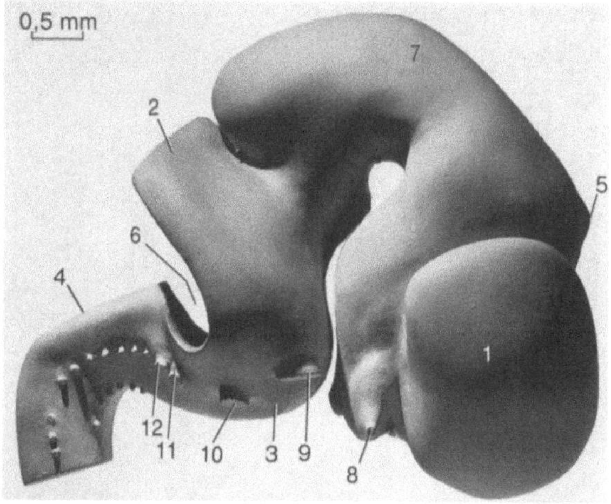

Abb. 16-9. Photographische Wiedergabe der äußeren Form des sich entwickelnden Gehirns bei einem 13,8 mm großen Embryo nach der Hochstetterschen Rekonstruktion (Sammlung des Anatomischen Instituts Zagreb). 1 = Hemisphärenbläschen, 2 = Kleinhirnplatte, 3 = Brücke, 4 = Medulla oblongata, 5 = Epiphyse, 6 = IV. Ventrikel, 7 = Mesencephalon, 8 = Augenbecherstiel, 9 = N. trigeminus, 10 = N. facialis, 11 = N. glossopharyngeus, 12 = N. vagus

des Telencephalon impar) bilden die vordere Wand des Cavum Monroi. An der dorsomedialen Grenze („Limbus") der Hemisphärenbläschen wird die Hirnwand ein wenig gefaltet. Dieser „limbische" Teil des Hemisphärenbläschens wurde als Anlage des Hippocampus beschrieben [Hines 1922]. Folgt man der Fortsetzung der medialen Wand des Hemisphärenbläschens von der Anlage des Hippocampus hin zum Diencephalon, so findet man einen sehr dünnen Teil dieser Wand, die Lamina epithelialis, und weiter eine Struktur, die sich ein wenig in den Ventrikel vorwölbt. Hier beginnt die Entwicklung des Plexus choroideus, eine stark vaskularisierte Epithel-Bindegewebsformation. Der dünnwandige Teil der Hirnbläschenwand, der das Dach des Telencephalon impar bildet, wird Velum transversum genannt. Die Grenze zwischen Telencephalon und Diencephalon gestaltet sich damit kompliziert. Untersucht man die Grenze vom Ventrikel*lumen* aus, so kann ein Sulcus telodiencephalicus von dem dünnen Velum transversum im Dach des medialen Telencephalon am Rand des Ganglienhügels bis in die praeoptische Region verfolgt werden. An der *äußeren* Oberfläche markieren tiefe semicirculäre Furchen die Grenze zwischen den Hemisphärenbläschen und dem Diencephalon (Abb. 16-7 und 16-9). Diese Furche verläuft rostralwärts in identischer Richtung wie der Sulcus telodiencephalicus im Innern, zieht jedoch caudalwärts an der äußeren Thalamusoberfläche entlang. Im Diencephalon setzt sich die äußere Differenzierung des Hypothalamus fort, die optische, infundibuläre und mamilläre Region können gut identifiziert werden. In der infundibulären Region wird zum ersten Mal die Ausstülpung der Neurohypophyse sichtbar. An der ventrikulären Oberfläche des III. Ventrikels wird die Grenze zwischen zwei Hauptkomponenten des Diencephalon, dem Thalamus und dem Hypothalamus, durch eine seichte Furche markiert. Im Gegensatz zu späteren Stadien ist der Bereich des dorsalen Thalamus sehr flach und dünn.

Die Entwicklung des Mesencephalon ist durch eine weitere Verdickung des mittleren Abschnittes (Tegmentum) charakterisiert, während das Tectum noch undifferenziert bleibt.

7. Woche

Die auffälligste Formänderung dieser Entwicklungsphase (STADIUM 18, *44. Tag, 13–17 mm;* STADIUM 19, *48. Tag, 16–18 mm*) erfolgt im Telencephalon, wo die paarigen Hemisphärenbläschen sich in alle Richtungen ausgedehnt haben und so einen großen Teil des Diencephalon überdecken (Abb. 16-9 und 16-10). Der dorsomediale, limbische Winkel der Hemisphärenbläschen erfährt eine weitere Faltung. Die randständige limbische Portion des Bläschens, die Anlage des Hippocampus, ist stärker ausgeprägt. Weiter gegen den Rand des Bläschens finden sich nur dünne neuroepitheliale Lamellen (Laminae choroideae), die gefaltet werden und als epitheliale Kom-

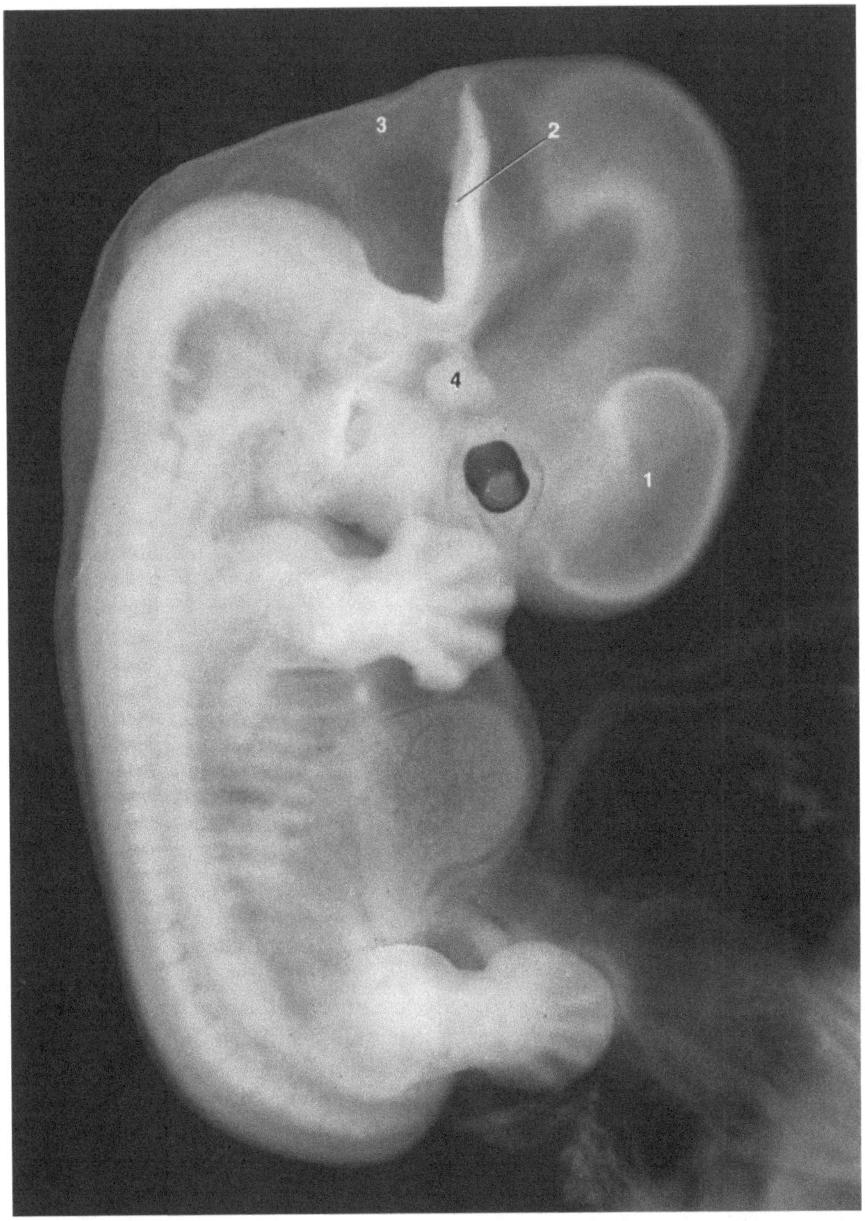

Abb. 16-10. Photo eines menschlichen Embryo, STADIUM 18 (14,5 mm) nach Aufhellung in Methylbenzoat im diffusen Auflicht. Auge stark pigmentiert. Beachte die Ausdehnung der Hemisphärenbläschen (1), Stellung und Verdickung der Kleinhirnplatte (2), die Einknickung des Rhombencephalon und das dünne Dach des IV. Ventrikels (3). 4 = Ganglion trigeminale (Präparat und Aufnahme: Prof. Hinrichsen, Bochum). Ca. 10 : 1

ponente des Plexus choroideus des Seitenventrikels in das Lumen vorgestülpt sind (Abb. 16-11 und 16-46). Das Dach des Telencephalon impar ist weiterhin dünn und am hinteren Rand eingestülpt (Paraphyse). Am anderen diencephalen Ende des Plexus choroideus setzt sich die neuroepitheliale Lamelle fort,

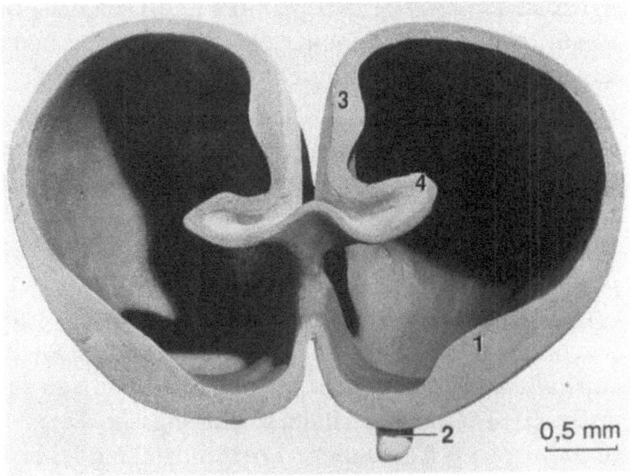

Abb. 16-11. Photographische Wiedergabe der inneren Form des Telencephalon bei einem 17 mm großen menschlichen Embryo nach dem Rekonstruktionsmodell von Hochstetter (Sammlung Anatomisches Institut Zagreb). Beachte die Einstülpung des Plexus choroideus (4). 1 = Ganglienhügel, 2 = Bulbus olfactorius, 3 = Anlage des Hippocampus, 4 = Plexus choroideus

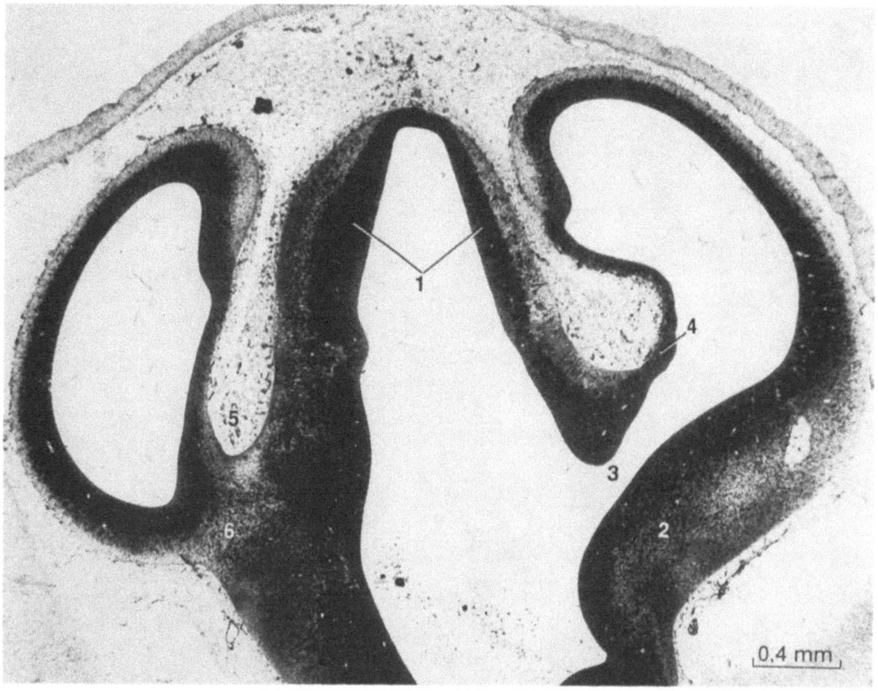

Abb. 16-12. Mikrophotographie des Querschnittes durch das Prosencephalon bei einem menschlichen Embryo von 20 mm. Semidünnschnitt 1 µm, Nisslfärbung. Beachte den Hemisphärenstiel und die Einstülpung des Plexus choroideus. Der Ganglienhügel und die Anlage des Hippocampus sind deutlich erkennbar. 1 = Diencephalon, 2 = Ganglienhügel, 3 = Foramen interventriculare, 4 = Plexus choroideus, 5 = Sulcus hemisphaericus, 6 = Hemisphärenstiel

überlagert den sich ausdehnenden dorsalen Thalamus und bildet so die Anlage der Lamina affixa.

8. Woche

In der 8. Woche (Stadium 19, *48. Tag, 16–18 mm;* Stadium 20, *18–22 mm, 51. Tag;* Stadium 21, *22–24 mm, 52. Tag*) wird die äußere Form des Gehirns durch das weitere Wachstum der Hemisphärenbläschen bestimmt, so daß der Thalamus vollständig vom Ventrikelsystem umgeben wird. Innerhalb des Gehirns bestehen weite interventrikuläre Foramina und die deutlich vorragenden Erhebungen der Ganglienhügel (Abb. 16-12). Das Telencephalon impar bildet noch einen relativ großen Teil des gesamten Telencephalon. Es besteht aus der verlängerten, dünnen Lamina terminalis und der dicken, kurzen Commissurenplatte (Lamina reuniens). An der Grenze zwischen dem Dach des Telencephalon und dem Dach des Diencephalon (Thalamus) liegt die Paraphyseneinstülpung. Der rostrobasale Teil des Ventrikels zeigt schmale Aussackungen (Riechhirnausladung). Der Plexus choroideus wird ausgiebig gefaltet und stülpt sich weit in das Ventrikellumen entlang des Sulcus hemisphaericus vor (Abb. 16-12).

Alle Teile des Diencephalon enthalten Anlagen wichtiger Strukturen: An seinem Rande zeigt sich die Grenze zwischen dem dorsalen und dem medialen Thalamus; der Sulcus zwischen Thalamus und Ganglienhügel ist sehr deutlich; im Epithalamus sind alle Anteile sichtbar: Epiphyse, Habenula und habenuläre Commissur. Im Rhombencephalon vergrößert sich das dünne epitheliale Dach des IV. Ventrikels und wird durchscheinend. Dieses epitheliale Dach enthält im mittleren Bereich einen Abschnitt verminderter Vaskularisation, was möglicherweise ein physiologisches Foramen andeutet [Bartelemez und Dekaban 1962]. Der gesamte IV. Ventrikel erscheint als eine tiefe offene Grube, in deren Rand die spätere Kleinhirnplatte nun schon deutlich entwickelt ist (Abb. 16-13). Sie liegt ventrolateral zum IV. Ventrikel, also nicht in seinem Dach.

Am Ende der 8. Woche (Stadium 22, *54. Tag, 23–28 mm;* Stadium 23, *56.–57. Tag, 27–31 mm*), wenn die Embryonalperiode i.e.S. endet und die Fetalentwicklung beginnt, sind die meisten strukturellen Abgrenzungen, die das Gehirn des Erwachsenen kennzeichnen, vorhanden. Das Telencephalon laterale hat dünnwandige Großhirnbläschen, deren Wand die Anlage der späteren Hirnrinde bilden, und dicke basale Abschnitte, die Ganglienhügel, als Anlage der Basalganglien. Das Telencephalon medium bildet die Anlage der septalen Region, die Commissurenplatte ist der Ort der späteren Commissurenfasern. Die wichtigste Großhirncommissur jedoch, das Corpus callosum, ist noch nicht entwickelt; die Hemisphärengrenze („Limbus“) unterscheidet sich daher noch von der späteren Abgrenzung im fetalen Gehirn. Auch die Grenze zwischen dem Telencephalon und dem Diencephalon ist von der im fetalen Gehirn

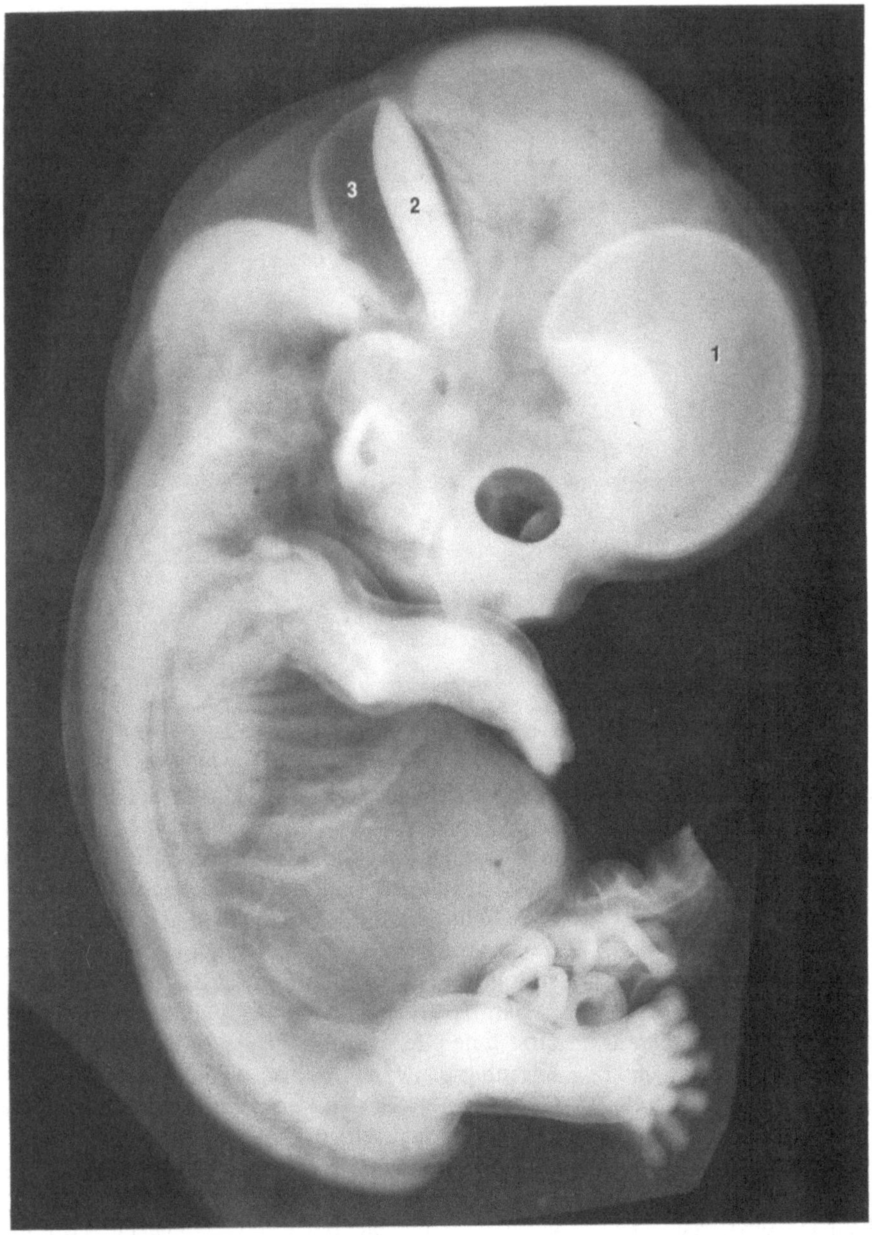

Abb. 16-13. Photo eines Embryo im STADIUM 22 (22 mm), aufgehellt im Methylbenzoat im diffusen Auflicht. Im Vergleich zu Abb. 16-10 werden die Veränderungen der Großhirnbläschen (1) und des Rautenhirns besonders deutlich. Beachte die veränderte Stellung der Kleinhirnplatte (2). 3 = IV. Ventrikel (Präparat und Aufnahme: Prof. Hinrichsen, Bochum). 7 : 1

noch verschieden: Äußerlich ist die Grenzzone zwischen Hemisphären und Zwischenhirn zum sogenannten Hemisphärenstiel verlängert. An der Innenseite der ventrikulären Oberfläche ist der Sulcus terminalis zwischen Ganglienhügel und Thalamus tief und verläuft in einer eher queren Richtung, beim älteren Feten hingegen in caudo-temporaler Richtung. Dies hängt mit der noch unvollständigen „Temporalisation" der Hemisphären und der Ventrikel zusammen. Im Diencephalon sind die Hauptteile sichtbar (Thalamus, Epithalamus, Hypothalamus). Der Thalamus ist morphologisch noch undifferenziert, ein Metathalamus noch nicht entwickelt.

16.2.2 Fetalperiode

3. Monat

Während des 3. Monats *(9.–12. Woche; 30–88 mm)* wachsen die Hemisphären in rostraler, dorsaler, caudaler und temporaler Richtung und bilden die Umrisse der Hauptlappen (Frontal-, Parietal-, Occipital- und Temporallappen). Bezugspunkt für dieses Wachstum ist ein Bereich in der mittleren Außenfläche, die Anlage der Insel. Die Aussackung des frontalen und temporalen Lappens zusammen mit einer Wachstumsverzögerung der Inselregion führt zur Bildung einer flachen Fossa lateralis cerebri (Abb. 16-

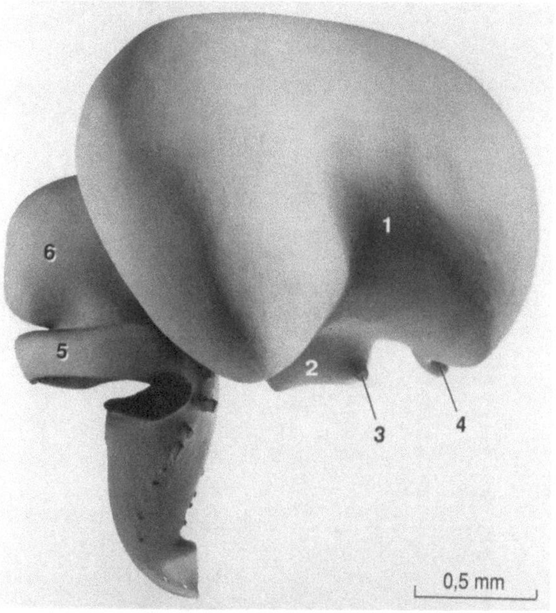

Abb. 16-14. Photographische Wiedergabe der äußeren Form des Gehirns bei einem menschlichen Fetus von 5,3 cm nach dem Rekonstruktionsmodell von Hochstetter (Sammlung des Anatomischen Instituts Zagreb). 1 = Fossa lateralis cerebri, 2 = Hypothalamus, 3 = Augenbecherstiel, 4 = Bulbus olfactorius, 5 = Kleinhirn, 6 = Mesencephalon

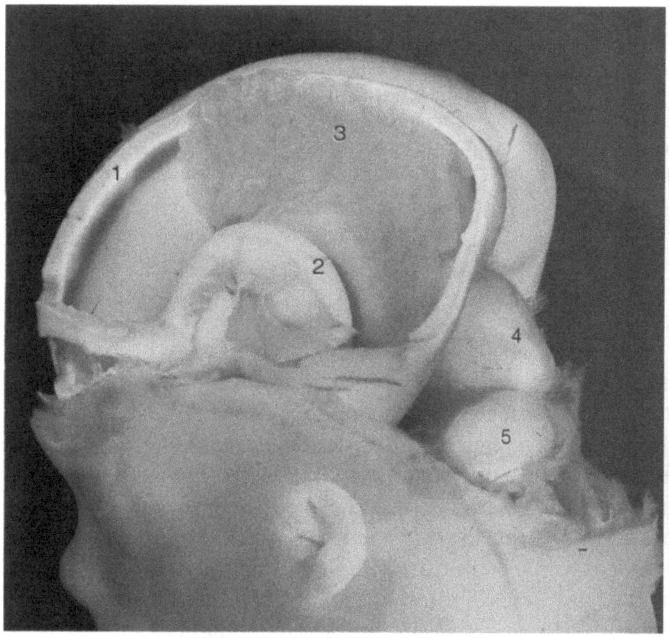

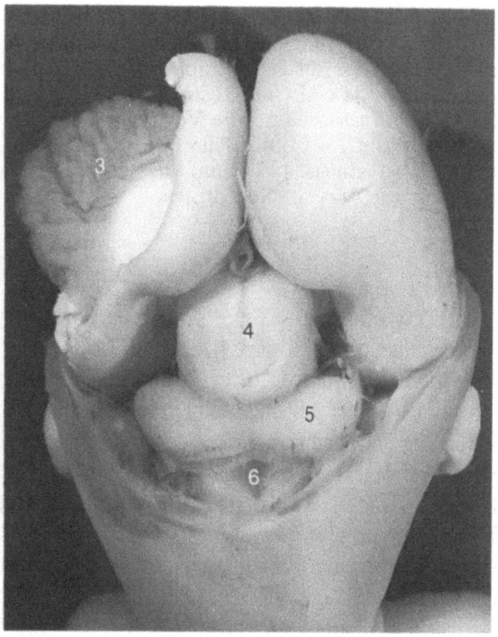

Abb. 16-15. Photographie des Gehirns eines menschlichen Fetus von 7 cm. Die laterale Wand der linken Hemisphäre wurde entfernt, um den großen Plexus choroideus und die Vorragung des Ganglienhügels sichtbar zu machen. 1 = Wand des Großhirns, 2 = Ganglienhügel, 3 = Plexus choroideus, 4 = Mittelhirn, 5 = Kleinhirn, 6 = IV. Ventrikel (Präparat und Photo: Prof. Hinrichsen, Bochum)

14). Auf diese Weise wird die Fossa, später Fissura lateralis cerebri, zur ersten Fissur im neocorticalen Teil des Pallium. An der medialen Oberfläche der Hemisphären erscheint das Corpus callosum bei Feten im Alter von etwa 11½ Wochen *(7,0 cm)* zuerst rostral im Bereich der vorherigen Commissurenplatte. An der basalen Fläche der Hemisphären nehmen Riechhirnanteile einen relativ großen Raum ein und lassen Bulbus olfactorius und Stria olfactoria lateralis unterscheiden. Querschnitte zeigen eine makroskopisch erkennbare Dickenzunahme der Hirnwände und eine deutliche Vorwölbung des Ventrikelbodens im Gebiet des Ganglienhügels. Hemisphärenwand und der Bereich der Basalganglien nehmen an Dicke zu und wachsen stärker als die Seitenventrikel (Abb. 16-15). Dies führt zu einer relativen Verengung der Ventrikel. Entsprechend wird auch das Foramen interventriculare (Monroi) enger (Abb. 16-16). Zu dieser Zeit der Entwicklung kann zum ersten Mal die Anlage des Unterhorns des Seitenventrikels durch seine basale (temporale) Lage und durch die Auffaltung des Hippocampus an seiner medialen Wand deutlich abgegrenzt werden.

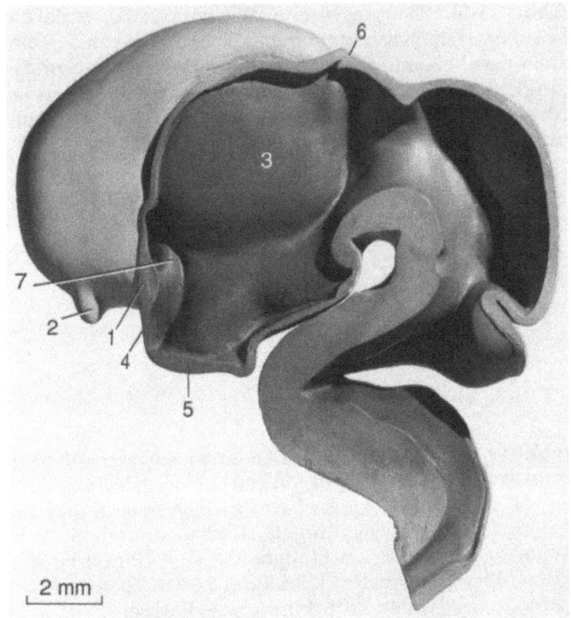

Abb. 16-16. Photographische Wiedergabe der medialen Oberfläche des Gehirns bei einem menschlichen Fetus von 2,7 cm nach dem Rekonstruktionsmodell von Hochstetter (Sammlung Anatomisches Institut Zagreb). Beachte die Anlage des Thalamus und die Verengung des Foramen interventriculare. 1 = Commissurenplatte, 2 = Bulbus olfactorius, 3 = Thalamus, 4 = Lamina terminalis, 5 = Chiasma, 6 = Epiphyse, 7 = Ganglienhügel

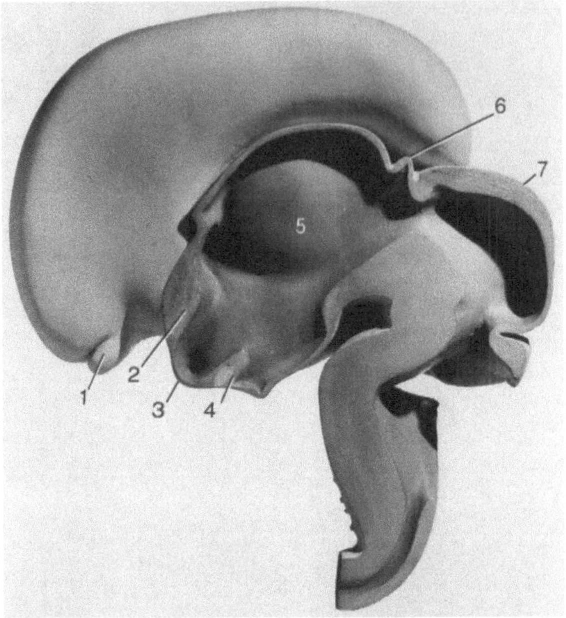

Abb. 16-17. Photographische Wiedergabe der medialen Oberfläche des Gehirns bei einem menschlichen Fetus von 4,65 cm nach dem Hochstetterschen Rekonstruktionsmodell (Sammlung Anatomisches Institut Zagreb). 1 = Bulbus olfactorius, 2 = vordere Commissur und Commissurenplatte, 3 = Lamina terminalis, 4 = Chiasma opticum, 5 = Thalamus, 6 = Epiphyse, 7 = Tectum

Im Zwischenhirn ist die starke Vergrößerung des Thalamus das auffälligste Merkmal (Abb. 16-17). Ein besonders starkes Dicken- und Längenwachstum vollzieht sich im Thalamus. Dadurch verlängert sich auch der Sulcus terminalis, der zwischen dem Thalamus und dem Nucleus caudatus gelegen ist, in caudaler Richtung. In dem morphologisch gut umgrenzten III. Ventrikel sind der pineale, der suprapineale und der infundibuläre Recessus deutlich zu sehen. Der dorsale Abschnitt (Tectum) des Mesencephalon, die Lamina quadrigemina, zeigt Erhebungen der Wand als Anlage der superioren und inferioren Colliculi. Gegenüber der Pons (Rhombencephalon) bedeckt das rasch sich entwickelnde Kleinhirn den „offenen" Bereich im Dach des IV. Ventrikels, überschreitet die Mittellinie und bildet ein „Dach" über diesem Abschnitt (Abb. 16-15). Ein weiteres auffälliges Detail ist das Auftreten eines gut entwickelten hippocampalen Komplexes an der medialen Wand des Unterhorns des Seitenventrikels. Im medianen Sagittalschnitt finden sich an der Oberfläche des Diencephalon die wesentlichen Strukturen, die wir schon von früheren Stadien kennen. Hier sind mehrere fetale Formmerkmale deutlich: im III. Ventrikel ist der Recessus opticus nicht so ausgedehnt wie beim älteren Feten, man sieht aber einen deutlichen Recessus inframamillaris. Im frontalen Schnitt erscheint der am weitesten entwickelte Teil des Diencephalon, der Thalamus, als eine paarige ovoide Masse unterhalb des zentralen Teiles der Seitenventrikel. Von der lateralen thalamischen Oberfläche aus wachsen deutliche Fasern auf das Telencephalon zu. Im Mesencephalon wird das Ventrikellumen verlängert und enger, eine Bildung, die dem Aquaeductus cerebri der späteren Stadien entspricht. Die Umrisse des Tectum (Lamina quadrigemina) sind deutlicher.

Das Rhombencephalon zeigt stärker entwickelte Falten und eine konisch geformte Medulla oblongata.

Im Cerebellum erscheint zum ersten Mal das charakteristische Bild des Vermis, auch kann eine tiefe primäre Fissur erkannt werden. Nach Angaben mehrerer Autoren erscheint die Apertura mediana des IV. Ventrikels als eine direkte Verbindung zwischen Ventrikelsystem und Subarachnoidalraum erst während des 4. Monats.

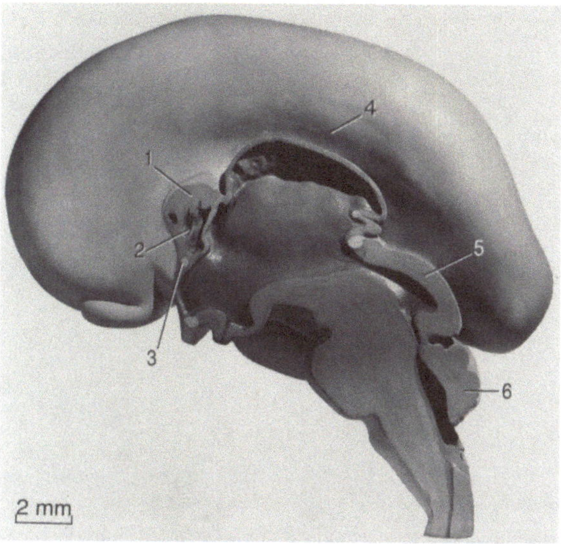

Abb. 16-18. Photographische Wiedergabe der medialen Oberfläche des Gehirns bei einem menschlichen Fetus von 10,2 cm nach dem Rekonstruktionsmodell von Hochstetter (Sammlung Anatomisches Institut Zagreb). Beachte die Entwicklung des Corpus callosum und der Commissuren. 1 = Corpus callosum, 2 = Cavum septi, 3 = vordere Commissur, 4 = Limbischer Lappen, 5 = Lamina tecti, 6 = Kleinhirn

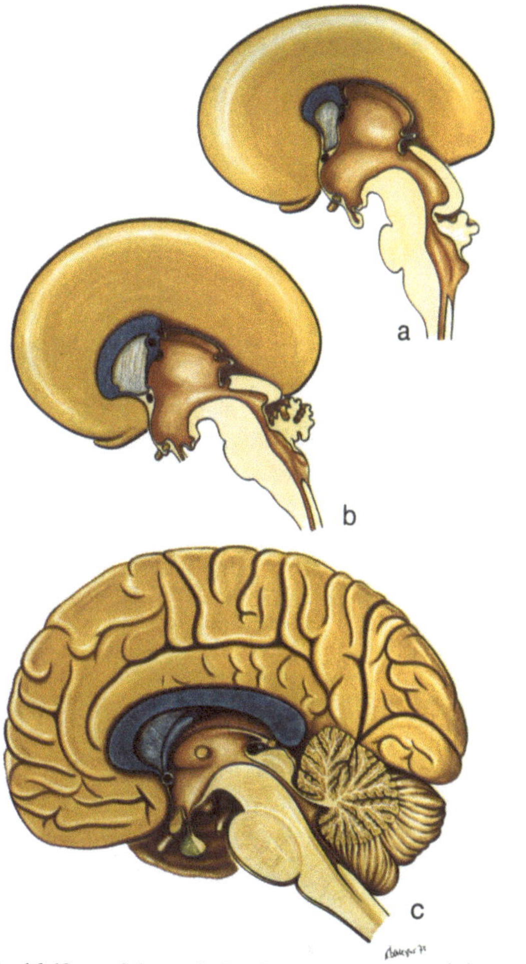

Abb. 16-19a–c. Schematische Darstellung der Entwicklung der Commissuren (dunkelblau), des Corpus callosum, des Fornix und des Septum pellucidum (hellblau) bei Feten von 10,5 **(a)** und 12,5 cm **(b)** im Vergleich zum Erwachsenengehirn **(c)**. Beachte die Ausweitung des Kleinhirns. Die Zeichnungen sind nicht maßstäblich.
[Aus: Hinrichsen 1986]

4. Monat

Während des 4. Monats *(13.–16. Woche, 8–14 cm)* ändert sich das äußere Bild der Hemisphären nicht entscheidend. Temporal-, Occipital- und Frontallappen treten stärker hervor, und die Fossa lateralis cerebri ist tiefer. Deutlichere Veränderungen zeigen sich im medialen Sagittalschnitt: Das Corpus callosum wächst rasch in rostrocaudaler Richtung; ventral vom Corpus entwickelt sich das Septum pellucidum, das sich von der Unterseite des Balkens bis zur vorderen Commissur ausspannt (Abb. 16-18 und 16-19). Die Vorwölbung des limbischen Cortex läßt sich oberhalb der Anlage des Septum und des Corpus callosum entlang der Fissura interhemisphaerica bis zum ventralen Pol des Temporallappens verfolgen. Weitere Details des Telencephalon können auf Frontalschnitten beobachtet werden, besonders im Bereich der septalen Region und des Corpus callosum. Hier tritt zwischen Corpus callosum und Septum ein Cavum septi pellucidi auf. Nach Rakic und Yakovlev [1968] ist dieser Spaltraum eine Tasche der Fissura interhemisphaerica, der sich nach rostral zum Septum hin entwickelt, wenn die Fasern des Corpus callosum den interhemisphärischen Raum überbrücken und die Hemisphären verbinden. Er kommuniziert nicht mit dem Ventrikellumen.

5. Monat

Die Veränderungen der äußeren Form, die mit dem 5. Monat beginnen *(17.–20. Woche, 14,5–19,5 cm)*, betreffen vor allem telencephale Strukturen, besonders im limbischen Teil. An der basalen Fläche besteht das Rhinencephalon nun aus Bulbus olfactorius, Tractus olfactorius, dem Tuberculum sowie medialen und lateralen Striae olfactoriae. Zwischen diesen olfaktorischen Strukturen und dem limbischen Teil des Temporallappens sind die Fissura rhinalis und der Gyrus semilunaris deutlich ausgeprägt. Ventrale Anteile des limbischen Cortex, die den Hippocampus bilden, sind um die Fissura hippocampalis deutlich aufgefaltet, während dorsale Anteile als ein hippocampales Rudiment oberhalb des Corpus callosum verbleiben.

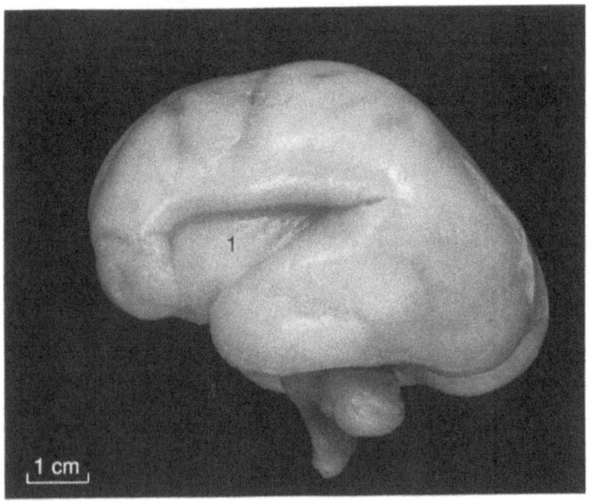

Abb. 16-20. Makrophoto der äußeren Oberfläche des Gehirns bei einem 21 Wochen alten menschlichen Fetus (vor der Fixierung). Beachte die tiefe Fossa Sylivii, aus der die Fissura lateralis (1) hervorgehen wird, und die noch sehr glatte Hirnoberfläche.

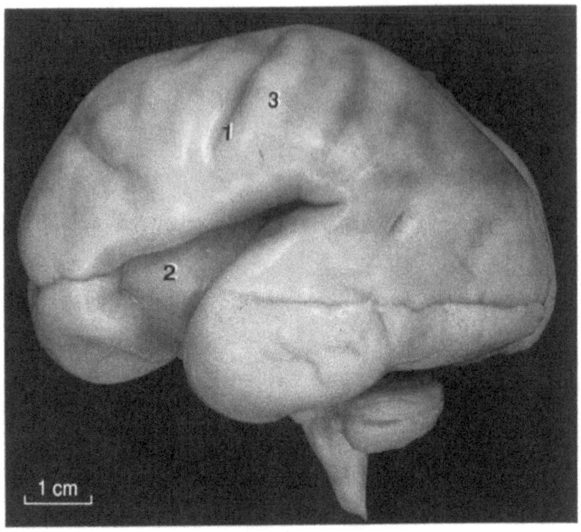

Abb. 16-21. Auftreten des Sulcus centralis (1) und der Anlage des Gyrus postcentralis (3) bei einem 24 Wochen alten menschlichen Fetus. Die Insel liegt am Grunde der Fissura lateralis (2). Die im Temporallappen erscheinenden Furchen sind artifiziell.

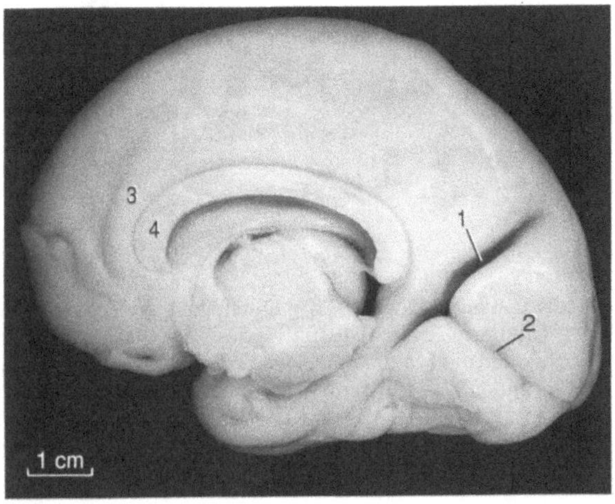

Abb. 16-22. Makrophoto der Medialfläche des Gehirns bei einem 24 Wochen alten menschlichen Fetus. Der Hirnstamm wurde im Niveau des rostralen Mesencephalon herausgetrennt. Beachte die tiefe Fissura parietooccipitalis (1), die Fissura calcarina (2) und die ersten Anzeichen eines Gyrus cinguli (3). Das Corpus callosum ist gut entwickelt (4).

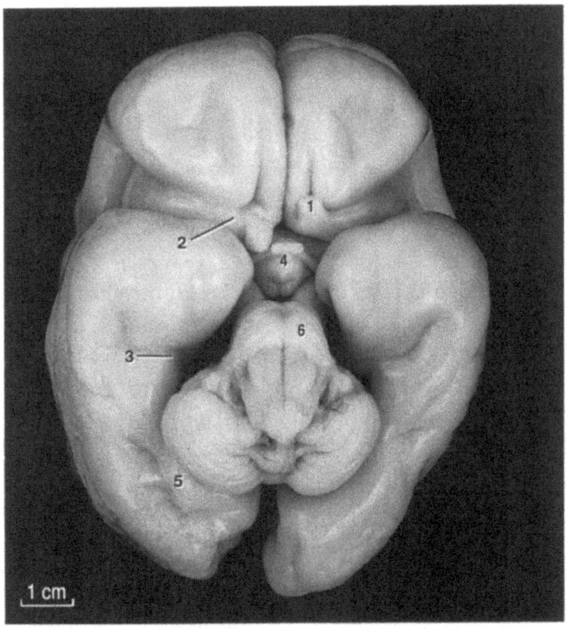

Abb. 16-23. Makrophoto der basalen Hirnoberfläche bei einem 24 Wochen alten menschlichen Fetus. Beachte den Gyrus parahippocampalis (3) und das Trigonum olfactorium (1). Das basale Telencephalon (2) ist noch nicht durch die Temporallappen bedeckt. 4 = Hypothalamus, 5 = Sulcus collateralis, 6 = Brücke

6. Monat

Der 6. Monat *(21.–24. Woche, 19,8–23,0 cm, 260–500 g Gewicht)* ist charakterisiert durch das Auftreten der Fissuren und der primären Sulci. Vor dieser Periode war als einzige Fissur auf der lateralen Fläche der Hemisphäre (Abb. 16-20) die Fissura lateralis cerebri (Sylvii) sichtbar, auf der medialen Fläche die Fissura hippocampalis. Während des 6. Monats tritt der Sulcus centralis (Rolandi) oberhalb der Insel im mittleren dorsalen Bereich der lateralen Hemisphärenoberfläche auf. Am Ende des 6. Monats treten parallel zum Sulcus centralis die Anlage des Gyrus praecentralis und die Anlage des Gyrus postcentralis auf (Abb. 16-21). Auf der medialen Oberfläche der Hemisphäre werden zwei Sulci regelmäßig beobachtet: Ein zarter Sulcus cinguli umgrenzt die Kurvatur des Gyrus cinguli, der Sulcus calcarinus und der Sulcus parietooccipitalis sind bestimmbar (Abb. 16-22). An der Basalfläche verläuft der spätere Sulcus collateralis parallel zur parahippocampalen Rinde (Abb. 16-23). Die Existenz dieser primären Sulci haben wir an unserem eigenen gut konservierten fetalen Gehirnmaterial bestätigen können. Andere strukturelle Veränderungen in den Hemisphären sind: Wachstum der Opercula mit randständiger Bedeckung der Insel, weiteres Wachstum des Corpus callosum in dorsocaudaler Richtung (wodurch es ein neues Dach der Seitenventrikel bildet), Verlängerung des Fornix unterhalb des Corpus callosum. Das Foramen interventriculare ist enger als in früheren Entwicklungsstadien, aber es ist immer noch sehr viel größer als in späten fetalen Gehirnen.

7. Monat

Während des 7. Monats *(25.–28. Woche, 23,5–27 cm, 500–1200 g)* setzt sich die Entwicklung der primären corticalen Sulci fort. Im Frontallappen begrenzt der praecentrale Sulcus den Gyrus praecentralis. Im anterolateralen Aufblick auf den Frontallappen erscheinen zwei seichte Sulci (Sulcus frontalis superior und inferior) und begrenzen die künftigen Gyri frontales superior, medius und inferior. Zur gleichen Zeit entwickelt sich das frontale Operculum und bedeckt schrittweise den vorderen Teil der Insel. Im Parietallappen begrenzt der Sulcus postcentralis den Gyrus postcentralis (Abb. 16-24 und 16-25). Ein variabler intraparietaler Sulcus teilt den Parietallappen in ein oberes und unteres Läppchen. Im Temporallappen begrenzen oberer, mittlerer und unterer temporaler Sulcus mit unterschiedlicher Länge die zukünftigen temporalen Gyri.

8. Monat

Die Ausbildung der äußeren Form der Hemisphären während des 8. Monats *(29.–32. Woche, 27,5–32,0 cm, 1000–2850 g)* geht mit einer starken Massenentwicklung des frontalen, parietalen und temporalen Operculum einher, die zur definitiven Schließung der Fossa lateralis cerebri und zur weiteren Bedeckung der Insel führt. Dennoch ist die Insel noch nicht vollständig bedeckt, ihre Oberfläche kann von der Lateralseite her noch gesehen werden. Des weiteren treten sekundäre Sulci und Gyri in allen Lappen und ebenso an der medialen Oberfläche der Hemisphären auf. Die Mehrheit der Furchen ist jedoch noch sehr flach und kurz, die Hemisphärenoberfläche erscheint noch weniger aufgefaltet als beim Neugeborenen. Auf Frontalschnitten sieht man das Cavum septi pellucidi, die weitere Existenz der Ganglienhügel und das noch große Foramen interventriculare.

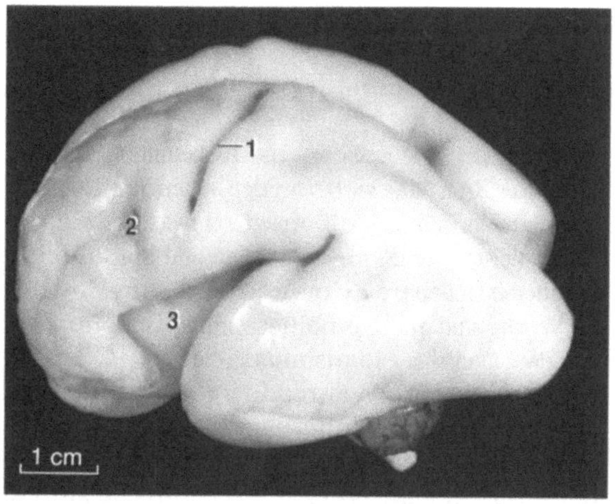

Abb. 16-24. Makrophoto der lateralen Hirnoberfläche bei einem 28 Wochen alten menschlichen Fetus. Der Sulcus centralis (1) ist gut ausgebildet. Primäre Sulci treten im Frontallappen und im Temporallappen auf (2 = Sulcus frontalis inferior). Die Insel (3) ist weitgehend durch Opercula bedeckt.

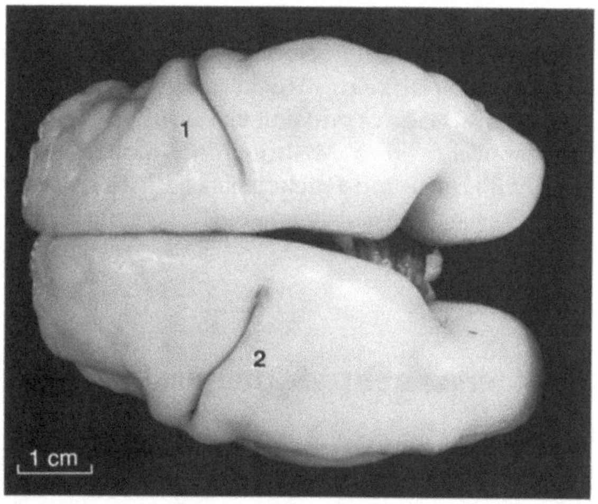

Abb. 16-25. Makrophoto der dorsalen Oberfläche des Gehirns bei einem 28 Wochen alten menschlichen Fetus (gleiches Präparat wie Abb. 16-24). Der Gyrus praecentralis (1) und der Gyrus postcentralis (2) beginnen sich zu entwickeln.

9. und 10. Monat

Charakteristisch für die zwei letzten Monate *(32.–38. Woche, 32,1–45,0 cm, 2200–3800 g)* ist die weitere Entwicklung des temporofrontalen Operculum und die vollständige Bedeckung der Insel. Als zusätzliches Merkmal während dieser Periode treten die tertiären Sulci auf. Das allgemeine Muster der Gyrierung ist jedoch noch eher unreif, da die Gyri niedrig, kurz und noch unvollständig ausgebildet sind.

16.3 Formentwicklung des Rückenmarks

16.3.1 Embryonalperiode

Während der 4. Woche ist das Rückenmark ein verlängertes Rohr, das sich von den Seiten her geschlossen hat. An seiner Außenseite entwickeln sich die Neuralleisten, die Spinalganglien und Spinalnerven erscheinen im oberen Cervicalbereich. Am Ende der 5. Woche sind alle Spinalnerven und Ganglien vorhanden, und die Plexusbildung beginnt [O'Rahilly und Gardner 1971]. Während der 6. und 7. Woche bildet sich mit der Vergrößerung der Vorderhörner die Fissura mediana anterior. Diese Fissur ist zunächst flach und sehr weit. Am Ende der 8. Woche sind die Rückenmarkshäute differenziert und beide Schichten, Dura mater und Pia mater, sind vorhanden [Sensenig 1951].

16.3.2 Fetalperiode

Während der fetalen Periode treten regionale Unterschiede in der Dicke des Rückenmarks auf, die äußeren Umrisse einer cervicalen und lumbalen Intumeszenz werden sichtbar. Während des 3. Monats beginnen Wirbelsäule und Rückenmark ungleich zu wachsen. Bis zum 3. Monat wuchs das Rückenmark parallel mit der Wirbelsäule und füllte die ganze Länge des Wirbelkanals aus. Mit Beginn des 3. Monats wächst die Wirbelsäule rascher als der caudale Teil des Rükkenmarks. Dadurch liegt der verjüngte Teil des Rükkenmarks, der Conus medullaris, nun im sakralen Teil des Wirbelkanals, und unterhalb der Cervicalregion verlaufen die Wurzelfäden der Spinalnerven zunehmend schräg absteigend zu ihren Foramina intervertebralia.

16.3.3 Späte Fetalperiode und Frühreife

Als Ergebnis des ungleichen Wachstums des Rückenmarks und der Wirbelsäule ändern sich deren topographische Beziehungen dramatisch. Nach der 24. Woche erreicht das verjüngte, caudale Ende des Rükkenmarks (Conus medullaris) kaum den 3. Lendenwirbel. Die lumbosakralen Rückenmarkswurzeln nehmen einen annähernd vertikalen Verlauf und bilden zusammen mit der „pialen" Endausdehnung (Filum terminale) eine besondere Struktur, die als „Cauda equina" bezeichnet wird (siehe auch Kapitel 17. Peripheres Nervensystem und Abb. 17-4).

16.4 Strukturentwicklung und Histogenese des Zentralnervensystems

16.4.1 Allgemeine Übersicht über die Histogenese

An der Strukturentwicklung des Gehirns sind folgende histogenetischen und zellulären Prozesse beteiligt:

1. Proliferation
2. Migration
3. neuronale Differenzierung (Entwicklung von Dendriten, Axonen und die cytologische Ausreifung)
4. Entwicklung von Kontakten mit Synapsenbildung und
5. Zelltod.

Zu diesen neurogenetischen Vorgängen tritt noch (6.) die Entwicklung der Glia (Gliogenese) hinzu, die sich etwas später vollzieht als die Neurogenese, sich mit ihr jedoch zeitlich überlappt.

Alle histogenetischen Prozesse sind außerdem durch räumliche und zeitliche Parameter näher bestimmt. Die wichtigsten räumlichen Muster sind embryonale Zonen, die wir zuerst beschreiben wollen. Wie schon früher in diesem Kapitel erwähnt, besteht das Neuralrohr aus mehrreihig erscheinendem, hochprismatischem Neuralepithel, das eine einzige cytoarchitektonische Schicht – die **Ventrikulärzone** – bildet. Diese frühe erste proliferative Zone nimmt die volle Dicke der Wand des Neuralrohres ein. Schon bald nach diesem ersten Stadium (d.h. während der 5. Woche) erscheint außerhalb der Ventrikulärzone eine zellarme Zone, die **Marginalzone.** Die frühe Marginalzone besteht aus verlängerten, auswachsenden Fortsätzen der neuroepithelialen Zellen, die eine unreife, um die Anlage des Zentralnervensystems bereits gebildete Basalmembran erreichen. Diese Basalmembran formt zusammen mit den randständigen Endigungen der neuroepithelialen Zellfortsätze die früheste äußere Grenzmembran des Zentralnervensystems. Das Auswachsen der Zellfortsätze neuroepithelialer Zellen ist das erste Beispiel einer Zelldifferenzierung im Neuralepithel.

Hauptproliferationszone des gesamten Zentralnervensystems in diesem frühen Stadium ist die **ventrikuläre Zone** (Abb. 16-26). Die nächste Zone entwickelt sich zwischen der ventrikulären und der Marginalzone; sie wird durch das Boulder Committee [1970] als **Intermediärzone** bezeichnet („Zwischenschicht" oder „Mantelschicht" von His 1904, Abb. 16-27). Die Intermediärzone hat eine beträchtlich geringere Zelldichte als die Ventrikulärzone, enthält jedoch deutlich mehr Zellen als die Marginalzone (Abb. 16-32).

Von den zahlreichen Erklärungsversuchen zur Bildung der frühen Intermediärzone in der Literatur ist keiner ganz befriedigend. Nach His [1904] wandern unreife Neurone (Neuroblasten) von der ventrikulä-

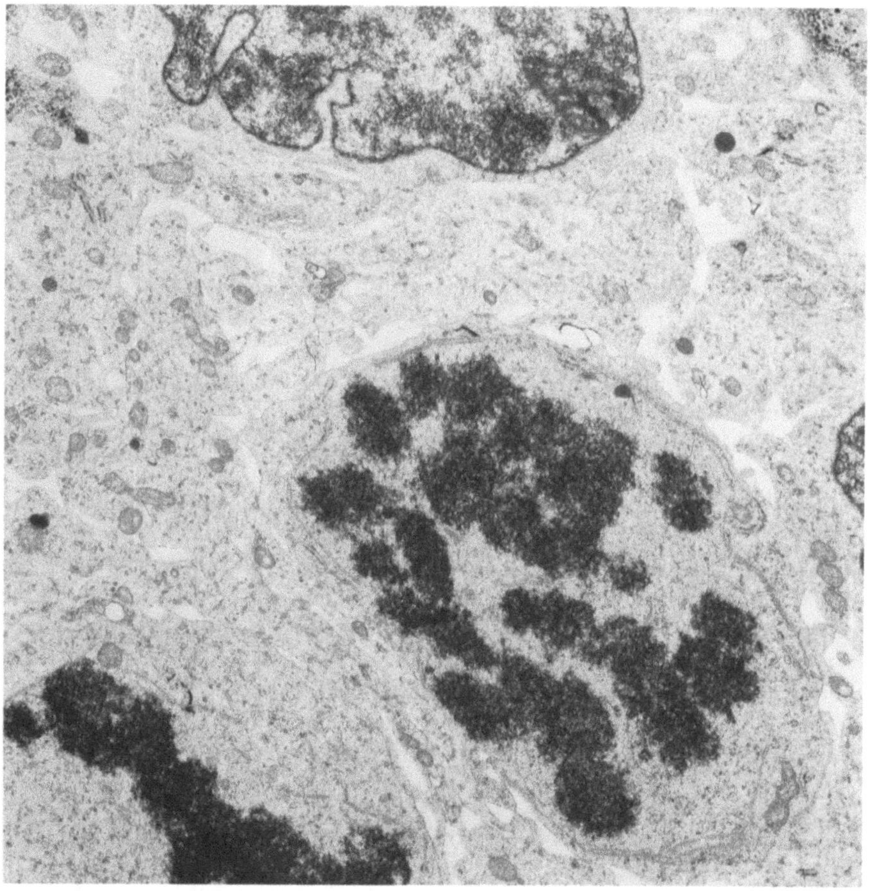

Abb. 16-26. Ventrikulärzone bei einem menschlichen Embryo von 11 mm im elektronenmikroskopischen Bild. Die angeschnittenen Mitosen zeigen auf die proliferative Aktivität dieser Schicht hin. 13 000 : 1

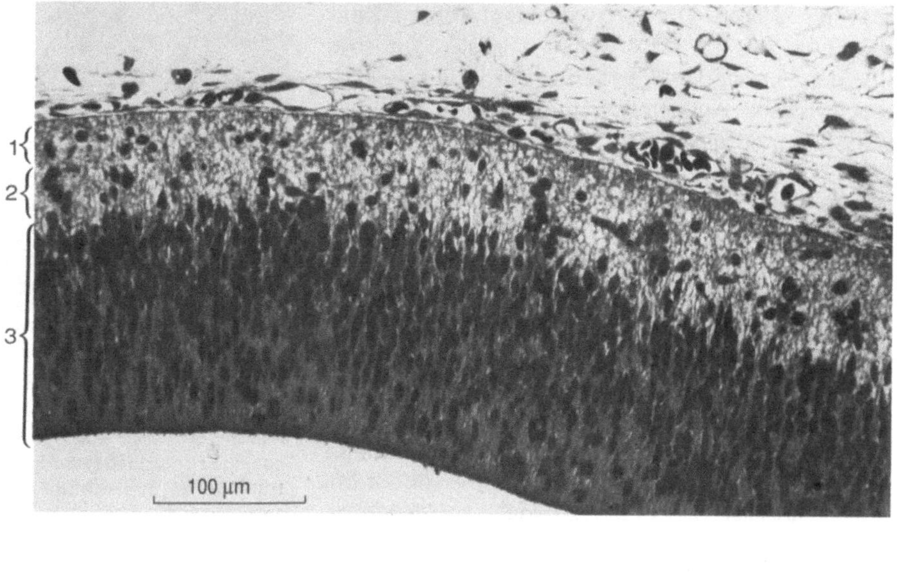

Abb. 16-27. Mikrophoto eines Semidünnschnitts (1 µm) durch die Hirnwand eines menschlichen Embryo von 16 mm (Nisslfärbung). Marginalzone (1), Intermediärzone (2) und Ventrikulärzone (3)

ren Zone zur Oberfläche hin und bilden so die intermediäre Zone. Eine andere Erklärung könnte sein, daß prospektive junge Neurone (postmitotische neuroepitheliale Zellen, die bereits zu Neuronen determiniert sind) nur ihr Perikaryon nach außen verlagern und so eine neue Schicht bilden. Der Vorgang der Verlagerung von Neuronen in die Intermediärzone schließt wahrscheinlich Vorgänge ein, die denen sonstiger **Zellwanderungen** ähnlich sind: Retraktion cytoplasmatischer Fortsätze von der ventrikulären Oberfläche und gerichtetes Auswachsen anderer cytoplasmatischer Fortsätze mit Wachstumsconus nach außen (d.h. zur mesodermalen Oberfläche hin).

Die ständige Vergrößerung der **intermediären Zone** erfordert außerdem, daß junge (postmitotische) Neurone wandern, um eine weiter entfernte definitive Position zu erreichen. Obwohl über den frühesten Mechanismus der Zellwanderung im menschlichen Zentralnervensystem noch Unklarheit besteht, gibt es für spätere Stadien mit schon dickerer Intermediärzone nur wenig Zweifel, daß die aktive Wanderung von Neuronen ein entscheidender histogenetischer Vorgang ist. Hauptwanderungszone ist die intermediäre Zone. Die Bedeutung einer neuronalen Wanderung ergibt sich am deutlichsten aus folgender **Hauptregel der Neurogenese:** Alle Neurone im Gehirn werden an anderen Orten gebildet, als ihrer späteren Position im Gehirn des Erwachsenen entspricht; sie müssen daher wandern, um ihre definitive Position zu erreichen. Der Wanderungsweg in dem großen menschlichen Gehirn kann sehr lang sein (mehr als 1 cm!), und die wandernden Neurone selbst überbrücken mit Zellfortsätzen und Perikaryon nur einen Teil des gesamten Wanderungsweges. Daher ergibt sich für eine nähere Deutung dieser Zellwanderung die Frage nach ihren Modalitäten. Nach Ergebnissen am Nervensystem von Affen während der Entwicklung [Rakic 1982] folgen Neurone in ihrer Wanderung radialen Glia-Leitstrukturen; Zell-zu-Zell-Kontakte zwischen Neuronen und radialer Glia sind für den Vorgang der Wanderung essentiell: Die charakteristische Anordnung transitorischer radialer Gliafasern zusammen mit Säulen von Neuronen bilden ein grundlegendes Organisationsprinzip für einige Teile des Gehirns, wie beispielsweise den Cortex. Wandernde Neurone sind bipolar und haben zwei Hauptzellfortsätze. Ein Fortsatz ist der „führende" Fortsatz, der zur Bestimmungsregion hin gerichtet ist, der entgegengesetzte Fortsatz bildet eine Art „Schleppe".

Die nächste wichtige embryonale Schicht, die zwischen der ventrikulären und der intermediären Zone auftritt, ist die **Subventrikulärzone.** Diese Schicht enthält proliferierende Zellen und Mitosen und kann daher zusammen mit der Ventrikulärzone als Keimzone des Gehirns aufgefaßt werden. Sie ist besonders in den Hemisphärenbläschen gut entwickelt, wo sie Entstehungsort für Neurone der Basalganglien und des Cortex ist (Abb. 16-28). Diese Zone enthält Vorläufer sowohl der Neurone als auch der Gliazellen des

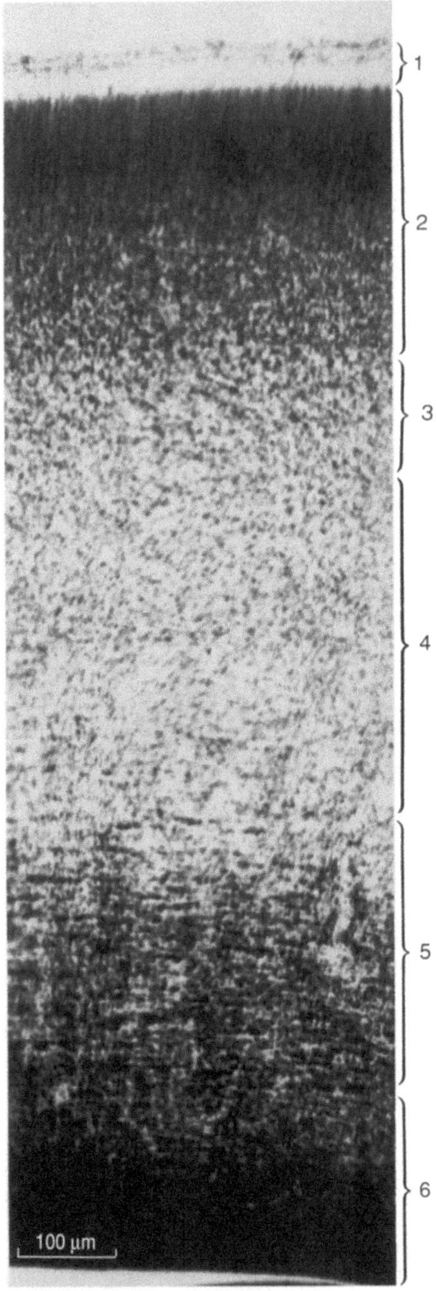

Abb. 16-28. Mikrophoto eines Frontalschnitts durch die Hirnwand bei einem menschlichen Fetus von 12 Wochen. Beachte die dicke subventrikuläre Zone, die einen relativ großen Teil der Hirnwand einnimmt. 1 = Marginalzone, 2 = Rindenplatte, 3 = sekundäre Rindenzone, 4 = Intermediärzone, 5 = subventrikuläre Zone, 6 = ventrikuläre Zone

Gehirns. Der Bildungsmodus dieser Subventrikulärzone ist nicht geklärt. Prinzipiell gäbe es die Möglichkeit, daß Vorläuferzellen aus dem ventrikulären System segregiert werden und in die subventrikuläre Schicht wandern, um hier die Neubildung von Zellen fortzusetzen. Die subventrikulären Zellen nehmen keinen Kontakt zur Oberfläche der Hirnrinde auf [Schmechel und Rakić 1979]. Auf histologischen Schnitten durch das menschliche Gehirn während der Entwicklung ist die Subventrikulärzone durch das Vorhandensein von Mitosefiguren und durch das Fehlen einer prismatischen Zellanordnung charakterisiert. Die vier Zonen (ventrikuläre, subventrikuläre, intermediäre und marginale Zone) sind vorübergehende Entwicklungsstrukturen, die keine Entsprechung in der Struktur des Erwachsenengehirns haben. Die in der ventrikulären oder subventrikulären Zone gebildeten Neurone wandern durch die Intermediärzone, erreichen möglicherweise ihre definitive Position und beginnen dann sich in verschiedene Neuronentypen zu differenzieren. Obwohl schon während der Wanderung Zellfortsätze auswachsen können, beginnt die Hauptdifferenzierung von Dendriten und Axonen erst, nachdem die Zellen ihre definitive Lage in der grauen Substanz erreicht haben. Die Entwicklung ihrer Grundform und von Dendriten ist den Neuronen eigen, sie entwickeln diese Strukturform auch außerhalb des Gehirns, z.B. in Zellkulturen, d.h. ohne einen Einfluß anderer Neurone. Die Ausbildung dendritischer Dornen ist ein relativ später Entwicklungsvorgang, der sich erst in der zweiten Hälfte der Schwangerschaft vollzieht. Allgemein läßt sich sagen, daß efferente Neurone früher reifen und ihren Dendritenbaum früher ausbilden als Zwischenneurone. Eine weitere Verallgemeinerung wurde von den Entwicklungsneurobiologen formuliert: Große Neurone werden früher gebildet und differenzieren sich früher als kleine Neurone. An einigen Orten, wie beispielsweise im Striatum, reifen große cholinerge Interneurone früher, sogar früher als einige kleine efferente striale Neurone.

Gleichzeitig mit der **Bildung von Dendriten** und dem **Auswachsen von Axonen** erfolgen weitere **cytologische Differenzierungen** in den Nervenzellen. In den frühen Stadien der Differenzierung ist das neuronale Cytoplasma sehr hell, nur wenige Profile des endoplasmatischen Reticulums sind entwickelt. Die fortschreitende cytologische Reifung läßt sich daher besser an den Veränderungen der Kernstruktur verfolgen. (Für eine Untersuchung des menschlichen Gehirns ist dies besonders bedeutsam, weil es hier sehr schwierig ist, eine für elektronenmikroskopische Untersuchungen ausreichend gute Fixierung zu erreichen.) Der Zellkern durchläuft verschiedene Phasen der Differenzierung: Zu Beginn ist das Kernchromatin kondensiert, und der Kern erscheint sehr dunkel gefärbt; später wird das Chromatin in Chromatinschollen aufgebrochen, und die Zellkerne erscheinen heller; schließlich ist das Kernchromatin fein verteilt, der Nucleolus deutlich sichtbar, und der gesamte Kern ist nach der konventionellen Nissl-Methode hell gefärbt. Diese Merkmale des Zellkerns sind nicht nur für das Studium der neuronalen Differenzierung hilfreich, sondern auch für die Unterscheidung zwischen Neuronen und Gliazellen. In der Differenzierung des Cytoplasma ist die Bildung des rauhen endoplasmatischen Reticulum (rER) das wichtigste Phänomen (Abb. 16-29). Der Reifungsgrad des rER ist der Ausreifung des gesamten Neurons direkt proportional. Die bekannten Nissl-Schollen (dicht gelagerte Schläuche des rER und Polyribosomen), die der Hauptort der Proteinsynthese sind, erscheinen während der Entwicklung relativ spät. Darum kann das Vorhandensein von Nissl-Schollen nicht als Kriterium für die Klassifizierung verschiedener Neuronentypen während der Entwicklung dienen, wie dies im Gehirn des Erwachsenen möglich ist.

Der Prozeß höchster Spezifität in der Differenzierung des Gehirns ist jedoch die Entwicklung **neuronaler Kontakte.** Verschiedene Ereignisse kennzeichnen diesen Vorgang:

a) das Wachstum praesynaptischer Axone,
b) die Entwicklung postsynaptischer Strukturen und
c) die Bildung von Synapsen.

a) Die große Mehrheit der praesynaptischen Axone im fetalen Gehirn sind afferente Axone aus verlagerten Bildungsorten, die nicht zu den lokalen Reflexbahnen gehören. Ganz allgemein reifen Hirnstammneurone sehr früh und entsenden ihre Axone zu „höheren" Hirnabschnitten. In gleicher Weise bilden Axone des basalen Vorderhirns und des Thalamus schon früh afferente Systeme zu „höheren" Zentren in der Hirnrinde. Während des Auswachsens zeigen die Axone eine Tendenz zur Anordnung in Bündeln, die durch die Intermediärzone (fetale „weiße" Substanz), aber ebenfalls durch die Marginalzone verlaufen. Das auswachsende Ende eines Axons wird „Wachstumsconus" genannt (Abb. 16-30). Die Membran dieser Wachstumscone nimmt Makromoleküle, z.B. Glycoproteine auf, wodurch möglicherweise postsynaptische Membranen anderer Neurone „erkannt" werden. Obwohl es Makromoleküle gibt, die einige Forscher als „neuronale chemoaffine Moleküle" bezeichnen, haben wir noch keine Antwort auf die Frage, wie Axone von entfernten Bereichen, wie beispielsweise dem Hirnstamm, über lange Strecken (einige Zentimeter!) wandern und wie sie den postsynaptischen Anschluß an ein bestimmtes Neuron fin-

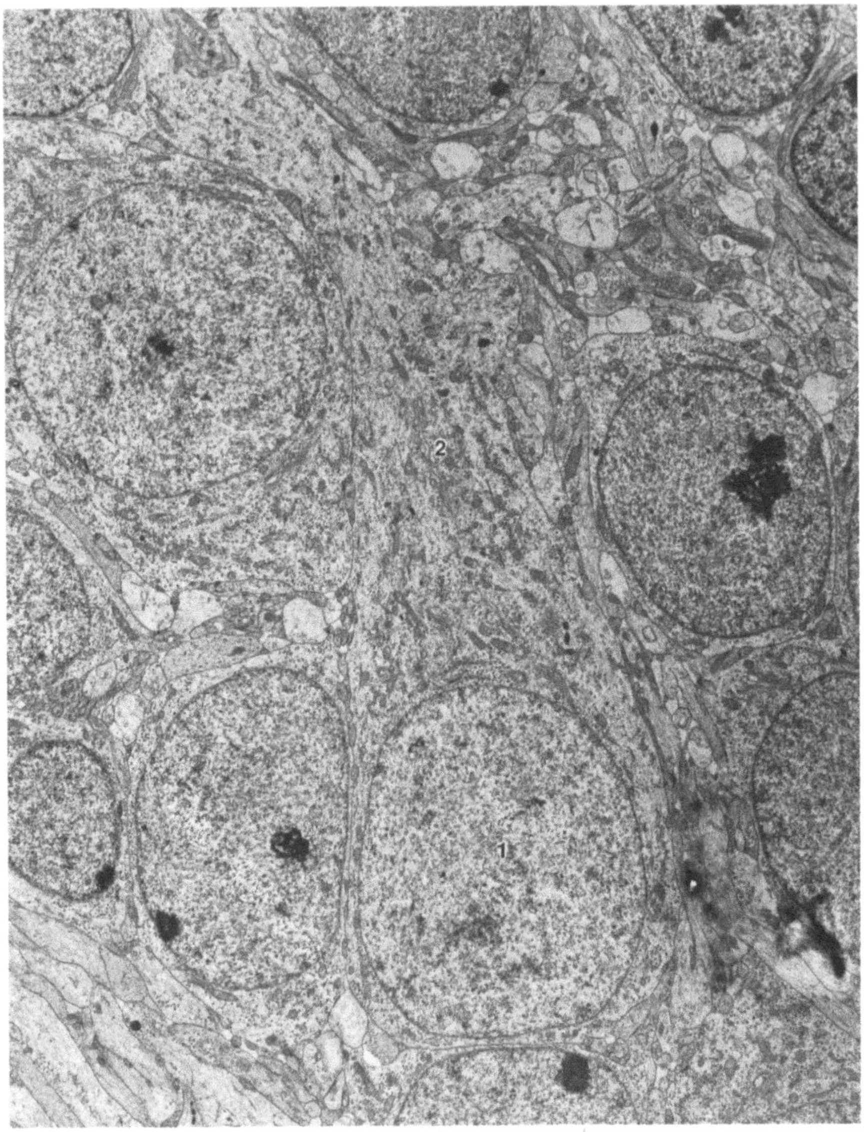

Abb. 16-29. Elektronenmikroskopisches Bild der Rindenplatte der postzentralen Hirnrinde bei einem menschlichen Fetus im Alter von 22 Wochen. Im Zentrum findet sich ein junges pyramidales Neuron. Der Kern dieses Neuron (1) zeigt verteiltes, reifes Chromatin, das Cytoplasma enthält rauhes endoplasmatisches Reticulum (2). 6000 : 1

den. Während des Wachstums können die Axone bereits Transmitter-Eigenschaften haben, bevor ein synaptischer Kontakt hergestellt ist.

b) Die Hauptorte für postsynaptische Kontakte im frühen fetalen Gehirn sind die Dendriten (axo-dendritische Synapsen).

c) Die Synapsen (charakterisiert durch das Vorhandensein membranassoziierter Verdichtungen und synaptischer Bläschen) erscheinen in der Entwicklung bereits sehr früh zu Beginn des 3. Monats. Diese überraschend frühe Reifung synaptischer Kontakte zwischen fetalen Neuronen weist auf die Möglichkeit einer frühen Funktionsentwicklung hin. Unreife Synapsen haben weniger synaptische Bläschen als das Erwachsenengehirn, ihre synaptischen Membranen sind kürzer (Abb. 16-31). Es ist jedoch zu betonen, daß Synapsen nicht die einzige Art interzellulärer Kontakte sind. Es gibt zahlreiche andere nichtsynaptische Verbindungen, durch die Zell-zu-Zell-Kontakte zwischen sich entwickelnden Neuronen hergestellt werden. Trotz des frühen Auftretens von Synapsen laufen andere neurogenetische Prozesse weiter. Auffällig ist, daß einige, vermutlich ältere Neurone bereits synaptische Kontakte in einem bestimmten Kerngebiet bilden, während andere Neurone noch durch die Intermediärzone wandern oder in der ventrikulären oder subventrikulären Zone erst gebildet werden. Diese deutliche Überlappung im zeitlichen Ablauf der Neurogenese ist charakteristisch für die Entwicklung des großen Primatengehirns, besonders für die Entwicklung des menschlichen Gehirns. Die zeitliche Überlappung von Zellbildung, Zellwande-

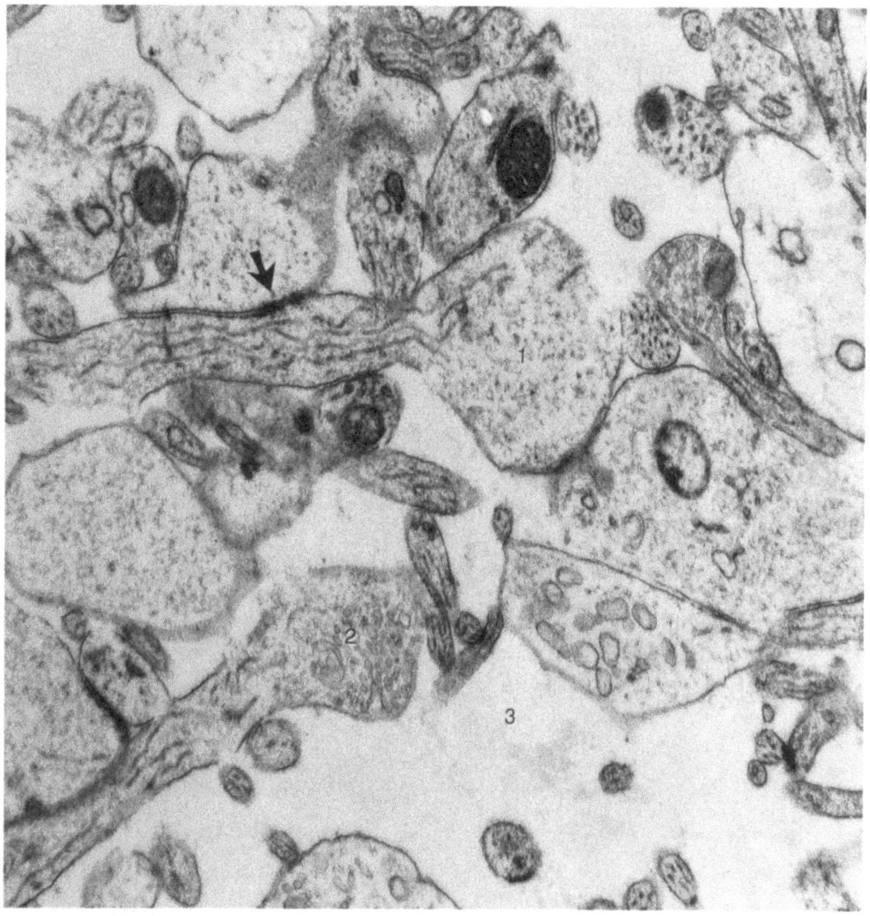

Abb. 16-30. Elektronenmikroskopisches Bild des sich entwickelnden cerebralen Neuropils bei einem menschlichen Fetus von 9,5 Wochen. Mehrere Wachstumscone sind zu sehen. Der größere Wachstumsconus (1) ist an einem Interzellulär-Kontakt beteiligt, möglicherweise einer unreifen Synapse (Pfeil). Ein kleinerer Wachstumsconus (2) enthält Vesikel. Typisch für das Gehirn in der Entwicklung ist der weite Extrazellularraum (3), der im reifen Gehirn so nicht existiert. 28 000 : 1

rung, Auswachsen von Axonen und Synaptogenese kann 5–6 Monate andauern (beispielsweise im cerebralen Cortex).

Auch ein weiteres histogenetisches Ereignis, der **Zelltod,** wird für das menschliche Gehirn beschrieben. Generell gibt es zwei Arten des Zelltodes, die beide normale Erscheinungen während der Entwicklung sind: morphogenetischer Zelltod und natürlich vorkommendes Absterben von Zellen. Der morphogenetische, „programmierte" Zelltod findet sich an Orten, wo Teile des Neuralrohres Flexuren oder Falten ausbilden oder in ihrer Dicke abnehmen. An der Ausformung des Gehirns ist daher der morphogenetische Zelltod beteiligt. Morphogenetischer Zelltod findet sich bereits in den frühesten embryonalen Phasen der Entwicklung [Mattanza 1973, Kostović-Knežević 1984]. Natürlicher, d.h. nicht „programmierter" Zelltod ist abhängig von der Entwicklung neuronaler Verbindungen (Ausbleiben synaptischer Verbindungen, Konkurrenz um postsynaptische Kontaktstellen, Ausbleiben eines trophischen Einflusses von diesen Kontaktstellen). Diese Art des Zelltodes vollzieht sich während späterer Stadien der Entwicklung. Für das menschliche Gehirn ist im einzelnen nicht bekannt, wann und wo diese Art des Zelltodes vorkommt.

Andere **„regressive" Entwicklungsveränderungen** sind möglicherweise deutlicher als der aktuelle Zelltod. Am meisten interessiert hier das Phänomen der Bildung vorübergehender Synapsen, wie es in einigen Teilen des Gehirns beobachtet wurde [de Courten et al. 1982]. Ein anderes interessantes Phänomen ist die Existenz transitorischer neuronaler Projektionen, die später verschwinden, möglicherweise durch einen Mechanismus der Axon-Retraktion.

Aus Entwicklungsstudien an Laboratoriumstieren leitet sich die Vorstellung her, daß die Entwicklung von Gliazellen, die **Gliogenese,** ein relativ spätes Ereignis ist, das erst nach der Neurogenese stattfindet. Studien am Gehirn von Primaten [Rakic 1982] und vom Menschen [Choi und Lapham 1978, Kostović et al. 1975] haben jedoch gezeigt, daß die Gliogenese bereits am Anfang des fetalen Lebens beginnt und sich parallel zur Neurogenese vollzieht. Dies würde mit der sehr langen praenatalen Entwicklung des Gehirns beim Menschen gut übereinstimmen. Die ersten

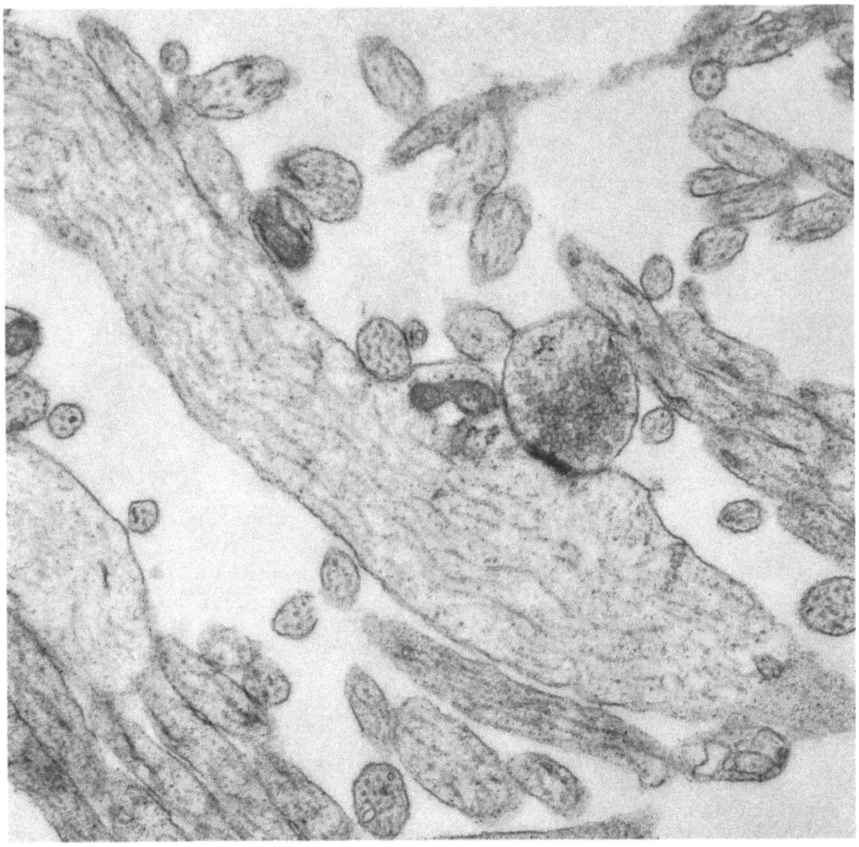

Abb. 16-31. Frühe Synapse im sich entwickelnden menschlichen ZNS im elektronenmikroskopischen Bild. Beachte die relativ kurze synaptische Membranverdickung. 28 000 : 1

differenzierten Gliazellen sind radial orientiert, jedoch finden sich von der Mitte der Schwangerschaft an verschiedene Typen von Astroglia. Sehr wenig ist über die Entwicklung der Oligogendroglia bekannt, es kann jedoch bereits intrauterin eine Entwicklung erwartet werden, da die erste Myelinisierung am Ende der Schwangerschaft beginnt.

16.4.2 Histogenese der Hirnrinde – Grundmuster der Rindenentwicklung

Während die beschriebenen embryonalen Zonen für das gesamte Zentralnervensystem charakteristisch sind, zeigt die Wand des *Telencephalon* besondere Schichtungen, die nur bei der Rindenentwicklung gefunden werden. Da alle zellulären Vorgänge (Proliferation, Migration, Differenzierung, Ausbildung von Faserbündeln, Synaptogenese und Zelltod) in einer oder mehrerer dieser Zonen stattfinden, ergibt sich die Notwendigkeit, die praenatale Histogenese in Stadien einzuteilen, die sich aus der cytoarchitektonischen Umwandlung der embryonalen Zonen ergeben. Vor der genaueren Beschreibung jeder Periode und der einzelnen Rindenabschnitte wird daher zunächst ein kurzer Überblick über die cytoarchitektonischen Stadien gegeben.

Während der Embryonalperiode (den ersten zwei Monaten der Schwangerschaft) ist die Wand der Hemisphärenbläschen sehr dünn (weniger als 1 mm) und weist dieselbe zonale Gliederung auf wie andere Teile des Neuralrohres: *ventrikuläre, subventrikuläre, intermediäre* und *marginale Zone* (Abb. 16-32, Phase I).

Am Ende dieses Abschnittes und während der frühfetalen Periode entwickelt sich eine für die Hirnrinde charakteristische Zone: die **Cortexplatte** (Phase II).

In der nächsten Phase III tritt eine weitere, für die Rindenbildung charakteristische Zone auf: die **sekundäre Rindenzone, „subplate zone"**.

Nach der Ausbildung dieser rindenspezifischen Zonen besteht der fetale Hirnmantel damit aus folgenden Schichten (in der Reihenfolge von der Pia zur Ventrikeloberfläche): Marginalzone, Cortexplatte, sekundäre Rindenzone („subplate zone"), Intermediärzone, Subventrikulärzone und Ventrikulärzone (Phase IV). Drei dieser fetalen Schichten, nämlich die Marginalzone, die Cortexplatte und die sekundäre Rindenzone, bilden die Anlage der Hirnrinde. Es muß aber betont werden, daß diese fetalen Rin-

Abb. 16-32. Mikrophoto eines Semidünnschnitts durch den lateralen Hirnmantel bei einem menschlichen Embryo von 7 Wochen (20 mm). Nisslfärbung. Beachte die Unterschiede in der Dicke zwischen dem basalen und dem dorsalen Abschnitt des Pallium. 1 = Marginalzone, 2 = Intermediärzone, 3 = Ventrikulärzone

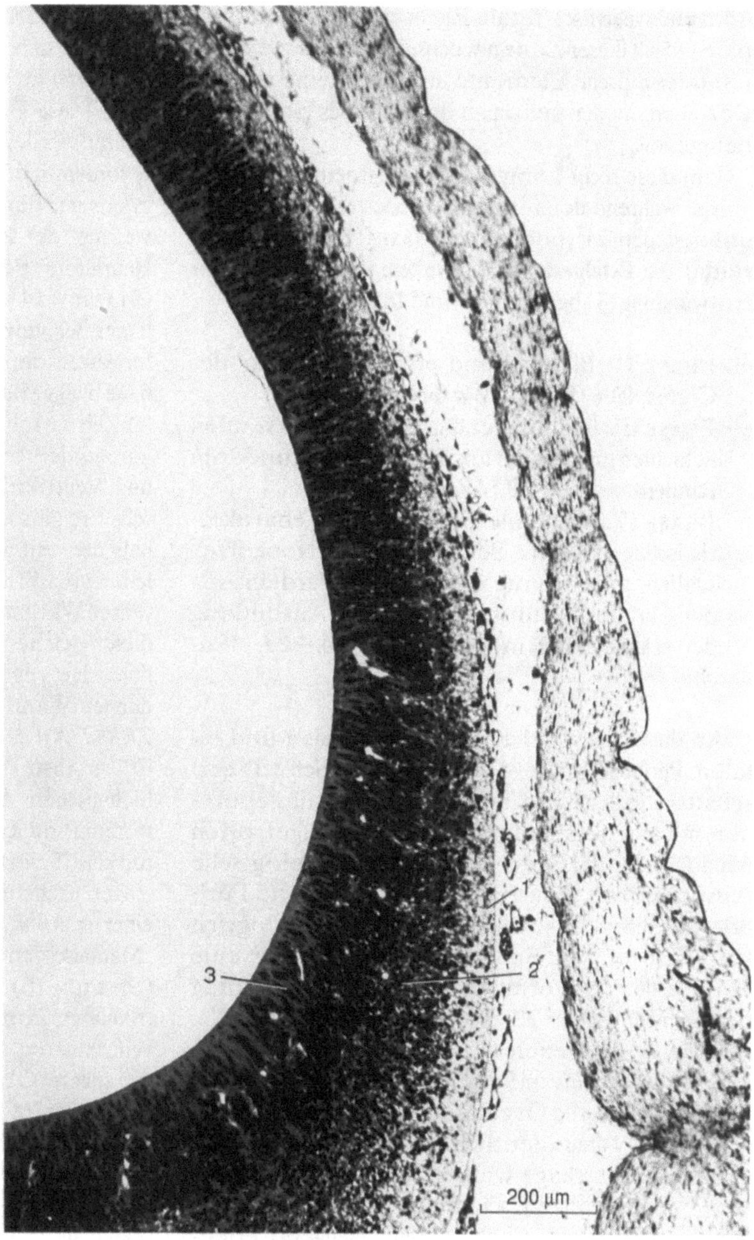

Tabelle 16.1. Histogenese von Pallium und Hirnrinde: Entwicklungsphasen

Periode	Alter in Wochen	Phase	Hauptmerkmal
Embryonal	4–7	I	Generelle embryonale Zonen
Frühfetal	8–12	II	Bildung der Rindenplatte
Mittlere Fetalperiode	13–15	III	Bildung typischer fetaler Schichten (Änderung der Radialorientierung und Bildung transitorischer Compartimente)
	16–24	IV	Typisches fetales Schichtungsmuster
Späte Fetalperiode	25–38	V	Transformation des fetalen Schichtungsmusters
Neugeborene		VI	Abgrenzung definitiver Schichten

denzonen spezifisch fetale Elemente sind. Der neuronale Gehalt dieser Zonen wechselt ständig, sie enthalten transitorische Elemente und haben keine direkte Beziehung zu den späteren Schichten des Erwachsenengehirns.

Um diese recht komplexen histogenetischen Vorgänge während der fetalen Periode zu beschreiben, untergliedern wir (neben der PHASE I: **Embryonalperiode**) die **Fetalperiode** in weitere drei Phasen der Entwicklung (Tabellen 16.1 und 16.3):

- PHASE II: Bildung und erste Verdichtung der Cortexplatte *(8.–12. Woche)*
- PHASE III: Bildung der charakteristischen fetalen Schichten (im Neocortex: Bildung der sekundären Rindenzone) *(13.–15. Woche)*
- PHASE IV: Maximale Entwicklung der charakteristischen fetalen Schichtung (im Neocortex schließt diese Spanne die sekundäre Verdichtung der Cortexplatte und die deutlichste Ausbildung der sekundären Rindenzone ein) *(16.–24. Woche)*.

An diese charakteristischen, embryonalen und fetalen Perioden schließt sich die späte Schwangerschaftsperiode an, die auch bereits bei Frühgeborenen mit sehr niedrigem Geburtsgewicht angetroffen wird (PHASE V). Es ist eine für die morphologische Ausprägung der Hirnrinde besonders kritische Periode von hoher klinischer Bedeutung. Morphologisch kann man die späte Schwangerschaftsphase als eine Periode der Transformation der fetalen Schichtung bezeichnen (von der 25. Woche bis zur Geburt).

Beim Neugeborenen (PHASE VI) findet man Anzeichen des *definitiven Schichtungsmusters*. Jedoch ist die morphologische Organisation der Hirnrinde noch sehr unreif, woraus deutlich wird, daß sich die histogenetischen Vorgänge während der frühen postnatalen Periode fortsetzen. Daher kann man diesen Entwicklungsstand als noch unreife Neugeborenen-Rinde beschreiben.

PHASE I:
Allgemeine embryonale Zonierung
– Gemeinsame Entwicklung von Neocortex und Allocortex –
(Embryonalperiode)

Sehr früh *(am Ende der 3. und 4. Woche* – STADIUM 11, 12 und 13) besteht im Anlagegebiet der Hemisphärenbläschen die dünne Wand ausschließlich aus der *ventrikulären Zone*. Diese Zone besteht aus unreifen, hochprismatischen Epithelzellen (ventrikulären Zellen) und ist wie ein einschichtiges Epithel organisiert. Der eine Pol dieser hochprismatischen Zellen ist mit der ventrikulären (ektodermalen oder inneren) Oberfläche verbunden, während das andere Zellende sich zur äußeren, mesodermalen Oberfläche erstreckt, die durch eine Basalmembran bedeckt wird. Diese Zellen vermehren sich intensiv, Mitosefiguren werden innerhalb der ventrikulären Zone außerordentlich häufig gefunden. Der Ablauf des Zellzyklus mit der charakteristischen „Hin- und Herbewegung“ der Zellkerne entspricht dem zuvor für das Neuralrohr beschriebenen. *Während der 5. Woche* (STADIUM 14 und 15) bilden die oberflächlichen Ausläufer der ventrikulären Zellen zusammen mit Zellfortsätzen der ersten postmitotischen Neurone eine neue blaß gefärbte Zone – die *Marginalzone*. Zu dieser Zeit besteht die Wand des Hemisphärenbläschens nur aus den beiden embryonalen Zonen (Marginal- und Ventrikulärzone). Das wichtigste histogenetische Ereignis dieser Phase ist die Vermehrung innerhalb der ventrikulären Zone, die zu steigenden Zahlen neuroepithelialer Zellen und damit zum schrittweisen Wachstum des Telencephalon führt. Während dieser gleichen Zeit vollzieht sich entlang der Mittellinie eine regressive Veränderung im Bereich der dünnen Wand des Telencephalon medium (impar): *Zelltod*. An diesem Ort und während dieser Periode ist das Absterben von Zellen ein Teil der normalen biologischen Formentwicklung des Telencephalon medium und kann daher als morphogenetischer Zelltod klassifiziert werden.

Der nächste Entwicklungsschritt ist die Bildung einer *intermediären Zone* („Zwischenschicht“ oder „Mantelschicht“ von His) *während der 6. Woche* (STADIUM 16). Postmitotische Zellen, die in der ventrikulären Zone gebildet wurden, lösen sich von der ventrikulären Oberfläche, wandern in Richtung auf die äußere Oberfläche und bilden die Intermediärzone in der Zwischenschicht zwischen Marginal- und Ventrikulärzone. Während der Bildung der Intermediärzone besteht die Wand des Telencephalon aus drei Schichten (von außen nach innen aufgezählt): Marginal-, Intermediär- und Ventrikulärzone (PHASE I, allgemeine embryonale Schichtung). Alle diese Schichten sind im basalen mediolateralen Teil deutlich dicker als in den mehr dorsalen, rostralen, caudalen oder medialen Abschnitten der Wand des Telencephalon. Ein besonderes Schichtungsmuster bildet sich im am weitesten medial liegenden Teil des Hemisphärenbläschens aus, wo die Anlage des limbischen Allocortex gelegen ist: Hier findet sich eine geringe Wölbung der cerebralen Wand und eine deutliche Verbreiterung der Marginalzone. Dies ist der Bildungsort des späteren Hippocampus. Von dieser hemisphärischen Ecke („Limbus“) setzt sich die cerebrale Wand als eine dünne epitheliale Lamelle fort (Area epithelialis der Lamina tectoria), die sich von einem Hemisphärenbläschen zum anderen erstreckt.

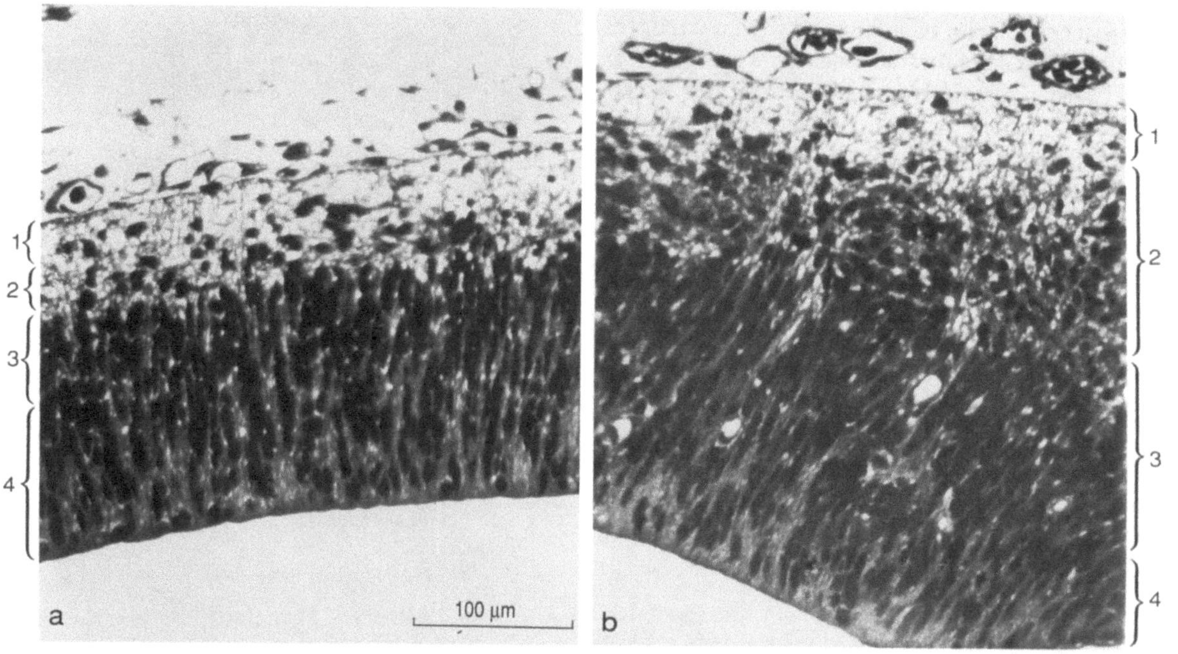

Abb. 16-33a, b. Semidünnschnitte durch die laterale Hirnwand bei einem Embryo von 20 mm in verschiedenen Positionen. Die Subventrikulärzone und die Intermediärzone sind im Bildteil **b** deutlicher ausgeprägt als im Bildteil **a.** 1 = Marginalzone, 2 = Intermediärzone, 3 = Subventrikulärzone, 4 = Ventrikulärzone

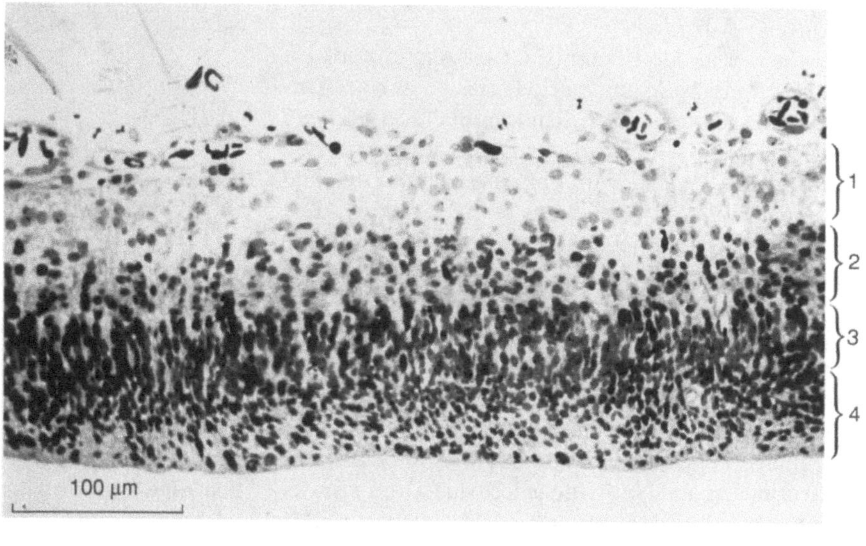

Abb. 16-34. Mikrophoto eines Schnittes durch das rostrobasale Pallium bei einem menschlichen Embryo von 24 mm, vor der Bildung der Rindenplatte. 1 = Marginalzone, 2 = Intermediärzone, 3 = Subventrikulärzone, 4 = Ventrikulärzone

An der Übergangszone zwischen dem Rand des Hemisphärenbläschens und der Area epithelialis vollzieht sich eine bemerkenswerte Veränderung: Ein Teil der Area epithelialis, der aus einer einzelligen Epithelschicht besteht, invaginiert in das Lumen des Ventrikels der Hemisphärenbläschen zusammen mit überlagernden mesenchymalen Anteilen (sinusoidale Blutgefäße, locker angeordnete Mesenchymzellen). Dies ist der Beginn der Bildung des Plexus choroideus.

Die nächste Schicht, die sich innerhalb der Wand des Hemisphärenbläschens entwickelt (am *Ende der 6. Woche* – Stadium 17), ist die *subventrikuläre Zone,* die zwischen der ventrikulären und der intermediären Zone gelegen ist. Wie schon vorher erwähnt, ist diese Schicht charakteristisch für die Entwicklung des Telencephalon und ist als ein Ort intensiver Zellvermehrung und der Bildung einer großen Anzahl von corticalen Neuronen im Neocortex aufzufassen [Sidman und Rakić 1982]. Nach der Bildung der Subventrikulärzone besteht die laterale Wand des Hirnbläschens daher aus folgenden Schichten: Ventrikulär-, Subventrikulär-, Intermediär- und Marginalzone. Eine deutliche Verdickung der subventrikulären Zone erfolgt im basolateralen Teil des vorderen Hirnbläschens und führt zur Bildung des Ganglienhügels (siehe Abschnitt 16.4.7 Entwicklung der Basalganglien). Obwohl der Ganglienhügel vorzugsweise Bildungsort für Neurone der Basalganglien ist, könnte er dennoch auch zur Bildung corticaler Neurone beitragen.

Während der nächsten Entwicklungsphase (*7. Woche*, STADIUM 19, 20 und 21) nehmen die Hirnbläschen erheblich an Größe zu, verbunden mit intensiver Zellbildung und Zellwanderung in die subventrikuläre und intermediäre Zone. Mit der Entwicklung der Subventrikulärzone und dem Entstehen regionaler Dickenunterschiede in der Wand des vorderen Hirnbläschens (Pallium, Abb. 16-32 und 16-33) geht die Phase der allgemeinen embryonalen Schichtung (PHASE I) zu Ende (Abb. 16-34), und die Bildung spezifischer fetaler Rindenschichten beginnt.

PHASE II:
Ausbreitung der Rindenplatte in verschiedenen Abschnitten des Pallium
— Das Entstehen cytoarchitektonischer Unterschiede zwischen Neo-, Archi- und Pallaeocortex —
(Übergang zwischen der embryonalen und fetalen Periode, 8.–9. Woche)
Das entscheidende Ereignis, das die Abgrenzung einer neuen Entwicklungsperiode erlaubt, ist das Auftreten der *Cortexplatte* („Rindenplatte" von His) im basolateralen Pallium an der Grenzfläche zwischen intermediärer und marginaler Zone während des Endes der 8. Woche (STADIUM 22, *22–24 mm*). Die Rindenplatte ist eine charakteristische Schicht, die aus dicht gepackten, vertikal aufgereihten, unreifen Neuronen besteht, die in der ventrikulären und subventrikulären Zone gebildet wurden, durch die Intermediärzone hindurch gewandert sind und nun im Übergangsbereich zwischen Marginal- und Intermediärschicht liegen. Mit der Bildung der Rindenplatte beginnt die Bildung der späteren grauen Substanz der Hirnrinde. Einige Neurone jedoch sind schon vor der Entstehung der Rindenplatte gebildet worden und in die Marginalzone eingewandert [Marin-Padilla 1983]. Dies sind spezielle fetale Neurone, sogenannte „Cajal-Retzius-Zellen", die als besondere Bestandteile der Marginalzone während der ganzen praenatalen Entwicklung erhalten bleiben.

Um die Anlage der Rindenplatte zu erreichen, müssen die Neurone über erhebliche Entfernungen wandern. Dieser Wanderungsprozeß erfordert eine präzise Leitung, die durch einen speziellen Typ von radialer Glia geliefert wird (Abb. 16-35). Durch Membran-zu-Membran-Kontakt, durch spezielle Anheftungsmakromoleküle interagieren die Neurone mit der radialen Glia und „klettern" in Richtung

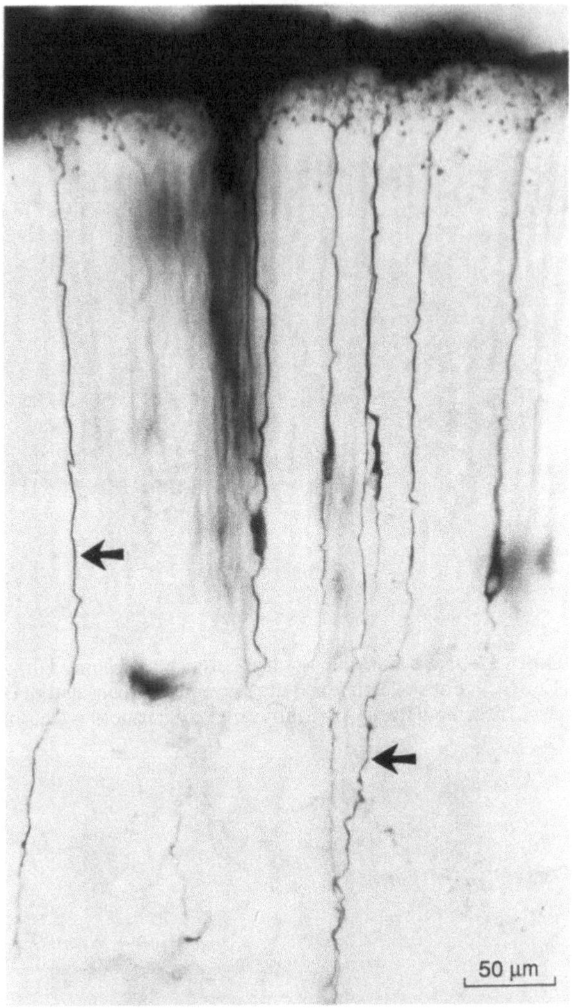

Abb. 16-35. Mikrophoto eines Hirnschnitts durch das Pallium bei einem menschlichen Fetus von 10,5 Wochen nach Golgi-Imprägnation. Die radialen Gliafasern (Pfeile) durchziehen die ganze Dicke der Hirnwand.

auf die Rindenplatte. Mit Hilfe dieses Mechanismus finden die Neurone ihren Weg während der späten fetalen Entwicklung selbst dann, wenn die Hirnwand dicker als 1 cm geworden ist. Als Ergebnis von Zellvermehrung und -wanderung während der 8. und 9. Woche werden ständig neue Neurone der Cortexplatte des lateralen Pallium zugefügt. Die Rindenplatte dehnt sich schrittweise über den dorsomedialen und rostrocaudalen Abschnitt der Hemisphärenbläschen aus. Damit ist die initiale Bildung der Rindenplatte beendet. Nach der Bildung der Rindenplatte im größten Teil des cerebralen Pallium erscheinen nun deutliche Unterschiede zwischen lateralen (neocorticalen), limbischen (archicorticalen) und mediobasalen (palaeocorticalen) Abschnitten des Hirnmantels. Obwohl die grundlegenden histogenetischen Vorgänge in diesen drei Haupttypen der Hirnrinde prinzipiell gleich sind, vollziehen sie sich innerhalb unterschiedlicher Zeit-Muster, räumlicher Anordnung und Schichtungsmuster. So bildet beispielsweise der laterale Neocortex eine besonders deutliche Rindenplatte und (später) eine sekundäre Rindenzone („subplate zone"), der limbische Archicortex eine ungewöhnlich breite Marginalzone und eine dünne gefaltete Rindenplatte, während der mediobasale Palaeocortex niemals eine echte Rindenplatte entwickelt. Im nachfolgenden Text werden wir die Entwicklung jeder dieser Hauptrindentypen getrennt verfolgen.

16.4.3 Histogenese des Neocortex

PHASE II (Fortsetzung):
Erste Verdichtung der Rindenplatte und bilaminäre Vorbereitung von Synapsen, Dendriten und afferenten Axonen
(Frühfetale Periode, 9.–12. Woche, unser STADIUM 5)

Die Phase der Bildung der Rindenplatte in der Anlage des Neopallium ist mit der 9. Woche beendet. Während der 10., 11. und 12. Woche nimmt die Rindenplatte an Dicke zu und wird dicht mit postmigratorischen Zellen aufgefüllt. Die Rindenplatte ist am dicksten im mediolateralen Teil der Anlage des Neocortex, oberhalb der Ebene der Ganglienhügel. Unterhalb der Rindenplatte gibt es eine dünne plexiforme Schicht, die Fasern und wenige postmigratori-

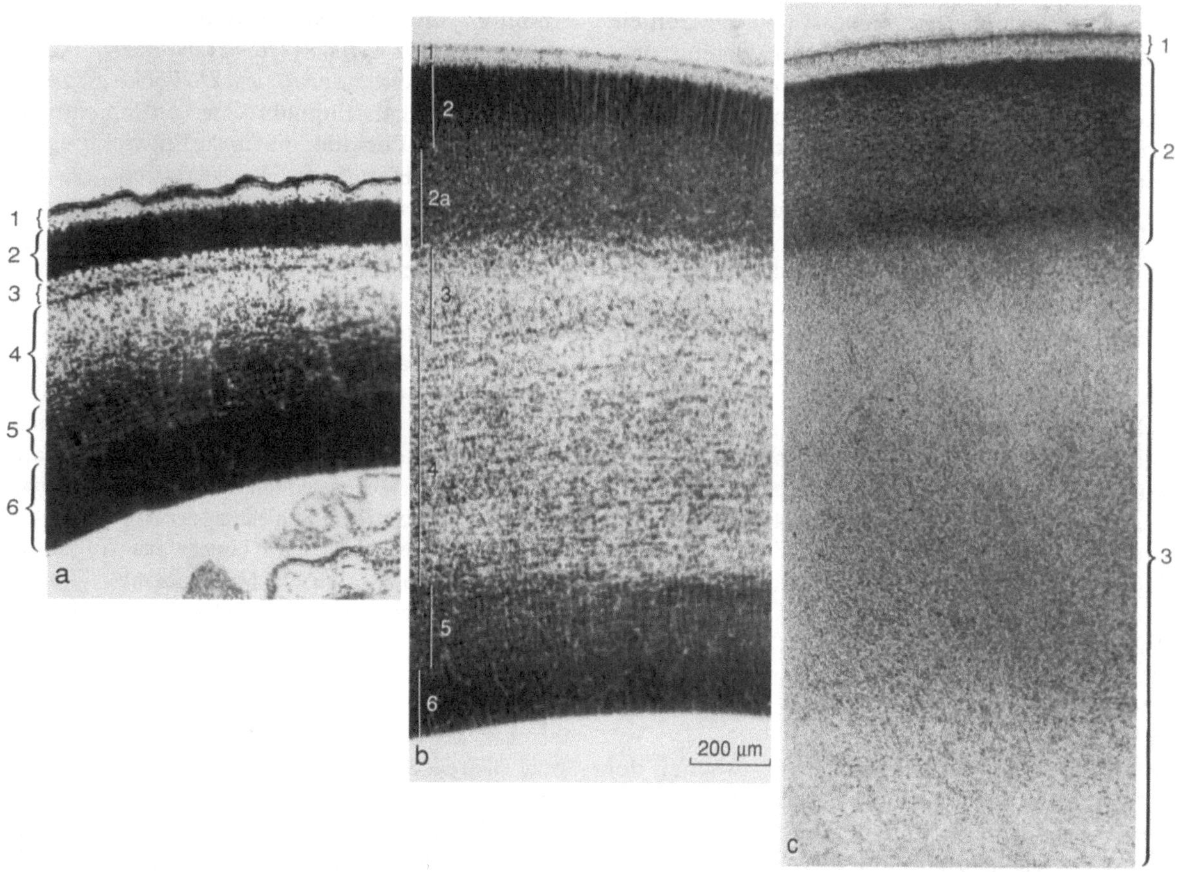

Abb. 16-36a–c. Mikrophotographien durch Hirnschnitte des Neocortex mit den fetalen Schichtungsmustern in verschiedenem Alter.
a) menschlicher Fetus von 9,5 Wochen, Stadium der ersten Verdichtung der Rindenplatte (Phase II, STADIUM 5),
b) menschlicher Fetus von 12,5 Wochen (Phase III, STADIUM 6), Stadium der Bildung der bilaminären Cortexplatte und der Bildung einer sekundären Rindenzone,
c) menschlicher Fetus von 21 Wochen (Phase IV, STADIUM 8), typisches fetales Schichtungsmuster.
1 = Marginalzone, 2 = Rindenplatte, 2a = „Zweite" Rindenplatte, 3 = Vorstufe der sekundären Rindenzone, 4 = Intermediärzone, 5 = Subventrikulärzone, 6 = Ventrikulärzone

sche Zellen enthält. Auch diese Schicht kann als Teil der Rindenanlage und als ein Vorläufer der sekundären Rindenzone („subplate zone") angesehen werden, daher ist der Terminus **„presubplate zone"** angebracht. In dieser Entwicklungsperiode besteht die Rindenanlage aus drei Schichten (von der Pia zum Ventrikel): Marginalzone, Rindenplatte und „presubplate zone" (Abb. 16-36a). Die Rindenplatte ist der dickste Teil der Rindenanlage. Vorgänge, die im Zusammenhang mit der neuronalen Verknüpfung stehen (Einwachsen von Axonen, Synaptogenese und Entwicklung postsynaptischer Dendriten) beginnen bereits in dieser frühen fetalen Periode. Die frühesten afferenten Axone erreichen die Rindenanlage durch die Marginalzone und die „presubplate zone". Diese Axone unbekannten Ursprungs kommen möglicherweise von serotoninergen und noradrenergen Neuronen des Hirnstammes.

Es gibt nur wenige Synapsen in der Rindenanlage während dieser Periode; sie sind in zwei Schichten angeordnet: Eine oberflächliche synaptische Schicht findet sich innerhalb der Grenzen der Marginalzone, während die tiefe synaptische Schicht unterhalb der Rindenplatte liegt und der „presubplate zone" entspricht. Die frühesten postsynaptischen Elemente, die Dendriten, sind ebenfalls in zwei Schichten angeordnet. Oberflächliche Dendriten sind in der Marginalzone verteilt und gehören zu den „apicalen" dendritischen Verzweigungen von Rindenplatten-Neuronen. Einige weitere Dendriten in der marginalen Zone gehören zu den fetalen Cajal-Retzius-Zellen. Tiefe Dendriten sind innerhalb der „presubplate zone" verteilt und gehören zu den „basalen" dendritischen Verzweigungen der Neurone in der Rindenplatte. Zusätzlich gehören einige dieser Dendriten zu früh reifenden Neuronen der „presubplate zone". Innerhalb der Rindenplatte selbst gibt es nur wenige Dendriten, man sieht überwiegend Zellkörper bipolarer, radial orientierter Neurone (Abb. 16-35).

PHASE III:
Stadium der Bildung einer sekundären Rindenzone (*Mittlere Fetalperiode, 13.–15. Woche,* unser STADIUM 6)

Während einer relativ kurzen Periode, zwischen der *12. und 13. Woche,* nimmt die Zelldichte in den tiefen Teilen der Rindenplatte ab, die Grenze zwischen Rindenplatte und „presubplate zone" wird verwischt. Die gesamte Rindenplatte zeigt eine zweischichtige Struktur: Ihre oberflächliche Schicht ist zelldicht, während ihr tiefer Teil durch geringe Zelldichte charakterisiert ist (Abb. 16-36b). Gleichzeitig findet sich eine Verbreiterung der blassen, zellarmen Zone unterhalb der Rindenplatte. An Stelle der dünnen „presubplate zone" der früheren Stadien tritt nun eine sich ständig verbreiternde neue Schicht, die eigentliche **„subplate zone"** oder **sekundäre Rindenzone.** In der klassischen Literatur wurde dieses Stadium als *Stadium der bilaminären Rindenplatte* bezeichnet [siehe bei Sidman und Rakić 1973]. Die wichtigsten histogenetischen Vorgänge, die zur Verbreiterung der tiefen Rindenanlage beitragen, sind: Einwachsen von Axonen, Verlust der radialen Zellanordnung im tiefen Teil der Rindenplatte sowie Wachstum von Dendriten mit intensiver Synapsenbildung. Da die Verbreiterung der tiefen, faserreichen Rindenanlage zur Bildung der sekundären Rindenzone führt, kann diese Entwicklungsphase am besten als Stadium der Bildung einer sekundären Rindenzone bezeichnet werden.

PHASE IV:
Typisches fetales Schichtungsmuster – gleichzeitiges Vorhandensein von Rindenplatte und transitorischer sekundärer Rindenzone. Zweite Verdichtung (unser STADIUM 7) **und beginnende Schichtung der Rindenplatte** (unser STADIUM 8) *(16.–24. Woche)*

In der Zeit zwischen der *16. und 24. Woche* gibt es einen Entwicklungshöhepunkt des fetalen Schichtungsmusters. Diese Periode, die für die Entwicklung der menschlichen Hirnrinde charakteristisch ist, tritt auch bei anderen Primaten auf, ist dort aber weniger deutlich ausgeprägt.

Die Hauptmerkmale des Schichtungsmusters sind: dicke Rindenplatte, die eine „sekundäre" Verdichtung erfährt, und eine sehr ausgedehnte, deutliche, faser- und synapsenreiche sekundäre Rindenzone (Abb. 16-36c). Die dickste Zone der Rindenanlage während dieser Entwicklungsperiode ist die sekundäre Rindenzone (viermal dicker als die Rindenplatte – Abb. 16-37). In der zweiten Hälfte dieser Phase beginnt die erste corticale Schichtung der Rindenplatte. Die Anlage des Neocortex besteht aus folgenden Schichten (Tabelle 16.3): Marginalzone, Cortexplatte, sekundäre Rindenzone. Unterhalb der sekundären Rindenzone sind die anderen Schichten des Pallium noch vorhanden: Intermediär-, Subventrikulär- und Ventrikulärzone. Die Wachstumsaktivität innerhalb der ventrikulären Zone besteht weiter, sowohl Gliazellen als auch Neurone werden in dieser Phase gebildet. Autoradiographische Befunde, die in entsprechenden Entwicklungsperioden beim Affen erhoben wurden, zeigen, daß die für die oberflächlicheren Schichten bestimmten Neurone in dieser Phase gebildet werden. Sie wandern durch die intermediäre Zone in Richtung auf die Rindenplatte, in der sie eine oberflächliche (externe) Lage zu den Perikarien der „älteren" Neurone einnehmen, die schon während früherer Stadien der Rindenentwicklung gebildet wurden. Dies ist die sogenannte „zweite Wan-

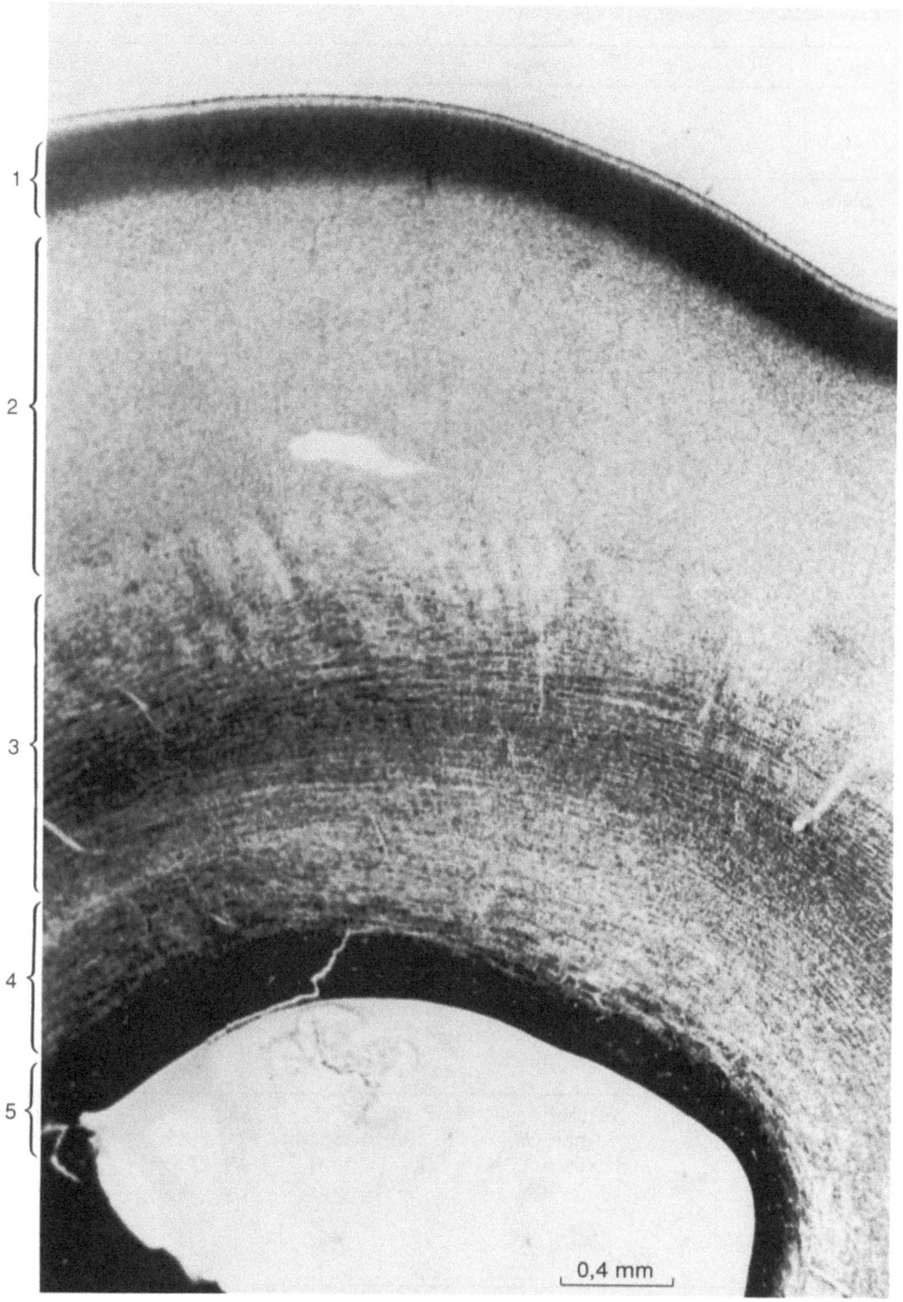

Abb. 16-37. Mikrophotographie des Schnittes durch das neocorticale Pallium bei einem menschlichen Fetus von 21 Wochen während der typischen fetalen Schichtung (Nisslfärbung). Die sekundäre Rindenzone ist die dickste Rindenschicht. 1 = Rindenplatte, 2 = sekundäre Rindenzone, 3 = Intermediärzone, 4 = Subventrikulärzone, 5 = Ventrikulärzone

derungswelle" (die erste Welle vollzog sich während der ersten Verdichtung der Rindenplatte).

Das besondere histogenetische Ereignis in dieser Periode ist das Einwachsen afferenter Neurone durch die sekundäre Rindenzone (Tabelle 16.4). Afferente Axone des basalen Vorderhirns und thalamischen Ursprungs wachsen durch die sekundäre Rindenzone während einer verlängerten Phase („Warte-Periode") zwischen der 15. und 24. Woche. Afferenzen des basalen Vorderhirns entstammen dem cholinergen Nucleus basalis (Meynert), während die thalamischen Fasern in den Thalamuskernen mit eigener corticaler Projektion entspringen. Zahlreiche Axone enden innerhalb der sekundären Rindenzone, die eine Zone stärkster Synapsenbildung in der Rindenanlage wird. Eine andere Schicht mit intensiver Synapsenbildung ist die Marginalzone (Abb. 16-38). Nur bei den ältesten Feten dieser Entwicklungsperiode bilden sich Synapsen auch innerhalb der Rindenplatte selbst [Molliver et al. 1973, Kostović 1979]. Die Entwick-

Tabelle 16.3. Entwicklung des Neocortex

Periode	Alter*	Phase		Stadium	Schichtungsmuster
Embryonal	4–7	I	Generelle embryonale Zonen	S1: 2 embryon. Zonen S2: 3 embryon. Zonen S3: 4 embryon. Zonen	Ventrikuläre (VZ) und Marginalzone (MZ) VZ, intermediäre Zone (IZ) und MZ VZ, subventrikuläre Zone (SZ), IZ und MZ
Frühfetal		II	Bildung der Rindenplatte		
	8–9			S4: Auftreten und Ausbildung der Rindenplatte (Cortexplatte)	VZ, SZ, IZ, Corticale Platte (CP) und MZ
	10–12			S5: Erste Verdichtung der Rindenplatte	VZ, SZ, IZ, CP, MZ
Mittlere Fetalperiode	13–15	III	Bildung typischer fetaler Schichten und transitorischer Compartimente	S6: Bildung der sekundären Rindenzone	VZ, SZ, IZ, sekundäre Rindenzone (SR), zweite CP (CP II), CP, MZ
	16–18			S7: Zweite Verdichtung der Rindenplatte	VZ, SZ, IZ, SR, CP, MZ
	19–24	IV	Typische fetale Schichtung (CP und transitorisches Rindencompartiment)	S8: Beginnende Schichtung der Rindenplatte, maximale Ausbreitung der sekundären Rindenzone	VZ, SZ, IZ, SR, CP, MZ
Späte Fetalperiode	25–34	V	Transformation des fetalen Schichtungsmusters	S9: Beginnende Differenzierung von Rindenfeldern, lokale Auflösung der sekundären Rindenzone	VZ, SZ, IZ, SR, CP (Schichten 2–6), MZ
	35–38			S10: Allgemeine Auflösung der SR, Sechs-Schichten-Grundtyp	VZ, weiße Substanz (WS), SR und Schichten 1–6
Neugeborene		VI	Adulter Schichtungstyp	S11: Abgrenzung definitiver Schichten bei gleichzeitig noch unreifer Struktur	

* in Wochen

Tabelle 16.4. Histogenese des Neocortex

Histogenetische Vorgänge	Embryonalperiode, Stadium 15–23 5–8 W.	Frühe Fetalperiode, 30–88 mm, 9–12 W.	Mittlere Fetalperiode, 9–23,8 cm 13–24 W.	Späte Fetalperiode und untergewichtige Frühgeborene, 25–38 W. 24–45 cm 500–3800 g	Neugeborene
Proliferation	++	+++	++	+−	−
Zellwanderung	+	+++	+++	+	−
Differenzierung	−	+	+++	+++	+++
Wachstum afferenter Fasern	−	+	+++	+++	++
Wachstum efferenter Fasern	−	−+	++	++	++
Synapsenbildung	−	+	++	+++	+++
Zelltod	−	+−	+−	?	?
Plastizität	−	?	?	?	?

Abb. 16-38. Marginalzone bei einem menschlichen Fetus von 22 Wochen im elektronenmikroskopischen Bild. Beachte die zahlreichen Synapsen (Pfeile), die noch kleinen Axonbündel und das typische plexiforme Neuropil. Vergrößerung 28 000 : 1

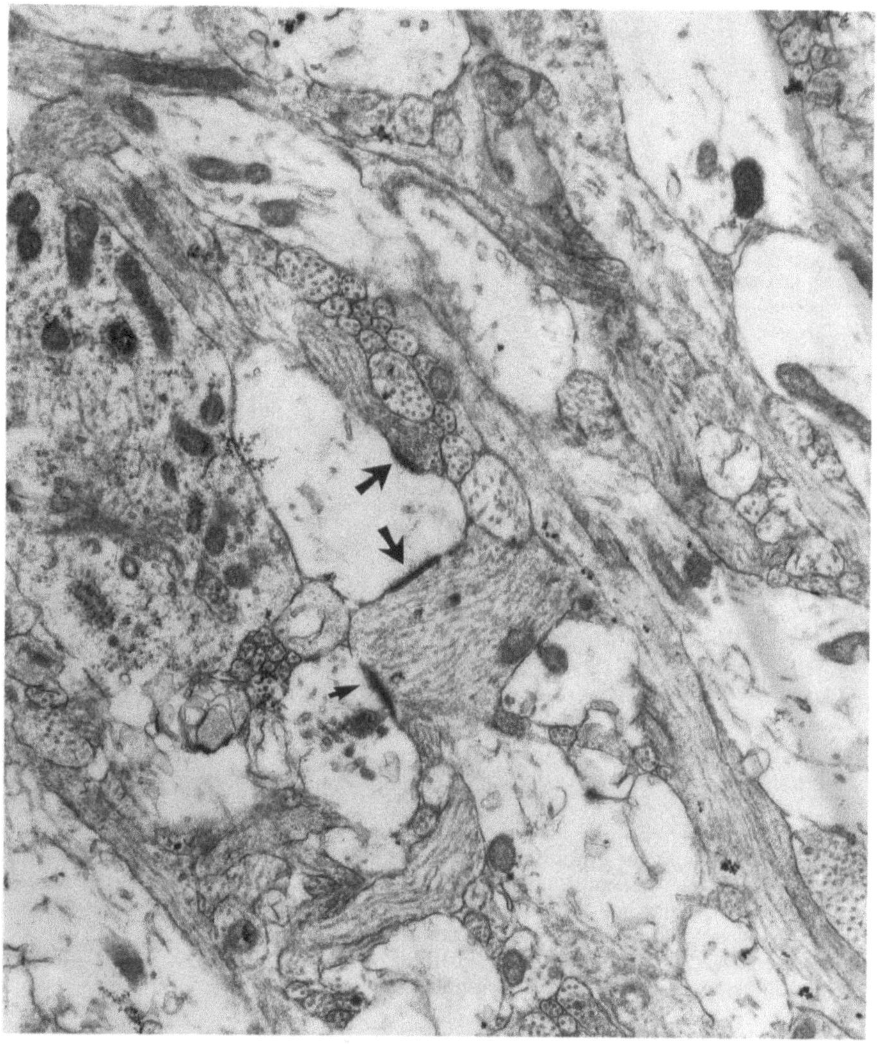

lung der Dendriten vollzieht sich begleitend zur Synaptogenese. Am weitesten differenzierte Dendriten (Abb. 16-39) gehören zu polymorphen Zellen der sekundären Rindenzone und zu Neuronen, die für die tiefsten Rindenschichten bestimmt sind (Schicht IV und V – Abb. 16-40). Am Ende dieser Entwicklungsperiode beginnt auch die chemische Differenzierung corticaler Neurone, erste corticale Neurone entwickeln peptiderge Aktivitäten (Abb. 16-41).

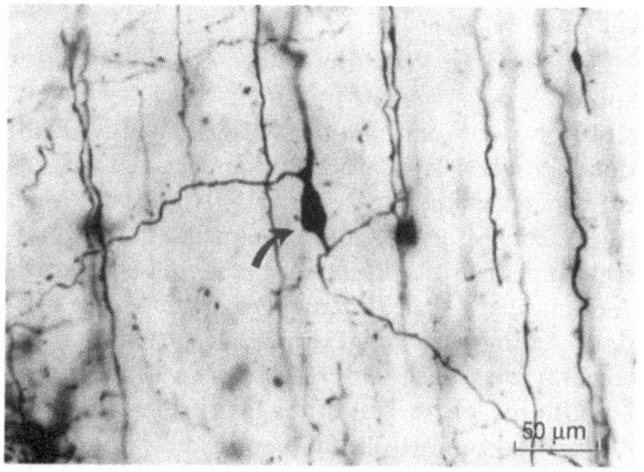

Abb. 16-39. Mikrophoto eines Golgi-imprägnierten Neurons (Pfeil) aus der tiefen sekundären Rindenzone bei einem menschlichen Fetus von 21 Wochen. Beachte das polymorphe Erscheinungsbild dieses vorübergehenden Neuron-Typs.

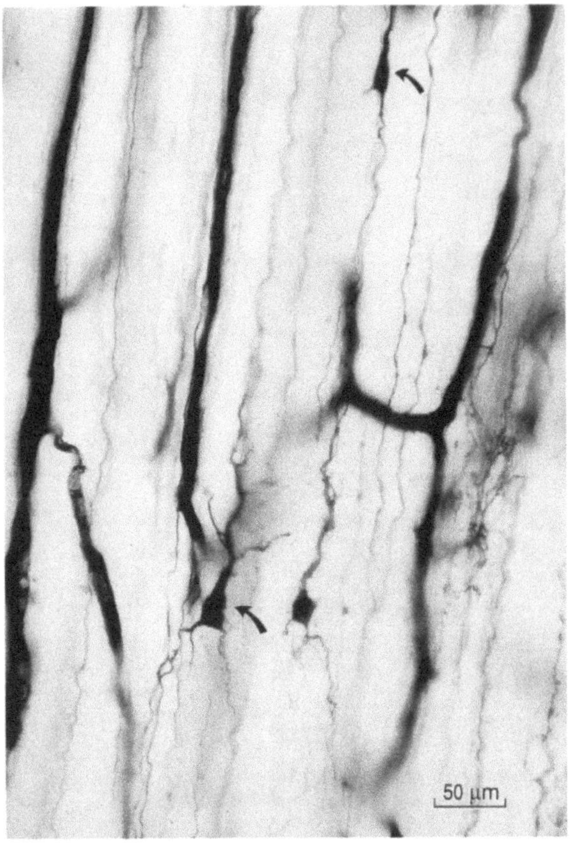

Abb. 16-40. Photographie einer Golgi-imprägnierten Pyramidenzelle aus der Cortexplatte eines menschlichen Fetus von 21 Wochen. Die tiefen Pyramidenzellen sind die zukünftigen Elemente der Schicht V, während das oberflächliche Neuron eine zukünftige Zelle für die Schicht III ist. (Freundlichst überlassen von Dr. Ladislav Mrzljak)

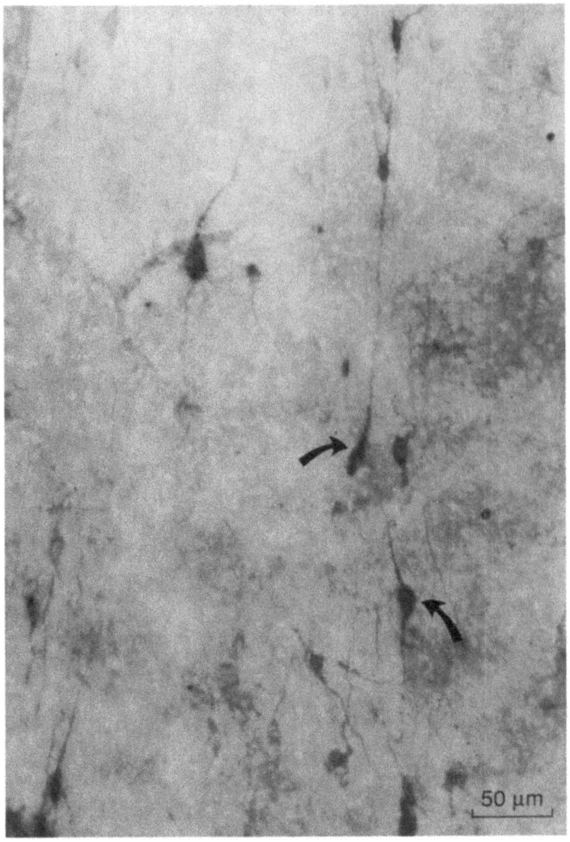

Abb. 16-41. Mikrophoto eines Schnittes aus der Frontalrinde eines menschlichen Fetus. Immuncytochemische Darstellung somatostatin-peptiderger Aktivität (Pfeil).

PHASE V:
Transformation des fetalen Schichtungsmusters
(25.–34. Woche)

Histogenetische Vorgänge setzen sich während der späten Schwangerschaft mit unterschiedlicher Intensität fort. Jene Vorgänge, die zum Ansteigen der Zahl der Neurone führen, d.h. Proliferation und Migration, nehmen schrittweise in ihrer Intensität ab. Man nimmt an, daß bei der Geburt alle neocorticalen Neurone innerhalb der Rindenschichten vorhanden sind. Jedoch setzt sich die Bildung von Gliazellen, besonders Astroglia und Oligodendroglia, mit großer Intensität fort. Da einige der Astrogliazellen aus radialen Gliazellen entstehen, kann man zahlreiche Formübergänge zwischen ihnen beobachten [Schmechel und Rakić 1979]. Als morphologische Folge der abnehmenden Proliferationsaktivität werden die ventrikuläre und die subventrikuläre Zone schrittweise dünner und dünner. Eine Ausnahme bildet die Ventrikulärzone des mediolateralen Neopallium, dort wo sie in Verbindung zum weiter bestehenden Ganglienhügel steht, der auch während der späten Schwangerschaftsphase von beträchtlicher Dicke ist. Dieser basal vergrößerte Teil der ventrikulären Zone zeigt ähnliche strukturelle Merkmale, wie sie für den Ganglienhügel in diesem Entwicklungsalter beschrieben werden. Bei Frühgeborenen kann die vergrößerte, verletzliche ventrikuläre Zone der Ort periventrikulärer Blutungen sein. Während die Intensität produktiver Prozesse (Proliferation und Migration) abnimmt, nehmen die neuronale Differenzierung, das Auswachsen von Axonen und die Synapsenbildung stetig zu. Die stärkste Veränderung in der neuronalen Differenzierung betrifft die pyramidalen Neurone der Schicht V (Abb. 16-42), die reichlich basale und apicale dendritische Verzweigungen entwikkeln [Marin-Padilla 1970]. Nach der 32.–34. Woche beginnen die Pyramidenzellen der Schicht III Dendritenbäume zu bilden, und in einigen Teilen des Cortex tritt ihre charakteristische Zellform auf (Abb. 16-42).

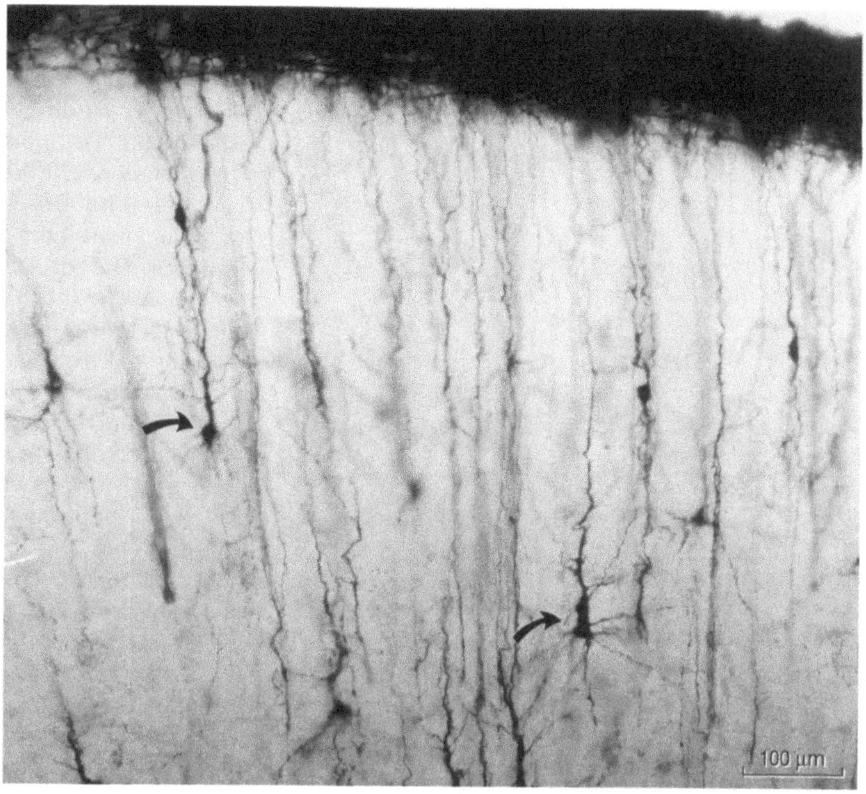

Abb. 16-42. Mikrophoto eines Golgi-imprägnierten Schnitts durch die Frontalrinde bei einem menschlichen Fetus von 27 Wochen. Beachte die gut entwickelten tiefen Pyramidenzellen der Schicht V (unterer Pfeil) und die deutlich unterscheidbaren Pyramidenzellen der Schicht III. (Freundlichst überlassen von Dr. Ladislav Mrzljak)

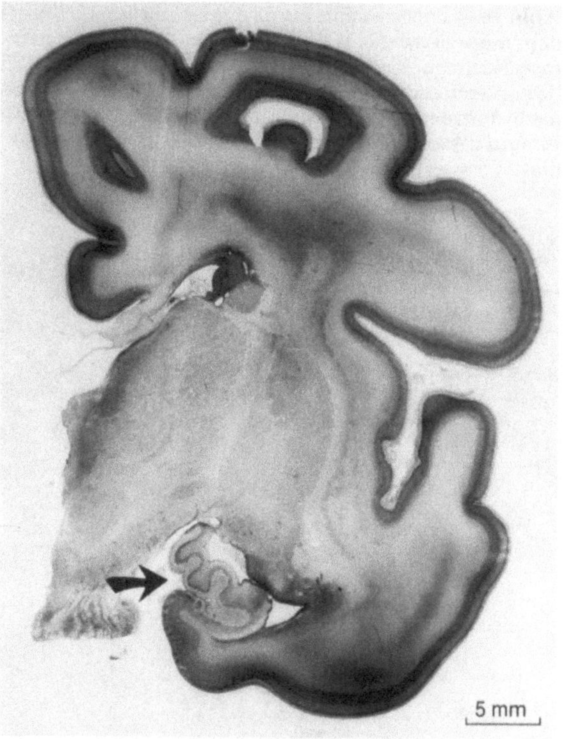

Abb. 16-43. Frontalschnitt durch Telencephalon und Diencephalon bei einem menschlichen Fetus von 34 Wochen. Nisslfärbung, Zelloidineinbettung. Das Sechs-Schichten-Muster („Grundtyp") ist jetzt im Neocortex ausgeprägt. Die dunkle Linie in der Mitte der Rindenplatte ist die allgemeine Körnerschicht. Hippocampus und Area entorhinalis zeigen einen reifen Schichtungstyp (Pfeil).

Gleichzeitig werden die Endfelder thalamocorticaler Axone innerhalb der zukünftigen Schicht IV der Rinde ausgebildet: Die vertikale Segregation der thalamocorticalen Fasern [Kostović und Goldman-Rakić 1983] beginnt in Teilen der Rindenanlage. Diese Differenzierung von Dendriten innerhalb der Schichten V und III zusammen mit der schichtweisen Verteilung thalamocorticaler Axone führt zu dem neuen Erscheinungsbild der Rindenanlage mit deutlicher Ausbildung der sechsschichtigen Struktur im gesamten Neocortex („Grundtypus" von Brodmann) nach 32 Wochen (Abb. 16-43). Wichtigstes cytoarchitektonisches Merkmal während der späten Fetalperiode ist die Differenzierung von **Areae.** Im Frontallappen kann man das primäre motorische Rindenfeld erkennen, das durch das Auftreten der Betz-Zellen charakterisiert ist. Auch andere Felder des Frontallappens sind vorhanden, jedoch sind die Abgrenzungsmerkmale noch unsicher und unklar. Im Parietallappen entwickelt sich das somatosensorische Feld als ein breites cytoarchitektonisches Band mit deutlicher Körnigkeit in der IV. Schicht. Im Occipitallappen findet man eine deutliche Abgrenzung der primären

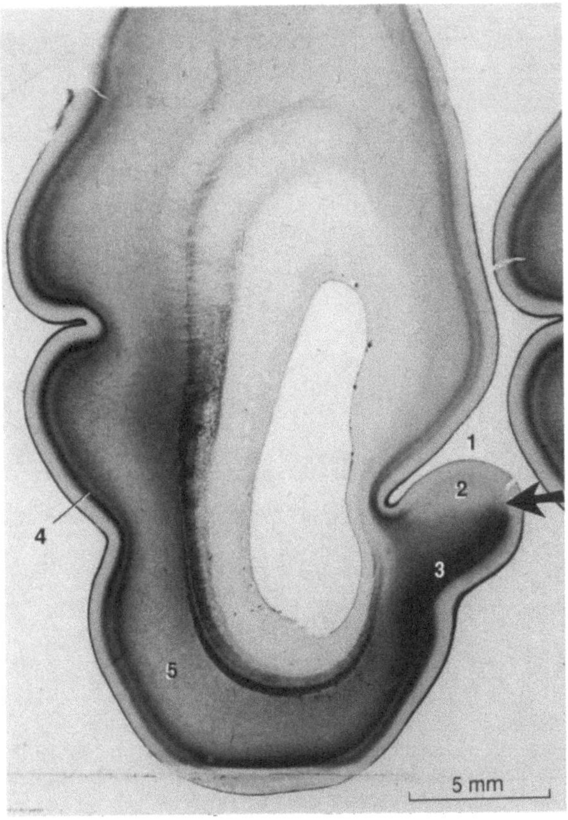

Abb. 16-44. Frontalschnitt durch den Occipitallappen bei einem menschlichen Fetus von 25 Wochen. Acetylcholinesterase-Nachweis. Die Area striata (Area 17 von Brodmann) in der unteren calcarinen Lippe ist aufgrund der histochemisch nachweisbaren AChE-Aktivität abzugrenzen (Pfeil). 1 = Fissura calcarina, 2 = Area 17, 3 = Area 18, 4 = Cortexplatte, 5 = sekundäre Rindenzone

Sehrinde (Area 17 nach Brodmann). Eine Abgrenzung dieses Feldes ist aufgrund histochemischer Reaktivität sogar schon vor der 25. Woche möglich (Abb. 16-44). Bedingt durch die vertikale Zellanordnung kann im Temporallappen das primäre Hörfeld abgegrenzt werden (Abb. 16-45). Es gibt in der Literatur zahlreiche Beschreibungen der Felder-Differenzierung [siehe bei Kahle 1969], aber dieser höchst dynamische Prozeß ist doch noch wenig verstanden und erfordert weitere Untersuchungen. Die Unterscheidung der Areae sollte besonders auf das Einwachsen von Afferenzen, die Reifung der Transmitter-Substanzen und -Funktionen und die neuronale Differenzierung bezogen sein.

Es sei jedoch besonders betont, daß die Hirnrinde trotz des Auftretens des adulten Schichtenmusters und trotz der beginnenden Differenzierung von Rindenfeldern noch sehr unreif ist. Es gibt tiefgreifende Unterschiede in der Organisation der Schichten und der Faserarchitektur zwischen dem späten fetalen (frühreifen) und dem postnatalen Cortex. Diese Unterschiede sollen im folgenden systematisch beschrieben werden.

1. Der erste Hauptunterschied ist das Fortbestehen fetaler Zonen oder Schichten im frühreifen Cortex. In den meisten Rindenregionen ist auch die fetale sekundäre Rindenzone weiterhin deutlich. Sie wird zuerst aufgelöst in der Tiefe der Rindensulci, die sich während der fetalen Periode ausbilden. Das Vorhandensein der fetalen sekundären Rindenzone unterhalb der sechs Rindenschichten ist ein deutliches Zei-

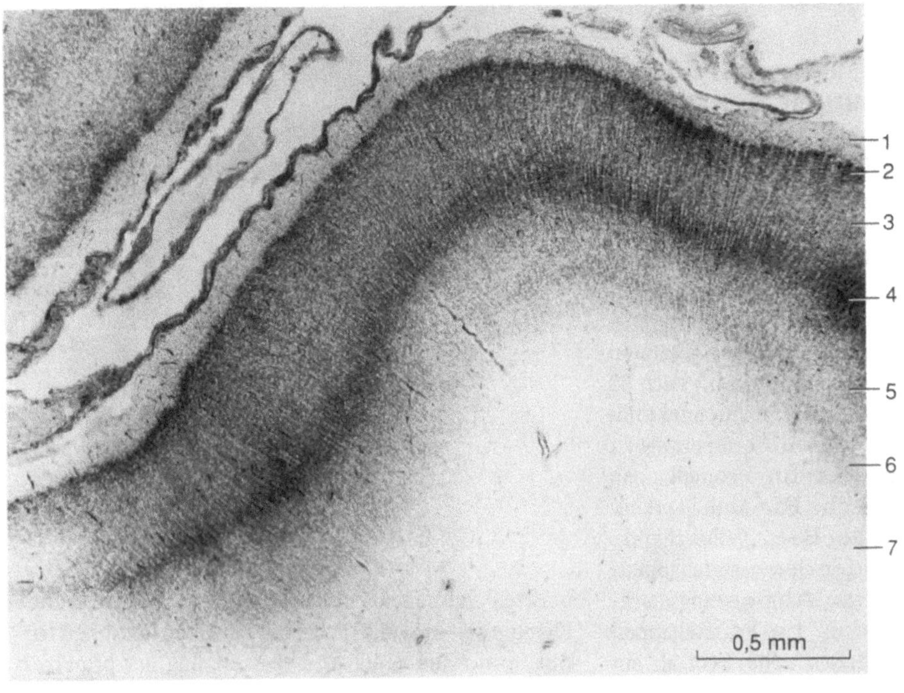

Abb. 16-45. Sechs-Schichten-Muster (Grundtyp) und charakteristische vertikale Zellsäulen in der Hörrinde eines menschlichen Fetus von 34 Wochen. 1 = Schicht I, 2 = Schicht II, 3 = Schicht III, 4 = Schicht IV, 5 = Schicht V, 6 = Schicht VI, 7 = sekundäre Rindenzone

chen für den Grad der Unreife, da diese Zone wachsende afferente Fasern, nur vorübergehend existierende Klassen fetaler Neurone und wahrscheinlich einige ebenfalls nicht konstante Synapsen enthält. In der Marginalzone findet sich noch die transitorische fetale subpiale Körnerschicht, die während dieser Periode allmählich verschwindet.

2. Das zweite Hauptmerkmal, das die frühreife Rinde von der postnatalen Rinde unterscheidet, ist die hohe Zelldichte und die relative Armut an Neuropil. Eine besonders hohe Zelldichte findet sich in der Schicht II, der jüngsten Schicht der Rindenanlage. Auch die prospektive Schicht IV zeigt hohe Zelldichte und findet sich im gesamten fetalen Neocortex.

3. Der dritte Hauptunterschied ist das permanente Wachsen von afferenten Fasern. Nach Ergebnissen einer vergleichenden Untersuchung der Entwicklung des menschlichen und des Affen-Cortex [Kostović und Goldman-Rakić 1983, Kostović und Rakić 1984] muß man von einem ungeheuren Wachstum afferenter Fasern ausgehen. Diese Annahme stimmt mit der gleichzeitigen intensiven Differenzierung der Pyramidenzellen in Schicht III überein, die als Ursprungsort der Balkenstrahlung bekannt sind.

4. Ein vierter Unterschied ergibt sich aus nur vorübergehend vorhandenen histochemischen Eigenschaften bestimmter Klassen afferenter Fasern. So zeigen beispielsweise thalamocorticale Fasern, deren Ziel die Schicht IV der Rinde ist, vorübergehend intensive Acetylcholinesterase-Reaktivität, die während der weiteren Entwicklung verschwindet (Abb. 16-44). Andererseits gehen die intracorticale Reifung und die Synaptogenese sowie die Bildung des wichtigsten corticalen Transmitter-Systems, des cholinergen Systems, in dieser späten Fetalperiode weiter [Kostović 1986].

Die Phase der späten Schwangerschaft (und Frühreife) ist durch die intensive Bildung von Synapsen charakterisiert (Tabelle 16.4). Nach der 24. Woche erfaßt die Synaptogenese schrittweise die Rindenplatte und schreitet von der Tiefe zur Oberfläche hin fort.

16.4.4 Histogenese des Allocortex während des fetalen Lebens

Der Allocortexanteil des Pallium kann grob eingeteilt werden in *Mesocortex, Archicortex* und *Palaeocortex.* Der Mesocortex ist als ein Übergangsstadium zwischen Neocortex und Archicortex anzusehen. Da beide Rindenformen nach Art eines Halbkreises um das Diencephalon herum angeordnet sind und zusammen den großen limbischen Lappen bilden, werden sie oft als „limbischer Cortex“ bezeichnet.

PHASE II:
Archicortex und Hippocampus – Auftreten und Verdichtung der hippocampalen Rindenplatte –
(Frühe Fetalperiode)

Die Hauptbestandteile des Archicortex im menschlichen Gehirn sind der *Hippocampus* und der *Gyrus dentatus,* die zusammen die hippocampale Formation bilden. Der Hippocampus, als ein charakteristisch gefalteter Rindenabschnitt für ein wichtiges Gedächtniszentrum gehalten, hat besonders die Aufmerksamkeit der Neuroembryologen während des letzten Jahrhunderts gefunden. Es gibt sehr kontroverse Ansichten über die frühe Anlage des Hippocampus (PHASE I in unserem Einteilungssystem). Wie wir weiter oben in diesem Abschnitt gesehen haben, zeigt der limbische Teil des Hemisphärenbläschens innerhalb des gesamten Pallium die erste lokale Spezialisierung (Abb. 16-46). Die charakteristische Verbreiterung der Marginalzone und ihre leichte Ausbiegung

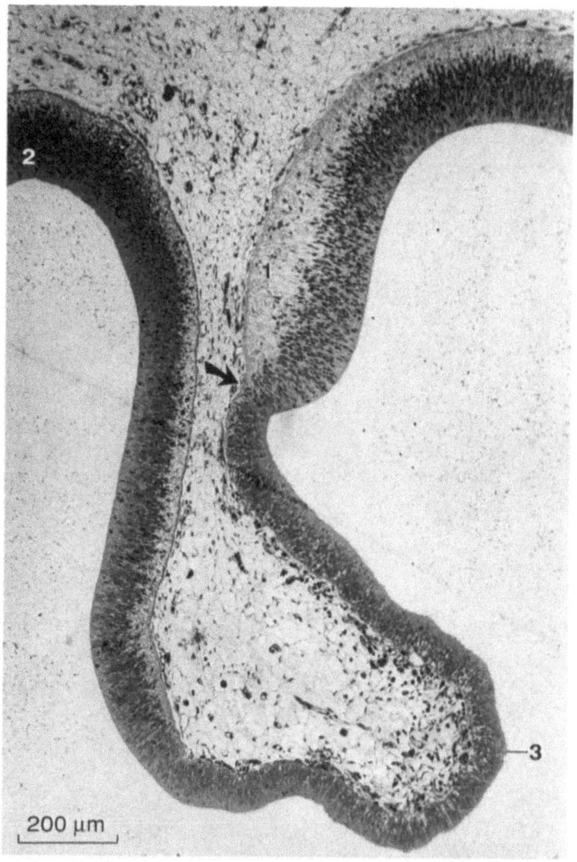

Abb. 16-46. Grenze (Pfeil) zwischen dem medialen (limbischen) Pallium und der Lamina choroidea in einem Semidünnschnitt (1 µm, Nisslfärbung) bei einem menschlichen Embryo von 20 mm. Beachte die charakteristische Verbreiterung der Marginalzone (oberhalb des Pfeils) als frühe Anlage des Hippocampus. Der Plexus choroideus zeigt erste Faltungen und ragt in den Ventrikel hinein. 1 = Anlage des Hippocampus, 2 = Diencephalon, 3 = Plexus choroideus

findet man bereits im STADIUM 17. Dieser frühe Ort morphologischer Spezialisierung im Pallium wurde für den Hippocampus gehalten. Man kann jedoch erst nach Bildung der Rindenplatte (beginnend in PHASE II) die Anlage der hippocampalen Rinde aufgrund der Cytoarchitektonik deutlich abgrenzen. Die Bildung und erste Verdichtung der hippocampalen Cortexplatte erfolgt aber – entgegen der allgemeinen Annahme – erst nach der Verdichtung der Rindenplatte in der Anlage des Neocortex.

Der Hippocampus zeigt drei cytoarchitektonische Merkmale, in denen er sich vom Neocortex unterscheidet:

1. Die hippocampale Rindenplatte ist weniger zelldicht und sehr viel dünner als im Neocortex.
2. Die Marginalzone ist dreimal so dick als im Neocortex.
3. Die hippocampale Rindenplatte ist als Anfang der späteren typischen Einfaltung leicht gebogen.

Eine hippocampale Rindenplatte findet man zuerst nur in dorsaler Position. Später, entsprechend der Verlängerung des temporalen Teils der Hemisphäre, kann man den Hippocampus auch in seiner charakteristischen ventralen Lage finden. Am Ende dieser Phase finden sich erste Anzeichen einer Entwicklung des Gyrus dentatus, einem bedeutenden Bestandteil der hippocampalen Formation. Die Anlage des Gyrus dentatus tritt am Ende der hippocampalen Rindenplatte in Form einer abgerundeten Zellanhäufung auf (Abb. 16-47). Während dieser frühesten Phase der fetalen Entwicklung herrschen zwei Vorgänge der Histogenese im Hippocampus vor: Zellvermehrung und Zellwanderung. Eine intensive proliferative Aktivität in der Ventrikulärzone beginnt relativ spät und dauert nur kurze Zeit. Die Ventrikulärzone im Hippocampus wird sehr viel früher zellarm als im Neocortex. Der experimentelle Beweis dieses besonderen zeitlichen Ablaufes der Bildung hippocampaler Neurone wurde durch Novakowski und Rakić [1981] an Affen geführt. Auch die hippocampalen Neurone bedienen sich des Wanderungsmechanismus entlang

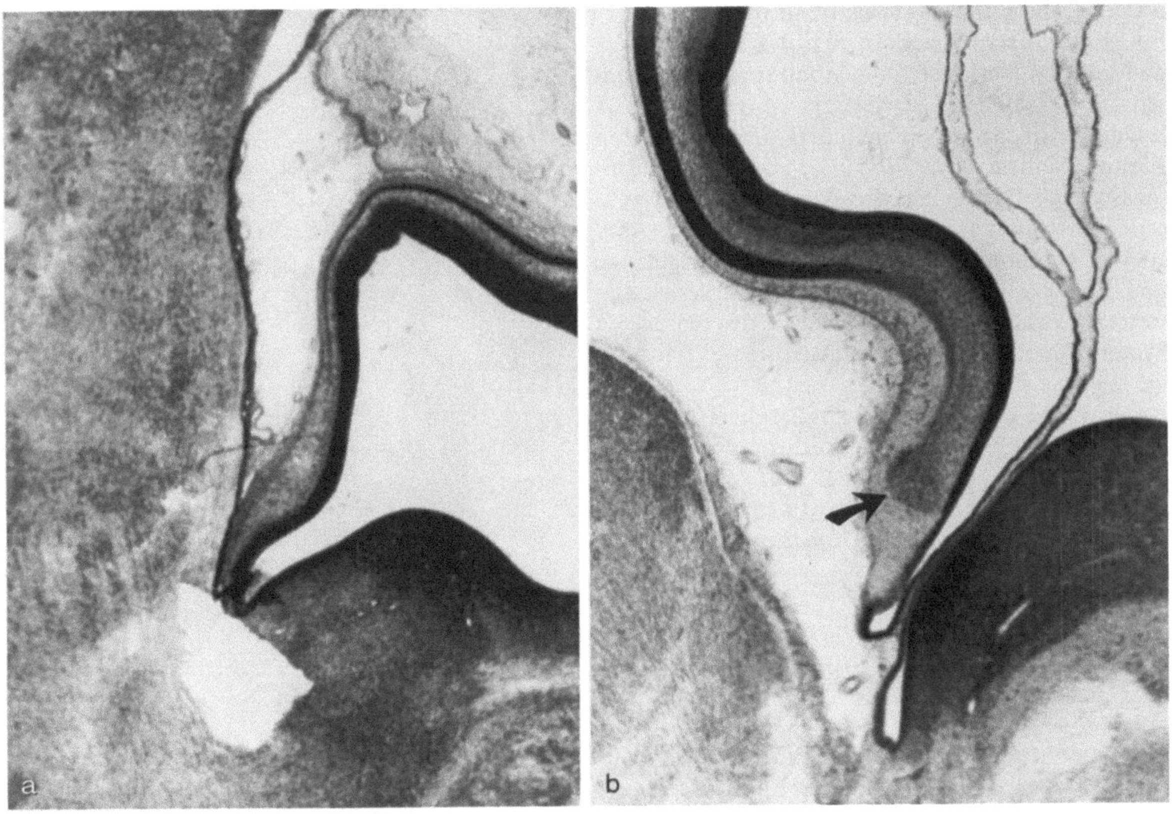

Abb. 16-47a–c. Mikrophotographien der hippocampischen Region bei menschlichen Feten verschiedenen Alters. Das sich entwickelnde Schichtungsmuster und die Einrollung sind erkennbar.
a) Fetus von 8,5 Wochen, Cortexplatte noch nicht entwickelt;
b) Fetus von 12,5 Wochen während der Bildung des fetalen Schichtungsmusters. Cortexplatte noch sehr unreif und dünn. Der Gyrus dentatus hat die Form einer abgerundeten Zellgruppierung (Pfeil).
c) Typisches fetales Schichtungsmuster bei einem Fetus von 15 Wochen. Die Fissura hippocampi erscheint (Pfeil), die Verbreiterung der Marginalzone ist deutlich.

radialer Gliazellen, jedoch sind ihre Wurzeln kürzer und stärker gebogen als im Neocortex. Die Entstehungszeit für Neurone im Gyrus dentatus ist verlängert, diese Neurone werden noch im späten fetalen Leben gebildet.

PHASE III:
Bildung der charakteristischen fetalen Schichtung und Faltung
(Mittlere Fetalperiode, 13.–15. Woche)
Die nächste Entwicklungsphase ist durch die Bildung der charakteristischen fetalen Schichtung gekennzeichnet. Während dieser kurzen Phase wird der tiefe Teil der Rindenplatte aufgelockert und die gesamte hippocampale Formation wird entlang der entstehenden Fissura hippocampalis charakteristisch gefaltet [Hines 1922, Humphrey 1968] (Abb. 16-47). Eine Ausbreitung und Auflockerung des tiefen Teils der Rindenplatte (zweischichtiges Erscheinungsbild) ist besonders ausgeprägt im Subiculum, wo sich eine blasse sekundäre Rindenzone unterhalb der Rindenplatte entwickelt (das Subiculum ist ein „proximaler" Abschnitt, nahe der Hemisphäre gelegen). Der nächstfolgende Rindenabschnitt, der eigentliche Hippocampus, zeigt mit deutlicher Abgrenzung eine Verdickung der Marginalzone.

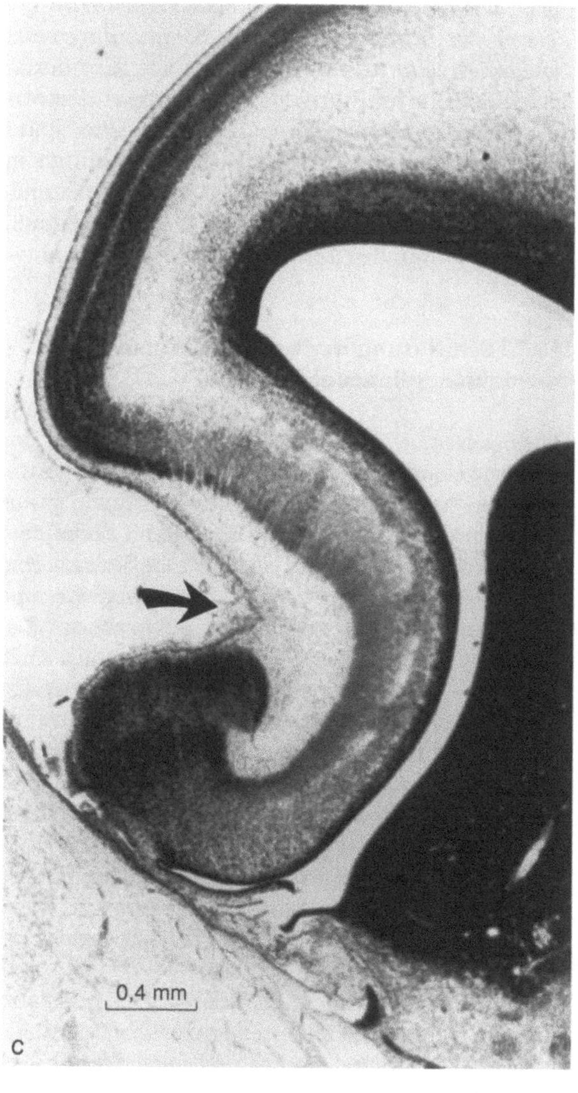

c

PHASE IV:
Typisches fetales Schichtungsmuster
(16.–24. Woche)
Mit dem Auftreten der typischen fetalen Schichtung kann die hippocampale Formation jetzt cytoarchitektonisch in drei Bereiche unterteilt werden:
1. das Subiculum, charakterisiert durch die ausgedehnte Rindenplatte und das Vorhandensein einer sekundären Rindenzone,
2. der eigentliche Hippocampus, der durch eine Verdünnung der Rindenplatte und die extreme Verbreitung der Marginalzone sowie eine nur spärliche Ausbildung der sekundären Rindenzone gekennzeichnet ist und
3. der Gyrus dentatus, der sich durch extrem hohe Zelldichte und das Fehlen einer deutlichen Schichtung unterscheidet. Gleichzeitig findet eine intensive Differenzierung hippocampaler Pyramidenzellen statt, die eine typische Bifurkation der apicalen Dendriten zeigen. Die neuronale Differenzierung ist in der Marginalzone am weitesten fortgeschritten.

Um die 15. Woche setzt eine intensive **Ausbildung von Synapsen** ein. Die Synapsen sind auf zwei Zonen verteilt: die Marginalzone oberhalb der Rindenplatte und die dünne sekundäre Rindenzone unterhalb der Rindenplatte. Dieses zweischichtige Muster der Synapsenverteilung entspricht der Situation, wie sie zuvor für den frühen Neocortex beschrieben wurde. Jedoch gibt es einen wichtigen Unterschied: Die überwiegende Zahl der hippocampalen Synapsen wird in der Marginalzone gebildet, die hier der Hauptort der Synapsenbildung ist.

Sehr wenig ist über die frühe **Entwicklung von Leitungsbahnen** im menschlichen Hippocampus bekannt. Das frühe Auftreten von Synapsen läßt vermuten, daß afferente Fasern noch vor der 15. Woche in den Hippocampus einwachsen. Diese frühen Afferenzen könnten von monoaminergen Fasern im Hirnstamm kommen. Auch der Fornix, der afferente und efferente Fasern enthält, erscheint außerordentlich früh (um die 9. Woche im Telencephalon impar). Der Fornix enthält möglicherweise Fasern von früh reifenden septalen Kerngebieten, denn während der fetalen Periode können Fasern von cholinergen Zellen in den medialen septalen Kernen zur hippocampalen Formation verfolgt werden [Kostović 1986].

PHASE V:
Transformation des fetalen Schichtungsmusters
(Späte fetale Periode)
Diese Entwicklungsphase beginnt im Hippocampus früher als im Neocortex. Etwa in der 24. Woche zeigt sich im Hippocampus eine Auflösung des fetalen Schichtungsmusters. Zunächst wird die hippocampale Formation um die tiefe Fissura hippocampalis aufgefaltet. Im Hippocampus sind vier cytoarchitektonische Felder zu erkennen: CA I, CA II, CA III und CA IV (oder Chilus fasciae dentatae). Die Ventrikulärzone ist außerordentlich dünn und zeigt damit an, daß die Proliferation aufgehört hat. Stattdessen finden sich kräftige Fasersysteme des Alveus, an der ventrikulären Oberfläche des Hippocampus verlaufend. Im Gyrus dentatus ist die Körnerschicht deutlich sichtbar, hier geht die Zellvermehrung weiter. Nach Auffassung einiger Autoren könnten (als Ausnahme von der allgemeinen Regel) einige Neurone im Bereich des Gyrus dentatus in situ entstanden sein, d.h. außerhalb der ventrikulären Zone.

16.4.5 Entwicklung des Mesocortex (Gyrus cinguli, Gyrus parahippocampalis, Riechfeld)

PHASE II:
Bildung und Verdichtung der Rindenplatte
Der Mesocortex entwickelt sich in der Übergangszone zwischen dem interhemisphärischen Neocortex und dem limbischen Archicortex entlang des Randes der Hemisphäre. Cytoarchitektonisch differenziert sich der Mesocortex früh, gleichzeitig oder sogar etwas früher als der mediolaterale Neocortex und früher als der Hippocampus. Die Rindenplatte des Mesocortex ist dünner als im Neocortex, die Marginalzone jedoch dicker.

PHASE III:
Bildung der spezifischen fetalen Schichtung
Die Entwicklung vollzieht sich um die 12. Woche, sie erfolgt damit hier früher als im Neocortex. Der am weitesten ventral liegende Teil des Mesocortex entwickelt früh eine blaß gefärbte Schicht in der Mitte der Rindenplatte. Diese Schicht ist charakteristisch für das Riechfeld, sie wird als „Lamina dissecans" bezeichnet. Das zukünftige Riechfeld ist als wichtigster Ursprungsort afferenter Fasern zum Hippocampus bekannt.

PHASE IV:
Typische fetale Schichtung
Als typisches fetales Schichtungsmuster weist das Riechfeld nun eine schmale sekundäre Rindenzone und eine geteilte Rindenplatte auf. Drittes Merkmal des Riechfeldes ist das Vorhandensein glomerulumähnlicher Zellinseln am tiefen Rand der Marginalzone.

PHASE V:
Umformung des fetalen Schichtungsmusters
Diese Transformation erfolgt später als im Archicortex, aber früher als im Neocortex. Die auffälligste Veränderung findet sich innerhalb der oberflächlichen zellulären Glomeruli.

16.4.6 Entwicklung des Palaeocortex während des fetalen Lebens

Zu Beginn des 3. Monats kann der Palaeocortex wegen des Fehlens einer echten Cortexplatte sowie aufgrund seiner mediobasalen Lage vor dem Nervus opticus und dem temporalen Cortex bestimmt werden. Der Palaeocortex entwickelt niemals eine Rindenplatte und wird schon früh in *Bulbus olfactorius* und *Tuberculum olfactorium, praepiriformes, diagonales* und *periamygdaloides Feld* differenziert. Ein besonderes Charakteristikum des Palaeocortex ist das vorübergehende Auftreten von Zellinseln, die später wieder verschwinden. Nur in einem Teil, nämlich im Tuberculum olfactorium, verbleiben spät auftretende Zellinseln während des gesamten Erwachsenenlebens; sie werden als *Calleja'sche Inseln* bezeichnet.

16.4.7 Entwicklung der Basalganglien und der subcorticalen telencephalen Kerne

Die Basalganglien gehen aus dem verdickten basalen Teil der telencephalen Ventrikulär- und Subventrikulärzone hervor und bilden die subcorticale graue Substanz der Hemisphären. Die meisten Lehrbücher rechnen zu den Basalganglien folgende Strukturen: *Nucleus caudatus, Putamen, Globus pallidus* und *Claustrum*. In Ergänzung zu diesen „typischen" Basalganglien werden wir in diesem Teilabschnitt auch die Entwicklung anderer bedeutender subcorticaler Bereiche der grauen Substanz des Telencephalon beschreiben: den magnozellulären Basalkernkomplex (*Nucleus basalis Meynert, Nucleus diagonalis* und *Nucleus septalis medialis*) sowie den *Nucleus accumbens septi*.

Aus Gründen der topographischen Beziehungen und/oder ihrer Faserverbindungen ist es logisch, diese Strukturen nach den *Abschnitten des Hirnmantels* zu unterteilen, zu denen sie gehören.

Zwei dieser Basalganglien, der Nucleus caudatus und das Putamen, stehen embryologisch in Beziehung zum Neocortex und haben Faserverbindungen zu ihm gebildet; sie werden zusammen als Striatum, oder genauer als **Neostriatum** bezeichnet.

Der amygdaloide Kernkomplex ist phylogenetisch der älteste Teil der Basalganglien, er hat Wechselbeziehungen mit dem limbischen Cortex; daher wird er als **Archistriatum** bezeichnet.

Der Globus pallidus hingegen (medial zum Putamen gelegen) entwickelt sich an der Grenze zum Diencephalon und heißt auch **Palaeostriatum.**

Bisher wurde die Entwicklung des Striatum und des Nucleus accumbens septi autoradiographisch an Laboratoriumsprimaten untersucht [Brand und Rakić 1979], während Entwicklungsdaten dieser Strukturen beim Menschen noch fehlen. Diese Experimentalstudien haben die klassische Auffassung bestätigt, daß die Neurone der Basalganglien aus dem verdickten Teil der ventrikulären und subventrikulären Schicht stammen, die wir bereits als Ganglienhügel nach His und Hochstetter beschrieben haben. Wie bei der Unterteilung der morphologischen Entwicklungsschritte erwähnt, entsteht der Ganglienhügel sehr früh, zwischen der 5. und 6. Woche, am Boden der Seitenventrikel. Er ist aus dichtgepackten, intensiv proliferierenden Neuroepithelzellen aufgebaut. Der frühe Ganglienhügel weist eine seichte Furche – Sulcus interstriatus – auf und wird dadurch in die mediale und laterale striale Leiste unterteilt (Abb. 16-48). Der Ganglienhügel ist ein wichtiger Bildungsort nicht nur für die Basalganglien selbst, sondern ebenso für den Pulvinar thalami und möglicherweise für corticale Neurone [Sidman und Rakić 1973, Rakić und Sidman 1969]. Der Ganglienhügel ist eine typische fetale Struktur, die während der späteren Entwicklung verschwindet. Abkömmlinge des lateralen Teils des Ganglienhügels (der lateralen strialen Leiste) sind das Striatum, das Corpus amygdaloideum, der Nucleus basalis und das Claustrum, während Abkömmling des medialen Teiles des Ganglienhügels (der medialen strialen Leiste) der Nucleus accumbens septi ist.

Embryonalperiode

Die Anlage des Striatum (Neostriatum) entsteht basal zur lateralen strialen Leiste während der 7. Woche als eine einzelne, abgerundete Zellmasse (zu dieser Zeit sind Fasern der Capsula interna noch nicht entwickelt, und die Anlage des Striatum ist noch ungeteilt). Die Zellen dieser Zellanhäufung sind postmigratorische Neurone, die aus dem Ganglienhügel stammen und in Gruppen zur verbreiterten Intermediärzone des laterobasalen Telencephalon wandern.

Frühe und mittlere Fetalperiode

Während der ersten Hälfte der 8. Woche liegt die Anlage des Striatum sehr nahe dem Ganglienhügel. Mit dem Auftreten der Capsula interna, etwa Mitte der 8. Woche, wird sie in zwei Teile unterteilt. Der größere Anteil liegt lateral von der Capsula interna und entspricht dem zukünftigen **Putamen.** Der mediale Teil ist noch sehr unreif und klein und zeigt damit an, daß die Entwicklung des **Nucleus caudatus** hinter der des Putamen zurückbleibt. Um die 9. Woche kann die ty-

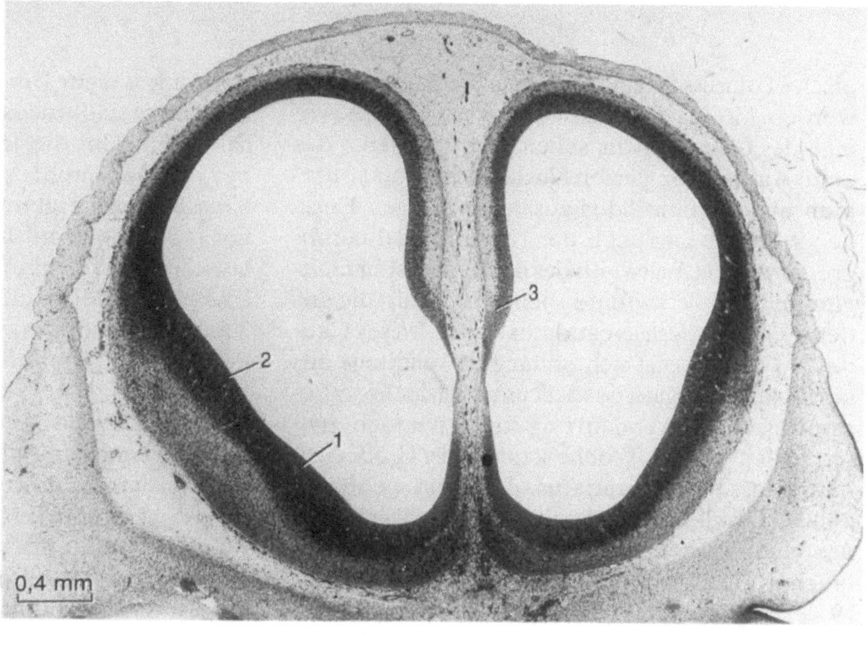

Abb. 16-48. Frontalschnitt durch das Telencephalon an der Grenze zum Telencephalon impar bei einem menschlichen Embryo von 20 mm. Beachte die Unterteilung im Ganglienhügel und die dünne Wand des Telencephalon impar. 1 = mediale striale Leiste, 2 = laterale striale Leiste, 3 = limbisches Pallium

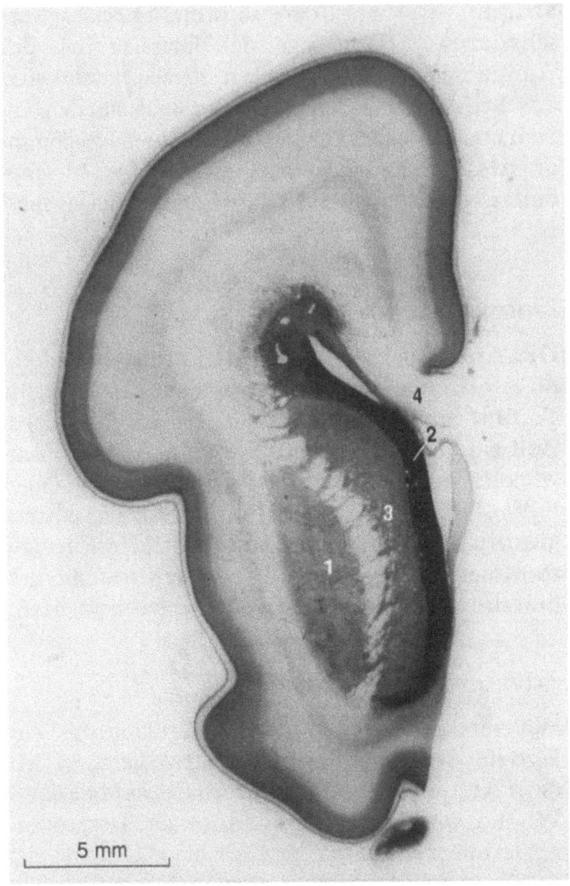

Abb. 16-49. Frontalschnitt durch eine Hälfte des Telencephalon im Niveau des vorderen Horns des Ventrikels bei einem menschlichen Fetus von 21 Wochen. Nisslfärbung, Celloidinschnitt. Beachte das inhomogene Erscheinungsbild des Putamen und den dicken Ganglienhügel. 1 = Putamen, 2 = Ganglienhügel, 3 = Nucleus caudatus, 4 = Corpus callosum

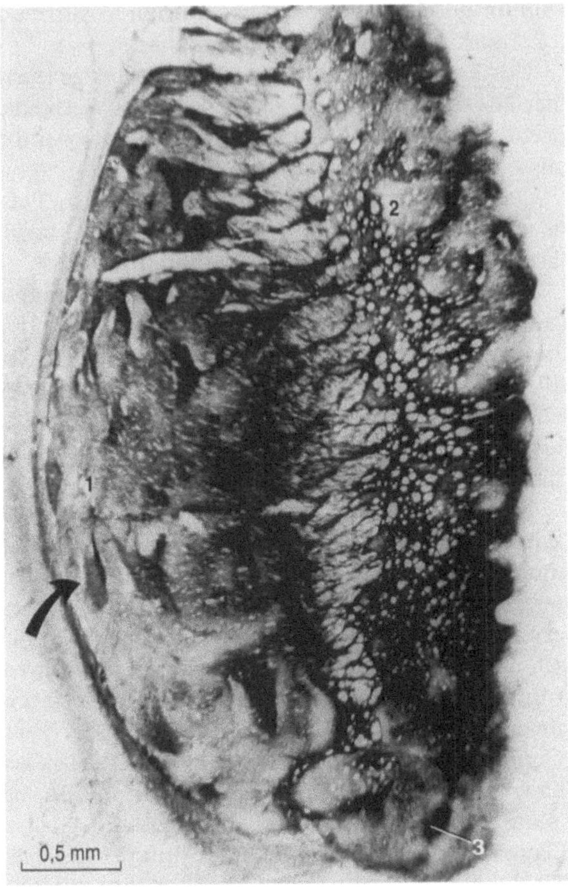

Abb. 16-50. Histochemische Organisation des Striatum in „Moduli". Menschlicher Fetus von 23 Wochen, Acetylcholinesterase-Nachweis. Ein Modul ist ein räumlich definiertes Compartiment, das von einer weniger reaktiven Matrix (Pfeil) umgeben wird. 1 = Putamen, 2 = Nucleus caudatus, 3 = Nucleus accumbens septi

pische Form des Putamen in ihren Umrissen erkannt werden. Medial zum Putamen kann man jetzt die Anlage des **Globus pallidus** sehen. Dies ist zugleich das erste Auftreten des ganzen **Nucleus lentiformis** (Putamen und Globus pallidus zusammen). Gegen Ende der 9. Woche kann auch der Nucleus caudatus umgrenzt werden: Außerhalb des dunkel gefärbten Ganglienhügels findet sich eine „hellere" Struktur, die aus den Zellen des Nucleus caudatus besteht. Dieses Caudatus-Gewebe dehnt sich entlang des Ventrikels aus und folgt der Biegung des Sulcus terminalis. Eine Periode deutlicher Vermehrung strialer Neurone zwischen der 9. und 15. Woche kann aus der Größenzunahme des Nucleus caudatus, des Putamen und des ganzen Ganglienhügels abgeleitet werden. Die Masse des Ganglienhügels ist insgesamt größer als die des Nucleus caudatus. In dieser Entwicklungsphase (9.–15. Woche) treten die ersten afferenten Fasern vom Nucleus niger (im Mesencephalon) in das Striatum ein. Sie sind unzusammenhängend und fleckenhaft verteilt. Um die 15. Woche erfolgen zwei wichtige Veränderungen:

1. Das Striatum zeigt nun eine inhomogene Organisation (Abb. 16-49 und 16-51), und es tritt eine Reihe histochemischer und cytoarchitektonischer Compartimente („Moduli") auf.
2. Die Synapsenbildung setzt mit der größten Rate im Putamen, danach auch im Nucleus caudatus ein.

Nach der 16. Woche findet sich eine Differenzierung großer Interneurone (1% der strialen Neurone sind große cholinerge Interneurone). Dies ist ein Beispiel für eine sehr frühe Entwicklung von Interneuronen. Zwischen der 17. und 24. Woche formen histochemische und cytoarchitektonische Moduli ein komplexes Mosaik, wobei Moduli räumlich segregiert werden,

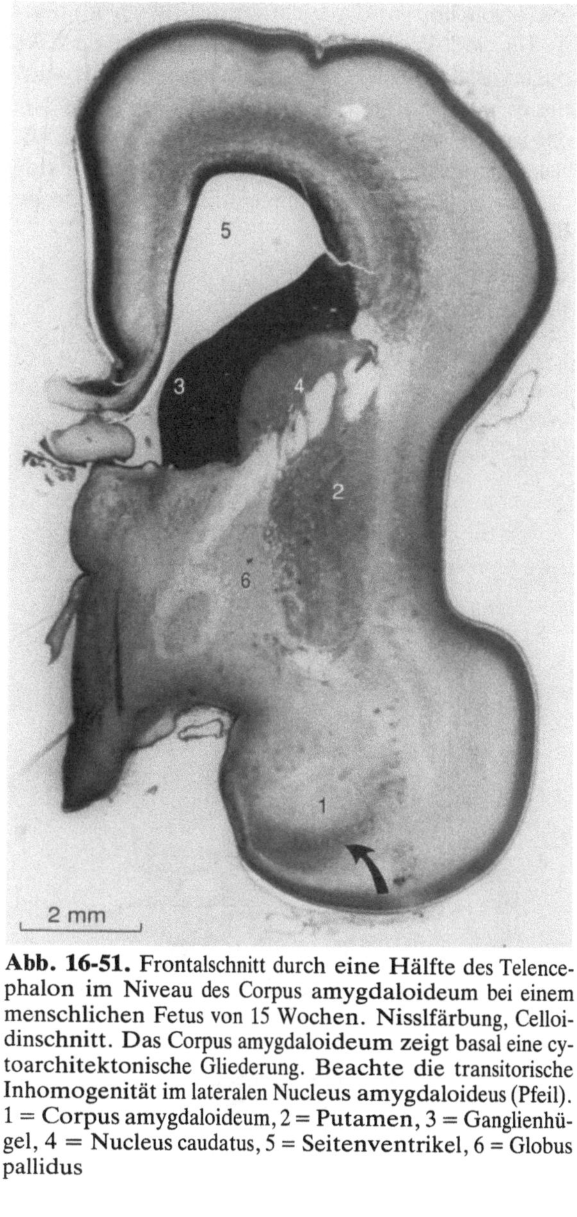

Abb. 16-51. Frontalschnitt durch eine Hälfte des Telencephalon im Niveau des Corpus amygdaloideum bei einem menschlichen Fetus von 15 Wochen. Nisslfärbung, Celloidinschnitt. Das Corpus amygdaloideum zeigt basal eine cytoarchitektonische Gliederung. Beachte die transitorische Inhomogenität im lateralen Nucleus amygdaloideus (Pfeil). 1 = Corpus amygdaloideum, 2 = Putamen, 3 = Ganglienhügel, 4 = Nucleus caudatus, 5 = Seitenventrikel, 6 = Globus pallidus

die jeweils verschiedene transmitterbezogene Merkmale haben (Abb. 16-50), aber in die Matrix und die undifferenzierte Grundsubstanz eingebettet sind. Zellteilungen und -wanderung gehen jedoch weiter. Auch ist die Hauptquelle der strialen Neurone, der Ganglienhügel, weiterhin gut entwickelt und wölbt sich in den Ventrikelraum vor.

Späte Fetalperiode

Der Abschnitt zwischen der 25. und 38. Woche ist wahrscheinlich die bedeutendste Periode für die strukturelle Entwicklung des Putamen und des Nucleus caudatus, denn alle wichtigen histogenetischen Prozesse (Proliferation, Migration, Synapsenbildung, Einwachsen von afferenten Fasern und neuronale Differenzierung) vollziehen sich gleichzeitig (Tabelle 16.2).

Der Ganglienhügel, durch Vergrößerung der ventrikulären und subventrikulären Schicht entstanden, ragt im Niveau des Foramen interventriculare sehr stark vor (Abb. 16-52). Er enthält ein sehr gut entwickeltes Netzwerk erweiterter venöser Kapillaren mit einer relativ dicken Wand, die aber nur aus Endothelzellen und dünnem basalem Membrankollagen besteht. Für diesen Gefäßtyp gibt es keine Entsprechung in umliegenden Geweben. In diesem Gebiet proliferieren alle Zellen und durchlaufen hier ihren Zellzyklus. Die lokale Verletzlichkeit der Ventrikulärzone ist für die Entstehung der wichtigsten neurologischen Komplikation des frühgeborenen Kindes, die periventrikuläre Blutung, in hohem Maße bedeutsam. Bei dieser Störung führen mehrere Faktoren (Verlust der Autoregulation des lokalen Kreislaufs mit Druckanstieg und Hypoxie) zum Platzen von Blutgefäßen in der ventrikulären Zone, woraus sich eine periventrikuläre-ventrikuläre Hämorrhagie entwickelt. Dem schrittweisen Verschwinden der ventrikulären Zone folgend nimmt während der späten

Tabelle 16.2. Histogenetische Vorgänge in den Entwicklungsphasen des Striatum

	Embryonale und frühfetale Periode	Mittlere Fetalperiode	Späte Fetalperiode	Frühe postnatale Periode
Proliferation	+++	+++	++	–
Zellwanderung	+++	+++	++	–
Differenzierung	–+	+++	+++	+++
Zell-Clusterbildung	–	++	+++	+–
Compartimentierung	–+	+++	+++	+++
Wachstum afferenter Fasern	–+	++	+++	+
Synapsenbildung	–	++	+++	+++
Zelltod	?	?	?	?
Plastizität	?	?	++	?

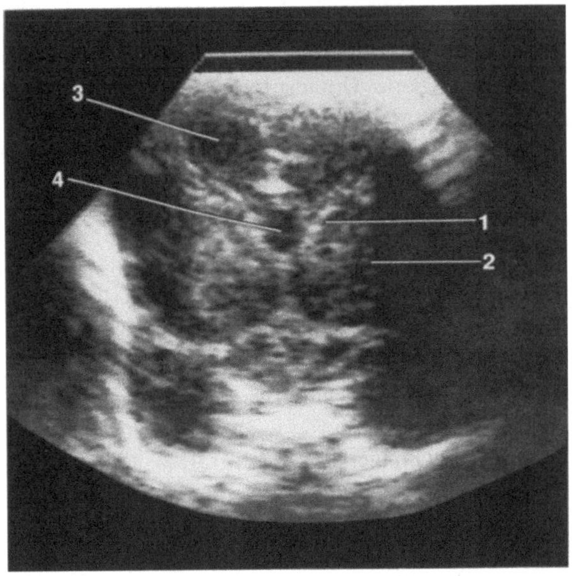

Abb. 16-52. Gehirn eines lebenden frühreifen Kindes (32 Wochen) im Ultraschallbild (Real-time-scanner). Erkennbar sind die Strukturen einer Frontalebene im Niveau des Septum. 1 = Ganglienhügel, 2 = Striatum, 3 = Vorderhorn des Seitenventrikels, 4 = Cavum septi pellucidi

Schwangerschaft die Häufigkeit periventrikulärer Hämorrhagien deutlich ab. Der intensivste histogenetische Vorgang beim frühreifen Kind ist das Einwachsen afferenter Fasern aus dem Cortex. Die Entwicklung corticostrialer Fasern kann indirekt aus der Umordnung cytoarchitektonischer und histochemischer Moduli während des Einwachsens dieser Fasern erschlossen werden. Aufgrund cytologischer Differenzierungen lassen sich während dieser Zeit verschiedene Neuronen-Klassen unterscheiden.

16.4.8 Strukturentwicklung der Basalganglienabschnitte des Allocortex (Corpus amygdaloideum)

Embryonalperiode

Das Corpus amygdaloideum entwickelt sich aus Zellen der lateralen strialen Leiste, die in einem verbreiterten Abschnitt der Ventrikulärzone innerhalb des Ganglienhügels gebildet werden. Diese Zellen wandern in die verdickte mediobasale Portion der sich auswölbenden Hemisphärenbläschen ein und bilden etwa um die 5. Woche (Stadium 15) die Anlage des Corpus amygdaloideum.

Die Hauptmasse dieses zukünftigen Kernes liegt vom ersten Beginn an caudal zur Anlage des Palaeocortex, des limbischen Mesocortex und des basalen Neocortex, wodurch eine geradezu „strategische" Lage für das Corpus amygdaloideum zwischen basalen, limbischen und neocorticalen Feldern gegeben ist. Um die 8. Woche herum zeigt die Anlage des Corpus amygdaloideum erste Unterteilungen in die wichtigsten cytoarchitektonischen Abschnitte, das sind der basolaterale und der corticomediale Abschnitt. Auch hier prägen Zellvermehrung und -wanderung die embryonale Entwicklungsperiode dieses Kerngebietes.

Fetalperiode

In dieser Phase erfolgt die cytoarchitektonische Differenzierung individueller Kerne. Bereits um die 10. Woche können alle Kerne des Corpus amygdaloideum erkannt werden: Die corticomediale Abtei-

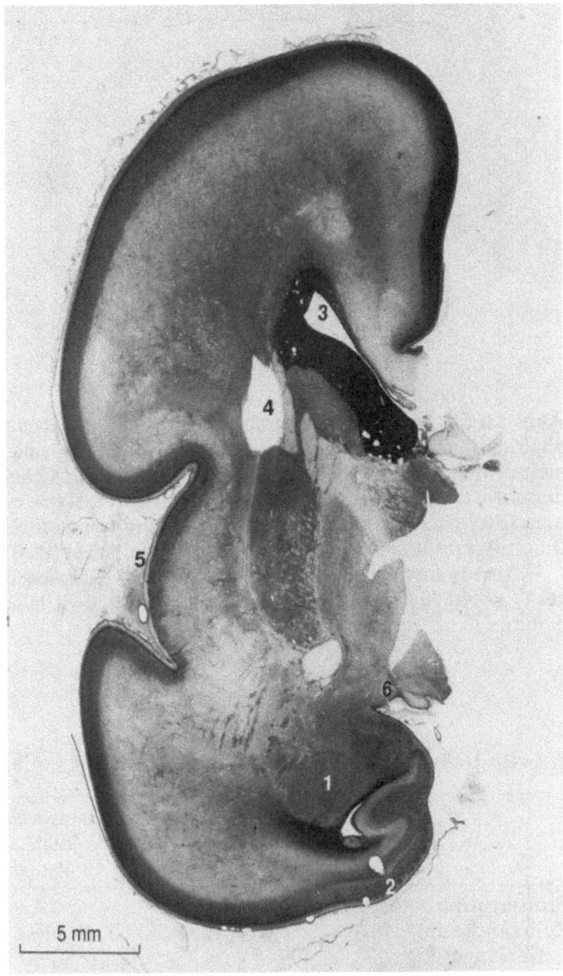

Abb. 16-53. Frontalschnitt durch eine Hälfte des Telencephalon im Niveau des Corpus amygdaloideum bei einem menschlichen Fetus von 24 Wochen. Nisslfärbung. Die topographische Lage des Corpus amygdaloideum entspricht der Situation beim Erwachsenen. 1 = Corpus amygdaloideum, 2 = Cortex entorhinalis, 3 = Seitenventrikel, 4 = Schnittartefact, 5 = Insel, 6 = vordere Commissur

lung enthält corticale und zentrale Kerne, während der basolaterale Abschnitt den sehr großen Nucleus lateralis und basale Kerne enthält. Generell entwickeln sich die phylogenetisch älteren corticomedialen Abschnitte früher als die phylogenetisch jüngeren basolateralen Teile. Beide Abschnitte wachsen jeder für sich und werden sehr zellreich, was auf einen Fortgang der Zellwanderungen während der Fetalperiode hinweist. Der laterale amygdaloide Kern zeigt als fetalen Typ einer cytoarchitektonischen Organisation eine transitorische Zellgruppierung (Abb. 16-51).

Anzeichen für eine Bildung amygdaloider Fasersysteme sind das Auftreten gut entwickelter Strahlenfasern innerhalb des Nucleus lateralis und einer dicken faserreichen Kapsel entlang des ventralen Teils des Corpus amygdaloideum. Ein anderer bedeutsamer Vorgang ist die Verlagerung der amygdaloiden Kerne während der Drehung der gesamten periamygdaloiden Region an der Spitze des temporalen Hemisphärenbläschens. Diese „Einrollung" beginnt um die 13. Woche (Abb. 16-53).

16.5 Entwicklung des Diencephalon

Das Zwischenhirn zeigt während der frühen Entwicklung deutliche Dickenunterschiede seiner verschiedenen Abschnitte, außerdem treten longitudinal verlaufende Sulci auf (Abb. 16-54). Oberhalb des Sulcus longitudinalis dorsalis ist die Wand des Zwischenhirns sehr dünn und bildet die Deckplatte des III. Ventrikels und den Epithalamus. Zwischen dem Sulcus longitudinalis dorsalis und medialis liegt die Anlage des dorsalen Thalamus. Zwischen dem medialen und ventralen Sulcus diencephalicus findet sich die Anlage des Subthalamus. Der am weitesten ventral liegende Teil, unterhalb des Sulcus diencephalicus ventralis liegend, ist der Hypothalamus. In diesem Entwicklungsstadium besteht die Wand des Diencephalon aus drei embryonalen Schichten: der *ventrikulären* (proliferativen), der *intermediären* (migratorischen) und der *marginalen* (plexiformen) *Zone*. Im mikroskopischen Bild ist die rostrale Grenze des Diencephalon gegen das Telencephalon medium nur schwer zu bestimmen. Die Anlage eines speziellen embryonalen Organs, der Paraphyse, mag als Grenze zwischen Diencephalon und dem Telencephalon impar gelten. Die rostrolaterale Grenze gegen die Hemisphärenbläschen wird durch den Sulcus telodiencephalicus markiert. Die caudale Grenze des Diencephalon (gegen das Mesencephalon) ist dorsal durch den Wechsel in der Wanddicke unterhalb der hinteren Commissur, ventral durch den Recessus mamillaris gegeben.

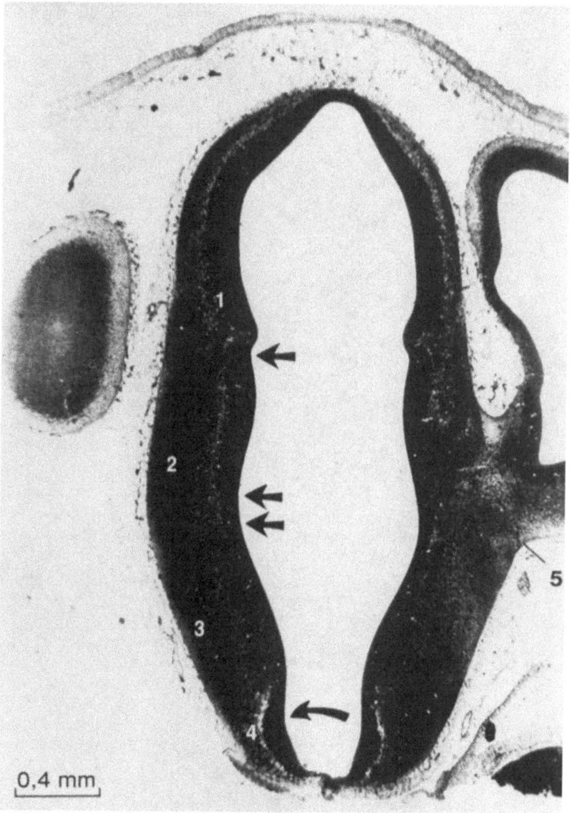

Abb. 16-54. Frontalschnitt durch das Diencephalon bei einem menschlichen Embryo von 7 Wochen. Die Hauptteile des Diencephalon werden durch longitudinal verlaufende Sulci getrennt: Sulcus longitudinalis dorsalis (ein Pfeil), Sulcus longitudinalis medialis (Doppelpfeil), Sulcus ventralis (gebogener Pfeil). 1 = Epithalamus, 2 = Thalamus (Thalamus dorsalis), 3 = Subthalamus (Thalamus ventralis), 4 = Hypothalamus, 5 = Sulcus telodiencephalicus

16.5.1 Thalamus

Embryonalperiode

Während der 7. Woche besteht die Anlage des Thalamus noch aus den allgemeinen embryonalen Schichten (Ventrikulär-, Intermediär- und Marginalzone), die konzentrisch den Hohlraum des späteren III. Ventrikels umschließen. Die Wand des Thalamus ist dünner im Subthalamus und Hypothalamus, wo sich eine Intermediärzone früher entwickelt. Während dieser Entwicklungsphase können erste Fasern in der

Intermediär- und Marginalzone des basolateralen Thalamus, nahe zum Sulcus telencephalicus und zum Hemisphärenstiel, gefunden werden. Während der 8. Woche gibt es drei histogenetische Entwicklungen im Thalamus: Eine Dickenzunahme der ventrikulären Zone kennzeichnet die Phase intensiver Proliferation; Zellanhäufungen an der Zwischenfläche von Marginal- und Intermediärzone bilden eine Zellplatte, die am besten als *Thalamusplatte* bezeichnet wird (Abb. 16-55); kräftige Faserbündel erscheinen im hinteren Teil des Hemisphärenstiels, die wahrscheinlich den Anfang der thalamocorticalen Fasersysteme darstellen. Im allgemeinen gibt es noch keine Anzeichen für die Entwicklung thalamischer Kerngebiete, nur der spätere Nucleus geniculatus lateralis wird durch das Einwachsen optischer Fasern gekennzeichnet.

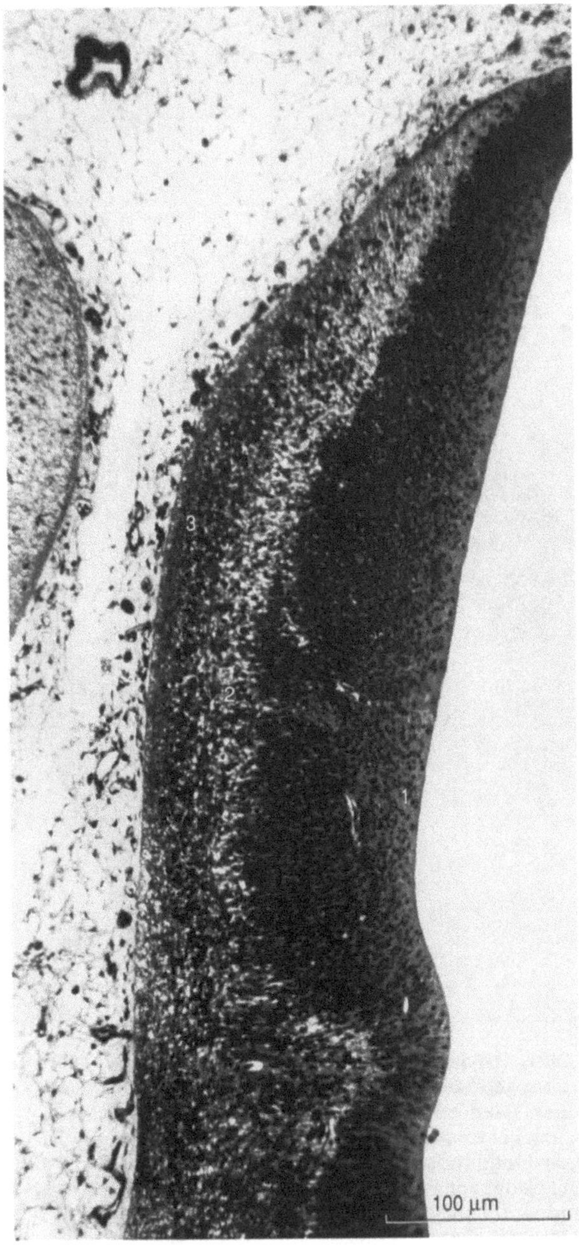

Abb. 16-55. Dorsale Wand des Diencephalon bei einem menschlichen Embryo von 7 Wochen. Semidünnschnitt, Nisslfärbung. Die Grundschichtung ist zu erkennen. Die Zellverdichtung in der äußeren Intermediärzone ist die diencephale Platte. 1 = Ventrikulärzone, 2 = Intermediärzone, 3 = diencephale Platte

Frühe Fetalperiode

Während des 3. Monats wird eine initiale Teilung des Thalamus in Territorien durch das Auftreten einer blassen faserreichen Lamina medullaris externa und einer Lamina intrathalamica hervorgerufen (Abb. 16-56). Nach deren Auftreten können mehrere Territorien unterschieden werden: das ventrolaterale Gebiet, das den größten Teil des Thalamus darstellt und die Anlage des Corpus geniculatum laterale einschließt; das reticuläre Gebiet, der centromediale Kern, die paramediale-mediane Zone und das Territorium posterius. In diesem frühen Stadium sind cytoarchitektonisch noch keine individuellen Kerne un-

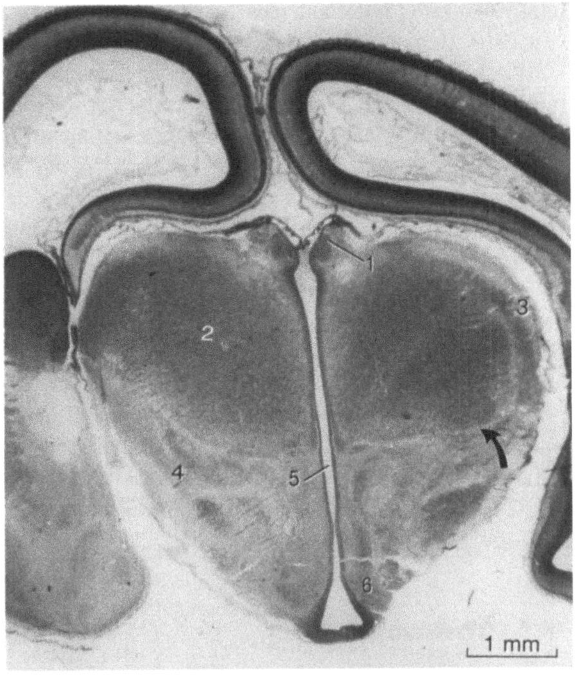

Abb. 16-56. Frontalschnitt durch das Diencephalon bei einem menschlichen Fetus von 9 Wochen. Nisslfärbung, Celloidineinbettung. Beginnende Segregation thalamischer Territorien durch Lamellen weißer Substanz (Pfeil). 1 = Nucleus habenularis, 2 = Thalamus, 3 = Corpus geniculatum laterale, 4 = Subthalamus, 5 = III. Ventrikel, 6 = Hypothalamus

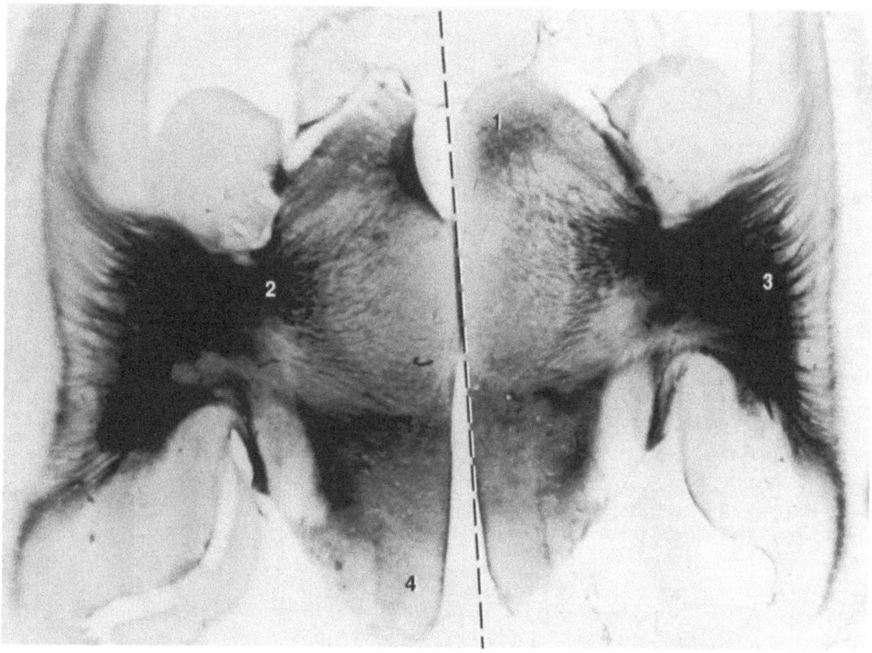

Abb. 16-57. Mikrophoto von zwei Schnitten durch Telencephalon und Diencephalon bei einem menschlichen Fetus von 10,5 Wochen. Acetylcholinesterase-Nachweis. Beachte die massiven Bündel thalamocorticaler Fasern und die beginnende histochemische Differenzierung thalamischer Territorien. 1 = Nucleus dorsomedialis, 2 = ventrolaterales Territorium, 3 = thalamocorticale Fasern, 4 = Hypothalamus

terscheidbar. Es gibt jedoch eine chemoarchitektonische Parzellierung, da durch hohe Acetylcholinesterase-Aktivität eine grobe Abgrenzung eines hinteren Pulvinar-Kernes sowie eines ventrolateralen und dorsomedialen Kernes möglich wird. Thalamocorticale Fasern dieser Kerne werden mit der AChE-Technik gefärbt, ihre Annäherung an das Pallium kann gezeigt werden (Abb. 16-57).

Mittlere Fetalperiode

Mit der Bildung von Bahnen treten individuelle Kerne durch Zellaggregation auf, die histochemische Differenzierung geht weiter (Abb. 16-58), und eine cytoarchitektonische Differenzierung beginnt. Während dieser initialen cytoarchitektonischen Gliederung werden Perikarya lichtmikroskopisch deutlich sichtbar, deren Zellkerne sich von dunklen Kernen mit kondensiertem Chromatin zu blassen, aufgelokkerten, reif erscheinenden Kernen wandeln. Spezifische cytoarchitektonische Kennzeichen treten in den Kerngebieten auf (Abb. 16-59). Das deutlichste Beispiel ist die Laminierung des Kernes im Corpus geniculatum laterale. Thalamocorticale Fasern können bis in den Cortex verfolgt werden, wo sie die tiefsten Schichten durchdringen. Gleichzeitig mit dem Auswachsen der thalamocorticalen Fasern nimmt der Thalamus an Größe zu, besonders im Nucleus lateralis-posterior-Pulvinar-Komplex.

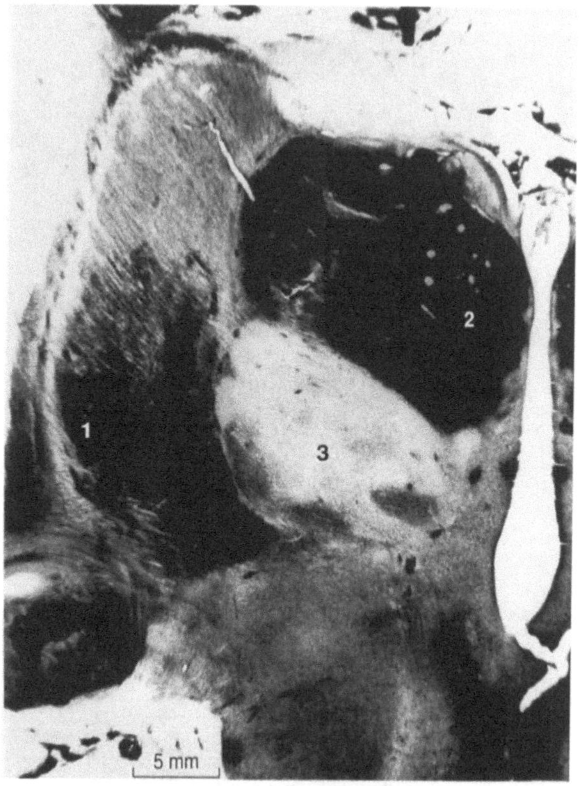

Abb. 16-58. Mikrophoto eines Schnittes durch den Thalamus bei einem menschlichen Fetus von 24 Wochen, Acetylcholinesterase-Nachweis. Der Nucleus ventrolateralis und Nucleus dorsomedialis zeigen eine starke Reaktivität und können dadurch deutlich von anderen nichtreaktiven Kernen unterschieden werden. 1 = Nucleus ventrolateralis, 2 = Nucleus dorsomedialis, 3 = Nucleus centromedianus

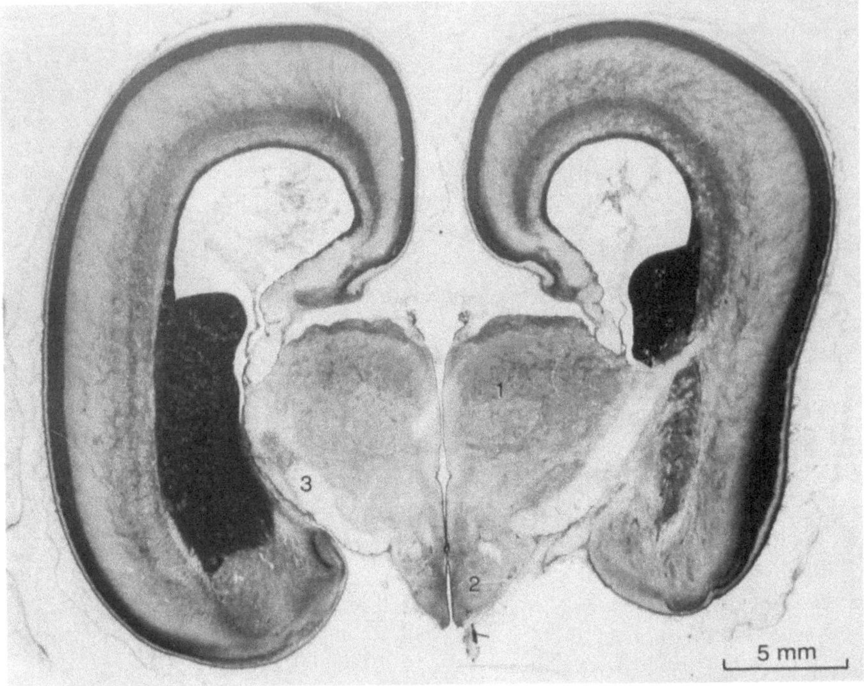

Abb. 16-59. Frontalschnitt durch Telencephalon und Diencephalon im Niveau des Infundibulum bei einem menschlichen Fetus von 16 Wochen. Nisslfärbung, Celloidinschnitt. 1 = Thalamus, 2 = Hypothalamus, 3 = Crus cerebri

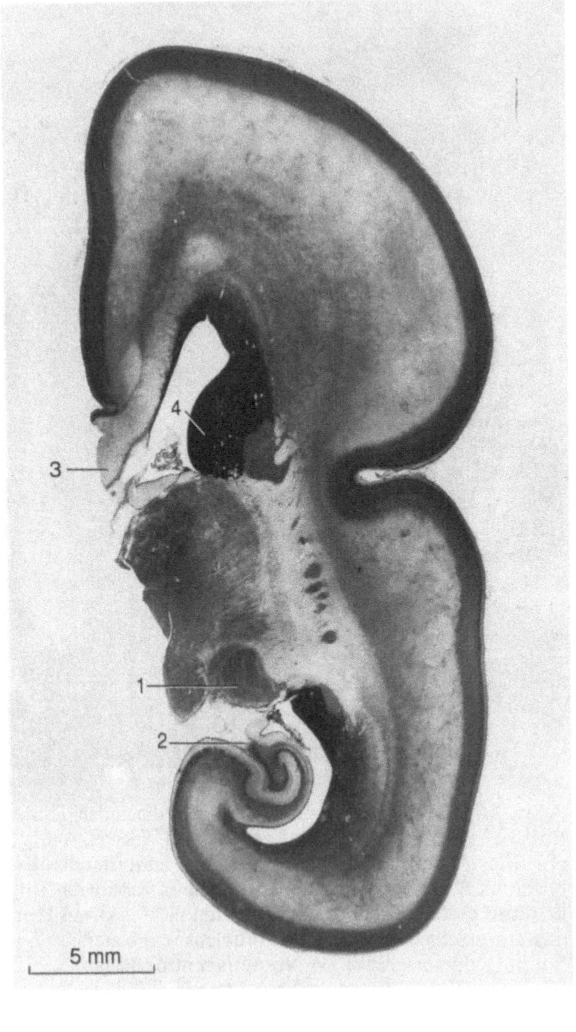

Abb. 16-60. Frontalschnitt durch eine Hälfte des Telencephalon und Diencephalon bei einem menschlichen Fetus von 24 Wochen. Nisslfärbung, Celloidinschnitt. Beachte die Schichtung im Corpus geniculatum laterale und die charakteristische Einrollung des Hippocampus. 1 = Corpus geniculatum laterale, 2 = Hippocampus, 3 = Corpus callosum, 4 = Ganglienhügel

Späte Fetalperiode und Frühreife

Nach 24 Wochen setzt ein dramatisches Wachstum des Thalamus ein, der nun das Erscheinungsbild des adulten Gehirns erreicht. Die stärkste Vergrößerung erfolgt im Pulvinar-Gebiet. Eine erhebliche Vergrößerung und Differenzierung wird auch in anderen Assoziationskernen, wie dem Nucleus dorsomedialis, deutlich. Das Corpus geniculatum laterale zeigt nun ein 6-Schichten-Muster und erlangt seine ventrale Position (Abb. 16-60). Die thalamocorticalen Fasern haben die Phase des intensiven Einwachsens in die Hirnrinde beendet und möglicherweise bereits synaptische Kontakte gebildet [Kostović und Goldman-Rakić 1983, Kostović und Rakić 1984].

16.5.2 Hypothalamus

Embryonalperiode

Die Histogenese des Hypothalamus beginnt schon im frühen Embryonalalter und setzt sich jedoch während des fetalen, perinatalen und postnatalen Lebens fort. Es gibt zwei Reifungsgradienten, von lateral nach medial und von caudal nach rostral. Als Ergebnis des caudorostralen Gradienten erscheint der Mamillarkörper bereits in der 6. Woche, während der Nucleus mamillaris lateralis um die 7. Woche sichtbar wird. Dementsprechend entsendet der Nucleus mamillaris Axone zum Tegmentum, die den Tractus mamillotegmentalis bilden. Der lateromediale Gradient ergibt sich aus der früheren Entstehung lateraler hypothalamischer Neurone.

Frühe Fetalperiode

Mit histochemischen Techniken können Hauptfasersysteme bereits während der frühen Fetalperiode aufgezeigt werden. Afferente Fasern von monoaminergen Neuronen des Hirnstammes bilden das mediale Vorderhirnbündel. Eines der frühesten Fasersysteme, das sich entwickelt, ist die supraoptische Commissur, eine komplexe Bahn, die Tegmentum, basales Vorderhirn und Hypothalamus verbindet. Eine weitere wichtige histogenetische Veränderung erfolgt um die 10. Woche: Die beginnende cytoarchitektonische Segregation des später homogen erscheinenden medialen Hypothalamus in Kerngebiete kann an Nissl-gefärbten Präparaten beobachtet werden (Abb. 16-61). Im medialen Hypothalamus sind praeoptische, paraventrikuläre, infundibuläre (Nucleus arcuatus), ventromediale, posteriore und praemamilläre Kerne erkennbar. Zur gleichen Zeit befinden sich laterale hypothalamische Kerne, supraoptische und mamilläre Kerne bereits in einem fortgeschrittenen Stadium cytoarchitektonischer Differenzierung. Allgemein gesehen sind die magnozellulären neuroendokrinen Kerne (Nucleus supraopticus und paraventricularis) cytoarchitektonisch weiter differenziert als die parvozellulären neuroendokrinen Kerngebiete (Abb. 16-61). Gleichzeitig mit der cytoarchitektonischen Differenzierung geht die proliferatorische Aktivität deutlich zurück, die Ventrikulärzone

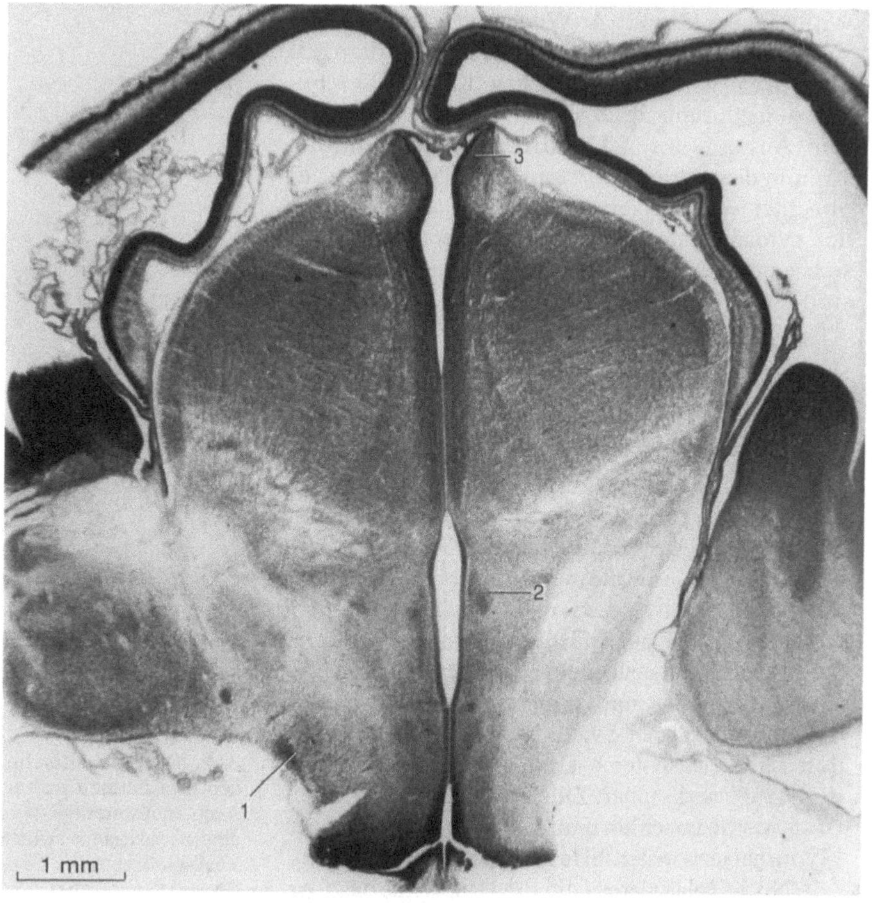

Abb. 16-61. Mikrophoto eines Schnittes durch Thalamus und Hypothalamus bei einem menschlichen Fetus von 9 Wochen. Beachte das Auftreten der hypothalamischen Kerne. 1 = Nucleus supraopticus, 2 = Nucleus paraventricularis, 3 = Habenula

des caudalen und rostralen Hypothalamus wird dünn. Eine Ausnahme davon bildet die intermediäre, infundibulär-tuberale Region, wo die Ventrikulärzone noch relativ dick ist und viele mitotische Zellen eine weitere Neuronenbildung anzeigen. Trotz der bereits einsetzenden cytoarchitektonischen Differenzierung sind die meisten Neurone im medialen Hypothalamus noch bipolar. Die frühe Reifung neuroendokriner Funktionen im menschlichen Thalamus ist eine höchst bemerkenswerte Tatsache: Die frühe Produktion eines Gonadotropin-Releasing-Hormons wurde mittels immuncytochemischer Technik im menschlichen Hypothalamus bereits in der 9. Woche nachgewiesen [Bugnon et al. 1977]. Trotz ihrer morphologischen Unreife sind also hypothalamische neuroendokrine Zellen bereits im frühen Fetalleben zur Synthese peptiderger Releasing-Hormone fähig. Es ist nicht bekannt, ob diese früh gebildeten Peptide bereits eine Hypophysen-Aktivität hervorrufen und wie sie mit zirkulierenden östrogenen Hormonen interagieren. Eine noch unreife Gefäßverbindung zwischen Hypothalamus und Hypophyse wird bereits in der 9. Woche aufgebaut [Falin 1961].

Mittlere Fetalperiode

Während der 13. und 14. Woche gibt es eine rasche cytoarchitektonische Differenzierung der deutlich abgrenzbaren hypothalamischen Kerne. Die beschleunigte neuronale Differenzierung mit multipolarem Auswachsen von Dendriten und Axonbildung kann in dieser Phase zuerst an Golgi-Präparaten beobachtet werden (eigene Befunde). Gleichzeitig mit der cytoarchitektonischen Differenzierung vollzieht sich eine biochemische Reifung; um die 15. Woche sind Enzyme innerhalb der Perikarya hypothalamischer Neurone nachweisbar.

Späte Fetalperiode und Frühgeborene

Nach 24 Wochen ist die Cytoarchitektonik im fetalen Hypothalamus deutlicher ausgeprägt als im Gehirn des Erwachsenen. Der offensichtliche Grund dafür ist die höhere Zelldichte innerhalb der Kerngebiete, die in einem noch relativ kleinen Volumen des Hypothalamus angeordnet sind, der noch geringe Gehalt an Neuropil und die nur spärliche Myelinisierung. Die magnozellulären neurosekretorischen Kerne (Nucleus supraopticus und paraventricularis) sind von den mikrozellulären Systemen deutlich unterschieden. Alle Fasersysteme sind bereits gut entwickelt und deutlich erkennbar. Die Neubildung und Wanderung von Neuronen hört auf. In dieser Hinsicht ist der Hypothalamus weiter differenziert als der Thalamus. Die Nuclei habenulares (die die Hauptkerne des Epithalamus sind) können schon in der *6. Woche* erkannt werden. Und bereits eine Woche später entwickeln sich die beiden Hauptfasersysteme der Nuclei habenulares, die Stria medullaris thalami und der habenulointerpedunculäre Trakt.

16.5.3 Subthalamus

Der Subthalamus differenziert sich cytoarchitektonisch – phylogenetisch älter als der Thalamus – schon in der frühen Fetalzeit während der 9. Woche (Abb. 16-56). Bedingt durch das frühe Auftreten von Fasern vollzieht sich die Abgrenzung des Nucleus subthalamicus der Zona incerta (einer rostralen Fortsetzung der Formatio reticularis) gleichzeitig mit der Abgrenzung der gesamten subthalamischen Region. Nach der 15. Woche wächst der Nucleus subthalamicus sehr rasch und entwickelt seine definitive Größe und Lage um die 18. Woche (Abb. 16-62). Die Histogenese des Globus pallidus, der sich an der Grenze zwischen dem Diencephalon und dem Telencephalon

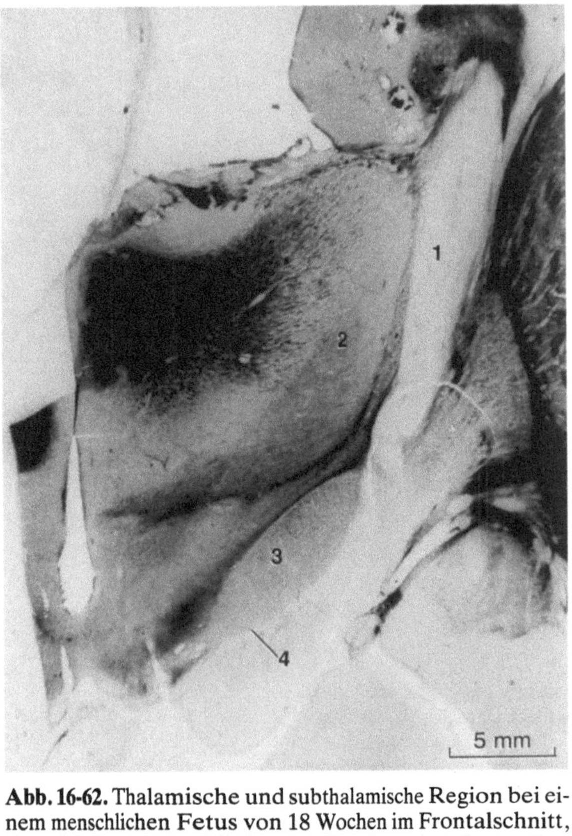

Abb. 16-62. Thalamische und subthalamische Region bei einem menschlichen Fetus von 18 Wochen im Frontalschnitt, Acetylcholinesterase-Nachweis. Beachte den besonders deutlichen Nucleus subthalamicus. 1 = Capsula interna, 2 = Thalamus (ventrales Territorium), 3 = Nucleus subthalamicus, 4 = Crus cerebri

oberhalb des Hemisphärenstiels entwickelt, ist recht komplex. Da die frühe Anlage des Globus pallidus sich in direkter Fortsetzung des Subthalamus befindet und vom Striatum erst nach 10 Wochen getrennt wird [Richter 1967], schließen wir, daß er sich aus dem Diencephalon entwickelt. Die weitere Differenzierung jedoch verläuft parallel zu der des Putamen, von wo der Globus pallidus seinen Haupteinfluß erhält.

16.6 Histogenese im Hirnstamm

Mesencephalon und Rhombencephalon sind Abkömmlinge des Neuralrohres und bilden im Gehirn des Erwachsenen den **Hirnstamm.** Die Grundeinteilung des Hirnstammes in der Längsrichtung in Basis, Tegmentum und Tectum wird durch Kerne und Fasersysteme gebildet, die ihren Ursprung in vergleichbaren Längskomponenten des Neuralrohres und der Neuroaxis haben. Wie bereits früher beschrieben, gibt es basal zwei strukturelle Besonderheiten in der frühen Anlage von Mesencephalon und Rhombencephalon:

1. Reihen von seitlichen Vorwölbungen – Neuromeren – und
2. längsverlaufende Wülste.

Die basale longitudinale Vorwölbung entlang der Mittellinie, die Grundplatte, weist eine breite Intermediärzone auf und bildet vorzugsweise die motorischen Anteile des Tegmentum und des basalen Hirnstammes. Die dorsale und laterale Längswölbung, die Flügelplatte, bildet die sensorischen Anteile des Tegmentum und des Tectum mesencephali. Der am weitesten dorsal liegende Anteil, der das Dach des zukünftigen IV. Ventrikels bildet, wird Deckplatte genannt (Abb. 16-63).

Für die Abgrenzung motorischer und sensorischer Kernsäulen der Hirnnervenkerne ist der Sulcus limitans zwischen der Basalplatte und der Flügelplatte (Abb. 16-63) ein wichtiges Merkmal. Obwohl dieses Grundprinzip der Gliederung schon lange bekannt ist, sind die morphogenetischen und histogenetischen Vorgänge, die zu der komplexen definitiven Anordnung der Kern- und Fasersysteme führen, noch kaum aufgeklärt. Dabei ist das erste, bisher noch nicht erklärbare Phänomen das der tangentialen und longitudinalen Wanderung von Neuronen. Normalerweise wandern Neurone, die in der Ventrikulärzone gebildet wurden, radialwärts durch die intermediäre Zone und nehmen ihre Lage in dem gleichen Sektor außerhalb ihres Bildungsortes in der Ventrikulärzone ein. Im Rhombencephalon jedoch zeigen Neurone sowohl tangentiale als auch longitudinale Verlagerungen, so daß ihre definitive Lage die Beziehung zu ihrem Ursprungsort nicht mehr erkennen läßt (z.B. Derivate der Rautenlippe). Gegenwärtig ist dieser Wanderungsmechanismus noch nicht geklärt. Außerdem gibt es mehrere passive Verlagerungen von Kernen während der allgemeinen Formentwicklung (Beispiel: die Translokation des Facialiskernes). Das dritte morphogenetische Phänomen ist die Intussusception, die sich an der Grenze zwischen Rhombencephalon und Mesencephalon vollzieht. Hier wandert der rostrale Teil des Rhombencephalon in Richtung auf den Isthmus und das Mesencephalon. So wird der Kern des N. trochlearis, der vom Rhombencephalon abstammt, in das Mesencephalon verlagert. Schließlich ist auch nicht bekannt, welche Teile des Diencephalon die Fortsetzung der Basalplatte und der Flügelplatte repräsentieren. Einige allgemeine Regeln über die Entwicklung des Hirnstammes müssen erklärt werden, bevor im einzelnen die Entwicklung des Mesencephalon und des Rhombencephalon

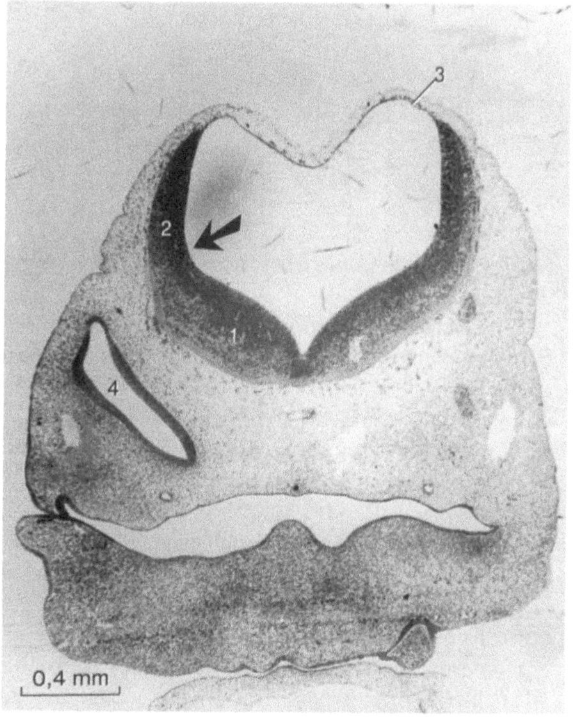

Abb. 16-63. Mikrophoto eines Querschnittes durch das Rautenhirn bei einem menschlichen Embryo von 9 mm. Unterteilung in Basal-, Flügel- und Deckplatte. Der Sulcus limitans ist durch Pfeil markiert. 1 = Basalplatte, 2 = Flügelplatte, 3 = Deckplatte, 4 = Labyrinthbläschen

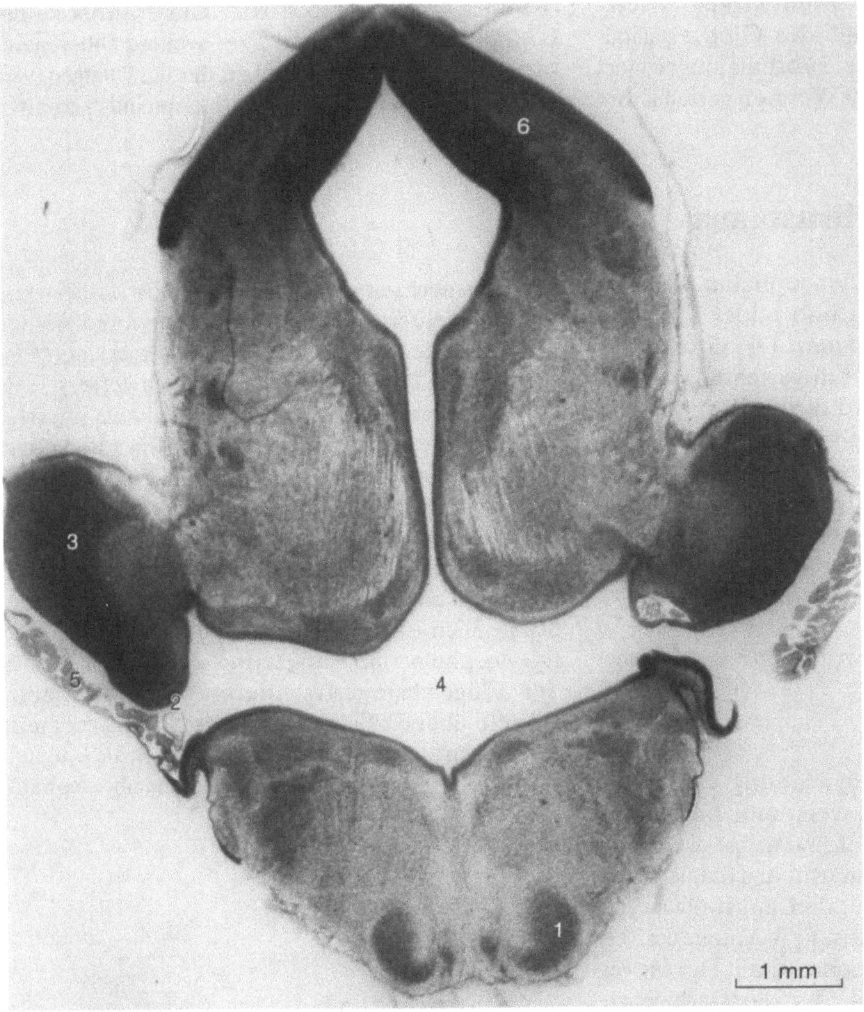

Abb. 16-64. Mikrophoto eines Schnittes durch das Rhombencephalon eines menschlichen Fetus von 9 Wochen. Nisslfärbung, Celloidinschnitt. Beachte die rhombische Lippe (2). 1 = Nucleus olivaris, 2 = rhombische Lippe, 3 = Kleinhirn, 4 = IV. Ventrikel, 5 = Plexus choroideus, 6 = Colliculus inferior

(Myelencephalon und Metencephalon) beschrieben werden.

Die *erste Regel* ist das Vorhandensein von Reifungsgradienten, eines caudorostralen und eines ventrodorsalen Gradienten. Die früheste Differenzierung (und damit auch das früheste Aufhören von Proliferation und Migration) erfolgt im caudalen Metencephalon, von hier schreitet die Reifung in Richtung auf das rostrale Rhombencephalon fort. Das Mesencephalon differenziert sich noch langsamer.

Die *zweite Regel* betrifft das Auftreten mehrerer transitorischer fetaler Formationen, die während der späteren Entwicklung verschwinden. Eine dieser Strukturen ist das **Corpus pontobulbare,** das in der Marginalzone der Brücke und Medulla oblongata gelegen ist und aus wandernden Neuronen besteht. Eine besondere Verbreiterung der Subventrikulärzone erstreckt sich entlang des Anheftungsrandes des dünnen Daches des Rautenhirns und wird „Rautenlippe" genannt (Abb. 16-64).

Die *dritte Regel* ist die Anordnung der **Hirnnervenkerne** in längsverlaufende Kernsäulen, die Fasersysteme mit speziellen Funktionen bilden (Abb. 16-65). Diese Kernsäulen sind (aufgezählt von medial nach lateral): Kerne der generellen somatischen Efferenz (GSE), der speziellen visceralen Efferenz (SVE), genereller visceraler Efferenzen (GVE), spezieller visceraler Afferenzen (SVA), genereller visceraler Afferenzen (GVA), genereller somatischer Afferenzen (GSA) und spezieller somatischer Afferenzen (SSA). Der Sulcus limitans trennt die efferenten (GSE, SVE, GVE) und die afferenten Zellsäulen (SVA, GVA, GSA, SSA). Wie bereits vorher erwähnt, entstehen die efferenten (motorischen) Zellsäulen aus der Basalplatte, während die afferenten (sensorischen) Zellsäulen aus der Flügelplatte entstehen. Weiter caudal setzen sich die efferenten Zellsäulen in die motorischen Säulen des Vorderhorns des Rückenmarks fort, auch die afferenten Säulen setzen sich ebenfalls in die sensorischen Säulen des Hinterhorns fort. Während

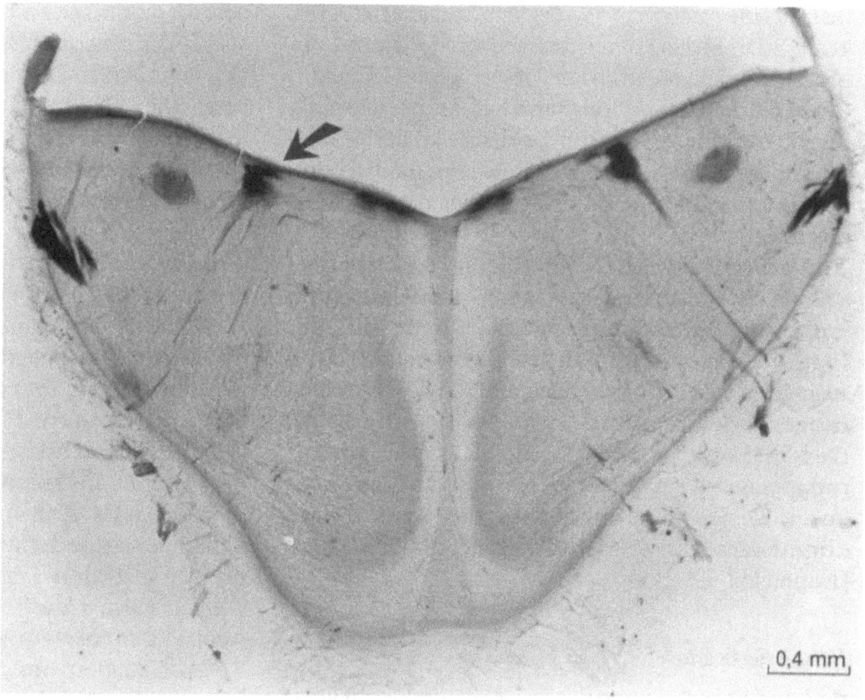

Abb. 16-65. Mikrophoto eines Schnittes durch die Medulla oblongata (Myelencephalon) an der Grenze zur Brücke (Metencephalon) bei einem menschlichen Fetus von 8 Wochen. Acetylcholinesterase-Nachweis. Die Hirnnervenkerne stellen sich als dunkle Flecken dar und sind in funktionelle Säulen gegliedert. Die motorischen Kerne liegen medial vom Sulcus limitans (Pfeil), die sensorischen Kerne liegen lateral dazu.

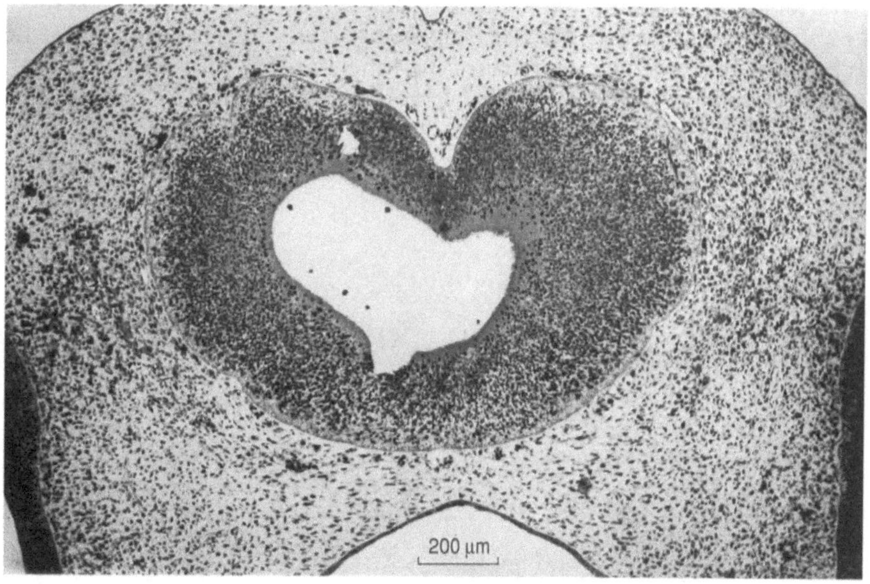

Abb. 16-66. Querschnitt durch die frühe Anlage des Mesencephalon bei einem menschlichen Embryo von 9 mm. Beachte das noch weite Ventrikellumen, die Wanddicke des Mesencephalon und das embryonale Grundschichtungsmuster.

der Entwicklung verbleiben alle Zellsäulen innerhalb des Tegmentum sehr nahe der Ventrikeloberfläche, mit Ausnahme der speziellen visceralen (branchiogenen) efferenten Säulen, die am Ende der Entwicklung eine Lage in der Tiefe des ventrolateralen Tegmentum, entfernt von der Ventrikeloberfläche, einnehmen. Es muß jedoch hervorgehoben werden, daß nicht alle Säulen in allen Ebenen des Hirnstammes vorhanden sind.

16.6.1 Mesencephalon

Embryonalperiode

Am Beginn der 5. Woche ist die Wand des Mesencephalon der dickste Abschnitt der Hirnwand insgesamt; er umschließt den verlängerten Innenraum, den man als *mesencephalen Ventrikel* oder *Mesocoel* bezeichnen kann. Die ersten Neurone sind gewandert und haben die Intermediärzone gebildet, so daß die Wand des Mesencephalon zu dieser Zeit aus Ventrikulär-, Intermediär- und Marginalzone besteht (Abb. 16-66). Die Bildung der Intermediärzone beginnt zuerst in der Grundplatte des Mesencephalon. Die Intermediärzone der Flügelplatte bildet sich etwas später. Die Intermediärzonen beider Teile, der Basal- und Flügelplatte, werden später dicker und bilden zwei massive Platten: das **Tegmentum** bzw. die **Lamina tecti.**

Die histogenetische Differenzierung des Mesencephalon erscheint etwas vorzeitig. Während der späten embryonalen Entwicklungswochen treten in der Platte des Tegmentum auf: die **interpedunculären Kerne** (STADIUM 23) [nach Lenn et al. 1978], **Nucleus ruber, Nucleus niger** und der **oculomotorische Kern.** Der Bildungszeitpunkt dieser Zellen mag annäherungsweise aus der Untersuchung der interpedunculären Kerne beim Affen abgeleitet werden und könnte danach zwischen den STADIEN 17 bis 23 liegen [Lenn et al. 1978].

Frühe Fetalperiode

Die 9. Woche ist eine Phase beschleunigter, intensivierter histogenetischer Veränderungen im Mesencephalon. Die Keimzone entlang der Ventrikeloberfläche wird dünn und zeigt damit an, daß die meisten Zellen bereits gebildet und in die Intermediärzone abgewandert sind. Dem zweiten ventrodorsalen Reifungsgradienten entsprechend erfolgt die Neurogenese der motorischen Kerne in der Basalplatte früher als die der sensorischen Kerne in der Flügelplatte. Das ventrikuläre Lumen wird eng, und man erkennt bereits die Längsform des späteren Aquaeductus cerebri. Nur im caudalen Abschnitt des Mesencephalon ist der Aquaeductus noch ein weiter Teil des Rautenraumes, während der rostrale Abschnitt schon enger und verlängert ist.

Frontalschnitte durch das rostrale Mesencephalon zeigen (außer in den frühen Entwicklungsstadien) alle wichtigen anatomischen Strukturen. Im Tectum findet sich die Anlage der **Colliculi superiores,** die aus der Marginalzone und einer zellulären, ungeschichteten Platte bestehen. Die Commissur der oberen Hügel ist deutlich sichtbar (Abb. 16-67). Um den Aquaeductus herum markieren zelldichte Zonen die künftige **Substantia grisea centralis.** Ventral davon erscheint der ausgedehnte **oculomotorische Kernkomplex.** Im ventralen Tegmentum kann der **Nucleus ruber** durch sein rundliches Erscheinungsbild erkannt werden. Der **Nucleus niger** besteht aus verlängerten Zellanhäufungen im ventrolateralen Tegmentum. Unterhalb des Nucleus niger finden sich an der basalen Oberfläche sehr dünne, noch kaum entwickelte **Crura cerebri.** Auf dem Schnitt durch das caudale Mesencephalon sieht man im Tectum die zelluläre Platte der **Colliculi inferiores.** Der ventrale Teil der **Substantia grisea centralis** ist weiter differenziert als der dorsale Teil.

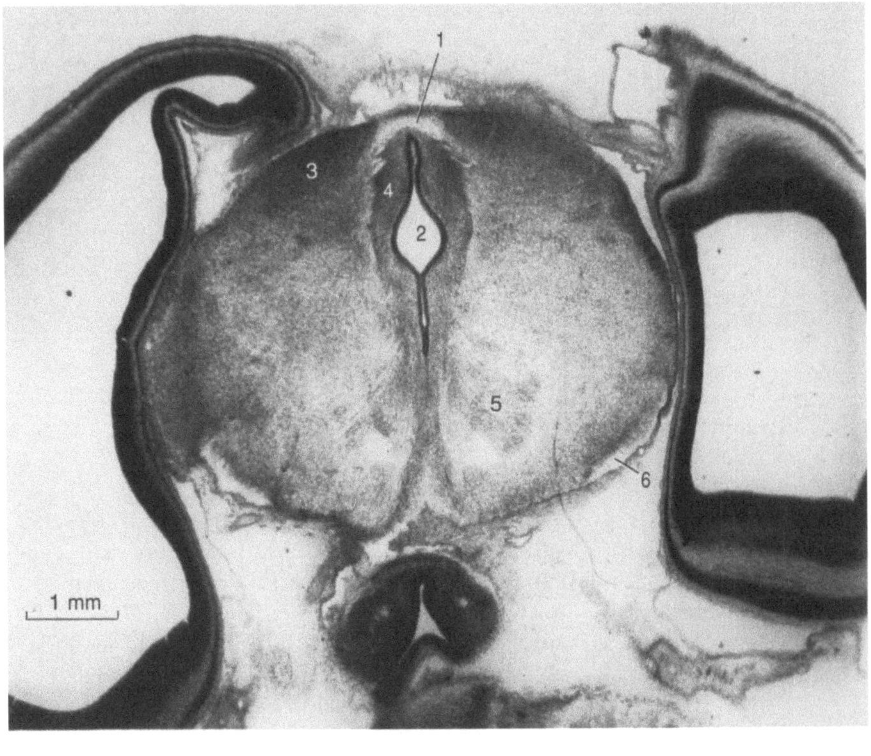

Abb. 16-67. Mikrophoto des Schnittes durch den rostralen Teil des Mesencephalon bei einem menschlichen Fetus von 9 Wochen. Beachte die Commissura collicularis. 1 = Commissur der oberen Colliculi, 2 = Aquaeductus cerebri, 3 = Colliculus superior, 4 = Substantia grisea centralis, 5 = Nucleus ruber, 6 = Crus cerebri

Der **Nucleus trochlearis** ist medial von dem gut entwickelten Fasciculus longitudinalis medialis bestimmbar. In allen Teilen des Tegmentum mesencephali können Zellaggregate innerhalb der Formatio reticularis erkannt werden. Die Entwicklungsphase zwischen der 9. und 13. Woche wird durch folgende Vorgänge beherrscht:

- Starke neuronale Differenzierung der tegmentalen Kerne einschließlich der Entwicklung von Transmitter-Systemen;
- Wanderung der Neurone zum Tectum und beginnende Schichtung der oberen Hügel;
- rasches Wachstum der Pedunculi cerebri.

Die Synthese von Transmitter-Substanzen beginnt in mesencephalen monoaminergen Kernen bereits mit 10½ Wochen [Olson et al. 1973, Nobin und Björklund 1973]. Unter den monoaminergen Kernen ist der größte der dopaminerge Nucleus niger, in dem Transmitter-Aktivitäten bereits nachgewiesen werden können, obwohl die Neurone noch eine unreife bipolare Form haben. Als nächste bereits sehr früh differenzierte monoaminerge Gruppe werden serotoninerge Raphekerne im caudalen Mesencephalon gebildet.

Das Tectum ist der Teil des Mesencephalon, das kontinuierliche Veränderungen der Cytoarchitektonik aufweist. Als erstes Zeichen einer Schichtung tritt vorübergehend eine zelluläre Platte auf (Collicularplatte).

Mittlere Fetalperiode

Neubildung und Wanderung von Neuronen verlangsamen sich während dieses Entwicklungsabschnittes ständig, während die neuronale Differenzierung und die Entwicklung von Fasersystemen außerordentlich intensiv ist [Štampalija und Kostović 1981]. Sehr wahrscheinlich findet auch bereits zu diesem Zeitpunkt in allen Kerngebieten eine Bildung von Synapsen statt. Zwar gibt es keine direkten Beweise dafür, es erscheint jedoch zwangsläufig, da Synapsen in allen anderen Teilen des Gehirns (Hirnrinde, Medulla spinalis) während dieser Periode gefunden werden. Die neuronale Differenzierung der wichtigsten tegmentalen Kerne ist beim Menschen noch weitgehend unerforscht. Untersuchungen mit konventioneller histologischer Technik [Cooper 1946] haben ergeben, daß der **Nucleus niger** während der 14. Woche in eine **Pars compacta** und eine **Pars reticulata** differenziert ist, wenn die Neurone im Nucleus niger multipolar werden. Das Material unserer eigenen embryologischen Sammlung zeigt jedoch, daß dieser Vorgang schon früher beginnt. Auch der **Nucleus ruber** unterliegt in seiner neuronalen Differenzierung einem ähnlichen zeitlichen Muster. Dieser Entwicklungsabschnitt wird durch das Wachstum der tegmentalen Fasersysteme charakterisiert. Eines der ersten aufsteigenden Faserbündel ist das strio-nigrale dopaminerge Bündel.

Späte Fetalperiode

Mesencephale Strukturen zeigen während der späten fetalen Entwicklung eine bemerkenswerte „histologische" Reife. Dies wird besonders durch die definitive 6-Schichten-Zonierung in den Colliculi superiores, durch fortschreitende cytologische Reifung der reticulären Neurone sowie durch das Auftreten dendritischer Bündel und intrazellulären Pigmentes im Nucleus niger deutlich.

16.6.2 Rhombencephalon (Medulla oblongata und Brücke)

Embryonalperiode

In der frühen Differenzierung des Rhombencephalon treten sehr deutliche Unterschiede der histogenetischen Entwicklung zwischen dorsalen und ventralen Wandabschnitten auf. Die dorsale Wand wird einschichtig dünn und bildet das **Dach des IV. Ventrikels,** während die ventralen Abschnitte besonders dick werden und sich in **Basalplatte** und **Flügelplatte** differenzieren. Basalplatte und Flügelplatte verdikken sich durch die Zunahme der Intermediärzone, die von Zellen aus der Ventrikulärzone besetzt wird. Das zweite wichtige histogenetische Merkmal ist das sehr frühe Auftreten der **Hirnnervenkerne.** Es ist die erste Bildung cytoarchitektonisch organisierter, definitiver Kerngebiete im Zentralnervensystem überhaupt. Der Sulcus limitans trennt schon sehr früh die motorischen Kernsäulen in der Basalplatte von den sensorischen Kernsäulen in der Flügelplatte. In Übereinstimmung mit dem schon erwähnten ventrodorsalen Reifungsgradienten treten die motorischen Kerne früher auf. Sie können bereits im STADIUM 16 zu Beginn der 6. Woche als abgerundete Zellanhäufungen nachgewiesen werden, die in der Basalplatte nahe der Mittellinie gelegen sind (eigene Beobachtung). Die einzelnen Neurone, die später zu den Hirnnervenkernen gehören, senden ihre Axone bereits früher (5. Woche) aus, sind jedoch als Kerngebiete cytoarchitektonisch noch nicht erkennbar.

In der 6. Woche kann man in der **Medulla oblongata** die *Kerne* des *N. accessorius, N. vagus, N. glossopharyngeus* und *N. hypoglossus* erkennen, in der Brücke die *Kerne des N. facialis, N. abducens* und des *N. trigeminus.* Während des 2. Monats ändert sich die relative Lage der Hirnnervenkerne beträchtlich. Dies geschieht gleichzeitig mit der Entwicklung der **Formatio reticularis** und der Wanderung von Neuronen aus der rhombischen Lippe durch die Intermediärzone in ventrale Abschnitte der Medulla oblongata, wo sie die Anlage des **Nucleus olivaris** bilden. Als Ergebnis dieser Veränderungen wird der *Kern* des *N. facialis* tiefer in die Anlage des Tegmentum verlagert, seine Axone beginnen, eine Schleife um den *Nucleus abducens* zu bilden. Am Ende der 8. Woche kann die Lage der somatomotorischen, visceromotorischen und einiger sensorischer Kerne der Hirnnerven mit Hilfe der AChE-Histochemie auf elegante Weise gezeigt werden (Abb. 16-65).

Frühe Fetalperiode

Zu Beginn des 3. Monats wird die Ventrikulärzone in der Wand des IV. Ventrikels in Höhe der Medulla und der Brücke zellarm. Zu dieser Zeit sind die Neurone für die Kerne der Hirnnerven bereits gebildet. Obwohl die Hauptwachstumszone allmählich verschwindet, ist die Neubildung von Neuronen jedoch noch nicht abgeschlossen, ihre Bildung geht in der Subventrikulärzone weiter. Diese wichtige sekundäre Keimzone, die nur vorübergehend als besondere Region der Subventrikulärzone existiert, wird als *rhombische Lippe* bezeichnet (Abb. 16-64). Sie erstreckt sich von der Medulla zur Brücke und zum Cerebellum im Bereich der Anheftung der epithelialen Deckplatte an die Flügelplatte. Von diesem spezialisierten Keimbereich wandern Neurone in ihre definitiven Bestimmungsgebiete auf *drei Wegen:* einem oberflächlichen, einem tiefen und einem dorsalen Weg. Die Neurone auf dem oberflächlichen Weg durchwandern die Marginalzone der Medulla oblongata und der Brücke und bilden ein transitorisches Organ, das *Corpus ponto-bulbare.* Diese Neurone bilden später den **unteren Olivenkern** (Abb. 16-64) und einige **pontine Kerne.** Der tiefe Wanderungsweg geht durch die intermediäre Zone und trägt zum **accessorischen Olivenkern** bei. Der dorsale Wanderungsweg führt zur Bildung einer transitorischen äußeren Körnerschicht des Cerebellum.

Mittlere Fetalperiode

Während des 4. Monats bilden sich weitere Kerngebiete, die nicht zu den Hirnnerven gehören. Das größte Kerngebiet der Medulla oblongata, der **untere Olivenkern,** entwickelt seine charakteristisch gewellte Form zwischen der 15. und der 22. Woche. Dieser Kern ist Ursprung des afferenten Hauptsystems des Kleinhirns und sendet seine Axone durch die Pedunculi cerebellares inferiores. Dem caudorostralen Reifungsgradienten entsprechend bilden sich die **Brückenkerne** erst nach dem Olivenkern. Die Brükkenkerne reifen in Wellen, die in ihrer Lokalisation vom Auswachsen der corticopontinen Fasersysteme abhängen. Neu ankommende Fasern liegen oberflächlich zu den bereits vorhandenen Fasern und Zellen, und dieses wechselnde histogenetische Muster führt zu der charakteristischen Organisation der Brücke im adulten Gehirn. Noch nicht geklärt sind Zeitpunkt und Ursprung der **reticulären Neurone** beim Menschen, aber es hat den Anschein, daß sie früher reifen als die großen, wohlgeformten Kerngebiete. Anhaltspunkte dafür ergeben sich aus der früh nachweisbaren Histofluoreszenz monoaminerger Teile der Formatio reticularis.

Späte Fetalperiode

Nach der 24. Woche erfolgt keine Proliferation und Wanderung von Neuronen aus den sekundären Keimzonen mehr. Alle Strukturen haben ihre definitive Position erreicht, alle Kerne sind gut ausgebildet. Es gibt nur wenige Angaben über die Reifung einzelner Neurone, das Wachstum der Fasersysteme und die Entwicklung ihrer Verbindungen in der Medulla und Brücke des Menschen. Die **Myelinisierung** geschieht früher als im Telencephalon, um den 5. Monat herum beginnen Axone der Hirnnerven und einige extrapyramidale Bahnen Myelin zu bilden.

16.6.3 Kleinhirn

Embryonalperiode

Die als „Tuberculum cerebelli" (oder „Kleinhirnlippe") bezeichnete erste Anlage bildet sich im 2. Monat aus Zellpopulationen, die in der Ventrikulärzone im rostralen Abschnitt des IV. Ventrikels gebildet wurden und durch die Intermediärzone in die Marginalzone gewandert sind. Diese erste Zellproliferation und -wanderung führt zur Bildung einer relativ dünnen Kleinhirn-„Wand", die aus den allgemeinen embryonalen Schichten (Ventrikulär-, Intermediär- und Marginalzone) besteht.

Frühe Fetalperiode

Während der 9. und 10. Woche fällt an der Grenzfläche zwischen Intermediär- und Marginalzone eine Zellverdichtung im äußeren Teil der Intermediärzone auf, die wahrscheinlich die früheste Anlage einer **Kleinhirnrinde** ist. Zu dieser Zeit sind die Neurone für die Kleinhirnkerne noch nicht deutlich von den Zellen für die Kleinhirnrinde getrennt (Abb. 16-64). Eine Woche später (10.–11. Woche) tritt eine erste, aber noch vorübergehende **Schichtung** in der Anlage der Kleinhirnrinde auf: Eine neue Schicht, äußere Körnerschicht genannt, bildet sich außerhalb der Marginalzone. Diese besondere Schicht ist eine *eigene Proliferationszone* als Ursprungsort für die Körnerzellen des Kleinhirns. Sie entspricht der Subventrikulärzone des sich entwickelnden Gehirns, als ihr Ursprungsort gilt der cerebellare Anteil der Rautenlippe [Rakić und Sidman 1970]. Die **äußere Körnerschicht** besteht vom Zeitpunkt ihres sehr frühen Auftretens an während der gesamten fetalen Entwicklung und sogar noch während des frühen postnatalen Lebens. Am Ende des 3. Monats (12. Woche) bilden Zellen, die durch die Intermediärzone wandern, die Anlage der tiefen **Kleinhirnkerne.** Auf diese Weise erfolgt eine schrittweise Trennung der tiefen Kerngebiete von der Rindenanlage.

Mittlere Fetalperiode

Das auffälligste Merkmal dieser Periode ist das Auftreten der **Purkinje-Zellen** während des 4. Monats (etwa 13. Woche). Unreife Purkinje-Zellen bilden eine Schicht, die aus mehreren Reihen von Zellen besteht. Die frühen Purkinje-Zellen sind bipolar und haben nur wenige Zellfortsätze [Zečević und Rakić 1976]. Obwohl das gesamte Kleinhirn in dieser Entwicklungsphase (im Vergleich zu nachgeburtlichen Stadien) außerordentlich klein ist, wurde geschätzt, daß dieses noch kleine Cerebellum bereits die *gesamte Population* der zukünftigen Purkinje-Zellen enthält [Rakić 1982]. Die nächste Zellpopulation, die im Kleinhirn entsteht, sind die **Körnerzellen,** die zahlreichste Neuronen-Population innerhalb des gesamten Zentralnervensystems. Die ersten Körnerzellen entstehen zwischen der 13. und 16. Woche [Rakić und Sidman 1970] in der äußeren Körnerschicht. Körnerzellen werden während der gesamten praenatalen Periode gebildet, einige Zellen können sogar noch in der ersten postnatalen Periode entstehen [Rakić 1982]. Dies ist offensichtlich eine Ausnahme, da sonst fast alle Neurone des menschlichen Zentralnervensystems bereits praenatal gebildet sind. Die Entwicklungsgeschichte der Körnerzellen ist sehr interessant und durch komplexe Metamorphosen gekennzeichnet. Nach der mitotischen Teilung innerhalb der äußeren Körnerschicht werden die Tochterzellen in bipolare Zellen umgewandelt, die parallel zur äußeren Oberfläche der cerebellaren Folien ausgerichtet sind. Als nächsten Schritt bilden die unreifen Körnerzellen einen zusätzlichen, vertikal ausgerichteten Fortsatz. Dieser vertikale „Führungs"fortsatz wandert durch die Molekular- und die Purkinje-Zellschicht und erreicht die definitive Körnerschicht (unterhalb der Purkinje-Zellschicht gelegen). Gleichzeitig mit diesen Veränderungen differenziert sich der anhängende T-förmige Fortsatz in Axone. Während des letzten Entwicklungsschrittes wird der Kern mit dem Perikaryon ganz in den „Führungs"fortsatz verlagert und verbleibt innerhalb der Körnerschicht unter der Purkinje-Zellschicht.

Die nächste Phase der fetalen Entwicklung (16.–28. Woche) wird von anderen Vorgängen beherrscht:

1. Entwicklung von Synapsen
2. Entwicklung afferenter Fasersysteme und longitudinaler Bänder und
3. deutliche Abgrenzung der tiefen Kleinhirnkerne.

Die ersten Synapsen treten in den perisomatischen Plexus unterhalb der Reihe der Purkinje-Zellen auf, besonders in der transitorischen zellarmen Schicht, die als „Lamina dissecans" bezeichnet wird. Auch hier ist das Auswachsen der afferenten Fasern mit dem Acetylcholinesterase-Nachweis zu verfolgen. Bereits in der 15. Woche kann AChE-Reaktivität in

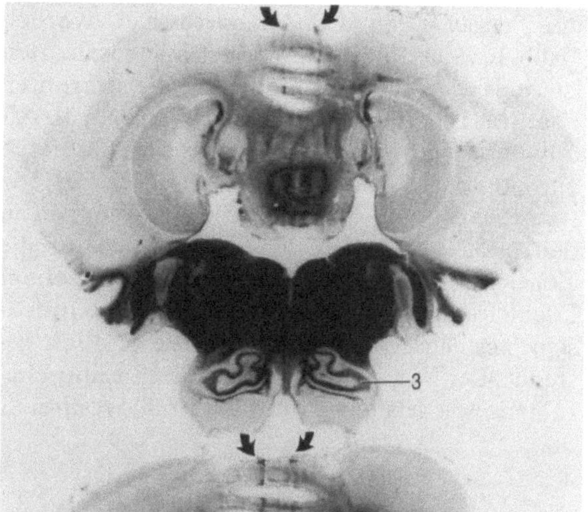

Abb. 16-68. Serienschnitte durch Kleinhirn und Rhombencephalon bei einem menschlichen Fetus von 18 Wochen. Acetylcholinesterase-Nachweis. Beachte die schmalen longitudinalen Streifen im Vermis (Pfeile) und die Abgrenzung der tiefen Kerne. 1 = Anlage des Nucleus dentatus, 2 = Tegmentum der Medulla oblongata, 3 = Nucleus olivaris inferior

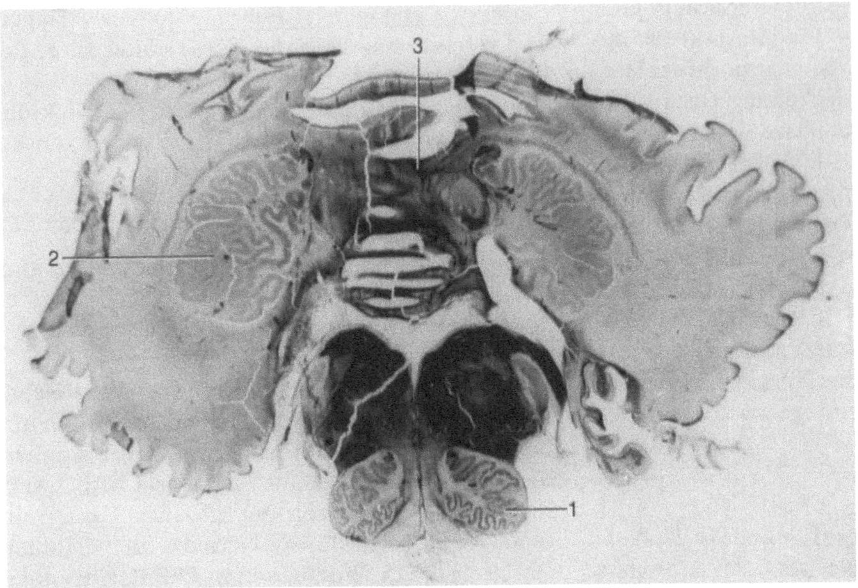

Abb. 16-69. Schnitt durch das Kleinhirn eines menschlichen Fetus von 28 Wochen. Acetylcholinesterase-Nachweis. Beachte das reife Erscheinungsbild des Nucleus dentatus. 1 = Nucleus olivaris inferior, 2 = Nucleus dentatus, 3 = Vermis

den longitudinalen Bändern beobachtet werden (Abb. 16-68 und 16-69). Am weitesten fortgeschritten ist zu diesem Zeitpunkt die Reifung der afferenten Fasern im **Lobus flocculonodularis,** wo schon früh Afferenzen aus den vestibulären tegmentalen Gebieten einwachsen. Am Ende der mittleren fetalen Periode (zwischen der 18. und 24. Woche) treten Synapsen an den somatischen Dornen der Purkinje-Zellen auf, die Zellen haben aber noch ein sehr unreifes Aussehen. Die tiefen Kleinhirnkerne werden von den Rindenschichten durch eine faserreiche Zone deutlich getrennt. Der **Nucleus dentatus** entwickelt seine charakteristische gefaltete Form nach der 18. Woche.

Späte Fetalperiode und frühreife Kinder

Nach der 28. Woche erfolgen dramatische Veränderungen der Form der Purkinje-Zellen, weil ihr dendritischer Baum sich nun in einer Ebene ausbreitet, die quer zu dem jeweiligen cerebellaren Folium steht. Dornen verschwinden von den Somata der Purkinje-Zellen, aber eine neue Generation von Dornen tritt an ihren Dendriten auf. Die Form des dendritischen Baumes der Purkinje-Zellen ist noch relativ unreif, die Entwicklung dieser wichtigen efferenten Neurone des menschlichen Gehirns wird noch postnatal weitergehen.

16.7 Strukturentwicklung und Histogenese im Rückenmark

Embryonalperiode

Während der ersten regionalen Differenzierung des Neuralrohres (STADIUM 10, *22. Tag*) besteht die Anlage des Rückenmarks aus einem mehrreihig erscheinenden Epithel, das nur aus der ventrikulären Schicht besteht (Abb. 16-2). Es gibt im Rückenmark einen deutlichen rostrocaudalen Reifungsgradienten: Am stärksten schreitet die Reifung in den cervicalen Teilen des Rückenmarks voran, während die lumbosakralen Abschnitte sich nur langsam entwickeln. Der cervicale Abschnitt ist um den 22. Tag eine regelmäßige, rohrähnliche Struktur. Jedoch sind die seitlichen Wände dieses Rohres etwas dicker als das in der Mittellinie liegende Dach oder der Bodenabschnitt. Die Andeutung einer Furche zeigt die Lage des späteren Sulcus limitans an. Der weiter caudal liegende Teil der Rückenmarksanlage wird besonders in ventrodorsaler Richtung vergrößert und besteht aus zwei dicken seitlichen Zellmassen *(Basal- und Flügelplatte),* die dorsal und ventral durch die dünne *Deck-* und *Bodenplatte* verbunden sind. Das Lumen ist jetzt eher spaltförmig und erstreckt sich in ventrodorsaler Richtung. Der nächste Entwicklungsschritt des frühen Rückenmarks ist die Bildung einer *Intermediär-* (Mantel-)*Zone* und einer *Marginalzone.* Die Intermediärzone tritt zuerst ventrolateral in der *Basalplatte* auf. Innerhalb der Basalplatte können die Umrisse erster motorischer Kerne (der zukünftigen motorischen Vordersäulen) schon nach 4½ Wochen er-

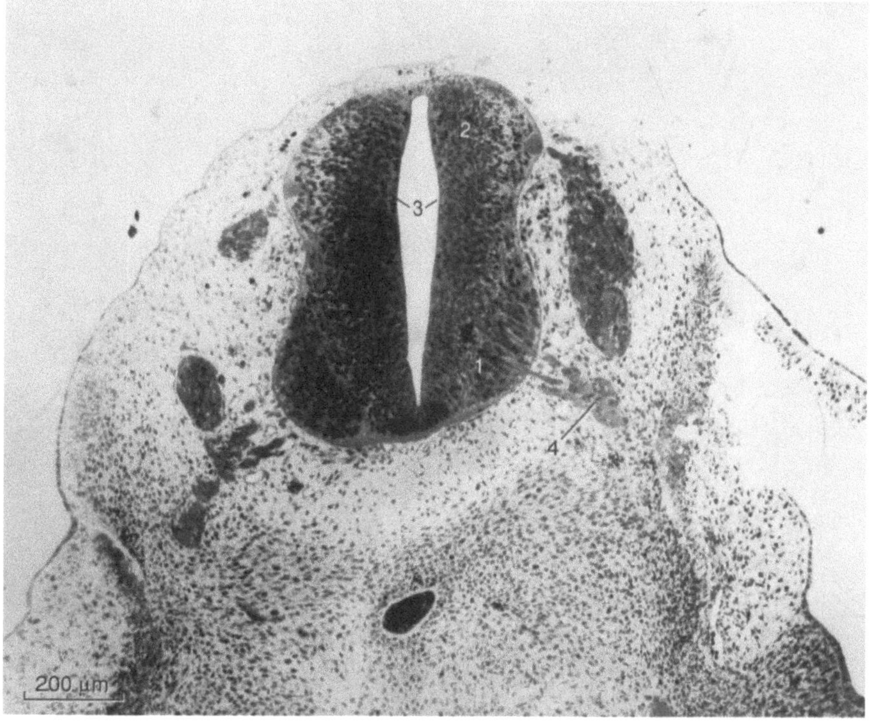

Abb. 16-70. Querschnitt durch das cervicale Rückenmark bei einem menschlichen Embryo von 9 mm. Semidünnschnitt, Nisslfärbung. Embryonale Zonen (Ventrikulär-, Intermediär- und Marginalzone). 1 = Basalplatte und motorischer Kern, 2 = Flügelplatte, 3 = Sulcus limitans, 4 = vordere Wurzel

kannt werden [Okado et al. 1979]. Im dorsolateralen Teil des Rückenmarks wird die *Flügelplatte* gebildet, die eine dünne Intermediärzone und eine etwas besser entwickelte Marginalzone mit frühesten Fasersystemen aufweist (Abb. 16-70). Deutlich ist, daß postmigratorische Neurone der motorischen Kerne bereits Axone in die Vorderwurzeln entsenden, die vom Rückenmark aussprossen (Abb. 16-70). Fasern der dorsalen Wurzeln wachsen von den Spinalganglien aus und treten in die Marginalzone der Flügelplatte ein. Das Rückenmark entwickelt also relativ früh die drei embryonalen Schichten (Ventrikulär-, Intermediär- und Marginalzone) und zeigt damit schon seine zukünftige Architektur (zentrale graue Substanz und periphere weiße Substanz).

Auch im Rückenmark werden die Neurone in der Ventrikulärzone gebildet und wandern durch die Intermediärzone. Die Entwicklung neuronaler Kontakte beginnt im Rückenmark überraschend früh. Die ersten *Synapsen* treten in den motorischen Kernen bereits nach 4½ Wochen auf (Stadium 15, *33. Tag, 8 mm)* [Okado 1981]. Fast gleichzeitig oder nur wenig später finden sich auch in der Marginalzone der Flügelplatte Synapsen [Okado 1981]. Die ersten Synapsen sind axodendritisch und haben asymmetrische Membranverdichtungen [Okado 1981]. Während der weiteren Embryonalentwicklung *(5.–8. Woche)* schreitet die cytoarchitektonische Differenzierung der Intermediärzone in *motorische Vordersäulen* und *sensorische Hintersäulen* fort (Abb. 16-71). Dabei gehen – wie erwähnt – in der cytoarchitektonischen Differenzierung die motorischen Säulen voran. Das primitive motorische Kerngebiet der Basalplatte gliedert sich in der Intermediärzone in einen medialen und einen lateralen motorischen Kern. Die Neubildung von Nervenzellen nimmt schrittweise ab, so daß am Ende der eigentlichen Embryonalentwicklung die ventrikuläre Zone im vorderen Teil des Rückenmarks nur noch sehr dünn ist. Die Entwicklung des dorsalen Teils, der Flügelplatte, die bis zu diesem Zeitpunkt langsam war, schreitet am Ende der embryonalen Periode rasch voran. Entsprechend ist die proliferative ventrikuläre Zone am Ende dieser Entwicklungsphase noch sehr dick (Abb. 16-71). Der Umriß des Hinterhorns tritt erst am Ende der Embryonalperiode auf. Die Bildung der Faserbündel schreitet weiter fort; ein Seitenstrang ist noch sehr schwach ausgebildet. Der dickste Faseranteil ist der sich entwickelnde Hinterstrang am dorsalen Rand des Rückenmarks (Abb. 16-71).

Zelluntergang, ein wichtiger, aber noch wenig verstandener Teil der Histogenese, ist im motorischen Kerngebiet von Nichtsäugern (Frosch- und Hühnerembryo) überzeugend nachgewiesen. Im Rückenmark von Primaten konnte Zelltod im Hinterhorn des Rückenmarks von Affen aufgezeigt werden, wo ein deutliches Absterben in den sogenannten „Randlinienzellen" [Knyihar et al. 1978] gefunden wurde. Gleichzeitig zu diesen regressiven Vorgängen bilden sich transitorische Synapsen zurück.

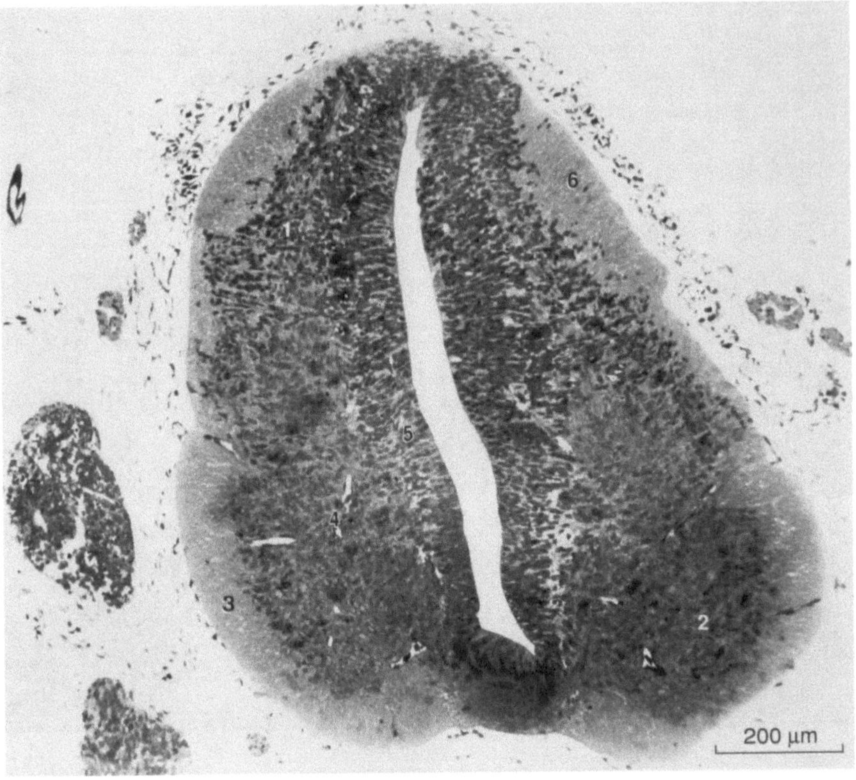

Abb. 16-71. Querschnitt durch das cervicale Rückenmark bei einem menschlichen Embryo von 16 mm. Semidünnschnitt 1 µm, Nisslfärbung. Beachte die Vergrößerung der motorischen Säulen und die ersten Faserbündel. 1 = Sensorische „Säule", 2 = motorische „Säule", 3 = Marginalzone, 4 = Intermediärzone, 5 = Ventrikulärzone, 6 = Hinterstrang

Frühe Fetalperiode

Während des 3. Monats werden die embryonalen Zonen (Ventrikulär-, Intermediär- und Marginalzone) in die drei Hauptkomponenten des Rückenmarks überführt: ventrikuläre Schicht (zukünftige **Ependym**schicht), **graue Substanz** und **weiße Substanz.** Die ventrikuläre Schicht ist im Vergleich zu früheren Stadien sehr dünn, aber deutlich dicker als das Ependym des Erwachsenen. Anstelle der Intermediärzone findet man nun Vordersäulen, Seitensäulen und Hintersäulen. Die cytoarchitektonische Differenzierung der Vordersäule ist weiter fortgeschritten, große Zellkörper mit blassen, reifen Zellkernen sind nun ihr Hauptbestandteil. Die prospektiven Motoneurone sind in kleineren Gruppen angeordnet und zeigen damit bereits eine Organisation in Bezug zur somatotopischen Invervation der peripheren Muskulatur. Die Hauptfasersysteme nehmen deutlich an Dicke zu. Der Hinterstrang zeigt eine Unterteilung in **Fasciculus gracilis** und **Fasciculus cuneatus** und damit den Aufbau der wichtigsten somato-sensorischen Fasersysteme. Die Synaptogenese geht weiter. In Ergänzung zu den frühen axodendritischen Synapsen erscheinen nun auch rasch somatische Synapsen (im Alter von 10½–13 Wochen) [Okado 1980].

Mittlere Fetalperiode

Die mittlere Fetalperiode wird durch die biochemische **Reifung der Neurone,** das intensive **Wachstum absteigender Bahnen** und den Beginn der **Myelinisierung** in einigen Fasersystemen gekennzeichnet. Die biochemische Reifung der Motoneurone kann wiederum durch die Acetylcholinesterase-Methode gezeigt werden (Abb. 16-72). Starke AChE-Aktivität kann die allgemeine biochemische Reifung anzeigen, mag aber auch auf den Beginn der Bildung cholinerger Überträger-Mechanismen bezogen sein, da Motoneurone typische Beispiele für ventrale cholinerge Neurone sind. Das Wachstum absteigender Bahnen ist abhängig von der Differenzierung sowohl corticospinaler als auch descendierender extrapyramidaler Bahnen aus den Hirnstammkernen. Die Zahl der corticospinalen Fasern, die in der Pyramidenkreuzung um die 14. Woche zur contralateralen Seite ziehen [Rakić 1982], kann in diesem Entwicklungsalter größer sein als später beim Erwachsenen, da viele Axone wahrscheinlich nie die distalen Abschnitte des Rükkenmarks erreichen, wie kürzlich experimentell gezeigt werden konnte [Kalil 1984]. In der Tat enthält das Halsmark in dieser Periode einen unverhältnismäßig großen Flächenanteil im Bereich des cortico-

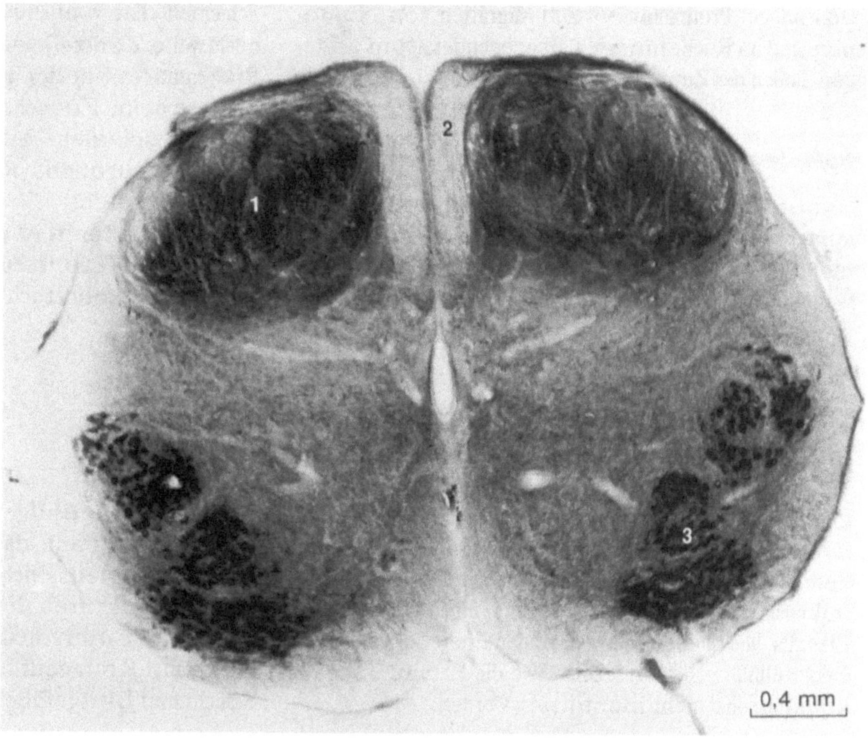

Abb. 16-72. Querschnitt durch den obersten Abschnitt des cervicalen Rükkenmarks bei einem menschlichen Fetus von 20 Wochen. Acetylcholinesterase-Nachweis. Beachte die motorischen Kerngebiete im Vorderhorn sowie die starke Reaktivität des spinalen Trakts des Nervus trigeminus und der Substantia gelatinosa. 1 = Substantia gelatinosa, 2 = Hinterstrang, 3 = Vorderhorn mit Motoneuronen

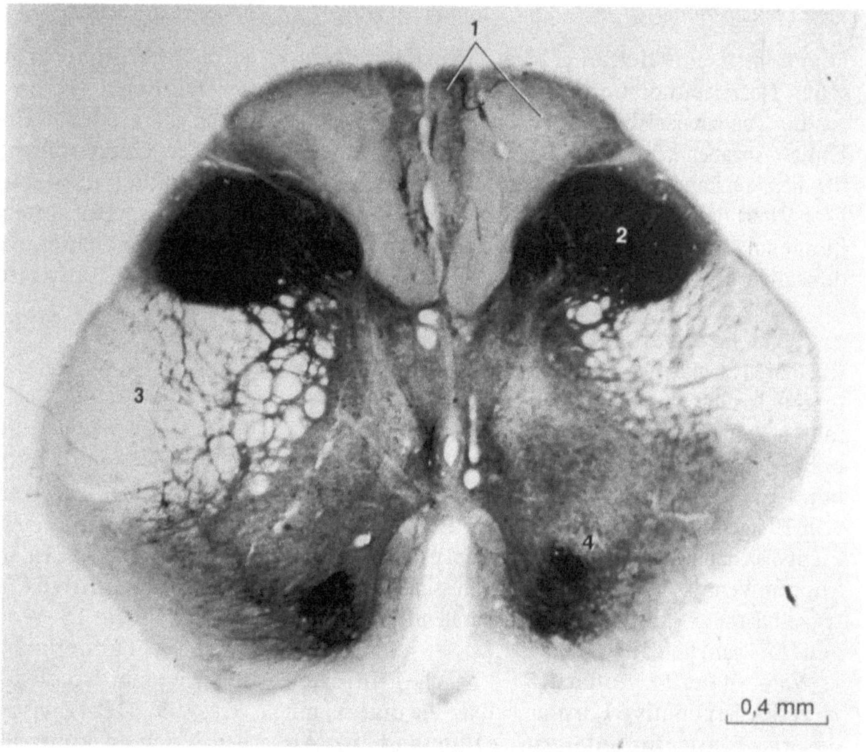

Abb. 16-73. Querschnitt durch den obersten Abschnitt des Rückenmarks bei einem menschlichen Fetus von 25 Wochen. Beachte die Entwicklung des Tractus corticospinalis. 1 = Hinterstrang, 2 = Tractus spinalis nervi trigemini – Substantia gelatinosa, 3 = Tractus corticospinalis, 4 = Vorderhorn

spinalen Traktes. Auch der spinale Trakt des Trigeminuskernes in der Substantia gelatinosa zeigt im Halsmark eine unverhältnismäßige Größe (Abb. 16-73). Aus den elektronenmikroskopischen Untersuchungen unseres Zagreber Materials ergibt sich, daß die Myelinisierung nach der 15. Woche beginnt. Dies zeigt zugleich die frühe Bildung von Oligodendroglia an, wie wir dies auch bereits für das Gehirn beschrieben haben. Proliferation und Migration von Neuronen sind im Rückenmark früher beendet als in anderen Teilen des Zentralnervensystems.

Späte Fetalperiode und frühreife Kinder

Cytoarchitektonisch enthält das Rückenmark des späten Fetus alle Hauptbestandteile. Als Zeichen einer noch bestehenden Unreife findet sich eine unvollständige Segregierung in cytoarchitektonische Schichten. Ein weiteres Zeichen der Unreife ist der noch weite Zentralkanal. Im unteren Abschnitt des Rückenmarks hat der Tractus corticospinalis das Niveau wie beim Erwachsenen erreicht. Jedoch haben die corticospinalen Fasern noch keine Kontakte mit den Motoneuronen, diese werden erst relativ spät postnatal gebildet.

Weniger bekannt ist die Differenzierung von Dendriten an den Hauptneuronen, die Reifung von Zwischenneuronen und schließlich die Synaptogenese.

16.8 Hirnhäute und Gefäßversorgung – Entwicklung der cerebro-mesenchymalen Grenzfläche

Die morphologischen Veränderungen, die sich an der Grenzschicht zwischen Neuralepithel und umgebendem Mesenchym vollziehen, können nur elektronenmikroskopisch analysiert werden. Feine cytologische Details, wie die neuroepithelialen Endfüßchen, oder extrazelluläre Bestandteile, wie die Basalmembran, könnten sonst nicht identifiziert werden.

Embryonalperiode

Die früheste Entwicklung einer Grenzfläche zwischen Neuralepithel und umgebendem Mesenchym ist für den menschlichen Embryo nicht bekannt. Einige Angaben können jedoch von entsprechenden Stadien von Laboratoriumstieren abgeleitet werden. Danach ist das frühe Neuralrohr nur von einer sehr dünnen Basallamina bedeckt, die als eine zarte Kondensation eines amorphen Materials an der freien Oberfläche der neuroepithelialen Zellmembranen erscheint. Im umgebenden Mesenchym gibt es keine fibrillären Strukturen, es wird nur eine granuläre Interzellularsubstanz gefunden. Erste primitive Blutgefäße außerhalb des Neuralepithels können im umgebenden Mesenchym in diesem frühen Stadium zu sehen sein. Da die Wand des Neuralrohres selbst frei von Blutgefäßen ist, muß die frühe Ernährung aus nichtvaskulären Quellen, z.B. aus dem primitiven Liquor im Ventrikel, oder durch die Flüssigkeit im Extrazellularraum außerhalb des Neuralepithels erfolgen [Mollgard und Jacobsen 1984].

Während des 2. Monats (5.–8. Woche) differenziert sich die primitive Hirnhaut in eine **Pia mater,** mit ihr dringen erste Blutgefäße in die Hirnwand ein. Als erster Schritt dieser Entwicklung findet eine Bildung von Kollagenfibrillen an der Außenfläche der Basalmembran statt. Die primitiven Blutgefäße werden in einer Schicht entlang der neuroepithelialen Wand aufgereiht. Als zweiter Schritt treten Fibroblasten zwischen der Basalmembran-Kollagenfibrillen-Schicht und den Blutgefäßen auf. Der nächste wichtige Schritt ist dann das Eindringen der Blutgefäße mit diesen Begleitschichten in die Hirnwand. Danach sind alle Strukturen der Pia mater am Ende der eigentlichen Embryonalperiode entwickelt: Basalmembran, Kollagenfibrillen-Schicht, Fibroblasten-Schicht und Blutgefäße.

Frühe Fetalperiode

Erste Differenzierungen an den neuroepithelialen „Endfüßchen" treten in diesem Entwicklungsabschnitt auf, an deren Ende alle strukturellen Bestandteile der Grenzschicht zwischen Mesenchym und Neuralepithel ausgebildet sind: wohl differenzierte Endfüßchen, Basalmembran, Kollagenfibrillen, eine ausgebreitete Schicht von Fibroblasten und ein Netzwerk von zukünftigen Piazellen und Blutgefäßen (Abb. 16-74).

Mittlere Fetalperiode

In diesem Entwicklungsabschnitt erfolgen weitere Differenzierungen an den Endfüßchen. Einige dieser Endfüßchen gehören zu den radialen Gliazellen. Die wichtigste Veränderung jedoch ist die endogene Bildung von **Pia, Arachnoidea** und **Subarachnoidalraum.** Die primitive Pia der früheren Stadien entwikkelt sich um die 15. Woche in eine deutliche, geschlossene Schicht abgeflachter Zellen. Die nahe der späteren Dura mater gelegenen Zellen bilden ein eigenes Netzwerk. Der Zwischenraum zwischen diesen beiden Schichten kann jetzt als primitiver Subarachnoidalraum beschrieben werden. Die mittlere Fetalperiode ist auch durch die Entwicklung der ersten morphologischen Bestandteile einer **Blut-Hirn-Schranke** charakterisiert, da die intracerebralen Blutgefäße zwischen ihren Endothelzellen tight junctions und die Gliazellen vaskuläre Endfüßchen entwickelt haben.

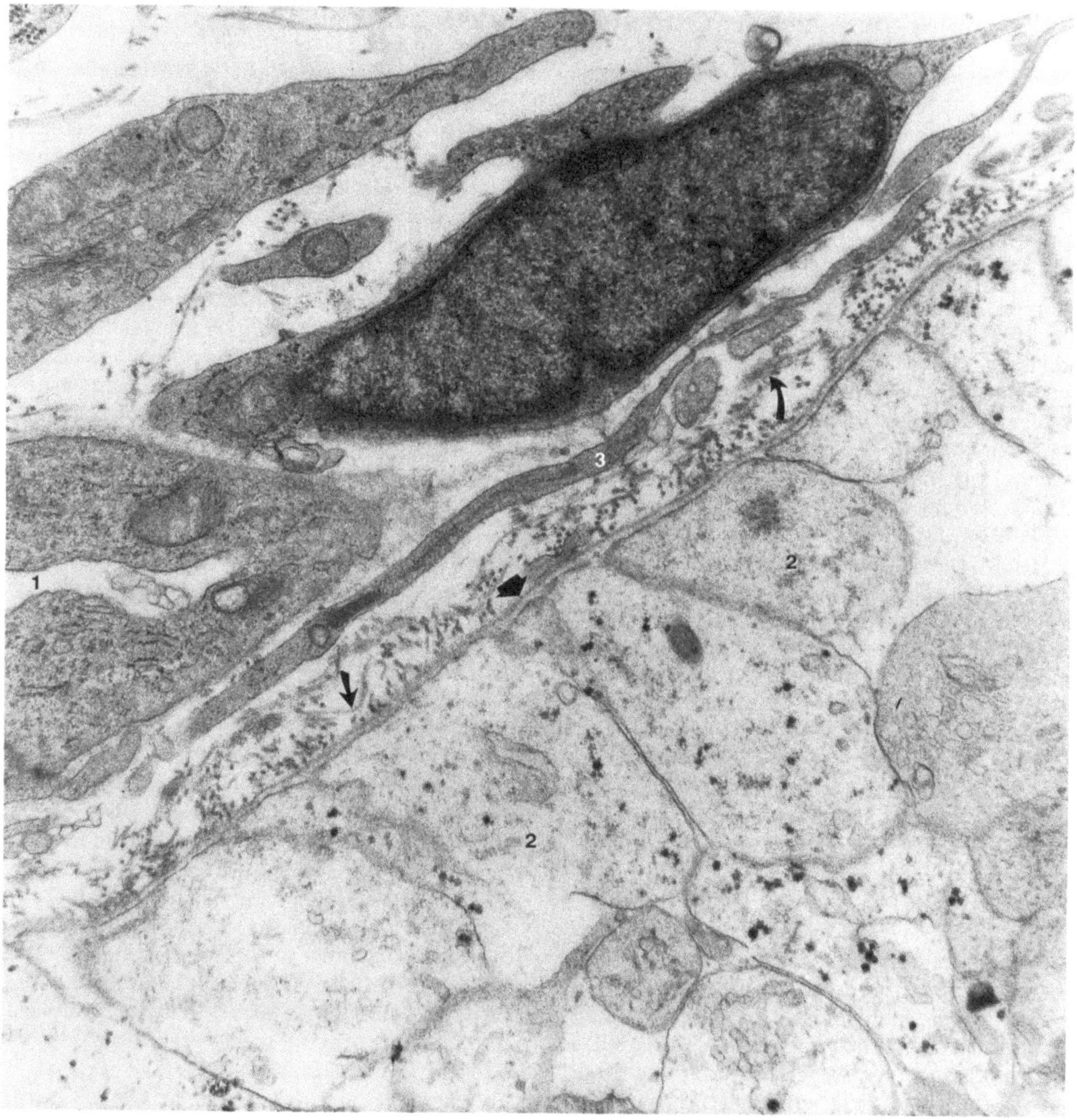

Abb. 16-74. Neuroepitheliale-mesenchymale Grenzfläche bei einem Fetus von 13 Wochen im elektronenmikroskopischen Bild. Alle Strukturelemente sind bereits vorhanden: Endfüßchen, Basalmembran (Pfeil), Kollagenfibrillen (gebogene Pfeile), ausgebreitete Fibroblasten und Blutgefäße. 1 = Blutgefäß, 2 = Endfüßchen, 3 = pialer Fibroblast. 30 000 : 1

16.9 Entwicklungsstand des Zentralnervensystems zur Zeit der Geburt

16.9.1 Hirnrinde und unterlagernde weiße Substanz

Makroskopisch enthält die Hirnrinde zur Zeit der Geburt alle primären und sekundären Sulci. Die Temporalisation (die Krümmung des Temporallappens mit der schließlich erreichten ventralen Position der limbischen Hippocampusformation) ist beendet, und die Insel ist durch die angrenzenden Lobi bedeckt. An einigen Stellen, so im Frontallappen, sind die Sulci noch unterteilt. An anderen Stellen, wie im Temporallappen, sind die Sulci und Gyri stärker zusammengedrängt als in den ersten Lebensmonaten. Allgemein sind die Sulci noch flacher. Außerdem sind die tertiären, variablen Sulci beim Neugeborenen noch weniger zahlreich als beim 5 Wochen alten Kind [Siwe 1927]. Das Gesamtgewicht des Gehirns beträgt ca. 350–430 g. Im Telencephalon sind noch nicht alle Formmerkmale voll ausgebildet. So ist das Splenium corporis callosi im Vergleich zu anderen Teilen des Balkens noch relativ unterentwickelt. Die corticalen Commissuren (Corpus callosum, Commissura anterior) und die Projektionssysteme (Capsula interna, Corona radiata) sind unterteilt und haben die für das adulte Gehirn typische topographische Lage. Insgesamt ist die Masse der weißen Substanz relativ gering, da die Myelinisierung noch unvollständig ist. Die Hirnrinde erscheint im äußeren Aspekt zwar relativ reif, einige histogenetische Prozesse sind aber noch nicht beendet.

Verfolgen wir noch einmal kurz die einzelnen Schritte der Histogenese: Der erste Vorgang, die Bildung von Neuronen, hat vollständig aufgehört. Das bedeutet, daß nach der Geburt keine Neubildung corticaler Neurone mehr erfolgt. Dies ist eine wichtige Feststellung hinsichtlich der begrenzten Möglichkeiten des Nervensystems, sich nach perinatalen Schäden zu erholen; es weist ferner darauf hin, daß auch im Erwachsenengehirn Schäden nur durch nicht-neuronale Elemente ersetzt werden können. Der zweite Vorgang, der um die Geburt herum aufhört, ist die Wanderung der Neurone. In der Hirnrinde des Neugeborenen sind somit fast alle Neurone in ihrer definitiven Position. Die Dendritenbildung geht jedoch weiter. Zusätzlich zur Ausbildung von Dendritenbäumen der Pyramidenzellen findet sich vor allem eine dendritische Differenzierung verzweigter lokaler Zwischenneurone (Golgi-II-Typ); viele dieser lokalen Zwischenneurone bilden die Transmitter-Substanz GABA und sind daher wahrscheinlich inhibitorisch. Das Einwachsen von Axonen für die basalen cholinergen und thalamocorticalen Afferenzen ist beendet. Jedoch geht die Synaptogenese mit diesen Axonen noch weiter. Eine besondere Situation scheint bei den Balkenverbindungen zu bestehen. Bei Laboratoriumstieren (Affen) sind zur Zeit der Geburt dreimal so viel Balkenaxone vorhanden als beim Erwachsenen. Beim menschlichen Neugeborenen darf man eine vergleichbare Situation etwas später erwarten, da die meisten Säugetiere bei der Geburt etwas reifer sind als der Mensch. Es muß daher auch nach der Geburt noch eine beträchtliche Veränderung (Axon-Retraktion) in den Fasersystemen des Balkens vor sich gehen. Wirklich nichts ist über den Reifezustand von Assoziationsbahnen bekannt. Cytoarchitektonisch sind bei der Geburt alle primären Rindenfelder (motorisches, somatosensorisches, visuelles und auditorisches Feld) abgrenzbar aufgrund ihres charakteristischen Schichtungsmusters oder des Vorhandenseins charakteristischer Zellen (z.B. Betzsche Pyramidenzellen im primären motorischen Rindenfeld). Die Abgrenzung sekundärer und tertiärer (assoziativer) Rindenfelder ist jedoch unsicher.

Ein Grund für diese Unsicherheit liegt in der Tatsache, daß beim Neugeborenen die Körnerschicht (prospektive Schicht IV) in allen neocorticalen Abschnitten vorhanden ist, unabhängig davon, ob diese sich zukünftig in einen agranulären (z.B. motorischen) oder granulären Cortex differenzieren. Das Konzept Brodmanns über einen sechsschichtigen Grundtypus kann also nicht nur auf die späte fetale Rinde, sondern auch auf die Hirnrinde des Neugeborenen angewendet werden. Als ein Zeichen der Unreife des neugeborenen Cortex kann man unterhalb der Schicht VI Reste der fetalen sekundären Rindenzone und zahlreiche Neurone in der weißen Substanz finden. Obwohl es auch im Erwachsenengehirn innerhalb der weißen Substanz „interstitielle" Neurone gibt, sind sie doch in der Hirnrinde des Neugeborenen deutlich zahlreicher [Kostović und Rakić 1980].

16.9.2 Basalganglien

Zur Zeit der Geburt zeigen **Putamen** und **Nucleus caudatus** (Corpus striatum) eine ungleichmäßige cytoarchitektonische Organisation. Die cytoarchitektonischen „Moduli" sind weniger deutlich als beim frühreifen Kind, sind aber noch deutlicher als im Striatum des Erwachsenen. Bildung und Wanderung von Neuronen haben aufgehört. Die Hauptafferenzen von Nucleus niger, Hirnrinde und Thalamus sind anatomisch ausgebildet. Es fehlen Angaben über die Synaptogenese. Die Neurone zeigen Transmitter- und peptiderge Aktivität, aber ihre Differenzierung ist noch nicht beendet. Der Ganglienhügel ist zurückgebildet; an seiner Stelle bildet das Caput nuclei caudati die laterale Wand des Vorderhorns des Seitenventrikels.

Beim Neugeborenen hat das **Corpus amygdaloideum** seine Medialrotation vollendet. Alle Kerne sind gut abgrenzbar, und die wichtigsten afferenten und efferenten Fasern sind vorhanden.

16.9.3 Diencephalon

Der **Thalamus** zeigt alle cytoarchitektonischen Unterteilungen, die Einzelkerne wachsen aber noch weiter. Die strukturelle und biochemische Differenzierung der Zellen ist noch nicht beendet. Die Myelinisierung hat soeben begonnen.

Im Vergleich zum Erwachsenengehirn ist der **Hypothalamus** des Neugeborenen sehr klein. Proliferation und Migration sind abgeschlossen. Die Neurone sind zur Synthese neuroaktiver Peptide fähig. Die bisher bekannten Befunde über die Dendritenreifung und die Synaptogenese sind noch zu spärlich, um Schlußfolgerungen daraus zu ziehen. Die wichtigsten afferenten und efferenten Bahnen sind gebildet.

16.9.4 Rhombencephalon und Medulla

Der **Hirnstamm** ist bei der Geburt bereits sehr reif. Als letztes haben sich die ventralen pontinen Strukturen differenziert.

Das **Kleinhirn** ist hingegen bei der Geburt noch sehr unreif – hier können sich sogar während der ersten postnatalen Periode Zellen noch teilen und neue Neurone bilden.

Beim Neugeborenen sind alle äußeren Formmerkmale des **Rückenmarks** gut ausgebildet. Die Länge des Rückenmarks beträgt nun zwischen 15 und 17 cm, sein unterstes Ende liegt in Höhe des dritten Lumbalwirbels.

16.10 Funktionelle Differenzierung des Zentralnervensystems

Aus einsichtigen Gründen ist die Erforschung der praenatalen funktionellen Differenzierung des menschlichen Zentralnervensystems eine besonders schwierige Aufgabe mit deutlichen Begrenzungen. Daher müssen die wichtigsten Grundzüge einer funktionellen Differenzierung für das Gehirn der Menschen indirekt aus Experimenten an Affen erschlossen werden, die ein ähnliches Entwicklungsmuster aufweisen. Aber auch vom Affen gibt es (wegen der besonderen Empfindlichkeit des sich entwickelnden Primatengehirns, technischer Schwierigkeiten und Beschränkungen der Primatenforschung) nur sehr wenige Angaben über die funktionelle Differenzierung des Gehirns. Wir müssen unsere Beschreibung einer funktionellen Differenzierung und Reifung daher aus *Verhaltensbeobachtungen* ableiten.

16.10.1 Funktionelle Entwicklung der Hirnrinde und komplexe Verhaltensmuster

Lange Zeit haben die Neuroembryologen den Fetus und das Frühgeborene als Individuen mit nur subcorticalen Funktionen angesehen. Es steht jetzt jedoch fest, daß der **Cortex** des Fetus und des frühgeborenen Kindes bereits **Impulse aufnehmen** kann und die Hirnrinde über synaptische Verbindungen bereits gewisse **Formen efferenter** motorischer **Aktivität** als Reaktion auf Erregungen zeigt. Es ist nicht bekannt, ob die zuerst auftretenden Synapsen am Beginn des 3. Monats funktionsfähig sind. Nach der 15. Woche, besonders um die 24. Woche, wenn in der Hirnrinde cholinerge Afferenzen aus dem Thalamus und dem basalen Vorderhirn ausgebildet sind, ist eine funktionelle Aktivität von Synapsen aufgrund ihrer morphologischen Reife und des Vorhandenseins von Transmittern sehr wahrscheinlich. Deutlich nachgewiesen sind **evozierte Potentiale** über primären Rindenfeldern nach Stimulation durch Licht- oder akustische Reize bei Frühgeborenen von noch sehr geringem Gewicht. Die frühe elektrische Reaktion der Hirnrinde ist oberflächenpositiv und rührt vom Vorherrschen tiefer Synapsen her. Später, nahe dem Geburtstermin, wird das Rindenpotential oberflächennegativ und ändert sich dann während des postnatalen Lebens erneut in Oberflächenpositivität. Erste Potentiale vom frontalen Cortex können nach der 28. Woche abgeleitet werden [Vaughan 1975]. Unreif geborene **Frühgeborene** mit sehr niedrigem Geburtsgewicht liefern ein ausgezeichnetes „Modell" für die Untersuchung der Funktionsentwicklung während der letzten Periode der Schwangerschaft (nach der 24. Woche). Wichtigste Grundbeobachtung über die Funktionsreife ist, daß die extrauterine Entwicklung in neurologischer, neurophysiologischer und verhaltensmäßiger Hinsicht bei frühgeborenen (nicht geschädigten, „normalen") Kindern sich von der intrauterinen Entwicklung nicht unterscheidet, da beide *am* eigentlichen *Geburtstermin* den *gleichen Reifegrad* erreichen [Dreyfus-Brisac 1979]. Eine der bedeutendsten Aussagen über allgemeine Hirnfunktionen wurde durch die *Mehrkanalschreiber-Untersuchung* des Verhaltens *bei frühreifen Kindern* gewonnen. Zwischen der 30. und 38. Woche tritt zum ersten Mal eine Unterscheidung zwischen *„ruhigem"* und *„aktivem" Schlaf* auf. Der durch rasche Augenbewegung gekennzeichnete aktive Schlaf reift früher, nämlich schon um die 35. Woche. Danach folgen die verschiedenen Verhaltensstadien in ihrer Entwicklung sehr schnell [Prechtl 1974]. Andere wichtige Anhaltspunkte über die allgemeine Funktionsentwicklung des Gehirns ergaben sich (durch die phantastischen Fortschritte der Ultraschalluntersuchungen) aus der Beobachtung des Feten im Uterus. Die *Kindsbewegungen,* die jeder Mutter wohl bekannt sind, konnten jetzt genau studiert werden. So wandeln sich die irregulären, möglicherweise reflexbedingten Kontraktionen der früh-fetalen Muskulatur in geordnete Bewegungsabläufe, und bereits um die Mitte der Schwangerschaft können komplexe Bewegungen wie Fingerlutschen, Mundöffnen, Lächeln, Schreien und Augenbewegungen beobachtet werden [Birnholz 1981].

16.10.2 Entwicklung der Reflexe und der Funktionen des Rückenmarks

Obwohl es sehr schwer ist, in der Entwicklung des menschlichen Nervensystems zwischen reflexbedingtem und komplexem Verhalten zu unterscheiden, können einige **einfache Verhaltensmuster** als reflexbedingt angesehen werden. Die erste von Hautreflexen auslösbare Aktivität wurde bei menschlichen Embryonen bereits im Alter von *7½ Wochen* (STADIUM 20) beobachtet. Man darf also zu dieser Zeit der Entwicklung einen gewissen Reifegrad der neuromuskulären und afferent-efferenten Verbindungen erwarten. Zuerst herrschen Reflexbewegungen vor, sie werden als totale Musterbewegungen beschrieben. Diese Reflexwege mögen synaptische Übertragungen nutzen, obwohl die Zahl der Synapsen in der cutospinalen Verbindung noch relativ gering ist [Okado 1980]. Später, während der 8. Woche, findet sich gleichzeitig zum Anwachsen der Zahl axodendritischer Synapsen ein **Wandel im Reflexmuster,** lokale Reflexe treten an die Stelle der totalen Bewegungsmuster. Nach der 12. Woche können Reflexe durch die „Doppel-Simultan-Stimulation" ausgelöst werden.

16.11 Fehlbildungen und kritische Entwicklungsperioden des Zentralnervensystems

Bei der Untersuchung von Entwicklungsstörungen, kritischer Perioden und teratogenetischer Prozesse im Zentralnervensystem können allgemeine teratogenetische Prinzipien nur ein Ausgangspunkt sein. Für das wirkliche Verständnis einer Entwicklung von Fehlbildungen und besonders für die exakte Bestimmung kritischer Perioden ist ein eigener Ansatz erforderlich. So kann beispielsweise ein pathogener Faktor, der während der kritischen Periode die Synaptogenese und dendritische Differenzierung beeinflußt, so feine Entwicklungsstörungen der Hirnrinde hervorrufen, die bei einer Routineuntersuchung – sei es klinisch oder eventuell pathologisch – vollständig verborgen bleiben. Die sich daraus ergebende funktionelle Abweichung wäre ein Defizit intellektueller Funktionen (mentale Retardierung), die sich erst während der Kindheit auswirkt. Da das Zentralnervensystem eine besonders lange Entwicklungsperiode durchläuft und da Grundvorgänge wie Proliferation, Migration, Differenzierung und Synaptogenese während des gesamten vorgeburtlichen Lebens ablaufen, ist die Bestimmung teratogenetischer Perioden eine sehr schwere Aufgabe. Zwei Grundprobleme sollten bei Fehlbildungen betrachtet werden:

1. das Entwicklungsstadium des Erfolgsorgans und
2. Ort und Intensität der Wirkung teratogenetischer Faktoren.

Im folgenden Überblick werden wir uns stärker mit dem Problem der Entwicklungsstadien (Frage: wann?), die für Fehlbildungen bedeutsam sind, als mit den Problemen der Wirkungsweise und des Wirkungsortes teratogenetischer Faktoren (Fragen: wie und wo?) befassen.

Da der zweite Problemkreis noch jenseits des derzeitigen wissenschaftlichen Kenntnisstandes über die Entwicklung des menschlichen Nervensystems liegt, wollen wir uns der Frage zuwenden: Welcher histogenetische Prozeß (Proliferation, Migration, neuronale Differenzierung, Synaptogenese) könnte durch einen bestimmten teratogenetischen Faktor in welchem Hirnabschnitt am ehesten gestört werden? Die Verbindung der beiden Grundfragen nach der kritischen Entwicklungsperiode und der Störung bestimmter histogenetischer Prozesse ist daher die Grundlage für den folgenden Überblick.

Das erste teratogenetische Grundprinzip der Entwicklung des Zentralnervensystems ist die andauernde Vulnerabilität. Das bedeutet, daß während des gesamten vorgeburtlichen Lebens teratogenetische Faktoren wie z.B. Röntgenstrahlen oder Sauerstoffmangel grobe oder feine Entwicklungsabweichungen verursachen können. Das zweite Prinzip ist, daß es kritische Perioden gibt, die einen bestimmten neurogenetischen Vorgang oder eine bestimmte Hirnregion betreffen. Obwohl auf den ersten Blick diese beiden Grundsätze sich zu widersprechen scheinen, können sie doch wie folgt in Einklang gebracht werden: Während der verlängerten Entwicklung des Zentralnervensystems gibt es viele kritische Perioden für bestimmte neurogenetische Vorgänge und bestimmte Teile des Gehirns.

Obwohl die Begriffe „kritische Entwicklungsperiode" oder „teratogenetische Determinationsperiode" häufig gebraucht werden, gibt es in der Literatur kaum genaue Kriterien für ihre nähere Bestimmung. Für die Bestimmung solcher Perioden müßten nämlich alle nachfolgend genannten Kriterien erfüllt sein:

1. Eine kritische Periode ist ein definierter Zeitabschnitt der Entwicklung, in dem erfaßbare neurogenetische Parameter sich rasch ändern. Damit entspricht dieses Kriterium annähernd der Definition intensiver Wachstumsperioden, die Dobbing und Sands [1973] als „growth spurts" beschrieben haben.

2. Eine kritische Periode ist dann gegeben, wenn sie eine entscheidende Bedeutung im Hinblick auf das Erreichen eines vollständigen Reifestadium hat. Wenn die Entwicklung eines bestimmten neurogenetischen Prozesses verhindert oder während der kritischen Periode entscheidend verändert wird, hat dies Folgen in späteren Entwicklungsperioden. Dieses Kriterium ist ähnlich dem Konzept eines Induktions- oder Determinationsmusters in frühesten Entwicklungsstadien.

3. Während der kritischen Periode gibt es einen ungewöhnlichen Empfindlichkeits- oder Verletzlichkeitsgrad im Hinblick auf die Veränderung sich rasch vollziehender neurogenetischer Vorgänge. Entwicklungsstörungen und Fehlbildungen sind die spezifische Antwort des sich entwickelnden Zentralnervensystems auf irgendeinen schädigenden Einfluß während einer kritischen Periode.

16.11.1 Störungen der Neurulation und der frühen regionalen Differenzierung

Allgemein führen schädigende Faktoren, die am Ende des 1. Monats oder zu Beginn des 2. Monats wirksam sind, zu schweren Fehlbildungen.

Die kritische Periode für den Schluß des Neuralrohres ist die 3. Woche, sie beginnt im STADIUM 10 *(22. Tag)* und endet am *24. Tag*, oder genauer, wenn der Embryo 19 Somiten hat. Eine Störung während dieser Zeit führt zum *Fehlen einer neuralen Induktion* oder zu *Cyklopie*. Etwas später in dieser frühen kritischen Periode (aber auch noch vor dem 19-Somiten-Stadium) können teratogenetische Faktoren *Holotelencephalie* (Arhinencephalie) verursachen.

Nach dem 19-Somiten-Stadium (Anfang der 4. Woche) während der ersten Periode einer regionalen Differenzierung des Gehirns (STADIUM 11, *24. Tag*) verursachen teratogenetische Faktoren schwere *Fehlbildungen des dorsalen Neuralrohrschlusses* in der Region des Gehirns [Zamorano und Chuaqui 1979]. Bei der Geburt zeigt sich das Gehirn dann als eine amorphe Masse unorganisierten Gewebes mit offener (innerer) Oberfläche; eine Hautbedeckung fehlt. Diese schwere Fehlbildung („*Anencephalie*") ist relativ häufig (etwa 1 auf 1000 Geburten). Ähnliche kritische Perioden gibt es für den Anlagebereich des Rückenmarks. Hier liegt die kritische teratogenetische Periode für den Schluß des Neuralrohres und den später davon abhängigen Schluß der Wirbelbögen zwischen den STADIEN 10–12 *(4. Woche, 22.–26. Tag)*. Diese Fehlbildungen beim Schluß des Neuralrohres sind unter dem allgemeinen Namen neurospinale **Dysrhaphie** (Rachischisis, Spina bifida) bekannt. Die Störung des Neuralrohrschlusses kann die ganze Länge des Rückenmarks betreffen oder auf einen kleineren Abschnitt (komplette oder partielle Rachischisis) beschränkt sein. Häufiger werden Anomalien im unteren Abschnitt des Rückenmarks gefunden. Der Störungsmechanismus beim Schluß des Neuralrohres ist noch nicht voll bekannt. Aufgrund experimenteller Ergebnisse werden zwei grundsätzliche Möglichkeiten diskutiert: ein Ausbleiben der Induktionen durch die Chorda dorsalis oder eine Hemmung der neuroepithelialen Zellen durch teratogenetische Faktoren des inneren Milieus.

16.11.2 Störungen der Proliferation

Perioden intensiver regionaler Proliferation beginnen am Ende der Embryonalzeit. Im Telencephalon erfolgen proliferative Vorgänge besonders intensiv in der frühen, mittleren und zu Beginn der späten Fetalperiode (siehe Tabellen 16.2 und 16.4). Nach den Untersuchungsergebnissen von Dobbing und Sands [1973] können Zeiten besonders intensiver Zellvermehrung um die 15. und 24. Woche erwartet werden. Die Zellproliferation kann durch viele Faktoren gestört werden, darunter besonders durch Viren, durch Röntgenstrahlen und durch periventrikuläre Blutungen. Sich vermehrende Zellen sind gegen Röntgenstrahlen besonders am Ende der G-2-Phase des Mitosezyklus empfindlich, also unmittelbar vor Eintritt in die Mitose. Häufigste Ursache einer Läsion der proliferativen Zone sind *periventrikuläre Hämorrhagien* (oder „subependymale" Hämorrhagien, die die Ventrikulärzone bei Frühgeborenen mit besonders geringem Geburtsgewicht zerstören) während der letzten Periode intensiver Zellvermehrung (Tabelle 16.2). Wie schon zuvor in diesem Kapitel beschrieben, ist der häufigste Ort einer periventrikulären Hämorrhagie der Ganglienhügel, der Bildungsort für die Zellen des Striatum.

16.11.3 Störungen der Zellwanderung

Der Vorgang der Zellwanderung scheint besonders verletzlich zu sein in bezug auf die komplexen Interaktionen zwischen glialen und neuronalen Zellen und im Hinblick auf die langen Wanderungswege. In der Hirnrinde gibt es **zwei Perioden** besonders intensiver Zellwanderung um die 9. und 16. Woche, so daß zu dieser Zeit eine besondere Schädigungsanfälligkeit erwartet werden kann. Störungen der Wanderungsprozesse führen zu Entwicklungsanomalien, die man **neuronale Ektopie** nennt. Bei solchen Ektopien beginnen die Zellen in den germinativen Zonen (Ventrikulär- oder Subventrikulärzone) ihre Wanderung, können aber dann ihr definitives Ziel nicht erreichen. Zwei Entwicklungsanomalien der Hirnrinde können durch die Störung des Wanderungsmechanismus verursacht sein: die *Pachygyrie,* bei der die Hirnrinde eine zu kleine Zahl großer Windungen hat, und die *Agyrie,* bei der der Hirnrinde alle Windungen fehlen („Lissencephalie"). Beide Fehlbildungen der Hirnrinde zeigen ein pathologisches Schichtungsmuster. Zur Zeit ist noch wenig über die Ursachen von Anomalien der Zellwanderung im menschlichen Gehirn bekannt. Bei Laboratoriumstieren wurden verschiedene, für anomale Wanderungen ursächliche Faktoren gefunden: Röntgenstrahlen, Virusinfektionen und verschiedene Medikamente.

16.11.4 Störungen der Differenzierung

Eine Differenzierung von Dendriten findet während des gesamten Fetallebens statt und setzt sich während der postnatalen Periode fort. Für tiefgelegene, „alte" Rindenneurone erfolgt die Ausbildung des zellulären Grundmusters schon während der 10. und 15. Woche. Junge Pyramidenzellen (oberflächliche Schicht) reifen sehr intensiv in einem zweiten Zeitabschnitt zwischen der 24. und 28. Woche. Die Ausbildung der zellulären Grundform der Neurone ist genetisch bestimmt. Man kann daher erwarten, daß verschiedene *Chromosomen-Aberrationen* zu abweichenden Dendritenformen führen. Tatsächlich wurden anomale Dendriten in Fällen von **Trisomie** beschrieben.

16.12 Literaturverzeichnis

Bartelemez GW, Dekaban AS (1962) The early development of the human brain. Contrib Embryol Carnegie Inst Wash 37:13–32

Birnholz JC (1981) The development of human fetal eye movement patterns. Science 213:679–680

Blechschmidt E (1961) Die vorgeburtlichen Entwicklungsstadien des Menschen/The stages of human development before birth. Karger, Basel

Blechschmidt E (1963) Der menschliche Embryo. Schattauer, Stuttgart

Blechschmidt E (1973) Die pränatalen Organsysteme des Menschen. Hippokrates, Stuttgart

Boulder Committee Report (1970) Embryonic vertebrate central nervous system: Revised terminology. Anat Rec 166:257–262

Brand S, Rakić P (1979) Genesis fo the primate neostriatum: (^{3}H)-thymidine autoradiographic analysis of the time of neuron origin in the rhesus monkey. Neuroscience 4:767–778

Bugnon C, Black B, Fellmann D (1977) Etude immuno-cytologique des neurones hypothalamiques à LH-RH chez le foetus humain. Brain Res 128:249–262

Choi BH, Lapham LW (1978) Radial glia in the human fetal cerebrum: a combined Golgi, immunofluorescent and electron microscopic study. Brain Res 148:295–311

Cooper ERA (1946) Development of the substantia nigra. Brain 69:22–23

de Courten C, Leuba G, Huttenlocher PR, Garey LJ, Van der Loos H (1982) Volumetric, neuronal, and synaptic development of human primary visual cortex. Neurosci Lett (Suppl 10):135

Dobbing J, Sands J (1973) Quantitative growth and development of human brain. Arch Dis Child 48:757–767

Dreyfus-Brisac C (1979) Ontogenesis of brain bioelectrical activity and sleep organization in neonates and infants. In: Falkner F, Tanner JM (eds) Human growth, vol 3: Neurobiology and nutrition. Bailiere Tindall, London, pp 157–182

Falin LI (1961) The development of human hypophysis and differentiation of cells of its anterior lobe during embryonic life. Acta Anat 44:188–205

Hines M (1922) Studies in the growth and differentiation of the telencephalon in man. The fissura hippocampi. J Comp Neurol 34:73–171

His W (1904) Die Entwicklung des menschlichen Gehirns während der ersten Monate. Hirzel, Leipzig, 176 S

Hochstetter F (1919) Beiträge zur Entwicklungsgeschichte des menschlichen Gehirns. I. Deuticke, Wien, 170 S

Humphrey T (1968) The development of the human amygdala during early embryonic life. J Comp Neurol 132:135–165

Jacobson M (ed) (1978) Developmental neurobiology, 2nd edn. Plenum Press, New York

Kahle W (1969) Die Entwicklung der menschlichen Großhirnhemisphäre. Neurology Series, vol 1. Springer, Berlin, Heidelberg, New York, pp 1–116

Kalil K (1984) Development and regrowth of the rodent pyramidal tract. Trends Neurosci 7:394–398

Knyihar E, Csillik B, Rakić P (1978) Transient synapses in the embryonic primate spinal cord. Science 202:1206–1209

Kostović I (1979) The development and structure of the human cerebral cortex (in Croatian). JUMENA, Zagreb

Kostović I (1986) Prenatal development of nucleus basalis complex and related fibre systems in man: A histochemical study. Neuroscience 17:1047–1077

Kostović I, Krmpotić-Nemanić J, Kelović Z (1975) The early development of glia in human neocortex. RAD JAZU 371(17):155–159

Kostović I, Goldman-Rakić PS (1983) Transient cholinesterase staining in the mediodorsal nucleus of the thalamus and its connections in the developing human and monkey brain. J Comp Neurol 219:431–447

Kostović I, Rakić P (1980) Cytology and time of origin of interstitial neurons in the white matter in infant and adult human and monkey telencephalon. J Neurocytol 9:219–242

Kostović I, Rakić P (1984) Development of prestriate visual projections in the monkey and human fetal cerebrum revealed by transient cholinesterase staining. J Neurosci 4:25–42

Kostović-Knežević LJ (1984) Sporadic cell death in the developing cortex of the human fetal brain. Verh Anat Ges 78:303–304

Lemire RJ, Loeser JD, Leech RW, Alvord EC (1975) Normal and abnormal development of the human nervous system. Harper & Row, Hagerstown, Maryland

Lenn NJ, Halfon N, Rakić P (1978) Development of the interpeduncular nucleus in the midbrain of rhesus monkey and human. Anat Embryol 152:273–289

Levitt P, Rakić P (1980) Immunoperoxidase localization of glial fibrillary acidic protein in radial glial cells and astrocytes of the developing rhesus monkey brain. J Comp Neurol 193:815–840

Lund RD (1978) Development and plasticity of the brain: an introduction. Oxford University Press, Oxford

Marin-Padilla M (1970) Prenatal and early postnatal ontogenesis of the human motor cortex: A Golgi study. I: The sequential development of the cortical layers. Brain Res 23:167–183

Marin-Padilla M (1983) Structural organization of the human cerebral cortex prior to the appearance of the cortical plate. Anat Embryol 168:21–40

Mattanza GG (1973) Zur Bedeutung des embryonalen Zelluntergangs im Vorderhirn. I: Untersuchungen am Menschen und bei der Maus. Acta Anat 85:96–107

Merk L (1886) Über die Anordnung der Kernteilungsfiguren im Zentralnervensystem und der Retina bei Natternembryonen. Sitzgsber Akad Wiss Wien Math Naturwiss Kl 992:3

Merk L (1887) Die Mitosen im Zentralnervensysteme. Denkschr Kais Acad Wiss Wien 53:79–118

Mollgard K, Jacobsen M (1984) Immunohistochemical identification of some plasma proteins in human embryonic and fetal forebrain with particular reference to the development of the neocortex. Dev Brain Res 13:49–63

Molliver ME, Kostović I, Van der Loos H (1973) The development of synapses in cerebral cortex of the human fetus. Brain Res 50:403–407

Müller F, O'Rahilly R (1983) The first appearance of the major divisions of the human brain at Stage 9. Anat Embryol 168:419–432

Nobin A, Björklund A (1973) Topography of the monoamine neuron systems in the human brain as revealed in fetuses. Acta Physiol Scand Suppl 388:1–30

Nowakowski RS, Rakić P (1981) The site of origin and route and rate of migration of neurons to the hippocampal region of the rhesus monkey. J Comp Neurol 196:129–154

Okado N (1980) Development of the human cervical spinal cord with reference to synapse formation in the motor nucleus. J Comp Neurol 191:495–513

Okado N (1981) Onset of synapse formation in the human spinal cord. J Comp Neurol 201:211–219

Okado N, Kakimi S, Kojima T (1979) Synaptogenesis in the cervical cord of the human embryo: Sequence of synapse formation in a spinal reflex pathway. J Comp Neurol 184:491–518

Olivier G, Pineau H (1961) Horizons de Streeter et age embryonnaire. Bull Assoc Anat (Nancy) 47e:573–576

Olson L, Boreus LO, Seiger A (1973) Histochemical demonstration and mapping of 5-hydroxytryptamine- and catecholamine-containing neuron systems in the human fetal brain. Z Anat Entw Gesch 139:259–282

O'Rahilly R, Gardner E (1971) The timing and sequence of events in the development of the human nervous system during the embryonic period proper. Z Anat Entw Gesch 134:1–12

Prechtl HFR (1974) The behavioural states of the newborn infant (A review). Brain Res 76:185–212

Purves D, Lichtmann JW (1985) Principles of neural development. Sinauer, Sunderland

Rakić P (1982) Early developmental events: cell lineages, acquisition of neuronal positions, and areal and laminar development. Neurosci Res Program Bull 20:439–451

Rakić P, Sidman RL (1969) Telencephalic origin of pulvinar neurons in the fetal human brain. Z Anat Entw Gesch 129:53–82

Rakić P, Sidman RL (1970) Histogenesis of cortical layers in human cerebellum, particularly the lamina dissecans. J Comp Neurol 139:473–500

Rakić P, Yakovlev PI (1968) Development of the corpus callosum and cavum septi in man. J Comp Neurol 132:45–72

Richter E von (1967) Über die Entwicklung des Globus Pallidus und des Corpus subthalamicum beim Menschen. In: Hassler R, Stephan H (eds) Evolution of the forebrain. Plenum Press, New York, pp 285–295

Sauer FC (1935a) Mitosis in the neural tube. J Comp Neurol 62:377–405

Sauer FC (1935b) The cellular structure of the neural tube. J Comp Neurol 63:13–23

Schmechel DE, Rakić P (1979) A Golgi study of radial glial cells in developing monkey telencephalon: Morphogenesis and transformation into astrocytes. Anat Embryol 156:115–152

Sensenig EC (1951) The early development of the meninges of the spinal cord in human embryos. Contrib Embryol Carnegie Inst Wash 34:145–157

Sidman RL, Rakić P (1973) Neuronal migration, with special reference to developing humain brain: A review. Brain Res 62:1–35

Sidman RL, Rakić P (1982) Development of the human central nervous system. In: Haymaker W, Adams RD (eds) Histology and histopathology of the nervous system. Thomas, Springfield, Ill., pp 3–138

Siwe SA (1927) Das Nervensystem. Die mikroskopische Entwicklung des Großhirns nach der Geburt. In: Peter K,

Wetzel G, Heiderich F (Hrsg) Handbuch der Anatomie des Kindes, Bd 2. Bergmann, München, S 609–632
Štampalija A, Kostović I (1981) The laminar organization of the superior colliculus (SC) in the human fetus. In: Huber A, Klein D (eds) Neurogenetics and neuro-ophthalmology. Elsevier/North Holland Biomedical Press, New York, pp 107–110
Streeter GL (1921) Weight, sitting height, head size, foot length, and menstrual age of the human embryo. Contrib Embryol Carnegie Inst Wash 11:143–170
Streeter GL (1942) Developmental horizons in human embryos. Description of age group XI, 13 to 20 somites, and age group XII, 21 to 29 somites. Contrib Embryol Carnegie Inst Wash 30:211–245
Streeter GL (1945) Developmental horizons in human embryos: Description of age groups XIII embryos about 4 or 5 millimeters long, and age group XIV, period of indentation of the lens vesicle. Contrib Embryol Carnegie Inst Wash 31:27–63
Streeter GL (1948) Developmental horizons in human embryos: Description of age groups XV, XVI, XVII and XVIII. Contrib Embryol Carnegie Inst Wash (Publ 211) 32:133–203
Streeter GL (1951) Developmental horizons in human embryos: Description of age groups XIX, XX, XXI, XXII and XXIII, being the fifth issue of a survey of the Carnegie Collection. Contrib Embryol Carnegie Inst Wash 34:165–197
Vaughan HG Jr (1975) Electrophysiologic analysis of regional cortical maturation. Biol Psychiatry 10:513–526
Zamorano L, Chuaqui B (1979) Teratogenetic periods for the principal malformations of the central nervous system. Virchows Arch [Pathol Anat] 384:1–18
Zečević N, Rakić P (1976) Differentiation of Purkinje cells and their relationship to other components of developing cerebellar cortex in man. J Comp Neurol 167:27–48

Weiterführende Literatur

Black IB (ed) (1984) Cellular and molecular biology of neuronal development. Plenum Press, New York, pp 29–50
Brodmann K (1909) Vergleichende Lokalisationslehre der Großhirnrinde in ihren Prinzipen dargestellt auf Grund des Zellenbaues. Barth, Leipzig
Cooper ERA (1946) Development of the human red nucleus and corpus striatum. Brain 69:34–45
Flechsig P (1920) Anatomie des menschlichen Gehirns und Rückenmarks (auf myelogenetischer Grundlage). Thieme, Leipzig
Hassler R, Stephan H (1967) Evolution of the forebrain. Phylogenesis and ontogenesis of the forebrain. Plenum Press, New York
Minkowski A (ed) (1967) Regional development of the brain in early life. Blackwell, Oxford, pp 3–70
Rakić P, Nowakowski RS (1981) The time of origin of neurons in the hippocampal region of the rhesus monkey. J Comp Neurol 196:99–128
Spatz H (1924) Zur Ontogenese des Striatum und des Pallidum. Dtsch Z Nervenheilk 81:185–190

17. Peripheres Nervensystem

K. V. Hinrichsen

Von den Anteilen des peripheren Nervensystems:
1. Spinalnerven
2. Hirnnerven
3. Truncus sympathicus
4. Eingeweidenerven
5. periphere, vegetative Ganglien
6. Parasympathicus mit seinem mesencephal-rhombencephalen, segmental spinalen und sakralen Anteil
7. vegetative Plexus und intramurales Nervensystem

werden im folgenden nur die Themen 1–3 ausführlicher besprochen. Für die übrigen Themata sei auf die Lehrbücher der Neuroanatomie verwiesen.

Die Bildung des peripheren Nervensystems beginnt bereits im Stadium 11 mit den Kopf-Ganglien und der Bildung erster Kerne und Axonbündel im Stadium 12. Sie setzt sich mit der Gliederung der Neuralleiste zu Spinalganglien im Stadium 12 und 13 fort, wird aber mit dem Auswachsen von Axonbündeln aus dem Gehirn und Rückenmark im Stadium 14 deutlicher. Dabei gehen die efferenten Fasern den afferenten zeitlich voran [O'Rahilly und Müller 1984, Müller und O'Rahilly 1987, 1988]. Verschiedene Strukturen sind daran beteiligt:

- Postmigratorische Neurone in den Kerngebieten der motorischen Hirnnerven entsenden Axone durch die Membrana limitans externa zu den Anlagegebieten der Muskeln und zu den okzipitalen Somiten (spezifische viscerale Efferenz), und
- postmigratorische Neurone in der Grundplatte des Rückenmarkes entsenden Axone durch die Marginalzone und die Membrana limitans externa, die als Anlagen der Vorderwurzeln der Spinalnerven in die Körperwand einwachsen und Kontakt zu den Myotomen aufnehmen (somatomotorische Fasern, Abb. 17-1).
- Aus ektodermalen Plakoden (vomero-nasale Plakode, Ohrplakode) und den „epibranchialen" Plakoden, am Außenrand der Pharyngealbögen 1–4, lösen sich einzelne Zellen, wandern nach innen und tragen zum Aufbau der Kopfganglien bei.
- Etwas später als die ersten somatomotorischen Kerngebiete differenzieren sich im Rautenhirn die visceromotorischen und sekretorischen Kerne und entsenden ihre Axonbündel.
- Zellgruppen der Neuralleisten wandern zu den Anlagen der Kopfganglien und bilden diese zusammen mit den Zellen aus den ektodermalen Plakoden. Am Rückenmark formieren sich mit einem cranio-caudalen Gradienten Zellgruppen der Neuralleiste zu einem meanderförmigen Band als

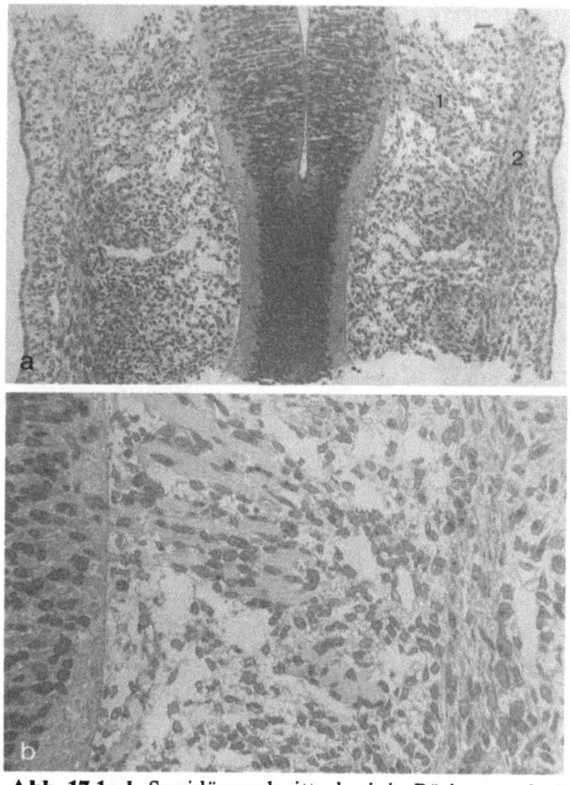

Abb. 17-1a, b. Semidünnschnitte durch das Rückenmark eines menschlichen Embryo im Stadium 12 (4,0 mm) in Übersicht und Ausschnitt.
a) Frontaler Schrägschnitt, der die Bündelung der auswachsenden Axone (1) in Richtung auf die eben angeschnittenen Myotome (2) zeigt. 165 : 1;
b) Ausschnitt aus einem Parallelschnitt bei stärkerer Vergrößerung, in dem der Durchtritt der Axone durch die Membrana limitans externa erkennbar ist. 230 : 1

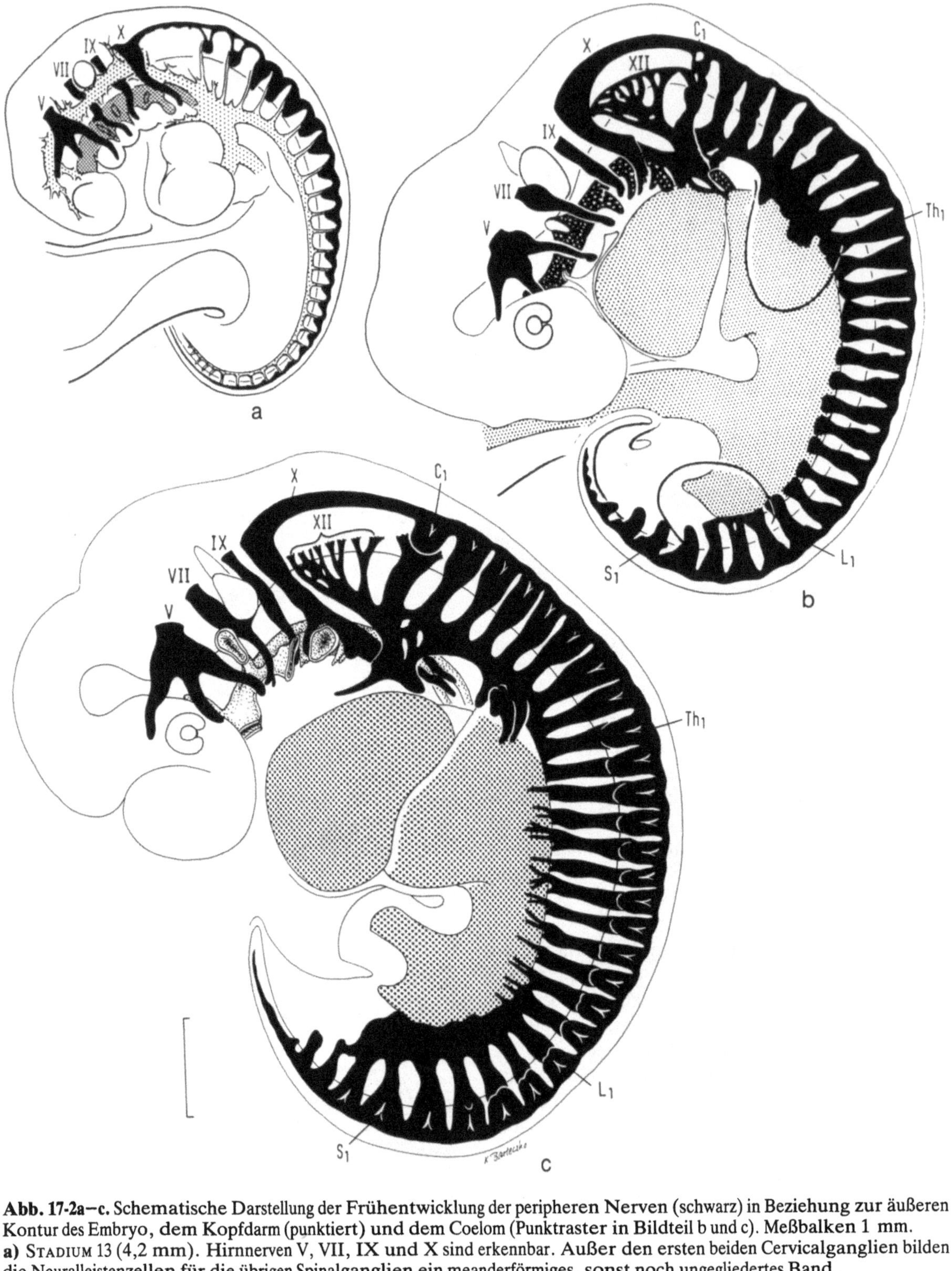

Abb. 17-2a–c. Schematische Darstellung der Frühentwicklung der peripheren Nerven (schwarz) in Beziehung zur äußeren Kontur des Embryo, dem Kopfdarm (punktiert) und dem Coelom (Punktraster in Bildteil b und c). Meßbalken 1 mm.
a) Stadium 13 (4,2 mm). Hirnnerven V, VII, IX und X sind erkennbar. Außer den ersten beiden Cervicalganglien bilden die Neuralleistenzellen für die übrigen Spinalganglien ein meanderförmiges, sonst noch ungegliedertes Band.
b) Stadium 14 (6,3 mm). Zusätzlich dargestellt sind die Hirnnerven X und XII. Im Spinalbereich haben die zentripetalen Axone Anschluß an das Neuralrohr, die peripheren Axone der Vorder- und Hinterwurzel Zusammenschluß als Spinalnerven gefunden. An der Armanlage beginnt die Plexusbildung.
c) Stadium 16 (7,5 mm). Plexusbildung im Cervical-, Brachial- und Lumbosakralbereich, segmentales Auswachsen der Thoracalnerven
[a und b aus Blechschmidt 1977, c modifiziert nach Blechschmidt 1973]

Anlage der noch ungegliederten Spinalganglien (Abb. 17-2). Die Zellen, die sich als Neurone differenzieren, entsenden einen peripheren Fortsatz, der Kontakt zu verdickten Teilen des Ektoderm aufnimmt. Zentrale Fortsätze wachsen in die Flügelplatte des Rückenmarkes als Anlage der hinteren Wurzeln der Spinalnerven ein (somatosensible Fasern).

- Andere Zellen der Neuralleiste bilden medial der vorderen Wurzeln und ventral der Anlage der Wirbelsäule beiderseits einen breiten, ungegliederten Zellstrang, die Anlage des Grenzstranges des Sympathicus (siehe Abschnitt 17.3 und Abb. 17-9, 17-10). Weitere Sympathicoblasten aus der Neuralleiste wandern in die Mesenterien ein und bilden zahlreiche Ganglien und Ganglienkomplexe für die Eingeweide. Die zentripetalen Fortsätze dieser Zellen schließen sich von den Spinalganglien an den hinteren Wurzeln der Spinalnerven an; sie bilden die viscerosensiblen Fasern.
- Im Thoracalbereich des Rückenmarks bildet sich zwischen Grundplatte und Flügelplatte in der intermediären Zone beiderseits eine besondere Kernsäule aus, deren Axone mit den Vorderwurzeln auswachsen, dann aber Anschluß an den Truncus sympathicus finden und die praeganglionäre Strecke der visceromotorischen Fasern bilden.
- Zahlreiche Neuralleistenzellen bilden Gruppen von chromaffinen Zellen und die verstreuten Paraganglien; eine besondere Gruppe von ihnen erreicht die Anlage der Nebenniere und bildet das Nebennierenmark.
- Andere Zellgruppen der Neuralleiste bilden um die auswachsenden Axone zelluläre Scheiden, sie differenzieren sich zu den Schwannschen Zellen. Solche Zellen wandern auch zu den Axonen der Vorderwurzeln und den Axonbündeln der Hirnnerven und bilden hier ebenfalls zelluläre Scheiden.
- Später lagern sich Zellen des jeweils ortsständigen Bindegewebes den Kopf- und Spinalganglien sowie den Schwannschen Zellscheiden um die Axonbündel an und bilden die Epineuralscheiden sowie das Endo- und Perineurium.

Ziel- und Erfolgsorgane

Das periphere Nervensystem wird in seiner Gliederung überwiegend von der Peripherie selbst gestaltet. Entgegen früheren Auffassungen von der Entstehung aus einem peripheren Syncytium klärte schon 1890 Ramon y Cajal die funktionelle Bedeutung des Wachstumsconus am Ende auswachsender Nervenfasern auf [Ramon y Cajal 1952]. Die Untersuchungen von Harrison [1901, 1910] brachten den experimentellen Beweis für das Auswachsen aller Axone aus Neuroblasten und zeigten darüber hinaus, daß die Lage und Größe des peripheren Feldes (z.B. Extremitäten) die Anzahl der beteiligten Nerven bestimmen. Neurone, Axone und Dendriten werden in großem Überschuß gebildet (zwei- bis dreifache Neuronenzahl) [Cowan 1973]. Sie bleiben nur erhalten, wenn sie synaptische Kontakte ausbilden können. Wo dies nicht erfolgt, gehen Zellausläufer und ganze Zellen zugrunde. Verschiedene Phasen lassen sich unterscheiden: Axonbildung und erstes Wachstum sind vom Zielorgan unabhängig, unterliegen aber Wachstumsfaktoren und einer Richtungsführung. Erreichen des Zielorgans oder Synapsenbildung entscheiden dann über das Überleben der Zellen. Erst die Stabilisierung dieser Kontakte führt zu weiterem Auswachsen und zur Ausreifung der Fasern. Die Kontaktbildung scheint ein hochspezifischer Vorgang zu sein, bei dem schon sehr früh eine spezifische Prägung des auswachsenden Nervenzellfortsatzes sowie des Zielorgans erfolgt [Varon und Adler 1980]. So sind somatomotorische Fasern schon vor dem Erreichen der Muskelanlagen für die Kontaktnahme mit ganz bestimmten Zellgruppen (und somit späteren Muskeln) geprägt. Sie finden (im Experiment beim Hühnchen) diese Zellgruppen auch, wenn das Zielorgan (Gliedmaßenanlage) z.B. um 180° gedreht wurde [Hollyday 1980]. Somatosensible Fasern bilden nach ihrem ersten Hautkontakt „Domänen" aus, die andere Fasern an der Ausbreitung hindern [Diamond 1982].

Als Leitstrukturen für das Auswachsen von Nervenzellfortsätzen kommen alle Gewebebestandteile in Betracht: Interzellularspalten und Zellmembranen können ebenso Leitstrukturen sein wie die verschiedenen Bestandteile der ECM. In seinem berühmten *in-vitro*-Experiment zeigte Weiss schon 1934, daß mizellare Strukturen des Nährmediums die Wachstumsrichtung von Axonen kultivierter Zellen beeinflussen. Neuere Experimente an Hühnchengliedmaßen verneinen eine Leitfunktion der ECM, weisen aber den Mesenchymzellen und ihren spezifischen Membraneigenschaften die Hauptfunktion für das räumliche und zeitliche Verteilungsmuster der einwachsenden Nerven zu [Swanson und Lewis 1982]. Wie weit Blutgefäße Leitstrukturen sein können [Frosch: Hamburger 1929] ist weiterhin umstritten [Hühnchen: Swanson und Lewis 1982, Brand 1987].

Die auswachsenden Nerven sind von peripheren Gliazellen (Neuralleistenabkömmlinge) begleitet. Auf die Möglichkeit der Interaktion zwischen Axonen und Neuralleistenzellen bei der Bestimmung des Wanderungsweges und der Herstellung erster Kontakte wurde schon verwiesen. Die Myelinisierung in den peripheren Nerven ist ein relativ später Vorgang (beginnend am Ende des 4. Monats) [Richardson 1982, Sidman und Rakić 1982]. Aus dem Bewegungsverhalten früher Keime (schon in der 6. Woche) muß geschlossen werden, daß schon vor der Myelinisierung eine Leitfähigkeit der Axone besteht.

Neuromuskuläre Verbindungen können erst gebildet werden, wenn die Myoblasten als postmitotische Myoblasten fusionsbereit sind [Walsh und Ritter 1981]. Sie haben dann auf der Zellmembran diffus verteilte Acetylcholinrezeptoren. Diese wirken jedoch nicht chemotaktisch, wohl aber werden sie in der Zellmembran nach gebildetem Kontakt zur Anlage der motorischen Endplatte hin verlagert und konzentriert [Jacob und Lentz 1979, Frank 1979, Frank und Fischbach 1979].

Die sensible Innervation der Haut wurde schon früh untersucht [Bardeen und Lewis 1901]. Spezifische sensible Nervenendigungen wurden zuerst in der Zunge beobachtet [Hewer 1935]. An den Wachstumsknospen kann die proximo-distale Abfolge der Hautinnervation in den Extremitäten verfolgt werden. Sie beginnt im STADIUM 14, erreicht die Handplatte im STADIUM 17, die Fußplatte im STADIUM 19/20. Finger- und Zehenenden werden erst im STADIUM 23 erreicht [Bossy 1982].

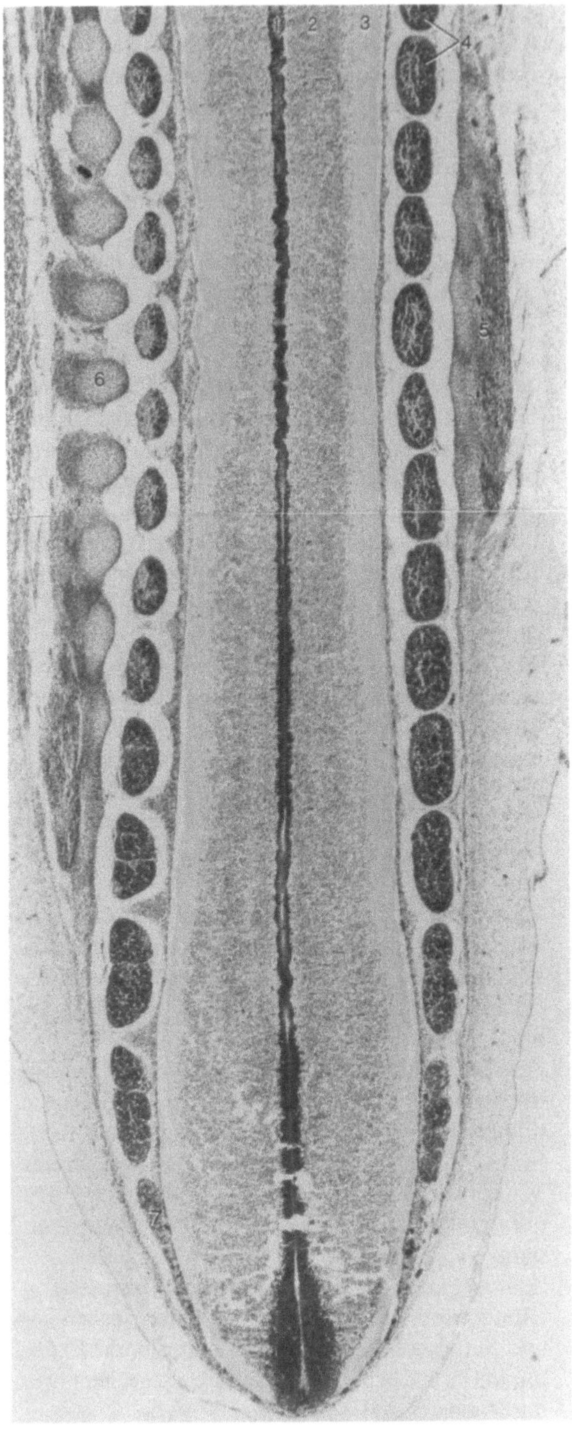

Abb. 17-3. Frontalschnitt durch die Rückenregion eines menschlichen Embryo im STADIUM 20 (19,5 mm). Das völlig unsegmentierte Rückenmark steht in deutlichem Gegensatz zur metamer gegliederten Peripherie. 1 = Zentralkanal, 2 = Intermediärzone, 3 = Marginalzone, 4 = Spinalganglien, 5 = schräg angeschnittene metamere Muskulatur, 6 = Rippen, 7 = dorsale Wurzel im Schrägschnitt. 32,5 : 1

Metamerie im peripheren Nervensystem

Das Rückenmark hat keine erkennbare Tendenz zu irgendeiner Segmentierung, sei es in der Gruppierung von Zellen, sei es im Auswachsen von Zellfortsätzen [Detwiler 1934, Keynes und Stern 1986] (Abb. 17-3). Das Hinwachsen auf die oberen Somitenhälften bewirkt die erste metamere Bündelung von Axonen. Ist sie erst einmal entstanden, oder hat an anderer Stelle eine „Pionierfaser" ihren Weg gefunden, so folgen die vielen nachkommenden Axone dieser Leitstruktur („Fasciculation").

Eine besondere Rolle kommt den Somiten zu. Sie sind in craniale und caudale „Halbsomiten" gesondert [Christ et al. 1979]. Während der caudale Somitenanteil das Auswachsen von Axonen hemmt, wirkt der craniale Halbsomit wachstumsfördernd [Keynes und Stern 1986]. Selbst die sehr früh rückgebildeten occipitalen Somiten haben diese Wirkung. Auch die Zellen der Neuralleiste werden durch die cranialen Halbsomiten in ihrer Wanderung stimuliert. In der Kultur erweisen sich „neuronotrophe Faktoren", z.B. aus Muskelextrakten, als wirksam [Hsu et al. 1982]. Möglicherweise liegt auch hier eine Interaktion von Neuralleistenzellen und Nervenzellausläufern bei dem Aufsuchen (der Festlegung) des Wanderungsweges vor.

Wenn sich um das Rückenmark und seine primitive Meninx die Bestandteile der Wirbelsäule zu formen beginnen (STADIUM 14/15, siehe Kapitel 28.2 Entwicklung der Wirbelsäule), füllt das Rückenmark mit seiner Hülle die ganze Länge der Anlage des Wirbelkanals aus (siehe Abb. 20-40). Die knorpeligen Anlagen der Neuralspangen liegen zu den gebündelt ausgewachsenen Axonen der Spinalnerven auf Lücke. Damit ist die topographische Beziehung zwischen künftigem Spinalnerv und Foramen intervertebrale etabliert.

Das weitere Längenwachstum des Rückenmarks verläuft deutlich langsamer als das der Wirbelsäule, die vom 3. Monat an über das Rückenmark nach caudal hinauswächst und so einen relativen Ascensus des Rückenmarks gegenüber der Wirbelsäule bewirkt. Der Conus medullaris rückt vom coccygealen Bereich schon im 3. Monat bis in Höhe des 2. Sakralwirbels vor und steigt noch relativ rasch in den Lumbalbereich auf [Pfitzner 1884, Lippert und Dziallas 1962] (Abb. 17-4). Bei der Geburt steht das Ende des Rükkenmarks in Höhe von L2, selten L3. Da die Anlagen der Spinalnerven und -ganglien in den sich entwikkelnden Foramina intervertebralia „gefangen" sind, macht der Ascensus eine von cranial nach caudal fortschreitende Längenzunahme der Wurzelfäden erforderlich. Aus den am stärksten verlängerten sakralen und unteren lumbalen Wurzelfäden bildet sich unterhalb des Conus terminalis um das Filum terminale die Bündelung dieser Wurzelfäden zur Cauda equina. Mit der Entwicklung der Rückenmarkshäute und des Liquorraumes bleibt das Ende des Duralsacks tiefer im Bereich der sakralen Wirbel und folgt einem gegenüber dem Rückenmark verzögerten Ascensus [Sensenig 1951] (Abb. 17-4).

Das Auswachsen der Nerven in die Peripherie beginnt in dem Bereich, in dem sich auch das Neuralrohr zuerst geschlossen hatte, im Übergang von Rückenmark zum Rautenhirn. Die Wurzeln des N. hypoglossus und die oberen cervicalen Spinalnerven werden zuerst nachweisbar (STADIUM 14). Schon im STADIUM 15 beginnt die Plexusbildung [O'Rahilly und Müller 1984] (Abb. 17-2, 17-9, 17-10).

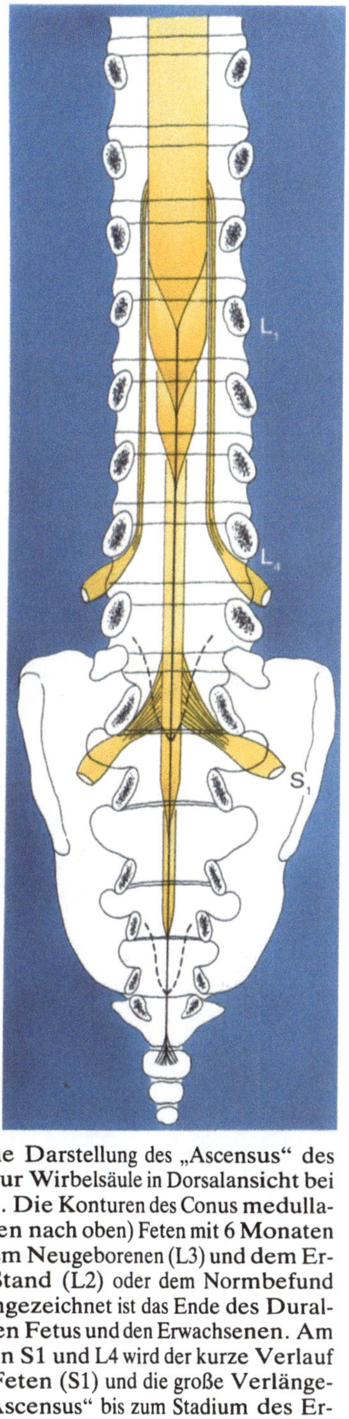

Abb. 17-4. Schematische Darstellung des „Ascensus" des Rückenmarks in bezug zur Wirbelsäule in Dorsalansicht bei geöffnetem Wirbelkanal. Die Konturen des Conus medullaris entsprechen (von unten nach oben) Feten mit 6 Monaten (S4), 7 Monaten (S3), dem Neugeborenen (L3) und dem Erwachsenen bei tiefem Stand (L2) oder dem Normbefund (Th12/L1). Punktiert eingezeichnet ist das Ende des Duralsackes für den 6monatigen Fetus und den Erwachsenen. Am Beispiel der Spinalnerven S1 und L4 wird der kurze Verlauf der Wurzelfäden beim Feten (S1) und die große Verlängerung im Gefolge des „Ascensus" bis zum Stadium des Erwachsenen (L4) gezeigt. Alle Wurzelfäden unterhalb von L1 bilden zusammen die Cauda equina (vgl. Abb. 17-11).

17.1 Spinalnerven

Schon das erste Auswachsen von Axonen in Richtung auf die oberen „Halbsomiten" führt zu einer Bündelung von Axonen, der sich die Unterteilung der Ganglienleiste und das Auswachsen der dorsalen Wurzeln anschließen. Damit wird die metamere Gliederung des peripheren spinalen Nervensystems eingeleitet. Über den Anschluß der ersten Axone an Bestandteile der dorsalen Körperwand hinaus wachsen weitere Axonbündel in die ventralen Wandabschnitte ein, die Unterteilung in Ramus dorsalis und Ramus ventralis erfolgt (Abb. 17-7). Im Thoracalbereich wachsen im Ramus ventralis Axone aus der visceromotorischen Kernsäule der Grundplatte des Rückenmarks, erreichen die zunächst ungegliederte Anlage des Truncus sympathicus und bilden den Ramus communicans albus. Auch weitere Sympathicoblasten wandern aus dem Rückenmark entlang dieses Weges ein.

Die Zellansammlung der Spinalganglien liegt zuerst seitlich am Rückenmark (Abb. 17-5a, 17-6), die Zellen wandern allmählich nach peripher und erhalten so ihre Lage im späteren Foramen intervertebrale (Abb. 17-5, 17-8). Dadurch können die Spinalganglien auf Horizontalschnitten vorübergehend unvollständig zweigeteilt erscheinen. Auch die dorsalen Wurzelfäden zeigen anfangs eine duale Bündelung in eine obere und untere Wurzelfadengruppe [Blechschmidt 1973] (s.a. Abb. 17-2c, 17-9, 17-10).

Alle Bestandteile des peripheren Nervensystems sind damit schon relativ früh gebildet. Dies wird aus den Übersichten der Abbildungen 17-9 und 17-10 besonders deutlich, die nach den hervorragenden Gesamtrekonstruktionen der Blechschmidt'schen Sammlung gezeichnet sind [Blechschmidt 1963]. Bei älteren Feten gleicht die Anordnung der Spinalnerven schon weitgehend den Verhältnissen des Erwachsenen (Abb. 17-11) mit Ausnahme der schon erörterten Lagebeziehung zur Wirbelsäule (Abb. 17-4).

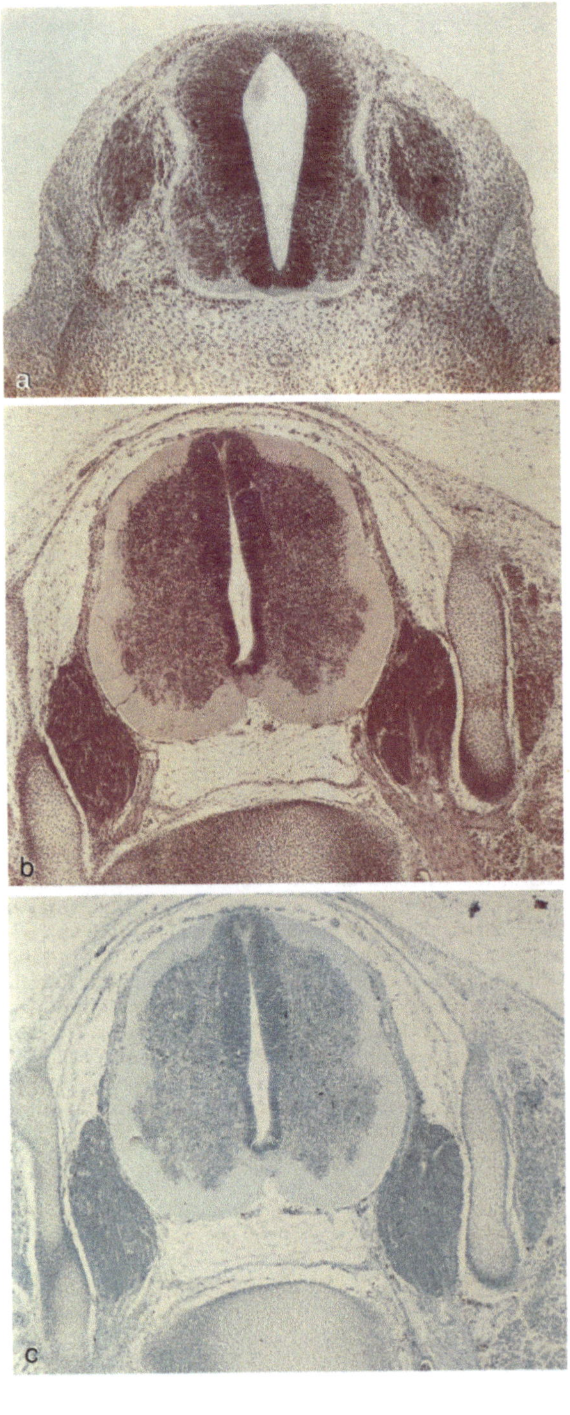

Abb. 17-5a–c. Querschnitte durch das Rückenmark mit Spinalganglien in STADIUM 14 (a) und STADIUM 22 (b = Thoracalbereich, c = Lumbalbereich). Beachte die unterschiedliche Lage der Spinalganglien und den unterschiedlichen Verlauf der Spinalnerven. (A: eigene Aufnahme aus der Carnegie Collection of Embryology, mit freundlicher Genehmigung von Professor O'Rahilly. HE, 175 : 1). (b: HE, c: Trichrome, 35 : 1)

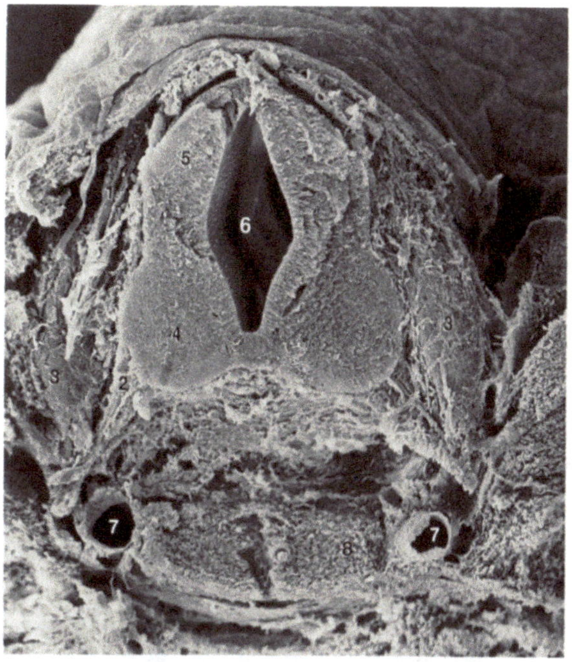

Abb. 17-6. Rückenmark des Halses bei einem Embryo im Stadium 17 (16,0 mm) im REM-Querbruch. 1 = dorsale Wurzel, 2 = ventrale Wurzel, 3 = Spinalganglion, 4 = Vorderhorn, 5 = Hinterhorn, 6 = Zentralkanal, 7 = A. vertebralis, 8 = Wirbelkörper. 85 : 1

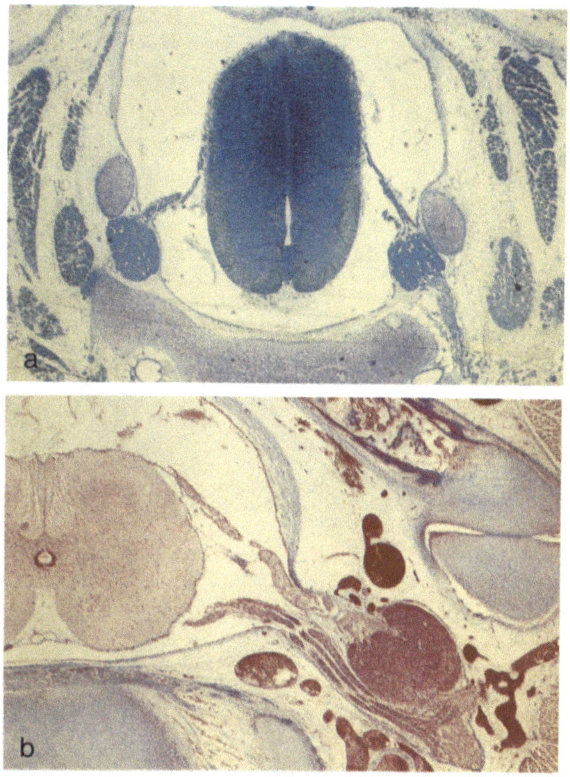

Abb. 17-8a, b. Querschnitt durch das Halsmark mit Spinalganglien und Spinalnerven im Stadium 23 (a: 31 mm, Semidünnschnitt, 20 : 1) und bei einem Feten von 12 cm (b: Azan, 18 : 1)

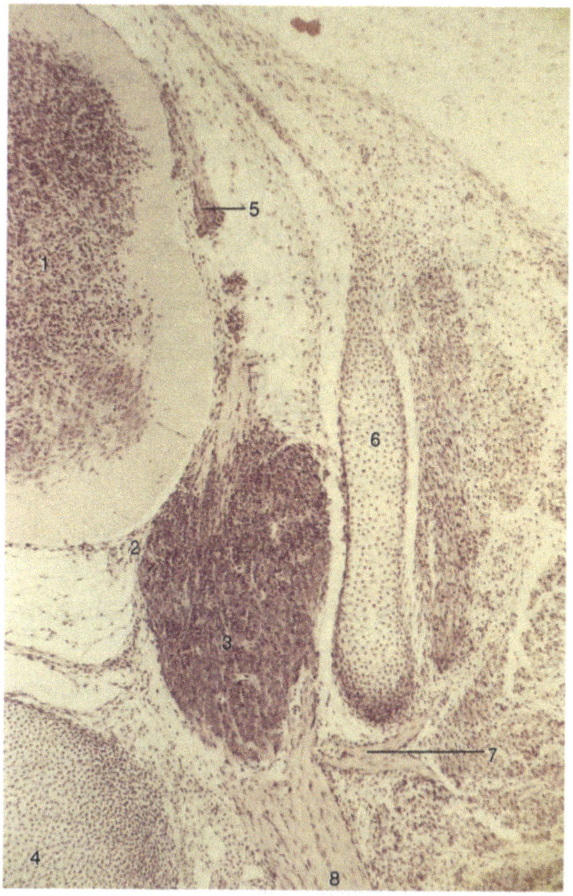

Abb. 17-7. Aufzweigung eines Spinalnerven in ventralen und dorsalen Ast im Stadium 22, HE, 75 : 1. 1 = Rückenmark mit Marginalzone („Randschleier"), 2 = Radix ventralis, 3 = Spinalganglion, 4 = knorpeliger Wirbelkörper, 5 = Radix dorsalis, 6 = knorpeliger Wirbelbogen, 7 = Ramus dorsalis, 8 = Ramus ventralis

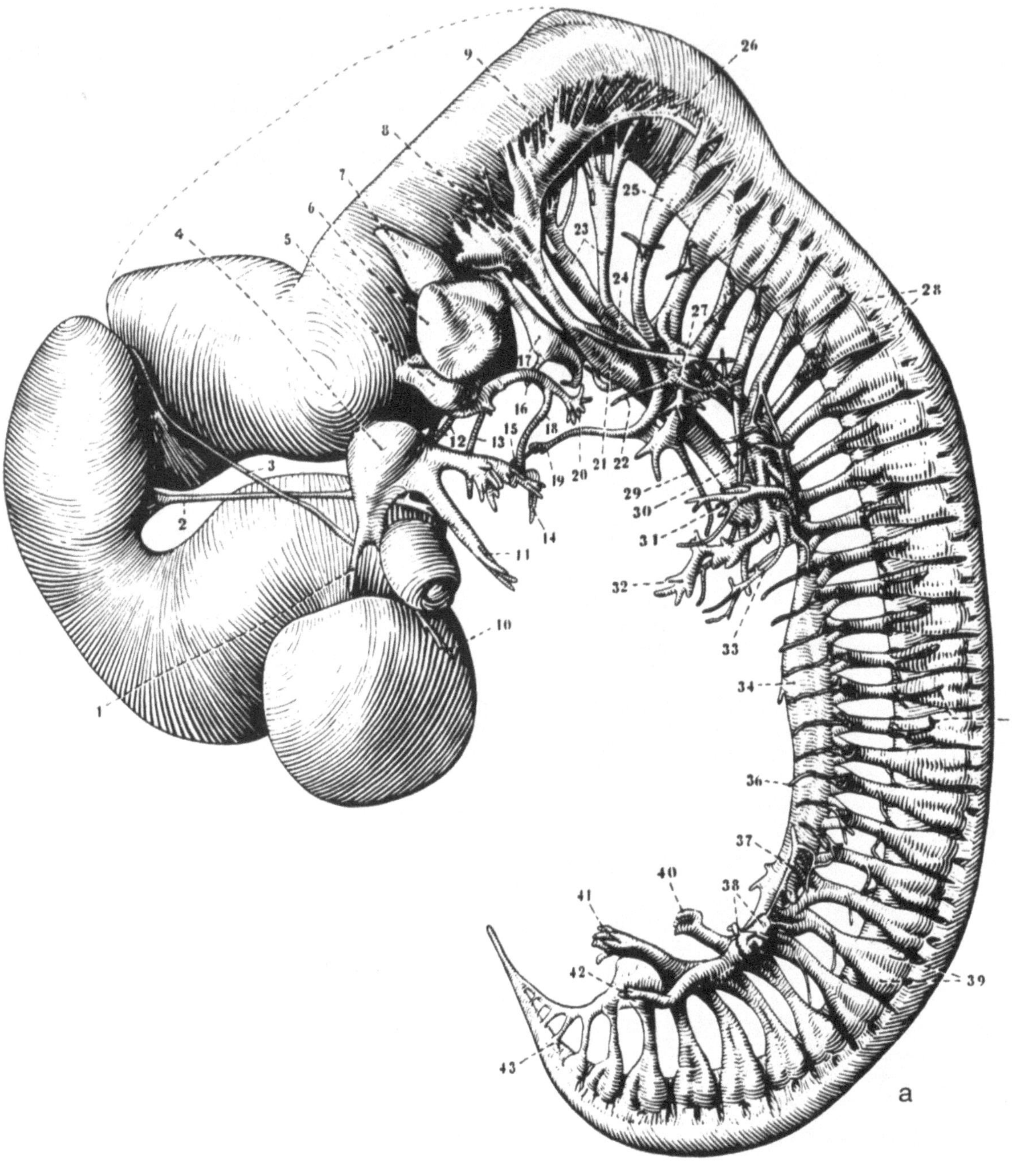

Abb. 17-9a, b. Totalrekonstruktion des Nervensystems im Stadium 17 (10 mm) in linker Seitenansicht. a: Erläuterungsskizze zu b.
(Aus: Blechschmidt 1963, mit freundlicher Genehmigung von Autor und Verlag)
1 = N. V/1, 2 = N. III, 3 = N. IV, 4 = Ggl. N. V, 5 = Ggl. N. VII; VIII, 6 = Pars vestibularis der Ohrblase, 7 = Ductus endolymphaticus, 8 = Ggl. intracraniale N. X, 9 = N. X; XI, 10 = N. nasociliaris, 11 = N. V/2, 12 = N. VI, 13 = N. petrosus superficialis maior, 14 = N. V/3, 15 = Ggl. submandibulare, 16 = N. petrosus superficialis minor, 17 = N. IX, 18 = Chorda tympani, 19 = N. XII, 20 = N. VII, 21 = Ggl. extracraniale N. X, 22 = Ramus sternocleido-mastoideus, 23 = N. XII, 24 = N. XI (Ramus lat.), 25 = Ggl. spinale C 1, 26 = N. XI (der Nackenbeuge entsprechend gekrümmt), 27 = Plexus cervicalis, 28 = Radix dorsalis N. spin., 29 = Ansa cervicalis (Ramus descendens), 30 = N. phrenicus, 31 = N. radialis, 32 = N. medianus, 33 = N. ulnaris, 34 = Truncus sympathicus, 35 = Rr. dorsales Nn. spin. Th. 7, Th. 8, 36 = Ramus ventr. N. spin., 37 = Längsanastomose, 38 = N. femoralis, 39 = Ggl. spinale (Pars sup. et inf.), 40 = N. obturatorius, 41 = N. tibialis (in der Hauptwachstumsrichtung des Beins gelegen), 42 = N. fibularis, 43 = Ggl. spinale, noch im Entstehen.

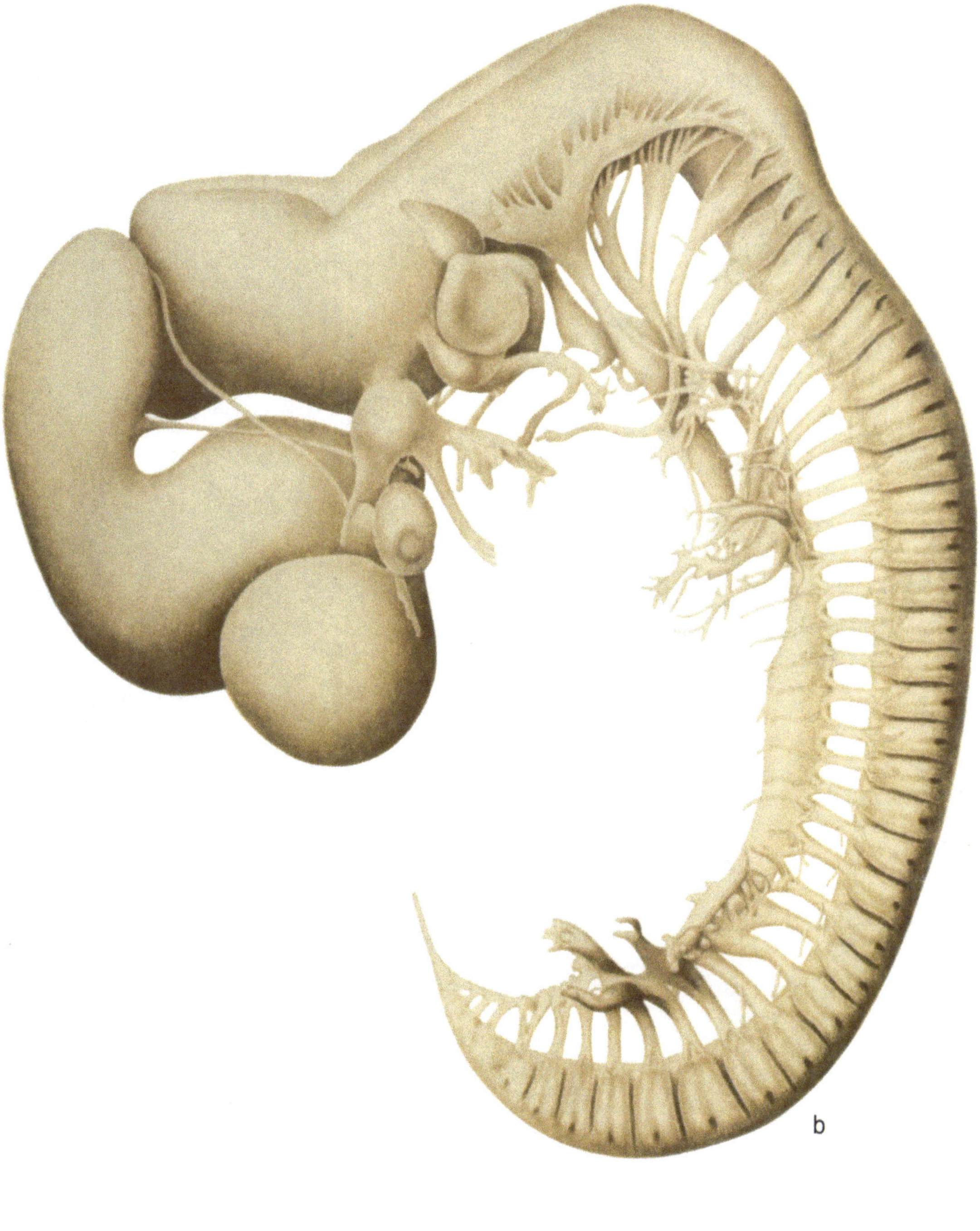

b

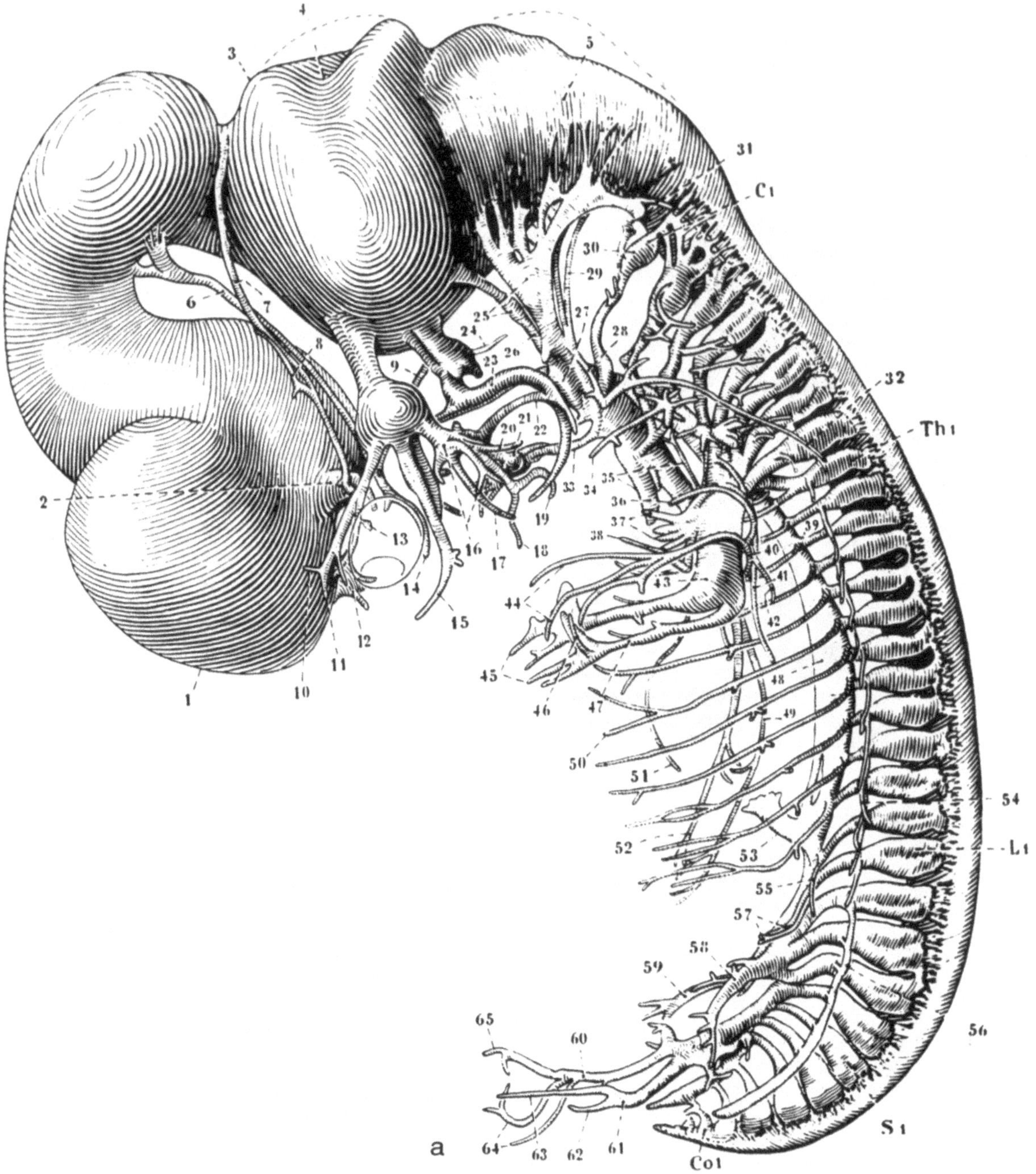

Abb. 17-10a, b. Totalrekonstruktion des Nervensystems im STADIUM 20 (17,5 mm) in linker Seitenansicht. a: Erläuterungsskizze zu b.
(Aus: Blechschmidt 1963, mit freundlicher Genehmigung von Autor und Verlag)
1 = Telencephalon, dem Wachstumswiderstand der Dura nach hinten ausweichend, 2 = Opticus, 3 = Cerebellum, 4 = Lamina tectoria ventriculi IV, 5 = Medulla oblongata, 6 = N. III, 7 = N. IV, 8 = Ramus meningeus, 9 = N. VI, 10 = Ramus lat. N. frontalis, 11 = Ramus medialis N. frontalis, 12 = Lobus olfactorius, 13 = Ganglion N. V/1, 14 = Ramus inf. N. III, 15 = N. V/2. 16 = N. V/3; N. massetericus, 17 = N. buccalis, 18 = N. mentalis, 19 = N. mylohoideus, 20 = N. auriculo-temporalis, 21 = Ggl. submandibulare, 22 = Chorda tympani, 23 = N. VII, 24 = N. ampullaris inf., 25 = Ggl. intracraniale N. IX; Ggl. sup. N. X: Verdickungen proximal von einem durch die Dura beengten Nervenabschnitt, 26 = N. IX, 27 = Ggl. extracraniale N. IX, 28 = N. XI, 29 = NII, 30 = Ggl. cervicale, 31 = N. XI, 32 = Ramus lat. N. XI, 33 = N. XII, 34 = N. transversus colli, 35 = Ramus descendens ansae hypoglossi; N. laryngeus recurrens, 36 = Ramus deltoideus N. axillaris, 37 = Rami pectorales ant., 38 = N. cutaneus antebrachii lat. des N. musculo-cutanaeus, 39 = Ramus communicans, 40 = N. radialis, 41 = N. tho-

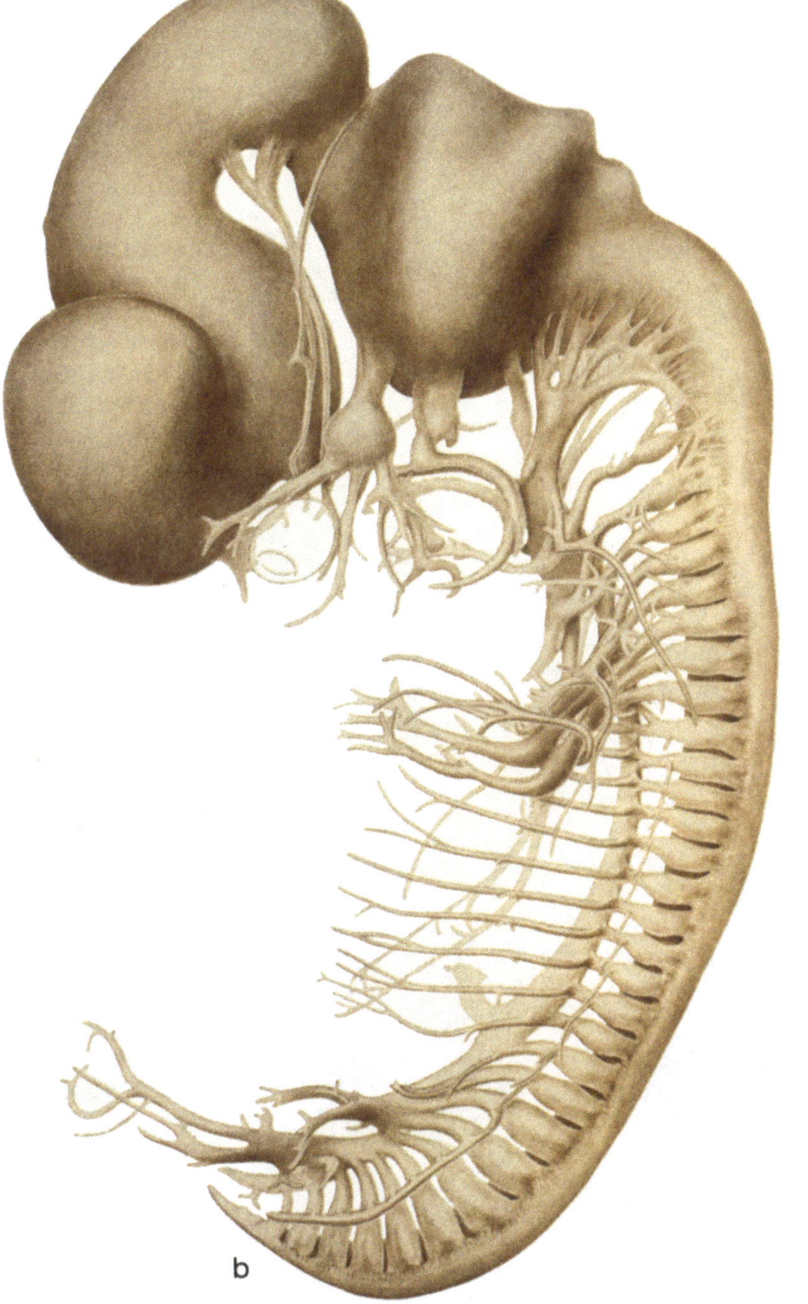

racicus longus, 42 = N. thoraco-dorsalis, 43 = N. medianus, 44 = N. radialis, 45 = Nn. digitales palmares comm., 46 = Ramus profundus N. ulnaris, 47 = N. ulnaris, 48 = Truncus sympathicus (während des Längenwachstums der Wirbelsäule longitudinal gestreckte Anastomose der Nn. spinales). Das sympathische Nervensystem versorgt die durch die Serosa beweglich gewordenen Teile des Intestinaltrakts als Primärnerv. Die Eingeweide, die nicht durch die Leibeshöhle von der Körperwand getrennt sind und gemeinsam mit den Organen der Körperwand im Mesenchym gebettet liegen, werden zunächst parasympathisch versorgt (Äste der Gehirnnerven und Spinalnerven des Rumpfbodens), 49 = rechter N. X, 50 = N. intercostalis, 51 = N. phrenicus, mit dem Zwerchfell descendiert, 52 = linker N. X, 53 = Plexus solaris, 54 = Ramus dors. N. spinalis, 55 = N. subcostalis, 56 = Längsanastomose der Spinalnerven, 57 = N. ilioinguinalis; N. hypogastricus, 58 = N. femoralis, 59 = N. obturatorius, 60 = N. tibialis, 61 = N. fibularis, 62 = Ramus superficialis N. fibularis, 63 = Ramus profundus N. fibularis, 64 = N. plantaris lat. und N. suralis, 65 = N. plantaris medialis. Nicht nur die Blutgefäße, sondern auch die nervösen Leitungsbahnen verlaufen in entwicklungskinetisch vorgegebenen Leitstrukturen.

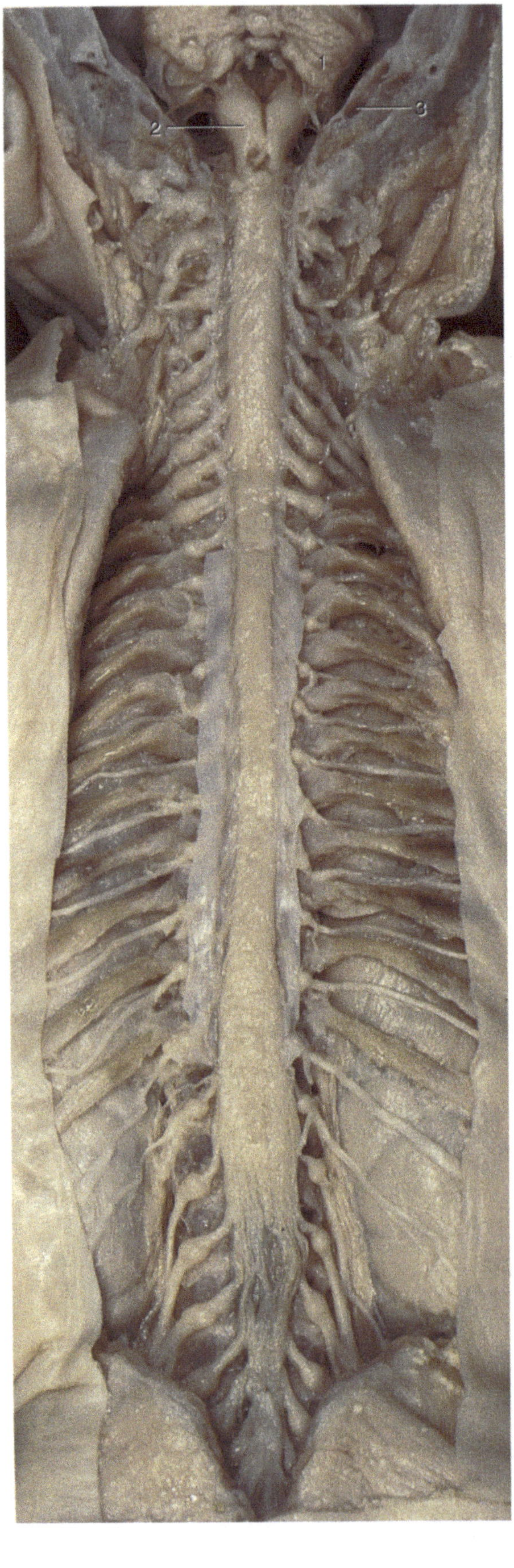

Abb. 17-11. Spinalnerven bei einem Feten von 23 cm nach Eröffnung von Hinterhaupt und Wirbelkanal, Dura nur im Thoracalbereich erhalten und aufgeklappt. Das Rückenmark hat seine definitive Lage noch nicht erreicht, vgl. Abb. 17-4. Beachte den Verlauf der Wurzelfäden. 1 = Kleinhirn, 2 = Medulla oblongata (mit kleiner Verletzung), 3 = Sinus sigmoideus
(Präparat aus der Sammlung des Instituts für Anatomie der Ruhr-Universität Bochum)

Plexus cervicalis

Die sich zuerst bildenden oberen Cervicalnerven nehmen sogleich Kontakt zu den Fasern des ebenfalls früh entstehenden N. hypoglossus und untereinander auf. Während der erste Cervicalnerv sich direkt dem Ramus descendens des N. hypoglossus anschließt, bilden die ventralen Fasern des zweiten und dritten Cervicalnerven einen gemeinsamen Ramus descendens, der dann mit dem gleichnamigen Ast des N. hypoglossus in Verbindung tritt. So entsteht die Ansa cervicalis profunda. Der N. phrenicus wächst ebenfalls früh in die Anlage des Septum transversum ein und erfährt seine Verlängerung mit dem Descensus des Herzens und des Septum (bzw. dem relativen Ascensus der Cervicalregion der Wirbelsäule; Abb. 17-9, 17-10). Oberflächliche Äste der Cervicalnerven vereinigen sich zu Schlingen (Ansa cervicalis superficialis), aus denen die Hautnerven der Okzipital- und Auricularregion sowie des Halses hervorgehen [Streeter 1911]. In einzelnen Fällen bildet sich vorübergehend oberhalb des Ganglion C 1 in Zusammenhang mit den Hypoglossus-Wurzeln ein isoliertes Ganglion aus (Froriepsches Ganglion), das aber bei menschlichen Embryonen nur vereinzelt gefunden wird [Müller und O'Rahilly 1987].

Plexus brachialis

Die ventralen Äste der Spinalnerven im Bereich der Armknospe (bei regulärer Lage: C 5 – Th 1) gliedern sich in eine vordere und hintere Astgruppe, die die Anlage des Humerus zwischen sich fassen [Lewis 1902]. Mit der Ausbildung der A. axillaris wird die vordere Gruppe weiter in einen Fasciculus lateralis und medialis unterteilt. Schon bei Embryonen im Stadium 17 sind die Hauptstämme der Armnerven unterscheidbar (Abb. 17-12a), auch die kürzeren Äste zu den Anlagen der Muskeln des Schultergürtels sind identifizierbar. Mit der Wachstumsadduktion und -pronation von Unterarm und Hand erhalten die Nerven des Armes bereits im Stadium 20 ihre typische topographische Lage (Abb. 17-12b).

Abb. 17-12a, b. Entwicklung des Plexus brachialis bei Embryonen im STADIUM 17 (a: 10 mm) und STADIUM 20 (b: 17,5 mm). Ansicht von lateral. 1 = N. suprascapularis, 2 = N. axillaris, 3 = N. radialis, 4 = N. medianus, 5 = N. ulnaris, 6 = N. thoracicus longus
(Umzeichnung nach den Rekonstruktionen von Blechschmidt 1963)

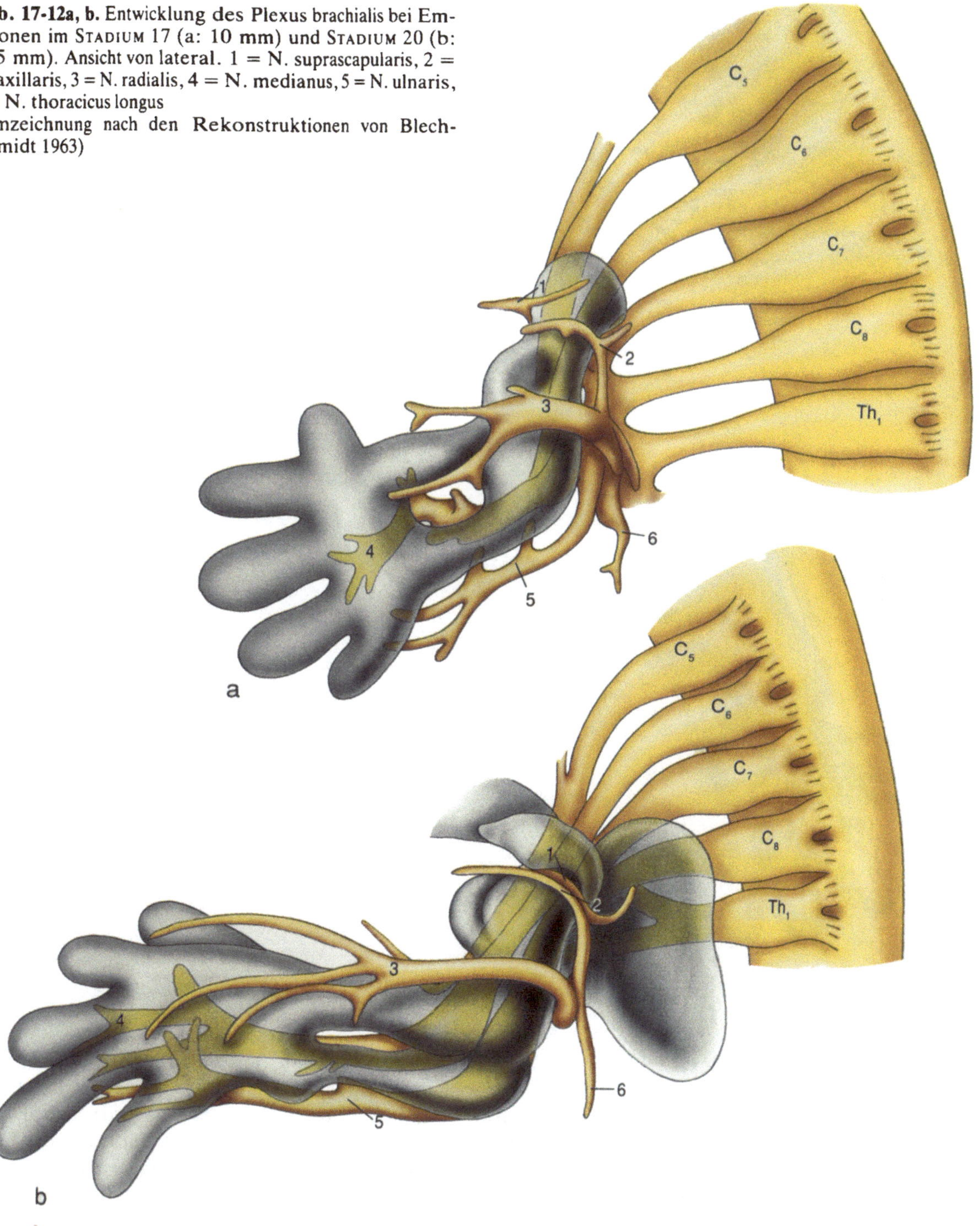

Plexus lumbosacralis

Durch die etwas spätere Entwicklung der caudalen Körperabschnitte erfolgt die Entwicklung des Beines um ein bis zwei Stadien später als die des Armes. Entsprechend steht auch die Ausbildung des Plexus lumbosacralis hinter der des Plexus brachialis zeitlich zurück. Die Beinknospe hat zudem eine deutlich breitbasigere Kontaktfläche zur Rumpfwand als die Armknospe [Blechschmidt 1956, 1961], auch sind die Segmenthöhen im Caudalbereich noch niedriger. In die Beinknospe wachsen statt der 5 Spinalnerven des Armes 7 Spinalnerven ein, in den Plexus lumbosacralis werden bis zu 9 Spinalnerven einbezogen (Abb. 17-13). Während die Lage der Armknospe zum Rückenmark ziemlich konstant ist, kommt bei der Bein-

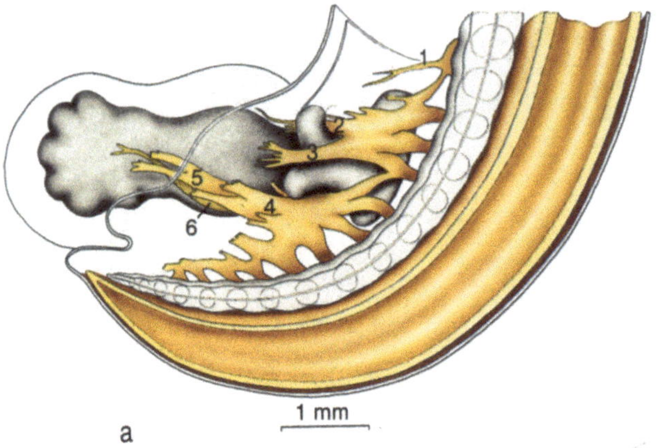

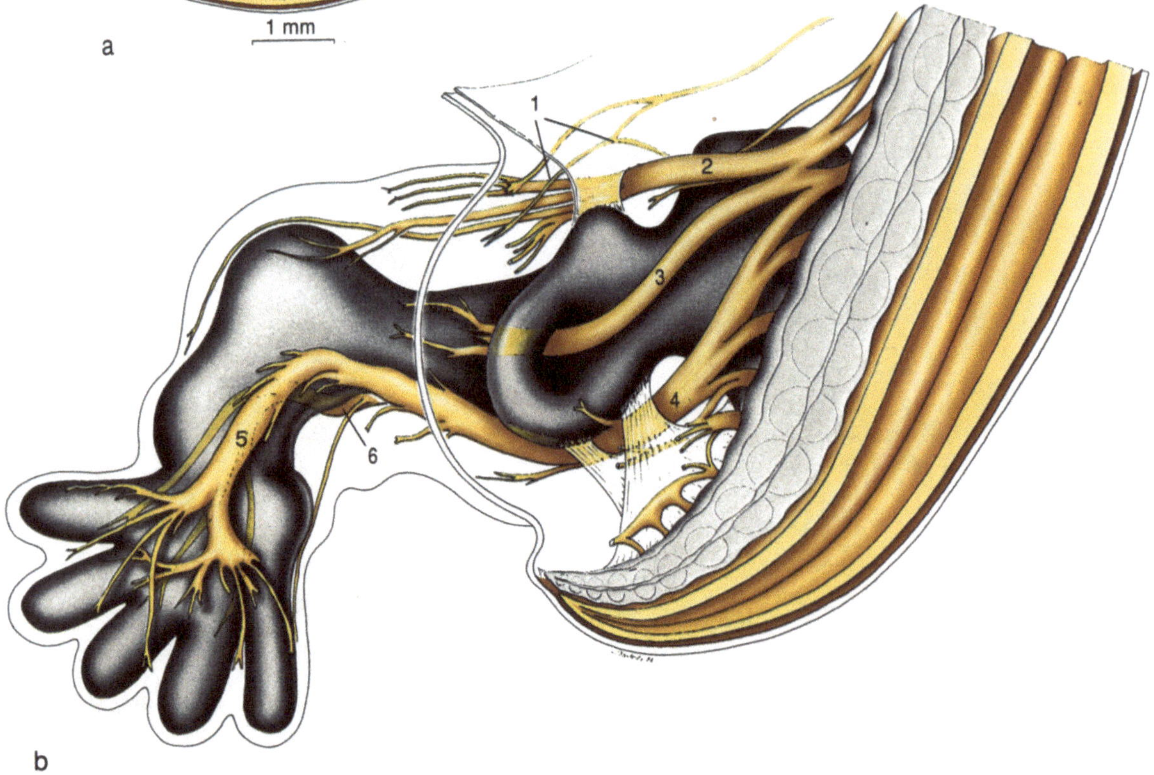

Abb. 17-13a, b. Entwicklung des Plexus lumbosacralis bei Embryonen etwa im STADIUM 18 (a: 11 mm) und STADIUM 20 (b: 20 mm). Ansicht von medial. 1 = N. ilioinguinalis, 2 = N. femoralis, 3 = N. obturatorius, 4 = N. ischiadicus, 5 = N. tibialis, 6 = N. fibularis (+ N. suralis)
(Umzeichnungen nach den Darstellungen von Bardeen 1906/07)

anlage (und somit beim Plexus lumbosacralis) eine Praeposition (um ein Segment) oder eine Postposition (bis zu zwei Segmenten) vor [Lanz und Wachsmuth 1938]. Die Äste des Plexus lumbosacralis gliedern sich schon früh in obere Äste für die Bauchwand, die Inguinal- und Genitalregion, eine laterale, später vordere Guppe für die Streckseite des Oberschenkels, eine kleinere obere und mediale Gruppe am Foramen obturatum und eine kräftige hintere Gruppe für die Beugeseite des Oberschenkels, für Unterschenkel und Fuß und für die Perinealregion (Abb. 17-13). Noch stärker als beim Arm wird durch die Abknickung des Fußes nach dorsal und seine folgende Wachstumspronation die topographische Lage der schon gebildeten Nervenstämme verändert. Dies gilt besonders für die Entstehung des medialen Malleolarkanals und den Zugang von hier zur Planta pedis (Abb. 17-13).

17.2 Hirnnerven

Die Kernsäulen des Rückenmarks, Somato- und Visceroefferenz in der Grundplatte, Somato- und Visceroafferenz in der Flügelplatte, setzen sich auch in den Hirnstamm fort. Die Kernsäulen bleiben jedoch nicht als solche erhalten, sondern untergliedern sich nach der Ausbildung der Axone in Zellgruppen, „Kerne", die z.T. aus ihrer ursprünglichen Position verlagert werden. Eine weitere Spezialisierung tritt hinzu: Zu den generellen visceralen Afferenzen aus der Körperperipherie kommen spezielle viscerale Afferenzen aus den Sinnesorganen. Die starke Beteiligung des Anlagematerials der Pharyngealbögen führt zu einer weiteren Unterteilung der visceralen Efferenz in eine allgemeine viscerale Efferenz zu den Drüsen und der glatten Muskulatur des Intestinal- und Atemtrakts sowie einer speziellen Visceromotorik zu den sich im Bereich der Pharyngealbögen differenzierenden quergestreiften Muskeln. Diese letztere Unterteilung wie auch die der Somatomotorik in eine allgemeine und spezielle ist insofern in Zweifel zu ziehen, als die quergestreifte Muskulatur des Kopfbereiches, die Augenmuskeln, die Zungenmuskeln, die Kaumuskulatur und wahrscheinlich auch die mimische Muskulatur nicht aus dem Anlagematerial der Pharyngealbögen entstehen, sondern als Derivate des paraxialen und praechordalen Mesoderm in Form von myogenen Stammzellen in diese Region einwandern [Jacob et al. 1984, Wachtler und Jacob 1986]. Nur soweit, wie ein Ursprung von Axonen aus speziellen Kerngruppen nachgewiesen werden kann, bleibt eine solche Unterteilung weiterhin sinnvoll.

Die somatoefferente Kernsäule des Rückenmarkes setzt sich in den Hirnstamm fort, ihr entstammen die efferenten Neurone des XII. Hirnnerven und wahrscheinlich auch des VI. Hingegen besteht im Rautenhirn zunächst eine vom Rückenmark verschiedene Lagebeziehung der visceroefferenten und der somatoefferenten Kernsäule [O'Rahilly et al. 1987] (Abb. 17-14). Eine visceroefferente Kernsäule wird unmittelbar parallel zur Medianebene gefunden, die aus ihr entstehenden Kerne der Hirnnerven erfahren aber nachträglich eine Verlagerung nach lateral [Altman und Bayer 1982, O'Rahilly et al. 1984] (Abb. 17-15). Die definitive Anordnung der Hirnnervenkerne wird schon im STADIUM 17 weitgehend erreicht (Abb. 17-16). Die der allgemeinen Visceroefferenz zuzuordnenden Anteile der Hirnnerven VII, IX und X – wie auch ein kleiner Anteil am N. oculomotorius – stellen den wesentlichen Teil des parasympathischen Nervensystems im Kopfbereich dar. Ihre Axone bilden praeganglionäre Leitungsbahnen, die in den verschiedenen Kopfganglien ihre Umschaltung auf die postganglionäre Strecke erfahren.

Bei den afferenten Hirnnerven werden die Hautinnervierenden Anteile des N. trigeminus (V) der allgemeinen, die aus dem Hör- und Gleichgewichtsorgan ableitenden Fasern des N. VIII der speziellen Somatoafferenz zugeordnet. Die aus der Schleimhautinnervation stammenden Anteile des Trigeminus und der Nerven VII, IX und X werden der allgemeinen Visceroafferenz zugerechnet. Die an der Geschmacksleitung beteiligten Anteile der Nerven VII, IX und X zählen zur speziellen Visceroafferenz. Dieser unterschiedlichen Zuordnung entspricht es, daß – mit Ausnahme des N. trigeminus – für die unterschiedlichen Anteile je getrennte sensible Ganglien gebildet werden, manche dieser Nervenstämme also zwei Ganglien entwickeln [Holmes und Sharp 1969] (Abb. 17-16b, 17-17). Die Zellen dieser Ganglien stammen überwiegend aus ektodermalen Plakoden der jeweiligen Pharyngealbögen. Die Neuralleistenzellen bilden [nach autoradiographischer Untersuchung bei Ratten: Altman und Bayer 1982] besondere kappenförmige Zellkomplexe („boundary caps"), aus denen die Schwannschen Zellen hervorgehen.

Trotz dieser hohen Spezialisierung im Bereich der Hirnnerven ist der makroskopische Nervenverlauf in seinem Beginn, insbesondere der Ein- und Austritt am Hirnstamm, weniger differenziert als bei den Spinalnerven. Es werden keine vorderen oder hinteren Wurzeln ausgebildet. Die den Wurzelfäden der Spinalnerven analogen Axonbündel vereinigen sich meist schon im Hirnstamm und treten als ein Nerv aus oder ein. Nur im unteren Hirnstamm bleibt zunächst ein segmentales Muster im Nervenursprung deutlich: So entspringt der N. hypoglossus mit vier getrennten rhombencephalen und einer cervicalen Wurzel [O'Rahilly und Müller 1984]. Der N. accessorius entspringt rhombencephal ebenfalls mit mehreren Wurzelbündeln, bekommt aber aus dem Cervicalbereich noch eine gesonderte, außerhalb des Rückenmarks im Liquorraum aufsteigend verlaufende cervicale Wurzel [Pearson et al. 1964]. Beim N. hypoglossus kann eine Teilung in zwei größere Axonbündel mit nachfolgender Teilung des Canalis hypoglossi beim Menschen persistieren [O'Rahilly und Müller 1984]. Eine graphische Rekonstruktion der Situation der Hirnnerven am Ende der Embryonalperiode wurde schon in der Abbildung 2-22 wiedergegeben.

Nicht alle Hirnnerven sind „periphere Nerven" im eigentlichen Sinne und haben deren Aufbau. So wachsen die Fasern des N. opticus als Axone der Ganglienzellschicht der Retina in den Augenbecherstiel ein (siehe Kapitel 18. Augenentwicklung). Da die Retina ein in die Augenanlage verlagerter Teil der Wand des Diencephalon ist, ist der N. opticus eigentlich

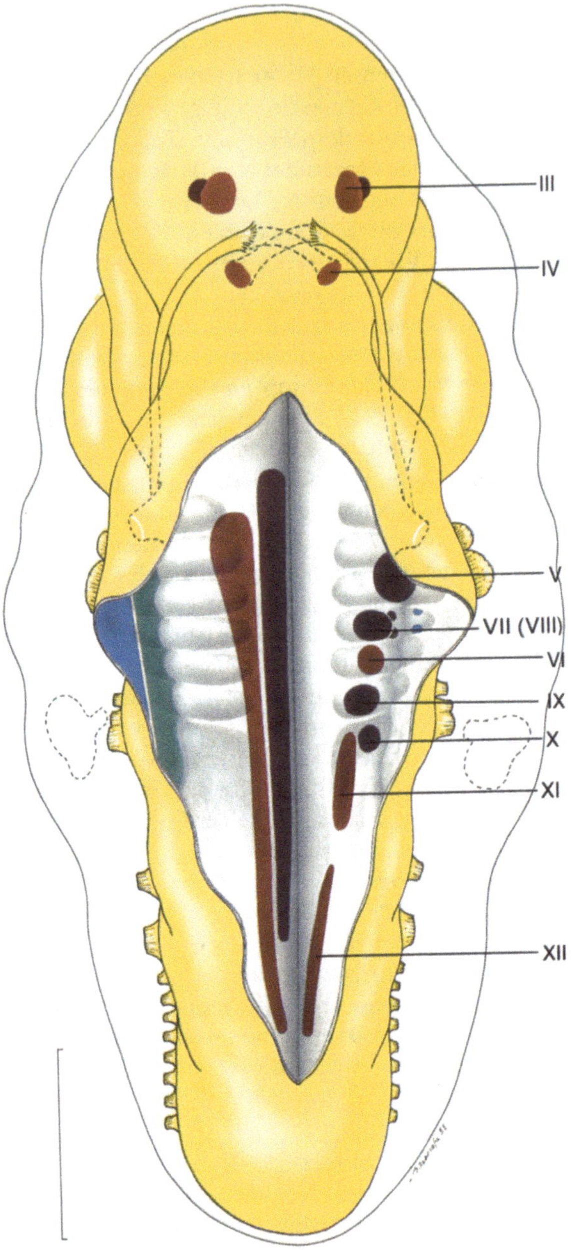

Abb. 17-14. Schema zur Entwicklung der Hirnnervenkerne, Ansicht von dorsal. Am Boden der Rautengrube sieben Neuromere. Linke Hälfte entsprechend STADIUM 15, rechte Hälfte STADIUM 18. Rot = somatische Efferenz, braun = viscerale Efferenz, grün = viscerale Afferenz, blau = somatische Afferenz. Die Kerne der Hirnnerven sind mit römischen Zahlen gekennzeichnet (unter Verwendung der Abbildungen von Streeter in Keibel und Mall 1911 sowie O'Rahilly et al. 1987). Hirnkontur und Relief der Rautengrube nach eigenen REM-Aufnahmen ergänzt. Maßstab = 1 mm

eine aus der Peripherie über den Augenbecherstiel in das Gehirn verlaufende zentrale Bahn.

Besondere Verhältnisse finden wir im Bereich des ersten „Hirnnerven": Aus der vomeroterminalen Plakode, besonders im Bereich des späteren Jacobson'schen Organs, wandern Zellen aus und bilden afferente Axone, die in das Vorderhirn eintreten. Diese Bündel bilden den N. terminalis und den N. vomeronasalis [Pearson 1941a]. Die Zellen bilden ein Ganglion terminale, das sich dem späteren Bulbus olfactorius ventro-medial anlegt und mit seiner Entfaltung verlagert wird. Lateral zu den Axonbündeln dieser Nerven und an ihnen vorbei wachsen Fasern aus dem oberen und lateralen Nasenepithel auf den Bulbus olfactorius zu. Dies beginnt im STADIUM 16 [O'Rahilly und Müller 1987] und erfaßt im STADIUM 18 die ganze Breite des cranialen Nasenepithels (Abb. 17-18 und 17-19). Die Axonbündel des N. olfactorius entstammen Neuronen aus der vomeroterminalen Plakode,

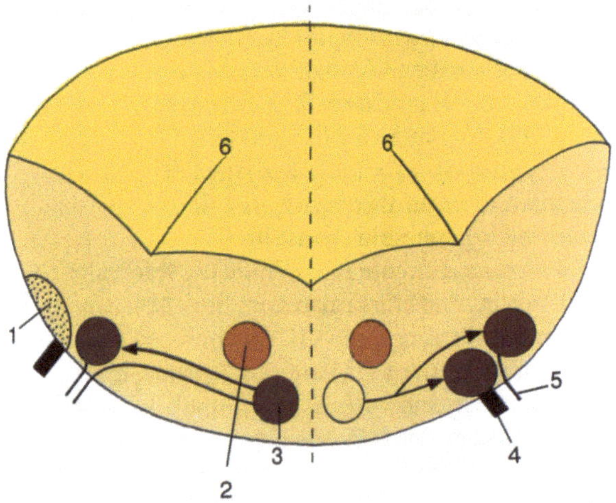

Abb. 17-15. Verlagerung visceroefferenter Kerne am Boden der Rautengrube im STADIUM 15 (linke Hälfte) und STADIUM 16 (rechte Hälfte). 1 = sensorische Axone der N. V–XI als gemeinsames afferentes Bündel, 2 = Kernsäule der somatischen Efferenz, 3 = Kernsäule der visceralen Efferenz, 4 = spezielle viscerale Efferenz, 5 = allgemeine viscerale Efferenz, 6 = Sulcus limitans
(Umzeichnung nach O'Rahilly et al. 1984, Fig. 2)

deren Perikaryen im Riechepithel als primäre Sinneszellen verbleiben [Pearson 1941b]. Erst nachdem diese Axone die basale Fläche des Vorderhirns erreicht haben, bildet sich der Bulbus olfactorius als nach ventral gerichtete Ausstülpung aus (Abb. 17-18 und 17-20). Er bleibt über längere Zeit noch hohl, in seiner Wand bildet sich eine stärkere Schicht von Mitralzellen aus (Abb. 17-21), die sich bei älteren Feten in Sektoren gliedern [Humphrey 1966]. Im Verband der Axonbündel des N. olfactorius wandern Zellen mit, die deutlich kleiner als die Ganglienzellen des N. terminalis sind. Sie werden als Anlagen der Schwannschen Zellen für die olfactorischen Fasern interpretiert [Pearson 1941b].

Die weiteren Hirnnerven treten im STADIUM 12 und 13 in der Reihenfolge N. hypoglossus, N. trigeminus, N. facialis, N. vestibulocochlearis, Nn. glossopharyngeus und Vagus und N. accessorius auf [O'Rahilly et al. 1984]. Der N. hypoglossus tritt mit seinen Wurzeln aber erst im STADIUM 14 aus dem Hirnstamm aus [O'Rahilly und Müller 1984] (Abb. 17-2b). Die enge Korrelation mit der Gesichtsentwicklung und die komplexe Bildung zahlreicher peripherer Äste sowie die mehrfachen Verbindungen zwischen ihnen geben Anlaß, die Entwicklung des N. trigeminus und des N. facialis gesondert zu betrachten.

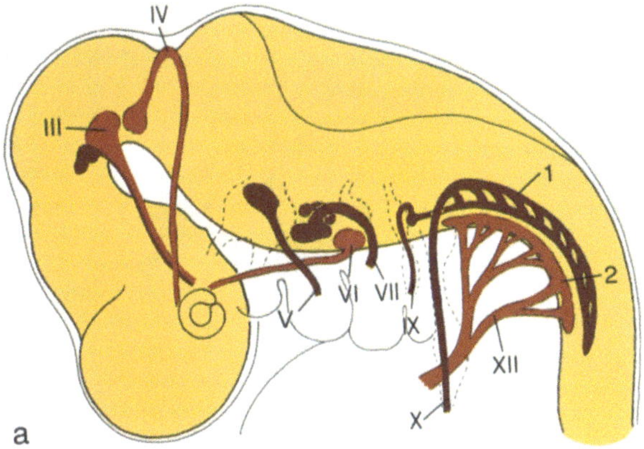

a

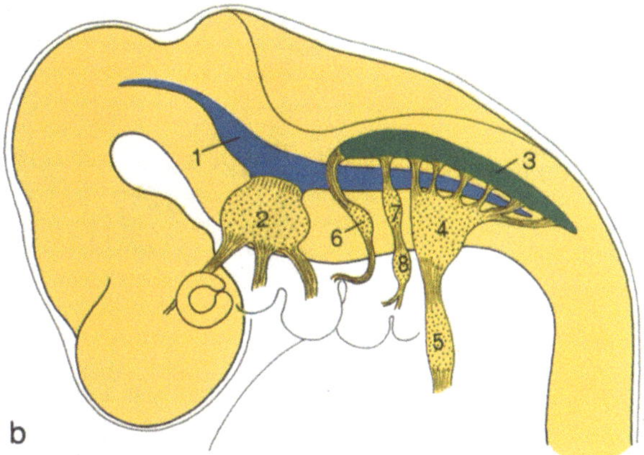

b

Abb. 17-16a, b. Lage der efferenten Hirnnervenkerne **(a)** und von afferenten (End-)Kernen **(b)** von Hirnnerven bei einem Embryo von 10 mm. Farben wie in Abb. 17-11. Die Hirnnerven sind mit römischen Zahlen gekennzeichnet.
a) 1 = Nucl. ambiguus (IX + X), 2 = Nucl. n. hypoglossi;
b) 1 = Nucl. terminalis n. trigemini, 2 = Ganglion trigeminale, 3 = Nucl. solitarius, 4 = Gangl. superius (jugulare) n. vagi, 5 = Gangl. inferius (nodosum) n. vagi, 6 = Gangl. geniculatum n. facialis, 7 = Gangl. superius (intracraniale) n. glosso-pharyngei, 8 = Gangl. inferius (extracraniale) n. glosso-pharyngei
(Umzeichnung nach Patten 1968)

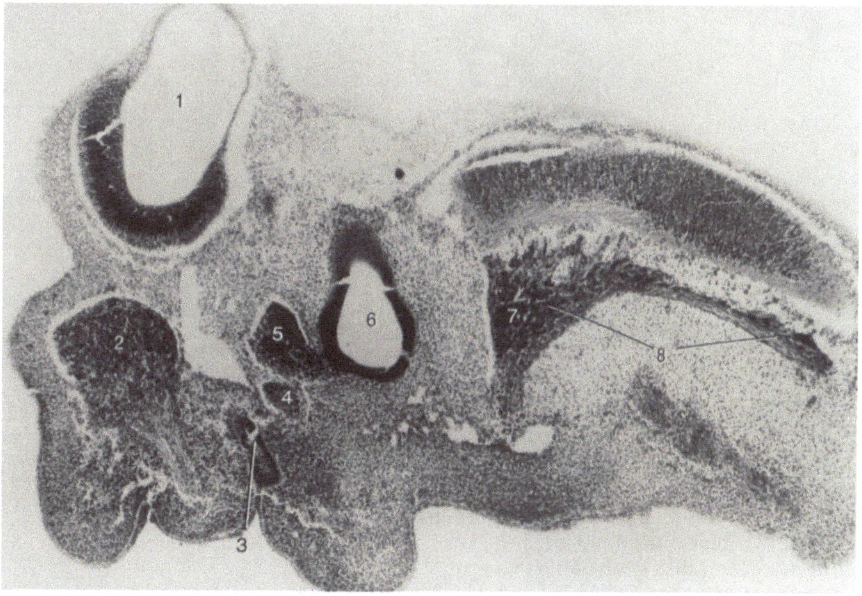

Abb. 17-17. Schräger sagittaler Flachschnitt durch die Kopfregion eines Embryo im STADIUM 14 (6,5 mm). 1 = Anschnitt des Rautenhirns mit dem extrem dünnen Dach, 2 = Ganglion trigeminale mit N. maxillaris und N. mandibularis, 3 = verdicktes Epithel der ersten Schlundtasche, 4 = Ganglion n. facialis, 5 = Ganglion vestibulare, 6 = Labyrinthbläschen, 7 = Ganglion superius (jugulare) n. vagi, 8 = Wurzel der Nerven X und XI

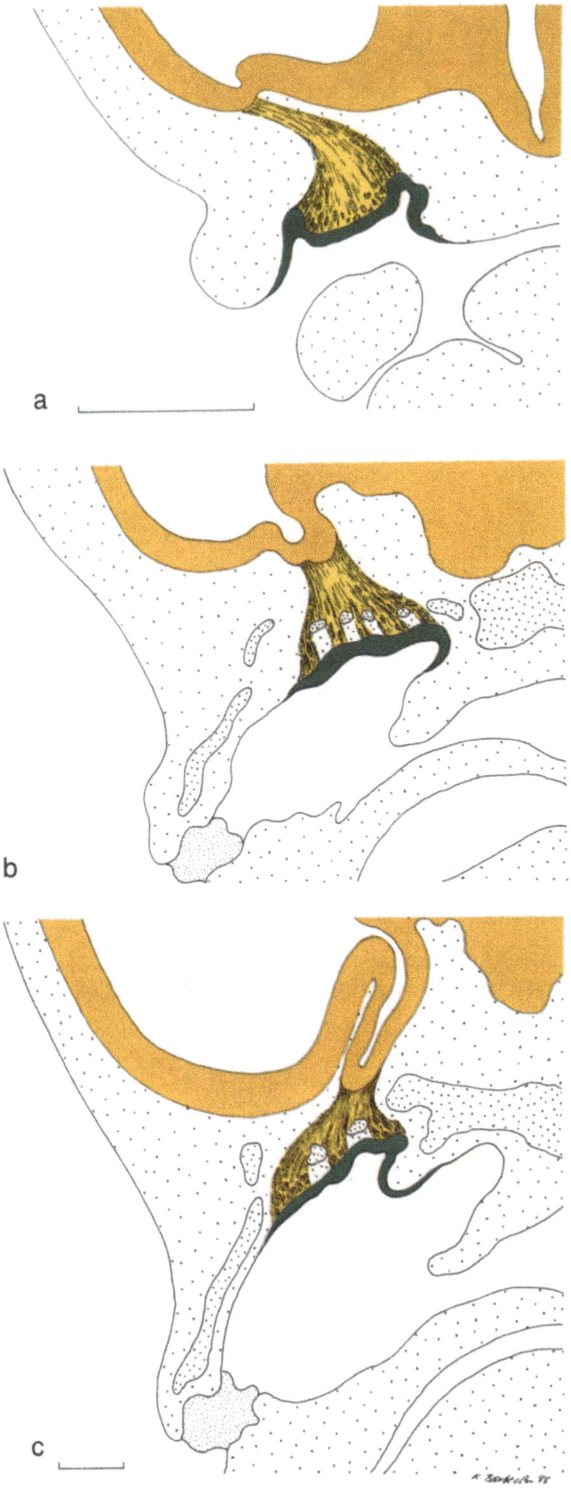

Abb. 17-18a–c. Drei Stadien der Entwicklung des N. olfactorius im Sagittalschnitt. Die weiter medial liegenden Nn. terminalis und vomeronasalis sowie das Ganglion terminale sind nicht dargestellt.
a) STADIUM 18 (17,5 mm); (unter Verwendung einer Zeichnung aus O'Rahilly und Müller 1987);
b) Fetus 3,2 cm [aus: Pearson 1941b];
c) Fetus 4,9 cm; Meßbalken = 1 mm; beachte den von a) nach b) und c) wechselnden Maßstab!

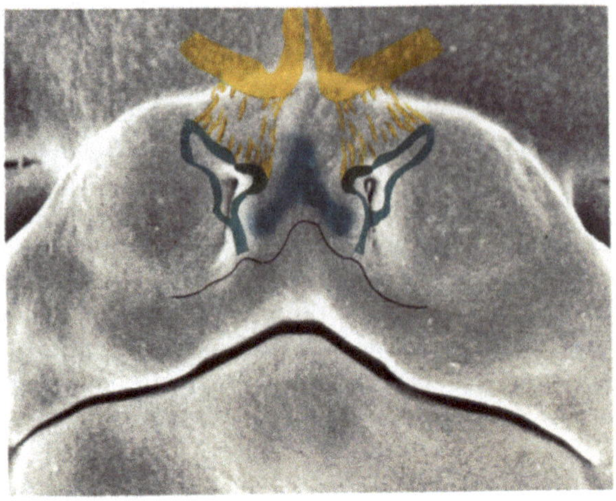

Abb. 17-19. Projektion des Epithels der Nasengrube und der Axonbündel der Nn. olfactorii in die Frontal-Ansicht eines Embryo im STADIUM 18 (REM-Bild). ca. 5 : 1

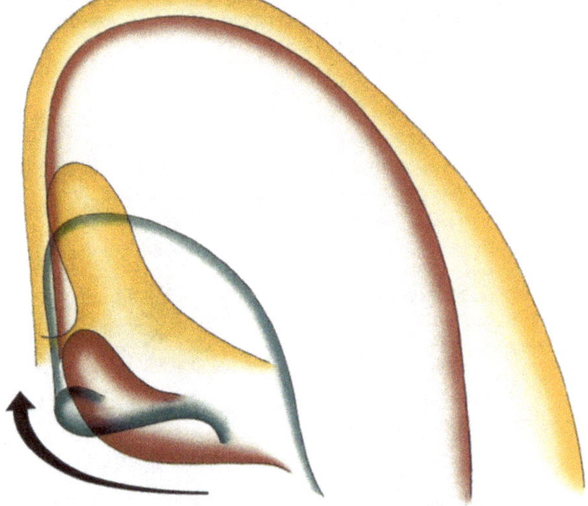

Abb. 17-20. Stadien der Entwicklung des Bulbus olfactorius, rechte Hemisphäre von unten gesehen. Grün = 3,4 cm; rot = 6,8 cm; gelb = 10,5 cm (unter Verwendung von Darstellungen bei Hochstetter 1919)

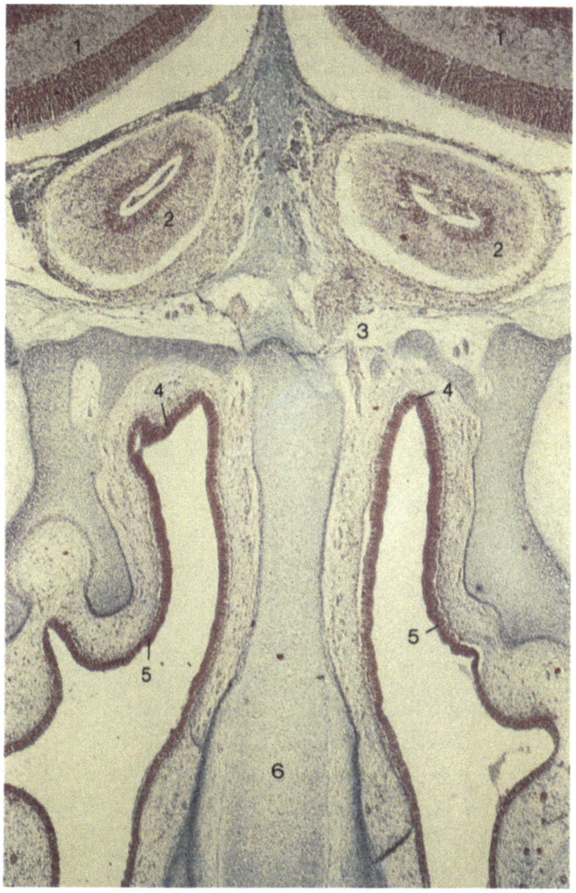

Abb. 17-21. Frontalschnitt durch die obere Nasenregion bei einem Feten von 5,5 cm. 1 = Lobus frontalis, 2 = Bulbus olfactorius, 3 = N. olfactorius und Lamina cribrosa (noch knorpelig), 4 = Riechepithel, 5 = Concha superior, 6 = Septum nasi (mit beginnender Knochenbildung unten außen). Azan 45 : 1

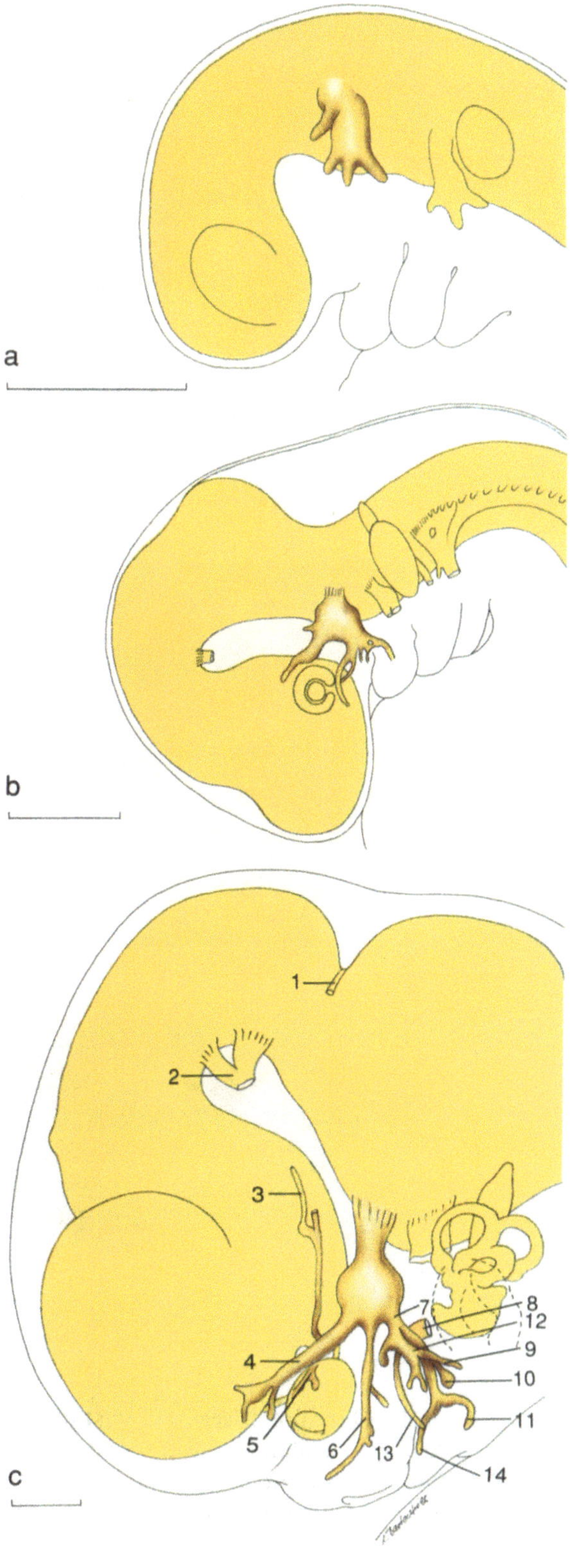

Abb. 17-22a–c. Drei Stadien der Entwicklung des N. trigeminus und des Ganglion trigeminale. Beachte den wechselnden Abbildungsmaßstab!

a) Stadium 12 (3,4 mm) Meßbalken 0,5 mm;

b) Stadium 14 (7,0 mm) Meßbalken 1 mm;

c) Stadium 18 (17,5 mm) Meßbalken 1 mm [a, c nach Blechschmidt 1963, b nach Elze 1907]. 1 = N. trochlearis, 2 = Mittelhirn mit Wurzel des N. oculomotorius, 3 = R. meningeus des N. ophthalmicus rückläufig am N. trochlearis, 4 = N. ophthalmicus, 5 = N. nasociliaris mit Ganglion ciliare, 6 = N. maxillaris mit N. pterygopalatinus, 7 = Stamm des N. mandibularis, 8 = Verbindungsast vom N. facialis = Chorda tympani, 9 = N. auriculotemporalis, 10 = Ganglion submandibulare, 11 = N. myelohyoideus, 12 = N. masticatorius, 13 = N. buccalis, 14 = N. mentalis.

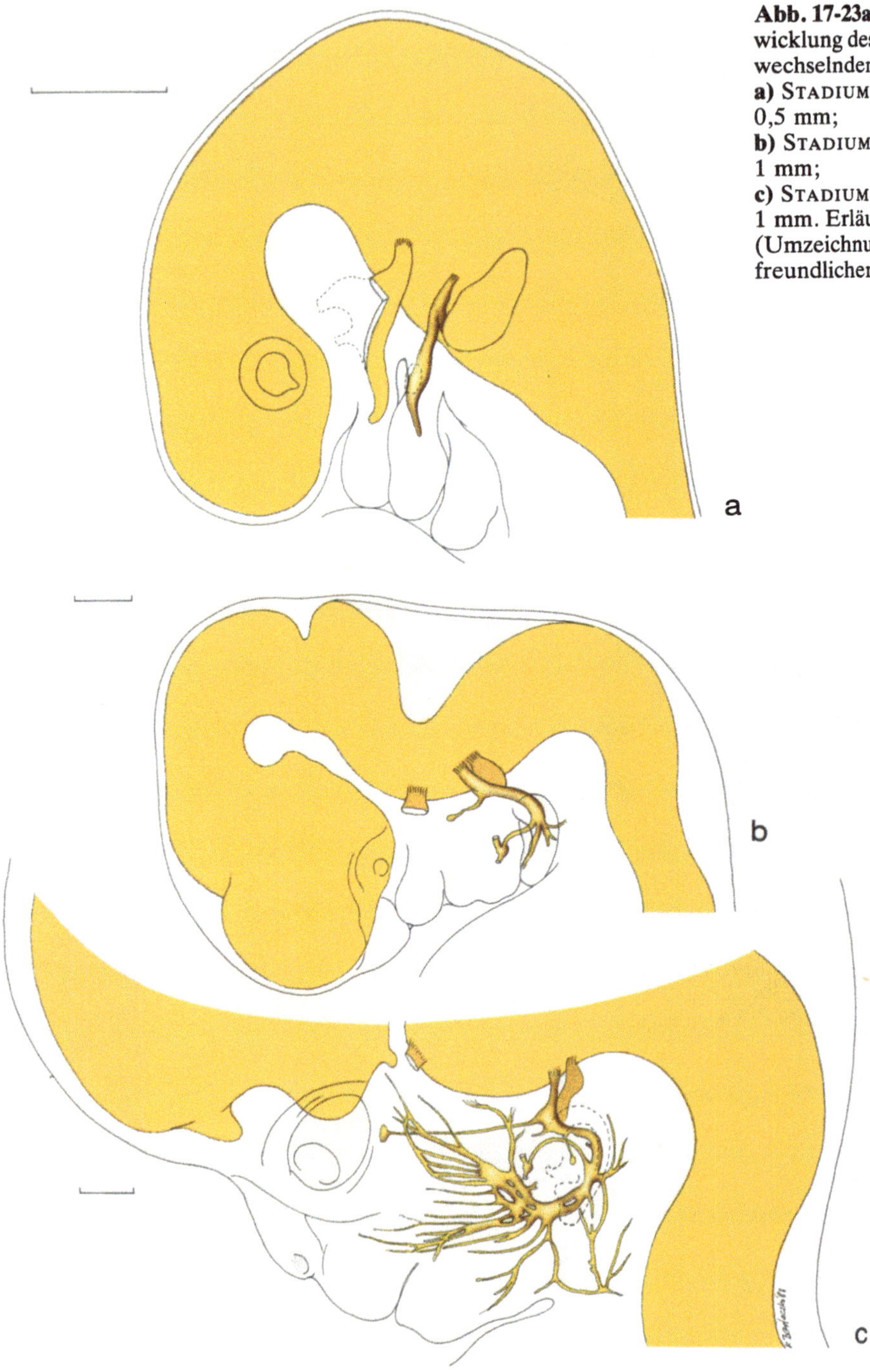

Abb. 17-23a–c. Drei Stadien der Entwicklung des N. facialis. Beachte den wechselnden Abbildungsmaßstab!
a) Stadium 13 (4,2 mm) Meßbalken 0,5 mm;
b) Stadium 18 (14,0 mm) Meßbalken 1 mm;
c) Stadium 22 (26,0 mm) Meßbalken 1 mm. Erläuterungen siehe Abb. 17-24. (Umzeichnung nach Gasser 1967, mit freundlicher Genehmigung des Autors)

Die Zellen des Ganglion trigeminale entstammen überwiegend dem rostralen Abschnitt der Neuralleiste. Das Ektoderm über dem Ganglion ist nicht zur Plakode verdickt, zeigt aber hohe mitotische Aktivität. Es werden Zellen zum Ganglion hin abgegeben [Theiler 1949, Müller und O'Rahilly 1988]. Das Ganglion liegt dem vorderen Rand des Rautenhirns seitlich an. Die zentral auswachsenden Fasern treten im Stadium 14 in das Rautenhirn ein und formieren sich im Hirnstamm zu einem nach cranial und caudal auswachsenden Band. Die nach distal auswachsenden Fasern bilden schon früh drei größere Äste, den N. ophthalmicus rostral des Auges, den N. maxillaris, caudal zum Auge gelegen, und den N. mandibularis, der in den ersten Pharyngealbogen eintritt (Abb. 17-22). Ihm schließen sich die motorischen Faserbündel an (Abb. 17-14, 17-15). Sie liegen medial am Ganglion, erlangen aber im N. mandibularis dann eine laterale Position (Abb. 17-22c). Ein aus dem N. ophthalmicus abgehender R. meningeus erlangt schon jetzt seine typische Lagebeziehung zum N. trochlearis. Ganglion submandibulare und Chorda tympani werden nachweisbar, wenig später auch Ganglion pterygopalatinum und seine Verbindung mit dem N. petrosus.

Gleichzeitig mit der Entwicklung des N. trigeminus setzt auch die des N. facialis ein. Sein Ganglion liegt zunächst dicht am Ganglion vestibulare. Während die Zellen des Ganglion vestibulare überwiegend aus der Ohrplakode und dem Ohrbläschen abgegeben werden, stammen die Zellen des Ganglion faciale in seinem oberen Teil aus der Neuralleiste, im unteren Teil aus Plakodenektoderm des 2. Pharyngealbogens [1. „epipharyngeale" Plakode: Gasser 1967, Müller und O'Rahilly 1988]. Die motorischen Fasern treten in Höhe der 4. Rhombomere aus (Abb. 17-14). Die afferenten Axonbündel der Hirnnerven VII und VIII sind zunächst so dicht benachbart, daß sie als gemeinsamer Stamm erscheinen, sie werden im STADIUM 17 getrennt. Als erster Ast des N. facialis wächst die Chorda tympani in den Mandibularbogen ein (siehe auch Abb. 20-6a), im STADIUM 18 wird der N. petrosus nachweisbar (Abb. 17-23) [Gasser 1967]. In diesem Stadium beginnt sich auch der typische Verlauf des N. facialis auszubilden. Mit der stärkeren Ausbildung der Brückenbeuge sowie der Ohrkapsel kommt der zuerst nach ventro-caudal gerichtete Verlauf nun in die S-Form (Abb. 17-23), wobei das Ganglion an das äußere Facialis„knie" verlagert wird („Ganglion geniculi" der älteren Nomenklatur). Die fächerförmige Ausbreitung der zahlreichen Äste und die Ausbildung der weiteren Verbindungen sind aus den Abbildungen 17-23 und 17-24 ersichtlich.

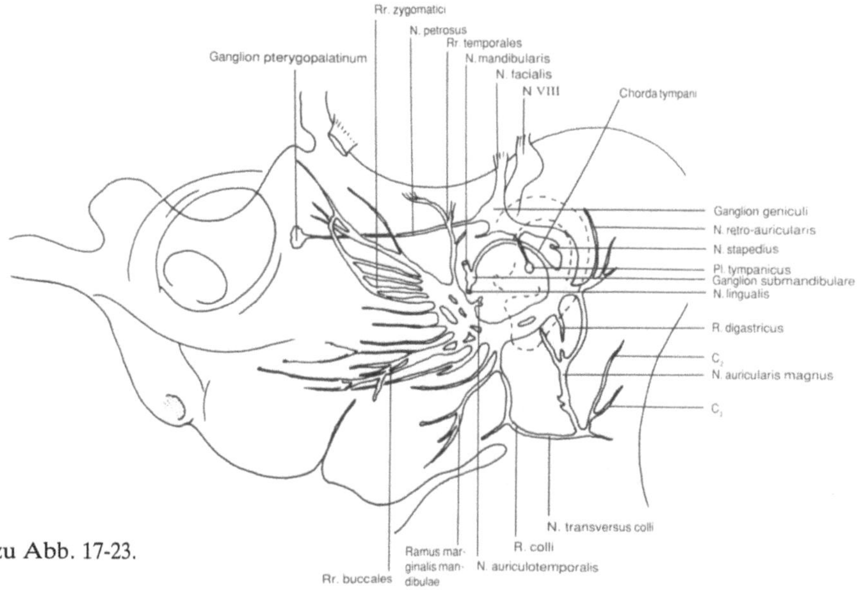

Abb. 17-24. Erläuterungsskizze zu Abb. 17-23. [Nach: Gasser 1967]

17.3 Truncus sympathicus

In der Entwicklung des peripheren autonomen Nervensystems ist der parasympathische Anteil stark mit der Entwicklung der Hirnnerven (bulbärer Teil) oder der Sakralnerven (sakraler Teil) gekoppelt. Sehr viel eigenständiger verläuft die Entwicklung des Sympathicus. Schon bei der Besprechung der Spinalnerven (Abschnitt 17.1) wurde darauf verwiesen, daß große Zahlen von Neuralleistenzellen bereits früh zu Sympathicoblasten determiniert sind und auf eigenen Wanderungswegen das Anlagegebiet des Truncus sympathicus und von hier ausgehend die peripheren Ganglien erreichen. Nach experimentellen Befunden ist für die frühe Determinierung der Sympathicoblasten der Kontakt von Neuralleistenzellen mit Somiten erforderlich [Cohen 1972]. Zum Aufbau des Sympathicus tragen Axone aus der visceromotorischen Zellgruppe des Rückenmarks, die sich aus der Grundplatte in die Intermedärzone verlagern und das „Seitenhorn" bilden, und entlang der Vorderwurzel auswandernde Zellen dieser Zellgruppe bei. Schon früh bildet sich ventral der Wirbelsäule und medial der vorderen Wurzel der Spinalnerven im paraortalen Gewebe eine zunächst ungegliederte paarige Zellsäule als Anlage des Truncus sympathicus (Abb. 17-9,

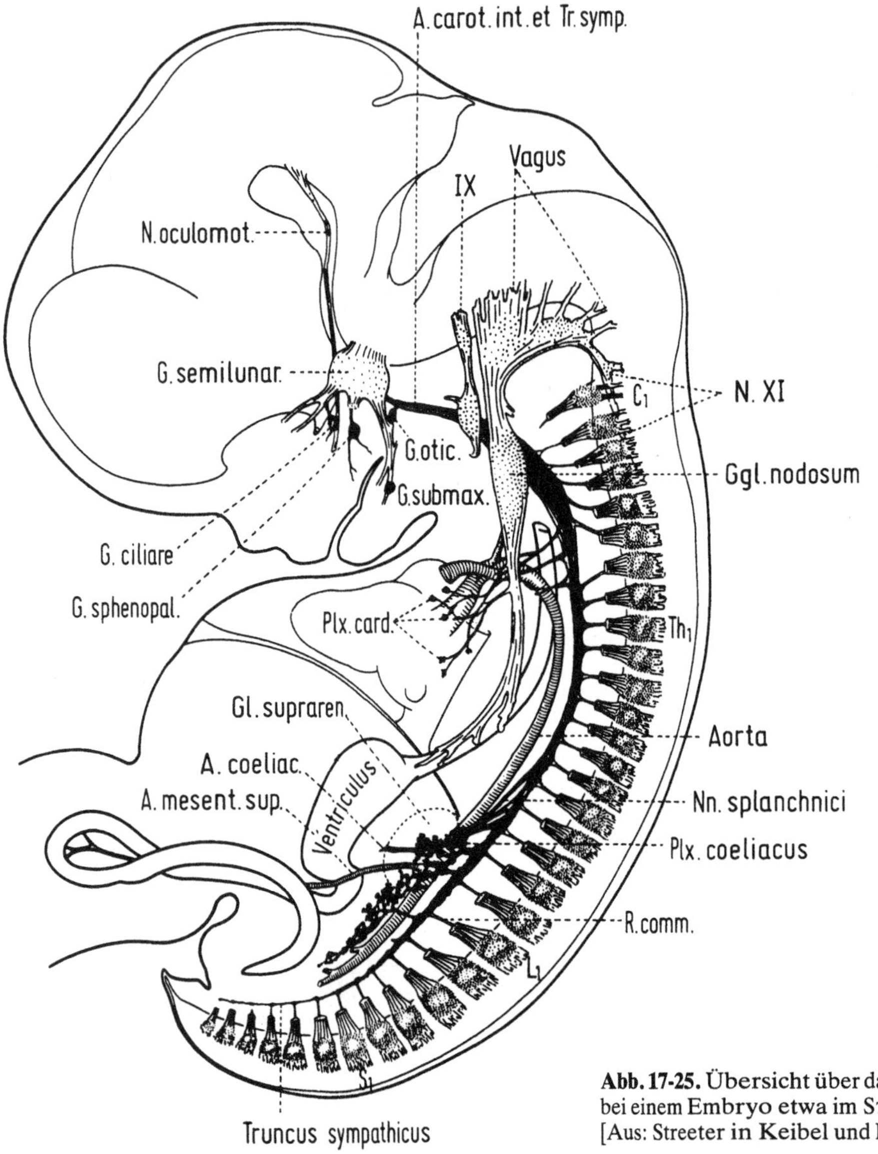

Abb. 17-25. Übersicht über das sympathische Nervensystem bei einem Embryo etwa im STADIUM 18 (16 mm). [Aus: Streeter in Keibel und Mall 1911]

17-10). Die Untergliederung in segmentale Ganglien erfolgt im Zusammenhang mit dem Längenwachstum der Wirbelsäule [Lutz 1968] und der Ausbildung der Rami communicantes.

An der Bildung der peripheren sympathischen Innervation sind nicht ausschließlich die visceromotorischen Zellgruppen der Segmente C (7)8 bis Th 12 beteiligt. Sowohl aus den cranialen Abschnitten der Ganglienleiste wie aus den sakralen Abschnitten werden Zellen dem Truncus sympathicus zugeführt, die sich cranial insbesondere an der Bildung der sympathischen Kopfinnervation beteiligen. Eine Gesamtübersicht über das periphere sympathische Nervensystem bei einem Embryo gibt Abbildung 17-25. Abbildung 17-26 zeigt schematisch die Hauptwanderungsschritte sympathischer Zellgruppen über den Truncus sympathicus und die der peripheren Plexus zu den praevertebralen und intramuralen Ganglien. Die Zahl der peripheren Ganglien ist beträchtlich höher, es werden zahlreiche kleine, regelmäßig vorkommende Ganglien gebildet [Andres und Kautzky 1956, Baljet und Drukker 1981, Groen 1986].

Untersuchungen an Totalpräparaten von Feten mit Hilfe der Acetylcholinesterase-Technik haben ergeben, daß in der Gliederung des Truncus sympathicus in Ganglien, seinen Verzweigungen und der Anordnung der Rami communicantes sowohl in der segmentalen Zuordnung wie in der Anzahl erhebliche Schwankungen bestehen. Neben den kräftigen Faserbündeln sind zusätzlich zahlreiche feinere Verbindungen feststellbar (Abb. 17-27) [Groen 1986, Groen et al. 1987]. Auch die Lokalisation der Ganglienzellen ist nicht auf die „Hauptganglien" des Truncus beschränkt. In den Verbindungsästen zwischen den Ganglien, in den Rami communicantes und in den Wurzeln der Nn. splanchnici, kommen Zellgruppen vor („intermediäre" Ganglien) [Gabella 1976] (Abb. 17-28).

In der Regel lassen sich im Truncus 12 Ganglienpaare unterscheiden [Gabella 1976, Groen 1986]. Eine „Fusion" von Ganglien kommt nicht nur im Halsteil, sondern auch im thoracalen und lumbalen Teil vor. Im Hals- und Brustteil verlaufen anastomosierende Faserverbindungen zwischen den beidseitigen Trunci [Groen 1986].

Groß ist die Zahl der Paraganglien, die in den Totalpräparaten mit 150–170 Paraganglien pro Körperseite bestimmt werden konnte. Im Bereich der Segmente Th 7 bis Th 11 zeigt Abbildung 17-28 die mehrfachen Verbindungsäste, die große Zahl der Paraganglien und den Ursprung des N. splanchnicus major.

Die vegetative Innervation der Abdominal- und Beckenorgane ist weniger durch regionale oder segmentale Verbindungen als durch seine Zuordnung zu Organen gekennzeichnet [Baljet und Drukker 1981]. Im N. splanchnicus major jeder Seite wurde ein Ganglion gefunden, dessen Fasern überwiegend in der Nebenniere enden. Von hier ziehen Fasergeflechte entlang der A. ovarica zum Ovar. Ein weiteres Geflecht reicht von der Niere entlang des Ureters in die Blasenwand. Nur der Plexus hypogastricus inferior ist schon bei Feten ein so ausgedehntes, dreidimensionales Geflechtwerk mit vielen kleinen Ganglien, daß hier eine Zuordnung einzelner Ganglien oder Plexusteile zu den Organen nicht möglich ist [Baljet und Drukker 1981].

Ganz neue Impulse hat die Analyse des peripheren autonomen Nervensystems durch den immuncytochemischen Nachweis der verschiedensten Transmitter- und Modulatorsubstanzen erhalten. Damit ist das Bild von der Vielfalt im peripheren autonomen Nervensystem, besonders den peripheren Ganglien, und einer Interaktion zwischen sympathischem und parasympathischem Anteil erheblich erweitert und bereichert worden [u.v.a. Burnstock 1986a, b]. Auch die Zellen der sympathischen Ganglien sind keine einheitliche Population. Neben der Mehrzahl an noradrenergen Zellen kommen dopaminerge und peptiderge Zellen vor [Hökfelt et al. 1977, 1980], die durch die verschiedensten Cotransmitter ihre Wirkung modulieren können [Lundberg et al. 1982, Hökfelt et al. 1986]. Das Vorkommen mehrerer Transmitter bzw. Modulatorsubstanzen in einer Zelle konnte sogar in der Gewebekultur nachgewiesen werden [Potter et al. 1983]. Bisher gibt es aber nur wenige Untersuchungen zur Entwicklung und Differenzierung

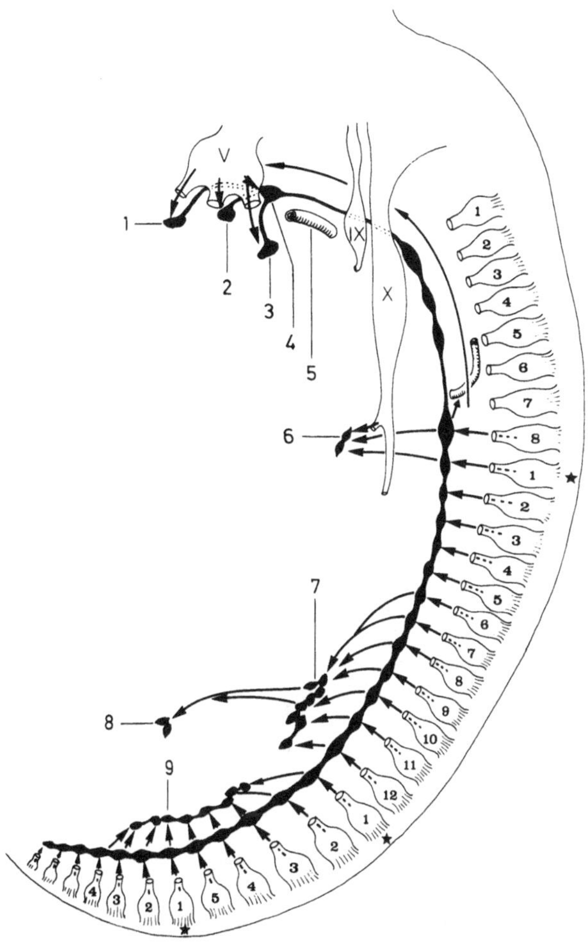

Abb. 17-26. Bildung der paravertebralen und praevertebralen Ganglien durch primäre, sekundäre und tertiäre Wanderung von Sympathicoblasten. Die topographische Lage der Halsganglien ändert sich noch nachträglich im Zuge des Descensus der Eingeweide und des Wachstums der Wirbelsäule. Etwa STADIUM 17 (14,5 mm). 1 = Ganglion ciliare, 2 = Ganglion pterygopalatinum, 3 = Ganglion submandibulare, 4 = Ganglion oticum, 5 = A. carotis int., 6 = Plexus cardiacus, 7 = Plexus coeliacus, 8 = Intramuraler Plexus des Mitteldarmes, 9 = Plexus hypogastricus. Vor den Ganglien C5–7 ist die A. vertebralis angedeutet, der Pfeil weist den Weg des N. vertebralis. Beginn der thoracalen, lumbalen und sakralen Rückenmarkabschnitte mit * markiert, Ganglien der Hirnnerven V, IX und X mit römischen Ziffern gekennzeichnet.
[Unter Verwendung der Abb. 104 von Streeter aus Keibel und Mall 1911 und von Abbildungen aus Andres und Kautzky 1955]

dieser Systeme an embryonalem oder fetalem Gewebe vom Menschen. So wird ein zweifacher Gradient in der Differenzierung intramuraler, peptiderger Nervenzellen im fetalen Darm zwischen der 12. und 21. Woche beschrieben [Tam 1986], der – anders als die vorherige cranio-caudale „Besiedelung" des Darmes (siehe Differenzierung des Colon, S. 557) – von cranial **und** caudal ausgeht.

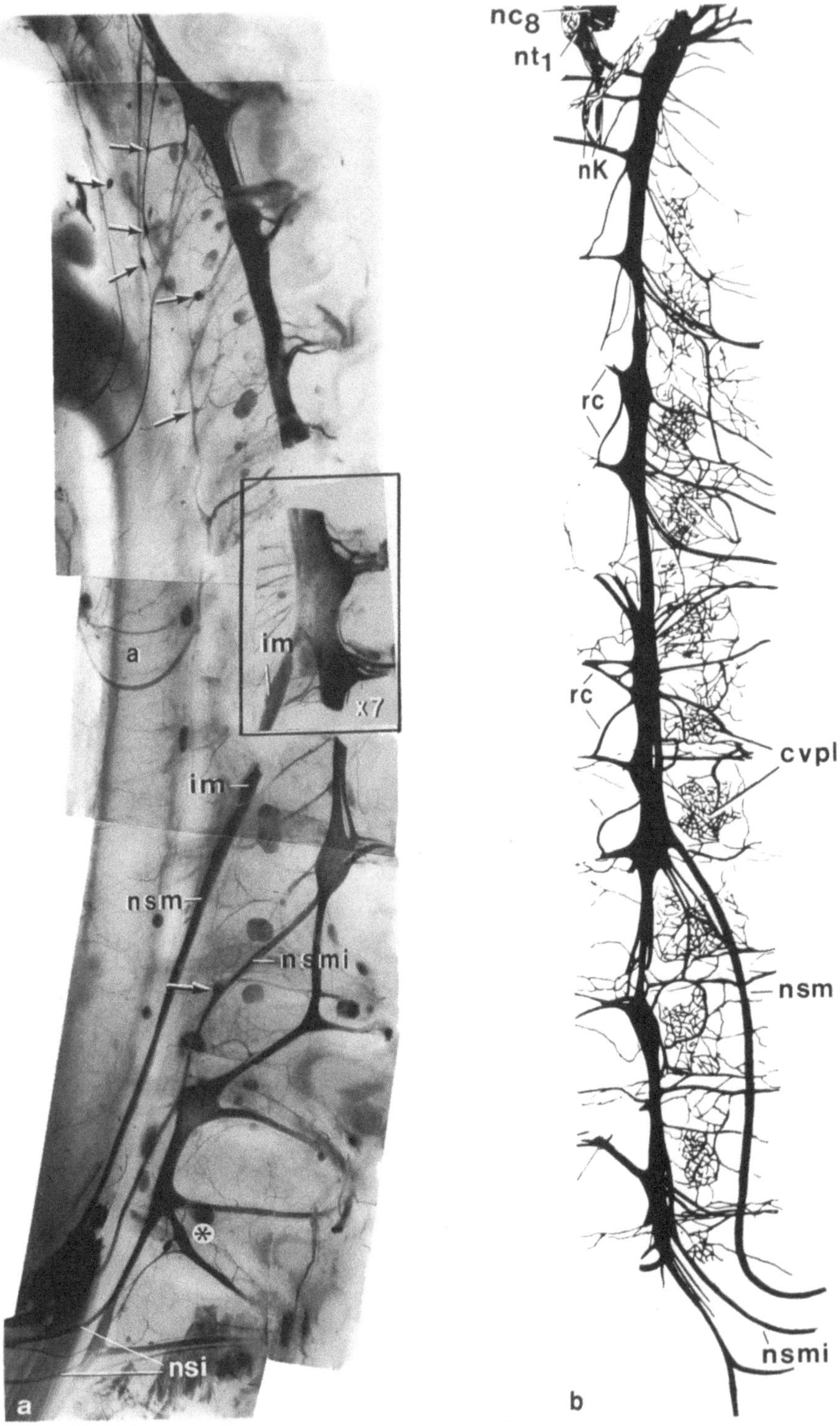

Abb. 17-27a, b. Ventrolateraler Blick auf den linken **(a)** Truncus sympathicus, thoracaler Teil, bei einem Feten von 20 Wochen, Totalpräparat, Acetylcholinesterasetechnik. Ursprung des N. splanchnicus major (nsm) mit einer Wurzel aus dem Segment Th 7 (Inset: ×7). Der Stamm enthält intermediäre Ganglien (im), ein weiteres intermediäres Ganglion (*) findet sich im R. comm. zum N. subcostalis. Die Pfeile verweisen auf weitere intermediäre Ganglien. a = Aorta, nsi = Nn. splanchnici inferiores. 5,2 : 1 **b)** Gesamtansicht des rechten Truncus sympathicus mit seinen Verzweigungen gezeichnet nach photographischen Bildfolgen bei einem Feten von 22 Wochen. nc8 + nt1 = Verbindungsäste der Spinalnerven C8 + Th1 zum Plexus brachialis; cvpl = sympathische Geflechte über den Costovertebralgelenken; nsm = N. splanchnicus major; nsmi = N. splanchnicus minor; rc = Rami communicantes; nK = Verbindungsast zwischen dem Intercostalnerven 1 und 2 (Kuntz'-Nerv). 4 : 1
[Freundlichst überlassen von Dr. G. J. Groen, Utrecht, aus: Groen 1986]

Gut untersucht ist hingegen die Differenzierung von chromaffinen Zellen aus „primitiven sympathischen Zellen“ unter der Wirkung von NNR-Hormonen aus dem Blut. Diese Zellen differenzieren sich ohne Hormoneinfluß zu sympathischen Neuroblasten [Hervonen 1971]. Schon die „primitiven sympathischen Zellen“ oder „indifferenten Zellen“ [Papka 1972] weisen eine formolinduzierbare Fluoreszenz auf. Sie ist bei Feten von der 7. Woche an nachweisbar und tritt zuerst in Zellansammlungen von chromaffinem Gewebe außerhalb der Nebenniere auf. Die Besiedlung der Nebenniere ist mit Hilfe der Fluoreszenzmethode besonders gut zu verfolgen (siehe Kapitel 22.5).

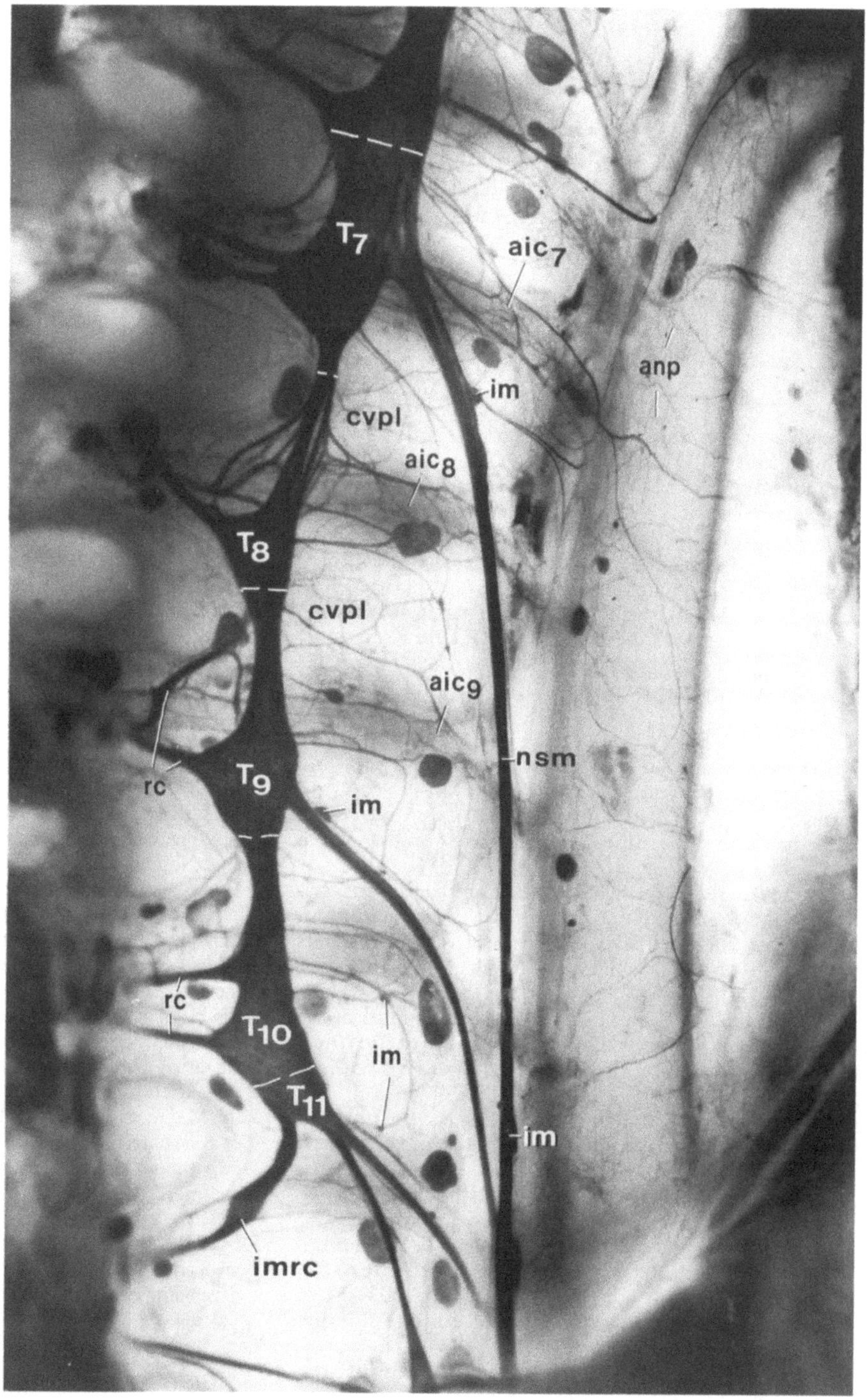

Abb. 17-28. Ventrolateralansicht des rechten Truncus sympathicus im Bereich Th 7 (T7) bis Th 11 (T11) bei einem Feten von 20 Wochen, Totalpräparat, Acetylcholinesterasetechnik. Ursprung des N. splanchnicus major mit mehreren Wurzeln aus Th 7, Th 9 u. Th 11. aic 7–9 = Aa. intercostales; anp = periaortaler Plexus; imrc = intermediäres Ganglion in einem R. communicans; übrige Bezeichnungen wie Abb. 17-27 [Freundlichst überlassen von Dr. G. J. Groen, Utrecht, aus: Groen 1986]

17.4 Literaturverzeichnis

Altman J, Bayer S (1982) Development of the cranial nerve ganglia and related nuclei in the rat. Adv Anat Embryol Cell Biol 74:1–71

Andres KH, Kautzky R (1955) Die Frühentwicklung der vegetativen Hals- und Kopfganglien beim Menschen. Z Anat Entw Gesch 119:55–84

Andres KH, Kautzky R (1956) Kleine vegetative Ganglien im Bereich der Schädelbasis des Menschen. Dtsch Z Nervenhkd 174:272–282

Baljet B, Drukker J (1981) Some aspects of the innervation of the abdominal and pelvic organs in the human female fetus. Acta Anat 111:222–230

Bardeen CR (1906/07) Development and variation of the nerves and the musculature of the inferior extremity and the neighboring regions of the trunk in man. Am J Anat 6:259–389

Bardeen CR, Lewis WH (1901) Development of the limbs, body wall and back in man. Am J Anat 1:1–36

Blechschmidt E (1956) Entwicklungsfunktionelle Untersuchungen am Bewegungsapparat. Acta Anat 27:62–88

Blechschmidt E (1961) Die vorgeburtlichen Entwicklungsstadien des Menschen. Karger, Basel New York

Blechschmidt E (1963) Der menschliche Embryo/The human embryo. Schattauer, Stuttgart

Blechschmidt E (1973) Die Praenatalen Organsysteme des Menschen. Hippokrates, Stuttgart

Blechschmidt E (1977) The programming of afferent and efferent nervous fibers in man. Arch Psych Nervenkh 224:259–272

Bossy J (1982) Séquence du développement de l'innervation cutanée des membres chez l'embryo humain. Bull Assoc Anat 66:57–61

Brand B (1987) Zur Myogenese und Musterbildung der Vogelextremität unter besonderer Berücksichtigung der Migration der myogenen Zellen. Biol. Dissertation, Bochum

Burnstock G (1986a) The changing face of autonomic neurotransmission. Acta Physiol Scand 126:67–91

Burnstock G (1986b) Purines as cotransmitters in adrenergic and cholinergic neurones. In: Höckfelt T, Fuxe K, Pernow B (eds) Coexistence of neuronal messengers: a new principle in chemical transmission. Prog Brain Res 68: 193–203

Christ B, Jacob HJ, Jacob M (1979) Über Gestaltungsfunktionen der Somiten bei der Entwicklung der Körperwand von Hühnerembryonen. Verh Anat Ges 73:509–518

Cohen AM (1972) Factors directing the expression of sympathetic nerve traits in cells of neural crest origin. J Exp Zool 179:167–182

Cowan WM (1973) Neuronal death as a regulative mechanism in the control of cell number in the nervous system. In: Rockstein M (ed) Development and aging in the nervous system. Academic Press, New York London, pp 19–34

Detwiler SR (1934) An experimental study of spinal nerve segmentation in amblyostoma with reference to the plurisegmental contribution to the brachial plexus. J Exp Zool 67:396–441

Diamond J (1982) Modeling and competition in the nervous system: clues from the sensory innervation of skin. Curr Top Dev Biol 17:147–205

Elze C (1907) Beschreibung eines menschlichen Embryo von zirka 7 mm größter Länge unter besonderer Berücksichtigung der Frage nach der Entwicklung der Extremitätenarterien und nach der morphologischen Bedeutung der lateralen Schilddrüsenanlage. Anat H 35:411–491

Frank E (1979) Acetylcholin receptor clusters. Nature 278:599–600

Frank E, Fischbach G (1979) Early events in neuromuscular junction. Formation in vitro. J Cell Biol 83:143–157

Gabella G (1976) Structure of the autonomic nervous system. Chapman und Hall, London

Gasser RF (1967) The development of the facial nerve in man. Ann Otol Rhinol Laryngol 76:37–57

Groen GJ (1986) Contributions to the anatomy of the peripheral autonomic nervous system. Radopi, Amsterdam

Groen GJ, Baljet B, Boekelaar AB, Drukker J (1987) Branches of the thoracic sympathetic trunc in the human fetus. Anat Embryol 176:401–411

Hamburger V (1929) Experimentelle Beiträge zur Entwicklungsphysiologie der Nervenbahnen in der Froschextremität. Roux Arch Entw Mech Org 119:47–99

Harrison RG (1901) Über die Histogenese des peripheren Nervensystems bei Salmo salar. Arch Mikr Anat 57:364–444 und Tafeln XVII–XX

Harrison RG (1910) The outgrowth of the nerve fiber as a mode of protoplasmic movement. J Exp Zool 9:787–848

Hervonen A (1971) On the innervation and differentiation of human fetal chromaffin tissue. In: Eränkö O (ed) Histochemistry of nervous transmission. Prog Brain Res 34:445–454

Hewer EE (1935) The development of nerve endings in the human fetus. J Anat (London) 95:191–199

Hochstetter F (1919) Beiträge zur Entwicklung des menschlichen Gehirns. I. Teil. Deuticke, Wien

Hökfelt T, Elfvin LG, Schultzberg M, Goldstein M, Nilsson G (1977) On the occurence of substance P-containing fibers in sympathetic ganglia: immunohistochemical evidence. Brain Res 132:29–41

Hökfelt T, Johansson O, Ljungdahl A, Lundberg JM, Schultzberg M (1980) Peptidergic neurones. Nature 284:515–521

Hökfelt T, Holets VR, Staines W, Meister B, Melander T, Schalling M, Schultzberg M, Freedman J, Björklund H, Olson L, Lindh B, Elfvin LG, Lundberg JM, Lindgren JA, Samuelsson B, Fernow B, Terenius L, Post C, Evertt B, Goldstein M (1986) Coexistence of neuronal messengers – an overview. In: Höfkelt T, Fuxe K, Pernow B (eds) Coexistence of neuronal messengers: a new principle in chemical transmission. Prog Brain Res 68:33–70

Hollyday M (1980) Motoneuron histogenesis and the development of limb innervation. Curr Top Dev Biol 15:181–215

Holmes RL, Sharp JA (1969) The human nervous system. A developmental approach. Churchill, London

Hsu L, Natyzak D, Trupin GL (1982) Neuronotrophic effects of skeletal muscle fractions on spinal cord differentiation. J Embryol Exp Morphol 71:83–95

Humphrey T (1966) Correlations between the development of the hippocampal formation and the differentiation of the olfactory bulbs. Ala J Med Sci 3:235–269

Jacob M, Lentz TL (1979) Localization of acetylcholine receptors by means of horseradish peroxydase-bungarotoxin during formation and development of the neuromuscular junction in the chick embryo. J Cell Biol 82:195–211

Jacob M, Jacob HJ, Wachtler F, Christ B (1984) Ontogeny of avian extrinsic ocular muscles. I: A light- and electron-microscopic study. Cell Tissue Res 237:549–557

Keibel F, Mall FP (1911) Handbuch der Entwicklungsgeschichte des Menschen, Bd 2. Hirzel, Leipzig

Keynes RJ, Stern CD (1986) Somites and neural development. In: Bellairs R, Ede DA, Lash JW (eds) Somites in developing embryos. Nato ASI Series, Series A. Life Sci 118:289–311

Lanz T von, Wachsmuth W (1938) Praktische Anatomie, Bd 1/4: Bein und Statik. Springer, Berlin

Lewis WH (1902) The development of the arm in man. Am J Anat 1:145–184

Lippert H, Dziallas P (1962) Über den Ascensus des Rükkenmarks und die Variabilität der Wirbelsäule nach Untersuchungen an menschlichen Feten. Gegenbaurs Morphol Jahrb 102:79–92

Lundberg JM, Hökfelt T, Änggard A, Terenius L, Elde E, Markey K, Goldstein M (1982) Organizational principles in the peripheral sympathetic nervous system: Subdivision by coexisting peptides (somatostatin-, avian pancreatic polypeptide-, and vasoactive intestinal polypeptide-like immunoreactive materials). Proc Natl Acad Sci USA 79:1303–1307

Lutz G (1968) Die Entwicklung des Halssympathicus und des Nervus vertebralis. Z Anat Entw Gesch 127:187–200
Müller F, O'Rahilly R (1987) The development of the human brain, the closure of the caudal neuropore, and the beginning of secondary neurulation at stage 12. Anat Embryol 176:413–430
Müller F, O'Rahilly R (1988) The development of the human brain from a closed neural tube at stage 13. Anat Embryol 177:203–224
O'Rahilly R, Müller F (1984) The early development of the hypoglossal nerve and occipital somites in staged human embryos. Am J Anat 169:237–257
O'Rahilly R, Müller F (1987) Development stages in human embryos. Carnegie Inst Wash Publ 637
O'Rahilly R, Müller F, Hutchins GM, Moore GW (1984) Computer ranking of the sequence of appearance of 100 features of the brain and related structures in staged human embryos during the first 5 weeks of development. Am J Anat 171:243–257
O'Rahilly R, Müller F, Hutchins GM, Moore GW (1987) Computer ranking of the sequence and appearance of 73 features of the brain and related structures in staged human embryos during the sixth week of development. Am J Anat 180:69–86
Papka RE (1972) Ultrastructural and fluorescence histochemical studies of developing sympathetic ganglia in the rabbit. Am J Anat 134:337–364
Patten BM (1968) Human embryology, 3rd edn. McGraw-Hill, New York Toronto Sidney London
Pearson AA (1941a) The development of the nervus terminalis in man. J Comp Neurol 75:39–66
Pearson AA (1941b) The development of the olfactory nerve in man. J Comp Neurol 180:199–217
Pearson AA, Sauter RW, Herrin GR (1964) The accessory nerve and its relation to the upper spinal nerves. Am J Anat 114:371–391
Pfitzner W (1884) Über die Wachstumsbeziehungen zwischen Rückenmark und Wirbelkanal. Morphol Jahrb 9:99–116
Potter DD, Furshpan EJ, Landis SC (1983) Transmitter status in cultured rat sympathetic neurons: plasticity and multiple function. Fed Proc 42:1626–1632
Ramon y Cajal S (1952) Histologie du système nerveux de l'homme et des vertébrés. Tome premier: Generalités, Moelle Ganglions rachidiens, Bulbe et Protuberance. Instituto Ramon y Cajal, Madrid
Richardson EP Jr (1982) Myelination in the human central nervous system. In: Haymaker W, Adams RD (eds) Histology and histopathology of the nervous system. Thomas, Springfield, Ill., pp 146–173
Sensenig EC (1951) The early development of the meninges of the spinal cord in human embryos. Contrib Embryol 34:145–157
Sidman RL, Rakić P (1982) Development of the human nervous system. In: Haymaker W, Adams RD (eds) Histology and histopathology of the nervous system. Thomas, Springfield, Ill., pp 3–148
Streeter GL (1911) Die Entwicklung des Nervensystems. In: Keibel F, Mall FP (Hrsg) Handbuch der Entwicklungsgeschichte des Menschen, Bd 2. Hirzel, Leipzig, S 1–156
Swanson GJ, Lewis RL (1982) The timetable of innervation and its control in the chick wing bud. J Embryol Exp Morphol 71:121–137
Tam PKH (1986) An immunhistochemical study with neuron-specific-enolase and substance P of human enteric innervation – The normal developmental pattern and abnormal deviations in Hirschsprung's disease and pyloric stenosis. J Pediatr Surg 21:227–232
Theiler K (1949) Studien zur Entwicklung der Ganglienleiste. II: Befunde zur Frühentwicklung der Ganglienleiste beim Menschen. Acta Anat 8: 96–112
Varon S, Adler R (1980) Nerve growth factors and control of nerve growth. Curr Top Dev Biol 16:165–206
Wachtler F, Jacob M (1986) Origin and development of the cranial skeletal muscles. In: Christ B, Čihák R (eds) Development and regeneration of skeletal muscles. Bibl Anat 29:24–26
Walsh FS, Ritter MA (1981) Surface antigen differentiation during human myogenesis in culture. Nature 289:60–64
Weiss P (1934) In vitro experiments on the factors determining the course of the outgrowing nerve fiber. J Exp Zool 68:393–448

Sinnesorgane
(18. Augenentwicklung und 19. Ohrentwicklung)

Der Entwicklungsbeginn der Haupt-Sinnesorgane (Augen, Nase, Ohr) steht für die neuroepithelialen Anteile in engem Zusammenhang mit der frühen Entwicklung des Zentralnervensystems. Die epithelialen Anteile prägen auch die frühen Stadien der Formentwicklung dieser Organe, während sich weitere, funktionell wichtige Strukturen und Hilfsstrukturen erst später aus benachbarten Organanlagen oder umgebendem Gewebe entwickeln. Gemeinsam ist diesen Sinnesorganen auch, daß sie während ihrer Formgestaltung erheblichen Ortsveränderungen unterworfen sind. So entstehen die Augen als seitliche Ausstülpungen des Diencephalon, sind zunächst nach lateral gerichtet und erfahren erst gegen Ende der Embryonalzeit ihre Frontalisation. Auch die Riechplakoden sind zunächst nach ventrolateral gerichtet, werden von den sie überwölbenden Gesichtswülsten in die Tiefe verlagert und erfahren schon während der frühen Gesichtsentwicklung eine Medialisation [His 1880, Hochstetter 1936, Hinrichsen 1985]. Die Ohrplakode, an der Außenfläche des Rautenhirns gelegen, ist nur die Anlage des späteren häutigen Labyrinths. Mittelohrraum und Tube werden aus der ersten Schlundtasche gebildet, die Gehörknöchelchen entstehen im Mesenchym von Mandibular- und Hyalbogen, die Branchialmembran zwischen diesen Bögen bildet die Anlage des Trommelfells mit, das äußere Ohr liegt während der Embryonalzeit im späteren Halsbereich: alle Anlagen gemeinsam werden nach dorsal und cranial verlagert.

Wegen des besonderen Zusammenhangs mit der Gesichtsentwicklung werden die Entwicklung der Nase, des äußeren Ohres sowie die Stellungsänderungen dort beschrieben (Kapitel 23.3, 23.4, 23.8; siehe auch 17.2 Hirnnerven). Hier folgt die Beschreibung der Entwicklung des Auges und des Ohres als Einzelorgan.

18. Augenentwicklung

K. V. Hinrichsen

Vom Beginn mikroskopischer embryologischer Untersuchungen an [Pander 1817, Huschke 1832] hat die Entwicklung des Auges die Embryologen aller Zeiten am meisten fasziniert. Wohl kein Organ des menschlichen Körpers ist so umfassend in all seinen komplizierten Bestandteilen untersucht. Hier können daher nur Überblicke gegeben werden. Der interessiertere Leser sei ausdrücklich auf die hervorragend illustrierten zusammenfassenden Abhandlungen [u.a. Smelser 1961, Rohen 1964, O'Rahilly 1966, Jakobiec 1982] verwiesen, ganz besonders aber auf das 60 Jahre nach seinem Ersterscheinen immer noch bewundernswerte und höchst lesenswerte Buch von Ida Mann [1964].

18.1 Augenbläschen, Augenbecher

Als erste Anlage des Auges wird bei Embryonen im Stadium 10 *(22 Tage, 4–12 Somitenpaare)* ein paariger, verdickter Teil der Medullarplatte in deren vorderem Abschnitt erkennbar. Diese Anlagen liegen im vorderen Teil des späteren Zwischenhirns und bilden noch im Stadium 10 je eine ventrikelwärts gerichtete Furche aus, den Sulcus opticus. Die Anlagen sind in der Mittellinie durch den Torus opticus verbunden, der als Anlage des Chiasma gedeutet wird [O'Rahilly 1966, 1983; Müller und O'Rahilly 1985]. Mit dem Schluß des rostralen Neuroporus (Stadium 11, *24. Tag)* werden die Augenanlagen getrennt und nach lateral verschoben. Durch Auswachsen der neuroepithelialen Wand und Erweiterung des Sulcus opticus bilden sich in den folgenden Entwicklungstagen die Augenbläschen, die nun für das äußere Relief des Vorderhirns so lange formbestimmend sind, bis sich die Hemisphärenbläschen bilden. Die nach lateral gerichtete Außenfläche des Augenbläschens wird entrundet, flach und schließlich nach innen eingebogen. Es entsteht ein doppelwandiger Augenbecher. Gleichzeitig verdickt sich schon im Stadium 13 *(28 Tage)* das den Augenbecher überlagernde Ektoderm zur Linsenplakode.

Der Innenraum des Augenbechers steht zunächst in breiter Verbindung mit dem Vorderhirnbläschen, dieser Abschnitt kann als Sehventrikel bezeichnet werden (Abb. 18-1). Durch die weitere Ausfaltung des Augenbechers und das starke Wachstum des Diencephalon wird die Verbindung zum Zwischenhirn zu einem lang ausgezogenen Augenbecherstiel umgewandelt, das Lumen absolut eingeengt (Abb. 18-1 und 18-2).

Die Umformung der Augenbläschen zu einem doppelwandigen Augenbecher ist ein komplizierter Vorgang, an dem das Wachstum des nun inneren Blattes des Augenbechers (ursprünglich Außenwand des Augenbläschens) ebenso beteiligt ist wie ein gerichtetes Vorwachsen der Umschlagsränder. Drei Stadien dieses Formbildungsprozesses unter Einbeziehung der Linsenentwicklung und des Einschlusses der A. hyaloidea sind in Abbildung 18-3 schematisch dargestellt.

▶

Abb. 18-1a–f. Übersicht zur Frühentwicklung des Auges vom Stadium 11 bis zum Stadium 15 bei gleicher Vergrößerung 58 : 1.
a) Tiefer Sulcus opticus und offener Neuroporus im Stadium 11 (Carnegie 8005, 16–17 Somiten);
b) Beginnende Abflachung der äußeren Kontur des Augenbläschens im Stadium 13 (Carnegie 6473, 5,0 mm);
c) Beginnende Einstülpung des zukünftig inneren Blattes und Linsenplakode im Stadium 13 (Carnegie 1075, 6,0 mm);
d) Breite Verbindung von III. Ventrikel und Sehventrikeln, frühes Stadium 14 (Carnegie 6502, 6,7 mm);
e) Doppelwandige Augenbecher und verschmälerter Sehventrikel bei noch breit offener Verbindung zum III. Ventrikel, Stadium 14 (Carnegie 988, 6,0 mm). Der optimale Anschnitt für das Linsenbläschen erscheint als Inset.
f) Beginnende Ausziehung des Augenbecherstiels im Stadium 15, Linsenbläschen vom Ektoderm abgelöst. Beachte die Einfaltung der Nasengruben. (Carnegie 8997, 9,0 mm)
(Eigene Aufnahmen aus der Carnegie Collection of Embryology, Davis, mit freundlicher Genehmigung von Professor O'Rahilly)

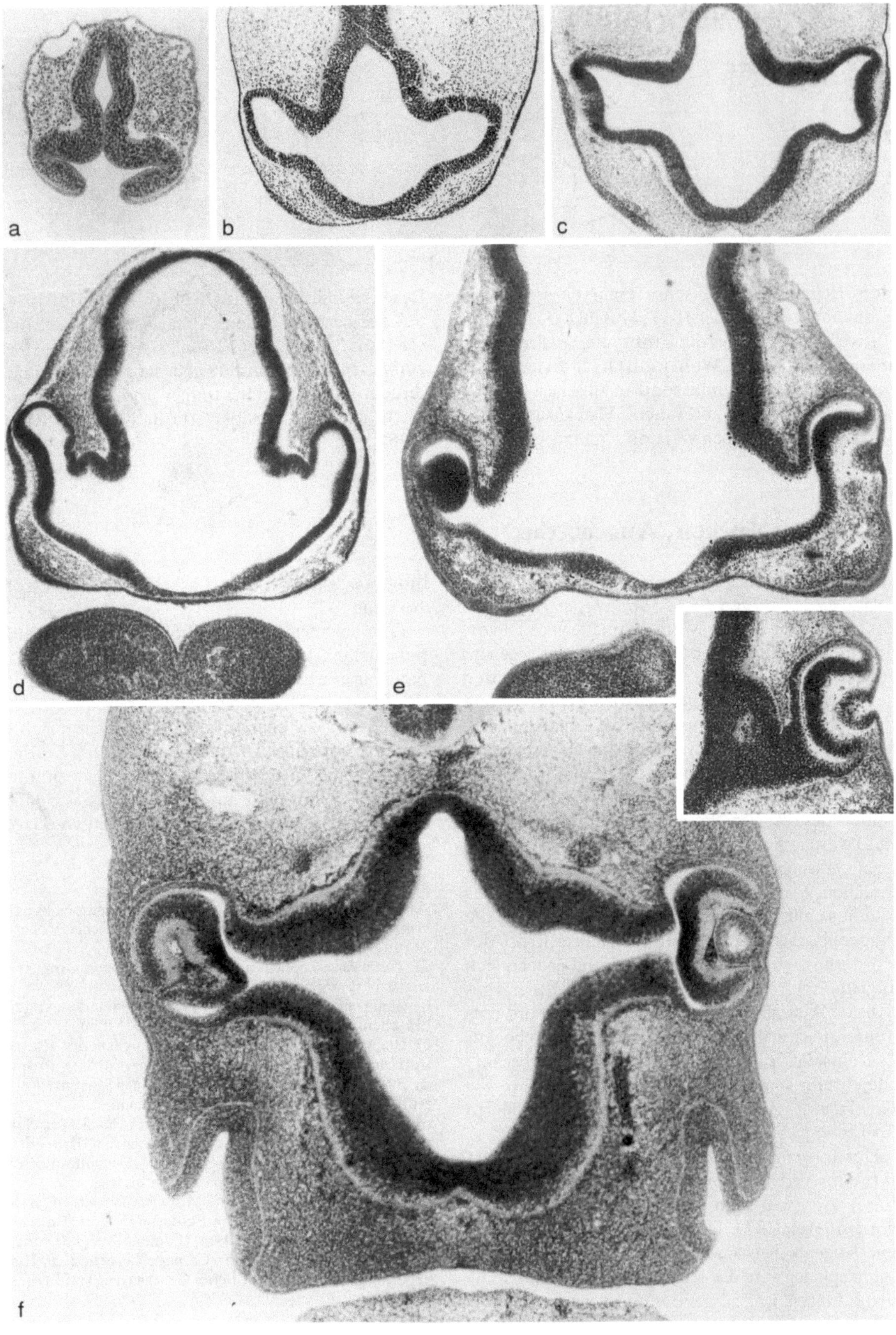
a
b
c
d
e
f

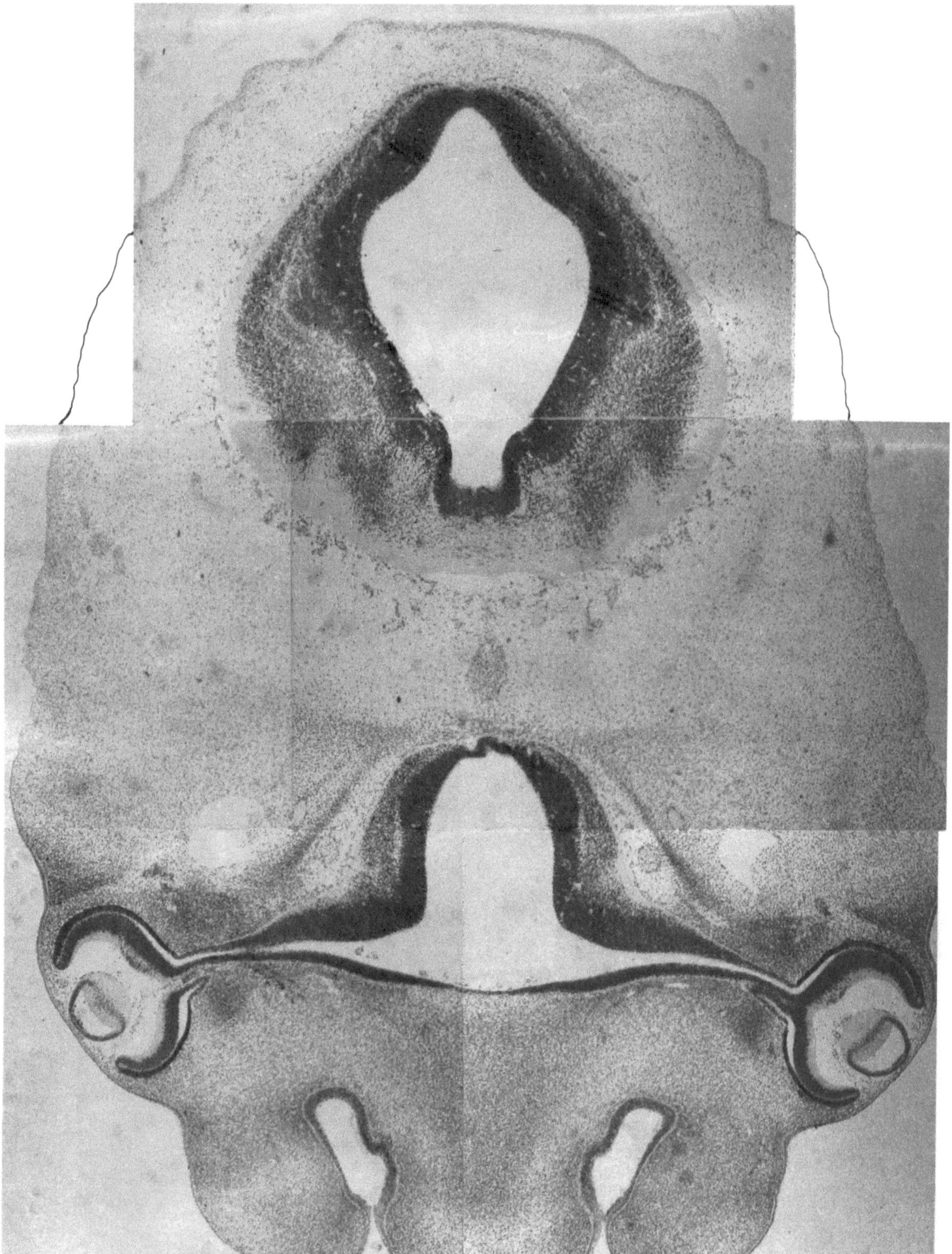

Abb. 18-2. Frontalschnitt durch den Kopf im STADIUM 18 (Carnegie 6528, 13,4 mm). Die Augenstiele sind lang ausgezogen, stellen aber eine noch offene Verbindung zum III. Ventrikel her. Hinteres Linsenepithel stark verdickt, Linse aber noch bläschenförmig. Beachte die durch Oberkieferwülste und medialen Nasenwulst weit überwachsenen Nasengänge. Ca. 50 : 1 (Photomontage von eigenen Aufnahmen aus der Carnegie Collection of Embryology, Davis, mit freundlicher Genehmigung von Professor O'Rahilly)

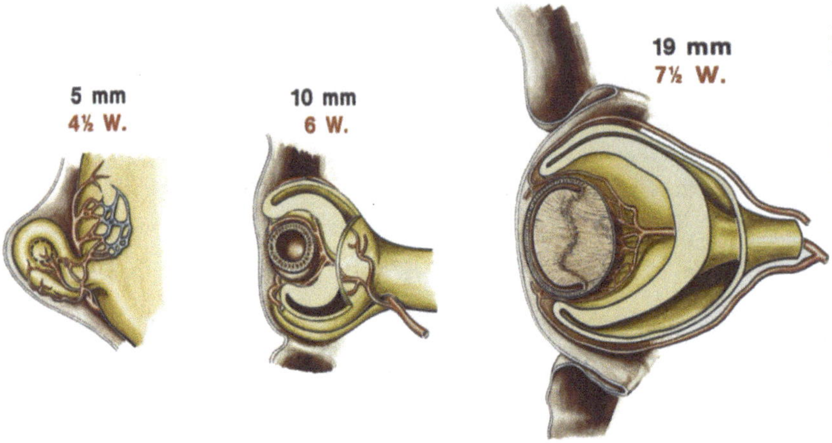

Abb. 18-3. Schema zur Augen- und Linsenentwicklung. Beachte die Einbeziehung der A. hyaloidea in die Augenbecherspalte und nachfolgend den Augenbecherstiel. [Umzeichnung nach Patten 1968 aus Hinrichsen 1986]

Schon früh haben die besonderen Formentwicklungen während der Bildung des Auges als Beispiele für Gestaltungsprinzipien bei epitheliogenen Organen gedient. So steht die ungleichmäßige Verteilung der Mitosen in direktem Zusammenhang mit epithelialen Formbildungen [Frank 1925]. Eine weitergehende Analyse erlaubt die ^{3}H-Thymidin-Markierung in der Autoradiographie [Sidman 1961]. Auch histochemisch lassen sich Zonen vermehrten Wachstums (verstärkte RNA im Cytoplasma [Rickenbacher 1952], erhöhte Acetylcholinesterase-Aktivität) identifizieren. Zelluntergang wurde bei der Linsenbildung schon von Glücksmann [1929, 1930] nachgewiesen. In der Wand des Augenbechers kommt „programmierter Zelltod" auch vor, wenn die Umformung zum Becher experimentell verhindert wird [Silver und Hughes 1974, Garcia-Porrero et al. 1987]. Am deutlichsten wird das starke Wachstum des Augenbecherrandes dadurch, daß der untere Pol merklich im Wachstum zurückbleibt und von den angrenzenden Rändern des Augenbechers überwachsen wird. So entsteht die „fetale" Augenbecherspalte [Huschke 1835], die nach caudal gerichtet ist und sich in den Augenbecherstiel fortsetzt (Abb. 18-4 und 18-5).

Schon früh werden in diese untere Kerbe des Augenbecherstieles und des Augenbechers Gefäße eingelagert und schließlich auch eingeschlossen, die A. und V. hyaloidea, die postnatal nur in ihrem hinteren Abschnitt als A. und V. centralis retinae persistieren (Abb. 18-6). Auch bilden sich zu dieser Zeit paarige arterielle Zuflüsse und venöse Abflüsse außerhalb des Augenbechers aus, von denen nur die Venen paarig erhalten bleiben.

Die Linsenplakode (Abb. 18-1) verformt sich zu einer Linsengrube, dann zu einem Linsenbläschen, das vom angrenzenden Ektoderm abgeschnürt und so

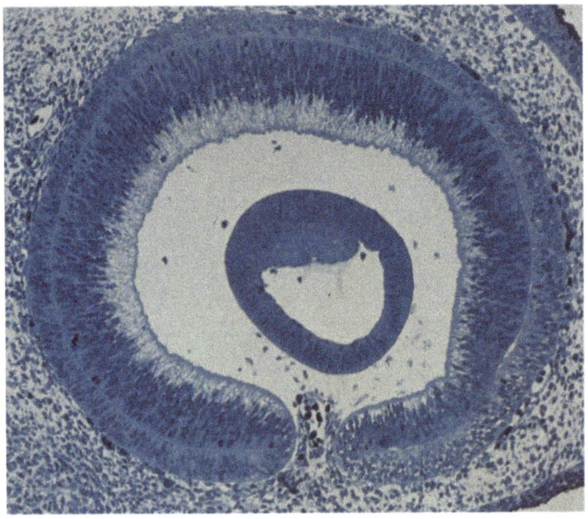

Abb. 18-4. Semidünnschnitt durch das Auge eines menschlichen Embryo im Stadium 17 (11,7 mm, ca. 41 Tage). Beachte die Marginalzone in der Retina (innenseitig), die Augenbecherspalte mit der noch kapillären A. hyaloidea und das verdickte hintere Linsenepithel. 65 : 1

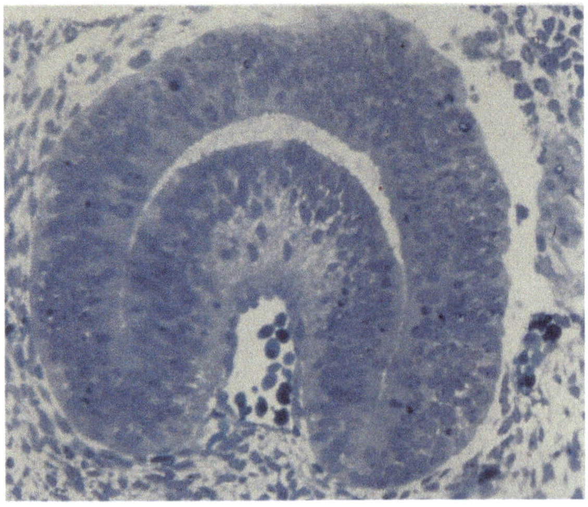

Abb. 18-5. Semidünnschnitt durch den Augenbecherstiel desselben Embryo wie zuvor (Stadium 17, 11,7 mm). Beachte die Fissur mit der kapillären A. hyaloidea. 175 : 1

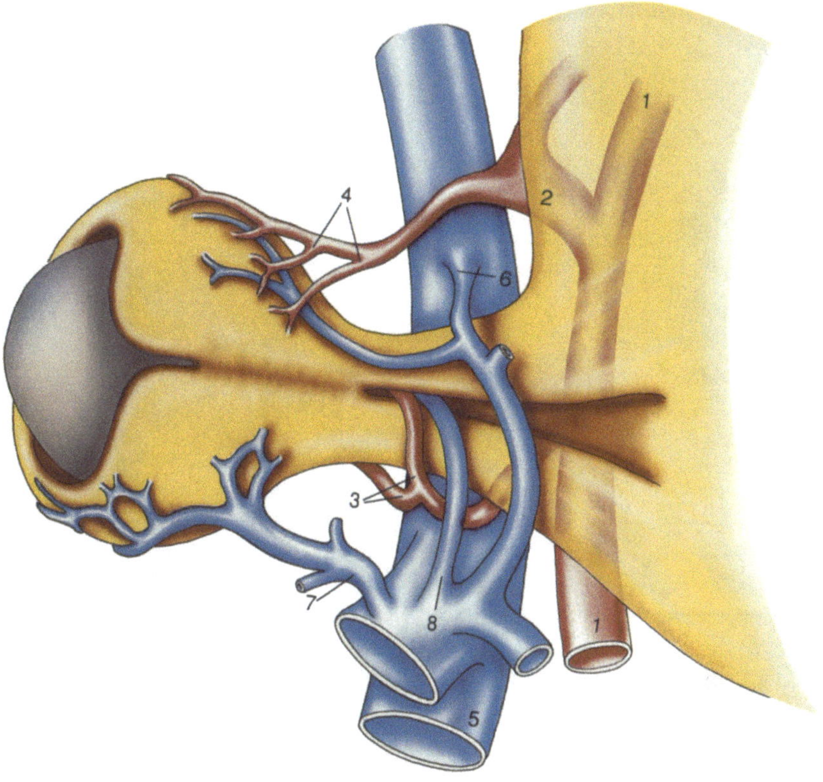

Abb. 18-6. Die frühen Gefäßverhältnisse am Auge in der Ansicht von caudal. 1 = A. carotis int., 2 = transitorische A. ophthalmica ant., 3 = A. hyaloidea und A. ciliaris temporalis aus der definitiven A. ophthalmica, 4 = Aa. ciliares breves post., 5 = Sinus cavernosus, 6 = V. ophthalmica sup., 7 = V. ophthalmica inferior, 8 = V. hyaloidea (Umzeichnung nach Ozanics und Jakobiec 1982)

subektodermal verlagert wird. Das Linsenbläschen ist (in der Normalentwicklung) in seiner Größe dem Innenraum des Augenbechers angepaßt und füllt diesen zunächst weitgehend aus.

Waren geeignete Schnittbilder schon immer ein interessanter Beleg für dieses Formbildungsgeschehen, so können mit heutiger Technik im Rasterelektronenmikroskop die Formverhältnisse der frühen Augenanlage besonders eindrucksvoll gezeigt werden. Trotz ihrer Ausfaltung aus dem Vorderhirn wölben die Augenbläschen zunächst die äußere Körperwand nicht vor. Man erkennt die Augenregion an einer flachen Einsenkung und einem unregelmäßigen Zellrelief im Bereich der Linsenplakode (Abb. 18-7). Hebt man die Linsenplakode vom Augenbecher ab, wird diese körperlich sichtbar und der Einblick in den Augenbecher wird frei. Die Kongruenz zwischen Augenbecherinnenraum und Größe des Linsenbläschens ist besonders ausgeprägt im Stadium 15 (Abb. 18-8). Danach wächst der Augenbecher deutlich stärker als die Linse (Abb. 18-9). Der Schluß der Augenbecherspalte beginnt im Stadium 16 und wird im Stadium 17 weitgehend abgeschlossen. Dabei wird das die A. hyoloidea begleitende Bindegewebe nach beiden Seiten herausgedrängt, Retina und Pigmentepithel fusionieren zu getrennten Schichten [Ozanics und Jakobiec 1982, O'Rahilly 1966, Geeraerts 1976], die Basalmembranen werden wiederhergestellt.

Die beiden epithelialen Blätter des Augenbechers haben sich zu dieser Zeit schon ungleich differenziert. Das äußere Blatt bleibt einschichtig, in ihm beginnt die Melanogenese, es differenziert sich zum Pigmentepithel. Das innere Blatt ist zunächst nach Art des Neuralepithels organisiert: Es besteht aus einer Schicht langgestreckter, neuroepithelialer Zellen, deren Perikarya in unterschiedlicher Höhe liegen. So erscheint auch hier das Bild eines „mehrreihigen" Epithels, wie in der ventrikulären Schicht des Neuralrohres und Gehirns. Durch die Einfaltung des inneren Blattes bedingt, liegt die „ventrikuläre" Oberfläche dieses Epithels aber am Spalt, der als Rest des Sehventrikels die beiden Blätter des Augenbechers noch für lange Zeit trennt. Man gewinnt lichtmikroskopisch in diesen Entwicklungsstadien den Eindruck, daß die Melanogenese auf das äußere Blatt des Augenbechers beschränkt sei und am Umschlagsrand abrupt aufhöre (Abb. 18-10). Histochemische und elektronenmikroskopische Untersuchungen am Augenbecherrand von Hühnerembryonen haben jedoch gezeigt, daß die Melanogenese um den Umschlagsrand des Augenbechers herum sich auch in das innere Blatt fortsetzt [El-Hifnawi und Hinrichsen 1975].

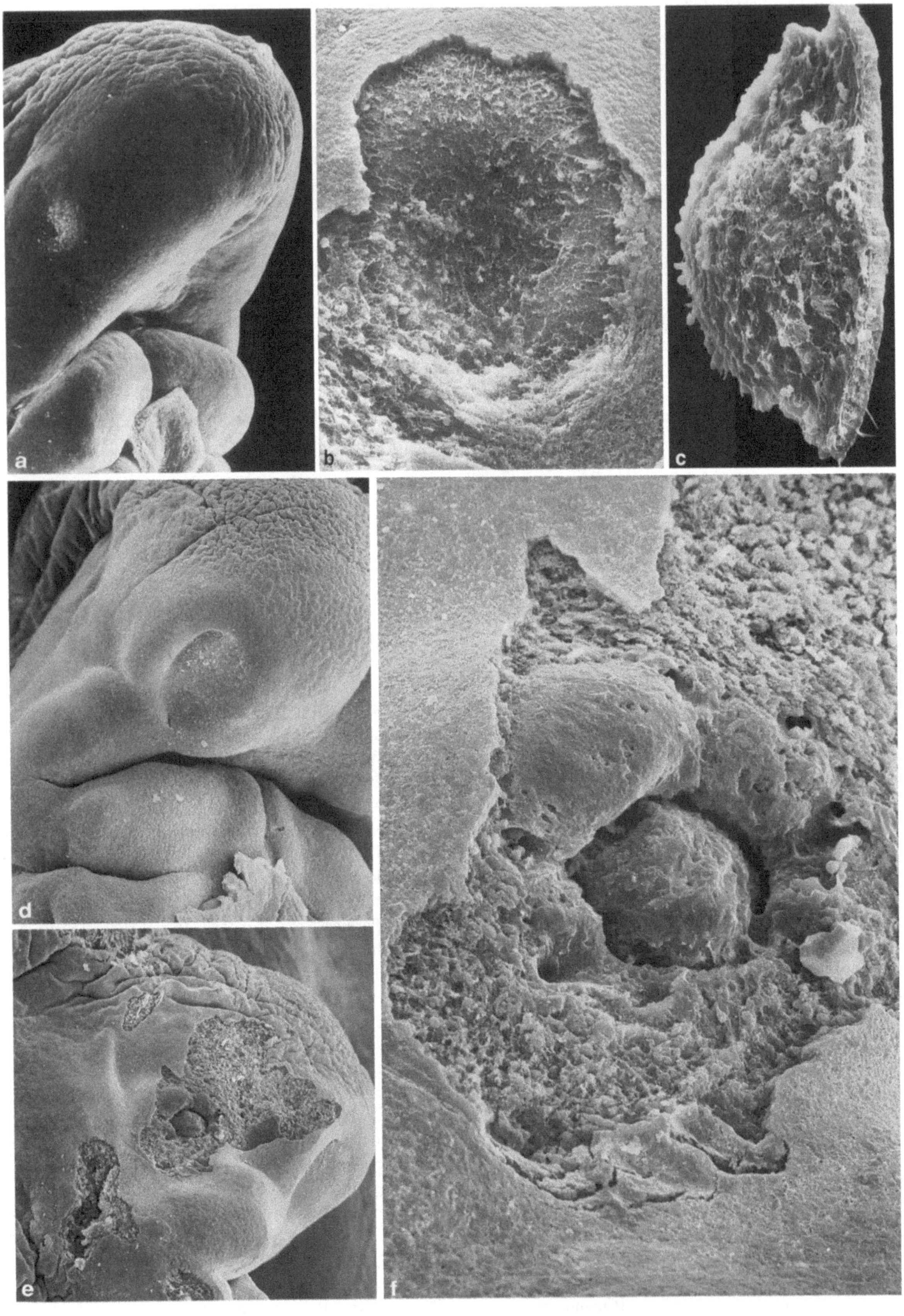
a
b
c
d
e
f

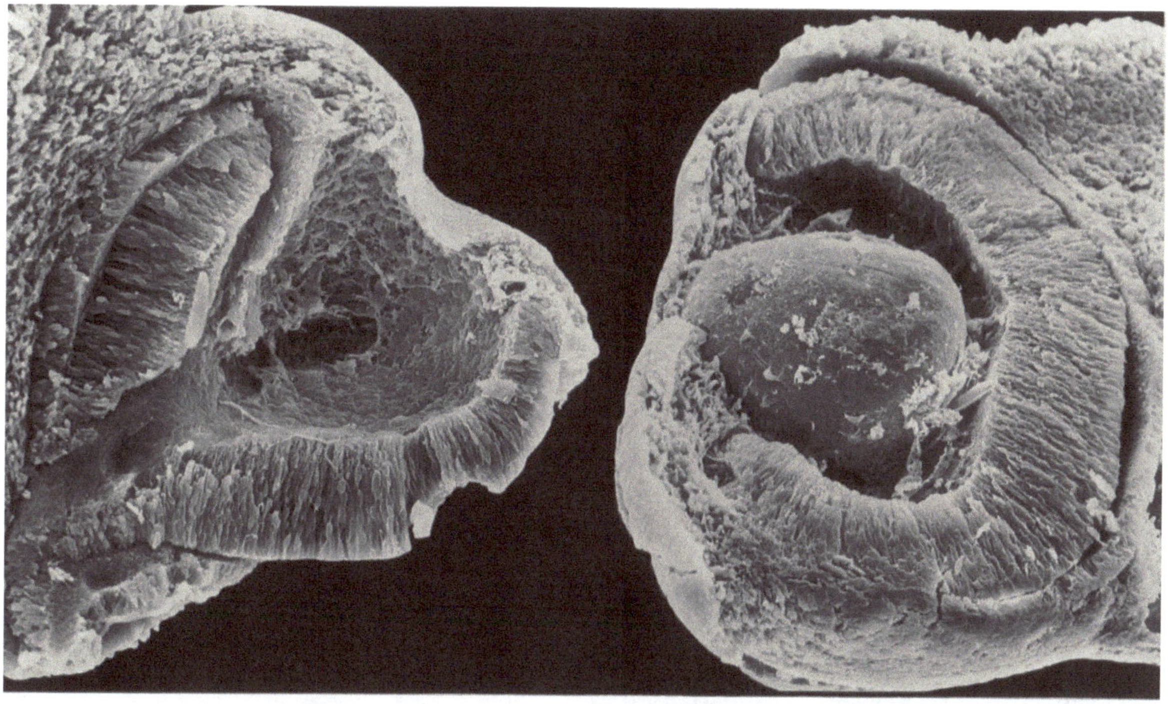

Abb. 18-8. Aufgebrochener Augenbecher im Stadium 15 (10,0 mm) im REM. Links offener Augenbecherstiel, eine weite Kapillare umgreift den Augenbecherrand; rechts: die Linse füllt den Augenbecher weitgehend aus. Beachte die Dickenunterschiede zwischen den beiden Blättern des Augenbechers. ca. 285:1.
[Aus: Hinrichsen und Mestres 1979]

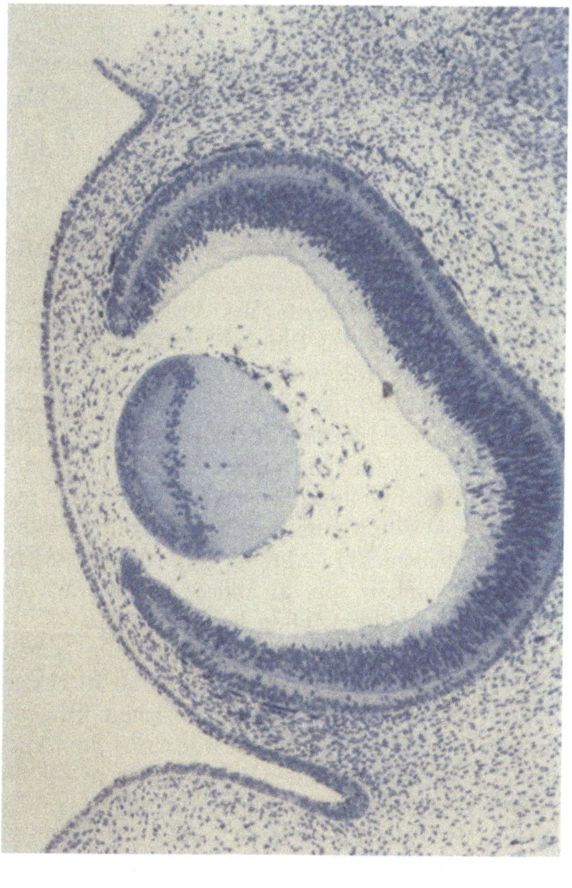

Abb. 18-9. Semidünnschnitt durch das Auge eines menschlichen Embryo im Stadium 18 (15,5 mm). In der Retina sind äußere und innere Neuroblastenschicht deutlich getrennt. Der Augenbecher ist jetzt größer als die Linse, die solide ist und eine äquatoriale Kernreihe zeigt. 150 : 1
(Serie freundlichst überlassen von Professor Christ, Bochum)

◀
Abb. 18-7a–f. REM-Bilder zur Entwicklung der Linse, a)–c) Stadium 13 (5,5 mm), d)–f) Stadium 15 (8,0 mm). Im äußeren Relief findet sich über der Linsenplakode eine flache Einsenkung mit unregelmäßigem Zellmuster **(a)**. In **b)** Einblick in den noch flachen Augenbecher, **c)** zeigt die Kantenansicht der abgehobenen Linsenplakode. Im Stadium 15 **(d)** zeigt sich inmitten des Augenareals eine flache Einsenkung über dem Augenbecherrand. Beginnende Tränen-Nasenrinne siehe Abb. 23-7b–d. Nach Abheben des Ektoderm **(e, f)** wird der Aufblick auf den Augenbecherrand und den vorderen Pol des Linsenbläschens frei. Beachte die großen Gefäßöffnungen am Augenbecherrand in **f)**; a) ca. 50 : 1; b), c) 400 : 1; d), e) ca. 55 : 1; f) 350 : 1

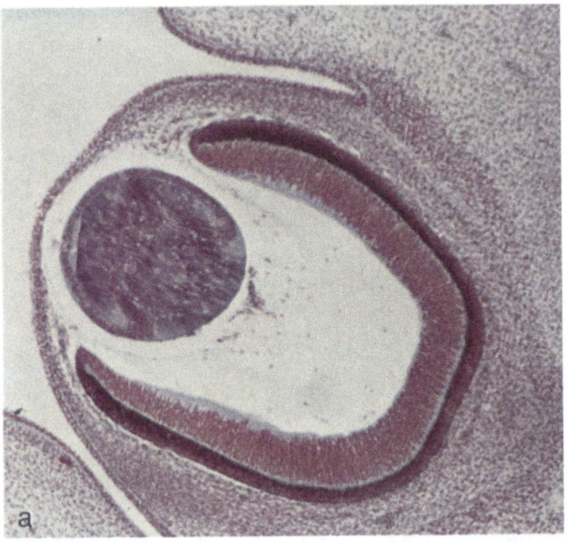

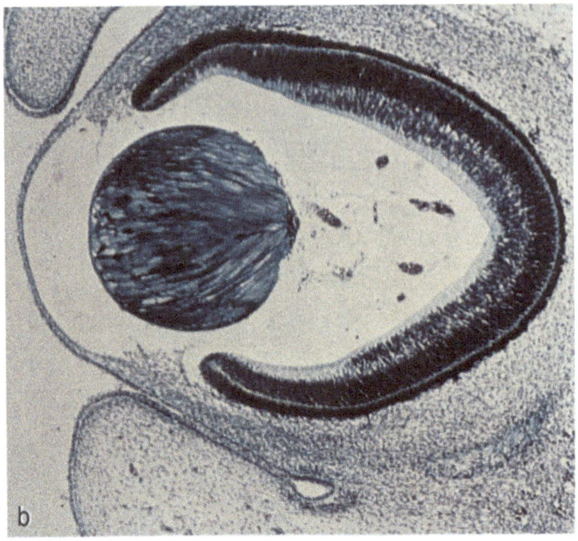

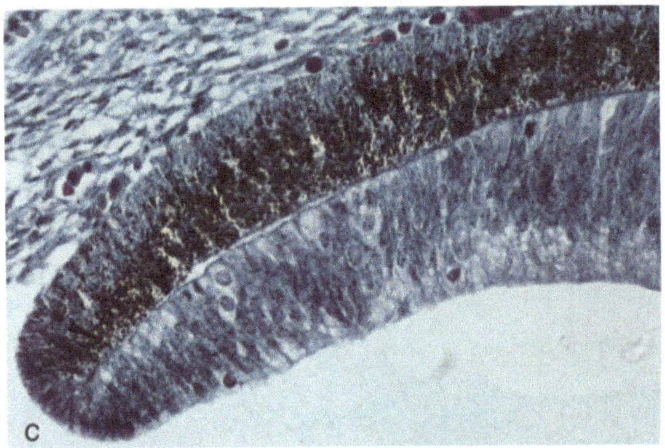

Abb. 18-10a–c. Augen im STADIUM 18 (16 mm, **a**) und 21 (23 mm, **b**) im histologischen Schnitt. Die Lidfalten lassen die Cornea noch weitgehend frei. Beachte die stärkere Krümmung der Cornea und die vordere Augenkammer. Linsenkern gebildet. Am oberen Augenbecherrand zeichnet sich schon die dünn bleibende vordere Partie (später Ora serrata bis Pupillarrand) ab. Beachte die starke Pigmentierung im äußeren Blatt des Augenbechers. a) 75 : 1; b) 50 : 1; c) Ausschnitt aus b), 175 : 1

18.2 Frühe Differenzierung der Retina

Die weitere Differenzierung des retinalen Anteils des Augenbechers (inneres Blatt) vollzieht sich zunächst nach Art des Neuralepithels [Hollenberg und Spira 1972, Rhodes 1979]. Zum Lumen des Augenbechers (also nicht zum Sehventrikel) hin entsteht eine plexiforme Schicht, die der Marginalzone entspricht (Abb. 18-11a). Aus der ventrikulären Schicht wandern Neurone aus und bilden eine intermediäre Zone (innere Neuroblastenschicht) (Abb. 18-11b). Aus ihr gehen die Ganglienzellen, die amakrinen Zellen und die Müller'schen (Stütz-)Zellen hervor (Tabelle 18.1). Durch Einwandern von Neuronen und Müller'schen Zellen entwickelt sich schon früh eine transitorische Schicht (benannt nach Chievitz) zwischen inneren und äußeren Neuroblasten. Sie wird durch das Auswandern der Nervenzellen im 4. Monat als Zellschicht zurückgebildet und geht in die innere plexiforme Schicht über (Tabelle 18.1) [Dunn 1972]. Definitive Schichten beginnen am Ende der Embryonalperiode erkennbar zu werden (Abb. 18-11c). Aus der Ventrikulärzone (äußere Neuroblastenschicht) gehen nach ihrer Auswanderung die Bipolarzellen und die Horizontalzellen hervor (Tabelle 18.1). Nach Aufhören der Zellproliferation entwickeln sich die verbleibenden Zellen der ventrikulären Schicht von der 10. Fetalwoche an zu den eigentlichen Sinneszellen (Stäbchen- und Zapfenzellen, Abb. 18-11 und 18-12). Die äußere Grenzmembran formt sich aus den apicalen Zellkontakten der Müller'schen Stützzellen (Abb. 18-12), die die Basis der noch kurzen Stäbchen und Zapfen markieren (nur innere Segmente) [Hollenberg und Spira 1973]. Die Außenglieder bilden sich vom 7. Monat an, ausgehend von den Cilien [DeRobertis und Lasansky 1961, Fernandez-Moran 1961, Sjöstrand 1961, Dunn 1972, Meller 1984].

Die Gefäße der Retina wachsen als neu gebildete Kapillarsprossen von der Papille aus in die Peripherie. Sie bilden zunächst ein Netzwerk, aus dem in den

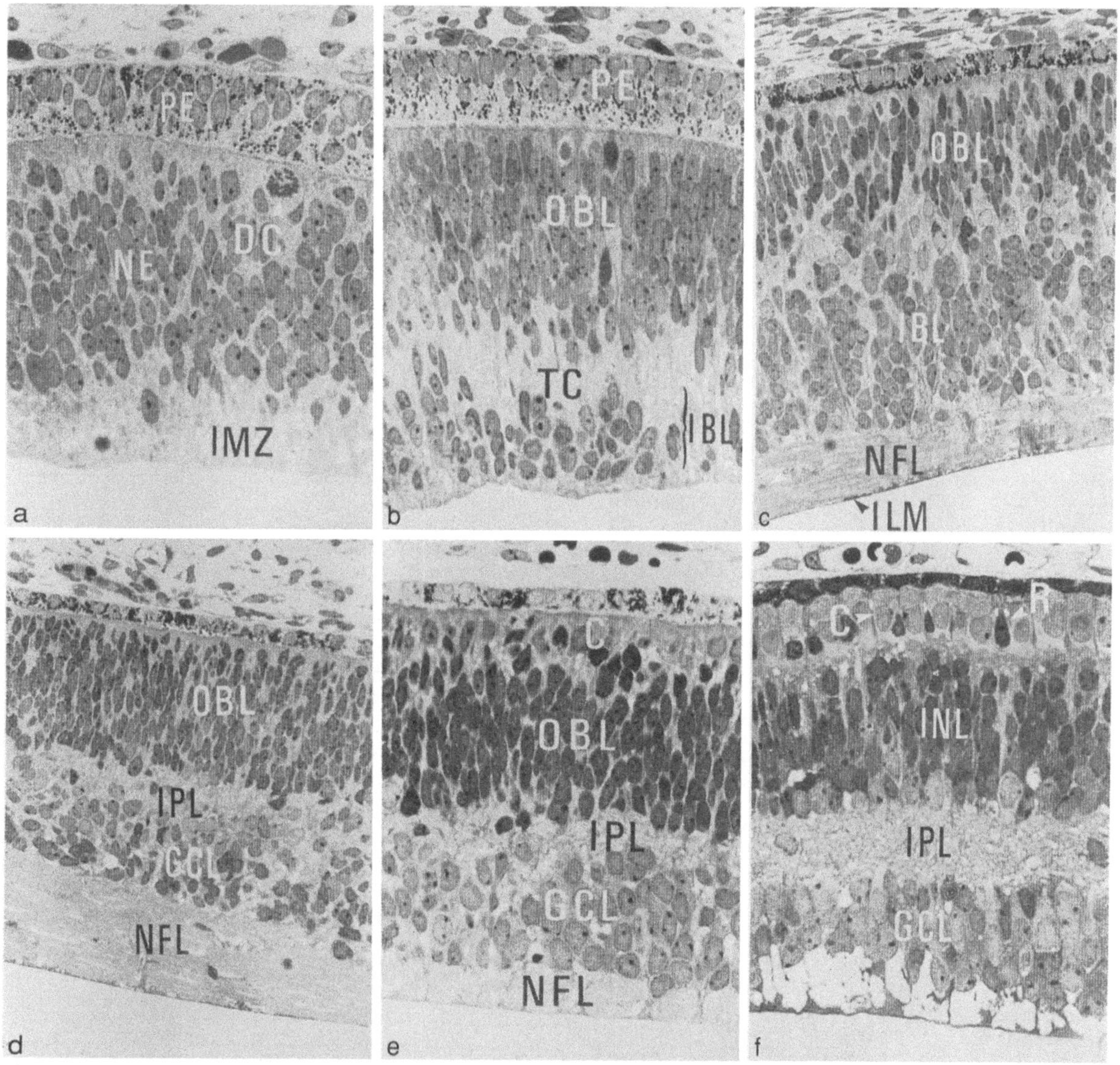

Abb. 18-11a–f. Differenzierung der Retina vom STADIUM 19 bis zum Alter von 15 Wochen. 350 : 1.
a) STADIUM 19, PE = Pigmentepithel, NE = Neuralepithel, MZ = Marginalzone, DC = Mitose (dividing cell).
b) STADIUM 20, PE = Pigmentepithel, OBL = äußere Neuroblastenschicht, TC = transitorische Schicht (Chievitz), IBL = innere Neuroblastenschicht.
c) STADIUM 22, OBL = äußere Neuroblastenschicht, IBL = innere Neuroblastenschicht, NFL = Nervenfaserschicht, ILM = innere Grenzmembran.
d) Fetus 6 cm (10 Wochen), OBL = äußere Neuroblastenschicht, IPL = innere plexiforme Schicht, GCL = Ganglienzellschicht, NFL = Nervenfaserschicht.
e) Fetus 8,3 cm (12 Wochen), C = Vorläufer der Sinneszellen (cone precursers), übrige Bezeichnungen wie zuvor.
f) Fetus 12,0 cm (15 Wochen), Zapfen- (cone: C) und Stäbchenzellen (rods: R) erstmals zu unterscheiden, übrige Bezeichnungen wie zuvor
(Photographisch reproduziert aus Hollenberg und Spira 1972 mit freundlicher Genehmigung von Autoren und Verlag)

ersten postnatalen Monaten das definitive Gefäßmuster entsteht.

Die Bildung der Marginalzone, einer intermediären Zone und der weiteren Schichten erfolgt nicht in allen Abschnitten des inneren Blattes des Augenbechers gleichmäßig. Sie beginnt zentral und schreitet nach distal fort. Zuerst wird die spätere Macularegion angelegt, die aber erst mehrere Monate nach der Geburt voll ausreift [Rohen 1977]. Am Umschlagsrand des inneren zum äußeren Blatt des Augenbechers bleibt auch das innere Blatt dünn, hier kann eine Pars iridica retinae bereits abgegrenzt werden, die Übergangszone zum zentralen Teil wird die spätere Ora serrata bilden (Abb. 18-10).

Tabelle 18.1. Differenzierung der Pars optica retinae. [Nach: Mann 1964 und Rhodes 1979]

1. Phase 4.–5. Woche 4–7 mm	2. Phase 6.–9. Woche 20–43 mm	3. Phase 10.–15. Woche 47–118 mm	4. Phase mittl. Fetalzeit 159–200 mm	Erwachsener
äußeres Blatt des Augenbechers	Pigmentepithel	Pigmentepithel	Pigmentepithel	Pigmentepithel
Sehventrikel	Spaltförmiger Rest des Sehventrikels	Spaltförmiger Rest des Sehventrikels	kapillärer Spalt mit Zellfortsatzbrücken	Interzellularraum (Außenglieder/PE)
Cilien	Cilien	primitive Stäbchen und Zapfen	Innenglieder der Stäbchen und Zapfen	Stäbchen und Zapfen
Basalmembran	Basalmembran	Basalmembran	Basalmembran	Membrana limitans externa
Neuroepithel (Ventrikulärzone)	Ventrikulärzone (äußere Neuroblastenschicht) →	Perikarya der Stäbchen und Zapfenzellen	Äußere Körnerschicht	Äußere Körnerschicht
		Äußere plexiforme Schicht	Äußere plexiforme Schicht	Äußere plexiforme Schicht
	→	→	Horizontalzellen	Innere Körnerschicht
	→	→	Bipolarzellen	
	→	Amakrine Zellen →	→	
		Müller'sche Zellen →	→	
	Transitorische Schicht (Chievitz)	Innere plexiforme Schicht	Innere plexiforme Schicht	Innere plexiforme Schicht
	Intermediärzone (Innere Neuroblastenschicht) →			
Marginalzone		Müller'sche Zellen		
		Ganglienzellen	Ganglienzellen	Ganglienzellen
	Oberflächlicher Teil der Marginalzone	Nervenfaserschicht	Nervenfaserschicht	Nervenfaserschicht
Oberfläche der Marginalzone				Innere Grenzmembran

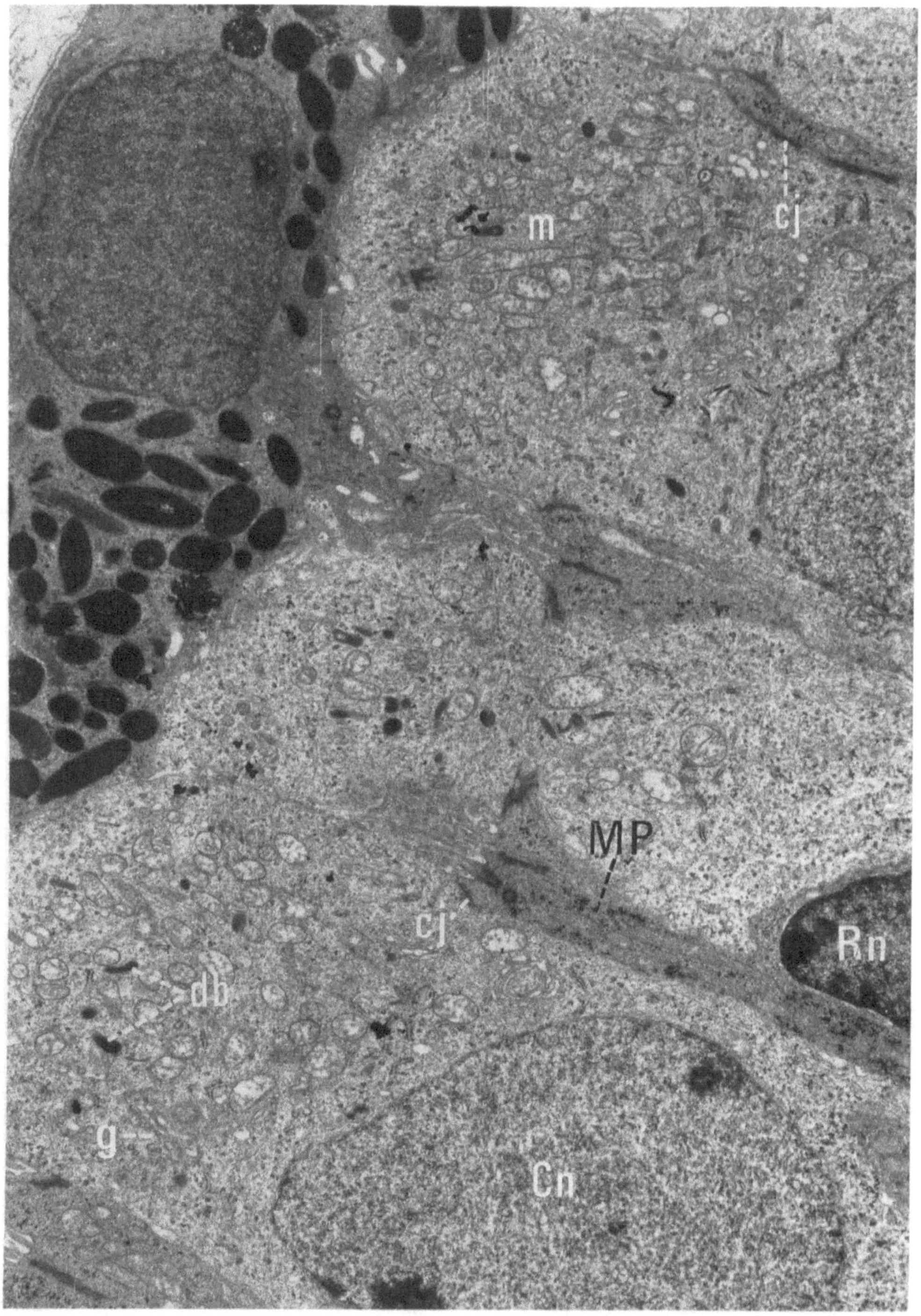

Abb. 18-12. Elektronenmikroskopische Aufnahme aus dem Grenzbereich von Retinaaußenschicht und Pigmentepithel (dunkle Granula links oben). Eine Stäbchenzelle (Rn = rod's nucleus) und vier Zapfenzellen (Cn = cone's nucleus) haben die Innenglieder gebildet, sie enthalten viele Mitochondrien (m), Membranen des Golgiapparates (g) und elektronendichte Granula (dense bodies = db). Die Fortsätze der Müller'schen Stützzellen (MP) reichen bis an die Basis der Innenglieder und bilden mit ihren junktionalen Kontakten (cj) die äußere Grenzmembran
(Freundlichst überlassen von Prof. Hollenberg aus: Hollenberg und Spira 1973, mit Genehmigung von Autoren und Verlag)

18.3 Linse

Die Linse entwickelt sich aus dem Linsenbläschen (Abb. 18-1 und 18-13) als rein epitheliales Gebilde. Schon im frühen Linsenbläschen (Abb. 18-4) ist das hintere, dem retinalen Teil des Augenbechers zugewandte Epithel dicker als das vordere Linsenepithel. Diese Verdickung schreitet fort und kommt allein durch die Verlängerung der Epithelzellen zu langgestreckten primären Linsenfasern zustande, die vom hinteren Pol bis an die innere Seite des vorderen Linsenepithels reichen. Sie sind im Zentrum gestreckt, zum Rand hin zunehmend U-förmig. Vor dem „Äquator" der Linse bleibt eine mitosenreiche Zone erhalten (Abb. 18-9), deren postmitotische Zellkerne einen charakteristischen, nach vorn konvexen „Kernbogen" bilden [Rohen 1977]. Von hier aus werden laufend weitere Zellen, sich zu Linsenfasern verlängernd und differenzierend, dem Linsenkern zugefügt. Die Faserneubildung wird mit der Rückbildung des „Gefäßkorbs" der Linse im 6. und 7. Monat stark eingeschränkt, das Linsenwachstum damit verlangsamt. Es ist aber mit der Geburt noch nicht abgeschlossen und kann über die Jugendphase andauern [Rohen 1977]. Ihre Durchsichtigkeit erhält die Linse durch die Umwandlung der primären zu sekundären Linsenfasern, die spezifische Linsenkristalline bilden und sich durch seitliche Interdigitationen zu eng gepackten Schichten zusammenlagern.

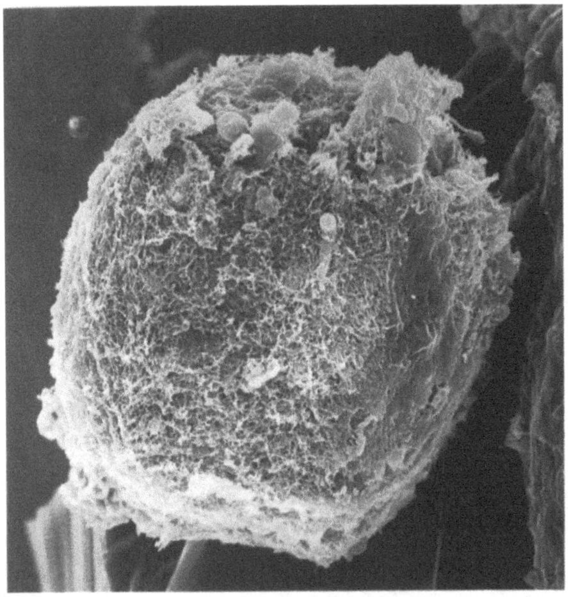

Abb. 18-13. Isolierte Linse eines menschlichen Embryo im Stadium 17 (10,0 mm) im REM. 720 : 1 (Präparat: Dr. H. J. Jacob, Bochum)

Nach Befunden in der Gewebekultur [Rind: Arruti und Courtois 1978] ist für eine Zellteilung und Differenzierung zu Linsenfasern Retina-Extrakt erforderlich. Der Zusammenhang zwischen der Größe des Auges und der Linse ist ein experimentell viel untersuchtes Thema [u.a. Spemann 1907, Harrison 1929, Balinsky 1957]. Dabei spielen auch Hemmfaktoren eine Rolle [Coulombre 1965].

Ist der Linsenkern voll aufgefüllt, so schieben sich wellenartig weitere Bänder von Linsenfasern von den Seiten her über den Linsenkern, so daß nach und nach in zwiebelschalenartiger Schichtung die Linse größer wird. Diese, von drei bevorzugten Wachstumsbereichen aus gebildeten Bänder werden Y-förmig, wobei die Seitenflächen dieser Y-Bänder sich vereinigen und die zeitlebens sichtbar bleibende dreizackige, dann mehrstrahlig-sternförmige Naht bilden. Dabei

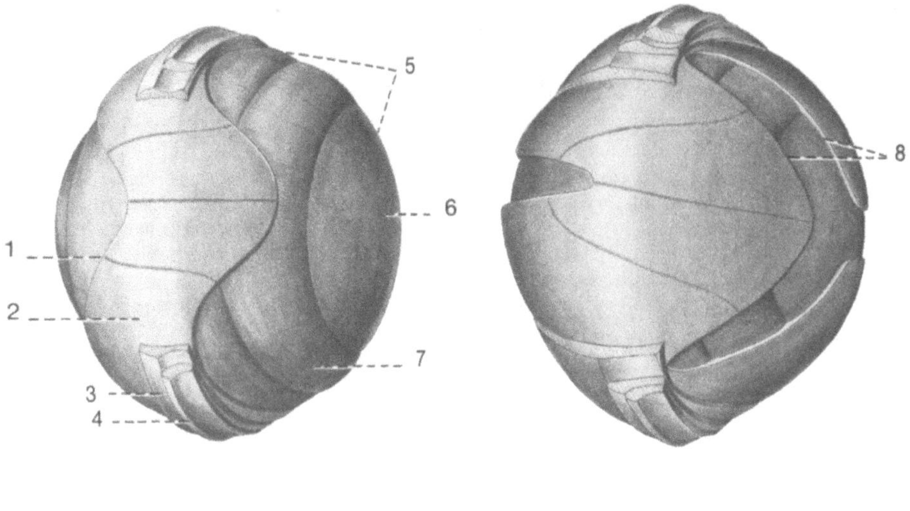

Abb. 18-14. Schema zur Schichtung der Linsenfasern und zur Entstehung der Linsennähte. 1 = S-förmige Linsenfaser, 2 = geschlängeltes Band von Linsenfasern, 3 + 4 = teilungsaktive, äquatoriale Epithellagen, 5 = Linsenkern, 6 = hinterer Linsenpol, 7 = ungewellte, innere Faserschicht, 8 = noch nicht geschlossene Linsennaht. (Aus: Blechschmidt 1960, mit freundlicher Genehmigung von Autor und Verlag. Vgl. hierzu den Film C 721/1956, Institut für den wiss. Film, Göttingen)

steht die Y-förmige Naht am vorderen Pol aufrecht, am hinteren Pol ist sie um 180° versetzt (Abb. 18-14 und 18-15). Durch Verdickung der von Beginn an vorhandenen Basalmembran wird eine Linsenkapsel gebildet. Das vordere Linsenepithel bleibt bestehen.

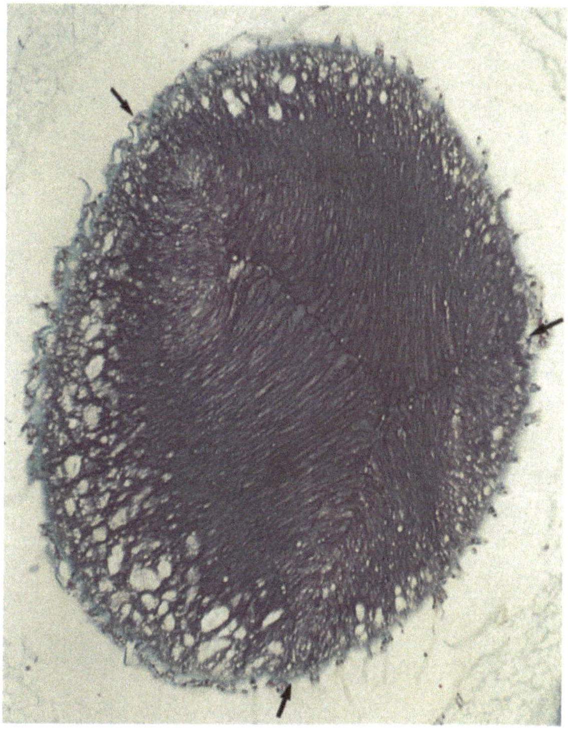

Abb. 18-15. Flachschnitt durch den hinteren Linsenpol eines Feten (10,5 cm). Die Pfeile weisen auf die Linsennähte. ca. 65 : 1

18.4 Cornea, Iris und vordere Augenkammer

Mit der Ablösung des Linsenbläschens vom Ektoderm wird die gesamte Anlage des Auges außen von einer sehr mesenchymarmen Zone und vom Ektoderm bedeckt. Nach Untersuchungen am Vogelauge [Hay 1980] ist der enge Kontakt zum Linsenepithel bedeutsam, da von diesem die induzierende Wirkung auf das Ektoderm der Cornea ausgeht. Das Corneaepithel sezerniert eine Schicht von Glycosaminglycanen, ein erstes zellfreies Cornealstroma. Von den Rändern des Augenbechers aus wachsen nun Mesenchymzellen in den Bereich der Cornea ein und breiten sich auf diesem primären Stroma aus. An der Innenseite bilden sie das Corneaendothel. Eine zweite Welle von Mesenchymzellen dringt danach in das Stroma ein und verteilt sich hier als die künftige Keratinocyten-Population. Nach den experimentellen Untersuchungen mit Vogelchimären stammen die in die Cornea einwandernden Zellpopulationen aus der Neuralleiste. Sie sind im Stroma der Cornea zunächst gleichmäßig verteilt (Abb. 18-16). An das Corneaendothel angrenzend entsteht eine Stroma-Kondensa-

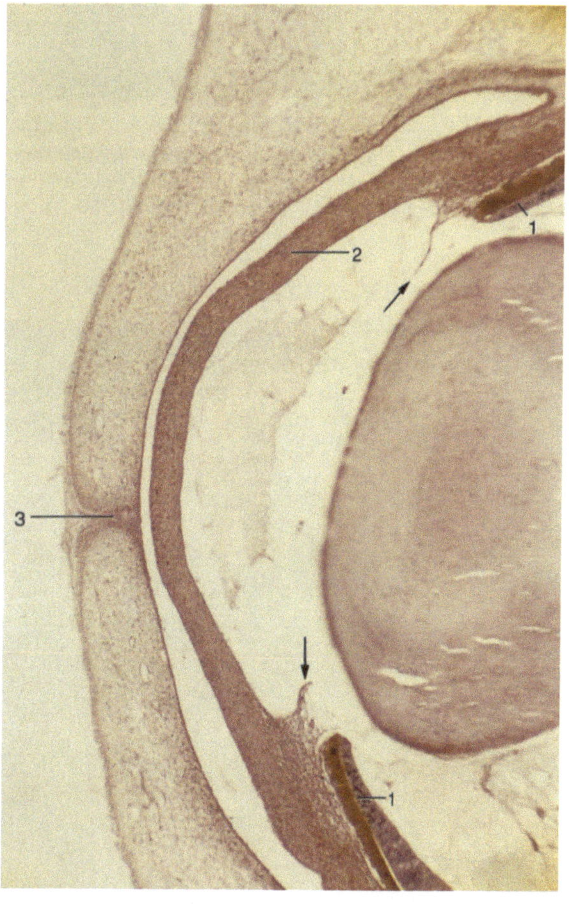

Abb. 18-16. Vorderer Teil des Auges bei einem Feten (4,5 cm). Die Linse ist im Präparat leicht luxiert und liegt nicht in der Schärfenebene. Augenbecherrand (1) noch ungefaltet, Pupillarmembran angeschnitten (Pfeile), Stroma der Cornea (2) noch homogen, Lidkanten (3) epithelial verklebt. HE, 110 : 1

Abb. 18-17. Cornea bei einem Feten (10,5 cm). 1 = vorderes Cornealepithel, 2 = noch lockerer Teil des Cornealstroma, 3 = verdichteter Teil des Cornealstroma mit Keratocyten, 4 = hinteres Cornealepithel. Trichrome Masson, 300 : 1

tion (Abb. 18-17), die allmählich die ganze Cornea erfaßt. Die Fibroblasten werden zu Keratinocyten umgewandelt. Mit der Kondensation des Stroma einher geht der Aufbau einer strengen geometrischen Anordnung der Kollagenfasern [Coulombre und Coulombre 1961]. Diese Kondensation des Cornealstroma ist – wiederum nach tierexperimentellen Befunden – Thyroxin-abhängig, wird andererseits durch Thiouracil gehemmt. Die Kondensation des Cornealstroma ist Voraussetzung für die Steigerung des Brechungsindexes und das Durchsichtigwerden.

Die Cornea hat einen eigenen Radius, der kleiner als der des ganzen Auges ist (Abb. 18-16). Die Ausbildung dieser besonderen Hornhautkrümmung ist – nach Befunden am Hühnchen – vom Innendruck des Auges abhängig, nachdem sich ein kollagenfaseriger Ring (Vorläufer des Limbus sclerae) gebildet hat [Coulombre und Coulombre 1958]. Eine gleichmäßige Krümmung ist für die spätere Sehfunktion besonders wichtig, ungleiche Hornhautkrümmungen führen zum Astigmatismus.

Zwischen vorderem Linsenpol und Rückfläche der Cornea dringt ein gefäßreiches Mesenchym ein, das die Membrana iridopupillaris bildet. Ihre Gefäße stehen sowohl mit der sich entwickelnden Aderhaut als auch mit den Verzweigungen der A. hyaloidea um den Rand des Augenbechers herum in Verbindung. Zwischen Cornea-Anlage und vorderem Linsenpol werden die Maschen der mesenchymalen Schicht größer, durch ihr Zusammenfließen entsteht die vordere Augenkammer. Dabei bleibt eine gefäßführende bindegewebige Lamelle zwischen den Rändern des Augenbechers vor dem vorderen Linsenpol als Membrana iridopupillaris erhalten. Sie bildet sich norma-

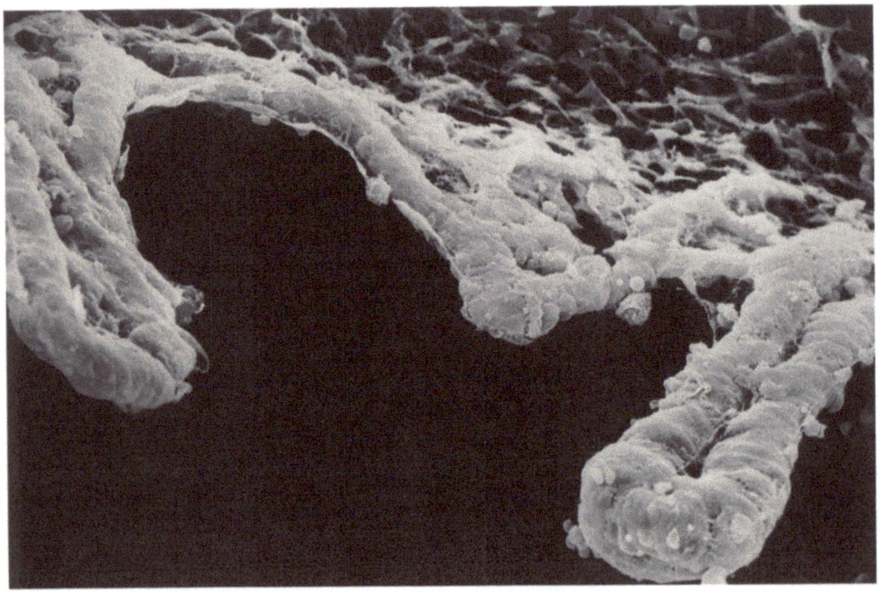

Abb. 18-18. Membrana iridopupillaris in Rückbildung bei einem Feten (4,7 cm). Fast gewebsfreie Kapillarschlingen am freien Rand. REM 450 : 1
[Aus: Hinrichsen und Mestres 1979]

lerweise zwischen dem 7. und 9. Monat zurück (Abb. 18-18), ihre vollständige oder teilweise Persistenz kann bei Neugeborenen beobachtet werden und in schweren Fällen zur Minderung des Sehvermögens führen.

Distal des Faltungsbereiches des entstehenden Ciliarkörpers (siehe im folgenden Abschnitt) wächst der Umschlagsrand des Augenbechers als im Schnitt schmale, zungenförmige Ausstülpung über die vordere Linsenfläche vor, die Bildung der Iris beginnt. Der sonst schon kapilläre Spalt des Sehventrikels ist am Umschlagsrand zum Marginalsinus erweitert. Nach Phasenkontrastuntersuchungen an frisch fixierten embryonalen Augen wird der Randsinus als Artefakt gedeutet [Wulle 1966]. Die Pigmentbildung setzt sich auf das innere Blatt fort. Von der Pigmentbildung ausgespart wird eine Zellgruppe, die sich zum M. constrictor pupillae entwickelt und vom Umschlagsrand aus entlang dem äußeren Blatt vorschiebt [Mann 1964, Ruprecht und Wulle 1973, El Hifnawi und Hinrichsen 1975]. Im 6. und 7. Fetalmonat erreicht ein zartes, gefäßhaltiges Bindegewebe die Muskelanlage und trennt sie vom Epithel des Augenbechers [Mann 1964]. Der M. dilatator pupillae entsteht vom 6. Monat an als zarte, gefäßfreie Schicht direkt aus dem äußeren Blatt des Augenbechers in der Iris. Diese Zellen bleiben epithelial und pigmentiert. Das Irisstroma lagert sich aus dem Bindegewebe der vorderen Augenkammer der Iris auf und bildet als vordere Bedeckung eine nicht zusammenhängende Fibroblastenschicht, die mit Kollagenfibrillen durchsetzt ist [Rodrigues et al. 1982a und b]. Sie kann sich abschnittsweise zu einem Endothel verdichten, das Lücken und Krypten offen läßt [Rohen 1964].

18.5 Sclera und Choroidea

Das Pigmentepithel grenzt an umgebendes Mesenchym, das nach und nach auch zwischen dem äußeren Ektoderm und dem vorderen Linsenepithel weiter vordringt und hier ein maschenreiches Zellager bildet. Schon früh lagern sich in diesem Mesenchym an die Außenseite des Pigmentepithels dicht aufgereihte Kapillaren an, die die Anlage der späteren Aderhaut bilden (Abb. 18-19). Die A. hyaloidea bildet im In-

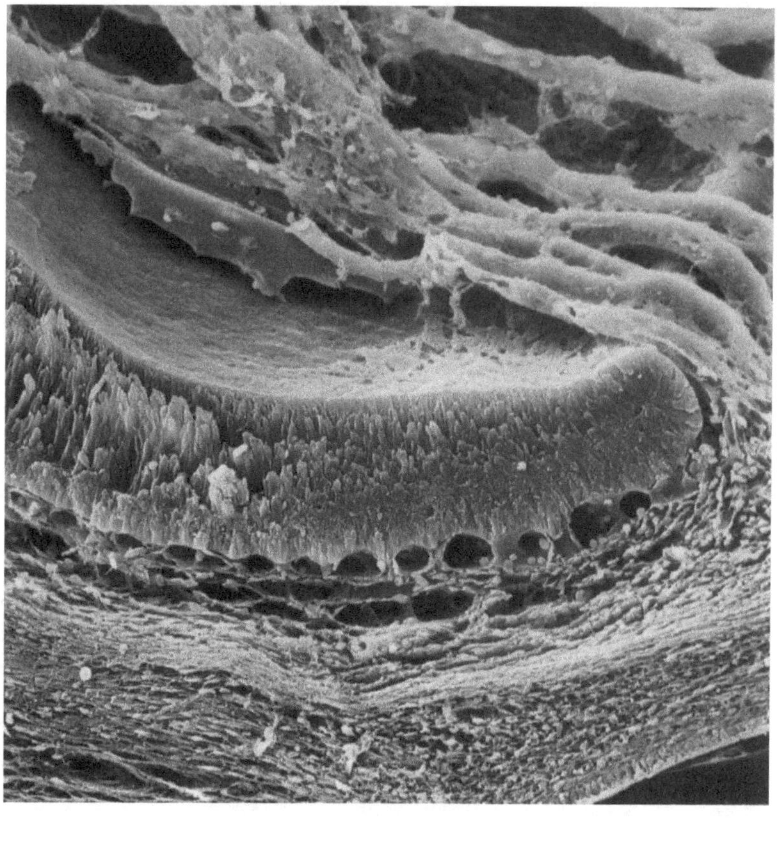

Abb. 18-19. Unterer Umschlagsrand des Augenbechers eines Feten (4,7 cm). Am Pigmentepithel reihen sich außen Kapillaren auf (Anlage der Choroidea), sie stehen mit der A. hyaloidea in vielfacher Verbindung um den Augenbecherrand. REM 300 : 1
[Aus: Hinrichsen und Mestres 1979]

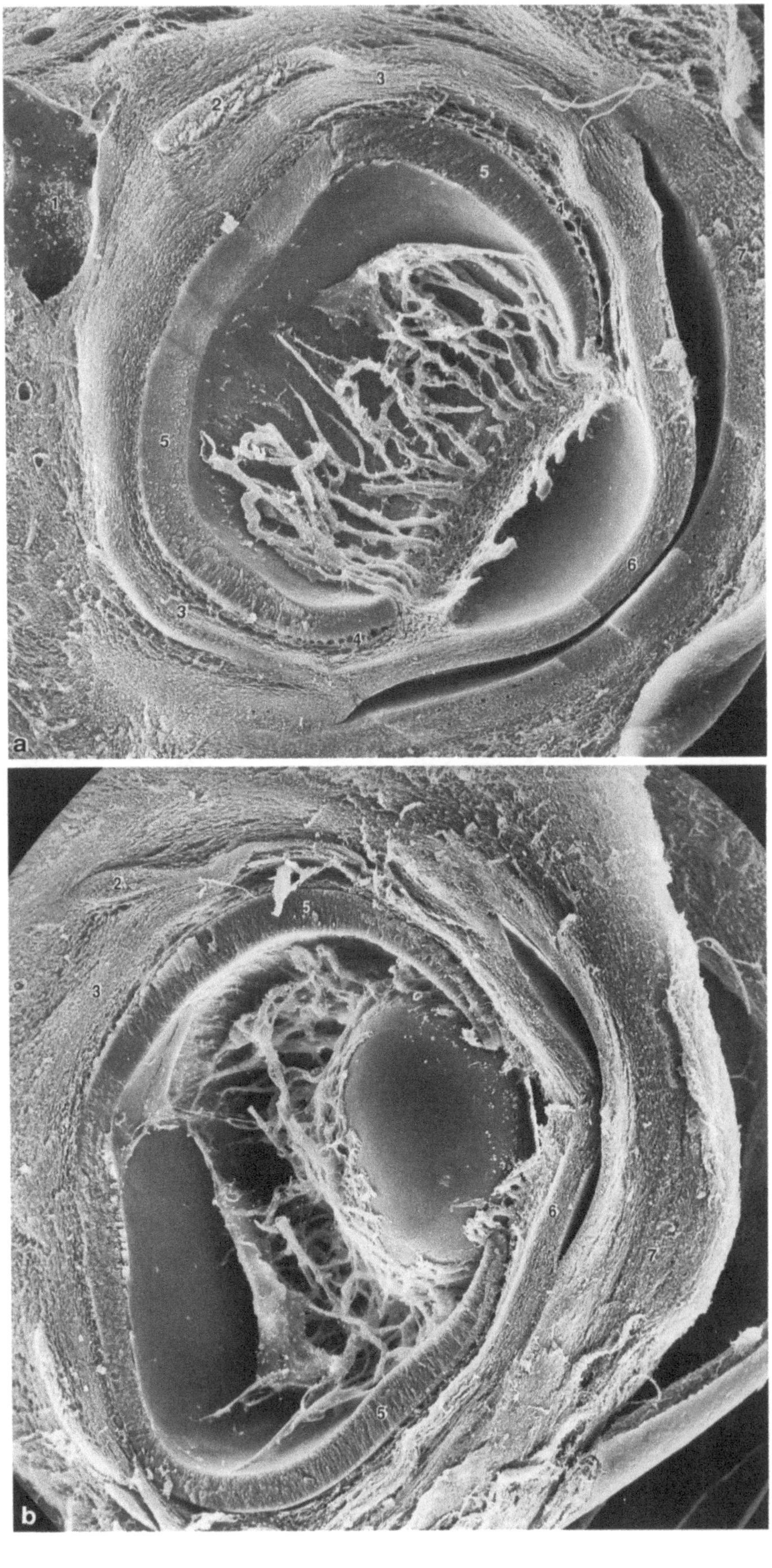

Abb. 18-20a, b. Halbierte Augen von Feten (a: 4,7 cm, b: 5,5 cm) ohne **(a)** und mit Linse **(b)** im REM-Bild. Ausgeprägte Capsula vasculosa lentis. Ciliarapparat noch nicht ausgebildet. Beachte die Mächtigkeit von Cornea und Sclera. 1 = eröffnete V. ophthalmica, 2 = Muskelinsertion, 3 = Sclera, 4 = Choroidea, 5 = Retina, 6 = Cornea, 7 = Augenlid. ca. 65 : 1 [a aus: Hinrichsen und Mestres 1979]

nern des Augenbechers einen dichten Gefäßkorb, der die Linse von hinten her umschließt (Capsula vasculosa lentis). Am Augenbecherrand bestehen zahlreiche Verbindungen zwischen Ästen der A. hyaloidea und den Kapillaren der Choroidea (Abb. 18-19 und 18-20). Außerhalb dieser gefäßreichen Schicht verdichtet sich das umgebende Bindegewebe zur Sclera. In diese strahlen bereits früh (STADIUM 22) die Anlagen der äußeren Augenmuskeln ein [Gilbert 1957]. In der 5. Woche bilden sich auch die definitiven Gefäßverhältnisse der Orbita aus. Aus der A. ophthalmica ventralis und dorsalis wachsen die langen und kurzen Ciliararterien aus, die Vv. ophthalmicae superior und inferior entstehen [Ozanics und Jakobiec 1982].

Große funktionelle Bedeutung kommt der Differenzierung des Limbus sclerae und des Kammerwinkels zu. Die zunächst rundliche Bucht wird spitzwinklig, es erfolgt eine Längsspaltung des Bindegewebes als Vorstufe der Trabekelbildung [Rohen 1964]. Der Schlemm'sche Kanal entwickelt sich aus einem Venenplexus, der die Scleraanlage durchsetzt und zunächst innerhalb der tiefen Schichten deutlicher ist. Mit der Verdichtung der Sclera und dem Ansteigen des intraoculären Druckes bleibt dann der episclerale Teil dieses Plexus erhalten [Mann 1964].

18.6 Ciliarapparat und Glaskörper

Im STADIUM 17 (Abb. 18-4) zeigte sich bereits eine ungleiche Differenzierung im inneren Blatt des Augenbechers. Besonders der Randbereich nimmt nicht an der Differenzierung zu mehrreihigem Neuralepithel teil, er bleibt dünn (Abb. 18-10). In der frühen Fetalzeit treten hier erhebliche Veränderungen auf. Zunächst fältelt sich das äußere Blatt, dann wird auch das innere Blatt in die Faltung einbezogen (Abb. 18-16 und 18-21). Das Pigmentepithel entwickelt ein Maschenwerk basaler Einfaltung und wird durch neuentstehende Gefäße kapillarisiert [Wulle 1966].

Der Ciliarmuskel ist als Anlage schon bei Embryonen von 25 mm (ca. STADIUM 22) erkennbar, zuerst entwickeln sich meridionale (3. Monat), dann zirkuläre Fasern (5. Monat) [Mann 1964].

Die Herkunft des Glaskörpers ist noch nicht endgültig geklärt, die Diskussion um mesenchymalen oder epithelialen Bildungsort noch nicht abgeschlossen [Rohen 1964, Ozanics und Jakobiec 1982]. Drei Phasen der Glaskörperproduktion werden unterschieden [Badtke 1958]. Zuerst sind es die oberflächlichen Zellen der Linse, die ein hyaluronsäure- und glycosaminreiches Material in den Spalt zwischen Linse und innerem Augenbecherblatt absondern [Hilfer und Yang 1980]. Mit der Bildung der Linsenkapsel hört diese Produktion auf, sie wird nun vom inneren Augenbecherblatt übernommen. Die Gefäßwand- und Begleitzellen der A. hyaloidea, insbesondere in der Capsula vasculosa lentis, sollen dann die Bildung übernehmen (sekundärer Glaskörper). Der tertiäre und definitive Glaskörper wird von der Retina in ihrem nichtoptischen Teil gebildet. Er hat eine feinfibrilläre Grundstruktur und schließt Kapillaren und einzelne Zellen ein (Abb. 18-22). Dieser tertiäre Glaskörper verdrängt den sekundären nach zentral,

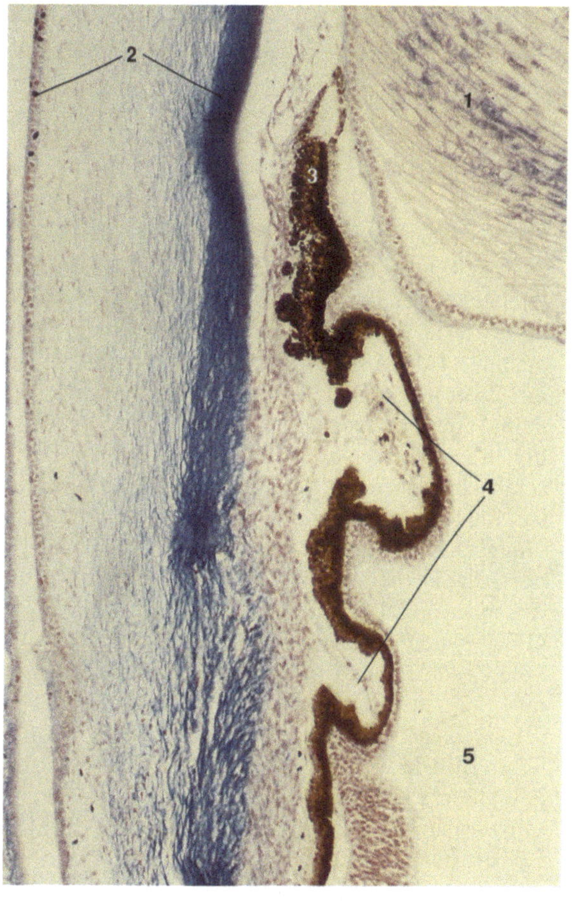

Abb. 18-21. Irido-Corneal-Winkel bei einem Feten (10,5 cm). 1 = Linse, 2 = Cornea mit beginnender Verdichtung, 3 = Anlage der Iris, 4 = Ciliarapparat in beginnender Auffaltung, 5 = Glaskörper. Azan 120 : 1

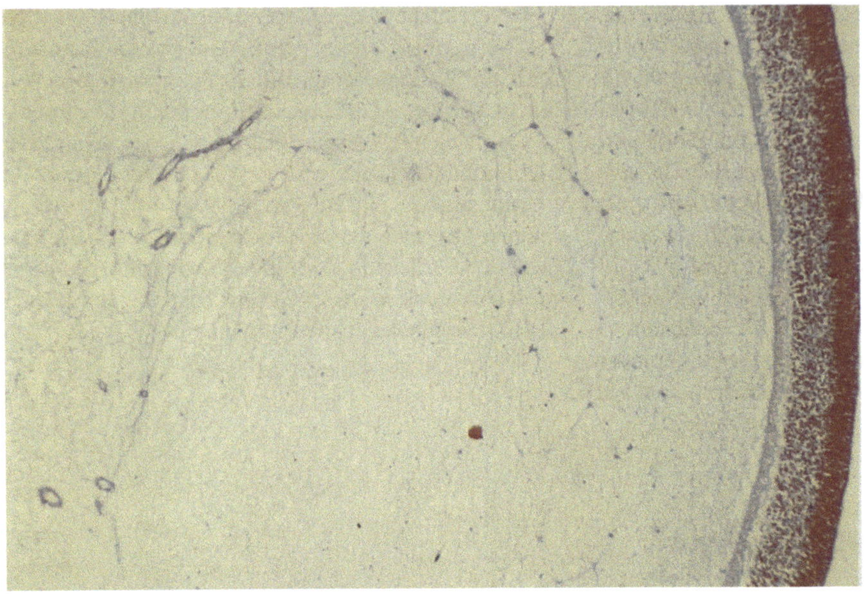

Abb. 18-22. Ausschnitt aus dem Glaskörper eines Feten (5,5 cm) mit fibrillärer Grundstruktur, Kapillaranschnitten und einzelnen verzweigten Zellen. Azan, 65 : 1

nur Reste bleiben um die A. hyaloidea auch nach dem Verschluß ihres distalen Anteils als Cloquetscher Kanal enthalten.

Der nicht gefaltete Teil der Pars ciliaris bildet die Vorstufen von Fäserchen, die sich extrazellulär aggregieren. Sie inserieren an der Linse zunächst vor dem Äquator. Aus ihnen gehen die Zonulafasern dadurch hervor, daß sie in ihrer freien Verlaufsstrecke zu Bündeln verkleben, in ihren Insertionen aber getrennt bleiben [Rohen 1964]. Leitstruktur für die Faseranordnung ist möglicherweise das Gefäßmuster der Capsula vasculosa lentis [Pau 1969a und b].

18.7 Sehnerv

Mit der Bildung der Augenbecherspalte am unteren Pol des Augenbechers hatte auch der Augenbecherstiel sich eingefaltet, so daß auch er eine doppelwandige Struktur mit einer nach caudal gerichteten Fissur ausbildet (Abb. 18-5). Der Schluß der Spalte beginnt am Zwischenhirnboden und schreitet allmählich bis zum Augenbecherrand fort, das Lumen des ursprünglichen Sehventrikels schwindet im Stiel. Weiter eingeschlossen bleiben die Hyaloidea-Gefäße. Leitstruktur für das Einwachsen von Axonen der retinalen Ganglienzellen (Stadium 19) [O'Rahilly 1966] in den Augenbecherstiel ist zunächst die Basalmembran des inneren Blattes an der Fissur, später das sich zu Gliazellen differenzierende innere Blatt selbst. Lokale Zeitdifferenzen bei dieser Umbildung könnten eine Bedeutung für die retinotope Gliederung der Fasern im Sehnerven haben [Rager 1980, 1983]. Vom inneren Blatt des Augenbecherstiels werden Gliazellen gebildet, die sich zunächst als Astroglia, später als Oligodendroglia differenzieren. Diese Glia dient als Leitstruktur für die immer zahlreicheren Axonbündel, die aus der Ganglienzellschicht der Retina in den Augenbecherstiel einwachsen. Sie werden durch radiär vorwachsende, sich verzweigende Gliazellfortsätze unterteilt und umschlossen [Hühnchen: Navascules et al. 1987]. An Mäusestämmen mit angeborener Sehnervenatrophie wurde gezeigt, daß beim Ausbleiben der Umwandlung im inneren Blatt des Augenbecherstieles die Sehnervenfasern nicht in den Stiel einwachsen [Silver und Robb 1979]. Am Ende der 7. Woche wird das Chiasma erreicht, zwischen der 11. und 13. Woche wachsen die Fasern durch das Chiasma (die ungekreuzten zuerst) [Mann 1964] und wachsen dann bis zum Corpus geniculatum laterale und zum Tectum opticum vor.

Die Myelinisierung der Axone im Sehnerven ist ein spätes Ereignis, das umgekehrt zur Wachstumsrichtung der Axone von proximal nach distal abläuft. Erst im 7. Monat setzt die Myelinisierung im Sehnerven ein, die zum Zeitpunkt der Geburt erst die Lamina cribrosa, den Sehnervendurchtritt durch die Sclera, erreicht hat und sich nicht auf die retinalen Faserteile fortsetzt, sie bleiben marklos. Mit zunehmender Zahl von Nervenfasern und ihrer Myelinisierung nimmt die Dicke des Sehnerven von ca. 1 mm in der 12. Woche bis zu ca. 3 mm bei der Geburt zu. Das Dickenwachstum des Sehnerven hält bis zum 6.–8. Lebensjahr an.

Der Sehnerv wird von einer Bindegewebsscheide umschlossen, aus der gefäßhaltige Septen in den Nerven vorwachsen. An der Oberfläche bildet sie die Pia, das äußere Bindegewebe verdichtet sich zur Durascheide. Ein kapillärer Arachnoidalspalt zwischen diesen Schichten besteht zeitlebens (Abb. 18-23).

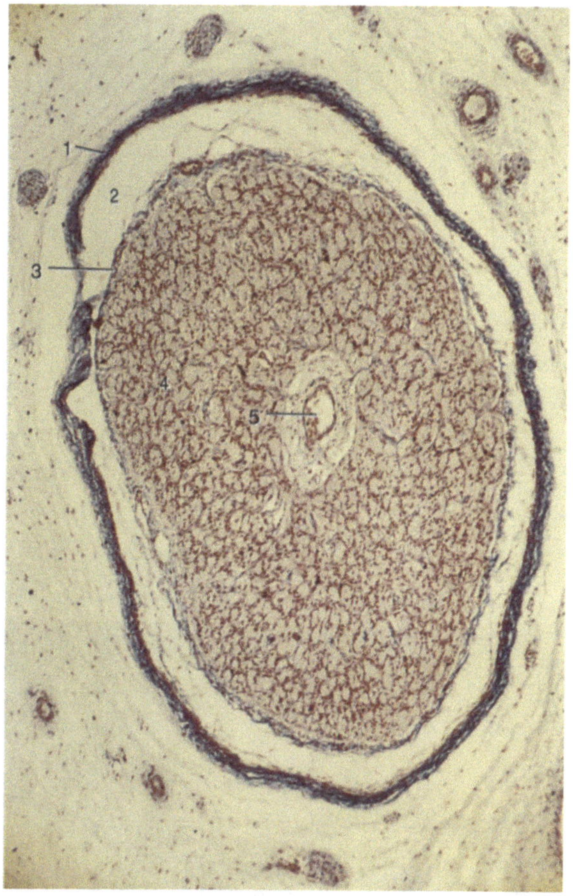

Abb. 18-23. Querschnitt durch den Bulbus-nahen Teil des Sehnerven bei einem Feten von 10,5 cm. 1 = Durascheide, 2 = Arachnoidalspalt, 3 = Pia, 4 = Sehnervenfasern in verzweigte Gliazellen und Piasepten eingebettet, 5 = A. hyaloidea (die extrem dünnwandige, geschlängelte V. hyaloidea erscheint mit mehreren kapillarähnlichen Anschnitten). Azan 50 : 1

18.8 Lider und Tränenapparat

Aus den Weichteilen der am oberen und unteren Augenrand angrenzenden Körperwand bilden sich allmählich flache Falten, die sich von cranial und caudal her über das Ektoderm vor dem Auge (die spätere Cornea) schieben und damit die Formung einer Konjunctivalbucht einleiten (Abb. 18-9 und 18-10). Dies ist ein sehr langsamer Formbildungsvorgang, bis schließlich am Ende der Embryonalperiode sich eine Lidspalte ausbildet und die Lidränder zeitweilig miteinander verkleben (Abb. 18-16) Diese „Verklebung" ist keine epitheliale Fusion, wie sie bei der Nasenbildung beobachtet wird, ein lebhafter Zellstrom parallel zu den Lidrändern wurde als typisch für einen nur vorübergehenden epithelialen Kontakt bei Mäusen rasterelektronenmikroskopisch gezeigt [Harries und McLeod 1982]. Die epitheliale Verklebung wird durch eine einsetzende Keratinisierung im 7. Monat allmählich gelöst [Rohen 1977], auch unreife Frühgeborene können die Lider öffnen (siehe Kapitel 31). Von den Lidrändern aus entwickeln sich spezielle Drüsen und schon früh die Wimpern (Abb. 18-24).

Die Entwicklung der Tränendrüse beginnt erst am Ende der Embryonalperiode. Vom Epithel des Fornix conjunctivae sprossen mehrere Anlagen aus, die zunächst wenig verzweigt eine Phase des „Streckenwachstums" [Rohen 1964] durchlaufen und weit in die Orbita vorwachsen (Abb. 18-25a). Erst danach, im 6. und 7. Monat, verzweigen sich die Seitenknospen weiter. Im 8. Monat ist die Tränendrüse ausgereift. Die Unterteilung in eine Pars orbitalis und eine Pars palpebralis erfolgt mit der Ausbildung der Sehne des M. levator palpebrae sekundär (Abb. 18-26). In einem zweiten Schub bilden sich zusätzliche Tränendrüsen, die nur kurze Gänge entwickeln und sich im Bindegewebe des Oberlids verzweigen (Abb. 18-25b).

Die Frühentwicklung der ableitenden Tränenwege (Tränen-Nasen-Rinne) wird bei der Gesichtsentwicklung dargestellt. Die epitheliale Doppellamelle, die zwischen Oberkieferwulst und lateralem Nasenwulst eingeschlossen wurde, beginnt im Stadium 18 oberflächennah sich aufzulösen. Erhalten bleibt der in-

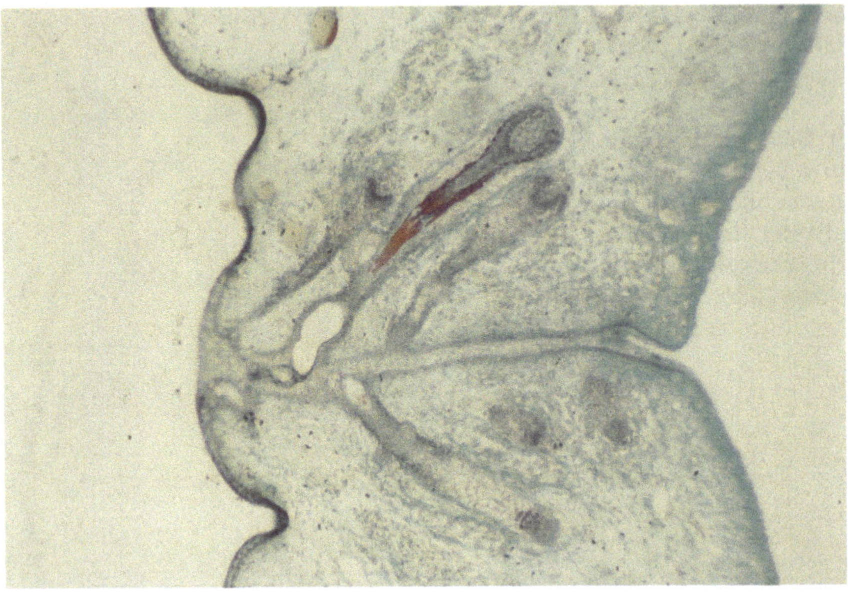

Abb. 18-24. Lidkante eines Feten (10,5 cm) mit Anlage der Wimpern. Beachte die durchgehend erhaltene Epithellamelle. Trichrome Masson, 275 : 1

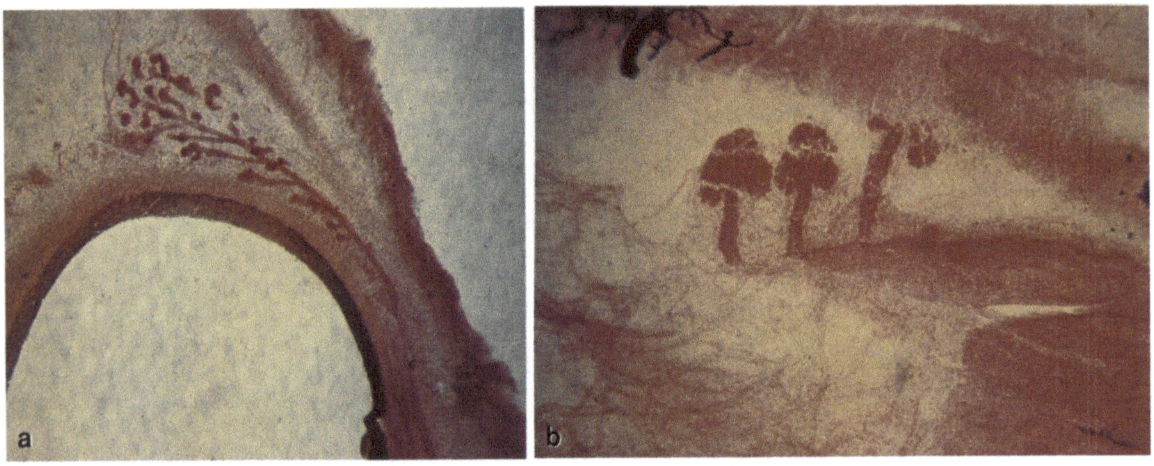

Abb. 18-25a, b. Tränendrüse eines menschlichen Feten (16 cm)
a) Aufhellungspräparat eines 0,3 mm dicken Schnittes. 8–12 solche wenig verzweigten Gänge entwickeln sich parallel zueinander.
b) Kurze Tränendrüsen im Fornix conjunctivae bei einem 6–7 Monate alten Feten, Technik wie bei a)
(Freundlichst überlassen von Professor Rohen, Erlangen, aus: Rohen 1969)

nere Umschlagsrand dieser Lamelle als solider Zellstrang, der allseits von Bindegewebe eingeschlossen bogig von der Nähe des medialen Randes des unteren Augenlids zum lateralen Rand der Nase verläuft, ohne an seinen freien Enden bereits Kontakt zum Konjunktivalepithel oder zum Nasenepithel zu haben. Möglicherweise markiert dieser Verlauf die im Bindegewebslager sonst nicht mehr erkennbare Grenze von lateralem Nasenwulst und Oberkieferwulst. Mit fortschreitendem Gesichtswachstum verlängert sich der Strang, er bildet einen ersten geweblichen Kontakt mit der Nasenwand im STADIUM 20, bleibt aber vom Nasenepithel noch lange Zeit durch einen schmalen Mesodermstreifen getrennt. An dieser Kontaktstelle bildet sich die Hasner'sche Klappe. Eine Persistenz des Verschlusses wird bei Neugeborenen relativ häufig gefunden und kann sich in den ersten postnatalen Monaten spontan lösen. Geschieht dies nicht, kann der Verschluß durch augenärztliche Druckspülung oder durch Sondierung behoben werden.

Das konjunktivale Ende des Stranges gabelt sich und bildet die Tränenröhrchen (STADIUM 19), das untere geht dem oberen in der Entwicklung ein wenig voran. Im STADIUM 23 entsteht der Kontakt mit dem Konjunktivalepithel, die Carunculae entstehen erst

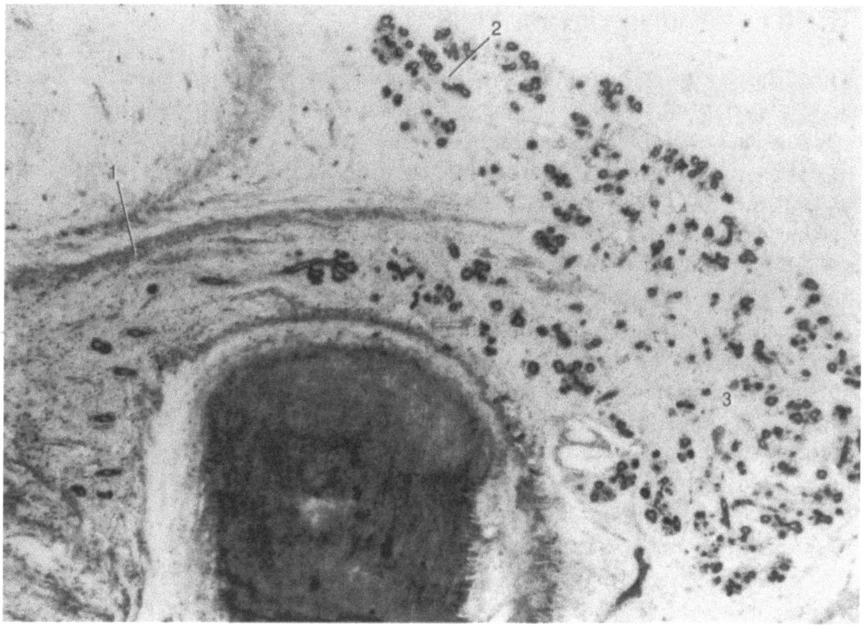

Abb. 18-26. Histologischer Schnitt durch die Tränendrüse eines Feten (10,5 cm). Die Sehne des M. levator palpebrae superioris (1) beginnt die Drüse in eine Pars palpebralis (2) und eine Pars orbitalis (3) zu unterteilen. Trichrome Masson, 35 : 1

bei Feten von mehr als 10 cm. An der Abgangsstelle der Tränenröhrchen verdickt sich der noch solide Strang spindelförmig und dehnt sich über die Abgangsstelle nach cranial zur späteren Tränensack-Kuppel aus.

Die Kanalisierung der Tränenwege beginnt im Saccus (STADIUM 23) und geht von hier aus auf die Tränenröhrchen über, wiederum zuerst auf das untere. Zuletzt wird der Ductus kanalisiert. Die Tränenröhrchen entwickeln ein dünnes, mehrschichtiges unverhorntes Plattenepithel, Saccus und Ductus sind mit einem flachen dreischichtigen Epithel ausgekleidet, in dem auch Drüsen vorkommen [Dörmann 1987].

18.9 Äußere Augenmuskeln

Das Bindegewebe der Orbita entstammt der Neuralleiste [Le Douarin 1982]. Die Myoblasten für die Bildung der Augenmuskeln hingegen wandern aus der Praechordalplatte [nach Experimenten an Vogelchimären: Wachtler und Jacob 1986] als myogene Stammzellen aus, die schon früh Kontakt zu den motorischen Augennerven (III, IV, VI) bekommen und im Verbund mit ihnen je eigene Blasteme bilden [Adelmann 1927]. Dabei durchlaufen sie ein Zwischenstadium in paarigen „Kopfhöhlen“ (Praemandibular-, Mandibular- und Hyalhöhlen), Bildungen, die dem Somitocoel entsprechen könnten. Das Bindegewebe in den äußeren Augenmuskeln entstammt hingegen der Neuralleiste [Le Douarin 1982]. Wie weit diese Befunde auf den Menschen übertragbar sind, ist offen.

Die Entwicklung der äußeren Augenmuskeln beginnt bei menschlichen Embryonen von *7–7,5 mm* [Fink 1953, Rohen 1964] und führt mit *23 mm* zur Trennung der Muskelindividuen aus zuvor gemeinsamen oberen und inneren Muskelblastemen. Als letzter Muskel findet der M. obliquus superior seine Insertion an der Sclera. Der M. levator palpebrae entwickelt sich als Abspaltung des M. rectus superior und wächst weit nach lateral [Mann 1964].

18.10 Fehlbildungen am Auge

Fehlbildungen am Auge sind so vielfältig, daß hier nur die wichtigsten, mit dem Formbildungs- und Differenzierungsgeschehen unmittelbar in Zusammenhang stehenden besprochen werden können. Dies gilt besonders für jene Formen, bei denen der Schluß embryonaler Spalten oder die Rückbildung embryonaler Strukturen gehemmt sind (Hemmungsfehlbildungen). Vielfältig wie die Erscheinungen sind auch die Ursachen. Sie reichen von numerischen und strukturellen Chromosomenaberrationen bis zu äußeren Noxen wie Infektionen der Mutter, besonders durch Viren, Hyper- und Hypovitaminosen, Sauerstoffmangel und Schäden durch Cytostatica und Medikamente. Aus dem Erscheinungsbild kann in der Regel nicht auf den Störungsmodus rückgeschlossen werden, eher schon auf den Zeitpunkt der Schädigung.

Mit Störungen der frühen Induktion und Differenzierung des Gehirns einher gehen die schwersten Fehlbildungen, das völlige Fehlen **(Anopie)**, die nur rudimentäre Anlage oder die Nichttrennung der Augenanlagen **(Zyklopie)**. Die Nichttrennung kann unterschiedliche Grade haben vom großen, meist zystischen einen Auge bis zu fast vollständig getrennten zwei Augen in Mittelposition und einer Orbita **(Synophthalmie)**. Die geringste mediale Verbindung der beiden Augenbläschen reicht offenbar aus, die frühe Lateralstellung zu verhindern. Für die Lateralstellung ist aber auch die Normogenese des Telencephalon bedeutsam, wie die **Arhinencephalie** lehrt, bei der die Augen trotz vollständig getrennter Anlagen nicht nach lateral verlagert werden. Schwere Fehlbildungen des Mittelgesichts (siehe Kapitel 23. Gesichtsentwicklung) sind mit Zyklopie und Synophthalmie verbunden, bei letzterer findet sich ein bürzelförmiges Nasenrudiment oberhalb des Auges [Torczinski und Jakobiec 1982]. Umgekehrt können Fehlbildungen des Gesichtes sich auf die Augenentwicklung störend auswirken, hier besonders auf deren Stellung.

Varianten des Augenabstandes werden als **Hyper-** oder **Hypotelorismus** bezeichnet, sie sind besonders oft mit chromosomal bedingten typischen Syndromen gekoppelt (siehe auch Tabelle 2.4).

Falten- und Blindsackbildungen der Retina können nach innen in den Glaskörper gerichtet sein oder nach außen die Sclera durchbrechen. Mangelnde Gefäßausbildung in der Retina oder Hyperpigmentierung im inneren Augenbecherblatt können Ursache angeborener Blindheit oder hochgradiger Mangelsichtigkeit sein.

Typische, aus einem unvollständigen Schluß der fetalen Augenbecherspalte herrührende Fehlbildung ist das **Kolobom,** das im allgemeinen nach unten nasal gerichtet ist. Es kann die Choroidea, den Ciliarapparat oder nur die Iris betreffen. Aus dem Mechanismus der Irisbildung (sekundäres Vorwachsen) ergibt sich, daß Wachstumsstörungen auch in anderer Richtung als der der fetalen Augenbecherspalte verlaufende Iriskolobome verursachen können.

Erblich bedingte Fehlbildungen und Erkrankungen des Auges sind oft mit anderen Fehlbildungen gekoppelt und somit Teil zahlreicher Syndrome. Darüber hinaus haben solche Störungen besondere Bedeutungen, die zwar genetisch bedingt sind, sich aber erst postnatal manifestieren. Hier sind zu nennen die Retinopathia pigmentosa mit einer Störung der Resorption der Rezeptoraußenglieder, Gefäßveränderungen und schließlich Verlust der Rezeptoren. Eine umschriebene Spaltbildung der Retina **(Retinochisis juvenilis)** wird X-chromosomal rezessiv vererbt. Auch das Retinoblastom als bösartiges Gliom kann sich aufgrund einer erbbedingten Störung im Säuglings- oder Kindesalter entwickeln.

Wachstumsregulationsstörungen können – auch einseitig – zu Makrophthalmus oder Mikrophthalmus führen. Die Feinregulation der Gesamtgröße des Auges ist wichtige Voraussetzung der Normalsichtigkeit, ein Mißverhältnis zwischen Brechkraft der Linse (und der anderer lichtbrechender Medien) und Abstand des Augenhintergrundes führt zur Kurz- oder Weitsichtigkeit. Da das Wachstum des Auges, damit auch der Retina, mit der Geburt noch nicht abgeschlossen ist, können solche Mißverhältnisse sich auch in den ersten Lebensjahren noch entwickeln.

Als physiologische Folge der prae- und perinatalen Wachstumsregulation wird ein gradueller Übergang von einer Weitsichtigkeit **(Hyperopie)** über eine Normalsichtigkeit **(Emmetropie)** zur Kurzsichtigkeit **(Myopie)** angesehen, der bei Säuglingen und Kleinkindern häufig gefunden wird [Badtke und Trost 1986].

Die Linse kann völlig fehlen oder zu klein gebildet sein. Auch gibt es Störungen der Lage und Stellung im Zusammenhang mit Fehlbildungen des Ciliarapparates. Große Bedeutung haben Trübungen der Linse **(Cataracte)**. Die hohe Syntheseleistung der Linsenepithelzellen bei der Bildung der primären Linsenfasern macht diese Zellen gegen Virusinfektionen besonders empfindlich [Gregg 1941] (siehe Kapitel 1.4 Fehlbildungen). Aber auch andere Störungen des komplizierten Vorganges, in dem die Linsenfasern zu der lichtdurchlässigen, speziellen dichten Struktur mit ihren engen Interdigitationen umgewandelt werden, können je nach Lokalisation und Dauer der Einwirkungen zu den verschiedenen polaren, sektoralen oder allgemeinen Linsentrübungen führen.

Formveränderungen der Cornea reichen ebenfalls

von zu kleiner Krümmung **(Cornea plana)** und Größe **(Mikrocornea)** bis zur Übergröße **(Makrocornea, Keratoglobus).** Kleinere Krümmungsabweichungen führen zum Astigmatismus. Übermäßige und ungleichmäßige Dicke ist neuerdings einer Therapie durch keratoplastische Operation zugängig geworden. Auf eine nicht ganz vollständige Einwanderung der Neuralleistenzellen zur Bildung des Cornealstromas werden zentral liegende Stromadefekte **(Keratoconus)** zurückgeführt. Da in dem mangelhaft ausgebildeten Stromaabschnitt auch die Compactierung ausbleibt, ist dieser Bereich der Cornea trüb. Gleiches gilt, wenn Irisstränge oder gar die Linse mit der Rückfläche der Cornea verwachsen sind [Rodrigues et al. 1982: **Vordere-Augenkammer-Teilungs-Syndrom**].

Auch die Augenlider können von einer Spaltbildung **(Lidkolobom)** betroffen sein. Mangelnde Trennung der epithelialen Verklebung und teilweise Verwachsung der Lidränder führt zur Blepharophimose. Eine Senkung der Außenwinkel gehört zum typischen Bild des „Mongolismus" bei der **Trisomie 21.** Dermoidzysten kommen sowohl an den Lidern als auch an der Bindehaut und Hornhaut vor.

Auf eine unvollständige Kanalisierung der Tränenwege, insbesondere die Nichtöffnung des Epithelkontaktes an den Caruncula e und der Hasner'schen Klappe, wurde schon verwiesen.

18.11 Literaturverzeichnis

Adelmann HB (1927) The development of the eye muscles of the chick. J Morphol 44:29–87

Arruti C, Courtois Y (1978) Morphological changes and growth stimulation of bovine epithelial lens cells by retinal extract in vitro. Exp Cell Res 117:282–292

Badtke G (1958) Die normale Entwicklung des menschlichen Auges. In: Velhagen K (Hrsg) Der Augenarzt. Thieme, Leipzig, S 242–243

Badtke G, Tost MFW (1986) Normale Entwicklung des menschlichen Auges. In: Velhagen K (Hrsg) Der Augenarzt. Thieme, Leipzig, S 8–148

Balinsky BI (1957) On the factors determining the size of the lens rudiment in amphibian embryos. J Exp Zool 135:255–300

Blechschmidt E (1960) Die vorgeburtlichen Entwicklungsstadien des Menschen. Karger, Basel

Coulombre AJ (1965) The eye. In: DeHaan R, Ursprung H (eds) Organogenesis. Holt, Rinehart und Winston, New York, pp 219–251

Coulombre AJ, Coulombre JL (1958) The role of intraocular pressure in the development of the chick eye. IV: Corneal curvature. AMA Arch Ophthal 59:502–506

Coulombre AJ, Coulombre JL (1961) The development of the structural and optical properties of the cornea. In: Smelser GK (ed) The structure of the eye. Academic Press, New York London, pp 405–420

DeRobertis E, Lasansky A (1961) Ultrastructure and chemical organization of photoreceptors. In: Smelser GK (ed) The structure of the eye. Academic Press, New York London, pp 29–49

Dörmann M (1987) Embryonale und fetale Entwicklung der tränenableitenden Wege beim Menschen. Med. Dissertation, Bochum

Dunn JS (1972) Development of the human neural retina. J Anat 111:510–512

El-Hifnawi E, Hinrichsen K (1975) Melanogenesis in the pigment epithelium of chicken embryos. Anat Embryol 147:177–187

Fernandez-Moran H (1961) The fine structure of vertebrate and invertebrate photoreceptors as revealed by low-temperature electron microscopy. In: Smelser GK (ed) The structure of the eye. Academic Press, New York London, pp 521–556

Fink WH (1953) The development of the extrinsic muscles of the eye. Am J Ophthal 36/II:10–23

Frank CM (1925) Über Gesetzmäßigkeiten in der Mitosenverteilung in den Gehirnblasen im Zusammenhang mit Formbildungsprozessen. Roux Arch Entw Mech Org 104:262–272

Garcia-Porrero JA, Colvee E, Ojeda JL (1987) Retinal Cell death occurs in absence of retinal disc invagination: Experimental evidence in Papaverine-treated chicken embryos. Anat Rec 217:395–401

Geeraets R (1976) An electron microscopic study of the closure of the optic fissure in the golden hamster. Am J Anat 145:411–432

Gilbert PW (1957) The origin and development of the human extrinsic ocular muscles. Contrib Embryol 36:59–78

Glücksmann A (1929) Zur Entwicklung der vorderen Augenkammer, des Glaskörpers und der Hornhaut beim Menschen, bei einigen Säugern und Sauropsiden. Z Anat 88:529–610

Glücksmann A (1930) Linsenentwicklung und Peridermbildung. Z Anat Entw Gesch 93:93–106

Gregg NMA (1941) Congenital cataract following german measels in the mother. Trans Ophthalmol Soc Australia 3:35–45

Harris MJ, McLeod MJ (1982) Eyelid growth and fusion in fetal mice. Anat Embryol 164:207–220

Harrison RG (1929) Correlations of the development and growth of the eye studied by means of heteroplastic transplantation. Roux Arch Entw Mech Organ 120:1–55

Hay ED (1980) Development of the vertebrate cornea. Int Rev Cytol 63:263–322

Hilfer SR, Yang JJW (1980) Accumulation of CPC-precipitable material at apical cell surfaces during formation of the optic cup. Anat Rec 197:423–433

Hinrichsen K (1985) The early development of morphology and patterns of the face in the human embryo. Adv Anat Embryol Cell Biol 98:1–79

Hinrichsen K (1986) Slides on human embryology. Bergmann, München

Hinrichsen K, Mestres P (1979) Raster-Elektronenmikroskopie menschlicher Embryonen. Verh Anat Ges 73:483–490

His W (1880) Anatomie menschlicher Embryonen. Vogel, Leipzig

Hochstetter F (1936) Über die von Bolk als „Verschlußleiste", „Konkreszenzfurche" und „Frenulum tectolabiale" des menschlichen Keimlings bezeichneten Bildungen. Gegenbauers Morphol Jb 78:266–313

Hollenberg MJ, Spira AW (1972) Early development of the human retina. Can J Ophthalmol 7:472–491

Hollenberg MJ, Spira AW (1973) Human retinal development: Ultrastructure of the outer retina. Am J Anat 137:357–386

Huschke E (1832) Über die erste Entwicklung des Auges und die damit zusammenhängende Cyklopie. Arch Anat Physiol VI:1–47

Huschke E (1835) Über einige Streitpunkte aus der Anatomie des Auges. Z Ophthalmol 4:273–295

Jakobiec FA (1982) Ocular anatomy, embryology, and teratology. Harper & Row, Philadelphia

Le Douarin NM (1982) The neural crest. University Press, Cambridge

Mann I (1964) The development of the human eye, 3. Aufl. British Medical Association, London

Meller K (1984) Morphological studies on the development of the retina. Prog Retinal Res 3:1–19

Müller F, O'Rahilly R (1985) The first appearance of the neural tube and optic primordium in the human embryo at stage 10. Anat Embryol 172:157–169

Navascues J, Martin-Partido G, Alvarez LS, Rodriguez-Gallardo L, Garcia-Martinez V (1987) Glioblast migration in the optic stalk of the chick embryo. Anat Embryol 176:79–85

O'Rahilly R (1966) The early development of the eye in staged human embryos. Contrib Embryol 38:1–42

O'Rahilly R (1983) The timing and sequence of events in the development of the human eye and ear during the embryonic period proper. Anat Embryol 168:87–99

Ozanics V, Jakobiec FA (1982) Prenatal development of the eye and its adnexes. In: Jakobiec FA (ed) Ocular anatomy, embryology and teratology. Harper & Row, Philadelphia, pp 11–96

Pander CH (1817) Beiträge zur Entwicklungsgeschichte des Hühnchens im Eye. Stahel, Würzburg

Patten BM (1968) Human embryology, 3rd edn. McGraw Hill, New York

Pau H (1969a) Die Strukturen des Glaskörpers in Beziehung zu embryonalen Blutgefäßen und Glaskörperrindenzellen. Graefes Arch Klin Exp Ophthalmol 177:261–270

Pau H (1969b) Die Struktur der Zonula in Beziehung zu embryonalen Blutgefäßen und Glaskörperrindenzellen. Graefes Arch Klin Exp Ophthalmol 178:44–50

Rager G (1980) Die Ontogenese der retinotopen Projektion. Naturwissenschaften 67:280–287

Rager G (1983) Structural analysis of fiber organization during development. Prog Brain Res 58:313–319

Rhodes RH (1979) A light microscopic study of the development of the human neural retina. Am J Anat 154:195–210

Rickenbacher J (1952) Die Nucleinsäuren in der Augenentwicklung bei Amphibien und beim Hühnchen. Roux Arch Ent Mech Organ 145:387–402

Rodrigues MM, Hacket J, Donohoo P (1982a) Iris. In: Jakobiec FA (ed) Ocular anatomy, embryology and teratology. Harper & Row, Philadelphia, pp 285–302

Rodrigues MM, Warin III CO, Hacket J, Donohoo P (1982b) Cornea. In: Jakobiec FA (ed) Ocular anatomy, embryology and teratology. Harper & Row, Philadelphia, pp 153–196

Rohen JW (1964) Das Auge und seine Hilfsorgane. In: Möllendorff W, Bargmann W (Hrsg) Handbuch der mikroskopischen Anatomie des Menschen, III/4. Springer, Berlin Heidelberg New York Tokyo

Rohen JW (1977) Morphologie und Embryologie des Sehorgans. In: Francois J, Hollwich F (Hrsg) Augenheilkunde in Klinik und Praxis, Bd 1. Thieme, Stuttgart, 1.1–1.57

Ruprecht KW, Wulle KG (1973) Licht- und elektronenmikroskopische Untersuchungen über die Entwicklung des menschlichen M. sphincter pupillae. Graeves Arch Klin Exp Ophthalmol 186:117–130

Sidman RL (1961) Histogenesis of mouse retina studied with thymidine-H-3. In: Smelser GK (ed) The structure of the eye. Academic Press, New York London, pp 487–506

Silver J, Hughes AFW (1974) The relationship between morphogenetic cell death and the development of congenital anophthalmia. J Comp Neurol 157:281–301

Silver J, Robb RM (1979) Studies on the development of the eye cup and optic nerve in normal mice and in mutants with congenital optic nerve aplasia. Dev Biol 68:175–190

Sjöstrand FS (1961) Electron microscopy of the retina. In: Smelser GK (ed) The structure of the eye. Academic Press, New York London, pp 1–28

Smelser GK (ed) (1961) The structure of the eye. Academic Press, New York London

Spemann H (1907) Neue Tatsachen zum Linsenproblem. Zool Anz 31:379–386

Torczynski E, Jakobiec FA (1982) Cyclopia and synopthalmia: A model of embryonic interactions. In: Jakobiec FA (ed) Ocular anatomy, embryology and teratology. Harper & Row, Philadelphia, pp 143–152

Wachtler F, Jacob M (1986) Origin and development of the cranial skeletal muscles. In: Christ B, Čihák R (eds) Development and regeneration of skeletal muscles. Bibl Anat 29:24–46

Wulle KG (1966) Frühentwicklung der Ciliarfortsätze im menschlichen Auge. Phasenkontrast- und elektronenmikroskopische Untersuchungen. Z Zellforsch 71:545–561

19. Ohrentwicklung

K. V. Hinrichsen

19.1 Ohrbläschen und frühe Gliederung des Labyrinthes

Wie einleitend bemerkt, entwickelt sich das Ohr aus Anteilen höchst unterschiedlichen Ursprungs: Innenohr, Mittelohr mit Trommelfell und Gehörknöchelchen, äußeres Ohr. Das Innenohr wird besser als „Labyrinthorgan“ bezeichnet, da es neben dem zum Ohr im engeren Sinne gehörigen Teil, der Cochlea, die Bestandteile des Gleichgewichtsorganes mit enthält.

Das Labyrinthorgan nimmt seinen epithelialen Ursprung aus der Ohrplakode. Sie wird schon vor dem Schluß des Neuralrohres als umschriebene Ektodermverdickung im STADIUM 9 (bei einem Embryo mit zwei Somiten, Abb. 19-1a), deutlicher dann im STADIUM 10 sichtbar [O'Rahilly 1963]. Die Ohrplakode liegt in Höhe des unteren Rhombencephalon, das ihr gegenüber als Anlage des facio-vestibulären Ganglion bereits eine Verdickung zeigt. Innerhalb von nur sechs Entwicklungstagen (STADIUM 10 bis 13, *22. bis 28. Tag*) senkt sich die Ohrplakode zu einem Ohrgrübchen ein, die Ränder nähern sich, verschmelzen, und mit Ablösung vom Ektoderm ist das Ohrbläschen entstanden (Abb. 19-1b–d). Es liegt sehr nahe der äußeren Oberfläche des Rautenhirns (Abb. 16-63 und 19-1). Die epitheliale Wand des Ohrbläschens ist nicht gleichmäßig dick, im caudalen und lateralen Teil ist sie deutlich dicker als im medialen und cranialen Teil. Sie ist auch nicht rund, sondern zeigt eine flach ovale Gestalt mit einem nach cranial gerichteten Conus. Hier, am oberen Pol, bildet sie schon im STADIUM 14 eine Aussackung, die Anlage des späteren Ductus endolymphaticus (Abb. 19-1g). Auch der übrige Teil des Ohrbläschens ändert sehr schnell seine Gestalt. Eine nach rostral gerichtete untere Aussackung stellt die Anlage des Ductus cochlearis, nach cranial, lateral und dorsal gerichtete Aussackungen die Anlagen der Ductus semicirculares dar (Abb. 19-2 und 19-3). An den Kuppen dieser Aussakkungen ist das Epithel verdickt. Im mittleren, etwas erweiterten Teil beginnt eine von medial vorsprossende Grenzfalte Utriculus und Sacculus zu trennen (Abb. 19-2). Die Formveränderungen des Labyrinths erfolgen nicht allein durch epitheliale Auswachsungen, sondern zugleich durch ein Zusammendrängen der verbleibenden Wandabschnitte durch Wachstumsvorgänge im umgebenden Mesenchym.

Schon im STADIUM 10 wandern aus dem medialen unteren Pol der epithelialen Ohrbläschen Wandzellen aus, die sich denen aus der rhombencephalen Neuralleiste anlagern. Dieser Beitrag von Zellen des Ohrbläschens zur Bildung des facio-vestibulären Ganglion wurde bis zum STADIUM 12 beschrieben [Theiler 1949, O'Rahilly 1963, Müller und O'Rahilly 1985] und auf den cochleo-vestibulären Anteil des Ganglion begrenzt [Politzer 1956, Müller und O'Rahilly 1988].

Im STADIUM 16, wenn die Anlagen der Bogengänge und des ersten Schneckenabschnittes sich gerade abzuzeichnen beginnen, wird das gesamte Labyrinthorgan bereits in die knorpelige Ohrkapsel eingeschlossen. Dem geht ein Stadium verdichteten Bindegewebes als Vorknorpel voraus. An der Ohrkapsel sind ein oberer, canaliculärer und ein unterer, cochleärer Teil zu unterscheiden; sie wird knorpelig mit dem Occipitale, Sphenoidale und Parietale verbunden. Die gesamte Größenzunahme und komplizierte Formentwicklung des häutigen Labyrinthes vollzieht sich im Innern dieses Knorpels, ohne daß dafür bereits Raum vorhanden wäre. Streeter [1918] beschrieb detailreich, daß die Entwicklung der Ohrkapsel zwei ganz gegensätzliche Komponenten hat. Auf der einen Seite wächst sie im ganzen und verschmilzt dabei mit der noch knorpeligen Schädelbasis (siehe Kapitel 24. Schädelentwicklung), zum anderen wird durch einen gerichteten Knorpelabbau im Innern dem epithelialen Labyrinth sein Wachstum und seine Formbildung ermöglicht. Dabei gibt es keine Anzeichen dafür, daß etwa der Wachstumsdruck des bereits flüssigkeitsgefüllten Labyrinthes zur Knorpelatrophie führe. Vielmehr geht der Knorpelabbau der nachfolgenden Entfaltung des epithelialen Labyrinthes gerichtet und gezielt voraus. Dabei bewirken „Histiocyten“, die mit einsprossenden Gefäßen einwandern, die Chondrolyse [Andersen et al. 1969].

Die Verknöcherung der knorpeligen Ohrkapsel beginnt bereits in der 17. Woche und geht insgesamt von

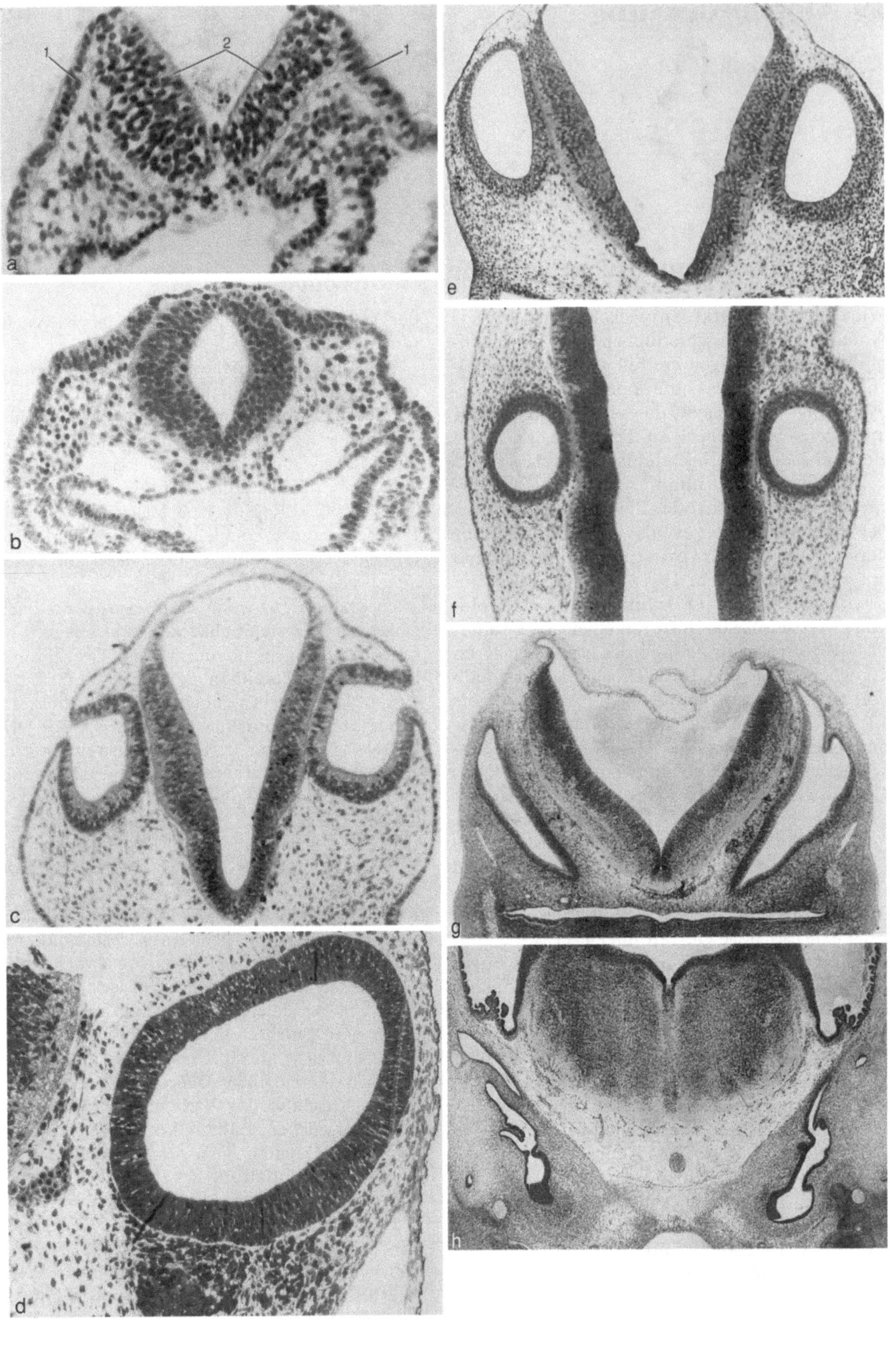
1
2
1
a
b
c
d
e
f
g
h

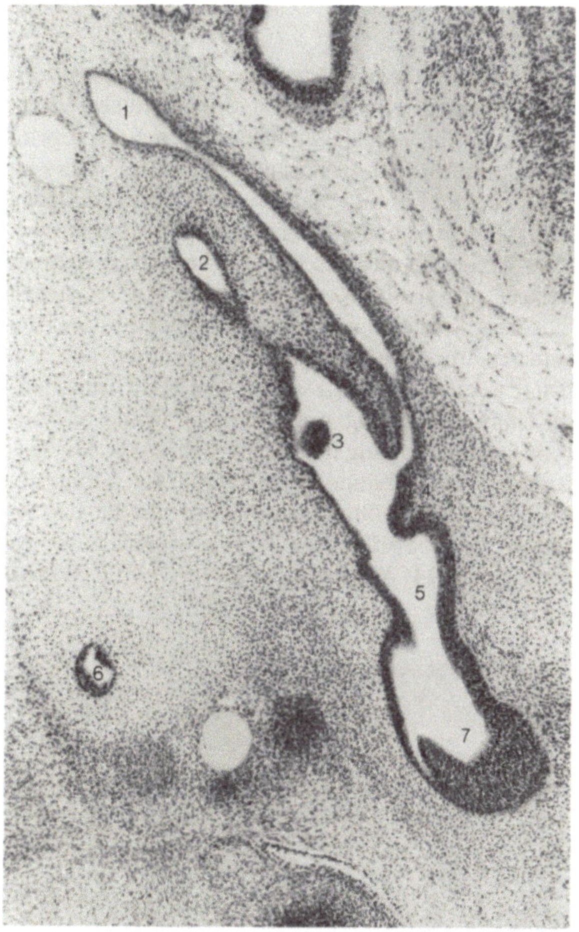

Abb. 19-2. Labyrinth im STADIUM 21 (20 mm), Folgeschnitt aus der Serie der Abb. 19-1f. Das epitheliale Labyrinth ist in Knorpel eingeschlossen, es bestehen noch keine periotischen Auflockerungen oder Lymphräume. 1 = Ductus endolymphaticus, 2 = Crus commune für oberen und vorderen Bogengang, 3 = Utriculus, 4 = Begrenzungsfalte, 5 = Sacculus, 6 = lateraler Bogengang, 7 = Ductus cochlearis. 50 : 1

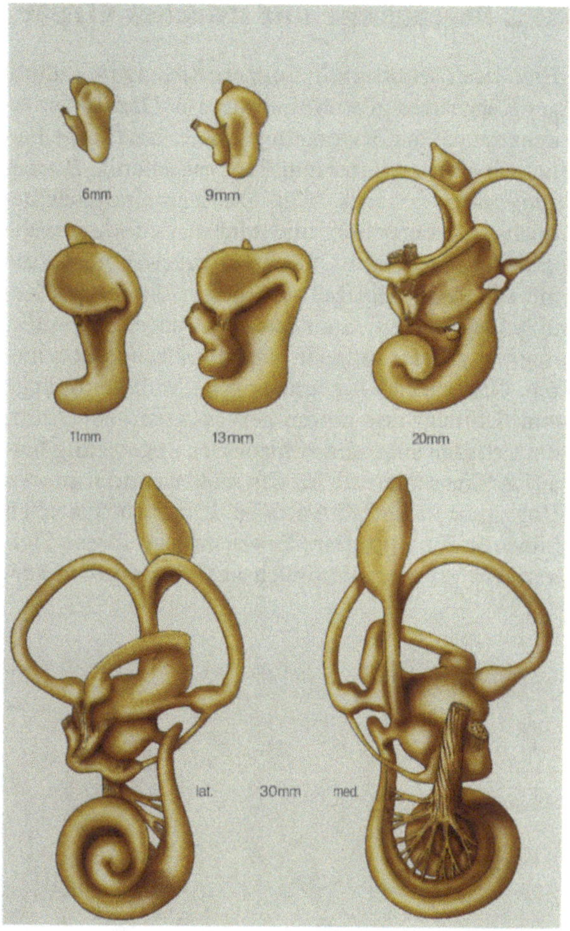

Abb. 19-3. Transformation des Ohrbläschens zum häutigen Labyrinth im STADIUM 14–23. STADIUM 14 (6 mm), STADIUM 15 (9 mm), STADIUM 16 (11 mm), STADIUM 17 (13 mm), STADIUM 21 (20 mm), STADIUM 23 (30 mm). Beachte die Aufteilung des Ganglion und des N. statoacusticus (Umzeichnung nach Streeter 1922, aus: Hinrichsen 1986)

◀

Abb. 19-1a–h. Entwicklung des Labyrinths vom STADIUM 9 bis 21.
a) Ohrplakoden (1) seitlich des noch offenen Rautenhirns (2) im STADIUM 9 (Carnegie 1878, 2 Somiten) 230 : 1;
b) Beginnende Einsenkung, geschlossenes Rautenhirn, STADIUM 11 (Carnegie 6344, 13 Somiten, 2,5 mm) 175 : 1;
c) Ohrbläschen kurz vor der Abschnürung, STADIUM 12 (Carnegie 8942, 28 Somiten, 2,7 mm) 125 : 1;
d) Ohrbläschen im Semidünnschnitt, STADIUM 13, 5,5 mm. Beachte die Entrundung am oberen äußeren Pol und die Zellansammlung für das Ganglion otico-faciale am inneren unteren Pol. 220 : 1;
e) Frontalschnitt durch Rautenhirn und Ohrbläschen im STADIUM 13 (Carnegie 7889, 4,2 mm) 70 : 1;
f) Horizontalschnitt durch Rautenhirn und Ohrbläschen im STADIUM 13 (Carnegie 836, 4,0 mm) 70 : 1;
g) Frontalschnitt im STADIUM 15 (Carnegie 8997, 9 mm). Der Ductus endolymphaticus liegt nur auf der linken Körperseite in der Schnittebene. 35 : 1;
h) Frontalschnitt durch das sich schon vielfältig gliedernde Labyrinth im STADIUM 21 (20 mm). Detailerläuterung im folgenden Bild. 35 : 1
(a–c und e–g: eigene Aufnahmen aus der Carnegie Collection of Embryology, Davis, mit freundlicher Genehmigung von Professor O'Rahilly)

14 Ossifikationszentren aus [Anson et al. 1948]. Sie dauert nur bis zur 20. Woche. Die Knochenbildung ist in der Hauptmasse enchondral, das primäre Mark wird verdrängt, der gebildete sehr dichte Knochen gibt dem „Felsen"bein seinen Charakter. Dazu wird periostaler Knochen gebildet, im Innern nur als dünne Schicht. Der breitere äußere periostale Knochen wird zum Teil durch die spätere Pneumatisation wieder aufgelöst.

Damit ist die Bildung der Ohrkapsel ein sehr rasch voranschreitender Prozeß, der etwa nur 5 Wochen dauert [Anson et al. 1948].

19.2 Bogengänge und statisches Organ

Eine Übersicht über die Formentwicklung des häutigen Labyrinthes gibt Abbildung 19-3. Daraus ist erkennbar, daß die Bogengänge zunächst als flache Falten mit schon erweitertem Rand entstehen [*„Bogengangstaschen“:* Starck 1975]. Das Zentrum dieses Bereichs obliteriert bald und wird vom Bindegewebe und Vorknorpel der Ohrkapsel durchwachsen. Die mit verdicktem Epithel versehenen Ränder [O'Rahilly 1963] bleiben so als schlauchförmige, bogenförmig verlaufende Gänge im Knorpel eingebettet erhalten. Nach medial hin entspringen die Bogengänge vom Utriculus mit einem gemeinsamen Abschnitt, der sich dann über den horizontalen Bogengang hinaus als Crus commune für den vorderen und hinteren Bogengang fortsetzt. An ihren Einmündungsstellen bilden sie früh ampulläre Erweiterungen. Diese Stellen sowie die sich allmählich ausbildende Grenzfurche zwischen Utriculus und Sacculus werden zuerst von Nervenfasern des Ganglion vestibulare erreicht [Yokoh 1971]. An diesen innervierten Stellen wird das Epithel mehrschichtig und differenziert sich zum Sinnesepithel einer Macula communis [Altmann 1950]. Die primäre Macula an der Grenzfurche zwischen Utriculus und Sacculus wird bei deren weiterer Teilung aufgeteilt. Aus dem oberen Teil entstehen die Macula utriculi sowie die Cristae ampullares des vorderen und des lateralen Bogenganges, aus dem unteren Teil die Macula sacculi, die Crista ampullaris des hinteren Bogenganges und eine Papilla basilaris cochleae am Abgang des Ductus cochlearis. Die Differenzierung des Sinnesepithels wird im 4. Monat abgeschlossen. Die Statokonien-Membran ist ein Sekret der neuroepithelialen Zellen, sie wird zwischen der 11. und 14. Woche gebildet. In der 12. Woche

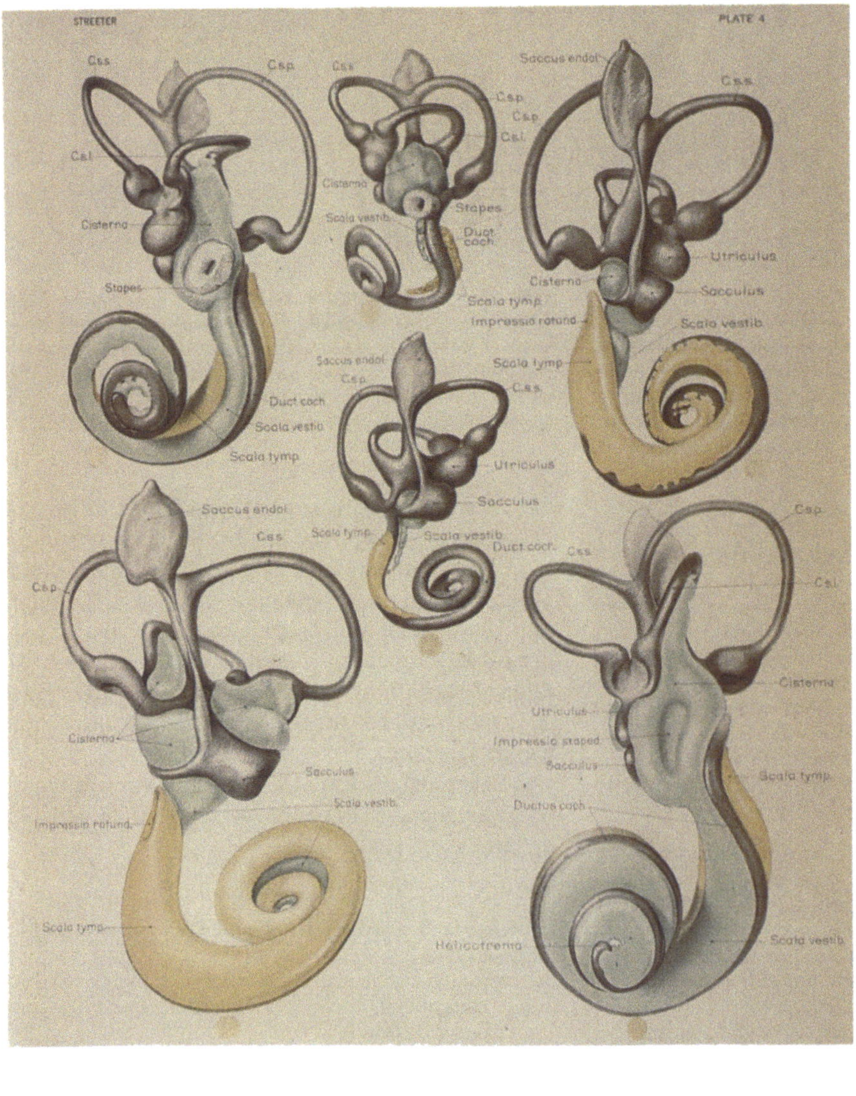

Abb. 19-4. Drei Stadien der Entstehung und Ausdehnung der periotischen (perilymphatischen) Räume am häutigen Labyrinth bei Feten von 5,0 , 8,5 und 13,0 cm. Photographische Reproduktion der lithographischen Wiedergabe von Wachsplattenrekonstruktionen von Streeter [1918] (Mit freundlicher Genehmigung der Carnegie Institution Washington)

wurden erste Statokonien beobachtet [Altmann 1950]. Die Verbindung von Utriculus und Sacculus wird schließlich zum Ductus utriculo-saccularis eingeengt.

Bei etwa 4 cm großen Feten in der 9. Fetalwoche beginnt eine schnellere Rückbildung des Knorpels, als es dem Wachstum des häutigen Labyrinthes entspricht. Der Zwischenraum wird von einem maschenartigen Bindegewebe ausgefüllt, in dem bald Zellrückbildung und Verflüssigung die Bildung perilymphatischer Räume* anzeigen (Abb. 19-4 und 19-5).

* Streeter [1918] weist darauf hin, daß die Bezeichnungen „Endolymphe" und „Perilymphe" noch aus einer Zeit stammen, als das lymphatische System noch nicht bekannt war. Er schlägt daher vor, von „otischer" und „periotischer Flüssigkeit" zu sprechen (Liquor oticus, perioticus).

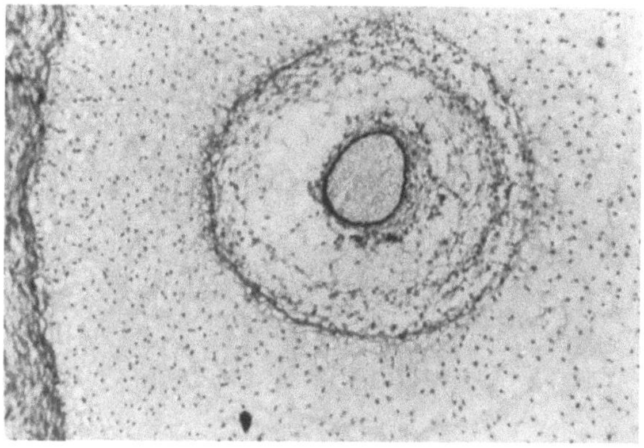

Abb. 19-5. Schnitt durch einen Bogengang mit periotischer Auflockerung bei einem Feten von 8,5 cm. 70 : 1

19.3 Cochlea und Cortisches Organ

Noch komplizierter als bei den Bogengängen sind die Formbildungen im Schneckenteil des Labyrinthes. Von einer stumpfen Aussackung wächst in einem sehr langsamen Vorgang der Ductus cochlearis mit zunehmenden Windungen aus. Dieser Ablauf ist so charakteristisch, daß er zusätzlich zur Stadieneinschätzung herangezogen werden kann (siehe dort und Tabelle 2.1). Im Stadium 20 besteht eine halbe Schneckenwindung, im Stadium 23 werden 1½ Windungen erreicht [Streeter 1951], am Ende des 3. Monats die definitiven 2½ Windungen [Altmann 1950]. Unbekannt ist, ob dieses Auswachsen des Ductus cochlearis ein Zuwachs an seiner Spitze oder ein Nachschub aus seinem Abgangsteil ist. „Terminale Mitosen", also Übergänge zu G0-Zellen wurden bei der Maus autoradiographisch früher an der Schneckenspitze als an der Basis gefunden [Ruben 1967]. Auch dieser Formbildungsvorgang vollzieht sich, während die Schnecke vollständig im Knorpel eingeschlossen ist, auch hier muß durch ständigen Knorpelabbau dem nachfolgenden Auswachsen des Ductus cochlearis Raum geschaffen werden.

Im Zentrum der sich allmählich windenden Schnecke bildet sich das Ganglion spirale cochleae, an das die Fasern des N. cochlearis herantreten. Die dabei eintretende zunehmende Verzweigung ist in Abbildung 19-3 dargestellt.

Die Entwicklung der periotischen Räume und der sie ausfüllenden Flüssigkeit erreicht im Schneckenteil des Labyrinthes ein sehr viel größeres Ausmaß als bei den Bogengängen. Ausgehend von einer periotischen Zisterne am Sacculus schreitet die Bildung einer schlauchförmigen Auflockerung, der späteren Scala vestibuli, allmählich am Ductus cochlearis entlang fort, die spätere Scala tympani entsteht als eigenes Auflockerungsgebiet am Anfangsteil des Ductus cochlearis. Die weitere räumliche Ausdehnung der periotischen Räume ist aus Abbildung 19-4 gut ersichtlich.

Die Größenzunahme des cochlearen Teiles der Ohrkapsel und das Größerwerden der Abstände zwischen den Schneckenwindungen ist aus den histologischen Schnitten der Abbildung 19-6 vergleichend abzulesen, die zunehmende Auflockerung der perilymphatischen Räume wird aus dem Detailbild (Abb. 19-7) ersichtlich.

Am basalen unteren Rand des Cochlea-Querschnittes bildet sich entlang der einstrahlenden Nervenfasern und oberhalb der Zellansammlungen des Ganglion spirale eine bindegewebige Verdichtung aus, die als Basilarmembran das Ligamentum spirale cochleae mit dem Ligamentum spirale der knöchernen Schnecke verbinden wird und Träger des Cortischen Organs ist. Zur Scala vestibuli hin bildet sich ebenfalls eine, allerdings sehr zarte Bindegewebsverdichtung als Grenzfläche aus. Sie wird zur Reissner'schen Membran. In diese Bindegewebssysteme eingeschlossen entrundet sich der Querschnitt der Cochlea und differenziert sich ganz unterschiedlich. Der größere Teil der Wandung wird epithelial dünn, nur im unteren Winkel an der Basilarmembran entwickelt sich eine mediale und laterale Leiste. Aus der medialen Leiste geht der Limbus spiralis hervor, aus der lateralen Leiste das Cortische Organ. Als erstes wird schon bald lumenwärts die Membrana tectoria als extrazelluläre Bildung deutlich [Altmann 1950] (Abb 19-8, 19-9). Die Histodifferenzierung des Cortischen Organs erfolgt in der späten Fetalzeit zwischen dem 5. und 7. Monat, sie beginnt in der Basalwindung und schreitet von hier zur Spitze hin fort.

Nach Befunden an gut datierten und optimal fixierten Präparaten vom Meerschweinchen [Thorn 1975] geht die Differenzierung von einer epithelialen Basalplatte aus. Sie beginnt an den Haarzellen (drei innere, eine äußere Reihe), an denen gleichzeitig apical Sinneshaare und Kopfplatte, basal Synapsen auftreten. Bei Feten des Menschen wurde schon im 4. Monat eine gleiche Anordnung von Haarzellen gefunden. Durch die weitere Bildung einer meist vollständigen 4. Reihe und unvollständigen 5. Reihe sowie den Untergang einzelner Zellen wird das Muster schon vor der Geburt modifiziert [Bredberg et al. 1965]. Die Haarzellen sind „sekundäre Sinneszellen", sie bilden keine Axone. Sie werden von bipolaren Zellen des Ganglion spirale erreicht. Zuerst werden mehrere afferente Synapsen gebildet, mit denen später efferente Synapsen kompetitieren [Ratte: Lenoir et al. 1980]. Die Stütz- und Pfeilerzellen differenzieren sich etwas später, zuletzt werden die Cortischen Lymphräume (Tunnel, Nuel'scher Raum) gebildet. Die Membrana tectoria ist ein Sekret der Interdentalzellen des Limbus spiralis (mediale Leiste), sie bedeckt zunächst die ganze Basalplatte. Mit der Eröffnung der Cortischen Lymphräume als erweiterte Interzellularspalten löst sich die Membran von den Hensen'schen Zellen und zieht sich auf den Bereich der Haarzellen zurück [Maus: Anniko 1980]. Eröffnung der Cortischen Lymphräume und Bildung des Spaltraumes zwischen den Sinneshaaren und der Membrana tectoria sind Voraussetzungen für einen Funktionsbeginn.

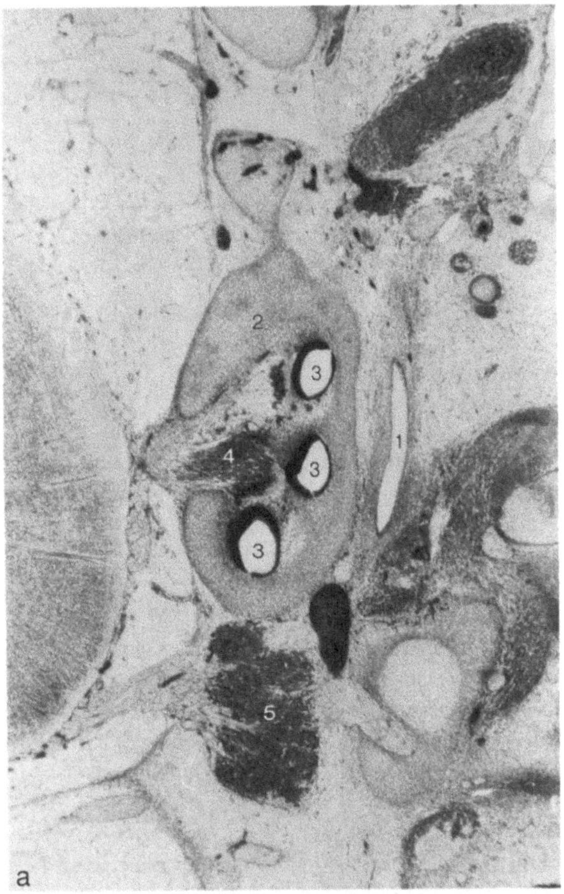

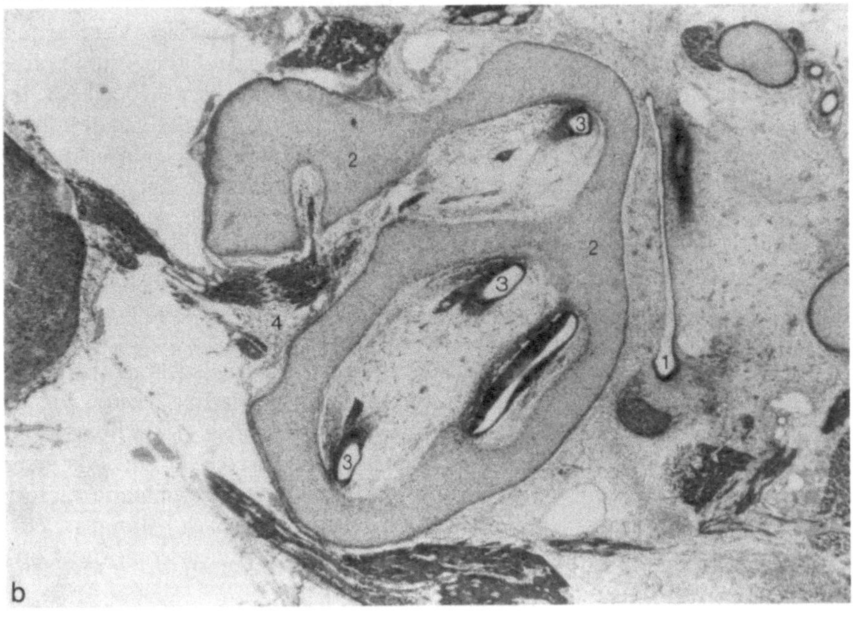

Abb. 19-6a, b. Cochlea mit cochlearem Teil der Ohrkapsel im Frontalschnitt im Vergleich zweier Stadien. 35 : 1.
a) Embryo STADIUM 22 (23 mm);
b) Fetus 4,5 cm.
1 = spaltförmige Cavitas tympanica, 2 = Knorpelkapsel, 3 = Ductus cochlearis, 4 = Ganglion spirale, 5 = Ganglion geniculi (VII)

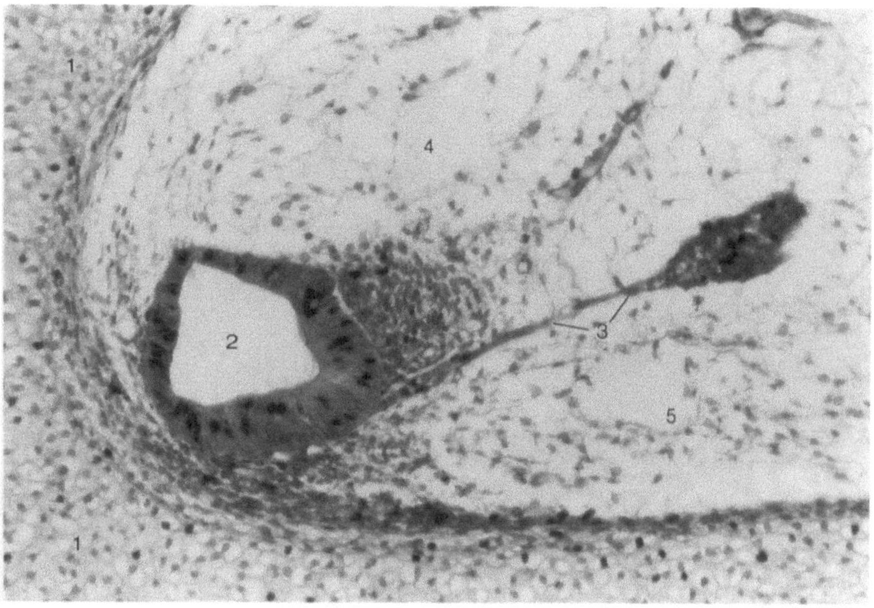

Abb. 19-7. Basalwindung des Ductus cochlearis mit periotischen Auflockerungen bei einem Feten 4,5 cm. 1 = Knorpel, 2 = Ductus cochlearis, 3 = Membrana basilaris im Entstehen, 4 = Auflockerung zur Scala vestibuli, 5 = Scala tympani. 240 : 1

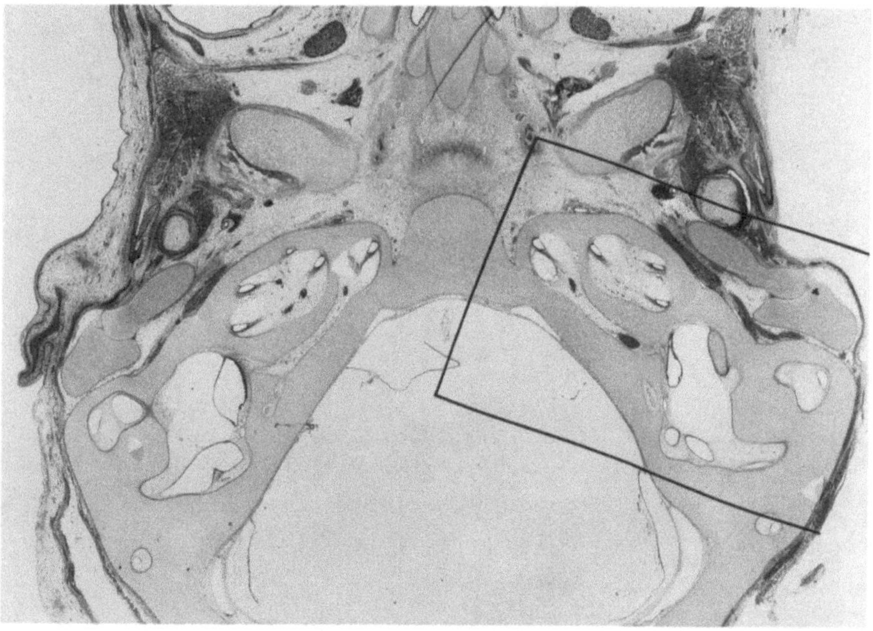

Abb. 19-8. Mittlere Schädelbasis bei einem Feten von 12 Wochen im Horizontalschnitt. Bezeichnungen in Abb. 19-9 (Freundlichst überlassen von Professor Schuknecht, Boston, aus Schuknecht und Gulya [1986], mit Genehmigung von Autoren und Verlag)

Auch an menschlichen Feten ist der Beginn der Differenzierung im Bereich der Basalwindung festgestellt [Bredberg 1968, Reinecke und Lehmann 1968]. Die Differenzierung beginnt ebenfalls mit den Haarzellen, die inneren gehen den äußeren nur wenig voraus. Die Differenzierung wird mit der Eröffnung der Cortischen Lymphräume im 6. Monat abgeschlossen. Auch elektronenmikroskopisch ist dieser Entwicklungsablauf für menschliche Feten bestätigt [Nakai 1970]. Letzter Differenzierungsschritt ist danach erst im 7. Monat die Ausbildung der efferenten Synapsen.

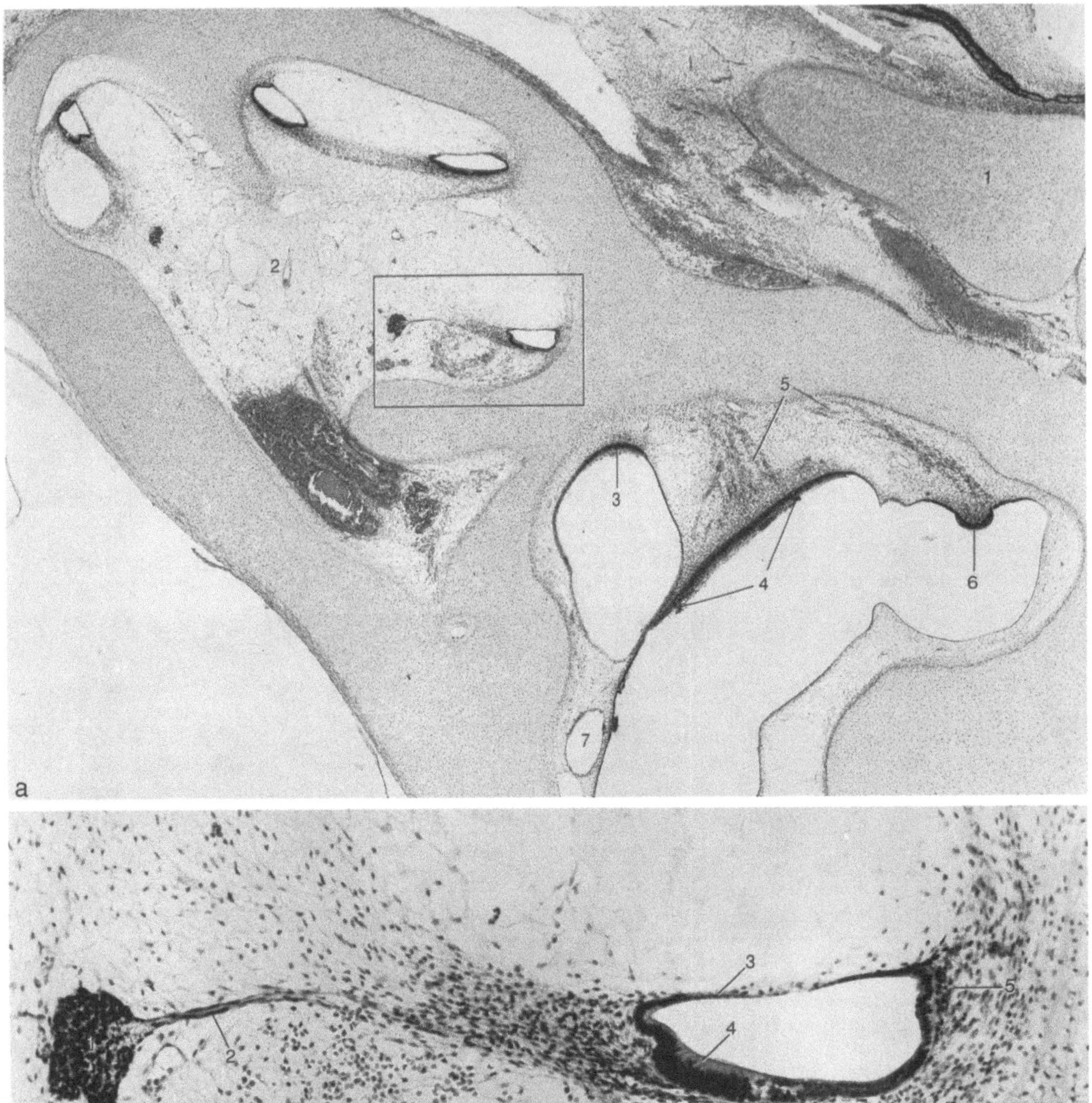

Abb. 19-9a, b. a) Felsenbein eines Feten von 12 Wochen, Ausschnitt aus dem Präparat der Abb. 19-8 bei stärkerer Vergrößerung. 1 = Malleus, 2 = Cochlea mit Ganglion und Anschnitten von zwei Cochlea-Windungen, 3 = Sacculus mit Macula, 4 = Utriculus mit Macula, 5 = Nervenfasern zu den Maculae, 6 = Crista des lateralen Bogenganges, 7 = Ductus endolymphaticus;
b) Ausschnitt aus der Basalwindung des Ductus cochlearis der Abb. 19-9a bei stärkerer Vergrößerung, Perilymphräume in Bildung. 1 = Ganglion spirale, 2 = Nervenfasern, 3 = Reisnersche Membran, 4 = Anlage des Cortischen Organs, 5 = Limbus spiralis
(Freundlichst überlassen von Professor Schuknecht, Boston, aus Schuknecht und Gulya [1986], mit Genehmigung von Autoren und Verlag)

19.4 Mittelohr

An der Bildung des schalleitenden Apparates des Mittelohres und der Formung seiner Räume sind drei unterschiedliche Anlagen beteiligt: Bei der frühen Umformung der unteren Kopfregion wird die erste Pharyngealtasche weit nach dorsal und lateral verlagert. Ihr oberes Ende bildet die Auskleidung der künftigen Cavitas tympanica, ihre schlauchförmige Verbindung das Epithel der Tuba auditiva. Unterhalb der Schädelbasis differenzieren sich die cranialen Enden der beiden ersten Pharyngealknorpel zu den Gehörknöchelchen: Der Meckelsche Knorpel läßt Hammer und Amboß entstehen, wobei der laterale Hammerfortsatz eine eigenständige Knorpelbildung ist; aus dem cranialen Ende des Reichertschen Knorpels wird der Steigbügel abgegliedert, das Skeletblastem umgreift eine frühe A. stapedia und erhält dadurch die innere Öffnung (Abb. 19-10). Die Ohrkapsel hat nach lateral zwei Foramina, an die die sich entfaltenden perilymphatischen Räume grenzen. Die Steigbügelplatte legt sich dem oberen dieser perilymphatischen Foramina (Foramen ovale) an. Der untere Teil wird als rundes Fenster durch eigene Knorpelbildung davon getrennt, in eine Nische (Fossula) verlagert und durch die Membrana tympanica secundaria bindegewebig verschlossen [Frick 1953].

Im Gegensatz zur Ohrkapsel mit ihren zahlreichen Knochenkernen geht die Verknöcherung der **Gehörknöchelchen** von nur einem Ossifikationszentrum aus [Anson und Bast 1946, Anson et al. 1948]. Durch enchondrale und periostale Ossifikation bleibt die Größe der knorpeligen Anlagen beim Stapes erhalten, er wächst während der Ossifikation nicht. Maleus und Incus hingegen nehmen während der Ossifikation an Größe zu, bilden aber keine Epiphysen. An den zukünftigen Gelenkflächen bleiben Schichten von Gelenkknorpel erhalten, beim Stapes auch an der Basalplatte. Die Crura entwickeln erweiterte Markräume, in denen mucöses Gewebe des Mittelohrraumes das primäre Knochenmark verdrängt, und bauen den periostalen Knochen wieder ab, sie verlieren dadurch fast die Hälfte des zuvor gebildeten Knochens [Anson et al. 1948]. Ihre definitive Größe erreichen die Gehörknöchelchen bereits um die 23. Woche, ihre Entwicklung von der ersten Anlage bis zur definitiven Form dauert nur etwa 20 Wochen (Abb. 19-11 und 19-12).

Das **Trommelfell** entsteht nicht direkt aus der Verschlußmembran zwischen dem ersten und zweiten Pharyngealbogen, vielmehr bildet sich von der äußeren Nische zwischen den beiden Bögen (Gehörgangsgrube) ausgehend eine Gehörgangsplatte aus, die mit ihrem proximalen Ausläufer Kontakt mit der äußeren Wand der Pharyngealtasche bekommt (Abb. 19-13) [Hammar 1902, Hochstetter 1951]. Beide Schichten sind durch ein faseriges Bindegewebe getrennt, dem innenseitig der Hammergriff anliegt. Das Bindegewebe ist im Innern des knöchernen Anulus tympanicus ausgespannt (Abb. 19-14 und 19-15), der am oberen Rand noch eine Lücke hat. Hier fehlt die faserige Zwischenschicht am Bildungsort der Pars flaccida des Trommelfells, der „Shrappnellschen Membran" [Fleischer 1954].

Raum und Anlagematerial der späteren **Cavitas tympanica** liegen also außerhalb und unterhalb der knorpeligen Schädelbasis, aber medial von der einsetzenden desmalen Ossifikation im Bereich der Squama temporalis. Schon früh verdichtet sich im Randbereich der Trommelfellanlage das Bindege-

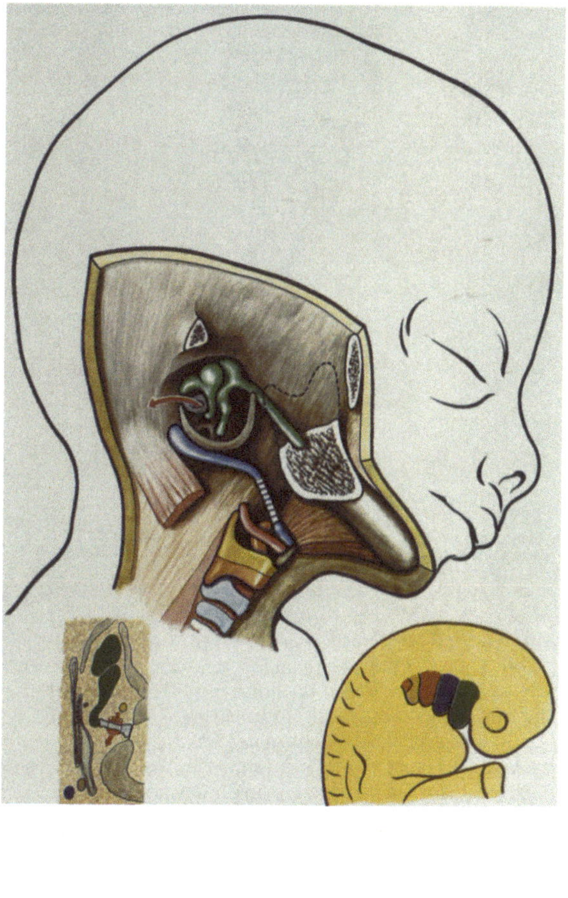

Abb. 19-10. Pharyngealskelet am Ende der Embryonalperiode und seine Herleitung aus den Pharyngealbögen: Mandibularbogen = grün, Hyalbogen = blau, III. Bogen = rot, IV. Bogen = gelb, V. Bogen = orange. Links unten Gehörknöchelchen-Anlage mit A. stapedia, rechts unten Embryo ca. 4 mm
(Unter Verwendung von Abbildungen aus Braus-Elze 1954 und Starck 1975, aus Hinrichsen 1986)

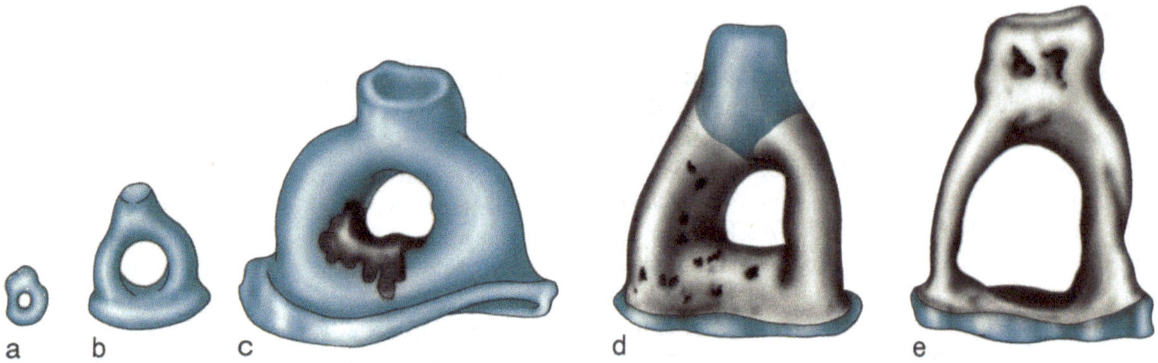

Abb. 19-11a–e. Entwicklung des Stapes bei Feten von 2,5 (a), 7,5 (b), 15,0 (c), 18,3 (d) und 27,5 cm. Die Ossifikation beginnt in nur einem Zentrum **(c)**, die definitive Größe wird schon früh erreicht **(d)**, danach erfolgt Knochenabbau bis zur endgültigen Form **(e)**.
(Umzeichnung nach Anson und Bast 1946 sowie Anson et al. 1948)

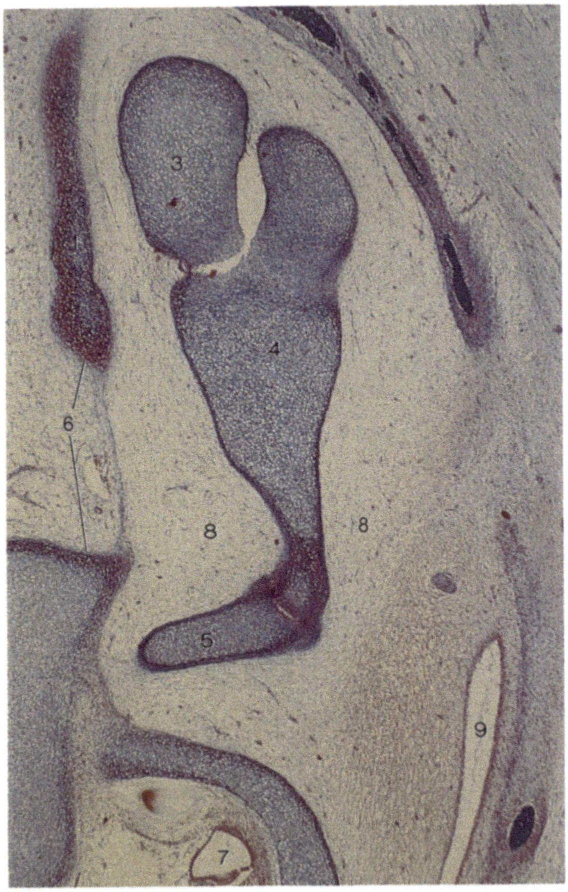

Abb. 19-12. Gehörknöchelchenkette im Mittelohr bei einem Feten 5,5 cm im Frontalschnitt. 1 = Deckknorpel, 2 = Squama temporalis, 3 = Hammerkopf, 4 = Amboß, 5 = Steigbügel (Fußplatte nicht in der Schnittebene), 6 = knorpelige Nische des ovalen Fensters, 7 = Basalwindung der Schnecke, 8 = Gallertgewebe in der Cavitas tympanica, 9 = spaltförmiges Lumen der Cavitas tympanica. 35 : 1

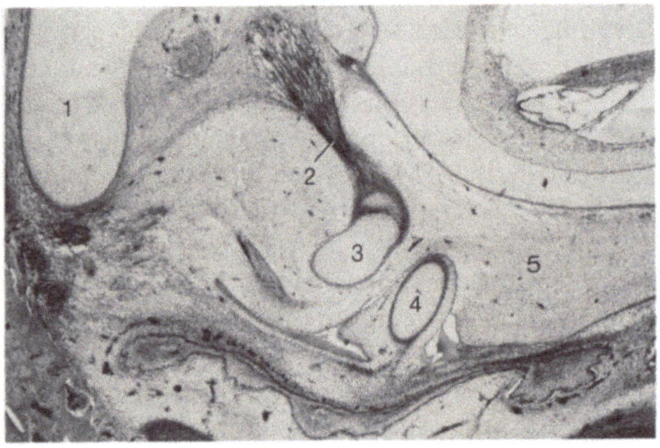

Abb. 19-13. Musculus stapedius im Horizontalschnitt bei einem Feten von 8,5 cm. 1 = knorpelige Ohrkapsel, 2 = M. stapedius, 3 = Stapes in der Gelenkverbindung zum Incus, 4 = Malleus, 5 = Gallertgewebe in der Cavitas tympanica, 6 = Anlage des Trommelfells. 70 : 1

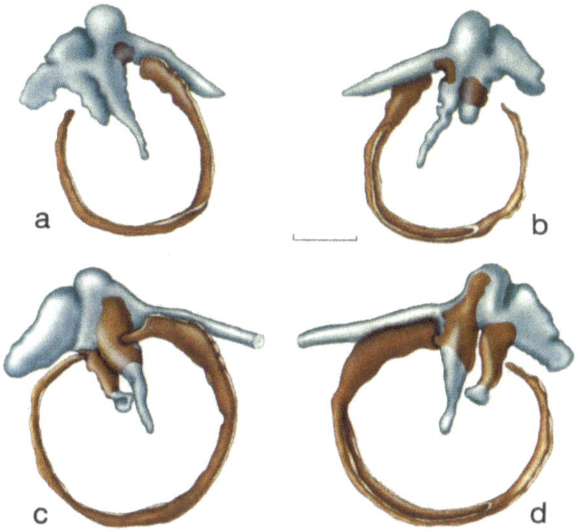

Abb. 19-14a–d. Rechter Meckelscher Knorpel mit Malleus, Incus und Anulus tympanicus bei Feten von 13,5 cm **(a, b)** und 16,1 cm **(c, d)**. Beachte die Aussparung für das Trommelfell im Anulus tympanicus in der Ansicht von medial (b, d) sowie die zunehmende Verknöcherung von einem Zentrum aus im Hammer und Amboß. a), c) = Lateralansichten. Meßbalken = 1 mm.
(Umzeichnung nach Anson und Bast 1946)

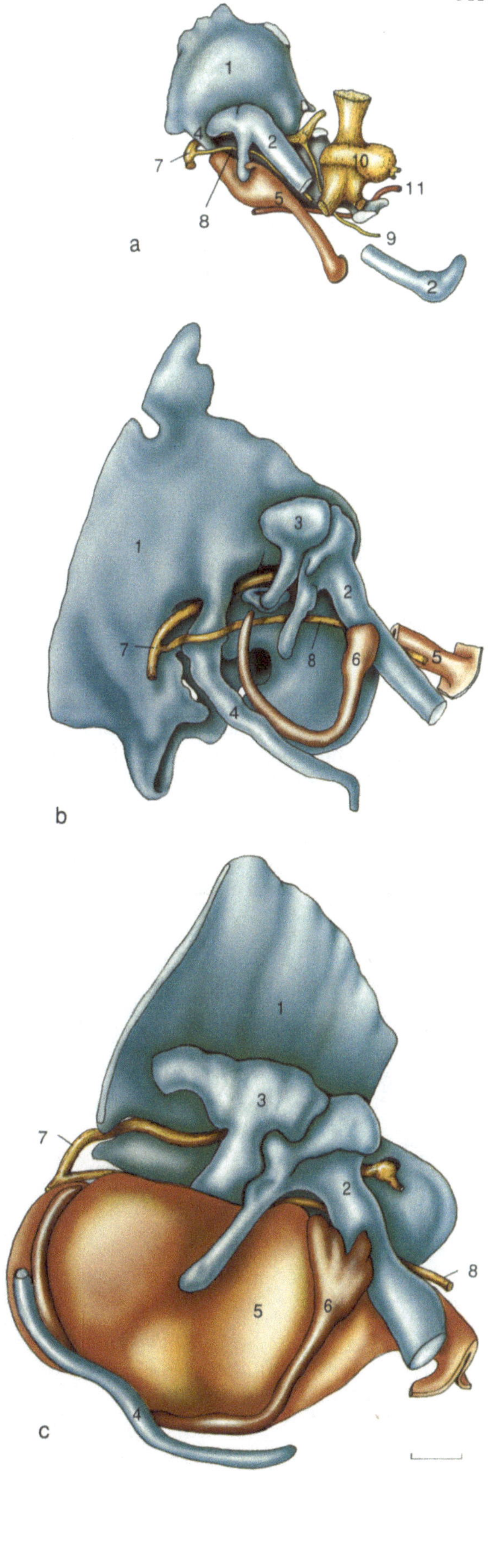

Abb. 19-15a–c. Strukturen des Mittelohres.
a) Fetus 4,3 cm, nach Macklin [1921];
b) Fetus 8,0 cm nach Hertwig aus Kollmann [1907];
c) Fetus 11,0 cm nach Hammar [1902] Meßbalken = 1 mm.
1 = Knorpel des Os temporale, 2 = Meckelscher Knorpel und Malleus, 3 = Incus, 4 = Reichertscher Knorpel, 5 = Tube bzw. Schleimhaut der Cavitas tympanica, 6 = Anulus tympanicus, 7 = N. facialis, 8 = Chorda tympani, 9 = N. petrosus superficialis major, 10 = Ggl. trigeminale, 11 = A. carotis interna

webe zu einer ringförmigen Struktur, aus der durch direkte desmale Ossifikation die Anlage des zunächst nur als Spange ausgebildeten Os tympanicum entsteht (Abb. 19-14 und 19-15). Aus der Übergangsregion von knorpeliger Schädelbasis zum Os temporale bildet sich das Dach der Paukenhöhle, während der Boden noch bei der Geburt nur bindegewebig geschlossen ist. Die übrigen Wände werden durch zusätzliche Ossifikationen gebildet, der Mittelohrraum von angrenzenden Strukturen getrennt, zuerst vom N. facialis (in seiner Verlaufstrecke in einer Rinne am unteren Rand der Pars canalicularis der Ohrkapsel, Abb. 19-15) durch eine eigene Knochenlamelle. Zur Verknöcherung innerhalb der Ohrkapsel (von mehreren Zentren ausgehend) bildet sich zusätzlich eine knöcherne „Mittelohr-Kapsel" [Goedbloed 1957, Starck 1975]. Weitere Charakteristika sind vor und während dieser Entwicklungszeit nach vorn die große Nähe der A. carotis interna und der Tuba auditiva.

Die äußere obere Aussackung der ersten Schlundtasche kommt in enge nachbarschaftliche Beziehungen zu den Anlagen der Gehörknöchelchen (siehe Abb. 20-21a). Durch Rückbildung des die Gehörknöchelchen umschließenden Bindegewebes lagert sich das Epithel der Schlundtasche als Schleimhautüberzug diesen auf. Ein Großteil des tympanalen Raumes bleibt aber bis über die Geburt hinaus von einem gallertigen Bindegewebe angefüllt (Abb. 19-12). Erst seine Rückbildung führt zur völligen Auskleidung der sich vergrößernden Cavitas tympanica und mit der erst nach dem 6. Lebensjahr stärker einsetzenden Entwicklung des Mastoids zur Ausbildung der pneumatischen Räume und der Cellulae mastoideae.

19.5 Entwicklung des äußeren Ohres

Die Bildung der Ohrmuschel steht in so engem Zusammenhang mit der Gesichtsentwicklung, daß sie besser dort besprochen wird (siehe Kapitel 23.7 Entwicklung des äußeren Ohres). Das obere Ende der Furche zwischen dem Mandibular- und dem Hyalbogen ist grübchenförmig erweitert und bildet die Gehörgangsgrube (Abb. 23-33). Von ihr aus wächst ein solider Epithelstrang, die schon erwähnte Gehörgangsplatte, schräg nach vorn unten in die Tiefe (Abb. 19-16). Sie ist von der Aussackung der ersten Schlundtasche aber noch durch ein breites Bindegewebslager getrennt. Hochstetter [1951] hat besonders betont, daß die „Verschlußmembran" der ersten Schlundtasche rückgebildet wird und daß die neu gebildete Gehörgangsplatte (durch den sich weiter seitwärts ausbildenden Gehörgang und die „Mittelohrkapsel") nur relativ in die Tiefe verlagert wird. Die erheblichen räumlichen Verlagerungen, die mit der Ausbildung des Halses und dem Prominentwerden des Gesichtes einhergehen, führen zu einer Ausziehung und Verdünnung dieses bindegewebigen Zwischenlagers und damit zur Annäherung der Gehör-

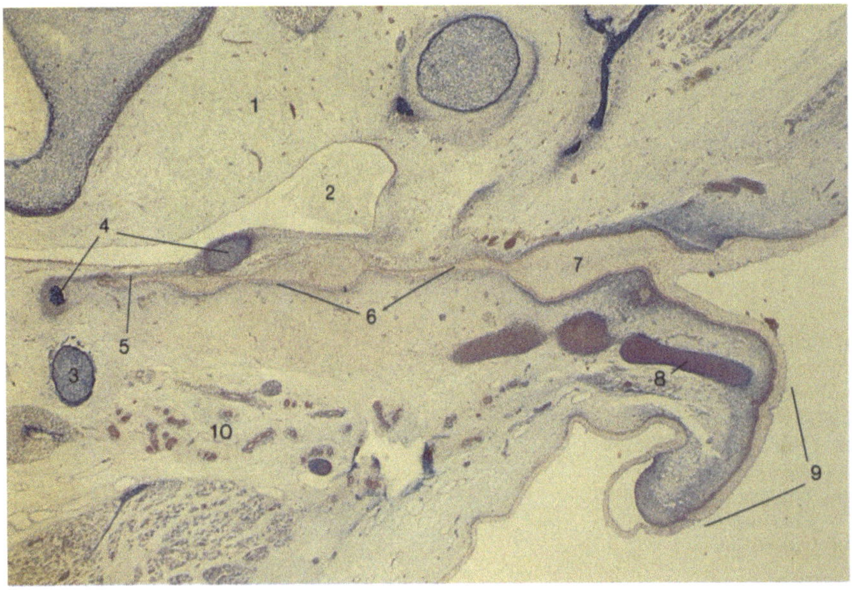

Abb. 19-16. Äußeres Ohr mit Gehörgangsplatte im Frontalschnitt bei einem Feten von 5,5 cm. 1 = Gallertgewebe in der Cavitas tympanica, 2 = spaltförmiges Lumen des Mittelohrraumes, 3 = Proc. styloideus, 4 = Anulus tympanicus, 5 = Anlage des Trommelfells mit Ende der Gehörgangsplatte (6), 7 = epithelialer Ohrpfropf, 8 = Knorpel der Ohrmuschel (9), 10 = Glandula parotis. 20 : 1

gangsplatte und der Wand der ersten Schlundtasche, zwischen denen nun das sogenannte **primäre Trommelfell** entsteht. Das Epithel der Gehörgangsplatte löst sich auf, der Gehörgang wird kanalisiert. Dabei verbleibt eine ganz dünne, aber mehrschichtige Epithelbedeckung auf der Außenseite des **definitiven Trommelfells.** Ihm liegt innenseitig der Hammergriff an.

Die Anlage des Trommelfells ist zunächst zur Körperlängsachse stark geneigt, es steht fast in der Verlaufsrichtung der oberen Gehörgangswand. Erst mit der zunehmenden Skeletbildung im Bereich des Gesichtes erfolgt eine geringfügige Aufrichtung. Beim Neugeborenen steht daher das Trommelfell noch sehr flach zur Längsachse des noch kurzen Gehörganges, was bei der Spiegelung des Trommelfells zu beachten ist.

Die Kanalisierung der Gehörgangsplatte beginnt im 5. Fetalmonat, ihr folgend differenziert sich das Epithel des äußeren Gehörgangsabschnittes nach Art der äußeren Haut, es entwickeln sich Haaranlagen und besondere Talgdrüsen, die Ceruminaldrüsen.

19.6 Fehlentwicklungen im Ohrbereich

Die Entwicklung des Ohres erstreckt sich von der frühen Embryonalzeit (Stadium 9) bis in die späte Fetalzeit (7. Monat). Diese lange Entwicklungsperiode und die Beteiligung so unterschiedlicher Elemente wie des Epithels des häutigen Labyrinthes, des Vorknorpels und Knorpels der Ohrkapsel, des Bindegewebes und Knorpels des ersten und zweiten Pharyngealbogens bieten vielfältige Möglichkeiten für Störungen und Fehlentwicklungen.

Offen ist die Frage des **Hörvermögens** zur Zeit der Geburt. Während Schall-Leitungsapparat und Innenohr ihre Funktionsreife im 7. und 8. Fetalmonat erreichen, dauert die Ausreifung der zentralen Hörbahn und der Kerngebiete im ersten Lebensjahr noch an, wie aus Hirnstammableitungen evozierter Potentiale erfaßbar wird [Hecox und Galambos 1974, Ruben 1980].

Große ärztliche Bedeutung haben die **genetisch bedingten Taubheiten,** weil sie beim Säugling schwer zu diagnostizieren sind, bei später ausbleibender Sprachentwicklung aber zur Taubstummheit führen. Außer als Fehlbildung im Zusammenhang mit anderen Syndromen sind allein drei Formen genetisch bedingter Taubheit bekannt, die autosomal rezessiv, autosomal dominant oder X-chromosomal vererbt werden [Fraser 1976]. Es werden starke Mißbildungen der Schnecke beobachtet, von der Teile ganz fehlen können. Auch starke Erweiterungen des Ductus cochlearis mit Fehlbildungen des Cortischen Organs kommen vor [Albrecht 1940]. Besonders gut untersucht ist die rezessiv vererbte Taubheit: Hier wird eine ungenügende Ausbildung der Fasern des N. cochlearis bis hin zur völligen Aplasie gefunden. Das Cortische Organ kann fehlen, besonders betroffen ist die Basalwindung. Die Basilarmembran wird häufig spannungslos gefunden, sie kann aufgerollt sein oder der Reissnerschen Membran anliegen. Auch die Stria vascularis zeigt erhebliche Veränderungen [Fraser 1976].

Das **Epithel des Labyrinthes** hat sich – wie andere formative Epithelien – auch als besonders empfindlich gegen exogene Noxen erwiesen. Typische Entwicklungsstörungen wurden bei Rötelninfektion der Mutter gefunden [Gray 1959, Thalhammer 1967]. Besonders empfindlich ist die Phase der Histodifferenzierung des Cortischen Organs. Auch das ausdifferenzierte Cortische Organ (und das Sinnesepithel der Maculae) zeigt eine fast spezifische Empfindlichkeit gegen Streptomycin [Neumann und Neubert 1958].

Störungen in der Entwicklung der Gehörknöchelchen stehen meist im Zusammenhang mit weitergreifenden Fehlbildungen im ersten und zweiten Pharyngealbogen. Sie können bis zu Aplasien der Gehörknöchelchen reichen. Besonders empfindlich scheint die Einbettung der Stapesplatte in das Foramen ovale zu sein. Überschießende Skeletbildung und Nichtdifferenzierung des Ligamentum anulare können zur Stapesankylose führen.

Störungen in der Ausbildung der Gehörgangsplatte oder mangelnde Rekanalisation können eine Atresie des äußeren Gehörganges und Fehlbildungen des Trommelfells zur Folge haben. Um die normale Topographie des gesamten Ohres zu erreichen, sind erhebliche Verlagerungen besonders des Gehörganges und des äußeren Ohres notwendig. Sie gehen mit der Bildung des Mittel- und Untergesichtes, also der Entwicklung des Oberkieferwulstes und des Mandibularwulstes einher. Dabei werden die zunächst an der Kopf-Hals-Grenze liegenden Anlagen des äußeren Ohres nach dorsocranial verlagert. Fehlbildungen dieses Gesichtsbereiches (wie die Dysostosis mandibulo-facialis) gehen meist mit Mikrognatie einher und belassen das äußere Ohr in zu tiefer Stellung an der oberen Halsgrenze (Dystopie). Solche faciale Dysplasien finden sich besonders häufig bei strukturellen Chromosomenaberrationen (Tabelle 2.3).

Groß ist die Formvarianz der Ohrmuschel. Hier ist eine Grenze der Spielbreite des Normalen zur eigentlichen Fehlbildung schwer zu ziehen. Dies wird am deutlichsten an der Frage, ob ein angewachsenes oder nicht ausgebildetes Ohrläppchen noch zur Spielbreite des Normalen gehört. Formvarianten und Fehlbildungen der Ohrmuschel sind aber bedeutsame Leitsymptome für – auch ohrferne – Dysplasiesyndrome [Leiber 1972]. Überzählige Auricularanhängsel liegen meist vor dem äußeren Gehörgang, gehen also aus dem Anlagematerial des ersten Pharyngealbogens hervor.

Auf Möglichkeiten der Fistelbildung im Ohrbereich wird im Zusammenhang mit den Halsfisteln eingegangen (siehe Kapitel 20.6 Halsfisteln).

19.7 Literaturverzeichnis

Albrecht W (1940) Erbbiologie und Erbpathologie des Ohres und der oberen Luftwege. In: Handbuch der Erbbiologie des Menschen IV/1. Springer, Berlin

Altmann F (1950) Normal development of the ear and its mechanics. Arch Otolaryngol 52:725–766

Andersen H, Matthiessen ME, Jørgensen MB (1969) The growth of the otic cavities in the human foetus. Acta Otolarnygol 68:243–249

Anniko M (1980) Embryogenesis of the mammalian inner ear. III: Formation of the tectorial membrane of the CBA/CBA mouse in vivo and in vitro. Anat Embryol 160:301–313

Anson BJ, Bast TH (1946) The development of the auditory ossicles and associated structures in man. Ann Otol Rhinol Laryngol 55:467–494

Anson BJ, Bast TH, Cauldwell Earl W (1948) The development of the auditory ossicles, the otic capsule and the extracapsular tissues. Ann Otol Rhinol Laryngol 57:603–632

Blechschmidt E (1960) Die vorgeburtlichen Entwicklungsstadien des Menschen. Karger, Basel Freiburg New York London

Braus H, Elze C (1954) Anatomie des Menschen, 1. Bd: Bewegungsapparat, 3. Aufl. Springer, Berlin Göttingen Heidelberg

Bredberg G (1968) Cellular pattern and nerve supply of the human organ of Corti. Acta Otolaryngol Suppl 236:1–135

Bredberg G, Emgström H, Ades HW (1965) Cellular pattern and nerve supply of the human organ of Corti. Arch Otolaryngol 82:462–469

Fleischer K (1954) Die Entwicklungsgeschichte der Shrapnellschen Membran. Arch ONH Heilk Z HNO Heilk 164:435–454

Fraser GR (1976) The causes of profound deafness in childhood. Johns Hopkins University Press, Baltimore

Frick H (1953) Über die Entstehung der Schneckenfensternische (Fossula fenestrae rotundae) beim Menschen. Arch ONH Heilk Z HNO Heilk 162:520–534

Goedbloed JF (1957) Het middenoorgebied tijdens de embryonale ontwikkeling. Ned Tijdschr Geneeskd 101:606–607

Gray JE (1959) Rubella in pregnancy; fetal pathology in the internal ear. Ann Otol 68:170–174

Hammar JA (1902) Studien über die Entwicklung des Vorderarms und einiger angrenzender Organe. 1. Abtheilung: Allgemeine Morphologie der Schlundspalten beim Menschen. Entwicklung des Mittelohrraumes und des äußeren Gehörganges. Arch Mikr Anat 59:471–628 und Tafeln XXVI–XXIX

Hecox K, Galambos R (1974) Brain stem auditory evoked potentials in human infants and adults. Arch Otolaryngol 99:30–33

Hinrichsen KV (1986) Slides on human embryology. Bergmann, München

Hochstetter F (1951) Entwicklungsgeschichte der Ohrmuschel und des äußeren Gehörganges beim Menschen. Denkschr Österr Akademie Wiss Math-Nat Kl 108: I. Abh 1–50 und Tafeln 1–7

Kollmann J (1907) Handatlas der Entwicklungsgeschichte des Menschen, Bd I. Fischer, Jena

Leiber B (1972) Ohrmuscheldystrophie, Ohrmuscheldysplasie und Ohrmuschelmißbildung – Klinische Wertung und Bedeutung als Symptom. Arch Klin Exp ONKehlk Heilk 202:51–84

Lenoir M, Shnerson A, Pujol R (1980) Cochlear receptor development in the rat with emphasis to synaptogenesis. Anat Embryol 160:253–262

Macklin CC (1921) The skull of a human fetus of 43 millimeters greatest length. Contrib Embryol Carnegie Inst Wash 10:57–103

Müller F, O'Rahilly R (1985) The first appearance of the neural tube and optic primordium in the human embryo at stage 10. Anat Embryol 172:157–169

Müller F, O'Rahilly R (1988) The first appearance of the future cerebral hemispheres in the human embryo at stage 14. Anat Embryol 177:495–511

Nakai Y (1970) An electron microscopic study of the human fetus cochlea. Pract Otorhinolaryngol 32:257–267

Neumann G, Neubert K (1958)Die Sensualien des Innenohres unter der Einwirkung von Streptomycin. Arzneimitt Forsch/Drug Res 8:63–72

O'Rahilly R (1963) The early development of the otic vesicle in staged human embryos. J Embryol Exp Morphol 11:741–755

Politzer G (1956) Die Entstehung des Ganglion acusticum beim Menschen. Acta Anat 26:1–13

Reinecke M, Lehmann I (1958) Zur Entwicklungsgeschichte der Epithelien des menschlichen Ductus cochlearis. I. Mitteilung. Phasenkontrastmikroskopische Untersuchungen (13. Embryonalwoche). Arch Klin Exp ON-Kehlk Heilk 192:280–287

Ruben RJ (1967) Development of the inner ear of the mouse: a radioautographic study of terminal mitoses. Acta Otolaryngol Suppl 220:1–44

Ruben RJ (1980) A review of transneuronal changes of the auditory central nervous system as a consequence of auditory defects. Int J Pediatr Otorhinolaryngol 1:269–277

Schuknecht HF, Gulya AJ (1986) Anatomy of the temporal bone with surgical implications. Lea und Febiger, Philadelphia

Starck D (1975) Embryologie, 3. Aufl. Thieme, Stuttgart

Streeter GL (1918) The histogenesis and growth of the otic capsule and its contained periotic tissue-spaces in the human embryo. Carnegie Inst Wash Publ 227, Contrib Em-

bryol 7:5–54
Streeter GL (1951) Developmental horizons in human embryos. Age groups XI to XXIII. Embryol Reprint Vol II Carnegie Inst Wash, Washington
Thalhammer O (1967) Pränatale Erkrankungen des Menschen. Thieme, Stuttgart
Theiler K (1949) Studien zur Entwicklung der Ganglienleiste. II: Befunde zur Frühentwicklung der Ganglienleiste beim Menschen. Acta Anat 8:96–112
Thorn L (1975) Die Entwicklung des Cortischen Organs beim Meerschweinchen. Adv Anat Embryol Cell Biol 51/6:1–97
Yokoh Y (1971) Early formation of nerve fibers in the human otocyst. Acta Anat 80:99–106

20. Intestinaltrakt

K. V. Hinrichsen

20.1 Gliederung des Darmes

Die Gliederung des Darmes beginnt mit der Bildung der vorderen und hinteren Darmbucht bei der Abfaltung des Embryo von der Keimscheibe (Abb. 6-8, 6-9), dabei grenzt sich der *intraembryonale* Teil des Dottersackes als Anlage des Darmsystems vom extraembryonal bleibenden und rudimentär werdenden sekundären Dottersack ab. Während der Nabelbildung (siehe dort) ist der intraembryonale Darm über den Ductus vitellinus mit dem extraembryonalen Teil des Dottersacks verbunden (Abb. 20-1 und 20-2). Die so entstandene Anlage des Darmsystems wäre als Darm„rohr" zu einfach beschrieben: Schon sehr früh zeigt der **Kopfdarm** eine Anpassung an das massive mesodermale Relief der Kopfregion in Form der Pha-

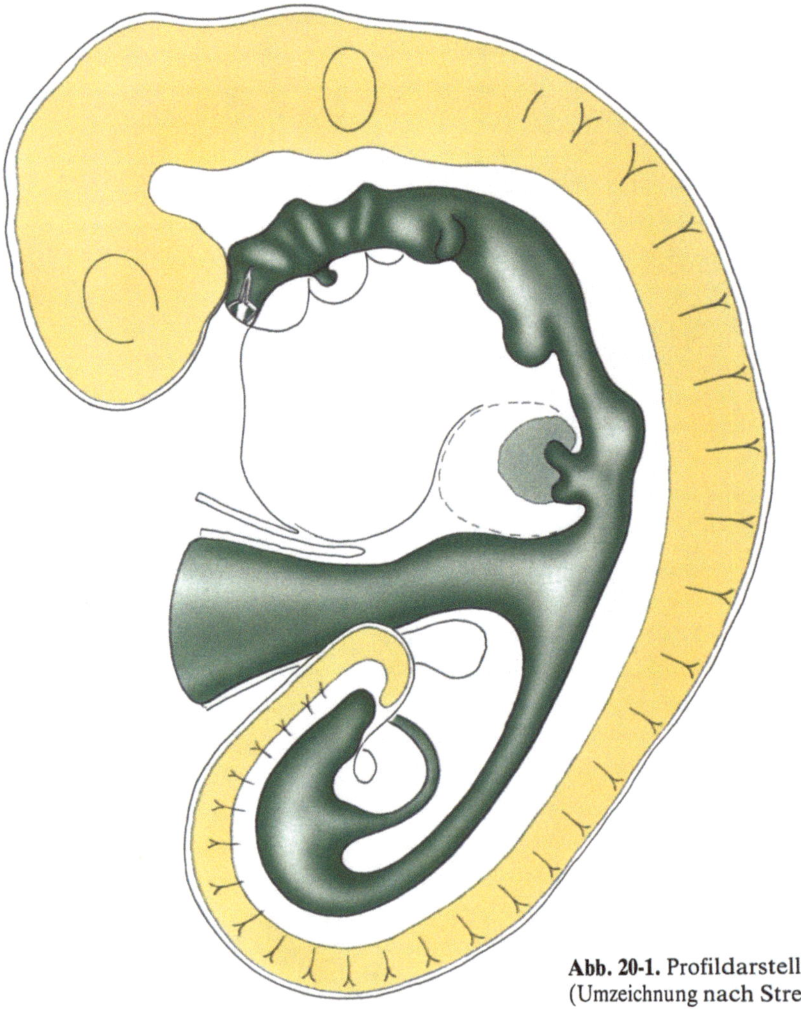

Abb. 20-1. Profildarstellung des Darmtraktes im Stadium 12 (Umzeichnung nach Streeter 1951)

ryngealbögen, indem die Zwischenräume zu Pharyngealtaschen ausgeweitet werden. Nach ventral hin verdickt sich das Endoderm zur Anlage der Thyroidea, die in der Gabel zwischen den paarigen Aortenbögen gelegen ist, treten schon sehr früh die Anlage der Leberbucht und der Gallenblasenbucht auf, es bildet sich die Anlage des dorsalen Pankreas (Abb. 6-13). Damit ist der Bereich zwischen Thyroidea-Anlage und Leber-Pankreas-Anlage als der Abschnitt des **Vorderdarms** bestimmbar, aus dem Pharynx, Oesophagus, Magen und oberes Duodenum hervorgehen werden. Die Lungenanlage und Lungenknospe treten nur wenig später als die Anlage der Thyroidea auf (Abb. 6-8, 20-1 und 20-2), ihre weitere Entwicklung wird im folgenden Kapitel besprochen.

Der **Mitteldarm** reicht von der Anlage der Gallenblase und des dorsalen Pankreas bis zur hinteren Darmbucht und ist nur durch seine ventrale Verbindung mit dem Ductus vitellinus gekennzeichnet. Sein Längenwachstum führt zur Ausbildung der primären Nabelschleife in das Nabelcoelom hinein, aus der unteres Duodenum, Jejunum und Ileum sowie Colon ascendens und transversum hervorgehen werden. Er umfaßt den Teil des späteren Magen-Darm-Traktes, den die A. mesenterica superior versorgt, und wird von allen Abschnitten das größte Längenwachstum aufweisen.

Der **Hinterdarm** reicht mit dem „Schwanzdarm" nach caudal über die Kloakenmembran hinaus, cranial der Kloakenmembran geht von ihm die Allantois ab (Abb. 6-13, 20-1, 20-2). Er umfaßt den Teil, der von der A. mesenterica inferior versorgt wird, und bildet die Anlage von Colon descendens, sigmoideum und rectum Der caudoventrale Anteil wird aber spä-

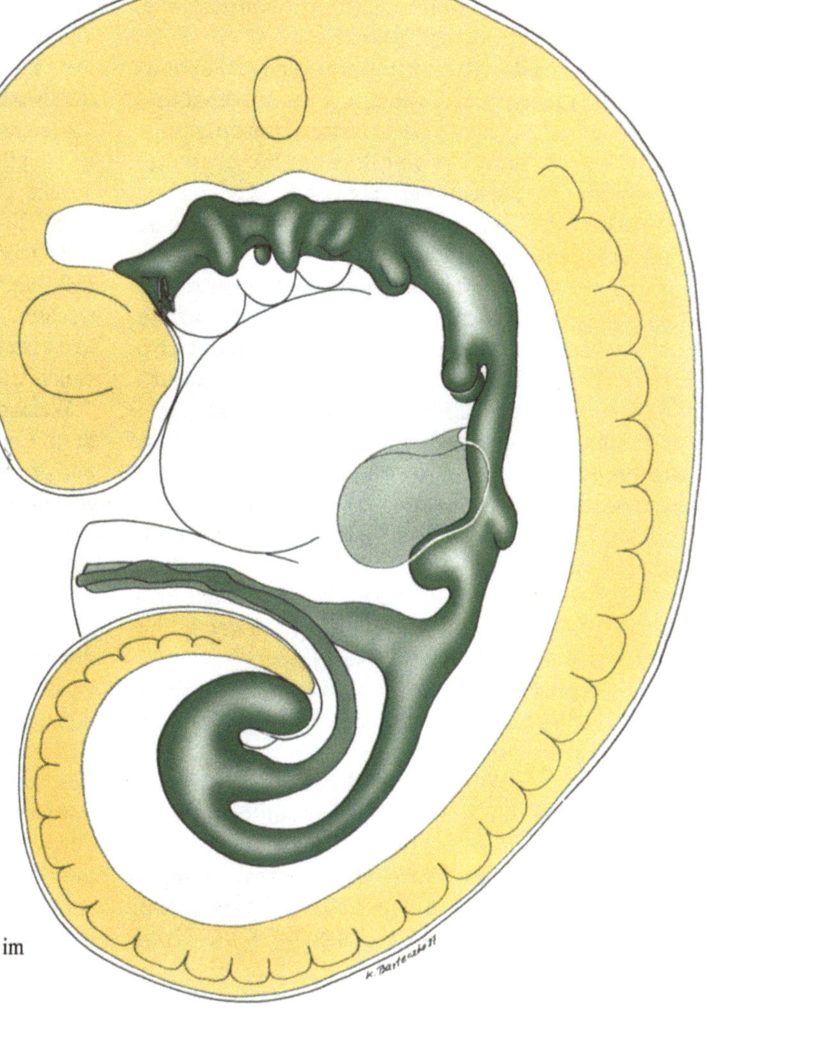

Abb. 20-2. Profildarstellung des Darmtraktes im STADIUM 13
(Umzeichnung nach Streeter 1951)

ter durch die Entwicklung eines Septum urorectale als Anlage der Harnblase vom Darmsystem getrennt. Eine Verbindung nach außen besteht noch nicht, dort wo das Septum urorectale die Kloakenmembran (Abb. 7-6a) erreicht, entsteht der primitive Damm. Dorsal von dieser Kontaktzone bleibt ein kleiner Teil der Kloakenmembran als Analmembran am Boden einer sich aus den Analfalten der Körperwand formenden Analgrube (Proctodeum) gelegen, bis sie (normalerweise im STADIUM 20) degeneriert. Der Hinterdarm bildet damit den mit Schleimhaut bedeckten Teil des Anorectalkanals, während der cutane Teil von der Analbucht stammt.

Für die embryologische Betrachtung ist die hier gegebene **Einteilung des Darmsystems** sinnvoller als die nach funktionellen Gesichtspunkten getroffene Unterteilung in einen Kopfdarm, mit den Einrichtungen zur Nahrungsaufnahme und -zerkleinerung, und den Rumpfdarm, mit den Hauptaufgaben fermentativer Aufbereitung der Nahrung, Resorption von Nahrungsstoffen und Wasser und Weitertransport der Schlackenstoffe. Das schon erwähnte Grundmuster der Gefäßversorgung sowie die Tatsache, daß nur der Vorderdarm mit einem dorsalen und ventralen Meso versehen ist, während Mitteldarm und Enddarm nur ein dorsales Meso haben, begründen besonders diese embryologische Unterteilung.

20.2 Kopfdarm

Auch die vordere Darmbucht hat zunächst keine unmittelbare Verbindung nach außen, sie legt sich von innen an die Rachenmembran an (Abb. 6-13a, b, 20-3, 20-4a). Diese Membran degeneriert bereits im STADIUM 12 (Abb. 6-13c, 20-4b).

Der zwischen der Rachenmembran und der Anlage der Glandula thyroidea gelegene rostrale Abschnitt des Vorderdarms kann als **Kopfdarm** besonders abgegrenzt werden, zumal er vielfältige und höchst unterschiedliche Entwicklungen durchläuft. Er ist der Darmabschnitt, der keine unmittelbare Lagebeziehung zum Coelom hat [Starck 1975].

Noch vor der Degeneration der Rachenmembran lagert sich das Ektoderm der Mundbucht (Stomatodeum) ohne zwischengelagertes Mesenchym dem Boden des Zwischenhirns an und bildet hier eine neuroektodermale Platte [Gilbert 1935] als Begrenzung einer nach cranial gerichteten Vertiefung, der Anlage der *Adenohypophyse*. Diese Nische wird nach ihrem Entdecker auch als *Rathke'sche Tasche* bezeichnet [Rathke 1838]. Unmittelbar hinter der Rachenmembran ist mehr oder weniger deutlich eine weitere, nach cranial gerichtete kleine Bucht erkennbar, nach ihrem Erstbeschreiber als *Seessel'sche Tasche* bekannt [Seessel 1877] (Abb. 20-4a, b).

Die *Abgrenzung zwischen Ektoderm und Endoderm im Mundbereich* bleibt nach Schwund der Rachenmembran unsicher.

Die Adenohypophyse, nach der Situation ihrer ersten Anlage vor der Rachenmembran eindeutig ektodermaler Herkunft, wird mit der starken Ausbildung der Mittelhirnbeuge nach cranial und dorsal verlagert (siehe Abb. 16-6) und in ihrer weiteren Entwicklung – trotz ihres ektodermalen Ursprungs – als Kopfdarmderivat besprochen.

Aus dem Ektoderm bzw. einer vomero-nasalen Plakode geht auch das Epithel der *primären Nasenhöhle* hervor, die sich im STADIUM 15 beginnend einsenkt, von den Gesichtswülsten überwachsen wird und bis zum STADIUM 18 durch die *Choanalmembran* von der Mundhöhle getrennt bleibt (siehe Kapitel 23. Gesichtsentwicklung). Die primäre Choane liegt in der Nische zwischen der Innenseite des primären Gaumens und den Wülsten des sekundären Gaumens und deutlich oralwärts vom Abgang der *Rathke'schen Tasche* [Hinrichsen 1985, Hinrichsen et al. 1986] (Abb. 20-15). An diesen beiden Punkten läßt sich für den Oberkieferbereich damit eindeutig bestimmen, daß die *Labio-Dento-Gingival-Leiste,* deren Einwachsen vom STADIUM 18 an beobachtet werden kann (siehe Kapitel 25. Zahnentwicklung), ektodermalen Ursprungs ist.

Weniger deutlich bestimmbar ist die Grenze Ektoderm/Endoderm im Bereich des *Mandibularbogens* und des späteren *Hyalbogens.* Man kann in Analogie zum Oberkiefer davon ausgehen, daß auch die Labio-Dento-Gingival-Leiste des Unterkiefers ektodermalen Ursprungs ist. Die Anlage der Glandula thyroidea liegt zu weit caudal von der Rachenmembran, um in Analogie zur Adenohypophyse als Grenzmarke zu dienen [so irrtümlich Corning 1925]. Eher darf die (später auftretende) Glandula submandibularis mit ihrer Mündung innerhalb des Zahnbogens als vom Kopfdarm ausgehend angesehen werden. Ihr Bildungsort liegt aber lateral der Zungenwülste. Ihr Ausführungsgang wird erst später vor das Frenulum linguae verlagert, die Innervation (Chorda tympani aus dem N. facialis) weist auf den Hyalbogen als Ursprung hin. Der vordere Teil der Zunge könnte also ektodermbedeckt sein. Eine Grenze ist auch rasterelektronenmikroskopisch nicht zu erkennen (Abb. 20-7).

Abb. 20-3. Vorderes Körperende eines menschlichen Embryo im STADIUM 11 (13 Somiten) mit offenem Neuroporus (1), Stomatodaeum und Rachenmembran (2), Mandibularbogen (3). Die vordere Körperwand (4) ist aufgebrochen, das Epimyocard (5) eröffnet, das Endocard sichtbar (6). (Aus: Jirásek 1983, mit freundlicher Genehmigung von Autor und Verlag)

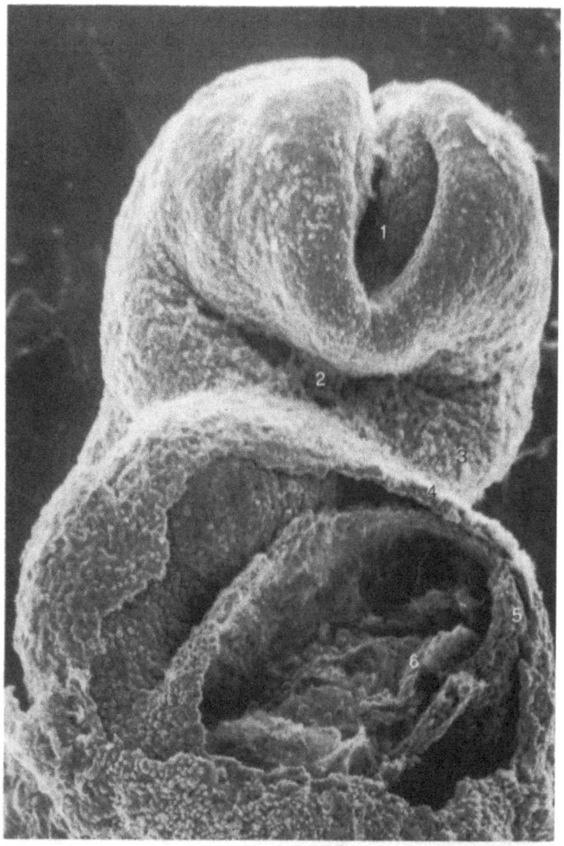

Abb. 20-4a, b. Vorderes Körperende, Stomatodeum und Rachenmembran im Sagittalschnitt.
a) STADIUM 11 (Carnegie Nr. 8116, 17 Somiten, 24 Tage). Noch offener Neuroporus anterior, Rachenmembran noch geschlossen (Pfeil). 105 : 1;
b) STADIUM 12 (Carnegie Nr. 7724, 3,5 mm, 26 Tage). Am Rachendach ist ein Rest der Rachenmembran erkennbar (Pfeil), davor die Rathke'sche, dahinter die Seessel'sche Tasche. 150 : 1
(Mit freundlicher Genehmigung von Professor O'Rahilly, eigene Aufnahmen aus der Carnegie Collection of Embryology)

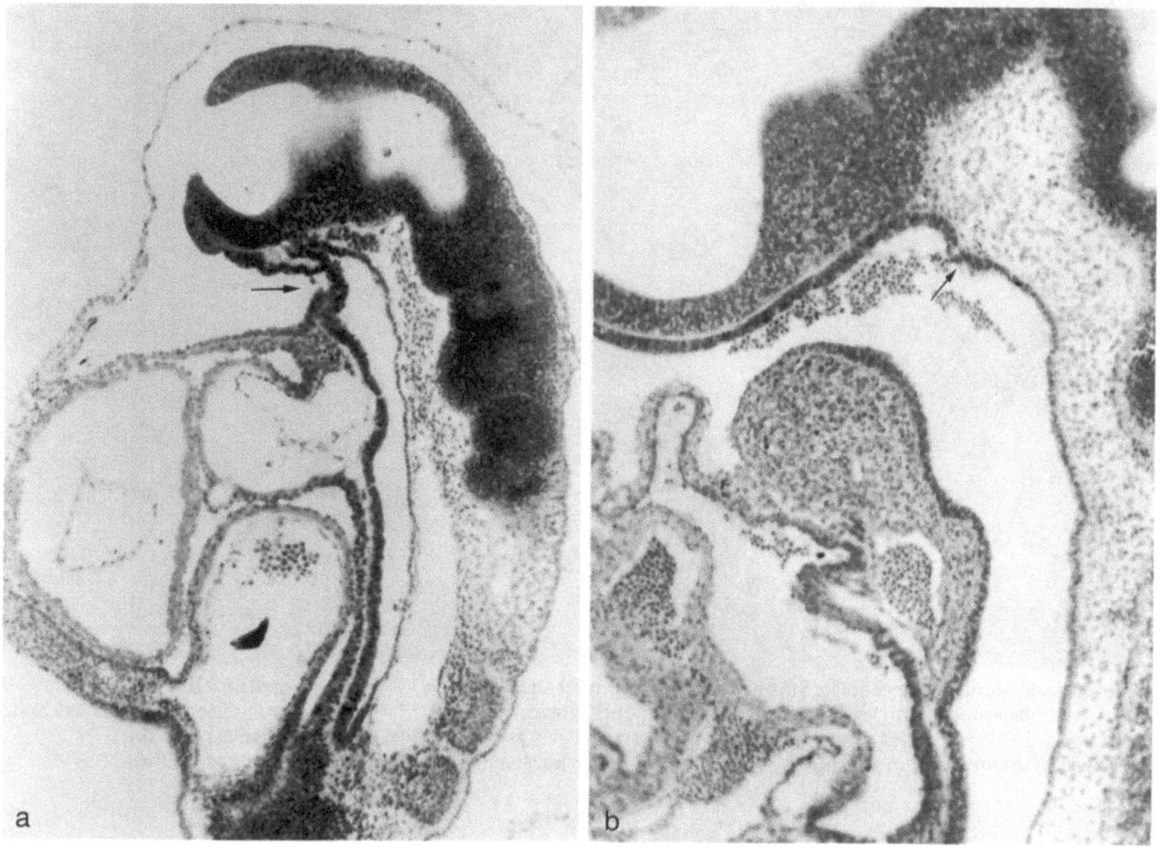

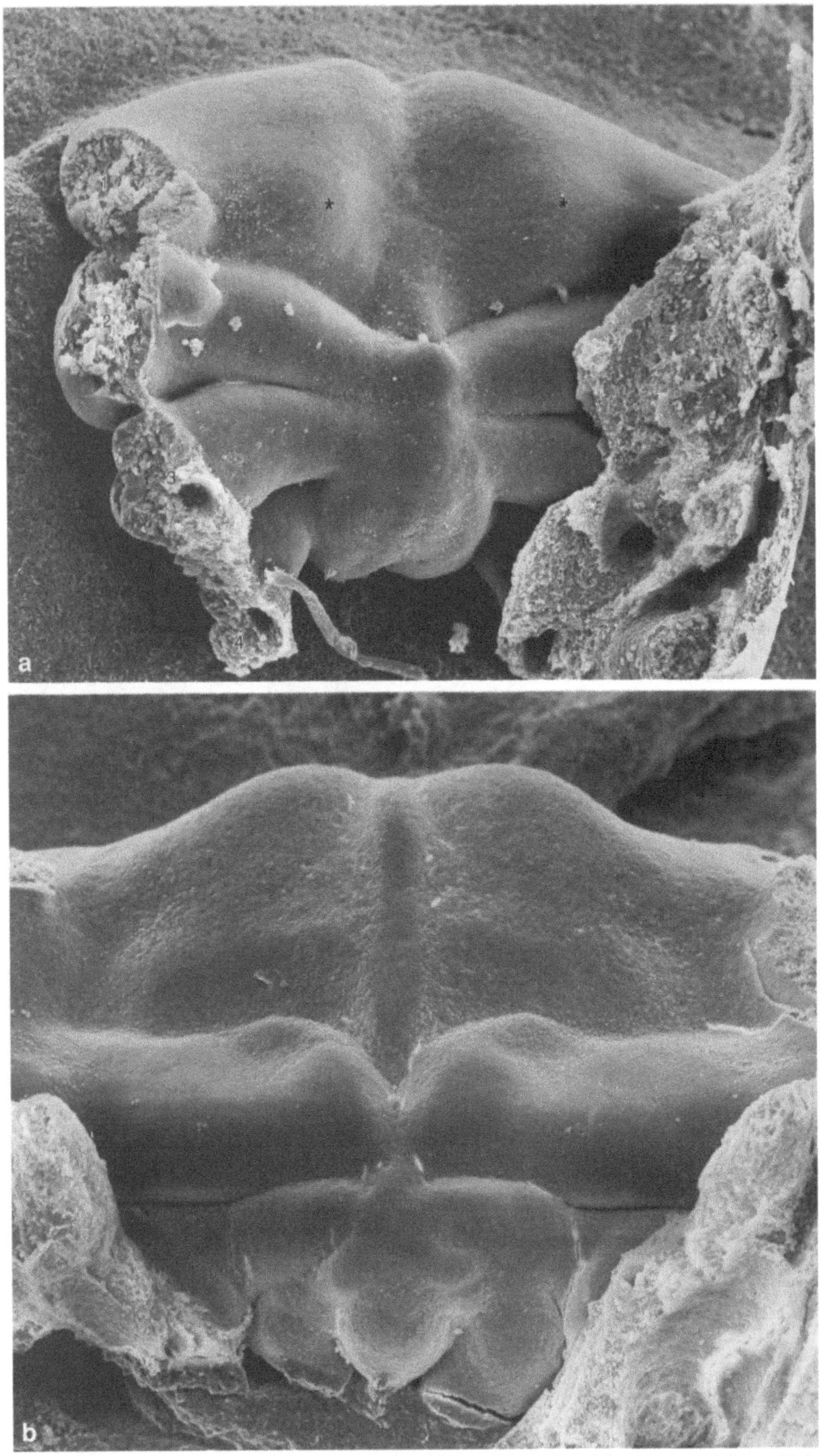

Abb. 20-5a, b. Mundbodenrelief im Stadium 14 (a = 6,8 mm) und Stadium 17 (b = 10,4 mm) im REM-Bild. ca. 100 : 1.
a) 1 = Mandibularbogen mit seitlichen Zungenwülsten und Tuberculum impar, 2 = Hyalbogen mit (medial) unpaarer Spitze der Copula, 3 + 4 = 3. und 4. Pharyngealbogen mit Aortenbögen und (medial) paarigen Wülsten der Copula;
b) Tuberculum impar schon zu länglichem medialen Wulst im Mandibularbogen ausgezogen. Vgl. Abb. 20-6a.

20.3 Entwicklung der Zunge

Der primitive Mundboden ist zunächst konkav geformt, sein feineres Relief entsteht in Anpassung an die Bindegewebswülste der Pharyngealbögen. Dieses Hohlrelief wird im mittleren Bereich zu einem Hochrelief umgeformt. Dabei tritt vor dem Bildungsort der Glandula thyroidea zwischen dem vorderen Rand des Hyalbogens und dem hinteren Rand des Mandibularbogens das *Tuberculum impar* auf, davor erheben sich auf der Innenseite des Mandibularbogens die seitlichen *Zungenwülste*. Der spätere Zungengrund wird aus der *Copula*, einer medianen Erhebung des Hyalbogens gebildet (Abb. 20-5, 20-6). Diese Anla-

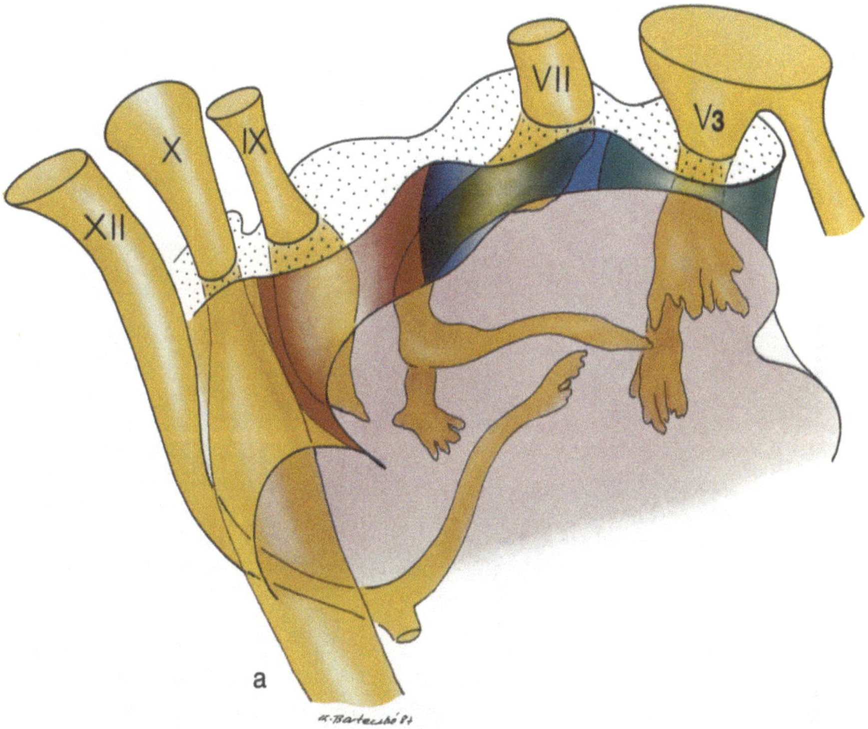

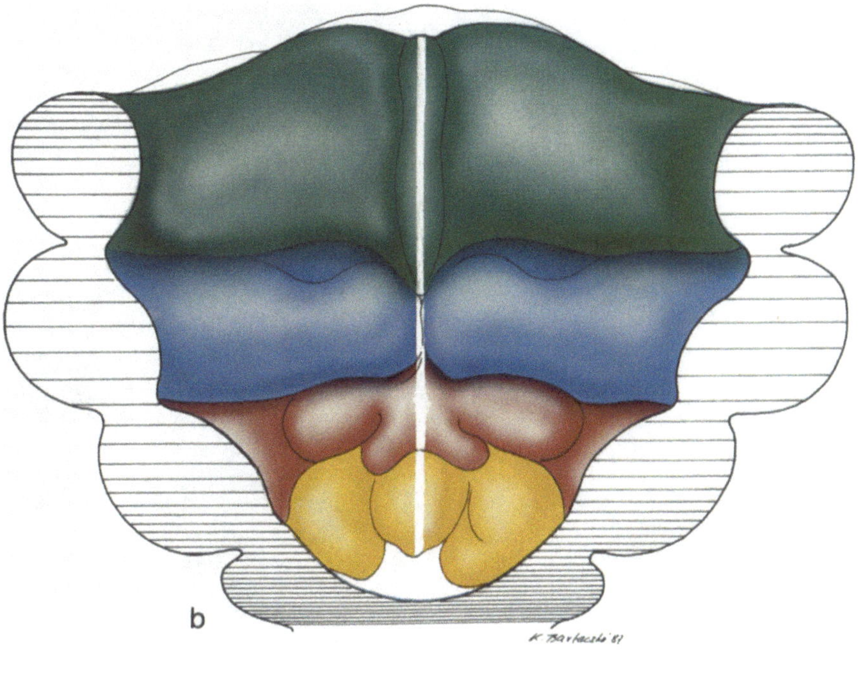

Abb. 20-6a, b. a) Medianprofilrekonstruktion von Zungenanlage und Pharyngealbögen mit den Pharyngealbogennerven V3, VII, IX und X sowie dem N. hypoglossus (XII). In Bildmitte die Anlage der Chorda tympani als Verbindungsast von VII zu V3 (unter Verwendung der Abb. 297 aus Blechschmidt 1961).
b) Mundbodenrelief im Stadium 17 (10,4 mm) in schematischer Darstellung. Mandibularbogen = grün, Hyalbogen = blau, 3. Pharyngealbogen = rot, 4. Pharyngealbogen = gelb. ca. 100 : 1

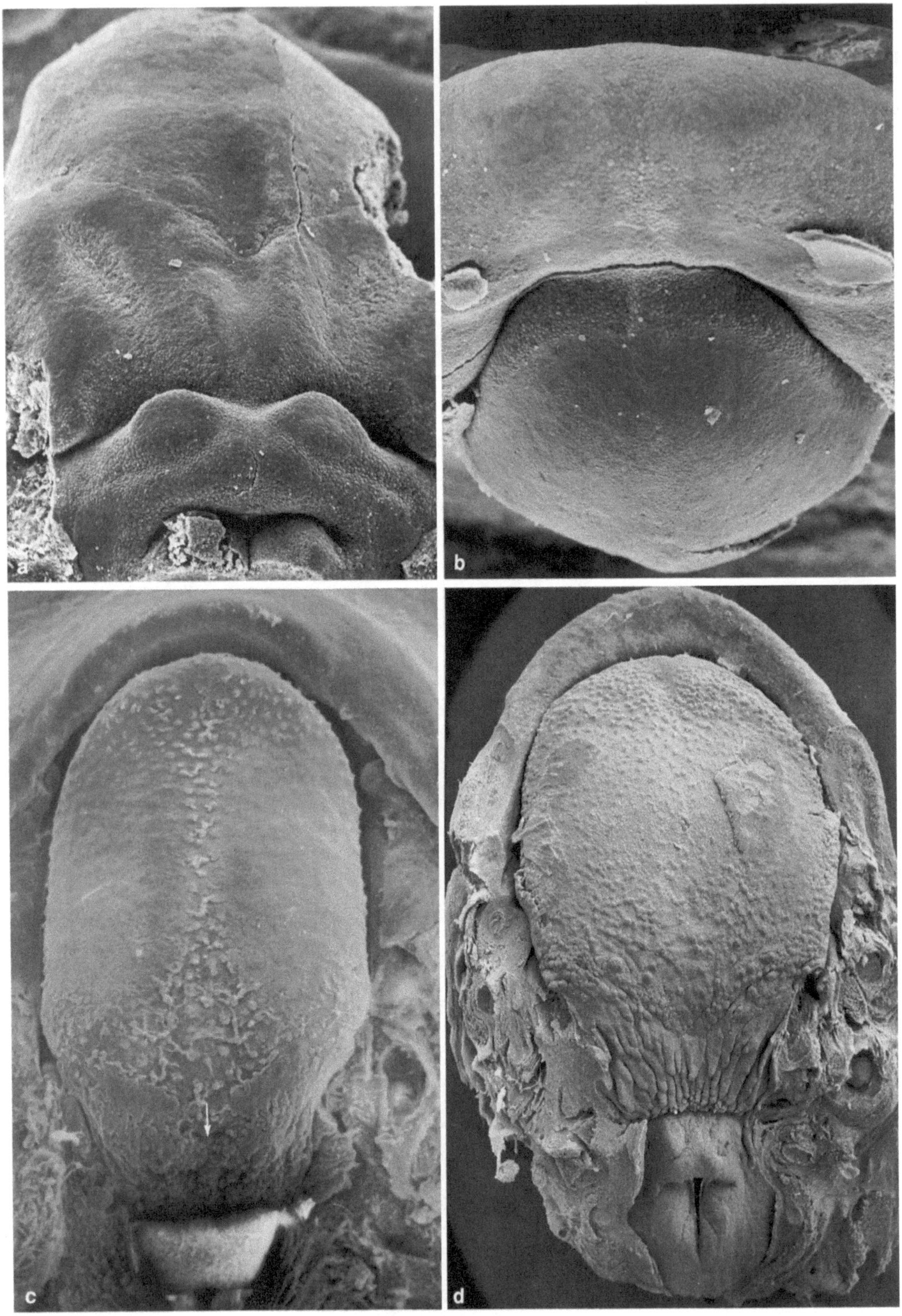
a
b
c
d

◀
Abb. 20-7a–d. Zungenkörper im REM-Bild. Blick auf den Zungengrund (**a**) und die Zungenspitze (**b**) bei einem Embryo im Stadium 17 (14,8 mm). Zungenoberfläche noch weitgehend glatt. 95 : 1;
c) Fetus 5,5 cm (ca. 11. Woche), Zungenkörper in Teilen noch mit glatter Oberfläche. Foramen caecum (→) und beginnende Papillae filiformes s. im Ausschnitt (Abb. 20-8). 30 : 1;
d) Fetus 8,0 cm (Anfang 4. Monat) mit starker Schleimhautfaltung am Zungengrund, davor beginnende Vorwölbung der Papillae circumvallatae in typisch V-förmiger Anordnung und von Papillae foliatae. Beachte den gegenüber (c) veränderten Abb.-Maßstab 15 : 1.

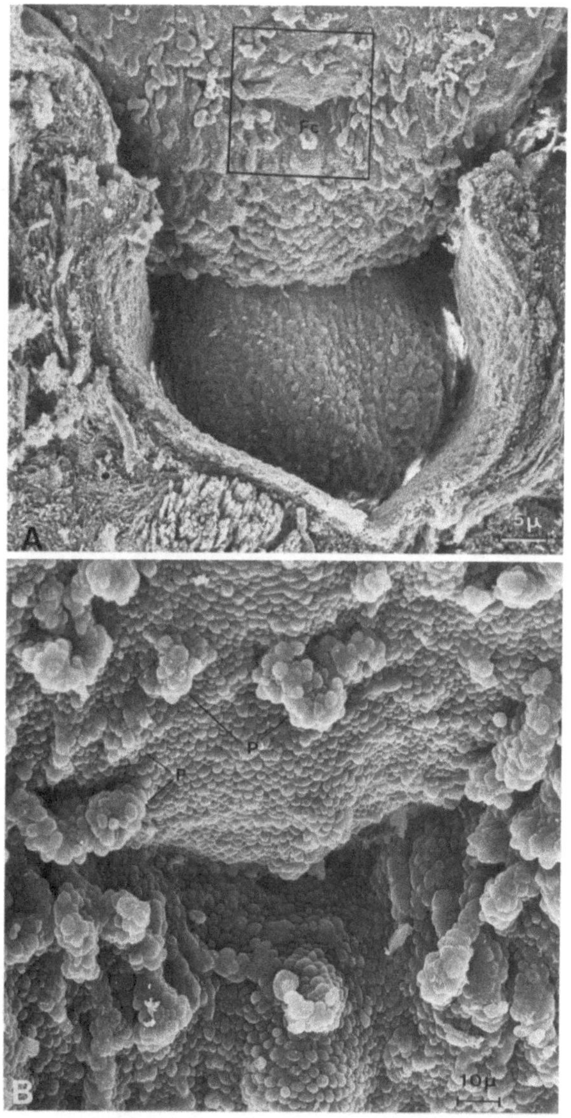

Abb. 20-8a, b. Ausschnitt aus Abb. 20-7c bei stärkeren Vergrößerungen. Foramen caecum und Papillae foliatae.

gebereiche verschmelzen unter starker Mesodermvermehrung zu einem einheitlichen Körper, auf dem als deutliche Grenzmarke nur der Abgang der Glandula thyroidea in Form des *Foramen caecum* erhalten bleibt (Abb. 20-7c, 20-8). Das Relief von Tuberculum impar, Zungenwülsten und Copula wird nach rostral schnell ausgeglichen und durch den einheitlich geformten *Zungenkörper* ersetzt (Abb. 20-7). Seine Volumenzunahme ist erheblich. Schon früh wird auch die fast rechtwinklige Abknickung vom Zungenrücken zum Zungengrund ausgebildet (Abb. 20-7a, c).

Die *Gestaltung des feineren Reliefs der Zungenoberfläche* und die Differenzierung der Zellen, insbesondere der *Geschmacksknospen,* sind das Ergebnis einer komplizierten Interaktion von Innervation, Bindegewebe und Epithel. Nach experimentellen Befunden führt eine operative Denervation der Zunge zum Fehlen von Papillen und zur Atrophie des Epithels. Geschmacksknospen entstehen nur und werden durch jeweils erneute Zellteilung lebenslang nur erhalten, wenn sie spezifisch von Geschmacksnervenendigungen innerviert werden [Oakley 1970, 1974]. Dabei entstehen zunächst überzählige Geschmacksknospen auch an Stellen, an denen sie in der Zunge des Erwachsenen nicht mehr gefunden werden. Ein Beispiel zeigt Abbildung 20-9 in der oberen Epithelbegrenzung einer Papilla foliata.

Aus der Beteiligung der Nerven der Pharyngealbögen an der Versorgung der Zunge wird abgeleitet, daß erhebliche Mengen von Mesoderm insbesondere

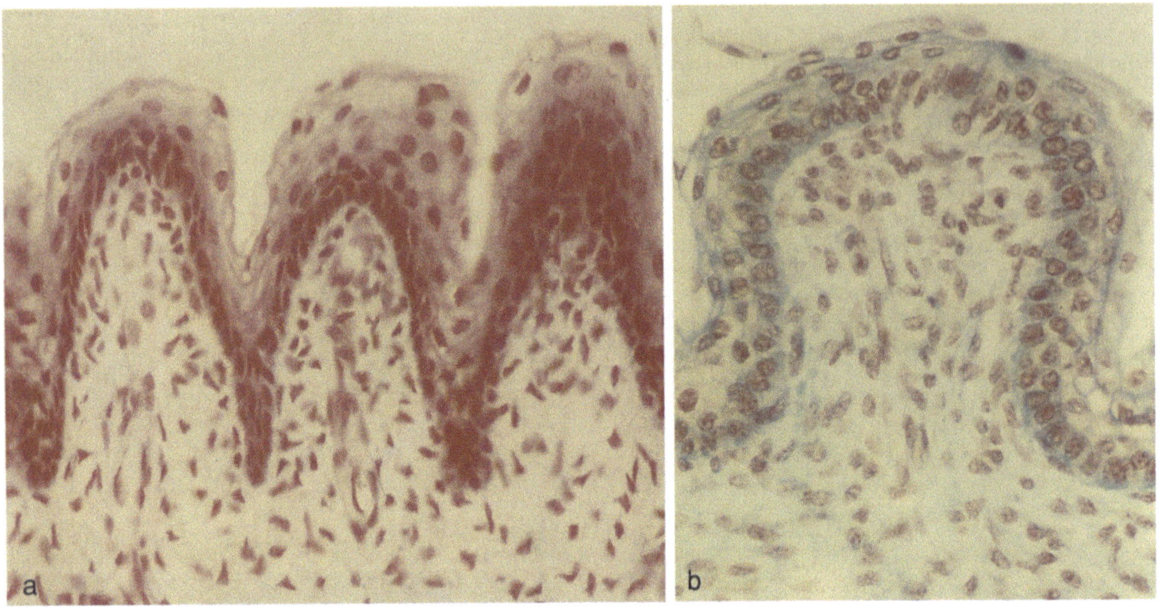

Abb. 20-9a, b. Zungenpapillen im histologischen Schnitt bei einem Fetus von 10,5 cm (4. Monat).
a) Papillae filiformes, ca. 150 : 1;
b) Papilla foliata mit Geschmacksknospe im apicalen Epithel. 420 : 1

aus dem 3. Pharyngealbogen am Aufbau des Zungenkörpers beteiligt sind und jenen Bereich bilden, der später vom N. glossopharyngeus innerviert wird. Der aus dem Mandibularbogen stammende Teil wird vom N. lingualis innerviert, während für die Beteiligung des Hyalbogens die Innervation durch die Chorda tympani kennzeichnend ist. Nach diesem Innervationsmuster soll das Mesoderm der Papillae vallatae und foliatae überwiegend aus dem 3. Pharyngealbogen stammen, versorgt vom N. glossopharyngeus, während die Papillae fungiformes über ihre Innervation mit der Chorda thympani auf den 2. Bogen bezogen werden [Hamilton et al. 1972]. Eine Übersicht über die frühen Lagebeziehungen der *Nerven der Pharyngealbögen* zum Zungenkörper gibt Abbildung 20-6.

Die frühe Differenzierung der *Papillen* [Hamilton et al. 1972: 25 mm, Pap. filiformes 45 mm] bleibt zunächst ohne Einfluß auf das Relief der Zungenoberfläche. Die Zunge erweist sich im REM-Bild auffällig glatt, erst bei Feten von 5,5 cm sind unregelmäßige Zellerhebungen, die den Papillae filiformes entsprechen mögen (Abb. 20-7, 20-8), erkennbar. Größere Papillen werden im Oberflächenrelief erst bei Feten von 8 cm (Abb. 20-7d) deutlich. Ein besonderes Relief der Zunge des Neugeborenen sind die langen, nur am Zungenrand stehenden Zungenpapillen [Yamasaki und Takahashi 1982, „Saugpapillen" von Habermehl 1952].

Der Ursprung der *Zungenmuskulatur* war Gegenstand zahlreicher Untersuchungen mit kontroverser Deutung. Die Streitfrage war: Entstehung und Differenzierung am Ort aus Zungenmesoderm [Lewis 1910] oder Einwandern aus occipitalen Somiten. Zunächst waren es überwiegend vergleichend-embryologische Gründe, die die Entstehung der Zungenmuskulatur von den occipitalen Somiten und deren Bildung einer „Schulterzungenleiste" [Froriep 1882, 1885] bzw. einer „Zungenleiste" [Hunter 1935] herleiteten. Experimentelle Untersuchungen an Amphibien und Vögeln [Detwiler 1929, Deuchar 1958, Schemainda 1982] haben gezeigt, daß die Hypoglossus-Muskulatur, ähnlich wie die übrige somatische Muskulatur, durch Myoblastenströme aus den occipitalen Somiten präformiert und erst am Ort in die verschiedenen inneren und äußeren Muskeln der Zunge individuiert wird.

20.4 Kopfspeicheldrüsen

Die Kopfspeicheldrüsen entstehen erst in der späteren Embryonalzeit. Erste Andeutungen einer Epithelverdickung seitlich der Zunge und innerhalb der Anlage des Zahnbogens werden im Stadium 18 gefunden. Im Stadium 19–22 sproßt das noch solide Gangsystem in die bindegewebige Anlage der Drüsenkörper ein und verzweigt sich dort. Die *Glandula submandibularis* und die *Glandula sublingualis* entstehen aus dem Epithel im Bereich des Hyalbogens lateral vom bogenförmig verlaufenden N. lingualis. Während die Glandula sublingualis innerhalb der Begrenzung des Mundbodens durch den *Meckelschen Knorpel* verbleibt (Abb. 20-10), wächst die Glandula submandibularis über den N. lingualis und den M. omohyoideus hinaus in ihr Anlagegebiet unterhalb des Meckelschen Knorpels (Abb. 20-11). Damit entsteht die Überkreuzung des Ductus submandibularis mit dem N. lingualis. Die *Glandula parotis* nimmt ihren Urpsrung aus dem dorsocranialen Teil der ersten Pharyngealtasche, sie wächst zunächst nach vorn, dann nach außen und umrundet so die Anlage der Kaumuskulatur (Abb. 20-12).

Die Entwicklung der Speicheldrüsen (und der Lunge) mit dem unterschiedlichen Verzweigungstyp ihrer epithelialen Anteile ist ein Muster für die Untersuchung der Interaktion von Mesoderm und Epithel geworden [Grobstein 1967, Kratochwil 1969]. Für die

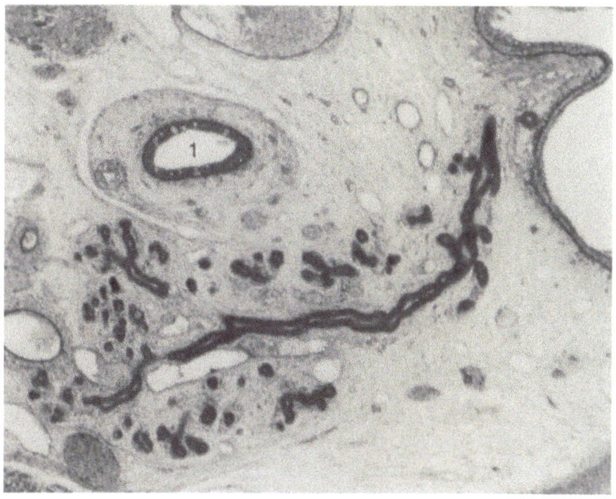

Abb. 20-10. Glandula sublingualis im Sagittalschnitt bei einem Feten von 15 cm (Ende 4. Monat). Ductus submandibularis im oberen Bildteil angeschnitten (1). 40 : 1

Abb. 20-11 a, b. Anlage der Glandula submandibularis im Stadium 22 (26 mm). 1 = Zungenrücken, 2 = Meckelscher Knorpel, 3 = N. lingualis. a) 60 : 1; b) 150 : 1

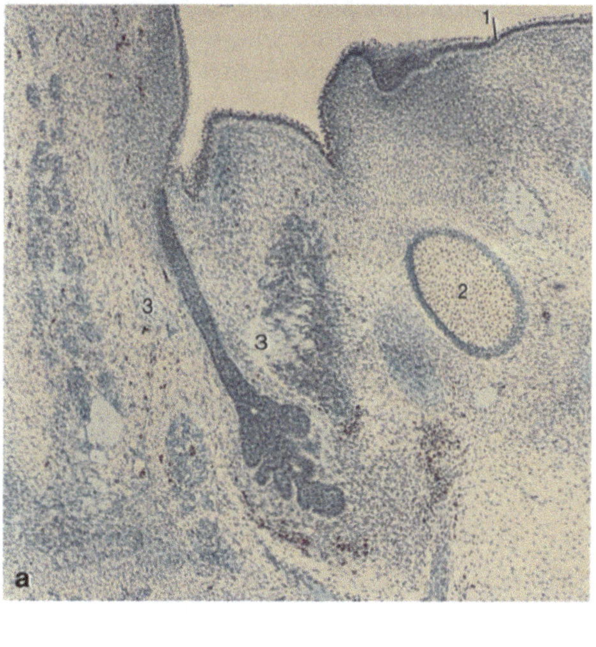

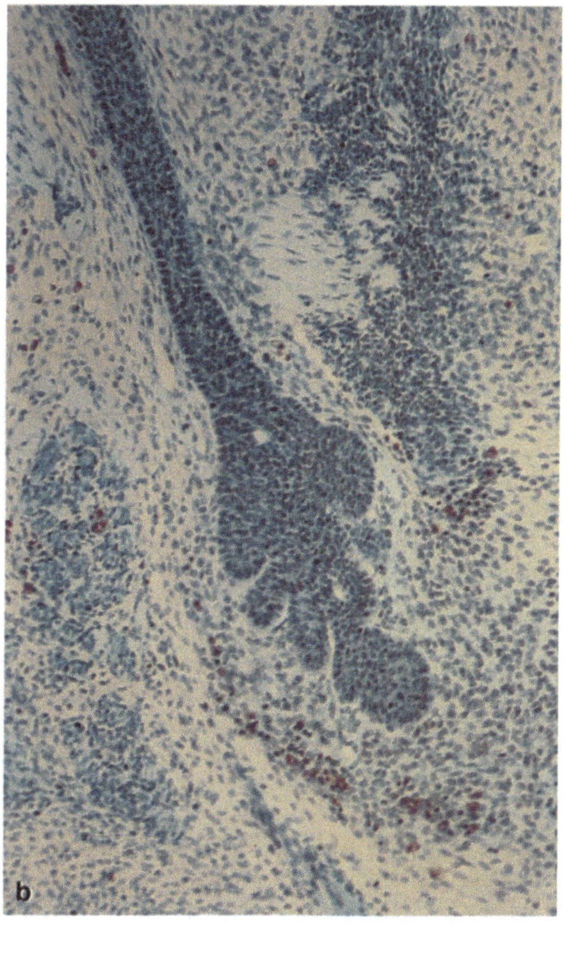

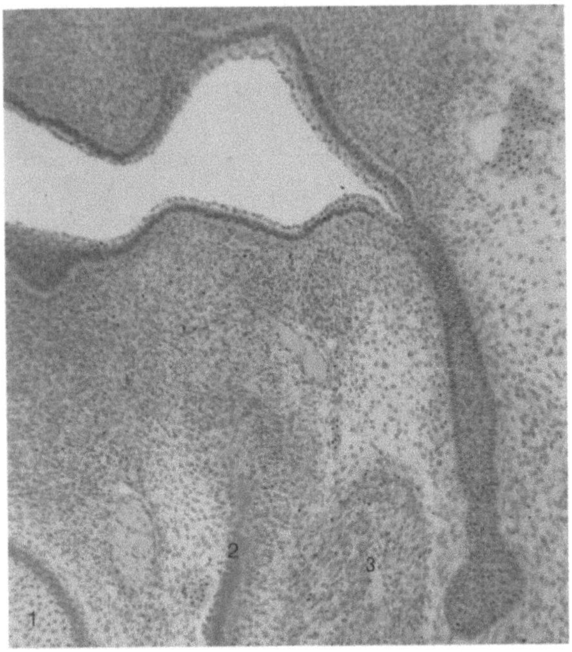

Abb. 20-12. Anlage der Glandula parotis im Horizontalschnitt Stadium 22 (26 mm). 1 = Meckelscher Knorpel, 2 = beginnende Knochenbildung der Mandibula, 3 = Anlage des M. masseter. 60 : 1

Ausknospung des Epithels ist ein besonderes, die Ausknospung nicht hemmendes Bindegewebe erforderlich, insoweit agiert das Bindegewebe „permissiv". Das nähere Verzweigungsmuster jedoch wird vom jeweiligen Bindegewebe bestimmt, insofern agiert dieses Bindegewebe „instruktiv". Das Verzweigungsmuster hängt von der Ausbildung von Furchen und Septen zwischen den Epithelknospen ab. Es handelt sich also um eine Kombination von Aussprossungs- und Einschnürungsmuster.

Der komplizierte Verlauf für die *sekretorische Innervation* der Kopfspeicheldrüsen erklärt sich sowohl aus ihrer „umwegigen" Entwicklung als auch aus den schon früh zwischen den Hauptnerven der Pharyngealbögen bestehenden Verbindungen. So nimmt die Anlage der Glandula parotis einen Ast aus dem N. tympanicus mit, der erst später zum Plexus tympanicus aufgespalten und in die Cavitas tympanica eingeschlossen wird. Der mit der Drüse in Verbindung stehende Ast des N. tympanicus aus dem N. glossopharyngeus heißt dann N. petrosus superficialis minor, der sich im distalen Verlauf dem N. auriculotemporalis anschließt. Aus der Verbindung vom N. facialis zum N. mandibularis in Form der Chorda tympani treten die sekretorischen Fasern an die Glandula submandibularis und die Glandula sublingualis in deren Anlagebereich lateral des N. lingualis und des Ganglion submandibulare heran.

20.5 Kopfdarmderivate

Unter dem Begriff „Kopfdarmderivate" werden aus dem Ektoderm der Mundbucht oder des Sinus cervicalis und aus dem Endoderm des Kopfdarms stammende Anlagen zusammengefaßt, die zu ganz unterschiedlichen Organen ausgeformt werden, überwiegend ihren Zusammenhang mit dem Ursprungsepithel verlieren und über weite Strecken im Kopf-Hals-Bereich verlagert werden.

Adenohypophyse

Auf die Anfangsentwicklung mit ektodermaler Herkunft und früher geweblicher Verbindung mit dem Boden des Zwischenhirns wurde unter dem Stichwort Rathke'sche Tasche schon kurz eingegangen (siehe S. 518). Durch die starke Ausbildung der Mittelhirn-Flexur werden Zwischenhirnboden und Epithel der Adenohypophyse weit nach innen und cranial verlagert (Abb. 20-13), durch die massive Gewebsentwicklung im Mandibularbogen und die Bildung eines eigenen Oberkieferwulstes wird die ursprünglich quer verlaufende Rinne von den Seiten her zum Saccus hypophysialis eingeengt (Abb. 20-14). Die Verbindung zum Rachendach ist zunächst eine breite Tasche (Abb. 20-15), Hochstetter [1924] sprach vom Hypophysen-„mund". Die Hauptentwicklung erfolgt im cranialen, blind endenden Teil mit Ausbildung deutlicher seitlicher Taschen (Abb. 20-14b). Die flache, spaltförmige Verbindung zum Rachendachepithel wird zum Hypophysenstiel ausgezogen, der bis zum Stadium 18 noch ein deutliches Lumen aufweist. Er wird mehr und mehr rudimentär und verliert seine Verbindung zum Rachendach. An seiner ursprünglichen Abgangsstelle bleibt eine kleine Gewebsinsel als Rachendachhypophyse erhalten. Ihr Erscheinungsbild sowie die weitere Differenzierung der Adenohypophyse wird im Zusammenhang mit den endokrinen Organen abgehandelt (Kapitel 22.1 Hypothalamus-Hypophysen-System).

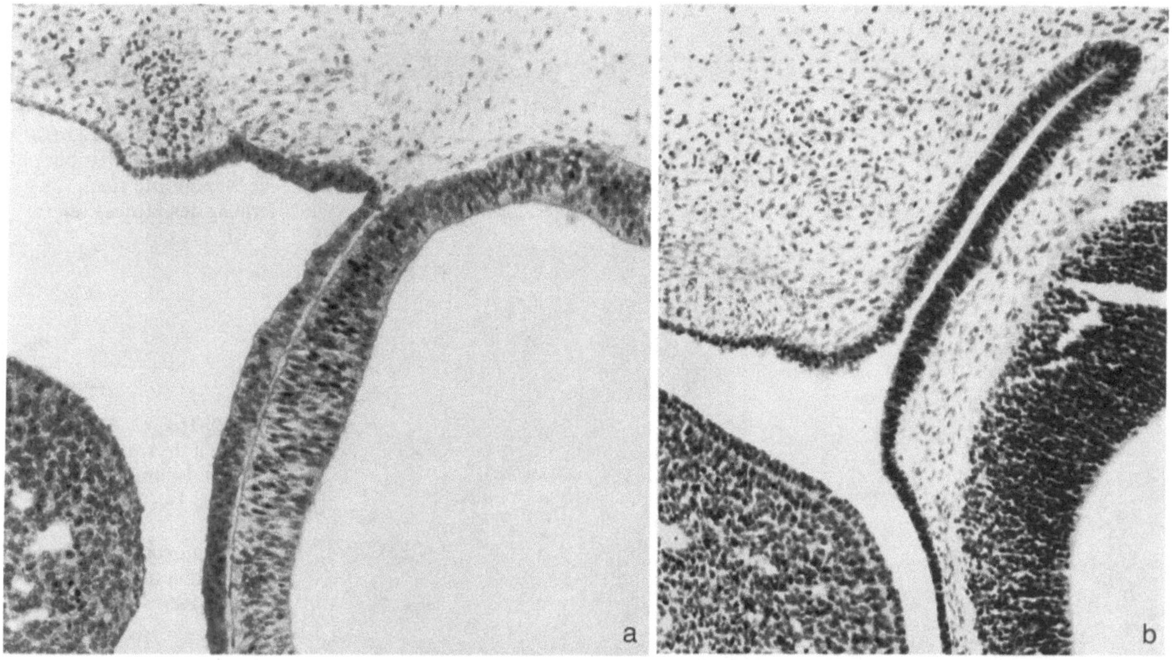

Abb. 20-13a, b. Anlage der Adenohypophyse (Rathke'sche Tasche) im Sagittalschnitt.
a) Stadium 13 (Carnegie Nr. 9297, 4,5 mm). Breitflächige Verbindung von Rachendachepithel und Zwischenhirnboden. 145 : 1 (mit freundlicher Genehmigung von Professor O'Rahilly, eigene Aufnahme aus der Carnegie Collection of Embryology);
b) Stadium 14 (6,5 mm). Der Schnitt trifft schon einen seitlichen Teil der Rathke'schen Tasche mit Bindegewebe zwischen den Epitelschichten. 125 : 1

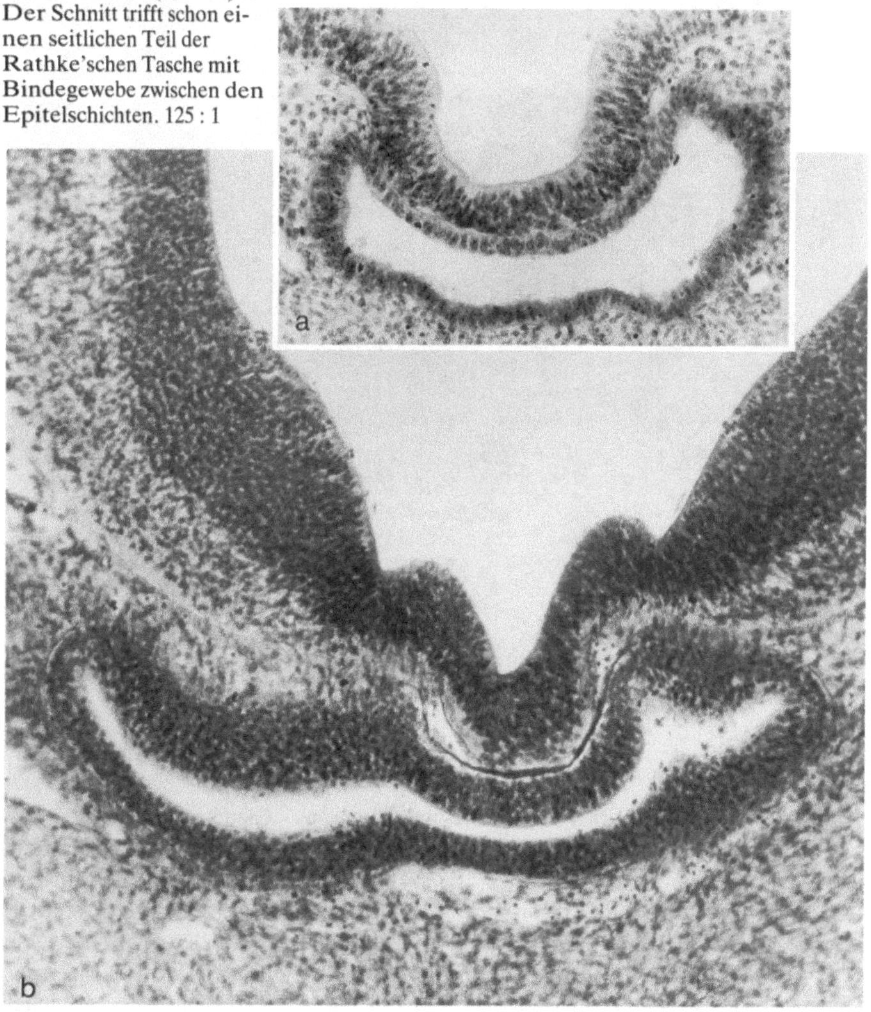

Abb. 20-14a, b. Querschnitte durch die oberen Teile der Rathke'schen Taschen. 160 : 1.
a) Stadium 13 (Carnegie Nr. 7618, 4,8 mm). Direkter Epithelkontakt zum infundibulären Teil des Diencephalon.
b) Breite Taschenbildung (nur linksseitig voll in der Schnittebene) mit Zwischenlagerung vaskularisierten Bindegewebes; die dunkle Linie an der Pars infundibularis ist ein Artefakt.
(Mit freundlicher Genehmigung von Professor O'Rahilly, eigene Aufnahme aus der Carnegie Collection of Embryology)

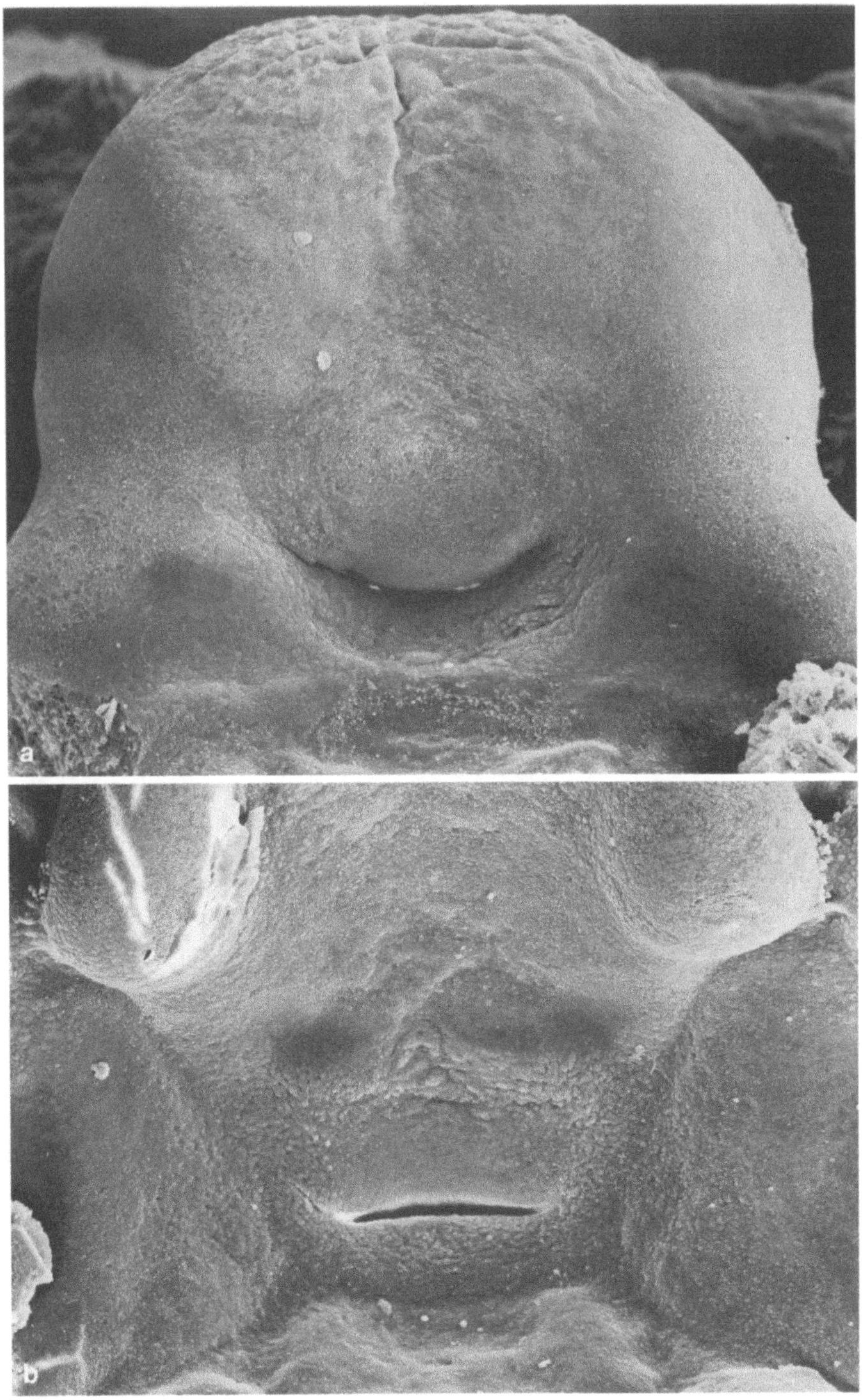

Abb. 20-15a, b. Öffnung der Rathke'schen Tasche im Rachendach („Hypophysenmund") im REM-Bild. Embryonen im STADIUM 14 (a: 6,8 mm) und STADIUM 17 (b: 14,5 mm). Einblick in die Mundhöhle nach Entfernung des Unterkiefers. 95 : 1

▶ **Abb. 20-16a, b.** Anlage der Glandula thyroidea.
a) Sagittalschnitt, Embryo STADIUM 14 (6,5 mm) 215 : 1;
b) Frontalbruch im REM-Bild, Embryo STADIUM 13 (5,5 mm) 85 : 1

▶ **Abb. 20-17a–c.** Descensus der Anlagen von Schilddrüse (hellgrün), Thymus (gelb), Epithelkörperchen (ocker) und ultimobranchialem Körper (dunkelgrün) in drei Entwicklungsstadien:
a) STADIUM 17 (14 mm);
b) STADIUM 19 (17 mm);
c) STADIUM 21 (23 mm)
(Umzeichnung nach Weller 1933 und Hamilton et al. 1972)

Schilddrüse

In der ventralen Wand des Kopfdarmes wird schon früh die Anlage der Glandula thyroidea als Endodermverdickung sichtbar (STADIUM 10, siehe auch Abb. 6-13) [O'Rahilly 1983]. Aus dieser Verdickung entwickelt sich eine kleine Knospe mit schmalem, offenem epithelialem Gang (Abb. 20-16). Mit dem einsetzenden Descensus cordis folgt die Anlage der Glandula thyroidea der Verlagerung der Ausflußbahn des Herzens und bleibt bis zum STADIUM 18 in engem Kontakt mit den Aortenbögen. Das Ausmaß dieser Verlagerung wird in Abbildung 20-17 deutlich.

Aus der medianen Anlage sproßen schon bald seitliche Epithelknospen aus, die sich zu den Anlagen der Seitenlappen entwickeln (STADIUM 14) [Weller

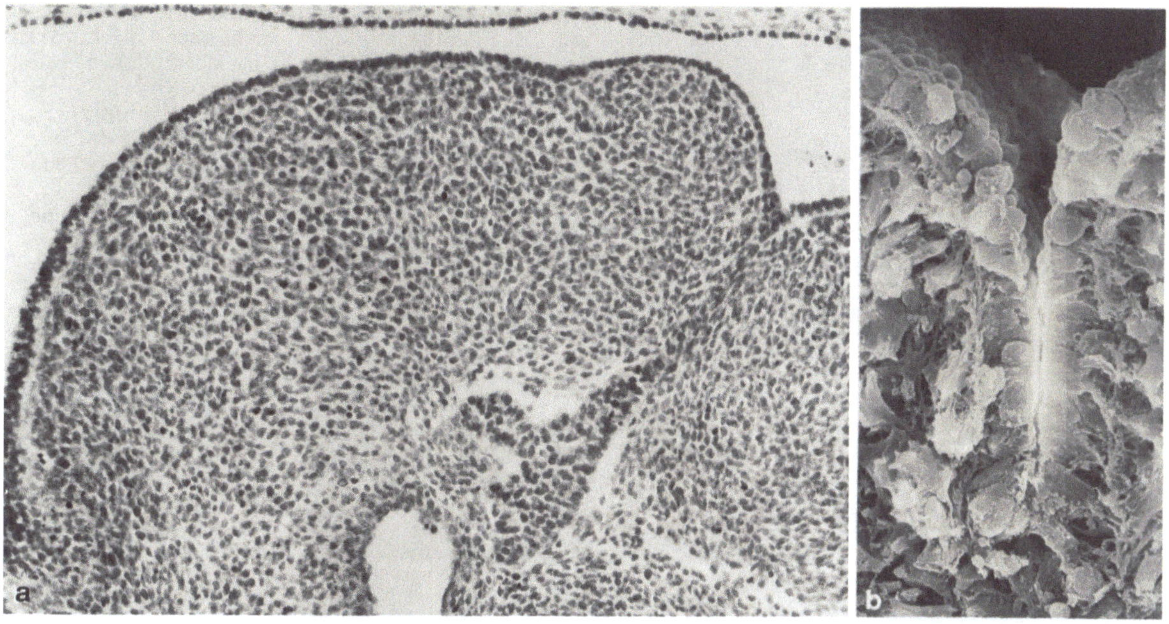
a
b

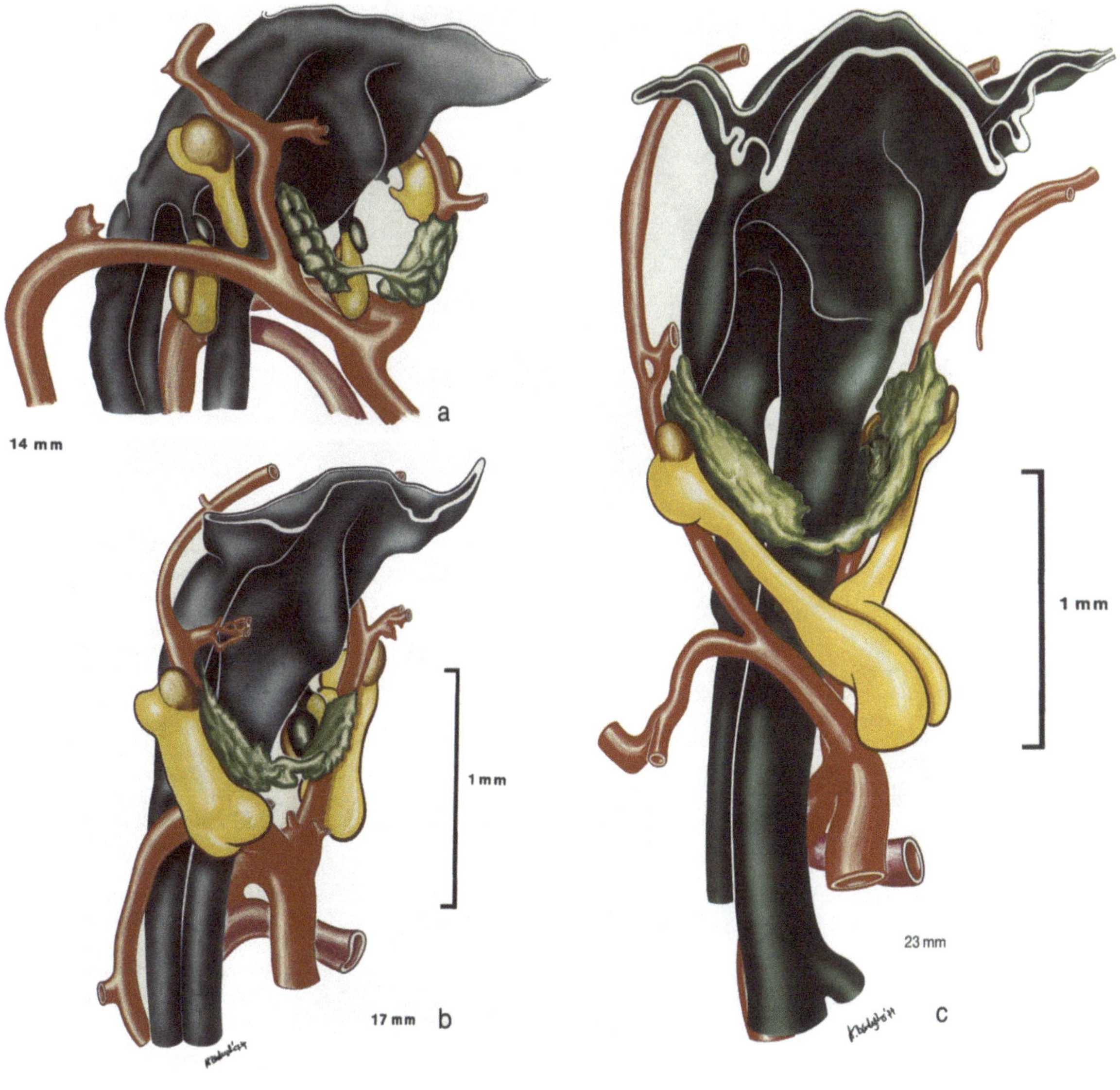
a
14 mm
1 mm
17 mm
b
1 mm
23 mm
c

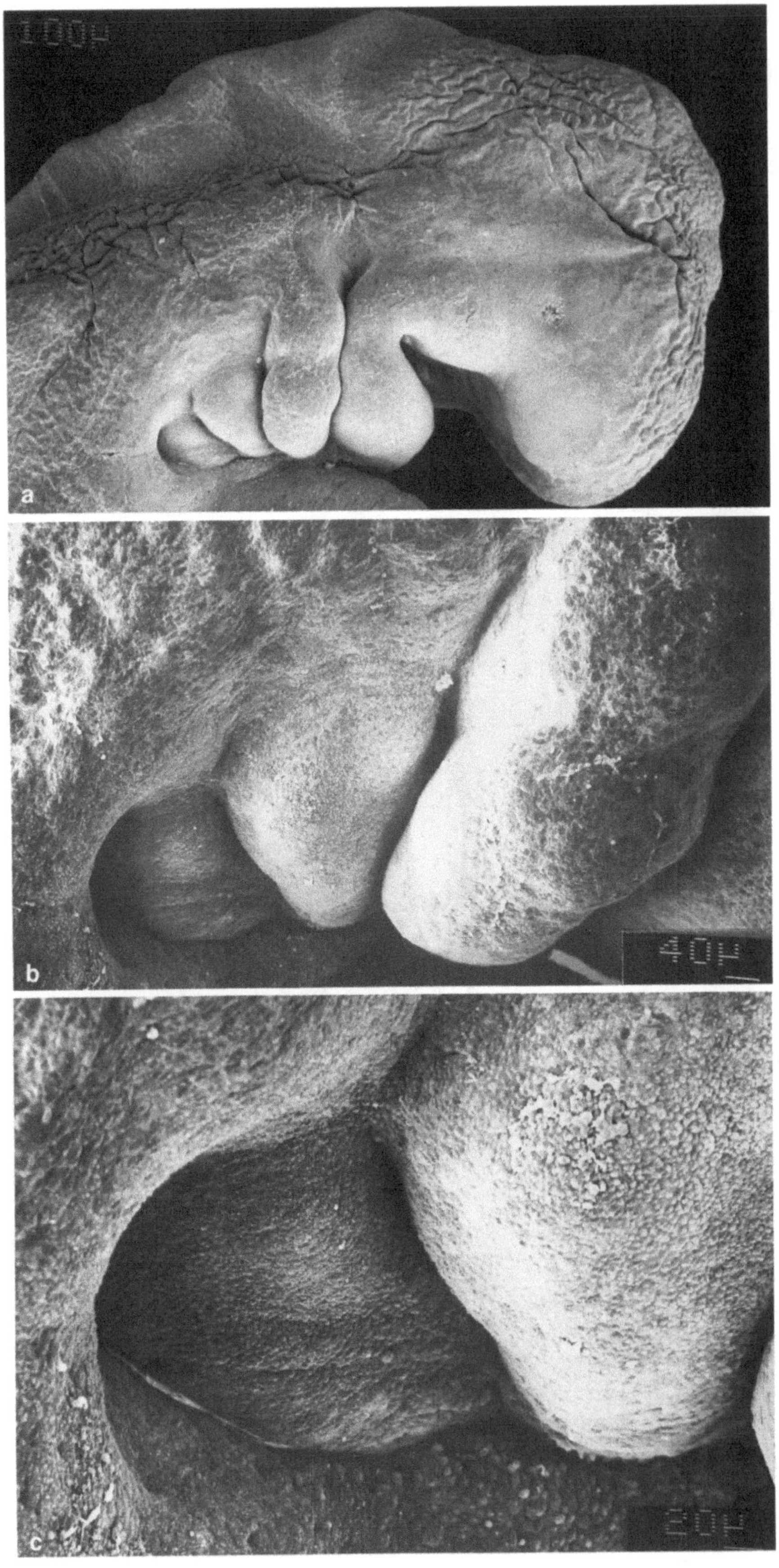

Abb. 20-18 a–c. Sinus cervicalis in der Ansicht von lateral. Menschlicher Embryo STADIUM 15 (6,8 mm). Die hintere Begrenzungsfurche des Sinus ist die Regio sternocleidomastoidea.
(Präparat und Aufnahme: Professor Steding, Göttingen)

▶

Abb. 20-19. Schema zur Anlagerung des Ektoderm des Sinus cervicalis an die Thymusanlage der 3. Pharyngealtasche und Aufsicht auf die Kopfdarmderivate als Anlage der Tuba auditiva (gegenüber 1), Tonsillarbucht (gegenüber 2), 3. Pharyngealtasche (gegenüber 3). Der Doppelpfeil 3/4 weist in die Cervicalbucht, die noch nicht zum Sinus geschlossen ist.
(Unter Verwendung einer REM-Aufnahme des Embryo der Abb. 20-21, freundlichst überlassen von Professor Steding, Göttingen)

1933]. Ihnen lagern sich von dorsal her die Epithelkörperchen und der ultimobranchiale Körper an, aus dem Zellen in die Schilddrüsenanlage einwandern und sich dort später zu den C-Zellen entwickeln [Le Douarin und Le Lièvre 1970, Pearse und Polak 1971, Fontaine 1979]. Die histologische Differenzierung der Schilddrüse wird bei den endokrinen Organen abgehandelt (Kapitel 22).

Thymus, Epithelkörperchen und ultimobranchialer Körper

Thymus und Epithelkörperchen werden aus der 3. und 4. Pharyngealtasche gebildet. Als rudimentäre 5. Tasche (oder als besondere Abzweigung der 4.) wird eine Verdickung des Endoderm am Grunde des Sinus cervicalis gedeutet und als „ultimobranchialer"[1] Körper bezeichnet (Abb. 20-18).

Der 3. und 4. Pharyngealbogen erreichen niemals die Mächtigkeit der ersten beiden Bögen. Sie liegen daher weiter medial am Boden des Sinus cervicalis und werden von dem aufgewulsteten Rand des Hyalbogens überwachsen (Abb. 20-18). Dabei kann vorübergehend die Nische außerhalb der Bögen durch den Hyalbogen zur Vesicula cervicalis geschlossen werden (Operculum, siehe auch Kapitel 23. Gesichtsentwicklung). Die 3. und 4. Pharyngealtasche entwikkeln als Anlage der Epithelkörperchen nach ventral (3.) bzw. lateral (4.) gerichtete solide Epithelverdikkungen und als Anlage des Thymus mehr nach caudal gerichtete Verdickungen. Ihnen legt sich das Ekto-

[1] Auf sich widerstreitende Namensgebung der Kiemen-, Branchial-, Schlund- und Pharyngeal-Region wurde schon verwiesen (siehe Kapitel 8. Entwicklung der Körperform). Konsequent schlagen O'Rahilly und Tucker [1973] die neue Bezeichnung „telopharyngeal" vor.

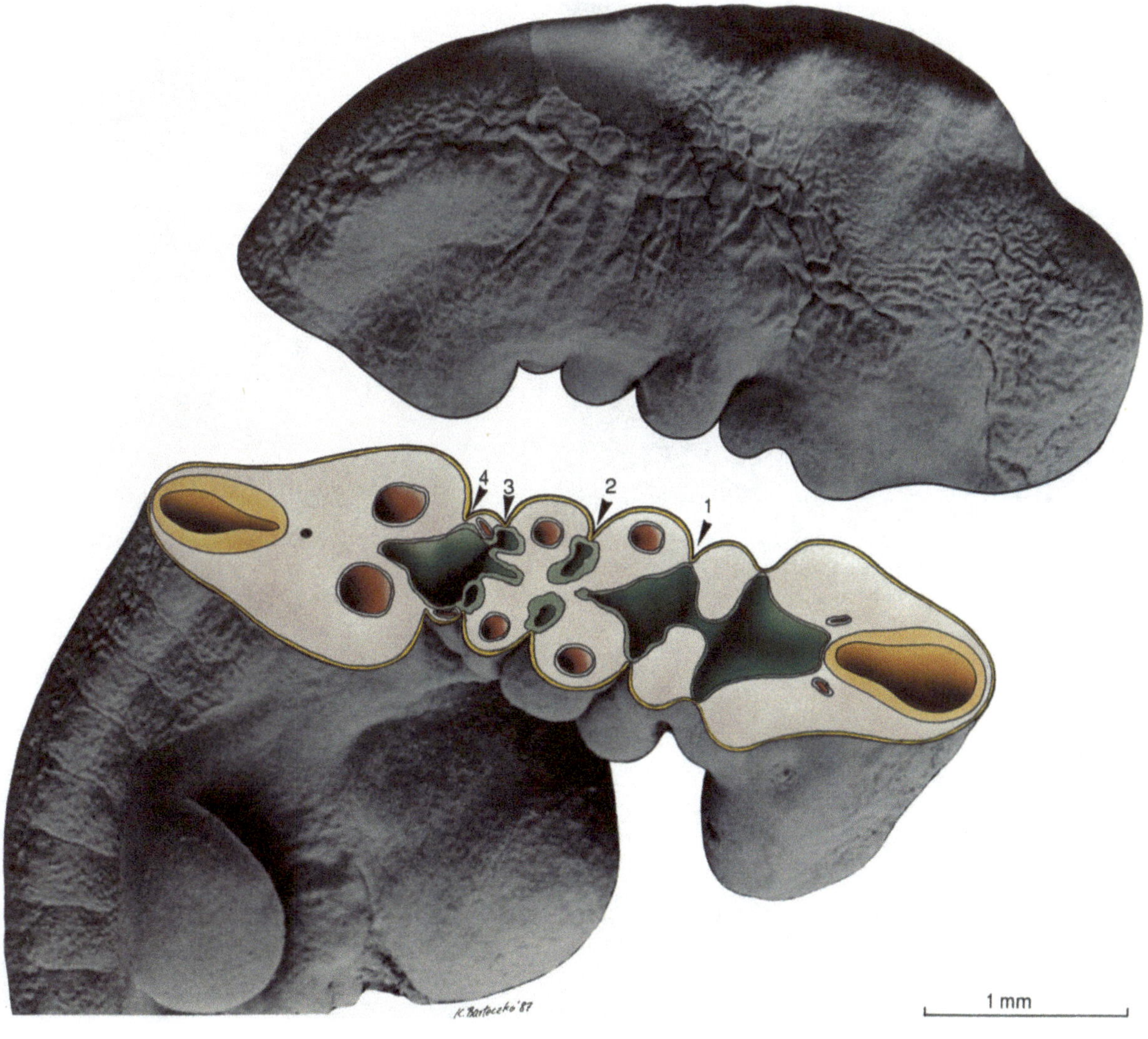

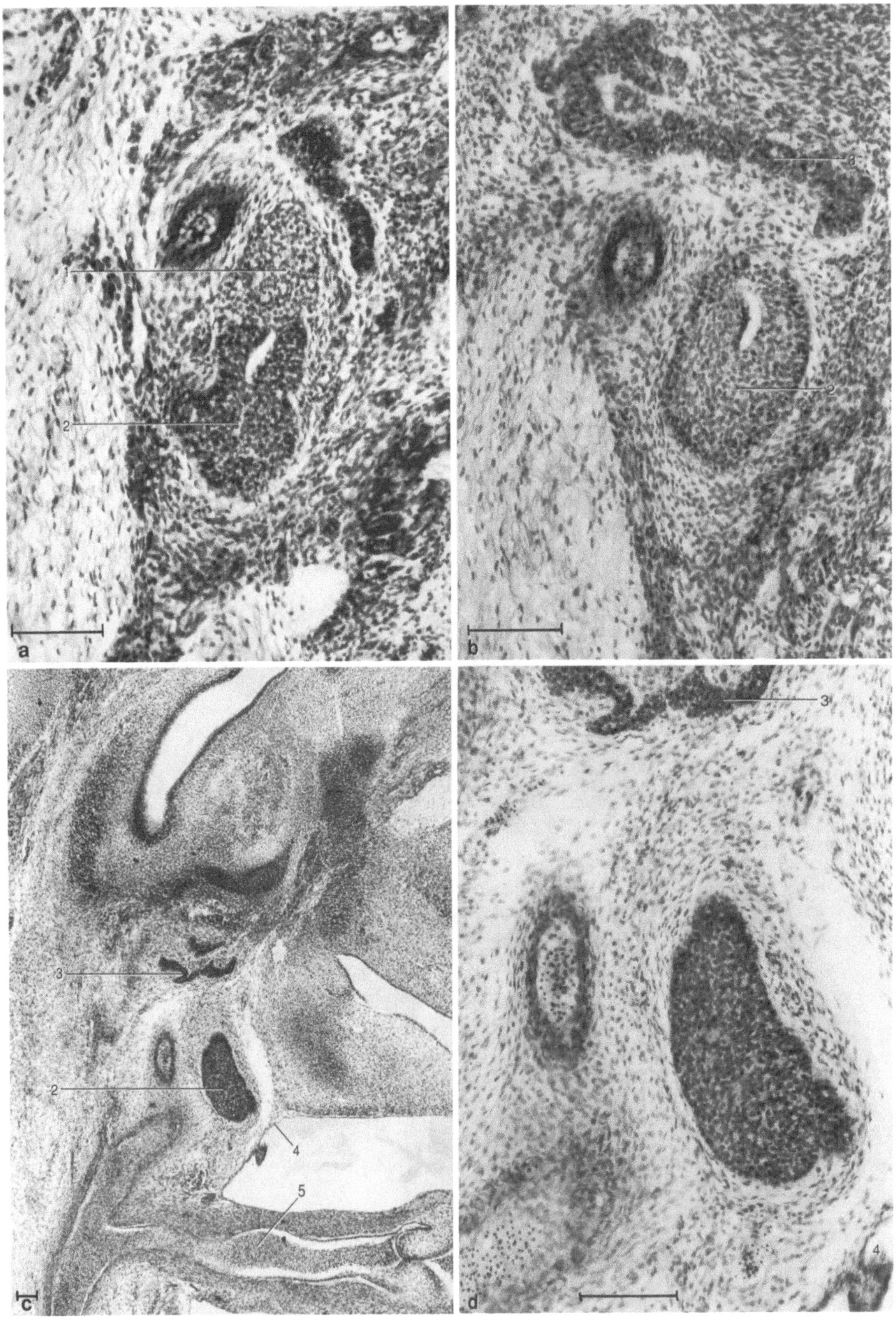
1
2
a
3
2
b
3
2
4
5
c
3
4
d

derm des Sinus cervicalis an (Abb. 20-19, siehe auch Abb. 15-1). Sie werden in besonders starkem Maße in die relative Verschiebung von Herz und Gefäßen zur Anlage des Rückenbereiches (Descensus cordis) einbezogen und aus den Schlundbereich in den Hals verlagert. Dabei legt die 3. Schlundtasche den deutlich weiteren Weg zurück als die 4., die Anlage des Thymus wird in das obere Mediastinum verlagert und legt sich von ventral her dem Pericard an. Die Epithelkörperchenanlagen aus den 3. Schlundtaschen erreichen den unteren Pol der Schilddrüse als spätere untere Epithelkörperchen. Die 4. Tasche wandert nicht ganz so weit, ihr Epithelkörperchenanteil bleibt im Regelfall am oberen Pol der Seitenlappen haften (Abb. 20-17, 20-20). Aus dieser Verlagerung erklärt sich eine große Variabilität der definitiven Position der Epithelkörperchen. Sie können im Extremfall – wie der Thymus – bis in das Mediastinum verlagert werden. Die Histodifferenzierung der Epithelkörperchen wird bei den endokrinen Organen abgehandelt.

Bei der Abgliederung der Thymusanlage von der Schlundtasche wird auch Ektoderm des Sinus cervicalis mit einbezogen. Der Anteil der 4. Schlundtasche am Thymus ist gering (Abb. 20-17; siehe auch Kapitel 15.1 Thymus). Der aus der 3. Tasche abgegliederte Teil bildet zwei lange, schräg nach medial gerichtete epitheliale Schläuche (Ductus thymopharyngei), deren äußere Wand sehr bald zellreich wird (Abb. 20-20). Das ursprüngliche Lumen bildet sich allmählich zurück. Das Organ nimmt eine läppchenförmige Struktur an, die aber – anders als bei Drüsen – aus soliden Epithelsträngen besteht. Die ektodermalen Zellen bleiben an der Oberfläche des Organs oder sprossen mit den Gefäßen in das Innere ein, sie bilden eine geschlossene Zellschicht gegen Umgebung und Gefäße. Die weitere Differenzierung des Thymus wird bei den lymphathischen Organen besprochen (siehe dort).

Eine Beteiligung von Neuralleistenzellen an der Bildung sekretorischer Zellen in den Kopfdarmderivaten ist bisher nur für den telopharyngealen Körper und seine Eingliederung in die Anlage der Thyroidea experimentell erwiesen (Quail-Technik) [Le Douarin und Le Lièvre 1970, Le Douarin 1982, Pearse 1986] (siehe auch Kapitel 22. Endokrine Organe). Die Neuralleistenzellen lagern sich dem telopharyngealen Körper an und werden mit diesem beim allgemeinen Descensus der Halsorgane zur Schilddrüse verlagert [Fontaine 1979].

◄
Abb. 20-20a–d. Anlagen von Schilddrüse, Thymus und Epithelkörperchen im STADIUM 18 (16 mm) im Sagittalschnitt. Balkenlänge 0,1 mm.
a) Epithelkörperchen (1) und Thymusanlage (2) der 3. Pharyngealtasche.
b) Thyroidea (3) und Thymusanlage (2);
c) Übersicht zum distalen Ende der Thymusanlage (2) am oberen Rand des Pericard (4). 5 = Aortenbogen;
d) Ausschnitt aus c)

Tonsillarbucht

Bei der Umgestaltung von Kopf und Hals kaum verlagert wird die 2. Schlundtasche. Sie bleibt am seitlichen Rand im Übergang vom Mund zum Schlund gelegen und bildet die Epithelbedeckung der Tonsillarbucht (Abb. 20-17, 20-21b). Bei Embryonen zwischen 4–9 mm fand Slipka [1989] die Verschlußmembran am Grunde der 2. Pharyngealfurche offen. Vor ihrem erneuten Verschluß fand er Verdickungen des angrenzenden Ektoderm in engem Kontakt mit dem Epithel der 2. Schlundtasche. Er diskutiert daher eine Beteiligung des Ektoderm an der Bildung der Tonsillarbucht, wie sie für den Thymus nachgewiesen ist (siehe dort). Zur Differenzierung des lymphatischen Gewebes der Tonsilla palatina siehe Kapitel 15.3.

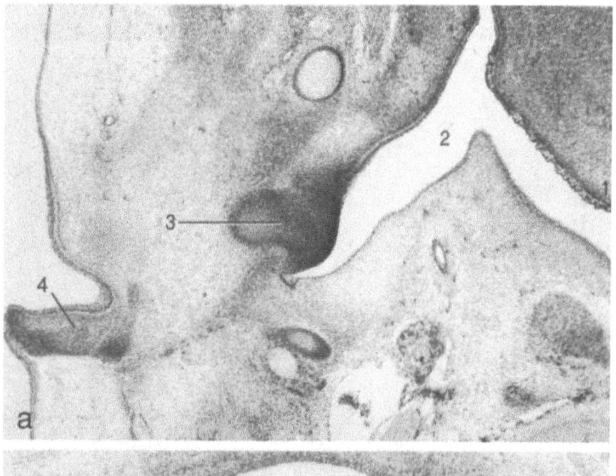

Abb. 20-21a, b. a) 1. Pharyngealtasche bei einem Embryo im STADIUM 22 (26,0 mm). 1 = Zungengrund, 2 = Anfangsteil der Schlundtasche, 3 = knorplige Anlage der Gehörknöchel, 4 = Ohrmuschel und Anfangsteil des äußeren Gehörganges. 30 : 1; **b)** Tonsillarbucht bei demselben Embryo. 1 = Zungengrund, 2 = Tonsillarbucht. 35 : 1

Tuba auditiva

Mit der starken Aufwulstung des 1. und 2. Pharyngealbogens wird auch die zu ihnen auf Nische gelegene erste Schlundtasche nach dorsolateral verlagert. Sie löst sich aber nicht vom Kopfdarm ab, ihr Anfangsteil bleibt als schlauchförmige Verbindung erhalten. Ihr Endabschnitt erhält dabei eine Lagebeziehung zur Anlage des Innenohres und wird zur späteren Cavitas tympanica erweitert. Ihre epitheliale Wand umschließt die oberen Enden der Skeletelemente in den ersten beiden Pharyngealbögen, des *Meckelschen* und des *Reichertschen Knorpels* als Anlage der Gehörknöchelchen (Abb. 20-21a). Ihre äußere Wand bildet zusammen mit dem Ektoderm der ersten Pharyngealfurche das Anlagematerial für das spätere Trommelfell (siehe Kapitel 19. Ohrentwicklung).

20.6 Halsfisteln

Die Rachenmembran ist von Anfang an mitosenarm und damit zur Degeneration bestimmt [Poelmann et al. 1985]. Im Bereich der Pharyngealfurchen, wo zum Innenrelief der Pharyngealtaschen sich ein gewebsarmer Bezirk befindet, kann es auch zu membranähnlichen Bildungen kommen [Maus: Mangold et al. 1981; Mensch: Slipka 1989], die gelegentlich Lücken aufweisen. Solche Lücken verbinden dann Kopfdarmlumen und Amnionhöhle. Werden sie nicht wieder verschlossen oder unvollständig zurückgebildet, können daraus Fistelgänge resultieren. Ihre innere Öffnung entspricht der jeweiligen Schlundtasche am Ursprungsort, ihre äußere Öffnung der Lage der Schlundfurche an ihrem definitiven Ort nach dem Ausgleich des Schlundbogenreliefs.

Laterale Halsfisteln liegen vor dem vorderen Rand des M. sternocleidomastoideus. Sie gehen am ehesten von der 3. Schlundtasche aus und beziehen den Sinus cervicalis mit ein (Abb. 20-22). Sie können aber auch von der 2. Tasche (Tonsillarbucht) ausgehen. Auch kann es Zysten (mit oder ohne Öffnung nach innen oder nach außen) im Anlagebereich des Sinus cervicalis geben. Aus der Lage der Fistelgänge zu den Halsarterien kann abgeleitet werden, daß außer den Schlundtaschen selbst auch der Ductus thymopharyngeus teilweise persistieren und sekundär als Fistelöffnung perforieren kann [Tischer 1956/57].

Mediale Halsfisteln können aus einem Durchbruch des Ductus thyroglossus durch die äußere Haut resultieren. Auch hier können auf dem gesamten Wege vom Foramen caecum bis zur definitiven Drüse Zysten auftreten.

Sehr selten sind **paraurikuläre Fisteln,** die sich aus der ersten Pharyngealfurche und der Umformung der cranialen Abschnitte des Mandibular- und Hyalbogens zur Anlage des äußeren Ohres ableiten (siehe dort).

Klinisch bedeutsam, wenn auch sehr selten ist das Ausbleiben des Descensus der Glandula thyroidea und die Bildung einer Zungen-Schilddrüse mit starker, Schlucken und Mundatmung behindernder Schwellung des Zungenrückens.

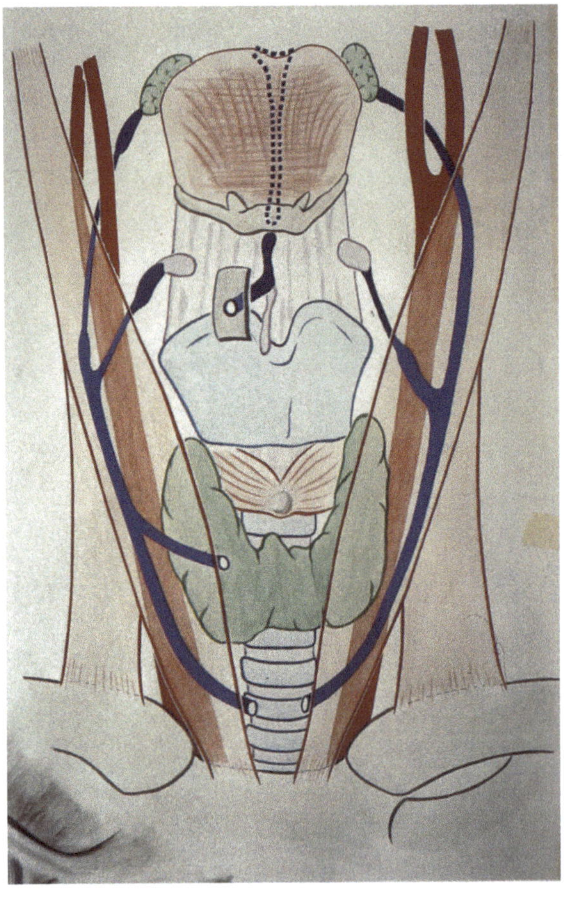

Abb. 20-22. Schematische Darstellung möglicher Halsfisteln. Mediale Halsfistel vom Ductus thyroglossus ausgehend, laterale Halsfisteln können von der 2. bis 4. Schlundtasche ausgehen und beziehen Teile des Sinus cervicalis ein, ihre Mündung liegt immer vor dem Vorderrand des M. sternocleidomastoideus.

20.7 Vorderdarm: Oesophagus, Magen, Duodenum

Der Bereich zwischen der Anlage der Glandula thyroidea und der Leberbucht ist der Vorderdarm i.e.S. Er läßt schon im STADIUM 13 (Abb. 20-2) eine spindelförmige Auftreibung als Anlage des Magens erkennen. In der weiteren Entwicklung des Darmes ist ein deutliches, cranio-caudales Wachstumsgefälle zu beobachten. Es betrifft das Längen-, das Dickenwachstum und die strukturelle Differenzierung. Nach Abgliederung in der Laryngo-Trachealrinne wächst zunächst der spätere Oesophagus erheblich in die Länge, er verlagert sich nach ventral und etwas nach links [Botha und Muller 1959]. Dadurch ändert sich die relative Lage des Magens zum Rückenmark und nachfolgend zur Anlage der Wirbelsäule (Abb. 20-23): Lag im STADIUM 14 der Magen zwischen den Segmenten C 7 und Th 4, so wird er im STADIUM 16 zwischen Th 4 und Th 8, im STADIUM 17 zwischen Th 6 und Th 11 und schließlich im STADIUM 20 zwischen Th 11 und L 3 gefunden [Blechschmidt 1973]. Der Pylorus liegt im STADIUM 20 bei L 2 und hat damit seine definitive Lage erreicht. Dieser relative Descensus des Magens (bei gleichzeitigem Wachstum des Kopfes und Rumpfes nach rostral) durch das Längenwachstum des Oesophagus (von etwa 1 mm im STADIUM 14 auf ca. 5 mm im STADIUM 20) [Grand et al. 1976] geht nicht nur mit einer relativen Verlagerung gegenüber der Wirbelsäule einher, sondern leitet die sogenannte „Magendrehung" ein.

Die *Magendrehung* ist zunächst eine Magen„senkung". Sie betrifft nicht nur die Position der spindelförmigen Magenanlage insgesamt. Der zunächst in der Mittellinie und sagittal stehende Magen senkt sich in der Region der späteren Cardia etwas stärker als in der des späteren Pylorus, der Magen kommt damit in eine fast horizontale Lage [Botha und Muller 1959, Liebermann-Meffert 1969]. Gleichzeitig wird die Magenanlage von der Mittellinie weg nach links verlagert (Abb. 20-23).

Kompliziert sind schon vor der eigentlichen Magendrehung die Gekröse-Verhältnisse. Wie Abbildung 20-24 ausweist, liegt der epitheliale Teil des Magens in einer mediastinum-ähnlichen Bindegewebsfalte, die sich zwischen der rückwärtigen und der vorderen Körperwand (bzw. dem Hinterrand der Leberanlage) ausspannt und von hohem Serosaepithel bedeckt wird. Eine zweite serosabedeckte Bindegewebsfalte erstreckt sich nur auf der rechten Körperseite von der rückwärtigen Wand der Leibeshöhle zur Rückseite der Leber. Zwischen beiden Blättern findet sich ein Coelomspalt, der von caudal her mit dem rechten *Ductus pericardioperitonealis* – also der Anlage des Pleuraraumes – in zunächst offener Verbindung steht. (Im englischsprachigen Schrifttum ist daher der Name *pneumoenterischer Recessus* üblich). Mit der Ausbildung des Septum transversum zum Zwerchfell und dem Schluß des Ductus pleuroperitonealis bleibt häufig ein Rest oberhalb des Diaphragma als *Bursa infracardiaca* erhalten [Broman 1904, Botha 1963]. Der unterhalb der Zwerchfellanlage verbleibende Teil wird zu einer nach cranial blind endenden Nische, die zwischen dem eigentlichen Gekröse des Magens (Mesogastrium ventrale und Mesogastrium dorsale) und dem sogenannten „Nebengekröse" der Leber, das von hinten her an die Leberanlage grenzt, liegt.

Mit der Lateralverlagerung des Magens geht eine Wachstumsverschiebung um die Längsachse von fast 90° einher. Der ursprünglich hintere Rand des Magens wird damit lateraler Rand (große Kurvatur), der ursprünglich vordere Rand wird nun kleine Kurvatur. Die ursprünglich kurze Bindegewebsbrücke des Magens nach dorsal wird zu einer lang ausgedehnten Falte, dem Mesogastrium dorsale, in das hinein die Prankeas-Anlage wächst und in dem sich die Anlage der Milz entwickelt. Der Blindsack des retrogastrischen Recessus, Teilanlage der Bursa omentalis, dehnt sich damit bis zum Recessus lienalis aus und grenzt an die jetzt hintere Wand des Magens. Abbildung 20-25 zeigt in Anlehnung an Broman [1938] diese Entwicklung in der schematischen Übersicht. Dabei ist zu beachten, daß die Leberanlage beim jungen Embryo an das Septum transversum grenzt und die ganze Körperbreite einnimmt. Erst allmählich dehnt sich der Coelomspalt zwischen Rumpfwand und Leberanlage aus und führt schließlich (zusammen mit der immensen Größenzunahme der Leber) zur Ausbildung einer vorderen Peritoneal-Falte in Form des *Ligamentum falciforme* (Abb. 20-26). Die übliche Lehrbuchdarstellung, wonach das Mesogastrium ventrale unter Einschluß der Leber von Anfang an bis an die vordere Bauchwand reiche, ist somit eine unzutreffende Schematisierung.

Aber auch die Lage- und Formentwicklung des Magens insgesamt wird unter dem Stichwort Magen„drehung" unzureichend beschrieben. Die zunächst spindelförmige Magenanlage durchläuft mehrere Phasen ungleichen Wachstums, die zur Ausbildung der Kurvaturen und des Fornix des Magens führen, ohne daß damit bereits die Verlagerung des Mesogastrium ventrale und dorsale in der dem Schema der Magen„drehung" entsprechenden Weise erfolgt [Liebermann-Meffert 1969, 1970]. Durch ein sehr viel stärkeres Wachstum der linken, späteren Vorderwand des Magens und des Fundusbereiches als der rechten, späteren Hinterwand des Magens, dehnt sich die große Kurvatur weit nach links aus und bildet sich der For-

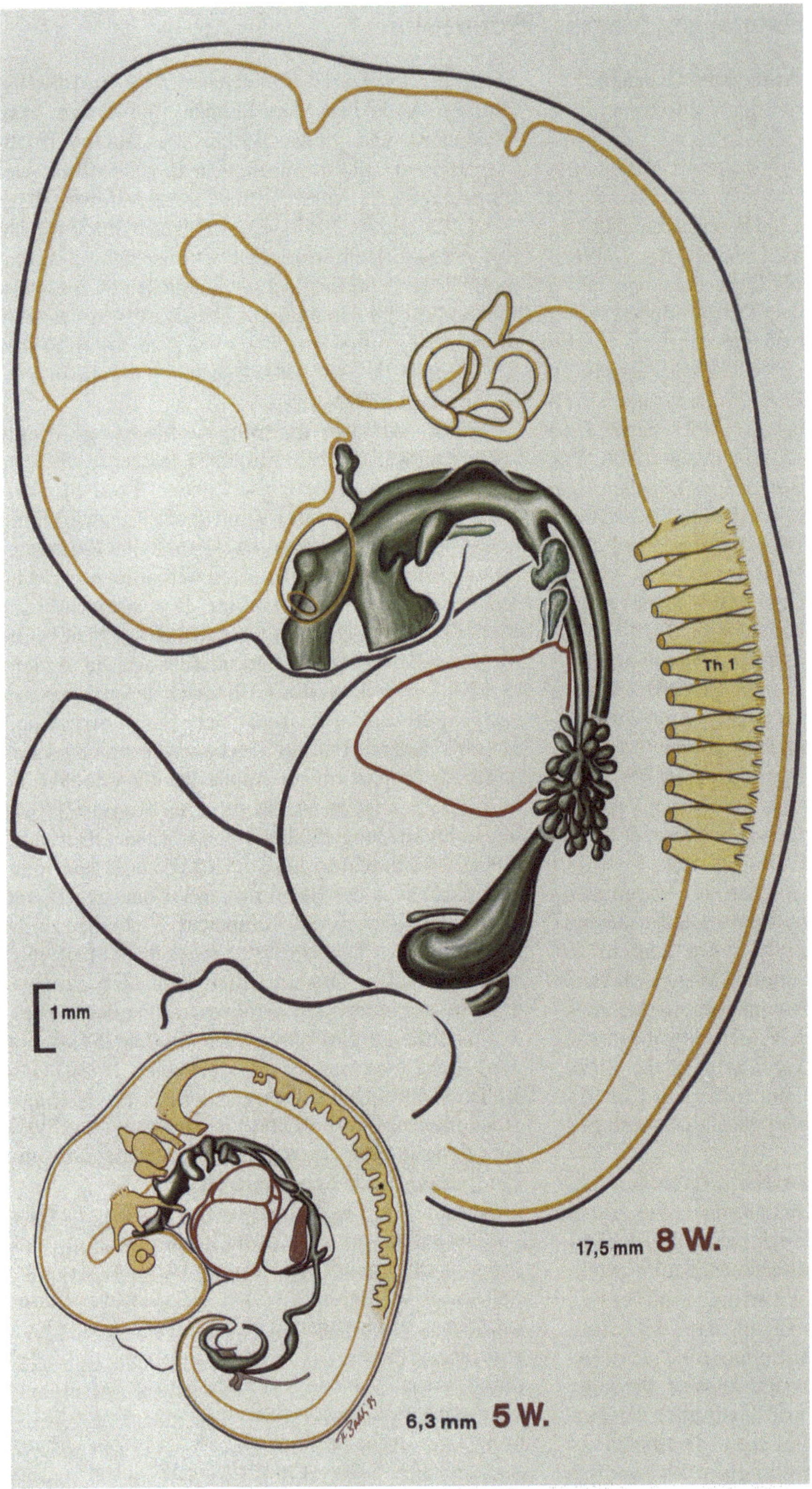

Abb. 20-23. Descensus des Intestinaltraktes: relative Verlagerung des Darmes zum Rückenmark im Vergleich im STADIUM 14 (6 mm) und STADIUM 20 (17,5 mm). Ganglion TH1 markiert. Beachte auch die Verlagerung der Glandula thyroidea, der Schlundtaschen und der Lunge
(Umzeichnung nach Blechschmidt 1963)

nix, ohne daß damit bereits eine Verlagerung der Anheftungslinie des Mesogastrium dorsale an die große Kurvatur verbunden wäre (siehe auch Abb. 15-24). Erst die Größenzunahme der Milz und die Verlagerung ihrer Anlage nach latero-cranial über den Fornix hinaus sowie die starke Entfaltung des Pankreas führen zu einer Verschiebung der Anheftungslinie des dorsalen Mesogastrium an den hinteren Rand der großen Kurvatur. Gleichzeitig dehnt sich der untere laterale Pol der Bursa omentalis über die große Kurvatur hin aus und führt zu einer zunächst schlauchförmigen Anlage des Omentum majus am unteren Rand der großen Kurvatur (Abb. 20-27, 20-29b).

Auch das Mesogastrium ventrale folgt in seinem Ansatz nicht exakt der kleinen Kurvatur, „es setzt im oberen Magendrittel knapp vor, im unteren knapp hinter der kleinen Kurvatur an“ [Liebermann-Meffert 1970] (siehe auch Abb. 20-28). Die in die Magenwand eingesprossenen Äste des Plexus vagalis folgen in ihrem Verlauf ebenfalls nicht dem Schema der Magen„drehung“. Sie liegen im oberen Ansatz des Mesogastrium ventrale (Abb. 20-29a) und wachsen von hier rasch in die hintere, langsamer in die (sich ja erheblich ausweitende, siehe oben) vordere Magenwand ein. Wesentlich dafür, daß die unterschiedlichen Wachstumsschübe in den verschiedenen Abschnitten des Magens nicht nur zu Form- sondern nachhaltig zu Lageänderungen führen, ist, daß das Duodenum mit den Pankreasanlagen schon sehr früh an die hintere Bauchwand fixiert wird und nicht eigentlich intraperitoneal liegt. Es ist damit Bestandteil des „Gefäß-Pankreas-Stiels“ [Vogt 1920]. Die eingangs beschriebene Verlagerung des gesamten Vorderdarms nach caudal findet mit der Ausbildung des Zwerchfells und der geweblichen Fixierung des Oesophagusdurchtrittes (Abb. 20-29c) sowie der Bildung

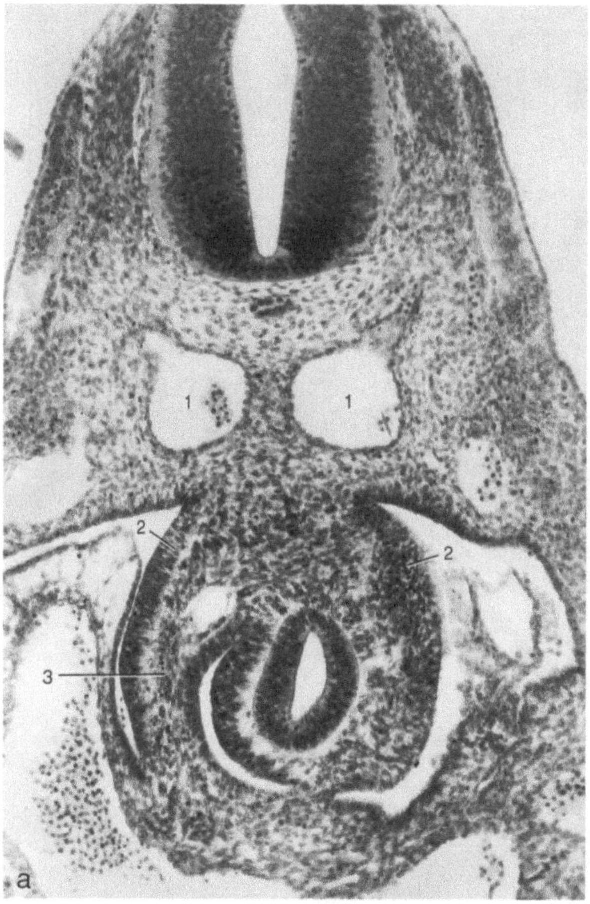

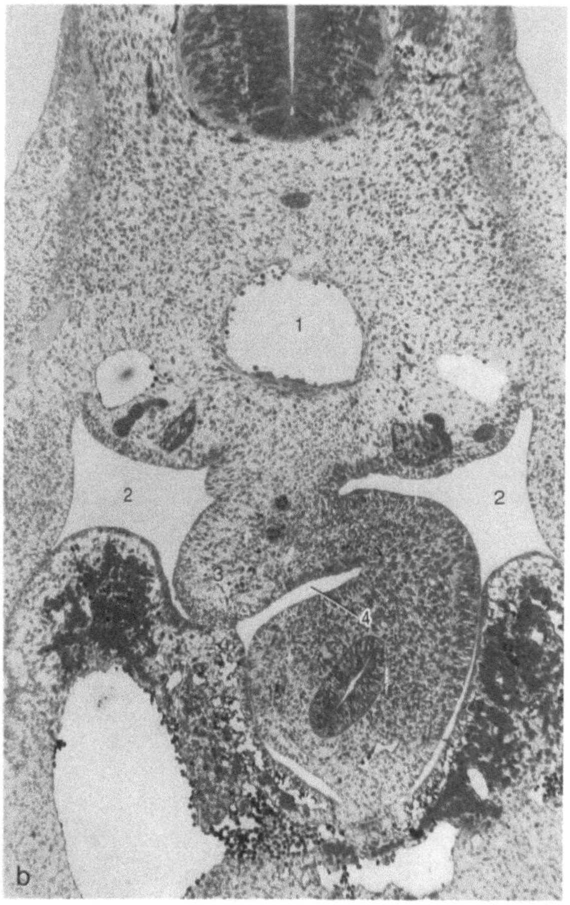

Abb. 20-24a, b. Anlage des Magens im Querschnitt.
a) Stadium 13 (Carnegie Nr. 836, 4,0 mm). 1 = noch paarige Aorta, 2 = Coelom mit hohem Serosaepithel, 3 = Nebengekröse der Leber (siehe Text). 110 : 1 (mit freundlicher Genehmigung von Professor O'Rahilly, eigene Aufnahme aus der Carnegie Collection of Embryology);
b) Stadium 14 (6,8 mm, Semidünnschnitt 1 μm). 1 = unpaare Aorta, 2 = Coelom mit dünner Somato- und dicker Splanchnopleura, 3 = Nebengekröse der Leber, 4 = Anlage der Bursa omentalis; der Spalt geht durch, die Hinterwand des Magens liegt dem Nebengekröse nur an. 60 : 1

Abb. 20-25a–c. Entwicklung des oberen Bauchsitus [nach Broman 1938]
a) Stadium 13 (3 mm) (vgl. Abb. 20-27a);
b) Stadium 14 (4 mm) (vgl. Abb. 20-27b) Leber grenzt in voller Breite an die Rumpfwand, noch kein Lig. falciforme.
c) Stadium 18 (17 mm), Coelomspalt jetzt über die Leberoberfläche bis zum Lig. falciforme ausgedehnt.

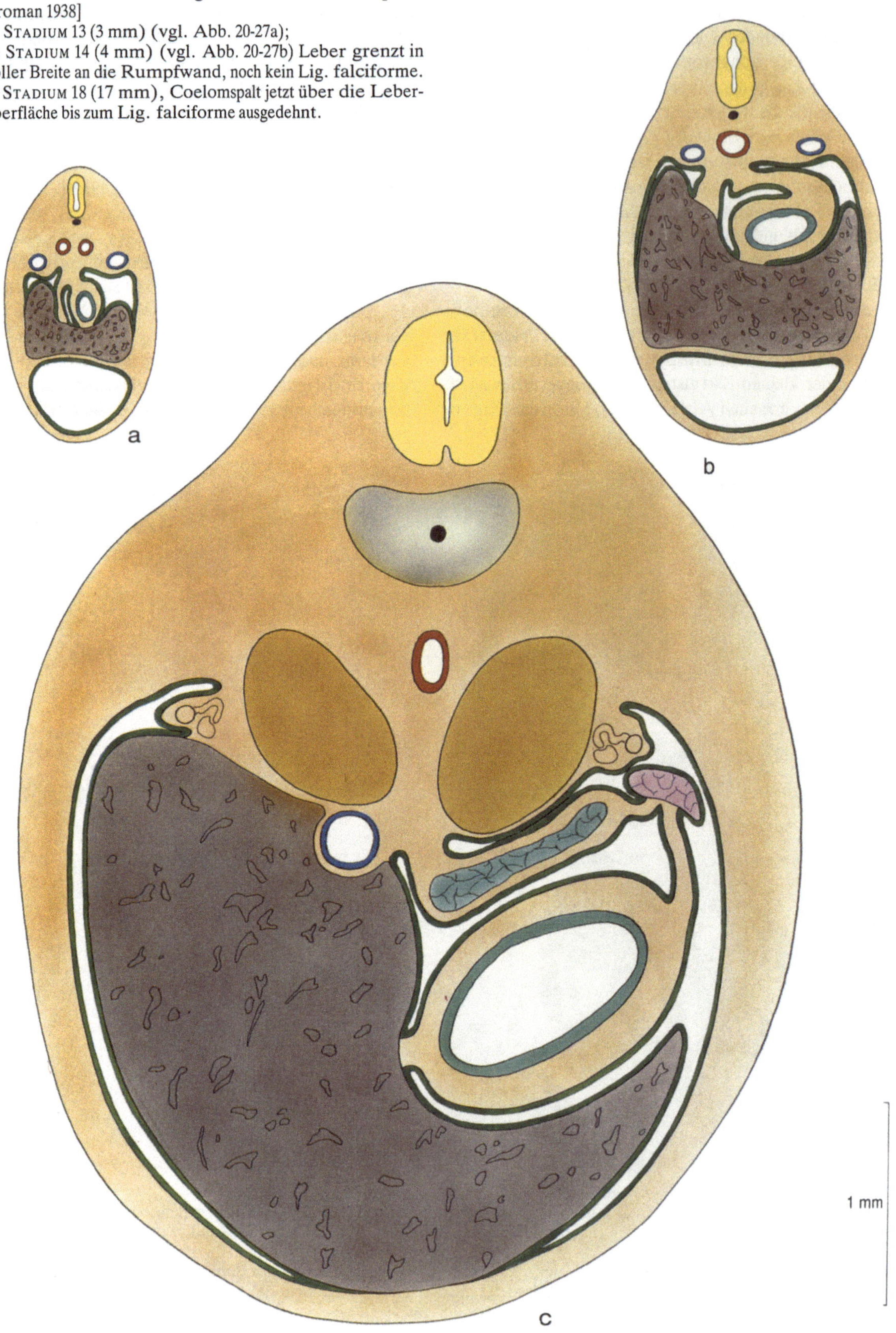

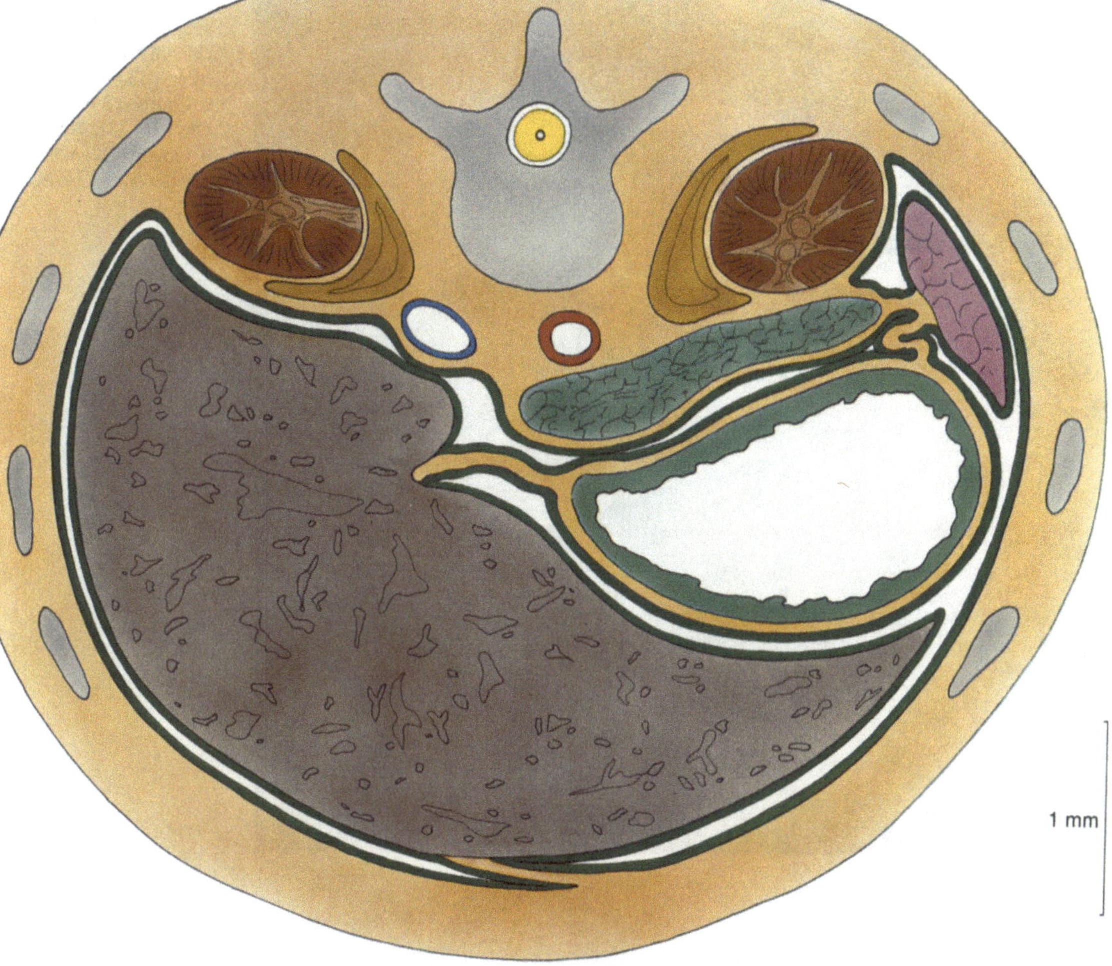

Abb. 20-26. Schema des oberen Bauchsitus bei einem Feten von mehr als 20,0 cm. Das Pankreas liegt jetzt sekundär retroperitoneal
(Umzeichnung nach Braus und Elze 1956)

Abb. 20-27a, b. Präparatorisch isolierter Magen bei Embryonen im Stadium 17 (**a:** 13,9 mm, ca. 12 : 1) und Stadium 19 (**b:** 19,5 mm, 7. Woche, 13,5 : 1) in der Ansicht von ventrolateral. 1 = Oesophagus, 2 = Omentum minus, 3 = Milzanlage, 4 = Anlage des Omentum majus, 5 = Duodenum (Freundlichst überlassen von Frau PD Dr. Liebermann-Meffert, Basel)

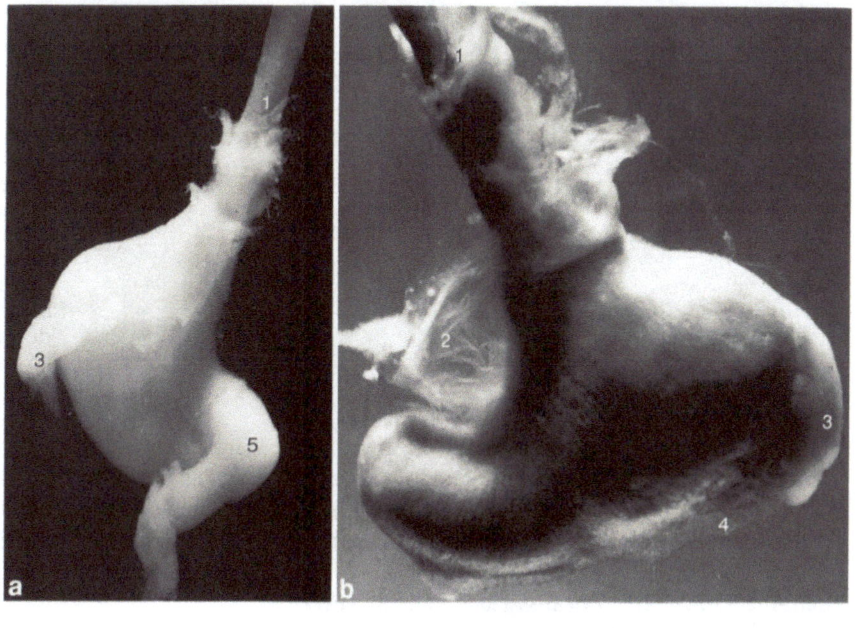

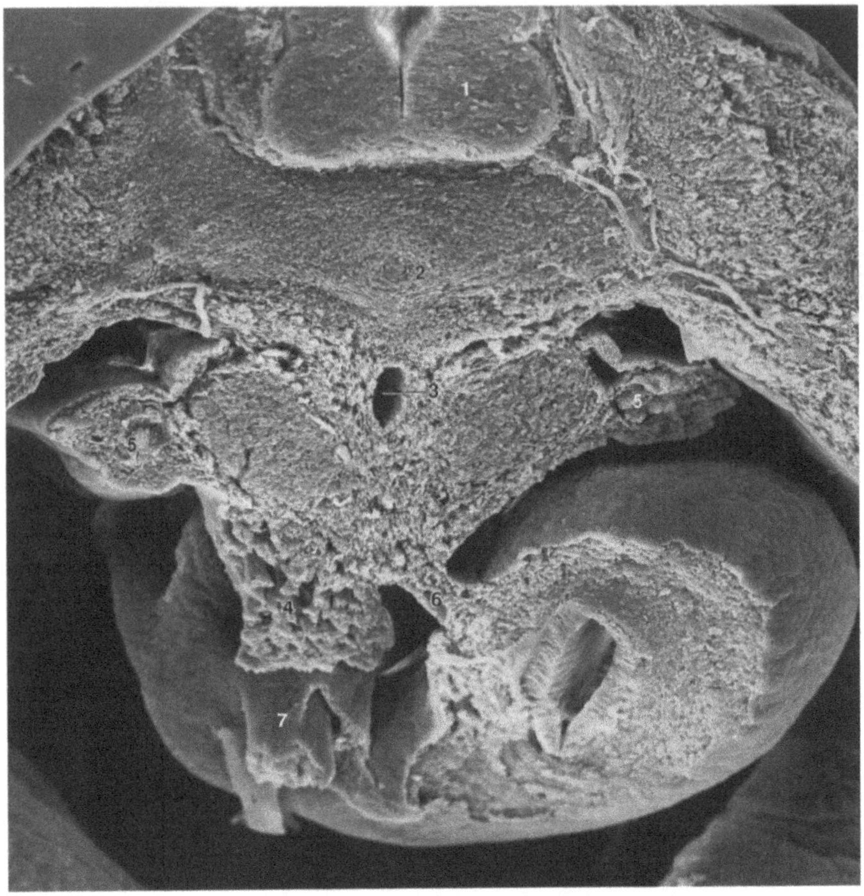

Abb. 20-28. Magensitus im STADIUM 19 (20 mm, ca. 46 Tage) im REM-Bild, Ansicht von cranial. 1 = Rükkenmark, 2 = Wirbelkörper mit Chorda, 3 = Aorta, 4 = Leber, 5 = Urnierenfalte, 6 = Omentum minus, 7 = mesenterialer Gefäßstiel. 70 : 1

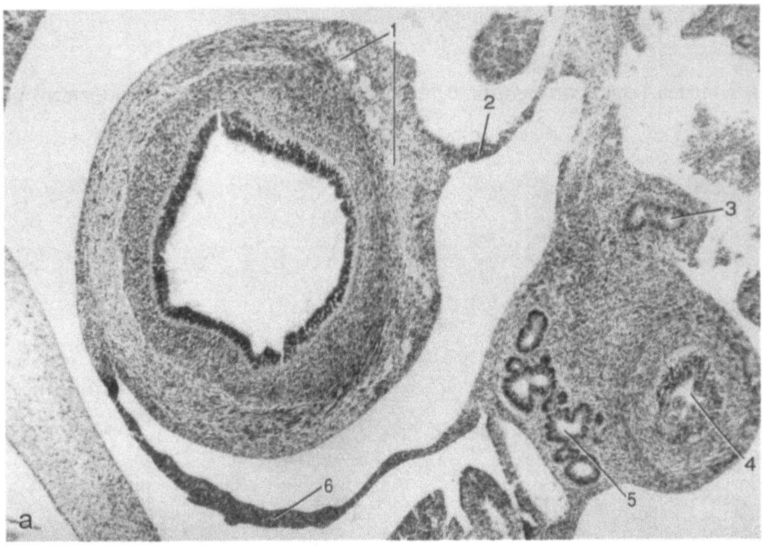

Abb. 20-29a–c. 3 Ansichten des Magens aus Schnittserien; **a)** transversal, Embryo STADIUM 17 (15 mm). 1 = Vagusäste, 2 = Mesogastrium ventrale, 3 = Gallengang, 4 = Duodenum, 5 = Pancreas dorsale, 6 = Mesogastrium dorsale und Bursa omentalis. 65 : 1;

des Gefäß-Pankreas-Stieles ihr Ende. Mit dieser Fixierung von Cardia und Pylorus führen die Wachstumsschübe in der Magenwand zu einer Verlagerung des Gesamtorgans über diese Fixpunkte nach lateral (und mit dem Fornix sogar nach cranial) hinaus (siehe auch Abb. 15-25a–d). Voraussetzung für diese starke Entfaltung des Magens im Oberbauch ist, daß der Mitteldarm sich vorübergehend ganz in das Nabelcoelom verlagert; nach der Leber ist der Magen das größte Organ im Oberbauchsitus zu dieser Zeit der Entwicklung.

b) transversal, Embryo STADIUM 22 (26,0 mm), Mesogastrium dorsale mit Milzanlage, Pankreas. 40 : 1;
a) und b) sind spiegelbildlich zu Abb. 20-28 angeordnet.
c) frontal, Fetus 4,5 cm, ca. 10 Wochen, Cardia im Übergang zum Fundus. 40 : 1

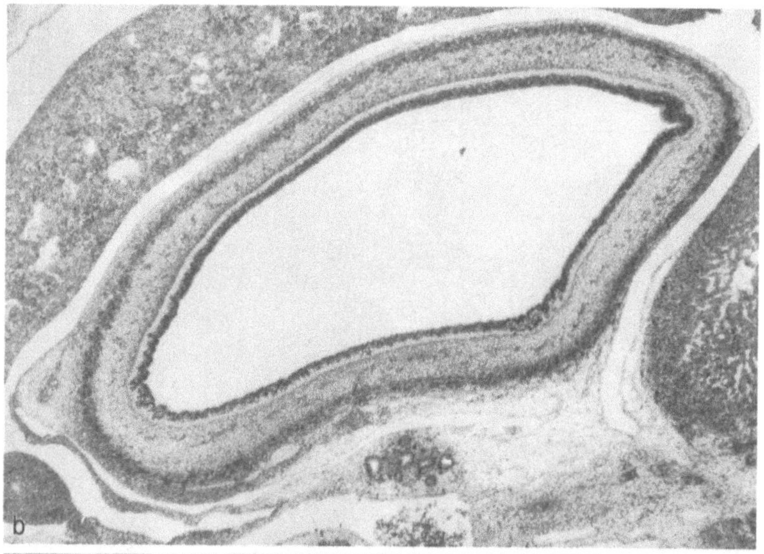

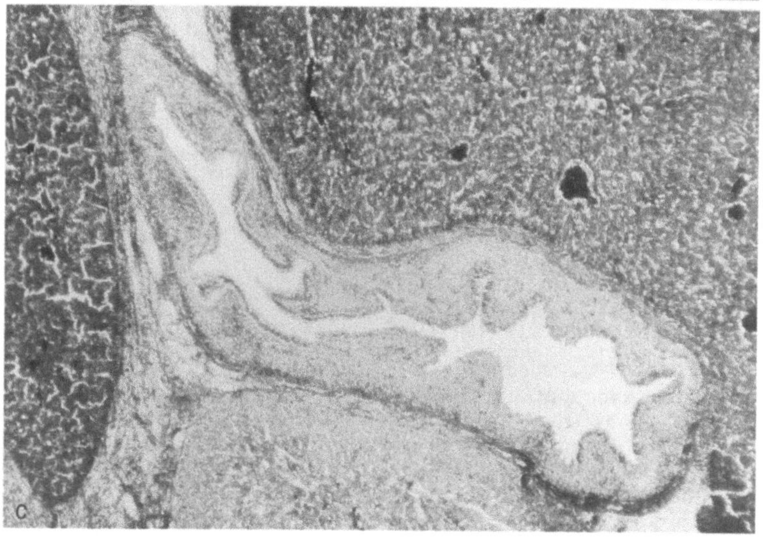

20.8 Entwicklung des Mitteldarmes und Darmdrehung

Die Übergangsregion vom Vorderdarm zum Mitteldarm ist durch die Fixierung des Duodenum im Gefäß-Pankreas-Stiel und über die Gallengänge an die große Leberanlage ein oberer „Fußpunkt" für die im STADIUM 14 beginnende Ausbildung der *Nabelschleife.* Diese dehnt sich haarnadelförmig in das Nabelcoelom aus, wobei vom Scheitelpunkt der *Ductus vitellinus* (oder dessen Rudiment) abgeht. Weniger markant bestimmbar ist der untere Fußpunkt der Nabelschleife im Übergang zum Hinterdarm. Deutlich unterhalb des Scheitelpunktes tritt im mittleren Abschnitt des unteren Schenkels der Nabelschleife eine Verdickung auf, die als Anlage des Caecum und des Processus vermiformis die Grenze des späteren Ileum zum Caecum markiert. Wie schon erwähnt, besteht unterhalb der Leberanlage im Bereich des Mitteldarmes nur ein dorsales Mesenterium. In dieses sproßt die Anlage der A. mesenterica superior ein, die gewissermaßen die Achse der Nabelschleife bildet. Die Nabelschleife nimmt also ihr Mesenterium mit in das Nabelcoelom hinein (Abb. 20-30). Entsprechend dem cranio-caudalen Wachstumsgefälle wächst zunächst der Dünndarmanteil der Nabelschleife stark in die Länge, auch sein Dickenwachstum übertrifft mit beginnender Auffaltung der Schleimhaut und schon erster zirkulärer Muskeldifferenzierung deutlich das des Dickdarmschenkels (Abb. 20-30). Während also der Colonschenkel der Nabelschleife zunächst noch

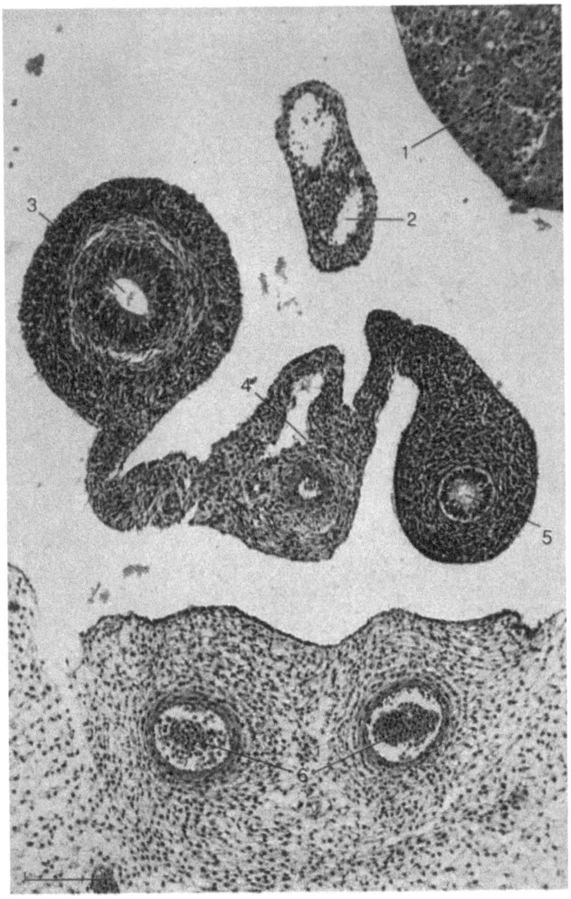

Abb. 20-30. Nabelschleife im Stadium 17 (15 mm) im Frontalschnitt von ventral gesehen. 1 = Leberanschnitt, 2 = V. umbilicalis, 3 = Dünndarmschenkel, 4 = Mesenterialstiel mit A. und V. mesenterica superior, 5 = Dickdarmschenkel, 6 = Aa. umbilicales. 105 : 1

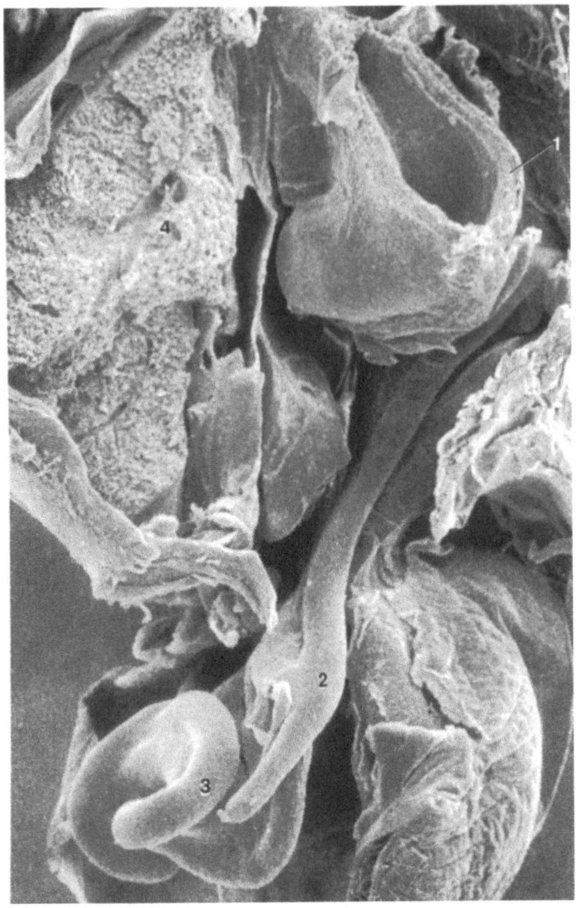

Abb. 20-31. Nabelschleife im Nabelcoelom mit geradem Colon- und geschlängeltem Dünndarmschenkel (Fetus 3,5 cm; ca. 9 Wochen). 1 = Magen, 2 = Colon mit Appendix vermiformis, 3 = Dünndarmschleifen, 4 = Leber. 26 : 1

relativ dünn und kurz bleibt, verlängert sich der Dünndarmschenkel erheblich und legt sich im Nabelcoelom in Schlingen (Abb. 20-31 bis 20-33). In dieses Längenwachstum einbezogen wird auch der Dünndarmanteil des unteren Schenkels der Nabelschleife, so daß sich der Ursprung des rudimentären Ductus vitellinus vom Scheitel der Nabelschleife mehr und mehr in den Dünndarmschenkel hinein verlagert. An dieser Abgangsstelle kann (mit einer Häufigkeit von 0,3–4,5%) ein Divertikel entstehen, das beim Erwachsenen ca. 40–50 cm vor der Flexura ileocolica gefunden wird [Buchsbaum 1975]. Es wird nach seinem Entdecker „Meckelsches Divertikel" genannt [Meckel 1809].

Die starke Entfaltung und Schlängelung des Darmes im Nabelcoelom bestimmt auch das äußere Bild des Embryo etwa vom Stadium 18 an bis in die frühe Fetalzeit hinein (Abb. 8-3 bis 8-5). Die Verlagerung wesentlicher Teile des Mitteldarms in das Nabelcoelom wird als **„physiologischer Nabelbruch"** beschrieben [ausführlich diskutiert bei Kiesselbach 1952].

Schon vor der starken Längenzunahme des Dünndarmanteils der Nabelschleife war, dem cranio-caudalen Wachstumsgradienten folgend, ein Längenwachstum des Duodenum erfolgt. Da dieses im Gefäß-Pankreas-Stiel an die Bauchrückwand fixiert ist, führt die Längenzunahme zu einer retroperitonealen, C-förmigen Krümmung des Duodenum. Damit wird zugleich der obere Fußpunkt der Nabelschleife aus seiner Mittelstellung nach links verdrängt (Abb. 20-34). Die C-förmige Krümmung des Duodenum unterfährt im Regelfall den Anfangsteil des Gefäßstiels der Vasa mesenterica superiora. Damit überkreuzen auch im definitiven Situs diese Gefäße die Pars inferior duodeni. Nur in seltenen Fällen erfolgt die Krümmung des Duodenum oberhalb dieses Gefäßstiels, was dann im definitiven Situs zur sogenannten „praevaskulären" Lage des unteren Duodenalabschnittes

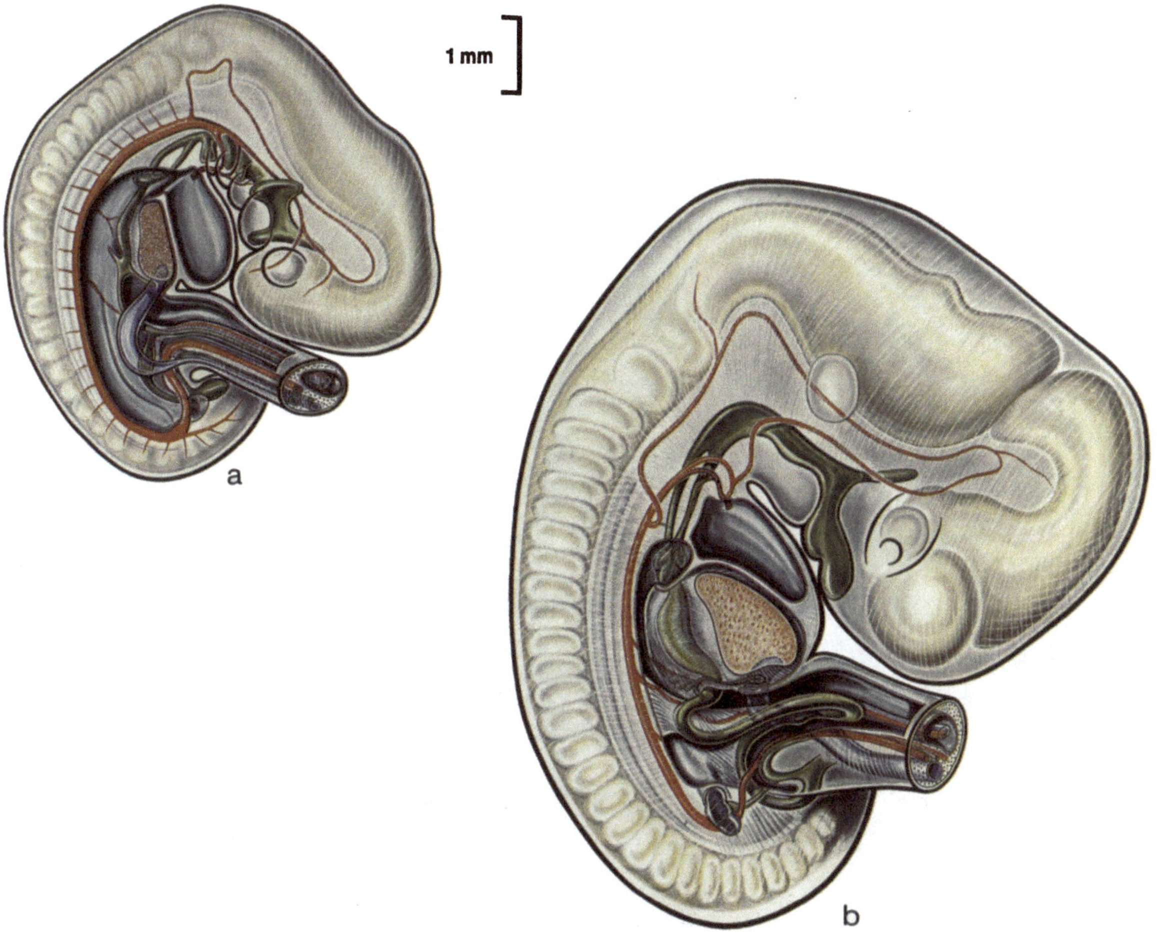

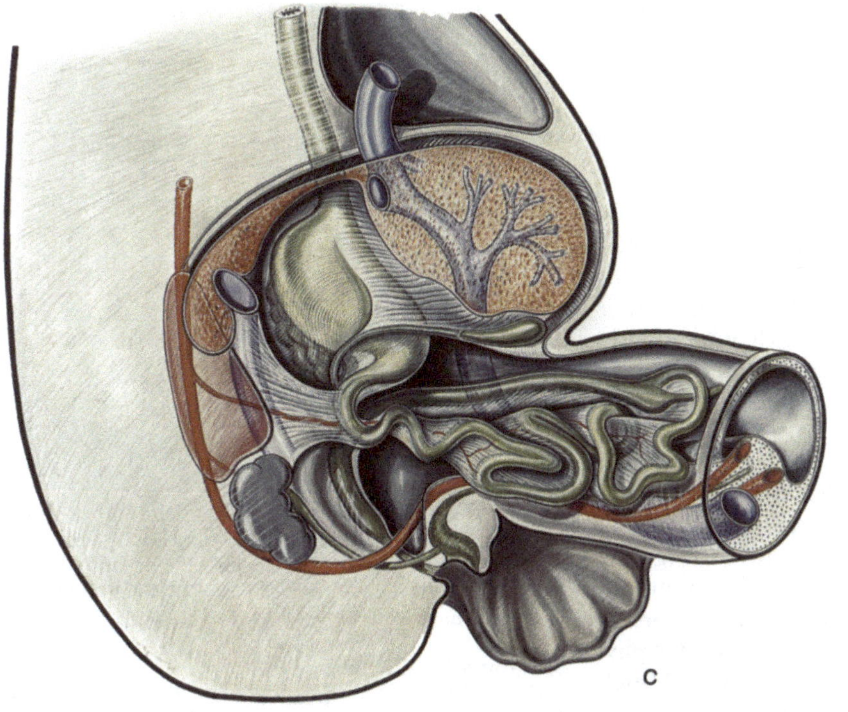

Abb. 20-32a–c. Entwicklung des Situs in der Ansicht von rechts vorn.
a) Stadium 14 (6 mm) mit erstem Beginn der Nabelschleife.
b) Stadium 17 (10 mm) mit noch ungeschlängelter Nabelschleife.
c) Stadium 21 (23 mm, 8. Woche), Dünndarmschenkel in Schlingen, Dickdarmschenkel noch ungeschlängelt, Duodenaldrehung erfolgt
(Unter Verwendung von Abbildungen bei Blechschmidt 1963 und Vogt 1920)

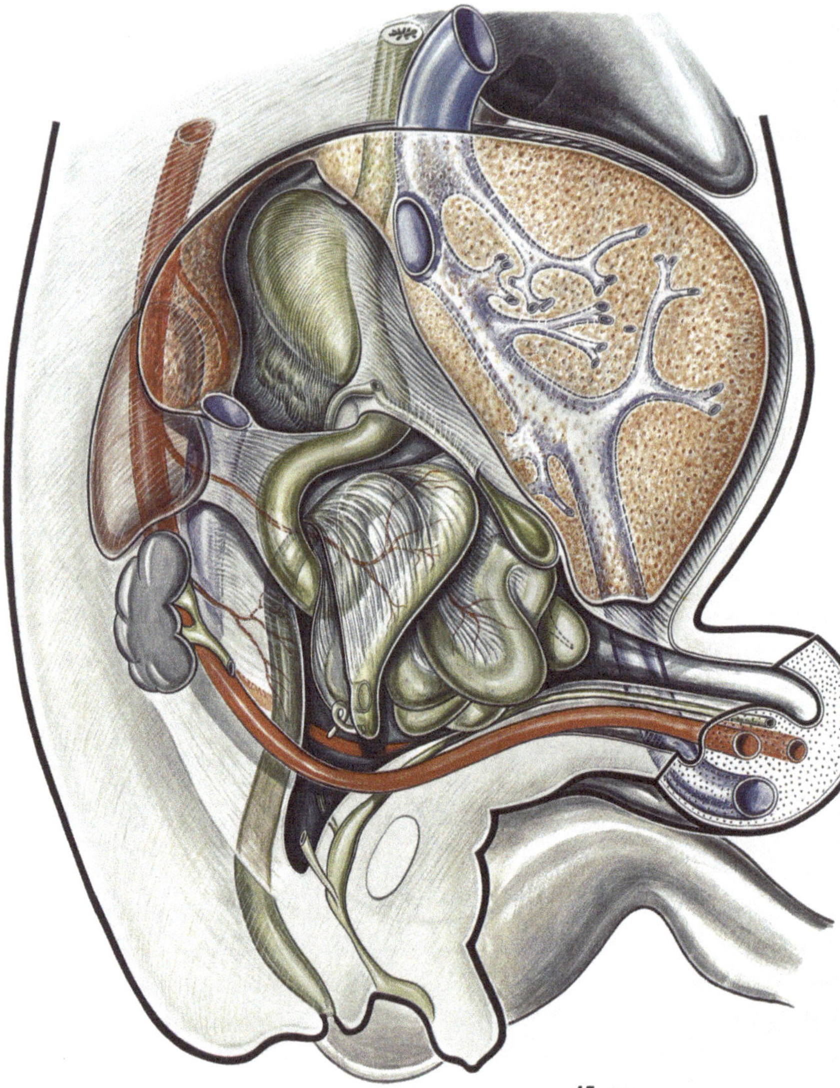

Abb. 20-33. Situs beim Fetus von 4,5 cm nach Reposition des „physiologischen Nabelbruchs“, aber vor der Fixierung der Mesenterien. Der Colonschenkel ist über das Dünndarmconvolut gedrängt, hat seine definitive Position aber noch nicht erreicht (Unter Verwendung von Darstellungen bei Vogt 1920 und Pernkopf 1924, 1928)

führt. Mit der Verlagerung der nun als Flexura duodenojejunalis zu bezeichnenden Stelle (bisher „oberer Fußpunkt der Nabelschleife“) nach links wird auch der untere Fußpunkt der Nabelschleife weit nach links abgedrängt und stellt sich nun als die spätere Flexura coli sinistra dar. Abbildung 20-34 zeigt diese Verlagerung [nach Vogt 1920] in der Ansicht von ventral.

Erst wenn das Wachstum des Rumpfes insgesamt und insbesondere das sehr starke Wachstum der Leber den Bauchraum soweit entfaltet haben, daß darin auch Platz für das Darmconvolut ist, erfolgt die schrittweise, mit den Dünndarmschlingen beginnende **Reposition des physiologischen Nabelbruches** bei Feten von 5–7 cm. Vor der Reposition des physiologischen Nabelbruchs hat der gesamte Mitteldarm bis zum Hinterdarm ein gemeinsames Mesenterium dorsale. Es besteht auch zunächst noch bei der

▸

Abb. 20-34 a–c. Linke Bildreihe: Linienschema zur Darmdrehung in den Stadien der Abb. 20-34 und 20-35. Der punktierte Ring markiert den Übergang ins Nabelcoelom. Rechte Bildgruppe: Duodenaldrehung in der Ansicht von ventral, Magencorpus jeweils entfernt.

a) Stadium 17 (10 mm);

b) Stadium 21 (23 mm);

c) Gesamtübersicht entsprechend Abb. 20-33. [Nach: Vogt 1920] (Abb. 20-32 bis 20-34 gezeichnet von Univ.-Zeichner Karl Herzog, Tübingen)

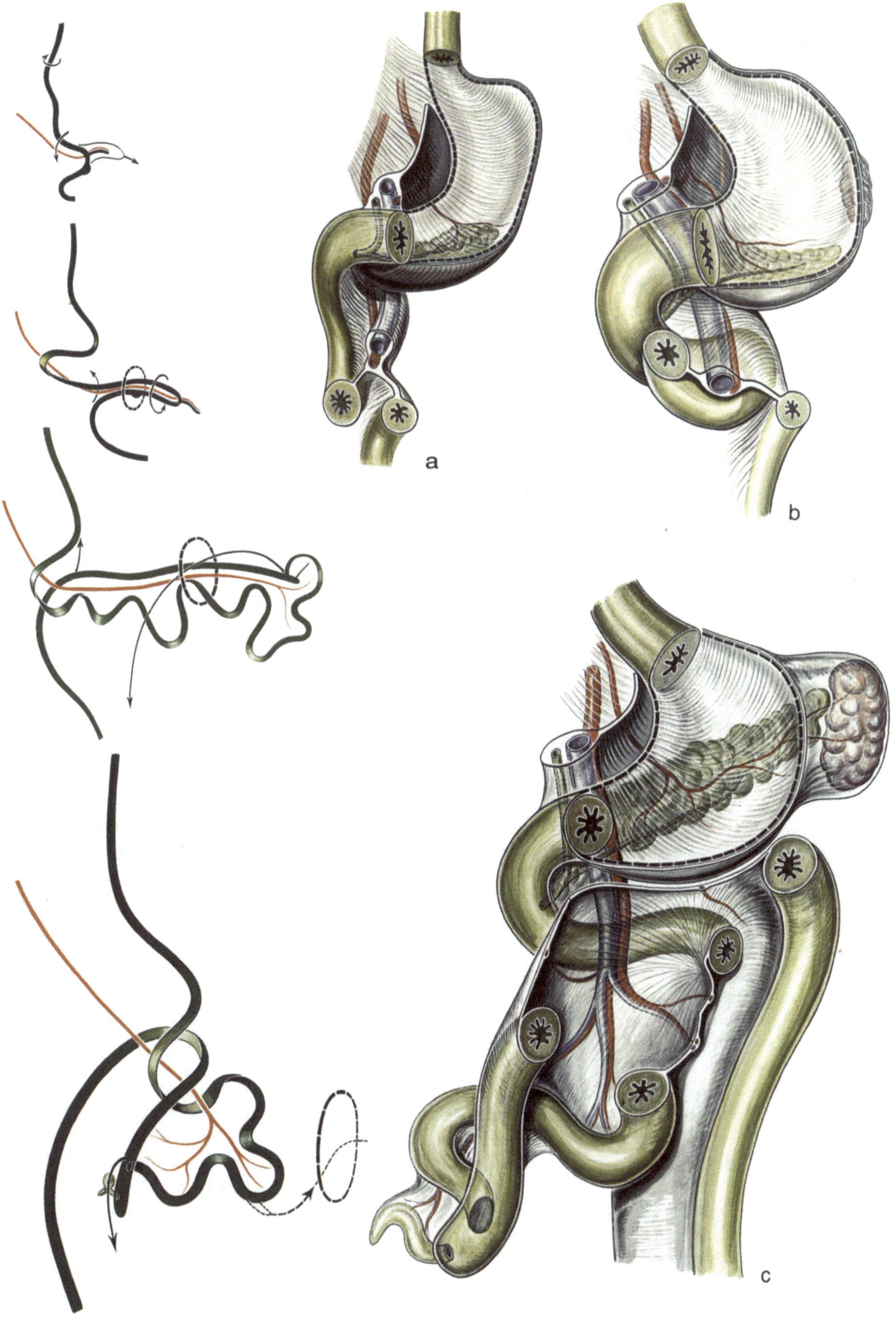
a
b
c

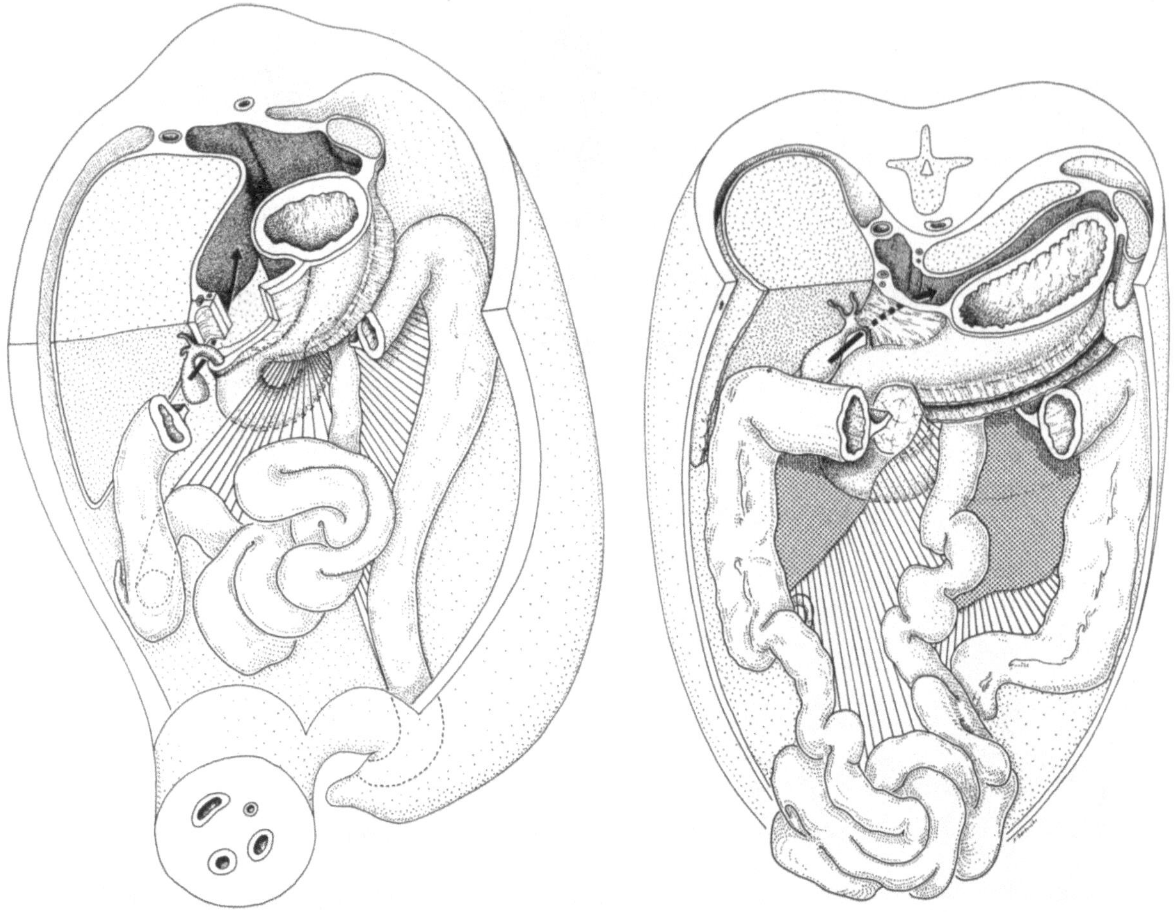

Abb. 20-35a, b. Querschnitt und schräge Frontalansicht auf die Situsverhältnisse vor **(a)** und nach Fixierung der Mesenterien **(b)**. Der Pfeil liegt im Foramen epiploicum. Verwachsungsfelder punktiert.

Reposition des Darmes in den Bauchraum (Abb. 20-33 und 20-35). Die Reposition erfolgt schrittweise, gewissermaßen „schlingen-weise" und betrifft zunächst den Dünndarm. Schon früh wird der an seinem Mesenterium bewegliche intraperitoneale Teil des Colonschenkels der Nabelschleife nach außen und oben gedrängt, überkreuzt damit das Dünndarmconvolut [Lauge-Hansen 1960]. Das Caecum mit der Appendix vermiformis zeigt nach rechts und liegt unterhalb der Leber. Schon zuvor hat sich nun auch der Colonschenkel des Mitteldarms weiter entfaltet und ist erheblich länger geworden. Fortschreitendes Längenwachstum führt dazu, daß das Caecum entgegen dem Uhrzeigersinn um das Dünndarmconvolut bis in den rechten Unterbauch vordringt (Feten von 10–20 cm) [Maisel 1960].

Mit der Ausbildung des „Colon-Rahmens" um das Dünndarmconvolut herum setzt nun eine Fixierung großer Teile des Mesenterium commune an die rückwärtige Bauchwand ein (Abb. 20-35). Ein oberes, rechtes Verwachsungsfeld betrifft das Meso des Colon ascendens und Teile des Mesenterium, ein unteres, linkes Verwachsungsfeld das Meso des Colon descendens und untere Teile des Mesenterium. Als schräg durch den Bauchraum verlaufende Grenze dieser beiden Verwachsungsfelder bildet sich damit die Radix mesenterii von der Flexura duodenojejunalis bis zur Flexura ileocolica aus. Das Colon transversum behält sein freies Meso, ebenso der Übergangsbereich zwischen Mitteldarm und Hinterdarm, das Sigmoid.

Gleichzeitig legt sich auch der Teil des Mesogastrium dorsale, der das Pankreas enthält und bis zum Milzhilum reicht, an die rückwärtige Rumpfwand an, auch hier kommt es zu ausgedehnten Verwachsungen und zum Schwund des Serosaepithels im Verwachsungsfeld (Abb. 20-26) mit der Neigung zum Verbleib retropankreatischer Zysten. Der zunächst schlauchförmige Recessus omentalis dehnt sich ventral des Colon transversum weiter aus. Sein Anfangsteil verwächst mit dem Colon transversum, das Lig. gastrocolicum entsteht (Abb. 20-35, 20-36). Damit sind die

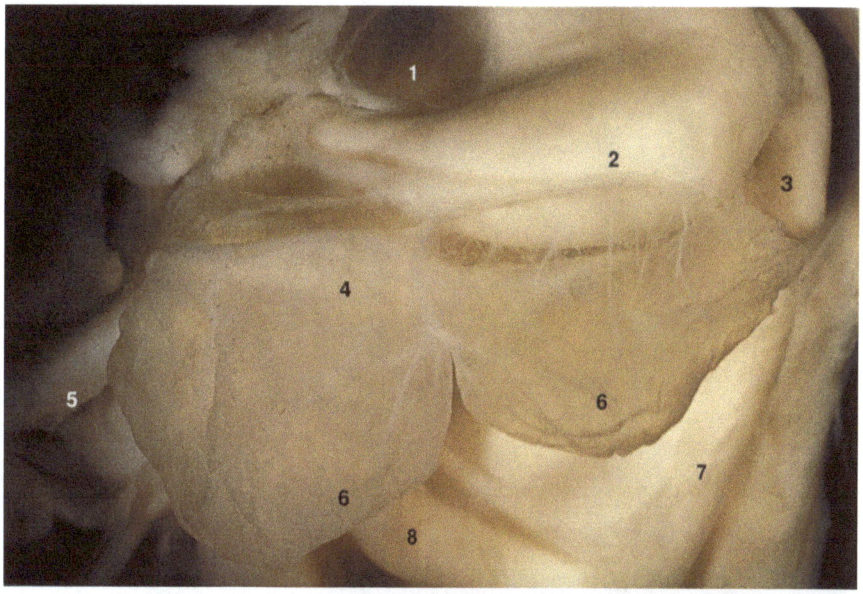

Abb. 20-36. Frontalansicht des oberen Bauchsitus bei einem Feten von 6,5 cm (4. Monat). 1 = Omentum minus, 2 = Magen, 3 = Milz, 4 = Colon transversum (durchschimmernd), 5 = Colon ascendens, 6 = Omentum majus, 7 = Colon descendens, 8 = Dünndarmschlinge. ca. 16 : 1 (Präparat aus der Sammlung des Anatomischen Instituts, Tübingen)

definitiven Situsverhältnisse weitgehend entwickelt. Das Colon ascendens dreht sich bei seiner Anheftung um seine Längsachse. Erst damit kommt die vorher nach lateral gerichtete Appendix vermiformis (Abb. 20-31, 20-33, 20-37) in eine retrocoecale oder mediocoecale Lage.

Auch die komplizierte Entwicklung des Unterbauchsitus ist unter dem Stichwort „Darmdrehung" nur sehr unvollständig beschrieben. Der komplizierte Wachstumsablauf mit seiner Folge für die Lagebeziehung der Darmteile zueinander wird nicht verständlich, ohne eine konkrete Vorstellung von den engen Raumverhältnissen und den wirklichen Größenbeziehungen des Bauchraums und der Darmabschnitte zueinander. Abbildung 20-38 gibt einen maßstabsgerechten Überblick für 4 Altersstadien dieser Entwicklung.

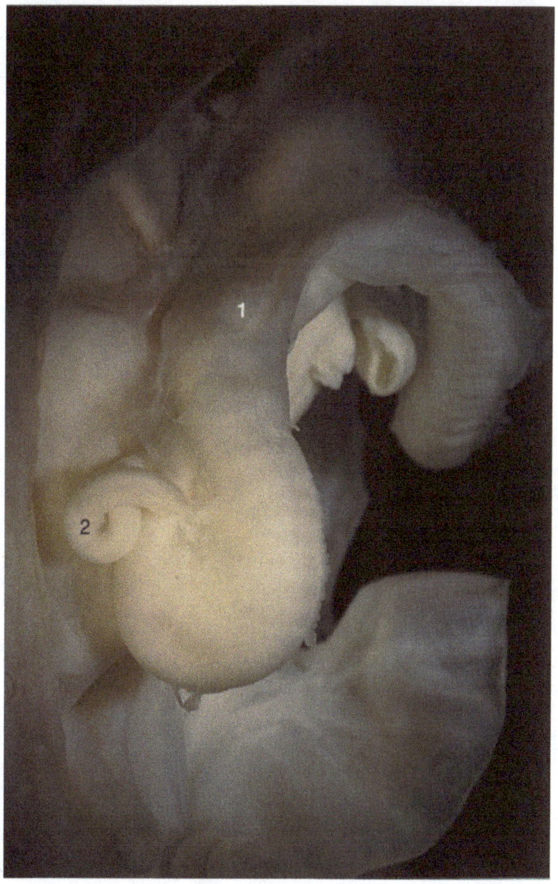

Abb. 20-37. Ansicht von rechts auf Colon transversum sowie Colon ascendens (1) und Appendix vermiformis (2) vor der endgültigen Fixation an die hintere Bauchwand (Fetus 6,5 cm, 4. Monat). ca. 20 : 1
(Präparat aus der Sammlung des Anatomischen Instituts, Tübingen)

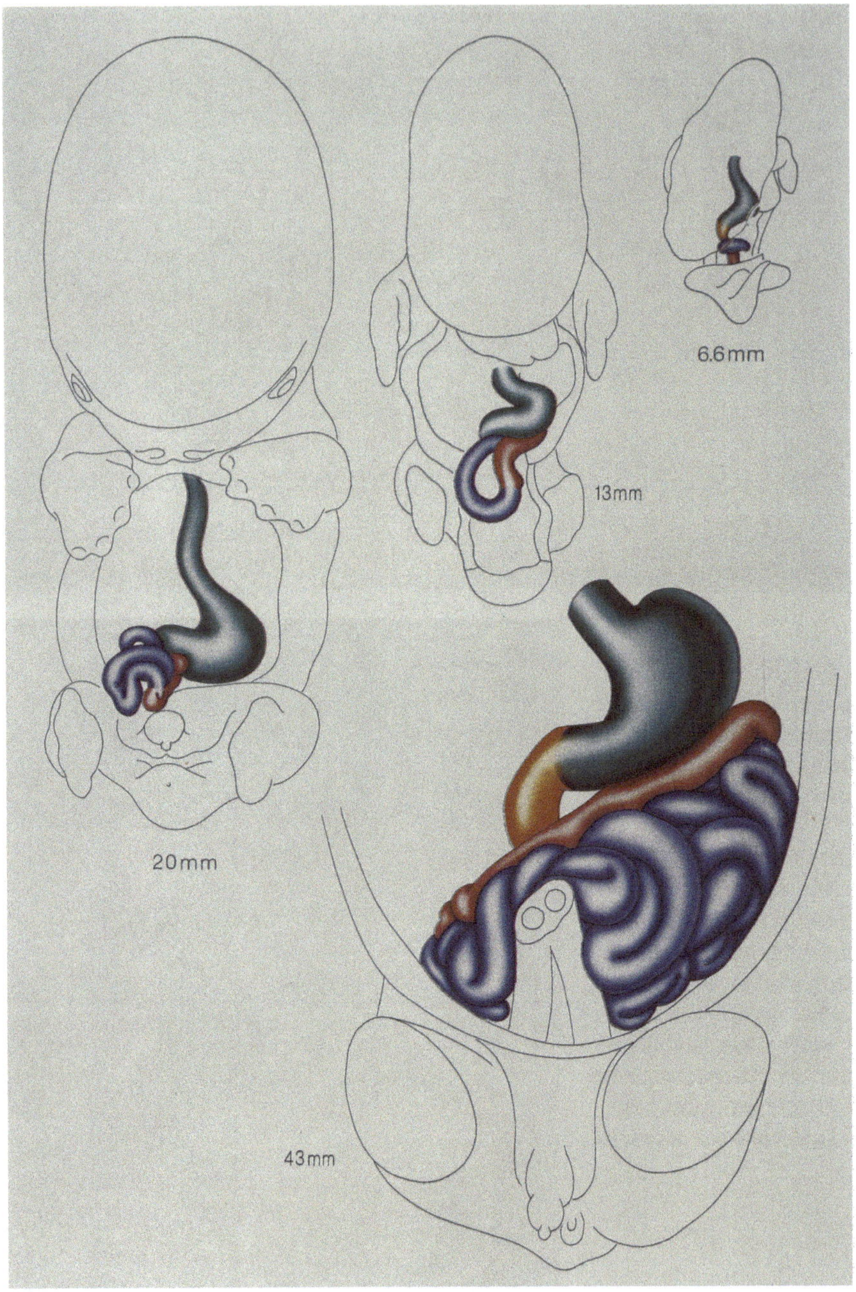

Abb. 20-38. Frontalansicht des Darmconvolutes bei Embryonen vom STADIUM 14 bis zu Feten nach Reposition des „physiologischen Nabelbruchs". Die maßstäblichen Zeichnungen vermitteln einen Eindruck von der räumlichen Enge im Bauchraum und Nabelcoelom. Magen = grün, Duodenum = orange, Dünndarm = blau, Dickdarm = violett. (Unter Verwendung der Abb. 514 in Blechschmidt 1960)

20.9 Hinterdarm

Ein Teil der Entwicklung des Hinterdarms wurde schon zuvor bei der Darmdrehung mit beschrieben: Die Verlagerung des unteren Fußpunktes der Nabelschleife im Zusammenhang mit der Duodenaldrehung (Abb. 20-34), die besondere Verlängerung des späteren Colon sigmoideum und das Ausbleiben einer peritonealen Verwachsung seines Meso. Auch die Unterteilung der zur Kloake erweiterten hinteren Darmbucht durch das *Septum urorectale* in eine vordere Partie, den *Sinus urogenitalis,* und den dorsalen Abschnitt, das eigentliche *Rectum,* wurde schon erwähnt (S. 518) und wird bei der Entwicklung der Geschlechtsgänge noch eingehend zu schildern sein (siehe dort).

Mit der Unterteilung der **Kloake** einher geht die Rückbildung des zuvor über die Kloake nach caudal hinausreichenden *Schwanzdarmes* (Abb. 20-1, 20-2). Er wird teilweise in die sich erweiternde Kloake ein-

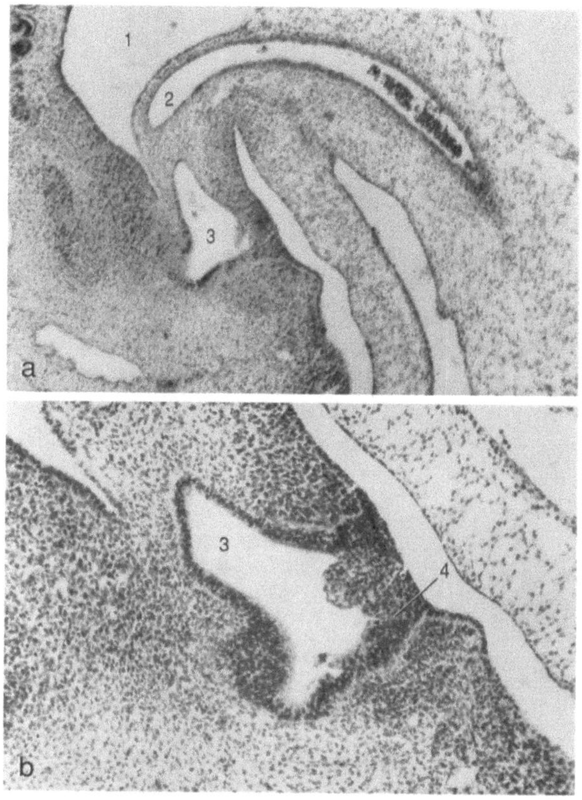

Abb. 20-39a, b. Kloakenmembran und Ausschnitt des Sinus urogenitalis, Embryo STADIUM 14 (6,5 mm). 1 = Coelom, 2 = A. umbilicalis, 3 = Sinus urogenitalis, 4 = Kloakenmembran. a) 50 : 1; b) (Parallelschnitt zu a): 120 : 1

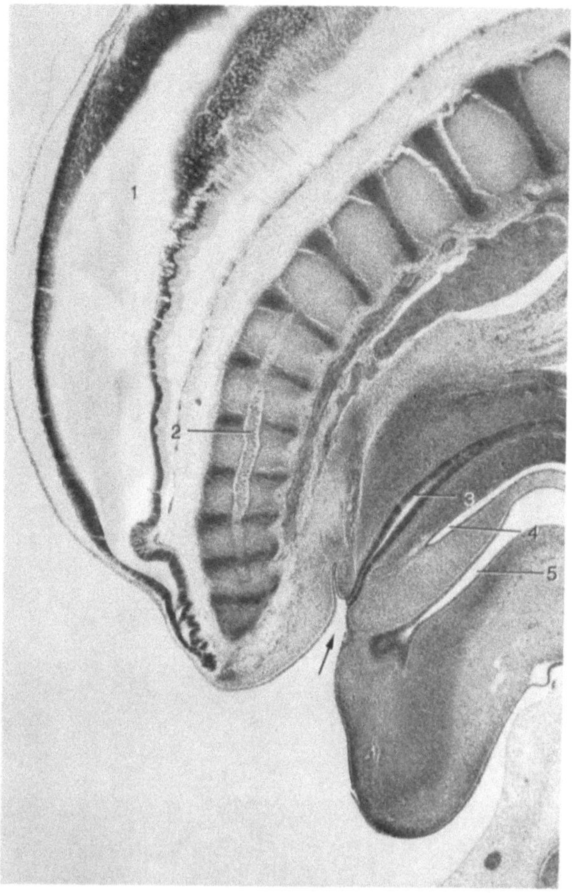

Abb. 20-40. Unteres Körperende, Analbucht und Genitalhöcker bei einem männlichen Embryo im STADIUM 18 (16 mm). 1 = Rückenmark, 2 = Wirbelsäule mit Chordaanschnitt, 3 = Rectum, 4 = Coelom, 5 = Sinus urogenitalis bzw. Harnblase (Öffnung des Sinus nicht in der Schnittebene), → Analbucht. 20 : 1

bezogen, distale Abschnitte degenerieren zu soliden Epithelsträngen, die bis zum STADIUM 17 in der Endknospe gefunden werden und gelegentlich zu Zystenbildungen Anlaß geben können.

Der untere Abschnitt des Hinterdarmes wird in die Lageveränderungen der Darmdrehung nicht einbezogen, er behält seine mediane Position und paßt sich in der weiteren Entwicklung der Form des sich bildenden kleinen Beckens an.

Die Kloakenmembran entstand am caudalen Ende des Primitivstreifens als ein nicht von Mesoderm unterwanderter Bezirk (Abb. 6-1) und lag zunächst dorsal. Mit der Ausbildung der Allantois (Abb. 6-13) und der C-förmigen Einkrümmung des unteren Körperendes (Abb. 6-13, 20-1, 20-2) wurde sie nach ventral und cranial der Endknospe verlagert (Abb. 20-39). Mit der Verbreiterung und allmählichen Rückbildung des schwanzförmigen Körperendes und der Entstehung eines Genitalhöckers im Winkel zwischen Allantoisabgang und Kloakenmembran im STADIUM 18 kommt sie nun wieder in eine Lage am caudalen Körperende. Mit der Bildung des primitiven Dammes nach dem Kontakt des Septum urorectale mit der Kloakenmembran wird diese unterteilt, der Analanteil liegt in der Tiefe der durch zusätzliche Mesodermvermehrung („Analhöcker") entstandenen Analbucht (Abb. 20-40). Die Kloaken„membran" war schon zuvor durch Verdickung des Epithels eher zu einem Septum geworden (Abb. 20-39). Durch Degeneration dieses Epithels öffnet sich das Rectum in die Analbucht, ohne daß es zu einem „Einreißen" einer Membran käme. Eine offene Analöffnung findet sich vom STADIUM 20 an. Die Grenze zum Analkanal bleibt im Wechsel des hochprismatischen Colonepithels zum kubischen und platten Epithel des Analkanals erkennbar. Das Dickenwachstum des Colon erfaßt auch den Enddarm, mit der Ausbildung von Taenien und Haustren nimmt das Lumen erheblich an Weite zu (Abb. 20-41).

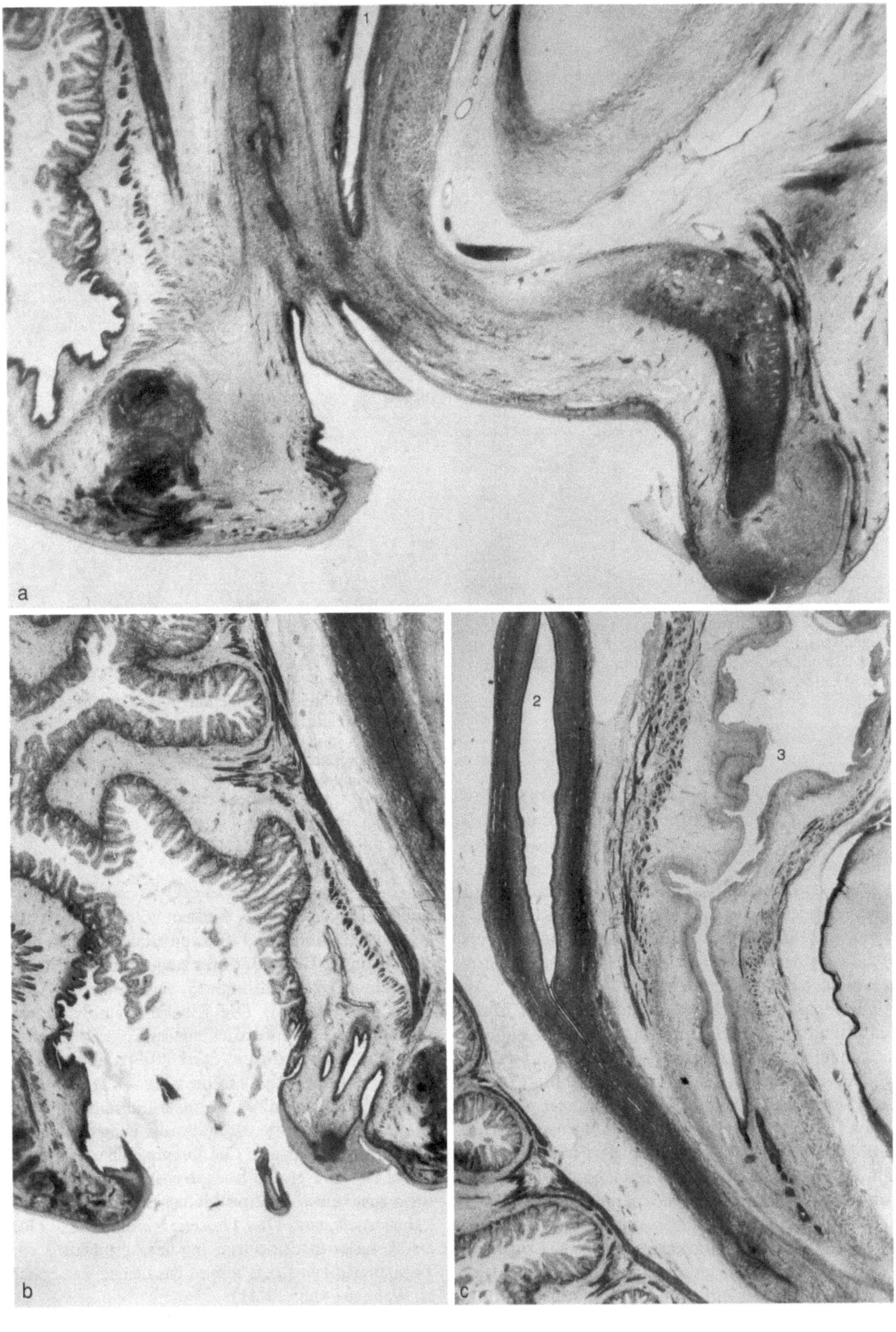
1
a
2
3
b
c

◀ **Abb. 20-41a–c.** Unteres Körperende und Clitoris bei einem Feten 15 cm.
a) Übersicht, Analöffnung nicht in der Schnittebene, noch offener Sinus urogenitalis. 1 = Vagina. 18 : 1;
b) Analöffnung, 14 : 1;
c) Uterus (2) und Harnblase (3) aus derselben Schnittserie. 14 : 1

Gefäß- und Innervationsmuster

Schon früh (Stadium 14, Abb. 20-32) bilden sich die drei großen arteriellen Gefäßstämme des Magen-Darm-Traktes aus: Truncus coeliacus für Magen, Milz, Leber und oberes Duodenum; A. mesenterica superior als das Gefäß der primären Nabelschleife für die daraus entstehenden Abschnitte (unteres Duodenum, gesamter Dünndarm, Caecum, Colon ascendens und transversum); A. mesenteria inferior für den Hinterdarm. Über die Einbeziehung der Vv. vitellinae in die Bildung von Pfortader und Ductus venosus wurde schon berichtet (Kapitel 13. Fetaler Kreislauf, siehe auch Abb. 13-4).

Die Innervation des Magen-Darm-Traktes folgt – wie die Gesamtentwicklung – einem deutlichen cranio-caudalen Gefälle. Der N. vagus erreicht etwa im Stadium 18 die Cardia und wächst von hier in die hintere und vordere Magenwand ein (siehe auch Kapitel 17. Peripheres Nervensystem). Vom Stadium 17 an wird der Plexus coeliacus gebildet. Neuralleistenzellen wandern mit den Plexusästen in die Darmwand ein und bilden hier (u.a.) die Zellen des intramuralen Nervensystems [Le Douarin und Teillet 1973].

20.10 Strukturelle und funktionelle Differenzierung des Intestinaltraktes

Oesophagus, Magen und Darm stellen zunächst ein einfaches epitheliales Rohr in einem dicken Mantel von Bindegewebe dar (Abb. 20-24). Entsprechend dem cranio-caudalen Wachstumsgefälle im gesamten Magen-Darm-Trakt erfolgt die Entfaltung dieses Rohres zu unterschiedlichen Zeitpunkten. Sie ist im Oesophagus und Dünndarm durch das Auftreten einfacher Falten der inneren Wandschichten gekennzeichnet, die dem Querschnitt dann ein sternförmiges Lumen geben (Abb. 20-42). Aus der Verteilung der Mitosen und aus histochemischen Charakteristika kann geschlossen werden, daß die Falten aktiv in das Lumen vorwachsen. Die innere Schicht des Bindegewebes ordnet sich konzentrisch um dieses gefaltete Epithelrohr, die Differenzierung der Muskulatur beginnt mit der zirkulären Schicht (Abb. 20-30, 20-42). Das Wachstum des Epithels kann besonders im Duodenum solche Ausmaße erreichen, daß das Lumen zeitweilig weitgehend von Epithelmassen verlegt wird [Boyden et al. 1967]. Bleibt deren Auflösung aus, so kann ein Abschnitt des Darmes atretisch werden. Epithelwachstum und Reifung sind möglicherweise durch Hemmsubstanzen verlangsamt, sie verlaufen in organtypischen Kulturen beschleunigt [Johns 1952, Ménard und Arsenault 1985, 1987].

Oesophagus

Das hochprismatische, mehrreihige Ephitel wird zweischichtig, dann mehrschichtig, dabei treten bei Embryonen und Feten von 12–70 mm zahlreiche Vacuolen zwischen den Schichten auf. Die oberflächliche Schicht trägt Cilien (Abb. 20-42, 20-43b). Die Umwandlung in **mehrschichtiges Plattenepithel** beginnt herdförmig bei Feten von 9–10 cm, eine Einwanderung vom Pharynx her wurde diskutiert [Patzelt 1921, Botha und Muller 1939]. Inseln von Magenschleimhaut und Drüsen kommen vor. In fetalem menschlichem Oesophagus in organtypischer Kultur vollziehen sich Epithelzellvermehrung wie auch die Umwandlung von Cilien tragendem Epithel zum Plattenepithel in situ [Ménard und Arsenault 1987]. Es entstehen auch Herde von hochprismatischem Epithel, aus dem sich kleine oberflächliche Drüsen entwickeln [Johns 1952]. Die Differenzierung der **Muskulatur** beginnt in der 6. Woche mit der Ringmuskelschicht, danach folgt in der 8. Woche die Längsmuskulatur. Eine Muscularis mucosae ist in der 10. Woche ausgebildet. Neuroblasten aus der Neuralleiste wandern entlang des N. vagus schon bei Embryonen unter 10 mm ein [Smith und Taylor 1972], ein **Plexus myentericus** wird bei Feten von 6,5 cm in der ganzen Länge des Oesophagus morphologisch erkennbar. Mit der Cholinesterase-Methode sind Zellen des Plexus myentericus und mucosus schon bei Embryonen von 35 mm nachweisbar [Vollrath 1983]. Dennoch ist die Motilität des Oesophagus, besonders im unteren „Verschluß-Segment“, bei Frühgeborenen, aber auch bei einem Teil der reifen Neugeborenen noch nicht voll entwickelt [Deren 1968].

Magen

Im Magen beginnt eine Differenzierung des Epithels an der kleinen Kurvatur, dann an der großen Kurvatur und der Hinterwand [Plenk 1931]. Schon von der

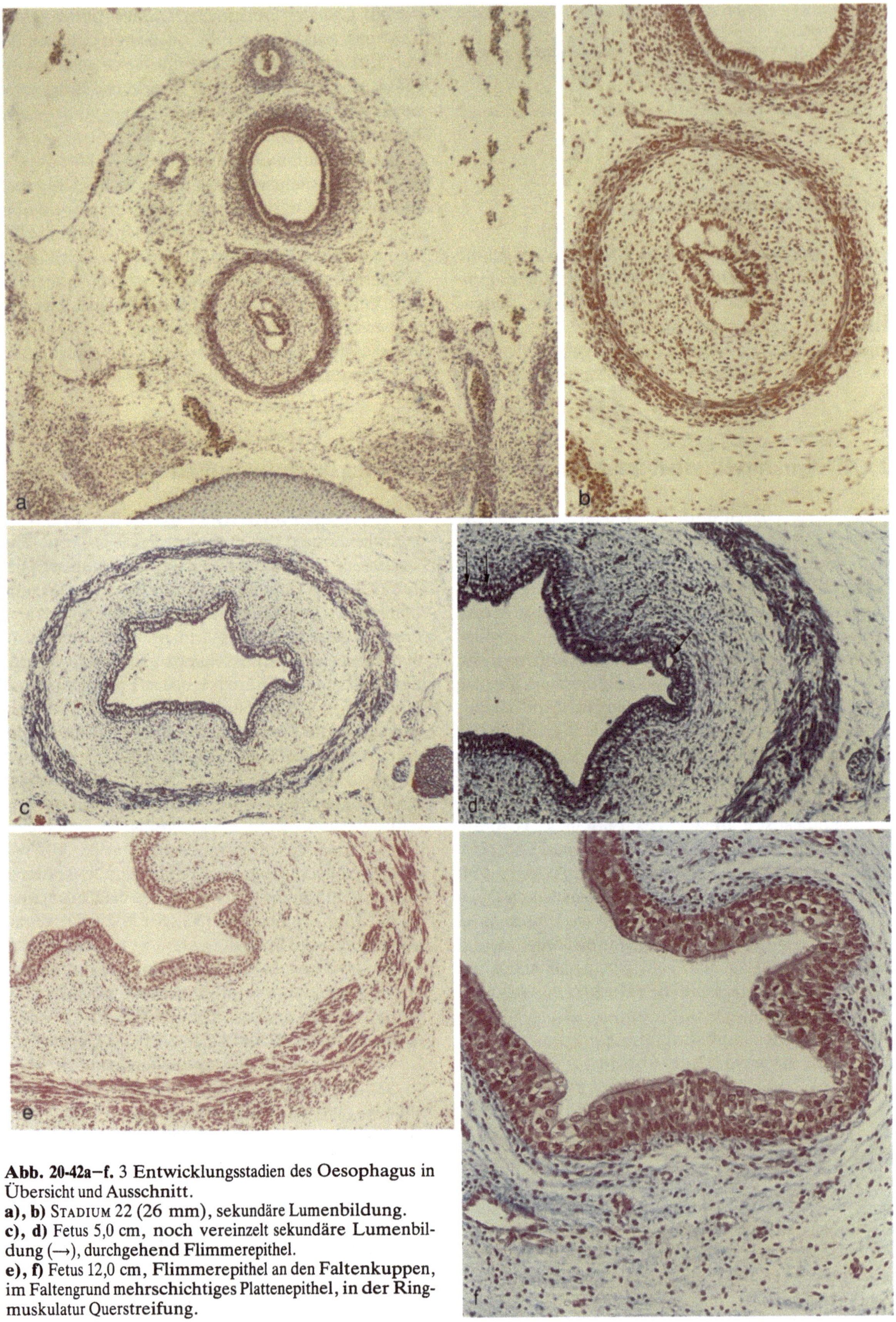

Abb. 20-42a–f. 3 Entwicklungsstadien des Oesophagus in Übersicht und Ausschnitt.
a), b) Stadium 22 (26 mm), sekundäre Lumenbildung.
c), d) Fetus 5,0 cm, noch vereinzelt sekundäre Lumenbildung (→), durchgehend Flimmerepithel.
e), f) Fetus 12,0 cm, Flimmerepithel an den Faltenkuppen, im Faltengrund mehrschichtiges Plattenepithel, in der Ringmuskulatur Querstreifung.

Abb. 20-43a, b. a) Oesophagus und Magen eines 8 Wochen alten Feten im REM-Bild. Beachte das Muster der Längsfalten und Areae. Bereich A–B s. Abb. 20-45b. Meßbalken 1 mm;
b) Epithelrelief des Oesophagus bei einem Feten von 8 Wochen im REM-Bild. Stärkere Vergrößerung des Bereichs A–B in Abb. 20-45a. Beachte die zahlreichen, aber einzeln liegenden Flimmerepithelzellen. Meßbalken 25 µm
(a, b: Freundlichst überlassen von Frau Dr. L. Williams, Anatomy Department, University of Queensland, Australien)

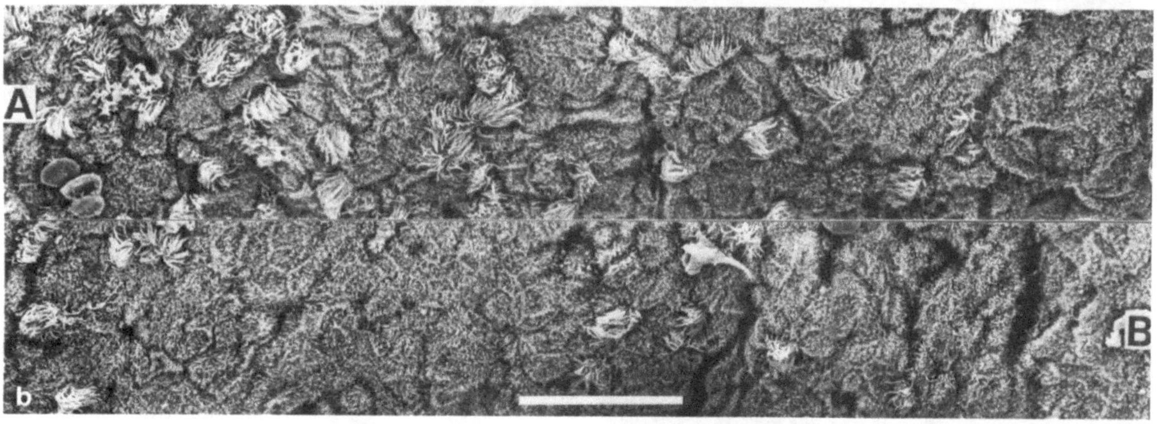

Abb. 20-44. Areae und Foveolae gastricae in der Magenwand eines Embryo im STADIUM 22 (26 mm) im REM-Bild. 20 : 1

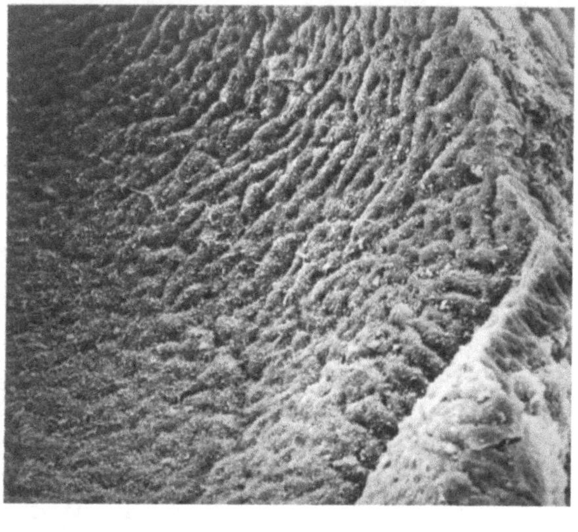

6. Woche an bildet sich das typische Relief der **Areae gastricae** und der **Foveolae** (Abb. 20-43a, 20-44, 20-45). Von den Foveolae gastricae aus wachsen einfache Epithelschläuche als Anlage der **Magendrüsen** in die Tiefe [De Lemos 1977]. Schon zuvor haben sich am Grunde der Grübchen **Parietalzellen** differenziert, in denen von der 9. Woche an Succinodehydrogenase nachgewiesen werden kann [Salenius 1962, Vollrath 1959, 1983]. **Hauptzellen,** PAS-positive **Nebenzellen** und **Oberflächenzellen** differenzieren sich zwischen der 11. und 13. Woche, auch hier geht die

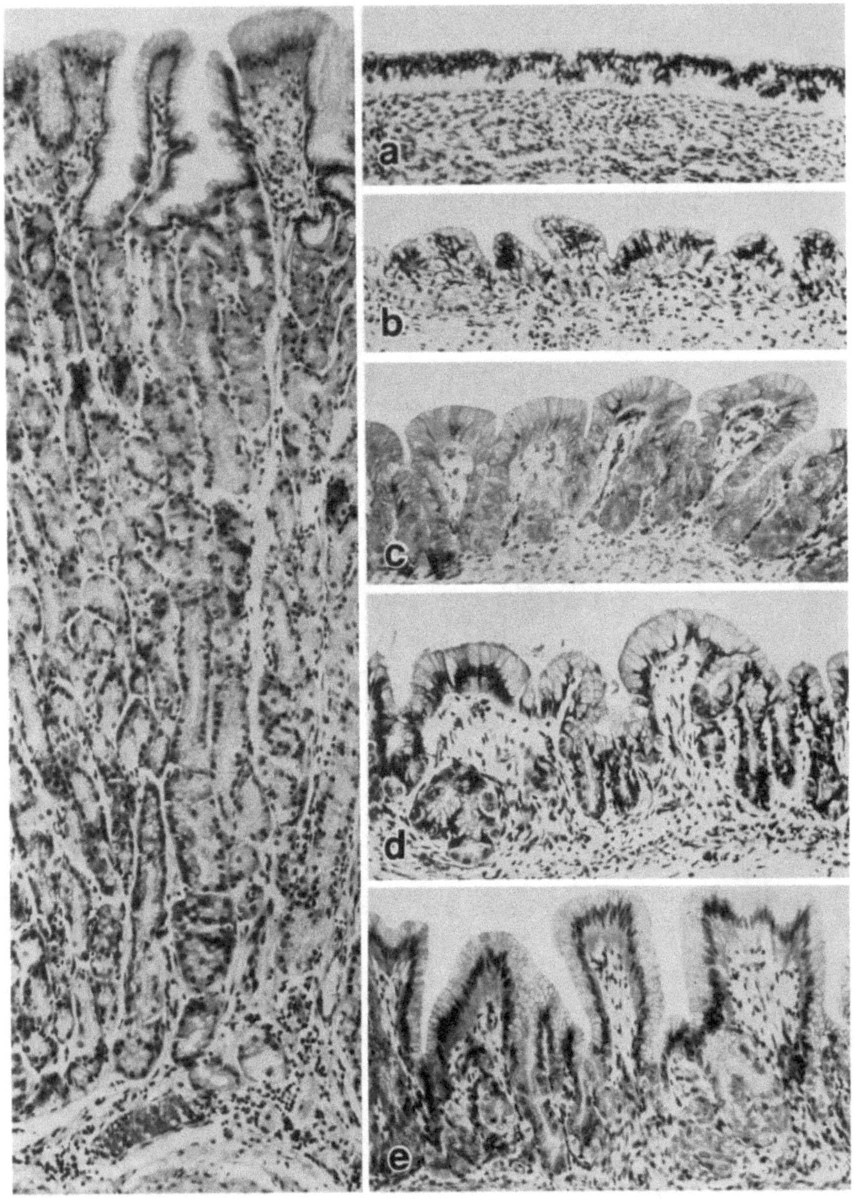

Abb. 20-45a–c. Fetale Magenschleimhaut im Vergleich mit der des Erwachsenen (links). a) = 7 Wochen, b) = 11 Wochen, c) = 16 Wochen, d) = 20 Wochen, e) = Neugeborenes. 320 : 1.
(Aus: Salenius 1962, mit freundlicher Genehmigung von Autor und Verlag)

▸ **Abb. 20-46a–d.** Dünndarm im Querschnitt mit beginnender Zottenbildung. Die breitbasigen Falten werden schmäler, das mehrschichtige Epithel wird an den Kuppen einschichtig. Semidünnschnitte, Richardson-Färbung. **a)** Fetus 7–8 Wochen, 250 : 1; **b)** 8 Wochen, 250 : 1; **c)** Ausschnitt aus **b)**, 900 : 1; **d)** 9–10 Wochen, 200 : 1
(Freundlichst überlassen von Dr. Pamela C. Colony, früher Dr. Pamela C. Moxey, a–c aus: Grand et al. 1976, a, d aus: Moxey und Trier 1978, mit Genehmigung der Autoren und Verlage)

kleine Kurvatur in der Entwicklung voran [Salenius 1962]. Vom 4. Monat an sind **definitive Magendrüsen** mit noch kurzen Schläuchen zu finden, die sich während des 5. und 6. Monats verzweigen, verlängern und schlängeln. Zwischen der 8. und 15. Woche werden die verschiedenen, auch für den Magen des Erwachsenen charakteristischen, disseminierten **endokrinen Zellen** nachweisbar [De Lemos 1977; siehe auch Kapitel 22. Endokrine Organe]. Widersprüchlich sind die Angaben über die beginnende Sekretion der Magendrüsen. Proteolytische Fermente sollen von der 16. Woche, Salzsäure von der 19. Woche, Kohlenhydrat spaltende Fermente selten von der 24. Woche an, aber noch nicht regelmäßig bei Neugeborenen nachweisbar sein [Keene und Hewer 1929]. Die proteolytische Aktivität des Magensaftes beträgt auch bei überreifen Kindern intrauterin etwa nur 20% der Normalwerte, sie bedarf zur vollen Entwicklung externer Stimuli [Deren 1968]; auch die Säureproduktion steigt – unabhängig vom Geburtsalter – erst in den ersten zehn Stunden nach der Geburt steil an [Grand et al. 1976 mit weiteren Nachweisen].

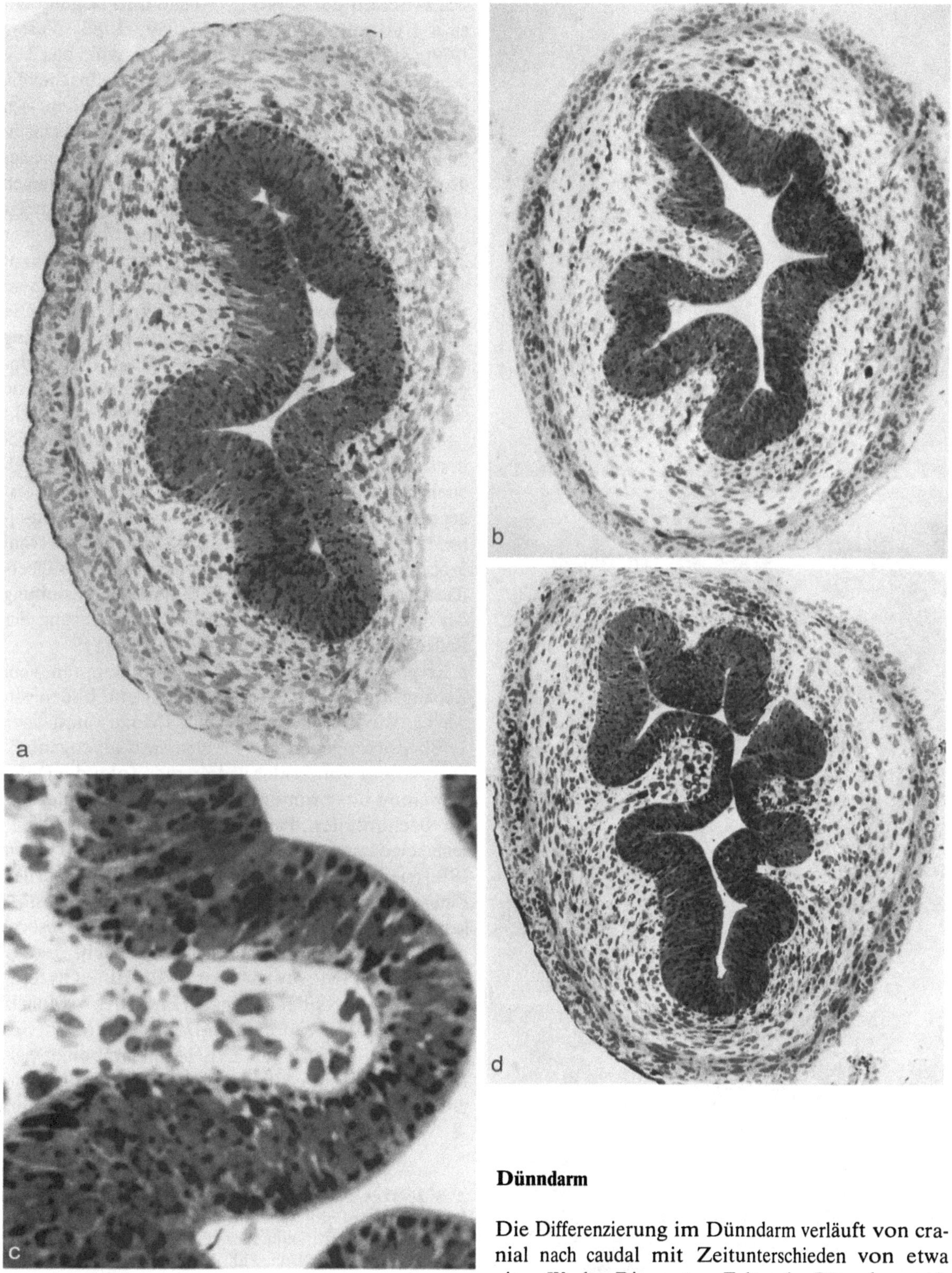

Dünndarm

Die Differenzierung im Dünndarm verläuft von cranial nach caudal mit Zeitunterschieden von etwa einer Woche. Die ersten Falten des Dünndarmepithels sind **Längsfalten** (Abb. 20-46). **Plicae circulares** werden von der 13. Woche an gefunden und erreichen ihre definitive Verteilung in der 32. Woche [Grand et al. 1976]. Die **Zottenbildung** im Dünndarm vollzieht

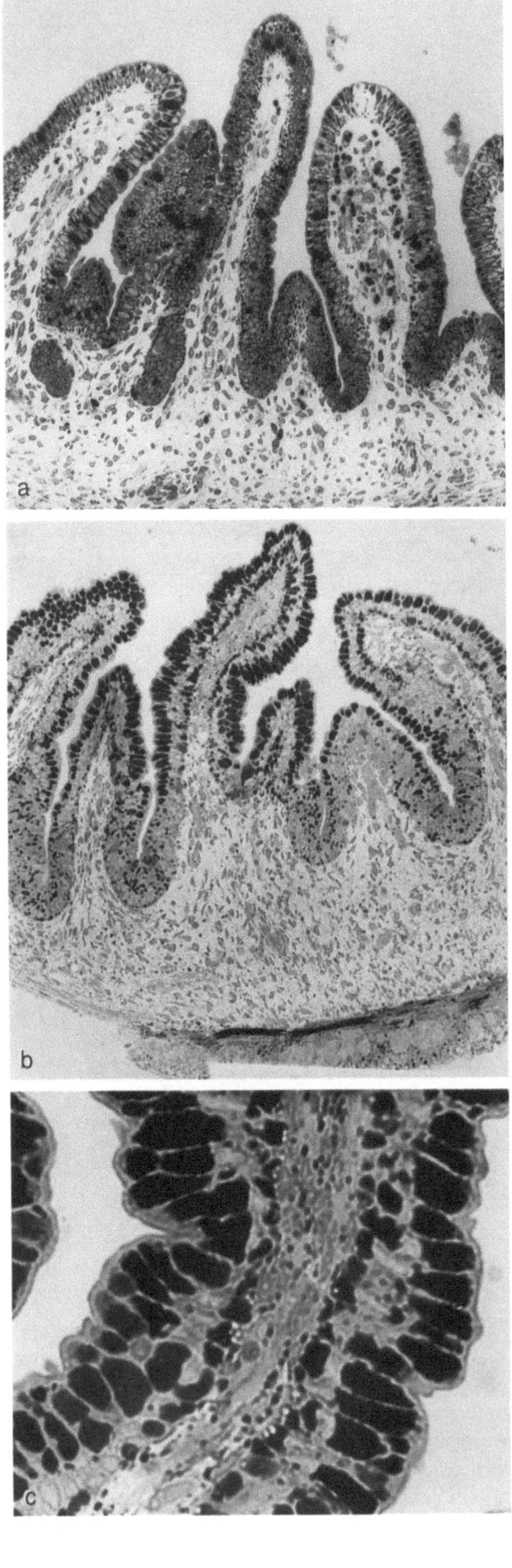

sich zwischen der 8. und 13. Woche und beginnt mit einer Epithelfaltung [Vollrath 1959, 1983, Verma 1979]. Zu dieser Zeit der Entwicklung wird das 2–6 Schichten dicke Epithel allmählich durch einschichtig hochprismatisches Epithel ersetzt. Dabei bilden sich „sekundäre Lumina" im Innern der Epithelschichtung durch Ausbildung von apicalen Zonulae occludentes und adhaerentes sowie Mikrovilli zum neuen Lumen hin. Dieser Vorgang ist besonders ausgeprägt im Duodenum [Mathan et al. 1976] und wurde hier lichtmikroskopisch vielfach beschrieben, er kommt vereinzelt auch im übrigen Dünndarm (wie auch im Colon, siehe dort) vor [Moxey und Trier 1978]. Die sekundären Lumina können zeitweise zur **Verlegung des Primärlumens** führen. Die aus diesen Umbildungen resultierenden primären Zotten sind breit, sie sind immer schon von einschichtigem Epithel bedeckt (Abb. 20-47). Mit dem Einwachsen des Bindegewebes treten schon bald glatte Muskelzellen und Kapillaren auf [Garbasch 1969]. Lymphgefäße werden erst gegen Ende der Schwangerschaft gefunden [Gusejnov 1975]. Typisches Merkmal des Darmepithels vom 3. bis 8. Monat ist der hohe Glycogengehalt des Oberflächenepithels [Nagakawa 1959]. Die Ausreifung der Saumzellen beginnt mit einer Verlagerung der Zellkerne zur Basis hin (Abb. 20-47, 20-48).

Krypten wachsen als solide Epithelzapfen vom Zottengrund in das Bindegewebe ein und bilden von der 12. Woche an eine Lichtung [Moxey und Trier 1978]. Zottengrund und Krypten sind glycogenfrei. Der Bildung von Zotten und Krypten folgt die Differenzierung des primitiven Darmepithels in Enterocyten, Becherzellen, Panethsche Körnerzellen und disseminierte endokrine Zellen [Leblond und Chen 1976] (siehe Kapitel 22. Endokrine Organe). Bei den **Enterocyten** bilden sich apical Mikrovilli und Plasmalemminvaginationen aus, die mit dem Beginn resorptiver Vorgänge in Zusammenhang gebracht werden (Abb. 20-48) [Moxey und Trier 1979]. Eine Glycocalix ist gut ausgebildet. Bereits am Ende des 4. Monats scheint das Epithel des Magen-Darm-Traktes zur Resorption befähigt zu sein. Es ist bereits mit einer vielfältigen Fermentausstattung versehen [Zusammenfassung bei Vollrath 1983]. In organtypischer Kultur

Abb. 20-47a–c. Zottenbildung und Epitheldifferenzierung im proximalen Dünndarm von 11–12 Wochen alten Feten.
a) Semidünnschnitt 1 μm, Richardson-Färbung, 170 : 1;
b) Semidünnschnitt 1 μm, 210 : 1;
c) wie **b)**, 650 : 1. Der hohe Glycogengehalt des Darmepithels ist apical zum Zellkern und basal zum Zellkern konzentriert. Die Kerne erscheinen zwischen den dunklen Glycogenvorkommen nur schemenhaft blaß
(Freundlichst überlassen von Frau Dr. Pamela C. Colony, früher Dr. P. C. Moxey, Hershey, Py)

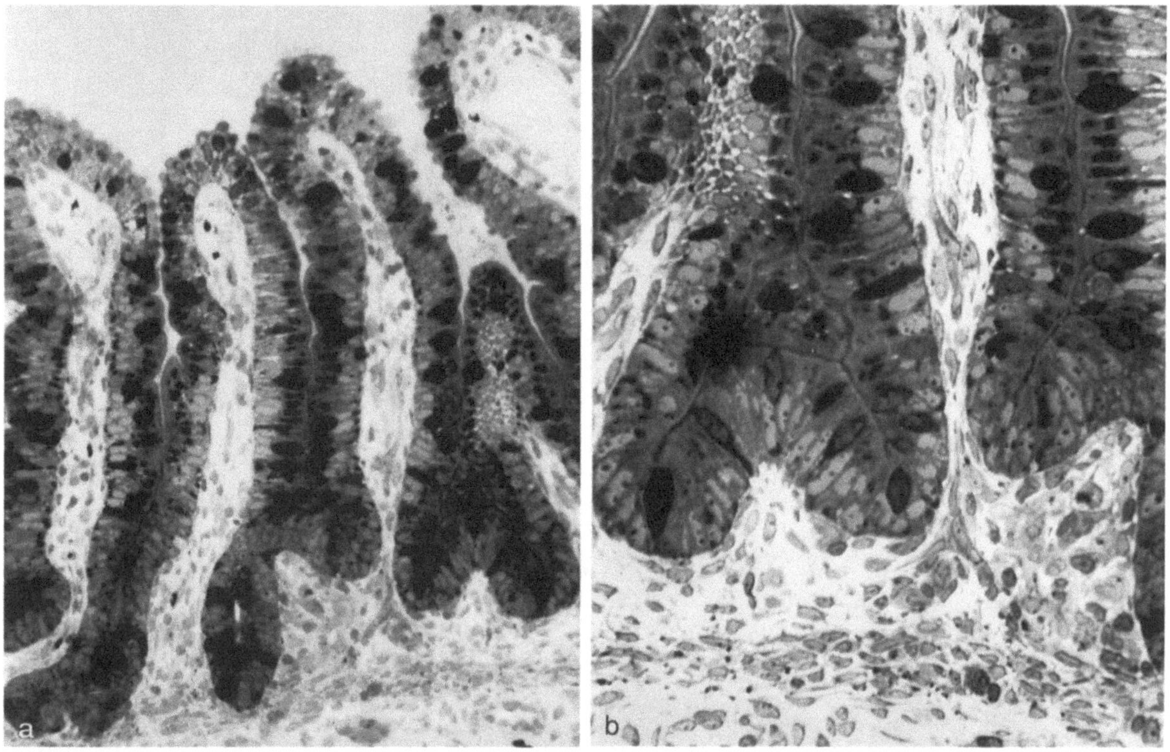

Abb. 20-48a, b. Dünndarmzotten und Krypten im Semidünnschnitt. Beachte die basale Lage der Zellkerne mit der Differenzierung von Saumzellen. Vom Faltengrund wachsen Epithelzapfen in das Bindegewebe vor und bilden dann ein Lumen. Beachte in b) die Bildung der Muscularis mucosae. Feten 19–20 Wochen, **a)** ca. 200 : 1, **b)** ca. 600 : 1
(Freundlichst überlassen von Dr. Pamela C. Colony, früher Dr. Pamela C. Moxey; a aus: Grand et al. 1976, b aus Moxey und Trier 1978, mit Genehmigung der Autoren und Verlage)

geht die Differenzierung des Saumepithels rascher voran als während der normalen Entwicklung [Ménard und Arsenault 1985]. Charakteristisches fetales Element ist das reiche, von proximal nach distal ansteigende Vorkommen von lysosomalen **Meconiumkörpern.** Sie wurden histochemisch und elektronenmikroskopisch als „apoptotische Körperchen", d.h. als phagocytierte Zelltrümmer identifiziert [Behnke 1963, Williams und Bell 1985].

Die Vorläufer der **Becherzellen,** mit noch wenig differenzierten Sekrettropfen, sind schon von der 9. Woche an nachweisbar und kommen bereits im mehrschichtigen Epithel, auch in tieferen Schichten vor (Abb. 20-49a) [Moxey und Trier 1978]. Apical granulierte **(Panethsche Körner-)Zellen** sind vom 5. Monat an nachweisbar, haben zunächst kleine, im 6. Monat dann große Sekretgranula (Abb. 20-49b). Vom 7. Monat an werden sie in jeder Krypte angetroffen, sie sind um diese Zeit häufiger als beim Erwachsenen [Nagakawa 1959]. Die basalgekörnten, **enterochromaffinen** Zellen werden schon im 3. Monat nachweisbar, sie liegen der Basalmembran auf und erreichen nicht das Lumen [Nagakawa 1959, De Lemos 1977].

Duodenaldrüsen beginnen als kleine Epithelstränge im 4. Monat, sie bilden im 5. Monat Lumina und beginnen zu sezernieren. Für den 6. Monat wird ihr histologisches Erscheinungsbild bereits mit dem erwachsenen Zustand verglichen [Nagakawa 1959, Moxey und Trier 1979]. Die lymphatische Besiedlung des Dünndarms erfolgt relativ spät (siehe Kapitel 15.3.3), die spezifischen, Antigen präsentierenden („multifolded") M-Zellen konnten nur vereinzelt in der 22. Woche identifiziert werden [Moxey und Trier 1978].

Colon

Das cranio-caudale Zeitgefälle setzt sich auch bei der Differenzierung des Colon fort. Das Epithel bleibt hochprismatisch und mehrreihig, die oberflächlichen Zellen tragen Mikrovilli. Schon in der 10. Woche treten längsverlaufende, in das Lumen vorragende Leisten auf, die mit dem Einwachsen von Bindegewebe im Alter von 11–12 Wochen zu **Längsfalten** werden [Johnson 1913, Bell und Williams 1982]. Die Zu-

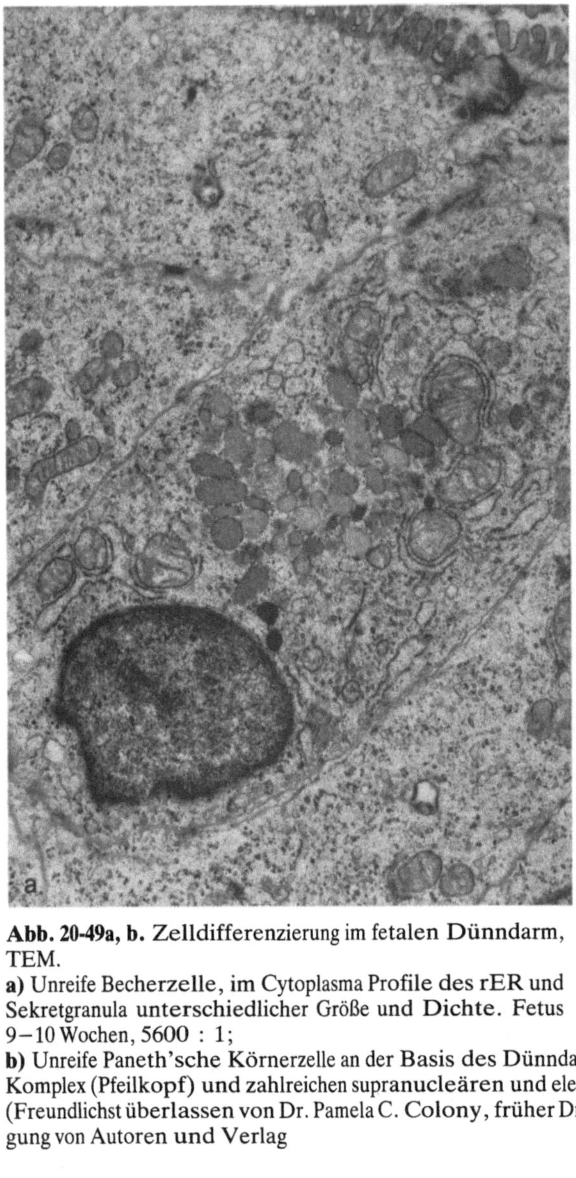

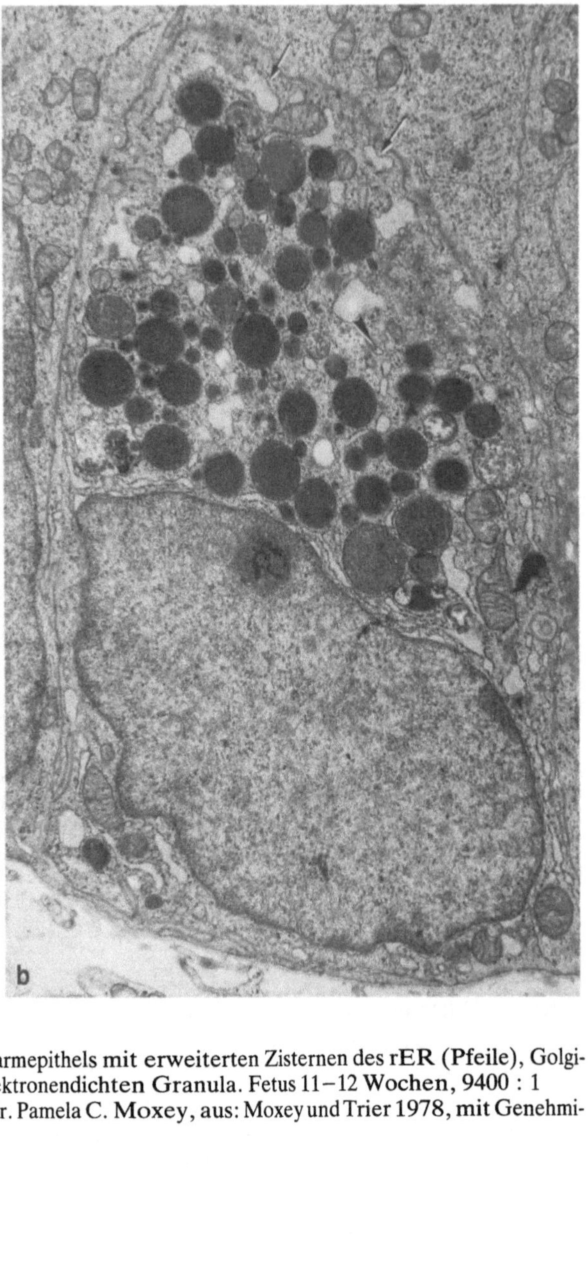

Abb. 20-49a, b. Zelldifferenzierung im fetalen Dünndarm, TEM.
a) Unreife Becherzelle, im Cytoplasma Profile des rER und Sekretgranula unterschiedlicher Größe und Dichte. Fetus 9–10 Wochen, 5600 : 1;
b) Unreife Paneth'sche Körnerzelle an der Basis des Dünndarmepithels mit erweiterten Zisternen des rER (Pfeile), Golgi-Komplex (Pfeilkopf) und zahlreichen supranucleären und elektronendichten Granula. Fetus 11–12 Wochen, 9400 : 1 (Freundlichst überlassen von Dr. Pamela C. Colony, früher Dr. Pamela C. Moxey, aus: Moxey und Trier 1978, mit Genehmigung von Autoren und Verlag

nahme der Falten führt bei sich stark erweiterndem Gesamtquerschnitt in der Regel nicht zur Verlegung des Lumens (Abb. 20-50). Zwischen den Epithelzellen gibt es zunehmend viele Desmosomen. Auch im Colonepithel zeigt sich eine Bildung von „sekundären Lumina", verbunden mit starkem Zelluntergang, sie erreicht aber nicht das Ausmaß wie im Dünndarm. Colonatresien sind daher selten. Der hohe Glycogengehalt des Colonepithel ist auf den supranucleären Zellanteil beschränkt. Nach Differenzierung der **Ring-**, dann der **Längsmuskulatur** in der 8. Woche treten in der 11. bis 12. Woche **Taenien und Haustren** auf [Pace 1971]. Mit der Bildung der Muscularis mucosae in der 14. Woche erlangt das Colon damit den endgültigen Schichtenbau.

▸ **Abb. 20-50a–d.** Querschnitte durch das Colon ascendens bei menschlichen Feten zwischen 10 und 13 Wochen. Beachte die sekundären Lumina (→) in **a, b** und **d.** In die zunächst rein epithelialen Falten wächst Bindegewebe ein aus den Falten entstehen primäre Zotten, durch deren Längsspaltung sekundäre Zotten (Pfeile in **d**). Die Krypten entstehen am Grund der intervillösen Falten (⟼. Semidünnschnitte 2 μm, 230 : 1 **(a)**, 210 : 1 **(b)**, und ca. 170 : 1 **(c, d)**. (Aus: Bell und Williams 1982, mit freundlicher Genehmigung von Autoren und Verlag)

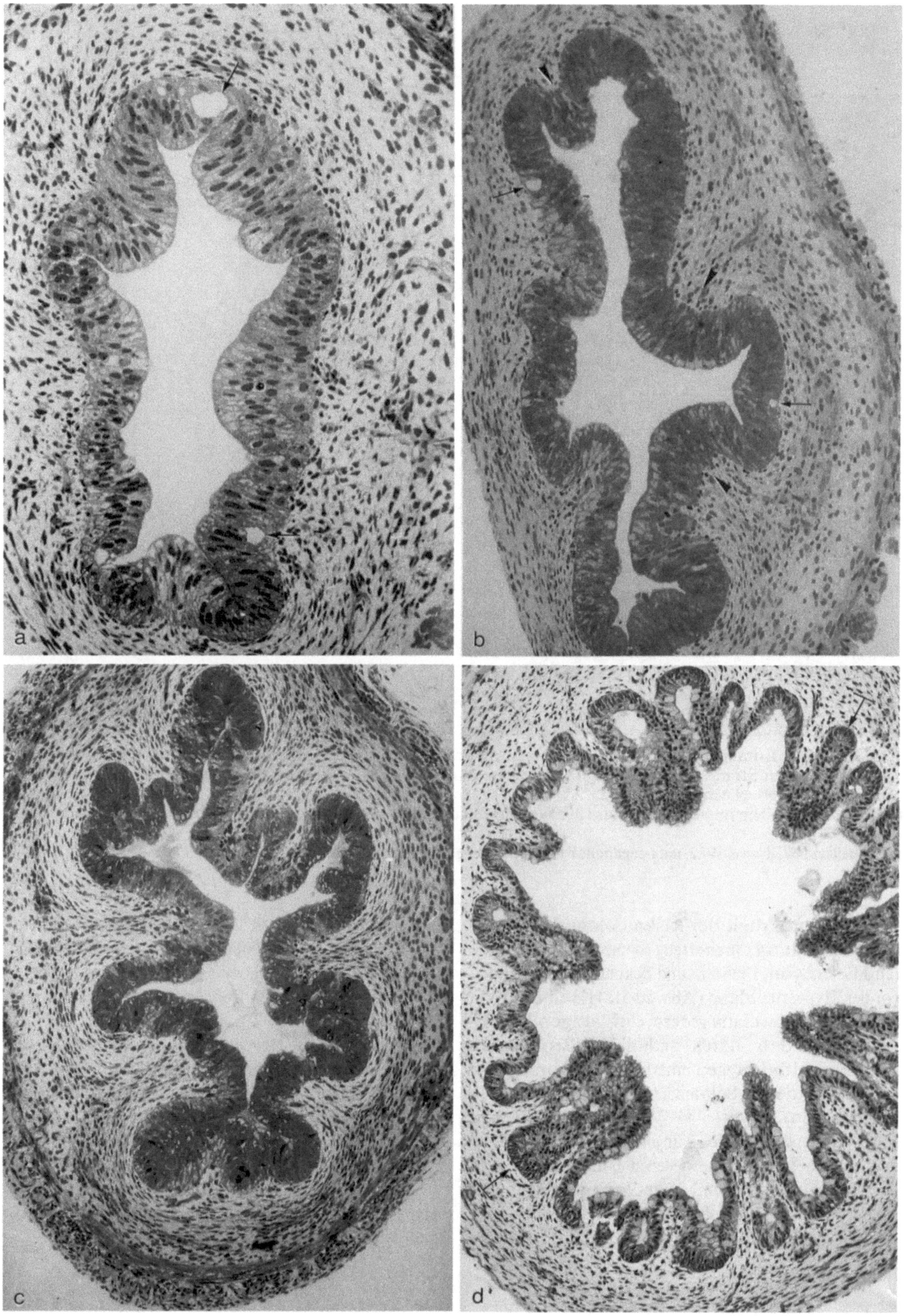
a
b
c
d

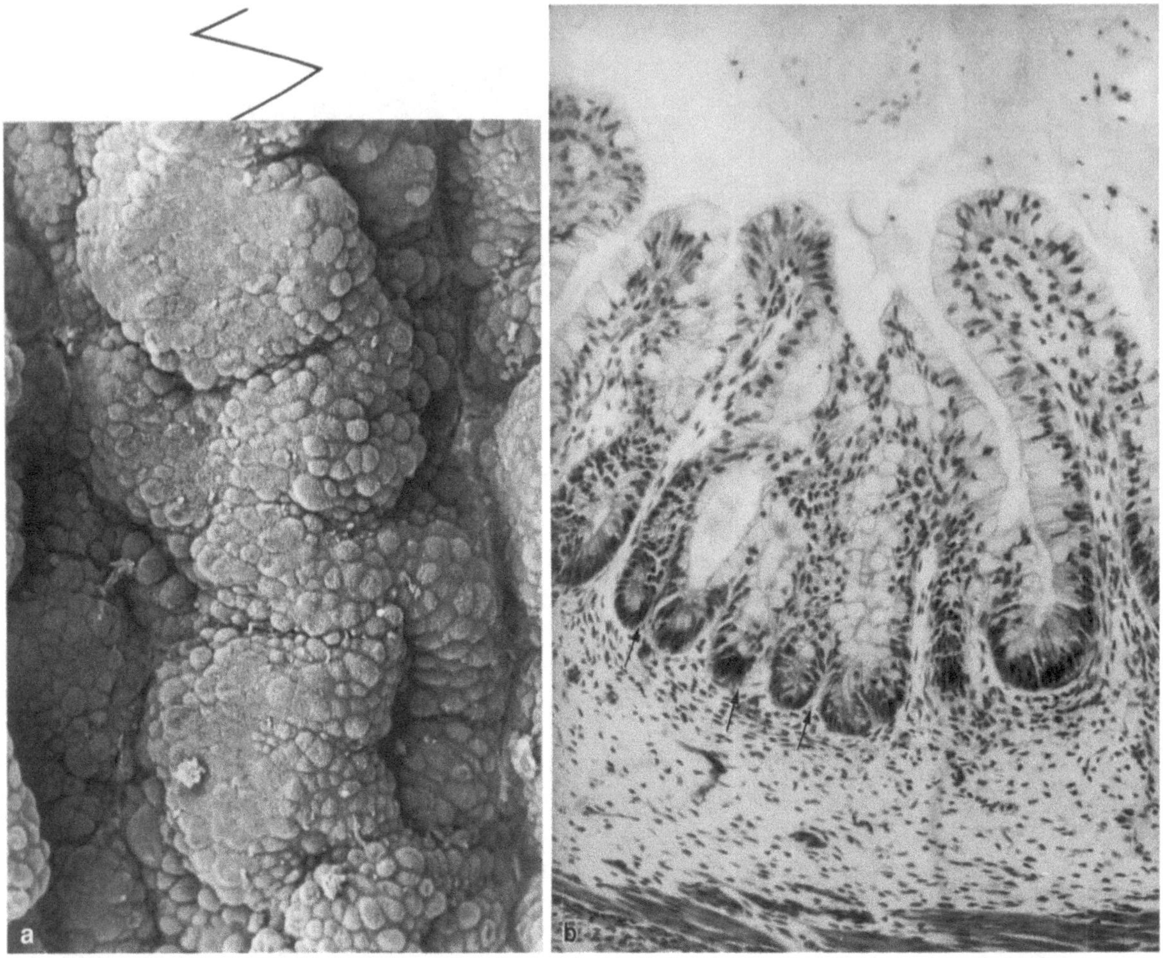

Abb. 20-51a, b. a) Luminale Colonoberfläche bei einem menschlichen Feten von 11½ Wochen. Die Primärfalten bilden einen Z-förmig gefalteten Strang mit regelmäßigen Knickungswinkeln von ca. 45°. Auf den Kuppen sehr große, in den Furchen deutlich kleinere Oberflächenzellen. ca. 525 : 1;
b) Paraffinschnitt 5 μm, menschlicher Fetus 13½ Wochen. Starke Zunahme der Becherzellen, Spaltung der primären Zotten (→). ca. 335 : 1.
(Aus: Bell und Williams 1982, mit freundlicher Genehmigung von Autoren und Verlag)

Eine Besonderheit der fetalen Colonschleimhaut ist die Ausbildung eines streng geometrisch geordneten Musters von Primär- und Sekundärzotten noch vor der Kryptenbildung (Abb. 20-51a) [Bell und Williams 1982]. Die relativ groben, eher faltigen Primär„zotten" werden durch auch lichtmikroskopisch sichtbare Spaltbildungen unterteilt. Erst vom Grund der so entstandenen Sekundärzotten sprossen die (zunächst soliden) Krypten aus (Abb. 20-51b). Becherzellen differenzieren sich früh und sind sehr zahlreich. Aus den häufig nachgewiesenen Unterbrechungen der Basalmembran und dem Vorragen schmaler Zellfortsätze aus dem Epithel in das Bindegewebe wird u.a. auf eine Interaktion dieser Schichten bei der Schleimhautdifferenzierung geschlossen [Bell und Williams 1982]. Die Differenzierung (auch im Dünndarm) bleibt aus, wenn experimentell das Bindegewebe vom epithelialen Rohr entfernt wird [Burgess 1975].

Große klinische Bedeutung hat die Besiedlung der Colonwand mit einwandernden Neuroblasten während der 5. bis 12. Woche. Sie erfolgt ebenfalls in einem cranio-caudalen Zeitgefälle. Die Plexusbildung ist in der 24. Woche abgeschlossen [Okamoto und Ueda 1967, Aldridge und Campbell 1968, Weinberg 1970]. Eine mangelhafte oder fehlende Besiedlung (Hypo- oder Agangliosis) führt zum **Megacolon.** Besonders gefährdet ist der supraanale Bereich.

20.11 Fehlbildungen im Intestinaltrakt

Die einzelnen Darmabschnitte zeigen ein vielfältiges Bild von Fehlentwicklungen. Ein nicht geringer Teil hat große klinische Bedeutung, da eine Behandlung unmittelbar nach der Geburt geboten sein kann.

Vorderdarm

Die frühe Abgliederung der Lungenanlage vom Vorderdarm mit der Laryngo-Tracheal-Rinne ist erheblich störanfällig. Eine unvollständige Trennung führt zur **Laryngo-Tracheal-Spalte** oder zu den verschiedenen Formen von **Laryngo-Tracheal-Fisteln** (Abb. 20-52) mit dramatischen Aspirationsproblemen nach der Geburt. Eine falsche Trennung kann eine **Oesophagusatresie** kombiniert mit unterschiedlichen Formen von **Oesophago-Tracheal-Fisteln** bewirken (Abb. 20-52). Dabei ist das distale Oesophagussegment, oft auch der Magen hypotroph. Im Falle einer vollständigen Oesophagusatresie wird schon intrauterin das Schlucken und damit die Resorption von Fruchtwasser verhindert mit der Folge eines Polyhydramnion (siehe Kapitel 2.5 Pränatale Diagnostik).

Magen und Darm

Als eine eher funktionelle Störung ist die bei männlichen Neugeborenen gehäuft auftretende Hyperplasie des M. sphincter pylori **(„Pylorospasmus")** aufzufassen. Sie führt zu heftigem, andauerndem Erbrechen und kann durch operative Spaltung des Muskels mit gutem Erfolg behoben werden.

Auf die Möglichkeit einer **Fehlentwicklung der Situsverhältnisse** wurde bei der Beschreibung der Normalverhältnisse schon hingewiesen. Der Mechanis-

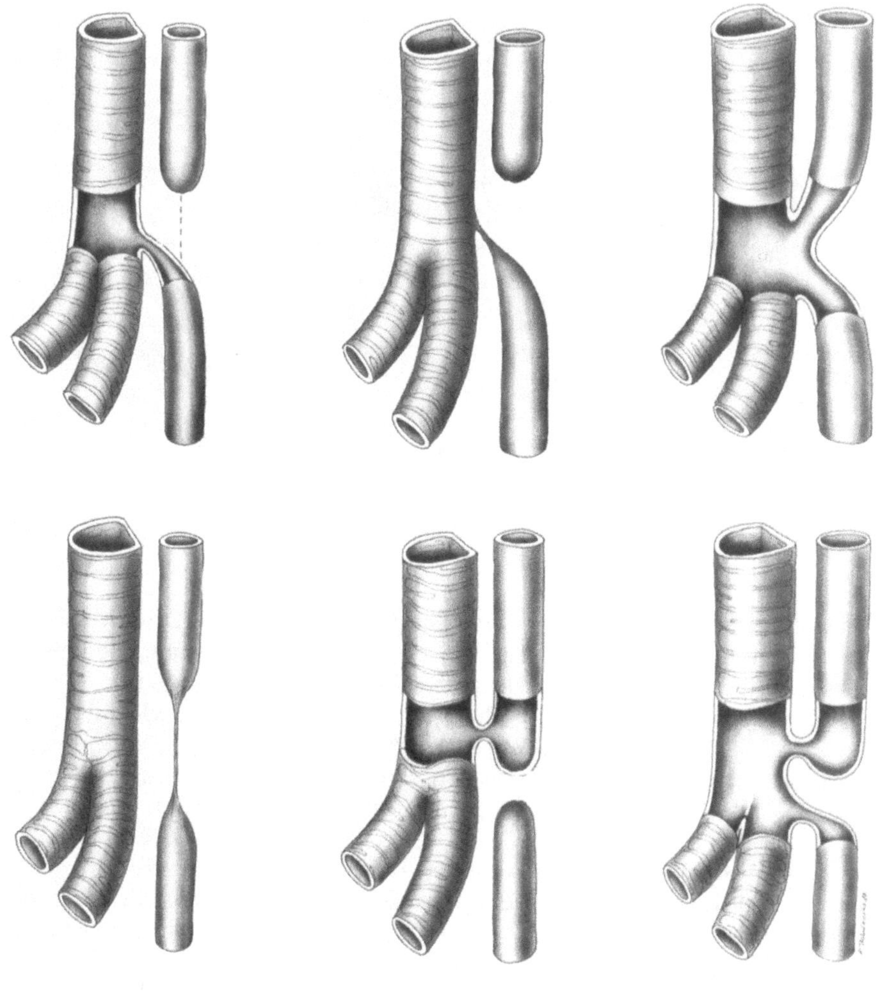

Abb. 20-52. Verschiedene Formen von Laryngo-Tracheal-Fisteln und Oesophagusatresien in schematischer Darstellung

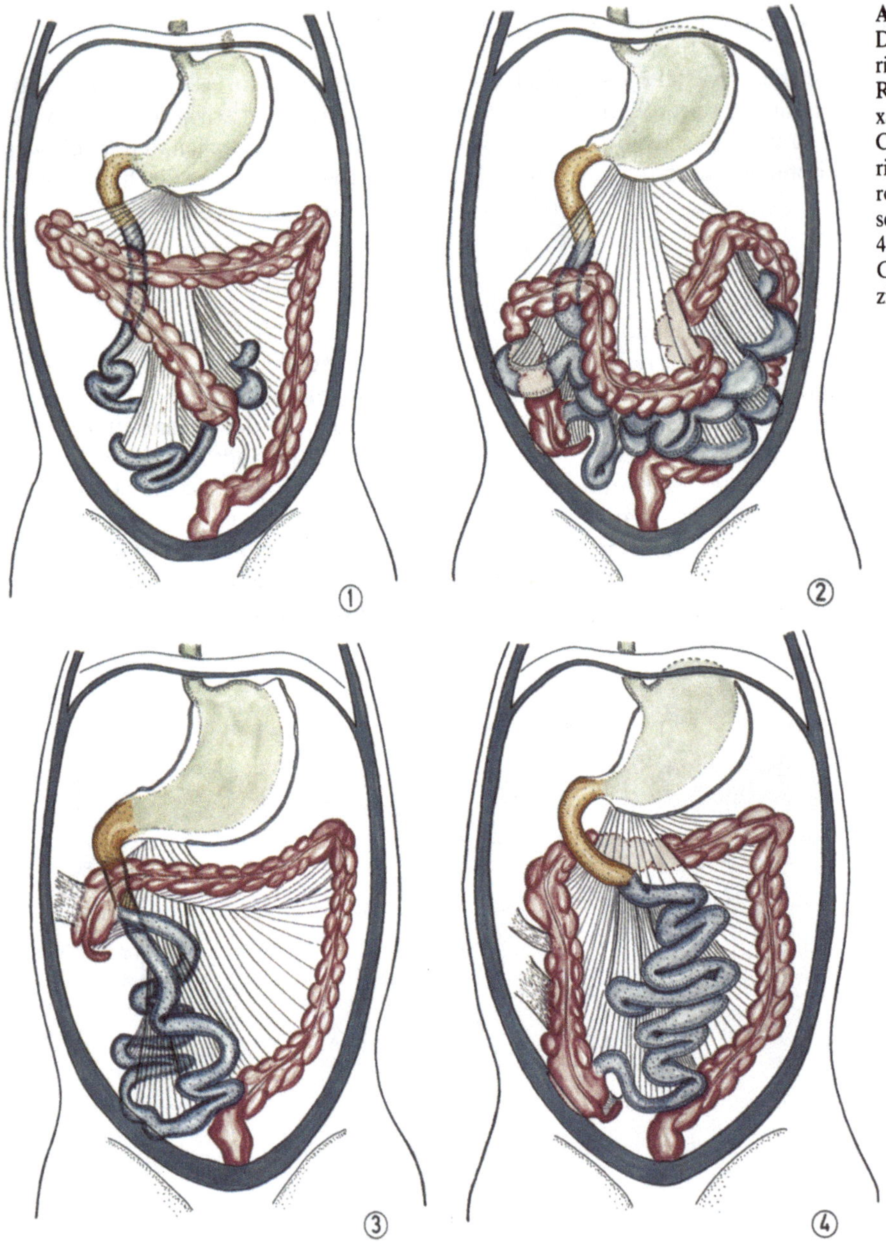

Abb. 20-53. Schematische Darstellung von Situs-Varianten. 1 = Situs nach der Reposition, aber vor der Fixation der Mesenterien, 2 = Colon mobile und Mesenterium commune, 3 = „Malrotation" mit subhepatischem Caecumhochstand, 4 = „Retroposition" des Colon transversum (modifiziert nach Imdahl 1972)

mus des (sehr seltenen) vollständigen oder partiellen Situs inversus ist bis heute nicht geklärt. Die unvollständige Ausbildung des Zwerchfells bzw. die Nicht-Schließung des Ductus pleuro-peritonealis führt besonders links zur frühzeitigen Verlagerung des Magens und benachbarter Organe in den Brustraum (Enterothorax) und zur Behinderung einer normalen Entfaltung der linken Lunge.

Beim **Ausbleiben der Peritonealverwachsungen** und der **Erhaltung eines Mesenterium commune** haben besonders die Dünndarmschlingen eine vermehrte Beweglichkeit mit der Gefahr der Stieldrehung („Darmverschlingung"). Unter den Lageanomalien hat allgemeine diagnostische Bedeutung die subhepatische Lage des Caecum **(„Caecum-Hochstand")** oder die Nichtausbildung des Colon „rahmens" **(„Nonrotation, Malrotation")**. Auch eine Verlagerung des Colon unter dem Gekrösestiel **(„Retroposition")** muß als eine frühe Lageanomalie vor oder während der Reposition des „physiologischen Nabelbruchs" gedeutet werden. Abbildung 20-53 faßt einige dieser Befunde zusammen.

Die Abschnürung des Darmes vom Ductus vitellinus kann zu vielfältigen Störungen führen. Ein blindsackartiger Stumpf (**Meckelsches Divertikel:** Abb. 20-54) kann symptomlos bleiben und bei einer Laparatomie aus anderer Indikation entdeckt werden. Es kann aber durch Differenzierung von Magenschleimhaut ulcerieren. Bleibt die vollständige Abschnürung aus, persistiert ein meist **fistelartiger Ductus vitellinus** (Abb. 20-55). **Strangbildungen** ohne Lumen und Zysten in diesem Strang, intraperitoneal oder in der Bauchwand gelegen, kommen vor. Durch die Strangbildung wird eine Ileumschlinge an den Nabel fixiert; Gefahr und Neigung zum Ileus sind deutlich erhöht.

Atresien können alle Darmabschnitte betreffen. Sie sind nur im Duodenum mit Sicherheit auf die Nichtauflösung des überschüssig gebildeten Epithels bzw. das Nichtzusammenfließen der „sekundären Lumina" zurückzuführen. Für den übrigen Dünndarm wie für das Colon werden Gefäßschädigungen (z.B. durch Stieldrehung, Torsion oder Invagination) ursächlich diskutiert, zumal diese atretischen Darmabschnitte extrem dünn (bis weniger als 1 cm) sind (Abb. 20-56). Sie zeigen außerdem eine Neigung zur Torquierung um den Mesenterialstiel.

Eine Sonderstellung nimmt die **Analatresie** ein. Sie kann auf einer Nicht-Degeneration der Analmembran beruhen, oder der Enddarm hat den Kontakt zum Ektoderm nicht erreicht. Bei der Rectumatresie handelt es sich eigentlich um eine Fehlbildung des Analkanals, es haben sich – möglicherweise bei Nichterreichen des Endoderm-Ektoderm-Kontaktes – keine Analfalten und keine Analbucht ausgebildet, ein Anus fehlt, das Rectum endet blind in unterschiedlicher Höhe des kleinen Beckens. Auch die Muskulatur des Analkanals kann je nach Höhe der Rectumatresie in unterschiedlichem Ausmaß fehlen.

Divertikel gibt es nicht nur am Abgang des Ductus vitellinus. Sie finden sich meist am Dünndarm, selten

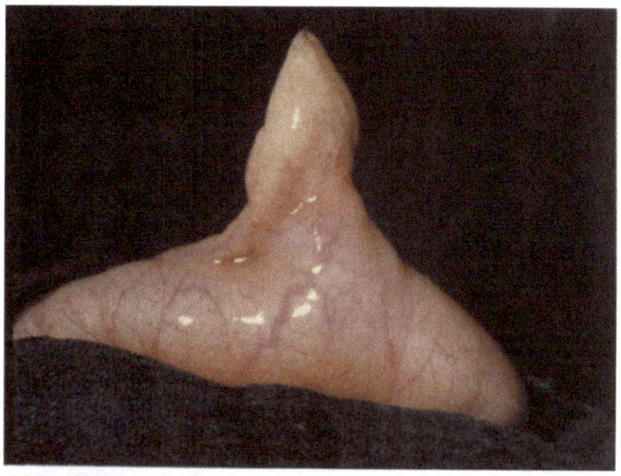

Abb. 20-54. Typisches Meckelsches Divertikel an einer Ileumschlinge
(Freundlichst überlassen von Professor Dr. J. Engert, Direktor der kinderchirurgischen Universitätsklinik am Marien-Hospital Herne)

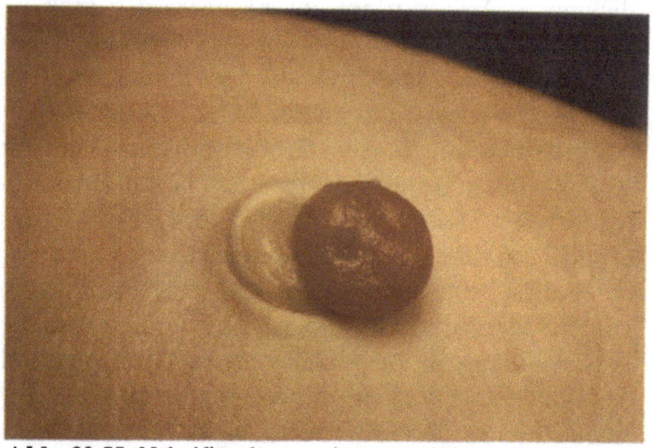

Abb. 20-55. Nabelfistel von einem persistierenden Ductus vitellinus. In der vorragenden Schleimhaut ist das Lumen eben erkennbar.
(Freundlichst überlassen von Professor Dr. J. Engert, Direktor der kinderchirurgischen Universitätsklinik am Marien-Hospital Herne)

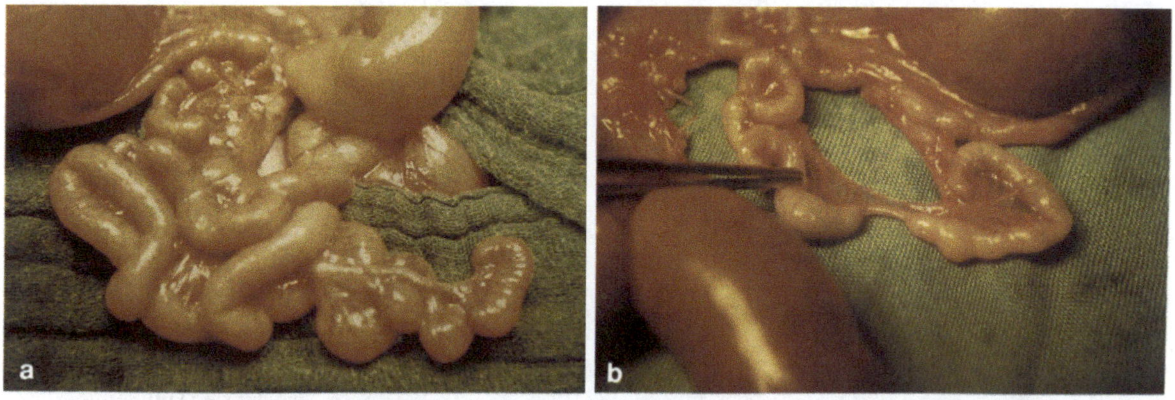

Abb. 20-56a, b. Dünndarmatresie: Zwischen den kotgestauten Darmteilen findet sich ein langes Stück hypoplastischen Darmes (mit Lumen, **a**) und ein kurzes Strangstück (ohne Lumen, **b**). Beachte rechts unten in a) die Torquierung eines Teils des hypoplastischen Darmes um den Mesenterialstiel
(Freundlichst überlassen von Professor Dr. J. Engert, Direktor der kinderchirurgischen Universitätsklinik am Marien-Hospital Herne)

am Dickdarm, können zystisch sein oder in tubulärer Form erhebliche Länge erreichen und dann wie Doppelbildungen erscheinen (Bild der „doppelläufigen Flinte") [Sieber 1956, Stockman et al. 1960]. Sie stehen immer nur an einem Ende – meist dem oralen – mit dem Darmlumen in Verbindung. Wie beim Mekkelschen Divertikel kommt auch in den anderen Dünndarmdivertikeln und -doppelbildungen eine Differenzierung der Schleimhaut als Magenschleimhaut mit Cl-Sekretion und Geschwürbildung vor. Neben der zystischen Entstehung von Doppelbildungen wird auch eine Störung der frühen Ausfaltung der Chorda aus dem Darm„dach" mit einer Versprengung von endodermalen Zellgruppen besonders dann diskutiert, wenn die Doppelbildung mit Zysten- oder Spaltbildungen im Bereich des Wirbelkanals und der Wirbelsäule kombiniert ist (**„split notochord syndrome"**) [Bentley und Smith 1960, siehe auch Lister und Rickham 1978].

20.12 Entwicklung der Leber

Bereits im STADIUM 10 war an der Grenze des intraembryonalen Teils zum extraembryonalen Teil des Dottersacks unterhalb des Herzens eine Epithelverdickung als Leberanlage zu erkennen, die sich im STADIUM 12 in eine Aussackung als Anlage der *Leber* und der *Gallengänge* sowie der *Gallenblase* und des *Ductus choledochus* aufspaltet. Schon bald ist die Leber durch ihr immenses Größenwachstum das für lange Zeit bestimmende Organ des oberen Bauchsitus, das vom STADIUM 17 an die Größe des Herzens erreicht und zunehmend überschreitet.

Auch die Leberentwicklung stellt eine Interaktion von Mesoderm und Epithel dar. Es ist keine einfache Aussprossung von Leberzellen in das Anlagegebiet des Septum transversum hinein, es kommt vielmehr zu einer vielfältigen Durchdringung von einsprossendem Bindegewebe und aussprossendem Epithel. In den frühesten Stadien der Leberentwicklung ist eine klare Trennung der beiden geweblichen Anteile kaum möglich.

Schon sehr früh (STADIUM 13) formieren sich die embryonalen Leberzellen zu Leberzellbalken und -platten (Abb. 20-57). Zwischen zwei frontal eingestellten, 2–5 Zellen dicken Platten stehen mehrere sagittale [Lipp 1952]. Aus der ventralen Platte wachsen Zellstränge aus, die sich basal verbreitern und zu Platten formieren, die noch 2–4 Zellen dick sind. Sie fassen weite Mesenchym- und Gefäßmaschen zwischen sich. Diese frühembryonale Struktur der Leber ist noch weit von der des Erwachsenenorgans entfernt. Entscheidend für den Aufbau der definitiven Organstruktur ist die Ausbildung des Gefäßsystems und die Entwicklung einer Vena portae (siehe Kapitel 12. Venen). Mit den Verzweigungen der Pfortader

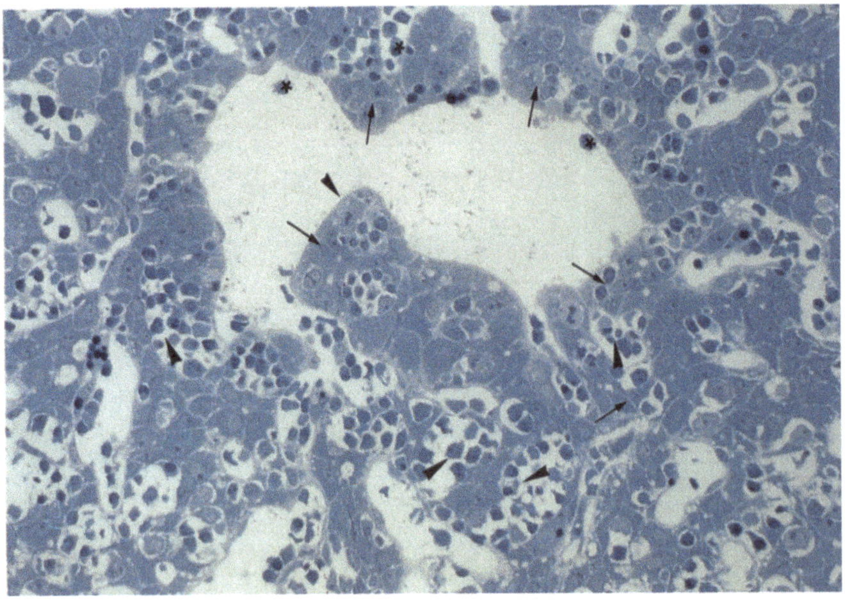

Abb. 20-57. Leber eines menschlichen Feten von 6,0 cm (ca. 10. Woche, perfusionsfixiert) im Semidünnschnitt. Zwischen den Leberzellen (⟶) zahlreiche Blutbildungsherde mit Mitosen (▶). Bei * kernhaltige Erythrocyten. 1200 : 1

wachsen erhebliche Mengen von Mesenchym in die Leber ein, diesem Bindegewebslager folgen auch die Aufzweigungen der A. hepatica und der Gallengänge. So entsteht schon früh die für die späte Leber charakteristische „Trias" der in glissonsches Bindegewebe eingebetteten drei Gangsysteme. Die Enden des Gangsystems grenzen abrupt an die Leberzellbalken, erst nachträglich bilden sich zwischen den Leberzellen die Gallenkapillaren aus und finden Anschluß an diese Gangenden.

Ihre besondere funktionelle Bedeutung erlangt die Leber dadurch, daß sie etwa ab der 6. Woche Entstehungsort der zellulären Elemente des Blutes ist und bis weit über die Mitte der Schwangerschaft hinaus Hauptbildungsort für Blutzellen bleibt (Abb. 20-57; hepato-lienale Phase der Blutbildung, siehe Kapitel 14. Blut). Eingestreut zwischen die sich schon früh formierenden Leberzellplatten (Abb. 20-58) finden sich ausgedehnte mesenchymale Blutbildungsherde, die Sinusoide der Leber sind mit den noch kernhaltigen embryonalen Megaloblasten angefüllt (siehe Abb. 14-9).

Die Leber ist als zweilappiges symmetrisches Organ angelegt. Erst in der späten Fetalzeit hört das Wachstum des linken Leberlappens früher auf als das des rechten, an der Visceralseite der Leber formen sich zusätzlich der Lobus caudatus und der Lobus quadratus. Die unterschiedliche Sauerstoff-Sättigung des Blutes, das aus der V. umbilicalis gespeist den linken Leberlappen durchströmt, und des sauerstoffarmen Portalvenen-Blutes im rechten Leberlappen führt zu sehr unterschiedlichen Differenzierungen der Leberzellen. Sie sind im rechten Teil klein, im linken eher hypertrophisch und erleiden hier drastische Rückbildungen nach der Geburt [Emery 1963] (siehe Kapitel 13. Fetaler Kreislauf).

Hauptfunktion der embryonalen und fetalen Leber ist die als blutbildendes Organ, daneben beginnen die Leberzellen schon relativ früh Glycogen zu speichern. Dieser Glycogenaufbau ist über lange Strekken der Entwicklung neben der Blutbildung die einzige Funktion der Leber. Entsprechend werden Fermente des Glycogenaufbaues, nicht aber solche des Glycogenabbaues gefunden. Andere Stoffwechselfunktionen der Leber entwickeln sich erst kurz vor der Geburt, so die Fähigkeit zur Glycogenolyse und insbesondere die Entgiftungsfunktion der Leber. Frühgeborene verfügen noch nicht über diese Stoffwechselmöglichkeiten. Hingegen ist die Leber nicht nur in der Blutbildung, sondern auch am Abbau der Blutzellen und damit auch des Blutfarbstoffes beteiligt. Abbauprodukte der roten Blutkörperchen werden als Gallenfarbstoffe schon in der Fetalzeit in den Dünndarm abgegeben, sie bilden zusammen mit abgeschilferten und aufgelösten Epithelzellen der

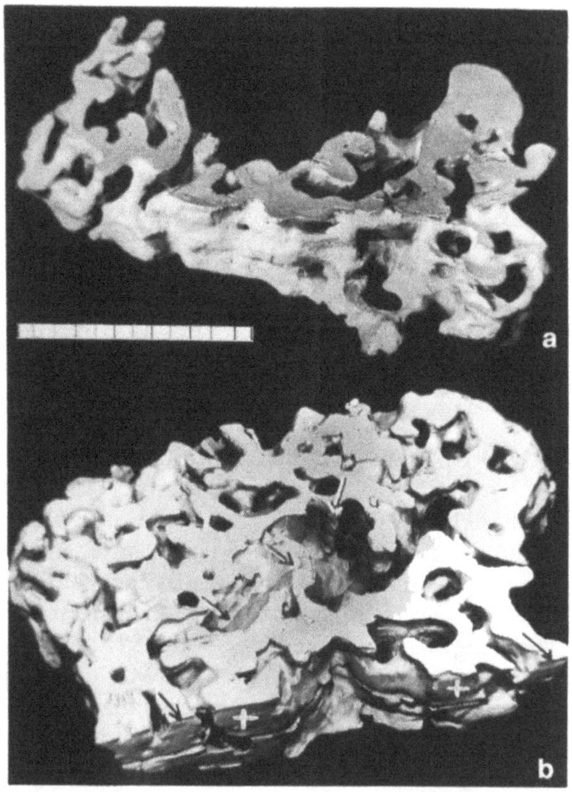

Abb. 20-58a, b. Plattenrekonstruktionen von Leberzellbalken bei menschlichen Embryonen von 4,0 und 4,5 mm. Es sind nur die Leberzellen dargestellt in der Ansicht von vorn **(a)** bzw. unten **(b)**. Maßstab = 5 cm.
(Aus: Lipp 1952, mit freundlicher Genehmigung von Autor und Verlag)

Darmwand und den Meconiumkörpern aus den Darmepithelzellen das dunkelgefärbte **„Kindspech"**, das zähe **Meconium.**

Die sekretorische Funktion der Leber ist vor der Geburt nur schwach ausgebildet. Der Mangel an Gallensäuren bewirkt eine verminderte Fähigkeit zur Fettresorption im Darm [Deren 1968]. Der „enterohepatische Kreislauf" für Desoxycholat ist noch nicht entwickelt, da dafür die enzymatische Wirkung von Bakterien erforderlich ist, die im Darm noch fehlen.

Auch für den Abbau des Bilirubins bis zur Ausscheidungsfähigkeit in die Galle fehlen der fetalen Leber noch zwei wichtige Enzyme in genügender Konzentration. Die dafür erforderliche Glucoronsäure wird aus Uridin-Diphosphat-Glucose (UDPG) durch eine UDPG-Dehydrogenase gewonnen. Für die Bindung der Glucoronsäure an Bilirubin als Bilirubin-Diglucoronid (das dann ausscheidungsfähig ist) fehlt die Glucoronyl-Transferase. Dieser Enzymmangel wirkt sich vorgeburtlich nicht weiter aus, da Bilirubin über die Placenta ins mütterliche Blut abgegeben und in der Leber der Mutter abgebaut werden kann. Mit Unterbrechung des Placentarkreislaufs kommt es aber perinatal durch diesen Enzymmangel (und den gleichzeitig einsetzenden vermehrten Zerfall von Erythrocyten) zu einer Überladung mit Bilirubin und zum Icterus.

Als schwere, die Überlebenszeit drastisch beschränkende **Fehlbildungen** in der Leber kommt ein völliges Fehlen **(Agenesie)** der intra- und extrahepatischen Gallengänge oder ein nicht ausgebildeter Anschluß **(Atresie)** teilweise ausgebildeter intrahepatischer Gallengänge vor. Da die Anlage der Gallenblase und der extrahepatischen Gallengänge sich sehr früh trennen, kann eine Gallenblase mit mehr oder weniger vollständigen Gallengängen auch dann vorhanden sein, wenn die intrahepatischen Gallengänge fehlen oder verödet sind. In der Leber können gallehaltige Zysten ausgebildet sein [Stowens 1963]. Schwere Zellschädigungen und nachfolgende Leberzirrhose sind die Folge dieser schweren Fehlbildung. Bei atretischen extrahepatischen Gallengängen kann eine operative Plastik Erfolg haben (Hepatoporto-Enterostomie, biliodigestive Anastomose) [Schweizer und Müller 1984].

20.13 Entwicklung des Pankreas

Eine dorsale Ausknospung der Darmwand wurde schon im Stadium 12 (Abb. 6-13c) im unteren Abschnitt des Vorderdarms als Anlage des **Pancreas dorsale** beschrieben. Vom Stadium 13 an kommt eine ventrale Pankreasanlage hinzu, die im Stadium 15 deutlich ausgeprägt ist [O'Rahilly und Müller 1978]. Ihre Namensgebung ist insofern nicht ganz korrekt, als diese Anlage nicht nach ventral, sondern eher nach dextro-lateral gerichtet ist (Abb. 20-59). Die ventrale Pankreasanlage sproßt aus der Duodenalwand dort aus, wo sich aus der Gallenblasen-Bucht der Gallengang entwickelt. Der gemeinsame Ursprung von Gallengang und ventralem Pankreas wird zunächst an die Hinterwand, im Fortgang der C-förmigen Duodenalkrümmung sogar an die mediale Wand verlagert (Abb. 20-59). Mit dieser Verlagerung kommt die ventrale Pankreasanlage in unmittelbaren Kontakt zur dorsalen Pankreasanlage, die sich bereits stark in das Mesogastrium dorsale hinein entfaltet hat. Die **ventrale Pankreasanlage** bildet einen Teil des Pankreaskopfes und den Processus uncinatus, die **dorsale Pankreasanlage** den übrigen Teil des Kopfes, den Körper und den Schwanz des Pankreas. Die Gangsysteme des Corpus und der Cauda pancreatis gewinnen Anschluß an das Gangsystem der ventralen Pankreasanlage, sie bilden gemeinsam den Ductus pancreaticus major. Dieser mündet in unmittelbarer Nähe oder gemeinsam mit dem Ductus choledochus dann auf der Papilla duodeni major. Der ursprüngliche Kopfanteil des Ganges der dorsalen Pankreasanlage kann als Ductus pancreaticus minor erhalten bleiben und dann cranial der anderen Mündung auf einer Papilla duodeni minor enden. Im Regelfall verliert er den Anschluß an das Lumen des Duodenum und wird Bestandteil des gesamten Gangsystems des Pankreas (Abb. 20-59). Ähnlich wie beim Magen ist auch beim Duodenum das Wachstum nicht gleichmäßig über die Wandabschnitte verteilt, die Vorderwand dehnt sich erheblich weiter aus als die Rückwand. Die Volumenzunahme im Duodenum in diesen Stadien reicht aber nicht aus, die Verlagerung des Pancreas ventrale und des Gallenganges zu erklären (Abb. 20-59). Das Wachstum der ventralen Anlage ist nach dorso-cranial gerichtet. Zusammen mit einer Drehung um die Längsachse legt sich die ventrale Anlage – nach ihrer Verlagerung dorsal um das Duodenum – von dorsal her an die weit nach lateral hin ausgewachsene dorsale Anlage an und überragt diese (mit dem späteren Tuber omentale) an ihrem cranialen und (mit dem späteren Proc. uncinatus) an ihrem caudalen Rand [Russu und Vaida 1959]. Die *Rück*fläche des Pankreaskopfes wird also ganz vom Pancreas *ventrale* gebildet. Für das nähere Verständnis dieser Lagebeziehungen ist das einfache Papiermodell hilfreich, das O'Rahilly und Müller [1978] vorgeschlagen haben. Hinsichtlich der Verlagerung des Gangssystems ist auch möglich, daß der Ursprungsteil des Gangsystems in die Wand des Duodenum einbezogen wird. Dies würde auch die klinisch bedeutsamen, vielfachen *Varianten* in der näheren Art *der Einmündung von Ductus choledochus und Ductus pancreaticus major* (von ganz getrennt bis Mündung in einer gemeinsamen Ampulle) erklären.

Pankreaskörper und -schweif liegen während ihrer Entfaltung im Mesogastrium dorsale, also zunächst intraperitoneal. Erst mit der Entstehung der definitiven Situsverhältnisse und der Verschmelzung dieses Teils des Mesogastrium dorsale mit der rückwärtigen Rumpfwand wird diese Lage in eine retroperitoneale umgewandelt. Als Hinweis auf diesen Entwicklungsvorgang werden nicht selten *retropankreatische Zysten* als verbliebene Reste des ursprünglichen Peritonealspalts gefunden.

Bei den Laboratoriumstieren Ratte und Maus bleibt ein Mesenterium commune erhalten und auch die Verwachsung des Mesogastrium dorsale mit der rückwärtigen Bauchwand bleibt aus. Man kann hier (am narkotisierten Tier) diese Peritonealduplikatur

Abb. 20-59. Entwicklung des ventralen und dorsalen Pankreas und des Gallenganges in den STADIEN 15, 16 und 17 (Umzeichnungen nach Streeter 1951) und vom STADIUM 21 an (modifiziert nach Blechschmidt 1973 sowie O'Rahilly und Müller 1978).

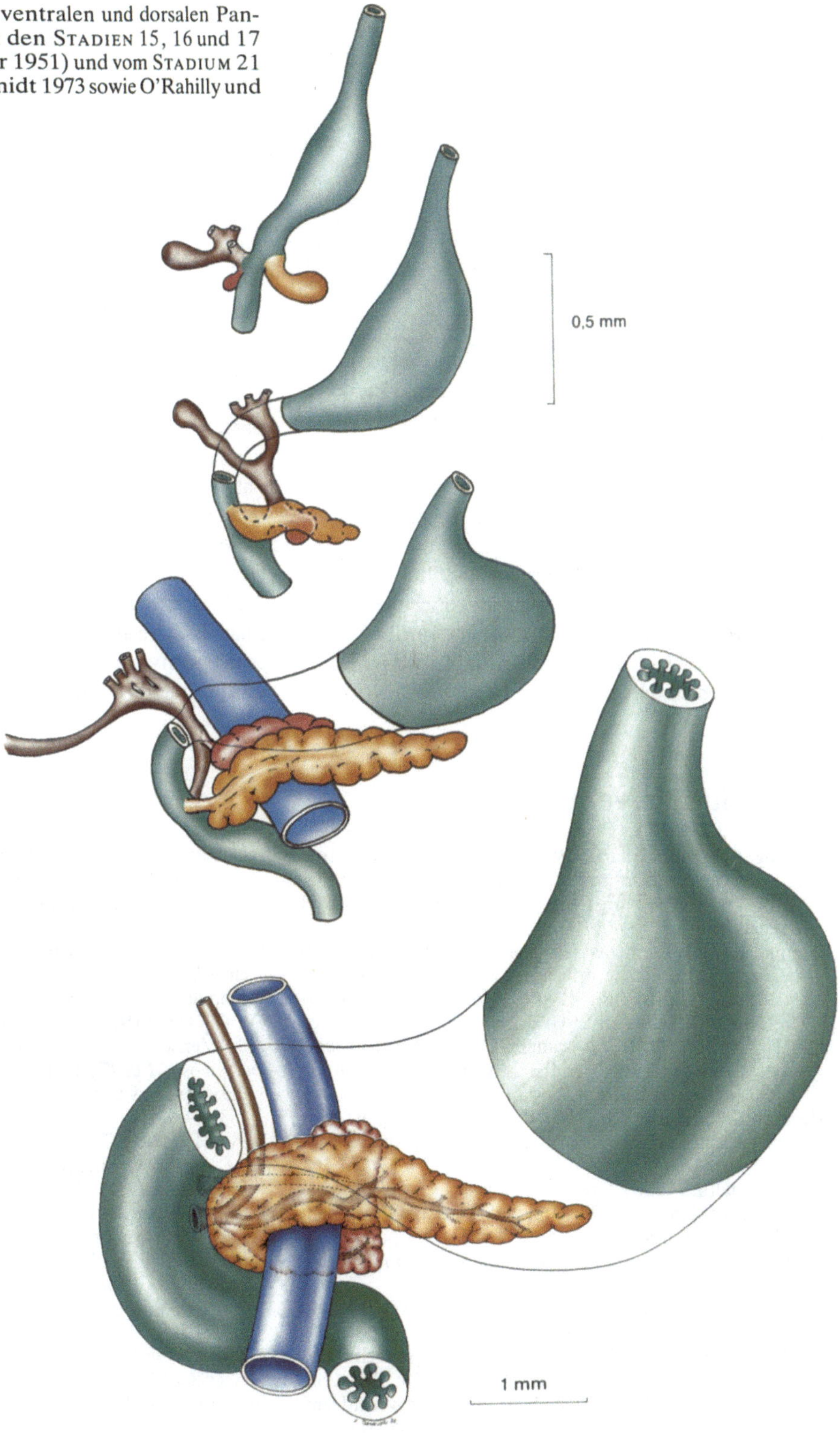

extracorporal verlagern und vital mikroskopieren.

Die Verzweigungsart des Pankreas ist zunächst die einer exokrinen Drüse (Abb. 20-60). Im Gegensatz zu den Kopfspeicheldrüsen wird das Verzweigungsmuster des Drüsenbaumes des Pankreas nicht vom umgebenden Bindegewebe beeinflußt [Golosow und Grobstein 1962], Pankreasanlagen verzweigen sich in der Kultur sogar ohne Bindegewebskontakt [Rutter et al. 1964]. Eine Läppchengliederung ist schon im 2. Monat an den Verzweigungen des Gangsystems er-

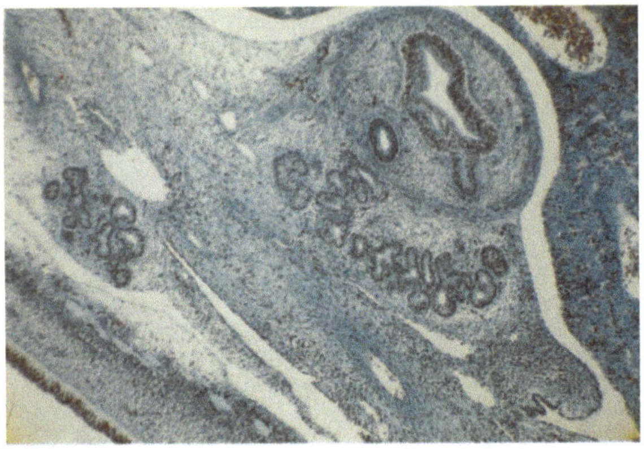

Abb. 20-60. Duodenum, Ductus choledochus und Pankreas im Transversalschnitt bei einem Embryo im STADIUM 22 (26 mm). 220 : 1

kennbar. Im 3. Monat bilden sich erste Acini als kappenartige Zellgruppen an den seitlichen Wänden und den Enden der Gangknospen [Liu und Potter 1962]. Bereits in der 9. Woche wachsen jedoch aus dem Gangepithel wie auch aus den Acini besondere Zellstränge aus, die sich zum endokrinen Anteil in Form der **Langerhansschen Inseln** formieren [Neubert 1927, Ferner 1952, Liu und Potter 1962]. Die Histodifferenzierung des endokrinen Anteiles wird bei den endokrinen Organen besprochen (siehe Kapitel 22.4 Inselorgan).

Die funktionelle Differenzierung des exokrinen Pankreas setzt bereits im 3. Monat ein, wo Granula in den Acinuszellen auftreten und proteolytische Enzyme nachweisbar werden. Eine nach klinischer Erfahrung scharfe Grenze ist das (Frühgeborenen-)Gewicht von 1000 g: Vorher wird keine Enzymaktivität gefunden [Deren 1968]. Lipase ist in geringer Menge vom 4. Monat an, Amylase jedoch erst nach der Geburt nachweisbar.

Pankreasgewebe wird auch in anderen Bereichen der Darmwand, sogar in Divertikeln gefunden, es kann sich gelegentlich zu einer akzessorischen Drüse entwickeln. Typische, wenn auch sehr seltene Fehlbildung ist das **Pancreas anulare,** bei dem das Drüsengewebe das Duodenum umschließt und mehr oder weniger einengt. In diesem Zusammenhang wurde die Existenz einer meist rudimentären zweiten ventralen Pankreasanlage diskutiert, aber auch das beidseitige Umwachsen des Duodenum von der einen ventralen Anlage erwogen [Lewis 1911].

20.14 Literaturverzeichnis

Aldridge RT, Campbell PE (1968) Ganglion cell distribution in the normal rectum and anal canal: A basis for the diagnosis of Hirschsprungs disease by anorectal biopsy. J Paediatr Surg 3:475–489

Behnke O (1963) Demonstration of acid phosphatase-containing granules and cytoplasmic bodies in the epithelium of foetal rat duodenum during certain stages of differentiation. J Cell Biol 18:251–265

Bell L, Williams L (1982) A scanning and transmission electron microscopical study of the morphogenesis of human colonic villi. Anat Embryol 165:437–455

Bentley JFR, Smith JR (1960) Developmental posterior remnants and spinal malformations: The split notochord Syndrome. Arch Dis Child 35:76–86

Blechschmidt E (1960) Die vorgeburtlichen Entwicklungsstadien des Menschen / The stages of human development before birth. Karger, Basel New York

Blechschmidt E (1963) Der menschliche Embryo / The human embryo. Schattauer, Stuttgart

Blechschmidt E (1973) Die pränatalen Organsysteme des Menschen. Hippokrates, Stuttgart

Botha GS, Muller H (1959) Organogenesis and growth of the gastroesophageal region in man. Anat Rec 133:219–239

Boyden EA, Cope JG, Bill AH (1967) Anatomy and embryology of congenital intrinsic obstruction of the duodenum. Am J Surg 114:190–202

Braus H, Elze C (1956) Anatomie des Menschen, 2. Bd: Eingeweide, 3. Aufl. Springer, Berlin Heidelberg New York

Broman I (1904) Die Entwicklungsgeschichte der Bursa omentalis und ähnlicher Recessbildungen bei den Wirbeltieren. Bergmann, Wiesbaden

Broman I (1938) Warum wird die Entwicklung der Bursa omentalis in Lehrbüchern fortwährend unrichtig beschrieben? Anat Anz 86:195–202

Buchsbaum HJ (1975) Meckel's diverticulum. Obstet Gynecol 45:311–314

Burgess DR (1975) Morphogenesis of intestinal villi. II: Mechanism of formation of previllous ridges. J Embryol Exp Morphol 34:723–740

Corning HK (1925) Lehrbuch der Entwicklungsgeschichte des Menschen, 2. Aufl. Bergmann, München

De Lemos C (1977) The ultrastructure of endocrine cells in the corpus of the stomach of human fetuses. Am J Anat 148:359–384

Deren JJ (1968) Gastrointestinal development. In : Barnes AC (ed) Intra-uterine development. Lea und Febiger, Philadelphia, pp 221–232

Detwiler SR (1929) The development of the spinal cord in Amblyostoma embryos following unilateral myotomectomy. J Exp Zool 52:325–349

Deuchar EM (1958) Experimental demonstration of tongue muscle origin in chick embryos. J Embryol Exp Morphol 6:527–529

Emery JL (1963) Functional asymmetry of the liver. Ann NY Acad Sci 111:37–44

Ferner H (1952) Das Inselsystem des Pankreas. Thieme, Stuttgart

Fontaine J (1979) Multistep migration of calcitonin cell precursers during ontogeny of the mouse pharynx. Gen Comp Endocrinol 37:81–92

Froriep A (1882) Über ein Ganglion des Hypoglossus und Wirbelanlagen in der Occipitalregion. Arch Anat Physiol Anat Abt 279–302

Froriep A (1885) Über Anlagen von Sinnesorganen am Facialis, Glossopharyngeus und Vagus, über die genetische Stellung des Vagus zum Hypoglossus, und über die Herkunft der Zungenmuskulatur. Arch Anat Physiol Anat Abt 1–55

Garbasch C (1969) Histochemical studies on the early development of the human small intestine. Acta Anat 72:357–375

Gilbert MS (1935) Some factors influencing the early development of the mamalian hypophysis. Anat Rec 62:337–359

Golosow N, Grobstein C (1962) Epitheliomesenchymal interaction in pancreatic morphogenesis. Dev Biol 4:242–255

Grand RJ, Watkins JB, Torti FM (1976) Development of the human gastrointestinal tract. A review. Gastroenterology 70:790–810

Grobstein C (1967) Mechanism of organogenetic tissue interaction. J Nat Cancer Inst Monogr 26:279–299

Gusejnow TS (1975) The lymphatic bed of the muscle layer of man and animals during ontogenesis. Arkh Anat Gistol Embriol 68:66–70

Habermehl KH (1952) Über besondere Randpapillen an der Zunge neugeborener Säugetiere. Z Anat Entw Gesch 116:355–372

Hamilton WJ, Boyd JD, Mossman HW (1972) Human Embryology, 4th edn. Heffer, Cambridge

Hinrichsen K (1985) The early development of morphology and patterns of the face in the human embryo. Adv Anat Embryol Cell Biol 98:1–79

Hinrichsen K, Mestres P, Jacob HJ (1986) Morphological aspects of the pharyngeal hypophysis in human embryos. Acta Morphol Neer Scand 24:235–247

Hochstetter F (1924) Beiträge zur Entwickung des menschlichen Gehirns. II. Teil, 2. Lieferung: Die Entwickung des Hirnanhangs. Deuticke, Wien Leipzig

Hunter RP (1935) The early development of the hypoglossal musculature of the chick. J Morphol 57:473–500

Imdahl H (1972) Abdominalchirurgie im Kindesalter. In: Baumgartl F, Kremer K, Schreiber HW (Hrsg) Spezielle Chirurgie für die Praxis. Bd II, Teil 3. Thieme, Stuttgart

Jirásek JE (1983) Atlas of human prenatal morphogenesis. Nijhoff, Boston The Hague Dordrecht Lancaster

Johns BAE (1952) Developmental changes in the oesophagal epithelium in man. J Anat 86:431–442

Johnson FP (1913) The development of the mucous membrane of the large intestine and vermiform process in the human embryo. Am J Anat 14:187–233

Keene MFL, Hewer EE (1929) Digestive enzymes of the human foetus. Lancet 1929:767–769

Kiesselbach A (1952) Der physiologische Nabelbruch. Erg Anat 34:83–143

Kratochwil K (1969) Organ specifity in mesenchymal induction demonstrated in the embryonic development of the mammary gland of the mouse. Dev Biol 20:46–71

Lauge-Hansen N (1960) The development and the embryonic anatomy of the human gastro-intestinal tract. Centrex, Eindhoven

Leblond CP, Chen H (1976) Identification of stemm cells in the small intestine of the mouse. In: Cairnie AB, Lala PK, Osmond DG (eds) Stemm cell of renewing cell populations. Academic Press, New York, pp 7–31

Le Douarin NM (1982) The neural crest. University Press, Cambridge

Le Douarin NM, Le Lièvre C (1970) Démonstration de l'origine neurale des cellules à calcitonine du corps ultimobranchial chez l' embryon de poulet. CR Acad Sci (Paris) 270:28–57

Le Douarin NM, Teillet MA (1973) The migration of neural crest cells to the wall of the digestive tract in avian embryo. J Embryol Exp Morphol 30: 31–48

Lewis FT (1911) Die Entwicklung des pancreas. In: Keibel F, Mall FP (Hrsg) Handbuch der Entwicklungsgeschichte des Menschen, 2. Bd. Hirzel, Leipzig, S 418–436

Lewis WH (1910) The development of the muscular system. In: Keibel F, Mall FP (Hrsg), Handbuch der Entwicklungsgeschichte des Menschen, 1. Bd. Hirzel, Leipzig, S 457–522

Liebermann-Meffert D (1969) Form und Lageentwicklung des menschlichen Magens und seiner Mesenterien. Acta Anat 72:376–410

Liebermann-Meffert D (1970) Die Entwicklung der Mesenterien des menschlichen Oberbauches unter neuen Gesichtspunkten. Acta Anat 75:373–395

Lipp W (1952) Die frühe Strukturentwicklung des Leberparenchyms beim Menschen. Z Mikrosk Anat Forsch 59:161–186

Lister J, Rickham PP (1978) Duplication of the alimentary tract. In: Rickham PP, Lister JK, Ibing IM (eds) Neonatal surgery, 2nd edn. Butterworths, London Boston

Liu HM, Potter EL (1962) Development of the human pancreas. Arch Pathol 74:439–452

Maisel H (1960) The position of the human vermiform appendix in fetal and adult age groups. Anat Rec 136:385–391

Mangold U, Dörr A, Kaufmann P (1981) Die Kiemenbogenentwicklung bei Ratte und Maus. II: Zur Existenz von Kiemenspalten. Acta Anat 110:23–34

Mathan M, Moxey PC, Trier JS (1976) Morphogenesis of fetal rat duodenal villi. Am J Anat 146:73–92

Meckel JF (1809) Über die Divertikel am Darmkanal. Arch Physiol 9:421–453

Ménard D, Arsenault P (1985) Explant culture of human fetal small intestine. Gastroenterology 88:691–700

Ménard D, Arsenault P (1987) Maturation of human fetal esophagus maintained in organ culture. Anat Rec 217:348–359

Moxey PC, Trier JS (1978) Specialized cell types in the human small intestine. Anat Rec 191:269–286

Moxey PC, Trier JS (1979) Development of villus absorptive cells in the human fetal small intestine: A morphological and morphometric study. Anat Rec 195:463–482

Nagakawa T (1959) Histogenetische und cytologische Untersuchungen der Duodenalschleimhaut bei Menschenföten. Arch Histol Jpn 16:495–522

Neubert K (1927) Bau und Entwicklung des menschlichen Pankreas. Roux Arch Entw Mech Org 111:29–118

Oakley B (1970) Reformation of taste buds by crossed sensory nerves in the rat's tongue. Acta Physiol Scand 79:88–94

Oakley B (1974) On the specification of taste neurons in the rat tongue. Brain Res 75:85–96

Okamoto E, Ueda T (1967) Embryogenesis of intramural ganglia of the gut and its relation to Hirschsprung's disease. J Pediatr Surg 2:437–443

O'Rahilly R (1983) The timing and sequence of events in the development of human endocrine system during the embryonic period proper. Anat Embryol 166:439–451

O'Rahilly R, Tucker JA (1973) The early development of the larynx in staged human embryos. Ann Otol Rhinol Laryngol 82 (Suppl 7):1–27

O'Rahilly R, Müller F (1978) A model of the pancreas to illustrate its development. Acta Anat 100:380–385

Pace JL (1971) Age of appearance of haustra of human colon. J Anat 109:75–80

Patzelt V (1921) Die Ergebnisse einer Untersuchung über die Histologie und Histogenese der menschlichen Epiglottis unter Berücksichtigung der Metaplasiefrage. Anat Anz 54:161–184
Pearse AGE (1986) The diffuse neuroendocrine system: peptides, amines, placodes and the APUD theory. Prog Brain Res 68:25–31
Pearse AGE, Polak JM (1971) Cytochemical evidence for the neural crest origin of mamalian ultimobranchial C cells. Histochemie 27:96–102
Pernkopf E (1924) Die Entwicklung der Form des Magendarmkanals beim Menschen. II. Teil, 1. Abschn: Die weitere Entwicklung des Magendarmtraktes vom Zeitpunkt der Ausbildung der ersten Darmschlingen angefangen. Z Anat Entw Gesch 73:1–144
Pernkopf E (1928) Die Entwicklung der Form des Magen-Darm-Kanales beim Menschen. Z Anat Entw Gesch 85:1–130
Plenk H (1931) Zur Entwicklung des menschlichen Magens. Z Mikrosk Anat Forsch 26:547–645
Poelmann RE, Dubois SV, Hermsen C, Smits-van Prooije AE, Vermeij-Keers C (1985) Cell degeneration and mitosis in the buccopharyngeal and branchial membranes in the mouse embryo. Anat Embryol 171:187–192
Rathke H (1838) Über die Entwicklung der Glandula pituitaria. Arch Anat Physiol Wiss Med:482–485
Russu IG, Vaida A (1959) Neue Befunde zur Entwicklung der Bauchspeicheldrüse. Acta Anat 38:114–125
Rutter WJ, Wessells NK, Grobstein C (1964) Control of specific synthesis in the developing pancreas. Nat Cancer Inst Monogr 13:51–65
Salenius P (1962) On the ontogenesis of the human gastric epithelial cells. Acta Anat 50 (Suppl 46):1–76
Schemainda H (1982) Über die Entwicklung der Zungenmuskulatur. Experimentelle Untersuchungen an Wachtel- und Hühnerembryonen. Med. Dissertation, Bochum
Schweizer P, Müller G (1984) Gallengangsatresie. Cholestase-Syndrom im Neugeborenen- und Säuglingsalter. Hippokrates, Stuttgart
Seessel A (1877) Zur Entwicklungsgeschichte des Vorderdarmes. Arch Anat Entw: 449–467
Sieber WK (1956) Alimentary tract duplications. AMA Arch Surg 73:383–392
Slipka J (1989) The development of the palatine tonsils in man. 82. Vers Anat Ges:585–586
Smith RB, Taylor IM (1972) Observations of the intrinsic innervation of the human foetal oesophagus between the 10 mm and 140 mm crown-rump length stages. Acta Anat 81:127–138
Starck D (1975) Embryologie, 3. Aufl. Thieme, Stuttgart
Stockman JM, Young VT, Jenkins AL (1960) Duplication of the rectum containing gastric mucosa. JAMA 173:1223–1225
Stowens D (1963) Congenital biliary atresia. Ann NY Acad Sci 111:337–357
Streeter GL (1951) Developmental horizons in human embryos. Age groups XI to XXIII. Embryology Reprint, vol II. Carnegie Institution of Washington, Washington
Tischer W (1956/57) Die Genese der lateralen, branchiogenen Halsfisteln. Wiss Z K Marx Univ Leipzig. Math Naturwiss Reihe 6:577–592
Verma KB (1979) Development of mucosa of the human ileum. J Anat 128:513–521
Vogt W (1920) Zur Morphologie und Mechanik der Darmdrehung. Anat Anz 53:39–55
Vollrath L (1959) Über Entwickung und Funktion der Belegzellen der Magendrüsen. Z Zellforsch 50:36–60
Vollrath L (1983) Entwicklungsgeschichte und kongenitale Anomalien. In: Caspary WF (Hrsg) Handbuch der inneren Medizin III/3a: Dünndarm. Springer, Berlin Heidelberg New York, S 3–28
Weinberg AG (1970) The anorectal myenteric plexus, its relation to hypoganglionosis of the colon. Am J Clin Pathol 54:637–642
Weller GL Jr (1933) The development of the thyroid, parathyroid and thymus glands in man. Contrib Embryol 24:93–140
Williams L, Bell L (1985) An ultrastructural study of meconium corpuscles in human foetal colon. Anat Embryol 171:373–376
Yamasaki F, Takahashi K (1982) A description of the times of appearance and regression of marginal lingual papillae in human fetuses and newborns. Anat Rec 204:171–173

21. Respirationstrakt

H.-R. Duncker

21.1 Einleitung

Am Respirationstrakt lassen sich ein oberer Teil (Nase und Rachen) und ein unterer Teil (Kehlkopf, Luftröhre und Lungen) unterscheiden.

Der Nasenraum entsteht in seinem vorderen Teil (Nasengänge bis zu den primitiven Choanen) durch Ektodermeinsenkung und durch Überwachsung der Nasenwülste während der Gesichtsentwicklung. Sein hinterer Anteil wird während der Gaumenbildung vom primitiven Mund-Rachen-Raum abgegliedert. Beide Vorgänge werden bei der Gesichtsentwicklung besprochen (siehe Kapitel 23.2 und 23.4).

Der Rachenraum reicht von den sekundären Choanen bis zum Additus laryngis. Er wird in der Embryonalzeit dorsal durch die Lage der Rachendachhypophyse, ventral durch die Laryngotracheal-Rinne (siehe unten) bestimmbar. Er ist also ein begrenzter Abschnitt des Kopfdarmes, der in Kapitel 20.2 besprochen wurde. Hier folgt als ein von der übrigen Darmentwicklung unabhängiges und eigenständiges Entwicklungsgeschehen die Besprechung des unteren Respirationstraktes.

21.2 Kehlkopf und Trachea

Die Entwicklung des unteren Respirationstraktes beginnt in der 4. Woche der Embryonalentwicklung [O'Rahilly und Tucker 1973, Hast 1976]. Am Boden der Schlunddarmanlage haben sich inzwischen in der ventralen Mittellinie hinter dem Mandibularbogen das Tuberculum impar der Zungenanlage und caudal zu ihm die mediale Copula des Zungenbeinbogens entwickelt (s. Abb. 20-5). Hinter dem Tuberculum impar hat sich im Foramen caecum die Schilddrüsenanlage medial unpaar in die Tiefe verlagert (s. Abb. 20-7, 20-16). Caudal anschließend bildet sich in der ventralen Mittellinie der hypobranchiale Wulst, der aus den medianen Anteilen der beiden folgenden Pharyngealbogenanlagen entsteht.

Caudal dieses Wulstes beginnt sich in der 3., deutlich dann in der 4. Woche aus dem Pharynxepithel in der Medianlinie eine Rinne einzusenken, die Laryngotracheal-Rinne, die in ihrem caudalen Anteil auch die spätere Lungenanlage einschließt. Ihre erste Differenzierung ist bereits im Stadium 10 nachweisbar [O'Rahilly und Boyden 1973]. Schon im Stadium 11 ist das Epithel dieser Lungenanlage durch eine erhöhte Konzentration an alkalischer Phosphatase ausgezeichnet [Mori 1959]. Aus dieser endodermalen Anlage gehen die Epithelauskleidung von Larynx und Trachea, das Epithel aller Bronchien und Drüsen der Lungen sowie die Epithelauskleidung der Alveolen hervor. Das Bindegewebe, die Skeletelemente, die glatte Muskulatur der Trachea und des Bronchialbaumes sowie alle Gefäße entwickeln sich aus dem umgebenden Mesenchym, während die Ursprungszellen der quergestreiften Muskulatur der Kehlkopfmuskeln, die aus abgewandelter Pharyngealbogenmuskulatur hervorgeht, aus den Myotomen der cranialen Somiten einwandern.

Die anfangs langgezogene Laryngotracheal-Rinne wird von seitlichen, mesenchymreichen Falten begrenzt, die von caudal nach cranial zusammenwachsen. Sie bilden damit das Septum tracheo-oesophageale, durch das der Tubus laryngotrachealis von der Oesophagusanlage abgegliedert wird, und zwar zuerst caudal die spätere Lungenknospe, dann die Anlage der Trachea und zum Schluß die Anlage des Larynx. Dadurch wird am caudalen Ende des Pharynx die Trennung der Wege für Nahrung und Atemluft strukturell ausgebildet. Für die Kontrolle des Eingangs in die unteren Atemwege entwickelt sich der Kehlkopf.

Störungen dieses Abgliederungsprozesses machen die verschiedenen auftretenden Mißbildungen verständlich [Smith 1957, Waterston et al. 1962], von denen die häufigsten die Oesophagotracheal-Fisteln sind, Verbindungen zwischen dem Oesophagus und der Trachea unterhalb des Kehlkopfes (siehe Abb.

20-52). Durch sie kann Nahrung unkontrolliert in die Trachea und die Lunge gelangen. Die Fisteln sind oft verbunden mit einer Oesophagus-Atresie. Diese Mißbildungen führen spätestens nach der Geburt zu schweren Funktionsstörungen von Nahrungsaufnahme und Atmung. Durch das ständige Eindringen von Speichel und Milch in Trachea und Lungen kommt es nicht nur zu Hustenanfällen und Atemnot, sondern auch zu Lungenentzündungen (siehe auch Kapitel 20.11, Abb. 20-52).

Die abgegliederte, unpaare Lungenknospe wächst ventral des Oesophagus rasch nach caudal aus und bildet damit die Anlage der Trachea. Der Kehlkopfeingang, die primäre Glottis, die im STADIUM 14 direkt unterhalb der Zungenanlage entsteht, wird cranial auf jeder Seite von einem Arytaenoidwulst begrenzt, wodurch eine T-förmige Öffnung entsteht. Der Epiglottiswulst, der sich eng an die Zungenanlage anschließt, wächst dann zur Epiglottis aus und trennt sich von der Zunge, die sich nach rostral und dorsal aufwölbt. Die Epiglottis wächst bis in den Nasopharynx vor und lagert sich mit ihrer Spitze dem Gaumensegel von dorsal an. Diese Anlagerung wird auch dadurch bedingt, daß beim Feten der Larynx viel höher als beim Erwachsenen steht. In der 2. Schwangerschaftshälfte beginnt sich der Larynx zu senken. Die noch wachsende Epiglottis reicht aber bei der Geburt noch bis zum weichen Gaumen. Erst mit dem weiteren Wachstum des Pharynx beim Säugling senkt sich die Epiglottis ab, um allmählich die für den Menschen typische definitive topographische Position mit sehr tief stehender Epiglottis einzunehmen.

Vom STADIUM 18 an [O'Rahilly und Tucker 1973] bilden sich im perilaryngealen Mesenchym aus den Skeletanlagen des 4. und 5. Schlundbogens die Knorpel des Kehlkopfes, der Schild- und der Ringknorpel sowie die paarigen Arytaenoidknorpel. Das Zungenbein, an dem der Kehlkopf aufgehängt ist, entwickelt sich aus den Skeletanlagen des Hyalbogens und des folgenden 3. Schlundbogens (siehe Abb. 19-10). Der Knorpel der Epiglottis entsteht erst im 5. Monat aus dem Mesenchym als Neubildung, ebenso entstehen erst dann als Sekundärknorpelbildungen die kleinen paarigen Kehlkopfknorpel, die Cartilagines cuneiformes und corniculatae sowie die Processus vocales der Arytaenoidknorpel. Die Muskulatur des Kehlkopfes stammt von der Pharyngealbogenmuskulatur ab und wird dementsprechend von N. vagus mit seinen Ästen innerviert, der den 4. Pharyngealbogen und die caudal angrenzenden Strukturen versorgt. Die Muskelzellen der quergestreiften Kehlkopfmuskeln gehen aus einwandernden praemitotischen Myoblasten hervor, die aus den Myotomen der cervicalen Somiten stammen.

In der Entwickung der Binnenstrukturen des Larynx kommt es zwischen der 7. und 10. Woche im unteren Teil des Larynx zu einem Verschluß seines Lumens durch Epithelverklebung, die sich in der 10. Woche wieder löst. Dann entwickelt sich das untere Larynxlumen zu der typischen schmalen, dorsoventral ausgerichteten Öffnung in die unteren Luftwege. In dieser schmalen Larynxpassage bildet sich an jeder Seite eine Epithelaussackung, die sowohl cranial wie caudal durch eine Epithelfalte begrenzt wird. Die obere Falte an jeder Seite entwickelt sich zu dem Paar der Taschenfalten, während aus den unteren Epithelfalten die Stimmfalten hervorgehen, die dann zu den Stimmbändern weiter differenziert werden. Dabei entwickeln sich in ihnen das Ligamentum vocale und der M. vocalis, die sich mit dem sekundär entstehenden Proc. vocalis des Arytaenoidknorpels verbinden. Löst sich die embryonale Epithelverklebung des unteren Larynxlumens nicht vollständig, kann sich als seltene Mißbildung in Höhe der Stimmlippen eine partielle Kehlkopfmembran ausbilden [Hoflinger et al. 1954], die die Luftpassage und vor allem die spätere Stimmbildung mehr oder weniger stark behindern kann.

Die Anlage der Trachea erfährt zusammen mit der Lungenanlage nach der vollständigen Abgliederung der Laryngotracheal-Rinne vom STADIUM 14 an ein schnelles Längenwachstum [O'Rahilly und Müller 1984]. Die ersten Trachealknorpel beginnen sich im Alter von ca. 8 Wochen zu differenzieren, meist als Sekundärbildungen. Material der 6. Schlundbogenanlage geht in die obersten Trachealknorpel ein. Bald entsteht auch im Mesenchym die glatte Muskulatur des Paries membranaceus. Die Knorpelbildung und die Entwicklung glatter Muskulatur setzt sich dann auf die Bronchien fort. Die Differenzierung von Drüsen aus dem Epithel beginnt wenig später.

21.3 Lungen: Pleura

Die anfangs unpaare Lungenanlage spaltet sich sehr bald in die beiden Lungenknospen auf, die dann weiter nach lateral und caudal auswachsen. Zu dieser Zeit, in der 5. Woche, liegt das Herz in der Pericardhöhle im oberen Halsbereich, direkt unterhalb der sich entwickelnden Schlundbogenanlagen. Die Pericardhöhle, der craniale unpaare Teil der Coelomhöhle, setzt sich an jeder Seite der Vorderdarmanlage

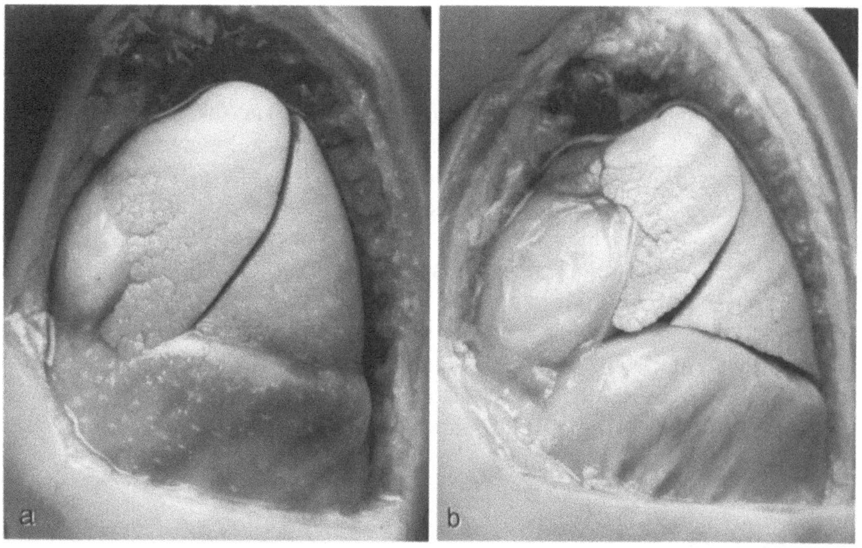

Abb. 21-1a, b. Menschliche Feten, linker Pleuraraum vollständig eröffnet. Die Lunge und die Ausdehnung der Recessus pleurales über dem Pericard und den seitlichen Zwerchfellanteilen sind zu erkennen. a) 5 Monate alt, 2 : 1; b) Ende 6. Monat, 1,4 : 1

als kurzer Coelomkanal nach caudal fort in die Peritonealhöhle um die Eingeweide [Uskow 1883, Brachet 1898, Broman 1906, Mall 1910, Frick 1949]. Als die Herzanlage in der 3. Woche caudal gegen den Dottersack verlagert wurde, entstand zwischen Herzbeutel und Dottersackstiel das Septum transversum als querstehende Mesenchymplatte. Dorsal des Septum transversum liegt nun an jeder Seite der Darmanlage dieser pericardio-peritoneale Kanal, der sich caudal des Septum transversum in die Peritonealhöhle öffnet.

Die beiden Lungenknospen, die von Mesenchym und einem ersten Gefäßplexus umgeben sind, beginnen in der 5. Woche an jeder Seite von medial her gegen den pericardio-peritonealen Kanal, in die Anlage der Pleurahöhlen, vorzuwachsen [Mall 1910, Frick 1949]. Dabei buchten sie die mediale Auskleidung dieser Coelomkanäle vor, von der sie im weiteren Auswachsen ganz umgeben werden. Dieser Teil der Coelomauskleidung, der dem Organ, in diesem Fall der Lungenanlage, unmittelbar aufliegt, wird Splanchnopleura genannt. Aus der Splanchnopleura geht das Lungenfell, die Pleura visceralis der Lungen oder Pleura pulmonalis, hervor, die den äußeren, mesothelialen Überzug der Lungen zusammen mit der darunterliegenden Bindegewebsschicht bildet. Gleichzeitig geht aus der Splanchnopleura das Mesenchym hervor, das die weiter aussprossenden Bronchialknospen umgibt und aus dem sich das gesamte Bindegewebe der Lunge sowie ihre Gefäße, aber auch die Knorpel und Muskulatur der Bronchien entwickeln.

Aus der Wand der zu den Pleurahöhlen auswachsenden pericardio-peritonealen Kanäle, die in ihrem lateralen Teil von der Somatopleura abstammen, geht das Brustfell, die Pleura parietalis, hervor. Sie kleidet als glattes Mesothel mit einer unterlagernden sehr lockeren Bindegewebsschicht die Pleurahöhlen aus. Die vorwachsenden Lungenanlagen füllen die anfangs sehr kleinen pericardio-peritonealen Kanäle nur partiell aus [Wells und Boyden 1954]. Die sich entwickelnden Pleurahöhlen wachsen eigenständig aus, in ihrer Größe der Lungenentwicklung voraneilend. So entstehen auch die später auswachsenden Recessus pleurales lungenfrei (Abb. 21-1). Die Lungenanlagen legen sich erst in der späteren Fetalzeit mit ihrer Pleura pulmonalis der Pleura parietalis der sich entwickelnden Pleurahöhlen direkt an, dann nur noch durch den extrem schmalen, flüssigkeitsgefüllten Pleuraspalt getrennt. Dieser Pleuraspalt zwischen der Pleura pulmonalis und der Pleura parietalis bleibt beim Gesunden zeitlebens erhalten und ermöglicht eine leicht gleitende Verschiebung der Lungen gegen die Pleurahöhlenwand, auf der eine tiefe Inspiration beruht. Durch entzündlich entstandene Schädigungen der Pleura pulmonalis und parietalis können Verklebungen der Lungenoberfläche mit der Pleurahöhlenwand mehr oder weniger breitflächig entstehen. Dadurch geht der Pleuraspalt in den Verklebungsregionen verloren, und die Lunge verliert dann ihre Verschiebbarkeit.

Beim weiteren Vorwachsen der sich aufteilenden Bronchien bleibt die Pleura visceralis zwischen den späteren Lappen in der Tiefe verhaftet, wodurch die einzelnen Lappen separat weiter auswachsen, durch einen beiderseits mit Pleura visceralis ausgekleideten Spalt getrennt. Zugleich wird die am Anfang breite Verhaftung der Lungen mit dem Mediastinum zum Lungenstiel, dem Lungenhilum, eingeengt, der nach caudal in das schmale Lig. pulmonale ausläuft, das bis zum Zwerchfell herunterreicht [Broman 1906, Mall 1910].

Primär wachsen die Lungen mit einer nach caudal gerichteten Spitze aus. Mit der starken Ausdehnung der Leber im Septum transversum und mit der Entfaltung der Pleurahöhlen wachsen die Lungen dann mehr nach lateral in die Breite. Mit dem weiteren Descensus von Herz und Lungenhilus im 3. Monat bildet sich die craniale Pleurahöhle aus, in die die Lungen hineinwachsen unter Ausbildung der nach cranial gerichteten Lungenspitzen. Damit nähern sich die Lungen ihrer späteren Form, die stets weitgehend der Form der sich gleichzeitig entwickelnden Pleurahöhlen entspricht. Eine Ausnahme machen nur die Recessus pleurales, die sich als lungenfreie, spaltförmige Reserveräume für die späteren Inspirationsbewegungen ausbilden (Abb. 21-1). Im weiteren Wachstum erfahren die Lungen zusammen mit den Pleurahöhlen noch größere Proportionsänderungen in Abhängigkeit von den Formänderungen des Brustkorbs und Diaphragma. Beim geburtsreifen Feten sind die Lungen und der Brustkorb spitzkegelig, und der Brustkorb besitzt eine breite untere Öffnung mit einem hochstehenden Diaphragma. Dadurch ist eine sehr wirksame Entfaltung der Lungen durch die ersten Atemzüge möglich. Lungen, Pleurahöhlen und Brustkorb erreichen die adulten Proportionen stetig fortschreitend in ihrem Wachstum, das erst in der Pubertät zum Abschluß kommt.

21.4 Lungen: Gefäße

Die Lungenanlagen werden am Ende der 4. Embryonalwoche in dem sehr frühen Stadium der auswachsenden, noch ungeteilten Knospe von einem Gefäßplexus umgeben, der an die 6. Pharyngealbogenarterie angeschlossen wird, die sich zu diesem Zeitpunkt gerade bildet. Der ventrale Teil dieser Arterie wird zur Pulmonalarterie, der dorsale Teil wird auf der linken Seite, auf der der Aortenbogen sich entwickelt, zum Ductus arteriosus, der in der Fetalzeit für die partielle Umgehung des Lungenkreislaufes verantwortlich ist. Auf der rechten Seite obliteriert der dorsale Teil der 6. Pharyngealarterie recht bald. Das Gefäßnetz der Lungenanlage wird zunächst vorübergehend zusammen mit dem Gefäßnetz des Vorderdarmes an Körpervenen angeschlossen.

Die Entstehung der *Vasa publica* der Lunge wurde bei der Entwicklung der herznahen Gefäße (Kapitel 10.7) und der Entstehung der Venen (Kapitel 12) besprochen. Hier wird ihre weitere Differenzierung im Inneren der Lungenanlage behandelt. Die Lungenarterien folgen in ihrer Ausbildung den Aufzweigungen des Bronchialbaumes als begleitende Gefäße und legen damit die enge topographische Beziehung zwischen den Ästen des Bronchialbaumes und den Zweigen der Lungenarterien fest. Die sich jeweils etwas später ausbildenden Lungenvenen entwickeln sich dagegen mit ihren Ästen in den breiteren Mesenchymsepten zwischen und um die großen Stämme des sich aufzweigenden Bronchialbaums herum, so daß sie auf der Grenze zwischen den einzelnen Lungensegmenten und an deren Oberfläche liegen werden. In dieser spezifischen Lagebeziehung folgen Lungenarterien und -venen mit ihren Aufzweigungen dem weiteren Lungenwachstum.

Parallel zur Größenentfaltung der Lungen und ihres Bronchialbaums entwickelt sich auch der Wandbau der pulmonalen Gefäße [Hislop und Reid 1977]. In den Arterien wird proximal ein Wandbau vom elastischen Typ und distal vom muskulären Typ ausgebildet. Die Dicke der Arterienwand entwickelt sich in der Anpassung auf den intravasalen Druck. Im fetalen Kreislauf mit offenem Ductus arteriosus gleicht der Druck in der A. pulmonalis und ihren größeren Ästen dem in der Aorta. Entsprechend entwickelt sich auch der Wandbau der pulmonalen Arterien ähnlich dem der Aorta, die bis zur Geburt auch ungefähr gleiche Wanddicke besitzen [Hislop und Reid 1977].

Die peripheren pulmonalen Arterien vom muskulären Typ sind während der Fetalzeit stärker kontrahiert, woraus zusammen mit dem kleinen, sich erst entwickelnden pulmonalen Kapillarnetz der hohe Gefäßwiderstand und die geringe Durchströmung der fetalen Lunge resultieren. Nach der Geburt, nach der Entfaltung und Öffnung des pulmonalen Gefäßsystems und dem Schluß des Ductus arteriosus, wird entsprechend dem niedrigen Druck im nun völlig abgetrennten Lungenkreislauf die Wand der pulmonalen Arterien im Zuge des Wachstums in den ersten 4–10 Monaten auf die sehr viel geringere Wanddicke der adulten Pulmonalarterien umgebaut [Hislop und Reid 1977].

Die Lungenvenen bilden erst nach der 20. Woche die erste Muskulatur in ihrer Wand aus. Diese Muskulatur entwickelt sich bis zum regulären Geburtstermin zu einer Dicke, die ihrem jeweiligen Durchmesser und dem im venösen System gegebenen geringen Druck entspricht. Dadurch gleichen die Venen der Neugeborenenlunge bereits denen der adulten Lunge von gleichem Durchmesser. Das weitere Wachstum der Venen und auch das der Arterien nach den ersten 10 Lebensmonaten erfolgt proportional dem Lungenwachstum. Dabei paßt sich die Wandstärke der einzelnen Gefäßabschnitte jeweils den wachsenden Durchmessern an. Dadurch erhalten mit zunehmender Lungengröße auch die peripheren, primär muskelfreien Arterien und Venen als Folge ihrer Durchmesserzunahme eine muskuläre Wandung, die in den terminalen Arterien und Venen in einen nur partiellen Muskelbesatz ausläuft [Hislop und Reid 1977]. Diese vom Durchmesser der Gefäße und ihrem Druck abhängigen Entwicklungsprozesse laufen auch nach dem Abschluß des Lungenwachstums noch ab, wenn sich zum Beispiel der Druck im Lungenkreislauf pathologisch steigert oder es zu einem permanenten Blutstau in der Lunge bei einem Herzfehler kommt.

Die Bronchialgefäße, die als *Vasa privata* der Lunge zur Versorgung ihres peribronchialen Gewebes ausgebildet werden, entwickeln sich von der 9. Woche an mit der weiteren Differenzierung der Bronchien [Boyden 1970a, b]. Die Bronchialarterien (Rami bronchiales) wachsen aus als Äste der Aorta oder der oberen Intercostalarterien, die Bronchialvenen münden in die V. azygos oder hemiazygos. Die weitere Entwicklung dieses Blutgefäßsystems ist bisher nicht untersucht worden. Dazu gehört insbesondere die Entwicklung der Gefäßplexus in der Wand der kleinen Bronchi und Bronchioli, die von den Rami bronchiales gespeist werden, sowie die Ausbildung der Anastomosen dieser Gefäßplexus zur pulmonalen Strombahn. Diese Anastomosen entwickeln sich einmal peripher als venöser Abfluß in die Vv. pulmonales, dann aber auch als die wohl sehr wichtigen, in ihrer funktionellen Bedeutung aber noch nicht erkannten Sperrarterien zu Ästen der A. pulmonalis. Die Vv. bronchiales, die sich von der V. azygos beziehungsweise V. hemiazygos aus entwickeln, leiten nur aus den proximalen Bronchialstämmen das Blut ab.

Die *Lymphgefäße* der Lunge beginnen sich als Lymphgefäßplexus in der Hilumregion auszubilden, ausgehend von den Anlagen des Ductus thoracicus und des Truncus bronchomediastinalis [Nagaishi und Okada 1988]. Im 3. Monat sprossen aus diesem Plexus die Lymphgefäße aus, welche die Bronchien und Äste der A. pulmonalis als peribronchiales Lymphgefäßsystem, die Äste der Vv. pulmonales als subpleurales und intersegmentales Lymphgefäßsystem begleiten. Im 5. Monat ist dieses System der Lymphgefäße ausgebildet, in der 2. Hälfte der Fetalzeit entwikkeln sich die Lymphkapillaren zu ihrer definitiven Dichte, und dann bilden die abführenden Lymphgefäße auch Klappen aus [Nagaishi und Okada 1988].

21.5 Lungen: Innervation

In der 4.–5. Woche bilden Neuralleistenzellen einen pericardialen und einen extrapulmonalen Nervenplexus, ausgehend von den Anlagen der Ganglien des N. vagus und der cervicalen und oberen thoracalen Ganglien des Truncus sympathicus. Von diesen Nervenplexus aus entwickeln sich sowohl die parasympathischen intramuralen Ganglien und Plexus wie auch die sympathische Innervation der Eingeweide des Thorax und der oberen Bauchhöhle. Dabei werden auch die sich vom Darmtrakt abgrenzenden Anlagen von Larynx, Trachea und Lungen von diesen auswachsenden Nervenfasern und den sich weiter teilenden Neuralleistenzellen versorgt [Loosli und Hung 1977]. Der Larynx mit seiner Muskulatur erhält als Derivat der hinteren Pharyngealbögen seine motorische und sensible Innervation hauptsächlich aus dem N. vagus.

Die Innervation der Trachea, der Bronchi und Bronchioli sowie der pulmonalen Gefäße entwickelt sich aus den proliferierenden, mit dem Wachstum der Lungenanlage auswachsenden parasympathischen und sympathischen Neuralleistenzellen. Sie bilden die intramuralen Nervenplexus der Lunge, deren Ganglien dem Parasympathicus zugerechnet werden. Die Zuordnung der peripheren Anteile dieser peribronchialen und vaskulären Plexus zum parasympathischen oder sympathischen System und deren spezielle Differenzierungen in der Lunge sind bislang nicht abgeklärt.

Im Alter von 7 Wochen sind die Trachea und Hauptbronchien mit einem Plexus von Nervenzellfortsätzen und Anlagen von Ganglien versehen, die sich außen um die Knorpelanlagen herum ausgebildet haben. Mit dem Wachstum des Bronchialbaums entwickelt sich dieser äußere peribronchiale Nervenplexus nach distal fortschreitend weiter und erreicht mit 4 Monaten auch die späteren kleinen Bronchi. Ein innerer peribronchialer Nervenplexus entwickelt sich später als der äußere Plexus zwischen Knorpelanlagen und Bronchialepithel. Mit 4 Monaten ist er erst an den Hauptbronchien gut ausgebildet, weiter peripher beginnt seine Entwicklung erst in diesem Alter. Anlage und Differenzierung des inneren peribronchialen Plexus gehen einher mit der Ausbildung der bronchialen glatten Muskulatur und der Drüsen der Bronchialschleimhaut [Taylor und Smith 1971, Loosli und Hung 1977]. In den Bronchioli, in denen keine Knorpelanlagen ausgebildet werden, fehlt eine Differenzierung in einen äußeren und einen inneren Plexus, es wird nur ein einheitlicher peribronchialer Nervenplexus ausgebildet. Die Myelinisation von Fasern dieser peribronchialen Plexus beginnt mit 4 Monaten [Loosli und Hung 1977].

In der geburtsreifen Lunge sind diese peribronchialen Nervenplexus so ausgebildet, wie sie in der ausgewachsenen Lunge zu finden sind [Loosli und Hung 1977]. Ein weiteres Wachstum der Plexus erfolgt dann nur noch entsprechend der Längen- und Durchmesserzunahmen der Bronchien. Diese peribronchialen Plexus reichen mit ihren Fasern bis auf die respiratorischen Bronchioli. In der Austauschregion, also in den Interalveolarsepten, sind nur selten und vereinzelt Nervenfasern gefunden worden, die Interalveolarsepten mit ihrem Kapillarnetz werden generell nicht innerviert.

Ganglienzellen, zusammengelagert zu intramuralen Ganglien aus wenigen bis vielen Ganglienzellen, entwickeln sich sowohl in dem äußeren sowie in dem inneren peribronchialen Plexus. Im Alter von 5 Monaten sind diese multipolaren Ganglienzellen noch klein und unreif, während sie mit 8 Monaten histologisch ausgereift erscheinen und Neurofilamente besitzen. Diese intramuralen Ganglien finden sich im Alter von 9–14 Wochen sehr zahlreich, die meisten Bronchialanschnitte weisen mehrere Anschnitte von Ganglien auf [Loosli und Hung 1977]. Mit zunehmendem Alter nimmt die Zahl der Ganglien in entsprechenden Bronchialanschnitten sehr stark ab, bei der Geburt findet sich nur noch an jedem 6. Bronchialanschnitt ein angeschnittenes Ganglion [Loosli und Hung 1977]. Da aber keine morphometrischen Bestimmungen der Ganglien an den untersuchten Lungen vorgenommen wurden, kann über die quantitative Entwicklung dieser Ganglien, insbesondere über den Zeitraum ihrer Bildung, ihre Ausdünnung durch das Längenwachstum der Bronchien und einen evtl. Verlust von Ganglien in der weiteren Entwicklung keine Aussage gemacht werden. Wahrscheinlich werden die Ganglien bis zum Alter von 15–20 Wochen angelegt und danach durch das weitere Wachstum des Bronchialbaums in ihrer Verteilung gestreckt.

Die durch das Lungenhilum passierenden motorischen und sekretorischen Fasern, vornehmlich des N. vagus, dienen der Innervation der Bronchialmuskulatur und der Bronchialdrüsen. Sie sind im Alter von 6 Monaten als dünnere myelinisierte Fasern gut entwickelt, ebenso dickere myelinisierte Fasern von wahrscheinlich sensibler Natur [Loosli und Hung 1977]. Ungeklärt ist, ob die Innervation der Muskulatur und der Drüsen der Bronchien bis hin zu den terminalen Bronchiolen und der Ursprung der sensiblen, wohl vornehmlich aus der Schleimhaut stammenden Fasern direkt durch die Vagusfasern erfolgt, oder und in welchem Umfang die intramuralen Plexus diese Innervation vermitteln.

Im Alter von 10 Wochen sind die großen Arterien und Venen im Thorax des Feten mit einer gut entwikkelten Innervation vornehmlich wohl sympathischen Ursprungs versehen. Zu dieser Zeit beginnt die Ausbildung der Nerven der pulmonalen Gefäße, die sich in ihrer Adventitia zu einem zarten Plexus entwikkeln. Dieser Plexus aus Nervenfasern mit wenigen, meist hilumnahe gelegenen kleinen Ganglien entwikkelt sich bis zur Geburt nach distal bis auf die Arteriolen herauf. Damit hat er dann seine definitive Ausdehnung erhalten. In seiner weiteren Entwicklung folgt die perivaskuläre Innervation nur noch dem mit dem Lungenwachstum weiter fortschreitenden Dikkenwachstum der Gefäße. Mit der Ausdehnung der Muskulatur auf periphere Gefäße dehnt sich ihre Innervation ebenfalls auf diese Gefäße aus. Nach 4 Monaten dringen die Nervenfasern auch in die Tunica media der Arterien ein. Die Lungenvenen werden ebenfalls von einem perivaskulären Plexus umgeben, der sich wohl zeitlich wie der der Arterien bis auf die kleinen Venulen herauf entwickelt. Besonders die Venen in den Bindegewebssepten bilden auch Ganglien aus. Die venösen perivaskulären Plexus reichen mit ihren Fasern bis in die Tunica intima [Loosli und Hung 1977]. Diese perivaskulären Plexus führen motorische wie auch sensorische Fasern [Larsell und Dow 1933].

Die peribronchialen und perivaskulären Plexus stehen, sofern Bronchien und Gefäße zusammenverlaufen, in einem intensiven Faseraustausch. Dieses System der sich entwickelnden intramuralen Plexus versorgt auch die Bronchialgefäße (und wahrscheinlich die Anastomosen zum pulmonalen Gefäßsystem). Auch die Lymphgefäße der Lunge, insbesondere in der Hilumregion, werden in die reiche Versorgung durch diese intramuralen Plexus einbezogen. Diese Plexus führen auch die sensorischen Fasern, die sich von den in dem subpleuralen Bindegewebe und intersegmentalen Septen entwickelnden rezeptorischen Strukturen ausbilden und vornehmlich mit den Plexus der intersegmentalen Venen verlaufen [Taylor und Smith 1971].

Die neuroepithelialen Zellgruppen und die kleine Granula tragenden Zellen im Bronchialepithel, für die respiratorisch-effektorische neuroendokrine Funktionen in der fetalen und/oder ungeborenen Lunge vermutet werden, treten zuerst im Bronchialepithel 8–10 Wochen alter Lungen auf. Sie erreichen im Alter von 5 Monaten die terminalen konduktiven Luftwege und entwickeln sich in der Zahl bis zur Geburt weiter. Ihre Zahl scheint nach der Geburt konstant zu bleiben, wobei ihre Verteilung durch das Lungenwachstum ausgedünnt wird [Sorokin und Hoyt 1989].

21.6 Lungen: Bronchialbaum

21.6.1 Vergleichend-anatomische Vorbemerkungen

Die Entwicklung der Lungen, insbesondere des respiratorischen Bronchialbaums und der Alveolen, ist bisher nur bei wenigen Säugetierarten bearbeitet worden [Boyden und Tompsett 1961, Kikkawa 1965, Burri 1974, Boyden 1976, Alcorn et al. 1981, Lechner und Banchero 1982, Fukuda et al. 1983, Pohland 1986]. Beim Menschen wurden nur einzelne Untersuchungen unternommen [Loosli und Potter 1959, Boyden 1977, Langston et al. 1984, Zeltner et al. 1987, Zeltner und Burri 1987]. Am häufigsten wurde die Lungenentwicklung bei der Laborratte untersucht [siehe Burri 1985, 1988]. So erstaunt es nicht, daß in den Lehrbüchern der menschlichen Entwicklungsgeschichte den Beschreibungen der Lungenentwicklung häufig an Ratten erhobene Befunde zugrunde gelegt wurden. So wurden sogar korrekt erhobene Fakten in der Beschreibung an Hand der Rattenstadien-Einteilung dargestellt [Meyrick und Reid 1977, Langston et al. 1984].

Der hier vorgelegten Darstellung liegen neben den in der Literatur vorhandenen Befunden breite vergleichend-embryologische Untersuchungen an Labor- und Haussäugetieren zugrunde sowie ausgedehnte Studien an einem breiten menschlichen Sektionsmaterial. An dem gut fixierten Tiermaterial konnten speziell die Mechanismen des Wachstums des respiratorischen Bronchialbaums und der Alveolen aufgeklärt werden [Pohland 1986]. An dem menschlichen Material konnten diese Abläufe bestätigt und der genaue Zeitplan der Lungenentwicklung beim Menschen herausgearbeitet werden [Jost, in Vorbereitung].

Die Lungenentwicklung verläuft bei allen untersuchten Säugetieren nach einem grundsätzlich gleichen Plan, der jedoch entsprechend der jeweiligen Ontogeneseform spezifi-

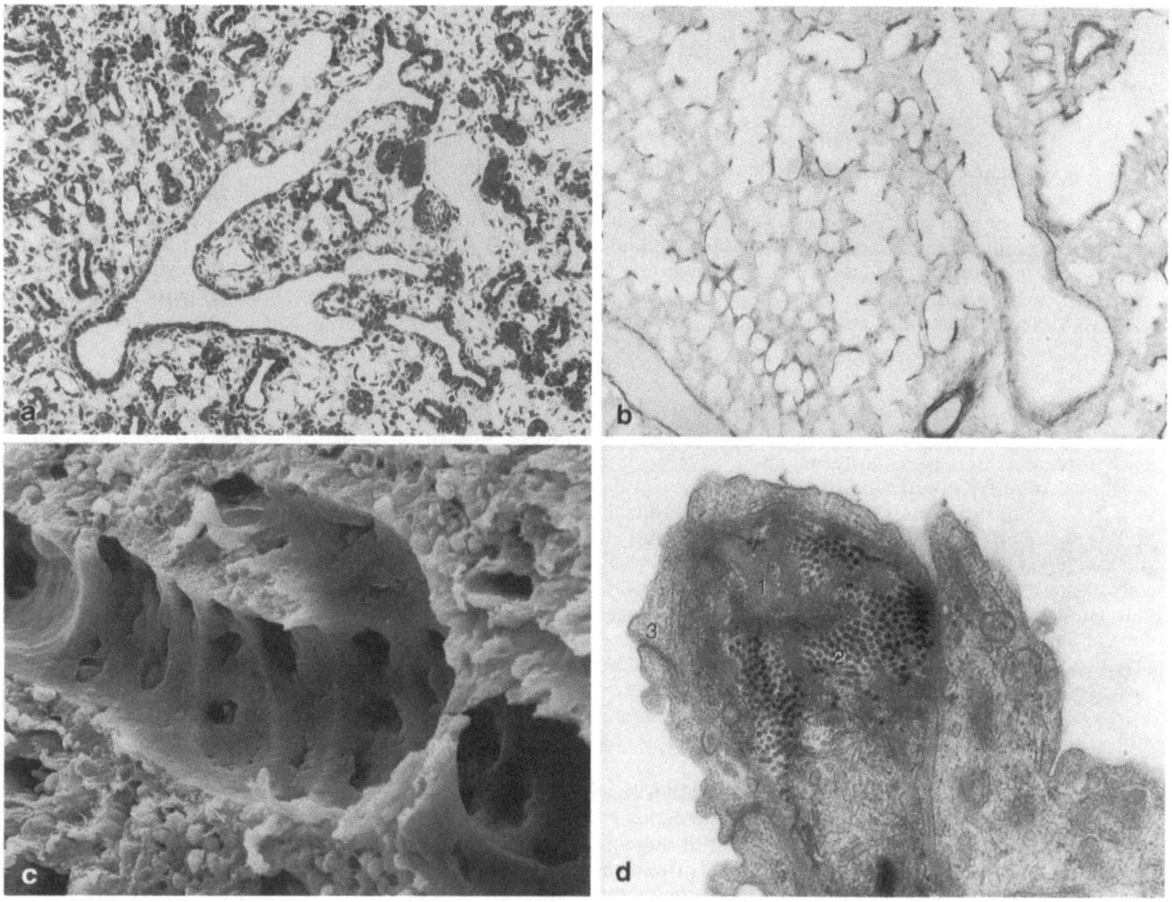

Abb. 21-2a–d. Meerschweinchen-Embryonen, Lunge, Beginn und erster Teil der alveolären Phase.
a) 45. Tragtag; terminaler, sich aufzweigender Bronchialbaum, in dem die Anlagerung der Kapillaren und die Ausdünnung der Epithelien beginnt. Semidünnschnitt, 1 µm, Toluidinblau, 125 : 1;
b) 55. Tragtag; Alveolarisierung im respiratorischen Bronchialbaum; die elastischen Fasernetze um die sich entwickelnden Ductus alveolares sind im Quer- und Flachschnitt sichtbar. Paraffinschnitt, 15 µm, Resorcin-Fuchsin modifiziert. 125 : 1;
c) 50. Tragtag; längseröffnet sind sich entwickelnde Ductus alveolares mit Alveolenanlagen, die sich in die Maschen des Fasernetzes nach außen vorwölben. REM 430 : 1;
d) 55. Tragtag; Querschnitt durch die freie Kante eines Sekundärseptum aus einem sich entwickelnden Ductus alveolaris mit Bündeln elastischer (1) und kollagener (2) Fasern unter dem dünnen Epithel (3). TEM 28 000 : 1
(Präparate und Aufnahmen: D. W. Pohland, Gießen)

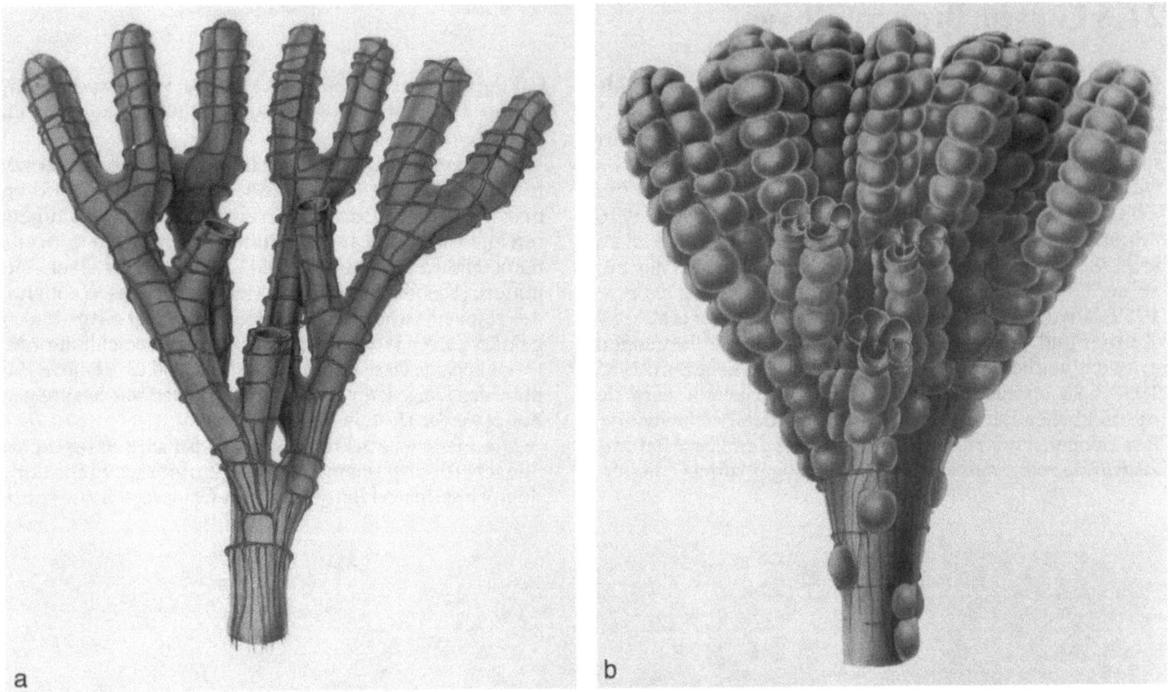

Abb. 21-3a, b. Schematische Darstellung des Entstehungsmechanismus der Alveolen.
a) Die alveoläre Phase beginnt in den Canaliculi mit der mesenchymalen Bildung eines Netzes aus Bündeln elastischer und kollagener Fasern, die in zirkulären und wenigen Längsbündeln angelegt werden. In der Wand der zukünftigen Bronchioli werden vornehmlich längs orientierte Faserbündel gebildet.
b) In den zukünftigen Ductus alveolares führt die weitere Epithelproliferation zur Vorwölbung durch die Maschen des Fasernetzes hindurch. Dadurch entstehen die Alveolenanlagen. In gleicher Weise entstehen in den zukünftigen Bronchioli respiratorii die vereinzelt stehenden Alveolen durch Vorwölbung in das umgebende Mesenchym.
(Zeichnung: U. Richter, Gießen)

sche Abwandlungen aufweist. Das Bemerkenswerteste an den Lungenentwicklungen der verschiedenen Säuger mit ganz unterschiedlichen Ontogeneseformen, Schwangerschaftsdauern und Geburtszuständen ist das Faktum, daß sich ihre Lungen bei der Geburt in ganz unterschiedlichen strukturellen Differenzierungszuständen befinden und damit den sehr verschiedenen Geburtszuständen von wenig entwickelten Nesthockern bis zu hochdifferenzierten Nestflüchtern entsprechen. Diese unterschiedlich differenzierten Lungen haben aber unabhängig von dem Entwicklungsstand ihres Bronchialbaums die für die Übernahme des Gasaustausches notwendige Struktur einer dünnen Gewebsbarriere zwischen Luft und Blut in Form eines ausgedünnten Epithels ihres terminalen Bronchialbaums und eines eng angelagerten, dichten Kapillarnetzes ausgebildet.

Entwicklungsphasen der Säugetierlungen: Die Entwicklung der Säugetierlungen läßt sich generell in 4 Phasen einteilen, die durch die sukzessive Ausbildung des Bronchialbaums gekennzeichnet sind [siehe auch Boyden 1977, Zeltner und Burri 1987, Burri 1988]. In der 1., der *frühembryonalen Phase* bildet sich die erste Lungenanlage aus, in deren Mesenchym die aussprossende Hauptbronchusknospe sich in die Anlagen der späteren Lappen- und Segmentbronchien aufteilt. In der 2., der *pseudoglandulären Phase* entsteht durch die fortschreitende Proliferation und Aufteilung der tubulären Bronchienanlagen der gesamte spätere konduktive Bronchialbaum. In der 3., der *canaliculären Phase* wird durch die weiter fortschreitende Sprossung und Aufteilung der tubulären Bronchialanlagen der spätere respiratorische Abschnitt des Bronchialbaums vollständig angelegt. In der 4., der *alveolären Phase* werden dann in diesem respiratorischen Abschnitt des Bronchialbaums die Alveolen angelegt und ausgebildet. Diese 4. Phase geht dann fließend über in die *Wachstumsphase*, in der die Lunge durch ein proportionales Wachstum aller ihrer vorher gebildeten Strukturen ihre Adultgröße erreicht.

In der Lungenentwicklung vieler Säugerarten wird in der Literatur eine weitere Phase unterschieden, die „terminal sac"-, Aussackungs- oder sacculäre Phase [Boyden 1977, Burri 1985, 1988]. Im Gegensatz zu den aufgeführten 4 Phasen, welche die aufeinander aufbauenden Entwicklungsschritte des Bronchialbaums kennzeichnen, beschreibt die sacculäre Phase einen funktionellen Zustand des Bronchialbaums im Hinblick auf die Übernahme des Gasaustausches nach der Geburt, der unabhängig von dem erreichten Entwicklungsschritt in der Ausbildung des Bronchialbaums ausgebildet wird. Die vor der Geburt gerade vorhandenen terminalen Bronchialabschnitte werden unter Ausdünnung ihres Epithels und Anlagerung dichter Kapillarnetze zu „Sacculi" erweitert, die dann nach der Geburt den Gasaustausch übernehmen können. Die sacculäre Phase stellt also eine funktionelle Modifikation der Lungenentwicklung dar, sie kann in die pseudoglanduläre oder in die canaliculäre Phase eingefügt sein.

Lungenentwicklung bei verschiedenen Säugerfamilien: Bei den Beuteltieren werden die Jungen nach den publizierten Bildern [Baudinette et al. 1988, Hughes und Hall 1988] offensichtlich mit einer Lunge geboren, die sich erst in der pseudoglandulären Phase befindet, also in einem frühen

Entwicklungszustand des konduktiven Bronchialbaums. Diese Bronchialäste sind zur Geburt stark aufgeweitet zu großräumigen sacculären Lufträumen, deren Epithel stark ausgedünnt ist mit eng angelagerten dichten Kapillarnetzen, so daß eine funktionsfähige Austauschoberfläche mit einer dünnen, mit Surfactant bedeckten Diffusionsbarriere vorhanden ist. Bei den Beuteltieren ist, funktionell bedingt durch den frühen Geburtstermin, eine sacculäre Phase in die Entwicklung des konduktiven Bronchialbaums eingefügt. Die gesamte weitere Lungenentwicklung, die bisher nicht dokumentiert ist, läuft nach der Geburt ab.

Bei den extremen Nesthockern unter den euplacentalen Säugern wie den Mäusen, Ratten [Burri 1974] und Hamstern werden die Jungen geboren, nachdem nicht nur ihr konduktiver Bronchialbaum differenziert ist, sondern in der anschließenden canaliculären Phase auch ihr gesamter respiratorischer Bronchialbaum durch Sprossung in Form verzweigter Tubuli ausgebildet wurde, aber noch keine Alveolen angelegt sind. Bei ihnen werden in der letzten Phase vor der Geburt diese Tubuli oder Canaliculi, die späteren respiratorischen Bronchialabschnitte, unter Ausdünnung des Epithels aufgeweitet, während sich dem dünnen Epithel gleichzeitig dichte Kapillarnetze eng anlagern. Diese „terminal sacs" und die proximal davorliegenden aufgeweiteten Bronchialabschnitte können dann bei der Geburt mit ihrer dünnen, Surfactant-bedeckten Diffusionsbarriere den Gasaustausch übernehmen. Bei diesen extremen Nesthockern wird also am Ende der canaliculären Phase, nachdem der respiratorische Bronchialbaum vollständig ausgebildet ist, die sacculäre Phase zur Erreichung der funktionellen Geburtsreife eingeschaltet. Erst einige Tage nach der Geburt beginnt mit der Ausbildung von Alveolen in diesen sacculären Abschnitten des respiratorischen Bronchialbaums die alveoläre Phase, die dann gleitend in die spätere Wachstumsphase übergeht.

Die hochentwickelten Nestflüchter wie die Meerschweinchen, aber auch die großen Haussäuger wie Schaf und Rind, kommen längere Zeit vor der Geburt auch zum Abschluß der Entwicklung ihres respiratorischen Bronchialbaums durch Sprossung. Dann folgt unmittelbar die alveoläre Phase, in der im respiratorischen Bronchialbaum die Alveolenbildung beginnt [Kikkawa 1965, Alcorn et al. 1981, Fukuda et al. 1983] (Abb. 21-2, 21-4). Bei diesen hochentwickelten Nestflüchtern kommt mit der Geburt bereits die alveoläre Phase zum Abschluß, so daß diese Arten Junge mit weitentwickelten Alveolen auf die Welt bringen [Pohland 1986] (Abb. 21-5). In diesen Lungen beginnen zusammen mit der Alveolenbildung die Ausdünnung des Epithels und die enge Anlagerung dichter Kapillarnetze sowie die Sekretion des Surfactant. Da bei diesen Arten so die bereits ausgebildeten Alveolen vor der Geburt zur funktionellen Reife für den Gasaustausch gelangen, ist die Einfügung einer sacculären Phase nicht erforderlich. Diese Nestflüchterjungen werden also am Ende der alveolären Phase mit fertigentwickelten Alveolen geboren (Abb. 21-6). Dadurch werden sie mit einer großen, funktionsfähigen Austauschoberfläche geboren, die ihrem hohen Stoffwechsel und ihrer großen motorischen Leistungsfähigkeit entspricht. Ihre Lungen treten nach der Geburt direkt in die Wachstumsphase ein, sie zeigen dann nur noch ein proportionales Wachstum.

Lungenentwicklung beim Menschen: Der Zustand der Lungenentwicklung des Menschen bei der Geburt liegt zwischen dem der Nesthocker und jenem der Nestflüchter. Beim Menschen kommt die canaliculäre Phase mit der Ausbildung des respiratorischen Bronchialbaums durch Sprossung der Tubuli in der 24. Woche, also relativ frühzeitig, zum Abschluß. Dann beginnt die alveoläre Phase mit der Anlage der Alveolen. Bei der Geburt ist der gesamte respiratorische Bronchialbaum mit Alveolen besetzt, die allerdings erst recht flach sind. Gleichzeitig mit der Alveolenbildung setzen auch die Ausdünnung des Epithels, die enge Anlagerung der Kapillarnetze und die Sekretion des Surfactant ein. Die Neubildung von Alveolen scheint im wesentlichen bei der Geburt beendet zu sein.

Nach der Geburt setzt sich aber die Ausformung der Alveolen fort, durch die sie erst ihre typische Gestalt und Wandstruktur erhalten. Die alveoläre Phase ist nach den vorhandenen spärlichen Daten wohl erst nach den ersten Lebensjahren abgeschlossen. Dann geht die menschliche Lunge fließend in die Wachstumsphase über, in der sie durch proportionales Wachstum aller Strukturen ihre Adultgröße erreicht. Da die Alveolen schon lange vor der Geburt angelegt werden und diese Alveolenanlagen durch die Epithelausdünnung und Kapillaranlagerung frühzeitig für die Übernahme des Gasaustausches funktionell ausreifen, entfällt auch beim Menschen die Ausbildung einer sacculären Phase. Der Mensch wird mit einer Lunge mitten in der alveolären Entwicklungsphase geboren.

Die Entwicklung des Bronchialbaums und die Ausbildung von Alveolen ist also bei den verschiedenen Säugern zum Geburtstermin sehr verschieden weit fortgeschritten. Unabhängig davon, ob sich diese Lungen bei der Geburt in einer „terminal sac"-Phase befinden oder in einer frühen oder späten alveolären Phase, werden die vorhandenen terminalen Strukturen vor der Geburt auf die Funktionstüchtigkeit für den Gasaustausch vorbereitet. Das geschieht durch die geschilderten Entwicklungsprozesse der Ausdünnung des Epithels, der Ausbildung und engen Anlagerung dichter Kapillarnetze und der Produktion und Sekretion des Surfactant [Kotas 1982, Sanders 1982a, b]. Dieser Prozeß zum Erwerb der Funktionstüchtigkeit beginnt bei allen untersuchten Wild-, Labor- und Haussäugerlungen ungefähr nach Ablauf von 80% der Gesamttragzeit [Clements und Tooley 1977], so daß er zum Geburtstermin abgeschlossen ist. Dadurch können diese Lungen bei sehr unterschiedlichem Entwicklungszustand des Bronchialbaums und mit sehr verschieden großer Austauschoberfläche zum Geburtstermin unmittelbar den Gasaustausch übernehmen.

Hiervon macht nur der Mensch insofern eine Ausnahme, als bei ihm diese Ausbildung der Funktionstüchtigkeit durch Epithelausdünnung, Kapillaranlagerung und Surfactant-Produktion [Clements und Tooley 1977] mit Beginn der alveolären Phase und damit bereits nach ca. 60% der Schwangerschaftsdauer einsetzt. Auf der Basis der vorgelegten Befunde von der Entwicklung der menschlichen Lunge wird die Hypothese vorgestellt, daß die so frühzeitige Ausbildung der Gasaustauschstrukturen in der menschlichen Lunge damit zusammenhängen könnte, daß die Fetalentwicklung des Menschen in den letzten 2,5– 3,5 Millionen Jahren seiner Stammesgeschichte entscheidend verlängert wurde. Diese Verlängerung der Graviditätsdauer könnte ursächlich mit der gewaltigen Größenentwicklung des menschlichen Gehirns in Zusammenhang stehen, die nach dem Ursprung der Menschen aus dem Stamm der Australopithecinen erfolgt ist. Auf diese Verlängerung der Graviditätsdauer hätte sich die Lungenentwicklung in ihrem Zeitplan noch nicht eingestellt. Rechnet man als Ausgangspunkt eine Schwangerschaftsdauer von 233 Tagen, wie sie heute bei den Schimpansen gegeben ist, den nächsten lebenden Verwandten, und hypothetisch auch bei den Australopithecinen, so würde der Beginn der Ausbildung der dünnen Gasaustauschbarriere in der 24. Woche bei ca. 80% dieser Graviditätsdauer liegen. Die Schwangerschaftsdauer beim Menschen wäre danach also um 16–20% verlängert worden.

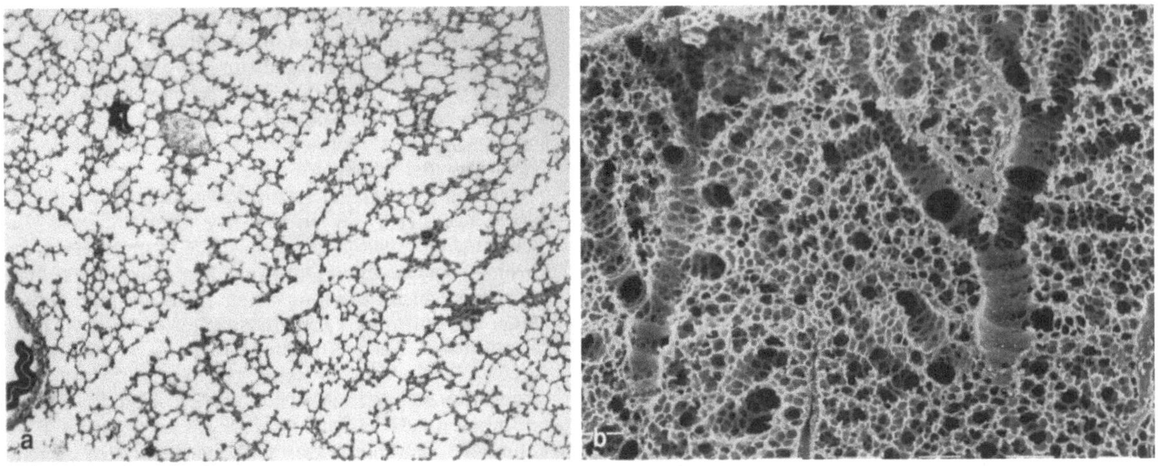

Abb. 21-4a, b. Meerschweinchen-Embryonen, Lunge, mittlere alveoläre Phase.
a) 60. Tragtag; die langen, verzweigten Ductus alveolares sind vollständig mit gut entwickelten Alveolenanlagen besetzt. Semidünnschnitt, 1 μm, Toluidinblau, 55 : 1;
b) 60. Tragtag; die längsgeschnittenen verzweigten Ductus alveolares mit ihren regelmäßigen Alveolenanlagen gehen aus Bronchioli respiratorii hervor, in denen die Alveolenbildung ebenfalls begonnen hat. REM 55 : 1
(Präparate und Aufnahmen: D. W. Pohland, Gießen)

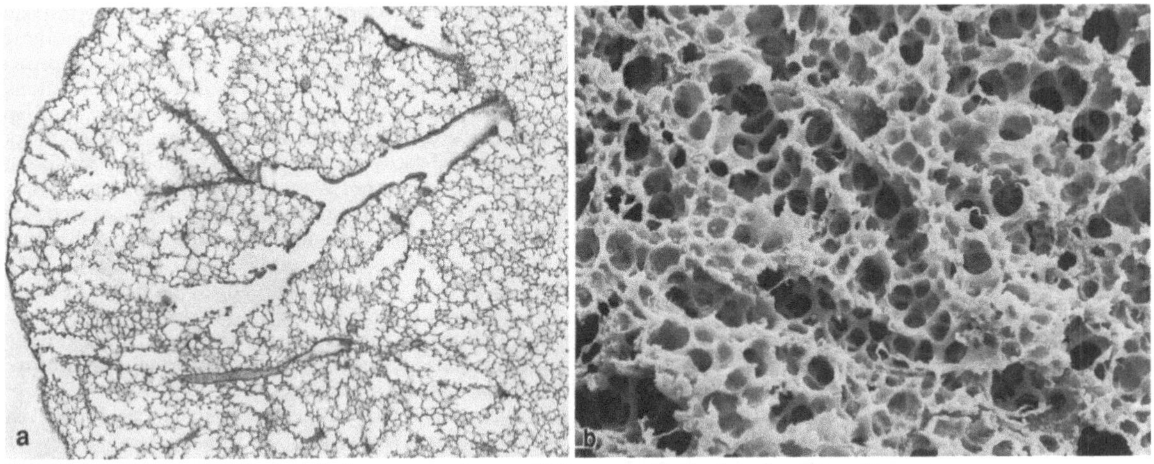

Abb. 21-5a, b. Meerschweinchen-Embryonen, geburtsreife Lunge am Ende der alveolären Phase.
a) 64. Tragtag; angeschnitten ist ein Bronchiolus lobularis, der sich in respiratorische Bronchiolen und nachfolgende Generationen der Ductus alveolares aufteilt. Paraffinschnitt, 15 μm, v. Gieson, 30 : 1;
b) 64. Tragtag; distaler Teil eines Acinus mit Ductus alveolares mit voll entwickelten Alveolen. REM 110 : 1
(Präparate und Aufnahmen: D. W. Pohland, Gießen)

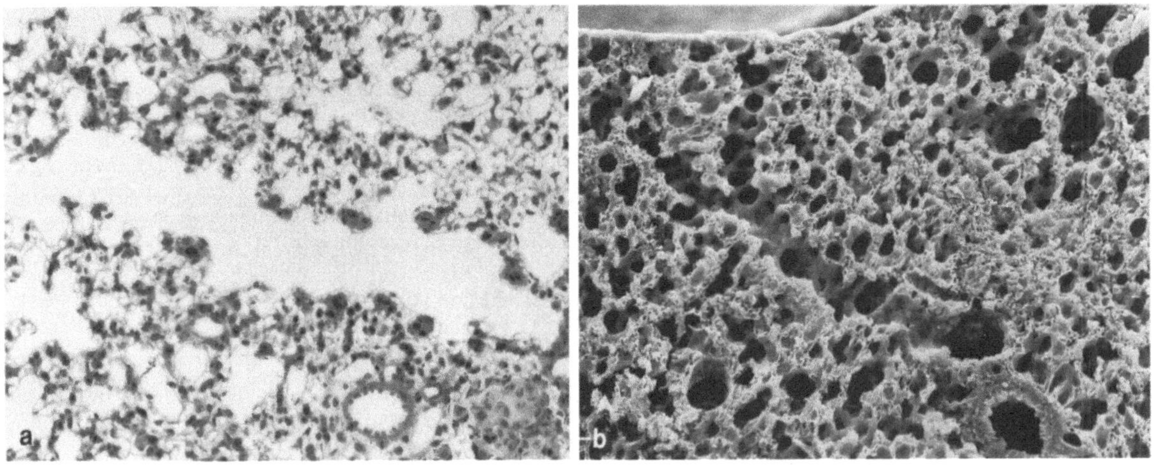

21.6.2 Praenatale Entwicklung der menschlichen Lunge

Die intrauterine Entwicklung des menschlichen Organismus wird eingeteilt in eine **Embryonalperiode,** die bis zum Ende der 8. Woche reicht, und in die folgende **Fetalperiode,** die die Entwicklung bis zur Geburt umfaßt. Die Fetalperiode geht fließend in die **Perinatalperiode** über, die vom Ende der 28. Woche bis einschließlich des 7. Lebenstages gerechnet wird. In der Perinatalperiode wird der Fetus durch eine Reihe von speziellen Entwicklungen in verschiedenen Organsystemen auf die Geburt vorbereitet. Es gehört dann die Geburt zur Perinatalperiode, die mit den ersten 7 Lebenstagen ausklingt, in der die Umstellung der verschiedenen Organsysteme auf die dann eigenständigen Funktionsabläufe vollzogen wird. Die Perinatalperiode geht in die **Postnatalperiode** über, die den Zeitraum der ersten Lebensjahre umfaßt, in der die morphogenetischen Prozesse in den verschiedenen Organsystemen zum Abschluß kommen. Daran schließt sich die Wachstumsphase an, in der durch ein proportionales Wachstum alle Strukturen des Organismus ihre Adultgröße erreichen.

In diese Entwicklung des ganzen Körpers ist die Entwicklung der Lunge eingeordnet. Die **1.**, die **frühembryonale Phase** der Lungenentwicklung, in der die Organanlage ausgebildet wird, kommt schon vor dem Ende der Embryonalperiode zum Abschluß. Die anschließende **2.**, die **pseudoglanduläre Phase** der Lungenentwicklung, in der der reichverzweigte konduktive Bronchialbaum für die Luftleitung entsteht, beginnt bereits in der Embryonalperiode und nimmt dann die ersten 7–8 Wochen der Fetalperiode ein. An sie schließt sich in den folgenden 8 Wochen der Fetalperiode die **3.**, die **canaliculäre Phase,** an [Boyden 1977, Burri 1985]. In dieser Phase wird der respiratorische Bronchialbaum in Form vielfältig aufgezweigter Tubuli oder Canaliculi mit kubischem Epithel entwickelt. Die restlichen 14 Wochen der Fetalperiode werden von der **4.**, der **alveolären Phase,** eingenommen, in der die Alveolen angelegt werden [Langston et al. 1984, Jost, in Vorbereitung].

Zugleich wird in dieser alveolären Phase die Funktionsfähigkeit der Lungen für die Übernahme des Gasaustausches nach der Geburt durch die Ausdünnung der Alveolarepithelien, die Anlagerung der sich entwickelnden dichten Kapillarnetze und die Sekretion des oberflächenaktiven Surfactant hergestellt. Dieser Abschnitt der alveolären Phase ist zum größten Teil, nämlich in den letzten 10 Wochen, Bestandteil der Perinatalperiode, in der die Lunge für die Übernahme des Gasaustausches vorbereitet wird. In dieser alveolären Phase erfolgt dann auch die Geburt, die mit ihren Umstellungsmechanismen auf die physiologische Selbständigkeit nicht nur die ersten Atemzüge umfaßt, sondern bis zum Abschluß dieser Umstellung die ersten Lebenstage beansprucht, weshalb die ersten 7 Lebenstage zur Perinatalperiode gerechnet werden.

Die alveoläre Phase wird in der Postnatalperiode fortgesetzt, in der die Ausbildung der Alveolen bis zum Erreichen ihrer typischen Form und Wandstruktur fortschreitet. Die alveoläre Phase endet mit dem Abschluß der Alveolenausformung erst nach den ersten 4–8 Lebensjahren [Boyden 1977, Langston et al. 1984, Burri 1988]. Damit findet dann auch die Postnatalperiode ihren Abschluß. Aus der alveolären Phase geht die Lunge im Kindesalter in die Phase des ausschließlich proportionalen Wachstums über, in der die Lunge sich zu ihrer adulten Form herausbildet. In ihrer gesamten Entwicklung schreitet die Differenzierung der Lunge in der Regel vom Hilum zur Peripherie fort. Dadurch zeigen zentrale und periphere Lungenabschnitte in ihrer Differenzierung zeitliche Unterschiede, wodurch sich die Zeitangaben für die einzelnen Phasen überlappen.

Frühembryonale Phase: Die frühembryonale Phase der Lungenentwicklung reicht von der 4. bis zur 7. Woche. Sie beginnt mit der Abfaltung der Lungenanlage aus der Laryngo-Trachealrinne (STADIUM 12–14) [O'Rahilly und Boyden 1973]. Bei der Aufteilung in die beiden Lungenknospen weist die linke, etwas kleinere Knospe stärker nach lateral als die größere rechte Knospe, die stärker nach caudal gerichtet ist. Damit sind die Asymmetrie der Lungen und die Unterschiede im Abgang der Hauptbronchien von der Trachea bereits festgelegt. Schon im STADIUM 15 wachsen die Hauptbronchien stärker nach dorsal und „kreuzen" seitlich den Oesophagus. Die weitere Aufteilung der endodermalen Sprosse in der Lungenanlage erfolgt nach einem ungleichmäßig dichotomen Verzweigungsmuster. Aus den Anlagen der Hauptbronchien entstehen zunächst die Stämme der späteren Lappenbronchien, links zwei und rechts drei, die sich fortschreitend weiter aufzweigen und als nächste Generation die späteren Segmentbronchien hervorbringen. Am Ende der frühembryonalen Phase sind alle Lappen- und Segmentbronchien ausgebildet, und die Lungenarterien und -venen sind in ihrer spezifi-

◀ **Abb. 21-6a, b.** Meerschweinchen, Neugeborenes. Lunge nicht voll entfaltet.
a) längsgeschnittener terminaler Bronchiolus respiratorius, der in einen Ductus alveolaris übergeht. Semidünnschnitt, 1 µm, Toluidinblau, 170 : 1;
b) längsgeschnittener Bronchiolus respiratorius mit anschließenden Ductus alveolares. REM 110 : 1
(Präparate und Aufnahmen: D. W. Pohland, Gießen)

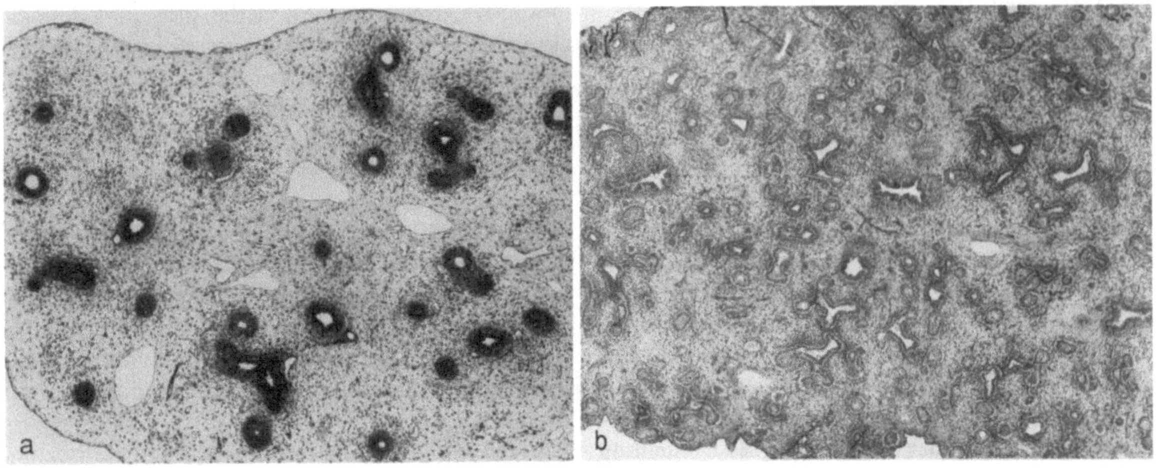

Abb. 21-7a, b. Mensch, Embryo und früher Fetus, Lunge am Ende der embryonalen Phase und in der pseudoglandulären Phase.
a) Embryo 22,5 mm, STADIUM 21, Alter ca. 55 Tage. In der quergeschnittenen Lungenanlage am Ende der embryonalen Phase liegen die ersten Generationen der späteren größeren Bronchien in einem zellreichen Mesenchym mit großen, dünnwandigen Gefäßen. Semidünnschnitt, Toluidinblau, 40 : 1;
b) Fetus 5,5 cm, Alter ca. 12 Wochen. In der quergeschnittenen Lungenanlage in der pseudoglandulären Phase wird der konduktive Bronchialbaum durch fortschreitende Sprossung und Aufteilung ausgebildet. Die Bronchialsprossen sind von einem zellreichen Mesenchym umgeben. Semidünnschnitt, Toluidinblau, 40 : 1
(Präparate: Professor Hinrichsen, Bochum)

schen Lage und mit ihren definitiven Anschlüssen angelegt. Die Bronchien, die aus Tubuli mit einem hohen Zylinderepithel bestehen, sprossen an ihren Enden stetig vor und teilen sich weiter auf (Abb. 21-7a).
Pseudoglanduläre Phase: Die pseudoglanduläre Phase, die nach der histologischen Struktur der Lungenanlage ihre Bezeichnung erhielt, schließt sich an die frühembryonale Phase an. Sie beginnt überlappend bereits in der 5. Woche der Embryonalentwicklung und erstreckt sich ungefähr bis zur 17. Woche [Boyden 1977, Burri 1988]. Die Lungenanlage erscheint im mikroskopischen Bild als eine kleine, in zahlreiche Läppchen gegliederte, verzweigt tubuloacinöse Drüse. In einem reichen Mesenchym und induziert von ihm sprossen und teilen sich die epithelialen Brochialanlagen dichotom, jedoch ungleichmäßig auf (Abb. 21-7b): In der Regel wächst eine Knospe in der Richtung der sich aufzweigenden Bronchialanlage weiter und wird zum dickeren Bronchus, während die andere Knospe von der Richtung abzweigt und einen dünneren Seitenbronchus ergibt. Die weiteren Aufzweigungen wachsen häufig auch ungleichmäßig aus, wodurch sie eine Differenzierung in einen stärker vorwachsenden Hauptstamm und einen schwächer proliferierenden Nebenast bewirken. Am Ende der pseudoglandulären Phase ist der gesamte spätere luftleitende Teil des Bronchialbaumes einschließlich der Bronchioli terminales definitiv angelegt; je nach Lungenregion umfaßt er mindestens 15 bis mehr als 20 Teilungsgenerationen.

Die proximalen Tubuli der Bronchialanlagen werden von einem hochprismatischen, die distalen von einem kubischen Epithel gebildet. Die Differenzierung von Flimmerepithel mit Becherzellen, die Ausbildung der Bronchialdrüsen, der Knorpelspangen und der glatten Muskulatur sowie der Entwicklung des Gefäßsystems schreiten entlang der Bronchialanlagen von proximal nach distal fort. In der 7. Woche entwickeln sich die Trachealknorpel, in der 12. Woche die Knorpel der Segmentbronchien. Am Ende dieser pseudoglandulären Phase schließen sich an die zukünftigen Bronchioli terminales tubuläre Sprossen an, aus denen dann der gesamte gasaustauschende Anteil der Lunge hervorgehen wird.

Canaliculäre Phase: Die folgende canaliculäre Phase, die ungefähr von der 13. bis zur 26. Woche reicht [Boyden 1977, Burri 1988], umfaßt die Ausbildung des respiratorischen Anteils des Bronchialbaums der Lunge in Form von verzweigten tubulären Sprossen mit kubischem Epithel. Die ersten Anlagen, die von den zukünftigen Bronchioli terminales ausgesproßt waren, wachsen unter mehrfacher dichotomer Aufzweigung weiter aus. Dabei werden alle von einem terminalen Bronchiolus aussprossenden Tubuli von einem zellreichen Mesenchym umgeben (Abb. 21-8b). Dadurch erscheinen sie auch im lichtmikroskopischen Schnitt als eine Einheit, die dem zukünftigen Acinus entspricht. Dieser durch das Mesenchym zusammengeschlossene Acinus wird von den umgeben-

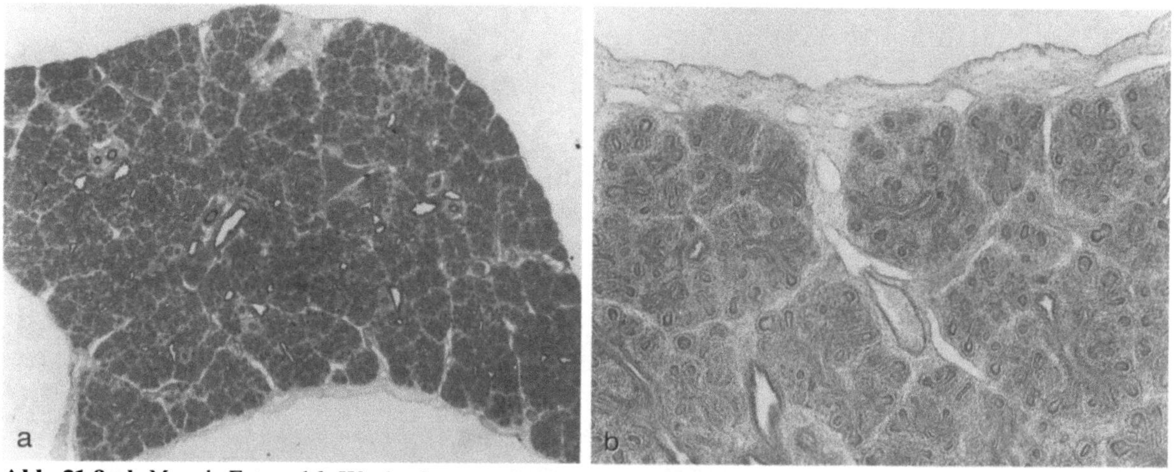

Abb. 21-8a, b. Mensch, Fetus, 16. Woche. Lunge am Beginn der canaliculären Phase.
a) Querschnitt durch einen Lungenlappen. Neben einigen größeren, sich aufteilenden Bronchi mit begleitenden Gefäßen ist die Abgrenzung der Acini durch ein lockeres, zellärmeres Mesenchym zu erkennen. Paraffinschnitt, 20 μm, Resorcin-Fuchsin-v.Gieson, 10 : 1;
b) Querschnitt durch einzelne subpleurale Acini mit den sprossenden Canaliculi. Zwischen den Canaliculi befindet sich ein dichtes, zellreiches Mesenchym, zwischen den Acini ein lockeres, zellärmeres Mesenchym. Paraffinschnitt, 20 μm, Resorcin-Fuchsin-v.Gieson, 40 : 1
(Präparate und Aufnahmen: M. Jost, Gießen)

den Acini durch etwas breitere Septen aus zellarmem Mesenchym abgegrenzt (Abb. 21-8a, b).

Ein definitiver Acinus umfaßt die maximal 10 Aufteilungsgenerationen der gasaustauschenden Luftwege, die von einem Bronchiolus terminalis ausgehen. Die Entwicklung des proximalen Teiles des Acinus beginnt damit, daß aus der fortschreitend dichotomen Aufteilung der Sprosse des terminalen Bronchiolus die 2–3 Generationen zukünftiger respiratorischer Bronchiolen als eine kleine Gruppe kurzer Tubuli oder Canaliculi hervorgehen. An sie schließen sich durch weitere periphere Aussprossung und Aufzweigung 3–6 Generationen von kurzen Canaliculi an, die zukünftigen Ductus alveolares, die sich etwas erweitern. Dabei lagern sie sich durch die Ausdünnung des Mesenchym zwischen ihnen auch enger aneinander. In der 24.–26. Woche ist die Ausbildung der Generationen des respiratorischen Bronchialbaums durch Sprossung im wesentlichen abgeschlossen. Der Bronchialbaum endet dann distal mit einer letzten Aufzweigung in ganz kurze Sprossen, die die späteren Saccus alveolares bilden. Damit kommt die canaliculäre Phase zum Abschluß.

Daran schließt sich beim Menschen unmittelbar die alveoläre Phase an, die in der 23.–24. Woche mit der Ausbildung von Alveolen zuerst distal in den Canaliculi des respiratorischen Bronchialbaums beginnt. Bei diesem Differenzierungsprozeß, bei dem die Abgrenzung der Acini gegeneinander bestehen bleibt, geht das zellreiche Mesenchym zwischen den Canaliculi eines Acinus in die sich entwickelnden Interalveolarsepten ein. Das schon zellärmere, lockere Mesenchym zwischen den Acini wird zu den sehr dünnen interacinären oder interlobulären Septen ausgezogen, die besonders unter der Pleura zu finden sind, während sie weiter im Inneren der Lunge später nur noch dort nachzuweisen sind, wo sie die ableitenden Gefäße führen. An anderen Orten bleiben sie nur als extrem dünne Bindegewebslagen bestehen, die auch histologisch nur schwer aufzufinden sind. Diese interacinären Septen gehen nicht in die Bildung von interalveolären Septen ein, die Trennung der Acini bleibt auch bei der Alveolarisierung bestehen.

Der Sprossungsprozeß des Epithels des Bronchialbaums in das umgebende Mesenchym hinein läuft bis zum Ende der canaliculären Phase wohl weitgehend epigenetisch determiniert ab. Dabei wird das Verzweigungsmuster der epithelialen Bronchialbaumsprosse durch Interaktion mit dem Mesenchym sowohl artspezifisch wie auch regionalspezifisch bestimmt, wie experimentelle Befunde belegen [u.a. Wessels 1970, Spooner und Wessels 1970]. Durch diese Sprossung wird die Form der Lunge mit allen ihren Bronchialaufzweigungen festgelegt, einschließlich der Ausbildung aller Verzweigungsgenerationen des respiratorischen Bronchialbaumes, die die Vielzahl der Acini bilden.

An gut fixierten Entwicklungsstadien von Meerschweinchen und Schaf zeigte sich nun, daß am Ende der canaliculären Phase zwischen den angelegten, polygonalen Acini eine Reihe von unterschiedlich großen Mesenchyminseln in den interacinären Septen

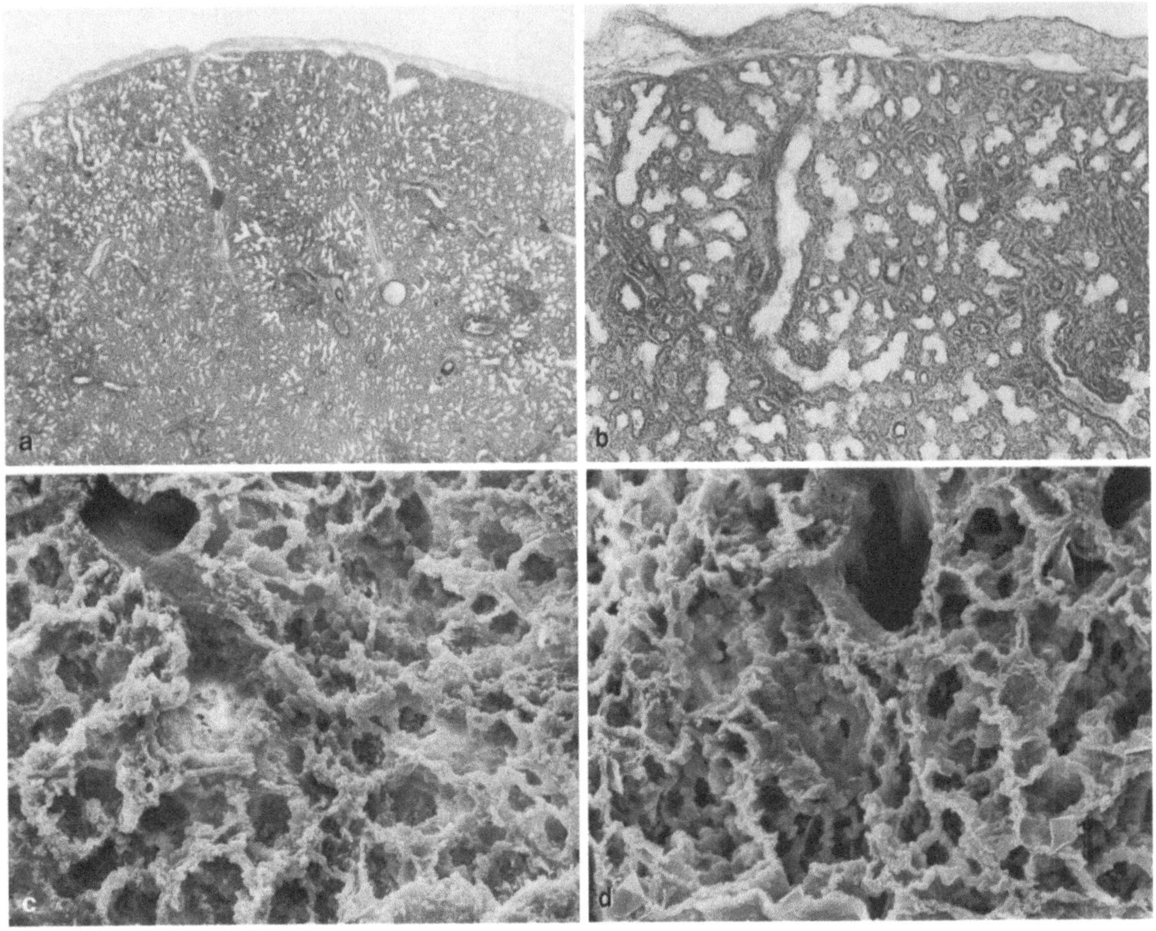

Abb. 21-9a–d. Mensch, Fetus, Lunge am Beginn der alveolären Phase.
a) Alter 23 Wochen. Querschnitt durch den Mittellappen der rechten Lunge, subpleurale Region. Paraffinschnitt, 20 µm, Resorcin-Fuchsin-v. Gieson, 10 : 1;
b) Ausschnitt aus a). Die Canaliculi weiten sich, das Epithel beginnt sich bei Anlagerung der Kapillaren auszudünnen, und die mesenchymalen Fasernetze werden um sie herum gebildet. 40 : 1;
c) Alter 26 Wochen. Im Anschnitt ein terminaler, zukünftiger Bronchiolus respiratorius in Aufzweigung und Fortsetzung in zukünftige Ductus alveolares, die sich reich aufzweigen und erste Anlagen der Sekundärsepten zeigen. REM 145 : 1;
d) Alter 26 Wochen. Um einen Bronchiolus herum zahlreiche angeschnittene Ductus alveolares mit sich entwickelnden Sekundärsepten. REM 165 : 1
(Präparate und Aufnahmen: M. Jost, Gießen)

verblieben ist. Während in den Acini die Alveolenausbildung deutlich fortschreitet, wachsen in diese Mesenchyminseln aus den angrenzenden distalen Sproßenden der Canaliculi Tubuli aus kubischem Epithel ein, die sich auch aufzweigen [Pohland 1986]. Sie füllen diese Mesenchyminseln mit ihren Verzweigungen auf und werden später in die Alveolarisierung einbezogen. Diese dem Anschein nach reaktive Proliferation in die verbliebenen Mesenchyminseln hinein ist wohl der Entwicklungsprozeß, der für die optimale Ausfüllung des Lungenvolumens mit Alveolen verantwortlich ist.

Alveoläre Phase: Praenataler Abschnitt: Die alveoläre Phase, in der die **Alveolen** angelegt und ausgebildet werden, beginnt beim Menschen im distalen Teil des respiratorischen Bronchialbaums, in den zukünftigen Ductus und Saccus alveolares in der 23.–24. Woche (Abb. 21-9) [Jost, in Vorbereitung]. Sie beginnt mit der Differenzierung von Bündeln elastischer und kollagener Fasern aus dem Mesenchym um die distalen Canaliculi herum. Dabei werden diese Faserbündel in 4–6 Längssträngen und in zirkulären oder schrägschraubenförmigen Strängen in bestimmten Abständen um die Canaliculi herum angeordnet, die miteinander verbunden sind oder ineinander übergehen. Dadurch sind die Canaliculi von einem relativ weitmaschigen Netzwerk aus Bündeln elastischer und kollagener Fasern umgeben (Abb. 21-2b, 21-3a, 21-9b).

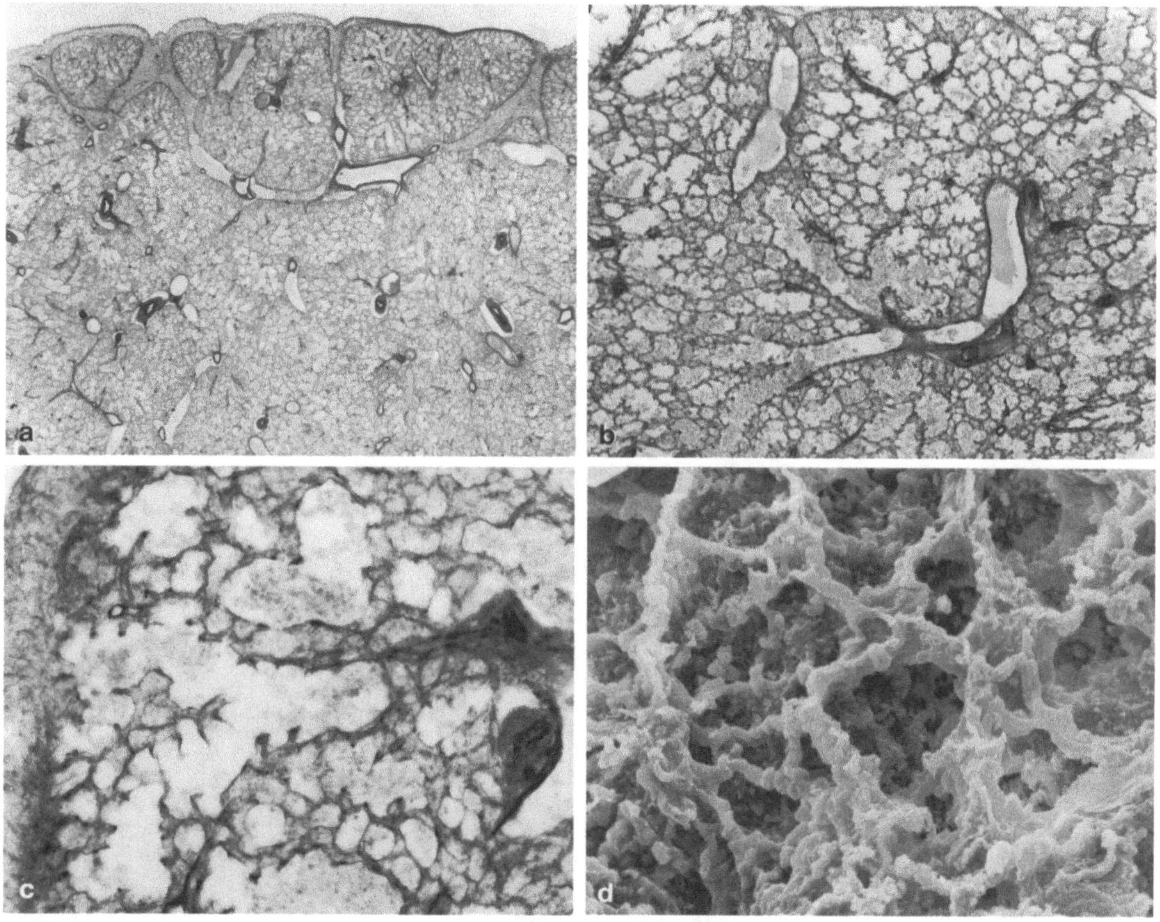

Abb. 21-10a–d. Mensch, Fetus, Alter 28 Wochen, Lunge in der alveolären Phase.
a) Querschnitt durch den Mittellappen der rechten Lunge. Die Abgrenzung einzelner subpleuraler Acini ist noch zu erkennen, die übrigen Acini sind nur durch die Lage der Pulmonalvenen zu begrenzen. Paraffinschnitt, 20 µm, Resorcin-Fuchsin-v.Gieson, 10 :1;
b) Ausschnitt aus dem Präparat a). Die sich entwickelnden Ductus alveolares sind vollständig mit Alveolenanlagen besetzt, die angeschnittenen zukünftigen Bronchioli respiratorii sind noch glattwandig ohne Alveolenanlagen. 40 : 1;
c) Ausschnitt aus dem Präparat a). Die sich entwickelnden Ductus alveolares mit deutlichen Alveolenanlagen sind von einem Netzwerk aus Bündeln elastischer und kollagener Fasern umgeben, die besonders in den freien Kanten der Sekundärsepten sichtbar sind. 90 : 1;
d) Präparat aus derselben Lunge. In den angeschnittenen Ductus alveolares sind die gut entwickelten Sekundärsepten sichtbar. REM 275 : 1
(Präparate und Aufnahme: M. Jost, Gießen)

Die weitere Proliferation des Epithel kann durch dieses Fasernetz jetzt nur in seine Maschen hinein erfolgen: So buchten sich die Anlagen der Alveolen der späteren Ductus und Saccus alveolares als Epithelaussackungen durch diese Netzmaschen vor in das Mesenchym der Primärsepten hinein (Abb. 21-2b, 21-3b) [Pohland 1986]. Dabei drängen sie die entstehenden Ductus alveolares auseinander und stoßen, durch eine dünner werdende Mesenchymschicht voneinander getrennt, gegen die sich ausbuchtenden Alveolen der umliegenden Ductus alveolares des gleichen Acinus. Dieser durch die Netze elastischer und kollagener Fasern gelenkte Prozeß der Ausbuchtung des proliferierenden Epithel führt dazu, daß sich die Sekundärsepten in Längs- und Zirkuläranordnung mit diesen Faserbündeln in ihren freien Kanten ausbilden als Anlagen der seitlichen Interalveolarsepten (Abb. 21-9c, d und 21-10b–d). Diese lateralen Septen werden durch die aus den Primärsepten entstehenden basalen Anteile der späteren Interalveolarsepten ergänzt.

Für diesen Prozeß der Alveolenbildung ist also charakteristisch, im Gegensatz zur bisherigen Darstellung in der Literatur, daß die Proliferation des Epithels kontinuierlich fortschreitet, aber jetzt durch die Fasernetze des Mesenchym in der Form bestimmt

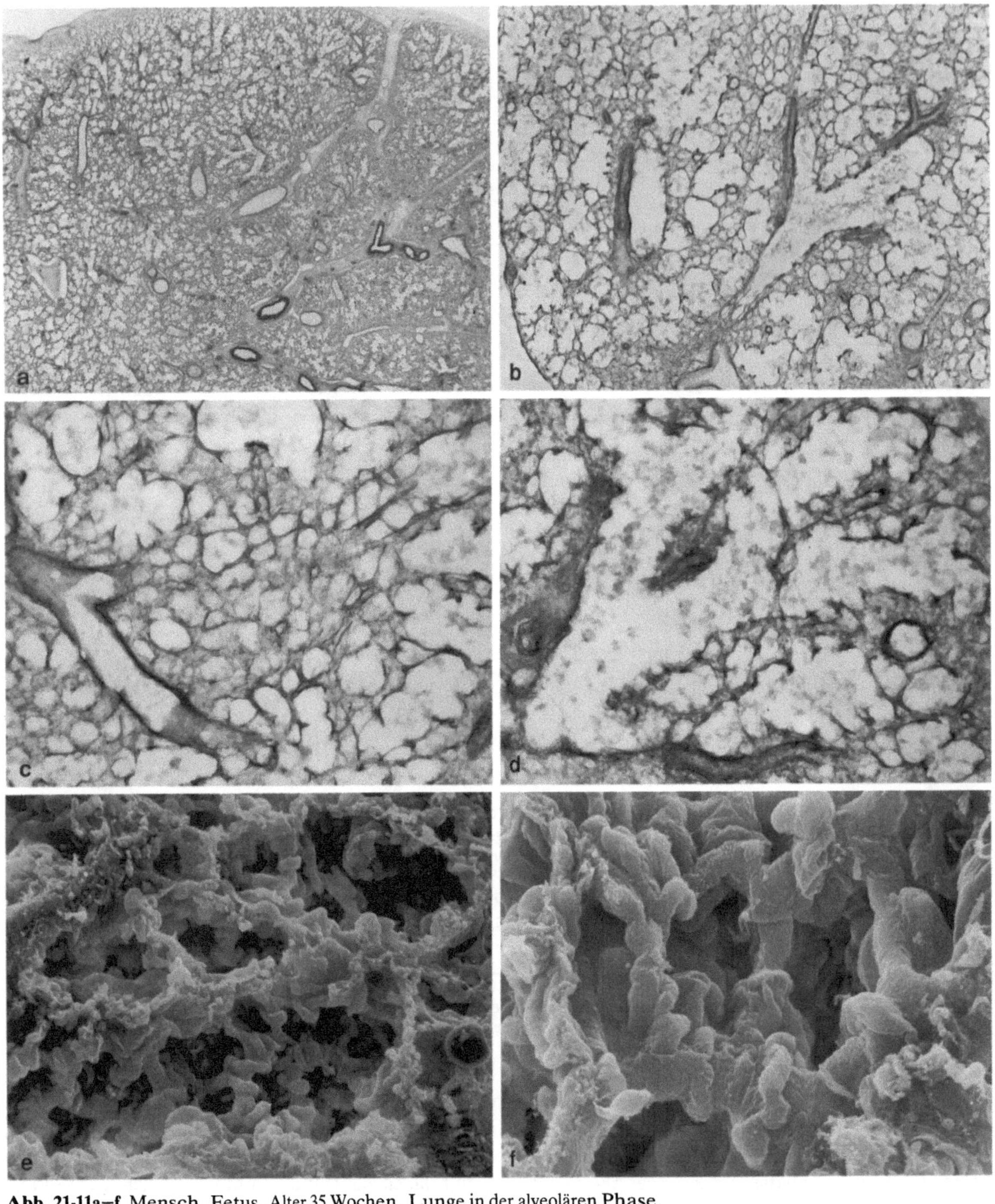

Abb. 21-11a–f. Mensch, Fetus, Alter 35 Wochen, Lunge in der alveolären Phase.
a) Querschnitt durch den rechten Mittellappen. Einzelne interacinäre Septen sind subpleural zu erkennen. Paraffinschnitt, 20 µm, Resorcin-Fuchsin-v.Gieson, 10 : 1;
b) Ausschnitt aus Präparat a). In den angeschnittenen Bronchioli respiratorii, die von Ästen der A. pulmonalis begleitet werden, sind die Alveolenanlagen zu erkennen. 45 : 1;
c) Ausschnitt aus Präparat a). Die Netze elastischer und kollagener Faserbündel um die Ductus alveolares und die dichten Fasernetze um den angeschnittenen Bronchiolus sind zu erkennen. 110 : 1;
d) Ausschnitt aus Präparat a). Die terminalen Aufzweigungen der Ductus alveolares zeigen die gut entwickelten Alveolenanlagen. In den freien Kanten der Sekundärsepten liegen dicke Bündel elastischer und kollagener Fasern, in den Flächen der Primär- und Sekundärbündel haben sich feine Netze dieser Fasern gebildet. 120 : 1;
e) Präparat aus derselben Lunge. In zwei angeschnittenen Ductus alveolares sind die gut entwickelten Sekundärsepten sichtbar. REM 310 : 1;
f) Ausschnitt aus Präparat e). In einem angeschnittenen Ductus alveolaris sind die gefalteten, längs und zirkulär angeordneten Sekundärsepten und die von ihnen abgegrenzten Alveolenanlagen sichtbar. 850 : 1
(Präparate und Aufnahmen: M. Jost, Gießen)

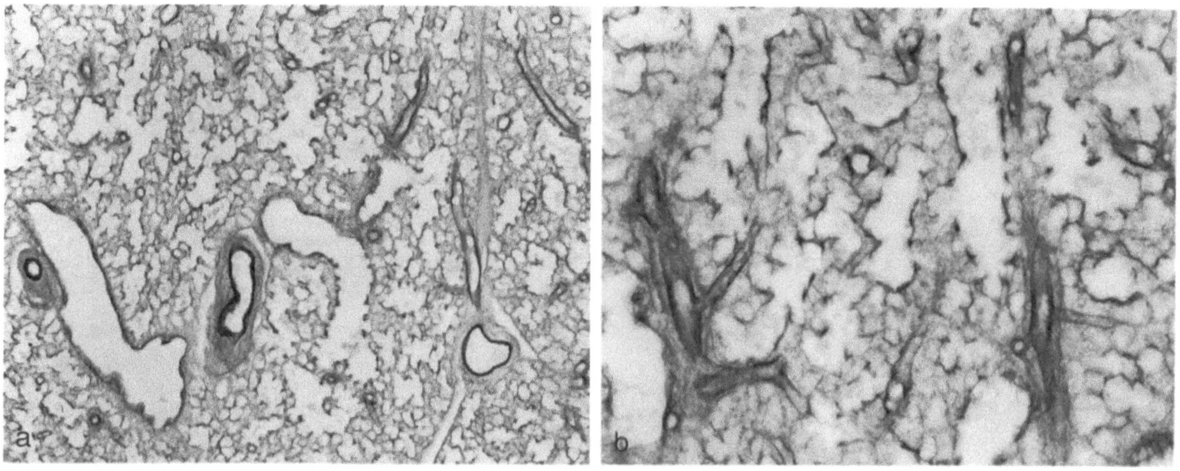

Abb. 21-12a, b. Mensch, Fetus, Alter 37 Wochen, Lunge in der alveolären Phase nahe dem Geburtstermin.
a) Zwischen den angeschnittenen Bronchioli und Ductus alveolares mit ihren Alveolenanlagen befindet sich noch ein dickeres Mesenchym, in dem das Gefäßsystem sich zu den Kapillarnetzen der definitiven Interalveolarsepten zu entwickeln beginnt. Paraffinschnitt, 20 µm, Resorcin-Fuchsin-v.Gieson, 40 : 1;
b) Ausschnitt aus dem Präparat a). Im zentralen Teil eines Acinus sind neben den Bronchioli respiratorii und Ductus alveolares mit den Alveolenanlagen auch mehrere terminale Äste der A. pulmonalis angeschnitten. Die Primär- und Sekundärsepten sind noch relativ dick und mesenchymreich. 100 : 1;
(Präparate und Aufnahmen: M. Jost, Gießen)

wird. Dadurch bleiben die Sekundärsepten bei der Aussackung der Alveolen stehen, sie wachsen nicht in vorher erweiterte Canaliculi vor. Vielmehr nimmt auch der Durchmesser des Lumens des entstehenden Ductus alveolaris vom Beginn der Alveolenbildung an kontinuierlich zu, die Fasernetze, die die Eingänge in die entstehenden Alveolen unterlagern, wachsen in ihrer Weite von ihrer Bildung an kontinuierlich zusammen mit den Ductus alveolares. Dies konnte durch Messungen an Präparateserien der Alveolenentstehung beim Meerschweinchen (Abb. 21-2, 21-5) und Schaf nachgewiesen werden [Pohland 1986], und die von menschlichen Präparaten gewonnenen Bilder bestätigen diesen Entwicklungsablauf vollständig (Abb. 21-9 bis 21-12) [Jost, in Vorbereitung].

Damit konnte belegt werden, daß die Alveolenbildung in den Ductus und Saccus alveolares nach dem gleichen Mechanismus erfolgt wie in den Bronchioli respiratorii, in denen sie beim Menschen ungefähr von der 30. Woche an beginnt (Abb. 21-11b). Für diese Alveolenbildung ist die Ausbuchtung in das umgebende Mesenchym in der Literatur beschrieben [Boyden 1977]. Die Bronchioli respiratorii werden beim Menschen nach der 24. Woche mit einem dichteren, bevorzugt längs orientierten Netz von Faserbündeln umgeben, in dem von der 30. Woche an in unregelmäßiger Verteilung polygonale Aussparungen zu finden sind, durch die hindurch das Epithel sich in das umgebende Mesenchym hinein vorbuchtet und dadurch Alveolen bildet. Dieser Bildungsprozeß scheint mit dem Auseinanderrücken der Bronchioli respiratorii, das durch das Wachstum der distalen Ductus alveolares des Acinus bedingt ist, in unmittelbarem Zusammenhang zu stehen. Dadurch werden die entstehenden Lücken zwischen den Bronchioli optimal mit Alveolen ausgefüllt.

Mit dem Beginn der Alveolenbildung setzt gleichzeitig eine Reihe von weiteren Entwicklungsprozessen ein. Erstens beginnt sich von der 24. Woche an das bis dahin kubische Epithel der Canaliculi in den zukünftigen Ductus und Saccus alveolares auszudünnen. Es entstehen die ersten flachen Epithelzellen, die sich damit zu den Typ I-Pneumocyten differenzieren [Meyrick und Reid 1977, Burri und Weibel 1977]. Die Ausbildung flacher Alveolarepithelzellen erfolgt an den Orten, an denen sich die Kapillaren dem Epithel der Canaliculi eng anlagern. Diese Kapillaren beginnen sich zu diesem Zeitpunkt in dem Mesenchym um die Canaliculi herum sprunghaft zu vermehren und dichte Netze zu bilden. Gleichzeitig beginnt auch in einzelnen Epithelzellen der Canaliculi, die ihre kubische Form behalten und sich zu den Typ II-Pneumocyten differenzieren, in verstärktem Maße die Bildung der Phospholipide für den oberflächenaktiven Film der Alveolen, den „Surfactant", wodurch es zum Auftreten von Lamellenkörpern in diesen Zellen kommt [Meyrick und Reid 1977, Burri und Weibel 1977, Weibel 1985]. Diese verschiedenen Entwicklungsvorgänge führen zusammen zur Ausbildung der definitiven Interalveolarsepten, die beim Menschen mit der 24. Woche beginnt und erst in den ersten Lebensjahren ihren Abschluß findet.

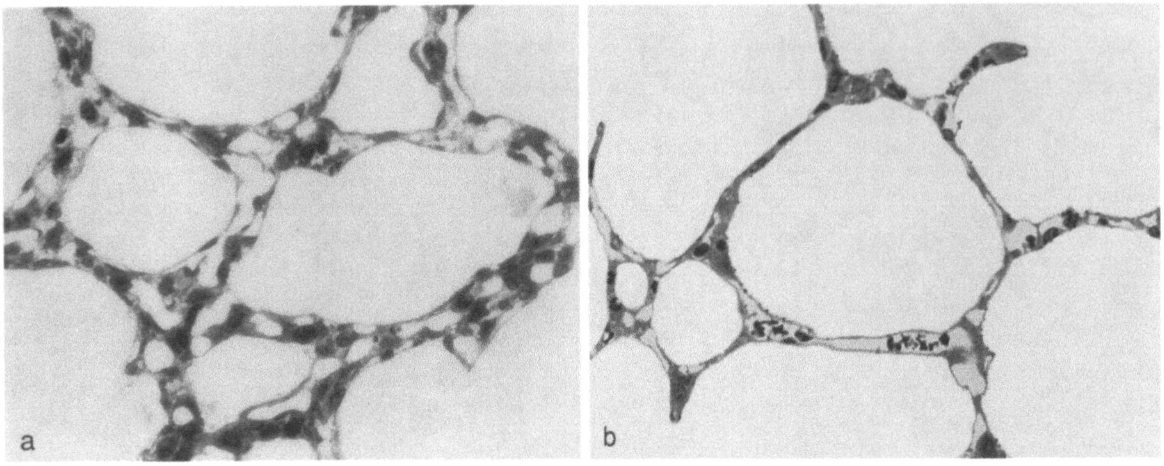

Abb. 21-13a, b. Laborratte, Lunge, Lufträume der Saccus terminales bzw. der Alveolen.
a) 5 Tage alt. Die dicken, zellreichen Wandungen der Saccus terminales zeigen ein doppeltes, miteinander in Verbindung stehendes Kapillarnetz. Semidünnschnitt, 1 µm, Toluidin-blau, 200 : 1;
b) 6 Monate alt. Die dünnen Interalveolarsepten besitzen ein einschichtiges Kapillarnetz und wenige interstitielle Zellen. Semidünnschnitt, 1 µm, Toluidinblau, 250 : 1
(Präparate und Aufnahmen: S. Rasel, Gießen)

Die **Entwicklung der Interalveolarsepten** wird erstens durch die Ausdifferenzierung der Epithelien zu den charakteristischen flachen Typ I-Pneumocyten mit eingestreuten Typ II-Zellen als Ersatzzellen und Surfactant-Produzenten bestimmt. Zweitens ist die Ausbildung der Interalveolarsepten gekennzeichnet durch die Ausziehung des anfangs sehr zellreichen Mesenchym der Primär- und Sekundärsepten zu einer extrem dünnen Bindegewebslage [Burri 1974, Burri und Weibel 1977, Burri 1985, Zeltner und Burri 1987]. Diese Bindegewebslage wird durch die mäandernden Kapillaren, die vielfach durch sie hindurchtreten, durchbrochen. Dieser Ausdünnungsprozeß des Mesenchym zur zarten Bindegewebslamelle findet vor allem durch das starke Größenwachstum der Alveolen statt, bei dem es gleichzeitig zu einer engen Aneinanderlagerung sowohl der benachbarten Alveolen eines Ductus alveolaris wie der aneinander grenzenden Alveolen von benachbarten Ductus alveolares kommt. Dabei erhalten die Primärsepten zwischen den Alveolen verschiedener Ductus und die Sekundärsepten zwischen den Alveolen eines Ductus gleiche Struktur.

Während anfangs nur um die Eingangsöffnungen der sich entwickelnden Alveolen kräftige Bündel kollagener und elastischer Fasern auftreten (Abb. 21-10c), lassen sich von der 30. Woche an auch in den zukünftigen Interalveolarsepten sehr zarte Netze elastischer Fasern nachweisen (Abb. 21-11d) [Jost, in Vorbereitung], die wahrscheinlich ebenfalls von zarten Kollagenfasernetzen begleitet sind. Die Form der Alveolen und ihre Zahl wird durch die Fasernetze in der Wand der Canaliculi festgelegt. Das dritte bestimmende Element der Entwicklung der Interalveolarsepten ist die Anlagerung der Kapillarnetze an das Epithel der sich ausbildenden Alveolen, das mit der Ausdifferenzierung der Typ I-Pneumocyten unmittelbar zusammenhängt. Das vierte wichtige Element der Entwicklung der Interalveolarsepten ist die Umgestaltung ihrer doppelschichtig angelegten Kapillarnetze zu einem einschichtigen Kapillarnetz.

Die **Kapillaren** entwickeln sich von der 24. Woche an als dichtere Netze um alle Canaliculi herum, insbesondere um jeden zukünftigen Ductus und Saccus alveolaris. In dem dann noch dickeren Mesenchym der Primärsepten und der sich langsam ausbildenden Sekundärsepten befinden sich aus der Anlage eines Kapillarnetzes um jeden Canaliculus herum jeweils zwei Kapillarnetze [Burri 1974, Burri und Weibel 1977, Caduff et al. 1986, Zeltner und Burri 1987], die untereinander zahlreiche Verbindungen besitzen (Abb. 21-13a, 21-14a, c, e, 21-15a). Die Entwicklung dieser doppelten Kapillarnetze in den anfänglichen Primär- und Sekundärsepten zu dem säugertypischen einschichtigen Kapillarnetz in den definitiven Interalveolarsepten ist an Rattenlungen, bei denen diese Entwicklung postnatal vom 5.–40. Lebenstag abläuft [Burri 1974, Burri und Weibel 1977, Caduff et al. 1986, Rasel, in Vorbereitung], und in der postnatalen Entwicklung beim Menschen [Zeltner und Burri 1987] mit verschiedenen Methoden untersucht und dargestellt worden. Den sehr detailliert erhobenen Befunden an sich entwickelnden Rattenlungen entsprechen die an wenigen postnatalen Entwicklungs-

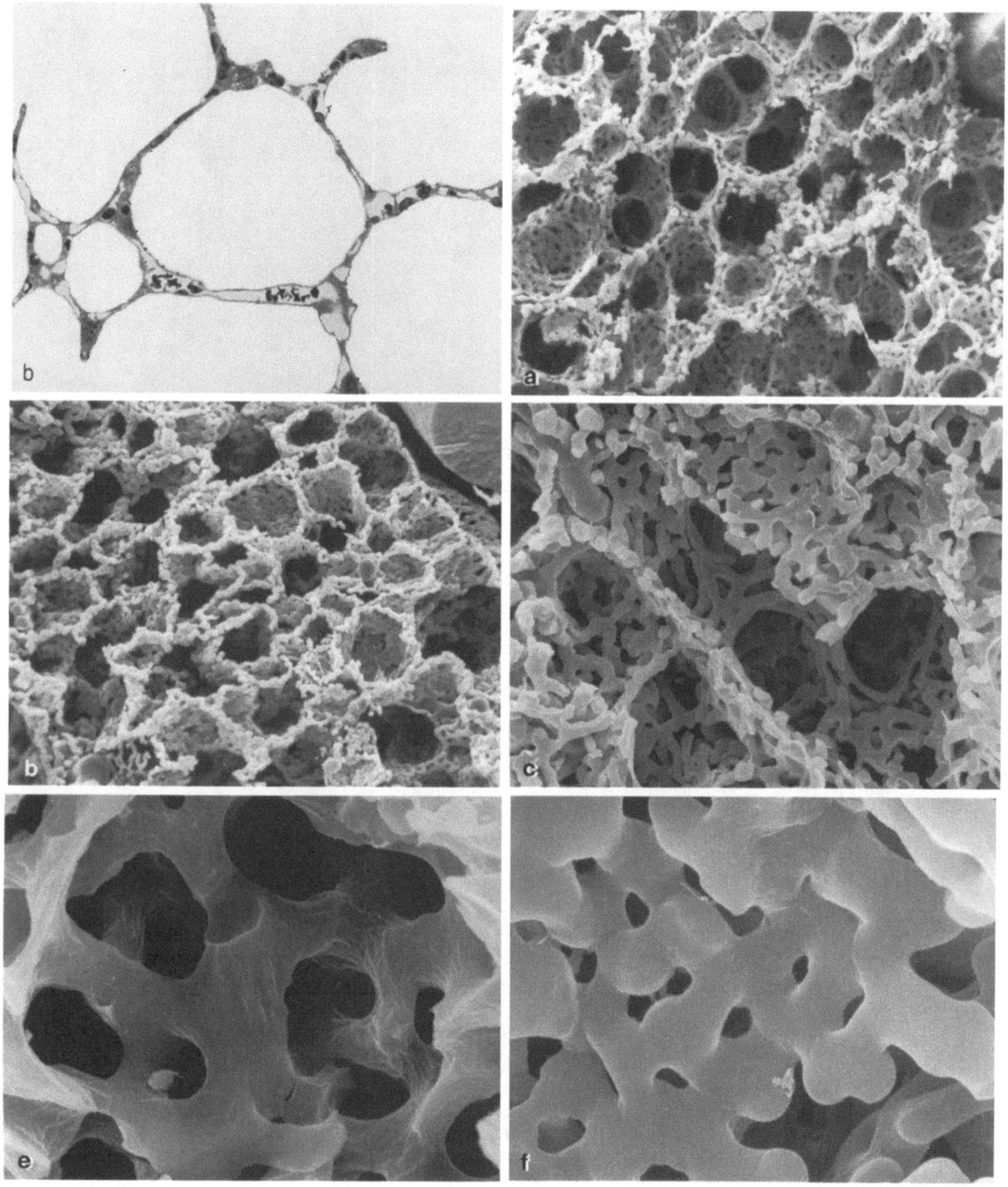

Abb. 21-14a–f. Laborratte, Lunge, Kunststoffausgüsse der Kapillarnetze der Saccus terminales bzw. der Interalveolarsepten im REM.
a) Neugeborene Ratte. Mazerierter Mercox-Ausguß, der die Kapillarnetze der Saccus terminales darstellt. 115 : 1;
b) Ausgewachsene Ratte. Mazerierter Ausguß der Kapillarnetze der Interalveolarsepten. 115 : 1;
c) Ausschnittsvergrößerung aus Präparat a) von der neugeborenen Ratte, welche die Zweischichtigkeit der Kapillarnetze zeigt. 285 : 1;
d) Ausschnittsvergrößerung aus dem Präparat b) von der ausgewachsenen Ratte, welche das einschichtige, mäandernde Kapillarnetz der Interalveolarsepten zeigt. 285 : 1;
e) Ausschnittsvergrößerung aus dem Präparat a) von der neugeborenen Ratte, welche die Verbindungen zwischen den beiden Netzen der zweischichtigen Kapillarnetze der Wandungen der Saccus terminales zeigt. 1185 : 1;
f) Ausschnittsvergrößerung aus dem Präparat b) von der ausgewachsenen Ratte, welche das mäandernde einschichtige Kapillarnetz zeigt. Am linken und am rechten Bildrand sind die Verbindungen zu Kapillarnetzen von abzweigenden Interalveolarsepten sichtbar. 1185 : 1
(Präparate und Aufnahmen: S. Rasel, Gießen)

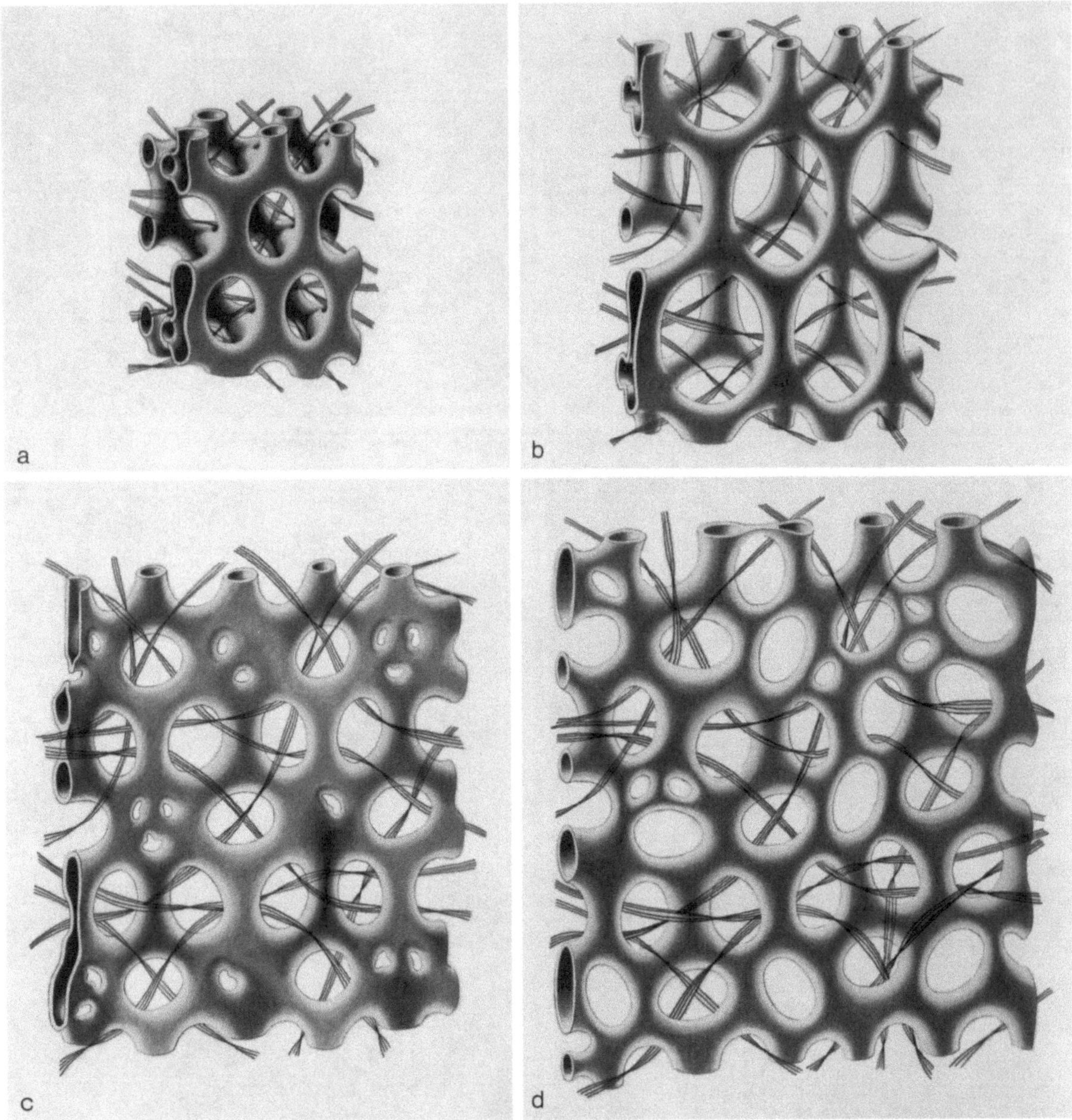

Abb. 21-15a–d. Schematische Darstellung der Umstrukturierung der zweischichtigen Kapillarnetze der Primärsepten und der Anlagen der Sekundärsepten in das einschichtige Netz der Interalveolarsepten.

a) In den Primärsepten und den sich entwickelnden Sekundärsepten entstehen die Kapillarnetze zweischichtig, wobei sie sich mit der Basallamina des Endothels ihrer einen Seite stets der Basallamina des anliegenden, sich ausdünnenden Epithels des zukünftigen Alveolarraumes verbinden. Zwischen den beiden untereinander verbundenen Kapillarnetzen befindet sich das Fasernetz des Mesenchymseptum der Primär- und Sekundärsepten.

b) Beim Wachstum der Primär- und Sekundärsepten werden Abschnitte des einen Kapillarnetzes in die Maschen des anderen Kapillarnetzes einbezogen, wobei die bereits vorhandenen Verbindungen zwischen beiden Netzen die Grundlage der Ausbildung eines einschichtigen Netzes sind. Durch die Basallamina-Verhaftung aller Kapillarabschnitte jeweils mit dem Epithel einer anliegenden Epitheloberfläche kommen die Kapillarstrecken dazu, von einer auf die andere Seite der dünnen Bindegewebslamelle des sich entwickelnden Interalveolarseptum zu mäandern.

c) In dem voll ausgebildeten, mäandernden einschichtigen Kapillarnetz verbreitern sich im Wachstum die Kapillarabschnitte. In diesen verbreiterten Kapillarstrecken wird die Strombahn durch Endotheleinsenkungen und -verheftungen zu durchschnittlicher Weite eingeengt, wodurch neue Kapillarmaschen auftreten.

d) Im Wachstum werden die vorhandenen Kapillarmaschen in ihrer Größe konstant gehalten, und die neu entstandenen Maschen wachsen auf diese Größe heran. Auch im weiteren Wachstum treten in sich verbreiternden Kapillarabschnitten neue Maschen durch den geschilderten Mechanismus der Endothelzellen auf. So werden im Wachstum Kapillardurchmesser und Maschenweite der Kapillarnetze weitgehend konstant gehalten.

(Zeichnungen: Ch. Thiele, Gießen)

stadien des Menschen festgestellten Umbauvorgänge des alveolären Kapillarnetzes vollständig.

Die Entwicklung des Gefäßsystems der Interalveolarsepten beginnt mit der Anlagerung der sich reich vermehrenden Kapillarnetze an die sich ausdünnenden Epithelien der Canaliculi. Dabei verschmelzen die Basallamina der Typ I-Pneumocyten und die der Kapillarendothelzellen miteinander. Durch diese Verschmelzung der Basallaminae wird die für die Diffusion so wichtige extrem dünne Gewebsbarriere strukturell festgelegt. Da primär um jeden Canaliculus herum ein solches Kapillarnetz in dem Mesenchymseptum ausgebildet wird, bildet jede Kapillare nur auf einer Seite diese direkte Epithelanheftung aus. Mit der anderen Seite ragt sie in das anfangs breitere Mesenchymseptum hinein. In diesem Mesenchymseptum besitzt das Kapillarnetz des einen Canaliculus aus seiner Entstehung heraus zahlreiche Verbindungen mit dem Kapillarnetz des jeweils direkt anliegenden Nachbar-Canaliculus (Abb. 21-13a, 21-14c, 21-15a). Mit dem beginnenden Auswachsen der Alveolenanlagen in die breiteren Primärsepten hinein gilt das Beschriebene auch für die Anlage der bei diesem Auswachsen entstehenden Sekundärsepten, die anfangs ebenfalls ein doppeltes, miteinander in zahlreichen Verbindungen stehendes Kapillarnetz besitzen.

In der weiteren Entwicklung der späteren Interalveolarsepten werden nun diese beiden Kapillarnetze durch das Wachstum mit ihren Maschen aufgeweitet [Caduff et al. 1986, Zeltner und Burri 1987, Rasel, in Vorbereitung] und gleichzeitig durch das Ausziehen und Ausdünnen des Mesenchymseptum einander so genähert, daß über die vorhandenen Verbindungen der beiden Netze untereinander Kapillarstrecken des einen Netzes jeweils in Netzmaschen des anderen Netzes hineingezogen werden (Abb. 21-15b) [Zeltner und Burri 1987, Rasel, in Vorbereitung]. Dabei behalten die Kapillaren aber ihre ursprüngliche Basallamina-Verheftung mit einer Epithelseite des Interalveolarseptum bei, während sie von der gegenüberliegenden Epithelseite stets durch das nunmehr sehr dünne Bindegewebsseptum getrennt bleiben, auch wenn dieser Kapillarabschnitt ganz in die Masche des gegenseitigen Netzes eingefügt wurde. Dadurch kommt beim definitiven Interalveolarseptum das Bild zustande, daß die Kapillaren von der einen zur anderen Seite des dünnen Bindegewebsseptum mäandern (Abb. 21-14d, f, 21-15c). So entsteht strukturell das weitgehend einschichtige Kapillarnetz der Interalveolarsepten.

Dabei verbleiben jedoch oft an der Basis der Interalveolarsepten, an den Orten, an denen laterale und basale Septenanteile benachbarter Alveolen zusammenstoßen, die Kapillaren in einer doppelschichtigen Anordnung, ebenso auch in den freien Kanten der Interalveolarsepten zum Lumen der Ductus alveolares [Caduff et al. 1986]. Durch die Anordnung der einzelnen Abschnitte dieses Kapillarnetzes wechselnd auf beiden Seiten des Bindegewebsseptum kommt es dann bei der Stauchung dieses Septum, also bei geringer Entfaltung der Alveolen in der Exspiration, zu einem Zusammensinken der Kapillarabschnitte auf beiden Seiten des Bindegewebsseptum und so zu einer Anordnung, die fast wieder einem zweischichtigen Kapillarnetz entspricht. Dabei bleiben die Basallamina-verhafteten Endothelabschnitte jeweils unter dem Alveolarepithel ihrer Seite fixiert, so daß sich die strukturelle Basis für den Gasaustausch nur wenig ändert.

Bei der Entwicklung des Kapillarnetzes der Interalveolarsepten kommt neben dem Eingliedern von Kapillarabschnitten des einen Netzes in die Maschen des anderen Netzes jedoch auch dem eigenständigen Wachstum des Kapillarnetzes eine wichtige Bedeutung zu. Dieses Wachstum des flächigen Kapillarnetzes erfolgt offensichtlich nach dem Prinzip, daß die Weite der Netzmaschen konstant gehalten wird. Aus Serien von Gefäßausgußpräparaten postnataler Rattenlungen jeweils aufeinanderfolgender Altersstadien ist zu erschließen, daß dieser Entwicklungsprozeß wohl mit zwei verschiedenen Mechanismen abläuft: In größer werdende Kapillarmaschen wachsen aus den umgebenden Kapillaren zwei oder drei Kapillarsprossen aufeinander zu und confluieren miteinander, wodurch sie die größer gewordene Netzmasche mit einem oder zwei Kapillarabschnitten überbrükken und in kleinere Maschen unterteilen.

Ein zweiter Mechanismus des Kapillarwachstums scheint regelmäßig aufzutreten, vielleicht ist er sogar wichtiger für das Größenwachstum des interalveolären Kapillarnetzes: Wenn die Weite der vorhandenen Maschen konstant gehalten wird, nimmt durch das Wachstum die Breite der einzelnen Kapillarabschnitte stark zu. In diesen breiten Kapillarabschnitten kommt es durch Einsenkung und Fusion von gegenüberliegenden Endothelzellen zum Auftreten neuer, anfangs ganz enger Kapillarmaschen, die sich mit dem weiteren Wachstum zu normal großen Maschen auswachsen (Abb. 21-15c, d) [Caduff et al. 1986, Zeltner und Burri 1987, Rasel, in Vorbereitung]. Kapillarmaschen verschiedener Weite, besonders aber sehr enge Maschen, finden sich häufiger in Gefäßausgüssen stark wachsender Rattenlungen.

Auf diese Weise entstehen die definitiven Interalveolarsepten, zu deren regulären Bestandteilen außer den Fasernetzen der Bindegewebssepten auch deren Fibrocyten gehören. Vor der Geburt treten auch Makrophagen in den Septen und als Alveolarmakrophagen auf.

21.7 Perinatale Periode

Ausbildung der Geburtsreife: Beim Menschen ist die alveoläre Phase der Lungenentwicklung zum Zeitpunkt der Geburt erst zu einem kleineren Teil abgelaufen, sie wird nach der Geburt fortgesetzt [Boyden 1977, Langston et al. 1984, Zeltner und Burri 1987, Jost, in Vorbereitung]. Die Neubildung von Alveolen bis zur Geburt scheint aber weitgehend abgeschlossen zu sein, zumindest in den Ductus und Saccus alveolares (Abb. 21-11, 21-12) [Jost, in Vorbereitung]. Zum Zeitpunkt der Geburt eines reifen Neugeborenen, im Alter von 38 Wochen, sind die Acini mit 8–10 kurzen Aufzweigungsgenerationen des respiratorischen Bronchialbaums ausgestattet und damit vollständig angelegt. Auf den terminalen Bronchiolus folgen die 2–3 Generationen der Bronchioli respiratorii, in denen sich seit der 30. Woche erste Alveolenanlagen ausgebildet haben. Auf diese respiratorischen Bronchioli folgen die 3–6 Teilungsgenerationen von Ductus alveolares, die mit einer letzten Aufzweigung in den Saccus alveolares enden. Ductus und Saccus alveolares haben seit der 24. Woche über ihre gesamte Ausdehnung Alveolenanlagen ausgebildet (Abb. 21-9 bis 21-12).

Alle Alveolenanlagen sind zum normalen Geburtszeitpunkt nach 38 Wochen eindeutig als solche zu erkennen, aber im Vergleich zu fertig ausgebildeten Alveolen stellen sie erst sehr flache Ausbuchtungen der Ductus alveolares und Bronchioli respiratorii dar. Sie sind aber von einem vollständigen typischen Alveolarepithel von Zellen des Typ I mit eingestreuten Typ II-Zellen ausgekleidet und besitzen eng angelagerte, dichte Kapillarnetze. Durch diese Ausbildung einer dünnen Diffusionsbarriere und durch die reichliche Sekretion des Surfactant, der oberflächenaktiven Substanzen, ist eine ausreichende Funktionsfähigkeit der Lunge für den Gasaustausch gewährleistet. Die Interalveolarsepten und ihre noch doppelten Kapillarnetze befinden sich zum Geburtszeitpunkt in voller Entwicklung, die Umstrukturierung der Kapillarnetze steht erst am Anfang [Zeltner und Burri 1987].

Das Besondere an der vorgeburtlichen Entwicklung der menschlichen Lunge ist nun, daß diese Prozesse zum Erwerb der Funktionstüchtigkeit durch die Anlagerung dichter Kapillarnetze, die Ausdünnung des Alveolarepithel und die Surfactant-Sekretion bereits in der 24. Woche beginnen. Das ist der Grund dafür, daß Frühgeborene im Alter von 28 Wochen, also mit 7 Monaten, durch diese frühzeitige Ausbildung einer funktionsfähigen Gasaustauschbarriere in der Regel schon lebensfähig sind. Vorher, von der 24. Woche an, sind die Feten meist unter Einsatz medizinisch-technischer Hilfsmöglichkeiten bedingt überlebensfähig. Jüngere Frühgeburten können wegen ihrer fehlenden Lungenausreifung nur ausnahmsweise am Leben erhalten werden. Glucocorticosteroide, aber auch einige andere Hormone, stimulieren die Produktion der Surfactant-Substanzen und in begrenztem Ausmaß die Epithelausreifung [Clements und Tooley 1977, Taeusch und Avery 1977, Burri 1985], so daß sie auch bei drohenden Frühgeburten den Müttern zur Prophylaxe verabreicht werden (siehe auch Kapitel 31. Frühgeborene).

Für die Funktionsfähigkeit der Lungen unmittelbar nach der Geburt, gerade auch bei Frühgeborenen, ist neben einer genügend großen Gasaustauschoberfläche die ausreichende Produktion der oberflächenaktiven Substanzen unentbehrlich. Die oberflächenaktiven Phospholipide breiten sich auf einer wäßrigen, eiweißhaltigen Hypophase als Film auf der Oberfläche aller Epithelzellen aus. Dieser Film reduziert die Oberflächenspannung der Gas-Flüssigkeits-Grenzphase ungefähr auf die Hälfte [Kotas 1982]. Ohne diesen Surfactant-Film auf der gesamten Oberfläche aller angelegten Alveolen ist eine gleichmäßige Entfaltung der Ductus und Saccus alveolares mit ihren Alveolenanlagen durch die ersten Atembewegungen nicht möglich. Bei unzureichender Ausbildung des Surfactant-Filmes kommt es zum Atemnotsyndrom der Frühgeborenen, Teile der Ductus und Sacculi alveolares bleiben unentfaltet, andere Teile werden überbläht. Als neueste Therapie wird Frühgeborenen mit Atemnotsyndrom isolierter natürlicher Surfactant oder synthetischer Surfactant über einen Spray in die Atemwege verabreicht, der die notwendige Entfaltungsdrucke bei künstlicher Beatmung wesentlich herabsetzt [Mellins und Jobe 1988].

Dieser oberflächenaktive Film kann nur dynamisch aufrechterhalten werden. Bei den durch die Atemwegsbewegungen bedingten Größenänderungen der Alveolen wird der Film ständig gespreitet und zusammengeschoben. Zusammengeschobene Anteile werden von Makrophagen aufgenommen, während Typ II-Pneumocyten die Substanzen des Surfactant-Films ständig neu produzieren. Die Typ II-Pneumocyten verbleiben auch bei vollständiger Auskleidung der angelegten Alveolen mit den weitausgebreiteten dünnen Typ I-Epithelzellen als einzelne kubische Zellen eingestreut in diesem Epithelbelag. Sie sind dort nicht nur für die ständige Neuproduktion des Surfactant zuständig, sondern stellen zugleich die Mutterzellen für die Typ I-Pneumocyten dar [Meyrick und Reid 1977, Burri und Weibel 1977, Weibel 1985].

Das Lumen des sich entwickelnden Bronchialsystems ist während der gesamten Embryonal- und Fetalperiode mit Flüssigkeit gefüllt. Diese Lungenflüssigkeit wird nach den vorliegenden Untersuchungen zumindest zu einem Teil, vielleicht sogar ausschließlich, von dem Epithel des Bronchialsystems sezerniert [Avery und Fletscher 1974, Olver 1977]. Bei gelegentlichen Atembewegungen des Feten wird in der späteren Entwicklung auch Amnionflüssigkeit aspiriert [Potter 1961, Avery und Fletscher 1974]. Das Ausmaß des Austausches mit der Amnionflüssigkeit und die Frage der Resorption der Lungenflüssigkeit durch das Bronchialepithel in der Fetalperiode sind ungeklärt. Nach dem Einsetzen der Phospholipid-Sekretion ist Surfactant-Material auch in der Amnionflüssigkeit nachweisbar.

Geburtsablauf und Funktionsübernahme der Lunge: Bei der Geburt wird ein Teil der Lungenflüssigkeit beim Durchtritt durch den Geburtskanal ausgepreßt. Mit dem ersten Atemzug werden die Bronchi, Bronchioli, Ductus und Saccus alveolares weitgehend entfaltet und belüftet, so daß sie mit ihren dünnen Austauschoberflächen den Gasaustausch, den bis dahin die Placenta durchführte, augenblicklich übernehmen können. Die verbleibende Flüssigkeit, die dem Residualvolumen der Fetallunge entspricht, wird mit dem ersten Atemzug in die entfalteten terminalen Ductus und Saccus hineingesogen. Zugleich wird durch die Entfaltung der Lunge auch ihr Gefäßsystem gestreckt, das sich dadurch und durch den beim ersten Atemzug entstehenden Unterdruck kräftig mit Blut füllt. Der Rückstrom dieses plötzlich stark erhöhten Lungenblutvolumens ist dann für den höheren Druck im linken Vorhof und den Schluß des Foramen ovale verantwortlich. Zusammen mit der gleichzeitig eintretenden Kontraktur des Ductus arteriosus werden so großer und kleiner Kreislauf funktionell getrennt (siehe auch Kapitel 13. Fetaler Kreislauf).

In den ersten 6 Lebensstunden werden durch die Atem- und Schreibewegungen auch die letzten Ductus und Saccus entfaltet. Die in dieser Zeit erhöhte Permeabilität der Typ I-Pneumocyten führt dazu, daß die verbliebene Lungenflüssigkeit in das interstitielle Bindegewebe der Septen zwischen den Bronchioli und Ductus aufgenommen wird, von wo sie durch die Blutgefäße und durch das bis zu den proximalen Bronchioli respiratorii gut entwickelte Lymphgefäßsystem abtransportiert wird [Olver 1977].

Die Neugeborenenlunge besitzt einen voll entwikkelten luftleitenden Bronchialbaum und einen mit 8–10 Verzweigungsgenerationen wohl ebenfalls schon voll ausgebildeten, jedoch noch recht kurzen gasaustauschenden Abschnitt der Luftwege [Boyden 1977, Jost, in Vorbereitung]. Dieser respiratorische Abschnitt besteht aus 2–3 Generationen kurzer respiratorischer Bronchiolen, in denen die Alveolenbildung seit der 30. Embryonalwoche abläuft, und 3–6 Generationen relativ kurzer Ductus alveolares, die mit einer letzten Aufzweigung terminal in den ganz kurzen Saccus alveolares enden. Die Ductus und Saccus alveolares sind ringsherum und über ihre ganze Länge mit flachen Alveolenanlagen besetzt [Langston et al. 1984, Jost, in Vorbereitung], sie bestehen ausschließlich aus diesen sich entwickelnden Alveolen.

Diese strukturell noch nicht ausentwickelte Lunge führt den Gasaustausch mit den kurzen Abschnitten der Ductus alveolares und terminalen Saccus alveolares durch. Die Ductus und Saccus alveolares sind im Durchmesser etwa ein Viertel bis halb so groß wie die Alveolen Erwachsener. Diese Ductus und Saccus alveolares gleichen im histologischen Bild, besonders durch den in der Regel schlechten Erhaltungszustand des menschlichen Materials, sowohl einerseits den „terminal sacs" der Nesthockerlungen wie auch den ausgebildeten Alveolen der Nestflüchterlungen, weshalb sie früher regelmäßig mit einer dieser beiden Strukturen verwechselt und deshalb entweder als „Saccus terminales" oder als „Alveolen" bezeichnet wurden. Die flachen Alveolenanlagen der Ductus und Saccus der menschlichen Neugeborenenlunge besitzen, im Gegensatz zu ausgereiften Alveolen, noch ein doppeltes Kapillarnetz in den Primär- und den noch niedrigen Sekundärsepten, aus denen sich erst die definitiven Interalveolarsepten entwickeln werden.

21.8 Postnatale Periode

Fortsetzung der alveolären Phase: Die Entwicklung der Lungenstruktur erstreckt sich beim Menschen mit der Fortführung der alveolären Phase nach den verschiedenen Literaturangaben wohl bis zum 3.–4. Lebensjahr [Burri und Weibel 1977, Burri 1988], längstens bis zum 6.–8. Lebensjahr [Boyden 1977, Burri 1985]. Bis zu diesem Zeitpunkt muß die Neubildung von Alveolen beendet und der Umbau der Primär- und Sekundärsepten zu den definitiven Interalveolarsepten zum Abschluß gekommen sein. Gleichzeitig erfolgt in diesem zweiten Teil der alveolären Phase ein starkes Streckungswachstum des gesamten respiratorischen und konduktiven Bronchialbaums.

Es ist bisher nicht aufgeklärt, in welcher speziellen Abfolge und zeitlichen Ausdehnung diese Entwicklungsprozesse ablaufen. Boyden zog schon 1977 die Befunde von Dunnill [1962] in Zweifel, auf dessen Zahlen die in die Literatur eingegangenen Vorstellungen von einer Vermehrung der Alveolen von 24 Millionen bei der Geburt auf 280 Millionen beim achtjährigen Kind beruhen. Boyden [1977] beschreibt die Alveolen bei der Geburt als viel zu flach, um sie einzeln zählen zu können, so daß Dunnill [1962] nur die Sacculi zählen konnte. Burri [1988] faßt die wenigen Literaturdaten zusammen und spricht, auf die Daten von Langston et al. [1984] bezogen, von 50 Millionen Alveolen in der Lunge des menschlichen Neugeborenen und 300 Millionen in der Erwachsenenlunge. Es wird aber nicht klar, wie die ganz flachen Alveolenanlagen bei der Geburt als einzelne Alveolen gezählt werden konnten. Burri [1988] hält es für wahrscheinlich, daß die Neubildung von Alveolen nach 12–18 postnatalen Monaten abgeschlossen sei.

Neugewonnenes umfangreiches Material macht es wahrscheinlich, daß die Alveolenneubildung in den Ductus und Saccus alveolares bereits bei der Geburt abgeschlossen ist [Jost, in Vorbereitung]. Nur in den Bronchioli respiratorii läuft wohl zusammen mit den starken Wachstumsvorgängen der Lunge noch länger in der postnatalen Periode eine Alveolenneubildung ab, wie auch Boyden [1977] schreibt. Durch das starke Durchmesserwachstum der Ductus und Saccus alveolares mit ihren Alveolen werden auch die Bronchioli respiratorii stärker auseinandergedrängt. Die in ihrer Wand erfolgende Alveolenneubildung trägt während der Ausformung der Alveolen in den Ductus und Saccus zur optimalen Raumausnutzung im Acinus durch Alveolen bei. Dieser Prozeß dürfte wohl mit dem 6.–8. Lebensjahr zum Abschluß kommen. Danach unterliegen die Alveolen und der gesamte Bronchialbaum nur noch einem proportionalen Größenwachstum.

Der entscheidende Entwicklungsvorgang in der postnatalen alveolären Phase ist die Ausbildung der definitiven Form der Alveolen und der Umbau der Primär- und Sekundärsepten zu den definitiven Interalveolarsepten. Durch das weitere Proliferieren der Alveolarepithelien und der ihnen angelagerten Kapillarnetze wachsen die bei der Geburt erst sehr flachen Anlagen der Alveolen in den ersten Lebensjahren zur definitiven Form der polygonalen, in allen Durchmessern annähernd gleich großen Alveolen aus. Bei diesem Wachstum dürften auch die als Retraktionskräfte wesentlichen Oberflächenspannungskräfte eine wichtige Rolle spielen [Duncker 1985], die durch den sezernierten Surfactant so herabgesetzt und modifiziert sind, daß im Gegensatz zu den rein physikalischen Beziehungen zwischen Oberflächenspannungskraft und Durchmesser gerade die kleineren, wenig entfalteten Alveolenanlagen mit ihrem dichteren Surfactant bei den Atembewegungen eine geringere Retraktionskraft entfalten als die stärker entfalteten, größeren Alveolaranlagen mit ihrem stärker gespreizten Surfactant. Diese größenabhängigen Unterschiede in den Retraktionskräften könnten dazu beitragen, daß beim Heranwachsen die anfangs in ihren Größen stärker variablen Alveolenanlagen eine sehr einheitliche Größe erreichen.

Das histologische Erscheinungsbild der menschlichen Lunge ändert sich nach dem Einsetzen der Alveolenbildung und der Entwicklung der dünnen Typ I-Pneumocyten in den Alveolenanlagen, also nach Beginn der perinatalen Periode, nur noch graduell, so daß die ablaufenden Veränderungen qualitativ nur schwer zu erfassen sind. Dieses Faktum ist mit verantwortlich für die bis heute bestehenden Unklarheiten über die menschliche Lungenentwicklung. Das cytologisch-histologische Erscheinungsbild, das von den Typ I-Pneumocyten mit eingestreuten Typ II-Zellen von der 28. Woche an dominiert wird, ändert sich bis zur erwachsenen Lunge nicht mehr wesentlich. Dem Wachstum und der Vermehrung der Alveolenanlagen läuft das Wachstum ihrer Typ I-Pneumocyten und der ihnen direkt angelagerten Kapillarnetze unmittelbar parallel. Die sich so stark vergrößernde Austauschoberfläche mit der strukturell festgelegten dünnen Diffusionsbarriere erfährt bei ihrem Wachstum von der 28. Woche bis zum Adulten keine wesentlichen Veränderungen.

Dagegen unterliegen die Bindegewebsbestandteile der zahlreichen Primär- und Sekundärsepten, die in der alveolären Phase in die später einheitlich aufgebauten Interalveolarsepten umgebildet werden, stärkeren strukturellen Abwandlungen. Dabei erfährt das Mesenchym dieser Septen unter dem starken Wachstum der Interalveolarsepten eine erhebliche Ausziehung, die in einer deutlichen Ausdünnung zu der definitiven, ganz dünnen Bindegewebslamelle der Interalveolarsepten führt [Burri und Weibel 1977, Burri 1985, 1988]. Eingeschlossen in diesen Prozeß ist der geschilderte Umbau des primär zweischichtigen, jeder Alveolenseite anliegenden Kapillarnetzes zu dem einschichtigen Netz von Kapillaren, die dann von der einen auf die andere Seite der Bindegewebslamelle mäandern. Dieser Entwicklungsprozeß endet erst mit dem Abschluß der Ausbildung der definitiven Alveolenform, also mit dem 6.–8. Lebensjahr.

Ein wesentlicher Bestandteil dieses Prozesses ist die Bildung der elastischen und kollagenen Fasersysteme [Loosli und Potter 1959, Meyrick und Reid 1977, Franzblau et al. 1977, Jost, in Vorbereitung]. Sie beginnt mit der ersten Ausbildung der longitudinalen und zirkulären Faserbündel um die Canaliculi in der 23.–24. Woche, welche die weitere Proliferation des Epithel in die Form der Alveolenanlagen lenken. Diese elastischen und kollagenen Faserbündel, die die späteren Eingänge in die Alveolen unterlagern (Abb. 21-2, 21-10, 21-11), wachsen mit dem Wachstum der sich entwickelnden Ductus alveolares in Umfang und Länge mit und werden dabei gleichzeitig dicker durch Anlagerung neuer Faserbündel. Nach der 30. Woche entstehen in den sich entwickelnden Interalveolarsepten auch ganz zarte Netze elastischer und kollagener Fasern (Abb. 21-11d). Diese kräftigen elastisch-kollagenen Faserbündel um die Alveoleneingänge herum und diese zarten Netze in den Interalveolarsepten sind bereits bei der Geburt vorhanden [Loosli und Potter 1959, Meyrick und Reid 1977, Jost, in Vorbereitung]. Sie nehmen nach der Geburt nur entsprechend der weiteren Alveolenentwicklung in ihrer Menge und in der Dicke der Faserbündel zu.

Bei diesem Wachstum der Alveolen werden die Primär- und Sekundärsepten durch das Ausziehen ihrer Bindegewebslamellen ausgedünnt, wodurch sich gleichzeitig die Alveolen einander eng anlagern. Bei dieser Entwicklung der Alveolen entstehen die definitiven Interalveolarsepten, wobei sich durch das Auswachsen und Größerwerden der Alveolen die Ductus und Saccus alveolares strecken und zugleich auch weiter auseinanderweichen. Während dieses Entwicklungsprozesses der Interalveolarsepten läuft gleichzeitig die geschilderte Umorganisation der angelegten doppelten Kapillarnetze in das definitive einschichtige Kapillarnetz und dessen weiteres Wachstum ab [Caduff et al. 1986, Zeltner und Burri 1987, Rasel, in Vorbereitung]. Durch diese Ausformung der Alveolen und ihr Wachstum erhalten die Alveolen nicht nur ihre definitive Form und nähern sich ihrer adulten Größe, sondern durch das Ausdünnen der Interalveolarsepten und den Umbau der Kapillarnetze wird die Menge des Bindegewebes stark reduziert und die Relation von Kapillarnetzen und Alveolarepithelien zu den Alveolarvolumina optimiert. Dieses funktionelle Optimum liegt in einer möglichst großen Austauschoberfläche pro Volumeneinheit bei einer möglichst dünnen Diffusionsbarriere zwischen Luft und Blut, zugleich aber auch in einer möglichst günstigen Abstimmung des Blutvolumens, das pro Zeiteinheit das Kapillarnetz maximal durchströmen kann, auf das Luftvolumen, das in der gleichen Zeiteinheit maximal ausgetauscht werden kann.

Wachstumsphase: Wenn die alveoläre Phase zwischen dem 3./4. bis 6./8. Lebensjahr abgeschlossen ist, sind alle Alveolen ausgebildet, auch die in den Bronchioli respiratorii. Ebenfalls sind dann die Interalveolarsepten strukturell ausgeformt, ihre Bindegewebslamelle ist auf die definitive Stärke ausgedünnt, und das Kapillarsystem ist auf ein vielschichtiges Netz umgebaut bis auf Reste des zweischichtigen Kapillarnetzes in basalen und apicalen Partien dieser Septen. Dann geht die Lunge gleitend in ihre Wachstumsphase über, in der durch proportionales Wachstum alle ihre Strukturen Adultgröße erreichen. In dieser Wachstumsphase vergrößern sich nicht nur die einzelnen Strukturen, sondern sie passen sich auch funktionell der neuen Größe an. Dabei bewahren die Kapillarnetze durch die Ausbildung neuer Maschen ihre Maschendichte, und die zu- und abführenden Gefäße entwickeln ihre Wandmuskulatur entsprechend den wachsenden Durchmessern. Dieses funktionell bestimmte Wachstum geht dann fließend in die reaktiven Umbaumöglichkeiten der einzelnen Lungenstrukturen über, mit denen die Alveolarregion, die konduktiven Bronchialwege, das Gefäßsystem und der Bindegewebsapparat der Lunge sich physiologischen und pathologischen Beanspruchungen und Veränderungen in einem gewissen Umfang funktionell anpassen können.

Während die praenatale Entwicklung der menschlichen Lunge jetzt in ihren Grundvorgängen abgeklärt ist, bleibt in ihrer postnatalen Entwicklung aber noch eine Reihe von Fragen offen. Werden in der normalen Lungenentwicklung in der postnatalen Periode noch Alveolen neu gebildet? Da bei der bisherigen Verkennung der praenatalen Bildung von Alveolenanlagen nur die bei der Geburt vorhandenen kurzen Abschnitte der einzelnen Generationen der Ductus alveolares und die Saccus alveolares gezählt und berechnet wurden, nicht aber die Anzahl der flachen Alveolenanlagen, erhebt sich die Frage, wie groß deren Zahl bei der Geburt ist. Stellen diese Alveolenanlagen der Zahl nach bereits den vollen Bestand der Alveolen der erwachsenen Lunge dar, oder kommt in dieser postnatalen Periode noch eine entscheidende Neubildung von Alveolen hinzu, wie die bisherigen Literaturangaben nahelegen? Auf welchem Entwicklungsmechanismus beruht dann diese Neubildung, und an welchen Orten erfolgt sie? Sicher findet nach der Geburt mit dem weiteren Auswachsen des respiratorischen Bronchialbaums eine Neubildung von Alveolen in den Bronchioli respiratorii statt. Die Anzahl dieser Alveolenneubildungen ist aber im Verhältnis zur Gesamtalveolenzahl sehr begrenzt.

Es scheint jetzt klar zu sein, daß im normalen Entwicklungsablauf der menschlichen Lunge nach dem Abschluß der canaliculären und dem Beginn der alveolären Phase keine weiteren Sprossungen und Aufzweigungen proliferierender Epithelknospen auftreten, also keine regulären neuen Teilungsgenerationen mehr gebildet werden, insbesondere nicht in der postnatalen Periode, wie von einigen Autoren behauptet wurde. Es ist die Frage, ob sich der Sprossungsprozeß auf das geschilderte Ausfüllen von Mesenchyminseln beschränkt, die bei dem primären Wachstum des respiratorischen Bronchialbaums nicht von canaliculären Sprossen erreicht wurden. Dieser kompensatorisch-reaktive Sprossungsvorgang, der zur optimalen Ausfüllung des Lungengewebes mit Alveolen führt, könnte auch für die meist indirekt erschlossene regenerative Neubildung von Alveolen nach Resektion von Lungenteilen oder für die reaktive Neubildung unter ständiger Hypoxie, insbesondere bei einem Leben in großen Höhen, verantwortlich sein. Diese reaktiv-regenerative Alveolenneubildung ist für jugendliche Säuger nachgewiesen worden, und zwar so lange das Körperwachstum und damit auch das Lungenwachstum noch nicht abgeschlossen sind. Gänzlich ungeklärt ist, wie in diesen Fällen die zur Versorgung der neugebildeten Lungenanteile notwendigen konduktiven Bronchialbaumteile nachgebildet werden. Es ist insgesamt unbekannt, wie weit das reaktiv-regenerative Wachstumsvermögen der Lunge strukturell und zeitlich ausgebildet ist.

21.9 Unterteilung des Coelom

21.9.1 Pericard und pericardio-peritoneale Kanäle

Schon bei der Beschreibung der Entwicklung des intraembryonalen Coelom im STADIUM 9 und 10 wurde gezeigt (Abb. 6-15), daß die Anlage des Pericardialspaltes über zwei seitliche, paarige, schlauchartige Verbindungen mit den Coelompforten kommuniziert. Auch nach dem Abschluß der Nabelbildung und Abgrenzung des intraembryonalen vom extraembryonalen Coelom bleibt diese Verbindung zwischen dem Pericardialraum und dem nun entstandenen künftigen Peritonealraum erhalten: Ductus pericardio-peritoneales. Sie sind zwei sehr flache, breite, schlauchartige Verbindungen, die sich über mehrere Somiten erstrecken. Sie begrenzen seitlich das künftige Mediastinum, von wo aus sich die Lungenknospen gegen das innere Blatt dieser Coelomgänge nach lateral vorwölben (Abb. 21-16).

Der Pericardialspalt umgibt das rasch größer werdende Herz von allen Seiten, das ursprünglich vorhandene dorsale Meso des Herzens löst sich früh auf und hinterläßt zwei kleine, sich später am Verschluß beteiligende Falten am Eingang in die Ductus pericardio-pleurales [Wells 1954]. Als Umschlagsränder vom visceralen zum parietalen Blatt bleiben nur die Gefäßaustritte bzw. -eingänge erhalten: Porta arteriosa und Porta venosa stellen zeitlebens die pericardialen Umschlagsstellen dar. Die Hauptzuflüsse zum Herzen, die zum Ductus Cuvieri vereinigten Cardinalvenen umgreifen von dorso-lateral her die Ductus pericardio-peritoneales und wölben mit ihrem großen Volumen das äußere Blatt dieser Ductus gegen das Lumen der Coelom-Schläuche vor (Abb. 21-17). Die so aufgeworfene Falte der Coelomwand wird zur Plica pericardio-pleuralis (Abb. 21-18). In sie wächst von dorso-lateral her der Nervus phrenicus ein (Abb. 21-17, 21-18). Mit dem Wachstum und dem Descensus des Herzens nähern sich diese Falten dem medialen Bindegewebspfeiler, der Oesophagus und Trachea enthält, um mit ihm zu verschmelzen. Damit wird im STADIUM 17 [Wells 1954] (Abb. 21-18) die Pericardhöhle von den sich aus den Ductus entwickelnden Pleurahöhlen getrennt.

Schon früh, beginnend im STADIUM 9, hatte sich zwischen der Anlage von Herz und Pericard und der Anlage der Leber eine bindegewebige Platte, das Septum transversum [His 1880], gebildet. An seinem dorsalen Rand verlaufen die pericardio- peritonealen Kanäle. Das Septum transversum breitet sich mit der raschen Größenzunahme der Leber immer weiter aus. Der caudale Übergang der Ductus pericardio-peritoneales liegt damit am hinteren seitlichen Rand der Leber. Die beiden Coelomschläuche, die jetzt schon als Anlage des Pleuraraumes angesprochen werden können, erfahren sowohl aus dem Peritonealraum durch die große Leber wie auch aus dem Retroperitonealraum durch die Urniere und später durch die großen Körper der Nebennieren eine starke Einengung, so daß als Restlumen hier auf jeder Seite ein Ductus pleuro-peritonealis bestehen bleibt.

Aus der cranialen, mesenchymhaltigen Urnierenfalte, die als craniales Keimdrüsenband langzeitig persistiert, bildet sich jederseits eine Membrana pleuro-peritonealis aus (Abb. 21-19, 21-22b). Sie wächst von der dorsolateralen Körperwand auf das

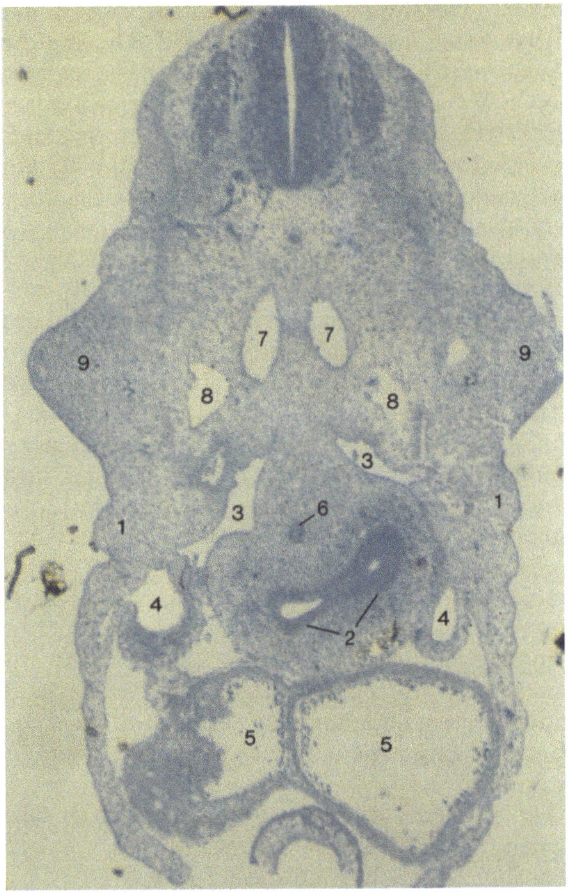

Abb. 21-16. Embryo im STADIUM 14 (4,5 mm) im transversalen Semidünnschnitt. Zwischen Rumpfwand (1) und paariger Lungenknospe (2) ist das Lumen der Ductus pericardio-pleurales (3) (fixierungsbedingt?) teilweise zum kapillären Spalt verkleinert. Die Cardinalvenen bzw. Ductus Cuvieri (4) liegen weitlumig in den Plicae pleuropericardiales. Der N. phrenicus ist noch nicht entwickelt. 5 = Herzvorhöfe, 6 = Oesophagus, 7 = paarige Aortae dorsales, 8 = V. praecardinalis, 9 = Anschnitt der oberen Extremitätenknospe. 65 : 1
(Präparat und Aufnahme: Professor Hinrichsen, Bochum)

Septum transversum und das dorsale Mesenterium des unteren Oesophagus zu und vereinigt sich schließlich mit ihnen. Im STADIUM 20–21 werden dadurch Pleurahöhle und Peritonealhöhle weitgehend voneinander getrennt. Ein enger Ductus pleuro-peritonealis kann aber noch länger offen oder als Hemmungsmißbildung bestehen bleiben, bevorzugt auf der linken Seite. Das Septum transversum steht an seiner Unterseite mit den noch breiten Mesenchymfalten der Leber (spätere Ligg. coronaria hepatis, triangulare und falciforme) und dem Begleitbindegewebe von Oesophagus und Magen (Anfangsteil des Mesogastrium dorsale und ventrale) sowie der V. cava inferior breitflächig in Verbindung. Besonders die Verbindung zur Vena cava [Plica venae cavae: Ravn 1889] kann mit dem etwas früheren und stetigeren Verschluß des rechten Ductus pleuro-peritonealis in Zusammenhang gebracht werden.

21.9.2 Pleurahöhlen

So langsam die Lungenentwicklung insgesamt abläuft, so allmählich erfolgt auch die Erweiterung der Coelomkanäle zu den eigentlichen Pleurahöhlen. Sie füllen die seitlichen Nischen zwischen Herz und Leber aus, liegen aber bis zum STADIUM 20 noch immer retro-pericardial (Abb. 21-20). Mit der starken Größenzunahme von Herz und Leber, besonders aber mit der Ausbildung der Brustwand und der knorpeligen Rippen, später auch des Zwerchfells, dehnt sich der Pleuraspalt am stärksten nach ventral und dorso-caudal, aber auch nach cranial aus (Abb. 21-20). Die primitive Pleurakuppel liegt zunächst in Höhe der 2. Rippe, die untere Ausdehnung reicht anfangs bis zur 6. Rippe. Dabei geht die Ausdehnung der Pleuraräume der der Lungen voraus (Abb. 21-1). Es besteht noch kein Kontakt zwischen Pleura parietalis und Pleura visceralis. Die Lungen scheinen frei im Pleuraraum zu liegen, den sie zu weniger als der Hälfte ausfüllen [Wells und Boyden 1954]. Auch die Pleura parietalis hat zunächst keine feste Verbindung zur Innenseite der Brustwand. Hier findet sich ein sehr lokkeres, breites Bindegewebslager, das sogar eigene, vom Pleuraraum getrennte Vacuolen bilden kann und erst in der frühen Fetalzeit zu schwinden beginnt [Blechschmidt 1955, Müntener 1968] (Abb. 21-22, 21-23). Zwar gibt es Beobachtungen über fetale Atembewegungen. Bisher fehlen aber gesicherte Angaben, von welchem Zeitpunkt an die Lunge über die Adhäsion der beiden Pleurablätter solchen Atembewegungen folgt.

21.9.3 Zwerchfell

Das Diaphragma wird als Septum transversum angelegt, während das Herz noch im oberen Cervicalbereich liegt. Das Septum transversum liegt dann etwa in Höhe des 4. Cervicalsomiten und erhält seine Innervation aus ventralen Ästen des Plexus cervicalis mit Wurzeln aus dem 3.–5. Cervicalsegment des Rückenmarks (Abb. 21-17). Mit dem Descensus der Eingeweide, besonders von Herz und Leber, tritt auch die Zwerchfellanlage (noch ohne ihre späteren costalen und lumbalen Anteile) immer tiefer: von C 6 im STADIUM 13, Th 2 im STADIUM 16 bis Th 11 im STADIUM 19 [Müntener 1968]. Bei dieser Projektion auf die Rumpfsegmente ist allerdings zu bedenken, daß mit Änderung der relativen Lage- und Größenverhältnisse von Herz und Leber sich auch die Richtung ihrer Grenzfläche ändert. Aus einer dorso-caudalen, fast frontalen Einstellung des frühen Septum transversum wird eine transversale und zunehmend ventro-dorsal geneigte Stellung der Zwerchfellanlage, sobald die Leber deutlich größer wird als das Herz [„Aufrichtung des Herzens und der Leber": Blechschmidt 1955].

In der Anlage des Zwerchfells bestehen noch keine umgrenzten Durchtrittsstellen nach Art der späteren Hiatus oder Foramina. Das breite Bindegewebslager, das den Oesophagus am Übergang zur Cardia umgibt und hier nach caudal in den Anfangsteil der Mesogastrien übergeht, trägt zur Bildung des Zwerchfells bei. Dies gilt auch für den ventralen Übergang zur Leber, wo eine „posthepatische Mesenchymplatte" abgrenzbar wird [Iritani 1984]. Nach Untersuchungen an Mäusestämmen mit hoher Häufigkeit von Zwerchfellhernien soll zwischen der Entwicklung und dem Wachstum der Lungenanlage und der Entfaltung dieser posthepatischen Mesenchymplatte ein Zusammenhang bestehen [Iritani 1984]. Mit der weiteren Ausdehnung der Pleura auch zu den unteren Rippen hin werden innere Anteile der Rumpfwand von dieser abgedrängt und zu Teilen der späteren Pars costalis des Zwerchfells. Einen weiteren wesentlichen Beitrag liefert das Bindegewebslager, das der Innenseite der dorsalen Rumpfwand hinter den Anlagen von Keimdrüsen und Nebennieren anliegt und als „retroglanduläres Bindegewebe" bezeichnet wird. Es dehnt sich lumbalwärts aus und erreicht im STADIUM 19 die Anlagen der Wirbelkörper L 2, medial auch L 3 und 4 [Müntener 1968].

Das Septum transversum ist nicht mit dem späteren Centrum tendineum identisch. Ein breiter vorderer Teil, der dem ebenfalls noch sehr breiten Lig. falciforme aufliegt, wird zur Pars sternalis. Seitliche Anteile bilden zusammen mit den von der Rumpfwand abgegliederten Abschnitten die Pars costalis. Nur

Abb. 21-17a–c. Drei Stadien der Entwicklung des Pleuraraumes in Lateralansicht unter wesentlicher Verwendung der Rekonstruktionen aus Blechschmidt [1963]. Meßbalken = 1 mm.
a) STADIUM 14 (4,2 mm). Durch paramedianen Schnitt sind Septum transversum, Leber und Ductus Cuvieri durchtrennt. Herz entfernt, Pericard gefenstert. Die linke Lungenknospe wölbt die mediale (später viscerale) Serosa des Ductus pericardio-pleuro-peritonealis vor. Der Pfeil liegt im rechten Ductus. 1 = Ausflußbahn des Herzens, 2 = Pericard, 3 = Septum transversum, 4 = Lungenknospe, 5 = Oesophagus, 6 = Urnierenfalte.
b) STADIUM 17 (10 mm). Die Plica pleuropericardialis hat sich ausgedehnt, enthält jetzt den N. phrenicus und den relativ verjüngten Ductus Cuvieri. Bezeichnungen wie in **a)** und zusätzlich 7 = Peritoneum, 8 = Magen und Duodenum

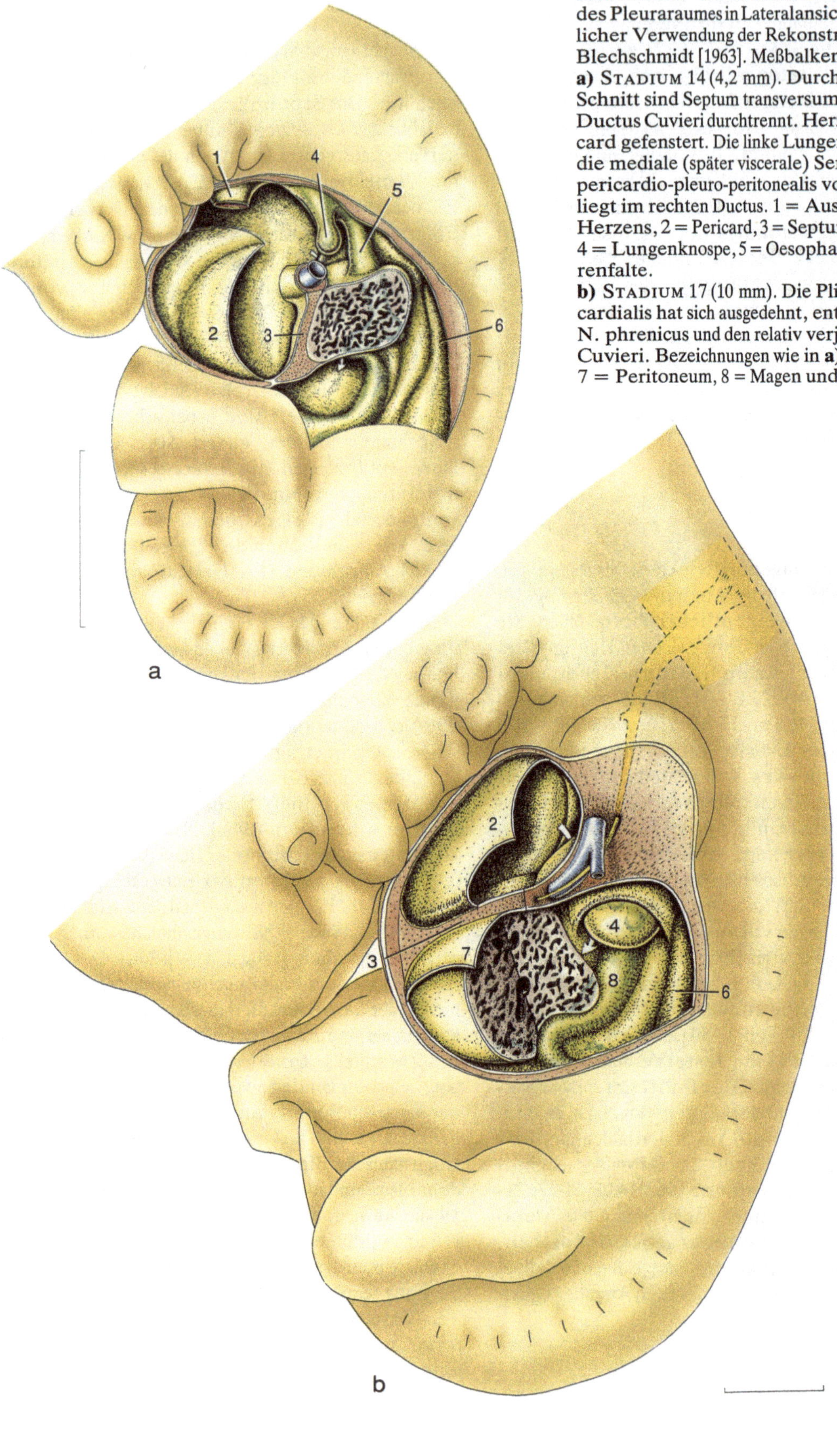

sehr gering sind die Anteile, die aus den pleuro-peritonealen Membranen hervorgehen. Sie liegen ventral und medial des Trigonum lumbocostale, das – wie schon Bochdalek [1848] feststellte – ein Abschnitt schwach entwickelter Muskulatur im Grenzbereich von Pars costalis und lumbalis und nicht die Verschlußstelle der Ductus pleuro-peritoneales ist.

Im Zwerchfell ist zu diesem Zeitpunkt (etwa STADIUM 22) eine muskuläre Differenzierung noch nicht feststellbar. Myogene Stammzellen sind aber wohl schon zuvor aus den cervicalen Somiten in Randbereiche des Septum transversum sowie aus der Rumpfwand eingewandert. Erste sehnige Differenzierungen werden im STADIUM 23 im Centrum tendineum, an den lumbalen Ursprüngen und als Arcus lumbocostales nachweisbar. Zugleich setzt die muskuläre Differenzierung mit nun deutlicher Querstreifung ein [Wells 1954]. Aufgrund der Befunde von Wells [1954], Müntener [1964] und Iritani [1984] sind in der Abbildung 21-21 die Anteile der Zwerchfellanlage und des definitiven Zwerchfells neu dargestellt. Sie weicht von dem bisher allgemein akzeptierten Schema von Broman [1902] ab.

c) STADIUM 20 (17,5 mm). Pericardial- und Pleuraraum sind getrennt. Die nur teilweise dargestellte Trennfalte verläuft annähernd frontal (s. N. phrenicus). Der Pfeil liegt jetzt im Ductus pleuro-peritonealis. Bezeichnung wie **a)** und **b)**, zusätzlich 9 = Keimdrüsenfalte, 10 = Lig. falciforme, 11 = V. umbilicalis

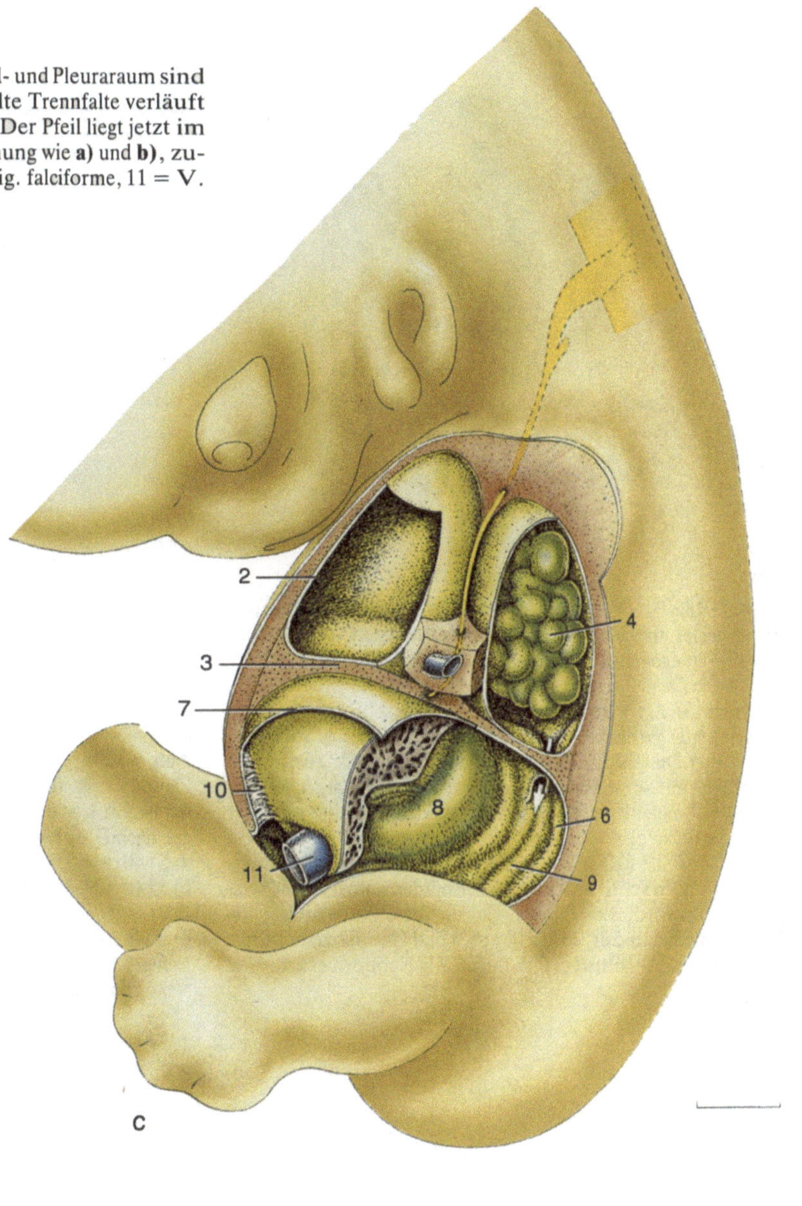

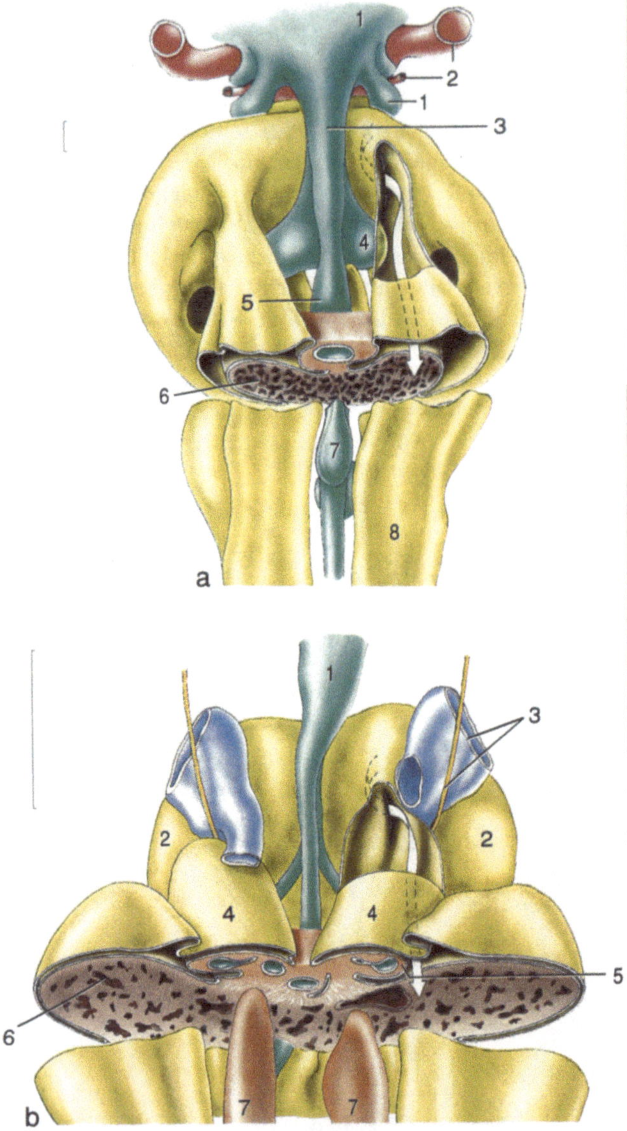

Abb. 21-18a, b. Zwei Stadien der Ductus pericardio-pleuroperitoneales und ihre Trennung in der Ansicht von dorsal. Umzeichnungen nach Wells 1954 (a) und Blechschmidt 1973 (b). Meßbalken 0,1 mm (a) bzw. 1 mm (b).

a) Stadium 13 (4 mm). Linker Ductus geschlossen dargestellt, rechter gefenstert. Der Pfeil verläuft aus dem Pericard durch den Ductus in den künftigen Peritonealraum. 1 = Kopfdarm mit Schlundtaschen, 2 = Aortenbögen, 3 = Pharynx, 4 = Lungenknospen, 5 = Oesophagus, 6 = Leber, 7 = Pancreas dorsale, 8 = uneröffnetes Peritonaeum.

b) Stadium 17 (10 mm). Verbindung Pericardial-Pleuraraum nur noch schlitzförmig. 1 = Kopfdarm und Oesophagus, 2 = Pericard, 3 = Ductus Cuvieri mit N. phrenicus, 4 = Pleura (medial in der Tiefe Trachea und Hauptbronchien), 5 = Lunge im Anschnitt, 6 = Leber, 7 = Nebennieren, Pfeil wie in Bildteil **a)**

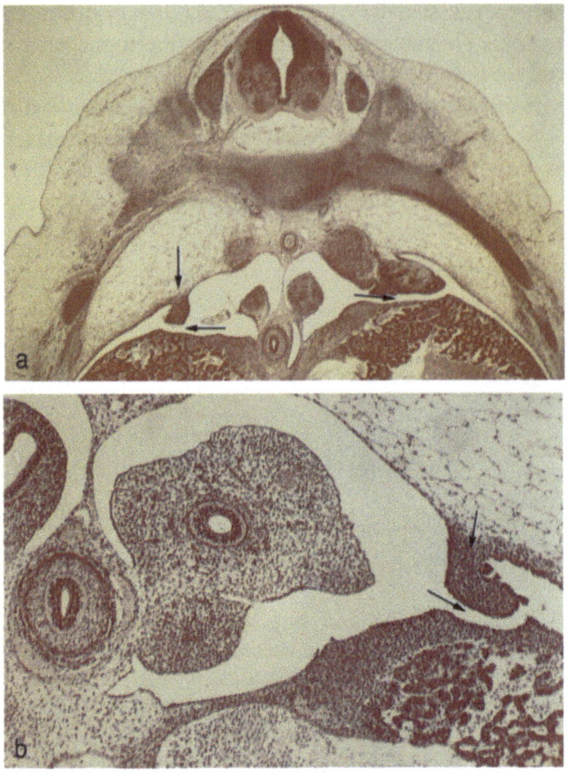

Abb. 21-19a, b. Ductus und Plicae pleuroperitoneales (Pfeile) in Übersicht **a)** 25 : 1 und Ausschnitt **b)** 60 : 1. Stadium 18, 16,0 mm, transversaler Paraffinschnitt 8 µm, HE

▸

Abb. 21-20a–d. Entwicklung von Lunge (dunkelgrün) und Pleura (hellgrün schraffiert) in schematisierten Querschnitten und in Lateralansicht. Meßbalken 1 mm. Umzeichnungen nach Blechschmidt 1955.

a) Stadium 13 (4 mm);

b) Stadium 18 (11 mm);

c) Stadium 19 (14,6 mm);

d) Stadium 23 (28 mm) Die Lunge füllt den Pleuraraum zu weniger als der Hälfte aus. Beachte auch den großen Abstand von Pleura parietalis und Brustwand in **a–c.**

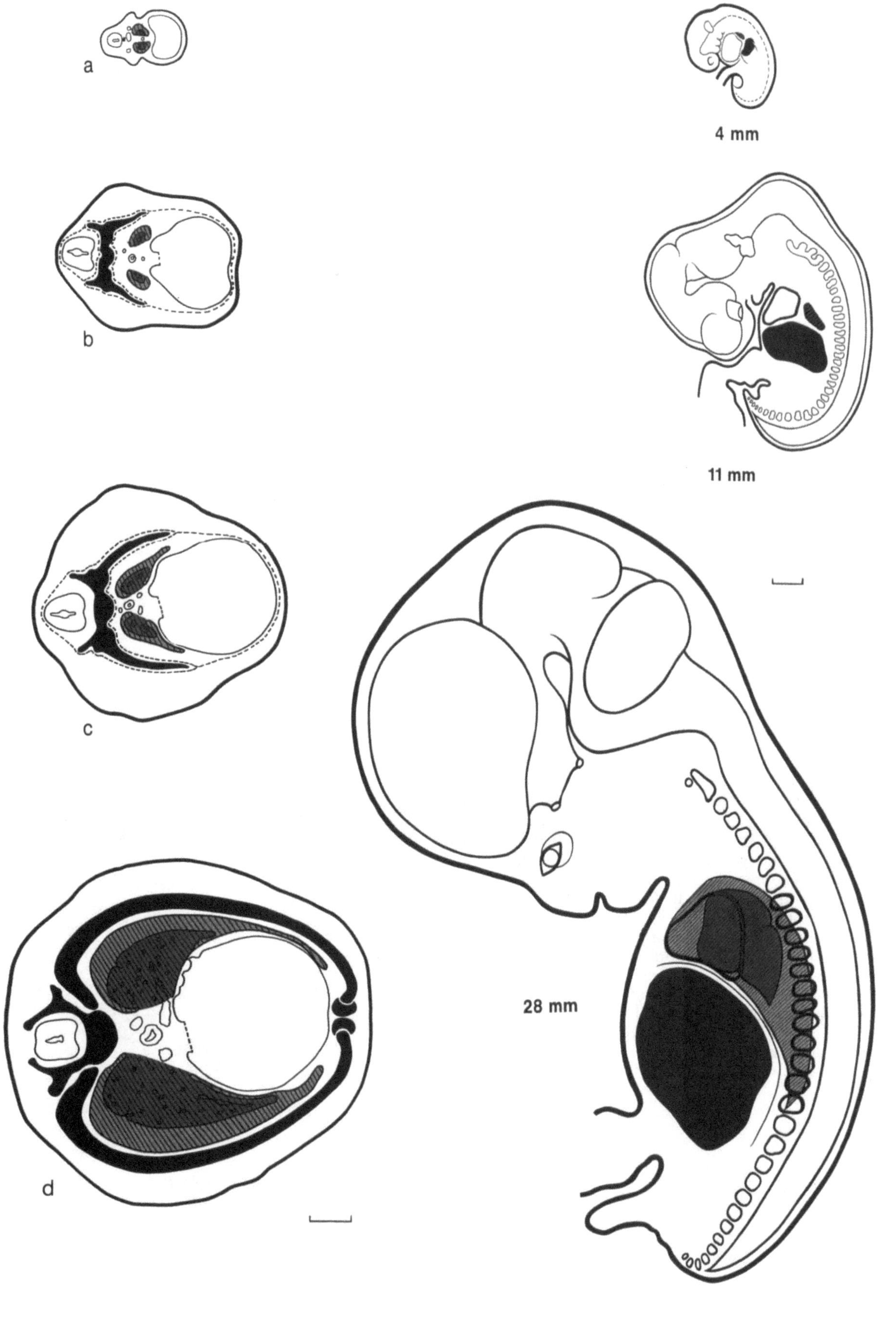
a
4 mm
b
11 mm
c
28 mm
d

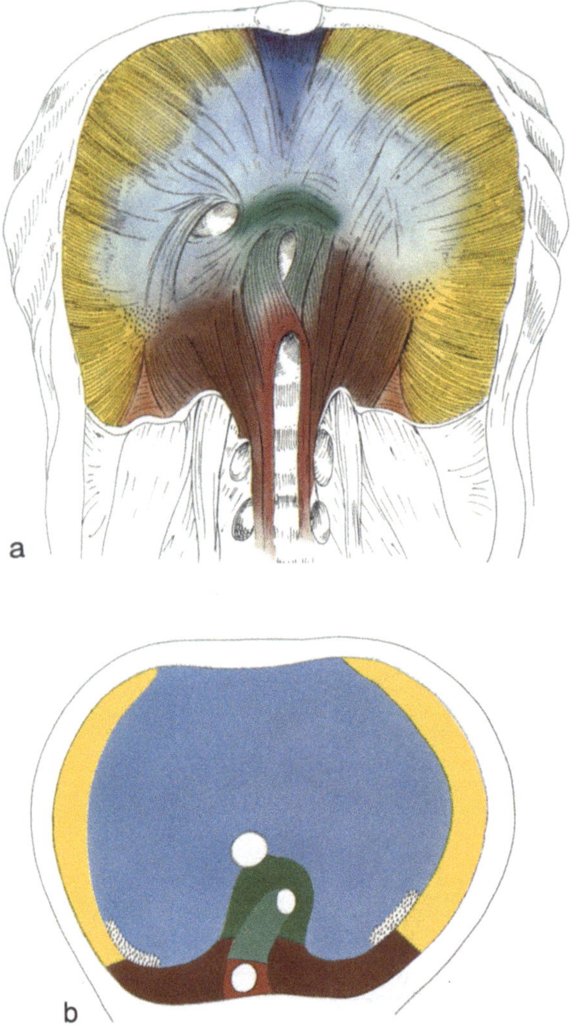

Abb. 21-21a, b. Entwicklung des Zwerchfells, Ansichten von caudal [zusammenfassende Darstellung nach Wells 1954, Müntener 1968 und Iritani 1984]. Bei einem Embryo im STADIUM 20 (20 mm, **b**) sind gekennzeichnet: blau: Septum transversum, gelb: Pars costalis, braun: retroglanduläre Komponente, rot: paraortale Komponente, hellgrün: mesogastrische Komponente, dunkelgrün: posthepatische Mesenchymplatte (PHMP). Die weiß belassenen Flächen kennzeichnen die Lumina (noch nicht ausgebildete Durchtrittsstellen!) von zentral nach dorsal: Vena cava inferior, Oesophagus, Aorta. In die Ansicht des ausgebildeten Zwerchfells **(a)** von ventro-caudal nach Differenzierung der sehnigen Anteile sind zusätzlich eingezeichnet: dunkelblau: Pars sternalis, orange: Trigonum sternocostale und lumbocostale, punktiertes Feld: vermutliche Lage der früheren Ductus pleuro-peritoneales in Höhe der 11. Rippe.

Abb. 21-22a, b. Wand des Pleuraraumes in Sagittalschnitten ▶ im STADIUM 18 (16 mm), HE.
a) Zwischen Brustwand (→ Rippen) und Pleura ist die „Fascia endothoracica“ ein maschenartiges, stark aufgelockertes Bindegewebe, das sich auch oberhalb der Pleurakuppel (*) außerhalb des Bildfeldes fortsetzt.
b) Unterer Pleurawinkel mit offenem Ductus pleuroperitonealis (→), ca. 140 : 1. 1 = Rippe, 2 = Intercostalnerv, 3 = Urnierenfalte, 4 = Leber
(Präparat und Aufnahme: Professor Hinrichsen, Bochum)

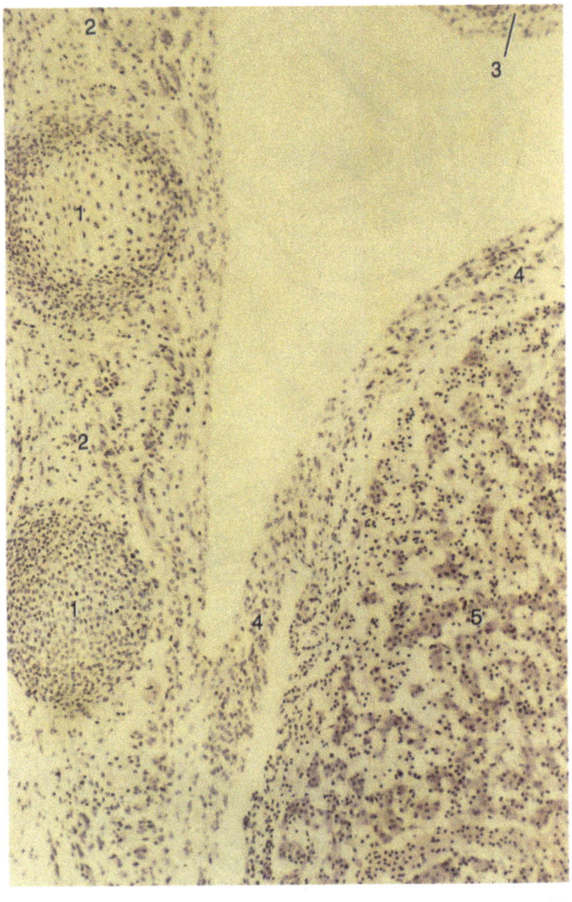

Abb. 21-23. Recessus costodiaphragmaticus im STADIUM 21 (22 mm) Frontalschnitt, HE 120 : 1. Zwischen den Rippen (1) ist eine Differenzierung der Intercostalmuskulatur (2) erkennbar, die im Diaphragma (4) noch fehlt. Die Pleura liegt jetzt der Brustwand an. 3 = Unterrand der Lunge, 5 = Leber (Präparat und Aufnahme: Professor Hinrichsen, Bochum)

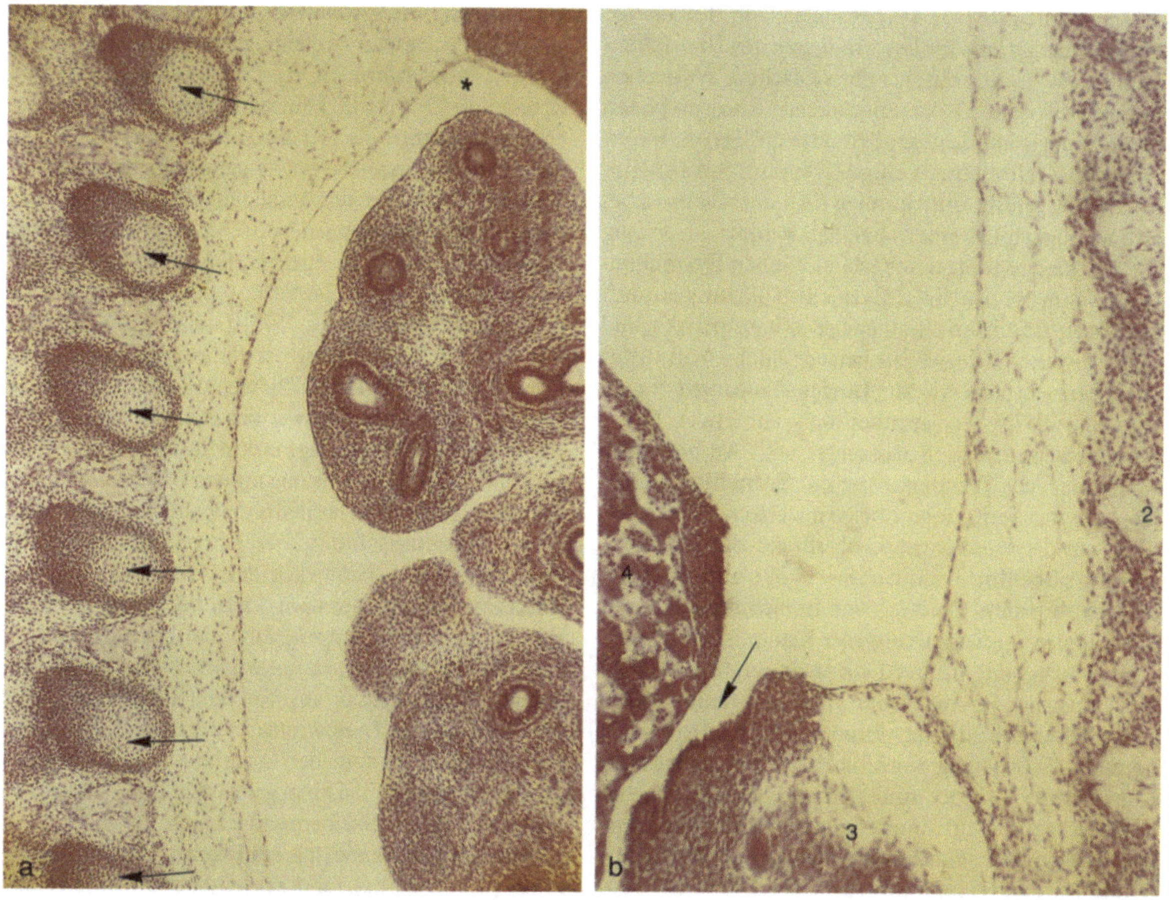

21.10 Fehlbildungen der Lungen und des Zwerchfells

Unter den relativ seltenen Fehlbildungen der Lungen treten einmal Abweichungen der normalen Lungenform bei sonst normaler innerer Lungendifferenzierung auf [Landing 1957, Gray und Skandalakis 1972, Salzberg und Ehrlich 1977]. Zu diesen Fehlbildungen gehören sowohl *fehlende Fissuren* zwischen Lungenlappen sowie *zusätzlich auftretende Lappen,* wie ein *cardialer* oder *dorsaler Lappen,* die in der Regel keine funktionellen Störungen verursachen. So kann eine in die Pleurahöhle weit vorragende Vena azygos zur Abspaltung eines **Lobus azygos** führen. Selten treten separate Tracheallappen oder an den unteren Oesophagus angeschlossene Lappenbildungen auf, die dann oft auch von Körperarterien versorgt werden [Gray und Skandalakis 1972]. Störungen der Entwicklung der Lungenknospen können bis zur **Agenesie** einer Lungen führen, sehr selten zum Fehlen beider Lungen. Säuglinge mit einseitiger Agenesie der Lunge sind lebensfähig, es erfolgt kompensatorisch eine stärkere Verlagerung des Mediastinum.

Bei **angeborenen Zwerchfellhernien** kommt es bei in der Regel normal angelegten Lungen durch die in der Pleurahöhle eingelagerten Baucheingeweide zu einer unzureichenden Entfaltung der Lungen, meist nur einseitig links. Diese mangelnde Entfaltung der Lungen kann, wenn sie bestehen bleibt, in der weiteren Entwicklung zu einer Hypoplasie der Lunge führen. Als sehr seltene Fehlbildung tritt eine akzessorische Lungenbildung auf, die dann meist an der Basis der linken Lunge liegt und in der Regel keinen Anschluß an den Bronchialbaum der normal angeschlossenen linken Lunge besitzt und auch vom Körperkreislauf aus versorgt wird, wohl die embryonal zuerst ausgebildete Gefäßverbindung erhaltend [Landing 1957, Gray und Skandalakis 1972]. Das Extrem solcher Fehlbildungen ist das **ektopische Auftreten von Lungengewebe** in verschiedenen Lokalisationen im Pericard oder am oberen Verdauungstrakt, meist mit anderen Fehlbildungen verbunden [Gray und Skandalakis 1972].

Eine zweite Gruppe von Fehlbildungen der Lunge entsteht durch *Entwicklungsstörungen des Bronchialbaums,* die zu einzelnen oder vielfachen zystischen Gebilden führen. Diese angeborenen **Lungenzysten** treten einmal an den großen oder größeren Bronchien als einzelne oder wenige Zysten auf. Sie sind mit Flüssigkeit gefüllt und können nach der Geburt bei Bronchialanschluß auch belüftet werden [Landing 1957]. Zweitens treten im respiratorischen Bronchialbaum als meist multiple Zysten Fehlbildungen auf, die häufig auf einen Lungenlappen beschränkt sind und sehr verschiedene Erscheinungsbilder von diffus verstreuten Zysten bis zur **Honigwabenlunge** zeigen [Landing 1957]. Sie beruhen wohl auf einer Hemmung des weiteren Sprossungs- und Aufteilungswachstums des respiratorischen Bronchialbaums. Diese Zysten reduzieren bei vermehrtem Auftreten nicht nur die Gasaustauschoberfläche der Lungen, sondern sie behindern durch ihre Größe und das Fehlen der normalen Ductus- und Bronchialstrukturen die Entfernung eingedrungener Keime und können so zu chronischen Entzündungsprozessen führen. Die verschiedenen Formen der Bronchiektasie, zystischer Ausweitungen der Bronchialwand, sind nach heutiger Auffassung wohl mehrheitlich erworben [Landing 1957, Gray und Skandalakis 1972], aber möglicherweise liegt ihnen eine angeborene Störung der Bildung der Wandstrukturen der konduktiven Bronchien und Bronchioli zugrunde. Diese Störungen führen zu einer zystischen Ausweitung von Wandteilen mit der zur Dauerinfektion führenden Zurückhaltung von Bronchialsekret.

Eine dritte Gruppe von Fehlbildungen der Lungen betrifft ihr Gefäßsystem [Landing 1957, Gray und Skandalakis 1972, Salzberg und Ehrlich 1977]. **Fehlangelegte Ursprünge der Lungenarterien** durch Aufteilungsstörungen des Truncus arteriosus oder aus verschiedenen Abschnitten des aufsteigenden oder absteigenden Aortenbogens, seiner Äste oder der descendierenden Aorta treten meist selten, aber in sehr zahlreichen Varianten, auf [Gray und Skandalakis 1972]. Außerdem treten angeborene *Verengungen* in den Hauptstämmen *der Lungenarterien* an verschiedenen Orten auf. Ferner kommen *arterio-venöse Fisteln* im pulmonalen Kreislauf vor, meist mit Gefäßfehlbildungen in anderen Organen kombiniert [Landing 1957]. Auch in der Ausbildung der **Lungenvenen** treten **Fehlbildungen** auf, von fehlerhafter Zahl über Stenosen in ihrem Verlauf bis zu falschen Anschlüssen an Körpervenen anstelle an den linken Vorhof [Gray und Skandalakis 1972] (siehe auch Kapitel 10.8.5, dort Fehlbildung der Pulmonalvenen). Die meisten dieser Gefäßfehlbildungen oder -anschlüsse bedingen funktionell schwerwiegende Störungen, die ein weites Spektrum zeigen von Minderdurchblutungen, die zur Sauerstoffsättigung des Blutes nicht ausreichen, über Kurzschlußverbindungen, die Blut ohne Gasaustausch durch die Lunge führen, bis hin zum dauernden Einwirken des hohen Drucks des Körperkreislaufs, der nach der Geburt eine normale Entwicklung der Lungengefäße nicht zuläßt und einen dauernden Umbau in starkwandige Gefäße erzwingt. Eine seltene angeborene Erweiterung und *Vermehrung der Lymphgefäße* der Lunge führt, wohl durch den Rückstau der Lymphe in nicht regulär funktionierenden Lymphgefäßen, zu schweren Atemstörungen [Salzberg und Ehrlich 1977].

Mangelnder Verschluß des Ductus pleuro-peritonealis (meist links) führt zur angeborenen Zwerchfell-Lücke. Da auch kein Abschluß der Pleura vom Peritoneum zustande kam, besteht eine offene Verbindung ohne serösen „Bruchsack“. Daneben gibt es **„echte“ Zwerchfellhernien,** die an den bekannten Stellen schwächerer Muskelentwicklung (Trigonum sternocostale, lumbocostale), besonders aber am Hiatus oesophageus auftreten. Hier ist eher die rechte Seite bevorzugt, da diese Hernienform auf ein Persistieren der Verbindung zum rechten pneumoenterischen Recessus (siehe S. 535) zurückgeführt wird [Bremer 1943].

21.11 Literaturverzeichnis

Alcorn DG, Adamson TM, Maloney JE, Robinson PM (1981) A morphologic and morphometric analysis of fetal lung development in the sheep. Anat Rec 201:655–667

Avery ME, Fletscher BD (1974) The lung and its disorders in the newborn infant, 3rd edn. Saunders, Philadelphia

Baudinette RV, Runciman SIC, Frappell PF, Gannon BJ (1988) Development of the marsupial cardiorespiratory system. In: Tyndale-Biscoe CH, Janssens PA (eds) The developing marsupial. Springer, Berlin Heidelberg New York Tokyo, pp 132–147

Blechschmidt E (1955) Embryologische Untersuchungen unter funktionellen Gesichtspunkten. Acta Anat 24:339–392

Blechschmidt E (1963) Der menschliche Embryo. The human embryo. Schattauer, Stuttgart

Blechschmidt E (1973) Die pränatalen Organsysteme des Menschen. Hippokrates, Stuttgart

Bochdalek V (1848) Einige Betrachtungen über die Entstehung des angeborenen Zwerchfellbruches. Als Beitrag zur pathol. Anatomie der Hernien. Vjschr Prakt Heilk 19:89–97

Boyden EA (1970a) The developing bronchial arteries in a fetus of the twelfth week. Am J Anat 129:357–368

Boyden EA (1970b) The time lag in the development of bronchial arteries. Anat Rec 166:611–614

Boyden EA (1976) The development of the lung in the pig-

tail monkey (Macaca nemestrina, L.). Anat Rec 186:15–38
Boyden EA (1977) Development and growth of the airways. In: Hodson WA (ed) Development of the lung. Marcel Dekker, New York, pp 3–35
Boyden EA, Tompsett DH (1961) The postnatal growth of the lung in the dog. Acta Anat 47:185–215
Brachet A (1898) Die Entwicklung der großen Körperhöhlen und ihre Trennung voneinander. (Perikardial-, Pleural- und Peritonealhöhle). Die Entwicklung der Pleuro-Perikardialmembran und des Zwerchfells. Ergeb Anat Entw Gesch 7 (1897):886–936
Bremer JL (1943) Pleuro-peritoneal membrane and bursa infracardiaca. Anat Rec 87:311–319
Broman I (1902) Über die Entwicklung des Zwerchfells beim Menschen. Anat Anz 21 (ErgH Verh Anat Ges):9–17
Broman I (1906) Über die Entwicklung und Bedeutung der Mesenterien und der Körperhöhlen bei den Wirbeltieren. Ergeb Anat Entw Gesch 15 (1905):332–409
Burri PH (1974) The postnatal growth of the rat lung. III: Morphology. Anat Rec 180:77–98
Burri PH (1985) Development and growth of the human lung. In: Fishman AP, Fisher AB (eds) Handbook of Physiology, sect 3: The respiratory system, vol 1. American Physiological Society, Bethesda, pp 1–46
Burri PH (1988) Development and regeneration of the lung. In: Fishman AP (ed) Pulmonary diseases and disorders, 2nd edn, vol 1. McGraw-Hill, New York, pp 61–78
Burri PH, Weibel ER (1977) Ultrastructure and morphometry of the developing lung. In: Hudson WA (ed) Development of the lung. Marcel Dekker, New York, pp 215–268
Caduff JH, Fischer LC, Burri PH (1986) Scanning electron microscope study of the developing microvasculature in the postnatal rat lung. Anat Rec 216:154–164
Clements IA, Tooley WH (1977) Kinetics of surface-active material in the fetal lung. In: Hodson WA (ed) Development of the lung. Marcel Dekker, New York, pp 349–366
Duncker HR (1985) Der Atemapparat (Apparatus respiratorius). In: Fleischhauer K (Hrsg) Benninghoff makroskopische und mikroskopische Anatomie des Menschen, Bd 2, 13/14. Aufl. Urban und Schwarzenberg, München, S 307–388
Dunnill MS (1962) Post-natal growth of the lung. Thorax 17:329–333
Franzblau C, Hayes JA, Snider GL (1977) Biochemical insights into the development of connective tissue. In: Hodson WA (ed) Development of the lung. Marcel Dekker, New York, pp 367–397
Frick H (1949) Über den Abschluß der Verbindung zwischen Pleura und Perikard bei menschlichen Embryonen. Z Anat Entw Gesch 114:230–241
Fukuda Y, Ferrans VJ, Crystal RG (1983) The development of alveolar septa in fetal sheep lung. An ultrastructural and immunhistochemical study. Am J Anat 167:405–439
Gray SW, Skandalakis JE (1972) Embryology for surgeons. The embryological basis for the treatment of congenital defects. Saunders, Philadelphia
Hast MH (1976) Developmental anatomy of the larynx. In: Hinchliffe R, Harrison D (eds) Scientific foundations otolaryngology. Heinemann, London, pp 529–535
His W (1880) Anatomie menschlicher Embryonen. I: Embryonen des ersten Monats. Vogel, Leipzig, S 1–184
Hislop A, Reid LM (1977) Formation of the pulmonary vasculature. In: Hodson WA (ed) Development of the lung. Marcel Dekker, New York, pp 37–86
Holinger PH, Johnson KC, Schiller F (1954) Congenital anomalies of the larynx. Ann Otol 63:581–606
Hughes RL, Hall LS (1988) Structural adaptations of the newborn marsupial. In: Tyndale-Biscoe CH, Janssens PA (eds) The developing marsupial. Springer, Berlin Heidelberg New York Tokyo, pp 8–27
Iritani I (1984) Experimental study on embryogenesis of congenital diaphragmatic hernia. Anat Embryol 169:133–139
Jost M (in Vorbereitung) Die Entwicklung der Alveolen in der menschlichen Lunge. Med. Dissertation, Gießen
Kikkawa Y (1965) The ultrastructure of the lungs of lambs. Am J Pathol 47:877–903
Kotas RV (1982) The physiologic assessment of lung surfactant. In: Farrell PM (ed) Lung development: biological and clinical perspectives, vol 1: Biochemistry and physiology. Academic Press, New York, pp 57–86
Landing BH (1957) Anomalies of the respiratory tract. In: Nelson ED (ed) Pediatric clinics of North America, Symposium on respiratory disorders. Saunders, Philadelphia, pp 73–102
Langston C, Kida K, Reed M, Thurlbeck WM (1984) Human lung growth in late gestation and in the neonate. Am Rev Respir Dis 129:607–613
Larsell O, Dow RS (1933) The innervation of the human lung. Am J Anat 52:125–146
Lechner AJ, Banchero N (1982) Advanced pulmonary development in newborn guinea pigs (Cavia porcellus). Am J Anat 163:235–246
Loosli CG, Potter EL (1959) Pre- and postnatal development of the respiratory portion of the human lung. Am Rev Respir Dis 80:5–23
Loosli CG, Hung KS (1977) Development of pulmonary innervation. In: Hodson WA (ed) Development of the lung. Marcel Dekker, New York, pp 269–306
Mall FP (1910) Die Entwicklung des Cöloms und des Zwerchfells. In: Keibel F, Mall FP (Hrsg) Handbuch der Entwicklungsgeschichte des Menschen, Bd 1. Hirzel, Leipzig, S 527–552
Mellins RB, Jobe AH (1988) Acute respiratory distress in the newborn infant. In: Fishman AP (ed) Pulmonary diseases and disorders, 2nd edn, vol 3. McGraw-Hill, New York, pp 2251–2266
Meyrick B, Reid LM (1977) Ultrastructure of alveolar lining and its development. In: Hodson WA (ed) Development of the lung. Marcel Dekker, New York, pp 135–214
Mori T (1959) Histochemical studies on the distribution of alkaline phosphatase in early human embryos. II: Observation on an embryo with 13–14 somites. Arch Histol Jpn 18:197–209
Müntener M (1968) Beitrag zur Kenntnis der Entwicklung des menschlichen Zwerchfells. Z Kinderchir 5:350–366
Nagaishi C, Okada Y (1988) The pulmonary lymphatic system. In: Fishman AP (ed) Pulmonary diseases and disorders. 2nd edn, vol 2. McGraw-Hill, New York, pp 901–908
O'Rahilly R, Boyden EA (1973) The timing and sequence of events in the development of the human respiratory system during the embryonic period proper. Z Anat Entw Gesch 141:237–250
O'Rahilly R, Müller F (1984) Respiratory and alimentary relations in staged human embryos. New embryological data and congenital anomalies. Ann Otol Rhinol Laryngol 93:421–429
O'Rahilly R, Tucker JA (1973) The early development of the larynx in staged human embryos. Ann Otol Rhinol Laryngol 82 (Suppl 7):1–27

Olver RE (1977) Solute and water transfer in fetal and newborn lungs. In: Hodson WA (ed) Development of the lung. Marcel Dekker, New York, pp 525–559

Pohland DW (1986) Die Entwicklung des respiratorischen Bronchialbaums und die Entstehung der Alveolen bei Meerschweinchen und Schaf. Med. Dissertation, Gießen

Potter EL (1961) Pathology of the fetus and infant. Year Book Medical Publication, Chicago

Rasel S (in Vorbereitung). Die Entwicklung des Gefäßsystems der Interalveolarsepten. Med. Dissertation, Gießen

Ravn E (1889) Ueber die Bildung der Scheidewand zwischen Brust- und Bauchhöhle bei Säugethierembryonen. Arch Anat Physiol, Anat Abt 1889:123–154

Salzberg AM, Ehrlich FE (1977) Congenital malformations of the lower respiratory tract. In: Kendig EL, Chernick V (eds) Disorders of the respiratory tract in children, 3rd edn. Saunders, Philadelphia, pp 213–270

Sanders RL (1982a) The composition of pulmonary surfactant. In: Farrell PM (ed) Lung development: biological and clinical perspectives, vol 1: Biochemistry and physiology. Academic Press, New York, pp 193–210

Sanders RL (1982b) Major phospholipids in surfactant. In: Farrell PM (ed) Lung development: biological and clinical perspectives, vol 1: Biochemistry and physiology. Academic Press, New York, pp 211–219

Smith EJ (1957) The early development of the trachea and esophagus in relation to atresia of the esophagus and tracheoesophageal fistula. Contrib Embryol 36:41–57

Sorokin SP, Hoyt Jr RT (1989) Neuroepithelial bodies and solitary small-granule cells. In: Massura D (ed) Lung cell biology. Marcel Dekker, New York, pp 191–344

Spooner BS, Wessels NK (1970) Mammalian lung development: interaction in primordium formation and bronchial morphogenesis. J Exp Zool 175:445–454

Taeusch Jr WH, Avery ME (1977) Regulation of pulmonary alveolar development in late gestation and the perinatal period. In: Hodson WA (ed) Development of the lung. Marcel Dekker, New York, pp 399–418

Taylor IM, Smith RB (1971) Intrinsic innervation of the human fetal lung between 35 and 140 mm crown-rump length stages. Biol Neonate 18:193–202

Uskow N (1883) Über die Entwicklung des Zwerchfells, des Pericardiums und des Coeloms. Arch Mikr Anat 22:143–227

Waterston DJ, Carter REB, Aberdeen E (1962) Oseophageal atresia: Tracheo-oesophageal fistula. A study of survival in 218 infants. Lancet 1962:819–822

Weibel ER (1985) Lung cell biology. In: Fishman AP, Fisher AB (eds) Handbook of Physiology, sect 3: The respiratory system, vol 1. American Physiological Society, Bethesda, pp 47–91

Wells LJ (1954) Development of the human diaphragm and pleural sacs. Contrib Embryol 35:107–134

Wells LJ, Boyden EA (1954) The development of bronchopulmonary segments in human embryos of horizons XVII to XIX. Am J Anat 95:163–201

Wessels NK (1970) Mammalian lung development: interaction in formation and morphogenesis in tracheal buds. J Exp Zool 175:455–466

Zeltner TB, Burri PH (1987) The postnatal development and growth of the human lung. II: Morphology. Respir Physiol 67:269–282

Zeltner TB, Caduff JH, Gehr P, Pfenninger J, Burri PH (1987) The postnatal development and growth of the human lung. I: Morphometry. Respir Physiol 67:247–267

22. Endokrine Organe

K. V. Hinrichsen, mit einem Beitrag von
H. Hahn von Dorsche (Abschnitt 22.4)

22.1 Hypothalamus-Hypophysen-System

Seit der Übertragung des Begriffes und Phänomens *„Neurosekretion"* auf Säugetiere und Mensch [Bargmann 1949, Scharrer und Scharrer 1954] und der Entdeckung der *Releasing-Hormone* [Saffran und Schally 1955] können Hypothalamus und Hypophyse als funktionelle Einheit zur Steuerung der nachgeordneten inkretorischen Organe betrachtet werden. Sie gelten auch als genetische Einheit [Gilbert 1935], obwohl die Hypophyse aus zwei verschiedenen Anteilen aufgebaut wird. Während die *Adenohypophyse* eine frühe ektodermale Bildung ist (siehe Kapitel 20.5 Kopfdarmderviate und Abbildungen 20-13 bis 20-15), wird die *Neurohypophyse* aus einer Ausstülpung am Zwischenhirnboden entwickelt. Beide Teile stehen schon früh in engem geweblichen Kontakt (Abb. 22-1b und 20-13 und 20-14), was zu der Formulierung „neuroektodermale Platte" Anlaß gab [Gilbert 1935]. Aus dieser Zone entwickelt sich ein Teil der *Pars intermedia* der Adenohypophyse. Die zunächst breite, schlauchförmige Verbindung zum Rachendach wird zum Hypophysenstiel ausgezogen und verliert ihr Lumen vom Stadium 18 an (Abb. 22-2 und 22-3). Um den Hypophysenstiel bildet sich der Sphenoidknorpel, in dem zunächst ein Kanal ausgespart bleibt (Abb. 22-2 und 22-3). Der Stiel wird mehr und mehr rudimentär und verliert seine Verbindung zum Rachendach. An seiner ursprünglichen Abgangsstelle war das Epithel schon etwas verdickt (Abb. 22-2 und 22-3). Hier bleibt eine Gewebsinsel als Rachendachhypophyse erhalten. Diese Stelle kann von der Mundhöhle aus gesehen papillenartig erscheinen, aber auch ein zentrales Grübchen entwickeln (Abb. 22-4). Sie wird später oberhalb der Choanen verlagert.

Die Adenohypophyse verbreitert sich als epitheliale Tasche nach lateral weit über die ursprüngliche Kontaktzone mit dem Zwischenhirn hinaus. Starke Epithelverdickungen mit Einfaltungen und Aussprossungen in den Wänden der seitlichen Hypophysentaschen lassen ein Balkenwerk entstehen, zwischen dem das Lumen allmählich schwindet (Abb. 22-3). Die oberen Ausläufer dieser Taschen umwachsen die Anlage der Neurohypophyse mantelartig. Der mediale, obere Rand wird mit zur *Pars tuberalis*, die lateralen oberen Aussackungen hingegen bilden weitere Anteile der *Pars intermedia* (Abb. 22-5) [Hochstetter 1924, Atwell 1926, Romeis 1940]. Das Auswachsen epithelialer Stränge aus der mehrschichtigen seitlichen Taschenwand leitet die Bildung der Pars distalis ein (Abb. 22-6). Die Neurohypophyse kann hingegen als direkte Fortsetzung des Infundibulum des Zwischenhirnbodens aufgefaßt werden. Aus den paraventrikulären Kernen des Hypothalamus wachsen Axone in den Hypophysenstiel und den Hinterlappen ein, aus der ependymalen Wand der neurohypophysären Ausstülpung entstehen die Pituicyten.

Das Wachstum der Hypophyse entspricht weitgehend dem Längenwachstum des Feten, doch wurde eine Periode gesteigerten Wachstums der Neurohypophyse zwischen dem 3. und 4. Monat gefunden [Daikoku 1958a, Kaplan et al. 1976] (Abb. 22-7).

Fermenthistochemische und immuncytochemische Befunde haben eine erneute Diskussion um die Herkunft von Zellen der Adenohypophyse aus Plakoden oder (Sternzellen) Neuralleiste aufgeworfen [Pearse 1986]. Ein Beitrag des Kopf-Mesektoderm zum Bindegewebe der Hypophyse erscheint möglich [Johnston et al. 1973]. Ob auf diesem Wege Neuralleistenzellen zu ACTH- und MSH-sezernierenden Zellen werden können, ist keineswegs gesichert. Auch gibt es für eine Beteiligung der vomeronasalen Plakode an der Bildung der *Rathke'schen Tasche* oder für die Bildung einer „medialen Neuralleiste" – selbst beim Hühnchen [Levy et al. 1980] – bisher keine ausreichenden Befunde (siehe auch Abschnitt 22.6).

Adenohypophyse

Das zunächst weite Lumen der *Rathke'schen Tasche* (Saccus hypophysialis) wird auch als Hypophysenhöhle bezeichnet (Abb. 22-1a, b). Sie wird mit der weiteren Ausbildung epithelialer Stränge mehr und mehr zu einem medial spaltförmigen Lumen eingeengt (Abb. 22-6), das sich aber in Form von „Hör-

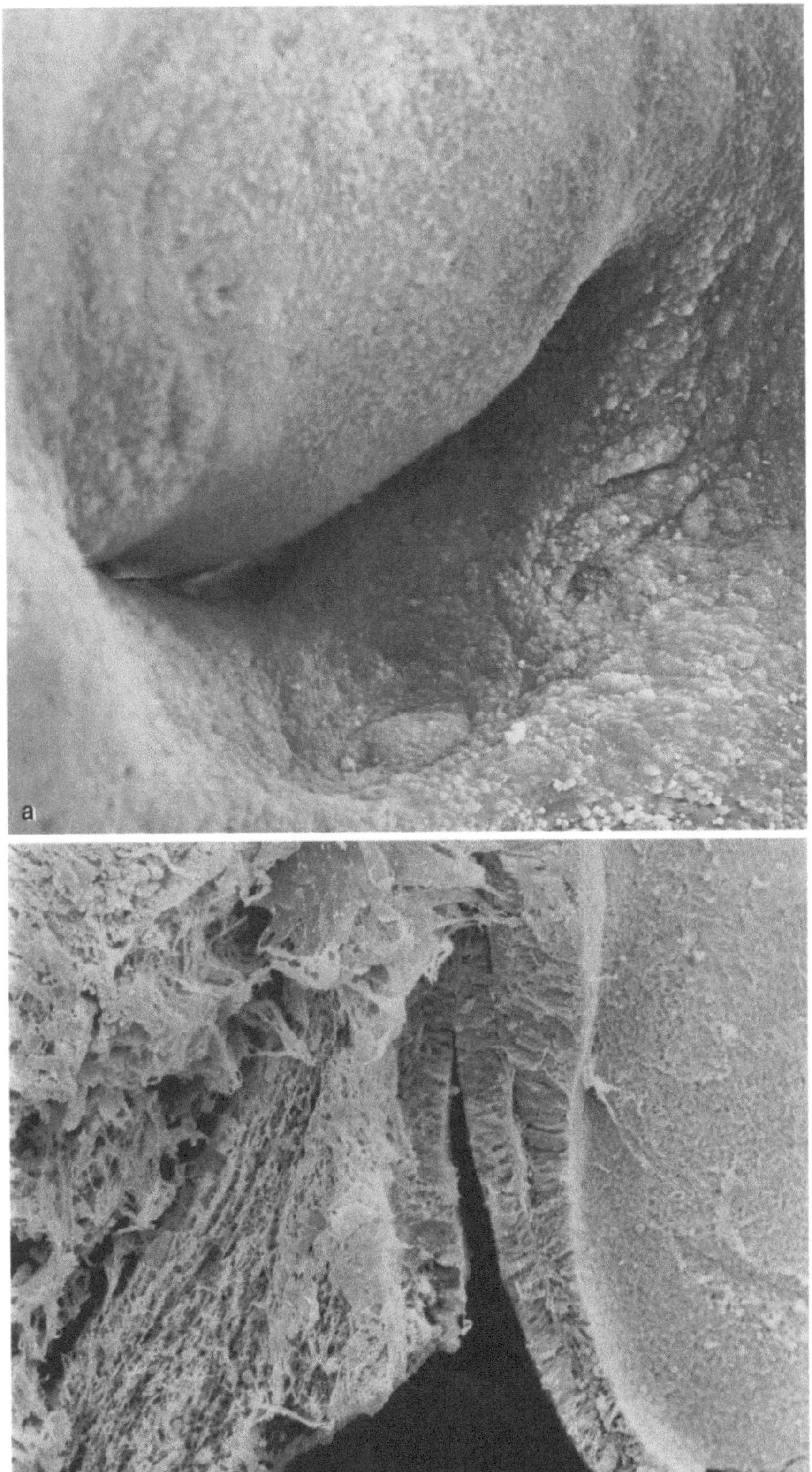

Abb. 22-1a, b. Rathke'sche Tasche in der Ansicht von der Mundhöhle (**a:** STADIUM 14) und im Sagittalbruch (**b:** STADIUM 15). Die „neuroektodermale Platte" in der Verbindung zum Zwischenhirn wird im rechten Bildteil von **b)** deutlich. REM ca. 275 : 1

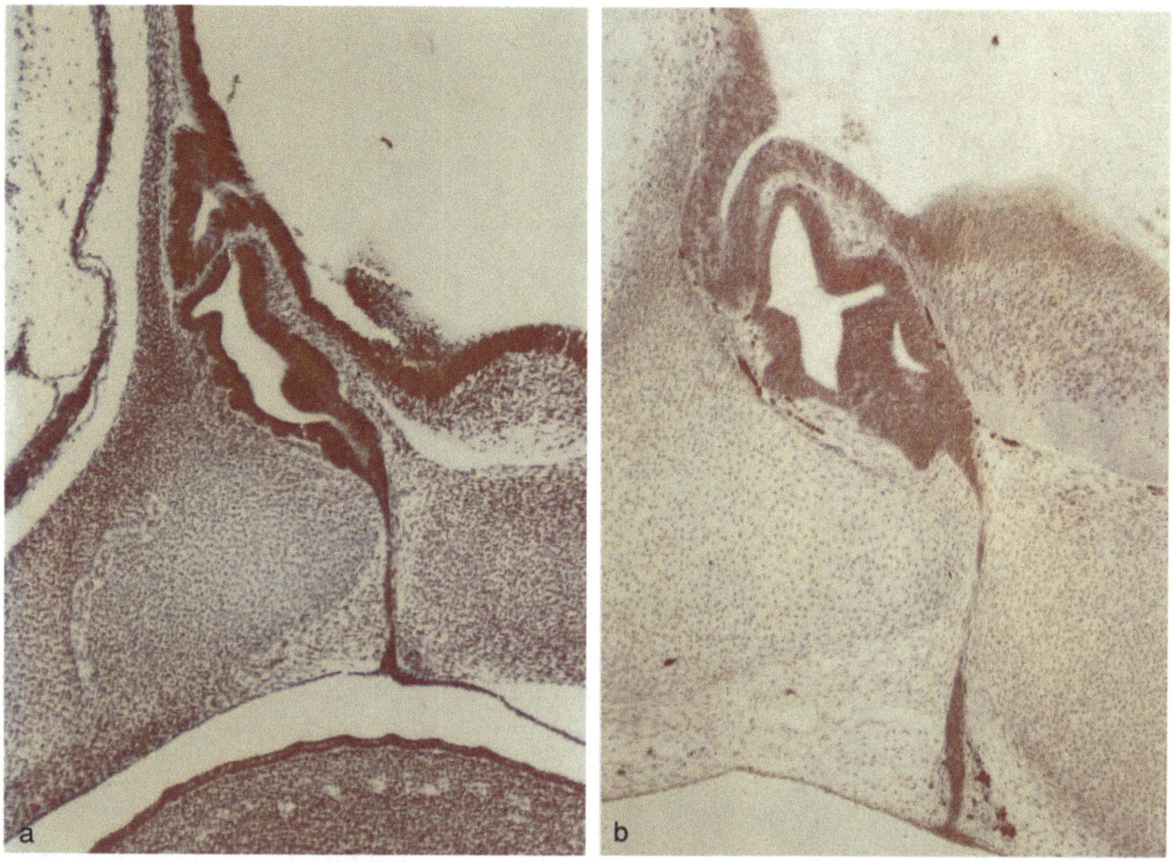

Abb. 22-2a, b. Hypophysen im Sagittalschnitt.
a) Stadium 18 (16,0 mm), Infundibulum und Hypophysenstiel nicht in vollster Ausdehnung. 75 : 1;
b) Stadium 20 (21,0 mm). 70 : 1. Beachte den Sphenoidknorpel und die Verbreiterung des Hypophysenstieles am Rachendach.

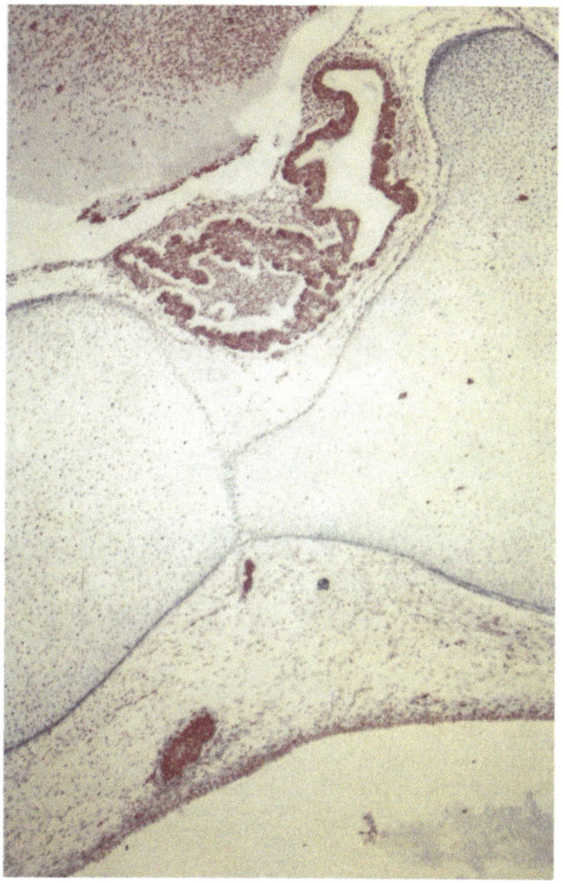

Abb. 22-3. Hypophyse bei einem Feten von 3,2 cm (ca. 9. Woche) mit Ausknospung des Epithels, degeneriertem Stiel und Rachendachhypophyse. 50 : 1

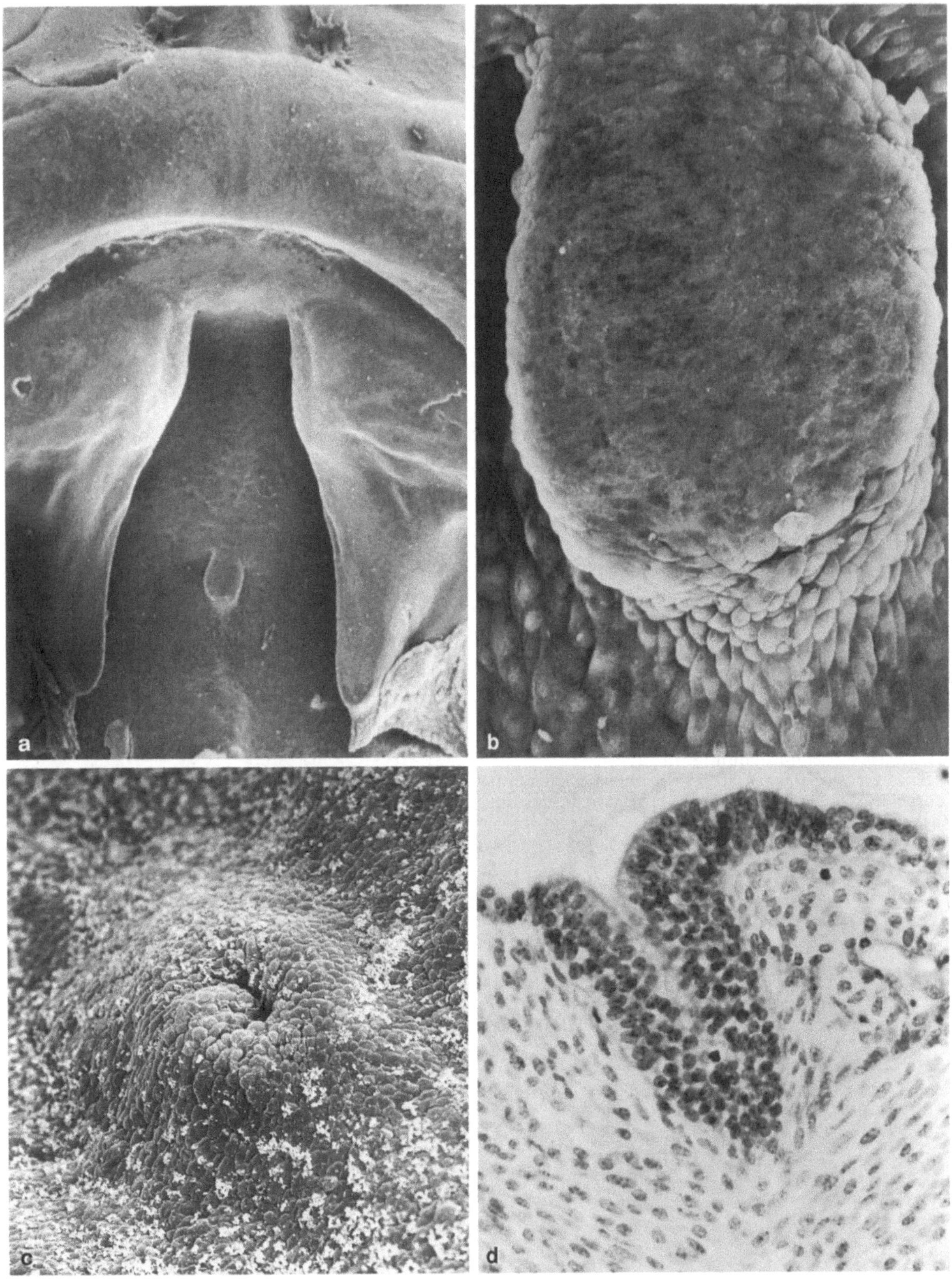

Abb. 22-4a–d. Rachendachhypophyse im REM-Bild und im Schnitt.
a) Zwischen den noch offenen Gaumenwülsten blickt man auf eine mediane Vorwölbung (a: 30 : 1), die als Epithelpfropf erscheint (b: 400 : 1). Embryo STADIUM 22 (26 mm);
c) Andere Erscheinungsform bei einem Embryo STADIUM 22 (26 mm) 30 : 1;
d) Schnittbild im STADIUM 20 (20 mm), geringe Rekanalisierung. 350 : 1

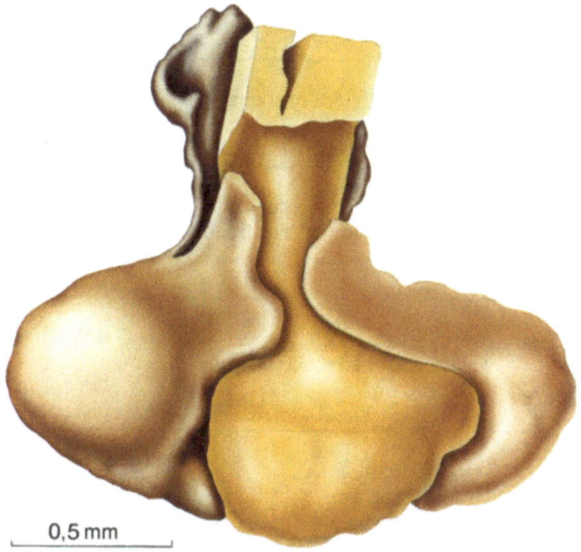

Abb. 22-5. Rekonstruktion der Adenohypophyse (braun) und der Neurohypophyse (gelb) eines menschlichen Feten von 10,2 cm in der Ansicht von dorsal. Pars tuberalis dunkelbraun. Beachte die „mantelartige Umfassung" der Neurohypophyse, vgl. Abbildung 22-5. (Umzeichnung nach Atwell 1926)

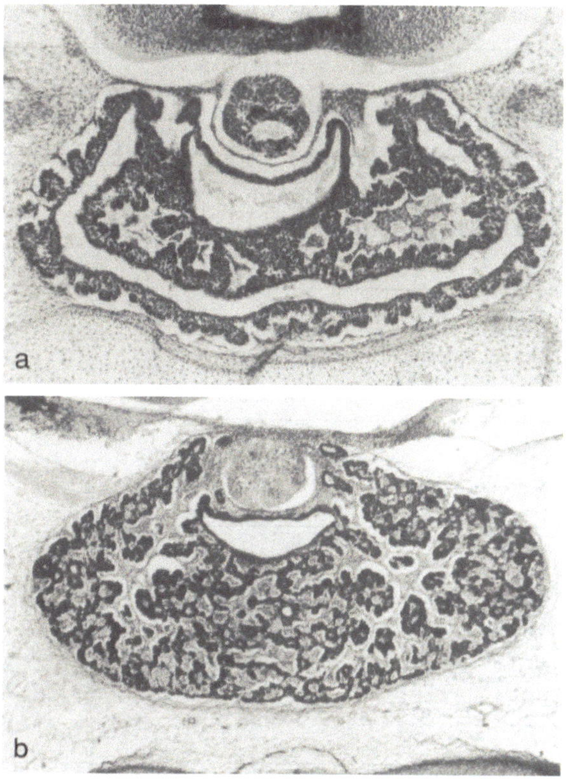

Abb. 22-6a, b. Horizontalschnitte durch Hypophysen bei Feten von 2,9 **(a)** und 5,5 cm **(b)**. Aus der epithelialen Taschenwand knospen Zellstränge aus, das Taschenlumen wird zunehmend eingeengt. HE-Färbung. Beachte den veränderten Abbildungsmaßstab: a = 90 : 1, b = 45 : 1

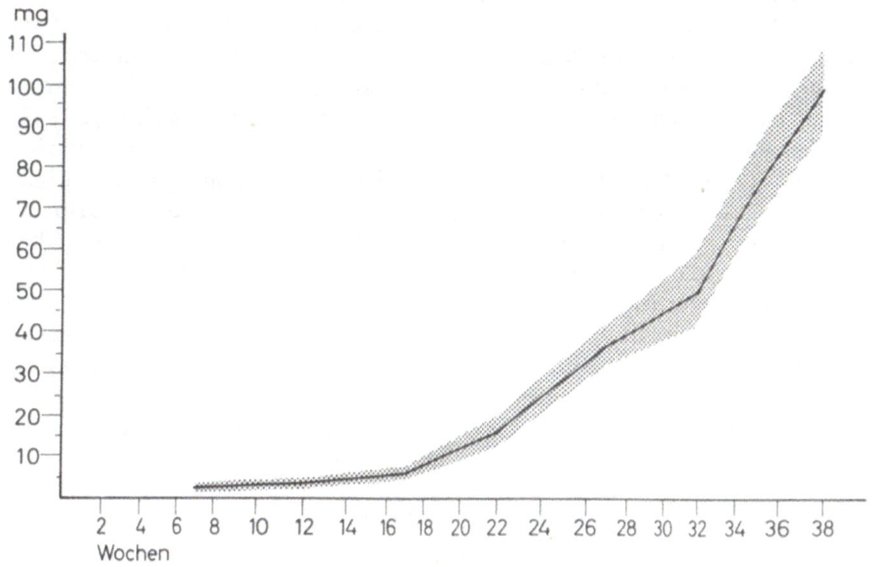

Abb. 22-7. Praenatale Wachstumskurve der menschlichen Hypophyse. Kurvendarstellung (mit Standardabweichung) nach den Werten von Kaplan et al. 1976, dort Tabelle III

Tabelle 22.1. Merkmale von Adenohypophysenzellen [Nach: Jirásek 1980]

Hormon	färberische Klassifikation				Form- und Strukturmerkmale	Auftreten
	allgemein	PSL	AF	Romeis		
TSH (Thyrotropin)	acidophil	+	+	β	polyedrisch, kleine Granula wechselnder Elektronendichte 50–100 nm	9 Wochen
FSH, LH (Gonadotropine)	„basophil"	+	–	δ	ovoid, Lysosomen, Granula wechselnder Elektronendichte 150–300 nm	9 Wochen
ACTH (Adrenocorticopin)	„basophil"	–	–	γ	erweitertes sER Granula 150 nm	10 Wochen
ST (Somatotropin)	acidophil	–	–	α	Granula 350–400 nm	10 Wochen
PRL (Prolactin)	acidophil	–	–	ε	irreguläre Form, stark entwickeltes rER, wenige große Granula 600 nm	12 Wochen

nern" nach ventral und weit nach dorsal fortsetzt [Conklin 1968] (Abb. 22-10). Bei Feten von 2–3 cm finden sich unterschiedliche Ausdehnungen dieses Spaltraumes, er kann auch bereits in kleinere Spalten unterteilt sein. Reste des Spaltraumes kommen auch in der Hypophyse des Erwachsenen an der Grenze von Pars intermedia zur Neurohypophyse vor, sie können mit Kolloid gefüllt sein (Rathke'sche Zysten).

Auf die enge Beziehung von Bindegewebe und Epithel während der Ausknospung haben Andersen et al. [1971] besonders hingewiesen. Zuerst wird ein enger Kontakt des gefäßhaltigen Bindegewebes mit der noch einheitlich dicken epithelialen Wand der Hypophysentasche hergestellt. Erst danach (vom Stadium 20 an) erfolgt die Ausknospung. Der Befund dieser Autoren über eine Anhäufung von Glycosaminglycanen an der Epithel-Bindegewebsgrenze läßt an eine Interaktion der beiden Gewebskomponenten wie bei anderen Knospungen denken (vgl. extrazelluläre Matrix, S. 19). In den ausknospenden, dann auch verzweigten Zellsträngen werden als Ausläufer des Taschenlumens Sekundärspalten licht- und elektronenmikroskopisch beschrieben, die – nach Abschnürung – zur Follikelbildung führen sollen [Andersen et al. 1971].

Ultrastrukturell entwickeln die Hypophysenzellen alle Zeichen sekretorisch aktiver Zellen: Polyribosomen, wechselnd dichte Profile des ER, Golgikomplexe und unterschiedlich große Granula. Dabei kommen – wie auch in anderen fetalen endokrinen Zellen – spiralige und konzentrische Profile des ER vor. Die unterschiedliche Größe und Dichte der sich entwickelnden Granula erlauben zunächst keine genaue Identifizierung von Zelltypen [Dubois und Dumont 1966, Dubois 1967, Andersen et al. 1970]. Alle Zellen, auch die chromophoben, enthalten Lysosomen (Abb. 22-9).

Als erste spezifisch färbbare Zellen treten in die Gruppe der „Basophilen"[1] gehörige β-Zellen bei Feten von 3 cm, also in der 9. Woche, auf (Tabelle 22.1). Es folgen Chromophobe (γ-Zellen, 4 cm) und α-Zellen aus der Gruppe der „Acidophilen" (8 cm) [Romeis 1940]. Erste perjodat-reaktive Zellen fanden Pearse [1953] und Falin [1961] in der 8. Woche. Es sind ungranulierte, chromophobe Zellen. Pearse [1953] spricht aber erst in der 14. Woche von typisch granulierten „mucoid cells". Andersen et al.

[1] Obwohl nach histochemischen Befunden „der Begriff der basophilen Hypophysenzelle jeder realen Grundlage" entbehrt [Graumann und Hinrichsen 1960], ist der Vorschlag, für eine rein färberische Klassifikation den alten Begriff der „Cyanophilen" weiterzuverwenden, bis in die jüngste Lehrbuchliteratur nicht aufgegriffen worden.

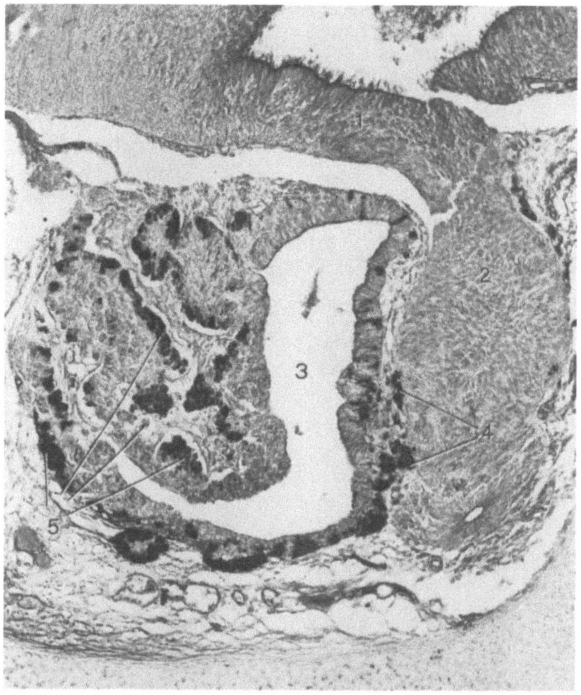

Abb. 22-8. Immuncytochemische Darstellung adrenocorticotroper Zellen bei einem menschlichen Feten von 4,0 cm im Sagittalschnitt. Ca. 85 : 1. 1 = Hypophysenstiel, 2 = Neurohypophyse, 3 = Adenohypophyse mit Restlumen der Rathke'schen Tasche, 4 = in die Neurohypophyse einwandernde ACTH-Zellen, 5 = Gruppen von ACTH-Zellen (dunkel gefärbt)
(Freundlichst überlassen von Professor M. R. Celio, Anatomisches Institut der Universität Kiel; siehe auch Celio et al. 1980).

[1970, 1971] fanden erste spezifisch reagierende Zellen im STADIUM 21 (= 8 Wochen), Conklin [1968] datiert sie auf 7 Wochen. Diese Angaben aufgrund spezieller Färbemethoden sind durch immuncytochemische Nachweise oder direkten Hormonnachweis aus Extrakten oder Serum im Bioassay oder Radioimmunoassay für die einzelnen Hormone präzisiert worden [Zusammenfassung bei Kaplan et al. 1976 sowie Goodyer et al. 1979]. Danach sind bis zum Alter von 6 Wochen keine Hormone nachweisbar. Als erste werden bei 7 Wochen alten Feten adrenocorticotrope Zellen immuncytochemisch erfaßbar [Dubois et al. 1973, Abb. 22-8]. Es folgen mit 10,5 Wochen somatotrope und gonadotrope, mit 13 Wochen thyrotrope und mit 14 Wochen melanotrope [Ellis et al. 1966, Baker und Jaffe 1975] Zellen. Sehr unterschiedlich ist der Verlauf pränataler Konzentrationskurven: So zeigt das ACTH eine hohe Anfangskonzentration und (nach einem Gipfel in der 20. Woche) eine deutliche Abnahme bis zum Geburtstermin. Hohe Konzentrationsgipfel um die 20. Woche haben FSH und LH, bei weiblichen Feten etwas früher und deutlich höher als bei männlichen, mit einem steilen Abfall zum Schwangerschaftsende. Prolactin hat seine höchste Konzentration erst in den letzten Wochen, während TSH einen ganz steilen Konzentrationszuwachs perinatal aufweist. Am Beispiel des Wachstumshormons haben aber Kaplan et al. [1972] gezeigt, daß hohe Konzentrationen in der Hypophyse und im Serum noch keine Hormonwirkung im Feten erzeugen müssen. Das praenatale Wachstum scheint weitgehend vom fetalen und placentaren Wachstumshormon unabhängig zu sein.

Hypothalamus und Neurohypophyse

Aus der frühen Aussackung des Zwischenhirnbodens (Abb. 22-2) wird allmählich ein solider, zunächst epithelialer Zapfen (Abb. 22-5). Die *morphologische Differenzierung* der von der epithelialen Wand einwandernden Pituicyten, die sich zu gliösen Zellen entwickeln, beginnt im Alter von 3 Monaten nahe der Pars intermedia und schreitet nach distal fort (Abb. 22-8, 22-10). Sie ist zum Zeitpunkt der Geburt erst zu etwa vier Fünftel abgeschlossen [Shanklin 1939/40, Daikoku 1958b]. Die speziellere Differenzierung der Neurohypophyse erfolgt bei menschlichen Feten früh. Verteilungsmuster von Gefäßen und Kapillaren sowie markloser Nervenfaserbündel wie in der ausgereiften Neurohypophyse (Verdichtungszonen, Zwischenstreifen) [Romeis 1940, Bargmann 1968] beginnen schon bei 11 Wochen alten Feten erkennbar zu werden, im Alter von 19 Wochen sind die charakteristischen marklosen Nervenfasern mit Granula deutlich ausgebildet [Okado und Yokota 1980]. Schon bei 7 bis 8 Wochen alten Feten treten in den axonalen Profilen die ersten Vesikel und Granula auf. Aldehydfuchsin-färbbares Neurosekret fanden Rinne et al. [1962] in Hypothalamuskernen und im hypothalamisch-hypophysären Tractus bei Feten von 16 Wochen. Gliales Filamentprotein (GF) wurde mit monoclonalen Antikörpern in der Neurohypophyse und der Pars intermedia bei Feten von 17 Wochen nachgewiesen [Trojanowski et al. 1984]. Die im Hypophysenhinterlappen freigesetzten Hormone *Vasopressin* und *Oxytocin* sind im Alter von 12 bis 14 Wochen direkt zu erfassen. Sie weisen einen steten Konzentrationsanstieg auf, der während und nach der Geburt deutlich abfällt [Skowsky und Fisher 1973, Perks und Vizsoyli 1973]. Einen hohen Dopamingehalt im Hypothalamus fand Hyyppa [1972] schon in der 10. Woche, in der Eminentia mediana in der 13. Woche. Partanen und Hervonen [1973] konnten mit der sehr empfindlichen Fluoreszenzmethode eine monoaminerge Innervation in hypothalamischen Kernen im Alter von 15 Wochen nachweisen. Immuncytoche-

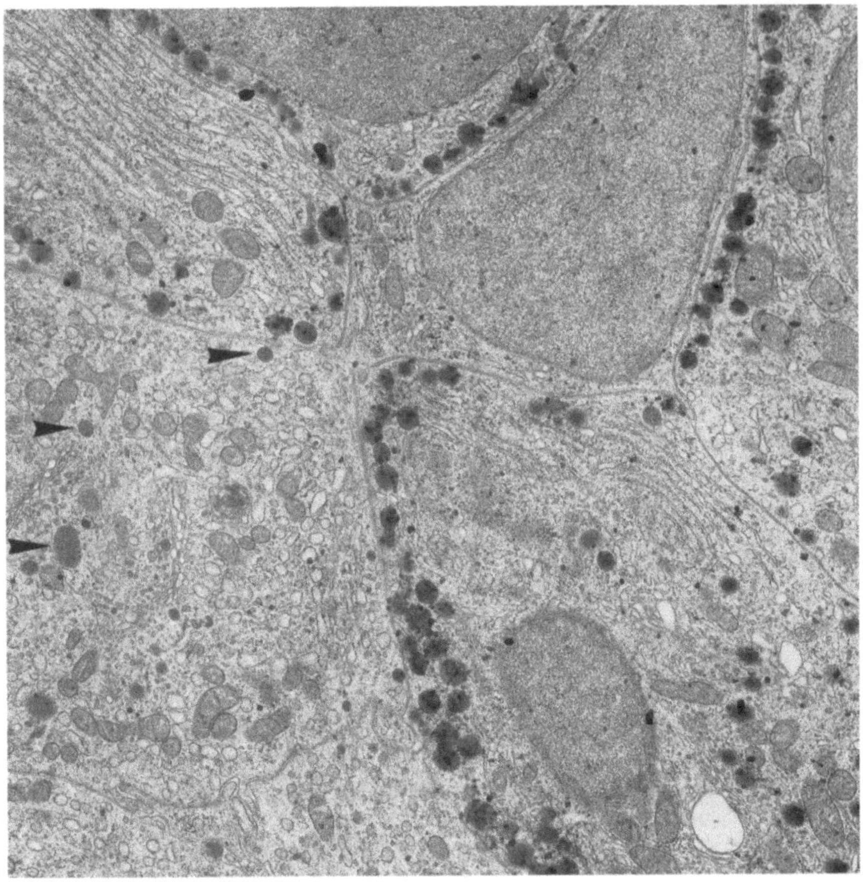

Abb. 22-9. Immuncytochemische Darstellung der Sekretgranula (▶) in einer Gruppe von vier somatotropen Zellen einer fetalen Hypophyse (18 Wochen) im EM-Bild. Kaninchen-Anti-hSH-Serum 1/80, Gegenfärbung mit Bleizitrat. ca. 38 000 : 1 (Freundlichst überlassen von Professor P. Dubois, Lyon aus Li et al. 1977)

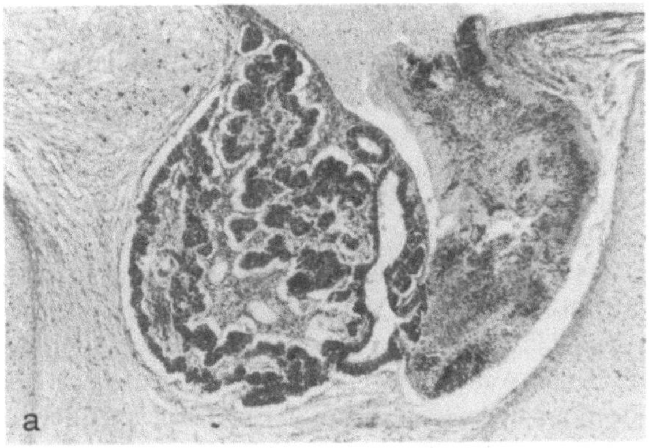

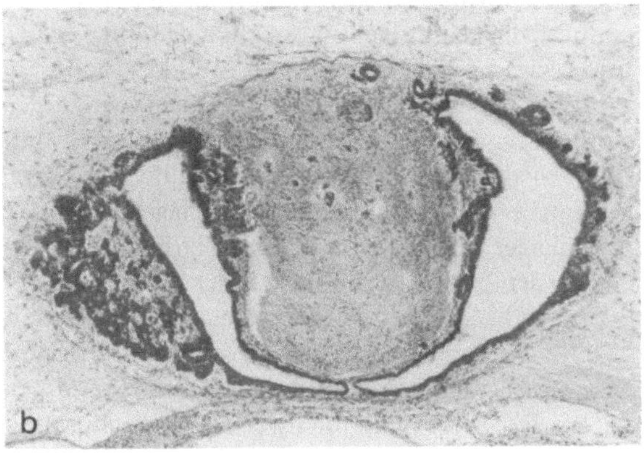

Abb. 22-10a, b. Sagittalschnitt **(a)** und Horizontalschnitt **(b)** durch Hypophysen bei Feten von 4,9 und 5,5 cm. Neurohypophyse bis auf kleinste Restlumina solide. Das als Spalt erscheinende Taschenlumen **(a)** ist im oberen seitlichen Bereich der Anlage noch weit entfaltet („Hypophysenhörner"; **b)** Dieser Schnitt liegt cranial von dem der Abbildung 22-6b). Trichrom. a = 90 : 1, b = 45 : 1

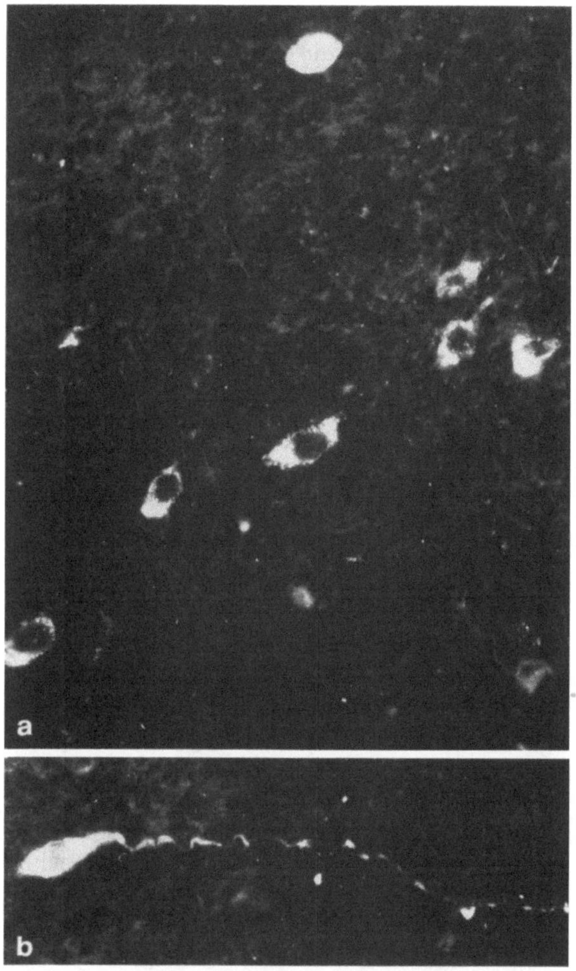

Abb. 22-11a, b. Erster immunfluoreszenzmikroskopischer Nachweis vom LH-RH bei einem Feten von 9 Wochen (**a:** 650 : 1). Immunreaktives Neuron mit Neurosekret im Axon aus der praeoptischen Region eines Feten von 19 Wochen (**b** = 450 : 1)
(Freundlichst überlassen von Professor P. Dubois, Lyon, aus Paulin et al. 1977)

misch konnten somatostatinhaltige Fasern von hypothalamischen Kernen durch die Eminentia mediana einerseits zu den Anfängen der Portalgefäße, andererseits diffus in die Neurohypophyse bei Feten von 16 Wochen verfolgt werden [Bugnon et al. 1977].

An einem inzwischen umfangreichen Material konnten Bugnon et al. [Zusammenfassung 1987] seither wichtige *Releasing-* und *Steuerhormone* direkt nachweisen. Immuncytochemisch positive Zellen wurden frühestens in der 9. Woche (LH-RH) (Abb. 22-11), überwiegend in der 11. und 12. Woche und spätestens in der 19. Woche *(Somatocrinin)*, gefunden. Frühere Schlußfolgerungen, wonach eine Sekretion von Hypophysenhormonen zwar von der 8. Woche an erfolgt, möglicherweie zunächst „autonom", dann durch Diffusion von Hypothalamus-Faktoren, die Steuerung über die „Hypothalamus-Hypophysen-Achse" aber erst in der zweiten Schwangerschaftshälfte einsetzt [Patanen und Hervonen 1973, Gilmore et al. 1978], werden zu überprüfen sein. Steuerung und Hemmung der Hypothalamussekretion durch das ZNS beginnen fetal, sind aber bei der Geburt noch unvollständig [Kaplan et al. 1976].

Portalgefäßsystem der Hypophyse

Die Steuerungshormone aus den neurosekretorischen Kernen des Hypothalamus werden an speziellen Gefäßen der Eminentia mediana oder im Hypophysenstiel freigesetzt und von diesen in **Portalgefäßen** der Adenohypophyse zugeführt. Für die Entwicklung einer Regulierung der Sekretabgabe in der Adenohypophyse ist daher der Zeitpunkt wichtig, zu dem diese Gefäßbahnen funktionstüchtig sind. Daikoku [1958b] fand weite Gefäße bei Feten von 6 cm an, nach Rinne [1963] werden erste Plexus des Portalsystems im 3. Monat nachweisbar. Auch Niemineva [1949] sowie Räihä und Hjelt [1957] schlossen aus ihren lichtmikroskopischen Befunden auf eine Bildung in der Mitte der Fetalzeit. Neuere elektronenmikroskopische Studien an fetalen menschlichen Neurohypophysen [Okado und Yokota 1980] zeigen schon bei Feten im Alter von 8,5 Wochen zwischen den allgemein noch mit hohem Endothel versehenen einfachen Kapillaren auch solche mit dünnem Endothel und Fenestrationen. Typische perivaskuläre Spalträume, in die granulahaltige Axone hineinreichen, wurden im Alter von 19 Wochen gefunden.

Entwicklungsstörungen

Morphologische Entwicklungsstörungen der Hypophyse sind selten. Wenn sie auftreten, sind sie meist mit Fehlbildungen des Gehirns verknüpft [Ferrier 1969]. Auf das Vorhandensein einer – wenn auch nicht immer voll entwickelten – Adenohypophyse bei Anencephalen wird noch näher eingegangen (siehe Abschnitt 22.5). Die Neurohypophyse ist bei Anencephalen gar nicht ausgebildet oder ganz rudimentär.

Als Normalbefund muß gelten, daß Reste von Adenohypophysengewebe – nach der Ablösung des Hypophysenstiels verblieben – als **Rachendachhypophyse** regelmäßig gefunden werden [Haberfeld 1909, Christeller 1914]. Die cytologische Differenzierung ist gering (spärliche, wenig granulierte β-Zellen, wenig α-Zellen). Romeis [1940] hält die Rachendachhypophyse für der Pars tuberalis nahestehend. In seltenen Fällen können *Adenome* entstehen. Auf das fetale Erscheinungsbild wurde in Abbildung 20-8 schon verwiesen.

Störungen der Skeletentwicklung im Bereich der Sella können zur Verlagerung eines Teils der Hypophyse über das Diaphragma sellae führen mit einer hantelförmigen Einschnürung des Hypophysenkörpers.

Der Anlagerungsbereich zwischen Adeno- und Neurohypophyse ist Ausgangspunkt spezieller, zystenbildender Tumoren **(Craniopharyngeome).**

Funktionelle Entwicklungsstörungen des Hypothalamus-Hypophysen-Systems werden meist erst in den ersten Lebensjahren faßbar. Unterfunktion des Hypothalamus kann zu Fettsucht und sexuellem Infantilismus in der besonderen Form der *Dystrophia adiposogenitalis* führen. Funktionelle Störungen wirken sich an den nachgeordneten endokrinen Organen aus (siehe z.B. Schilddrüse, Nebenniere). Von besonderer klinischer Bedeutung ist ein *Mangel an Wachstumshormon,* das speziell die Bildung des Säulenknorpels und damit das Längenwachstum beeinflußt. Diese Störung wird besonders im 2. Lebensjahr manifest, eine Substitutionstherapie ist inzwischen möglich.

22.2 Glandula thyroidea

Die frühe Lage- und Formentwicklung der Schilddrüse wurde schon bei den *Kopfdarmderivaten* besprochen und illustriert (siehe Kapitel 20.5 Kopfdarmderivate und Abb. 20-19 und 20-20). In seltenen Fällen kann die frühe Anlage zunächst papillenartig in das Kopfdarmlumen vorragen [Politzer 1955, Politzer und Stockinger 1954, Orts-Llorca und Genis Galvez 1958]. Der Ductus thyroglossus verzweigt sich (Stadium 14), bildet in Höhe der oberen Trachealspangen die mittlere Schilddrüsenanlage (späterer Isthmus) und sproßt dann seitlich neben der Trachea zu den Seitenlappen aus (Stadium 16) [Weller 1933, Boyd 1964, Sugiyama 1971, O'Rahilly 1983; siehe auch Abb. 20-20]. Die mittlere Schilddrüse tritt schon in die Differenzierung ein, während die Seitenlappen noch im kompakten epithelialen Zustand verharren.

Die **Differenzierung** beginnt mit einer Auflockerung des kompakten Epithelverbandes zu Epithelzellgruppen, der Vermehrung des gefäßführenden Bindegewebes zwischen ihnen und der starken Zunahme der Gefäße, bis alle Lücken zwischen den Epithelzellen von Gefäßen erfüllt sind (Abb. 22-12, 22-13). Es werden drei Phasen der Differenzierung unterschieden [Shepard et al. 1964a].

Bei Embryonen und jungen Feten von 22–65 mm wird zunächst das Praekolloid-Stadium durchlaufen, das durch kompakte epitheliale Stränge und nur wenig gefäßführendes Bindegewebe dazwischen charakterisiert ist. Es besteht eine hohe mitotische Aktivität. Sie bleibt auch in der Periode früher Kolloidbildung erhalten, die durch das Auftreten erster kolloidgefüllter Interzellularspalten und eine Zunahme der Blutgefäße charakterisiert ist. Daran schließt sich als letzte Phase die der Kolloidreifung und Ausbildung der definitiven Follikel an. Erst in dieser Phase vollzieht sich die starke Entfaltung des Gefäßsystems.

Während der *histologischen Differenzierung* lokkert sich die Kernstruktur auf. Die von der Erwachsenenschilddrüse bekannte Abhängigkeit der Höhe der Follikelzellen vom Funktionszustand findet sich während der Differenzierung nicht, die Zellen bleiben gleichmäßig hoch. Elektronenmikroskopisch wurde als erstes Zeichen der zellulären Differenzierung eine lokale Einbuchtung der apicalen Zellmembran unter starker Mikrovillibildung gefunden [Lietz et al. 1971] (Abb. 22-14). Benachbart zu dieser intrazellulären Lumenbildung werden deutliche Schlußleistennetze ausgebildet. In den Lumina und in angrenzenden Abschnitten von Interzellularspalten sammelt sich das intrazellulär gebildete Kolloid an. Durch Confluenz der erweiterten Räume benachbarter Zellen entstehen dann die zentral liegenden Follikellumina (Abb. 22-15). In die Vergrößerung der Follikellumina werden auch Anteile der Interzellularspalten einbezogen. Die Zunahme freier Ribosomen, die Ausbildung des endoplasmatischen Reticulum mit Anlagerung der Ribosomen, die Vergrößerung des Golgiapparates und die Abfaltung von Zisternen sind die cytologischen Kennzeichen der beginnenden Kolloidbildung. *Histochemisch* wird besonders im apicalen Zellteil vermehrt saure Phosphatase gefunden [Jirásek 1963, Shepard et al. 1964b]. Wie das übrige Darmepithel ist auch die Schilddrüsenanlage zunächst sehr glycogenreich, mit einsetzender Kolloidbildung nimmt der Glycogengehalt ab. Das Schilddrüsenkolloid selbst ist durch verschiedene histochemische Methoden gut darstellbar, u.a. ist es PAS positiv. Diese Reaktion ist durch Diastase nicht aufhebbar.

Kolloid tritt zuerst bei Embryonen von 20 mm in der mittleren Schilddrüsenanlage auf, die Kolloidbildung schreitet dann in die Seitenlappen fort. Bei Feten von 14–16 cm sind alle Follikel kolloidhaltig.

Das Schilddrüsengewicht steigt während der praekolloiden Phase stärker an als das Körpergewicht des Embryo oder Feten. Von 8 cm großen Feten an

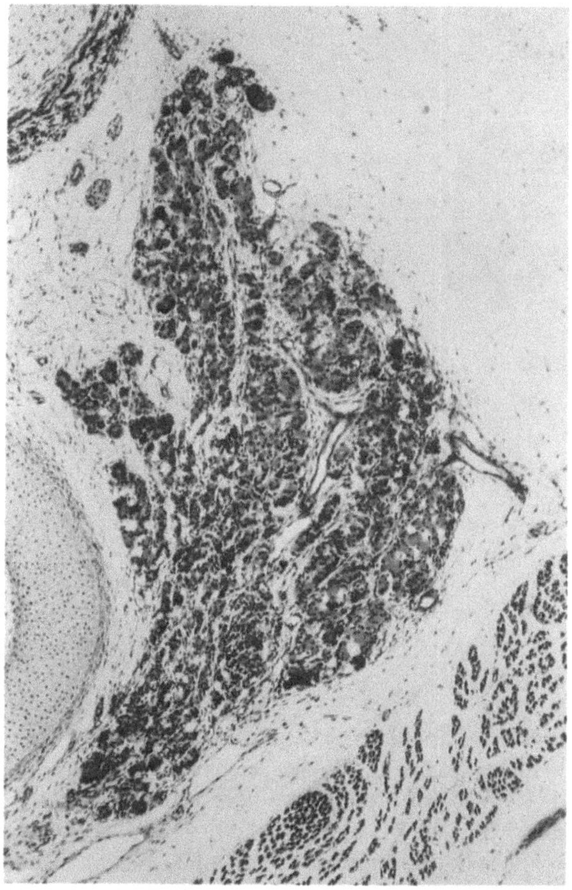

Abb. 22-12. Schilddrüsenseitenlappen bei einem Feten von 6,0 cm, eben beginnende Follikelbildung (vgl. auch Abb. 22-21a). Azan 115 : 1

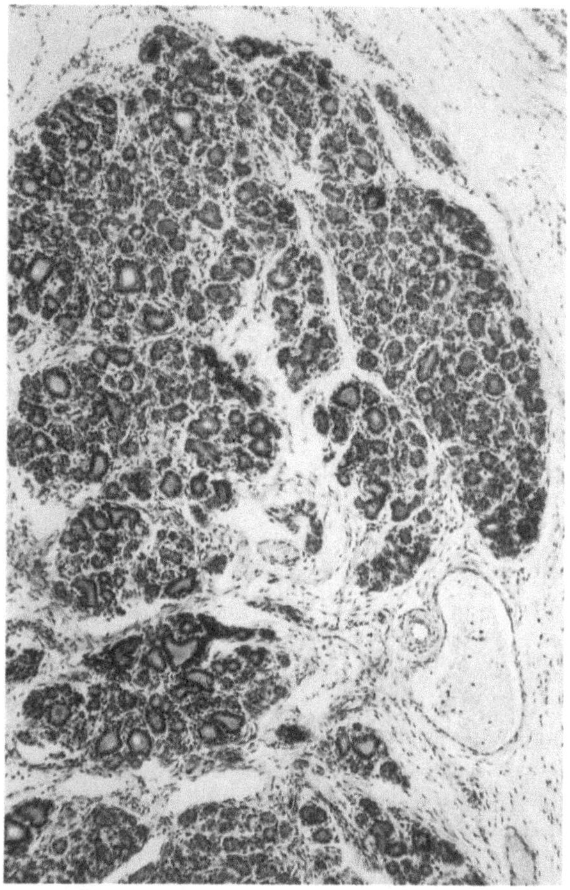

Abb. 22-13. Schilddrüsenseitenlappen bei einem Feten von 12,0 cm, voll ausgebildete kolloidhaltige Follikel (vgl. auch Abb. 22-21b, beachte den gegenüber Abb. 22-10 kleineren Abbildungsmaßstab). Azan 65 : 1

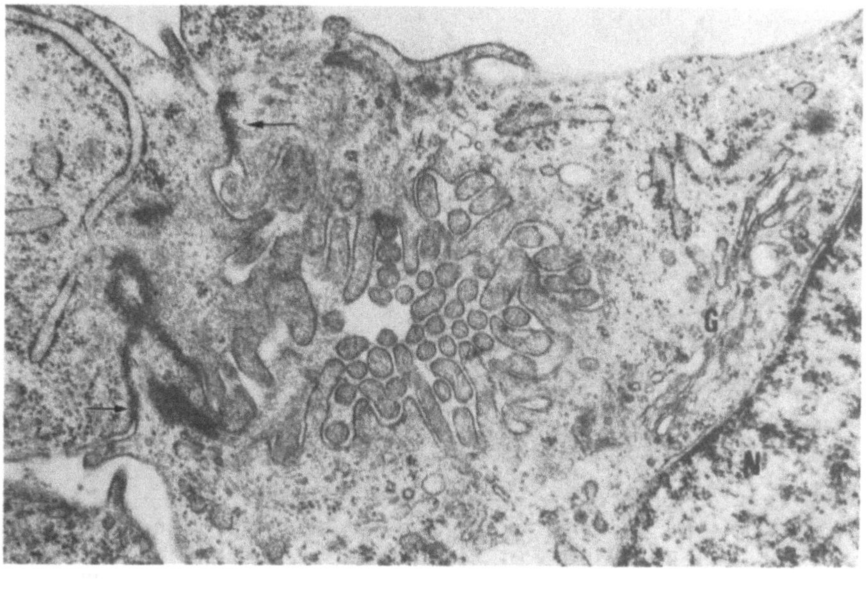

Abb. 22-14. Frühe Follikelbildung durch Einstülpungen der Zellmembran und Mikrovillibildung bei einem Embryo von 19 mm im EM-Bild. G = Golgi-Komplex, N = Zellkernanschnitt, die Pfeile weisen auf die Schlußleisten des Interzellularspaltes. 23 000 : 1 (Mit freundlicher Genehmigung der Autoren aus Lietz et al. 1971)

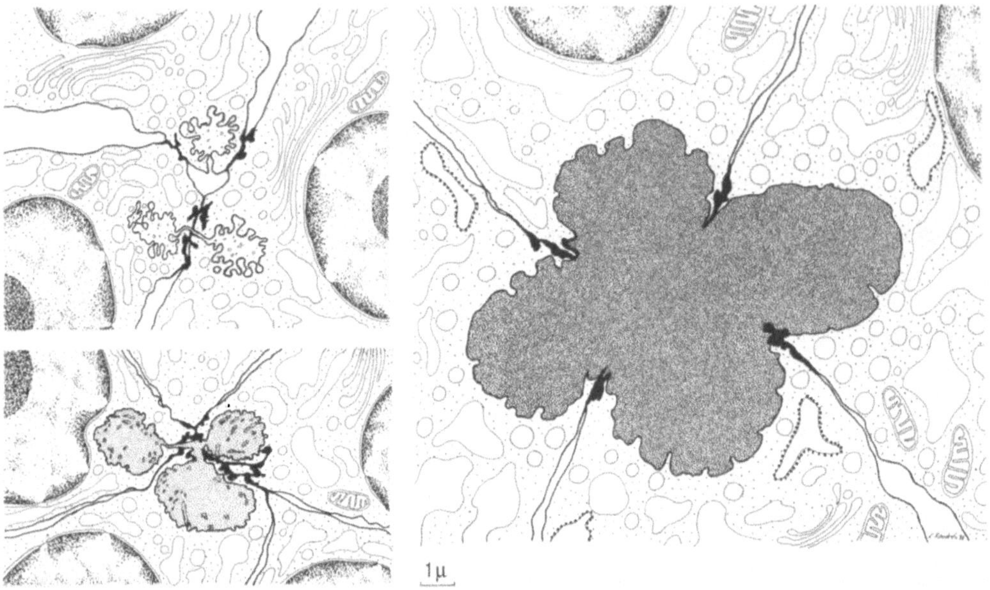

Abb. 22-15. Schematische Darstellung der Follikelbildung nach elektronenmikroskopischen Beobachtungen. (Umzeichnung nach Shepard 1967)

nimmt die Schilddrüse nur noch in gleichem Maße wie das Gesamtkörpergewicht zu [Shepard 1968].

Der **Beginn der Hormonbildung** konnte durch die Fähigkeit der Schilddrüsenfollikelzellen zur Konzentration von Jod auch an menschlichem Gewebe in der Kultur autoradiographisch nachgewiesen werden. Während im praekolloiden Stadium nur wenig Jodid im Gewebe gefunden wird, ist im frühen Kolloidstadium (bei Feten von 6,8 cm an) die Radioaktivität über den Follikeln konzentriert (Abb. 22-16). Durch

Tabelle 22.2. Funktionsentwicklung der Glandula thyroidea [Nach: Greenberg et al. 1970]

Entwicklungsalter in Wochen	Hypophyse Cytodifferenzierung	TSH-Synthese	Thyroidea Cytodifferenzierung	Synthese von T4, T3, MJT, DJT	fetales Serum Hormone und Bindungsproteine		
–							
–							
4				Thyroglobulin-Bildung			
–							
–			Intrazelluläre Canaliculi				
–							
8							
–	PAS+Cyanophile						
–			Kolloid-Bildung	Jodotyronin			TBG
–		TSH im		Jodothyrosin	Thyroxin	TSH	TBPA
12		Bioassay	Wachsende		PBJ	im RIA	
–	Thyrotrope		Follikel				
–		Aufnahme von					
–		^{14}C-Amino-					
–		säuren					
16							
–							
–							

TSH = Thyroidea stimulierendes Hormon;
T3, T4 = Trijod-, Tetrajod-Thyrosin;
MJT, DJT = Mono- und Dijodtyronin;
TBG = Thyroxin-Bindungsglobulin
TBPA = Thyroxin-Bindungs-Praealbumin
PBJ = Protein-gebundenes Jod

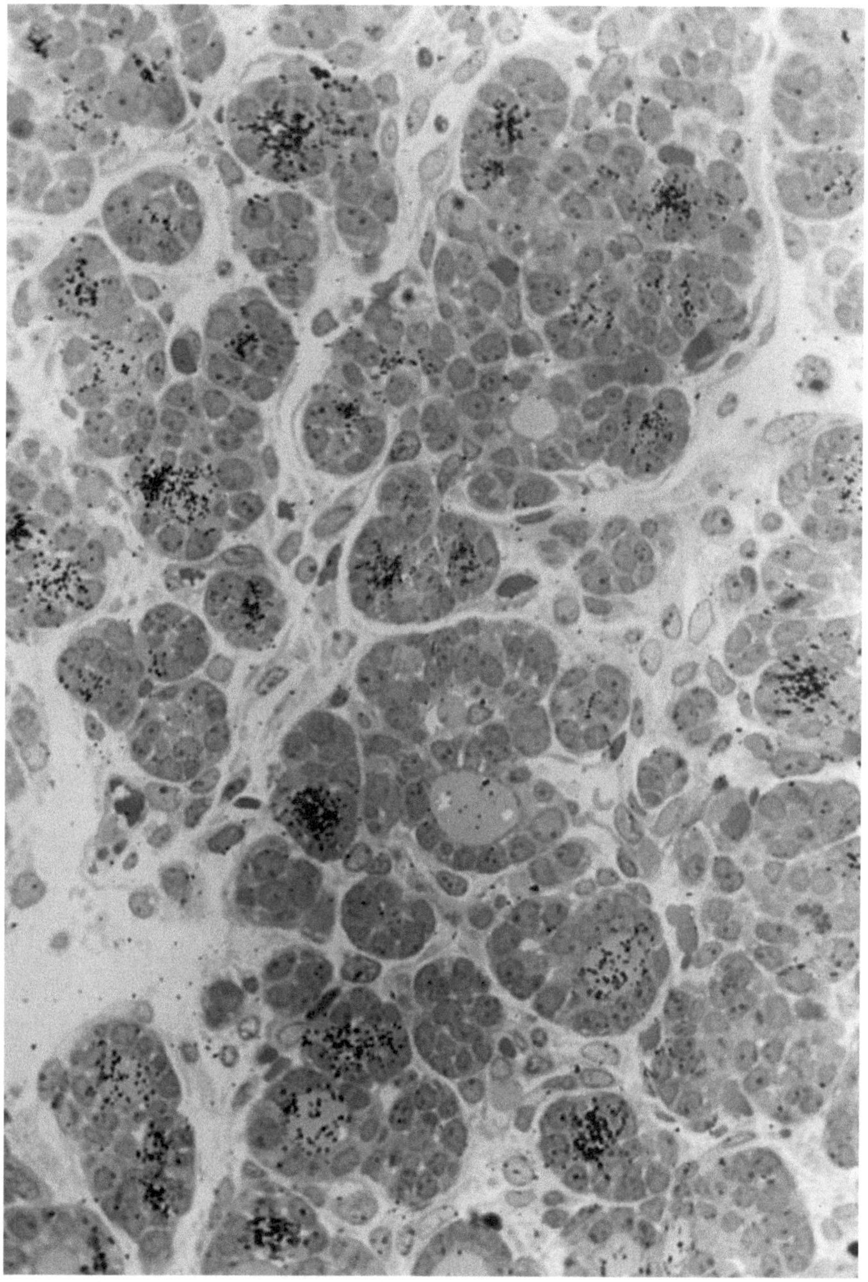

Abb. 22-16. Menschliche fetale Schilddrüse nach Applikation von Radiojod (^{125}J). Autoradiogramm, Semidünnschnitt 1 µm, Fetus 7,7 cm. ca. 800 : 1 (Freundlichst überlassen von Professor Shepard, Washington. Technik entsprechend Shepard 1967)

chromatographische Auftrennung fetalen Kolloids konnte nachgewiesen werden, daß, wie im Kolloid des Erwachsenenorgans, die verschiedenen Produkte (Monojodtyrosin, Dijodtyrosin, Trijodthyronin und Tetrajodthyronin) bereits vorhanden sind [Shepard 1968].

Dieser Funktionsbeginn ist an die Sekretion von TSH durch die Hypophyse gebunden (Tabelle 22.2). Im fetalen Serum konnte TSH von der 12. Woche an nachgewiesen werden [Greenberg et al. 1970]. Es findet kein wesentlicher Austausch über die Placenta von der Mutter zum Fetus oder umgekehrt statt. Dennoch werden hohe Gaben von TSH bei Verdacht auf Hypothyreoidismus des Kindes verabreicht. Wohl aber „entzieht" der Fetus der Mutter Jod, was bei Jodmangel zur Strumabildung bei der Mutter führen kann [Barnes 1968].

Klinisch bedeutsam ist, daß das fetale Schilddrüsengewebe zu einer höheren Konzentration von Jod fähig ist als das adulte. Durch eine Verabreichung von radioaktivem Jod an Schwangere kann es in der fetalen Schilddrüse zu einer so starken Anreicherung des

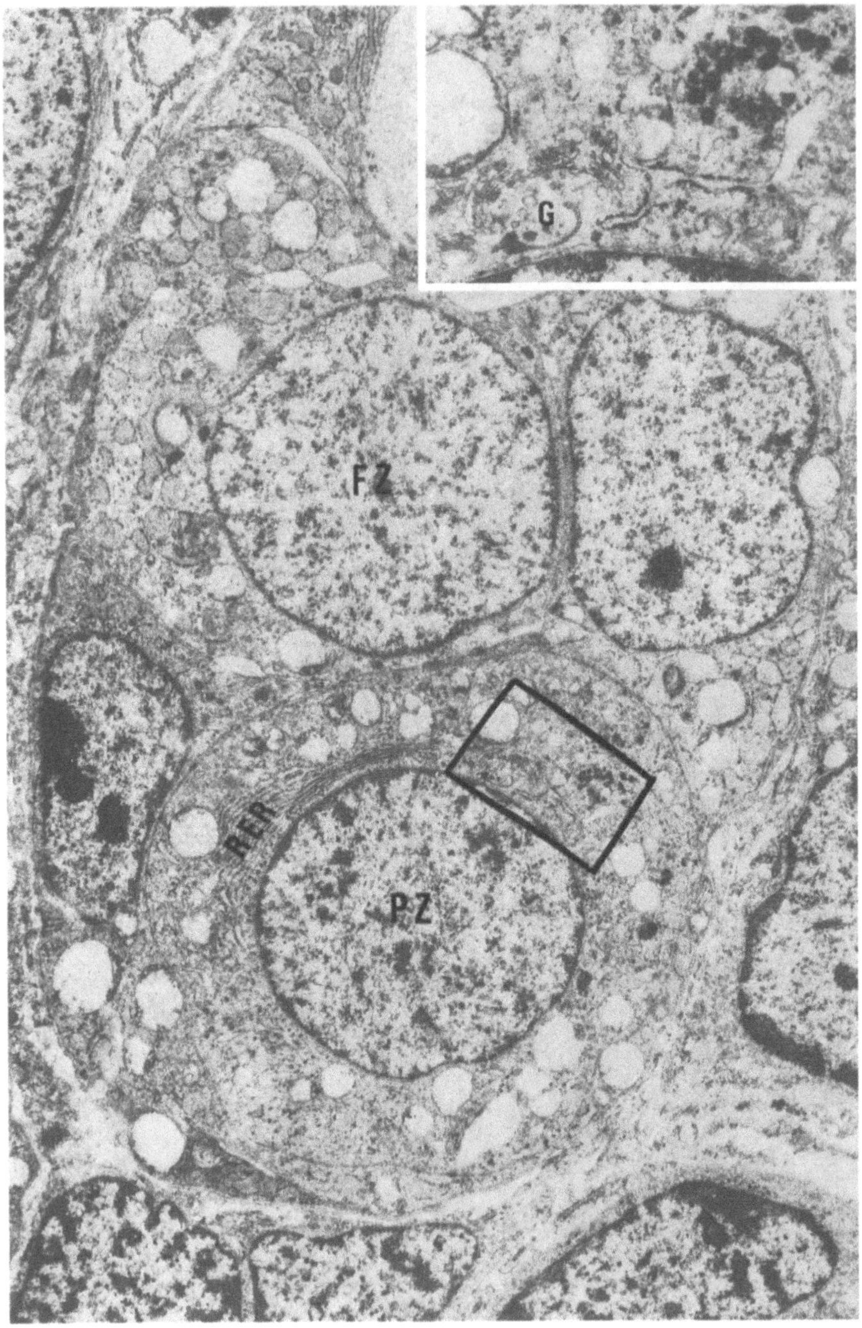

Abb. 22-17. C-Zelle (PZ) zwischen Follikelzellen (F) aus der Schilddrüse eines Feten von 12,0 cm im EM-Bild. Perinucleäre, parallele Lamellen von rER. Inset: Golgi-Komplex (G). 6500 bzw. 17 600 : 1 (Mit freundlicher Genehmigung der Autoren aus Lietz et al. 1971)

Jods kommen, daß die Schilddrüse zerstört wird [Russell et al. 1957, Hammill et al. 1961, Fisher et al. 1963].

Neben den Follikelepithelzellen der Schilddrüse breiten sich in der gesamten Anlage parafollikulär liegende Zellen aus, die aus der Neuralleiste stammen und mit dem telopharyngealen Körper der Schilddrüse zugeführt worden sind (siehe Kapitel 20.5 Kopfdarmderivate). Diese Abkunft wurde morphologisch und histochemisch erschlossen [Pearse 1968, 1970] und experimentell nachgewiesen [Le Douarin und Le Lièvre 1971]. Die *parafollikulären Zellen* differenzieren sich zu Calcitonin- und zu Somatostatin-produzierenden Zellen. Elektronenmikroskopisch zeigen die C-Zellen Mikrotubuli, zahlreiche freie Ribosomen, elektronendichte Körperchen und kleine Sekretgranula sowie perinucleär parallele, später spiralige Strukturen im Ergastoplasma [Lietz et al. 1971]

(Abb. 22-17). Ein partielles bis völliges Fehlen der C-Zellen in der Thyroidea wird bei einer Entwicklungsstörung der 3. und 4. Schlundtasche und des telopharyngealen Körpers *(Di George-Syndrom)* gefunden [Burke et al. 1987]. Die Funktion kann aber von in der Lunge sich differenzierenden C-Zellen teilweise ersetzt werden. Der immuncytochemische Nachweis von Calcitonin bei Katzenfeten spricht für einen Funktionsbeginn am Anfang der mittleren Fetalzeit [Titlbach et al. 1987].

Mit der Klärung der Funktion der telopharyngealen Körper als „Überträger" der C-Zellen aus der Neuralleiste ist auch die Diskussion über einen Beitrag dieser Gewebekomplexe zum eigentlichen Schilddrüsengewebe, also ihre Darstellung als „laterale Schilddrüsenanlage" [Norris 1918, Weller 1933, Politzer und Hann 1935, Politzer 1936, Bargmann 1939b], zu schließen.

Häufigste **Formvariante** der Schilddrüse ist ein *Lobus pyramidalis,* ein Auswachsen von Schilddrüsengewebe entlang des unteren Abschnittes des Ductus thyroglossus. Dieser kann strangartig dem Lobus pyramidalis unterliegen und reicht dann meist bis zum Zungenbein. Auf die mögliche *Persistenz eines Ductus thyroglossus* in verschiedenen Abschnitten und damit verbundene mediane Halsfisteln wurde schon verwiesen (siehe Kapitel 20.6 Halsfisteln). Der weite Descensus der Schilddrüsenanlage macht es verständlich, daß *ektopisches Schilddrüsengewebe* vorkommt. Außer einer Zungenschilddrüse (siehe Kapitel 20.5 Kopfdarmderivate) kommen eine zu hohe Lage am Hals bei mangelndem Descensus und eine fortbestehende Verbindung zum Herzen mit Verlagerung bis ins Mediastinum vor. Ektopische Schilddrüsenanlagen bleiben oft rudimentär und führen zu Hormonmangel.

Zystenbildungen innerhalb der Schilddrüse gehen von den Zellen der telopharyngealen Körper aus. Sie enthalten kein Kolloid [Watzka 1933, Lietz et al. 1971], kommen aber regelmäßig vor.

Völliges **Fehlen der Schilddrüse** (Athyreose) kann mit einer Autoimmunerkrankung der Mutter zusammenhängen. **Mangelnde Ausbildung** der Schilddrüse, zu geringe Hormonproduktion oder Enzymdefekte für die Verfügbarkeit der Hormone führen zum *Hypothyreodismus* und in schweren Fällen zum klinischen Bild des *Kretinismus* mit stark verzögertem Wachstum und Störung der Skeletbildung, schwerer Retardierung der geistigen Entwicklung sowie Hautveränderungen (Myxödem).

Besondere klinische Probleme ergeben sich bei der Behandlung mütterlichen Hyperthyreodismus, da die Thyreostatica die Placenta passieren und auf die fetale Schilddrüse von ihrer Hormonbildung an (12. Woche) einwirken.

22.3 Glandulae parathyroideae

Die Epithelkörperchen (Glandulae parathyroideae) entstehen als Epithelverdickungen an der seitlichen Wand der 3. und 4. Schlundtasche im Stadium 14 [O'Rahilly 1983] (siehe Kapitel 20.5 Kopfdarmderivate). Sie sind von Anfang an solide Epithelknospen und bilden kein Lumen und keinen Gang. Sie werden in unterschiedlichem Ausmaß in den Descensus der Halseingeweide einbezogen: Die Anlagen aus der 3. Schlundtasche wandern schneller und werden weiter caudal verlagert als die aus der 4. Die weniger weit wandernde Anlage der Parathyroidea aus der 4. Schlundtasche erreicht den oberen Pol des Seitenlappens der Schilddrüse bereits im Stadium 17, während die Anlage der 3. Schlundtasche erst vom Stadium 19 an mit dem unteren Teil des Seitenlappens der Schilddrüse in Kontakt kommt (Abb. 22-18 bis 22-20). Zu dieser Zeit bestehen die Epithelkörperchen-Anlagen aus längeren Epithelsträngen, ihr Kontakt mit dem Schlundtaschen-Endoderm wird bei den Anlagen der 3. Schlundtasche im Stadium 19, bei denen der 4. erst im Stadium 22 aufgelöst [Jirásek 1980, siehe auch Abb. 20-23]. Die Anlagen aus der 3. Schlundtasche „überholen" im Descensus also die der 4. Vor allem im Stadium 20 können die verschiedensten Lagebeziehungen der beiden Anlagenpaare beobachtet werden, noch in der alten Lagebeziehung, auf gleicher Höhe oder schon in der neuen Lagebeziehung [Weller 1933, Norris 1937].

Wie beim Thymus (siehe Immunsystem, S. 341) so soll auch an der Bildung der Anlagen der Parathyroideae das Plakodenektoderm, hier des 3. und 4. Pharyngealbogens, beteiligt sein, möglicherweise sogar den größeren Teil des zellulären Bestandes bilden [Pearse 1986].

Das Wachstum der Epithelkörperchen vollzieht sich relativ langsam, sie sind mitosenarm. Gilmour [1937] fand eine Vergrößerung der mittleren Durchmesser von der 7. bis zur 22. Woche um etwa das Fünffache, was allerdings einer Volumenvermehrung um etwa das 140fache entspricht. Die Epithelkörperchen werden von einer zarten, bindegewebigen Kapsel umschlossen, die überwiegend aus Angioblasten besteht [„Capillarkapsel": Bargmann 1939a] (Abb. 22-21).

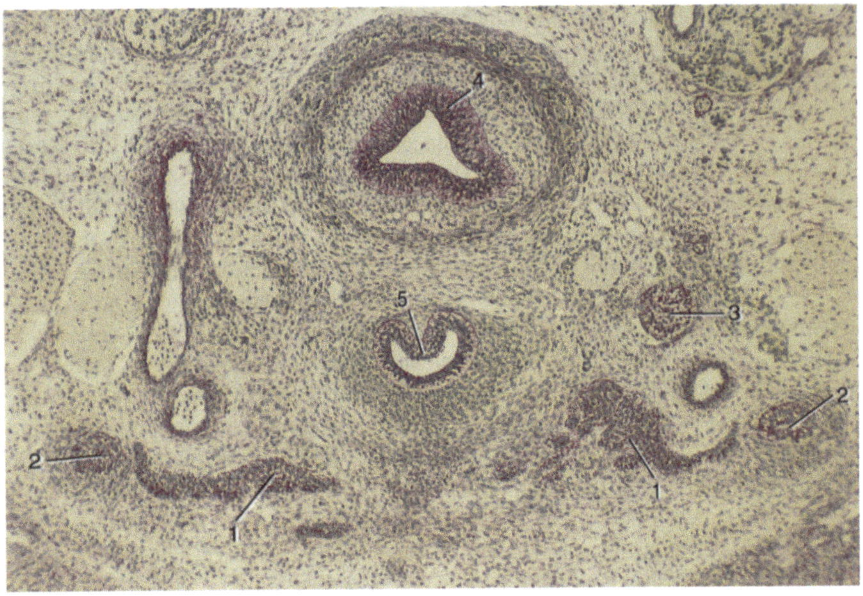

Abb. 22-18. Schilddrüse (1) und Epithelkörperchen (2 und 3) im Querschnitt (STADIUM 18, 16 mm). Der nicht ganz achsengerecht liegende Schnitt trifft auf der linken Seite oberes (außen = 2) und unteres (innen = 3) Epithelkörperchen, auf der rechten Seite nur das obere (= 2). 4 = Oesophagus mit sehr glycogenreichem Epithel; 5 = Trachea mit Anlage des Trachealknorpels und nur dorsal glycogenreichem Epithel. PSL-H, ca. 75 : 1

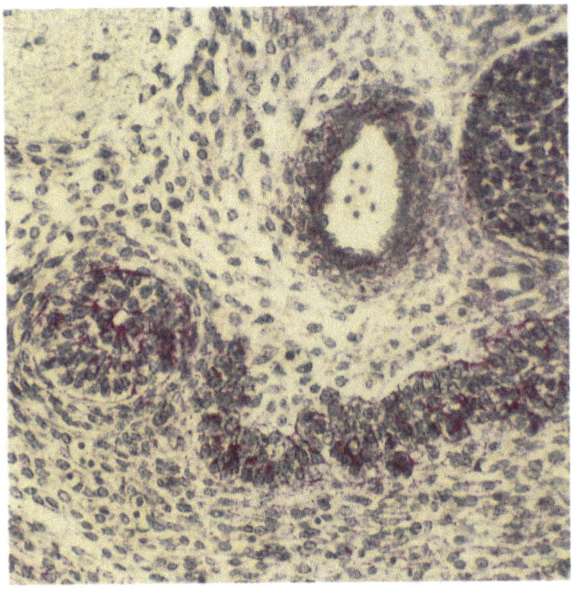

Abb. 22-19. Rechtes oberes Epithelkörperchen mit kleinem Restlumen. STADIUM 18, 16 mm, PSL-H, ca. 300 : 1

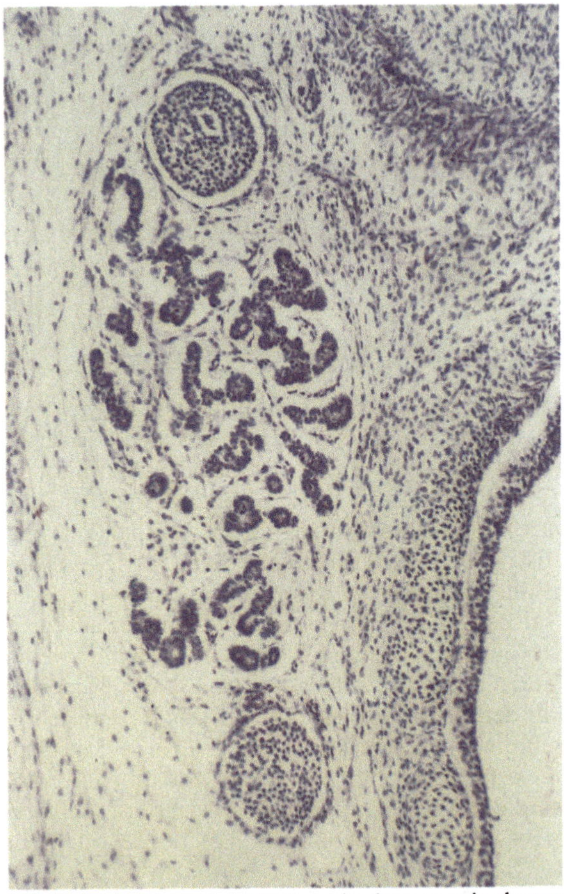

Abb. 22-20. Rechter Schilddrüsenseitenlappen mit oberem und unterem Epithelkörperchen im Frontalschnitt etwa im STADIUM 23. (Epithel der Drüsen geschrumpft, daher breite Spalten zum Bindegewebe). Embryo 29 mm, HE ca. 140 : 1

Die *cytologische Differenzierung* der Epithelkörperchen setzt schon früh ein. Noch während ihres Kontaktes mit dem Endoderm der Schlundtaschen und während ihrer Wanderung treten bereits im STADIUM 16 die ersten hellen Hauptzellen auf [Norris 1937, 1946]. Die Differenzierung läßt sich nach elektronenmikroskopischen Untersuchungen am Schaf [Jordan et al. 1975] in vier Stadien einteilen. Im Taschenstadium treten bereits etwa 20 µm große, wenig elektronendichte Zellen auf, die aufgrund der starken interzellulären Membran-Interdigitationen und dem

Abb. 22-21a, b. Zwei Stadien der fetalen Entwicklung der Epithelkörperchen.
a) Zarte Bindegewebskapsel, erste Gefäße sind eingesproßt. Beginnende Follikelbildung in der angrenzenden Schilddrüse. Fetus 6,0 cm, Azan, ca. 65 : 1;
b) deutliche Kapillarisierung, Bindegewebskapsel weiterhin sehr zart. Deutliche, kolloidhaltige Follikel in der angrenzenden Schilddrüse. Fetus 12,0 cm, Azan, ca. 65 : 1

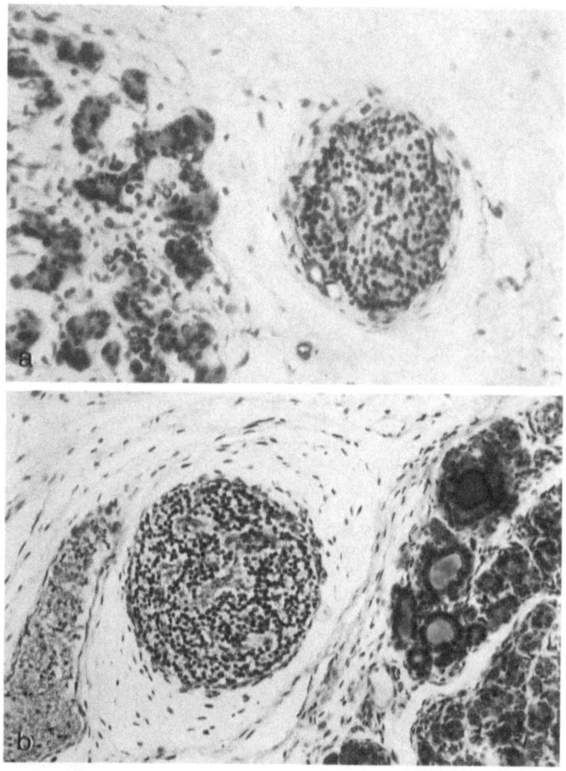

Abb. 22-22. Fetale Parathyroidea der 22. Woche im EM. Zwischen den dichtgelagerten Zellen finden sich Membran-Interdigitationen. Golgi- Komplex noch spärlich, kaum cytologische Zeichen einer Sekretion. 1 = Kapillarendothel, 2 = Fibrocyt, 3 = Golgi-Komplex, 4 = Glycogen, 5 = Lipidtröpfchen, 6 = multivesiculärer Körper, 7 = Erythrocytenanschnitt. 6600 : 1
(Freundlichst überlassen von Dr. Nakagami, Osaka, siehe auch Nakagami et al. 1968)

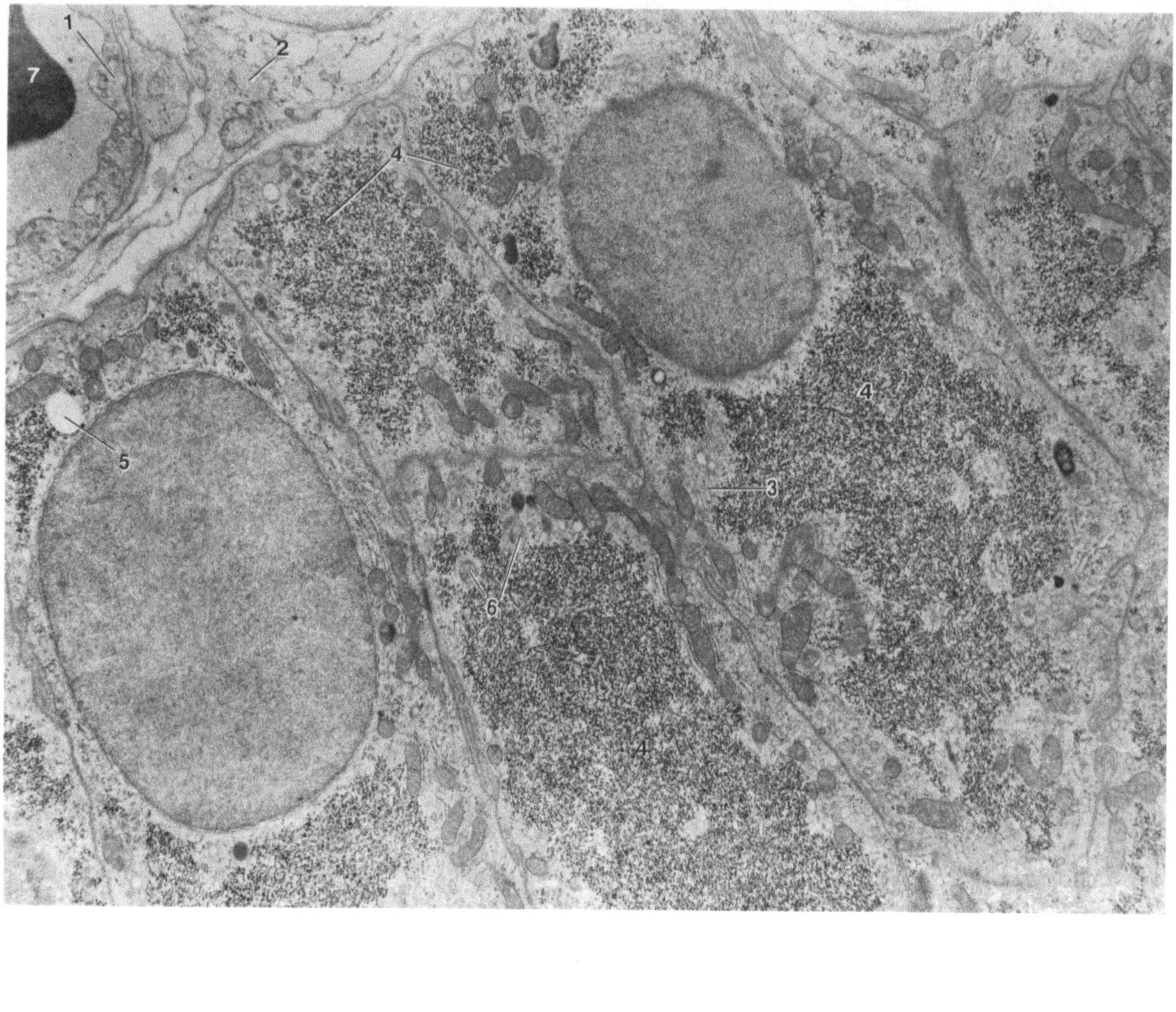

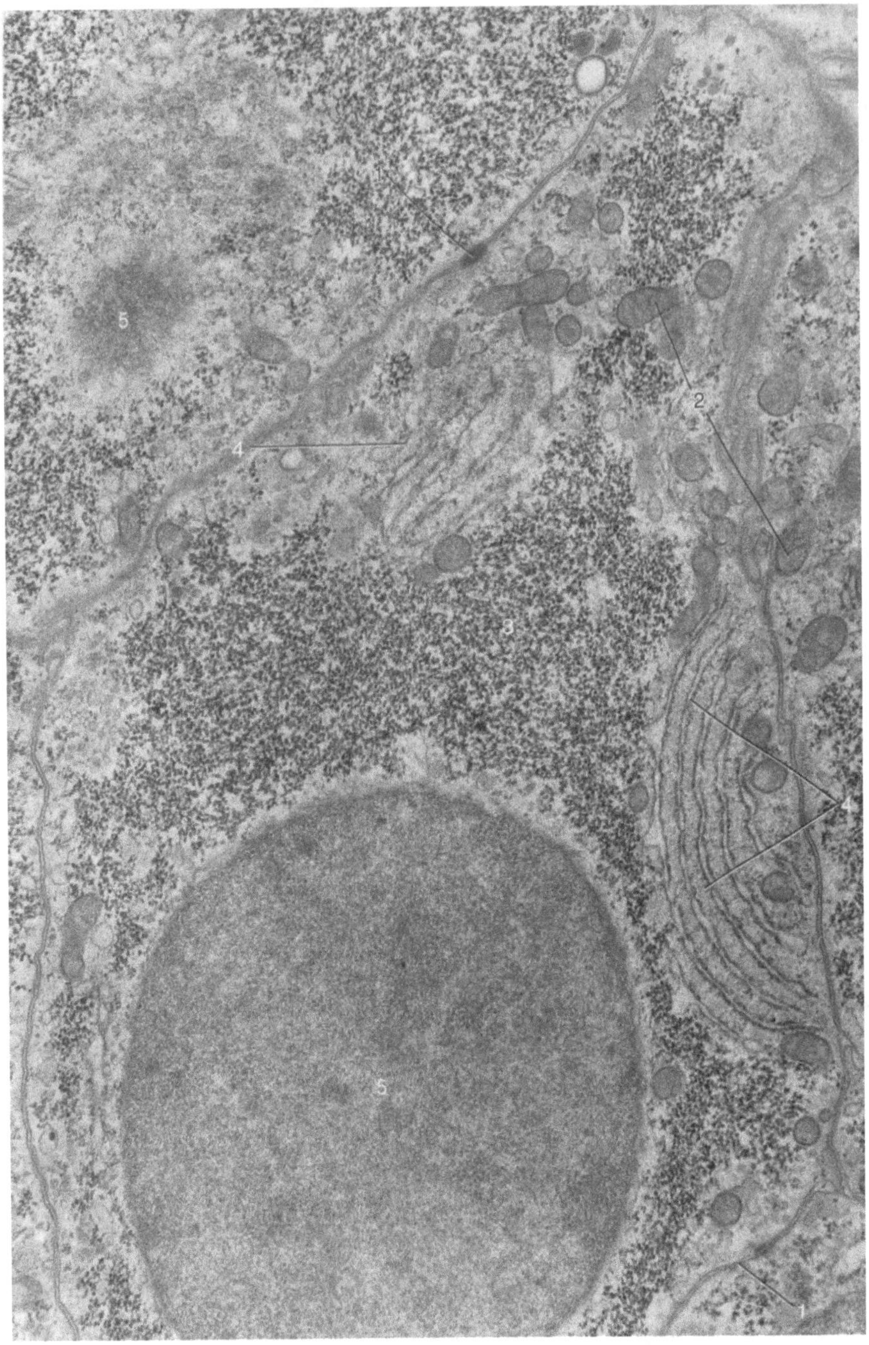

Abb. 22-23. Inaktive Hauptzelle aus der menschlichen Parathyroidea der 22. Woche. 13 500 : 1. 1 = Desmosom, 2 = Mitochondrien, 3 = Glycogen, 4 = rauhes endoplasmatisches Reticulum, 5 = Zellkern-Anschnitt (oben als Flachschnitt) (Freundlichst überlassen von Dr. Nakagami, Osaka, siehe auch Nakagami et al. 1968)

ersten Auftreten membranumschlossener dichter Granula als frühe Hauptzellen interpretiert werden. Im kompakten avaskulären Stadium nimmt die Zahl der sich entwickelnden Hauptzellen erheblich zu, besonders die Entwicklung des granulären ER und des Golgi-Komplexes sowie das vermehrte Auftreten von Sekretgranula lassen diese Zellen als aktive Hauptzellen erscheinen. Im Reifungsstadium wird die Zahl der aktiven Hauptzellen größer, neben gestapelten Sekretprodukten sind auch lysosomale Komplexe einer Sekretauflösung zu beobachten. Lysosomale Enzyme spielen für die Freisetzung des Parathormons [nach experimentellen und elektronenmikroskopischen Untersuchungen an Ratten: Rohr und Krässig 1968] möglicherweise eine Rolle. Noch vor der Geburt wird das Stadium des reifen Organs erreicht. Oxyphile Zellen treten jedoch erst spät nach der Geburt, praepubertär auf [Jirásek 1980].

Nach elektronenmikroskopischen Untersuchungen am Menschen aus der 22. und 24. Woche besteht

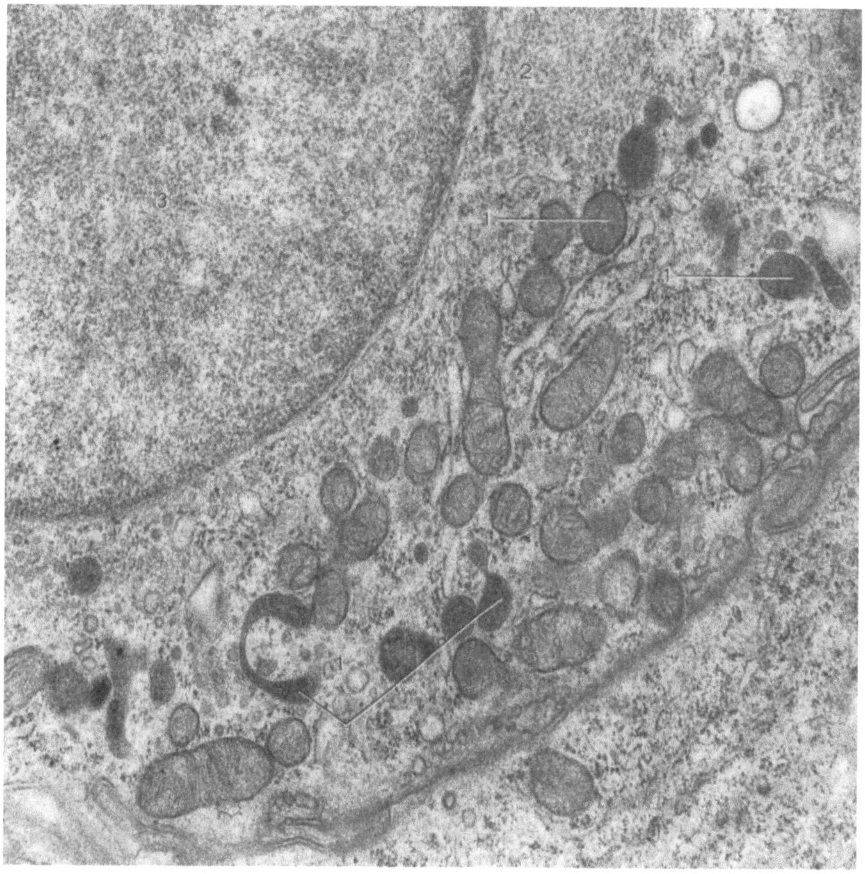

Abb. 22-24. Deutliche Sekretgranula (1) in einer „intermediären" Hauptzelle in der 24. Woche. 2 = Glycogen, 3 = Zellkernanschnitt. 21 800 : 1 (Freundlichst überlassen von Dr. Nakagami, Osaka, siehe auch Nakagami et al. 1968)

der Hauptteil der Drüsen aus Hauptzellen, die überwiegend als inaktiv, zum anderen Teil als intermediär gewertet werden [Nakagami et al. 1968]. Für beide Zellarten charakteristisch sind die große Zahl an Desmosomen und Membran-Interdigitationen sowie große Mengen intraplasmatischen Glycogens (Abb. 22-22, 22-23). Die als intermediär eingestuften Zellen enthalten einen entwickelten Golgi-Apparat, rauhes ER, Sekretgranula und lysosomale Komplexe (Abb. 22-24). Der perikapilläre Spalt ist sehr schmal, die Kapillaren haben ein relativ hohes Endothel.

Der *Funktionsbeginn* der Glandulae parathyroideae setzt offenbar langsam ein, dürfte aber in der zweiten Hälfte der Schwangerschaft stets schon ausgeprägt sein. Ausführliche Untersuchungen über den Spiegel des Parathormons im mütterlichen und im fetalen Kreislauf, insbesondere experimentelle Untersuchungen, überwiegend an Schafen [Alexander et al. 1973], zeigen, daß die Plasmaspiegel in beiden Compartimenten unabhängig voneinander sind, experimentelle Erhöhungen bleiben auf das jeweilige Compartiment beschränkt. Die Placenta gilt als für Parathormon undurchlässig, der Fetus „versorgt sich selbst" mit Parathormon.

Der weite Wanderungsweg der Epithelkörperchen macht es verständlich, daß es neben versprengten Inseln von Parathyroidea-Gewebe oder sogar überzähligen Körperchen [Boyd 1950] erhebliche **Lagevarianten** gibt. In einfacheren Fällen variiert die Lage um den oberen bzw. unteren Pol der Schilddrüsen-Seitenlappen herum, in seltenen Fällen können Verlagerungen bis ins Mediastinum gefunden werden.

Die Lageanomalien der Epithelkörperchen haben praktische Bedeutung, da die frühkindliche Entwicklung von *Adenomen* nicht ganz selten ist. Selten hingegen ist der bereits *angeborene Hyperparathyroidismus*. Beide Formen zwingen ggf. zur chirurgischen Exstirpation der adenomatös veränderten Epithelkörperchen und zur anschließenden Substitutionstherapie [Ross et al. 1986]. Versuche einer autologen Reimplantation von Teilen der Parathyroidea waren bereits erfolgreich [u.a. Lutz et al. 1986].

Eine **Entwicklungsstörung** der Derivate der 3. und 4. Schlundtasche wird als *Di George-Syndrom* beschrieben. Fehlbildungen der Glandulae parathyroideae bis zur Aplasie kommen vor. Wegen der gleichzeitigen Defekte am Thymus siehe Kapitel 15.4 Fehlbildungen des Immunsystems.

22.4 Inselorgan

H. Hahn von Dorsche

Die Entwicklung des Inselorgans ist mit der Entwicklung des exokrinen Pankreas (siehe dort) verbunden. Zeitlich geht die Entwicklung des exokrinen Organteiles der des endokrinen voraus (Tabelle 22.3). Erst wenn das exokrine Parenchym aus einem verzweigten Gangsystem besteht, beginnt die Differenzierung des endokrinen Pankreasgewebes in Form einzelner Zellen.

In der frühen Fetalperiode lassen sich von der 10. Woche an bereits die 4 Grundzelltypen der Pankreas-Inseln immuncytochemisch nachweisen [Hahn von Dorsche et al. 1988]. Die Grundzelltypen bilden die 4 Hormone Insulin, Glucagon, Somatostatin und Pankreatisches Polypeptid (PP). Von Grundzelltypen spricht man, weil sie in der phylogenetischen Entwicklung von den Selachiern (Knorpelfische) bis zu den Mammalia (Säugetiere), einschließlich des Menschen, nachgewiesen worden sind. Möglicherweise kommt neben diesen vier Inselzelltypen noch ein fünfter vor. In zahlreichen Species aller Wirbeltierklassen sind in den Inseln Zellen gefunden worden, die ellipsoide elektronendichte Granula enthalten. Diese Zellen bilden und sezernieren das biogene Amin Serotonin. Daneben kommt eine Reihe anderer Hormone in den Langerhansschen Inseln vor (Tabelle 22.4). Dies ist durch die gemeinsame Herkunft der Inseln, der Acini und des Epithels des Ausführungsgangsystems aus dem Endoderm zu erklären. Das Vorkommen weiterer Hormone in Inselzellen setzt voraus, daß eine endokrine Zelle in der Lage sein muß, mehr als ein Hormon zu bilden. Diese Tatsache kann heute generell für endokrine Zellen als gesichert gelten. Hingegen ist die biologische Bedeutung dieser weiteren Hormone in den Inseln gegenwärtig noch weitgehend unklar.

In der 10. Woche werden im Gangepithel oder in dessen unmittelbarer Umgebung einzelne Insulin-, Glucagon-, Somatostatin- und PP-positive Zellen gefunden (Abb. 22-25). Vermittels der Morphometrie konnte festgestellt werden, daß schon zu diesem Zeitpunkt der größte Anteil der Inselzellen B-Zellen (Insulin) sind. Die Häufigkeitsverteilung der B-, A-(Glucagon), D-(Somatostatin) und PP-Zellen in der 10. Woche und ihre Veränderungen in der 12. und in der 14. Woche zeigt Tabelle 22.5. Daraus geht hervor, daß der zweithäufigste Zelltyp in der 10. Woche

Tabelle 22.4. Hormone, die in Langerhansschen Inseln der Säugetiere und des Menschen nachgewiesen worden sind

Hormon	Inselzelltyp
γ-Aminobuttersäure	B (A)
Cholecystokinin-Pankreocymin (CCK-PC)	A
Dopamin	PP
β-Endorphin	A
Gastric inhibitory polypeptide (GIP)	A
Gastrin	D
Glucagon	*A*
Insulin	*B*
Catecholamine (Adrenalin, Noradrenalin)	A und B
Lipotropin	A
Pankreastatin	A?
Pankreatisches Polypeptid (PP)	*PP*
Peptid P-C	B
Peptid YY	A
Prostaglandine E_1, E_2, $F_{2\alpha}$	A
Sekretin	A
Serotonin	*5. Grundzelltyp* (?)
Somatostatin	*D*
Thyreotropin-Releasing hormone	B
Vasoactive intestinal polypeptide (VIP)	A
Wachstumshormon	A

Kursiv hervorgehoben sind die Grundzelltypen der Inseln mit ihren klassischen Hormonen

Tabelle 22.3. Organentwicklung des Pankreas beim Menschen. [Nach: O'Rahilly 1983]

Carnegie-Stadium	Länge (mm)	Somitenpaare	Alter (d)	Entwicklungsstufe des Pankreas
12	3– 5	21–29	26	Die dorsale Pankreasanlage proliferiert aus dem Darmepithel.
13	4– 6	30 oder mehr	28	Die ventrale Pankreasanlage ist erkennbar.
14	5– 7		32	Die ventrale Pankreasanlage erscheint als Aussprossung aus dem Epithel des Gallenganges.
16	8–11		37	Das dorsale und das ventrale Pankreas stoßen aneinander.
17	11–14		41	Vereinigung von ventralem und dorsalem Pankreas. Die Gänge beginnen zu verschmelzen.

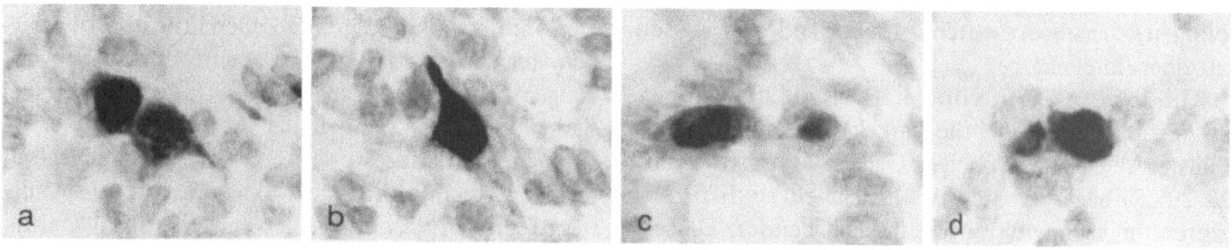

Abb. 22-25a–d. Inselzellen der 10. Entwicklungswoche. Insulin- **(a)**, Glucagon- **(b)**, Somatostatin- **(c)** und PP-Zelle **(d)**. Die Inselzellen liegen im Gangepithel. PAP-Technik, Kernfärbung mit Hämatoxylin, 1000 : 1

die D-Zellen sind. In den darauffolgenden vier Wochen kommt es zu erheblichen Veränderungen. Der Anteil der B-Zellen nimmt relativ ab, während die A-Zellen relativ zunehmen (Abb. 22-28).

Können die Inselzellen, die von der 10. Woche an und kurz danach differenziert sind auch zu diesem Zeitpunkt schon Hormone sezernieren? Der Nachweis der Funktionsfähigkeit konnte zumindest für die B-Zellen auf zwei voneinander unabhängigen Wegen geführt werden. **Immuncytochemisch** lassen sich Proinsulin und C-Peptid von der 10. Woche an nachweisen. Proinsulin, das Vorläufer-Molekül des Insulin, ist ein Marker für die Bio**synthese** des Insulin, während das bei der Spaltung des Proinsulin entstehende C(onnecting)-Peptid als Marker für die Insulin**sekretion** der B-Zellen gilt. Außerdem läßt sich **biochemisch** die Insulinsekretion stimulieren, was Tabelle 22.6 zeigt [Reiher et al. 1983, Hahn von Dorsche et al. 1987 a, b]. Der immuncytochemische Nachweis von Glicentin, dem Vorläufer-Molekül für die Glucagon-Biosynthese in den A-Zellen, beweist, daß dieser Zelltyp von Anfang an Glucagon bildet. Für die D- und die PP-Zellen kann angenommen werden, daß auch sie vom Zeitpunkt ihres Auftretens an Somatostatin bzw. PP bilden und sezernieren.

Die **Histogenese der Pankreas-Inseln** beginnt, wenn in der 12. bis 13. Woche exokrine Acini entstanden sind. Die Inselentwicklung läuft jedoch nicht gleichförmig ab, so daß der Zeitraum bis zur 26. Woche in **3 Phasen** eingeteilt werden kann [Hahn von Dorsche et al. 1987a].

Die **1. Phase** der Inselentwicklung beginnt in der 13. bis 14. Woche mit der Ausbildung von Inselknospen und erstreckt sich bis zur 16. Woche. Die Inselknospen differenzieren sich aus dem Ausführungsgangsystem, stehen mit ihm anfänglich in Verbindung und sind noch nicht vaskularisiert. Die Vaskularisation setzt jedoch in der 10. Woche ein. Manchmal ver-

Tabelle 22.5. Relativer Anteil der 4 Grundzelltypen der Inseln am fetalen Pankreas in der frühen Fetalperiode des Menschen. [Aus: Hahn von Dorsche et al. 1989]

Alter (Wochen)	B-Zellen (Vv %)	D-Zellen (Vv %)	A-Zellen (Vv %)	PP-Zellen (Vv %)
10	0,9 ± 0,3	0,4 ± 0,1	0,3 ± 0,1	0,2 ± 0,1
12	2,4 ± 1,8*	3,0 ± 1,4*	0,6 ± 0,3	0,2 ± 0,1
14	7,0 ± 2,0**	5,7 ± 2,5*	5,9 ± 2,3*	2,9 ± 1,6**

* $p < 0,05$; ** $p < 0,01$

Tabelle 22.6. Insulingehalt und Insulinsekretion des humanen Pankreas in den 3 Phasen der frühen Fetalperiode. [Aus: Hahn von Dorsche et al. 1987a]

	1. Phase (11.–16. Woche)	2. Phase (17.–20. Woche)	3. Phase (21.–26. Woche)
Insulingehalt (pg/µg Trockengewicht des Pankreas)	1658,3 ± 215,7	1875,5 ± 154,3	2463,3 ± 110,0
Unstimulierte Insulinsekretion (pg/µg Trockengewicht; 2,5 m mol/l Glucose)	7,6 ± 1,5	12,2 ± 1,0	19,7 ± 2,0
Stimulierte Insulinsekretion (pg/µg Trockengewicht; 20,0 m mol/l Glucose + 1,0 m mol/l/IBMX)	21,3 ± 3,5	26,8 ± 3,1	44,8 ± 3,6

IBMX = Isobuthyl-methyl-xanthin, ein Sekretagogum für Insulin einigen sich mehrere solcher Knospen oder Sprossen zu einem Inselfeld.

Die **2. Phase** reicht von der 17. bis zur 20. Woche. In der 16. Woche sind die vaskularisierten Inselzell-Cluster weitgehend von den Gängen losgelöst (Abb. 22-29). Sie beginnen sich zu Mantelinseln zu differenzieren. In ihnen werden die insulinbildenden B-Zellen im Inneren mantelförmig oder schalenartig von den Nicht-B-Zellen (A-, D- und PP-Zellen) umgeben. Deshalb wird dieses Entwicklungsstadium der Inseln als Mantel- oder Schaleninsel bezeichnet. Bis zur 20. Woche herrscht die Ausbildung dieses Inseltyps vor. Die Inseln haben zu diesem Zeitpunkt eine breite, aus mehreren Zellreihen bestehende Schale von Nicht-B-Zellen.

Die **3. Phase** schließt die 21. bis 26. Woche ein. Bereits um die 21. Woche beginnt ein erneuter Umbauprozeß an den Inseln: Die Nicht-B-Zellen wachsen zapfenförmig aus der Peripherie der Inseln in das Innere zwischen die B-Zellen. Damit gleicht sich das Inselzellbild zunehmend dem der Inseln des adulten Menschen an, d.h. B-Zellen und Nicht-B-Zellen liegen in den Inseln unregelmäßig durcheinander. Die neu entstehenden Inseln sind bis zur 24. Woche kleiner (60 μm) als in der 20. Woche (175 μm). Bis zur 26. Woche werden sie wieder größer (100 μm) [Hahn von Dorsche et al. 1987a]. Betrachtet man jedoch den Mittelwert der Inseldurchmesser für die 3 Phasen der Entwicklung, kann man eine kontinuierliche Zunahme feststellen (Tabelle 22.7). Das entspricht dem Wachstum des Inselorgans. Diese summarische Betrachtung verdeckt allerdings die erheblichen Schwankungen der Größe einzelner Inseln, die innerhalb der Entwicklungsphase bestehen [Hahn von Dorsche et al. 1987a].

In Untersuchungen zur Inselentwicklung wurde bisher wenig berücksichtigt, daß man einen wechselnd großen Anteil an verstreut liegenden singulären Inselzellen in verschiedenen Stadien findet. Diese Zellen haben unterschiedliche Lokalisationen zwischen den Acinuszellen, aber auch im Mesenchym. Der Anteil der singulären B-Zellen läßt in Abhängigkeit vom Entwicklungsalter wellenförmige Schwankungen erkennen (Tabelle 22.8). Häufigkeitsgipfel sind in der 15. Woche, in der 18. Woche, in der 22. Woche und in der 26. Woche vorhanden. Die Entwicklungsstadien mit einem hohen Anteil an singulären B-Zellen fallen mit Zeiten eines Umbaus der Inseln zusammen. Die außerhalb der Inseln gelegenen singulären Inselzellen sind im fetalen Pankreas mit einem Mittelwert von 15% wesentlich häufiger als im adulten. Darum müssen sie bei morphologischen Beurteilungen des fetalen Inselorgans, z.B. bei diabetologischen Untersuchungen, unbedingt berücksichtigt werden (vgl. Tabelle 22.9). Die Tabelle 22.9 zeigt aber auch, daß der Anteil der singulären B-Zellen in der ersten Phase der Inselentwicklung am höchsten ist und daß er mit fortschreitender Entwicklung abnimmt.

Dieses Muster der Histogenese der Pankreas-Inseln kann während der gesamten Fetalperiode beobachtet werden. Das bedeutet, daß mit zunehmendem Entwicklungsalter und weiterer Vergrößerung des Pankreas alle Stufen der Entwicklung des Inselorgans gleichzeitig vorkommen, nämlich Inselknospen, Inselfelder, Mantelinseln und sich umstrukturierende Inseln.

Tabelle 22.8. Anteil singulärer B-Zellen am Gesamtpankreas [Hahn von Dorsche et al. 1987a]

Alter (Wochen)	Singuläre B-Zellen (V v%)
14.	0,5
15.	1,8
16.	1,0
17.	1,7
18.	2,2
19.	0,8
20.	0,8
21.	1,1
22.	2,0
23.	0,7
24.	1,1
26.	3,2

Tabelle 22.7. Inseldurchmesser und bevorzugtes Entwicklungsstadium der Langerhansschen Inseln in den Phasen der frühen Fetalperiode

	Alter (Wochen)	größter Inseldiameter (μm ± SEM)	bevorzugtes Entwicklungsstadium der Inseln
1. Phase	11.–16.	27,1 ± 8,5	Inselknospen Inselsprossen Inselfelder
2. Phase	17.–20.	80,4 ± 11,2	Mantelinseln (Schaleninseln) „Bipolare Inseln“
3. Phase	21.–26.	98,8 ± 23,4	Irreguläre Position der B-Zellen und der Nicht-B-Zellen

Tabelle 22.9. Das Verhalten des Inselorgans in den Phasen der frühen Fetalperiode [Anteil am Gesamtpankreas; aus: Hahn von Dorsche et al. 1986]

	1. Phase (11.–16. Woche) ($\bar{x}$ Vv %)	2. Phase (17.–20. Woche) ($\bar{x}$ Vv %)	3. Phase (21.–26. Woche) ($\bar{x}$ Vv %)
Inseln	3,6 ± 1,4	8,1 ± 3,7*	12,6 ± 3,5*
Singuläre B-Zellen	1,2 ± 0,7	1,1 ± 0,7 n.s.	1,2 ± 0,8 n.s.
Inselorgan insgesamt	4,8 ± 1,2	9,2 ± 3,5*	13,8 ± 3,7**
Anteil der singulären B-Zellen am Inselorgan	24,9	12,2	8,8

* $p < 0{,}05$; ** $p < 0{,}01$; n.s. = nicht signifikant

Damit wird die Frage der **Entstehung der Inseln** berührt. Bemerkenswert ist die Tatsache, daß auffallend wenige Mitosen von Inselzellen vorkommen. Während der Fetalperiode, in geringerem Umfang auch im adulten Pankreas, findet man im Epithel des Ausführungsgangssystems alle Typen der Inselzellen und kann mitunter deren Auswachsen aus dem Epithelverband in das umliegende Stroma beobachten (Abb. 22-26, 22-27). Das entspricht der von Feyrter [1953] aufgestellten Hypothese vom insulären Gang-

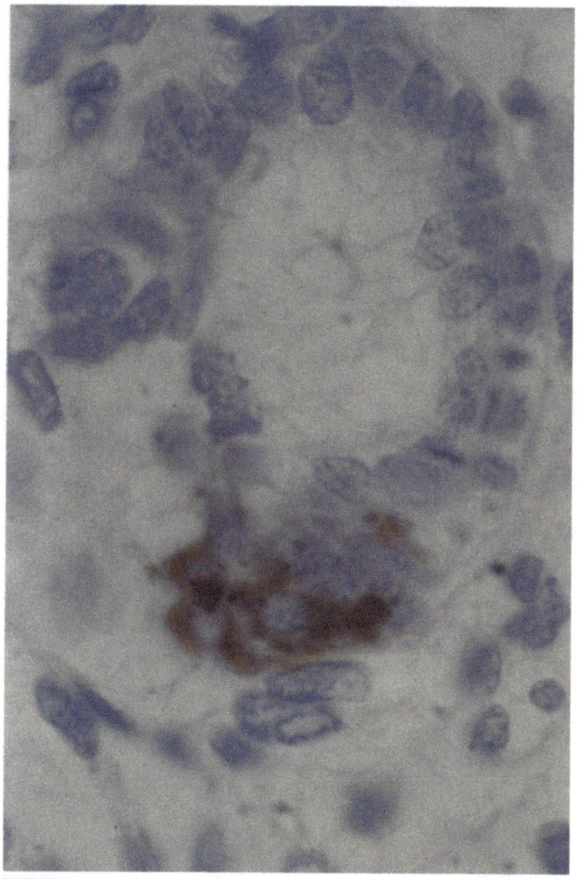

Abb. 22-26. Fetales Pankreas des Menschen aus der 10. Woche der Entwicklung. Aus dem Gangepithel wachsen Insulinzellen aus (immunocytochemischer Nachweis von Insulin, PAP-Technik nach Sternberger) 1200 : 1

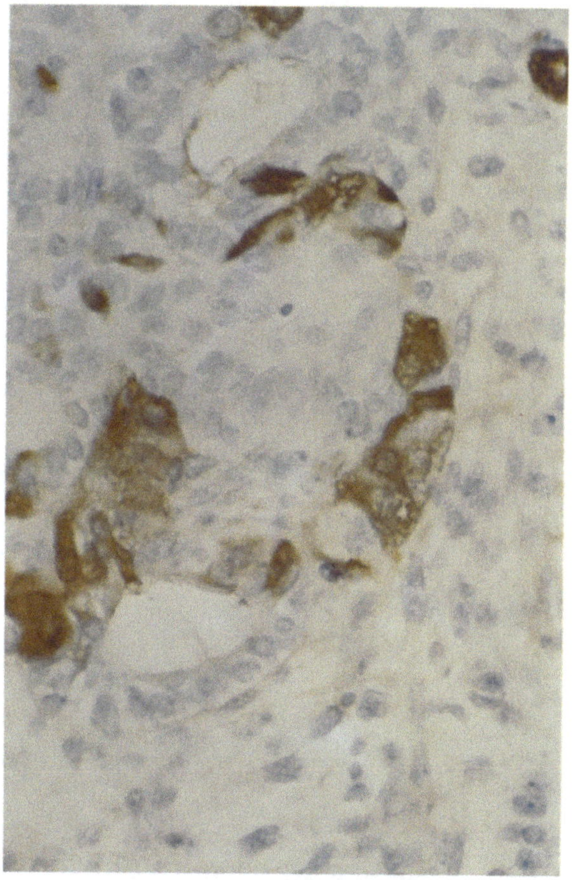

Abb. 22-27. Fetales Pankreas des Menschen aus der 14. Woche der Entwicklung. Im Gangepithel liegen glucagon-positive Zellen, die sich in eine Insel fortsetzen, die in unmittelbarer Nähe gelegen ist (immuncytochemischer Glucagon-Nachweis, PAP-Technik nach Sternberger) 1000 : 1

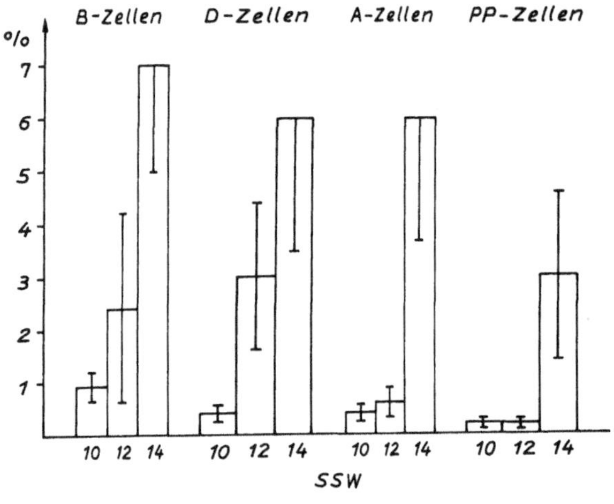

Abb. 22-28. Verteilung der 4 Grundzelltypen des Inselorgans in der frühen Fetalperiode des Menschen [Aus: Hahn von Dorsche et al. 1989]

Abb. 22-29a–d. Endokrines Pankreas, 16. Woche der Entwicklung. Inseln sind bereits ausgebildet, die B-Zellen liegen im Zentrum der Inseln, die Nicht-B-Zellen außen herum. Daneben sind Inselknospen zu erkennen (Pfeil). PAP-Technik, Kernfärbung mit Hämatoxylin, 400 : 1

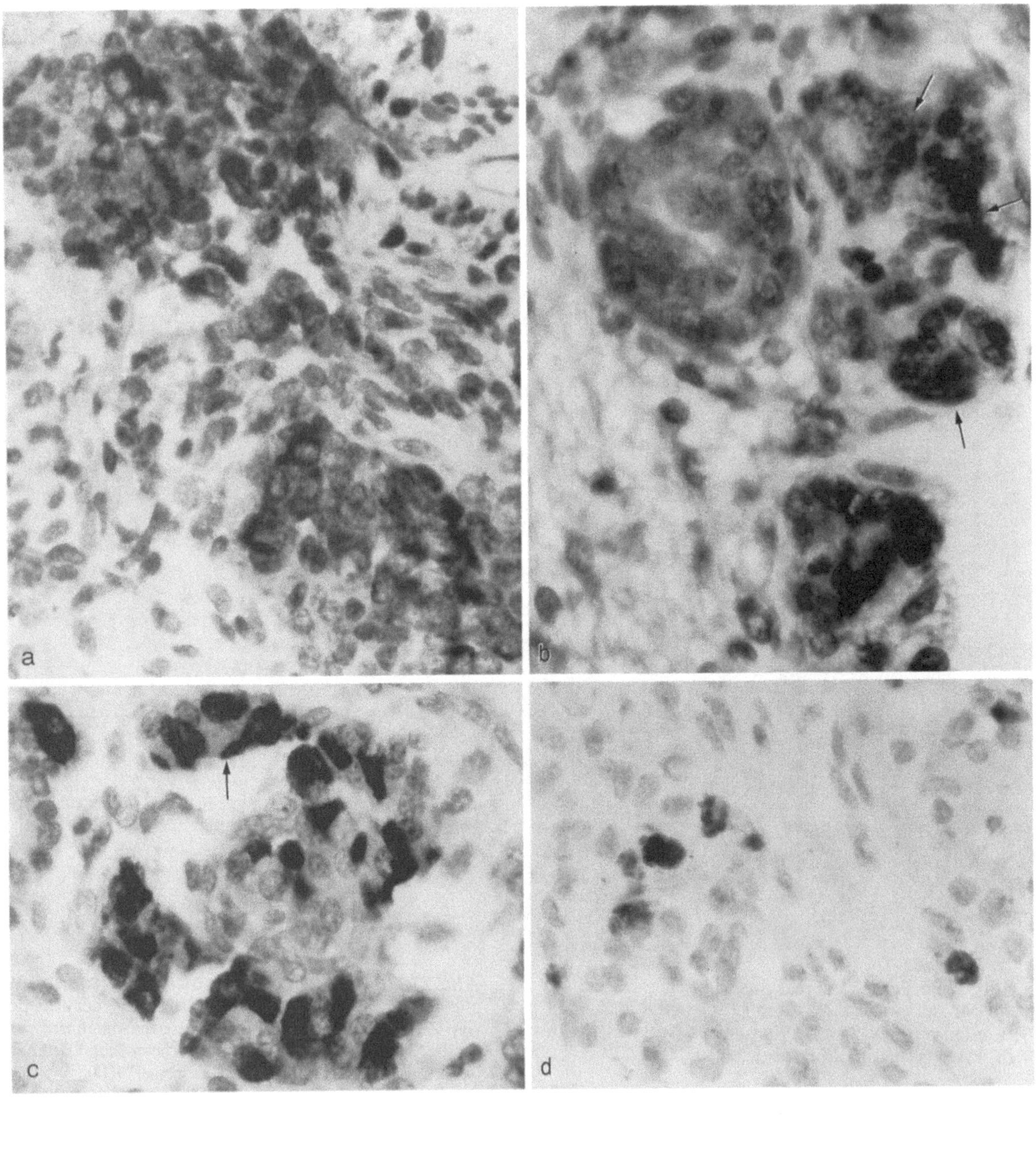

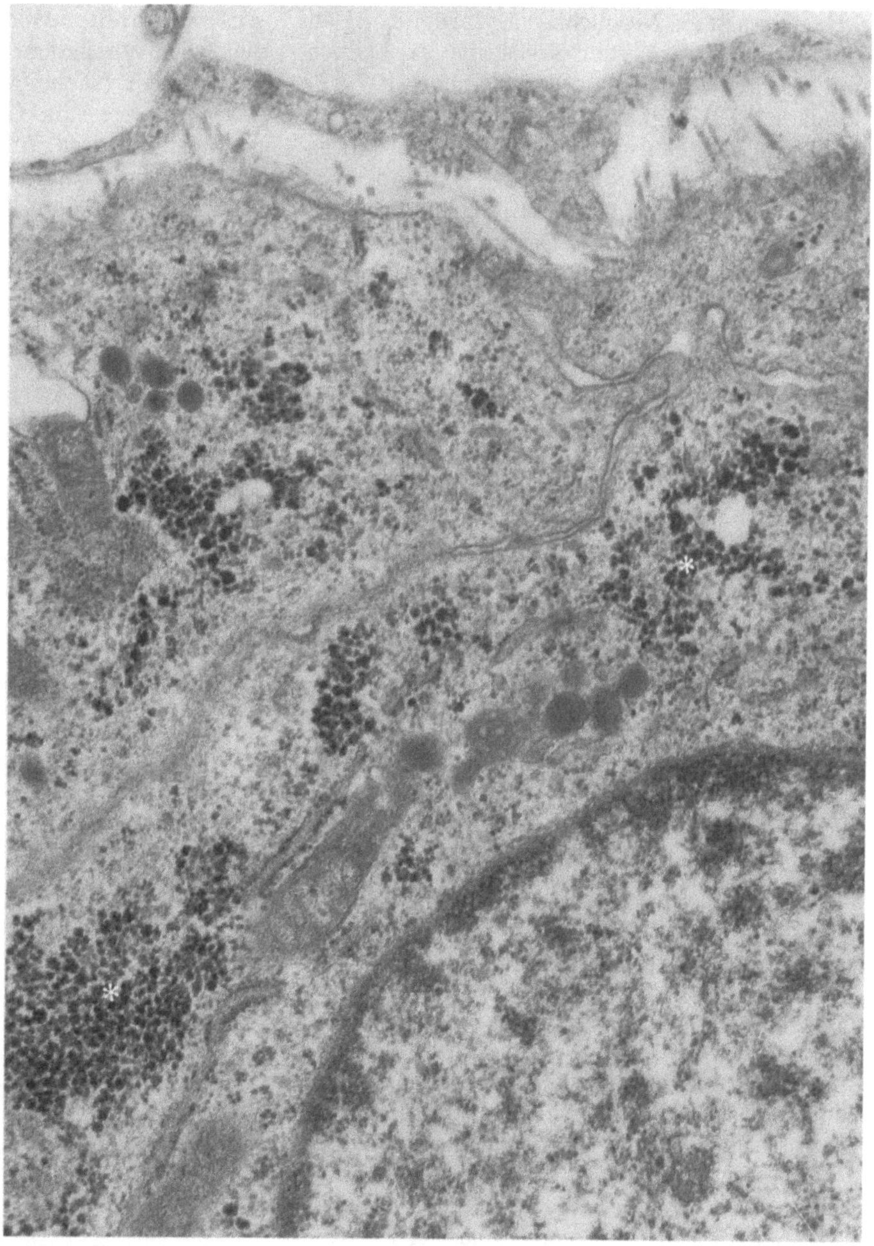

Abb. 22-30. Pankreas-Zelle mit atypischen Granula und Glycogeneinlagerungen (*) aus der 8./9. Woche der Entwicklung. Diese Zelle könnte eine Stammzelle sein. 28 000 : 1 (Mit freundlicher Genehmigung durch Dr. Milan Titlbach, Prag)

organ und erhärtet diese zugleich. Für das fetale Pankreas kommt außerdem die Umwandlung von Acinuszellen in Inselzellen in Betracht [Neubert 1927]. Dieser Weg der Inselbildung ist schon im Jahre 1893 von Edouard Laguesse beschrieben worden. Ob auch die singulären Inselzellen je einzeln zur Inselneubildung befähigt sind [Ferner 1952], kann z.Z. nicht gesagt werden. Das hätte nämlich zur Folge, daß zur Ausbildung einer Insel auf diesem Wege eine Transformation der Inselzelltypen ineinander möglich sein müßte, was gegenwärtig nicht bewiesen ist.

Offen ist auch die Frage nach dem Vorkommen einer gemeinsamen pluripotenten Stammzelle für die endokrinen Pankreaszellen. Elektronenmikroskopische Untersuchungen an Pankreasgewebe aus der 8./9. Woche [Hahn von Dorsche et al. 1989] zeigen Zellen, die reichlich Glycogen und Granula mit einem Durchmesser von 125 nm enthalten (Abb. 22-30). Diese Granula sind nach ihren ultrastrukturellen Merkmalen keinem Granulumtyp der klassischen 4 Inselzelltypen zuzuordnen. Bei diesen Zellen könnte es sich um Stammzellen handeln.

Hingegen ist die Möglichkeit der Inselbildung aus dem Neuroektoderm, der Neuralleiste, experimentell widerlegt worden [Andrew und Kramer 1979, Le Douarin 1982]. Folglich können die Inselzellen nicht zu den APUD-Zellen (siehe im Abschnitt 22.6) gerechnet werden [Le Douarin 1982]. Das endokrine Pankreas ist gemeinsam mit dem exokrinen Pankreas endodermalen Ursprungs. Dafür spricht auch die phylogenetische Entwicklung des gastroenteropankreatischen Systems [Falkmer et al. 1985]. Das fetale endokrine Pankreas des Menschen ist von der frühen Fetalperiode an (10. Schwangerschaftswoche) funktionsfähig. In utero kommt nur diesem Teilorgan des Pankreas eine Bedeutung zu, da die Ernährung der Leibesfrucht über die Placenta (siehe dort) erfolgt und Verdauungsenzyme des exokrinen Pankreas erst nach der Geburt wirksam werden müssen.

Auffallend ist, daß die B-Zellen offenbar der zuerst auftretende Inselzelltyp sind und in der 10. Woche nahezu die Hälfte aller Inselzellen ausmachen (Tabelle 22.5 und Abb. 22-28). Es ist bekannt, daß Insulin mit seinen verwandten Hormonen, dem Somatomedin 1 und 2, das Wachstum stimuliert. Hierin dürfte eine wesentliche Ursache für das frühe Auftreten der B-Zellen zu sehen sein. Das kann erklären, daß die fetale Inselmasse ca. 5% des Gesamtpankreas ausmacht gegenüber nur etwa 1,5% beim Erwachsenen. Andererseits reagieren insbesondere diese Zellen mit einer Zunahme (Hyperplasie), wenn die Mutter einen Insulinmangel-Diabetes (Typ-I-Diabetes) hat [Hahn von Dorsche et al. 1984].

In der Literatur sind noch weitere Phasen der frühen Fetogenese der Inseln beschrieben worden [Robb 1961, Van Assche und Aerts 1979] als die hier dargelegten. Mit immunhistochemischen und morphometrischen Methoden, kombiniert mit biochemischen Verfahren (Bestimmung des Insulingehaltes, der basalen und stimulierten Insulinsekretion sowie der Proteinbiosynthese) konnten weitere Phasen der Inselentwicklung nicht mit Sicherheit abgegrenzt werden.

22.5 Glandulae suprarenales und chromaffines System

Die Nebennieren (Glandulae suprarenales oder adrenales) haben von allen endokrinen Organen insofern die komplizierteste Entwicklung, als sie ausschließlich aus einwandernden Zellen aufgebaut werden. Der die Nebennierenrinde bildende Zellanteil entstammt der Splanchnopleura und der Urniere [Crowder 1957], der das Nebennierenmark aufbauende Anteil aus der Anlage des Sympathicus und damit ursprünglich aus der Neuralleiste. Außerdem erfährt die Nebennierenrinde perinatal eine dramatische Umformung, bei der nur eine sehr schmale Außenzone der fetalen Rindenanlage permanent erhalten bleibt.

Erste Anzeichen einer Vorbereitung der Zellwanderung in die Nebennierenanlage finden sich im Stadium 14 [Crowder 1957; Abb. 22-31], deutlicher wird die Anlage dann im Stadium 15 nachweisbar [O'Rahilly 1983]. Entstehungsort der Nebenniere sind das Epithel und das Mesoderm im Bereich der Visceropleura medial der Urnierenfalte und lateral des Abgangs des Mesenterium in Höhe der oberen thoracalen Segmente, später in Höhe von Th 6 bis L 1. Damit

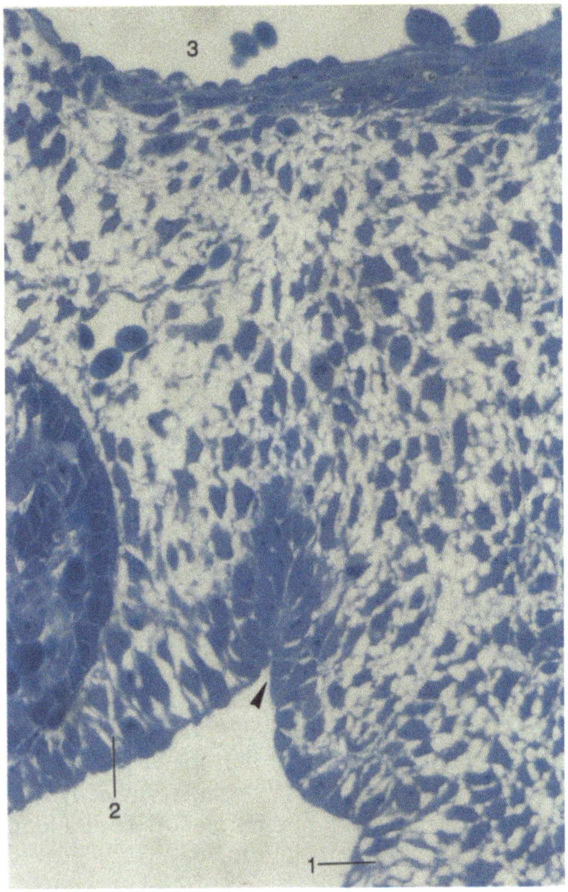

Abb. 22-31. Coelomwinkel zwischen Mesenteriumwurzel (1) und Urnierenfalte (2). In das Anlagegebiet der Nebenniere wachsen Coelomepithelzellen ein (▸). 3 = Anschnitt der Aorta. Embryo Stadium 14 (6,8 mm), transversaler Semidünnschnitt. 600 : 1

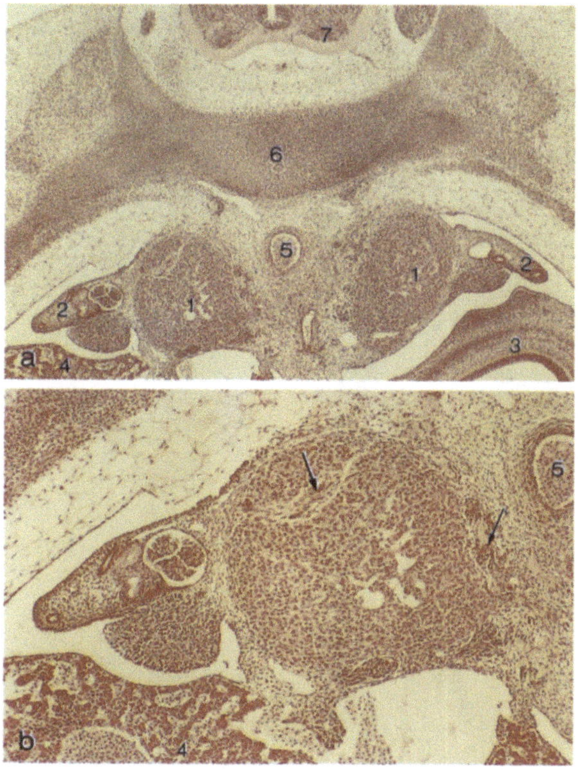

Abb. 22-32a, b. Nebennieren (1) und Urnieren mit Urnierengang (2) im Stadium 18 im Transversalschnitt.
a) Übersicht ca. 35 : 1;
b) rechte Seite im Ausschnitt ca. 70 : 1. 3 = Magen, 4 = Leber, 5 = Aorta, 6 = Wirbelanlage mit Chorda, 7 = Rükkenmark im Anschnitt. Beachte die zahlreichen Anschnitte von Nervenfasern und Sympathicoblasten (→). Embryo 16 mm, HE 60 : 1

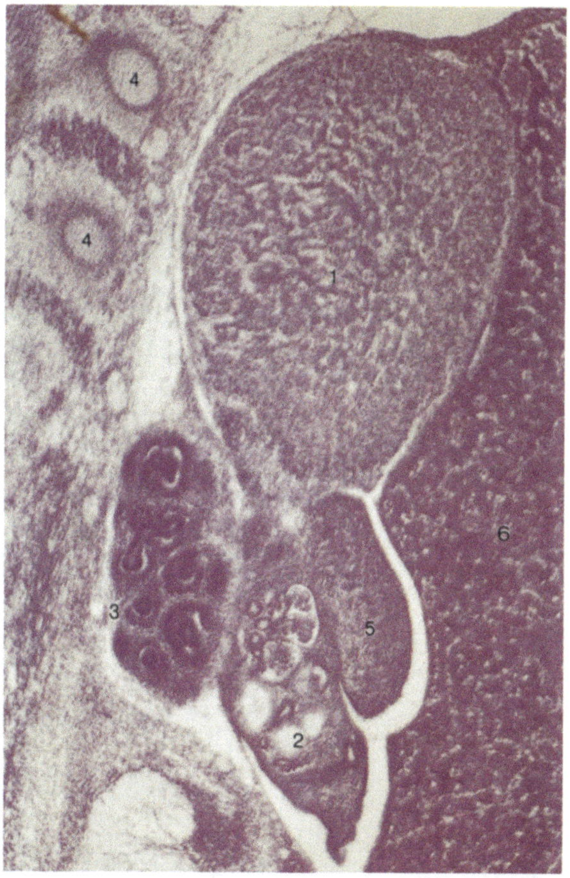

Abb. 22-33. Nebenniere (1), Urniere (2), Nachniere (3) im Stadium 18 im Sagittalschnitt. 4 = Anschnitt der Wirbelbögen und Spinalganglien, 5 = Keimdrüse, 6 = Leber. Menschlicher Embryo Stadium 18 (16 mm), HE ca. 50 : 1

liegen die Anlagen der Nebennieren medial des oberen Abschnittes der Urnierenfalten, unmittelbar cranial der Gonadenanlagen und am oberen Pol der sich ausbildenden definitiven Niere (Abb. 22-32, 22-33). Bereits im Stadium 16 beginnt eine enorme Größenzunahme der Nebennieren, die bis zur Geburt anhält. Nach Leber und Magen sind die Nebennieren zeitweilig die größten Organe des Peritoneal- und Retroperitonealraumes, sie sind vor deren voller Entfaltung größer als die definitiven Nieren (Abb. 22-33, siehe auch Abb. 10-47). Die Anlagen der Nebennieren und der Nachniere bewegen sich aufeinander zu. Die Nebenniere liegt im Stadium 15 in Höhe der oberen, im Stadium 18/19 in Höhe der unteren thoracalen Segmente. Die obere Lumbalregion wird im Stadium 20 – 23 erreicht [Müller und O'Rahilly 1986]. Die Nebennieren sitzen dann dem oberen Nierenpol auf und passen sich ihm in der typischen „Hütchen"-Form an (Abb. 22-34). Obwohl im mikroskopischen Erscheinungsbild der Nebenniere die Entwicklung der Rinde ganz im Vordergrund steht, sind erste Zellen des zukünftigen Markes bereits vom Stadium 15 an nachweisbar [Crowder 1957]. Die Zelleinwanderung in die Nebennierenanlage erfolgt in Schüben und erstreckt sich vom Stadium 15 bis zum Ende der Embryonalperiode.

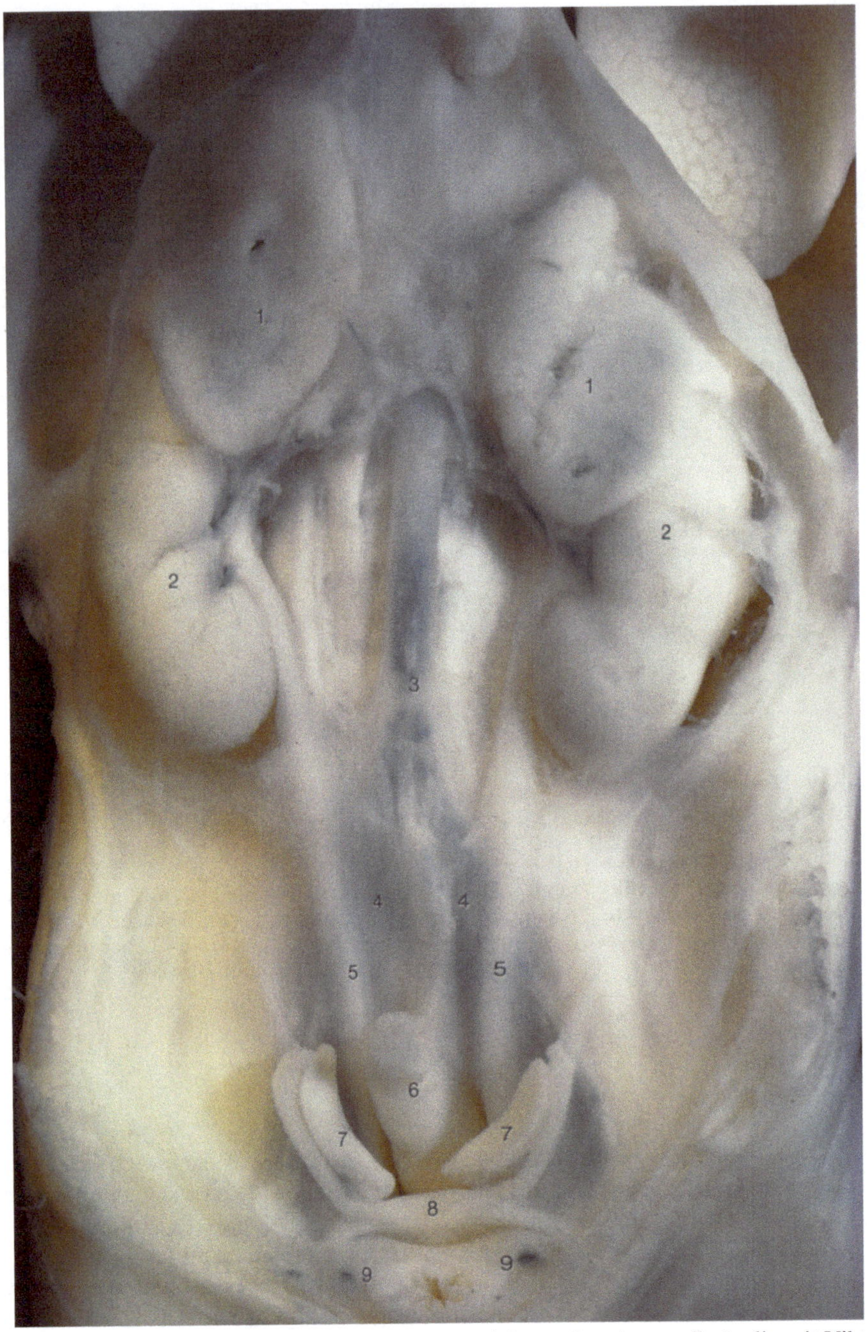

Abb. 22-34. Retrositus eines weiblichen Feten von 6,0 cm. Arterien unvollständig mit Viktoria-Blau gefüllt. 1 = Nebennieren, 2 = Nachnieren, 3 = Aorta, 4 = Aa. iliacae, 5 = Ureteren, 6 = Colon (durchtrennt), 7 = Ovarien und Tuben, 8 = Uterus, 9 = Aa. umbilicales in der vorderen Bauchwand (durchtrennt) (Sammlung des Anatomischen Instituts Tübingen). ca. 12,5 : 1 [Aus: Hinrichsen 1986]

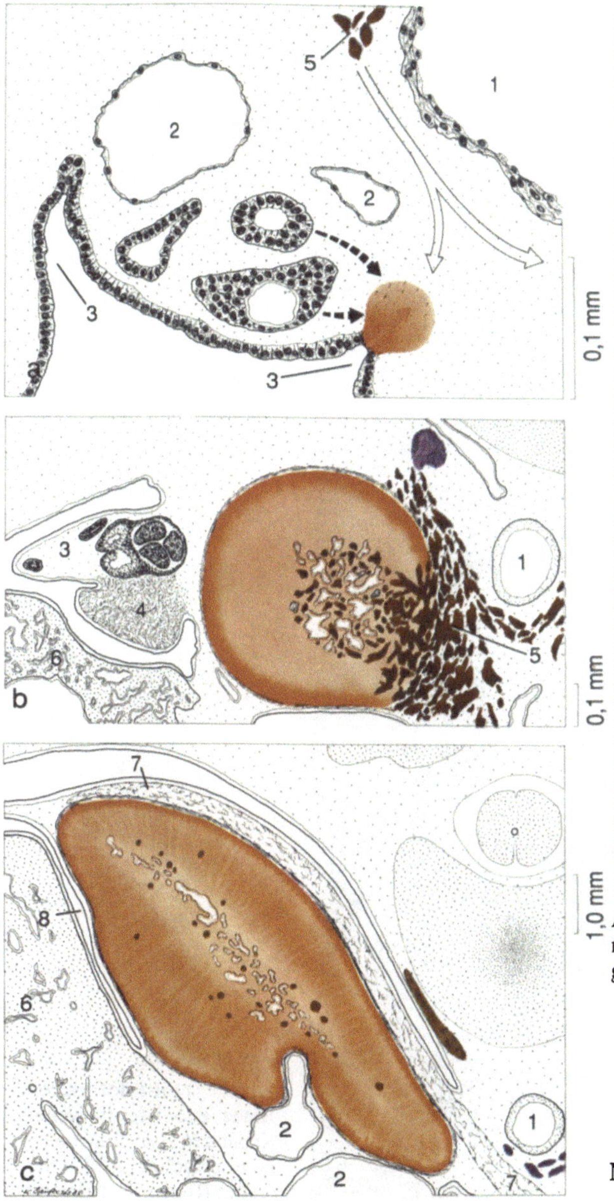

Abb. 22-35a–c. 3 Stadien der Bildung der Nebenniere nach Querschnitten in Stadium 14 **(a)**, 18 **(b)** und bei einem Feten von 10,5 cm **(c)**. Beachte die veränderten Maßstäbe! Die Entwicklung beginnt mit dem Einwandern von Coelomepithelzellen (⟶), im Stadium 14 folgen Zellen aus der Urniere (·····›), besonders aus der Bowman'schen Kapsel, sowie Sympathogonien aus der Neuralleiste (helle Pfeile). Rinde orange, Sympathogonien, Grenzstrang und Markzellen braun. 1 = Aorta, 2 = Venen, in a: V. postcardinalis (lateral) und V. subcardinalis (medial); in c: V. suprarenalis und V. cava inferior (am unteren Bildrand angeschnitten), 3 = Urnierenfalte, 4 = Gonadenanlage, 5 = Gruppe von Sympathoblasten **(a)** bzw. Grenzstrang **(b, c)**, 6 = Leber, 7 = Diaphragma, 8 = peritonealbegrenztes Coelom

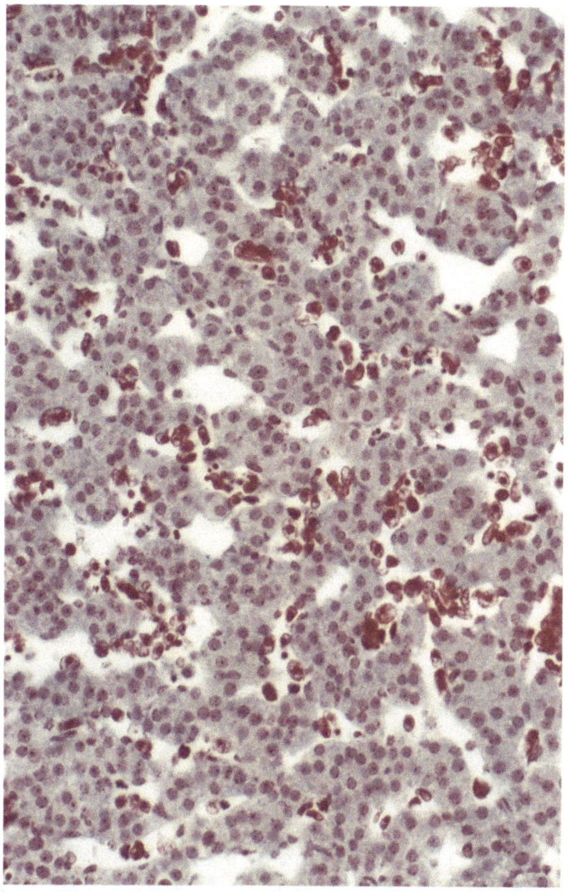

Abb. 22-36. Beginnende Hypertrophie der fetalen Nebennierenrinde. Weitlumige Kapillaren zwischen den Zellsträngen. Embryo Stadium 20 (21 mm), HE ca. 300 : 1

Nebennierenrinde

Bis in die mittlere Fetalzeit hinein beherrscht die Nebennierenrinde ganz das Bild des sich entwickelnden Organes (Abb. 22-35). Die in der Organanlage zuerst eingewanderten Coelomepithelzellen bilden ein Netzwerk von Zellsträngen, die weite, sinusoide Kapillaren zwischen sich einschließen (Abb. 22-36). Die Zellen sind bis zu 20–50 μm groß, haben reichliches Cytoplasma und große helle Zellkerne. Dieser Anteil wird als *fetale* (provisorische) Nebennierenrinde bezeichnet. Er beträgt bis zu 80% der ganzen Rinde [Benirschke 1956, Dhom et al. 1958].

Ganz im Gegensatz dazu bildet die zweite einwandernde Zellgruppe unter der noch zarten Bindegewebskapsel einen Rindenstreifen aus kleinen Zellen, die nur angedeutet zu radiär ausgerichteten Strängen und subkapsulär zu angedeuteten Arkaden formiert

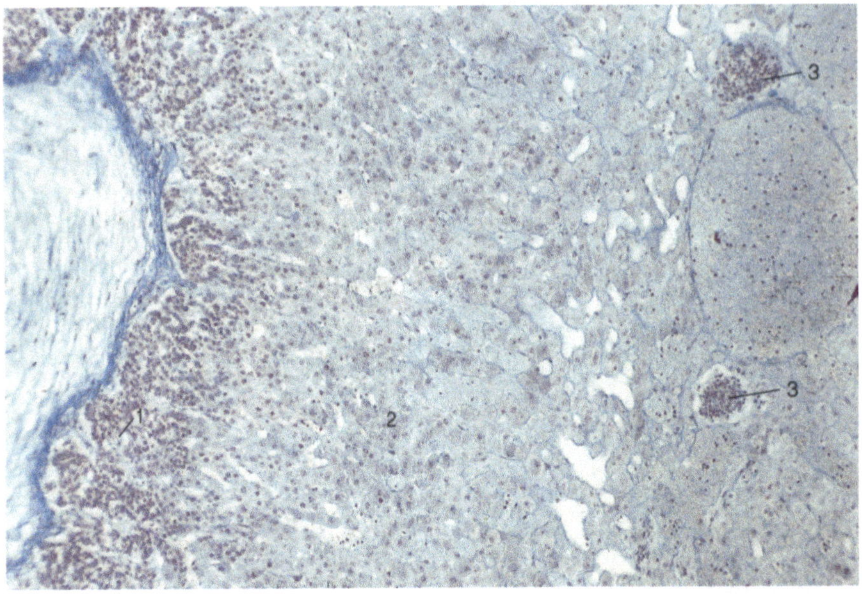

Abb. 22-37. Die 3 Komponenten der fetalen Nebenniere im Übersichtsbild: 1 = Anlage der definitiven Rinde, 2 = fetale Rinde, 3 = Zellgruppen der Markanlage. Fetus von 12 cm, transversal, Azan. ca. 80 : 1

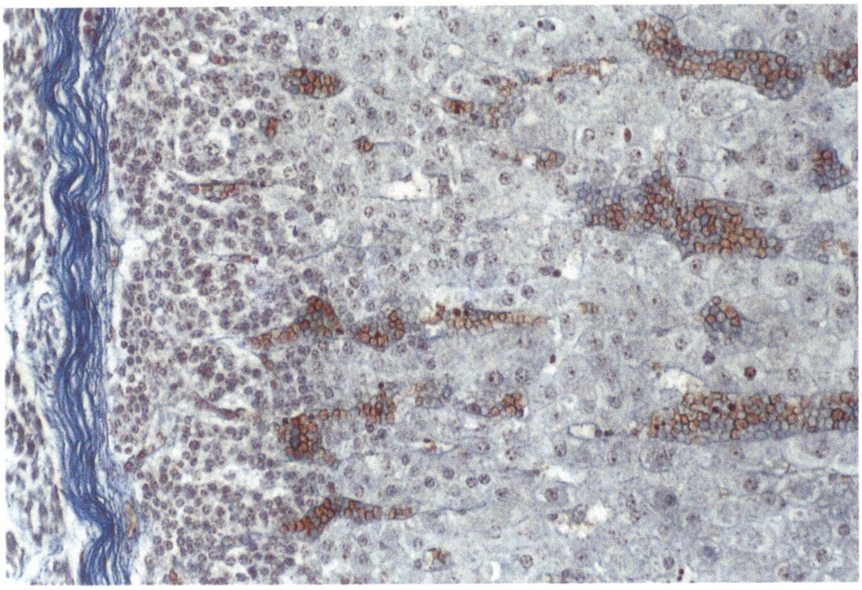

Abb. 22-38. Fetale („provisorische") und definitive Rinde. Beachte die weiten Kapillaren zwischen den hypertrophischen Zellen der fetalen Rinde. Fetus von 12 cm, transversal, Azan. 320 : 1

sind (Abb. 22-37, 22-38) [Hett 1925, Sucheston und Cannon 1978]. Nur dieser Teil der Nebennierenrinde bleibt über die Geburt hinaus erhalten, ist also Anlage der definitiven Rinde. Ob die nur angedeuteten Strukturmerkmale dieses Rindenbereichs dazu berechtigen, den eher arkadenförmigen Teil bereits als Zona glomerulosa, den mehr in radiären Strängen angeordneten Teil bereits als Zona fasciculata zu bezeichnen [Jirásek 1980], ist umstritten.

So gegensätzlich wie das lichtmikroskopische Erscheinungsbild ist auch das elektronenmikroskopische Bild der beiden Rindenzonen [Fujita und Ihara 1973, Neville und O'Hare 1982]. Die Zellen der fetalen Nebennierenrinde zeigen alle Zeichen hoher sekretorischer Aktivität: viele Mitochondrien mit tubulovesikulären Innenmembranen, reichlich Membranen und Schläuche des glatten ER, daneben auch Komplexe des rauhen ER. Hingegen zeigen die kleinen Zellen der definitiven Rindenanlage neben freien Ribosomen und wenigen Profilen des ER nur spärliche Zellorganellen, wenige Mitochondrien vom Crista-Typ und keine Zeichen einer sekretorischen Akti-

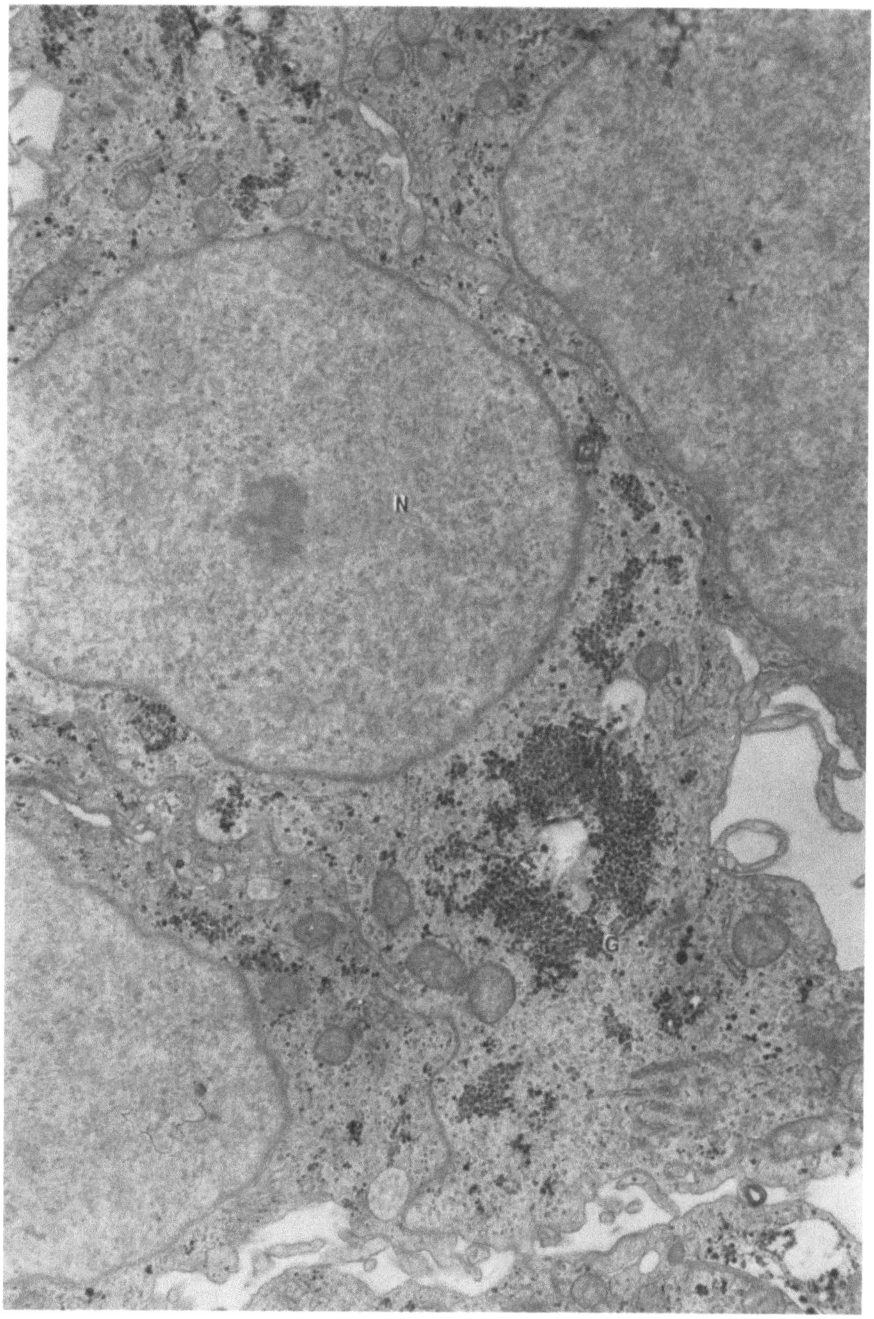

Abb. 22-39. Anschnitte unreifer Zellen aus der Außenzone der Nebennierenrinde bei einem menschlichen Embryo von 21 mm im EM-Bild. Viele freie Ribosomen und reichlich Glycogenpartikel (G). N = Zellkern. 10 500 : 1 (Freundlichst überlassen von Professor H. Fujita, Osaka, aus: Fujita und Ihara 1973)

vität (Abb. 22-39 bis 22-41). Nach biochemischen Bestimmungen des Corticosteroidgehaltes der fetalen Nebennierenrinde ist von einem Funktionsbeginn schon in der 8. Woche auszugehen [Murphy und Diez d'Aux 1972].

Der fetale Rindenanteil zeigt alle Zeichen einer aktiven Hypertrophie. Biochemische Bestimmungen und Untersuchungen an Homogenaten spätfetaler und neugeborener Nebennierenrinden haben erwiesen, daß ein hoher Steroidstoffwechsel stattfindet. Da ein erheblicher Teil dieser Steroide in der Placenta zu Hormonen umgewandelt, ein anderer Teil offenbar im fetalen Stoffwechsel abgebaut wird, kommt es nicht zu einer negativen Rückkopplung zur Hypophyse. Deren andauernd hohe ACTH-Ausschüttung unterhält die Hypertrophie der fetalen Rinde [Lanman 1961].

In Fällen von Anencephalie mit nur rudimentär entwickeltem Diencephalon (Hypothalamus und Neurohypophyse), aber erhaltener Adenohypo-

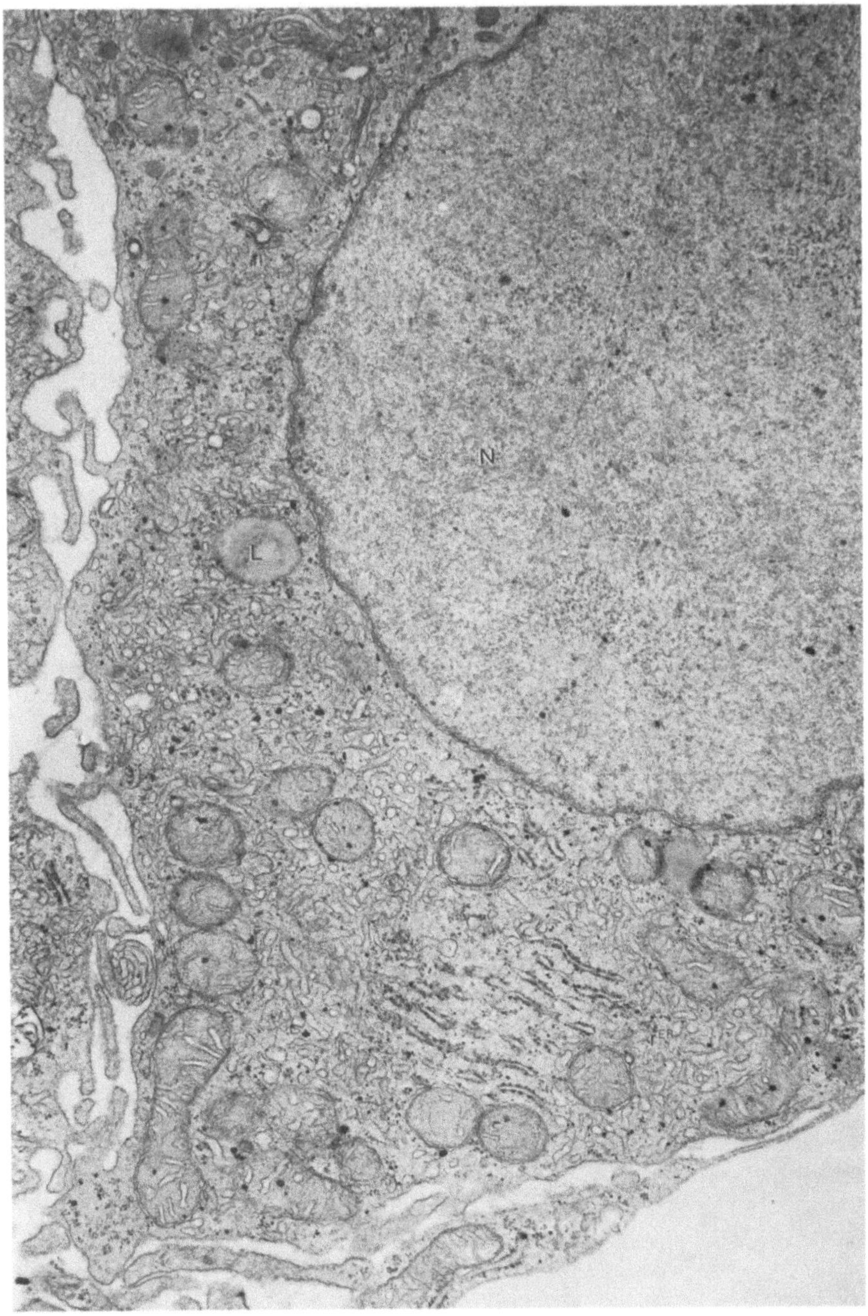

Abb. 22-40. Anschnitt einer Zelle aus der fetalen Nebennierenrinde bei einem menschlichen Embryo von 21 mm im EM-Bild. Das Cytoplasma ist durchsetzt von Schläuchen des glatten ER, typisch sind auch die weiten Abstände der wenigen, annähernd parallel verlaufenden Profile des rER. N = Zellkern, L = Lipidtropfen. 18 500 : 1 (Freundlichst überlassen von Professor H. Fujita, Osaka, aus: Fujita und Ihara 1973)

physe, bleiben Hypertrophie und hohe sekretorische Aktivität der fetalen Rinde aus [Benirschke 1956]. In einem Fall von Anencephalie wurde durch Gabe von ACTH über mehrere Tage die Hypertrophie erzeugt [Lanman 1961]. In anderen Fällen wurde zwar eine hohe ACTH-Konzentration in der Adenohypophyse festgestellt, die aber bei fehlendem Stimulus des Hypothalamus nicht freigesetzt wird [Allen et al. 1974].

Das Phänomen der Hypertrophie der fetalen Nebennierenrinde ist im übrigen nur auf Primaten und wenige andere Species beschränkt [Lanman 1961].

Die Nicht-Aktivität der Anlage der definitiven Rinde (Zona glomerulosa, Zona fasciculata) wird damit erklärt, daß der Embryo und Fetus noch keinen Bedarf für Mineralocorticoide haben. Durch den Placentarkreislauf wird die Homöostase, insbesondere auch der Elektrolythaushalt, im Gleichgewicht gehalten [Lanman 1962]. Im letzten Drittel der Fetalzeit, verstärkt mit der Geburt und dem Ausfall der Placenta, setzt die weitere Entwicklung der definitiven Nebennierenrinde erst ein. Der gesamte fetale Rindenanteil wird innerhalb weniger Wochen bis auf

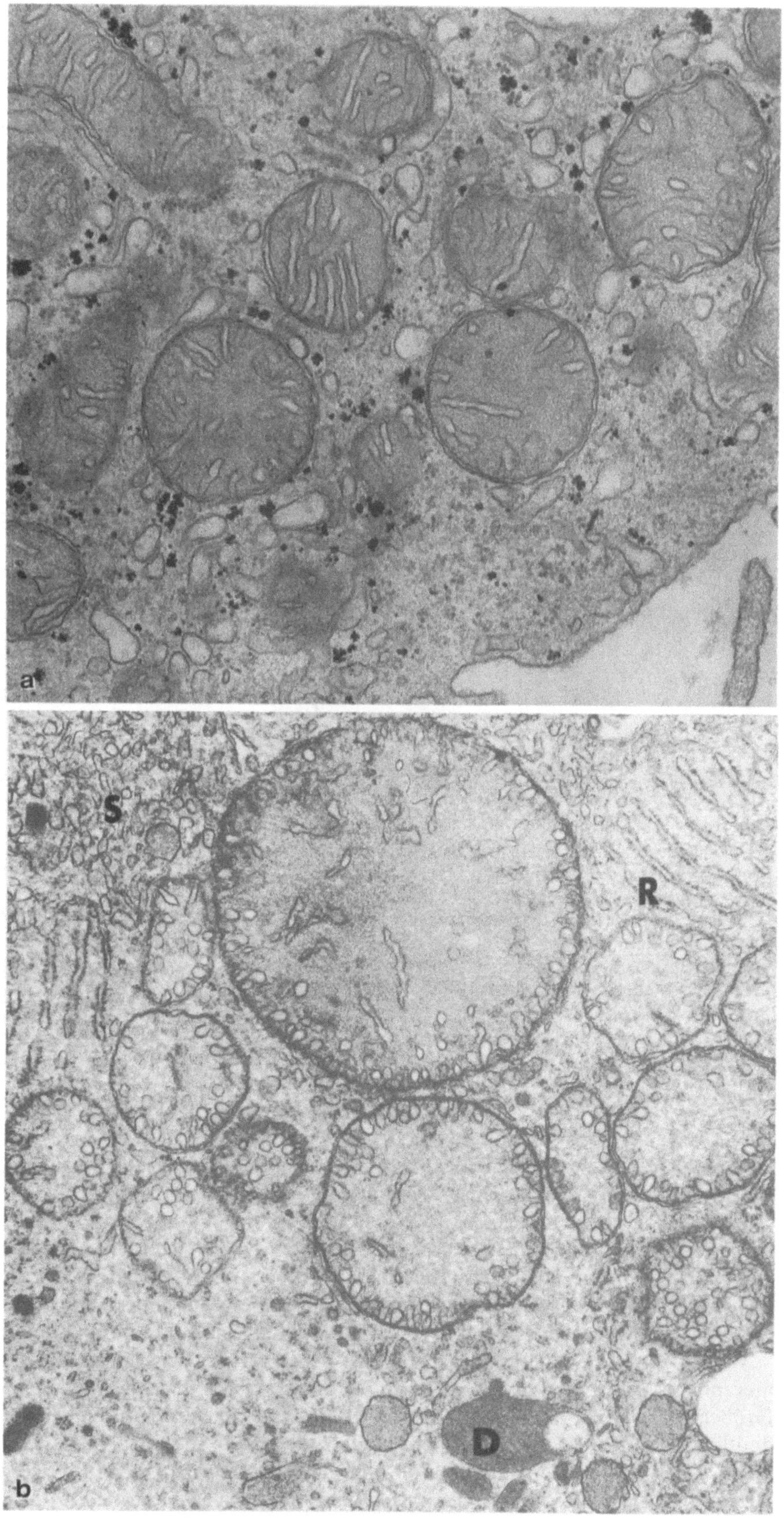

Abb. 22-41a, b. Cytoplasma und Mitochondrien unreifer **(a)** und sekretorisch aktiver **(b)** Nebennierenrindenzellen. Menschlicher Embryo von 21 mm, EM-Bild. Bei **a)** fein verteiltes Glycogen, Mitochondrien mit lamellärer Innenstruktur (25 000 : 1). Mitochondrien mit tubulo-vesikulärer Innenstruktur bei **b)**, hier auch glattes (smooth = S) ER und rER (R), D = Lysosomen-ähnlicher „dense body", 21 000 : 1 [Aus: Fujita und Ihara 1973]

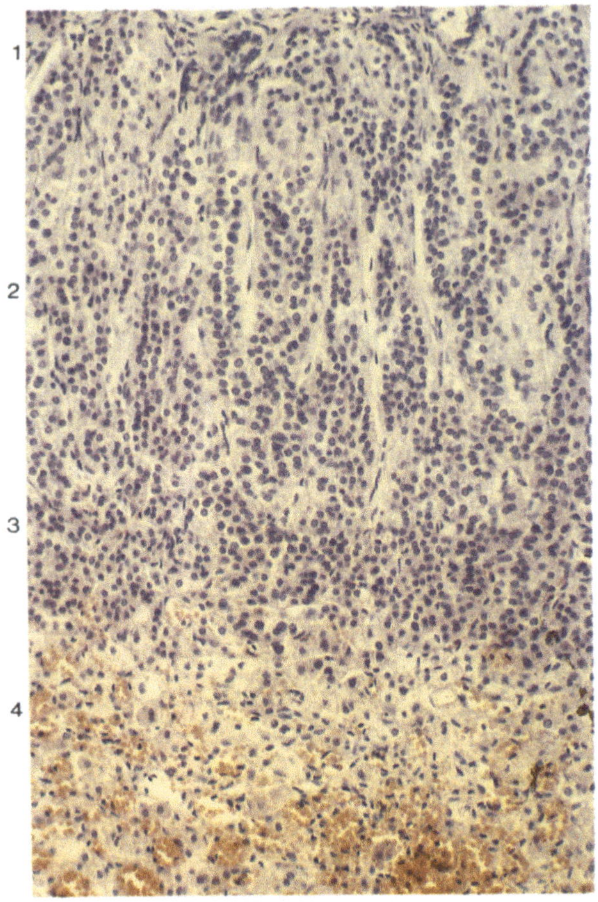

Abb. 22-42. Bildung der definitiven Rinde und Involution der fetalen Nebennierenrinde beim Neugeborenen. 1 = Zona glomerulosa, 2 = Zona fasciculata, 3 = „Indifferenzzone" (spätere Zona reticularis), 4 = Fetalzone mit fettiger Degeneration der Zellen, interstitiellem Ödem, Blutungen. HE 160 : 1
(Präparat freundlichst überlassen von Professor Dr. K. Morgenroth, Institut für Pathologie der Ruhr-Universität Bochum)

kleine Zellreste total abgebaut [Thomas 1911, Mäusle 1972, Neville und O'Hare 1982]. Diese „physiologische Involution" [Bachmann 1954] geht mit fettiger Degeneration, z.T. auch mit Blutungen vor sich (Abb. 22-42, 22-44). Wachstum und Ausbildung der definitiven Rinde beginnen im 7. Monat und erfolgen besonders rasch in den ersten postnatalen Monaten (Abb. 22-43). Die typische Organstruktur wird erst im 3. Lebensjahr erreicht, weitere Veränderungen erfolgen besonders vor der Pubertät.

Wachstum und Hypertrophie der fetalen Nebennierenrinde führen praenatal bereits zu enormen Größenzunahmen (Abb. 22-45). Dies wird besonders deutlich, wenn man das relative Gewicht ermittelt [Abb. 22-46; Neville und O'Hare 1982]. An diesen Kurven wird auch die dramatische Auswirkung der perinatalen Involution ablesbar.

Nebennierenmark

Auch alle Zellen des Nebennierenmarkes wandern in die Organanlage ein. Sie entstammen den sympathischen praevertebralen Ganglien sowie den praeaortalen visceralen Ganglienkomplexen. Diese Einwanderung beginnt im Stadium 16 und erreicht einen Höhepunkt im Stadium 17 [O'Rahilly 1983]. Die Zelleinwanderung ist begleitet vom Einwachsen sympathischer Nervenfasern. Es werden 3 Zelltypen unterschieden. Schon paraortal werden Zellen einer „catecholamin-storage-line" durch schwache Fluoreszenz nachweisbar, die als „primitive sympathische Zellen" in die Rindenanlage einwandern, dort in Gruppen liegen und die Stammzellen für die spätere Markbildung sind. Sie werden schalenartig von schon Noradrenalin enthaltenden Zellen umgeben. Andere eingewanderte Zellen differenzieren sich zu multipolaren Nervenzellen [Hervonen 1971]. Diese einwandernden Zellen bilden innerhalb der fetalen Rinde zunächst Zellgruppen (Abb. 22-37, 22-47), danach bindegewebig abgegrenzte Zellnester. Erst mit der Involution der fetalen Rinde entsteht der verzweigte, zusammenhängende Komplex des definitiven Nebennierenmarkes. Die unreifen Zellgruppen können experimentell durch intrauterine oder postnatale Gabe von *Nerve-Growth-Factor* in ihrer Differenzierung beeinflußt und zu sympathischen Nervenzellen verändert werden, die dann Mengen von Nervenfasern bilden [Levi-Montalcini und Aloe 1980].

Erste Differenzierungen von Phäochromocyten wurden bei Embryonen und Feten von 27 mm bzw. 4,6 cm beobachtet. Mit einem Funktionsbeginn ist sicher von der 15. Woche an zu rechnen, da Extrakte aus dem Nebennierenmark von Feten zwischen 7 und 10 cm im Tierversuch Adrenalinwirkung zeigten [Coupland 1952]. Beim Neugeborenen enthalten die Markzellen reichlich Catecholamin-Granula.

Chromaffines System

Aus dem gleichen Zellmaterial, das als Markanlage in die Nebenniere einwandert, bilden sich an Gefäß- und Nervenstämmen des Kopf-Halsbereichs, paraortal und in den sympathischen Geflechten des Bauch- und Beckenraumes unterschiedlich große, zunächst nicht abgekapselte Zellgruppen, von denen sich ein Teil zu abgekapselten Körpern entwickelt [Kohn 1903, Zuckerkandl 1911, Coupland 1952, 1954, Böck 1982]. Sie werden z.T. als Glomera (z.B. Glomus caroticum), wegen ihrer meist engen Anlagerung an periphere autonome Ganglien überwiegend als Paraganglien bezeichnet.

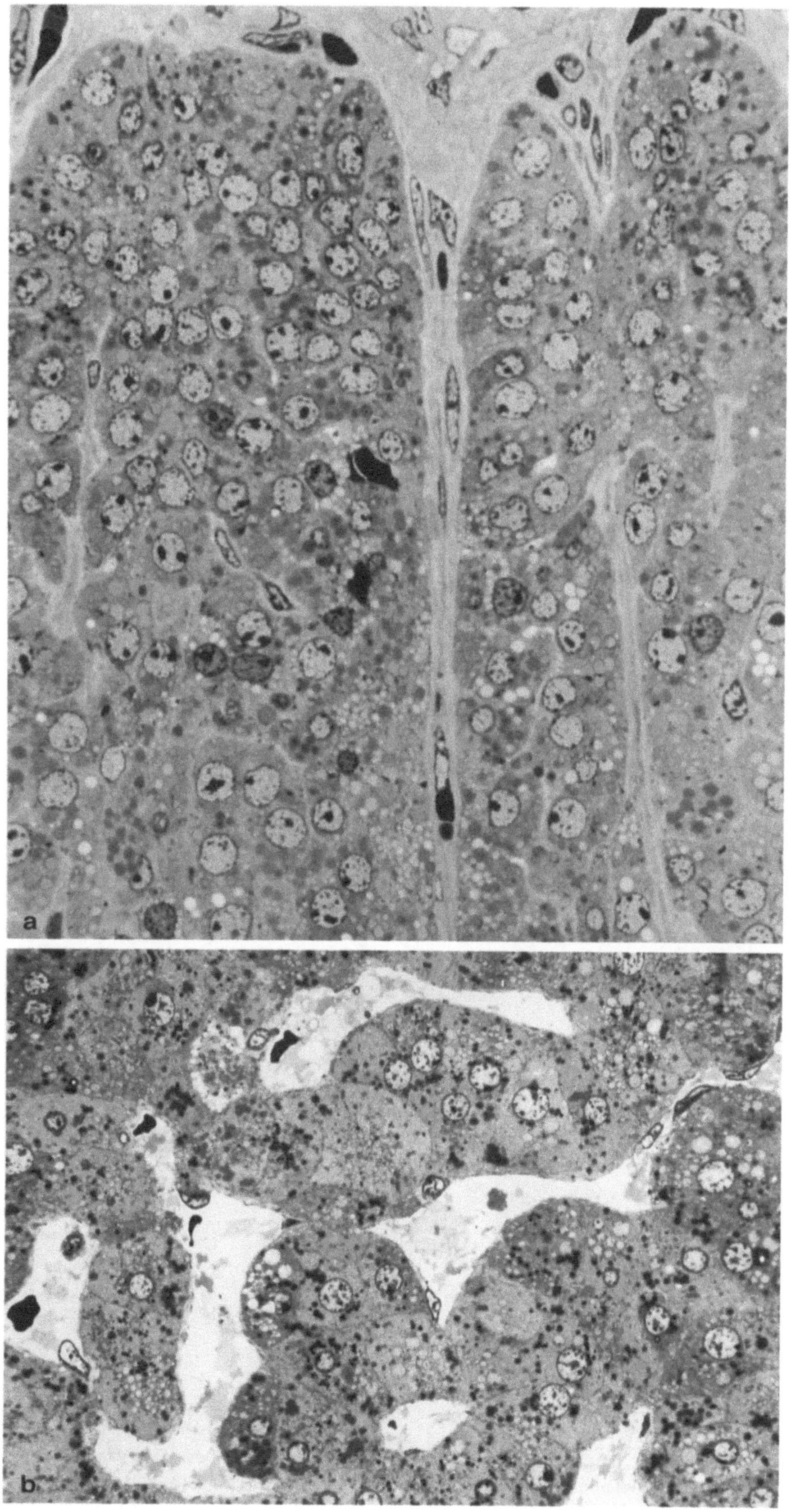

Abb. 22-43a, b. Bildung der definitiven Rinde beim Neugeborenen in Form noch einfacher, arkadenförmiger Zellstränge **(a)** und stark kapillarisierte fetale Rinde noch vor der Involution bei einem unreifen Neugeborenen **(b)** im Semidünnschnitt. ca. 760 : 1 (Freundlichst überlassen von Professor Dr. E. Mäusle, Pathologisches Institut Trier)

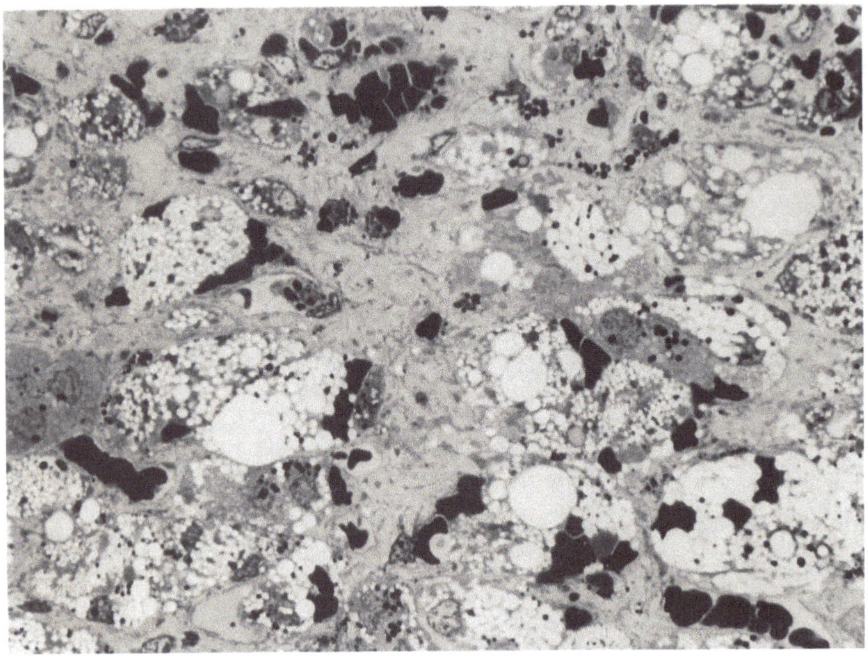

Abb. 22-44. Involution der fetalen Rinde im Semidünnschnitt. Deutliche fettige Degeneration der Rindenzellen und Blutextravasate. 640 : 1
(Freundlichst überlassen von Professor Dr. E. Mäusle, Pathologisches Institut Trier)

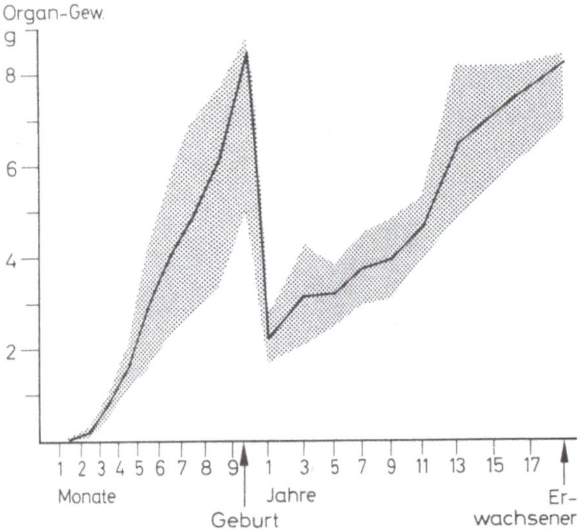

Abb. 22-45. Wachstumskurve (mit Standardabweichung) der Nebenniere. Der enorme perinatale Gewebsverlust durch die Involution wird deutlich.
[Nach: Neville und O'Hare 1982]

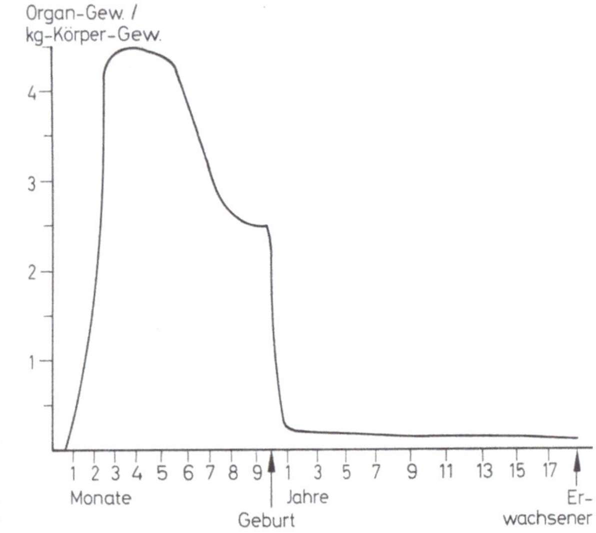

Abb. 22-46. Die Kurve des relativen Wachstums der Nebenniere (in bezug zum Körpergewicht) zeigt das Ausmaß der fetalen Hypertrophie.
(Mit freundlicher Genehmigung der Autoren aus Neville und O'Hare 1982)

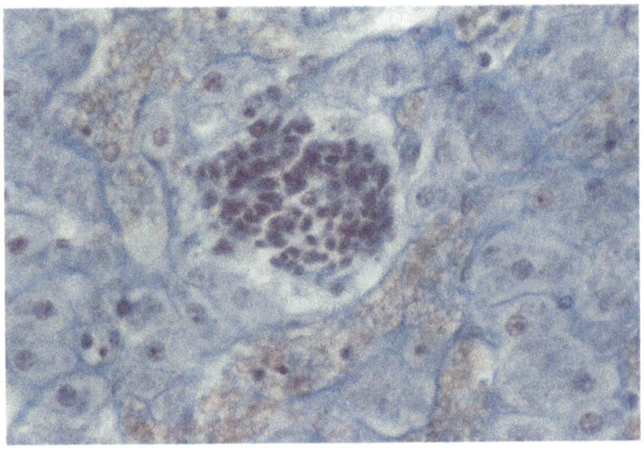

Abb. 22-47. Gruppe von Sympathogonien als Anlage des Nebennierenmarkes. Fetus 12 cm, transversal, Azan. 400 : 1

Die Termini chromaffin, chromaffines System und Paraganglien gehen auf Kohn [1902] zurück und bezeichneten ursprünglich mit der Chromatreaktion lichtmikroskopisch nachweisbare Zellgruppen. Im erweiterten Sinn werden diese Begriffe heute für alle Zellen gebraucht, die Catecholamine oder Indolamine zu bilden und zu speichern vermögen [Böck 1982]. Die Catecholamine werden als elektronendichte membranumschlossene Sekretgranula elektronenmikroskopisch nachweisbar. Als wichtige neuere Untersuchungsmethode hat sich die formol-induzierte Fluoreszenz (FIF) erwiesen, die sich mit dem Nachweis kleiner, intensiv fluoreszierender Zellen (small intensively fluorescent cells = SIF-Zellen) in der Empfindlichkeit des Nachweises sogar der Elektronenmikroskopie als überlegen erwiesen hat [Hervonen 1971].

Die retro-aortal wandernden Sympathicoblasten zeigen noch keine spezifischen Reaktionen. Sie werden durch den *Nerve-Growth-Factor* (NGF) zu Sympathiconeuroblasten determiniert [Levi-Montalcini und Aloe 1980]. Fehlt der NGF, differenzieren sich die Sympathicoblasten zu Phäochromoblasten und Phäochromocyten. Durch intrauterine oder postnatale Gabe von Anti-NGF-Serum kann die Differenzierung zu sympathischen Nervenzellen experimentell unterdrückt werden [*Immunosympathektomie,* Levi-Montalcini und Angeletti 1966]. Wie weit die chromaffinen Zellen (außerhalb des Nebennierenmarkes) hormonell aktiv werden, ist nicht sicher geklärt; sie könnten auch als Produzenten von Transmittern und somit als Interneurone funktionieren [Böck 1982].

Die Paraganglien nehmen noch über die Geburt hinaus an Menge und Masse zu und entfalten sich noch bis ins 3. Lebensjahr. Während einige als präparierbare Körper erhalten bleiben, werden andere – besonders im Retroperitonealraum – in immer kleinere Zellgruppen aufgelöst und verteilt. Dieser Vorgang wurde früher als „Degeneration" beschrieben [Coupland 1954]. Neben den Glomera des Halses ist besonders auffällig ein paarig angelegter, später oft medial verschmolzener massiver Körper. Er liegt ventral der Aorta in Höhe der Nierengefäße und unterhalb des Abgangs der A. mesenterica superior. Er wird auch als Zuckerkandl'sches Organ beschrieben (Paraganglion aorticum abdominale).

Fehlbildungen und Fehlentwicklungen der Nebennieren

Aplasien oder Fehlbildungen beider Nebennieren sind außerordentlich selten [Ferrier 1969], einseitige Aplasien (überwiegend rechts) kommen vor [Dhom 1965]. Wohl aber kann die Strukturentwicklung diaplacentar durch erhöhte Rindenaktivität oder eine Cortisonbehandlung der Mutter beeinflußt werden. Die Bildung der Nebennieren nur durch einwandernde Zellen macht es besonders verständlich, daß versprengtes Nebennierengewebe außerordentlich häufig, ja fast die Norm ist. Meist bestehen diese Gewebsinseln nur aus Rindengewebe, sie können aber auch Markanteile enthalten. Für ihre Verteilung im Körper ist die Lagebeziehung des sich entwickelnden Organs bedeutsam: Die unmittelbare Nachbarschaft zu Urniere und Gonaden wurde schon beschrieben. Die Verlagerung, die die Keimdrüsen und die Geschlechtsgänge bei beiden Geschlechtern erfahren, führen zur Mitverlagerung von Nebennieren-Gewebsinseln in die Nähe des Ovars und der Tuben oder der Testes und des Samenstranges. Aber auch an den am Ort verbleibenden Nachbarorganen (Aorta, Zwerchfell, Nieren, Mesenterium) können solche Gewebskomplexe liegen.

Relativ häufig und von großer klinischer Bedeutung sind angeborene Funktionsstörungen der Nebennieren. Sie betreffen fast ausschließlich die Rinde und beruhen überwiegend auf genetisch bedingtem Fehlen verschiedener Fermente für die Teilschritte der Steroidsynthesen. Folgen sind Salzverlustsyndrome und in schweren Fällen durch Überproduktion virilisierender Steroide die verschiedenen Formen des adrenogenitalen Syndroms. Vergrößerte Clitoris, ganz oder teilweise verschmolzene Labien müssen bei neugeborenen Mädchen sofort den Verdacht auf diese Störungen lenken. Vom Nebennierenmark ausgehend kann Überproduktion von Adrenalin perinatale Blutdruckkrisen auslösen.

22.6 Diffuses neuroendokrines System (DNES)

In den letzten Jahrzehnten sind in zunehmendem Maße in peripheren Organen überwiegend einzeln liegende Zellen beschrieben worden, die Hormone bilden und abgeben, deren Wirkung eher lokal begrenzt ist. Feyrter [1953] prägte den Begriff der „parakrinen" Funktion. Gemeinsames funktionelles Merkmal dieser Zellen ist, daß sie biogene Amine und Peptide aufzunehmen, zu verändern oder zu synthetisieren, zu speichern und abzugeben vermögen. Sie verbinden damit Eigenschaften von Nervenzellen (Transmitter- und Modulatorsubstanzen), neuroendokrinen und endokrinen Zellen (Amine und Peptide als Hormone). Sie bilden eine zentrale Gruppe (im Hypothalamus-Hypophysen-System und im Corpus pineale) sowie eine periphere Gruppe (Gastrointestinaltrakt und Pankreas, Respirations- und Urogenitaltrakt, Thyroidea und Parathyroidea, Thymus, Nebennierenmark und chromaffines System, sympathisches Nervensystem). Schon früh beschrieben und inzwischen besonders gut untersucht ist die Gruppe der entero-endokrinen Zellen [u.v.a. Grube und Forssmann 1979; Abb. 22-48]. Die Lage all dieser Zellen als Einzelzellen in Epithelien, Ganglien und Nervengeflechten zusammen mit der neuroendokrinen Funktion führte zu der neuen Bezeichnung „diffuses neuroendokrines System" (DNES) [Pearse 1977].

Eine embryologische Erörterung dieses Systems ergibt sich aus der Diskussion um die Herleitung seiner Zellen aus Neuralepithel, Plakoden und der Neuralleiste. Wegen gemeinsamer bio- und histochemischer Merkmale hat Pearse [1969] das System von Zellen mit der Fähigkeit zu „**a**mine **p**recursor **u**ptake and **d**ecarboxylation" als APUD-Zellsystem begründet und aufgrund immuncytochemischer Marker-Befunde die Herleitung aus Plakoden und Neuralleiste postuliert (Tabelle 22.10). Die Zellen des DNES exprimieren nämlich schon früh in der Entwicklung eine allen Abkömmlingen des Neuroektoderm und der Neuralleiste gemeinsame **n**euronen**s**pezifische **E**nolase (NSE). Außerdem bilden die neuroendokrinen Zellen ein spezifisches, sekretbildendes Protein (Chromo**g**ranin **A** = CGA).

Sprechen also viele Befunde dafür, in den Zellen des DNES ein einheitliches System als eine Art Bindeglied zwischen Nervensystem und endokrinem System zu sehen und daher nach einer gemeinsamen embryologischen Herkunft zu suchen, so ist doch die Darstellung von Pearse und Takor Takor [1979] sowie Pearse [1986] als ein hypothetisches Maximalkonzept zu verstehen. Dagegen bestehen erhebliche, experimentell begründete Einwände, wie Le Douarin [1982] in ihrer Monographie über die Neuralleiste ausführlich dargelegt hat. Die überwiegend mit der „biologischen Zellmarkierung" in Wachtel-Huhn-Chimären gewonnenen Versuchsergebnisse (siehe auch Kapitel 2.4 Experimentelle Embryologie) sprechen vor allem gegen die Herleitung der entero-endokrinen Gruppen von APUD-Zellen aus der Neuralleiste: APUD-Zellen werden bereits nachweisbar, bevor die aus der Neuralleiste stammenden Neuroblasten die Darmwand erreicht haben; die einwandernden Neuroblasten erreichen nie das Oberflächenepithel [Andrew 1969, 1974].

Im Pankreas zählen sowohl die einzeln im Gangepithel gelegenen Zellen der entero-pankreatischen Gruppe als auch die Inselzellen selbst zu den APUD-Zellen und damit zum DNES. Auch hier haben die Untersuchungen von Le Dourain und Teillet [1973] sowie Andrew und Kramer [1979] gezeigt, daß einwandernde Neuralleistenzellen sich nur zu Ganglienzellen differenzieren, nicht aber in das Gangepithel eintreten. Ektodermfreie Endomesoderm-Explantate von Rattenembryonen vor Bildung der Neuralleiste differenzieren Inselzellen [Pictet et al. 1976]. Für die APUD-Zellen des Magen-Darm-Trakts ist daher davon auszugehen, daß sie Differenzierungsprodukte des Endoderm sind.

Mit diesen Erwägungen ist nicht ausgeschlossen, daß vor oder bei der Bildung des primären Endoderm ektodermale Zellen einer früh segregierten Zell-Linie in dieses einwandern und sich dann dort zu APUD-Zellen differenzieren. Das sehr frühe Auftreten erster APUD-Zellen [Hühnchen von 16 Somiten nach 36 Stunden Bebrütung: Andrew 1975] könnte dafür sprechen. Für die Übertragung der Vorstellung eines Einwanderns solcher Zellen während der Gastrulation [Fontaine und Le Douarin 1977] ist aber die geringere Bedeutung zu bedenken, die die Gastrula-

Tabelle 22.10. Mögliche Herkunft von neuroendokrinen Zellen und von Satellitenzellen [Nach: Pearse 1986]

Zell-Typ/Organ	Neuroendokrine Zellen	Satellitenzellen
Hypothalamus	Neuralepithel	Neuralepithel (Glia)
olfaktorisch	Plakoden	Neuralleiste
Pinealocyten	Neuralepithel	Neuralepithel
Hypophyse (Sternzellen)	Plakoden	Neuralleiste
C-Zellen der Thyroidea	Neuralleiste	–
Parathyroidea	Plakoden	–
Merkel-Zellen	Plakoden	(Neuralleiste)
Nebennierenmark	Neuralleiste	Neuralleiste

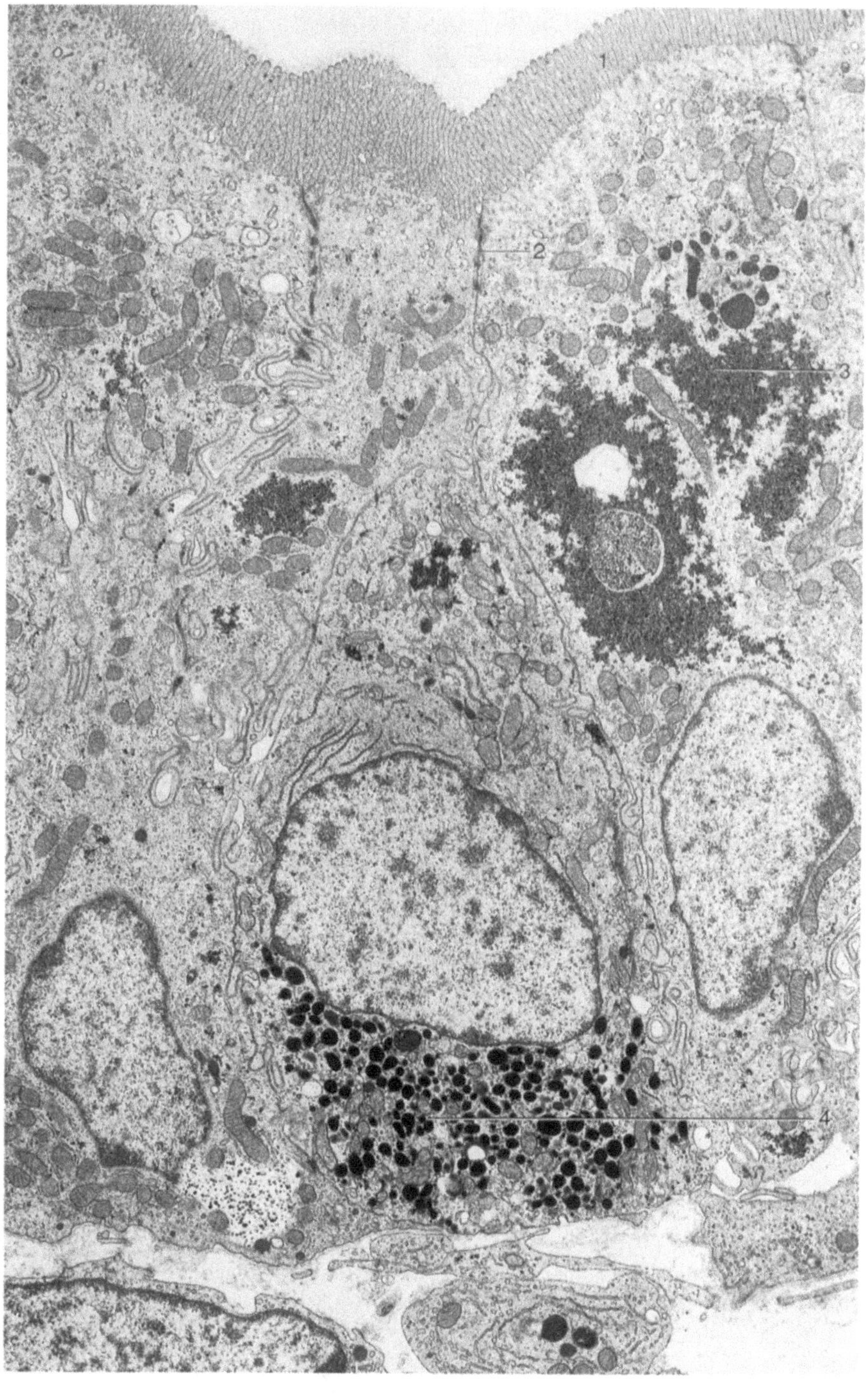

Abb. 22-48. Entero-endokrine Zelle aus dem Duodenum eines 20 Wochen alten menschlichen Feten im EM-Bild. 1 = Saum der Mikrovilli, 2 = Schlußleistenkomplex zweier benachbarter Saumzellen, 3 = das für dieses Alter noch charakteristische apicale Glycogen in Saumzellen, 4 = basal gehäufte Serotonin-Granula der entero-endokrinen Zelle, die supranucleär rauhes und glattes ER sowie Mitochondrien zeigt. Die Zelle erreicht außerhalb der Schnittebene das Darmlumen („offener Typ"). 6500 : 1 (Freundlichst überlassen von Professor Dr. D. Grube, Hannover)

tion beim Menschen für die Bildung des Darmes hat (siehe auch Kapitel 6.1.1).

Auf Einwände gegen eine Neuralleisten- oder Plakodenherkunft von Hypophysenzellen wurde dort schon eingegangen. Die sehr genauen Neuuntersuchungen der entsprechenden frühen Stadien menschlicher Embryonen [O'Rahilly und Müller 1981, Müller und O'Rahilly 1983, 1985] geben keinen Anhalt für die Existenz einer „bilateralen ventralen Neuralleiste" [Pearse und Takor Takor 1979].

Ob an der Bildung der Parathyroidea (wie dort schon erwähnt) Plakodenektoderm beteiligt ist, ist für Säugetiere und Mensch ebenfalls nicht gesichert. Experimentell erwiesen ist hingegen die Neuralleistenabkunft der C-Zellen der Thyroidea, der Zellen des Nebennierenmarkes, von Typ I-Zellen des Glomus caroticum und der Melanoblasten [Le Douarin 1982].

22.7 Literaturverzeichnis

Alexander P, Britton HG, Nixon DA, Cameron E, Foster CL, Buckle RM, Smith FG (1973) Calcium, parathyroid hormone and calcitonin in the foetus. In: Cromline KS, Cross KW, Dawes GS, Nathanilsz PW (eds) Foetal and neonatal physiology. University Press, Cambridge, pp 421–429

Allen JP, Greer MA, McGilvra R, Castro A, Fisher DA (1974) Endocrine function in an anencephalic infant. J Clin Endocrinol Metab 38:94–98

Andersen H, von Bülow FA, Mollgard K (1970) The histochemical and structural basis of the cellular function of the human foetal adenohypophysis. Prog Histochem Cytochem 1:153–184

Andersen H, von Bülow FA, Mollgard K (1971) The early development of the pars distalis of human foetal pituitary gland. Z Anat Entw Gesch 135:117–138

Andrew A (1969) A study of the relationship between enterochromaffine cells and the neural crest. J Embryol Exp Morphol 11:307–324

Andrew A (1974) Further evidence that chromaffine cells are not derived from the neural crest. J Embryol Exp Morphol 31:589–598

Andrew A (1975) APUD cells in the endocrine pancreas and intestine of chick embryos. Gen Comp Endocrinol 26:485–495

Andrew A, Kramer B (1979) An experimental investigation into the possible origin of pancreatic islet cells from rhombencephalic neuroectoderm. J Embryol Exp Morphol 52:23–28

van Assche FA, Aerts L (1979) The fetal endocrine pancreas. Contrib Gynecol Obstet 5:44–57

Atwell WJ (1926) The development of the hypophysis cerebri in man, with special reference to the pars tuberalis. Am J Anat 37:159–193

Bachmann R (1954) Die Nebenniere. In: von Möllendorff W, Bargmann W (Hrsg) Handbuch der mikroskopischen Anatomie des Menschen, Bd VI/5. Springer, Berlin Göttingen Heidelberg, S 1–952

Baker BL, Jaffe RB (1975) The genesis of cell types in the adenohypophysis of the human fetus as observed with immunocytochemistry. Am J Anat 143:137–162

Bargmann W (1939a) Epithelkörperchen. In: von Möllendorff W (Hrsg) Handbuch der mikroskopischen Anatomie des Menschen, Bd 6/2. Springer, Berlin, S 137–196

Bargmann W (1939b) Die Schilddrüse. In: von Möllendorff W (Hrsg) Handbuch der mikroskopischen Anatomie des Menschen, Bd 6/2. Springer, Berlin, S 2–136

Bargmann W (1949) Über die neurosekretorische Verknüpfung vopn Hypothalamus und Neurohypophyse. Z Zellforsch 34:610–634

Bargmann W (1968) Neurohypophysis, structure and function. In: Berde B (ed) Neurohypophysial hormones and similar peptides. Handbuch der experimentellen Pharmakologie 23. Springer, Berlin Heidelberg New York, pp 1–39

Barnes AC (1968) Intra-uterine development. Lea und Febiger, Philadelphia

Benirschke K (1956) Adrenals in anencephaly and hydrocephaly. Obstet Gynecol 8:412–425

Böck P (1982) The Paraganglia. In: Oksche A, Vollrath L (Hrsg) Handbuch der mikroskopischen Anatomie des Menschen, Bd. VI, 8. Teil. Springer, Berlin Heidelberg

Boyd JD (1950) Development of the thyroid and parathyroid glands and the thymus. Ann R Coll Surg Engl 7:455–471

Boyd JD (1964) Development of the human thyroid gland. In: Pitt-Rivers R, Trotter WR (eds) The thyroid gland, vol 1. Butterworths, London, pp 9–31

Bugnon C, Fellmann D, Bloch B (1977) Immuncytochemical study of the ontogenesis of the hypothalamic somatostatin-containing neurons in the human fetus. Cell Tissue Res 183:319–328

Bugnon C, Fellmann D, Bloch B, Bresson JL, Gouget A, Lenys D, Clavequin MC (1987) Apport de l'immunocytochimie à l'étude du développement des systèmes neuroglandulaires peptidergiques dans l'hypothalamus foetal humain. Ann Endocrinol (Paris) 48:343–351

Burke BA, Johnson D, Gilbert EF, Drut RM, Ludwig J, Wilk MR (1987) Thyrocalcitonin-containing cells in the Di George anomaly. Hum Pathol 18:355–360

Celio MR, Höllt V, Buetti G, Pasi A, Bürgisser E, Eberle A, Kopp G, Siebenmann R, Friede RL, Landolt A, Binz H, Zenker W (1980) Immunohistochemical study of β-endorphin and related peptides in the „invading cells" of the human neurohypophysis during ontogenesis and adulthood. In: Costa E, Trabucchi M (eds) Neural peptides and neuronal communication. Raven Press, New York, pp 271–283

Christeller E (1914) Die Rachendachhypophyse des Menschen unter normalen und pathologischen Verhältnissen. Virchows Arch 218:185–223

Conklin JL (1968) The development of the human fetal adenohypophysis. Anat Rec 160:79–92

Coupland RE (1952) The prenatal development of the abdominal para-aortic bodies in man. J Anat (London) 86:357–372

Coupland RE (1954) Postnatal fate of the abdominal paraaortic bodies in man. J Anat (London) 88:455–464

Crowder RE (1957) The development of the adrenal gland in man, with special reference to origin and ultimate location of cell types and evidence in favor of the „cell migration" theory. Contrib Embryol Carnegie Inst Wash 36:193–210

Daikoku S (1958a) Studies on the human foetal pituitary. 1: Quantiative observations. Tokushima J Exp Med 5:200–213

Daikoku S (1958b) Studies of the human foetal pituitary. 2: On the form and histological development, especially that of the anterior pituitary. Tokushima J Exp Med 5:214–231

Dhom G (1965) Die Nebennierenrinde im Kindesalter. Springer, Berlin Heidelberg New York

Dhom G, Ross W, Widok K (1958) Die Nebennierenrinde des Feten und des Neugeborenen. Eine quantitative und qualitative Analyse. Beitr Pathol Anat 119:117–216

Dubois P (1967) Étude au microscopie électronique de la pars distalis de l'hypophyse de l'embryon humain. C R Ass Anat 138:434–441

Dubois P, Dumont L (1966) Nouvelles observations au microscopie électronique sur l'adenohypophyse humain du troisième au cinquième mois du développement embryonnaire. C R Soc Biol (Paris) 11:2105–2108

Dubois P, Vargues-Ragairaz H, Dubois MP (1973) Human foetal anterior pituitary. Immunfluorescent evidence for corticotropin and melanotropin activities. Z Zellforsch 145:131–143

Ellis ST, Swanson Beck J, Currie AR (1966) The cellular localisation of growth hormone in the human foetal adenohypophysis. J Pathol Bact 92:179–183

Falin LI (1961) The development of human hypophysis and differentiation of cells of its anterior lobe during embryonic life. Acta Anat 44:188–205

Falkmer S, Dafgård E, El-Salhey M, Engström W, Grimelius L, Zetterberg A (1985) Phylogenetical aspects on islet hormone families: A minireview with particular reference to insulin as a growth factor and to the phylogeny of PYY and NPY immunoreactive cells and nerves in the endocrine and exocrine pancreas. Peptides 6 (Suppl 3): 315–320

Ferner H (1952) Das Inselsystem des Pankreas. Thieme, Stuttgart

Ferrier PE (1969) Congenital absence or hypoplasia of the endocrine glands. J Genet Hum 17:325–348

Feyrter F (1953) Über die peripheren endokrinen (parakrinen) Drüsen des Menschen, 2. Aufl. Maudrich, Wien

Fisher WK, Voorhess ML, Gardner LI (1963) Congenital hypothyroidism in infant following maternal ^{131}J. J Pediatr 62:132–135

Fontaine J, Le Douarin NM (1977) Analysis of endoderm formation in the avian blastoderm by the use of quail-chick chimaeras. The problem of the neuroectodermal origin of the cells of the APUD series. J Embryol Exp Morphol 41:209–222

Fujita H, Ihara T (1973) Electron-microscopic observations on the cytodifferentiation of adrenocortical cells of the human embryo. Z Anat Entw Gesch 142:267–281

Gilbert MS (1935) Some factors influencing the early development of the mammalian hypophysis. Anat Rec 62:337–359

Gilmore DP, Dobbie HG, McNeille AS, Mortimer CH (1978) Presence and activity of LH-RH in the midterm human fetus. J Reprod Fertil 52:355–359

Gilmour JR (1937) The embryology of the parathyroid glands, the thymus and certain associated rudiments. J Pathol Bact 45:507–522

Goodyer CG, Guyda HJ, Giroud CJP (1979) Development of the hypothalamic-pituitary axis in the human fetus. In: Tolis G, Labrie F, Martin JB, Naftolin F (eds) Clinical neuroendocrinology. Raven Press, New York, pp 199–214

Graumann W, Hinrichsen K (1960) Über die Basophilie der cyanophilen Zellen der Hypophyse. Z Zellforsch 52:328–345

Greenberg AH, Czernichow P, Reba RC, Tyson J, Blizzard RM (1970) Observations on the maturation of thyroid function in early fetal life. J Clin Invest 49:1790–1803

Grube D, Forssmann WG (1979) Morphology and function of the entero-endocrine cells. Horm Metab Res 11:589–646

Haberfeld W (1909) Rachendachhypophyse, andere Hypophysengangreste und deren Bedeutung für die Pathologie. Beitr Pathol Anat 46:133–232

Hahn von Dorsche H, Reiher H, Hahn H-J (1984) Quantitative-histologic investigations of human fetal pancreas in non-diabetic and insulin-dependent diabetic women. Acta Anat 118:139–143

Hahn von Dorsche H, Reiher H, Hahn H-J (1986) Quantitativ-histologische Untersuchungen am fetalen Inselorgan des Menschen. Verh Anat Ges 80:187–188

Hahn von Dorsche H, Reiher H, Hahn H-J (1987a) Phases in the early development of the human islet organ. Anat Anz 166:69–76

Hahn von Dorsche H, Reiher H, Hahn H-J, Fält K, Falkmer S (1987b) Tissue cultivation as a method for preservation of human foetal islet parenchyma – a correlated biochemical, immunohistochemical and morphometric investigation. Diabetes Res 5:157–161

Hahn von Dorsche H, Fält K, Hahn H-J, Reiher H (1988) Immuncytochemische Untersuchungen zur Entwicklung der Grundzelltypen des menschlichen Inselorgans. Acta Histochem (Suppl) 35:137–143

Hahn von Dorsche H, Fält K, Titlbach M, Reiher H, Hahn H-J (1989) Immunohistochemical, morphometric and ultrastructural investigations on early fetogenesis of four basic cell types of human pancreatic islets. Diabetes Res

Hammill GC, Jarman JA, Wymme MD (1961) Fetal effects of radioactive jodine therapy in a pregnant woman with thyroid cancer. Am J Obstet Gynecol 81:1018–1023

Hervonen A (1971) Development of catecholamine-storing cells in the human fetal paraganglia and adrenal medulla. Acta Physiol Scand [Suppl] 368:1–94

Hett J (1925) Ein Beitrag zur Histogenese der menschlichen Nebenniere. Z Mikrosk Anat Forsch 3:179–281

Hinrichsen KV (1986) Slides on human embryology. Bergmann, München

Hochstetter F (1924) Beiträge zur Entwicklungsgeschichte des menschlichen Gehirns. II: Die Entwicklung des Hirnanhangs. Deuticke, Wien Leipzig

Hyyppa M (1972) Hypothalamic monoamines in human fetuses. Neuroendocrinology 9:257–266

Jirásek JE (1963) Die Histochemie hydrolytischer Enzyme in der fetalen Schilddrüse des Menschen. Acta Histochem 15:37–41

Jirásek JE (1980) Human fetal endocrines. Nijhoff, The Hague

Johnston MC, Bhakdinaronk A, Reid YC (1973) An expanded role of the neutral crest in oral and pharyngeal development. In: Bosma JF (ed) Development of the fetus and infant (4. Symposium on oral sensation and perception). US Department Health Education Welfare, Bethesda, pp 37–52

Jordan RK, McFalane B, Scothorne RJ (1975) An electron microscopic study of the histogenesis of the parathyroid gland in the sheep. J Anat 119:235–254

Kaplan SL, Grumbach MM, Shepard TH (1972) The ontogenesis of human fetal hormones. I: Growth hormone and insulin. J Clin Invest 51:3080–3093

Kaplan SL, Grumbach MM, Aubert ML (1976) The ontogenesis of pituitary hormones and hypothalamic factors in the human fetus: Regulation of anterior pituitary function. Recent Prog Horm Res 32:161–243

Kohn A (1902) Das chromaffine Gewebe. Ergeb Anat Entw Gesch 12:253–348

Kohn A (1903) Die Paraganglien. Arch Mikr Anat 62:263–365

Laguesse E (1893) Sur la formation des ilots de Langerhans dans le pancréas. CR Soc Biol 5:819–820

Lanman JT (1961) The adrenal gland in the human fetus. An interpretation of its physiology and unusual developmental pattern. Pediatrics 27:140–158

Lanman JT (1962) An interpretation of human foetal adrenal structure and function. In: Currie AR, Symington T, Grant JK (eds) The human adrenal cortex. Livingstone, Edinburgh London, pp 547–558

Le Douarin NM (1982) The neural crest. Developmental and Cell Biology Series, 12. Cambridge University Press, Cambridge London New York New Rochelle Melbourne Sydney, pp 1–259

Le Douarin NM, Le Lièvre C (1971) Sur l'origine des cellules à calcitonine du corps ultimobranchial de l'embryon d'oiseau. C R Ass Anat 152:558

Le Douarin NM, Teillet MA (1973) The migration of neural crest cells to the wall of the digestive tract in avian embryo. J Embryol Exp Morphol 30:31–48

Levi-Montalcini R, Aloe L (1980) Tropic, trophic, and transforming effects of nerve growth factor. Adv Biochem Psychopharm 25:3–15

Levi-Montalcini R, Angeletti PU (1966) Immunosympathectomy. Pharmacol Rev 18:619–628

Levy NB, Andrew A, Rawdon BB, Kramer B (1980) Is there a ventral neural ridge in chick embryos? Implications for the origin of adenohypophyseal and other APUD cells. J Embryol Exp Morphol 57:71–78

Li JY, Dubois MP, Dubois PM (1977) Somatotrophs in the human fetal anterior pituitary. Cell Tissue Res 181:545–552

Lietz H, Wöhler J, Pomp H (1971) Zur Entwicklung der Ultrastruktur der embryonalen Schilddrüse des Menschen. Z Zellforsch 113:94–110

Lutz P, Kane O, Pfersdorff A, Seiller F, Sauvage P, Levy JM (1986) Neonatal primary Hyperparathyroidism: Total Parathyroidectomy with autotransplantation of cryopreserved parathyroid tissue. Acat Paediatr Scand 75:179–182

Mäusle E (1972) Eletronenmikroskopische Befunde an der menschlichen Neugeborenen-Nebenniere. Beitr Pathol 146:221–247

Müller F, O'Rahilly R (1983) The first appearance of the major devisions of the human brain at stage 9. Anat Embryol 168:419–432

Müller F, O'Rahilly R (1985) The first appearance of the neural tube and optic primordium in the human embryo at stage 10. Anat Embryol 172:157–169

Müller F, O'Rahilly R (1986) Somitic-vertebral correlations and vertebral levels in the human embryo. Am J Anat 177:3–19

Murphy BEP, Diez d'Aux RC (1972) Steroid levels in the human fetus: Cortisol and Cortisone. J Clin Endocrinol Metab 35:678–683

Nakagami K, Yamazaki Y, Tsunoda Y (1968) An electron microscopic study of the human fetal parathyroid gland. Z Zellforsch 85:89–95

Niemineva K (1949) Observations on the development of the hypophysial-portal system. Acta Paediatr Scand 39:366–377

Neubert K (1927) Bau und Entwicklung des menschlichen Pankreas. Roux Arch Entw Mech Org 111:29–118

Neville AM, O'Hare MJ (1982) The human adrenal cortex. Springer, Berlin Heidelberg New York

Norris EH (1937) The parathyroid glands and the lateral thyroid in man: their morphogenesis, histogenesis, topographic anatomy and prenatal growth. Contrib Embryol Carnegie Inst Wash 26:247–294

Norris EH (1918) The early morphogenesis of the human thyroid gland. Am J Anat 24:443–465

Norris EH (1946) Anatomical evidence of pre-natal function of the human parathyroid glands. Anat Rec 96:129–141

Okado N, Yokota N (1980) An electron microscopic study on the structural development of the neural lobe in the human fetus. Am J Anat 159:261–273

O'Rahilly R (1983) The timing and sequence of events in the development of the human endocrine system during the embryonic period proper. Anat Embryol 166:439–451

O'Rahilly R, Müller F (1981) The first appearance of the human nervous system at stage 8. Anat Embryol 163:1–13

Orts-Llorca F, Genis Galvez JM (1958) On the morphology of the primordium of the thyroid gland in the human embryo. Acta Anat 33:110–115

Partanen S, Hervonen A (1973) Monoamine-containing structures in the hypothalamo-hypophyseal system in the human fetus. Z Anat Entw Gesch 140:53–60

Paulin C, Dubois MP, Barry J, Dubois PM (1977) Immunfluorescence study of LH-RH producing cells in the human fetal hypothalamus. Cell Tissue Res 182:341–345

Pearse AGE (1953) Cytological and cytochemical investigations on the foetal and adult hypophysis in various physiological and pathological states. J Pathol Bact 65:355–370

Pearse AGE (1968) Common cytochemical and ultrastructural characteristics of cells producing polypeptide hormones (the APUD-series) and their relevance to thyroid ultimobranchial C cells and calcitonin. Proc R Soc B 170:71–80

Pearse AGE (1969) The cytochemistry and ultrastructure of polypeptide hormone-producing cells of the APUD series and the embryology, physiology and pathologic implications of the concept. J Histochem Cytochem 17:303–313

Pearse AGE (1970) The characteristics of the C cells and their significance in relation to those of other endocrine polypeptide cells and to the synthesis, storage and secretion of calcitonin. In: Calcitonin 1969. Proceedings of the Second International Symposion. Heinemann Medical Books, London, pp 125–140

Pearse AGE (1977) The diffuse neuroendocrine system and the APUD concept: related „endocrine" peptides in brain, intestine, pituitary, placenta and anuran cutaneous glands. Med Biol 55:115–125

Pearse AGE (1986) The diffuse neuroendocrine system: peptides, amines, placodes and the APUD theory. Prog Brain Res 68:25–31

Pearse AGE, Takor Takor T (1979) Embryology of the diffuse neuroendocrine system and its relationship to the common peptides. Fed Proc 38:2288–2294

Perks AM, Vizsoyli E (1973) Studies of the neurohypophysis in fetal mammals. In: Comline RS, Cross KW, Dawes GS, Nathanielsz PW (eds) Foetal and neonatal physiology. University Press, Cambridge, pp 430–438

Pictet RL, Rall LB, Phelps P, Rutter WJ (1976) The neural crest and the origin of the insulin-producing and other gastrointestinal hormone-producing cells. Science 191:191–192

Politzer G (1936) Zur Frage des Schicksals des telobranchialen Körpers beim Menschen. Anat Anz 105:429–432

Politzer G (1955) Zur Frühentwicklung der Schilddrüse beim Menschen. Anat Anz 102:29–32

Politzer G, Hann F (1935) Über die Entwicklung der branchiogenen Organe beim Menschen. Z Anat Entw Gesch 104:670–708

Politzer G, Stockinger L (1954) Die Frühentwicklung der Area mesobranchialis beim Menschen. Acta Anat 20:214–233

Räihä N, Hjelt L (1957) The correlation between the development of the hypophyseal portal system and onset of neurosecretory activity in the human fetus and infant. Acta Paediatr Scand 72:610–616

Reiher H, Fuhrmann K, Noack S, Woltanski K-P, Jutzi E, Hahn von Dorsche H, Hahn H-J (1983) Age-dependent insulin secretion of the endocrine pancreas in vitro from fetuses of diabetic and nondiabetic patients. Diabetes Care 6:446–451

Rinne UK (1963) Neurosecretory material passing into the hypophyseal portal system in the human infundibulum, and its fetal development. Acta Neuroveg 25:310–324

Rinne UK, Kivalo E, Talanti S (1962) Maturation of human hypothalamic neurosecretion. Biol Neonate 4:351–364

Robb P (1961) The development of the islets of Langerhans in the human foetuses. Q J Exp Physiol Cogn Med Sci 46:335–343

Rohr H, Krässig B (1968) Elektronenmikroskopische Untersuchungen über den Sekretionsmodus des Parathormons. Z Zellforsch 85:271–290

Romeis B (1940) Innersekretorische Drüsen. II: Hypophyse. In: von Möllendorff W (Hrsg) Handbuch der mikroskopischen Anatomie des Menschen, Bd 6/3. Springer, Berlin, S 1–625

Ross AJ, Cooper A, Maurice FA, Bishop HC (1986) Primary hyperparathyroidism in infancy. J Pediatr Surg 21:493–499

Russell KP, Rose H, Starr P (1957) The effects of radioactive jodine on maternal and fetal thyroid function during pregnancy. Surg Gynecol Obstet 104:560–564

Saffran M, Schally AV (1955) Release of corticotrophin by anterior pituitary tissue in vitro. Can J Biochem Physiol 33:408–415

Scharrer B, Scharrer E (1954) Neurosekretion. In: Bargmann W (Hrsg) Handbuch der mikroskopischen Anatomie des Menschen, Bd VI/5. Springer, Berlin Göttingen Heidelberg, S 963–1066

Shanklin WM (1939/1940) Differentiation of pituicytes in the human foetus. J Anat (London) 74:459–463

Shepard TH (1967) Onset of function in the human fetal thyroid: Biochemical and radioautographic studies from organ culture. J Clin Endocrinol Metab 27:945–958

Shepard TH (1968) Development of the human fetal thyroid. Gen Comp Endocrinol 10:174–181

Shepard TH, Andersen HJ, Andersen H (1964a) The human fetal thyroid. I: Its weight in relation to body weight, crown-rump length, foot length and estimated gestation age. Anat Rec 148:123–128

Shepard TH, Andersen H, Andersen HJ (1964b) Histochemical studies of the human fetal thyroid during the first half of fetal life. Anat Rec 149:363–380

Skowsky WR, Fisher DA (1973) Immunreactive arginine vasopressin (AVP) and arginine vasotocin (AVT) in fetal pituitary of man and sheep. J Clin Invest 52:77–78

Sucheston ME, Cannon MS (1968) Development of the zonular patterns in the human adrenal gland. J Morphol 126:477–492

Sugiyama S (1971) The embryology of the human thyroid gland including ultimobranchial body and others related. Erg Anat Entw Gesch 44:1–111

Thomas E (1911) Über die Nebenniere des Kindes und ihre Veränderungen bei Infektionskrankheiten. Beitr Pathol Anat 50:283–316

Titlbach M, Velicky J, Lhotova H (1987) Prenatal development of the cat thyroid: immunohistochemical demonstration of calcitonin in the „C" cells. Anat Embryol 177:51–54

Trojanowski JQ, Gordon D, Obrocka M, Lee VMY (1984) The developmental expression of neurofilament and glial filament protein in the human pituitary gland: An immunhistochemical study with monoclonal antibodies. Dev Brain Res 13:229–239

Watzka M (1933) Vergleichende Untersuchungen über den ultimobranchialen Körper. Z Mikrosk Anat Forsch 34:485–533

Weller GL (1933) Development of the thyroid, parathyroid and thymus glands in man. Contrib Embryol Carnegie Inst Wash 24:93–139

Zuckerkandl E (1911) Die Entwicklung der chromaffinen Organe und der Nebenniere. In: Keibel F, Mall FP (Hrsg) Handbuch der Entwicklungsgeschichte des Menschen, Bd 2. Hirzel, Leipzig, S 157–178

23. Gesichtsentwicklung

K. V. Hinrichsen

Die frühen Formverhältnisse des menschlichen Antlitzes haben in besonderer Weise zu Fehldeutungen über die Natur früher menschlicher Embryonen Anlaß gegeben. Auch bei der Gesichtsentwicklung vollziehen sich Entwicklungsvorgänge, die für alle Wirbeltiere gemeinsame Merkmale, in den Proportionen und in der feineren Form- und Reliefgestaltung jedoch ihre artspezifischen Merkmale haben. Für eine frühe Unterscheidung individualspezifischer Merkmale reichen unsere Kenntnisse noch nicht aus, Retzius [1904] konnte sie (bei Zwillingen) vom 4. Monat an erkennen.

Als Ergebnis eines reichen Forscherlebens legte Ferdinand Hochstetter 1953 im hohen Alter von 92 Jahren [publiziert 1955] der Akademie der Wissenschaften in Wien seine Abhandlung „Über die Entwicklung der Formverhältnisse des menschlichen Antlitzes" vor und dokumentierte erstmalig photographisch eine vollständige Reihe hervorragend erhaltener, meisterlich photographierter menschlicher Embryonen. Im Vorwort beklagte er, „daß in keinem der mir bekannten deutschen Lehr- und Handbücher der Entwicklungsgeschichte des Menschen eine auch nur einigermaßen ausführliche, zutreffende, mit einer ausreichenden Zahl einwandfreier Abbildungen ausgestattete, für den Studierenden wie für den Forscher leicht verständliche, also wirklich brauchbare Darstellung der Entwicklungsgeschichte des menschlichen Antlitzes gebracht worden ist". Eine erstaunliche Feststellung, wenn man bedenkt, daß doch gerade das menschliche Antlitz als am meisten charakteristisch sowohl für die Einzelperson als auch für die ganze Gattung gilt.

Erstmalig in einem Lehrbuch der Humanembryologie stützt sich die nachfolgende Darstellung über die bisher bekannten Befunde [u.a. Peter 1911, 1913; Hochstetter 1944, 1949, 1955; Politzer 1936, 1952; Frazer 1941; Streeter 1951; Blechschmidt 1957, 1961, 1965, 1968, 1974; Kraus et al. 1966; Jirásek 1983] hinaus für die Frühentwicklung des Gesichtes auf die rasterelektronenmikroskopische Dokumentation einer geschlossenen Reihe operativ gewonnener und lebensfrisch fixierter menschlicher Embryonen [Hinrichsen 1985].

23.1 Relief der Gesichtsregion bis zur Bildung der Nasengrube

Der Anlagebereich des späteren Gesichts ist schon vor dem Neuralrohrschluß als primitive Mundbucht erkennbar. Oberhalb des Herzwulstes und unterhalb des konischen vorderen Körperendes wird die primitive Mundbucht von den mächtigen Wülsten des Mandibularbogens umschlossen (Abb. 23-1). Ganz unterschiedliche Formmerkmale kennzeichnen die Frontal- und die Seitenansicht des Gesichtsbereiches am Ende der 3. und während der 4. Woche. Bei Betrachtung von der Seite sind die von lateral zur Mitte hin umgreifenden großen Wülste des Mandibular- und Hyalbogens (und die nachfolgenden Pharyngealbögen) formbestimmend (Abb. 23-2). Das rostrale Körperende erhält seine Formprägung von innen her durch das Ende des Neuralrohres: Mit dem Schluß des rostralen Neuroporus und der Abfaltung der Augenbläschen tritt zunächst noch keine stärkere Verbreitung des vorderen Körperendes bei Embryonen von etwa 3 mm Länge auf. Bis zur Entfaltung der Hemisphärenbläschen liegt die größte Breite des Kopfes im Bereich des vorderen Rautenhirns und im Ansatzbereich des Mandibular- und Hyalbogens (Abb. 23-3).

Mit seiner Unterseite liegt dieser vorderste Körperabschnitt dem Herzwulst eng auf und schiebt sich bis an die Wurzel der Nabelschnur vor. Der dem Herzwulst aufliegende Teil der Gesichtsanlage ist zunächst konkav geformt und der Beobachtung nur zugängig, wenn der Halsbereich quer durchtrennt und der Kopf vom Herzwulst abgehoben wird.

Die tiefe Mundbucht wird von 4 markanten Strukturen umgrenzt (Abb. 23-4). Der Mandibularbogen

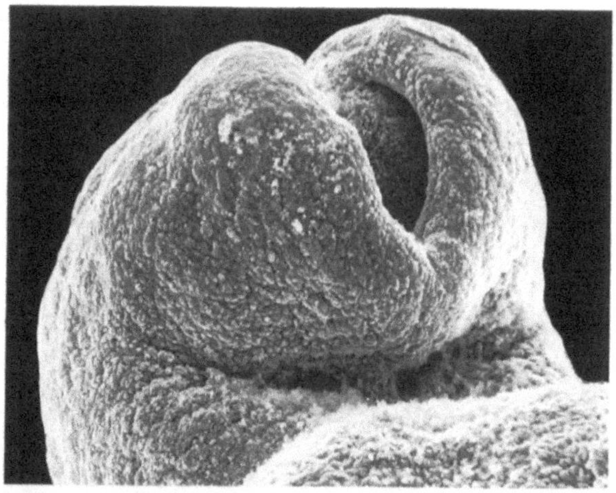

Abb. 23-1. Vorderes Körperende eines menschlichen Embryo von 13 Somitenpaaren (frühes STADIUM 11) mit noch offenem rostralen Neuroporus, Mundbucht mit degenerierender Rachenmembran schon von den Mandibularwülsten umschlossen.
(Aus: Jirásek 1983, mit freundlicher Genehmigung von Autor und Verlag)

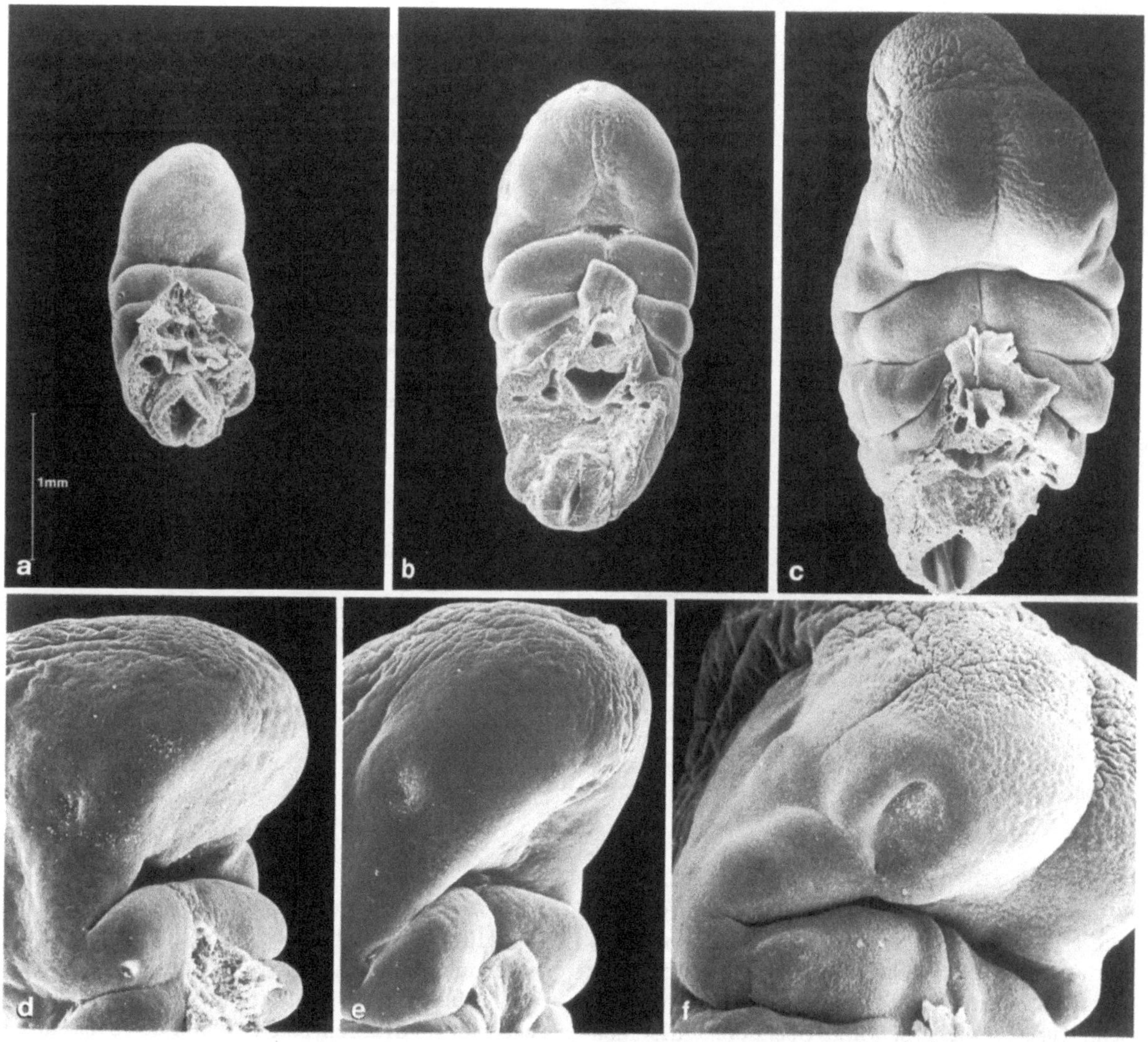

Abb. 23-2a–f. Frühe Gesichtsentwicklung in den STADIEN 12–15 im maßstäblichen Vergleich, Ansichten von ventral und schräg lateral, REM. Das vordere Körperende überragt weit die Mundpartie, ist aber an seiner Ventralseite konkav.
a, d) STADIUM 12 (5,0 mm). Mandibular- und Hyalbogen deutlich, die Schnittebene liegt caudal des 3. Pharyngealbogens, Nasenplakode nicht erkennbar, Relief über der Linsenplakode markiert;
b, e) STADIUM 13 (5,5 mm). Schnittebene im Bereich des 4. Pharyngealbogens;
c, f) STADIUM 15 (8,0 mm). Oberkieferwulst jetzt deutlich abgrenzbar, Hyalbogen bildet Operculum (nach caudal überhängend) aus, Schnittebene caudal des 3. Pharyngealbogens

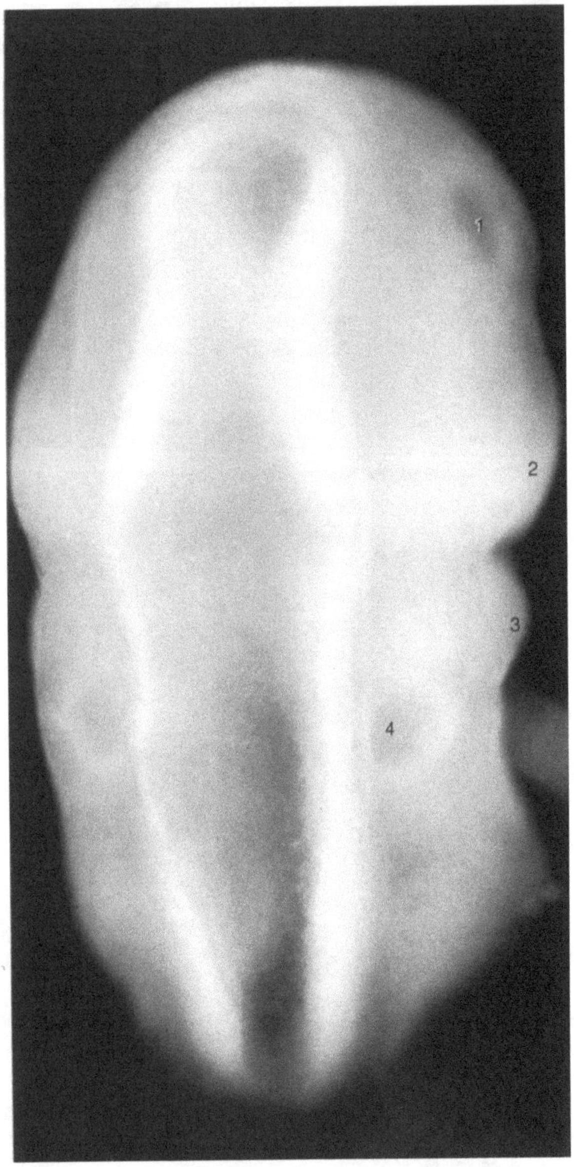

Abb. 23-3. Dorsalansicht des Kopfes im STADIUM 12 (4,5 mm). Das Neuralrohr ist geschlossen, läßt aber die Anlagen der Flügelplatten als Wülste durchscheinen. 1 = Augenbläschen; 2 = Mandibularbogen und größte Breite des Kopfes; 3 = Hyalbogen; 4 = Ohrbläschen

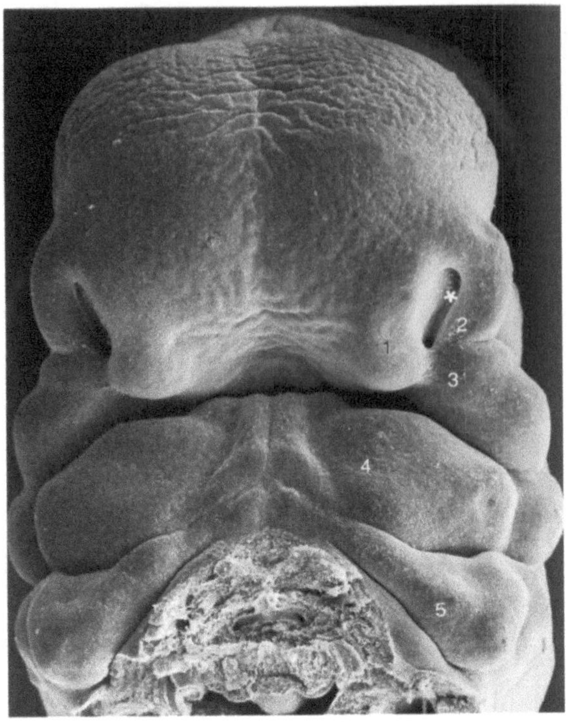

Abb. 23-4. Frontalansicht des Gesichts im STADIUM 16 (10,5 mm) im REM. Nasengrube (*) vom medialen Nasenwulst (1), lateralen Nasenwulst (2) und Oberkieferwulst (3) umgrenzt. Die im mittleren Teil horizontal verlaufende Mundspalte geht lateral in die Furche zwischen Oberkieferwulst und Mandibularbogen (4) über. Hyalbogen (5) mit Operculum

hat in der Medianen eine leichte Einkerbung. Nach lateral hin geht er ventral mit einem scharfen Knick und einer deutlich einschneidenden Furche, mehr dorsal mit einem sanften Bogen in einen oberen Abschnitt über, der jetzt schon als Oberkieferwulst identifiziert werden kann. Die Oberkieferwülste begrenzen von den Seiten her die Mundbucht und grenzen sich gegen den „Stirnwulst" durch eine seichte, aber deutlich erkennbare Furche ab (Abb. 23-2f).

Mit der Umformung der Augenbläschen zu den Augenbechern erhält das vordere Körperende eine basale Verbreitung und zeigt einen dreiseitigen Umriß im Frontalschnitt, wobei die Basis oberhalb der Mundbucht liegt (Abb. 23-5, vgl. auch Abb. 18-1). Die Verdickung des Epithels zur Nasenplakode entsteht an den vorderen, unteren Polen des dreiseitigen Kopfumrisses. Sie geht der Bildung der Linsenplakode zeitlich ein wenig voraus (vgl. Abb. 18-1a mit b). Die Nasenplakode ist zunächst konvex geformt und nach außen gekrümmt (Abb. 23-5), sie ist im Außenrelief des Stirngrubenrandes bei Embryonen im STADIUM 12 und 13 nicht zu erkennen. Im Frontalschnitt

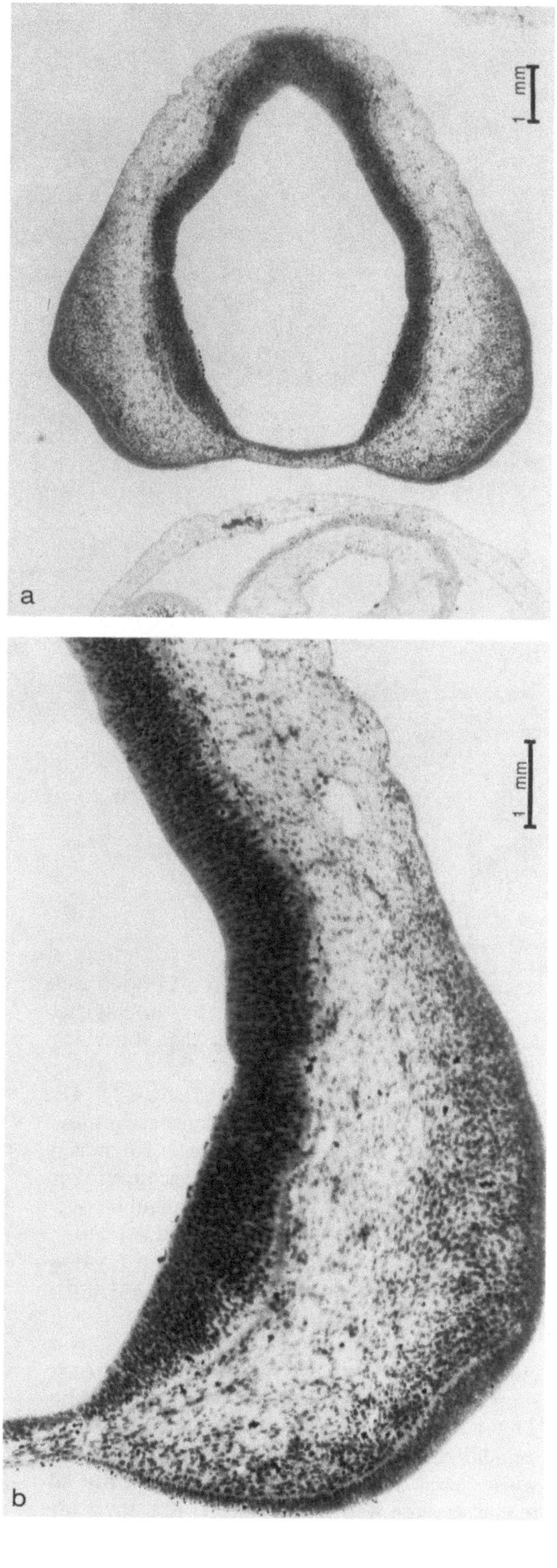

Abb. 23-5a, b. Frontalschnitt durch die Nasenplakode im STADIUM 14 (6,7 mm) in Übersicht **(a)** und Ausschnitt **(b)**. Die Kontur des Kopfes ist dreieckig, die Plakoden lassen erste Abflachungen erkennen (Mit freundlicher Genehmigung von Professor O'Rahilly, eigene Aufnahmen aus der Carnegie Collection of Embryology)

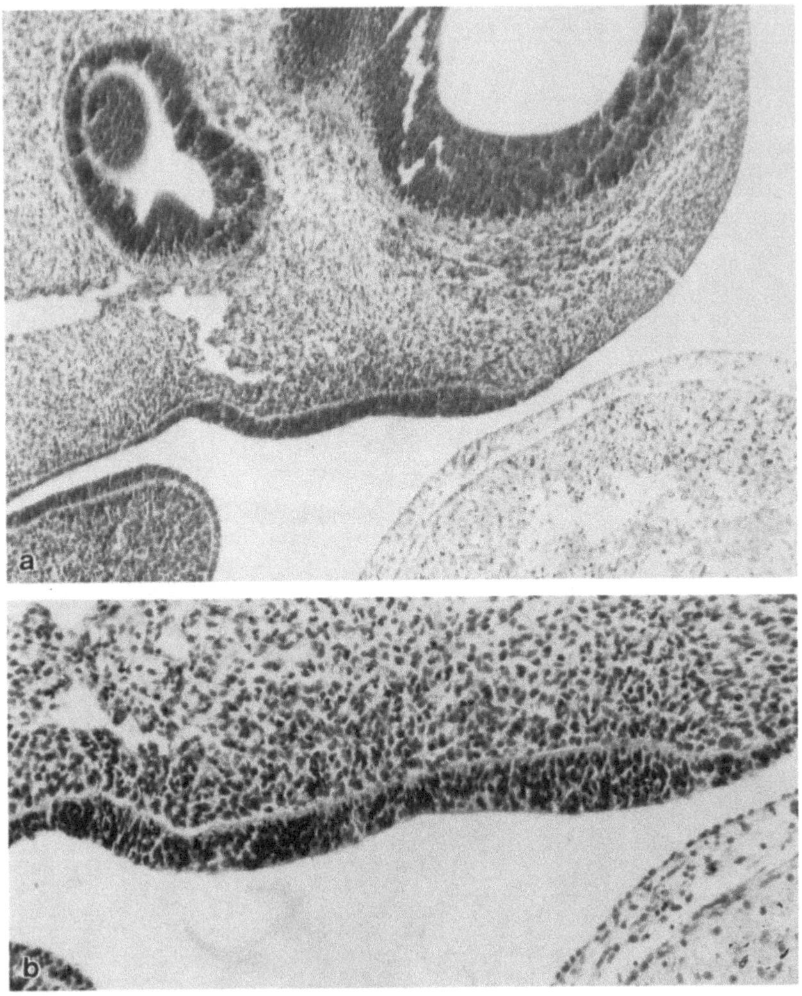

Abb. 23-6a, b. Sagittalschnitt durch die Riechplakode im STADIUM 14 (6,5 mm) mit beginnender zentraler Einsenkung. a) 47 : 1, b) 115 : 1

zeigen auch Embryonen im STADIUM 14 noch eine konvexe Epithelverdickung (Abb. 23-5). Im Sagittalschnitt erscheint dieser Bereich aber schon abgeflacht (Abb. 23-6).

Deutlich ändert sich die Form im STADIUM 15. Die Vorderhirnbläschen werden jetzt formbestimmend für die seitliche Ausladung des vorderen Körperendes. Gleichzeitig zeigt sich medial eine leichte Einkerbung (Abb. 23-2f und 23-4). Der Mandibularbogen verläuft parallel zur Mundspalte, im Bild des aufgerichteten Kopfes annähernd horizontal. Der Hyalbogen hat einen deutlich nach caudal überhängenden Rand, die Anlage des Operculum.

Am vorderen seitlichen Pol der Stirnwölbung wird eine Einsenkung sichtbar (Abb. 23-2c, f), die bei achsengerechter Aufsicht dreiseitig begrenzt ist (Abb. 23-7a). Nach lateral hat die Nasengrube eine scharfe, sichelförmige Randkontur, die vom lateralen Nasenwulst stammt. Der mediale Nasenwulst geht mit allmählicher, noch wenig ausgeformter Kontur in die

▸

Abb. 23-7a–d. Bildung der Nasengrube in 4 Stadien im REM-Bild. Medialer Nasenwulst = 1; lateraler Nasenwulst = 2; Oberkieferwulst = 3; Mandibularbogen = 4; ektodermbedecktes Auge = 5. Die Pfeile markieren die Tränennasenrinne (b–d), Pfeilköpfe die Grenze von Oberkieferwulst und medialem Nasenwulst („Demarkationslinie" in b).
a) STADIUM 15 (8,0 mm) In achsengerechter Aufsicht erscheint die Nasengrube (vgl. Abb. 23-2c, f) dreiseitig begrenzt.
b) STADIUM 15 (10,0 mm). Der laterale Nasenwulst wird aus der unteren Umgrenzung der Nasengrube verdrängt.
c) STADIUM 16 (10,5 mm). Breite Kontaktzone zwischen Oberkieferwulst und medialem Nasenwulst, beginnende Ausformung von Processus globulares.
d) STADIUM 17 (11,7 mm). Stärkste Ausprägung der Gesichtswülste vor der Verschmelzung des Reliefs.

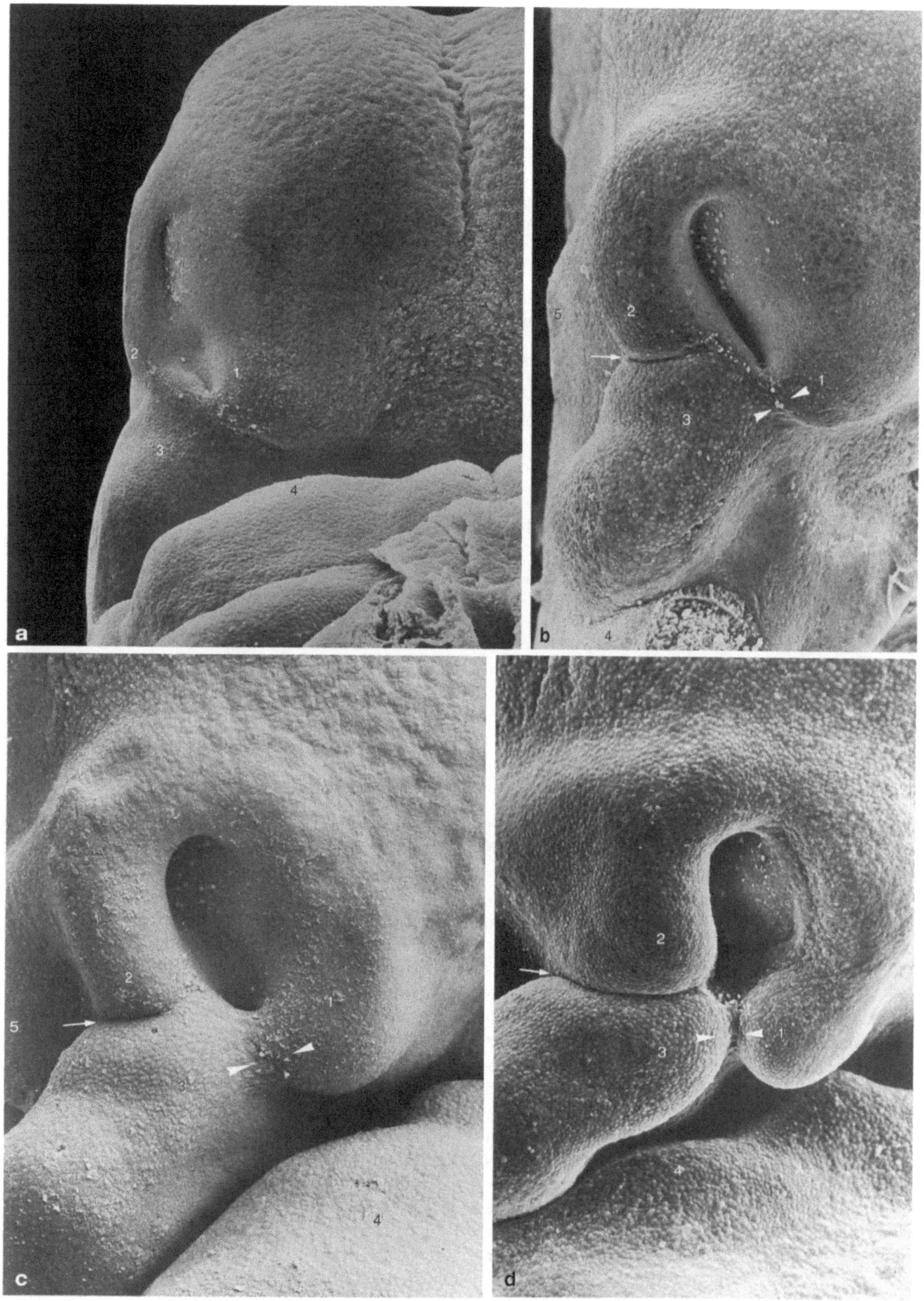
a
1
2
3
4
b
1
2
3
4
5
c
1
2
3
4
5
d
1
2
3
4

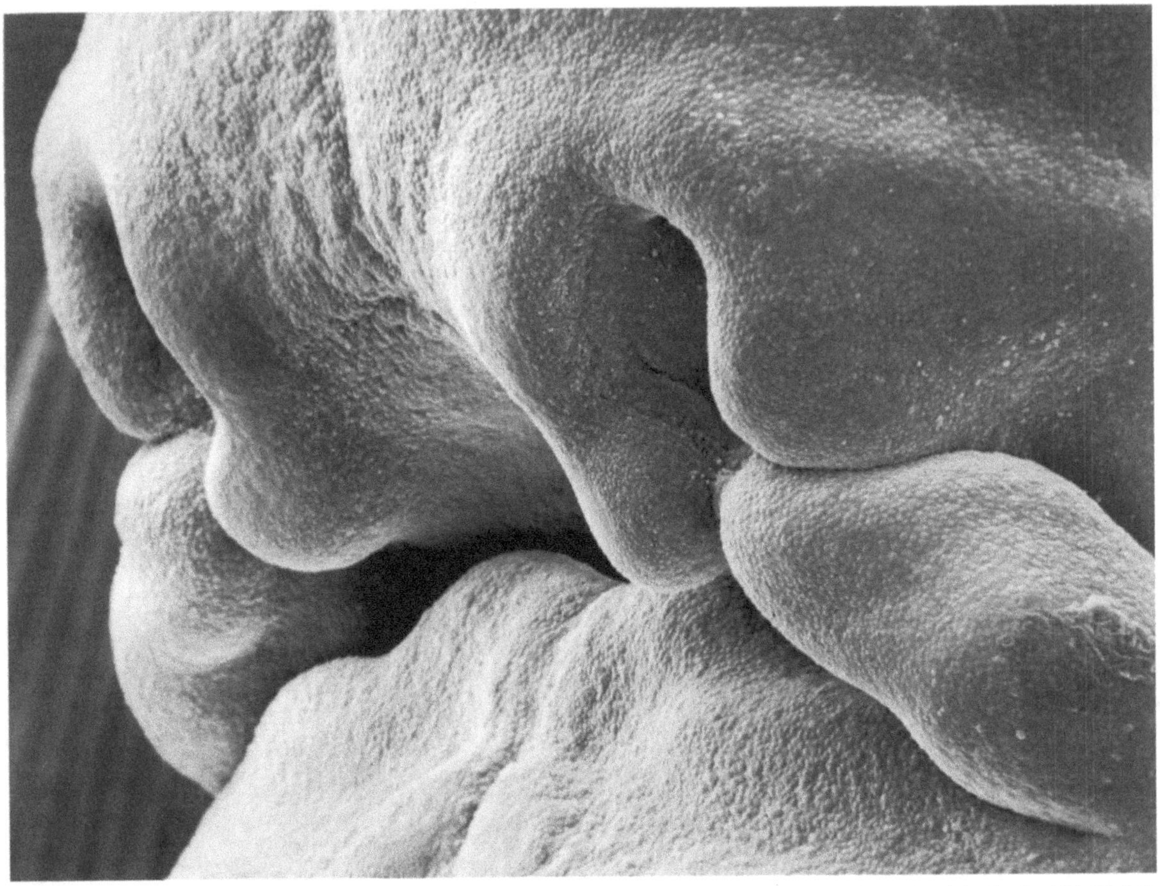

Abb. 23-8. Mittlere Gesichtsregion eines Embryo im STADIUM 17 (11,7 mm) in schräger Ventralansicht (vgl. Abb 23-7d). Die Tränen-Nasen-Rinne trennt lateralen Nasenwulst und Oberkieferwulst, der mit dem medialen Nasenwulst Kontakt hat. REM, ca. 90 : 1

Nasengrube über. Der laterale Nasenwulst grenzt mit seinem seitlichen Rand an eine deutliche Furche, die vom Auge her zwischen ihm und dem Oberkieferwulst schräg nach vorn verläuft, die Tränen-Nasen-Rinne (siehe Abschnitt 23.6). Der Basiswulst des dreiseitigen Nasenfeldes wird vom oberen Rand des Oberkieferwulstes gebildet (Abb. 23-7a). Im nachfolgenden Stadium erkennt man, daß der laterale Nasenwulst sich mit einer schmalen, sichelförmigen Kante bis an den medialen Nasenwulst hin fortsetzt und mit ihm in Kontakt steht. Das Material des Oberkieferwulstes legt sich diesem scharfkantigen Rand des lateralen Nasenwulstes von unten her an (Abb. 23-7a, b), gelangt aber nach medial hin in Kontakt mit der unteren Wölbung des medialen Nasenwulstes (Abb. 23-7b–d).

Damit liegt im unteren Bereich der Nasengrube eine fast schlitzförmige, tiefe Nische vor, die, von der Innenseite her betrachtet, durch die Vereinigung der beiden Nasenwülste begrenzt wird. Von der Mundbucht aus betrachtet ist aber oberflächlich bereits eine deutliche Verbindung zwischen den oberflächlichen Zellen des Oberkieferwulstes und denen des medialen Nasenwulstes zu beobachten (Abb. 23-8 und 23-9).

An drei Stellen der Nasenanlage zeigt sich ein besonders auffälliges Zellmuster (Abb. 23-7 bis 23-9): im oberen Teil der Nasengrube, an der Verbindungsstelle von lateralem und medialem Nasenwulst sowie auf der Kuppe der unteren Umgrenzung der Nasengrube. Es handelt sich dabei um ausgestoßene oder in Ausschleusung befindliche, abgestorbene Epithelzellen und um Makrophagen, die offenbar diesen Zelldetritus abräumen [Andersen und Matthiesen 1966: „Histiocyten“, Mangold 1983, Hinrichsen et al. 1984, Hinrichsen 1985]. Damit zeigt sich (Abb. 23-7b) eine „Demarkationslinie“ zwischen medialem Nasenwulst und Oberkieferwulst.

An der unteren Umgrenzung der Nasengrube sind also von medial her allein der mediale Nasenwulst, von lateral her aber sowohl der laterale Nasenwulst als auch der Oberkieferwulst beteiligt. Die epitheliale

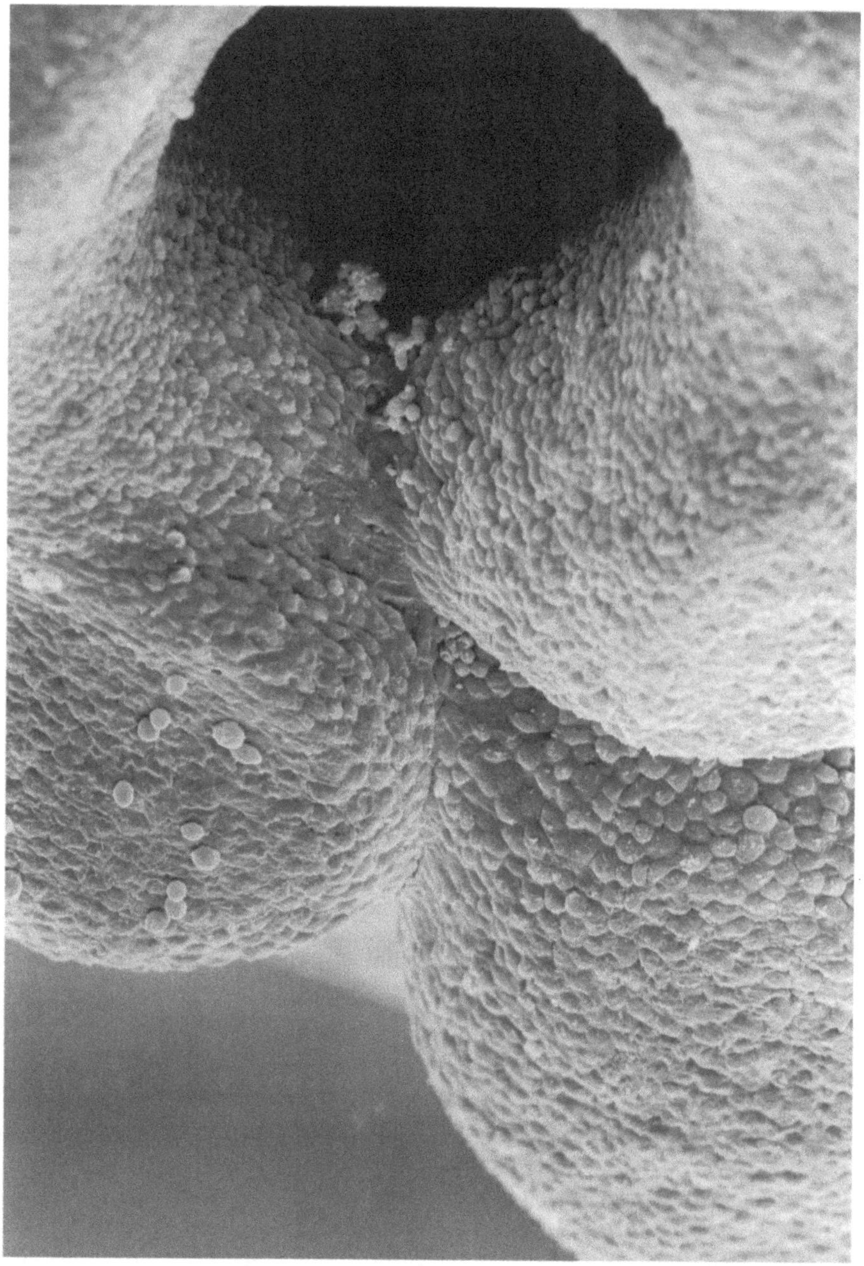

Abb. 23-9. Der primäre Nasenboden wird vom medialen Nasenwulst (links) sowie dem lateralen Nasenwulst (rechts oben) und dem Oberkieferwulst (rechts unten) gebildet. Ausschnitt aus der mittleren Gesichtsregion (linke Nasenöffnung) eines Embryo im STADIUM 17 (14,7 mm). REM, ca. 490 : 1

Verbindung zwischen diesen drei Strukturen – deutlich erkennbar an den oberflächlichen Zellbrücken (Abb. 23-7 bis 23-9) – wurde von Hochstetter [1891] als „Epithelmauer" bezeichnet. Sie wird nachfolgend aufgelöst und durch Bindegewebe ersetzt. Zu dieser Zeit ist sie dann ebenfalls reich an Zellnekrosen (Abb. 23-10) [Wolgensinger 1950].

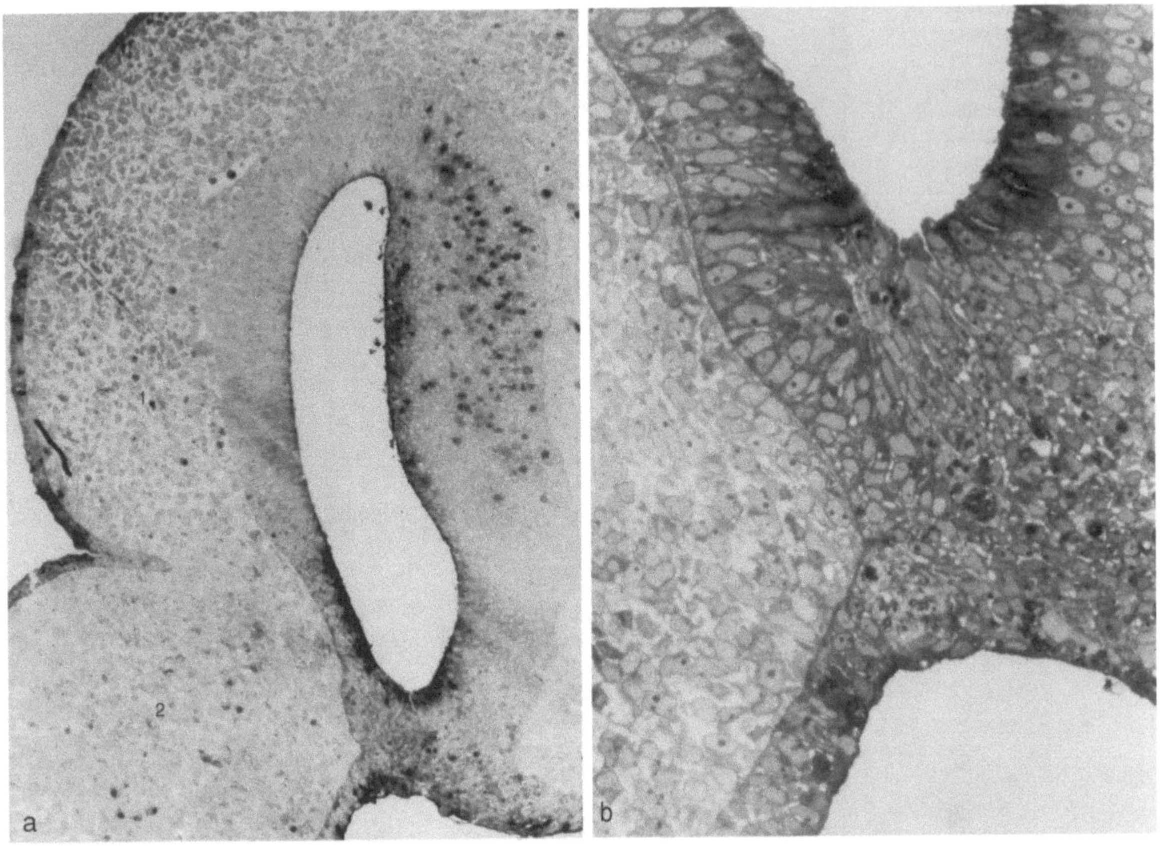

Abb. 23-10a, b. Epithelmauer im STADIUM 15 (10,0 mm). Der isolierte, halbierte Kopf wurde nach der REM-Untersuchung (vgl. Abb. 23-6b) zur Nasenöffnung achsengerecht frontal semidünn geschnitten. In Bildteil **a)** ist in Verlängerung der Tränen-Nasen-Rinne, im tieferen Bindegewebe eine Abgrenzung von lateralem Nasenwulst (1) und Oberkieferwulst (2) nicht möglich. Beachte die zahlreichen (intensiv dunkel gefärbten) Zellnekrosen im Epithel der medialen Nasenwand und die hier auf der Oberfläche angeschnittenen „epi-epidermalen" Zellen (ca. 140 : 1). Bei stärkerer Vergrößerung (**b:** 450 : 1) weist auch die Epithelmauer selbst zahlreiche nekrotische Zellen auf.

23.2 Erste Bildung der Nase: Nasengang und primäre Choanen

Eine starke Massenzunahme der Gesichtswülste bewirkt eine so starke Aufwulstung der Grubenränder, daß die Nasengrube zum primitiven Nasengang umgeformt wird. Die tief eingekerbte Tränen-Nasen-Rinne läßt den lateralen Nasenwulst schon nach Art des späteren Nasenflügels dem Oberkieferwulst aufliegend erscheinen. (Abb. 23-4 und 23-9). Noch immer ist das Hauptrelief der mittleren, unteren Gesichtsregion konkav, ein „Stirnfortsatz" nicht ausgebildet. Die unteren, z.T. freien Ränder des medialen Nasenwulstes sind zu „Processus globulares" [His 1901] aufgetrieben. Sie stehen mit dem Oberkieferwulst, nur im oberen, seitlichen Teil auch mit dem lateralen Nasenwulst in Verbindung.

Das ganze Anlagegebiet von der äußeren Nasenöffnung bis zur primären Choane liegt deutlich vor dem Mandibularbogen (Abb. 23-11). Während Abbildung 23-11a den linken und Abbildung 23-11c den rechten Nasengang in voller Länge mit angeschnittener Choanalmembran zeigen, erweist der mediane Schnitt (Abb. 23-11b) die vollständige bindegewebige Auffüllung der zunächst konkaven „Incisura interglobularis". In der medianen Lage zwischen den Nasengängen entspricht dieses Material dem Philtrum und dem Anfangsteil des Nasenseptum. Nur besteht noch keine Beziehung zum definitiven Gaumen. Aus der späteren Innervation hat Frazer [1931] geschlossen, daß (nach Auflösung der Epithelmauer) Bindegewebe aus den Oberkieferwülsten sich an der Auffüllung der Incisura interglobularis und damit an der Bildung des Philtrum beteiligt. Töndury [1950, 1950/51] hingegen verneint, daß Nerven- oder Gefäßmuster die Gesichtswülste zu identifizieren erlauben. Warbrick [1960] findet keine Anzeichen für ein me-

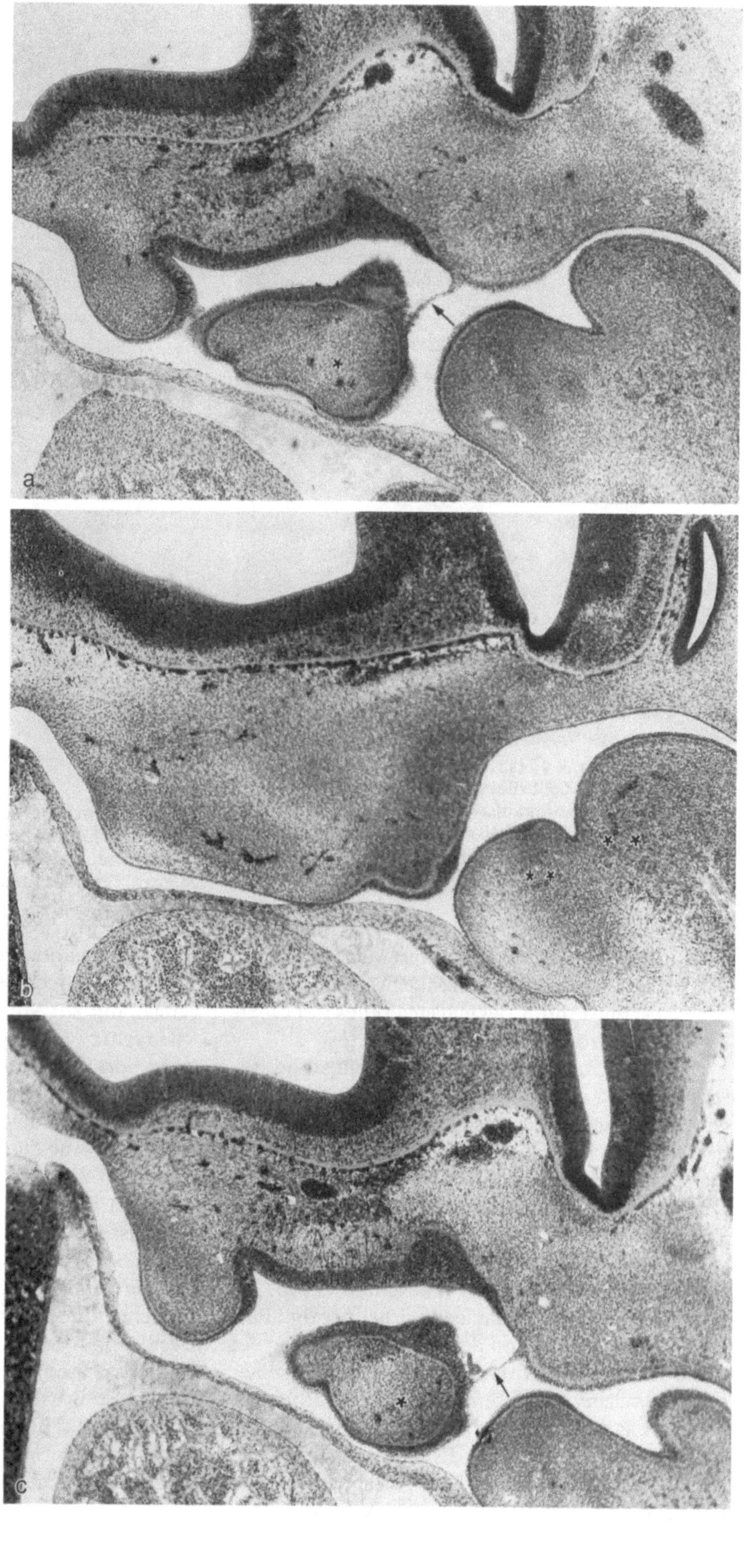

Abb. 23-11a–c. Sagittalschnittserie im STADIUM 18 (Carnegie Nr. 9247, 15 mm, ca. 40 : 1). Nasengänge mit noch geschlossener Choanalmembran (Pfeile) bei **a)** und **c)**. Das Gewebsmassiv davor ist der primäre Nasenboden oder primäre Gaumen (*). Der mittlere Schnitt **(b)** geht durch die Nasenscheidewand, die von ventral nach dorsal verläuft. Beachte, daß die gesamte Nasenanlage Zunge und Unterkiefer (**) deutlich überragt. (Mit freundlicher Genehmigung von Professor O'Rahilly, eigene Aufnahmen aus der Carnegie Collection of Embryology)

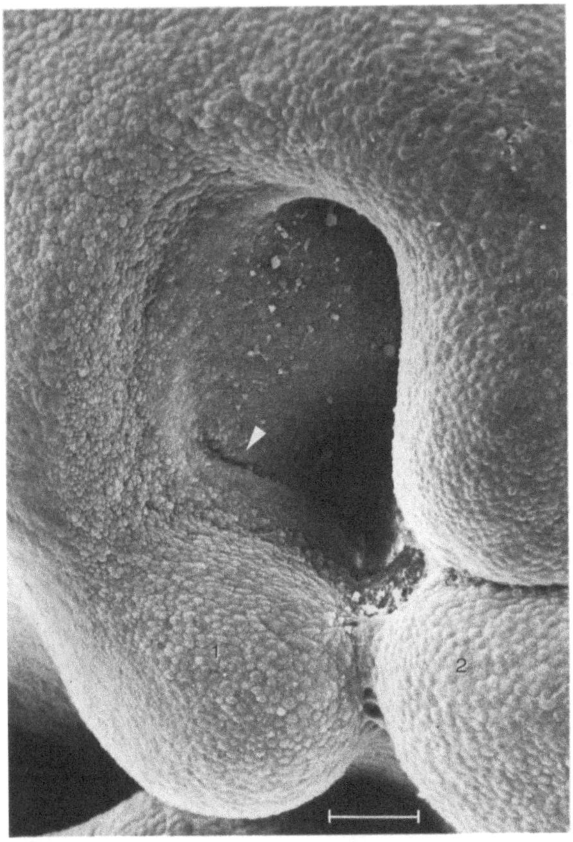

Abb. 23-12. STADIUM 17 (11,7 mm), linke Nasenöffnung im REM. Beachte die Zellbrücken zwischen medialem Nasenwulst (1) und Oberkieferwulst (2) sowie die „Schwellen" am Naseneingang. Der Pfeil weist auf die beginnende Einfaltung des Organon vomeronasale. Maßstab = 0,1 mm.

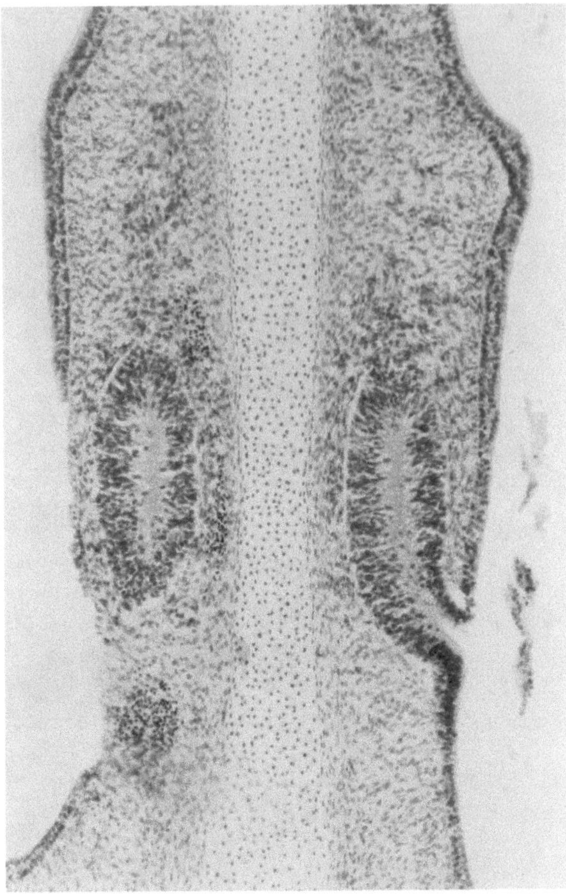

Abb. 23-13. Jacobsonsches Organ im Frontalschnitt. Die offene Verbindung zum Nasengang nur auf einer Seite in der Schnittebene. Menschlicher Embryo, STADIUM 22 (26 mm). Paraffin 10 µm, Trichrome Masson, 100 : 1

diales Überwachsen von maxillärem Mesoderm und hält (auch unter Hinweis auf beidseitige Spaltbildungen) an der Entstehung des mittleren Teiles der Oberlippe aus dem fronto-nasalen „Fortsatz" fest.

Die untere Umgrenzung des Nasenloches und Nasenganges wird durch die Annäherung der stark vorgewölbten Ränder des medialen Nasenwulstes und des Oberkieferwulstes gebildet. Dabei entstehen epitheliale Brücken zwischen medialem Nasenwulst und Oberkieferwulst, im Innern des Nasenganges aber auch solche zwischen medialem und lateralem Nasenwulst (Abb. 23-9 und 23-12). Ein auffälliges Relief zeigt die mediale Wand der Nasengrube (Abb. 23-12): Eine horizontal verlaufende, sichelförmige Furche weist auf den Beginn der Epitheleinsenkung des **Organon vomeronasale** [Jacobson 1811] hin. In seiner späteren vollen Ausbildung ist es ein epithelialer Blindsack an der medialen Nasenwand, zum Septum hin gerichtet (Abb. 23-13). Es wird vom STADIUM 19–23 deutlich ausgeformt, bildet sich aber postnatal (bis auf gelegentliche Reste) zurück. Vergleichend-anatomisch handelt es sich bei diesem Organ um ein zusätzliches Riechfeld, das bei Reptilien eine offene Verbindung zur Mundhöhle hat.

Betrachtet man den Boden des primitiven Nasenganges von der Unterseite, also von der Mundbucht aus (nach Entfernung des Unterkiefers), setzt sich die Rinne zwischen medialem Nasenwulst und Oberkieferwulst als eine deutliche, schräg nach hinten medial gerichtete Furche fort (Abb. 23-14). In ihrer Fortsetzung nach innen grenzen die Gaumenfurchen seitliche Wülste des Munddaches ab, die im STADIUM 18 (Abb. 23-15) deutlich als Anlage der **sekundären Gaumenwülste** erkennbar sind. Beidseitig betrachtet markieren diese Furchen einen dreieckigen, keilförmigen Anlagebereich im primären Gaumen, der von den beiden medialen Nasenwülsten und dem von ihnen eingeschlossenen unpaaren Teil des Munddaches gebildet wird. Hier bilden sich eigene Wulstungen als Anlage des **intermaxillären Gaumenanteils** (Abb. 23-15), die sich gegen die Lippe hin abgrenzen lassen. Das Munddach ist im ganzen noch konkav.

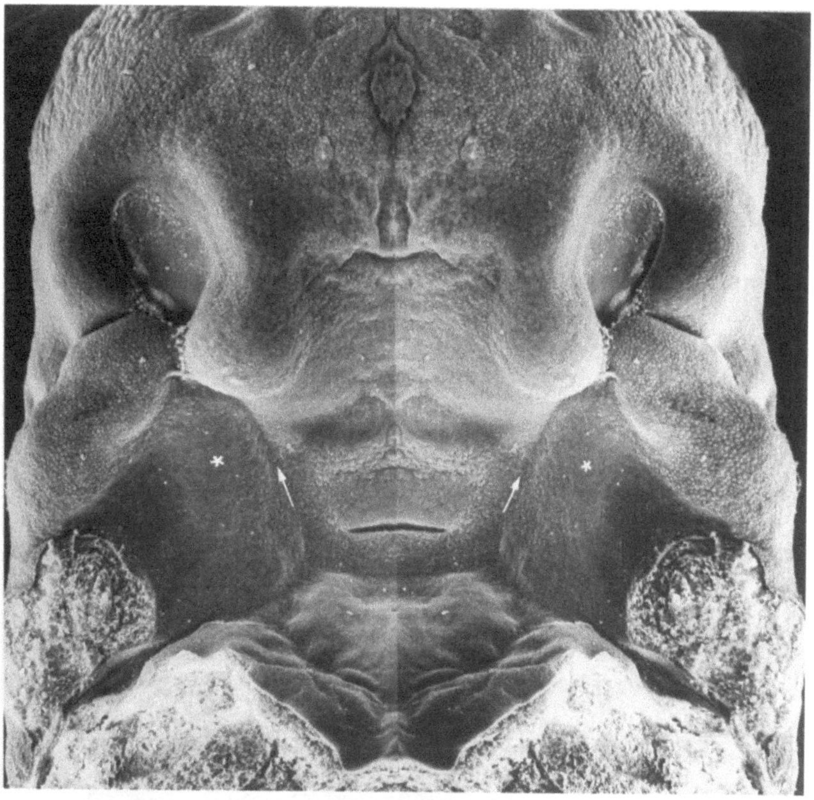

Abb. 23-14. Einblick in die Mundhöhle nach Entfernung des Mandibularbogens und des Mundbodens (Embryo STADIUM 17, 10,8 mm). Die tiefe Incisura interglobularis geht in das gewölbte Mundhöhlendach über. In Bildmitte breite Öffnung der Rathke'schen Tasche. Die primäre Gaumenrinne (⟶) verläuft von der Epithelmauer schräg nach innen dorsal und grenzt die lateral liegenden sekundären Gaumenwülste (*) ab. REM, ca. 65 : 1

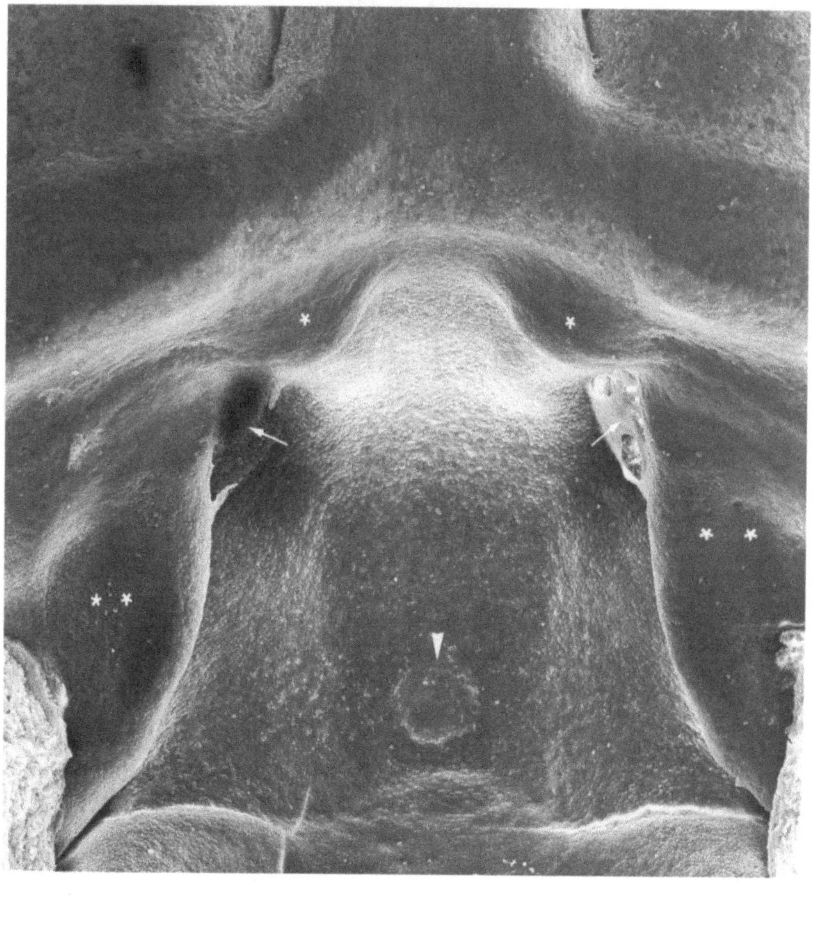

Abb. 23-15. Einblick in die Mundhöhle nach Entfernung von Unterkiefer und Mundboden (Embryo STADIUM 18, 17,5 mm). Innenseitig von der Oberlippe bildet sich ein zunächst paariger Zwischenkiefer (*), dorsal davon, in gleichem Niveau gelegen die Wülste des sekundären Gaumens (**). In der Nische zwischen beiden Gaumenanteilen die primären Choanen (⟶), rechts offen, links mit degenerierender Choanalmembran. An Stelle der Rathke'schen Tasche findet sich jetzt die Rachendachhypophyse (▸). REM, ca. 75 : 1

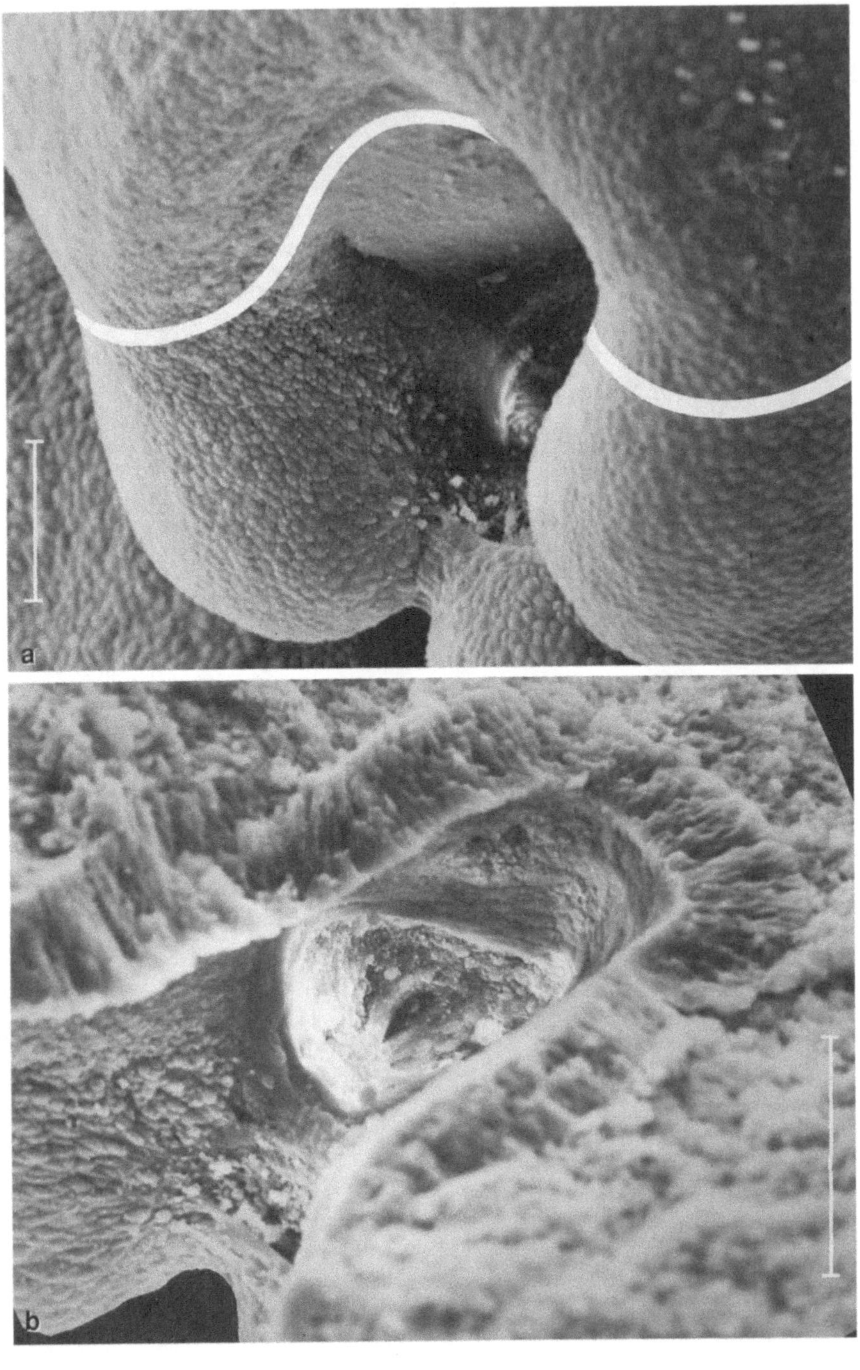

Abb. 23-16a, b. Einblick in den linken Nasengang im Stadium 17 (11,7 mm) im REM. Bruchlinie gem. Bildteil **a)**. Um die „mehrstufige" Eingangs-„schwelle" wendet sich der primitive Nasengang fast rechtwinklig abwärts und endet blind. Maßstab = 0,1 mm

Die **primitiven Choanen** sind im Stadium 17 noch geschlossen, ihre spätere Durchbruchstellen von der Mundhöhle aus noch nicht erkennbar (Abb. 23-14). Eröffnet man den Nasengang und die Nasengrube durch einen horizontalen Schnitt oder Bruch (Abb. 23-16), so wird damit der Einblick in einen tiefen, fast rechtwinklig abgebogenen Nasengang frei, an dessen Grund die Choanalmembran wandbildend ist. Im folgenden Stadium degenerieren die Choanalmembranen und geben die Öffnung der primären Choane frei (Abb. 23-15). Der im ganzen neu gebildete (nicht als Teil der Mundhöhle abgegrenzte) **Nasengang** steht nun mit der Mundhöhle in Verbindung.

Die untere Umgrenzung des Naseneinganges erweist sich bei entsprechender Blickrichtung als zweistufig (Abb. 23-9, 23-16, 23-17). Die erste, äußere „Schwelle" besteht aus einer breitflächigen epithelialen Brücke zwischen dem medialen Nasenwulst und

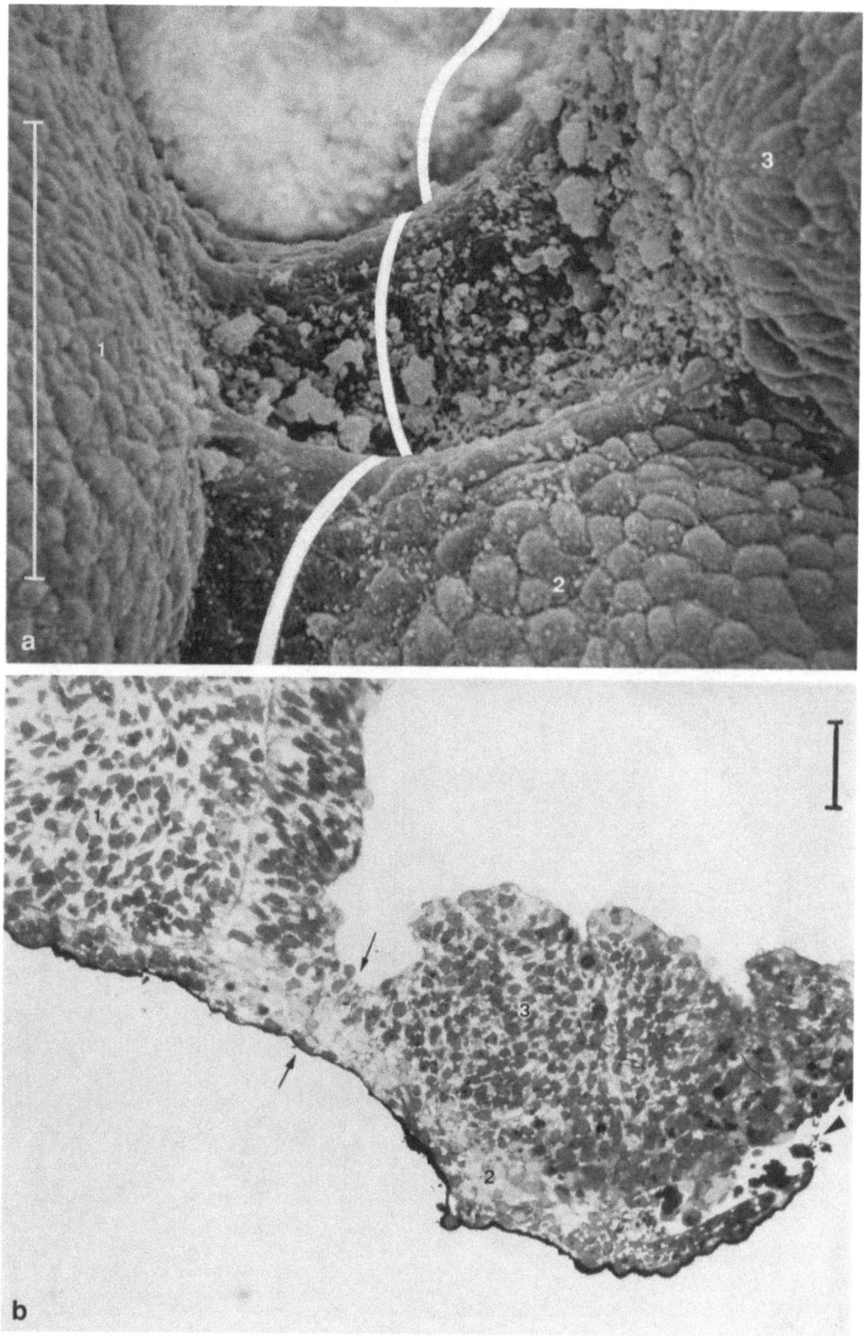

Abb. 23-17a, b. Der primäre Nasenboden aus Abb. 23-14 in der in Bildteil **a)** angegebenen Ebene semidünn geschnitten **(b)**. Die erste Eingangs-„schwelle" verbindet den medialen Nasenwulst (1) mit dem Oberkieferwulst (2), die zweite mit dem lateralen Nasenwulst (3). Die Choanalmembran (**b**, Pfeile) besteht aus einer doppelten Epithellamelle entsprechend der in **(a)** gezeigten doppelten Verbindung. Beachte den Zelldetritus zwischen den Epithelbrücken **(a)** und den Epithellamellen (b = ▶). Maßstab = 0,1 mm

dem Oberkieferwulst. Dahinter liegt eine zweite „Schwelle", die von dem Zellmaterial gebildet wird, das medialen und lateralen Nasenwulst verbindet. Die als schlitzartige Grube beschriebene Nahtstelle zwischen medialem und lateralem Nasenwulst besteht hinter der „Eingangsschwelle" weiter und geht ohne scharfe Grenze in den absteigenden Teil des Nasenganges über.

Bei der Beurteilung der Frage, welche Nasenwülste direkt miteinander in Kontakt stehen, ist zunächst zu berücksichtigen, daß es sich bei den Wülsten um ein äußeres Relief des einheitlichen Bindegewebskörpers der Gesichtsregion handelt. Wo diese Wülste sich aus dem Bindegewebskörper nach außen vorwölben, ist innerhalb des gemeinsamen Grundniveaus eine Abgrenzung nicht sicher möglich.

Am Boden der Nasengrube geht das Epithel des medialen Nasenwulstes in das des lateralen Nasenwulstes über. An der mundhöhlenwärts gelegenen Begrenzung der Epithelmauer jedoch geht das Epithel des Oberkieferwulstes in das des medialen Nasenwulstes über. Eine sichere Abgrenzung zwischen Oberkieferwulst und lateralem Nasenwulst ist auch hier nicht möglich. Außen legt sich der Oberkieferwulst von unten her den miteinander vereinigten Nasenwülsten an und kommt in einen breitflächigen Kontakt mit dem medialen Nasenwulst.

Die große Volumenzunahme der Wülste in der Umgrenzung des Nasenganges führt zu einem breitflächigen Kontakt. Dabei berühren sich die vorgewölbten Wülste zunächst mit epithelbedeckten Flächen. Nicht nur im Bereich der Epithelmauer, auch in den übrigen Berührungsbereichen schwindet dieses Epithel und wird durch Bindegewebe ersetzt. Elektronenmikroskopische und histochemische Untersuchungen an Laboratoriumstieren haben gezeigt, daß vor der Kontaktbildung sich im Epithel eine „Praefusionszone" abgrenzen läßt [Goldhamster: Waterman 1974; Maus: Gaare und Langman 1977, 1980, Millicovsky und Johnson 1981, Millicovsky et al. 1982].

23.3 Entstehung des frühen Gesichtsreliefs

Mit der bindegewebigen Verbindung der Nasenwülste nach Auflösung der Epithelmauer verstreicht auch sehr rasch das äußere Relief der Gesichtsfurchen. Im Stadium 18 (Abb. 23-18) sind in der Übersichtsaufnahme des Gesichtes von ventral die Furchen nicht mehr erkennbar. Erst bei stärkerer Vergrößerung sieht man, daß am äußeren Rande des lateralen Nasenwulstes wie auch vom unteren Pol des Na-

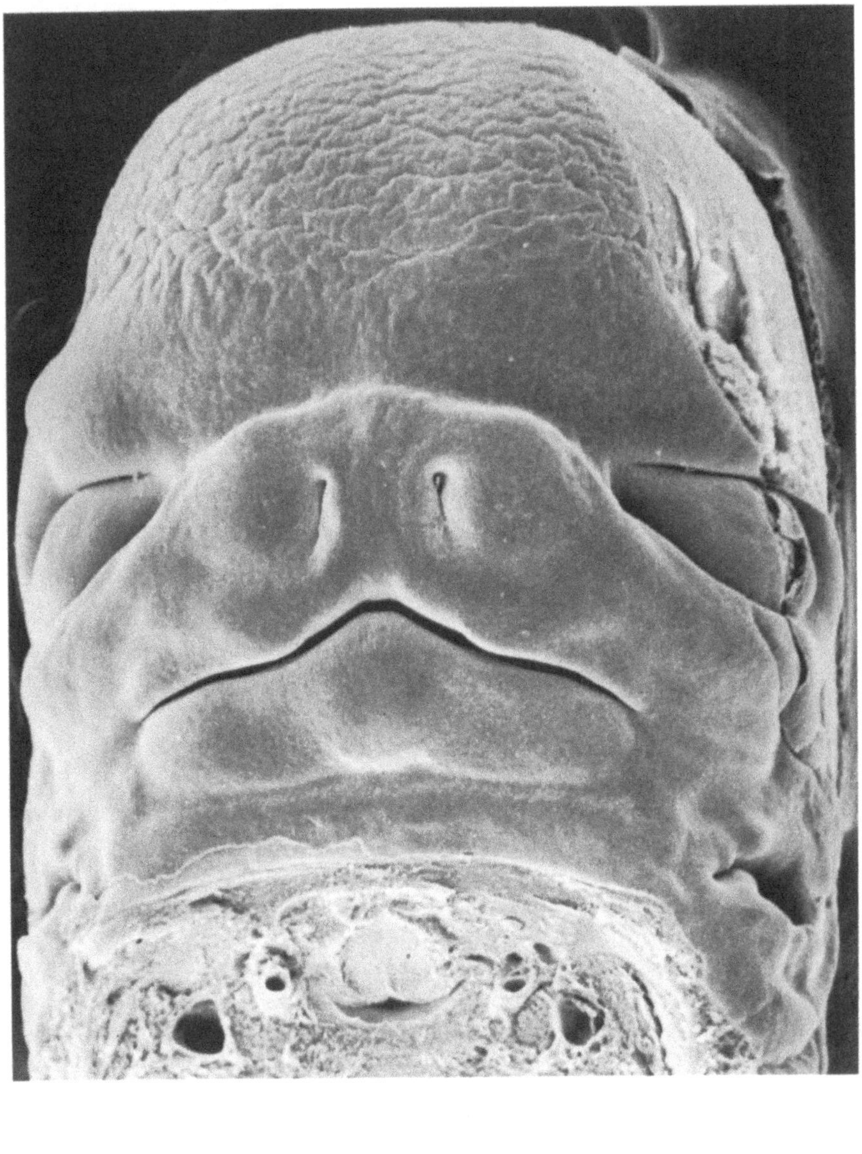

Abb. 23-18. Gesamtansicht des Gesichtes im Stadium 18 (17,5 mm). Gesichtsfurchen verstrichen, Nase und Oberkiefer beginnen prominent zu werden, eine quere Stirn-Nasen-Furche grenzt sich ab, Mundspalte seitlich geschlossen. Beachte die Stellung der Anlage des äußeren Ohres unterhalb des Mandibularbogens. REM, 30 : 1

senloches aus der Verlauf der früheren Furchen im Zellmuster noch eben bemerkbar ist (Abb. 23-19). Während im vorderen Verschmelzungsgebiet die Epithelmauer ganz geschwunden ist, besteht sie weiter in der Tiefe fort (Abb. 23-20). Hier, an der vorderen Umgrenzung der primären Choanen erfolgt weiterhin eine Vereinigung von medialem Nasenwulst und Oberkieferwulst, so daß sich der Nasengang von vorn nach hinten verlängert und die Choanen nach dorsal verschoben werden. In diesem (dorsalen) Teil der Epithelmauer findet man zu dieser Zeit daher auch keine Nekrosen, wohl aber vereinzelt Mitosen.

Vom STADIUM 16 an beginnt eine Überwölbung des Anlagebereichs der Nase durch das Anlagegebiet der Stirn. Mit der Ausbildung der Großhirnbläschen und ihrer enormen Massenzunahme gewinnt das vordere Körperende seine größte Breite im Stirnbereich. Zwar liegt die größte Kopfbreite bis zum STADIUM 20 noch in Höhe der Augen. Diese erfahren jedoch eine Verlagerung von ihrer ursprünglich lateralen Position in eine schräg frontale Stellung (siehe Abschnitt 23.5 und Abb. 23-18). Damit einher geht eine Frontalisation und Medialisation der Nasenanlage. Die maßstabsgerechte Zusammenstellung (Abb. 23-21) zeigt, wie schon im STADIUM 16 die Nasengruben nach vorn gerichtet sind, nachfolgend aber zur Mitte des Gesichts hin verlagert werden und dabei näher aneinander rücken. Damit einher geht eine Auffüllung des mittleren Gesichtsbereichs und somit der Beginn der Bildung eines Nasenreliefs (Abb. 23-18 und 23-21b). Dabei ist zu keiner Zeit eine „Verschmelzung“ der medialen Nasenwülste (oder der Stirn„fortsätze“) zu

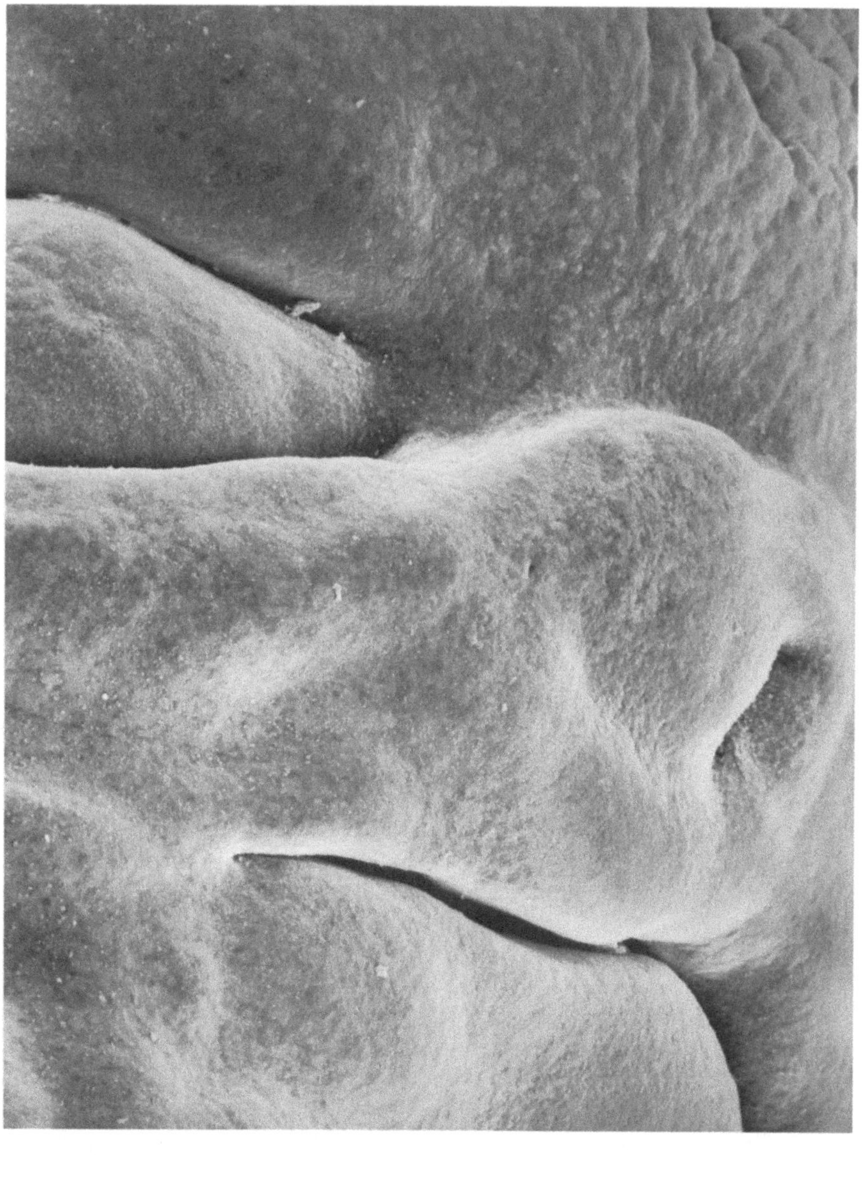

Abb. 23-19. Ausschnitt aus dem Präparat der Abb. 23-18 von schräg rechts bei stärkerer Vergrößerung. Gesichtsfurchen verstrichen. Von der Kante des Unterlids zur Nasenöffnung ist andeutungsweise der vorherige Verlauf der Tränen-Nasen-Rinne noch erkennbar. REM, 75 : 1

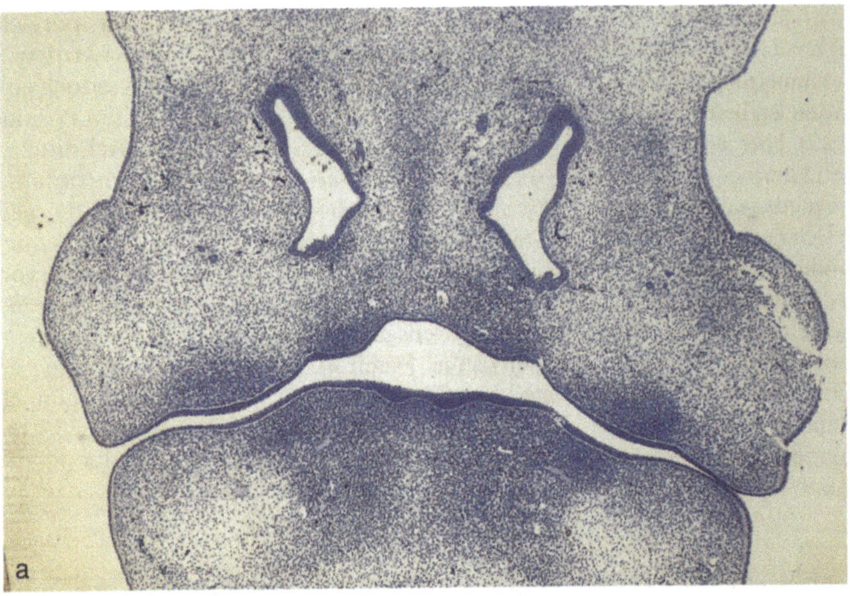

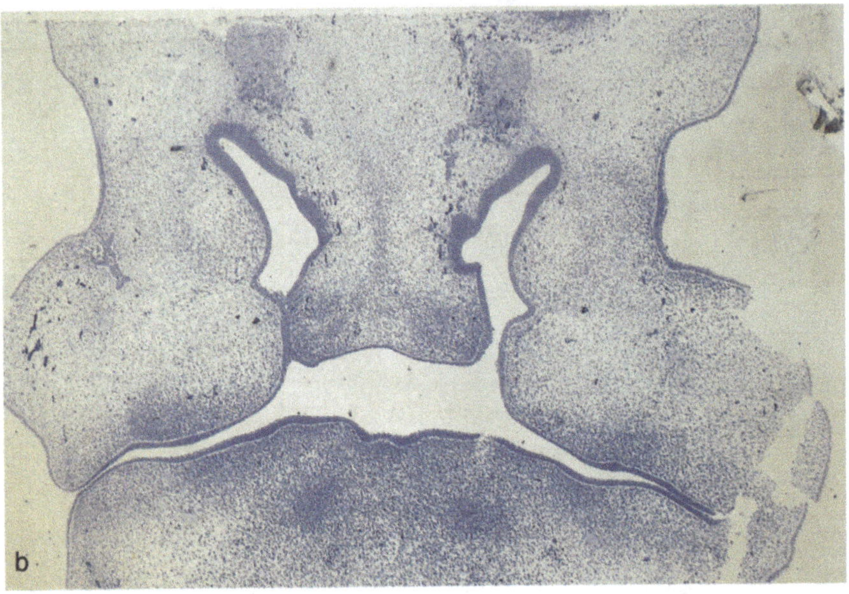

Abb. 23-20a, b. Frontale Semidünnschnitte durch die vordere und tiefere Gesichtsregion im STADIUM 18 (17,5 mm). 20 : 1.
a) vordere Region: Die Epithelmauer ist aufgelöst, der intermaxilläre Bereich mit Bindegewebe aufgefüllt, der laterale Nasenwulst wölbt sich als Anlage der unteren Muschel gegen das Lumen vor.
b) tiefere Region: Auf der rechten Seite hinterer Abschnitt der Epithelmauer, auf der linken Hälfte geht der Schnitt durch die Praefusionszone am freien Rand von medialem Nasenwulst und Oberkieferwulst. (Serie freundlichst überlassen von Professor Christ, Freiburg)

beobachten. Die stärkste paarige Wulstbildung findet sich medial in der Ausprägung der Processus globulares im STADIUM 17. Aber schon im STADIUM 18 (Abb. 23-11 und 23-18) ist der gesamte Bereich zwischen den Nasengängen von Bindegewebe ausgefüllt.

Die Nasenöffnungen werden zu schmalen Schlitzen umgeformt. Die große Länge dieser Öffnungen wird dadurch verkleinert, daß sich zwischen den Wänden zusätzliche Epithelbrücken ausbilden. Damit bildet sich der untere Rand des Nasenloches noch nach Auflösung der Epithelmauer durch weitere Vereinigung und Verschmelzung der Nasenrandwülste. Überschießende Epithel„wucherungen" zum Lumen hin führen zur Ausbildung des bekannten Nasenpfropfes (Abb. 23-21c), der zuerst bei Embryonen von 22 mm gefunden wird. Da der Gaumen zu dieser Zeit noch nicht geschlossen ist, hat der vorübergehende epitheliale Verschluß der Nase möglicherweise eine funktionelle Bedeutung für erste Schluckvorgänge.

▸
Abb. 23-21a–c. REM-Aufnahmen der Nasenöffnungen in drei Altersgruppen bei gleichem Maßstab (Balken = 0,1 mm).
a) STADIUM 17 (10,8 mm);
b) STADIUM 18 (17,5 mm);
c) STADIUM 22 (26 mm). Der Abstand der Nasenöffnungen verkleinert sich absolut (**a** nach **b**), bleibt dann weitgehend konstant (**c**): „Medialisation der Nase". Beachte den epithelialen Nasenpfropf in **c**).

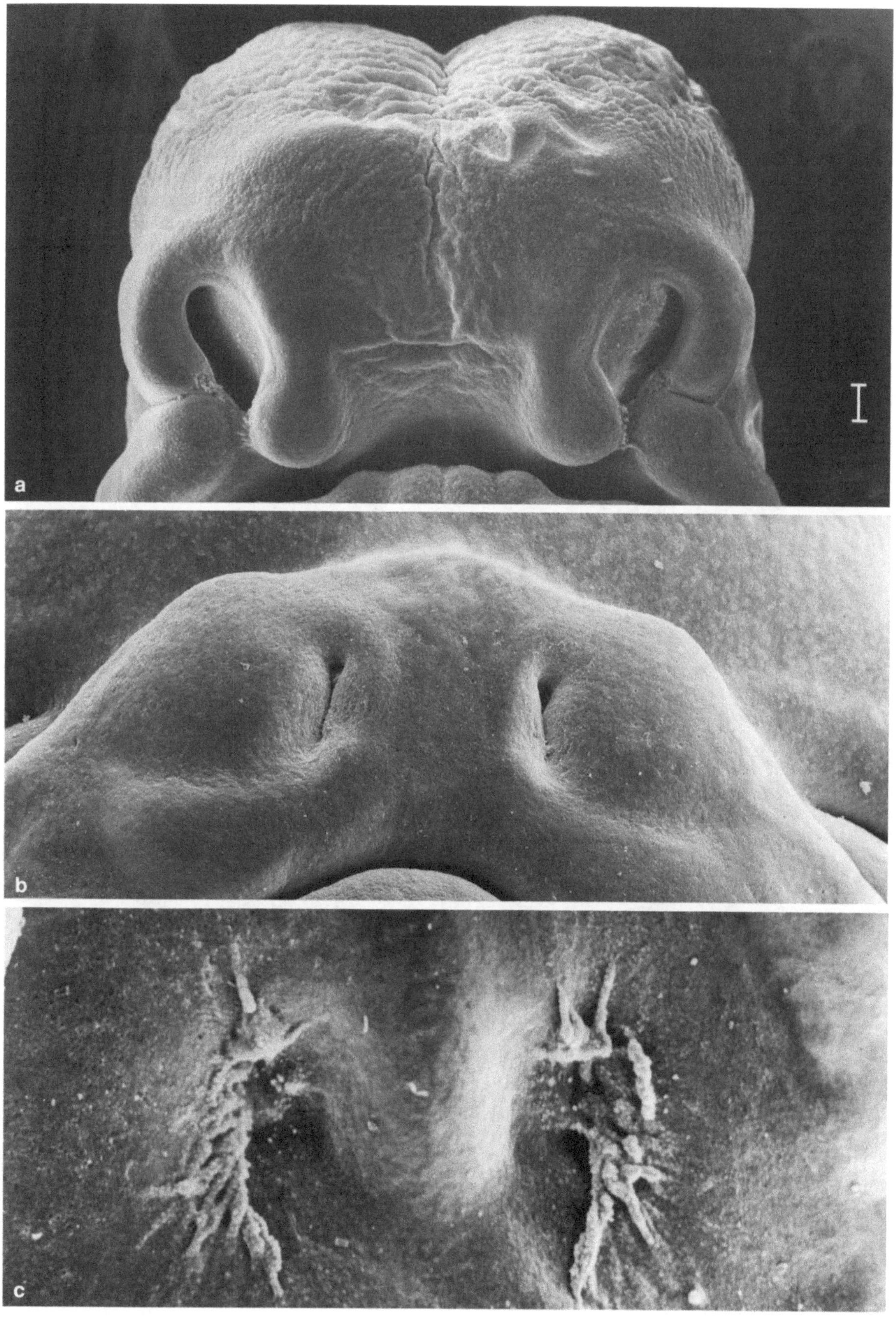
a
b
c

23.4 Gaumenbildung

Primärer Nasenboden (primärer Gaumen)

Mit der teilweisen Auflösung der Epithelmauer und der Ausbildung einer bindegewebigen Brücke am Boden der Nasengrube sind Nasengänge und Mundhöhle zum ersten Mal voneinander getrennt. Für diese Brücke sind sehr verschiedene Namen gebräuchlich. Während Hochstetter vom „primären Gaumen" sprach, gab Peter der Bezeichnung **primärer Nasenboden** den Vorzug. Im englischen Schrifttum wird der vom medialen Nasenwulst beigesteuerte Anteil auch als *Premaxillare* bezeichnet. Der gesamte Bereich zwischen den noch weit auseinander liegenden Nasenöffnungen stellt zunächst ein Tiefrelief dar. Erst das Zusammenrücken der Nasenöffnungen und die Auffüllung des Zwischenbereichs mit Bindegewebe führt zu einer Beteiligung dieses Abschnittes an der Gaumenbildung. Von Stadium 18 an entstehen

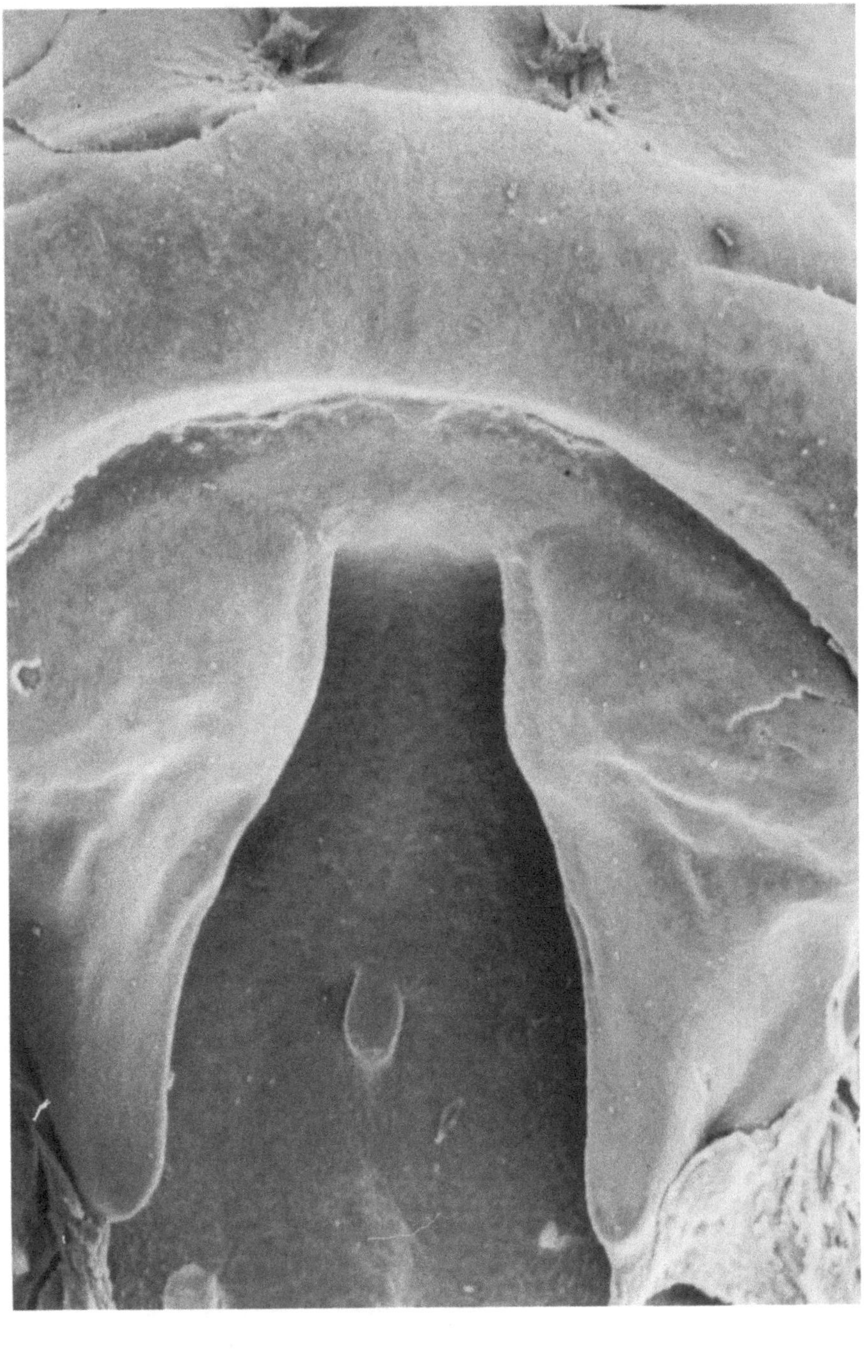

Abb. 23-22. Beginn der Bildung des sekundären Gaumens Stadium 22 (26 mm). Primärer Gaumen und Vorderrand der sekundären Gaumenwülste schon vereinigt, Gaumenwülste transversal stehend und aufeinander zuwachsend. REM, 30 : 1

unterhalb der Nasenöffnungen Philtrum und Oberlippe. Nach innen hin zeigen sich medial und ventral der primären Choanen in einer weiter mundhöhlenwärts gelegenen Ebene paarige, dreiseitige Vorwölbungen, die den Gaumenanteil im späteren Zwischenkieferbereich bilden. Sie liegen im gleichen Niveau wie die seitlichen Wülste des definitiven Gaumens (Abb. 23-15). Erst wenn dieses Stadium erreicht ist, kann sinnfällig von einem (in Bildung befindlichen) Gaumen gesprochen werden. Die Vereinigung von Oberkieferwulst und medialem Nasenwulst bildet nur den Boden des primären Nasenganges. Dem wird durch die Peter'sche Bezeichnung „primärer Nasenboden" am ehesten entsprochen.

Vom ersten Auftreten der Pharyngealwülste im Stadium 10 (22 Tage) bis zum Verstreichen der Ge-

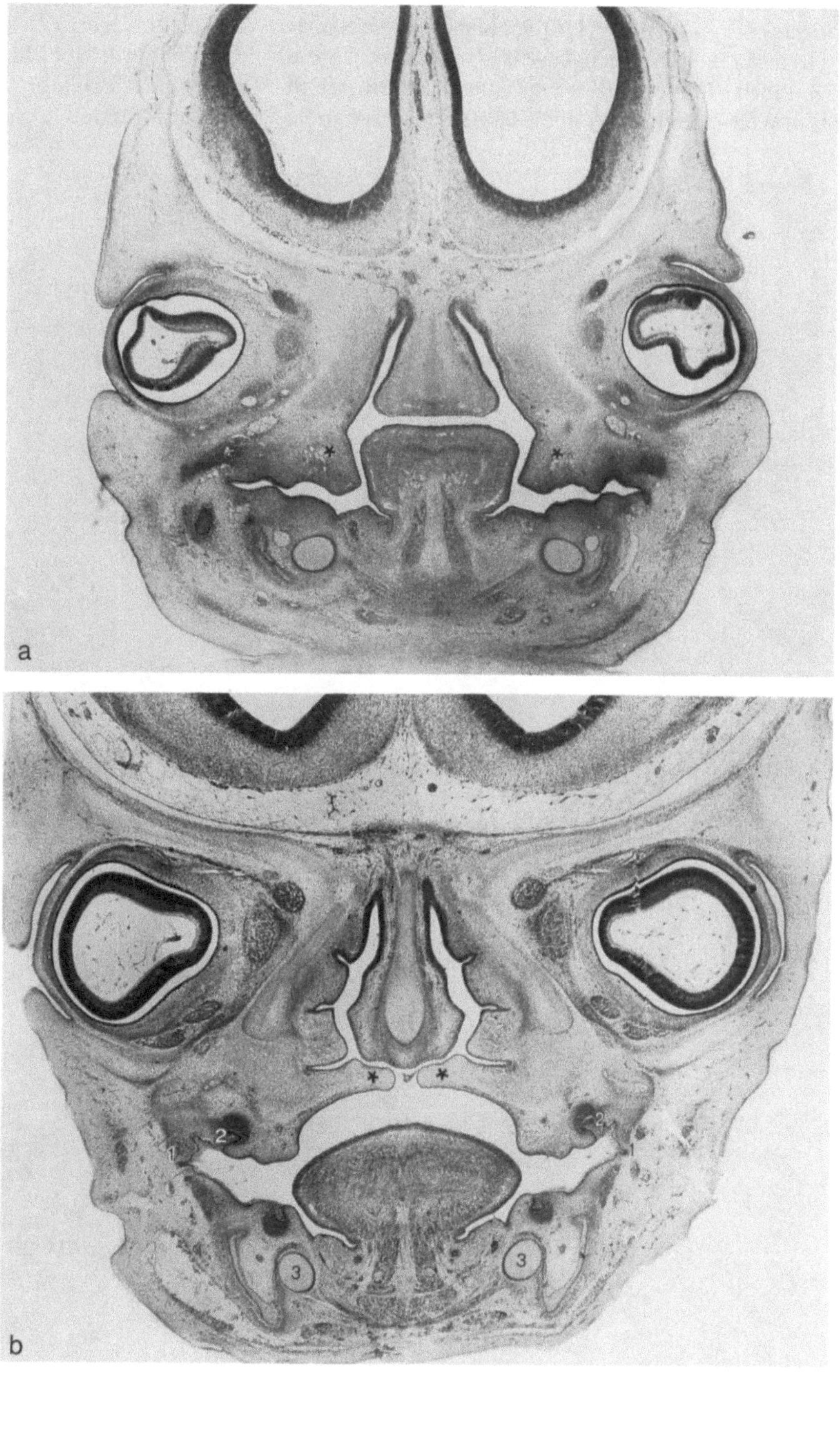

Abb. 23-23a, b. Bildung des sekundären Gaumens im (schrägen) Frontalschnitt. 15 : 1.
a) Embryo 18,4 mm, die Gaumenfortsätze (*) sind nach unten gerichtet und liegen noch neben dem Zungenkörper.
b) Embryo 23,8 mm, Gaumenfortsätze (*) in die Horizontale geschwenkt, in der Schnittebene noch nicht fusioniert. 1 = Anlage bzw. Einmündung der Gl. parotidea, 2 = Dentogingivalleiste, 3 = Meckelscher Knorpel. (Aus: Zenker 1964, mit freundlicher Genehmigung von Autor und Verlag)

sichtswülste im STADIUM 18 (44 Tage) erstreckt sich die **frühe Gesichtsentwicklung** also nur über wenig mehr als **drei Entwicklungswochen.**

Sekundärer Gaumen und Nasenseptum

Die Wülste des sekundären Gaumens sind als Anlagen schon erkennbar, wenn die Choanen noch geschlossen sind (Abb. 23-14). Die primitive Gaumenrinne ist am Dach der primitiven Mundhöhle bis in die Höhe der Rathke'schen Tasche zu verfolgen. Lateral von dieser Rinne sind deutliche, nach innen gerichtete Wölbungen zu sehen, die im gleichen Niveau liegen wie die späteren Gaumenwülste (Abb. 23-15). Da die ersten Anlagen des palatinalen Anteiles des Zwischenkieferbereichs im STADIUM 18 erkennbar waren, sind also die Anlagen des sekundären Gaumens früher zu identifizieren. Bei älteren Embryonen mit noch gespaltenem sekundärem Gaumen sind die zunächst paarigen Anlagen des Zwischenkiefers allerdings zu einem Massiv geworden, das nach cranial in die Anlage des Nasenseptum übergeht.

Vorbedingung für eine Fusion ist, daß die im mittleren und hinteren Teil nach caudal gerichteten, neben dem Zungenkörper liegenden sekundären Gaumenwülste „aufgerichtet", d.h. in die Transversale geschwenkt werden, um sich nun von rostral nach dorsal

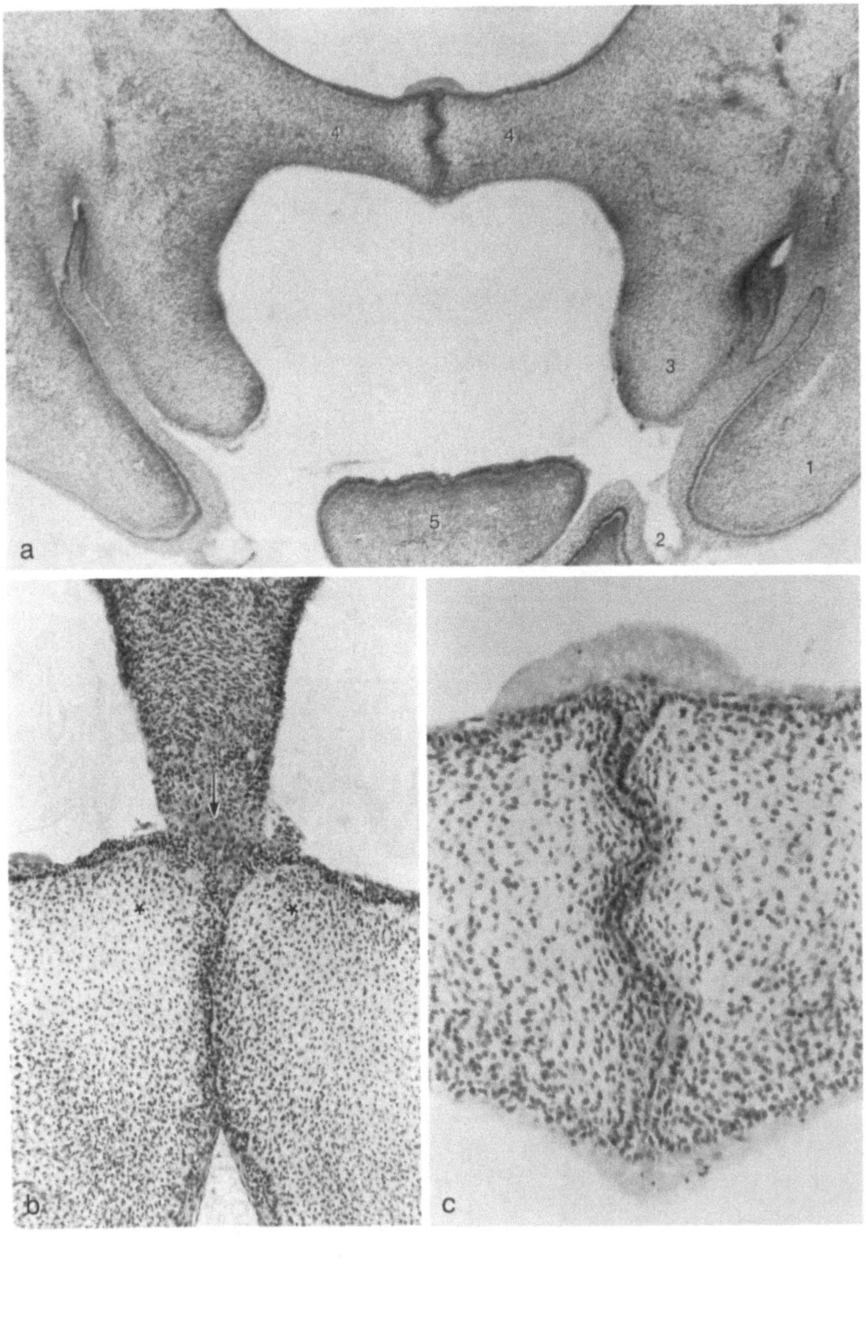

Abb. 23-24a–c. Sekundärer Gaumen im Schnitt, im Nahtbereich noch durchgehend Epithel. Embryo STADIUM 23 (29 mm), Paraffin 10 µm.
a) Übersicht 45 : 1, 1 = Wange, 2 = Vestibulum oris, 3 = Alveolarfortsatz, 4 = sekundärer Gaumen, 5 = Zunge.
b) Fusion von Nasenseptum (↓) und Gaumen (*). 100 : 1.
c) Ausschnitt aus dem Nahtbereich. 200 : 1

einander zu nähern und zu fusionieren. Die vorderen Ränder der sekundären Gaumenwülste stellen den Zusammenschluß mit dem praemaxillären Teil des primären Nasenbodens her (Abb. 23-22), dem Bereich der mittleren Gaumennaht legt sich – ebenfalls von rostral nach dorsal fortschreitend – der hintere freie Rand des Nasenseptum auf. Auch für den sekundären Gaumenschluß ist die Fusionsfähigkeit des Epithels (Praefusionszone, primäre und sekundäre Fusion) Voraussetzung. Die sekundären Gaumenwülste sind zuerst gefäßfreie, zelldichte Bereiche mit hoher Zellteilungsaktivität. Etwa von STADIUM 20 an sprossen Gefäße in das Bindegewebe der Gaumenwülste ein, aus dem zelldichten Gewebe mit mucopolysaccharidreicher, metachromatisch reagierender Grundsubstanz wird durch deren Hydratisation ein turgeszentes, voluminöses, zellarmes Gewebe [Lazzaro 1940, Andersen und Matthiesen 1967, Knudsen et al. 1985].

Der auffallende Befund, daß die Wülste des sekundären Gaumens von ihrer Entstehung im STADIUM 18 an bis zum beginnenden Gaumenschluß im STADIUM 22 zunächst nach caudal in die Mundhöhle vorwachsen und dabei dem voluminösen Zungenkörper seitlich eng anliegen, bevor sie dann (im mittleren und hinteren Teil) in die Horizontale „umschwenken" (Abb. 23-23), hat zu vielfachen Überlegungen und Untersuchungen Anlaß gegeben. Nach Beobachtungen bei der Maus [Walker und Fraser 1956] erfolgt diese „Schwenkbewegung" innerhalb von drei Stunden, für den Menschen wird mit einem Tag gerechnet [Pourtois 1972]. Die Beobachtung ungleicher Bewegungen, wobei auf einer Seite der Gaumenfortsatz seitlich am Zungenkörper „verhakt" zu sein scheint [Luke 1976], hat schon His [1901] zu der Überlegung geführt, daß eine aktive Bewegung der Zunge (und des Unterkiefers) erst den Gaumenfortsätzen die Möglichkeit gäbe, in die Horizontale umzuschwenken. Die Muskulatur der Zunge und die neuromuskulären Verbindungen sind zu dieser Zeit der Entwicklung soweit ausgebildet, daß eine aktive Zungenbewegung möglich ist. Experimentelle Lähmung der Zunge verhindert jedoch den Gaumenschluß nicht.

Longitudinal in den Gaumenfortsätzen verlaufende Faserzüge zusammen mit der starken Längenzunahme des Kopfes, besonders im Bereich der Schädelbasis, werden mit einer zunehmenden Spannung in den sekundären Gaumenwülsten und deren Auswirkung auf die Umwendbewegung in Zusammenhang gebracht. Große Bedeutung kommt offenbar dem Quellungsvermögen der extrazellulären Matrix besonders im oralen Randbereich der Gaumenwülste zu [Andersen und Matthiesen 1967, Luke 1976, Knudsen et al. 1985]. Um so mehr überrascht der experimentelle Befund, daß isolierte Gaumenfortsätze (der Ratte) in der Gewebekultur fusionieren [Pourtois 1972].

Der definitive Gaumenschluß ist ein komplexer, von verschiedenen Faktoren beeinflußter Vorgang. Das Bindegewebe in den Gaumenwülsten, dessen Hydratisationsgrad sich drastisch ändert, induziert im Epithel die Ausbildung der Praefusionszone für eine kurze Zeitspanne. Die Epithelzellen bilden einen haftenden Oberflächenfilm aus, bilden Desmosomenkontakte, Zellfortsätze von jeder Seite durchdringen die Zellschichten, und die Basalmembran wird aufgelöst. Das Epithel geht zugrunde [Waterman und Meller 1974]. Alle bewegenden Kräfte für das „Umschwenken" der Gaumenfortsätze entstehen in den Gaumenwülsten selbst. Beim Menschen scheint der ganze Vorgang etwas länger zu dauern, man findet in schon fusionierten Gaumen im Nahtbereich noch durchgehendes Epithel (Abb. 23-24, 23-25).

Die Annäherung der Ränder der sekundären Gaumenwülste erfolgt vorn eher als hinten, der „Gaumenschluß" setzt sich von vorn nach hinten fort (Abb.

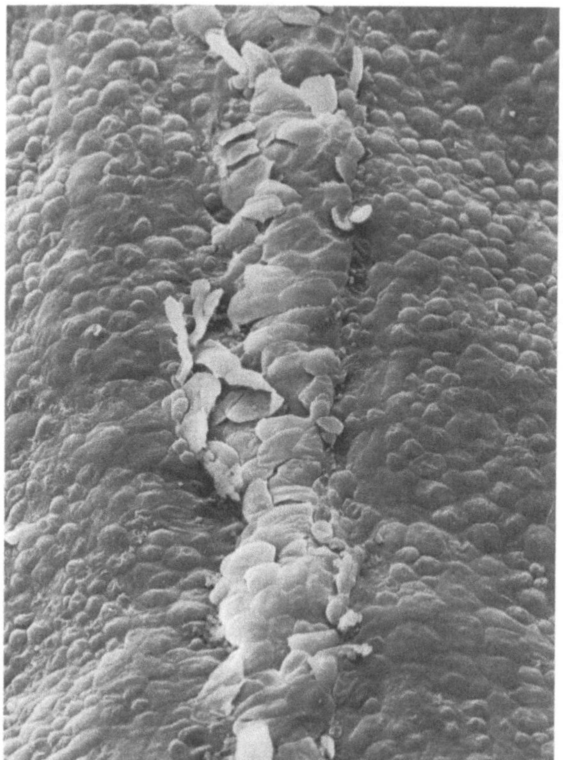

Abb. 23-25. Die Bildung der sekundären Gaumennaht geht mit speziellen Epithelaktivitäten in der Fusionszone einher. Aufsicht auf die Nahtbildung von oral bei einem Feten von 8 cm. REM, ca. 140 : 1

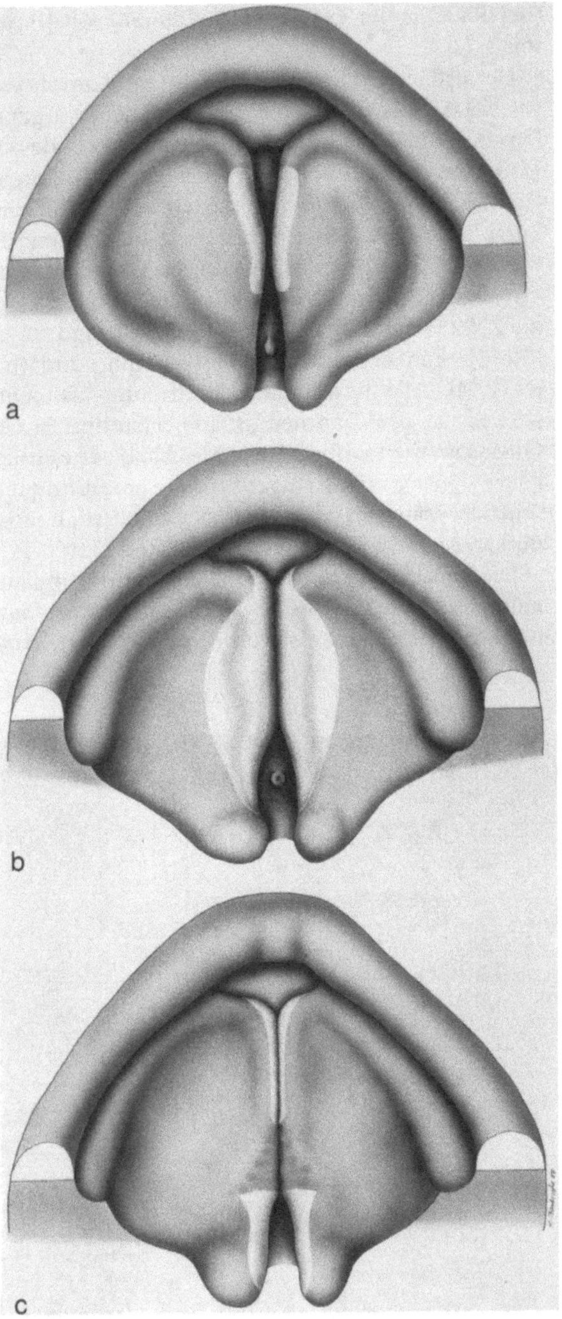

Abb. 23-26a–c. Drei Stadien der Fusion des sekundären Gaumens in schematischer Darstellung von oral. Zone des fusionsbereiten Epithels („Praefusionszone") hell. **a)** etwa STADIUM 19; **b)** etwa STADIUM 20; **c)** etwa STADIUM 22. (Umzeichnung nach Waterman und Meller 1974)

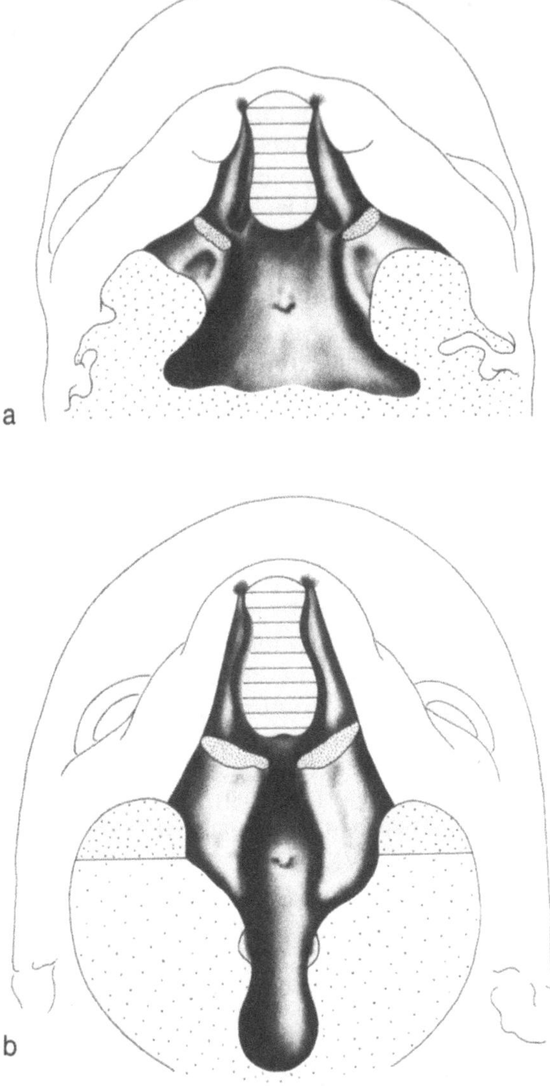

Abb. 23-27a, b. Mit der „Auffüllung" der Incisura interglobularis entsteht zwischen den Nasengängen ein Gewebsmassiv als Zwischenwand, das Nasenseptum, das nicht als freier Fortsatz aus dem Mundhöhlendach hervorwächst, sondern sich kulissenartig von rostral nach dorsal verlängert. **a)** STADIUM 18 (17,5 mm) entspr. Abb. 23-15, **b)** STADIUM 23 (28 mm)

23-26). Dabei werden die Canales nasopalatini und das Foramen incisivum an der Vereinigungsstelle von primärem und sekundärem Gaumen neu gebildet. Die Vorstellung über die Persistenz der primären Choanen an dieser Stelle [Fischel 1929, Mangold 1983, Zingeser 1984] muß aufgegeben werden.

Schwieriger ist es, Anhaltspunkte über die Entwicklung des **Nasenseptum** zu gewinnen. Am Gaumendach ist im STADIUM 17 und 18 keine mediane Vorwölbung zu sehen (Abb. 23-14 und 23-15). Hingegen zeigt eine sagittale Schnittfolge (Abb. 23-11), daß über die ganze Länge der Nasengänge im STADIUM 18 ein Bindegewebslager die beiden Nasengänge trennt, das in dieser Schnittrichtung als Nasenseptum erscheint. Überträgt man dieses Bild in das der Mundhöhle beim Einblick von unten (Abb. 23-27), so

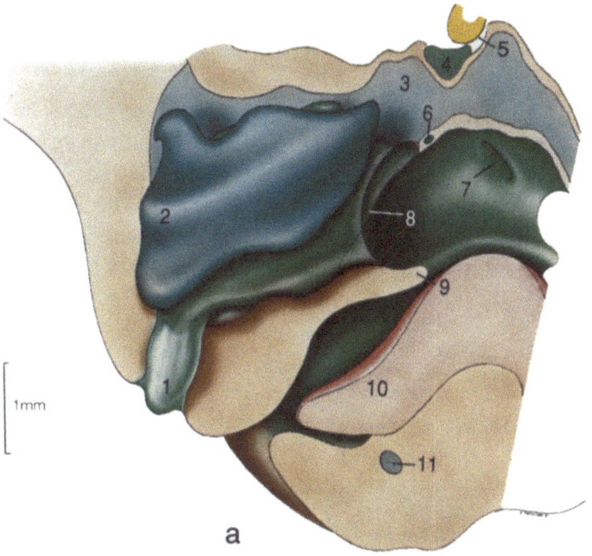

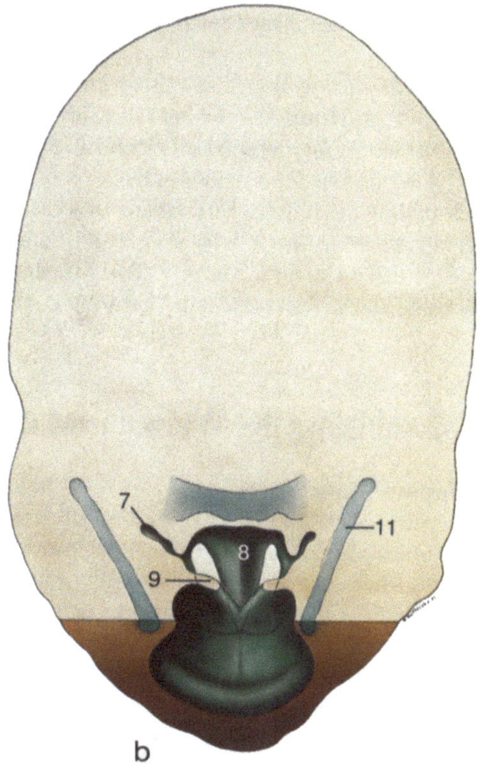

Abb. 23-28a, b. a) Graphische Rekonstruktion des rechten Nasenganges, von Mundhöhle, Rachen und knorpliger Nasenwand bei einem Embryo von 29 mm (etwa STADIUM 23). Beachte die Mündung der Choane oberhalb und vor dem freien Rand des teilweise fusionierten sekundären Gaumens. 1 = epithelialer Nasenpfropf, 2 = knorplige äußere Nasenwand, 3 = Sagittalschnittfläche der knorpligen Schädelbasis (und weiter vorn des Nasenseptum), 4 = Adenohypophyse, 5 = Neurohypophyse, 6 = Rachendachhypophyse, 7 = Mündung der Tuba auditiva, 8 = hinterer Rand des Nasenseptum, 9 = sekundärer Gaumen, 10 = Zunge, 11 = Meckelscher Knorpel; **b)** Frontalansicht zu a) als Stufenschnitt. Aufsicht auf das Mundhöhlendach mit schon teilweise fusioniertem sekundären Gaumen und auf den hinteren freien Rand des Nasenseptum, Einblick in den Rachen und die Nasengänge. Beschriftung wie in a)

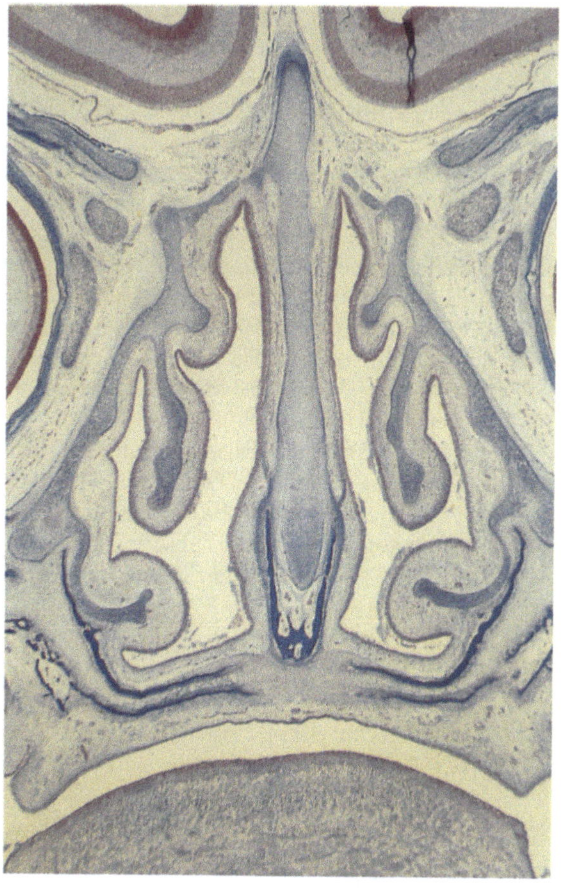

Abb. 23-29. Frontalschnitt durch die Nase bei einem Feten von 5,5 cm, Azan 24 : 1. Knochenbildung an der Crista Galli, in der Nasenscheidewand (Vomer, v-förmig) der unteren Muschel und im harten Gaumen

wird deutlich, daß das „Nasenseptum" den gesamten Weichteilbereich von der Nasenspitze bis zum noch konkaven „Dach" der Mund-Nasen-Höhle bildet.

Auch bei älteren Embryonen mit noch gespaltenem Gaumen ist beim Einblick in die Mund-Nasen-Höhle nie ein frei aus dem Höhlen„dach" vorragendes Nasenseptum zu sehen, obwohl man aus Transversalserien (die wegen der starken Neigung des Kopfes wie frontale Schnitte erscheinen) diesen Eindruck gewinnt. Das Nasenseptum wächst nicht als ein freier Fortsatz aus dem Dach der Nasenhöhle nach unten, vielmehr schiebt sich der hintere Rand der Wand zwischen den Nasengängen (das Septum) kulissenartig weiter nach dorsal vor, das Nasenseptum bildet sich also von vorn nach hinten, nicht von oben nach unten aus (Abb. 23-27).

Relief der seitlichen Nasenwand: Nasenmuscheln

Als längsverlaufende Weichteilwülste noch vor jeder Skeletbildung formen sich an der lateralen Nasenwand von caudal nach cranial ansteigend die untere, mittlere und obere Nasenmuschel aus. Eine gegen den Nasengang gerichtete Vorwölbung des lateralen Nasenfortsatzes kann schon im STADIUM 17 nachgewiesen werden [Vermeij-Keers 1972]. Das deutlich verdickte Riechepithel kleidet den gesamten oberen Nasengang aus und reicht bis auf die Mitte des Nasenseptum und der mittleren Nasenmuschel (Abb. 23-23 und 23-28).

Erst nach Ausbildung dieses Weichteilreliefs beginnt in der Umgebung der Nase, aber auch im Innern der Nasenmuscheln die zunächst knorpelige Skeletbildung, bei den beiden oberen Muscheln im Zusammenhang mit dem Anlagebereich des Os ethmoidale, bei der unteren Muschel als eigene Skeletformation (Abb. 23-29).

23.5 Ausbildung der Wangen und der Mundspalte

Die primitive **Mundspalte** (Abb. 23-5) reichte über die ganze Breite des Gesichtes bis zu dem scharfkantigen Knick des Mandibularbogens in den Oberkieferwulst. Je mehr sich der Oberkieferwulst aufwölbt, und nach medial hindrängt, desto mehr verlagert sich diese Übergangsstelle ebenfalls nach medial. Dabei sind in dieser Übergangszone, die teilweise ein kleines dreiseitiges Plateau aufweist (Abb. 23-30), kaum Anzeichen einer Nahtbildung erkennbar. Auch im Schnitt geht das nur leicht verdickte Epithel des Oberkieferwulstes in das des Mandibularbogens über und setzt sich nach innen in den Sulcus buccalis fort. Seitlich der Zungenanlage und der Wülste des sekundären Gaumens besteht damit eine breit horizontal ausgerichtete, spaltförmige Mundhöhle, die Kautasche [Fischel 1929]. Die beiden Kautaschen machen etwa zwei Drittel der Gesamtbreite des Mundhöhlenraumes aus. An der Verlagerung der Zahnanlagen und der Anlage der Glandula parotidea bzw. später ihrer Mündungsstelle konnte gezeigt werden, daß durch eine „Aufrichtung" der ursprünglich horizontal liegenden Kautasche sich der wesentliche Teil der Wange formt, ohne daß es dabei einer Verwachsung zwischen Oberkieferwulst und Mandibularwulst bedarf [Zenker 1964] (siehe Abb. 23-31).

Mit der Wangenbildung einher geht eine Verlagerung des Umschlagsrandes vom Oberkieferwulst zum Mandibularwulst, des **Mundwinkels**, nach medial. Nahm bei jungen Embryonen (STADIUM 12–17, Abb. 23-2, 23-4, 23-8) die absolute Breite der Mund-

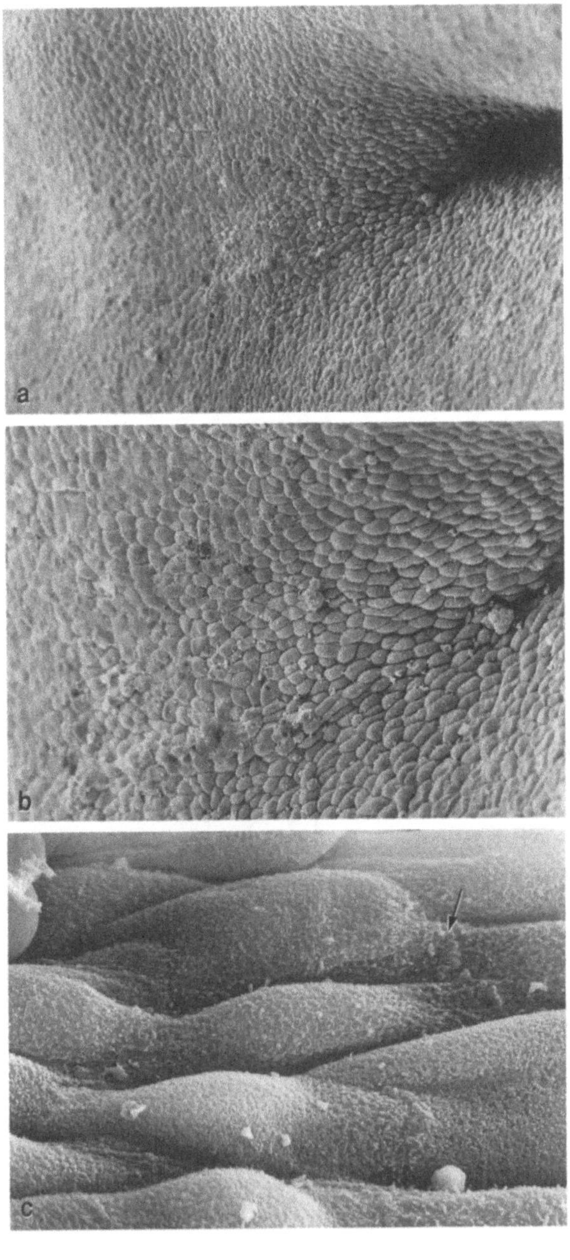

Abb. 23-30a–c. Mundwinkel im REM, Embryo STADIUM 23 (31 mm).
a) Ein kleines dreieckiges Plateau markiert den Bereich, wo sich die Wangenkante vorschiebt. 115 : 1;
b) Nur vereinzelt Zelldetritus im „Nahtbereich", keine „Demarkation" wie an der Nasengrube. 210 : 1;
c) Fetus von 5,0 cm. Die Zellen überschichten sich mit breiten Foliopodien (⟶). 1900 : 1
[Aus: Reichel und Hinrichsen 1990]

Abb. 23-31a–d. Bildung der Wangen durch „Aufrichtung" der Kautaschen. Maßstabsgerechte Wiedergabe von Frontalschnitten bei Embryonen von 17,8 mm, 18,4 mm, 23,8 mm und einem Feten von 6,6 cm. Die Kautaschenwand (durch Punktierung hervorgehoben) schließt die Anlage der Gl. parotidea bzw. die Mündung des Ductus parotideus (dunkel) ein. Obere und untere Zahnleiste bzw. Zahnanlage dunkel markiert. Maßstab = 1 mm (Umzeichnung nach Zenker 1964)

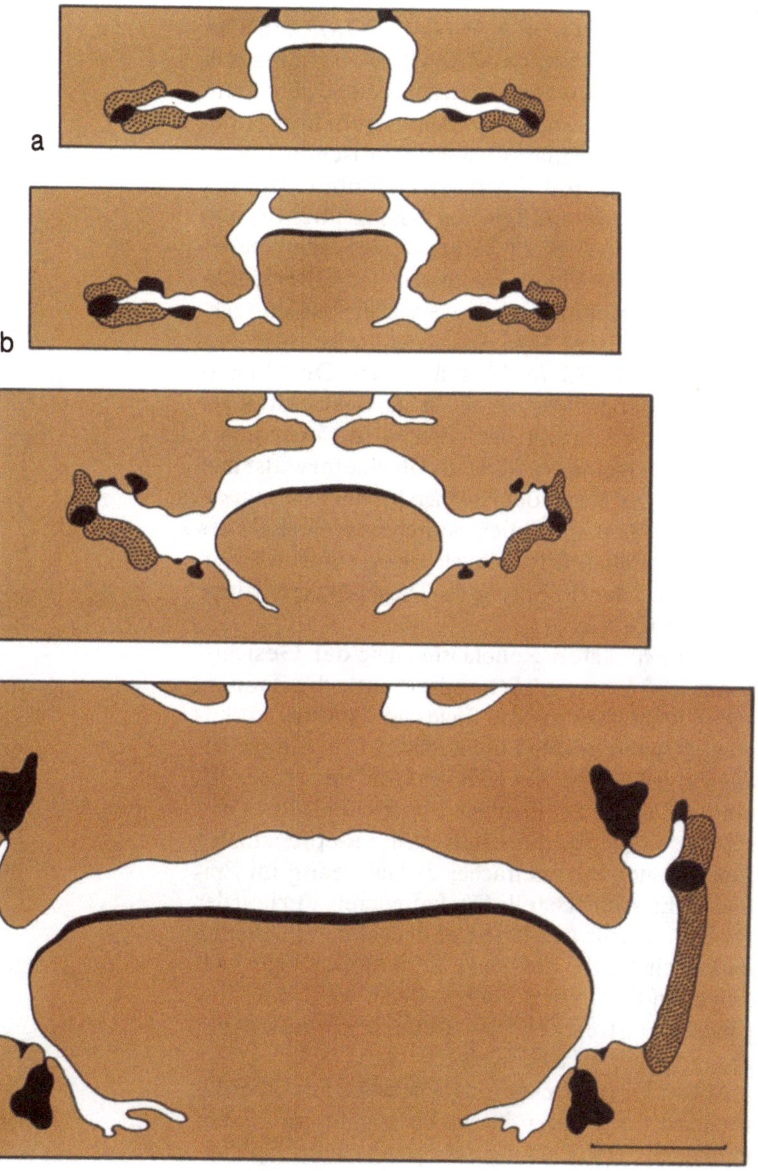

spalte entsprechend dem Kopfwachstum zu, so tritt mit der Verschmelzung der Gesichtswülste im STADIUM 18 (Abb. 23-18) eine geringgradige Verschmälerung ein. Der Abstand der Mundwinkel bleibt danach weitgehend konstant, die Verbreiterung des Mundes ist zum Körperwachstum proportional (Abb. 23-31). Nur ganz vereinzelt wird in diesem Winkel eine durch Epithelzellen bewirkte Brückenbildung (Abb. 23-29), aber keine ausgedehnte „Demarkationslinie", sichtbar, wie sie in anderen Verschmelzungsbereichen zwischen den Gesichtswülsten gefunden wird. Für eine (oberflächliche) „Verwachsung" [Bolk 1911, Schumacher 1924: „Konkreszens"] gibt es sonst keine Anhaltspunkte [Hochstetter 1936].

23.6 Tränen-Nasen-Rinne

Die äußeren Formverhältnisse im Bereich der Tränen-Nasen-Rinne sind in den Abbildungen 23-4, 23-7, 23-8 dokumentiert, eine „Rinne" ist nur vom STADIUM 12 bis zum STADIUM 17 zu beobachten. Schon die erste Anlage des Oberkieferwulstes (STADIUM 12, Abb. 23-2a, d) ist gegen den Stirnwulst nach cranial hin (und deutlich ventral des Augenbereiches) durch eine flache Rinne abgegrenzt. Sie erscheint zur Furche vertieft im STADIUM 15 (Abb. 23-7a), zunächst aber nur in ihrem oberen Abschnitt im Übergang zum Auge. In den unteren, lateralen Rand der Nasengrube schneidet sie noch nicht ein. Sie geht hier (Abb. 23-7b) in die „Demarkationslinie" zwischen lateralem Nasenwulst und Oberkieferwulst über. Mit der Umformung der triangulären Nasengrube in eine schlitzförmige (Abb. 23-7a, b) sind zwei Grenzbereiche zwischen lateralem Nasenwulst und Oberkieferwulst zu unterscheiden, die zueinander fast im rechten Winkel stehen: Die „Basis" der dreiseitigen Nasengrube (Abb. 23-7a, b) ist durch den Oberkieferwulst verschoben worden und ist nun Bestandteil der lateralen Begrenzung der Nasengrube. Von unten und außen angelagert bildet der Oberkieferwulst hier noch nicht den Rand der Nasengrube, die „Demarkationslinie" (Abb. 23-4) liegt noch etwas außerhalb des Randes. Deutlich abgewinkelt dazu verläuft die nun tief einschneidende Furche der Tränen-Nasen-Rinne zum Augenbereich.

Mit der stärksten Reliefausformung der Gesichtswülste im STADIUM 16/17 erlangt auch die Tränen-Nasen-Rinne ihre größte Tiefe und stärkste Ausbildung als ganz schmale Furche (Abb. 23-8). Sie schneidet nun deutlich in den lateralen Rand der Nasenöffnung ein, das sehr unruhige Oberflächenbild in diesem Bereich und die zahlreichen epi-epidermalen Zellen deuten auf vielfachen Zelluntergang im Epithel der Einschnittsstelle hin. Im weiteren Verlauf der Rinne rücken die beiden freien Epitheloberflächen so nahe aneinander, daß es zu Brückenbildungen zwischen den Epithelien kommt. Damit wird der Vorgang des Verstreichens des Oberflächenreliefs (Abb. 23-18, STADIUM 18) eingeleitet.

Mit der Verschmelzung der Epithelien am Oberflächenrand der Tränen-Nasen-Rinne geht im Innern ein Prozeß der Ablösung der septumartigen Epithellamelle von der Unterseite des Oberflächenepithels einher (Abb. 23-32). Das „Septum" selbst wird ebenfalls aufgelöst [Vermeij-Keers 1972], nur der innere Umschlagsrand bleibt als fast rechtwinklig gebogen verlaufender Zellstrang erhalten, ohne zum späteren Conjunctival-Epithel oder zur epithelialen Wand der Nasenhöhle Kontakt zu haben. Dieser Kontakt wird erst in der späten Fetalzeit ausgebildet (siehe Kapitel 18.8 Lider und Tränenapparat) [Dörmann 1988].

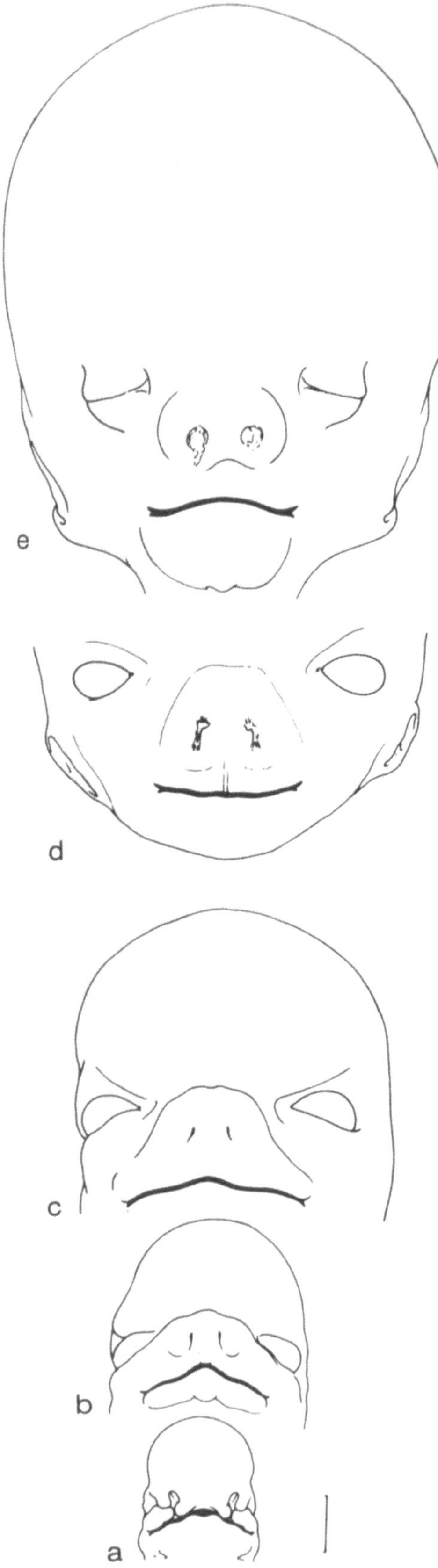

Abb. 23-32a–e. Weitgehende Konstanz der Mundspaltenbreite. Maßstabsgerechte Zeichnungen nach REM-Aufnahmen ca. 8 : 1, von unten nach oben STADIUM 17 (11,7 mm), STADIUM 18 (17,5 mm), STADIUM 21 (23,0 mm), STADIUM 23 (31 mm) und Fetus 5,0 cm
[Aus: Reichel 1988]

23.7 Entwicklung des äußeren Ohres

Auch für die Schilderung der Formverhältnisse des äußeren Ohres bietet die rasterelektronenmikroskopische Untersuchung neue, über die lichtoptische Photographie hinausreichende Möglichkeiten (Abb. 23-2, 23-7). Schon im STADIUM 15, deutlicher im STADIUM 16 (Abb. 23-2, 23-4, 23-33) zeigen die dorsalen Abschnitte des Mandibular- und Hyalbogens beginnende Auricularhöcker. Am Mandibularbogen sind zwei seitliche Erhebungen, am Hyalbogen ist dorsal des Operculum eine Erhebung zu sehen.

Deutlicher wird das Relief allerdings im STADIUM 17 (Abb. 23-33). In beiden Bögen sind nun drei Erhebungen zu beobachten, die am Mandibularbogen regelmäßiger sind als am Hyalbogen. Besonders der als „Operculum" bezeichnete Teil (Abb. 23-33) wird nach Schluß des Sinus cervicalis in seinem oberflächlichen Anteil in die Reliefbildung der Ohrmuschel einbezogen. Das Anlagematerial der Auricularhöcker stellt nicht allein das Gewebe der späteren Ohrmuschel dar, auch tiefere Gewebsabschnitte werden in die Formbildung einbezogen. So entsteht eine unsymmetrische, fast komplementäre Beteiligung der beiden Bögen. Sie wird besonders deutlich in den folgenden Stadien (Abb. 23-33): Der vom Mandibularbogen stammende Teil hat sich zur Helix minor eingebogen und wird von dem ursprünglich kürzeren Hyalbogen als Helix major nun überragt. Die stärkere, nach cranio-dorsal gerichtete Ausdehnung des Hyalbogens zeigt sich an der Verlagerung des Tuberculum Darwini (vgl. Abb. 23-34c, d).

Die Anlage des äußeren Ohres liegt in den frühen Stadien seitlich am Hals. Erst mit der Ausbildung des definitiven Gesichtes, insbesondere mit der Massenzunahme im Oberkiefer- und Mandibularbereich, erfährt das äußere Ohr eine Verlagerung nach dorsocranial. Bei Unterentwicklung des Unterkiefers („Dysostosis mandibulo-facialis", auch kombiniert mit Mikrognathie des Oberkiefers) unterbleibt die „Ascension" des äußeren Ohres weitgehend (Abb. 23-34).

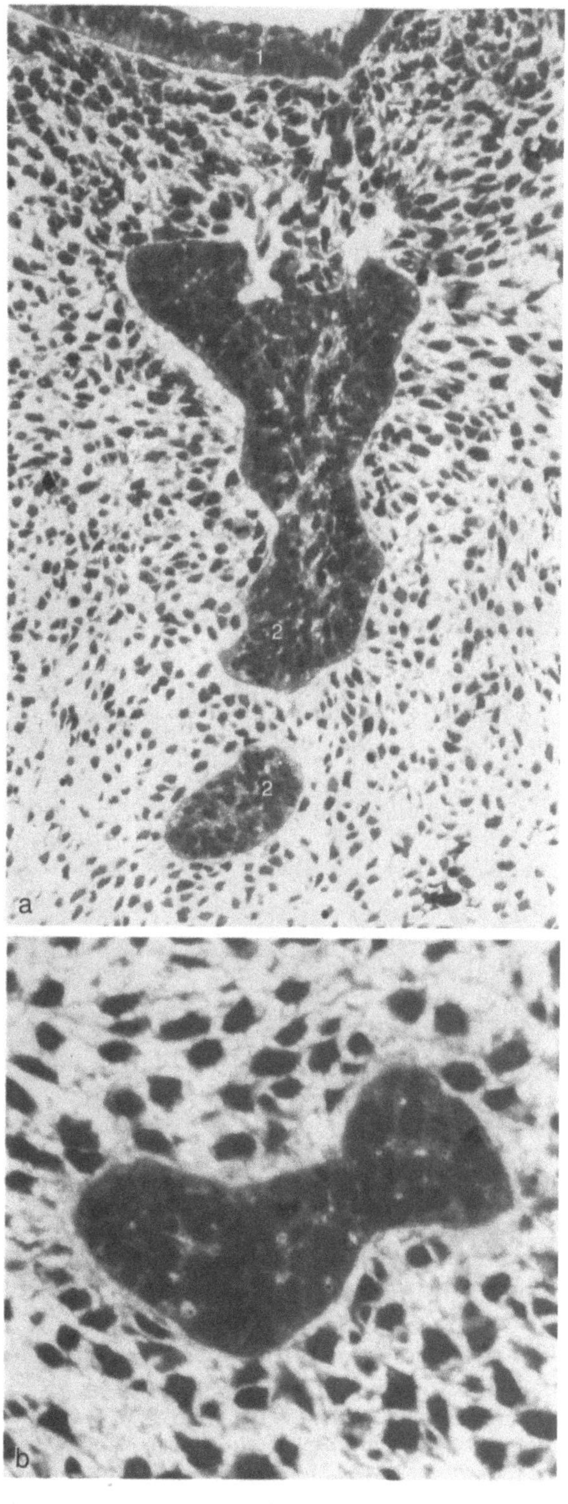

Abb. 23-33a, b. Das Epithel der Tränen-Nasen-Rinne löst sich vom Oberflächenepithel (1) ab. Nur der innere Umschlagsrand dieses epithelialen Septum bleibt als zunächst solider Zellstrang erhalten (2). Er verläuft in der Tiefe bogenförmig vom Unterlid zur unteren Umgrenzung des lateralen Nasenwulstes und biegt an der tiefsten Stelle dieses Verlaufs nach medial (zur Nase hin) um **(b).** Embryo STADIUM 18 (17,5 mm), frontale Semidünnschnittserie. **a)** ca. 200 : 1, **b)** ca. 500 : 1 (Serie freundlichst überlassen von Professor Christ, Freiburg)

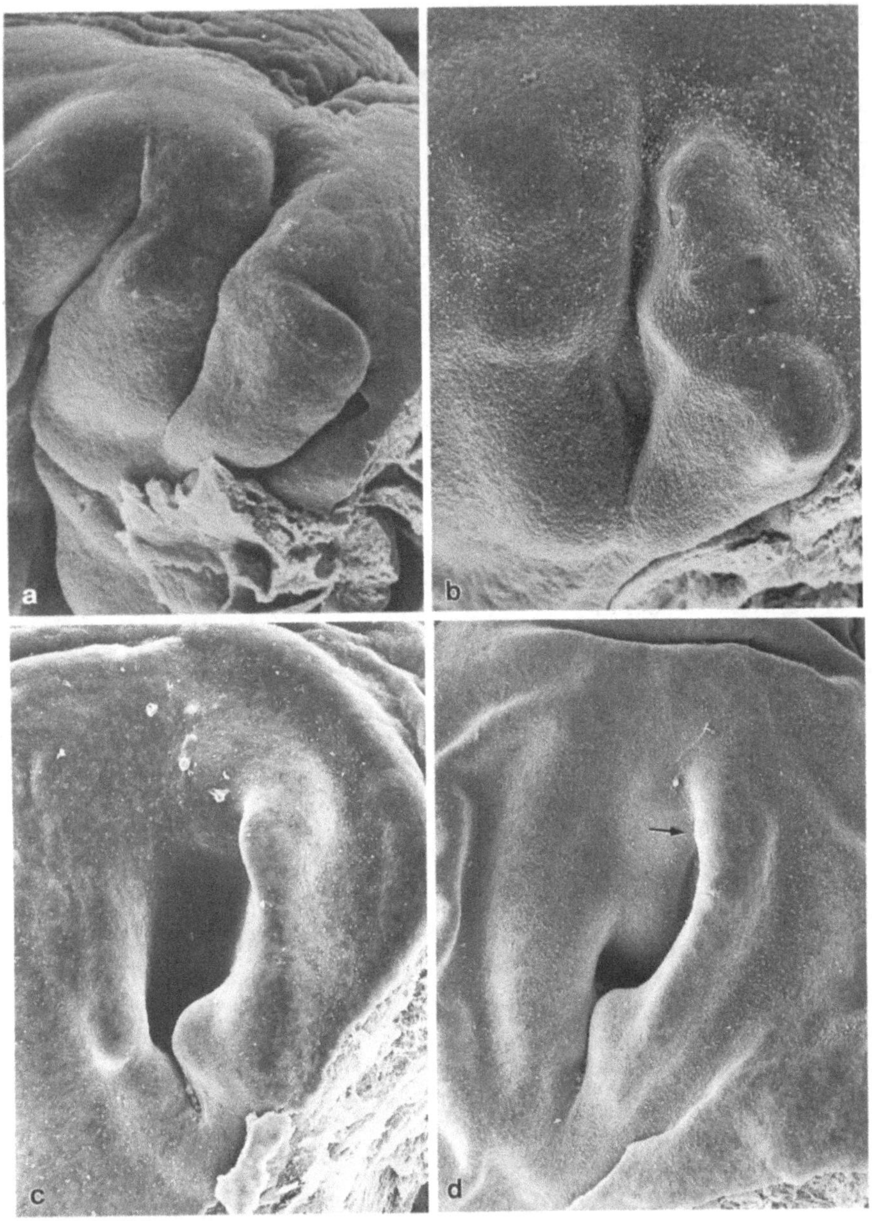

Abb. 23-34a–d. Entwicklung der Ohrmuschel im REM. Auricularhöcker im Stadium 15 (**a:** 10,0 mm, 75 : 1) und Stadium 17 (**b:** 11,7 mm, 77 : 1) am Mandibularbogen (links) und Hyalbogen (rechts). Zum besseren Vergleich mit den nachfolgenden Stadien sind die Bildausschnitte in „aufrechter" Position wiedergegeben (vgl. Abb. 23-4). Weitere Ausformung im Stadium 18 (**c:** 17,5 mm, 72 : 1) und Stadium 23 (**d:** 28 mm, 50 : 1). Tragus und Crus helicis gehen aus dem mandibulären Anteil, der größere Teil der Ohrmuschel aus dem hyalen Anteil hervor. Dabei schiebt sich der hyale Anteil nach oben und vorn, erkennbar an der Verlagerung des Tuberculum Darwini (→).

23.8 Ausbildung des definitiven Gesichtes

Frontalisation der Augen und Medialisation der Nase

Zur Bildung des Gesichtsreliefs tragen die Augenanlagen zunächst auffällig wenig bei. Dies liegt, wie die Abbildungen 18-1 und 18-2 deutlich demonstrieren, nicht nur an der Lateralstellung der Augenanlagen: Augenbecher und Linsenbläschen sind in das Weichteillager des Kopfes eingebettet. Mit beginnender Pigmentierung ist die Augenanlage ein besonderes morphologisches Merkmal der Gesichtsregion.

Die Stellungsänderung der Augen geht eng mit der Verbreiterung des Kopfes und mit der Entfaltung der Großhirnhemisphären einher (Abb. 23-35). Die Frontalstellung der Augen wird schon zuvor erreicht. Der absolute Augenabstand (obwohl bei den geschlossenen Lidern in Abbildung 23-36 nicht exakt bestimmbar) hat trotz doppelter Körpergröße nur wenig zugenommen. Man kann die Frontalisation der

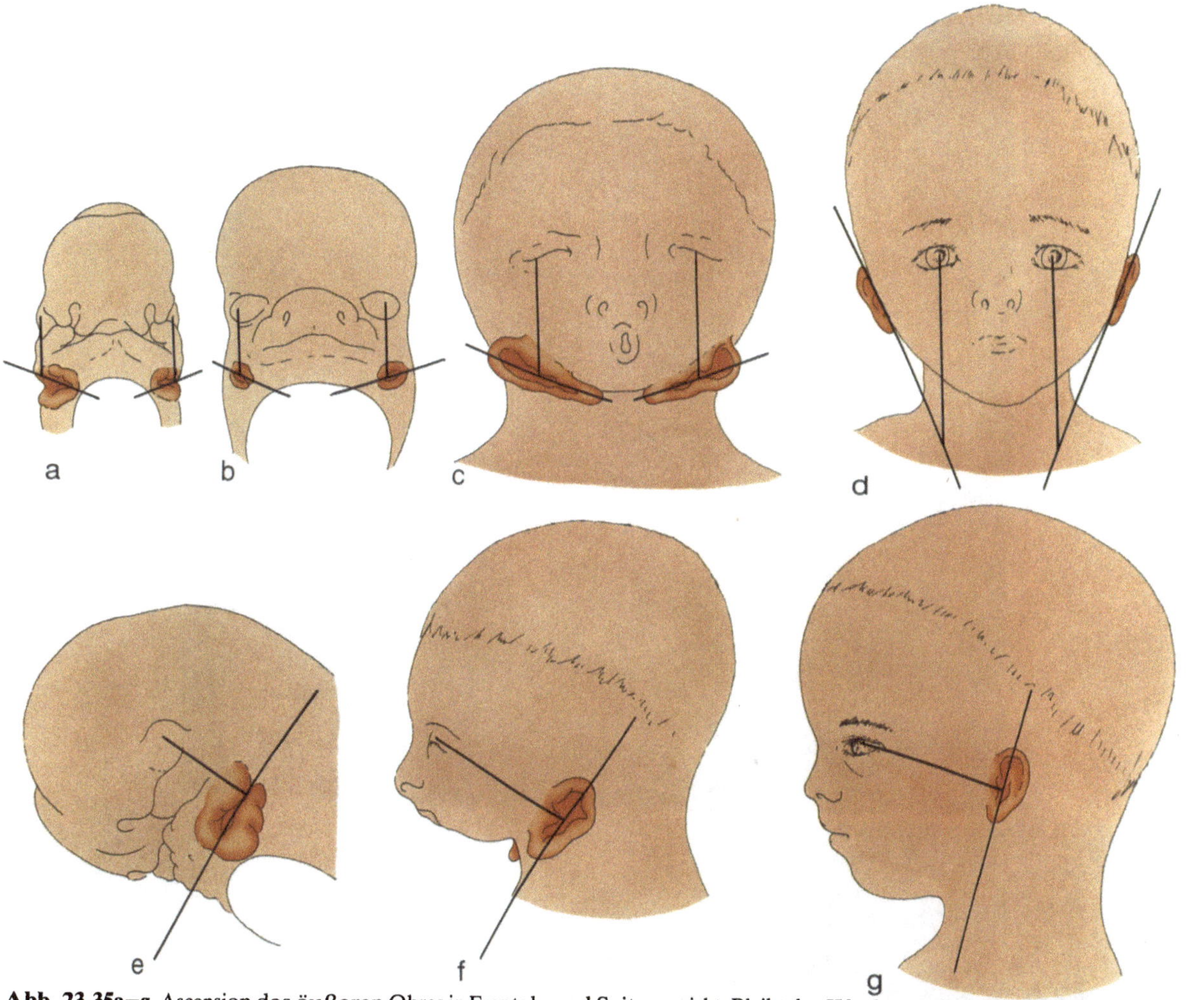

Abb. 23-35a–g. Ascension des äußeren Ohres in Frontal- und Seitenansicht. Bleibt das Wachstum des Unterkiefers stark zurück, verharren die Ohren in ihrer „embryonalen" Stellung am Hals-Kopf-Übergang.

Abb. 23-36. Embryo STADIUM 21 (22 mm), Frontalansicht. Schon vor der vollen Entfaltung der Großhirnhemisphären haben die Augen ihre Frontalstellung weitgehend erreicht. ca. 6 : 1

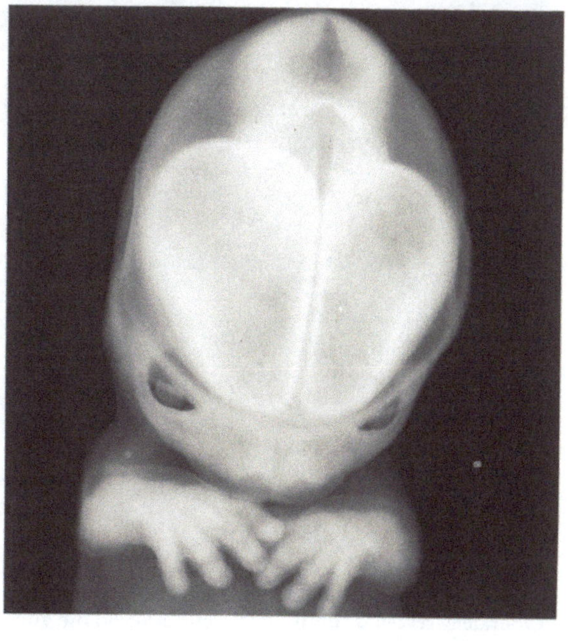

Augen anschaulich machen, wenn man den Winkel der Verbindung Chiasma opticum – Pupille bestimmt [Mann 1964] (Abb. 23-38).

Aus Beobachtungen an Fällen von *Synophthalmie* (siehe Kapitel 18.10 Fehlbildungen am Auge) kann man schließen, daß die frühe Lateralstellung der Augen Vorbedingung für die Entwicklung der mittleren Gesichtsregion ist. Bleiben die Augen in der Mitte verbunden, bildet sich anstelle der Nase nur ein Weichteilbürzel (Proboscis). Die Nasengruben sind zunächst schräg nach ventro-lateral gerichtet. Ihre Medialisation setzt schon im STADIUM 15 ein und ist am Ende der Embryonalperiode vorerst abgeschlossen (Abb. 23-21). Auch bei der Nasenentwicklung

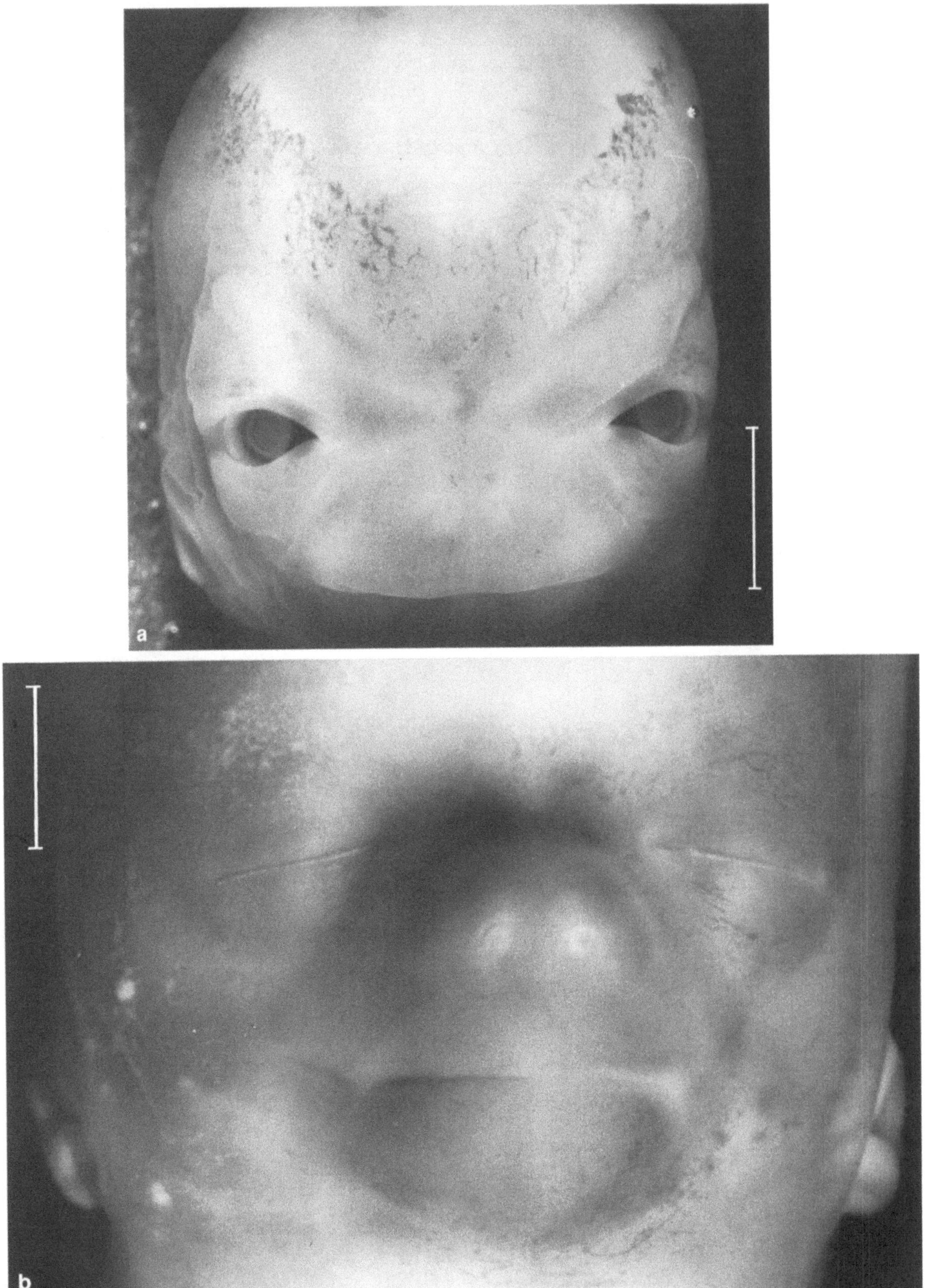

Abb. 23-37a, b. Gesicht eines Embryo STADIUM 22 (27 mm) und eines Feten 4,5 cm (ca. 10. Woche) in Frontalansicht bei gleicher Vergrößerung (Maßstab = 1 mm). Der Augenabstand bleibt annähernd konstant. Beachte das Vorragen von Nase und Oberkiefer gegenüber dem Unterkiefer in **a)** und die zunehmende Prominenz des Kinns in **b)**

läßt sich das Ausmaß der Stellungsänderung durch einen Winkel bestimmen, wenn die Anlage der Hypophyse, später die Rachendachhypophyse als Bezugspunkt genommen wird (Abb. 23-38, 23-39). Der Vergleich der Darstellungen für Augen und Nase (Abb. 23-37, 23-38) macht deutlich, daß von einer „Frontalisation" der Augen, aber von einer „Medialisation" der Nasenanlagen gesprochen wird.

Vom embryonalen Gesicht zum fetalen Antlitz

Am Ende der Embryonalperiode sind die Grundzüge des Gesichtes ausgeprägt. Nase, Oberkiefer und Kinn werden prominent, die Augenlider sind fast geschlossen, das äußere Ohr hat seine definitive Lage erreicht. Die Kopfform wird aber noch stark vom Entfaltungszustand des Gehirns bedingt, die Ausladung des Hinterkopfes fehlt noch weitgehend. Um so deutlicher tritt die starke Vorwölbung des Vorderkopfes und der Stirn hervor, die sich durch eine deutliche Furche gegen das Nasenrelief abgrenzt. Oberhalb der Augen entstehen die Supraorbitalwülste (Abb. 23-36, vgl. Kapitel 8. Entwicklung der Körperform). Die mittlere und untere Gesichtspartie ist noch relativ schmal, das Kinn läuft spitz zu (Abb. 23-40a, b). Unterschiedliche Gewebsdichten und Quellungszustände können vorübergehend bei Embryonen diesen Alters zu erheblichen Schrumpfungen und dadurch bedingten starken Entstellungen der Gesichtsform führen. So wird ein übermäßiges Vortreten der Su-

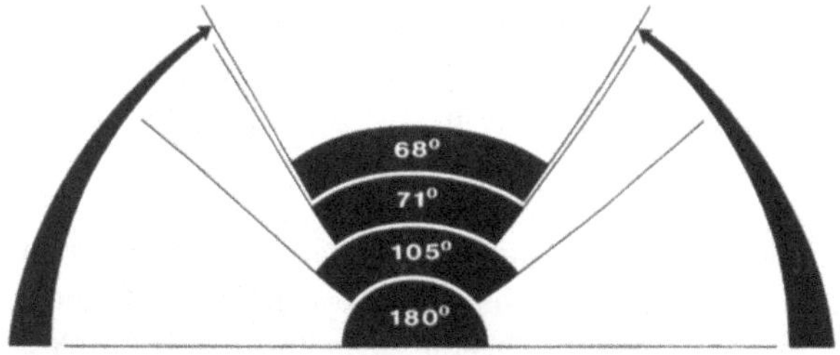

Abb. 23-38. Frontalisation der Augen, dargestellt als Winkel der Verbindungslinien Chiasma opticum – Pupille. 2. Monat 180°, 3. Monat 105°, Neugeborenes 71°, Erwachsener 68°
(Umzeichnung nach Mann 1964)

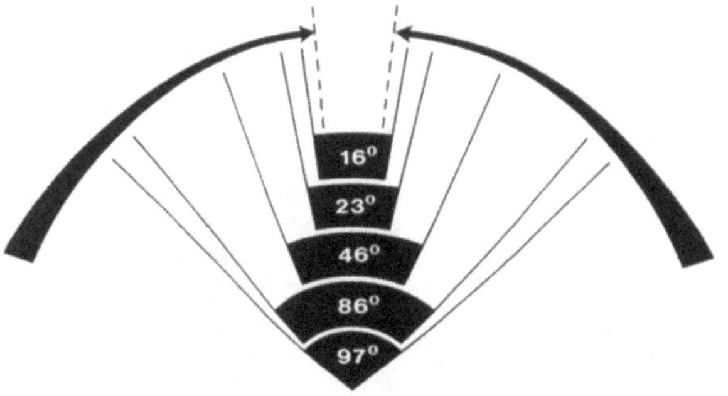

Abb. 23-39. Medialisationswinkel der Nase entspr. Abb. 23-40. Von unten nach oben: Embryonen von 10,2, 12, 16, 17,5 und 27 mm. Die gestrichelten Linien entsprechen dem Erwachsenen.

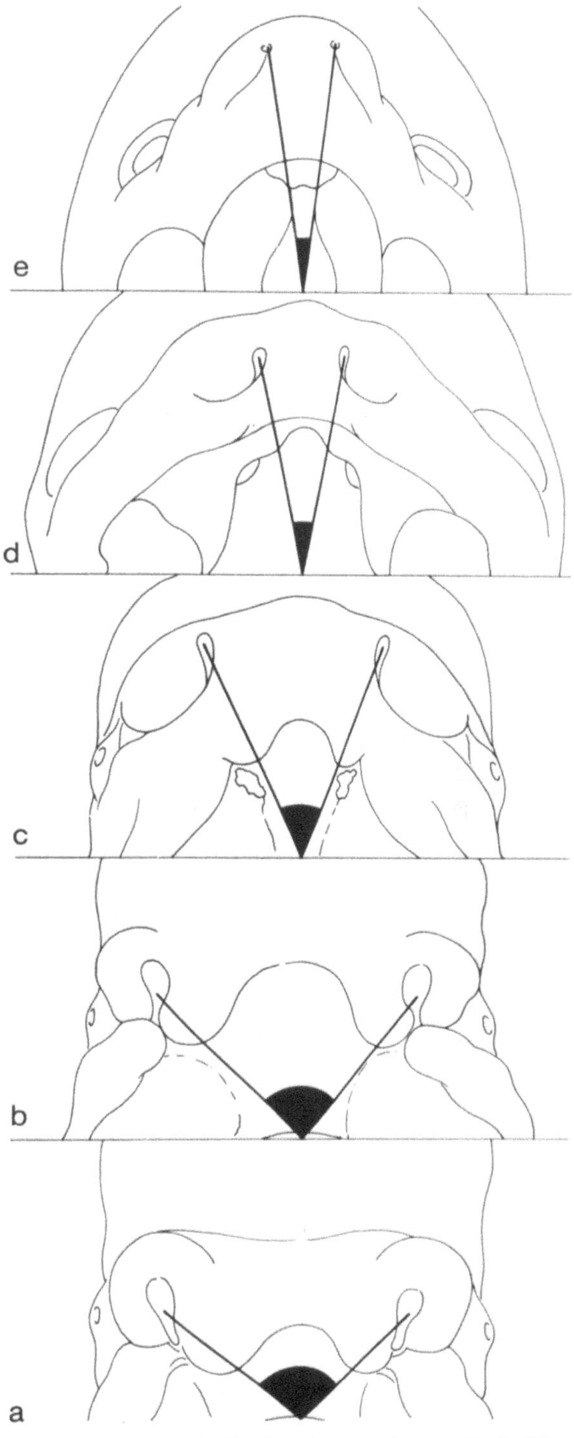

Abb. 23-40a–e. Medialisation der Nase, dargestellt als Winkel der Verbindungslinien Hypophyse – Nasenloch. Von unten nach oben STADIUM 16, 17, 18, 21 und 23

praorbitalwülste, eine vertiefte Nasolabialfalte und ein starkes Hervortreten des Nasenflügels beobachtet. Mit der einsetzenden Skeletbildung werden die Formverhältnisse des Gesichtes allmählich stabilisiert. Obwohl das Gehirn vom 3. Monat an im Wachstum relativ zur Gesamtentwicklung des Körpers zurückbleibt, ist der große obere Kopfumfang für die gesamte Kopfform weiterhin bestimmend. Die Verlängerung des Gesichtes, die Verbreiterung des Untergesichtes und des Unterkiefers, die Auffüllung der Wangen durch Vermehrung der Subcutis führen eine Proportionsänderung und eine feinere Modellierung herbei und vollenden so – ebenso eindrucksvoll von Hochstetter [1955] photographiert (Abb. 23-41) wie formuliert – die Formverhältnisse des menschlichen Antlitzes.

23.9 Grundvorgänge der Gesichtsentwicklung und Fehlbildungen

Für die komplizierten Reliefentwicklungen und -veränderungen im Gesichtsbereich gibt es bisher keine befriedigenden Erklärungen. Neben allgemeinen Formentwicklungen des Kopfes, besonders durch die Entfaltung und Größenzunahme des Gehirns und die „Aufrichtung des Kopfes" [Blechschmidt 1961], sind es drei Grundvorgänge, die die Bildung, Vereinigung und das Verstreichen der Gesichtswülste bedingen:

- die Bildung von Wachstumszentren im Kopf-Mesektoderm,
- das gerichtete Wachstum der Gesichtswülste und
- die spezifischen Veränderungen im Epithel.

Das Mesoderm der Gesichtsregion entstammt zum geringeren Teil der Praechordalplatte [Müller und O'Rahilly 1988], zum überwiegenden Teil aus Plakoden und Neuralleiste [Hörstadius 1950, Le Douarin 1983, Noden 1984]. Auch hier ist die Bereitstellung eines gewebskompetenten, auf induzierende Einflüsse reaktionsfähigen Anlagematerials in ausreichender Menge wesentlich für eine Normogenese. Bei Rattenembryonen konnte allein durch Hyaluronidase das Bindegewebspolster an der Hirnbasis soweit reduziert werden, daß die Bildung der Rathke'schen Tasche unterblieb [Morris-Kay et al. 1986]. Eine Sonderstellung nimmt das Mesektoderm ein, das Anlagematerial für den praeotischen Teil des Schädels und das Pharyngealskelet sowie die Weichteile der mittleren und unteren Gesichtsregion. Dieses Mesektoderm hat nur eine geringe Wanderungstendenz, es wird von medial nach lateral fortschreitend in den Pharyngealbögen konzentriert [Noden 1984]. Überträgt man die Ergebnisse experimenteller und morphologischer Befunde an Vogel- und Säugerembryonen [Johnston et al. 1974, Noden 1984] auf die Kontur menschlicher Embryonen (Abb. 23-42), ergibt sich eine Grenze gegen den Stirnbereich, die große Ähnlichkeit mit der aus teratologischen Reihen beim Menschen abgeleiteten *„Oberkopfgrenze"* hat [Pfeifer 1972, 1986].

Auf Wachstumszentren in diesem Mesektoderm wird die frühe Reliefbildung zurückgeführt [Patten 1961, Andersen und Matthiesen 1967]. Anzeichen für eine Interaktion von Ektoderm und Mesoderm gibt es besonders im Bereich der Plakoden und des „Ektodermrings" [Schmitt 1898, Blechschmidt 1948, O'Rahilly 1963, O'Rahilly und Müller 1985]. An Mäusestämmen mit hoher Spontanrate an Spaltbildungen wurde gezeigt, daß Volumenzunahme in gerichtetem Wachstum Vorbedingung dafür ist, daß die Gesichtswülste miteinander in Kontakt kommen und fusionieren können [Millicovsky et al. 1982].

Schon vor der Berührung der Wulstränder werden Veränderungen im Epithel der *„Praefusionszone"* [Luke 1976, Meller und Barton 1979] gefunden. Sie werden (nach Explantations- und Rekombinationsversuchen an Ratten) vom unterlagernden Mesoderm zeitlich eng determiniert und induziert [Pourtois 1972]. Wichtigste Vorbedingung der „primären Fusion" ist die Rückbildung der Mikrovilli auf der freien Zelloberfläche und die nachfolgende Bildung von Filopodien und Membranleisten [Millicovsky und Johnston 1981, Millicovsky et al. 1982]. Die Zellfortsätze der einen Seite dringen in die Interzellularspalten der Gegenseite ein, erst dann entstehen in der „sekundären Fusion" definitive Zellkontakte. Zur dauerhaften Vereinigung der Wülste kommt es aber erst, wenn nach der epithelialen Fusion das „Nahtepithel" aufgelöst und die bindegewebige Brücke hergestellt wird. Im Bereich der Epithel-

▶
Abb. 23-41a–f. Gesichtsentwicklung menschlicher Feten in der Darstellung Hochstetters [1955]
a, b) 5,75 cm (dort Abb. 31a, b);
c, d) 7,55 cm (dort Abb. 32a, b);
e, f) 14,4 cm (dort Abb. 35a, hier seitenverkehrt wiedergegeben, und b). Der Übergang von der Embryonal- zur Fetalzeit ist u.a. gekennzeichnet durch den Schluß der Augenlider, Zunahme des Stirnwulstes und Prominentwerden des noch spitzen Kinns. Für das Gesicht der frühen Fetalzeit sind die stärkere Entwicklung des Hinterkopfes, die Verbreiterung des Untergesichtes und die Verlängerung des Kopfes in fronto-dorsaler Richtung, deutlich am Nasen-Ohr-Abstand ablesbar, charakteristisch. Beachte, daß sich die Stellung des äußeren Ohres in caudo-cranialer Richtung kaum noch verändert. 1,5 : 1

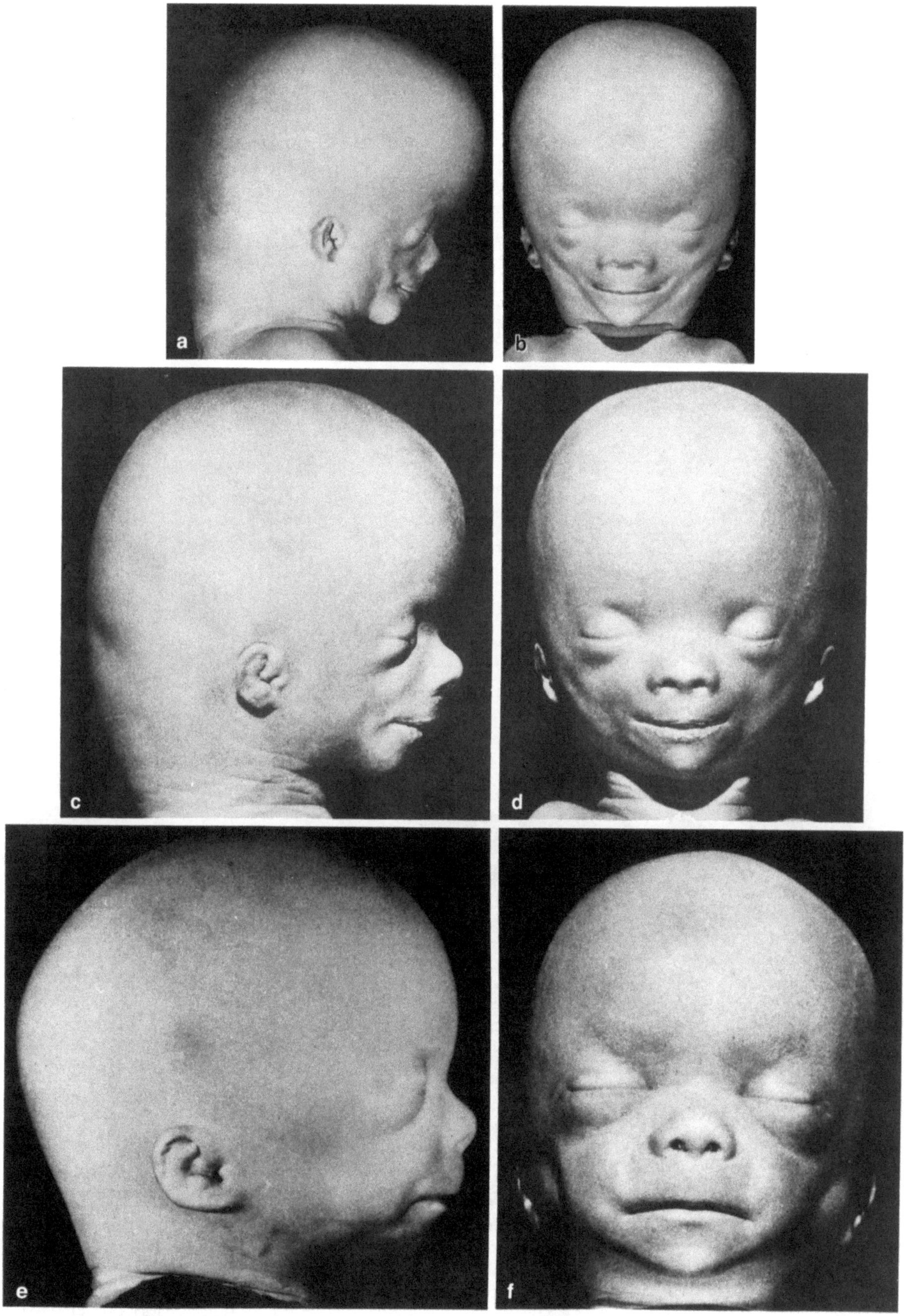
a
b
c
d
e
f

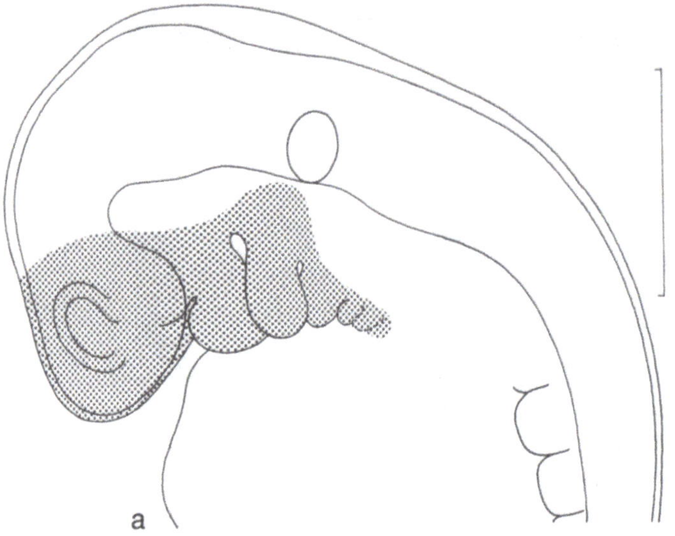

Abb. 23-42a, b. Ausbreitung der Neuralleistenzellen im Gesichtsbereich und im praeotischen Teil des Schädels.
a) Umzeichnung nach Noden [1984] in die Kontur des Embryo der Abb. 23-3 (STADIUM 12, 4,5 mm);
b) Umzeichnung nach Johnston et al. [1974] in die Konturen eines Feten von 4 cm (vgl. Abb. 24-1b). Maßstab = 1 mm

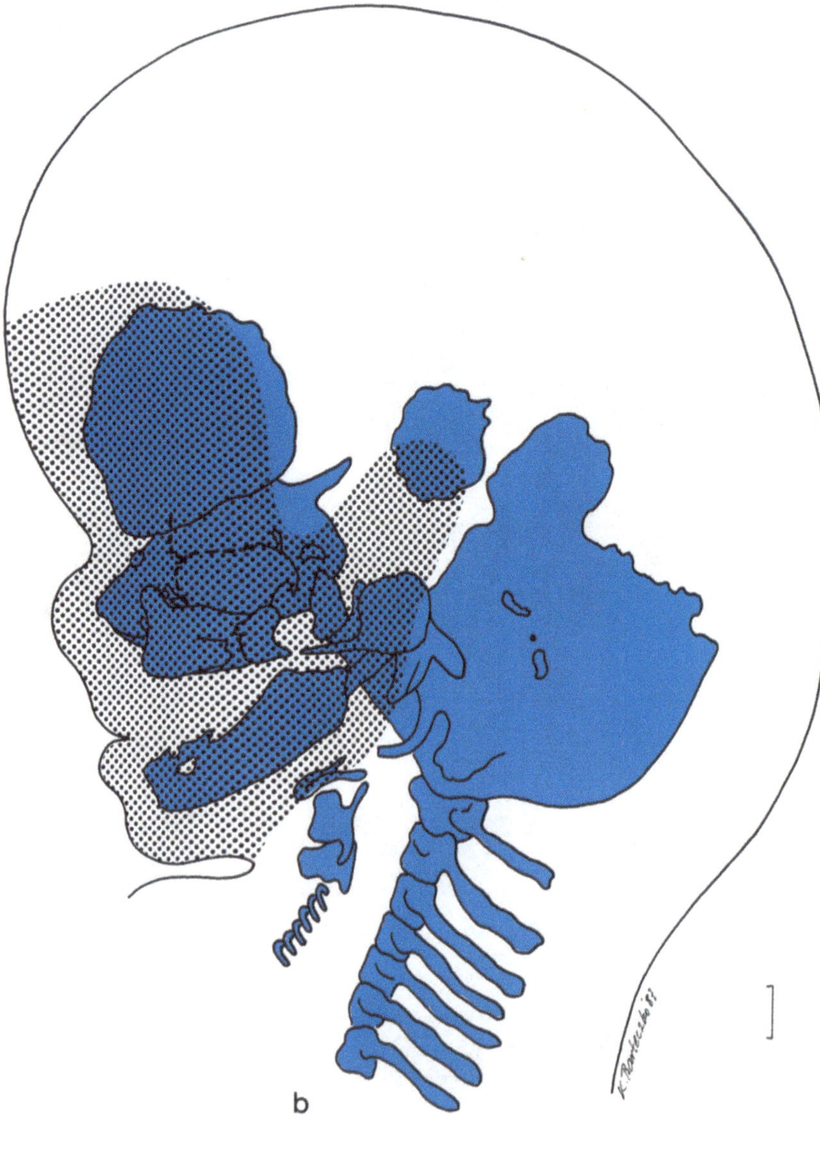

▸
Abb. 23-43. Schematische Darstellung der Entstehung von Lippen-, Kiefer- und Gaumenspalten im zeitlichen Ablauf und in der Auswirkung auf Doppel- oder Fehlanlage des seitlichen Schneidezahnes (verändert nach Pfeifer 1968)

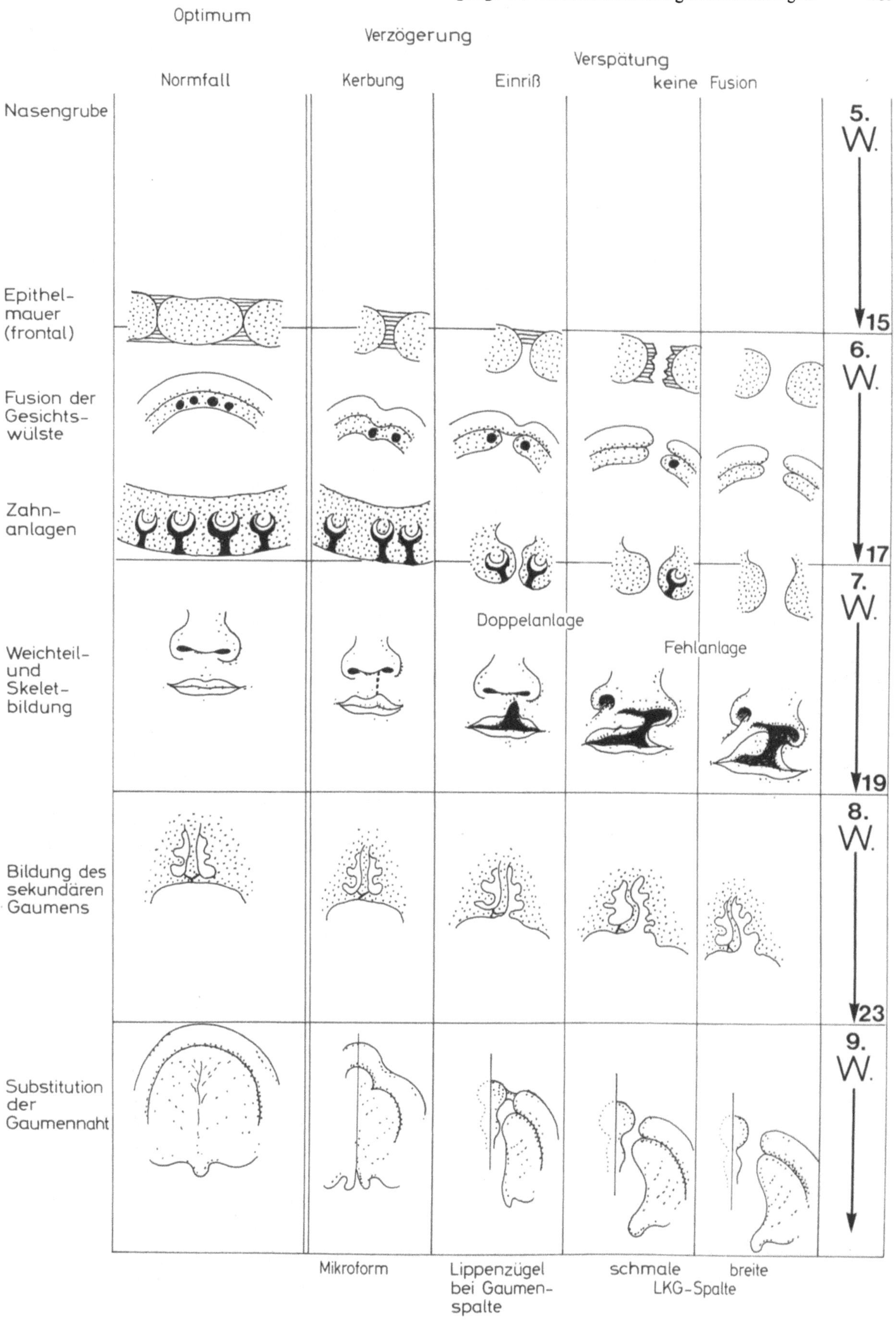
Optimum
Verzögerung
Verspätung
Normfall
Kerbung
Einriß
keine Fusion
Nasengrube
Epithel-mauer (frontal)
Fusion der Gesichts-wülste
Zahn-anlagen
Weichteil- und Skelet-bildung
Bildung des sekundären Gaumens
Substitution der Gaumennaht
Doppelanlage
Fehlanlage
5. W.
15
6. W.
17
7. W.
19
8. W.
23
9. W.
Mikroform
Lippenzügel bei Gaumen-spalte
schmale
breite
LKG-Spalte

mauer, bei der Bildung von primärem und sekundärem Gaumen und der Tränen-Nasen-Rinne lassen sich, im einzelnen mit charakteristischen Unterschieden, diese Vorgänge nachweisen. Im Randepithel der sekundären Gaumenwülste gehen die Epithelien zugrunde („programmierter Zelltod"), selbst wenn sich im Explantat die Ränder nicht berühren [Pourtois 1972]. Beim Hühnchen mit normalerweise nicht geschlossenem Gaumen fehlt diese Programmierung, experimentell gesetzte Epitheldefekte können aber

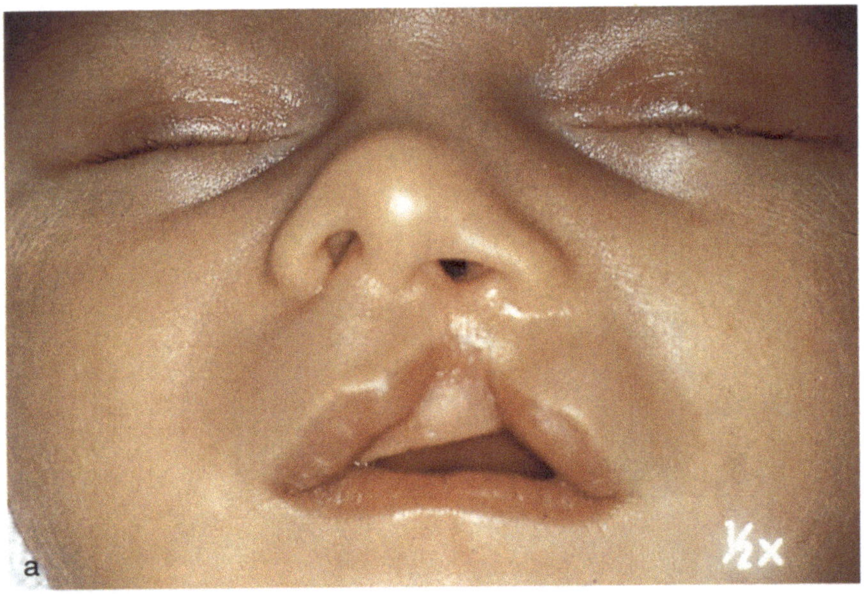

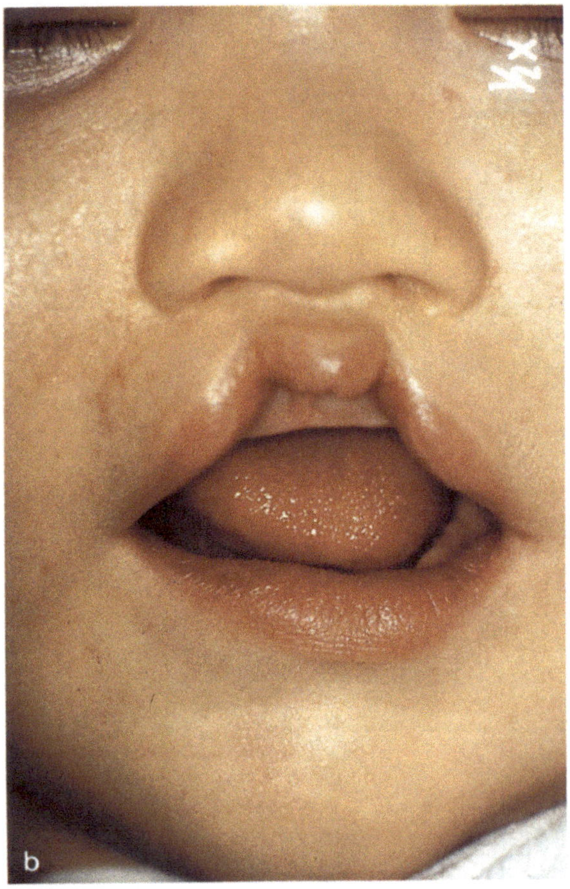

Abb. 23-44a, b. Isolierte Lippenspalte bei Kleinkindern, **a)** einseitig, **b)** beidseitig. Beachte den geschlossenen Kiefer. (Freundlichst überlassen von Professor Dr. Dr. E. Machtens, Direktor der Univ.-Klinik für Mund-, Kiefer- und Gesichtschirurgie am Knappschaftskrankenhaus Bochum-Langendreer)

Fusion bewirken [Ferguson und Honig 1984]. Beim Menschen hingegen bleibt das Epithel im Nahtbereich zunächst erhalten (Abb. 23-24), zeigt aber deutliche Veränderungen in der Praefusionszone [Waterman und Meller 1974].

Anders verläuft die Kontaktbildung in Bereichen, die nicht fusionieren, aber vorübergehend epithelial verbunden sind. An den Lidrändern und am epithelialen Nasenpfropf werden überschüssige, besonders glycogenreiche Zellen gebildet, die als ein Zell-„strom" abgerundeter Zellen den Spalt zwischen den Epitheloberflächen ausfüllen [Harris und McLeod 1982].

Ein Verstreichen der Gesichtswülste kann außer durch Fusion auch dadurch entstehen, daß das Epithel, das eine Furche beidseitig begrenzt, durch die Bindegewebsvermehrung im Innern der Wülste allmählich an die Oberfläche verdrängt wird [Patten 1961]. Damit „verstreichen" die Furchen eher als die Ränder fusionieren. Der mittlere Nasenbereich und das Philtrum sowie die mediane Furche im Mandibularbogen sind Beispiele dieser Art des Reliefausgleichs.

Aus der Vielfalt der Vorgänge bei Fusionen und Verstreichungen der Gesichtswülste und -furchen ergibt sich schon, daß es keine einfache und einheitliche

Erklärung für die Spaltbildungen im Gesichtsbereich gibt. Hingegen läßt sich aus dem genaueren Zeitablauf der Gesichtsentwicklung ein zeitliches Bildungsmuster ableiten, das mit dem möglichen Schädigungszeitpunkt und -ablauf in Beziehung gebracht werden kann [Pfeifer 1968] (Abb. 23-43).

Störungen der Gesichtsentwicklung können *genetisch* bedingt oder *exogen* erzeugt sein. Auch bei den exogen erzeugten Fehlbildungen spielt die unterschiedliche Empfindlichkeit des Gewebes eine bedeutsame Rolle, wie Experimente an genetisch definierten Mäusestämmen zeigen. Die Vielzahl der wirksamen Agentien (Hyper- und Hypovitaminosen, Cortison, Prostaglandine, Medikamente aus der Gruppe der „Tranquilizer") weisen weniger auf direkte zelltoxische Schädigungen hin, als vielmehr auf eine Störung der Balance der Mediatoren, Gewebshormone, Wachstumsfaktoren und deren Rezeptoren an den Zellmembranen [u.v.a. Zimmermann und Wee 1984]. Die kontroverse Diskussion über Entstehungsweisen und -ursachen kann hier nicht geführt, die höchst umfangreiche Literatur nicht referiert werden.

Die weitaus häufigste Spaltbildung betrifft den primären und sekundären Gaumen in Form der **Lippenspalte, Lippen-Kiefer-Spalte** oder **Lippen-Kiefer-Gaumen-Spalte** (Abb. 23-44, 23-45). Auch unter Berücksichtigung des Zeitmusters bleiben für die Entstehung der Lippen-Kiefer-Spalte die beiden Möglichkeiten offen [Politzer 1952, Töndury 1961], daß eine schon gebildete Epithelmauer wieder aufgelöst wird (Nichtfusionsfähigkeit des Epithels), oder daß es gar nicht zur Kontaktbildung der Gesichtswülste kommt (Hypoplasie oder falsche Wachstumsrichtung). Kritische Entwicklungsperiode ist der 36. bis 42. Tag.

Der Schluß des sekundären Gaumens liegt zeitlich später und vollzieht sich in der 8. bis 12. Woche. Wachstumsstörungen im Epithel und Bindegewebe, aber auch mangelnde Vaskularisation mit nachfolgend ungenügender Hydratisation der Grundsubstanz können die Volumenzunahme beeinträchtigen,

Abb. 23-45a, b. Kombinierte Lippen-, Kiefer-, Gaumenspalte bei Kleinkindern, **a)** einseitig, **b)** beidseitig (Freundlichst überlassen von Professor Dr. Dr. E. Machtens, Direktor der Univ.-Klinik für Mund-, Kiefer- und Gesichtschirurgie am Knappschaftskrankenhaus Bochum-Langendreer)

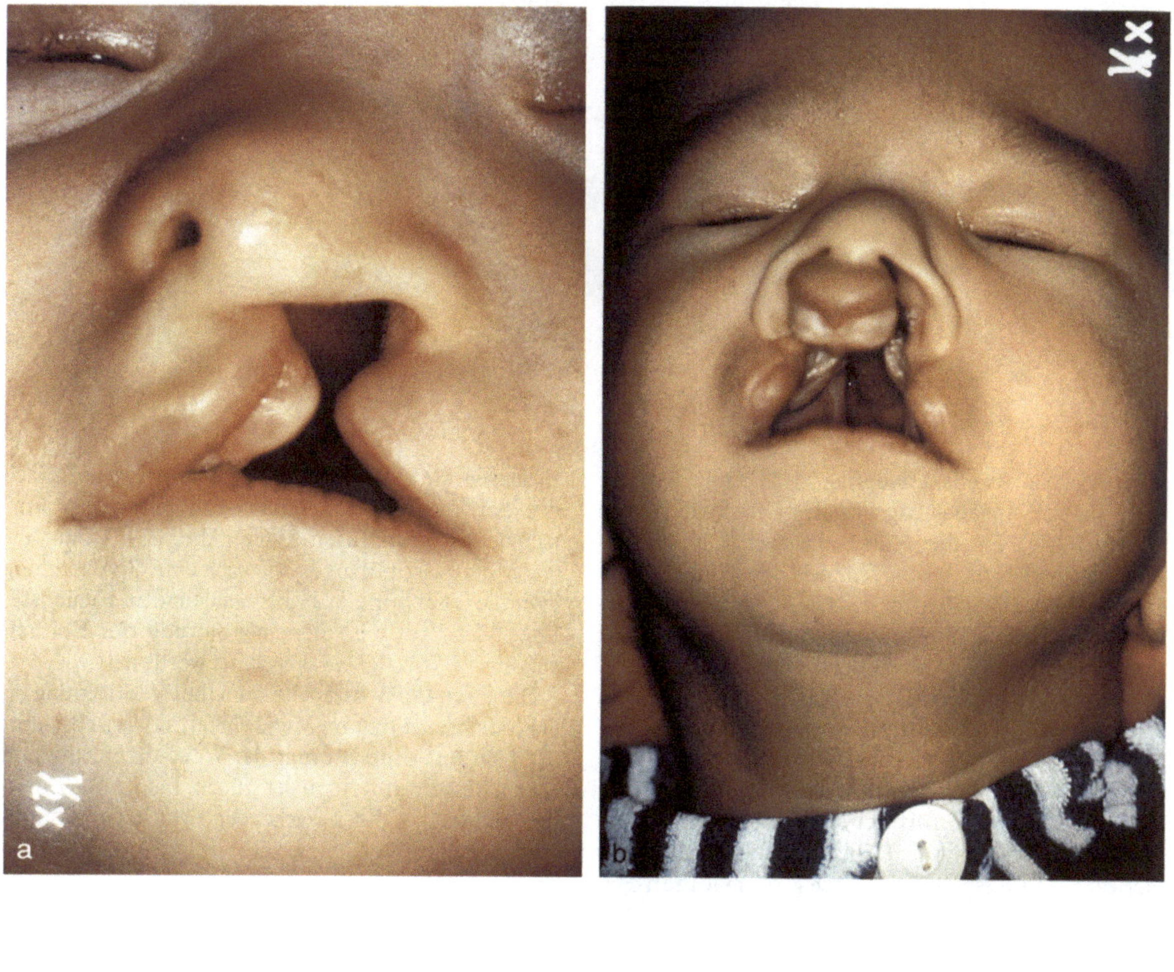

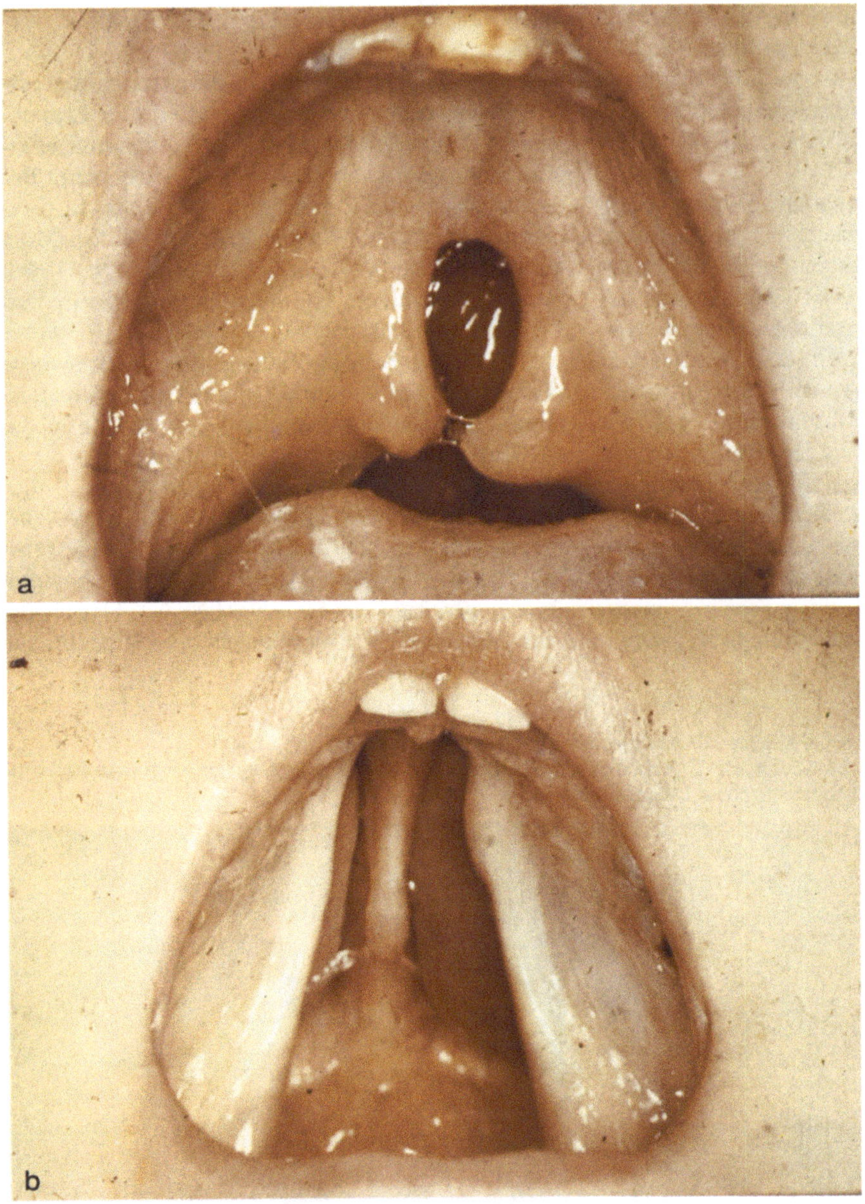

Abb. 23-46a, b. Isolierte Gaumenspalten bei Kleinkindern, **a)** partiell, **b)** total. Beachte den geschlossenen Kiefer.
(Freundlichst überlassen von Professor Dr. Dr. E. Machtens, Direktor der Univ.-Klinik für Mund-, Kiefer- und Gesichtschirurgie am Knappschaftskrankenhaus Bochum-Langendreer)

die für die „Schwenkbewegung" der Gaumenwülste und für ihre Annäherung offenbar erforderlich sind (Abb. 23-46). Für die Nahtbildung selbst ist neben der Fusionsfähigkeit des Epithels der Kontakt mit dem freien hinteren Rand des Nasenseptum erforderlich. Bei einseitigen Gaumenspalten sind Kontakt und Nahtbildung auf der anderen Seite erfolgt.

Sehr viel seltener sind die *schrägen*, die *queren* und die *mittleren Spaltbildungen im Gesicht* (Abb. 23-47, 23-48). Die **schrägen Gesichtsspalten** verbinden den unteren Rand der Nasenöffnung, seltener auch den Rand der Oberlippe mit der unteren Lidkante. Entgegen der Auffassung Politzers [1952], „daß die schräge Gesichtsspalte in keinen gesetzmäßigen Beziehungen zu den Tränenwegen steht", kann nach den jetzt vorliegenden Befunden zu den frühen Formen der Tränen-Nasen-Rinne (Abb. 23-7) ein Verlauf in die Nasenöffnung wie auch eine Spaltbildung bis in die Oberlippe aus einer mangelnden Fusionsfähigkeit des Epithels oder einer Störung der Epithelauflösung (Abb. 23-33) abgeleitet werden.

Die **quere Gesichtsspalte** kann (bei Verneinung einer „Konkreszenz" im Mundwinkel, siehe Abschnitt 23.5) nur auf eine Störung der Wangenbildung und auf ein Bestehenbleiben der frühen, bis in den Anlagebereich des Ohres reichenden primitiven Mundspalte bezogen werden.

Auch für den **mittleren Gesichtsbereich** hat bereits Patten [1961] auf den Reliefausgleich des „Verstreichens“ im Gefolge der Frontalisation der Augen und der Medialisation der Nase anstelle einer Fusion von „Stirnfortsätzen“ hingewiesen. Aber auch sie erfordert eine lokale Bindegewebsvermehrung („Auffüllung“, siehe Abschnitt 23.2 und Abb. 23-11). Die bis zum STADIUM 17 andauernde, tiefe Konkavität der Incisura interglobularis (Abb. 23-8) wird erst mit dem Ausgleich des Reliefs der Gesichtsfurchen im STADIUM 18 „aufgefüllt“. Eine Wachstumshemmung könnte diesen Ausgleich verhindern. Politzer [1952] stellt die mittlere Gesichtsspalte in den Zusammenhang einer teratologischen Reihe, die bis zu einer medianen Defektbildung im Stadium der offenen Neuralanlage zurückreicht, auch Pfeifer [1972] schließt einen Zusammenhang mit dem Schluß des Neuralrohres und des vorderen Neuroporus nicht aus.

Die große Bedeutung, die die Volumenvermehrung und das gerichtete Wachstum des Oberkieferwulstes für die Gestaltungsvorgänge der mittleren Gesichtsregion haben, mag eine über die Spaltbildungen hinausgehende Störanfälligkeit dieser Region erklären, auf die schon hingewiesen wurde (z.B. Dysostosis mandibulo-facialis, siehe auch Kapitel 18.10 Fehlbildungen am Auge).

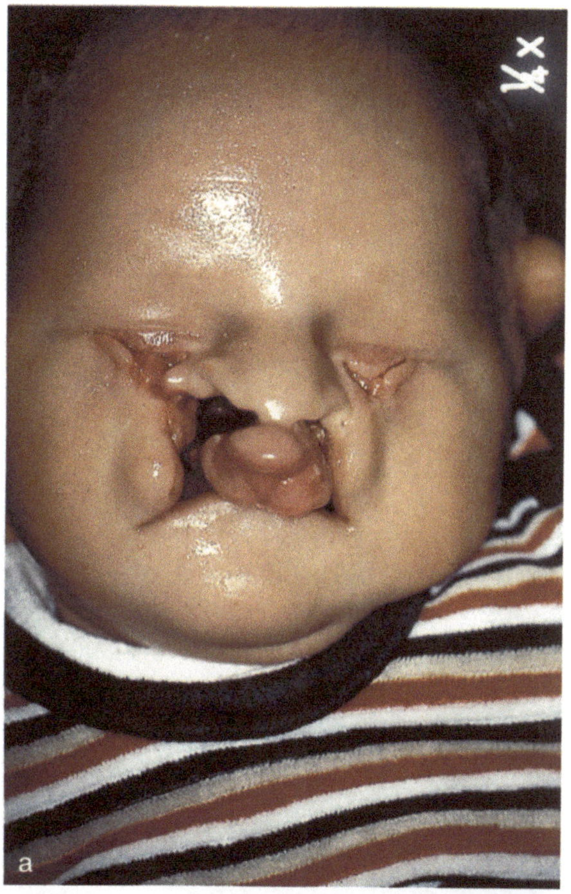

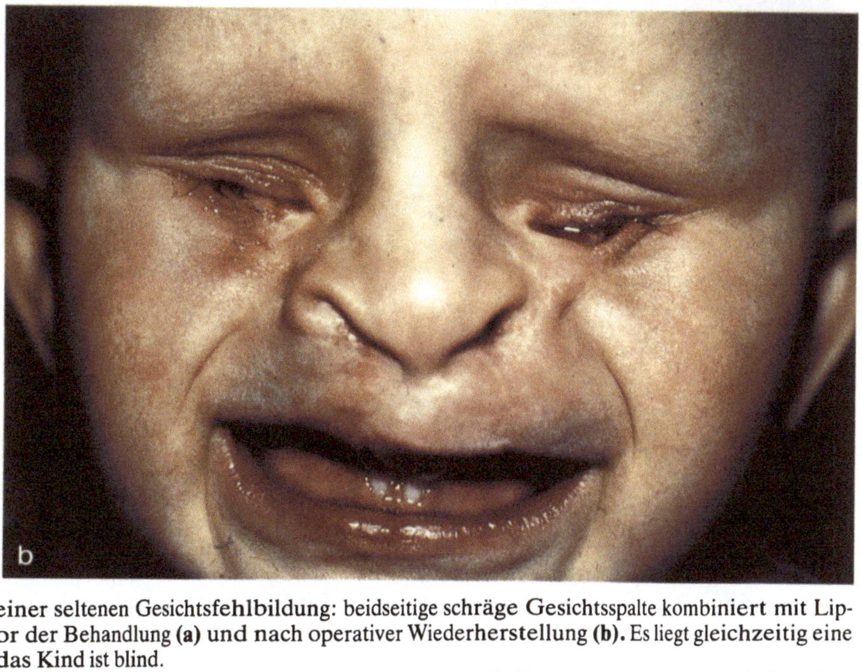

Abb. 23-47a, b. Schwere Form einer seltenen Gesichtsfehlbildung: beidseitige schräge Gesichtsspalte kombiniert mit Lippen-, Kiefer-, Gaumenspalte. Vor der Behandlung **(a)** und nach operativer Wiederherstellung **(b)**. Es liegt gleichzeitig eine schwere Augenfehlbildung vor, das Kind ist blind.
(Freundlichst überlassen von Professor Dr. Dr. E. Machtens, Direktor der Univ.-Klinik für Mund-, Kiefer- und Gesichtschirurgie am Knappschaftskrankenhaus Bochum-Langendreer)

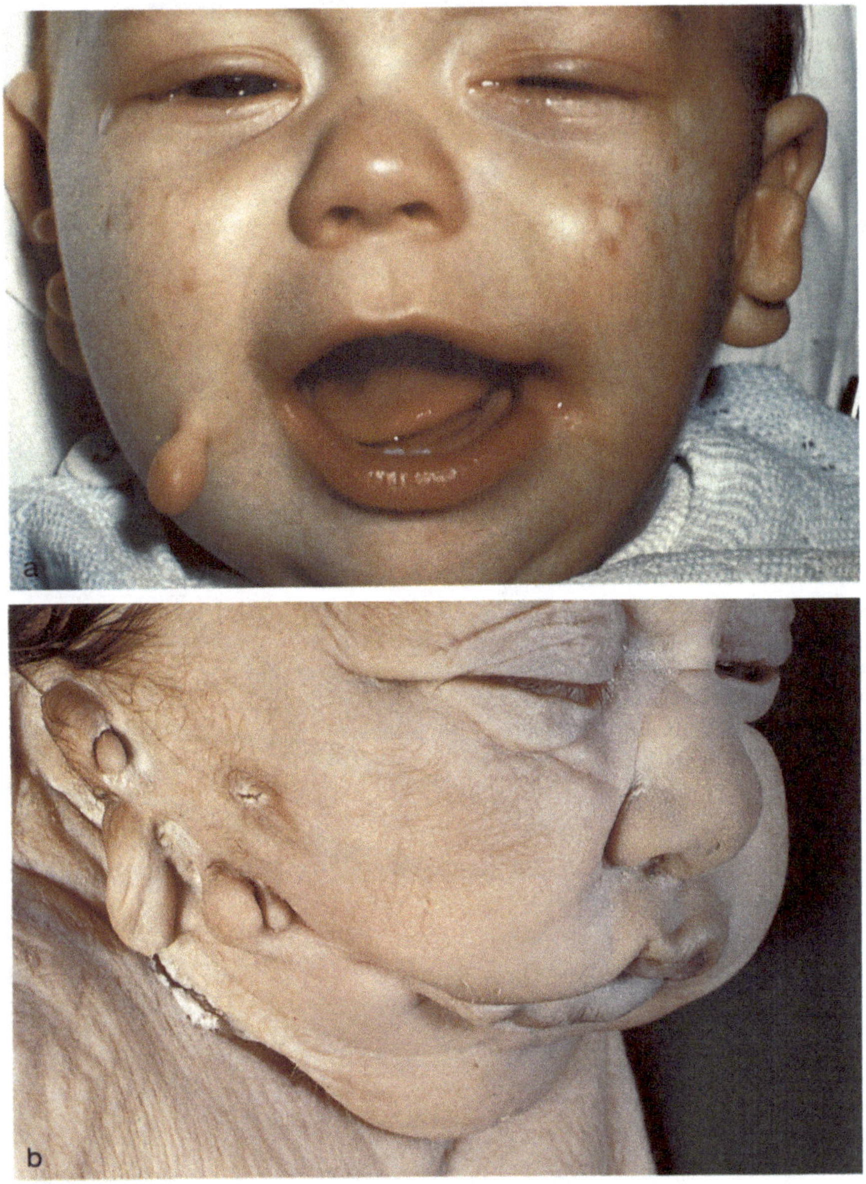

Abb. 23-48a, b. Einseitige quere Gesichtsspalte bei einem Kleinkind („Makrostoma", **a**) und in Kombination mit einer Dystrophia mandibulofacialis **(b)**. Beachte die überzählige Anhangsbildung an der nichtbetroffenen Seite (a) und am äußeren Ohr in b) (a: Freundlichst überlassen von Professor Dr. Dr. E. Machtens, Direktor der Univ.-Klinik für Mund-, Kiefer- und Gesichtschirurgie am Knappschaftskrankenhaus Bochum-Langendreer. b: Sammlung des Instituts für Anatomie der Ruhr-Universität Bochum)

23.10 Literaturverzeichnis

Andersen H, Matthiesen ME (1966) The histiocyte in human foetal tissues. Its morphology, cytochemistry, origin, function and fate. Z Zellforsch 72:193–212

Andersen H, Matthiesen ME (1967) Histochemistry of the early development of the human central face and nasal cavity with special reference to the movements and fusion of the palatine processes. Acta Anat 68:473–508

Blechschmidt E (1948) Funktionsentwicklung. I: Mechanische Genwirkungen. Musterschmidt, Göttingen

Blechschmidt E (1957) Die Differenzierungsbewegungen der menschlichen Nase. Z Morphol Anthropol 48:213–226

Blechschmidt E (1961) Die vorgeburtlichen Entwicklungsstadien des Menschen. Karger, Basel

Blechschmidt E (1965) Das Antlitz des menschlichen Embryo. Waage 4:139–151

Blechschmidt E (1968) Die Physionomie in der Embryonalzeit des Menschen. Waage 7:2–12

Blechschmidt E (1974) Embryologie heute. Neue Erkenntnisse und Auffassungen. Hippokrates 45:3–21

Bolk L (1911) Zur Entwicklungsgeschichte der menschlichen Lippen. Anat H 44:227–272

Dörmann M (1988) Die Entwicklung der Tränen-Nasen-Rinne beim Menschen. Med. Dissertation, Bochum

Ferguson MWJ, Honig LS (1984) Epithelial-mesenchymal interactions during vertebrate palatogenesis. Curr Top Dev Biol 19:138–162

Fischel A (1929) Lehrbuch der Entwicklungsgeschichte des Menschen. Springer, Berlin Wien

Frazer JES (1931) A manual of embryology. The development of the human body, 1st edn. Williams & Wilkins, Baltimore

Frazer JES (1941) A manual of embryology. The development of the human body, 2nd edn. Williams & Wilkins, Baltimore

Gaare JD, Langman J (1977) Fusion of nasal swellings in the mouse embryo: surface coat and initial contact. Am J Anat 150:461–476

Gaare JD, Langman J (1980) Fusion of nasal swellings in the mouse embryo. DNA synthesis and histological features. Anat Embryol 159:85–99

Harris MJ, McLeod MJ (1982) Eyelid growth and fusion in fetal mice. A scanning electron microscope study. Anat Embryol 164:207–220

Hinrichsen K (1985) The early development of morphology and patterns of the face of the human embryo. Adv Anat Embryol Cell Biol 98:1–79

Hinrichsen K, Jacob M, Jacob HJ (1984) Epi-epidermale Zellen. Verh Anat Ges 78:255–256

His W (1901) Beobachtungen zur Geschichte der Nasen- und Gaumenbildung beim menschlichen Embryo. Abh Sächs Ges (Akad) Wiss 27:349–389

Hochstetter F (1891) Über die Bildung der inneren Nasengänge oder primitiven Choanen. Anat Anz 6 [Erg H]:145–151

Hochstetter F (1936) Über die von Bolk als Verschlußleiste, Konkreszenzfurche und Frenulum tectolabiale des menschlichen Keimlings bezeichneten Bildungen. Morphol Jb 78:266–313

Hochstetter F (1944) Über die Art und Weise, in welcher sich bei Säugetieren und beim Menschen aus der sogenannten Riechgrube die Nasenhöhle entwickelt. Z Anat Entw Gesch 113:105–144

Hochstetter F (1949) Über die Beteiligung der Gesichtsfortsätze an der Bildung des primitiven Gaumens. Anat Anz 97:217–224

Hochstetter F (1955) Über die Entwicklung der Formverhältnisse des menschlichen Antlitzes. Denkschr Österr Akademie Wiss Math-Nat Kl 109:1–26 und Tafeln I–VI

Hörstadius S (1950) The neural crest. Oxford University Press, London New York Toronto

Jacobson LL (1811) Description anatomique d'un organe observé dans les mammifères. Rapport par Cuvier. Ann Mus Hist Nat 18

Jirásek JE (1983) Atlas of human praenatal morphogenesis. Nijhoff, Boston

Johnston MC, Bhakdinaronk A, Reid YC (1974) An expanded role of the neural crest in oral and pharyngeal development. In: Bosma JF (ed) Third symposion on Oral Sensation and Perception. US Government Printing Office, Washington DC, pp 37–53

Knudsen TB, Bulleit RF, Zimmerman EF (1985) Histochemical localization of glykosaminglycans during morphogenesis of the secondary palate in mice. Anat Embryol 173:137–142

Kraus BS, Kitamura H, Latham RAS (1966) Atlas of developmental anatomy of the face. Hoeber, New York

Lazzaro C (1940) Sul meccanismo di chiusura des palato secondario. Monit Zool Ital 51:249–273

Le Douarin NM (1983) The neural crest. Cambridge University Press, London

Luke DA (1976) Development of secondary palate in man. Acta Anat 94:596–608

Mangold U (1983) Zur Morphogenese des primitiven Gaumens und der primitiven Choane. Med. Habilitationsschrift, Hamburg

Mann I (1964) The development of the human eye, 3rd edn. British Medical Association, London

Meller SM, Barton LH (1979) Distribution of glycogen in prefusion human palatal epithelium. Anat Rec 193:831–856

Millicovsky G, Johnston MC (1981) Active role of embryonic facial epithelium: New evidence of cellular events in morphogenesis. J Embryol Exp Morphol 63:53–66

Millicovsky G, Ambrose LJH, Johnston MC (1982) Developmental alterations associated with spontaneous cleft lip and palate in CL/Fr mice. Am J Anat 164:29–44

Morris-Kay GM, Tuckett F, Solursch M (1986) The effects of Streptomyces hyaluronidase on tissue organization and cell cycle time in rat embryos. J Embryol Exp Morphol 98:59–70

Müller F, O'Rahilly R (1988) The development of the human brain from a closed neural tube at stage 13. Anat Embryol 177:203–224

Noden DM (1984) Craniofacial development: New views on old problems. Anat Rec 208:1–13

O'Rahilly R (1963) The early development of the otic vesicle in staged human embryos. J Embryol Exp Morphol 11:741–755

O'Rahilly R, Müller F (1985) The origin of the ectodermal ring in staged human embryos of the first five weeks. Acta Anat 122:145–157

Patten BM (1961) The normal development of the facial region. In: Pruzansky S (ed) Congenital anomalies of the face and associated structures. Thomas, Springfield, pp 11–45

Peter K (1911) Modelle zur Entwicklung des menschlichen Gesichtes. Anat Anz 39:41–66

Peter K (1913) Atlas der Entwicklung der Nase und des Gaumens beim Menschen. Fischer, Jena

Pfeifer G (1968) Angeborene Fehlbildungen des Gesichtes, der Kiefer und der Mundhöhle. In: Opitz H, Schmidt F (Hrsg) Handbuch der Kinderheilkunde, Bd. IX. Springer, Berlin, S 347–400

Pfeifer G (1972) Systematik und Morphologie der kraniofazialen Anomalien. In: Schuchardt K (Hrsg) Fortschritte der Kiefer- und Gesichts-Chirurgie, Bd. XVIII. Thieme, Stuttgart, S 1–14

Pfeifer G (1986) Die Craniogenese aus teratologischer Sicht. Nova Acta Leopoldina 58:343–363

Politzer G (1936) Die Grenzfurche des Oberkieferfortsatzes und die Tränennasenrinne beim Menschen. Z Anat Entw Gesch 105:229–332

Politzer G (1952) Zur normalen und abnormalen Entwicklung des menschlichen Gesichtes. Z Anat Entw Gesch 116:332–347

Pourtois M (1972) Morphogenesis of the primary and secondary palate. In: Slavkin HC, Bavetta LA (eds) Developmental aspects of oral biology. Academic Press, New York London, pp 81–108

Reichel B (1988) Die Bildung der definitiven Mundspalte beim Menschen. Med. Dissertation, Bochum

Reichel B, Hinrichsen K (1990) Die Bildung des definitiven Mundwinkels beim Menschen. Dtsch Z Mund-Kiefer-GesichtsChir 14:306–313

Retzius G (1904) Zur Kenntnis der Entwicklung der Körperformen des Menschen während der fötalen Lebensstufen. Biol Unters NF XI:33–81

Schmitt H (1898) Über die Entwicklung der Milchdrüse und die Hyperthelie menschlicher Embryonen. Morphol Arb (Jena) 7:157–193

Schumacher S (1924) Der Bau der Wangen, verglichen mit dem der Lippen. Z Anat Entw Gesch 73:247–276

Streeter GL (1951) Developmental horizons in human embryos age groups XI to XXIII. Embryological Reprint. Vol II. Carnegie Inst Washington, Washington DC

Töndury G (1950) Zur Entwicklung des menschlichen Gesichtes und zur Hasenschartengenese. Schweiz Med Wochenschr 80 (45, 46):10–12

Töndury G (1950/51) Zum Problem der Gesichtsentwicklung und zur Genese der Hasenscharte. Acta Anat 11:300–328

Töndury G (1961) On the mechanism of cleft formation. In: Pruzansky S (ed) Congenital anomalies of the face and associated structures. Thomas, Springfield, pp 85–101

Vermeij-Keers C (1972) Transformations in the facial region of the human embryo. Ergeb Anat Entw Gesch 46:7–28

Walker BE, Fraser FC (1956) Closure of the secondary palate in three strains of mice. J Embryol Exp Morphol 4:176–189

Warbrick JG (1960) The early development of the nasal cavity and upper lip in the human embryo. J Anat 94:351–362

Waterman RE (1974) SEM studies of early facial development in rodents and man. Scanning Electron Microscopy/1974 (Part III), pp 533–540

Waterman RE, Meller SM (1974) Alterations in the epithelial surface of human palatal shelves prior to and during fusion: A scanning electron microscopic study. Anat Rec 180:111–136

Wolgensinger F (1950) Beitrag zur Kenntnis der Entwicklung der menschlichen Nasenhöhle. Med. Dissertation, Zürich

Zenker W (1964) Über die Bedeutung der Kautasche für die Entwicklung der menschlichen Wange. Z Anat Entw Gesch 124:289–300

Zingeser MR (1984) The nasopalatine ducts and associated structures in the Rhesus monkey (Maccaca mulatta): Topography, prenatal development, function, and phylogeny. Am J Anat 170:581–595

24. Schädelentwicklung

K. V. Hinrichsen

Die Bildung des Kopfskelets ist ein höchst komplexer Vorgang, bei dem sich in besonderer Weise phylogenetische Einflüsse und ontogenetische Vorgänge auswirken. Die Feststellung von Starck [1975], „daß das Cranium, wie das Skelet überhaupt, ein abhängiges Organ ist, das unter formenden Einflüssen der Umgebung entsteht", gilt für die Frühentwicklung des Schädels in besonderem Maße. Die Skeletanlagen finden in den schon vorhandenen Organen ihre „Gußform", der sie sich anpassen. Dabei handelt es sich um höchst unterschiedliche Bildungen: Das von der primitiven Meninx eingeschlossene Gehirn ist formprägend für die knorpelig angelegte Schädelbasis und später den gesamten Neuralschädel; die Anlage des Innenohres wird von einer eigenen Skeletanlage, der knorpeligen Ohrkapsel, umgeben; die epithelialen Nasengänge üben Einfluß auf die Form der sie umschließenden knorpeligen Nasenkapsel aus (Abb. 24-1). Seitlich und dorsal davon bedingen Auge und Ganglion trigeminale, in der Frühzeit der Entwicklung zwei annähernd gleich große Komplexe, daß sich Skeletanlagen in vielfältiger Weise ihnen und ihren Nervenverbindungen anpassen. Die Pharyngealbögen haben eigene knorpelige Skeletelemente, die ganz (I: Meckelscher Knorpel) oder teilweise (II: Reichertscher Knorpel) in das spätere Kopfskelet einbezogen werden.

Anlagematerial des Schädels ist das Kopfmesoderm mit seinen unterschiedlichen Ursprüngen: Praechordalplatte und Neuralleiste liefern Mesektoderm für den vorderen Teil der *Schädelbasis*, den *Gesichtsschädel* und für das *Pharyngealskelet* [Johnston et al. 1974, Le Douarin 1982, Noden 1984]. Seitenplattenmesoderm und die ersten cranialen vier Somiten [Müller und O'Rahilly 1986] bilden das Mesoderm für den *occipitalen Bereich* und bedingen Besonderheiten der *cervico-occipitalen Übergangsregion* (siehe Kapitel 26). Anlagematerial der otischen Region des Schädels sind rhombencephale Neuralleistenzellen, möglicherweise sind auch pharyngeale Ektodermplakoden und Seitenplattenmesoderm beteiligt. Unklar ist die Herkunft des Mesoderm des Schädeldaches, das nach Untersuchungen am Hühnchen [Le Douarin 1982, Nichols 1986] nicht der Neuralleiste entstammt.

Alle Formen der Knochenbildung kommen in den verschiedenen Bereichen des Schädels vor: **desmale Ossifikation** als Deckknochen im Bereich des Schädeldaches, Teilen des Nasenskeletes und des Oberkiefers, aber auch als eigenständige desmale Skeletbildung auf der knorpeligen Grundlage des Meckelschen Knorpels als Leitstruktur. **Enchondrale Ossifikation** in den meisten Abschnitten der Schädelbasis, **perichondrale Ossifikation** besonders im Übergangsbereich von knorpelig angelegten Teilen zu desmal vorgeformten Skeletabschnitten. Hier und an den Nähten gibt es ein besonders rasch wachsendes, knorpelähnliches Gewebe („chondroid tissue") [Goret-Nicaise 1984, Goret-Nicaise et al. 1988]. Der zunächst gebildete Knochen hat eine gröbere Lamellenstruktur („Geflechtknochen"), erst in einem sekundären Umbau bilden sich die feinlamellären Havers'schen Systeme. Neben der Formabhängigkeit der frühen Skeletanlagen entwickeln diese, einmal entstanden, auch eigene Wachstumstendenzen. Dies wird besonders deutlich an der Entwicklung des Keilbeins und des Clivus mit der frühen Entstehung eines Keilbeinwinkels und der starken Auswirkung des Keilbeinwachstums auf die Ausformung eines prominenten Gesichtes (Wachstumsstörung beim chondrodystrophen Zwerg).

Ein bemerkenswertes Verhalten zeigt beim Menschen (und einigen Säugern) die **Chorda dorsalis.** In ihrer Anlage reicht sie bis zur Adenohypophyse. In den vorderen Anteil des Occipitale eingeschlossen, verläßt sie dieses dann nach ventral, liegt oberflächlich der knorpeligen Schädelbasis an, um im Bereich des Sphenoids erneut in die Schädelbasis einzutreten. Zahlreiche Varianten dieses Verlaufs sind beschrieben, die spätere Auflösung der Chorda führt zu Nestern von Chordagewebe, aus denen sich Chondrome entwickeln können [u.a. Horwitz 1941, Slipka 1974, Müller und O'Rahilly 1980].

Umgestaltungen finden am Schädel ständig und bis weit über die Geburt hinaus statt. Sie betreffen zunächst die Anpassung an die Größenveränderungen

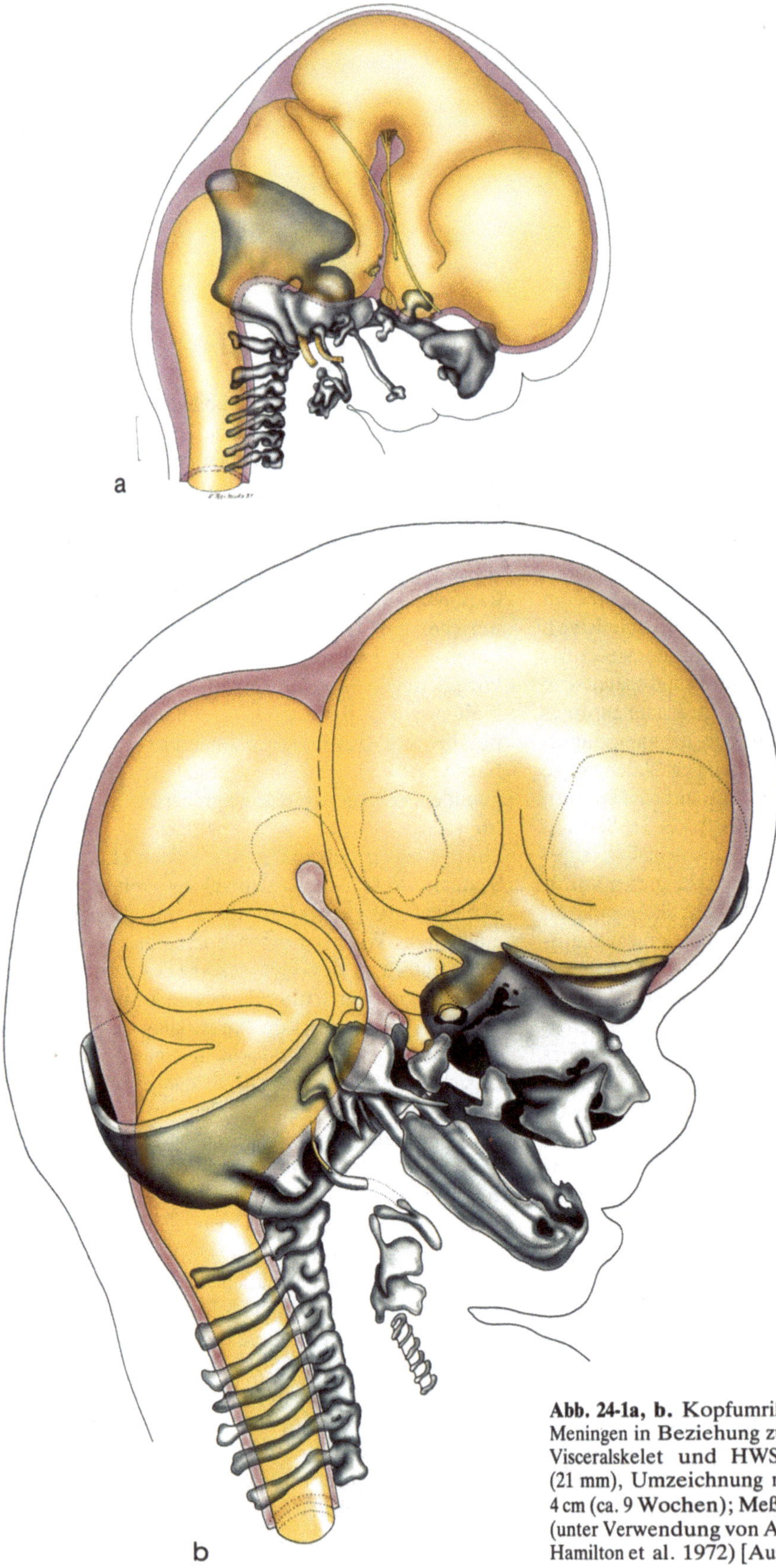

a

b

Abb. 24-1a, b. Kopfumriß und Konturen von Gehirn und Meningen in Beziehung zu den Anlagen von Schädelbasis, Visceralskelet und HWS. **a)** Embryo im STADIUM 20 (21 mm), Umzeichnung nach Lewis [1920]; **b)** Fetus von 4 cm (ca. 9 Wochen); Meßbalken: 1 mm (unter Verwendung von Abbildungen bei Macklin 1914 und Hamilton et al. 1972) [Aus: Hinrichsen 1986] des wachsenden Kopfes, Anpassungen an die sich ändernden Formverhältnisse des Gehirns und seine Massenzunahme, Änderungen in den Proportionen und Lageverhältnissen des Gesichtes und Anpassung an die sich entwickelnde Kaumuskulatur. Aber auch grundsätzliche Umgestaltungen finden statt, indem nicht zur ursprünglichen Schädelanlage gehörige Bereiche nachträglich in den Schädel einbezogen werden. Das früheste Beispiel dafür ist die knorpelige Ohrkapsel, seitlich und davor liegt das große Ganglion trigeminale zunächst außerhalb des Chondrocranium, wird aber dann bei der Bildung der Squama temporalis in den Schädel einbezogen. Benachbart verläuft die A. carotis interna zunächst außerhalb der knorpeligen Schädelbasis in einer tiefen Nische zwischen der Ohrkapsel und dem Abgang der Keilbeinflügel. Der Canalis caroticus ist eine späte Bildung. Der Mittelohrraum (siehe dort) wird nachträglich Bestandteil des Schädels. Noch beim Neugeborenen besteht das Tympanicum nur aus einem knöchernen Ring um das Trommelfell, der Canalis N. facialis ist im distalen Teil noch eine offene Rinne, das Mastoid noch kaum entwickelt.

24.1 Schädelbasis

Rekonstruktionen der knorpeligen Schädelbasis sind publiziert worden durch Hertwig [1904], Kollmann [1907] sowie im Handbuch von Keibel und Mall [1910]. Von genau datierten Embryonen gibt es Rekonstruktionen aus dem Stadium 20 [Kernan 1916, Lewis 1920], dem Stadium 23 [Müller und O'Rahilly 1980] sowie aus der frühen Fetalperiode [9 Wochen, Macklin 1914: 40 mm; Macklin 1921: 43 mm; Bersch und Reinbach 1970: 52 mm; Grube und Reinbach 1976: 80 mm; Reinbach 1963: 90 mm].

Vorknorpelige Blasteme treten im Stadium 16 auf, sie liegen im hinteren Abschnitt seitlich der Chorda (Parachordalia), im mittleren Abschnitt neben und vor der Hypophyse (Trabeculae und Polknorpel) sowie seitlich um die Labyrinthanlage (Ohrkapsel). Eine zusammengeschlossene knorpelige Schädelbasis ist erstmals im Stadium 18 zu beobachten [Müller und O'Rahilly 1980]. An der **knorpeligen Schädelbasis** (Abb. 24-2b) sind im praechordalen Abschnitt die Nasenkapsel und der Anlagebereich des Keilbeins mit Keilbeinkörper und mehreren Fortsatz-Anlagen zu unterscheiden. Im chordalen Teil dorsal der Hypophyse umschließt die Anlage des Occipitale den Hirnstamm noch nicht vollständig. Seitlich sind die paarigen Ohrkapseln einbezogen. Vergleicht man diese Schädelbasis mit der nebenstehend abgebildeten Basalfläche des Gehirns (Abb. 24-2a), so wird deutlich, daß ein vollständiger „Abguß" dieser Unterfläche noch nicht ausgebildet ist. Der unter dem frontalen Pol der Hemisphären noch nicht geschlossene Bereich wird nicht knorpelig angelegt, sondern entsteht als **desmale Ossifikation** (Abb. 24-3). Auffällig ist auch die große Lücke zwischen der Anlage der Ala orbitalis des Keilbeins sowie der Ala temporalis und dem Abgang des Processus pterygoideus. Auch zwischen diesen letzteren und der Ohrkapsel klaffen breite Lücken, die von den Ästen des N. trigeminus, der A. carotis interna und cranial darüber von dem zu dieser Zeit relativ großen Ganglion trigeminale eingenommen werden. In der Ohrkapsel bleibt für längere Zeit eine große Öffnung (Foramen perilymphaticum). Zwischen dem hinteren Rand der Ohrkapsel und der seitlichen Anlage des Occipitale klafft als große Lücke die Fissura metotica, das spätere Foramen jugulare. Der schon früh und besonders kräftig entwickelte N. hypoglossus wird vom Knorpel des Occipitale umschlossen. Die hintere Umschließung des Hirnstammes geht von mehreren kleineren Knorpelanlagen aus (Tectum anterius, intermedium und posterius sowie Supraoccipitale), die allmählich zusammenfließen, vorübergehend durch eine Fissura occipito-capsularis noch von der Ohrkapsel getrennt sind und sowohl gegen den hinteren Rand des Foramen occipitale nach unten, wie zur Squama occipitalis nach oben vorwachsen [Fawcett 1923, Zawisch 1957].

Deutlicher ist die Beziehung zur Basalfläche des Gehirns zu Beginn der Fetalzeit (Abb. 24-3), besonders wenn man die sich bildenden Teile des Desmocranium (Os parietale und Os frontale) mit einbezieht. Die Verbindung der Ohrkapsel mit dem Occipitale ist vervollständigt, auch greift der orbitale Keilbeinflügel jetzt weit seitlich aus. Groß ist aber immer noch die seitliche Lücke zwischen dem praechordalen (nasalen und orbitalen) Anlagebereich und der Ohrkapsel. An der Ohrkapsel sind ein mehr cranial und dorsal liegender canaliculärer (die Bogengänge umschließender) und ein mehr ventral und caudal liegender cochleärer (die Schnecke umschließender) Anteil zu unterscheiden. Die Hypophysengrube ist mit der Ausbildung eines Dorsum sellae deutlich ausgebildet. Der Sehnerv ist von Knorpel eingeschlossen, die spätere Fissura orbitalis superior ist als orbito-nasale Fissur noch weit geöffnet. Unter dem Bulbus olfactorius ist der Bereich der späteren Lamina cribrosa noch eine als Foramen cribrosum weite Öffnung.

Der Zusammenschluß der knorpeligen Anlagen

Abb. 24-2a, b. Unterfläche des Gehirns **(a)** und Einblick in die knorpelige Schädelbasis **(b)** beim Embryo im STADIUM 20 (Umzeichnung nach Hochstetter 1919 (a) und Lewis 1920 (b)); Meßbalken: 1 mm

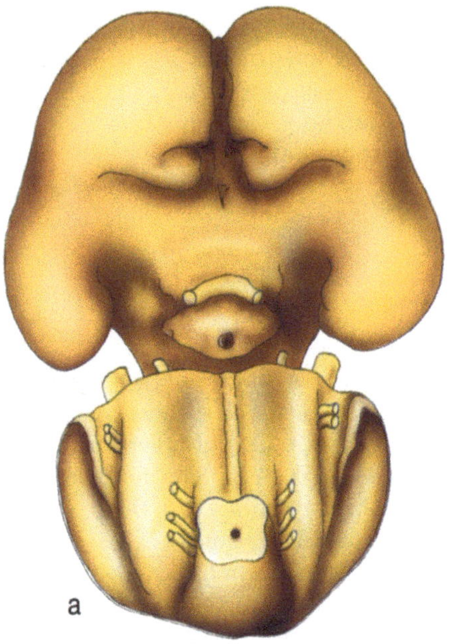

a

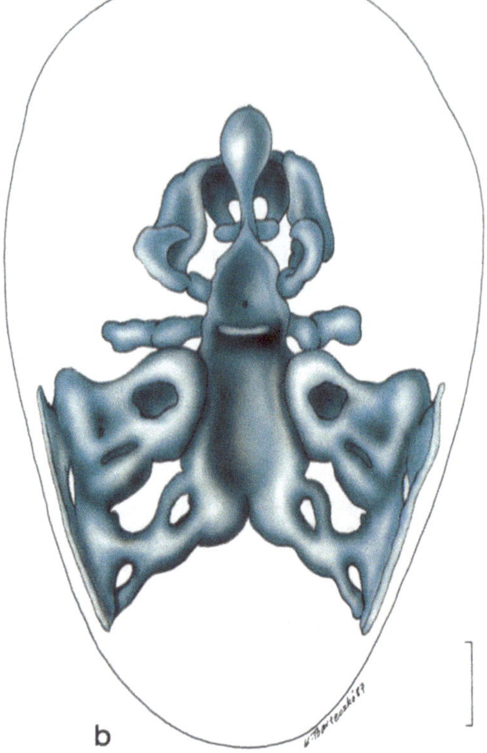

b

Abb. 24-3a, b. Unterfläche des Gehirns **(a)** und Einblick in die knorpelige Schädelbasis (und auf die beginnenden Ossa frontalia und parietalia) **b)** bei einem Feten von 4 cm (ca. 9 Wochen)
(Umzeichnungen nach Hochstetter 1919 (a) und Macklin 1914 (b))

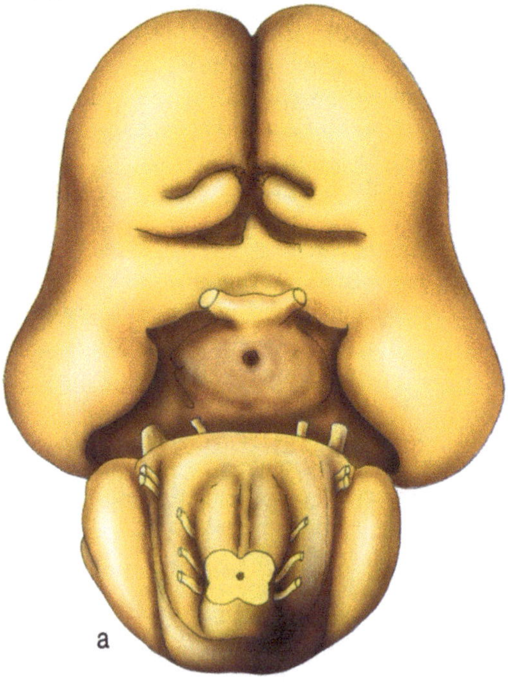

a

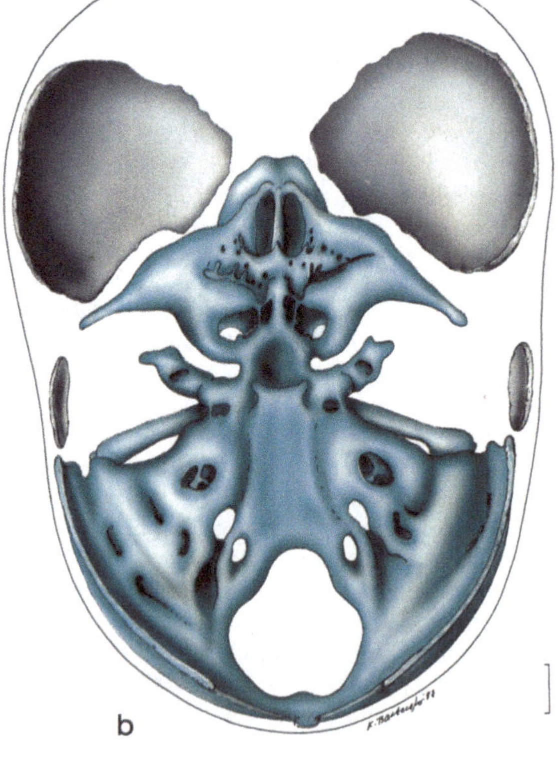

b

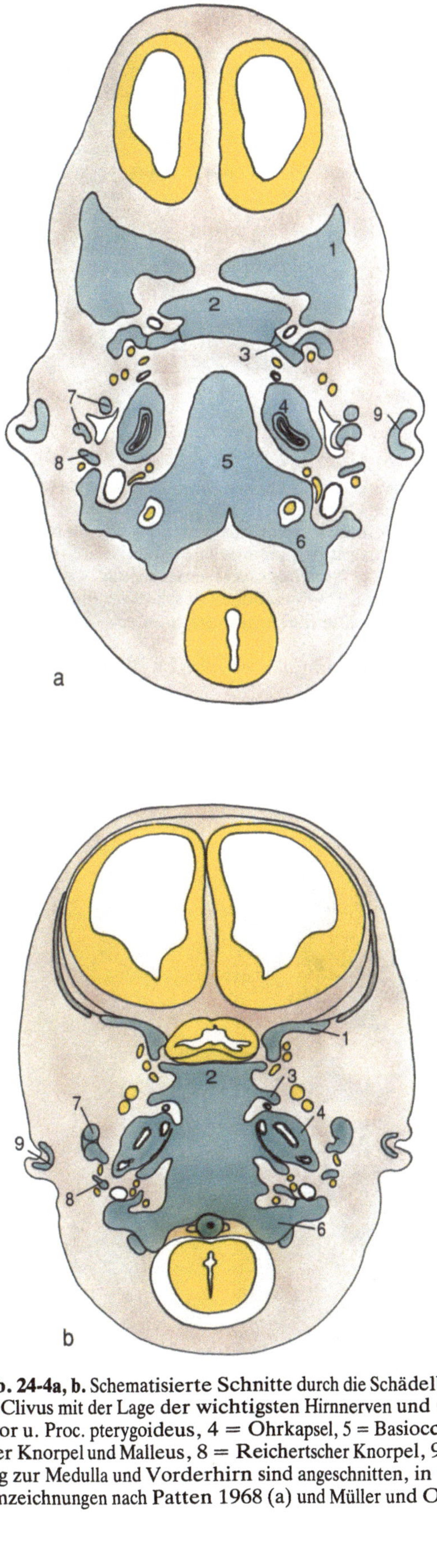

der Schädelbasis und die großen, noch bestehenden Lücken werden in den schematisierten Schnitten der Abbildung 24-4 deutlich, die parallel zur Anlage des Clivus verlaufen.

Schon in dieser frühen Phase der Schädelentwicklung sind die Veränderungen viel größer, als es die Abb. 24-2, 24-3 bei verschiedener Vergrößerung erkennen lassen. Zeichnet man die Konturen der knorpeligen Schädelbasen eines 20 mm großen Embryo und eines 8 cm großen Feten bei gleicher Vergrößerung ineinander (Abb. 24-5), so ist eine Vergrößerung der Basis um mehr als das Dreifache ablesbar.

Die Knochenbildung beginnt bei menschlichen Embryonen in der Mandibel frühestens im Stadium 18 (13–17 mm). Im Stadium 21 beginnt sie in der Maxilla. Im Stadium 23, am Ende der Embryonalperiode, sind Zygomaticum, Palatinum, Squama temporalis sowie Frontalia und Parietalia in ersten Anteilen knöchern [O'Rahilly und Gardner 1972]. Auch in der Schädelbasis beginnt die Ossifikation im Stadium 23, zuerst im Occipitale. Kompliziert sind die Verknöcherungsverhältnisse beim Os occipitale und beim Os sphenoidale, weil hier mehrere (bis zu 9) zunächst getrennte Ossifikationszentren auftreten. Während innerhalb des Keilbeins die Verschmelzung dieser Knochenkerne relativ rasch erfolgt (in den ersten 6 postnatalen Monaten) und nur eine mittlere Fuge für das Breitenwachstum des Keilbeins bis in die Kindheit bestehen bleibt, bleiben die Anteile des Hinterhauptsbeines noch längere Zeit getrennt (Abb. 24-6). Diese Fissuren sind daher röntgenologisch von Bedeutung, zumal hier durch persistierende Nähte überzählige Knochen erhalten bleiben können (*Inkabein*, Spitzenknochen). Für das Längenwachstum des Schädels am bedeutsamsten ist die große Knorpelfuge zwischen Keilbein und Hinterhauptsbein, die Synchondrosis spheno-occipitalis, die bis zum 18. Lebensjahr bestehen kann. Auf die Anlagen von Os frontale und Os parietale wurde schon verwiesen. Die Knochenbildung im Gesichtsschädel bei einem Feten zeigt Abbildung 24-7 in einem Kunststoff eingebetteten, etwas schräg verlaufenden Sagittalschnitt. Am Os sphenoidale sind enchondrale und perichondrale Knochenbildung zu beobachten. Von einem Verknöcherungszentrum außerhalb und am oberen Rand der Ohrkapsel beginnt sich die spätere Squama temporalis zu bilden. Eine Übersicht der frühfetalen Schädelentwicklung gibt Abbildung 24-8.

Abb. 24-4a, b. Schematisierte Schnitte durch die Schädelbasen ca. Stadium 21 und im Stadium 23 etwa parallel zum späteren Clivus mit der Lage der wichtigsten Hirnnerven und Gefäße. 1 = Ala orbitalis, 2 = Basisphenoid, 3 = Abgang von Ala major u. Proc. pterygoideus, 4 = Ohrkapsel, 5 = Basioccipitale, 6 = lateraler (condylärer) Teil des Occipitale, 7 = Meckelscher Knorpel und Malleus, 8 = Reichertscher Knorpel, 9 = Anlage des äußeren Ohres mit Knorpel. Rückenmark im Übergang zur Medulla und Vorderhirn sind angeschnitten, in b) auch Chiasmaplatte und Teil des III. Ventrikels (Umzeichnungen nach Patten 1968 (a) und Müller und O'Rahilly 1980 (b))

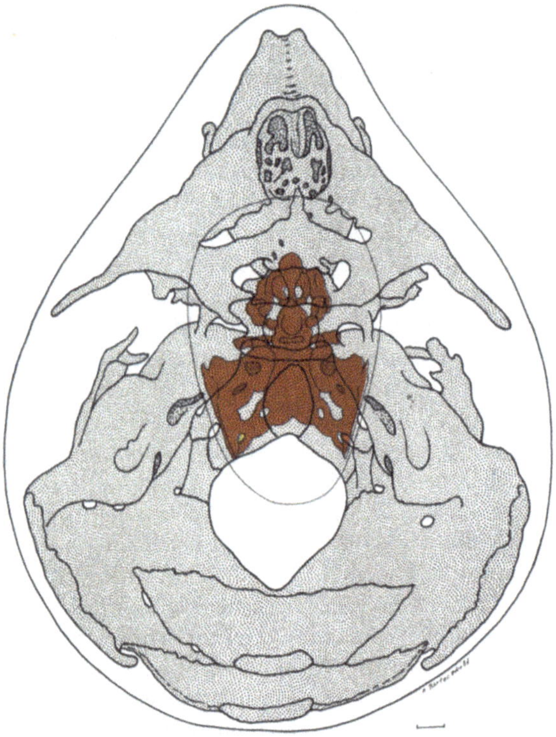

Abb. 24-5. Konturen des Chondrocranium bei einem Embryo im STADIUM 20 (21 mm) und einem Feten von 5,2 cm bei gleichem Maßstab (Meßlinie = 1 mm)
(Umzeichnungen nach Lewis 1920 sowie Bersch und Reinbach 1970)

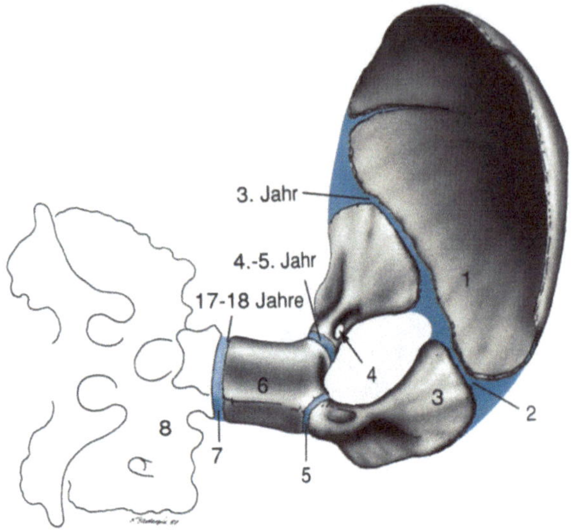

Abb. 24-6. Schema der Knochenbildungszentren und Knorpelfugen im Os occipitale. 1 = Squama occipitalis, 2 = Synchondrosis interoccipitalis posterior, 3 = Pars lateralis, 4 = Foramen occipitale magnum mit Pfeil auf den Canalis n. hypoglossi, 5 = Synchondrosis intraoccipitalis anterior, 6 = Pars basilaris, 7 = Synchondrosis sphenooccipitalis, 8 = Os sphenoidale. Die Zeiten geben den Schluß der Knorpelfugen an.
(Unter Verwendung der Angaben bei Corning 1925)

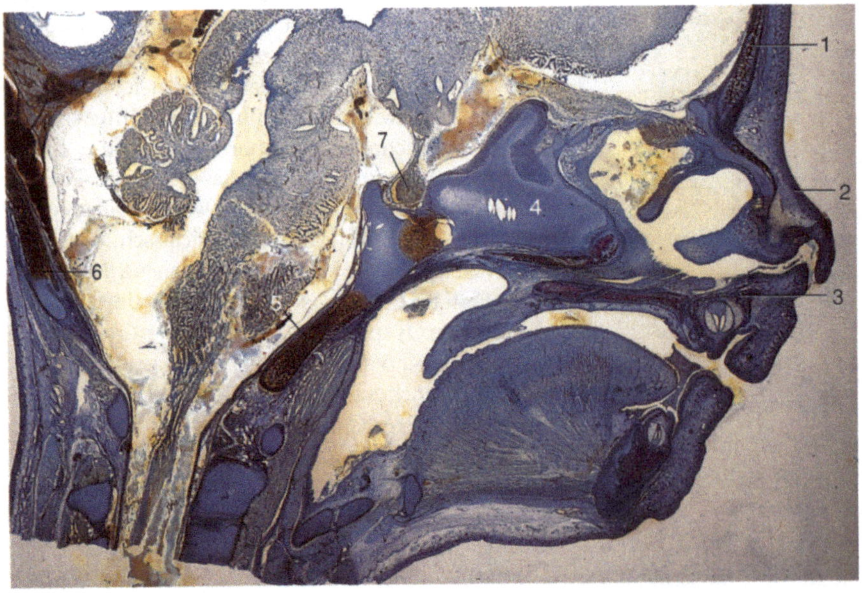

Abb. 24-7. Knorpelschädel mit Knochenbildung bei einem Feten von 15,8 cm (kunststoffeingebetteter Sagittalschnitt, gefärbt mit Methylenblau/AzurII/basischem Fuchsin, weitere Technik siehe Fritsch 1988). 1 = Os frontale, 2 = Os nasale, 3 = Os maxillare, 4 = Os sphenoidale, 5 = Basioccipitale, 6 = Squama occipitalis, 7 = Hypophyse, darunter zentraler Knochenkern im Os sphenoidale. Im Ober- und Unterkiefer sind je eine Zahnanlage angeschnitten
(Präparat freundlichst überlassen von Frau Dr. H. Fritsch, Anatomisches Institut der Universität Bonn, jetzt Lübeck)

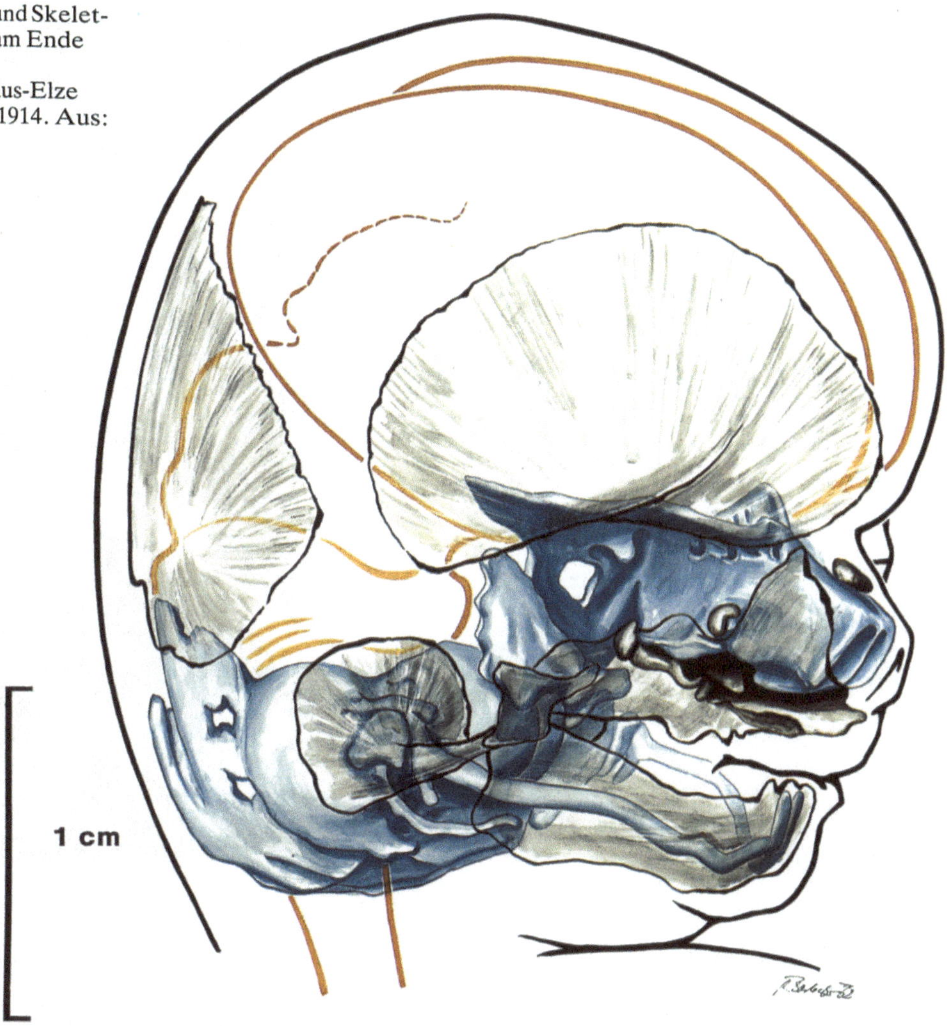

Abb. 24-8. Kopfkontur und Skeletanlage bei einem Fetus am Ende des 3. Monats (Umzeichnung nach Braus-Elze 1954, dort nach Macklin 1914. Aus: Hinrichsen 1986)

24.2 Pharyngealskelet

Die Pharyngealbögen entwickeln eigene Knorpelblasteme, die in die Umformungen dieser Region einbezogen werden. Die beiden ersten großen Knorpelspangen legen sich der knorpeligen Schädelbasis von unten an.

Der Meckelsche Knorpel und die davon getrennte Anlage des Amboß bilden mit der Ohrkapsel das „primäre Kiefergelenk". Der Meckelsche Knorpel ist paarig, seine medialen Enden werden nach oben aufgebogen, vereinigen sich aber nicht. Auch die knöcherne Mandibel ist paarig angelegt, noch beim Neugeborenen besteht eine Synchondrose mit besonderem „chondroiden" Gewebe [Goret-Nicaise und Dhem 1985, 1987]. Hier können zusätzliche (Sekundär-)Knorpel mit eigener Verknöcherung (Ossicula mentalia) entstehen. Schalenartig legt sich dem Meckelschen Knorpel die Mandibula als bindegewebiger Deckknochen an. Der Knorpel zeigt an mehreren Stellen Hyperplasie, es kommt im Bereich der Processus condylaris und coronoideus zu enchondraler und perichondraler Ossifikation.

Das craniale Ende des Reichertschen Knorpels gewinnt Anschluß an die Unterseite der Ohrkapsel und bildet hier den Stapes und den späteren Processus styloideus. Seine periphere Verbindung zum kleinen Horn des Zungenbeins wird eher verständlich, wenn man die noch sehr engen Lagebeziehungen zwischen der Anlage des Kehlkopfes und der Schädelbasis zu dieser frühen Zeit der Entwicklung bedenkt (Abb. 19-10 und 24-1). Normalerweise verknöchern nur der Processus styloideus und das kleine Zungenbeinhorn, während der mittlere Teil zum Lig. stylohyoideum umgewandelt wird. In seltenen Fällen kann auch dieser mittlere Teil verknöchern (Abb. 24-9).

Über die Beteiligung der weiteren Pharyngealknorpel am Aufbau des Zungenbeins und der Kehlkopfknorpel gibt Abbildung 19-10 Auskunft. Bei der Besprechung der Ohrentwicklung wurde auch auf die Bildung der Gehörknöchelchen eingegangen (siehe dort).

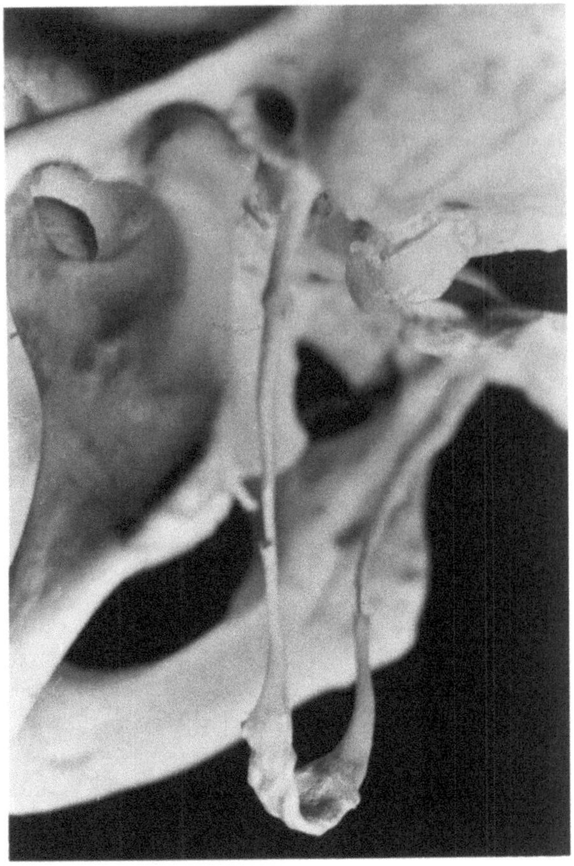

Abb. 24-9. Knöcherne „Hyalspange" bei einem Erwachsenen (eigene Aufnahme aus der Sammlung des Anatomischen Instituts Göttingen)

24.3 Schädeldach

Leitstruktur für die Bildung des Schädeldaches ist die bindegewebige Hirnkapsel, die spätere Dura mater, zwischen deren Faserverlauf und der Ausrichtung der Knochenbälkchen Beziehungen bestehen [Blechschmidt 1947]. Die Knochenbildung beginnt am seitlichen, oberen Rand des Knorpelteiles, nicht an den stärksten Vorwölbungen der Kopfkontur. Die Knochenbälkchen sind zuerst netzartig, später strahlenförmig angeordnet [Dziallas 1954] (Abb. 24-10). Die Deckknochen erfahren ständige Apposition an ihrer Außenseite und an ihren freien Rändern, schon früh setzt innenseitig ein Knochenabbau ein, wodurch die Formanpassung an die ständig größer werdende Hirnkapsel ermöglicht wird (Abb. 24-11 und 24-12). Während dieser Anpassung bilden sich die Tuberalia (frontalia, parietalia, occipitale). Die Squama temporalis entwickelt sich aus der Nische zwischen Ohrkapsel und Keilbeinflügeln.

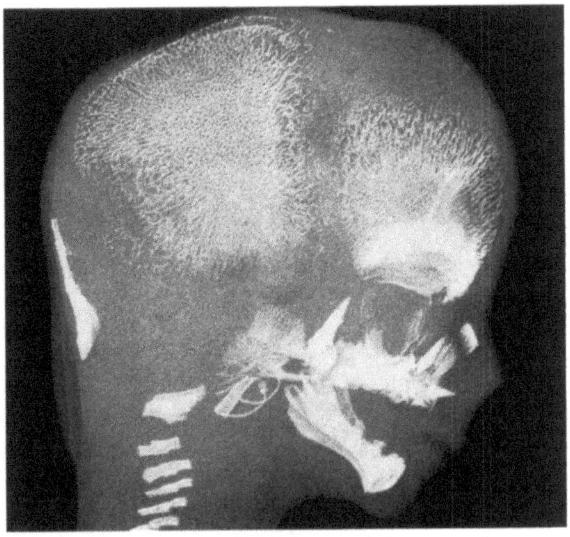

Abb. 24-10. Röntgenbild eines menschlichen Feten von 6,9 cm (nach Imprägnation mit $AgNO_3$). Rechte und linke Seite projizieren sich leicht versetzt aufeinander (z.B. Occipitale, Squama temporalis, Anulus tympanicus). (Aus: O'Rahilly und Meyer 1956, reproduziert aus Grosser-Ortmann 1970)

Der embryonale Knochen ist zunächst ein grob strukturierter Geflechtknochen. Die Umwandlung in lamellären Knochen beginnt an der Tabula interna und trägt durch Knochenneubildung erheblich zum Dickenwachstum des Schädels bei. Dabei werden Fa-

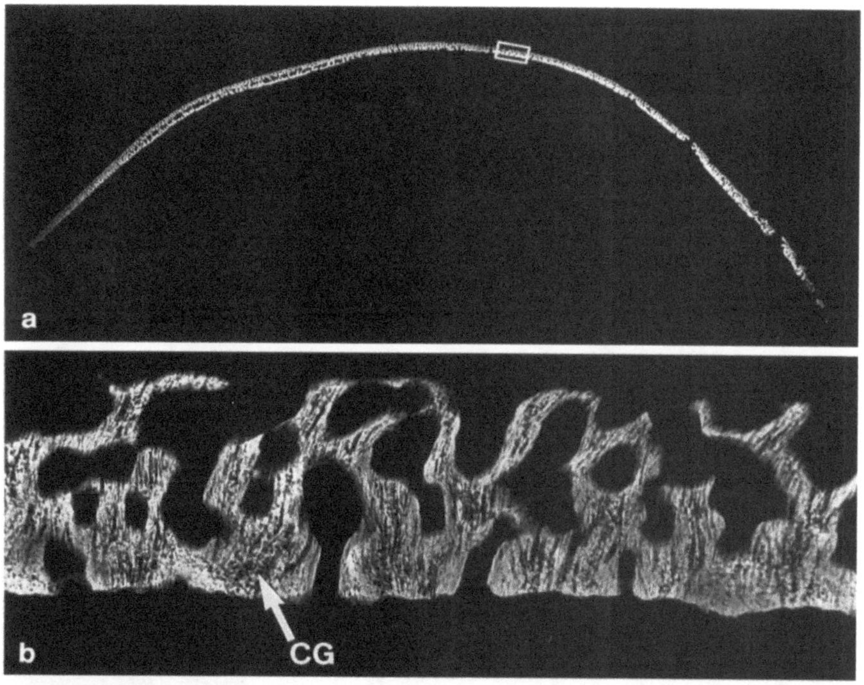

Abb. 24-11a, b. Mikroradiographien vom Schädeldach (dicker paramedianer Sagittalschnitt durch Os parietale und Os frontale) eines Feten 32–34 Wochen in Übersicht **(a)** und Ausschnitt **(b)**. Die innere Knochenschicht schließt chondroides Gewebe (CG) ein. (Freundlichst überlassen von Frau Dr. M. Goret-Nicaise, Brüssel)

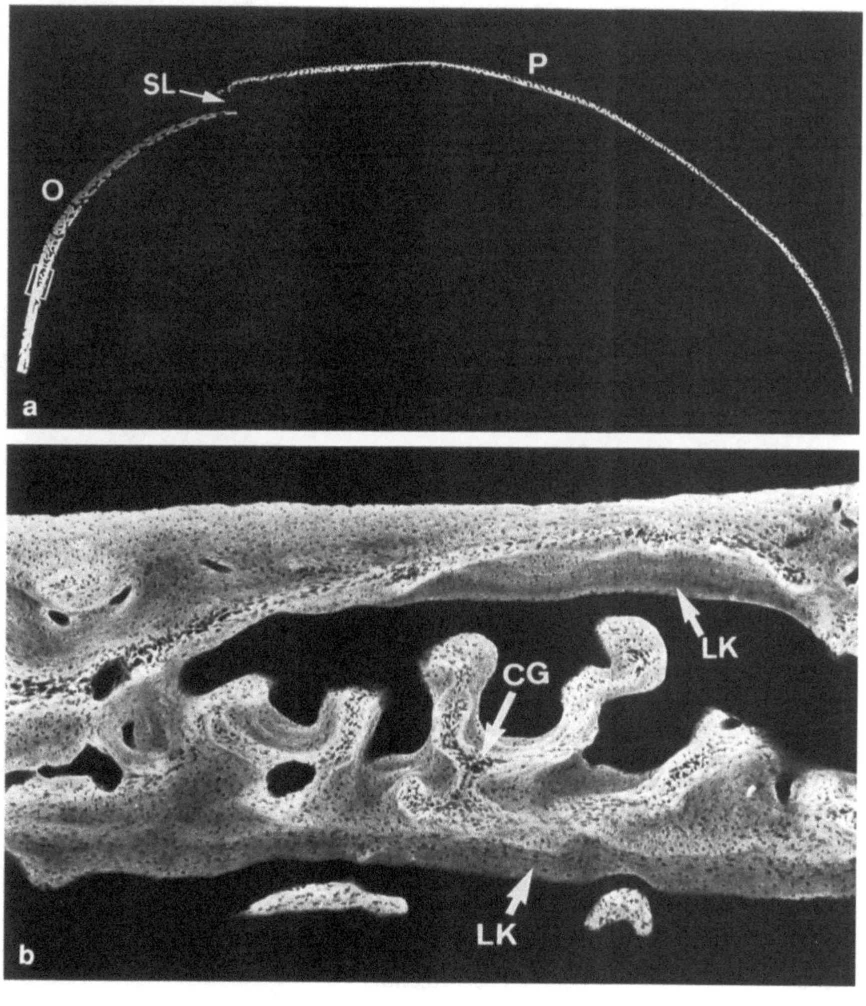

Abb. 24-12a, b. Mikroradiographien vom Schädeldach (dicker paramedianer Sagittalschnitt durch Os parietale (P) und Os occipitale (O)) eines geburtsreifen Feten in Übersicht **(a)** und Ausschnitt **(b)**. Der oberflächliche lamelläre Knochen (LK) schließt chondroides Gewebe (CG) ein. Um einzelne Gefäßkanäle (linker Bildteil) beginnt die Umwandlung zu Havers'schen Systemen. SL = Sutura lambdoidea. (Freundlichst überlassen von Frau Dr. M. Goret-Nicaise, Brüssel)

sern der Dura in den Knochen einbezogen, die Dura leistet aber keinen Beitrag zur Knochenbildung [Dhem et al. 1983].

Die Knochenbildung an den freien Rändern dieser Belegknochen geht eng einher mit einer breiten Zone sprossender Gefäße. Der Ursprung oder doch Zustrom der immer neuen Osteoblasten aus sich lebhaft teilenden zellulären Elementen der Kapillarwände wird diskutiert [Decker und Hall 1985]. Dieser enge Zusammenhang zwischen Gefäßneubildung und „osteogenetischer Front" [Decker und Hall 1985] mag mit Anlaß dazu sein, daß bei jungen Feten sich bandartige Gefäßplexus durch die Haut durchschimmernd zeigen. Ihre allmähliche Verlagerung scheitelwärts ist ein zusätzliches Merkmal für die Altersbestimmung [Streeter 1951] (Abb. 2-16).

Wenn die freien Ränder dieser Knochenschuppen sich zu nähern beginnen und sich erste primitive Schädelnähte formieren, bleiben im Angrenzungsbereich mehrerer Schuppen größere Flächen noch von Knochen unbedeckt. Eine solche Fläche, unterlagert vom Knorpel der Ohrkapsel, erstreckt sich vom vorderen oberen Rand des Occipitale zur Pars mastoidea des Os temporale hin (Abb. 24-13). Von Dura mater unterlagert sind die Flächen am hinteren unteren Rand des Os frontale, vorderen unteren Winkel des Os parietale und dem Oberrand der Ala major und der Squama temporalis, sowie zwischen den Frontalia und Parietalia im Bereich der Sagittalnaht, und den Parietalia und dem Occipitale an der Lambda-Naht. Diese Stellen werden als „Fontanellen" bezeichnet.

Die nicht knochenbedeckten Lücken haben große ärztliche Bedeutung: Als noch weiche Stellen des Schädeldaches, die durch die Haut hindurch gut tastbar sind, kann während der Geburt an der Lage der rautenförmigen großen Fontanelle und der dreiseitig begrenzten kleinen Fontanelle zueinander die Lage und Einstellung des kindlichen Kopfes ertastet werden. Nach der Geburt ist der Sinus sagittalis superior hier punktierbar. Der allmähliche Fortschritt des knöchernen Schlusses dieser Fontanellen bis zum zweiten Lebensjahr erlaubt, die fortschreitende Knochenbildung durch Tastuntersuchungen in ihrem zeitlichen Ablauf zu verfolgen. Nach Hyrtl [1880] geht die Namensgebung sowohl auf die an diesen Stellen tastbare, durch den Liquor auf die Hirnkapsel übertragene Pulsation der Hirngefäße wie auf frühere therapeutische Eingriffe, die noch aus der arabischen Medizin stammen, an dieser Stelle zurück.

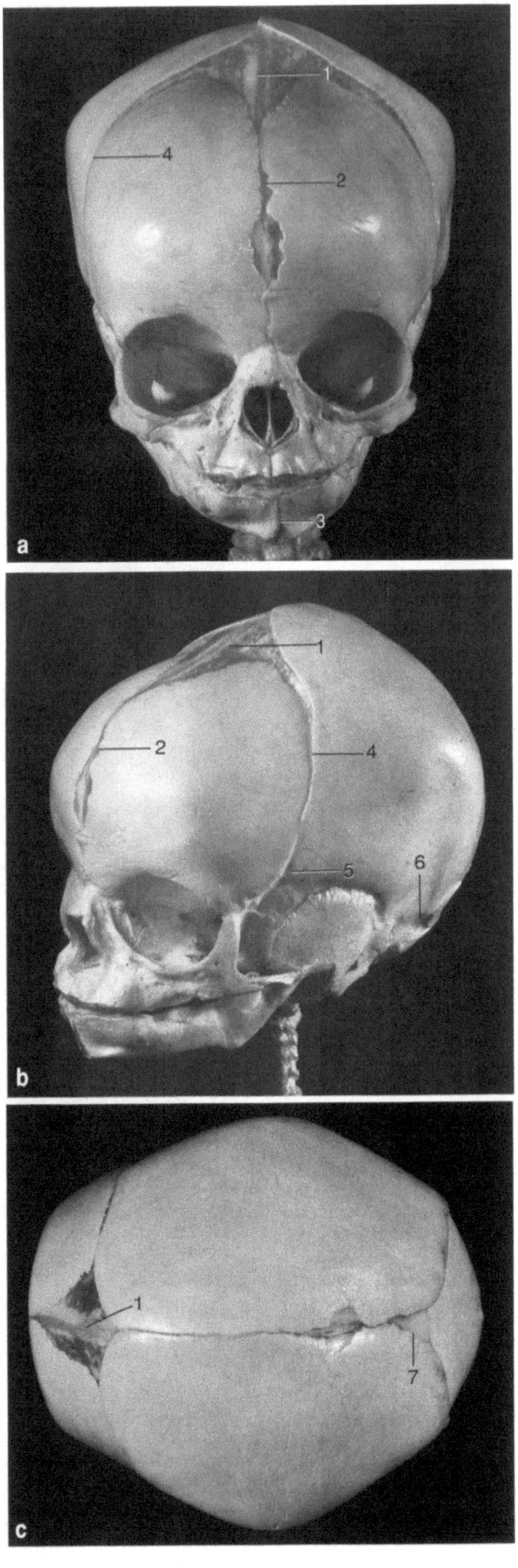

Abb. 24-13a–c. Drei Ansichten eines Neugeborenenschädels (Sammlung des Instituts für Anatomie, Bochum; vgl. auch Abb. 25-14). 1 = Fonticulus anterior (major), 2 = Sutura frontalis, 3 = Synchondrosis (Symphysis) mandibularis, 4 = Sutura coronaria, 5 = Fonticulus sphenoidalis, 6 = Fonticulus mastoideus, 7 = Fonticulus posterior (minor)

24.4 Definitive Schädelform

Die Schädelentwicklung ist mit der Geburt noch nicht abgeschlossen. Der Neugeborenen-Schädel (Abb. 24-13) ist durch die Unterentwicklung des Gesichtsschädels bei gut entwickeltem Neuralschädel gekennzeichnet. Die Änderung der Proportion zeigt sich besonders deutlich, wenn der Schädel des Neugeborenen und des Erwachsenen zeichnerisch auf gleiche Größe gebracht werden (Abb. 24-14). Beim Neuralschädel ist die Größenzunahme gar nicht so groß. Die maßstäblich übereinander gezeichneten Konturen der Abbildung 24-15 machen dies ersichtlich.

Das Wachstum des Schädels ist auch genetisch gesteuert. Dies wird deutlich in der Ausprägung rassischer Merkmale, z.B. Rund- oder Langschädel, Hoch- oder Breitgesicht, und in der besonderen Ausprägung des Jochbogens oder der Nasenform.

Kleinere Seitendifferenzen in der Schädelform (und der des Gesichts) gehören zur Spielbreite der Norm. Stärkere Seitendifferenzen werden als „Gesichtsskoliose" bezeichnet.

Die kleine Fontanelle schließt sich im 3. postnatalen Monat, die große im 2. Lebensjahr. Der Schluß der Schädelnähte beginnt mit 7 Jahren (vgl. Abb. 25-14).

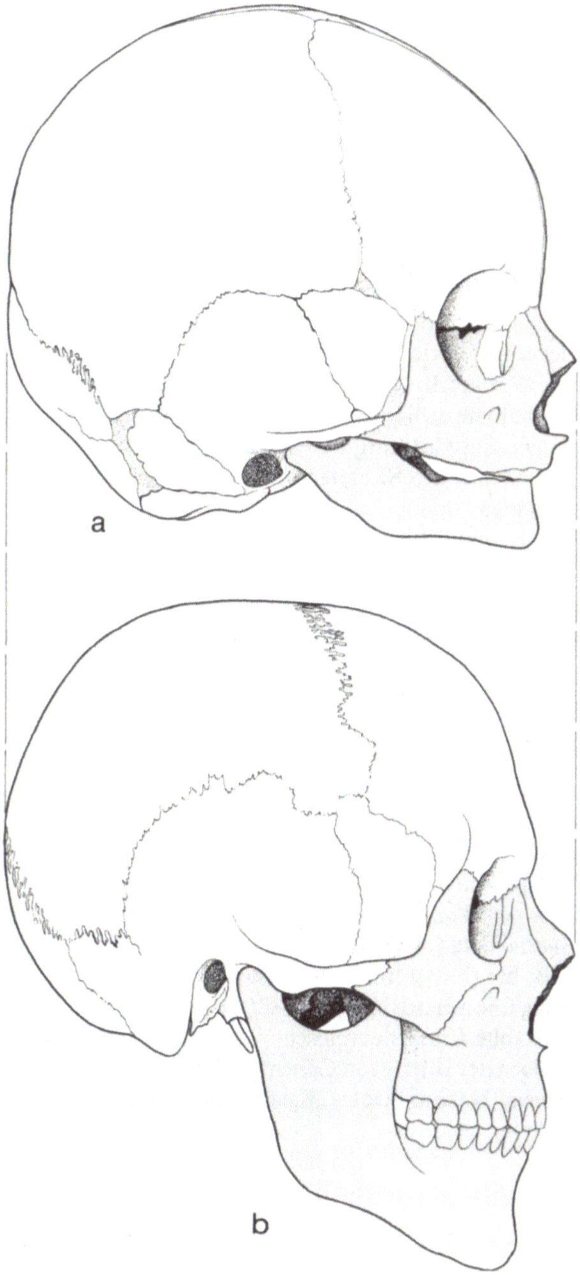

Abb. 24-14a, b. Proportionen von Gesichts- und Neuralschädel beim Neugeborenen **(a)** und Erwachsenen **(b)**. In der seitlichen Projektion in gleicher Länge nimmt der Gesichtsschädel des Neugeborenen etwa nur ein Sechstel der Projektionsfläche ein, beim Erwachsenen mehr als ein Drittel.
(Aus: Frick et al. 1980, mit freundlicher Erlaubnis von Autoren und Verlag)

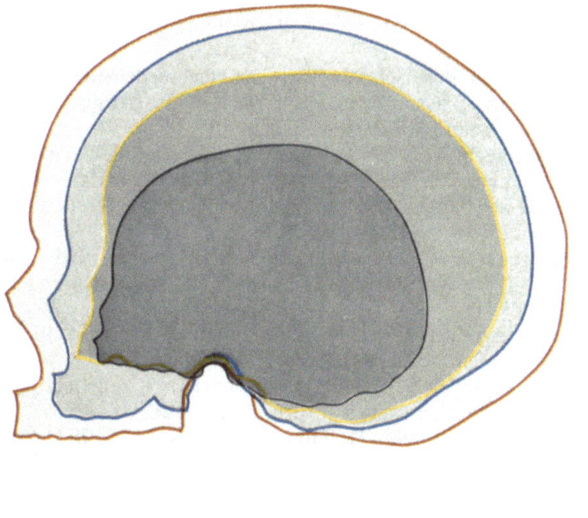

Abb. 24-15. Wachstum des Neuralschädels in der postnatalen Ontogenese. Maßstäbliche Konturen der seitlichen Projektion vom Neugeborenen (dunkel), Einjährigen (gelb), Siebenjährigen (blau) und Erwachsenen (rot)
(Aus: Frick et al. 1980, dort nach Merkel und Hasselwander, mit freundlicher Erlaubnis von Autoren und Verlag)

24.5 Formvarianten und Fehlbildungen am Schädel

Aus seinen Experimenten am Hühnchen, wo auf teilweise Entfernung von Abschnitten des Gehirns jeweils entsprechende Schädeldefekte resultierten, hat Schowing [1968] die allgemeine Schlußfolgerung abgeleitet, daß neben der Chorda das Gehirn spezifisch auf die Ausbildung des Schädels wirke, jede Region des Gehirns sei der Induktor für den entsprechenden Teil des Cranium. Aber auch andere Varianten und Fehlbildungen in benachbarten Strukturen beeinflussen die Knochenbildung im Bereich des Kopfes. So paßt sich die Orbita bei ungleicher Augengröße den unterschiedlich großen Augen jeder Seite an, Spaltbildungen im Kiefer- und Gaumenbereich, die zunächst in den Weichteilen auftreten, führen nachfolgend zu zum Teil erheblichen Veränderungen des Kieferskelets [Vermeij-Kees et al. 1983a, b]. Allgemein bekannt ist die enorme Vergrößerung des Neuralschädels, besonders des Schädeldaches, bei schweren Fällen von Hydrocephalus.

Die meisten Verformungen und Asymmetrien des Schädels (oder starke seitliche Asymmetrie bei „Plagiocephalie") werden auf einen vorzeitigen Schluß der Sagittalnaht, der Kranznaht oder auf ungleiche Verschlußzeiten in Kranz- und Lambda-Naht auf der einen und der anderen Seite zurückgeführt **(Craniosynostosen)**. Je nachdem welche Nähte praematur geschlossen werden, entwickeln sich unterschiedliche Schädelformen **(„Turm-, Kahnschädel")**. Seltene, aber besonders schwere Syndrome von Synostose sind der **„Kreuzschädel"** bei Beteiligung aller Nähte und das (meist autosomal dominant vererbte) Crouzon-Syndrom mit Ausbildung eines **„Spitzschädels" (Acrocephalie)**, **„Wolkenschädels"** durch Knochenatrophie über den Gyri, oft vergesellschaftet mit einer Unterentwicklung des Oberkiefers. In diesen Fällen fehlt also die Anpassung der Nahtbildung an die Volumenzunahme des Gehirns, Hirndrucksymptome können sich in schweren Fällen entwickeln und zu operativer Behandlung zwingen. Sich ebenfalls erst postnatal realisierende Entwicklungsstörungen des Gehirns mit zu geringem Hirnwachstum führen entsprechend auch zu einem zu kleinen Schädel **(Mikrocephalie)**. Bei den schwersten Formen der Gehirnfehlbildung, der **Anencephalie**, einer das ganze Telencephalon betreffenden *vorderen Spaltbildung* fehlt die Weichteilbedeckung und damit auch das Schädeldach. Erstaunlich ist aber in diesen Fällen die weitgehende Entwicklung des Gesichtes einschließlich der Ohren und die Skeletentwicklung in diesen Kopfabschnitten.

Als **mandibulo-faciale Synostosen** werden Entwicklungsstörungen im mittleren Gesichtsbereich zusammengefaßt, die meist Unterentwicklungen im Oberkiefer und Jochbogen, aber auch der Mandibula betreffen. Dies hat Auswirkungen auf die Stellung der Augen (Hypo-/Hypertelorismus), der Ohren bei Mikrognathie und führt besonders zu schweren Fehlstellungen der Zähne. Oft besteht ein Zusammenhang mit der Ausbildung von Gesichtsspalten (Kapitel 23.9).

Große Bedeutung für die definitive Form der Schädelbasis und für die „Prominenz" des Gesichtes haben die *Wachstumsfugen im Os occipitale* und *Os sphenoidale* (Abb. 24-6). Deren gestörtes Wachstum, z.B. bei den vererbten Formen der Systemerkrankung Chondrodystrophie, läßt die Schädelbasis nicht ihre volle Länge erreichen und bewirkt ein Zurückbleiben der mittleren Gesichtsregion mit tief eingezogenem Nasensattel („Boxer- oder Bulldoggengesicht").

24.6 Literaturverzeichnis

Bersch W, Reinbach W (1970) Das Primordialcranium eines menschlichen Embryo von 52 mm Sch.-St.-Länge. Z Anat Entw Gesch 132:240–259

Blechschmidt E (1947) Über das Formbildungsvermögen des menschlichen Körpers (Die Gestaltungskraft des Epithels). Abh Akad Wiss Göttingen Math Phys Kl, 3. Folge H 25

Braus H, Elze C (1954) Anatomie des Menschen, Bd I: Bewegungsapparat, 3. Aufl. Springer, Berlin Göttingen Heidelberg

Corning HK (1925) Lehrbuch der Entwicklungsgeschichte des Menschen, 2. Aufl. Bergmann, München

Decker JD, Hall SH (1985) Light and electron microscopy of the new born sagittal suture. Anat Rec 212:81–89

Dhem A, Dambrain R, Thauvoy C, Stricker M (1983) Contribution to the histological and microradiographic study of craniostenosis. Acta Neurochir 69:259–272

Dziallas P (1954) Zur Entwicklung des menschlichen Schädeldaches. Anat Anz 100:236–245

Fawcett E (1923) Some observations of the primordial human cranium. J Anat 57:245–250

Frick H, Leonhardt H, Starck D (1980) Taschenlehrbuch der gesamten Anatomie, Bd 2: Spezielle Anatomie II (Kopf, Hals, Eingeweide, Nervensystem), 2. Aufl. Thieme, Stuttgart

Fritsch H (1988) Developmental changes in the retrorectal region of the human fetus. Anat Embryol 177:513–522

Goret-Nicaise M (1984) Identification of collagen type I and type II in chondroid tissue. Calcif Tissue Int 36:382–389

Goret-Nicaise M, Dhem A (1985) Comparison of calcium

contents of different tissues present in the human mandible. Acta Anat 124:167–172
Goret-Nicaise M, Dhem A (1987) Electron microscopic study of chondroid tissue in the cat mandible. Calcif Tissue Int 40:219–223
Goret-Nicaise M, Manzanares MC, Bulpa P, Nolmans E, Dhem A (1988) Calcified tissues involved in the ontogenesis of the human cranial vault. Anat Embryol 178:399–406
Grosser O, Ortmann R (1970) Grundriß der Entwicklungsgeschichte des Menschen, 7. Aufl. Springer, Berlin Heidelberg New York
Grube D, Reinbach W (1976) Das Cranium eines menschlichen Embryo von 80 mm Sch.-St.-Länge. Anat Embryol 149:183–208
Hamilton JW, Boyd JD, Mossman HW (1972) Human embryology, 4th edn. Heffer, Cambridge
Hertwig O (1904) Die Elemente der Bewegungslehre des Menschen und der Wirbeltiere, 2. Aufl. Fischer, Jena
Hinrichsen KV (1986) Slides on human embryology. Bergmann, München
Hochstetter F (1919) Beiträge zur Entwicklung des menschlichen Gehirns. I. Teil. Deuticke, Wien Leipzig
Horwitz T (1941) Chordal ectopia and its possible relation to chordoma. Arch Pathol 31:354–362
Hyrtl J (1880) Onomatologia anatomica. Braumüller, Wien (Autorisierter Reprographischer Nachdruck 1970. Georg Olms Verlag, Hildesheim New York)
Johnston MC, Bhakdinaronk A, Reid YC (1974) An expanded role of the neural crest in oral and pharyngeal development. In: Bosma JF (ed) Third Symposion on Oral Sensation and Perception. US Government Printing Office, Washington DC, pp 37–52
Keibel F, Mall FP (1910) Handbuch der Entwicklungsgeschichte des Menschen, Bd I. Hirzel, Leipzig
Kernan JD (1916) The chondrocranium of a 20 mm human embryo. J Morphol 27:605–645
Kollmann J (1907) Handatlas der Entwicklungsgeschichte des Menschen, Bd I. Fischer, Jena
Le Douarin NM (1982) The neural crest. Cambridge University Press, London
Lewis WH (1920) The cartilaginous skull of a human embryo twenty-one millimeters in length. Contrib Embryol Carnegie Inst 9:299–324
Macklin CC (1914) The skull of a human fetus of 40 mm. Am J Anat 16:317–426
Macklin CC (1921) The skull of a human fetus of 43 millimeters greatest length. Contrib Embryol Carnegie Inst 10:57–103
Müller F, O'Rahilly R (1980) The human chondrocranium at the end of the embryonic period, proper, with particular reference to the nervous system. Am J Anat 159:33–58
Müller F, O'Rahilly R (1986) Somitic-vertebral correlation and vertebral levels in the human embryo. Am J Anat 177:3–19
Nichols DH (1986) Formation and distribution of neural crest mesenchyme to the first pharyngeal arch region of the mouse embryo. Am J Anat 176:221–231
Noden DM (1984) Craniofacial development: New news on old problems. Anat Rec 208:1–13
O'Rahilly R, Gardner E (1972) The initial appearance of ossification in staged human embryos. Am J Anat 134:291–308
O'Rahilly R, Meyer DB (1956) Roentgenographic investigation of the human skeleton during early life. Am J Roentgenol 76:455–468
Patten BM (1968) Human embryology, 3rd edn. McGraw-Hill, New York Toronto Sydney London
Reinbach W (1963) Das Cranium eines menschlichen Feten von 93 mm Sch.-St.-Länge. Zur Morphologie des Cranium älterer menschlicher Feten. Z Anat Entw Gesch 124:1–50
Schowing J (1968) Mise en évidence du rôle inducteur de l'encéphale dans l'ostéogenèse du crâne embryonnaire du poulet. J Embryol Exp Morphol 19:83–93
Slipka J (1974) Relationship of the notochord to development of the skull basis. Fol Morphol XXII:244–246
Starck D (1975) Embryologie, 3. Aufl. Thieme, Stuttgart
Streeter GL (1951) Developmental horizons in human embryos. Embryology Reprint Vol II. Carnegie Inst Washington, Washington DC
Vermeij-Keers C, Koppenberg J, Maat GJR (1983a) The oro-ocular clefts, and embryological subdivision. Orbit 2:111–120
Vermeij-Keers C, Mazzola RF, van der Meulen JC, Stricker M (1983b) Embryologische Analyse kraniofazialer Mißbildungen. In: Mühlbauer W, Anderl H (Hrsg) Kraniofaziale Fehlbildungen und ihre Behandlung. Thieme, Stuttgart New York, S 26–34
Zawisch C (1957) Der Ossifikationsprozeß des Os occipitale und die Rolle des Tectum posterius beim Menschen. Acta Anat 30:988–1007

25. Zahnentwicklung

K. V. Hinrichsen

25.1 Frühe Stadien der Zahnanlagen bis zur Hartsubstanzbildung

Im STADIUM 18 ist die Gesichtsentwicklung soweit abgeschlossen (siehe dort), daß die Gesichtswülste fusioniert, die Gesichtsfurchen ausgeglichen, der Zwischenkieferbereich und die Grundform der Zunge gebildet sind. Damit setzt im Oberkiefer und Unterkiefer eine Abgrenzung des Lippenbereichs gegen das spätere Vestibulum oris ein, die von der Einsenkung einer Epithellamelle, der **Labio-Gingival-Leiste,** ausgeht. Diese Einsenkung verläuft parallel zum Lippenrand (Abb. 25-1a). Mundhöhlenwärts zweigt sich von der weiter in die Tiefe wachsenden Labio-Gingival-Leiste dann die eigentliche Zahnleiste **(Dentalleiste)** ab. An ihr entstehen, nun zur Labialseite hin gelegen, auf jeder Seite von mesial nach distal fortschreitend nacheinander fünf knospenartige Epithelverdickungen, die Zahnknospen der Milchzähne (Abb. 25-1b). Über die Zahnknospen hinaus verzweigt sich etwas später die Zahnleiste noch einmal und bildet die erneut nach innen gerichtete Ersatzzahnleiste (Abb. 25-1c, 25-2d) [Meyer 1951, Blechschmidt 1953, 1955].

Die Form- und Strukturentwicklung der einzelnen Zähne ist ein komplizierter Vorgang, der der Übersichtlichkeit halber zunächst für einwurzelige Zähne mit nur einer Schneide oder einem Höcker beschrieben werden soll.

▸

Abb. 25-2a–e. Sagittalschnitte (**a–d, e:** frontal) durch Zahnanlagen des Unterkiefers.
a) Fetus 3,2 cm, spätes Kappenstadium des lateralen Schneidezahnes (i2). ca. 135 : 1;
b) Beginnende Glockenbildung, Fetus 4,5 cm (i2). ca. 190 : 1;
c) Frühe Zahnglocke des medialen Schneidezahnes (i1) bei einem Feten 3,2 cm. Beachte die zunehmende Abgrenzung der zelldichten Zahnpapille durch das „Zahnsäckchen". ca. 135 : 1;
d) Schneidezahn (i1) bei einem nicht genau datierten Feten (Kurspräparat). Am oberen Bildrand Zahnleiste in Auflösung und Ersatzzahnleiste mit eben beginnender Bildung einer Zahnknospe. 45 : 1;
e) Eckzahn (c) bei einem Feten 10,5 cm. Beachte den beginnenden „Einschlag" der HES um den Kronenrand und die Gefäßzeichnung in der Pulpa. 70 : 1

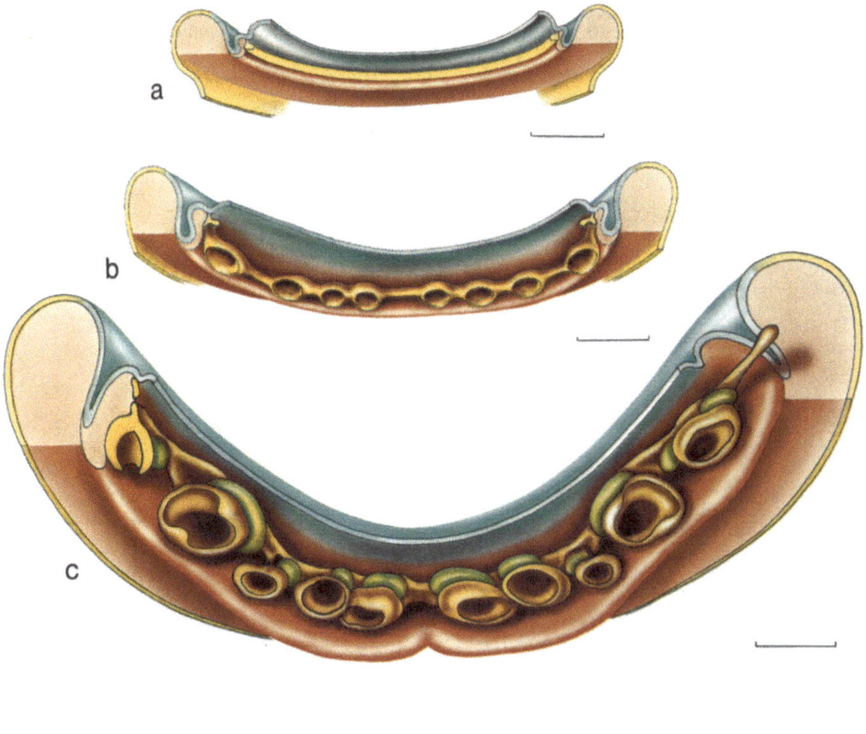

Abb. 25-1a–c. Schematische Darstellung der Zahnleiste und Zahnglocken im Unterkiefer in der Ansicht von dorsocaudal. Umzeichnungen nach Röse 1891.
a) Abzweigung der Zahnleiste von der Labio-Gingival-Leiste bei einem Embryo von 25 mm.
b) Bildung von jederseits vier Zahnglocken bei einem Feten von 4,0 cm.
c) Die Kronen-Anlagen der (beiderseits) fünf Milchzähne verdecken teilweise die Anlagen der Ersatzzähne im Kappenstadium; Fetus 11,5 cm.
Meßbalken = 1 mm

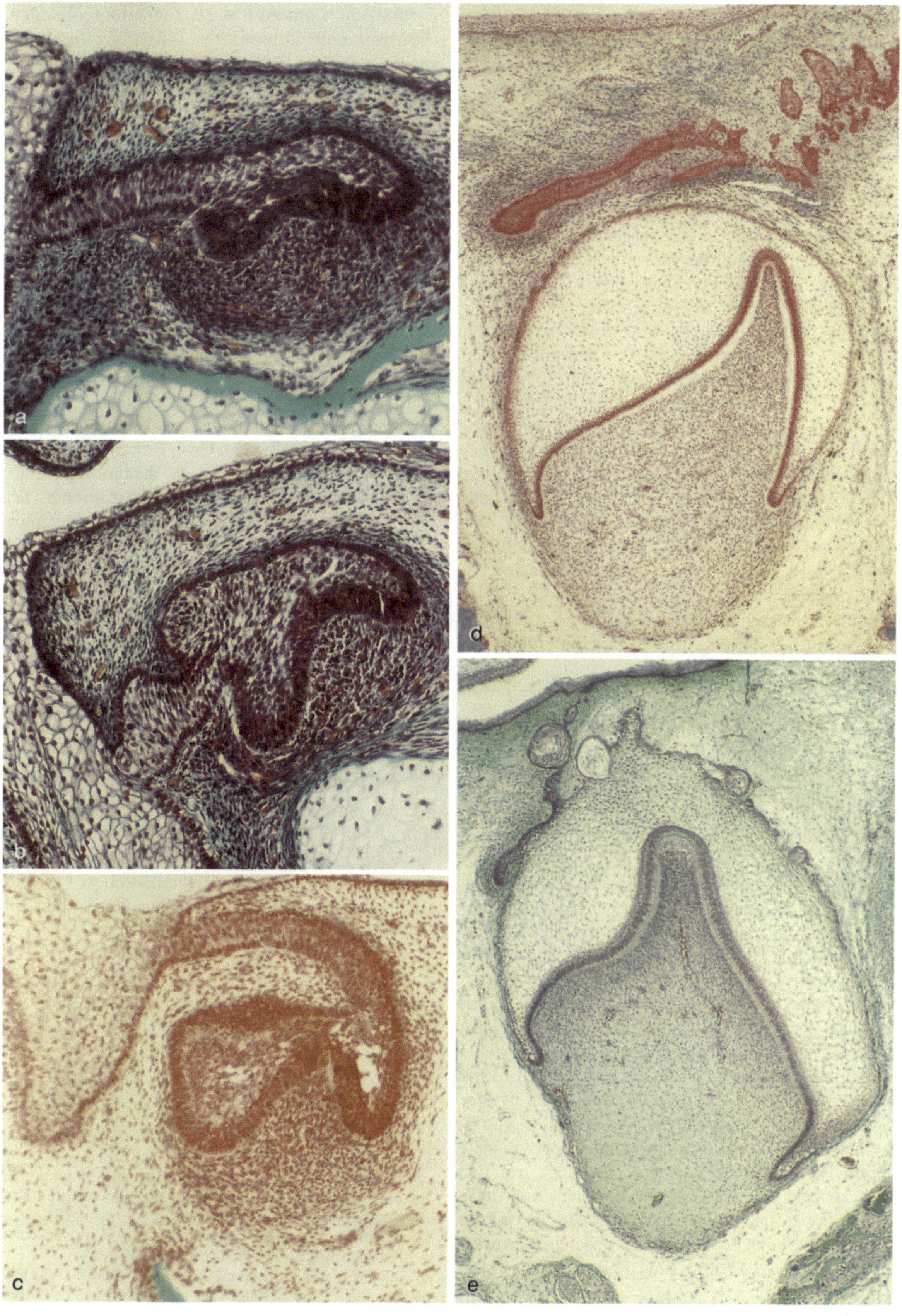
a
b
c
d
e

Schon früh verdichtet sich um die Zahnknospe das angrenzende Mesenchym zur *Zahnpapille* (Abb. 25-2a). Die Ränder der Knospe wachsen stärker vor als die Mitte, aus der *Zahnknospe* wird über ein kappenförmiges Stadium die *Zahnglocke* (Abb. 25-2b, c). Da das Ausgangsmaterial mehrschichtiges Epithel war, ist auch die Zahnglocke mehrschichtig. Im Innenraum der Glocke grenzt sich gegen das Bindegewebe das *innere Schmelzepithel* (ISE) ab, an der äußeren Oberfläche der epithelialen Zahnglocke bildet die äußere, an das umgebende Mesenchym angrenzende Zellschicht das äußere *Schmelzepithel* (ÄSE). Zwischen diesen beiden Schichten wird die Lage von Epithelzellen allmählich dicker, verliert aber dann ihren epithelialen Zellverband und wird, zu mesenchymartig verzweigten Zellen (Reticulum stellatum) umgewandelt, zur *Schmelzpulpa,* die in den Zellmaschen eine mucopolysaccharidreiche gallertige Grundsubstanz einschließt. Von der Auflockerung wenig betroffen werden die innersten, an das ISE unmittelbar angrenzenden Lagen, das Stratum intermedium, das für die weitere Differenzierung der ISE-Zellen, ihre sekretorische Aktivität und später für die „Anlieferung" hoher Konzentrationen an Mineralien eine besondere Bedeutung hat [Hunt und Paynter 1963, Wakita und Hinrichsen 1980]. Eine zirkuläre Schicht des den gesamten Zahnkeim umgebenden Bindegewebes bildet das *Zahnsäckchen.*

Die *Zahnleiste* wird allmählich aufgelöst, die Zahnanlage „verselbständigt" sich. An der Zahnleiste, ihrer Verbindung zum Schmelzorgan (auch als „laterale Leiste" bezeichnet) [Meyer 1951], aber auch vom ÄSE ausgehend, werden konzentrisch geschichtete Epithelkomplexe gefunden (Abb. 25-3), die als „Serresche Perlen" bezeichnet werden und persistieren können.

Für die weitere Entwicklung der Zahnglocke kommt dem Umschlagsrand vom äußeren zum inneren Schmelzepithel besondere Bedeutung zu. Dieser Umschlagsrand ist mitosenreich und wächst an der verdichteten, bindegewebigen Zahnpapille entlang, wobei er das genaue Formrelief der späteren Zahnkrone vorformt. Hat die Glocke die Größe und Form der späteren Zahnkrone erreicht, hält das nach distal gerichtete Wachstum des Umschlagsrandes an, ohne daß zwischen den beiden Blättern noch weiter Schmelzpulpa gebildet würde. Diese epitheliale Doppellamelle am Glockenrand wird nun „Hertwig'sche Epithelscheide" (HES) genannt. Sie biegt um den Glockenrand nach innen ein und schließt auf diese Weise diaphragmaähnlich die Zahnkrone bis auf ein „Wurzelloch" (ein Vorläufer des späteren Foramen apicis dentis) als Gefäß- und Nervendurchtritt ab (Abb. 25-3c).

Das Kopfmesenchym, das sich als Zahnpapille und Zahnsäckchen am Aufbau der Zahnanlage beteiligt, entstammt einer besonderen Zell-Linie, die durch vorübergehenden Kontakt mit epithelialen Flächen, sei es ektodermaler oder endodermaler Genese, zu einer Linie segregiert wird, die zur Knorpelbildung und zur Dentinogenese befähigt ist [Le Douarin 1982]. Die Zahnbildung insgesamt ist eine Interaktion von dentinogenem Bindegewebe und zahnformativem Epithel. Die in der Zahnpulpa dem inneren Schmelzepithel unmittelbar gegenüberliegenden Mesodermzellen organisieren sich epithelähnlich zu der einzelligen Schicht der Odontoblasten. Diese Differenzierung wird als eine Induktion durch das innere Schmelzepithel gedeutet, die an der Höckerspitze bzw. späteren Schneidenkante beginnt und von dort zum unteren Kronenrand fortschreitet [Warshawsky und Smith 1974, Thesleff et al. 1977].

Experimentelle Befunde an Rattenzahnkeimen haben zu dem – nach allem bisher Bekannten überraschenden – Ergebnis geführt, daß die bindegewebige Papille der Zahnanlage der formbestimmende Teil der Anlage ist. Fermentative Trennung von Schmelzorgan und Papille und Rekombinationen in der Kultur zeigen, daß selbst das ISE eines permanent wachsenden, lang gestreckten Nagezahnes sich der Form eines Molaren anpaßt, und daß schon differenziertes ISE sich entdifferenzieren und in Anpassung an die Papille ein neues Schmelzorgan aufbauen kann [Kollar 1972].

Die Schmelzpulpa ist frei von jeglichen Gefäßen. Vom Zahnsäckchen her reihen sich Gefäße und Kapillaren außen am ÄSE auf. Erst in einer späten Phase der Schmelzentwicklung dringen Gefäße, von Mesenchym umgeben, zunächst septenartig in die Schmelzpulpa vor, bis am Ende der Schmelzbildung der Kronenteil des Schmelzorgans aufgelöst wird. Nur ein azelluläres Schmelzoberhäutchen verbleibt auf der Krone. Die Zahnpulpa hingegen ist von An-

▸

Abb. 25-3a–d. Die Hartsubstanzbildung beginnt an der Kronenspitze (Schneidenkante, Höckerspitze).
a) Eckzahn (c) Unterkiefer (Parallelschnitt zu Abb. 25-2e) Fetus 10,5 cm: nur Dentinlamelle. 55 : 1;
b) Unterer Kronenbereich eines Schneidezahnes bei einem Feten von 17 cm. Die HES hat die Zahnpulpa bis auf ein Foramen (späteres Wurzelloch) geschlossen. Beachte die knöcherne Alveole (1) und die Nerven- und Gefäßanschnitte im Canalis mandibularis (2). 30 : 1;
c) Schneidezahn eines Feten von 17 cm mit beginnender Schmelzbildung an der Schneidenkante. Am unteren Kronenrand beginnt die Bildung der HES. 1 = ÄSE, 2 = Schmelzpulpa, 3 = ISE, 4 = Zahnpulpa, 5 = Zahnsäckchen, 6 = Knochenbälkchen der Alveolarwand. 35 : 1;
d) Ausschnitt aus Bildteil **c)**, 95 : 1. 1 = ÄSE, 2 = Ameloblastenschicht, 3 = Schmelzlamelle, 4 = Dentin, 5 = Odontoblasten

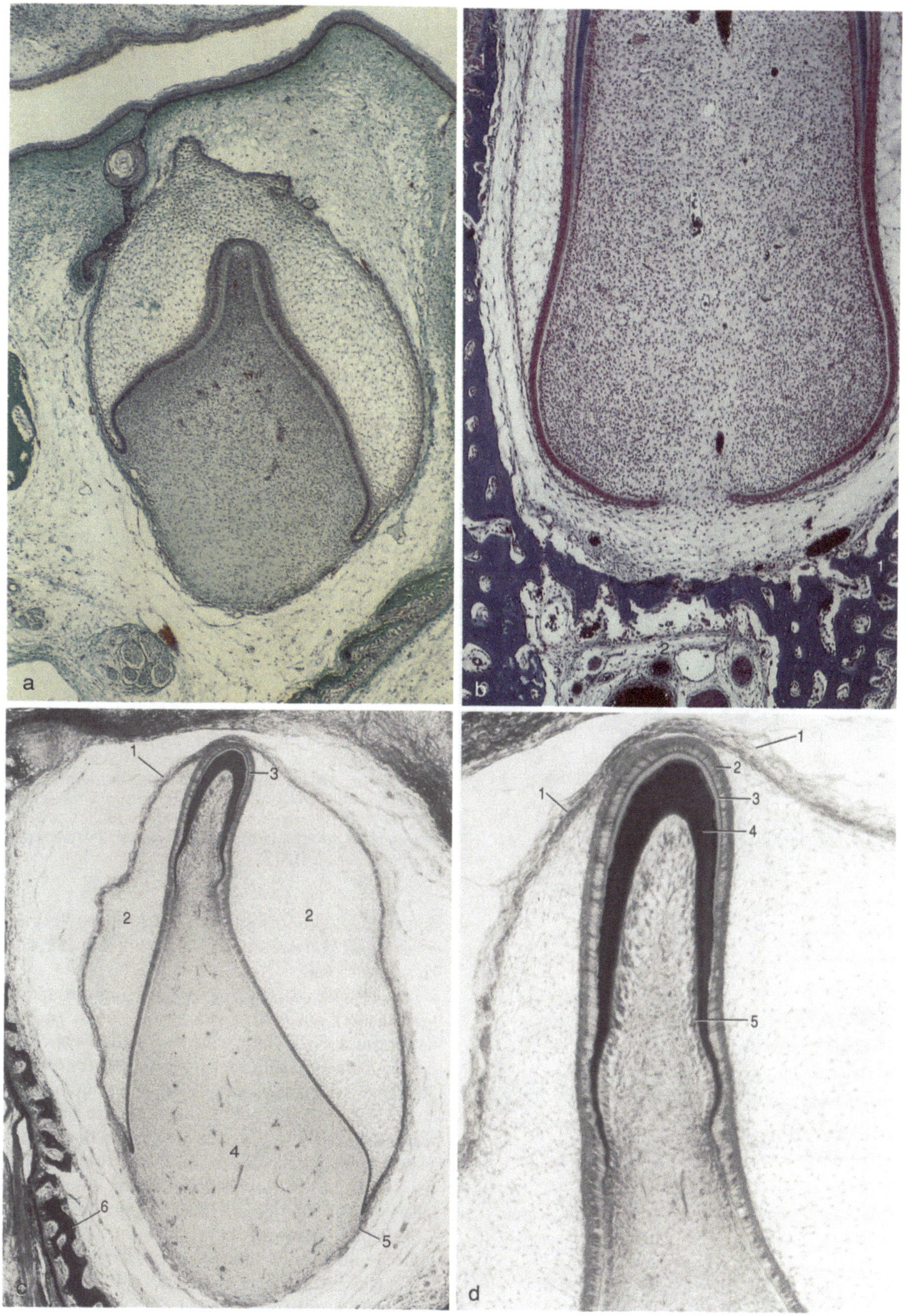
a
1
2
1
b
1
3
2
2
4
6
5
c
1
2
1
3
4
5
d

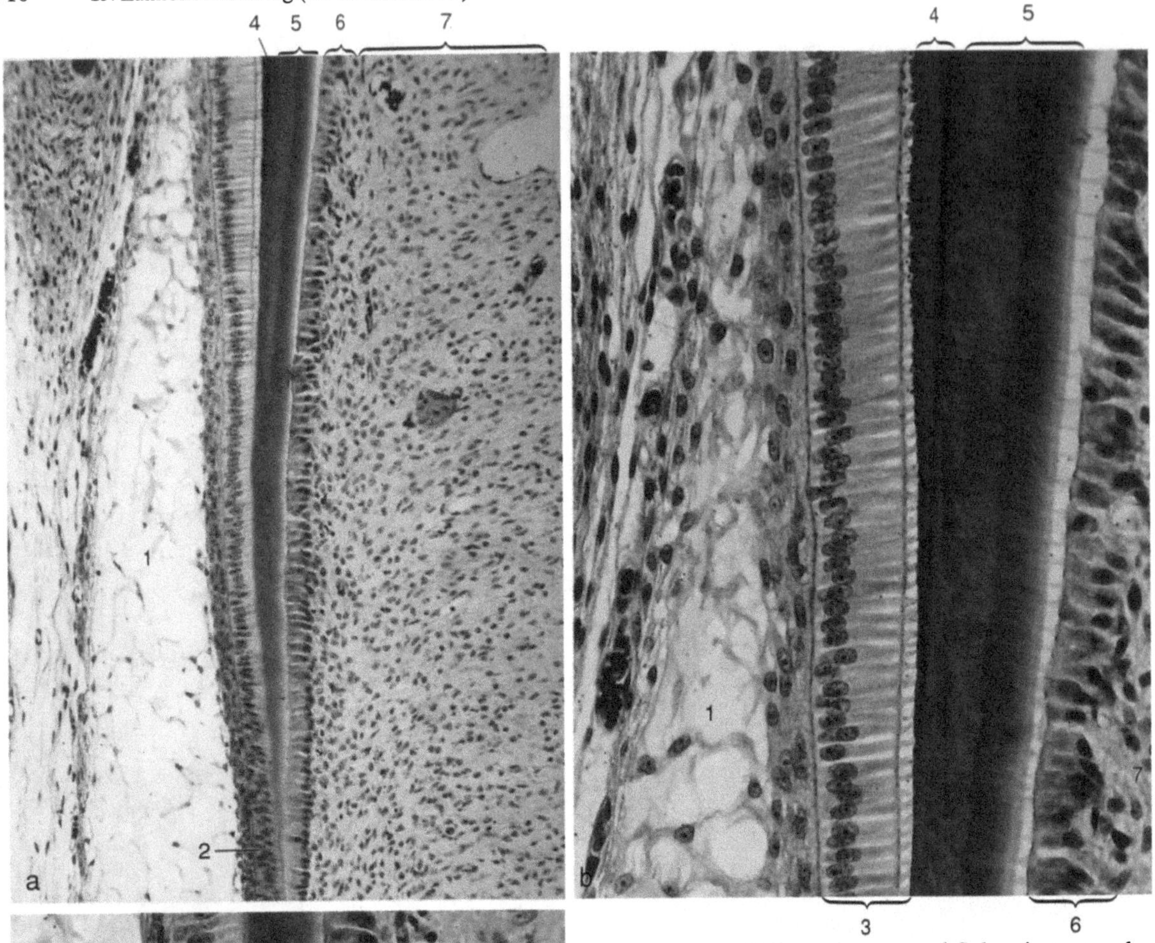

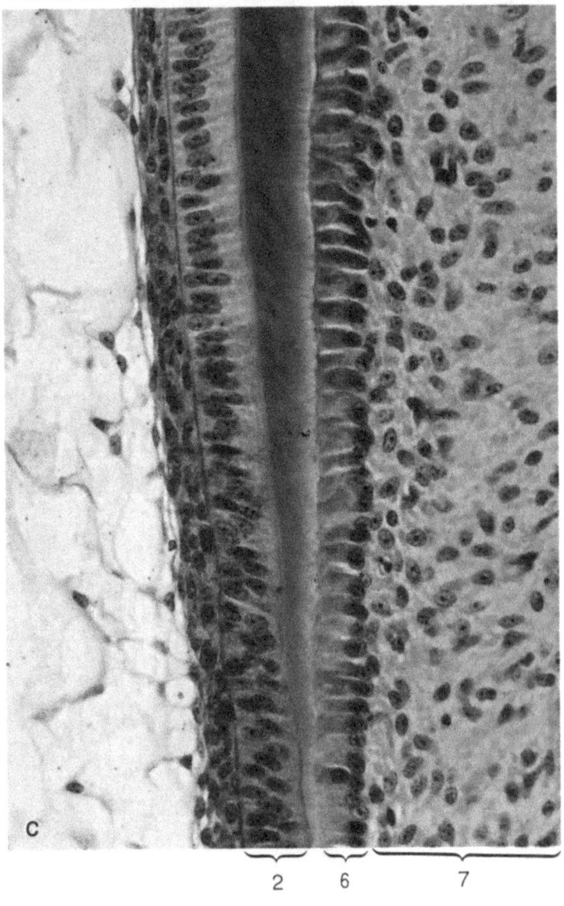

Abb. 25-4a–c. Differenzierungs- und Sekretionszone der Ameloblasten am seitlichen Kronenrand in Übersicht **(a)** und Ausschnitten **(b, c)**. Azanfärbung. 1 = Schmelzpulpa, 2 = ISE, 3 = Ameloblasten, 4 = Schmelz, 5 = Dentin, 6 = Odontoblasten, 7 = Zahnpulpa. Beachte die Umorientierung der Zellkerne der Ameloblasten in **c)** und die hohen sezernierenden Ameloblasten mit Tomes'schen Fortsätzen in **b)**. a: 130 : 1; b, c: 320 : 1

fang an gut vaskularisiert (Abb. 25-2d und e), bis zum Beginn der Hartsubstanzbildung wird das ISE von hier aus versorgt.

Die Hartsubstanzbildung im Zahn beginnt mit einer dünnen Lamelle von Praedentin. Sie ist ein Bildungsprodukt der Odontoblasten (Abb. 25-3a). Wie die cytologische Differenzierung der zahnbildenden Schichten, so beginnt auch die Hartsubstanzbildung an der Höckerspitze oder Kronenschneide und setzt sich nach distal fort. Nur dort, wo bereits Praedentin zwischen die Zellschichten der Odontoblasten und des inneren Schmelzepithels abgelagert, das ISE damit von seiner eigentlichen Ernährungsunterlage, der Zahnpulpa, getrennt ist, beginnt nun im inneren Schmelzepithel eine intrazelluläre Umorganisation. Der bisher basale, Basalmembran und Zahnpapille anliegende Teil wird nun apicaler Zellabschnitt, der bisher apicale, zum mehrschichtigen Epithel der Zahnpulpa hin gerichtete Teil wird nun basaler Zellteil. Dies prägt sich auch in der Lage der Zellorganellen und besonders des Zellkernes aus. Mit dieser Differenzierung und neuen Polarisierung der Zellen des inneren Schmelzepithel (Abb. 25-4) zu den Schmelzbildnern, den Ameloblasten (auch Adamantoblasten genannt), setzt dann der Sekretionsvorgang des Zahnschmelzes an der Oberfläche des schon gebildeten Praedentins ein.

25.2 Dentinbildung

An der Grenzfläche des ISE zu den Odontoblasten kommt es zu starken Interdigitationen von Zellausläufern. Danach entsteht eine fibrillenreiche, starke Basalmembran, Membrana praeformativa, durch die Zellfortsätze der Odontoblasten bis an oder in den späteren Schmelz hineinreichen. Dadurch haften die Praeodontoblasten an der Basalmembran. Reste dieser Basalmembran markieren die Schmelz-Dentin-Grenze zeitlebens.

Die Dentinbildung beginnt mit der Sekretion einer Grundsubstanz, die aus Glycoproteinen, Glycosaminglycanen und Tropokollagen besteht. Unter Polymerisation zahlreicher Kollagenfibrillen entsteht das Praedentin, das durch Mineralisation zum Dentin wird. Dabei dienen die Kollagenfibrillen als Leitstruktur für eine geordnete Anlagerung der Apatitkristalle. Eine Ummantelung von Glycosaminglycanen verleiht ihnen die kalkbindenden Eigenschaften [Weinstock 1972].

Mit fortschreitender Sekretion der Dentinmatrix entfernen sich die Odontoblasten von der Dentin-Schmelz-Grenze in dem Maße, wie die Praedentin- und Dentinschicht wächst. Sie bleiben aber an der Membrana praeformativa haften und bilden einen immer länger werdenden, dünnen Zellfortsatz aus, um den herum die Matrixbildung erfolgt. So ist das Dentin von Dentinkanälchen durchzogen, die jeweils einen Odontoblastenfortsatz („Tomes'sche Faser") enthalten, während der zugehörige Zellkörper in der oberflächlichsten Schicht der Pulpa und damit außerhalb des Dentins liegt.

Die zuerst gebildete Dentinschicht (Manteldentin) hat noch eine grobe Struktur mit auch lichtmikroskopisch sichtbaren, radiär eingestellten Fibrillenbündeln (Korff'sche Fasern) [von Korff 1905] und körnigen Mineralisationsherden (Globulardentin). Die Hauptschicht des Dentin (circumpulpäres Dentin) hat eine feinere Grundstruktur. Die Fasern im Dentin sind überwiegend parallel zur Dentinoberfläche orientiert. Zwischen den Dentinkanälchen, im intertubulären Dentin, erfolgt die Mineralisation an der Oberfläche der Fasern. Zu unterschiedlichem Zeitpunkt wird in den Dentinkanälchen eine sehr dünne Schicht von peritubulärem Dentin gebildet und damit das Lumen des Tubulus auf ca. 3 µm eingeengt. In diesem peritubulären Dentin werden die Mineralkristalle direkt in die fibrillenarme Matrix eingelagert [Boyde und Jones 1972].

Bildung und Mineralisation folgen einem Tag-Nacht-Rhythmus mit geringerer (Tag-) und stärkerer (Nacht-)Sekretion, wodurch ein Linienmuster wechselnder Dicke entsteht (Ebnersche Linien), das experimentell beeinflußbar ist. Die Dentinbildung ist mit dem Zahndurchbruch (siehe dort) noch nicht abgeschlossen, die Fähigkeit zu reaktiver Dentinbildung bleibt zeitlebens erhalten.

25.3 Schmelzbildung

Während bei der Dentinbildung die Odontoblasten zwar individuelle Zellfortsätze behalten, aber eine einheitliche Matrix bilden, sezernieren die Ameloblasten die Schmelzmatrix als individuelle Sekretstränge, ohne eine cytoplasmatische Verbindung mit der Lamina praeformativa aufrechtzuerhalten.

Die Zellen des ISE durchlaufen ein Stadium der Differenzierung, in der die Umorientierung der Zellorganellen und des Zellkernes erfolgt (Abb. 25-4). Die Praeameloblasten sind G0-Zellen, die den intrazellulären Apparat für die Sekretion vorbereiten. Der Golgi-Apparat und das endoplasmatische Reticulum werden sehr stark entfaltet und es kommt zur Bildung großer Sekretgranula an dem neuen apicalen Pol [Rönnholm 1962].

Im Stadium der Sekretion werden die großen, zahlreichen Sekretgranula als fast zellbreiter Sekretstrom abgegeben (durchaus dem Austritt einer Paste aus einer Tube vergleichbar), so daß jeder Ameloblast einen Sekretstrang (Tomes'scher Fortsatz) bildet. Das Sekret der Ameloblasten besteht überwiegend aus nicht-kollagenen Proteinen mit Beimengungen von Glycoproteinen und Glycosaminglycanen.

Abb. 25-5. Schmelzprismen des 1. Molaren bei einem 1,5 Mon. alten Hund nach Entfernung der Ameloblasten im REM. Die sezernierende (S) Fläche und die nichtsezernierende (NS) Fläche sind gut zu unterscheiden. 9750 : 1 (Aus: Wakita und Kobayashi 1983, mit freundlicher Genehmigung von Autoren und Verlag)

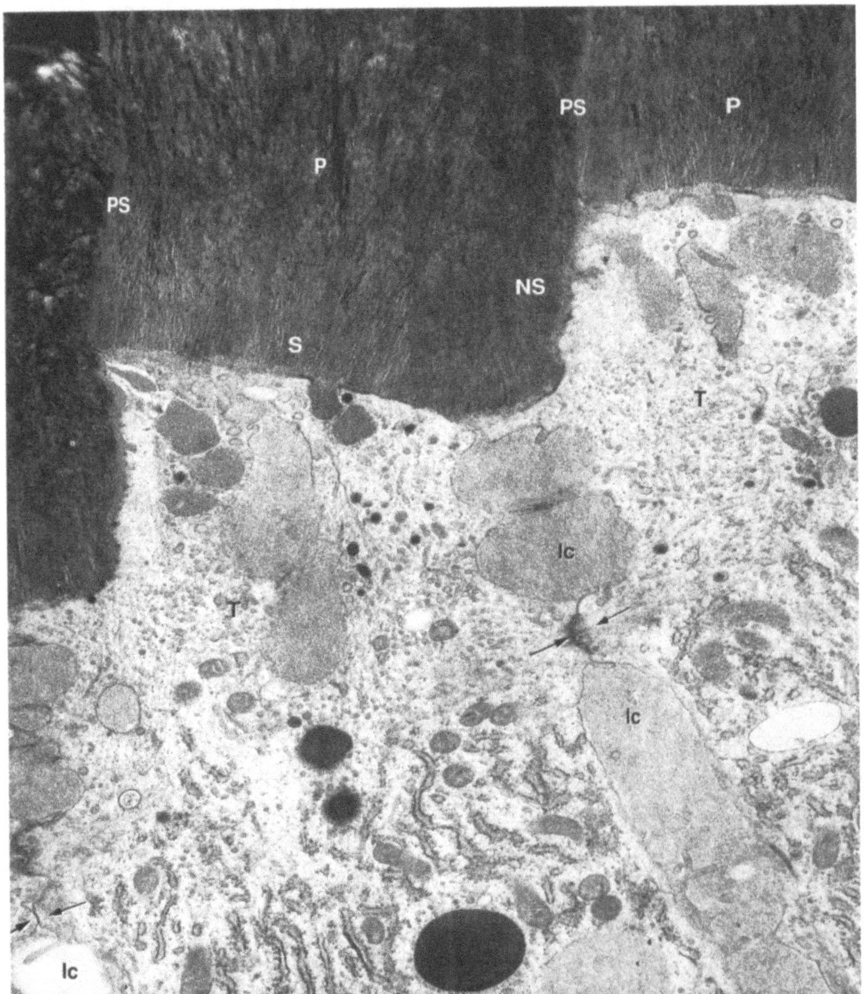

Abb. 25-6. Apicaler Teil zweier Ameloblasten mit Tomes'schem Fortsatz (T) aus dem ersten Molaren einer 1,5 Mon. alten Katze. S = sezernierende Fläche, NS = nicht sezernierende Fläche, P = Schmelzprisma, PS = Prismenscheide, IC = Interzellularraum. Die Pfeile verweisen auf die Zonulae occludentes. ca. 15 500 : 1 (Aus: Wakita und Kobayashi 1983, mit freundlicher Genehmigung von Autoren und Verlag)

In einem Übergangsstadium zur Schmelzreifung werden die Interzellularräume zwischen den Ameloblasten zisternenartig erweitert und mit Kalzium- und Phosphat-Ionen angereichert, die zuvor im Stratum intermedium konzentriert waren. Gegen die Schmelzmatrix sind die Interzellularspalten durch ausgedehnte Schlußleistenkomplexe abgedichtet. Der Kalzium- und Phosphat-Transport wird durch die Ameloblasten bewirkt [Takano et al. 1983].

Im Stadium der Schmelzreifung erfolgt die Mineralisation des Schmelzes und zugleich eine Kondensation der Schmelzmatrix durch Wasserentzug, sowie eine Resorption von organischer Grundsubstanz durch die Ameloblasten [Ozawa et al. 1983]. Der extrem hohe Mineralisierungsgrad wird mit fortschreitendem Abbau der Matrix erreicht, deren Restanteile sich zu Prismenscheiden und interprismatischer Substanz verdichten.

Kompliziert sind Aufbau und räumlicher Verlauf der Schmelzprismen [Wakita und Kobayashi 1983]. Der Sekretstrang (Tomes'scher Fortsatz) wird aus der Zelle „exzentrisch" abgegeben, es besteht ein sezernierender (S-) und ein nicht-sezernierender (NS-)Teil

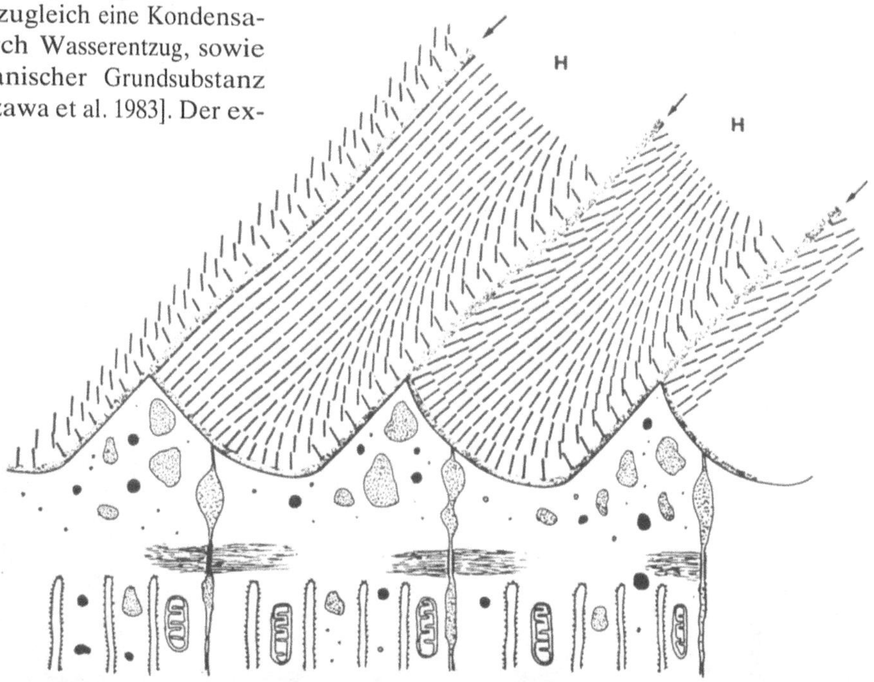

Abb. 25-7. Schematische Darstellung der apicalen Abschnitte von Ameloblasten im Übergang zu den Tomes'schen Fortsätzen und den Schmelzprismen (H). Die Pfeile verweisen auf die Prismenscheiden. Beachte die unterschiedliche Ausrichtung der Apatitkristalle (kleine Striche) im S- und NS-Teil der Prismen. (Freundlichst überlassen von Prof. M. Wakita, Sapporo)

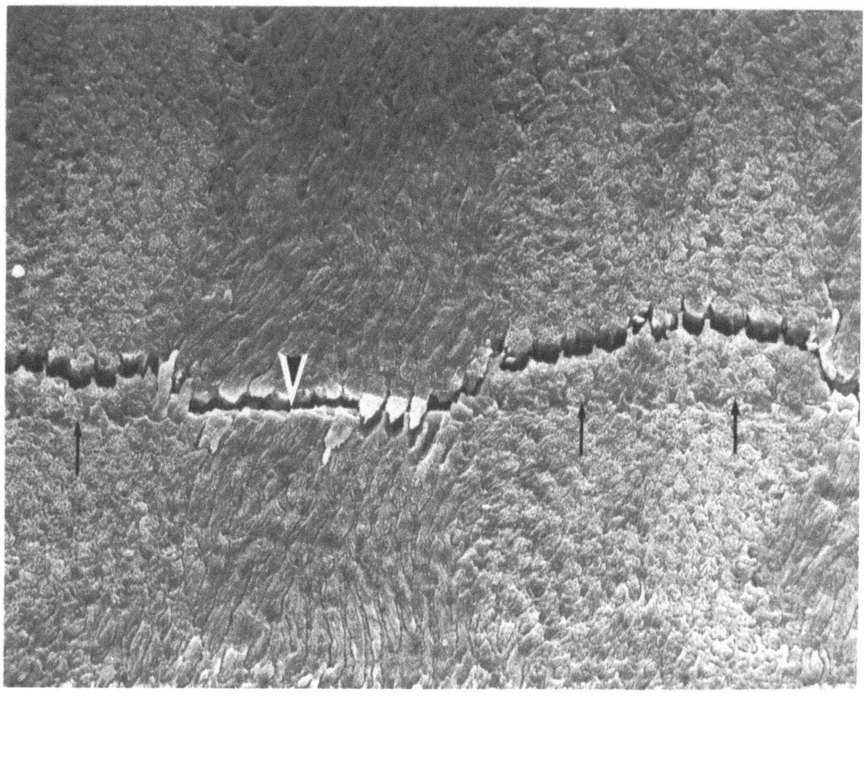

Abb. 25-8. Ein Schnitt durch den Zahnschmelz zeigt im REM die Textur mit breiten Prismenbündeln wechselnder Hauptrichtung. Die quer verlaufende breite Furche (▶) entstand durch geringere Verkalkung (helle Bruchstückenden). Dies wurde durch Störung der Schmelzsekretion mittels Colchizin-Injektion erzeugt. Die eigentliche Zeitmarke für die Colchizinwirkung ist die zarte Furche unterhalb des Spaltes (Pfeile). 1400 : 1 (Aus: Wakita und Kobayashi 1983, mit freundlicher Genehmigung von Autoren und Verlag)

der apicalen Zelloberfläche (Abb. 25-5). Im REM-Bild der (vom ISE befreiten) Schmelzprismen sind die unregelmäßige, der sezernierenden S-Fläche entsprechende, und die glatte, nicht sezernierende NS-Oberfläche gut zu erkennen (Abb. 25-5). Durch unterschiedliche Kombination von S- und NS-Anteilen entstehen eine Abknickung des Matrix-Fortsatzes (Abb. 25-6) und ein Kurvenverlauf des Schmelzprisma, der von der reinen Wachstumsrichtung der Schmelzepithelzellen abweicht [Wakita et al. 1981]. Dadurch wird insgesamt eine komplexe Textur von sich überlagernden und überschneidenden Prismen mit art- und zahnspezifischen Unterschieden zustande gebracht. Die Anordnung der Apatitkristalle im Schmelzprisma zeigt ebenfalls Beziehungen zum S- und NS-Anteil [Wakita und Shioi 1984] (Abb. 25-7).

Auch die Schmelzbildung und -mineralisation folgen einem Tag-Nacht-Rhythmus, Störungen sind an dem summarischen Linienmuster (Retzius'sche Streifen) datierbar. Mit Tetracyclin können experimentell (fluoreszenzmikroskopisch erkennbare) Zeitmarken gesetzt werden. Experimentell kann die Schmelzsekretion durch Gaben von Colchizin gestört werden, es kommt zu Unterbrechungen im geordneten Verlauf der Prismen und zur Furchenbildung [Wakita und Kobayashi 1983] (Abb. 25-8).

Zum Abschluß der Schmelzbildung wird der Tomes'sche Fortsatz zurückgebildet. Es entsteht eine prismenfreie, oberflächliche Schmelzschicht, die bei den Milchzähnen 30–100 μm, bei den bleibenden Zähnen nur 2–3 μm dick ist. In diesem oberflächlichen Schmelz stehen die Kristalle senkrecht zur Oberfläche [Boyde und Jones 1972].

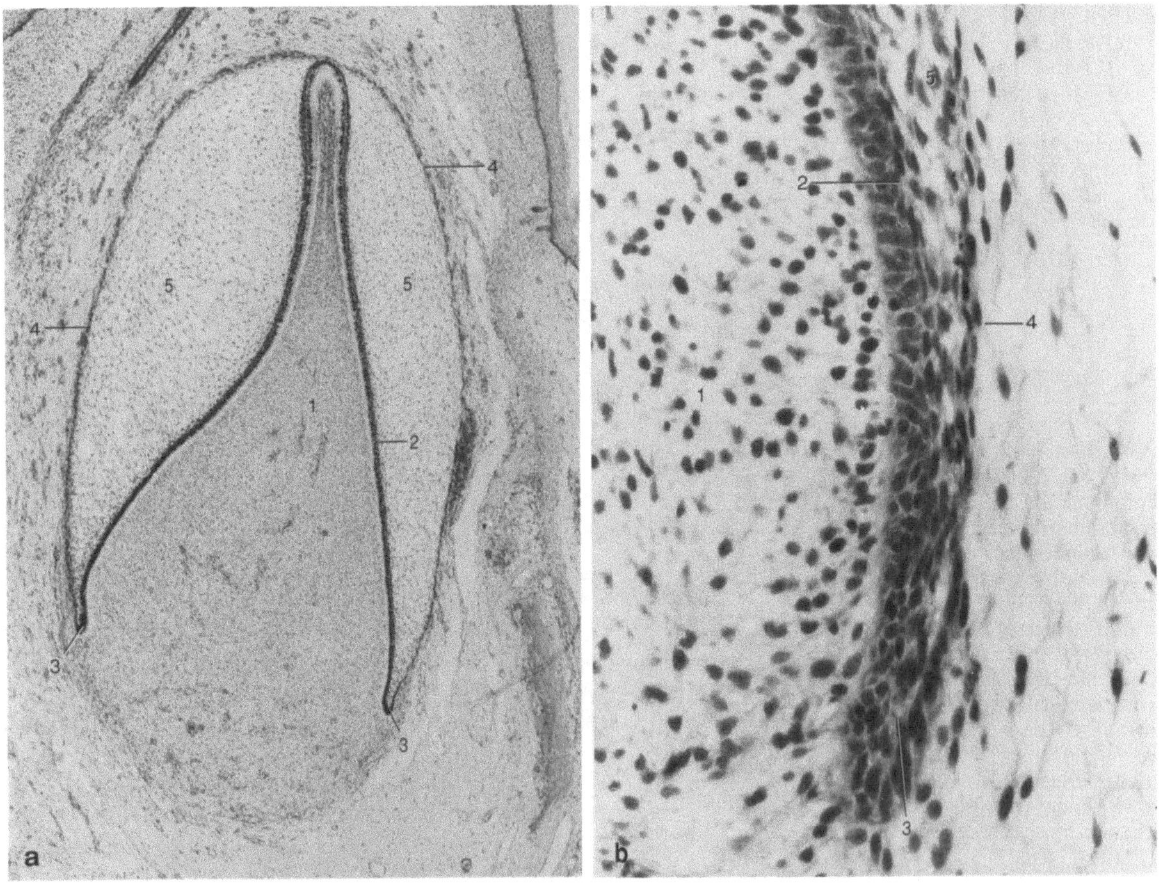

Abb. 25-9a, b. Am unteren Kronenrand liegen ÄSE und ISE dicht beieinander, schließen kaum noch Schmelzpulpa ein und bilden die HES (**a:** 35 : 1). **b:** Ausschnitt aus einer HES. 1 = Zahnpulpa, 2 = ISE, 3 = Umschlagsrand, 4 = ÄSE, 5 = Schmelzpulpa. 400 : 1 (nicht genau altersdatierte Kurspräparate)

25.4 Wurzelbildung

Die bisherige Beschreibung der Zahnentwicklung und der Hartsubstanzbildung betraf nur die Zahnkrone. Wenn das Schmelzorgan den Pulparaum des Zahnes abzuschließen beginnt, liegt über eine längere Strecke das ISE dem ÄSE unmittelbar an, ohne daß es dazwischen zur Bildung einer Schmelzpulpa kommt (HES, Abb. 25-3b und c, 25-9). Obwohl aus diesem Teil des Schmelzorgans keine Schmelzbildung mehr erfolgt, hat das ISE doch weiterhin zwei wichtige Funktionen: Es präformiert auch die Form der späteren Zahnwurzel durch sein weiteres Wachstum in die Tiefe, und es induziert weiterhin in der oberflächlichen Schicht der gegenüberliegenden Pulpazellen deren Differenzierung zu Odontoblasten. Unterbrechungen der Basalmembran und direkter Kontakt von Zellausläufern der HES mit Zellen der Zahnpapille werden als weitere Zeichen einer Interaktion zwischen ISE und dem Mesoderm der Zahnpapille gedeutet [Slavkin 1972]. In diesem Abschnitt des Zahnes wird zunächst nur Dentin gebildet, der später von außen mit dem Zahnzement belegt wird. Nach Transplantationsexperimenten mit zuvor radioaktiv markierten Zahnanlagen stammt auch ein Teil der Zementoblasten und des Desmodonts aus der Zahnpapille [Ten Cate et al. 1971].

Die Wurzelbildung setzt jedoch erst ein, wenn die Zahnkrone weitgehend gebildet und auch mineralisiert ist. Die Wurzelbildung steht in engem Zusammenhang mit der Bewegung zum Zahndurchbruch (siehe dort), sie erfolgt nur in dem Ausmaß, in dem die Durchbruchsbewegung fortschreitet. Die Wurzel wird nicht allein durch das Vorwachsen der HES gegen den unteren Teil des Zahnsäckchens („Hängemattenband") gebildet. Im Tierversuch gestörte

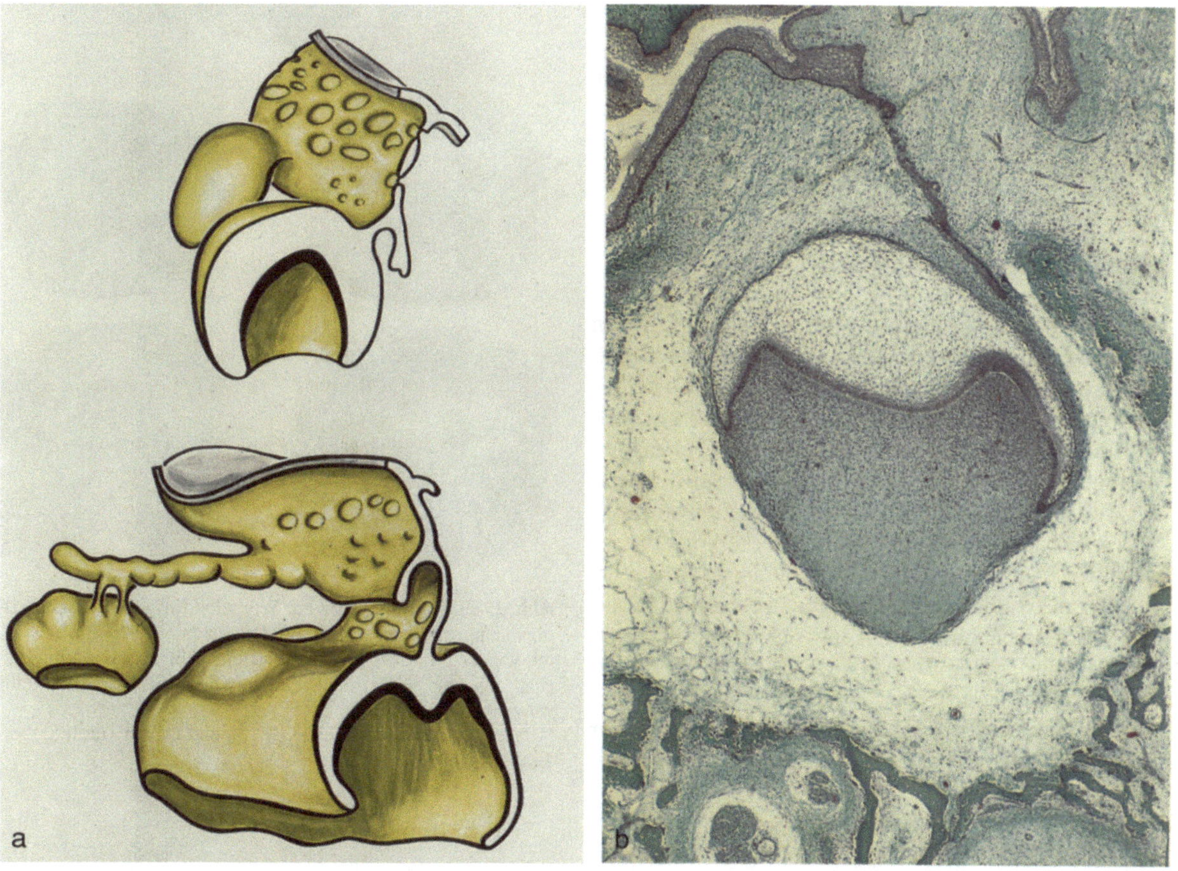

Abb. 25-10a, b. a) Schema der Ersatzzahnbildung aus der Ersatzzahnleiste und von Zusatzzähnen aus einem distalen Fortsatz der Zahnleiste. **b)** Schnitt durch einen Milchmolaren des Oberkiefers bei einem Feten von 10,5 cm (wegen der besseren Vergleichbarkeit mit dem Schema und den Abb. 25-2, 25-3 um 180° gedreht abgebildet). Nur eine Höckerspitze voll in der Schnittebene, auf der die Dentinbildung eben beginnt. 45 : 1

Durchbruchsbewegungen führen zu einer „ziehharmonikaartigen" Auffaltung der HES [Schour 1934] oder des ganzen Zahnkeimes [Grüneberg 1937]. Eher kommt schon stark proliferativen Vorgängen in der Zahnpulpa eine Bedeutung zu [Sicher 1949]. Wichtig ist auch – ob als Ursache oder als Folge muß offenbleiben – der Umbau in der schon früh gebildeten knöchernen Alveole. Oberhalb des „Äquators" der Zahnglocke findet sich ein Abbau an der inneren Alveolenfläche, das Zahnfach wird „geöffnet". Unterhalb dieser Linie wird in dem Maße Knochen neu gebildet, in dem die Durchbruchsbewegung fortschreitet.

Die Zementbildung im Bereich der Zahnwurzel geht mit der Entwicklung eines primitiven Halteapparates des Zahnes einher, der im Bereich des Alveolarrandes aus dem Zahnsäckchen, in der Umgebung der Wurzel aus Zellen der Papille entsteht. Der Zahnzement findet einen mehr oder weniger exakten Anschluß an den Rand der Schmelzkrone, in seine oberflächlichen Schichten werden Sharpeysche Fasern eingeschlossen. Diese verlaufen zunächst von der knöchernen Alveolarwand in Durchbruchsrichtung aufsteigend, ihre funktionelle Umgestaltung zu einem Aufhängeapparat erfolgt erst unter der Funktion. Mit der Zementbildung und der Entwicklung des Halteapparates wird die HES aufgelöst. Zellgruppen der HES bleiben (als „Malassez'sche Epithelreste" bezeichnet) zeitlebens erhalten.

Mehrhöckerige und mehrwurzelige Zähne

Die bisherige Beschreibung betraf die einfacheren Zahnformen der einhöckerigen oder einschneidigen Zähne, wie sie im Milchgebiß nur bei den Schneidezähnen und Eckzähnen vorliegen. Das hier geschilderte Grundprinzip gilt auch für die mehrhöckerigen Zähne, mit der Abweichung, daß Zahnpapille und ISE eine größere Zahnglocke mit den einzelnen Hökkern ausbilden (Abb. 25-10). Die Höckerspitzen gehen wiederum in der Entwicklung voran, an ihnen erfolgt zunächst die Differenzierung von Odontoblasten und Adamantoblasten sowie die Hartsubstanzbildung. In den Höckergruben fließen dann die Hartsubstanzlamellen, die von den Höckerspitzen ausgehen, zusammen, dabei kann es besonders bei der Schmelzbildung zu erheblichen Irregularitäten kommen. Der Bereich der Höckergrube ist daher besonders kariesanfällig. Die feinere Modellierung der im einzelnen sehr komplizierten Zahnformen ist für den Menschen exakt dokumentiert [Kraus und Jordan 1965].

Auch bei den mehrwurzeligen Zähnen wächst nach der Ausformung der Zahnkrone die HES von den Glockenrändern her gegen die Unterseite der Pulpa vor. Sie schließt sich aber nur in mittleren Bereichen des Kronen„bodens" und läßt mehrere Wurzellöcher frei. Von ihren Rändern aus wächst dann die HES jeweils schlauchartig in die zukünftige Wurzelrichtung (Abb. 25-11).

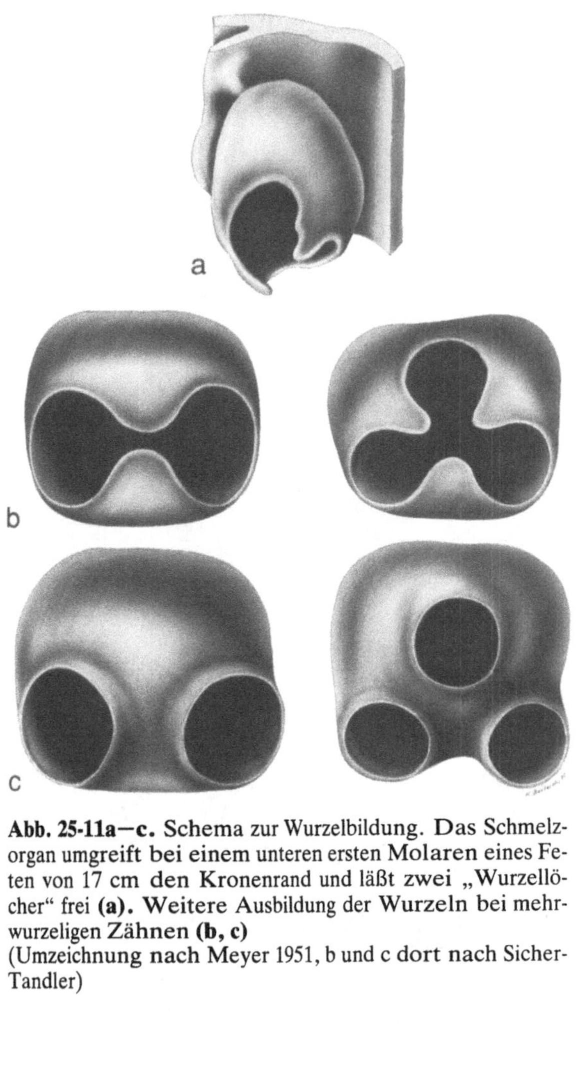

Abb. 25-11a–c. Schema zur Wurzelbildung. Das Schmelzorgan umgreift bei einem unteren ersten Molaren eines Feten von 17 cm den Kronenrand und läßt zwei „Wurzellöcher" frei **(a)**. Weitere Ausbildung der Wurzeln bei mehrwurzeligen Zähnen **(b, c)**
(Umzeichnung nach Meyer 1951, b und c dort nach Sicher-Tandler)

25.5 Ersatzzahnbildung

Die **Milchzähne** (Dentes deciduales) werden durch Ersatzzähne oder **bleibende Zähne** (Dentes permanentes) ersetzt. Ein echter „Ersatz" erfolgt aber nur bei den Schneidezähnen und Eckzähnen. Anstelle der ersten beiden Milchmolaren werden die einfacher gebauten Praemolaren gebildet, die drei Molaren des bleibenden Gebisses haben keine Vorläufer, sie werden daher auch als „Zusatzzähne" bezeichnet.

Die Bildung dieser Zähne geht von einer nach lingual bzw. palatinal gerichteten zungenförmigen Ausstülpung der Dentalleiste, der **Ersatzzahnleiste,** aus (Abb. 25-2d). In ihr entstehen in gleicher Weise wie bei der ersten Dentition zunächst Knospen, dann Kappen, dann glockenförmige Zahnanlagen, die eine Zahnpulpa einschließen (Abb. 25-10a). Der weitere Gang der Entwicklung ist der gleiche wie zuvor besprochen, mit dem Unterschied, daß die Papille und die epitheliale „Gußform" des Schmelzorgans nun bereits die Größe des späteren permanenten Zahnes vorwegnehmen. Da innenseitig zum Zahnbogen der

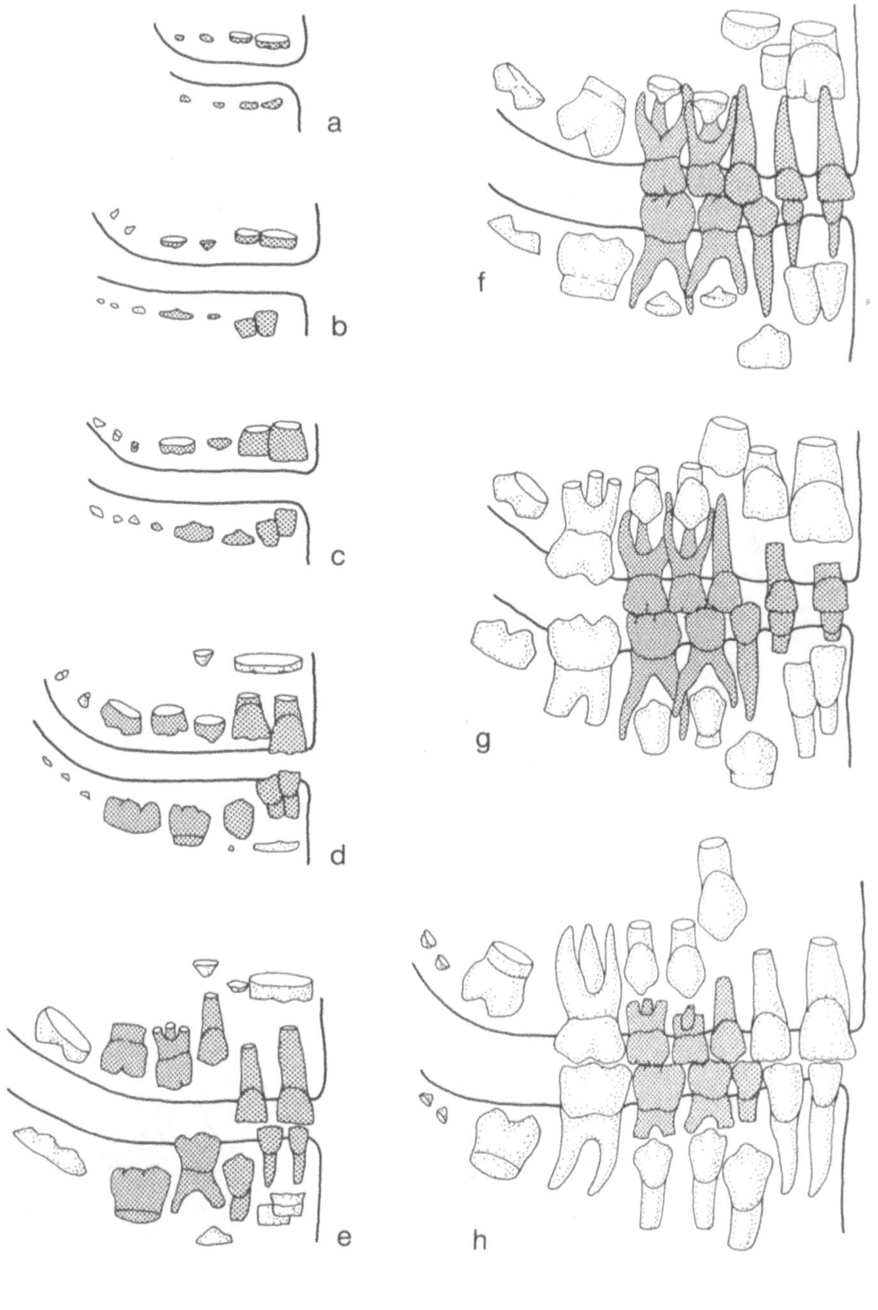

Abb. 25-12a–h. Schema zur Mineralisation und zum Durchbruch der Milchzähne (dunkelgrau), der bleibenden Zähne (hellgrau) und zum Zahnwechsel. Es sind nur die schon mineralisierten Zahnteile dargestellt. Linke Reihe: **a)** Fetus von 5 Monaten, **b)** Fetus von 7 Monaten, **c)** Neugeborenes, **d)** 6 Monate altes Kind, **e)** einjähriges Kind. Rechte Reihe: **f)** Kind von 4 Jahren, **g)** 6 Jahre, **h)** 9 Jahre (Umzeichnung nach Schour und Massler 1940)

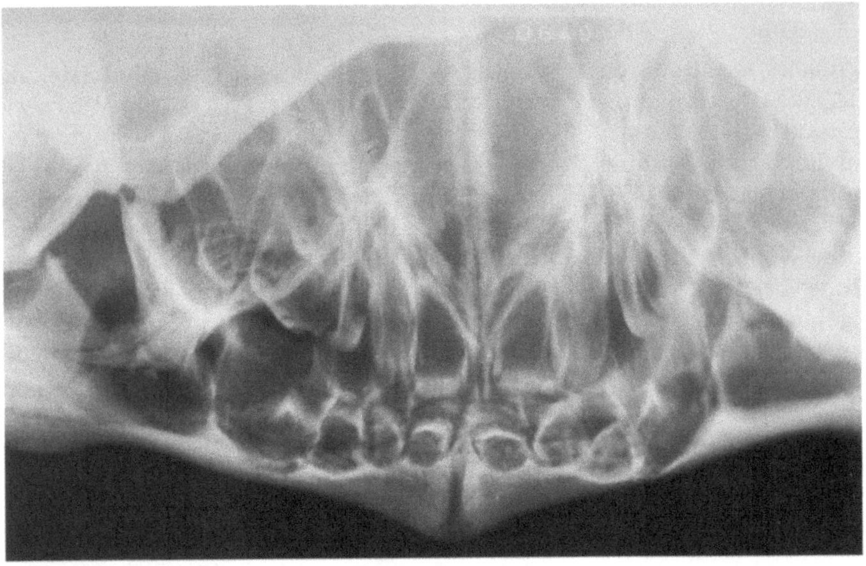

Abb. 25-13. Röntgenbild („Panorama-Aufnahme") des Ober- und Unterkiefers des Neugeborenenschädels der Abb. 24-13. Die Zähne des Oberkiefers sind perspektivisch verzeichnet und erscheinen zu lang (Aufnahme: Professor Dr. L. Heuser, Direktor der Radiologischen Univ.-Klinik am Knappschaftskrankenhaus Bochum-Langendreer)

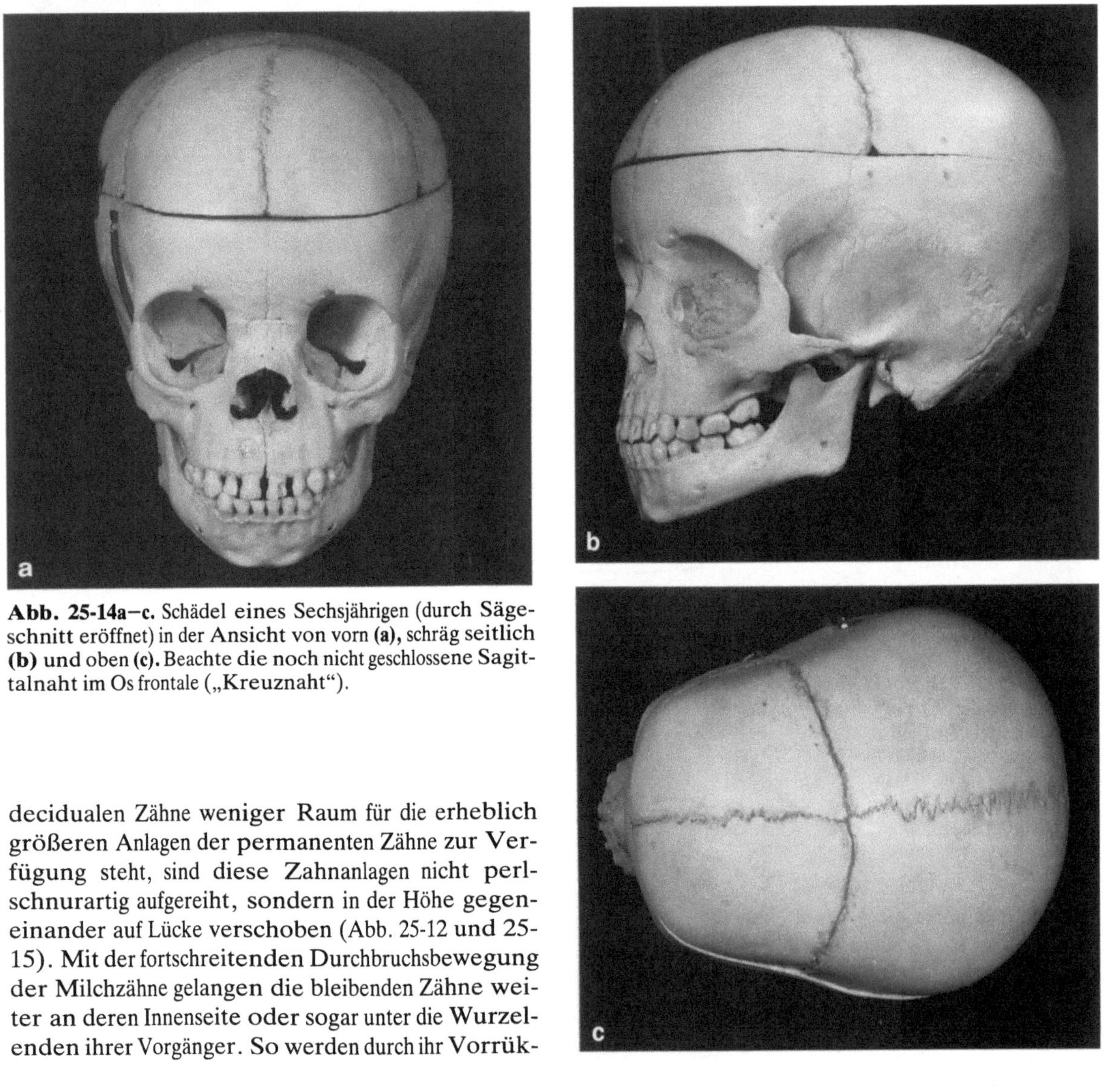

Abb. 25-14a–c. Schädel eines Sechsjährigen (durch Sägeschnitt eröffnet) in der Ansicht von vorn **(a)**, schräg seitlich **(b)** und oben **(c)**. Beachte die noch nicht geschlossene Sagittalnaht im Os frontale („Kreuznaht").

decidualen Zähne weniger Raum für die erheblich größeren Anlagen der permanenten Zähne zur Verfügung steht, sind diese Zahnanlagen nicht perlschnurartig aufgereiht, sondern in der Höhe gegeneinander auf Lücke verschoben (Abb. 25-12 und 25-15). Mit der fortschreitenden Durchbruchsbewegung der Milchzähne gelangen die bleibenden Zähne weiter an deren Innenseite oder sogar unter die Wurzelenden ihrer Vorgänger. So werden durch ihr Vorrük-

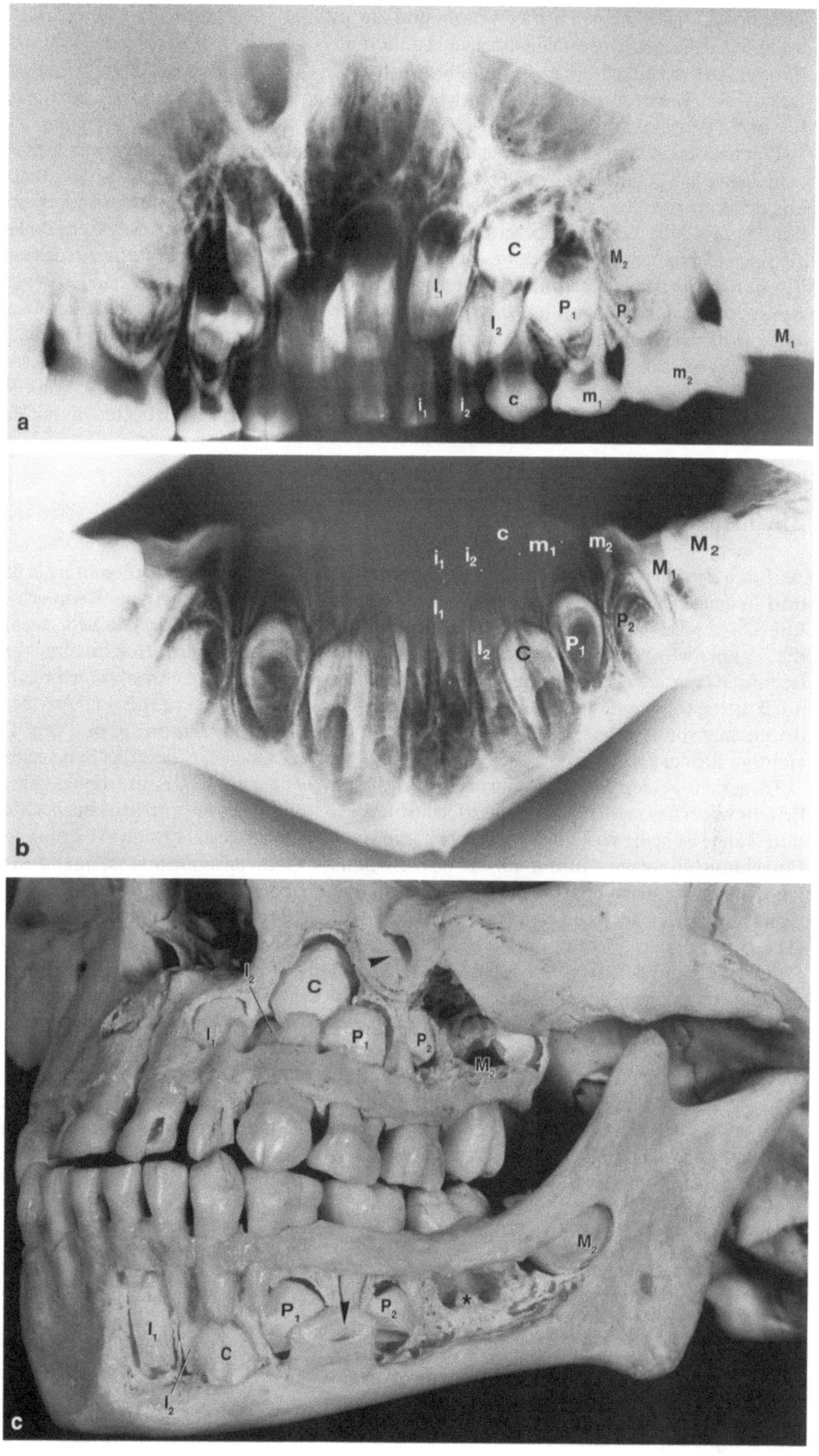

Abb. 25-15a–c. Röntgenbilder („Panorama-Aufnahmen") des Oberkiefers **(a)** und Unterkiefers **(b)** sowie freipräparierte Zahnanlagen **(c)** des Schädels der Abb. 25-14. Die Milchzähne sind mit Kleinbuchstaben (incisivi, canini, molares), die bleibenden Zähne mit Großbuchstaben (Incisivi, Canini, Praemolares, Molares) bezeichnet. Die Pfeilköpfe verweisen auf das Foramen infraorbitale und das Foramen mentale. Bei * wurden Pulpa- und Wurzelhöhle vom M1 eröffnet. (Röntgenaufnahmen: Professor Dr. L. Heuser, Direktor der Radiologischen Univ.-Klinik am Knappschaftskrankenhaus Bochum-Langendreer)

ken beim Zahndurchbruch die Wurzeln und damit auch der Halteapparat der Milchzähne allmählich abgebaut. Der schließlich herausgelöste Milchzahn umfaßt nur die Krone und zusätzlich einen kurzen ringförmigen Wurzelrest.

Der zeitliche Ablauf der Mineralisation der einzelnen Zähne und Zahnteile sowie des Zahnwechsels ist aus der schematischen Bildtafel (Abb. 25-12) ersichtlich. Da die Mineralisation bereits im 6. Monat beginnt, sind beim Neugeborenen wesentliche Teile der Kronen der decidualen Zähne schon verkalkt, im ersten permanenten Molaren beginnt gerade die Hartsubstanzbildung. Entsprechend sind im Röntgenbild des Neugeborenen-Schädels der Abbildung 24-13 die Zähne darstellbar (Abb. 25-13). Besonders eindrucksvolle Bilder entstehen, wenn am kindlichen Schädel (Abb. 25-14) zusätzlich zu den Milchzähnen und ihren Wurzeln die schon mineralisierten Kronen der bleibenden Zähne röntgenologisch dargestellt (Abb. 25-15a und b) oder präparatorisch freigelegt werden, wodurch die ganze „drangvolle Enge“ der beiden Zahngenerationen deutlich wird (Abb. 25-15c). Die Kenntnis der Mineralisationszeiten der Zähne ist ärztlich besonders wichtig, da der hohe Mineralbedarf vor der Geburt über die Ernährung der Mutter sichergestellt werden muß. Mit dieser ausreichend mineralhaltigen Ernährung der Mutter beginnt – nach einem Leitsatz der Zahnheilkunde – bereits die Kariesprophylaxe. Für die Regulierung des Kalziumstoffwechsels ist eine ausreichende Versorgung mit Vitamin D, für die große Wachstumsentfaltung der Schmelzepithelien die mit Vitamin A bedeutsam.

25.6 Zahndurchbruch

Auf den Zusammenhang zwischen Zahndurchbruch und Wurzelbildung wurde schon kurz eingegangen. Die Durchbruchsbewegung ist abhängig davon, daß die Zahnkrone achsengerecht steht. Quer im Kiefer liegende Zahnkeime brechen nicht durch und bilden auch keine vollständigen Wurzeln. Sie werden ggf. durch kieferorthopädische Maßnahmen erst in die richtige Richtung gezogen.

Insgesamt ist der Mechanismus des Zahndurchbruchs weder für die Milchzähne noch für die bleibenden Zähne bis heute voll geklärt. Theorien, die diese Durchbruchsbewegung allein auf das Wurzelwachstum, auf das Dentinwachstum und die Pulpakonstriktion, auf die Veränderung des Desmodont oder der Alveole, auf eine „Freilegung“ des Zahnes durch Knochenabbau oder auf eine Zellproliferation zurückführen, können in genügender Weise weder die Normalvorgänge des Zahndurchbruchs noch seine Störungen erklären[1]. Die beste Erklärung für den Zahndurchbruch insgesamt ergibt sich aus dem Wachstumsdruck und der schwankenden Durchblutung des periapicalen Gewebes. Dies würde auch die landläufig bekannte Beobachtung erklären, daß Durchblutungssteigerung (Fieber! Fingerreiben) den Zahndurchbruch (in seiner letzten Phase) zu beschleunigen vermag.

Der Zahn ist vollständig in das Schmelzorgan eingeschlossen. Mit dem Anwachsen der Hartsubstanzschichten rücken die Schneidenkanten oder Höckerspitzen mit ihrem Schmelzepithelüberzug in den oberen Teil der Schmelzpulpa vor, hier beginnen ISE und ÄSE sich zu berühren. Aus diesem Bereich entsteht durch Verbindung mit dem Gingivalepithel beim Zahndurchbruch das Saumepithel, das den Zahnhals umschließt. Der epitheliale Abschluß zur Mundhöhle wird also nie unterbrochen. Offenbar an dieser Nahtstelle entsteht nach Abschluß der Schmelzreifung ein nicht mineralisiertes, nur 0,5–1 μm dünnes Schmelzoberhäutchen (Cuticula dentis). Vom Schmelzorgan, das der Auflösung und Resorption anheimfällt, können Epithelreste übrigbleiben und zu Zystenbildung Anlaß geben.

Während des Zahndurchbruchs erfolgt ein Umbau in der Wand der Alveole und am Alveolarrand, der Alveolarfortsatz wird insgesamt höher [Bernick et al. 1949]. Dabei werden die Zahnanlagen auch in mesiodistaler Richtung erheblich verlagert und zwar durch Knochenabbau an der einen Seite und Anlagerung an der anderen Seite der Alveole. Da die Kronen der permanenten Zähne größer sind als die der Milchzähne, können diese nur durch eine solche Verschiebung wie auch durch ein Größenwachstum des Zahnbogens insgesamt in diesem aufgereiht werden.

---

[1] Dankbar sei auch hier die noble Geste erwähnt, mit der Prof. I. Schour bereits im Jahre 1954 den damals jungen Assistenten am Anatomischen Institut der Universität Göttingen bei der Beschaffung der während der Kriegs- und ersten Nachkriegsjahre erschienenen amerikanischen Arbeiten durch die Überlassung eigener Separate und durch die Vermittlung von Sonderdrucken anderer Autoren unterstützte [Hinrichsen 1955].

25.7 Zahnformeln

Zur Kurzbezeichnung und -beschreibung des Gebisses bedient sich der Zahnarzt sogenannter „Zahnformeln". Allerdings hat sich diese Kurzbezeichnung in den letzten Jahrzehnten mehrfach geändert. Generell läßt sich das Gebiß in der Form von vier Quadranten beschreiben, die untereinander spiegelbildliche Zahnanordnung haben. Den anatomischen Verhältnissen entspricht es am ehesten, die Zähne mit dem Initial ihres lateinischen Namens und ggf. der Nummer ihrer Stellung zu kennzeichnen. Die Zahnformel eines vollständigen Erwachsenengebisses wäre demnach zu schreiben als:

M3 M2 M1 P2 P1 C I2 I1	I1 I2 C P1 P2 M1 M2 M3
M3 M2 M1 P2 P1 C I2 I1	I1 I2 C P1 P2 M1 M2 M3

Für die Milchzähne werden die Initialen klein geschrieben:

m2 m1 c i2 i1	i1 i2 c m1 m2
m2 m1 c i2 i1	i1 i2 c m1 m2

Zur Zeit des Zahndurchbruchs läßt sich der jeweils erreichte Zustand nach diesen Formeln ebenfalls beschreiben. So würde beispielsweise das in Abbildung 25-12 als ältestes Stadium dargestellte Gebiß nach dem Zustand der bereits durchgebrochenen Zähne beschrieben werden als:

M1 m2 m1 c I2 I1	I1 I2 c m1 m2 M1
M1 m2 m1 c I2 I1	I1 I2 c m1 m2 M1

Nach Zwischenstadien einer fortlaufenden Numerierung innerhalb der Quadranten und einer fortlaufenden Numerierung aller Zähne („Nato-Klassifikation") hat man sich international und im Interesse der vereinfachten Eingabe in elektronische Datensysteme geeinigt, die Zähne in den Quadranten von mesial nach distal zu numerieren und diesen Nummern Kennziffern für die Quadranten beim Erwachsenen (1–4) und beim Milchgebiß (5–8) im Uhrzeigersinn umlaufend voranzustellen. Das zuvor genannte Beispiel schriebe sich demnach als:

16 55 54 53 12 11	21 22 63 64 65 26
46 85 84 83 42 41	31 32 73 74 75 36

25.8 Störungen der Zahnentwicklung

Das Fehlen einzelner Zahnanlagen kommt ebenso vor wie überzählige Anlagen. Diese numerischen Varianten betreffen bevorzugt den Zwischenkieferbereich und damit die Anlagen der seitlichen Schneidezähne und der Eckzähne. Im permanenten Gebiß kann der 3. Molar nicht angelegt sein. Veränderungen der Zahnform sind außerordentlich häufige Varianten, die jeden Zahnabschnitt betreffen können. Nach der Lage der Formabweichung (Schneidenkante, Krone, Zahnhals oder -wurzel) kann auf den Zeitpunkt rückgeschlossen werden, zu dem die Störung der Entwicklung erfolgte. Störungen können vielfältige Ursachen haben (siehe Kapitel 1.4 Fehlbildungen). Besonders bekannt geworden sind Formveränderungen von Zahnschneide und -krone in Folge einer Rötelninfektion der Mutter. Die epitheliogene Zahnbildung macht verständlich, daß bei kombinierten Fehlbildungen verschiedener Organe in Abhängigkeit vom Schädigungszeitpunkt auch die Zähne betroffen sein können. Auf die Bedeutung der achsengerechten Stellung für den Zahndurchbruch wurde schon ebenso verwiesen wie auf die Anfälligkeit der Matrixsekretion und der Mineralisation gegen Störungen.

25.9 Literaturverzeichnis

Bernick S, Rutherford RL, Rabinovitsch BZ (1949) Microscopic study of the teeth of an 6-year-old boy. Anat Rec 105:224–248

Blechschmidt E (1953) Die Entwicklung der Zahnkeime beim Menschen. Acta Anat 17:207–239

Blechschmidt E (1955) Die Entwicklungsbewegungen der Zahnleiste. Funktionelle Faktoren bei der Frühentwicklung des menschlichen Kauapparates. Z Anat Entw Gesch 147:474–488

Boyde A, Jones SJ (1972) Scanning electron microscopic studies of the formation of mineralized tissues. In: Slavkin HC, Bavetta LA (eds) Developmental aspects of oral biology. Academic Press, New York London, pp 243–274

Grüneberg H (1937) The relations of endogenous and exogenous factors in bone and tooth development. The teeth of the gray lethal mouse. J Anat 71:236–244

Hinrichsen K (1955) Funktionsentwicklung des Paradontium beim Goldhamstermolaren. Acat Anat 23:161–180

Hunt AM, Paynter KJ (1963) The role of the stratum intermedium in the development of the guinea pig molar, a study of cell differentiation and migration using tritiated thymidine. Arch Oral Biol 8:65–78

Kollar EJ (1972) Histogenetic aspects of dermal-epidermal interactions. In: Slavkin HC, Bavetta LA (eds) Developmental aspects of oral biology. Academic Press, New York London, pp 125–149

Korff K von (1905) Die Entwicklung der Zahnbeingrundsubstanz der Säugetiere. Arch Mikr Anat Entw Gesch 67:1–17

Kraus BS, Jordan RE (1965) The human dentition before birth. Lea und Febiger, Philadelphia

Le Douarin NM (1982) The neural crest. University Press, Cambridge

Massler M, Schour I (1941) Studies in tooth development: Theories of eruption. Am J Orthodont 27:552–576

Meyer W (1951) Normale Histologie und Entwicklungsgeschichte der Zähne des Menschen, 2. Aufl. Hanser, München

Ozawa H, Yamada M, Uchida T, Yamamoto T, Takano Y (1983) Fine structure and cytochemical studies on the Golgi-SER system of ameloblasts with special reference to its resorptive function. In: Suga S (ed) Mechanisms of tooth enamel formation. Quintessence, Tokyo Berlin Chicago Rio de Janeiro, pp 17–48

Rönnholm E (1962) An electron microscopic study of the amelogenesis in human teeth. I: The fine structure of the ameloblasts. J Ultrastruct Res 6:229–248

Röse C (1891) Ueber die Entwicklung der Zähne des Menschen. Arch Mikrosk Anat 38:447–491

Schour I (1934) The hypophysis and the teeth. I: Changes in the rat incisor following hypophysectomy. Angle Orthod 4:3–21

Schour I, Massler M (1940) Studies in tooth development. The growth pattern of the human teeth. Part I: J Am Dent Assoc 27:1778–1793, Part II: J Am Dent Assoc 27:1918–1931

Sicher H (1949) Eruption of the teeth. In: Orban B (ed) Oral histology and embryology, 2nd edn. Mosby, St. Louis

Slavkin HC (1972) Intercellular communication during odontogenesis. In: Slavkin HC, Bavetta LA (eds) Developmental aspects of oral biology. Academic Press, New York London, pp 163–199

Takano Y, Ozawa H, Crenshaw MA (1983) The mechanism of calcium and phosphate transport to the enamel. In: Suga S (ed) Mechanisms of tooth enamel formation. Quintessence, Tokyo Berlin Chicago Rio de Janeiro, pp 49–64

Ten Cate AR, Mills C, Solomon G (1971) The development of the periodontium. A transplantation and autoradiographic study. Anat Rec 170:365–380

Thesleff I, Lehtonen E, Wartiowaara J, Saxén L (1977) Interference of tooth differentiation with interposed filters. Dev Biol 58:197–203

Wakita M, Hinrichsen K (1980) Ultrastructure of the ameloblast-stratum intermedium border during ameloblast differentiation. Acta Anat 108:10–29

Wakita M, Kobayashi S (1983) The three dimensional structure of Tomes' processes and the development of the microstructural organization of tooth enamel. In: Suga S (ed) Mechanisms of tooth enamel formation. Quintessence, Tokyo Berlin Chicago Rio de Janeiro, pp 65–89

Wakita M, Shioi T (1984) Three-dimensional correlation between enamel crystallite arrangement and Tomes' processes. In: Fearnhead RW, Suga S (eds) Tooth enamel IV. Elsevier, Amsterdam, pp 478–482

Wakita M, Tsuchiya H, Gunji T, Kobayashi S (1981) Three-dimensional structure of Tomes' processes and enamel prism formation in the kitten. Arch Histol Jpn 44:285–297

Warshawsky H, Smith CF (1974) Morphological classification of rat incisor ameloblasts. Anat Rec 179:423–446

Weinstock A (1972) Matrix development in mineralizing tissues as shown by radioautography: Formation of enamel and dentin. In: Slavkin HC, Bavetta LA (eds) Developmental aspects of oral biology. Academic Press, New York London, pp 201–274

26. Entwicklung der Harnorgane

H. J. Jacob und M. Jacob

26.1 Einleitung

Die in der Anatomie übliche Einteilung der Harnorgane in einen harnbildenden Teil und einen harnleitenden Teil findet in der Entwicklung dieses Organs keine Entsprechung: Das Anlagematerial, aus dem u.a. der harnbildende Apparat hervorgeht, bildet auch Teile des harnleitenden Systems. Andererseits bilden Teile der Darmanlage in Form des Sinus urogenitalis, des Anfangsteils der Allantois und der Kloake nur untere Abschnitte der harnleitenden Organe. Während letztere dem Endoderm entstammen, entsteht die Niere des Menschen wie die anderer Vertebraten als Harnbildungsorgan einschließlich ihres Harnleiters, dem Ureter, aus einem Teil des Mesoderm, dem *intermediären Mesoderm* (siehe auch Abb. 28-4). Dabei handelt es sich um eine intraembryonale Mesodermformation, die unsegmentiert ist und über die das paraxiale Segmentplattenmesoderm mit dem lateralen Seitenplattenmesoderm verbunden bleibt. Die Abgrenzung dieser besonderen Mesodermformation ist eng gekoppelt mit der Bildung der Somiten (siehe auch Abb. 28-1) und der Wände des intraembryonalen Coelom, der Somato- und Splanchnopleura. Sie schreitet wie diese von cranial nach caudal fort. Die zunächst dorsal, dem Ektoderm anliegende Formation wird bei der Abfaltung des Embryo von der Keimscheibe und der Ein„faltung" der Rumpfwand in Richtung auf den Nabel mehr nach ventral verlagert, behält aber ihre Lagebeziehung zur Somatopleura bei (Abb. 26-1). Die Bildung des intermediären Mesoderm beginnt mit der Abgliederung des ersten Somiten im Stadium 9 (1,5–2,5 mm, 20. Tag) [O'Rahilly und Müller 1987]. Innerhalb von etwa zwei Wochen schreitet die Somitenbildung nach caudal fort, bis im Stadium 15 (Embryonen von 7–9 mm, ca. 33 Tage) die Gesamtzahl von 42–44 Somiten [Jirásek 1983] erreicht ist. Damit erstreckt sich auch das intermediäre Mesoderm bis in den caudalen Körperbereich. Am oberen und unteren Ende des intermediären Mesoderm geht die unmittelbare Beziehung zu den Somiten in den nächsten Stadien dadurch verloren, daß der erste craniale und die 5–7 letzten caudalen Somiten aufgelöst werden und als metamere Strukturen nicht mehr nachweisbar sind.

Für das gesamte paraxiale Mesoderm ist charakteristisch, daß es besonders in den Stadien 7 und 8 eine Änderung in der Anordnung seiner Zellen erfährt, die man als Epithelialisierung des ursprünglich mesenchymalen Zellverbandes beschreiben kann. Dieser Vorgang beginnt lateral mit der Ausbildung der Somato- und Splanchnopleura, die das zunächst spaltförmige Coelom begrenzen, und setzt sich medial in der Bildung zunächst bläschenförmiger Somiten fort, die einen Hohlraum, das Somitocoel, enthalten. Zwischen Somitocoel und Coelom können bei niederen Species durch Spalträume im intermediären Mesoderm Verbindungen bestehen.

Für den Menschen haben die Dokumentationen von Torrey [1954] und Gasser [1975] von den wenigen

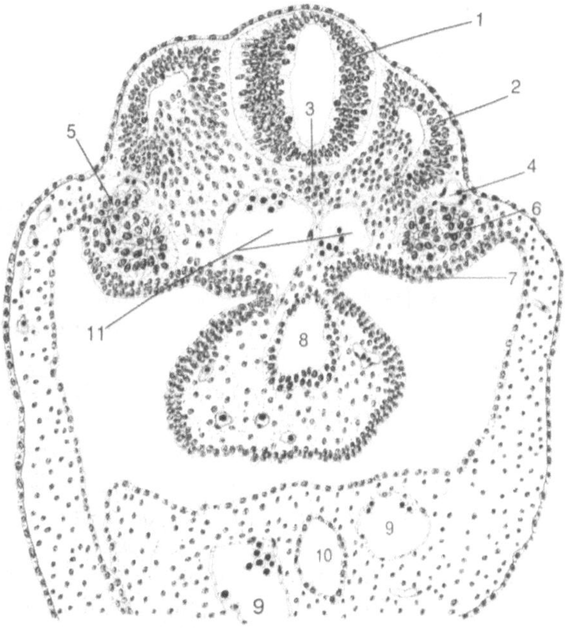

Abb. 26-1. Querschnitt durch einen menschlichen Embryo im Stadium 12 (3,4 mm, 27 Somitenpaare) unterhalb des Nabels. ca. 100 : 1. (Umzeichnung nach Blechschmidt 1973) 1 = Neuralrohr, 2 = Somit, 3 = Chorda dorsalis, 4 = Vena postcardinalis, 5 = Wolffscher Gang, 6 = Urnierenbläschen, 7 = Somatopleura, 8 = Darmanlage, 9 = Aa. umbilicales, 10 = Allantois, 11 = Aorta

gut erhaltenen Schnittserien von Embryonen der STADIEN 8–10 gezeigt, daß für die ersten 6 Segmente zwar keine Verbindung des eigentlichen Somitocoel mit dem Coelom existiert, unregelmäßig kommen Verbindungen eines Lumens im intermediären Mesoderm mit dem Coelom jedoch auch beim Menschen vor. In der phylogenetischen und vergleichend-embryologischen Betrachtungsweise wurden die verschiedenen Derivate, die bei menschlichen Embryonen aus dem intermediären Mesoderm hervorgehen, mit den Ausscheidungsorganen niederer Tiere verglichen und als Rekapitulation solcher Strukturen als Vorniere (Pronephros), Urniere (Mesonephros) und bleibende Niere (Metanephros) bezeichnet. Diese vor allem durch Felix [1911] vertretene Betrachtungsweise wurde schon von Fraser [1950] mit dem Hinweis relativiert, daß das Anlagematerial aller Nieren„generationen“ gleich sei und die jeweiligen Organbestandteile gleiche Ausprägung aufwiesen.

Nach dieser Auffassung wäre der aus dem intermediären Mesoderm gebildete Teil der Harnorgane als eine genetische Einheit, als Holonephros, zu betrachten, deren Teile sich mehr oder weniger räumlich wie auch zeitlich aufeinanderfolgend, jedoch von einander abhängig, entwickeln. Dabei kommt dem alle Teile verbindenden, durchgehenden Gang, dem Wolffschen Gang, die eigentliche, die einheitlich stimulierende Bedeutung zu. Diese Auffassung wird auch durch die sorgfältigen Untersuchungen von Torrey [1954, 1965 und 1971] aufgrund seiner Studien am Material der Carnegie-Sammlung unterstützt.

Der transitorische Charakter des Pronephros und von Teilen des Mesonephros, die räumliche und zeitliche Abfolge der Entwicklung aller drei „Generationen“ sowie die leichtere Beschreibbarkeit lassen es dennoch gerechtfertigt erscheinen, in dieser Darstellung an der Unterscheidung von Vorniere, Urniere und Nachniere festzuhalten. Der verbindende Gang, der zwar im Vornierenbereich entsteht und hier auch als Vornierengang bezeichnet wird, kennzeichnet bis zur Bildung der Ureterknospe in besonderer Weise die Einheitlichkeit des gesamten Systems als Holonephros und ist daher auch als Ganzes zu betrachten.

Wir belassen es ebenfalls bei der eingebürgerten Bezeichnung Ductus mesonephricus oder Wolffscher Gang nach seiner überwiegenden Lage an der Außenseite der Urniere, dem Wolffschen Körper, obwohl er nach Ausbildung der harnbildenden Strukturen des Mesonephros die Funktion eines primitiven Ureters hat [siehe auch Jirásek 1971, 1983].

26.2 Pronephros (Vorniere)

Der Pronephros des Menschen ist im Gegensatz zur Vorniere niederer Vertebraten ein nur kurze Zeit bestehendes rudimentäres Organ. Die Beschreibung der Vorniere durch frühere Untersucher führte durch phylogenetische Vergleiche und Deutungen zu mißverständlichen Interpretationen. Untersuchungen von Torrey [1954] an Schnittserien sehr junger menschlicher Embryonen sowie ultrastrukturelle Befunde an Embryonen höherer Vertebraten haben die Auffassung, daß die Vornierenentwicklung der Amnioten mit den Verhältnissen bei niederen Vertebraten in Einklang steht, revidiert. Die hier dargestellte Entwicklung des Pronephros berücksichtigt diese neueren Befunde. An der Vorniere lassen sich drei charakteristische Strukturen unterscheiden:

1. Der Vornierengang, dessen caudale Fortsetzung als Wolffscher Gang und Ureterknospe für die nachfolgenden Nierenabschnitte unerläßlich ist.

2. Die sogenannten „Vornierentubuli“, die eine Verbindung zwischen dem Blastem des Vornierenganges und dem Coelomepithel darstellen.

3. Die externen oder Coelomglomeruli, Nierenkörperchen der Vorniere, die sich frei in die Leibeshöhle vorwölben.

Im STADIUM 10 (1,5–3 mm, ca. 22 Tage) bei Embryonen mit 10 Somiten entsteht der Vornierengang aus dem intermediären Mesoderm (d.h. dem Mesoderm zwischen Somiten und der Wandung des Coelom) als eine nach dorsal gerichtete kontinuierliche Leiste, die sich vom 9. Somiten aus nach caudal erstreckt. Diese einheitliche Leiste besteht aus locker angeordneten mesenchymalen Zellen. Vom STADIUM 11 an (2,5–4,5 mm, ca. 24 Tage, etwa 17 Somiten) entwickelt sich das Vornierengangblastem von cranial nach caudal fortschreitend zu einem epithelialen Gang mit durchgehendem Lumen. Dieser ist in unregelmäßiger Folge insbesondere in Höhe der Somiten 11–14 durch Epithelbrücken mit dem Coelomepithel verbunden. Solche Verbindungen des Ganges können ebenfalls kanalisiert werden und sind dann nach Sedgwick [1881] als Vornierentubuli zu bezeichnen. Stets geht aber die Bildung des Vornierenganges der Tubulusbildung voraus. Der Vornierengang entsteht also durch Abgliederung vom intermediären Mesoderm. Er bildet sich daher von vornherein segmentüberschreitend aus dem nicht metameren, ungegliederten Mesoderm lateral der Halssomiten (Abb. 26-2).

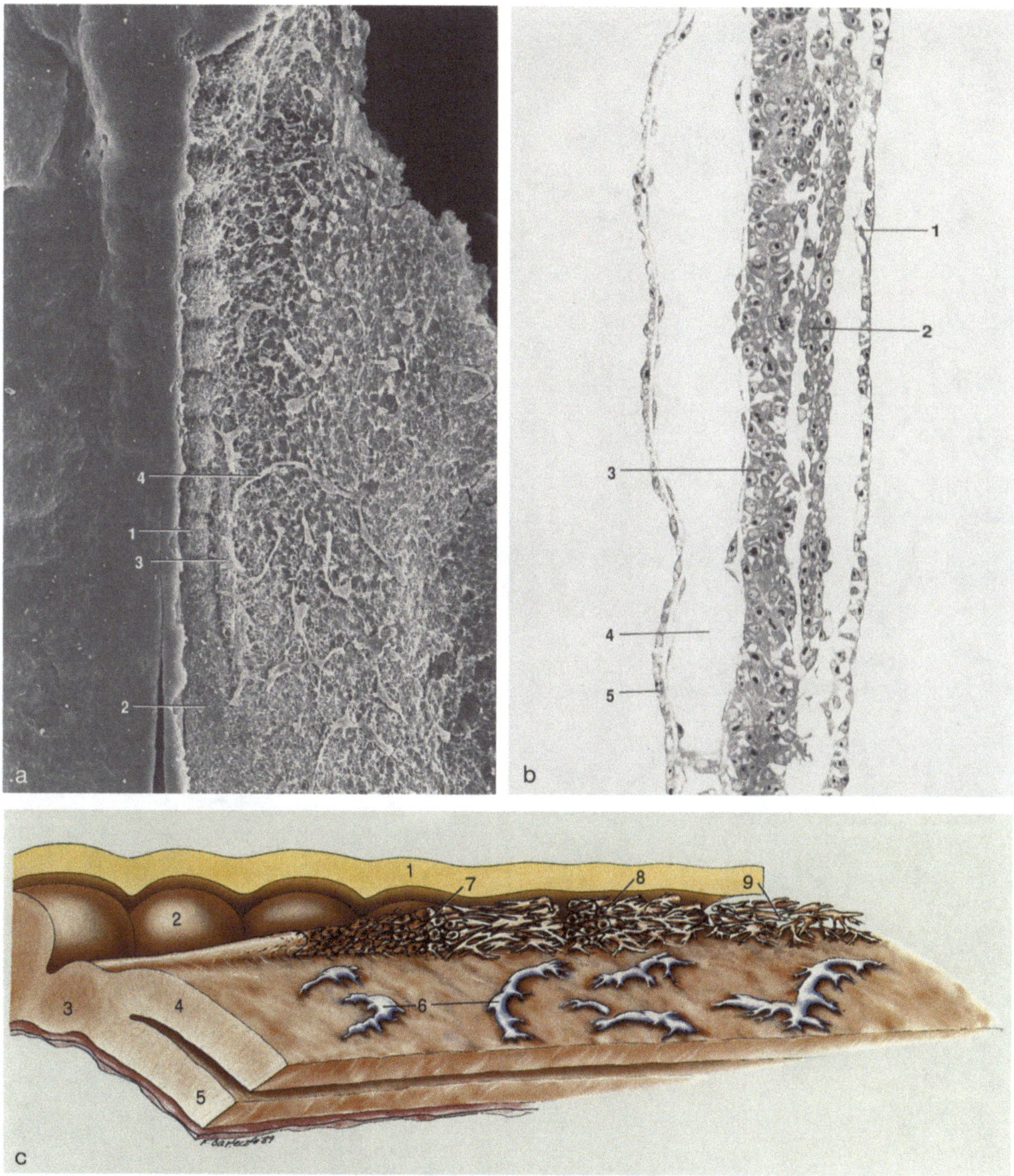

Abb. 26-2a–c. Vornierenganganlage beim Hühnerembryo mit 10 Somitenpaaren.
a) Dorsalansicht nach Entfernung des Ektoderm auf der rechten Körperseite, rasterelektronenmikroskopische Aufnahme, ca. 100 : 1. 1 = Somit 10, 2 = Segmentplattenmesoderm, 3 = Vornierenganganlage, 4 = Angioblasten;
b) Sagittaler Semidünnschnitt durch das intermediäre Mesoderm im Bereich der Spitze der Vornierenganganlage. ca. 3250 : 1. 1 = Ektoderm, 2 = Vornierenganganlage, 3 = intermediäres Mesoderm, 4 = noch kapilläre Aorta dorsalis, 5 = Endoderm;
c) Schematisierte Darstellung der Entstehung des Vornierenganges nach REM-Befunden an Hühnerembryonen. Das Ektoderm ist über der Anlage entfernt. 1 = Schnittrand Ektoderm, 2 = Somit 7, 3 = intermediäres Mesoderm, 4 = Somatopleura, 5 = Splanchnopleura, 6 = Angioblasten, 7 = cranialer Teil des Vornierengangblastems, 8 = mittlerer Teil des Vornierengangblastems, 9 = caudaler Teil des Vornierengangblastems. Die Ganganlage ist mesenchymal strukturiert. Sie hebt sich vom intermediären Mesoderm als Strang segmentüberschreitend nach caudal zunehmend ab. Die Zellen an der Gangspitze weisen die Charakteristika migrierender Zellen auf.

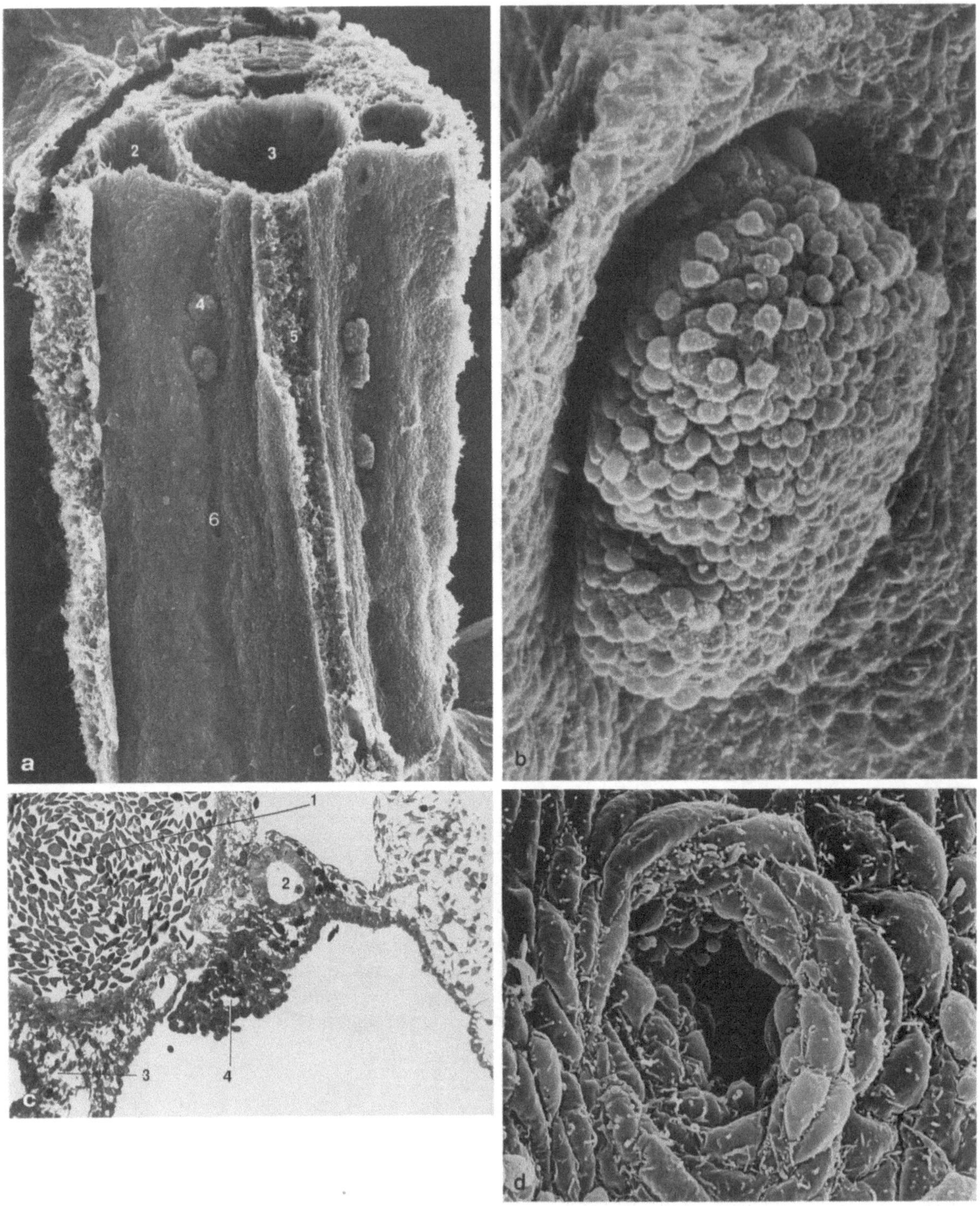

Abb. 26-3a–d. Vornierenglomerula beim Hühnerembryo beiderseits der Mesenterialwurzel in das Coelom hineinragend. **a)**, **b)** und **d)** REM, **c)** Semidünnschnitt.
a) Ventralansicht vom 2. Bebrütungstag. Ventrale Körperwand und Mesenterium sind entfernt. ca. 100 : 1. 1 = Neuralrohr, 2 = Vena postcardinalis, 3 = Aorta dorsalis, 4 = Vornierenglomerulus, 5 = Mesenterialwurzel, 6 = Peritonealöffnung von Vornierentubuli;
b) Vornierenglomerulus mit Podocyten am 3. Bebrütungstag. ca. 600 : 1;
c) Querschnitt durch einen Vornierenglomerulus. ca. 850 : 1. 1 = Aorta, 2 = Wolffscher Gang, 3 = Mesenterialwurzel, 4 = Vornierenglomerulus;
d) Peritonealöffnung eines Vornierentubulus. ca. 2000 : 1

Während der caudale Abschnitt des Vornierenganges deutlich vom unterliegenden, intermediären Mesoderm abgehoben ist und als mesenchymaler Zellstrang in caudaler Richtung auswächst, bleibt der craniale Abschnitt des Vornierenganges in seinem Wachstum zurück und reduziert sich bis auf unregelmäßig bestehende Epithelpfropfen, die dicht unter dem Ektoderm gelegen sind.

Glomeruli der Vorniere sind insbesondere bei Vögeln und Reptilien beschrieben worden. Bei Hühnerembryonen findet man sie in Höhe der Somiten 11–15 in unregelmäßiger Folge zu beiden Seiten des Mesenterium (Abb. 26-3). Sie sind vaskularisiert und durch enge Lagebeziehung zu den Peritonealöffnungen (Nephrostomata) der Vornierentubuli ausgezeichnet. Die oberflächliche Zellschicht zeigt im Verlauf der weiteren Entwicklung deutliche Differenzierung zu Podocyten. Beim Menschen sind einzelne externe Glomeruli beschrieben worden [Tandler 1905, Ingalls 1907]. Andere Autoren bestreiten jedoch ihre Existenz bei menschlichen Embryonen. Wir fanden ebenfalls am Übergang vom Pronephrosbereich zum Mesonephros an drei Embryonen vom STADIUM 14 ein oder zwei in die Leibeshöhle vorragende Glomeruli. Ein Gefäßstiel ist eindeutig nachweisbar (Abb. 26-4).

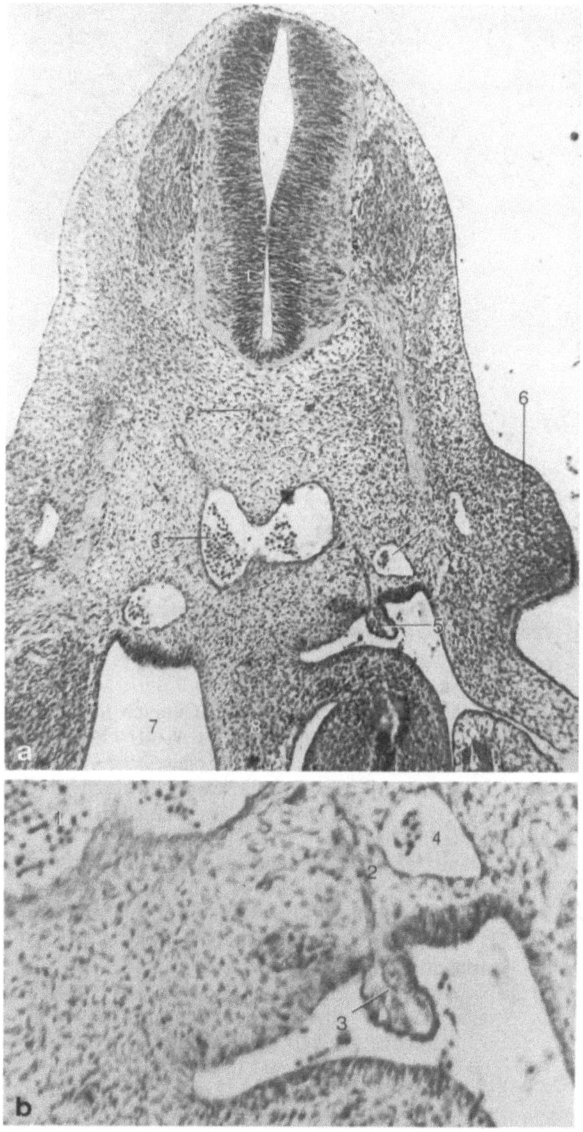

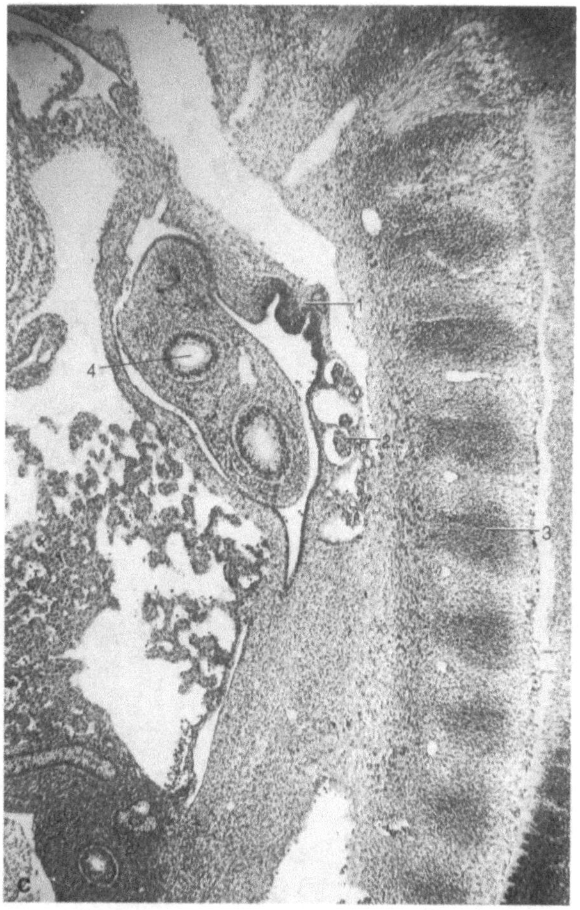

Abb. 26-4a–c. Vornierenglomeruli bei menschlichen Embryonen im STADIUM 14.
a) Querschnitt (6,5 mm), ca. 650 : 1. 1 = Rückenmark, 2 = Chorda dorsalis, 3 = Aorta dorsalis, 4 = Vena postcardinalis, 5 = in das Coelom vorragender Vornierenglomerulus, 6 = Anlage der linken oberen Extremität, 7 = Coelom, 8 = Mesenterialwurzel;
b) vergrößerter Ausschnitt aus a), ca. 1250 : 1. Aus der Aorta (1) wird über einen Gefäßstiel (2) das in das Coelom vorragende Vornierenkörperchen (3) gespeist. 4 = V. postcardinalis;
c) Sagittalschnitt (7 mm), ca. 650 : 1. 1 = Vornierenglomerulus, 2 = Mesonephrosglomerulus, 3 = Neuralspangen, 4 = Lungenanlage
(Präparate: Embryonensammlung des Histologisch-Embryologischen Institutes Wien)

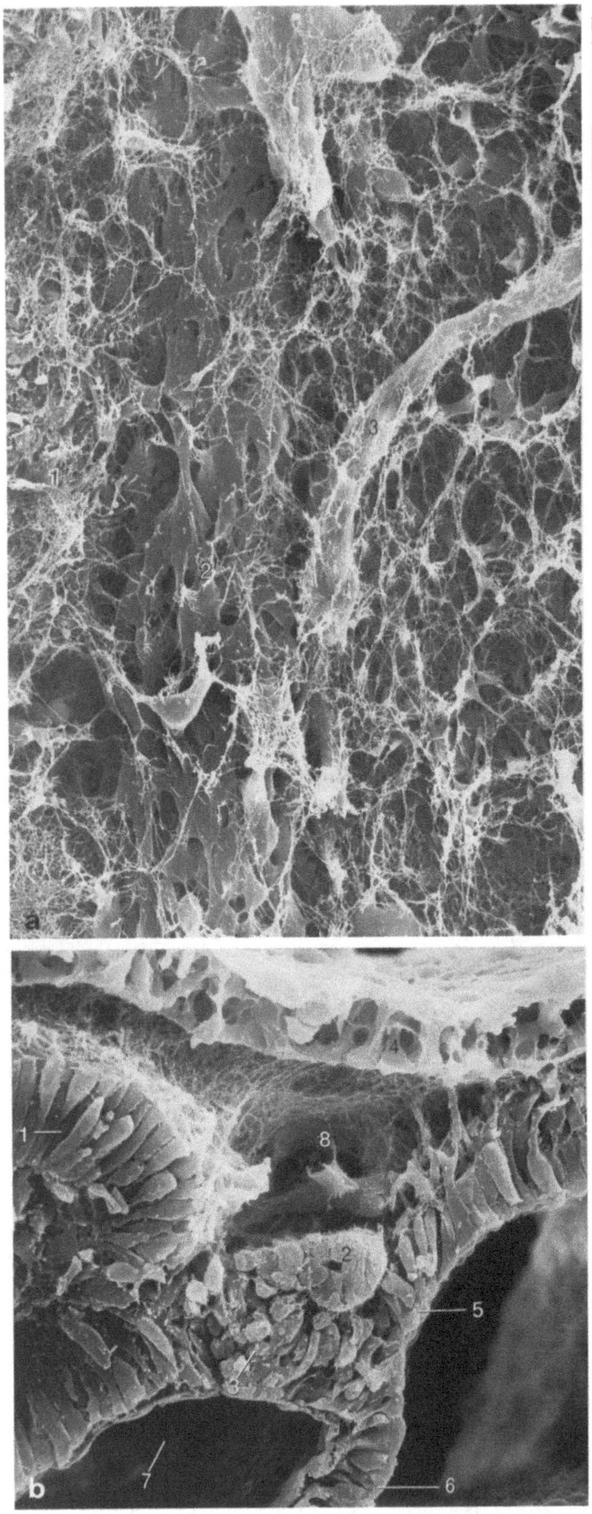

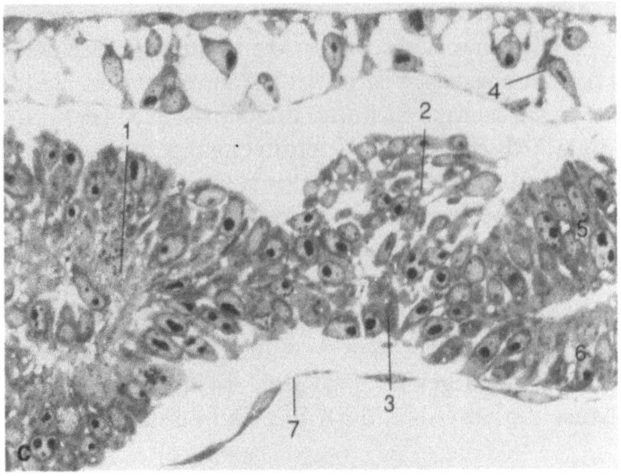

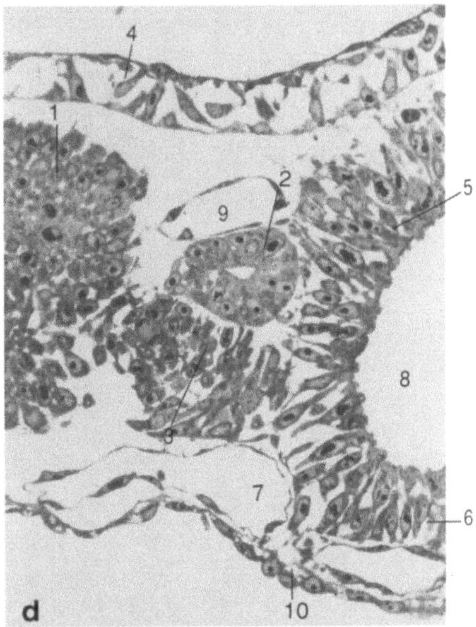

Abb. 26-5a–d. Verschiedene Stadien der Entwicklung des Wolffschen Ganges bei Hühnerembryonen.

a) Rasterelektronenmikroskopische Dorsalansicht des Vornierengangblastems nach Entfernung des Ektoderm, 1. Bebrütungstag (10 Somiten). Ausschnitt aus Abb. 26-2a, in Höhe der Somiten, zwischen den Zellfortsätzen feinfibrilläres Material der ECM, ca. 1250 : 1. 1 = Somit 9, 2 = Vornierengangblastem, 3 = Angioblasten;

b) Rasterelektronenmikroskopischer Querschnitt in Höhe des Somiten 14, 2. Bebrütungstag. Der Wolffsche Gang ist bereits kanalisiert, ca. 950 : 1. 1 = Somit, 2 = Wolffscher Gang, 3 = intermediäres Mesoderm, 4 = Ektoderm, 5 = Somatopleura, 6 = Splanchnopleura, 7 = noch kapilläre Aorta dorsalis, 8 = ECM;

c) Querschnitt im Bereich des Somiten 10, die Ganganlage ist mesenchymal strukturiert, ca. 1200 : 1. 1 = Somit, 2 = Vornierengangblastem, 3 = intermediäres Mesoderm, 4 = Ektoderm, 5 = Somatopleura, 6 = Splanchnopleura, 7 = noch kapilläre Aorta dorsalis;

d) Querschnitt durch einen Wachtelembryo im Bereich des 14. Somiten. Der Wolffsche Gang ist epithelialisiert und weist ein Lumen auf, ca. 1100 : 1. 1 = Somit, 2 = Wolffscher Gang, 3 = intermediäres Mesoderm, 4 = Ektoderm, 5 = Somatopleura, 6 = Splanchnopleura, 7 = noch kapilläre Aorta dorsalis, 8 = Coelom, 9 = Vena postcardinalis, 10 = Endoderm

Der Pronephros höherer Vertebraten und somit auch des Menschen ist nicht als ein eigenständiges, unabhängiges Organ anzusehen; er stellt vielmehr den sich zuerst entwickelnden, cranialen Abschnitt eines einheitlichen Exkretionsorgans dar (Holonephrostheorie). Die caudale Abgrenzung des Pronephros ist nicht eindeutig zu definieren, da einerseits der Vornierengang in den mesonephrogenen Gang oder Wolffschen Gang übergeht, andererseits die cervicalen Vornierentubuli von den thoracalen Urnierentubuli abgelöst werden. Da der Wolffsche Gang eine Voraussetzung für die weitere Nierenentwicklung ist, werden zunächst morphologische und experimentelle Untersuchungen zur Entwicklung und Bedeutung des Wolffschen Ganges beschrieben.

26.3 Wolffscher Gang

Der Wolffsche Gang ist sowohl Teil der Geschlechtsgänge (siehe Kapitel 27. Entwicklung der Genitalorgane) als auch das Anlagematerial für Harnleiter, Nierenbecken und Sammelrohre der Nachniere. Für die Differenzierung sowohl des mesonephrogenen wie auch des metanephrogenen Blastems ist er von großer Bedeutung. Der Übergang vom Vornierengang zum Wolffschen Gang liegt nach Torrey [1954] in Höhe des 13.–14. Somiten. Von hier aus bildet sich der Wolffsche Gang aus dem frei nach caudal auswachsenden Abschnitt des Vornierenganges und ist daher von Anfang an vom intermediären Mesoderm deutlich abgegrenzt.

Dies trifft auch für den Wolffschen Gang bei Hühnerembryonen zu. Das Gangblastem ist auch hier zunächst mesenchymal strukturiert; zwischen den sternförmigen Zellen befinden sich weite Interzellularräume (Abb. 26-5). Von cranial nach caudal fortschreitend erfolgt dann eine Epithelialisierung des Blastem. Die Zellen ordnen sich dicht gepackt um ein zentrales Lumen. Ihre apicale freie Oberfläche weist häufig ein in das Lumen hineinragendes Cilium auf. Die apicalen Zellkontakte sowie die Ausbildung einer Basalmembran charakterisieren die Polarisierung der Zellen. Die caudale Spitze des weiter auf die Kloake zuwachsenden Wolffschen Ganges bleibt dagegen mesenchymal strukturiert. Die nicht durch eine Basalmembran abgegrenzten Zellen sind durch lange Fortsätze mit den angrenzenden mesenchymalen Strukturen verbunden (Abb. 26-6).

Wie bereits experimentelle Untersuchungen von Grünwald [1937] gezeigt haben, kommt der Spitze des Wolffschen Ganges eine besondere Rolle zu, denn nach Exstirpation dieser Spitze unterbleibt ein weiteres Auswachsen des Wolffschen Ganges. Damit fehlt auf dieser Seite des Embryo später sowohl die Urniere als auch die Nachniere (Abb. 26-7). Andererseits konnte bei Amphibien [Cambar und Gipoloux 1973, Poole und Steinberg 1982] und bei Vogelembryonen [Jacob und Christ 1978] gezeigt werden, daß bereits epithelialisierte Gangabschnitte auch dann in der Lage sind, nach caudal auszuwachsen,

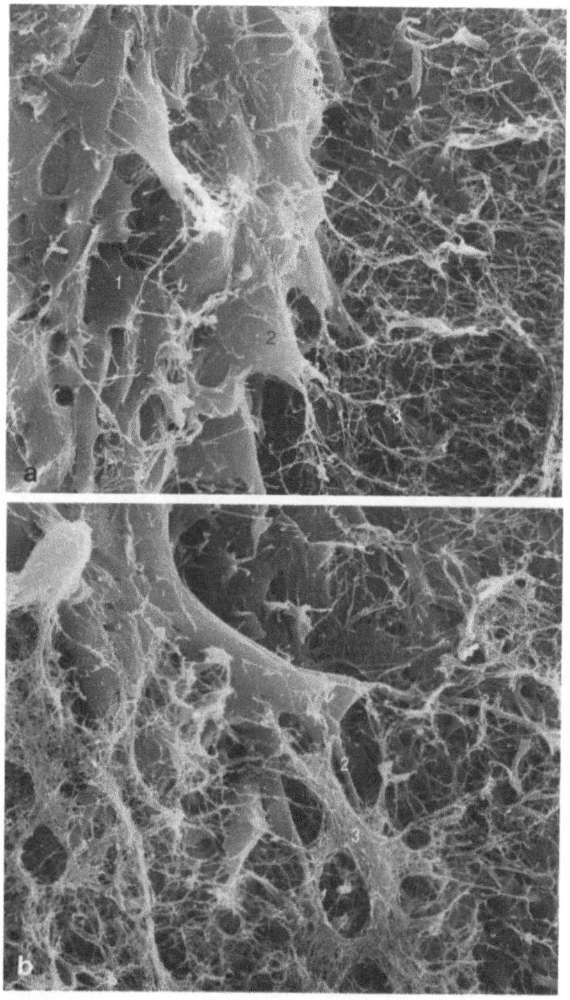

Abb. 26-6a, b. Caudaler Bereich des Wolffschen Ganges beim Hühnerembryo. 2. Bebrütungstag. REM, Dorsalansicht nach Entfernung des Ektoderm, ca. 1250 : 1.
a) Bereich direkt vor der Spitze des Gangblastems. 1 = Zellen des Gangblastems, 2 = Zellen mit Fortsätzen und Filopodien, 3 = Extrazelluläre Matrix über der Somatopleura;
b) Ausschnitt aus der Spitze des Gangblastem. 1 = Zellen der Gangspitze, 2 = Zellausläufer, 3 = Extrazelluläre Matrix

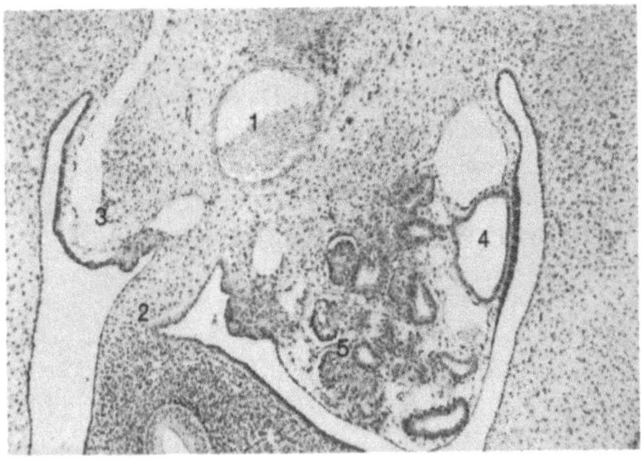

wenn sie in Höhe der Spitze des kontralateralen Ganges implantiert werden, selbst wenn sie um 180° gedreht worden sind (Abb. 26-8).

Daraus kann man schließen, daß das caudalwärts gerichtete Wachstum des Wolffschen Ganges durch Einflüsse von seiten der angrenzenden mesodermalen Strukturen kontrolliert wird. Proteine an der Oberfläche der Zellen des Substrates sehen Cambar und Gipoloux [1973] als entscheidend an. Poole und Steinberg [1982] nahmen an, daß eine nach caudal zunehmende Adhäsion zwischen Gangzellen und Substrat als Ursache dieser gerichteten Zellmigration an-

Abb. 26-7. Querschnitt durch einen 3 Tage alten Hühnerembryo nach operativer Entfernung der Spitze des Vornierenganges auf der rechten Seite am 1. Bebrütungstag. Auf der linken Seite hat sich der Mesonephros normal entwickelt; rechts fehlen sowohl der Wolffsche Gang als auch die Mesonephrosstrukturen; ca. 350 : 1. 1 = Aorta, 2 = Mesenterialwurzel, 3 = operierte Seite, 4 = normaler Wolffscher Gang, 5 = normale Entwicklung des Mesonephros

Abb. 26-8a–d. Querschnitt von Huhn-Wachtel-Chimären. Nach Feulgen-Färbung ist das transplantierte Wachtelgewebe am färberisch deutlicher hervortretenden Nucleolus-assoziierten Heterochromatin im Gewebsverband des Hühnerembryo zu erkennen.
a) Querschnitt durch den rechten thoracalen Körperabschnitt eines 2 Tage alten Hühnerembryo. Es wurde im 10-Somiten-Stadium am 1. Bebrütungstag die Spitze des Vornierenganges der Wachtel implantiert. ca. 350 : 1. 1 = Wolffscher Gang, aus Zellen der Wachtel bestehend, 2 = Coelomepithel, 3 = Verdichtung im mesonephrogenen Gewebe;

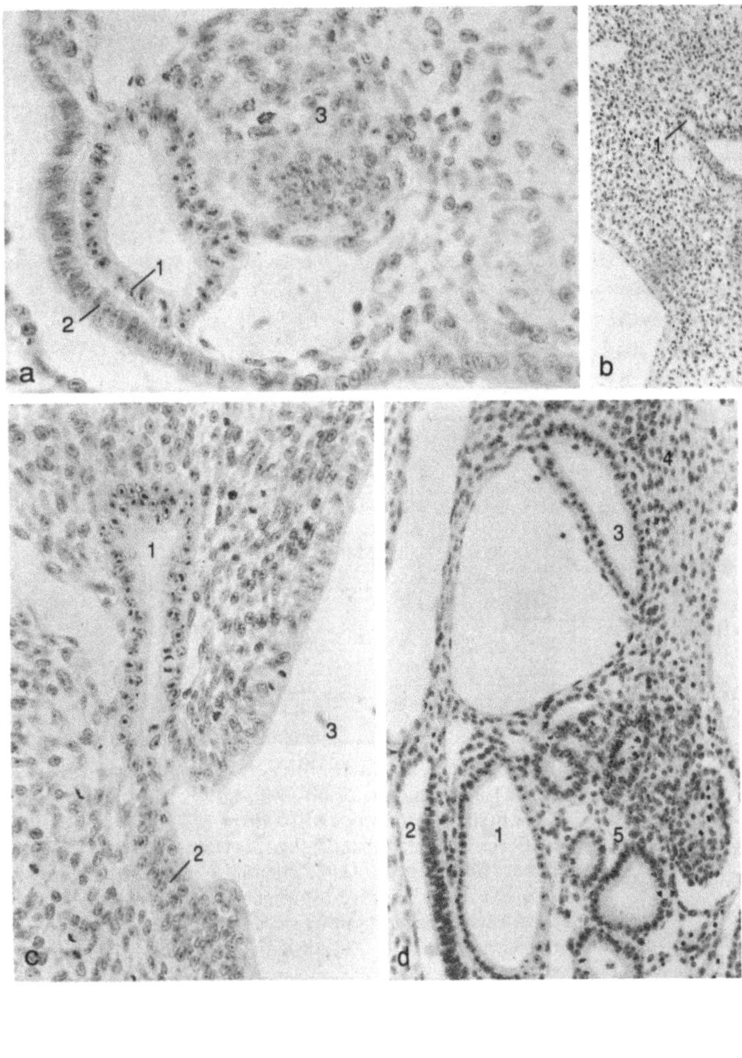

b) Querschnitt durch denselben Embryo. Der transplantierte Wolffsche Gang hat die Kloakenwand gerade erreicht. ca. 120 : 1. 1 = Wolffscher Gang der Wachtel im Kontakt mit dem Epithel der Kloake, 2 = Wolffscher Gang des Hühnchens auf der Kontrollseite beim Übergang in die Kloake, 3 = Kloake;
c) Wachtelzellen des Wolffschen Ganges gehen auch bei Drehung des Transplantates um 180° nahtlos in das Kloakenepithel über. ca. 350 : 1. 1 = Wolffscher Gang (Transplantat war um 180° gedreht implantiert worden), 2 = Epithel der Kloakenwand, 3 = Kloake;
d) Querschnitt durch einen chimärischen Embryo mit Zellen der Wachtel sowohl im Wolffschen Gang wie auch in der daraus ausgewachsenen Ureteranlage. ca. 350 : 1. 1 = Wolffscher Gang, 2 = Coelom, 3 = Ureteranlage, 4 = metanephrogenes Gewebe, 5 = Mesonephros

zusehen ist [siehe auch Gillespie und Armstrong 1986]. Bestimmte Proteine, die Zell-Zelladhäsion sowie Zell-Substratadhäsion vermitteln, spielen hierbei offenbar eine Rolle.

Bei Embryonen vom STADIUM 12 (3–5 mm, 26 Tage) mit 26–28 Somiten erreicht der Wolffsche Gang die Kloake (Abb. 26-9). Eine vollständige Kanalisierung ist jedoch erst im STADIUM 15 (über 8 mm, 34 Tage) mit 36 Somiten nachweisbar.

Zu Beginn der 5. Woche [Chwalla 1927] wächst am unteren Ende des Wolffschen Ganges nach dorsal die Ureterknospe aus, die das metanephrogene Blastem induziert (Abb. 26-10). Aus der Ureterknospe bilden sich die ableitenden Harnwege der definitiven Niere: Ureter, Nierenbecken, Sammelrohre. Aus dem metanephrogenen Blastem entstehen die Nephrone sowie das Nierenstroma. Wie im Kapitel 27. Entwicklung der Geschlechtsorgane genauer dargestellt wird, entwickeln sich aus dem Wolffschen Gang der Ductus epididymidis (Nebenhodengang), der Ductus deferens und die Samenblase. Bei weiblichen Feten bildet sich der Wolffsche Gang zurück. Persistierende Reste können bei der Frau als Gartnerscher Gang auftreten.

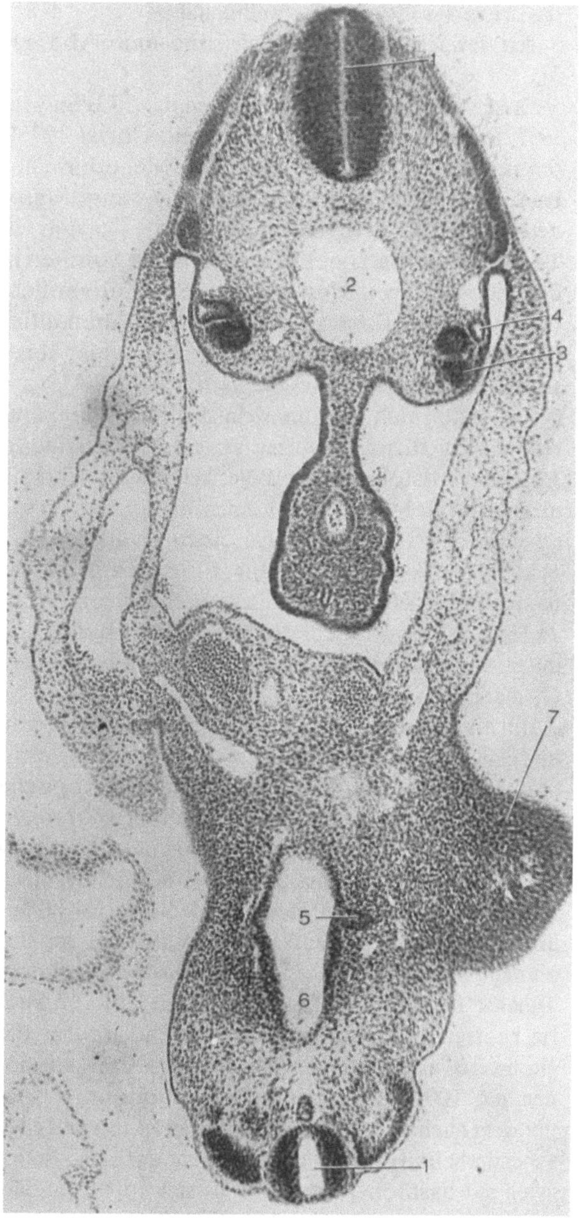

Abb. 26-9. Horizontalschnitt durch einen menschlichen Embryo im STADIUM 12 (3,6 mm). Durch die Krümmung des Embryo ist sowohl der craniale wie auch der caudale Körperabschnitt getroffen. Der Wolffsche Gang hat caudal die Kloake erreicht. ca. 120 : 1. 1 = Neuralrohr, 2 = Aorta dorsalis, 3 = Mesonephros, 4 = Wolffscher Gang, 5 = Wolffscher Gang an der Einmündung in die Kloakenwand, 6 = Kloake, 7 = Anlage der linken unteren Extremität
(Präparat: Embryonensammlung des Histologisch-Embryologischen Institutes Wien)

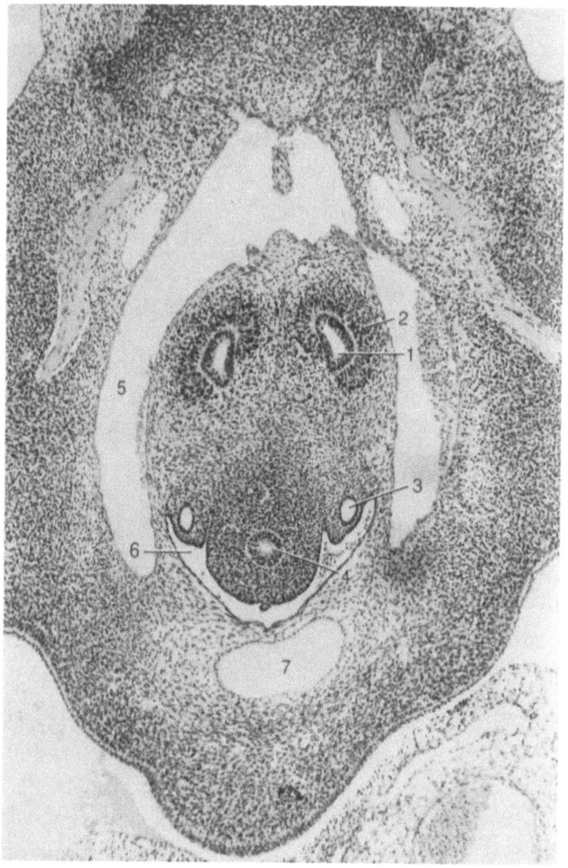

Abb. 26-10. Querschnitt durch den caudalen Körperabschnitt eines menschlichen Embryo (9,5 mm). ca. 280 : 1. 1 = Ureterknospe, 2 = metanephrogenes Gewebe, 3 = Wolffscher Gang, 4 = Rectum, 5 = Arteria umbilicalis, 6 = Coelom, 7 = Sinus urogenitalis
(Präparat: Embryonensammlung des Histologisch-Embryologischen Institutes Wien)

26.4 Mesonephros (Urniere)

Der Mesonephros beginnt mit seiner Differenzierung in der 4. Woche und bildet sich bereits in der 8. Woche zurück. Nach Ansicht der meisten Untersucher reicht er vom 13. Somiten – das entspricht dem ersten thoracalen Segment – bis zum 27./28. Somiten – das entspricht dem 3. lumbalen Segment. Da aber der Übergang zwischen Pronephros und Mesonephros fließend ist, läßt sich die craniale Grenze des Mesonephros nicht festlegen. Seine Entwicklung folgt sowohl zeitlich als auch räumlich der des Pronephros. Während der Pronephros ein cervicales Organ darstellt, handelt es sich bei dem Mesonephros um ein überwiegend thoracales Organ.

Der Mesonephros entwickelt sich aus 3 Abschnitten,

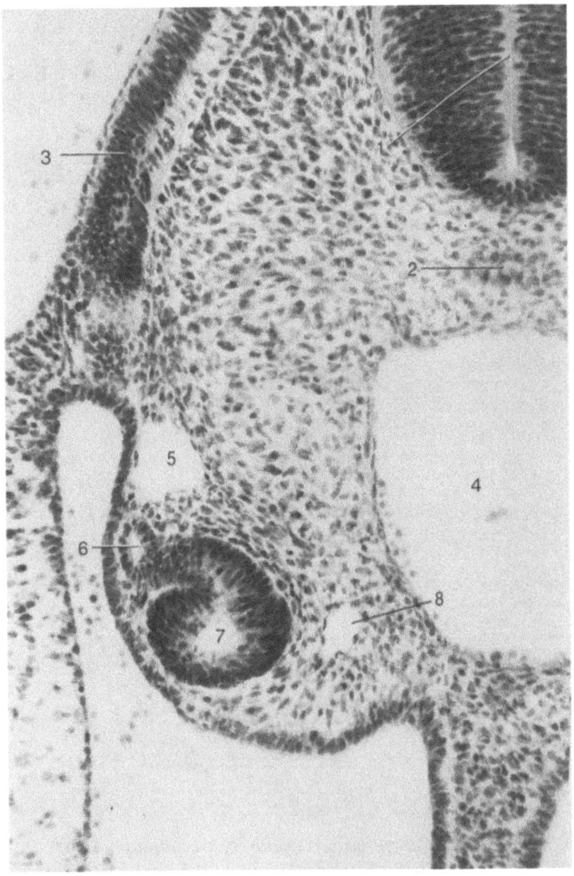

Abb. 26-11. Querschnitt durch einen menschlichen Embryo im STADIUM 12 (3,6 mm), craniales Körperende, ca. 280 : 1. 1 = Neuralrohr, 2 = Chorda dorsalis, 3 = Dermatomyotom, 4 = Aorta dorsalis, 5 = Vena postcardinalis, 6 = Wolffscher Gang, 7 = Mesonephrosbläschen mit Anschluß an den Wolffschen Gang, 8 = Vena subcardinalis (Präparat: Embryonensammlung des Histologisch-Embryologischen Institutes Wien)

1. dem nach caudal vorwachsenden, epithelialen und sich kanalisierenden Wolffschen Gang mit mesenchymal strukturierter Spitzenregion sowie
2. dem mesenchymalen intermediären Mesoderm, das auch als „nephrogener Strang" bezeichnet wird, das sich in das Coelom vorwölbt, und
3. den einwachsenden Gefäßen (siehe auch Abb. 11-3).

Es ist experimentell nachgewiesen [u.a. Grünwald 1937, Bishop-Calame 1966, Jacob und Christ 1978], daß sich das intermediäre nephrogene Mesoderm nur bei Anwesenheit des Wolffschen Ganges zum Mesonephros ausformt. Im STADIUM 11 (2,5–4,5 mm, 24 Tage) erkennt man bei Embryonen mit 18 Somiten in dem intermediären Mesoderm zunächst Zellverdichtungen, die sich dann zu epithelialen Bläschen differenzieren. Die Anordnung der Bläschen weist keine strenge Metamerie auf (siehe auch Abb. 11-4), sondern es bilden sich ganz unregelmäßig zwei oder mehrere solcher birnenförmiger Vesikel pro Segment. Insgesamt entstehen etwa 80 Vesikel, jedoch sind nie mehr als 40 gleichzeitig vorhanden, da sich die ersten schon zurückbilden, wenn die letzten gerade entstehen. Die Vesikel wachsen dann zu Tubuli aus, die lateral mit dem Wolffschen Gang verschmelzen (Abb. 26-11). Das blinde mediale Ende stülpt sich ein, und durch einwachsende Aortenäste bildet sich dort ein Glomerulus.

Um die räumliche Vorstellung von den Podocyten und einigen weiteren Teilen des Nephron zu erleichtern, sollen hier einige elektronenmikroskopische Ausschnittbilder von menschlichen Embryonen gezeigt werden. Transmissionselektronenmikroskopisch wurde die Ultrastruktur des vollentwickelten Mesonephros von DeMartino und Zamboni [1966] untersucht. Ähnlich der Nachniere besteht er aus Nephronen mit Glomerulus, proximalem und distalem Tubulus. Eine Henlesche Schleife fehlt. Die Glomeruli besitzen in der Regel ein dickeres Endothel als die Nachniere, aber gelegentlich sind auch Fenestrationen mit 100 nm Durchmesser und dünnem Diaphragma nachweisbar. Auf eine Basallamina folgt der subendotheliale Spalt, der Filamente enthält. Podocyten mit basalen Fortsätzen, die sich in Sekundär-

▸

Abb. 26-12a–e. Mesonephros bei menschlichen Embryonen.

a) Querschnitt durch die rechte Mesonephrosanlage (13 mm). ca. 280 : 1. 1 = Wolffscher Gang, 2 = Glomerulus, 3 = Mesonephrostubulus, 4 = Somatopleura;

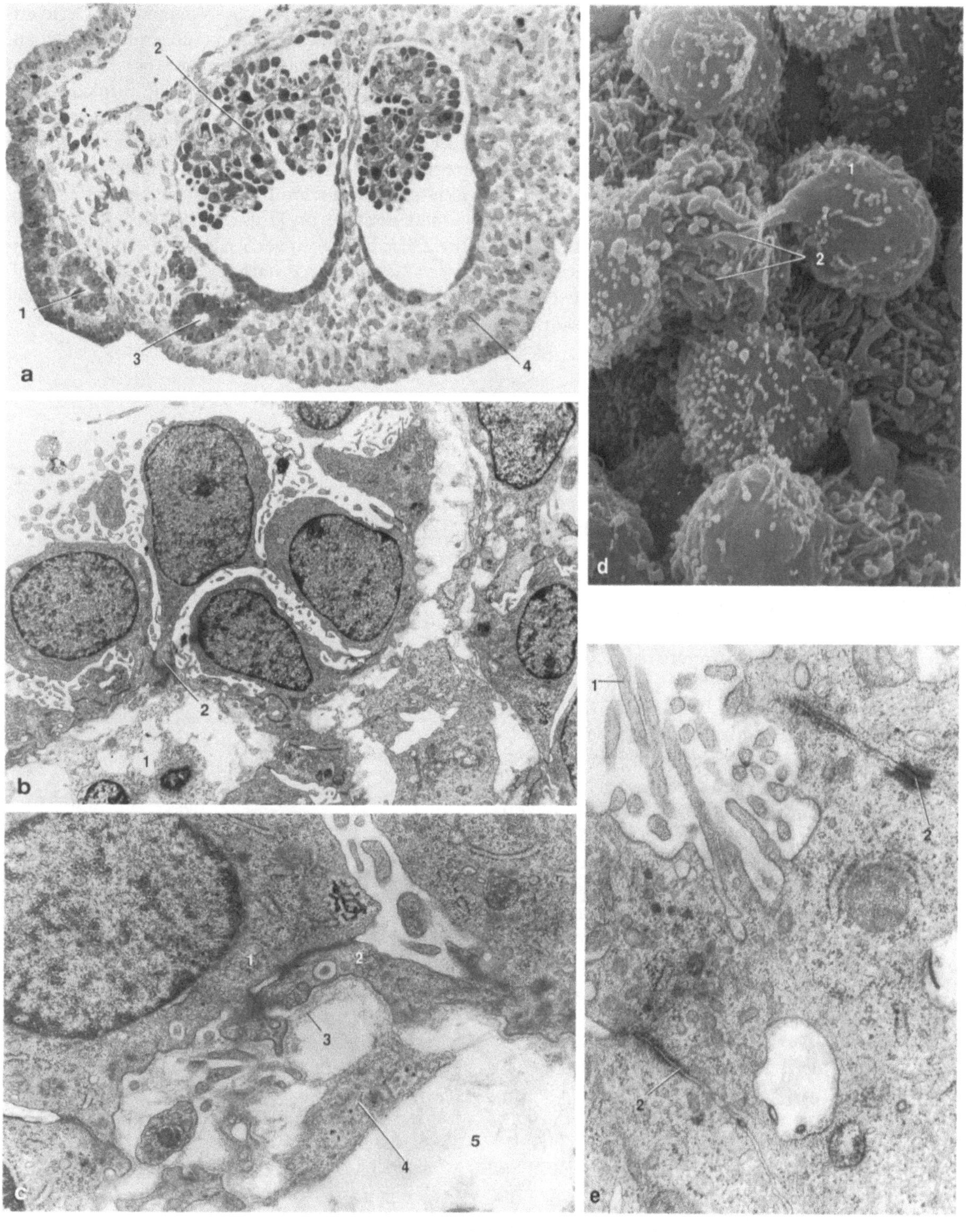

b) TEM-Aufnahme aus den oberflächennahen Kapillarschlingen eines Mesonephrosglomerulus (13 mm). ca. 4300 : 1. 1 = Kapillarlumina mit Blutzellen, 2 = Podocyt mit Fortsätzen an der Kapillaroberfläche;
c) Ausschnittvergrößerung aus einem Glomerulus wie b) im Bereich der Basalmembran (13 mm), ca. 12 600 : 1. 1 = Pericaryon eines Podocyten, 2 = Podocytenzellausläufer auf der Kapillaroberfläche, 3 = locker strukturierte Basalmembran, 4 = Anschnitt einer Endothelzelle, 5 = Lumen einer Kapillarschlinge des Glomerulus;
d) REM-Aufsicht auf die Podocyten eines Glomerulus bei einem menschlichen Embryo von 17 mm, ca. 8300 : 1. 1 = Podocyt, 2 = primäre und sekundäre Fortsätze über einer Kapillarschlinge;
e) apicaler Teil von Zellen des proximalen Tubulus wie a), b), c) 3200 : 1. 1 = lange Mikrovilli, 2 = apicale Zellkontakte

und Tertiärfortsätze gliedern, sind gut entwickelt (Abb. 26-12a–d). Die Einmündung des afferenten Gefäßes und der Abgang des efferenten Gefäßes liegen ein beträchtliches Stück auseinander. Eine Macula densa fehlt. Der proximale Tubulus ist mit hochprismatischem Epithel ausgekleidet, dessen apicale Oberfläche zahlreiche Mikrovilli aufweist (Abb. 26-12e). Die Zellen des distalen Tubulus sind flacher und haben eine glattere Oberfläche. Basal enthalten sie zahlreiche Mitochondrien, laterale Interdigitationen fehlen offenbar am menschlichen Mesonephros.

Experimentelle Untersuchungen haben Hinweise auf ein frühzeitiges Funktionieren der Mesonephroi zahlreicher Säuger erbracht. Aufgrund der Differenzierung der Podocyten nimmt Silverman [1969] an, daß der menschliche Mesonephros bei Embryonen entsprechend dem Stadium 17 seine Funktion aufnimmt. Für eine Aktivität des Mesonephros sprechen auch Erweiterungen der harnableitenden Gänge menschlicher Embryonen, deren Wolffscher Gang nicht in die Kloake mündete [Wiltschke 1960].

Interessant ist die Tatsache, daß sich Renin-positive Zellen bereits in der 5. oder 6. Woche im menschlichen Mesonephros nachweisen lassen [Celio et al. 1985] und sie somit die ersten in der Ontogenese nachweisbaren endokrinen Zellen sind.

26.5 Metanephros (Nachniere)

Der Metanephros entwickelt sich ebenso wie der Mesonephros aus drei Bestandteilen: Das sind in diesem Fall die epitheliale Ureterknospe, das mesenchymale Nierenblastem und die einsprossenden Gefäße (siehe auch Kapitel 11). Aus Befunden mit Huhn-Wachtel-Neuralleistenchimären von Le Douarin und Theillet [1974] ist bekannt, daß im Stroma von Hühnchennieren Zellen der Neuralleiste gefunden werden. Inwieweit damit die Beteiligung einer vierten Komponente angenommen werden muß, wird sich durch weitere direkte Nachweise des neuronalen Einflusses noch erweisen müssen. Neuere Befunde an der Maus von Sariola et al. [1988] mit Antikörpern gegen neuronale Zelloberflächenganglioside weisen auf die Anwesenheit von Neuronen im Mesenchym in Kontakt mit der Ureterknospe und auf terminale Endigungen in den mesenchymalen Verdichtungen hin, aus denen später Nierentubuli werden. Sie leiten daraus ab, daß Nervenzellen an einer Regulation der Nierenmorphogenese beteiligt sein könnten.

Die Ureterknospe wächst vom caudalen Abschnitt des Wolffschen Ganges in Höhe des 1. Sakralsegmentes als epitheliales Divertikel nach dorsal aus (Abb. 26-13). Wenn die letzten mesonephrogenen Tubuli noch nicht voll differenziert sind, ist die Ureterknospe bereits von verdichtetem nephrogenem Blastem umgeben (siehe auch Abb. 26-10). Die Ureterknospe biegt cranial um und verlängert sich. Bei Embryonen vom Stadium 16 (2–12 mm, 33 Tage) hat sich ihr blindes craniales Ende zur Anlage des Nierenbeckens verbreitert, welches ein oberes und ein unteres Polrohr aufweist. Die Entwicklung der Kelche ist bei Embryonen vom Stadium 17 an erkennbar. Zum Ende der 6. Woche, Stadium 19, bilden sich im nephrogenen Blastem Vesikel, und zu Beginn der 7. Woche (Stadium 21) beginnt die Differenzierung der Glomeruli [O'Rahilly und Muecke 1972].

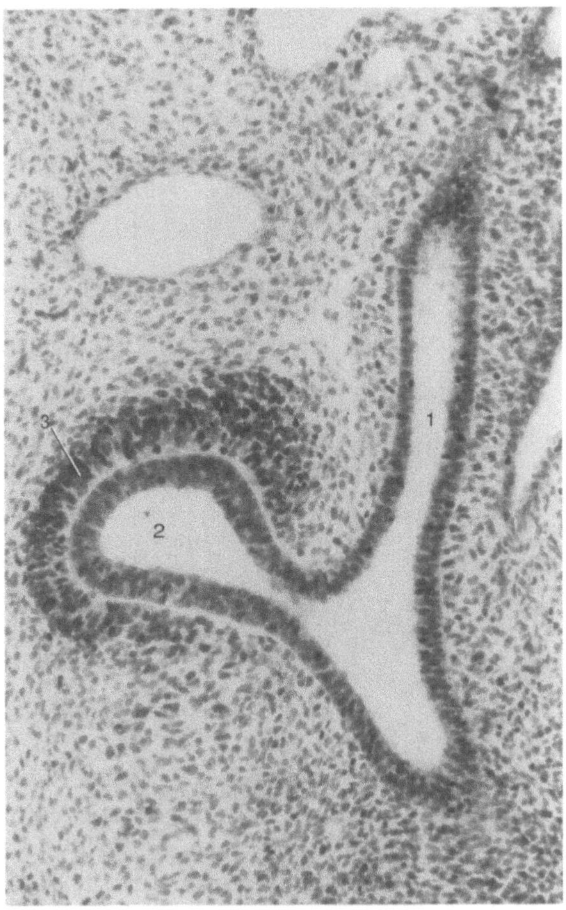

Abb. 26-13. Ureterknospe und metanephrogenes Blastem bei einem menschlichen Embryo im Stadium 14 (6,5 mm). Paraffin 8 µm, Trichrome, 315 : 1. 1 = Wolffscher Gang, 2 = Ureterknospe, 3 = metanephrogenes Gewebe (Präparat und Aufnahme: Professor Hinrichsen, Bochum)

26.5.1 Interaktionen zwischen den verschiedenen Geweben

Wie bereits oben beschrieben, ist der Wolffsche Gang für die Entwicklung des Mesonephros verantwortlich. Darüber hinaus zeigen aber auch die Experimente von Grünwald [1937], daß nach Zerstörung des Wolffschen Ganges keine Ureterknospe aussprossen kann und daher das metanephrogene Gewebe nicht in der Lage ist, sich zu Tubuli zu differenzieren. Andererseits erfolgt die Verzweigung der Ureterknospe in Abhängigkeit vom mesenchymalen metanephrogenen Blastem. Die Bedeutung dieser wechselseitigen Interaktionen zwischen Epithel und Mesenchym konnte durch zahlreiche Experimente belegt werden. So isolierte Grobstein [1955] die epitheliale Ureterknospe vom mesenchymalen metanephrogenen Blastem. Wurden die beiden Gewebe getrennt in vitro kultiviert, entwickelten sie sich nicht weiter. Nur wenn das Epithel mit dem Mesenchym kombiniert wurde, erfolgte eine Differenzierung. Da die Entwicklung von Tubuli aber auch durch andere epitheliale Gewebe angeregt werden kann, scheint ein spezifischer Induktor nicht erforderlich zu sein. Während bei den Untersuchungen von Grobstein [1956], bei denen zwischen die beiden sich gegenseitig beeinflussenden Gewebsanteile Milliporefilter gelegt wurden, kein cytoplasmatischer Kontakt zwischen diesen Geweben erkennbar war, zeigten neuere elektronenmikroskopische Untersuchungen [Wartiovaara et al. 1974], daß doch ein Zell-zu-Zellkontakt über feinste Zellausläufer selbst durch Filtergewebe möglich ist.

Nach der sogenannten Induktion des metanephrogenen Blastem durch die Ureterknospe kann man, bevor erste Zeichen einer Morphogenese sichtbar werden, eine Änderung der extrazellulären Matrix beobachten. Anstelle von Fibronectin und Kollagen (Typ I und III) treten sogenannte Basalmembranproteine wie Kollagen Typ IV, Laminin und a.m. auf [siehe Saxén et al. 1986], welche die Zellaggregation und Epithelialisierung des mesenchymalen Blastem ermöglichen. Diese Umformung des Mesenchym in ein Epithel ist die Voraussetzung für die Bildung der Nephrone. Für die Zellaggregation und damit letztlich auch für die Differenzierung der Niere scheinen auch sogenannte Zelladhäsionsmoleküle notwendig zu sein [Thiery et al. 1984, Vestweber et al. 1985, Saxén et al. 1988]. Nach Ekblom und Thesleff [1985] soll eine wesentliche Funktion des induzierenden Epithel darin liegen, daß es das Mesenchym ansprechbar für Wachstumsfaktoren wie Transferrin macht.

Eine Veränderung der extrazellulären Matrix scheint auch das Einwachsen von Kapillaren zu regulieren [Sariola et al. 1984a]. Während zunächst eine fibronectinreiche Matrix die Migration fördert, ist Laminin wichtig für die Anheftung der Zellen an die Basalmembran und für die Proliferation. Klein et al. [1988] können das Auftreten der A-Kette des Laminin bei Beginn der Zellproliferation im Mesenchym der Nierenanlage nachweisen und geben einen Hinweis darauf, daß das Auftreten der A-Kette den Beginn der Zellpolarisierung markiert. Aufgrund teilweiser Blockierung der A-Kette durch Anti-Sera konnte die Polarisierung der Zellen im nephrogenen Blastem zu Nierentubuli verhindert werden.

Für die Verzweigung von epithelialen Strukturen, wie z.B. die Ureterknospe, sind gleichfalls epitheliomesenchymale Interaktionen notwendig. Als Substrat dafür werden in erster Linie Kollagen und Proteoglycane der extrazellulären Matrix angesehen [Spooner et al. 1986]. Die Entwicklung der verschiedenen Nierenabschnitte soll nun im einzelnen beschrieben werden.

26.5.2 Entwicklung der harnableitenden Nierenabschnitte

Die harnableitenden Nierenabschnitte wie Sammelrohre, Kelche und Nierenbecken entstehen aus dem aufgetriebenen Ende der Ureterknospe, der Ampulle. Der proximale enge Teil bildet den Ureter. Die Ureterknospe wächst zunächst dorso-cranialwärts vor. Sobald die Ampulle das metanephrogene Blastem erreicht hat (dies beginnt schon im Stadium 14), teilt sie sich im Stadium 16 in zwei Äste („Polrohre"). Einer der Äste erstreckt sich nach cranial, der andere nach caudal, wodurch die spätere longitudinale Form der Niere bestimmt wird. Im Laufe der weiteren Entwicklungen finden zahlreiche dichotome Teilungen der Ureterknospe statt, wobei lange oder kurze Äste sich von dem primären Ast abzweigen können. Die Äste wachsen über die Teilungsstelle nach distal aus, die nächste Teilung liegt immer näher zur Oberfläche der Anlage. Nach Osathanondh und Potter [1963] erfolgen die Teilungen an den Polen schneller als im interpolaren Bereich. Beim 18 mm Embryo (8 Wochen, Stadium 19) sind bereits 4–6 Teilungen abgelaufen, und die Nierenanlage ist in drei Läppchen gegliedert, zwei polare und einen interpolaren. Von der 3.–5. Teilungsgeneration an bilden sich aus den Abschnitten des metanephrogenen Blastem, die unmittelbar an die Ampullen angrenzen, die ersten Nierenbläschen (Abb. 26-14).

Nach Ludwig [1950] sind erste Andeutungen eines Nierenbeckens bei Embryonen von 21 mm (Stadium 20) erkennbar, aus einer allmählich einsetzenden Dilatation der ersten Verzweigungsstelle bestehend. Diese Erweiterung erfaßt zunehmend weitere

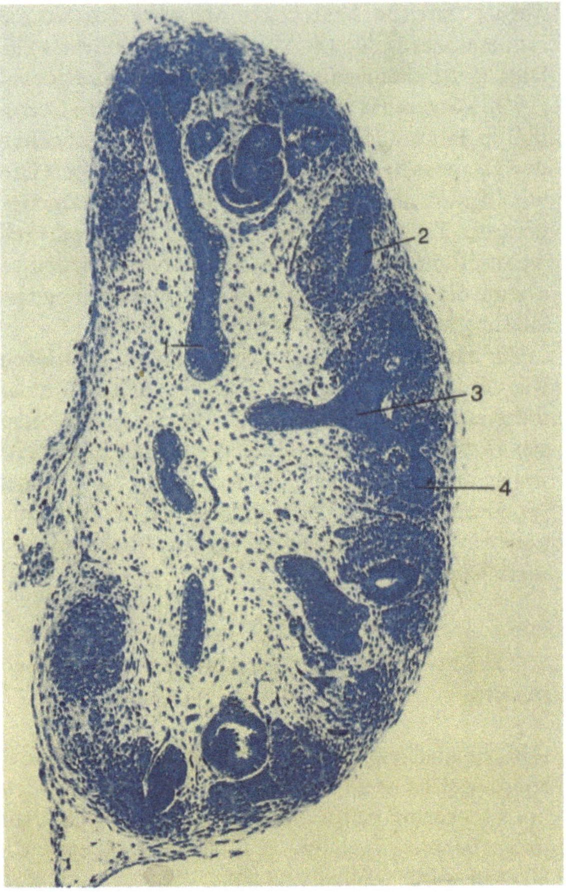

Abb. 26-14. Metanephros, menschlicher Embryo im Stadium 20 (22 mm). Semidünnschnitt, ca. 85 : 1. 1 = cranialer polarer Ast der Ureterverzweigung, 2 = vereinzelt S-förmige Einstülpungen der metanephrogenen Bläschen, 3 = interpolarer Ast der Ureterverzweigung, 4 = Nierenbläschen in der Rinde
(Präparat: Professor Christ, Freiburg)

Äste und hat bei Embryonen von 30 mm ihr Maximum erreicht. Sie ist die Folge einer sekretorischen Tätigkeit der ersten Nephrone. Der Abfluß des Harnes in den Sinus urogenitalis ist durch die Uretermembran, einen Verschluß des Ureters an der Stelle seiner jetzigen Einmündung (siehe unten), zunächst noch nicht möglich. Weiterhin soll eine verdichtete Mesenchymschicht die Ausweitung des Ureters verhindern. Die Bildung des Nierenbeckens geht auch mit der Verschmelzung der ersten Verzweigungen einher [Sonntag 1943]. Die erweiterten Tubuli legen sich eng aneinander, und ihre benachbarten Wandabschnitte bilden Epithelfalten, die in das Nierenbecken hineinragen. Später degenerieren diese Falten, und es entsteht ein einheitlicher Raum (Abb. 26-15a, b). Nachdem die ersten 3–5 Verzweigungen, welche später durch Dilatation das Nierenbecken bilden, stattgefunden haben, bilden sich in schneller Folge weitere 3–5 Verzweigungsgenerationen mit nur kurzen Tubuli. Danach sprossen die Äste wieder langsamer ab, und ihre Tubuli werden länger. Die sich schnell teilenden kurzen Abschnitte bilden die Kelche, in welche dann jeweils zahlreiche lange Ductus papillares münden [Osathanondh und Potter 1963, 1966].

Die Kelche umgreifen die Papillen, welche aus den Sammelrohren und dem die Sammelrohre umgeben-

Abb. 26-15a, b. Horizontalschnitt durch die Niere eines menschlichen Embryo im Stadium 23 (28 mm) in Übersicht **(a)** und Ausschnitt **(b)**. Paraffin, 8 µm.
a) ca. 30 : 1. 1 = Anlage des Nierenbeckens, 2 = Nierenrinde, 3 = Leber;
b) ca. 80 : 1. 1 = rindennahe dichotome Verzweigung des Ureterbaumes, 2 = Glomerulus, 3 = Anlage der Nierenkapsel, 4 = Nierenbecken

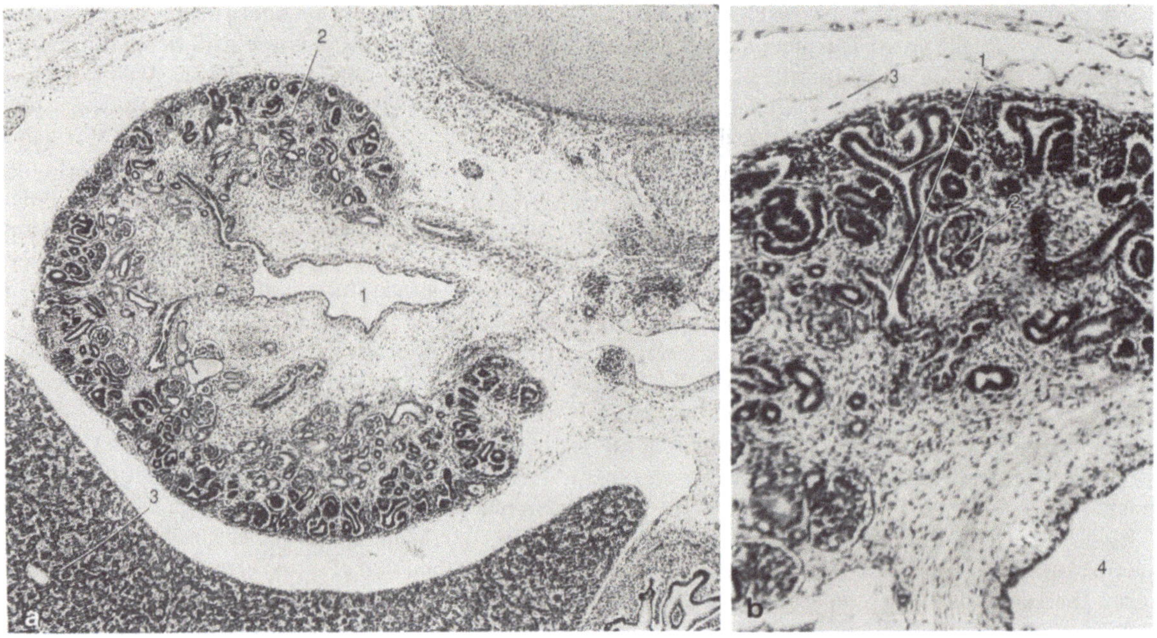

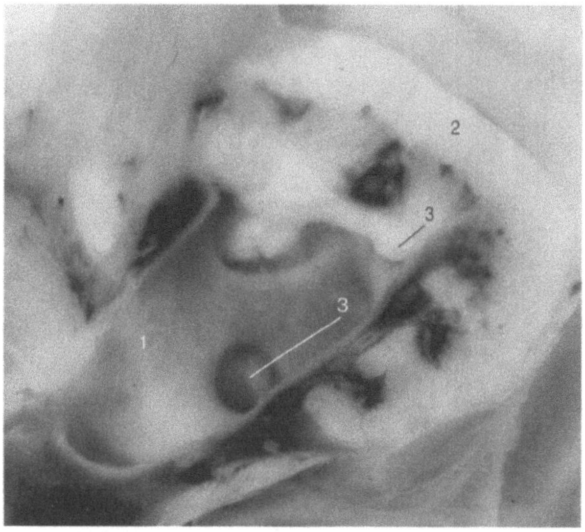

Abb. 26-16. Linke Niere eines menschlichen Fetus 10,5 cm, makrophotographische Aufnahme, ca. 9 : 1. 1 = Nierenbecken, 2 = Nierenrinde, 3 = Papillen in die Nierenkelche hineinragend
(Präparat und Aufnahme: Professor Hinrichsen, Bochum)

den Bindegewebe bestehen (Abb. 26-16). Durch den zunehmenden Druck der Sammelrohre erhalten die Endkelche ihre konkave Form. Die Teilung des Ureterbaumes dauert bis zur 32.–36. Woche an. Nach Osathanondh und Potter [1963] bilden sich die Sammelrohre aus 6–9 Teilungsgenerationen.

Die weitere Entwicklung der Verzweigung des Ureterbaumes ist mit der Entstehung eines nephrogenen Bläschens im metanephrogenem Blastem in der unmittelbaren Nachbarschaft der Ampulle verbunden und vollzieht sich in vier Perioden.

In der ersten Periode bildet sich das Nierenbecken aus den Tubuli der 1.–5., die Hauptkelche aus der 3.–5., die kleinen Kelche aus der 3.–6. Teilungsgeneration. Die offensichtlichen Überschneidungen in den Generationsangaben erklären sich aus der Tatsache, daß im Bereich des cranialen und caudalen Nierenpoles eine im Vergleich zu dem interpolaren Bereich häufigere Teilung der Tubuli stattfindet. Erste nephrogene Bläschen treten bereits an den Ampullen der 6. Teilungsgeneration auf. Angefangen von der 7.–11. Teilung bilden sich die Sammelrohre des Nierenmarkes (ca. 13.–14. Woche, 90 mm). Die Verzweigung der Ampullen geht aus dem Anteil hervor, der noch keine Nephrone induziert hat, während der Zweig, der das Nephron induziert, mit diesem auch fusioniert und sich nicht weiter teilt. Diese wechselnde Verzweigung unter gleichzeitiger Bildung von Nephronen läuft in der 13. und 14. Woche ab, wenn die Marksammelrohre gebildet werden. Dabei werden Mark und Rinde am Metanephros in typischer Weise unterscheidbar (siehe auch Abb. 26-15).

Die zweite Periode (14.–22. Woche) ist durch die Bildung von Tubulusarkaden gekennzeichnet. Die Teilung der Ampullen hört jetzt nach der 14. Woche auf, die Ampulle wächst langsamer nach peripher weiter und induziert dabei fortlaufend 4–7 Generationen von nephrogenen Bläschen. Wegen des weiteren Vorwachsens der Ampulle können diese nicht an die Ampulle Anschluß gewinnen, sondern münden in den Verbindungstubulus des zuerst gebildeten Nephrons in der Reihenfolge ihres Entstehens ein.

In der dritten Periode (22.–36. Woche) wachsen die Ampullen wieder schneller rindenwärts aus und fahren fort, nephrogene Bläschen zu induzieren. Zunächst werden 4–7 solcher Nephrone gebildet. Diese gewinnen dann wieder einzeln Anschluß an die rindennahen Sammelrohrabschnitte [Neiss 1982]. Es sind bis zu diesem Zeitpunkt ca. 22–25 Teilungen der Ureterknospe abgelaufen.

In der vierten und letzten Periode (letzter Monat der Schwangerschaft) verschwinden die Ampullen, die Nephronenneubildung hört auf, die Nephrone differenzieren sich.

26.5.3 Bildung der harnproduzierenden Nierenabschnitte

Zu den harnproduzierenden Nierenabschnitten zählen die Glomeruli sowie proximaler, intermediärer und distaler Tubulus. Diese Abschnitte entwickeln sich aus dem metanephrogenen Blastem, das bereits im Stadium 14 (5–7 mm, 32 Tage) als eine Kappe von verdichtetem Mesoderm dem blinden Ende der Ureterknospe aufliegt. Als erstes Anzeichen der Tubulusbildung erkennt man eine Zellaggregation (siehe oben).

Saxén und Wartiovaara [1966] vermuten, daß die Zelladhäsion zunimmt und sich die Zellen daher enger aneinanderlegen. Gleichzeitig verändert sich auch die extrazelluläre Matrix (siehe oben) und die Zellen polarisieren sich: Der Kern verlagert sich nach basal, der Golgiapparat liegt apical, Zonulae occludentes (tight junctions) bilden sich aus. Die apicalen Oberflächen umschließen einen kleinen Hohlraum, während die basale Seite von einer Basalmembran begrenzt wird. Diese Vorgänge können aufgrund ultrastruktureller Befunde nach Dørup und Maunsbach [1982] in vier Stadien eingeteilt werden. So entstehen Vesikel (Abb. 26-17), die zunächst oval (Stadium I), dann birnenförmig sind (Stadium II). Der schmalere Pol liegt den Sammelrohren an und verschmilzt mit ihnen. Die Vesikel wachsen zu Tubuli aus, die sich an dem den Sammelrohren abgewandten Ende einstülpen und zu den charakteristischen S-förmigen Körpern (Stadium III) umformen. Die Au-

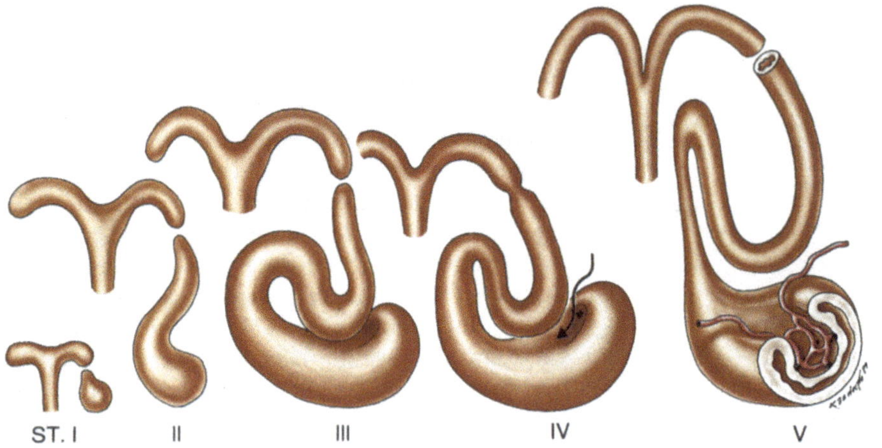

Abb. 26-17. Schematische Darstellung der Tubulus- und Glomerulusbildung aus den Nierenbläschen im metanephrogenen Gewebe um die Ureterverzweigung. STADIUM I: ovale Vesikel; STADIUM II: birnenförmige Vesikel; STADIUM III: S-förmige Tubuli, die sekundär Anschluß an die Ureterverzweigungen bekommen; STADIUM IV: löffelförmige Einstülpungen des blinden Endes, Einwachsen von Angioblasten und durch Interaktionen Differenzierung des inneren Blattes der Bowmanschen Kapsel.
(Umzeichnung nach Stoerk 1904 unter Verwendung der Befunde und Einteilung in Stadien nach Dørup und Maunsbach 1982)

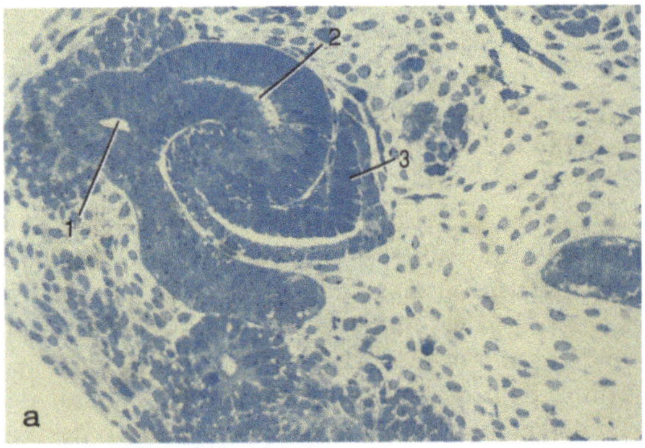

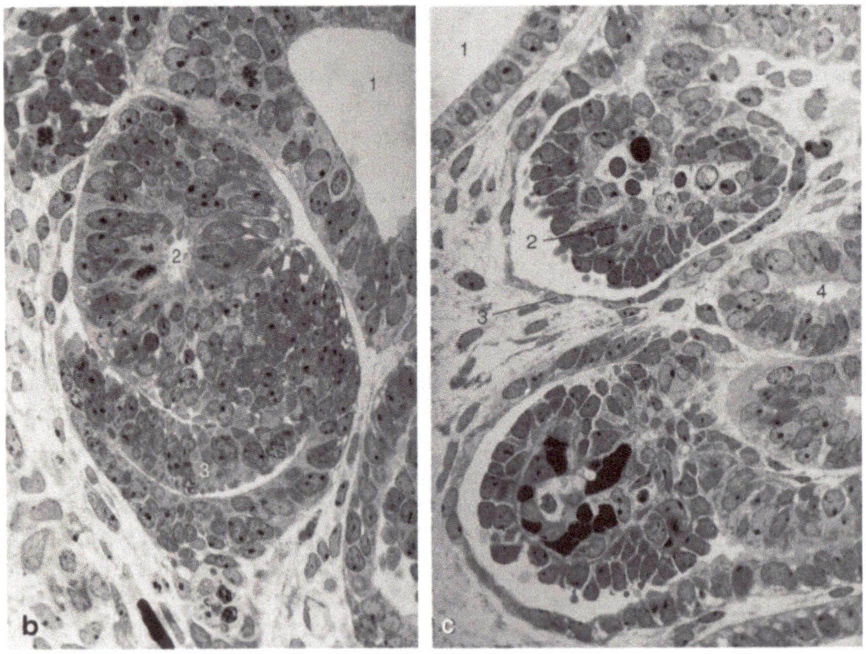

Abb. 26-18a–c. Nachnierenglomeruli bei einem menschlichen Embryo im STADIUM 20 (22 mm) im Semidünnschnitt.

a) Übersicht, S-förmiges STADIUM (III). ca. 120 : 1. 1 = Lumen der Ureterknospe, 2 = proximaler Tubulus mit Anschluß an das Verbindungsstück, 3 = inneres Blatt der Bowmanschen Kapsel. Erste Kapillaren sind in der löffelförmigen Vertiefung nachweisbar;
b) Ausschnitt aus a) bei stärkerer Vergrößerung. ca. 260 : 1. 1 = Lumen der Ureterknospe, 2 = proximaler Tubulus, 3 = inneres Blatt der Bowmanschen Kapsel;
c) Vaskularisation und Podocytenbildung an den Glomeruli im STADIUM IV. ca. 260 : 1. 1 = Lumen der Ureterknospe, 2 = Glomerulus, vaskularisiert, 3 = äußeres dünneres Blatt der Bowmanschen Kapsel, 4 = proximaler Tubulus

ßenschicht dieser eingestülpten Körperchen wird zur Bowman'schen Kapsel (Abb. 26-18a–c). Das blinde Ende dieser Schläuche differenziert sich durch Interaktion mit den einwachsenden Kapillaren zu den Glomeruli (STADIUM IV), der andere Abschnitt bildet den Tubulus. Die Ursache dieser Krümmung ist möglicherweise ein Adhäsionsgradient [Saxén et al. 1986]. Glomeruli bilden sich im Metanephros von STADIUM 21 (22–24 mm, 54 Tage) an.

Beim S-förmigen Nierentubulus dringen Endothelzellen in den durch Invagination entstandenen Spalt ein [Sariola 1983], welche laufend Basalmembranmaterial abgeben und sich somit am Aufbau der glomerulären Basalmembran beteiligen.

Die gerichtete Migration der Endothelzellen in den glomerulären Spalt legt die Vermutung nahe, daß hierbei eine Leitstruktur eine Rolle spielt. Der Nachweis von Fibronectin im Stroma [Sariola et al. 1984a] unterstützt diese These. Andererseits wird diskutiert, ob das Tubulusepithel einen angiogenetischen Faktor produziert [Gospodarowicz et al. 1986]. Von diesen einwachsenden Gefäßen stammen auch die Mesangiumzellen ab [Aoki 1966], welche sich durch ein kompaktes, homogenes Cytoplasma mit hellen, runden Kernen auszeichnen.

Die den Kapillaren eng anliegenden Zellen des Nierentubulus differenzieren sich zu Podocyten, während sich gleichzeitig das Kapillarnetz weiter ausbreitet. Die flacheren Zellen auf der konvexen Seite (Abb. 26-19a–c) bilden das äußere Blatt der Bowman'schen Kapsel. Die zunächst zylindrischen prospektiven Podocyten flachen sich ab und weichen auseinander. Die großen Zellkörper ragen in den Kapselraum vor. Von den Zellen gehen Primärfortsätze ab, die sich wiederum in Sekundärfortsätze aufzweigen, welche mit den Fortsätzen benachbarter Zellen interdigitieren. Die Entwicklung der Podocyten ist an die Entwicklung der Kapillarschlingen gekoppelt. Die enge Beziehung zwischen den beiden Strukturen zeigt sich auch darin, daß sie eine gemeinsame Basalmembran ausbilden [Sariola et al. 1984b].

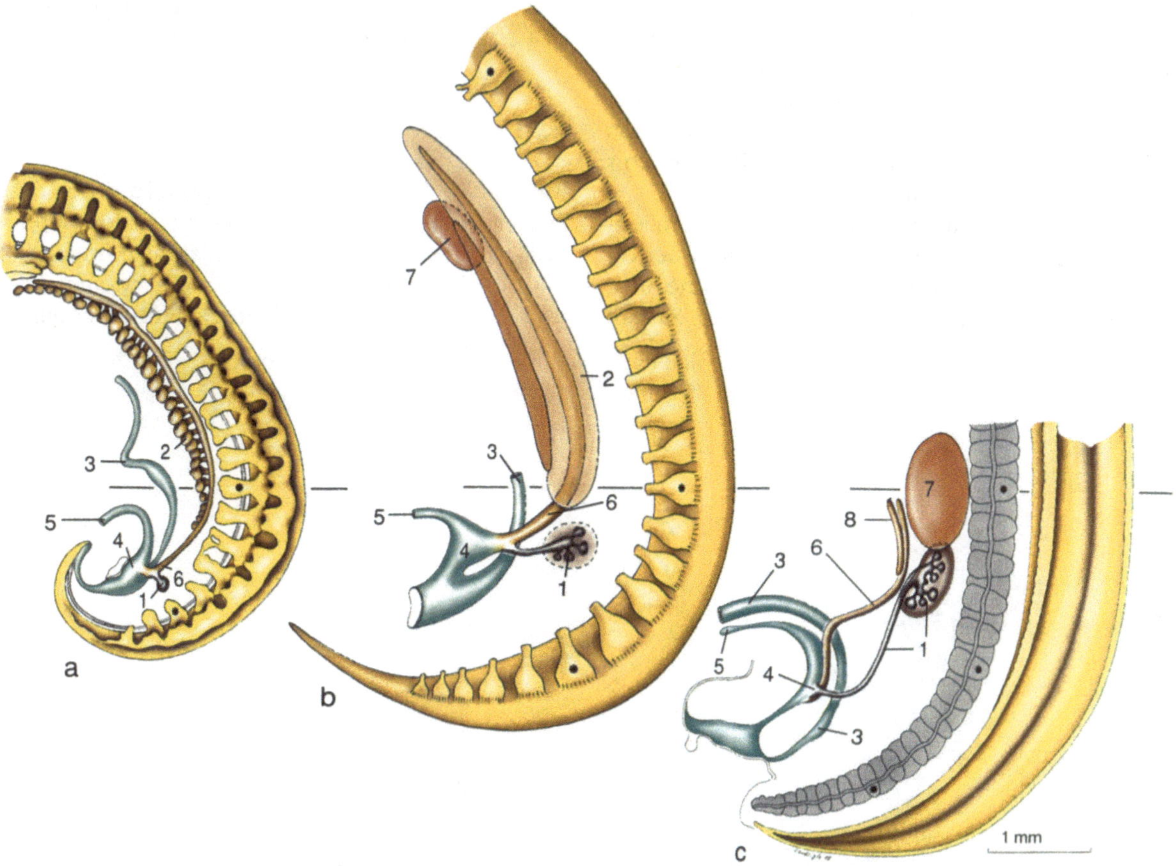

Abb. 26-19a–c. Ascensus des Ureters und der Nachniere in den STADIEN 14 (6,3 mm), 17 (10 mm) und 20 (17,5 mm). Mit * markiert sind die Ganglien **(a, b)** Th1, L1, S1, bzw. Wirbelkörper **(c)** L1, S1, Co1. Die gemeinsame Orientierungshorizontale liegt in Höhe von L1. Beachte die „Ausrollung" des unteren Körperendes! 1 = Ureter(knospe) und Metanephros, 2 = Urniere, 3 = Darm, 4 = Sinus urogenitalis, 5 = Allantois, 6 = Wolffscher Gang, 7 = Nebenniere, 8 = Müllerscher Gang; (a) und c) unter Verwendung der Darstellungen bei Blechschmidt 1973 sowie b) bei Gasser 1975)

Kapillarendothel, Basalmembran und Podocyten differenzieren sich in Wechselbeziehung zueinander zu der glomerulären Filtrationsmembran.

Die Bildung des definitiven Tubulus ist ein in seinem formalen Ablauf seit langem gut dokumentierter Vorgang [Stoerk 1904, Felix 1911], der sich an jedem Nierenkörperchen in gleicher Weise wiederholt: Der mittlere Abschnitt des S-förmigen Tubulus ist in seiner Lage am Gefäßpol als Anlage der späteren Macula densa der „Fixpunkt". Der untere Schenkel des S wächst seitlich über das Nierenkörperchen hinaus und bildet eine zunächst noch ungegliederte Schleife, die erheblich an Länge zunimmt. Ihr oberer Anteil wird dann zur Pars contorta des proximalen Tubulus. Der Abgang aus der Bowman'schen Kapsel wird verlagert und bildet den Harnpol. Der obere Schenkel des S erreicht nicht die gleiche Länge, hier wird die Pars contorta des distalen Tubulus gebildet.

Nach den ultrastrukturellen Untersuchungen von Dørup und Maunsbach [1982] beginnt die Differenzierung des proximalen Tubulus im Stadium III, was durch die Entwicklung eines Bürstensaumes deutlich wird. Im Stadium IV der Entwicklung können alle Abschnitte des adulten Nephron unterschieden werden. Das Arkaden bildende Verbindungsstück (siehe Abschnitt 26.5.2) ist ebenfalls dem Tubulussystem zugeordnet, entstammt also dem metanephrogenen Blastem, obwohl beim Erwachsenen seine Struktur der der Sammelrohre entspricht [Neiss 1982].

Eine Macula densa ist offenbar schon bei sehr unreifen Glomeruli erkennbar. Dieser Abschnitt des distalen Tubulus, der dem Gefäßpol des Glomerulus eng anliegt, zeichnet sich durch dicht gepackte Zellen mit ovalem Kern aus. Beim 8 Wochen alten Embryo sind weiterhin Renin-positive Strukturen in granulären, epitheloiden Zellen des Vas afferens beschrieben worden. Celio et al. [1985] nehmen an, daß das Renin zu einer Vasokonstriktion führt und so die glomeruläre Durchblutung und Filtrationsrate des Feten niedrig gehalten wird.

26.5.4 Renculi

Beim Feten und Säugling kennzeichnen Furchen an der Nierenoberfläche die Grenze von Segmenten, die der Aufzweigung des Ureterbaumes entsprechen (siehe auch Abb. 22-34). Entsprechend der ersten Aufzweigung der Ureterknospe findet sich am jeweils cranialen und caudalen Pol der Niere ein großer unpaarer Renculus, dazwischen an der dorsalen und an der ventralen Seite je eine Längsreihe. Im Inneren sind die Segmente durch Columnae, das sind Säulen aus Rindensubstanz, die zwischen die Pyramiden des Markes in die Tiefe reichen, voneinander getrennt [Meyer 1969]. In der Regel verstreichen die Furchen im Kleinkindesalter.

26.5.5 Ascensus der Niere

Während die Entwicklung der Nachniere durch das Zusammentreffen der Ureterknospe mit dem intermediären Mesoderm der cranialen Sakralsegmente – also in der Region des kleinen Beckens – beginnt, liegen beim Erwachsenen die Nieren in Höhe des unte-

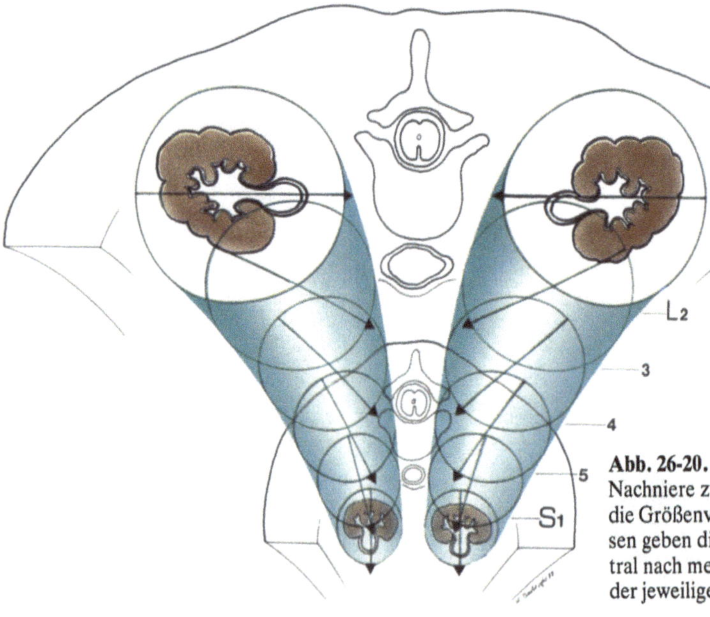

Abb. 26-20. Schematische Darstellung der Verlagerung der Nachniere zwischen der 6. und 9. Woche. In den Säulen ist die Größenveränderung eingefangen, die Pfeile in den Kreisen geben die schrittweise Verlagerung des Hilum von ventral nach medial, bezogen auf die Wirbelsäule und Aorta in der jeweiligen Position zur Wirbelsäule, an.

ren Thoracal- und der oberen Lumbalwirbel (siehe Abb. 26-19a–c). Es hat also ein Ascensus der Niere stattgefunden, der im wesentlichen durch das Längenwachstum des Embryo bedingt, also relativ ist. Bei dem Ascensus dreht sich die Nierenanlage, und das Hilum gelangt nach medial (Abb. 26-20). Die Arterien sind Äste der Urnierenarterien, die mit dem Ascensus wechseln, im caudalen Urnierenbereich liegende Arterien werden durch solche aus höheren Segmenten abgelöst. Die caudalen Arterien können allerdings als zusätzliche Nierengefäße persistieren (siehe auch Kapitel 11. Arterien des Rumpfes und der Gliedmaßen und Abb. 11-5).

26.6 Ureter

Wie schon oben beschrieben, entwickelt sich der Ureter aus dem proximalen Teil der vom Wolffschen Gang aussprossenden Ureterknospe. Zunächst enden die Anlage des Ureter und der Wolffsche Gang über einen gemeinsamen terminalen Abschnitt in die Kloake. Letzterer ist der beim jungen Embryo noch gemeinsame Endabschnitt des Urogenital- und Digestionstraktes. Der gemeinsame Nierengang wird in die Kloakenwand assimiliert, so daß Ureter und Wolffscher Gang getrennt in den jetzt als Sinus urogenitalis zu bezeichnenden, vorderen unteren Teil der Kloake münden. Die Mündungen der Ureteren gelangen nach lateral und cranial in die Pars urinalis, während die Wolffschen Gänge caudal und medial in die Pars genitalis einmünden. Als Folge davon kreuzt der Wolffsche Gang den Ureter. Die Lumina der Ureteren sind zunächst durch die Uretermembran vom Sinus urogenitalis getrennt. Nach Chwalla [1927] besteht die Urethermembran sowohl aus dem Sinusepithel als auch aus dem Epithel des Ureters. Die Uretermembran reißt dann ein, so daß bei Feten von ca. 3 cm nur noch Reste von ihr erhalten sind.

26.7 Harnblase und Urethra

Harnblase und Urethra entwickeln sich aus der Kloake. Diese stellt einen Blindsack dar, aus dem nach ventral hin der Allantoisgang vom Scheitel abging und von dorsal her der Enddarm einmündet. Die Wolffschen Gänge münden seitlich ein.

Das Endoderm der Kloakenwand liegt in einem umschriebenen Bereich ventral dem Ektoderm ohne Unterlagerung von Mesoderm an und bildet die Kloakenmembran. Die Kloake wird durch eine von cranial auf die Kloakenmembran zuwachsende Scheidewand, das Septum urorectale, in den Enddarm und in den ventralen Kloakenrest oder Sinus urogenitalis unterteilt. Nach Ludwig [1965] reißt bei Embryonen von 13–16 mm unter dem Druck des von der Urniere gebildeten Harnes die Kloakenmembran ein. Die rectale Fläche des nun nach caudal vorgedrungenen Septum urorectale bildet mit den Resten der Kloakenmembran die Analmembran. Der noch in die Kloake einmündende distale Abschnitt des Wolffschen Ganges erfährt eine Erweiterung zum sogenannten „Kloakenhorn“, das mit in die Kloake einbezogen wird. Ureter und Wolffscher Gang münden dann getrennt in die Kloake. Dadurch, daß sich die Mündung der Ureteren nach lateral verschiebt und sich der untere Abschnitt des Sinus urogenitalis zur Harnröhre schließt, wird das Trigonum vesicae abgegrenzt.

Der ursprünglich mit dem Scheitel der Harnblasenanlage in Verbindung stehende Allantoisstiel ist bereits bei 17 mm großen Embryonen [Chwalla 1927] zu einem soliden Epithelstrang obliteriert und bildet so den Urachus. Da angenommen wird, daß auch Teile des cranialen Abschnitts der Harnblasenanlage obliterieren, verlagert sich die prospektive Harnblase nach caudal. Bereits bei Embryonen von 20 mm beginnt sich Muskulatur in der Wandung der Harnblasenanlage zu bilden. Beim 6 cm großen Feten wurde bereits Übergangsepithel beobachtet.

Die Harnblase geht ursprünglich ohne Abgrenzung in den Harnröhrenteil der Kloake über. Mit der Ausbildung eines Schließmuskels erweitert sich der Harnblasenteil, während der urethrale Teil eng bleibt (Abb. 20-41c).

26.8 Fehlbildungen der Harnorgane

26.8.1 Agenesien

Nierenagenesien kommen nach Potter [1965] durchaus vor, der bei 5000 Autopsien von 20 Fällen berichtet. Dies geht auch aus einer Untersuchung von Gillerot und Koulisher [1988] hervor, die bei 900 Autopsiefällen insgesamt 63 Fälle von Mißbildungen der Harnorgane und dabei allein 10 Fälle von isolierter bilateraler Agenesie fanden. Doppelseitige Agenesien führen allerdings bereits wenige Stunden nach der Geburt zum Tode. Die Ursache dieser Fehlbildung kann einmal darin liegen, daß die Ureterknospe gar nicht oder unvollständig ausgesproßt, oder aber der Ureter entwickelt sich normal, erreicht jedoch nicht das metanephrogene Blastem, da sich dieses verzögert oder abnorm entwickelt. Bei einer Nierenagenesie fehlt also auch der zugehörige Ureter oder ist zu einem bindegewebigen Strang umgebildet. Bei einseitigem Fehlen der Niere ist regelmäßig nur ein Ureter angelegt, und die entwickelte Niere ist größer als normal.

26.8.2 Doppelbildungen der Harnorgane

Eine vollständige Verdoppelung einer Niere ist selten. Meistens liegt eine sogenannte „Doppelniere" mit zwei getrennten Nierenbecken und zwei mehr oder weniger vollständig voneinander getrennten Harnleitern vor. In allen Fällen liegt die Ursache der Fehlbildung beim Ureter und nicht im metanephrogenen Blastem. Es können zwei Ureterknospen aus dem Wolffschen Gang aussprossen. In diesem Fall resultiert ein *Ureter duplex* oder vollständig verdoppelter Ureter. Spaltet sich der Ureter nur in seinem oberen Ende auf, so bildet sich ein *Ureter fissus*.

Da bei einem Ureter duplex nur ein Ureter an der normalen Mündungsstelle in die Harnblase einmünden kann, verlagert sich das andere Ostium meist nach caudal. Häufig kommt es dabei zu einer extravesikalen Mündung des Harnleiters (siehe unten: ektopische Mündung des Ureters).

26.8.3 Verschmelzungsnieren

Bei der relativ häufigen Hufeisenniere sind die beiden unteren Nierenpole miteinander verschmolzen. Man nimmt an, daß hier die nephrogenen Blasteme ursprünglich sehr nahe beieinander gelegen sind und dadurch eine Verschmelzung der caudalen Enden erfolgt ist. Hierbei ist der endgültige Ascensus der Niere offenbar durch die Arteria mesenterica inferior behindert. Das Nierenbecken ist nach vorne gerichtet und die Ureteren verlaufen über die ventrale Nierenseite.

26.8.4 Dystopie der Niere und des Ureters

Meistens entwickelt sich eine Beckenniere, wenn der normale Ascensus der Niere in der 7. und 8. Woche nicht erfolgt.

26.8.5 Zystenniere

Die Ursachen können vielfältig sein, in erster Linie liegt wohl eine Entwicklungsstörung des harnableitenden Systems vor. Nach Potter und Osathanondh [1966] liegen verschiedene Typen vor, die z.B. auf einer Hyperplasie der Sammelrohre, einer Hemmung der ampullären Aktivität oder fehlerhafter Verzweigung der Ureterknospe sowie einer Obstruktion des Ureters beruhen. Nach Gillerot und Koulisher [1988], die von über 18 Fällen von polyzystischen Nieren in ihrer Untersuchung berichten, waren in keinem der Fälle Zeichen von Obstruktion nachzuweisen [siehe auch Potter 1972]. Nach Resnick und Vernier [1981] wird diese abnorme Entwicklung erst spät in der Schwangerschaft manifest. Vom genetischen Standpunkt aus liegt in einem Teil der Fälle eine Erkrankung mit rezessiv autosomalem Erbgang bei 25% Wiederholungsrisiko vor.

26.8.6 Extravesikale Mündung des Ureters

Eine extravesikale Mündung des Ureters kann in andere Derivate des Sinus urogenitalis wie die Urethra, die Samenblase, die Vagina und dergleichen mehr erfolgen. Wie schon oben erwähnt, ist meistens ein Ureter duplex die Ursache, oder der Ureter trennt sich nicht vom terminalen Abschnitt des Wolffschen Ganges und mündet später in eines seiner Derivate ein.

26.8.7 Variationen der Gefäßversorgung

Sehr häufig findet man eine abnorme Gefäßversorgung der Nieren, welche gelegentlich zu einer Abschnürung des Ureters führen kann (siehe auch Kapitel 11. Arterien des Rumpfes und der Gliedmaßen).

26.8.8 Fistelbildungen

Unterbleibt eine Rückbildung des Allantoisganges am cranialen Blasenpol, so entsteht eine Harnblasen-Nabelfistel (Urachusfistel).

Bei einer offenen Verbindung zwischen Harnblase und Rectum liegt eine Harnblasen-Rectumfistel vor. Es ist also keine vollständige Unterteilung der Kloake in Sinus urogenitalis und Rectum erfolgt.

26.8.9 Harnblasenektopie und -ekstrophie

Bei mangelndem Verschluß der vorderen unteren Bauchwand ist die Harnblase vor die Bauchwand verlagert. Oft klafft dann auch die Blasenwand (Ekstrophia vesicae).

26.9 Literaturverzeichnis

Aoki A (1966) Development of the human renal glomerulus. I: Differentiation of the filtering membrane. Anat Rec 155:339–352

Bishop-Calame S (1966) Étude expérimentale de l'organogenèse du système urogénital de l'embryon de poulet. Arch Ant Microsc Morph Exp 55:215–309

Blechschmidt E (1973) Die pränatalen Organsysteme des Menschen untersucht unter funktionellen Gesichtspunkten. Hippokrates, Stuttgart

Cambar R, Gipouloux J-D (1973) Récherches expérimentales sur la localisation et la nature des facteurs déterminant la migration des cellules de l'uretère primaire chez la grenouille agil, Rana dalmatina Bon. (Amphibien Anoure). Ann Embryol Morphol 6:309–316

Celio MR, Groscurth P, Inagami T (1985) Ontogeny of renin immunoreactive cells in the human kidney. Anat Embryol 173:149–155

Chwalla R (1927) Über die Entwicklung der Harnblase und der primären Harnröhre des Menschen mit besonderer Berücksichtigung der Art und Weise, in der sich die Ureteren von den Urnierengängen trennen, nebst Bemerkungen über die Entwicklung der Müllerschen Gänge und des Mastdarmes. Z Ant Entw Gesch 83:615–733

DeMartino C, Zamboni L (1966) A morphological study of the mesonephros of the human embryo. J Ultrastruct Res 16:399–427

Dørup J, Maunsbach AB (1982) The ultrastructural development of distal nephron segments in the human fetal kidney. Anat Embryol 164:19–41

Ekblom P, Thesleff I (1985) Control of kidney differentiation by soluble factors secreted by the embryonic liver and the yolk sac. Dev Biol 110:29–38

Felix W (1911) Die Entwicklung der Harn- und Geschlechtsorgane. In: Keibel K, Mall FP (Hrsg) Handbuch der Entwicklungsgeschichte des Menschen, Bd 2. Hirzel, Leipzig, S 732–857

Fraser EA (1950) The development of the vertebrate excretory system. Biol Rev 25:159–187

Gasser RF (1975) Atlas of human embryos. Harper & Row, Hagerstown, Maryland

Gillerot Y, Koulisher L (1988) Major malformations of the urinary tract. Anatomic and genetic aspects. Perinat Nephrol Biol Neonate 53:186–196

Gillespie LL, Armstrong JB (1986) Morphogenetic waves in the development of the lateral mesoderm in the Mexican Axolotl (Ambystoma mexicanum) and their relationship to pronephric duct migration. J Exp Zool 237:327–338

Gospodarowicz D, Neufeld G, Schweigerer L (1986) Molecular and biological characterization of fibroblast growth factor, an angiogenic factor which also controls the proliferation and differentiation of mesoderm and neuroectoderm derived cells. Cell Differ 19:1–17

Grobstein C (1955) Inductive interaction in the development of the mouse metanephros. J Exp Zool 130:319–340

Grobstein C (1956) Trans-filter induction of tubules in mouse metanephrogenic mesenchyme. Exp Cell Res 10:424–440

Grünwald P (1937) Zur Entwicklungsmechanik des Urogenitalsystems beim Huhn. Wilhelm Roux's Arch 136:786–813

Ingalls NW (1907) Beschreibung eines menschlichen Eies von 4,9 mm Länge. Arch Mikr Anat Entw 70:135–148

Jacob HJ, Christ B (1978) Experimentelle Untersuchungen am Exkretionsapparat junger Hühnerembryonen. XIXth Morphological Congress Symposia Charles University Prague 1978, pp 219–225

Jirásek JE (1971) Development of the genital system and male pseudohermaphroditism. Johns Hopkins Press, Baltimore

Jirásek JE (1983) Atlas of human prenatal morphogenesis. Nijhoff, Boston

Klein G, Langegger M, Timpl R, Ekblom P (1988) Role of laminin A chain in the development of epithelial cell polarity. Cell 55:331–341

Le Douarin N, Theillet MA (1974) Experimental analysis of the migration and differentiation of neuroblasts of the autonomic nervous system and of the mesenchymal derivatives, using a biological cell marking technique. Dev Biol 41:162–184

Ludwig E (1950) Zur Entwicklungsgeschichte des menschlichen Nierenbeckens. Acta Anat 11:120–145

Ludwig KS (1965) Über die Beziehungen der Kloakenmembran zum Septum urorectale bei menschlichen Embryonen von 9 bis 33 mm SSL. Z Anat Entw Gesch 124:401–413

Meyer JB (1969) Die Sulci und Columnae der menschlichen embryonalen Niere und ihre Beziehungen zur Ureterverzweigung. Acta Anat 73:534–568

Neiss FW (1982) Morphogenesis and histogenesis of the connecting tubule in the rat kidney. Anat Embryol 165:81–95

O'Rahilly R, Muecke EC (1972) The timing and sequence of events in the development of the human urinary system during the embryonic period proper. Z Anat Entw Gesch 138:99–109

O'Rahilly R, Müller F (1987) Developmental stages in human embryos. Carnegie Inst Wash Publ 637

Osathanondh V, Potter EL (1963) Development of human kidney as shown by microdissection. II: Renal pelvis, calyces and papillae. Arch Pathol 76:277–289

Osathanondh V, Potter EL (1966) Development of human

kidney as shown by microdissection. Development of tubular portions of nephrons. Arch Pathol 82:391–401

Poole TJ, Steinberg MS (1982) Evidence for the guidance of pronephric duct migration by a craniocaudally traveling adhesion gradient. Dev Biol 92:144–158

Potter EL (1965) Bilateral absence of ureters and kidneys. A report of 50 cases. Obstet Gynec 25:3–12

Potter EL (1972) Normal and abnormal development of the kidney. Yearbook, Chicago

Potter EL, Osathanondh V (1966) Normal and abnormal development of the kidney. In: Mostofi FKM, Smith DE (eds) The kidney. Williams und Wilkins, Baltimore

Resnick J, Vernier L (1981) Cystic disease of the kidney in the newborn infant. Clin Perinatol 2:375–390

Sariola H, Ekblom P, Lethonen E, Saxén L (1983) Differentiation and vascularization of the metanephric kidney grafted on the chorioallantoic membrane. Dev Biol 96:427–435

Sariola H, Peault B, Le Douarin N, Buck C, Dieterlen-Lièvre F, Saxén L (1984a) Extracellular matrix and capillary ingrowth in interspecies chimeric kidneys. Cell Differ 15:43–51

Sariola H, Timpl R, von der Mark K, Mayne R, Fitch JM, Linsenmayer TF, Ekblom P (1984b) Dual origin of glomerular basement membrane. Dev Biol 101:86–96

Sariola H, Holm K, Henke-Fahle S (1988) Early innervation of the metanephric kidney. Development 104:589–599

Saxén L, Wartiovaara J (1966) Cell contact and cell adhesion during tissue organogenesis. Int J Cancer 1:271–290

Saxén L, Sariola H, Lehtonen E (1986) Sequential cell and tissue interactions governing organogenesis of the kidney. Anat Embryol 175:1–6

Saxén L, Vainio S, Jalkanen M, Lethonen E (1988) Intercellular adhesion and induction of epithelialization in the metanephric mesenchyme. In: Eguchi G, Okada TS, Saxén L (eds) Regulatory mechanisms in developmental processes. Elsevier Scientific Publishers Ireland, pp 111–118

Sedgwick A (1881) On the early development of the anterior part of the Wolffian duct and body in the chick, together with some remarks on the excretory system of the vertebrata. Q J Micr Sci 21:432–468

Silverman H (1969) Über die Entwicklung der Epithelplatten in den Corpuscula renalia der menschlichen Urniere. Acta Anat 74:36–43

Sonntag K (1943) Über die Formentwicklung des menschlichen Nierenbeckens. Z Anat Entw Gesch 112:661–674

Spooner BS, Thompson-Pletscher HA, Stokes B, Bassett KE (1986) Extracellular matrix involvement in epithelial branching morphogenesis. In: Steinberg MS (ed) Development biology. A comprehensive synthesis, vol 3: The cell surface in development and cancer. Plenum Press, New York London, pp 225–260

Stoerk O (1904) Beitrag zur Kenntnis des Aufbaues der menschlichen Niere. Anat H 72

Tandler J (1905) Über Vornierenrudimente beim menschlichen Embryo. Anat H 28:255–284

Thiery J-P, Delouvée A, Gallin WJ, Cunningham BA, Edelman GM (1984) Ontogenic expression of cell adhesion molecules: L-CAM is found in epithelia derived from the three primary germ layers. Dev Biol 102:61–78

Torrey TW (1954) The early development of the human nephros. Contrib Embryol 239:175–197

Torrey TW (1965) Morphogenesis of the vertebrate kidney. In: DeHaan RL, Ursprung H (eds) Organogenesis. Holt Rinehart and Winston, New York, pp 559–579

Torrey TW (1971) Morphogenesis of the vertrebrates, 3rd edn. John Wiley, New York, pp 529

Vestweber D, Kemler R, Ekblom P (1985) Cell-adhesion molecule Uvomorulin during kidney development. Dev Biol 112:213–221

Wartiovaara J, Nordling S, Lehtonen E, Saxén L (1974) Transfilter induction of kidney tubules: Correlation with cytoplasmic penetration into Nucleopore filters. J Embryol Exp Morphol 31:667–682

Wiltschke H (1960) Über eine Erweiterung des Wolffschen Ganges und der Nierenanlage durch Fehlen der Ausmündung in die Kloake und über die Sekretion der Urniere. Z Anat Entw Gesch 121:536–549

27. Entwicklung der Genitalorgane und Bildung der Gameten

H. Wartenberg, mit Beiträgen von
H. Breucker und A. F. Holstein (Abschnitt 27.3) sowie
M. Dvořák und J. Tesařík (Abschnitt 27.5)

Die Entwicklung der Genital- oder Geschlechtsorgane unterscheidet sich von der anderer Organsysteme darin, daß diese Organe zunächst in einer indifferenten, bisexuellen Form angelegt werden und erst später in die je nach Geschlecht unterschiedliche sexuelle Differenzierung eintreten. Die Dauer des indifferenten Zustandes der einzelnen Teile dieses Systems – Gonaden, innere und äußere Geschlechtsorgane – ist unterschiedlich lang, und die Weichenstellung zur Ausbildung der jeweils geschlechtlich differenzierten Form erfolgt zu verschiedenen Zeitpunkten (Tabelle 27.1). Da es der stufenweisen Einflußnahme einer Reihe aktivierender (induzierender), aber auch hemmender (inhibierender) Faktoren bedarf, um diese Differenzierungsschritte in der richtigen zeitlichen Abfolge einzuleiten und zu steuern, kann diese Entwicklung fehlgeleitet werden, und Fehlbildungen einer besonderen Art, die intersexuellen oder Zwitterformen, entstehen. Diese reichen von der vollständigen Geschlechtsumkehr über echte Zwitter bis zu der nicht vollständigen Ausbildung der geschlechtseigenen und/oder der nicht vollständigen

Tabelle 27.1. Die Geschlechtsentwicklung als ein „asymmetrischer" Prozeß geschlechtsbildender Faktoren. [Nach: Jost et al. 1973]

männlich		weiblich
XY	**Genetisches** oder chromosomales **Geschlecht:** Entwicklung der bisexuellen Gonade	XX
→	hodendeterminierender Faktor (TDF?, H-Y Antigen?)	↓
Differenzierung eines Hodens	**Gonadales Geschlecht**	Differenzierung eines Ovars
→	Testosteron und Anti-Müller-Hormon	↓
Differenzierung der männlichen Geschlechtsorgane	**Körperliches Geschlecht**	Differenzierung der weiblichen Geschlechtsorgane
und Regression des Müllerschen Ganges		und Regression des Wolffschen Ganges
Gehirn wird männlich geprägt	**Psychisches Geschlecht**	Gehirn wird weiblich geprägt

Rückbildung der geschlechtsfremden Organanlagen. Dies hat Auswirkungen auf den gesamten Organismus, da die Gonaden immer auch Produzenten von Geschlechtshormonen sind, die ihrerseits Einfluß auf den männlichen oder weiblichen Phänotypus haben.

Das Geschlecht wird durch die Chromosomenzusammensetzung der Zygote zum Zeitpunkt der Befruchtung festgelegt. Obwohl für die Realisation des einen oder anderen Geschlechts auch autosomale Gene notwendig sind [Eicher 1988, Wolf 1988], bleiben die *Geschlechts-Chromosomen* geschlechtsbestimmend [Burgoyne 1988]. Dabei hängt es vom Y-Chromosom ab, welches Geschlecht entsteht. Ist das Y-Chromosom im Genom vorhanden (XY-Konstellation), wird der männliche Weg, fehlt es im Genom (XX-Konstellation), wird der weibliche Weg eingeschlagen (Tabelle 27.1). Das *genetische Geschlecht* ist die Voraussetzung für die Geschlechtsbestimmung. Die sogenannte „heterogametische" Zusammensetzung der Geschlechts-Chromosomen (XY) nimmt aktiv Einfluß auf die Differenzierung der Gonade zu einem Hoden. Die „homogametische" Konstellation der Geschlechts-Chromosomen (XX), in der das Y-Chromosom fehlt, führt zur Entwicklung weiblicher Gonaden, der Ovarien. Diese Form der genetisch determinierten Geschlechtsbestimmung hat sich im Verlauf der Phylogenese herausgebildet. Sie ist bei allen Säugetieren zu finden, jedoch bereits bei den Vögeln liegt eine auch genetisch determinierte, aber gegenteilige Situation vor. Beispielsweise führt beim Hühnchen die homogametische Form (XX oder zur besseren Unterscheidung ZZ) zur Bildung von Hoden und männlicher Geschlechtsorgane, die heterogametische Form (XY oder ZW) zur Differenzierung eines Ovars und entsprechend weiblicher Organe [Ohno 1979].

Die Geschlechtsentwicklung erfolgt stufenweise. Nachdem unter Einfluß des genetischen Geschlechts das *gonadale Geschlecht,* d.h. die Differenzierung zu Hoden oder Ovar, erfolgt ist, wird die weitere sexuelle Entwicklung der Geschlechtsorgane von den Hormonen der Gonaden bestimmt (Tabelle 27.1) [Jost et al. 1973]. Das männliche Geschlechtshormon, das Testosteron, wirkt auf die Differenzierung der männlichen Geschlechtsorgane (Festlegung des *hormonalen Geschlechts*). Der Einfluß der Hormone reicht aber noch weiter. Es wird der gesamte Phänotyp, die äußere Erscheinung, geprägt (Größe, Skelet- und Körperbau). Dazu gehört in erster Linie die Ausbildung der sekundären Geschlechtsmerkmale, wie etwa die unterschiedliche Behaarung und die subcutane Fettablagerung *(phänotypisches oder körperliches Geschlecht).* Auch das Gehirn wird von den Geschlechtshormonen beeinflußt. Dies äußert sich sowohl in einer geschlechtstypischen Differenzierung bestimmter Strukturen (z.B. des Kerngebietes der praeoptischen Region im Hypothalamus) wie auch in spezifischen Verhaltensweisen (daher *psychisches Geschlecht*).

Aus den oben erwähnten Möglichkeiten einer Geschlechtsumkehr oder der nicht eindeutigen Festlegung des Geschlechts während der frühen Entwicklung wird es verständlich, daß die Geschlechtsdifferenzierung auch auf den Rechtsstatus eines Individuum Einfluß nehmen kann. In der Regel wird die Festlegung des *bürgerlich-* oder *personenstandsrechtlichen Geschlechts* unmittelbar nach der Geburt durch den Geburtshelfer (Arzt, Hebamme) vorgenommen und für das weitere Leben rechtsverbindlich festgelegt. Im Zweifelsfall kann oder muß das personenstandsrechtliche Geschlecht neu festgelegt werden. Dies erfordert einen Gerichtsbeschluß, der seinerseits auf einer gutachterlichen Geschlechtsbestimmung basiert. Diese hat die Untersuchung des genetischen Geschlechts zur Grundlage, es werden aber auch die Ausbildung der übrigen Geschlechtsstrukturen und insbesondere das psychische Geschlecht berücksichtigt. Die Bestimmung des genetischen Geschlechts erfordert die Untersuchung des Chromosomenbestandes *(Karyotyp)* der Körperzellen oder den Nachweis des (weiblichen) Geschlechtschromatin (Abb. 27-1) bzw. des (männlichen) Y-Chromatin (Bestimmung des Zellkern-Geschlechtes).

Morphologisch ist die Entwicklung der Geschlechtsorgane eng mit der des Nieren- und Harnblasensystems verbunden. Deshalb wird das *Uro-Genital-System* als eine Einheit betrachtet, was durch die gemeinsame und sich überschneidende Herkunft seiner Bestandteile zu verstehen ist (Abb. 27-2 und 27-58 bis 27-60 und 27-63 bis 27-66). Insbesondere die Vorläufer des definitiven Nierensystems, die Vor- und die Urniere (Pro- und Mesonephros), sind in die-

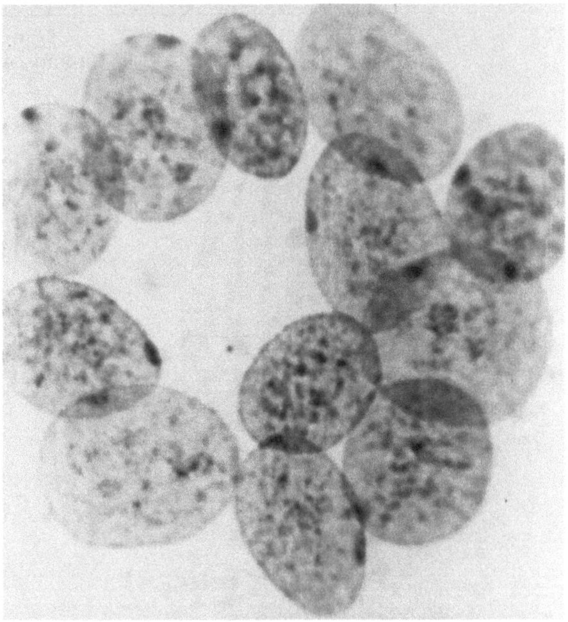

Abb. 27-1. X-Geschlechts-Chromatin in einer großen mehrkernigen Zelle aus dem Venenendothel einer 52jährigen Frau. HCl-Thionin, ca. 760 : 1
[Aus: Hinrichsen 1962]

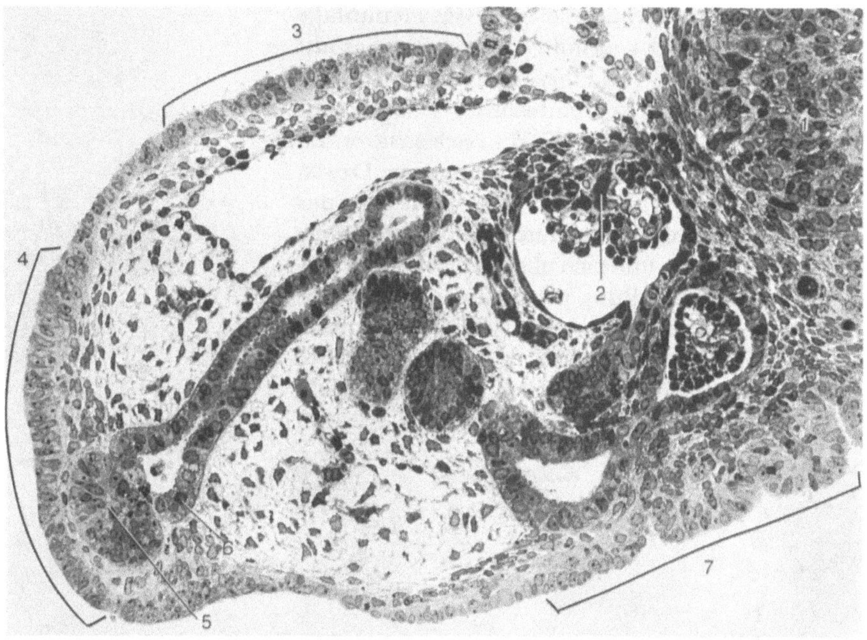

Abb. 27-2. Semidünnschnitt durch die rechte Urogenitalfalte eines 15 mm großen Embryo. Zu erkennen sind die Anlagen, deren Entwicklung vom Urnierensystem beeinflußt werden. Beachte die drei Proliferationszonen im Coelomepithel. 1 = Anlage der Nebenniere, 2 = Urniere, 3 = dorsale Proliferationszone, 4 = Proliferationszone „Tubenfalte", 5 = Spitze des Müllerschen Ganges, 6 = Wolffscher Gang, 7 = Genitalfalte. 200 : 1

sem Zusammenhang von Bedeutung (siehe Kapitel 26.2 und 26.4). Die Kenntnis von deren Entwicklung und der Teile, die nach der Rückbildung der Urniere erhalten bleiben und Verwendung als samenableitendes Gangsystem (Nebenhoden, Ductus deferens) finden (siehe Abschnitt 27.6.2), ist unerläßlich, um sich die Entstehung der zahlreichen Fehlbildungen erklären zu können. Dieses gilt, was den Zusammenhang zwischen Urniere und den Geschlechtsorganen betrifft, im wesentlichen für das männliche Geschlecht. Für die Entwicklung der weiblichen inneren Geschlechtsorgane findet das Urnierensystem keine Verwendung. Für die weiblichen Organe ist ein zweites Gangsystem parallel angelegt (Müllersche Gänge), das sich zu Eileiter (Tuba uterina), Gebärmutter (Uterus) und Scheide (Vagina) weiterentwikkelt (siehe Abschnitt 27.6.3).

27.1 Entwicklung der Gonaden und deren sexuelle Differenzierung zu Hoden oder Ovar

In der Gonade oder der Geschlechtsdrüse sind die Geschlechtszellen in ein System von somatischen Zellen eingebettet (Abb. 27-10 und 27-12). Diese somatischen Zellen differenzieren sich in den Organen beider Geschlechter zu Stützzellen, die in unmittelbarem Kontakt mit den Geschlechtszellen stehen (Sertoli-Zellen im Hodentubulus, Follikelzellen in den Follikeln des Ovars), und zu Zellen, die Geschlechtshormone produzieren (Leydig-Zellen im Hoden, Theca-Zellen im Ovar). Die Geschlechtszellen entstehen nicht an Ort und Stelle, sondern wandern in die Gonadenanlage ein. Sie haben einen extragonadalen Ursprung.

27.1.1 Herkunft der Geschlechtszellen (Keimbahn)

In der ersten Anlage der Geschlechtsdrüse, der *Gonadenleiste,* sind nur vereinzelt Geschlechtszellen zu finden. Die Anlage tritt in der 5. Woche auf, wenn der Embryo eine Größe von etwa 5–7 mm erreicht hat. Die Zahl der in die Region einwandernden Geschlechtszellen nimmt aber schnell zu: Von etwa 100 *primordialen Geschlechtszellen* (PGC), die sich am 24. Tag (STADIUM 11) noch im Dottersack- und Hinterdarmepithel nachweisen lassen, haben 4 Tage später mehr als 75% den Hinterdarm verlassen, und die Zahl ist auf 500–1000 PGCs am 28. Tag (STADIUM 13) angewachsen [Witschi 1948]. Die Zunahme ist auf eine Vermehrung durch Mitosen bei der Einwanderung der Geschlechtszellen zurückzuführen. Der Ort, von dem die Geschlechtszellen in die Gonadenanlage überwechseln, ist der primitive Darm. Ein Schnitt durch den caudalen Teil eines Embryos von 4,8 mm zeigt den Hinterdarm in unmittelbarer Nachbarschaft des *Coelomepithel* (Abb. 27-3). Geschlechtszellen liegen zwischen den Epithelzellen des Darmes. Durch Öffnungen in der Basalmembran können sie in das umgebende Gewebe übertreten, wobei sie lange Zellfortsätze bilden und sich offenbar amöboid bewegen können. Hilfestellung geben dabei die Coelomepithelzellen, die ebenfalls lange Fortsätze entsenden und mit diesen bis an die Darmwand reichen (Abb. 27-4). Damit bekommen die Geschlechtszellen früh-

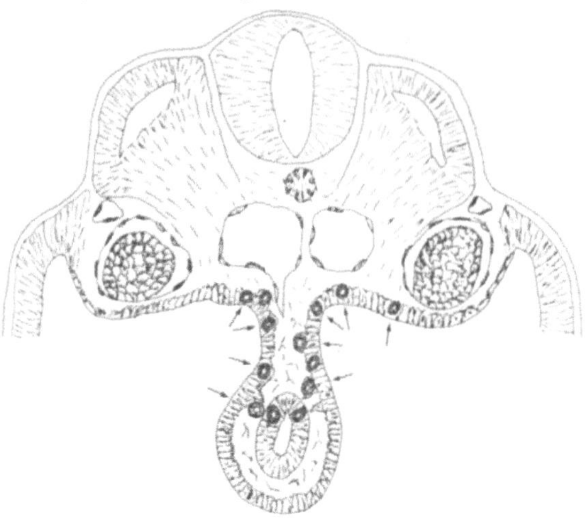

Abb. 27-3. Querschnitt durch einen etwa 4,2 mm großen Embryo (32 Somiten = Carnegie-Stadium 13). Übertritt der Geschlechtszellen (Pfeile) vom Darmrohr in das Coelomepithel (modifiziert nach Witschi 1948)

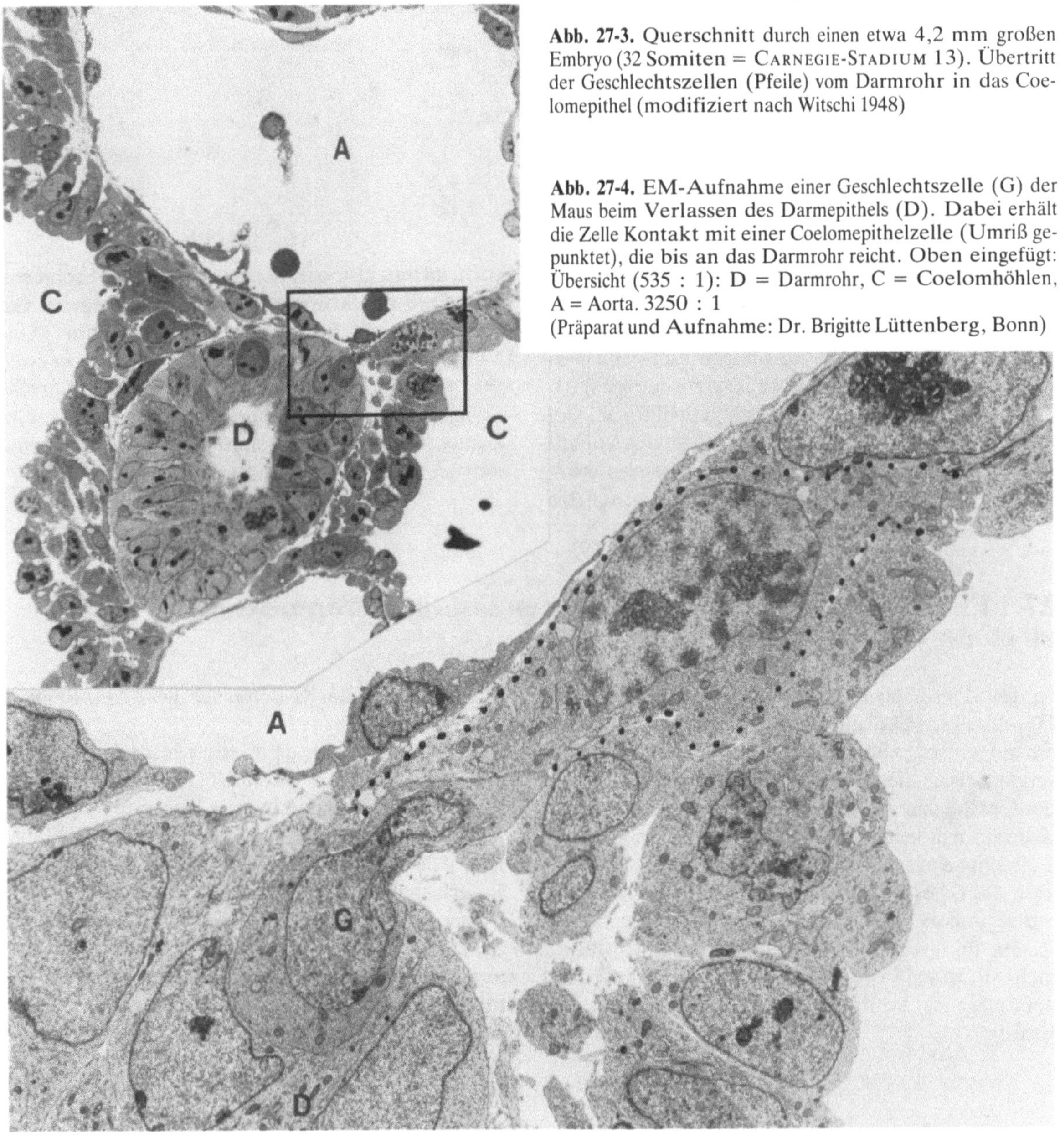

Abb. 27-4. EM-Aufnahme einer Geschlechtszelle (G) der Maus beim Verlassen des Darmepithels (D). Dabei erhält die Zelle Kontakt mit einer Coelomepithelzelle (Umriß gepunktet), die bis an das Darmrohr reicht. Oben eingefügt: Übersicht (535 : 1): D = Darmrohr, C = Coelomhöhlen, A = Aorta. 3250 : 1
(Präparat und Aufnahme: Dr. Brigitte Lüttenberg, Bonn)

zeitig Kontakt zu denjenigen Zellen, mit denen sie die Gonadenanlage bilden werden.

Geschlechtszellen, die das Coelomepithel erreicht haben, werden in den Epithelverband eingeschlossen. Ihr endgültiges Ziel, die Gonadenanlage, erreichen sie durch aktive Bewegung, wobei die ausgestreckten Zellfortsätze die Wanderungsrichtung angeben und der Teil der Zelle, der den Zellkern enthält, nachgezogen wird. Die Fähigkeit zur amöboiden Beweglichkeit ist für die Geschlechtszellen bis zum Ovogonienstadium nachgewiesen worden [Blandau und Odor 1972]. Neben der aktiven Wanderung der Geschlechtszellen ist die passive Verlagerung mit dem umgebenden Coelomepithel im Verlauf der allgemeinen Wachstumsbewegungen als mögliche Ursache zu nennen. Mit großer Wahrscheinlichkeit tragen beide Faktoren, *aktive Beweglichkeit* und *passive Verlagerung*, zur Einwanderung der Geschlechtszellen in die Gonade bei.

Die vorausgehenden Schritte der Geschlechtszellwanderung sind überwiegend oder auch ausschließlich passiver Natur. In Embryonen, in denen sich während der 4. Woche vom Dottersack der Vorder- und Hinterdarm abfaltet, findet man die Geschlechtszellen in der Hinterwand des *Dottersackes* (Abb. 27-5). Mit zunehmender Einbeziehung des Dottersackes in das Darmrohr werden die Geschlechtszellen in den *Hinterdarm*abschnitt verlagert. Dabei lassen sie sich auch an der Wurzel der *Allantois* nachweisen, die aus der hinteren Darmbucht abzweigt. Mit der zunehmenden Ausformung des Hinterdarmes gelangen die Geschlechtszellen innerhalb des Darmepithel in die Position, aus der sie in die Gonadenanlage übertreten können.

Das Zurückverfolgen des „Wanderweges" der Geschlechtszellen ist nur soweit möglich, wie die Zellen sich entweder durch ihre besondere Form und Feinstruktur von den umgebenden somatischen Zellen (z.B. Form der Mitochondrien) abheben oder sich durch den histochemischen Nachweis bestimmter **Markersubstanzen** verfolgen lassen. Solche „Marker" sind die *alkalische Phosphatase* und der *Glyco-*

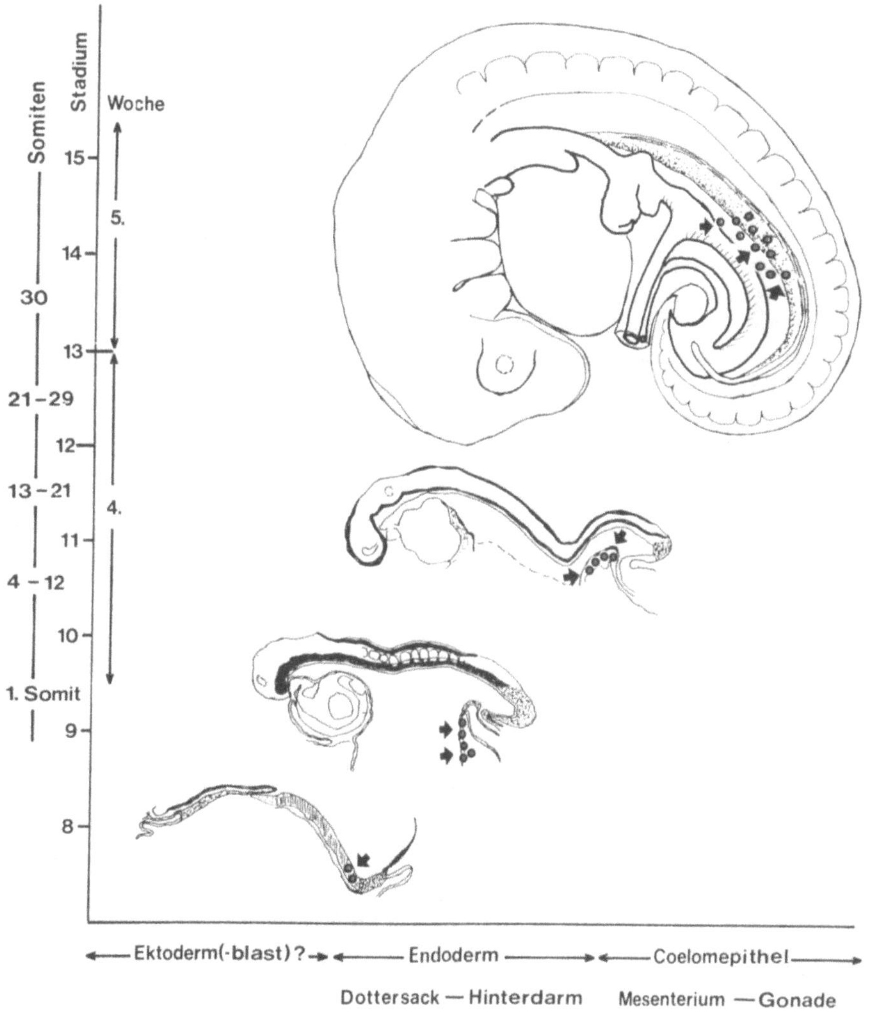

Abb. 27-5. Die Wanderung der Geschlechtszellen (Keimbahn) im menschlichen Embryo: Epiblast – Dottersack-Endoderm – Hinterdarm – Gonadenleiste. Der Übertritt in den Dottersack ist in menschlichen Embryonen bisher nicht nachgewiesen worden und daher hypothetisch. [Nach: Nieuwkoop und Sutasurya 1979, Stadien gezeichnet nach O'Rahilly und Müller 1987]

gengehalt [McKay et al. 1953, Falin 1969]. Beide lassen aber nur bedingt eine Lokalisation zu, da auch andere Zellen diese Reaktionen aufweisen können. Dennoch hat sich mit Hilfe dieser Markersubstanzen der Weg in die Gonadenanlage verfolgen lassen. Primordiale Geschlechtszellen zeigen bis zu ihrer Aufnahme in die Anlagen der Hodenstränge eine positive Glycogenreaktion (Nachweis durch Perjodsäure-Schiff-Reaktion (PAS): siehe Abschnitt 27.2.2). Auch in Ovaranlagen findet man PAS- oder phosphatasepositive Geschlechtszellen im Cortex (siehe Abschnitt 27.4.2).

In den Praesomitenstadien zwischen etwa dem 15. und dem 20. Tag lassen sich die Geschlechtszellen nicht von den somatischen Zellen unterscheiden, da die Markersubstanzen erst später auftreten. Deshalb ist der Nachweis ihrer eigentlichen Herkunft durch morphologische Untersuchungen nicht zu erbringen. Insbesondere die Frage, ob das Dottersackendoderm der Ort ihrer Entstehung ist, ließ sich nur indirekt durch Experimente beantworten. In Mäuseembryonen konnte das prospektive Verteilungsmuster und der Verbleib der Zellen des intraembryonalen Ektoderm im Verlauf der frühen Embryogenese verfolgt werden [Snow 1981] (Abb. 27-6). Danach liefert dieses Keimblatt (Epiblast) Zellen für die Allantois, für den Hinterdarm, für die Schwanzknospe und insbesondere primordiale Geschlechtszellen. Die Stammzellen der primordialen Geschlechtszellen sondern sich also bei Säugetierembryonen und – wie man annehmen muß – auch beim menschlichen Embryo von den übrigen Zellen des *Ektoderm* (Epiblast) ab (Abb. 27-5). Im Verlauf der frühen Embryogenese gelangen sie gemeinsam mit prospektiven Hinterdarmzellen in die endodermale Dottersack- und Allantoisregion und von dort in das Darmepithel.

Die Wanderung der Geschlechtszellen über verschiedene Zwischenstationen in die Gonade, dem Ort der weiteren Vermehrung, Differenzierung und Reduktion (Meiose), ist Grundlage der *Keimbahntheorie* [Hilscher 1983]. Diese setzt voraus, daß die Geschlechtszellen (Urgeschlechtszellen) außerhalb der Gonade gebildet werden. Eine *Neogenese* dieser Stammzellen innerhalb der Geschlechtsdrüsen ist nicht möglich. Zerstörung der Stammzellen an ihrem Bildungsort oder der PGCs innerhalb der Gonaden durch z.B. Strahlen hat gezeigt, daß eine Neubesiedelung oder eine Regeneration nicht stattfindet. Die Keimbahntheorie, erstmals von Nussbaum [1880] formuliert, besagt aber weiter, daß die Geschlechtszellen sich in Form einer ununterbrochenen „Zell-Linie" von Generation zu Generation fortleiten (Abb. 27-7a). Die Zellen sind also zu Beginn der embryonalen Entwicklung auf ihr Schicksal festgelegt *(determinierte Geschlechtszell-Linie)*. Bei verschiedenen niederen Tierformen (z.B. Insekten: Drosophila) lassen sich die für die Keimbahn determinierten Zellen bereits während der Furchung von den für die somatische Entwicklung bestimmten Blastomeren unterscheiden. Insbesondere sind die Zellen der Keimbahn durch besondere Zellstrukturen ausgezeichnet. Es handelt sich u.a. um nucleolus-artige, d.h. um RNA-haltige Strukturen, die auch als „nuage" (frz. „Wolke") bezeichnet werden (Abb. 27-8) und die in bestimmten Phasen der Geschlechtszelldifferenzierung gefunden werden [Eddy 1975]. Ob es sich um Faktoren handelt, die für die Geschlechtszelle deter-

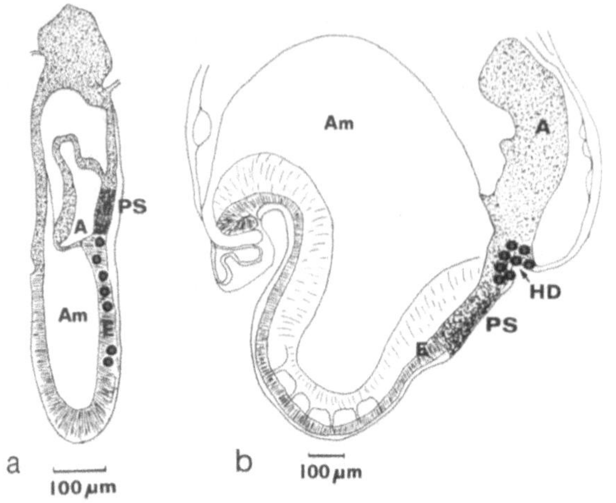

Abb. 27-6a, b. Versuch zum Nachweis der prospektiven Bedeutung von Epiblastzellen (E) im Eizylinderstadium der Maus (**a:** 7,5 Tage alt, Vorsomitenstadium). Nach Herausnahme von Teilen der Zylinderwand direkt vor dem Primitivstreifen (PS) lassen sich nach 24stündiger Gewebe-Kultur keine Geschlechtszellen im Embryo finden.
b) Der Ort ihres normalen Auftretens ist im 8,5 Tage alten Embryo in der Hinterdarmregion (HD) markiert. Dies zeigt, daß die Geschlechtszellen im Ektoblast entstehen. A = Allantois, Am = Amnion
[Nach: Snow 1981, Stadien gezeichnet nach Theiler 1972]

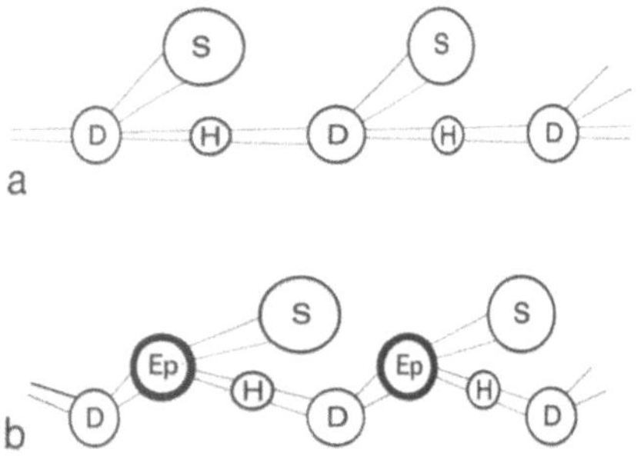

Abb. 27-7a, b. Schematische Darstellung der klassischen Keimbahntheorie [Nussbaum 1880] und der modifizierten Vorstellung nach McLaren [1983]. D = Geschlechtszelle in Diplophase (2n), H = Geschlechtszelle in Haplophase (n), S = Soma (= Summe der somatischen Zellen des Organismus), Ep = Epiblast

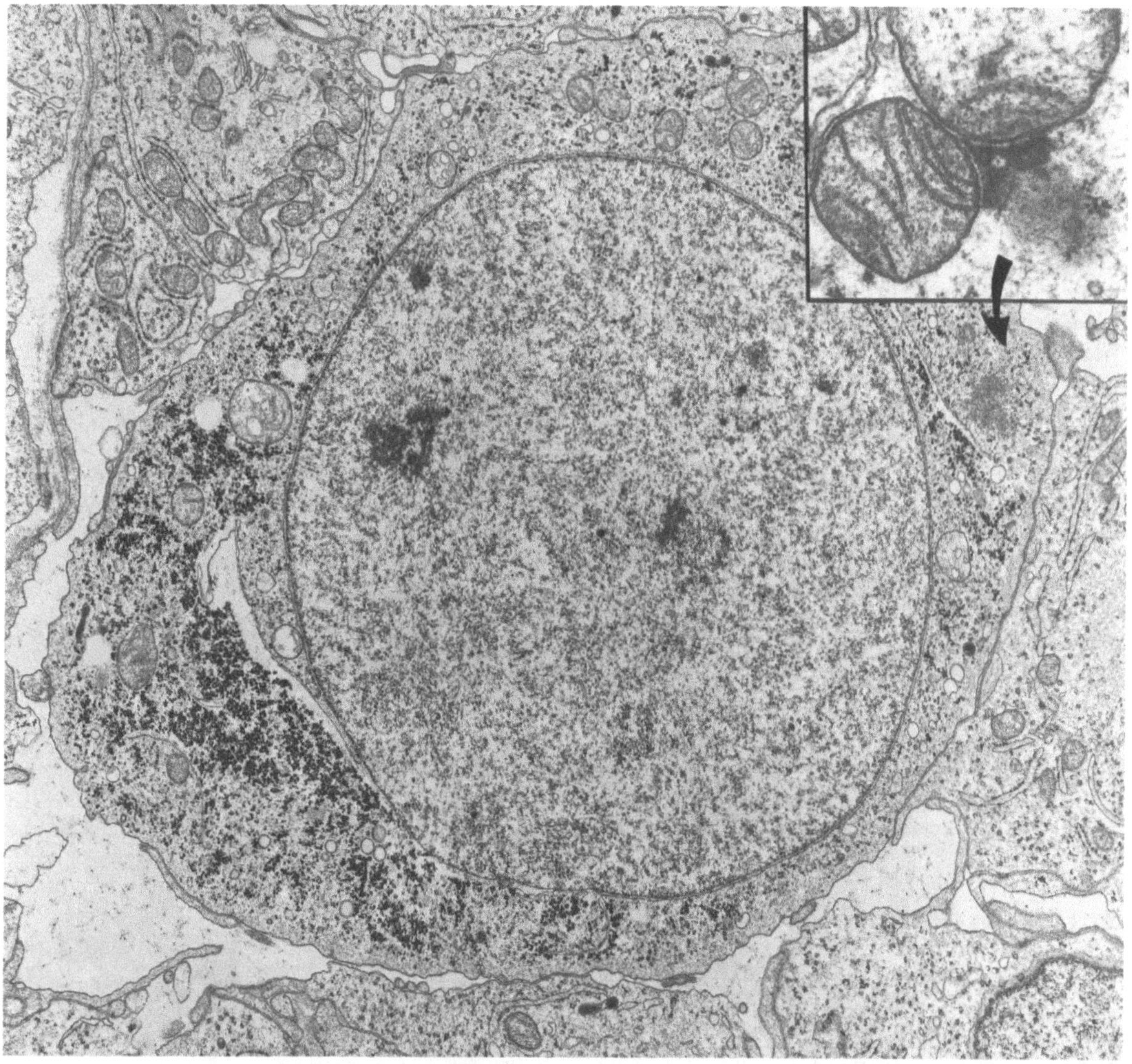

Abb. 27-8. EM-Aufnahme einer primordialen Geschlechtszelle aus dem Hoden eines 47 Tage alten menschlichen Embryo. Das Cytoplasma enthält Glycogenansammlungen und geschlechtsspezifisches „nuage" (Pfeil) (10 000 : 1). Der Ausschnitt zeigt zwischen zwei Mitochondrien ähnliches Material: intermitochondrialer Zement (30 000 : 1)

minierend sind, wird angenommen, ist aber nicht gesichert. Sie mögen auch nur Ausdruck einer anderen für die Geschlechtszelle charakteristischen Aktivität des Genoms sein.

Experimentelle Untersuchungen der frühen Mäuseentwicklung haben aber gezeigt, daß die Keimbahn der Säuger nicht zu der ununterbrochen determinierten Form gehört. Jede der frühen Blastomeren besitzt die Potenz, somatische wie Geschlechtszellen hervorzubringen [Kelly 1977]. Die Geschlechtszellen werden erst, nachdem ein gewisses Differenzierungsprogramm abgelaufen ist, aus dem Ektoderm ausgesondert [Snow und Monk 1983] (Abb. 27-6). Diese Zellen sind dann als Keimbahnzellen determiniert und haben wie ihre Nachbarzellen die anfängliche Pluripotenz verloren. Ihr festgelegtes Ziel ist der Eintritt in die Meiose und die Differenzierung zur männlichen oder weiblichen, befruchtungsfähigen Geschlechtszelle. Erst durch die Vereinigung zur Zygote wird die Pluripotenz der Geschlechtszellen sichtbar wiederhergestellt. Allerdings besitzt jede Geschlechtszelle eine „verkappte" Pluripotenz, die sich bei der Auslösung einer Parthenogenese oder bei der Bildung eines Teratoms äußert, Umstände, unter denen die weibliche Geschlechtszelle in ein geordnetes oder ungeordnetes Differenzierungsprogramm eintritt. Es wird daher angenommen, daß die Geschlechtszellen mit der Meiose ihre Pluripotenz wiedererlangen, zumal zu diesem Zeitpunkt die Reaktivierung des bis dahin inaktiven X-Chromosoms erfolgt [McLaren 1983, 1985]. Diese Inaktivierung beginnt gleichzeitig mit der Einschränkung der Pluripotenz.

Die Keimbahn der Säugetiere und damit die des Menschen ist nicht wie die niederer Tiere durch eine ununterbrochene Zell-Linie determinierter Geschlechtszellen ausgezeichnet, sondern sie ist in der frühen Periode der Embryonalentwicklung unterbrochen (Abb. 27-7). Während dieser kurzen Zeit ist die Geschlechtszelle nicht vom übrigen *Soma* (Gesamtheit der somatischen Körperzellen) getrennt. Was eine Zelle dazu veranlaßt, eine Geschlechtszelle zu werden, ist unbekannt. Diese Form der Keimbahn unterscheidet sich von der „reinen" Form (Abb. 27-7a), in welcher das Soma als ein Nebenprodukt der lückenlosen Geschlechtszell-Linie angesehen wird, in der Weise, daß in sie Generation für Generation eine kurze Periode einer „somato-sexuellen" Verschmelzung auf zellulärer Ebene eingeschaltet ist, an deren Ende sich Soma und sexuelles Prinzip wieder trennen (Abb. 27-7b). Alle weiteren Schritte der Keimbahn (Wanderung in Gonade, Reifeteilung und Reduktion zur Haplophase, Wachstum und Differenzierung zur reifen Geschlechtszelle, Wiederherstellung der Diplophase durch Befruchtung) werden in gleicher Weise durchlaufen, wie wir es bei einer vollständigen Keimbahn finden.

27.1.2 Bildung der indifferenten Gonade

Die ersten strukturellen Anzeichen einer Gonade findet man als Verdickung des *Coelomepithel* am inneren, medialen Umfang der Urogenitalfalten. Diese Falten entstehen durch Wachstum der Urniere beiderseits des Mesenterialansatzes in der dorsalen Coelomwand und erstrecken sich zunächst von der Herzregion bis in den Bereich der Kloake bzw. des Sinus urogenitalis (siehe Abschnitt 27.7). Auf diesen Falten verdickt sich die ursprüngliche Splanchnopleura (Seitenplattenmesoderm) in einem begrenzten Streifen. Die Proliferation des Coelomepithel erfolgt in unmittelbarer Nähe vor der Urniere und erstreckt sich bis in den medialen Coelomwinkel (Abb. 27-2 und 27-9). Sie ist auf der gesamten Urogenitalfalte zu finden und wird als **Genitalleiste** bezeichnet. Von dieser Genitalleiste entwickelt sich nur der mittlere Abschnitt zur Gonadenanlage. Unter stärkerer Proliferation buch-

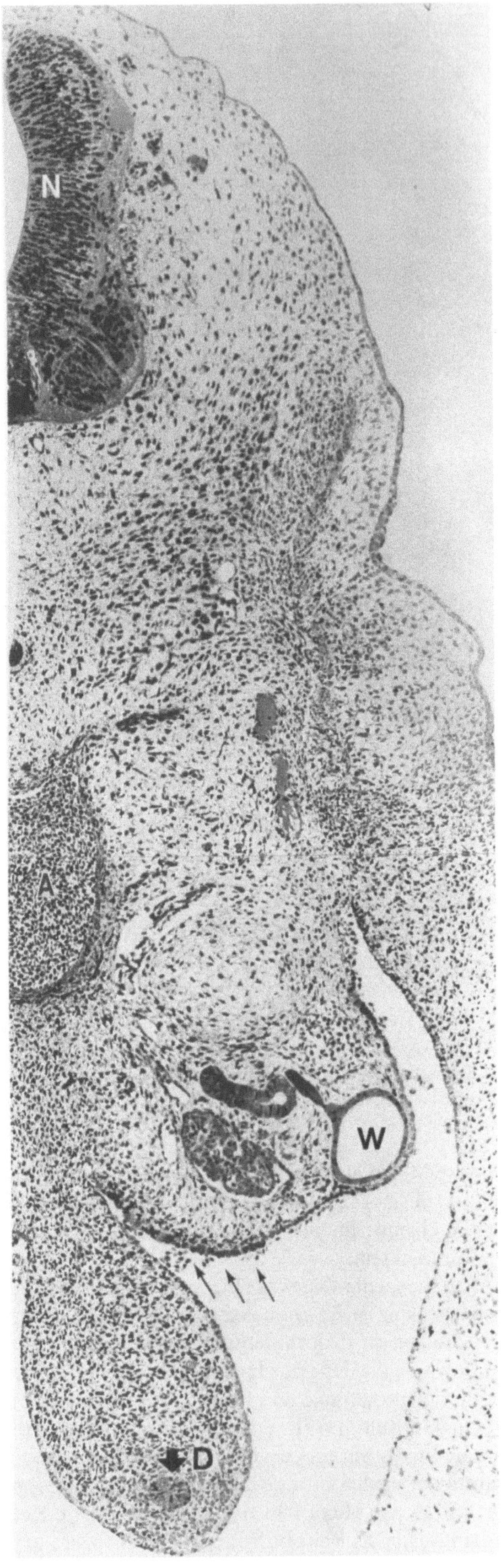

Abb. 27-9. Linke Hälfte eines Querschnitts durch einen 12 mm großen menschlichen Embryo. Auf der Urnierenfalte ist die Gonadenleiste als beginnende Proliferationszone markiert (Pfeile). N = Neuralrohr, A = Aorta, D = Darmrohr, W = Wolffscher Gang. Semidünnschnitt, 90 : 1

tet sich die Anlage in die Coelomhöhle vor und faltet sich schließlich unter Bildung eines Mesogonadium von der übrigen Urnierenfalte ab (Abb. 27-10). Der craniale und caudale Teil der Genitalleiste bilden die Grundlage für das *obere* und *untere Gonadenband* (siehe Abschnitt 27.2.3). Die Proliferation führt zu einem Wachstum in die Tiefe, da unter dem Coelomepithel keine Basalmembran entsteht. Das so sich entwickelnde Gonadenblastem besteht daher aus Zellen gleicher Herkunft, die sowohl als *epithelial* wie auch als *mesenchymal* bezeichnet werden können [Gruenwald 1942]. Es enthält frühzeitig einige *primordiale Geschlechtszellen* und – wie man heute annimmt – in zunehmendem Maße Zellen, die aus der Urniere stammen.

Die **Urniere** entwickelt sich parallel zur Gonade und sondert dabei Zellen ab, die in die Gonadenanlage einwandern [Zamboni et al. 1980, Zamboni und Upadhyay 1982, Wartenberg 1978, 1982]. Am Ende der indifferenten Phase der Gonadenentwicklung ist der obere Teil der Urniere in die Rückbildung eingetreten. Im Verlauf der Regression bleiben nur 6–12 Tubuli als Anlage des späteren Nebenhodens (Ductuli efferentes: siehe Abschnitt 27.6.2) erhalten. Die Glomeruli und die Bowman'schen Kapseln der Urnierenkörperchen lösen sich auf, und das Zellmaterial tritt zu einem großen Teil in die Gonade über. Es bleibt die Frage, ob diese Beteiligung der Urniere an der Bildung des Gonadenblastem kontinuierlich erfolgt oder auf bestimmte zeitliche Abschnitte beschränkt ist. Man hat festgestellt, daß bei den Primaten die indifferente Gonade zunächst nur aus Coelomepithelzellen entsteht [Yoshinaga et al. 1988]. Auch beim Menschen setzt der Zustrom an Urnierenzellen erst am Ende dieser Periode kurz vor Beginn der sexuellen Differenzierung ein (siehe Abschnitt 27.2.1).

Die *indifferente Gonade* setzt sich also aus einem homogen strukturierten Blastem zusammen, welches am Ende der Entwicklungsphase somatische Zellen unterschiedlicher Herkunft (Coelomepithel – Urniere) aufweist und in welchem die eingewanderten primordialen Geschlechtszellen eingebettet sind. Die Urniere übt mit ihren Zellen auf den Bildungprozeß einen induktiven und organisatorischen Effekt aus. Ohne die Urniere und die von ihr abgesonderten Zellen kommt es zu keiner Gonadendifferenzierung.

27.1.3 Sexuelle Differenzierung in Hoden und Ovar

Am Ende der 7. Woche, wenn der Embryo eine Größe von 18–21 mm (STADIUM 19–20) erreicht hat, lassen sich Hoden und Ovar gut voneinander unterscheiden. Die Gonaden sind sexuell differenziert.

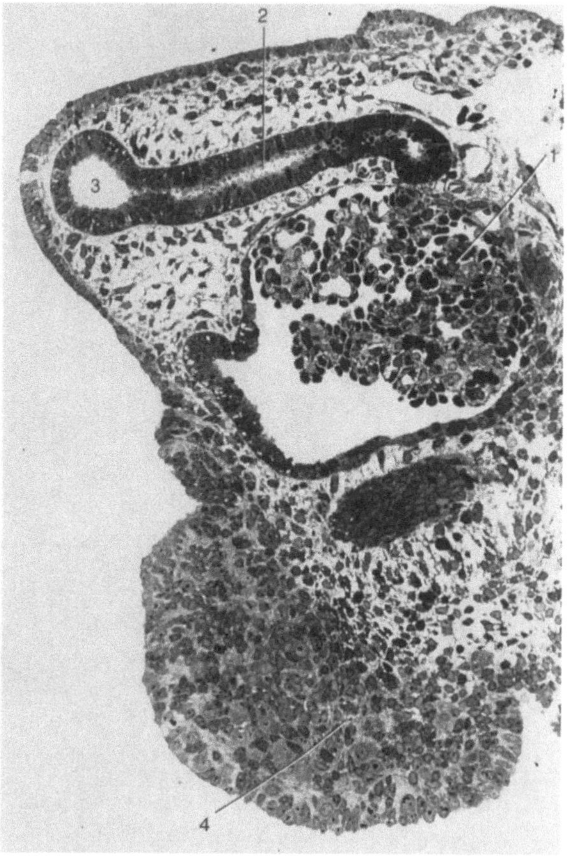

Abb. 27-10. Semidünnschnitt durch die rechte Urogenitalfalte eines 15 mm großen menschlichen Embryo. Schnittebene in Höhe der Gonade (tiefer als in Abb. 27-2). 1 = Urnieren-Glomerulus, 2 = Urnieren-Tubulus, 3 = Wolffscher Gang, 4 = Gonadenanlage. 185 : 1

Besonders leicht ist der Hoden zu erkennen, weniger gut das Ovar, da die Differenzierung der weiblichen Gonade weniger charakteristische Änderungen aufweist als die männliche Differenzierung. Der junge Hoden zeigt im Inneren eine *Strangbildung* und besonders eine Trennung dieser Strukturen von dem Oberflächenepithel (Abb. 27-11 und 27-12): In der männlichen Gonade wächst und differenziert sich das Gewebe der *Medulla,* des Markes, während der *Cortex,* das Rindengewebe, isoliert wird und ein dünnes Epithel bleibt. Die Markstränge bilden zunächst ein Netzwerk, in dem ein Teil der somatischen Zellen als Stützzellen und Vorläufer der Sertoli-Zellen gemeinsam mit den Geschlechtszellen eingeschlossen werden. Das lockere Zwischengewebe, das *Hodeninterstitium,* enthält die übrigen Blastemzellen, die anfangs ein einfaches mesenchymales Aussehen haben, aus denen sich aber von der 8. Woche an *fetale Leydig-Zellen,* die hormonproduzierenden interstitiellen Zellen, entwickeln. Gleichzeitig wachsen in das interstitielle Gewebe Blutgefäße und Bindegewebszellen ein.

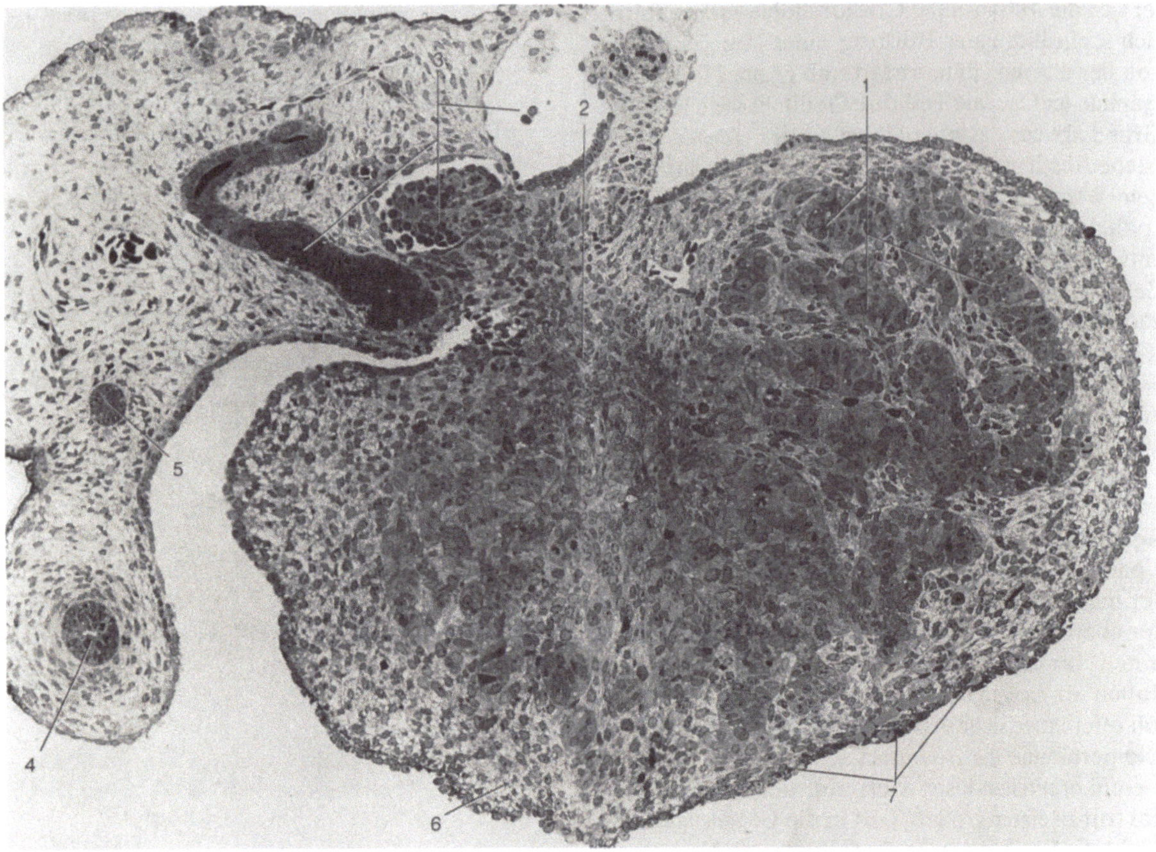

Abb. 27-11. Querschnitt durch den Hoden eines 52 Tage alten menschlichen Embryo mit zentral gelegenem undifferenziertem Blastem und peripher gebildeten, netzförmigen Hodensträngen. 1 = Hodenstränge, 2 = Reteblastem, 3 = Urniere, 4 = Müllerscher Gang, 5 = Wolffscher Gang, 6 = primäre Tunica albuginea, 7 = Oberflächenepithel. Semidünnschnitt, 170 : 1

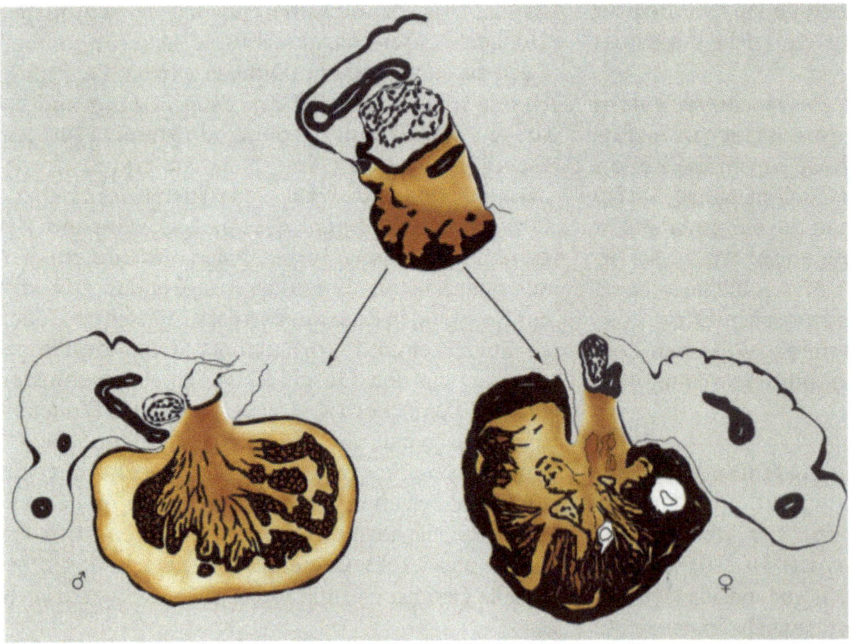

Abb. 27-12. Schematische Darstellung der Entwicklung der sexuell indifferenten Gonade zu Hoden oder Ovar. schwarz: Blastemanteile, die sich vom Coelomepithel herleiten; ocker: Urnierenanteile

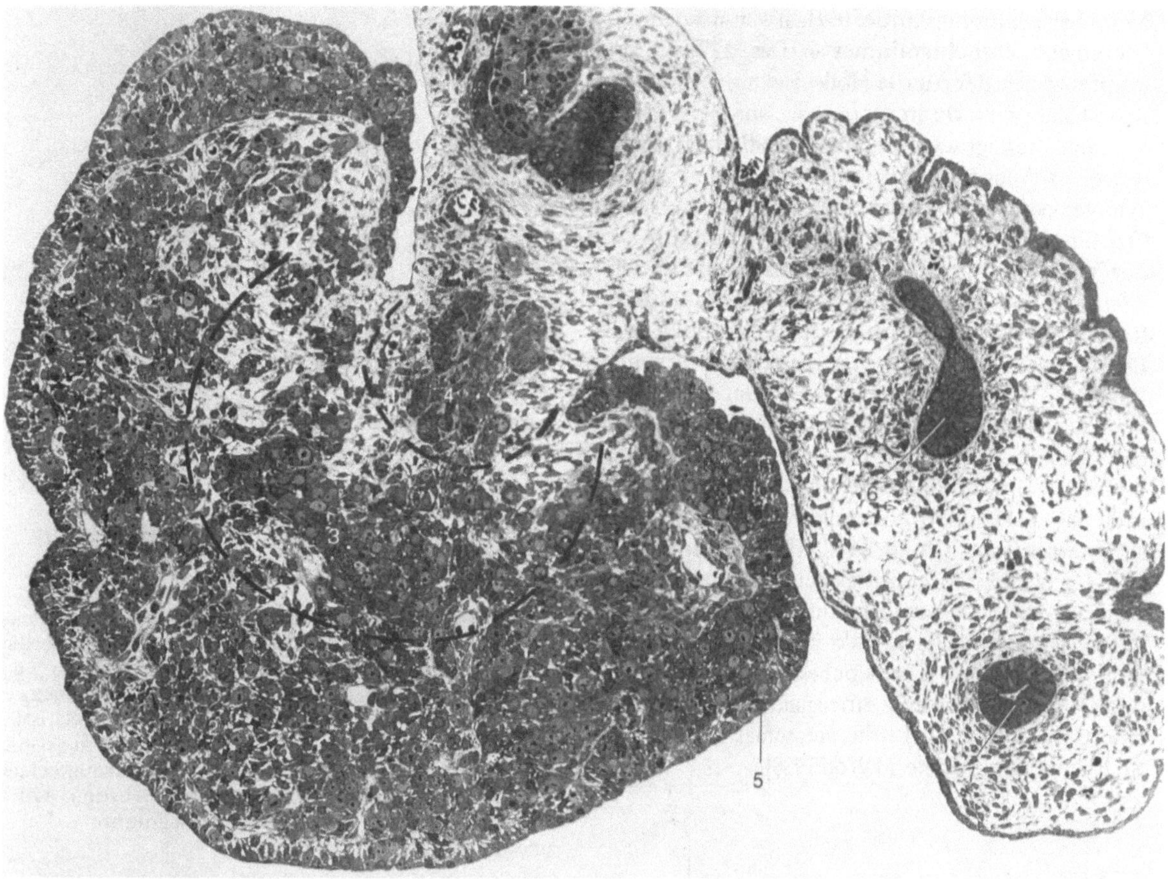

Abb. 27-13. Querschnitt durch das Ovar eines 51 Tage alten menschlichen Embryo mit beginnender Differenzierung des Cortex. 1 = degenerierendes Urnieren-Glomerulum, 2 = Cortex, 3 = Mark, 4 = Reteblastem, 5 = Oberflächenepithel, 6 = Wolffscher Gang, 7 = Müllerscher Gang. Semidünnschnitt, 170 : 1

Wenn die ersten Hodenstrukturen sichtbar werden, ist die weibliche Gonade kaum von der indifferenten Form zu unterscheiden. Es setzt aber in der 8. Woche (STADIUM 20-23) eine Auflockerung der Blastemstruktur ein, und es lassen sich eine Rindenzone (Cortex) und eine Markzone (Medulla) unterscheiden (Abb. 27-12 und 27-13). Im Unterschied zum Hoden bleibt die Verbindung zum Oberflächenepithel erhalten und aus proliferierenden Epithelzellen und in die Peripherie einwachsenden Markzellen entsteht der Cortex des Ovar. In ihm ist der größere Teil der primordialen Geschlechtszellen eingelagert. Die Medulla enthält nur wenige Geschlechtszellen und bleibt insgesamt im Wachstum zurück.

Aufgrund der Vorstellung, daß eine Hodenentwicklung nur möglich ist, wenn das Genom ein Y-Chromosom enthält, hat man den Schluß gezogen, die männliche Gonadendifferenzierung müsse aktiv durch einen *hodendeterminierenden Faktor* verursacht werden. Die weibliche Entwicklung sei dagegen ein passiver Vorgang, der nicht einer besonderen Einflußnahme bedürfe. Wenn das Y-Chromosom nicht vorhanden sei, – das X-Chromosom könne nicht beteiligt sein, da es im weiblichen wie im männlichen Genom vorkomme – entfalle der aktivierende Faktor und die indifferente Gonade wachse weiter und werde zum Ovar. Die geschlechtsspezifische Differenzierung der Gonade ist nach dieser Vorstellung ein „asymmetrischer" Prozeß: Die Hodendifferenzierung wird von einem Faktor gefördert, die Ovarentwicklung erfordere keinen Faktor. Dieses Konzept ist sehr einleuchtend, da auch die nächste Stufe der Geschlechtsdifferenzierung einer solchen einseitigen, asymmetrischen Einflußnahme unterliegt. Die Entwicklung männlicher Geschlechtsorgane ist nur durch die Einwirkung von Androgenen (Testosteron) bzw. Bildung entsprechender Rezeptoren möglich (Tabelle 27.1; siehe Abschnitt 27.6.1).

Der den Hoden determinierende Faktor muß also ein (Gen-)Produkt des Y-Chromosom sein. Auf der Suche nach diesem Faktor wurde zunächst das H-Y-Antigen, ein Transplantationsantigen, dafür gehalten, da dieses Antigen geschlechtsspezifisch ist und nur in männlichen Zellen gebildet wird: Weibliche

Mäuse stoßen transplantierte Haut von männlichen Tieren eines Inzuchtstammes ab. Das H-Y-Antigen kann aber nicht der für die Hodenbildung verantwortliche Faktor sein, da in einer Reihe von genetischen Varianten gezeigt wurde, daß Hodendifferenzierung ohne H-Y-Antigen oder Bildung von Ovarien in H-Y-Antigen-positiven Organismen möglich ist. Der Gen-Ort für H-Y-Antigen läßt sich auf dem langen Arm des Y-Chromosom des Menschen nachweisen (Abb. 27-14). Es wird angenommen, daß das H-Y-Antigen für den Ablauf der Spermatogenese erforderlich ist. Die Bildung eines weiteren Testis-determinierenden Faktors (TDF) wurde einem Gen-Ort auf dem kurzen Arm des Y-Chromosom zugeschrieben (= ZFY). Da ein identischer Gen-Ort auch auf dem X-Chromosom gefunden wurde (ZFX; Abb. 27-14) und ein Vorkommen auch auf einigen Autosomen nicht ausgeschlossen werden kann [Page et al. 1987, Sinclair et al. 1988], gibt es im Augenblick keinen schlüssigen Beweis, ob und wie die indifferente Gonade von einem geschlechtsspezifischen Faktor zur Hodenbildung veranlaßt wird. Ein Konzept besagt, daß auf dem Y- wie am X-Chromosom je ein regulierendes Gen lokalisiert ist, welche auf ein autosomal lokalisiertes Struktur-Gen einwirken [Wolf 1988].

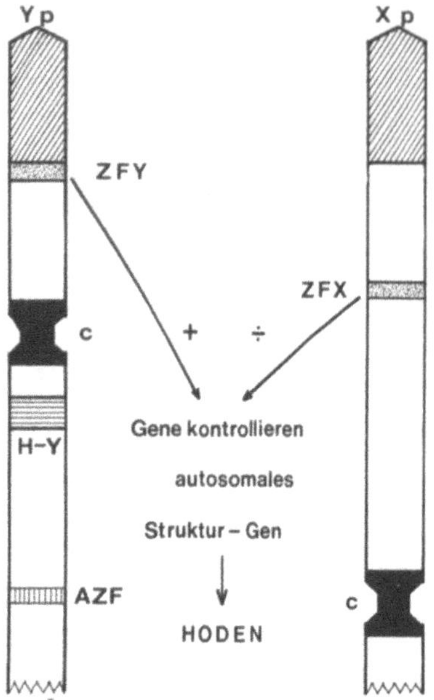

Abb. 27-14. Teile der Geschlechts-Chromosomen mit Lokalisation einiger für die Geschlechtsbildung verantwortlich gemachten Gen-Orte auf den kurzen Armen (Yp; Xp). c = Centromer. Ein möglicher Wirkungsweg bei der Bildung eines hodendeterminierenden Faktors [nach Wolf 1988] ist berücksichtigt. ZFY/ZFX = sogenannte „zinc-finger-protein"-Orte, die mit der Bildung des hodendeterminierenden Faktors (TDF) in Zusammenhang gebracht werden. AZF = Azoospermiefaktor-Ort, ■ = Paarungssegmente (modifiziert nach Wartenberg 1989)

27.2 Hodenentwicklung

27.2.1 Praenatale Entwicklung des Hodens

Die weitere Entwicklung des Hodens ist durch eine Reihe von Umformungs- und Differenzierungsprozessen gekennzeichnet. Das netzförmige Strangwerk wird in einzelne *Hodenstränge* zerlegt, an der Organoberfläche bildet sich eine bindegewebige Kapsel, die *Tunica albuginea,* im *Interstitium* differenziert sich eine große Zahl fetaler Leydig-Zellen, und in der Nähe des Hodenhilum entwickelt sich ein vernetztes Kanälchensystem, das *Rete testis,* welches die Verbindung zu den Ductuli efferentes des Nebenhodens herstellen wird (Abb. 27-15 und 27-16). Das im Verlauf der sexuellen Differenzierung entstandene Netzwerk von z.T. plattenförmigen Hodensträngen bleibt zunächst bis zum Ende der 9. Woche bestehen, nimmt aber an Umfang durch Wachstum zu. Das Reticulum wird außerdem ergänzt, da es am oberen Pol des Hodens zur Neubildung weiterer Stränge kommt. Dort liegt ein undifferenziertes Blastem, welches bis an die Urniere reicht (Abb. 27-15). Von der Urniere über das Hodenblastem gelangen Urnierenzellen in die Hodenanlage. Mit Beginn der 10. Woche verlieren

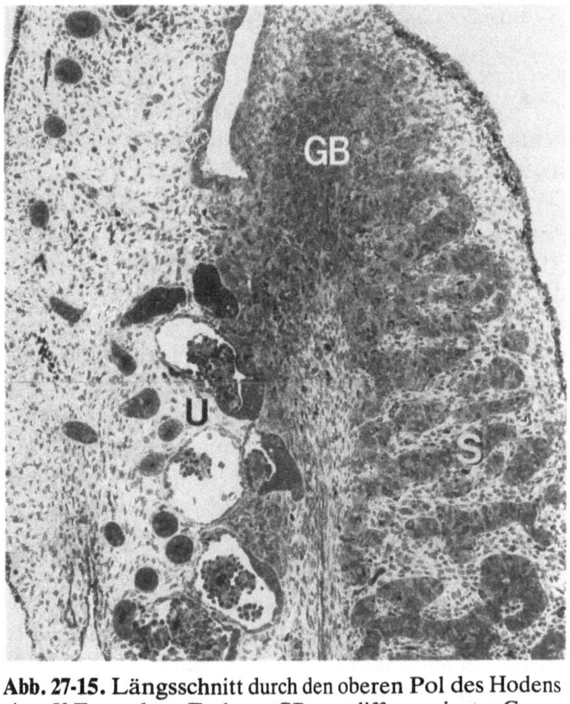

Abb. 27-15. Längsschnitt durch den oberen Pol des Hodens eines 53 Tage alten Embryo. GB = undifferenziertes Gonadenblastem in Kontakt mit degenerierenden Urnierenteilen (U), S = Hodenstränge. Semidünnschnitt, 80 : 1

Abb. 27-16. Größenzunahme der Hodenanlagen von der 9./15./18. bis zur 22. Woche der Fetalentwicklung. Form und Anteil der Hodenstränge (S) ändern sich, ebenso die „Dichte" des Interstitium (I) durch Zu- und Abnahme der Leydig-Zellen. Die Tunica albuginea (T) ist in der 22. Woche sichtbar. RB = Reteblastem, NH = Anlage der Nebenhodengänge. Semidünnschnitte, 40 : 1

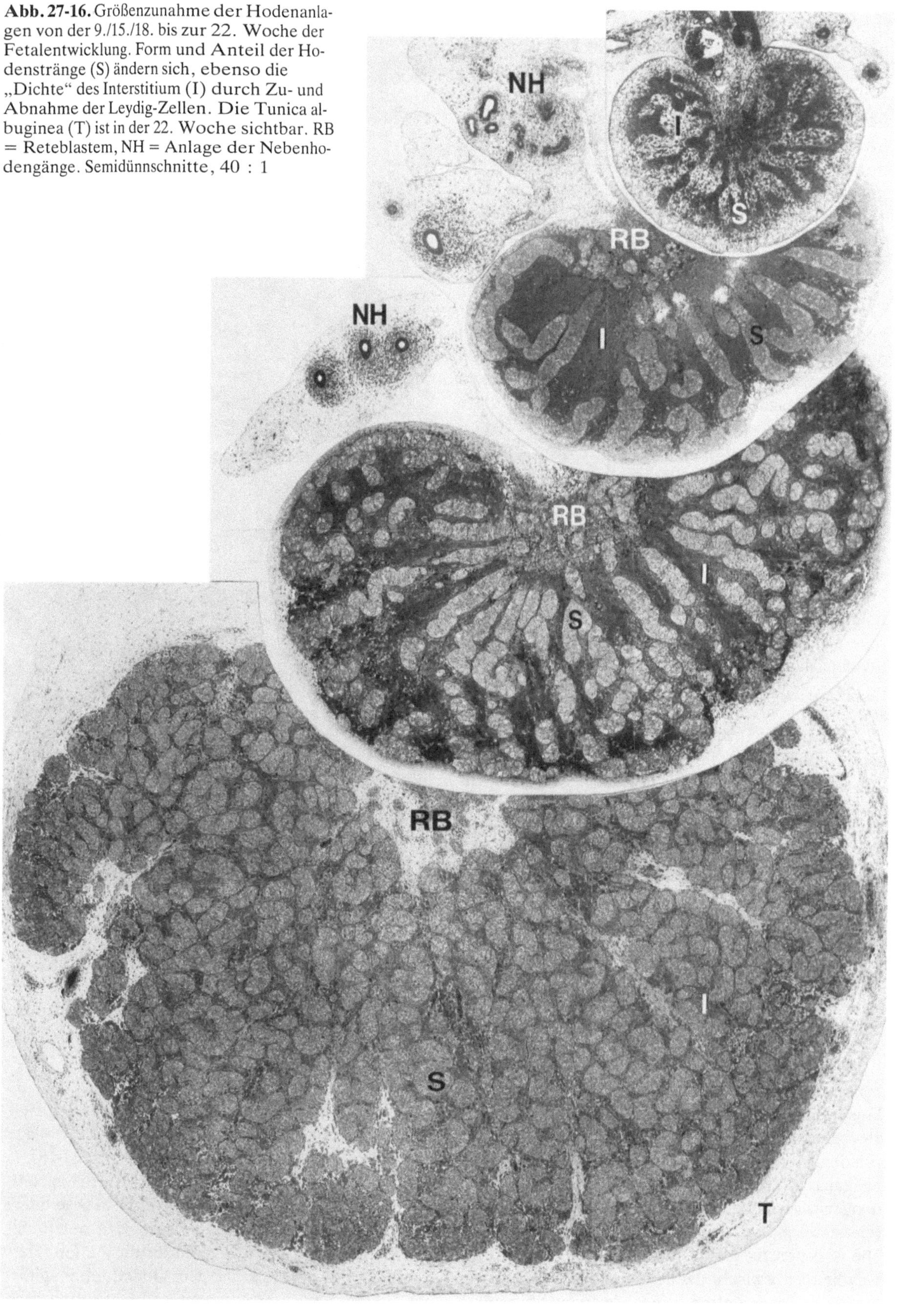

die Hodenstränge ihre Vernetzung und verlaufen als haarnadelförmige Schlingen vom Hilum bis unter die Hodenoberfläche und stehen mit ihrem Ende in direkter Verbindung mit dem netzförmigen Blastem des Rete testis (Abb. 27-16). Im Querschnitt sind die Stränge rund oder oval und setzen sich aus hellen und dunklen *Stützzellen* (Vorläufer der Sertoli-Zellen) und zahlreichen Geschlechtszellen zusammen. Gegen das Interstitium sind sie scharf begrenzt. Zellen eines *peritubulären Gewebes* sind nur ganz vereinzelt zu sehen.

Um die 18.–22. Woche hat die Hodendifferenzierung einen Stand erreicht, der ohne wesentliche Veränderungen über die Geburt hinweg bis zum Beginn der Pubertät bestehen bleibt. Die Hodenstränge sind dicker geworden, sie sind stark gewunden und liegen enger beieinander (Abb. 27-16). Das peritubuläre Gewebe hat sich zu einer noch dünnen, aber vollständigen Schicht zirkulär angeordneter Zellen entwikkelt (Abb. 27-16 und 27-19).

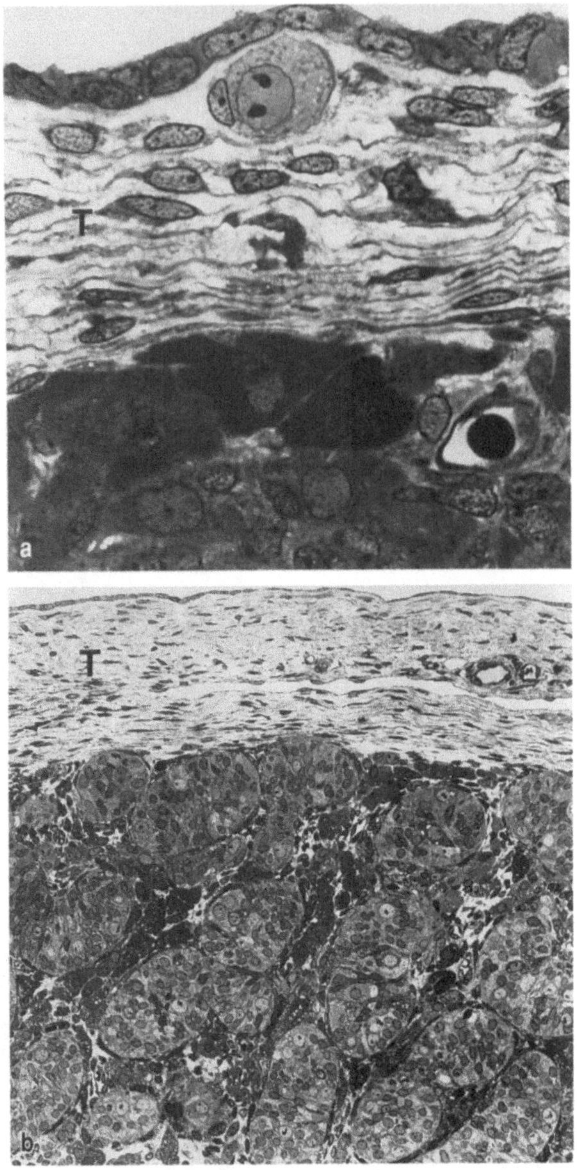

Abb. 27-17a, b. Entwicklung der Tunica albuginea (T).
a) 13. Woche: Zellen orientieren sich tangential zum Oberflächenepithel. Unten: Beginn der Leydig-Zellansammlung. Eine Geschlechtszelle liegt in der Tunica albuginea. 850 : 1.
b) 22. Woche: Die Tunica albuginea hat an Umfang zugenommen und enthält viele kollagene Fasern. 170 : 1

Die Gewebszone unter dem Oberflächenepithel und das interstitielle Gewebe bestehen aus einem gleichartigen Mesenchym, aber sie differenzieren sich unterschiedlich. Die Zone der späteren Tunica albuginea bleibt bis zur 18. Woche in ihrem ursprünglichen Zustand erhalten. In ihr liegen häufig *ektopische Geschlechtszellen:* Dies sind PGCs, die bei der Strangbildung nicht in diese eingebaut wurden. Sie liegen frei im Mesenchym oder haben Kontakt zu diesen Zellen bzw. zum Oberflächenepithel (Abb. 27-17). Sie sind vereinzelt auch in der zweiten Schwangerschaftshälfte dort nachweisbar, gehen aber sämtlich nach und nach unter. Die Bildung der eigentlichen Faserschicht der Tunica albuginea setzt erst in der 20. Woche voll ein. Erst dann kann man von der Existenz einer Tunica albuginea sprechen (Abb. 27-16 und 27-17). Da das Auftreten der lockeren mesenchymalen Trennschicht charakteristisch für die beginnende Hodenbildung ist, wird diese Zone als *primäre Tunica* bezeichnet (Abb. 27-11 und 27-12, 27-15 bis 27-17).

Im Interstitium differenzieren sich schon von der 8. Woche an, also sehr bald nach der Bildung erster Hodenstrukturen, in zunehmender Zahl *Leydigsche Zwischenzellen,* eine fetale Variante der Zwischenzellen des adulten Hodens (siehe Abschnitt 27.3). Das von diesen Zellen produzierte Testosteron wird zu diesem frühen Zeitpunkt zur Prägung und Differenzierung des Wolffschen Ganges und der Urnierenkanälchen zum Nebenhoden wie auch des Sinus urogenitalis und der äußeren Genitalregion benötigt (siehe Abschnitt 27.7). Zwischen der 10. und 20. Woche ist der relativ weite interstitielle Raum dicht mit Leydigschen Zwischenzellen angefüllt (Abb. 27-16 bis 27-18). Diese Zellen zeigen alle die cytoplasmatischen Kennzeichen von steroidproduzierenden Hormonzellen, vor allem das reichlich entwickelte glatte endoplasmatische Reticulum (gER) (Abb. 27-18).

Das *Reteblastem* ist in der Nähe des Hilum angeordnet und bildet eine Zone, die wie eine Achse durch den langgestreckten Hoden verläuft. Die netzförmigen Stränge sind aus undifferenzierten Zellen (Herkunft aus der Urniere und dem Oberflächenepithel des Hodens) zusammengesetzt und enthalten auch

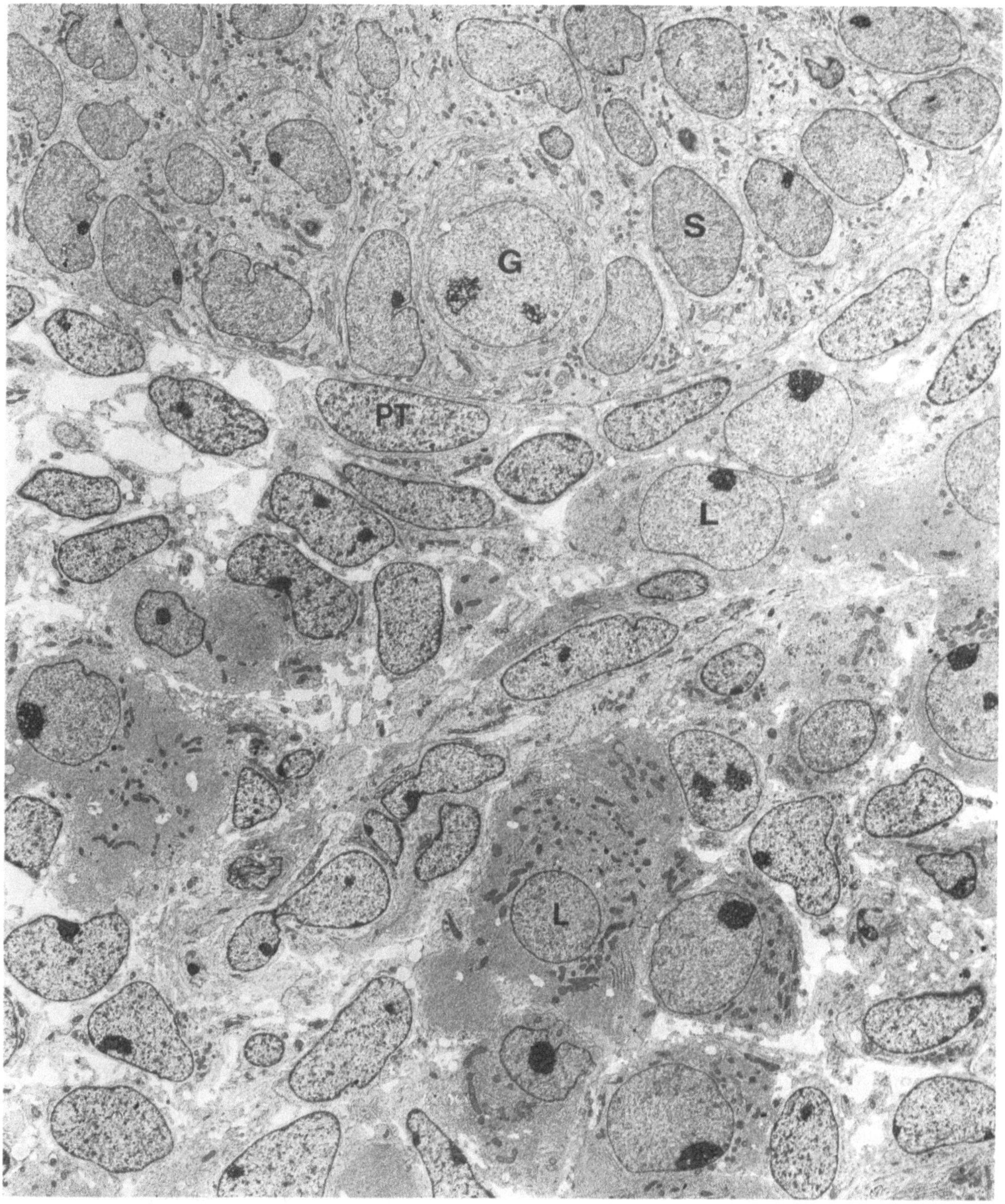

Abb. 27-18. EM-Aufnahme der Grenze eines Hodenstranges (oben) und des Interstitium mit sich differenzierenden fetalen Leydig-Zellen (L). Im Hodenstrang Stützzellen (S) und eine Geschlechtszelle (G). An der Grenze einige peritubuläre Zellen (PT). 2100 : 1

Geschlechtszellen. Sie stellen zunächst eine Reserve für das weitere Wachstum der Hodenstränge (und des Interstitium) dar und sind darin dem am oberen Organpol gelegenen undifferenzierten Blastem gleichzustellen (siehe diesen Abschnitt S. 756 und Abb. 27-15). Erst wenn um die 18. Woche die Neubildung von Hodensträngen sistiert, beginnt im Reteblastem eine Kanalisierung der Stränge, und das Netzwerk bildet sich zur Anlage des *Rete testis* um. Die Verbindung, die bis zu diesem Zeitpunkt bereits mit den Hodensträngen bestand, wird dann auch mit den Urnierentubuli (Ductuli efferentes) hergestellt (siehe auch Abschnitt 27.6.2). Damit ist der Zusammenhang für das zukünftige Kanälchensystem des Hodens und Nebenhodens etabliert.

27.2.2 Praespermatogenese

Die männlichen Geschlechtszellen durchlaufen von ihrem ersten Auftreten in den Hodensträngen bis zur Pubertät einen Differenzierungsprozeß, die *Praespermatogenese* [Hilscher 1983]. Wesen der Praespermatogenese ist eine dem allgemeinen Wachstum des Hodens angepaßte kontinuierliche Vermehrung der Geschlechtszellen, ohne daß diese Zellproliferation in die Meiose überleitet, wie dies im fetalen Ovar der weiblichen Geschlechtszelle (siehe Abschnitt 27.4.2) und der Spermatogonie im adulten Hoden im Verlauf der Spermatogenese passiert (siehe Abschnitt 27.3.2). Die *Blockierung der Meiose* ist die Hauptaufgabe der Praespermatogenese.

Im einzelnen treten die primordialen Geschlechtszellen, nachdem sie in die Gonadenanlage eingewandert sind und bei der Hodendifferenzierung in die Hodenstränge eingeschlossen wurden, nach etwa 3 Wochen zu Beginn der 10. Woche in ein Stadium beschleunigter Vermehrung ein. Da die Geschlechtszellen bis zu diesem Proliferationsbeginn die Merkmale der PGCs verloren haben, vor allem keine Glycogenansammlungen im Cytoplasma mehr aufweisen, und den adulten Spermatogonien gleichen, werden sie als *„Prospermatogonien“* bezeichnet (Abb. 27-19). Prospermatogonien vermehren sich zunächst lebhaft durch mitotische Teilungen, die dann aber plötzlich in einer G1-Phase unterbrochen werden (Abb. 27-20): Die stark proliferierenden Prospermatogonien treten in eine Ruheperiode ein (Abb. 27-19), aus der heraus sie wieder in eine Vermehrungsphase wechseln. Periode der Proliferation und Zeitpunkt des Beginns der mitotischen Inaktivität zeigen eine enge Korrelation zu einem entsprechenden Verhalten der weiblichen Geschlechtszellen (Ovogonienproliferation) und zu deren Eintritt in die Meiose (siehe auch Abb. 27-36 und Tabelle 27.4). Die örtliche Situation im fetalen Hodenstrang muß den Verhältnissen im ovariellen Cortex insoweit gleichen, als beide eine starke Vermehrung der Gonien fördern, im Hoden aber der Eintritt in die Meiose unterbleibt, während im Ovar dieser Übergang begünstigt wird (siehe Abschnitt 27.4.2 und vergleiche Abb. 27-20 mit 27-36).

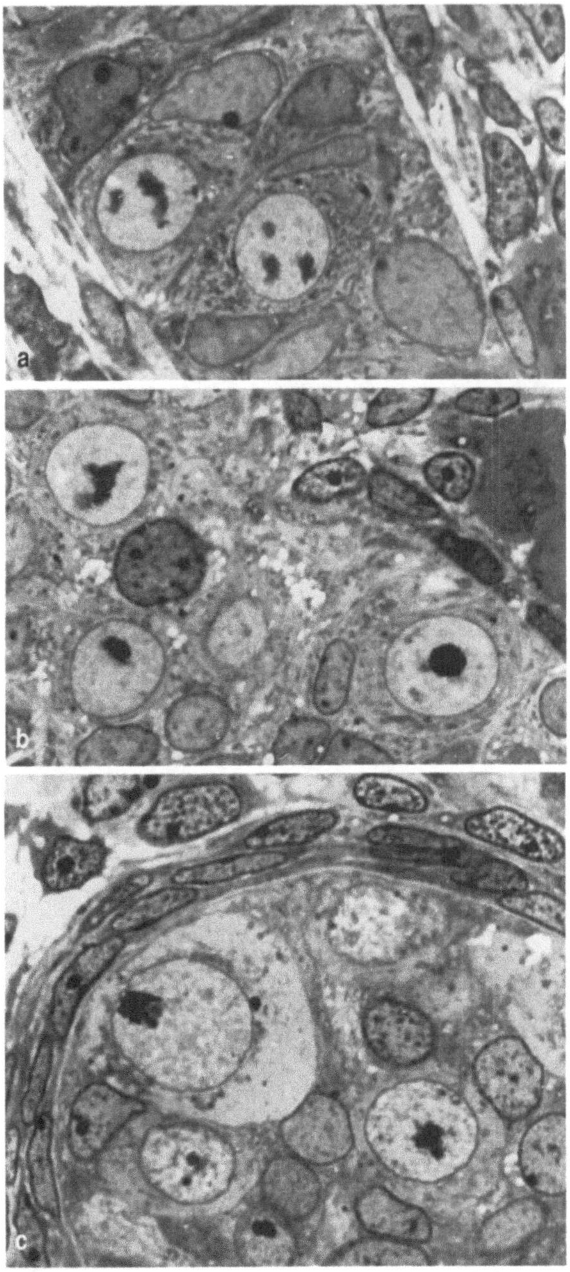

Abb. 27-19a–c. Formen der Geschlechtszellen während der Praespermatogenese bei gleicher Vergrößerung (1360 : 1). **a)** Primordiale Geschlechtszellen: Hodenstrang 9. Woche. **b)** M-Prospermatogonien (M = multiplying, da stark proliferierend): 12. Woche. **c)** T-Prospermatogonien (T = transitional, da Übergangsstadium zu adulten Spermatogonien): 15. Woche

Da im fetalen Hoden des Menschen die Perioden von Proliferation und Mitose-Inaktivität für die einzelnen Zell-Linien zu unterschiedlichen Zeiten einsetzen, findet man im Verlauf der praenatalen Entwicklung Abschnitte, in denen in den Hodensträngen Geschlechtszellen unterschiedlicher Form und unterschiedlichen Differenzierungsgrades zu finden sind (Tabelle 27.2).

Abb. 27-20. Verlauf der Praespermatogenese

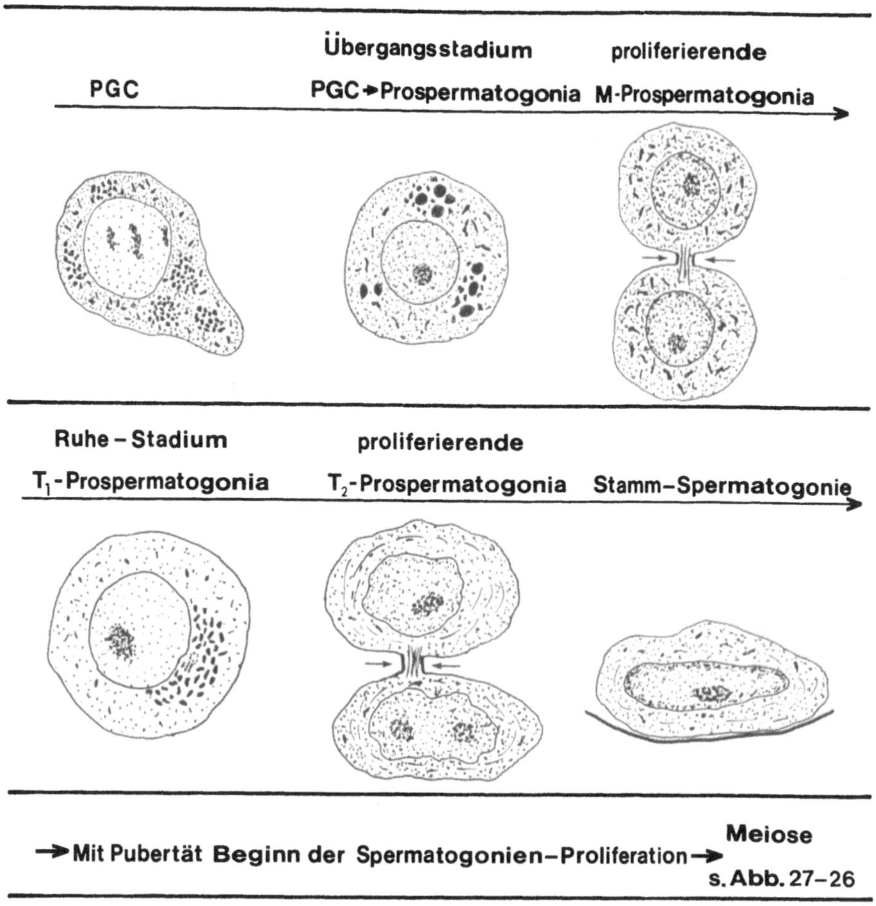

Tabelle 27.2. Auftreten der verschiedenen Formen männlicher Geschlechtszellen während der Praespermatogenese im fetalen Hoden

Woche der praenatalen Entwicklung	Primordiale Geschlechtszellen	M-Prospermatogonien in Mitose	T_1-Prospermatogonien in Ruhepause	T_2-Prospermatogonien in Mitose
7.– 9. Wo	+++	–	–	–
10.–12. Wo	+++	+++	–	–
13.–16. Wo	++	++.+	+++	–
17.–22. Wo	+	++	+++	+++
etwa ab 26. Woche	–	–	+++	+++

27.2.3 Hodendescensus und Entwicklung des Hodens im Kindesalter bis zur Pubertät

Der Hoden wird während seiner gesamten Entwicklung in caudaler Richtung verlagert, ein Prozeß, der noch vor der Geburt mit dem eigentlichen *Descensus* des Hodens, der Passage durch den Leistenkanal in den Scrotalsack, endet. Die erste Hodenanlage entwickelt sich unter und in unmittelbarem Kontakt mit der Nebennierenanlage etwa in Höhe des 1. Lumbalsegments. Wenn in der 8.–9. Woche die Nachniere dorsal der Hoden- (bzw. Ovar-)Anlage ihren Ascensus beendet hat und die Position der Gonade unter der Nebenniere einnimmt (siehe Kapitel 26.5), werden Hoden (wie auch Ovar) relativ nach caudal und aus der Lendenregion in die Sakralpartie und das spätere kleine Becken verschoben. Eine ursächliche Rolle spielt beim Hodendescensus das untere Keimdrüsenband (siehe Abschnitt 27.6), welches als *Gubernaculum testis* den Prozeß bewirkt, aus dem caudalen Teil des Urnierenkörpers hervorgeht und als Leitgebilde dient. Damit wirkt das Gubernaculum primär

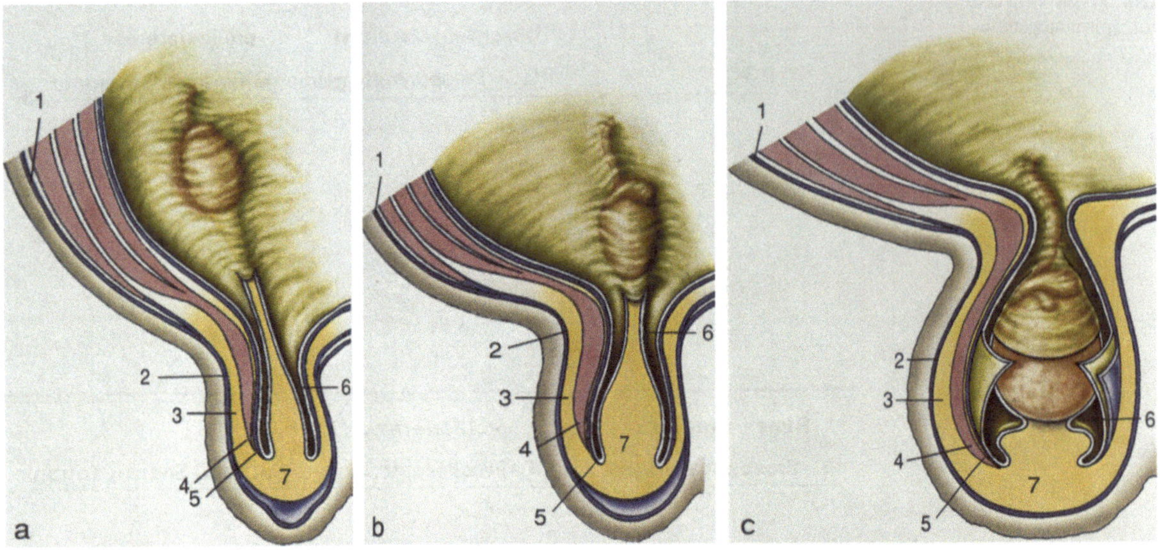

Abb. 27-21a–c. Hodendescensus. Erklärung im Text auf Seite 761. 1 = Fascie d. M. obl. abd. ext., 2 = Fascia spermatica externa, 3 = vaginaler Teil des Gubernaculum, 4 = M. cremaster, 5 = Fascia spermatica interna (aus der Fasc. transversalis), 6 = Processus vaginalis, 7 = intravaginaler Teil d. Gubernaculum.
[Nach Ergebnissen von Hullinger und Wensing 1985 sowie Wensing 1986]

auf den Nebenhoden und nur indirekt auf den Hoden. Dieser Mechanismus konnte bei verschiedenen Säugern untersucht werden und dürfte sich beim Menschen in gleicher Weise abspielen (Abb. 27-21) [Hullinger und Wensing 1985, Wensing 1986]. In der ersten Phase des Descensus wird das *Gubernaculum* durch einen Faktor beeinflußt, der vom fetalen Hoden produziert wird (Polypeptid von geringem Molekulargewicht: <3500) und der die Zellproliferation im Gubernaculum anregt [Fentener van Vlissingen et al. 1988]. Unter Verkürzung des Bandes wird der Nebenhoden mit dem Hoden unmittelbar vor den Eingang des Leistenkanals (Anulus profundus) verlagert. Da sich das dem Hoden aufliegende Coelomepithel (= Peritonealepithel) mitverlagert, bildet sich in Richtung des inneren Leistenringes eine Aussakkung, der *Processus vaginalis*.

Die zweite Phase des Descensus, die Passage des Hodens durch den *Inguinalkanal*, findet in der Regel noch vor der Geburt statt und wird ebenfalls durch einen Proliferationsprozeß des Gubernaculum testis verursacht. Als Stimulans kommt ebenfalls ein Hodenfaktor in Frage, der aber weder mit dem Faktor der ersten Phase noch mit einem der anderen bekannten Faktoren oder Hormone des fetalen Hodens identisch ist. Zu Beginn dieses Prozesses nimmt der innerhalb des Scrotalsackes gelegene Abschnitt des Gubernaculum testis an Umfang beträchtlich zu, so daß dieser Teil des Bandes einen Widerpart in dem engeren Leistenkanal findet und nicht zurückgleiten kann. Ein dünner Teil des Bandes stellt intraabdominal die Verbindung zum Nebenhoden und damit zum unteren Hodenpol her. Der conusförmige extraabdominale Teil schlägt distal in einen scheidenförmigen, den vaginalen Teil des Gubernaculum testis, um. Dieser vaginale Teil bildet mit dem Peritonealüberzug den *Processus vaginalis* und geht am inneren Leistenring in das parietale Bauchfell über. Aus ihm formt sich die *Fascia spermatica interna*. Proliferation des mesenchymalen Gewebes und die dadurch bedingte Schwellung sowie das gesamte Wachstum des extraabdominalen Conus und der vaginalen Manschette führen zur Verlagerung des Hodens, ohne daß es einer besonderen Fixierung des Gubernaculum am Boden des Scrotalsackes bedürfte. Der Prozeß ist unabhängig von der Umgebung, vielmehr werden durch ihn die anliegenden Schichten der Hodenhüllen, nämlich die *Fascia spermatica externa* und der *Musculus cremaster* mit der *Fascia cremasterica*, geformt. Durch eine abschließende Schrumpfung des schon stark verkürzten Gubernaculum wird der Raum für Hoden und Nebenhoden im Scrotum freigemacht (Abb. 27-21).

Falls postnatal der Processus vaginalis nicht obliteriert, kann dies die Ursache für eine *congenitale Leistenhernie* sein (s. Lehrbuch der makroskopischen Anatomie) bzw. für eine *Hydrocele*, eine zystenartige Erweiterung des Cavum serosum zwischen den Tunicae vaginales oder im Funiculus spermaticus mit entsprechender Ansammlung von seröser Flüssigkeit.

Durch Stimulation des kindlichen Hodens durch Choriongonadotropin kann ein bei der Geburt nicht descendierter Hoden nachträglich zum Eintritt in das Scrotum veranlaßt werden. Einen Hodenhochstand, den *Kryptorchismus,* findet man bei 3% aller termingerecht geborenen Knaben. Der Descensus kann unvollkommen oder ganz unterblieben sein. Der kryptorche Hoden liegt unter diesen Umständen vor oder im Anulus inguinalis superficialis, im Canalis inguinalis oder intraabdominal. Bei besonders weitem Kanal kann er eine wechselnde Lage einnehmen und zeitweilig im Scrotalsack zu finden sein (Pendelhoden). Kryptorche Hoden treten einseitig und doppelseitig auf. Da ein Kryptorchismus nicht nur durch die unzureichende Bildung der für den Descensus verantwortlichen Hodenfaktoren verursacht sein muß, sondern Fehlbildungen am Gonaden- und Urnierensystem vorliegen können, wird eine hormonelle Behandlung nicht immer erfolgreich sein. Eine operative Korrektur wird dann notwendig. Häufig weisen kryptorche Hoden ein Defizit an Geschlechtszellen auf. Dies kann seine Ursache in einem „allgemeinen" Entwicklungsschaden des Hodens haben, wird aber auch durch den Hochstand als solchen und die in dessen Folge zu hohe Temperatur hervorgerufen. Die kindliche Praespermatogenese und auch die Spermatogenese selbst sind nicht bei einer im Abdomen herrschenden Kerntemperatur möglich. Deren geregelter Ablauf erfordert eine im Durchschnitt niedrigere Temperatur, wie sie nur im Scrotum herrscht.

Unmittelbar nach der Geburt durchläuft der Hoden eine etwa 5 Monate währende Periode, in der es zu einem Anstieg der Testosteronproduktion kommt [Bidlingmaier et al. 1983]. Die fetalen Leydig-Zellen, die in der zweiten Hälfte der Schwangerschaft relativ an Zahl zurückgehen, fallen erst nach dieser postnatalen Periode der Regression anheim, müssen also unmittelbar nach der Geburt nochmals eine Zunahme erfahren. Welche Bedeutung dieser Testosteronschub hat, ist unbekannt. Vermutlich ist er für eine ausreichende Prägung der vom Testosteron abhängigen Strukturen notwendig.

Der Hoden selbst zeigt während des gesamten Zeitraums bis zur Einleitung der Pubertät keine grundsätzlichen Veränderungen. Er wächst langsam, und entsprechend kommt es zu einem Wachstum der Hodenstränge und einer Vermehrung der Stützzellen (Prae-Sertoli-Zellen) sowie der Geschlechtszellen. Das histologische Bild bleibt also vom 1. bis zum Ende des 10. Lebensjahres unverändert (Abb. 27-22). Das Interstitium ist frei von Leydig-Zellen und enthält nur Bindegewebe und Gefäße. Im 11. Lebensjahr nimmt der Durchmesser der Stränge deutlich zu, bald werden Lumina sichtbar, und die Hodentubuli differenzieren sich (Abb. 27-22). Die Spermatogenese setzt ein, zuerst aber noch unvollkommen und ungeordnet. Im Interstitium treten zunehmend adulte Leydig-Zellen auf.

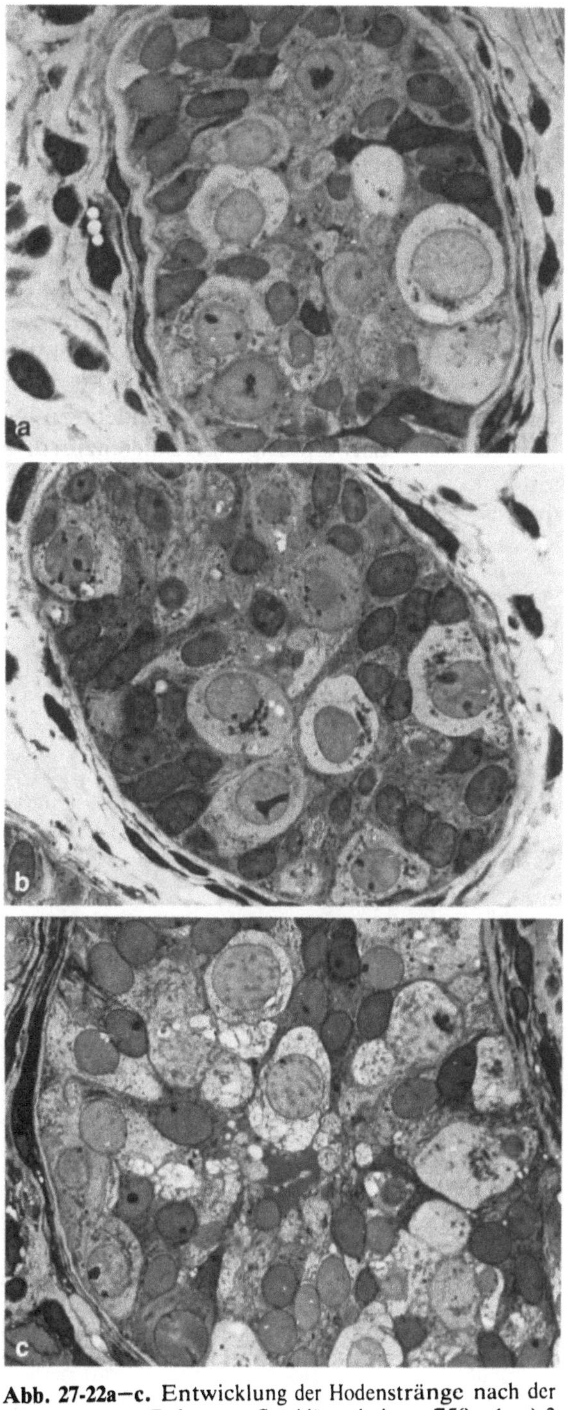

Abb. 27-22a–c. Entwicklung der Hodenstränge nach der Geburt bis zur Pubertät. Semidünnschnitte, 750 : 1. **a)** 2 Jahre alt, **b)** 8½ Jahre alt, **c)** 11 Jahre alt: Beginn der Spermatogenese wird sichtbar

27.3 Der männliche Gamet und seine Entwicklung (Spermatogenese)

H. Breucker und A. F. Holstein

Der männliche Gamet, der zur Befruchtung im Eileiter auf die noch in der 2. meiotischen Teilung befindliche sekundäre Ovocyte trifft, ist das Spermatozoon. Diese Samenzelle, die kontinuierlich im Keimepithel der Hodenkanälchen in millionenfacher Anzahl produziert wird (Abb. 27-23), ist das Ergebnis eines langen Entwicklungs- und Reifungsprozesses, nämlich der Spermatogenese [Bustos-Obregon et al. 1975, Holstein und Roosen-Runge 1981]. Im letzten Abschnitt seiner Entwicklung, der Differenzierungsphase der Spermatogenese (Spermiogenese) [de-Kretser 1969, Holstein 1976], erreicht der männliche Gamet seine Endform und wird aus dem Gewebsverband der Gonade entlassen (Spermiatio). Aus den Lumina der Hodenkanälchen werden die Spermatozoen, die noch keine eigene Beweglichkeit besitzen, in großer Zahl mittels peristaltischer Bewegungen in ca. 12 Tagen durch das ableitende Gangsystem des Hodens (Rete testis) und Nebenhodens (Ductuli efferentes, Ductus epididymidis) bis in den Nebenhodenschweif (Cauda epididymidis) transportiert, wo sie zunächst gespeichert werden [Holstein 1969]. Bei einer Ejakulation werden die Spermatozoen dann über

Frau Elke Schäfer, MTA, danken wir sehr für die ausgezeichnete Erstellung der Abbildungen.

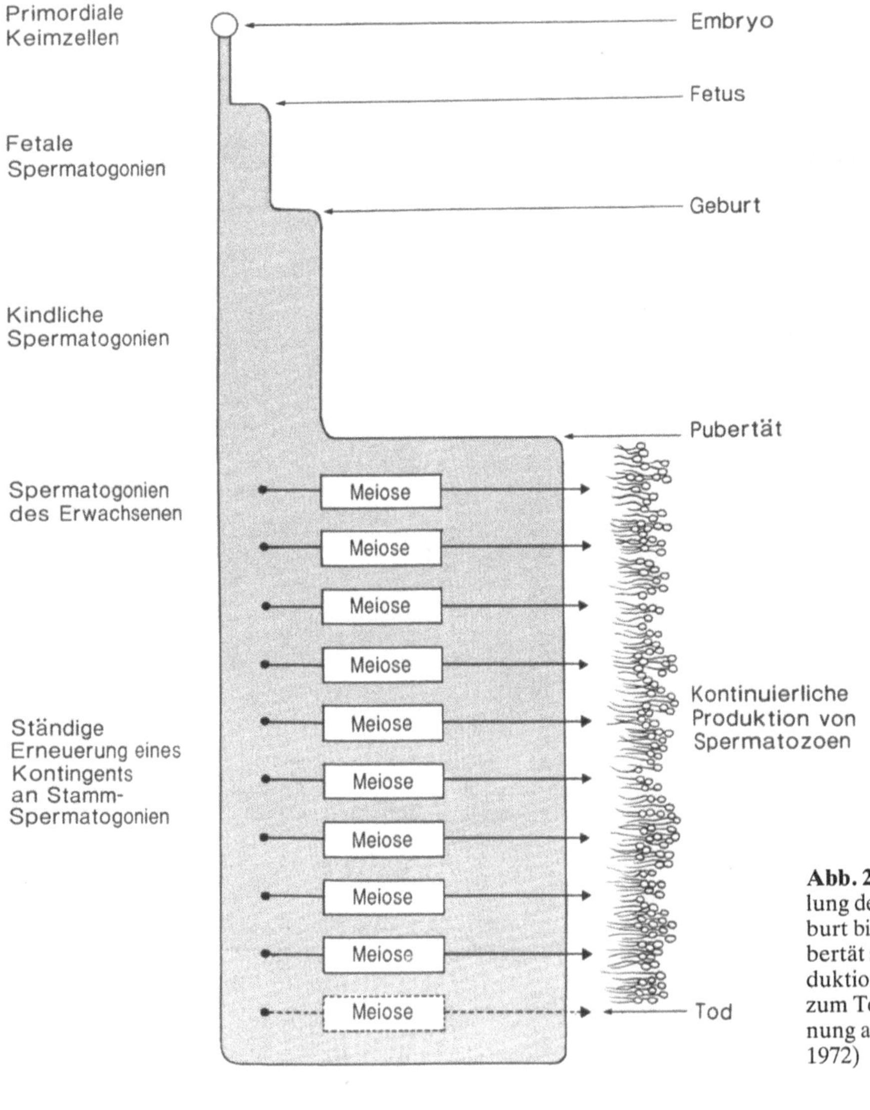

Abb. 27-23. Schematische Darstellung der Spermatogenese von der Geburt bis zum Tod. Mit Beginn der Pubertät setzt eine kontinuierliche Produktion von Spermatozoen ein, die bis zum Tod anhalten kann (in Anlehnung an Tuchmann-Duplessis et al. 1972)

den Samenleiter (Ductus deferens) und die Harn-Samen-Röhre (Urethra) entleert.

27.3.1 Das Spermatozoon im Ejakulat

Das Ejakulat, für das auch die Begriffe Sperma oder Samen verwendet werden, enthält einen corpusculären und einen flüssigen, als Seminalplasma bezeichneten Anteil. Das Seminalplasma, das die Hauptmasse eines Ejakulats ausmacht, setzt sich aus den im Hoden, Nebenhoden und den akzessorischen Geschlechtsdrüsen (Glandulae vesiculosae, Prostata, Cowpersche Drüsen = Glandulae bulbourethrales) sezernierten Flüssigkeiten zusammen [Herrmann 1981]. Der corpusculäre Anteil des Ejakulats besteht neben unreifen Keimzellen, abgeschilferten Epithelzellen des ableitenden Gangsystems und Spermatophagen zum überwiegenden Teil aus Spermatozoen. Ein normales Ejakulat hat ein Volumen von etwa 4 ml und enthält 20–40 Millionen Spermatozoen pro ml [Schirren 1982].

Diese Spermatozoen sind ausgereift und aktiv beweglich. Nach Verflüssigung des Ejakulats und Verdünnung mit physiologischer Kochsalzlösung im Verhältnis 1:20 kann im Normalfall eine halbe Stunde nach der Ejakulation noch bei mindestens 50% der Spermatozoen eine progressive Motilität (aktive Vorwärtsbewegung) festgestellt werden. Bei dieser Untersuchung legen die Spermatozoen in einer Minute eine Strecke von etwa 3 mm zurück. In vitro läßt sich diese Motilität maximal bis zu 48 Stunden beobachten; im weiblichen Organismus sollen die Spermatozoen über eine Zeit bis zu 5 Tagen beweglich bleiben. In einem Ejakulat kommen normalerweise bis zu 30% unbewegliche Spermatozoen vor [Schirren 1982].

Das Spermatozoon im Ejakulat ist eine hochspezialisierte Zelle, die aus dem Gewebsverband des Körpers verselbständigt entlassen wurde. Für seinen langen Weg durch die Geschlechtsgänge des männlichen und weiblichen Körpers ist das Spermatozoon besonders ausgerüstet: das genetische Material ist zum Schutz gegen äußere schädliche Einwirkungen extrem kondensiert; eine Geißel befähigt die Zelle zu einer eigenständigen Vorwärtsbewegung; im sog. Acrosom sind Enzyme enthalten, die dem Spermatozoon eine Kontaktaufnahme und anschließende Verschmelzung mit dem weiblichen Gameten ermöglichen.

In einem gefärbten Ejakulatausstrich kann man im Lichtmikroskop die äußere Form des Spermatozoon erkennen und dabei einen Kopf und einen Schwanz unterscheiden. Der Schwanz ist mit einem Halsstück, das häufig durch einen Cytoplasmatropfen verdeckt

Tabelle 27.3. Übersicht über einige Normwerte der Spermatozoen im Ejakulat. [Nach: Schirren 1982]

Spermatozoen-Länge	
Gesamtlänge	55–66 μm
Kopf	3,4–4,6 μm
Mittelstück des Schwanzes	3,5–5,0 μm
Hauptstück des Schwanzes	44–50 μm
Endstück des Schwanzes	4–6 μm
Spermatozoen-Breite	
Kopf	1,5–2,8 μm
Mittelstück des Schwanzes	0,8 μm
Hauptstück des Schwanzes	0,5 μm
Endstück des Schwanzes	0,2 μm

ist, am Kopf angeheftet und zeigt eine weitere Unterteilung in Mittelstück, Hauptstück und Endstück. Mit speziellen Färbemethoden (PAS-Färbung oder Immunhistochemie) kann man am Spermatozoenkopf auch noch die Acrosomkappe darstellen. In einem Ausstrichpräparat lassen sich die Länge und Breite der einzelnen Abschnitte eines Spermatozoon bestimmen. Die Tabelle 27.3 gibt die Normwerte für diese Maße an, denen mindestens 60% der Spermatozoen eines Ejakulats im Normalfall entsprechen sollen.

Mit Hilfe der Raster- und Transmissionselektronenmikroskopie ist es möglich, die Spermatozoen eines Ejakulats im Detail zu untersuchen (Abb. 27-24a). An Schnittpräparaten oder mit der Gefrierbruchtechnik gewonnenen Objekten werden Teilaspekte der einzelnen Organellen eines Spermatozoon erkennbar [Pedersen 1974, Holstein und Roosen-Runge 1981, Baccetti 1984].

Der Spermatozoenkopf hat in der Aufsicht die Form eines Tennisschlägers, in der Seitenansicht ist er zur Spitze hin abgeplattet (Abb. 27-24b). Er setzt sich aus dem Kern und dem Acrosom zusammen. Im Kern sind die Chromosomen zusammen mit Kerneiweißen zu einer optimalen Transportform verpackt. Sie sind zu relativ groben Granula kondensiert, die zwischen sich, meist in der Spitze des Kerns, eine große und mehrere kleine Vacuolen einschließen. Durch das in der Elektronenmikroskopie verwendete Fixierungsmittel, die Osmiumsäure, wird das Chromatin stark imprägniert und erscheint deshalb besonders elektronendicht.

Dem abgeplatteten Teil des Kerns sitzt das Acrosom in Form einer Kappe auf. Diese Kappe ist während der Spermatidendifferenzierung als Vacuole aus dem Golgi-Apparat entstanden und mit einer elektronendichten Substanz angefüllt. Sie enthält das für die Kontaktaufnahme zur Eizelle notwendige Enzym Acrosin, das das Eindringen des Spermatozoon in die Corona radiata und die Proteolyse der Zona pellucida

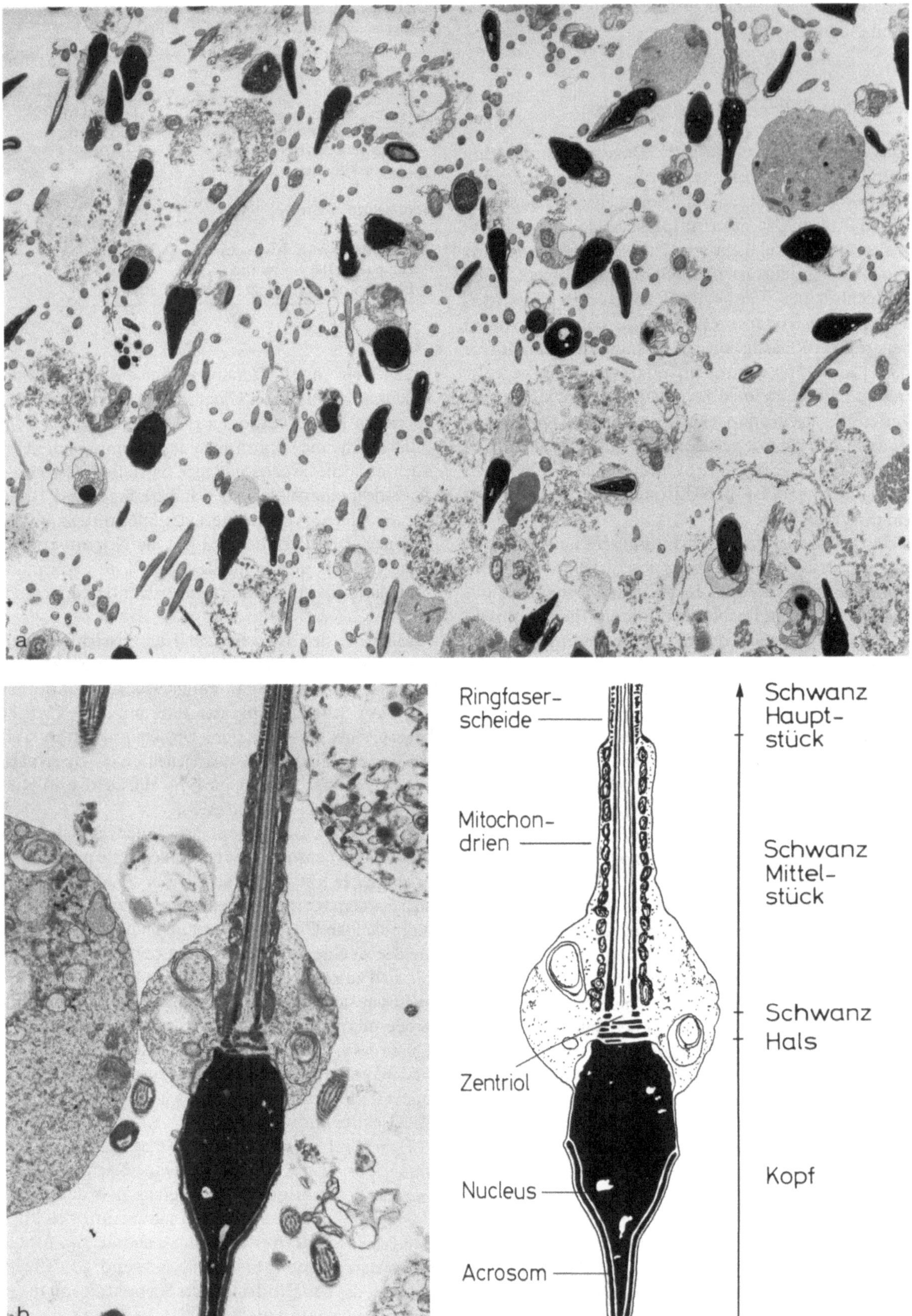
a
b
Ringfaser-
scheide
Mitochon-
drien
Zentriol
Nucleus
Acrosom
Schwanz
Haupt-
stück
Schwanz
Mittel-
stück
Schwanz
Hals
Kopf

der Eizelle ermöglicht. Im ausgereiften Zustand ist das Acrosom abgeflacht und liegt, bedeckt von der Zellmembran, den vorderen zwei Dritteln des Kerns auf. Der distale Rand des Acrosom wird als äquatoriales Segment bezeichnet, an das sich im nicht vom Acrosom bedeckten Teil des Spermatozoenkerns die postacrosomale Scheide, eine Spezialisierung der Zellmembran, anschließt (Abb. 27-28e). Beide Strukturen spielen bei der Befruchtung eine wesentliche Rolle, da in diesem Bereich der Kontakt zwischen Spermatozoon und Plasmalemm der Eizelle stattfindet (siehe auch Kapitel 3.4 Imprägnation der Eizelle).

Der Spermatozoenschwanz ist am Hinterende des Kopfes angeheftet. Er ist hier über eine Basalplatte in einer Einsenkung am Kern implantiert. In der näheren Umgebung der Basalplatte ist die Kernmembran häufig vom Karyoplasma abgehoben und von zahlreichen Kernporen durchsetzt (Abb. 27-24b, 27-29c).

Der Schwanz beginnt mit dem Halsstück. Es enthält den aus einer Reihe elektronendichter Segmente bestehenden Streifenkörper und in dessen Mitte ein Zentriol. Dieses proximale (= kernnahe) Zentriol ist quer zur Längsachse des Kerns orientiert (Abb. 27-29c) und vermittelt die Implantation am Kern. Rechtwinklig zu ihm (in T-Stellung) und unmittelbar anschließend befand sich zunächst das distale (= kernferne) Zentriol, aus dem sich während der Spermatidendifferenzierung ein Tubulusbündel, das Axonema, entwickelt hat. Im reifen Spermatozoon ist das distale Zentriol nicht mehr zu erkennen. Das Axonema zeigt den typischen Aufbau einer Geißel aus 2 zentralen und 9 peripheren, jeweils aus einem A- und einem B-Tubulus bestehenden Doppeltubuli (Abb. 27-29a, b). Jeder A-Tubulus ist in Richtung auf den B-Tubulus des benachbarten Doppeltubulus mit zwei Ärmchen versehen, die Dynein enthalten. Durch den mechanochemischen Umbau dieser Dynein-Arme sollen die 9 peripheren Doppeltubuli gegeneinander verschoben und dadurch die komplizierte schraubenförmige Wellenbewegung des Spermatozoenschwanzes verursacht werden [Satir 1979]. Die Steuerung der Bewegung erfolgt im Halsstück. Den 9 Doppeltubuli sind außen 9 elektronendichte Längsfasern zugeordnet, die sich vom Streifenkörper des Halsstückes bis fast zum Ende des Spermatozoenschwanzes erstrekken (Abb. 27-29a bis c).

◄
Abb. 27-24a, b. a) Übersicht aus einem normalen Ejakulat. TEM 3000 : 1;
b) Längsschnitt durch ein menschliches Spermatozoon aus dem Ejakulat; das Hauptstück des Schwanzes ist nur teilweise, das Endstück gar nicht angeschnitten. Links TEM 11 000 : 1, rechts Graphik zur Erläuterung des TEM-Bildes

Dem Halsstück des Schwanzes folgt das Mittelstück. Es ist vor allem durch eine Anzahl von Mitochondrien charakterisiert (Abb. 27-24b), die in einer Schraube von 10–15 Windungen um das Axonema angeordnet sind. Sie sind die Energielieferanten für die Progressivmotilität des Spermatozoon. Das Mittelstück endet mit einer elektronendichten ringförmigen Struktur, dem Annulus. Ein Teil des postacrosomalen Abschnitts des Kerns, das Halsstück und der Anfangsteil des Mittelstücks werden von einem Cytoplasmatropfen eingehüllt, der Membranen des endoplasmatischen Reticulum enthält.

Der an das Mittelstück anschließende Abschnitt des Spermatozoenschwanzes wird als Hauptstück bezeichnet. Als charakteristische Struktur erscheint eine elektronendichte Ringfaserscheide, die durch zwei sich gegenüberstehende, verdickte Leisten zusammengehalten wird (Abb. 27-29a). Sie umgibt das Axonema zusammen mit den gegen Ende des Hauptstückes auslaufenden Längsfasern. Mit dem Verschwinden der Ringfaserscheide beginnt das Endstück des Spermatozoenschwanzes, in dem gegen Ende auch die Tubuli des Axonema ihre tpyische 9 + 2 Anordnung aufgeben und als einzelne Tubuli nach und nach enden.

Bei der Fülle der Substrukturen eines Spermatozoon ist es verständlich, daß eine gewisse Variabilität der Formen im Normbereich liegt. Grobe Fehlbildungen lassen sich jedoch eindeutig von normalen Formen abgrenzen und bei der morphologischen Untersuchung der Spermatozoen im Detail analysieren. Mißbildungen können das ganze Spermatozoon oder auch nur einzelne Abschnitte betreffen [Holstein und Schirren 1979]. Im letzteren Fall tritt die Fehlbildung einer bestimmten Spermatozoenstruktur häufig generalisiert auf und läßt dann an einen genetischen Defekt denken. Zu solchen Mißbildungen gehört z.B. das Fehlen der Dynein-Arme im Axonema und eine dadurch bedingte Unbeweglichkeit der Spermatozoen [Afzelius et al. 1975] oder die Ausbildung rundköpfiger acrosomloser Spermatozoen als Folge eines nicht zustandegekommenen Kontaktes zwischen Acrosom und Kern [Schirren et al. 1971]. Sind mehr als 60% oder alle Spermatozoen eines Mannes fehlgebildet, spricht man von einer Teratozoospermie, die mit Infertilität verbunden ist.

27.3.2 Spermatogenese beim Erwachsenen

Die Entwicklung der männlichen Gameten beginnt mit den in die Keimstränge der embryonalen Gonade eingewanderten primordialen Keimzellen. Während der Embryonal- und Fetalzeit sowie der Kindheit treten wiederholt Vermehrungsphasen auf, in denen

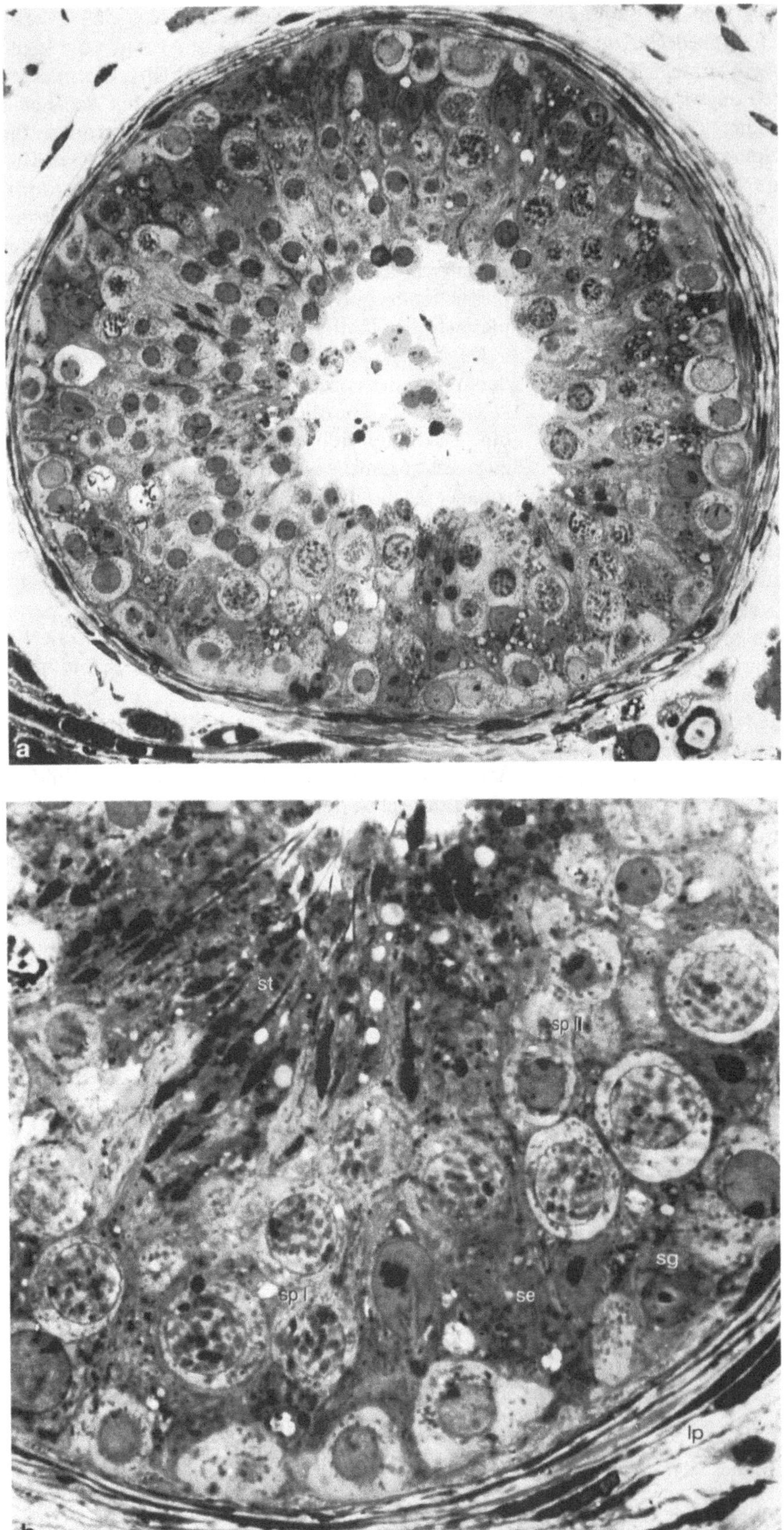

Abb. 27-25a, b. a) Querschnitt durch ein Samenkanälchen aus dem Hoden eines 37jährigen Mannes. Semidünnschnitt, LM 360 : 1; **b)** Ausschnitt aus einem benachbarten Tubulus seminiferus desselben Präparates. LM 960 : 1. lp = Lamina propria, se = Sertoli-Zelle, sg = Spermatogonie (A-dark), spI, spII = Spermatocyten I. und II. Ordnung, st = Spermatide sich diese Zellen als Gonocyten, fetale Spermatogonien und kindliche Spermatogonien mitotisch teilen. Erst mit Beginn der Pubertät setzt neben erneuter Vermehrung eine Reifung und Differenzierung zu ausgereiften männlichen Keimzellen ein, die schließlich als Spermatozoen aus dem Gewebsverband des Hodens entlassen werden (Abb. 27-23). In Übereinstimmung mit Waldeyer [1887] wird dieser ununterbrochene Entwicklungsvorgang über die verschiedenen Lebensalter hinweg als „Spermatogenese" bezeichnet.

In den Hoden des geschlechtsreifen Mannes findet die Keimzellentwicklung in den aus den Keimsträngen hervorgegangenen Samenkanälchen (Tubuli seminiferi) statt. Hier bauen die Keimzellen zusammen mit somatischen Zellen, den sogenannten Sertoli-Zellen, das Keimepithel auf (Abb. 27-25a, b). Bei einem Durchmesser der Tubuli von 180–280 μm hat das Keimepithel eine Höhe von 60–80 μm. Peripher wird das Keimepithel von einer Basalmembran begrenzt, der als äußerer Abschluß des Samenkanälchens eine 7–10 μm dicke Lamina propria aufliegt. Neben den reinen Bindegewebsanteilen enthält die Lamina propria Myofibroblasten als kontraktile Elemente [Bustos-Obregon und Holstein 1973].

Die Keimzellentwicklung läuft innerhalb der Tubuli seminiferi in zentripetaler Richtung ab, beginnend mit den peripher entlang der Basalmembran lokalisierten Spermatogonien über Spermatocyten I. und II. Ordnung zu den Spermatiden, die das Tubuluslumen säumen. Im folgenden sollen die einzelnen Entwicklungsschritte an Hodengewebe analysiert werden, das nach der Fixierung und Entwässerung in Kunststoff (Epoxyharz) eingebettet wurde. Diese Methode bietet den Vorteil, daß vom gleichen Material Präparate sowohl für die Licht- (LM) als auch die Transmissionselektronenmikroskopie (TEM) hergestellt werden können. Außerdem erlaubt sie bereits im LM-Bereich eine wesentlich differenziertere Analyse als die konventionelle Paraffinhistologie (Kurspräparate), da in 1 μm dicken Semidünnschnitten die Zellstrukturen bis hin zur Auflösungsgrenze des Lichtmikroskops (0,1 μm) untersucht werden können.

Spermatogonien

Bereits lichtmikroskopisch lassen sich im Semidünnschnitt (Abb. 27-25b) Spermatogonien des Typs A-pale, A-dark und B unterscheiden. Man findet sie in unregelmäßiger Verteilung in einer einschichtigen Lage an der Peripherie der Samenkanälchen. Während die Spermatogonien des Typs A als Stammzellen der männlichen Keimzellentwicklung angesehen werden, deren Bestand in einer ständigen Vermehrungsphase durch mitotische Teilungen aufrechterhalten wird, befinden sich die Spermatogonien des Typs B bereits in einem weiterentwickelten Zustand in Richtung auf Reifung und Differenzierung. Alle Spermatogonien sind charakterisiert durch ihren mehr oder weniger breiten Kontakt zur Basalmembran. Im Fall der B-Spermatogonien kann dieser Kontakt des öfteren auf einen schmalen Cytoplasmafuß beschränkt sein.

Die Unterscheidung zwischen Typ A-pale und A-dark hat man aufgrund verschiedener Anfärbbarkeit vor allem der Zellkerne [Clermont 1966] getroffen. Die Spermatogonien A-pale nehmen nur wenig Farbstoff an, sie erscheinen daher blaß (pale). Dagegen haben die A-dark-Spermatogonien eine stärkere Affinität zu Farbstoffen und erscheinen deshalb dunkel (dark). Außerdem zeigen sie regelmäßig eine rundliche zentrale Aufhellung im Karyoplasma (Abb. 27-25b). TEM-Untersuchungen bestätigen und ergänzen die LM-Befunde (Abb. 27-27a). Das Karyoplasma der A-pale-Spermatogonien ist gleichmäßig fein granuliert und das Cytoplasma relativ transparent. A-dark-Spermatogonien haben um die zentrale Aufhellung ein etwas gröber granuliertes Karyoplasma und enthalten, im ganzen Cytoplasma verteilt, Glycogengranula. Deshalb erscheinen sie auch im TEM-Bild etwas kontrastreicher. Ein typisches Merkmal der Spermatogonien des Typs A sind die meist in Kernnähe befindlichen Mitochondrien, die häufig zu mehreren untereinander mit einer elektronendichten Substanz verklebt sind.

Die Spermatogonien des Typs B sind charakterisiert durch einen relativ großen Kern mit wolkigem Karyoplasma und mehreren Nucleolen. Ihre Mitochondrien liegen einzeln, da ihnen die intermitochondriale Kittsubstanz fehlt.

Spermatocyten I

Nach einer weiteren mitotischen Teilung gehen aus den B-Spermatogonien die Spermatocyten I. Ordnung hervor. Sie haben sich von der Basalmembran gelöst und finden sich lumenwärts im Keimepithel in mehreren Lagen über den Spermatogonien (Abb. 27-25a, b). Wie diese besitzen sie einen diploiden (= 2 n) Chromosomensatz, bestehend aus 2 × 22 = 44 Autosomen und 2 Heterosomen, den Geschlechtschromosomen. In der folgenden, nur den Keimzellen eigenen Meiose wird der diploide Chromosomensatz auf die Hälfte, d.h. den haploiden (= n) Chromosomensatz reduziert (Abb. 27-26). Dies geschieht in zwei aufeinanderfolgenden Teilungen, da vor Eintritt in die 1. Prophase die Spermatocyten-I-Kerne wie zu Beginn

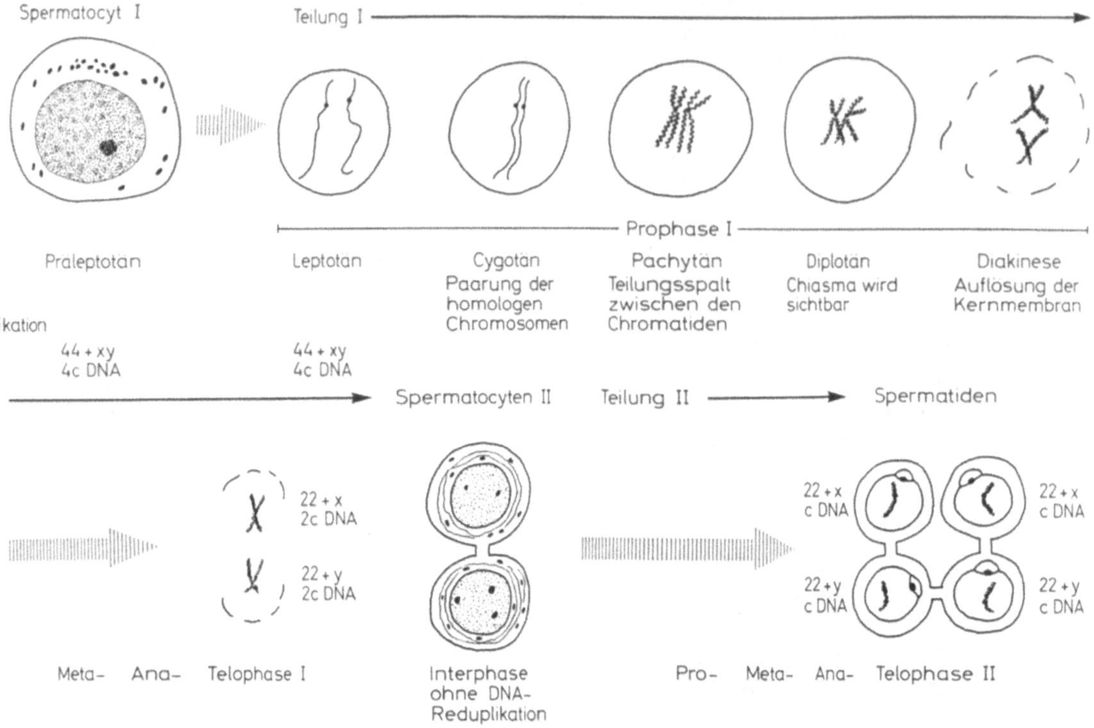

Abb. 27-26. Meiose der männlichen Keimzellen. Der Übersichtlichkeit halber ist in der Prophase I nur der Zellkern mit einem homologen Chromosomenpaar dargestellt. n = Zahl der Chromosomen, c = Zahl der Chromatiden (in Anlehnung an Holstein 1985)

einer Mitose ihren DNA-Gehalt verdoppeln. Die Folge ist, daß jedes Chromosom bereits aus zwei Untereinheiten, den Chromatiden, besteht und der diploide (= 2 n) Chromosomensatz einen DNA-Gehalt von 4c hat. Die Prophase I der Meiose unterscheidet sich in einigen Punkten wesentlich von der Prophase einer Mitose. Sie erstreckt sich über eine besonders lange Zeitspanne (bei der männlichen Keimzellentwicklung des Menschen über etwa 24 Tage), während die Spermatocyten I zu den größten Zellen im Keimepithel heranwachsen. Anhand typischer Konfigurationen der Chromosomen wird die Prophase I in die Stadien Leptotän, Cygotän, Pachytän, Diplotän und Diakinese unterteilt. Im Leptotän beginnen die Chromosomen als fädige Chromatinstrukturen in den Kernen der Spermatocyten I sichtbar zu werden. Die wegen der vorangegangenen DNA-Reduplikation im Präleptotänstadium entstandenen Chromatiden sind jedoch lichtmikroskopisch noch nicht erkennbar.

Das folgende Cygotän ist durch die Paarung (Konjugation) der homologen Chromosomen charakterisiert, d.h. väterliches und mütterliches Chromosom eines Paares suchen sich auf und legen sich mit identischen Chromosomenabschnitten aneinander. Ein typisches Bild dieser Phase sind die in den gepaarten Chromosomen elektronenmikroskopisch sichtbaren synaptonemalen Komplexe (Abb. 27-27b). Sie bestehen jeweils aus zwei parallel verlaufenden lateralen Strängen in Verbindung mit einem etwas schwächeren Mittelstreifen. Da die Geschlechtschromosomen als Heterosomen einen ungleichen Genbestand aufweisen, ist eine Konjugation, d.h. eine Aneinanderlagerung gleicher Genorte bei ihnen nicht möglich. Sie treten als einzelne Stränge (Sex chromatin) in Erscheinung, die an der Kernmembran angeheftet und in elektronendichtes granuläres Material eingebettet sind (siehe auch Abschnitt 27.4.2).

▸
Abb. 27-27a–c. Keimzelltypen beim geschlechtsreifen Mann. Die Anordnung der Bilder entspricht der zentripetalen Entwicklung der Keimzellen von der Basis zum Lumen eines Samenkanälchens.
a) Spermatogonien mit Kontakt zur Basallamina des Tubulus seminiferus. ad = A-dark-, ap = A-pale-Spermatogonie, bl = Basallamina, lp = Lamina propria, se = Sertoli-Zelle (ohne Kernanschnitt).
b) Spermatocyten I. und II. Ordnung, se = Sertoli-Zelle, spI = Spermatocyten I im Pachytän, spII = Spermatocyten II mit typischen Girlanden des endoplasmatischen Reticulum, sy = synaptonemaler Komplex.
c) Frühe Spermatiden. ac = Acrosomblase, sa = Schwanzanlage, zb = Zellbrücke. TEM 4500 : 1

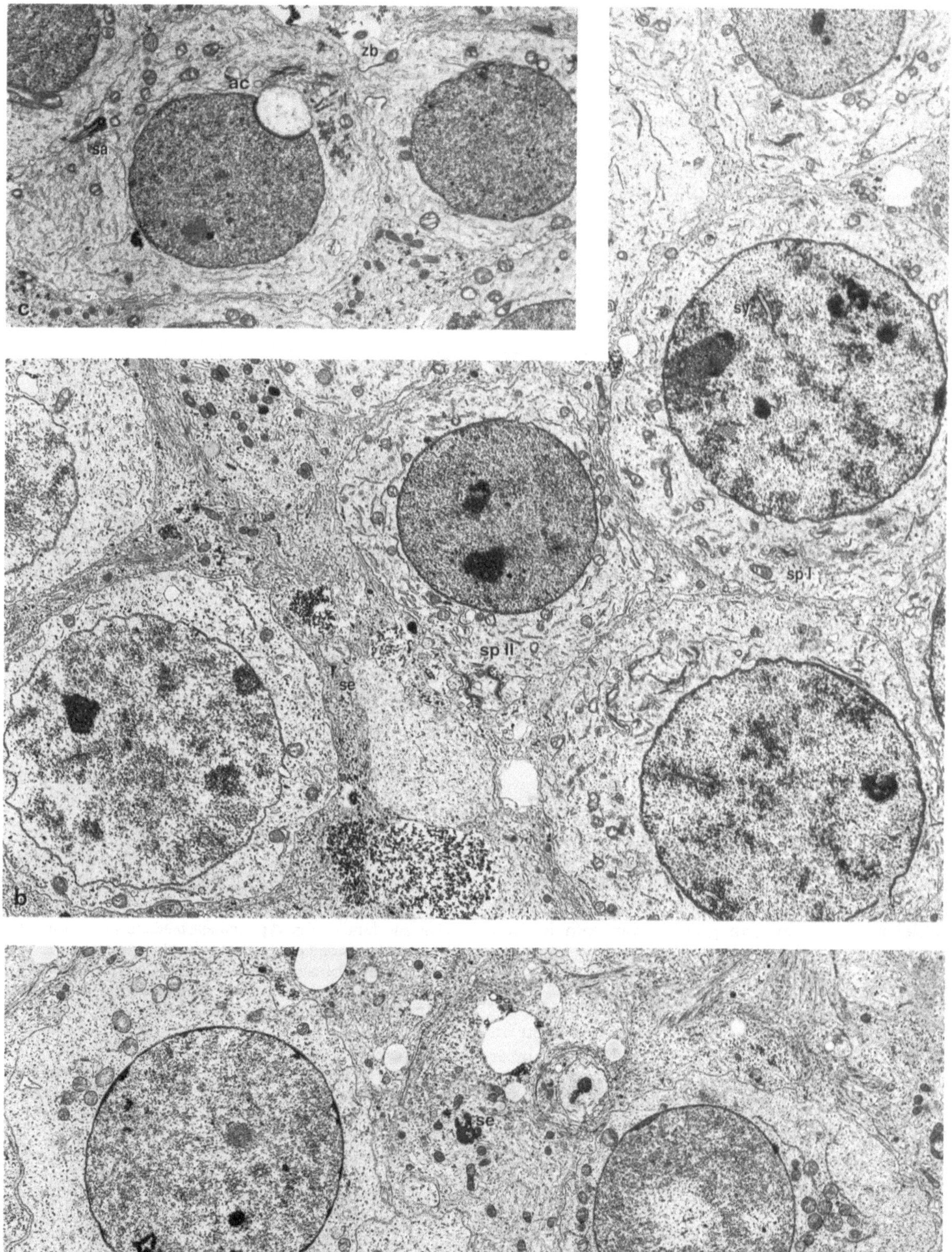
zb
ac
sa
c
sy
sp I
sp II
se
b
se
ap
ad
bl
a
lp

Unmittelbar an die Konjugation der Autosomen anschließend erfolgt im Pachytän der bedeutsamste Schritt der Prophase I. Infolge mehrfacher Überkreuzung nebeneinanderliegender Chromatiden (Crossing-over) findet zwischen den Partnern der Chromosomenpaare ein abschnittweiser Austausch genetischen Materials statt. Gleichzeitig beginnen sich die Chromosomen zu spiralisieren und erscheinen zunehmend kürzer und dicker. Jetzt wird auch der seit dem Präleptotän vorhandene Längsspalt zwischen den Chromatiden sichtbar. Diese Vorgänge setzen sich im folgenden Diplotän noch fort, dabei zeigen die homologen Chromosomen jedoch die Tendenz, wieder auseinanderzuweichen. Allerdings ist dies nur in begrenztem Umfang möglich, da an den inzwischen lichtmikroskopisch sichtbaren Überkreuzungsstellen der Chromatiden (Chiasmen) der Kontakt zunächst erhalten bleibt, so daß die sog. Tetraden entstehen. Ein Chiasma ist also der morphologische Ausdruck des als crossing-over bekannten genetischen Phänomens, dessen Resultat die Neukombination der vom Vater und von der Mutter stammenden Gene ist.

Die Prophase I geht mit der Diakinese unter Auflösung der Kernmembran in die Metaphase I über, an die sich in rascher Folge Anaphase und Telophase anschließen. Nach abgeschlossener Teilung I der Meiose hat jede der beiden Tochterzellen von den Chromosomenpaaren jeweils ein homologes Chromosom erhalten.

Spermatocyten II

Das Ergebnis der Teilung eines Spermatocyten I sind zwei kleinere Spermatocyten II mit einem Chromosomensatz von nur noch 22 Autosomen und 1 Geschlechtschromosom. Da jedes Chromosom jedoch aus zwei Chromatiden besteht, ist jeder Kern noch mit einem DNA-Gehalt von 2c ausgestattet. Die Phase der Spermatocyten II ist besonders kurz, und daher sind sie seltener als die anderen Zelltypen im Keimepithel zu finden (Abb. 27-27b). Nach kurzer Interphase treten sie ohne eingeschaltetes Zellwachstum und ohne DNA-Reduplikation in die Teilung II der Meiose ein. Diese läuft wie eine normale Mitose ab, die Chromatiden trennen sich, und die beiden Tochterzellen erhalten von jedem Chromosom eine Chromatide. Die neu entstandenen Zellen sind die Spermatiden, deren jeweils 22 Autosomen + 1 Geschlechtschromosom nur c DNA enthalten. Das Endergebnis der Meiose sind also Keimzellen mit einem haploiden (einfachen) Chromosomensatz.

Spermatiden

Die Spermatiden sind die kleinsten und am weitesten lumenwärts gelegenen Zellen im Keimepithel eines Hodenkanälchens (Abb. 27-25a, b und 27-27c). Die Umgestaltung dieser zunächst runden Zellen zu einer Transportform der männlichen Gameten, nämlich den Spermatozoen, läuft in einer komplizierten Differenzierungsphase ab (Abb. 27-28a bis f). Anhand elektronenmikroskopischer Beobachtungen lassen sich im Detail drei gleichzeitig ablaufende Differenzierungsvorgänge unterscheiden, und zwar die Kernkondensation, die Acrosombildung und die Entwicklung einer Geißel [Holstein 1976]. Im Verlauf der Kernkondensation, vornehmlich durch Flüssigkeitsabgabe über Kernporen am caudalen Kernpol, wird das Volumen des Karyoplasma auf ein Zehntel seines Ausgangswertes reduziert. Dabei wird der ursprünglich runde Kern zu seiner endgültigen Tennisschlägerform (Abg. 27-28f) umgestaltet. Das Acrosom entsteht aus dem Golgi-Apparat als ein anfangs rundes Bläschen, das mit einer elektronendichten Substanz gefüllt ist (Abb. 27-28a). Dieses Vesikel tritt in Kontakt mit dem Kern der Spermatide, dehnt sich aus und bedeckt schließlich als eine flach ausgezogene Kappe etwa zwei Drittel der Kernoberfläche. In diesem Zustand macht das Acrosom die Gestaltänderung des Kerns mit (Abb. 27-28b, c).

Die Schwanzbildung geht von den beiden in T-Stellung zueinander angeordneten Zentriolen der Spermatide aus (Abb. 27-28d). Sie befinden sich zunächst

▶

Abb. 27-28a–f. Spermatidendifferenzierung; Acrosombildung und Kernkondensation.
a) Die aus dem Golgi-Apparat entstandene Acrosomblase hat sich in den Kern eingesenkt.
b) Die Acrosomblase hat sich abgeflacht und liegt dem Kern als Kappe auf. Am gegenüberliegenden Kernpol hat sich die Schwanzanlage implantiert. Die Spermatide hat sich mit dem Acrosom in Richtung auf die Basis des Samenkanälchens orientiert.
c) Beginnende Kondensation und Streckung des Kerns, die Acrosomkappe folgt der Formänderung des Kerns. Distal hebt sich die von Poren durchsetzte Kernmembran infolge Flüssigkeitsabgabe vom Chromatin ab.
d) Das Chromatin ist zu groben Granula kondensiert. Die implantierte Schwanzanlage zeigt die typische T-Formation der beiden Zentriolen.
e) Fortgeschrittene Kernkondensation. Distal vom Acrosom hat sich die postacrosomale Scheide ausgebildet, hier liegt die Zellmembran der Kernmembran direkt an.
f) Spermatide unmittelbar vor Abgabe aus dem Keimepithel. Auch im distalen Kernbereich sind die Kernporen verschwunden, die Kernmembran liegt dem Chromatin an.
ac = Acrosom, an = Annulus, as = äquatoriales Segment, dz = distales Zentriol, ps = postacrosomale Scheide, pz = proximales Zentriol, se = Sertoli-Zelle. TEM 13 900 : 1

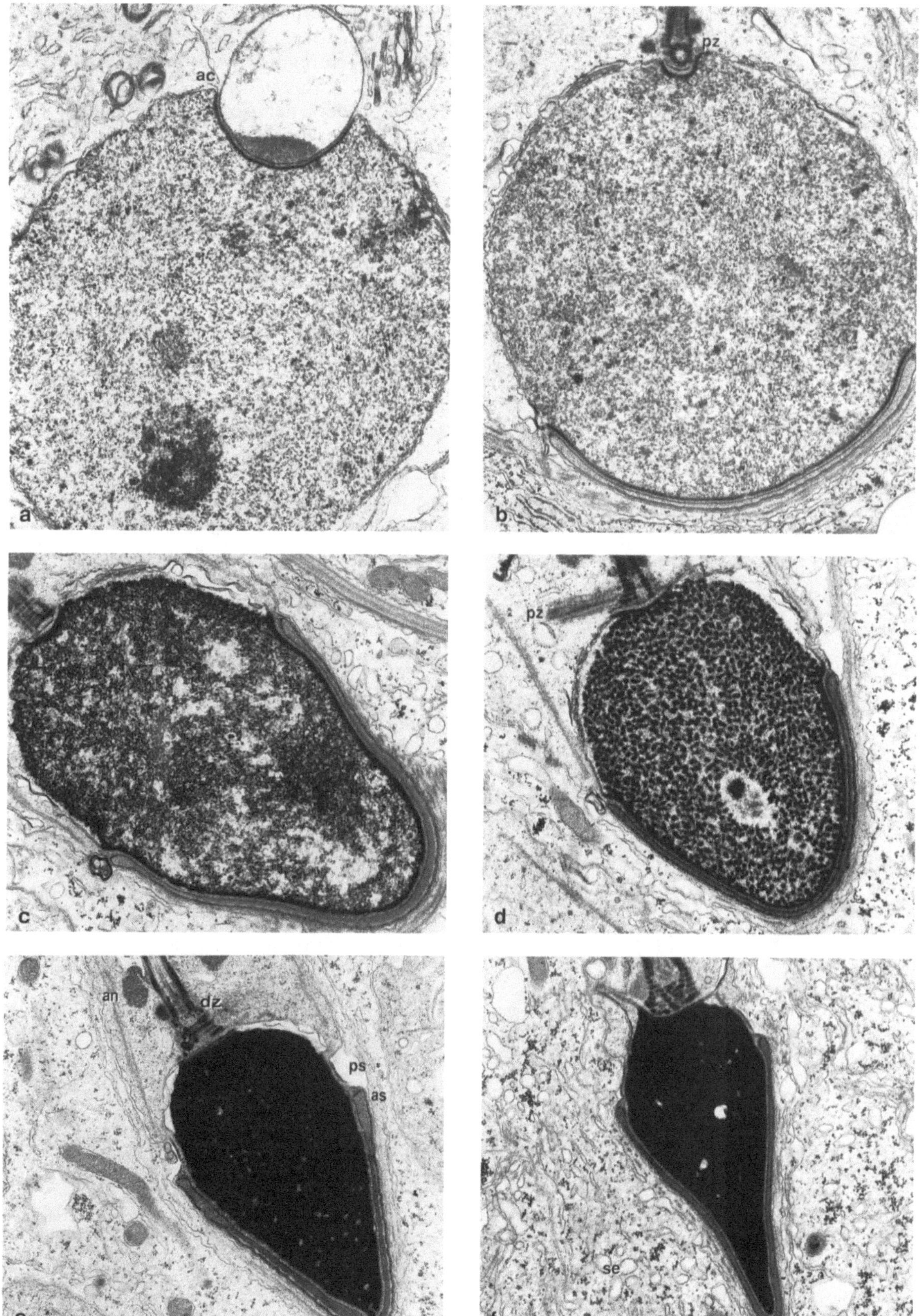
ac
a
pz
b
c
pz
d
an
dz
ps
as
e
se
f

in der Nachbarschaft des Golgi-Apparates und damit der Acrosomanlage. Mit zunehmender Acrosomdifferenzierung trennen sich beide Strukturen voneinander (Abb. 27-27c), so daß schließlich das proximale Zentriol an dem der Acrosomanlage gegenüberliegenden Pol über eine Basalplatte am Kern implantiert wird (Abb. 27-28b, 27-29c). Das distale Zentriol bildet den Ursprung für die 9 × 2 + 2-Tubulusstruktur der Geißel. Um dieses Axonema entwickeln sich weitere Substrukturen, bis schließlich der Spermatozoenschwanz, bestehend aus Halsstück, Mittelstück, Hauptstück und Endstück, wie schon beschrieben, entstanden ist.

Nach Abschluß aller Differenzierungsvorgänge an Kern, Acrosom und Schwanz wird die morphologisch reife Spermatide aus dem Keimepithel abgegeben. Dieser Vorgang wird als Spermiatio bezeichnet [Russell 1984], die nun im Lumen der Samenkanälchen befindlichen freien Keimzellen sind die Spermatozoen. Bei der Spermiatio nimmt die Spermatide nur einen kleinen Cytoplasmatropfen mit. Der größte Teil des Cytoplasmas wird mit den nicht mehr benötigten Zellbestandteilen, wie z.B. überzähligen Mitochondrien und Ribosomen, von der Spermatide als Residualkörper abgeschnürt und innerhalb oder außerhalb des Keimepithels abgebaut [Breucker et al. 1985].

Kinetik der Spermatogenese

Beim geschlechtsreifen Mann verlassen in jeder Stunde schätzungsweise 1 Million Spermatozoen den Hoden. Damit die kontinuierliche Produktion und Abgabe von Samenzellen aus dem Keimepithel der Hodenkanälchen gewährleistet ist, kann die Entwicklung nicht dem Zufall überlassen sein, sondern muß zeitlich und räumlich organisiert ablaufen. Am histologischen Schnittpräparat vom menschlichen Hoden ist jedoch ein entsprechendes Organisationsmuster zunächst nicht ohne weiteres zu erkennen. Es läßt sich lediglich feststellen, daß häufig Zellen des gleichen Entwicklungsstandes in Gruppen im Keimepithel beieinanderliegen (Abb. 27-25a, b) und daß die

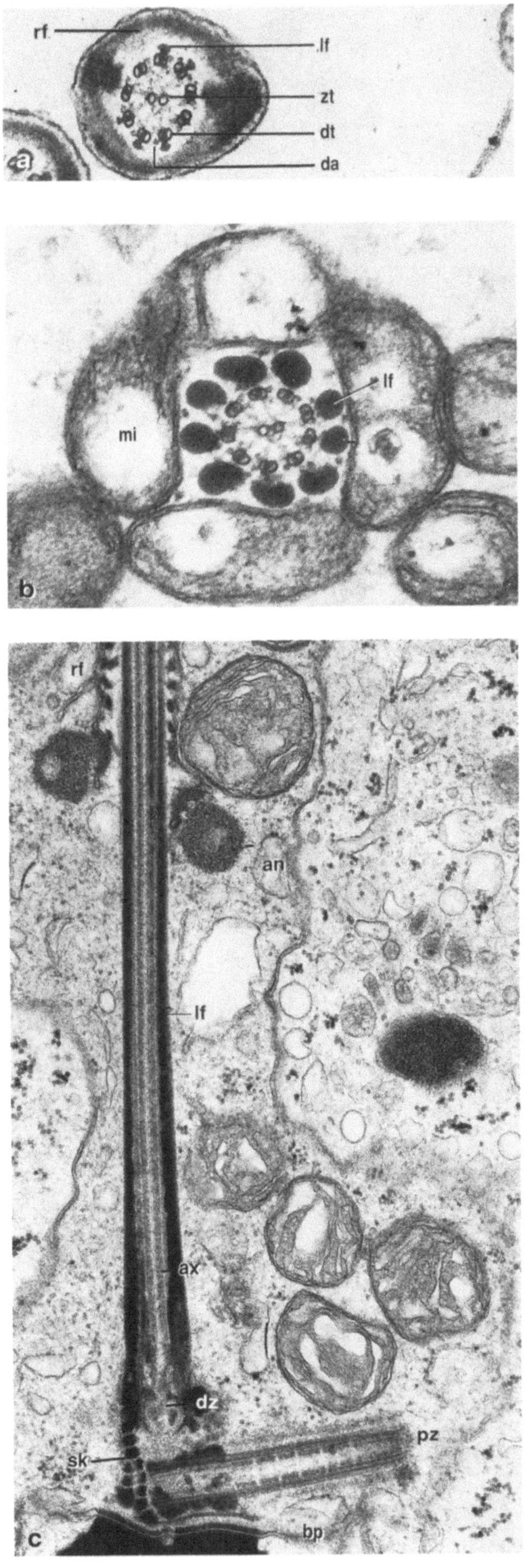

Abb. 27-29a–c. Querschnitt durch einen Spermatozoenschwanz
a) in Höhe des Hauptstücks,
b) in Höhe des Mittelstücks. TEM 63 000 : 1.
c) Längsschnitt eines Spermatidenschwanzes im Bereich des Hals- und Mittelstückes sowie des Anfangsteils vom Hauptstück. TEM 27 000 : 1. an = Annulus, ax = Axonema, bp = Basalplatte, da = Dynein-Arm, dt = Doppeltubuli, dz = distales Zentriol, lf = Längsfasern, mi = Mitochondrium, pz = proximales Zentriol, rf = Ringfaserscheide, sk = Streifenkörper, zt = zentrale Tubuli.

Entwicklung innerhalb eines Samenkanälchens in zentripetaler Richtung von der Basalmembran zum Tubuluslumen verläuft. Aufgrund vergleichender Untersuchungen vor allem an Laboratoriumssäugetieren kennt man jedoch heute das allgemeingültige Ordnungsprinzip, das die Samenzellbildung regelt und dem auch die menschliche Spermatogenese unterworfen ist [Roosen-Runge 1962]. Diesen gesetzmäßig festgelegten Ablauf der Entwicklung bezeichnet man als Kinetik der Spermatogenese.

Die Samenzellbildung nimmt im geschlechtsreifen Hoden ihren Ausgang von A-Spermatogonien. Sie bilden ein Reservoir an Stammzellen, deren Bestand einerseits stetig durch Mitosen aufrechterhalten wird, aus denen andererseits aber auch fortlaufend Zellen hervorgehen, die sich weiterentwickeln und zur Ausbildung von B-Spermatogonien, Spermatocyten I und II, Spermatiden und schließlich Spermatozoen führen. Eine erste Gesetzmäßigkeit besteht darin, daß die Spermatogonien nach ihrer mitotischen Vermehrung während der weiteren Entwicklung (Abb. 27-27c) bis zu späten Spermatiden durch Zellbrücken miteinander verbunden bleiben [Dym und Fawcett 1971]. Aufgrund dieser Interzellularbrücken liefert jede Ausgangszelle einen zusammenhängenden Verband von Nachkommen, den man als Clon bezeichnet und in dem sich die Zellen während ihrer weiteren Reifung und Differenzierung notwendigerweise synchron entwickeln. Dies wird durch die Gruppen von Zellen gleichen Entwicklungsstandes innerhalb des Keimepithels demonstriert. Sie wandern während ihrer Entwicklung von der Basalmembran zum Tubuluslumen und werden nach ihrer Abgabe fortlaufend durch neue Clone aus anderen Stammspermatogonien ergänzt.

Die gesamte Entwicklung von der Stammspermatogonie eines Clons bis zur Freisetzung der aus ihr entstandenen reifen Spermatiden verläuft innerhalb des Keimepithels in einer strengen zeitlichen und räumlichen Ordnung der einzelnen Zellgenerationen zueinander. Das hat zur Folge, daß Zellgruppen verschiedener Entwicklungsstufen nur jeweils in ganz bestimmten Assoziationen auftreten. Es sind dies die „Stadien" in einem fortlaufenden Entwicklungsprozeß, nämlich der Spermatogenese.

Jede Species hat ihre für sie charakteristischen Zellassoziationen, d.h. Stadien. Für den Menschen sind am histologischen Schnittpräparat 6 derartige Stadien diagnostiziert worden [Clermont 1963]. Wegen ihrer geringen räumlichen Ausdehnung findet man hier im Querschnitt durch ein Samenkanälchen in der Regel mehrere unterschiedliche Stadien nebeneinander. An jedem beliebigen Ort eines Kanälchens wird die komplette Sequenz der Stadien, beim Menschen also 6 Stadien, in einer zeitlich festgelegten Aufeinanderfolge durchlaufen und ständig wiederholt. Die benötigte Zeit für den einmaligen Ablauf einer Sequenz wird als *Zyklus der Spermatogenese* bezeichnet.

Untersuchungen der letzten Jahre haben ergeben, daß die Stadien aber auch Ausdruck eines räumlichen Ordnungsprinzips sind [Schulze und Rehder 1984]. Verfolgt man im Längsverlauf eines Samenkanälchens Zellgruppen aufeinanderfolgender Entwicklungsschritte, so stellt man fest, daß ihre Anordnung konisch von der Peripherie zum Zentrum verlaufenden Schraubentouren folgt. Die Schraube beginnt peripher längs der Basalmembran mit den jüngsten Keimzellen und endet lumennah mit den differenzierten Spermatiden. Alle 200–250 μm beginnt im Längsverlauf eines Samenkanälchens peripher eine neue Schraube, die gegen die vorangehende um etwa 140° versetzt ist. Die räumliche Ordnung des Keimepithels ist also durch ein System überlappender und fortlaufend gegeneinander versetzter Schrauben charakterisiert. Ein Querschnitt durch dieses System ergibt zwangsläufig das Bild einer Reihe bestimmter, immer wiederkehrender Kombinationen von Zellgruppen unterschiedlichen Entwicklungsstandes, eben der Stadien der Spermatogenese. Dieses auf der Geometrie von Schrauben basierende Ordnungsprinzip wird in der belebten Natur immer wieder als allgemeingültige Gesetzmäßigkeit beobachtet, man denke nur an die Blattstellung zahlreicher Pflanzen [Schulze und Rehder 1984].

Für die praktische Medizin, beispielsweise für die Behandlung von Störungen der Samenzellbildung, ist die Kenntnis des zeitlichen Ablaufs der Spermatogenese von Bedeutung. Ebenso wie Art und Zahl der eindeutig identifizierbaren Stadien ist auch die Dauer eines spermatogenetischen Zyklus species-spezifisch. Sie beträgt für den Menschen 16 Tage und ist damit im Vergleich zu anderen bisher untersuchten Säugetieren besonders lang [Heller und Clermont 1964]. In dieser Zeitspanne werden an jedem beliebigen Ort eines Samenkanälchens alle 6 Stadien nacheinander durchlaufen, ehe sich aus nachrückenden Zellen die gleiche Kombination von Zellgruppen wie zu Anfang der Sequenz wieder aufbaut. Für die gesamte Entwicklung von einer Stammspermatogonie bis zu reifen Spermatiden wird eine Zeit von 4,6 Zyklen, d.h. von 74 Tagen, benötigt.

Die Transportzeit der Spermatozoen durch den Nebenhoden beträgt 8–17 Tage. Folglich erscheinen die aus einer Stammspermatogonie hervorgegangenen Spermatozoen frühestens nach 82 Tagen im Ejakulat.

Eine weitere biologische Konstante im Ablauf der Spermatogenese ist der gesetzmäßig auftretende Keimzellverlust [Roosen-Runge 1973]. Dieser programmierte Zelltod ist schon vor der Clonbildung, also bereits in der Embryonalzeit, zu beobachten. Im geschlechtsreifen Hoden tritt er insbesondere während der Spermatogonienteilungen, in den frühen Phasen der 1. Reifeteilung und zu Beginn der Spermatidendifferenzierung auf. Ausmaß sowie spezieller Zeitpunkt vermehrter Zelldegeneration sind artspezifisch. Auch für den Menschen ist dieser physiologische Keimzellverlust anhand einer autoradiographischen Studie [Barr et al. 1971] quantifiziert worden, vom frühen Spermatocytenstadium bis zu älteren Spermatiden soll er etwa 35% betragen.

27.3.3 Sertoli-Zellen

Das Keimepithel erhält seinen Charakter als ein zusammenhängendes Gewebe erst durch einen weiteren, nicht zu den Keimzellen zu rechnenden Zelltyp, die Sertoli-Zellen. Ihre Zahl ist konstant, da sie sich im Gegensatz zu den Keimzellen im fortpflanzungsfähigen Alter eines Mannes offensichtlich nicht mehr teilen. Es sind Zellen, die, mit einem großen, gelappten Kern und deutlichem Nucleolus versehen, von der Basalmembran bis zum Lumen des Samenkanälchens reichen (Abb. 27-30). Mit ihren zahlreichen Zellfortsätzen umgreifen sie mehr oder weniger vollständig sämtliche Keimzellen außer den auf der Basalmembran ruhenden Spermatogonien. Verschiedene Erscheinungsformen der Sertoli-Zellen, die sich aufgrund unterschiedlichen Gehalts an diversen Einschlüssen im infranucleären Cytoplasma beschreiben lassen, stellen vermutlich wechselnde Funktionszustände dar [Schulze 1984].

Untereinander sind die Sertoli-Zellen an ihren seitlichen Fortsätzen durch Membranspezialisierungen verbunden. Vor allem im basalen Bereich des Keimepithels sind leistenförmige Kontaktstellen (Zonulae occludentes) ausgebildet (Abb. 27-30), die den Interzellularspalt verschließen und damit im Keimepithel einen basalen von einem adluminalen Bereich (Compartiment) [Dym und Fawcett 1970, Fawcett 1975] trennen. Im basalen Compartiment liegen alle Spermatogonientypen sowie die Spermatocyten I im

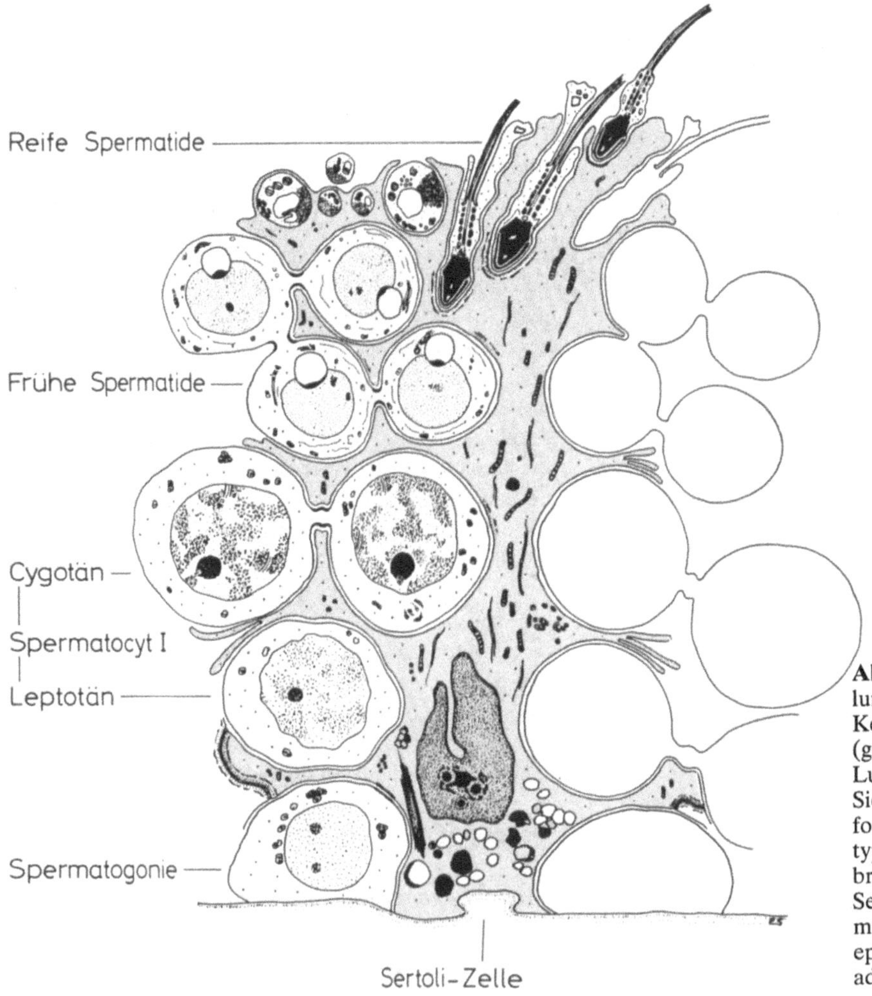

Abb. 27-30. Graphische Darstellung der Compartimentierung des Keimepithel. Die Sertoli-Zelle (grau) reicht von der Basis bis zum Lumen eines Tubulus seminiferus. Sie umgreift mit seitlichen Zellfortsätzen die einzelnen Keimzelltypen. Ihre spezialisierten Membrankontakte zu benachbarten Sertoli-Zellen oberhalb der Spermatogonien unterteilen das Keimepithel in ein basales und ein adluminales Compartiment.

Präleptotän, dagegen befinden sich alle weiteren Keimzellen von der Prophase I der Meiose an im adluminalen Compartiment. Während ihrer Entwicklung von Spermatogonien zu Spermatiden schieben sich die Keimzellen lumenwärts an den Sertoli-Zellen entlang. Dazu müssen sie die von den Sertoli-Zellen errichtete Barriere der Zonulae occludentes passieren, die dabei wahrscheinlich vorübergehend geöffnet wird. Hingegen kann eine ganze Reihe von Fremdpartikeln, die dem Samenkanälchen von der Basis her über das Blutgefäßsystem zugeführt werden und den Interzellularspalt als Weg benutzen, diese Schranke nicht überwinden und damit nicht in das adluminale Compartiment gelangen. Das haben Versuche mit hochmolekularen Markierungssubstanzen wie Lanthan oder Peroxidase gezeigt [Dym und Fawcett 1970, Setchell und Waites 1975]. Die Kontaktzone zwischen den Sertoli-Zellen stellt also das morphologische Korrelat einer Blut-Hoden-Schranke dar. Diese Barriere schützt die Keimzellen in der Meiose wie auch die Spermatiden z.B. vor mutagenen (die Erbmerkmale verändernden) Substanzen oder vor autoaggressiven, auf Spermatozoen gerichteten Antikörpern.

Im adluminalen Compartiment weisen die Sertoli-Zellen auch Membrankontakte mit den Spermatiden auf. Bei der Spermiatio lösen sich diese Kontakte, und die Spermatiden werden in das Tubuluslumen entlassen [Fawcett 1975, Russell 1984]. Ihre Residualkörper bleiben jedoch häufig im Keimepithel zurück und werden anschließend, zusammen mit degenerierenden Spermatocyten und Spermatiden von den Sertoli-Zellen phagocytiert.

Des weiteren sind die Sertoli-Zellen offensichtlich am Hormonmetabolismus beteiligt und zu eigener sekretorischer Tätigkeit befähigt. Allerdings beruhen die meisten Erkenntnisse über die Wirkungsweise der Sertoli-Zellen, z.B. auf die Steuerung der Spermatogenese, nicht auf Untersuchungen beim Menschen, sondern auf Tierexperimenten, vornehmlich bei Nagetieren [Fawcett 1975].

27.3.4 Leydig-Zellen

Die Tubuli seminiferi sind in ein Interstitium eingebettet, das neben lockerem faserigem Bindegewebe, Blutgefäßen und Nervenfasern vor allem die wichtig-

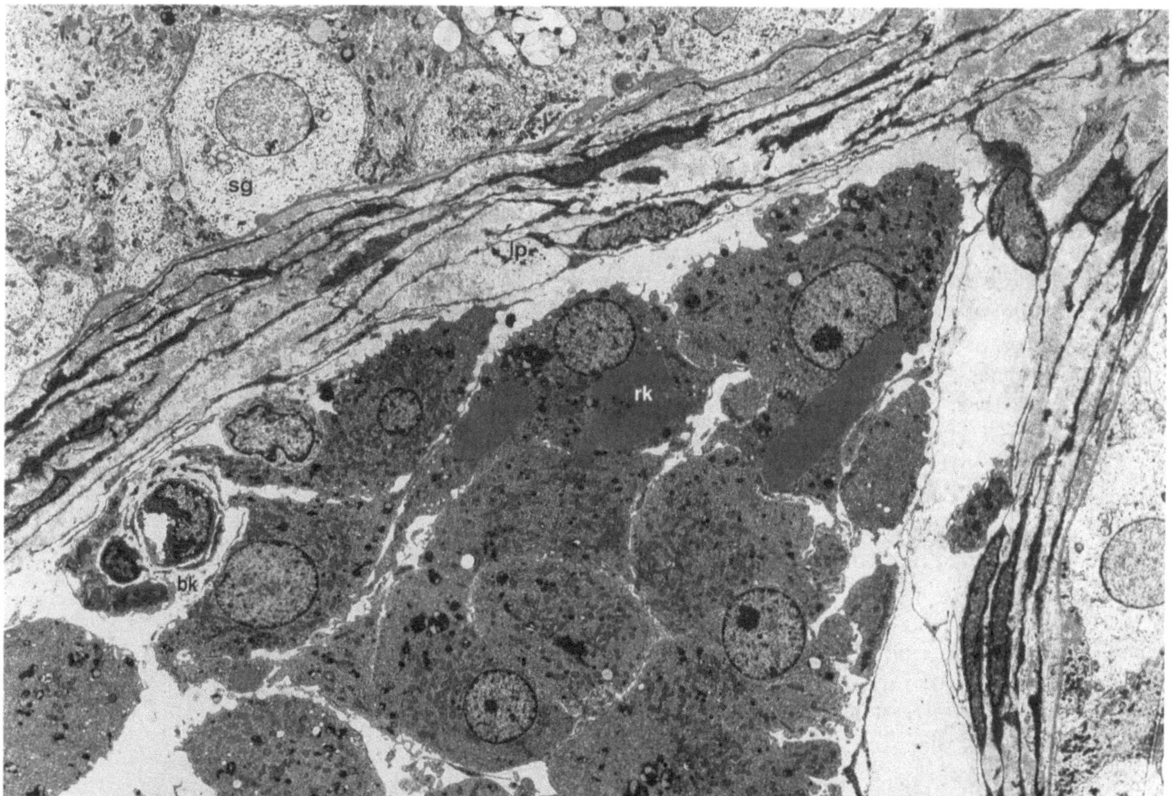

Abb. 27-31. Gruppe von Leydig-Zellen im Interstitium des Hodens. TEM 17000 : 1. bk = Blutkapillare, lp = Lamina propria, rk = Reinke-Kristall, sg = Spermatogonie

sten Hormonproduzenten des Hodens, die Leydig-Zellen, enthält. Sie machen beim Menschen 10–12% des Hodenvolumens aus bei einem Volumenanteil des Interstitium insgesamt von etwa 34%. Für die bedeutsame endokrine Rolle der Leydig-Zellen spricht auch die Tatsache, daß unter bestimmten pathologischen oder experimentellen Bedingungen bei Versuchstieren (Hitze, Röntgenstrahlen), bei denen die Samenkanälchen, nicht aber die Leydig-Zellen zugrundegehen, die sekundären männlichen Geschlechtsmerkmale erhalten bleiben.

Die Leydig-Zellen liegen im Interstitium meist in Gruppen beieinander und sind stets in engem Kontakt zu Blutkapillaren anzutreffen (Abb. 27-31), was auf ihren endokrinen Sekretionsmodus hinweist. Es sind große polygonale Zellen mit einem mittleren Durchmesser von 15 μm. Das Vorkommen heller und dunkler Leydig-Zellen beruht auf einer unterschiedlichen Anfärbbarkeit im LM-Bereich, die vermutlich verschiedenen Funktionszuständen der Zellen entspricht. Das TEM-Bild der Leydig-Zellen [Schulze 1984] zeigt im Cytoplasma reichlich glattes endoplasmatisches Reticulum und Mitochondrien mit einer vorwiegend tubulären Binnenstruktur. Als weitere Bestandteile findet man in den Zellen Glycogen, Lysosomen und Lipofuscingranula, außerdem verschiedene Typen parakristalliner Strukturen, von denen die sowohl im Cytoplasma als auch im Kern zu beobachtenden Reinke-Kristalle charakteristisch für menschliche Leydig-Zellen sind (Abb. 27-31). Ihr Vorkommen ist nicht obligat, man vermutet in ihnen eher Anzeichen von Abnutzung der Leydig-Zellen, da sie mit höherem Lebensalter eines Mannes in der Regel an Zahl und Größe zunehmen.

Das wichtigste Hormon, das in den Leydig-Zellen produziert wird, ist das Testosteron. Es entsteht über verschiedene Zwischenstufen aus Cholesterin, das zunächst im endoplasmatischen Reticulum synthetisiert wird. Ein bisher ungeklärter Mechanismus sorgt dafür, daß das Testosteron an der Oberfläche der Leydig-Zellen in das Interstitium abgegeben wird. Von dort aus gelangt es entweder über den Kreislauf in den gesamten Körper oder direkt über die Lamina propria in die Samenkanälchen, wo es stimulierend auf die Keimzellentwicklung wirkt. Der Einfluß des Testosteron auf den Gesamtorganismus ist vielfältig; es wirkt auf die ableitenden Geschlechtswege und deren akzessorische Drüsen, auf die sekundären männlichen Geschlechtsmerkmale (Behaarung, Stimme etc.) und bestimmt die geschlechtsspezifischen Verhaltensweisen.

27.3.5 Hormonelle Steuerung der Spermatogenese

Die Aufrechterhaltung des Keimepithels unterliegt nicht allein dem Einfluß des Testosteron. Sie ist von weiteren Hormonen abhängig, die nicht nur im Hoden, sondern auch im Hypothalamus und in der Hypophyse produziert werden. Alle diese Hormone sind in einen Regelkreis eingebunden, in dem ständige Rückkopplung die Förderung oder Hemmung der Hormonsekretion steuert (Abb. 27-32). Im Hypothalamus werden Gonadotropin-Releasing-Hormone (Gn RH) gebildet, die als Neurosekret über Nervenfasern zum Hypophysenstiel (Infundibulum) befördert werden und von dort über ein portales Venennetz in den Hypophysenvorderlappen gelangen. Hier in der Adenohypophyse stimulieren die Gn RH in speziellen Zellen die Bildung der Gonadotropine LH (luteinisierendes Hormon), FSH (follikelstimulierendes Hormon) und Prolactin. Die Gonadotropine ihrerseits wirken in verschiedener Weise auf das Erfolgsorgan Hoden. Das LH regt die Leydig-Zellen zur

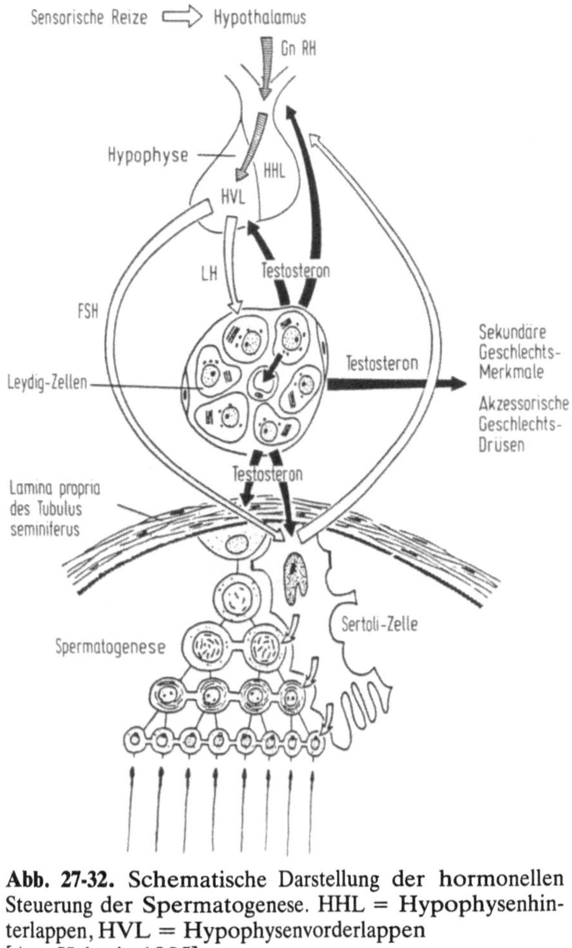

Abb. 27-32. Schematische Darstellung der hormonellen Steuerung der Spermatogenese. HHL = Hypophysenhinterlappen, HVL = Hypophysenvorderlappen [Aus: Holstein 1985]

Bildung testikulärer Androgene, speziell von Testosteron, an. Das FSH wirkt in erster Linie auf die Sertoli-Zellen und über diese stimulierend auf die Spermatidendifferenzierung. Für das Prolactin haben Tierversuche ergeben, daß es die Wirkung des LH auf die Leydig-Zellen verstärkt und möglicherweise auch Einfluß auf den Energiehaushalt der Spermatozoen und damit deren Motilität hat.

Im Normalfall sorgt die Rückkopplung aller Hormone untereinander dafür, daß das gesamte System Hypothalamus-Hyphophyse-Hoden ausbalanciert ist und die einzelnen Hormonwerte nur eine geringe Schwankungsbreite zeigen. Exogene Faktoren, wie sensorische Reize, Stress oder schwere Allgemeinerkrankungen können jedoch diese Balance beeinflussen und damit die hormonelle Steuerung der Samenzellbildung empfindlich stören. Allerdings werden sich wegen der relativ langen Zeitdauer des Zyklus der Spermatogenese beim Menschen nur längerfristige Störungen im Hormonsystem negativ auf die Samenzellbildung und damit auf Qualität und Zahl der Spermatozoen im Ejakulat auswirken.

Neuerdings werden weitere endokrin wirksame Substanzen diskutiert, die speziell in den Leydig-Zellen produziert werden und nicht ohne Einfluß auf das übergeordnete Hormonsystem sein dürften. Einerseits sollen sie die Sekretbildung in den Leydig-Zellen selbst, also z.B. die Produktion von Testosteron, steuern. Eine solche intrazelluläre Sekretionsregulation bezeichnet man als Autokrinie. Andererseits werden von den Leydig-Zellen außer dem Testosteron zusätzliche Stoffe in das Interstitium des Hodens abgegeben, die die kontraktilen Zellen der Lamina propria der Samenkanälchen beeinflussen und vor allem in Wechselwirkung mit den Sertoli-Zellen und den Keimzellen stehen sollen. Die Summe dieser Hormone wird als parakrine Sekretion der Leydig-Zellen zusammengefaßt. Die im Zusammenhang mit der autokrinen und parakrinen Regulation diskutierten Stoffe, wie z.B. aus dem Propiomelanocortin (POMC) herstammende Peptide, sind bisher erst z.T. bei Experimentaltieren, vornehmlich bei der Ratte [Tähkä 1986], nachgewiesen worden. Für den Menschen stehen gesicherte Befunde über die Wirksamkeit derartiger neuroaktiver Substanzen noch aus. Kürzlich gelang jedoch der Nachweis der Substanz P und des Methionin-Enkephalin in den Leydig-Zellen menschlichen Hodengewebes [Schulze et al. 1987]. Die Klärung ihrer funktionellen Rolle bei lokalen Kontrollmechanismen der Spermatogenese bedarf allerdings noch weiterer Untersuchungen.

27.4 Entwicklung des Ovar

27.4.1 Fetale Entwicklung des Ovar

Zu Beginn der fetalen Entwicklungsperiode ist das Ovar soweit differenziert, daß die Hauptteile des Organs gut erkennbar sind (siehe Abb. 27-13: 51. Tag). Bis zum Ende der 12. Woche wächst der *Cortex* heran und hebt sich von der sich weniger entwickelnden Medulla und der Zone des Reteblastem gut ab. Das *Reteblastem* ist ähnlich wie in einem Hoden gleichen Alters eine netzförmige Ansammlung von undifferenzierten Zellen, die in Nähe des Hilum liegen und cranial mit der Urniere zusammenhängen. Vom Rete ausgehend sieht man gleichartige Zellen durch die *Medulla* zur Mark-Rindengrenze ziehen, und während der 9. Woche nehmen diese Zellen auch innerhalb des Cortex zu. Der Cortex wird während dieser Zeit deutlich dichter, kompakter und umfangreicher (Abb. 27-33). Hauptmerkmal ist der Reichtum an Geschlechtszellen, die sich konform mit der Zunahme des Cortex vermehren.

Mit der 10. Woche wandelt sich das Bild: Es treten vermehrt *Ovogonien* auf, die in der 12. Woche durch Gruppen synchroner Mitosen (siehe Abschnitt 27.4.2) gekennzeichnet sind. Von der 13. Woche an ist der Cortex sehr dicht, und in den Resten der Medulla und an der inneren Cortexgrenze werden in größerer Zahl *Ovocyten* sichtbar, die in die Prophase der Meiose eingetreten sind (siehe Abschnitt 27.4.2). Dadurch wird in den folgenden Wochen bis etwa zum Ende des 4. Monats (16. Woche) eine *Schichtung des Cortex* sichtbar: In einer äußeren Zone liegen, in ein besonders dichtes Gewebe von dunklen Stützzellen eingelagert, die proliferierenden Ovogonien. Die folgende, zunehmend breitere Zone enthält Ovocyten im Prophase-Stadium der Meiose. Diese Zone wird von Gefäß-Bindegewebe und Strängen dunkler Zellen durchsetzt und in ballenförmige Geschlechtszellgruppen aufgegliedert. Sie setzt sich in das Mark fort, das eine ähnliche Zusammensetzung zeigt. Andere Teile des Marks enthalten nur lockeres Mesenchym. Im Hilumgebiet haben Markballen Kontakt mit dem dichten, ungegliederten Reteblastem (Abb. 27-33).

Mit Beginn des 5. Monats bildet sich an der Innenseite des Cortex eine dritte Zone heraus. Sie enthält in Gruppen Geschlechtszellen, die die Prophase der Meiose beendet haben und in die *Follikelbildung* eingetreten sind. Eine scharfe Abgrenzung gegenüber den Markballen ist nicht mehr möglich. Vielmehr reichen die in steigender Zahl gebildeten *Primordialfollikel* als Stränge und Gruppen in das Mark hinein und nehmen hier die Position der Markballen ein. Das Reteblastem ist stark ausgeprägt. Der periphere Cortex ist durch viele dunkle Zellstränge stärker untergliedert, und die Ballenbildung wirkt sich auf die Organoberfläche aus: Das Ovar ist nicht mehr glatt begrenzt, sondern weist eine feine Lobulierung der Oberfläche auf (Abb. 27-33d).

Zum Zeitpunkt des Auftretens der ersten Primordialfollikel hat die äußerste Zone des Cortex mit den proliferierenden Ovogonien nur noch einen geringen Umfang. Durch das einwachsende spinozelluläre Bindegewebe wird zunehmend das Oberflächenepithel von den Eiballen des übrigen Cortex getrennt. Dieser besteht zu Beginn des 5. Monats fast ausschließlich aus Ovocyten in Prophasestadien der Meiose. In der 2. Hälfte des 5. Monats reduziert sich diese Schicht des Cortex und wird von einer immer größeren Zahl von Primordialfollikeln ersetzt. Vom 6.–7. Monat an ist der gesamte Cortex gleichmäßig mit Primordialfollikeln durchsetzt. An der Oberfläche, die weiterhin eine deutliche Lobulierung zeigt, bildet sich eine fibröse Tunica albuginea heraus.

Zum Zeitpunkt der Geburt hat sich im Mark eventuell eine Anzahl von Bläschenfollikel herausgebildet. Primär- und Sekundärfollikel sind im inneren Cortex auch nicht selten. Unter dem Einfluß der Placentarhormone wachsen einige Follikel heran, gehen unmittelbar nach der Geburt aber in Atresie über.

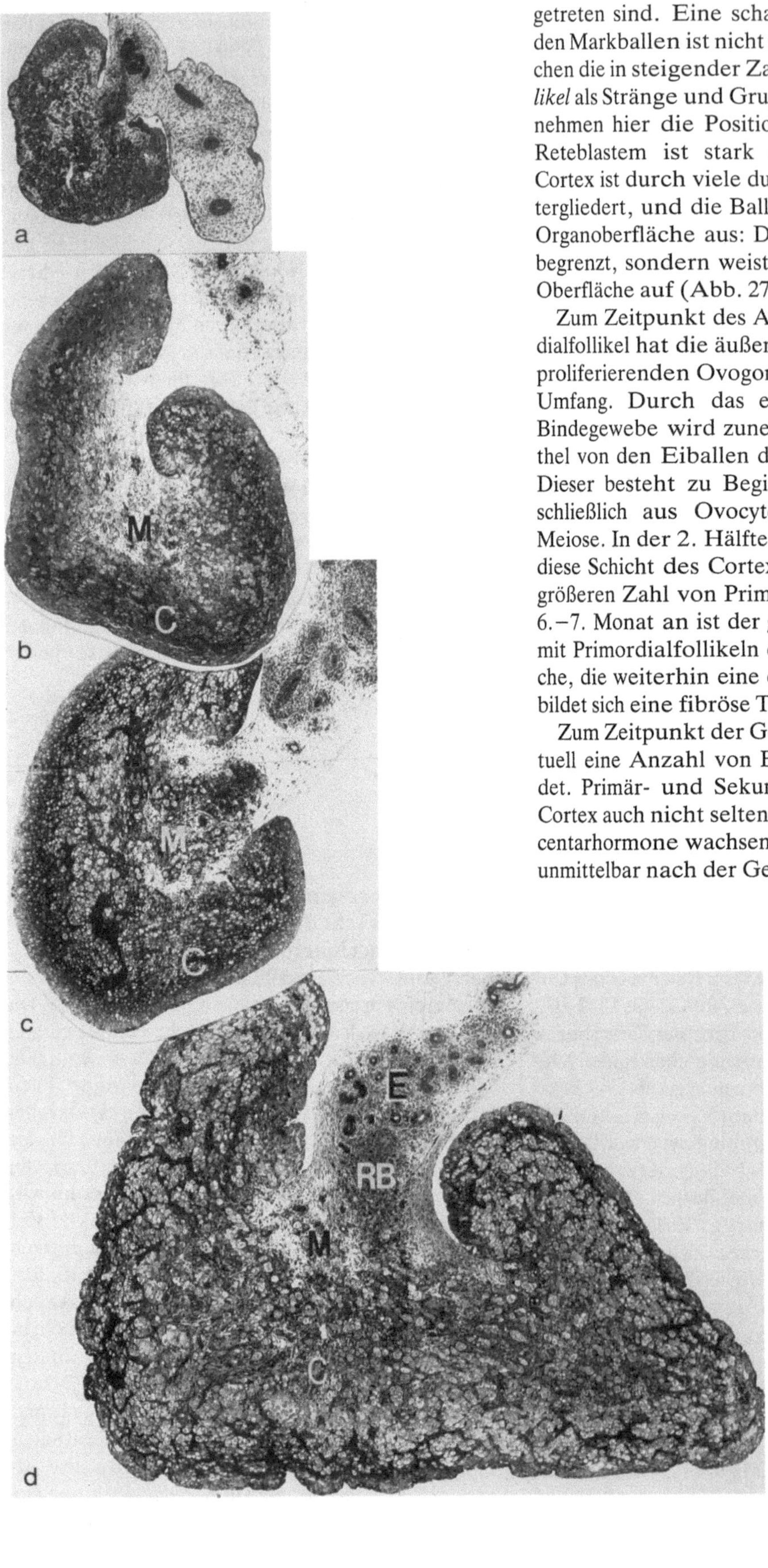

Abb. 27-33a–d. Größenzunahme des Ovar von der 7./12./15. bis zur 18. Woche der Fetalentwicklung. Die Organoberfläche wird zunehmend „lobuliert", der Cortex (C) ist zunehmend mit Eiballen durchsetzt. M = Medulla des Ovar, RB = Reteblastem, E = Epoophoron = Reste der Urnierenkanälchen und des Wolffschen Ganges. Semidünnschnitte, 40 : 1

27.4.2 Ovogenese und Entwickung des juvenilen Ovar bis zur Pubertät

Im fetalen Ovar spielt sich ein wesentlicher Teil der Eibildung, die *Ovogenese,* ab. Diese wird aber noch vor der Geburt unterbrochen, und während des gesamten Zeitraumes bis zum Einsetzen der Pubertät verharrt die Eizelle in einem blockierten Zustand. Erst mit Beginn der Geschlechtsreife können einzelne Eizellen nacheinander und über Jahre und Jahrzehnte verteilt die Ovogenese wieder aufnehmen. Dabei tritt der Ovocyt in eine Wachstumsphase ein, die mit der Follikulogenese gekoppelt ist, und beendet den gesamten Eibildungsprozeß mit den beiden Schritten der Reifeteilung (Tabelle 27.4).

Tabelle 27.4. Vergleich der zeitlichen Abläufe der Ovogenese und der Praespermatogenese bzw. Spermatogenese

Ovogenese	Geschlechtszellformen	Spermatogenese
Ovogonie		Prospermatogonie in Proliferation
Ovocyt in Prophase		Prospermatogonie im Ruhestadium
– Leptotän – Cygotän – Pachytän – Diplotän		
Ovocyt I. Ordnung in Primordialfollikel		Prospermatogonie weiter in fetaler Proliferation
	Geburt	
		Prospermatogonie weiter in praepuberaler Proliferation
	Pubertät	
Ovocyt I. Ordnung während Follikelbildung		Spermatogonie A – A „dark“ – A „pale“ in Proliferation
		Spermatogonie B
		Spermatocyt I. Ordnung in Prophase
	Meiose weiblich männlich	– Leptotän – Cygotän – Pachytän – Diplotän
1. Reifeteilung		**1. Reifeteilung**
Ovocyt II. Ordnung		Spermatocyt II. Ordnung
Follikelsprung		
2. Reifeteilung		**2. Reifeteilung**
Ovum		Spermatide
		Spermium

Die Teile der Ovogenese, die im fetalen Ovar stattfinden, sind die Vermehrungs- oder *Proliferationsphase* der Ovogonien, der Eintritt der Ovocyten in die *Prophase der Meiose* und am Ende der Prophase, der Einschluß des Ovocyten in eine Hülle von Follikelzellen unter *Bildung von Primordialfollikeln*. Für diese Phasen der Ovogenese benötigt die einzelne Geschlechtszelle nur wenige Tage, und bei Kleinsäugern mit nur einer kurzen prae- und postnatalen Entwicklungsdauer erfolgen daher die einzelnen Phasen für alle vorhandenen Geschlechtszellen gemeinsam in kurzen, aufeinanderfolgenden Schüben (Abb. 27-34). Der Mechanismus der Ovogenese ist bei dieser Form übersichtlich und gut verständlich. So ist er bei der Maus beispielsweise nach 13–14 Tagen beendet. Der Ablauf der Ovogenese ist beim Menschen aus mehreren Gründen weniger gut zu überblicken. Die Ovogenese aller Geschlechtszellen ist auf einen längeren Zeitraum verteilt, obwohl die Ovogenese der einzelnen Geschlechtszelle nicht mehr Zeit erfordert als die der Maus. Bedingt durch das größere und längere Organwachstum werden Geschlechtszellen in einer ganz anderen Größenordnung benötigt. Die Ovogenese beginnt über einen längeren Zeitraum verteilt gestaffelt, und entsprechend überlappen sich die verschiedenen Phasen. So findet man vom 3.–5. Monat Perioden, zu deren Beginn Zellstadien der Ovogenese erstmalig sichtbar werden und während deren weiterem Verlauf diese Stadien neben solchen der vorangegangenen Stadien vorkommen (Abb. 27-34 und 27-35). Da dieser Prozeß von peripher nach zentral fortschreitet, ist die Schichtung des Cortex, die zunehmende Zahl dieser Schichten und deren unterschiedlicher Gehalt an Geschlechtszellformen zu erklären (Abb. 27-33).

Das *Stammzellreservoir* für die Ovogenese stellen die primordialen Geschlechtszellen dar, die als glycogenhaltige Zellen in der äußersten Zone des Cortex unmittelbar unter und in Kontakt mit den Oberflächenzellen in abnehmender Zahl bis etwa zur Mitte des 5. Monats zu finden sind (Abb. 27-33). Danach sind bis zur Geburt und postnatal Stammzellen, wenn überhaupt, nur noch ganz selten nachweisbar. Da nach dem 7. Monat frühe Stadien der Ovogenese sehr selten geworden sind, müssen zwangsläufig Stammzellen eine Ausnahme darstellen, oder können, wenn sie noch vorhanden sind, nicht mehr in die Ovogenese eintreten. Eine „Neogenese" von Geschlechtszellen,

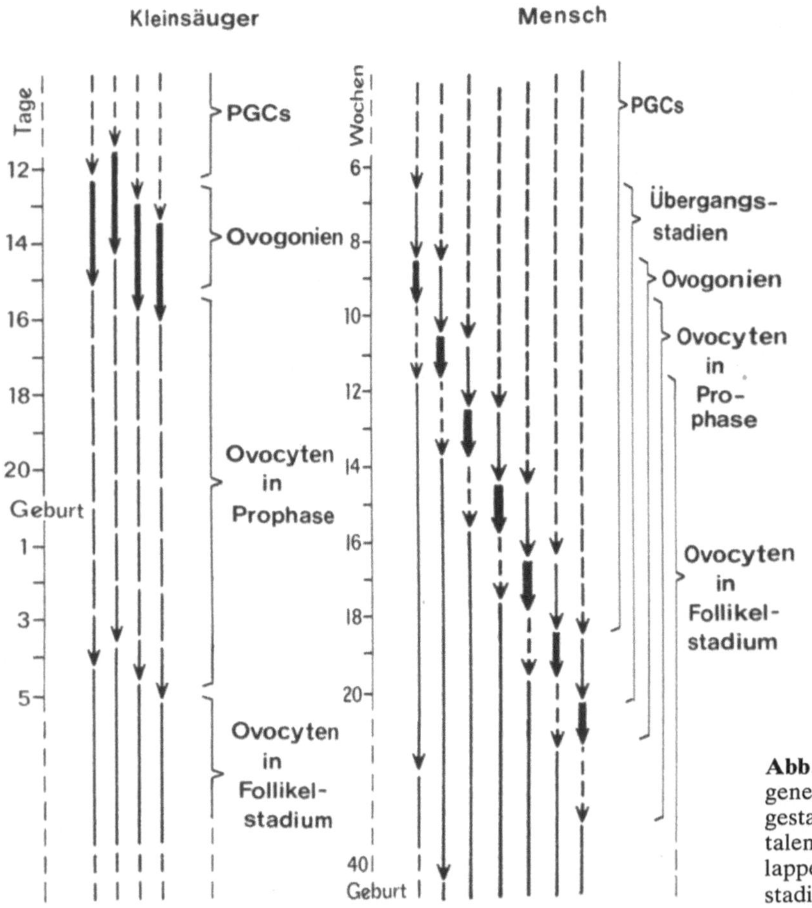

Abb. 27-34. Vergleich der einfachen Ovogenese bei Kleinsäugern (Maus) mit der gestaffelt einsetzenden Ovogenese im fetalen Ovar des Menschen und dem überlappenden Auftreten von Geschlechtszellstadien. Erklärung im Text.

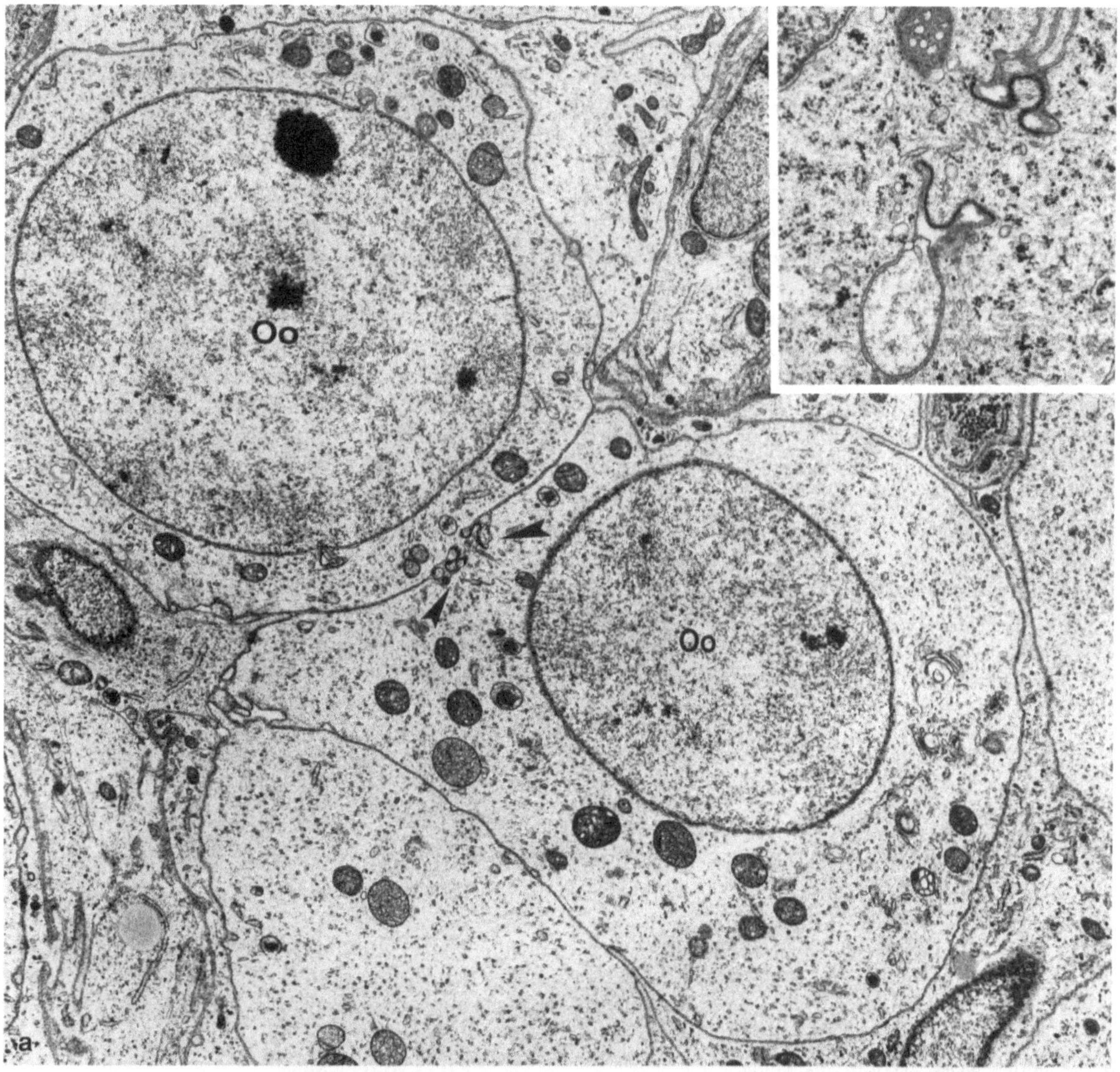

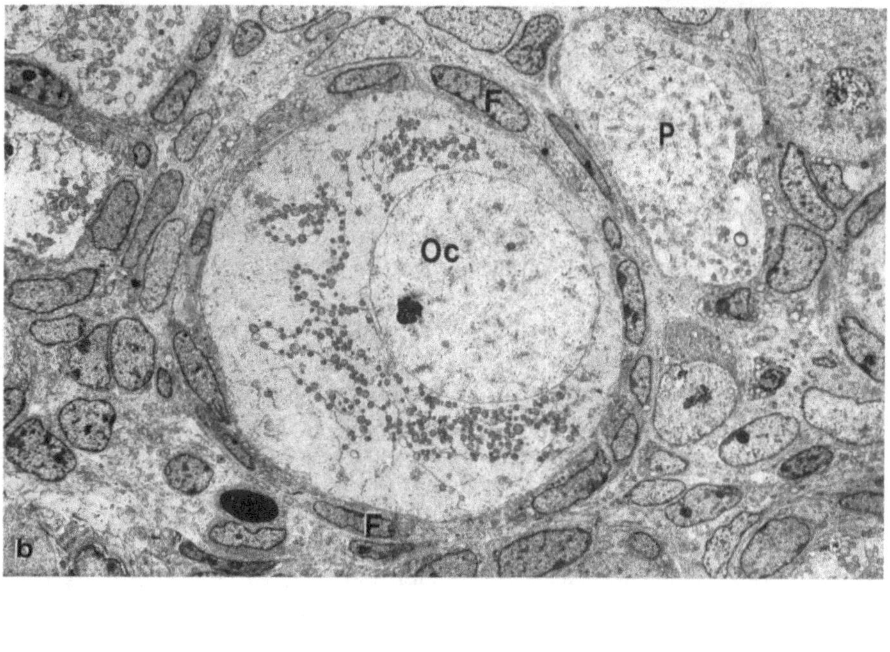

Abb. 27-35a, b. a) EM-Aufnahme von zwei Ovogonien (Oo), die durch eine Zellbrücke (Pfeile) verbunden sind: 79 Tage altes Ovar, 6800 : 1 (oben rechts: Ausschnitt mit Brücke bei starker Vergrößerung 18 000 : 1).
b) Primordialfollikel aus einem fetalen Ovar des Menschen (Alter: 18. Woche). Oc = Ovocyt, F = Follikelzellschicht, P = Prophasestadium eines Ovocyten. 1200 : 1

d.h. eine Aktivierung von Stammzellen und deren Eintritt in die Ovogenese, findet beim Menschen nach der Geburt nicht mehr statt. Primordiale Geschlechtszellen im juvenilen oder gar adulten Ovar sind niemals mit Sicherheit nachgewiesen worden [Baker und Eastwood 1983]. Mit diesem Problem der postnatalen Ovogenese hat die Neogenese von Geschlechtszellen aus somatischen Zellen des „Keimepithel" nichts gemein, ein Problem, das vor allem für das adulte Ovar immer wieder diskutiert wurde. Da Geschlechtszellen nur über die Keimbahn in die frühe Gonadenanlage gelangen können, ist dieses Problem heute gelöst (siehe Abschnitt 27.1.1).

Damit die oben geschilderte große Zahl von Geschlechtszellen, die für den Eintritt in die Ovogenese bereitstehen müssen, gebildet werden können, durchlaufen die primordialen Geschlechtszellen eine Vermehrungsphase, in der sie schrittweise von Mitose zu Mitose die strukturellen Merkmale einer primordialen Geschlechtszelle verlieren und die von Ovogonien annehmen (Abb. 27-35). Dieser Prozeß bringt eine große Menge von Geschlechtszellen hervor, die die Basis für eine nochmalige Proliferation darstellen und in deren Folge sie in die Meiose eintreten. Diese zweite Vermehrung, die Ovogonienproliferation, leitet automatisch in die Prophase der Meiose über und ist auf eine geringe Zahl von Mitosen beschränkt. Die Proliferation der Ovogonien unterscheidet sich von anderen Mitosen und damit auch von den vorausgegangenen Teilungen der *intermediären Stadien* durch zwei Merkmale:

Die Ovogonien teilen sich schnell aufeinander in einer rhythmischen Weise und streng synchronisiert. Daher sieht man Gruppen von identischen, gleich weit vorangeschrittenen Mitosestadien (Abb. 27-35) als Ausdruck dieser Synchronisierung.

Die Ovogonien sind durch *Zellbrücken* untereinander verbunden (Abb. 27-35). Es werden *Zellclone* gebildet, die je nach Zahl der Teilungsschritte aus 8, 16 oder 32 Ovogonien bestehen. Die Zellen dieser Clone sind, da sie Produkt einer einzigen Stammzelle sind, genetisch identisch – sie sind cloniert – und der gesamte Clon tritt geschlossen in die Meiose ein.

Nach Beendigung der Proliferationsperiode durchlaufen die Geschlechtszellen als sogenannte „postmitotische" Ovocyten nochmals eine *DNA-Synthese* (praemeiotische S-Phase). Als Ovocyten erkennt man sie, wenn sie größer werden und dabei Veränderungen im Zellkern annehmen, die die *Prophase* einleiten. Diese und die folgenden Veränderungen an den Chromosomenstrukturen entsprechen Prozessen, die in gleicher Weise in den Spermatocytenkernen während der Spermatogenese auftreten (siehe Abschnitt 27.3 und Abb. 27-36). Die Chromosomen werden durch zunehmende Kondensation sichtbar. Zuerst äußert sich dies in einer sehr feinen Granulierung des Ovocytenkerns, dem *Präleptotän,* eine Granulierung, die in der Folge deutlicher wird. Im *Leptotän* sind die Chromosomen voll kondensiert. Dieses Stadium besteht längere Zeit. Dann finden die homologen Chromosomen zueinander, sie durchlaufen den Prozeß der Konjugation, legen sich in der sogenannten „Synapsis" eng aneinander und haften z.T. durch Vermittlung einer plaqueartigen Zone an der Kernmembran *(Cygotän).* Infolge der vorausgegangenen DNA-Verdoppelung sind in jedem Chromosom zwei Spalthälften angelegt. Diese Chromatiden sind aber nur im elektronenmikroskopischen Bild erkennbar. Der Kern des Ovocyten ist von der Chromosomenzahl her weiter diploid (2n), die DNA-Menge entspricht aber dem tetraploiden Gehalt (4c, entsprechend der Chromatidenzahl). Im zeitlich wieder sehr ausgedehnten *Pachytän* haben sich die gepaarten Chromosomen weiter verkürzt, und die einzelnen Chromatiden bilden einen Komplex, eine Tetrade, die aus 2 × 2 Chromatiden besteht. In diesem Stadium kommt es zum Austausch zwischen Teilabschnitten der Chromatiden, wobei dieser Stückaustausch sowohl zwischen Geschwisterchromatiden wie auch zwischen den Chromatiden der homologen Chromosomen erfolgen kann. Morphologischer Ausdruck des Genaustausches ist eine Überkreuzung der Chromatiden, das „crossing over". Man hat festgestellt, daß während der menschlichen Meiose bis zu 20 crossing overs pro homologen Chromosomensatz erfolgen können. Die beiden X-Chromosomen, die insgesamt nicht einen synaptischen Komplex bilden, weisen auf ihren kurzen Armen eine sogenannte „pseudoautosomale Strecke" auf. Entlang diesen Strecken kommt es zur Konjugation und möglicherweise auch zum Stückaustausch, wobei auch angrenzende Chromatidabschnitte mit aktiven Genanteilen betroffen sein können. Bei der männlichen Meiose spielt die partielle Synapsis zwischen X- und Y-Chromosom eine wichtige Rolle, da es dabei zur Translokation von wichtigen, eventuell mutierten Abschnitten von dem Y-Chromosom auf das X-Chromosom kommen kann [Burgoyne 1982, McLaren 1988].

Abschließend endet die Prophase der Meiose im *Diplotän,* in dem die homologen Chromosomen sich voneinander trennen und nur dort, wo es zur Chiasmabildung gekommen ist, verbunden bleiben. In dieser Form wird die Meiose der weiblichen Geschlechtszelle unterbrochen, der Kern tritt in ein „Ruhestadium" ein, welches erst wieder aufgehoben wird, wenn der Ovocyt in die Reifeteilung eintritt. Der Ovocyt löst sich im Diplotän aus seinem clonalen Verband, die Zellbrücken werden gelöst, und Follikelzellen umhüllen die Geschlechtszelle: Die *Follikulogenese* beginnt, es entstehen Primordialfollikel.

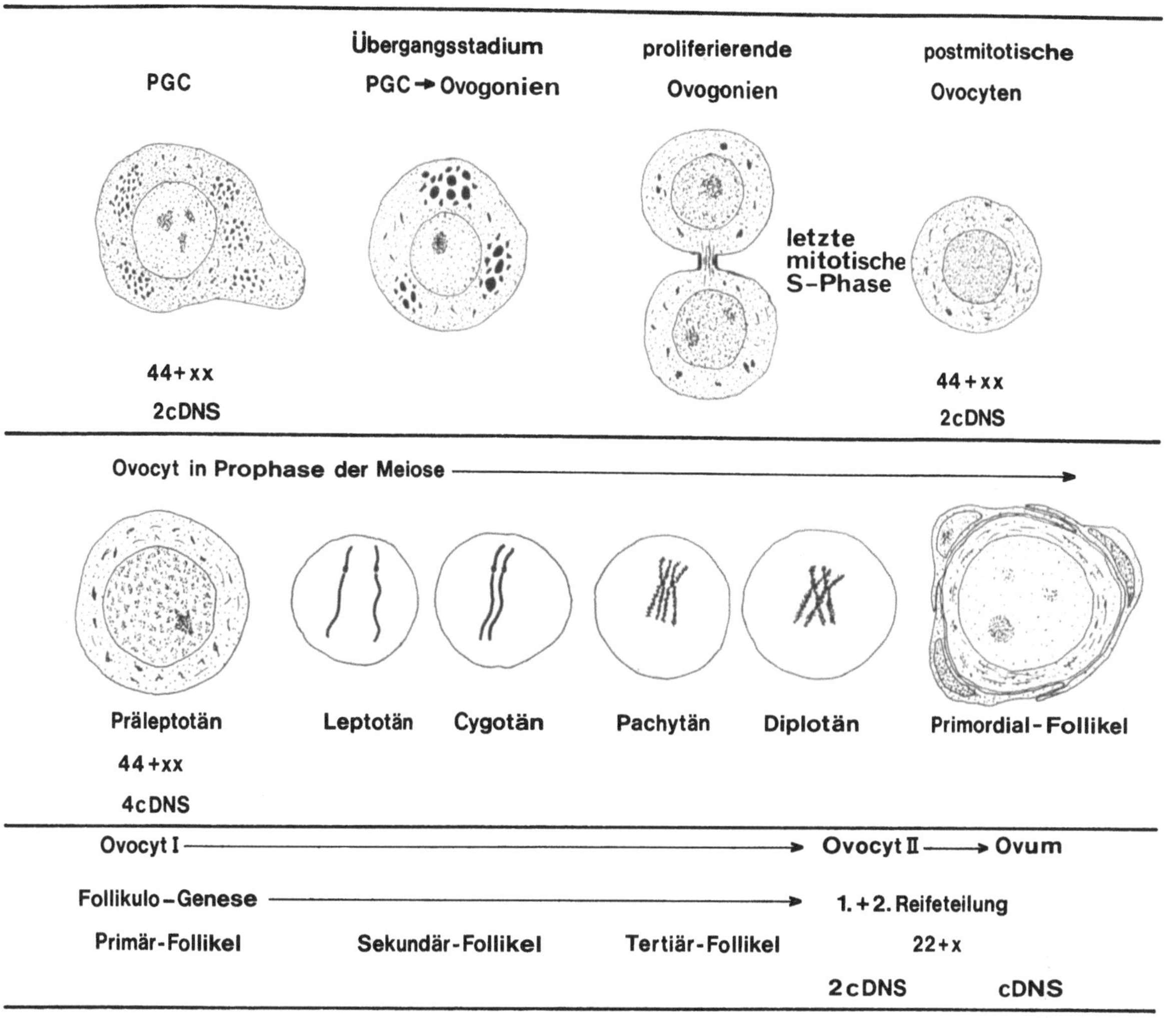

Abb. 27-36. Schema zum Ablauf der Ovogenese. In den Stadien der Prophase der Meiose sind zur besseren Übersicht nur der Zellkern und ein homologes Chromosomenpaar dargestellt (vergleiche Abb. 27-26).

Während des gesamten Follikelstadium verharrt der Zellkern des Ovocyten in dem meiotischen Ruhestadium, allerdings ist er während des Ovocytenwachstums sehr aktiv, was die RNA-Synthese anbelangt. Er ist replikatorisch inaktiv, aber translatorisch sehr aktiv.

Für das Auslösen der Meiose im fetalen Ovar wird eine Meiose-induzierende Substanz (MIS) verantwortlich gemacht [Byskov 1986, Byskov und Hoyer 1988]. Zusätzlich ist mit Wahrscheinlichkeit eine bestimmte Zusammensetzung und der Zustand der umgebenden Stützzellen für die Einleitung der Meiose maßgeblich [Byskov und Hoyer 1988, Wartenberg 1989]. Für die Unterbrechung der Meiose, die für einen Teil der Ovocyten viele Jahrzehnte andauern kann, werden ebenfalls Faktoren, wie etwa eine „meiose-preventing-substance" [Byskov und Hoyer 1988] verantwortlich gemacht. Der Wiedereintritt des Ovocyten in die Meiose vor dem Follikelsprung wird ebenfalls durch eigene Faktoren gesteuert.

Die Zahl der Geschlechtszellen nimmt bis zum 5. Monat schnell zu. Der Höhepunkt wird mit fast 7 Millionen Eizellen im 6. Monat erreicht [Baker 1963]. Mit der Bildung der Geschlechtszellen ist aber auch in jedem Stadium ein Zelluntergang verbunden. Bereits während der Ovogonienproliferation und vor allem im Leptotän und im Pachytän der meiotischen Prophase gehen massiv Zellen zugrunde. Weiterhin überstehen nur wenige Ovocyten die einzelnen Schritte der Follikulogenese (siehe Abschnitt 27.5). Schon bis zur Geburt reduziert sich die Zahl der Geschlechtszellen merklich. Zum Zeitpunkt der Geburt sind es nur noch 1 bis 2 Millionen. Auch postnatal bis zur Pubertät nimmt die Zahl der Primordialfollikel weiter ab. Mit Einsetzen der Geschlechtsreife rechnet man mit je 200 000 Ovocyten in jedem Ovar.

27.5 Follikulogenese und Eizellreifung*

M. Dvořák und J. Tesařík

Erstes Anzeichen einer geschlechtlichen Differenzierung des Ovar ist der Beginn meiotischer Teilungen in den Keimzellen. Im menschlichen Ovar treten Keimzellen zwischen der 9. und 37. Schwangerschaftswoche in die Meiose ein. Jede Keimzelle, die in die meiotische Prophase eingetreten ist, wird bald in einen Ovarialfollikel eingeschlossen, innerhalb dessen sie alle weiteren Reifungsvorgänge und -teilungen durchläuft [Byskov 1986].

Der Ovarialfollikel ist keine statische, sondern eine sehr dynamische Struktur, die eine spezifische Entwicklung während des ganzen Lebens wie auch während der jeweiligen Ovarialzyklen durchläuft. Für die Stadien der Follikelentwicklung gibt es in der Litera-

* Aus dem englischen Original ins Deutsche übertragen vom Herausgeber.

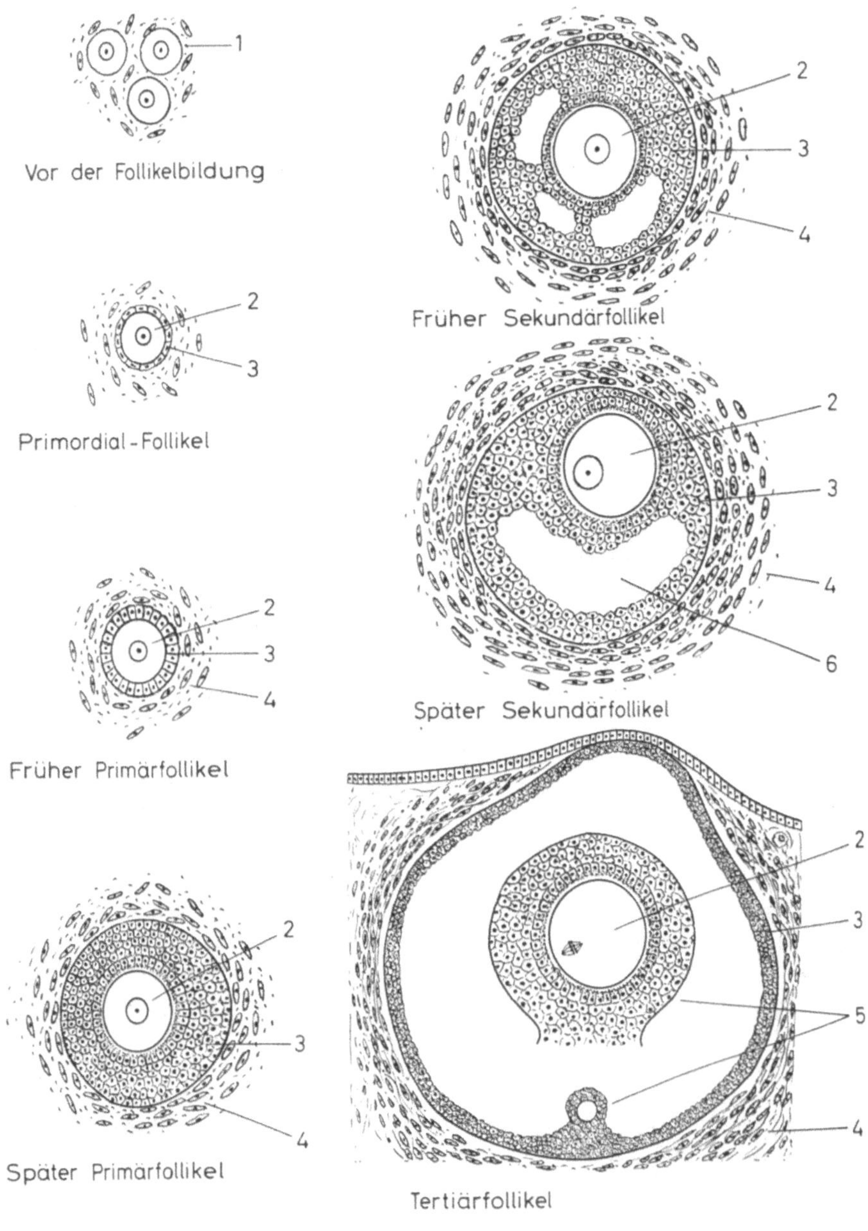

Abb. 27-37. Schematische Zeichnung der ovariellen Follikeldifferenzierung. 1 = Ovogonien, 2 = Ovocyt, 3 = Follikelzellen, 4 = Theca folliculi, 5 = Cumulus oophorus, 6 = Antrum folliculare

tur große Klassifikationsunterschiede. Wir verwenden zur Beschreibung der verschiedenen Follikelstadien eine Terminologie, die auf den wesentlichen morphologischen und funktionellen Veränderungen im Ovocyten und im sich differenzierenden Follikel beruht [Franchi und Baker 1973]. Nach dieser Klassifikation wird der kontinuierliche Prozeß der Follikulogenese in die folgenden Stadien eingeteilt, für die Abbildung 27-37 eine Übersicht gibt:

- Primordialfollikel
- Primärfollikel
- Sekundärfollikel
- Tertiärfollikel.

27.5.1 Praefollikuläre Stadien und Herkunft der Follikelzellen

Wenn die ersten Keimzellen in die Meiose eintreten, hört die Einwanderung weiterer primordialer Keimzellen aus extragonadalen Bereichen auf. Die Keimzellen innerhalb der Gonadenanlage, die sich weiterhin mitotisch teilen, werden als Ovogonien, Keimzellen, die bereits in die Meiose eingetreten sind, als Ovocyten bezeichnet (siehe Abschnitt 27.4.2).

Ovogonien (Abb. 27-38) sind runde oder leicht ovale Zellen von etwa 19 μm Größe. Sie besitzen einen Zellkern von ca. 10 μm Durchmesser, der eine gleichmäßige Verteilung eines fein fibrillären oder granulären Chromatin und deutliche Nucleoli mit Nucleonemata enthält. Mitosefiguren kommen oft vor. Die DNA-Synthese während der letzten praemeiotischen Interphase der Ovogonien kann sich bis in die beginnende meiotische Prophase hin erstrecken. Interzelluläre Brücken zwischen benachbarten Ovogonien werden oft gefunden. So verbundene Zellgruppen durchlaufen synchrone Teilungen, möglicherweise entsteht jede dieser Gruppen aus einer einzelnen Zelle. Primordiale Geschlechtszellen aus menschlichen Ovarien von 6 Wochen alten Embryonen besitzen zahlreiche Pseudopodien und zeigen in vitro, wenn sie vom Ovarialgewebe befreit sind, aktive amöboide Bewegung. Die meisten Ovogonien von älteren Feten verlieren diese Pseudopodien und sind nur zu leicht undulierenden Bewegungen fähig. Das Fortbestehen der aktiven amöboiden Bewegung während der fetalen Entwicklung wurde ausnahmsweise beobachtet, solche Ovogonien entwickeln sich aber wahrscheinlich nicht zu Ovocyten, könnten aber zu abnormen Proliferationen wie in Teratomen Anlaß geben [Dvořák und Tesařík 1980].

Die somatischen Zellen der Ovarialanlage sind ungleichmäßig groß und unterscheiden sich ultrastrukturell deutlich von den Keimzellen. Ihr Zellkern enthält weniger elektronendichte Chromatinmassen, die durch relativ große Granula und Fibrillen gebildet werden. Typisch ist eine Anordnung des Chromatin nahe der Kernperipherie, für die Nucleoli sind deutliche Nucleonemata mit vorherrschend granulärer

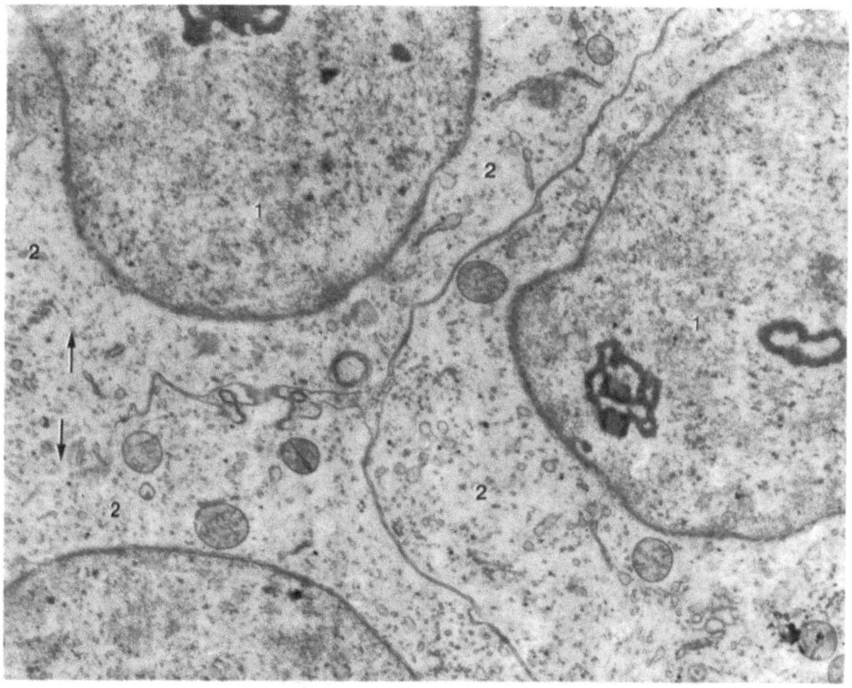

Abb 27-38. Ausschnitt aus 3 Ovogonien mit einer interzellulären Brücke zwischen zwei Zellen (Pfeil). 1 = Kerne mit reticulären Nucleoli, 2 = Cytoplasma. 10 000 : 1

Komponente charakteristisch. Das Hauptmerkmal, durch das sich somatische Zellen von den Keimzellen im Cytoplasma morphologisch unterscheiden, sind lang gestreckte Mitochondrien, während die Keimzellen runde oder ovoide Mitochondrien haben. Die Hauptzahl der somatischen Ovarialzellen stammt aus der Urniere, jedoch kann ein Anteil der Zellen des Coelomepithel und des lokalen Bindegewebes nicht ausgeschlossen werden. Bisher konnten im menschlichen Ovar während seiner Entwicklung die Zellen, die von verschiedenen Bildungsorten stammen mögen, morphologisch nicht nach ihrem Ursprung unterschieden werden. Auch war es bis jetzt nicht möglich, für die Bildung einzelner somatischer Zelltypen im Erwachsenen-Ovar eine Beziehung zwischen einem bestimmten Ursprungsort der Zellen und entsprechenden Differenzierungswegen aufzuzeigen [Byskov 1986].

27.5.2 Primordialfollikel

Follikel sind im fetalen Ovar dann gebildet, wenn somatische Zellen, die zukünftigen Follikelzellen, indi-

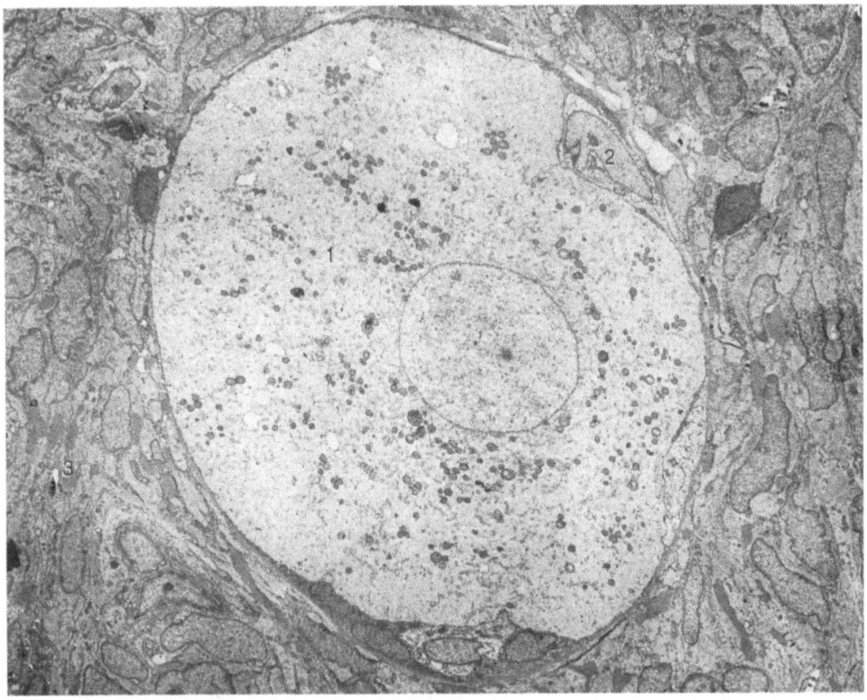

Abb. 27-39. Primordialfollikel am Entwicklungsbeginn. 1 = Ovocyt, 2 = primitive Follikelzellen, 3 = Stromazellen. 3400 : 1

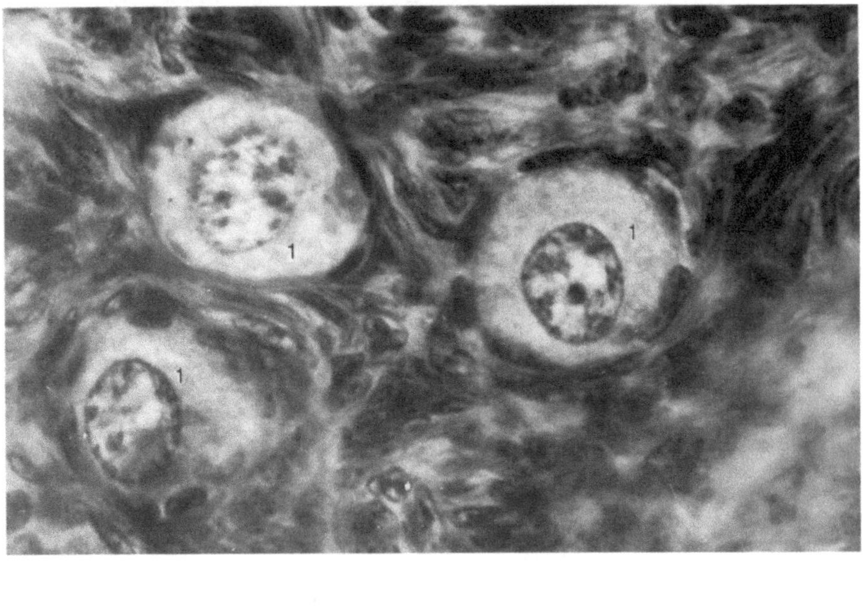

Abb. 27-40. Primordialfollikel (1) umgeben vom Stroma ovarii. 1000 : 1

viduelle Ovocyten vollständig umgeben und wenn eine durchgehende Basallamina diese Einheit einschließt (Abb. 27-39, 27-40). Diese Follikelbildung setzt nicht ein, bevor der Ovocyt in die Meiose eingetreten ist und meist bereits das Diplotänstadium abgeschlossen hat [Edwards 1980].

Wie bei anderen Säugerarten, so treten auch im menschlichen Ovar die ersten meiotischen Zellen im Zentrum der Gonade, nahe der Verbindung zur Urniere, auf. Hier entwickeln sich später auch die ersten Follikel. Es ist jetzt erwiesen, daß die in dieser Verbindung zum Urnierengewebe liegenden Urnierenzellen den Beginn der Meiose durch die Produktion einer meioseinduzierenden Substanz (MIS) steuern. Sie steht in Wechselwirkung zu einer meiosehemmenden (preventing) Substanz (MPS) und zu Steroidhormonen, die von anderen somatischen Zellen des sich entwickelnden Ovar sezerniert werden [Byskov 1986].

Zwei Besonderheiten charakterisieren die meiotische Prophase und unterscheiden sie von der mitotischen Prophase in somatischen Zellen: Erstens paaren sich die homologen Chromosomen und bilden synaptonemale Komplexe (Abb. 27-41), die einen Austausch von väterlichen und mütterlichen Genen ermöglichen, zweitens wird die meiotische Prophase in ihrem letzten Stadium (Diplotän) blockiert. Eine Fortsetzung der Meiose wird erst in der Periode reproduktiver Aktivität möglich und erfolgt normalerweise nur in einem einzigen Ovocyten kurz vor jeder Ovulation.

Der Beginn der meiotischen Prophase ist durch das Auftreten von Chromosomen in Form feiner Fäden (Präleptotän) charakterisiert, die während der weiteren Entwicklung durch Leptotän und Cygotän sich zunehmend spiralisieren. Im Cygotän orientieren sich homologe Chromosomen parallel zueinander, sie sind in den Abschnitten verdickt, mit denen sie die Kernmembran berühren, und insgesamt von einer fibrillären Scheide umschlossen. Die Paarung der homologen Chromosomen ist vollständig, wenn die synaptonemalen Komplexe die Form dreigeteilter Bänder annehmen. Seitenarme dieser Bänder sind Chromosomen, die mit einem inneren Arm, 20–22 nm dick, miteinander verbunden sind. Gegen das Ende des Pachytänstadium wird eine Längsspaltung der lateralen Arme des synaptonemalen Komplexes sichtbar, dadurch entstehen Tetraden. Während sie in das Diplotänstadium eintreten, entspiralisieren sich die Chromosomen ein wenig, in diesem Stadium können Chiasmata oder das „crossing over“ beobachtet werden. Die synaptonemalen Komplexe verschwinden in diesem Stadium und individuelle Fäden werden nun im Zellkern sichtbar, die den Tetraden entsprechen. Im Vergleich zu den Strukturen während des Leptotäns sind sie nicht deutlich begrenzt, sie sind aber dikker, 70–140 nm breit. Um die Tetraden herum besteht die fibrilläre Scheide weiter. Nucleoli sind noch während der meiotischen Prophase vorhanden, sie unterlaufen jedoch tiefgreifende strukturelle Veränderungen, die durch fortschreitende Größenabnahme und Kondensation zur Bildung sehr kompakter Nucleoli im Pachytänstadium führen. Danach kehrt sich dieser Vorgang um, so daß im Diplotän Nucleoli mit deutlich entwickelten Nucleonemata (ähnlich denen in Ovogonien) wieder erscheinen. Man nimmt an, daß die Kernmembran eine bedeutende Rolle im Verhalten der Chromosomen während der meiotischen Prophase spielt. Bereits im Leptotän legen sich die Chromosomen der inneren Lamelle der Kernmembran an, die Anheftungsstellen sind für die Chromosomen offensichtlich entscheidend für die Bildung synaptonemaler Komplexe während des Pachytän. Gleichzeitig vollzieht sich eine Neuordnung der Kernporen.

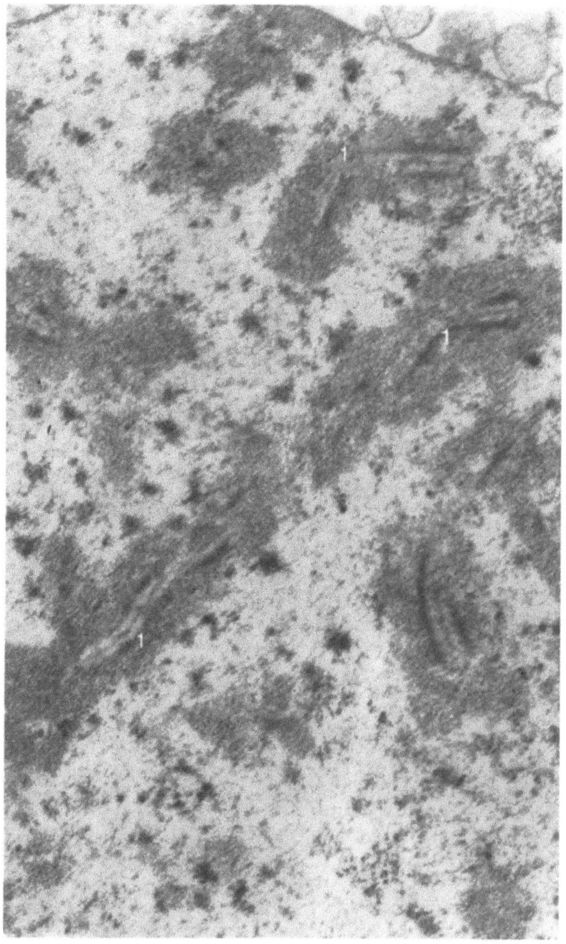

Abb. 27-41. Primordialfollikel in der Entwicklung mit synaptonemalen Komplexen (1) in einem pachytänen Ovocyten. 18 000 : 1

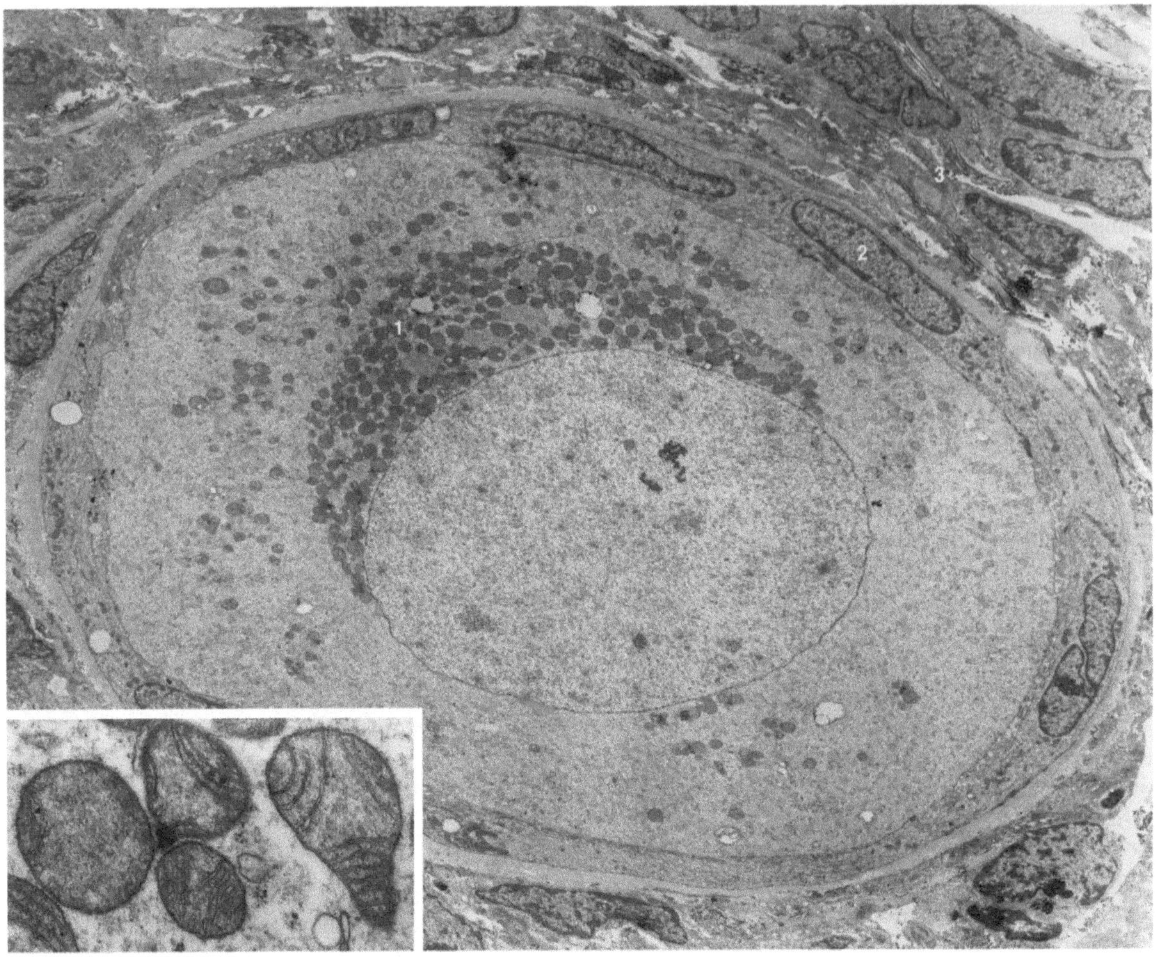

Abb. 27-42. Voll entwickelter Primordialfollikel. 1 = Ovocyt mit paranukleärem Balbianischem Dotterkörper, 2 = Follikelzellen, 3 = Stromazellen. 4200 : 1. Inset: typische Mitochondrien eines Ovocyten mit dichter intermitochondrialer Substanz. 22 000 : 1

Auch die cytoplasmatischen Zellorganellen werden nach Menge und Verteilung verändert, während der Ovocyt die meiotische Prophase durchläuft. In menschlichen Ovocyten herrscht die Vermehrung und Größenzunahme der Strukturen des Golgi-Apparates und des endoplasmatischen Reticulum vor. Eine charakteristische Umverteilung der cytoplasmatischen Organellen vollzieht sich im Diplotän: Die ursprünglich gleichmäßig verteilten Organellen werden an einem Pol der Zelle nahe dem Zellkern konzentriert und formen so die Struktur, die als paranukleärer Organellenkomplex bekannt ist (Abb. 27-42) [Dvořák und Tesařík 1980].

Die Bildung der Follikelwand beginnt, nachdem die mitotische Aktivität der Ovogonien gestoppt, die meiotische Prophase im Diplotän abgeschlossen ist, indem sich die primitiven Follikelzellen um die individuellen Keimzellen herum anordnen. Dieser Vorgang ist beendet, wenn der Ovocyt durch eine kontinuierliche Lage flacher Follikelzellen umschlossen ist, die einer Basallamina anliegen. Der Einschluß von Diplotän-Ovocyten in diese Primordialfollikel ist für deren weitere Entwicklung von vitaler Bedeutung, denn jene Ovocyten, die in diesem Entwicklungsstadium nicht in einen Follikel eingeschlossen werden, degenerieren. Man nimmt an, daß der Follikel die adäquate Entwicklung von Keimzellen dadurch sichert, daß er diese vom umgebenden Gewebe trennt und ein eigenes Keimzell-Compartiment ausbildet, das eine einheitliche Ernährung der Keimzellen während ihrer Differenzierung und Reifung bereitstellt. In dieser Hinsicht entspricht der Follikel der Compartimentierung in den Hodenkanälchen. Der Vorgang der Follikelbildung wird beim Menschen vor der Geburt abgeschlossen, und alle Ovocyten, die nicht in Primordialfollikel eingeschlossen wurden, degenerieren zu diesem Zeitpunkt [Midgley und Sadler 1979].

Im Diplotän wird die erste meiotische Prophase arretiert. Die Ovocytenchromosomen entspiralisieren sich und sind nun in histologischen Schnitten nicht mehr erkennbar. Die Aufrechterhaltung dieses Stops der Meiose wird einem inhibitorischen Effekt der Follikelzellen auf die Eizellreifung zugeschrieben. Die große Mehrzahl der so ruhenden Ovocyten verbleibt in Primordialfollikeln. Sie stellen einen Follikelvorrat dar, aus dem heraus nur eine kleine Minderheit der Follikel zur Ovulation kommt, während die große Mehrzahl der Follikel atretisch wird.

Der ruhende Ovocyt (Abb. 27-42) ist eine kugelige oder leicht ovale Zelle, die 50–70 μm im Durchmesser mißt. Ihre morphologischen Charakteristika bleiben während des ganzen Primordialfollikelstadium unverändert. Das Kernchromatin zeigt eine gleichmäßige Verteilung, einige reticuläre Nucleoli sind im Kern vorhanden. Die Mehrzahl der cytoplasmatischen Strukturen ist in einem paranucleären Organellenkomplex konzentriert, der das ultrastrukturelle Korrelat des „Balbianischen Dotterkörpers" ist, wie er im Lichtmikroskop beobachtet wird. Die Mehrzahl der cytoplasmatischen Organellen sind Mitochondrien und Strukturen des glatten endoplasmatischen Reticulum. Die Mitochondrien enthalten wenige bogenartige Cristae und sind typischerweise rosettenartig um ein dichte, amorphe oder fein-granuläre intermitochondriale Substanz angeordnet. Relativ zahlreich sind sekundäre Lysosomen, die oft die Form von Residualkörpern haben – Strukturen, die morphologisch den Lipofuszingranula entsprechen. Das rauhe endoplasmatische Reticulum, der Golgi-Apparat und Lamellae annulatae sind in geringer Menge vorhanden.

Wie der Ovocyt zeigen auch die Follikelzellen keine ultrastrukturellen Veränderungen während des Stadium des Primordialfollikels. Stabförmige Mitochondrien und Strukturen des endoplasmatischen Reticulum (vorwiegend der rauhen Form) sind die hervorstechendsten cytoplasmatischen Organellen. Von großer physiologischer Bedeutung sind „gap junctions", die zwischen den Ovocyten und Follikelzellen in diesem Stadium zahlreich vorkommen, wobei die Zellmembranen beider Zelltypen eng aneinander liegen. Gap junctions sind als Orte erleichterten Transportes von Ionen und kleinen Molekülen zwischen den verbundenen Zellen bekannt. Man nimmt an, daß im Falle der Ovocyten-Follikelzell-Kopplung die gap junctions einen transzellulären Weg aufrechterhalten, durch den in den Follikelzellen gebildete, kleinmolekulare inhibitorische Substanzen die Ovocyten erreichen können, um den Meiose-Stop aufrechtzuerhalten [Dvořák und Tesařík 1980].

27.5.3 Primärfollikel

Bisher ist der Mechanismus nicht bekannt, der Primordialfollikel veranlaßt, weiter zu wachsen. Morphologisch zeigt sich der Beginn des Follikelwachstums durch eine Größenzunahme sowohl des Ovocyten als auch der Follikelzellen, die geringfügig hochprismatisch werden (Abb. 27-43). Im Anfangsstadium der Entwicklung von Primärfollikeln bleiben die Follikelepithelzellen zunächst einschichtig organisiert, mit weiterem Wachstum ordnen sie sich allmählich in mehreren Schichten an, die während der Entwicklung des Primärfollikels an Zahl zunehmen (Abb. 27-44, 27-45). Eine azelluläre Schicht, die vorzugsweise aus Glycoproteinen besteht – die Zona pellucida – entwickelt sich in dieser Periode zwischen den Ovocyten und der innersten Schicht des Follikelepithel. Außerhalb der Basallamina beginnt sich das Bindegewebe konzentrisch um den wachsenden Follikel anzuordnen, eine primitive Theca folliculli wird gebildet [Gougeon 1986].

Wenn der Ovocyt zu wachsen beginnt und das Stadium des Primärfollikels durchläuft, werden die vermehrten Stoffwechselanforderungen vor allem an den ultrastrukturellen Veränderungen des Cytoplasma deutlich, während der Zellkern zwar nur an Größe zunimmt, aber keine Strukturveränderungen zeigt. Die cytoplasmatischen Veränderungen beginnen mit der Ausbreitung des paranucleären Organellenkomplexes: Cytoplasma-Organellen werden gleichmäßig über den gesamten Ovocyten verteilt. Besonders auffällig ist eine Zunahme des Anteils der rauhen Form des endoplasmatischen Reticulum bei gleichzeitiger Abnahme seiner glatten Form. Auch der Golgi-Apparat wächst, verläßt seine ursprüngliche juxtanucleäre Position und teilt sich in verschiedene Aggregate von Golgi-Vesikeln und Tubuli auf, die sich in die Peripherie der Zellen verlagern und gelegentlich sogar direkt innerhalb der Zellmembran liegen können. Die Zahl kleiner Golgi-Vesikel, die mit dichtem Material gefüllt sind, wird größer, sie aggregieren und verschmelzen zu dichten Granula, die im corticalen Cytoplasma liegen. Diese Cortexgranula sind kugelige Elemente mit einem Durchmesser von 300–500 nm. Ihr wichtigster Bestandteil ist eine trypsinähnliche Proteinase, die später eine wichtige Rolle bei der Verhinderung einer polyspermen Befruchtung spielt. Die Lamellae annulatae und die intermitochondriale Substanz verschwinden allmählich, die übrigen cytoplasmatischen Strukturen bleiben unverändert.

Die Follikelzellen zeigen keine auffälligen ultrastrukturellen Veränderungen während dieser initialen Phase des Follikelwachstums. Während das Material der Zona pellucida nach und nach zwischen dem

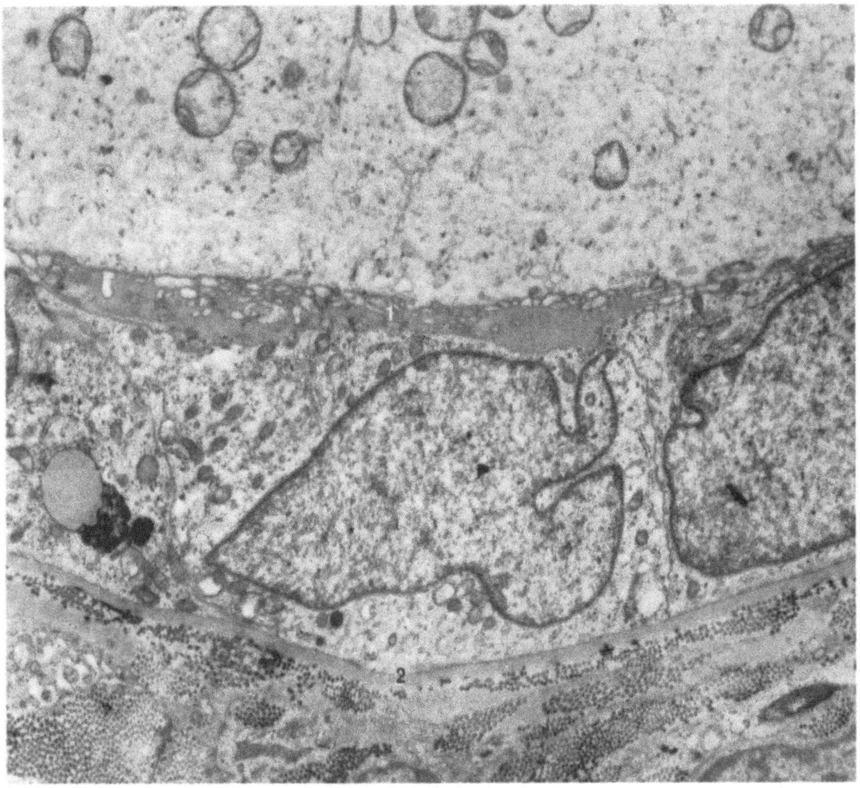

Abb. 27-43. Früher Primärfollikel. Detail des Zellkontaktes zwischen Ovocyt und Follikelzellen (1) und Follikelzellen mit der Basallamina (2). 10 000 : 1

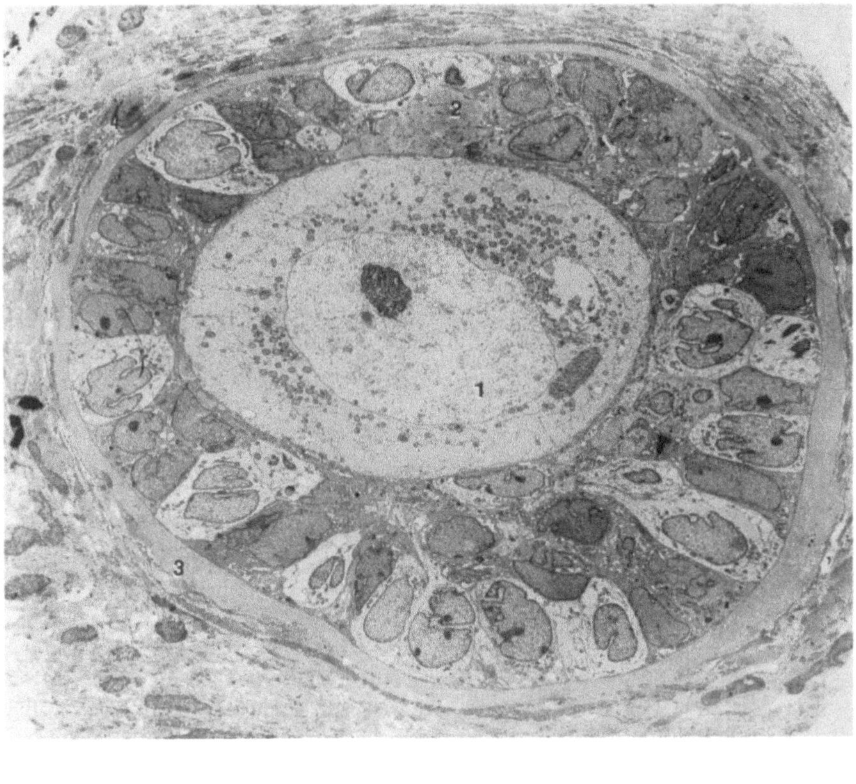

Abb. 27-44. Primärfollikel. 1 = Ovocyt, 2 = Follikelzellen, 3 = Basallamina, 4 = sich entwickelnde Theca folliculi. 1700 : 1

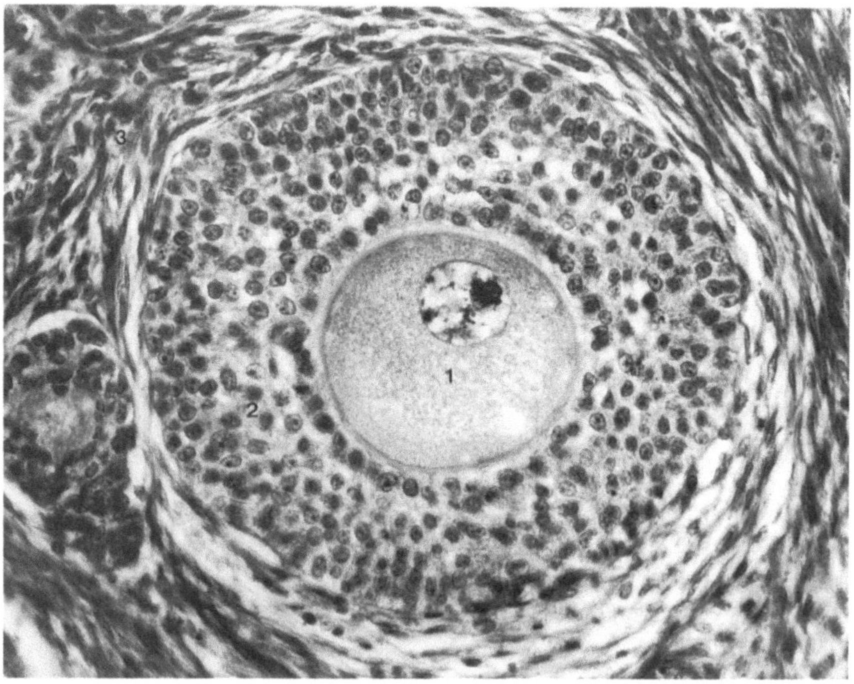

Abb. 27-45. Später Primärfollikel. 1 = Ovocyt, 2 = mehrschichtiges Follikelepithel, 3 = Theca folliculi. 400 : 1 (Freundlichst überlassen von Z. Vacek, Embryologisches Institut Prag)

Ovocyten und den Follikelzellen abgelagert wird, wird dennoch die Zellkommunikation über die gap junctions durch Ausläufer der Follikelzellen aufrechterhalten, die die Zona pellucida durchsetzen und in direktem Kontakt mit der Ovocytenmembran bleiben.

Erste Anzeichen der Bildung einer Zona pellucida treten bereits im einschichtigen Primärfollikel als Ablagerungen von Zonamaterial in dem erweiterten Interzellularraum zwischen dem Ovocyten und den Follikelzellen auf (Abb. 27-43). Sobald der Ovocyt durch ein zweischichtiges Follikelepithel umgeben wird, ist die Bildung der Zona pellucida fast schon beendet. Die Zona pellucida besteht aus Glycoproteinen, die durch den Ovocyten sezerniert werden. Die Rolle der Follikelepithelzellen bei der Bildung des Materials der Zona pellucida ist – falls überhaupt vorhanden – von nur geringer Bedeutung.

Die sich entwickelnde Theca folliculi besteht aus undifferenzierten Fibroblasten des Stroma, durchsetzt mit zarten Kollagenfasern. Gleichzeitig mit der Bildung dieser Schicht verdickt sich schrittweise die Basalmembran auf 1–2 μm. Sie wird dann auch „Glashaut" genannt. Ihr Charakter als eine epitheliale Basalmembran wird auch darin deutlich, daß Bindegewebsfasern sich an ihre Außenseite anlagern [Franchi und Baker 1973, Dvořák und Tesařík 1980].

27.5.4 Sekundärfollikel

Die frühe Phase des Follikelwachstums ist, wie oben beschrieben, unabhängig von gonadotropen Hormonen. Die Fortsetzung der Follikelentwicklung jedoch hängt von einer konzentrierten Wirkung der gonadotropen Hypophysenhormone, FSH und LH, ab. Am Ende der Entwicklung eines mehrschichtigen Primärfollikels treten an den Membranen der Follikelzellen FSH-Rezeptoren auf. Auf eine FSH-Stimulation hin beginnen solche Follikel ein Antrum zu bilden. Sie wandeln sich damit in Sekundärfollikel um (Abb. 27-46) [Edwards 1980].

Auch bei Frauen, bei denen gewöhnlich nur eine Einzelovulation stattfindet, entwickeln sich während jedes Ovulationszyklus mehrere Sekundärfollikel. Schon wenige Tage nach dem Beginn der Menstruation wird jedoch aus diesen Follikeln einer ausgewählt, der ovulieren wird (*„dominanter Follikel"*). Es konnte abgeschätzt werden, daß der ovulierende Follikel einen Durchmesser von annäherungsweise 2 mm am Tag 1 des Zyklus hat und zum Ovulationszeitpunkt 14 Tage später auf etwa 25 mm anwächst. Große sekundäre (und tertiäre) Follikel werden auch „Graaf'sche Follikel" genannt. Die Differenzierung der Theca folliculi in eine Theca externa und Theca interna sowie strukturelle Änderungen in den Ovocyten sind weitere Ereignisse, die die Entwicklung von Sekundärfollikeln charakterisieren.

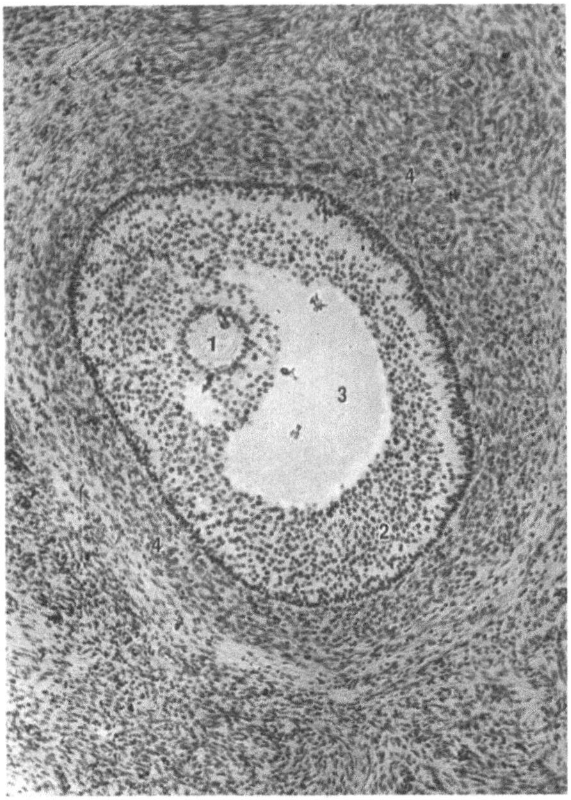

Abb. 27-46. Sekundärfollikel. 1 = Ovocyt im Cumulus oophorus, 2 = Membrana granulosa, 3 = Antrum folliculare, 4 = Theca folliculi. 80 : 1

Der Ovocyt, der etwa 110 µm Durchmesser hat, wächst bis zur Ovulation nicht weiter. Seine auffälligste Veränderung ist die schrittweise Verlagerung des Kernes von seiner ursprünglichen, annähernd zentralen Lage zur Ovocytenperipherie (Abb. 27-47). In großen Sekundärfollikeln liegt der Ovocytenkern nahe der Zellmembran. Gleichzeitig werden die Diplotänchromosomen wieder deutlicher und erscheinen als dicke, dichte und scharf begrenzte Bänder. Dicht angelagert an das Chromosomenmaterial finden sich Nucleoli, die ihre reticuläre Struktur schrittweise verlieren, deren granuläre Komponente zurückgebildet wird und die eventuell schon die Form kompakter, dichter runder Körper haben, die vorzugsweise aus filamentösem Material bestehen. Der Rest des Zellkerns erscheint irgendwie leer. Alle diese Kernveränderungen zeigen die Vorbereitung der Wiederaufnahme der Meiose an, die im folgenden Stadium der Ovocytenreifung durchlaufen wird.

Die meisten der cytoplasmatischen Organellen bleiben gleichmäßig verstreut in dem Ovocyten eines Sekundärfollikels, lediglich die Cortexgranula und die Strukturen des Golgi-Apparates sind vorzugsweise in der Zellperipherie lokalisiert, ähnlich wie in dem vorhergehenden Stadium der Follikulogenese. Eine Umwandlung von rauhem endoplasmatischem Reticulum (rER) zu glattem ER wird gefunden [Dvořák und Tesařík 1980].

Die Follikelzellen, bisher dicht aneinander gepackt, entwickeln weitere Interzellularräume, die mit

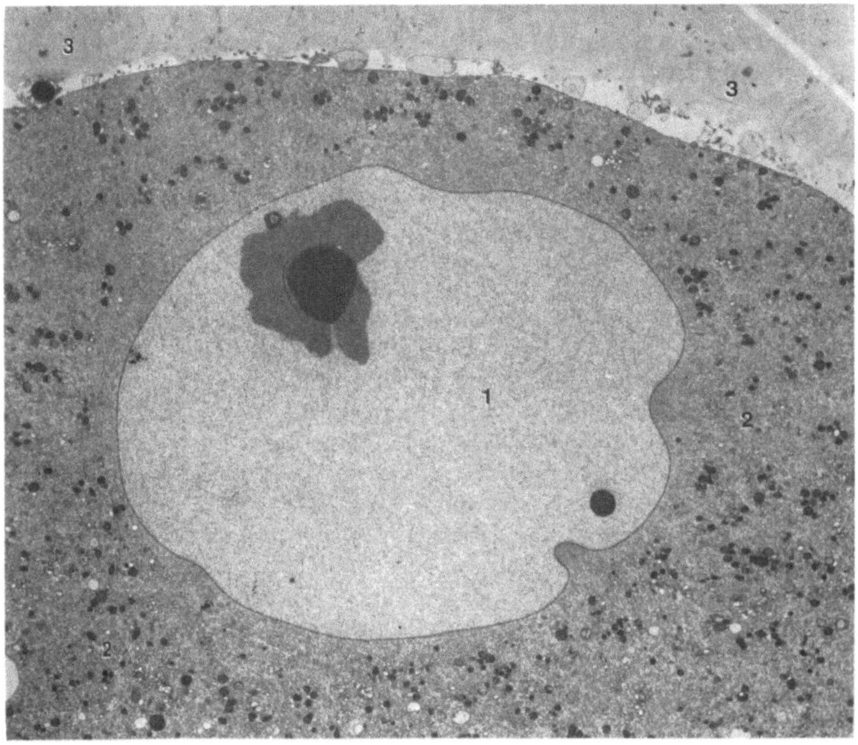

Abb. 27-47. Sekundärfollikel. Teil des Ovocyten mit dem Zellkern an der Peripherie (1), Cytoplasma (2), Zona pellucida (3). 4500 : 1. [Aus: Dvořák und Tesařík 1980]

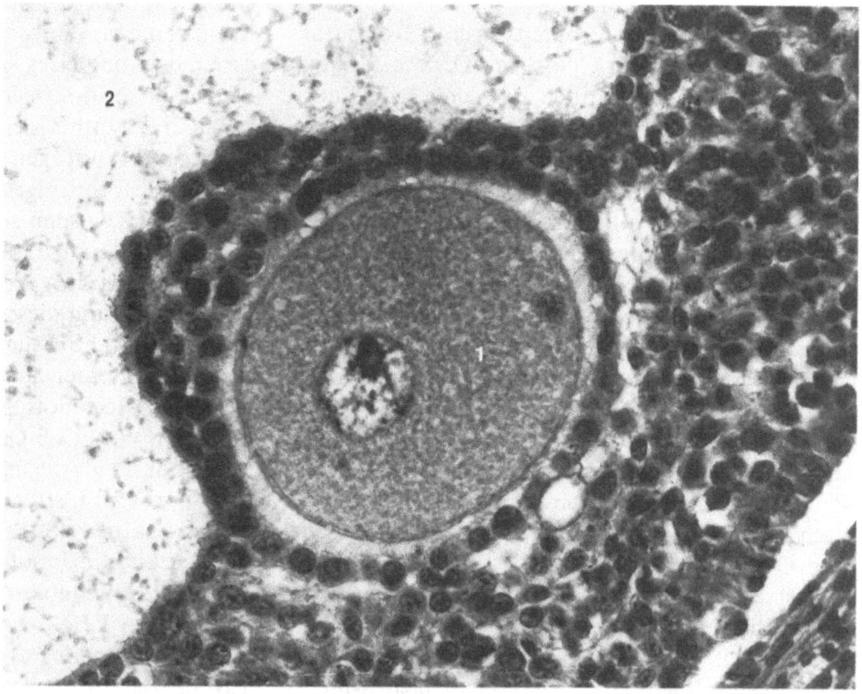

Abb. 27-48. Sekundärfollikel. Cumulus oophorus mit Ovocyt (1), Antrum folliculare (2). 600 : 1 (Freundlichst überlassen von Z. Vacek, Embryologisches Institut Prag)

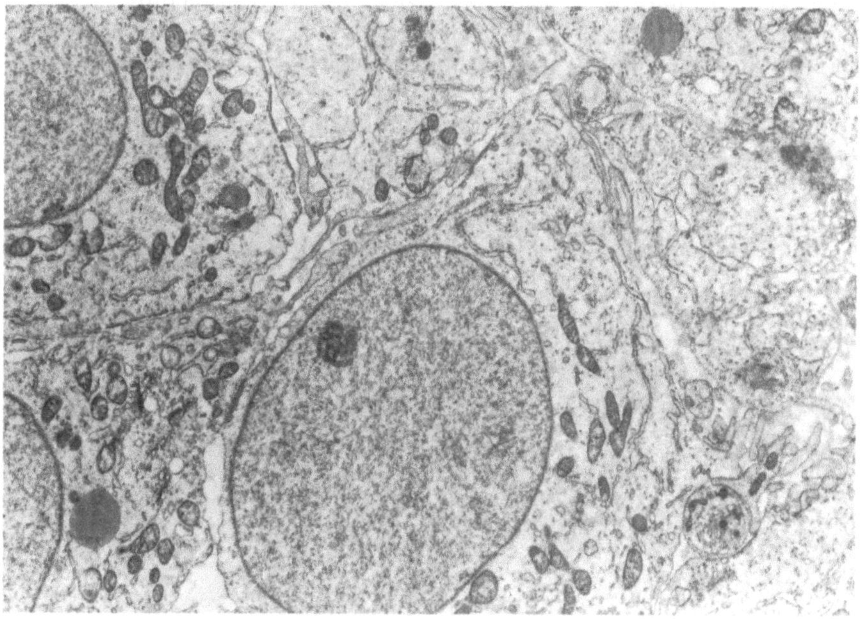

Abb. 27-49. Sekundärfollikel. Zellkontakte zahlreicher Follikelzellen. 10 000 : 1

Liquor follicularis gefüllt sind. Diese Interzellularspalten werden weiter, fließen zusammen und bilden so die Follikelhöhle, das Antrum folliculare. Während der Sekundärfollikel wächst und das Antrum sich ausdehnt, bleibt der Ovocyt in einem Haufen von Follikelzellen eingeschlossen, der als *Cumulus oophorus* bezeichnet wird (Abb. 27-48). Die übrigen Follikelzellen begrenzen das Antrum folliculare als ein mehrschichtiges Follikelepithel – die Membrana granulosa. Die Follikelzellen werden daher auch *Granulosazellen* genannt. Die Follikelzellen sowohl des Cumulus oophorus wie der Membrana granulosa haben die für aktiv proteinsynthetisierende und sezernierende Zellen typische Ultrastruktur (Abb. 27-49). Die Chromatinverteilung in den Zellkernen ist gleichmäßiger als in den vorherigen Stadien. Kennzeichnend sind große, reticuläre Nucleoli. Viele Follikelzellen befinden sich in Mitosestadien, auch gibt es zweikernige Zellen. Das Cytoplasma der Follikelzellen ist durch die starke Proliferation des rER charakterisiert, das unter den Cytoplasma-Organellen jetzt vorherrscht. Daneben finden sich zahlreiche freie Ribosomen in der Form von Polysomen. Die anderen Cytoplasmastrukturen zeigen keine auffälligen Entwicklungsveränderungen, ausgenommen Fett-Tröpfchen, deren Zahl deutlich ansteigt. Die Follikelzellen besitzen lange cytoplasmatische Fortsätze, durch die sie untereinander in Kontakt stehen. An den Kontaktstellen sind zahlreiche gap junctions vorhanden. Diese Zell-Koppelung wird für die Weitergabe der Signale für maßgeblich gehalten, die den Follikel als Hypophysenhormone erreichen. Ähnliche Zellfortsätze der Zellen der *Corona radiata* (wie die innerste angrenzende Zellage im Cumulus oophorus an die Zona pellucida genannt wird) durchsetzen die Zona pellucida und bilden heterozelluläre gap junctions mit dem Ovocyten.

Während der Entwicklung des Sekundärfollikels differenzieren sich in der Theca folliculi zwei unterschiedliche Bereiche. Im inneren Teil, der *Theca interna,* werden die ursprünglich Fibroblasten-ähnlichen Zellen der undifferenzierten Theca größer und nehmen epitheloiden Charakter an. Sie haben jetzt polygonale Formen und besitzen alle ultrastrukturellen Anzeichen steroidbildender Zellen (Abb. 27-50). Der Zellkern der Theca-interna-Zellen enthält deutlich reticuläre Nucleoli. Ovoide Mitochondrien mit typischer tubulärer Innenstruktur, viel glattes endoplasmatisches Reticulum, ein Golgi-Apparat und Lipidtropfen beherrschen das ultrastrukturelle Bild im Cytoplasma. In die Theca interna dringen zahlreiche Kapillaren ein, die von argyrophilen Fasern des Bindegewebes begleitet sind, sie vervollständigen das Bild einer endokrinen Drüse. Unter Stimulation durch LH synthetisieren die Theca-interna-Zellen vorwiegend Androgene, von denen ein Teil die Basalmembran durchdringt und das Innere des Follikels erreicht. Dort werden sie durch Follikelzellen aufgenommen, die ein wirksames Fermentsystem besitzen, um thecale Androgene in Östrogene umzuwandeln. Die Entwicklung dieses Aromatase-System wird seinerseits durch FSH stimuliert. Auf diesem Wege wird als Ergebnis einer ausreichenden Stimulation durch die beiden Gonadotropine eine intrafollikuläre Konzentration von 17-β-Östradiol erreicht, die tausendfach höher ist als die im Blut. Diese hohe lokale Konzentration von Östrogen fördert das Wachstum und die Entwicklung von Sekundärfollikeln. Darüber hinaus werden die intrafollikulären Östrogene in den Blutstrom abgegeben und bewirken durch ihren stimulierenden Effekt auf die Abgabe von LH aus der Hypophyse den positiven Rückkoppelungsmechanismus, der zu präovulatorischen Östrogen- und LH-Gipfeln führt. Neben der Regulation durch Gonadotropine und Steroid-Hormone werden diese Veränderungen durch eine Zahl von nicht steroidalen Hormonen und örtlichen Gewebsfaktoren reguliert, wie Inhibin, Prostaglandine, Ovocytenreifungs-Hemmfaktor oder einem Faktor, der eine Desensitisierung des LH-hCG-Rezeptors bewirkt. Alle diese Substanzen werden durch unterschiedliche zelluläre Komponenten des Follikels gebildet [Edwards 1980].

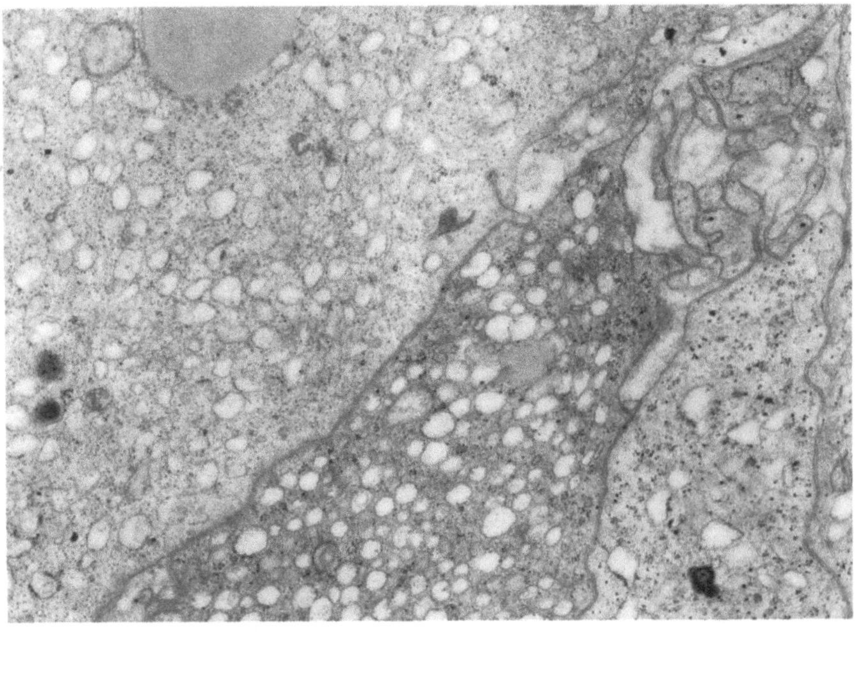

Abb. 27-50. Später Sekundärfollikel. Zellen der Theca folliculi interna. 26 000 : 1

Im Gegensatz zur Theca interna besteht die *Theca externa* aus Zellen, die sich in keinerlei Hinsicht von den Zellen der undifferenzierten Theca folliculi des Primärfollikels unterscheiden.

27.5.5 Tertiärfollikel

Das Grundcharakteristikum des Tertiärfollikels ist die Wiederaufnahme der Meiose in dem Ovocyten, aber die Follikelepithelzellen und das Thecagewebe zeigen auch einige strukturelle und funktionelle Änderungen. Im Ergebnis führen diese Veränderungen zum Follikelsprung und zur Freisetzung eines reifen Ovocyten bei der Ovulation. Zu dieser Zeit kann der Durchmesser des Tertiärfollikels bis zu 25 mm erreichen (Abb. 27-51).

Die auffälligste Veränderung im Ovocytenkern ist die Auflösung der Kernmembran des peripher liegenden Zellkerns. Unter weiterer Kondensation der Chromosomen tritt der Ovocyt in die Metaphase der ersten meiotischen Teilung ein (Metaphase I; Abb. 27-52, 27-53). Die Metaphasechromosomen werden an die Microtubuli der Meiosespindel angeheftet, die sich von einer mitotischen Spindel durch das Fehlen von Zentriolen an ihren Polen unterscheidet. In der folgenden Anaphase der ersten meiotischen Teilung wird ein Chromosomensatz zusammen mit etwas Cytoplasma vom Ovocyten abgeteilt und bildet das erste Polkörperchen. Im Ovocyten gibt es jetzt keine Interphase, er tritt unmittelbar in die zweite meiotische Teilung ein. Die im Cytoplasma der Eizelle zurückgebliebenen Chromosomen bleiben kondensiert und werden rasch im Äquator der zweiten meiotischen

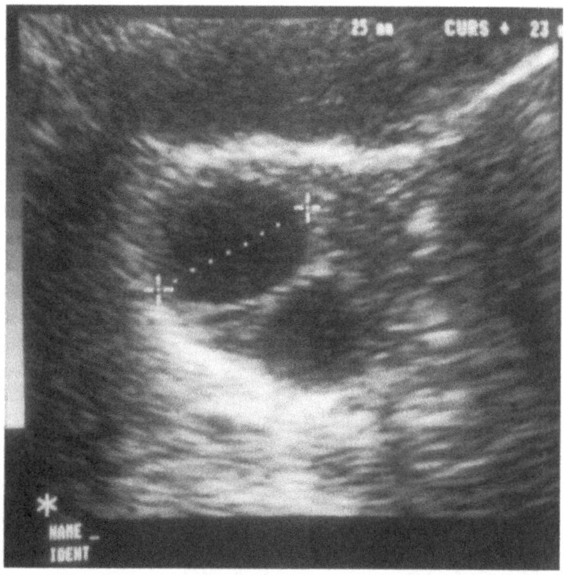

Abb. 27-51. Sonographische Größenbestimmung eines Tertiärfollikels. Diese Technik wird auch bei der Punktion von Follikeln zur Gewinnung von Eizellen für eine extracorporale Befruchtung angewandt
(Freundlichst überlassen von Prof. Dr. Quakernack, Frauenklinik der Ruhr-Universität Bochum am Marien-Hospital Herne)

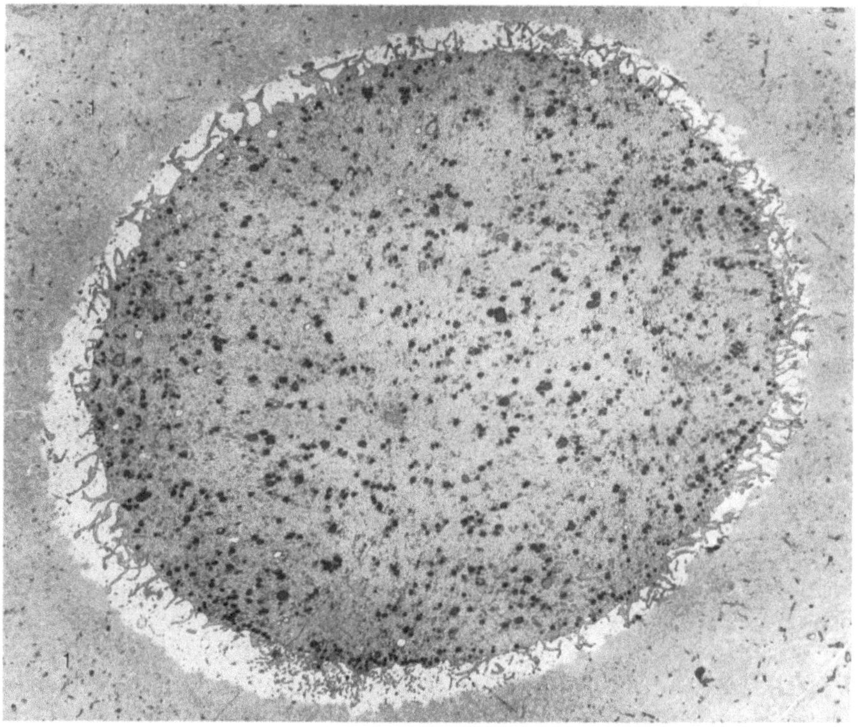

Abb. 27-52. Tertiärfollikel mit einem Ovocyten in der Metaphase I. 1 = Zona pellucida. 2300 : 1

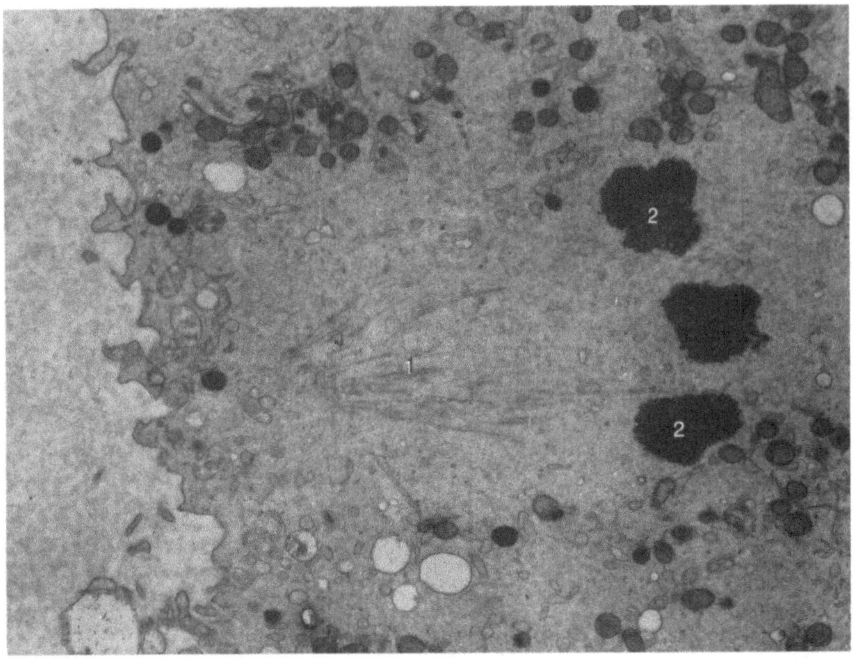

Abb. 27-53. Tertiärfollikel mit einem Ovocyten in der Metaphase I. Peripherie der Zelle mit der meiotischen Spindel (1) und Metaphase-chromosomen (2). 8800 : 1

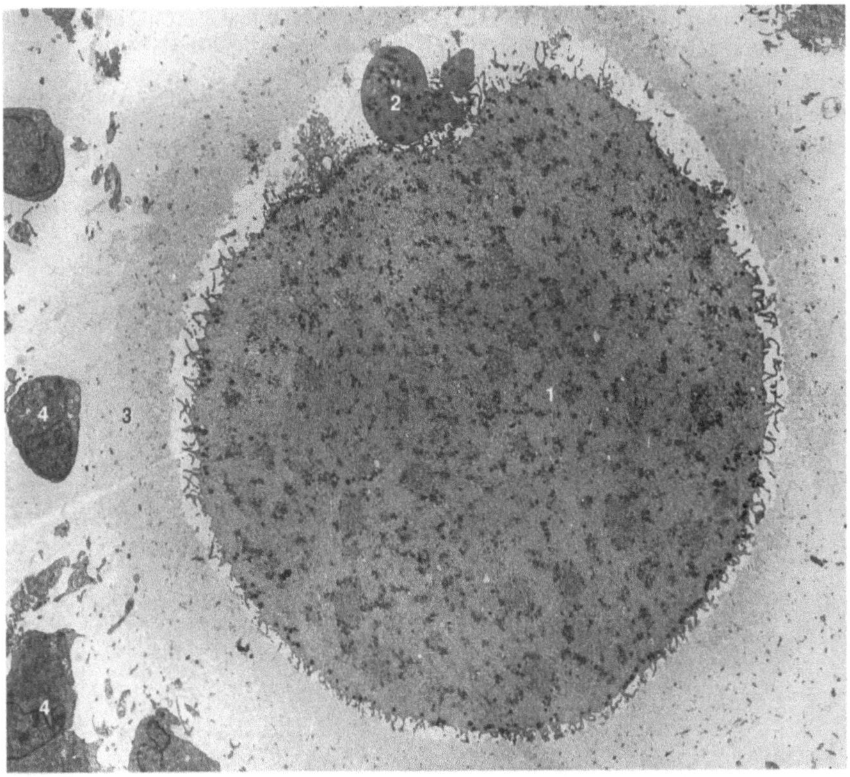

Abb. 27-54. Tertiärfollikel mit einem Ovocyten in der Metaphase II. 1 = Ovocyt, 2 = Polkörperchen, 3 = Zona pellucida, 4 = Corona radiata-Zellen. 1800 : 1

Teilungsspindel eingeordnet, die sich nahe der ersten Spindel bildet. Der Ovocyt geht so direkt in die Metaphase der zweiten meiotischen Teilung (Metaphase II) über, die erst wenige Stunden vor der Ovulation erreicht wird (Abb. 27-54). In diesem Stadium wird die Meiose erneut unterbrochen um erst nach der Fertilisation zu Ende geführt zu werden. Der reife Ovocyt ist also morphologisch charakterisiert durch das Vorhandensein der Chromosomenkonfiguration in der Metaphase II im Randbereich des Cytoplasma nahe dem ersten Polkörperchen. In diesem Zustand wird die Eizelle ovuliert [Dvořák und Tesařík 1980].

Die Follikelepithelzellen des Tertiärfollikels erfahren deutliche Veränderungen, die in den Cumuluszellen und in den muralen Follikelzellen (Granulosazellen) verschieden sind. Die Cumuluszellen produzieren große Mengen von Glycoproteinen, die extrazellulär sezerniert werden. Auf diese Weise wird ein visköses und schleimähnliches interzelluläres Material zwischen die Cumuluszellen abgelagert, das auch in die Poren der Zona pellucida eindringt. Zur gleichen Zeit wird die Koppelung der individuellen Cumuluszellen über die gap junctions unterbrochen, gleiches gilt für die Zellkontakte zwischen den Corona radiata Zellen und der Eizelle. Diese Ovocyten-Follikelzell-Abkoppelung ist eine direkte Wirkung des LH auf die Follikel und einer der Mechanismen, der die Wiederaufnahme der meiotischen Teilung durch eine Unterbrechung der Wege für den Durchtritt Meiose-hemmender Substanzen von den Follikelzellen zum Ovocyten auslöst (siehe oben). Wenn die Ovulation herannaht, kann sich der Cumulus-Ovocyten-Komplex von der Follikelwand trennen und frei im Antrum schwimmen [Edwards 1980].

Die wandbildenden Follikelzellen (Granulosazellen) verändern sich vor allem durch die Zunahme an Cytoplasma und die weitere Vermehrung des glatten ER und der Lipidtropfen. Die Fülle dieser Strukturen, zusammen mit dem Auftreten von Mitochondrien mit tubulärer Innenstruktur, die in diesem Stadium zum ersten Mal gefunden werden, sind typisch für steroidsezernierende Zellen. Zur gleichen Zeit wird die Basalmembran, die die thecalen und die Granulosa-Compartimente trennt, unterbrochen, und der Follikel wird rasch von neu einsprossenden Blutgefäßen durchsetzt. Diese Veränderungen, die man zusammenfassend auch als *frühe Luteinisierung* bezeichnet, sind notwendige Vorbereitungen für die nachfolgende Entwicklung eines Corpus luteum. Die Vergrößerung des Antrum führt gleichzeitig zur Abnahme der Wanddicke sowohl der Granulosa- wie der Thecazellage der Follikelwand und des umgebenden ovarialen Gewebes. Ein umgrenzter Bereich der Follikelwand, der der Oberfläche des Ovars anliegt, kann sogar ischämisch und durchscheinend werden, wodurch das blasenartige Stigma folliculare gebildet wird [Dvořák und Tesařík 1980, Franchi und Baker 1973] (siehe auch Abb. 27-55).

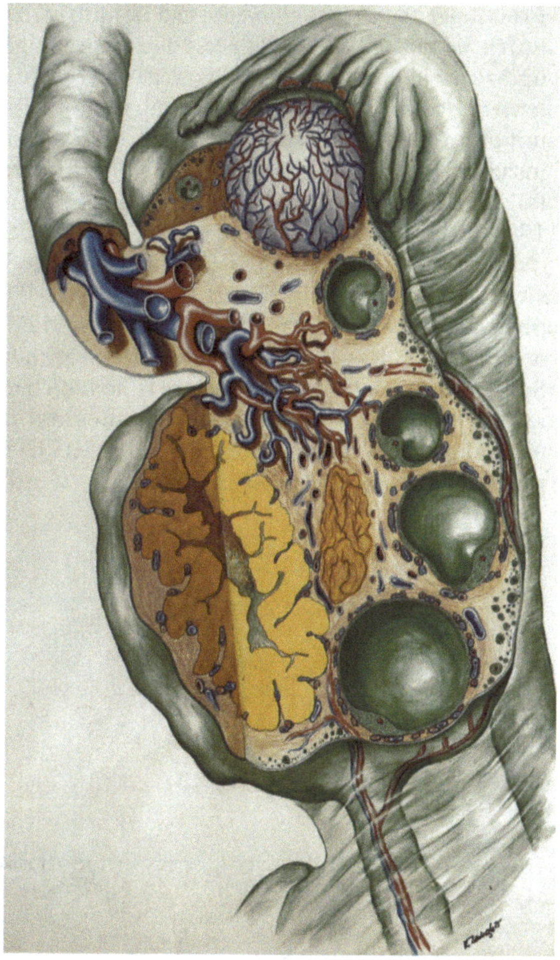

Abb. 27-55. Stufenschnitt durch das Ovar z.Z. der Ovulation mit dem Fimbrientrichter der Tube über dem ovulationsbereiten Follikel. In der Schnittfläche verschiedene Stadien der Follikelreifung, Corpus luteum und Corpus albicans.
[Aus: Hinrichsen 1986]

27.5.6 Ovulation

Im Augenblick der Ovulation wird der Ovocyten-Cumulus-Komplex langsam durch das Stigma aus dem Follikel freigesetzt und vom Fimbrienapparat des Eileiters aufgenommen, um seine Wanderung in die Eileiter-Ampulle zu beginnen (Abb. 27-55). Obwohl die Menge der Follikelflüssigkeit signifikant zunimmt, gibt es keine Erhöhung des intrafollikulären Drucks unmittelbar vor der Ruptur. Die Veränderungen in der Wand des Follikels, die der Ruptur unmittelbar vorausgehen, sind abhängig von der Wirkung einer Kollagenase, deren Freisetzung aus den Granulosazellen durch Prostaglandine stimuliert wird. Es konnte gezeigt werden, daß die Produktion von Prostaglandinen innerhalb des Follikels unter dem Einfluß von LH zunimmt und daß durch Substanzen, die die Synthese von Prostaglandinen hemmen (wie Indomethacin), die Ovulation blockiert werden kann. Der Prozeß wird weiter durch jene Proteine unterhalten, die bei der initialen Auflösung der Follikelwand freigesetzt werden und eine Art Entzündungsantwort auslösen, mit Leucocyteninfiltration und weiterer

Freisetzung von Prostaglandinen und Histamin. Dadurch wird die Blutversorgung des Follikels gesteigert und so der intrafollikuläre Druck weiter aufrechterhalten. Andere proteolytische Enzyme, wie der Plasminogenaktivator, dessen Synthese in den Granulosazellen durch FSH stimuliert wird, können ebenfalls eine Rolle beim Follikelsprung spielen [Edwards 1980, Midgley und Sadler 1979].

Nach ihrer Freisetzung aus dem Follikel befindet sich die Eizelle weiterhin in der Metaphase II. Der physiologische Auslöser für den Abschluß der Meiose ist der Kontakt des Ovocyten mit dem fertilisierenden Spermium. Danach, in der Anaphase II, löst sich das zweite Polkörperchen von der Eizelle, diesmal mit einem haploiden Chromosomensatz und etwas Cytoplasma. Die Ovocyten-Chromosomen werden schrittweise entspiralisiert und von einer neu gebildeten Kernmembran umschlossen, wodurch der weibliche Vorkern entsteht. Gleichzeitig mit der Bildung des weiblichen Vorkerns entwickelt sich der männliche Vorkern aus dem Spermiumkern innerhalb des Cytoplasma der Eizelle. Wenn die Vorkerne ihre volle Entwicklung durchlaufen haben, haben sie gleiche Größe und liegen dicht beieinander. Erst in diesem Augenblick ist unter biologischem Aspekt die Meiose des Ovocyten wirklich beendet (Abb. 27-56). Die Vorkerne treten nun in ihre je eigene DNA-Synthese-Phase ein.

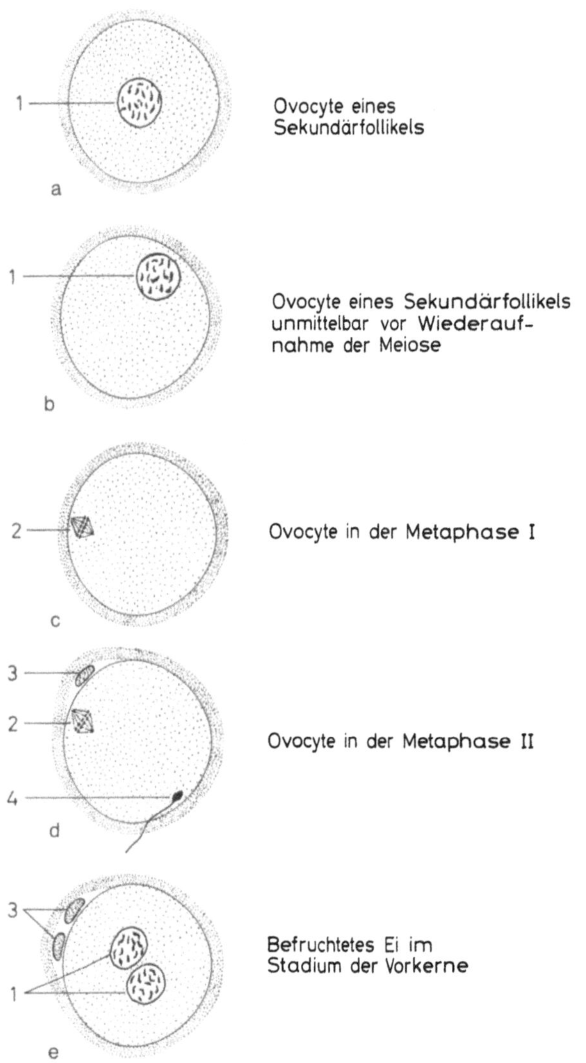

Abb. 27-56a–e. Zusammenfassende schematische Zeichnung der Entwicklungsstadien von Ovocyten. 1 = Zellkern, 2 = meiotische Spindel, 3 = Polkörperchen, 4 = Spermium

27.5.7. Corpus luteum

Der Freisetzung der Eizelle während der Ovulation folgen dramatische Veränderungen des Follikels, der rasch in eine endokrine Drüse, das Corpus luteum, überführt wird. Die Ruptur auf der Oberfläche des Ovars wird teilweise durch den schrittweisen Kollaps des Antrum folliculare und zusätzlich durch ein Gerinnsel von Blut- und Follikelflüssigkeit verschlossen, in den Bindegewebe einwächst. Die Membrana granulosa wird hochgefaltet, ihre Zellen hypertrophieren und werden in Granulosa-Lutein-Zellen umgewandelt. Kapillaren und große Blutgefäße aus den Theca-Schichten wachsen in dieses Gewebe ein und bilden ein komplexes Netzwerk, das sich in den Spalten des früheren Antrum ausbreitet, gleichzeitig mit Bindegewebszellen und Interzellularsubstanz. Die Hypertrophie der Zellen der Theca interna, nun „Theca-Lutein-Zellen" genannt, ist weniger stark ausgeprägt. Sie verbleiben an der Peripherie der gefalteten Masse der Granulosa-Lutein-Zellen. Das Corpus luteum braucht etwa 8 bis 10 Tage, um diese Veränderungen zu durchlaufen. Es ist dann etwas größer als der Tertiärfollikel, aus dem es gebildet wurde. Falls eine Schwangerschaft eintritt, vergrößert es sich weiter und kann als Corpus luteum graviditatis bis zu 2,5 cm Durchmesser erreichen. Tritt jedoch keine Implantation ein, verfällt die Drüse rasch der Degeneration (Corpus luteum menstruationis), die Zellen werden atrophisch, Fibroblasten wandern aus dem Stroma ein und wandeln die ganze Struktur in eine fibröse Masse um, das Corpus albicans [Edwards 1980].

27.5.8 Atresie

Der Großteil der Follikel in einem Ovar ist zur Degeneration bestimmt. Den degenerativen Prozeß, durch den Keimzellen und Follikel im Ovar rückgebildet werden, nennt man allgemein Atresie. Die größte

Verschwendung von Keimzellen erfolgt in der Fetalperiode. Genauere Zählungen haben gezeigt, daß etwa 5 Millionen Keimzellen zwischen dem 5. Schwangerschaftsmonat und der Geburt degenerieren. Auch von den Ovocyten, die in menschlichen Ovarien zum Zeitpunkt der Geburt verblieben sind, ist etwa die Hälfte bereits in Degeneration befindlich; dennoch sind ungefähr 1 Million normale Zellen vorhanden. Sie bilden einen ausreichenden Vorrat für eine Auswahl von Keimzellen bei allen zukünftigen Ovulationen. Auch nach der Geburt geht die Atresie – wenn auch mit einer verminderten Rate – weiter, im Alter von 7 Jahren sind nicht mehr als 300 000 Ovocyten vorhanden, von denen ein geschätzter Anteil von 40% Zeichen der Degeneration zeigt. Nur wenige hundert Ovocyten persistieren bei einer Frau von 45 bis 50 Jahren wenn, bedingt durch das Ausbleiben weiterer Follikelreifung und die damit verbundenen hormonalen Insuffizienzen, die Menopause erwartet wird [Edwards 1980, Midgley und Sadler 1979].

Die allerersten Ursachen für jene Defekte, die zur Atresie führen, sind noch unbekannt, morphologische Kriterien für eine beginnende Atresie zweifelhaft. Fortgeschrittene Degenerationsstadien von Ovocyten können an der Pyknose des Kernchromatin und Veränderungen cytoplasmatischer Organellen erkannt werden. In atretischen Primordial- und Primärfollikeln treten die ersten degenerativen Veränderungen in den Ovocyten auf, während die Follikelzellen normal erscheinen. In Sekundärfollikeln ist das am besten verwertbare Anzeichen einer frühen Degeneration die pyknotische Kerndegeneration in den Granulosazellen nahe dem Antrum. Bei fortschreitender Degeneration werden mehr und mehr Granulosazellkerne pyknotisch, bis überhaupt keine normalen Zellen mehr vorhanden sind, die Theca interna degeneriert und wird dem umgebenden Stroma wieder ähnlich. Der Ovocytenkern durchläuft oft Veränderungen, die denen der Endstadien einer Follikelreifung ähnlich sind, als ob die entsprechenden Stadien der Follikelreifung noch bevorstünden. Die Reste atretischer Follikel werden durch Phagocyten beseitigt, lediglich einige Thecazellen können überleben und eine Art interstitielles Drüsengewebe bilden.

27.5.9 Altersabhängige Charakteristika der Follikelentwicklung

Während des größten Teils der Fetalperiode sind lediglich Primordialfollikel im Ovar vorhanden. Einige Tage vor und nach der Geburt jedoch wird die erste Welle einer Auswahl von Follikeln für weiteres Wachstum beobachtet, einige Follikel können bereits das Stadium des Sekundärfollikels erreichen. Dies ist eine direkte Folge des placentaren Transfers materner Gonadotropine in der späten Fetalperiode. Obwohl die Follikel auf die Gonadotropinstimulation mit einer Antrumbildung reagieren, werden die letzten Stadien der Follikelentwicklung, die in der Ovulation ihren Höhepunkt finden, normalerweise nicht vor der Geschlechtsreife erreicht. Der Abschluß einer solchen Follikelentwicklung erfordert den Aufbau einer genauen Balance der zirkulierenden Gonadotropine, die in dieser Periode noch nicht erreicht

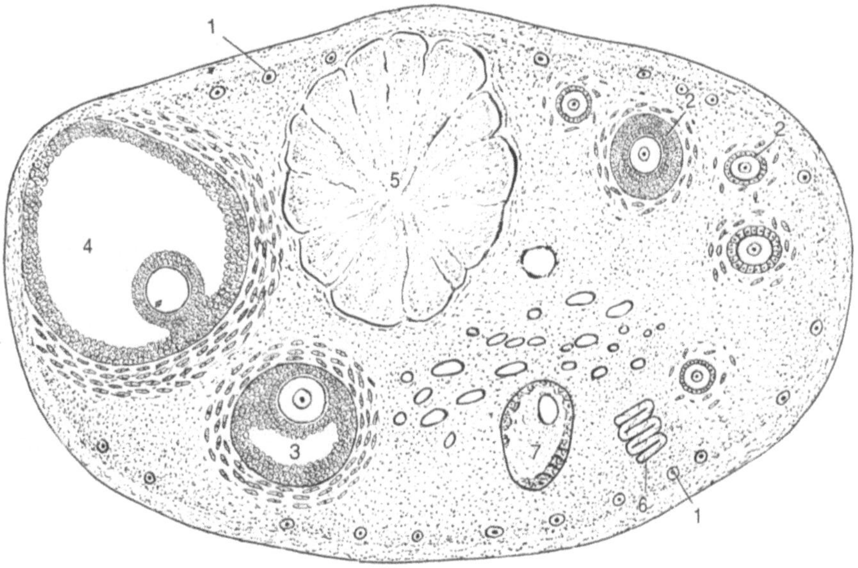

Abb. 27-57. Schematische Zeichnung eines Gesamtschnittes durch ein Ovar.
1 = Primordialfollikel,
2 = Primärfollikel,
3 = Sekundärfollikel,
4 = Tertiärfollikel,
5 = Corpus luteum,
6 = Corpus albicans,
7 = atretischer Follikel

werden kann. Kurz nach der Geburt verschwinden alle Sekundärfollikel aus dem Ovar und bis zur Pubertät verfallen alle Follikel, die bis zu diesem Stadium wachsen, der Atresie, da sie für ihre weitere Entwicklung zu mehrschichtigen Primärfollikeln eine Gonadotropinstimulation benötigen. Nach der Pubertät, wenn eine zyklische Sekretion von Hypophysenhormonen aufgebaut ist, können in einem Ovar alle Stadien der Follikelentwicklung und der Atresie beobachtet werden (Abb. 27-57). Mit zunehmendem Alter vermindert sich die Zahl der Primordial- und Primärfollikel ständig, und mehr und mehr Zyklen werden anovulatorisch. In der Menopause werden alle Follikel vollkommen rückgebildet, das Ovar besteht nun vorwiegend aus Bindegewebe [Edwards 1980, Byskov 1986].

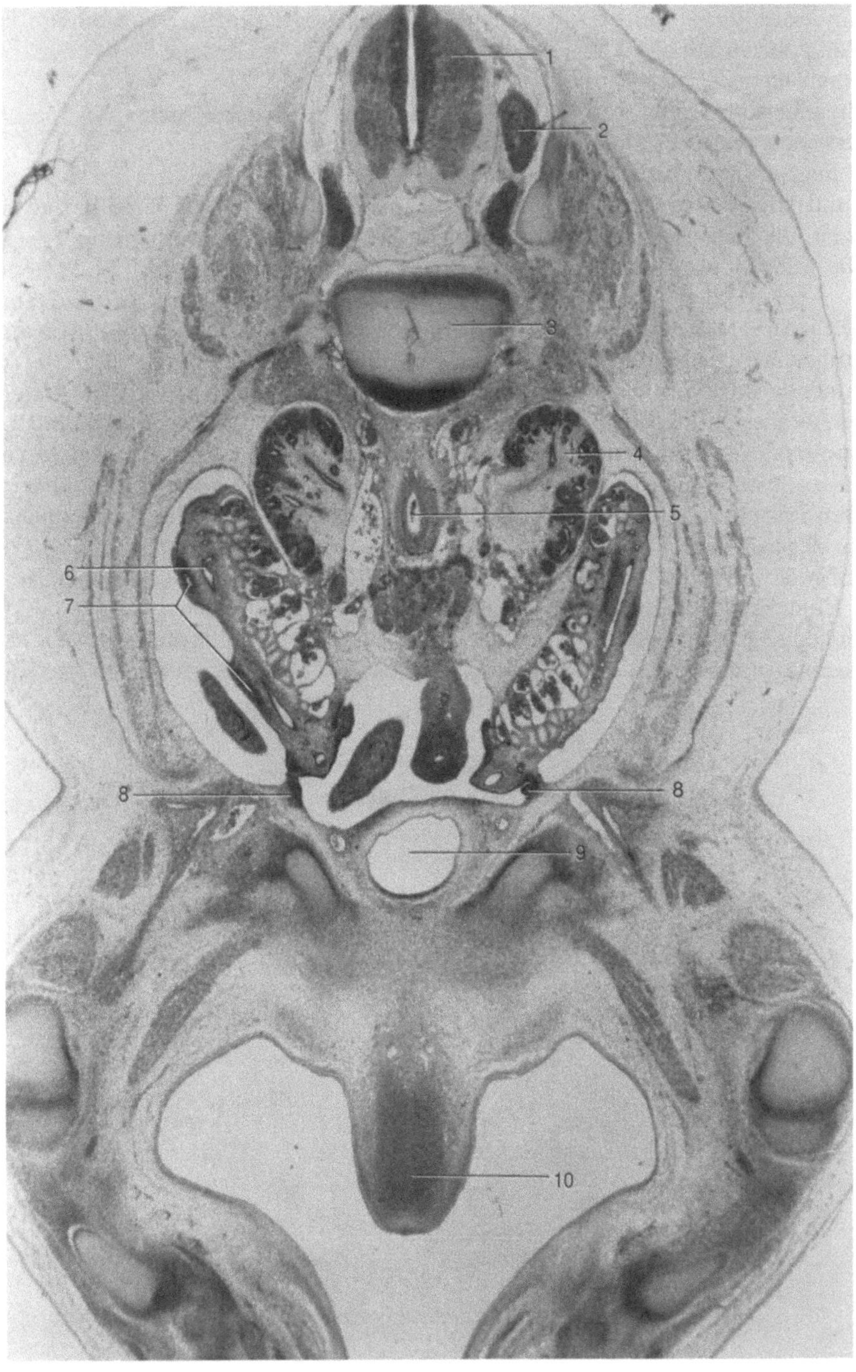

Abb. 27-58. Schnitt durch einen 26 mm großen Embryo mit Darstellung der urogenitalen Strukturen im indifferenten Stadium, der Wirbelsäule und der unteren Gliedmaßen. Die Gonaden, an denen das Geschlecht erkennbar wäre, sind nicht angeschnitten. 1 = Rückenmark, 2 = Spinalganglion, 3 = Wirbelkörper, 4 = Nachniere, 5 = Aorta, 6 = Urniere mit Wolffschem Gang, 7 = Müllerscher Gang, 8 = caudale Keimdrüsenbänder, 9 = Harnblase, 10 = Genitalhöcker. Paraffin 10 µm, Trichrome, ca. 18 : 1 (Präparat und Aufnahme: Professor Hinrichsen, Bochum)

27.6 Entwicklung der inneren Genitalorgane

27.6.1 Entwicklung der inneren Genitalorgane während der bisexuellen Phase

Das Anlagematerial für die Entwicklung der inneren Genitalorgane (Geschlechtsorgane, Genitaltrakt) sind der **Wolffsche Gang** (Ductus mesonephricus, Vor- und Urnierengang), der **Müllersche Gang** (Ductus paramesonephricus) und **Teile der Urniere** (Mesonephros) (Abb. 27-58 bis 27-60, Tabelle 27.5).

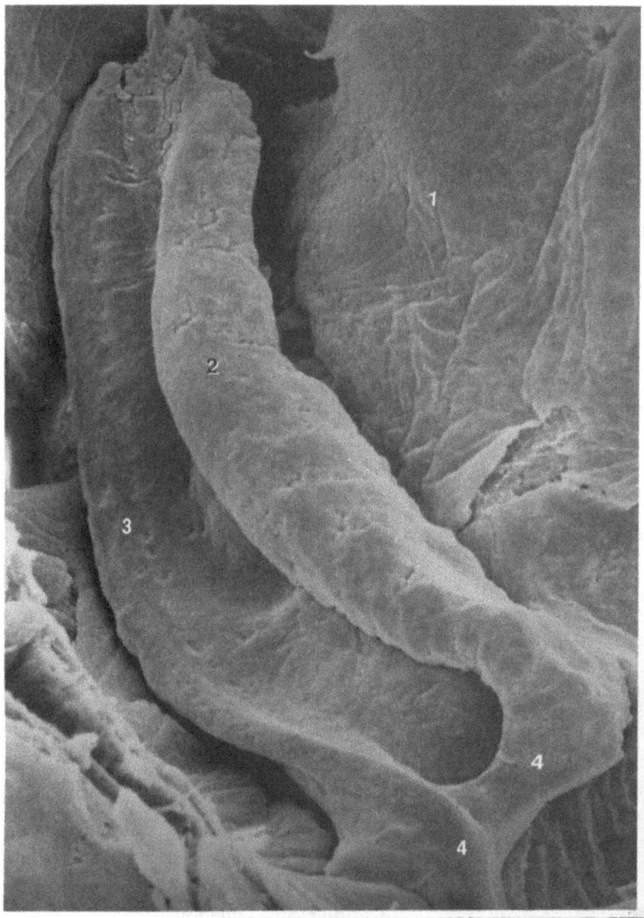

Abb. 27-59. Rasterelektronenmikroskopische Aufsicht der Urogenitalregion (links) eines 26 mm großen, weiblichen Embryo. 1 = Niere (von Peritoneum bedeckt), 2 = Gonade, 3 = Rand der Urnierenfalte mit Müllerschem und Wolffschem Gang, 4 = Müllerscher Gang kreuzt unteres Keimdrüsenband. 50 : 1
(Präparat und Aufnahme: Professor Hinrichsen, Bochum)

Abb. 27-60. Lichtmikroskopische Schnittdarstellung der Urogenitalregion und der Niere eines 26 mm großen weiblichen Embryo. 1 = Wolffscher Gang, 2 = Müllerscher Gang, 3 = Urnierenrest, 4 = Gonade (Ovar), 5 = Nachniere in der Entwicklung. Semidünnschnitt, 85 : 1

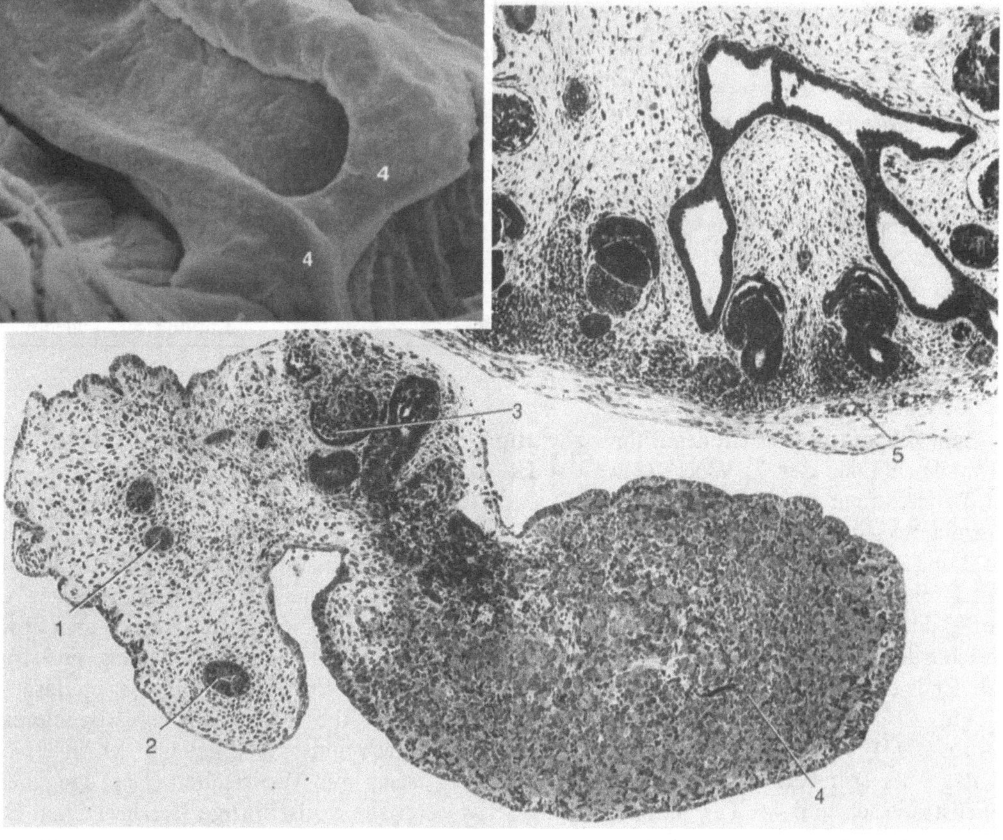

Tabelle 27.5. Anlagen des Urogenitalsystems und deren männliche oder weibliche Differenzierung bzw. Rückbildung zu rudimentären Strukturen

männliche Differenzierung	indifferente Anlage	weibliche Differenzierung
Hoden	**indifferente Gonade**	Ovar
	Mesonephros (Urniere)	
– – – –	cranialer Teil	Ligamentum suspensorium ovarii
Ductuli aberrantes superiores (Rud.)	Urnieren-Tubuli	Appendices vesiculares (Rud.: Hydatide)
Ductuli efferentes		Ductuli transversi des Epoophoron (Rud.)
Paradidymis (Rud.)		Paroophoron (Rud.)
Gubernaculum testis	caudaler Teil	Ligamentum ovarii proprium + Ligamentum teres uteri
Rete testis	Urnierenkörperchen	Rete ovarii (Rud.)
Appendix epididymidis (Rud.: Hydatide)	**Wolffscher Gang**	Ductus longitudinalis des Epoophoron (Rud.)
Ductus epididymidis des Nebenhodens		Gartnerscher Gang (Rud.)
Ductus deferens		
Glandula vesiculosa		
Appendix testis (Rud.)	**Müllerscher Gang**	Fimbria tubae
		Tuba uterina
		Uterus
Utriculus prostaticus (Rud.)		Vagina
Harnblase	**Sinus urogenitalis** Pars pelvina	Harnblase
Urethra		Urethra
Prostata		Gll. urethrales
Urethra	Pars phallica	Vestibulum vaginae
Gll. bulbourethrales (Cowper)		Gll. vestibulares majores (Bartholin)
Glans penis	**Genitalhöcker**	Glans clitoridis
Penis (Haut) Corpus cavernosum penis	**Genitalfalten**	Labium minus pudendi Corpus cavernosum clitoridis
Corpus spongiosum penis Praeputium penis		Bulbus vestibuli Praeputium clitoridis
Scrotum	**Labioscrotalfalten**	Labium majus pudendi

Zum Zeitpunkt der sexuellen Differenzierung der Gonade am Ende der 7. Woche (Stadium 19–20) sind zunächst nur der Wolffsche Gang und die Urniere angelegt (siehe zu deren Entwicklung: Kapitel 26.3 und 26.4). Der Wolffsche Gang liegt lateral von der Urniere, in dem sogenannten „Wolffschen Körper", dort unmittelbar unter dem Coelomepithel, welches deutlich an dieser Stelle verdickt ist. Am oberen Ende des Wolffschen Ganges hat sich das verdickte Coelomepithel trichterförmig eingesenkt (Abb. 27-61). Von dieser Trichterregion, es ist die Anlage des späteren Ostium abdominale tubae, wächst zwischen dem 44. Tag und dem 56. Tag (Stadien 18–23) der Müllersche Gang aus, folgt dem Wolffschen Gang in dessen ganzer Länge und hat am Ende dieser Periode den Sinus urogenitalis erreicht [Koff 1933, O'Rahilly 1977, O'Rahilly und Müller 1987]. Die Spitze des Müllerschen Ganges, in der viele Mitosen auftreten, schiebt sich entlang der lateralen Fläche des Wolffschen Ganges, eingefügt zwischen Epithel und Basalmembran abwärts: Müllerscher und Wolffscher Gang sind für eine kurze Strecke von einer gemeinsamen Basalmembran umhüllt (Abb. 27-62). Wenige Mikrometer oberhalb der Wachstumsspitze gewinnt der Müllersche Gang Abstand vom Wolffschen Gang, und jeder erhält seine eigene, vollständige Basalmembran. Beim weiteren Herabwachsen überkreuzen die Müllerschen Gänge

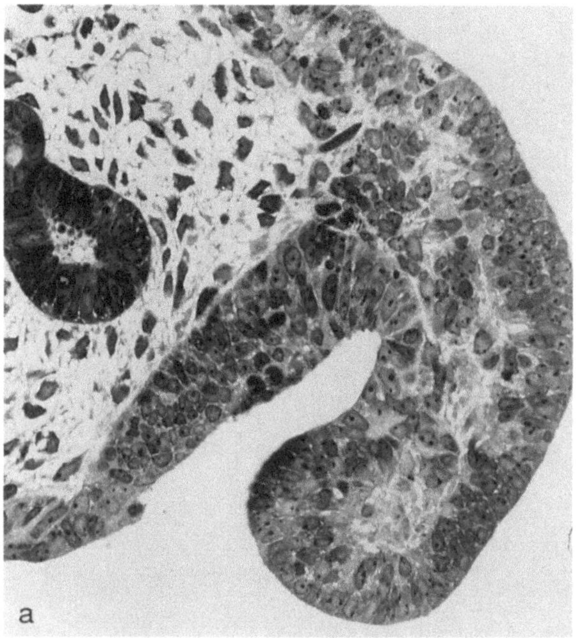

Abb. 27-61a, b. a) Trichterregion (links) des Müllerschen Ganges (Anlage der Fimbria tubae) eines 15 mm großen Embryo. Das proliferierende Coelomepithel senkt sich ein, schließt sich weiter caudal zu einem Rohr, das als Müllerscher Gang entlang dem Wolffschen Gang herabwächst (vergleiche die weiteren Schnittebenen in den Abb. 27-2 und 27-10) Semidünnschnitt, 540 : 1;
b) Drei Stufen des Wachstums des Müllerschen Ganges in den Stadien 17–21. Die Pfeile verweisen auf die entsprechenden Querschnittsebenen, wie sie in den angegebenen Abbildungen zu finden sind (gezeichnet nach O'Rahilly und Müller 1987).

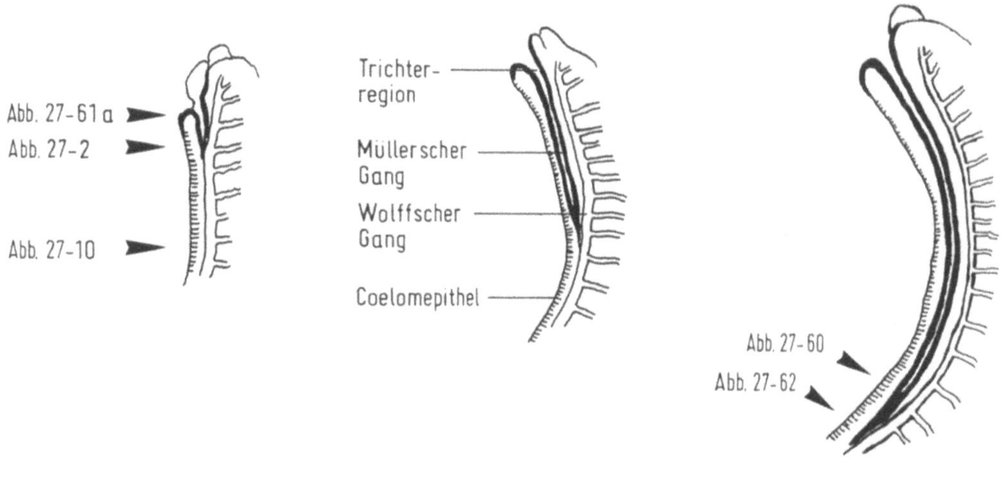

die Wolffschen Gänge (Abb. 27-58, 27-59 und 27-63), liegen medial von ihnen und laufen bis zum Sinus urogenitalis parallel und eng aneinanderliegend. Diese Strecke verschmilzt später (siehe Abschnitt 27.6.3).

Um den Müllerschen Gang sammeln sich aus der Umgebung Zellen, die in der Folge eine dichte, mesenchymale Manschette bilden. In männlichen Feten bleibt diese Manschette bis zur 12. Woche bestehen (Abb. 27-67, 27-68). Sie verhindert eine weitere Differenzierung des Müllerschen Ganges und trägt schließlich (bei männlicher Entwicklung) unter Auflösung der Basalmembran zur Rückbildung des Ganges bei, indem Zellen der Manschette und Epithelzellen sich vermischen und im umgebenden Mesenchym aufgehen [Wartenberg 1985a]. Der craniale Abschnitt des Müllerschen Ganges einschließlich der Trichterregion fallen nicht der Regression anheim. Dieser Teil bleibt als Rudiment erhalten und ist als *Appendix testis* oder *ungestielte Hydatide* am oberen Hodenpol innerhalb des Cavum serosum testis zu finden (Abb. 27-64, 27-66). Das gleiche gilt für das distale Ende des Ganges. An der Stelle der Einmündung in den Sinus urogenitalis bleibt dieser Teil als rudimentärer *Utriculus prostaticus* erhalten (siehe Abb. 27-64, 27-66, Tabelle 27.5 und Abschnitt 27.7.2).

Die *Regression* des Müllerschen Ganges im männlichen Feten wird durch eine hormonartige Substanz (*Anti-Müller-Hormon:* AMH) verursacht [Josso

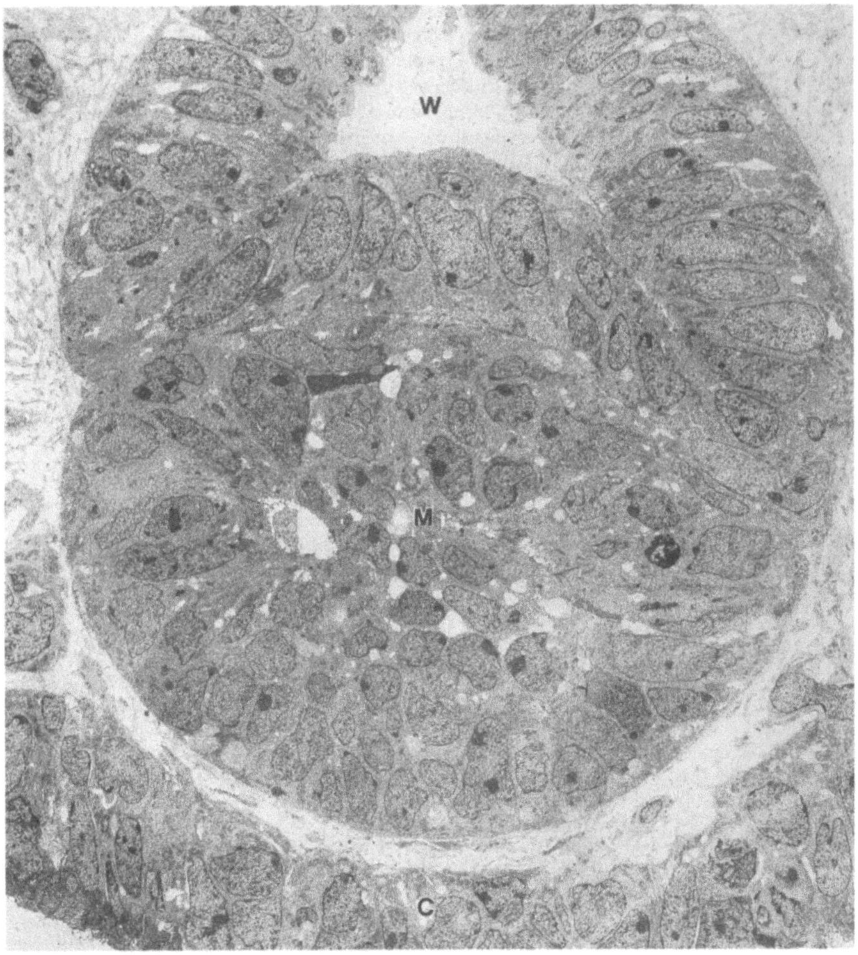

Abb. 27-62. EM-Aufnahme eines Querschnittes durch die Spitze eines Müllerschen Ganges (M) (ohne Lumen!), welche eng dem Wolffschen Gang (W) innerhalb einer gemeinsamen Basallamina anliegt. 21 mm großer, weiblicher Embryo. C = Coelomepithel der „Tubenfalte". 1550 : 1

et al. 1977, Donahoe et al. 1982], ein Glycoprotein, welches von den Stützzellen (Pro-Sertoli-Zellen) des fetalen Hodens gebildet wird [Josso et al. 1980]. Gleichzeitig produziert der Hoden durch seine fetalen Leydig-Zellen Testosteron, durch das der Wolffsche Gang zur Proliferation und Differenzierung angeregt wird (siehe Abschnitt 27.6.2).

Im weiblichen Feten hält die indifferente Phase ebenfalls für einige Wochen an. Während dieser Zeit bildet sich in gleicher Weise wie um den „männlichen" Müllerschen Gang eine zelluläre Manschette, die aber nicht so „dicht" ist und von der 10. Woche an induzierend auf das Epithel des Ganges wirkt. Der Gang wächst (Abb. 27-69 und 27-33), das Lumen entfaltet sich, die Tuba uterina und der Uterus entwikkeln sich (siehe Abschnitt 27.7.3). Dieser Prozeß soll ohne Einwirkung von weiblichen Sexualhormonen erfolgen [Byskov und Hoyer 1988]. Gleichzeitig unterbleibt das Wachstum des Wolffschen Ganges und der Urnierenkanälchen, da das für die Induktion notwendige Androgen fehlt. Im Gegensatz zum Müllerschen Gang im männlichen Feten wird der „weibli-

▸

Abb. 27-63. Die Anlagen der Genitalorgane im indifferenten, bisexuellen Stadium. Rot: Müllerscher Gang und Derivate, violett: Wolffscher Gang und Derivate (Abb. 27-63 bis 27-65 nach Wartenberg 1985b). 1 = Niere, 2 = Ureter, 3 = Zwerchfellband der Keimdrüse/Lig. suspensorium ovarii, 4 = Rete testis/Rete ovarii, 5 = Ductuli efferentes/Epoophoron, 6 = Appendix epididymis/Appendix vesicularis, 7 = Ductus aberrans inferior, 8 = Paradidymis/Paroophoron, 9 = Wolffscher Gang (Ductus deferens), 10 = Müllerscher Gang/Appendix testis (Tuba uterina), 11 = Urniere, 12 = Sinus urogenitalis, 13 = caudales Keimdrüsenband/ Gubernaculum/Lig. teres uteri, 14 = Uterus, 15 = Gartnerscher Gang, 16 = Vagina, 17 = Harnblase, 18 = Müllerscher Hügel/Utriculus prostaticus auf Colliculus seminalis, 19 = Mündung des Wolffschen Ganges (der Ductuli ejaculatorii), 20 = Prostata, 21 = Genitalhöcker/Penis/Clitoris, 22 = Öffnung des Sinus urogenitalis/Urethra/Urethralöffnung, 23 = Vaginalöffnung, 24 = Anus

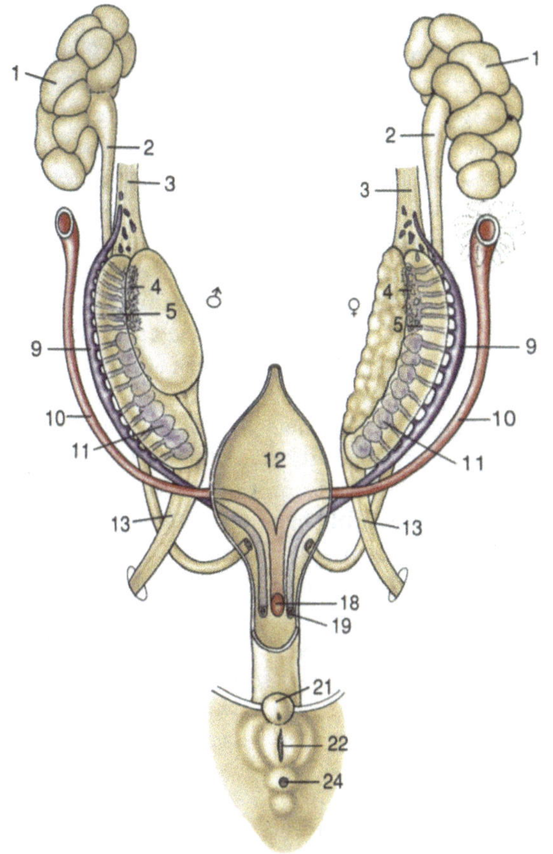

Abb. 27-63.

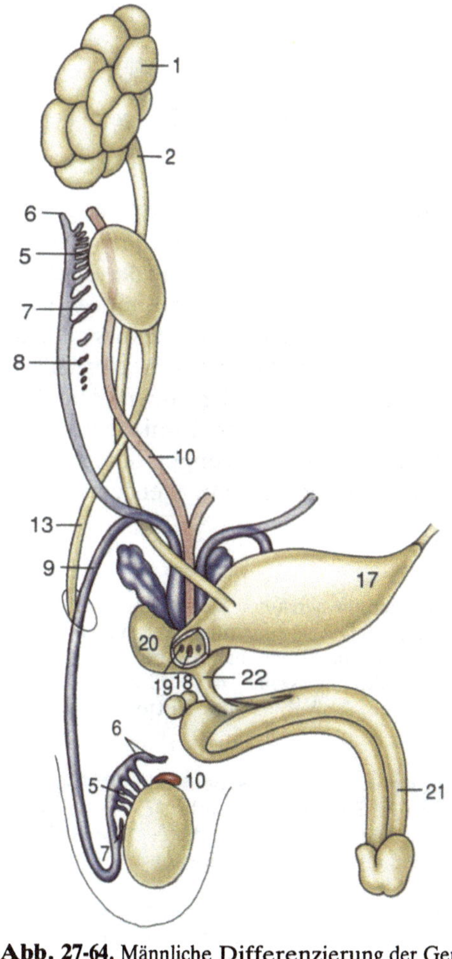

Abb. 27-64. Männliche Differenzierung der Genitalorgane (Nummern wie in Abb. 27-63)

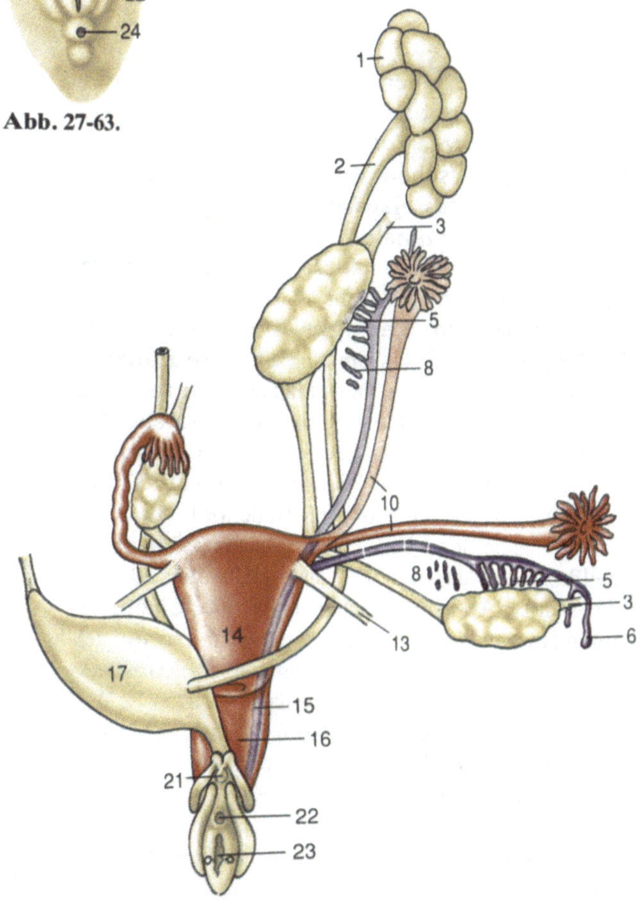

Abb. 27-65. Weibliche Differenzierung der Genitalorgane (Nummern wie in Abb. 27-63)

che" Wolffsche Gang nicht aktiv zur vollständigen Rückbildung gebracht, sondern er verkümmert. Seine Rudimente, wie auch die der Urnierenkanälchen, bleiben als *Gartnerscher Gang* entlang dem gesamten weiblichen Genitaltrakt und als *Epoophoron* (auch Epigenitalis) in der Mesosalphinx erhalten (Abb. 27-65, Tabelle 27.5). Sie machen durchaus das gesamte Körperwachstum mit, d.h. sie wachsen in die Länge, nur bleiben sie rudimentär, d.h. undifferenziert und ohne (erkennbare bzw. bekannte) Funktion.

Der *Sinus urogenitalis* befindet sich zunächst in einer indifferenten, bisexuellen Ausgangssituation, aus der heraus im Zusammenhang mit den Müllerschen oder den Wolffschen Gängen unterschiedliche Differenzierungswege eingeschlagen werden, wobei der Sinus entweder zur Bildung der äußeren weiblichen Genitalien (siehe Abschnitt 27.7.3) oder der männlichen Urethra bzw. der Prostata beiträgt (siehe Abschnitt 27.7.2, Tabelle 27.5).

27.6.2 Entwicklung und Differenzierung des Nebenhodens, des Ductus deferens und der Vesicula seminalis

Die Anlagematerialien des **Nebenhodens** sind ein Teil (6–12) der oberen *Urnierentubuli* und der craniale Abschnitt des *Wolffschen Ganges*. Die caudale Strecke des Wolffschen Ganges wird zum **Ductus deferens,** zum **Ductus ejaculatorius** und zur **Bläschendrüse** (Vesicula seminalis bzw. Glandula vesiculosa) umgebildet. Die Entwicklung beginnt, wenn der Wolffsche Gang nicht mehr als Harnleiter der Urniere benötigt wird, die Urniere in dem Teil, der zur Bildung des Hodenblastem beiträgt, diese Funktion einstellt, und im Hilum bzw. Mediastinum testis die Differenzierung des Rete testis einsetzt (siehe Abschnitt 27.2.1). Dieser Zeitpunkt ist etwa in der 12.–13. Woche erreicht. Im cranialen Teil der Urnierenfalte, in Höhe des oberen Hodenpols und der Trichterregion des Müllerschen Ganges wachsen die 6–12 Urnierentubuli in die Länge, und in der 20. Woche ist dieser Abschnitt dicht mit gewundenen epithelialen Strängen gefüllt, die zunächst kein Lumen zeigen (Abb. 27-66). In einer Serienschnitt-Rekonstruktion der Anlage des Nebenhodenkopfes eines 12 Wochen alten Feten konnten nur 6 *Ductuli efferentes* nachgewiesen werden – was mit der Untersuchung der Zahl der Ductuli efferentes eines 19jährigen Mannes übereinstimmt –, deren Mündungen in T-förmige Ausstülpungen des *Ductus epididymidis* erfolgen [Jonté und Holstein 1987].

Der Wolffsche Gang wächst zunächst merklich in die Länge, womit man im mittleren und unteren Teil der Nebenhodenanlage in zunehmender Zahl Anschnitte des Ganges mit einem gleichmäßig hohen Epithel findet (Abb. 27-67). Eine wichtige Rolle spielen die um den Gang angeordneten Mesenchymzellen, die eine zunehmende – anfangs radiär und später zirkulär orientierte – Hülle bilden (Abb. 27-68). Diese Zellen vermitteln, wie durch experimentelle Untersuchungen durch Austausch dieses „Stroma" gezeigt werden konnte, den hormonellen Einfluß auf Wachstum und Differenzierung des Epithelgewebes [Cunha et al. 1980]. Steroidrezeptoren lassen sich in diesem Stroma, nicht aber in den Epithelzellen lokalisieren.

Die *Bläschendrüse* wächst vom 4.–5. Monat aus dem Mündungsgebiet des Wolffschen Ganges aus, nachdem der Ureter im Verlauf der Abgliederung der Harnblase aus dem Sinus urogenitalis verlagert wurde (siehe Kapitel 26.7).

Über die aus den indifferenten Anlagen des Urogenitalsystems hervorgehenden männlichen oder weiblichen Strukturen sowie über die durch unvollkommene Rückbildung verbleibenden Rudimente informieren die Tabelle 27.5 und die Abbildungen 27-63 bis 27-65.

27.6.3 Entwicklung der Müllerschen Gänge zu den Eileitern und der Gebärmutter

Aus dem Epithel der *Müllerschen Gänge* (Ductus paramesonephrici) und dem diese umgebenden mesenchymalen Gewebe (Stroma) entstehen die verschiedenen Abschnitte der weiblichen, ableitenden Geschlechts- bzw. Genitalwege. Zunächst sind die Gänge noch ungegliedert, die späteren Abschnitte lassen sich aber schon äußerlich abgrenzen (Abb. 27-63). Die distalen Teile, die mit dem Fimbrientrichter beginnen und die bis zu den Kreuzungen mit den caudalen Keimdrüsenbändern reichen, werden sich zu

▶

Abb. 27-66. Querschnitt durch den Nebenhodenkopf mit sich differenzierenden Ductuli efferentes (DE) und der Appendix testis (A), Rudiment des „männlichen" Fimbrientrichters mit Proliferationszone des Coelomepithels (Pfeile). T = Hoden. 20 Wochen alter Fetus, Semidünnschnitt, 54 : 1

Abb. 27-67. Querschnitt durch den Nebenhoden mit Ductuli efferentes (DE) und Ductus epididymidis (E) sowie Zellsträngen, die sich zum Rete testis (RT) differenzieren. T = Hoden. 16 Wochen alter Fetus, Semidünnschnitt, 136 : 1

Abb. 27-68. Querschnitt durch die Falte mit Müllerschem Gang (M) und Wolffschem Gang, der sich zum Ductus deferens entwickelt. 13 Wochen alter Fetus, Semidünnschnitt, 136 : 1

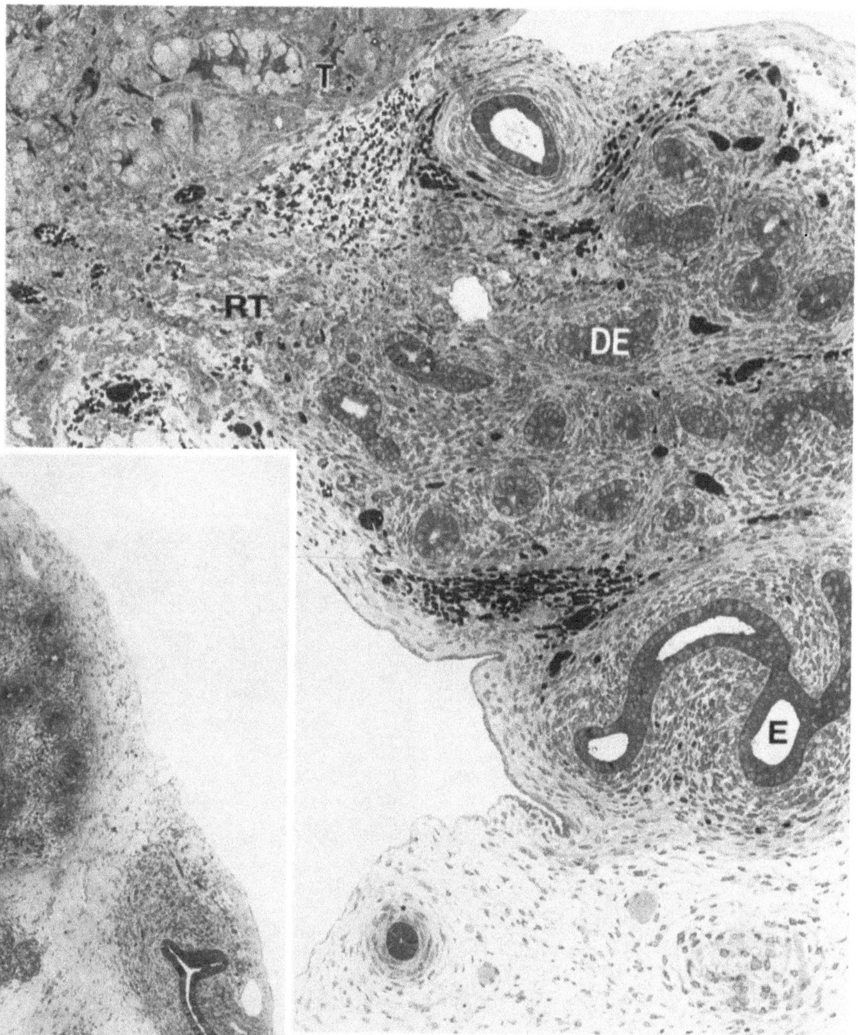

Abb. 27-67

Abb. 27-66

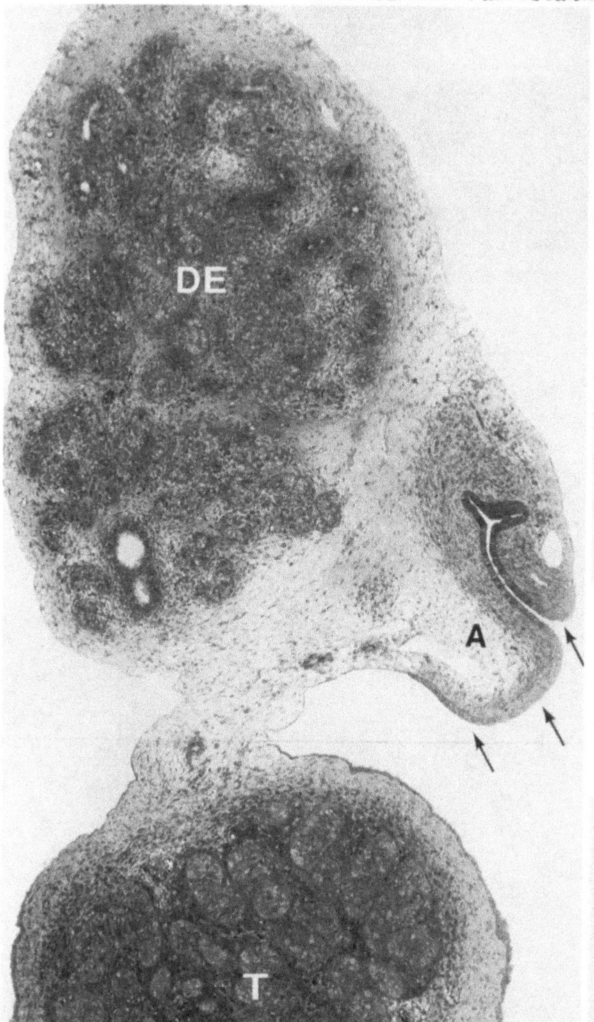

Abb. 27-68

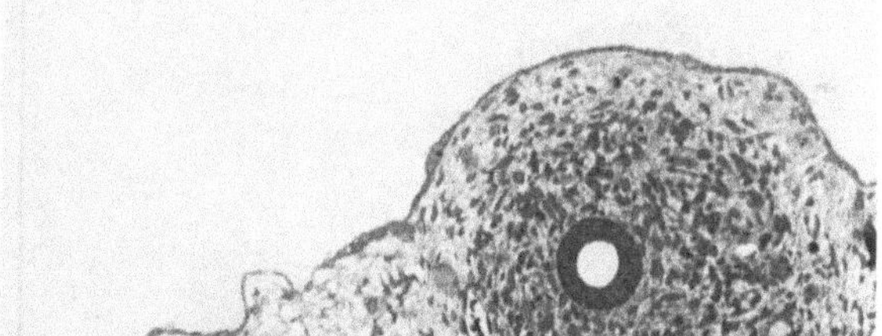

Abb. 27-69a–d. Stadien der Entwicklung des Müllerschen Ganges zur Tuba uterina. **a)** = 12. Woche, **b)** = 13. Woche, **c)** = 15. Woche, **d)** = 22. Woche. Semidünnschnitte, 170 : 1

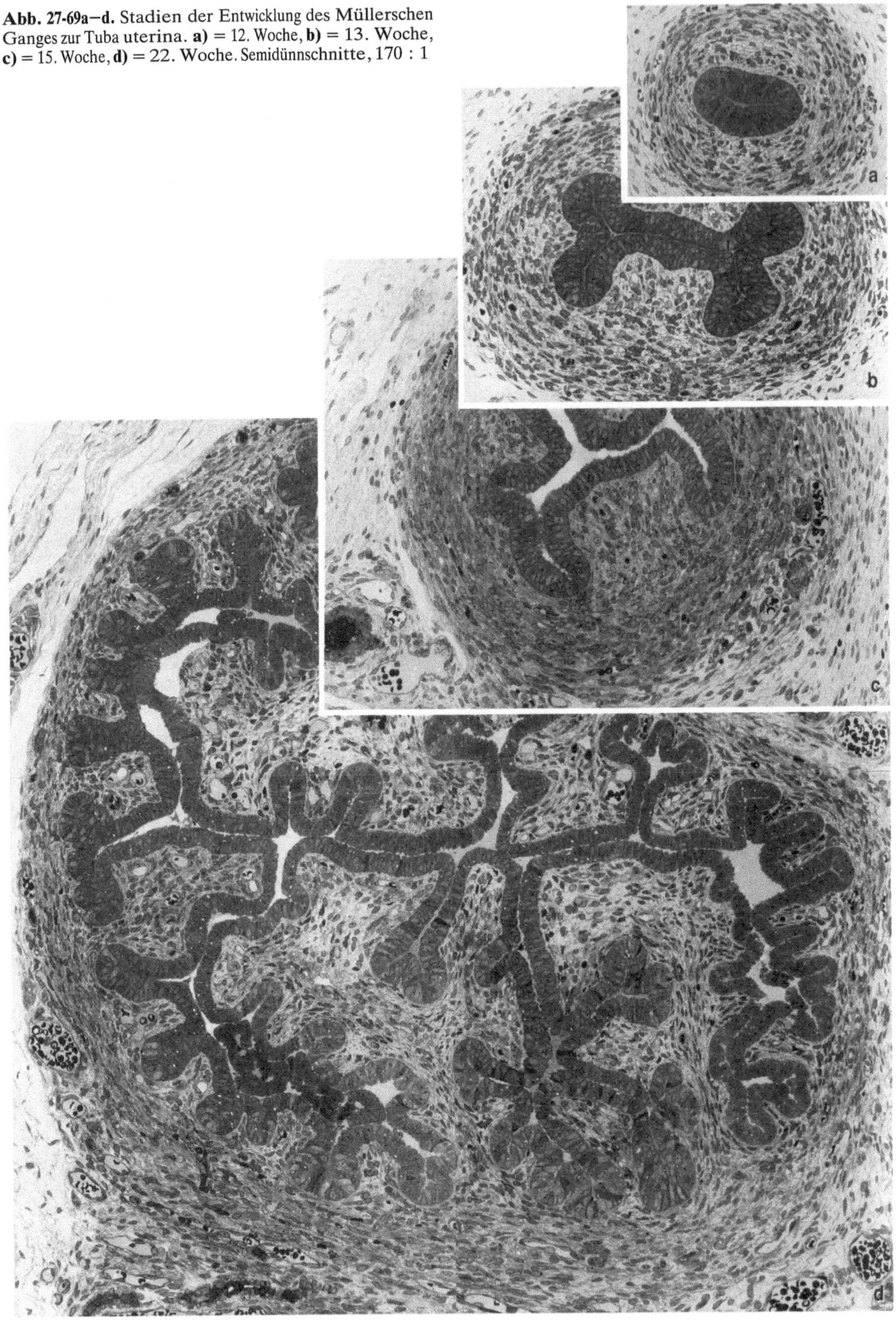

den **Eileitern,** den Tubae uterinae, differenzieren. Aus den proximalen, noch paarigen Teilen entstehen: **Fundus** und **Corpus uteri,** während die unteren, parallel verlaufenden Teile, die sich zum *Canalis uterovaginalis* vereint haben, die **Cervix uteri** bilden und zur Entstehung der **Vagina** beitragen.

Das Wachstum des *Tubenepithel* beginnt in der 12. Woche, wobei das Lumen zunächst schlitzförmig wird und sich schließlich durch Einfaltung des Epithel das sternförmige Lumen mit der zunehmenden Verzweigung der Epithelfalten herausbildet (Abb. 27-69). Gleichzeitig proliferiert das *Stroma* und bildet eine massive, zellreiche Wandschicht, die Anlage der späteren Lamina propria und Tunica muscularis. Die Zellen dieses Stroma haben einen induktiven Einfluß auf die Differenzierung des Epithel des Müllerschen Ganges [Cunha et al. 1980]. Entlang der übrigen Gangabschnitte bleibt die Faltung des Epithel aus, die Stromaschicht wird aber entsprechend der späteren Differenzierung zum *Myometrium* besonders stark ausgebildet. Bereits im 3. Monat zeichnen sich die Schichten der Uteruswand ab (Abb. 27-71, 27-72).

Während der Differenzierungsperiode verändern sich die Anteile der Gangabschnitte relativ zueinander. Anfangs streckt sich der Utero-Vaginal-Kanal stark, während sich der spätere Fundus- bzw. Corpusabschnitt zwar deutlich von den dünnen Tuben und der Cervix uteri (Abb. 27-70, 27-71) absetzt, aber zunächst klein bleibt und die Gestalt eines *Uterus bicornis* aufweist, bis durch Erweiterung der Lumina das einheitliche Cavum uteri entsteht. Die Grenze zwischen Cervix uteri und Vagina ist im Canalis uterovaginalis zunächst nicht erkennbar. Durch eine ringförmige Erweiterung des Lumens, zuerst durch eine solide Epithelleiste angelegt (Abb. 27-71), wird das spätere vordere und hintere *Scheidengewölbe* (Fornix vaginae) markiert.

Schwer zu verstehen und in ihren Einzelheiten auch heute noch nicht endgültig geklärt ist die Entwicklung der *Vagina* und besonders deren unteren Endes (Abb. 27-72). Wenn beim Heranwachsen der Müllerschen Gänge diese zwischen den Mündungen der beiden Wolffschen Gänge sich dem *Sinus urogenitalis* nähern, kommt es hier zu einer Proliferation des Sinusepithel: Es entsteht eine Erhebung in der dorsalen Sinuswand, das *Sinus-Tuberculum* (Sinushügel oder Müllerscher Hügel). Schließlich trifft das Epithel der vereinigten Müllerschen Gänge auf das Sinusepithel, es entsteht eine Zone, in der die einzelnen Epithelformen schwer gegeneinander abzugrenzen sind, an der auch das Epithel der Wolffschen Gänge beteiligt scheint [Witschi 1970, Mauch et al. 1985]. Die Zone ist außerdem in ein dichtes, zellreiches Stroma eingebettet, welches durch Vereinigung der entsprechenden Gewebe der Müllerschen und der Wolffschen Gänge und des Sinus urogenitalis entsteht oder sich von einem der drei Blastemata – vorwiegend wohl von dem des Sinus urogenitalis – ausbreitet. Die Epithelverdickung dehnt sich in cranialer Richtung in den uterovaginalen Kanal aus und füllt diesen zunehmend. In Form des *Bulbus sinuvaginalis* soll die Vagina als solider Strang bis zur 18. Woche angelegt sein und das Lumen sich erst während der nächsten Wochen öffnen, im Übergangsbereich zur Cervix uteri aber noch längere Zeit und eventuell bis zur Geburt verschlossen bleiben. Untersuchungen, die mittels einer vorsichtigen, unter schwachem Druck durchgeführten Injektion von Silikonmasse in den Genitaltrakt von Feten der 14. bis 25. Woche vorgenommen wurden, zeigten, daß sich während dieser Periode der gesamte Trakt füllen ließ [Terruhn 1980]. Erst von der 26. Woche an stellt ein pfropfartiger Verschluß im Cervixabschnitt der Füllung der Uterus- und Tubenabschnitte einen Widerstand entgegen. Nur die Vagina ließ sich füllen. Der Bulbus sinuvaginalis – auch Vaginalplatte genannt – ist also nicht ein solides Blastem, welches die Vaginalanlage vollständig verschließt, sondern ein lockeres Proliferationsgewebe, das histologisch einen lumenlosen Zustand vortäuscht.

Unklar bleibt, ob die Beteiligung des Sinusepithel bei der Bildung des Vaginalepithel auf das untere Fünftel beschränkt bleibt oder ob die Grenze zwischen den Epithelien des Sinus urogenitalis und der Müllerschen Gänge sich zunehmend in Richtung der späteren *Portio* verschiebt. Eine Verlagerung der Grenze zwischen dem mehrschichtigen Plattenepithel der Vagina und dem prismatischen Epithel der Müllerschen Gänge [Mauch et al. 1985], die sich auch an den Abdruckpräparaten nachweisen läßt [Terruhn 1980], kann aber auch durch eine cranial fortschreitende Metaplasie des Epithel der Müllerschen Gänge unter dem Einfluß des sich ausbreitenden Sinusstroma verursacht werden [Cunha et al. 1980, 1983]. Diese Verschiebung der Epithelgrenze erfaßt auch das zukünftige untere Uterussegment, so daß der Cervixabschnitt bei ca. 18 cm großen Feten mit Plattenepithel ausgekleidet ist. Die Lage der Grenze ist offenbar individuell variabel und kann auch deutlich unterhalb des Ostium uteri liegen. Diese Zone, vor allem aber das Portioepithel, bleibt zeitlebens anfällig für Metaplasien und in deren Folge für karzinomatöse Veränderungen.

Die Lage des Uterus innerhalb eines einheitlichen *Septum urogenitale,* der Anlage der späteren *Plica lata,* wird verständlich, wenn man den Weg der Müllerschen Gänge entlang der Wolffschen Gänge verfolgt. Beide Gangpaare liegen cranial im lateralen Teil der Urogenitalfalte, auch Tubenfalte genannt.

Abb. 27-70. Lupenaufnahme des weiblichen Situs im 4. Monat. 1 = Rectum, 2 = Ovar, 3 = Tuba uterina, 4 = Lig. ovarii proprium, 5 = Fundus uteri, 6 = Ligamentum teres uteri. 15,0 cm großer Fetus. ca. 30 : 1 (Präparat: Sammlung des Anatomischen Institutes Tübingen, Aufnahme: Professor Hinrichsen, Bochum)

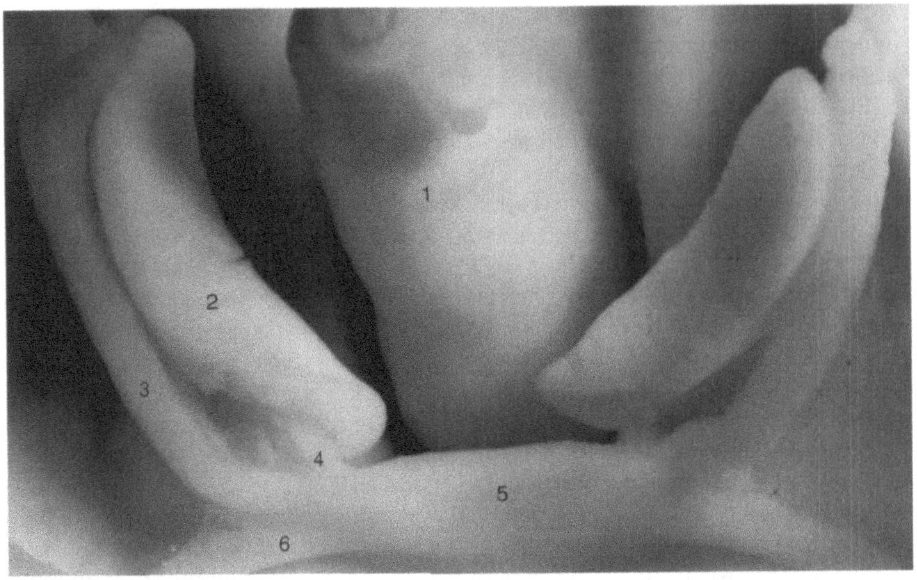

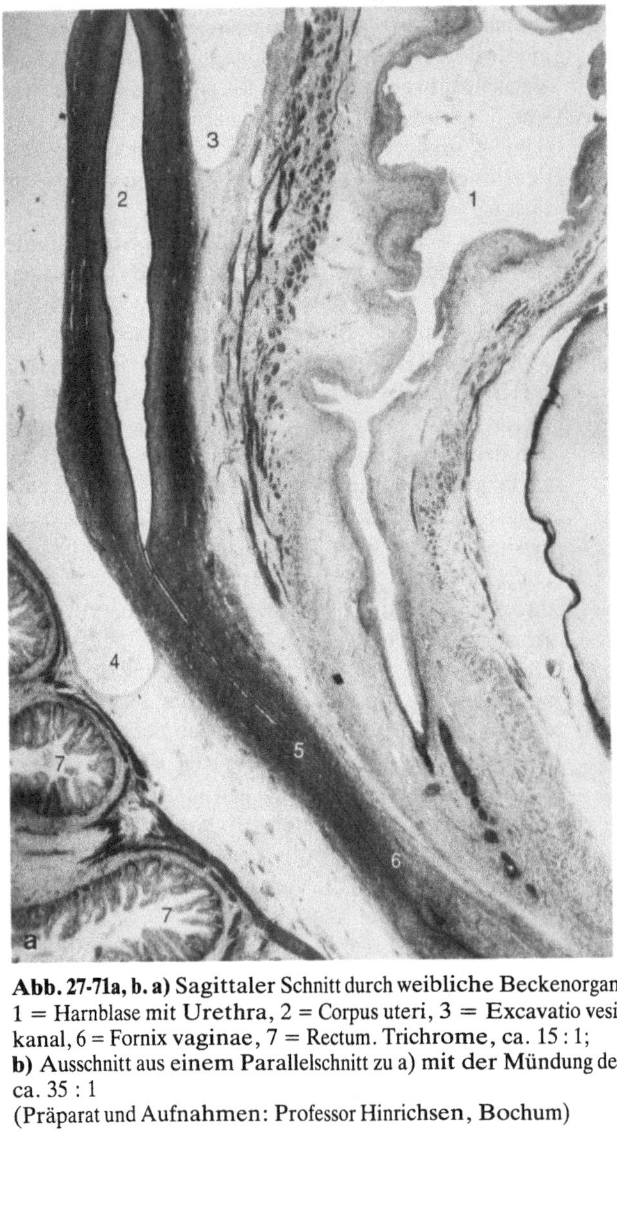

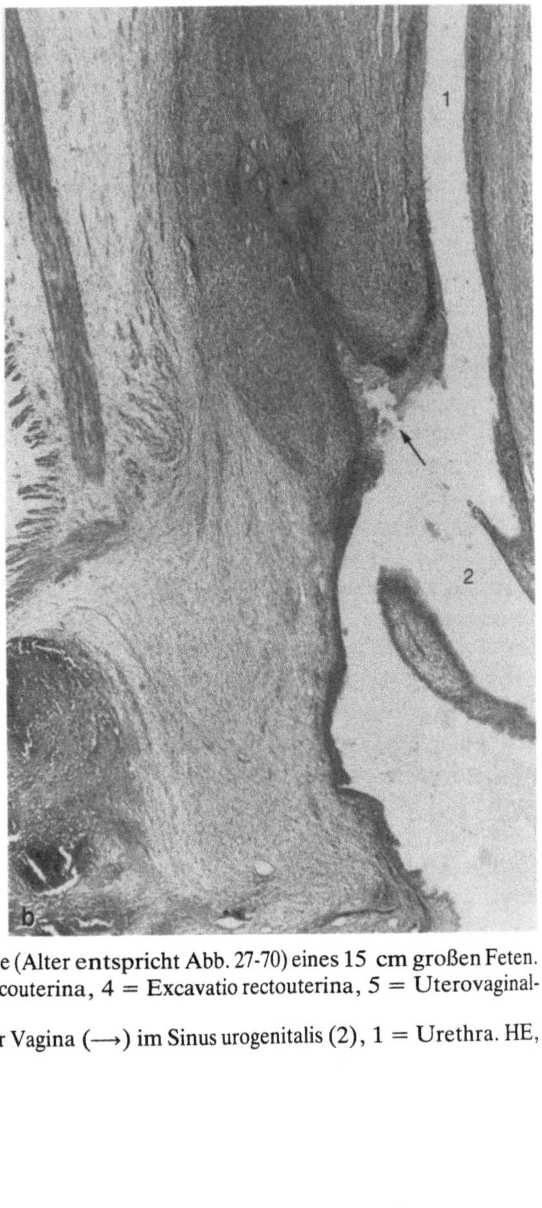

Abb. 27-71a, b. a) Sagittaler Schnitt durch weibliche Beckenorgane (Alter entspricht Abb. 27-70) eines 15 cm großen Feten. 1 = Harnblase mit Urethra, 2 = Corpus uteri, 3 = Excavatio vesicouterina, 4 = Excavatio rectouterina, 5 = Uterovaginalkanal, 6 = Fornix vaginae, 7 = Rectum. Trichrome, ca. 15 : 1;
b) Ausschnitt aus einem Parallelschnitt zu a) mit der Mündung der Vagina (⟶) im Sinus urogenitalis (2), 1 = Urethra. HE, ca. 35 : 1
(Präparat und Aufnahmen: Professor Hinrichsen, Bochum)

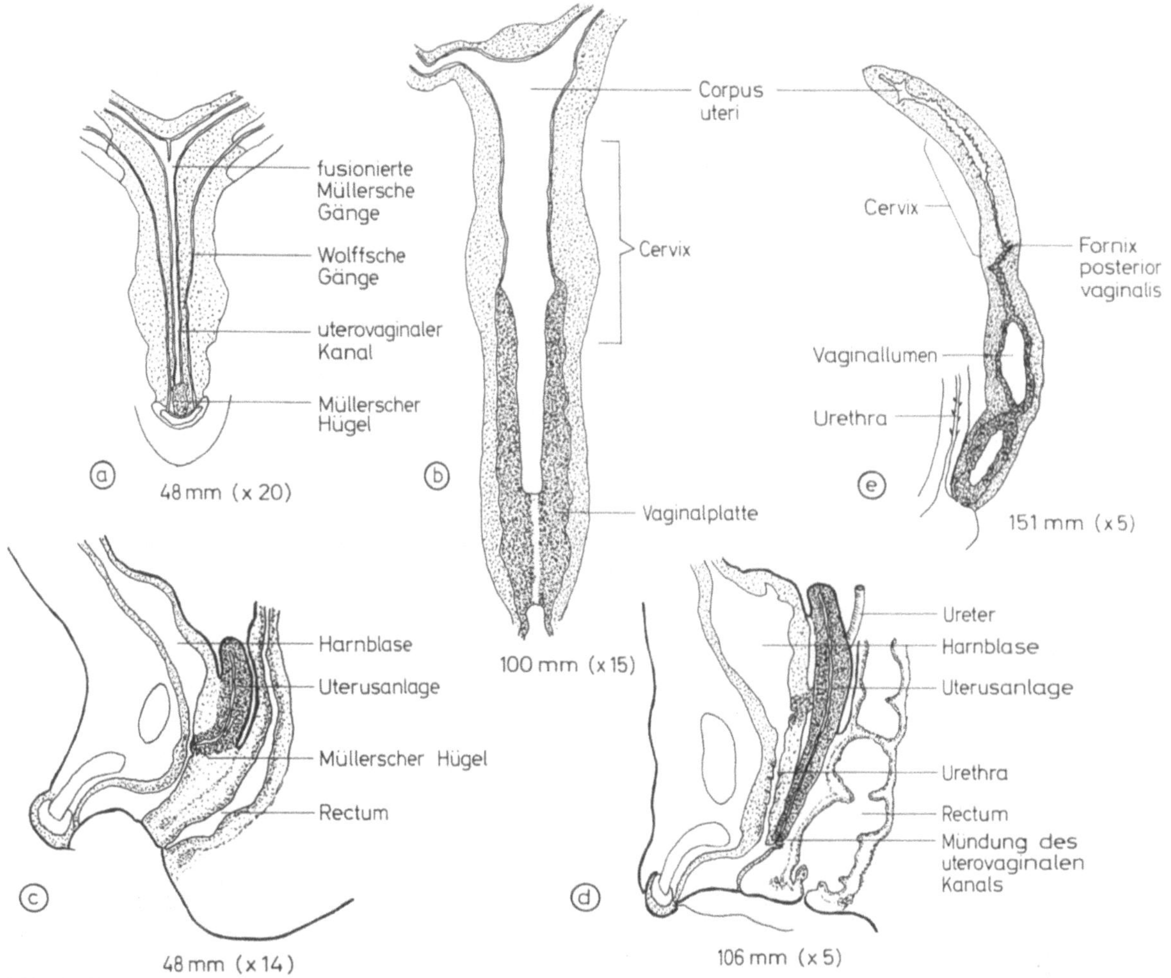

Abb. 27-72a–e. Stadien der Entwicklung des Uterus und der Vagina.
a) und **b)** Frontalschnitte durch den Uterovaginalkanal eines 4,8 cm und eines 10,0 cm großen Feten. **c)** bis **e)** Sagittalschnitte durch Beckenanlagen von Feten mit 4,8 cm, 10,6 cm und 15,1 cm: Beachte, wie sich die Mündung des Uterovaginalkanals im Bezug zur Pars pelvina des Sinus urogenitalis zunehmend nach caudal verlagert. [Nach: Koff 1933 und Terruhn 1980]

Die Falten verlagern sich beim Kreuzen der Müllerschen Gänge nach ventral und medial und gehen dabei in das gemeinsame Septum urogenitale über, in dessen zentralem Teil und medial zwischen den Wolffschen Gängen die Müllerschen Gänge auf den Sinus urogenitalis zuwachsen. Damit sind vor und hinter dem Canalis uterovaginalis frühzeitig die *Excavatio vesico-uterina* und *recto-uterina* angelegt (Abb. 27-70, 27-71).

Da Uterus und Vagina aus zwei Anlagen, den beiden Müllerschen Gängen, entstehen, betreffen **Fehlbildungen** häufig die unvollkommene oder die überhaupt nicht erfolgte Vereinigung der beiden Gänge. Der *Uterus bicornis* (duplex) oder der *Uterus unicornis* sind typische Beispiele. Die Verdoppelung kann sich auf den Fundusteil beschränken (U. bicornis) oder Cervix und auch Vagina betreffen (U. duplex mit doppelter Vagina). Asymmetrische Formen leiten über zu echten „einseitigen“ Uteri. Atresien der Cervix und/oder der Vagina sind aus den oben geschilderten, besonderen Entwicklungsprozessen dieser Abschnitte zu erklären.

27.7 Entwicklung der äußeren Genitalorgane

27.7.1 Bildung und frühe Differenzierung des Sinus urogenitalis und der äußeren Genitalorgane

Zu Beginn der 5. Woche beginnt die Aufteilung der **Kloake** (siehe Kapitel 26.7) in einen *dorsalen Teil,* in den der Hinterdarm mündet, und in einen *ventralen Teil,* der in Richtung Bauchstiel in die Allantois (siehe Kapitel 20.1 Gliederung des Darmes) übergeht. Im frühen Somitenstadium zeigt die Kloake noch eine Fortsetzung, nämlich den kurzen *Schwanzdarm,* der sich in die Schwanzknospe erstreckt. Dieses Rudiment wird noch in der 5. Woche vollständig zurückgebildet. Gleichzeitig werden der „rectale" Abschnitt und der sich in die Allantois fortsetzende Teil zunehmend voneinander getrennt, indem eine transversale Falte, das *Septum urorectale,* im Bogen

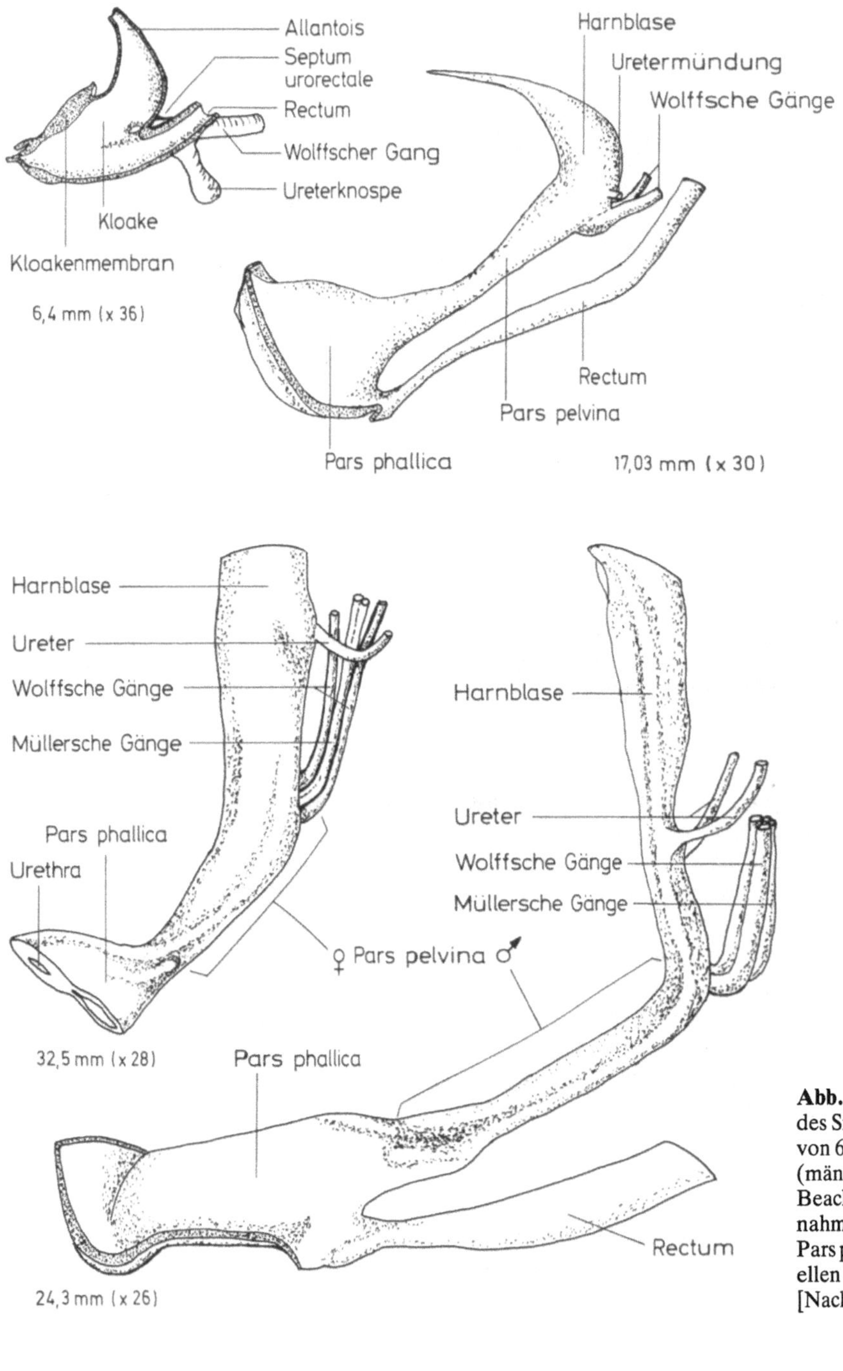

Abb. 27-73. Stadien der Entwicklung des Sinus urogenitalis bei Embryonen von 6,4 mm, 17,03 mm, 24,3 mm (männlich) und 32,5 mm (weiblich). Beachte die unterschiedliche Zunahme von Länge und Umfang der Pars pelvina während der frühen sexuellen Differenzierung. [Nach: Chwalla 1927]

auf die *Kloakenmembran* zuwächst. Noch bevor das Septum die Membran erreicht (siehe Kapitel 26.7 Harnblase und Urethra), reißt diese unter dem Druck des Harns ein [Ludwig 1965], der von der Urniere gebildet und durch den Wolffschen Gang in den vorderen oberen Kloakenteil eingeleitet wird (Abb. 27-63 und 27-73). Damit ist dieser Teil der Kloake, der **Sinus urogenitalis,** noch bevor er vollständig vom rectalen Teil getrennt ist, nach außen geöffnet und steht über das *Ostium urogenitale* mit der Amnionhöhle in Verbindung. Das Septum urorectale bildet schließlich die hintere, endodermale (!) Begrenzung der Sinusöffnung (Ostium urogenitale) und trennt diese von der Rectalmündung, einer quer ausgebreiteten Furche, der künftigen Analöffnung (Abb. 27-74, 27-75). Diese ist zunächst sehr eng (Abb. 27-74) und durch einen Rest der Kloakenmembran, die *Analmembran,* verschlossen. Der gegen den Bauchstiel gerichtete Teil der Kloake streckt und weitet sich. Aus ihm entwickelt sich unter Trennung und Verlagerung der Mündungen von Wolffschem Gang und Ureter die Harnblase (siehe Kapitel 26.7).

Mit der Umgestaltung der Kloake in *Analregion* und *Sinus urogenitalis* kommt es zu einer Differenzierung der ektodermalen, die Öffnungen umgebenden, oberflächlichen Strukturen durch subepitheliale Bindegewebsproliferation. Zunächst ist zwischen Ansatz des Bauchstiels und der Schwanzknospe nur wenig Raum vorhanden. Er wird von dem – primär paarig angelegten – *Genitalhöcker* oder Genitaltuberculum und der Kloakenmembran eingenommen. Unter Streckung der sakralen Krümmung und der Schwanzknospe gelangen Ostium urogenitale und Analfurche in eine „frontale" Stellung (Abb. 27-73). Darüber nimmt der Genitalhöcker an Größe zu, und der caudale Teil des Sinus urogenitalis wird zunehmend in den Genitalhöcker einbezogen, – zunächst als eine solide Epithelwucherung, als *Urethralplatte* – so daß seine Öffnung auch an der Unterseite des Höckers er-

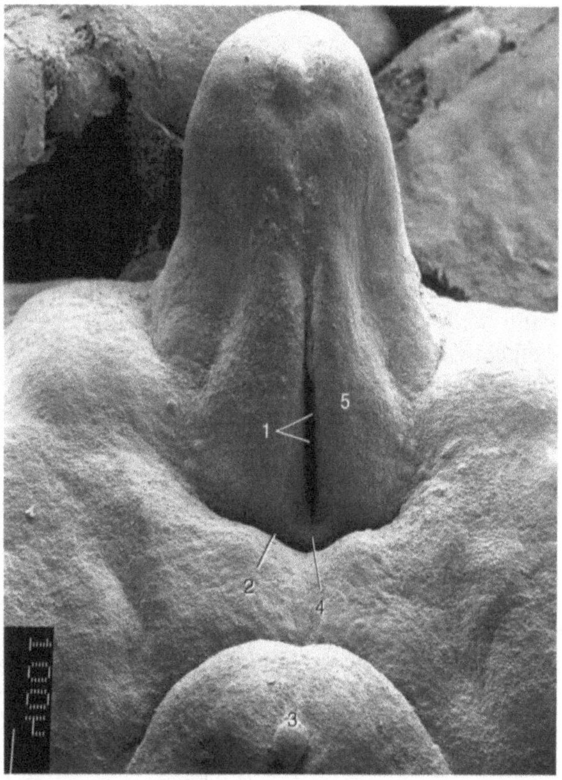

Abb. 27-74. REM-Aufnahme vom Genitalhöcker im indifferenten Stadium (Embryo 17 mm). 1 = Sinusöffnung, 2 = Analfurche, 3 = Schwanzhöcker, 4 = Septum urorectale, 5 = Genitalfalte. 100 : 1
(Präparat und Aufnahme: Professor Steding, Göttingen)

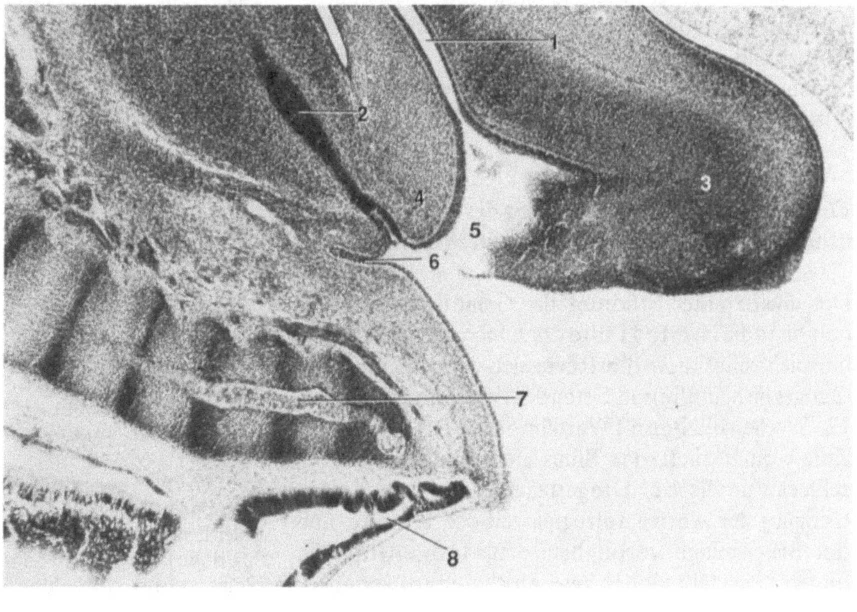

Abb. 27-75. Sagittaler Schnitt durch den Sinus urogenitalis entsprechend Abbildung 27-74. Embryo 16 mm. 1 = Pars pelvina des Sinus urogenitalis, 2 = Rectum, 3 = Genitalhöcker, 4 = Septum urorectale, 5 = Pars phallica des Sinus urogenitalis, 6 = Analfurche, 7 = Anlagen von Wirbelkörpern (hell) und Bandscheiben (dunkel) mit Resten der Chorda dorsalis, 8 = Ende des Neuralrohrs. HE, 300:1
(Präparat und Aufnahme: Professor Hinrichsen, Bochum)

kennbar ist (Abb. 27-73, 27-74). Die Sinusöffnung wird von zwei *Genitalfalten* flankiert, und beidseits des Genitalhöckers und den Genitalfalten anliegend entwickeln sich zwei Erhebungen, die *Labioscrotalwülste,* die sich unter Abflachung auch der Analöffnung anlegen und hinter dieser vereinen (Abb. 27-74).

Fehlbildungen dieses Entwicklungsprozesses können unabhängig von der weiteren sexuellen Differenzierung die verschiedenen Öffnungen betreffen. Vor allem wenn die Analöffnung verschlossen bleibt, können verschiedene Formen von *Fisteln* entstehen. Im Fall einer weitreichenden *Anal-Atresie,* die Teile des Rectum erfassen *(Rectalatresie)* und bei der die Sphinktermuskelanlage ebenfalls betroffen sein kann, wird sich eventuell eine Öffnung zum oberen Teil der Vagina (rectovaginale Fistel) oder in männlichen Embryonen zur Harnblase (rectovesikale Fistel) ausbilden. Um eine ascendierende Infektion des Nierensystems zu verhindern, muß eine rectovesikale Fistel sofort operiert werden.

Fehlbildungen können auch den vorderen Teil der ursprünglichen Kloake erfassen. Am bekanntesten sind der *persistierende Urachus* und die *Ekstrophie der Harnblase.* Die sich aus dem Harnblasenapex über die Allantois zur Nabelschnur fortsetzende Verbindung kann geöffnet bleiben. Im Normalfall findet man diese Verbindung als bindegewebigen Strang in der Plica umbilicalis mediana verlaufen: Der ursprüngliche Kanal wird als Urachus bezeichnet, und er kann Ursache für eine Urachuszyste sein. Die Ektopie der Harnblase kommt vorwiegend beim männlichen Geschlecht vor, ist auf eine unvollkommene Umgestaltung der unteren Abdominalwand zurückzuführen und ist mit einer unvollkommenen Entwicklung des Genitalhöckers verbunden. Die ekstrophe Harnblase besteht nur aus der offenliegenden Hinterwand, in der sich die Uretermündungen finden. Weibliche Formen kommen vor, sind aber seltener.

27.7.2 Männliche Differenzierung des Sinus urogenitalis und der äußeren Geschlechtsorgane

Das indifferente Stadium der Genitalentwicklung hält bis in die zweite Hälfte des 3. Monats an. So wird beispielsweise auch die Regression des Müllerschen Ganges im männlichen Feten erst zwischen der 10. bis 12. Woche vollzogen [Wartenberg 1985a]. In dieser Zeit beginnt auch der Sinus urogenitalis seine geschlechtsspezifische Umgestaltung. Der nach Abtrennung der Anorectalregion von der Kloake und der Blasenanlage verbliebene Sinus urogenitalis im engeren Sinn läßt sich in zwei Abschnitte unterteilen: In die *Pars pelvina,* die am Harnblasenhals beginnt, im oberen Abschnitt die Einmündung der Wolffschen Gänge und den Müllerschen Hügel mit der Mündung des Canalis uterovaginalis enthält (Utriculus prostaticus bleibt als Rudiment erhalten: siehe Tabelle 27.5 und Abb. 27-58) und bis an das distale Ende des Septum urorectale reicht, und die *Pars phallica,* die sich auf die Unterseite des Genitalhöckers erstreckt und den geöffneten Teil – auch Urethralrinne genannt – darstellt (Abb. 27-76, 27-77). Aus beiden Abschnitten des Sinus urogenitalis bildet sich beim Manne die *Harnsamenröhre,* die männliche **Urethra.** Die Pars pelvina nimmt an Länge zu, wird zur *Pars prostatica urethrae,* während aus ihrem Epithel zahlreiche Drüsengänge aussprossen, die zur Anlage der **Prostata** werden. Diese Proliferation wird durch ein dichtes, spezifisches zelluläres Gewebe veranlaßt, welches im weiteren das bindegewebige und muskuläre Stroma des Organs liefert [Cunha et al. 1980]. Die Mündungsstrecken der Wolffschen Gänge werden in den Drüsenkörper einbezogen und differenzieren sich zu den **Ductus ejaculatorii,** den Endabschnitten der Samenleiter. Der distale Teil der Pars pelvina bildet keine Drüsengänge aus, unterscheidet sich von der Pars prostatica durch seine Enge. Hier wird die Urethra durch den muskulären Beckenboden geführt (= *Pars membranacea* der Urethra). Die Pars phallica nimmt mit dem Wachstum des Genitalhöckers zum Penis an Länge zu. Gleichzeitig schließt sich die Rinne zur *Pars spongiosa urethrae* durch eine nach distal fortschreitende Vereinigung der Genitalfalten. Zusätzlich verlagern sich die (Labio-) Scrotalwülste aus ihren Positionen lateral des Genitalhöckers in

▸

Abb. 27-76. REM-Aufnahme von der männlich differenzierten äußeren Genitalregion eines 5,5 cm großen Feten von unten gesehen. Die Scrotalfalten haben sich über dem Sinus urogenitalis vereint, die Urethralrinne ist an der Unterseite des Genitalhöckers (Phallus) noch nicht geschlossen. 1 = Scrotalfalte, 2 = Anus. 33 : 1
(Präparat und Aufnahme: Professor Hinrichsen, Bochum)

Abb. 27-77. Längsschnitt durch den Genitalhöcker (Phallus) eines 4,5 cm großen männlichen Feten. S = Sinus urogenitalis, U = Urethralplatte, G = Glans penis, SF = Scrotalfalten. 270 : 1
(Präparat und Aufnahme: Professor Hinrichsen, Bochum)

Abb. 27-78. Lupenaufnahme des männlichen äußeren Genitale eines 8,4 cm großen Feten. Die Urethralrinne ist geschlossen. 1 = Raphe. ca. 3,5 : 1
(Präparat und Aufnahme: Professor Hinrichsen, Bochum)

Abb. 27-79. Sagittaler Schnitt durch die Glans penis eines 8,8 cm großen Feten. P = Praeputium penis, E = ektodermaler Epithelzapfen, der dem Sinus urogenitalis (S = Urethralrinne) entgegenwächst. 720 : 1
(Präparat und Aufnahme: Professor Hinrichsen, Bochum)

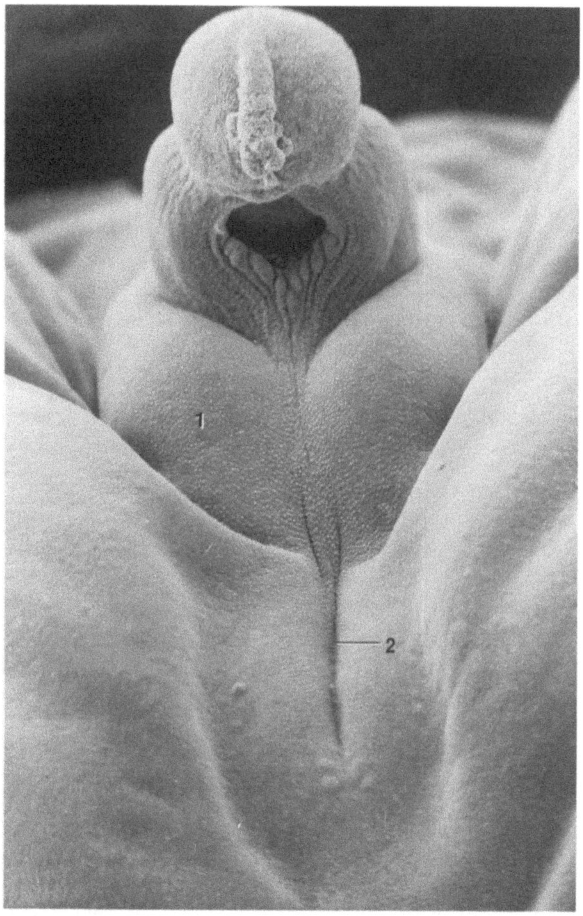

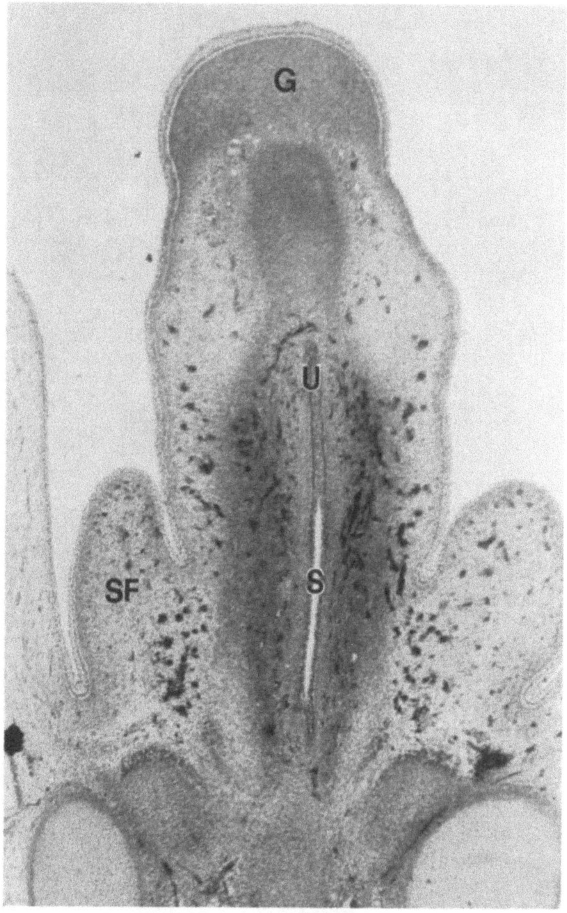

Abb. 27-76 **Abb. 27-77 ◀**

Abb. 27-78 **Abb. 27-79 ▶**

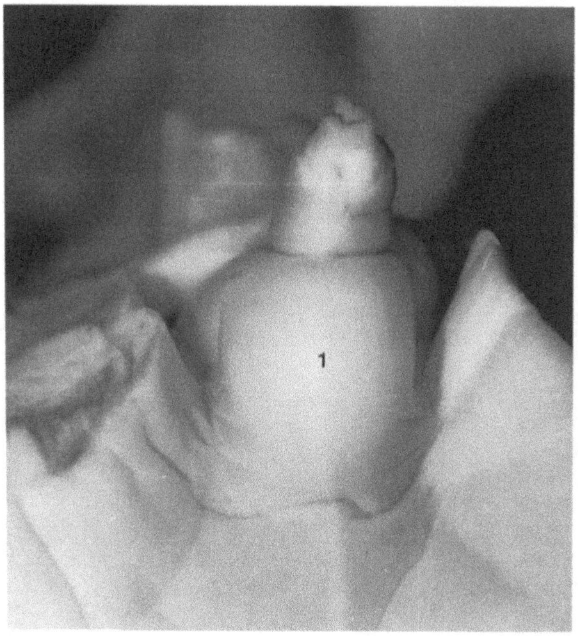

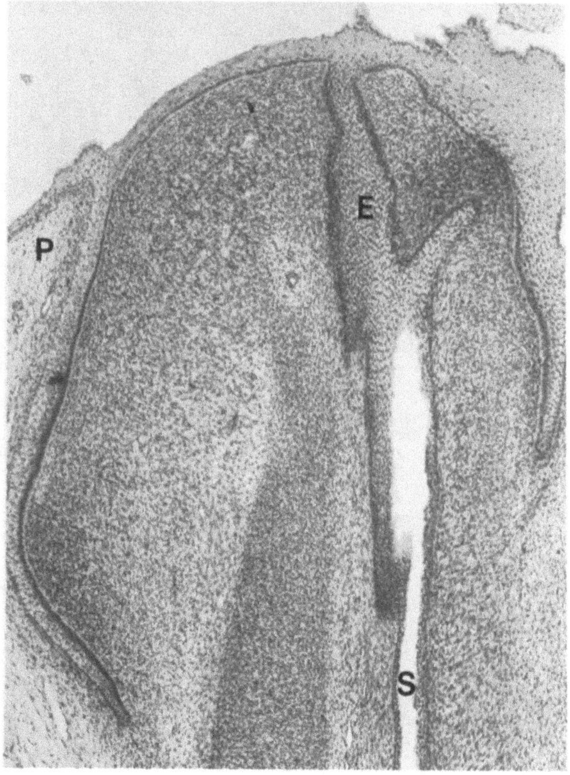

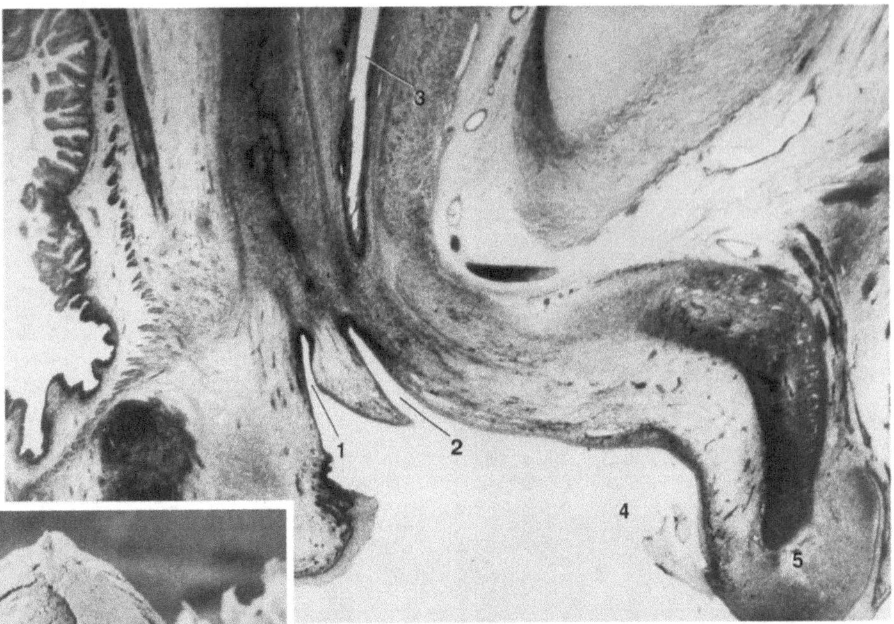

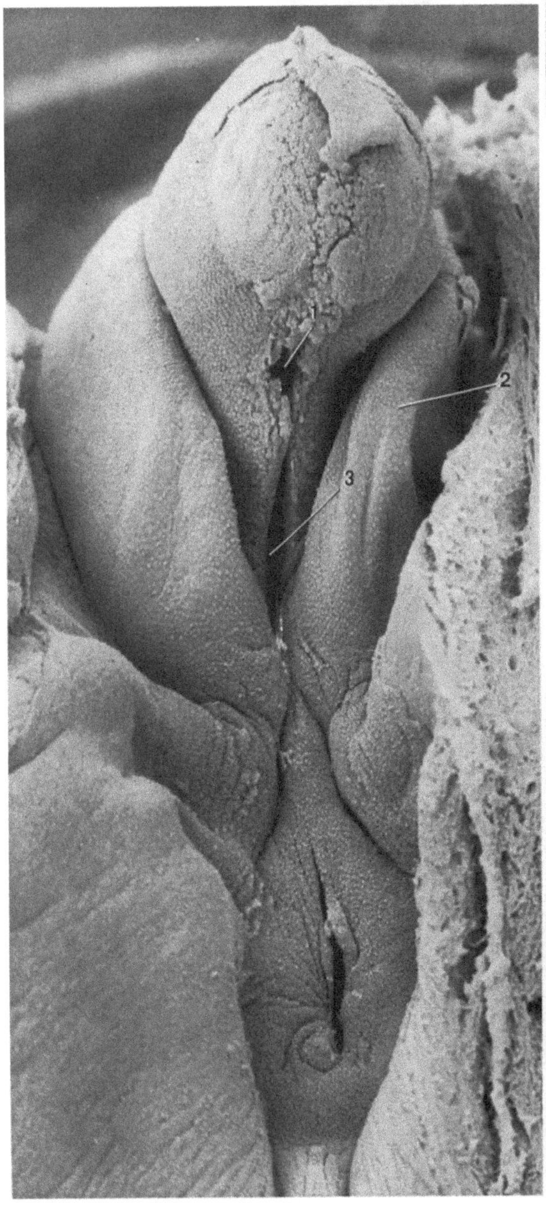

Abb. 27-81. Sagittalschnitt durch das äußere weibliche Genitale eines 15,0 cm großen Feten. 1 = Fossa vestibuli, 2 = Vaginalöffnung, 3 = Urethra, 4 = Vestibulum vaginae, 5 = Glans clitoridis. 15 : 1
(Präparat und Aufnahme: Professor Hinrichsen, Bochum)

◄
Abb. 27-80. REM-Aufnahme der weiblich differenzierten äußeren Genitalregion eines 7,2 cm großen Feten. Die Falten der Labia majora lassen zwischen sich die Öffnung des Sinus urogenitalis und davor die Urethralöffnung erkennen. 1 = Urethra, 2 = Labium majus, 3 = Sinusöffnung (Vagina). 45 : 1
(Präparat und Aufnahme: Professor Hinrichsen, Bochum)

Abb. 27-82. Lupenaufnahme vom äußeren weiblichen Genitale eines 12,0 cm großen Feten. ca. 3 : 1
(Präparat und Aufnahme: Professor Hinrichsen, Bochum)

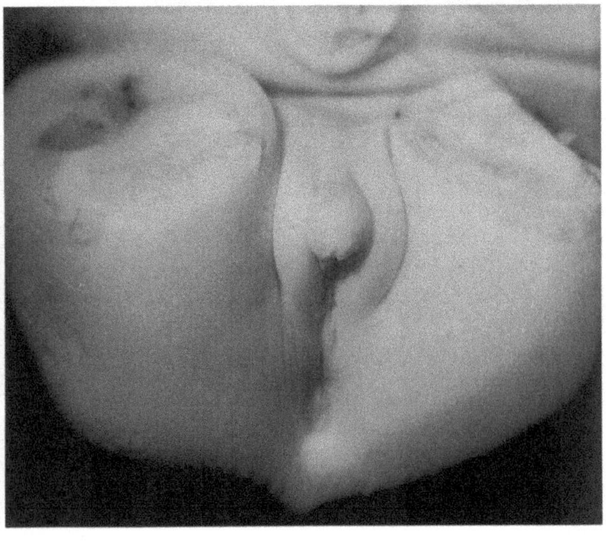

Richtung auf die Dammregion. Sie vereinen sich über der Öffnung des Sinus urogenitalis, was zu der Verlagerung der Urethralmündung, die zunächst an der Peniswurzel liegt, auf die Unterseite des Penisschaftes führt. Dieser Zustand wird zwischen der 10. und 12. Woche erreicht (Abb. 27-76). Die Nahtlinie der Scrotalwülste und der Genitalfalten bleibt als *Raphe perinei, scroti* und *penis* gut erkennbar (Abb. 27-79). Die Raphe soll allerdings aus sekundären Epithelwucherungen hervorgehen.

Auch aus der Pars phallica der Sinuswand wachsen Drüsenanlagen aus, es entstehen in der ganzen Länge kleine Lacunae urethrales *(Glandulae urethrales)* und an der Peniswurzel die paarigen *Glandulae bulbo-urethrales,* die Cowperschen Drüsen. Die Mündung der Urethra wird erst nach Ausbildung der *Glans penis* und des *Praeputium* auf die Spitze des Penis verlagert. Dazu wächst der endodermalen, aus dem Sinus urogenitalis entstandenen Urethralrinne ein ektodermaler Epithelzapfen entgegen (Abb. 27-76 bis 27-78), der sich nach der Kanalisierung und Vereinigung mit der sich danach vollständig schließenden Urethralrinne zur *Fossa navicularis* weitet. Das Praeputium ist zunächst mit der Glans fest verbunden und nur durch eine zirkuläre, manschettenförmige Epitheleinsenkung angelegt (Abb. 27-78). Erst nach der Geburt lösen sich die Epithelschichten des Praeputium und der Glans voneinander, und die Vorhaut wird verschiebbar.

Unvollkommener Verschluß der Urethralrinne oder Verbleib der primären Urethralmündung an der Wurzel des Genitalhöckers führt zu einer *Fehlbildung,* der **Hypospadie.** Liegt die Urethralöffnung auf der dorsalen Fläche eines sehr kurzen Penis, spricht man von einer **Epispadie.** Sie ist in der Regel mit einer Harnblasenatrophie verbunden, was für eine andere Genese als die der Hypospadie spricht.

27.7.3 Weibliche Differenzierung des Sinus urogenitalis und der äußeren Geschlechtsorgane

Das Anlagematerial für die äußeren Geschlechtsorgane ist auch beim weiblichen Fetus der Sinus urogenitalis und die um ihn angelegten Proliferationszonen: Der *Genitalhöcker,* die *Genitalfalten* und die *Labioscrotalwülste.* Im Gegensatz zu den Entwicklungsschritten im männlichen Feten bildet nur die Pars pelvina des Sinus urogenitalis die weibliche Urethra (Abb. 27-73, Tabelle 27.5). Dieser Abschnitt wird durch ein Absenken des Blasenhalses auf den Beckenboden noch relativ gekürzt. Damit gelangt die Mündung der vereinigten Müllerschen Gänge, des Canalis uterovaginalis, in eine zunehmend caudale Lage, die Vagina wächst abwärts, und schließlich münden Urethra und Vagina unabhängig in den offenen Teil des Sinus (Abb. 27-80, 27-81). Die Mündung des Uterovaginalkanals erfolgt vor dem Septum urorectale, das durch die hier zur hinteren Commissur vereinigten *Labia majora* zur weiblichen Dammregion verstärkt wird. *Urethralöffnung* und *Ostium vaginae* werden durch ein schmales transversales *Septum urovaginale* getrennt. Aus dem unteren Teil des breit sich öffnenden Sinus urogenitalis wird das *Vestibulum vaginae,* als dessen Begrenzung sich beidseits die Genitalfalten zu den *Labia minora,* am vorderen Ende der Genitalhöcker zur *Clitoris* entwickeln und am hinteren Ende die *Fossa vestibuli* gelegen ist (Abb. 27-82, 27-83). Vor der Clitoris vereinen sich die Genitalfalten und bilden das *Praeputium clitoridis.* Als Gegenstück zu den Cowperschen Drüsen entwickeln sich *Glandulae vestibulares majores,* die Bartholinschen Drüsen, die beidseits der Vaginalöffnung in das Vestibulum münden. Kleinere Drüsen, die den Glandulae urethrales beim Manne entsprechen,

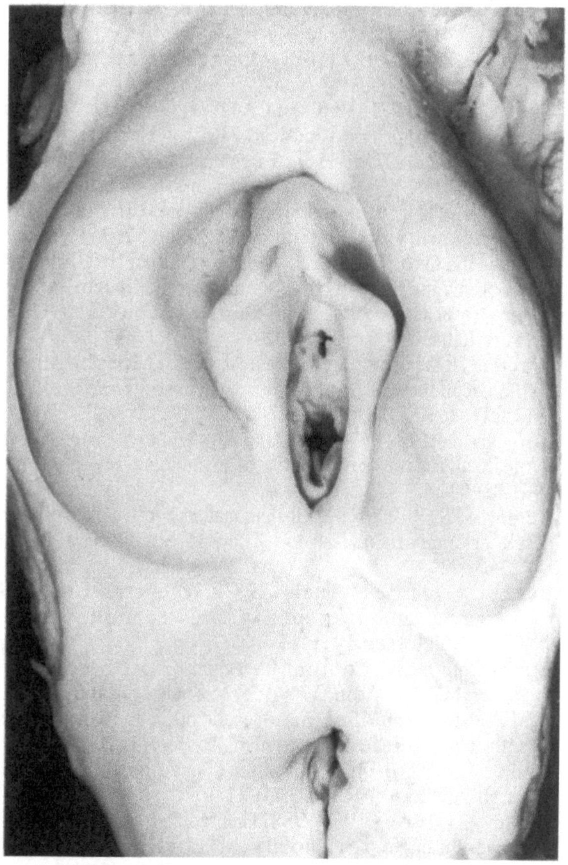

Abb. 27-83. Kindliche Vulva mit Labia majora, Labia minora und den Öffnungen der Urethra und der Vagina. ca. 2,8 : 1
(Präparat des Anatomischen Institutes Tübingen, Aufnahme: Professor Hinrichsen, Bochum)

münden als *Glandulae vestibulares minores* um die Mündung der weiblichen Urethra, das Ostium urethrae externum.

Die Bildung des weiblichen äußeren Genitale geht also mit deutlich weniger starken Umbildungen einher als die des männlichen. Dies mag auch erklären, warum **Fehlbildungen** des äußeren weiblichen Genitale sehr viel seltener sind, als die des männlichen. Auf „vermännlichende" Wirkungen von Steroiden auf das weibliche Genitale (partielle Fusion der Labia majora, Vergrößerung der Clitoris) wurde schon im Kapitel 22.5 Glandulae suprarenales und chromaffines System („Adrenogenitales Syndrom", S. 643) verwiesen.

Für die vielfachen Formen nicht eindeutiger oder bilateral abweichender Differenzierungen (Intersex-Formen), die z.T. eindeutig genetisch bedingt sind, sei auf die Lehrbücher der Kinderheilkunde, der Teratologie und der Genetik verwiesen.

27.8 Literaturverzeichnis

Afzelius BA, Eliasson R, Johnson O, Lindholmer C (1975) Lack of the dynein arms in immotile human spermatozoa. J Cell Biol 66:225–232

Baccetti B (1984) The human spermatozoon. In: Van Blerkom J, Motta PM (eds) Ultrastructure of reproduction. Nijhoff, Boston The Hague Dordrecht Lancaster, pp 110–126

Baker TG (1963) A quantitative and cytological study of germ cells in human ovaries. Proc R Soc Lond [Biol] 158:417–433

Baker TG, Eastwood J (1983) Origin and differentiation of germ cells in man. Bibl Anat 24:67–76

Barr AB, Moore DJ, Paulsen CA (1971) Germinal cell loss during human spermatogenesis. J Reprod Fertil 25:75–80

Bidlingmaier F, Dörr HG, Eisenmenger W, Kuhnle U, Knorr D (1983) Testosterone and androstenedione concentrations in human testis and epididymis during the first two years of life. J Clin Endocrinol Metab 57:311–315

Blandau RJ, Odor DL (1972) Observations on the behavior of oogonia and oocytes in tissue and organ culture. In: Biggers JD, Schuetz AW (eds) Oogenesis. University Park Press, Baltimore, pp 301–320

Breucker H, Schäfer E, Holstein AF (1985) Morphogenesis and fate of the residual body in human spermatogenesis. Cell Tissue Res 240:303–309

Burgoyne PS (1982) Genetic homology and crossing over in the X and Y chromosomes of mammals. Hum Genet 61:85–90

Burgoyne PS (1988) Role of mammalian Y chromosome in sex determination. Philos Trans R Soc Lond [Biol] 322:63–72

Bustos-Obregon E, Holstein AF (1973) On structural patterns of the lamina propria of human seminiferous tubules. Z Zellforsch 141:413–425

Bustos-Obregon E, Courot M, Flechon JE, Hochereau-de-Reviers MT, Holstein AF (1975) Morphological appraisal of gametogenesis. Spermatogenetic process in mammals with particular reference to man. Andrologia 7:141–163

Byskov AG (1986) Differentiation of mammalian embryonic gonad. Physiol Rev 66:71–117

Byskov AG, Hoyer PE (1988) Embryology of mammalian gonads and ducts. In: Knobil E, Neill J, Ewing LL, Greenwald GS, Markert CL, Pfaff DW (eds) The physiology of reproduction. Raven Press, New York, pp 265–302

Chwalla R (1927) Über die Entwicklung der Harnblase und der primären Harnröhre des Menschen mit besonderer Berücksichtigung der Art und Weise, in der sich die Ureteren von den Urnierengängen trennen, nebst Bemerkungen über die Entwicklung der Müllerschen Gänge und des Mastdarms. Z Anat Entw Gesch 83:615–733

Clermont Y (1963) The cycle of the seminiferous epithelium in man. Am J Anat 112:35–51

Clermont Y (1966) Renewal of spermatogonia in man. Am J Anat 118:509–524

Cunha GR, Chung LWK, Shannon JM, Reese BA (1980) Stromal-epithelial interactions in sex differentiation. Biol Reprod 22:19–42

Cunha GR, Chung LWK, Shannon JM, Taguchi O, Fujii H (1983) Hormone-induced morphogenesis and growth: Role of mesenchymal-epithelial interactions. Recent Prog Horm Res 39:559–598

Donahoe PK, Budzik GP, Trelstad R, Mudgett-Hunter M, Fuller jr A, Hutson JM, Ikawa H, Hayashi A, MacLaughlin D (1982) Müllerian-inhibiting substance: An update. Recent Prog Horm Res 38:279–330

Dvořák M, Tesařík J (1980) Ultrastructure of human ovarian follicles. In: Motta PM, Hafez ESE (eds) Biology of the ovary. Nijhoff, The Hague, Boston, London, pp 121–137

Dym M, Fawcett DW (1970) The blood-testis barrier in the rat and the physiological compartmentation of the seminiferous epithelium. Biol Reprod 3:308–326

Dym M, Fawcett DW (1971) Further observations on the numbers of spermatogonia, spermatocytes, and spermatids connected by intercellular bridges in the mammalian testis. Biol Reprod 4:195–215

Eddy EM (1975) Germ plasm and the differentiation of the germ cell line. Int Rev Cytol 43:229–280

Edwards RG (1980) Conception in the human female. Academic Press, London New York Toronto Sydney San Francisco

Eicher EM (1988) Autosomal genes involved in mammalian primary sex determination. Philos Trans R Soc Lond [Biol] 322:109–117

Falin LI (1969) The development of genital glands and the origin of germ cells in human embryogenesis. Acta Anat 72:195–232

Fawcett DW (1975) Ultrastructure and function of the Sertoli cell. In: Hamilton DW, Greep RO (eds) Male reproductive system. American Physiological Society, Washington DC, pp 21–55 (Handbook of physiology, sect 7, vol 5)

Fentener van Vlissingen JM, van Zoelen EJJ, Ursem PJF, Wensing CJG (1988) In vitro model of the first phase of testicular descent: Identification of a low molecular weight factor from fetal testis involved in proliferation of guber-

naculum testis cells and distinct from specified polypeptide growth factors and fetal gonadal hormones. Endocrinology 123:2868–2877
Franchi LL, Baker TG (1973) Oogenesis and follicular growth. In: Hafez ESE, Evans TN (eds) Human reproduction, conception and contraception. Harper & Row, Hagerstown Maryland New York Evanston San Francisco London, pp 53–84
Gougeon A (1986) Dynamics of follicular growth in the human: a model from preliminary results. Human Reprod 1:81–87
Gruenwald P (1942) Common traits in development and structure of the organs originating from the coelomic wall. J Morphol 70:353–387
Heller CG, Clermont Y (1964) Kinetics of the germinal epithelium in man. Recent Prog Horm Res 20:545–575
Herrmann WP (1981) Sekrete des männlichen Genitaltraktes und Spermatozoentransport. In: Kaiser R, Schumacher GFB (Hrsg) Menschliche Fortpflanzung. Fertilität-Sterilität-Kontrazeption. Thieme, Stuttgart New York, S 92–99
Hilscher W (1983) Problems of the Keimbahn. Bibl Anat 24:1–21
Hinrichsen K (1962) Weitere Befunde über das cytologische Erscheinungsbild des Geschlechts-Chromatins. Verh Anat Ges 111:379–383
Hinrichsen KV (1986) Slides on human embryology. Bergmann, München
Holstein AF (1969) Morphologische Studien am Nebenhoden des Menschen. In: Bargmann W, Doerr W (Hrsg) Zwanglose Abhandlungen aus dem Gebiet der normalen und pathologischen Anatomie, Heft 20. Thieme, Stuttgart
Holstein AF (1976) Ultrastructural observations on the differentiation of spermatids in man. Andrologia 8:157–165
Holstein AF (1985) Die männlichen Geschlechtsorgane. In: Fleischhauer K (Hrsg) Benninghoff: Makroskopische und mikroskopische Anatomie des Menschen, Bd 2. Urban und Schwarzenberg, München, S 460–514
Holstein AF, Roosen-Runge EC (1981) Atlas of human spermatogenesis. Grosse, Berlin
Holstein AF, Schirren C (1979) Classification of abnormalities in human spermatids based on recent advances in ultrastructure research on spermatid differentiation. In: Fawcett DW, Bedford JM (eds) The spermatozoon. Maturation, motility, surface properties and comparative aspects. Urban und Schwarzenberg, Baltimore München, pp 341–353
Hullinger RL, Wensing CJG (1985) Descent of the testis in the fetal calf. A summary of the anatomy and process. Acta Anat 121:63–68
Jonté G, Holstein AF (1987) On the morphology of the transitional zones from the Rete testis into the Ductuli efferentes and from the Ductuli efferentes into the Ductus epididymidis. Investigations on the human testis and epididymis. Andrologia 19:398–412
Josso N, Picard JY, Tran D (1977) The antimüllerian hormone. Recent Prog Horm Res 33:117–167
Josso N, Picard JY, Tran D (1980) A new testicular glycoprotein: Anti-Müllerian hormone. In: Steinberger A, Steinberger E (eds) Testicular development, structure and function. Raven Press, New York, pp 21–31
Jost A, Vigier B, Prépin J, Perchellet JP (1973) Studies on sex differentiation in mammals. Recent Prog Horm Res 29:1–35
Kelly SJ (1977) Studies of the developmental potential of 4- and 8-cell stage mouse blastomeres. J Exp Zool 200:365–376
Koering MJ (1986) Ovarian architecture during follicle maturation. In: Dukelow WR, Erwin J (eds) Reproduction and development, comparative primate biology, vol 3. Alan R Liss, New York, pp 215–262
Koff AK (1933) Development of the vagina in the human fetus. Contrib Embryol Carnegie Inst Wash 24:61–90
Kretser DM de (1969) Ultrastructural features of human spermiogenesis. Z Zellforsch 98:477–505
Ludwig KS (1965) Über die Beziehungen der Kloakenmembran zum Septum urorectale bei menschlichen Embryonen von 9 bis 33 mm SSL. Z Anat Entw Gesch 124:401–413
Mauch RB, Thiedemann KU, Drews U (1985) The vagina is formed by downgrowth of Wolffian and Müllerian ducts. Graphical reconstructions from normal and Tfm mouse embryos. Anat Embryol 172:75–87
McKay DG, Hertig AT, Adams EC, Danziger S (1953) Histochemical observations on the germ cells of human embryos. Anat Rec 117:201–219
McLaren A (1983) Primordial germ cells in mice. Bibl Anat 24:59–66
McLaren A (1985) Mouse germ cells. Fertilization to birth. Arch Anat Microsc Morphol Exp 74:5–9
McLaren A (1988) Somatic and germ-cell sex in mammals. Philos Trans R Soc Lond [Biol] 322:3–9
Midgley AR, Sadler WA (eds) (1979) Ovarian follicular development and function. Raven Press, New York
Nieuwkoop PD, Sutasurya LA (1979) Primordial germ cells in the chordates. Embryogenesis and phylogenesis. Cambridge University Press, Cambridge London New York Melbourne
Nussbaum M (1880) Zur Differenzirung des Geschlechts im Thierreich. Arch Mikrosk Anat Entw Mech 18:1–120
Ohno S (1979) Major sex-determining genes. Springer, Berlin Heidelberg New York (Monographs on endocrinology, vol 11)
O'Rahilly R (1977) The development of the vagina in the human. Birth Defects 13:123–136
O'Rahilly R, Müller F (1987) Developmental stages in human embryos. Carnegie Inst Wash Publ 637
Page DC, Mosher R, Simpson EM, Fisher EMC, Mardon G, Pollack J, McGillivray B, de la Chapelle A, Brown LG (1987) The sex-determining region of the human Y chromosome encodes a finger protein. Cell 51:1091–1104
Pedersen H (1974) The human spermatozoon. Dan Med Bull (Suppl) 1:1–36
Roosen-Runge EC (1962) The process of spermatogenesis in mammals. Biol Rev 37:343–377
Roosen-Runge EC (1973) Germinal cell loss in normal metazoan spermatogenesis. J Reprod Fertil 35:339–348
Russell LD (1984) Spermiation – the sperm release process: ultrastructural observations and unresolved problems. In: Van Blerkom J, Motta PM (eds) Ultrastructure of reproduction. Nijhoff, Boston The Hague Dordrecht Lancaster, pp 46–66
Satir P (1979) Basis of flagellar motility in spermatozoa: current status. In: Fawcett DW, Bedford JM (eds) The spermatozoon. Maturation, motility, surface properties and comparative aspects. Urban und Schwarzenberg, Baltimore München, pp 81–90
Schirren C (1982) Praktische Andrologie, 2. Aufl. Schering, Berlin
Schirren CG, Holstein AF, Schirren C (1971) Über die Morphogenese rundköpfiger Spermatozoen des Menschen. Andrologie 3:117–125
Schulze C (1984) Sertoli cells and Leydig cells in man. Adv Anat Embryol Cell Biol 88:1–104

Schulze W, Rehder U (1984) Organization and morphogenesis of the human seminiferous epithelium. Cell Tissue Res 237:395–407

Schulze W, Davidoff MS, Holstein AF (1987) Are Leydig cells of neural origin? Substance P-like immuno reactivity in human testicular tissue. Acta Endocrinol (Copenh) 115:373–377

Setchell BP, Waites GMH (1975) The blood-testis barrier. In: Hamilton DW, Greep RO (eds) Male reproductive system. American Physiological Society, Washington DC, pp 143–172 (Handbook of physiology, sect 7, vol 5)

Sinclair AH, Foster JW, Spencer JA, Page DC, Palmer M, Goodfellow PN, Marshall Graves JA (1988) Sequences homologous to ZFY, a candidate human sex-determining gene, are autosomal in marsupials. Nature 336:780–783

Snow MHL (1981) Autonomous development of parts isolated from primitive-streak-stage mouse embryos. Is development clonal? J Embryol Exp Morphol (Suppl) 65:269–287

Snow MHL, Monk M (1983) Emergence and migration of mouse primordial germ cells. In: McLaren A, Wylie CC (eds) Current problems in germ cell differentiation. University Press, Cambridge, pp 115–135

Tähkä KM (1986) Current aspects of Leydig cell function and its regulation. J Reprod Fertil 78:367–380

Terruhn V (1980) A study of impression moulds of the genital tract of female fetuses. Arch Gynecol 229:207–217

Theiler K (1972) The house mouse. Development and normal stages from fertilization to 4 weeks of age. Springer, Berlin Heidelberg New York

Tuchmann-Duplessis H, David G, Haegel P (1972) Illustrated human embryology, vol 1. Springer, New York, p 6

Waldeyer W (1887) Bau- und Entwicklung der Samenfäden. Anat Anz 2:345–368

Wartenberg H (1978) Human testicular development and the role of the mesonephros in the origin of a dual Sertoli cell system. Andrologia 10:1–21

Wartenberg H (1982) Development of the early human ovary and role of the mesonephros in the differentiation of the cortex. Anat Embryol 165:253–280

Wartenberg H (1985a) Morphological studies on the role of the periductal stroma in the regression of the human Müllerian duct. Anat Embryol 171:311–323

Wartenberg H (1985b) Die Entwicklung der Harn- und Geschlechtsorgane. In: Fleischhauer K (Hrsg) Benninghoff: Anatomie, 13./14. Aufl, Bd 2. Urban und Schwarzenberg, München Wien Baltimore, S 389–413

Wartenberg H (1989) Differentiation and development of the testes. In: Burger H, de Kretser D (eds) The testis, 2nd edn. Raven Press, New York, pp 67–118

Wensing CJG (1986) Testicular descent in the rat and a comparison of this process in the rat with that in the pig. Anat Rec 214:154–160

Witschi E (1948) Migration of the germ cells of human embryos from the yolk sac to the primitive gonadal fold. Contrib Embryol Carnegie Inst Wash 32:67–80

Witschi E (1970) Development and differentation of the uterus. In: Mack HC (ed) Prenatal life. Wayne State University Press, Detroit, pp 11–35

Wolf U (1988) Sex inversion as a model for the study of sex determination in vertebrates. Philos Trans R Soc Lond [Biol] 322:97–106

Yoshinaga K, Hess DL, Hendrickx AG, Zamboni L (1988) The develoment of the sexually indifferent gonad in the prosimian, Galago crassicaudatus crassicaudatus. Am J Anat 181:89–105

Zamboni L, Upadhyay S (1982) The contribution of the mesonephros to the development of the sheep testis. Am J Anat 165:339–356

Zamboni L, Upadhyay S, Bezard J, Luciani JM, Mauléon P (1980) The role of the mesonephros in the development of the mammalian ovary. In: Tozzini RI, Reeves G, Pineda RL (eds) Endocrine physiopathology of the ovary. Elsevier/North-Holland, Amsterdam, pp 3–42

28. Entwicklung der Rumpfwand

B. Christ

28.1 Somitenbildung und frühe Somitendifferenzierung

Mit der medio-lateralen Gliederung des intraembryonalen Mesoderm in Segmentplatte und Seitenplatte wird das Anlagegebiet des Rückens gegen das der ventrolateralen Körperwand abgegrenzt (Abb. 28-1 und 28-18). Die Frühentwicklung des Rückens ist gekennzeichnet durch das Auftreten segmental angeordneter Bauelemente, der sogenannten *Somiten,* die sich in cranio-caudaler Richtung aus der Segmentplatte (paraxiales Mesoderm) abgliedern. Die ersten Somiten entstehen im Hinterhauptsbereich (Abb. 6-10 bis 6-12), die letzten, von denen ein Teil zurückgebildet wird, im Coccygealbereich. Demnach wächst der Rücken appositionell von cranial nach caudal.

Mit dem Auftreten der Somiten wird im embryonalen Rücken ein Metameriemuster etabliert, das im weiteren Entwicklungsverlauf auf bleibende Strukturen, wie z.B. Wirbel, Muskeln, Spinalnerven, fortgeschrieben wird. Dieses Muster ist sehr früh im paraxialen Mesoderm determiniert [Christ et al. 1972]. Experimentelle Untersuchungen haben Hinweise dafür erbracht, daß dieses Mesoderm bereits mit seiner Entstehung im Primitivstreifen die Fähigkeit zur späteren segmentalen Untergliederung erwirbt [Christ et al. 1975]. Aus dem geweblichen Zusammenhang gelöste und an eigentlich fremden Orten kultivierte Segmentplattenabschnitte werden exakt zu dem Zeitpunkt in Somiten untergliedert, zu dem sie auch während der Normalentwicklung Somiten bilden würden. Voraussetzung für die Realisation des Metameriemusters ist, daß sich das paraxiale Mesoderm zuvor epithelialisiert. Dazu sind Zell-Matrix-Interaktionen erforderlich, die offenbar an die Anwesenheit von Fibronectin gebunden sind. Werden die Fibronectinrezeptoren der Zellen durch synthetische Peptide besetzt, die wie die Zellbindungsdomäne des Glycoproteins Fibronectin die Aminosäuresequenz RGDS aufweisen, bleiben Epithelialisierung und segmentale Untergliederung aus (Abb. 28-2).

Die Frage, ob der Somitogenese ein morphologisch nachweisbares segmentales Vormuster in Form von sogenannten Somitomeren vorausgeht, ist umstritten. Während Meier [1984] derartige primordiale Körperwandsegmente im noch mesenchymal strukturierten paraxialen Mesoderm bei verschiedenen

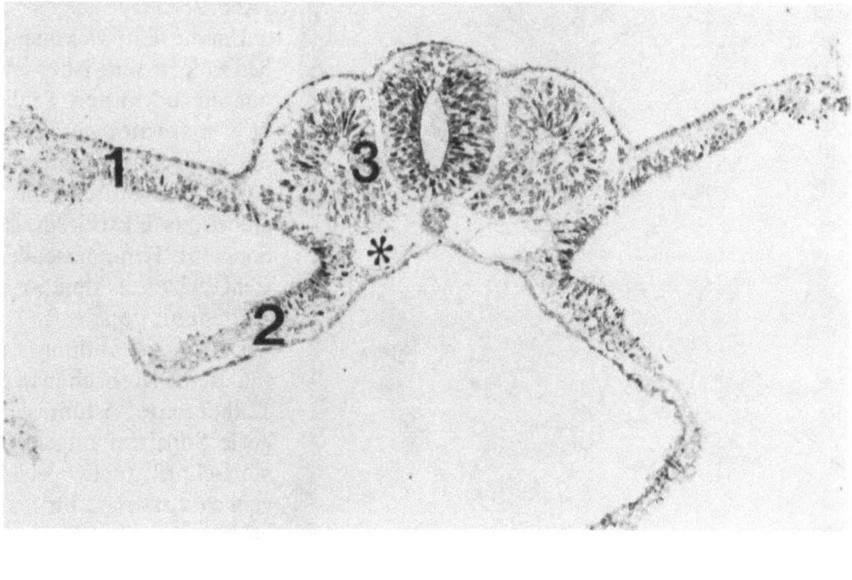

Abb. 28-1. Transversal geführter Semidünnschnitt in Höhe des 9. Somiten von einem menschlichen Embryo (Stadium 11) mit insgesamt 15 Somitenpaaren. 1 = Somatopleura; 2 = Splanchnopleura; 3 = Somit; Stern = Aorta (Präparat und Aufnahme: Professor Dr. H. Mizoguti, Kobe, Japan). ca. 140 : 1

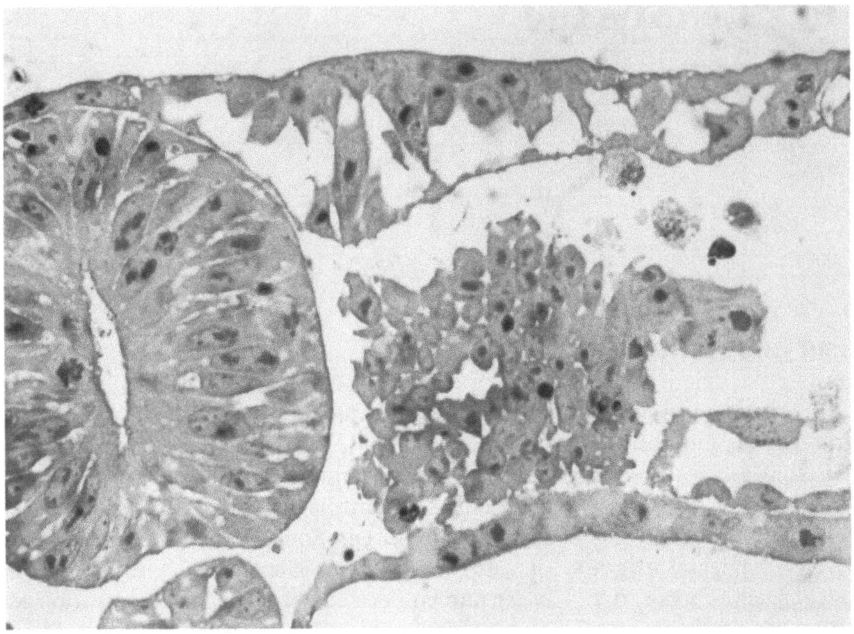

Abb. 28-2. Transversaler Semidünnschnitt durch einen Hühnerembryo des 2. Bebrütungstages. Dem Embryo war 4 Stunden vor der Fixierung in ovo ein synthetisches Pentapeptid Gly-Arg-Gly-Asp-Ser (Hoechst) mikroinjiziert worden. Die Epithelialisierung des paraxialen Mesoderm bleibt aus; die Somitenbildung ist gestört. ca. 1300 : 1

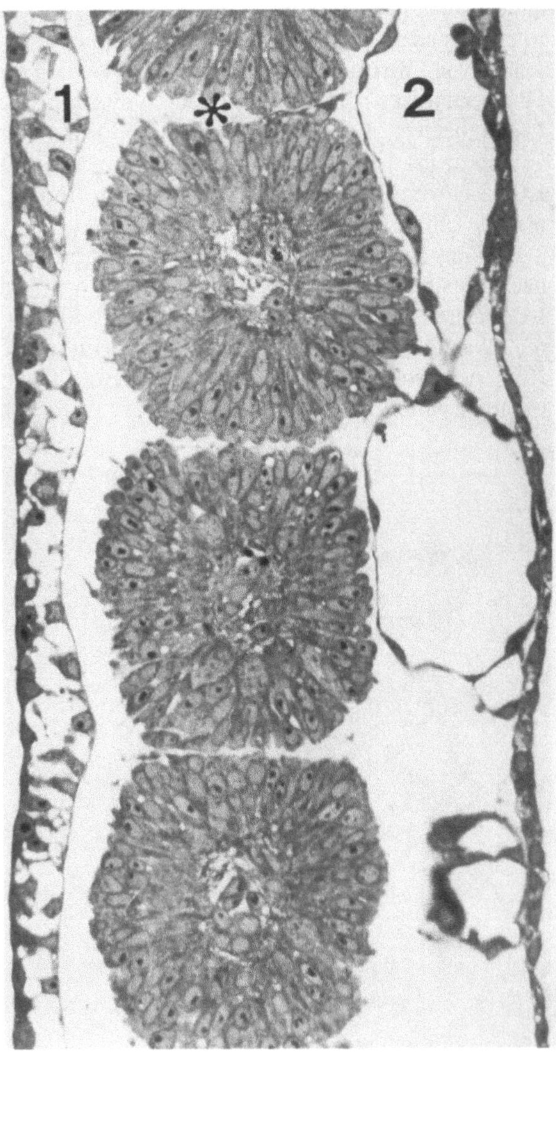

Abb. 28-3. Paramedianer Sagittalschnitt (semidünn) durch einen Hühnerembryo des 2. Bebrütungstages. Die bläschenförmigen epithelial strukturierten Somiten enthalten ein Somitocoel. 1 = Ektoderm; 2 = Aorta. Der Stern markiert eine intersomitische Spalte, in die ein Aortenast einsproßt. ca. 500 : 1

Vertebratenembryonen darstellte, vertreten andere Untersucher [z.B. Wachtler und Jacob 1986] die Meinung, daß keine ausreichende morphologische Definition der Somitomeren vorliege.

Die Somiten sind zunächst bläschenförmig. Sie bestehen aus einem Epithel, dessen basale Seite außen gelegen und von einer Basalmembran überzogen ist, und dessen apicale Seite eine zentrale Höhle (Somitocoel) begrenzt, in der Mesenchymzellen gelegen sind (Abb. 28-3).

Um die Entwicklungsfunktion der Somiten verstehen zu können, ist es erforderlich, deren Lagebeziehungen zu kennen. Seitlich sind die Somiten über das nicht metamer gegliederte intermediäre Mesoderm mit dem Seitenplattenmesoderm verbunden; sogenannte „Somitenstiele" existieren nicht. Dorsal grenzt das Ektoderm, medial das Neuralrohr an die Somiten. Eine besonders enge Lagebeziehung besteht zwischen den Somiten und den noch paarigen Aortenanlagen.

Die Somitenbildung ist im STADIUM 16 abgeschlossen. Beim Menschen werden 5 occipitale, 8 cervicale, 12 thoracale, 5 lumbale, 5 sakrale und 8–10 coccygeale Somiten angelegt. Das erste occipitale Paar wird schnell zurückgebildet. Dasselbe gilt, wenn auch zeitlich versetzt, für die später gebildeten caudalen coccygealen Somiten.

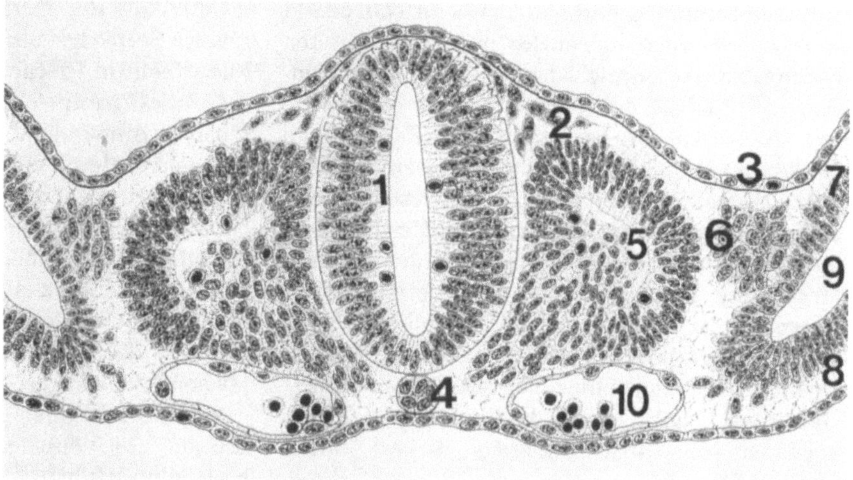

Abb. 28-4. Transversalschnitt durch einen menschlichen Embryo im STADIUM 10 (3 mm). 1 = Neuralrohr; 2 = Neuralleistenzellen; 3 = Ektoderm; 4 = Chorda dorsalis und Parachordalraum; 5 = Somit; 6 = intermediäres Mesoderm; 7 = Somatopleura; 8 = Splanchnopleura; 9 = Coelom; 10 = Aorta. [Aus: Christ 1985]

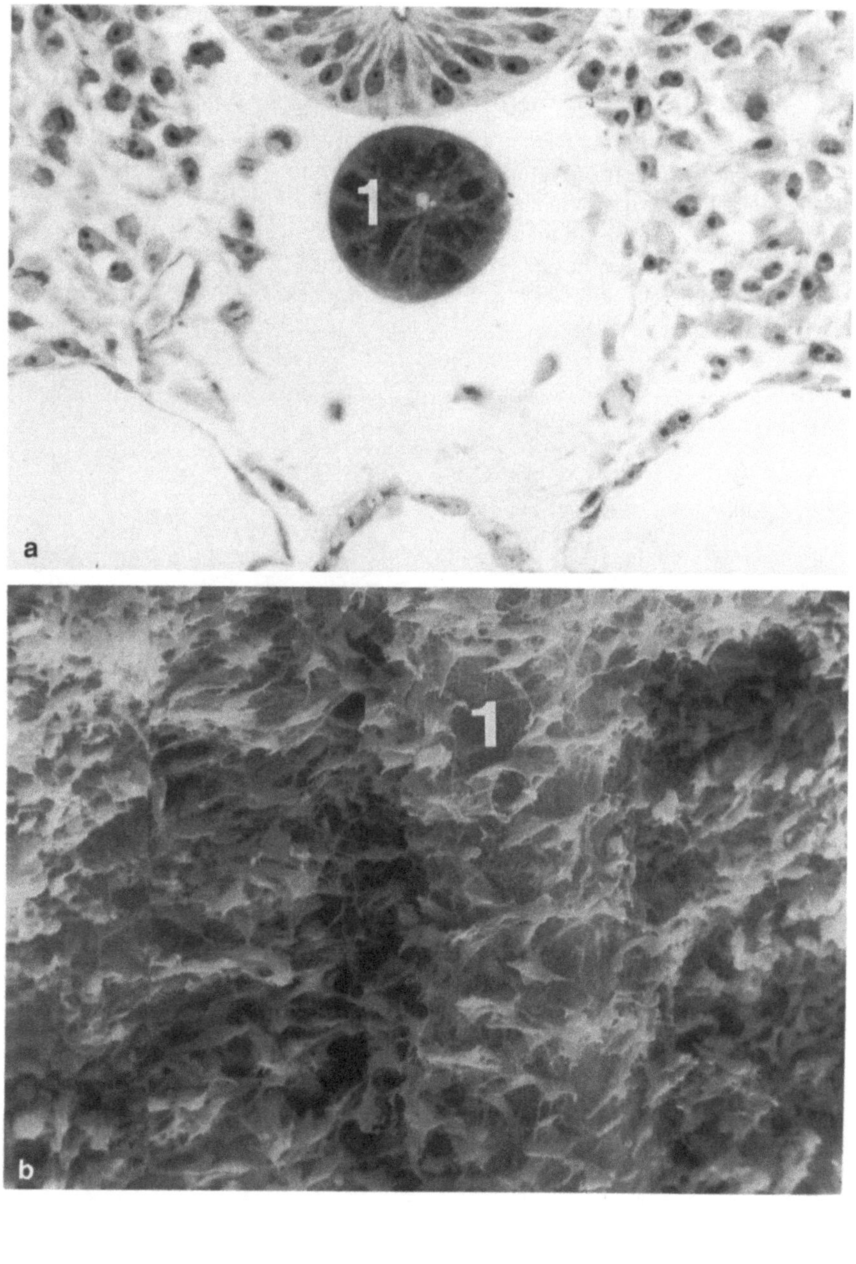

Abb. 28-5a, b. a) Transversaler Semidünnschnitt durch einen Hühnerembryo des 2. Bebrütungstages. Das axiale Anlagegebiet der Wirbelkörper und Bandscheiben ist in diesem Entwicklungsstadium praktisch zellfrei. 1 = Chorda dorsalis. ca. 1000 : 1; **b)** REM-Ventralansicht des axialen Anlagegebietes der Wirbelkörper und Bandscheiben nach vorheriger Entfernung des Endoderm bei einem Hühnerembryo. Der Raum um die Chorda dorsalis (1) herum wird von Sclerotomzellen besiedelt. (Präparat und Aufnahme: Dr. H. J. Jacob, Bochum). ca. 1250 : 1

Cranial beginnend und nach caudal fortschreitend werden Umbauvorgänge an den epithelialen Somiten nachweisbar. Im Bereich des ventro-medialen Umfangs geht bald die epitheliale Strukturierung verloren. Es entsteht ein mesenchymaler Zellverband *(Sclerotom),* in den auch die Zellen aus dem Somitocoel einbezogen werden (Abb. 28-4). Dieses Mesenchym, das bald keine deutlichen Segmentgrenzen mehr aufweist (Abb. 28-11), besiedelt im weiteren Verlauf den ursprünglich zellfreien perichordalen Raum, der das Anlagegebiet der Wirbelkörper und Bandscheiben darstellt. Dabei wandern die Mesenchymzellen entlang einer mikrofibrillären Matrix [Jacob et al. 1975b], in der das Glycoprotein Fibronectin als Zell-Substrat-Mediator wirken dürfte (Abb. 28-5).

Der nach der Entwicklung der Sclerotome dorsal epithelial verbliebene Somitenanteil wird nun als *Dermomyotom* bezeichnet. Während die Sclerotome die Anlagematerialien der Wirbelsäule und ihres Bandapparates sowie der Rippen darstellen, entwickeln sich an den Dermomyotomen die Dermis und Subcutis des Rückens sowie die Körperwandmuskulatur. Um den Zusammenhang zwischen den Somiten und den Muskelanlagen besser verstehen zu können, erscheint es sinnvoll, die weitere Entwicklung des Dermomyotom zu verfolgen.

Unterhalb der Dermomyotomplatte, also an der apicalen Seite dieses Epithel, tritt eine zweite epitheliale Schicht in Erscheinung (Abb. 28-6 und 28-7), in der spindelförmige Zellen parallel zur Längsachse des Embryo gelegen sind. Die Zellen entstammen dem cranio-medialen Umfang des Dermomyotom [Kaehn et al. 1988] und sind größtenteils postmitotische Myoblasten. Diese zweite Epithellage wird daher als „Myotom" bezeichnet. Sie breitet sich weiter nach ventro-lateral hin aus, so daß später die gesamte Fläche der ursprünglich vorhandenen Epithelschicht, die nunmehr die Bezeichnung Dermatom trägt, vom Myotom unterlagert wird (Abb. 28-6 und 28-7). Gleichzeitig mit der Bildung des Myotom gliedern sich aus der ventro-lateralen Dermomyotomkante noch teilungsfähige Myoblasten ab, die z.B. die Extremitätenanlagen besiedeln, um dort später das kontraktile Material der Arm- und Beinmuskulatur zu liefern (Abb. 29-17).

Durch die Myotombildung und die Auswanderung myogener Zellen findet eine Segregation des Dermomyotom in fibroblastische Dermatomzellen und myogene Zellen statt, die sich entweder innerhalb des Myotom differenzieren, oder andere, die als teilungsfähige Zellen zu ihrem Bestimmungsort auswandern und erst später nach weiteren proliferativen Mitosen ihre Differenzierungsfähigkeit erlangen (siehe Kapi-

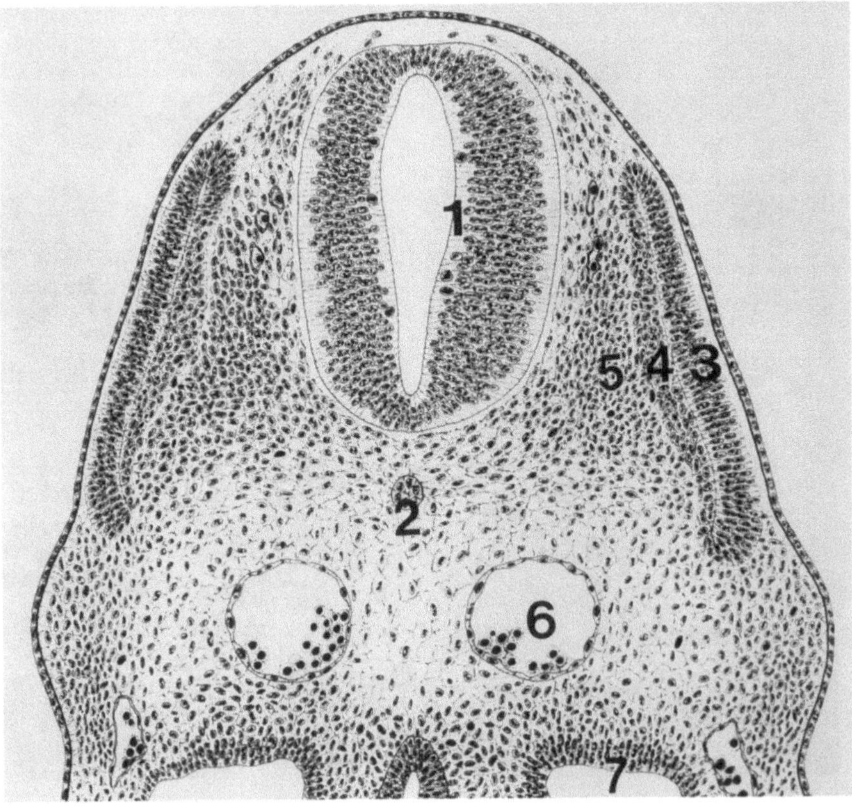

Abb. 28-6. Somitendifferenzierung bei einem menschlichen Embryo im Stadium 12 (4 mm). Dargestellt ist ein Transversalschnitt durch die untere Hälfte des ursprünglichen Segmentes. Beachte die myotomnahe laterale Verdichtungszone (5). Sie stellt das Anlagematerial von Wirbelbogen, Pediculus und Rippe dar. 1 = Neuralrohr; 2 = Chorda dorsalis und axiales Anlagegebiet der Wirbelsäule; 3 = Dermatom; 4 = Myotom; 5 = Sclerotom; 6 = Aorta; 7 = Coelom und parietale Serosa. [Aus: Christ 1985]

tel 29.8 Entwicklung der Extremitätenstruktur). Das Sclerotom enthält Zellen mit fibro-, chondro- und osteoblastischen Potenzen. Die Entwicklung von Sclerotom, Dermatom und Myotom wird häufig als frühe Somitendifferenzierung zusammengefaßt. Ihre wesentliche Bedeutung dürfte in der Verteilung unterschiedlich differenzierter (bzw. determinierter) Zellen liegen.

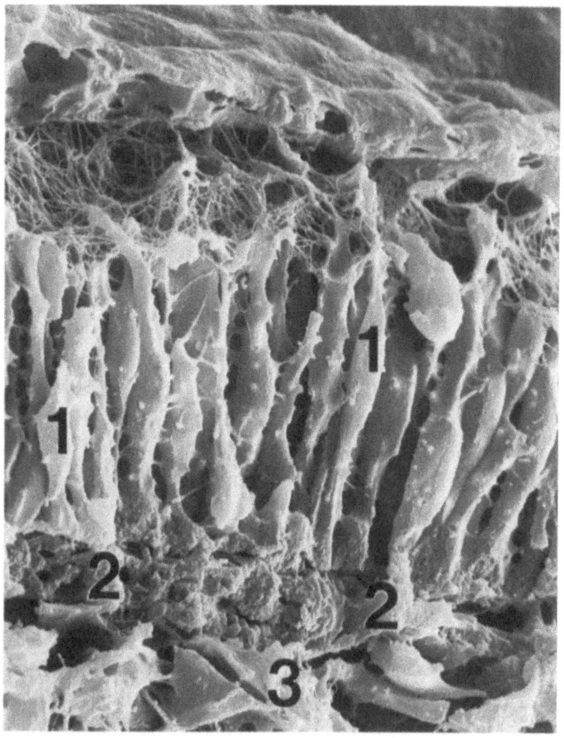

Abb. 28-7. REM-Aufsicht auf die Somitenderivate. 1 = Dermatom; 2 = Myotom; 3 = Sclerotom. (Aufnahme: Dr. H. J. Jacob, Bochum). ca. 1300 : 1

28.2 Entwicklung der Wirbelsäule

Das zwischen den Axialorganen (Neuralrohr, Chorda dorsalis) und den paarigen Myotomen gelegene Mesenchym (Sclerotom) stellt das Anlagematerial der Wirbelsäule dar. Die Frühentwicklung der Wirbelsäule vollzieht sich in zwei Teilschritten, die bei allen Amniotenembryonen in vergleichbarer Weise ablaufen.

Im myotomnahen lateralen Sclerotomabschnitt, der insgesamt dichter strukturiert erscheint als der chordanahe axiale Anteil, wird eine Unterteilung zunehmend deutlicher, wodurch eine caudale Sclerotomhälfte von einer cranialen Hälfte unterschieden werden kann. Die caudale Hälfte dieses lateralen Sclerotomabschnittes ist durch ein stark kondensiertes Mesenchym charakterisiert, während die craniale Hälfte lockerer erscheint (Abb. 28-6 und 28-8). Die unterschiedliche Dichte dieser beiden Abschnitte

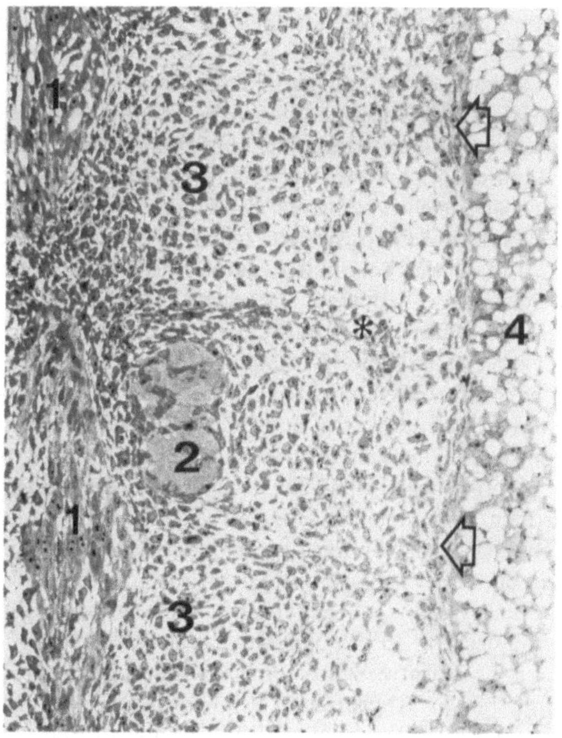

Abb. 28-8. Frontaler Semidünnschnitt durch einen Hühnerembryo zu Beginn des 4. Bebrütungstages. 1 = Myotom; 2 = Spinalnerv; 3 = laterale Verdichtungszone in der cranialen Hälfte des Segmentes; 4 = Chorda dorsalis; Stern = Intersegmentalgefäß. Die Pfeile markieren die unsegmentierte „Perichordalröhre". ca. 420 : 1

mag bereits als Hinweis darauf gedeutet werden, daß sich beide Abschnitte bei der Entwicklung der Wirbelsäule ganz unterschiedlich verhalten. Die caudale Hälfte, deren Verdichtungszone im Horizontalschnitt annähernd dreieckig ist, stellt das Anlagematerial der Wirbelbogen, Pediculi, Rippen und Rippenhomologen dar (Abb. 28-6), während im cranialen Teil die Spinalnervenanlagen mit dem sie umgebenden Gefäßbindegewebe in Erscheinung treten [Christ et al. 1984, Verbout 1976, 1985]. Besonders herauszustellen ist der Umstand, daß bei der Entwicklung von Wirbelbogen, Pediculi und Rippen keine Neukombinationen von Sclerotomabschnitten benachbarter Somiten stattfinden, wie nach dem klassischen Konzept von der sogenannten „Neugliederung der Wirbelsäule“ vermutet wurde [Verbout 1985].

Neuere Befunde von Rickmann et al. [1985] sowie Keynes und Stern [1986] haben gezeigt, daß zwischen der cranialen und caudalen Sclerotomhälfte gewisse qualitative Unterschiede bestehen. So werden nur die cranialen Sclerotomhälften von Neuralleistenzellen und Nervenfortsätzten besiedelt, während die Zellen der caudalen Sclerotomhälften deren Einwanderung inhibieren. Die experimentelle Drehung eines Somiten in der Weise, daß die caudale Hälfte nach cranial zu liegen kommt, hat eine Einwanderung von Neuralleistenzellen und Axonen in die nunmehr caudal gelegene Sclerotomhälfte zur Folge. Die segmentale Bündelung der Nervenfortsätze zu Spinalnerven sowie die Spinalganglienmetamerie sind demnach entwicklungsfunktionelle Leistungen der Somiten [Christ 1975].

Zeitlich verzögert gegenüber den Vorgängen im lateralen Anlagegebiet beginnen die Entwicklungsprozesse im axialen, in dem sich die Wirbelkörper und die Bandscheiben bilden [Verbout 1985]. Zunächst wird der ursprünglich zellfreie perichordale Raum von Sclerotomzellen besiedelt (Abb. 28-5). Um die Chorda dorsalis herum wird das Mesenchym zur nicht segmental gegliederten „Perichordalröhre“ verdichtet. Es werden dann unmittelbar oberhalb der craniocaudalen Mitte des ursprünglichen Segmentes parachordal Gewebsverdichtungen nachweisbar, aus denen sich die metamer angeordneten Bandscheiben entwickeln, die nun ihrerseits die Anlagen der Wirbelkörper begrenzen. Die lateralen Verdichtungszonen, aus denen die Bogen, Pediculi, Rippen und Rippenhomologen hervorgehen, gewinnen Anschluß an die cranialen Abschnitte der Wirbelkörper (Abb. 28-9 und 28-10). Im Gegensatz zu den Bogenanlagen sind demnach an der Entwicklung eines Wirbelkörpers benachbarte Sclerotome zweier Somiten beteiligt. Mit der Abgrenzung der Wirbelkörper ist die definitive Gliederung des Wirbelsäulenblastem abgeschlossen, und es beginnen Differenzierung und Wachstum der für die Wirbelsäule typischen Bauelemente.

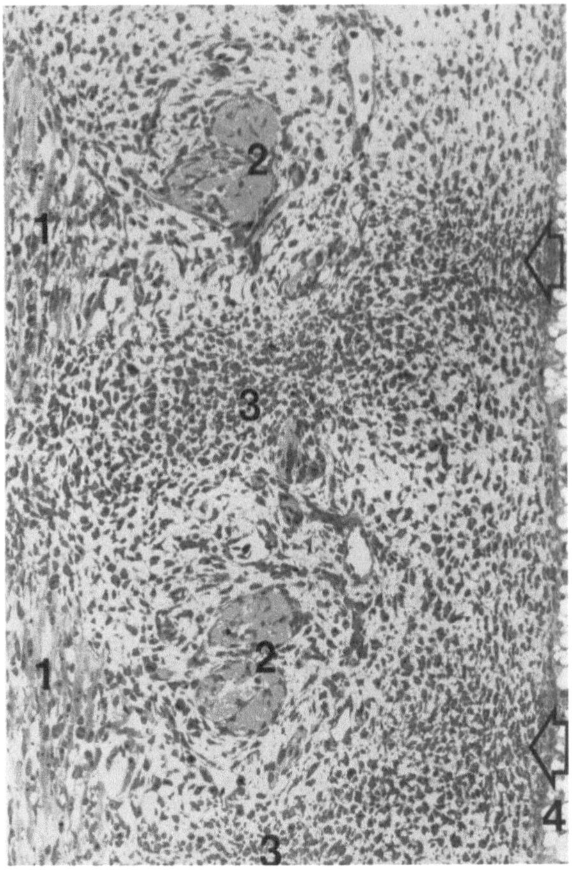

Abb. 28-9. Frontaler Semidünnschnitt eines Hühnerembryo am 6. Bebrütungstag. 1 = Myotome; 2 = Spinalnerven mit umgebendem circumnervalen Bindegewebe; 3 = laterale Verdichtungszone in den caudalen Segmenthälften; 4 = Chorda dorsalis; Pfeilmarkierungen = Bandscheibenanlagen. ca. 400 : 1

Experimentell an Hühnerembryonen gewonnene Befunde haben gezeigt, daß die Wirbelsäulenentwicklung nicht im Sinne einer Selbstdifferenzierung angesehen werden darf [Strudel 1959, 1967; Christ 1975]. So entwickeln sich beispielsweise nach Exstirpationen der Chorda dorsalis keine Wirbelkörper und Bandscheiben, es entsteht vielmehr eine unsegmentierte Knorpelplatte vor dem Neuralrohr. Ein Fehlen der Spinalganglien hat zur Folge, daß anstelle der metamer angeordneten Wirbelbogen nicht oder unregelmäßig gegliederte „Knorpelschalen“ entstehen. So ist es auch nicht verwunderlich, daß zwischen dem Größenverhältnis der Spinalnervenwurzeln und der Foramina intervertebralia eine Beziehung besteht [Gonzalo-Sanz 1972]. Die Metamerie stellt somit ein sehr ursprüngliches Körperwandmuster dar, das im Ver-

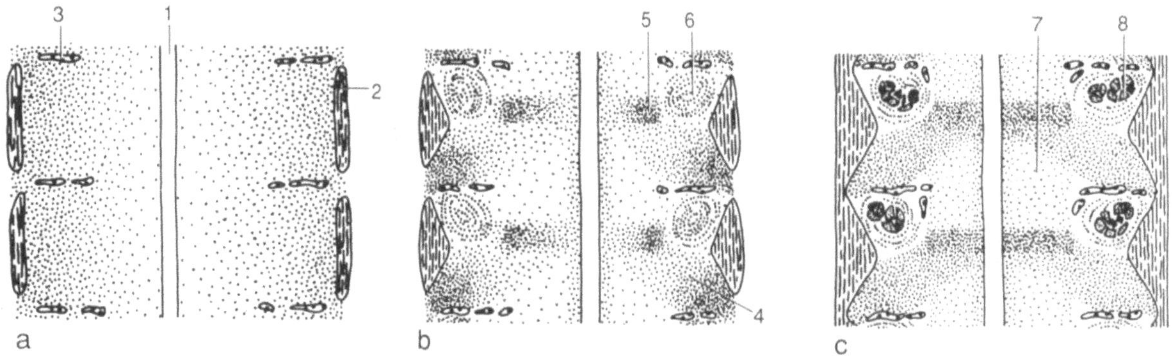

Abb. 28-10a–c. Schematische Darstellung der Wirbelsäulenentwicklung. 1 = Chorda dorsalis; 2 = Myotom; 3 = Intersegmentalgefäß; 4 = myotomnahe caudale Verdichtungszone; 5 = Bandscheibe; 6 = Anlagegebiet eines Spinalnerven; 7 = Wirbelkörper; 8 = Spinalnerv mit circumnervalem Bindegewebe. **a)** Paraxiales Mesenchym nicht deutlich gegliedert; die Intersegmentalgefäße und die Myotome weisen auf die vormaligen Segmentgrenzen hin.
In **b)** wird zunächst im lateralen (myotomnahen) Anlagegebiet eine Gliederung deutlich: Die caudalen Hälften bilden Wirbelbögen, Pediculi und Rippen, in den cranialen Hälften entwickeln sich die Spinalganglien und Spinalnerven (Neurotome).
In **c)** haben die lateralen Verdichtungen Anschluß an die cranialen Abschnitte der Wirbelkörper bzw. an die Bandscheiben gewonnen. Die im Foramen intervertebrale gelegenen Spinalnerven sind von einem reichlich vaskularisierten Bindegewebe umgeben (modifiziert nach einer Abbildung in Christ 1985)

lauf der Entwicklung von den Somiten direkt oder mittelbar auf angrenzende Organsysteme übertragen wird.

Im Stadium 17 (12 mm) beginnt die Verknorpelung des Wirbelsäulenblastem (Abb. 28-11) im Bereich der Wirbelkörper und im Bereich der ventralen Bogenhälfte [Sensening 1949]. Bei Embryonen von 15 mm sind Wirbelbögen und Wirbelkörper einheitlich knorpelig [Töndury 1958], während die annähernd planparallel geformten Bandscheiben bindegewebig strukturiert sind. Beim 25–30 mm Embryo sind am Anulus fibrosus der bikonkav geformten Bandscheibe eine fibrilläre Außenzone und eine knorpelige Innenzone zu unterscheiden (Abb. 28-12). Letztere stellt die Anlage des Nucleus pulposus dar. In diesem Stadium ist der ventrale Abschnitt des Anulus fibrosus besonders dicht strukturiert, während der Faserring zur Rückenmarksanlage hin lockerer erscheint (Abb. 28-12). Besonders deutlich im sagittalen Medianschnitt ist jetzt eine Verformung der Chorda dorsalis zu erkennen. Die ursprünglich gleichmäßig zylindrisch, ungegliederte Chorda weist zunächst in Höhe der Bandscheibenanlagen Verdichtungen der Zellen auf, während sich die Zellzahl im

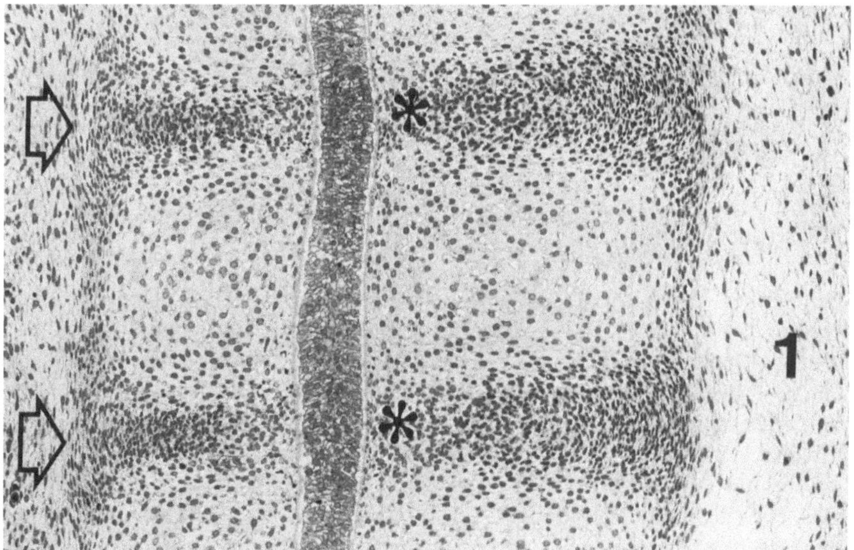

Abb. 28-11. Mediansagittaler Semidünnschnitt von einem menschlichen Embryo im Stadium 17 (12 mm). 1 = Dura mater spinalis; Sterne = Nuclei pulposi der Bandscheibenanlage; Pfeile = Anuli fibrosi. Beachte die stärkere Kondensation der Chordazelle in Höhe der Bandscheiben. ca. 150 : 1

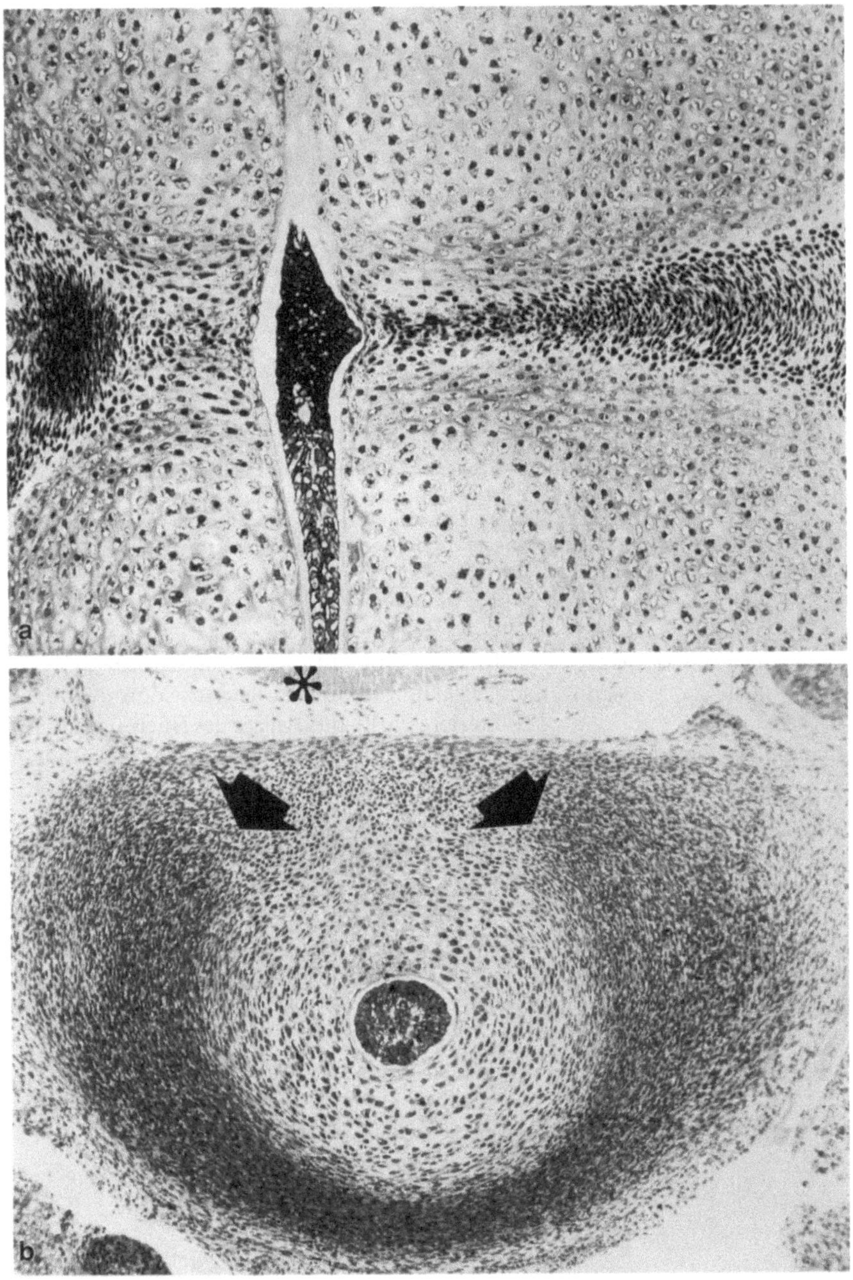

Abb. 28-12a, b. a) Median sagittaler Semidünnschnitt von einem menschlichen Embryo im STADIUM 23 (30 mm). Die Chorda dorsalis ist in Höhe der Bandscheibe verdickt, die Zellen liegen dicht beieinander. Im weiteren Verlauf verschwinden die Chordazellen aus den Wirbelkörpern ganz. Beachte die dichte Struktur des Anulus fibrosus auf der Ventralseite. ca. 220 : 1; **b)** Transversalschnitt durch eine Bandscheibe von einem menschlichen Embryo im STADIUM 23 (30 mm). Anulus fibrosus (Pfeile) und Nucleus pulposus sind deutlich voneinander abgegrenzt. Stern = Rückenmark. ca. 150 : 1

Bereich der Wirbelkörper vermindert. In Höhe der Bandscheiben nimmt der Durchmesser der Chorda dorsalis ständig zu, und es entwickeln sich sogenannte Chordasegmente (Abb. 28-12a). Im Bereich der Wirbelkörper sind schließlich gar keine Chordazellen mehr nachweisbar; es bleibt vorübergehend ein Chordascheidenstrang erhalten. Die Zellen der Chordasegmente, die nach Töndury [1958] als „Platzhalter der Gallertkerne" angesehen werden können, gehen schließlich zugrunde.

Die Vaskularisation der Bandscheiben beginnt bei Feten von 7 cm. Die Gefäße bilden interlamelläre Netze in der Außenzone des Faserrings. Nach dem 2. Lebensjahr ist eine Rückbildung der Gefäße zu beobachten, so daß schließlich bei vierjährigen Kindern in den Faserringen der Bandscheiben keine Blutgefäße mehr vorkommen [Töndury 1958].

Die Verknöcherung der Wirbelkörper beginnt bei Feten von 6,5–7,0 cm an der Grenze zwischen Brust- und Lendenwirbelsäule und schreitet von dort aus nach cranial und caudal fort. Bei Feten von 10 cm reicht sie vom 4. Cervical- bis zum 4. Sakralwirbel. Sie erfolgt nach dem Muster der enchondralen Osteogenese und geht von einem Knochenkern aus. Die Verknöcherung des Wirbelbogens beginnt perichondral. Sie beginnt am inneren, dem Wirbelkanal zugewandten Bogenrand, geht aber dann in eine enchondrale Osteogenese über. Dieser Prozeß, der zunächst die cranialen Halswirbel betrifft, schreitet an der Wirbelsäule in caudaler Richtung fort.

Wachstum und Knochenbildung der Wirbelkörper sind mit der Geburt noch lange nicht abgeschlossen. Die „Deckplatten" bleiben als dicke, rein knorpelige Epiphysen und Wachstumszonen bestehen. Erst vom 10. Lebensjahr an bildet sich als Vorläufer der knöchernen Randleiste die „Ringepiphyse" [Töndury 1958].

Betrachten wir die Krümmungen der Wirbelsäulenanlage in den verschiedenen Entwicklungsstadien, so ist zunächst auffällig, daß die ganz frühe Anlage der Halswirbelsäule bereits die für den Erwachsenen typische Lordose aufweist (Abb. 6-12). Im 2. Monat entwickelt sich eine starke Kyphose, die alle Abschnitte der Wirbelsäule umfaßt. Im Verlauf der weiteren Entwicklung läßt sich eine Abschwächung dieser kyphotischen Krümmung verfolgen. Schließlich entstehen prä- und postnatal im Lenden- und Halsbereich Lordosen, und die Wirbelsäule nimmt die für den Menschen typische Doppel-S-Form an.

28.3 Fehlbildungen der Wirbelsäule

Die knöcherne Verschmelzung zweier Wirbelkörper wird als „Blockwirbelbildung" bezeichnet. Sie kommt bekanntlich physiologischerweise im Kreuzbein vor. Ein ähnlicher Prozeß wird später bei der Entwicklung des Axis diskutiert werden. Ursache der Blockwirbelbildung kann eine initiale Segmentierungsstörung sein. So werden bei jungen Hühnerembryonen gelegentlich „Blocksomiten" beobachtet. Es ist jedoch auch möglich, daß Störungen der Chordagliederung zu Blockwirbelbildungen Anlaß geben [Töndury 1958].

Keil- oder Halswirbel können auf einseitige Entwicklungsstörungen der ursprünglich paarigen mesenchymalen Anlagen zurückgehen. Sagittale Wirbelkörperspaltungen können durch Gabelungen der Chorda dorsalis entstehen [Theiler 1953].

Von den Fehlbildungen der Wirbelbogen sollen die hinteren Wirbelbogenspalten (Spina bifida) erwähnt werden. Sie kommen am häufigsten am lumbosakralen Übergang vor und können die Rückenmarkshäute und sogar das Rückenmark mitbetreffen. Von den Verdichtungen des mesenchymalen seitlichen Anlagegebietes der Wirbelsäule wachsen die Wirbelbogen als paarige Processus neurales nach dorsal und medial um die Rückenmarksanlage herum, wo sie sich normalerweise in der Medianebene vereinigen. Ist dieser Prozeß gestört, so bleibt der dorsale Verschluß des Wirbelkanals aus. Ausführlichere Darstellungen der Wirbelsäulenmißbildungen geben Töndury [1958] und Theiler [1988].

28.4 Entwicklung der cervicooccipitalen Übergangsregion

Die Kenntnis von der Entwicklung dieser Region ist nicht nur wegen des besseren Verständnisses der lokalspezifischen Strukturen der Wirbelsäule und ihrer möglichen Fehlbildungen von Interesse. Darüber hinaus ist Anlagematerial aus diesem Gebiet an der Entwicklung ganz verschiedener Muskelgruppen, an der Bildung des Urogenitalapparates, an der Entstehung der Bursa pharyngea, der Septierung der Ausflußbahn des Herzens sowie an der Entwicklung des intramuralen Nervensystems des gesamten Magendarmtraktes beteiligt. Wie die Abbildung 6-12 zeigt, ist der cervicooccipitale Übergangsbereich der am frühesten angelegte und damit der älteste Abschnitt des Axialskelets.

Hier sind die ersten intraembryonalen Gefäße nachweisbar. Unter Berücksichtigung des Umstandes, daß im ZNS dieser Region so lebenswichtige Zentren wie die für Atmung und Kreislauf lokalisiert sind, ist es naheliegend, die cervicooccipitale Übergangsregion als ein „vitales Zentrum" des Menschen anzusehen.

Die Besonderheiten der Skeletentwicklung sind einmal darin begründet, daß die axialen Sclerotomabschnitte der ersten 5 Somiten zu einem segmentübergreifenden Blastem, dem Basioccipitale, verschmelzen (Abb. 28-15). In bezug auf die ursprüngliche Somitenmetamerie liegt damit die Grenze zwischen Kopf und Wirbelsäule zwischen

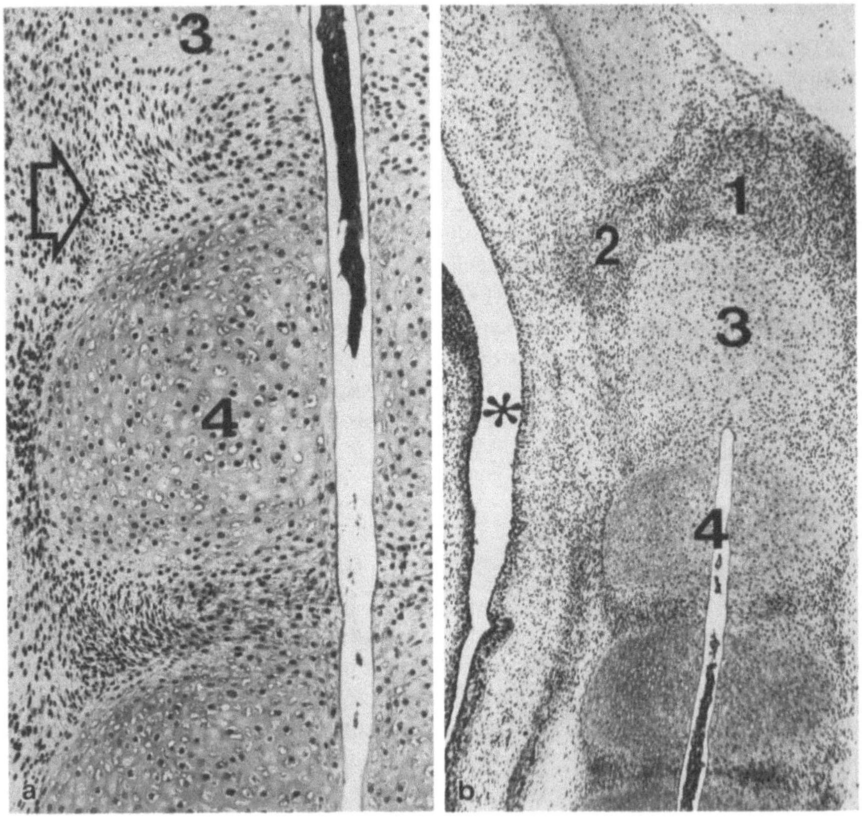

Abb. 28-13a, b. a) Median sagittaler Semidünnschnitt aus der cervicooccipitalen Übergangsregion eines menschlichen Embryo im STADIUM 21 (24 mm). 3 = Dens axis; 4 = Axiskörper; Pfeil = transitorisch vorhandene Bandscheibenanlage zwischen Axiskörper und Dens axis. ca. 150 : 1 **b)** Median sagittaler Semidünnschnitt desselben Embryo in der Übersicht. 1 = Proatlas; 2 = Hypochordalspange (vorderer Atlasbogen); 3 = Dens axis; 4 = Axiskörper. Oberhalb vom Proatlas beginnt das Basioccipitale. ca. 70 : 1

dem 5. und 6. Somiten [Reiter 1944, Christ et al. 1988, Theiler 1988]. Andere Untersucher, wie beispielsweise O'Rahilly und Müller [1984], sehen diese Grenze zwischen dem 4. und 5. Somiten.

Mit dem Beginn der Knorpelbildung sind die Skeletelemente des cervicooccipitalen Übergangs in ihrer typischen Gliederung zu erkennen (Abb. 28-13). Das Basioccipitale wird von der Chorda dorsalis in dorso-ventraler Richtung schrägt durchsetzt. In ihrem weiter nach rostral gerichteten Verlauf verläßt die Chorda dorsalis vorübergehend das Skelet der Schädelbasis und ist dann ventral (bzw. basal) vom Basioccipitale gelegen. In diesem Abschnitt ist die Chorda dorsalis weiterhin dadurch gekennzeichnet, daß sich aus ihr zellhaltige Fragmente nach ventral in Richtung auf das Rachendach abgliedern (Abb. 28-14). Dabei werden häufig Interaktionen zwischen Chordaanteilen und Rachendachepithel beobachtet, die nicht selten zu einer schlauchförmigen Einsenkung des Epithels führen, die bis an die Schädelbasis heranreichen kann. Diese Bildung wird als Bursa pharyngea bezeichnet. Im Falle ihrer Persistenz liegt ihre Öffnung hinter der Tonsilla pharyngea. Chronische Entzündungen der Bursa pharyngea werden als Tornwaldt-Krankheit bezeichnet. Im Bereich des Rachendaches liegengebliebene Chordazellnester kommen als Ausgangsmaterial für Chordome in Betracht.

Angrenzend an das Basioccipitale ist ein kleines knorpliges Skelettstück zu erkennen, das von der Chorda dorsalis durchsetzt wird und der cranialen Hälfte des axialen Blastems vom 6. Somiten entsprechen dürfte (Abb. 28-13b). Dabei handelt es sich um den Proatlas, der beim Menschen normalerweise als Apex bzw. Ossiculum terminale in die Spitze des Dens axis einbezogen wird. Beim Feten von 3,5 cm ist der Proatlas nicht mehr als selbständiges Skeletelement nachweisbar. Ist die Fusion von Dens axis und Proatlas gestört, so persistiert letzterer als Os odontoideum mobile (Abb. 28-16).

Der Dens axis entwickelt sich aus dem axialen Anlagematerial der caudalen Hälfte des 6. Somiten und der cranialen Hälfte des 7. Somiten, der Axiskörper geht aus der caudalen Hälfte des 7. und der cranialen Hälfte des 8. Somiten hervor. Hinsichtlich der Entstehung des Dens ist der Umstand von Interesse, daß zwischen ihm und dem Axiskörper vorübergehend eine Bandscheibe nachweisbar ist. Dieser Befund stützt die Auffassung von Kladetzky [1954], daß der Dens als Körper des 1. Halssegmentes (Atlas) entstehe und sekundär mit dem Corpus axis verschmelze (Abb. 28-15). Die Chorda dorsalis zwischen Dens

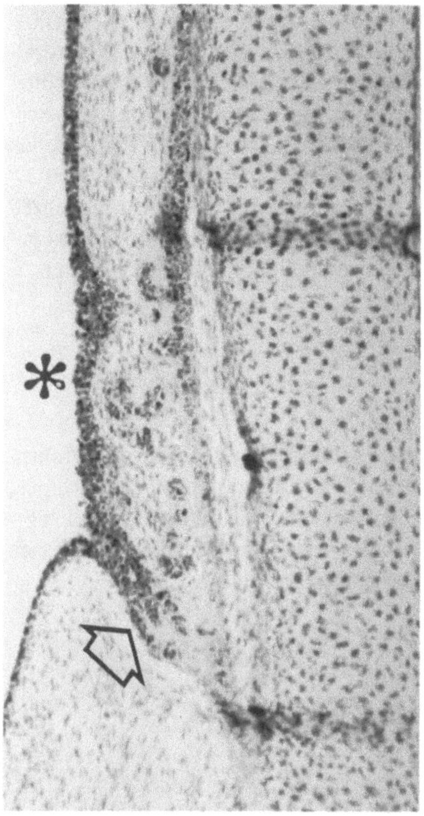

Abb. 28-14. Median geführter Sagittalschnitt von einem Embryo im STADIUM 20 (21 mm). Beachte die Chordainseln zwischen dem knorpeligen Basioccipitale und dem Rachendach (Stern). Der Pfeil markiert die Bursa pharyngea. PSL-Färbung. ca. 150 : 1
(Präparat: Professor Hinrichsen, Bochum)

und Basioccipitale entspricht in ihrem Verlauf dem späteren Ligamentum apicis dentis.

Aus dem lateralen Anlagematerial des Atlassegmentes entwickeln sich die Massae laterales sowie die Bogenelemente. Der vordere Bogen ist bei jungen Embryonen als sogenannte Hypochordalspange nachweisbar (Abb. 28-13b), die später als knorpliges Bogenelement deutlich hervortritt.

Die Analyse experimentell gebildeter Vogelchimären hat ergeben, daß die occipitalen Somiten u.a. an der Bildung der kurzen Nackenmuskeln, der Zungenmuskulatur, der infrahyalen Muskulatur und auch der Kehlkopfmuskulatur beteiligt sind [Schemainda 1981, Noden 1984, Christ et al. 1987].

Auch der Urogenitalapparat erhält morphogenetisch wichtiges Anlagematerial aus der cervicooccipitalen Übergangsregion. Dem intermediären Mesoderm dieser Region entstammt das segmentübergreifende Blastem des Nierenganges [Jacob und Christ 1978], der dann als Wolffscher Gang nach caudal auswächst, die Entwicklung der Ur- und Nachnieren in-

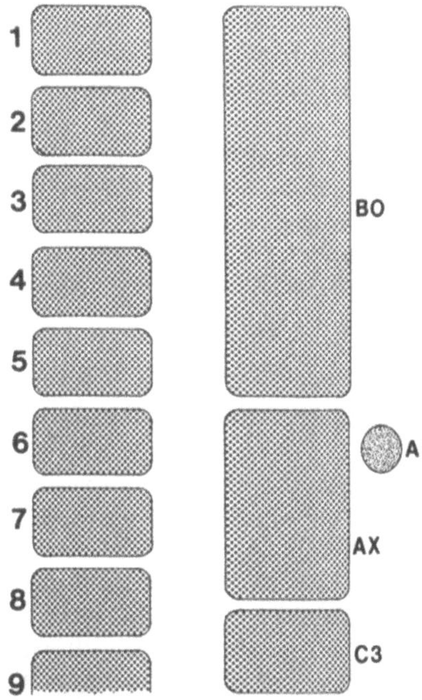

Abb. 28-15. Schematische Gegenüberstellung der Somiten und der definitiven Skelettanteile. BO = Basioccipitale; A = vorderer Atlasbogen; AX = Axis mit Dens; C3 = Körper vom 3. Halswirbel

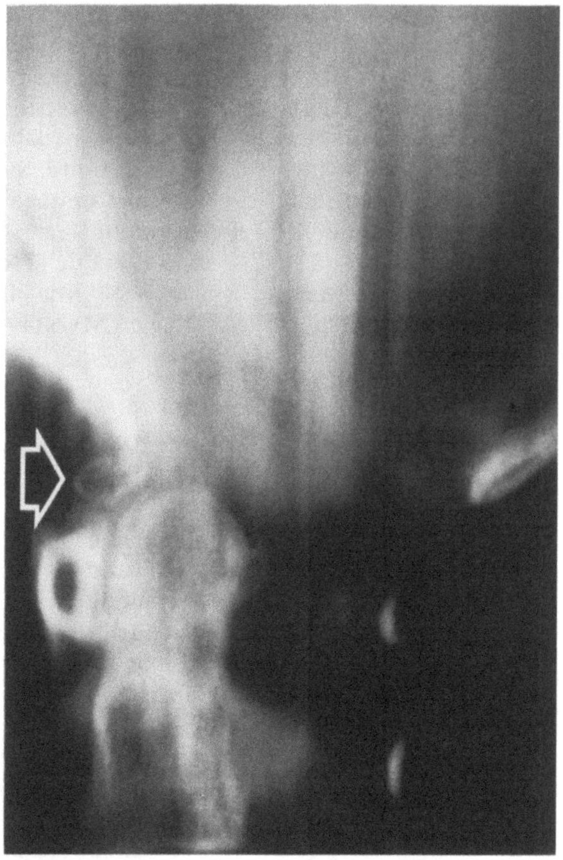

Abb. 28-16. Vorliegen eines Os odontoideum mobile (Pfeil) (Aufnahme: Professor Dr. L. Heuser, Bochum)

duziert und das Material für Harnleiter, Nierenbekken, Sammelröhre, Ductus epididymidis, Ductus deferens sowie den Gartnerschen Gang liefert (siehe Kapitel 26).

Weiterhin ist auf einen wichtigen Zusammenhang zwischen der cervicooccipitalen Übergangsregion und der Herzentwicklung zu verweisen [Kirby et al. 1983]. Neuralleistenzellen aus der Höhe der ersten drei Occipitalsomiten sind ganz wesentlich an der Septierung der Ausflußbahn des Herzens beteiligt. Sind diese Zellen nicht vorhanden, so werden regelmäßig Fehlbildungen der Ausflußbahn beobachtet. Entweder ist die Bildung des aorticopulmonalen Septum gehemmt oder es kommt zu einer Transposition der großen Gefäße. Die Untersuchungen von Le Douarin [1986] haben ergeben, daß Neuralleistenzellen aus der Höhe der Somiten 1–7 in den Darm migrieren und das intramurale Nervensystem bilden.

28.5 Entwicklung der Rückenmuskulatur

Im Bereich des Rückens ist oberflächlich Muskulatur gelegen, die sich aus der Armmuskulatur herleitet und sekundär Anschluß an die Wirbelsäule gewinnt. Der M. latissimus dorsi, die Mm. rhomboidei und der M. levator scapulae gehören zu dieser Muskulatur. Sie ist leicht daran zu erkennen, daß die zugehörigen Nerven aus dem Plexus brachialis hervorgehen. Ein weiterer oberflächlicher Rückenmuskel, der sich zwischen Kopf, Wirbelsäule und Schultergürtel ausspannt, ist der M. trapezius. Er dürfte größtenteils cranialer Herkunft sein, was seine Innervation durch den XI. Hirnnerven, den N. accessorius, anzeigt.

Schließlich bleibt die autochthone Rückenmuskulatur übrig, die von den dorsalen Ästen der Spinalnerven versorgt wird. Diese Muskulatur entwickelt sich von Anfang an im Gebiet des Rückens und wird daher zu Recht als „eigentliche" Rückenmuskulatur bezeichnet. Ihr Anlagematerial wird von den epithelialen Myotomen gebildet, die zunächst streng segmental angeordnet sind (Abb. 28-8 und 28-9). Die Myotomzellen sind größtenteils postmitotische Myoblasten, die erst relativ spät zu mehrkernigen Myotuben fusionieren. In der tiefen Schicht der autochthonen Rückenmuskulatur bleibt die metamere Anordnung der Muskeln erhalten, während die oberflächlich gelegenen Blastemanteile lange, segmentübergreifende Muskeln bilden (Polymerisation).

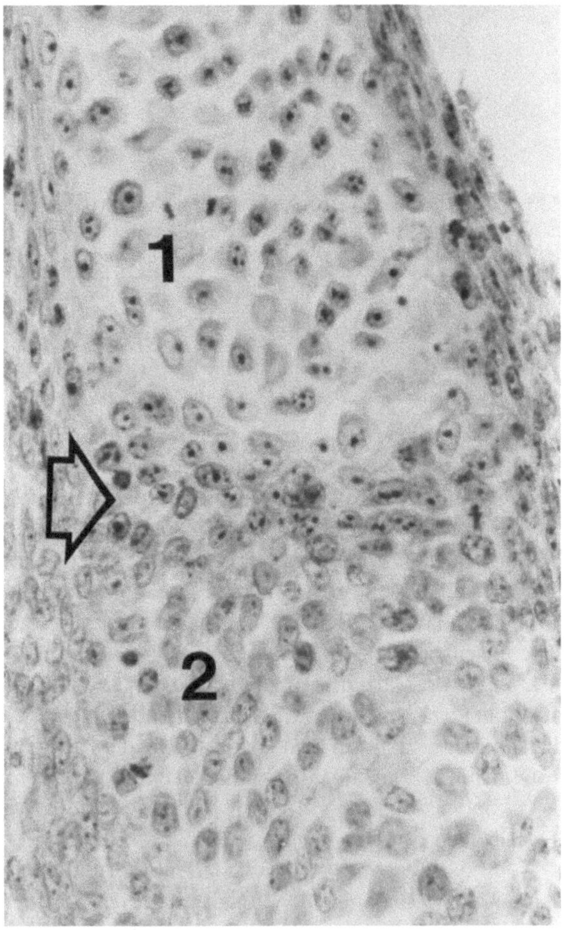

Abb. 28-17. Sternocostalgelenk (Pfeil) einer Huhn-Wachtel-Chimäre. Dem Hühnchen waren Somiten vom Wachtelembryo implantiert worden. 1 = Rippe mit Wachtelzellen; 2 = Sternum mit Hühnchenzellen. Feulgen-Reaktion und Gegenfärbung mit Lichtgrün. ca. 600 : 1

28.6 Entwicklung von Brust- und Bauchwand

Brust- und Bauchwand stellen Abschnitte der ventrolateralen Körperwand dar. Dem Rücken und der ventrolateralen Körperwand sind unterschiedliche Mesodermabschnitte zuzuordnen. Während die Somiten das Bindegewebe des Rückens bilden, geht das Bindegewebe der ventrolateralen Körperwand aus der Somatopleura hervor (Abb. 28-18).

Die frühembryonale Anlage von Brust- und Bauchwand besteht aus dem Ektoderm und der zunächst epithelialen Somatopleura, die gleichzeitig die Leibeshöhle begrenzt. Im zeitlichen Zusammenhang mit der Abfaltung des Embryo vom Dottersack gelangen Brust- und Bauchwand aus der Frontalebene in die

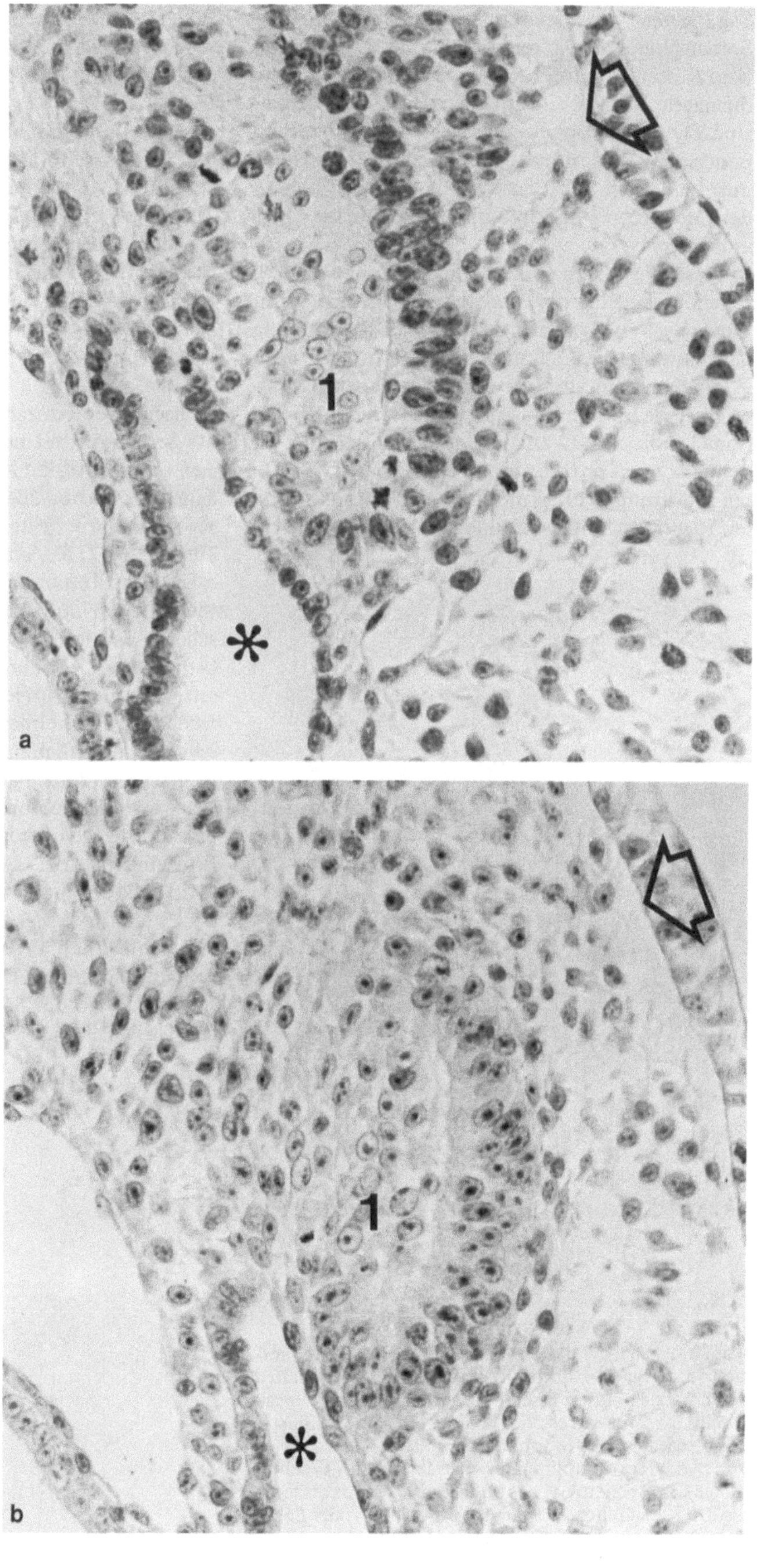

Abb. 28-18a, b. a) Hühnerembryo nach dem 4. Bebrütungstag (Transversalschnitt durch thoracalen Somiten). 1 = Myotomteil einer ventralen Somitenknospe; Stern = Coelom. Der Pfeil markiert die Grenze zwischen Rücken und Bauchwand.
b) Schnitt wie in a) durch einen Hühnerembryo, dem am 2. Bebrütungstag die thoracalen Somiten gegen Wachtelsomiten ausgetauscht worden waren. Die ventrale Somitenknospe (1) besteht aus Wachtelzellen. Stern = Coelom. Der Pfeil markiert die Grenze zwischen Rücken (Somitenzellen) von der Wachtel und Somatopleurazellen vom Hühnchen. ca. 500 : 1

Sagittalebene. Aus dem epithelialen Zellverband der Somatopleura entwickelt sich ein Mesenchym, das zum Rücken hin zunehmend dichter wird, während die nabelnahen Anteile auffallend locker strukturiert sind. Die das Coelom abgrenzende, epithelial verbliebene Schicht wird nun als „parietale Serosa" bezeichnet. Im Bereich der Brustwand entwickeln sich aus dem Mesenchym der Somatopleura die paarigen Sternalknorpel.

Diese nähern sich später einander, wobei das zwischen ihnen gelegene Bindegewebe zugrunde geht. Durch die Verschmelzung der paarigen Sternalanlagen entsteht schließlich das unpaare Sternum.

Gleichzeitig mit der Entwicklung der Sternalanlage wachsen die Rippenanlagen vom Rücken her appositionell in die Brustwand ein. Sie gehen jeweils aus dem Processus ventralis eines Sclerotom hervor. Die lange umstrittene Herkunft insbesondere des sternalen Rippenabschnittes konnte an Vogelchimären mit Hilfe der biologischen Markierungstechnik geklärt werden [Christ et al. 1974]. Sie sind bis zu den Sternocostalgelenken Fortsätze der Wirbelsäule (Abb. 28-17).

Jacob et al. [1975a] haben gezeigt, daß die thoracalen Somiten schon bei ihrer Bildung im Hinblick auf die spätere Rippenentwicklung determiniert sind. Zusammen mit den Rippen gelangen Myoblasten aus den thoracalen Somiten in die Brustwand. Aus ihnen entwickelt sich die Intercostalmuskulatur. Die Musculi pectorales sowie der M. serratus anterior sind als Derivate der Armmuskulatur sekundär auf den Rumpf verlagert worden.

In der zunächst locker strukturierten Bauchwand, die nach außen durch das Ektoderm und innen durch das Serosaepithel begrenzt wird, wachsen die segmentalen ventralen Knospen der caudalen Thoraxsomiten ein (Abb. 28-18). Diese aus Dermatom- und Myotomzellen bestehenden Bildungen werden von Theiler [1957] als Somitenbläschen bezeichnet.

Die Somitenknospen verlieren im weiteren Entwicklungsverlauf ihre epitheliale Struktur und bilden solide mesenchymale Somitenfortsätze. Diese lokkern sich auf, werden von Somatopleurazellen durchsetzt und bilden auf jeder Seite eine segmentübergreifende Vormuskelmasse, die noch im hinteren Abschnitt der seitlichen Bauchwand gelegen ist [Christ et al. 1983]. Daraus entwickeln sich dann die Blasteme der 4 Bauchmuskeln, von denen das des M. rectus abdominis von vornherein am weitesten ventral in Erscheinung tritt. Aus dem Somatopleuramesenchym entstehen die Aponeurosen, die ihrerseits Anschluß an die Muskelblasteme gewinnen (Abb. 28-19). Schließlich erreichen die Muskelanlagen ihre definitive Position. Die Entwicklung des Muskelmusters wird von der Somatopleura kontrolliert [Jacob und Christ 1980].

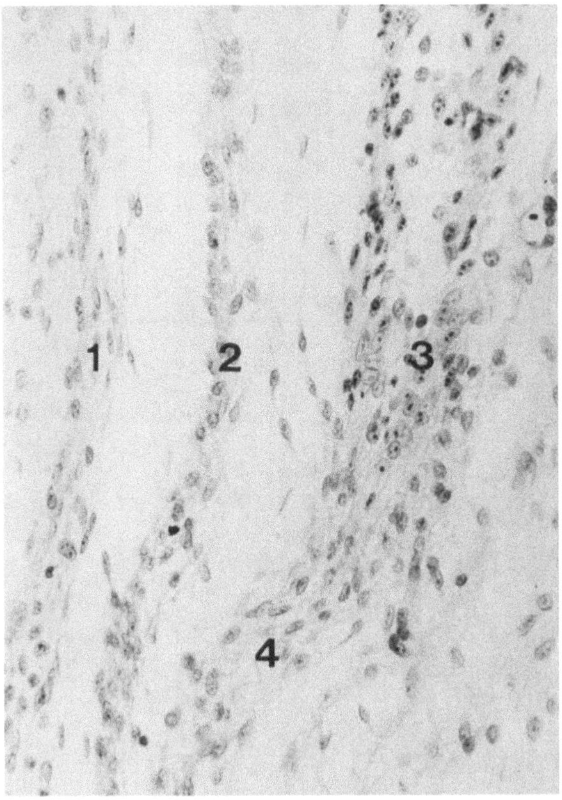

Abb. 28-19. Bauchwand von einem 10 Tage alten Hühnerembryo, dem am 2. Bebrütungstag die thoracalen Somiten durch Wachtelsomiten ersetzt worden waren (Transversalschnitt). 1 = Aponeurose des M. transversus abdominis; 2 = Aponeurose des M. obliquus internus abdominis; 3 = Blastem des M. obliquus externus abdominis (Wachtelzellen!); 4 = Aponeurose des M. obliquus externus abdominis. Die Muskelzellen entstammen den Somiten, die Sehnenzellen der Somatopleura. Feulgen-Reaktion. ca. 500 : 1

28.7 Literaturverzeichnis

Christ B (1975) Die Entwicklung der Körperwandmetamerie. Experimentelle Untersuchungen an Hühnerembryonen. Habilitationsschrift, Bochum
Christ B (1985) Grundzüge der Entwicklung des Bewegungsapparates und der neuromuskulären Verknüpfungen. In: Staubesand J (Hrsg) Benninghoff Anatomie 1. Urban und Schwarzenberg, München Wien Baltimore
Christ B, Jacob HJ, Jacob M (1972) Experimentelle Untersuchungen zur Somitenentstehung beim Hühnerembryo. Z Anat Entw Gesch 138:82–97
Christ B, Jacob HJ, Jacob M (1974) Experimentelle Untersuchungen zur Entwicklung der Brustwand beim Hühnerembryo. Experientia 30:1449–1451
Christ B, Jacob HJ, Jacob M (1975) Autoradiographische Untersuchungen zur Somitenentstehung beim Hühnerembryo. Verh Anat Ges 69:259–261
Christ B, Jacob M, Jacob HJ (1983) On the origin and development of the ventrolateral abdominal muscles in the avian embryo. An experimental and ultrastructural study. Anat Embryol 166:87–101
Christ B, Verbout AJ, Jacob HJ (1984) Untersuchungen zur Wirbelsäulenentwicklung bei der Maus. Verh Anat Ges 78:283–284
Christ B, Jacob HJ, Jacob M, Seifert R, Hinrichsen K (1987) Über die Entwicklung der kraniozervikalen Übergangsregion. Befunde an Vogelchimären und menschlichen Embryonen. Verh Anat Ges 81:565–566
Christ B, Jacob HJ, Seifert R (1988) Über die Entwicklung der zervikookzipitalen Übergangsregion. In: Hohmann D, Kügelgen B, Liebig M (Hrsg) Neuroorthopädie 4. Springer, Berlin Heidelberg New York, S 13–22
Gonzalo-Sanz LM (1972) Wechselwirkung zwischen Crista neuralis und Somiten. Acta Anat 81:396–408
Jacob HJ, Christ B (1978) Experimentelle Untersuchungen am Exkretionsapparat junger Hühnerembryonen. XIXth Morphological Congress Symposia Charles University Prague 1978, pp 219–225
Jacob HJ, Christ B (1980) On the formation of muscular pattern in the chick limb. 4th Symposium of prenatal development. In: Merker HJ, Nau H, Neubert D (eds) Teratology of the limbs. de Gruyter, Berlin, pp 89–97
Jacob M, Christ B, Jacob HJ (1975a) Über die regionale Determination des paraxialen Mesoderms junger Hühnerembryonen. Verh Anat Ges 69:263–269
Jacob M, Jacob HJ, Christ B (1975b) Die frühe Differenzierung des chordanahen Bindegewebes. Raster- und transmissionselektronenmikroskopische Untersuchungen an Hühnerembryonen. Experientia 31:1083–1086
Kaehn K, Jacob HJ, Christ B, Hinrichsen K, Poelmann RE (1988)The onset of myotome formation in the chick. Anat Embryol 177:191–201
Keynes RJ, Stern CD (1986) Somites and neural development. In: Bellairs R, Ede DE, Lash JW (eds) Somites in developing embryos. NATO ASI Series 118:289–299
Kirby ML, Gale ThF, Stewart DF (1983) Neural crest cells contribute to normal aorticopulmonary septation. Science 220:1059–1061
Kladetzky J (1954) Zur Entwicklung des Dens epistrophei. Morphol Jb 94:520–550
Le Douarin NM (1986) Cell line segregation during peripheral nervous system ontogeny. Science 231:1515–1522
Meier S (1984) Somite formation and its relationship to metameric patterning of the mesoderm. Cell Differ 14:235–243
Noden DM (1984) The use of chimeras in analysis of craniofacial development. In: Le Douarin NM, MacLaren A (eds) Chimeras in developmental biology. Academic Press, London, pp 241–280
O'Rahilly R, Müller F (1984) The early development of the hypoglossal nerve and occipital somites in staged human embryos. Am J Anat 169:237–257
Reiter A (1944) Die Frühentwicklung der menschlichen Wirbelsäule. II. Mitteilung. Die Entwicklung der Occipitalsegmente und der Halswirbelsäule. Z Anat Entw Gesch 113:66–104
Rickmann M, Fawett JW, Keynes RJ (1985) The migration of neural crest cells and the growth of motor axons through the rostral half of the chick somite. J Embryol Exp Morphol 90:437–455
Schemainda H (1981) Experimentelle Untersuchungen zur Entwicklung der Zungenmuskulatur beim Hühnerembryo. Verh Anat Ges 75:501–502
Sensening EC (1949) The early development of the human vertebral column. Contrib Embryol 33:21–41
Strudel G (1959) L'action morphogène du tube nerveux et la chorde sur la différenciation des vertébrès et des muscles vertébraux chez l'embryon de poulet. Arch Anat Microsc Morphol Exp 44:209–235
Strudel G (1967) Some aspects of organogenesis of the chick spinal column. Exp Biol Med 1:183–198
Theiler K (1953) Beitrag zur Analyse von Wirbelkörperfehlbildungen. Experimente, Genetik, Entwicklung. Z Menschl Vererb Konstitlehre 31:271–322
Theiler K (1957) Über die Differenzierung der Rumpfmyotome beim Menschen und die Herkunft der Bauchwandmuskeln. Acta Anat 161:842–864
Theiler K (1988) Vertebral malformation. Adv Anat Embryol Cell Biol 112:1–99
Töndury G (1958) Entwicklungsgeschichte und Fehlbildungen der Wirbelsäule. Hippokrates, Stuttgart
Verbout AJ (1976) A critical review of the „Neugliederung" concept in relation to the development of the vertebral column. Acta Biotheor (Leiden) 25/4:219–258
Verbout AJ (1985) The development of the vertebral column. Adv Anat Embryol Cell Biol 90:1–122
Wachtler F, Jacob M (1986) Origin and development of the cranial skeletal muscles. In: Christ B, Čihák R (eds) Development and regeneration of skeletal muscles. Karger, Basel, pp 24–46

29. Entwicklung der Extremitäten

B. Christ

29.1 Entstehung der Extremitäten

Die Entwicklung der Armanlage beginnt beim menschlichen Embryo am Ende des STADIUM 12 (3–5 mm). Es ist zunächst ein knospenähnlicher zur Seite gerichteter Auswuchs der lateralen Körperwand nachweisbar (Abb. 29-1a), der aus Somatopleura und Ektoderm besteht. Da der Embryo appositionell von cranial nach caudal wächst, besteht ein cranio-caudaler Differenzierungsgradient. Demzufolge sind die Entstehung und Entwicklung der Beinanlage im Vergleich mit der Armanlage zeitlich verzögert. Bei Embryonen im STADIUM 13 (5,5 mm) beginnt sich die knospenartige Beinanlage abzugrenzen [O'Rahilly und Müller 1987].

Die Modalitäten und kausalen Zusammenhänge der die Extremitätenentstehung bedingenden Entwicklungsprozesse haben sich unserem Verständnis noch nicht ganz erschlossen. Erste Beobachtungen an Hühnerembryonen im Praeextremitätenstadium, die später in einem Zusammenhang mit der Extremitätenentstehung gesehen wurden, stammen von Caspar

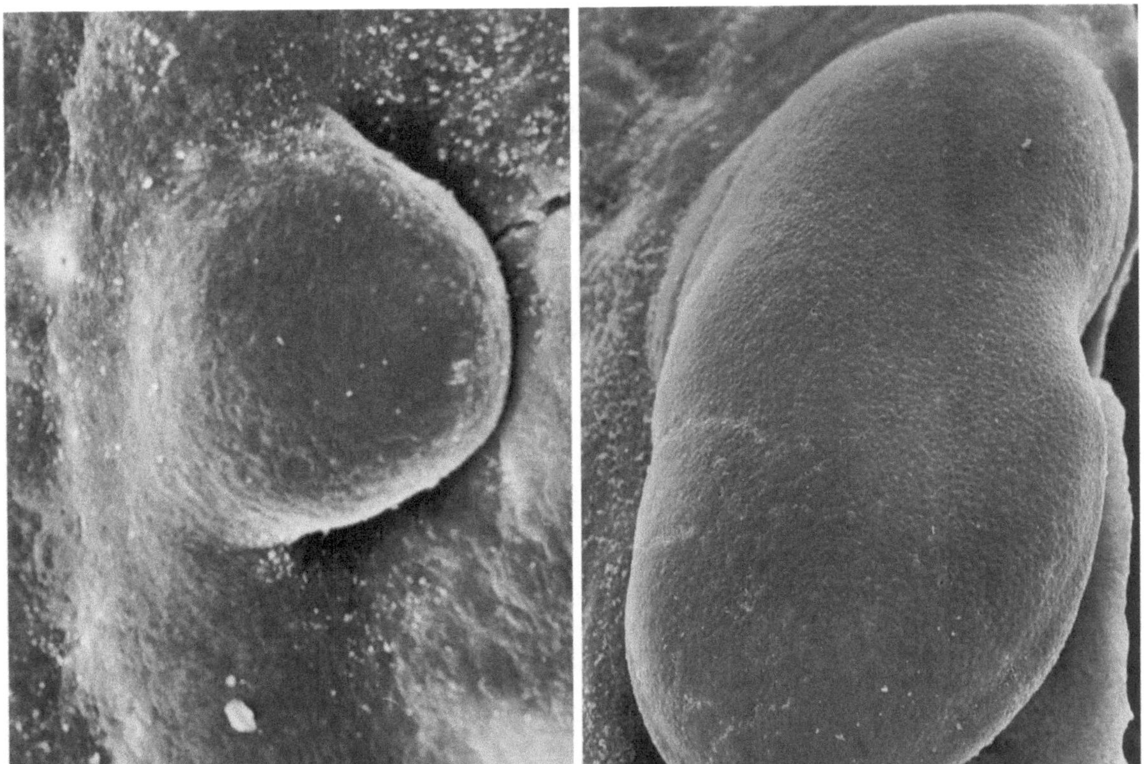

Abb. 29-1a, b. Rasterelektronenmikroskopische Aufnahme der faltenförmigen Armanlage eines menschlichen Embryo im STADIUM 13 (5 mm) (**a:** ca. 110 : 1) und der paddelförmigen Armanlage eines Embryo im STADIUM 15 (8 mm) (**b:** ca. 75 : 1). Beachte die beginnende Abgliederung des Handtellers vom Unterarm
(Präparate: Professor Hinrichsen, Bochum; Aufnahmen: Dr. H. J. Jacob, Bochum)

Friedrich Wolff. Er beschrieb eine in cranio-caudaler Richtung über die seitliche Körperwand verlaufende Verdickung, die von His zu Ehren des Erstbeschreibers als „Wolffsche Leiste" bezeichnet wurde. Am vorderen und hinteren Ende dieser Leiste sollte jeweils eine Gewebsverdichtung erfolgen, die als erste Anlage einer Extremität angesehen wurde.

Blechschmidt [1961] beschreibt bei einem menschlichen Embryo von 3,7 mm eine derartige Leiste, die er als „Tegumentring" bezeichnet. Im Bereich des Tegumentringes findet Blechschmidt unter einem verdickten Ektoderm ein verdichtetes Mesoderm. O'Rahilly und Müller [1985] beschrieben einen ektodermalen Ring bei menschlichen Embryonen der Stadien 10–16.

Searls und Janners [1971] haben an Hühnerembryonen festgestellt, daß der Entstehung der Gliedmaßenanlagen nicht etwa eine Erhöhung der Proliferationsaktivität in den Anlagegebieten der Extremitäten selbst zugrundeliegt, sondern vielmehr die angrenzenden nicht auswachsenden Körperwandabschnitte durch eine Verminderung der Proliferationsaktivitäten ausgezeichnet sind.

Die noch nicht ausgewachsenen Extremitätenanlagen, die als „Extremitätenfelder" bezeichnet werden können, bestehen aus der zunächst epithelialen, später mesenchymalen Somatopleura und dem nach außen abgrenzenden Ektoderm.

Wie später noch detailliert gezeigt werden wird, ist die Extremitätenentwicklung an Interaktionen zwischen mesodermaler Somatopleura und Ektoderm gebunden. Auch bei der Entstehung der Extremitäten sind derartige zwischengewebliche Wechselwirkungen von Bedeutung, wobei dem Mesoderm eindeutig eine dominierende Rolle zukommt. Wird Mesoderm des Extremitätenfeldes mit Ektoderm der prospektiven Thoraxregion kombiniert, so entwickelt sich eine Extremität [Kieny 1960, 1968]. Kombinationen von Mesoderm der prospektiven Thoraxregion mit Ektoderm des Extremitätenfeldes führen dagegen niemals zur Extremitätenentwicklung.

Experimentelle Befunde an Hühnerembryonen sprechen dafür, daß die Somatopleura des Extremitätenfeldes bei jungen Embryonen möglicherweise durch die benachbarten Somiten eine Aktivierung in Richtung Extremitätenentwicklung erfährt. Kieny [1969, 1971], Pinot [1970] sowie Christ und Jacob [1986] haben gezeigt, daß nach einer früh erfolgenden Separierung des Extremitätenfeldes von den angrenzenden Somiten eine Extremitätenentwicklung unterbleibt. Ein für die Stabilisierung der Extremitätendetermination erforderlicher Einfluß des paraxialen Mesoderm wurde von Agnish und Kochhar [1977] auch bei Mäuseembryonen beschrieben. Über die Natur dieser Stimulation müssen weitere Untersuchungen Aufschluß geben.

Die frühe Extremitätenanlage stellt bereits vor ihrem Auswachsen ein stabiles, in gewissem Umfang zur Selbstdifferenzierung befähigtes System dar. Das wurde in besonders überzeugender Weise von Murray [1926] an jungen Hühnerembryonen gezeigt. Aus frühen Extremitätenanlagen, die isoliert und auf die Chorioallantois älterer Wirtsembryonen transplantiert worden waren, entwickelten sich normal gegliederte und mit vollständigem Skeletmuster ausgestattete Extremitäten.

Diese Determination des Anlagematerials ist interessanterweise mit einem erstaunlichen Regulationsvermögen kombiniert. So geht bei Urodelen beispielsweise aus einem halbierten Extremitätenfeld noch eine normal geformte und normal strukturierte Extremität hervor [Detwiler 1933]. Wird andererseits das Material zweier Extremitätenfelder übereinandergelegt, so entwickelt sich ebenfalls eine normale Extremität.

Die Extremität ist ein asymmetrisches Gebilde, dessen Eigenarten gewöhnlich mit Hilfe von drei *Achsen* beschrieben werden: die *proximo-distale* (p-d), die *anterior-posteriore* (a-p) und die *dorso-ventrale* (d-v). Experimentelle Untersuchungen, die von Harrison [1921] und Swett [1927] am Axolotl durchgeführt wurden, haben gezeigt, daß die Determination dieser drei Achsen zu unterschiedlichen Zeiten erfolgt. Nach den Befunden von Swett [1937] ist zuerst die a-p-Achse determiniert, es folgen die d-v-Achse und schließlich die p-d-Achse.

29.2 Verschiedene Aspekte der Extremitätenentwicklung

Vergleicht man die frühe knospenartige Extremitätenanlage eines Amniotenembryo (Abb. 29-2a) mit der Gliedmaße des adulten Organismus (Abb. 29-2b), so fällt eine Entwicklung vom Einfachen zum Komplexen auf. Bei dem Versuch einer Analyse dieses Vorgangs lassen sich drei miteinander zusammenhängende Teilprozesse der Entwicklung beschreiben. Gegenüber der kleinen, einfach gestalteten Anlage, die aus einem ektodermalen Mantel und einem Kern noch undifferenziert erscheinender Mesenchymzellen besteht, zeigt die entwickelte Extremität folgende auffällige Veränderungen: Sie ist gewachsen, gegliedert und insbesondere distal kompliziert gestaltet. Im Inneren sind unterschiedlich differenzierte Zellen nachweisbar, die ihrerseits wiederum durch eine art- und regionaltypische Anordnung gekennzeichnet sind. Diese Teilprozesse werden als Entwicklung der äußeren Gestalt, Differenzierung und Musterbildung beschrieben und nachfolgend dargestellt. Dabei wird auf experimentelle Ergebnisse zurückgegriffen, die insbesondere an Hühnerembryonen gewonnen wurden und die zu einem besseren Verständnis der Entwicklungsvorgänge beigetragen haben.

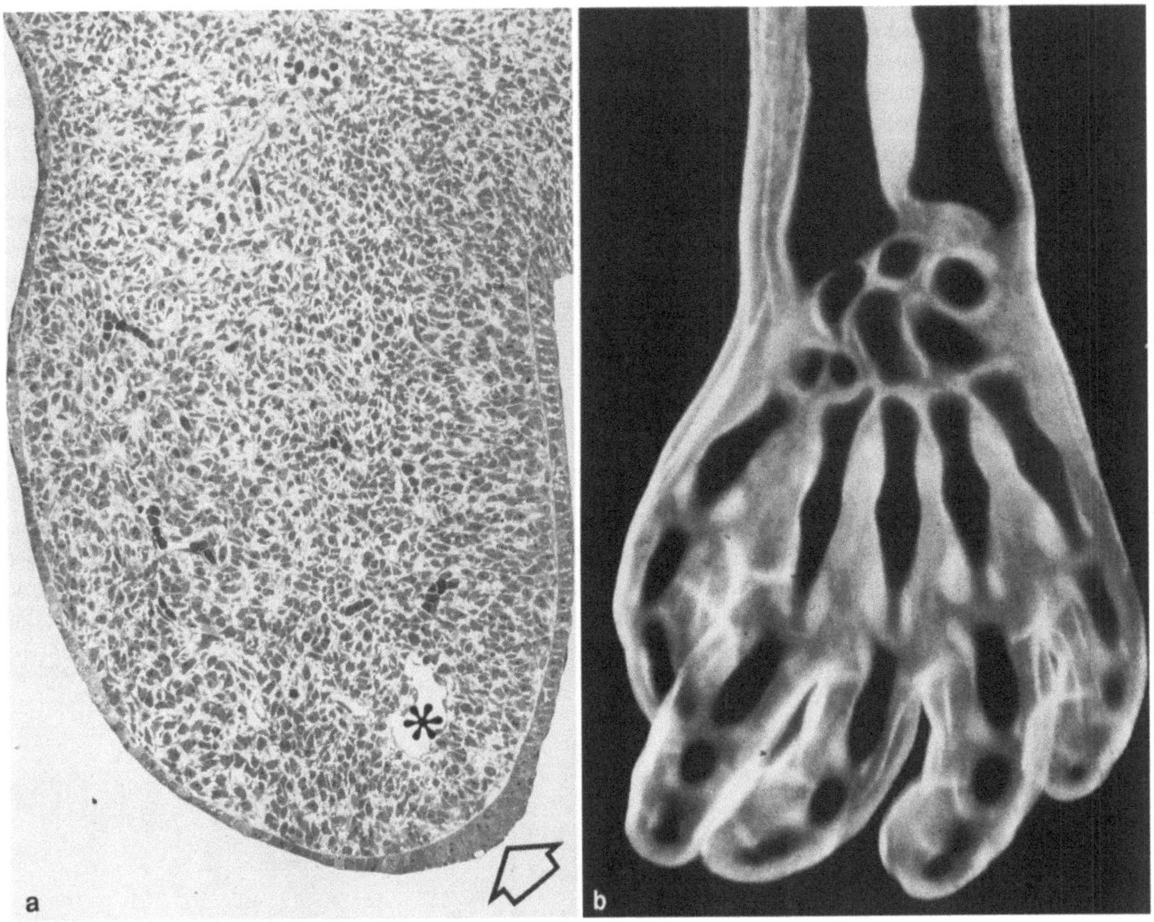

Abb. 29-2a, b. a) Transversaler Semidünnschnitt durch die faltenförmige Armanlage eines menschlichen Embryo im STADIUM 14 (6,8 mm). Ein ektodermaler Mantel umgibt ein noch undifferenziert erscheinendes, vaskularisiertes Mesenchym. Pfeil: ektodermale Randleiste (AER); Stern: Randsinus. ca. 190 : 1;
b) Fetale Hand nach Knorpelfärbung und anschließender Weichteilaufhellung im Durchlicht. ca. 13 : 1

29.3 Wachstum der Extremitätenanlagen

Die Extremitätenknospe besteht aus einem kapillarisierten Mesenchym, das von einem ektodermalen Mantel eingehüllt wird (Abb. 29-2a). Am distalen Rand der Extremitätenknospe verläuft in anterior-posteriorer Richtung eine Leiste von verdicktem Ektoderm. Diese **Randleiste,** die im angloamerikanischen Schrifttum als *Apical Extodermal Ridge* **(AER)** bezeichnet wird, ist an den Extremitätenknospen der meisten Vertebraten nachweisbar (Abb. 29-3 und 29-4).

Die AER entsteht durch induktive Einflüsse von seiten des Extremitätenmesoderm. Wird Nichtextremitätenektoderm mit Extremitätenmesoderm kombiniert, so entwickelt sich eine AER, und es erfolgt die Bildung einer Extremität [Kieny 1960, 1971]. Carrington und Fallon [1984] haben demonstriert, daß Thoraxektoderm von 4 Tage alten Hühnerembryonen noch die Fähigkeit besitzt, auf die Einflüsse des Extremitätenmesoderm mit der Entstehung einer AER zu reagieren.

Die AER zeigt gewisse artspezifische Form- und Strukturmerkmale. Während sie beim Hühnchen (Abb. 29-4a, c) stark nach außen vorspringt und aus einem Epithel besteht, das außen eine flache Peridermschicht, darunter eine intermediäre Zellschicht und basal eine Schicht hochprismatischer Zellen aufweist [Jacob et al. 1981], ist sie beim menschlichen Embryo (Abb. 29-3) mehr in das Innere der Extremitätenknospe verlagert und deutlich mehrschichtig [Kelley und Fallon 1976].

Charakteristisch für das Epithel der AER ist das Vorkommen zahlreicher Gap junctions, wodurch die Zellen elektrisch und metabolisch gekoppelt sind [Kelley und Fallon 1981]. Nach den Befunden von

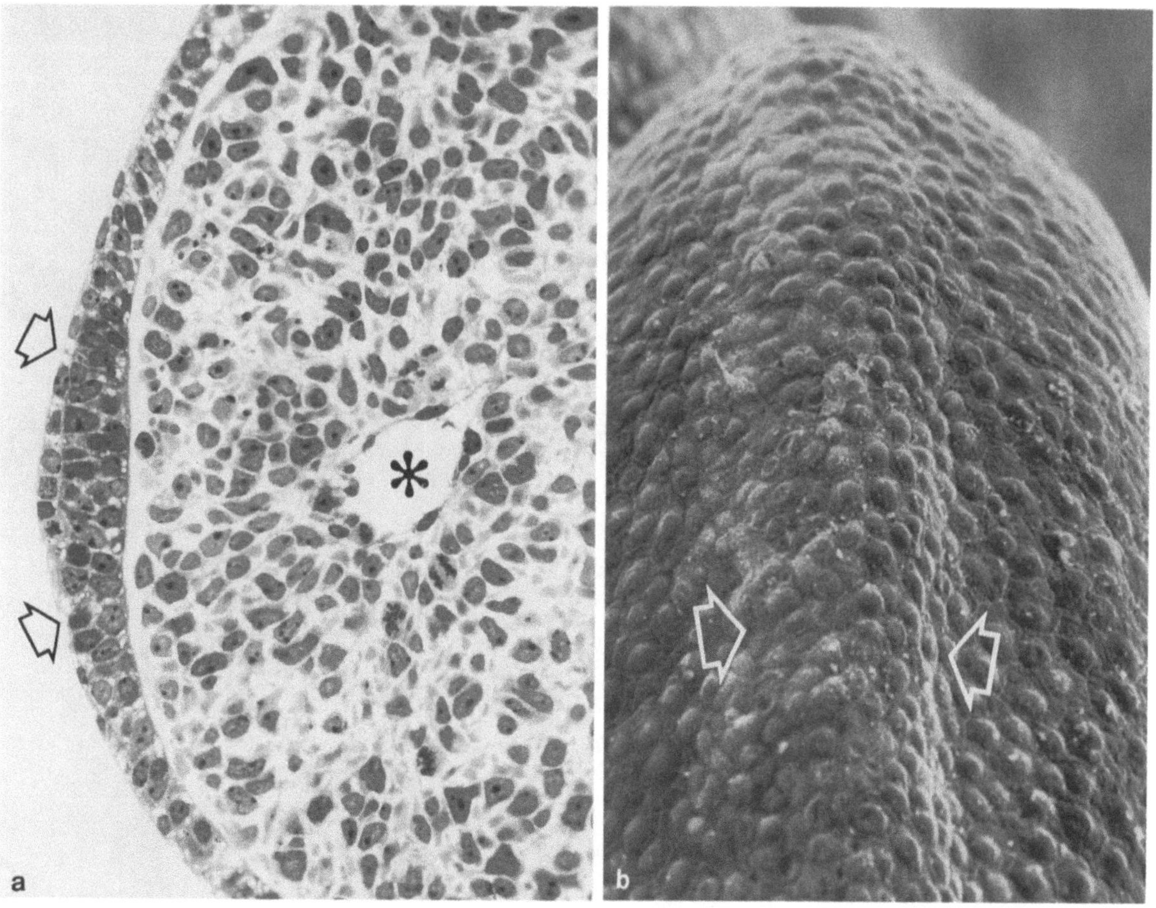

Abb. 29-3a, b. a) Flachschnitt (semidünn) durch den Handteller eines menschlichen Embryo im STADIUM 16 (10 mm). Die Pfeile markieren die ektodermale Randleiste (AER). Stern: Randsinus. Die mesodermale Zuwachszone befindet sich zwischen Randleiste und Randsinus. ca. 800 : 1;
b) Distalansicht der faltenförmigen Armanlage eines Embryo im STADIUM 16 (10 mm). Pfeilmarkierung: Randleiste (Präparat: Professor Hinrichsen, Bochum; Aufnahme: Dr. H. J. Jacob, Bochum). ca. 650 : 1

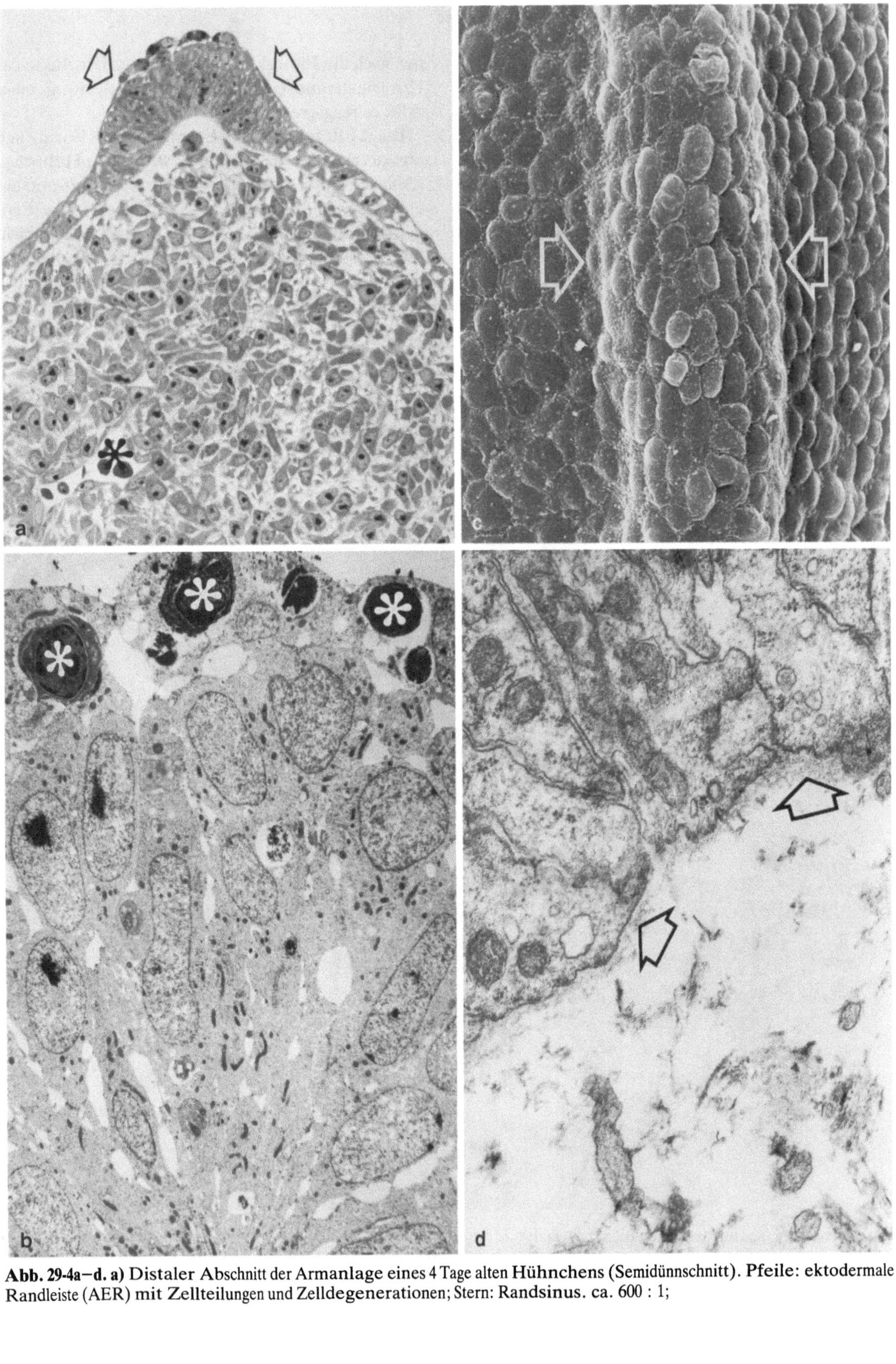

Abb. 29-4a–d. a) Distaler Abschnitt der Armanlage eines 4 Tage alten Hühnchens (Semidünnschnitt). Pfeile: ektodermale Randleiste (AER) mit Zellteilungen und Zelldegenerationen; Stern: Randsinus. ca. 600 : 1;

Milaire [1969] enthalten die Zellen große Mengen Glycogen und RNA sowie hohe Konzentrationen von alkalischer und saurer Phosphatase. Die Form der AER ist auch stadienabhängig. Während sie bei jungen Extremitätenknospen eher flach und breit erscheint, ist sie bei paddelförmigen Anlagen schmal und hoch. Zellteilungen und Zelldegenerationen kommen nebeneinander vor (Abb. 29-4a, b), wobei letztere gegen Ende des appositionellen Extremitätenwachstums in den Vordergrund treten und schließlich zur vollständigen Rückbildung der AER führen.

Die wesentliche Funktion der AER besteht in der Aufrechterhaltung einer hohen Proliferationsrate im distalen Mesenchym, das die Zuwachszone der Extremitätenanlage darstellt [Saunders 1948, Zwilling 1955]. Eine Entfernung der Randleiste hat das Fehlen der zum Zeitpunkt des Eingriffs noch nicht angelegten distalen Strukturen zur Folge [Saunders 1948, Summerbell 1974, 1977]. Geschieht dies bei Flügelknospen von 3 Tage alten Hühnerembryonen, entwickelt sich nur der Oberarm. Eine derartige Operation bei 4½ Tage alten Hühnchen führt zur Entwicklung des Unterarms. Wird die AER bei noch älteren Embryonen isoliert, fehlen in Abhängigkeit vom Operationszeitpunkt distale Hand- oder Fingerabschnitte. Diese experimentellen Befunde zeigen, daß die AER praktisch kein Regenerationsvermögen besitzt. Lediglich im Stadium der frühen Knospenbildung soll die noch flache und wenig differenzierte AER regenerieren können.

Die Wirkung der AER ist stadienunabhängig [Rubin und Saunders 1972]. Wird eine junge Randleiste mit älterem Mesenchym kombiniert, verändern sich das Erscheinungsbild und die Wirkung der AER entsprechend dem Mesenchymalter; überzählige Extremitätenstrukturen werden nicht gebildet. Die Kombination einer „reifen" Randleiste mit jungem Extremitätenmesenchym verjüngt die AER und führt ebenfalls zur Entwicklung einer normalen Extremität, bei der auch die distalen Strukturen vollzählig angelegt werden.

Die Wirkung der Randleiste ist speciesunabhängig. Wird Mesenchym der Beinknospe von einem Entenembryo mit Ektoderm der Hühnchenbeinknospe kombiniert, entwickelt sich ein normales Entenbein [Zwilling 1959]. Nach Kombination von Extremitätenektoderm 13 Tage alter Rattenembryonen mit Extremitätenmesenchym 3 Tage alter Hühnerembryonen, entwickeln sich Extremitäten mit huhntypischem Skeletmuster und Rattenhaut [Jorquera und Pugin 1971].

Es wurde bereits darauf hingewiesen, daß die AER unter dem Einfluß des Extremitätenmesoderm entsteht und in ihrer stadienspezifischen Aktivität bestimmt wird. Wenn bei einer Extremitätenknospe Ektoderm und Mesoderm voneinander getrennt werden und das Ektoderm mit Nichtextremitätenmesoderm (z.B. Flankenmesoderm oder paraxialem Mesoderm) kombiniert wird, degeneriert die AER [Zwilling 1961, 1972]. Werden diesem eigentlich fremden Mesoderm Teile vom Extremitätenmesoderm beigegeben, kann die AER erhalten bleiben. Es wurde eine ganze Reihe von Experimenten insbesondere an Extremitätenanlagen des Hühnchens durchgeführt, deren Ergebnisse darauf hindeuten, daß vom Extremitätenmesoderm ein „Faktor" produziert wird, der die Randleiste erhält und ihre Funktion kontrolliert. Dieser randleistenerhaltende Faktor wird im angloamerikanischen Schrifttum als **Apical Ectodermal Maintenance Factor** (AEMF) bezeichnet [Saunders et al. 1958]. Es wird angenommen, daß der AEMF nicht in gleicher Konzentration entlang der a-p-Achse vorkommt, sondern seine höchste Konzentration im postaxialen Extremitätenabschnitt aufweist. Hier ist auch die Randleiste dicker als im anterioren Randbereich. Auf die möglicherweise polarisierende Wirkung des AEMF-Gradienten entlang der a-p-Achse wird im Zusammenhang mit der Musterbildung des Extremitätenskelets näher eingegangen.

Das Wachstum der Extremitäten setzt demnach einen epitheliomesenchymalen Dialog voraus, bei dem die instruierenden Signale vom mesodermalen Mesenchym ausgehen, durch die das Ektoderm zur Bildung der Randleiste induziert wird. Die AER wird durch Einflüsse von seiten des Mesoderm erhalten, und sie kontrolliert ihrerseits die Proliferationsaktivität des distalen Mesoderm *(progress zone)*, wodurch das appositionelle Wachstum der Extremitäten bewirkt wird. Eine zeitlich begrenzte Störung der Randleistenfunktion muß daher zu einer defizitär entwickelten Extremität führen.

◀
b) Ultradünnschnitt durch die Randleiste an der Armanlage eines Hühnchens. Sterne: Phagolysosomen in den peridermalen Zellen (Aufnahme: Dr. M. Jacob, Bochum). ca. 2900 : 1;
c) Distalansicht der Armanlage eines Hühnchens. Die Pfeile markieren die auffällig prominente ektodermale Randleiste (AER). (Aufnahme: Dr. H. J. Jacob, Bochum). ca. 1000 : 1;
d) Basales Compartiment der Armknospenrandleiste eines Hühnchens (Ultradünnschnitt). Pfeile: Basallamina. Beachte die lockeren Strukturen des subektodermalen Mesenchym (Aufnahme: Dr. M. Jacob, Bochum). ca. 50 000 : 1

29.4 Formentwicklung des Armes

Wie bereits zu Beginn dieses Kapitels dargestellt, beginnt die Entwicklung der oberen Extremitäten bei menschlichen Embryonen im STADIUM 12 mit der Ausbildung einer zunächst nach lateral gerichteten Falte der ventrolateralen Rumpfwand. Mit dem weiteren Auswachsen gerät die faltenförmige Anlage zunehmend in eine Adduktionsstellung, d.h. die Beugeseite der Armknospe nähert sich der seitlichen Thoraxwand (Abb. 29-1).

Im weiteren Entwicklungsverlauf wird eine anterior-posteriore (radio-ulnare) Verbreiterung des ursprünglich eher spitz zulaufenden distalen Endes der Armanlage nachweisbar. Auf diese Weise entsteht ein flächiger „Handteller", der sich deutlich gegenüber dem stielförmigen Unterarm abgliedert (Abb. 29-1b). Die proximo-distale Gliederung der Anlage beginnt bei Embryonen im STADIUM 15.

Der „Stiel" des Handtellers wird länger und gliedert sich in einen brachialen und einen antebrachialen Abschnitt. Es wird die Unterarmanlage gegenüber der Oberarmanlage im Sinne einer Flexion abgewinkelt, wodurch an der Knickstelle die Ellenbogenregion in Erscheinung tritt und der Handteller gegenüber der Rumpfwand in cranialer Richtung verlagert wird (Abb. 29-10). Mit dieser zunehmenden Wachstumsflexion verbindet sich eine Torsion des Handtellers gegenüber der Oberarmanlage in der Weise, daß die ursprünglich nach cranial gerichtete Daumenseite im Sinne einer Pronation in eine mehr mediale Position hineinwächst. Diese Wachstumsbewegungen wurden von Blechschmidt [1961] sehr anschaulich dokumentiert und so beschrieben, daß „sich der distale Abschnitt des Unterarms einwärts drehe, während der Ellenbogen eine Drehung nach auswärts erfahre".

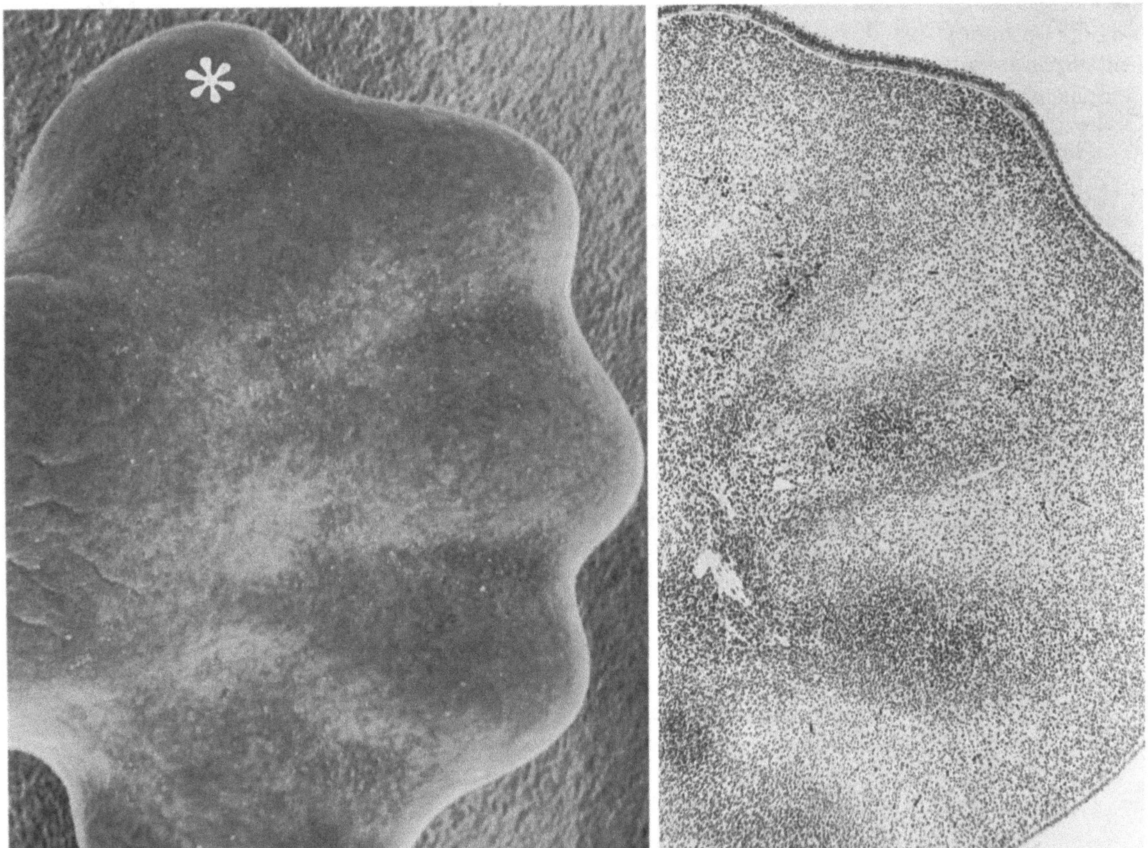

Abb. 29-5a, b. a) Dorsalansicht eines Handtellers von einem menschlichen Embryo im STADIUM 19 (17,5 mm). Beachte die sich abgliedernden Fingerstrahlen. Stern: Daumenstrahl (Aufnahme: Dr. H. J. Jacob, Bochum). ca. 60 : 1; **b)** Flachschnitt (semidünn) durch den Handteller eines menschlichen Embryo im STADIUM 19 (18 mm). Die Ossa metacarpalia sind vorknorpelig angelegt. ca. 70 : 1

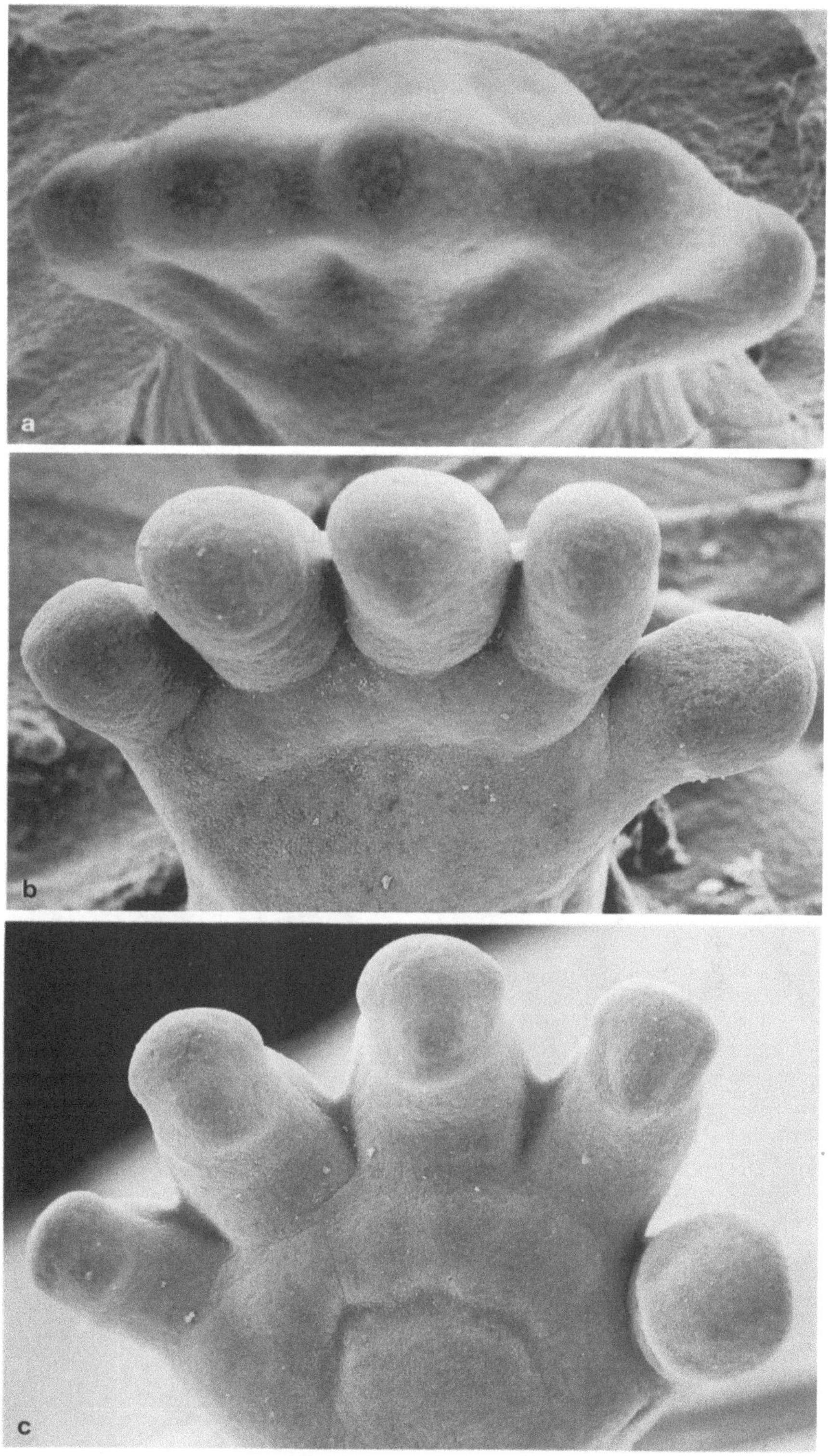

Abb. 29-6a–c. Distalansicht der Handteller menschlicher Embryonen im STADIUM 19 (17,5 mm = **a**), im STADIUM 21 (23 mm = **b**) und im STADIUM 23 (28 mm = **c**). Beachte die beginnende Flexion der Finger und die Abduktion des Daumens in **b**). Die Fingerbeugung (**c**) ist deutlich geworden. Der Daumen steht in Oppositionsstellung. (Präparate **a, b**: Professor Hinrichsen, Bochum; Aufnahmen: Dr. H. J. Jacob, Bochum). a, b) ca. 72 : 1; c) ca. 55 : 1

Wie die Abbildung 29-10 ausweist, werden die humanspezifischen Stellungsänderungen der weiter ausgestalteten Armabschnitte im Verlauf der Entwicklung zunehmend deutlicher. Durch die Auswärtsverlagerung des Ellenbogens wird der Oberarm abduziert und antevertiert. Der Unterarm erfährt eine weitere Flexion und Pronation. Die Handanlage, deren Ausgestaltung nachfolgend detaillierter beschrieben werden soll, wird zusätzlich zur Pronation in ulnarer Richtung abduziert.

Der Handteller wächst distal unter dem Einfluß der AER appositionell weiter. Erste Andeutungen der Mittelhand- und Fingerstrahlen werden bei Embryonen von 12–14 mm deutlich. Die Abbildung 29-5 zeigt die Handanlage eines Embryo von 17,5 mm, bei der die fünf knospenartigen Fingeranlagen unterschieden werden können. Bei der Betrachtung der weiteren Ausformung und Separation der Finger sind für den Menschen charakteristische „Entwicklungsbewegungen" nachweisbar, die in gleichsam primitiver Weise die späteren Greifbewegungen vorwegnehmen [Blechschmidt 1961]. Diese als Wachstumsbewegungen bezeichneten Stellungsänderungen der wachsenden Finger sind den Abbildungen 29-6 und 29-7 zu entnehmen. Zunächst fällt die Sonderrolle des Daumens ins Auge: Er wird von den übrigen Fingern abduziert und wächst dann aus der Ebene der übrigen Finger in palmarer Richtung heraus, was eine Oppositionsstellung zur Folge hat. Schließlich werden die Finger im zeitlichen Zusammenhang mit ihrer Gliederung zunehmend flektiert, wobei der Zeigefinger vergleichsweise die geringste Beugung aufweist und somit in einer „Zeigestellung" verbleibt (Abb. 29-7a). Als Ergebnis der geschilderten Wachstumsbewegungen entsteht so die Form einer „Greifhand" [Hinrichsen 1952].

Die während des Fingerwachstums in Erscheinung tretenden „Beugefurchen" sind nach den experimentellen Befunden von Wachtler et al. [1981a] nicht ursächlich auf die palmare Krümmung zurückzuführen, da sie an entsprechenden Stellen auch bei Extremitätenanlagen auftreten, deren Phalangen sich in überstreckter Stellung entwickeln. Für ihre Entstehung müssen demnach regionaltypische Besonderheiten der Haut verantwortlich sein.

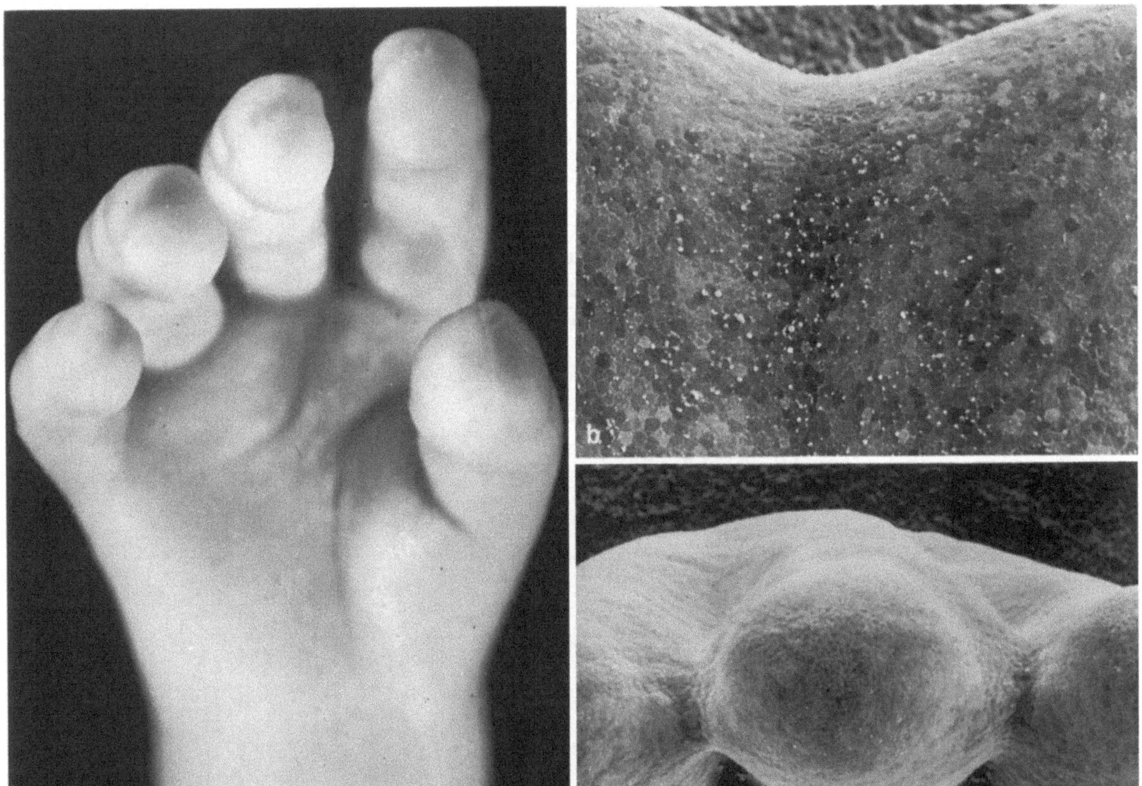

Abb. 29-7a–c. a) Hand eines Fetus von 4,65 cm. Beachte die „Zeigestellung" des Zeigefingers; die übrigen Finger sind stärker flektiert. ca. 18 : 1 [Aus: Hinrichsen 1952]; **b)** Dorsalansicht einer Interdigitalzone von einem Embryo im Stadium 19 (17,5 mm) (Präparat: Professor Hinrichsen, Bochum; Aufnahme: Dr. H. J. Jacob, Bochum). ca. 130 : 1;
c) Distalaufsicht auf den Mittelfinger und die angrenzenden Interdigitalzonen von einem Embryo im Stadium 20 (19 mm) (Aufnahme: Dr. H. J. Jacob, Bochum). ca. 100 : 1

29.5 Formentwicklung des Beines

Nach den rasterelektronenmikroskopischen Befunden von Jacob und Hinrichsen [1984] ist die Formentwicklung des Beines gegenüber der des Armes um etwa eine Entwicklungswoche verzögert. Die zunächst annähernd kegelförmige Beinknospe, deren Achse entsprechend der starken kyphotischen Krümmung des Embryo im Raum eine von der Achse der Armknospe verschiedene Einstellung aufweist, ist ebenfalls durch eine Wachstumsadduktion gekennzeichnet. An der sich schnell verbreiternden und von der Anlage des Unterschenkels abgliedernden Fußplatte (STADIUM 16) entwickelt sich die große Zehe cranial. Sie steht von Anfang an weiter distal als die kleine Zehe, während am Handteller der Daumen im Vergleich mit dem kleinen Finger weiter proximal entsteht.

Das durch Untergliederung des breitbasigen Extremitätenstiels entstehende Knie zeigt nach cranio-lateral. Der Unterschenkel ist zunächst gegenüber dem Oberschenkel stärker abgewinkelt als der Unterarm gegenüber dem Oberarm. Kennzeichnend für das Bein ist eine deutliche Supination der Fußanlage (Abb. 29-11). Der Vorderfuß ist nach dorsal flektiert (Abb. 29-8), und die voluminöse Großzehe steht abduziert, verbleibt jedoch in der Ebene der übrigen Zehen (Abb. 29-8a, b, 29-9).

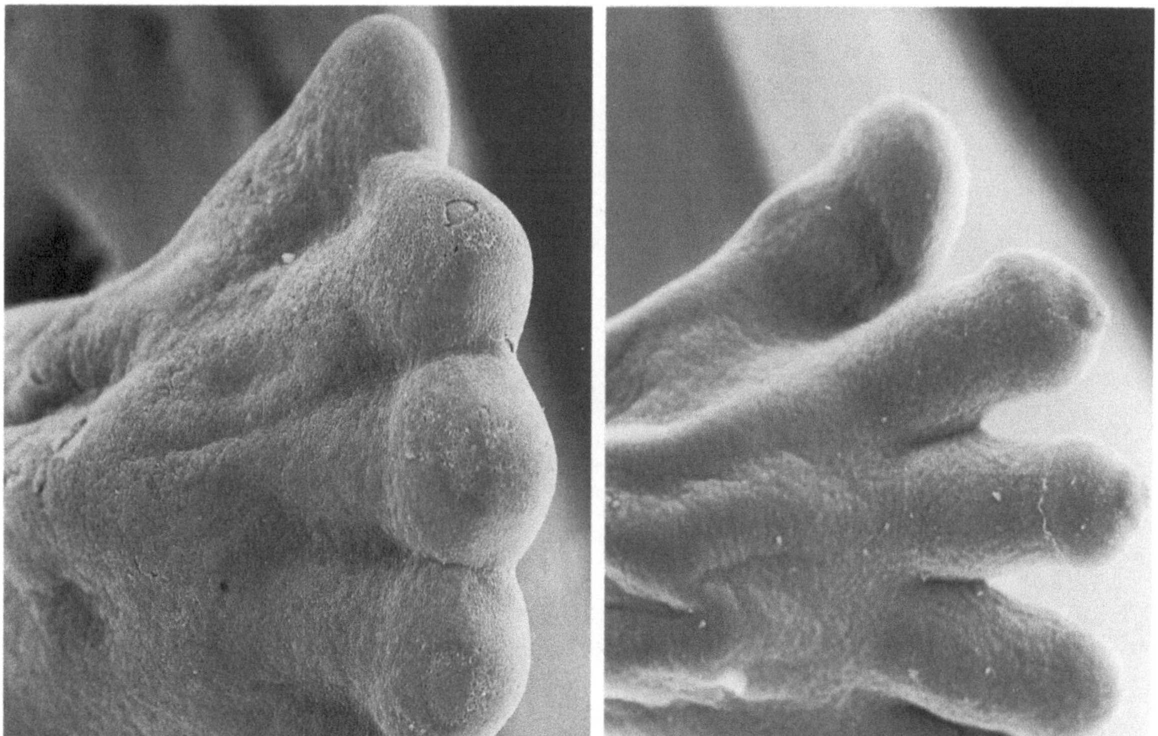

Abb. 29-8a, b. Fußanlage eines Embryo im STADIUM 21 (23 mm = **a**) und im STADIUM 23 (28 mm = **b**). Beachte die Dorsalflexion des Metatarsus (a), die mächtige Großzehe steht abduziert (b). (Präparate: Professor Hinrichsen, Bochum). a) ca. 90 : 1; b) ca. 70 : 1

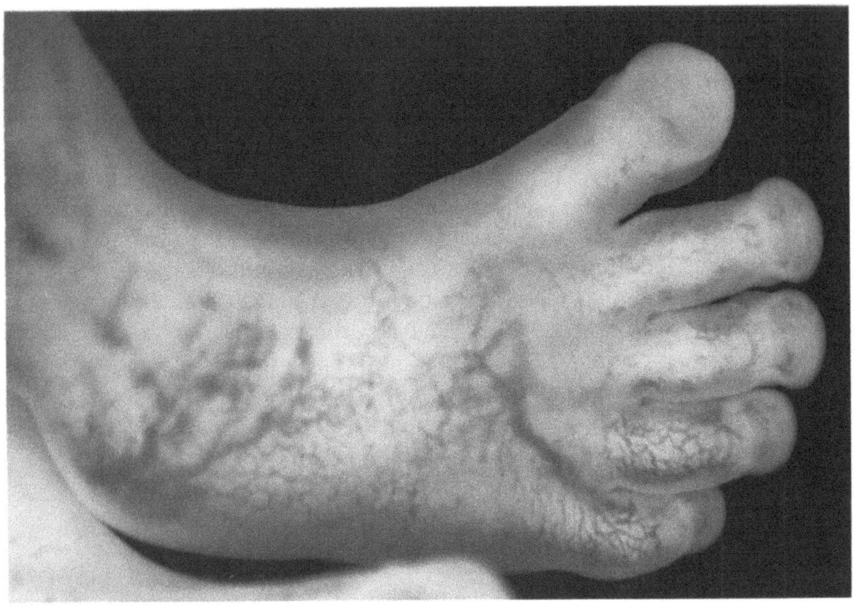

Abb. 29-9. Fuß von einem Fetus von 4,5 cm. Beachte die Supinationsstellung des Fußes (Präparat und Aufnahme: Professor Hinrichsen, Bochum). ca. 15 : 1

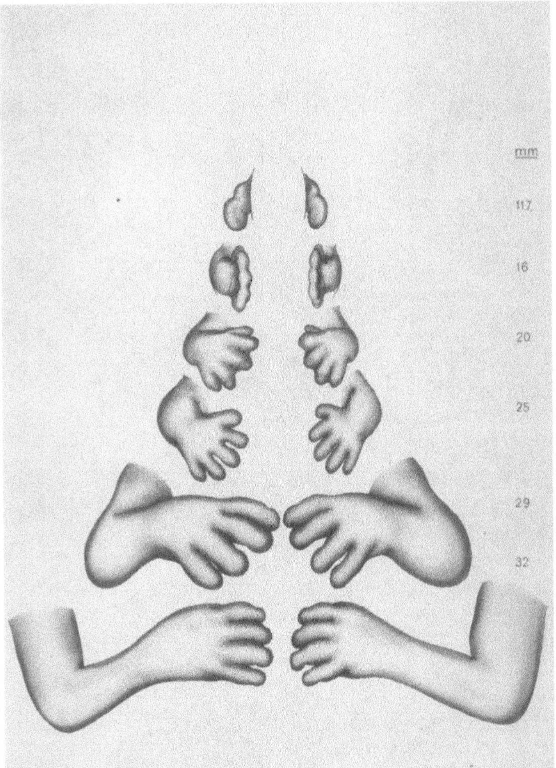

Abb. 29-10. Stellungsänderung des sich entwickelnden Armes in den STADIEN (von oben nach unten) 18, 19, 20, 22, 23 und bei einem Feten von 3,2 cm.
[Aus: Hinrichsen 1986]

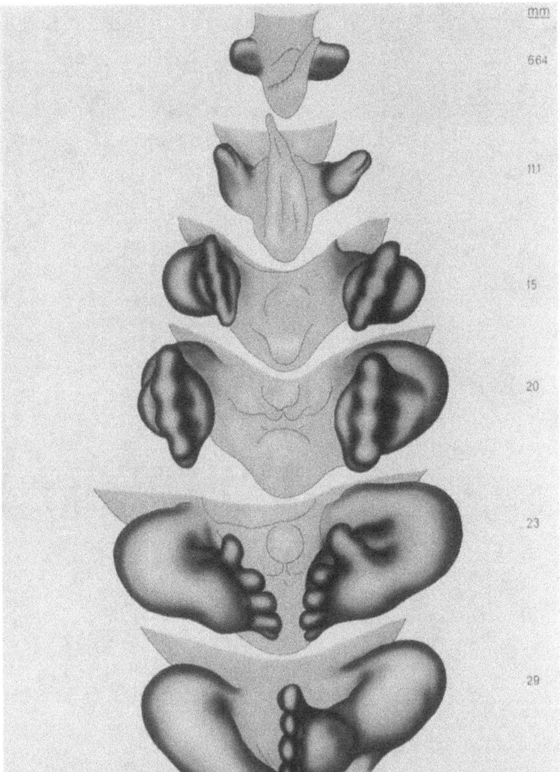

Abb. 29-11. Stellungsänderung des sich entwickelnden Beines in den STADIEN (von oben nach unten) 14, 17, 19, 20 und 23.
[Aus: Hinrichsen 1986]

29.6 Zelltod und Extremitätenentwicklung

Während der Extremitätenentwicklung werden in verschiedenen Stadien Areale nachweisbar, in denen Zellen zugrundegehen. Es wurde bereits darauf verwiesen, daß apicale Zellen der ektodermalen Randleiste degenerieren. Es kann davon ausgegangen werden, daß Zelldegenerationen auch bei der Ausformung der Extremitätenanlagen von Bedeutung sind. In der Abbildung 29-12 sind Extremitäten eines Rattenembryo zu sehen, bei denen die Zonen mit Zelluntergängen durch Anfärbung mit Nilblausulfat dargestellt sind. Diese sogenannten **interdigitalen Nekrosezonen** (INZ), denen bei der Separation der Finger und Zehen bei Amniotenembryonen eine morphogenetische Rolle zukommt, wurden von Menkes et al. [1965] beschrieben. Die Persistenz von Schwimmhäuten (z.B. bei der Ente) ist auf eine Verminderung der Nekroserate zurückzuführen. Menkes und Deleanu [1964] haben durch Injektion von Janusgrün in die Amnionhöhle von Hühnerembryonen den interdigitalen Zelltod unterdrücken und dadurch eine Syndaktylie hervorrufen können. Auch bei der Separation der Finger und Zehen des Menschen treten interdigitale Nekrosezonen auf [Kelley 1970]. Die Abbildung 29-13a zeigt dies am Beispiel der Handanlage eines menschlichen Embryo von 18 mm.

Darüber hinaus sind an Extremitätenknospen junger Hühnerembryonen am anterioren und posterioren Rand Nekrosezonen beschrieben worden [Saunders et al. 1962], die möglicherweise für die Morphogenese der Extremitäten von Bedeutung sind. Die Funktion dieser anterioren (ANZ) und posterioren Nekrosezonen (PNZ) könnte darin bestehen, die Breite des Hand- bzw. Fußtellers zu vermindern und damit die Zahl der Finger- bzw. Zehenstrahlen zu reduzieren. Es gibt Mutanten des Hühnchens, bei denen die ANZ und die PNZ fehlen [Hinchliffe und Ede 1967]. Die Handteller dieser *talpid-*^{2} und *talpid*^{3}-Mutanten sind stark verbreitert, und es entwickeln sich daraus überzählige Finger bzw. Zehen *(Polydaktylie)*, die obendrein durch das Fehlen der interdigitalen Nekrosezonen miteinander verbunden bleiben, also eine *Syndaktylie* aufweisen [Hinchliffe und Thorogood 1974]. Bei Mutanten des Hühnchens, die durch das Vorhandensein einer vergrößerten ANZ gekennzeichnet sind, resultiert eine Reduktion der Extremitätenanlagen [Hinchliffe und Ede 1973]. Die ANZ, die sich bei Maus und Ratte und auch beim Menschen (Abb. 29-13b) nachweisen läßt, fehlt beim Maulwurf, bei dem interessanterweise auf der anterioren Seite ein zusätzlicher sechster Strahl ausgebildet wird. Schließlich kommen im Inneren der Extremitätenanlage Zelluntergänge vor, auf die im Zusammenhang mit der Darstellung der Skelet- und Muskelentwicklung hingewiesen werden wird.

Saunders [1969] hat aufgrund von Transplantationsexperimenten gezeigt, daß von einem bestimmten Zeitpunkt der Entwicklung an der spätere Zelluntergang determiniert ist, obgleich die Zellen in diesem Stadium noch unauffällig sind. Man spricht daher vom „programmierten Zelltod“.

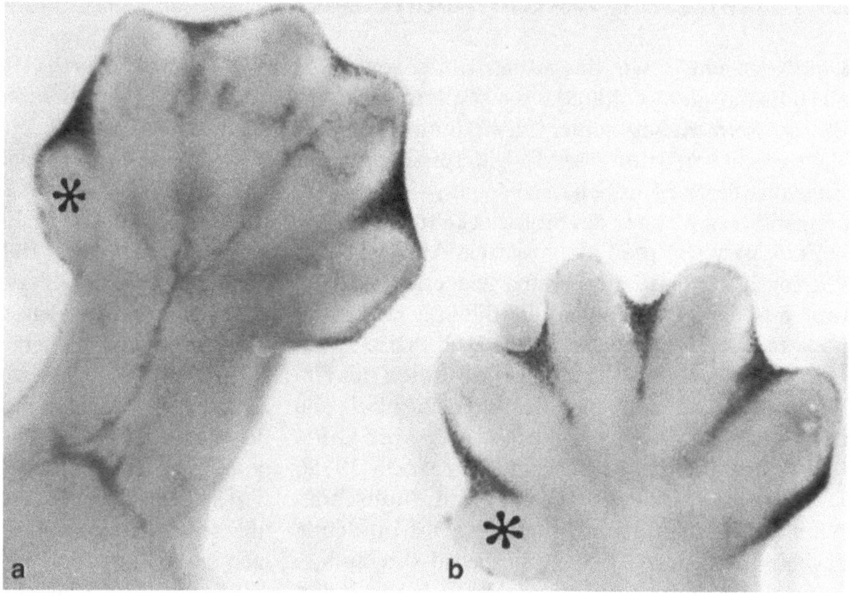

Abb. 29-12a, b. Interdigitalnekrosen bei 17 Tage alten Rattenembryonen nach Supravitalfärbung mit Nilblausulfat. **a)** Bein; **b)** Arm. Der erste Finger- bzw. Zehenstrahl ist durch einen Stern markiert. (Präparat und Aufnahme: Dr. M. Vrabcová und Dr. M. Grim, Prag)

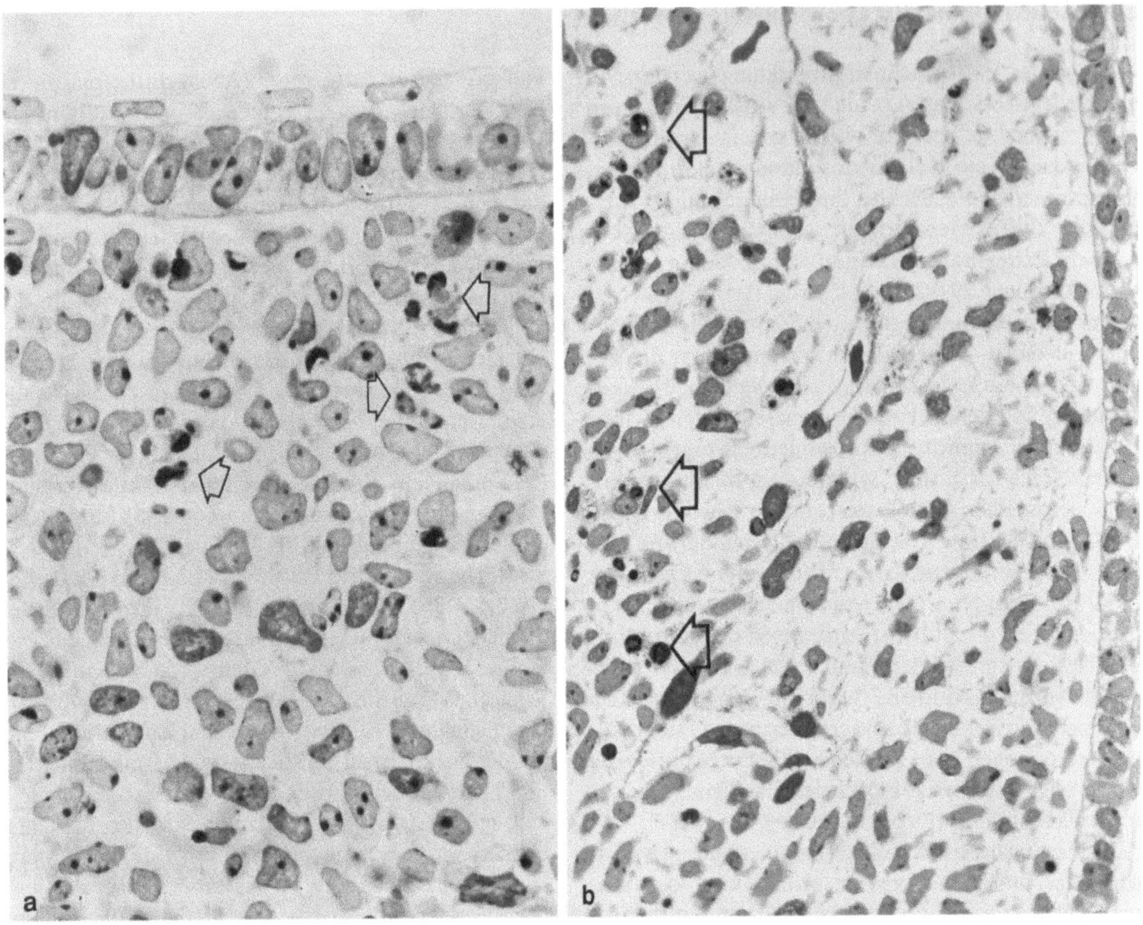

Abb. 29-13a, b. a) Interdigitalnekrosen (Pfeilmarkierungen) bei der Handanlage eines menschlichen Embryo im STADIUM 20 (18 mm). **b)** Handplatte von einem menschlichen Embryo im STADIUM 18 (15,5 mm). Pfeilmarkierungen: anteriore Nekrosezone. Semidünnschnitte a) ca. 1200 : 1; b) ca. 850 : 1

29.7 Entwicklung des Extremitätenskelets

Das Skelet geht – wie das gesamte Bindegewebe – aus ortsansässigen Zellen der Somatopleura hervor. Bei der Betrachtung seiner Entwicklung sind zwei Teilprozesse von Interesse: die Differenzierung der Zellen und deren räumliche Anordnung, die zu einem artspezifischen Muster der Skeletstücke führt.

Zunächst findet man im proximalen Abschnitt der Extremitätenknospe eine zentral gelegene Verdichtung mesodermaler Zellen, die Bildung des sogenannten *Vorknorpelblastem* (siehe auch Abb. 29-5). Dabei ist ein proximo-distaler und im Bereich des Unterarms und der Hand (bzw. des Unterschenkels und des Fußes) zusätzlich ein posterior-anteriorer Differenzierungsgradient zu beobachten [Yasuda 1975]. Das zunächst in den distalen Extremitätenabschnitten in posterior-anteriorer Richtung nicht eindeutig gegliederte Blastem spiegelt annähernd die äußere Form der Extremitätenanlage wider. Blechschmidt [1963] und Solursh [1983] haben einen Einfluß des Ektoderm postuliert, der die innere Schichtung der Extremitätenanlage bestimmen soll. Nach Solursh bildet das Ektoderm einen antichondrogenen Faktor, der die Knorpelblastembildung in den oberflächlichen Schichten der Extremität verhindert. Extremitätenanlagen von Hühnerembryonen, die im Coelom oder auf der Chorioallantois von Wirtsembryonen kultiviert werden, zeigen in den oberflächlichen Schichten eine Knorpelblastembildung, wenn das Ektoderm fehlt [Christ und Jacob 1986]. Diese Befunde lassen vermuten, daß sich die Somatopleurazellen entsprechend ihrer Position in der Extremitätenknospe zu Fibroblasten oder zu Chondroblasten differenzieren. Diese Auffassung wird durch Experimente von Searls und Janners [1969] und Wachtler et al. [1981b] gestützt, bei denen Positionsveränderungen zentraler und oberflächlicher Mesenchymabschnitte in Flügelknospen von Hühnerembryonen durchgeführt wurden und sich das verlagerte Material entsprechend der neuen, eigentlich fremden Position differenzierte. Geht man von der Annahme aus, daß von verschieden dicken Ektodermabschnitten unterschiedliche antichondrogene Aktivitäten ausgehen, könnte die exzentrische Lage des Hand- und Fußskelets eine Erklärung finden. Das ventrale Ektoderm ist nämlich dicker als das dorsale.

Von den verschiedenen anderen Hypothesen, die zur Erklärung des Skeletmusters formuliert worden sind, soll das von Summerbell et al. [1973] formulierte *progress zone model* kurz erläutert werden. Die *progress zone* ist das ca. 300 μm breite mesodermale Zuwachsgebiet unter der ektodermalen Randleiste. Unter dem Einfluß der Randleiste – das wurde in anderem Zusammenhang bereits dargestellt – werden die mesodermalen Zellen in einem undifferenzierten Zustand gehalten und zu Teilungen angeregt. Die nach und nach entstehenden Tochterzellen verlassen die Wachstumszonen in unterschiedlichen Entwicklungsstadien und erhalten dadurch besondere Positionsinformationen. So sollen beispielsweise die früh aus der Wachstumszone hervorgehenden Zellen eine „Humerus-Information" und später entstehende eine „Radius"- oder „Ulna-Information" besitzen.

Entlang der a-p-Achse soll das Skeletmuster durch einen Gradienten kontrolliert werden, der von einer posterior gelegenen *zone of polarizing activity* aufgebaut wird und den Zellen Positionsinformationen liefert [Summerbell 1979].

Die dicht gepackten, mit ihren Längsachsen senkrecht zur Längsachse des Skeletblastem ausgerichteten Zellen werden zu Chondroblasten und sezernieren die für den hyalinen Knorpel typische extrazelluläre Matrix. Hyaluronsäure, der im Zusammenhang mit der Zellmigration und der Proliferation eine Bedeutung zukommt, wird zum großen Teil durch Hyaluronidase abgebaut. Es werden Typ-II-Kollagen sowie andere knorpelspezifische Matrixkomponenten, wie beispielsweise Chondroitinsulfat, nachweisbar. Durch Zellvermehrung und Produktion von extrazellulärer Matrix wird das Längenwachstum der Blasteme und damit der Extremitäten aufrechterhalten. Die anterior-posteriore Gliederung des Skelets im Unterarm (bzw. Unterschenkel) erfolgt bei Vogelembryonen im frühen Blastemstadium durch Zelldegeneration [Fell und Canti 1935, Dawd und Hinchliffe 1971]. Bei der Entwicklung der carpalen Skeletstücke hat Čihák [1972] Umbauvorgänge postuliert, nach denen primär stammesgeschichtlich ältere Skeletmuster transitorisch angelegt und dann humanspezifisch umgestaltet werden (Abb. 29-14).

Mit dem Beginn der Knorpeldifferenzierung werden die künftigen Gelenkzonen deutlich. In diesem

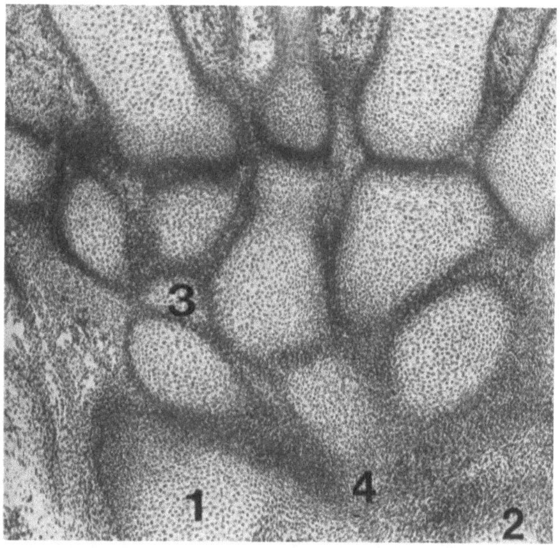

Abb. 29-14. Flachschnitt durch die Hand eines Embryo im Stadium 18 (18 mm). 1 = Radius; 2 = Ulna; 3 = Centrale; 4 = Intermedium
(Präparat und Aufnahme: Professor Dr. R. Čihák, Prag). ca. 100 : 1

Bereich bleibt ein „interzonales" Bindegewebe erhalten (Abb. 29-14), das durch andere extrazelluläre Matrixkomponenten charakterisiert ist als der Knorpel. Das äußere Bindegewebe entwickelt sich zur Gelenkkapsel, während im Inneren wahrscheinlich als Folge von Zelldegenerationen [Mitrovic 1977] Spalträume auftreten, die zu einer die Skeletstücke trennenden Gelenkhöhle zusammenfließen. Die Gelenkbildung ist nicht causal an Bewegungen der Skeletstücke gegeneinander geknüpft. Sie ist auch in Extremitäten nachweisbar, die keine Muskulatur enthalten [Brand et al. 1985]. Fehlen die Bewegungsreize in der späten Fetalzeit, so bilden sich die Gelenke allerdings zurück.

Im weiteren Verlauf werden die knorpeligen Skeletstücke durch Knochengewebe ersetzt. Lediglich an den Gelenkflächen bleibt der Knorpel erhalten. Dieser Verknöcherungsprozeß (Ossifikation, Osteogenese), der nachfolgend am Beispiel eines Skeletstükkes vom Typ des langen Röhrenknochens kurz erläutert werden soll, beginnt in der 5. Embryonalwoche und wird erst mit der Beendigung des Längenwachstums der Skeletstücke abgeschlossen. Wenn knorpelig präformierte Skeletstücke durch Knochengewebe ersetzt werden, spricht man von *chondraler* Osteogenese. Beim Typ des langen Röhrenknochens lassen sich dabei wiederum zwei Prozesse unterscheiden, die als *perichondrale* und *enchondrale* Osteogenese bezeichnet werden. Zunächst wird im mittleren (diaphysären) Abschnitt des knorpeligen Skeletstückes

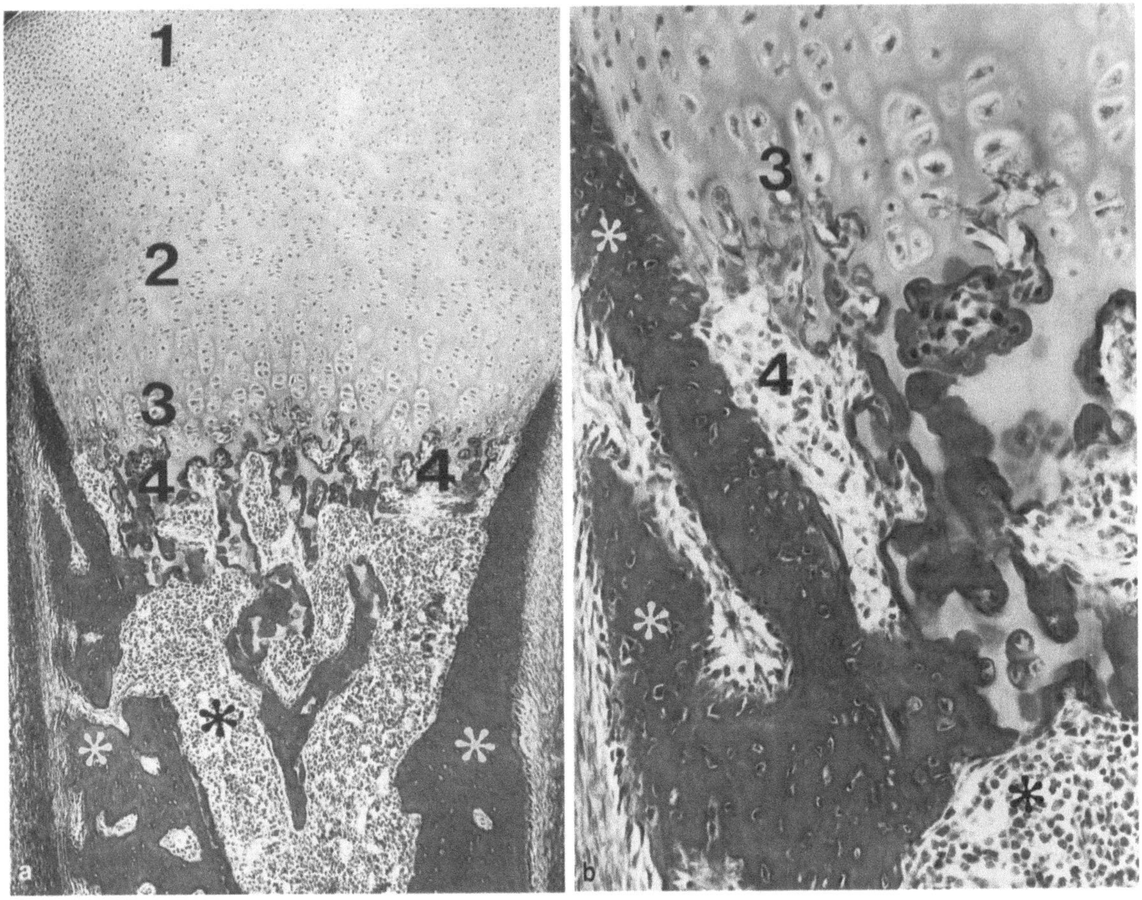

Abb. 29-15a, b. a) Osteogenese an der mittleren Phalanx eines fetalen Fingers. Weiße Sterne: perichondrale Knochenmanschette; schwarzer Stern: primärer Markraum. 1 = Zone des ruhenden Knorpels; 2 = Zone des Säulenknorpels; 3 = Zone des großblasigen Knorpels; 4 = Eröffnungszone (Zone des Knorpelabbaus und Knochenaufbaus). ca. 80 : 1 **b)** Ausschnittvergrößerung. Weiße Sterne: perichondrale Knochenmanschette; schwarzer Stern: primärer Markraum; 3 = großblasiger Knorpel; 4 = Eröffnungszone. ca. 250 : 1

eine perichondrale Manschette aus Knochengewebe aufgebaut (Abb. 29-15). Dabei differenzieren sich Zellen der bindegewebigen Knorpelhaut (Perichondrium) zu Knochenbildungszellen (Osteoblasten). Nebeneinanderliegende Osteoblasten sezernieren zum Knorpel hin Knochenmatrix. Dieses früh gebildete, noch weiche Material, das hauptsächlich aus Typ-I-Kollagen besteht, wird als *Osteoid* bezeichnet. Einige der Osteoblasten werden durch ihr eigenes Sekretionsprodukt eingemauert und auf diese Weise in das Knochengewebe einbezogen. Diese Zellen werden dann Knochenzellen (Osteocyten) genannt. Durch die Einlagerung von Hydroxylapatit-Kristallen (Mineralisation), die über ein knochenspezifisches Protein, das Osteonectin, an Kollagen gebunden werden, erfolgt die Härtung der Matrix. Die ganz von Matrix eingeschlossenen Osteocyten haben ihre Teilungsfähigkeit verloren und produzieren keine nennenswerten Mengen von extrazellulärer Matrix mehr. Der Knochen wächst ausschließlich appositionell.

Die Ausbildung der perichondralen Knochenmanschette wird durch Strukturveränderungen des diaphysären Knorpels ausgelöst [Fell 1956, Lacroix 1961]. Die Knorpelzellen hypertrophieren und ordnen sich in Säulen an, während die Knorpelmatrix verkalkt. Von der Knochenmanschette ausgehend wird der diaphysäre Knorpel vaskularisiert. Mit dem Gefäßbindegewebe gelangen auch Monocyten in den degenerativ veränderten Knorpel und tragen als Makrophagen die mineralisierte Knorpelmatrix und die abgestorbenen Knorpelzellen ab, während durch ebenfalls eingewanderte Osteoblasten Knochenmatrix sezerniert wird. Damit ist die enchondrale Osteogenese in Gang gekommen. Die Bereiche des Knorpelabbaus (Eröffnungszonen) schreiten von der Diaphyse aus in Richtung auf die beiden Epiphysen fort (Abb. 29-15). Der Raum zwischen den enchondral entstandenen Knochentrabekeln, die auch mit der diaphysären Knochenmanschette verbunden sind, wird als *primärer Markraum* bezeichnet.

Zwischen einer Epiphyse und dem Markraum lassen sich verschiedene Zonen unterscheiden (Abb. 29-15b). Auf die Epiphyse mit der normalen Knorpelstruktur (Zone des ruhenden Knorpels) folgt die Zone des Säulenknorpels, die als Proliferationsbereich für das Längenwachstum des Skeletstückes von entscheidender Bedeutung ist. Dann kommen die Zone des Blasenknorpels und schließlich die Eröffnungszone.

Später, größtenteils nach der Geburt, verknöchern auch die Epiphysen und die Apophysen nach dem enchondralen Modus. Die bis zum Ende des Längenwachstums zwischen Epiphyse und Diaphyse erhaltenen Proliferationszonen werden als Epiphysenknorpel oder Wachstumsplatten bezeichnet. Als erster der epiphysären Knochenkerne wird der in der distalen Femurepiphyse angelegt; er ist regelmäßig beim reifen Neugeborenen vorhanden (Abb. 29-16). An der Mineralisation der Epiphysenkerne läßt sich röntgenologisch das „Skeletalter" von Neugeborenen und Kleinkindern verfolgen. Über weitere Einzelheiten der frühkindlichen Skeletentwicklung geben Lehrbücher der Anatomie des Bewegungsapparates und der Kinderheilkunde detailliert Auskunft.

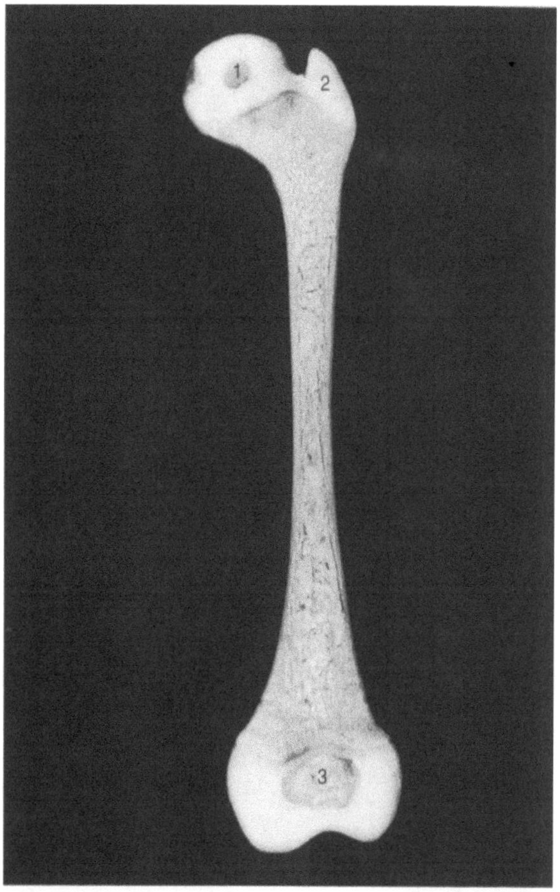

Abb. 29-16. Längsschnitt durch das Femur eines Säuglings im 1. Lebensjahr mit kleinem epiphysärem Knochenkern im Femurkopf (1), noch fehlendem Kern in der Apophyse des Trochanter major (2) und großem Knochenkern in der distalen Epiphyse (3)
(Präparat: Anatomisches Institut, Tübingen; Aufnahme: Professor Hinrichsen, Bochum). ca. 1 : 1

29.8 Entwicklung der Extremitätenmuskulatur

Die von der Somatopleura herstammenden Mesenchymzellen der Extremitätenknospen besitzen keine myogenen Potenzen [Christ et al. 1979a]. Die Vorläufer der Muskelzellen für die Extremitäten werden früh determiniert und wandern als noch teilungsfähige Zellen aus den Dermomyotomen entlang extrazellulärer Matrixstrukturen in die frühen Extremitätenanlagen [Christ et al. 1974, 1977, 1986a, Chevallier et al. 1977, Jacob et al. 1978, 1979]. Dieser Befund, der durch Chimärenbildung mit Vogelembryonen experimentell gesichert wurde (Abb. 29-17 und Abb. 29-18b), konnte mit Hilfe deskriptiver Untersuchungsmethoden für die Maus [Houben 1976, Milaire 1976] und auch für den Menschen bestätigt werden [Christ et al. 1986b]. Diese myogenen Zellen gelangen in die Extremitätenanlagen, wo sie sich weiter teilen und in zwei sogenannte „Vormuskelmassen" anordnen (Abb. 29-18a). Eine liegt auf der Streckseite, die andere auf der Beugeseite. Defizite in einer dieser Vormuskelmassen können durch die andere nicht kompensiert werden [Brand et al. 1985]. Wird die Einwanderung von Somitenzellen in die Extremitätenanlagen unterbunden, bleibt die Muskelentwicklung aus (Abb. 29-20).

Mit dem appositionellen Wachstum der Extremitäten werden die neugebildeten Extremitätenabschnitte durch myoblastische Zellen von proximal her besiedelt. Brand-Saberi et al. [1989] haben zeigen können, daß auch nach experimentellen Lageveränderungen von Abschnitten des Extremitätenmesenchym die Myoblasten immer aus älteren in jüngere Abschnitte einwandern. Die Wanderung der aus den

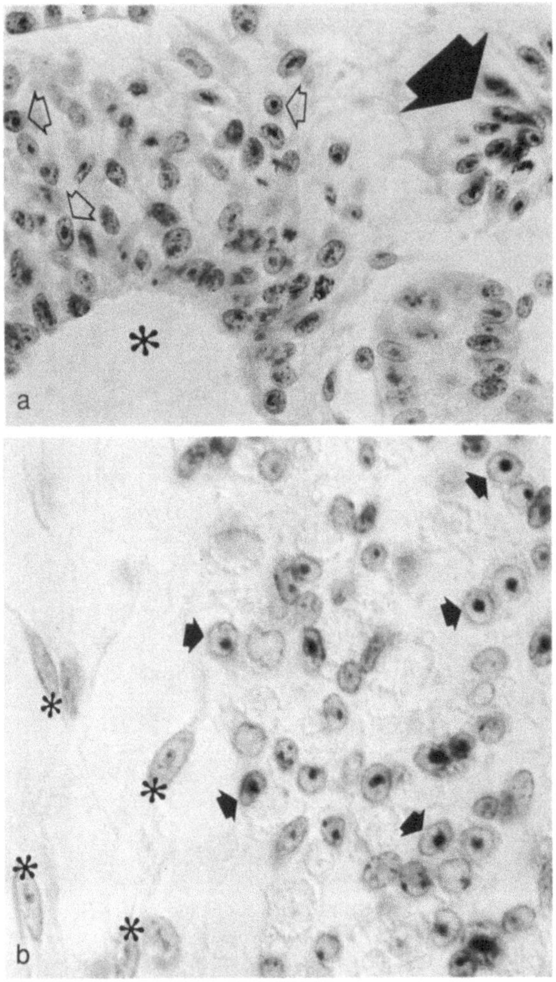

Abb. 29-17a, b. a) Transversalschnitt durch einen 4 Tage alten Hühnerembryo, dem am Ende des 2. Bebrütungstages die brachialen Somiten durch Wachtelsomiten ersetzt worden waren. Schwarzer Pfeil: Dermomyotomkante der aus Wachtelzellen bestehenden Somiten; schwarz gerandete Pfeile: aus dem Somiten ausgewanderte Myoblasten; Stern: Coelom. Feulgen-Reaktion. ca. 760 : 1;
b) Blastem eines Armmuskels von einem Embryo, entsprechend operiert wie a), nach 6tägiger postoperativer Bebrütung. Pfeile: Kerne mit wachteltypischem Heterochromatin in den Myotuben und Myoblasten. Sterne: Hühnchenzellen in der Muskelfaszie. Feulgen-Reaktion. ca. 1050 : 1

Somiten stammenden Myoblasten erfolgt demnach innerhalb der Extremitäten nach einem „Juvenilitätsprinzip". Der distale Randbereich der Hand- bzw. Fußanlagen wird nicht besiedelt und bleibt daher frei von Muskulatur (Abb. 29-19).

Die morphologisch nachweisbare Entwicklung der Extremitätenmuskulatur beginnt kurz nachdem die primitive Form der Skeletelemente deutlich geworden ist in proximo-distaler Abfolge. Nach der Beschreibung von Čihák [1972] können dabei vier Pha-

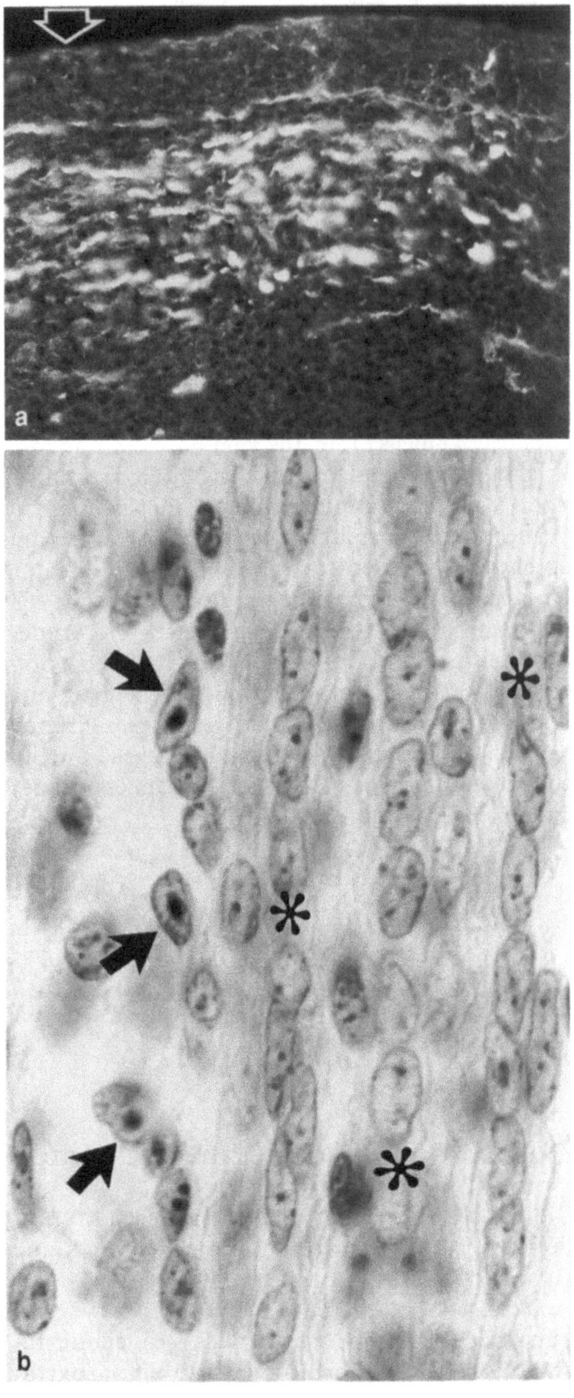

Abb. 29-18a, b. a) Dorsale Vormuskelmasse aus der Flügelknospe eines Hühnerembryo. Pfeil: Ektoderm. Die postmitotischen Myoblasten sind mit einem Anti-Desmin-Antikörper gefärbt (fluoreszensmikroskopische Aufnahme: Dr. B. Brand-Saberi, Bochum). ca. 160 : 1;
b) Längsschnitt eines Extremitätenmuskels von einem Hühnerembryo, dem während des 2. Bebrütungstages die Somatopleura durch entsprechende Wachtelsomatopleura ersetzt worden war. Die Myotuben enthalten Hühnchenkerne (Sterne), während die Fibroblasten des intramuskulären Bindegewebes durch Wachtelkerne (Pfeile) gekennzeichnet sind. Feulgen-Reaktion. ca. 1400 : 1

sen unterschieden werden. Zunächst entstehen – wie bereits weiter oben angegeben – die Vormuskelmassen. Diese beginnen sich in Schichten und dann in Einzelmuskelblasteme zu untergliedern. Es folgt die sogenannte „Rekonstruktionsphase", in der die artspezifische Muskelindividuation beginnt. In dieser Phase fusionieren einzelne Blasteme und bilden so die definitiven Muskelanlagen (Abb. 29-23). Andere Muskelblasteme (z.B. Teile der palmar gelegenen Mm. contrahentes) gehen zugrunde (Abb. 29-24). Dieser Prozeß, den man als „Sarcolyse" bezeichnet, wurde von Grim [1972] detailliert dargestellt. Schließlich wird die endgültige Ausgestaltung der Muskeln erreicht. Dies betrifft auch das Verhältnis der Muskelzellen zu den Bindegewebselementen, aus denen sich spezifische Strukturmerkmale, wie z.B. die Fiederung eines Muskels, ergeben.

In diesem Zusammenhang ist von Interesse, daß sich die Lage oder definitive Ausdehnung eines Muskels ändern kann. So gelangt beispielsweise der M. flexor digitorum superficialis, dessen Blastem zunächst im distalen Abschnitt der Armanlage entsteht, sekundär nach proximal und gewinnt mit seinem Caput humerale sogar Anschluß an den Oberarm. Der M. latissimus dorsi, der M. pectoralis major und andere, auf den Schultergürtel wirkende Muskeln gewinnen sekundär Anschluß an das Rumpfskelet.

Wie bereits dargelegt wurde, entstammen die Muskelzellen einerseits, die Zellen des Skelets und das Bindegewebe andererseits verschiedenen Quellen. Es ist daher nicht verwunderlich, daß die Muskel-Sehnen-Verbindungen erst sekundär entstehen. Die Sehnen entwickeln sich autonom, d.h. unabhängig von den Muskeln. So bilden sich sogar in muskelfreien Extremitätenanlagen Sehnen, die allerdings später degenerieren [Christ et al. 1979a, Kieny und Chevallier 1979, Brand et al. 1984, 1985]. Carlson [1988] deutet diesen Befund dahingehend, daß die muskel- und sehnenbildenden Zellen auf identische morphogenetische Signale reagieren. Nach Drehungen von distalen Extremitätenabschnitten (Handanlagen) werden Verbindungen von Beugemuskeln mit Streckersehnen beobachtet [Shellswell und Wolpert 1977].

Welcher Art könnten nun die Informationen sein, die zur Entwicklung artspezifischer und lokaltypischer Muskel- und Sehnenmuster führen? In diesem Zusammenhang sind die experimentellen Befunde

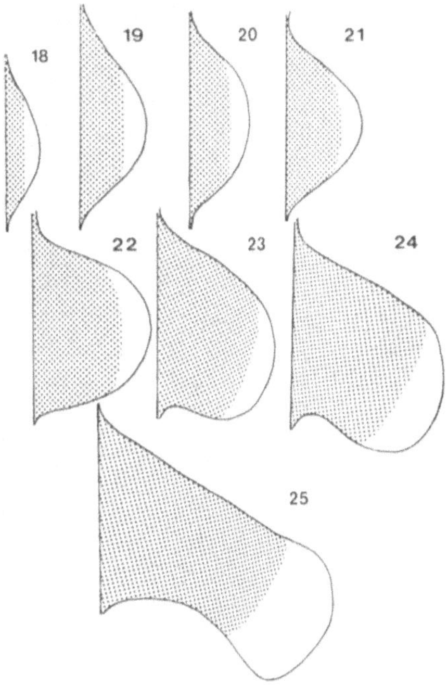

Abb. 29-19. Verschiedene Stadien der Beinentwicklung des Hühnchens. Die punktierten Abschnitte sind bereits mit Myoblasten besiedelt, die hellen distalen Abschnitte enthalten noch keine Myoblasten.
(Befunde und Zeichnung: Dr. B. Brand-Saberi, Bochum)

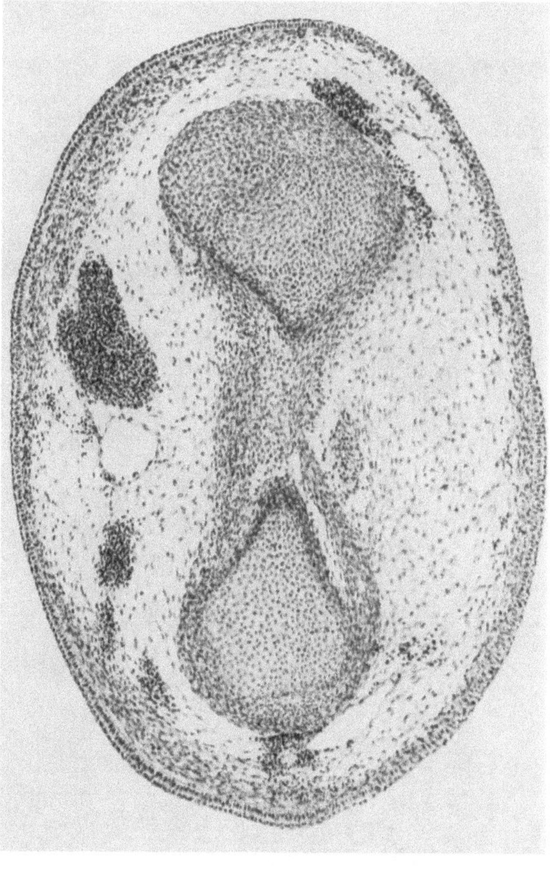

Abb. 29-20. Unterschenkel eines Hühnchenbeins, das nicht von Myoblasten besiedelt wurde. Die Skeletstücke sind normal entwickelt; Muskelblasteme sind dagegen nicht vorhanden. Feulgen-Reaktion
(Präparat und Aufnahme: Dr. B. Brand-Saberi, Bochum). ca. 90 : 1

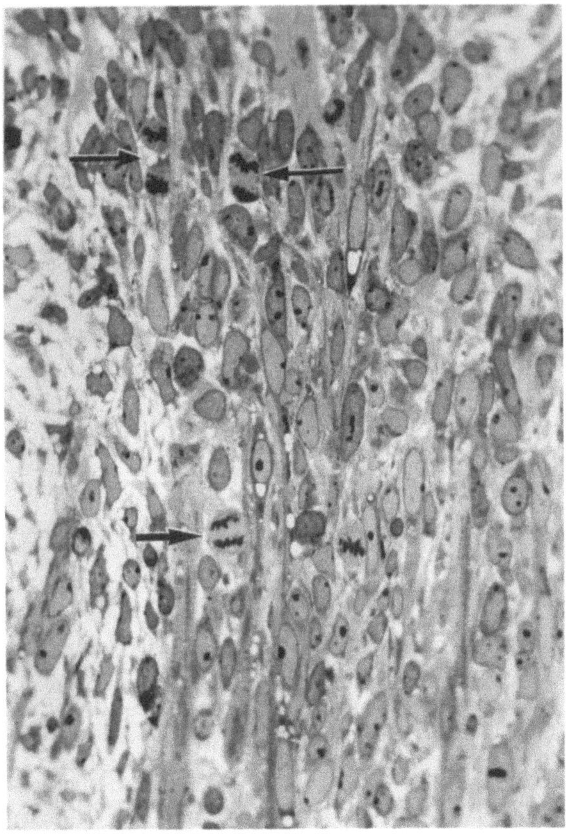

Abb. 29-21. Längsschnitt (semidünn) durch die Anlage eines M. interosseus von einem menschlichen Embryo im STADIUM 19. Die Äquatorialebene der Mitosen (Pfeile) liegt senkrecht zur Längsachse des Muskels. Beachte die Myofibrillen in den Myotuben
(Präparat und Aufnahme: Dr. M. Grim, Prag). ca. 500 : 1

von Müller [1986] von Bedeutung, der am Beispiel des Hühnchenunterschenkels eine Abhängigkeit der Muskelmorphogenese vom Skeletmuster nachgewiesen hat. Nach einer Massenzunahme und Verlängerung der Fibula entsteht ein Skeletmuster, das dem der Reptilien ähnlich ist. In der Folge entwickelt sich ein diesen veränderten Verhältnissen angepaßtes Muskelmuster.

Die in die Extremitätenanlagen einwandernden myogenen Zellen besitzen selbst keine Informationen in bezug auf das Muskelmuster.

Werden beispielsweise die brachialen Somiten, aus denen unter normalen Umständen die Myoblasten für die Armmuskeln hervorgehen, bei jungen Hühnerembryonen durch nichtbrachiale Somiten ersetzt, so entwickelt sich dennoch eine normale Armmuskulatur [Chevallier et al. 1977, Christ et al. 1978, 1979b].

Ein weiterer interessanter Hinweis auf die Entstehung artspezifischer Muskelmuster wurde mit der Huhn-Wachtel-Chimärisation am M. extensor me-

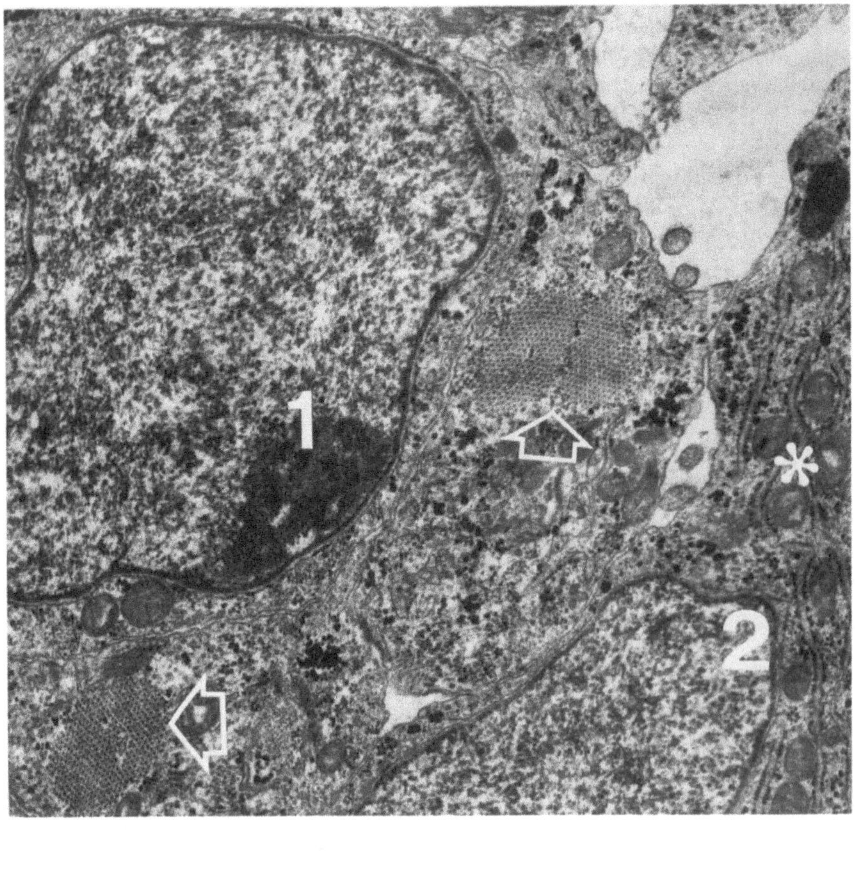

Abb. 29-22. Differenzierung postmitotischer Muskelzellen (Myoblasten und Myotuben) einer Handmuskelanlage von einem menschlichen Embryo im STADIUM 19. 1 = Kern eines Myoblasten; Pfeil: Actin und Myosinfilamente; 2 = Kern eines Fibroblasten; Stern: rauhes endoplasmatisches Reticulum des Fibroblasten (Präparat und Aufnahme: Dr. M. Grim, Prag). ca. 21 000 : 1

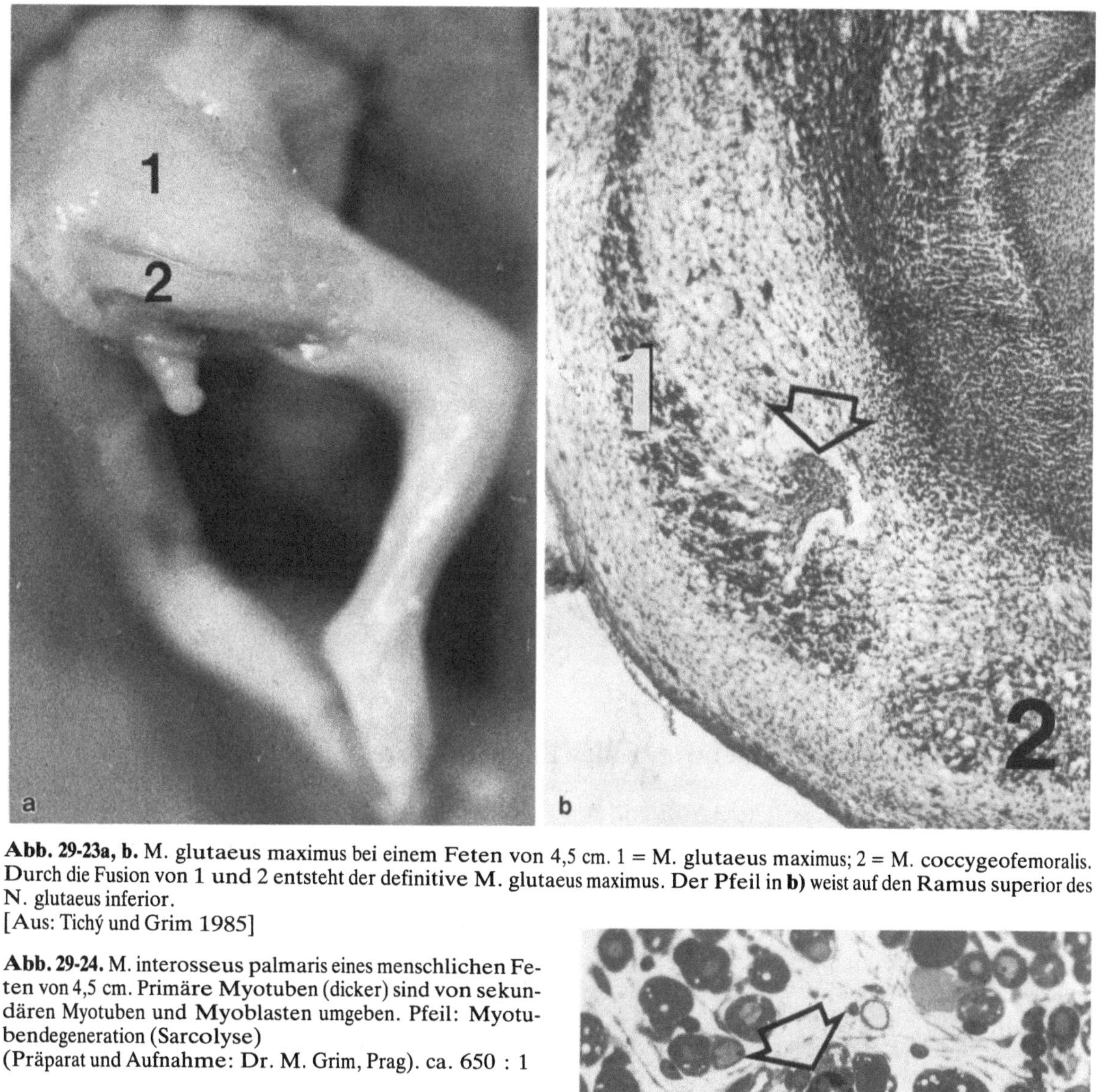

Abb. 29-23a, b. M. glutaeus maximus bei einem Feten von 4,5 cm. 1 = M. glutaeus maximus; 2 = M. coccygeofemoralis. Durch die Fusion von 1 und 2 entsteht der definitive M. glutaeus maximus. Der Pfeil in **b)** weist auf den Ramus superior des N. glutaeus inferior.
[Aus: Tichý und Grim 1985]

Abb. 29-24. M. interosseus palmaris eines menschlichen Feten von 4,5 cm. Primäre Myotuben (dicker) sind von sekundären Myotuben und Myoblasten umgeben. Pfeil: Myotubendegeneration (Sarcolyse)
(Präparat und Aufnahme: Dr. M. Grim, Prag). ca. 650 : 1

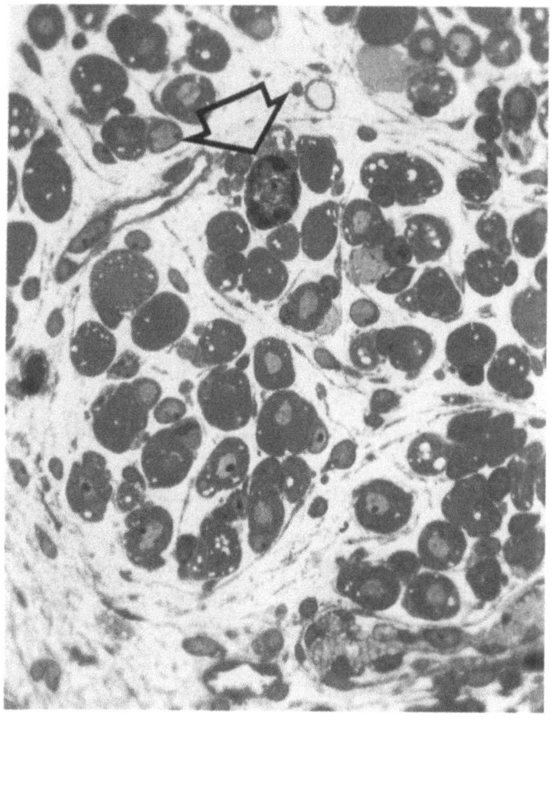

dius brevis (EMB) gewonnen. Dieser Muskel ist im Hühnerflügel gut entwickelt. Bei der Wachtel hingegen ist er nur während der Embryonalentwicklung transitorisch angelegt, seine Muskelzellen degenerieren, und später weist lediglich ein bindegewebiger Strang auf die vormalige Existenz des EMB hin. Werden nun die Myoblastenquellen (Somiten) eines Hühnerembryo durch brachiale Wachtelsomiten ersetzt, so entwickelt sich ein huhntypischer EMB, der aus Muskelzellen der Wachtel aufgebaut ist. Da alle seine bindegewebigen Anteile, einschließlich der Fascie und der Sehnen vom Hühnchen entstammen, ist die Vermutung naheliegend, daß die Myoblasten durch die Bindegewebselemente in bezug auf ihre Erhaltung und Anordnung instruiert werden [Jacob et al. 1983]. Die Entwicklung des Bindegewebes mag dabei dem Einfluß artspezifischer Positionsinformationen unterliegen.

Erwähnt werden muß in diesem Zusammenhang, daß die Nerven die Ausprägung des Muskelmusters nicht kontrollieren. Shellswell [1977] und Christ et al. [1979a] haben die Muskelentwicklung in nervenfreien Extremitäten des Hühnchens untersucht und dabei keine Abweichung vom normalen Muster festgestellt. Die Innervation ist allerdings für die Erhaltung der Muskulatur erforderlich. Der Einfluß der Motoneurone auf die Differenzierung der Muskelfasertypen wird in einem späteren Abschnitt ausführlicher dargestellt.

Die aus den Somiten in die Extremitätenanlagen einwandernden Myoblasten sind noch teilungsfähig (prämitotisch). Sowohl in den Vormuskelmassen wie auch in den Muskelblastemen ist eine hohe mitotische Aktivität dieser Zellen nachweisbar (Abb. 29-21). Die Zahl der Teilungen ist in den Zellen nicht genetisch festgelegt. Nach Huhn-Wachtel-Chimärisationen können Wachtelmyoblasten unter lokalen Einflüssen eine so große Menge von Extremitätenmuskulatur bilden, wie für die Hühnerextremität typisch ist [Christ et al. 1986a].

Nach und nach gelangen Myoblasten in das postmitotische Compartiment und verlieren ihre Teilungsfähigkeit. Diese Zellen sind immunhistochemisch durch das Vorhandensein von muskelspezifischen Proteinen (z.B. Desmin) nachweisbar (Abb. 29-18a). Mehrkernige Myotuben entstehen durch Zellfusion postmitotischer Myoblasten. Das läßt sich beispielsweise dadurch nachweisen, daß unterschiedlich strukturierte Kerne von Myoblasten verschiedener Species später in einer Myotube vorkommen. Diese syncytialen Zellen enthalten die kontraktilen Proteine zunächst in der Zellperipherie, während die Kerne zentral gelegen sind (Abb. 29-22).

Schließlich werden die Kerne in den wachsenden Myotuben nach peripher verlagert, und es entwickelt sich die definitive Skeletmuskelfaser. Ein Teil der prämitotischen Myoblasten bleibt als Satellitenzellen erhalten und bildet das Ausgangsmaterial für spätere Reparaturprozesse. Diese Zellen liegen zwischen den Muskelfasern und der sie umgebenden Basallamina.

29.9 Entwicklung der Blutgefäße in den Extremitäten

Die Extremitätenanlagen werden sehr früh von Angioblasten besiedelt, die sich zu einem kapillären Netzwerk verbinden (siehe Kapitel 10.1). Dieses Kapillarnetz wird über die Intersegmentalgefäße mit den zunächst noch paarigen axialen Gefäßen verbunden. Im Verlauf des weiteren Wachstums der Extremitätenanlagen entstehen die für den Arm und das Bein typischen Gefäßstämme (siehe Kapitel 10.1).

Bei der Entwicklung der Gefäßmuster ist von Bedeutung, daß die Knorpelblasteme einen antiangiogenetischen Faktor produzieren sollen, der die Gefäße aus dem Anlagegebiet des Skelets verdrängt. Zum anderen ist in der Extremitätenknospe subektodermal eine avaskuläre Mesenchymzone nachweisbar (Abb. 10-16). Nach den Befunden von Feinberg und Beebe [1983] ist dies auf eine hohe Konzentration von Hyaluronat zurückzuführen, das vom Ektoderm gebildet wird. Demnach ist das Anlagegebiet der Extremitätenmuskeln besonders reich vaskularisiert.

Das Kapillarbett ist gegen die avaskuläre subektodermale Mesenchymzone durch den sogenannten „Randsinus" abgegrenzt (Abb. 29-3a). Seichert und Rychter [1971] haben gezeigt, daß dieser marginale Sinus im Zuwachsgebiet der Extremitätenanlage andauernden Umbauvorgängen unterworfen ist, durch die seine Verlagerung in distaler Richtung bewirkt wird. Die Vv. basilica und cephalica sind als persistierende Abschnitte des Randsinus anzusehen (zur Entwicklung der definitiven Gefäßmuster siehe Kapitel 12.2).

29.10 Entwicklung der Extremitätennerven

Wie in Kapitel 17. Peripheres Nervensystem dargestellt wurde, wachsen aus dem vorderen Abschnitt des Neuralrohrs die Axone der postmitotischen Motoneurone aus. Die ersten Axone werden als „Pionierfasern" bezeichnet. Aus den Nervenzellen der Spinalganglien gelangen die zentralen Fortsätze in den dorsalen Abschnitt des Neuralrohrs, während sich die peripheren Fortsätze den Axonen der Motoneurone anlagern. Diese Nervenwurzeln werden durch die Somiten segmental gebündelt [Lehmann 1927, Detwiler 1934, Christ et al. 1979c]. Diese sekundäre segmentale Gliederung des Nervensystems kommt dadurch zustande, daß von den cranialen Somitenhälften eine besondere Attraktivität für die Nervenfortsätze ausgeht [Rickmann et al. 1985]. Werden Somiten in der Weise gedreht, daß die ursprünglich cranial gelegene Hälfte nach caudal zu liegen kommt, werden die Nervenfortsätze in der caudalen Somitenhälfte gebündelt [Stern und Keynes 1986].

Die Extremitäten sind Derivate der ventrolateralen Rumpfwand und werden daher von Rami ventrales der Spinalnerven innerviert. Diese wachsen bis zur Basis der Extremitätenknospen aus und verharren dort vorübergehend in Wartestellung [„Waiting period": Hollyday 1983]. Die frühen Extremitätenknospen, in denen Vorknorpelblasteme und Vormuskelmassen deutlich werden, enthalten noch keine Nerven.

Die Axone wachsen dann auf Wegen, die durch das Extremitätenmesenchym determiniert sind [„Highways": Landmesser 1980], in die Gliedmaßenanlagen ein. Die Plexusbildung, die in diesem Entwicklungsstadium abläuft, wird an anderer Stelle detailliert beschrieben (siehe Kapitel 17). Nachzutragen ist jedoch der experimentelle Befund, daß sowohl die Plexusbildung wie auch die Ausbildung des Nervenmusters innerhalb der Extremitäten auch dann in typischer Weise realisiert werden, wenn nach experimenteller Verlagerung der Extremitätenanlagen eigentlich fremde Nerven in diese einwachsen [Swanson und Lewis 1982]. Auch muskelfreie Extremitäten zeigen eine normale Plexusbildung und gliedmaßentypische Muster der Nervenstämme, denen allerdings die Rami musculares fehlen [Lewis et al. 1981]. Es ist daher davon auszugehen, daß sich die Wachstumskegel der einwachsenden Axone an den Bindegewebselementen der Extremitäten orientieren [Lewis et al. 1983]. Ortsständige Bindegewebszellen bilden später die Perineuralscheiden (Abb. 29-25).

Die Nerven verbinden sich mit den Muskelzellen in der Weise, daß immer dieselben Motoneurone mit denselben Muskelfasern Kontakte herstellen. Es wurde daher das Konzept einer neuromuskulären Spezifität formuliert [Hollyday 1980, Landmesser 1980]. Experimentelle Untersuchungen haben jedoch eindeutige Hinweise dafür ergeben, daß Motoneurone auch eigentlich fremde Muskeln innervieren können [Bennett und Pettigrew 1974, Jacob et al. 1983]. Die Ausprägung der Muskelfasertypen sowie des Musters der motorischen Endplatten erfolgt nach einem hierarchischen Prinzip [Grim et al. 1989]. Bei den Nerven-Muskel-Interaktionen kommt den zuständigen Motoneuronen die erste Priorität zu. Sind diese unter experimentellen Bedingungen nicht vorhanden, wird vom Muskelblastem selbst das für ihn typische Muster realisiert. Butler et al. [1982] haben gezeigt, daß sogar in nicht innervierten Muskelblastemen die frühe Differenzierung der verschiedenen Fasertypen in normaler Verteilung abläuft. Das Prinzip der neuromuskulären Spezifität beruht demnach darauf, daß identische Informationen des Zentralnervensystems und der Muskelblasteme gleichsam zur Deckung gebracht werden.

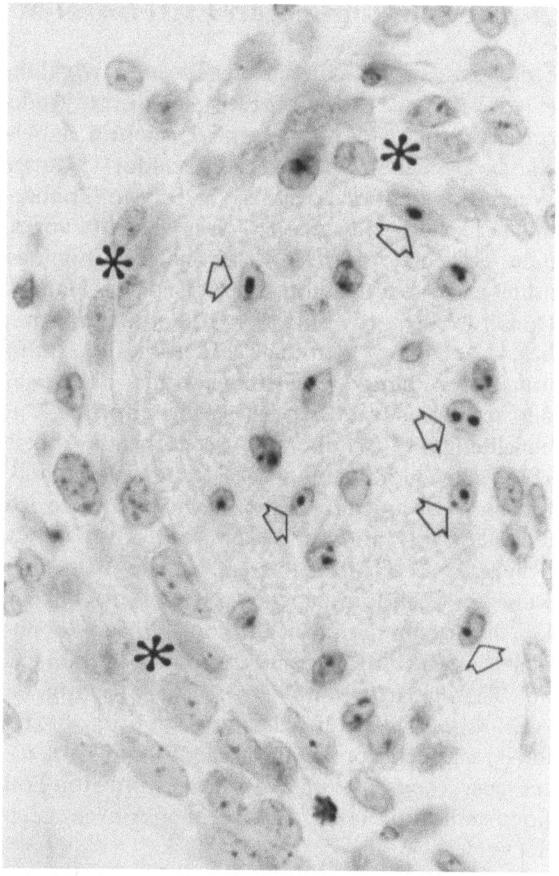

Abb. 29-25. Armnerv von einem Hühnerembryo, dem der brachiale Neuralrohrabschnitt gegen das Neuralrohr eines Wachtelembryo ausgetauscht worden war. Pfeile: Schwannsche Zellen von der Wachtel; Sterne: Perineuralzellen vom Hühnchen. Feulgen-Reaktion. ca. 750 : 1

29.11 Fehlbildungen der Extremitäten

Störungen der normalen Extremitätenentwicklung (Dysmelien) sind meistens genetisch bedingt. Andererseits können sie auch exogene Ursachen haben, wie die Dysmelie-Syndrome auf besonders traurige Weise gezeigt haben, die in der Folge von Thalidomidmedikation schwangerer Frauen gehäuft vorkamen. Thalidomid war als Schlaf- und Beruhigungsmittel unter dem Namen „Contergan" im Handel. Danach wurden ein Fehlen von Extremitäten (Amelie), kurze Stummelextremitäten (Peromelie), Extremitätenverkürzungen (Mikromelie) und als besonders kennzeichnende Dysmelie die sogenannte „Robbengliedrigkeit" (Phokomelie) beobachtet (Abb. 1-15). Für die zuletzt genannte Fehlbildung ist charakteristisch, daß mittlere Extremitätenabschnitte fehlen und somit Hände und Füße unmittelbar auf die Schultern oder Hüften folgen. Über die Wirkungsweise des Thalidomid bestehen immer noch keine klaren Vorstellungen. Nach den Modalitäten der normalen Entwicklung ist jedoch davon auszugehen, daß der Phokomelie eine überwiegende Störung der AER-Mesoderm-Interaktion zugrunde liegt, bei der in Abhängigkeit vom Zeitpunkt der Einwirkung dieses teratogenen Faktors Zellen mit bestimmten Positionsinformationen zugrunde gehen oder nicht gebildet werden.

Relativ häufig wird das Fehlen bzw. die Verkürzung von Mittelhandknochen und Fingerphalangen beobachtet (Oligo- bzw. Brachydaktylie). Auf die Möglichkeit der Entwicklung oligo-, poly- und syndaktyler Hände und Füße wurde bereits beim Vergleich der artspezifischen Besonderheiten der Extremitätenbildung hingewiesen.

In seltenen Fällen kann es als Folge einer Beckenmißbildung zu einer Verschmelzung der paarigen Beinanlagen kommen (Sirenenbildung).

Bei der Spalthand- oder Spaltfußbildung sind in der Regel der erste mit dem zweiten Strahl sowie der vierte mit dem fünften Strahl verwachsen. Dazwischen ist ein Spalt vorhanden, der auch die Metacarpalia bzw. Metatarsalia trennen kann.

Eine oft vorkommende Fehlbildung betrifft die Entwicklung der Hüftgelenkspfanne (Hüftgelenksdysplasie). Bei Mädchen findet sich diese Fehlbildung fünfmal häufiger als bei Knaben. Der obere Rand der Gelenkpfanne reicht nicht weit genug über den Femurkopf, so daß dieser aus der Pfanne nach proximal herausgleiten kann (Hüftgelenksluxation).

Eine Fehlbildung, die Knaben doppelt so häufig wie Mädchen betrifft, ist der Klumpfuß. Es handelt sich dabei um eine angeborene Inversionskontraktur des Fußes mit hohlfußartiger Vermehrung des Fußlängsgewölbes und einer sekundären Verkürzung der Sehnen des M. tibialis anterior und posterior sowie einer Atrophie der Wadenmuskulatur.

29.12 Literaturverzeichnis

Agnish ND, Kochhar DM (1977) The role of somites in the growth and early development of mouse limb buds. Dev Biol 56:174–183

Bennett MR, Pettigrew AG (1974) The formation of synapes in reinnervated and cross-reinnervated striated muscle during development. J Physiol 241:547–573

Blechschmidt E (1961) Die vorgeburtlichen Entwicklungsstadien des Menschen. Eine Einführung in die Humanembryologie. Karger, Basel Freiburg London New York

Blechschmidt E (1963) Die Gestaltungsfunktionen der menschlichen Oberhaut. I. Mitteilung: Die Schichtenbildung des Integuments. Arch Klin Exp Dermatol 215:567–578

Brand B, Christ B, Jacob HJ (1984) Experimental studies concerning the differentiation and pattern formation of the distal leg bud of avian embryos. Verh Anat Ges 78:289–290

Brand B, Christ B, Jacob HJ (1985) An experimental analysis of the developmental capacities of distal parts of avian leg buds. Am J Anat 173:321–340

Brand-Saberi B, Krenn V, Christ B (1989) The control of directed myogenic cell migration in avian limb buds. Anat Embryol 180:555–566

Butler J, Cosmos E, Brierley J (1982) Differentiation of muscle fiber types in aneurogenic brachial muscles of the chick embryo. J Exp Zool 224:65–80

Carlson BM (1988) Patten's foundation of embryology. McGraw-Hill, New York

Carrington JL, Fallon JF (1984) The stages of flank ectoderm capable of responding to ridge induction in the chick embryo. J Embryol Exp Morphol 84:19–34

Chevallier A, Kieny M, Mauger A (1977) Limb-somite relationship: origin of the limb musculature. J Embryol Exp Morphol 41:245–258

Christ B, Jacob HJ (1986) Morphogenese, Musterbildung und Zellmigration als Teilprozesse der Extremitätenentwicklung bei Amniotenembryonen. Eine Synapsis experimenteller Befunde. Verh Anat Ges 80:115–126

Christ B, Jacob HJ, Jacob M (1974) Über den Ursprung der Flügelmuskulatur. Experimentelle Untersuchungen mit Wachtel- und Hühnerembryonen. Experientia 30: 1446–1448

Christ B, Jacob HJ, Jacob M (1977) Experimental analysis of the origin of the wing musculature in avian embryos. Anat Embryol 150:171–186

Christ B, Jacob HJ, Jacob M (1978) Zur Frage der regionalen Determination der frühembryonalen Muskelanlagen. Experimentelle Untersuchungen an Wachtel- und Hühnerembryonen. Verh Anat Ges 72:353–357

Christ B, Jacob HJ, Jacob M (1979a) Differentiating abilities of avian somatopleural mesoderm. Experientia 35: 1376–1378

Christ B, Jacob HJ, Jacob M (1979b) Experimentelle Untersuchungen zum Problem der Muskelindividuation in den Extremitäten von Vogelembryonen. Verh Anat Ges 73:537–544

Christ B, Jacob HJ, Jacob M (1979c) Über Gestaltungsfunktionen der Somiten bei der Entwicklung der Körperwand von Hühnerembryonen. Verh Anat Ges 73:509–518

Christ B, Jacob M, Jacob HJ, Brand B, Wachtler F (1986a) Myogenesis: A problem of cell distribution and cell interactions. In: Bellairs R, Ede DA, Lash JW (eds) Somites in developing embryos. NATO ASI Series. Plenum Press, New York London

Christ B, Jacob HJ, Jacob M, Brand B (1986b) Principles of hand ontogenesis in man. Acta Morphol Neerl Scand 24:249–268

Čihák R (1972) Ontogenesis of the skeleton and intrinsic muscles of the human hand and foot. Adv Anat Embryol Cell Biol 46:1–194

Dawd DS, Hinchliffe JR (1971) Cell death in the 'opaque patch' in the central mesenchyme of the developing chick limb: a cytological, cytochemical and electron microscope analysis. J Embryol Exp Morphol 26:401–424

Detwiler SR (1933) On the time of determination of the anteroposterior axis of the forelimb in Ambystoma. J Exp Zool 64:405–414

Detwiler SR (1934) An experimental study of spinal nerve segmentation in Ambystoma with reference to the plurisegmental contribution to the brachial plexus. J Exp Zool 67:395–441

Feinberg RN, Beebe DC (1983) Hyaluronate in vasculogenesis. Science 220:1177–1179

Fell HB (1956) Skeletal development in tissue culture. In: Bourne GH (ed) The biochemistry and physiology of bone. Academic Press, London, pp 401–441

Fell HB, Canti RG (1935) Experiments on the development in vitro of the avain knee-joint. Proc R Soc Lond B 116:316–351

Grim M (1972) Ultrastructure of the ulnar portion of the contrahent muscle layer in the embryonic human hand. Folia Morphol (Praha) 20:113–115

Grim M, Nensa K, Christ B, Jacob HJ, Tosney KW (1989) A hierarchy of determining factors controls motoneuron innervation. Experimental studies on the development of the plantaris muscle (PL) in avian chimeras. Anat Embryol 180:179–189

Harrison RG (1921) On relations of symmetry in transplanted limbs. J Exp Zool 32:1–136

Hinchliffe JR, Ede DA (1967) Limb development in the polydactylons *talpid*^{3} mutant of the fowl. J Embryol Exp Morphol 17:385–404

Hinchliffe JR, Ede DA (1973) Cell death and the development of limb form and skeletal pattern in normal and wingless (ws) chick embryos. J Embryol Exp Morphol 30:753–772

Hinchliffe JR, Thorogood PV (1974) Genetic inhibition of mesenchymal cell death and the development of form and skeletal pattern in the limbs of *talpid*^{3} mutant chick embryo. J Embryol Exp Morphol 31:747–760

Hinrichsen K (1952) Topogenese der digitalen Sehnenscheiden. Acta Anat 16:163–183

Hinrichsen K (1986) Slides on human embryology. Bergmann, München

Hollyday M (1980) Motoneuron histogenesis and the development of limb innervation. Curr Top Dev Biol 15:181–215

Hollyday M (1983) Develoment of motor innervation of chick limbs. In: Fallon JF, Caplan AJ (eds) Limb development and regeneration. Part A. Alan R Liss, New York, pp 183–193

Houben J-JG (1976) Aspects ultrastructuraux de la migration de cellules somitiques dans les bourgeons de membres postérieurs de souris. Arch Biol 87:345–365

Jacob HJ, Hinrichsen K (1984) Rasterelektronenmikroskopische Dokumentation zur Entwicklung von Hand und Fuß bei menschlichen Embryonen. Verh Anat Ges 78:285–287

Jacob M, Christ B, Jacob HJ (1978) On the migration of myogenic stem cells into the prospective wing region of chick embryos. A scanning and transmission electron microscope study. Anat Embryol 153:179–193

Jacob M, Christ B, Jacob HJ (1979) The migration of myogenic cells from the somites into the leg region of avian embryos. An ultrastructural study. Anat Embryol 157: 291–309

Jacob HJ, Jacob M, Christ B (1981) Über Form- und Strukturmerkmale der ektodermalen Randleiste während der Extremitätenentwicklung beim Hühnerembryo. Verh Anat Ges 75:529–531

Jacob HJ, Christ B, Grim M (1983) Problems of muscle pattern formation and of neuromuscular relations in avian limb development. In: Kelley RO, Goetinck PF, MacCabe JA (eds) Limb development and regeneration. Part B. Alan R Liss, New York, pp 333–341

Jorquera B, Pugin E (1971) Sur le compartement du mésoderme et de l'ectoderme du bourgeon de membre dans les échanges entre le poulet et le rat. C R Hebd Séances Acad Sci Ser D Nat (Paris) 272:1522–1525

Kelley RO (1970) An electron microscopic study of mesenchyme during development of interdigital spaces in man. Anat Rec 168:43–54

Kelley RO, Fallon JF (1976) Ultrastructural analysis of the apical ectodermal ridge during vertebrate limb morphogenesis. I: The human forelimb with special reference to gap junctions. Dev Biol 51:241–256

Kelley RO, Fallon JF (1981) The developing limb: an analysis of interacting cells and tissues in a model morphogenetic system. In: Conelly TG, Brinkley LL, Carlson BM (eds) Morphogenesis and pattern formation. Raven Press, New York

Kieny M (1960) Role inducteur du mésoderme dans la différenciation précoce du bourgeon de membre chez l'embryon de poulet. J Embryol Exp Morphol 8:457–467

Kieny M (1968) Variation de la capacité inductrice du mésoderme et de la compétence de l'ectoderme au cours de l'induction primaire du bourgeon de membre, chez l'embryon de poulet. Arch Anat Microsc Morphol Exp 57:401–418

Kieny M (1969) Sur les relations entre le mésoderme somitique et le mésoderme somatopleurale avant et au cours de l'induction primaire des membres de l'embryon de poulet. C R Hebd Séances Acad Sci Sér D Nat (Paris) 268: 3183–3186

Kieny M (1971) Les phases d'activité morphogène du mésoderme somatopleurale pendant le développement précoce de membre chez l'embryon de poulet. Ann Embryol Morphol 4:281–298

Kieny M, Chevallier A (1979) Anatomy of tendon development in the embryonic chick wing. J Embryol Exp Morphol 49:153–165

Lacroix P (1961) Bone and cartilage. In: Brachet J, Mirski AE (eds) The cell. Academic Press, New York, pp 219–266

Landmesser LT (1980) The generation of neuromuscular specifity. Ann Rev Neurosci 3:279–302
Lehmann FE (1927) Further studies on the morphogenetic role of the somites in the development of the nervous system of amphibians. J Exp Zool 49:93–131
Lewis J, Chevallier A, Kieny M, Wolpert L (1981) Muscle nerves do not develop in chick wing devoid of muscle. J Embryol Exp Morphol 64:211–232
Lewis J, Al-Ghaith L, Swanson G, Khan A (1983) The control of axon outgrowth in the developing chick wing. In: Fallon JF, Caplan AJ (eds) Limb development and regeneration. Part A. Alan R Liss, New York, pp 195–205
Menkes B, Deleanu M (1964) Leg differentiation and experimental syndactyly in chick embryo. Rev Roum Embryol Cytol 1:69–77
Menkes B, Deleanu M, Ilies A (1965) Comparative study of some areas of physiological necrosis of the embryo of man: aboratory mammalians and fowl. Rev Roum Embryol Cytol 2:161–172
Milaire J (1969) Some histochemical considerations of limb development. In: Ede DA, Hinchliffe JR, Balls M (eds) Vertebrate limb and somite morphogenesis. University Press, Cambridge, pp 257–266
Milaire J (1976) Contribution cellulaire des somites à la genèse des bourgeons de membres postérieurs chez la souris. Arch Biol Bruxelles 87:315–343
Mitrovic DR (1977) Development of the metatarsal phalangeal joint of the chick embryo: morphological, ultrastructural and histochemical studies. Am J Anat 150: 333–348
Müller G (1986) Effects of skeletal change on muscle pattern formation. Bibl Anat 29:91–108
Murray PDF (1926) An experimental study of the development of the limbs of the chick. Proc Linn Soc NSW 51:187–263
O'Rahilly R, Müller F (1985) The origin of the ectodermal ring in staged human embryos of the first 5 weeks. Acta Anat 122:145–157
O'Rahilly R, Müller F (1987) Developmental stages in human embryos. Carnegie Inst Wash Publ 637
Pinot M (1970) Le role du mésoderme somitique dans la morphogenèse précoce des membres de l'embryon de poulet. J Embryol Exp Morphol 23:109–151
Rickmann M, Fawcett JW, Keynes RJ (1985) The migration of neural crest cells and the growth of motor axons through the rostral half of the chick somite. J Embryol Exp Morphol 90:437–455
Rubin L, Saunders JW (1972) Ectodermal-mesodermal interactions in the growth of limb buds in the chick embryo: constancy and temporal limits of the ectodermal induction. Dev Biol 28:94–112
Saunders JW (1948) The proximo-distal sequence of the origin of the parts of the chick wing and the role of the ectoderm. J Exp Zool 108:363–404
Saunders JW (1969) The interplay of morphogenetic factors. In: Swinyard CA (ed) Limb development and deformity: problems of evaluation and rehabilitation. Thomas, Springfield, Ill, pp 89–100
Saunders JW, Gasseling MT, Gfeller Sr MD (1958) Interactions of ectoderm and mesoderm in the origin of axial relationships in the wing of the fowl. J Exp Zool 137:39–74
Saunders JW, Gasseling MT, Saunders LC (1962) Cellular death in morphogenesis of the avian wing. Dev Biol 5:147–178
Searls RL, Janners MY (1969) The stabilisation of cartilage properties in the cartilage-forming mesenchyme of the embryonic chick limb. J Exp Zool 170:365–376
Searls RL, Janners MY (1971) The initiation of limb bud outgrowth in the embryonic chick. Dev Biol 24:198–213
Seichert V, Rychter Z (1971) Vascularization of the developing anterior limb of the chick embryo. Folia Morphol (Praha) 19:367–377
Shellswell GB (1977) The formation of discrete muscles from the chick wing dorsal and ventral muscle masses in the absence of nerves. J Embryol Exp Morphol 41: 269–277
Shellswell GB, Wolpert L (1977) The pattern of muscle and tendon development in the chick wing. In: Ede DA, Hinchliffe JR, Balls M (eds) Vertebrate limb and somite morphogenesis. University Press, Cambridge, pp 71–86
Solursh M (1983) Cell interactions during in vitro limb chondrogenesis. In: Kelley RO, Goetinck PF, MacCabe JA (eds) Limb development and regeneration. Part B. Alan R Liss, New York, pp 139–148
Stern CD, Keynes RJ (1986) Cell lineage and the formation and maintenance of half somites. In: Bellairs R, Ede DA, Lash JW (eds) Somites in developing embryos. NATO ASI Series. Plenum Press, New York London
Summerbell D (1974) A quantitative analysis of the effect of the excision of the AER from the chick limb-bud. J Embryol Exp Morphol 32:651–660
Summerbell D (1977) Reduction of the rate of growth cell density and cell division following removal of the apical ectodermal ridge of the chick limb bud. J Embryol Exp Morphol 40:1–21
Summerbell D (1979) The zone of polarising activity: evidence for a role in normal chick morphogenesis. J Embryol Exp Morphol 50:217–233
Summerbell D, Lewis JH, Wolpert L (1973) Positional information in the chick limb morphogenesis. Nature 244: 492–496
Swanson GJ, Lewis J (1982) The time table of innervation and its control in the chick wing bud. J Embryol Exp Morphol 71:121–137
Swett FH (1927) Differentiation in the amphibian limb. J Exp Zool 47:385–432
Swett FH (1937) Determination of limb-axis. Q Rev Biol 12:322–339
Tichý M, Grim M (1985) Morphogenesis of the human gluteus maximus muscle arising from two muscle primordia. Anat Embryol 173:275
Wachtler F, Christ B, Jacob HJ (1981a) Ein experimenteller Beitrag zur Entstehung digitaler Beugefurchen. Acta Anat 110:103–107
Wachtler F, Christ B, Jacob JH (1981b) On the determination of mesodermal tissues in the avian embryonic wing bud. Anat Embryol 161:283–289
Yasuda M (1975) Pathogenesis of preaxial polydactyly of the hand of human embryos. J Embryol Exp Morphol 33: 745–756
Zwilling E (1955) Ectoderm-mesoderm relationship in the development of the chick embryo limb bud. J Exp Zool 128:423–441
Zwilling E (1959) Interaction between ectoderm and mesoderm in duck-chicken limb bud chimaeras. J Exp Zool 142:521–532
Zwilling E (1961) Limb morphogenesis. Adv Morphog 1:301–330
Zwilling E (1972) Limb morphogenesis. Dev Biol 28:12–17

30. Entwicklung der Haut

B. Christ

Die Haut (Cutis, Integumentum commune), besteht aus der oberflächlich gelegenen und epithelial strukturierten Oberhaut (Epidermis) und der darunter gelegenen bindegewebigen Lederhaut (Dermis, Corium). Haut und Skelettmuskelschicht werden durch die Unterhaut (Subcutis) miteinander verbunden.

30.1 Entwicklung der Epidermis

Die Oberhaut ist ein Derivat des Ektoderm und besteht bei jungen Embryonen zunächst aus einem einschichtigen Epithel (Abb. 30-1). Während des 2. Monats wird die Oberhautanlage zweischichtig. Wie bei allen anderen Amniotenembryonen entsteht eine äußere Schicht von flachen Zellen, die als *Periderm* bezeichnet wird (Abb. 30-2). Im Gegensatz zur entwikkelten Epidermis, in der neue Zellen durch Mitosen der basalen Zellschicht entstehen und dann nach und nach in oberflächlichere Schichten gelangen, sind in der embryonalen Epidermis Zellteilungen auch im Periderm nachweisbar (Abb. 30-3a, b). Es finden sogar laterale Lokomotionen der peridermalen Zellen über der basalen epidermalen Zellschicht statt [Bowen et al. 1989], über deren entwicklungsfunktionelle Bedeutung nichts bekannt ist. Man nimmt an, daß die peridermalen Zellen am Austausch von Wasser, Na^+ und Glucose zwischen Haut und Amnionflüssigkeit beteiligt sind [Holbrook 1983].

Im 3. Monat wird die Epidermis dreischichtig. Zwischen dem Periderm und der basalen Zellschicht tritt eine 3. intermediäre Schicht epidermaler Zellen in Erscheinung, die ein Derivat der basalen Zellschicht ist. Mit dem Beginn des Verhornungsprozesses (Keratinisierung) im 5. Monat entwickeln sich weitere Schichten (Abb. 30-4), und die peridermalen Zellen, die zuvor glycogenhaltige Bläschen an ihrer Oberfläche aufwiesen, gehen zugrunde [Holbrook 1983]. An ihre Stelle tritt die Schicht platter verhornter epidermaler Zellen, die als *Stratum corneum* bezeichnet wird. Im Zusammenhang mit dem Verhornungsprozeß gehen aus den intermediär gelegenen Zellen das *Stratum spinosum* und das *Stratum granulosum* hervor. Die Zellen des Stratum spinosum sind durch

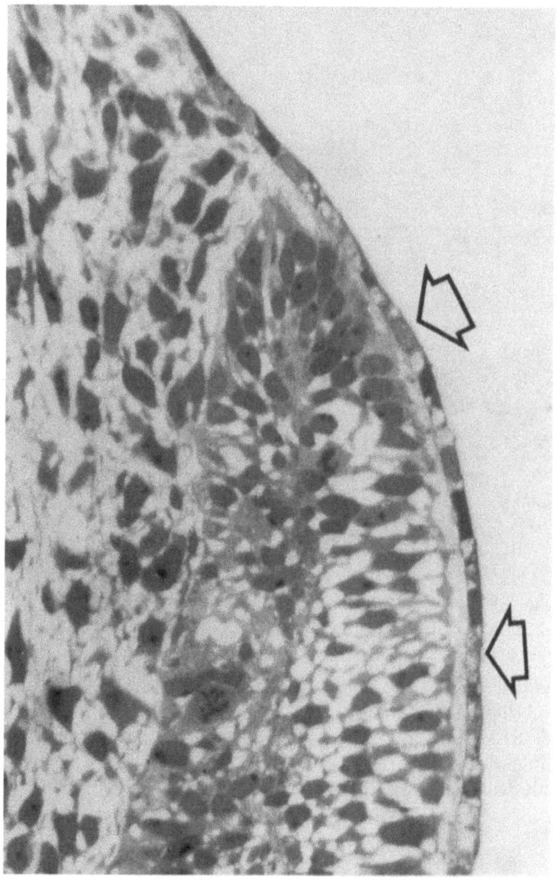

Abb. 30-1. Einschichtige Epidermis (Pfeile) aus der Rükkenregion eines menschlichen Embryo im STADIUM 14 (6,8 mm), die von Dermatomzellen unterlagert wird. Semidünnschnitt
(Präparat und Aufnahme: Professor Hinrichsen, Bochum). ca. 550 : 1

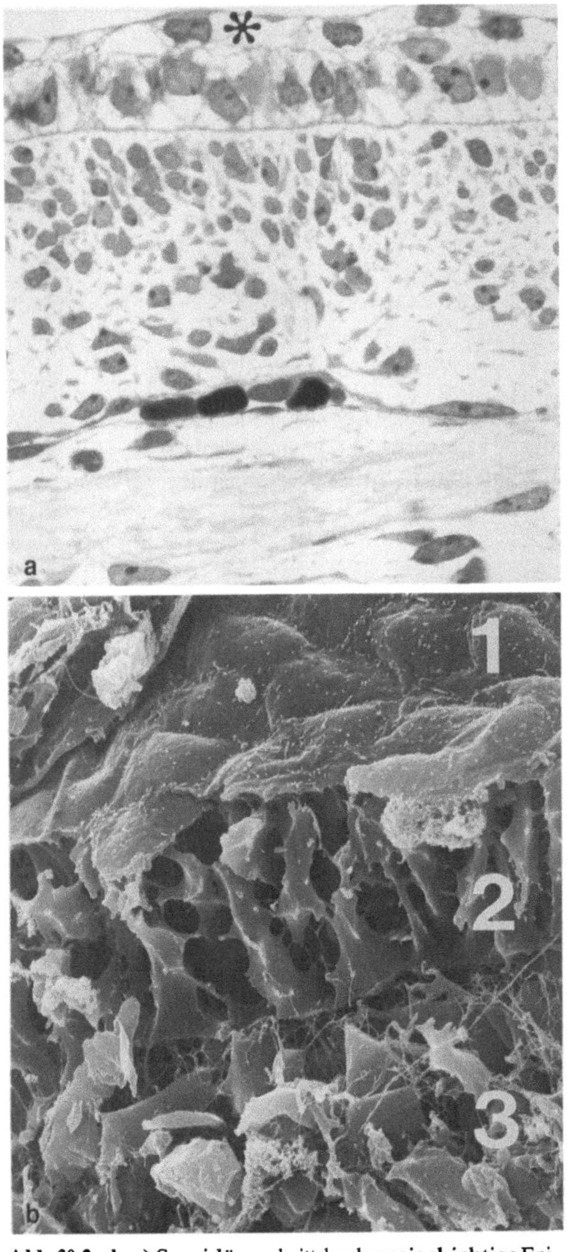

Abb. 30-2a, b, a) Semidünnschnitt durch zweischichtige Epidermis von einem menschlichen Embryo im STADIUM 22 (25 mm). Sternmarkierung: Periderm. Das Blutzellen enthaltende Gefäß markiert die Grenze zwischen Dermis und Subcutis. ca. 450 : 1;
b) REM-Aufsicht auf einen Bruch durch zweischichtige Hühnchenepidermis. 1 = Oberfläche des Periderm; 2 = basale Zellschicht der Epidermis; 3 = Dermisanlage. ca. 3000 : 1

Desmosomen miteinander verbunden und enthalten dichte Netzwerke von Keratinfilamenten, die sich zu den Desmosomen hin verdichten. Im weiter apical gelegenen Stratum granulosum treten die lichtmikroskopisch nachweisbaren Keratohyalingranula in Erscheinung. Die Keratinfilamente polymerisieren und aggregieren. Schließlich verschwinden Kernmembran, Mitochondrien und Ribosomen, und die Epidermiszellen (Keratinocyten) werden zu toten Hornschuppen (Corneocyten) umgewandelt. Dale et al. [1985] haben gezeigt, daß verschiedenen Entwicklungsstadien der Epidermis spezifische Keratine zugeordnet werden können.

Das *Stratum corneum* weist bei älteren Feten beträchtliche Dickenunterschiede auf. So ist beispielsweise die Hornschicht in der Palma manus wesentlich dicker als die auf dem Dorsum manus. Das mag als Hinweis dafür genügen, daß regionale Besonderheiten der Epidermisstruktur nicht allein als Folge unterschiedlicher mechanischer Beanspruchungen gewertet werden können.
Neben den eigentlichen Oberhautzellen (Keratinocyten) begegnen uns in der Epidermis 3 weitere Zellpopulationen. Zu diesen epidermalen Symbionten gehören die *Melanocyten* und die *Langerhans-Zellen.* Den 3. Zelltyp bilden die *Merkel-Zellen.*

Die *Melanocyten* sind Abkömmlinge der Neuralleiste. Sie migrieren innerhalb der Dermis und gelangen zu Beginn des 3. Monats in den epithelialen Zellverband der Epidermis, wobei sie die Basallamina durchwandern (Abb. 30-4b). Aus den Melanoblasten gehen die definitiven Melanocyten hervor, die durch das Vorhandensein reifer Melanosomen gekennzeichnet sind. Sie sind stark verzweigte Zellen, deren Zell-Leib in der basalen Zellschicht gelegen ist und deren lange Fortsätze in das Stratum spinosum reichen. Über diese Fortsätze geben die Melanocyten die in ihnen gebildeten Melanosomen an benachbarte Keratinocyten weiter (Pigmenttransfer). Die Epidermis von Albinos enthält die normale Zahl von Melanocyten. Den Zellen fehlt jedoch das Enzym Tyrosinase, das für die Melaninbildung unerläßlich ist.

Im 4. Monat wird die Epidermis von den *Langerhans-Zellen* besiedelt, die dem Knochenmark entstammen [Wolff 1971, Katz et al. 1979, Wolff und Stingle 1983]. Es handelt sich um dendritische Zellen, deren Perikaryen später suprabasal im Stratum spinosum gelegen sind. Sie gehören zum Haut-assoziierten lymphatischen System, und ihre Funktionen dürften Erkennung, Verarbeitung und Präsentation von Antigenen umfassen.

Die innerhalb der Epidermis basal gelegenen *Merkel-Zellen,* die einer Nervenendplatte aufsitzen, werden als Mechanorezeptoren angesehen. Ihre Herkunft ist umstritten. Während auf der einen Seite eine

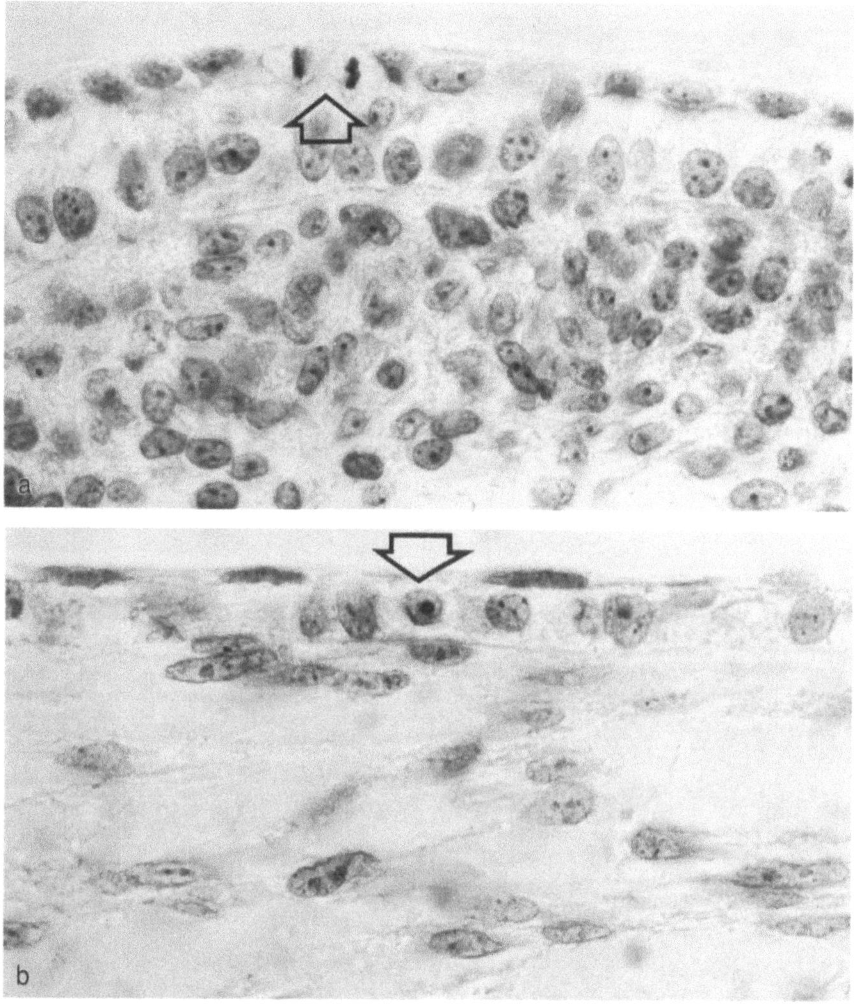

Abb. 30-3a, b. a) Zweischichtige Epidermis eines Hühnerembryo am 9. Bebrütungstag mit einer Mitose (Pfeil) in der peridermalen Zellschicht.
b) Epidermisanlage von einem Hühnerembryo, dem ein Neuralrohrabschnitt eines Wachtelembryo implantiert worden war. Postoperative Bebrütungszeit: 7 Tage. Ein aus dem Implantat hervorgegangener Melanoblast (Pfeil) liegt in der basalen Zellschicht der Epidermis. Er ist aufgrund seines wachteltypischen Heterochromatinmusters von den umgebenden Keratinoblasten zu unterscheiden. Feulgen-Reaktion. ca. 880 : 1

neuroektodermale Herkunft diskutiert wird, gibt es andererseits Hinweise dafür, daß sich die Merkel-Zellen in situ aus Epidermiszellen differenzieren.

Die Entwicklung der Epidermis ist ganz entscheidend abhängig von Einflüssen, die von der Dermisanlage ausgehen und in besonders augenfälliger Weise die Bedeutung geweblicher Interaktionen demonstrieren. Tiefere Einsichten in diese Abläufe haben einmal mehr experimentell embryologische Untersuchungen an tierischen Embryonen ergeben, deren Darstellung daher auch hier unverzichtbar ist.

Isoliertes Ektoderm differenziert sich nicht zu Epidermis [Sengel 1976, 1983]. Nach Isolation von Epidermis- und Dermisanlagen und anschließenden Neukombinationen eigentlich nicht zusammengehörender Abschnitte werden folgende Befunde erhoben: Nach heterotopen Rekombinationen von Epidermis und Dermis läuft die Differenzierung der Epidermis dem Ort entsprechend ab, dem die Dermis entstammt. Übertragen auf die weiter oben angeführten Unterschiede in der Epidermisstruktur zwischen Palma manus und Dorsum manus bedeutet dies, daß die Kombination von Dermis aus der Palma mit Epidermis vom Dorsum die Entwicklung der Epidermis vom Palmatyp nach sich ziehen muß [Sengel 1983]. Auch heterospezifische Kombinationen von Ektoderm und Mesoderm führen zu vergleichbaren Ergebnissen. Wird Corneaektoderm von einem Hühnerembryo mit Mäusedermis kombiniert, so entwikkelt sich Haut, die zwar entsprechend den genetischen Voraussetzungen des Ektoderm Federn entstehen läßt; das Federmuster entspricht jedoch dem Haarmuster des Areals, dem die Dermis entstammt [Coulombre und Coulombre 1971]. Nach diesen Befunden ist es auch nicht weiter verwunderlich, daß die individualspezifischen Papillarleistenmuster der Epidermis an den menschlichen Fingerkuppen durch die Dermis determiniert werden.

Die Epidermis besteht aus sogenannten epidermalen Proliferationseinheiten [Potten 1974], in denen

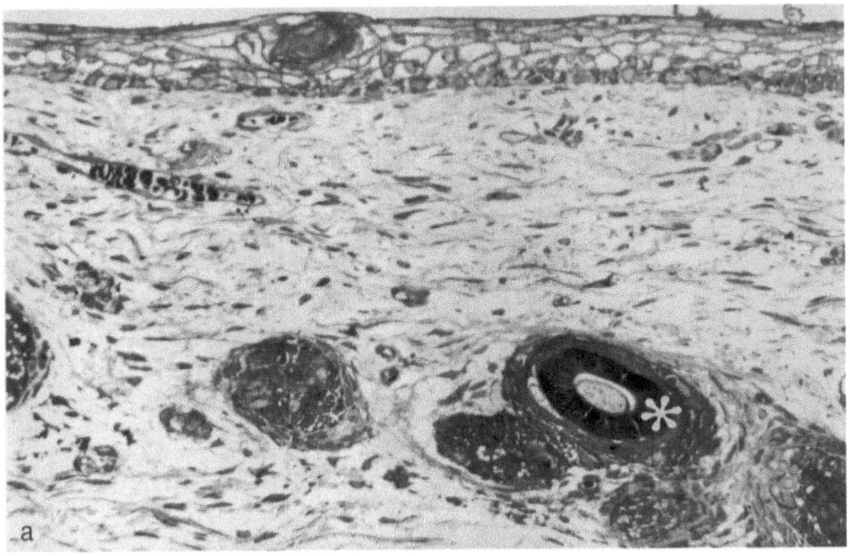

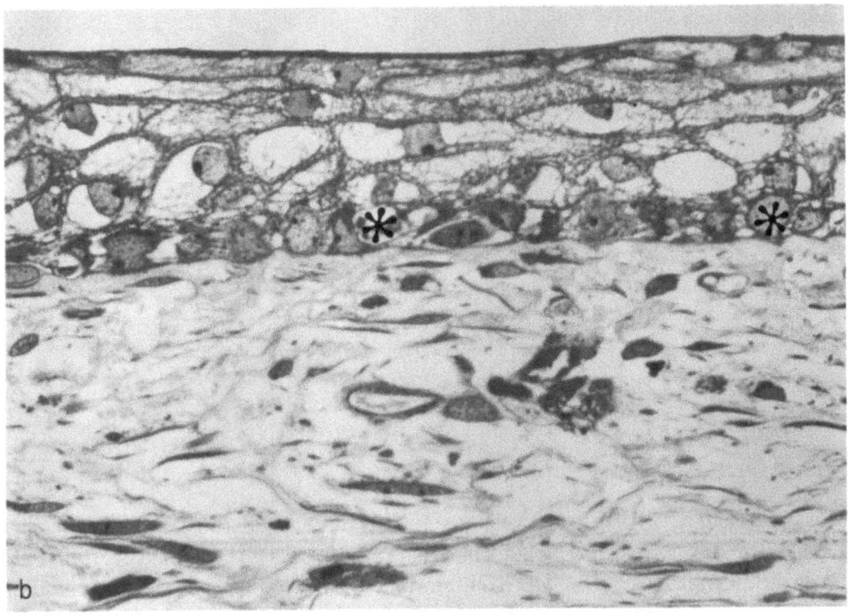

Abb. 30-4a, b. a) Haut vom Fußrücken eines menschlichen Feten von 18 cm, Semidünnschnitt. Sternmarkierung: keratinisierter Haarschaft. Beachte die angrenzende Talgdrüsenanlage. ca. 320 : 1; **b)** Ausschnitt bei stärkerer Vergrößerung. Beachte die Mehrschichtigkeit der Epidermis. Sternmarkierungen: basale Zellage. ca. 850 : 1

die Mitoserate kontrolliert wird. Zwei unterschiedliche Kontrollmechanismen werden zur Zeit diskutiert. Cohen und Elliott [1963] haben in der Glandula submandibularis ein Protein (Epidermal Growth Factor, EGF) isoliert, der die epidermale Mitoserate aufrechterhält und die Verhornung der Keratinocyten beschleunigt.

Auf der anderen Seite hat Bullough [1972] die Chalon-Theorie postuliert. Danach haben die basalen Epidermiszellen die Tendenz, sich möglichst schnell zu teilen. Die sich differenzierenden Keratinocyten sezernieren Chalone, die zu den Basalzellen diffundieren und deren Teilungsrate reduzieren. Danach würden Schädigungen oder Verluste oberflächlicher Zellen die Teilungsrate erhöhen und eine Reparatur beschleunigen.

30.2 Entwicklung der Dermis

Die Herkunft der dermalen Fibroblasten ist regional unterschiedlich. Im Bereich des Rückens entstammen diese Zellen den Dermatomen der Somiten und haben daher segmentalen Bezug. Die Dermis der ventrolateralen Körperwand und der Extremitäten ist ein Derivat der Somatopleura (Abb. 28-1). Am Kopf und Hals ist zusätzlich das *Mesektoderm* an der Bildung der Dermis beteiligt (siehe auch Kapitel 6.3 Neuralleiste). In den frühen Stadien der Hautentwicklung ist das dermale Bindegewebe locker strukturiert (Abb. 30-1). In der sich entwickelnden extrazellulären Matrix sind Kollagen Typ I und subektodermal Kollagen Typ III nachweisbar. Die Fibroblasten sezernieren darüber hinaus Glycosaminglycane wie Chondroitin- und Dermatansulfat und auch Fibronectin. Die frühe Dermis ist frei von Gefäßen (Abb. 10-16), was möglicherweise auf den hohen Gehalt an Hyaluronsäure zurückzuführen ist.

Nach dem 4. Entwicklungsmonat ist eine zunehmende Verzahnung zwischen Dermis und Epidermis nachweisbar. Schließlich ragen dermale Papillen in die Epidermis hinein. Unter dem Einfluß der bis an die dermoepidermale Junktionszone vorwachsenden Nervenfortsätze und der sie begleitenden Schwannschen Zellen bilden ortsständige Dermiszellen die Perineuralscheide (Abb. 29-25). Auch die Kapseln der in der Dermis gelegenen Mechanorezeptoren dürften aus ortsständigen dermalen Zellen hervorgehen.

Über die Kontrollmechanismen, die zur Bildung der für die Dermis typischen Gefäßarchitektur führen, ist nichts Verläßliches bekannt. Es ist allerdings davon auszugehen, daß die Endothelzellen eine eigenständige Zell-Linie darstellen, zu der Dermiszellen nicht mehr beitragen (siehe Kapitel 10.1).

Unter dem Einfluß der endothelialen Vasculogenese werden Dermiszellen veranlaßt, sich zu Mediazellen der Gefäße zu differenzieren. Während die epidermale Dermiszone (Stratum papillare) zellreich bleibt, werden in der tiefen reticulären Dermisschicht in großer Menge kollagene Fasern (Typ I) gebildet, die der Haut ihre Zugfestigkeit verleihen.

Die Herkunft der Subcutis entspricht in allen Regionen der der Dermis. In dieser zunächst locker strukturierten gefäßführenden Schicht, die sich zwischen Haut und Körperfascie befindet, differenzieren sich Lipocyten, die lokal auch plurivacuoläres Fettgewebe bilden.

30.3 Entwicklung der Hautanhangsgebilde

Für die Entwicklung der Hautanhangsgebilde gilt generell, daß sie von seiten der Dermis kontrolliert werden [Sengel 1976, 1983]. Deutliches morphologisches Anzeichen der **Haarentwicklung** ist zunächst eine lokale, noch basal gerichtete Verdickung des Ektoderm. Sie ist bei 12 Wochen alten Feten nachweisbar. An der Basis dieses epidermalen Haarkeims verdichtet sich das dermale Mesenchym zur Haarpapille. Die epidermale Haaranlage senkt sich kolbenförmig weiter in die Tiefe ein. Das Ende des Kolbens weist bald eine Einsenkung auf und nimmt die Form einer Glocke an, die dann als Haarzwiebel die Haarpapille umgibt. Proliferation und Verhornung der Epithelzellen innerhalb dieses Haarfollikels führen zur Bildung eines voll keratinisierten Haarschaftes (Abb. 30-4a), der innerhalb einer epithelialen Scheide an die Hautoberfläche heranwächst und schließlich als Haar sichtbar wird. Die während der Fetalzeit in Erscheinung tretenden sehr feinen Haare werden als *Flaum- oder Lanugohaare* bezeichnet. Nach der Geburt werden diese durch die definitiven Terminalhaare ersetzt.

Aus dem Epithel des Haarfollikels entsteht nahe der Hautoberfläche die Talgdrüse (Abb. 30-4a). Deren Sekret bildet zusammen mit abgeschilferten Corneocyten auf der Haut des älteren Feten einen Schmierfilm (Vernix caseosa). Auf der Seite des Haarfollikels, auf welcher der Follikel mit der Epidermis den größeren Winkel bildet und auf der die Talgdrüse gelegen ist, entwickelt sich aus dermalen Mesenchymzellen ein glatter Muskel (M. arrector pili). Er spannt sich aus zwischen Haarfollikel und dermoepidermaler Junktionszone. Eine Kontraktion dieser Muskeln hat eine Aufrichtung der Haare zur Folge und führt zum Bild der Gänsehaut.

Die näheren Entstehungsbedingungen der **Nägel** sind immer noch unklar. Die Akren der Finger und Zehen sind durch drei Entwicklungsvorgänge gekennzeichnet: eine kolbenförmige Auftreibung der volaren (plantaren) Enden zu den Finger-(Zehen-) beeren (Abb. 29-6c, 29-7a), eine sehr früh einsetzende Osteogenese an den Spitzen der knorpeligen Endphalangen (Abb. 30-5b, c) und die Einsenkung der dorsalen Epidermis zum „primären Nagelfeld“ [Kölliker 1888, Zaias 1963] (Abb. 29-7a, 30-5a, b). Schon bei Feten von ca. 4–5 cm senkt sich am proximalen und proximo-lateralen Rand des primären Nagelfeldes eine epitheliale Doppel-Lamelle ein (Abb.

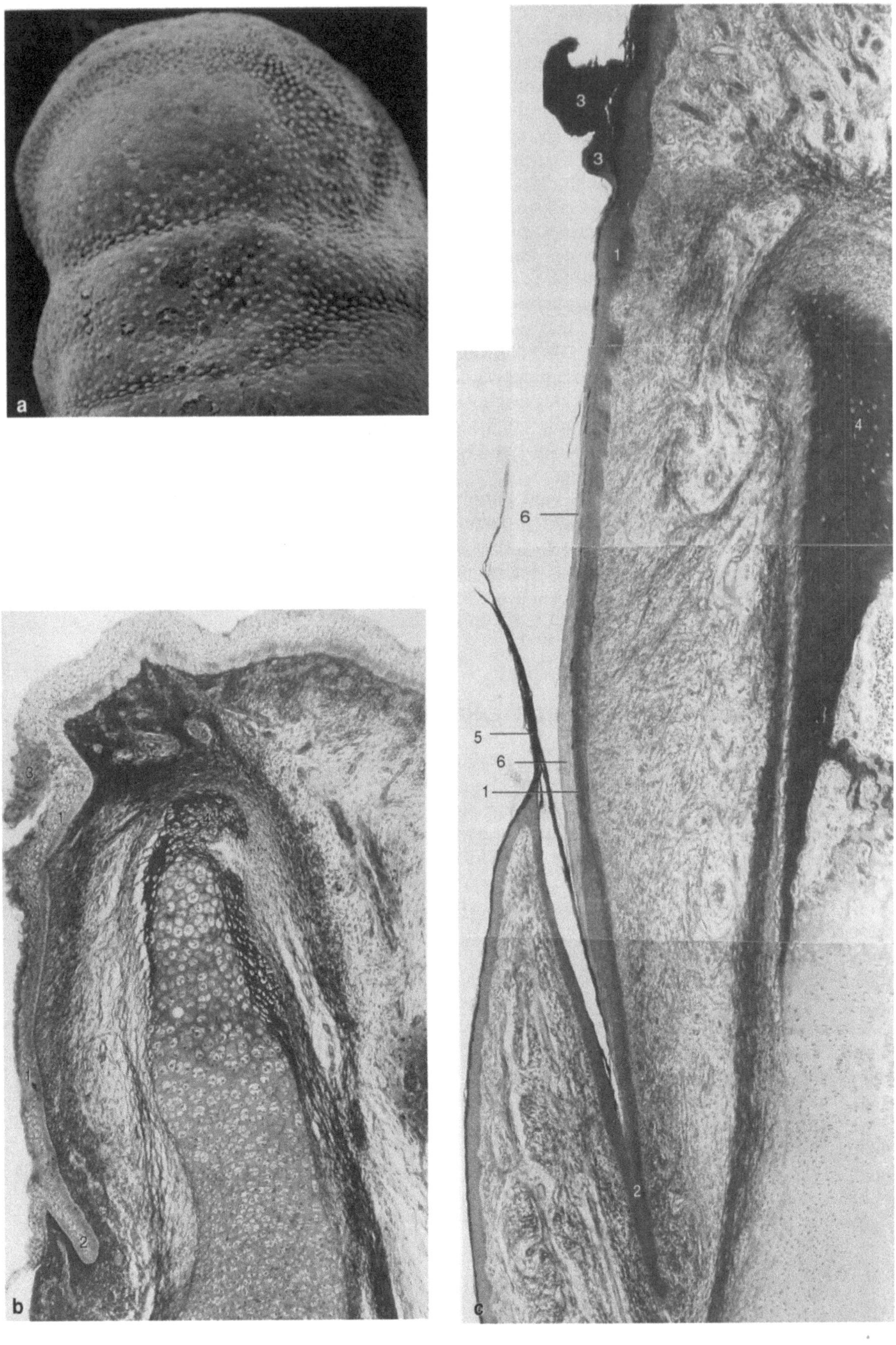
a
b
3
1
4
2
c
3
3
1
4
6
5
6
1
2

30-5b, c). Sie wird als Nagelfalz oder – nach ihrer funktionellen Bedeutung als Hauptbildungsort der Nagelplatte – als Matrix bezeichnet. Die frei an der Oberfläche des primären Nagelfeldes verbleibende Epidermis wird nach Bildung der Nagelplatte zum Nagelbett, der dorsale Hautrand über der Einsenkung zum Nagelwall (Eponychium) oder zur Cuticula. Seine Hornschicht gleicht der der Epidermis und bedeckt als dünne Lamelle die entstehende Nagelplatte.

Dorsale und ventrale Lamelle der Matrix bilden vermehrt Zellen, die sich zum Zentrum hin zu den dicht gepackten Hornzellen der Nagelplatte entwikkeln. Dabei treten zunächst vermehrt Tonofibrillen auf, an die sich die Keratohyalingranula anlagern. Besonders von den Zellen der dorsalen Matrixlamelle aus werden aus membranumschlossenen Vesikeln Mucopolysaccharide freigesetzt, die sich dem Plasmalemm der Hornzellen anlagern und im Interzellularraum zu finden sind [Hashimoto et al. 1966]. Auch vom Nagelbett aus werden Zellen der Nagelplatte zugeführt. Autoradiographische Untersuchungen an Affen zeigen aber, daß dieser Beitrag bei vollem Nagelwachstum quantitativ äußerst gering ist [Zaias und Alvarez 1968]. Danach ist der Hauptbildungsort der Zellen der Nagelplatte die ventrale Matrixlamelle.

Die Nagelplatte wächst von der Matrix aus unter zunehmender Dicke nach distal. Dabei wird die distale Epidermis zu einem vorderen Begrenzungswall aufgefaltet (Abb. 30-5c). Mit dem Schwund der peridermalen Cuticula und dem weiteren Vorwachsen der Nagelplatte wird dieser Teil auf die Unterseite des Nagelplattenrandes verlagert (Hyponychium). Der distale Nagelrand wird erst kurz vor der Geburt „frei" und überragt dann das Hyponychium. Dies gilt als Reifezeichen.

Die Entwicklung der **Brustdrüse** geht von dem Teil des „Ektodermrings" aus, der zwischen den Gliedmaßen liegt. Dabei handelt es sich um eine ektodermale Verdickung, die beiderseits von der Axilla über die Brust- und Bauchwand bis hin zur Innenseite des Oberschenkels verläuft. Diese sogenannte *Milchleiste* ist bei Embryonen am Ende des 2. Monats (STADIUM 14) nachweisbar. Ihr größter Teil verschwindet sehr bald, und es verbleibt lediglich ein kurzer Abschnitt im Bereich der vorderen Brustwand. Wird die Milchleiste in den übrigen Regionen nicht vollständig zurückgebildet, so kann es zur Entwicklung zusätzlicher Brustwarzen (Polythelie) oder gar zur Ausbildung akzessorischer Brustdrüsen (Polymastie) kommen.

Auch die Brustdrüsenentwicklung ist ganz wesentlich an ektodermo-mesenchymale Interaktionen geknüpft, wobei der induktive Reiz vom mesodermalen Gewebe ausgeht und im Ektoderm eine charakteristische Reaktion auslöst. Ähnlich dem embryonalen Haarkeim wächst zunächst ein kolbenförmiger Epithelzapfen am Ort der späteren Brustwarze in das Mesenchym ein. Die kolbenförmige Anlage verbreitert sich basal, und unter dem Einfluß der ortsspezifischen extrazellulären Matrix kommt eine Verzweigung der zunächst noch soliden epithelialen Anlage zustande. Experimentelle Neukombinationen von prospektivem Brustdrüsenektoderm mit Mesenchym von Speicheldrüsenanlagen haben ein Verzweigungsmuster zur Folge, das dem der Speicheldrüse entspricht, wenn auch die Drüsenzellen die für die Milch typischen Proteine bilden [Sakakura et al. 1976].

Die Entwicklung der Brustdrüse ist hormonabhängig. Kratochwil [1971] hat gezeigt, daß Testosteron die Brustdrüsenentwicklung hemmt. Dieser Effekt kommt nicht durch eine Hormonwirkung direkt an den Epithelzellen zustande, sondern er wird vielmehr über das Drüsenmesenchym vermittelt [Kratochwil und Schwartz 1976].

◀

Abb. 30-5a–c. a) Primäres Nagelfeld am Mittelfinger eines 5,5 cm großen Feten (Präparat und Aufnahme: Professor Hinrichsen, Bochum) REM. ca. 90 : 1;
b) Längsschnitt durch primitives Nagelbett (1) und Matrix (2) einer Zehe eines Feten von 5,5 cm. 3 = distaler Nagelwall; 4 = apicale Osteogenesezone der Endphalanx (Präparat und Aufnahme: Professor Hinrichsen, Bochum). Paraffin, Trichrome. ca. 100 : 1;
c) Längsschnitt durch einen fetalen Fingernagel (ohne genaue Altersangaben, Ausschnitt in Photomontage). 3 = distaler Nagelwall; 4 = apicale Osteogenesezone der Endphalanx; 5 = abgehobene Cuticula; 6 = Nagelplatte (Kurspräparat des Instituts für Anatomie, Ruhr-Universität Bochum). Paraffin, Azan. ca. 70 : 1

30.4 Literaturverzeichnis

Bowen J, Hinchliffe JR, Horder TJ, Reeve AMF (1989) The fate map of the chick forelimb-bud and its bearing on hypothesized development control mechanisms. Anat Embryol 179:269–283

Bullough WS (1972) The control of epidermal thickness. Br J Dermatol 87:187–199

Cohen S, Elliott GA (1963) The stimulation of epidermal keratinization by a protein isolated from the submaxillary gland of the mouse. J Invest Dermatol 40:1–6

Coulombre JL, Coulombre AJ (1971) Metaplastic inductions of scales and feathers in the corneal anterior epithelium of the chick embryo. Dev Biol 25:464–478

Dale BE, Holbrook KA, Kimball JR, Hoff M, Snu T-T (1985) Expression of epidermal keratins and filaggrin during human fetal skin development. J Cell Biol 101:1257–1269

Hashimoto K, Gross BG, Nelson R, Lever WF (1966) The ultrastructure of the skin of human embryos. III: The formation of the nails in 16–18 weeks old embryos. J Invest Dermatol 47:205–217

Holbrook KA (1983) Structure and function of the developing human skin. In: Goldsmith LA (ed) Biochemistry and physiology of the skin, vol 1. Oxford University Press, New York, pp 64–101

Katz SI, Tamaki K, Sachs DH (1979) Epidermal Langerhans cells derived from cells originating in the bone marrow. Nature 282:324–326

Kölliker A (1888) Die Entwicklung des menschlichen Nagels. Z Wiss Zool 47:129–154

Kratchowil K (1971) In vitro analysis of the hormonal basis for the sexual dimorphism in the embryonic development of the mouse mammary gland. J Embryol Exp Morphol 25:141–153

Kratchowil K, Schwartz P (1976) Tissue interaction in androgen response of embryonic mammary rudiment of mouse. Identification of target time for testosterone. Proc Natl Acad Sci USA 73:4041–4044

Potten CS (1974) The epidermal proliferative unit. The possible role of the central basal cell. Cell Tissue Kinet 7:77–88

Sakakura T, Nishizuka Y, Dawe CJ (1976) Mesenchyme – dependent morphogenesis and epithelium – specific cytodifferentiation in mouse mammary gland. Science 194:1439–1441

Sengel P (1976) Morphogenesis of skin. University Press, Cambridge

Sengel P (1983) Epidermal-dermal interactions during formation of skin and cutaneous appendages. In: Goldsmith LA (ed) Biochemistry and physiology of skin, vol 1. Oxford University Press, New York, pp 102–131

Wolff K (1971) The Langerhans cell. In: Mall JWH (ed) Current problems in dermatology, 4th edn. Karger, Basel

Wolff K, Stingle G (1983) The Langerhans cell. J Invest Dermatol 80 (Suppl 6):179–219

Zaias N (1963) Embryology of the human nail. Arch Dermatol 87:37–53

Zaias N, Alvarez J (1968) The formation of the primate nail plate. An autoradiographic study in Squirrel Monkey. J Invest Dermatol 51:120–136

31. Frühgeborene – der vorzeitige Start ins extrauterine Leben

G. Jorch

31.1 Heutiger Stand der Neonatologie*

Die menschliche Lebensspanne, die heute den Neonatologen beschäftigt, hat bis vor kurzem fast ausschließlich das Interesse von Embryologen gefunden. Seitdem die moderne Neonatologie – beginnend in den siebziger Jahren – jedoch intensivmedizinische Methoden anwendet, hat sie aus extrauterin lebensunfähigen Feten Patienten mit guten Lebenschancen gemacht. So wurde in rechtsmedizinischen Lehrbüchern noch Anfang der siebziger Jahre die untere Grenze der Lebensfähigkeit mit der 26.–28. Woche angenommen [Berg 1973]. Selbst Frühgeborene der 32. Woche mit einem Geburtsgewicht um 2 000 g konnten durchaus an „Lebensschwäche" versterben. Heute jedoch haben selbst Frühgeborene bis herunter zur 22. Woche und 500 g Geburtsgewicht eine Überlebenschance (Abb. 31-1).

* Alle Angaben zum Schwangerschaftsalter sind als Entwicklungsalter entsprechend der in diesem Lehrbuch angewandten embryologischen Fachterminologie angegeben; im neonatologischen Sprachgebrauch ist das „Menstruationsalter" (Ovulationsalter + 2 Wochen) üblich, welches die Zeit zwischen Menstruation und Ovulation miteinbezieht.

Als Frühgeborene bezeichnet man Kinder, die vor Ende der 35. Woche (= 245 Tage) geboren werden. Da das genaue Gestationsalter nicht immer bekannt ist, unterscheidet man aus praktischen Gründen nach dem Geburtsgewicht:

VVLBW (very very low birth weight)
<1 000 g (22–25 Woche)
VLBW (very low birth weight)
<1 500 g (26–29 Woche)
LBW (low birth weight) <2 500 g (30–34 Woche)

Unter den optimalen Bedingungen eines perinatologischen Zentrums mit neonatologischer Intensivstation und Entbindungsklinik unter einem Dach konnten in der ersten Hälfte der achtziger Jahre folgende Überlebensziffern erreicht werden (in Klammern Zahlen von um 1970) [nach Nelson et al. 1979, Raju 1986, Mentzel 1987]:

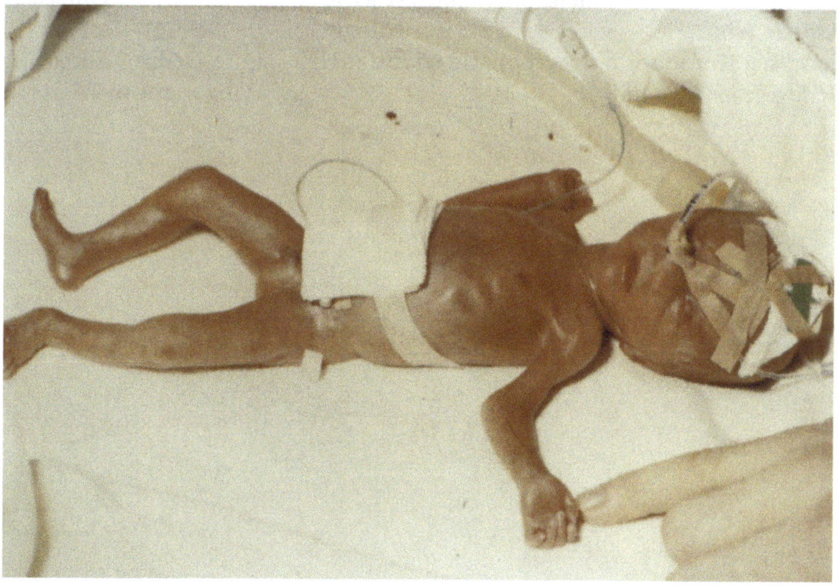

Abb. 31-1. Frühgeborenes der 24. Woche mit einem Geburtsgewicht von 600 g unmittelbar nach der Geburt

500– 750 g: ca. 30% (5%)
750–1000 g: ca. 70% (20%)
1000–1500 g: ca. 90% (50%)

Bei diesen Angaben muß berücksichtigt werden, daß die Prognose und die typischen klinischen Charakteristika der Gruppen wesentlich mehr vom Gestationsalter als vom Geburtsgewicht abhängen. Es besteht keine strenge Korrelation zwischen Gestationsalter und Körpergewicht. So kann ein Frühgeborenes der 26. Woche sowohl 700 als auch 1700 g wiegen; beide Werte liegen innerhalb der doppelten Standardabweichung des Mittelwertes. Dieses ist übrigens auch der Hintergrund von Sensationsmeldungen über Geburtsgewichtsrekorde überlebender Kinder (derzeitiges Minimum 340 g) [nach Marx 1979]. Es handelt sich bei überlebenden Frühgeborenen mit einem Geburtsgewicht von unter 750 g fast immer um sogenannte „pränatal dystrophe", d.h. intrauterin mangelwüchsige, aber relativ reife Frühgeborene. Die meisten Neonatologen sehen ein Frühgeborenes dann als „pränatal dystroph" oder „small for gestational age (SGA)" an, wenn sein Geburtsgewicht unterhalb der 10. Perzentile, d.h. im Bereich der niedrigsten 10% seiner Altersgruppe liegt. Frühgeborene mit einem Geburtsgewicht oberhalb der 90. Perzentile (die schwersten 10%) gelten als „large for gestational age (LGA)". Abbildung 31-2 zeigt die in der Universitäts-Kinderklinik Münster verwandten, aus den Erhebungen verschiedener Autoren gemittelten und vom postmenstruellen auf das postovulatorische Alter umgerechneten Normalbereiche für Körpergewicht, Körperlänge und Kopfumfang.

Die Möglichkeit, den ans intrauterine Milieu gebundenen Feten nun als extrauterines Frühgeborenes zu erleben, dürfte interessante embryologische Aspekte eröffnen – wie auch die embryologische Forschung der modernen Neonatologie wichtige Hinweise gegeben hat und gibt.

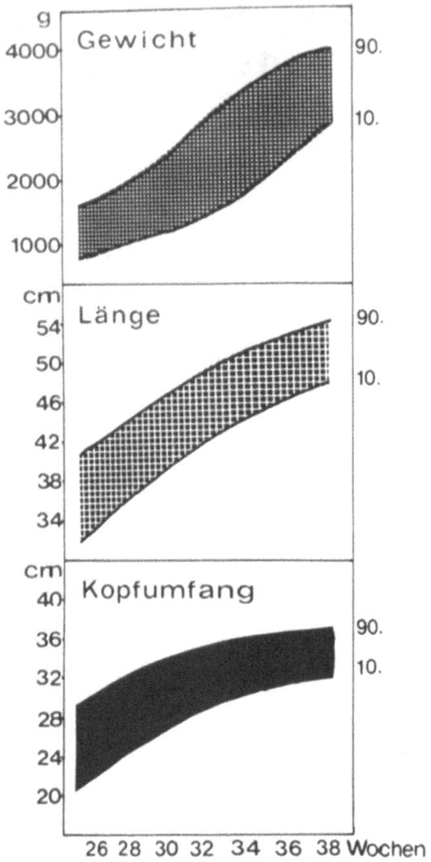

Abb. 31-2. Normalbereiche (10.–90. Perzentile) von Körpergewicht, Körperlänge und Kopfumfang (frontooccipital) von der 25. Woche bis zum Geburtstermin

Grundsätzlich unterscheidet man Organsysteme, deren Entwicklung intra- wie extrauterin im wesentlichen gleich verläuft (z.B. ZNS), von solchen, deren Entwicklung durch die vorzeitige Geburt – zwangsläufig – modifiziert wird (z.B. Lunge).

31.2 Körperliche Funktionen

31.2.1 Atmungsorgane

Vor der Entwicklung geeigneter Beatmungsverfahren war der mangelnde pulmonale Gasaustausch die Haupttodesursache bei Frühgeborenen. Voraussetzungen für eine ausreichende Spontanatmung mit gutem Gasaustausch in jedem Lebensalter sind:

- stabile zentralnervöse Atemregulation
- funktionstüchtige Atemmuskulatur
- freie Atemwege
- leichte Dehnbarkeit der Lunge
- hinreichende Durchblutung der belüfteten Lungen

Erst ab der 22. Woche werden die belüfteten Lungencompartimente überhaupt kapillarisiert, so daß heute dieses Reifestadium als untere Grenze der Lebensfähigkeit gilt [Hallman und Gluck 1982] (siehe auch Kapitel 21).

Aufgrund der kleinen Dimensionen der Atemwege können schon geringe Bronchialsekretverhaltungen katastrophale Obstruktionen der Atemwege hervorrufen. Außerdem ist das Frühgeborene mehr noch als das reife Neugeborene nicht in der Lage, bei accidentellem Verschluß der nasalen Atemwege oral zu atmen – es droht an seiner eigenen Zunge zu ersticken!

Die Atemmechanik ist grenzwertig entwickelt. Wie auch später ist das Zwerchfell der Hauptatemmuskel. Seine Kraft kann jedoch durch Sedativa und Kreislaufmittel, aber auch durch Kreislaufschock und Stoffwechselentgleisungen leicht gemindert werden. Die nachgiebige Elastizität des knöchernen Brustkorbes gibt dem Zwerchfell darüber hinaus ein schlechtes Widerlager, so daß inspiratorische Einziehungen der Brustwand die Atemmechanik weiter beeinträchtigen.

Schon die „physiologische" Atmung des Frühgeborenen ist durch häufige kurze (3 s) und seltenere längere Atempausen (15 s) gekennzeichnet. Das Auftreten von periodischer Atmung ist nicht selten. Die für den Erwachsenen typische gleichmäßige Atmung kann nur gelegentlich während der bei Frühgeborenen kurzen non-REM-Schlafphasen beobachtet werden. Apnoen (>15 s) mit und ohne Bradykardien (<100/min) werden mit zunehmender Unreife fast die Regel und können schon durch leichte Störungen des „steady state" wie Anämie, abdominelle Blähungen, leichte Erhöhung der Körpertemperatur und leicht gebeugte Körperhaltung, mehr aber noch durch krankhafte Zustände wie Infektion, persistierender Ductus arteriosus, Pneumonie und Hirnblutung dramatisch zunehmen [Rigatto 1982, Spitzer und Fox 1986].

Am häufigsten ist es jedoch die verminderte Lungendehnbarkeit („Compliance"), die die postnatale Entfaltung und Funktionsaufnahme der Lunge stört und ein Krankheitsbild verursacht, welches symptomatologisch als *Atemnotsyndrom* (Abb. 31-3) bezeichnet wurde. Es konnte gezeigt werden, daß der Mangel an „Surfactant", dem Oberflächenfilm, der die Alveolen auskleidet und ihre Entfaltung ermöglicht, die Ursache dafür ist. Dieser Film wird von den Typ II-Alveolarzellen synthetisiert und besteht aus einem Gemisch aus Phospholipiden und Protein [Farrell und Perelman 1983]. Man kann heute diesen Surfactant aus den Lungen von Rindern auswaschen, ihn aus Fruchtwasser gewinnen und sogar gentechnologisch herstellen, so daß durch unmittelbar postnatale intrapulmonale Substitution dieses Surfactant in den nächsten Jahren die Aussicht besteht, daß die Dauer der Beatmungstherapie drastisch reduziert werden kann.

Dieses ist insbesondere deswegen attraktiv, weil unter der insgesamt sehr effektiven Beatmungstherapie doch in einem Teil der Fälle schwerwiegende Komplikationen wie Pneumothorax (Abb. 31-4) und Pneumonien auftreten. Außerdem entwickeln manche Frühgeborene als Folge des unter Druckbeatmung und hochdosierter Sauerstoffgabe nur unvollständig ausheilenden Atemnotsyndrom eine chronische Lungengewebserkrankung, die „bronchopulmonale Dysplasie" (Abb. 31-5).

Ein Ersatz des pulmonalen Gasaustausch durch direkte Oxygenierung des Blutes („künstliche Lunge") gelingt seit kurzem in einigen Zentren. Unterhalb der 32. Woche ist die Methode jedoch vorerst noch mit einer zu hohen Komplikationsrate belastet, so daß ihre Anwendung bei den sehr unreifen Frühgeborenen derzeit nicht möglich ist und nicht als „künstlicher Placentaersatz" dienen kann [Bartlett et al. 1985].

31.2.2 Kreislauf

Die bei der Geburt notwendigen Umstellungen des Kreislaufes sind quantitativ vergleichbar mit den hämodynamischen Veränderungen bei der Operation eines komplexen Herzfehlers. Shuntrichtungen und -größen, periphere Gefäßwiderstände und erforderliche Flußgrößen ändern sich maßgeblich.

Nach Schätzungen aus tierexperimentellen Messungen beträgt das Herzzeitvolumen bei Frühgeborenen mit ca. 350 ml/kg/min das 5fache des Erwachsenenwertes, das Herz arbeitet notgedrungen an der oberen Grenze seiner Belastbarkeit, weitere Steigerungen der Herzleistung durch adrenerge Substanzen

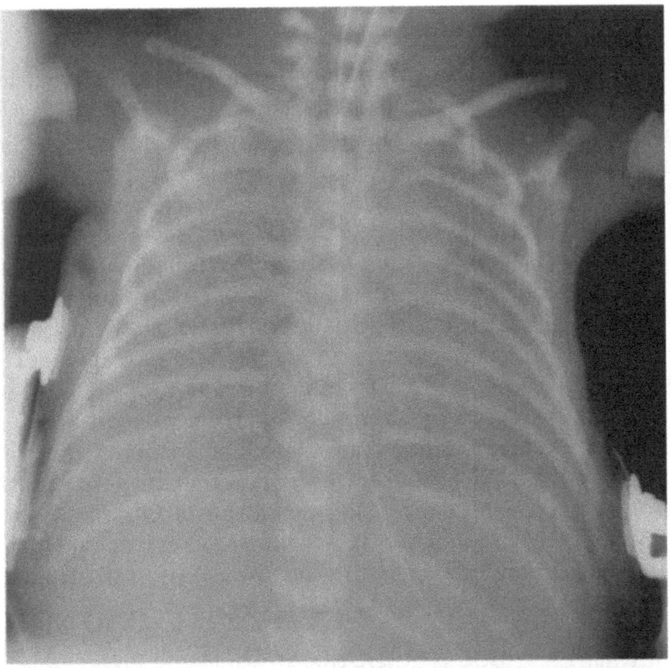

Abb. 31-3

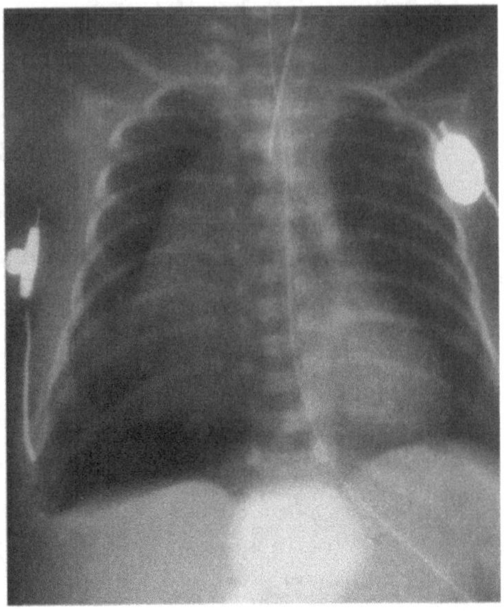

Abb. 31-4

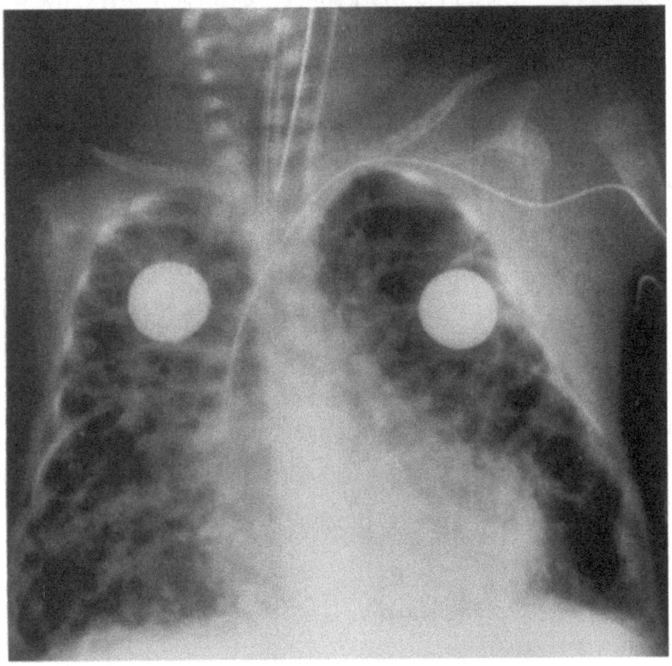

Abb. 31-5

Abb. 31-3. Ausgeprägtes Atemnotsyndrom bei einem Frühgeborenen der 28. Woche. Die Alveolen sind kaum belüftet und haben so eine ähnliche Röntgendichte wie der Herzschatten.

Abb. 31-4. Pneumothorax rechts. Die tiefstehenden Zwerchfelle beiderseits als Ausdruck der Lungenüberblähung weisen darauf hin, daß mit relativ zu hohen Drucken beatmet wurde.

Abb. 31-5. Ausgeprägte bronchopulmonale Dysplasie. Dieses ehemalige Frühgeborene aus der Anfangszeit der Beatmungstherapie konnte erst im Alter von zwei Jahren endgültig von dem Beatmungsgerät entwöhnt werden!

sind im Gegensatz zum späteren Lebensalter kaum möglich [Rudolph 1983]. Um in kritischen Situationen eine ausreichende Gewebsoxygenierung zu erreichen, muß mit Hilfe von Bluttransfusionen der rasche postnatale Abfall des intrauterin hohen Hämoglobinwertes verlangsamt werden [Mentzel 1982]. Aus Erfahrungen bei Neugeborenen mit einem angeborenen cyanotischen Herzfehler weiß man, daß bei guten Kreislaufverhältnissen und hohem Hämoglobinwert niedrige arterielle P_{O2}-Werte, die nur wenig über dem intrauterinen Normalwert von 22 mmHg liegen, für eine gewisse Zeit ohne Entstehung einer Lactatacidose akzeptiert werden.

Das bei zunehmender Unreife häufigere Ausbleiben des postnatalen Verschlusses des Ductus arteriosus ist ein Hauptproblem der Therapie sehr unreifer Frühgeborener. Der bei Besserung der Lungenfunktion abnehmende pulmonale Gefäßwiderstand ermöglicht einen Links-Rechts-Shunt über den Ductus.

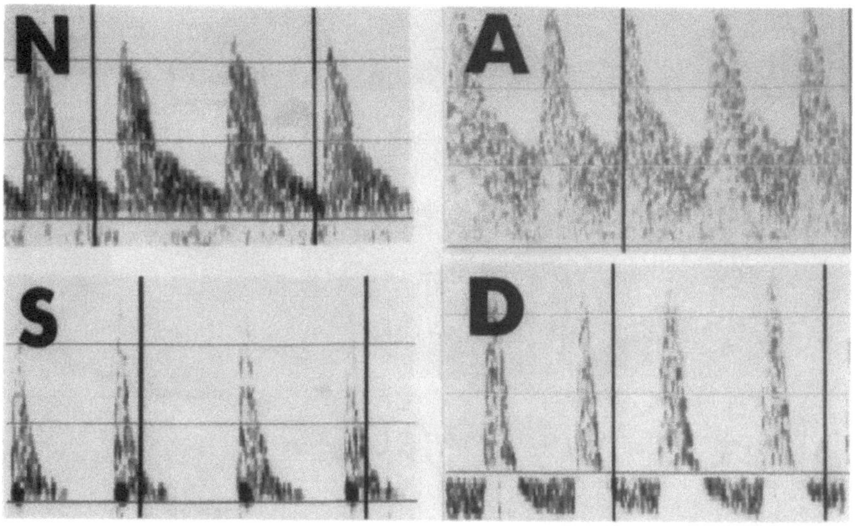

Abb. 31-6. Dopplersonographisch gemessene Blutströmungskurven in der A. carotis interna. N = normal, A = „Luxusperfusion" nach Asphyxie, S = diastolischer Durchblutungsstop im Kreislaufschock, D = retrograder diastolischer Flow beim Ductus arteriosus

Dadurch kommt es zur
- Minderdurchblutung der Organe im Systemkreislauf,
- Lungenhyperämie mit Verschlechterung der Compliance,
- Herzinsuffizienz durch erhöhte hämodynamische Belastung.

Der operative Verschluß dieser Gefäßverbindung ist selbst bei Frühgeborenen mit einem Gewicht von nur 600 g nicht selten der einzige Ausweg aus diesem Dilemma.

Man ist seit kurzem in der Lage, die Flußgeschwindigkeit in cerebralen, renalen und intestinalen Arterien nichtinvasiv mit Hilfe der Dopplersonographie zu messen (Abb. 31-6 und 31-7). Dadurch ist eine Optimierung der in diesem Lebensalter diffizilen Kreislauftherapie in näherer Zukunft zu erwarten [Jorch et al. 1986, Bömelburg und Jorch 1987].

31.2.3 Infektabwehr

Während durch Anwendung intensivmedizinischer Methoden Atem- und Kreislaufprobleme zunehmend besser gemeistert werden konnten, bleibt die Anfälligkeit der behandelten Frühgeborenen gegenüber bakteriellen Krankenhauskeimen eine ständige Bedrohung.

Die Ursachenforschung dieser Abwehrschwäche steht noch am Anfang, die diagnostischen Möglichkeiten bezüglich Früherkennung einer Infektion lassen zu wünschen übrig, und selbst potente Breitspektrumantibiotika sind häufig nicht in der Lage, eingedrungene Erreger vollkommen unschädlich zu machen.

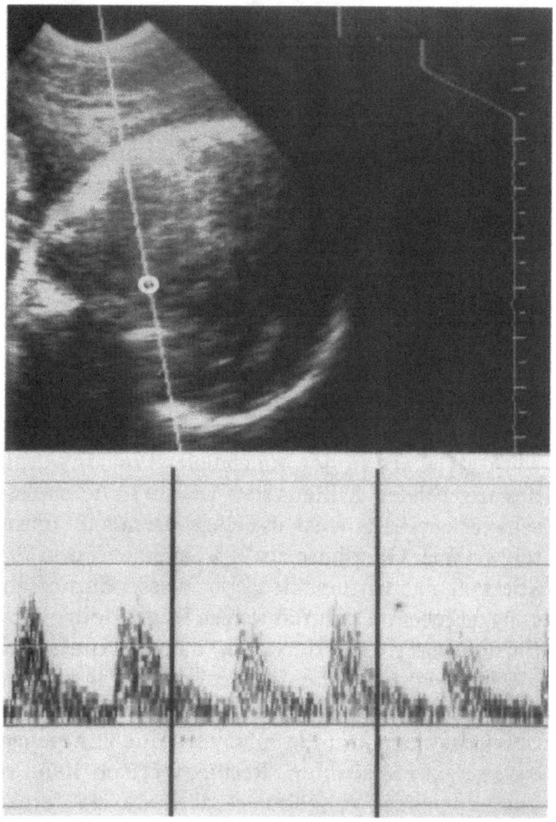

Abb. 31-7. Dopplersonographisch abgeleitete Blutströmungskurve (unten) einer basalen Arterie bei einem Feten der 20. Woche

Infektionspforten sind die Lunge (Beatmungstubus!), der Magen-Darm-Kanal (Magensonde, unverdaute Nahrung), die häufig unumgänglichen zentralen Venenkatheter und die leicht verletzliche Haut (Abb. 31-8).

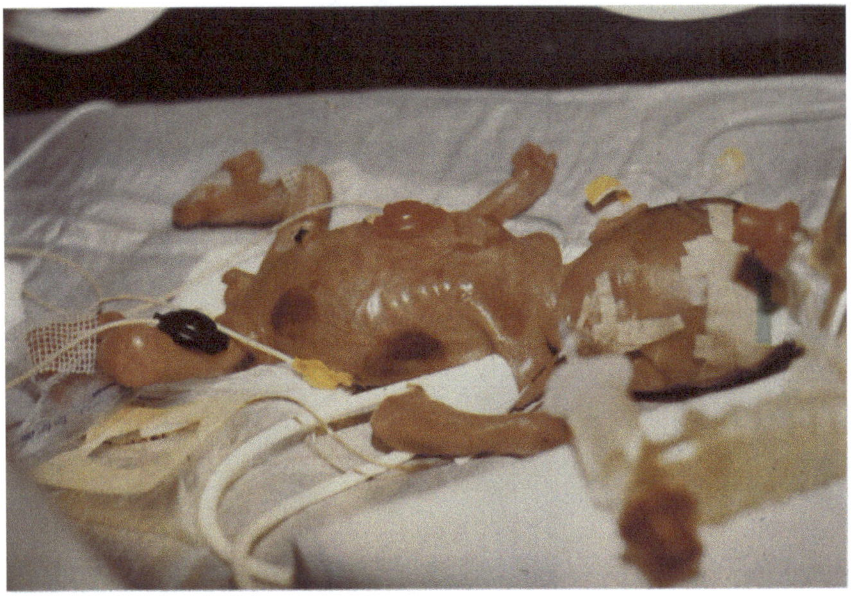

Abb. 31-8. Hautverletzungen bei einem Frühgeborenen der 24. Woche durch Klebeelektroden

Eine gute supportive Therapie mit dem Ziel einer allgemein ausreichenden Gewebsoxygenierung, Beschränkung auf die wirklich unumgänglichen invasiven Maßnahmen und ein hoher Hygienestandard (Händedesinfektion!) auf der Intensivstation sind die Meilensteine einer erfolgreichen Infektabwehr.

31.2.4 Wasser- und Energiehaushalt

Mit der Geburt findet ein abrupter Phasenwechsel des umgebenden Milieus statt. Der im Fruchtwasser schwebende Fetus wird als Frühgeborenes unvermittelt von einer Gasphase aus 21% Sauerstoff und 79% Stickstoff mit unterschiedlicher Wasserdampfsättigung umgeben. Dadurch werden lebensbedrohliche Flüssigkeitsverluste durch die dünne Hautschicht möglich. Man kann bei der Erstversorgung sehr unreifer Frühgeborener unter dem Wärmestrahler beobachten, wie sie binnen 30 Minuten eine zunehmend welke Haut bekommen. Rein rechnerisch kann ein extrem unreifes Frühgeborenes allein durch Verdunstung pro Tag 30% seines Gesamtkörperwassers verlieren, was es nicht überleben würde.

Gleichzeitig werden dem Körper pro 1 ml verdunsteter Hautflüssigkeit 0,58 kcal entzogen, die zum Ausgleich der Energiebilanz durch einen Energieträger ersetzt werden müssen, der eine Energiedichte wie eine ca. 15%ige Glucoselösung hat. Durch Schaffung eines „Tropenklimas" im Inkubator können die Flüssigkeits- und damit die Energieverluste deutlich gesenkt werden [Costarino und Baumgart 1986].

Im Vergleich zum Erwachsenen, aber auch zum gleich schweren Feten, benötigt das Frühgeborene dreimal soviel Flüssigkeit und Energie. Dieses stellt eine immense Anforderung an die Stoffwechseltätigkeit dar, die ja eine noch werdende Funktion ist.

31.2.5 Ernährung

Wenngleich mancherlei intestinale Transport- und Verdauungsleistungen schon bei sehr unreifen Frühgeborenen nachgewiesen wurden, so zeigt insbesondere die klinische Erfahrung jedoch, daß es meistens einiger Wochen bedarf, bis die orale bzw. gastrale Ernährung in der Lage ist, die energetischen Bedürfnisse voll zu decken [Milla 1984]. Hierfür dürften die Begleitumstände und Komplikationen der Intensivtherapie verantwortlich sein wie medikamentöse Ruhigstellung, Infektionen, passagere katabole Zustände und Darmischämie. Die Mehrzahl der Neonatologen beginnt zwar schon in den ersten Lebenstagen mit der gastralen Milchzufuhr, um die Darmfunktion anzuregen, begnügt sich aber mit kleinen Mengen, um die Verdauungsfunktion nicht überzubelasten. Wenngleich die Milch der eigenen Mutter anscheinend am besten vertragen wird, so erfüllt sie angesichts ihrer Zusammensetzung nicht die Anforderungen des sehr unreifen Frühgeborenen an Energiegehalt, Protein, Calcium und Phosphor [Pereira und Barbosa 1986].

31.3 Zentralnervöse Funktionen

31.3.1 Schlaf-Wach-Rhythmus

Vor der 26. Woche ist es schwierig, unterschiedliche Vigilanzzustände abzugrenzen. Die Augen werden kaum spontan und nur kurz bei nachhaltiger Stimulation geöffnet. Die Atmung ist unregelmäßig, die Spontanmotorik wechselt in ihrer Intensität, zeigt jedoch keine Charakteristika im Sinne unterscheidbarer Verhaltenszustände. Mit zunehmender Reife können Wach- und Schlafphasen unterschieden werden, indem das Kind gelegentlich für einige Minuten die Augen öffnet und ein höheres Wahrnehmungsniveau offenbart. Erst von der 30. Woche an beginnt sich eine gewisse Zyklik zu etablieren mit spontanem Wechsel von Wach- und Schlafphasen und von einander unterscheidbarem „ruhigem" und „aktivem" Schlaf. Der ruhige Schlaf weist bei regelmäßiger Atmung wenig Spontanmotorik auf, während im aktiven Schlaf bei geschlossenen Lidern eine lebhafte Spontanmotorik abläuft, wodurch der Eindruck entsteht, daß das Kind träumt. Die unter den geschlossenen Lidern wahrnehmbaren Augenbewegungen gaben dieser Schlafphase auch die Bezeichnung „REM (rapid eye movement) – Schlaf" [Werner et al. 1977].

31.3.2 Tonus und Haltung

Der ausgeprägte Beugetonus der Extremitäten eines reifen Neugeborenen ist die Endstufe einer kontinuierlichen Tonuszunahme im Laufe der Schwangerschaft. Das Frühgeborene der 22. Woche zeigt eine generalisierte Hypotonie. Zwischen der 26. und 30. Woche entwickelt sich an den unteren Extremitäten beginnend und nach cranial fortschreitend ein zunehmender Widerstand gegenüber passiven Bewegungen. Bemerkenswerterweise bildet sich schon von der 26. Woche an eine Vorzughaltung des Gesichtes nach rechts bei 80%, eine nach links bei 20% der Kinder aus. Ursachen und Bedeutung dieser Vorzugshaltung sind nicht bekannt. Während das reife Neugeborene eine ziemlich konstante Beugehaltung zeigt, ist die Stellung der Extremitäten beim sehr unreifen Kind mehr zufällig, so daß eine „typische Frühgeborenenhaltung" kaum beschrieben werden kann [Prechtl und Nolte 1984].

31.3.3 Spontanbewegungen

Das sehr unreife Frühgeborene zeigt ein breites Repertoire an möglichen Bewegungsabläufen, die somit als „Zufallsprodukte" imponieren. Man sieht langsame, drehende Bewegungen der Extremitäten und des Rumpfes, aber auch schnellende, ausfahrende Einzelzuckungen der Extremitäten und der mimischen Muskulatur, die durch plötzliche Aktivierung einzelner Muskeln ohne den später bestehenden bremsenden Einfluß des allgemeinen Muskeltonus und der antagonistischen Muskelgruppen entstehen. Eine quantitative Auswertung ergab, daß Frühgeborene am häufigsten Bewegungen der mimischen Muskulatur, weniger solche der unteren Extremitäten und am seltensten Bewegungen der Arme zeigen. Nach eigenen Untersuchungen treten allein im Bereich des Gesichtes mehr als 20 unterscheidbare Bewegungsmuster häufiger auf, wobei orale Bewegungsmuster überwiegen. Von der 35. Woche an nimmt das Ausmaß der vorher lebhaften Spontanmotorik ab. Dieses ist übrigens auch bei Feten gleichen Gestationsalters der Fall, wie viele Schwangere anhand der abnehmenden Kindsbewegungen feststellen können. Schon unterhalb der 30. Woche zeigen sich individuelle Charakteristika im Bewegungsverhalten. Schon in diesem Stadium gibt sich der „Zappelphilipp" und der „Bequeme" zu erkennen.

31.3.4 Reaktionsverhalten

Bei Frühgeborenen rufen Hautsinnesreize die ausgeprägtesten motorischen Reaktionen hervor, während im späteren Leben der optische und der akustische Sinneskanal dominieren. Insbesondere die Empfindung von Kälte scheint zu den schlimmsten Erfahrungen zu gehören, die ein Frühgeborenes machen kann. Schon das Desinfizieren der Haut mit einem kalten Alkoholderivat führt zu heftigen – in diesem Alter ungezielten – Abwehrbewegungen mit „schmerzverzerrtem" Gesicht. Wir konnten in einer solchen Situation über der Parietalregion elektrische corticale Potentiale mit komplexem Kurvenverlauf von 2–5 Sekunden Dauer ableiten (Abb. 31-9). Zu den bekanntesten und konstantesten taktil ausgelösten Reaktionen gehören der Fluchtreflex (ab der 22. Woche), der Handgreifreflex (ab der 26. Woche) und der Saugreflex (ab der 30. Woche).

Lage- und Gleichgewichtssinn sind ebenfalls gut nachweisbar. Beim Moro-Reflex (ab der 26. Woche) bewegt man den schräg aufrecht gehaltenen Oberkörper rasch in die Horizontale nach unten, und das Kind

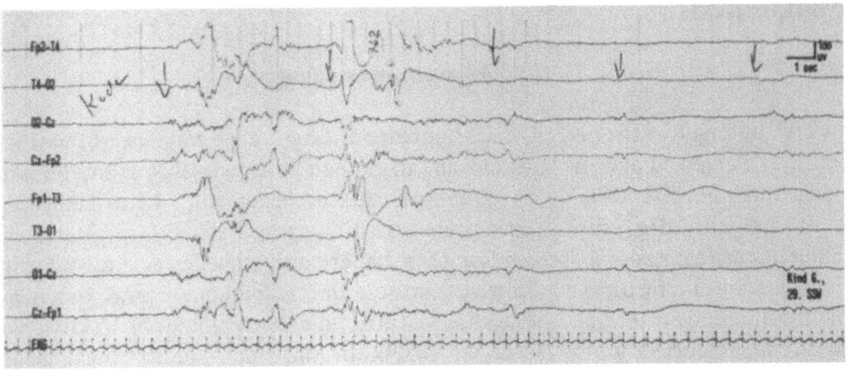

Abb. 31-9. EEG-Antwort unter Kältereiz bei Hautdesinfektion. Im vorher flachen Kurvenverlauf erscheinen unmittelbar nach Kältereiz generalisierte hochamplitudige Potentiale.

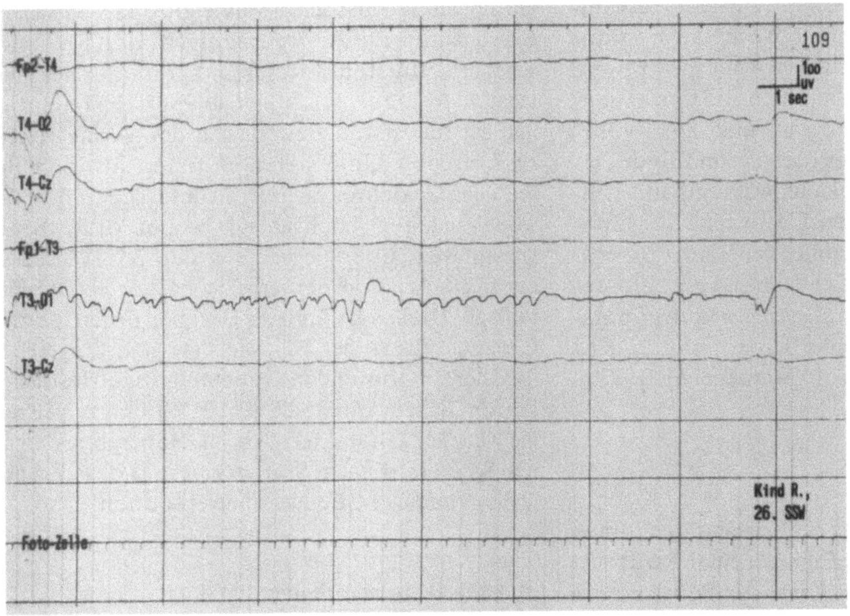

Abb. 31-10. Unter Serienblitz (2,5/s) „photic driving" über der linken Occipitalregion (T3-01)

reagiert mit einer „Schreckbewegung" bestehend aus einem Schrei, einem initialen Auseinanderfahren der Arme mit Öffnung der vorher gefausteten Hände und einem darauf folgenden Umarmungsgriff der Arme, wie wenn sich das Kind an seiner Mutter festkrallen möchte. Beim Puppenaugenphänomen wird der Kopf des Kindes passiv seitlich hin und her bewegt, wobei die Augen ihre Blickrichtung beibehalten, indem die Augäpfel sich exakt gegenläufig zur Kopfdrehung bewegen.

Die Funktionstüchtigkeit des Riechorgans wurde bei reifen und frühgeborenen Kindern nachgewiesen, indem reaktive Verhaltensänderungen nach Applikation bestimmter Duftstoffe reproduzierbar ausgelöst werden konnten [nach Volpe 1987].

Generalisierte Körperzuckungen oder Blinzeln nach plötzlichem akustischem Reiz zeigen die Aktivität dieses Sinneskanals schon ab der 26. Woche an. Umgebungslärm und Schlaf bedingen jedoch, daß diese Reaktionen nicht selten nur schwer auszulösen sind.

Lichtreize, d.h. Lichtblitze und andere Wechsel der Lichtintensität, bewirken einen raschen Lidschluß schon von der 22. Woche an. Auch corticale elektrische evozierte Reaktionen können bei dieser Gelegenheit über der Occipitalrinde abgeleitet werden (Abb. 31-10). Bei gesunden Kindern habituiert diese Reaktion – wie auch taktil ausgelöste Reaktionen – bei wiederholter Reizung. Somit gehört die Fähigkeit zur Habituation zu den wenigen neurologischen Zeichen, die schon beim Frühgeborenen gewisse Aussagen über corticale Funktionen ermöglichen. Von der 30. Woche an ist visuelle Fixation möglich, ab der 33. Woche können bestimmte einfach strukturierte Muster erkannt werden. Auch diese Leistungen sind an die Existenz einer funktionierenden Großhirnrinde gebunden.

31.4 Das reife Neugeborene

Als „reife Neugeborene" definiert man solche mit einem postovulatorischen Alter von 245–280 Tagen, d.h. Kinder, die 35–40 Wochen nach Konzeption geboren werden. Dieser „Normalfall" ereignet sich in ca. 9 von 10 Schwangerschaften. Wird diese Spanne überschritten, liegt eine risikoträchtige *Übertragung* vor, darunter spricht man von *Frühgeburt*. In der deutschen Bevölkerung ereignet sich eine Frühgeburt in etwa 7,5%, eine echte Übertragung in 2,5% der Fälle. Zusätzlich gibt es auch bei reifen Neugeborenen die Möglichkeit, daß das Körpergewicht nicht dem Alter entspricht. Untergewichtige (<2500 g) reife Neugeborene resultieren häufig aus mütterlicher Placentainsuffizienz, übergewichtige (>4000 g) wecken den Verdacht auf einen Diabetes mellitus bei der Mutter, dessen erste Manifestation gelegentlich ein solches „Riesenbaby" ist (Abb. 31-11).

Aufgrund äußerer Untersuchungsmerkmale läßt sich der Reifestand eines Neugeborenen mit Hilfe verschiedener definierter Schemata bis zu einer Genauigkeit von ±2 Wochen bestimmen. Die zuverlässigsten Zeichen der Reife sind:

1. Äußere Haut blaß-rosa, nur größere Gefäße scheinen durch. Die gesamte Fußsohle einschließlich Ferse zeigt eine deutliche Hautfältelung.
2. Das Brustdrüsengewebe läßt sich mit einem Durchmesser von mehr als 10 mm durch die Haut ertasten. Die Mamille ist gut erkennbar, der Warzenhof ist deutlich erhaben.
3. Die Verknorpelung der Ohrmuscheln ist bis zur Helix fortgeschritten, sie läßt sich nicht falten.

Auch der neurologische Befund spiegelt den erreichten Reifezustand wider: Das gesunde Neugeborene zeigt einen im Vergleich zu früheren oder späteren Altersstufen ausgeprägten Beugetonus. Das Repertoire an sogenannten „Neugeborenenreflexen" wie Schreitautomatismus, Moro-Reflex, Saugreflex, Suchreflex, Greifreflex ist nun vollständig ausgereift und bleibt bis zum Ende des 1. Trimenon bestehen, wonach es zunehmend abgelöst wird durch motorische Muster der Willkürmotorik. Der Tag-Nacht-Rhythmus von 24 Stunden bzw. 2 × 12 Stunden des Erwachsenen entwickelt sich im Verlaufe der ersten Lebenswochen aus einem 1-Stunden-Rhythmus, der von einem 4-Stunden-Rhythmus überlagert wird. Während eines jeden Stundenzyklus werden im typischen Falle ca. 20 Minuten in „ruhigem Schlaf" mit regelmäßiger Atmung, deutlichem Muskeltonus und – abgesehen von sogenannten „startles" und rhythmischen Kinnbewegungen – motorischer Ruhe verbracht. In den restlichen 40 Minuten befindet sich das Neugeborene im „aktiven Schlaf" mit reichlich Spontanmotorik und Augapfelbewegungen („REM-Schlaf" bzw. „Traumschlaf") bei reduziertem Muskeltonus. Somit verbringt das Neugeborene erheblich mehr Zeit mit „träumen" als der Erwachsene! Nach jedem vierten einstündigen Zyklus besteht die Tendenz wachzuwerden: das Kind schreit und verlangt „gestillt" zu werden.

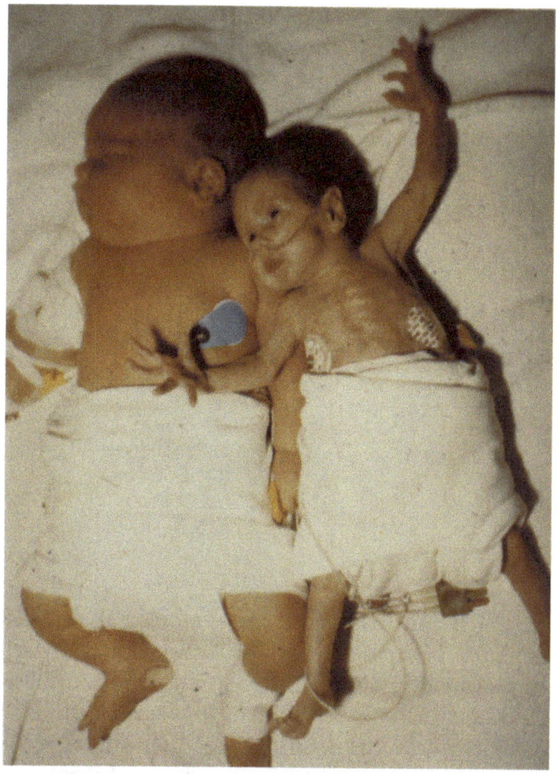

Abb. 31-11. Termingeborene Neugeborene. Links: Übergewichtiges Kind einer Diabetikerin. Rechts: Intrauterin mangelernährtes Kind bei Placentainsuffizienz

Beim gestillten Kind steuern „Angebot und Nachfrage" in physiologisch sinnvoller Weise den Nahrungsaufbau, der mit dem Erreichen einer Trinkmenge von ein Sechstel des Körpergewichtes in der Regel um den 10. Lebenstag abgeschlossen ist. Hierbei ist eine vorübergehende Gewichtsabnahme von bis zu 10% des Geburtsgewichtes vollkommen normal. Die Darmtätigkeit setzt sofort nach der ersten Mahlzeit, die zweckmäßigerweise bei gesunden Neugeborenen schon im Kreißsaal beginnt, ein, so daß schon wenige Stunden nach der Geburt Luft im gesamten Darm nachweisbar ist. Der erste Stuhl, das sogenannte Kindspech (= Meconium), muß spätestens nach 48 Stunden abgesetzt worden sein.

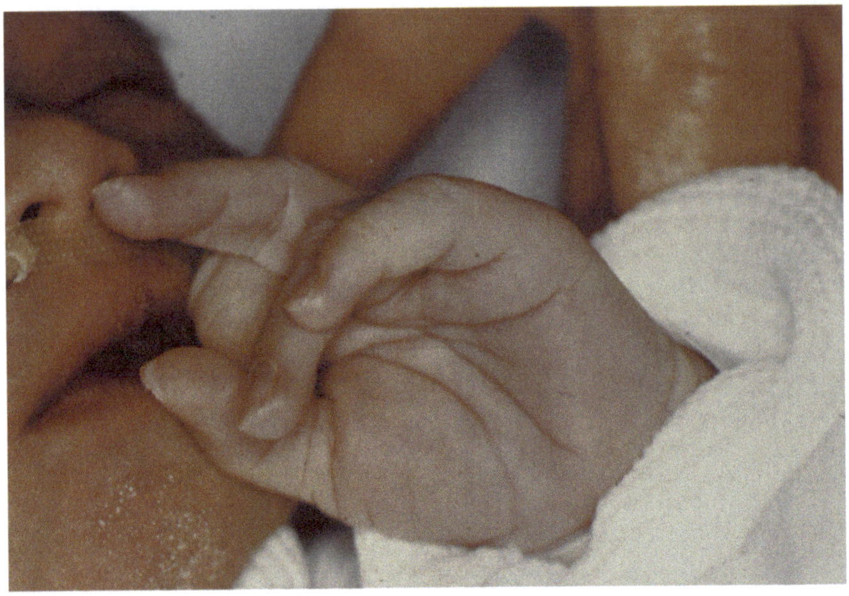

Abb. 31-12. Zyanose der Hand als Ausdruck einer noch physiologischen Mikrozirkulationsstörung bei einem reifen Neugeborenen

Schon intrauterin produzieren Feten größere Mengen Urin. Postpartal wird die Urinproduktion aufgrund der plötzlichen Flüssigkeitsreduktion vorübergehend deutlich eingeschränkt. Deswegen kann es im Einzelfall durchaus noch normal sein, wenn die erste Blasenentleerung erst am 2. Lebenstag erfolgt.

Die Kreislaufumstellung nach der Geburt mit Verschluß des Ductus arteriosus und des Foramen ovale, Etablierung des dem Systemkreislauf vorangeschalteten Lungenkreislaufes und Erhöhung des systemarteriellen Widerstandes durch Wegfall des placentaren Gefäßbettes ist erst nach einigen Tagen vollständig abgeschlossen. Aus diesem Grunde sind Mikrozirkulationsstörungen der Akren (Abb. 31-12) sowie Zyanose durch Rechts-Links-Shunt bei Erhöhung des intrapulmonalen Druckes beim Schreien in den ersten Lebenstagen noch physiologisch (siehe auch Kapitel 13).

Während alle anderen Organe schon pränatal „trainiert" werden, sind die akuten Anforderungen, die nach der Geburt auf die Lunge zukommen, am größten. Dem entspricht auch die Tatsache, daß postpartale Atemstörungen nach wie vor zu den bedeutsamsten Gefährdungen des Neugeborenen zählen. Während das idiopathische Atemnotsyndrom aufgrund von Surfactant-Mangel bei reifen Neugeborenen kaum vorkommt, gibt es bei diesen pulmonale Anpassungsstörungen, die durch verzögerte Resorption des intrauterin physiologischen intrapulmonalen Fruchtwassers entstehen. Dieses meist nicht länger als 24 Stunden dauernde Krankheitsbild der „feuchten Lunge" ist häufiger nach Kaiserschnittentbindungen, da in diesen Fällen die hormonell induzierte und durch den Überdruck im Geburtskanal unterstützte Eliminierung des „Lungenwassers" fehlt.

31.5 Störungen der normalen Entwicklung

70% des gesamten Großhirnwachstums finden in der Zeit zwischen der 18. Woche und dem 12. Lebensmonat statt, also ausgerechnet in dem Zeitraum, in dem die Wachstumsbedingungen bei intensivbehandelten Frühgeborenen beeinträchtigt sind [Dobbing und Sands 1973]. Die häufig über viele Wochen bestehende Mangelernährung kann, sofern sie auf einen Zeitraum von einigen Wochen begrenzt ist, offensichtlich durch Aufholwachstum ausgeglichen werden. Schwerwiegender sind die mit zunehmender Unreife häufigeren cerebralen Ischämien und Blutungen, die strukturell und z.T. auch funktionell irreversible Schäden hinterlassen (siehe auch Kapitel 16.11). Zwischen der 22. und 30. Woche wird die subependymale Matrix am Boden der Seitenventrikel besonders stark durchblutet, da der Sauerstoffbedarf dieses Gewebes aufgrund seiner raschen Mitoserate sehr hoch ist. Das angrenzende weiße Marklager hingegen ist weit weniger durchblutet und bei grenzwertig niedriger Hirndurchblutung auch weniger ischämiegefährdet. Im hypoxischen (P_{O2} in der Carotisarterie ca. 22 mmHg) und leicht hyperkapnischen (P_{CO2} ca.

44 mmHg) intrauterinen Milieu ist der Hirnkreislauf gekennzeichnet durch einen konstanten hohen Fluß bei niedrigem intracerebralem Gefäßwiderstand. Während und nach der Geburt bedingen unvermeidliche Fluktuationen des P_{CO2} und des arteriellen Blutdrucks als Haupteinflußfaktoren der Hirndurchblutung erhebliche Schwankungen der intracerebralen Hämodynamik mit der Folge von Hämorrhagien und ischämischen Infarzierungen im vulnerablen Hirngewebe der Frühgeborenen insbesondere unter der 30. Woche [Pape und Wigglesworth 1979]. Eigene Untersuchungen legen nahe, daß die Fähigkeit des Frühgeborenenhirns zur Autoregulation (Konstanz der Hirndurchblutung bei schwankenden Blutdrucken) ebenfalls erst in der 30. Woche etabliert wird, was sich gut in die derzeit gültigen pathophysiologischen Vorstellungen einfügt (Abb. 31-13).

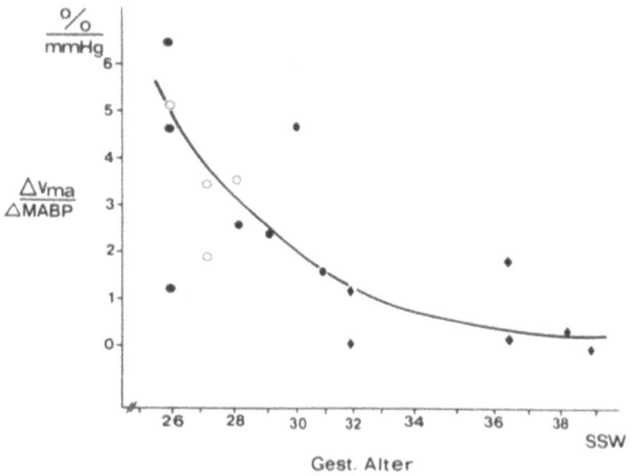

Abb. 31-13. Abhängigkeit der Blutströmung (Vm) in der rechten Carotisarterie vom arteriellen Mitteldruck (MABP) bei unterschiedlichen Gestationsaltern: Erst oberhalb der 30. Woche nähert sich der Quotient dem Wert 0, d.h. es besteht eine Autoregulation.

31.6 Literaturverzeichnis

Bartlett RH, Roloff DW, Cornell RG, Andrews AF, Dillon PW, Zwischenberger JB (1985) Extracorporal circulation in neonatal respiratory failure: a prospective randomized study. Pediatrics 76:479–487

Berg SP (1973) Rechtsmedizin. Müller und Steinicke, München, S 275

Bömelburg T, Jorch G (1987) Investigation of renal artery blood flow velocity in preterm and term neonates by pulsed Doppler ultrasonography. Eur J Pediatr 147:283–287

Costarino A, Baumgart S (1986) Modern fluid and electrolyte management of the critically ill premature infant. Pediatr Clin North Am 33:153–178

Dobbing J, Sands J (1973) Quantitative growth and development of human brain. Arch Dis Child 48:757–767

Farrell PM, Perelman RH (1983) The developmental biology of the lung. In: Fanaroff AA, Martin RJ (eds) Neonatal-perinatal medicine. Mosby, St. Louis, p 413

Hallman M, Gluck L (1982) Respiratory distress syndrome – update 1982. Pediatr Clin North 29/5:1057–1075

Jorch G, Pfannschmidt J, Rabe H (1986) Die nicht invasive Untersuchung der intrazerebralen Zirkulation bei Früh- und Neugeborenen mit der gepulsten Dopplersonographie. Grundlagen, Meßtechnik, Referenzwerte. Monatsschr Kinderheilkd 134:804–807

Marx FF (1979) Martin A. Couney – Der Inkubatordoktor. Neues aus Bonn 20/80:36–37

Mentzel H (1982) Hämotherapie in der Perinatalzeit. In: Schneider W, Schorer R (Hrsg) Klinische Transfusionsmedizin. Edition Medizin, Weinheim Deerfield Beach Basel, S 193–211

Mentzel H (1987) Das sehr unreife Frühgeborene. Gynäkologe 20:48–51

Milla PJ (1984) Development of intestinal structure and function. In: Tanner MS, Stocks RJ (eds) Neonatal gastroenterology-contemporary issues. Intercept, Newcastle, p 1–20

Nelson WE, Vaughan VC, McKay RJ, Behrman RE (1979) Textbook of pediatrics, 11th edn. Saunders, Philadelphia London Toronto, pp 399–400

Pape KE, Wigglesworth JS (1979) Haemorrhage, ischaemia and the perinatal brain. Clin Dev Med 69/70:39–58

Pereira GR, Barbosa NMM (1986) Controversies in neonatal nutrition. Pediatr Clin North Am 33:65–89

Prechtl HFR, Nolte R (1984) Motor behaviour of preterm infants. Clin Dev Med 94:79–92

Raju TNK (1986) An epidemiologic study of very low and very very low birth weight infants. Clin Perinatol 13:233–250

Rigatto H (1982) Apnea. Pediatr Clin North Am 29: 1105–1116

Rudolph AM (1983) Circulatory changes during the perinatal period. Pediatr Cardiol 4:17–20

Spitzer AR, Fox WW (1986) Infant apnea. Pediatr Clin North Am 33:561–581

Volpe JJ (1987) The neurological examination: Normal and abnormal features. In: Volpe JJ (ed) Neurology of the newborn. Saunders, Philadelphia London Toronto Mexico City Rio de Janeiro Sydney Tokyo Hong Kong

Werner SS, Stockard JE, Bickford RG (1977) Atlas of neonatal electroencephalography. Chapter 2: Development of sleep-wake states. Raven Press, New York

Sachverzeichnis

Verzeichnis der Abbildungen von Embryonen nach dem Carnegie-Stadien-System nach Seitenzahlen

FSC
www.fsc.org
MIX
Papier | Fördert
gute Waldnutzung
FSC® C083411

Kolibri 360 GmbH
Ferdinand-Jühlke-Straße 7
99095 Erfurt, Deutschland
produktsicherheit@kolibri360.de